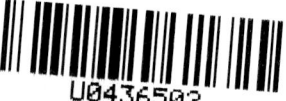

第六版出版说明

《建筑施工手册》自1980年问世，1988年出版了第二版，1997年出版了第三版，2003年出版了第四版，2012年出版了第五版，作为建筑施工人员的常备工具书，长期以来在工程技术人员心中有着较高的地位，为促进工程技术进步和工程建设发展作出了重要的贡献。

近年来，建筑工程领域新技术、新工艺的应用和发展日新月异，数字建造、智能建造、绿色建造等理念深入人心，建筑施工行业的整体面貌正在发生深刻的变化。同时，我国加大了建筑标准领域的改革，多部全文强制性标准陆续发布实施。为使手册紧密结合现行规范，充分体现权威性、科学性、先进性、实用性、便捷性，内容更全面、更系统、更丰富、更新颖，我们对《建筑施工手册》（第五版）进行了全面修订。

第六版分为6册，全书共41章，与第五版相比在结构和内容上有较大变化，主要为：

（1）根据行业发展需要，在编写过程中强化了信息化建造、绿色建造、工业化建造的内容，新增了3个章节："3 数字化施工""4 绿色建造""19 装配式混凝土工程"。

（2）根据广大人民群众对于美好生活环境的需求，增加"园林工程"内容，与原来的"31 古建筑工程"放在一起，组成新的"35 古建筑与园林工程"。

为发扬中华传统建筑文化，满足低碳、环保的行业需求，增加"25 木结构工程"一章。

同时，为切实满足一线工程技术人员需求，充分体现作者的权威性和广泛性，本次修订工作在组织模式等方面相比第五版有了进一步创新，主要表现在以下几个方面：

（1）在第五版编写单位的基础上，本次修订增加了山西建设投资集团有限公司、浙江省建设投资集团股份有限公司、湖南建设投资集团有限责任公司、广西建工集团有限责任公司、河北建设集团股份有限公司等多家参编单位，使手册内容更能覆盖全国，更加具有广泛性。

（2）相比过去五版手册，本次修订大大增加了审查专家的数量，每一章都由多位相关专业的顶尖专家进行审核，参与审核的专家接近两百人。

手册本轮修订自2017年启动以来经过全国数百位专家近10年不断打磨，终于定稿出版。本手册在修订、审稿过程中，得到了各编写单位及专家的大力支持和帮助，在此我们表示衷心的感谢；同时感谢第一版至第五版所有参与编写工作的专家对我们的支持，希望手册第六版能继续成为建筑施工技术人员的好参谋、好助手。

中国建筑工业出版社

2025年4月

《建筑施工手册》（第六版）编委会

河北建设集团股份有限公司
广西建工集团有限责任公司
中国建筑第六工程局有限公司
中国建筑第七工程局有限公司
中建科技集团有限公司
中建钢构股份有限公司
中国建筑第二工程局有限公司
陕西建工集团股份有限公司
南京工业大学
浙江亚厦装饰股份有限公司
山西建设投资集团有限公司
四川华西集团有限公司
江苏省工业设备安装集团有限公司
上海市安装工程集团有限公司
河南省第二建设集团有限公司
北京市园林古建工程有限公司

编 写 分 工

1　施工项目管理

主编单位：中国建筑第五工程局有限公司

参编单位：中建三局集团有限公司
上海建工二建集团有限公司

执 笔 人：谭立新　王贵君　何昌杰　许　宁　钟　伟　邹友清　姚付猛　蒋运高
刘湘兰　蒋　婧　赵新宇　刘鹏昆　邓　维　龙岳甫　孙金桥　王　辉
叶　建　洪　健　王　伟　尤伟军　汪　浩　王　洁　刘　恒　许国伟
付　国　席金虎　富秋实　曹美英　姜　涛　吴旭欢

审稿专家：王要武　张守健　尤　完

2　施工项目科技管理

主编单位：中建三局集团有限公司

参编单位：中建三局工程总承包公司
中建三局第一建设工程有限公司
中建三局第二建设工程有限公司

执 笔 人：黄晨光　周鹏华　余地华　刘　波　戴小松　文江涛　饶　亮　范　巍
程　剑　陈　骏　饶　淇　叶　建　王树峰　叶亦盛

审稿专家：景　万　张晶波

3　数字化施工

主编单位：中国建筑股份有限公司技术中心

参编单位：广州优比建筑咨询有限公司
中国建筑科学研究院有限公司
浙江省建工集团有限责任公司
广联达信息技术有限公司
杭州品茗安控信息技术股份有限公司
中国建筑一局（集团）有限公司
中国建筑第三工程局有限公司
中国建筑第八工程局有限公司
中建三局第一建设工程有限责任公司

执 笔 人：邱奎宁　何关培　金　睿　刘　刚　楼跃清　王　静　陈津滨　赵　欣
李自可　方海存　孙克平　姜月菊　赛　菡　汪小东

审稿专家：李久林　杨晓毅　苏亚武

4　绿色建造

主编单位：中国建筑业协会绿色建造与智能建筑分会

参编单位：中国建筑服务有限公司技术中心
湖南建设投资集团有限责任公司
中国建筑第八工程局有限公司

第六版出版说明

《建筑施工手册》自1980年问世，1988年出版了第二版，1997年出版了第三版，2003年出版了第四版，2012年出版了第五版，作为建筑施工人员的常备工具书，长期以来在工程技术人员心中有着较高的地位，为促进工程技术进步和工程建设发展作出了重要的贡献。

近年来，建筑工程领域新技术、新工艺的应用和发展日新月异，数字建造、智能建造、绿色建造等理念深入人心，建筑施工行业的整体面貌正在发生深刻的变化。同时，我国加大了建筑标准领域的改革，多部全文强制性标准陆续发布实施。为使手册紧密结合现行规范，充分体现权威性、科学性、先进性、实用性、便捷性，内容更全面、更系统、更丰富、更新颖，我们对《建筑施工手册》(第五版）进行了全面修订。

第六版分为6册，全书共41章，与第五版相比在结构和内容上有较大变化，主要为：

(1）根据行业发展需要，在编写过程中强化了信息化建造、绿色建造、工业化建造的内容，新增了3个章节："3数字化施工""4绿色建造""19装配式混凝土工程"。

(2）根据广大人民群众对于美好生活环境的需求，增加"园林工程"内容，与原来的"31古建筑工程"放在一起，组成新的"35古建筑与园林工程"。

为发扬中华传统建筑文化，满足低碳、环保的行业需求，增加"25木结构工程"一章。

同时，为切实满足一线工程技术人员需求，充分体现作者的权威性和广泛性，本次修订工作在组织模式等方面相比第五版有了进一步创新，主要表现在以下几个方面：

(1）在第五版编写单位的基础上，本次修订增加了山西建设投资集团有限公司、浙江省建设投资集团股份有限公司、湖南建设投资集团有限责任公司、广西建工集团有限责任公司、河北建设集团股份有限公司等多家参编单位，使手册内容更能覆盖全国，更加具有广泛性。

(2）相比过去五版手册，本次修订大大增加了审查专家的数量，每一章都由多位相关专业的顶尖专家进行审核，参与审核的专家接近两百人。

手册本轮修订自2017年启动以来经过全国数百位专家近10年不断打磨，终于定稿出版。本手册在修订、审稿过程中，得到了各编写单位及专家的大力支持和帮助，在此我们表示衷心的感谢；同时感谢第一版至第五版所有参与编写工作的专家对我们的支持，希望手册第六版能继续成为建筑施工技术人员的好参谋、好助手。

中国建筑工业出版社
2025年4月

《建筑施工手册》（第六版）编委会

主　　任：肖绪文　刘新锋

委　　员：（按姓氏笔画排序）

马　记　亓立刚　叶浩文　刘明生　刘福建
苏群山　李　凯　李云贵　李景芳　杨双田
杨会峰　肖玉明　何静姿　张　琨　张晋勋
张峰亮　陈　浩　陈振明　陈硕晖　陈跃熙
范业庶　金　睿　贾　滨　高秋利　郭海山
黄延铮　黄克起　黄晨光　龚　剑　焦　莹
甄志禄　谭立新　翟　雷

主编单位：中国建筑股份有限公司
中国建筑出版传媒有限公司（中国建筑工业出版社）

副主编单位：上海建工集团股份有限公司
北京城建集团有限责任公司
中国建筑股份有限公司技术中心
北京建工集团有限责任公司
中国建筑第五工程局有限公司
中建三局集团有限公司
中国建筑第八工程局有限公司
中国建筑一局（集团）有限公司
中建安装集团有限公司
中国建筑装饰集团有限公司
中国建筑第四工程局有限公司
中国建筑业协会绿色建造与智能建筑分会
浙江省建设投资集团股份有限公司
湖南建设投资集团有限责任公司

河北建设集团股份有限公司
广西建工集团有限责任公司
中国建筑第六工程局有限公司
中国建筑第七工程局有限公司
中建科技集团有限公司
中建钢构股份有限公司
中国建筑第二工程局有限公司
陕西建工集团股份有限公司
南京工业大学
浙江亚厦装饰股份有限公司
山西建设投资集团有限公司
四川华西集团有限公司
江苏省工业设备安装集团有限公司
上海市安装工程集团有限公司
河南省第二建设集团有限公司
北京市园林古建工程有限公司

编 写 分 工

1 施工项目管理

主编单位： 中国建筑第五工程局有限公司

参编单位： 中建三局集团有限公司

上海建工二建集团有限公司

执 笔 人： 谭立新 王贵君 何昌杰 许 宁 钟 伟 邹友清 姚付猛 蒋运高 刘湘兰 蒋 婧 赵新宇 刘鹏昆 邓 维 龙岳甫 孙金桥 王 辉 叶 建 洪 健 王 伟 尤伟军 汪 浩 王 洁 刘 恒 许国伟 付 国 席金虎 富秋实 曹美英 姜 涛 吴旭欢

审稿专家： 王要武 张守健 尤 完

2 施工项目科技管理

主编单位： 中建三局集团有限公司

参编单位： 中建三局工程总承包公司

中建三局第一建设工程有限公司

中建三局第二建设工程有限公司

执 笔 人： 黄晨光 周鹏华 余地华 刘 波 戴小松 文江涛 饶 亮 范 巍 程 剑 陈 骏 饶 淇 叶 建 王树峰 叶亦盛

审稿专家： 景 万 张晶波

3 数字化施工

主编单位： 中国建筑股份有限公司技术中心

参编单位： 广州优比建筑咨询有限公司

中国建筑科学研究院有限公司

浙江省建工集团有限责任公司

广联达信息技术有限公司

杭州品茗安控信息技术股份有限公司

中国建筑一局（集团）有限公司

中国建筑第三工程局有限公司

中国建筑第八工程局有限公司

中建三局第一建设工程有限责任公司

执 笔 人： 邱奎宁 何关培 金 睿 刘 刚 楼跃清 王 静 陈津滨 赵 欣 李自可 方海存 孙克平 姜月菊 赛 菡 汪小东

审稿专家： 李久林 杨晓毅 苏亚武

4 绿色建造

主编单位： 中国建筑业协会绿色建造与智能建筑分会

参编单位： 中国建筑服务有限公司技术中心

湖南建设投资集团有限责任公司

中国建筑第八工程局有限公司

中亿丰建设集团股份有限公司

执 笔 人：肖绪文 于震平 黄 宁 陈 浩 王 磊 李国建 赵 静 刘 星
彭琳娜 刘 鹏 宋 敏 卢海陆 阳 凡 胡 伟 楚洪亮 马 杰

审稿专家：汪道金 王爱勋

5 施工常用数据

主编单位：中国建筑股份有限公司技术中心
中国建筑第四工程局有限公司

参编单位：哈尔滨工业大学
中国建筑标准设计研究院有限公司
浙江省建设投资集团股份有限公司
湖南建设投资集团有限责任公司
河北建设集团安装工程有限公司

执 笔 人：李景芳 于 光 王 军 黄晨光 陈 凯 董 艺 王要武 钱宏亮
王化杰 高志强 武子斌 王 力 叶启军 曲 侃 李 亚 陈 浩
张明亮 彭琳娜 汤明雷 李 青 汪 超

审稿专家：彭明祥 王玉岭

6 施工常用结构计算

主编单位：中国建筑股份有限公司技术中心
中国建筑第四工程局有限公司

参编单位：哈尔滨工业大学
中国建筑标准设计研究院有限公司

执 笔 人：李景芳 于 光 王 军 黄晨光 陈 凯 董 艺 王要武 钱宏亮
王化杰 高志强 王 力 武子斌

审稿专家：高秋利

7 试验与检验

主编单位：北京城建集团有限责任公司

参编单位：北京城建二建设工程有限公司
北京经纬建元建筑工程检测有限公司
北京博大经开建设有限公司

执 笔 人：张晋勋 李鸿飞 钟生平 董 伟 邓有冠 孙殿文 孙 冰 王 浩
崔颜伟 温美娟 沙雨亭 刘宏黎 秦小芳 王付亮 姜依茹

审稿专家：马洪晔 杨秀云 张先群 李 翀 刘继伟

8 施工机械与设备

主编单位：上海建工集团股份有限公司

参编单位：上海建工五建集团有限公司
上海建工二建集团有限公司
上海华东建筑机械厂有限公司
中联重科股份有限公司
抚顺永茂建筑机械有限公司

执 笔 人：陈晓明 王美华 吕 达 龙莉波 潘 峰 汪思满 徐大为 富秋实
李增辉 陈 敏 黄大为 才 冰 雍有军 陈 泽 王宝强

审稿专家：吴学松 张 珂 周贤彪

9 建筑施工测量

主编单位：北京城建集团有限责任公司

参编单位：北京城建二建设工程有限公司

北京城建安装工程有限公司

北京城建勘测设计研究院有限责任公司

北京城建中南土木工程集团有限公司

北京城建深港装饰工程有限公司

北京城建建设工程有限公司

执 笔 人：张晋勋 秦长利 陈大勇 李北超 刘 建 马全明 王荣权 任润德

汤发树 耿长良 熊琦智 宋 超 余永明 侯进峰

审稿专家：杨伯钢 张胜良

10 季节性施工

主编单位：中国建筑第八工程局有限公司

参编单位：中国建筑第八工程局有限公司东北分公司

执 笔 人：白 羽 潘东旭 姜 尚 刘文斗 郑 洪

审稿专家：朱广祥 霍小妹

11 土石方及爆破工程

主编单位：湖南建设投资集团有限责任公司

参编单位：湖南省第四工程有限公司

湖南建工集团有限公司

湖南省第三工程有限公司

湖南省第五工程有限公司

湖南省第六工程有限公司

湖南省第一工程有限公司

中南大学

国防科技大学

执 笔 人：陈 浩 陈维超 张明亮 孙志勇 龙新乐 王江营 李 杰 张可能

李必红 李 芳 易 谦 刘令良 朱文峰 曾庆国 李 晓

审稿专家：康景文 张继春

12 基坑工程

主编单位：上海建工集团股份有限公司

参编单位：上海建工一建集团有限公司

上海市基础工程集团有限公司

同济大学

上海交通大学

执 笔 人：龚 剑 王美华 朱毅敏 周 涛 李耀良 罗云峰 李伟强 黄泽涛

李增辉 袁 勇 周生华 沈水龙 李明广

审稿专家：侯伟生 王卫东 陈云彬

13 地基与桩基工程

主编单位：北京城建集团有限责任公司

参编单位：北京城建勘测设计研究院有限责任公司
中国建筑科学研究院有限公司
北京市轨道交通设计研究院有限公司
北京城建中南土木工程集团有限公司
中建一局集团建设发展有限公司
天津市勘察设计院集团有限公司
天津市建筑科学研究院有限公司
天津大学
天津建城基业集团有限公司
执 笔 人：张晋勋　高文新　金　淮　刘金波　郑　刚　周玉明　杨浩军　刘卫未
于海亮　徐　燕　娄志会　刘朋辉　刘永超　李克鹏
审稿专家：李耀良　高文生

14　脚手架及支撑架工程

主编单位：上海建工集团股份有限公司
参编单位：上海建工七建集团有限公司
中国建筑科学研究院有限公司
上海建工四建集团有限公司
北京卓良模板有限公司
执 笔 人：龚　剑　王美华　汪思满　尤雪春　李增辉　刘　群　曹文根　陈洪帅
吴炜程　吴仍辉
审稿专家：姜传库　张有闻

15　吊装工程

主编单位：河北建设集团股份有限公司
参编单位：河北大学建筑工程学院
河北省安装工程有限公司
中建钢构股份有限公司
河北建设集团安装工程有限公司
河北治平建筑设备租赁有限公司
执 笔 人：史东库　李战体　陈宗学　高瑞国　陈振明　郭红星　杨三强　宋喜艳
审稿专家：刘洪亮　陈晓明

16　模板工程

主编单位：广西建工集团有限责任公司
参编单位：中国建筑第六工程局有限公司
广西建工第一建筑工程集团有限公司
中建三局集团有限公司
广西建工第五建筑工程集团有限公司
海螺（安徽）节能环保新材料股份有限公司
执 笔 人：肖玉明　黄克起　焦　莹　谢鸿卫　唐长东　佘　流　袁　波　谢江美
张绮雯　刘晓敏　张　倩　徐　皓　杨　渊　刘　威　李福昆　李书文
刘正江
审稿专家：胡铁毅　姜传库

17　钢筋工程

主编单位：中国建筑第七工程局有限公司

参编单位：重庆大学中建七局第四建筑有限公司
天津市银丰机械系统工程有限公司
哈尔滨工业大学
南通四建集团有限公司

执 笔 人：黄延铮　张中善　冯大阔　闫亚召　叶雨山　刘红军　魏金桥　梅晓彬
严佳川　季　豪

审稿专家：赵正嘉　徐瑞榕　钱冠龙

18　现浇混凝土工程

主编单位：上海建工集团股份有限公司

参编单位：上海建工建材科技集团股份有限公司
上海建工一建集团有限公司
大连理工大学

执 笔 人：龚　剑　王美华　吴　杰　朱敏涛　陈逸群　瞿　威　吕计委　徐　磊
张忆州　李增辉　贾金青　张丽华　金自清　张小雪

审稿专家：王巧莉　胡德均

19　装配式混凝土工程

主编单位：中建科技集团有限公司

参编单位：北京住总集团有限责任公司
北京住总第三开发建设有限公司

执 笔 人：叶浩文　刘若南　杨健康　胡延红　张海波　田春雨　刘治国　郑　义
陈　杭　白　松　刘　兮　苏衍江

审稿专家：李晨光　彭其兵　孙岩波

20　预应力工程

主编单位：北京市建筑工程研究院有限责任公司

参编单位：北京中建建筑科学研究院有限公司
天津大学

执 笔 人：李晨光　王泽强　张开臣　尤德清　张　喆　刘　航　司　波　胡　洋
王长军　芦　燕　李　铭　高晋栋　孙岩波

审稿专家：曾　滨　郭正兴　李东彬

21　钢结构工程

主编单位：中建钢构股份有限公司

参编单位：同济大学
华中科技大学
中建科工集团有限公司

执 笔 人：陈振明　周军红　赖永强　罗永峰　高　飞　霍宗诚　黄世涛　费新华
黎　健　李龙海　冉旭勇　宋利鹏　刘传印　周创佳　姚　钊　国贤慧

审稿专家：侯兆新　尹卫泽

22　索膜结构工程

主编单位：浙江省建工集团有限责任公司

参编单位：浙江大学
天津大学
绍兴文理学院
浙江科技大学
浙江省建设投资集团股份有限公司
执 笔 人：金 睿 赵 阳 刘红波 程 骥 肖 锋 胡雪雅 冷新中 戚珈峰
徐能彬
审稿专家：张其林 张毅刚

23 钢-混凝土组合结构工程

主编单位：中国建筑第二工程局有限公司
参编单位：中建二局安装工程有限公司
中国建筑第二工程局有限公司华南分公司
中国建筑第二工程局有限公司西南分公司
执 笔 人：翟 雷 张志明 孙顺利 石立国 范玉峰 王冬雁 张智勇 陈 峰
郝海龙 刘 培 张 茅
审稿专家：李景芳 时 炜 李 峰

24 砌体工程

主编单位：陕西建工集团股份有限公司
参编单位：陕西省建筑科学研究院有限公司
陕西建工第二建设集团有限公司
陕西建工第三建设集团有限公司
陕西建工第五建设集团有限公司
中建八局西北建设有限公司
执 笔 人：刘明生 时 炜 张昌叙 吴 洁 宋瑞琨 郭钦涛 杨 斌 王奇维
孙永民 刘建明 刘瑞牛 董红刚 王永红 夏 巍 梁保真 柏 海
袁 博 李列娟 李 磊
审稿专家：林文修 吴 体

25 木结构工程

主编单位：南京工业大学
参编单位：哈尔滨工业大学（威海）
中国建筑西南设计研究院有限公司
中国林业科学研究院木材工业研究所
同济大学
加拿大木业协会
北京林业大学
苏州昆仑绿建木结构科技股份有限公司
大连双华木结构建筑工程有限公司
执 笔 人：杨会峰 陆伟东 祝恩淳 杨学兵 任海青 宋晓滨 倪 竣 岳 孔
朱亚鼎 高 颖 陈志坚 史本凯 陶昊天 欧加加 王 璐 牛 爽
张聪聪
审稿专家：张 晋 何敏娟

26　幕墙工程

主编单位：中建不二幕墙装饰有限公司

参编单位：中国建筑第五工程局有限公司

执 笔 人：李水生　郭　琳　刘国军　谭　卡　李基顺　贺雄英　谭　乐　蔡燕君
涂战红　唐　安　陈　杰

审稿专家：鲁开明　刘长龙

27　门窗工程

主编单位：中国建筑装饰集团有限公司

参编单位：中建深圳装饰有限公司
中建装饰总承包工程有限公司

执 笔 人：刘凌峰　郑　春　彭中要　周　昕

审稿专家：刘清泉　胡本国　杲晓东

28　建筑装饰装修工程

主编单位：浙江亚厦装饰股份有限公司

参编单位：北京中铁装饰工程有限公司
深圳广田集团股份有限公司
中建东方装饰有限公司
深圳海外装饰工程有限公司

执 笔 人：何静姿　丁泽成　张长庆　余国潮　陈继云　王伟光　徐　立　安　哓
彭中飞　陈汉成

审稿专家：胡本国　武利平

29　建筑地面工程

主编单位：中国建筑第八工程局有限公司

参编单位：中建八局第二建设有限公司

执 笔 人：潘玉珀　韩　璐　王　堃　郑　垒　邓程来　董福永　郑　洪　吕家玉
杨　林　毕研超　李垤辉　张玉良　周　锋　汲　东　申庆赟　史　越
金传东

审稿专家：朱学农　邓学才　佟贵森

30　屋面工程

主编单位：山西建设投资集团有限公司

参编单位：山西三建集团有限公司
北京建工集团有限责任公司

执 笔 人：张太清　李卫俊　霍瑞琴　吴晓兵　郝永利　唐永讯　闫永茂　胡　俊
徐　震　谢　群

审稿专家：曹征富　张文华

31　防水工程

主编单位：北京建工集团有限责任公司

参编单位：北京市建筑工程研究院有限责任公司
北京六建集团有限责任公司
北京建工博海建设有限公司
山西建设投资集团有限公司

执 笔 人：张显来　唐永讯　刘迎红　尹　硕　赵　武　延汝萍　李雁鸣　李玉屏
王荣香　王　昕　王雪飞　岳晓东　刘玉彬　刘文凭

审稿专家：叶林标　曲　慧　张文华

32　建筑防腐蚀工程

主编单位：中建三局集团有限公司

参编单位：东方雨虹防水技术股份有限公司
中建三局数字工程有限公司
中建三局第三建设工程有限公司
中建三局集团北京有限公司

执 笔 人：黄晨光　卢　松　丁红梅　裴以军　孙克平　丁伟祥　李庆达　伍荣刚
王银斌　卢长林　邱成祥　单红波

审稿专家：陆士平　刘福云

33　建筑节能与保温隔热工程

主编单位：北京中建建筑科学研究院有限公司

参编单位：中国建筑一局（集团）有限公司
中建一局集团第二建筑有限公司
中建一局集团第三建筑有限公司
中建一局集团建设发展有限公司
中建一局集团安装工程有限公司
北京市建设工程质量第六检测所有限公司
北京住总集团有限责任公司
北京科尔建筑节能技术有限公司

执 笔 人：王长军　唐一文　唐葆华　任　静　张金花　孟繁军　姚　丽　梅晓丽
郭建军　詹必雄　董润萍　周大伟　蒋建云　鲍宇清　吴亚洲

审稿专家：金鸿祥　杨玉忠　宋　波

34　建筑工程鉴定、加固与改造

主编单位：四川华西集团有限公司

参编单位：四川省建筑科学研究院有限公司
西南交通大学
四川省第四建筑有限公司
中建一局集团第五建筑有限公司

执 笔 人：陈跃熙　罗苓隆　徐　帅　黎红兵　刘汉昆　薛伶俐　潘　毅　黄喜兵
唐忠茂　游锐涵　刘嘉茵　刘东超

审稿专家：张　鑫　雷宏刚　卜良桃

35　古建筑与园林工程

主编单位：北京市园林古建工程有限公司

参编单位：中外园林建设有限公司

执 笔 人：

古建筑工程编写人员：张峰亮　张莹雪　张宇鹏　李辉坚
刘大可　马炳坚　路化林　蒋广全

园林工程编写人员：温志平　刘忠坤　李　楠　吴　凡　张慧秀　郭剑楠　段成林

审稿专家：刘大可（古建）　向星政（园林）

36　机电工程施工通则

主编单位：江苏省工业设备安装集团有限公司

参编单位：中国建筑土木建设有限公司
河海大学
中建八局第一建设有限公司
中国核工业华兴建设有限公司
北京市设备安装工程集团有限公司
中亿丰建设集团股份有限公司

执 笔 人：马　记　季华卫　马致远　刘益安　陈固定　王元祥　王　毅　王　鑫
柏万林　刘　玮

审稿专家：徐义明　李本勇

37　建筑给水排水及供暖工程

主编单位：中建一局集团安装工程有限公司

参编单位：中国建筑一局（集团）有限公司
北京中建建筑科学研究院有限公司
北京市设备安装工程集团有限公司
中建一局集团建设发展有限公司
北京建工集团有限责任公司
北京住总建设安装工程有限责任公司
长安大学
北京城建集团安装公司
北京住总第三开发建设有限公司

执 笔 人：孟庆礼　赵　艳　周大伟　王　毅　张　军　王长军　吴　余　唐葆华
张项宁　王志伟　高惠润　吕　莉　杨利伟　李志勇　田春城

审稿专家：徐义明　杜伟国

38　通风与空调工程

主编单位：上海市安装工程集团有限公司

参编单位：上海理工大学
上海新晃空调设备股份有限公司

执 笔 人：张　勤　张宁波　陈晓文　潘　健　邹志军　许光明　卢佳华　汤　毅
许　骏　王坚安　金　华　葛兰英　王晓波　王　非　姜慧娜　徐一堃
陆丹丹

审稿专家：马　记　王　毅

39　建筑电气安装工程

主编单位：河南省第二建设集团有限公司

参编单位：南通安装集团股份有限公司
河南省安装集团有限责任公司

执 笔 人：苏群山　刘利强　董新红　杨利剑　胡永光　李　明　白　克　谷永哲
耿玉博　丁建华　唐仁明　陆桂龙　蔡春磊　黄克政　刘杰亮　廖红盈
张　华　付永锋　王宝沣

审稿专家：王五奇　陈洪兴　史均社

40　智能建筑工程

主编单位：中建安装集团有限公司

参编单位：中建电子信息技术有限公司

执 笔 人：刘　森　毕　林　温　馨　王　婕　刘　迪　何连祥　胡江稳　汪远辰

审稿专家：洪劲飞　董玉安　吴悦明

41　电梯安装工程

主编单位：中建安装集团有限公司

参编单位：通力电梯有限公司

江苏维阳机电工程科技有限公司

执 笔 人：刘长沙　项海巍　于济生　王　学　白咸学　唐春园　纪宝松　刘　杰

魏晓斌　余　雷

审稿专家：陈凤旺　蔡金泉

出版社审编人员

岳建光　范业庶　张　磊　张伯熙　万　李　王砾瑶　杨　杰　王华月　曹丹丹

高　悦　沈文帅　徐仲莉　王　治　边　琨　张建文

第五版出版说明

《建筑施工手册》自1980年问世，1988年出版了第二版，1997年出版了第三版，2003年出版了第四版，作为建筑施工人员的常备工具书，长期以来在工程技术人员心中有着较高的地位，对促进工程技术进步和工程建设发展作出了重要的贡献。

近年来，建筑工程领域新技术、新工艺、新材料的应用和发展日新月异，我国先后对建筑材料、建筑结构设计、建筑技术、建筑施工质量验收等标准、规范进行了全面的修订，并陆续颁布出版。为使手册紧密结合现行规范，符合新规范要求，充分体现权威性、科学性、先进性、实用性、便捷性，内容更全面、更系统、更丰富、更新颖，我们对《建筑施工手册》（第四版）进行了全面修订。

第五版分5册，全书共37章，与第四版相比在结构和内容上有很大变化，主要为：

（1）根据建筑施工技术人员的实际需要，取消建筑施工管理分册，将第四版中"31施工项目管理"、"32建筑工程造价"、"33工程施工招标与投标"、"34施工组织设计"、"35建筑施工安全技术与管理"、"36建设工程监理"共计6章内容改为"1施工项目管理"、"2施工项目技术管理"两章。

（2）将第四版中"6土方与基坑工程"拆分为"8土石方及爆破工程"、"9基坑工程"两章；将第四版中"17地下防水工程"扩充为"27防水工程"；将第四版中"19建筑装饰装修工程"拆分为"22幕墙工程"、"23门窗工程"、"24建筑装饰装修工程"；将第四版中"22冬期施工"扩充为"21季节性施工"。

（3）取消第四版中"15滑动模板施工"、"21构筑物工程"、"25设备安装常用数据与基本要求"。在本版中增加"6通用施工机械与设备"、"18索膜结构工程"、"19钢—混凝土组合结构工程"、"30既有建筑鉴定与加固"、"32机电工程施工通则"。

同时，为了切实满足一线工程技术人员需要，充分体现作者的权威性和广泛性，本次修订工作在组织模式、表现形式等方面也进行了创新，主要有以下几个方面：

（1）本次修订采用由我社组织、单位参编的模式，以中国建筑工程总公司（中国建筑股份有限公司）为主编单位，以上海建工集团股份有限公司、北京城建集团有限责任公司、北京建工集团有限责任公司等单位为副主编单位，以同济大学等单位为参编单位。

（2）书后贴有网上增值服务标，凭ID、SN号可享受网络增值服务。增值服务内容由我社和编写单位提供，包括：标准规范更新信息以及手册中相应内容的更新；新工艺、新工法、新材料、新设备等内容的介绍；施工技术、质量、安全、管理等方面的案例；施工类相关图书的简介；读者反馈及问题解答等。

本手册修订、审稿过程中，得到了各编写单位及专家的大力支持和帮助，我们表示衷心地感谢；同时也感谢第一版至第四版所有参与编写工作的专家对我们出版工作的热情支持，希望手册第五版能继续成为建筑施工技术人员的好参谋、好助手。

中国建筑工业出版社

2012年12月

《建筑施工手册》（第五版）编委会

参 编 单 位

同济大学
哈尔滨工业大学
东南大学
华东理工大学
上海建工一建集团有限公司
上海建工二建集团有限公司
上海建工四建集团有限公司
上海建工五建集团有限公司
上海建工七建集团有限公司
上海市机械施工有限公司
上海市基础工程有限公司
上海建工材料工程有限公司
上海市建筑构件制品有限公司
上海华东建筑机械厂有限公司
北京城建二建设工程有限公司
北京城建安装工程有限公司
北京城建勘测设计研究院有限责任公司
北京城建中南土木工程集团有限公司
北京市第三建筑工程有限公司
北京市建筑工程研究院有限责任公司
北京建工集团有限责任公司总承包部
北京建工博海建设有限公司
北京中建建筑科学研究院有限公司
全国化工施工标准化管理中心站
中建二局土木工程有限公司
中建钢构有限公司
中国建筑第四工程局有限公司
贵州中建建筑科研设计院有限公司
中国建筑第五工程局有限公司
中建五局装饰幕墙有限公司
中建（长沙）不二幕墙装饰有限公司
中国建筑第六工程局有限公司
中国建筑第七工程局有限公司
中建八局第一建设有限公司
中建八局第二建设有限公司
中建八局第三建设有限公司
中建八局第四建设有限公司
上海中建八局装饰装修有限公司
中建八局工业设备安装有限责任公司
中建土木工程有限公司
中建城市建设发展有限公司
中外园林建设有限公司
中国建筑装饰工程有限公司
深圳海外装饰工程有限公司
北京房地集团有限公司
中建电子工程有限公司
江苏扬安机电设备工程有限公司

第五版执笔人

1

1 施工项目管理	赵福明 田金信 刘 杨 周爱民 姜 旭 张守健 李忠富 李晓东 尉家鑫 王 锋
2 施工项目技术管理	邓明胜 王建英 冯爱民 杨 峰 肖绪文 黄会华 唐 晓 王立营 陈文刚 尹文斌 李江涛
3 施工常用数据	王要武 赵福明 彭明祥 刘 杨 关 柯 宋福渊 刘长滨 罗兆烈
4 施工常用结构计算	肖绪文 王要武 赵福明 刘 杨 原长庆 耿冬青 张连一 赵志缙 赵 帆
5 试验与检验	李鸿飞 宫远贵 宗兆民 秦国平 邓有冠 付伟杰 曹旭明 温美娟 韩军旺 陈 洁 孟凡辉 李海军 王志伟 张 青
6 通用施工机械与设备	龚 剑 王正平 黄跃申 汪思满 姜向红 龚满哗 章尚驰

2

7 建筑施工测量	张晋勋 秦长利 李北超 刘 建 马全明 王荣权 罗华丽 纪学文 张志刚 李 剑 许彦特 任润德 吴来瑞 邓学才 陈云祥
8 土石方及爆破工程	李景芳 沙友德 张巧芬 黄兆利 江正荣
9 基坑工程	龚 剑 朱毅敏 李耀良 姜 峰 袁 芬 袁 勇 葛兆源 赵志缙 赵 帆
10 地基与桩基工程	张晋勋 金 淮 高文新 李 玲 刘金波 庞 炜 马 健 高志刚 江正荣
11 脚手架工程	龚 剑 王美华 邱锡宏 刘 群 尤雪春 张 铭 徐 伟 葛兆源 杜荣军 姜传库
12 吊装工程	张 琨 周 明 高 杰 梁建智 叶映辉
13 模板工程	张显来 侯君伟 毛凤林 汪亚东 胡裕新 王京生 安兰慧 崔桂兰 任海波 阎明伟 邵 畅

3

14 钢筋工程	秦家顺 沈兴东 赵海峰 王士群 刘广文 程建军 杨宗放

15	混凝土工程	龚　剑　吴德龙　吴　杰　冯为民　朱毅敏　汤洪家　陈尧亮　王庆生
16	预应力工程	李晨光　王　丰　仝为民　徐瑞龙　钱英欣　刘　航　周黎光　宋慧杰　杨宗放
17	钢结构工程	王　宏　黄　刚　戴立先　陈华周　刘　曙　李　迪　郑伟盛　赵志缙　赵　帆　王　辉
18	索膜结构工程	龚　剑　朱　骏　张其林　吴明儿　郝晨均
19	钢-混凝土组合结构工程	陈成林　丁志强　肖绪文　马荣全　赵锡玉　刘玉法
20	砌体工程	谭　青　黄延铮　朱维益
21	季节性施工	万利民　蔡庆军　刘桂新　赵亚军　王桂玲　项翥行
22	幕墙工程	李水生　贺雄英　李群生　李基顺　张　权　侯君伟
23	门窗工程	张晓勇　戈祥林　葛乃剑　黄　贵　朱帷财　唐际宇　王寿华

4

24	建筑装饰装修工程	赵福明　高　岗　王　伟　谷晓峰　徐　立　刘　杨　邓　力　王文胜　陈智坚　罗春雄　曲彦斌　白　洁　宓文喆　李世伟　侯君伟
25	建筑地面工程	李忠卫　韩兴争　王　涛　金传东　赵　俭　王　杰　熊杰民
26	屋面工程	杨秉钧　朱文键　董　曦　谢　群　葛　磊　杨　东　张文华　项桦太
27	防水工程	李雁鸣　刘迎红　张　建　刘爱玲　杨玉苹　谢　婧　薛振东　邹爱玲　吴　明　王　天
28	建筑防腐蚀工程	侯锐钢　王瑞堂　芦　天　修良军
29	建筑节能与保温隔热工程	费慧慧　张　军　刘　强　肖文凤　孟庆礼　梅晓丽　鲍宇清　金鸿祥　杨善勤
30	既有建筑鉴定与加固改造	薛　刚　吴学军　邓美龙　陈　娣　李金元　张立敏　王林枫
31	古建筑工程	赵福明　马福玲　刘大可　马炳坚　路化林　蒋广全　王金满　安大庆　刘　杨　林其浩　谭　放　梁　军

5

32	机电工程施工通则	刘　青　韦　薇　鞠　东

33	建筑给水排水及采暖工程	纪宝松 张成林 曹丹桂 陈 静 孙 勇 赵民生 王建鹏 邵 娜 刘 涛 苗冬梅 赵培森 王树英 田会杰 王志伟
34	通风与空调工程	孔祥建 向金梅 王 安 王 宇 李耀峰 吕善志 鞠硕华 刘长庚 张学助 孟昭荣
35	建筑电气安装工程	王世强 谢刚奎 张希峰 陈国科 章小燕 王建军 张玉年 李显煜 王文学 万金林 高克送 陈御平
36	智能建筑工程	苗 地 邓明胜 崔春明 薛居明 庞 晖 刘 森 郎云涛 陈文晖 刘亚红 霍冬伟 张 伟 孙述璞 张青虎
37	电梯安装工程	李爱武 刘长沙 李本勇 秦 宾 史美鹤 纪学文

手册第五版审编组成员（按姓氏笔画排列）

卜一德 马荣华 叶林标 任俊和 刘国琦 李清江 杨嗣信 汪仲琦 张学助
张金序 张婀娜 陆文华 陈秀中 赵志缙 侯君伟 施锦飞 唐九如 韩东林

出版社审编人员

胡永旭 余永祯 刘 江 郦锁林 周世明 曲汝铎 郭 栋 岳建光 范业庶
曾 威 张伯熙 赵晓菲 张 磊 万 李 王砾瑶

第四版出版说明

《建筑施工手册》自1980年出版问世，1988年出版了第二版，1997年出版了第三版。由于近年来我国建筑工程勘察设计、施工质量验收、材料等标准规范的全面修订，新技术、新工艺、新材料的应用和发展，以及为了适应我国加入WTO以后建筑业与国际接轨的形势，我们对《建筑施工手册》（第三版）进行了全面修订。此次修订遵循以下原则：

1. 继承发扬前三版的优点，充分体现出手册的权威性、科学性、先进性、实用性，同时反映我国加入WTO后，建筑施工管理与国际接轨，把国外先进的施工技术、管理方法吸收进来。精心修订，使手册成为名副其实的精品图书，畅销不衰。

2. 近年来，我国先后对建筑材料、建筑结构设计、建筑工程施工质量验收规范进行了全面修订并实施，手册修订内容紧密结合相应规范，符合新规范要求，既作为一本资料齐全、查找方便的工具书，也可作为规范实施的技术性工具书。

3. 根据国家施工质量验收规范要求，增加建筑安装技术内容，使建筑安装施工技术更完整、全面，进一步扩大了手册实用性，满足全国广大建筑安装施工技术人员的需要。

4. 增加补充建设部重点推广的新技术、新工艺、新材料，删除已经落后的、不常用的施工工艺和方法。

第四版仍分5册，全书共36章。与第三版相比，在结构和内容上有很大变化，第四版第1、2、3册主要介绍建筑施工技术，第4册主要介绍建筑安装技术，第5册主要介绍建筑施工管理。与第三版相比，构架不同点在于：(1) 建筑施工管理部分内容集中单独成册；(2) 根据国家新编建筑工程施工质量验收规范要求，增加建筑安装技术内容，使建筑施工技术更完整、全面；(3) 将第三版其中22装配式大板与升板法施工、23滑动模板施工、24大模板施工精简压缩成滑动模板施工一章；15木结构工程、27门窗工程、28装饰工程合并为建筑装饰装修工程一章；根据需要，增加古建筑施工一章。

第四版由中国建筑工业出版社组织修订，来自全国各施工单位、科研院校、建筑工程施工质量验收规范编制组等专家、教授共61人组成手册编写组。同时成立了《建筑施工手册》（第四版）审编组，在中国建筑工业出版社主持下，负责各章的审稿和部分章节的修改工作。

本手册修订、审稿过程中，得到了很多单位及个人的大力支持和帮助，我们表示衷心地感谢。

第四版总目（主要执笔人）

1

1　施工常用数据	关　柯　刘长滨　罗兆烈
2　常用结构计算	赵志缙　赵　帆
3　材料试验与结构检验	张　青
4　施工测量	吴来瑞　邓学才　陈云祥
5　脚手架工程和垂直运输设施	杜荣军　姜传库
6　土方与基坑工程	江正荣　赵志缙　赵　帆
7　地基处理与桩基工程	江正荣

2

8　模板工程	侯君伟
9　钢筋工程	杨宗放
10　混凝土工程	王庆生
11　预应力工程	杨宗放
12　钢结构工程	赵志缙　赵　帆　王　辉
13　砌体工程	朱维益
14　起重设备与混凝土结构吊装工程	梁建智　叶映辉
15　滑动模板施工	毛凤林

3

16　屋面工程	张文华　项桦太
17　地下防水工程	薛振东　邹爱玲　吴　明　王　天
18　建筑地面工程	熊杰民
19　建筑装饰装修工程	侯君伟　王寿华
20　建筑防腐蚀工程	侯锐钢　芦　天
21　构筑物工程	王寿华　温　刚
22　冬期施工	项翥行
23　建筑节能与保温隔热工程	金鸿祥　杨善勤
24　古建筑施工	刘大可　马炳坚　路化林　蒋广全

4

25　设备安装常用数据与基本要求	陈御平　田会杰
26　建筑给水排水及采暖工程	赵培森　王树瑛　田会杰　王志伟
27　建筑电气安装工程	杨南方　尹　辉　陈御平
28　智能建筑工程	孙述璞　张青虎
29　通风与空调工程	张学助　孟昭荣
30　电梯安装工程	纪学文

5

31　施工项目管理	田金信　周爱民

32 建筑工程造价　　丛培经
33 工程施工招标与投标　　张　琰　郝小兵
34 施工组织设计　　关　柯　王长林　董玉学　刘志才
35 建筑施工安全技术与管理　　杜荣军
36 建设工程监理　　张　莹　张稚麟

手册第四版审编组成员（按姓氏笔画排列）

王寿华　王家隽　朱维益　吴之昕　张学助　张　琰　张惠宗
林贤光　陈御平　杨嗣信　侯君伟　赵志缙　黄崇国　彭圣浩

出版社审编人员

胡永旭　余永祯　周世明　林婉华　刘　江　时咏梅　郦锁林

第三版出版说明

《建筑施工手册》自1980年出版问世，1988年出版了第二版。从手册出版、二版至今已16年，发行了200余万册，施工企业技术人员几乎人手一册，成为常备工具书。这套手册对于我国施工技术水平的提高，施工队伍素质的培养，起了巨大的推动作用。手册第一版荣获1971～1981年度全国优秀科技图书奖。第二版荣获1990年建设部首届全国优秀建筑科技图书部级奖一等奖。在1991年8月5日的新闻出版报上，这套手册被誉为“推动着我国科技进步的十部著作”之一。同时，在港、澳地区和日本、前苏联等国，这套手册也有相当的影响，享有一定的声誉。

近十年来，随着我国经济的振兴和改革的深入，建筑业的发展十分迅速，各地陆续兴建了一批对国计民生有重大影响的重点工程，高层和超高层建筑如雨后春笋，拔地而起。通过长期的工程实践和技术交流，我国建筑施工技术和管理经验有了长足的进步，积累了丰富的经验。与此同时，许多新的施工验收规范、技术规程、建筑工程质量验评标准及有关基础定额均已颁布执行。这一切为修订《建筑施工手册》第三版创造了条件。

现在，我们奉献给读者的是《建筑施工手册》(第三版)。第三版是跨世纪的版本，修订的宗旨是：要全面总结改革开放以来我国在建筑工程施工中的最新成果，最先进的建筑施工技术，以及在建筑业管理等软科学方面的改革成果，使我国在建筑业管理方面逐步与国际接轨，以适应跨世纪的要求。

新推出的手册第三版，在结构上作了调整，将手册第二版上、中、下3册分为5个分册，共32章。第1、2分册为施工准备阶段和建筑业管理等各项内容，分10章介绍；除保留第二版中的各章外，增加了建设监理和建筑施工安全技术两章。3～5册为各分部工程的施工技术，分22章介绍；将第二版各章在顺序上作了调整，对工程中应用较少的技术，作了合并或简化，如将砌块工程并入砌体工程，预应力板柱并入预应力工程，装配式大板与升板工程合并；同时，根据工程技术的发展和国家的技术政策，补充了门窗工程和建筑节能两部分。各章中着重补充近十年采用的新结构、新技术、新材料、新设备、新工艺，对建设部颁发的建筑业“九五”期间重点推广的10项新技术，在有关各章中均作了重点补充。这次修订，还将前一版中存在的问题作了订正。各章内容均符合国家新颁规范、标准的要求，内容范围进一步扩大，突出了资料齐全、查找方便的特点。

我们衷心地感谢广大读者对我们的热情支持。我们希望手册第三版继续成为建筑施工技术人员工作中的好参谋、好帮手。

1997年4月

手册第三版主要执笔人

第1册

1 常用数据　　关　柯　刘长滨　罗兆烈

2	施工常用结构计算	赵志缙　赵　帆
3	材料试验与结构检验	项翥行
4	施工测量	吴来瑞　陈云祥
5	脚手架工程和垂直运输设施	杜荣军　姜传库
6	建筑施工安全技术和管理	杜荣军

第2册

7	施工组织设计和项目管理	关　柯　王长林　田金信　刘志才　董玉学　周爱民
8	建筑工程造价	唐连珏
9	工程施工的招标与投标	张　琰
10	建设监理	张稚麟

第3册

11	土方与爆破工程	江正荣　赵志缙　赵　帆
12	地基与基础工程	江正荣
13	地下防水工程	薛振东
14	砌体工程	朱维益
15	木结构工程	王寿华
16	钢结构工程	赵志缙　赵　帆　范懋达　王　辉

第4册

17	模板工程	侯君伟　赵志缙
18	钢筋工程	杨宗放
19	混凝土工程	徐　帆
20	预应力混凝土工程	杨宗放　杜荣军
21	混凝土结构吊装工程	梁建智　叶映辉　赵志缙
22	装配式大板与升板法施工	侯君伟　戎　贤　朱维益　张晋元　孙　克
23	滑动模板施工	毛凤林
24	大模板施工	侯君伟　赵志缙

第5册

25	屋面工程	杨　扬　项桦太
26	建筑地面工程	熊杰民
27	门窗工程	王寿华
28	装饰工程	侯君伟
29	防腐蚀工程	芦　天　侯锐钢　白　月　陆士平
30	工程构筑物	王寿华
31	冬季施工	项翥行
32	隔热保温工程与建筑节能	张竹荪

第二版出版说明

《建筑施工手册》(第一版) 自 1980 年出版以来，先后重印七次，累计印数达 150 万册左右，受到广大读者的欢迎和社会的好评，曾荣获 1971～1981 年度全国优秀科技图书奖。不少读者还对第一版的内容提出了许多宝贵的意见和建议，在此我们向广大读者表示深深的谢意。

近几年，我国执行改革、开放政策，建筑业蓬勃发展，高层建筑日益增多，其平面布局、结构类型复杂、多样，各种新的建筑材料的应用，使得建筑施工技术有了很大的进步。同时，新的施工规范、标准、定额等已颁布执行，这就使得第一版的内容远远不能满足当前施工的需要。因此，我们对手册进行了全面的修订。

手册第二版仍分上、中、下三册，以量大面广的一般工业与民用建筑，包括相应的附属构筑物的施工技术为主。但是，内容范围较第一版略有扩大。第一版全书共 29 个项目，第二版扩大为 31 个项目，增加了“砌块工程施工”和“预应力板柱工程施工”两章。并将原第 3 章改名为“施工组织与管理”、原第 4 章改名为“建筑工程招标投标及工程概预算”、原第 9 章改名为“脚手架工程和垂直运输设施”、原第 17 章改名为“钢筋混凝土结构吊装”、原第 18 章改名为“装配式大板工程施工”。除第 17 章外，其他各章均增加了很多新内容，以更适应当前施工的需要。其余各章均作了全面修订，删去了陈旧的和不常用的资料，补充了不少新工艺、新技术、新材料，特别是施工常用结构计算、地基与基础工程、地下防水工程、装饰工程等章，修改补充后，内容更为丰富。

手册第二版根据新的国家规范、标准、定额进行修订，采用国家颁布的法定计量单位，单位均用符号表示。但是，对个别计算公式采用法定计量单位计算数值有困难时，仍用非法定单位计算，计算结果取近似值换算为法定单位。

对于手册第一版中存在的各种问题，这次修订时，我们均尽可能一一作了订正。

在手册第二版的修订、审稿过程中，得到了许多单位和个人的大力支持和帮助，我们衷心地表示感谢。

手册第二版主要执笔人

上　册

项目名称	修订者
1. 常用数据	关　柯　刘长滨
2. 施工常用结构计算	赵志缙　应惠清　陈　杰
3. 施工组织与管理	关　柯　王长林　董五学　田金信
4. 建筑工程招标投标及工程概预算	侯君伟
5. 材料试验与结构检验	项翥行
6. 施工测量	吴来瑞　陈云祥

7. 土方与爆破工程	江正荣
8. 地基与基础工程	江正荣　朱国梁
9. 脚手架工程和垂直运输设施	杜荣军

中　册

10. 砖石工程	朱维益
11. 木结构工程	王寿华
12. 钢结构工程	赵志缙　范懋达　王　辉
13. 模板工程	王壮飞
14. 钢筋工程	杨宗放
15. 混凝土工程	徐　帆
16. 预应力混凝土工程	杨宗放
17. 钢筋混凝土结构吊装	朱维益
18. 装配式大板工程施工	侯君伟

下　册

19. 砌块工程施工	张稚麟
20. 预应力板柱工程施工	杜荣军
21. 滑升模板施工	王壮飞
22. 大模板施工	侯君伟
23. 升板法施工	朱维益
24. 屋面工程	项桦太
25. 地下防水工程	薛振东
26. 隔热保温工程	韦延年
27. 地面与楼面工程	熊杰民
28. 装饰工程	侯君伟　徐小洪
29. 防腐蚀工程	侯君伟
30. 工程构筑物	王寿华
31. 冬期施工	项翥行

1988 年 12 月

第一版出版说明

《建筑施工手册》分上、中、下三册，全书共二十九个项目。内容以量大面广的一般工业与民用建筑，包括相应的附属构筑物的施工技术为主，同时适当介绍了各工种工程的常用材料和施工机具。

手册在总结我国建筑施工经验的基础上，系统地介绍了各工种工程传统的基本施工方法和施工要点，同时介绍了近年来应用日广的新技术和新工艺。目的是给广大施工人员，特别是基层施工技术人员提供一本资料齐全、查找方便的工具书。但是，就这个本子看来，有的项目新资料收入不多，有的项目写法上欠简练，名词术语也不尽统一；某些规范、定额，因为正在修订中，有的数据规定仍取用旧的。这些均有待再版时，改进提高。

本手册由国家建筑工程总局组织编写，共十三个单位组成手册编写组。北京市建筑工程局主持了编写过程的编辑审稿工作。

本手册编写和审查过程中，得到各省市基建单位的大力支持和帮助，我们表示衷心的感谢。

手册第一版主要执笔人

上 册

1. 常用数据	哈尔滨建筑工程学院	关　柯　陈德蔚
2. 施工常用结构计算	同济大学	赵志缙　周士富 潘宝根
	上海市建筑工程局	黄进生
3. 施工组织设计	哈尔滨建筑工程学院	关　柯　陈德蔚 王长林
4. 工程概预算	镇江市城建局	左鹏高
5. 材料试验与结构检验	国家建筑工程总局第一工程局	杜荣军
6. 施工测量	国家建筑工程总局第一工程局	严必达
7. 土方与爆破工程	四川省第一机械化施工公司	郭瑞田
	四川省土石方公司	杨洪福
8. 地基与基础工程	广东省第一建筑工程公司	梁　润
	广东省建筑工程局	郭汝铭
9. 脚手架工程	河南省第四建筑工程公司	张肇贤

中 册

10. 砌体工程	广州市建筑工程局	余福荫
	广东省第一建筑工程公司	伍于聪
	上海市第七建筑工程公司	方　枚

11. 木结构工程	山西省建筑工程局	王寿华
12. 钢结构工程	同济大学	赵志缙　胡学仁
	上海市华东建筑机械厂	郑正国
	北京市建筑机械厂	范懋达
13. 模板工程	河南省第三建筑工程公司	王壮飞
14. 钢筋工程	南京工学院	杨宗放
15. 混凝土工程	江苏省建筑工程局	熊杰民
16. 预应力混凝土工程	陕西省建筑科学研究院	徐汉康　濮小龙
	中国建筑科学研究院 建筑结构研究所	裴　骕　黄金城
17. 结构吊装	陕西省机械施工公司	梁建智　于近安
18. 墙板工程	北京市建筑工程研究所	侯君伟
	北京市第二住宅建筑工程公司	方志刚

下　册

19. 滑升模板施工	河南省第三建筑工程公司	王壮飞
	山西省建筑工程局	赵全龙
20. 大模板施工	北京市第一建筑工程公司	万嗣诠　戴振国
21. 升板法施工	陕西省机械施工公司	梁建智
	陕西省建筑工程局	朱维益
22. 屋面工程	四川省建筑工程局建筑工程学校	刘占罴
23. 地下防水工程	天津市建筑工程局	叶祖涵　邹连华
24. 隔热保温工程	四川省建筑科学研究所	韦延年
	四川省建筑勘测设计院	侯远贵
25. 地面工程	北京市第五建筑工程公司	白金铭　阎崇贵
26. 装饰工程	北京市第一建筑工程公司	凌关荣
	北京市建筑工程研究所	张兴大　徐晓洪
27. 防腐蚀工程	北京市第一建筑工程公司	王伯龙
28. 工程构筑物	国家建筑工程总局第一工程局二公司	陆仁元
	山西省建筑工程局	王寿华　赵全龙
29. 冬季施工	哈尔滨市第一建筑工程公司	吕元骐
	哈尔滨建筑工程学院	刘宗仁
	大庆建筑公司	黄可荣

手册编写组组长单位	北京市建筑工程局（主持人：徐仁祥　梅　璋　张悦勤）
手册编写组副组长单位	国家建筑工程总局第一工程局（主持人：俞佾文）
	同济大学（主持人：赵志缙　黄进生）
手册审编组成员	王壮飞　王寿华　朱维益　张悦勤　项翥行　侯君伟　赵志缙
出版社审编人员	夏行时　包瑞麟　曲士蕴　李伯宁　陈淑英　周　谊　林婉华 胡凤仪　徐竞达　徐焰珍　蔡秉乾

1980年12月

目 录

1 施工项目管理

1.1 施工项目管理概述

1.1.1 基本概念

1.1.1.1 项目、建设项目

1. 项目

项目是指为达到符合规定要求的目标，按限定时间、限定资源和限定质量标准等约束条件完成的，由一系列相互协调的受控活动组成的特定过程的总和。

项目的基本特征是：一次性、目标的明确性、具有独特的生命期、整体性和不可逆性。

2. 建设项目

建设项目是指为完成依法立项的新建、扩建、改建工程而进行的、有起止日期的、达到规定要求的一组相互关联的受控活动的总和，包括策划、勘察、设计、采购、施工、试运行、竣工验收和考核评价等阶段。

建设项目的基本特征是：目标的明确性、工程的整体性、建设管理的程序性、工期和造价的约束性、项目管理组织的一次性和建设过程的风险性。

1.1.1.2 施工项目

施工项目是指建筑企业自施工承包投标开始到保修期满为止的全过程完成的项目。

施工项目除了具有一般项目的特征外，还具有以下特征：①施工项目是建设项目或其中的单项工程、单位工程、分部分项工程的施工活动过程。②建筑企业是施工项目的管理主体。③施工项目的任务范围是由施工合同界定的。④建筑产品具有多样性、固定性、体积庞大的特点。

只有建设项目、单项工程、单位工程的施工活动过程才称得上施工项目，因为它们才是建筑企业的最终产品。由于分部工程、分项工程不是建筑企业的最终产品，故其活动过程不能称为施工项目，而是施工项目的组成部分。

1.1.1.3 项目管理、建设项目管理

1. 项目管理

项目管理是指项目管理者为达到项目目标，运用系统理论和方法，对项目进行的计划、组织、指挥、协调和控制等活动过程的总称。

项目管理的对象是项目。项目管理者是项目中各项活动的主体。项目管理的职能同所有管理的职能均是相同的。由于项目的特殊性，要求运用系统的理论和方法进行科学管理，以保证项目目标的实现。

2. 建设项目管理

建设项目管理是为实现项目目标，运用系统的理论和方法，对建设项目进行的计划、组织、指挥、协调和控制等专业化活动。

建设项目管理的对象是建设项目。建设项目管理的职能是决策、计划、组织、指挥、控制、协调。建设项目管理的主要目标是进行投资（成本）、质量、安全、进度等目标的控制。

1.1.1.4　施工项目管理

施工项目管理是指建筑企业运用系统的理论和方法，对施工项目进行的计划、组织、指挥、协调和控制等全过程的专业化活动。

1.1.1.5　施工项目管理与建设项目管理的区别（表 1-1）

施工项目管理与建设项目管理的区别　　表 1-1

区别特征	施工项目管理	建设项目管理
管理主体	建筑企业或其授权的项目经理部	建设单位或其委托的工程咨询（监理）单位
管理任务	生产出符合需要的建筑产品，获得预期利润	取得符合要求的能发挥应有效益的固定资产
管理内容	涉及从工程投标开始到交工与保修期满为止的全部生产组织与管理及维修	涉及投资、设计和建设全过程的管理
管理范围	由工程承包合同规定的承包范围，可以是建设项目，也可以是单项（位）工程、分部分项工程	由可行性研究报告评估审定的所有工程，是一个建设项目

1.1.2　施工项目管理程序及内容

1.1.2.1　施工项目管理程序（表 1-2）

施工项目管理程序表　　表 1-2

序号	管理阶段	管理目标	主要工作	负责执行者
1	投标签订合同阶段	中标签订工程承包合同	1. 按企业的经营战略，对工程项目做出是否投标及争取承包的决策； 2. 决定投标后，收集掌握企业本身、相关单位、市场、现场及诸多方面的信息； 3. 编制《施工项目管理规划大纲》； 4. 编制既能使企业经营盈利又有竞争力，可能中标的投标书，在投标截止日期前发出投标函； 5. 若中标，则与招标方谈判，依法签订工程承包合同	企业决策层 企业管理层
2	施工准备阶段	使工程具备开工和连续施工的基本条件	1. 企业正式委派资质合格的项目经理，项目经理组建项目经理部，根据工程管理需要建立项目管理机构，配备管理人员； 2. 企业管理层与项目经理协商签订《施工项目管理目标责任书》，明确项目经理应承担的责任目标及各项管理任务； 3. 编制《施工项目管理实施计划》； 4. 做好施工各项准备工作，达到开工要求； 5. 编写开工申请报告，上报，待批开工	项目经理部 企业管理层

续表

序号	管理阶段	管理目标	主要工作	负责执行者
3	施工实施阶段	完成合同规定的全部施工任务，达到验收、交工条件	1. 编制施工方案； 2. 组织人员、材料、设备等进行施工； 3. 做好动态控制工作，保证质量、进度、成本、安全、环保目标的全面实现； 4. 管理施工现场，实行文明施工； 5. 严格履行合同，协调好与建设、监理、设计及相关单位的关系； 6. 处理好合同变更及索赔； 7. 做好记录、检查、分析和改进工作	项目经理部 企业管理层
4	竣工交工与结算阶段	对项目成果进行总结、评价，对外结清债权债务，结束交易关系	1. 工程收尾； 2. 进行试运转； 3. 接受竣工验收； 4. 整理移交竣工文件，进行工程款结算； 5. 总结工作，编制竣工报告； 6. 办理工程交接手续，签订《工程质量保修书》； 7. 项目经理部解体	项目经理部 企业管理层
5	用户服务阶段	保证用户正确使用，使建筑产品发挥应有功能，反馈信息，改进工作，提高企业信誉	1. 根据《工程质量保修书》的约定做好保修工作； 2. 为保证正常使用，提供必要的技术咨询和服务； 3. 进行工程回访，听取用户意见，总结经验教训发现问题，及时维修和保修； 4. 配合科研等需要，进行沉陷、抗震性能观察	企业管理层

1.1.2.2　施工项目管理的内容（表 1-3）

施工项目管理的内容　　**表 1-3**

序号	项目	管理内容
1	施工项目组织管理	1. 由企业法定代表人采用适当的方式选聘称职的施工项目经理； 2. 根据施工项目管理组织原则，结合工程规模、特点，选择合适的组织形式，建立施工项目管理组织机构，明确各部门、各岗位的责任、权限和利益； 3. 在符合企业规章制度的前提下，根据施工项目管理的需要，制订施工项目经理部管理制度
2	施工项目规划管理	1. 在工程投标前，由企业管理层编制施工项目管理大纲（或施工组织总设计），对施工项目管理自投标到保修期满进行全面的纲领性规划； 2. 在工程开工前，由项目经理组织编制施工项目管理实施计划（或施工组织设计），对施工项目管理从开工到交工验收进行全面的指导性规划
3	施工项目目标管理	在施工项目实施的全过程中，应对项目的质量、进度、成本和安全、环保、科技目标进行控制，以实现项目的各项约束性目标。控制的基本过程为： 1. 确定各项目标控制标准； 2. 在实施过程中，通过检查、对比，评价目标的完成情况； 3. 将衡量结果与标准进行比较，若有偏差，分析原因，采取相应的措施以保证目标的实现； 4. 对项目管理进行阶段性和全过程的责任目标检查、考评、奖罚

续表

序号	项目	管理内容
4	施工项目生产要素管理	1. 分析各生产要素（劳动力、材料、设备、技术和资金）的特点； 2. 按一定的原则、方法，对施工项目生产要素进行优化配置并评价； 3. 对施工项目各生产要素进行动态管理
5	施工项目合同与成本管理	合同管理的水平直接关系项目管理及工程施工的技术组织效果和目标实现。从工程投标开始，加强工程承包合同的策划、签订、履行、索赔管理及项目成本管理。同时做好各类分包合同、采购合同和租赁合同的管理
6	施工项目信息管理	利用信息技术对项目有关的各类信息进行收集、整理、储存、处理和使用，提高项目管理的科学性和有效性
7	施工现场管理与风险管理	应对施工现场设计、技术、进度、质量、安全、生态文明、材料、设备及项目风险进行科学有效的管理，以达到文明施工、保护环境、塑造良好企业形象、提高施工管理水平的目的
8	施工项目沟通与协调管理	在施工项目实施过程中，应通过会议、报告等进行组织协调，沟通和处理好内部及外部的各种关系，排除种种干扰和障碍

1.1.3　施工项目管理责任制度

1.1.3.1　施工项目管理责任制度概念

是指组织制定的，以施工项目为对象，以项目经理为核心，以项目管理目标责任书为依据，确保施工项目管理目标实现的责任制度，规定工作职责、职权和利益及其关系，是施工项目管理的基本制度，其关键为项目经理责任制。

1.1.3.2　项目经理责任制

施工项目各实施主体和参与方法定代表人应书面授权委托项目管理机构负责人，并实行项目经理责任制，明确项目经理职责、权限和利益，项目经理根据法定代表人的授权范围、期限和内容，履行项目管理职责，对施工项目实施全过程及全面管理。

1. 项目经理应履行的职责

(1) 项目管理目标责任书中规定的职责；

(2) 工程质量安全承诺书中应履行的职责；

(3) 组织或参与编制项目管理规划大纲、项目管理实施规划，对项目目标进行系统管理；

(4) 主持制定并落实质量、安全技术措施和专项方案，主持相关的组织协调工作；

(5) 对各类资源进行质量监控和动态管理；

(6) 对进场的机械、设备、工器具的安全、质量和使用进行监控；

(7) 建立各类专业管理制度，并组织实施；

(8) 制定有效的安全、文明和环境保护措施并组织实施；

(9) 组织或参与评价项目管理绩效；

(10) 进行授权范围内的任务分解和利益分配；

(11) 按规定完善工程资料，规范工程档案文件，准备竣工资料，参与工程竣工验收；

(12) 及时组织工程内外结算，并回收资金或支付有关款项；

(13) 接受审计，处理项目管理机构解体的善后工作；

(14) 协助和配合组织进行项目检查、鉴定和评奖申报；

(15) 配合组织完善缺陷责任期的相关工作。

2. 项目经理应具有的权限

(1) 参与项目招标、投标和合同签订；

(2) 参与组建项目管理机构；

(3) 参与组织对项目各阶段的重大决策；

(4) 主持项目管理机构工作；

(5) 决定授权范围内的项目资源使用；

(6) 在组织制度的框架下制定项目管理机构管理制度；

(7) 参与选择并直接管理具有相应资质的分包人；

(8) 参与选择大宗资源的供应单位；

(9) 在授权范围内与项目相关方进行直接沟通；

(10) 主持项目各类绩效的考评与奖罚兑现；

(11) 法定代表人和组织授予的其他权利。

3. 项目经理应享有的利益

(1) 项目经理的工资主要包括基本工资、岗位工资和绩效工资，其中绩效工资应与施工项目的效益挂钩。

(2) 在全面完成《施工项目管理目标责任书》确定的各项责任目标、交工验收并结算后，接受企业的考核、审计后，应获得规定记功、优秀项目经理等荣誉称号等精神的物质奖励和相应的表彰、奖励。

(3) 经企业考核、审计，确认未完成责任目标或造成亏损的，要按有关条款承担责任，并接受经济或行政处罚。

1.1.3.3　施工项目管理目标责任书

施工项目管理目标责任书在项目实施之前，由组织法定代表人或其授权人与项目管理机构负责人协商制定。属于组织内部明确责任的系统化管理文件，其内容应符合组织制度要求和项目自身特点。

1. 施工项目管理目标责任书编制依据

(1) 项目合同文件；

(2) 组织管理制度；

(3) 项目管理规划大纲；

(4) 组织经营方针和目标；

(5) 项目特点和实施条件与环境。

2. 施工项目管理目标责任书主要内容

(1) 项目管理实施目标；

(2) 组织和项目管理机构职责、权限和利益的划分；

(3) 项目现场质量、安全、环保、文明、职业健康和社会责任目标；

(4) 项目设计、采购、施工、试运行管理的内容和要求；

（5）项目所需资源的获取和核算办法；
（6）项目管理机构负责人和项目管理机构应承担的风险；
（7）缺陷责任期、质量保修期及之后对项目管理机构负责人的相关要求。

1.1.3.4　施工项目管理机构

1. 施工项目管理机构概念

施工项目管理机构是施工项目管理责任制的执行单位，承担项目实施的管理任务和实现目标的责任，由项目经理领导，接受组织职能部门的领导、监督、检查、服务和考核，负责对项目资源进行合理使用和动态管理。施工项目管理机构应在项目启动前建立，在项目完成后或按合同约定解体。施工项目管理机构即项目经理部。

2. 建立施工项目管理机构应遵循下列规定

（1）结构应符合组织制度和项目实施要求；
（2）应有明确的管理目标、运行程序和责任制度；
（3）机构成员应满足项目管理要求并具备相应资格；
（4）组织分工应相对稳定并可根据项目实施变化进行调整；
（5）应确定机构成员的职责、权限、利益和需要承担的风险。

3. 建立施工项目管理机构应遵循下列步骤

（1）根据项目管理规划大纲、项目管理目标责任书及合同要求明确管理任务；
（2）根据管理任务分解和归类，明确组织结构；
（3）根据组织结构，确定岗位职责、权限以及人员配置；
（4）制定工作程序和管理制度；
（5）由组织管理层审核并形成正式文件。

4. 施工项目管理机构的管理活动应符合下列要求

（1）应执行管理制度；
（2）应履行管理程序；
（3）应实施计划管理，保证资源的合理配置和有序流动；
（4）应注重项目实施过程的指导、监督、考核和评价。

1.1.3.5　施工项目团队建设

施工项目建设相关责任方均应实施项目团队管理，明确团队管理原则，规范团队运行。项目建设相关责任方的项目管理团队之间应围绕项目目标协同工作并有效沟通。

1. 施工项目团队建设应符合下列规定：

（1）建立团队管理机制和工作模式；
（2）各方步调一致，协同工作；
（3）制定团队成员沟通制度，建立畅通的信息沟通渠道和各方共享的信息平台。

2. 项目管理机构负责人应对项目团队建设和管理负责，组织制定明确的团队目标、合理高效的运行程序和完善的工作制度，定期评价团队运作绩效。

3. 项目管理机构负责人应统一团队思想，增强集体观念，和谐团队氛围，提高团队运行效率。

4. 项目团队建设应开展绩效管理，提高团队成员集体的协作成果。

1.1.4 项目施工管理信息化

1.1.4.1 项目施工管理信息化概述

1. 信息化的概念

信息化是利用计算机技术、网络技术、物联网技术、云计算、大数据、BIM技术、虚拟仿真技术等一系列现代化技术，通过对信息资源的深度开发和广泛利用，不断提高生产、经营、管理、决策的效率和水平，从而提高企业经济效益和企业竞争力。项目施工管理信息化主要包括项目运营管理与生产过程的信息化，是提高项目经济效益与生产效率的管理工具。

2. 项目施工管理信息化

(1) 项目全生命期的管理信息化。实现从项目中标、策划到过程各资源的配备，再到项目竣工、运维全周期的信息化管理。主要包括经济活动的信息化与管理活动的信息化全要素管理。其中经济活动信息化主要以项目合同管理为基础，以成本管理为核心，实现从项目中标到合同管理、项目策划及过程管控、工程结算到竣工验收的项目全过程内容。在项目施工阶段以项目签订合同为主线，以项目成本管理为核心，实现劳务、工程材料、工程设备、施工机械、周转材料、工程分包从合同管理到结算管理及付款管理的过程管控，其中工程材料实现从工程材料总控计划、月度计划、实际计划、采购、入库、出库、盘点以及结算对账再到款项支付的闭环管理；实现工程分包从合同评审与签订、过程与最终结算、成本分析及支付闭环管理；实现施工机械与周转材料租赁从合同评审与签订，到设备进场、出场、停租、成本归集及支付的闭环管理；实现从主合同、产值报量与审核，到收入列收再到收款管理的闭环管理；最后实现从目标成本、责任成本到实际成本的统计分析等核心内容，同时通过业财一体化，使业务与财务、资金与税务数据融为一体，形成完整的全生命期链条，达到信息化纵向到底、横向到边，覆盖企业运营全过程的同时，工程项目整个建造成本得到体现，实现数据化管理。管理活动信息化主要以非结构化数据的文本资料为基础，以规范管理流程为重点，主要包括日常事务性审批以及公文、知识文档等业务的管理，以满足项目内部管理。

(2) 项目现场生产过程信息化管理。围绕项目施工所覆盖的人、机、料、法、环等全要素，应用BIM技术、物联网、云计算、大数据、移动技术等软硬件技术辅助施工过程管理。主要包括工程图纸劳务实名制、自动化监测、视频监控、智能化测量、质量、安全、进度等信息化管理。以满足项目相关方的协同管理，提高项目生产效率。同时通过大数据和云计算技术，有效实现了工程项目资源整合和集中化管理，实现工程信息资源的集中共享与智慧管理。

1.1.4.2 项目施工管理信息化建设措施

1. 建立组织体系，强化信息化应用

为有效推动项目信息化建设及应用，项目需配置信息化工作小组，项目经理担任信息化工作小组组长，项目总工等项目班子成员纳入工作小组。统一协调信息化建设，项目各部门配合协作完成信息化建设，便于形成信息化推进工作机制，落实信息化建设专项经费保障。同时制定项目信息化发展目标及配套管理制度，约束行为规范，推动项目信息化按已制定的应用标准运行。

2. 培养信息化应用能力

信息化是项目管理的“劳动工具”，应渗透到每个相应的岗位，全员参与使用，而不是一项“具体工作”，被安排给某一个或几个人完成信息化所有工作。项目应加强信息化在项目标准化管理中的带动作用。培育精通信息技术和业务的复合型人才，强化各类人员信息技术应用培训，提高全员信息化应用能力。

3. 强化信息化安全建设

项目应具备信息安全意识，建立健全信息安全保障体系，重视项目数据资产管理，积极开展信息系统安全等级保护工作，提高信息安全水平。

1.1.4.3　项目施工管理信息化的建设内容

1. 办公协同平台管理内容（表 1-4）

办公协同平台管理内容　　**表 1-4**

序号	项目	管理内容
1	协同办公	信息传输与流动，实现工作流转自动化
2	公文管理	1. 公文传达； 2. 发文管理； 3. 收文管理； 4. 文件归档
3	计划管理	工作计划跟踪、提醒与督导
4	用印管理	印章事务性管理
5	行政管理	1. 员工考勤； 2. 会议室申请、审核； 3. 车辆预订及使用； 4. 综合管理
6	邮件管理	内外部沟通渠道，可集成第三方软件
7	知识管理	知识发布、知识共享
8	文化建设	党建文化、企业文化、项目文化、人文关怀、微信公众号

2. 项目运营平台管理内容（表 1-5）

项目运营平台管理内容　　**表 1-5**

序号	项目	管理内容
1	招议标管理	1. 供方档案信息管理； 2. 项目总招标计划、年度招标计划、单项招标计划、招标文件评审； 3. 投标报名、入围单位评审、开标询标记录单、定标审批单、中标审批单
2	合同管理	1. 合同起草、评审、签订、合同变更； 2. 实现合同分类管理、合同文档资料管理以及监理合同管理台账和合同执行情况分析，避免出现超合同额结算
3	收入管理	1. 项目工程产值完成情况的确认与分析、工程产值与施工进度对比分析、商务考核预算收入认定； 2. 对业主方签证、索赔、变更申请与确认； 3. 对业主方收入计量申请与确认、收款管理； 4. 建造合同收入的管理

续表

序号	项目	管理内容
4	分包管理	1. 劳务分包与专业分包的过程结算的日常管理，结算关联合同管理，不允许独立结算和超合同额结算，避免项目过程中的资金风险； 2. 建立分包合同的变更签证及补充协议合同签订的完整业务流程，实现各项要素的动态管理
5	工程材料管理	1. 通过工程材料总控计划、月度计划、需用计划的线上管理，实现项目工程材料采购/租赁的科学性、有效性和及时性，保障项目规范有序地推进； 2. 消耗材料出入库管理，生成材料出入库流水账及收发存汇总表； 3. 关联材料合同，实现供方对账及供料认定及付款； 4. 租赁设备的进场、停租、退场、结算等日常管理及提供相关台账分析使用； 5. 周转材料的进场、停租、退场、报废、结算等日常管理及提供相关台账分析使用
6	成本管理	1. 建立项目责任目标管理机制，用于项目三算对比分析，即预算收入、目标成本、实际成本实现过程全面动态控制，及时发现问题与解决问题，保障项目利润最大化； 2. 实际成本归集必须与各项结算数据实现完全的一致性，杜绝成本独立统计与分析，其中需摊销的成本，应通过摊销机制处理后再归集； 3. 成本管理应分类管理，类似现场经费无法通过项目业务应用直接产生的费用应与财务系统建立关联关系，实现从财务系统取数的方式，满足成本数据的真实性与客观性
7	付款管理	1. 申请支付供应商费用； 2. 支付应与合同、结算产生业务关联，杜绝超合同结算、超结算付款； 3. 建立收支平衡体系，通过对支付整体情况把控实现科学支付，既要保障供方的权益，又能维持项目可控的资金流量； 4. 有条件的项目可实现银企直联，内部系统线上办理付款后，银行直接划拨资金到供方账户
8	进度管理	1. 进度总控计划、关键节点计划及其他日常管理计划； 2. 进度计划销项管理； 3. 提供通过网络图、甘特图、树状图等多种数据分析渠道； 4. 进度风险管理，提供事前、事中、事后三类进度风险预警，已经延迟或即将延迟的进度事项需注明延迟原因及纠偏措施
9	管理驾驶仓	把项目人、机、料主要资源、工程节点进度和项目成本分析情况等用柱状图、饼图、趋势图或表格形式集中展现在项目主要管理人员的PC端和移动端设备上

3. 项目现场管理平台内容（表1-6）

项目现场管理平台内容 **表1-6**

序号	项目	管理内容
1	智慧工地平台	1. 集成施工现场多个子系统，抽取子系统的关键数据进行清洗，整理、分析、提供大屏数据集中展示； 2. 监测项目实际施工情况，快速响应调动资源； 3. 主动预警，发现现场问题提供问题反向追溯
2	实测实量质量管理平台	1. 实时传输实测实量数据，提供二维码标识； 2. 施工人员现场前端利用移动互联，现场录入实测实量内容，并进行标志，后台对数据整理并分类，自动建立测区测点台账； 3. 杜绝人为干扰因素，连接建设方、监理以及第三方质量检查单位进行现场真实数据结果比对； 4. 混凝土温度监测、地下管线无损探测等

续表

序号	项目	管理内容
3	安全监测管理平台	1. 通过无线GPRS连接技术，实时将土压力盒、锚杆应力计、孔隙水压计、静力水准仪、埋入式钢筋计、裂缝计、埋入式应变计等安全监测设备的监测数据传输至软件平台后台分析； 2. 塔式起重机安全群控、吊篮安全群控、智能安全带、施工电梯安全监测、人员精准定位等； 3. 实时监测设备数据、安全红线，系统自动报警
4	施工设备动态预警监测管理平台	1. 自动跟踪设备及备件的使用周期，评估设备的管理水平和性能状态； 2. 设备点巡检智能化、设备预防维护智能化； 3. 远程专家团队提供咨询服务，及时辅助当下问题处理及方案优化
5	生产进度管理平台	1. 采集现场生产信息关联进度管理软件计划，实现动态跟踪及预警； 2. 进度偏差跟踪与穿透管理，并依据资源配置等情况分析偏差原因； 3. 进度管理货币化，形象进度实物量统计与产值统计自动关联
6	劳务实名管理系统	1. 人员信息管理、工地考勤复核、人员工资管理； 2. 人脸对比、安保门禁、安全教育及培训； 3. 劳务合同管理、总部平台、报表查询
7	多方协同平台	1. 业主、监理、施工单位工作协同一体化，实现方案评审、现场变更、质量检查、工程验收、计量支付在线协同； 2. 分包管理、供货商信息一体化，实现电子签章、合同用印、施工进度确认在线处理

4. BIM技术应用平台管理内容（表1-7）

BIM技术应用平台管理内容　　**表1-7**

序号	项目阶段	管理内容
1	设计阶段	1. 深化设计管理，实现方案优化、产品设备选型优化、建筑空间优化等； 2. 通过Revit Live实现虚拟现实转换，辅助深化设计方案决策
2	施工阶段	1. 利用BIM模拟施工工序辅助项目重难点方案编制工作及协助施工技术方案交底； 2. BIM+3D激光扫描纠正实测实量偏差； 3. 4D模型展示进度管理，及时进行工作部署和调整纠偏及移动端采集数据，提高项目进度精准度和准确性； 4. BIM+VR实现安全教育和装饰装修室内色彩搭配； 5. BIM+协同平台实现基于BIM可视化交底、轻量化BIM模型浏览、设计变更、进度、质量、材料等方面的协同管理
3	验收及运维阶段	运用BIM运维模拟仿真，基于BIM组态在地图对应位置配置设备元件及绑定真实设备，对整个项目空间管控，对设备远程监控及报警处理

1.2　施工项目组织领导

1.2.1　施工项目目标

1.2.1.1　施工项目目标的概念

施工项目目标是经过多因素综合分析判断作出的对施工活动预期结果的主观设想，具有维系施工项目组织各个方面关系构成系统组织方向核心的作用，是施工项目管理目标责任书的重要组成部分。施工项目目标包括项目的进度目标、质量目标、安全目标、科技目标、成本目标和环境目标。

1.2.1.2 施工项目管理目标责任书的签订和实施

（1）施工项目管理目标责任书的签订

首先，由企业管理部门根据施工项目特点和企业对项目的目标要求，按照施工项目管理目标责任书的内容体系起草制订；然后，会同施工项目经理，甚至可以扩大到施工项目经理部成员，进行协商，达成一致意见，最后双方签字认可。

施工项目管理目标责任书的签订，要内容具体，责任明确，各项目标的制定要详细、全面，尽量用量化的指标表述，具有可操作性。同时施工项目管理目标责任书的各项目标水平要适中，其水平高低应综合考虑历史上完成的相关类似项目的各项指标或其他相关企业的目标水平。

（2）施工项目管理目标责任书的实施

施工项目管理目标责任书一经制订，就在施工项目管理中起强制性作用。施工项目经理应组织施工项目经理部成员及各层次人员认真学习，明确分工，制定措施，及时监督。

在日常的施工项目管理工作中，各管理层应经常检查目标责任的履行情况，及时发现问题，并找出解决办法。

施工项目完成之后，企业管理层应对施工项目管理目标责任书完成情况进行考核，根据考核结果和项目目标责任书的奖惩规定，提出考核意见。考核应体现公平、公正的原则，确保目标责任书行为的约束性和管理的有效性。

1.2.2 施工项目组织结构与职责

1.2.2.1 施工项目组织结构设置的原则

在设置施工项目组织结构时，应遵循表1-8所列的六项原则。

施工项目组织结构设置的原则　　表1-8

原则	说明
目的性原则	1. 明确施工项目管理总目标，并以此为基本出发点和依据，将其分解为各项分目标、各级子目标，建立一套完整的目标体系； 2. 各部门、层次、岗位的设置，上下左右关系的安排，各项责任制和规章制度的建立，信息交流系统的设计，都必须服从各自的目标和总目标，做到与目标相一致、与任务相统一
效率性原则	1. 尽量减少机构层次、简化机构，各部门、层次、岗位的职责分明，分工协作，要避免业务量不足、人浮于事或相互推诿、效率低下； 2. 通过考核选聘素质高、能力强、称职敬业的人员，领导班子要有团队精神，减少内耗；力求工作人员精干，一专多能，一人多职，工作效率高
管理跨度与管理层次的统一原则	1. 根据施工项目的规模确定合理的管理跨度和管理层次，设计切实可行的组织机构系统； 2. 使整个组织结构的管理层次适中，减少设施，节约经费，加快信息传递速度和提高效率； 3. 使各级管理者都拥有适当的管理幅度，能在职责范围内集中精力、有效领导，同时还能调动下级人员的积极性、主动性

续表

原则	说明
业务系统化管理原则	1. 依据项目施工活动中，各不同单位工程，不同组织、工种、作业活动，不同职能部门、作业班组，以及和外部单位、环境之间的纵横交错、相互衔接、相互制约的业务关系，设计施工项目管理组织结构； 2. 应使管理组织结构的层次、部门划分、岗位设置、职责权限、人员配备、信息沟通等方面，适应项目施工活动的特点，有利于各项业务的进行，充分体现责、权、利的统一； 3. 使管理组织结构与工程项目施工活动、生产业务、经营管理相匹配，形成一个上下一致、分工协作的严密完整的组织系统
弹性和流动性原则	1. 施工项目组织结构应能适应施工项目生产活动单件性、阶段性、流动性的特点，具有弹性和流动性； 2. 在施工的不同阶段，当生产对象数量、要求、地点等条件发生改变时，在资源配置的品种、数量发生变化时，施工项目组织结构都能及时做出相应调整和变动； 3. 施工项目组织结构要适应工程任务的变化，合理安排部门增减、人员流动，始终保持在精干、高效、合理的水平上
与企业组织一体化的原则	1. 施工项目组织结构是企业组织的有机组成部分，企业是施工项目组织结构的上级领导； 2. 企业组织是项目组织结构的母体，项目组织形式、结构应与企业母体相协调、相适应，体现一体化原则，以便企业对其进行领导和管理； 3. 在组建施工项目组织结构，以及调整、解散项目组织时，项目经理由企业任免，人员一般来自于企业内部的职能部门等，并根据需要在企业组织与项目组织之间流动； 4. 在管理业务上，施工项目组织结构接受企业有关部门的指导

1.2.2.2　施工项目组织结构设置的程序

施工项目组织结构设置的程序如图 1-1 所示。

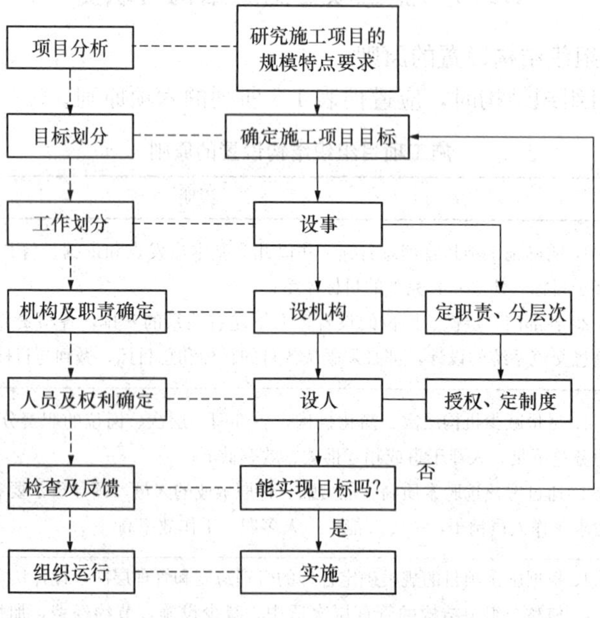

图 1-1　施工项目组织结构设置程序图

1.2.2.3　施工项目组织结构模式

基于项目合同内容和管理模式的不同，施工项目组织结构可分为三种组织结构模式：工程总承包模式、施工总承包模式、专业施工模式。三种模式的概念及适用范围如表 1-9 所示。

施工项目组织结构模式　　**表 1-9**

项目组织结构模式	概念	适用范围
工程总承包模式	总承包管理团队和施工管理团队两级分离的组织结构模式	EPC（Engineering Procurement Construction，设计采购施工）、DB（Design Build，设计施工）等工程总承包模式项目，业主对总承包管理需求大并且给予较大管理授权的施工总承包项目
施工总承包模式	总承包管理团队与自行施工管理团队融合的组织结构模式	工程总承包模式适用范围外且合同中有总承包管理职责和责任的项目
专业施工模式	专业施工项目的组织结构模式	工程总承包模式下的自行专业施工项目；承包的专业施工项目

1.2.2.4　施工项目组织形式的选择

1. 对施工项目组织形式的选择要求

（1）适应施工项目的一次性特点，有利于资源合理配置、动态优化、连续均衡施工。

（2）有利于实现公司的经营战略，适应复杂多变的市场竞争环境和社会环境，能加强施工项目管理，取得综合效益。

（3）能为企业对项目的管理和项目经理的指挥提供条件，有利于企业对多个项目的协调和有效控制，提高管理效率。

（4）有利于强化合同管理、履约责任，有效处理合同纠纷，提高公司信誉。

（5）要根据项目的规模、复杂程度及其所在地与企业的距离等因素，综合确定施工项目管理组织形式，力求层次简化、权责明确，便于指挥、控制和协调。

（6）根据需要和可能，在企业范围内，可考虑几种组织形式结合使用。如事业部制与矩阵式项目组织结合；工作组与事业部制项目组织结合；但工作组与矩阵式不可同时采用，否则会造成管理渠道和管理秩序的混乱。

2. 选择施工项目组织形式考虑的因素

选择施工项目组织形式应考虑企业类型、规模、人员素质、管理水平，并结合项目的规模、性质的要求等诸多因素综合考虑，做出决策。表 1-10 所列内容可供决策时参考。

选择施工项目组织形式参考因素　　**表 1-10**

项目组织形式	项目性质	企业类型	企业人员素质	企业管理水平
工作队式	1. 大型施工项目； 2. 复杂施工项目； 3. 工期紧的施工项目	1. 大型综合建筑企业； 2. 项目经理能力强的建筑企业	1. 人员素质较高； 2. 专业人才多； 3. 技术素质较高	1. 管理水平较高； 2. 管理经验丰富； 3. 基础工作较强
部门控制式	1. 小型施工项目； 2. 简单施工项目； 3. 只涉及个别少数部门的项目	1. 小型建筑施工企业； 2. 工程任务单一的企业； 3. 大中型直线职能制企业	1. 人员素质较差； 2. 技术力量较弱； 3. 专业构成单一	1. 管理水平较低； 2. 基础工作较差； 3. 缺少项目经理人员

续表

项目组织形式	项目性质	企业类型	企业人员素质	企业管理水平
矩阵式	1. 需多工种、多部门多技术配合的项目； 2. 管理效率要求高的项目	1. 大型综合建筑企业； 2. 经营范围广的企业； 3. 实力强的企业	1. 人员素质较高； 2. 专业人员紧缺； 3. 有一专多能人才	1. 管理水平高； 2. 管理经验丰富； 3. 管理渠道畅通信息流畅
事业部制	1. 大型施工项目； 2. 远离企业本部的项目； 3. 事业部制企业承揽的项目	1. 大型综合建筑企业； 2. 经营范能力强的企业； 3. 跨地区承包企业； 4. 海外承包企业	1. 人员素质高； 2. 专业人才多； 3. 项目经理能力强	1. 经营能力强； 2. 管理水平高； 3. 管理经验丰富； 4. 资金实力雄厚； 5. 信息管理先进

1.2.2.5　施工项目组织机构的职责

施工项目组织作为组织机构，是根据项目管理目标通过科学设计而建立的组织实体——项目经理部。该机构是由一定的领导体制、部门设置、层次划分、职责分工、规章制度、信息管理系统等构成的有机整体。对于组织工作，通过该机构所赋予的权力，具有的组织力、影响力，在施工项目管理中，合理配置生产要素，协调内外部及人员之间的关系，发挥各项业务职能的能动作用，确保信息畅通，推进施工项目目标的优化实现等全部管理活动。施工项目组织结构及其所进行的管理活动的有机结合才能充分发挥施工项目管理的职能。

1. 施工项目管理制度的种类

施工项目管理制度是施工项目经理部为实现施工项目管理目标，完成施工任务而制订的内部责任制度和规章制度。

（1）责任制度。是以部门、单位、岗位为主体制订的制度。责任制度规定了各部门、各类人员应该承担的责任、对谁负责、负什么责、考核标准以及相应的权利和相互协作要求等内容。责任制度是根据职位、岗位划分的，其重要程度不同，责任大小也各不相同；责任制度强调创造性地完成各项任务，其衡量标准是多层次的，可以评定等级。如各级领导、职能人员、生产工人等的岗位责任制度和生产、技术、成本、质量、安全等管理业务责任制度。

（2）规章制度。是以各种活动、行为为主体制订的制度。规章制度明确规定了人们行为和活动不得逾越的规范和准则，任何人只要涉及或参与其事都必须遵守。规章制度是组织的法规，更强调约束精神，对谁都同样适用。执行的结果只有是与非，即只有遵守与违反两个衡量标准。如围绕施工项目的生产施工活动制订的专业类管理制度主要有：施工制度、技术制度、质量制度、安全制度、材料制度、劳动力制度、机械设备制度、成本管理制度等，以及非施工专业类管理制度主要有：有关的合同类制度、分配类制度、核算类制度等。

2. 施工项目经理部的主要管理制度

施工项目经理部组建以后，首先进行的组织建设就是立即着手建立围绕责任、计划、技术、质量、安全、成本、核算、奖惩等方面的管理制度。施工项目经理部的主要管理制度有：

（1）施工项目管理岗位责任制度；
（2）施工项目技术与质量管理制度；
（3）图纸和技术档案管理制度；
（4）计划、统计与进度报告制度；
（5）施工项目成本核算制度；
（6）材料、机械设备管理制度；
（7）施工项目安全管理制度；
（8）文明施工和场容管理制度；
（9）施工项目信息管理制度；
（10）例会和组织协调制度；
（11）分包和劳务管理制度；
（12）内外部沟通与协调管理制度，如会议报告制度；
（13）行政管理等其他制度。

项目合同、财务资金、人力资源与考核考评等工作，企业通常实行集中集约管理，通常以企业层面制度为主，但项目部也可以制定管理细则。

1.2.3 冲突协调或问题管理与监督管理

1.2.3.1 冲突协调或问题管理的概念

冲突协调或问题管理是指以一定的组织形式、手段和方法，对施工中产生的关系不畅进行疏通，对产生的干扰和障碍予以排除的活动，是施工项目管理的一项重要职能。项目经理部应该在项目实施的各个阶段，根据其特点和主要矛盾，通过协调沟通，排除障碍，化解矛盾，充分调动有关人员的积极性，协同努力，提高运转效率，保证项目施工活动顺利进行。

1.2.3.2 冲突协调或问题管理的范围

冲突协调或问题管理的范围详见表1-11。

冲突协调或问题管理范围表 表1-11

协调关系	协调对象
领导与被领导关系； 业务工作关系； 与专业公司有合同关系	1. 项目经理部与企业之间； 2. 项目经理部内部部门之间、人员之间； 3. 项目经理部与作业层之间； 4. 作业层之间
直接或间接合同关系； 或服务关系	企业、项目经理部与业主、监理单位、设计单位、供应商、分包单位、贷款人、保险人等
多数无合同关系，但要受法律、法规和社会公德等约束关系	企业、项目经理部与政府、交通运输、环卫、环保、绿化、文物、消防、公安等

1.2.3.3 冲突协调或问题管理的内容

冲突协调或问题管理的内容主要包括人际关系、组织关系、供求关系、协作关系和约束关系等方面的协调。

1. 施工项目内部冲突协调或问题（表 1-12）

施工项目内部冲突协调或问题表　　表 1-12

协调关系		冲突协调或问题内容与方法
人际关系	1. 项目经理与下层关系； 2. 职能人员之间的关系； 3. 职能人员与作业人员之间； 4. 作业人员之间	1. 坚持民主集中制，执行各项规章制度； 2. 以各种形式开展人际交流沟通，增强了解、信任和亲和力； 3. 运用激励机制，调动人的积极性，用人所长，奖罚分明； 4. 加强政治思想工作，做好培训教育，提高人员素质； 5. 发生矛盾，重在调节、疏导，缓和利益冲突
组织关系	纵向层次之间、横向部门之间的分工协作和信息沟通关系	1. 按职能划分，合理设置机构； 2. 以制度形式明确各机构之间的关系和职责权限； 3. 制订工作流程图，建立信息沟通制度； 4. 以协调方法解决问题，缓冲、化解矛盾
供求关系	劳动力、材料、机械设备、资金等供求关系	1. 通过计划协调生产要求与供应之间的平衡关系； 2. 通过调度体系，开展协调工作，排除干扰； 3. 抓住重点、关键环节，调节供需矛盾
经济制约关系	管理层与作业层之间	1. 以合同为依据，严格履行合同； 2. 管理层为作业层创造条件，保护其利益； 3. 作业层接受管理层的指导、监督、控制； 4. 定期召开现场会，及时解决施工中存在的问题

2. 施工项目经理部与企业内部冲突协调或问题（表 1-13）

施工项目经理部与企业内部冲突协调或问题表　　表 1-13

协调关系及协调对象			冲突协调或问题内容与方法
党政管理	与企业有关的主管领导	上下级领导关系	1. 执行企业经理、党委决议，接受其领导； 2. 执行企业有关管理制度
业务管理	与企业相应的职能部门	接受其业务上的监督指导关系	1. 执行企业的工作管理制度，接受企业的监督、控制； 2. 项目经理部的统计、财务、材料、质量、安全等业务纳入企业相应部门的业务系统管理
	水、电、运输、安装等专业公司	总包与分包的合同关系	1. 专业公司履行分包合同； 2. 接受项目经理部监督、控制，服从其安排、调配； 3. 为项目施工活动提供服务
	劳务分公司	劳务合同关系	1. 履行劳务合同，依据合同解决纠纷、争端； 2. 接受项目经理部监督、控制，服从其安排、调配

3. 施工项目经理部与合同相关方冲突协调或问题（表 1-14）

项目部与合同相关方冲突协调或问题表 **表 1-14**

协调对象与协调关系		冲突协调或问题内容与方法
发包商	甲乙双方合同关系（项目经理部是工程项目施工承包人的代理人）	1. 双方洽谈、签订施工项目承包合同； 2. 双方履行施工承包合同约定的责任，保证项目总目标的实现； 3. 依据合同及有关法律解决争议纠纷，在经济问题、质量问题、进度问题上达到双方协调一致
监理工程师	监理与被监理关系（监理工程师是项目施工监理人，与业主有监理合同关系）	1. 按现行国家标准《建设工程监理规范》GB/T 50319 的规定，接受监督和相关的管理； 2. 接受业主授权范围内的监理指令； 3. 通过监理工程师与发包人、设计人等关联单位经常进行协调沟通； 4. 与监理工程师建立融洽的关系
设计者	平等的业务合作配合关系（设计者是工程项目设计承包商，与业主有设计合同关系）	1. 项目经理部按设计图纸及文件制订项目管理实施规划，按图施工； 2. 处理好与设计单位协作关系，处理好设计交底、图纸会审、设计洽商变更、修改、隐蔽工程验收、交工验收等工作
供应商	有供应合同者为合同关系	双方履行合同，利用合同的作用进行调节
	无供应合同者为市场买卖、需求关系	充分利用市场竞争机制、价格调节和制约机制、供求机制的作用进行调节
分包商	总包与分包的合同关系	1. 选择具有相应资质等级和施工能力的分包单位； 2. 劳务人员有就业证； 3. 双方履行分包合同，按合同处理经济利益、责任，解决纠纷； 4. 分包单位接受项目经理部的监督、控制
公用部门	相互配合、协作关系 相应法律、法规约束关系 （业主施工前应去公用部门办理相关手续并取得施工许可证）	1. 项目经理部在业主取得有关公用部门批准文件及施工许可后，方可进行相应的施工活动； 2. 遵守各公用部门的有关规定，合理、合法施工； 3. 项目经理部应根据施工要求向有关公用部门办理各类手续； 4. 到交通管理部门办理通行路线图和通行证； 5. 到市政管理部门办理街道临建审批手续； 6. 到自来水管理部门办理施工用水设计审批手续； 7. 到供电管理部门办理施工用电设计审批手续等； 8. 在施工活动中主动与公用部门密切联系，取得配合与支持，加强计划性，以保证施工质量、进度要求； 9. 充分利用发包人、监理工程师的关系进行协调

4. 施工项目经理部与政府相关部门冲突协调或问题（表 1-15）

施工项目经理部与政府相关部门冲突协调或问题表 **表 1-15**

关系单位或部门	冲突协调或问题内容与方法
政府建设行政主管部门	1. 接受政府建设行政主管部门领导、审查，按规定办理好项目施工的一切手续； 2. 在施工活动中，应主动向政府建设行政主管部门请示汇报，取得支持与帮助； 3. 在发生合同纠纷时，政府建设行政主管部门应给予调解或仲裁

续表

关系单位或部门	冲突协调或问题内容与方法
质量监督部门	1. 及时办理建设工程质量监督通知单等手续； 2. 接受质量监督部门对施工全过程的质量监督、检查，对所提出的质量问题及时改正； 3. 按规定向质量监督部门提供有关工程质量文件和资料
金融机构	1. 遵守金融法规，履行借贷合同； 2. 以建筑工程为标的向保险公司投保
消防部门	1. 施工现场有消防平面布置图，符合消防规范，在办理施工现场消防安全资格认可证审批后方可施工； 2. 随时接受消防部门对施工现场的检查，对存在的问题及时改正； 3. 竣工验收后还须将有关文件报消防部门，进行消防验收，若存在问题，立即返修
公安部门	1. 进场后应向当地派出所如实汇报工地性质、人员状况，为外来劳务人员办理暂住手续； 2. 主动与公安部门配合，消除不安定因素和治安隐患
安全监察部门	1. 按规定办理安全生产考核合格证、建设工程安全监督通知书； 2. 施工中接受安全监察部门的检查、指导，发现安全隐患及时整改、消除
公证鉴证机构	委托合同公证、鉴证机构进行合同的真实性、可靠性的法律审查和鉴定
司法机构	对合同纠纷请求调解、仲裁或诉讼
现场环境单位	1. 遵守公共关系准则，注意文明施工，减少环境污染、噪声污染，做好环卫、环保、场容场貌、安全等工作； 2. 尊重社区居民、环卫环保单位意见，改进工作，取得谅解、配合与支持
园林绿化部门	1. 因建设需要砍伐树木时，须提出申请，报工程所在地园林主管部门批准； 2. 因建设需要临时占用城市绿地和绿化带，须办理临建审批手续：经城市园林部门、城市规划部门、公安部门同意，并报当地政府批准
文物保护部门	1. 在文物较密集地区进行施工，项目经理部应事先与省市文物保护部门联系，进行文物调查或勘探工作，若发现文物要共同商定处理办法； 2. 施工中发现文物，项目经理部有责任和义务，妥善保护文物和现场，并报政府文物管理机关，及时处理

1.2.3.4　沟通机制

施工项目经理部可采用信函、邮件、文件、会议、口头交流、工作交底及其他媒介沟通方式与项目相关方进行沟通，其中最有效的沟通机制为会议；重要事项的沟通结果应形成书面记录并确认。

项目管理组织机构应分析和评估建设单位以及其他相关方对技术方案、工艺流程、资源条件、生产组织、工期、质量和安全保障以及环境和现场文明的需求；分析和评估供应商、分包单位和技术咨询单位对现场条件提供、资金保证以及相关配合的需求。

项目管理机构在分析和评估其他方需求的同时，也应对自身需求做出分析和评估，明确定位，与其他相关单位的需求有机融合，减少冲突和不一致。

1.3 施工项目管理策划与施工组织设计

1.3.1 施工项目管理策划与施工组织设计概述

1.3.1.1 施工项目管理策划的概念

广义上的施工项目管理策划由施工项目管理规划策划和施工项目管理配套策划组成。

施工项目管理规划策划包括两种：一种是施工项目管理策划（狭义上的），是由企业管理层在投标之前编制的，旨在作为投标依据，满足招标文件要求及签订合同要求的管理规划文件。另一种是施工项目实施计划，是由项目经理在开工之前主持编制的，旨在指导施工项目实施阶段管理的计划文件。

施工项目管理配套策划包括施工项目管理规划策划以外的所有项目管理策划内容。

施工项目管理策划一般指从项目决定投标到中标后如何实施进行的相关策划工作。

（1）施工项目管理策划应是项目管理工作中具有战略性、全局性和宏观性的指导文件。

（2）编制施工项目管理策划应遵循下列步骤：

1）明确项目需求和项目管理范围；

2）确定项目管理目标；

3）分析项目实施条件，进行项目工作结构分解；

4）确定项目管理组织模式、组织结构和职责分工；

5）规定项目管理措施；

6）编制项目资源计划；

7）报送审批。

（3）施工项目管理策划编制依据应包括下列内容：

1）项目文件、相关法律法规和标准；

2）类似项目经验资料；

3）实施条件调查资料。

（4）施工项目管理策划应包括的内容见表1-16。

施工项目管理策划的内容 **表1-16**

序号	名称	内容
1	施工项目概况	施工项目范围描述、投资规模、工程规模、使用功能、工程结构与构造、建设地点、合同条件、场地条件、法规条件、资源条件
2	项目实施条件分析	发包人条件、相关市场条件、自然条件、政治、法律和社会条件、现场条件、招标条件、工程重难点
3	项目管理基本要求	法规要求、政治要求、政策要求、组织要求、管理模式要求、管理条件要求、管理理念要求、管理环境要求、有关支持性要求等
4	项目范围管理策划	通过工作分解结构图，既要对项目的过程范围进行描述，又要对项目的最终可交付成果进行描述

续表

序号	名称	内容
5	项目管理目标策划	施工合同要求的以及企业自身要完成的进度、质量、安全和成本等目标
6	项目管理组织策划	施工项目管理组织架构图（施工项目经理部），项目经理、职能部门、主要成员人选、拟建立的规章制度等
7	项目采购与招标投标管理策划	要识别与采购有关的资源和过程，包括采购什么、何时采购、询价、评价并确定参加投标的分包人、分包合同内容、采购文件的内容和编写
8	项目资源管理策划	项目资源的识别、估算、分配相关资源，安排资源入场与使用进度，进行资源控制的策划
9	项目商务与成本管理策划	项目商务投标策略、风险识别、风险化解方案、项目成本控制策略与方法等策划
10	项目风险管理策划	根据工程实际情况对施工项目的主要风险因素做出识别、评估，并提出相应的对策措施，提出风险管理的主要原则

1.3.1.2　施工组织设计的概念

施工组织设计（以下简称施组设计）是以施工项目为对象编制的，用以指导施工的技术、经济和组织管理的综合性文件。

1.3.1.3　施工项目管理策划、实施计划与施工组织设计的比较

施工项目管理策划、实施计划与施组设计的比较见表 1-17。

施工项目管理策划、实施计划与施组设计的比较　　表 1-17

种类	作用	编制时间	编制者	性质	主要目标
管理策划	编制投标书、签订合同、编制控制目标计划的依据	投标前	企业管理层	规划性	追求经济效益
实施计划	指导施工项目实施过程的管理依据	开工前	项目经理部	实施性	追求良好的管理效率和效果，是内部管理文件
施组设计	指导施工组织与管理、施工准备与实施、施工控制与协调、资源的配置与使用等全面性的技术、经济文件，是对施工活动的全过程进行科学管理的重要手段	开工前	项目经理部	实施性	追求经济合理、优质、低耗、高速和安全效益，是具有法律效力的项目管理文件

1.3.2　施工项目管理策划大纲与施工组织设计要求

1.3.2.1　施工项目管理策划大纲要求

（1）组织应建立施工项目管理策划的管理制度，确定施工项目管理策划的管理职责、实施程序和控制要求。

（2）施工项目管理策划应包括下列管理过程：

1）分析、确定项目管理的内容与范围；

2）协调、研究、形成项目管理策划结果；

3）检查、监督、评价项目管理策划过程；

4）履行其他确保项目管理策划的规定责任。

（3）施工项目管理策划应遵循下列程序：

1）识别项目管理范围；

2）进行项目工作分解；

3）确定项目的实施方法；

4）规定项目需要的各种资源；

5）测算项目成本；

6）对各个项目管理过程进行策划。

（4）施工项目管理策划过程应符合下列规定：

1）项目管理范围应包括完成项目的全部内容，并与各相关方的工作协调一致；

2）项目工作分解结构应根据项目管理范围，以可交付成果为对象实施；应根据项目实际情况与管理需要确定详细程度，确定工作分解结构；

3）提供项目所需资源应按保证工程质量和降低项目成本的要求进行方案比较；

4）项目进度安排应形成项目总进度计划，宜采用可视化图表表达；

5）宜采用量价分离的方法，按照工程实体性消耗和非实体性消耗测算项目成本；

6）应进行跟踪检查和必要的策划调整；项目结束后，宜编写施工项目管理策划的总结文件。

1.3.2.2 施工组织设计要求

（1）施工组织设计按编制对象，可分为工程总承包项目施工组织设计、施工总承包施工组织设计专业工程承包施工组织设计、工程分包施工组织设计，工程分包施组也可以是施工方案。

（2）施工组织设计的编制必须遵循工程建设程序，并应符合下列原则：

1）符合施工合同或招标文件中有关工程进度、质量、安全、环境保护、造价等方面的要求；

2）积极开发、使用新技术和新工艺，推广应用新材料和新设备；

3）坚持科学的施工程序和合理的施工顺序，采用流水施工和网络计划等方法，科学配置资源，合理布置现场，采取季节性施工措施，实现均衡施工，达到合理的经济技术指标；

4）采取技术和管理措施，推广建筑节能和绿色施工；

5）与质量（GB/T 19001）、环境（GB/T 24001）和安全（GB/T 45001）三个管理体系有效结合。

（3）施工组织设计应以下列内容作为编制依据：

1）与工程建设有关的法律、法规和文件；

2）国家现行有关标准和技术经济指标；

3）工程所在地区行政主管部门的批准文件，建设单位对施工的要求；

4）工程施工合同或招标投标文件；

5）工程设计文件；

6）工程施工范围内的现场条件，工程地质及水文地质、气象等自然条件；

7）与工程有关的资源供应情况；

8）施工企业的工艺、工法、专利，以及生产能力、机具设备状况、技术水平等。

（4）施工组织设计应包括编制依据、工程概况、项目重难点分析、项目管理目标、施工部署、施工总平面布置图、施工进度计划、施工准备与资源配置计划、主要施工方法、质量、安全、绿色施工管理计划等基本内容。

（5）施工组织设计的编制和审批应符合下列规定：

1）施工组织设计应由项目负责人主持编制，可根据需要分阶段编制和审核；

2）施工组织设计应由工程承包单位技术负责人审批；施工方案应由项目技术负责人审批；重点、难点分部（分项）工程和专项工程施工方案应由施工单位技术部门组织相关专家评审，施工单位技术负责人或其授权人批准；

3）由专业承包单位施工的分部（分项）工程或专项工程的施工方案，应由专业承包单位技术负责人或技术负责人授权的技术人员审批；有工程总承包单位时，应由工程总承包单位项目技术负责人核准备案；

（6）施工组织设计应实行动态管理，并符合下列规定：

1）项目施工过程中，发生以下情况之一时，施工组织设计应及时进行修改或补充：①工程设计有重大修改；②有关法律、法规、规范和标准实施、修订和废止；③主要施工方法有重大调整；④主要施工资源配置有重大调整；⑤施工环境有重大改变。

2）经修改或补充的施工组织设计应重新审批后实施。

3）项目施工前，应进行施工方案逐级交底；项目施工过程中，应对施工方案的执行情况进行检查、分析并适时调整。

（7）施工组织设计和施工方案应在工程竣工验收后归档。

1.3.3　施工项目管理实施计划和配套策划

1.3.3.1　施工项目实施计划

（1）施工项目实施计划是对施工项目管理策划的细化，核心内容是对经济活动管理的细化。

（2）编制施工项目实施计划应遵循下列步骤：

1）了解相关方的要求；

2）分析项目具体特点和环境条件；

3）熟悉相关的法规和文件；

4）实施编制活动；

5）履行报批手续。

（3）施工项目实施计划编制依据可包括下列内容：

1）适用的法律、法规和标准；

2）项目合同及相关要求；

3）施工项目管理策划；

4）项目设计文件；

5）工程情况与特点；

6）项目资源和条件；

7）有价值的历史数据；

8）项目团队的能力和水平。

（4）施工项目实施计划应包括的内容见表1-18。

施工项目实施计划的内容 表1-18

序号	名称	内容
1	施工项目概况	项目特点具体描述，项目预算费用和合同费用，项目规模及主要任务量，项目用途及具体使用要求，工程结构与构造，地上、地下层数，具体建设地点和占地面积，合同结构图、主要合同目标，现场情况，水、电、暖气、通信、道路情况，劳动力、材料、设备、构件供应情况，资金供应情况，说明主要项目范围的工作量清单，任务分工，项目管理组织体系及主要目标
2	项目总体工作计划	该项目的质量、进度、成本及安全总目标；拟投入的最高人数和平均人数；分包计划；劳务供应计划、材料供应计划、机械设备供应计划；表示施工项目范围的项目专业工作表；工程施工区段（或单项工程）的划分及施工顺序安排等
3	项目成本计划	主要费用项目的成本数量及降低的数量，成本控制措施和方法，成本核算体系
4	项目资源需求与采购计划	列出资源计划矩阵、资源数据表，画出资源横道图、资源负荷图和资源积累曲线图；劳动力的招雇、调遣、培训计划；材料采购订货、运输、进场、储存计划；设备采购订货、运进出场、维护保养计划；周转材料供应采购、租赁、运输、保管计划；预制品订货和供应计划；大型工具、器具供应计划等
5	项目风险管理计划	列出施工过程中可能出现的风险因素，对这些风险出现的可能性（概率）以及将会造成的损失值做出估计，对各种风险做出确认，列出风险管理的重点，对主要风险提出防范措施对策，落实风险管理责任人
6	技术经济指标	总工期；工程总造价或总成本，单位工程成本，成本降低率；总用工量，用料量，子项目用工量、高峰人数，节约量，机械设备使用数量，对以上指标的水平做出分析和评价，提出对策建议

（5）项目管理实施计划应满足下列要求：

1）管理策划内容应得到全面深化和具体化；

2）实施计划范围应满足实现项目目标的实际需要；

3）实施项目管理计划的风险应处于可以接受的水平。

1.3.3.2 施工项目管理配套策划

（1）施工项目管理配套策划应是与项目管理规划相关联的项目管理策划过程。应将项目管理配套策划作为项目管理规划的支撑措施纳入项目管理策划过程。

（2）项目管理配套策划依据应包括下列内容：

1）项目管理制度；

2）项目管理策划；

3）实施过程需求；

4）相关风险程度。

（3）项目管理配套策划应包括下列内容：

1）确定项目管理策划的编制人员、方法选择、时间安排；

2）安排项目管理策划各项规定的具体落实途径；

3）明确可能影响项目管理实施绩效的风险应对措施。

（4）项目管理机构应确保项目管理配套策划过程满足项目管理的需求，并应符合下列规定：

1）界定项目管理配套策划的范围、内容、职责和权利；

2）规定项目管理配套策划的授权、批准和监督范围；

3）确定项目管理配套策划的风险应对措施；

4）总结评价项目管理配套策划水平。

（5）应建立下列保证项目管理配套策划有效性的基础工作流程：

1）积累以往项目管理经验；

2）制定有关消耗定额；

3）编制项目基础设施配置参数；

4）建立工作说明书和实施操作标准；

5）规定项目实施的专项条件；

6）配置专用软件；

7）建立项目信息数据库；

8）进行项目团队建设。

1.4　施工项目综合管理

1.4.1　施工项目综合管理的概念与内容

1.4.1.1　施工项目综合管理的概念

施工项目综合管理主体是指项目内行政事务的总称，通过制定项目基本行政管理制度、创建适宜的项目生产环境以保障项目的正常运转。

1.4.1.2　施工项目综合管理的内容

1. 项目综合管理基本程序（图 1-2）

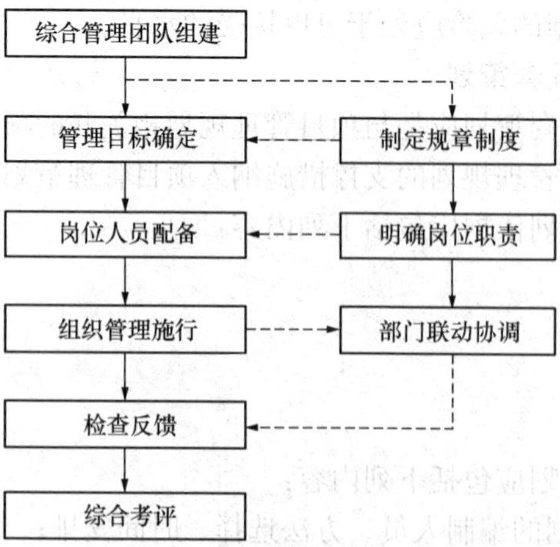

图 1-2　施工项目综合管理程序设置图

2. 施工项目综合管理的组成

施工项目综合管理作为施工项目管理的基本组成部分，以协助项目生产运营为基本原则进行管理，其工作主要包括架构制定、行政事务管理等。主要内容见表 1-19。

施工项目综合管理工作内容表 表 1-19

施工项目综合管理基本环节	施工项目综合管理工作内容
组织结构制定	1. 根据项目规模组建综合管理团队，设置相应管理岗位、合理配备人员； 2. 实行责权对等，设置主导责任人统筹整体综合管理； 3. 系统科学地制定综合行政管理制度，明确综合管理的深度与广度； 4. 明确综合管理工作内容、职责分工； 5. 规范综合管理流程，加强部门间的协调联动
行政事务管理	1. 施工项目印鉴管理； 2. 施工项目行政文件管理； 3. 施工项目会议管理； 4. 施工项目现场综合管理

3. 施工项目综合管理规章制度制定原则

规章制度制定符合社会、公司、项目的核心价值观，充分体现价值特征，符合政策要求：

(1) 与公司与项目所处空间环境相互适应，可指导综合管理事务的开展；

(2) 规章制度的制定需具有简明性、系统性、程序性、公平性及可实施性；

(3) 综合管理规章制度需明确各管理岗位的权责要求，确保规章的完整性；

(4) 具有鞭策性及激励性的特点，以起到约束引导的效果。

1.4.2 施工项目印鉴管理

施工项目印鉴作为生产管理活动中行使职权、明确权利及义务的重要凭证及工具，其实施管理为项目的最终实施提供合法依据，因此在进行项目印鉴管理中，需在相应的范围框架内合理、合规地进行印鉴管理，保证项目建设管理的程序性及合法性。

1.4.2.1 施工项目印鉴管理基本要求

项目作为建造实施层级的基本管理单元，其印鉴管理涉及项目层级的各方面实施，因此为规范施工项目印鉴管理，现对施工项目印鉴管理的范围管理、授权管理、程序管理及职责明确进行明确。

1. 印鉴范围管理

为保证项目印鉴的合理、合规性使用要求，需由项目行政单位制定相应的规章制度框定项目印鉴的使用范围，其范围控制工作如下：

(1) 制定项目印鉴管理行政规章，明确范围管理要求；

(2) 识别一般项目中需要使用印鉴管理的主要业务工作，并进行业务分级；

(3) 针对任务分级对项目印鉴使用的范围进行明确划分；

(4) 针对管理范围明确外的项目印鉴使用业务，需由上级行政管理单位进行印鉴业务工作管理，不得超出项目印鉴管理范围。

2. 印鉴授权管理

项目层级的印鉴由项目专员进行管理，在指定专人情况下由上级行政管理单位对施工项目印鉴进行责任人授权及管理人员授权，明确项目印鉴管理责任，规范项目印鉴管理工作，其授权通常包含下述主要内容：

（1）授权单位及被授权主体的明确及身份确认；

（2）授权委托权限确认，明确印鉴授权业务范围；

（3）明确印鉴授权使用的起止期限。

3. 印鉴管理要求

项目印鉴管理作为评价项目管理结果的最终凭据，因此项目需明确印鉴管理的基本工作流程及责任人，可通过岗位职责或项目规章进行明确，需包含以下主要内容：

（1）指定项目印鉴管理专员，明确管理职责（如接收、管理、维护及特殊情况下的处理等），规范印鉴使用工作；

（2）制定印鉴制发管理流程，按规定进行印鉴的申请、制发及接收工作；

（3）明确印鉴使用审核流程，确保满足印鉴使用的合规性要求；

（4）项目用印必须根据审核流程要求进行，填报相关用印信息，主要信息包含用印部门（人员）、用印事宜、用印份数、申请用印时间等。

（5）根据实际条件逐步推行印鉴的信息化管理工作，通过建立信息系统平台开展线上的印鉴管理工作，推行项目印鉴的信息化管理进程。

1.4.2.2　印鉴使用合规性审查

为确保印鉴合规合法性使用，需对项目定期进行用印工作审查，具体要求如下：

（1）检查用印程序的完整性，确保用印工作符合规定流程要求；

（2）审核用印范围是否符合授权范围内，有无超授权用印情况；

（3）用印过程资料是否齐全，用印资料的电子化工作开展是否符合项目开展的进度要求。

1.4.3　施工项目行政文件管理

1.4.3.1　施工项目行政文件的定义

1. 施工项目行政文件概述

施工项目行政文件是用来规范项目管理、指导项目生产及记录项目过程的一系列公文函件。

2. 施工项目行政文件的作用

（1）施工项目行政文件是规范项目管理过程、促进施工项目标准化管理的重要途径；

（2）施工项目行政文件是体现项目行政管理成果的主要形式；

（3）提高项目综合行政管理过程的实施效率；

（4）有利于在实施过程中进行检查监控。

1.4.3.2　施工项目行政文件种类

根据沟通对象及事项的不同，施工项目行政文件主要分为项目部行政管理、建造沟通管理及公务沟通管理三类（表 1-20）。

施工项目行政文件分类表 **表 1-20**

文件类别	文件名称	文件说明
项目部行政管理	通知、纪要报告	由项目部下发给内部各部分、各下属单位，或由项目部向上级单位行文
建造沟通管理	技术核定单	由施工项目发给业主单位及设计单位，进行图纸释疑及调整确认
	工作联系函	由施工项目发给监理单位及业主单位，对项目施工管理事宜进行沟通确认
	现场工作联系函	由施工项目发给项目专业分包单位或班组，对项目工作要求或部署等事宜进行指导说明
	会议纪要	由会议组织单位进行编写，并发给参会部门及涉及的其他单位
公务沟通管理	公文公函	主要涉及与政府单位、业主单位、监理单位、专业分包单位及外部第三方单位的行政信息沟通

1.4.3.3 施工项目行政文件一般格式

1. 技术核定单样板

<u>**技 术 核 定 单**</u>

编号：××-JSHDD-00×

<table>
<tr><td colspan="2">工程名称</td><td colspan="3">××××××××××××××××项目</td></tr>
<tr><td colspan="2">主题</td><td colspan="3">关于别墅区园林车道与入户车库接口处理相关事宜</td></tr>
<tr><td colspan="2">施工单位</td><td colspan="3">×××××××××公司</td></tr>
<tr><td colspan="5">核定内容如下：
通过图纸核实，项目室外园林道路与入户车库交接位置处无节点施工大样图。经与贵司现场工程师沟通并结合使用功能要求，该处节点拟定室外道路路基结构完成面比入户车库结构完成面低 2cm。
上述做法调整烦请贵司予以核实确认。
顺祝商祺！

项目技术负责人：
日　期：</td></tr>
<tr><td>核定单位意见</td><td colspan="2">监理单位

负责人：
签　章
年　月　日</td><td>建设单位

负责人：
签　章
年　月　日</td><td>设计单位

负责人：
签　章
年　月　日</td></tr>
</table>

本技术核定单一式四份，建设单位、设计单位、监理单位、施工单位各执一份。

(1) 技术核定单编号按三段式编号，形式为："项目简写首字母-JSHDD-编号"；

(2) 各单位负责人均为质量保证体系中规定的单位负责人，施工单位及设计单位需盖印单位公章，监理单位及建设单位盖印单位项目公章。

2. 工作联系函样板

工作联系函

编号：××-GZLXH-00×

工程名称	××××××××××项目
事由	关于及时提供××项目地勘报告事宜的工作联系函

致：建设单位（全称）
监理单位（全称）

目前我部已进场组织施工，通过前期沟通协调，截至目前我部仍未收到本项目正式版地勘报告，结合人员及设备的调配情况，为支持现场施工，贵司需在××年××月××日前提供可指导现场施工的正式版地勘报告，避免对桩基施工工期造成影响。

上述事宜，请业主及监理积极协调为感！

顺颂商祺！

（施工单位全称）
（工程项目全称）（章）
项目经理：
日期：

监理单位意见：

专业监理工程师：　　总监工程师：　　日期：

建设单位意见：

负责人：　　日期：

本工作联系函一式三份，建设单位、监理单位、施工单位各执一份。

（1）工作联系函编号按三段式编号，形式为："项目简写首字母-GZLXH-编号"；

（2）各单位负责人均为质量保证体系中规定的单位负责人，各单位负责人签字处盖章均为单位项目公章。

3. 现场工作联系函样板

现场工作联系函

工程名称：××××项目编号：×CGZLXH-00×

致：××建筑劳务公司

事由：关于基础施工细部做法注意事项说明

项目目前正进行基础部位结构施工，根据业主及设计单位要求，在施工时有如下情况需注意：

1. 由于项目底板无反向受力要求，底板钢筋罩筋需放在地梁第一排钢筋以上，底板底筋可在梁中处断开，但搭接长度需满足规范要求；

2. 地下室外挡土墙对拉螺杆为一次性使用，不得设置螺杆套筒。

以上工作内容如无异议，请遵照执行；如有疑问，请及时与项目部联系，谢谢配合！

（工程项目全称）（章）
项目经理：
日期：

抄送：

4. 会议纪要样板

会 议 纪 要

会议纪要编号：××ZT-HYJY-00×

会议时间：××年××月××日 14：00～16：00

会议地点：项目部会议室

主持人：项目经理

主要参会人员：项目管理人员、现场劳务管理人员

会议记录：×××

会议专题：项目生产协调例会

（写会议说明）

会议内容	备注
工程材料保障事项： 1. 混凝土材料计划由生产经理××统一安排协调，提前确定混凝土搅拌站在其他工地是否存在大方量混凝土浇筑，确保混凝土能够及时供应。 2. 各栋号下班前对现场材料进行检查，将材料计划提前报送工程材料设备部；材料进场后由生产经理统一安排，避免出现材料到场后不能及时卸货的情况	（标注工作责任人和完成时间等）
进度计划保证： 1. 结构与水电班组相互配合，避免工序颠倒，影响施工进度。 2. 充分利用突击组进行作业配合，做好记录，保留影像资料	
迎检具体工作安排： 1. 办公区及生活区内卫生清扫干净，做好现场文明施工。 2. 安全标语的位置偏低，向上提升。 3. 场地基坑及塔式起重机基础清理干净，不能存在积水及泥浆。 4. 钢筋棚卫生清理，材料堆码整齐，配备足够的灭火器。 5. 临时用电、大型设备的检查，电工做好巡查记录	
抄送：项目领导、各部门、各劳务负责人……	

（1）会议纪要编号按三段式编号，形式为："××专题简写首字母-HYJY-编号"；

（2）会议纪要由会议组织部门负责编写，编写完成后需发放至各参会单位或未参会的相关单位。

5. 项目公文公函样板

××××工程项目经理部

［20××］00×号

关于××年××月××日供料混凝土大面积开裂处理情况说明的函

××混凝土公司××站：

我项目部于20××年××月××日采用贵站的C30混凝土进行负一层梁板浇筑，现拆模后整个梁板出现大面积开裂情况，期间我项目部多次要求你站技术负责人到现场查看情况，并及时采取有效措施，截至目前贵站仍未进行处理，现要求贵站于20××年××月××日之前对该部位梁板裂纹完全处理到位，若未能及时完全处理，我项目部将采取措施进行处理，期间所产生的费用由你站承担。

特致此函！

附件：××部位梁板开裂照片

（工程项目全称）（章）

20××年××月××日

抄送：

1.4.3.4　施工项目行政文件管理要求

1. 施工项目行政文件管理基本原则

（1）全程管理原则，即对文件从产生到永久保存或销毁的整个生命周期进行全程管理；

（2）集成管理原则，即对与文件生成、运行、保管等管理活动有关的要素进行合理的互联与组合，实现管理系统的整体优化；

（3）动态管理原则，即对文件的运行过程加以实时监控，以保证管理目标的实现；

（4）文件管理信息化原则，推动施工项目管理文件的电子化档案工作，便于存储、检索功能更优实现。

2. 规章制度管理要求

项目规章制度制定必须符合法律法规的基本要求，根据公司及项目管理实际要求，涵盖项目管理的各个方面并通过项目领导层的审核。

3. 项目文件编制

项目文件可以是纸质的或电子文档。电子文档是指由办公平台生成传输的具有规范格式的电子数据，电子文档与纸质文档具有同等效力。在文件编制过程中，为了方便日后的管理，应至少明确以下信息：文档编号、文档名称、版本号、版本日期、编制公司、接收/发送单位/部门、文档类型、文档批准日期、文档状态等。

4. 项目收发文管理

（1）文件收发由综合办公室专职人员统一收发、审核、用印、存档；

（2）对收到文件的处理过程，包括签收、登记、审核、拟办、承办、催办等程序；

（3）对收到的登记文件及时进行转呈，根据批复意见及时进行管理；

（4）文件办理完毕后，应及时整理归档；

（5）归档文件根据来文性质及方向分类整理，保证归档文件的齐全、完整，便于保管利用；

（6）建议采用信息平台进行收发文件的处理工作，推进收发文的信息化管理发展。

1.4.3.5　行政文件流程控制

根据行业趋势的发展要求，项目内外部行政文件的流程管理建议逐步采取平台化管理方式，通过电子化、信息化管理提高文件流通速度，加快事项处理的效率。

针对已建立文件信息化管理平台的单位，可适当对系统进行完善升级，扩大业务涵盖的方面、增大业务流程的覆盖范围，将参与单位全部纳入工程总承包信息化管理体系中，加强企业信息库的建设。

1. 外部行政文件流程控制

（1）外部行政文件指由工程总承包项目以外的单位或部门编写并发至施工项目部的来往行政文件；

（2）对于接收到的外部行政文件统一由项目综合办公室文书接收并确认其有效性，如发现收到的文件和资料在有效性方面存在问题，应立即与发放文件的单位进行沟通说明；

（3）对于确认无误的外部行政文件由项目综合办公室进行登记、编号、填写收文单；

（4）由项目综合办公室主任签署拟办意见流转至主要领导进行批示，并根据领导批示意见由项目综合办公室转发相关领导或部门办理；

(5) 一般情况下，事项办理完毕后需对来函单位进行回函说明并进行存档。

2. 内部行政文件流程控制

(1) 项目部制定行政文件编发流程：各相关业务部门按照项目部统一格式负责起草→分管领导审核→班子会讨论→项目经理签发执行→盖章→封发（发送相关单位及部门）→归档→结束；

(2) 行政文件过程跟踪要求：公文拟稿人需关注发送文件的外部流程进行情况，及时跟进并进行督促，确保文件传送及处理的及时性；

(3) 外部单位针对函件所做的回函应及时进行接收、登记、传达并保存，完善整体流程。

3. 项目行政文件移交

(1) 建立项目行政文件交接管理制度，项目各个阶段的资料按照施工阶段进行汇总，分阶段进行移交，加快记录的移交进度；

(2) 记录移交由保有或编制单位组织发起，编制移交清单，明确移交类型、内容、数量、检查情况及接收确认意见；

(3) 项目行政文件移交过程交接双方需按照移交清单进行审核比对，确保流程的合理及资料齐全；

(4) 妥善进行已移交记录的保存，资料移交完成后需对移交记录电子化，建立电子化移交档案，并进行备份，以方便后续的调取及查阅。

4. 项目行政文件安全与保密

项目秘密关系到项目参建各方的权力和利益，即在一定时间内只限一定范围的人员知悉事项，文件保密在项目保密过程中起着至关重要的作用。各工区都有保守项目秘密的义务。

(1) 保密范围

1) 涉及项目重大决策中的秘密事项；

2) 尚未付诸实施的规划、计划、决策等；

3) 内部掌握的合同、协议、意见书及可行性报告、主要会议记录；

4) 预清算报告及各类投资、造价报表；

5) 图纸、涉及高新技术、专利等资料；

6) 其他经项目部确定应当保密的事项。

(2) 文件安全及保密措施

1) 根据文件密级严格按文件应传达人或单位控制文件的传递、使用范围；受控文件的分发必须按要求保密且应分发给指定人；

2) 过程处理文件要做到及时清收、存放；

3) 加强文件的保管；电子加密；如对电子文档可采取多重加密，电子发文时进行格式转换；纸质文档采取加锁保管等；

4) 凡涉及本项目经济技术的、属密级管理的电子文档，原则上不允许拷入个人使用的计算机；确因工作需要拷入计算机的，属密级管理的经济技术电子文档，必须进行加密处理；

5) 为防止数据丢失，文档电子版记录应定期整理、备份；

6) 文件打印、复印失误，造成文件报废时，要做到及时销毁报废文件；

7）严格文件借阅制度，控制借阅范围；未经项目经理书面批准，不得向外借阅或拷贝涉及项目经济技术类管理的电子文档。

1.4.4　施工项目会议管理

1.4.4.1　施工项目会议管理概述

为了持续预防可能对项目部进度、质量、安全等造成影响的风险，项目部应定期或不定期组织召开项目部管理会议，通过加强参建各方的协调对项目建设过程中的问题进行纠偏处理，确保项目生产工作的正常开展。

1.4.4.2　施工项目会议简介

根据类型，项目会议一般分为定期例会和不定期专题协调会两大类，具体明细见表1-21。

项目会议分类表　　**表1-21**

序号	类型	专题会议名称
1	定期例会	1. 每天安全交底会或早班会； 2. 每周生产调度会或工程总承包协调会； 3. 每月进度、质量、安全、环保综合检查讲评及工作部署会； 4. 每季度成本分析会； 5. 每年年度工作会
2	不定期专题协调会	1. 质量安全专题会； 2. 设计或施工方案讨论会； 3. 重大专项施工方案论证会； 4. 科研课题研讨会

1.4.4.3　施工项目会议标准化流程

施工项目会议标准化流程包括：

（1）发出会议通知，应包括时间、地点、参会人员、会议主题及主要会议内容；

（2）准备会议资料；

（3）会前沟通；

（4）会议签到和会议录音；

（5）主持人主持会议；

（6）主持人会议小结；

（7）形成会议纪要；

（8）会议宣传；

（9）落实会议精神。

1.4.4.4　施工项目会议纪要

1. 施工项目会议纪要概述

会议纪要是会议召开成果体现的重要资料，在项目会议召开完成后需由专门的会议记录人员进行会议纪要的编制，确保会议中明确的措施、达成的共识予以贯彻执行，达到会议召开的目的。

2. 会议纪要编写要求

（1）格式要求：会议纪要作为项目重要的具有法律效力的行政文件之一，其编制需采取统一样式，具体样式详见本书1.4.3.3节“施工行政文件管理”中“会议纪要样板”。

（2）会议纪要正文：会议纪要正文内容需简洁、条理清晰，逐条解析。其每条事项需包含下列内容：事项提出人、事项情况、事项责任人、事项解决措施、事项解决期限，逾期未完成的处理措施等。

（3）会议纪要辅助文件：为确保会议落在实处不流于形式，会议与会人员需进行会议签到，并留存会议影像资料附于会议纪要后，统一保存归档。

1.4.5 施工现场总平面管理

1.4.5.1 施工现场总平面管理的目的

施工现场的平面布置管理得当与否，直接影响工程质量及工程进度，同时亦反映出一个企业的技术水平和管理水平，是企业形象最直接的表现。所以，规划一个比较合理的施工布局，并且进行严格的统一管理，为节约人力、物力和文明施工创造一个有利的条件，也是确保施工进度不可缺少的一个环节。

施工平面科学管理的关键是科学的规划及周密详细的具体计划，在工程进度网络计划的基础上形成材料、机械、劳动力的进退场，布设网络计划，以确保工程进度充分均衡地利用平面为目标，制定切合实际情况的平面管理实施计划，施工时再进行动态调控管理。

项目施工现场总平面管理的最终目标为：满足项目生产、确保施工安全、促进高效施工、构建文明场地。

1.4.5.2 各阶段施工现场总平面的布置

项目部要根据项目施工阶段、工程场地特点及施工部署要求进行施工总平面布置，各类设施设备规格、型号、数量和材料堆放场地要清晰、明确，位置要科学合理布局且运输便捷，满足项目生产生活要求。

1. 基础施工阶段平面布置内容（表1-22）

基础施工阶段平面布置内容 表1-22

平面布置类别	内容
区域划分	项目平面区域划分、区域编号、区域面积、施工顺序等
平面及交通布置	项目红线、项目围挡、施工大门、基础施工区域轮廓线、地上结构轮廓线（灰度、虚线）、基坑支护及边线、下基坑人员通道、场内道路、场内回转场、交通流方向、场外交通、场内外受影响的已有结构或设施、周边交通及环境情况等
施工机械配备	土方作业机械（挖掘机、装载车）、基础作业机械（旋挖机、压桩机、混凝土泵、混凝土罐车）等
材料堆场及加工区	钢筋加工堆放场区、砂石堆场、水泥库房等
生产配套设施	配电房、引水点、洗车槽、洗车池、沉淀池、地磅及控制室、工具间、仓储室、实验室、养护室、门卫室、样板区、安全教育区等
办公生活区	办公室、会议室、医务室、宿舍、厨房、餐厅、生活仓库、卫浴、化粪池、生活区围挡及大门等
CI(Corporate Identity，企业识别）宣传	场地硬化、场地绿化、八牌一图、安全警示镜、企业CI宣传栏、党建宣传栏、科教娱乐设施安全警示牌等

2. 临水临电平面布置内容（表 1-23）

临水临电平面布置内容　表 1-23

平面布置类别	内容
临时用水布置	市政用水接驳点、生活蓄水池、消防蓄水池、项目供水管线布置、供水管径、供水管取水点布置（不大于 50m 需设置一处取水点）、消火栓、灭火器等
临时用电布置	市政用电接驳点、配电室、办公生活区供电线路、现场大型机械供电线路、现场加工车间供电线路、现场楼层临时用电供电线路、二级箱、开关箱、供电线规格等

3. 主体结构施工阶段（地下结构、地上结构）平面布置内容（表 1-24）

主体结构施工阶段平面布置内容　表 1-24

平面布置类别	内容
平面及交通布置	项目红线、项目围挡、施工大门、结构轮廓线、施工结构编号、场内道路、场内回转场、材料卸货区、交通流方向、场外交通、场内外受影响的已有结构或设施、周边交通及环境情况等
施工机械配备	塔式起重机、施工电梯、卸料平台、物料提升井架、混凝土泵、混凝土罐车、吊车、砂浆搅拌机等
材料堆场及加工区	钢筋加工堆放场区、砂石堆场、水泥库房、木工加工堆场、架管模板周转材料堆场、水电加工间、钢构堆场、砌体堆场等

注：生产配套设施、办公生活区及 CI 宣传等布置内容同上一阶段，具体布置位置或完善度可根据项目场地及实际情况进行调整优化。

4. 装饰装修施工阶段平面布置内容（表 1-25）

装饰装修施工阶段平面布置内容　表 1-25

平面布置类别	内容
平面及交通布置	场内永久道路与临时道路转换
材料堆场及加工区	砂石堆场、水泥库房、木工加工堆场、水电加工间、暖通消防设施加工场与堆场砌体堆场、幕墙堆场、室内装修材料堆放棚、门窗百叶堆放区、栏杆扶手加工区等

5. 各阶段平面布置说明

（1）表 1-22～表 1-25 中的各阶段场地布置内容及通用性布置（区域划分、生产配套设施、办公生活区及 CI 宣传）可根据项目场地情况、施工进度情况及施工部署情况等进行调整，需保证现场布置满足施工要求；

（2）项目需根据实际情况进行平面布置施工阶段的细分，以贴合项目实际生产情况；

（3）针对可能出现的新材料、新技术施工要求，项目需根据需要进行场地配置部署。

1.4.5.3　施工现场平面管理要求

（1）现场所有施工道路均保持清洁干净，同时加强对排水沟的管理，保持排水沟的畅通。不得乱堆乱放阻塞交通和排水通道。确实需要损坏这些设施时，要征得项目领导班子同意，然后集中组织力量，突击施工，并采取措施恢复使用功能，管理人员要经常检查督促，及时解决问题。

（2）砂石、木材、板材、石材及其他材料堆场和机电工程设备，应根据施工进度计划安排，分批分期进场，场地要统一规划，确保场地布置合理、占地面积适宜且科学，严禁随心所欲，造成浪费或堵塞交通运输等事故的发生。

（3）现场施工应做好防尘、防烟、防泥浆、防噪声等环境保护工作，符合国家相关要求。

（4）所有临时设施必须按照施工平面图规划要求搭设，按质量标准施工，不能马虎凑合，降低标准，一定要保证运输道路畅通无阻。

（5）对整个现场的布置和保持地，管理人员要经常督促检查并落到实处。

（6）听取建设单位及监理单位对现场平面布置与管理的建议。

1.4.5.4 施工现场总平面管理的检查

（1）根据项目施工部署绘制各阶段平面布置图，且关键要素均在图示中体现；

（2）平面布置需科学合理，便于项目生产开展；

（3）项目总平面布置图展示牌需根据项目施工阶段的转换进行调整，确保现场布置与平面布置图相吻合；

（4）项目现场布置规整有序，材料码放、机械配备及场地清理符合标准化施工要求。

1.5 施工项目设计与技术管理

1.5.1 施工项目设计与技术管理的主要内容

项目管理机构应明确项目设计与技术管理部门，界定管理职责与分工，制定项目设计与技术管理制度，确定项目设计与技术控制流程，配备相应资源。项目管理机构应按照项目管理策划结果进行目标分解，编制项目设计与技术管理计划，经批准后组织落实。项目管理机构应根据项目实施过程中不同阶段目标的实现情况，对项目设计与技术管理工作进行动态调整，并对项目设计与技术管理的过程和效果进行分层次、分类别的评价。项目管理机构应根据项目设计的需求合理安排勘察工作，明确勘察管理目标和流程，规定相关勘察工作职责。

1.5.1.1 施工项目设计管理主要内容

1. 施工项目设计管理概念

设计管理应根据项目实施过程，分为以下内容：

（1）设计策划阶段，是由公司分管领导组织，为设计顺利履约进行的活动，应包括：确定项目设计管理组织机构及主要人员构成；确定是否采用设计咨询；确定设计院采购方式；确定设计选用的主要工法；确定主要设计进度关键节点；确定设计创效思路和成本控制要点。

（2）设计质量管理阶段，是指设计文件满足业主提出的使用功能与性能、便于工程总承包施工的工法和工程整体经济性三个方面的保障水平。项目设计部负责设计各个阶段的设计质量。

（3）深化设计阶段，由专业公司负责深化设计的专业，公司设计管理部与项目设计部指导；其他专业深化设计工作由项目设计部完成，公司设计管理部指导；项目设计部应做好专业公司、项目部深化工程师、设计院之间的协调配合工作。

（4）设计报规报建管理，设计项目报规报建由项目设计部负责具体工作，包括总图报规、方案报建、消防报审、初步设计及施工图审查等工作；全国各地的报批报建工作的具体要求会有所不同，在开展工作时应以当地相关行政部门的有关文件要求为准。

（5）设计招标管理，是指项目设计咨询公司、设计院与专业设计施工招标投标；项目商务部协同设计部编制招标文件，按企业相关规定执行，可以采用公开招标、邀请招标和议标方式进行。

（6）设计合同管理，项目分包设计和设计咨询合同使用企业标准合同文本，项目设计部按主、分包合同进行结算与合同履约管理。

（7）设计进度管理，项目设计部应编制设计进度计划并具体负责方案设计、初步设计、施工图设计及深化设计等阶段的设计进度管理；企业设计管理部门协助督导设计院设计进度。

（8）设计成本管理，项目设计部协同商务部负责设计各个阶段的设计成本预控；项目创效必须以保证工程质量为前提，并合法合规。

（9）预采购，是指项目设计部协助商务部，在满足工程功能和性能指标要求、统筹经济和施工技术方案条件下预先选定主要材料设备供应商，提前锁定价格和提早完成采购订单，并将有关技术参数写入设计文件；项目设计部根据施工图纸要求以及施工总进度计划提供相应的建筑材料及设备采购清单，确定主要设备技术参数并在设计中体现；项目商务部根据主要设计参数确定供货商范围，在设计出图前完成定价与招标；各部门共同确保现场施工有序进行。

2. 施工项目设计管理作用

为了规范和指导施工现场的设计管理工作，保证施工图设计在施工生产中的实现，使之符合施工现场的实际和具体要求，规范设计变更管理的流程，尤其是专业工程深化设计管理流程，对所有设计文件和资料进行有效控制，确保工程项目竣工图完整。

3. 施工项目设计管理工作内容

（1）设计管理策划

1）设计图纸及文档资料管理策划；

2）设计交底和图纸会审策划；

3）设计变更管理策划；

4）专业工程深化设计管理策划；

5）竣工图管理策划；

6）汇总形成设计管理策划文件。

（2）设计图纸及文档资料管理

1）图纸资料确认和归档；

2）清点接收、建立图纸台账；

3）有效图纸和作废图纸管理；

4）编号并加盖归档章；

5）编制图纸分配计划；

6）分发各相关部门；

7）归类保存。

(3) 设计交底和图纸会审

1）设计图纸预审；

2）设计图纸会审；

3）编辑设计问题清单；

4）参加设计交底与图纸会审会议；

5）会后跟进工作。

(4) 设计变更管理

1）审核分包设计变更申请；

2）提出补发工程指令的申请；

3）审核并补发指令；

4）设计变更交底；

5）设计变更台账的建立；

6）跟踪核查；

7）相关资料提交商务管理部门。

(5) 专业工程深化设计管理

1）编制出图计划；

2）明确深化设计进度要求；

3）明确深化设计质量要求；

4）审查深化设计单位的资质；

5）初审深化设计文件；

6）送审和图纸会签；

7）审核意见汇总；

8）签字盖章后晒蓝图；

9）发放图纸及交底；

10）深化设计跟踪核查。

(6) 竣工图管理

1）清点接收竣工资料；

2）签字盖章；

3）按专业整理成册；

4）上报城建档案馆；

5）移交建设单位并归档。

1.5.1.2 施工项目技术管理主要内容

1. 施工项目技术管理概念

施工项目技术管理是项目经理部在项目施工过程中，对各项技术活动过程和技术工作的各种要素进行科学管理的总称。

2. 施工项目技术管理作用

通过科学组织各项技术工作，保证项目施工过程符合技术规范、规程；提高管理与操作人员的技术素质；研究和推广新技术、新材料、新工艺；深化与完善施工图设计，通过技术改进与技术攻关降低工程成本。

3. 施工项目技术管理工作内容

（1）技术管理基础工作

1）技术管理体系的建立；

2）技术管理制度；

3）技术管理责任制；

4）技术教育与培训。

（2）技术管理基本工作

1）施工技术准备工作：

① 原始资料收集、整理；

② 施工组织设计；

③ 施工方案编制；

④ 设计交底、图纸审查与会审；

⑤ 技术交底；

⑥ 技术措施落实。

2）施工实施过程技术工作：

① 工程变更与洽商；

② 施工预检与复核；

③ 隐蔽工程检验；

④ 材料与半成品检验与试验；

⑤ 技术资料的收集、整理、归档；

⑥ 技术问题处理。

3）技术开发、新技术推广、工法。

4）技术经济分析与评价。

1.5.1.3　EPC 工程技术管理

1. EPC 工程技术管理概念

EPC（Engineering Procurement Construction）即设计施工一体化总承包管理模式，是指承包单位按照与建设单位签订的合同，对工程设计、采购、施工或者设计、施工等阶段实行总承包，并对工程的质量、安全、工期和造价等全面负责的工程建设组织实施方式。

2. EPC 工程技术管理特点

（1）强调综合管理策划

EPC 工程总承包项目管理的实质是工程（Engineering）、采购（Procurement）、建设（Construction）的综合管理。协调、平衡和控制项目管理各要素之间的相互影响，在工程伊始就策划好工程进展的整体方向，是工程总承包项目管理的主要职责。综合管理策划分为以下几个部分：

1）设计方案可行性策划；

2）施工组织设计策划；

3）技术方案优化策划；

4）工程商务及经济策划；

5）工程材料设备采购策划；

6）工程质量目标及进度控制策划。

（2）缩短项目建设周期

项目部充分发挥EPC项目仅一个主体协调下实施项目的优越性，尽可能实行设计、采购、施工进度的深度交叉，在保证EPC项目各阶段合理周期的前提下，缩短总建设周期，创造最大的效益。

（3）着眼最终产品质量

相较建设工程而言，设计、采购、施工分别发包给不同单位进行实施，造成不同单位之间不可避免地持有不全面的质量观。设计单位只考虑设计质量，采购单位只考虑采购质量，施工单位只考虑施工质量，而当发生这种矛盾时，很可能会从己方利益考虑，出现各持己见、互不相让的现象，直接影响整个工程的最终质量。采用EPC工程总承包模式，在前期策划中即围绕项目质量管理目标进行部署，保证最终产品（工程）质量满足业主要求。

1.5.2 施工项目设计与技术管理体系和制度建立

1.5.2.1 施工项目设计与技术管理体系

施工项目设计与技术管理体系是施工企业为实施承建工程项目管理的技术工作班子，包括项目总工程师（技术负责人）、设计工程师、技术工程师（各专业工程师）、质量工程师、试验工程师、测量工程师、资料工程师等。

1.5.2.2 施工项目设计与技术管理机构及职责

根据工程特点、规模、专业内容、设计到位情况，项目设计与技术管理机构的设置应实行动态调整，分阶段配置。特大型工程工程量大，加剧了工程施工的复杂性，因此，人员配置也应重点加强。此外，人员配置要与业主的管理模式相协调，避免发生甲、乙双方管理渠道的梗阻而影响工程进展。

参见本书第2章。

1.5.2.3 项目设计与技术管理岗位及职责

参见本书第2章。

1.5.3 施工项目设计与技术管理主要工作方法与措施

1.5.3.1 施工项目设计管理主要工作方法与措施

1. 设计交底和图纸会审

（1）会前准备工作

1）设计图纸预审

项目工程师收到设计图纸后，组织各相关专业技术人员和管理人员，以及分包单位进行图纸预审。各相关单位和人员通过自己对图纸的理解、互相讨论进行自审，对问题做好书面记录，项目工程师将核查核对事项的结果进行记录汇总。

设计图纸预审时，应着重对以下事项进行核查核对并详细记录：

① 设计是否与国家和行业施工技术标准、规范的要求有重大矛盾；

② 设计图纸间各组成部分有无矛盾，包括建筑、结构、机电等专业自身，以及各个专业之间有无矛盾；技术要求是否正确，按图纸施工能否保证工程质量和安全；

③ 设计图纸的深度是否达到施工材料和工程材料采购的要求，是否达到施工工艺的要求，是否具有可施工性；

④ 图纸及说明是否明确、齐全、清晰。图纸中的几何尺寸、坐标、标高、工程数量、材料数量等有无差错，与说明和工程量清单是否一致；

⑤ 有无特殊材料或新材料的要求，其品种、规格、数量和来源能否满足施工需要；

⑥ 目前施工技术、工艺、材料是否能够满足设计的要求。

2）设计图纸会审

项目部组织各专业条线（包括分包单位）进行设计图纸会审，熟悉图纸，消化理解设计意图和工程特点。

设计图纸会审中，应着重对以下事项进行核查核对：

① 核查设计施工图是否符合国家有关技术、质量、安全、经济的有关规定；

② 核查施工图中有哪些施工特别困难的部位，采用哪些特殊材料、构件与配件，货源如何组织；

③ 对设计采用的新技术、新结构、新材料、新工艺和新设备的可能性和应采用的必要措施进行商讨；

④ 设计中的新技术、新结构，因限于施工条件和施工机械设备能力，以及安全施工等因素而要求设计单位予以改变部分设计的，核查时必须提出，共同研讨，求得圆满的解决方案；

⑤ 重点核查核对设计图纸中有无存在“错漏碰缺”的情况。

3）编辑设计问题清单

各专业条线、各分包单位编制问题清单，提交内审会议讨论后，由项目技术管理部门汇总编制设计问题清单。

（2）参加设计交底与图纸会审会议

1）参加由建设单位召集的设计交底与图纸会审会议，听取设计单位介绍设计意图，重要及关键部位，采用的新技术、新结构、新工艺、新材料、新设备及其做法、要求和须达到的质量标准。

2）会议期间，项目技术负责人介绍项目部前期已整理的设计问题清单，向建设单位和设计单位征询答疑。

3）认真记录建设单位和设计单位的现场答疑，必要时应要求其提供书面答疑。

（3）会后跟进工作

1）会后，项目部会同建设单位和监理单位整理编写《设计交底及图纸会审会议纪要》。

2）《设计交底及图纸会审会议纪要》形成后，经参会各单位流转会签，由建设单位或监理单位发出，项目部应将会议纪要按设计文件的分发要求发送到各部门及各分包单位。

3）项目部进一步研究、消化设计问题，就需建设单位、设计单位解决的问题分别提出书面建议，随《设计交底及图纸会审会议纪要》报送建设单位、监理单位、设计单位，抄报工程公司，需要时可提请上级主管部门支持协调。

2. 设计变更管理

(1) 审核分包单位设计变更申请

分包单位在要求设计单位进行变更时，须向项目部提出申请，项目部审核确认是否接受设计变更请求。

(2) 提出补发工程指令的申请

分包单位在发生现场签证、设计修改、技术核定等的情况下，在规定时间内书面提请项目部，项目部在规定时间内向建设单位发文申请补发工程指令，并提请建设单位在收到项目部申请后的规定天数（一般不超过 7 天）内补发工程指令。

(3) 审核并补发指令

建设单位收到补发工程指令申请后 7 天内审批完毕，通过后补发工程指令。

(4) 变更估价

项目部在收到建设单位补发的工程指令后 14 天内上报变更费用明细，建设单位应在项目部提交变更估价申请后 14 天内审批完毕。

(5) 设计变更交底

1) 项目部在接到设计变更通知后，召开设计变更交底会或书面通知分包单位。分包单位要及时做好《技术核定单》的签证、流转等相关手续，并及时上报项目部备案。

2) 设计变更是对设计内容进行完善、修改及优化，须有设计单位的签字、盖章。

3) 在建设单位组织的有设计单位和施工单位参加的设计交底会上，经施工单位或建设单位提出，各方研究同意而改变施工图的做法，都属于设计变更，为此增加新的图纸或设计变更说明或费用由设计单位和建设单位负责。

(6) 设计变更台账的建立

项目部在设计变更交底后，在提交索赔资料后的合同约定期限内，项目工程师和项目商务管理部门组织分包单位、建设单位和监理单位对变更及索赔的工程量和费用进行核对、洽谈，建设单位在收到上述变更索赔费用明细后，在总承包合同约定的时间内给予回复或核定。项目部将最后变更情况上报工程公司后，记入《设计变更台账》。

(7) 跟踪核查

项目部对设计变更的执行情况进行跟踪检查，保证变更在合同条款的约束下进行，任何变更不能使合同失效，变更后的单价仍然执行合同已有的单价。

(8) 相关资料提交商务管理部门

项目工程师应将变更费用明细等相关资料提交给项目商务管理部门核对检查，设计变更应视作原施工图纸的一部分内容，所发生费用的计算方法应保持一致，并根据合同条款按国家有关政策进行费用调整。

3. 专业工程深化设计管理

(1) 编制出图计划

项目部根据施工总进度计划的安排，编制专业工程深化设计的出图计划，并送建设单位审核。

(2) 明确深化设计进度要求

1) 深化设计单位根据总进度计划向项目部提交详细的设计进度计划表，并提交设计图纸目录；设计进度计划应与项目部充分协商并取得认可。设计进度计划表应包括深化设计提交审批的时间和深化设计完成的时间，时间安排应留有足够的余量。

2）深化设计单位应按设计进度计划表提交供审批的图纸，如不能按时提交应说明原因，在不影响施工进度的前提下，取得项目部认可后应提交修改后的设计进度计划表。

（3）明确深化设计质量等要求

1）深化设计图应满足国家相关规范、规定的要求和合同的规定。

2）深化设计单位应在充分理解原设计意图的前提下进行深化设计，设计中如有疑问需与建设单位、设计单位、其他分包/承包单位协调时，应及时与项目部设计协调部门联系，由项目部设计协调部门组织协调解决。

3）深化设计图在提交项目部初审前，深化设计单位应做好自校工作。

（4）审查深化设计单位的资质

项目部应要求深化设计单位提交设计资质和人员资格材料，在取得设计单位资质后进行审查并备案；对深化设计单位的深化设计出图工作进行确认。

（5）初审深化设计文件

1）在深化设计单位出图后，专业分包单位将图纸交给项目部初审。项目部根据国家相关规范、规定的要求和合同的约定，审查深化设计图纸是否满足要求。

2）重点审查深化设计是否符合合同约定的内容和范围、在各专业之间是否进行了协调。

3）项目部应将未满足要求的深化设计图纸退回深化设计单位，深化设计单位应重新送审直至满足设计要求。

（6）送审和图纸会签

当深化设计初审通过后，项目部应将深化设计文件送建设单位审查；涉及深化设计是否符合国家规范标准的，应由原设计单位或专业审图单位进行审查。

项目部组织相关专业单位和设计单位进行深化设计文件会审会签，对会审会签中提出或修改的更改事项进行验证，填写《深化设计图纸会签表》。当深化设计图纸准确无误、设计会签后，方可出图，交付施工。

（7）审核意见汇总

建设单位提出审核意见后交项目部汇总，项目部进行补充并通知深化设计单位，深化设计单位根据汇总意见做相应修改，修改完成后重新初审会签图纸。

（8）签字盖章后晒蓝图

深化设计图纸在审核或修改通过后，可加盖项目部施工图章，技术负责人签发，由深化设计单位按合同约定的套数晒成蓝图，提交项目部按合同规定分发。

（9）发放图纸及交底

深化设计图纸上应有项目负责人、校对人、设计人/制图人签名，图纸可分批报送，每次报送的图纸均应附有该批次的图纸目录。专业工程施工前，项目工程师会同深化设计单位，对专业分包单位进行设计交底。

（10）跟踪核查

施工期间，每周根据工程进展和需要安排时间，对深化设计实施情况进行专题讨论，研究解决施工中发生的问题，协调工程进度或界面等的矛盾，讨论解决施工中的技术问题。另外，项目部按期检查设计计划的实施情况，根据实际进展，及时督促调整和落实出图计划。

1.5.3.2 施工项目技术管理主要工作方法与措施

1. 原始资料调查分析

工程实施前，应对工程原始资料进行调查和分析，此项工作应由项目经理部各部门配合进行，必要时企业参与。项目技术部门对收集到的原始资料进行分析，确定切实可行的施工组织设计。原始资料调查分析主要包括自然条件、技术经济条件以及其他条件等方面：

（1）自然条件调查分析

搜集工程所在地块的气象、建设场地的地形、工程地质和水文地质、施工现场地上和地下障碍物状况、周围民宅的坚固程度及其居民的健康状况等项，为施工提供依据，以便做好各项准备，主要调查内容见表 1-26。

自然条件调查表 **表 1-26**

调查项目	调查内容	调查目的
气温	年平均温度，最高、最低、最冷、最热月的逐月平均温度	1. 防暑降温； 2. 混凝土、灰浆强度增长
降雨	雨期起止时间，全年降水量，昼夜最大降水量，年雷暴日数	1. 雨期施工； 2. 工地排水、防洪、防雷
风	主导风向及频率，大于或等于 8 级风全年天数、时间	1. 布置临时设施； 2. 高空作业及吊装措施
地形	地形图，控制桩、水准点的位置	1. 布置施工总平面图； 2. 现场平整土方量计算； 3. 障碍物及数量
地震	裂度大小	1. 对地基影响； 2. 施工措施
地质	钻孔布置图，地质剖面图，地质的稳定性、滑坡、流砂等，地基土破坏情况，土坑、枯井、古墓、地下构筑物	1. 土方施工方法的选择； 2. 地基处理方法； 3. 障碍物拆除计划； 4. 基础施工； 5. 复核地基基础设计
地下水	最高、最低水位及时间，流向、流速及流量，水质分析，抽水试验	1. 土方施工； 2. 基础施工方案的选择； 3. 降低地下水位； 4. 侵蚀性质及施工注意事项
地面水	邻近的江河湖泊及距离，洪水、平水及枯水时期，流量、水位及航道深、水质分析	1. 临时给水； 2. 航运组织
周边环境	邻近道路、桥梁、高铁、机场、房屋、构筑物、军事区的现状	1. 结构安全可靠性； 2. 相关人群的影响
特殊情况	高压电线或电塔、有污染或腐蚀性质的化工厂、制药厂、水库大坝、保密工厂或基地的现状	1. 对工程的影响情况，是否需要办理相关手续； 2. 做好各项安全措施

（2）技术经济条件调查分析

技术经济条件主要包括地方建筑生产企业、地方资源、交通运输、通信、水电及其他能源、主要设备、国拨材料和特种工程材料，以及它们的生产能力等。调查内容有：

1）地方建筑生产企业情况：企业和产品名称、生产能力、供应能力、生产方式、出厂价格、运距、运输方式等。

2）地方资源情况：材料名称、产地、质量、出厂价、运距、运费等。

3）交通运输条件。铁路：邻近铁路专用线，车站至工地距离，运输条件，车站起重能力，卸货线长度，现场贮存能力，装载货物的最大尺寸，运费、装卸费和装卸力量等。公路：各种材料至工地的公路等级、路面构造、路宽、完好情况及允许最大载重量，途经桥涵等级及允许最大载重量，当地专业运输机构及附近能提供的运输能力，运费、装卸费和装卸力量，有无汽车修配厂，至工地距离，道路情况，能提供的修配能力等。航运：货源与工地至邻近河流、码头、渡口的距离，道路情况，洪水、平水、枯水期，通航最大船只及吨位，取得船只情况，码头装卸能力，最大起重量，每吨货物运价，装卸费和渡口费。

（3）其他条件调查分析

当地的风俗习惯、社会治安、医疗卫生；可利用的民房、劳力和附属设施情况；当地水源和生活供应情况等。

2. 施工技术类标准、规范管理

施工技术类标准、规范是指国家、行业、地方、团体、企业颁布的与施工技术相关的标准、规范、规程、图集等。

企业负责适用的国家、行业、企业颁布的技术规范的识别，将企业适用的现行技术规范有效版本目录清单及时更新并通知项目经理部。

项目经理部负责工程所在地技术规范的识别，建立和发布地方技术规范有效版本目录清单，及时更新有关技术规范。

项目经理部配置适用的技术规范、规程，建立项目技术规范配置清单。作废的标准及时回收销毁或加盖作废标记。项目技术负责人负责技术规范的管理工作，确保施工时使用当前有效的规范版本，并应根据当年标准规范的作废或修改情况及时更新有效版本清单。

项目资料员应根据公司发布的修订或作废的标准规范清单及时更新，收回旧版标准规范并做好作废标识。

3. 施工组织设计、施工方案、技术交底、验收、工程资料管理

图纸会审，施工组织设计管理，项目施工方案管理，技术交底管理，变更、洽商、现场签证管理，技术措施计划管理，隐蔽工程检查与验收，工程资料管理，技术开发与科技成果推广等施工技术管理的内容参见本书第2章各节内容。

1.5.4　绿　色　施　工

1.5.4.1　绿色施工的定义

绿色施工是指在保证质量、安全等基本要求的前提下，以人为本，因地制宜，通过科学管理和技术进步，最大限度地节约资源，减少对环境负面影响的工程施工活动。

绿色施工应符合国家法律、法规及相关标准规范，实现经济效益、社会效益和环境效

益的统一。

1.5.4.2 绿色施工的职责分工

1. 建设单位履行职责

(1) 在编制工程概算和招标文件时，应明确绿色施工的要求，并提供包括场地、环境、工期、资金等方面的条件保障。

(2) 应向施工单位提供建设工程绿色施工的设计文件、产品要求等相关资料，保证资料的真实性和完整性。

(3) 应建立工程项目绿色施工的协调机制。

2. 设计单位履行职责

(1) 应按国家现行有关标准和建设单位的要求进行工程绿色设计。

(2) 应协助、支持、配合施工单位做好建筑工程绿色施工的有关设计工作。

3. 监理单位履行职责

(1) 应对建筑工程绿色施工承担监理责任。

(2) 应审查绿色施工组织设计、绿色施工方案或绿色施工专项方案，并在实施过程中做好监督检查工作。

4. 施工单位履行职责

(1) 施工单位是建筑工程绿色施工的实施主体，应组织绿色施工的全面实施。

(2) 实行工程总承包管理的建筑工程，工程总承包单位应对绿色施工负总责。

(3) 工程总承包单位应对专业承包单位的绿色施工实施管理，专业承包单位应对工程承包范围的绿色施工负责。

(4) 施工单位应建立以项目经理为第一责任人的绿色施工管理体系，制定绿色施工管理制度，负责绿色施工的组织实施，进行绿色施工教育培训，定期开展自检、联检和评价工作。

(5) 绿色施工组织设计、绿色施工方案或绿色施工专项方案编制前，应进行绿色施工影响因素分析，并据此制定实施对策和绿色施工评价方案。

(6) 在施工组织设计中编制绿色施工技术措施或专项施工方案，并确保绿色施工费用的有效使用。

(7) 施工现场应建立机械设备保养、限额领料、建筑垃圾再利用的台账和清单。工程材料和机械设备的存放、运输应制定保护措施。

(8) 应强化技术管理，绿色施工过程技术资料应收集和归档。

(9) 应建立不符合绿色施工要求的施工工艺、设备和材料的限制、淘汰等制度。应根据绿色施工要求，对传统施工工艺进行改进。

(10) 施工前，应根据国家和地方法律、法规的规定，制定施工现场环境保护和人员安全与健康等突发事件的应急预案。

1.5.4.3 绿色施工管理的规定动作

(1) 绿色施工需要在工程项目中明确绿色施工的任务，在施工组织设计、绿色施工专项方案中做好绿色施工策划；在项目运行中有效实施并全过程监控绿色施工；在绿色施工评价中严格按照 PDCA 循环持续改进，保障绿色施工取得实效。

(2) 绿色施工项目开工前，应充分识别、评价与分析影响绿色施工的因素，进行绿色施工策划，并根据项目实际情况，对绿色施工评价要素中的评价条目（点）进行选择。

（3）施工单位应根据设计文件、场地条件、周边环境和绿色施工总体要求，明确绿色施工的目标、材料、方法和实施内容，编制包含绿色施工管理和技术要求的工程绿色施工组织设计、绿色施工方案或绿色施工专项方案，并经审批通过后实施。

（4）施工企业应针对绿色施工总体要求，结合具体工程的实际情况，积极应用住房和城乡建设部发布的《建筑业10项新技术》，组织专门人员进行传统施工技术绿色化改造，开发岩土工程、主体结构工程、装饰装修工程、机电安装工程和拆除工程等不同领域的绿色施工技术并实施。

（5）建筑工程绿色施工项目应确定绿色施工的相关组织机构和责任分工，明确项目经理为第一责任人，使绿色施工的各项工作任务有明确的部门和岗位来承担。

（6）建筑工程绿色施工项目应做好施工协同，加强施工管理，建立以项目经理为核心的调度体系，确保有计划、有步骤地实现绿色施工的各项目标。

（7）项目经理部应通过日常、定期检查与监测来检查绿色施工的总体实施情况，测量绿色施工目标的完成情况和效果，为后续施工提供改进和提升的依据与方向。检查与检测要以现行国家标准《建筑与市政工程绿色施工评价标准》GB/T 50640和绿色施工策划文件为依据，建筑工程绿色施工项目的施工单位、监理单位要重视日常检查和监督，依据实际状况与评价指标的要求严格控制，通过PDCA循环促进持续改进。

1.5.4.4　绿色施工评价体系

（1）绿色施工评价应以建筑工程施工过程为对象进行评价，绿色施工评价贯穿整个施工过程，评价的对象可以是施工的任何阶段或分部分项工程。绿色施工评价体系见图1-3。

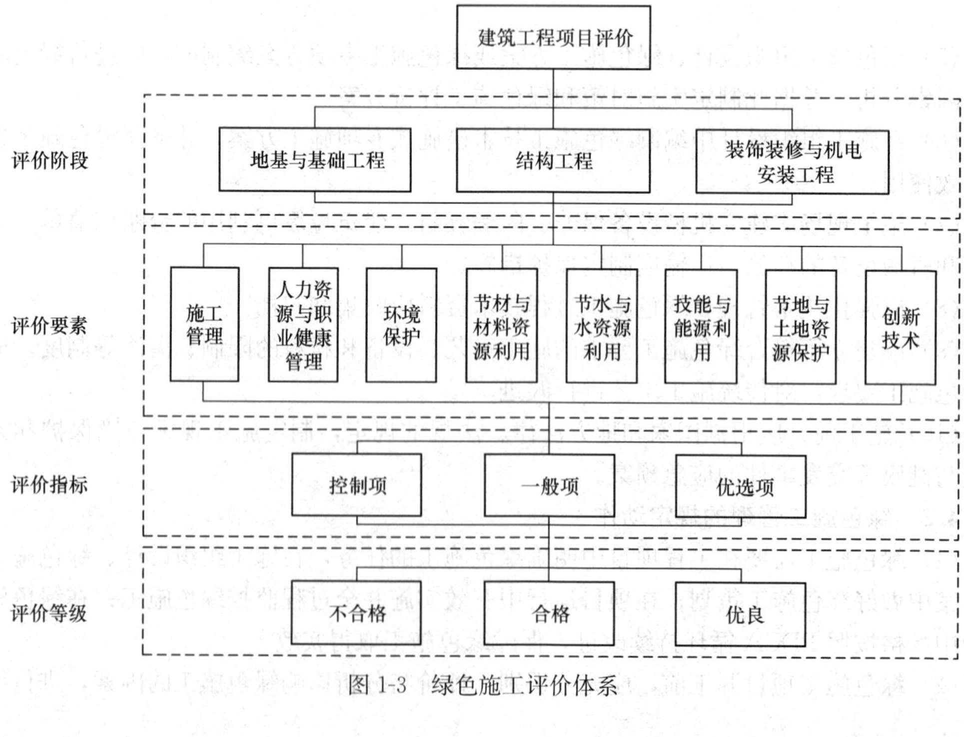

图1-3　绿色施工评价体系

（2）绿色施工评价时间间隔，应满足绿色施工评价标准要求，并应结合企业、项目的具体情况确定，但至少应达到评价次数每月 1 次，且每阶段不少于 1 次的基本要求。

（3）发生下列事故之一，不得评为绿色施工合格及以上项目：

1）发生安全生产死亡责任事故。

2）发生重大质量事故，并造成严重影响。

3）发生群体传染病、食物中毒等责任事故。

4）施工中因“环境保护与资源节约”问题被政府管理部门处罚。

5）违反国家有关“环境保护与资源节约”的法律法规，造成严重社会影响。

6）施工扰民造成严重社会影响。

7）不符合国家产业政策，使用国家、行业地方主管部门已经明令禁止使用或者淘汰的材料、技术、工艺和设备。

1.5.4.5　工程项目绿色施工

详见本书“4　工程项目绿色施工”。

1.6　施工项目进度管理

1.6.1　施工项目进度管理概述

1.6.1.1　影响施工项目进度的因素

影响施工项目进度的因素大致可分为三类，详见表 1-27。

影响施工项目进度的因素表　　**表 1-27**

种类	影响因素
项目经理部内部因素	1. 施工组织不合理，人力、机械设备、工程材料设备采购、工程分包招标进场调配不当，解决问题不及时； 2. 工序安排不当、施工技术措施不当或发生事故； 3. 质量不合格引起返工； 4. 与相关单位关系协调不善； 5. 项目经理部管理水平低
相关单位因素	1. 设计图纸供应不及时或有误； 2. 业主要求设计变更； 3. 实际工程量增减变化； 4. 材料供应、运输等不及时或质量、数量、规格不符合要求； 5. 水电通信等部门、分包单位没有认真履行合同或违约； 6. 资金没有按时拨付等； 7. 安全环境保护管理暂停施工
不可预见因素	1. 施工现场水文地质状况比设计合同文件预计的要复杂得多； 2. 严重自然灾害； 3. 战争、政变等政治因素等

1.6.1.2　施工项目进度管理程序

施工项目进度管理程序见图 1-4，大致分为施工进度计划、施工进度实施和施工进度控制三个阶段。

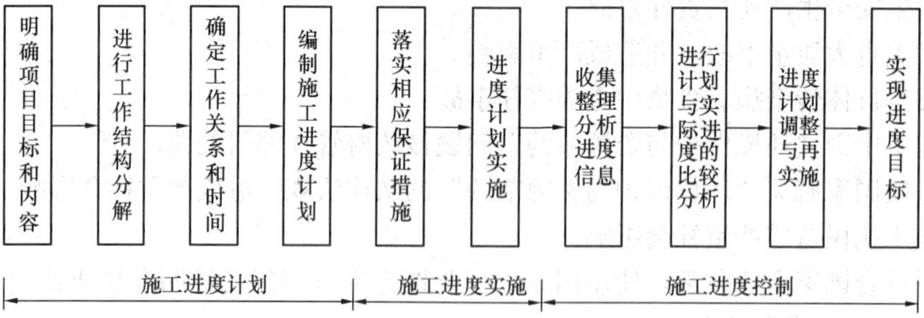

图 1-4　施工项目进度管理程序图

1.6.2　施工项目进度计划的编制和调整方法

施工项目进度控制以实现施工合同约定的竣工日期为最终目标，而如何实现这一管理目标的具体计划安排就是施工项目进度计划。

进度计划是将项目所涉及的各项工作、工序进行分解后，按各工作开展顺序、开始时间、持续时间、完成时间以及相互之间的衔接关系编制的作业计划。通过进度计划的编制，使项目实施形成一个有机的整体，同时，进度计划也是进度控制和管理的依据。

施工项目进度控制总目标应进行分解。可按单位工程分解为分期交工分目标，还可按承包的专业或施工阶段分解为阶段完工分目标，亦可按年、季、月时间段将计划分解为更具体的时间段分目标。

施工项目进度计划的编制通常是在项目经理的主持下，由各职能部门、相关人员等共同完成。

1.6.2.1　施工项目进度计划的编制依据

（1）项目施工合同中对总工期、开工日期、竣工日期的要求；

（2）业主对阶段节点工期的要求；

（3）项目施工工艺技术特点；

（4）项目的外部环境及施工条件；

（5）项目的资源供应状况；

（6）施工企业的企业定额及实际施工能力。

1.6.2.2　施工项目进度计划的编制原则

（1）运用科学的管理方法和先进的管理工具来进行施工项目进度计划的编制，以提高进度计划的合理性、科学性。

（2）充分了解项目实际情况，落实对施工进度可能造成重大影响的各种因素的风险程度，避免过多的假定而使施工项目进度计划失去指导意义。

（3）施工项目进度计划应保证项目总工期目标。

（4）研究企业自身情况，根据工艺关系、组织关系、搭接关系等，对工程实行分期、分批提出相应的阶段性进度计划，以保证各阶段性节点目标与总工期目标相适应。

（5）施工项目进度计划的安排必须考虑项目资源供应计划，尽量保证劳动力、材料、机械设备等资源投入的均衡性和连续性。

（6）施工项目进度计划应与质量、经济等目标相协调，不仅要实现工期目标，同时要有利于质量、安全、经济指标的实现。

1.6.2.3 施工项目进度计划的编制方法

1. 横道计划

横道计划简称横道图，又称甘特图（Gantt Chart），是一种最简单、运用最广泛的传统的进度计划方法，尽管有许多新的计划技术，但横道图在工程建设领域中仍非常普遍地被应用。

（1）传统横道图

通常横道图的表头为工序及其简要说明，右侧的时间表格上则表示相应工作的进展情况。根据具体工程情况和计划的编制精度，时间刻度单位可以为年、季、旬、周、天或小时等。工作（工序）的分类及排列可由计划编制者自定，通常以工作（工序）发生的时间先后顺序排列，也可按工作（序）间工艺关系顺序排列。横道图中，也可以将工作（工序）名称直接放在表示工作（工序）进展的横道上，如图 1-5 所示。

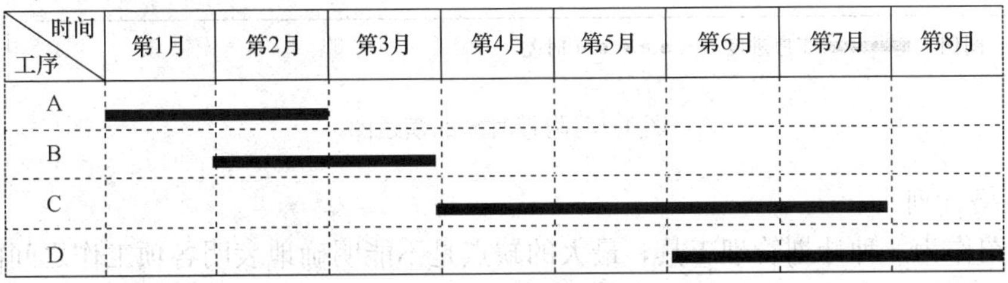

图 1-5　横道图

（2）传统横道图的特点及适用范围

传统横道图中将工序进度与时间坐标相对应，这种表达方式简单直观、便于理解，而且编制容易、方便操作。但传统横道图也存在一些不足，如：

1）工序之间的逻辑关系、工艺关系表达不清楚；

2）没有通过严谨的进度计划时间参数计算，不能直观地确定关键线路、关键工作，也无法直接体现出某工作的时间；

3）计划调整工作量大，难以适应大的、复杂项目的进度计划。

由于具有上述优缺点，横道图适用于手工编制，主要应用于小型项目或大型项目的子项目，或用于计算资源需要量和概要预示进度，也可作为运用其他计划技术编制的进度计划的结果表示。

（3）附带逻辑关系的横道图

在传统横道图的基础上，也可以将重要的工序间逻辑关系标注在进度计划图上，把项目计划和项目进度安排有机地组合在一起，如图 1-6 所示。

（4）附带时差的横道图

随着进度计划技术的进步，网络进度计划中，在不影响总工期的前提下，某些工作的开始时间、完成时间并不是唯一的，往往存在一定的机动时间可以利用，这段机动时间就

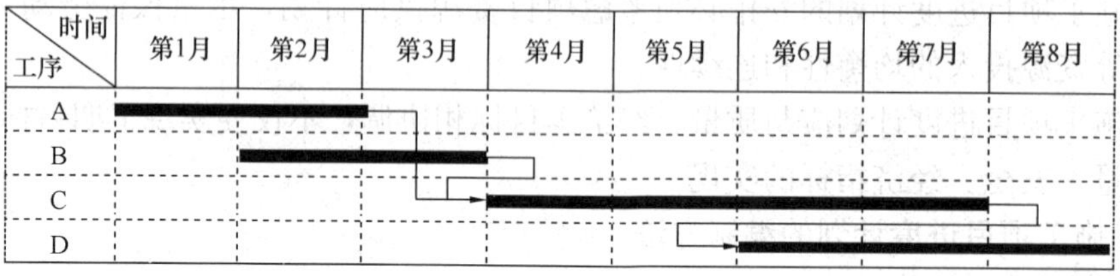

图 1-6　附带逻辑关系的横道图

是时差。在传统横道图中时差的概念是无法表达的，但经过改进后的附带时差的横道图也可以表达，但仅限于比较简单的工程进度计划，如图 1-7 所示。

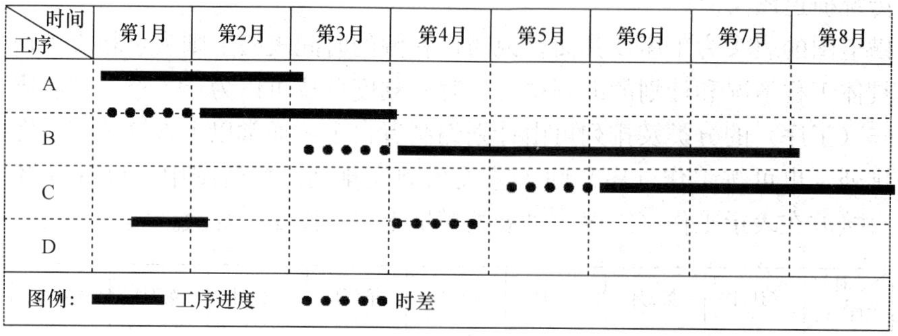

图 1-7　附带时差的横道图

2. 网络计划

横道图作为一种计划管理工具，最大的缺点是不能明确地表明各项工作之间的相互依存与相互作用的关系，某一工序进度的后延对后续工序以及整个工期的影响无法迅速判断，同样也无法确定哪些工序在整个项目中是重要的，其工作时间将会对整个工程总工期起到关键性作用。同时，为了满足复杂系统工程进度计划管理的需要，产生了网络计划技术。

国际上，工程网络计划有许多种，如 CPM（Critical Path Method）和 PERT（Program Evaluation and Review Technique）等。我国《工程网络计划技术规程》JGJ/T 121—2015 推荐的常用的工程网络计划类型有：

（1）双代号网络图

双代号网络图是以两个带有编号的圆圈和一个箭线表示一项工作的网络图，如图 1-8 所示。

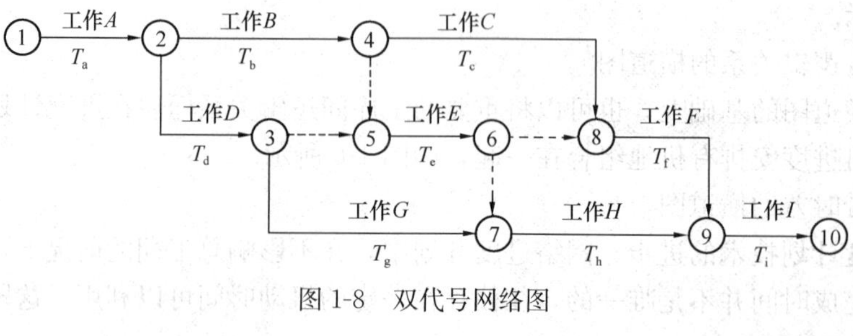

图 1-8　双代号网络图

其中，箭线表示工作，工作的表示方法如图 1-9 所示。

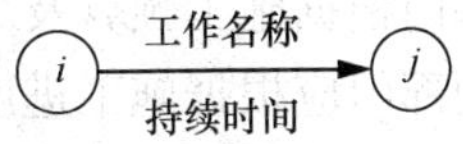

图 1-9　双代号网络图工作的表示方法

(2) 单代号网络图

与双代号网络图一样，单代号网络图也是由节点、箭线、线路所组成，但单代号网络图是以节点（通常为圆圈或矩形）及其编号表示一项工作，而用箭线表示工作之间关系的网络图，如图 1-10所示。

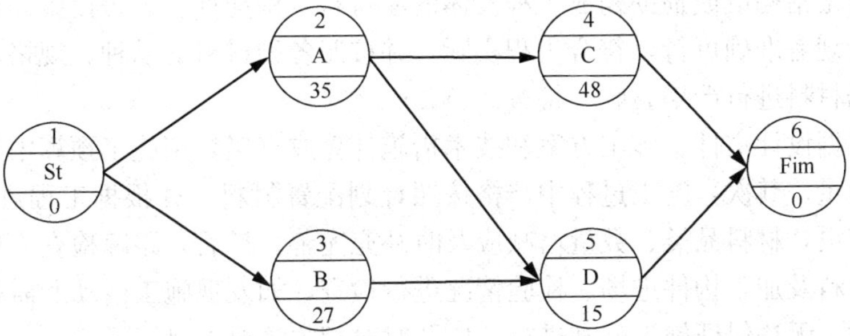

图 1-10　单代号网络图

其中，节点表示工作，工作的表示方法如图 1-11 所示。

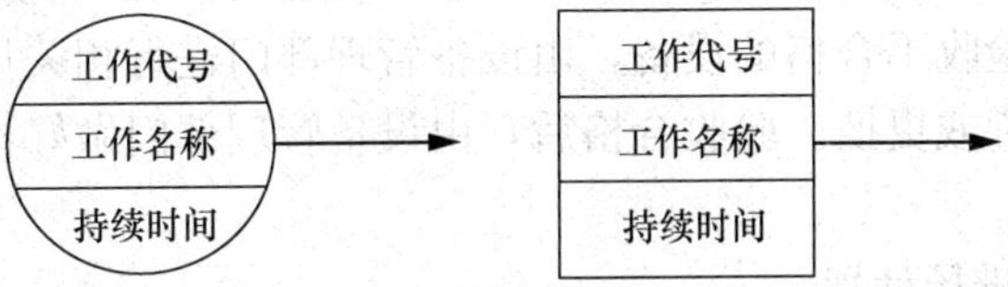

图 1-11　单代号网络图工作的表示方法

1.6.2.4　与施工进度相匹配的资源计划

人、材、机资源配置计划是进度计划实现的基本条件，各配置计划应与每月生产产值相匹配。

1. 人员进场计划

人员进场计划即劳动力配置计划，明确现场劳动力需求计划，科学合理地安排和利用劳动力资源。保证施工过程中施工现场作业人员数量的均衡性和工种、专业的匹配性，做到劳动力与现场施工生产的实际需求相符。

首先，应根据设计文件、施工方案、工程承包合同、相关技术措施等计算或套用定额，确定各分项实物工程量。其次，套用相关资源消耗定额，并结合工程特点，求得各分部分项工程劳动力需求量。最后，跟踪检查人员应对各分部分项工程的劳动力人数、工种、技能情况进行检查，如劳动力未按照计划配置，可能造成进度滞后，应及时对相关情况予以记录。

2. 施工机械进场计划

施工机械设备主要包括基础、结构阶段使用的施工机械设备，可分为中小型机械、大型机械。施工机械进场计划需确定机械设备规格型号和数量，规范配置计划，满足施工生产需求，保证机械设备从采购、验收到使用的各个过程都符合施工要求。首先，设备管理部门根据施工预算及分部分项工程施工方案，明确需配备的机械设备的规格型号。设备管理部门应根据施工进度计划，及时通知机械进场时间。其次，在施工生产过程中，按照计划配置机械设备，并根据工程实际进度等工作进展适时调整。最后，跟踪检查人员应对各分部分项工程的周转材料及设备的进场、安装等情况进行检查，如发现施工活动所需周转材料及设备到位不及时，无法保证施工顺利进行，应及时对相关情况予以记录。

3. 工程材料进场计划

工程材料是指构成或辅助构成工程实体的原材料、构配件、工程设备和周转材料。工程材料进场计划需准确可行，符合工程实际，并按照各种材料的品种、规格、质量、数量要求，对进场材料进行严格验收、检查。

首先，根据设计文件、施工方案和技术措施计算或直接套用施工预算中建设工程各分部分项的工程量。其次，施工过程中严格按照计划配置材料，并根据工程进度适时调整。如发生设计变更，材料品类、数量增减应及时补充完善。最后，跟踪检查人员应对各分部分项工程的材料及加工构件进场、检验情况进行检查，如发现施工活动所需材料及加工构件到位不及时、无法保证施工顺利进行，应及时对相关情况予以记录。

4. 工程设备进场计划

工程设备是指建筑工程中给水排水及供暖工程、电气安装工程、智能建筑工程、通风与空调工程及电梯安装工程等相关的设备。工程设备进场应组织参建各方、供货商及安装单位进行现场验收。验收不合格的设备，由设备管理部门进行相关记录、标识、隔离，并通知采购人员负责退货或更换。验收合格后，由设备管理部门做好标识、发放、储存保护等管理工作。

5. 检验试验设备进场计划

检验试验设备是指工程计量及检测仪器，包括抗压试模、抗渗试模、温度计、湿度计、卷尺、游标卡尺、壁厚仪、风速仪、台秤、扭力扳手、电压表、电流表、电阻仪等检验检测工程施工质量的仪器。

6. 工程分包单位进场计划

项目工程分包是项目资源管理的重要方面，项目各专业工程一般会按照施工组织设计细分若干工区、若干专业，组织不同的专业分包来完成。工程分包单位的招标、定标、合同签订、进场时间都要做出具体的工作计划，并认真执行。进场计划要有最早进场时间和最晚进场时间安排。

1.6.2.5　施工进度计划的调整

在对实施的进度计划分析的基础上，应确定调整原计划的方法，一般主要有以下两种：

1. 改变某些工作间的逻辑关系

若检查的实际施工进度产生的偏差影响了总工期，并且有关工作之间的逻辑关系允许改变，可以改变关键线路和超过计划工期的非关键线路上的有关工作之间的逻辑关系，达到缩短工期的目的。这种方法用起来效果是很显著的。例如可以把依次进行的有关工作改变为平行或互相搭接的或者分成几个施工段进行流水施工的工作，都可以达到缩短工期的目的。

2. 缩短某些工作的持续时间

这种方法是不改变工作之间的逻辑关系，只是缩短某些工作的持续时间而使施工进度加快，以保证实现计划工期的方法。这些被压缩持续时间的工作是位于因实际施工进度的拖延而引起总工期增长的关键线路和某些非关键线路上的工作。同时，这些工作又是可压缩持续时间的工作。这种方法实际上就是网络计划优化中的工期优化方法和工期与成本优化的方法。

3. 资源供应的调整

对于因资源供应发生异常而引起进度计划执行问题，应采用资源优化方法对计划进行调整，或采取应急措施，使其对工期影响最小。

4. 改变工作的起止时间

起止时间的改变应在相应的工作时差范围内进行，如延长或缩短工作的持续时间，或将工作在最早开始时间和最迟完成时间范围内移动。每次调整必须重新计算时间参数，观察该项调整对整个施工进度计划的影响。

1.6.3 施工项目进度计划的实施与检查

1.6.3.1 施工项目进度计划的实施

施工项目进度计划实施的主要内容见表1-28。

施工项目进度计划实施的主要内容 表1-28

项目	主要内容
编制年度、季度控制性施工进度计划	对总工期跨越一个年度以上的施工项目，应根据不同年度的施工内容编制年度和季度的控制性施工进度计划，确定并控制项目施工总进度的重要节点目标
编制月旬作业计划	月旬作业计划是对控制性计划的落实与调整，重点解决工序之间的关系，它是施工进度计划的具体化，应具有实施性，使施工任务更加明确具体可行，便于测量、控制、检查。 1. 每月（或旬）末，项目经理提出下期目标和作业项目，通过工地例会协调后编制； 2. 应根据规定的计划任务、当前施工进度、现场施工环境、劳动力、机械等资源条件编制； 3. 项目经理部应将资源供应进度计划和分包工程施工进度计划纳入项目进度控制范畴
签发施工任务单	1. 施工任务书是下达施工任务，实行责任承包，全面管理和原始记录的综合性文件； 2. 施工任务书包括施工任务单、限额领料单、考勤表等； 3. 工长根据作业计划按班组编制施工任务书，签发后向班组下达并落实施工任务； 4. 在实施过程中，做好记录，任务完成后回收，作为原始记录和业务核算资料保存
做好施工进度记录和统计	各级施工进度计划的执行者做好施工记录，如实记载计划执行情况： 1. 每项工作的开始时间和完成时间，每日完成数量； 2. 记录现场发生的各种情况、干扰因素的排除情况； 3. 跟踪做好形象进度、工程量、总产值、耗用的人工、材料、机械台班、能源等数量； 4. 及时进行统计分析并填表上报，为施工项目进度检查和控制分析提供反馈信息
施工进度调度	1. 掌握计划实施情况； 2. 组织施工中各阶段、环节、专业、工种相互配合； 3. 协调外部供应、总分包等各方面的关系； 4. 采取措施排除各种干扰和矛盾，保证连续均衡施工； 5. 对关键部位要组织有关人员加强监督检查，发现问题，及时解决

1.6.3.2 施工项目进度计划的检查

跟踪检查施工实际进度是项目施工进度控制的关键内容，其具体内容见表 1-29。

施工项目进度计划的检查 表 1-29

项目	说明
检查时间	1. 根据施工项目的类型、规模、施工条件和对进度执行要求的程度，确定检查时间和间隔时间； 2. 常规性检查可确定为每月、半月、旬或周进行一次； 3. 施工中遇到天气、资源供应等不利因素严重影响时，间隔时间可临时缩短，次数应频繁； 4. 对施工进度有重大影响的关键施工作业可每日检查或派人驻现场督阵
检查内容	1. 对日施工作业效率、周作业进度、旬作业进度及月作业进度分别进行检查，对完成情况做出记录； 2. 检查期内实际完成和累计完成工程量； 3. 实际参加施工的人力、机械数量和生产效率； 4. 窝工人数、窝工机械台班及其原因分析； 5. 进度偏差情况和进度管理情况； 6. 影响进度的特殊原因及分析
检查方法	1. 建立内部施工进度报表制度； 2. 定期召开进度工作会议，汇报实际进度情况； 3. 进度控制、检查人员经常到现场实地察看
数据整理、比较分析	1. 将收集的实际进度数据和资料进行整理加工，使之与相应的进度计划具有可比性； 2. 一般采用实物工程量、施工产值、劳动消耗量、累计百分比等和形象进度统计； 3. 将整理后的实际数据、资料与进度计划比较，通常采用的方法有横道图比较法、列表比较法、S 形曲线比较法、“香蕉”形曲线比较法、前锋线比较法等； 4. 得出实际进度与计划进度是否存在偏差的结论：相一致、超前、落后

1.6.4 施工项目进度计划执行情况对比分析

施工进度比较分析与计划调整是建筑工程施工项目进度控制的主要环节。其中施工进度比较是调整的基础。常用的比较方法有以下几种：

1.6.4.1 横道图比较法

横道图比较法，是指将在项目施工中检查实际进度收集的信息，经整理后直接用横道线并列标于原计划的横道线处，进行直观比较的方法。例如某钢筋混凝土工程的施工实际进度计划与计划进度比较，如图 1-12 所示。其中黑粗实线表示计划进度，涂黑部分（也可以涂彩色）则表示工程施工的实际进度。从比较中可以看出，在第 8 天末进行施工进度检查时，支模板工作已经完成，绑扎钢筋工作按计划进度应当完成，而实际施工进度只完成 87%，已经拖后 13%，浇筑混凝土工作完成 40%，与计划施工进度一致。

通过上述记录与比较，为进度控制者提供了实际施工进度与计划进度之间的偏差，为采取调整措施提供了明确的任务。这是施工过程中进行进度控制经常使用的一种最简单、熟悉的方法。但是它仅适用于施工中各项工作都是按均匀的速度进行，即每项工作在单位时间内完成的任务量都是相等的。

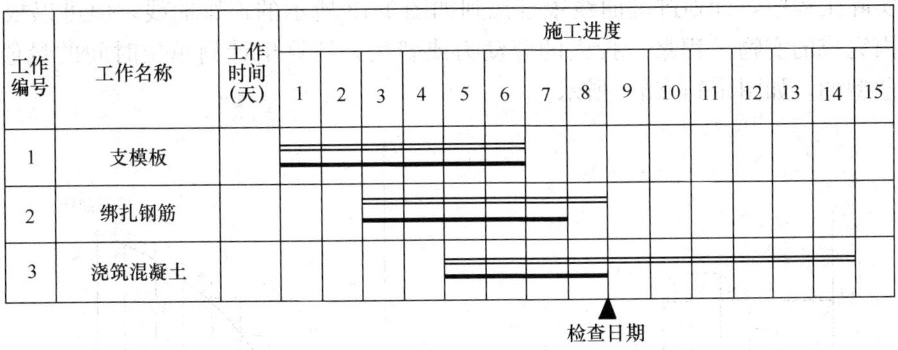

图 1-12 某钢筋混凝土工程实际进度与计划进度的比较

完成任务量可以用实物工程量、劳动消耗量和工作三种物理量表示，为了比较方便，一般用它们实际完成量的累计百分比与计划应完成量的累计百分比进行比较。

横道图比较法具有以下优点：记录和比较方法都简单，形象直观，容易掌握，应用方便，被广泛应用于简单的进度监测工作中。但是它以横道图进度计划为基础，因此带有其不可克服的局限性，如各工作之间的逻辑关系不明显，关键工作和关键线路无法确定，一旦某些工作进度产生偏差时，难以预测对后续工作和整个工期的影响以及确定调整方法。

1.6.4.2 S形曲线比较法

S形曲线比较法与横道图比较法不同，不是在编制的横道图进度计划上进行实际进度与计划进度比较。它是以横坐标表示进度时间，纵坐标表示累计完成任务量，而绘制出一条按计划时间累计完成任务量的S形曲线，将施工项目的各检查时间实际完成的任务量绘在S形曲线图上，进行实际进度与计划进度相比较的一种方法。

从整个施工项目的施工全过程而言，一般是开始和结束时单位时间投入的资源量较少，中间阶段单位时间投入的资源量较多，与其相关单位时间完成的任务量也是呈同样变化的，如图 1-13（*a*）所示，而随时间进展累计完成的任务量，则应呈 S 形变化，如图 1-13（*b*)所示。

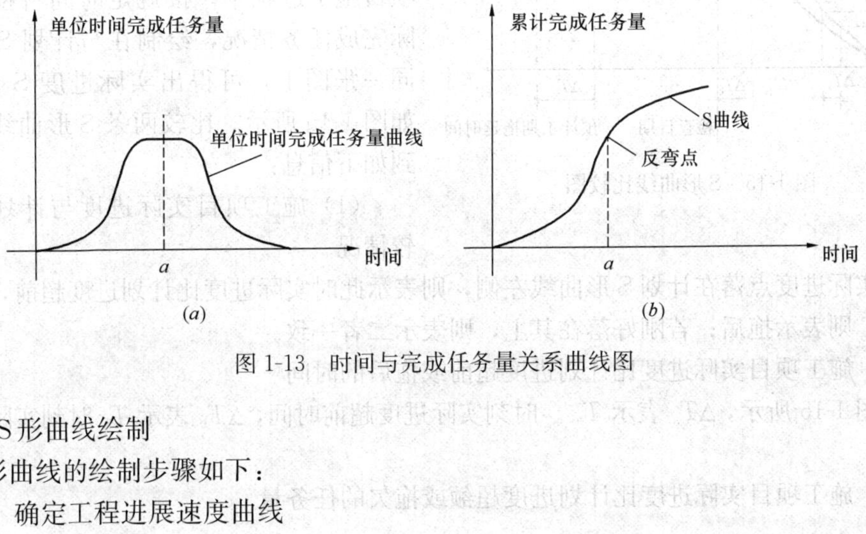

图 1-13 时间与完成任务量关系曲线图

1. S形曲线绘制

S形曲线的绘制步骤如下：

（1）确定工程进展速度曲线

在实际工程中，计划进度曲线很难找到如图 1-13 所示的连续曲线，但可以根据每单位时间内完成的实物工程量、投入的劳动力或费用，计算出计划单位时间的量值（q_j），它是离散型的，如图 1-14（*a*）所示。

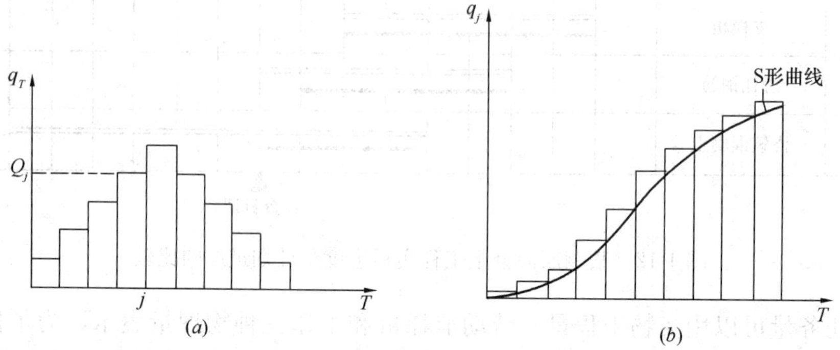

图 1-14　实际工作中时间与完成任务量关系曲线

（2）计算规定时间 j 累计完成的任务量

其计算方法是将各单位时间完成的任务量累加求和，可以按下式计算：

$$Q_j = \sum_{j=1}^{j} q_j \tag{1-1}$$

式中　Q_j——j 时刻的计划累计完成任务量；

　　　q_j——单位时间计划完成任务量。

（3）按各规定时间的 Q_j 值绘制 S 形曲线，如图 1-14（*b*）所示。

2. S 形曲线比较法

利用 S 形曲线比较，同横道图一样，是在图上直观地进行施工项目实际进度与计划进度比较。一般情况下，计划进度控制人员在计划实施前绘制出 S 形曲线，在项目施工过程中，按规定时间将检查的实际完成任务情况，绘制在与计划 S 形曲线同一张图上，可得出实际进度 S 形曲线，如图 1-15 所示。比较两条 S 形曲线可以得到如下信息：

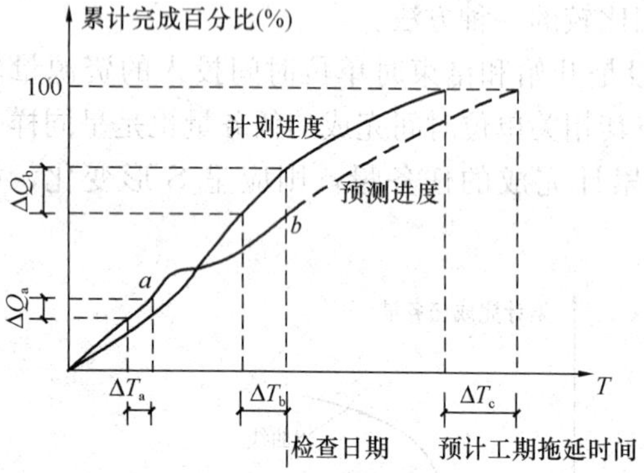

图 1-15　S形曲线比较图

（1）施工项目实际进度与计划进度比较情况

当实际进度点落在计划 S 形曲线左侧，则表示此时实际进度比计划进度超前，若落在其右侧，则表示拖后；若刚好落在其上，则表示二者一致。

（2）施工项目实际进度比计划进度超前或拖后的时间

如图 1-15 所示，ΔT_a 表示 T_a 。时刻实际进度超前时间，ΔT_b 表示 T_b 时刻实际进度拖后时间。

（3）施工项目实际进度比计划进度超额或拖欠的任务量

如图 1-15 所示，ΔQ_a 表示 T_a 时刻超额完成的任务量，ΔT_b 表示 T_b 时刻拖欠的任务量。

（4）预测工程进度

如图 1-15 所示，后期工程按原计划速度进行，则工期拖延预测值为 ΔT_c。

S形曲线比较法实际应用时，累计完成任务量可以是以货币形式表示的工作量，也可以是实物量，既可用于对全部工程计划的检查，也可用于特定局部进度计划的检查。S形曲线比较法主要用于累计进度与计划进度的比较，宜与其他方法结合使用。

1.6.4.3　“香蕉”形曲线比较法

1.“香蕉”形曲线的绘制

“香蕉”形曲线是两条S形曲线组合成的闭合曲线。从S形曲线比较中可知：某一施工项目，计划时间和累计完成任务量之间的关系，都可以用一条S形曲线表示。一般来说，按任何一个施工项目的网络计划，都可以绘制出两条曲线。其一是以各项工作的计划最早开始时间安排进度而绘制的S形曲线，称为 *ES* 曲线；其二是以各项工作的计划最迟开始时间安排进度而绘制的S形曲线，称为 *LS* 曲线。两条S形曲线都是从计划的开始时刻开始和完成时刻结束，因此两条曲线是闭合的。其余时刻 *ES* 曲线上的各点一般落在 *LS* 曲线相应点的左侧，形成一个形如香蕉的曲线，因此称为“香蕉”形曲线，如图 1-16 所示。

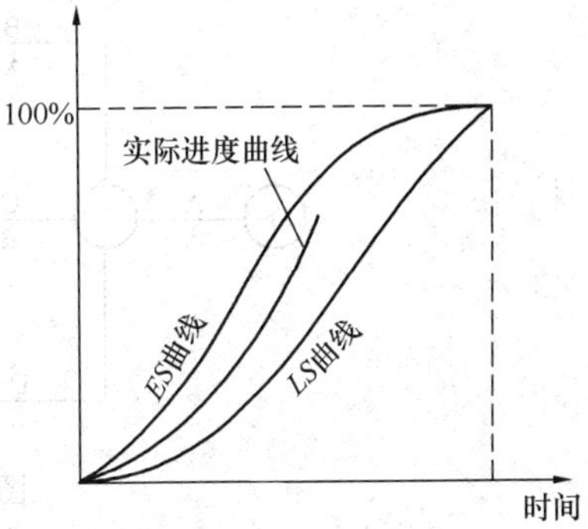

图 1-16　“香蕉”形曲线比较图

在项目实施中，进度控制的理想状况是任一时刻按实际进度描出的点，应落在该“香蕉”形曲线的区域内，如图 1-16 所示的实际进度线。

2.“香蕉”形曲线比较法的作用

（1）利用“香蕉”形曲线合理安排进度；

（2）对施工实际进度与计划进度作比较；

（3）确定在检查状态下，后期工程的 *ES* 曲线和 *LS* 曲线的发展趋势。

1.6.4.4　前锋线比较法

前锋线比较法也是一种简单地进行施工实际进度与计划进度比较的方法。它主要适用于时标网络计划。其主要方法是从检查时刻的时标点出发，首先连接与其相邻的工作箭线的实际进度点，由此再去连接该工作相邻工作箭线的实际进度点，依此类推。将检查时刻正在进行工作的点依次连接起来，组成一条一般为折线的前锋线，按前锋线与箭线交点的位置判定施工实际进度与计划进度的偏差。简言之，前锋线比较法就是通过施工项目实际进度前锋线，比较施工实际进度与计划进度偏差的方法。

1.6.4.5　列表比较法

当采用无时间坐标网络图计划时，也可以采用列表分析法，比较项目施工实际进度与计划进度的偏差情况。该方法是记录检查时正在进行的工作名称和已进行的天数，然后列表计算有关参数，根据原有总时差和尚有总时差判断实际进度与计划进度的比较方法。

1. 列表比较法步骤：

（1）计算检查时正在进行的工作尚需要的作业时间；

(2) 计算检查的工作从检查日期到最迟完成时间的剩余时间；

(3) 计算检查的工作到检查日期止尚余的总时差；

(4) 填表分析工作实际进度与计划进度的偏差。可能有以下几种情况：

1) 若工作尚有总时差与原有总时差相等，则说明该工作的实际进度与计划进度一致；

2) 若工作尚有总时差小于原有总时差，但仍为正值，则说明该工作的实际进度比计划进度拖后，产生的偏差值为二者之差，但不影响总工期；

3) 若尚有总时差为负值，则说明对总工期有影响，应当调整。

2.【例】已知网络计划如图 1-17 所示，在第 5 天检查时，发现 A 工作已完成，B 工作已进行 1 天，C 工作已进行 2 天，D 工作尚未开始。试用前锋线比较法和列表比较法进行实际进度与计划进度的比较。

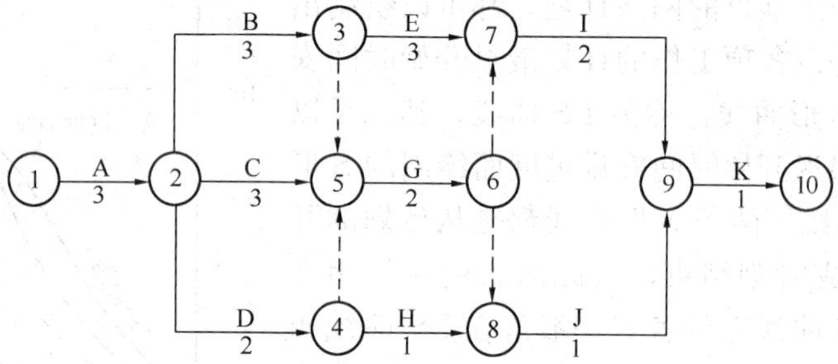

图 1-17　某工程网络计划图

解：

前锋线比较法：

(1) 根据第 5 天检查的情况，绘制前锋线，如图 1-18 所示。

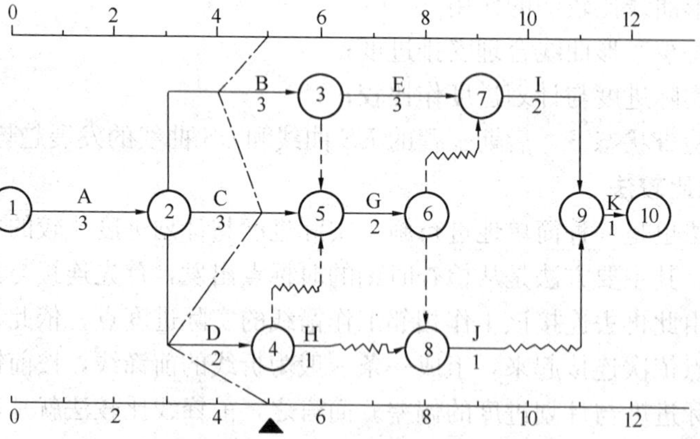

图 1-18　某计划前锋线比较图

(2) 根据前锋线比较图，可以看出 B 工作为关键工作，比计划延误 1 天，会影响工期 1 天；C 工作为非关键工作，具有时差 1 天，现在与计划一致，因此不会影响工期；D 工作为非关键工作，具有时差 2 天，现在比计划延误 2 天，因此不会影响工期。

列表比较法：

(1) 根据上述分析，计算有关参数。

（2）根据尚有总时差的计算结果，判断工作实际进度情况，如表 1-30 所示。

工作进度检查比较表 表 1-30

工作代号	工作名称	检查计划时尚需作业天数	到计划最迟完成时尚余天数	原有总时差	尚有总时差	情况判断
2-3	B	2	1	0	−1	拖延工期 1 天
2-5	C	1	2	1	1	正常
2-4	D	2	2	2	0	正常

1.6.4.6 常用工程进度管理软件

1. Microsoft Project 系列软件

Microsoft Project（或 MSP）是一个国际上享有盛誉的通用的项目管理工具软件，凝集了许多成熟的项目管理现代理论和方法，可以帮助项目管理者实现时间、资源、成本的计划、控制。

参见本书第 2 章。

2. Primavera P6 系列软件

P6 原是美国 Primavera System Inc. 公司研发的项目管理软件 Primavera 6.0（2007 年 7 月 1 日全球正式发布）的缩写，即 Primavera 公司项目管理系列软件的最新注册商标，于 2008 年被 ORACLE 公司收购，对外统一称作 Oracle Primavera P6。

参见本书第 2 章。

3. 斑马进度计划

斑马进度计划是广联达科技股份有限公司的进度计划编制与管理软件，可以绘制与管理横道图、双代号网络图、单代号网络图，支持计划逐级拆解细化。将 Project、Excel 编制的计划导入斑马进度计划软件中，可以自动生成双代号网络图。

1.7 施工项目质量管理

1.7.1 施工项目质量管理体系

1.7.1.1 施工项目质量管理体系基本概念

质量管理体系主要由组织体系、工作体系、项目质量管理组成。

施工项目质量是反映建筑工程满足相关标准规定或合同约定的要求，包括其在安全性、使用功能及其耐久性能、环境保护等方面所有明显的隐含能力的特性总和。施工项目质量管理的目的是确保项目按照设计者规定的要求，建设符合规范、标准的建筑产品，满足业主的使用要求。

施工项目质量管理体系即为达到质量目的的组织体系、技术措施、过程管理措施、奖罚等经济措施、合约措施等。

1.7.1.2 施工项目质量管理的基本内容

项目部对工程质量负直接责任，项目质量管理主要由以下工作组成。

1. 质量策划

项目部应根据公司制定的质量管理目标对工程质量管理编制项目工程质量策划书。战略客户项目在编制《项目策划书》时，应明确战略客户对供应商及项目履约的考核评价关注点，以及相关的质量要求，并针对战略客户的质量考核评价制定专门的质量策划书。

2. QC（Quality Control，质量控制）活动

项目部应结合工程的重点难点和常见质量问题防治，开展质量管理（QC 成果）小组活动，充分调动全体员工参与质量管理活动的积极性、创造性。

3. 检查评比

项目部每月应对各专业分包和劳务分包的施工质量进行检查、评比、奖罚，确保质量目标实现。

4. 施工方案管理

项目部要制定分部分项工程施工方案，且施工方案未获得批准之前，有关分部分项工程不得施工。

5. 关键工序管理

项目部应结合本项目特点识别并编制《关键工序明细表》，并制定专项的施工措施，施工过程中应对关键工序进行技术复核。

6. 分包工程质量管理

总包单位与分包单位签订分包合同时，应明确工程目标与要求，确定总包、分包在工程质量过程管理、竣工后的保修与服务以及质量事故调查处理等各方面的权利、责任与义务，并确保进场各分包质量管理规范有效。

7. 材料质量管理

材料、半成品进场时必须附有齐全、有效的产品合格证、检验报告等各项质量保证资料。需进行复检、复试的工程材料应按有关规定取样，并将样品送交具有相应资质的检测机构进行复试或复验。不符合质量标准的材料必须及时清退出场，并做相应记录。

8. 设备质量管理

设备进场时必须附有齐全、有效的产品合格证、检验报告等各项质量保证资料。不符合质量标准的设备必须及时清退出场，并做相应记录。

9. 计量器具管理

项目部应制定配置计划，并制定相应的管理制度，测量、计量、试验、检测等所用仪器、设备等须按相应规定进行定期检验校核。

10. 样板引路与工艺评定

项目部应在现场设产品和施工工艺标准样板区，指导施工。实体工程施工应对首件产品进行工艺评定，确保施工工艺的质量。

11. 过程质量“三检制”

当多个逻辑相关的工序过程的人机料资源均由同一个责任主体管理时，“三检制”的内容可以是“自检、互检、交接检”，即班组“自检”、班组之间“互检”、上下工序之间“交接检”。当多个逻辑相关的工序过程的人机料资源是由多个责任主体管理时，“三检制”的内容应该是“预检、自检、复检”，即总承包责任单位工序施工前和施工中进行“预检”，本工序责任主体单位工序进行中和工序结束时“自检”，总承包责任单位在工序结束

后“复检”。

12. 旁站监督

凡涉及工程结构安全的地基基础、主体结构和设备安装工程的关键部位及工序，责任工程师应进行旁站监督。

13. 隐蔽验收

钢筋工程、防水卷材等隐蔽工程在隐蔽之前应经监理工程师（建设单位代表）验收。

14. 半成品与成品保护

施工项目应对进场原材料、半成品、施工过程已完工序、分项工程、分部工程及单位工程进行成品保护工作。

15. 标识和可追溯性

标识分产品标识和检验试验状态标识两类，施工现场应设置标识、标示、质量状况等，项目的全部施工技术资料均应有可追溯性。

16. 质量验收

工程的分项工程、分部工程和单位工程及合同工程应分部位、分阶段进行质量验收，即在自检评定合格的基础上，再由监理工程师进行验收。

17. 质量问题处理

对于质量问题，项目部要组织对不合格过程或产品进行评审，制定纠正措施，组织实施，并建立不合格过程或产品台账和质量损失台账，将处理意见和预防措施定期报公司主管部门。

18. 实测实量

项目部需依据公司要求和项目实际情况制定材料、设备及工程实体实测实量计划，明确检测部位、检测责任人等。实测实量结束后，要及时进行实测数据的统计分析，找出现场管理和技能上的不足，做到持续改进。

19. 创新管理

大力提倡应用“四新技术”，替代传统施工工艺。充分利用互联网、BIM 等新技术实现质量动态管理。

1.7.2 施工项目质量计划

1.7.2.1 施工项目质量计划编制的依据和内容

施工项目质量计划是指确定施工项目的质量目标和如何达到这些质量目标所规定的必要的作业过程、专门的质量措施和资源等工作。

1. 施工项目质量计划的编制依据

(1) 施工合同中有关项目（或过程）的质量要求；

(2) 施工企业的质量管理体系、质量管理相应的程序文件；

(3) 现行国家标准《建筑工程施工质量验收统一标准》GB 50300、施工操作规程及作业指导书；

(4)《中华人民共和国建筑法》《建设工程质量管理条例》《建设项目环境保护管理条例》及相关法规；

(5)《建设工程安全生产管理条例》等。

2. 施工项目质量计划的主要内容

（1）施工项目应达到的质量目标和要求，质量目标的分解；

（2）施工项目经理部的职责、权限和资源的具体分配；

（3）施工项目经理部实际运作的各过程步骤；

（4）实施中应采用的程序、方法和指导书；

（5）有关施工阶段相适用的试验、检查、检验、验证和评审的要求和标准；

（6）达到质量目标的测量方法；

（7）随施工项目的进展而更改和完善质量计划程序；

（8）为达到质量目标应采取的其他措施。

在施工过程中，对于客户重点关注的质量缺陷所涉及的工艺节点和施工工艺的做法，包括防渗漏、幕墙门窗安装、墙体砌筑、内墙抹灰、外保温做法、给水排水与机电安装等重点部位，在每一道工序施工前，应对该工序进行相应的方案论证，根据确定的方案实施的现场实体，作为指导同类工序大面积施工的标准。对于涉及建筑外立面、室内精装修、景观园林、地库等重要外观效果的材料铺贴和拼装方式等应由设计部提出详细要求，项目部负责组织制作材料样品的拼装和铺贴工艺样板，由设计部组织项目部、监理单位共同进行样板验收和封样。

1.7.2.2　施工项目质量计划的编制要求

施工项目质量计划应由项目经理主持编制。质量计划作为对外质量保证和对内质量控制的依据文件，应体现施工项目从分项工程、分部工程到单位工程的系统控制过程，同时也要体现从资源投入完成工程质量最终检验和试验的全过程控制。施工项目质量计划编制要求见表1-31。

施工项目质量计划编制要求　　**表1-31**

序号	项目	编制要求
1	质量目标	质量目标一般由企业技术负责人、项目经理部管理层经认真分析施工项目特点、项目经理部情况及企业生产经营总目标后确定。其基本要求是施工项目竣工交付业主（用户）使用时，质量达到合同范围内全部工程的所有使用功能符合设计（或更改）图纸要求；检验批、分项、分部、单位工程质量达到现行国家标准《建筑工程施工质量验收统一标准》GB 50300的规定，合格率100％
2	管理职责	施工项目质量计划应规定项目经理部管理人员及操作人员的岗位职责。 项目经理是施工项目实施的最高负责人，对工程符合设计（或更改）、质量验收标准、各阶段按期交工负责，以保证整个工程项目质量符合合同要求。项目经理可委托项目质量副经理（或技术负责人）负责施工项目质量计划和质量文件的实施及日常质量管理工作。 项目生产副经理、技术负责人等各条线领导要分别对施工项目的施工进度负责，调配人力、物力保证按图纸和规范施工，协调同业主（用户）、分包商的关系，负责审核结果、整改措施和质量纠正措施的实施。 施工队长、工长、测量员、试验员、计量员在项目质量副经理的直接指导下，负责所管部位和分项施工全过程的质量，使其符合图纸和规范要求，有更改的要符合更改要求，有特殊规定的要符合特殊规定。 材料员、机械员对进场的材料、构件、机械设备进行质量验收和退货、索赔，对业主或分包商提供的工程材料和机械设备要按合同规定进行验收

续表

序号	项目	编制要求
3	资源提供	施工项目质量计划要规定项目经理部管理人员及操作人员的岗位任职标准及考核认定方法；规定施工项目人员流动的管理程序；规定施工项目人员进场培训的内容、考核和记录；规定新技术、新结构、新材料、新设备的操作方法和操作人员的培训内容；规定施工项目所需的临时设施、支持性服务手段、施工设备及通信设施；规定为保证施工环境所需要的其他资源提供等
4	施工项目实现过程的控制	施工项目质量计划中要规定施工组织设计或专项项目质量计划的编制要点及接口关系；规定重要施工过程技术交底的质量要求；规定新技术、新材料、新结构、新设备的质量要求；规定重要过程验收的准则或技艺评定方法
5	业主提供的材料、机械设备等的过程控制	施工项目上需用的材料、机械设备在许多情况下是由业主提供的。对这种情况要做出如下规定：①业主如何标识、控制其提供产品的质量；②检查、检验、验证业主提供产品满足规定要求的方法；③对不合格产品的处理办法
6	材料、机械设备等采购过程的控制	施工项目质量计划对施工项目所需的材料、设备等要规定供方产品标准及质量管理体系的要求、采购的法规要求，有可追溯性要求时，要明确其记录、标志的主要方法等
7	产品标识和可追溯性控制	隐蔽工程、分部分项工程的验收、有特殊要求的工程等必须做可追溯性记录，施工项目质量计划要对其可追溯性的范围、程序、标识、所需记录及如何控制和分发这些记录等内容做出规定。 坐标控制点、标高控制点、编号、沉降观察点、安全标志、标牌等是施工项目的重要标识记录，质量计划要对这些标识的准确性控制措施、记录等内容做出详细规定。 重要材料（如钢材、构件等）及重要施工设备的运作必须具有可追溯性
8	施工工艺过程控制	施工项目质量计划要对工程从合同签订到交付全过程的控制方法做出相应的规定。具体包括：施工项目各种进度计划的过程识别和管理规定；施工项目实施全过程各阶段的控制方案、措施及特殊要求；施工项目实施过程需用的程序文件、作业指导书；隐蔽工程、特殊工程进行控制、检查、鉴定验收、中间交付的方法及人员上岗条件和要求等；施工项目实施过程需使用的主要施工机械设备、工具的技术和工作条件、运行方案等
9	搬运、存储、包装、成品保护和交付过程的控制	施工项目质量计划要对搬运、存储、包装、成品保护和交付过程的控制方法做出相应的规定。具体包括：施工项目实施过程所形成的分部、分项、单位工程的半成品、成品保护方案、措施、交接方式等内容的规定；工程中间交付、竣工交付工程的收尾、维护、验收、后续工作处理的方案、措施、方法的规定；材料、构件、机械设备的运输、装卸、存收的控制方案、措施的规定等
10	安装和调试的过程控制	对于工程水、电、暖、通信、通风、机械设备等的安装、检测、调试、验评、交付、不合格的处置等内容规定方案、措施、方式。由于这些工作同土建施工交叉配合较多，因此对于交叉接口程序、验证哪些特性、交接验收、检测、试验设备要求、特殊要求等内容要做出明确规定，以便各方面实施时遵循
11	检验、试验和测量过程及设备的控制	施工项目质量计划要对施工项目进行和使用的所有检验、试验、测量和计量过程及设备的控制、管理制度等做出相应的规定

续表

序号	项目	编制要求
12	不合格品的控制	施工项目质量计划要编制作业、分项、分部工程不合格品出现的补救方案和预防措施，规定合格品与不合格品之间的标识，并制订隔离措施

1.7.3 施工质量管理制度

1.7.3.1 施工质量责任制

1. 项目经理质量责任

（1）项目经理是工程项目质量管理的第一责任人，施工现场的施工组织者和质量保证工作的直接领导者，对工程项目施工质量负全责。

（2）组织施工现场质量保证活动，认真落实质量管理部门下达的各项措施要求。

（3）接受质量监督部门及检验人员的质量检查和监督，对提出的问题应认真处理和整改，对出现质量的问题进行调查分析，并采取措施。

（4）组织现场有关管理人员开展定期质量检查活动。

（5）加强现场管理工作，坚持“质量第一”的思想，严格要求管理人员和操作人员按施工程序办事，对违反操作规程、不按程序办事而导致质量问题的事件进行严格处理。

（6）发生质量事故应及时上报，并按处理方案组织处理。

（7）组织开展各种活动（实测实量、样板引路，根除质量通病等），提高工程质量。

（8）加强培训，提高管理人员和操作者的技术素质，降低质量成本。

2. 项目技术负责人质量责任

（1）负责施工技术方案的质量保证责任。

（2）依据上级质量管理部门有关规定以及国家标准、规程和设计图纸的要求，结合工程实际情况编制施工组织设计、施工方案及技术交底措施。

（3）对质量管理中工序失控环节存在的质量问题，及时组织有关人员分析判断，提出解决办法和措施。

（4）指导开展质量检查，做好测量放线、材料及施工试验、隐蔽工程验收等有关职能管理工作。

（5）组织工程的分项、分部工程质量检查评定，参加单位工程竣工质量评定，审查施工技术资料，做好竣工质量验收的准备。

3. 项目生产经理和质量工程师质量责任

（1）严格按照国家标准、规范、规程进行全面监督检查，持证上岗，对管辖范围的检查工作负全面责任。

（2）严把材料检验、工序交接、隐蔽验收关，审查操作者资格，审查分项工程质量及施工记录，发现漏检或不负责任现象，追究其质量责任。

（3）对违反操作规程、技术措施、技术交底、设计图纸等情况，应坚持原则，提出或制止，可决定返修或停工。

（4）负责区域内质量动态分析和事故调查分析。

（5）协助技术负责人、质量管理部门做好分项、分部工程质量验收和评定工作，做好有关工程质量记录。

4. 专业工程师质量责任

(1) 专业工程师(施工工长)是项目工程各专业工程施工的具体组织者,对分项工程质量负直接责任。

(2) 认真执行各专业技术规范的质量规定、技术操作规程和技术措施要求。

(3) 组织班组严格按规范进行施工,切实保证分项工程的施工质量。

(4) 组织班组对工程出现的质量问题或事故提供真实情况和数据,如实报告,以利事故的分析和处理。

1.7.3.2 三检质量管理制度

在项目部管理层与劳务层分离的条件下,工程质量三检制是指项目部专业工程师的预检、劳务层的自检和项目部专业工程师与质量工程师共同进行复检。

1. 三检制

(1) 预检:在工序进行前和进行中做交底指导、巡检、旁站、技术核验等工作。

(2) 自检:劳务班组在工序完成后进行一次全面自检,检验是否满足质量标准要求。

(3) 复检:专业工程师和质量工程师共同对已完工序进行再次检查,检查本工序质量情况,尤其是对预留预埋等隐蔽工程工序着重检查。

2. 三检制度执行要求

严格按有关规范标准和施工图纸要求进行工程质量监督、检验和评定工作。

(1) 每个单位、分部和分项工程开工前,由项目技术负责人编制审核合格后的技术交底,由各工长负责对现场施工人员进行施工技术交底,并在相关交底上签字,向作业班组下发质量检查表。

(2) 技术负责人或专职质检员应督促并检查施工人员按设计图纸、施工验收规范、操作规程和施工技术组织措施(施工技术组织措施中必须有确保工程质量的技术措施内容)及其他施工技术文件进行正确施工。

(3) 技术负责人或专职质检员对施工中的重要部位和资料进行监督检查。施工中的主要部位是指隐蔽工程、上下道工序衔接的重要部位等。隐蔽工程检查程序:班组自检→专业工程师、质量工程师、项目技术负责人检查合格→建设单位现场工程师、监理工程师检查签认,未经隐蔽工程验收,不得进行隐蔽。

(4) 技术负责人或专职质检员应督促检查检验批、分项、分部和单位工程的质量检验评定工作。检验批、分项工程未经检验或已经检验评为不合格的,严禁转入下道工序。

(5) 项目经理或技术负责人应每周组织一次质量检查,针对施工中的薄弱环节和质量通病,制定切实可行的消除措施计划。根据施工任务的特点,可分别按月、旬组织质量大检查,有针对性地检查工程质量中存在的典型问题。质量通病是影响工程质量的重要因素,各现场应根据自己的实际,定期分析工程质量动态,预见隐患或不正常因素,通过数据分析找出影响工程质量的主要因素,采取有力措施,组织攻关逐项消除,从而不断提高工程质量水平。

(6) 项目经理或技术负责人应对质量事故或较大的质量隐患的处理要严肃,召开分析现场会,总结经验教训,并给予教育和必要的处罚。

1.7.3.3　样板引路质量管理制度

1. 目的

为了进一步提升工程项目产品品质，使工程项目在整体、细部要求、工艺做法、功能要求上达到统一的质量标准，降低“渗漏”“裂缝”“空鼓”“货不对板”“几何尺寸偏差”的质量风险以及工程交付风险。

2. 概念

样板可以是实体样板，也可以是数字样板。

（1）交房样板

在满足规范、施工图纸要求、使用功能要求的前提下，在工程进入模拟验收前，由施工总承包单位负责总体组织实施，以一个或几个完整建筑使用单元作为施工单元，由各项目部、销售部、物业部门联合确认，作为模拟验收和所有同类住宅单元最终交付标准。除水暖电的配套工程暂时不能使用外，其他工程全部达到交付业主的标准。交房样板应在分户验收前3个月完成施工。

（2）工艺样板（过程样板）

在施工过程中，对于重点关注的质量缺陷涉及的工艺节点和施工工艺的做法，包括防渗漏、门窗安装、墙体砌筑、内墙抹灰、外保温做法、水电安装等重点部位，在每一道工序施工前，应对该工序进行相应的方案论证，根据确定的方案实施的现场实体，作为指导同类工序大面积施工的标准。

（3）材料样品样板（样品封样）

施工前对于所有甲供、甲指定材料由设计部组织工程、项目、成本、采购、监理对用于建筑装饰、水暖电景观铺装等材料样品进行确认和封样。所有封样样品应由参加人共同签认，并将封样样品封存于样品库（材料封样室）中。封样样品作为材料进货、验收和工程验收的重要依据。

3. 内容

（1）样板制作计划

样板制作计划应在总包单位进场后两周内上报，此计划可以作为施工组织设计的独立章节。样板制作计划交由监理单位进行审核，根据实际情况需调整的，需报书面计划调整文件，经过监理单位、建设单位审核通过后组织实施。

（2）工艺样板的选定与确定

工艺样板的选定：对于各总包单位、分包单位在其施工范围的标段选定一个区域作为工艺样板的施工范围，该样板每一道工序随着现场工程施工的进度提前两周完成，具体完成时间参见工序样板清单中的样板完成时间节点。现场场地允许的情况下可在现场制作，对于现场狭小的场地没有可能选定的范围，可在现场某一个栋号的某一个单元作为施工样板，该样板每一步施工应进行裸露，不可进行隐蔽，需保留至样板在各个工序验收前。

工艺样板的确定：工艺样板施工应遵循规范、图纸、使用功能、设计部提出的要求为原则进行施工，工艺样板施工前，项目部应对总包单位编制的施工方案组织设计各相关单位及部门进行方案可行性论证。论证过程应有文字性叙述，对提出的问题以及如何调整、最后采取的方式应有全过程记载。

（3）样板验收程序

样板验收由专业工程师牵头安排并落实验收中提出的问题整改。样板施工完毕，施工单位自检合格，填写样板工程审批表报监理单位及项目部验收合格，项目部组织共同验收，验收合格后方可进行大面积施工。

（4）工艺样板（过程样板）交底

工艺样板交底：为了保证样板达到设计及规范的质量标准，工艺样板完成后，承包单位负责组织各施工班组在样板现场进行技术交底，在进行样板交底的同时必须让作业人员观看实物样板，使其他工人知道和了解整个施工过程中使用的新技术、新结构、新工艺、新材料的特点、功能及其不同点，便于所有工人都能掌握操作要领，熟悉施工工艺操作步骤、质量标准，使施工人员对于自己工作要达到的结果，有清楚、直观的认识。样板通过验收后，方可进行全面施工。样板现场进行交底时，参加该分项工程施工的每一名工人都必须参加，对新到岗工人上岗前均须进行工艺样板交底。样板交底是以后施工过程质量控制的重要依据。

1.7.3.4 质量奖惩制度

1. 奖励

实现工程质量目标，对施工单位予以表彰奖励。主要用于奖励下述人员：

（1）项目经理以及在质量管理和质量创优工作中做出突出贡献的技术人员、质检人员、组织申报及资料整理等有关人员。

（2）在施工生产管理工作中，提出具体的合理化建议，改进施工工艺，提高施工质量，取得良好的经济效益和社会效益，做出突出贡献的人员。

2. 惩罚

有下列情况之一的，对责任单位和人员追究经济、行政和法律责任：

（1）在工程质量监督检查中，因工程实体质量存在问题，被建设单位、监理单位和行政主管部门通报批评的。发生质量事故的，按国家法律追究相应的质量管理责任。

（2）不按施工技术标准、规范、设计文件、作业指导书和首件工程工艺工序施工作业；或工地管理混乱，施工管理人员质量意识淡薄，质量岗位职责履职不到位，技术管控措施不力，造成工程质量问题的。

（3）项目经理部无专职质检员，或者各施工单位未对施工现场专职质检员、技术人员和试验人员进行质量培训考核的。

（4）施工单位专职质检员、技术员、试验人员不正确履行质量职责，检验批数据不能真实反映工程实体质量状况的。

1.7.4 质量管理工具

1.7.4.1 PDCA 循环工作方法

PDCA 循环是由计划（Plan）、实施（Do）、检查（Check）和改进（Achieve）四个阶段组成的工作循环，它是一种科学的质量程序和方法。PDCA 循环分为四个阶段八个步骤，其基本内容见表 1-32。

PDCA 管理循环是不断进行的，每循环一次，就解决一定的质量问题，实现一定的质量目标，使质量水平有所提高。如是不断循环，周而复始，质量水平也不断提高。

PDCA 管理循环的内容 表 1-32

序号	阶段、任务	步骤	内容
1	计划阶段（Plan）主要工作任务是制订质量管理目标、活动计划和管理项目的具体实施措施	第一步，分析现状，找出存在的质量问题	这一步要有重点地进行。首先，要分析企业范围内的质量通病，也就是工程质量的常见病和多发病。其次，要特别注意工程中的一些技术复杂、难度大、质量要求高的项目，以及新工艺、新结构、新材料等项目的质量分析。要依据大量数据和情报资料，用数据说话，用数理统计方法来分析、反映问题
		第二步，分析产生质量问题的原因和影响因素	需要召开有关人员和有关问题的分析会议，绘制因果分析图
		第三步，从各种原因和影响因素中找出影响质量的主要原因或影响因素	其方法有两种：一是利用数理统计的方法和图表；二是由有关工程技术人员、生产管理人员和工人讨论确定，或用投票的方式确定
		第四步，针对影响质量主要原因或因素，制定改善质量的技术组织措施，提出执行措施的计划，并预计效果	在进行这一步时要反复考虑明确回答以下 5W1H 的问题：为什么要提出这样的计划、采取这样的措施？为什么要这样改进？回答采取措施的原因（Why）；改进后要达到什么目的？有什么效果（What）？改进措施在何处（哪道工序、哪个环节、哪个过程）执行（Where）？计划和措施在什么时间执行和完成（When）？由谁来执行和完成（Who）？用什么方法？怎样完成（How）？
2	实施阶段（Do）主要工作任务是按照第一阶段制订的计划措施，组织各方面的力量分别认真贯彻执行	第五步，执行措施和计划	如何组织计划措施的执行呢？首先要做好计划措施的交底和落实。落实包括组织落实、技术落实和工程材料落实。有关人员还要经过训练、实习、考核达到要求后再执行计划。其次，要依靠质量体系来保证质量计划的执行
3	检查阶段（Check）主要工作任务是将实施效果与预期目标对比	第六步，检查效果、发现问题	检查执行的情况，看是否达到预期效果，并提出：哪些做对了？哪些还没达到要求？哪些有效果？哪些还没有效果？再进一步找出问题
4	改进阶段（Achieve）主要工作任务是对检查结果进行总结和改进	第七步，总结经验、纳入标准	经过上一步检查后，明确有效果的措施，通过修订相应的工作文件、工艺规程，以及各种质量管理的规章制度，把好的经验总结起来，把成绩巩固下来，防止问题再发生
		第八步，把遗留问题转入下一个管理循环	为下一期计划提供数据资料和依据

1.7.4.2 质量控制统计分析方法

1. 排列图法

排列图法是利用排列图寻找影响质量主次因素的一种有效方法。排列图又叫帕累托图或主次因素分析图，它是由两个纵坐标、一个横坐标、几个连起来的直方形和一条曲线组成。如图 1-19 所示，左侧的纵坐标表示频数，右侧纵坐标表示累计频率，横坐标表示影响质量的各个因素或项目，按影响程度大小从左至右排列，直方形的高度表示某个因素的影响大小。实际应用中，通常按累计频率划分为（0%～80%）（80%～90%）（90%～100%）三部分，与其对应的影响因素分别为 A 类、B 类、C 三类。A 类为主要因素，B 类为次要因素，C 类为一般因素。

2. 因果分析图法

因果分析图法是利用因果分析图来系统整理分析某个质量问题（结果）与其产生原因之间关系的有效工具。因果分析图也称特性要因图，又因其形状常被称为树枝图或鱼刺图。

因果分析图基本形式如图 1-20 所示。由图 1-20 可知，因果分析图由质量特性（即质量结果或某个质量问题）要因（产生质量问题的主要原因）、枝干（指一系列箭线表示不同层次的原因）、主干（指较粗的直接指向质量结果的水平箭线）等组成。

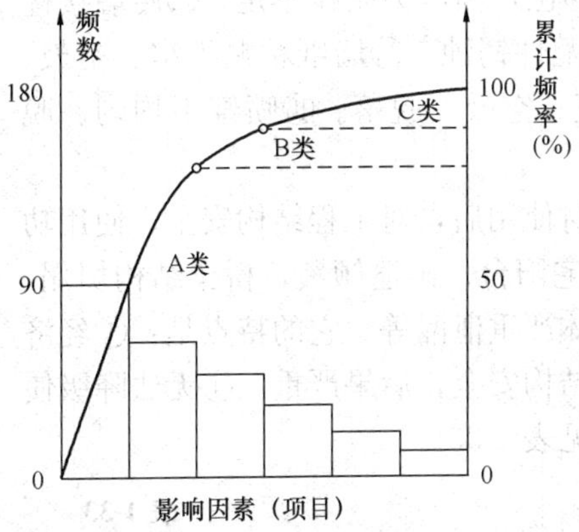

图 1-19 排列图

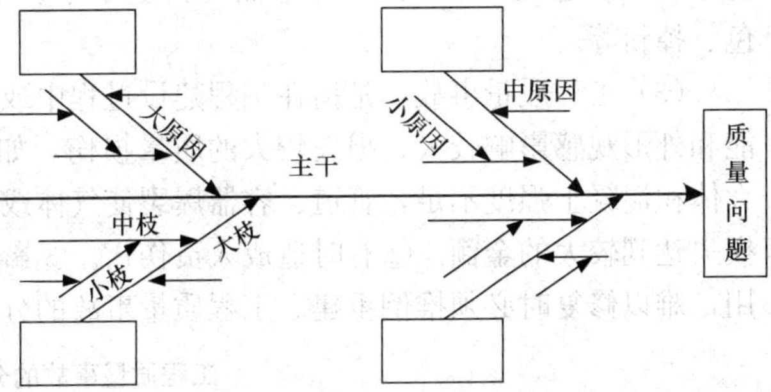

图 1-20 因果分析图基本形式

3. 直方图法

直方图法即频数分布直方图法，它是将收集的质量数据进行分组整理，绘制成频数分布直方图，用以描述质量分布状态的一种分析方法，又称为质量分布图法。

通过直方图的观察与分析，可以了解产品质量的波动情况，掌握质量特性的分布规律，以便对质量状况进行分析判断。同时可以通过质量数据特征值的计算，估算施工生产过程中总体不合格品率、评价过程能力等。

4. 统计调查表法

统计调查表法是利用专门设计的统计调查表，进行数据搜集、整理和粗略分析质量状态的一种方法。

在质量管理活动中，利用统计调查表搜集数据，简便灵活，便于整理。它没有固定的格式，一般可根据调查的项目设计不同的格式。常用的统计调查表有：统计产品缺陷部位调查表；统计不合格项目的调查表；统计影响产品质量主要原因调查表；统计质量检查评定用的调查表等。

1.7.5　工程质量问题分析和处置

1.7.5.1　工程质量问题分类

工程质量问题一般分为工程质量缺陷、工程质量通病、工程质量事故。

(1) 工程质量缺陷：是指工程不能完全满足技术标准规定的指标要求，但不影响工程使用功能和性能的情况。

(2) 工程质量通病：是指各类影响工程结构、使用功能和外形观感的常见性质量损伤，犹如“多发病”一样而称为质量通病。

目前建筑安装工程最常见的质量通病主要有如下几类：①基础不均匀下沉，墙体开裂。②现浇钢筋混凝土工程出现蜂窝、麻面、露筋。③现浇钢筋混凝土阳台、雨篷根部开裂或倾覆、坍塌。④砂浆、混凝土配合比控制不严，任意加水，强度得不到保证。⑤屋面、厨房渗水、漏水。⑥墙面抹灰起壳、裂缝、起麻点、不平整。⑦地面及楼面起砂、起壳、开裂。⑧门窗变形、缝隙过大、密封不严。⑨水暖电卫安装粗糙，不符合使用要求。⑩结构吊装就位偏差过大。⑪预制构件裂缝，预埋件移位，预应力张拉不足。⑫砖墙接槎或预留脚手眼不符合规范要求。⑬金属栏杆、管道、配件锈蚀。⑭墙纸粘贴不牢、空鼓、折皱、压平起光。⑮饰面板、饰面砖拼缝不平、不直、空鼓、脱落。⑯喷浆不均匀、脱色、掉粉等。

(3) 工程质量事故：是指在工程建设过程中或交付使用后，对工程结构安全、使用功能和外形观感影响较大、损失较大的质量损伤。如住宅阳台、雨篷倾覆，桥梁结构坍塌，大体积混凝土强度不足，管道、容器爆裂使气体或液体严重泄漏等。它的特点是：①经济损失达到较大的金额。②有时造成人员伤亡。③影响结构安全，后果严重。④无法降级使用，难以修复时必须推倒重建。工程质量事故的分类见表 1-33。

工程质量事故的分类　　表 1-33

事故类型	具备条件之一
一般事故	(1) 造成 3 人以下死亡，或者 10 人以下重伤的； (2) 直接经济损失 100 万元以上 1000 万元以下的
较大事故	(1) 造成 3 人以上 10 人以下死亡，或者 10 人以上 50 人以下重伤的； (2) 直接经济损失 1000 万元以上 5000 万元以下的
重大事故	(1) 造成 10 人以上 30 人以下死亡，或者 50 人以上 100 人以下重伤的； (2) 直接经济损失 5000 万元以上 1 亿元以下的
特别重大事故	(1) 造成 30 人以上，或者 100 人以上重伤的； (2) 直接经济损失 1 亿元以上的

注：本等级划分所称的“以上”包括本数，所称的“以下”不包括本数。

1.7.5.2　工程质量问题处理程序

工程质量问题发生后，一般可以按如图 1-21 所示程序进行处理。

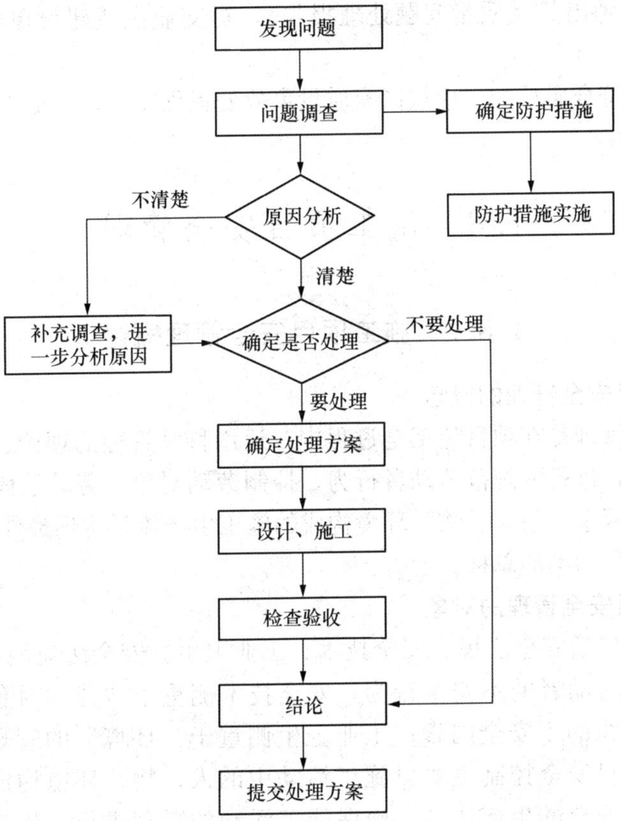

图 1-21　质量事故分析处理程序

（1）当发现工程出现质量问题或事故后，应停止有质量问题部位和其有关部位及下道工序施工，需要时，还应采取适当的防护措施。同时，要及时上报主管部门。

（2）进行质量问题调研，主要目的是要明确问题的范围、问题程度、性质、影响和原因，为问题的分析处理提供依据。调查力求全面、准确、客观。

（3）在问题调查的基础上进行问题原因分析，正确判断问题原因。事故原因分析是确定处理措施方案的基础。

（4）研究制订处理方案。处理方案的制订以原因分析为基础。如果某些问题一时认识不清，而且问题一时不致产生严重的恶化，可以继续进行调查、观测，以便掌握更充分的资料数据，做进一步分析，找出原因，以利于制定方案。

制定的处理方案，应体现安全可靠、不留隐患、满足建筑物的功能和使用要求、技术可行、经济合理等原则。如果一致认为质量问题不需专门的处理，必须经过充分的分析、论证。

（5）按确定的处理方案对质量问题进行处理。发生的质量问题无论是否由于施工总承包单位方面的责任原因造成的，质量问题的处理通常是由施工承包单位负责实施。如果不是施工单位方面的责任，则处理质量问题所需的费用或延误的工期，应给予施工单位补偿。

（6）在质量问题处理完毕后，应组织有关人员对处理结果进行严格的检查、鉴定和验收，由监理工程师出具《质量问题处理报告》，提交业主或建设单位，并上报有关主管部门。

（7）质量问题符合质量的，应按国家质量事故处置程序处理并追求相关责任人的行政和法律责任。

1.8　施工项目安全管理

1.8.1　施工项目安全管理概述

1.8.1.1　施工项目安全管理的概念

施工项目安全管理是在项目施工全过程中，运用科学管理的理论、方法，通过法规、技术、组织等手段，进行的规范劳动者行为，控制劳动对象、劳动手段和施工环境条件，消除或减少不安全因素，使人、物、环境构成的施工生产体系达到最佳安全状态，实现项目安全目标等一系列活动的总称。

1.8.1.2　施工项目安全管理的对象

安全管理通常包括安全法规、安全技术、工业卫生。安全法规侧重于“劳动者”的管理、约束，控制劳动者的不安全行为；安全技术侧重于“劳动对象和劳动手段”的管理，消除或减少物的不安全因素；工业卫生侧重于“环境”的管理，以形成良好的劳动条件。施工项目安全控制主要以施工活动中的人、物、环境构成的施工生产体系为对象，建立一个安全的生产体系，确保施工活动的顺利进行。施工项目安全管理的对象见表1-34。

施工项目安全管理的对象　　表1-34

管理对象	措施	目的
劳动者的行为	依法制定有关安全的政策、法规、条例，给予劳动者的人身安全、健康以法律保障的措施	约束控制劳动者的不安全行为，消除或减少主观上的不安全隐患
劳动手段 劳动对象	改善施工工艺、改进设备性能，以消除和控制生产过程中可能出现的危险因素、避免损失扩大的安全技术保证措施	规范物的状态，以消除和减轻其对劳动者的威胁和造成财产损失
劳动条件 劳动环境	防止和控制施工中高温、严寒、粉尘、噪声、振动、毒气、毒物等对劳动者安全与健康影响的医疗、保健、防护措施及对环境的保护措施	改善和创造良好的劳动条件，防止职业伤害，保护劳动者身体健康和生命安全

1.8.1.3　施工项目安全管理目标及目标体系

1. 施工项目安全管理目标

施工项目安全管理目标是在施工过程中安全工作所要达到的预期效果。工程项目实施总承包的，由总承包单位负责制定。

（1）制定安全目标时应考虑的因素

1）上级机构的整体方针和目标；

2）危险源和环境因素识别、评价和控制策划的结果；

3）适用法律法规、标准规范和其他要求；

4）可以选择的技术方案；

5）财务、运行和经营上的要求；

6）相关方的意见。

（2）安全目标的内容

1）杜绝重大伤亡、设备、管线、火灾和环境污染事故；

2）一般事故频率控制目标；

3）安全标准化工地创建目标；

4）文明工地创建目标；

5）遵循安全生产、文明施工方面有关法律法规和标准规范以及对员工和社会要求的承诺；

6）其他需满足的总体目标。

（3）安全目标制定的要求

1）制定的目标要明确、具体，具有针对性；针对项目经理部各层次，目标要进行分解；目标应可量化；

2）技术措施及可选技术方案；

3）责任部门及责任人；

4）完成期限。

（4）安全管理目标控制指标

施工项目安全管理目标应实现重大伤亡事故为零的目标，以及其他安全目标指标：控制伤亡事故的指标（死亡率、重伤率、千人负伤率、经济损失额等）、控制交通安全事故的指标（杜绝重大交通事故、百车次肇事率等）、尘毒治理要求达到的指标（粉尘合格率等）、控制火灾发生的指标等。

2. 施工项目安全管理体系

（1）施工项目总安全目标确定后，还要按层次进行安全目标分解到岗、落实到人，形成安全管理体系，包括安全管理组织体系、技术体系、过程管理体系、奖罚等经济与合同体系等。

（2）施工项目安全管理体系应形成为全体员工所理解的文件，并实施保持。

1.8.1.4 施工项目安全管理的程序

施工项目安全管理的程序主要有：确定施工项目安全目标；编制施工项目安全保证计划；施工项目安全保证计划实施；施工项目安全保证计划验证；持续改进；兑现合同承诺等，如图 1-22 所示。

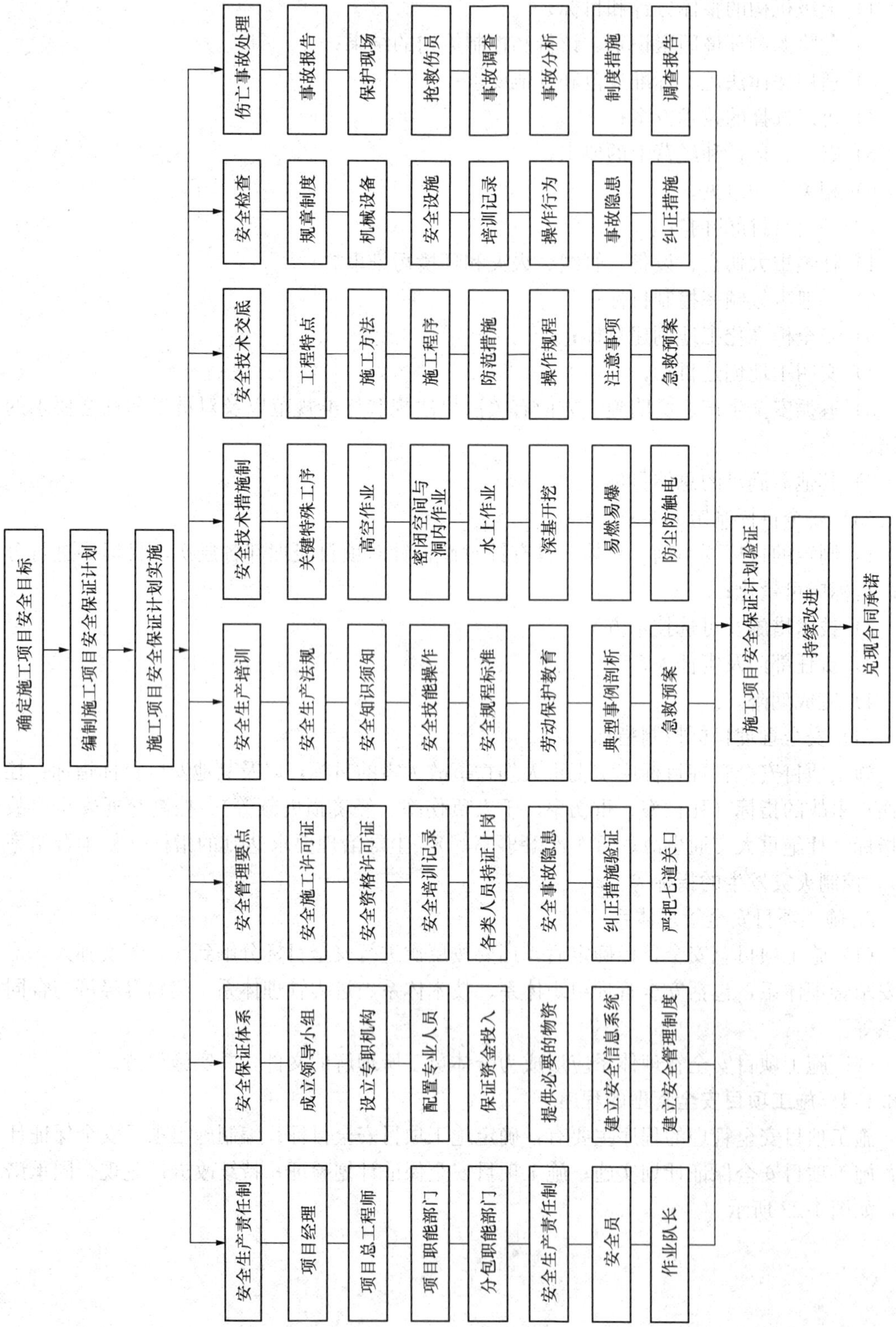

图 1-22 施工项目安全管理程序图

1.8.2　安全危险源的辨识和评估

1.8.2.1　危险源的辨识

1. 掌握危险源辨识清单内容

作为危险源辨识的组织者和实施者，安全管理部门应熟悉危险源辨识的相关规定和方法，认真学习企业针对危险源辨识制定的相关文件（如危险源辨识清单等），掌握工程项目及其施工生产中危险源的基本内容。

2. 分析工程项目特点

安全管理部应熟悉整个施工项目的特点，针对项目进行认真梳理分析，包括规模特征、适用技术、施工环境和条件等的重点难点分析。

3. 确定危险源辨识范围

危险源辨识范围，主要是指与工程项目施工生产办公和生活有关的场所、工程对象或服务、人的行为等存在的导致风险的危险源范围，具体包括：

（1）常规和非常规活动。

（2）所有进入工作场所的人员的活动。

（3）已辨识的源于工地现场外，能够对工作场所内项目部管理下的人员的健康安全生产有不利影响的危险源。

（4）在施工场所附近，由项目部管理下的相关工作或活动所产生的危险源。

（5）由企业或外界提供的施工场所内的基础设施、设备和材料。

一般安全工程师可按下列范围进行危险源辨识：

（1）施工工艺与安全技术管理。

（2）施工作业人员操作过程和活动。

（3）各施工阶段的生产过程。

（4）施工现场的临时设施、临时用电、防火、设备、安全设施的安装、搭拆、运行、维护过程。

（5）有毒有害原材料储存、运输与使用过程。

（6）办公、生活区域活动过程。

（7）职业健康和卫生。

4. 确定危险源的主要类型

安全管理部门应明确把握施工项目危险源的类型，一般包括物体打击、机械伤害、起重伤害、触电、火灾、高处坠落、坍塌、车辆伤害、爆炸、灼烫、淹溺、封闭空间中毒与窒息、食物中毒、灾害性气候、职业病和其他伤害等。

5. 明确危险源辨识的准则

（1）客观上具有或可能对职业健康安全有影响的。

（2）法律、法规、规范、规定、标准及其他有明文规定的。

（3）相关方的要求。

（4）其他规定的要求。

6. 进行危险源辨识

安全管理部门在明确上述事项后，对工程项目的危险源进行辨识。

7. 新增危险源建议

根据工程项目自有特点，针对未包含在企业危险源辨识清单中的特有危险，项目安全管理部门应列出本项新增危险源建议，报送项目经理确认，上报上级部门进行审核。

8. 形成项目危险源汇总表

将根据企业危险源辨识出来的项目危险源，以及经项目经理确认、上级部门审核的项目新增危险源进行汇总，形成项目危险辨识汇总表，即填写《安全危险源辨识、风险评价和控制措施汇总表》中“序号、场所/活动/设施/行为、危险源因素”等栏目，报送项目经理确认，上报上级部门审核后，组织项目部有关部门或人员传阅，使现场的施工作业人员认识和明确项目的危险源。上级部门根据接收的各项目危险源辨识汇总表，组织完善公司的项目危险源清单。

9. 危险性较大的分部分项工程（以下简称危大工程）按《危险性较大的分部分项工程安全管理规定》进行安全管理

（1）专项施工方案

1）施工单位应当在危大工程施工前组织工程技术人员编制专项施工方案。

实行施工总承包的，专项施工方案应当由施工总承包单位组织编制。危大工程实行分包的，专项施工方案可以由相关专业分包单位组织编制。

2）专项施工方案应当由施工单位技术负责人审核签字、加盖单位公章，并由总监理工程师审查签字、加盖执业印章后方可实施。

危大工程实行分包并由分包单位编制专项施工方案的，专项施工方案应当由施工总承包单位技术负责人及分包单位技术负责人共同审核签字并加盖单位公章。

3）对于超过一定规模的危大工程，施工单位应当组织召开专家论证会对专项施工方案进行论证。实行施工总承包的，由施工总承包单位组织召开专家论证会。专家论证前，专项施工方案应当通过施工单位审核和总监理工程师审查。

专家应当从地方人民政府住房城乡建设主管部门建立的专家库中选取，符合专业要求且人数不得少于5名。与本工程有利害关系的人员不得以专家身份参加专家论证会。

4）专家论证会后，应当形成论证报告，对专项施工方案提出通过、修改后通过或者不通过的一致意见。专家对论证报告负责并签字确认。

专项施工方案经论证需修改后通过的，施工单位应当根据论证报告修改完善后，重新履行《危险性较大的分部分项工程安全管理规定》第十一条的程序。

专项施工方案经论证不通过的，施工单位修改后应当重新组织专家论证。

（2）现场安全管理

1）施工单位应当在施工现场显著位置公告危大工程名称、施工时间和具体责任人员，并在危险区域设置安全警示标志。

2）专项施工方案实施前，编制人员或者项目技术负责人应当向施工现场管理人员进行方案交底。

施工现场管理人员应当向作业人员进行安全技术交底，并由双方和项目专职安全生产管理人员共同签字确认。

3）施工单位应当严格按照专项施工方案组织施工，不得擅自修改专项施工方案。

因规划调整、设计变更等原因确需调整的，修改后的专项施工方案应当重新审核和论证。涉及资金或者工期调整的，建设单位应当按照约定予以调整。

4）施工单位应当对危大工程施工作业人员进行登记，项目负责人应当在施工现场履职。

项目专职安全生产管理人员应当对专项施工方案实施情况进行现场监督，对未按照专项施工方案施工的，应当要求立即整改，并及时报告项目负责人，项目负责人应当及时组织限期整改。

施工单位应当按照规定对危大工程进行施工监测和安全巡视，发现危及人身安全的紧急情况，应当立即组织作业人员撤离危险区域。

5）监理单位应当结合危大工程专项施工方案编制监理实施细则，并对危大工程施工实施专项巡视检查。

6）监理单位发现施工单位未按照专项施工方案施工的，应当要求其进行整改；情节严重的，应当要求其暂停施工，并及时报告建设单位。施工单位拒不整改或者不停止施工的，监理单位应当及时报告建设单位和工程所在地住房城乡建设主管部门。

7）对于按照规定需要进行第三方监测的危大工程，建设单位应当委托具有相应勘察资质的单位进行监测。

监测单位应当编制监测方案。监测方案由监测单位技术负责人审核签字并加盖单位公章，报送监理单位后方可实施。

监测单位应当按照监测方案开展监测，及时向建设单位报送监测成果，并对监测成果负责；发现异常时，及时向建设单位、设计单位、施工单位、监理单位报告，建设单位应当立即组织相关单位采取处置措施。

8）对于按照规定需要验收的危大工程，施工单位、监理单位应当组织相关人员进行验收。验收合格的，经施工单位项目技术负责人及总监理工程师签字确认后，方可进入下一道工序。

危大工程验收合格后，施工单位应当在施工现场明显位置设置验收标识牌，公示验收时间及责任人员。

9）危大工程发生险情或者事故时，施工单位应当立即采取应急处置措施，并报告工程所在地住房城乡建设主管部门。建设、勘察、设计、监理等单位应当配合施工单位开展应急抢险工作。

10）危大工程应急抢险结束后，建设单位应当组织勘察、设计、施工、监理等单位制定工程恢复方案，并对应急抢险工作进行后评估。

11）施工单位、监理单位应当建立危大工程安全管理档案。

施工单位应当将专项施工方案及审核、专家论证、交底、现场检查、验收及整改等相关资料纳入档案管理。

监理单位应当将监理实施细则、专项施工方案审查、专项巡视检查、验收及整改等相关资料纳入档案管理。

附件一：危险性较大的分部分项工程范围

一、基坑工程

（一）开挖深度超过3m（含3m）的基坑（槽）的土方开挖、支护、降水工程。

（二）开挖深度虽未超过3m，但地质条件、周围环境和地下管线复杂，或影响毗邻建（构）筑物安全的基坑（槽）的土方开挖、支护、降水工程。

二、模板工程及支撑体系

（一）各类工具式模板工程：包括滑模、爬模、飞模、隧道模等工程。

（二）混凝土模板支撑工程：搭设高度5m及以上，或搭设跨度10m及以上，或施工总荷载（荷载效应基本组合的设计值，以下简称设计值）$10kN/m^2$及以上，或集中线荷载（设计值）15kN/m及以上，或高度大于支撑水平投影宽度且相对独立无联系构件的混凝土模板支撑工程。

（三）承重支撑体系：用于钢结构安装等满堂支撑体系。

三、起重吊装及起重机械安装拆卸工程

（一）采用非常规起重设备、方法，且单件起吊重量在10kN及以上的起重吊装工程。

（二）采用起重机械进行安装的工程。

（三）起重机械安装和拆卸工程。

四、脚手架工程

（一）搭设高度24m及以上的落地式钢管脚手架工程（包括采光井、电梯井脚手架）。

（二）附着式升降脚手架工程。

（三）悬挑式脚手架工程。

（四）高处作业吊篮。

（五）卸料平台、操作平台工程。

（六）异型脚手架工程。

五、拆除工程

可能影响行人、交通、电力设施、通信设施或其他建（构）筑物安全的拆除工程。

六、暗挖工程

采用矿山法、盾构法、顶管法施工的隧道、洞室工程。

七、其他

（一）建筑幕墙安装工程。

（二）钢结构、网架和索膜结构安装工程。

（三）人工挖孔桩工程。

（四）水下作业工程。

（五）装配式建筑混凝土预制构件安装工程。

（六）采用新技术、新工艺、新材料、新设备可能影响工程施工安全，尚无国家、行业及地方技术标准的分部分项工程。

附件二：超过一定规模的危险性较大的分部分项工程范围

一、深基坑工程

开挖深度超过5m（含5m）的基坑（槽）的土方开挖、支护、降水工程。

二、模板工程及支撑体系

（一）各类工具式模板工程：包括滑模、爬模、飞模、隧道模等工程。

（二）混凝土模板支撑工程：搭设高度8m及以上，或搭设跨度18m及以上，或施工总荷载（设计值）15kN/m^{2}及以上，或集中线荷载（设计值）20kN/m及以上。

（三）承重支撑体系：用于钢结构安装等满堂支撑体系，承受单点集中荷载7kN及以上。

三、起重吊装及起重机械安装拆卸工程

（一）采用非常规起重设备、方法，且单件起吊重量在100kN及以上的起重吊装工程。

（二）起重量300kN及以上，或搭设总高度200m及以上，或搭设基础标高在200m及以上的起重机械安装和拆卸工程。

四、脚手架工程

（一）搭设高度50m及以上的落地式钢管脚手架工程。

（二）提升高度在150m及以上的附着式升降脚手架工程或附着式升降操作平台工程。

（三）分段架体搭设高度20m及以上的悬挑式脚手架工程。

五、拆除工程

（一）码头、桥梁、高架、烟囱、水塔或拆除中容易引起有毒有害气（液）体或粉尘扩散、易燃易爆事故发生的特殊建（构）筑物的拆除工程。

（二）文物保护建筑、优秀历史建筑或历史文化风貌区影响范围内的拆除工程。

六、暗挖工程

采用矿山法、盾构法、顶管法施工的隧道、洞室工程。

七、其他

（一）施工高度50m及以上的建筑幕墙安装工程。

（二）跨度36m及以上的钢结构安装工程，或跨度60m及以上的网架和索膜结构安装工程。

（三）开挖深度16m及以上的人工挖孔桩工程。

（四）水下作业工程。

（五）重量1000kN及以上的大型结构整体顶升、平移、转体等施工工艺。

（六）采用新技术、新工艺、新材料、新设备可能影响工程施工安全，尚无国家、行业及地方技术标准的分部分项工程。

安全危险源辨识、风险评价和控制措施汇总表见表1-35。

安全危险源辨识、风险评价和控制措施汇总表　　**表 1-35**

编号：

项目名称							合同名称					
所属公司							填表人					
审核人							发包人					
序号	场所/活动/设施/行为	危险源因素	时态	状态	可能导致的事故	风险级别	现有的措施	直接判定	LEC 法评价			控制措施确定
									L	E	C	增加的措施

1.8.2.2　安全风险评价管理

1. 安全危险源识别

根据危险源辨识方法识别出来的项目危险源，安全管理部门组织相关人员对危险源进行分析。

2. 确定安全风险评价方法

安全管理部门会同项目工程师在对项目危险源进行分析、确定可能的项目风险后，应对危险源进行风险评价，首先应确定风险评价的方法，常用的方法包括 LEC（Likelihood 发生事故的可能性大小，Exposure 人体暴露于危险环境中的频繁程度，Consequence 发生事故可能造成的后果）法和直接判断法等。

（1）LEC 法评价

采用作业条件危险性评价法。危险性分值 D（Danger，危险性）取决于以下三个因素的乘积，见式（1-2）。

$$D = L \times E \times C(\text{危险性} = \text{可能性} \times \text{危险程度} \times \text{后果}) \tag{1-2}$$

式中　D——危险性；

L——发生事故的可能性大小（可能性）；

E——人体暴露于危险环境的频繁程度（危险程度）；

C——发生事故可能造成的后果（后果）。

式（1-2）中将 L 值表示人为地将实际不可能发生的事故分数定为 0.1，而必然要发生的事故分数定为 10，介于这两种情况之间指定 0.1～10 为若干个中间值，见表 1-36。

事故发生的可能性（L） 表 1-36

分数值	事故发生的可能性
10	完全可能预料
6	相当可能
3	可能，但不经常
1	可能性小，完全意外
0.5	很不可能，可以设想
0.2	极不可能
0.1	实际不可能

式（1-2）中 E 值表示罕见地出现在危险环境中定为 0.5，规定连续出现在危险环境的情况定为 10，0.5～10 为若干个中间值，见表 1-37。

暴露于危险环境的频繁程度（E） 表 1-37

分数值	事故发生的可能性
10	连续暴露
6	每天工作时间内暴露
3	每周一次暴露，或偶然暴露
2	每月一次暴露
1	每年一次暴露
0.5	非常罕见的暴露

式（1-2）中将 C 值表示把需要救护的轻微伤害或较小财产损失的分数规定为 1，把造成多人死亡或重大财产损失的可能性分数规定为 100，其他情况数值为 1～100，见表 1-38。

发生事故产生的后果（C） 表 1-38

分数值	发生事故产生的后果
100	大灾难
40	灾难，数人死亡
15	非常严重，一人死亡
7	严重，重伤
3	重大，致伤
1	引人注目，需要救护

式（1-2）中将 D 值表示危险性分值，根据其大小分为以下几个等级，见表 1-39。

危险性风险值 表 1-39

分数值	危险程度
＞320	1 级：极其危险，不可能继续作业
160～320	2 级：高度危险，要立即整改
70～160	3 级：显著危险，需要整改
20～70	4 级：一般危险，需要注意
＜20	5 级：稍有危险，可以接受

（2）直接判断法

直接判断法是指凭经验判断危险等级的方法。但经验判断难免带有局限性，不能认为是普遍适用，应用时需要根据实际情况予以修正。

3. 进行风险评价

应用上述方法或其他方法，对项目危险源进行风险评价，包括分析风险因素、风险时态、状态以及可能导致的事故等，即填写《安全危险源辨识、风险评价和控制措施汇总表》中“时态、状态、可能导致的事故、直接判定、LEC 法评价”等栏目。

4. 确定风险级别

根据上述方法及相应标准进行风险分析后，对危险源进行风险级别的划分，即填写《安全危险源辨识、风险评价和控制措施汇总表》中“风险级别”等栏目，包括一般性危险源、重大危险源等。

5. 标注重大危险源

利用风险评价方法及相关经验，安全管理部门应重点标注项目的重大风险，并形成项目重大危险源风险评价表，一般包括：

① 严重违反法律法规和应遵守的其他要求。

② 具体可能发生较大及以上安全事故的危险作业。

③ 国家（包括地方、行业）规定的危险性较大的分部分项施工过程。

④ 潜在事故、紧急情况安全隐患。

⑤ 企业近年来发生的有人员死亡的一般安全事故。

⑥ 相关方严重投诉的危险源。

⑦ 通过作业条件危险性评价方法，总分＞160 高度危险的，也评价为不可接受的风险。

6. 形成安全风险评价清单

安全管理部门组织汇总风险评价结果，形成项目危险源风险评价汇总表（含重大危险源风险评价），经项目经理确认后，将风险评价结果上报上级部门审核。

1.8.2.3　安全风险控制管理

1. 项目安全风险评价分析

项目安全管理部门组织项目部相关人员对项目危险源风险评价的结果进行分析。

2. 确定安全风险应对措施

安全管理部门完成危险源识别、风险评价后，针对不同级别的危险源采取相应的控制措施，以控制危险源的发生，即填写《安全危险源辨识、风险评价和控制措施汇总表》中“现有的措施、增加的措施”等栏目。对未列为重大危险源的，安全管理部门组织确定过程监督措施，加强管理。对重大危险源应采取下述措施：

（1）确定控制措施。在确定控制措施或考虑变更现有控制措施时，应按如下优先顺序考虑降低风险：

1）消除：改变技术和管理方案的设计等以消除危险源，如引入机械提升装置以消除举或提重物这一危险行为等。

2）替代：用低危害物质替代或降低系统能量（如较低的动力、电流、压力、温度等）。

3）工程控制措施：安装通风系统、机械防护、连锁装置、隔声罩等。

4）标志、警告和（或）管理控制措施：安全标志、危险区域的标志、发光标志、人行道标志、警告器或警告灯、报警器、安全规程、设备检修、门禁控制、作业安全制度、操作牌和作业许可证等。

5）个体防护装置：安全防护眼镜、听力防护器具、面罩、安全带和安全索、口罩和手套等。

此外，对于特别重大的危险源，安全管理部门应组织确定风险控制方案。

（2）形成项目风险控制措施汇总表。安全管理部门组织形成重大危险源风险控制措施汇总表，经项目经理确认后，报上级部门审核。

3. 组织落实

安全管理部门根据审批通过的项目风险控制措施汇总表，组织监督相关单位落实。

4. 危险源的评审更新

在施工过程中，安全管理部门组织密切跟踪项目进展，时刻关注现场危险源，做好风险预控工作。当发生下列情况时，应及时进行危险源的重新辨识与评价，更新相关信息，并及时采取控制措施：

① 相关法律、法规发生变化时。

② 生产活动或工艺发生变化时。

③ 公司经营宗旨、职业健康安全方针及目标发生变更时。

1.8.3 施工项目安全管理措施

1.8.3.1 施工项目遵守安全法规

项目经理部必须执行国家、行业、地区安全法规、标准，并以此制定本项目的安全管理制度，主要有如下方面：

1. 行政管理方面

（1）安全生产责任制度；

（2）安全生产例会制度；

（3）安全生产教育培训制度；

（4）安全生产检查制度；

（5）伤亡事故管理制度；

（6）劳保用品发放及使用的管理制度；

（7）安全生产奖惩制度；

（8）施工现场安全管理制度；

（9）安全技术措施计划管理制度；

（10）建筑起重机械安全监督管理制度；

（11）特种作业人员持证上岗制度；

（12）专项施工方案专家论证审查制度；

（13）危及施工安全的工艺、设备、材料淘汰制度；

（14）场区交通安全管理制度；

（15）施工现场消防安全责任制度；

（16）意外伤害保险制度；

（17）建筑施工企业安全生产许可制度；

（18）建筑施工企业三类人员考核任职制度；

（19）生产安全事故应急救援制度；

（20）生产安全事故报告制度等。

2. 技术管理方面

（1）关于施工现场安全技术要求的规定；

（2）各专业工种安全技术操作规程；

（3）设备维护检修制度等。

1.8.3.2　施工项目安全管理组织措施

施工项目安全管理组织措施包括建立施工项目安全组织系统——项目安全管理委员会或项目安全管理工作小组；建立施工项目安全责任系统；建立各项安全生产责任制度等。

（1）建立施工项目安全组织系统——项目安全管理委员会或项目安全管理工作小组，其主要职责为：项目安全管理组织编制安全生产计划，决定资源配置；规定从事项目安全管理、操作、检查人员的职责、权限和相互关系；对安全生产管理体系实施监督、检查和评价；纠正和预防措施的验证。

项目安全管理委员会或项目安全管理工作小组的构成见图1-23。

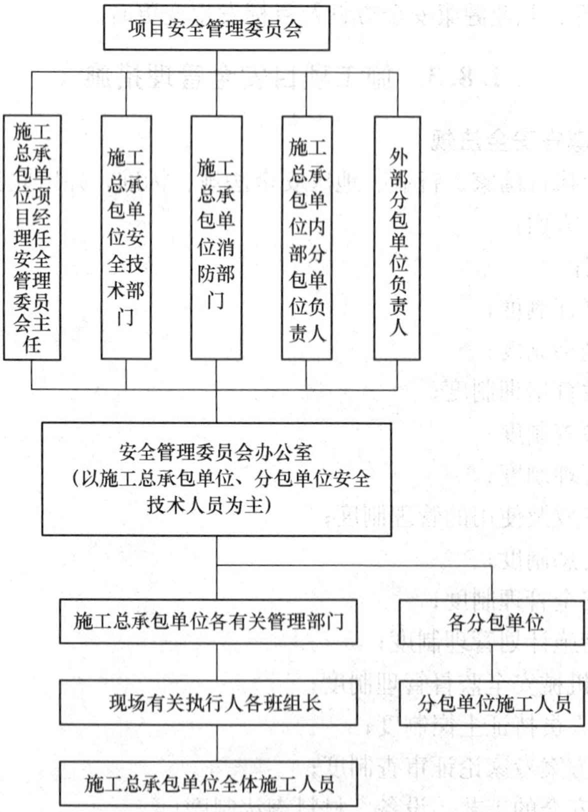

图1-23　项目安全管理委员会组织系统

（2）建立与项目安全组织系统相配套的各专业、部门、生产岗位的安全责任系统，其构成见图 1-24。

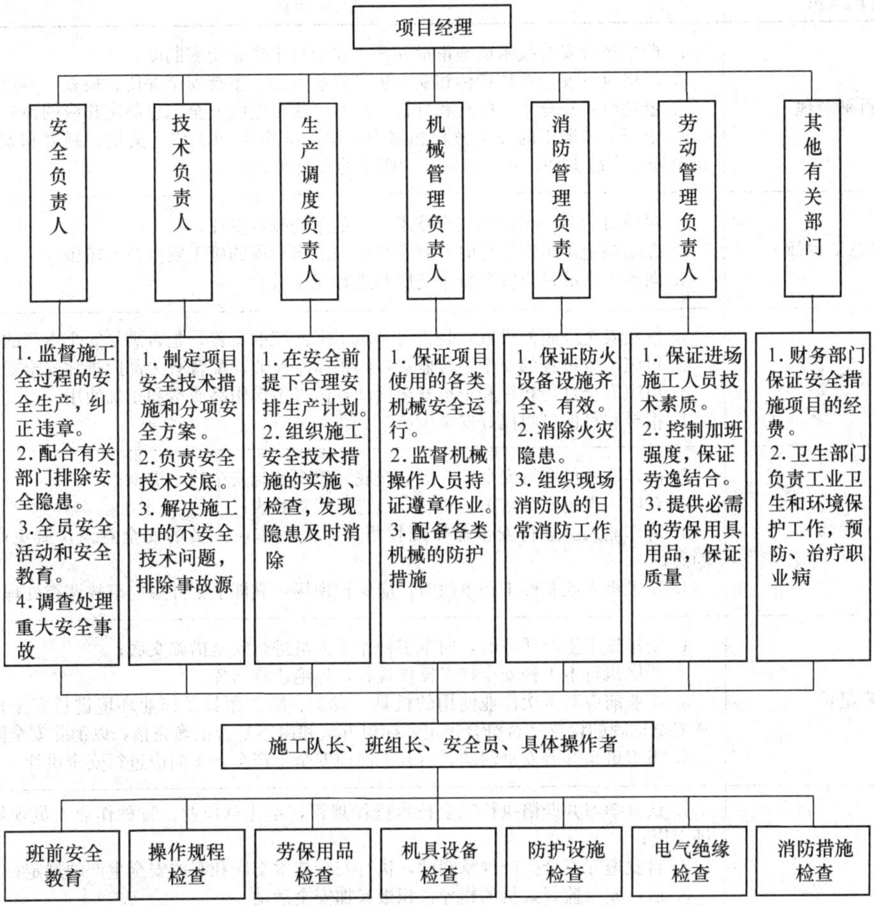

图 1-24 施工项目安全责任体系

(3) 安全生产责任制：

安全生产责任制是指企业对项目经理部各级领导、各职能部门、各类人员所规定的在其各自职责范围内对安全生产应负责任的制度。

安全生产责任制应根据“管生产必须管安全”“安全生产人人有责”的原则、明确各级领导、各职能部门和各类人员在施工生产活动中应负的安全责任，其内容应充分体现责、权、利相统一的原则。各类人员和各职能部门的安全生产责任制内容见表 1-40、表 1-41。

施工项目管理人员安全生产责任 **表 1-40**

管理人员	主要职责
项目经理	1. 是项目安全生产委员会主任，为施工项目安全生产第一责任人，对项目施工的安全生产负有全面领导责任和经济责任； 2. 认真贯彻国家、行业、地区的安全生产方针、政策、法规和各项规章制度； 3. 制定和执行本企业（项目）安全生产管理制度； 4. 建立项目安全生产管理组织机构并配备干部； 5. 当发生安全事故时，项目经理必须按国务院安全行政主管部门安全事故处理的有关规定和程序及时上报和处置，并制定防止同类事故再次发生的措施

续表

管理人员	主要职责
项目副经理	1. 严格执行安全技术措施审批和施工安全技术措施交底制度； 2. 严格执行安全考核指标和安全生产奖惩办法，主持安全评比、检查、考核工作； 3. 定期组织安全生产检查和分析，针对可能产生的安全隐患制定相应的预防措施； 4. 组织全体职工的安全教育和培训，学习安全生产法律、法规、制度和安全纪律，讲解安全事故案例，对生产安全和职工的安全健康负责
项目总工程师	1. 对项目的劳动保护和安全技术工作负总的技术责任； 2. 在编制施工组织设计时，制定和组织落实专项的施工安全技术措施； 3. 向施工人员进行安全技术交底和进行安全教育
安全员	1. 落实安全设施的设置，是否符合施工平面图的布置，是否满足安全生产的要求； 2. 对施工全过程的安全进行监督，纠正违章作业，配合有关部门排除安全隐患； 3. 组织安全宣传教育和全员安全活动，监督劳保用品质量和正确使用； 4. 指导和督促班组搞好安全生产
工程师	1. 向作业人员进行安全技术措施交底，组织实施安全技术措施； 2. 对施工现场安全防护装置和设施进行检查验收； 3. 对作业人员进行安全操作规程培训，提高作业人员的安全意识，避免产生安全隐患； 4. 发生重大或恶性工伤事故时，应保护现场，立即上报并参与事故调查处理
班组长	1. 安排施工生产任务时，向本工种作业人员进行安全措施交底； 2. 严格执行本工种安全技术操作规程，拒绝违章指挥； 3. 作业前应对本次作业使用的机具、设备、防护用具及作业环境进行安全检查，检查安全标牌的设置是否符合规定、标识方法和内容是否正确完整，以消除安全隐患； 4. 组织班组开展安全活动，召开上岗前安全生产会，每周应进行安全讲评
操作人员	1. 认真学习并严格执行安全技术操作规程，不违章作业，特种作业人员须培训、持证上岗； 2. 自觉遵守安全生产规章制度，执行安全技术交底和有关安全生产的规定； 3. 服从安全监督人员的指导，积极参加安全活动； 4. 爱护安全设施，正确使用防护用具； 5. 对不安全作业提出意见，拒绝违章指挥； 6. 下列情况下，操作者不得作业，在领导违章指挥时有拒绝权： （1）没有有效的安全技术措施，不经技术交底； （2）设备安全保护装置不安全或不齐全； （3）没有规定的劳动保护设施和劳动保护用品； （4）发现事故隐患未及时排除； （5）非本岗位操作人员、未经培训或考试不合格人员； （6）对施工作业过程中危及生命安全和人身健康的行为，作业人员有权抵制、检举和控告
承包人对分包人	1. 承包人对项目安全管理全面负责，分包人向承包人负责； 2. 承包人应在开工前审查分包人安全施工资格和安全生产保证体系，不得将工程分包给不具备安全生产条件的分包人； 3. 在分包合同中应明确分包人安全生产责任和义务； 4. 对分包人提出安全要求，并认真监督、检查； 5. 对违反安全规定冒险蛮干的分包人，应令其停工整改； 6. 承包人应负责统计分包人的伤亡事故，按规定上报，并按分包合同约定协助处理分包人的伤亡事故
分包人	1. 分包人应认真履行分包合同中应规定的安全生产责任和义务； 2. 分包人对本施工现场的安全负责，并应保护环境； 3. 遵守承包人的有关安全生产制度，服从承包人对施工现场的安全管理； 4. 及时向承包人报告伤亡事故并参与调查，处理善后事宜

施工项目职能部门安全生产责任 表 1-41

职能部门	主要职责
项目经理部	1. 积极贯彻执行安全生产方针、法律法规和各项安全规章制度，并监督执行情况。 2. 建立项目安全管理体系、安全生产责任制，制定安全工作计划和方针，根据项目特点、安全法规和标准的要求，确定本项目安全生产目标及目标体系，制定安全施工组织设计和安全技术措施。 3. 应根据施工中人的不安全行为、物的不安全状态、作业环境的不安全因素和管理缺陷进行相应的安全控制，消除安全隐患，保证施工安全和周围环境的保护。 4. 建立安全生产教育培训制度，做好安全生产的宣传、教育和管理工作，对特种作业人员进行培训、考核、签发合格证，杜绝未经施工安全生产教育的人员上岗作业。 5. 应确定并提供充分的资源，以确保安全生产管理体系的有效运行和安全管理目标的实现。资源包括： （1）配备与施工安全相适应并经培训考核合格、持证的管理、操作和检查人员； （2）有施工安全技术和防护设施；施工机械安全装置；用电和消防设施；必要的安全监测工具；安全技术措施的经费等； （3）对自行（包括分包单位）采购的安全设施所需的材料、设备及防护用品进行控制，对供应商的能力、业绩进行评价、审核，并做记录保存，对采购的产品进行检验，签订合同，须上报项目经理审批，保证符合安全规定要求； （4）对分包单位的资质等级、安全许可证和授权委托书进行验证，对其能力和业绩及务工人员的安全意识和持证状况进行确认，并应安排专人对分包单位施工全过程的安全生产进行监控，并做好记录和资料积累。 6. 对施工过程中可能影响安全生产的因素进行控制，对施工过程、行为及设施进行检查、检验或验证，并做好记录，确保施工项目按安全生产的规章制度、操作规程和程序要求进行，对特殊关键施工过程，要落实监控人员、监控方式、措施并进行重点监控，必要时实施旁站监控。 7. 应对存在隐患的安全设施、过程和行为进行控制，并及时做出妥善处理，处理责任人。 8. 鉴定专控劳动保护用品并监督其使用。 9. 由专人负责建立安全记录，按规定进行标识、编目、立卷和保管。 10. 必须为从事危险作业的人员办理人身意外伤害保险
生产计划部门	1. 安排生产计划时，须纳入安全计划、安全技术措施内容，合理安排并应有时间保证； 2. 检查月旬生产计划的同时，要检查安全措施的执行情况，发现隐患，及时处理； 3. 在排除生产障碍时，应贯彻“安全第一”的思想，同时消除不安全隐患，遇到生产与安全发生矛盾时，生产必须服从安全，不得冒险违章作业； 4. 对改善劳动条件的工程项目必须纳入生产计划，优先安排； 5. 加强对现场的场容场貌管理，做到安全生产，文明施工
安全管理部门	1. 严格按照国家有关安全技术规程、标准，编制审批项目安全施工组织设计等技术文件，将安全措施贯彻于施工组织设计、施工方案中； 2. 负责制定改善劳动条件、减轻劳动强度、消除噪声、治理尘毒等技术措施； 3. 对施工生产中的有关安全问题负责，解决其中的疑难问题，从技术措施上保证安全生产； 4. 负责对新工艺、新技术、新设备、新方法制定相应的安全措施和安全操作规程； 5. 负责编制安全技术教育计划，对员工进行安全技术教育； 6. 组织安全检查，对查出的隐患提出技术改进措施，并监督执行； 7. 组织伤亡事故和重大未遂事故的调查，对事故（隐患）原因提出技术改进措施

续表

职能部门	主要职责
机械动力部门	1. 负责制定保证机、电、起重设备、锅炉、压力容器安全运行的措施； 2. 经常检查安全防护装置及附件，是否齐全、灵敏、有效，并督促操作人员进行日常维护； 3. 对严重危及员工安全的机械设备，会同施工技术部门提出技术改进措施并实施； 4. 检查新购进机械设备的安全防护装置，要求其必须齐全、有效，出厂合格证和技术资料必须完整，使用前还应制定安全操作规程； 5. 负责对机、电、起重设备的操作人员，锅炉、压力容器的运行人员定期培训、考核，并签发作业合格证，禁止无证上岗； 6. 认真贯彻执行机、电、起重设备、锅炉、压力容器的安全规程和安全运行制度，对违章作业造成的事故应认真调查分析
工程材料供应部门	1. 施工生产使用的一切机具和附件等，采购时必须附有出厂合格证明，发放时必须符合安全要求，回收后必须检修； 2. 负责采购、保管、发放、回收劳动保护用品，并了解使用情况； 3. 采购的劳动保护用品，必须符合规格标准； 4. 对批准的安全设施所用的材料应纳入计划，及时供应
财务部门	1. 按国家有关规定要求和实际需要提取安全技术措施经费和其他劳保用品费用，专款专用； 2. 负责员工安全教育培训经费的拨付工作
保卫消防部门	1. 会同有关部门对员工进行安全生产和防火教育； 2. 主动配合有关部门开展安全检查，消除事故苗头和隐患，重点抓好防火、防爆防毒工作； 3. 对已发生的重大事故，会同有关部门组织抢救，并参与调查，查明性质，对破坏和破坏嫌疑事故负责追查处理

项目经理部应根据安全生产责任制的要求，把安全责任目标分解到岗、落实到人。安全生产责任制必须经项目经理批准后实施。

1.8.3.3　施工安全技术措施

施工安全技术措施是指在施工项目生产活动中，针对工程特点、施工现场环境、施工方法、劳动组织、作业使用的机械、动力设备、变配电设施、架设工具以及各项安全防护设施等制定的确保安全施工、保护环境，防止工伤事故和职业病危害，从技术上采取的预防措施。

施工安全技术措施应具有超前性、针对性、可靠性和可操作性。施工安全技术措施的主要内容见表1-42、表1-43。

施工准备阶段安全技术措施　　表1-42

类别	内容
技术准备	1. 了解工程设计对安全施工的要求； 2. 调查工程的自然环境（水文、地质、气候、洪水、雷击等）和施工环境（粉尘、噪声、地下设施、管道和电缆的分布、走向等）对施工安全以及施工对周围环境安全的影响； 3. 改扩建工程施工与建设单位使用、生产发生交叉，可能造成双方伤害时，双方应签订安全施工协议，做好施工与生产的协调，明确双方责任，共同遵守安全事项； 4. 在施工组织设计中，编制切实可行、行之有效的安全技术措施，并严格履行审批手续，报安全部门备案

续表

类别	内容
工程材料准备	1. 及时供应质量合格的安全防护用品（安全帽、安全带、安全网等）以满足施工需要； 2. 保证特殊工种（电工、焊工、爆破工、起重工等）使用工具器械质量合格，技术性能良好； 3. 施工机具、设备（起重机、卷扬机、电锯、平面刨、电气设备等）、车辆等需要经安全技术性能检测，鉴定合格，防护装置齐全，制动装置可靠，方可进厂使用； 4. 施工周转材料（脚手杆、扣件、跳板等）须经认真挑选，不符合安全要求禁止使用
施工现场准备	1. 按施工总平面图要求做好现场施工准备； 2. 现场各种临时设施、库房，特别是炸药库、油库的布置以及易燃易爆品存放等必须符合安全规定和消防要求，须经公安消防部门批准； 3. 电气线路、配电设备符合安全要求，有安全用电防护措施； 4. 场内道路通畅，设交通标志，危险地带设危险信号及禁止通行标志，保证行人、车辆通行安全； 5. 现场周围和陡坡、沟坑处设围栏、防护板，现场入口处设“无关人员禁止入内”的警示标志； 6. 塔式起重机等起重设备安置要与输电线路、永久或临设工程间有足够的安全距离，避免碰撞，以保证搭设脚手架、安全网的施工距离； 7. 现场设消火栓，有足够的有效的灭火器材、设施
施工队伍准备	1. 总包单位及分包单位都应持有建设行政主管部门颁发的《建筑施工企业安全生产许可证》方可组织施工； 2. 新工人（包括农民工）、特殊工种工人须经岗位技术培训、安全教育后，持合格证上岗； 3. 高险难作业工人须经身体检查合格、具有安全生产资格，方可施工作业； 4. 特殊工种作业人员，必须持有《特种作业操作证》方可上岗

施工阶段安全技术措施 **表 1-43**

类别	内容
一般工程	1. 单项工程、单位工程均有安全技术措施，分部分项工程有安全技术具体措施，施工前由技术负责人向参加施工的有关人员进行安全技术交底，并应逐级签发和保存《安全交底任务单》； 2. 安全技术应与施工生产技术相统一，各项安全技术措施必须在相应的工序施工前落实好，如： （1）根据基坑、基槽、地下室开挖深度、土质类别，选择开挖方法，确定边坡的坡度和采取的防止塌方的护坡支撑方案； （2）脚手架、吊篮等选用及设计搭设方案和安全防护措施； （3）高处作业的上下安全通道； （4）安全网（平网、立网）的架设要求、范围（保护区域）、架设层次、段落； （5）对施工电梯、井架（龙门架）等垂直运输设备的位置、搭设要求，稳定性、安全装置等要求； （6）施工洞口的防护方法和主体交叉施工作业区的隔离措施； （7）场内运输道路及人行通道的布置； （8）在建工程与周围人行通道及民房的防护隔离措施； （9）操作者严格遵守相应的操作规程，实行标准化作业； （10）针对采用的新工艺、新技术、新设备、新结构制定专门的施工安全技术措施； （11）在明火作业现场（焊接、切割、熬沥青等）有防火、防爆措施； （12）考虑不同季节的气候对施工生产带来的不安全因素可能造成的各种突发性事故，从防护上、技术上、管理上有预防自然灾害的专门安全技术措施； （13）夏季进行作业，应有防暑降温措施； （14）雨期进行作业，应有防触电、防雷、防沉陷坍塌、防台风和防洪排水等措施； （15）冬期进行作业，应有防风、防火、防冻、防滑和防煤气中毒等措施

续表

类别	内容
特殊工程	1. 对于结构复杂、危险性大的特殊工程，应编制单项安全技术措施，如爆破、大型吊装、沉箱、沉井、烟囱、水塔、特殊架设作业，高层脚手架、井架等必须编制单项安全技术措施； 2. 安全技术措施中应注明设计依据，并附有计算、详图和文字说明
拆除工程	1. 详细调查拆除工程结构特点、结构强度，电线线路、管道设施等现状，制定可靠的安全技术方案； 2. 拆除建筑物之前，在建筑物周围划定危险警戒区域，设立安全围栏，禁止无关人员进入作业现场； 3. 拆除工作开始前，先切断被拆除建筑物的电线、供水、供热、供煤气的通道； 4. 拆除工作应自上而下顺序进行，禁止数层同时拆除，必要时要对底层或下部结构进行加固； 5. 栏杆、楼梯、平台应与主体拆除程度配合进行，不能先行拆除； 6. 拆除作业工人应站在脚手架或稳固的结构部分上操作，拆除承重梁、柱之前应拆除其承重的全部结构，并防止其他部分坍塌； 7. 拆下的材料要及时清理运走，不得在旧楼板上集中堆放，以免超负荷； 8. 拆除建筑物内需要保留的部分或设备要事先搭好防护棚； 9. 一般不采用推倒方法拆除建筑物。必须采用推倒方法时，应采取特殊安全措施

1.8.3.4 安全教育

1. 安全教育内容

安全教育内容见表 1-44。

安全教育内容　　**表 1-44**

类别	内容
安全思想教育	1. 安全生产重要意义的认识，增强关心人、保护人的责任感教育； 2. 党和国家安全生产劳动保护方针、政策教育； 3. 安全与生产辩证关系教育； 4. 职业道德教育
安全纪律教育	1. 企业的规章制度、劳动纪律、职工守则； 2. 安全生产奖惩条例
安全知识教育	1. 施工生产一般流程，主要施工方法； 2. 施工生产危险区域及其安全防护的基本知识和安全生产注意事项； 3. 工种、岗位安全生产知识和注意事项； 4. 典型事故案例介绍与分析； 5. 消防器材使用和个人防护用品使用知识； 6. 事故、灾害的预防措施及紧急情况下的自救知识和现场保护、抢救知识
安全技能教育	1. 本岗位、工种的专业安全技能知识； 2. 安全生产技术、劳动卫生和安全操作规程
安全法治教育	1. 安全生产法律法规、行政法规； 2. 生产责任制度及奖罚条例

2. 安全教育制度

安全教育制度见表 1-45。

安全教育制度 **表 1-45**

类别	参加人	内容
新工人安全教育	新参加工作的合同工、临时工、学徒工、农民工、实习生、代培人员等	1. 企业要进行安全生产、法律法规教育，主要学习《中华人民共和国宪法》《中华人民共和国刑法》《中华人民共和国建筑法》《中华人民共和国消防法》等有关条款；《国务院办公厅关于进一步加强安全生产工作的通知》、各分部分项工程施工安全技术标准等有关内容；行政主管部门发布的有关安全生产的规章制度；本企业的规章制度及安全注意事项； 2. 事故发生的一般规律及典型事故案例； 3. 预防事故的基本知识，急救措施； 4. 项目经理部安全管理制度； 5. 施工安全生产基本知识； 6. 本项目工程特点、施工条件、安全生产状况及安全生产制度； 7. 防护用品发放标准及防护用具使用的基本知识； 8. 施工现场中危险部位及防范措施； 9. 防火、防毒、防尘、防塌方、防爆知识及紧急情况下安全处置和安全疏散知识； 10. 班组长应主持班组的安全教育： (1) 本班组、工种（特殊作业）作业特点和安全技术操作规程； (2) 班组安全活动制度及纪律和安全基本知识； (3) 爱护和正确使用安全防护装置（设施）及个人防护用品； (4) 本岗位易发生事故的不安全因素及防范措施； (5) 本岗位的作业环境及使用的机械设备、工具安全要求
特种作业人员安全教育	从事电气、锅炉司炉、压力容器、起重机械、焊接、爆破、车辆驾驶、轮机操作、船舶驾驶、登高架设、瓦斯检验等工种的操作人员以及从事尘毒危害作业人员	1. 必须经国家规定的有关部门进行安全教育和安全技术培训，并经考核合格取得操作证者，方准独立作业，所持证件资格须按国家有关规定定期复审； 2. 一般的安全知识、安全技术教育； 3. 重点进行本工种、本岗位安全知识、安全生产技能的教育； 4. 重点进行尘毒危害的识别、防治知识、防治技术等方面的安全教育
变换工种安全教育	改变工种或调换工作岗位的人员及从事新操作法的人员	1. 改变工种安全教育时间不少于 4h，考核合格后方可上岗； 2. 新工作岗位的工作性质、职责和安全知识； 3. 各种机具设备及安全防护设施的性能和作用； 4. 新工种、新操作法安全技术操作规程； 5. 新岗位容易发生事故及有毒有害区域的注意事项和预防措施
各级干部安全教育	组织指挥生产的领导：项目经理、总工程师、技术负责人、施工队长、有关职能部门负责人	1. 定期轮训，提高安全意识、安全管理水平和政策水平； 2. 熟悉掌握安全生产知识、安全技术业务知识、安全法规制度等； 3. 熟悉本岗位的安全生产责任职责； 4. 处理及调查工伤事故的规定、程序

1.8.3.5 安全检查

安全工程师每天要进行安全巡查，及时纠正不安全行为，消除不安全隐患。项目部每月进行安全全面检查，排除安全管理系统性隐患。

1.8.4　施工安全应急预案和安全事故处理

1.8.4.1　施工安全应急管理

1. 编制应急预案

(1) 明确编制目的

应急预案的编制，首先应该阐明预案编制的目的，针对不同的事故类型，明确相应的编制指导思想、原则以及编制意图等。

(2) 成立应急救援指挥小组

应急预案中应建立事故应急救援指挥小组，项目事故应急救援指挥小组根据不同的事故类型，结合项目部管理人员职责分工的设定，一般包括组长和若干组员，小组成员数量根据具体事故应急救援所需人员数量合理确定。

(3) 明确应急救援指挥小组职责

应急预案中应针对上述建立的事故应急救援指挥小组，确定具体的人员职责分工，一般职责包括现场指挥、现场保护、联络调查、善后工作、现场自查等。

(4) 建立事故应急预案处理程序

应急预案中应建立事故应急预案处理程序，包括事故发现报告程序、伤员救助程序、现场保护程序、事故调查程序、善后处理程序和事故上报程序等。

(5) 制定通信录

应急预案中应制定事故应急处理和救援指挥人员的通信录，包括联系地址和联系方式等。

(6) 准备应急工程材料

应急预案中应根据不同的事故类型，准备所需应急救援的工程材料。

2. 应急预案交底

安全工程师组织相关人员参与应急预案交底，交底内容一般包括以下方面：

(1) 应急技术方案交底；

(2) 应急报告程序交底；

(3) 应急救援程序交底；

(4) 事故上报程序交底；

(5) 事后总结分析办法交底等。

3. 应急演练

(1) 应急演练计划编制

由项目安全管理部门负责编制应急演练计划，应明确时间、地点、参与人员、所需工程材料等内容，并报项目经理审核。

(2) 组织人员进行应急演练

1) 选择演练时间、地点。安全管理部门组织人员对应急演练的时间、地点进行确认，确保演练实施的适当性和安全性。

2) 明确演练参与人员。安全管理部门组织对应急演练的参与人员进行确认，确保参与的广泛性和代表性。

3) 明确各方职责。安全管理部门明确和落实应急演练各方职责，确保行动分工的合理性。

4）明确演练步骤。安全管理部门组织相关人员对应急演练步骤进行确认，确保演练的可操作性。

5）准备演练工程材料。安全管理部门组织相关人员对应急演练的工程材料进行确认，包括沙袋、木材等材料及物料提升机等设备，确保演练准备的充分性。

（3）演练

安全管理部门根据应急演练计划，组织相关人员进行应急演练，项目经理进行现场演练的监督检查。

（4）演练总结

演练结束后应对演练过程进行详细总结，评估应急预案的完整性、科学性、实效性和可操作性，检验应急预案在应对突发事件时的实际指导效果。

1.8.4.2 安全事故处理

安全事故发生后，首先是项目经理按应急预案组织事故人员抢救，把生命损失降到最小，同时初步判断事故情况，按照事故等级向上级组织和当地政府建设行政主管部门报告事故情况。

1. 伤亡事故的调查与处理

职工在施工劳动过程中从事本岗位劳动，或虽不在本岗位劳动，但由于施工设备和设施不安全、劳动条件和作业环境不良、管理不善，以及领导指派在外从事本企业活动，所发生的人身伤害（即轻伤、重伤、死亡）和急性中毒事故都属于伤亡事故。

2. 伤亡事故等级

根据《企业职工伤亡事故分类》GB 6441—86 和《生产安全事故报告和调查处理条例》的规定，职工在劳动过程中发生的人身伤害、急性中毒伤亡事故等级分类见表 1-46。

生产安全事故等级分类 **表 1-46**

事故类别	说明
轻伤	损失工作日 1～105 个工作日的失能伤害
重伤	损失工作日等于或超过 105 个工作日的失能伤害
死亡	损失工作日 6000 个工作日
安全事故	1. 特别重大事故，是指造成 30 人以上死亡，或者 100 人以上重伤（包括急性工业中毒，下同），或者 1 亿元以上直接经济损失的事故 2. 重大事故，是指造成 10 人以上 30 人以下死亡，或者 50 人以上 100 人以下重伤，或者 5000 万元以上 1 亿元以下直接经济损失的事故 3. 较大事故，是指造成 3 人以上 10 人以下死亡，或者 10 人以上 50 人以下重伤，或者 1000 万元以上 5000 万元以下直接经济损失的事故 4. 一般事故，是指造成 3 人以下死亡，或者 10 人以下重伤，或者 1000 万元以下直接经济损失的事故

注：损失工作日是指估价事故在劳动力方面造成的直接损失。某种伤害的损失工作日一经确定，即为标准值，与受伤害者的实际休息日无关。

3. 安全事故处理和责任追究

安全事故处理坚持“四不放过”原则，即事故原因未查清不放过、事故责任人未受到处理不放过、事故责任人和广大群众没有受到教育不放过、事故没有制订切实可行的整改措施不放过。发生安全事故，要按照国家安全事故处置程序进行上报与处理，并追究相关责任人的行政和法律责任。

1.9 施工项目成本管理

1.9.1 施工项目成本管理概述

1.9.1.1 施工项目成本的概念与构成

1. 施工项目成本的概念

施工项目成本是指建筑企业以施工项目作为成本核算对象的施工过程中所耗费的生产资料转移价值和劳动者的必要劳动所创造的价值的货币形式。即某施工项目在施工中所发生的全部生产费用总和，包括所消耗的主辅材料、构配件、周转材料的摊销费或租赁费、施工机械台班费或设备租赁费、支付给生产工人的工资、奖金以及项目经理部（或工程公司）为组织和管理工程所发生的全部费用支出。

施工项目成本不包括劳动者为社会所创造的价值（如税费和利润）。

施工项目成本是建筑企业的产品成本，亦称工程成本，一般以项目的单位工程作为成本核算对象，通过各单位工程成本核算的总和来反映施工项目成本。

2. 施工项目成本的构成（表 1-47）

施工项目成本的构成　　表 1-47

成本项目		内容	
直接费	直接工程费	人工费	是指直接从事建筑安装工程施工的生产工人开支的各项费用，内容包括： （1）基本工资：是指发放给生产工人的基本工资； （2）工资性补贴：是指按规定标准发放的物价补贴，煤、燃气补贴，交通补贴，住房补贴，流动施工津贴等； （3）生产工人辅助工资：是指生产工人年有效施工天数以外非作业天数的工资，包括职工学习、培训期间的工资，调动工作、探亲、休假期间的工资，因气候影响的停工工资，女工哺乳时间的工资，病假在六个月以内的工资及产、婚、丧假期的工资； （4）职工福利费：是指按规定标准计提的职工福利费； （5）生产工人劳动保护费：是指按规定标准发放的劳动保护用品的购置费及修理费，徒工服装补贴，防暑降温费，在有碍身体健康环境中施工的保健费用等
		材料费	是指施工过程中耗费的构成工程实体的原材料、辅助材料、构配件、零件、半成品的费用。内容包括： （1）材料原价（或供应价格）； （2）材料运杂费：是指材料自来源地运至工地仓库或指定堆放地点所发生的全部费用； （3）运输损耗费：是指材料在运输装卸过程中不可避免的损耗； （4）采购及保管费：是指为组织采购、供应和保管材料过程中所需要的各项费用，包括采购费、仓储费、工地保管费、仓储损耗； （5）检验试验费：是指对建筑材料、构件和建筑安装物进行一般鉴定、检查所发生的费用，包括自设试验室进行试验所耗用的材料和化学药品等费用；不包括新结构、新材料的试验费和建设单位对具有出厂合格证明的材料进行检验，对构件做破坏性试验及其他特殊要求检验试验的费用

续表

<table>
<tr><th colspan="3">成本项目</th><th>内容</th></tr>
<tr><td rowspan="2">直接费</td><td>直接工程费</td><td>施工机械使用费</td><td>是指施工机械作业所发生的机械使用费以及机械进出场费、安拆费和场外运费。施工机械台班单价应由下列七项费用组成：
(1) 折旧费：指施工机械在规定的使用年限内，陆续收回其原值及购置资金的时间价值；
(2) 大修理费：指施工机械按规定的大修理间隔台班进行必要的大修理，以恢复其正常功能所需的费用；
(3) 经常修理费：指施工机械除大修理以外的各级保养和临时故障排除所需的费用，包括为保障机械正常运转所需替换设备与随机配备工具附具的摊销和维护费用、机械运转中日常保养所需润滑与擦拭的材料费用及机械停滞期间的维护和保养费用等；
(4) 进出场费、安拆费及场外运费：进出场费是机械整体或分体自停放场地运至施工现场或由一个施工地点运至另一个施工地点，所发生的机械进出场运输及转移费用；安拆费指施工机械在现场进行安装与拆卸所需的人工、材料、机械和试运转费用以及机械辅助设施的折旧、搭设、拆除等费用；场外运费指施工机械整体或分体自停放地点运至施工现场或由一施工地点运至另一施工地点的运输、装卸、辅助材料及架线等费用；
(5) 人工费：指机上司机（司炉）和其他操作人员的工作日人工费及上述人员在施工机械规定的年工作台班以外的人工费；
(6) 燃料动力费：指施工机械在运转作业中所消耗的固体燃料（煤、木柴）、液体燃料（汽油、柴油）及水、电等；
(7) 车船税及保险费：指施工机械按照国家规定和有关部门规定应缴纳的车船税、保险费及年检费等</td></tr>
<tr><td>措施费</td><td colspan="2">是指为完成工程项目施工，发生于该工程施工前和施工过程中非工程实体项目的费用。内容包括：
(1) 环境保护费：是指施工现场为达到生态环境部门要求所需要的各项费用。
(2) 文明施工费：是指施工现场文明施工所需要的各项费用。
(3) 安全施工费：是指施工现场安全施工所需要的各项费用。
(4) 临时设施费：是指施工企业为进行建筑工程施工所必须搭设的生活和生产用的临时建筑物、构筑物和其他临时设施费用等。临时设施包括：临时宿舍、文化福利及公用事业房屋与构筑物，仓库、办公室、加工厂以及规定范围内道路、水、电、管线等临时设施和小型临时设施。临时设施费用包括临时设施的搭设、维修、拆除费或摊销费。
(5) 夜间施工费：是指因夜间施工所发生的夜班补助费、夜间施工降效、夜间施工照明设备摊销及照明用电等费用。
(6) 二次搬运费：是指因施工场地狭小等特殊情况而发生的二次搬运费用。
(7) 大型机械设备进出场及安拆费：是指机械整体或分体自停放场地运至施工现场或由一个施工地点运至另一个施工地点，所发生的机械进出场运输及转移费用及机械在施工现场进行安装、拆卸所需的人工费、材料费、机械费、试运转费和安装所需的辅助设施的费用。
(8) 混凝土、钢筋混凝土模板及支架费：是指混凝土施工过程中需要的各种钢模板、铝模板、木模板、支架等的支、拆、运输费用及模板、支架的摊销（或租赁）费用。
(9) 脚手架费：是指施工需要的各种脚手架搭、拆、运输费用及脚手架的摊销（或租赁）费用。
(10) 已完工程及设备保护费：是指竣工验收前，对已完工程及设备进行保护所需的费用。
(11) 施工排水、降水费：是指为确保工程在正常条件下施工，采取各种排水、降水措施所发生的各种费用</td></tr>
</table>

续表

成本项目		内容
间接费	规费	是指政府和有关权力部门规定必须缴纳的费用（简称规费），包括： （1）工程排污费：是指施工现场按规定缴纳的工程排污费； （2）工程定额测定费：是指按规定支付工程造价（定额）管理部门的定额测定费； （3）社会保障费：包括养老保险费、失业保险费、医疗保险费； （4）住房公积金：是指企业按规定标准为职工缴纳的住房公积金； （5）危险作业意外伤害保险：是指按照《中华人民共和国建筑法》的规定，企业为从事危险作业的建筑安装施工人员支付的意外伤害保险费
	企业管理费	是指建筑安装企业组织施工生产和经营管理所需费用，内容包括： （1）管理人员薪资：是指管理人员的基本工资、奖金、工资性补贴、职工福利费、劳动保护费等； （2）办公费：是指企业管理办公用的文具、纸张、账表、印刷、邮电、书报、会议、水电、烧水和集体取暖（包括现场临时宿舍取暖）用煤等费用； （3）差旅交通费：是指职工因公出差、调动工作的差旅费、住勤补助费，市内交通费和误餐补助费，职工探亲路费，劳动力招募费，职工离退休、退职一次性路费，工伤人员就医路费，工地转移费以及管理部门使用的交通工具的油料、燃料、过路费及保险费等； （4）固定资产使用费：是指管理和试验部门及附属生产单位使用的属于固定资产的房屋、设备仪器等的折旧、大修、维修或租赁费； （5）工具用具使用费：是指管理使用的不属于固定资产的生产工具、器具、家具、低值易耗品和检验、试验、测绘、消防用具等的购置、维修和摊销费； （6）劳动保险费：是指由企业支付离退休职工的异地安家补助费、职工退职金、六个月以上的病假人员工资、职工死亡丧葬补助费、抚恤费、按规定支付给离休干部的各项经费； （7）工会经费：是指企业按职工工资总额计提的工会经费； （8）职工教育经费：是指企业为职工学习先进技术和提高文化水平、提升技术职称，按职工工资总额计提的费用； （9）财产保险费：是指施工管理用财产、车辆等保险； （10）财务费：是指企业为筹集资金而发生的各种费用； （11）税金：指企业发生的除企业所得税和允许抵扣的增值税以外的企业缴纳的各项税金及其附加。即企业按规定缴纳的消费税、营业税、城乡维护建设税、土地增值税、房产税、城镇土地使用税、印花税等产品销售税金及附加； （12）其他：包括技术转让费、技术开发费、业务招待费、绿化费、广告费、公证费、法律顾问费、审计费、咨询费等

1.9.1.2　施工项目成本的主要形式（表 1-48）

施工项目成本的主要形式　　**表 1-48**

划分类别	主要形式	说明
按成本发生的时间划分	预算成本	是企业按照预算期的特殊生产和经营情况所编制的预定成本，是施工企业投标报价的基础。预算成本是完成规定计量单位分项工程计价的人工、材料和机械台班消耗的数量标准
	计划成本	是根据施工图预算，结合单位工程的施工组织设计和技术组织措施计划、管理费用计划确定的。在项目经理领导下组织施工、充分挖掘潜力、采取有效的技术措施和加强管理与经济核算的基础上，预先确定的工程项目的目标成本。它是根据合同价以及企业下达的成本降低指标，在实际成本发生前预先计算的
	实际成本	是施工项目在报告期内实际发生的各项生产费用的总和。实际成本与计划成本比较，可反映成本的节约或超支；计划成本和实际成本都反映施工企业成本管理水平，它受企业本身的生产技术、施工条件、项目经理部组织管理水平以及企业生产经营管理水平所制约

续表

划分类别	主要形式	说明
按生产费用计入成本的方法划分	直接成本	是指施工过程中耗费的构成工程实体或有助于工程实体形成的各项费用支出，是可以直接计入工程对象的费用，包括人工费、材料费、施工机械使用费和施工措施费等
	间接成本	是指为施工准备、组织和管理施工生产的全部费用支出，是非直接用于也无法直接计入工程对象，但为进行工程施工所必须发生的费用，包括管理人员工资、办公费、差旅交通费等
按成本习性划分	固定成本	是指在一定的期间和一定的工程量范围内，其发生的成本额不受工程量增减变动的影响而相对固定的成本，如折旧费、大修理费、管理人员工资、办公费、照明费等。这一成本是为了保持企业一定的生产经营条件而发生的。所谓固定，也是就其总额而言，分配到每个项目单位工程量上的固定费用则是变动的
	变动成本	是指发生总额随着工程量的增减变动而成正比例变动的费用，如直接用于工程的材料费、实行计件工资制的人工费等。所谓变动，也是就其总额而言，单位分项工程上的变动费用往往是不变的

1.9.1.3 施工项目成本管理的内容（表 1-49）

施工项目成本管理的内容 表 1-49

序号	项目	说明
1	成本预测	是根据成本信息和施工项目的具体情况，运用一定的专门方法，对未来的成本水平及其可能发展趋势做出科学合理的估计，其实质是在施工前对成本进行估算。通过成本预测，可以使项目经理部在满足业主和企业要求的前提下，选择成本低、效益好的最佳方案，并能够在施工项目成本形成过程中，针对薄弱环节，加强成本控制，克服盲目性，提高预见性
2	成本计划	是以货币形式编制的施工项目在计划期内的生产费用、成本水平、成本降低率以及为降低成本所采取的主要措施的书面方案。它是建立施工项目成本管理责任制、开展成本控制和核算的基础，是施工项目降低成本的指导文件，是建立目标成本的依据
3	成本控制	是指在施工过程中，对影响施工项目成本的各种因素加强管理，并采取各种有效措施，将施工中实际发生的各种消耗和支出严格控制在成本计划范围内并及时反馈，严格审查各项费用是否符合标准、计算实际成本和计划成本之间的差异并进行分析，消除施工中的损失浪费现象
4	成本核算	是指按照规定开支范围对施工过程中发生的各种费用进行归集，计算施工费用的实际发生额，并根据成本核算的对象，采用适当的方法，计算该施工项目的总成本和单位成本。施工项目成本核算所提供的各种成本信息是成本预测、成本计划、成本控制、成本分析和考核等各个环节的依据
5	成本分析	是在成本形成过程中，根据施工项目成本核算资料，对施工项目成本进行的对比评价和总结工作。将实际成本与计划成本、预算成本以及类似施工项目的实际成本等进行比较，了解成本的变动情况，同时也要分析主要技术经济指标对成本的影响，系统地研究成本变动原因，检查成本计划的合理性，深入揭示成本变动的规律，寻找降低施工项目成本的途径和潜力
6	成本考核	是在施工项目完成后，对施工项目成本形成中的各责任者，按施工项目成本目标责任制的有关规定，将成本的实际指标与计划、定额、预算进行对比和考核，评定施工项目成本计划的完成情况和各责任者的业绩，并以此给以相应的奖励和处罚

1.9.1.4　降低施工项目成本的途径和措施（表 1-50）

降低施工项目成本的途径和措施　　表 1-50

途径	措施
认真审核图纸，积极提出修改意见	施工单位应该在满足用户要求和保证质量的前提下，联系项目的主客观条件，对设计图纸进行认真会审，并能提出修改意见，在取得用户和设计单位同意后，修改设计图纸，同时办理增减账
加强合同管理，增创工程预算收入	1. 深入研究招标文件、合同内容，正确编制施工预算； 2. 把合同规定的“开口”项目，作为增加预算收入的重要方面； 3. 根据工程变更资料，及时办理增减账
制订先进的、经济合理的施工方案	1. 施工方案主要包括四项内容：施工方法的确定、施工机具的选择、施工顺序的安排和流水施工的组织，正确选择施工方案是降低成本关键所在； 2. 制定施工方案要以合同工期和上级要求为依据，联系项目的规模、性质、复杂程度、现场条件、装备情况、人员素质等因素综合考虑； 3. 同时制订两个或两个以上的先进可行的施工方案，以便从中优选最合理、最经济的一个
落实技术组织措施	1. 项目应在开工前根据工程情况制定技术组织计划，在编制月度施工作业计划的同时，作为降低成本计划的内容编制月度技术组织措施计划； 2. 应在项目经理领导下明确分工：由工程技术人员制订措施，材料人员提供材料，现场管理人员和班组负责执行，财务成本员结算节约效果，最后由项目经理根据措施执行情况和节约效果报公司审批后，对有关人员进行奖励，形成落实技术组织措施的一条龙制度
组织均衡施工，加快施工进度	1. 凡按时间计算的成本费用，在加快施工进度缩短施工周期的情况下，都会有明显的节约。除此之外，还可从用户那里得到一笔提前竣工奖等； 2. 为加快施工进度，将会增加一定的成本支出，因此在签订合同时，应根据用户和赶工的要求，将赶工费列入施工图预算。如果事先并未明确，而由用户在施工中临时提出要求，则应该请用户签字，费用按实计算； 3. 在加快施工进度的同时，必须根据实际情况组织均衡施工，确实做到快而不乱，以免产生损失
降低材料成本	1. 节约采购成本，选择运费少、质量好、价格低的合格供应商； 2. 认真计量验收，如遇数量不足、质量差的情况，要进行索赔； 3. 严格执行材料消耗定额，通过限额领料落实； 4. 正确核算材料消耗水平，坚持余料回收； 5. 改进施工技术，推广新技术、新工艺、新材料； 6. 利用工业废渣，扩大材料代用； 7. 减少资金占用，根据施工需要合理储备； 8. 加强现场管理，合理堆放，减少搬运，减少仓储和堆积损耗
提高机械的使用率	1. 结合施工方案，从机械性能、操作运行和台班成本等因素综合考虑最适合项目施工特点的施工机械，要求做到既实用又经济； 2. 做好工序、工种机械施工的组织工作，最大限度地发挥机械效能；同时对机械操作人员的技能也有一定的要求，防止因不规范操作或不熟练影响正常施工，降低机械使用率； 3. 做好平时的机械维修保养工作，严禁在机械维修时将零件拆东补西、人为地损坏机械

续表

途径	措施
用好用活激励机制，调动职工增产节约的积极性	用好用活激励机制，应从项目施工实际情况出发，有一定的随机性，这里举例作为项目管理参考： 1. 对关键工序施工的关键班组要实行重奖； 2. 对材料损耗特别大的工序，可由生产班组直接承包； 3. 实行钢模零件和脚手螺丝有偿回收

1.9.1.5 施工项目成本管理的措施

1. 组织措施

组织措施是从施工项目成本管理的组织方面采取的措施，如实行项目经理责任制，落实施工项目成本管理的组织机构和人员，明确各级施工项目成本管理人员的任务和职能分工、权利和责任，编制施工项目成本控制工作计划和详细的工作流程图等。组织措施是其他各类措施的前提和保障，一般不需要增加费用，运用得当可以获得良好的效果。

2. 技术措施

技术措施是降低成本的重要保证，在施工准备阶段应多做不同施工方案的技术经济比较，找出既保证质量、满足工期要求，又降低成本的最佳施工方案。另外，由于施工干扰因素很多，因此在做方案比较时，应认真考虑不同方案对各种干扰因素影响的敏感性。

不仅在施工准备阶段，还应在施工进展的全过程中注意在技术上采取措施，以降低成本。结合施工方法，进行材料使用的比选，在满足功能要求的前提下，通过代用、改变配合比、使用添加剂等方法降低材料消耗的费用；确定最合适的施工机械、设备使用方案；结合项目的施工组织设计及自然地理条件，降低材料的库存成本和运输成本；先进的施工技术的应用；新材料的应用等。施工企业还应划拨一定的资金用于技术改造，虽然这在一定时间内往往表现为成本支出，但从长远的角度看，则是降低成本、增加效益的举措。

3. 经济措施

经济措施主要是指集中采购措施和成本节约奖励措施。管理人员应编制资金使用计划，并在施工中进行跟踪管理，严格控制各项开支。对施工项目管理目标进行风险分析，并制定防范性对策。企业可以根据自身情况采用集中采购或组合支付方式，降低采购成本；制定内部降本增效奖罚措施，调动项目团队价值创造积极性。由此可见，经济措施的运用绝不仅是财务人员的事情。

4. 合同措施

(1) 选用适当的合同结构。选用合适的合同结构对项目的合同管理至关重要，在施工项目组织模式中，有多种合同结构模式，在使用时，必须对其分析、比较，要选用适合于工程规模、性质和特点的合同结构模式。

(2) 合同条款严谨细致。在合同条文中应细致地考虑一切影响成本、效益的因素。特别是潜在的风险因素，通过对引起成本变动的风险因素的识别和分析，采取必要的风险对策，如通过合理的方式与其他参与方共同承担，增加承担风险的个体数量，降低损失发生的比例，并最终将这些策略反映在合同的具体条款中。在与外商签订的合同中，还必须很好地考虑货币的支付方式。

(3) 全过程的合同控制。采用合同措施控制项目成本，应贯穿合同整个生命期，包括从合同谈判到合同终止的全过程。

合同谈判是合同生命期的关键时刻，在此阶段，双方具体商讨合同的条款和细节问题，修改合同文本，最终双方就合同内容达成一致，签署合同协议书。合同谈判阶段，虽然项目经理部还未组建，但成本管理活动已经开始，必须予以重视。施工企业报价时，一方面必须综合考虑经营总战略、建筑市场竞争激烈程度和合同风险程度等因素，以调整不可预见风险费和利润水平；另一方面还应该选择最有合同管理和合同谈判方面知识、经验和能力的人作为主谈人进行合同谈判。承包商的各职能部门特别是合同管理部门要进行有力的配合，积极提供资料，为报价、合同谈判和合同签订提供决策信息、建议、意见。

在合同执行期间，项目经理部要做好工程施工记录，保存各种文件图纸，特别是注有施工变更的图纸，注意积累素材，为正确处理可能发生的索赔提供依据，并密切注视对方合同执行的情况，以寻求向对方索赔的机会。为防止对方索赔，项目经理部应积极履行合同。在合同履行期间，当合同履行条件发生变化时，项目经理部应积极参与合同的修改、补充工作，并着重考虑对成本控制的影响。

1.9.2　施工项目成本计划

1.9.2.1　施工项目成本计划的内容

施工项目成本计划是以货币形式预先规定施工项目进行中施工生产耗费的水平，确定对比项目总投资（或中标额）应实现的计划成本降低额与降低率，提出保证成本计划实施的主要措施方案。

施工项目成本计划的具体内容包括编制说明、成本计划目标、成本计划汇总表。

（1）编制说明。是对工程的范围、合同条件、企业对项目经理提出的责任成本目标、项目成本计划编制的指导思想和依据等的具体说明。

（2）成本计划目标。应经过科学的分析预测确定，可以采用对比法、因素分析法等进行测定。

（3）按工程量清单列出的单位工程计划成本汇总表，见表1-51。

单位工程计划成本汇总表　　**表1-51**

序号	清单项目编码	清单项目名称	合同价格	计划成本
1				
2				
……				

（4）按成本性质划分的单位工程成本汇总表，见表1-52。

单位工程计划成本表　　**表1-52**

序号	成本项目	合同价格	计划成本	备注
一	直接成本			
1	人工费			
2	材料费			
3	施工机械使用费			

续表

序号	成本项目	合同价格	计划成本	备注
4	措施费			
二	间接成本			
5	企业管理费			
6	规费			
合计				

根据清单项目的造价分析，分别对人工费、材料费、机械费、措施费、企业管理费和规费进行汇总，形成单位工程成本计划表。

1.9.2.2 施工项目成本计划编制依据

(1) 合同报价书；

(2) 已签订的工程合同、分包合同、材料采购合同和施工机械使用（租赁）合同等；

(3) 企业定额、施工预算；

(4) 施工组织设计或施工方案；

(5) 人工、材料、机械的市场价格；

(6) 公司颁布的材料指导价格、企业内部的机械台班价格、劳动力价格；

(7) 周转设备内部租赁价格、摊销损耗标准；

(8) 有关成本预测、决策的资料，有关财务成本核算制度和财务历史资料；

(9) 项目经理部与企业签订的承包合同以及企业下达的成本降低额、降低率和其他有关技术经济指标；

(10) 以往同类项目成本计划的实际执行情况以及有关技术经济指标完成情况的分析资料；

(11) 拟采取的降低施工成本措施等。

1.9.2.3 施工项目成本计划编制方法

1. 施工预算法

施工预算是项目经理部根据企业下达的责任成本目标，在详细编制施工组织设计、不断优化施工技术方案和合理配置生产要素的基础上，通过工料消耗分析和节约措施制订的计划成本，亦称为现场目标成本。一般情况下施工预算总额应控制在责任成本目标范围内，并留有一定的余地。在特殊情况下，项目经理部经过反复挖潜措施，不能把施工预算总额控制在责任成本目标范围内，应与公司主管部门进一步协商修正责任成本目标或共同探索进一步降本措施，以使施工预算建立在切实可行的基础上，作为控制施工过程生产成本的依据。

施工预算是以施工图为基础，以施工方案、施工定额为依据，通过本企业工、料、机等资源的消耗量指标与企业内部价格来确定各分项工程成本，然后将各分项工程成本进行汇总，得到整个项目的成本支出，最后考虑风险、物价等影响因素，予以调整。

各分项工程成本计算公式：

$$M_j = S_j \sum_{i=1}^{n} A_{ij} P_i \tag{1-3}$$

施工项目预算成本公式：

$$C=(\sum_{j=1}^{m}M_j)\times(1+r)\times(1+q) \tag{1-4}$$

式中　M_j——第 j 分项工程成本；

S_j——第 j 分项工程的总工程量；

A_{ij}——在第 j 分项工程上，第 i 种资源单位工程量消耗定额；

P_i——第 i 种资源内部单价；

C——施工项目施工预算成本；

r——间接费率；

q——风险、物价系数。

这里应该注意，施工预算中各分部分项的划分尽量做到与合同预算的分部分项工程划分一致或对应，为以后成本控制逐项对比创造条件。

施工预算编制应注意以下内容：

(1) 必须充分了解投标估价过程，哪些方面已经在投标时考虑了降低成本措施，分析尚有哪些途径可以继续采取降低成本措施；

(2) 必须认真研究合同条件和施工条件；

(3) 必须以最经济合理的施工方案及其降低成本节约措施为依据；

(4) 必须以企业统一的消耗定额进行工料消耗分析，然后以企业内部统一的价格、市场价，内协外协合同价为依据计算成本；

(5) 施工预算编制完成后，要结合项目管理方案评审，进行可行性和合理性的论证评价，并在措施上进行必要的补充；

(6) 必须在单位工程开工前编制完成，对于一些编制条件不成熟的分部分项工程，也要先进行估算，待条件成熟时再做详细调整。

2. 中标价调整法

中标价调整法是施工项目成本计划编制的常用方法，其基本思路为：根据已有的投标、概预算资料，确定中标合同价与施工图概预算的总价差额；根据技术组织措施计划确定采取的技术组织措施和节约措施所能取得的经济效果，计算施工项目可节约的成本额；考虑不可预见因素、风险因素、工期制约因素、市场价格变动等加以计算调整；综合计算出工程项目的目标成本降低额及降低率。

1.9.3　施工项目成本控制

1.9.3.1　施工项目成本控制的依据

1. 工程承包合同

施工成本控制要以工程承包合同为依据，从预算收入和实际成本两个方面，努力挖掘增收节支潜力，降低成本，获得最大的经济效益。

2. 施工项目成本计划

施工项目成本计划是根据施工项目具体情况制定的施工成本控制方案，既包括预定的具体成本控制目标，又包括实现控制目标的措施和规划，是成本控制的指导性文件。

3. 施工进度报告

施工进度报告提供了施工中每一时刻实际完成的工程量、施工实际成本实际支出情况，将实际成本与施工成本计划比较，找出二者的偏差，分析偏差产生的原因，采取纠偏措施，达到有效控制成本的目的。

4. 工程变更

在施工过程中，由于各方面的原因，工程变更是在所难免的。一旦出现工程变更，工程量、工期、成本都将发生变化，成本管理人员应随时掌握工程变更情况，按合同或有关规定确定工程变更价款以及可能带来的施工索赔等。

除了上述几种施工项目成本控制工作的主要依据外，有关施工组织设计、分包合同文本等也是施工项目成本控制的依据。

1.9.3.2 施工项目成本控制的步骤

1. 实际成本与计划成本比较

施工项目成本计划值与实际值逐项进行比较，分析施工成本是否超支。

2. 分析偏差原因

分析偏差原因，即对比较的结果进行分析，以确定偏差的严重性和偏差产生的原因。这一步是施工项目成本控制工作的核心，其主要目的在于找出产生的原因，从而采取有针对性的措施，减少或避免相同原因的再次发生或减少由此造成的损失。

3. 预测施工项目成本

根据项目实施情况估算整个项目完成时的施工成本。预测的目的在于为决策提供支持。

4. 纠正偏差

当施工项目实际成本出现偏差，应当根据工程具体情况、偏差分析和预测结果，采取适当的措施，以期达到使施工成本偏差尽可能小的目的。纠正偏差是施工项目成本控制中最具实质性的一步。只有通过纠偏，才能最终达到有效控制施工成本的目的。

5. 跟踪和检查

是指对工程进展进行跟踪和检查，及时了解工程进展状况以及纠偏措施的执行情况和效果，为今后的工作积累经验。

1.9.3.3 施工项目成本控制方法

1. 建立成本控制责任体系和成本考核体系

(1) 建立施工项目成本控制责任体系

为使成本控制落到实处，项目经理部应将成本责任分解落实到各个岗位，落实到专人，对成本进行全员管理、动态管理，形成一个分工明确、责任到人的成本控制责任体系。施工项目管理人员成本控制责任如表 1-53 所示。

施工项目管理人员成本控制责任 **表 1-53**

责任人	内容
项目经理	全面负责项目成本预测、成本计划、成本控制、成本核算、成本分析、考核等工作
合同预算员	1. 根据合同内容、预算定额和有关规定，编制施工图预算和施工预算； 2. 收集工程变更资料，及时办理增加账，保证工程收入，及时归回垫付的资金； 3. 参加对外经济合同的谈判与决策，以施工图预算和增加账为依据，严格确定经济合同的数量、单价和金额，切实做到“以收定支”

续表

责任人	内容
工程技术人员	1. 根据施工现场的实际情况，合理规划施工现场平面布置，为文明施工，减少浪费创造条件； 2. 严格执行工程技术规定和预防为主的方针，确保工程质量，减少零星修补，消灭质量事故，不断降低质量成本； 3. 根据工程特点和设计要求，运用自身的技术优势，采取实用、有效的技术组织措施和合理化建议
材料人员	1. 材料采购和构件加工，要选择质量高、价格低、运距短的供应（加工）单位；对到场的材料、构件要正确计量、认真验收，如遇质量差、量不足的情况，要进行索赔。切实做到：一要降低采购（加工）成本，二要减少采购（加工）过程中的管理损耗； 2. 根据项目施工计划进度，及时组织材料、构件的供应，保证项目施工的顺利进行，防止因停工待料造成的损失；在构件加工的过程中，要按照施工的顺序组织配料供应，以免因规格不齐造成施工间隙，浪费时间、人力； 3. 在施工过程中，严格执行限额领料制度，控制材料消耗；同时，还要做好余料回收和利用，为考核材料实际消耗水平提供正确的依据； 4. 钢管脚手架和钢模板等周转材料，进出现场都要认真清点，正确核实并减少赔偿数量；使用后，要及时回收、整理、堆放，并及时退场，既节省租费，又有利于场地整洁，还可加速调整，提高利用效率； 5. 根据施工生产的需要，合理安排材料储备，减少资金占用，提高资金利用效率
安全人员	1. 负责安全教育、安全检查工作，落实安全措施，预防事故发生； 2. 严格执行安全操作规定，减少一般安全事故，消灭重大人身伤亡事故和设备事故，确保安全生产
机械管理人员	1. 根据工程特点和施工方案，编制机械台班使用计划，合理选择机械的型号规格，充分发挥机械的效能，节约机械费用、质量安全费用； 2. 根据施工需求，合理安排机械施工，提高机械使用率，减少机械费成本； 3. 严格执行机械维修保养制度，加强平时的机械维修保养，保证机械完好
行政管理人员	1. 根据施工生产的需要和项目经理的意图，合理安排项目管理人员和后勤服务人员，节约工资性支出； 2. 具体执行费用开支标准和有关财务制度，控制生产性开支； 3. 管好行政办公用的财产工程材料，防止损失和流失
财务成本员	1. 按照成本开支范围、费用开支标准和有关财务制度，严格审核各项成本费用，控制成本支出； 2. 建立月度财务收支计划制度，根据施工生产的需要，平衡调度资金，通过控制资金使用达到控制成本的目的； 3. 建立辅助记录（台账），及时向项目经理和有关项目管理人员反馈信息，以便对资源消耗进行有效控制； 4. 开展成本分析，特别是分部分项工程成本分析、月度综合分析和针对特定的专题分析，要做到及时向项目经理和有关项目管理人员反映情况，找出问题和解决问题的建议，以便采取有针对性的措施来纠正项目成本的偏差； 5. 在项目经理的领导下，协助项目经理检查、考核各部门、各分包单位乃至班组责任成本的执行情况，落实责、权、利相结合的有关规定

（2）建立成本考核体系

建立从公司、项目经理到班组的成本考核体系，促进成本责任制的落实。施工项目成本考核内容如表 1-54 所示。

施工项目成本考核内容　　**表 1-54**

考核对象	考核内容
公司对项目经理考核	1. 项目成本目标和阶段成本目标的完成情况； 2. 成本控制责任制的落实情况； 3. 计划成本的编制和落实情况； 4. 对各部门和施工队、班组责任成本的检查落实情况； 5. 在成本控制中贯彻责、权、利相结合原则的执行情况

续表

考核对象	考核内容
项目经理对各部门的考核	1. 各部门、岗位责任成本的完成情况； 2. 各部门、岗位成本控制责任的执行情况
项目经理对施工队（或分包）的考核	1. 对合同规定的承包范围和承包内容的执行情况； 2. 合同以外的补充收费情况； 3. 对班组施工任务单的管理情况； 4. 对班组完成施工任务后的成本考核情况
对生产班组的考核	1. 平时由施工队（或分包）对生产班组进行考核； 2. 考核班组责任成本（以分部分项工程为责任成本）完成情况

2. 以施工图预算控制成本支出

在施工项目成本控制中，可按施工图预算实行“以收定支”，或者称为“量入为出”，是有效的方法之一，由此对人工费、材料费、周转设备使用费、施工机械使用费、构件加工费和分包工程费实行有效的控制。

3. 以施工预算控制人力资源和物质资源的消耗

项目开工以前，应根据设计图纸计算工程量，并按照企业定额或上级统一规定的施工预算定额编制整个工程项目的施工预算，作为指导和管理施工的依据。对生产班组的任务安排，必须签收施工任务单和限额领料单，并向生产班组进行技术交底。要求生产班组根据实际完成的工程量和实耗人工、实耗材料做好原始记录，作为施工任务单和限额领料单结算的依据。任务完成后，根据回收的施工任务单和限额领料进行结算，并按照结算内容支付报酬（包括奖金）。为了便于任务完成后将施工任务单和限额领料与施工预算进行对比，要求编制施工预算时对每一个分项工程工序名称进行编号，以便对号检索对比，分析节超。有些项目也可以结合工程特性，使用平方米包干的形式进行结算。

4. 建立项目成本审核签证制度，控制成本费用支出

在发生经济业务的时候，首先要由有关项目管理人员审核，经项目经理签批后，报企业层面审批、签字确认后生效，作为进财务成本和支付的依据。审核成本费用的支出，必须以有关规定和合同为依据，主要有国家规定的成本开支范围、国家和地方规定的费用开支标准和财务制度、施工合同、施工项目目标管理责任书。

5. 定期开展“三同步”检查，防止项目成本盈亏异常

“三同步”就是统计核算、业务核算、会计核算同步。统计核算即产值统计，业务核算即人力资源和物质资源的消耗统计，会计核算即成本会计核算。根据项目经济活动的规律，这三者之间有着必然的同步关系。这种规律性的同步关系具体表现为：完成多少产值、消耗多少资源、发生多少成本，三者应该同步。否则，项目成本就会出现盈亏异常的偏差。“三同步”的检查方法可从以下三个方面入手：时间上的同步、分部分项工程直接费的同步和其他费用的同步。

6. 应用成本分析法控制项目成本

成本分析表包括月度直接成本分析表（表 1-55）、月度间接成本分析表（表 1-56）和最终成本控制报告表（表 1-57）。

月度直接成本分析表

表 1-55

项目名称：

单位：元

年 月份

分项工程编号	分项工程工序名称	实物单位	实物工程量				预算成本		计划成本		实际成本		实际偏差		目标偏差	
			计划		实际											
			本月	累计	本月	累计	本月	累计	本月	累计	本月	累计	本月	累计	本月	累计
甲	乙	丙	1	2	3	4	5	6	7	8	9	10	11=5−9	12=6−10	13=7−9	14=8−10

月度间接成本分析表

表 1-56

项目名称：

单位：元

年 月份

间接成本编号	间接成本项目	产值		预算成本		计划成本		实际成本		实际偏差		目标偏差		占产值的百分数（%）	
		本月	累计	本月	累计	本月	累计	本月	累计	本月	累计	本月	累计	本月	累计
甲	乙	1	2	3	4	5	6	7	8	9=3−7	10=4−8	11=5−7	12=6−8	13=7÷1	14=8÷2

最终成本控制报告表

表 1-57

项目名称： 年 月份

单位：元

进度	已完主要实物进度				到竣工尚有主要实物进度							
造价	预算造价	元	已完累计产值		元	到竣工尚可报产值				预测最终工程造价		
成本项目	到本月为止的累计成本				预计到竣工还将发生的成本				最终成本预测			
	预算成本	实际成本	降低额	降低率	预算成本	实际成本	降低额	降低率	预算成本	实际成本	降低额	降低率
甲	1	2	3=1−2	4=3÷1	5	6	7=5−6	8=7÷5	9=1+5	10=2+6	11=9−10	12=11÷9
一、直接成本												
1. 人工费												
2. 材料费												
其中：结构件												
周转材料费												
3. 施工机械使用费												
4. 措施费												
二、间接成本												
1. 规费												
2. 企业管理费												
（1）管理人员工资												
（2）办公费												
（3）差旅交通费												
（4）固定资产使用费												
（5）工具用具使用费												
（6）劳动保险费												
（7）工会经费												
（8）职工教育经费												
（9）财产保险费												
（10）财务费												
（11）其他												
三、合计												

月度直接成本分析表主要反映分部分项工程实际完成的实物量与成本相对应的情况，以及与预算成本和计划成本相对比的实际偏差和目标偏差，为分析偏差产生的原因和针对偏差采取相应措施提供依据。

月度间接成本分析表主要反映间接成本的发生情况，以及与预算成本和计划成本相对比的实际偏差和目标偏差，为分析偏差产生的原因和针对偏差采取相应的措施提供依据。此外，还要通过间接成本占产值的比例来分析其支用水平。

最终成本控制报告表主要通过已完实物进度、已完产值和已完累计成本，联系尚需完成的实物进度、尚不上报的产品以及还将发生的成本，进行最终成本预测，以检验实现成本目标的可能性，并可为项目成本控制提出新的要求。这种预测，工期短的项目应该每月进行一次，工期长的项目可每季度进行一次。项目成本分析应在信息系统进行，以提高工作效率。

1.10　施工项目人力资源管理

1.10.1　施工项目组织的定义及项目团队组建

1.10.1.1　施工项目组织的定义及目的

施工项目组织的定义包括对所有参与施工项目工作的团队成员和其他人员的识别，即对施工项目人力资源管理的定义。

定义施工项目组织的目的是确保能从与项目有关各方处得到所需的委任，为更好地实现施工项目总目标，采用科学的方法，根据项目的性质和复杂性定义与项目相关的角色、职责和权限，对项目组织成员进行合理的甄选、配置、培训、激励等，使其融合到组织之中，并充分发挥其潜能，从而保证全面高效地完成工程合同，实现项目目标的过程。

1.10.1.2　施工项目人力资源责任和权限的分配原则和要求

1. 施工项目人力资源责任和权限的分配原则

（1）标准化原则

施工项目人力资源责任和权限的分配原则需用标准化的方法统一，人力资源管理的对象是人，因此，需要因地制宜，根据工程项目的特点，具体情况具体分析，在保证符合国家及地区法律规范的基础上进一步对施工项目人力资源进行合理的计划配置。

（2）专业化原则

施工项目管理人员应具有相应的专业知识和技能。合格的项目管理人员必须符合两个方面的基本条件：一是掌握相关的专业理论知识；二是具备丰富的实际施工经验和较强的施工管理能力。

（3）阶段性原则

施工项目在不同阶段对人力资源的需求、配置、技能的要求都是不同的。例如在计划阶段，主要是以项目经理及少数几个有经验的管理人员为主要团队成员，之后随着项目进展需要不断增加具有良好分析及处理问题能力的专业技术人员，实施阶段根据不同项目的规模，更是需要各类专业技术人员及工人的加入以完成项目实施。

（4）合理化原则

施工项目的管理目标制订后，人力资源部门将人员按照一定的原则和要求进行合理配置。从宏观上看，合理的人员配置就是根据人力资源的计划、组织、控制，从而改善人力资源状况，使之适应施工项目管理要求，保证施工项目组织富有活力和效率。从微观上看，合理配置就是通过对施工项目人和事的管理从而达到一定的目的：确保项目人员的合理配置，恰当地解决人与人，即员工和员工之间的关系，使员工之间和睦相处，充分调动员工的积极性、创造性，使员工努力工作，从而达到降低成本、提高施工项目团队工作效能的目的。

2. 施工项目人力资源责任和权限分配的要求

(1) 项目人力资源责任和权限分配必须符合国家相关法律法规的要求。

1) 项目经理必须具有相应的注册建造师执业资格且专业相符，并且持有建筑施工作业三类人员安全B证，其证书注册单位与施工总承包（专业承包）单位一致。

2) 项目专职安全生产管理人员需持有建筑施工作业三类人员安全C证。

3) 其他项目人力资源持证要求需符合各地方法律法规的规定。

4) 施工项目关键人力资源配置要求：

施工总承包单位或专业承包单位必须在施工现场设立项目管理机构并派驻项目负责人、技术负责人、质量管理负责人、安全管理负责人等主要管理人员，履行管理义务，对该工程的施工活动进行组织管理。

5) 项目专职安全生产管理人员数量配备应当符合《建筑施工企业安全生产管理机构设置及专职安全生产管理人员配备方法》(建质〔2008〕91号) 规定。

6) 其他项目人力资源配置要求需符合各地方法律法规的要求。

(2) 施工项目人力资源责任和权限更应注重项目实际需求，有效配置项目部人力资源，首先要考虑工程规模、进度、质量要求、然后再确定项目部配置的人员数量和素质要求，因此做好施工项目人力资源配置计划是关键。

1) 明确项目管理中的项目角色和职责，确立科学的岗位数量，编制并实施岗位标准，将每项工作分配到具体的个人（或小组），明确不同的个人（或小组）在这项工作中的职责，确定负责人。

2) 制定人员配备计划。主要解决项目什么时候需要什么样的人力资源，通常采用资源平衡的方法，形成人员需求的平衡，降低项目成本和降低人员闲置时间，以防止成本浪费。

3) 做好人力资源预测。人力资源预测是对未来环境的分析，是在评估的基础上对未来的假设。一个工程项目的建立必须对整个项目涉及的人力、物力、财力等进行综合预测，从而明确各级人员职责和权力，配备具有一定专业技能和管理水平的项目管理人员。

(3) 根据施工项目各岗位对人力资源进行有效配置和调整。

根据管理及技术人员的特点、工程项目的需要，把人力资源分配到合适的岗位上，使他们人尽其才、物尽其用，很快进入角色，发挥其最大潜能和积极性。经过一段时间的磨合和考察后，及时进行一些调整，把不符合工作岗位要求的员工及时调整到合适的工作岗位中，从而在动态岗位中实现更加有效的配置，以提高工作效率。

(4) 务必做好项目人力资源的甄选工作。

在确定了工程项目组需要的人员数量和标准后，就需要通过各种渠道和手段获得这些人员，这是实现工程项目人力资源优化配置的重要工作，主要甄选方法有内部招聘和外部招聘。一般招募人员需要根据人员配备管理计划以及企业当前的人员情况和招聘惯例，通过内部招聘、调配等方式进行。工程项目中有些人员是在项目计划前就明确下来的，但有些人员需要和企业谈判才能够获得，谈判的对象可能包括职能部门经理和其他项目成员。有些人员可能企业中没有或无法提供，这种情况下就需要向企业人力资源管理部门提出申请或审批，通过外部招聘获得。

1.10.1.3　施工项目人力资源的责任和权限分配的内容

1. 施工项目部主要部门划分和职责

（1）技术部门

1）负责编制项目施工组织设计、特殊过程和关键工序的施工方案、技术措施，对工程中各工序进行书面技术交底。

2）组织重大技术方案的专家论证工作，保持与专家委员会的日常沟通工作。

3）负责工程中测量标识，对合同中明确规定有可追溯性要求的范围负责重点标识。

4）负责编制材料计划，帮助做好材料、设备的选型、订货工作，配合材料部门做好材料进场验证工作。

5）负责项目经理部范围内技术性文件和资料的统一管理，对竣工图及竣工资料及时移交、归档负全面责任。负责竣工资料的编目、组卷移交工作。

6）负责组织新技术、新材料、新设备、新工艺的推广应用和实施。开展 QC 小组活动，做好技术总结和统计技术的推广应用。

7）负责与设计院的沟通联系工作。

（2）安全部门

1）负责落实安全生产方针、政策和各项规章制度，明确各业务人员的安全生产责任和考核指标；组织实施安全技术措施，进行安全技术交底。

2）负责施工现场定期的安全生产检查，对存在的不安全问题组织制定整改措施。负责对上级或地方检查部门提出的安全生产问题的整改落实。

3）认真做好内部专业队和劳务队人员上岗教育，以提高安全技术素质，增强自身防护能力。

4）对所有进场人员进行安全意识教育，建立健全安全管理制度。

5）保证各种安全技术资料和基础台账齐全，并按时上报。

6）督促各级各类人员履行安全生产职责，对特种作业人员持证上岗情况进行检查，定期对防护、外架、临时用电、机械进行安全检查，对发现的问题下发整改通知单并限期整改。

（3）质量部门

1）组织隐蔽、预检和分项工程验收，对工程的每一个分项分部工程进行质量检查和评定。

2）开展“三检”工作及全面质量管理（TQC），执行和落实各项质量管理制度和措施。

3）负责项目质量检查与监督工作，监督和指导分包质量体系的有效运行，定期组织分承包商管理人员进行规范和评定标准的学习。

4）具体负责项目质量检查验证与监督工作，协调好与业主、监理单位、分包单位的关系，为工程顺利报验创造条件。

5）负责对进场材料设备的检查、检验工作，做好特殊过程、关键过程以及分部分项工程的状态标识。

6）负责不合格品的控制及质量事故的处理工作。

（4）合约部门

1）负责工程分包合同、劳务合同及租赁合同的起草、洽谈、签订、报批工作，负责项目经理部合同管理，监控各分包单位和材料供应商合同履约情况，定期向项目经理汇报合同履约情况，全面兑现对业主的承诺。

2）认真熟悉图纸，编制工程概预算、年度、季度成本计划及分项工程工料分析。

3）根据每月完成工程量、材料耗用量及各项费用开支，及时编制本月工程成本情况汇总表，并提出节约成本建议，掌握本公司过程用工情况，定期向项目经理及有关人员提供成本分析资料。

4）根据工程进度，办理验工计价，负责向业主提交工程进度款请款计划、资金流量计划和月度请款单，审核各分包单位和材料供应商月进度款申请计划，按合同向分包单位和材料供应商付款。

5）根据变更洽商确定变更计价，上报给监理工程师。审核指定分包单位和指定供应部分变更计量和计价，办理工程结算。

6）负责准备竣工清算报告以及其他商务方面的工作。建立工作台账，准确记录各种原始数据并整理装订，妥善保管。

（5）工程部门

1）负责施工进度工作；

2）负责编制施工总承包范围内的施工生产计划，并检查生产计划执行情况；

3）负责施工生产的协调、调度、现场文明的实施，处理好施工生产的进度与质量问题；

4）落实好工程过程产品保护和保修服务；

5）做好劳动力管理，及时调配人力资源，满足施工生产需要；

6）负责分承包管理和员工培训工作；

7）负责管理评审、质量记录、文件和资料的控制、内部质量审核、统计技术的推广应用等要素文件的贯彻实施。

（6）财务部门

1）负责项目的利润计划、资金计划和费用预算计划的编制；

2）负责项目工程款划拨、财务结算；

3）负责审核项目内各种费用的报销；

4）负责项目会计报表的汇编和上报；

5）负责项目成本核算和分析；

6）监督和指导工程材料的会计核算。

（7）工程材料部门

1）协助公司工程材料部进行材料、设备及构配件的采购；

2）协助公司工程材料部对进场材料、设备及构配件的检查、验收及保护；

3）监督各分包商进场材料的验证、复试，并记录存档；

4）负责对项目主要材料进场时间、进场计划的安排；

5）制定项目物资管理办法，负责统计进场工程材料库存情况，做好各类工程材料的标识；

6）负责进场工程材料的报验及在使用过程中的监督工作。

（8）综合办公室

1）协助项目经理助理做好后勤保障工作及社会关系协调工作；

2）负责项目经理部办公用品的管理、后勤生活的保障工作；

3）负责现场保卫工作的管理；

4）负责督促文明安全施工、CI形象、环境保护等工作的实施；

5）参与协调施工现场的周边关系；

6）负责项目人员的调动及劳资管理，负责对外事务工作；

7）负责项目来往书信、文件、图纸、电子邮件、影像资料的收发、签转、打印、登记、归档工作；

8）负责项目计算机及信息化管理工作，建立文件分级传阅保密制度；

9）负责防扰民、民扰接待及周边交通协调。

2. 施工项目部主要管理人员岗位职责

（1）项目经理（项目负责人）

1）代表公司全面负责工程项目现场的施工组织、管理和协调。保证工程按合同、公司质量方针和工程项目的质量目标实施；

2）领导整个工程项目的总体工作安排和部署，督促项目管理人员按岗位分工就位并履行各自职责；

3）负责编制施工组织设计、施工总进度计划，负责编制质量保证措施、阶段施工计划，并按计划组织实施；

4）认真贯彻执行国家各项政策法令和法规，经常开展安全生产、质量第一、遵章守纪和文明施工教育；

5）参与做好对工程分包商的考察、评估、选择和分包合同的洽谈；对工程分包商的合同履约、施工进度、工程质量、安全文明等方面进行控制；

6）督促材料员根据工程所需材料的质量、数量、价格，按工程进度计划及时采购进场，确保工程顺利进行；

7）主持召开生产会、协调会，对施工配合中已经发生或可能出现的问题提出处理意见，必要时报公司做出处理，并督促执行；

8）负责并监督有关人员做好文件和资料的收发登记、质量管理资料的建立、留存、编目、移交等工作；

9）布置、检查并督促项目所有管理人员做好各项管理工作；

10）做好内外沟通工作，及时向公司分管领导和业主汇报项目管理和工程施工情况。

（2）项目技术负责人

1）贯彻执行国家有关技术政策及上级技术管理制度，对项目技术工作全面负责。

2）组织施工技术人员学习并贯彻执行各项技术政策、技术规程、规范、标准和技术管理制度。贯彻执行质量管理体系标准。组织技术人员熟悉合同文件和施工图纸，参加施工调查、图纸会审和设计交底。

3）负责制定施工方案、编制施工组织设计，并向有关技术人员进行交底。

4）组织项目各项规划、计划的制定，协助项目经理对工程项目的成本、安全、工期及现场文明施工等日常管理工作。

5）组织项目部的质量检查工作，督促检查生产班组开展自检、互检和交接检，开展创优质工程活动。

6）负责整理变更设计报告、索赔意向报告及索赔资料。

7）参加建设单位组织的各种施工生产、协调会，编制年、季、月施工进度计划。

8）协助项目各阶段的工程计价、计量资料的收集、整理和申报签认手续。

9）负责主持竣工技术文件资料的编制，参加竣工验收。

（3）专业工程师

在工程项目施工现场，从事施工组织策划、施工技术与管理，以及施工进度、成本、质量和安全控制等工作的专业人员。

1）在项目经理的直接领导下开展工作，贯彻“安全第一、预防为主、综合治理”的方针，按规定做好安全防范措施，把安全工作落到实处，做到“讲效益必须讲安全，抓生产首先必须抓安全”；

2）认真熟悉施工图纸、编制各项施工组织设计方案和施工安全、质量、技术方案，编制各单项工程进度计划及人力、物力计划和机具、用具、设备计划；

3）编制、组织职工按期开会学习，合理安排，科学引导，顺利完成本工程的各项施工任务；

4）协同项目经理、认真履行建设工程施工合同条款，保证施工顺利进行，维护企业的信誉和经济利益；

5）编制安全文明工地实施方案，根据工程施工现场合理规划布局现场平面图，安排、实施、创建安全文明工地；

6）编制施工日志、工程总进度计划表和月进度计划表以及各施工班组的月进度计划表；

7）做好分项总承包成本核算（按单项和分部分项）的单独及时核算，并将核算结果及时通知承包部的管理人员，以便及时改进施工计划及方案，争创更高效益；

8）向各班组下达施工任务书及材料限额领料单，配合项目经理工作；

9）督促施工材料、设备按时进场并处于合格状态，确保工程顺利进行；

10）参加工程竣工交验，负责工程完好保护；

11）合理调配生产要素，严密组织施工，确保工程进度和质量；

12）组织隐蔽工程验收，参加分部分项工程的质量评定；

13）参加图纸会审和工程进度计划的编制。

（4）质量工程师

在工程项目施工现场，从事施工质量策划、过程控制、检查、监督、验收等工作的专业人员。

1）根据国家有关工程质量的法规、规范、规程及公司质量管理目标和要求开展本项目的质量管理工作；

2）熟悉本工程项目图纸，参与图纸会审，并根据图纸设计要求，指导作业班组按照质量要求施工；

3）负责核查进场材料、设备的质量保证资料，监督进场材料的抽样复验；

4）在施工中对各项工序施工作业进行抽查，对不合格品采取纠正和预防措施，防止不合格品被转序或交付；

5）做好地基与基础工程、主体结构工程、装饰装修工程中间验收及单位工程的预验和复验，并做好资料记录；

6）对于关键过程、特殊过程应重点监控，保证这些工序按规范操作；

7）负责检验批和分项工程的质量验收、评定，参与分部工程和单位工程的质量验收、评定；

8）做好对专业分包、劳务分包项目工程的质量监控，避免以包代管，使分包项目也始终处于受控状态，保证工程质量目标的实现；

9）负责监督质量缺陷的处理，参与质量事故的调查、分析和处理；

10）负责质量检查的记录，编制质量资料，负责核查进场材料、设备的质量保证资料，监督进场材料的抽样复验。负责汇总、整理、移交质量资料。

（5）安全工程师

在工程项目施工现场，从事施工安全策划、检查、监督等工作的专业人员。

1）认真贯彻落实上级部门和有关安全生产的指示，熟悉并掌握安全生产规程、规定，协助项目部做好工程安全生产工作，并有针对性地制定安全生产实施细则；

2）因地制宜地做好施工现场的安全生产宣传教育工作；

3）指导、督促班组健全安全生产措施，指导、督促施工人员正确使用劳动防护用品，纠正违章指挥、违章作业；

4）检查施工现场安全防护措施落实情况，发现隐患险情有权采取果断措施，直至停工；

5）在项目经理领导下，定期组织安全生产检查，落实整改措施，并做好备查记录；

6）根据公司大型、中型、小型设备三级验收制度，及时做好小型设备进场启用验收，针对机械设备运转率做好维修保养计划，做到无机械设备带病运转、带病操作；

7）项目内发生重大伤亡事故，首先采取应急措施，保护现场，立即报告领导和上级部门，参加事故调查和处理工作，督促改进措施落实，做到举一反三，杜绝事故重复发生；

8）根据安全、劳动等部门的要求，做好特种作业人员持证上岗培训工作；

9）协助做好工程安全验收工作，收集、整理好有关文件资料；

10）负责作业人员的安全教育培训和特种作业人员的资格审查。

（6）材料工程师

在工程项目施工现场，从事施工材料的计划、采购、检查、统计、核算等工作的专业人员。

1）按照材料计划，编制采购计划和供料计划，按规定办理审批手续；

2）参与对供应商的评定和选择，执行有关条例，确定采购协议条例，监督双方履行协议；

3）建立验证记录和台账，注明品名、规格、数量、厂名，收集、检验产品质量保证书或产品合格证；

4）按规定连同取样员进行取样复试，检验后的产品物料应重新标识和记录，对不合格品要进行隔离、及时报告，并落实处理措施；

5）认真实施产品的贮存和维护工作，对有周期性的材料，遵照先进场先使用的原则，严格制止使用不合格物料；

6）收集整理各种文件资料，检验凭证、记录台账等，便于检查、归档。

（7）机械工程师

在工程项目施工现场，从事施工机械的计划、安全使用监督检查、成本统计及核算等工作的专业人员。

1）贯彻执行上级颁发的有关规章制度、规程规范、定额指标等，完成上级下达的机械管理各项考核指标；

2）负责编制施工现场动力设备的使用计划，负责组织施工现场动力设备的进出场工作；

3）负责项目部机械设备管理、机工和机械工的业务指导及安全生产管理；

4）负责进场施工动力设备的检验、标识以及设备使用过程中的维修、保养，保证设备良好运转，对机械设备进行定期检查和巡视；

5）掌握机械设备的使用情况，做到合理使用、安全生产，负责在用机械设备维修保养的管理，保持机械设备的良好状态，降低维修费用，延长机械设备的使用周期，参与机械事故的分析处理；

6）负责本项目部机械设备的租赁管理，租赁手续要齐全；对机械设备的使用、保管维修费用的控制负直接责任；

7）负责检查监督项目部使用机械设备的履历书填写工作，及时、准确、实事求是地做好原始记录；

8）负责项目部机械设备的检查评比工作，评比结果报机械分公司备案，参加机械分公司每季度的机械设备联合检查，并做好项目内机械设备的日常检查和巡查工作，杜绝违章作业；

9）建立健全机械设备管理台账，做好质量记录和标识，负责进场机械设备原始资料的积累和分析整理工作，及时准确地汇总上报各种统计报表。

（8）劳务管理员

在工程项目施工现场，从事劳务管理计划、劳务人员资格审查与培训、劳动合同与工资管理、劳务纠纷处理等工作的专业人员。

1）参与制定劳务管理计划；

2）参与组建项目劳务管理机构和制定劳务管理制度；

3）负责验证劳务分包队伍资质，办理登记备案；参与劳务分包合同签订，对劳务队伍现场施工管理情况进行考核评价；

4）负责审核劳务人员身份、资格，办理登记备案；

5）参与组织劳务人员培训；

6）参与或监督劳务人员劳动合同的签订、变更、解除、终止及参加社会保险等工作；

7）负责或监督劳务人员进出场及用工管理；

8）负责劳务结算资料的收集整理，参与劳务费的结算；

9）参与或监督劳务人员工资支付，负责劳务人员工资公示及台账的建立；

10）参与编制、实施劳务纠纷应急预案；

11）参与调解、处理劳务纠纷和工伤事故的善后工作。

（9）项目资料工程师

在工程项目施工现场，负责工程项目资料的编制、收集、整理、档案管理等内业管理工作的技术人员。

1）熟悉建筑工程资料的标准规定，切实做好现场进货物料的检查及送验，并确保其结果的真实性；

2）配合材料员对进场物料的质量保证书、产品合格证、试验报告等的收集工作，并按规定整理汇总质量资料；

3）对进场主要物料如：钢材、水泥、砖、石类、防水材料和其他必须复验工程材料，必须按规定的方案取样送验，并收集保存好全部送检复试报告；

4）进场材料的抽样测试必须在施工前完成，并对材料做好试验状态标识；

5）积极配合质量员、施工员做好隐蔽工程验收签证手续和图纸会审及其他各项记录；

6）收集整理工程技术资料、各阶段的质量材质检验等，负责各类资料收集、汇总、分项、分类成册。

（10）成本工程师

在工程项目施工现场，从事工程经济管理、控制项目成本，是项目成本、造价和合同工作的工程管理人员。

1）认真学习、贯彻执行国家和建设行政管理部门制订的建筑经济法规、规定、定额、标准和费率；

2）熟悉施工图纸（包括其说明及有关标准图集），参加图纸会审，参与投标项目的预算编制；

3）熟悉单位工程的有关基础材料（包括施工组织设计和甲、乙双方有关工程的文件及施工现场情况），了解采用的施工工艺和方法；

4）熟悉并掌握各项定额、取费标准的组成和计算方法，包括国家和本地区、本行业的规定；

5）根据施工图预算的费用组成、取费标准、计算方法及编制程序，编制施工预算；

6）经常深入现场，对设计变更、现场工程施工方法更改材料价差，以及施工图预算中的错算、漏算、重算等问题，能及时做好调整方案；

7）根据施工预算开展经济活动分析，进行两算对比，协助工程项目部做好经济核算；

8）在竣工后协助有关部门编制竣工结算与竣工清算；

9）熟悉合同文件，负责对甲合同和对乙合同的变更、索赔、阶段结算、最终结算等方面的工作。

（11）项目会计师

在工程项目施工现场，负责项目成本管理、会计核算、财务分析、税务管理和日常财务管理工作的专业人员。

1）设置和登记总账和各类明细账，并编制各类报表；

2）根据公司财务管理制度和会计制度，登记总账和明细账，账户应按币种分别设置；

3）会同其他部门定期进行财产清查，及时清理往来账；

4）编制和保管会计凭证及报表；

5）负责控制财务收支不突破资金计划、费用支出不突破规定的范围；

6）会同有关部门拟定固定资产管理、材料管理、资金管理与核算实施办法。对于固定资产、商品、材料、低值易耗品等收发、转移、领退和保管，都要会同有关部门制定手续制度，明确责任；

7）负责成本核算和利润核算；

8）负责项目税务管理。

1.10.2 施工项目团队的提升及优化

1.10.2.1 施工项目团队提升及优化的目的

提升项目团队的目的是持续地提高团队成员的绩效和相互作用，该过程可以提高团队的积极性和绩效，主要通过对项目施工团队进行适合的培训来达成。根据不同的项目类别、项目规模、人员数量及人员分类，项目培训应确立明确的总体目标，搭建合理的培训体系，根据阶段性目标实施项目培训。目标是培养一支懂技术、控风险、降低成本的项目管理队伍和打造一支综合素质较高、熟悉施工现场常识的操作人员队伍。

1.10.2.2 施工项目团队提升及优化的主要内容

施工项目团队提升及优化的主要内容为切实有效的做好项目团队的培训工作，主要内容如下：

1. 做好项目培训需求分析

通过采取不同的方法和技术，对项目不同岗位的员工，以针对性、实效性、可行性为宗旨，完成项目人员培训需求信息收集，形成项目部培训需求分析。信息收集可采用问卷调查、面谈、调研、观察等方法。

2. 做好培训规划制定

配合企业内的人才培养战略和培训规划，围绕项目培训需求分析，设定合理的项目员工培训目标，并确定培训对象、培训内容及培训方式。培训对象分为项目管理人员和施工现场操作人员；培训内容包括岗位能力、业务能力、技术操作三个方面；培训方式可以采取课堂授课、师徒带教、现场实操、轮岗等方式。

3. 做好培训项目的实施

项目培训的实施应根据培训对象的不同，选择合适的培训方式、培训课程、师资及教材。培训实施中应做好过程记录及培训效果检验。培训效果检验可以现场考核和书面考核两种形式进行。

4. 做好培训效果评估

培训结束后应做好培训效果评估，制定相应的奖惩措施和激励考核，与培训效果评估相挂钩。对优秀的培训方式和培训成果进行总结和推广，增强员工对培训成果的迁移能力。

1.10.3　管理施工项目团队的目的和主要方法

1.10.3.1　管理施工项目团队的目的

管理施工项目团队的目的是优化团队绩效，提供反馈，解决问题，鼓励沟通和协调变更，以取得项目的成功。

1.10.3.2　管理施工项目团队的主要方法

做好施工项目团队管理的主要方法是采用一套完善的项目薪酬管理制度。施工项目薪酬管理是指一个组织根据全体员工提供的服务来确定他们应当得到的报酬总额以及报酬结构和报酬形式的过程。施工项目人力资源薪酬管理，其目的是加强工程项目劳动工资管理的规范性，努力建立客观、公正、合理的分配制度，充分调动施工项目员工的工作积极性和创造性。施工项目在进行人力资源薪酬管理时，在遵守国家相关法律法规的前提下，应结合施工项目实际情况按以下原则执行：

（1）按劳分配，兼顾效率与公平；

（2）员工工资福利待遇与企业经济效益和工作业绩相挂钩；

（3）员工工资标准与人力资源市场价位相适应；

（4）以岗（职）定薪、异岗（职）异薪；

（5）工资分配制度与用人制度相配套；

（6）短期激励与长期激励相结合。

1. 施工项目人力资源薪酬管理的基本内容

施工项目人力资源薪酬管理包括薪酬体系设计与薪酬日常管理两个方面。薪酬体系设计是薪酬管理的基础工作，只有明确的薪酬目标、合理的薪酬水平、合适的薪酬结构、严格的薪酬制度，才能有符合组织发展的薪酬管理。薪酬日常管理工作包括薪酬支付、薪酬预算、薪酬调整等工作。

2. 薪酬体系设计

施工项目人力资源薪酬体系设计应根据项目实际情况确定，达到加强和补充组织人力资源规划的目的。

（1）建立基于企业战略和文化的薪酬策略

施工项目的薪酬管理需要良好的薪酬策略作为指导，施工项目薪酬策略的制定必须以企业发展战略和企业文化为依托。

（2）确定以岗位、业绩、能力和市场为基准的薪酬分配理念

对于施工项目薪酬分配来说，要参考多方面的因素进行综合评定，否则很容易导致员工满意度下降，这些因素主要包括岗位价值、员工工作业绩、员工个人能力和市场薪酬行情。

（3）确定合理的薪酬结构

薪酬结构就是指薪酬的构成元素，这和员工的利益分配有着直接的关联，而且关乎薪酬管理的公平性和激励性。以施工项目流程为基础，确定科学的组织机构和岗位设置，并根据项目规模及进度，结合项目实际情况及企业薪酬标准确定各岗位人员的薪酬构成。一般分为岗位基本薪酬和岗位绩效薪酬。

（4）进行工作分析，做好岗位价值评估

在薪酬管理中，薪酬设计是极其重要的内容，而工作分析和岗位价值评估作为薪酬设计的组成部分，主要目的在于保证薪酬设计的内部公平。薪酬设计最核心的部分是用“岗位价值”作为岗位排序的依据，并使用科学量化的岗位价值评估方法，例如薪酬要素计点法：首先，设立岗位评价小组，成员可以包括项目经理、人力资源部经理、公司其他中层、被评价岗位的岗位代表等，一些重要的岗位例如项目经理、技术负责人等可以再邀请公司高层以及外部专家加入。对岗位进行比较，找出关键比较要素作为付酬要素，确定各付酬要素的权重和等级，然后在工作分析和岗位说明书的基础上，对各岗位薪酬要素权重赋值，由岗位评价小组成员独立打分，得到每个岗位的点数，最后将所有岗位按点数多少划分不同等级，形成岗位等级。按照岗位等级，制定岗位基本薪酬标准和绩效薪酬分配办法。

(5) 建立绩效管理机制

绩效管理是项目人力资源管理中一个重要的组成部分，一般施工项目可以通过企业建立的科学绩效管理体系，使用有效的绩效考评工具。例如，360°考核、关键绩效指标法等，将员工的工作表现和工作业绩很好地与薪酬关联起来，发挥薪酬管理和绩效管理的联动作用。岗位绩效薪酬一般以项目绩效总额的形式下发给项目部，由项目经理主持分配。项目绩效总额的确定各单位的方法不一，这里就不介绍了。

3. 薪酬日常管理

薪酬日常管理工作是薪酬管理的重点工作。

(1) 薪酬预算管理

薪酬预算是指组织在薪酬管理过程中进行的一系列成本开支方面的权衡和取舍。任何管理系统包括薪酬预算，都应该追求操作的规范化，以利于企业实现提高效率、促进公正以及手段合法等方面的薪酬管理目标。组织在制定薪酬预算时，应充分考虑影响企业的内部环境因素和外部环境因素。这一过程一般在属于施工项目所在的企业人力资源部进行。

薪酬预算工作应该达到以下目标：

① 使人工成本的增长与企业效益增长相匹配。通过人工成本的适当增长，可以激发员工的积极性，促使员工为企业创造更多的价值。在企业人工成本变动过程中，一般会出现企业投入的边际人工成本等于企业获得的边际收益状态，薪酬预算就是要找到这个均衡点，在使劳动者薪酬得到增长的同时，使企业获得收益最大化。

② 将员工流动率控制在合理范围。薪酬待遇是影响员工流动的主要因素之一，健康的企业员工流动率应该保持在一个合理的范围。员工流动率过高，员工缺乏忠诚度，员工没有安全感；员工流动率过低，员工工作缺少压力，工作缺乏积极性，企业缺乏创新精神，因此过低的流动率对企业也是有害的。薪酬预算要考虑使员工流动率保持在合理范围。

③ 引导员工的行为符合组织的期望。通过薪酬政策，鼓励组织期望的行为以及结果；通过薪酬结构以及薪酬构成的调整，体现公司对某系列岗位序列人员的重视，从而体现组织发展战略变化；通过对组织期望行为的激励，鼓励大家向着组织期望的目标努力。如果企业在变动薪酬或绩效薪酬方面增加预算，而在基本薪酬方面控制预算的增长幅度，根据员工的绩效表现提供激励，那么员工就会重视自身职责的履行以及高绩效水平的达成，这样就达到组织期望的目标。

（2）薪酬支付管理

履行计划管理程序，确定企业员工薪酬制度。企业根据自身发展水平确定薪酬发放模式，确保员工薪酬总体水平应处于社会和同行业的中上水平，重要岗位员工收入在市场上具有较高的竞争力。主要薪酬模式有：①年薪制：以年度为单位，依据企业的生产经营规模和经营业绩，确定并支付经营者薪酬的分配方式。②岗位能级工资制是以岗位评价为基础，根据岗位价值、个人技能及工作业绩计付薪酬的分配方式。③计件工资制是按照员工生产的合格产品的数量或完成一定的作业量，根据预先规定的计件单价计算劳动报酬的分配方式。④包干工资制是指对某一范围的工作，规定完成的指标及约定支付的工资，按工作任务包干支付工资的分配方式。⑤协议工资制是根据人力资源市场劳动力供求状况，企业和劳动者双方在平等自愿的基础上协商约定劳动合同期限内工资标准的分配方式。对于一些大中型企业来说，年度工资总额计划是企业人力资源部门根据企业年度施工产值计划确定后，通过各级下属单位传达至各施工项目，各施工项目扮演实施者的角色。而对于一些小微型企业来说，施工项目部项目经理则成为这一程序唯一的总策划。

日常管理和考核验收。日常管理由施工项目考勤人员记录职工出勤记录，施工项目相关负责人对工作结果进行验收，根据相应的考核验收标准，反馈至企业人力资源部或项目经理，由企业人力资源部或项目经理确定施工项目相关人员的计时工资、津贴、补贴和计件工资支付总额。

（3）绩效薪酬管理与薪酬的调整

组织薪酬体系在运行一段时期以后，随着企业经营业务的变化以及施工项目在不同时期业务的变化而产生的用人政策的变化，往往使得现行的薪酬体系难以适应组织发展的需要，这时组织就必须对其现有的薪酬体系进行全方位的检测，以确定相应的调整措施。

依据企业经济效益增长情况，综合考虑物价水平、城镇职工年度平均工资增长水平、人力资源市场价位等情况，确定统一的薪酬调整标准，调薪与员工职级或岗位变动及岗位资格等变化情况挂钩，由企业人力资源部门审核调整。员工职级或岗位变动时，依据其新任工作岗位或职级，重新确定岗位工资和能级津贴标准。员工岗位资格（职称、执业资格等）变化时，依据其变化后的资格，调整能级津贴标准。

每半年要进行一次绩效考核，对可分配的绩效按考核结果和绩效分配办法进行阶段性激励。项目完工结算并收回所有款项后，进行项目成本节约奖的绩效考核和奖励。

1.10.4　劳务工人管理

1.10.4.1　实名制管理

（1）各分包单位建筑工人进场前，项目部须要求其报送建筑工人实名制信息，提交《施工企业劳务用工实名制备案表》并附建筑工人身份证正反面复印件、印有建筑工人本人姓名的银行卡复印件及劳动合同。未提供上述实名制备案信息或未经项目劳务员审核通过的建筑工人一律不得进入施工现场进行施工作业。

各分包单位已进场人员发生变动的，须在一天内报备项目劳务员。

（2）项目劳务员须严格审核各分包单位提供的实名制备案信息，严格审核建筑工人年龄。其中，对与公司签订劳务分包合同的劳务分包单位（以下简称劳务分包单位）所招用的建筑工人，须建筑工人本人持身份证原件到项目劳务员处进行现场审核确认，经审核通过的建筑工人在项目劳务员见证下当场与分包单位签订劳动合同。

项目所在地实行建筑工人网上实名制信息登录的，审核通过的建筑工人实名制信息由项目劳务员录入相应网上实名制信息系统。

禁止18周岁以下、60周岁以上男性、50周岁以上女性进入施工现场从事建筑施工作业。禁止55周岁以上男性、45周岁以上女性工人进入施工现场从事井下、高空、高温、特别繁重体力劳动或其他影响身体健康以及危险性、风险性高的特殊工作。进场施工的一线男性建筑工人年龄控制在55周岁以下，因特殊原因确需使用55～60周岁人员的，由分包企业提交书面申请，经项目经理批准后方可进场施工，但不得进入限制区域或从事上述特殊工作。

(3) 项目部须配备实现实名制管理所必需的硬件设施设备，施工现场实施封闭式管理，设立并有效使用进出场门禁管理系统（如人脸识别门禁系统），记录建筑工人进出场情况。

(4) 项目劳务员每日须对现场建筑工人进行抽查，每周组织各参建分包单位项目负责人进行带班检查，相关抽查、检查须形成记录。

1.10.4.2 技能培训

分包单位所使用的建筑工人应经过相应的技能培训，持有相应技能证书；特种作业人员须持特种作业操作证方可进行相应特种作业操作。项目部须对其特种作业操作证进行网上查验，确保证件真实有效。

1.10.4.3 卫生健康安全管理

1. 卫生健康设施

建筑工人宿舍内安装空调，二楼以上宿舍区提供水源和设置小便池、水斗，各楼层按需求设置垃圾箱并密封加盖。宿舍区域内保持环境整洁、清净、道路畅通。

按施工现场的人员数量设置浴室，安装淋浴喷头并提供冷热水。淋浴室的入口处设置遮挡墙或板并有防寒措施。地面铺设防滑地砖，地面清洁不滑腻，墙面无蜘蛛网，排水畅通无淤结现象，做好定期消毒工作。专业人员定期检查冲淋、更衣、门窗及电器、热水器等设施，发现损坏及时修理，确保设施完好和人身安全。

项目部按需求设置男女厕所，水冲式厕所地面应硬化，门窗应齐全，蹲位间设置隔板，化粪池应做抗渗处理并加盖，定期喷药，并由环卫部门定期清运。

2. 卫生健康措施

按规定发放个人劳动保护用品，并监督检查使用情况。

邀请卫生防疫部门定期对工地及生活区进行防疫检查和处理，按时接种有关疫苗及消灭鼠害、蚊蝇和其他虫害，以防对职工造成任何危害。

做好对建筑工人卫生防病的宣传教育工作，针对季节性流行病、传染病等，多形式地向建筑工人介绍防治知识和方法。

分包单位需组织其所使用的建筑工人进行健康体检，取得相应的体检证明，以确保所使用的建筑工人健康状态良好，体检情况反馈至个人，并按照健康情况合理安排其工作内容。

3. 安全教育培训内容和时间要求

(1) 三级安全教育

1）新进劳务工人必须进行安全教育，并经考试合格后方可上岗；

2）安全教育培训不少于24学时。

（2）特种作业人员安全培训

1）参加专业性安全技术教育和培训，经考核合格取得市级以上的劳动部门颁发的“特种作业操作证”后，方可独立上岗作业；

2）特种作业人员每年接受安全和专业知识方面的安全教育培训不少于20学时。

（3）其他安全教育

1）新工艺、新技术、新设备、新品种投产使用前，对岗位和有关人员进行安全教育，经考试合格后，方可从事新的岗位工作；

2）对脱离操作岗位六个月以上重返岗位操作者，应进行岗位复工教育（教育时间和内容参照三级教育）；

3）工人工作岗位变动工种（岗位）时，接受单位应对其进行二、三级安全教育，经考试合格后，方可从事新的工作；

4）定期组织安全教育或召开安全会议。

4. 工人的劳动保护

（1）对女职工的劳动保护

1）根据女职工的生理特点和从事工作的特点，在法律、法规允许范围内，安排适宜的工作岗位，控制劳动时间；

2）每年对女职工进行一次妇科健康检查。

（2）对从事一般工作人员的劳动保护

对从事一般工作的人员，除配发必要的劳动防护用品外，每年组织一次健康检查。

（3）对特种作业人员的劳动保护

对从事特种作业的人员，除配发特种劳动防护用品外，每年组织一次健康检查。

（4）对接触有毒有害因素作业人员的劳动保护

对接触有毒有害因素的作业人员，除配发必要的有毒有害防护用品外，每年组织一次健康检查。

1.10.4.4　工资支付

（1）分包单位须记录其招用的建筑工人每日考勤情况及实际工作量。

项目劳务员须根据实名制登记信息、门禁系统进出场记录及分包单位与建筑工人签订的劳动合同等审核劳务分包单位提供的考勤记录及应付工资清单，作为拨付人工费的依据。

（2）分包单位人工费及建筑工人工资支付按照项目所在地建设行政主管部门相关文件要求执行。

（3）项目劳务员须收集留存人工费及建筑工人工资支付相关凭证，按不同的分包单位分别建立人工费支付台账和工资支付台账。

项目所在地实行人工费、建筑工人工资网上信息登录的，项目劳务员须按要求在相应信息系统中将相关信息进行登录，并指导、督促分包单位按要求将其人工费收付信息和建筑工人工资支付信息在相应信息系统中进行登录。

1.11 施工项目工程材料与工程设备管理

1.11.1 施工项目工程材料与工程设备管理的主要内容

施工项目工程材料与工程设备管理是项目经理部为顺利完成项目施工任务，从施工准备开始到项目竣工交付为止，所进行的材料与设备计划、订货采购、运输、库存保管、供应、加工、使用、成品保护、回收等所有工程材料与工程设备管理工作。

施工项目工程材料与工程设备管理的主要内容有：

(1) 项目工程材料与设备管理体系的建立。建立施工项目工程材料管理岗位责任制，明确项目材料与设备的计划、采购、验收、保管、使用等各环节管理人员的管理责任以及管理制度，实现合理使用材料、降低材料成本、设备合理进场安装、降低因设备带来质量及工期风险的管理目标。

(2) 材料与设备流通过程的管理。包括材料与设备采购策划、供方的评审和评定、合格供货商的选择、采购、运输、仓储等材料供应过程所需要的组织、计划、控制、监督等各项工作，实现材料与设备供应的有效管理。

(3) 材料使用过程管理。包括材料进场验收、保管出库、材料领用、材料使用过程的跟踪检查、盘点、剩余物质的回收利用等，实现材料使用消耗的有效管理。

(4) 设备保护管理。包括设备在运输中的保护、入库后的保护、吊装运输过程中的保护、安装完成后的保护等的措施管理及责任管理，实现设备在施工周期无损伤，保证其后期使用功能。

(5) 探索节约材料、研究代用材料、降低材料成本的新技术、新途径。

1.11.2 施工项目工程材料与工程设备计划管理

1.11.2.1 施工项目材料与设备计划的分类

(1) 按照计划的用途分，材料与设备计划有材料与设备需用计划、加工订货计划和采购计划。

材料与设备需用计划，由项目材料与设备使用部门根据实物工程量汇总的材料与设备分析和进度计划，分单位工程进行编制。材料与设备需用计划应明确需用材料与设备的品种、规格、数量及质量要求，同时要明确材料与设备的进场时间。

材料与设备采购计划，项目材料与设备部门根据经审批的材料与设备需用计划和库存情况编制材料与设备采购计划。计划中应包括材料与设备品种、规格、数量、质量、采购供应时间，拟采用供货商名称及需用资金。

半成品加工订货计划，是项目为获得加工制作的材料编制的计划。计划中应包括所需产品的名称、规格、型号、质量及技术要求和交货时间等，其中若属非定型产品，应附有加工图纸、技术资料或提供样品。

(2) 按照计划的期限划分，材料与设备计划有年度计划、季度计划、月计划、单位工程材料与设备计划及临时追加计划。

临时追加计划是因原计划中品种、规格、数量有错漏；施工中采取临时技术措施；机械设备发生故障需及时修复等原因，需要采取临时措施解决的材料与设备计划。

施工项目常用的材料与设备计划以按照计划的用途和执行时间编制的年、季、月的材料与设备需用计划、加工订货计划和采购计划为主要形式。

项目常用的材料与设备计划有：单位工程主要材料与设备需用计划、主要材料与设备年度需用计划、主要材料与设备月（季）度需用计划、半成品加工订货计划、周转料具需用计划、主要材料与设备采购计划、临时追加计划等。

1.11.2.2　施工项目材料与设备需用计划的编制

1. 单位工程主要材料与设备需要量计划

项目开工前，项目经理部依据施工图纸、预算，并考虑施工现场工程材料管理水平和节约措施，以单位工程为对象，编制各种材料与设备需要量计划，该计划是项目编制其他材料与设备计划以及项目材料与设备采购总量控制的依据。

2. 主要材料与设备年度需用计划/主要材料与设备季度需用计划/主要材料与设备月度需用计划

根据工程项目管理需要，结合进度计划安排，在“单位工程主要材料与设备需要量计划”的基础上编制“主要材料与设备年度需用计划”“主要材料与设备季度需用计划”和“主要材料与设备月度需用计划”，作为项目阶段材料与设备计划的控制依据。

3. 主要材料与设备月度需用计划

主要材料与设备月度需用计划是与项目生产结合最为紧密的材料与设备计划，是项目材料与设备需用计划中最具体的计划。材料与设备月度需用计划作为制定采购计划和向供应商订货的依据，应注明产品的名称、规格型号、单位、数量、主要技术要求（含质量）、进场日期、提交样品时间等。对材料与设备的包装、运输等方面有特殊要求时，也应在材料与设备月度需用计划中注明。

（1）编制的依据与主要内容

1）在项目施工中，项目经理部生产部门向工程材料部门提出主要材料与设备月（季）需要量计划；

2）应依据工程施工进度编制计划，还应随着工程变更情况和调整后的施工预算及时调整计划；

3）该计划是项目材料与设备部门动态供应材料与设备的依据。

（2）编制程序

1）计算实物工程量

项目生产部门要根据生产进度计划的工程形象部位，依据图纸和预算计算实物工程量。

2）进行材料与设备分析

根据相应的材料消耗定额进行材料分析。根据不同类型的设备生产及运输时间进行设备供货周期分析。

3）形成需用计划

将材料与设备分析得到的材料与设备用量按照品种、规格分类汇总，形成材料与设备需用计划。

4. 周转料具需用计划

依据施工组织设计，按品种、规格、数量、需用时间和进度编制。经审批后的周转料具需用计划提交项目工程材料管理部门，由工程材料管理部门提前向租赁站提出租赁计划，作为租赁站送货到现场的依据。

1.11.2.3 施工项目材料与设备采购计划的编制

1. 材料与设备采购计划

项目工程材料采购部门应根据生产部门提出的材料与设备需用计划，编制材料与设备采购计划报项目经理审批。

材料与设备采购计划中应确定采购方式、采购人员、候选供应商名单和采购时间等。应根据材料与设备采购的技术复杂程度、市场竞争情况、采购金额以及数量大小确定采购方式：招标采购、邀请报价采购和零星采购。

(1) 需用计划材料与设备的核定

工程材料采购部门核定经审批的材料与设备需用计划提出的材料与设备是否能够被单位材料与设备需用计划和项目预算成本所覆盖。如果需要采购材料与设备在预算成本或采购策划以外，按照计划外材料与设备制定追加计划。

(2) 确定各种材料库存量、储备量

各种材料的库存量和储备量是编制采购计划的重要依据。在材料采购计划编制之前，必须掌握计划期初的库存量、计划期末储备量、经常储备量、保险储备量等，当材料生产或运输受季节影响时，还需考虑季节性储备。

1) 计划期初库存量=编制计划时实际库存量+期初前的预计到货量−期初前的预计消耗量。

2) 计划期末储备量=(0.5～0.75) 经常储备量+保险储备量。

3) 经常储备量即经济库存量，是指正常供应条件下，两次材料到货间隔期间，为保证生产正常进行需要保持的材料。

4) 保险储备量，是在材料因特殊原因不能按期到货或现场消耗不均衡造成的材料消耗速度突然加快等情况下，为保证生产材料的正常需用而进行的保险性材料库存。对生产影响不大、数量较少且周边市场方便购买的材料，不需设置保险储备。

5) 季节性储备，是指材料生产因季节性中断，在限定季节里购买困难的材料。比如北方冬季的砖瓦生产停歇，就需要项目提前进行季节性储备。

季节性储备量=季节储备天数×平均日消耗量。

(3) 编制材料综合平衡表（表 1-58），提出计划期材料进货量，即申请采购量。

材料综合平衡表 **表 1-58**

材料名称	计量单位	上期实际消耗量	计划期							备注
			需要量	储备量					进货量	
			计划需用量	期初库存量	期末储备量	期内不合用数量	尚可利用资源	合计	申请采购量	

材料申请采购量=材料需要量+计划期末储备量-（计划期初库存量-计划期内不合用数量）-尚可利用资源。

计划期内不可用数量是考虑库存量中，由于材料、规格、型号不符合计划期任务要求扣除的数量。尚可利用资源是指积压呆滞材料的加工改制、废旧材料与设备的利用、工业废渣的综合利用，以及采取技术措施可节约的材料等。

（4）掌握材料与设备供需情况，选择供货商

根据拟采购材料与设备的供需情况，确定采购材料与设备的规格、数量、质量，确定进场时间和到货方式，确定采购批量和进场频率，确定采购价格、所需资金和料款结算方式。

了解需用材料与设备现场存放场地容量，了解施工现场施工需求的部位和具体技术、品种、规格以及对材料与设备交货状态的要求，并与需用方确定确切的使用时间和场所。

了解市场资源情况，向社会供应商征询价格、资源、运输、结算方式和售后服务等情况，选择供货商。

（5）编制材料与设备采购计划

根据以上因素的了解、核查，编制材料与设备采购计划，并报项目主管领导审批实施。

2. 半成品加工订货计划

在构件制品加工周期允许时间内，依据施工图纸和施工进度提出加工订货计划，经审批后项目工程材料管理部门及时送交加工。

加工订货产品通常为非标产品、加工原料具有特殊要求、或需在标准产品基础上改变某项指标或功能，因此加工计划必须提出具体加工要求。如有必要可由加工厂家先期提供试验品，在需用方认同情况下再批量加工。

一般加工订货的材料或产品，在编制计划时需要附加图纸、说明、样品。

因加工订货产品的工艺复杂程度不同，产品加工周期也不相同，所以委托加工时间必须适当考虑提前时量，必要时还需在加工期间到加工地点追踪加工进度状况。

1.11.2.4　材料与设备计划的调整

材料与设备计划在实施中常会受到各种因素的影响而导致材料与设备计划的调整。一旦发生材料与设备计划的调整，要及时编制材料与设备调整计划或材料与设备追加计划，并按照计划的编制审核程序进行审批后实施。

造成材料与设备计划调整的常见因素有：

1. 生产任务改变

临时增加任务或临时削减任务量，使材料与设备需用量发生变化，采购、供应各环节也需因此做出相应调整。

2. 设计变更

因设计变更导致的材料与设备需用品种、技术参数、规格和价格的变化。

3. 材料与设备市场供需变化

材料与设备的突发性涨价，使采购价格与预算价格之间产生矛盾，造成采购工程材料在预算成本以外的情况。

4. 施工进度的调整

因施工进度的调整造成材料与设备需用和供应的调整，在项目实施过程中经常发生。

5. 针对材料与设备计划的调整，对项目工程材料管理部门的要求

工程材料管理部门要与社会供应商建立稳定的供应渠道，利用社会市场和协作关系调整资源余缺。

做好协调工作，掌握生产部门的动态变化，了解材料与设备系统各个环节的工作进程。通过统计检查、实地调查、信息交流、工作会议等方法了解各有关部门对材料与设备计划的执行情况，及时进行协调，以保证材料与设备计划的实现。

1.11.3 施工项目现场工程材料与工程设备管理

1.11.3.1 业主方供应工程材料与工程设备管理

（1）业主方供应的工程材料设备，项目部可根据施工进度计划，并考虑合理的供应周期，及时将设备总需用计划、季度需用计划、月度需用计划提交业主认可。

（2）业主方需要按照工程材料设备需用计划，及时采购并组织相应工程材料、设备进场，以免造成相应的损失和工期延误。

（3）对于业主方供应的工程材料设备，项目部需认真进行验证、检验和试验、标识，入库保管，发放领用。可在验收单（或验证单）上加盖“甲供”红章，予以区别。

（4）业主方供应的工程材料设备进场后，项目部需及时做好验收工作，如不符合要求，应向业主代表提出，在得到处理意见后进行记录。验收完毕填写开箱记录，办理交接手续。

（5）项目部需做好业主方供应的工程材料设备的保管工作。对于露天堆放的工程材料、设备可采取遮盖、搭棚等保护措施。

（6）现场使用人员领取工程材料设备时，要认真填写领料单，领料单中要详细标明材料的规格、型号、品牌、数量等；保管员在发放材料时，要认真核对材料的规格、型号、品牌、数量等，严禁出现误发、多发现象。

（7）如业主方供应的工程材料设备在安装后进行系统试验或调试时，发现材料不合格或设备运行有异样，项目部需及时通知业主方对材料、设备进行调换或建议业主方通知供货商进行处理，并重新进行调试直至正常。

（8）做好业主方供应的工程材料设备的使用说明书等资料收集、保管工作。

（9）业主方供应的工程材料设备，发生丢失、损坏或不适用时，项目部需及时向业主方报告。

1.11.3.2 自购工程材料与工程设备管理

1. 材料与设备进场验收

项目材料与设备验收是材料与设备由采购流通向消耗转移的中间环节，是保证进入现场的材料与设备满足工程质量标准、满足用户使用功能、确保用户使用安全的重要管理环节。材料进场验收的管理流程如图 1-25 所示。

（1）材料与设备进场验收准备

1）验收工具的准备

针对不同材料的计量方法准备所需的计量器具。

2）做好验收资料的准备

包括材料与设备计划、合同、材料与设备的质量标准等。

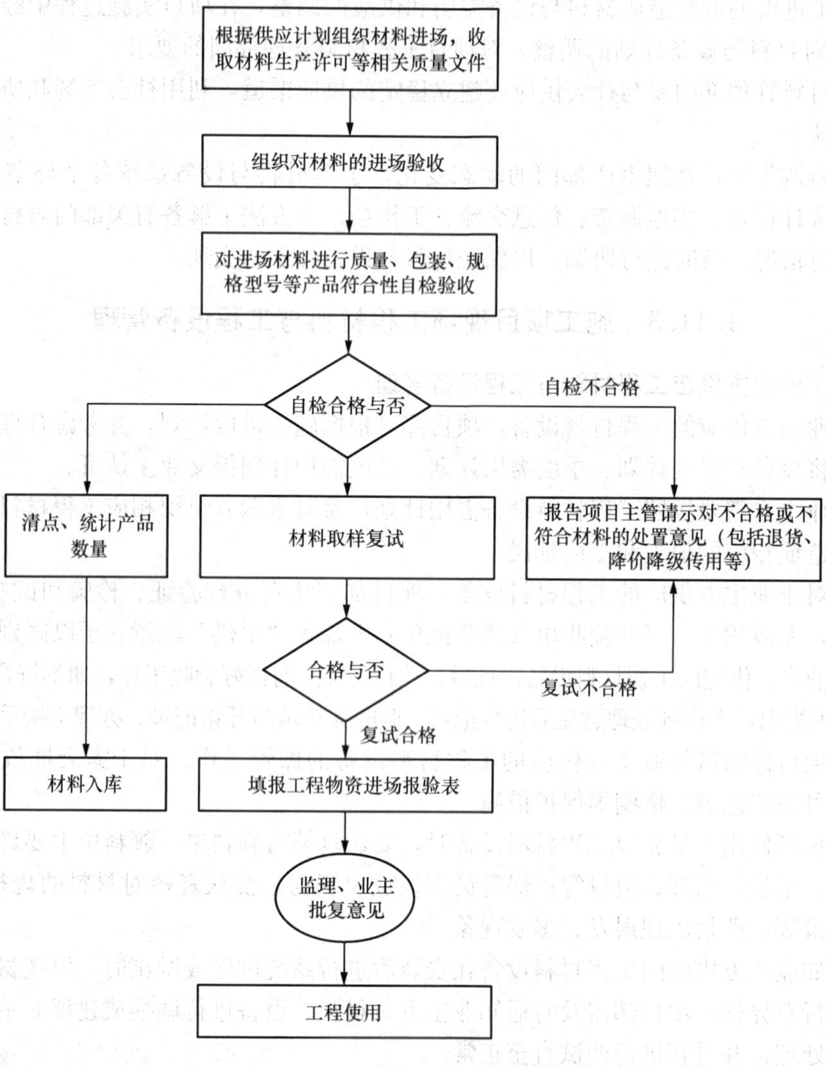

图 1-25　材料进场验收的管理流程图

3）做好验收场地及保存设施的准备

根据现场平面布置图，认真做好材料与设备的堆放和临时仓库的搭设，要求做到有利于材料与设备的进出和存放，方便施工、避免和减少场内二次搬运。

准备露天存放材料与设备所用的覆盖材料与设备。

易燃、易爆、腐蚀性材料，还应准备防护用品用具。

（2）核对资料

核对到货合同、发票、发货明细以及材质证明、产品出厂合格证、生产许可证、厂名、品种、出厂日期、出厂编号、设备参数、试验数据等有关资料，查验资料是否齐全、有效。

（3）材料与设备数量检验

材料与设备数量检验应按合同要求、材料与设备计划、送料凭证，可采取过磅称重、量尺换算、点包点件等检验方式。核对到货票证标识的数量与实物数量是否相符，并做好记录。

（4）材料与设备质量检验

材料与设备质量检验又分为外观质量检验和内在质量检验。外观质量检验是由工程材料验收员通过眼看、手摸和简单的工具查看材料与设备的规格、型号、尺寸、颜色、完整程度等。内在质量的验收主要是指对材料与设备的化学成分、力学性能、工艺性能、技术参数等的检测，材料通常是由专业人员负责抽样送检，采用试验仪器和测试设备检测，工程设备通常是由专业人员负责，在后期试运行过程中检测。

要求复检的材料要有取样送检证明报告；新材料未经试验鉴定，不得用于工程中；现场配制的材料应经试配，使用前应经认证。

(5) 办理入库手续

验收合格的材料与设备，方可办理入库手续。由收料人根据来料凭证和实际数量出具收料单。

(6) 验收中出现问题的处理

在材料与设备验收中，对不符合计划要求或质量不合格的材料与设备，应更换、退货或让步接收（降级使用），严禁使用不合格的材料与设备。

若发现下列情况，应分别处理：

1) 材料与设备实到数量与单据或合同数量不同，及时通知采购人员或有关主管部门与供货方联系确定，并根据生产需要的缓急情况，可以按照实际数量验收入库，保证施工急需；

2) 质量、规格不符的，及时通知采购人员或有关主管部门，不得验收入库；

3) 若出现到货材料与设备证件资料不全以及对包装、运输等存在疑义时，应作待验处理。待验材料与设备也应妥善保管，在问题没有解决前不得发放和使用。

2. 材料与设备储存保管

(1) 材料与设备储存保管的一般要求

1) 材料与设备仓库或现场堆放的材料与设备必须有必要的防火、防雨、防潮、防盗、防风、防变质、防损坏等措施；

2) 易燃易爆、有毒等危险品材料，应专门存放，专人负责保管，并有严格的安全措施；

3) 有保质期的材料应做好标识，定期检查，防止过期；

4) 现场材料与设备要按平面布置图定位放置，有保管措施，符合堆放保管制度；

5) 对材料与设备要做到日清、月结、定期盘点、账物相符；

6) 材料保管应特别注意性能互相抵触的材料应严格分开。如酸和碱；橡胶制品和油脂；酸、稀料等液体材料与水泥、电石、滑石粉、工具、配件等怕水、怕潮材料都要严格分开，避免发生相互作用而降低使用性能甚至破坏材料性能的情况。进库的材料与设备须验收后入库，按型号、品种分区堆放，并编号、标识，建立台账。

(2) 材料与设备保管场所

1) 封闭库房

材料与设备价值高、易于被偷盗的小型材料与设备，怕风吹日晒雨淋，对温、湿度及有害气体反应较敏感的材料与设备应存放在封闭库房。如水泥、镀锌板、镀锌管、胶粘剂、溶剂、外加剂、水暖管件、小型机具设备、电线电料、零件配件、配电设备、空调设备、精密设备等均应在封闭库房保管。

2）货棚

不易被偷盗、个体较大、只怕雨淋日晒而对温度、湿度要求不高的材料与设备，可以放在货棚内。如陶瓷制品、散热器、石材制品、冷却塔、散热器、换热器等均可在货棚内存放。

3）料场

存放在料场的材料，必然是不怕风吹日晒雨淋，对温湿度及有害气体反应不敏感的材料，或是虽然受到各种自然因素影响，但在使用时可以消除影响的材料，如钢材中大型型材、钢筋、砂石、砖、砌块、木材等，可以存放在料场。料场一般要求地势较高，地面夯实或进行适当处理，如用作混凝土地面或铺砖。货位铺设垛基垫起，离地面 30～50cm，以免地面潮气上返。

4）特殊材料仓库

对保管条件要求较高，如需要保温、低温、冷冻、隔离保管的材料，必须按保管要求，存放在特殊库房内。如汽油、柴油、煤油等燃料必须分别在单独库房保管；氧气、乙炔应专设库房；有毒有害品必须单独保管。

(3) 材料与设备的码放

材料与设备码放形状和数量，必须满足材料与设备性能要求。

1）材料与设备的码放形状，必须根据材料与设备性能、特点、体积特点确定。

2）材料与设备的码放数量，首先要视存放地点的地坪负荷能力确定，以地面、垛基不下陷，垛位不倒塌，高度不超标为原则。同时根据底层材料与设备所能承受的重量，以材料与设备不受压变形、变质为原则。避免因材料与设备码放数量不当造成材料与设备底层受压变形、变质，从而影响使用。

(4) 按照材料的消防性能分类设库

安全消防不同的材料性能决定了材料消防方式有所不同。材料燃烧有的宜采用高压水灭火，有的只能使用干粉灭火器或黄沙灭火；有的材料在燃烧时伴有有害气体挥发，有的材料存在燃烧爆炸危险，所以现场材料应按材料消防性能分类设库。

(5) 材料与设备保养

材料在库存阶段还需要进行认真保养，避免因外界环境的影响造成所保管材料的性能损失。

1）为防止金属材料及金属制品产生锈蚀而采取的除锈保养；

2）为避免由于油脂干脱造成其性能受到影响的工具、用具、配件、零件、仪表、设备等需定期进行涂油保养；

3）对于易受潮材料与设备采用的日晒、烘干、翻晾，使吸入的水分挥发，或在库房内放置干燥剂吸收潮气，降低环境湿度的干燥保养；

4）对于怕高温的材料，在夏季采用房顶喷水、室内放置冰块、夜间通风等措施的降温保养；

5）对于易受虫、鼠侵害的材料与设备，进行喷洒、投放药物，减少虫、鼠损害的保养措施。

(6) 材料与设备标识管理

1）材料与设备基本情况标识：入库或进入现场的材料与设备都应挂牌进行标识，注明材料与设备的名称、品种、规格（标号）、产地、进货日期、有效期等；

2）状态标识：仓库及现场设置工程材料合格区、不合格区、待检区，标识材料与设备的检验状态（合格、不合格、待检、已检待判定）；

3）半成品标识：半成品的标识是通过记号、成品收库单、构件表及布置图等方式来实现的；

4）标牌：标牌规格应视材料与设备种类和标注内容选择适宜大小（一般可以用250mm×150mm、80mm×60mm等）的标识牌来标识。

3. 材料发放

（1）项目经理部对现场工程材料严格坚持限额领料制度，控制工程材料使用，定期对工程材料使用及消耗情况进行统计分析，掌握工程材料消耗、使用规律；

（2）超限额用料时，须事先办理手续，填限额领料单，注明超耗原因，经批准后方可领发材料与设备；

（3）项目经理部工程材料管理人员掌握各种工程材料的保质期限，按“先进先出”原则办理工程材料发放，不合格工程材料登记申报并进行追踪处理；

（4）核对材料出库凭证是发放材料的依据。要认真审核材料发放地点、单位、品种、规格、数量，并核对签发人的签章及单据、有效印章，无误后方可进行发放；

（5）工程材料出库时，工程材料保管人员和使用人员共同核对领料单，复核、点交实物，保管员登卡、记账；凡经双方签认的出库工程材料，由现场使用人员负责运输、保管；

（6）检查发放的材料与出库凭证所列内容是否一致，检查发放后的材料实存数量与账务结存数量是否相符；

（7）项目经理部要对工程材料使用情况定期进行清理分析，随时掌握库存情况，及时办理采购申请补足，保证材料正常供应；

（8）建立领发料台账，记录领发状况和节超状况。

4. 设备出库

（1）设备出库时，设备保管人员和使用人员共同核对设备出库清单，复核、点交实物，保管员登卡、记账；凡经双方签认的出库设备，由现场使用人员负责运输、保管；

（2）检查出库的设备与出库凭证所列内容是否一致，检查发放后的设备实存数量与账务结存数量是否相符；

（3）项目部要对设备使用情况定期进行清理分析，随时掌握库存情况，及时办理采购申请补足，保证设备正常供应；

（4）建立设备出库台账，记录设备出库状态。

5. 设备场内运输

（1）为防止因产品搬运不当而变形或损坏，在搬运前搬运负责人必须会同搬运人员一起制定搬运方案，落实搬运措施，防止倾斜、散落而造成设备构件的损坏，并明确个人分工和安全注意事项；

（2）超重、超限或重要设备（工程材料）的搬运，必须由项目责任工程师根据其特性及在详细了解或掌握运输路线、运输机具等情况后，制定专题运输方案；

（3）搬运工作必须选择配备符合运输装卸要求和运行可靠的各种搬运设备、运输工具；

（4）从事设备（工程材料）搬运的工作人员，必须具备自我防护意识，掌握装卸技能，熟知安全注意事项。

6. 材料使用监督

对于发放后投入使用的材料，项目经理部相关人员对于材料的使用进行如下监督管理：

（1）组织原材料集中加工，扩大成品供应；根据现场条件，将混凝土、钢筋、木材、石灰、玻璃、油漆、砂、石等进行不同程度的集中加工处理；

（2）坚持按分部工程或按层数分阶段进行材料使用分析和核算，以便及时发现问题，防止材料超用；

（3）现场工程材料管理责任人应对现场材料使用进行分工监督、检查；

（4）认真执行领发料手续，记录好材料使用台账；

（5）按施工场地平面图堆料，按要求的防护措施保存材料；

（6）按规定进行用料交底和工序交接；

（7）严格执行材料与设备配合比，合理用料；

（8）做到工完场清，要求“谁做谁清，随做随清，操作环境清，工完场地清”；

（9）回收和利用废旧材料，要求实行交旧（废）领新、包装回收、修旧利废；

1）施工班组必须回收余料，及时办理退料手续，在领料单中登记扣除；

2）余料要造表上报，按供应部门的安排办理调拨和退料；

3）设施用料、包装物及容器等，在使用周期结束后组织回收；

4）建立回收台账，记录节约或超领记录。

7. 周转材料现场管理

（1）项目经理部按项目施工组织设计制定料具技术方案，并按料具技术方案编制料具实施计划。

（2）企业确定购买、调拨或租赁的项目料具管理方式，并办理有关手续。周转材料必须符合技术标准及质量要求，进场料具应进行验收、检验或技术验证。

（3）项目经理部建立、健全周转材料的收、发、存、领、用、退手续，加强周转材料的现场管理，确保使用的周转材料按时、按量收回。

（4）项目经理部在使用料具过程中要定期进行料具安全性能检查，及时更换残次废旧料具。

（5）建立周转料具台账并及时登记有关动态，按月提供周转材料使用情况表，定期对周转材料进行盘点，保证账物相符。

（6）各种周转材料均应按规格分别整齐码放，垛间留有通道。

（7）露天堆放的周转材料应有规定限制高度，并有防水等防护措施。

（8）零配件要装入容器保管，按合同发放，按退库验收标准回收，做好记录。

（9）建立保管使用维修制度。

（10）周转材料需报废时，应按规定进行报废处理。

1.11.4 工程材料与工程设备盘点管理

1.11.4.1 材料与设备盘点一般要求

项目部定期对材料与设备进行盘点，并对期间的材料与设备管理情况进行总结分析。

项目部材料与设备盘点工作包括对需用计划、材料与设备台账、材料与设备领用记录、现场材料清理记录、现场安装记录等方面进行综合分析，总结计划的合同性、仓库管理的完好性、领用控制的科学性、材料消耗比例是否正常。

项目部对库存材料与设备进行盘点时，建立盘点计划，明确各盘点人员的职责；盘点期间存货不能流动，或将流入的存货暂时与正在盘点的存货分开，并做好盘点记录。

通过材料与设备盘点，准确掌握实际库存材料与设备的数量、质量状况。

1.11.4.2 材料与设备盘点的内容

通过对仓库材料与设备数量的盘查清点，核对库存材料和设备与账面所记载的数量是否一致。若出现账面数量多于或少于实物数量，则分别记录为盘亏和盘盈。

在清点材料与设备数量的过程中，同时检查材料与设备外观质量是否有变化，是否临近或超过保质期，是否已属于淘汰或限制使用的产品，若有则应做好记录，上报业务主管部门处理。检查安全消防、材料与设备码放、温湿度控制及货架、距离等保管措施是否得当且有效，检查地面、门窗是否出现不良隐患，检查操作工具是否完好、计量器具是否符合校验标准。

1.11.4.3 材料与设备盘点的方法

1. 定期盘点

定期按照以下步骤对仓库材料与设备进行全面、彻底盘点。

（1）按照盘点要求，确定截止日期。

（2）以实际库存量和账面结存量进行逐项核对，同时检查材料与设备质量、有效期、安全消防及保管状况。

（3）编制盘点报告。凡发生数量盈亏者，编制盘点盈亏报告。发生质量降低或材料与设备损坏的，编制报损报废报告。

（4）根据盘点报告批复意见调整账务并做好善后处理。

2. 每日盘查

对库房每日有变动的常用材料，对当天库房收入或发出的材料，核对是否账物吻合、质量完好，以便及时发现问题，及时采取措施。必须做到当天收发当天记账。

1.11.4.4 盘点总结及报告

根据盘点期间的各种情况进行总结，尤其对盘点差异原因进行总结，编制“盘点总结及报告”，报项目经理审核，并报项目财务部门。

盘点总结报告需要对以下项目进行说明：本次盘点结果、初盘情况、复盘情况、盘点差异原因分析、以后的工作改善措施等。

1.11.4.5 材料与设备盘点出现问题的处理

盘点中发现数量出现盈亏，且其盈亏量在国家和企业规定的范围之内时，可在盘点报告中反映，经业务主管领导审批后调整账务；当盈亏量超过规定范围时，除在盘点报告中反映外，还应填报盘点盈亏报告，经项目领导审批后再行处理。

当库存材料与设备发生损坏、变质、降低等级问题时，填报材料与设备报损报废报告，并通过有关部门鉴定等级降低程度、变质情况及损坏损失金额，经领导审批后再行处理。

库存材料在1年以上没有动态时，列为积压材料，设备在3个月以上没有动态时，列为积压设备，编制积压材料与设备报告，报请领导审批后再行处理。

当出现品种规格混串和单价错误时，报经项目领导审批后进行调整。

1.12　施工项目机械设备管理

1.12.1　施工项目机械设备管理的主要内容与制度

施工项目机械设备管理是指项目经理部针对所承担的施工项目，运用科学方法优化选择和配备施工机械设备，并在生产过程中合理使用，进行维修保养等各项管理工作。

项目经理部应设置相应的设备管理机构并配备专、兼职的设备管理人员。设备出租单位也应派驻设备管理人员和设备维修人员，配合施工项目总承包单位加强对施工现场机械设备的管理，确保机械设备的正常运行。

项目经理部的主要任务是编制机械设备使用计划，按程序采购租赁机械设备；负责对进入现场的机械设备（机械施工分包人的机械设备除外）做好使用中的管理、维护和保养、租赁设备的结算与支付等。

1.12.1.1　项目机械设备管理工作的主要内容

主要内容：

（1）贯彻落实国家、当地政府、企业有关施工企业机械设备管理的方针、政策和法规、条例、规定，制定适应本工程项目的设备管理制度；

（2）按照施工组织设计做好机械设备的选型工作；

（3）对设备租赁单位进行考察；

（4）签订租赁合同并组织实施，组织设备进场与退场；

（5）对进场的机械设备认真做好验收工作，做好验收记录，建立现场设备台账；

（6）坚持对施工现场所使用的机械设备日巡查、周检查、月专业大检查制度，及时组织对设备进行维修保养，杜绝设备带病运转；

（7）做好设备使用安全技术交底，监督操作者按设备操作规程操作，设备操作者必须经过相应的技术培训，考试合格且取得相应设备操作证方可上操作；

（8）负责制定机械管理制度，掌握机械数量、发布和安全技术状况；

（9）负责机械准入和有关人员准入确认审查，留取检查表和登记造册；

（10）参与重要机械安拆、吊装、改造、维修等作业指导书、防范措施的制定审查等，并留存复印件；

（11）负责或参与机械危害辨识和应急预案的编制和演练；

（12）负责机械使用控制和巡检、月检、专项检查、评价、评比和奖罚考核及整改复查验收等；

（13）负责或参与机械事故、未遂事故的调查处理、报告；

（14）负责各种资料、记录收集、整理、存档及机械统计报表工作；

（15）负责完成上级和企业考核的要求。

1.12.1.2 施工项目机械设备管理制度

施工项目要根据企业的设备管理制度，建立健全项目的机械设备管理制度。一般项目应建立健全以下设备管理制度：

（1）项目机械设备管理的岗位责任制制度；

（2）设备使用前验收制度；

（3）设备使用保养与维护制度；

（4）操作人员培训教育持证上岗制度；

（5）多班作业交叉接班制度；

（6）设备安全管理制度；

（7）设备使用检查制度；

（8）设备修理制度；

（9）设备租赁管理制度。

1.12.2 施工项目机械设备的选择

工程施工机械的种类、型号、规格很多，各自又有独特的技术性能和作业范围。为了保证工程项目的施工质量，按时完成施工任务，并获得最佳的技术经济效益，根据项目具体施工条件，对施工机械进行合理选择和组合，使其发挥最大效能是施工项目机械管理的重要内容。

1.12.2.1 施工项目机械设备选择的依据

1. 工程特点

根据工程的平面分布、占地面积、长度、宽度、高度、结构形式等确定设备选型。

2. 工程量

充分考虑建设工程需要加工运输的工程量大小，决定选用的设备型号。

3. 工期要求

根据工期要求，计算日加工运输工作量，确定所需设备的技术参数与数量。

4. 施工项目的施工条件

主要是现场的道路条件、周边环境与建筑物条件、现场平面布置条件等。

1.12.2.2 施工机械选择的原则

1. 适应性

施工机械与建设项目的具体实际相适应，即施工机械要适应建设项目的施工条件和作业内容。施工机械的工作容量、生产率等要与工程进度及工程量相符合，尽量避免因施工机械的作业能力不足而延误工期，或因作业能力过大而使施工机械利用率降低。

2. 高效性

通过对机械功率、技术参数的分析研究，在与项目条件相适应的前提下，尽量选用生产效率高的机械设备。

3. 稳定性

选用性能优越稳定、安全可靠、操作简单方便的机械设备，避免因设备经常不能正常运转而影响施工的正常进行。

4. 经济性

在选择工程施工机械时，必须权衡工程量与机械费用的关系，尽可能选用低能耗、易维修保养的机械设备。

5. 安全性

选用的施工机械各种安全防护装置要齐全、灵敏可靠。此外，在保证施工人员、设备安全的同时，应注意保护自然环境及已有的建筑设施，不致因所采用的施工机械及其作业而受到破坏。

1.12.2.3　施工机械需用量的计算

施工机械需用量根据工程量、计划期内的台班数量、机械的生产率和利用率计算确定，计算见式（1-5）

$$N = P/(W \times Q \times K_1 \times K_2) \tag{1-5}$$

式中　N——需用机械数量；

P——计划期内的工作量；

W——计划期内的台班数；

Q——机械每台班生产率（即单位时间机械完成的工作量）；

K_1——工作条件影响系数（因现场条件限制造成的）；

K_2——机械生产时间利用系数（指考虑施工组织和生产时间损失等因素对机械生产效率的影响系数）。

1.12.2.4　施工项目机械设备选择的方法

1. 单位工程量成本比较法

机械设备使用的成本费用分为可变费用和固定费用两大类。可变费用又称操作费，它随着机械的工作时间变化，如操作人员的工资、燃料动力费、小修理费、直接材料费等。固定费用是按一定施工期限分摊的费用，如折旧费、大修理费、机械管理费、投资应付利息、固定资产占用费等，租赁机械的固定费用是要按期交纳的租金。在多台机械可供选用时，可优先选择单位工程量成本费用较低的机械，单位工程量成本计算见式（1-6）：

$$C = (R + PX)/QX \tag{1-6}$$

式中　C——单位工程量成本；

R——定期间固定费用；

P——单位时间变动费用；

Q——单位作业时间产量；

X——实际作业时间（机械使用时间）。

2. 界限时间比较法

界限时间（X_0）是指两台机械设备的单位工程量成本相同时的时间。由方法 2 的计算公式可知，单位工程量成本 C 是机械作业时间 X 的函数，当 A、B 两台机械的单位工程量成本相同，即 $C_a = C_b$ 时，则有关系式：

$$(R_a + P_a X_0)/Q_a X_0 = (R_b + P_b X_0)/Q_b X_0 \tag{1-7}$$

解得界限时间 X_0 的计算公式：

$$X_0 = (R_a Q_a - R_a Q_b)/(P_a Q_b - P_b Q_a) \tag{1-8}$$

当 A、B 两台机械单位作业时间产量相同，即 $Q_a = Q_b$ 时，上式可简化为：

$$X_0 = (R_b - R_a)/(P_a - P_b) \tag{1-9}$$

上面公式可用图 1-29 表示。

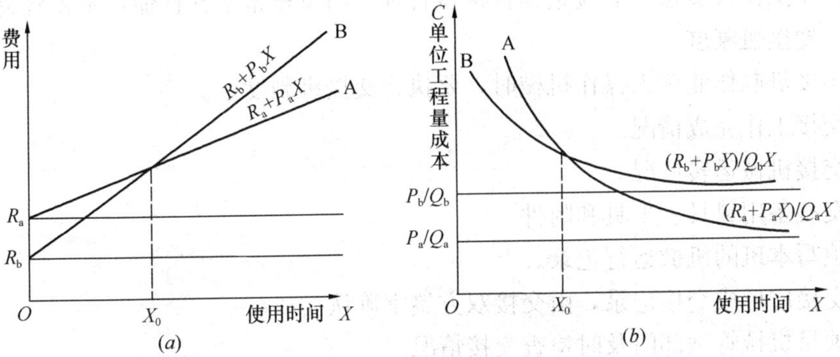

图 1-26 界限时间比较法

(*a*) 单位作业时间产量相同时，$Q_a = Q_b$；(*b*) 单位作业时间产量不同时，$Q_a \neq Q_b$

由图 1-29 (*a*) 可以看出，当 $Q_a = Q_b$ 时，应按总费用多少选择机械。由于项目已定，两台机械需要的使用时间 X 是相同的，见公式 (1-10)：

$$需要使用时间(X) = 应完成工程量 / 单位时间产量 = X_a = X_b \tag{1-10}$$

当 $X < X_0$ 时，选择 B 机械；$X > X_0$ 时，选择 A 机械。

由图 1-29 (*b*) 可以看出，当 $Q_a \neq Q_b$ 时，这时两台机械的需要使用时间不同，$X_a \neq X_b$。在都能满足项目施工进度要求的条件下，需要使用时间 X，应根据单位工程量成本较低者选择机械。项目进度要求确定，当 $X < X_0$ 时选择 B 机械；当 $X > X_0$ 时选择 A 机械。

3. 折算费用法（等值成本法）

当施工项目施工期限长，某机械需要长期使用，项目经理部决策购置机械时，可考虑机械的原值、年使用费、残值和复利利息，用折算费用法计算，在预计机械使用的期间，按月或年摊入成本的折算费用，选择较低者购买，见式 (1-11)：

$$年折算费用 = (原值 - 残值) \times 资金回收系数 + 残值 \times 利率 + 年度机械使用费 \tag{1-11}$$

$$资金回收系数 = [i(1+i)^n]/[(1+i)^n - 1] \tag{1-12}$$

式中 i ——复利率；

n ——计利期。

1.12.3 施工项目机械设备的使用管理制度

在工程项目施工过程中，要合理使用机械设备，严格遵守项目机械设备使用管理规定。

1.12.3.1　“三定”制度

“三定”制度是指主要机械在使用中实行定人、定机、定岗位责任的制度。

(1) 每台机械的专业操作人员必须经过培训和考试，获得“操作合格证”后才能操作相关的设备。

(2) 单人操作的机械，实行专机专责；多人操作的机械，应组成机组，实行机组长领导下的分工负责制。

(3) 机械操作人员选定后应报项目机械管理部门审核备案并任命，不得轻易更换。

1.12.3.2　交接班制度

在采用多班制作业多人操作机械时，要执行交接班制度。

(1) 交接工作完成情况。

(2) 交接机械运转情况。

(3) 交接备用料具、工具和附件。

(4) 填写本班的机械运行记录。

(5) 交接应形成交接记录，由交接双方签字确认。

(6) 项目机械管理部门及时检查交接情况。

1.12.3.3　安全交底制度

严格实行安全交底制度，使操作人员对施工要求、场地环境、气候等安全生产要素有详细的了解，确保机械使用的安全。

各种机械设备使用安全技术交底书应由项目机械管理人员交于机械承租单位现场负责人，再由机械承租单位现场负责人交于机械操作人签字，签字后安全交底记录返给项目机械管理人员一份进行备案存档管理。

1.12.3.4　技术培训制度

通过进场培训和定期的过程培训，使操作人员做到“四懂三会”，即懂机械原理、懂机械构造、懂机械性能、懂机械用途，会操作、会维修、会排除故障；使维修人员做到“三懂四会”，即懂技术要求、懂质量标准、懂验收规范，会拆检、会组装、会调试、会鉴定。

1.12.3.5　检查制度

项目应制定机械使用前和使用过程中的检查制度。检查内容包括：

(1) 各项规章制度的贯彻执行情况。

(2) 机械的正确操作情况。

(3) 机械设施的完整及受损情况。

(4) 机械设备的技术与运行状况、维修及保养情况。

(5) 各种原始记录、报表、培训记录、交底记录、档案等机械管理资料的完整情况。

1.12.3.6　操作证制度

(1) 施工机械操作人员须经过技术考核合格并取得操作证后，方可独立操作该机械。

(2) 审核操作的每年度审验情况，避免操作证过期和有不良记录的操作人员上岗。

(3) 机械操作人员应随身携带操作证备查。

(4) 严禁无证操作。

1.12.4　施工项目机械设备的进场验收管理

施工项目总承包单位的项目经理部，对进入施工现场的所有机械设备安装、调试、验收、使用、管理、拆除退场等负有全面管理的责任，所以项目经理部对无论是企业自有或租用的设备，还是分包单位自有或租用的设备，都要进行监督检查。

1.12.4.1　进入施工现场的机械设备应具有的技术文件

（1）设备安装、调试、使用、拆除及试验图标程序和详细的文字说明书；

（2）各种安全保险装置及行程限位器装置调试和使用说明书；

（3）维护保养及运输说明书；

（4）安全操作规程；

（5）产品鉴定证书、合格证书；

（6）配件及配套工具目录；

（7）其他重要的注意事项等。

1.12.4.2　进入施工现场的机械设备验收

1. 施工现场的机械设备验收管理要求

（1）项目经理部应对进入施工现场的机械设备的安全装置和操作人员的资格进行审验，不合格的机械和人员不得进入施工现场。

（2）大型机械设备安装前，项目经理部应根据设备租赁方提供的参数进行安装设计架设，经验收合格后的机械设备，可由资质等级合格的设备安装单位组织安装。安装完成后，报请主管部门验收，验收合格后方可办理移交手续。

（3）对于塔式起重机、施工升降机的安装、拆卸，必须是由具有资质证件的专业队承担，要按有针对性的安拆方案进行作业，安装完毕应按规定进行技术试验，验收合格后方可交付使用。

（4）中小型机械由分包单位组织安装后，项目部机械管理部门组织验收，验收合格后方可使用。

（5）所有机械设备验收资料均由机械管理部门统一保存，并交安全部门一份备案。

2. 施工现场的机械设备验收组织管理

（1）企业的设备验收：企业要建立健全设备购置验收制度，对于企业新购置的设备，尤其是大型施工机械设备和进口的机械设备，相关部门和人员要认真进行检查验收，及时安装、调试、移交使用，以便在索赔期内发现问题，及时办理索赔手续。同时要按照国家档案管理要求，及时建立设备技术档案。

（2）工程项目的设备验收：工程项目要严格设备进场验收工作，一般中小型机械设备由施工员（工长）会同专业技术管理人员和使用人员共同验收；大型设备、成套设备需在项目经理部自检自查的基础上报请公司有关部门组织技术负责人及有关部门和人员验收；对于重点设备要组织第三方具有认证或相关验收资质的单位进行验收，如塔式起重机、电动吊篮、外用施工电梯、垂直卷扬提升架等。

3. 施工机械进场验收主要内容

（1）安装位置是否符合施工平面布置图要求。

（2）安装地基是否坚固，机械是否稳固，工作棚搭设是否符合要求。

（3）传动部分是否灵活可靠，离合器是否灵活，制动器是否可靠，限位保险装置是否有效，机械的润滑情况是否良好。

（4）电气设备是否安全可靠，电阻遥测记录应符合要求，漏电保护器灵敏可靠，接地接零保护正确。

（5）安全防护装置完好，安全、防火距离符合要求。

（6）机械工作机构无损坏；运转正常，紧固件牢固。

（7）操作人员必须持证上岗。

4. 起重设备安装验收参考表格

起重设备是施工项目机械设备管理最为重要的部分。对于起重机械的验收可以参照以下表格内容进行，并做好验收记录。

（1）设备情况表（表1-59）；

（2）安装单位情况表（表1-60）；

设备情况表　　**表1-59**

产权单位		设备备案证证号	
设备名称		设备型号	
起升高度		额定起重力矩（起重量）	
生产厂家		出厂日期	

安装单位情况表　　**表1-60**

安装单位（章）				联系电话		
企业法定代表人				技术负责人		
起重设备安装工程专业承包企业资质证证号		资质等级		发证单位		
拟安装日期				拟拆卸日期		
专业安装人员及现场监督专业技术人员	性别	年龄	岗位工种	操作证证号	发证时间	复审记录

（3）施工操作单位情况表（表1-61）；

（4）塔式起重机安装单位自检验收表（表1-62）；

施工操作单位情况表 表 1-61

工程名称				结构层次		建筑面积	
施工单位				项目经理		电话	
司机	性别	年龄	本工种年限	操作证证号		发证时间	复审记录
指挥、司索人员	性别	年龄	本工种年限	操作证证号		发证时间	复审记录

塔式起重机安装单位自检验收表 表 1-62

验收项目	验收内容	验收结果	结论
技术资料	设备备案证，出租设备检测合格证明		
	基础验槽、隐蔽记录，钢筋、水泥复试报告，混凝土试块强度报告		
	改造（大修）的设计文件，安全性能综合评价报告		
	设备使用情况记录表、设备大修记录表		
作业环境及外观	起重机与建筑物等之间的安全距离		
	起重机之间的最小架设距离		
	起重机与输电线的安全距离		
	危险部位安全标志及起重臂幅度指示牌（自由高度以下安装幅度指示牌，自由高度以上安装变幅仪）		
	产品标牌（包括设备编号牌）和检验合格标志		
	红色障碍灯		
金属结构	金属结构状况		
	金属结构连接		
	平衡重、压重的安装数量及位置		
	塔身轴心线对支承面的侧向垂直度		
	斜梯的尺寸与固定		
	直立梯及护圈的尺寸与固定		
	休息小平台、卡台		
	附着装置的布置与连接状况		
	司机室固定、位置及其室内设施		
	司机室视野及结构安全性		
	司机室门的开向及锁定装置		
	司机室内的操纵装置及相关标牌、标志		

续表

验收项目	验收内容	验收结果	结论
基础	基础承载及碎石敷设		
	路基排水		
轨道	起重机轨道固定状况		
	a. 轨道顶面纵、横向上的倾斜度		
	b. 轨距误差		
	c. 钢轨接头间隙，两轨顶高度差		
	支腿工作、起重机的工作场地		
主要零部件及机构	吊钩标记和防脱钩装置		
	吊钩缺陷及危险断面磨损		
	吊钩开口度增加量		
	钢丝绳选用、安装状况及绳端固定		
	钢丝绳安全圈数		
	钢丝绳润滑与干涉		
	钢丝绳缺陷		
	钢丝绳直径磨损		
	钢丝绳断丝数		
	滑轮选用		
	滑轮缺陷		
	滑轮防脱槽装置		
	制动器设置		
	制动器零部件缺陷		
	制动轮与摩擦片		
	制动器调整		
	制动轮缺陷		
	减速器连接与固定		
	减速器工作状况		
	开式齿轮啮合与缺损		
	车轮缺陷		
	联轴器及其工作状况		
	卷筒选用		
	卷筒缺陷		
电气	电气设备及电器元件		
	线路绝缘电阻		
	外部供电线路总电源开关		
	电气隔离装置		
	总电源回路的短路保护		

续表

验收项目	验收内容	验收结果	结论
电气	失压保护		
	零位保护		
	过流保护		
	断错相保护		
	便携式控制装置		
	照明		
	信号（障碍灯）		
	电气设备的接地		
	金属结构的接地		
	防雷		
安全装置与防护措施	高度限位器		
	起重量限制器		
	力矩限制器		
	行程限位器		
	强迫换速		
	防后翻装置		
	回转限制		
	小车断绳保护装置		
	风速仪		
	防风装置		
	缓冲器和端部止挡		
	扫轨板		
	防护罩和防雨罩		
	防脱轨装置		
	紧急断电开关		
	防止过载和液压冲击的安全装置		
	液压缸的平衡阀及液压锁		
试验	空载试验		
	额载试验		
	超载 25%静载试验		
	超载 10%动载试验		
验收结论			
验收签字	现场安装负责人：　　现场专业技术监督人员： 安装单位技术负责人：　　安装单位负责人： 安装单位（章） 年　月　日		

注：验收结论必须量化。

(5) 塔式起重机共同验收记录（表 1-63）；

塔式起重机共同验收记录表 **表 1-63**

验收项目	验收内容和要求	验收结果	结论
技术资料	设备备案证、出租设备的检测合格证明及基础验槽、隐蔽记录、钢筋水泥复试报告，混凝土试块强度报告齐全，改造（大修）的设计文件、安全性能综合评价报告齐全，检验检测机构对设备的检测合格证明，设备的安装使用记录、大修记录，安装单位的自检验收记录，设备的安全使用说明等资料齐全		
方案及安全施工措施	塔式起重机的安全防护设施符合方案及安全防护措施的要求		
塔式起重机结构	部件、附件、连结件安装齐全，位置正确，安装到位		
	螺栓拧紧力矩达到原厂设计要求，开口销齐全、完好		
	结构无变形、开焊、疲劳裂纹		
	压重、配重重量、位置达到原厂说明书要求		
保险装置	吊钩上安装防钢丝绳脱钩的保险装置（吊钩挂绳处磨损不超过 10%）		
	卷扬机的卷筒上有钢丝绳防滑脱装置，上人爬梯设护圈（护圈从平台上 2.5m 处设置直径 0.65～0.8m，间距 0.5～0.7m；当上人爬梯在结构内部，与结构间的自由通道间距小于 1.2m 可不设护圈）		
限位装置	动臂变幅塔式起重机吊钩顶距臂架下端 0.8m 停止运动；小车变幅，上回转塔机起重绳 2 倍率时为 1m，4 倍率时为 0.7m，下回转塔式起重机起重绳 2 倍率时为 0.8m，4 倍率为 0.4m 时，应停止运动		
	轨道式塔式起重机或变幅小车应在每个方向装设行程限位装置		
	对塔式起重机周围有高压线或其他特殊要求的场所应设回转限位器		
	起重力矩和起重量限制器灵敏、可靠		
绳轮系统	钢丝绳在卷筒上缠绕整齐，润滑良好		
	钢丝绳规格正确，断丝，磨损未达到报废标准		
	钢丝绳固定不少于 3 个绳卡，且规格匹配，编插正确		
	各部位滑轮转动灵活、可靠、无卡塞现象		
电气系统	电缆供电系统供电充分，正常工作电压 380 (1±5%)V		
	炭刷、接触器、继电器触点良好		
	仪表、照明、报警系统完好、可靠		
	控制、操纵装置动作灵活、可靠		
	电气各种安全保护装置齐全、可靠		
	电气系统对塔式起重机金属部分的绝缘电阻不小于 0.5MΩ		
	驾驶室内有灭火器材及夏天降温、冬天取暖装置		
	接地电阻 $R \leqslant 4\Omega$，设置防雷击装置		
附墙装置与夹轨钳	自升塔式起重机超过规定必须安装附墙装置，附墙装置应由厂家生产，不得用其他材料代替		
	轨道式塔式起重机必须安装夹轨钳		

续表

验收项目	验收内容和要求	验收结果	结论
安装与拆除	安装与拆除必须制定方案，有书面安全技术交底		
	安装与拆除必须由有相应资质的专业队伍进行		
路基	路基坚实、平整，无积水，路基资料齐全		
	枕木铺设按规定进行，道钉、螺栓齐全		
	钢轨顶面纵、横方向上的倾斜度≤0.001，轨距偏差不超过其名义值的0.001		
	塔身对支持面的垂直度不大于3‰		
	止挡装置距离钢轨两端距离≥1m，限位器灵敏可靠		
	高塔基础符合设计要求		
多塔作业	多塔作业有防碰撞措施		
试验	空载荷、额定载荷、超载10%载荷、超载25%静载等各种情况下的运行情况		
试运行	检查各传动机构是否准确、平稳、有无异常声音，液压系统是否渗漏，操纵和控制系统是否灵敏可靠，钢结构是否有永久变形和开焊，制动器是否可靠，调整安全装置并进行不少于3次的检测		
结论			
验收签字	出租单位负责人： （章） 年 月 日	安装单位负责人： （章） 年 月 日	
	施工单位项目负责人： （章） 年 月 日	施工分包单位负责人： （章） 年 月 日	

（6）施工电梯共同验收记录表（表1-64）；

（7）附着式升降脚手架首次安装检查验收表（表1-65）；

（8）附着式升降脚手架提升、下降作业前检查验收表（表1-66）。

施工电梯共同验收记录表　　表 1-64

工程名称		施工电梯型号	
部位		验收日期	

序号	检查项目	检查标准	检查结果
1	验收条件	施工电梯安装是否报建设行政主管部门审核并批准	
		施工电梯已经设备安装单位自检合格	
2	作业环境	升降机运动部件与建筑物和固定施工设备之间的距离不得小于 0.25m	
		吊笼、对重、随行电缆通道畅通	
		与周围架空线路的距离大于安全距离	
3	安全装置	防坠安全器在有效期限内，灵敏可靠	
		底笼门机电连锁装置齐全有效	
		各进出门限位、上下限位、上下极限开关正常	
		防断绳保险、吊笼安全钩安装正确，动作可靠	
4	金属结构	主要受力构件不应存在失稳、严重塑性变形和裂纹，焊缝和螺栓连接牢固，无缺陷	
		导轨架安装垂直度应符合规范要求	
		钢丝绳无缺陷	
5	安全防护	吊笼进出口安全防护棚搭设符合规范要求	
		层站卸料口防护门和防护栏杆设置规范	
		底架上应设置高度不低于 1.5m 的地面防护围栏	
6	基础	基础应符合设计规范要求，并有排水措施	
7	附墙装置	附墙间距符合说明书要求，固定可靠	
		附墙装置不得与脚手架连接	
8	电气安全	施工升降机的控制、照明、信号回路的对地绝缘电阻不应小于 0.5MΩ，动力电路的对地绝缘电阻不应小于 1MΩ	
		接地、接零符合要求，接地电阻不大于 4Ω	
		过电流保护、失压保护、断错相保护装置齐全有效	
		电气设备及电器元件构件应齐全完整、固定牢固、绝缘材料无破损或变质、电气连接应可靠	
9	整机运行	整机运转正常，无异响、无漏油，制动可靠	

验收签字	安装单位负责人：	机组长：
	责任工程师：	测量员：
	安全负责人：	质量负责人：
	生产经理：	总工（技术负责人）：
	验收结论：	
核准签字	核准意见：	
	项目经理：	年　月　日

附着式升降脚手架首次安装检查验收表 **表 1-65**

工程名称				架体编号	
机位数量		升降分组		所属单位	

序号	检查项目		检查内容	检查结果
1	保证项目	脚手架总尺寸	架高≤5倍层高，架宽≤1.2m，架体全高×支承跨度≤110m^2	
2			支承跨度（直线型）≤7m； 支承跨度（折线或曲线型架体外侧距离）≤5.4m	
3			水平悬挑长度≤2m，且≤1/2跨度	
4			立杆间距和步距符合使用说明书和现行相关标准	
5		竖向主框架	构件布置、杆件规格、导轨长度、电动葫芦符合使用说明书	
6			各节点为焊接或螺栓连接	
7			导轨无明显变形；止坠横档无明显变形、焊缝开裂	
8			垂直偏差≤5‰，且≤60mm	
9			相邻竖向主框架的高差≤30mm	
10		水平支承结构	构件布置和构件规格符合使用说明书	
11			桁架上弦杆有平面外支撑	
12			各节点为焊接或螺栓连接	
13			弦杆对接采用刚性接头	
14			桁架无节间受力或节间按安全专项施工方案加强	
15		脚手板	脚手板的承载力和变形符合安全专项施工方案	
16			底部铺设严密，与建筑物无间隙	
17			操作层铺满、铺牢，孔洞内切圆直径<25mm；脚手板探头长度≤150mm	
18		附着支承	竖向主框架所覆盖的每一楼层有附着支承	
19			附着支承与建筑结构紧密贴合并紧固	
20			连接处的混凝土龄期抗压强度符合设计要求，且≥15MPa	
21			螺栓孔中心到梁底的距离≥150mm	
22			锚固不少于双螺栓，螺栓直径符合设计要求	
23			螺母厚度≥螺杆直径，螺杆露出长度≥3扣，且≥10mm。垫板尺寸≥100mm×100mm×10mm	
24			有防倾、导向功能	
25			使用工况，架体固定于附着支承上	
26		外立面	外立面封闭严密，剪刀撑设置符合要求，转角部位及塔式起重机附墙处网片应固定牢靠、封闭严密	
27			作业层立面防护不低于1.5m	
28			外立面CI布置符合总公司要求	
29		水平悬挑	阴阳角处距竖向主框架中心点距离不小于2m	

续表

序号	检查项目		检查内容	检查结果
30	保证项目	防倾装置	使用工况，最上和最下防倾装置的间距≥5.6m，且≥1/2架体高度	
31			防倾装置与导轨的间隙≤5mm	
32			导轨装置与提升装置的附着点分别固定于建筑结构上	
33		防坠装置	每一机位防坠装置齐全有效	
34			防坠装置具有防尘防污染措施，且灵敏可靠	
35			吊杆式防坠装置的钢吊杆由计算确定，且直径≥25mm	
36			1个机位仅设1道防坠装置时，防坠装置与升降设备连接于不同的附墙支承	
37		同步装置	整体式脚手架采用限制荷载控制系统	
38			同步装置的操作控制装置不得安装在架体上	
39			具有控制升降提示、超载失载自动报警和停机、荷载实时显示和存储、自身故障报警功能	
40	一般项目	防护设施	外立面防护严密，网片与立杆/走道板拼接严密	
41			金属板立网锚固在金属框并和架体可靠连接，能承受1.0kN水平荷载不发生破坏	
42			操作层距楼面高度大于2m时，内侧设1.2m高防护栏杆和180mm高挡脚板	
43			设置不少于两道翻板且固定牢靠，封闭严密	
44			架体断开或开口处设有防护栏杆并封闭	

验收签字

安拆单位负责人：　　　　建造工程师：

安全总监：　　　　技术总监：

建造总监：　　　　项目经理：

验收结论：

核准意见：　　　　安监部现场核验人员：

建造总监：　　　　年　月　日

附着式升降脚手架提升、下降作业前检查验收表 **表 1-66**

工程名称				架体编号	
机位数量		升降分组		所属单位	

序号	检查项目		检查内容	检查结果
1	保证项目	附着支承处混凝土强度	达到安全专项施工方案计算值，且≥15MPa	
2		脚手架状况	架体无结构变动、构件缺失、损坏，各部连接无缺失、松动，无明显变形、扭曲，无堆积物和建筑垃圾	
3			外立面安全防护无损坏	
4		附着支承	竖向主框架所覆盖的每一楼层附着支承完好	
5			附着支承上的防坠，防倾、导向装置完好	
6			新装附着支承安装、调试完毕	
7	保证项目	升降装置	提升附墙支承或提升支座采用双螺栓固定牢固	
8			提升附墙支承或提升支座无明显变形	
9			升降系统零部件、连接无开裂、损坏，连接牢固	
10			升降系统经过清理、保养，运行顺畅	
11			动力设备悬挂正确、连接可靠、启动灵敏，运转正常	
12			控制柜和控制设备工作正常，功能齐备	
13		防坠装置	防坠装置齐全，无缺失、无改动	
14			经过清理、检查和保养，运转自如、灵敏可靠	
15			安装位置正确，制停有效	
16		防倾覆装置	防倾覆导轨与竖向主框架可靠连接	
17			导轨和导向轮的间隙≤5mm	
18			升降工况，最上和最下两个导向件之间的最小间距≥2.8m，或≥1/4架高 使用工况，最上和最下两个导向件之间的最小间距≥5.6m，或≥1/2架高	
19			架体悬挑高度≤5/2 架高，且≤6m	
20		障碍物、约束清除	无障碍脚手架升降的阻碍物、约束全部解除	
21			架体构架上的连墙杆全部拆除	
22			无穿插或连接的塔式起重机或施工电梯附墙装置	
23	一般项目	作业人员	持证上岗，有安全技术交底记录，有安全监护区并有专人值守	
24		指挥和通信	人员已到位，责任明确、设备工作正常	
25		电缆线路和开关箱	升降动作声光提示工作正常	
26			符合现行行业标准《施工现场临时用电安全技术规范》JGJ 46 中对线路负荷的计算要求；设置专用的开关箱	
验收签字	安拆单位负责人： 安全总监： 建造总监： 验收结论：		建造工程师： 技术总监：	
分公司核准签字	核准意见： 安全总监：		年 月 日	

1.12.5 施工项目机械设备的保养与维修

1.12.5.1 施工项目机械设备的保养

机械设备的保养指日常保养和定期保养，对机械设备进行清洁、紧固、润滑防腐、修换个别易损零件，使机械保持良好的工作状态。

1. 日常保养

（1）日常保养工作主要是对某些零件进行检查、清洗、调整、紧固等，例如，空气滤清器和机油滤清器因尘土污染或聚集金属末与炭末，使滤芯失去过滤作用，必须经过清洗方能消除故障；锥形轴承或离合器等使用一段时间后，间隙有所增大，须经适当调整后方可使间隙恢复正常；螺纹紧固件使用一段时间后也会松动，必须给予紧固，以免加剧磨损。

（2）建筑机械的日常保养分为班保养和定期保养两类。

（3）班保养是指班前班后的保养，内容不多，时间较短，其主要内容是：清洁零部件、补充燃油与润滑油、补充冷却水、检查并紧固零件、检查操纵、转向与制动系统是否灵活可靠，并作适当调整。

2. 定期保养

（1）定期保养是指工作一段时间后进行的停工检修工作，其主要内容是：排除发现的故障、更换工作期满的易损部件、调整个别零部件、并完成日常保养全部内容。定期保养根据工作量和复杂程度，分为一级保养、二级保养、三级保养和四级保养，级数越高，保养工作量越大。

（2）定期保养是根据机械使用时间长短来规定的，各级保养的间隔期大体为：一级保养 50h，二级保养 200h，三级保养 600h，四级保养 1200h（相当于小修）；超过 2400h，即应安排中修；4800h 以上，应进行大修。

（3）各级保养的具体内容应根据建筑机械的性能与使用要求确定。

3. 冬季的维护与保养

冬季气温低，机械的润滑、冷却、燃料的汽化等条件均不良，保养与维护也困难。为此，建筑机械在冬季作业前，应做详细的技术检查，发现缺陷须及时消除。机械的驾驶室应给予保暖，柴油机装上保暖套，水管、油管用毡或石棉保暖，操纵手柄、手轮要用布包起来。冷却系统、油匣、汽油箱、滤油器等必须认真清洗，并用空气吹净。蓄电池要换上具有高密度的电解质，并采取保温措施和采用低温性能好的冬季润滑剂。冷却系统中，宜用冰点很低的液体（如 45％的水和 35％的乙烯乙氨酸混合液）。长期停用的机械，冷却水必须全部放净。为了便于启动发动机，必须装上油液预热器。

采用液压操纵的建筑机械，低温时必须用变压器油代替机油和透平油（因为甘油与油脚混合后，会形成凝块从而破坏液压系统的工作）。

4. 保养要求

（1）机械技术状况良好，工作能力达到规定要求。

（2）操纵机构和安全装置灵敏可靠。

（3）做好设备的“十字”作业，清洁、紧固、润滑、调整、防腐。

（4）零部件、附属装置和随机工具完整齐全。

(5) 设备的使用维修记录资料齐全、准确。

1.12.5.2 施工项目机械维修

机械修理包括零星小修、中修和大修。

(1) 零星小修是临时安排的修理，一般与保养相结合，不列入修理计划。目的是消除操作人员无力排除的机械设备突然发生故障、个别零件损坏或一般事故性损坏，及时进行维修、更换、修复。

(2) 大修和中修列入修理计划，并由企业负责按机械预检修计划对施工机械进行检修。

(3) 大修是对机械设备进行全面的解体检查修理，保证各零部件质量和配合要求，使其达到良好的技术状态，恢复可靠性和精度等工作性能，以延长机械的使用寿命。

(4) 中修是对不能继续使用的部分总成进行大修，使整机状况达到平衡，以延长机械设备的大修间隔。

(5) 中修是在大修间隔期间对少数总成进行的一次平衡修理，对其他不进行大修的总成只执行检查保养。

1.12.6 机械设备安全管理

施工机械在使用过程中如果管理不严、操作不当，极易发生伤人事故。机械伤害已成为建筑行业“五大伤害”之一。现场施工人员了解常见的各种起重机械、物料提升机、施工电梯、土方施工机械、各种木工机械、卷扬机、搅拌机、钢筋切断机、钢筋弯曲机、打桩机械、电焊机以及各种手持电动工具等各类机械的安全技术要求对预防和控制伤害事故的发生非常必要。

1.12.6.1 施工机械进场及验收安全管理

1. 机械进场使用准备阶段的安全管理

(1) 施工现场所需的机械，由施工负责人根据施工组织设计审定的机械需用计划，与机械经营单位签订租赁合同后按时组织进场。

(2) 进入施工现场的机械，必须保持技术状况完好，安全装置齐全、灵敏、可靠，机械编号的技术标牌完整、清晰，起重、运输机械应经年审并具有合格证。

(3) 电力拖动的机械要做到一机、一闸、一箱，漏电保护装置灵敏可靠；电气元件、接地、接零和布线符合规范要求；电缆卷绕装置灵活可靠。

(4) 需要在现场安装的机械，应根据机械技术文件（随机说明书、安装图纸和技术要求等）的规定进行安装。安装要由专人负责，经调试合格并签署交接记录后，方可投入生产。

(5) 现场机械的明显部位或机棚内要悬挂切实可行的简明安全操作规程和岗位责任标牌。

(6) 进入现场的机械，要进行作业前的检查和保养，以确保作业中的安全运行。刚从其他工地转来的机械，可按正常保养级别及项目提前进行；停放已久的机械应进行使用前的保养；以前封存不用的机械应进行启封保养；新机或刚大修出厂的机械，应按规定进行走合期保养。

2. 机械进场使用前验收的安全管理

参见“1.12.4.2 进入施工现场的机械设备验收”中“1. 施工现场的机械设备验收管

理要求”。

1.12.6.2 机械设备安全技术管理

（1）项目经理部技术部门应在工程项目开工前编制包括主要施工机械设备安全防护技术在内的安全技术措施，并报管理部门审批。

（2）认真贯彻执行经审批的安全技术措施。

（3）项目经理部应对分包单位、机械租赁方执行安全技术措施的情况进行监督。分包单位、机械租赁方应接受项目经理部的统一管理，严格履行各自在机械设备安全技术管理方面的职责。

1.12.6.3 贯彻执行机械使用安全技术规程

《建筑机械使用安全技术规程》JGJ 33—2012 由住房和城乡建设部制定和颁发，它对机械的结构和使用特点，以及安全运行的要求和条件都进行了明确的规定，同时规定了机械使用和操作必须遵守的事项、程序等基本规则。机械操作和管理人员必须认真执行本规程，按照规程要求对机械进行管理和操作。

1.12.6.4 做好机械安全教育工作

各种机械操作人员除进行必需的专业技术培训，取得操作证后方能上岗操作以外，机械管理人员还应按照项目安全管理规定对机械使用人员进行安全教育，加强对机械使用安全技术规程的学习和强化。

1.12.6.5 严格机械安全检查

项目机械管理人员应采用定期、班前、交接班等不同的方式对机械进行安全检查。检查的主要内容为：一是机械本身的故障和安全装置的检查，主要消除机械故障和隐患，确保机械安全装置灵敏可靠；二是机械安全施工生产检查，针对不断变化的施工环境，主要检查施工条件、施工方案、措施是否能够确保机械安全生产。

1.13 施工项目资金与财务管理

1.13.1 施工项目资金策划

项目资金策划是项目前期根据工程的工期、特点、条件、收款等各种信息的整理分析，预测项目各个关键节点的现金流入和现金使用情况，因地制宜地制定有效的降本增效措施，能够开源节流、合理筹划资金的使用，从而提升项目的盈利能力，补齐现金流量管理的短板。主要包括资金筹集与收取、资金收支预测、资金收支计划以及资金策划管理四个方面。

1.13.1.1 资金筹集与收取

项目资金的主要来源是由发包方提供的工程预付款、施工过程支付的进度款、结算款等。但这部分资金往往因支付的比例与额度不足，造成对项目施工正常进行的影响。在实际项目操作过程中，项目需要垫支部分自有资金。项目的资金来源有以下几种方式：

（1）按照合同约定的工程预付款。

（2）发包方按合同约定支付的工程进度款。

（3）企业自有资金的垫付。

（4）银行贷款。

（5）企业内部其他项目资金的调剂。

1.13.1.2 资金收支预测

1. 施工项目资金收入预测

项目资金是按合同价款收取的。在实施施工项目合同过程中，应从收取工程预付款（预付款在施工后以冲抵工程价款方式逐步扣还给业主）开始，每月按进度收取工程进度款，到最终竣工结算，按时间测算出价款数额，做出项目资金按月收入图及项目资金按月累加收入图。

在资金收入预测中，每月的资金收入都是按合同规定的结算办法测算的。实践中工程进度款经常不能及时到位，因而预测时要充分考虑资金收入款滞后的时间因素。另外资金的收入——进度款额需要以合同工期完成施工任务作保证，否则会因为延误工期而罚款，从而造成经济损失。

2. 施工项目资金支出预测

施工项目资金支出即项目施工过程中的资金使用。项目经理部应根据施工项目的成本费用控制计划、施工组织设计、工程材料设备计划测算出随着工程实施进展，每月预计的人工费、材料费、施工机械使用费、工程材料设备费、临时设施费、其他直接费和施工管理费等各项支出，形成对整个施工项目按时间、进度的资金使用计划和项目费用每月支出图及支出累加图。

资金的支出预测，应从实际出发，尽量具体而详细，同时还要注意资金的时间价值，以使测算结果能够满足资金管理的需要。

1.13.1.3 资金收支计划

项目经理部应根据施工合同、承包造价、施工进度计划、施工项目成本计划、工程材料供应计划、资金的收支预测情况等编制年、季、月度资金收支计划，上报企业主管部门审批后实施。

1. 项目资金收支总计划

在项目开工前，结合合同约定的付款条件以及对分包商/供应商等的支付条件，编制“项目资金收款计划表”（表1-67）、“项目资金支付计划表”（表1-68）。对于跨年度的项目，还需编制年度收支计划，对项目的总体现金流量进行预测和分析。

2. 项目资金收支月计划

项目月资金使用实行月报计划制度。每月项目经理部编制下月资金收支计划，进而提出月度资金使用计划（额度），编制“项目月度资金使用计划表”，该计划由企业相关部门审核批准。

3. 资金计划的调整

项目每月的资金使用要严格控制在计划之内，超出计划之外时，财务资金部停止付款。项目经理部为保证项目的正常运行，应提前提出资金使用变更申请，申请中要分析产生的原因，变更申请和相应计划审批程序相同。项目每月盘点资金使用状况时，要与产值进度以及成本管理绩效相结合，实行收、支两条线。

项目资金收款计划表　　表 1-67

月份	业主拨付预付款		工程进度款		业主供材料		业主抵扣预付款		变更工程款		其他收款		收款累计	
	本月	累计	本月	累计	本月	累计	本月	累计	本月	累计	本月	累计	本月	累计
合计														

项目资金支付计划表　　表 1-68

月份	支付分包进度款		材料款		人工费		现场经费		其他费用		付款累计		资金余额（收款累积－付款累计）	
	本月应付	本月拟付	本月应付	本月拟付	本月应付	本月拟付	本月应付	本月拟付	本月应付	本月拟付	本月应付	本月拟付	本月余额	累计余额
合计														

1.13.1.4　资金策划管理

1. 施工项目资金管理授权

企业应根据工程项目具体情况，对项目经理部的资金管理权限进行约定，并通过项目授权书予以明确。对于采用项目经理责任制的项目，宜建立专用账户，由企业财务部门管理，资金使用由项目经理安排使用，主要权责如下：

（1）负责工程项目计价及工程款回收；

（2）制定年度、季度及每月资金收支计划；

（3）负责制定资金安排及发起资金支付申请；

（4）负责工程结算及尾款回收工作；

（5）按照企业制度制定项目奖励分配方案。

2. 施工项目资金策划调整

施工项目资金策划对项目资金支付具有预算约束力，当项目所处的客观条件发生变化时，需要对后期的资金收支及结余目标进行重新测算与研判，即资金策划调整。

在建阶段项目资金策划方案调整的客观条件主要如下：

（1）主合同付款条件发生重大变更；

（2）合同预计收入变动超过一定范围；

（3）合同预计成本变动超过一定范围；

（4）发生停工缓建一定期限的；

（5）其他不可抗力事件。

在建阶段项目资金策划方案必须以调整日上一月份的实际累计数据为基础，对后期数据进行滚动测算。

1.13.2 资金预算、清算管理和平衡

1.13.2.1 施工项目资金预算管理

（1）项目财务预算由项目经理部根据工程合同、项目管理目标责任书、施工组织设计、各种生产资料的市场价格及预期情况进行编制，报企业批准后执行；项目预算方案在执行过程中根据项目实际情况的变化，按企业规定的程序进行必要的调整和完善。

（2）项目财务预算执行严密的预算调整程序。原则上各项目预算一经批准确定不得更改，但因特殊事由需调整的，应遵循严格的审批制度。

（3）财务预算在项目中标后、开工前提出。

1.13.2.2 施工项目资金清算管理

（1）项目竣工结算时项目主管会计应配合项目合约商务部门与项目业主、分包商、供应商进行清算。

（2）项目会计根据清算报告及时进行会计账务处理。

（3）在项目经理部与业主办理工程清算，以及项目劳务、材料、机械等所有支出清算完成后，企业对项目经理部进行财务清算。

（4）项目会计按照公司规定编制项目清算财务分析报告。

（5）项目竣工结算后由公司派审计人员及相关部门对项目签订的合同及账务进行审计。

（6）审计后项目会计按照公司档案管理规定将项目的有关财务资料及时清理造册并移交公司档案室。

1.13.2.3 施工项目资金平衡

资金平衡是全周期项目资金管控的关键点，项目经理部根据实际收支做好资金平衡工作，见表1-69。

项目资金平衡表 **表1-69**

资金来源	金额	备注	资金占用	金额	备注
一、合同价款			一、工程成本		
1. 甲方已付工程款			1. 分包支付		
2. 甲方暂借款			2. 材料费		
3. 公司垫资			3. 管理费		
			二、保证金支出		
			1. 履约保证金		

续表

资金来源	金额	备注	资金占用	金额	备注
			2. 农民工工资保证金		
			三、已开票税金		
合计			合计		

1.13.3 资金收取与支出管理

1.13.3.1 施工项目资金收取管理

项目经理部应按企业授权配合企业财务部门及时进行资金计收。资金计收应符合下列要求：

（1）新开工项目按工程施工合同收取预付款或开办费。

（2）根据月度统计报表编制“工程进度款估算单”，在规定日期内报监理工程师审批、结算。如发包人不能按期支付工程进度款，且超过合同支付的最后限期，项目经理部应向发包人出具付款违约通知书，并按银行的同期贷款利率计息。

（3）根据工程变更记录和证明发包人违约的材料，及时计算索赔金额，列入工程进度款结算单。

（4）发包人委托代购的工程设备或材料，必须签订代购合同，收取设备订货预付款或代购款。

（5）工程材料价差应按规定计算，发包人应及时确认，并与进度款一起收取。

（6）工期奖、质量奖、措施奖、不可预见费及索赔款应根据施工合同规定与工程进度款同时收取。

（7）工程尾款应根据发包人认可的工程结算金额及时收回。

1.13.3.2 项目分包商/供应商资金支付管理

资金使用应遵循资金计划原则与以收定支原则。

1. 项目分包商/供应商付款依据

（1）项目分包/供应商合同：直接费款项支付均应签署公司规定的合同。

（2）项目预算成本：直接费款项支付均应在企业签发的项目预算成本额度内。

（3）项目月度资金使用计划：项目每月底必须申报下月的月度资金使用计划，月度资金使用计划应遵循以收定支原则。

（4）项目分包工作量统计表：项目每月底必须申报分包工程量统计表（表 1-70）。

分包工作量统计表　　表 1-70

序号	分包单位名称	合同编号	上期累计已完工作量	本月完成工作量	累计已完工作量
一	分包				
1					
2					

续表

序号	分包单位名称	合同编号	上期累计已完工作量	本月完成工作量	累计已完工作量
二	机械租赁				
1					
2					
三	临时设施				
1					
2					
合计					

(5) 项目资金余额：项目付款应保证项目资金金额在公司规定的额度之内，对应的工程款从业主处收回，遵循以收定支的原则。

(6) 担保的提供：支付预付款和工程款时分包商/供应商应按照合同规定提交公司认可的预付款保函和履约保函，否则应扣除相应的保证金。

2. 项目分包商/供应商付款程序

(1) 对分包商付款时，由项目工程师确认并提供工程形象进度、质量和工作完成量，作为付款申请的重要依据。

(2) 对供应商付款时，由项目工程材料部门提供并确认供应工程材料、设备的数量、质量等，作为付款申请的重要依据。

(3) 项目合约商务部门根据合同、定额、验收资料等计算付款金额，并编制“分包商/供应商付款申请表”（表 1-71）和“分包商/供应商工作量完成情况统计表”（表 1-72)。

分包商/供应商付款申请表 **表 1-71**

分包商/供应商名称：			合同编号：	
合同形式：			付款方式：□支票□汇票□电汇□其他：	
合同价格：			本期付款为该合同下第 次付款	
收款人开户银行及账号			本期付款对应工作时间截止至：	
数据类别	代号	二级数据/计算公式	金额（支付币种：人民币）	备注
至本期止累计应付款	a	完成工作量累计（见附表）	—	
	b	按照付款比例（i）应付款 $a\times i$		
	c	工期奖/质量奖		
	d	应付预付款		
	e	退还保留金		
	f	其他应付款		
	g	至本期止应付款合计 sum ($b-e$)		
至本期止累计扣款	h	预付款抵扣		
		预付款余额（$d-h$）	—	
	j	保留金		
		保留金余额（$j-e$）		
	k	税金及基金		
	m	其他扣款		
	n	至本期止扣款合计（$h+j+k+m$）	—	

续表

数据类别	代号	二级数据/计算公式	金额（支付币种：人民币）	备注
至本期止累计应付净额	p	$(g-n)$	—	
此前累计已付款	q	项目部财务按照实际填写		
本期应付款	r	$(p-q)$	—	
本期实际付款	s	（s应小于或等于r）		
至本期止累计已支付金额	t	$(s+q)$	—	
本单对应工作内容是否已从业主收回工程款，以及回收比例				
项目审核会签				
公司审核审批				

分包商/供应商工作量完成情况统计表　　表 1-72

分包商/供应商单位名称：　　金额：元

序号	工作内容描述/材料名称	单位	合同单价（元）	实际完成数量	完成工作量（元）	施工部位	施工时间
总计							

注：1. 本表适用于所有工程分包、材料采购及财产租赁等情况完成工作量的统计，工作量统计应涵盖合同方完成的所有我方应支付和扣款项目，扣款项目应用负数表示。

2. 本表应根据工程进度累加统计。

（4）分包商/供应商付款审核审批程序

项目经理部会签→公司相关管理部门复核→公司财务部门复核→公司领导审批→财务付款。

3. 项目分包商/供应商财务审核内容

（1）项目分包/供应合同；

（2）项目预算成本；

（3）项目资金余额；

（4）分包商/供应商提供的保函；

（5）按照国家或公司合同规定的应代扣代缴各种税费；

（6）各种往来款项抵扣；

（7）付款文件的完整性；

（8）付款金额的正确性；

（9）分包商/供应商提供发票的合法性；

（10）付款审批会签程序符合规定。

4. 工程款支付要求

（1）分包工程款支付必须在分包工程结算审查完成后方可办理。材料、设备款必须在验收入库后方可办理。禁止先付款、后结算。

（2）如采取分包借款的方式支付分包工程款时，应经过企业或分支机构总经理批准，借款人应提供担保或抵押，且借款手续齐备。

（3）企业从业主收取相应工程款后方可支付分包工程款和材料设备等款，且支付比例不得高于企业从业主收回工程款的比例。

（4）采取总价包干、分段结算的分包工程，应严格做到付款与工程进度同步。

（5）分包工程款和材料设备等款的支付必须履行企业规定的程序并办理相应的财务手续。

（6）必须建立工程款支付台账，及时掌握工程进度、结算和项目成本状况，并与工程款回收情况进行对比，发现问题及时采取措施。

1.13.4 财务管理

1.13.4.1 施工项目资金账户与印鉴管理

企业通常情况下不单独开设项目经理部银行账户。如果情况特殊，必须开设项目银行账户的，由项目经理部申请，企业进行账户开设的必要性及安全性分析，可行时确定项目账户开设方案。

企业规定账户开设性质和具体管理要求，安排专人负责并通过网络监控等手段确保项目账户合法、安全。

企业资金管理部门每月初应向银行核对银行账户中的记录和存款余额，确保与企业账簿记录和存款余额相符，不得出借银行账户，及时办理年检等有关手续，账户不需用时应及时销户。

银行印鉴应按照财务管理规定进行管理，将财务专用印章和人名章分人保管，严格按照要求使用。不定期对银行账户和印鉴管理进行检查。

1.13.4.2 施工项目财务核算管理

（1）项目中标后公司财务部门应确定项目会计负责项目的财务核算。项目会计应严格按照公司会计制度对项目账务进行处理。

（2）项目会计应随时登记项目台账，及时处理财务信息，并保证核算正确。

（3）项目会计应及时和项目商务人员沟通，保证项目成本处于受控状态。

（4）项目会计应及时清理往来账务，催要发票凭证。

（5）项目会计应及时做好电算化财务数据的备份。

（6）项目会计应按时打印装订会计凭证、账册、会计报表等。

（7）项目会计应按时向项目经理提供项目财务报告。

（8）项目出纳应对项目付款进行及时登记，并于月末将本月间接费支付明细和直接费支付各明细（包括分包单位、材料供应商、其他直接费）报至项目会计核对。

1.13.4.3　税务管理

1. 项目纳税管理

项目的出纳人员应在项目初始阶段对当地税务政策进行了解，并根据相关规定办理流转税申报、缴纳工作，并应在项目结算后办理完税证明。公司税务主管负责协助提供办理有关跨区域税收管理证明的相关资料。

2. 开具供应商和分包商完税证明的管理

（1）供应商和分包商需按照核定完成工程量提供增值税专票作为付款依据。

（2）开具完税证明的条件

1）已签订正式合同；

2）合同总价款实行税价分离，合同价格为不含税价格；

3）供应商和分包商已经提供完税正式发票。

（3）开具完税证明时发票的提供：

1）供应商和分包合同为不含税合同

供应商和分包商必须按照合同金额、每期确认实际工程量提供增值税专用发票，分别注明价款和税金，作为支付凭据。

2）项目主管会计应认真计算、审核完税金额和供应商分包商提供的增值税专用发票，并核实供应商分包商是否存在失联、失控、逃税等失信记录，如存在不良信用记录，要求供应商分包商履行纳税义务，消除不良税务征信记录方可收取其提供的增值税专用发票。否则，收取专票行为则被视为接受虚开发票行为。

3）项目主管会计应建立供应商分包商增值税专用发票相应的记录或台账。

1.13.4.4　施工项目货币资金使用管理

1. 项目备用金管理

企业建立备用金使用管理标准，明确项目备用金的数额及使用范围。

项目经理部按企业规定管理使用备用金，提高资金利用效率。

企业对项目经理部备用金的使用管理进行必要的监督检查。

2. 货币资金开支的授权批准

（1）审批人应当根据公司有关授权批准制度的规定，在授权范围内进行审批，不得超越审批权限。

（2）出纳人员应当在职责范围内，按照审批人的批准意见办理货币资金业务。

（3）对于审批人超越授权范围审批的货币资金业务，出纳人员应拒绝办理，并及时向审批人的上级授权领导报告。

3. 货币资金业务的办理程序

（1）支付申请

部门或个人用款时，应当提前提交货币资金支付申请，注明款项的用途、金额、预算及预算科目、支付方式等内容，并附有效经济合同或相关证明。

（2）支付审批

审批人根据其职责、权限和相应程序对支付申请进行审批。对不符合规定的货币资金支付申请，审批人应拒绝批准。

（3）支付复核

复核人应当对批准后的货币资金支付申请进行复核，复核货币资金支付申请的批准范围、权限、程序是否正确，手续及相关单证是否齐备，金额计算是否准确，预算是否超支，支付方式、支付单位是否妥当等。复核无误后交出纳人员办理支付手续。

（4）办理支付

出纳人员应当根据复核无误的支付申请，按规定办理货币资金支付手续，及时登记现金和银行存款日记账。

4. 库存现金的保管

出纳应按照现金业务发生的先后顺序逐笔序时登记“现金日记账”。

库存现金必须日结日清，确保现金账面余额与实际库存相符。发现不符时，应及时查明原因，做出处理。

出纳人员提取现金时应填写借款申请单，并说明库存现金情况，报财务资金部经理审批。

项目应当定期对项目现金使用进行盘点，也可在任意时间进行不定期盘点。

1.13.4.5 施工项目现场管理费用的管理

项目现场管理费的明细按企业制定的统一会计科目表分类管理。项目现场管理费的开支应控制在按规定程序审批后的预算额度和科目之内。费用科目以外的开支和超出年度预算的开支应报企业相关负责人审批。

项目现场管理费的明细如表 1-73 所示。

项目现场管理费明细表 表 1-73

序号	费用		说明
1	办公费	书报资料费	指日常购买参考书籍及资料
		打印复印费	指复印机的租赁费以及购买复印纸张、硒鼓配件等费用
		办公用品费	指购买日常办公使用的笔墨、纸张、计算器、信封、信纸、文件夹等办公消耗品的开支
		网络使用费	指建设局域网或上网发生的开支，包括拨号上网资费、专线租赁费、Modem 购置费、域名使用费等
		工程图纸费	指项目工程用图的复印费、晒图费、翻译费等以及项目的工程图纸费等
		生活用品费	指购买的被褥、纸杯、茶叶、纯净水等生活用品发生的费用
		修理费	指计算机、电视、冰箱、空调等办公设备的维修费。复印机、打印机维修费计入打印复印费
		会议费	召开各种会议需用的费用
		通信费	手机费指项目管理人员的手机通话费用。办公电话费指项目办公室的初装费和移机费以及直拨电话和传真机的市内、长途电话费
		邮寄费	指邮寄、快递有关文件、资料等发生的费用开支
		软件费	指购买各种办公软件等支出
		印刷费	指印制工作表格、标准文本、名片等费用

续表

序号	费用		说明
2	低值易耗品摊销		低值易耗品系指单价低于5000元的资产，如办公家具、电器设备等
3	业务招待费		业务招待费是指为公务需要发生的招待用餐、礼品赠送等费用
4	企业标识宣传费		在相关媒体进行的宣传开支
5	差旅交通费	市内交通费	指项目发生的市内出租车费、公交车费及项目人员交通补助等
		外埠交通费	指项目人员到项目所在地区以外出差发生的住宿费、交通费、误餐费等
		车辆使用费	指机动车停车费、过路费、过桥费、年检费、养路费、保险费、修理费等支出
		汽车加油费	预算内项目公务车的加油费
6	无形资产摊销		无形资产摊销是指项目购买各种施工管理软件发生的费用摊销
7	折旧费	办公设备折旧费	指计算机、打印机、办公家具（单价5000元以上）等办公设备应计提的折旧费
		车辆折旧费	指项目使用的企业自有公务用机动车应计提的折旧费
		其他固定资产折旧费	指项目使用的企业其他固定资产应计提的折旧费
8	工资及相关费用		包括项目管理人员工资、职工福利费（独生子女补贴、集体福利费、职工医药费等）、社会保险费（五险一金）、工会经费、职工教育经费等
9	劳动保护费		仅指项目管理人员日常的劳动保护费用
10	职工教育经费		参加国家、地方建设行政主管部门、企业内部组织的各种培训发生的费用
11	人员管理费		指职员评定职称、取得各种证书等发生的费用
12	律师诉讼费		指项目期间发生的各种纠纷诉讼产生的费用
13	税金		现场管理费用中的税金包括印花税和车船税
14	财产保险费		项目为其财产保险支付的保险费
15	意外伤害保险费		指为在施工现场的施工作业人员和工程管理人员受到的意外伤害，以及由于施工现场施工直接给其他人员造成的意外伤害而支付的保险费
16	项目其他生活费用支出		包括项目管理人员房屋租赁费、房屋维修费、物业管理费、水电费等费用

1.13.4.6　拖欠款管理

（1）项目经理部对于业主不按合同付款、拖延付款、延迟核定进度款等方式造成事实拖欠项目款项的情况，应制定拖欠款管理措施。

（2）项目经理部核定拖欠款的具体情况，分析拖欠原因，制定清欠方案。

（3）项目经理部在企业指导下有策略地实施清欠方案。

（4）业主未按合同约定支付工程款时，企业应首先做出判断，确定应对方式，并由项目部先行实施，项目力度不够时由企业实施。通常方法有加强催收、谈判、停工及法律手段等。

1.13.4.7　工程尾款与保修款管理

项目经理部需制定项目尾款及保修款清收方案。

(1) 工程清算完成后，项目收款进入项目尾款及保修款的管理。项目经理部撤销后，企业应明确原项目经理或相关人员作为收款责任人。

(2) 收款责任人按工程款收取的程序催收工程尾款。

(3) 收款责任人按合同关于保修的要求创造条件及时回收保修款。企业也可采取保修保函的方式回收保修款。

(4) 尾款及保修款不能回收时，项目经理部承包责任书规定的内容可提前进行考核，但不能提前奖励。

1.14　总承包和专业工程分包管理

1.14.1　总承包管理概述

1.14.1.1　总承包管理模式概述

工程总承包，是指承包单位按照与建设单位签订的合同，对工程设计、采购、施工或者设计、施工等阶段实行总承包，并对工程的质量、安全、工期和造价等全面负责的工程建设组织实施方式。这种模式的各方关系如图1-27所示。

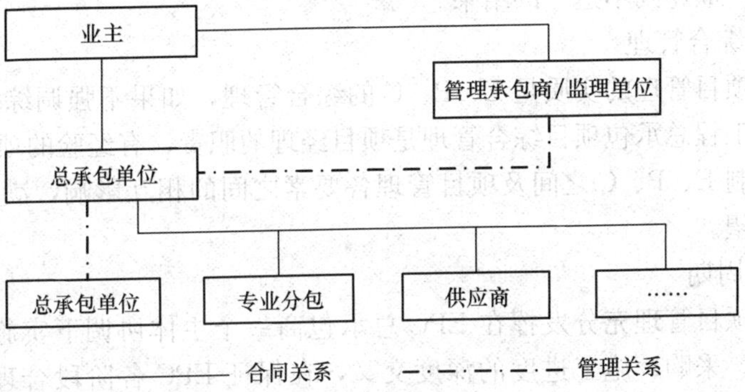

图1-27　总承包管理模式

1.14.1.2　工程总承包模式的分类

在实践中，从各种角度可以对总承包模式进行分类。按设计范围不同，EPC (Engineering Procurement Construction) 总承包模式有以下几种基本变形：

1. 包括全部设计的EPC承包模式

在这种模式下，业主只是提出对未来工程的功能性要求，前期工作的深度不大，只是达到预可行性研究或可行性研究的深度。EPC总承包商要完成全部的设计、采购、施工和试运行等各项工作。

2. 包括部分设计的EPC承包模式

在这种模式下，业主不但提出对未来工程的功能性具体要求，而且做出一定深度的设计，甚至达到初步设计的深度。EPC总承包商要完成剩余工作，如施工详图/详细设计

(Detail Design)、采购、施工和试运行等工作。

3. 设计接力式 EPC 承包模式

有时候，业主要求 EPC 总承包商继续雇用为业主实施前期设计工作的设计单位完成剩余设计，实现设计的“接力”。这样做的好处是：

(1) 保持了项目设计工作的连贯性，易于加快设计速度。

(2) 如果设计出了问题，责任明确，不会出现扯皮现象。

4. 其他模式

工程总承包除了 EPC 总承包模式外，还有其他模式：

(1) 设计—采购承包 (EP)；

(2) 设计—采购—施工管理 (EPCm)；

(3) 设计—采购—施工监理 (EPCs)；

(4) 设计—采购—施工咨询 (EPCa)

1.14.1.3　工程总承包项目管理的要点

1. 在合同条件下启动项目

工程总承包项目业主及 EPC 总承包商双方的责任和风险都很大，因此必须强调在合同条件下启动项目。但由于政府干预、主管部门指令、EPC 总承包商为了赢得项目让步等原因，造成在项目合同尚未签订就启动项目的情况屡有发生。合同尚未签订，工程总承包的范围、风险分担、责权利均未明确，在这种情况下启动项目，必然会出现项目多变，纠纷频发，造成“欲速则不达”的结果。

2. 强调项目综合管理

工程总承包项目管理的实质是 E、P、C 的综合管理，如果不强调综合，就失去 EPC 总承包的意义。工程总承包项目综合管理是项目经理的职责，有经验的项目经理能熟练地协调、平衡和控制 E、P、C 之间及项目管理各要素之间的相互影响，满足或超出项目干系人的需求和期望。

3. 缩短建设周期

工程总承包项目管理充分发挥在 EPC 总承包商一个主体协调下实施项目的优越性，尽可能实行设计、采购、施工进度的深度交叉，在保证 EPC 各阶段合理周期的前提下，缩短总建设周期，为业主创造最大的效益。

4. 着眼于最终工程质量

工程总承包项目管理，EPC 总承包商承诺向业主提供具备使用条件的、保证最终产品质量的工程。而传统的分别承包的情况是设计、采购、施工单位不可避免地持有不全面的质量观。设计单位只考虑设计质量，采购单位只考虑采购质量，施工单位只考虑施工质量，而当他们之间发生矛盾时，很可能会出于己方利益考虑，出现各持己见、互不相让的现象，这实际上会影响整个工程的最终质量。

5. 服从整体优化

与着眼于最终产品质量一样，工程总承包项目管理强调局部优化服从整体优化的观点。工程项目是一个系统工程，是一个整体，整体优化才是最终的目标。

E、P、C 分别承包，有一种设计、采购、施工各自关注局部优化的倾向。工程总承包项目管理着力克服和解决上述问题，为使工程项目达到整体优化的目的，采取许多措施，例如将采购纳入设计程序，能保证设计图纸和采购设备及材料的质量；试运行工程师审查设计图纸，能使设计满足试运行的要求等。

6. 重视 QHSE 管理

在工程项目管理中，QHSE（Quality 质量、Health 健康、Safety 安全、Environment 环保）管理越来越被重视。在工程总承包项目中重视 QHSE 管理，主要应做到以下几个落实：组织和职责落实、文件落实、管理落实。

7. 加强项目文档管理

项目文档管理是当前工程总承包项目管理的薄弱环节之一，严重影响了项目的顺利实施。因此，为加强项目文档的管理，应采取一系列的措施，包括：

（1）策划工程总承包应产生的文件，在项目前期阶段列出文件清单。

（2）统一文件的内容、深度和格式。

（3）制定文档管理程序。

（4）明确文档管理职责。

（5）落实专职项目文档管理人员。

8. 做好项目收尾工作

工程总承包项目管理的收尾工作包括合同收尾和管理收尾两个方面。合同收尾包括业主验收（竣工之后管理权的移交，签发接收证书）和缺陷通知期满，签发履约证书。签发接收证书主要是办理好文件和装置设备的移交以及费用的期中结算。签发履约证书，主要是进行最终清算，提交结清证书和回收履约保函，然后取得业主颁发的履约证书。

1.14.2 专业工程分包范围

1.14.2.1 工程分包原则

（1）项目部及合同管理人员，应按总承包合同的约定，将需要订立的分包合同纳入整体合同管理范围，并要求分包合同管理与总承包合同管理保持协调一致。

（2）项目部可根据总承包合同规定和需要，订立设计、采购、施工、试运行服务或其他咨询服务分包合同，但不得将整个工程转包。

（3）对分包合同的管理，应包括对分包项目的招标、评标、谈判和分包合同的订立，以及对分包合同生效后的履行、变更、违约索赔、争端处理、终止或收尾结束的全部活动实施监督和控制。

1.14.2.2 工程分包的范围

1. 设计分包

设计分包主要指 EPC 总承包商在与业主签订总承包合同之后，再由 EPC 总承包商将部分设计工作分包给一个或多个设计单位来进行。EPC 总承包商根据项目的特点和自身能力的限制，可以将工艺设计（如果在总承包范围之内）、基础工程设计、详细工程设计分包出去。

2. 采购分包

采购分包主要是指 EPC 总承包商在与业主签订总承包合同之后，EPC 总承包商将设备、散装材料及有关劳务服务再分包给有经验的专业供货服务商并与其签订采购分包合同。采购分包通常用于服务中专业性、技术性强或需要特殊技术工种作业的工作。

（1）货物运输分包。将整个运输合同中的某一路段或某一种方式的运输分包给专业运输单位，由其独立完成。

（2）劳务服务分包。将工程项目劳务服务中的某些服务项转交给专业化服务公司，由专业化服务公司进行管理和服务。

（3）驻厂监造分包。EPC总承包商项目经理部将对项目所需要的某些材料的加工实行驻厂监造，选择具有一定资质的质量检验部门或公司作为监造分包商执行驻厂监造任务。

3. 施工分包

施工分包主要指EPC总承包商在与业主签订总承包合同之后，再由EPC总承包商将机电、安装、装饰等专业工程通过招标投标等方式分包给一个或几个施工单位进行施工。

4. 咨询分包

EPC总承包商选择检测、监测以及相关咨询单位并与其签订合同。检测、监测及咨询单位履行第三方检测、监测及咨询服务的职责，EPC总承包商对于检测、监测及咨询单位的管理主要体现在合同管理方面。

1.14.3　总承包和专业工程分包管理制度

1.14.3.1　总承包项目管理制度

总承包管理制度的建立围绕计划、责任、监理、核算、奖惩等内容。计划是为了使各方面能够协调一致地为施工项目总目标服务，它覆盖项目施工的全过程和所有方面；计划的制定必须有科学的依据，计划的执行和检查必须落实到人。总承包管理制度见表1-74。

总承包管理制度　　　　**表1-74**

序号	制度名称	制度内容
1	管理人员岗位责任制度	是规定项目经理部各层次管理人员的职责、权限以及工作内容和要求的文件。具体包括项目经理、项目副经理岗位责任制度以及经济、财务、经营、安全和材料、设备等管理人员的岗位责任制度。通过各项制度做到分工明确、责任具体、标准一致，便于管理
2	设计管理制度	是规定项目设计管理的文件，具体应包括设计单位职责、设计方案评审制度、深化设计会审制度，变更设计流程等
3	技术管理制度	是规定项目技术管理的系列文件，具体应包括图纸会审制度、施工项目管理规划文件的编制和审查制度、技术组织措施的应用制度以及新材料、新工艺和新技术的推广制度等
4	质量管理制度	是保证项目质量管理的文件，其具体内容包括质量管理规定、质量检查制度、质量事故处理制度以及质量管理体系等
5	安全管理制度	是规定和保证项目安全生产的管理文件，其主要内容有安全教育制度、安全保证措施、安全生产制度以及安全事故处理制度等
6	计划、统计与进度管理制度	是规定项目资源计划、统计与进度控制工作的管理文件。其内容包括生产计划和劳务、资金等的使用计划和统计工作制度，进度计划和进度控制制度等

续表

序号	制度名称	制度内容
7	成本核算制度	是规定项目成本核算的原则、范围、程序、方法、内容责任及要求的管理文件
8	材料、机械设备管理制度	是规定项目材料和机械设备的采购、运输、仓储保管保修保养以及使用和回收等工作的管理文件
9	现场管理制度	是规定项目现场平面布局，材料、设备、设施的放置，运输线路规划，文明施工要求等内容的一系列管理文件
10	分配与奖励制度	是规定项目分配与奖励的标准、依据以及实施兑现等工作的管理文件
11	例会及施工日志制度	是规定项目管理日常工作例会、现场施工日志和施工记录及资料存档等工作的管理文件
12	分包及劳务管理制度	分包管理制度是规定项目分包类型、模式、范围以及合同签订和履行等工作的管理文件。劳务管理制度是规定项目劳务的组织方式、渠道、待遇、要求等工作的管理文件
13	组织协调制度	是规定项目内部组织关系、近外层关系和远外层关系等的沟通原则、方法以及关系处理标准等的管理文件
14	信息管理制度	是规定项目信息的采集、分析、归纳、总结和应用等工作的程序、方法、原则和标准的管理文件

1.14.3.2 专业分包管理制度

专业分包管理制度的建立应围绕各专业特点及接口界面管理制定，以利于各专业之间的协调，具体制度内容见表1-75。

专业分包管理制度 表1-75

序号	制度名称	制度内容
1	分包进场制度	分包进场所需要具备的条件，进场后需履行的程序及义务等
2	分包合同管理制度	对分包合同的管理，应包括对分包项目的招标、评标、谈判和分包合同的订立，以及对分包合同生效后的履行、变更、违约索赔、争端处理、终止或收尾结束的全部活动实施监督和控制
3	进度计划管理制度	专业工程详细进度计划，与总进度计划的协调一致，重点体现交叉作业及工作面交接节点
4	安全管理制度	除针对专业施工内容的安全管理制度，重点体现交叉安全管理内容
5	质量管理制度	除针对专业施工内容的质量管理制度，重点体现交叉质量管理内容以及成品保护
6	接口管理制度	主要为各专业接口之间涉及的工作面交接程序、界面划分及管理界限的区分等

1.14.4 总承包管理措施

1.14.4.1 总承包管理的原则

在总承包管理中，坚持“公正”“科学”“统一”“控制”“协调”原则，各原则主要内容见表1-76。

总承包管理原则 表 1-76

“公正”原则	在总承包管理中，无论是在选择材料、管理分包商，还是在施工管理过程中面对的各种问题，都以业主利益、工程利益为重，以确保整个工程在施工过程中顺利进行
“科学”原则	总承包管理涉及环节多、方面广，以严谨的态度，借助科学、先进的方法、手段进行管理协调
“统一”原则	总承包方将所有分包商纳入其管理体系，实行统一组织、统一控制、统一协调、统一管理
“控制”原则	在总承包管理过程中，要采取有效控制手段，对分包商进行监督控制，确保控制原则得到落实和执行
“协调”原则	“协调”管理是施工总承包的主要手段，“协调”能力是总承包管理水平、经验的具体体现。只有把协调工作做好，整个工程才能顺利完成

1.14.4.2 总承包管理的主要内容

总承包管理的主要内容包括：项目启动，任命项目经理，组建项目部，编制项目计划；实施设计管理，采购管理，施工管理，试运行管理；进行项目范围管理，进度管理，费用管理，质量管理，安全、职业健康和环境保护管理，人力资源管理，风险管理，沟通与信息管理，材料管理，资金管理，合同管理，现场管理，项目收尾等。

（1）项目启动：在总承包合同条件下，任命项目经理，组建项目部。

（2）项目初始阶段：进行项目策划，编制项目计划，召开开工会议；发表项目协调程序，发表设计基础数据；编制设计计划、采购计划、施工计划、试运行计划、质量计划、财务计划，确定项目控制基准等。

（3）设计阶段：编制初步设计文件，进行初步设计审查，编制施工图设计文件。

（4）采购阶段：采买、催交、检验、运输；与施工办理交接手续。

（5）施工阶段：检查、督促施工开工前的准备工作，现场施工，竣工试验，移交工程资料，办理管理权移交，进行竣工结算。

（6）试运行阶段：对试运行进行指导与服务。

（7）合同收尾：取得合同目标考核合格证书，办理清算手续，清理各种债权债务；缺陷通知期限满后取得履约证书。

（8）项目管理收尾：办理项目资料归档，进行项目总结，对项目部人员进行考核评价，解散项目部。

（9）设计、采购、施工、试运行各阶段，应组织合理的交叉，以缩短建设周期，降低工程造价，获取最佳经济效益。

1.14.4.3 总承包管理的主要措施

总承包管理措施应围绕工程总承包项目管理全生命周期制定，目标是向业主提供具备使用条件的、保证最终工程质量的产品，主要管理措施见表 1-77。

总承包管理的主要措施 表 1-77

项目	主要措施
施工进度	编制施工总进度计划和单位工程施工进度计划，并制定工期管理办法，对施工进度实施跟踪管理和控制

续表

项目	主要措施
设计及技术	建立设计图纸审核制度、施工组织设计评审制度以及现场跟组检查落实措施，危大工程方案专家评审机制以及现场实施监控措施
工程质量	对工程质量和质量保证工作向业主负责，分包工程的质量由分包人向总承包方负责。建立质量管理体系，编制质量计划，制定质量管理办法，对质量实施过程控制
安全管理	安全控制由施工总承包方全面负责，施工总承包方必须坚持“安全第一、预防为主、综合治理”的方针，建立健全安全管理体系和安全生产责任制，确保项目安全目标的实现
成本管理	施工总承包方建立项目成本管理体系，编制项目成本管理手册，对施工过程发生的各种消耗和费用进行成本控制。对分包商应加强合同管理和协调管理，防止索赔或额外费用的发生，并尽量减少配套设施的投入或费用支出
现场管理	施工现场布置及CI形象设计由施工总承包方统一设计、统一布置、统一管理，施工现场管理应包括场容管理、环境保护、消防保卫、卫生防疫及其他事项
合同管理	合同管理包括施工总承包合同及相关的分包合同、买卖合同、租赁合同、借款合同等的管理。施工总承包方按照合同认真实施所承接的任务，并依照施工合同的约定行使权利、履行义务
生产要素	实现生产要素的优化配置、动态控制和降低成本，包括人力资源、材料设备、机械、技术、资金。业主提供的人力、材料、设备等均应列入生产要素管理范围
试运行	总承包项目部应建立单位工程试运行及总体工程试运行机制，包括试运行条件、程序以及达到验收的条件
竣工验收和保修服务	施工项目竣工验收和保修服务的主体是施工总承包方。竣工验收完成后及时进行竣工结算，移交竣工资料，办理竣工手续。在整体工程验收前，施工总承包方先行组织各分包方对各专业工程进行验收，并以此作为分包方结算的前提。 施工总承包方建立施工项目交工后的回访与保修制度。各专业分包方（含业主指定分包方）的保修服务由施工总承包方统一组织、统一管理

1.14.5 EPC项目工程管理

1.14.5.1 项目管理组织

1. 总承包企业管理组织

工程总承包企业承担建设项目工程总承包，应实行项目经理责任制，并在“项目管理目标责任书”中明确项目部应达到的项目目标和项目经理的职责、权限和利益。项目经理应根据工程总承包企业法定代表人授权的范围、时间和“项目管理目标责任书”中规定的内容，对工程总承包项目，自项目启动至项目收尾，实行全过程、全面管理。

工程总承包企业承担建设项目工程总承包，一般宜采用矩阵式管理，见图1-28。项目部由项目经理领导，并接受企业职能部门指导、监督、检查和考核。

2. 总承包项目管理组织

当EPC总承包商与业主签订合同以后，应立即组建EPC总承包商项目经理部。EPC总承包商项目经理部必须严格按照合同的要求，组织、协调和管理设计、采购、施工、试

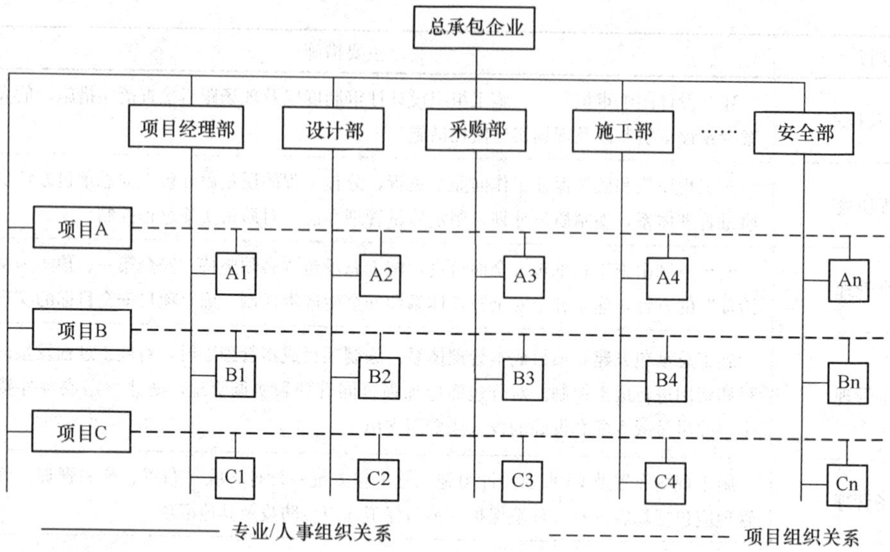

图 1-28　矩阵式组织机构示意

运行和保修等整个项目建设过程，完成合同规定的任务，实现合同约定的各项目标。其主要职责包括：

（1）设计、采购、施工、竣工验收、试运投产和保修等阶段的组织实施、指挥和管理工作。

（2）建立完善的项目运行管理体系，制定项目管理各项管理办法和规章制度，负责 EPC 总承包商项目经理部的各项管理工作。

（3）完成设计工作；编制设计统一的技术规定；负责对设计分包商的选择、评价、监督、检查、控制和管理。

（4）承担项目工程材料和设备采购、运输、质量保证工作；负责调查、选择、评价供应商，推荐合格供应商，并对其进行监督、检查、控制和管理；负责编制项目采购计划。

（5）承担项目建设的调度、协调和技术管理工作；负责项目施工总体部署和施工资源的动态管理；负责竣工资料的汇编、组卷等工作。

（6）编制项目总进度计划，并进行分析、跟踪、控制，负责总承包合同、分包合同实施全过程的进度、费用、质量、HSE 管理与控制。

（7）负责整个项目实施过程中文件信息全过程的管理、控制工作。

（8）在合同权限范围内，全面做好总承包项目建设用地的征用、管理和对外协调工作。

（9）协助业主成立投产试运指挥机构，统一协调整个项目的投产试运工作。由于每个企业及项目都有各自的特点，所以在其项目组织机构设置方面也有所差别，在本书中给出一种比较常见的总承包项目组织结构，如图 1-29 所示。

1.14.5.2　项目策划

项目策划属于项目初始阶段的工作，包括项目管理计划的编制和项目实施计划的编制。项目策划应针对项目实际情况，依据合同要求，明确项目目标、范围，分析项目风险以及采取的应对措施，确定项目管理的各项原则要求、措施和进程。各行业项目策划的输

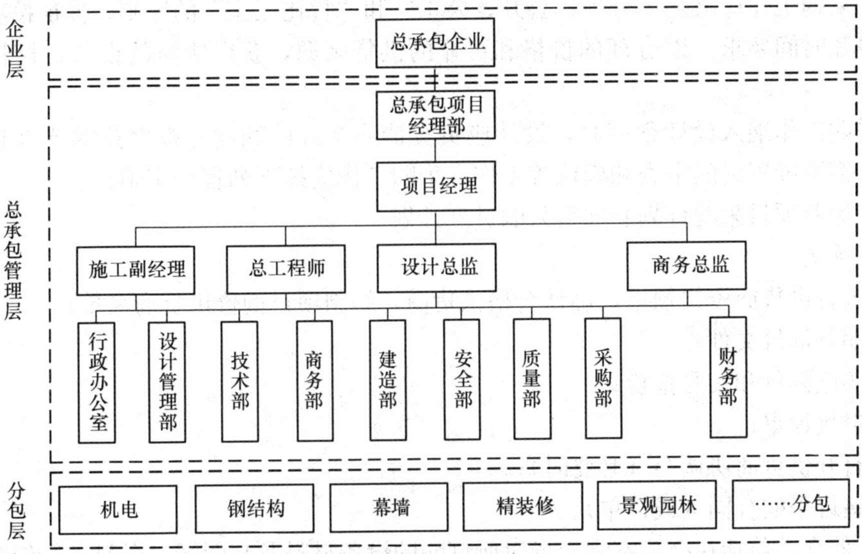

图 1-29 总承包项目组织结构示意

出文件，应结合行业特点进行编制。

项目策划应综合考虑技术、质量、安全、费用、进度、职业健康、环境保护等方面的要求，并应满足合同的要求。项目策划应包括下列内容：

(1) 明确项目目标，包括技术、质量、安全、费用、进度、职业健康、环境保护等目标。

(2) 确定项目管理模式、组织机构和职责分工。

(3) 制定技术、质量、安全、费用、进度、职业健康、环境保护等方面的管理程序和控制指标。

(4) 制定资源（人、财、物、技术和信息等）的配置计划。

(5) 制定项目沟通的程序和规定。

(6) 制定风险管理计划。

1.14.5.3 项目设计管理

工程总承包项目的设计必须由具备相应设计资质和能力的企业承担。设计应遵循国家有关的法律法规和强制性标准，并满足合同规定的技术性能、质量标准和工程可施工性、可操作性及可维修性的要求。

工程总承包项目的设计宜将采购纳入设计程序。

当需要进行设计分包时，应进行设计招标。招标活动应执行《中华人民共和国招标投标法》《建设工程勘察设计管理条例》《建筑工程设计招标投标管理办法》中的有关规定。

设计计划应在项目初始阶段由设计经理负责组织编制，经工程总承包单位有关职能部门评审后，由项目经理批准实施。

1.14.5.4 项目采购管理

工程总承包单位应制定采购管理制度，适应工程总承包管理的需要。组建项目部时，工程总承包单位应任命项目采购经理并适时组建项目采购组，在项目经理的领导下负责采购工作。采购工作应遵循“公平、公开、公正”和“货比三家”的原则，保证按项目的质量、数量和时间要求，以合理的价格和可靠的供货来源，获得所需的设备、材料及有关服务。

当采购工作纳入设计程序时，设计应负责请购文件的编制、报价技术评审和技术谈判、供货商图纸资料的审查和确认等工作。采购工作应按下列程序实施：

（1）编制项目采购计划和项目采购进度计划。

（2）采买：

1）进行供货商资格预审，确认合格供货商，编制项目询价供货商名单；

2）编制询价文件；

3）实施询价和接受报价；

4）报价评审；

5）召开供货商协调会（必要时）；

6）签订采购合同（或订单）。

（3）催交：包括在办公室和现场对所订购的设备材料及其图纸、资料进行催交。

（4）检验：包括合同约定的前期、中期、出厂前检验以及其他特殊检验。

（5）运输与交付：包括合同约定的包装、运输、交货形态和交付方式。

（6）现场服务的管理，包括采购技术服务、供货质量问题的处理、供货商专家服务的联络和协调等内容。

（7）仓库管理（如有），包括开箱检验、仓储管理、出入库管理等内容。

（8）采购结束工作，包括订单关闭、文件归档、剩余材料处理、供货商评定、采购完工报告编制以及项目采购工作总结等内容。

1.14.5.5　项目进度管理

项目进度管理应建立以项目经理为责任主体，由项目控制经理、设计经理、采购经理、施工经理、试运行经理组成及各层次的项目进度控制人员参加的项目进度管理体系。项目经理应将进度控制、费用控制和质量控制相互协调、统一决策，实现项目的总体目标。

1. 进度计划编制

项目进度计划应按合同中的进度目标和工作分解结构层次，按照上一级计划控制下一级计划的进度，下一级计划深化分解上一级计划的原则制订各级进度计划。项目进度计划文件应由下列两部分组成：

（1）进度计划图表。可选择采用单代号网络图、双代号网络图、时标网络计划和隐含有活动逻辑关系的横道图。进度计划图表中宜有资源分配。

（2）进度计划编制说明。主要内容有进度计划编制依据、计划目标、关键线路说明、资源要求、外部约束条件、风险分析和控制措施。

项目总进度计划应根据项目合同、项目计划编制。项目分进度计划是在总进度计划的约束条件下，根据活动内容、活动依赖关系、外部依赖关系和资源条件进行编制。项目总进度计划应包括下列内容：

（1）表示各单项工程的建设周期，以及最早开始时间、最早完成时间、最迟开始时间和最迟完成时间，并表示各单项工程之间的衔接。

（2）表示主要单项工程设计进度的最早开始时间和最早完成时间，以及初步设计完成时间。

（3）表示关键设备或材料的采购进度计划，以及关键设备或材料运抵现场时间。

（4）表示各单项工程施工进度计划的最早开始时间和最早完成时间，以及主要单项施工分包项目的计划招标时间。

（5）表示各单项工程试运行时间，以及供电、供水、供汽、供气时间。

2. 进度计划控制

项目进度管理应按项目工作分解结构逐级管理，用控制基本活动的进度来达到控制整个项目的进度。项目基本活动的进度控制宜采用赢得值管理技术和工程网络技术。在进度计划实施过程中应由项目进度控制人员跟踪监督，督查进度数据的采集；及时发现进度偏差；分析产生偏差的原因。当活动拖延影响计划工期时，应及时向项目控制经理做出书面报告，并进行监控。

（1）进度偏差分析可按下列两种方法进行：

1）首先应用赢得值管理技术，通过进度偏差和时间偏差分析进度；

2）当进度偏差和时间偏差发生负偏差时，应运用网络计划技术分析偏差，并控制计划工期。

（2）定期发布项目进度计划执行报告，报告中应分析当前进度和产生偏差的原因，并提出纠正措施。

（3）由于项目活动进度拖延，项目计划工期的变更应按下列程序进行：

1）该活动负责人提出活动推迟的时间和推迟原因的报告；

2）项目进度管理人员系统分析该活动进度的推迟是否影响计划工期；

3）项目进度管理人员向项目经理报告处理意见，并转发给费用管理人员和质量管理人员；

4）项目经理综合各部门意见后作出决定；

5）当变更后的计划工期大于合同工期时，应按合同变更处理。

（4）总承包项目进度控制应对下列接口的进度实施重点控制：

1）设计与采购的接口关系；

2）设计与施工的接口关系；

3）设计与试运行的接口关系；

4）采购与施工的接口关系；

5）采购与试运行的接口关系；

6）施工与试运行的接口关系。

（5）项目部应将分包合同纳入项目进度控制范畴，分包方应按合同规定，定时向项目部报告分包项目的进度。

（6）在项目收尾阶段，项目经理应组织对项目进度管理进行总结。

1.14.5.6 项目质量管理

项目部应设立质量管理人员，在项目经理领导下，负责项目质量管理工作。项目质量管理应贯穿项目管理的全部过程，坚持“计划、执行、检查、处理”（PDCA）循环工作方法，不断改进过程质量控制。

1. 项目质量管理程序

（1）明确项目质量目标。

（2）编制项目质量计划。

（3）实施项目质量计划。

（4）监督检查项目质量计划的实施情况。

（5）收集、分析、反馈质量信息并制定预防和改进措施。

2. 质量计划

项目部应编制质量计划，作为对外质量保证和对内质量控制的依据。项目质量计划应体现从资源投入完成工程质量最终检验和试验的全过程质量管理与控制要求。项目质量计划应包括下列主要内容：

（1）项目的质量目标、质量指标、质量要求。

（2）业主对项目质量的特殊要求。

（3）项目的质量保证与协调程序。

（4）相关的标准、规范、规程。

（5）实施项目质量目标和质量要求应采取的措施。

3. 质量控制

项目质量控制应对项目所有输入的信息、要求和资源的有效性进行控制，确保项目质量输入正确和有效。

（1）总承包项目质量控制应对下列接口的质量实施重点控制：

1）设计与采购的接口质量控制；

2）设计与施工的接口质量控制；

3）设计与试运行的接口质量控制；

4）采购与施工的接口质量控制；

5）采购与试运行的接口质量控制；

6）施工与试运行的接口质量控制。

（2）项目质量管理人员（质量工程师）负责检查、监督、考核、评价项目质量计划执行情况，验证实施效果并形成报告。对出现的问题、缺陷或不合格，应召开质量分析会，并制定整改措施。

（3）项目部应对项目实施过程中形成的质量记录进行标识、收集、保存、归档。

（4）不合格品的控制应符合下列规定：

1）对验证中发现的不合格品，应按不合格品控制程序规定进行标识、记录、评价、隔离和处置，以防止其非预期的使用或交付。

2）不合格品记录或报告，应传递到有关部门，其责任部门应进行不合格原因的分析，制定纠正措施，防止今后出现同样的不合格品。

3）采取的纠正措施，如果经验证效果不佳或未完全达到预期的效果，应重新分析原因，开始新一轮 PDCA 循环。

（5）项目部应将分包项目的质量纳入项目质量控制范畴。分包方应按合同规定，定期向项目部提交分包项目的质量报告。

（6）对收集的质量信息应采用统计技术进行数据分析，并制定改进措施。

(7) 项目部应定期召开质量分析会，积极寻找改进机会，对影响工程质量的潜在原因，采取预防措施并定期评价其有效性。

1.14.5.7 安全、职业健康与环境保护管理

1. 安全管理

项目安全管理必须坚持“安全第一、预防为主、综合治理”的方针。通过系统的危险源辨识和风险评估，制订并实施安全管理计划，对人的不安全行为、物的不安全状态、环境的不安全因素以及管理上的缺陷进行有效控制，保证人身和财产安全。

项目部应在系统辨识危险源并对其进行风险评估的基础上编制危险源初步辨识清单。根据项目安全管理目标，制订项目安全管理实施计划，按规定程序批准后实施，并对安全管理实施计划进行管理。主要内容如下：

(1) 项目部应在工程总承包企业的支持下，为实施、控制和改进项目安全管理实施计划提供必要的资源，包括人力、技术、工程材料、专项技能和财力等资源。

(2) 项目部应通过项目安全管理组织网络，逐级进行安全管理实施计划的交底或培训，保证项目部人员和分包商等人员，正确理解安全管理实施计划的内容和要求。

(3) 项目部应建立并保持安全管理实施计划执行状况的沟通与监控程序，随时识别潜在的危险事件和紧急情况，及时把握持续改进的机会，预防和减少因计划考虑不周或执行偏差而可能引发的危险。

(4) 项目部应建立并保持对相关方在提供工程材料和劳动力等方面带来的风险进行识别和控制的程序，以便有效控制来自外部的危险因素。

2. 职业健康管理

项目职业健康管理应坚持“以人为本”的方针。通过系统的污染源辨识和评估，全面制订并实施职业健康管理计划，有效控制噪声、粉尘、有害气体、有毒物质和放射物质等对人体的伤害。

项目部应贯彻工程总承包企业的职业健康方针，制订项目职业健康管理计划，按规定程序经批准后实施，并对项目职业健康计划实施进行管理。主要管理内容如下：

(1) 项目部应在工程总承包企业的支持下，为实施、控制和改进项目职业健康计划提供必要的资源，包括人力、技术、工程材料、专项技能和财力等资源。

(2) 项目部应通过项目职业健康管理组织网络，进行职业健康的培训，保证项目部人员和分包商等人员，正确理解职业健康计划的内容和要求。

(3) 项目部应建立并保持职业健康计划执行状况的沟通与监控程序，保证随时识别潜在的危害健康因素，及时把握持续改进的机会，预防和减少可能引发的伤害。

(4) 项目部应建立并保持对相关方在提供工程材料和劳动力等所带来的伤害进行识别和控制的程序，以便有效控制来自外部的影响健康因素。

3. 环境保护管理

项目环境保护应贯彻执行环境保护设施工程与主体工程同时设计、同时施工、同时投入使用的“三同时”原则。根据建设项目环境影响报告和总体环保规划，全面制订并实施总承包范围内环境保护计划，有效控制污染物及废弃物的排放，并进行有效治理；保护生态环境，防止因工程建设和投产后引起的生态变化与扰民，防止水土流失；进行绿化规划等。

项目部应根据批准的建设项目环境影响报告，编制用于指导项目实施过程的项目环境保护计划，并对项目环境保护计划的实施进行管理。主要管理内容如下：

（1）明确各岗位的环境保护职责和权限。

（2）落实项目环境保护计划必需的各种资源。

（3）对项目参与人员应进行环境保护的教育和培训，提高环境保护意识和工作能力。

（4）对与环境因素和环境管理体系的有关信息进行管理，保证内部与外部信息沟通的有效性，保证随时识别到潜在的事故或紧急情况，并预防或减少可能伴随的环境影响。

（5）负责落实生态环境部门对施工阶段的环境保护要求以及施工过程中的环境保护措施；对施工现场的环境进行有效控制，防止职业危害，建立良好的作业环境。

（6）项目配套建设的环境保护设施必须与主体工程同时投入试运行。项目部应对环境保护设施运行情况和建设项目对环境的影响进行监测。

（7）建设项目竣工后，应当向审批该建设项目环境影响报告书（表）的环境保护行政主管部门，申请该建设项目需要配套建设的环境保护设施竣工验收。环境保护设施竣工验收，应当与主体工程竣工验收同时进行。

1.14.5.8　项目资源管理

项目资源管理应在满足工程总承包项目的质量、安全、费用、进度以及其他目标的基础上，实现项目资源的优化配置和动态平衡。项目资源管理的全过程应包括项目资源的计划、配置、优化、控制和调整。

1. 人力资源管理

（1）项目部应充分协调和发挥所有项目关系人的作用，通过组织规划、人员招募、团队开发，建立高效率的项目团队，以达到项目预定的范围、质量、进度、费用等目标。

（2）项目部应根据项目特点和项目实施计划的要求，编制人力资源需求和使用计划，经工程总承包企业批准后合理配置项目相关人力资源。项目部应根据市场经济和价值规律，以及企业的人力资源成本评价机制，对项目人力资源进行人力动态平衡与成本管理，实现项目人力资源的精干高效。

（3）项目部应根据项目特点将项目的各项任务落实到人，确定项目团队沟通、决策、解决冲突、报告和处理人际关系的程序，并建立一套面向工程总承包企业和业主的报告及协调制度。

（4）项目部应根据工程总承包企业人才激励机制，通过绩效考核和奖励手段，提高项目绩效。

2. 设备材料管理

（1）项目部应设置设备材料管理人员，对设备材料进行管理和控制。

（2）项目的设备材料，一般采取项目部自行采购和分包商采购两种方式。

（3）项目部应对拟进场的工程设备材料进行检验，进场的设备材料必须做到质量合格、资料齐全准确。

（4）项目部应编制设备材料控制计划，建立一套项目设备材料控制程序和现场管理制度，确保供应及时、领发有序、责任到位，满足项目实施的需要。

3. 机具管理

（1）项目实施过程中所需各种机具可以采取工程总承包企业调配、租赁、购买、分包商自带等多种方式。项目部在企业授权范围内，应尽可能地利用当地的社会资源，提高机具管理的经济性。

（2）项目部应编制项目机具需求和使用计划报企业审批，对于进入施工现场的机具应进行安装验收，保持性能、状态完好并做到资料齐全准确。

（3）项目部应做好进入施工现场机具的使用与统一管理工作，切实履行工程机具报验程序。进入现场的机具应由专门的操作人员持证上岗，实行岗位责任制，严格按照操作规范作业，并在使用中做好维护和保养，保持机具处于良好状态。

4. 资金管理

（1）项目部应对项目实施过程中的资金流进行管理，制定资金管理目标和资金管理计划，制定保证收入、控制支出、降低成本、防范资金风险等措施。

（2）项目部应建立各种资金管理规章制度，上报工程总承包企业财务部门审批后实施，并接受企业财务部门的监督、检查和控制。

（3）项目部应严格对项目资金计划进行管理。项目财务管理人员应根据项目进度计划、费用计划、合同价款及支付条件，编制项目资金流动计划和项目财务用款计划，按规定程序审批后实施，对项目资金的运作实行严格的监控。

（4）项目部应根据合同约定向业主申报各类各期的工程款结算材料和财务报告，及时收取工程价款。

（5）项目部应重视资金风险的防范，坚持做好项目的资金收入和支出分析，进行计划收支与实际收支对比，找出差异，分析原因，提高资金预测水平，提高资金使用价值，降低资金使用成本和资金风险防范水平。

（6）项目部应根据工程总承包企业财务制度，定期（一般为每月）将各项财务收支的实际数额与计划数额进行比较，对未完成收入计划和（或）超出计划的开支进行分析，查明原因，提出改进措施，向企业财务部门提出项目财务收支报告。

1.14.5.9 项目费用管理

项目部应设有费用估算和费用控制人员，负责编制工程总承包项目费用估算，制订费用计划和实施费用控制。项目经理应将费用控制、进度控制和质量控制相互协调，实现项目的总体目标。

1. 费用计划

项目部应编制项目费用计划，把经批准的项目估算分配到各个工作单元，即成为项目费用预算，作为费用控制的依据和执行的基准。费用计划编制的主要依据为项目估算、工作分解结构和项目进度计划。费用计划编制应符合下列要求：

（1）按单项工程、单位工程分解。

（2）按工作结构分解。

（3）按项目进度分解。

2. 费用控制

项目部应采用目标管理方法对项目实施期间的费用发生过程进行控制。费用控制的主要依据为费用计划、进度报告及工程变更。费用控制应满足合同的技术、商务要求和费用计划，采用检查、比较、分析、纠正等手段，将费用控制在项目预算以内。根据项目进度计划和费用计划，优化配置各类资源，采用动态管理方式对实际费用进行控制。费用控制宜按以下步骤进行：

（1）检查：对工程进展进行跟踪和检测，采集相关数据。

（2）比较：将费用计划值与实际值逐项进行比较，以发现费用偏差。

（3）分析：对比较的结果进行分析，确定偏差幅度及偏差产生的原因。

（4）纠偏：根据工程的具体情况和偏差分析结果，采取适当的措施，使费用偏差控制在允许范围内。

1.14.5.10　项目合同管理

项目部应依据企业相关规定制定合同管理制度，明确合同管理的岗位职责，负责组织对总承包合同的履行，并对分包合同实施监督和控制，确保合同规定目标和任务的实现。项目部及合同管理人员，在合同管理过程中应遵守依法履约、诚实信用、全面履行、协调合作、维护权益和动态管理的原则，严格执行合同。总承包合同和分包合同，必须以书面形式订立并形成文件。实施过程中的任何变更，均应按规定程序进行书面签认，并成为合同的组成部分。

1. 总承包合同管理

总承包合同管理的主要内容与程序，一般包括：

（1）接收合同文本并检查、确认其完整性和有效性。

（2）熟悉和研究合同文本，全面了解和明确业主的要求。

（3）确定项目合同控制目标，制定实施计划和保证措施。

（4）依据合同变更管理程序对项目合同变更进行管理。

（5）依据合同约定程序或规定，对合同履行中发生的变更、违约、争端、索赔等事宜进行处理和（或）解决。

（6）对合同文件进行管理。

（7）进行合同收尾。

2. 分包合同管理

分包合同管理程序的主要内容如下：

（1）明确分包合同的管理职责。

（2）分包招标的准备和实施。

（3）分包合同订立。

（4）对分包合同实施监控。

（5）分包合同变更处理。

（6）分包合同争端处理。

（7）分包合同索赔处理。

（8）分包合同文件管理。

（9）分包合同收尾。

1.14.5.11　项目试运行管理

根据合同约定或业主委托，试运行管理内容一般包括试运行准备、试运行计划、人员培训、试运行过程指导和服务等。试运行经理应负责组织试运行与项目设计、采购、施工等阶段的相互配合及协调工作。在项目试运行之前应组织编制试运行计划及试运行方案。

1. 试运行计划

试运行计划应根据合同和项目计划，在项目初始阶段由试运行经理组织编制。试运行计划应经业主确认或批准后实施。试运行计划的主要内容应包括试运行总说明、组织及人员、试运行进度计划、培训计划、试运行方案、试运行费用计划、业主及相关方的责任分工等内容。试运行计划应对施工目标、进度和生产准备工作提出要求，并保持协调一致；应考虑建设项目的特点，合理安排试运行程序和周期，并充分注意辅助配套设施试运行的协调。

2. 试运行方案

试运行方案应包括如下主要内容：

（1）工程概况。

（2）编制依据和原则。

（3）目标与采用标准。

（4）试运行应具备的条件。

（5）组织指挥系统。

（6）试运行进度安排。

（7）试运行资源配置。

（8）环境保护设施投运安排。

（9）安全及职业健康要求。

（10）试运行预计的技术难点和采取的应对措施等。

1.14.5.12 项目信息管理

1. 信息系统建立

（1）工程总承包项目应建立项目沟通与信息管理系统，制定沟通与信息管理程序和制度，以满足工程总承包管理的需要；应充分利用现代信息及通信技术，以计算机、网络通信、数据库作为技术支撑，对项目全过程所产生的各种信息，及时、准确、高效地进行管理，为项目实施提供高质量的信息服务。

（2）项目部应充分利用各种沟通工具及方法，在项目实施全过程，与项目干系人以及在项目团队内部进行充分、准确、及时的信息沟通，及时采取相应的组织协调措施，以减少冲突和变更，保证工程项目目标的顺利实现。

（3）项目信息可以数据、表格、文字、图纸、音像、电子文件等载体方式表示，保证项目信息能及时地收集、整理、共享，并具有可追溯性。

2. 信息管理

项目信息管理应做到：

（1）按工程进展有计划地进行。

（2）对信息进行分析与评估，确保信息的真实、准确、完整和安全。

（3）使用统一、规范的形式或格式提供信息。

（4）力求文件化。

（5）尽量使用开放的数据库系统提供数据。

3. 信息安全及保密

（1）项目部在项目实施过程中，应遵守国家、地方有关知识产权和信息技术的法律、法规和规定。

（2）项目部应根据工程总承包单位关于信息安全和保密的方针及相关规定，制定信息安全与保密措施，防止在信息传递与处理过程中的失误与失密，保证信息管理系统安全、可靠地为项目服务。

（3）项目部应根据工程总承包单位的信息备份、存档程序，以及系统瘫痪后的系统恢复程序，进行信息的备份与存档，以保证信息管理系统的安全性及可靠性。

1.15　项目采购与招标管理

1.15.1　项目采购与招标管理概述

招标是指招标人事先公布工程、货物或服务等发包业务的相关条件和要求，通过发布广告或发出邀请函等形式，召集自愿参加竞争者进行投标，并根据事前规定的评选办法选定承包商的市场交易活动。

在建筑工程施工项目中，项目采购与招标管理是对项目所需的人、材、机以及技术咨询服务等资源的采购工作进行的计划、组织、监督、控制等的管理活动。

1.15.1.1　项目采购与招标分类

项目采购招标依据采购招标内容的不同，可分为以下三类：

1. 工程材料与设备采购

指项目建设所需要的投入物的采购，包括建筑材料、机电设备、施工机械以及与之相关的运输、安装、调试、维修等。

2. 工程采购

主要指专业分包以及劳务分包采购招标。

3. 技术咨询服务采购

通常项目前期的可行性研究、勘察、设计等由建设单位组织，施工阶段项目的技术咨询服务采购主要有各种咨询服务、技术援助和培训等服务采购招标。

1.15.1.2　项目采购与招标原则

采购与招标管理制度是指为了规范采购与招标的行为，根据企业与项目自身状况，针对采购与招标活动制定的规章制度。采购与招标管理制度充分体现以下原则：

1. 遵守政策法规原则

项目采购与招标活动应严格遵守国家、地方有关法律法规和企业的有关制度，并在其约束下开展采购与招标活动。

2. 采购招标权责制衡原则

项目采购招标活动应对不同的采购招标管理工作进行有效的权责制衡。对于采购过程的计划、供应商选择、商务招标投标或谈判、确定供应商并授予合同、进场管理控制等采购管理的控制程序进行授权分责管理。不同的程序由不同的部门或管理人员负责。

3. 计划采购原则

采购计划是以项目生产所需资源为依据，并经过需求量核对、库存盘查后进行编制，通过项目主管领导审批。计划要明确数量、质量、时间以及项目对采购对象的其他要求。

4. 公平、公正、公开原则

采购招标应对每一个投标人提供同等的信息，在信息量相等的条件下进行公平的竞争，使每一个投标人享有同等的权利并承担同等的义务，招标文件和招标程序不得含有任何对某一方歧视的要求或规定。

5. 成本控制原则

采购与招标商务活动应以成本计划为依据，根据工程要求选择符合标准、资质要求的投标人作为供应商，并且采购招标过程要通过成本核算，避免出现超预算量与超预算价的采购招标。

1.15.1.3　项目采购程序

项目工程材料采购工作应符合所对应的合同和设计文件规定的数量、技术要求和质量标准，并符合工程进度、安全、环境和成本管理等要求。具体采购管理遵循如下七个方面：

1. 编制采购计划

项目采购部门应根据项目实施需要编制完备的采购计划文件。采购计划文件应该明确以下内容：

(1) 采购产品或服务的品种、规格、数量要求。

(2) 采购产品或服务的时间、地点要求。

(3) 采购产品或服务的技术标准和质量要求以及检验方式与标准。

(4) 供方资质要求。

2. 供应商采选

进行市场调查，选择合格的产品供应或服务单位，建立合格供应商名录。项目采购人应加强对合格供应人的选择与管理，按照采购产品的要求，组织对产品供应商的评价、选择和管理。对供应商的调查应包括营业执照、管理体系认证、产品认证、产品加工制造能力、检验能力、技术力量、履约能力、售后服务、经营业绩等。企业的安全、质量、技术和财务管理等部门应参与调查评审。应选择管理规范、质量可靠、交货及时、安全环境管理能力强、财务状况和履约信誉好、有良好售后服务的产品供货人，并根据其质量保证能力进行分级、分类管理，建立合格供应商名录，对其实行动态管理，定期或不定期对其进行再评价，并根据评定结果适时调整。

3. 通过招标投标等方式确定供应商

采用公开招标采购、邀请招标采购、竞争性谈判采购、单一来源采购、询价采购等方式确定产品供应或服务单位。

4. 授予采购合同

5. 采购产品的运输、验证、移交/采购服务的实施

采购的产品必须按规定进行验证，禁止不合格产品使用到工程项目中。采购的产品应按采购合同、采购文件及有关标准规范进行验收、移交，并办理完备的交验手续。应根据采购合同检查交付的产品和质量证明资料，填写产品交验记录。采购的服务应按合同要求及时进场，按时保质提供交付物。

6. 不合格产品或不符合的服务的处置

应严格采购不合格品的控制工作。采购不合格品是指采购产品在验收、施工、试车和保质期内发现的不合格品。采购过程中经评审确认的不合格品，必须严格按规定处置。当

产品验收、施工、试车和保质期内发现产品不符合要求时，必须对不合格的产品进行记录和标识，并区别不同情况，按合同和相关技术标准采用返工、返修、让步接收、降级使用、拒收等方式进行处置。

7. 采购资料归档

采购产品的资料应归档保存，包括计划、供应商评价选择记录、采购招标投标文件、询价记录、合同以及要约与承诺的有关文件。

1.15.1.4　项目国际采购

项目国际采购是重要的采购路径，国际采购要关注其特点：合同文本采用的语言、遵循的法律和技术标准、采购对象的技术标准和质量标准、清单结算价款货币单位、到岸价或是离岸价、外汇汇率约定及其风险事项。

1.15.2　项目工程材料采购管理

1.15.2.1　工程材料采购计划管理

工程材料采购计划由项目工程材料采购部门根据项目生产部门编制并且经过审核批准的工程材料需用计划，通过库存情况进行工程材料需求分析，并确定采购数量和采购方法后进行编制。工程材料采购计划中应确定采购方式、采购人员、候选供应商名单和采购时间等。

1.15.2.2　工程材料采购模式

在国际上业主方工程建设工程材料采购有多种模式，如：

（1）业主方自行采购。

（2）与承包商约定某些工程材料为指定供货商。

（3）承包商采购。

《中华人民共和国建筑法》对工程材料采购有这样的规定："按照合同约定，建筑材料、建筑构配件和设备由工程承包单位采购的，发包单位不得指定承包单位购入用于工程的建筑材料、建筑构配件和设备或者指定生产厂、供应商。"

承包商采购可选择集中采购模式，具体方式为通过公司在特定区域内各个项目的需求量，组织联合招标，进行大规模采购；也可选择线上集中采购平台模式，是指公司通过集采网络交易平台组织线上招标，引进优质供应商资源，实现信息资源共享，进行网络线上交易。

1.15.2.3　工程材料采购方式

工程材料采购方式分为：公开招标采购、邀请招标采购、独家议标采购、询价采购和零星采购五类。

1. 公开招标采购

指对于采购金额数量较大、技术复杂且有较多可供选择的供应商时，采用公开招标方式选择供应商。

2. 邀请招标采购

指采购金额数量较小、技术要求程度较低，需要供应商进行技术配合支持时，从企业合格供应商名单中邀请至少三家参与投标的采购方式。

3. 独家议标采购

项目采购如果出现只有唯一供应商，或者为保证原有采购项目的一致性需继续从原供应商处少量添购的特殊情况下才采取独家议标采购方式。

4. 询价采购

对于规格、标准统一，质量差别很小，现货充足，且价格变化幅度小的工程材料，可以在合格供应商名录中选定几家供应商进行报价比较确定供应商。

5. 零星采购

同类工程材料在本项目实施全过程中的采购总额较少的工程材料采购，由项目部直接在建材市场进行现款采购，无须签订采购合同。

1.15.2.4　工程材料采购的招标管理

1. 招标阶段准备工作

（1）货物采购分标确定

项目管理人员应考虑资金情况和货物采购计划，根据项目以下情况对拟进行采购的工程材料进行合理分标。

1）有利于投标竞争

应按照工程项目中材料设备之间的关系、标的物预计金额的大小恰当地进行分标。划分的大小是否合适关系到招标工作是否成功。如果划分过大，就无法吸引中小供货商参加竞争，仅有少数实力雄厚的大供货商参与投标竞争，使得标价抬高。但如果划分过小，会对实力雄厚的大承包商缺乏吸引力。

2）工程进度和供货时间

分阶段招标的计划应以供货进度计划、工程进度要求为原则，综合考虑资金、制造周期、运输、仓储能力等条件，既不能延误工程需要，也不能提前供货，以免影响资金的周转，同时也使采购人支出过多的保管和保养费用。

3）供货地点

分阶段招标的计划应合理考虑工程施工地点的情况，从而结合各地供货商的供货能力、运输条件等进行分标，不仅要保证供货，还要有利于降低成本。

4）市场供应情况

在保证工程需要的情况下，要合理预计市场价格的浮动影响，避免一次性大规模的采购，合理分阶段、分批采购。

5）资金情况

应考虑资金的到位情况和资金周转计划合理进行分标。

（2）资格审查

根据项目采购计划，项目货物采购管理人员对有合作意向的工程材料供应商进行资格审查；参加资格审查的工程材料供应商应如实填写“供应商资格审查表”（表1-78），并提供以下资料：

1）企业及产品简介；

2）营业执照原件（应经过年检）；

3）产品生产许可证书、准用证；

4）产品检验报告、材质证明、产品合格证明；

5）使用该产品的代表工程项目；

6）其他必要资料。

审查人员负责对资格审查表和提供资料的真实性、有效性和符合性进行验证，保存相应资料或复印件，并做出审查结论。

供应商资格审查表　　表 1-78

公司名称					
公司地址		邮政编码			
联系人		职务		电话	
网址		传真			
供应商提供资料清单	1. 公司简介：				
	2. 供应工程材料工程明细表：				
	3. 营业执照：				
	4. 企业认证情况：				
	5. 供应工程材料质量标准：				
	6. 供应能力：				
	7. 资金承担能力：				
	8. 其他：				
审查意见	1. 供应商提供的资料是否属实？□是；□否 2. 供应商的资质是否满足要求？□是；□否 3. 审查结论：是否纳入候选分包商名单？□是；□否 签字/日期：				

编制人/日期：

（3）考察

在必要时，招标有关人员应在供应商能力评价前对供应商进行考察。考察的内容应包括：生产能力、产品品质和性能、原料来源、机械装备、管理状况、供货能力、售后服务能力以及对供应商提供保险、保函能力进行必要的调查等。考察结束后，考察组织者应将考察内容和结论写入“供应商考察报告”（表 1-79），作为对供应商进行能力评价的依据。

供应商考察报告　　表 1-79

公司名称					
公司地址				邮政编码	
联系人		职务		电话	
网址				传真	
供应商	1. 营业执照：				
	2. 公司规模：				
	3. 供应材料代理证书：				
	4. 已完工项目供货情况：				
	5. 已完工项目业主评价：				
	6. 供应能力：				
	7. 资金承担能力：				
	8. 其他：				

续表

审查意见	1. 供应商提供的资料是否属实？□是；□否
	2. 供应商的资质是否满足要求？□是；□否
	3. 考察结论：是否纳入候选分包商名单？□是；□否
	4. 其他：
考察人确认	签名及意见：
	签名及意见：
	签名及意见：
	签名及意见：
	签名及意见：
	签名及意见：

编制人/日期：

(4) 样品/样本报批

根据合同规定、业主要求以及工程实际情况，对于需要进行样品/样本审批的工程材料，项目技术负责人应提前确定需要，由项目工程材料管理人员提交“工程材料样品/样本送审表”（表 1-80），明确需要报批工程材料的名称、规格、数量、报批时间等要求。

收到样品/样本后，交与商务与项目技术负责人共同审核。技术负责人向业主、监理单位和设计单位办理报批手续，并将样品/样本报批的结果通知项目相关部门。

工程材料样品/样本送审表 **表 1-80**

致		收件人	
自		提交日期	
数据/样品			
实际返回日期		合同要求最迟返回日期	
提交编号		原提交编号	
我们请求贵方对以下事项进行审批			
提交项目描述（类型、规格、型号等）			
品牌/产地			
设计要求			
实际送审			
送审单位			
备注			
我方证明以上提交项目已经详细审核，正确无误，与合同一致			
样品提供单位：（公章）样品提供单位代表/日期：（签名）			
审批意见（样品审批单位填写）			
认可级别	□A 提交认可		
	□B1 批注认可（不要求重新提交）		
	□B2 批注认可（要求重新提交）		
	□C 未认可（要求重新提交）		
批注意见： 签字/日期：			

（5）综合评价

采购管理人员通过对资格预审情况、考察结果、价格与工程要求的比较，应对供应商做出以下方面的评价：

1）供应商和厂家的资质是否符合规定要求；

2）产品的功能、质量、安全、环保等方面是否符合要求；

3）价格是否合理（必要时应附成本分析）；

4）生产能力能否保证工期要求；

工程材料管理人员负责将评价结论记录于供应商评价表（表1-81）。

供应商评价表　　**表1-81**

供应商名称：		
供应内容：		
评估项目	评估内容	评估人/日期
质量稳定性（15%）	□很好□好□一般□差□很差	
按时供货（20%）	□非常及时□及时□一般□不及时□很不及时	
产品包装（5%）	□很好□好□一般□差□很差	
合作性（25%）	□很好□好□一般□差□很差	
售后服务（25%）	□很好□好□一般□差□很差	
不合格品的处理（10%）	□非常及时□及时□一般□不及时□很不及时	
项目经理部其他意见： 建议是否留用？□是；□否 签名/日期：		

编制人/日期：

5）表格说明

①“质量稳定性”是指在满足合同技术要求的前提下的产品质量稳定性；

②“按时供货”是指按照进度计划及其变更计划的要求安排货物进场的配合程度；

③“产品包装”是指是否能够提供具有良好包装，以便储存、搬运、防潮等要求；

④“合作性”是指在我方发生工作失误、进度延误、财务困难等问题时，是否能够给予我方支持和理解；

⑤“售后服务”是指提供良好的技术支持、安装、保养、配套产品供应、零星补充订货等方面服务程度；

⑥“不合格品的处理”是指处理不合格品的及时性和我方的满意度。

2. 招标方式

（1）公开招标

公开招标有利于降低工程造价，提高供货质量。但在以下情况下，可不进行公开招标：

1）国家和地方政府规定的不适宜公开招标的项目；

2）涉及国家机密和安全的采购活动；

3）发生突发事件时的情况；

4）所需采购的工程材料只有唯一的供货商；

5）所需采购的工程材料数量低于要求公开招标的下限额；

6）公开招标没有响应。

（2）邀请招标

邀请招标可以保证参加投标的供货商有相应的供货经验，信誉可靠。邀请招标适用于以下情况：

1）经有关部门批准不适宜公开招标的项目；

2）工程材料采购数量低于公开招标下限的项目；

3）只有少数投标人具备投标资格的项目。

3. 工程材料采购招标文件的主要内容

（1）投标邀请书

投标邀请书是采购人向投标者发出的投标邀请，明确回答投标者标书送交地点、截止日期和时间、开标时间和地点等。

（2）投标者须知

投标者须知向投标人提供必要的信息，有助于投标人了解项目背景和投标规则。投标者须知主要包括以下方面的内容：

1）前言

前言中要明确指明项目资金来源和合格投标者、合格工程材料及服务的范围。

2）招标文件

招标文件规定了所需工程材料、招标程序及合同条件。

3）投标文件的递交

投标文件应按招标文件中规定的时间和地点递交，并且在递交投标文件的同时应按招标文件的规定提交投标保证金（如有），一旦投标人在投标截止日期之后撤销或修改投标文件，则投标保证金将被没收。

4. 开标

开标应按照投标资料表中规定的时间和地点公开进行，采购人应当众宣布投标商名称、投标价格、有无撤标、有无提交合格的投标保证金以及其他采购人认为需要宣布的内容。

5. 评标

评标从总体上要力求使评标结果与招标、投标文件一致。工程材料采购评标办法主要有评标价法和综合评分法。

（1）评标价法

评标价法是以货币价格作为评价指标的评标办法。评标价法根据标的性质的不同可分为最低投标价法和综合评标价法

1）最低投标价法

采购简单商品、半成品、原材料，以及其他性能、质量相同或容易进行比较的工程材料时，仅以报价和运费作为比较要素，选择总价最低者中标。

2）综合评标价法

综合评标价法大多用于采购机组、车辆等大型设备的情况，是指将评审要素按规定方法换算成相应的价格值后增加或减少到投标报价上形成评标价。综合评标价法不仅要考虑投标报价，还需考虑：

① 运输费用

运输费用是指招标人可能额外支付的运费以及其他费用，例如运输超大件设备时可能需要对道路加宽、桥梁加固，因此招标人就需额外支出这些费用。在进行评标时，招标人可按照运输部门（铁路、公路、水运）以及其他有关部门公布的取费标准计算工程材料运抵最终目的地将要发生的费用。

② 交货期

工程材料交货时间以招标文件的“供货一览表”中规定的时间为标准。由于工程材料的提前到达会使招标人付出额外的仓储保管费用和设备保养费用等，因此投标书中提出的交货期早于规定时间的，一般不给予评标优惠。但如果交货日期虽有延迟，但是对项目施工影响不大，则交货日期每延迟一个月，就按投标价的一定百分比（一般为2%）计算出折算价并增加到投标报价中。

③ 付款条件

投标人的投标报价应符合招标文件中关于付款条件的规定，对不响应招标文件付款条件的投标书，可视为非响应性投标而予以拒绝。

④ 售后服务

对售后服务的评价要考虑两年内各类易损备件的获取途径和价格。要考虑投标人提供安装监督、设备调试、提供备件、负责维修和人员培训等工作的能力和所需支付的价格。如果这些费用已要求投标人包含在投标报价之中，则评标时不再重复考虑；但如果要求投标人在报价之外单独填报备件名称、数量等，则要将其加到投标价中。

以上各项评审价格加到投标报价中后形成的累计金额即为该标书的评标价。

（2）综合评分法

按预先确定的评分标准，分别对各投标书的报价、技术质量以及各种服务进行评审打分。

1）评审打分要素

① 投标报价。

② 工程材料的技术及质量情况（售后服务、技术指导和培训情况）。

③ 企业综合实力。

④ 其他有关内容。

2）评审要素的分值分配

评审要素确定后，应依据采购标的物的性质、特点，以及各要素对总投资的影响程度划分权重和打分标准。

6. 评标结果

根据评标情况选出合适的中标人。中标人的投标应当符合下列条件之一：

（1）能最大限度地满足招标文件中规定的各项综合评价标准；

（2）能满足招标文件各项要求，并且经评审的投标价格最低，但投标价格低于成本的除外。

7. 合同的授予

采购人在评标结束后，向中标人发出中标通知，并按照招标投标文件的约定与中标人签订采购合同。工程材料采购合同要明确以下内容：

（1）合同标的。包括产品名称、商标、型号、生产厂家、订购数量、合同金额、供货时间每次供货数量、质量要求的技术标准、供货方对质量负责的条件和期限等。

（2）工程材料包装。应明确工程材料包装的标准、包装物的供应与回收。

（3）工程材料运输方式及到站、港和费用的负担责任。

（4）工程材料合理损耗及计算方法。

（5）工程材料验收标准和方法。

（6）配件、工具数量及供应办法。

（7）结算方式及期限。

（8）违约责任。

（9）其他条款。

1.15.2.5 工程材料采购合同履行

工程材料采购合同的履行主要有以下内容：

1. 交货方式、交货地点、交货期限

（1）交付方式根据合同约定内容执行，一般是采购方到约定地点提货或供货方负责将货物送达指定地点两种。运输方式一般由采购方在签订合同时提出要求，通常采用供货方代办发运，运费由采购方负担。

（2）交货期限应在合同中明确具体交货时间，如果分批交货，要注明各个批次的交货时间。

（3）交货日期的确定方式一般按照供货方送货以采购方收货戳记时间或采购方提货以供货方合同规定通知时间，以及委托运输部门（或相关单位）送货的以供货方发运产品时承运单位签发的时间三种方式。

2. 工程材料的验收

产品验收应依据采购合同，供货方提供的发货单、计量单、装箱单及其他有关凭证，合同内约定的质量标准以及国家标准或专业标准；产品合格证、检验单等，图纸或其他技术文件，供需双方共同封存的样品等，对采购工程材料的数量、质量进行验收。验收合格后，由收料人根据来料凭证和实际数量出具收料单。

验收方式可以采用驻厂验收、提运验收、接运验收和入库验收等方式。

3. 结算付款

按照合同约定的结算时间、方式和手续进行结算。首先合同中应注明是采用验单付款还是验货付款。结算方式可以是现金支付或转账结算。

1.15.3 项目工程采购与设备采购管理

项目工程采购主要指专业分包以及劳务分包采购。

1.15.3.1 项目工程采购策划（即合约规划）

项目经理部应在企业有关制度和授权范围的约束下，根据施工组织设计以及施工合同约定，对项目的工程采购进行策划，以明确项目整个阶段需要进行的专业分包项目和劳务分包。

（1）在进行项目策划时，应确定分包项目、分包方式、分包商选择方式，并尽可能确定候选分包商名单。

（2）制定分包方案时，应注意对于性质相同或相近的工作，原则上只设定为一个分包项目。

（3）在具体组织分包商招标之前，必须要确定候选分包商名单。候选分包商应从公司合格分包商名单中选择，原则上不少于3家，并优先考虑已经通过质量管理体系、环境管理体系、职业健康安全管理体系认证的分包商。当合格名单中没有合适的候选者或业主有要求时，可在资质审查合格后将新的分包商纳入候选名单。

1.15.3.2　项目工程采购招标方式

项目工程采购方式分为公开招标采购、邀请招标采购、独家议标采购三种方式。

1. 公开招标采购

公开发布招标信息，进行专业和劳务分包的招标。

2. 邀请招标采购

在企业合格分包商名录范围内，邀请至少三家资质、能力适合工程项目特点的施工单位进行投标。

3. 独家议标采购

工程采购招标尽量避免独家议标的采购模式，除非和企业有长期合作关系、信誉极佳、及有经营合作约定的情况，以及业主指定分包的情况方可采用独家议标的采购模式。

1.15.3.3　项目工程采购招标

1. 资格预审

在项目工程采购活动正式组织招标之前，招标人要对投标人的资格和能力等进行预先审查。

（1）资格预审的内容

1）法人代表证明书；

2）法定代表人委托书；

3）企业法人营业执照副本、税务登记证；

4）组织机构代码证副本原件；

5）企业安全生产许可证；

6）外地企业入市/省施工许可证；

7）企业资质等级证书副本；

8）一体化认证的证明材料；

9）在建项目主要工程情况表；

10）近三年财务状况表；

11）近三年内已完成类似工程情况表；

12）拟派驻项目的主要管理人员的资格证明文件与业绩证明材料。

（2）资格预审程序

1）编制资格预审文件

资格预审文件应由企业或项目采购部门组织编写。

2）邀请符合条件的单位参加资格预审

由企业或项目采购部门邀请符合条件的供货商参加资格预审，首先采用企业合格供应商名录中的单位参加。

3）提交资格预审申请

投标人应按资格预审通告中规定的时间、地点提交资格预审申请。

4）资格评定、确定参加投标的单位名单

企业或项目采购单位应按事先确定的评定标准和方法对提交资格预审文件单位的情况进行评审，以便确定有资格参加投标的单位。评审的内容包括：提供工程材料的质量水平，生产厂家的能力及业绩、信誉，企业资质等。

2. 招标文件

（1）招标文件应该包括下列格式：

第一章商务条款；

第一节投标邀请书；

第二节投标人须知；

第三节投标资料表；

第四节合同条件；

第五节工程量清单；

第二章技术规范；

第六节技术规范；

第三章投标文件；

第七节投标书、投标书附录和投标保函的格式；

第八节工程量清单与报价表；

第九节协议书格式、履约保函格式、预付款保函格式；

第十节辅助资料表；

第四章图样；

第十一节图样。

（2）招标文件的主要内容

项目工程招标文件中应明确如下主要内容：分包工程范围、合同形式、单价/总价综合内容、工程量结算原则、工程款支付、变更洽商调整原则、工期要求、技术要求、人员要求、设备要求、质量要求、环保及职业健康安全管理要求、违约责任等。

（3）招标文件的审核

首先由项目经理部各相关部门进行审核，通过后上报至企业有关部门进行评审。按评审意见修改后的招标文件正式发放给各投标人。

3. 投标文件

（1）投标准备

项目采购单位在投标人编制投标文件期间应做如下投标前的准备工作

1）现场踏勘及答疑

项目采购单位组织投标人对项目现场及周围环境进行踏勘，以便投标人获取有关编制投标文件和签署合同所涉及的现场资料。

各投标单位对于招标文件中的问题以书面形式发放给招标单位，由招标单位统一答疑后发放给各投标单位。

2）招标文件的澄清

投标人若对招标文件有任何疑问，应按照规定的截止时间前以书面形式向招标人提出澄清要求。无论是招标人根据需要主动对招标文件进行必要的澄清，还是根据投标人的要求对招标文件做出澄清，招标人都将于投标截止时间2日前以书面形式予以澄清，同时将书面澄清文件向所有投标人发送。

（2）投标文件的提交

1）投标文件需在招标文件中规定的投标截止时间之前予以提交。

2）项目采购单位在收到投标书后，要进行签收，并做好相应记录。

3）本着公开、公平、公正和诚实信用的原则，投标截止时间与开标时间应保持统一。

4. 开标

（1）开标应符合招标文件的相关内容。

（2）开标时要公开宣读投标信息。

（3）开标要做好开标记录。

5. 评标

评标程序：

（1）响应性评审

审查投标文件是否对招标文件做出实质性的响应，以及投标文件是否完整、计算是否正确等。

在评标过程中，评标委员会发现投标人的报价明显低于其他投标报价，使得其投标报价可能低于其个别成本的，应当要求该投标人作出书面说明并提供相关证明材料。投标人不能合理说明或者不能提供相关证明材料的，由评标委员会认定该投标人以低于成本报价竞标，应否决其投标。

以下未能对招标文件提出实质性要求或条件做出实质性响应的情况，应否决其投标：

1）没有按照招标文件要求提供投标担保或者所提供的投标担保有瑕疵。

2）投标文件没有投标人授权代表签字和加盖公章。

3）投标文件载明的招标项目完成期限超过招标文件规定的期限。

4）明显不符合技术规格、技术标准的要求。

5）投标文件载明的货物包装方式、检验标准和方法等不符合招标文件的要求。

6）投标文件附有招标人不能接受的条件。

7）不符合招标文件中规定的其他实质性要求。

（2）技术评审

技术评审主要是为了确认备选的中标人完成生产项目的能力以及其技术方案的可行性。评审内容主要有：

1）招标文件要求提供的技术资料是否完备。

2）施工方案是否可行。

3）施工进度计划是否合理，并符合招标文件的工期要求。

4）质量标准是否响应招标文件要求，质量保证措施是否有针对性和可行性。

5）分包商的技术能力和施工经验。

（3）商务评审

商务评审主要是从成本、财务等方面评审投标报价的正确性、合理性、经济效益等，预测授标给不同投标人可能存在的风险。评审内容主要有：

1）报价的数额、各分项报价的正确性和合理性。

2）工程款支付和资金相关的问题。

3）价格的调整问题。

4）审查投标保证金。

（4）评标结果

选出合适的中标人。中标人的投标应当符合下列条件：

1）能最大限度地满足招标文件中规定的各项综合评价标准。

2）能满足招标文件各项要求，并且经评审的投标价格最低，但投标价格不低于成本价。

6. 中标通知书

根据评标结果，经过评标委员会的确认和主管领导审批后，项目采购单位向确定的中标单位发出中标通知书，并在投标有效期内完成合同的授予。

7. 签订工程采购合同

项目经理部根据各企业的分包合同标准文本起草分包合同。分包合同必须要包括如下主要内容：分包工程范围、合同形式、单价/总价综合内容、工程量结算原则、工程款支付、变更洽商调整原则、工期要求、技术要求、人员要求、设备要求、质量要求、环保及职业健康安全管理要求、违约责任等。

经过项目和企业有关部门的评审、审核、批准，在投标有效期内与中标单位签订工程采购合同。

1.15.3.4 项目工程设备采购管理

成套设备采购一般可参照工程材料采购管理，内容包括：产品的名称、品种型号、规格、等级、技术标准或技术性能指标；数量和计量单位；包装标准及包装物的供应与回收；交货单位、交货方式、运输方式、交货地点、提货单位、交（提）货期限；验收方式；产品价格；结算方式；违约责任等。此外，还需要注意以下方面：

1. 设备价格与支付

设备采购合同通常采用固定总价合同，在合同交货期内价格不进行调整。应该明确合同价格所包括的设备名称、套数，以及是否包括附件、配件、工具和损耗品的费用，是否包括调试、保修服务的费用等。合同价内应该包括设备的税费、运杂费、保险费等与合同有关的其他费用。

设备货款支付方式一般分为三次：

（1）设备制造前，采购方支付设备价格的约定比例作为预付款。

（2）供货方按照交货顺序在规定的时间内将货物送达交货地点，采购方支付该批设备货款的约定比例。

（3）剩余的货款作为设备保证金，待保证期满，采购方签发最终验收证书后支付。

2. 设备数量

明确设备名称、套数、随主机的辅机、附件、易损耗备用品、配件和安装修理工具等，应在签订采购合同中列出详细清单。

3. 技术标准

供货方应提供或在合同中注明设备系统的主要技术性能，以及各部分设备的主要技术标准和技术性能。

4. 现场服务

供货方和采购方需约定设备安装工作是由供货方负责还是采购方负责。如果由采购方负责，可以要求供货方提供必要的技术服务、现场服务等内容，供货方宜选派必要的技术人员到现场向安装施工人员进行技术交底、指导安装和调试，处理设备的质量问题，参加试车和验收试验等。另外需在合同中明确对现场技术人员在现场的工作条件、生活待遇及费用等做出明确规定。

5. 验收和保修

成套设备安装后一般应进行试车调试，双方应该共同参加启动试车的检验工作。试验合格后，双方在验收文件上签字，正式移交采购方进行生产运行。若检验不合格，属于设备质量原因，由供货方负责修理、更换，并承担全部费用；如果由于工程施工质量问题，由安装单位负责拆除后纠正缺陷。

1.16　施工项目合同管理

1.16.1　施工项目合同管理概述

1.16.1.1　施工项目合同管理的概念和内容

1. 施工项目合同管理的概念

施工项目合同管理是项目经理部对工程项目施工过程中所发生的或所涉及的一切经济、技术合同的签订、履行、变更、索赔、解除、解决争议、终止与评价的全过程进行的管理工作。

施工项目合同管理的任务是根据法律、政策的要求，运用指导、组织、检查、考核、监督等手段，促使当事人依法签订合同，全面实际地履行合同，及时妥善地处理合同争议和纠纷，不失时机地进行合理索赔，预防发生违约行为，避免造成经济损失，保证合同目标顺利实现，从而提高企业的信誉和竞争能力。

2. 施工项目合同管理的内容

(1) 建立健全施工项目合同管理制度，包括：合同归口管理制度；考核制度；合同用章管理制度；合同台账、统计及归档制度等。

(2) 经常对合同管理人员、项目经理及有关人员进行合同法律知识教育，提高合同业务人员法律意识和专业素质。

(3) 在谈判签约阶段，重点是了解对方的信誉，核实其法人资格及其他有关情况和资料；监督双方依照法律程序签订合同，避免出现无效合同、不完善合同，预防合同纠纷的发生；组织配合有关部门做好施工项目合同的备案工作。

(4) 合同履约阶段，主要的日常工作是经常检查合同以及有关法规的执行情况，并进行统计分析，如统计合同份数、合同金额、纠纷次数，分析违约原因、变更和索赔情况、合同履约率等，以便及时发现问题、解决问题；做好有关合同履行中的调解、诉讼、仲裁等工作，协调好企业与各方面、各有关单位的经济协作关系。

(5) 由专人整理保管合同、附件、工程洽商资料、补充协议、变更记录以及与业主及其委托的监理工程师之间的来往函件等文件，随时备查；合同期满，工程竣工结算后，将全部合同文件整理归档。

1.16.1.2 施工项目合同的分级管理

施工项目合同管理组织一般实行企业、项目经理部分级管理；其中企业级合同管理根据各企业规模大小、权限划分等，又可分为分公司、公司、集团等一个或多个不同层级的合同管理。

1. 企业的合同管理

企业设立专职合同管理部门，在企业经理授权范围内负责制定合同管理的制度、组织全企业所有施工项目各类合同的管理工作，主要职责如下：

(1) 编写本企业施工项目分包、材料供应统一合同文本范本；

(2) 负责或牵头重大施工项目的投标、谈判、签约工作；

(3) 定期汇总合同的执行情况，向企业经理汇报、提出建议；

(4) 负责基层上报企业的有关合同的审批、检查、监督工作，并给予必要的指导与帮助。

2. 项目经理部的合同管理

(1) 项目经理为项目总合同、分合同的直接执行者和管理者。在谈判签约阶段，预选的项目经理应参加项目合同的谈判工作，经授权的项目经理可以代表企业法人签约；项目经理还应亲自参与或组织本项目有关合同及分包合同的谈判和签署工作。

(2) 项目经理部设立专门的合同管理部门，一般称为商务部或合约部，负责本部所有合同的报批、保管和归档工作，主要职责如下：

1) 参与选择分包商工作，在项目经理授权后负责分包合同的起草，参与合同洽谈，制订分包的工作程序，按授权签订分包合同或采购合同；

2) 参与总包合同变更内容的洽谈，负责所有对业主变更签证索赔资料的收集；

3) 根据合同履约情况，按照总包合同约定，按工程进度节点或按月、按季度向业主提出工程款支付申请并办理相关手续；

4) 负责施工合同的手续办理及报备等工作；

5) 负责项目变更的费用计算，及时向业主、监理工程师、分包单位发送涉及合同问题的备忘录、索赔单等文件。

1.16.2 施工项目合同的种类和内容

1.16.2.1 FIDIC《土木工程施工合同条件》简介

FIDIC 是国际咨询工程师联合会的法文缩写，它是国际上具有权威性的咨询工程师组织。FIDIC 下属许多专业委员会，他们在总结世界各国土木工程建设、工程合同管理经验教训的基础上，科学地把土建工程技术、管理、经济、法律和各方的权利义务有机地结合起来，用合同的形式固定下来，编制了许多规范性文件，其中最常用的有《土木工程施工合同条件》（国际上通称“红皮书”）、《电气和机械工程合同条件》（国际上通称“黄皮书”）、《业主/咨询工程师标准服务协议书》（国际上通称“白皮书”）、《设计—建造与交钥匙工程合同条件》（国际上通称“橘皮书”）以及《土木工程施工分包合同条件》等。1999年9月又出版了新的《施工合同条件》《工程设备与设计—建造合同条件》《EPC交钥匙工程合同条件》及《合同简短格式》。

FIDIC编制的合同条件（以下称FIDIC合同条件）属于双务合同，即施工合同的签约双方（业主和承包商）都既要承担风险，又各自分享一定的利益。FIDIC合同条件的各项规定具体体现了业主、承包商的义务、权利和职责以及工程师的职责和权限，公正合理；对处理各种问题的程序都有严谨的规定，易于操作和实施。FIDIC合同条件虽不是法律，也不是法规，但在招标文件中、合同谈判、履行和解决争端时，被视为“国际惯例”，具有权威性，在国际承包和咨询界拥有崇高的信誉。在世界各地，凡是世界银行、亚洲开发银行、非洲开发银行贷款的工程项目以及FIDIC成员国家都采用国际通用的FIDIC合同条件。

在我国，凡亚洲开发银行贷款项目，大多全文采用FIDIC“红皮书”。凡世界银行贷款项目，财政部编制的招标文件范本中，对FIDIC合同条件有一些特殊的规定和修改。但在工作中使用FIDIC合同条件时，应一律以正式的英文版FIDIC合同条件文本为准。

1.16.2.2 施工项目合同的种类简介

依据签订合同的不同主体，施工项目合同主要分为总承包合同、甲指分包合同、专业分包合同、劳务分包合同、材料设备供应合同等。

（1）总承包合同

总承包合同是承包人与建设单位（业主）签订的、由承包人承担工程建设全过程直至工程竣工验收，或对工业建设项目还包括试运转、试生产，最终向建设单位（业主）移交使用（交钥匙）的承包合同。

（2）甲指分包合同

甲指分包是指由建设单位（业主）组织招标后直接向总承包方指定的分包商（需建设方出具书面函件）。甲指分包合同由建设方、总承包方、分包方三方共同签订，或者由总承包方和分包方两方签订。对各分包单位的工程款项由业主直接支付，或者通过总承包方向分包方支付。

（3）专业分包合同

总承包单位往往会根据总承包合同的约定或者经建设单位的允许，将承包工程中的专业性较强的专业工程发包给具有相应资质的专业单位进行完成，总承包单位与专业承包单位签订的合同为专业分包合同。

（4）劳务分包合同

施工总承包单位或者专业承包单位将其承包工程中的劳务作业发包给劳务分包企业完成，施工总承包单位承揽工程并购买材料，劳务施工单位负责承办招募工人施工，施工总承包单位与劳务分包单位签订的合同称为劳务分包合同。

（5）材料设备供应合同

材料设备供应合同是建设单位或施工单位与生产企业或供应单位签订的供货合同。

1.16.2.3 建设工程施工合同的内容

根据有关工程建设施工的法律、法规，结合我国工程建设施工的实际情况，并借鉴国际上广泛使用的土木工程施工合同（特别是FIDIC《土木工程施工合同条件》），住房和城乡建设部、国家工商行政管理总局于2017年联合发布使用《建设工程施工合同（示范文本）》GF—2017—0201（以下简称《施工合同文本》）。《施工合同文本》是各类公用建筑、民用住宅、工业厂房、交通设施及线路管道施工合同和设备安装合同的样本。

1.《施工合同文本》的组成

《施工合同文本》由协议书、通用合同条款、专用合同条款三部分组成，并附有三个附件：附件一是《承包人承揽工程项目一览表》，附件二是《发包人供应材料设备一览表》，附件三是《工程质量保修书》。

（1）协议书，是《施工合同文本》中总纲性的文件，其内容包括工程概况、工程承包范围、合同工期、质量标准、合同价款、组成合同的文件等。它规定了合同当事人双方最主要的权利和义务，规定了组成合同的文件及合同当事人对履行合同义务的承诺。合同当事人在协议书上签字盖章后，表明合同已成立、生效，具有法律效力。

（2）通用合同条款，是将建设工程施工合同中共性的一些内容抽象出来编写的一份完整的合同文件。它是根据《中华人民共和国民法典法》《中华人民共和国建筑法》《建设工程施工合同管理办法》等法律、法规对承发包双方的权利义务做出的规定，除双方协商一致对其中的某些条款作了修改、补充或删除外，双方都必须履行。通用条款具有很强的通用性，基本适用于各类建设工程。

（3）专用合同条款，是由于建设工程的内容、施工现场的环境和条件各不相同，工期、造价也随之变动，承包人、发包人各自的能力、要求都不会一样，通用合同条款不可能完全适用于每个具体工程，考虑由当事人根据工程的具体情况予以明确或者对通用合同条款进行的必要修改和补充，而形成的合同文件，从而使通用合同条款和专用合同条款体现双方统一意愿。专用合同条款的条款号与通用合同条款相一致。

（4）《施工合同文本》的附件，是对施工合同当事人的权利义务的进一步明确，并且使得施工合同当事人的有关工作一目了然，便于执行和管理。

2. 施工合同文件的组成及解释顺序

《施工合同文本》第二部分通用合同条款第1.5条规定了施工合同文件的优先顺序。组成合同的各项文件应互相解释、互为说明。除专用合同条款另有约定外，解释合同文件的优先顺序如下：

（1）合同协议书；

（2）中标通知书（如果有）；

（3）投标函及其附录（如果有）；

（4）专用合同条款及其附件；

（5）通用合同条款；

（6）技术标准和要求；

（7）图纸；

（8）已标价工程量清单或预算书；

（9）其他合同文件。

上述各项合同文件包括合同当事人就该项合同文件作出的补充和修改，属于同一类内容的文件，应以最新签署的为准。

在合同订立及履行过程中形成的与合同有关的文件均构成合同文件组成部分，并根据其性质确定优先解释顺序。

1.16.3　施工项目合同的签订及履行

1.16.3.1　施工项目合同的签订

1. 施工合同签订的原则（表 1-82）

施工合同签订的原则　表 1-82

原则	说明
依法签订的原则	1. 必须依据《中华人民共和国民法典》等有关法律、法规； 2. 合同的内容、形式、签订的程序均不得违法； 3. 当事人应当遵守法律、行政法规和社会公德，不得扰乱社会经济秩序，不得损害社会公共利益； 4. 根据招标文件的要求，结合合同实施中可能发生的各种情况进行周密、充分的准备，按照"缔约过失责任原则"保护企业的合法权益
平等互利协商一致的原则	1. 发包方、承包方作为合同的当事人，双方均平等地享有经济权利，平等地承担经济义务，其经济法律地位是平等的，没有主从关系； 2. 合同的主要内容，须经双方经过协商、达成一致，不允许一方将自己的意志强加于对方、一方以行政手段干预对方、压服对方等现象的发生
等价有偿原则	1. 签约双方的经济关系要合理，当事人的权利义务是对等的； 2. 合同条款中亦应充分体现等价有偿原则，即： （1）一方给付，另一方必须按价值相等原则作相应给付； （2）不允许发生无偿占有、使用另一方财产的现象； （3）对工期提前、质量全优要予以奖励； （4）延误工期、质量低劣应罚款； （5）提前竣工的收益由双方分享等
严密完备的原则	1. 充分考虑施工期内各个阶段施工合同主体间可能发生的各种情况和一切容易引起争端的焦点问题，并预先约定解决问题的原则和方法； 2. 条款内容力求完备，避免疏漏，措辞力求严谨、准确、规范； 3. 对合同变更、纠纷协调、索赔处理等方面应有严格的合同条款作保证，以减少双方矛盾
履行法律程序的原则	1. 签约双方都必须具备签约资格，手续健全齐备； 2. 代理人超越代理人权限签订的工程合同无效； 3. 签约的程序符合法律规定； 4. 签订的合同必须经过合同管理的授权机关鉴证、公证和登记等手续，对合同的真实性、可靠性、合法性进行审查，并给予确认方能生效

2. 签订施工合同的程序

作为承包商的建筑施工企业在签订施工合同中，主要的工作程序见表 1-83。

签订施工合同的程序　表 1-83

程序	内容
市场调查建立联系	1. 施工企业对建筑市场进行调查研究； 2. 追踪获取拟建项目的情况和信息，以及业主情况； 3. 当对某项工程有承包意向时，可进一步详细调查，并与业主取得联系
表明合作意愿 投标报价	1. 接到招标单位邀请或公开招标公告后，企业领导做出投标决策； 2. 向招标单位提出投标申请书、表明投标意向； 3. 研究招标文件，着手具体投标报价工作
协商谈判	1. 接受中标通知书后，组成包括项目经理在内的谈判小组，依据招标文件和中标通知书草拟合同专用条款； 2. 与发包人就工程项目具体问题进行实质性谈判； 3. 通过协商、达成一致，确立双方具体权利与义务，形成合同条款； 4. 参照施工合同示范文本和发包人拟定的合同条件，与发包人订立施工合同
签署书面合同	1. 施工合同应采用书面形式的合同文本； 2. 合同使用的文字要经双方确定，用两种以上语言的合同文本，须注明几种文本是否具有同等法律效力； 3. 合同内容要详尽具体，责任义务要明确，条款应严密完整，文字表述应准确规范； 4. 确认甲方，即业主或委托代理人的法人资格或代理权限； 5. 施工企业经理或委托代理人代表承包方与甲方共同签署施工合同
备案与公证	1. 合同签署后，必须在合同规定的时限内完成履约保函、预付款保函、有关保险等保证手续； 2. 送交建设行政主管部门对合同进行备案； 3. 必要时可送交公证处对合同进行公证； 4. 经过备案、公证，确认了合同真实性、可靠性、合法性后，合同发生法律效力，并受法律保护

1.16.3.2　施工项目合同的履行

施工项目合同履行的主体是项目经理和项目经理部。项目经理部必须从施工项目的施工准备、施工、竣工至维修期结束的全过程中，认真履行施工合同，实行动态管理，跟踪收集、整理、分析合同履行中的信息，合理、及时地进行调整。还应对合同履行进行预测，及早提出和解决影响合同履行中的问题，以避免或减少风险。

1. 项目经理部履行施工合同应遵守下列规定：

(1) 必须遵守《中华人民共和国民法典》《中华人民共和国建筑法》规定的各项合同履行原则和规则。

(2) 在行使权利、履行义务时应当遵循诚实信用原则和坚持全面履行的原则。全面履行包括实际履行（标的的履行）和适当履行（按照合同约定的品种、数量、质量、价款或报酬等的履行）。

(3) 项目经理由企业授权负责组织施工合同的履行。

(4) 如果发生不可抗力致使合同不能履行或不能完全履行时，应及时向企业报告，并在委托权限内依法及时地进行处置。

(5) 遵守合同对约定不明条款、价格发生变化的履行规则，以及合同履行担保规则和抗辩权、代位权、撤销权的规则。

（6）承包人按专用合同条款的约定分包所承担的部分工程，并与分包单位签订分包合同。非经发包人同意，承包人不得将承包工程的任何部分分包。

2. 项目经理部履行施工合同应做的工作

（1）应在施工合同履行前，对合同内容、风险、重点或关键性问题做出特别说明和提示，向各职能部门人员交底，落实根据施工合同确定的目标，依据施工合同指导工程实施和项目管理工作。

（2）组织施工力量；签订分包合同；研究熟悉设计图纸及有关文件资料；多方筹集足够的流动资金；编制施工组织设计、进度计划、工程结算付款计划等，做好施工准备，按时进入现场，按期开工。

（3）制订科学的周密的材料、设备采购计划，采购符合质量标准的价格低廉的材料、设备，按施工进度计划及时进入现场，做好供应和管理工作，保证顺利施工。

（4）按设计图纸、技术规范和规程组织施工；作好施工记录，按时报送各类报表；进行各种有关的现场或试验室抽检测试，保存好原始资料；制订各种有效措施，采取先进的管理方法，全面保证施工质量达到合同要求。

（5）履行合同中关于接受监理工程师监督的规定；根据监理工程师要求报送各类报表、办理各类手续；执行监理工程师的指令，接受一定范围内的工程变更要求等。

（6）项目经理部在履行合同期间，应注意收集、记录对方当事人违约事实的证据，即对发包方或业主履行合同进行监督，作为索赔的依据。

（7）按期竣工、试运行，通过质量检验，交付业主，收回工程价款。

（8）按合同规定，做好责任期内的维修、保修和质量回访工作。对属于承包方责任的工程质量问题，应负责无偿维修。

1.16.3.3　施工项目合同履行中的问题及处理

施工项目合同履行过程中经常遇到不可抗力问题、施工合同的变更、违约、索赔、争议、终止与评价等问题。

1. 不可抗力的处理

不可抗力是指合同当事人不能预见、不能避免且不能克服的客观情况。建设工程施工中的不可抗力包括因战争、动乱、空中飞行物坠落或其他非发包方责任造成的爆炸、火灾，以及专用合同条款中约定程度的风、雨、雪、洪水、地震等自然灾害。

在订立合同时，应明确不可抗力的范围、双方应承担的责任。在合同履行中加强管理和防范措施。当事人一方因不可抗力不能履行合同时，有义务及时通知对方，以减轻可能给对方造成的损失，并应当在合理期限内提供证明。

不可抗力发生后，承包人应在力所能及的条件下迅速采取措施，尽量减少损失，并在不可抗力事件发生过程中，每隔 7 天向监理工程师报告一次受害情况；不可抗力事件结束后 48 小时内向监理工程师通报受害情况和损失情况，以及预计清理和修复的费用；14 天内向监理工程师提交清理和修复费用的正式报告。

因不可抗力事件导致的费用及延误的工期由合同双方承担责任：

（1）工程本身的损害、因工程损害导致第三方人员伤亡和财产损失以及运至施工现场用于施工的材料和待安装设备的损害，由发包人承担；

（2）发包方承包方人员伤亡由其所在单位负责，并承担相应费用；

（3）承包人机械设备损坏及停工损失，由承包人承担；

（4）停工期间，承包人应工程师要求留在施工场地的必要的管理人员及保卫人员的费用由发包人承担；

（5）工程所需清理、修复费用，由发包人承担；

（6）延误的工期相应顺延。

因合同一方迟延履行合同后发生不可抗力的，不能免除迟延履行方的相应责任。

2. 合同变更的处理

合同变更是指依法对原合同进行的修改和补充，即在履行合同项目过程中，由于实施条件或相关因素的变化，而不得不对原合同的某些条款做出修改、订正、删除或补充。合同变更一经成立，原合同中的相应条款就应解除。合同变更是在条件改变时，对双方利益和义务的调整，适当及时的合同变更可以弥补原合同条款的不足。

合同变更一般由监理工程师提出变更指令，它不同于《施工合同文本》中的“工程变更”或“工程设计变更”。后者是由发包人提出并报规划管理部门和其他有关部门重新审查批准。

（1）合同变更的理由

1）工程量增减。

2）工程质量及特性的变更。

3）工程标高、基线、尺寸等变更。

4）工程的删减。

5）永久工程的附加工作，设备、材料和服务的变更等。

6）合同法律环境或政策环境的变更。

（2）合同变更的原则

1）合同双方都必须遵守合同变更程序，依法进行，任何一方不得单方面擅自更改合同条款。

2）合同变更要经过有关专家（监理工程师、设计工程师、现场工程师等）的科学论证和合同双方的协商。在合同变更具有合理性、可行性，而且由此而引起的进度和费用变化得到确认及落实的情况下方可实行。

3）合同变更的次数应尽量减少，变更的时间亦应尽量提前，并在事件发生后的一定时限内提出，以避免或减少给工程项目建设带来的影响和损失。

4）合同变更应以监理工程师、业主和承包商共同签署的合同变更书面指令为准，并以此作为结算工程价款的凭据。紧急情况下，监理工程师的口头通知也可接受，但必须在48小时内追补合同变更书。承包人对合同变更若有不同意见可在7～10天内书面提出，但业主决定继续执行的指令，承包商应继续执行。

5）合同变更所造成的损失，除依法可以免除的责任外，如由于设计错误、设计所依据的条件与实际不符、图与说明不一致、施工图有遗漏或错误等，应由责任方负责赔偿。

（3）合同变更的程序

合同变更的程序应符合合同文件的有关规定，合同变更程序如图1-30所示。

3. 合同争议的处理

合同争议，是指当事人双方对合同订立和履行情况以及不履行合同的后果所产生的

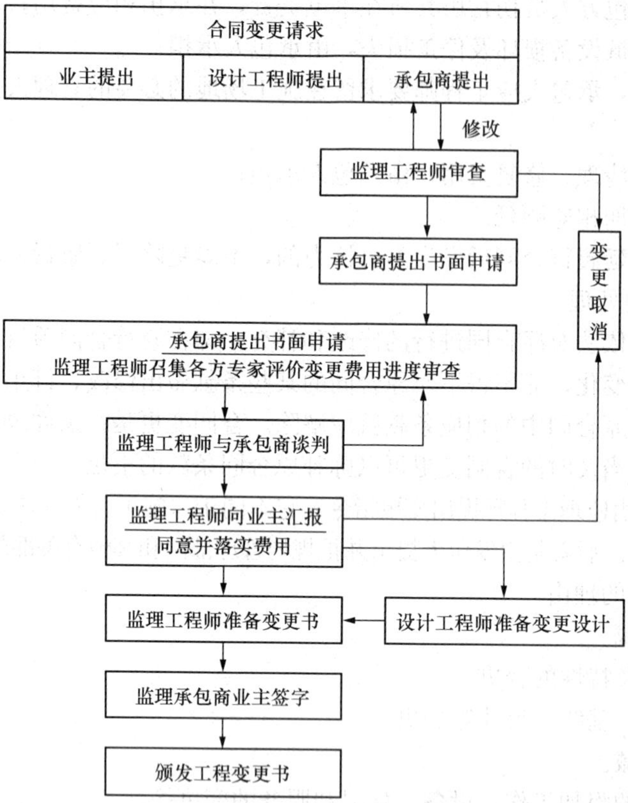

图 1-30　合同变更程序示意图

纠纷。

(1) 施工合同争议的解决方式

合同当事人在履行施工合同时，解决所发生争议、纠纷的方式有和解、调解、仲裁和诉讼等。当承包商与业主（或分包商）在合同履行过程中发生争议和纠纷，应根据平等协商的原则先行和解，尽量取得一致意见。若双方和解不成，则可要求有关主管部门调解。双方属于同一部门或行业，可由行业或部门的主管单位负责调解；不属于上述情况的，可由工程所在地的建设主管部门负责调解；若调解无效，根据当事人的申请，在受到侵害之日起一年之内，可送交工程所在地工商行政管理部门的经济合同仲裁委员会进行仲裁，超过一年期限者，一般不予受理。仲裁是解决经济合同的一项行政措施，是维护合同法律效力的必要手段。仲裁是依据法律、法令及有关政策，处理合同纠纷，责令责任方赔偿、罚款，直至追究有关单位或人员的行政责任或法律责任。处理合同纠纷也可不经仲裁，而直接向人民法院起诉。

一旦合同争议进入仲裁或诉讼，项目经理应及时向企业领导汇报和请示。因为仲裁和诉讼必须以企业（具有法人资格）的名义进行，由企业做出决策。

(2) 争议发生后履行合同情况

在一般情况下，发生争议后，双方都应继续履行合同，保持施工连续，保护好已完工程。

只有发生下列情况时，当事人方可停止履行施工合同：

1）单方违约导致合同确已无法履行，双方协议停止施工；

2）调解要求停止施工，且为双方接受；

3）仲裁机关要求停止施工；

4）法院要求停止施工。

4. 违背合同的处理

违背合同又称违约，是指当事人在执行合同过程中，没有履行合同规定的义务的行为。项目经理在违约责任管理方面，首先要管好己方的履约行为，避免承担违约责任。如果发包人违约，应当督促发包人按照约定履行合同，并与之协商违约责任的承担。特别应当注意收集和整理对方违约的证据，在必要时以此作为依据、证据来维护自己的合法权益。

（1）违约行为和责任

在履行施工合同过程中，主要的违约行为和责任：

1）发包人违约

① 发包人不按合同约定支付各项价款，或工程师不能及时给出必要的指令、确认，致使合同无法履行，发包人承担违约责任，赔偿因其违约给承包人造成的直接损失，延误的工期相应顺延。

② 未按合同规定的时间和要求提供材料、场地、设备、资金、技术资料等，除竣工日期得以顺延外，还应赔偿承包方因此发生的实际损失。

③ 工程中途停建、缓建或由于设计变更及设计错误造成的返工，应采取措施弥补或减少损失。同时应赔偿承包方因停工、窝工、返工和倒运、人员、机械设备调迁、材料和构件积压等实际损失。

④ 工程未经竣工验收，发包单位提前使用或擅自动用，由此发生的质量问题或其他问题，由发包方自己负责。

⑤ 超过承包合同规定的日期验收，按合同违约责任条款的规定，应偿付逾期违约金。

2）承包人违约

① 承包工程质量不符合合同规定，负责无偿修理和返工。由于修理和返工造成逾期交付的，应偿付逾期违约金。

② 承包工程的交工时间不符合合同规定的期限，应按合同违约责任条款，偿付逾期违约金。

③ 由于承包方的责任，造成发包方提供的材料、设备等丢失或损坏，应由承包方承担赔偿责任。

（2）违约责任处理原则

1）承担违约责任应按“严格责任原则”处理，无论合同当事人主观上是否有过错，只要合同当事人有违约事实，特别是有违约行为并造成损失的，就要承担违约责任。

2）在订立合同时，双方应当在专用合同条款中约定发（承）包人赔偿承（发）包人损失的计算方法或者发（承）包人应当支付违约金的数额和计算方法。

3）当事人一方违约后，另一方可按双方约定的担保条款，要求提供担保的第三方承担相应责任。

4）当事人一方违约后，另一方要求违约方继续履行合同时，违约方承担继续履行合同、采取补救措施或者赔偿损失等责任。

5）当事人一方违约后，对方应当采取适当措施防止损失的扩大，否则不得就扩大的损失要求赔偿。

6）当事人一方因不可抗力不能履行合同时，应对不可抗力的影响部分（或者全部）免除责任，但法律另有规定的除外。当事人迟延履行后发生不可抗力的，不能免除责任。

5. 合同解除的处理

合同解除是在合同依法成立之后、合同规定的有效期内，合同当事人一方有充足的理由，提出终止合同的要求，并同时出具包括终止合同理由和具体内容的申请，合同双方经过协商，就提前终止合同达成书面协议，宣布解除双方由合同确定的经济承包关系。

（1）合同解除的理由主要有

1）施工合同当事双方协商，一致同意解除合同关系。

2）因为不可抗力或者是非合同当事人的原因，造成工程停建或缓建，致使合同无法履行。

3）由于当事人一方违约致使合同无法履行。违约的主要表现有：

① 发包人不按合同约定支付工程款（进度款），双方又未达成延期付款协议，导致施工无法进行，承包人停止施工超过 56 天，发包人仍不支付工程款（进度款），承包人有权解除合同。

② 承包人发生将其承包的全部工程，或将其支解以后以分包的名义分别转包给他人；或将工程的主要部分，或群体工程的半数以上的单位工程倒手转包给其他施工单位等转包行为时，发包人有权解除合同。

③ 合同当事人一方的其他违约行为致使合同无法履行，合同双方可以解除合同。

当合同当事人一方主张解除合同时，应向对方发出解除合同的书面通知，并在发出通知前 7 天告知对方。通知到达对方时合同解除。对解除合同有异议时，按照解决合同争议程序处理。

（2）合同解除后的善后处理

1）合同解除后，当事人双方约定的结算和清理条款仍然有效。

2）承包人应当按照发包人要求妥善做好已完工程和已购材料、设备的保护和移交工作，按照发包人要求将自有机械设备和人员撤出施工现场。发包人应为承包人撤出提供必要的条件，支付以上所发生的费用，并按合同约定支付已完工程款。

3）已订货的材料、设备由订货方负责退货或解除订货合同，不能退还的货款和退货、解除订货合同发生的费用，由发包人承担。

1.16.4　工程计量支付与收入管理

1.16.4.1 工程计量收入管理

依据签订的建设工程施工合同文件，合同收入主要指从发包人获得的资金收入，分为两部分内容，一是合同规定的初始收入，即承包人与发包人签订的合同中最初商定的合同总金额，它构成合同收入的基本内容；二是因合同变更、索赔、奖励等形成的收入。

合同收入的过程计算主要依据专用合同条款，按工程现场形象进度完工百分比法进行阶段费用计算，同时扣除（或增加）预付款项、工程变更和合同变更款等费用，即为过程合同收入价款。承包工程价款的主要结算方式见表1-84。

承包工程价款的主要结算方式 表1-84

结算方式	说明
按月结算	先预付部分工程款，在施工过程中按月结算工程进度款，竣工后进行竣工结算
竣工后一次结算	建设项目或单项工程全部建筑安装工程建设期在12个月以内，或者工程合同价值在100万元以下的，可以实行工程价款每月月中预支、竣工后一次结算
分段结算	当年开工，当年不能竣工的单项工程或单位工程按照工程形象进度，划分不同阶段进行结算。分段结算可以按月预支工程款
其他	结算双方约定的其他结算方式

1. 工程预付款的扣回

工程预付款是建设工程施工合同订立后由发包人按照合同约定，在正式开工前预先支付给承包人的工程款。它是施工准备和所需要材料、结构件等流动资金的主要来源，习惯上又称为预付备料款。

工程预付款的具体事宜由发承包双方根据建设行政主管部门的规定，结合施工工期、建安工作量、主要材料和构件费用占承包总额的比例以及材料储备周期等因素在合同中约定。预付备料款额度的计算见式（1-13）：

$$预付备料款额度 = 年度承包总额 \times \frac{主要材料及构配件所占比重(\%)}{年度施工天数} \times 材料储备天数 \tag{1-13}$$

发包人支付给承包人的工程预付款性质是预支。随着工程的进展，拨付的工程进度款数额不断增加，工程所需主要材料、构件的用量逐渐减少，原已支付的预付款应以抵扣的方式予以陆续扣回。扣款的方法由发包人和承包人通过洽商用合同的形式予以确定，可采用等比率或等额扣款的方式，也可针对工程实际情况具体处理。

2. 工程进度款的支付

工程进度款的支付，一般按当月实际完成工程量（工程形象进度）进行结算，单价按投标工程量清单综合单价进行计价，计算出付款节点应付工程价款。

3. 工程变更价款的计算

（1）工程变更价款的确定程序

合同中综合单价因工程量变更需要调整时，除合同另有约定外，应按照下列办法确定：

1）工程量清单漏项和设计变更引起的工程量清单项目，其相应综合单价由承包人提出，经发包人确认后作为结算的依据。

2）由于工程量清单的工程数量有误或设计变更引起的工程量增减，属于合同约定幅度以内的，应执行原有的综合单价；属于合同约定幅度以外的，其增加部分的工程量或减少后剩余部分的工程量的综合单价由承包人提出，经发包人确认后作为结算的依据。

（2）工程变更价款的确定方法

《建设工程施工合同示范文本》GF—2017—0201 约定的工程变更价款的确定方法

如下：

1）合同中已有适用变更工程的价格，按合同已有的价格变更合同价格；

2）合同中只有类似变更工程的价格，可以参考类似价格变更合同价格；

3）合同中没有适用或类似于变更工程的价格，由承包人提出适当的变更价格，经工程师确认后执行。

工程变更发生的工程量按现场监理工程师与承包单位共同确认的工程量进行计量，变更价款的计算见式（1-14）：

$$工程变更价款 = 变更工程实际量 \times 经确认的变更工程合同单价 \quad (1\text{-}14)$$

4. 工程质量保证金的扣回

工程质量保证金一般按工程价款3%左右的比例进行设置，在工程竣工交付前的数次付款中进行扣留，扣留的保证金总金额满足要求后不再扣回，具体扣留方式和比例以合同中具体约定方式为准。工程质量缺陷责任期（一般为6～24个月）届满后，施工单位可向建设单位申请返还质量保证金。

5. 计量收入管理措施

（1）计量收入须做到计算准确不漏项，工程形象进度按报表报出日最新进度进行填报，尽早回收工程款以满足工程各项开支的支付。

（2）须努力提高有关计量人员的业务能力和综合素养。

（3）建立科学、合理的计量管理体系，提升计量工作效率。

1.16.4.2　工程计量支付管理

工程计量指总承包单位依据签订的《建设工程劳务分包合同》《建设工程专业分包合同》《材料工程材料采购或租赁合同》、技术规范等文件，对分包人已完成的符合要求的工程量进行测量、计算、核查和确认的过程；支付就是按合同规定对分包人的应付款项进行确认并办理付款手续的过程。

1. 工程计量支付原则

（1）必须按照合同中规定的工程项目和工程变更中的内容以及合同文件规定的各项支付费用，超出图纸施工及自身原因造成的返工工程量等将不予计量；

（2）计量项目必须是已完工程或正在施工工程的已完部分，且质量符合技术规范要求；

（3）计量结果必须由工程总承包单位和分包单位双方确认；

（4）计量方法严格按照合同及规范规定的计算原则执行；

（5）计量支付必须按合同及时进行。

2. 工程计量的方法

（1）断面法：主要用于计算取土坑和路堤土方的计量；

（2）图纸法：混凝土体积、钢筋长度、钻孔灌注桩的桩长等；

（3）钻孔取样法：主要用于面层结构计量；

（4）分项计量法：根据项目划分的各个子项工序或部位进行计量；

（5）均摊法：将工程量清单中单项费用按合同工期分月平均计量，主要用于维修、养护工程；

（6）凭证法：根据合同中要求分包人提供的票据进行计量支付。

3. 计量付款程序

当工程符合计量条件需要计量时，分包人应向总承包单位提交计量申请及有关资料，经总承包单位现场测量或计算，对符合条件的工程量编制付款证书进行工程款的支付，支付流程见图 1-31。

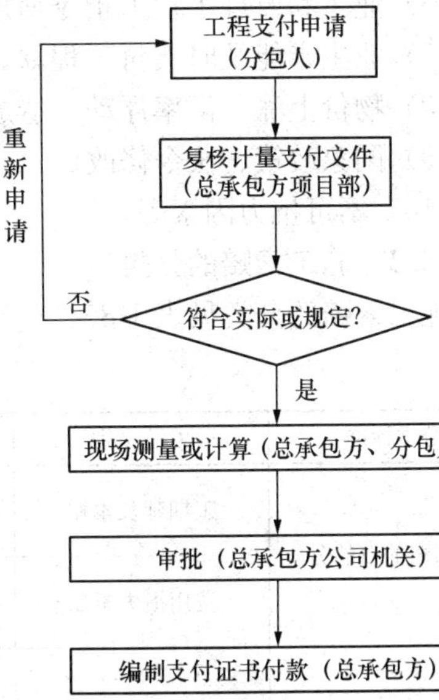

图 1-31 计量付款程序示意图

4. 计量支付管理措施

（1）必须熟练掌握计量支付的规则，了解相关的设计图纸，严格遵守有关的技术标准，全面熟悉整个项目的总体计划，然后以此为基础建立科学、合理的项目信息台账，并充分收集项目的相关资料；

（2）进一步加强现场抽查工作，全面掌握项目的进度以及实际工程量的实施状况，对于交工工程应当及时、严格地开展相关检验工作，尽最大努力确保施工符合计量要求；

（3）如果项目发生变更，必须严格按照审批流程开展相关工作，包括建立变更台账以及掌握变更计量动态等；

（4）有必要建立一套完善、科学且与台账相对应的计量数据库，以便对已经完成的项目的计量状况进行及时的统计；

（5）相关人员应善于总结计量中的统计规律。

1.16.5 施工索赔

1.16.5.1 施工索赔的概念

索赔是在经济活动中，合同当事人一方因对方违约，或其他过错，或无法防止的外因而受到损失时，要求对方给予赔偿或补偿的活动。

在施工项目合同管理中的施工索赔，一般是指承包商（或分包商）向业主（或总承包商）提出的索赔，而把业主（或总承包商）向承包商（或分包商）提出的索赔称为反索赔，广义上统称索赔。

施工索赔是承包商由于非自身原因，发生合同规定之外的额外工作或损失时，向业主提出费用或时间补偿要求的活动。

1.16.5.2 通常可能发生的索赔事件

在施工过程中，通常可能发生的索赔事件主要有：

（1）业主没有按合同规定的时间交付设计图纸数量和资料，未按时交付合格的施工现场等，造成工程拖延和损失。

（2）工程地质条件与合同规定、设计文件不一致。

（3）业主或监理工程师变更原合同规定的施工顺序，扰乱了施工计划及施工方案，使工程数量有较大的增加。

（4）业主指令提高设计、施工、材料的质量标准。

（5）由于设计错误或业主、工程师错误指令，造成工程修改、返工、窝工等损失。

（6）业主和监理工程师指令增加额外工程，或指令工程加速。

（7）业主未能及时支付工程款。

（8）物价上涨、汇率浮动，造成材料价格、工人工资上涨，承包商蒙受较大的损失。

（9）国家政策、法令修改。

（10）不可抗力因素等。

1.16.5.3　施工索赔的分类

施工索赔的分类见表1-85。

施工索赔的分类　　表1-85

分类标准	索赔类别	说明
按索赔的目的分	工期延长索赔	由于非承包商方面原因造成工程延期时，承包商向业主提出的推迟竣工日期的索赔
	费用损失索赔	承包商向业主提出的，要求补偿因索赔事件发生而引起的额外开支和费用损失的索赔
按索赔的原因分	延期索赔	1. 由于业主原因不能按原定计划的时间进行施工所引起的索赔； 2. 主要有：发包人未按照约定的时间和要求提供材料设备、场地、资金、技术资料，或设计图纸的错误和遗漏等原因引起停工、窝工
	工程变更索赔	1. 由于对合同中规定的施工工作范围的变化而引起的索赔； 2. 主要是由于发包人或监理工程师提出的工程变更，由承包人提出但经发包人或监理工程师同意的工程变更；设计变更，或设计错误、遗漏，导致工程变更，工作范围改变
	施工加速索赔（又称赶工索赔、劳动生产率损失索赔）	1. 如果业主要求比合同规定工期提前，或因前一阶段的工程拖期，要求后一阶段弥补已经损失工期，使整个工程按期完工，需加快施工速度而引起的索赔； 2. 一般是延期或工程变更索赔的结果； 3. 施工加速应考虑加班工资、提供额外监管人员、雇佣额外劳动力、采用额外设备、改变施工方法造成现场拥挤、疲劳作业等使劳动生产率降低
	不利现场条件索赔	1. 因合同的图纸和技术规范中所描述的条件与实际情况有实质性不同，或合同中未作描述，但发生的情况是一个有经验的承包商无法预料的情况所引起的索赔； 2. 如复杂的现场水文地质条件或隐藏的不可知的地面条件等
按索赔的合同依据分	合同内索赔	1. 索赔依据可在合同条款中找到明文规定的索赔； 2. 这类索赔争议少，监理工程师即可全权处理
	合同外索赔	1. 索赔权利在合同条款内很难找到直接依据，但可来自普通法律，承包商须有丰富的索赔经验方能实现； 2. 索赔表现大多为违约或违反担保造成的损害； 3. 此项索赔由业主决定是否索赔、监理工程师无权决定
	道义索赔（又称额外支付）	1. 承包商对标价估计不足，虽然圆满完成了合同规定的施工任务，但期间由于克服了巨大困难而蒙受重大损失，为此向业主寻求优惠性质的额外付款； 2. 这是以道义为基础的索赔，既无合同依据，又无法律依据； 3. 这类索赔监理工程师无权决定，只是在业主通情达理、出于同情时才会超越合同条款给予承包商一定的经济补偿

续表

分类标准	索赔类别	说明
按索赔处理方式分	单项索赔	1. 在一项索赔事件发生时或发生后的有效期间内，立即进行的索赔； 2. 索赔原因单一，责任单一，处理容易
	总索赔 （又称一揽子索赔）	1. 承包商在竣工之前，就施工中未解决的单项索赔，综合提出的总索赔； 2. 总索赔中的各单项索赔常常是因为较复杂而遗留下来的，加之各单项索赔事件相互影响，使总索赔处理难度大、金额也大

1.16.5.4 施工索赔的程序

1. 意向通知

索赔事件发生时或发生后，承包商应立即通知监理工程师，表明索赔意向，争取支持。

2. 提出索赔申请

索赔事件发生后的有效期内，承包商要向监理工程师提出正式书面索赔申请，并抄送业主。其内容主要是索赔事件发生的时间、实际情况及事件影响程度，同时提出索赔依据的合同条款等。

3. 提交索赔报告

承包商在索赔事件发生后，要立即搜集证据，寻找合同依据，进行责任分析，计算索赔金额，最后形成索赔报告，在规定期限内报送监理工程师，并抄送业主。

4. 索赔处理

承包商在索赔报告提交之后，还应每隔一段时间主动向对方了解情况并督促其快速处理，并根据其提出的意见随时提供补充资料，为监理工程师处理索赔提供帮助、支持与合作。

监理工程师（业主）接到索赔报告后，应认真阅读和评审，对不合理、证据不足之处提出反驳和质疑，与承包商经常沟通、协商。最后由监理工程师起草索赔处理意见，双方就有关问题协商、谈判，合同内单一索赔，一般协商就可以解决。对于双方争议较大的索赔问题，可由中间人调解解决，或进而由仲裁诉讼解决。

施工索赔的程序见图 1-32。

1.16.5.5 索赔报告

索赔报告由承包商编写，应简明扼要，符合实际，责任清晰，证据可靠，计算方法正确，结果无误。索赔报告编制得好坏，是索赔成败的关键。

1. 索赔报告的报送时间和方式

索赔报告一定要在索赔事件发生后的有效期（一般为 28 天）内报送，过期索赔无效。对于新增工程量、附加工作等应一次性提出索赔要求，并在该项工程进行到一定程度、能计算出索赔额时，提交索赔报告；对于已征得监理工程师同意的合同外工作项目的索赔，可以在每月上报完成工程量结算单的同时报送。

2. 索赔报告的基本内容

（1）题目：高度概括索赔的核心内容，如“关于×××事件的索赔”。

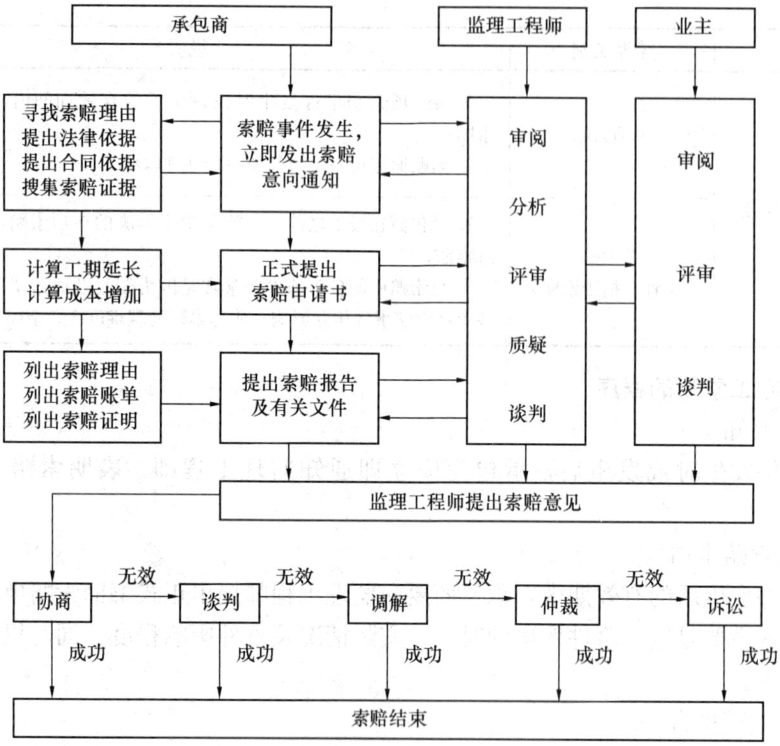

图 1-32　施工索赔程序示意图

（2）事件：陈述事件发生的过程，如工程变更情况、不可抗力发生的过程，以及期间监理工程师的指令和双方往来信函、会谈的经过及纪要，着重指出业主（监理工程师）应承担的责任。

（3）理由：提出作为索赔依据的具体合同条款、法律、法规依据。

（4）结论：指出索赔事件给承包商造成的影响和带来的损失。

（5）计算：列出费用损失或工程延期的计算公式（方法）、数据、表格和计算结果，并依此提出索赔要求。

（6）综合：总索赔应在上述各分项索赔的基础上提出索赔总金额或工程总延期天数的要求。

（7）附录：各种证据材料，即索赔证据。

3. 索赔证据

索赔证据是支持索赔的证明文件和资料。它是附在索赔报告正文之后的附录部分，是索赔文件的重要组成部分。证据不全、不足或者没有证据，索赔是不可能成功的。

索赔证据主要来源于施工过程中的信息和资料。承包商只有平时经常注意这些信息资料的收集、整理和积累，存档于计算机内，才能在索赔事件发生时，快速地调出真实、准确、全面、有说服力、具有法律效力的索赔证据。

可以直接或间接作为索赔证据的资料很多，详见表 1-86。

索赔的证据 **表 1-86**

施工记录方面	财务记录方面
(1) 施工日志； (2) 施工检查员的报告； (3) 逐月分项施工纪要； (4) 施工工长的日报； (5) 每日工时记录； (6) 同业主代表的往来信函及文件； (7) 施工进度及特殊问题的照片或影像资料； (8) 会议记录或纪要； (9) 施工图纸； (10) 业主或其代表的电话记录； (11) 投标时的施工进度表； (12) 修正后的施工进度表； (13) 施工质量检查记录； (14) 施工设备使用记录； (15) 施工材料使用记录； (16) 气象报告； (17) 验收报告和技术鉴定报告	(1) 施工进度款支付申请单； (2) 工人劳动计时卡； (3) 工人分布记录； (4) 材料、设备、配件等的采购单； (5) 工人工资单； (6) 付款收据； (7) 收款单据； (8) 标书中财务部分的章节； (9) 工地的施工预算； (10) 工地开支报告； (11) 会计日报表； (12) 会计总账； (13) 批准的财务报告； (14) 会计往来信函及文件； (15) 通用货币汇率变化表； (16) 官方的物价指数、工资指数

1.16.5.6 索赔计算

1. 工期索赔及计算

工期索赔的目的是取得业主对于合理延长工期的合法性的确认。在施工过程中，许多原因都可能导致工期拖延，但只有在某些情况下才能进行工期索赔，详见表 1-87。

工期拖延与索赔处理 **表 1-87**

种类	原因责任者	处理
可原谅不补偿延期	责任不在任何一方 如不可抗力、恶性自然灾害	工期索赔
可原谅应补偿延期	业主违约 非关键线路上工程延期引起费用损失	费用索赔
	业主违约 导致整个工程延期	工期及费用索赔
不可原谅延期	承包商违约 导致整个工程延期	承包商承担违约罚款并承担违约后业主要求加快施工或终止合同所引起的一切经济损失

在工期索赔中，首先要确定索赔事件发生对施工活动的影响及引起的变化，然后再分析施工活动变化对总工期的影响。

常用的计算索赔工期的方法有：

(1) 网络计划分析法

网络计划分析法是通过分析索赔事件发生前后网络计划工期的差异计算索赔工期的。

这是一种科学合理的计算方法，适用于各类工期索赔。

（2）对比分析法

对比分析法比较简单，适用于索赔事件仅影响单位工程或分部分项工程的工期，需由此计算对总工期的影响，计算见式（1-15）：

$$总工期索赔 = 原合同总工期 \times 额外或新增工程量价格 / 原合同总价 \tag{1-15}$$

（3）劳动生产率降低计算法

在索赔事件干扰正常施工导致劳动生产率降低而使工期拖延时，索赔工期计算见式（1-16）：

$$索赔工期 = 计划工期 \times \frac{预期劳动生产率 - 实际劳动生产率}{预期劳动生产率} \tag{1-16}$$

（4）简单加总法

在施工过程中，由于恶劣气候、停电、停水及意外风险造成全面停工而导致工期拖延时，可以一一列举各种原因引起的停工天数，累加结果，即可作为索赔天数。

应该注意的是，由多项索赔事件引起的总工期索赔，不可以用各单项工期索赔天数简单相加，最好用网络分析法计算索赔工期。

2. 费用索赔及计算

（1）费用索赔及其费用项目构成

费用索赔是施工索赔的主要内容。承包商通过费用索赔要求业主对索赔事件引起的直接损失和间接损失给予合理的经济补偿。

计算索赔额时，一般先计算与事件有关的直接费，然后计算应分摊的管理费。费用项目构成、计算方法与合同报价中基本相同，但具体的费用构成内容却因索赔事件性质不同而有所不同。各种类型索赔事件的可能费用损失项目构成示例见表 1-88。

索赔事件的费用项目构成示例表　　**表 1-88**

索赔事件	可能的费用损失项目	示例
工期延长	（1）人工费增加； （2）材料费增加； （3）现场施工机械设备停置费； （4）现场管理费增加； （5）因工期延长或通货膨胀使原工程成本增加； （6）相应保险费、保函费用增加； （7）分包商索赔； （8）总部管理费分摊； （9）推迟支付引起的兑换率损失； （10）银行手续费和利息支出	包括工资上涨，现场停工、窝工，生产效率降低，不合理使用劳动力等的损失； 因工期延长，材料价格上涨； 设备因延期所引起的折旧费、保养费或租赁费等； 包括现场管理人员的工资及其附加支出，生活补贴，现场办公设施支出，交通费用等； 分包商因延期向承包商提出的费用索赔； 因延期造成公司内部管理费增加； 工程延期引起支付延迟
业主指令工程加速	（1）人工费增加； （2）材料费增加； （3）机械使用费增加； （4）因加速增加现场管理人员的费用； （5）总部管理费增加； （6）资金成本增加	因业主指令工程加速造成增加劳动力投入，不经济地使用劳动力，生产率降低和损失等； 不经济地使用材料，材料提前交货的费用补偿，材料运输费增加； 增加机械投入，不经济地使用机械； 费用增加和支出提前引起负现金流量所支付的利息

续表

索赔事件	可能的费用损失项目	示例
工程中断	(1) 人工费; (2) 机械使用费; (3) 保函、保险费、银行手续费; (4) 贷款利息; (5) 总部管理费; (6) 其他额外费用	如留守人员工资，人员的遣返和重新招雇费，对工人的赔偿金等; 如设备停置费，额外的进出场费，租赁机械的费用损失等; 如停工、复工所产生的额外费用，工地重新整理费用等
工程量增加或附加工程	(1) 工程量增加引起的索赔额，其构成与合同报价组成相似; (2) 附加工程的索赔额，其构成与合同报价组成相似	工程量增加小于合同总额的5%，为合同规定的承包商应承担的风险，不予补偿; 工程量增加超过合同规定的范围（如合同额的15%～20%），承包商可要求调整单价，否则合同单价不变

（2）费用索赔的计算

1）总索赔额的计算方法

① 总费用法

总费用法是以承包商的额外增加成本为基础，加上管理费、利息及利润作为总索赔值的计算方法。这种方法要求原合同总费用计算准确、承包商报价合理，并且在施工过程中没有任何失误，合同总成本超支均为非承包商原因所致等条件。这一般在实践中是不可能的，因而应用较少。

② 分项法

分项法是先对每个引起损失的索赔事件和各费用项目单独分析计算，最终求和。这种方法能反映实际情况、清晰合理，虽然计算复杂，但仍被广泛采用。

2）人工费索赔额的计算方法

计算各项索赔费用的方法与工程报价时的计算方法基本相同，不再多叙。但其中人工费索赔额计算有两种情况，分述如下：

① 由增加或损失工时计算，见式（1-17）、式（1-18）：

$$额外劳务人员雇用、加班人工费索赔额 = 增加工时 \times 投标时人工单价 \tag{1-17}$$

$$闲置人员人工费索赔额 = 闲置工时 \times 投标时人工单价 \times 折扣系数(一般为0.75) \tag{1-18}$$

② 由劳动生产率降低额外支出人工费的索赔计算：

a. 实际成本和预算成本比较法：

这种方法是用受干扰后的实际成本与合同中的预算成本比较，计算出由于劳动效率降低造成的损失金额。计算时需要详细的施工记录和合理的估价体系，只要两种成本计算准确，而且成本增加确系业主原因时，索赔成功的把握性很大。

b. 正常施工期与受影响施工期比较法：

这种方法是分别计算出正常施工期内和受干扰时施工期内的平均劳动生产率，求出劳动生产率降低值，而后求出索赔额，人工费索赔额计算见式（1-19）：

$$人工费索赔额 = \frac{计划工时 \times 劳动生产率降低值}{正常情况下平均劳动生产率} \times 相应人工单价 \tag{1-19}$$

3）费用索赔中管理费的分摊办法

① 公司管理费索赔计算：

公司管理费索赔一般用恩特勒（Eichleay）法，它得名于Eichleay公司一桩成功的索赔案例。

a. 日费率分摊法：

在延期索赔中采用，计算见式（1-20）～式（1-22）：

延期合同应分摊的管理费(A)＝(延期合同额／同时期公司所有合同额之和)×同期公司总计划管理费　(1-20)

单位时间(日或周)管理费率(B)＝A/计划合同期(日或周)　(1-21)

管理费索赔值(C)＝(B)×延期时间(日或周)　(1-22)

b. 总直接费分摊法：

在工作范围变更索赔中采用，计算见式（1-23）～式（1-25）：

被索赔合同应分摊的管理费($A1$)＝(被索赔合同原计划直接费／同期公司所有合同直接费总和)×同期公司计划管理费总和　(1-23)

每元直接费包含管理费率($B1$)＝($A1$)/被索赔合同原计划直接费　(1-24)

应索赔的公司管理费($C1$)＝($B1$)×工作范围变更索赔的直接费　(1-25)

c. 分摊基础法：

这种方法是将管理费支出按用途分成若干分项，并规定了相应的分摊基础，分别计算出各分项的管理费索赔额，加总后即为公司管理费总索赔额，其计算结果精确，但比较繁琐，实践中应用较少，仅用于风险高的大型项目。管理费各构成项目的分摊基础见表1-89。

管理费不同的分摊基础　表1-89

管理费分项	分摊基础
管理人员工资及有关费用	直接人工工时
固定资产使用费	总直接费
利息支出	总直接费
机械设备配件及各种供应	机械工作时间
材料的采购	直接材料费

② 现场管理费索赔计算：

现场管理费又称工地管理费，一般占工程直接成本的8%～15%。其索赔值见计算公式（1-26）：

现场管理费索赔值＝索赔的直接成本费×现场管理费率　(1-26)

现场管理费率的确定可选用下面的方法：

a. 合同百分比法：按合同中规定的现场管理费率。

b. 行业平均水平法：选用公开认可的行业标准现场管理费率。

c. 原始估价法：采用承包报价时确定的现场管理费率。

d. 历史数据法：采用以往相似工程的现场管理费率。

1.17　施工项目法务和风险管理

1.17.1　施工项目法务管理

施工项目法务管理即项目法律事务管理工作，指在项目履约管理过程中，从企业到项目建立完整体系，并在项目实施全过程风险管理工作，形成有效的法律风险控制管理工作流程及建立相应的监督考核机制、奖惩制度，使项目履约过程中的法律风险得到化解并控制，最大限度地保障企业的合法权益。

1.17.1.1　施工项目法务管理定义

施工项目法务管理是指防范和处理在项目实施过程中总承包合同、分包合同、采购合同、租赁合同、劳务合同、劳动合同、咨询合同等产生法律风险事务的一切活动。

1.17.1.2　施工项目法务管理体系架构及职责分工

施工项目法务管理贯彻分级管理原则，形成公司法律顾问、项目法务经理的二级管理架构。

项目法律顾问是指由公司委派，承担特定工程项目法律事务工作任务的公司法律人员。因合同法律关系复杂、合同条件苛刻等，工程项目合同法律风险比较大的项目应当设置项目法律顾问，全面负责项目法律事务管理工作。

项目法务经理由项目商务经理（或合约经理）兼任，有条件的公司可以根据需要在项目设置专职法务经理，主要进行项目法律风险控制管理基础工作。项目合同额较小，未设商务经理的，设法务联络员。法务联络员由项目合同管理或其他相关管理岗位人员兼任。

施工项目法务管理职责分工见表 1-90。

施工项目法务管理职责分工　　表 1-90

岗位	职责
项目法律顾问	1. 开展项目法律文书管理，对项目施工管理过程中发生的重要的合同文件、往来函件等进行审查，参与起草制定有关合同法律文件，指导收集整理、建立法律文书资料案卷，定期进行项目法律风险评估； 2. 对项目合同法律风险及应对措施进行分析，参与起草、编写合同履行策划书，指导建立项目合同法律事务管理工作流程； 3. 开展与项目生产管理有关的法律咨询，及时收集提供有关法律信息； 4. 组织开展法律宣传和培训，提高项目管理人员法律意识； 5. 参与处理项目重大风险事件及有关经济纠纷事宜，提供法律专业意见，防范发生法律纠纷，特别是被诉案件； 6. 协助项目进行索赔与反索赔管理，参与制定索赔与反索赔方案以及有关具体工作； 7. 办理项目其他有关法律事务
法务经理	1. 参与项目管理决策，对合同履约事件及其他法律风险事件的处理提出意见； 2. 负责开展项目法律文书管理，对项目施工管理过程中发生的各种合同文件、往来函件等进行审查，组织起草制定有关合同法律文件，收集整理、监理法律文书资料案卷，定期进行项目法律风险评估； 3. 及时向公司法律事务部门报告法律风险事件，接受法律事务部门的工作指导
法务联络员	1. 收集整理施工管理过程中发生的合同文件、重要往来函件，监理法律文书资料案卷； 2. 及时向公司法律事务部门报告项目法律风险事件，接受法律事务部门的指导工作

综上所述，项目法律顾问对公司负责，就工程项目管理从合同法律风险防范角度提供法律专业服务和指导，向项目经理部提供法律专业意见和建议。项目法律顾问与项目法务经理及法务联络员应注意工作的协调配合，项目法律顾问从法律专业方面对项目法务经理及法务联络员进行业务指导。

1.17.1.3　施工项目法务管理评价

项目法律事务管理评价可根据项目法律事务工作开展及风险控制情况进行定期或不定期检查，根据评分标准进行考核。通过签订项目法律风险管理考核责任状的方式对考核结果进行通报，并予以经济奖惩兑现，奖励先进、鞭策落后，提高项目法务管理整体水平。

1.17.2　施工项目风险管理

施工项目一般具有规模大、工期长、关联单位多、与环境接口复杂、法律专业性强、法律关系复杂、法律适用争议多等特征，在项目实施过程中蕴含着大量风险，其主要风险可根据风险产生的原因、风险的行为主体及风险对施工项目目标的影响不同而有不同的类型。

施工项目风险是影响施工项目目标实现的事先不能确定的内、外部的干扰因素及其发生的可能性。施工项目的风险有的是与生俱来的，有的是由于施工管理过程中人为因素造成的，具有客观性、不确定性、不可预见性等特点，同时基于建设工程的行业属性，还存在复杂性、长期性等特点。

1.17.2.1　施工项目风险管理范围及内容

风险管理是指在对风险的不确定性及可能性等因素进行考察、预测、分析的基础上，制定包括识别风险、评估风险、应对风险、处置风险等一整套科学系统的管理方法。风险管理应当遵循全面性、合理性、密切联系性的原则，确保风险管理的有效性。

施工项目风险管理是用系统的动态的方法，对施工项目实施全过程中的每个阶段所包含的全部风险进行识别、评估、应对、处置，有准备、科学地安排、调整施工活动中合同、经济、组织、技术、管理等各个方面和质量、进度、成本、安全等各个子系统的工作，使之顺利进行，减少风险损失，创造更大效益的综合性管理工作。

1.17.2.2　施工项目风险识别

施工项目主要风险如表1-91所示。

施工项目主要风险表　　表1-91

序号	风险种类	主要风险要素
1	发包人资信风险	1. 发包人经济实力弱，经营状况恶化，支付能力差或撤走资金，改变投资方向或项目目标； 2. 发包人缺乏诚信，管理组织能力弱，不能履行合同，下达错误指令，不能及时交付场地、供应材料、支付工程款，影响施工顺利进行； 3. 发包人违约、苛刻刁难，发出错误指令，干扰正常施工活动，起草错误的招标文件、合同条件； 4. 监理工程师组织能力低、缺乏职业道德和公正性等
2	分包商、供应商资信风险	1. 分包商、供应商无资源； 2. 分包商、供应商不诚信； 3. 分包商、供应商违约，影响工程进度、质量和成本；责任不明，产生合同纠纷和索赔

续表

序号	风险种类	主要风险要素
3	工期风险	1. 由于不可抗力因素、设计失误、图纸交付不及时等因素造成局部或整个工程工期延长，项目不能及时投产； 2. 工程前期准备工作延误、设计方案变更、项目资金、设备、劳务、工程材料等不能按时到位，或者发生意外事故、政府审批延迟等，可能导致项目进度缓慢、不能按期完工的风险
4	成本风险	1. 包括通货膨胀、报价风险、财务风险、利润降低、成本超支、投资追加、收入减少、汇率浮动等； 2. 缺乏对成本有效控制或者缺乏降低成本的方法，或者未恰当控制成本，开发成本超过同行业的平均水平，或者超过企业本身的概算水平的风险，从而导致项目费用各组成部分的超支，如价格、汇率和利率等的变化，或资金使用安排不当等风险事件引起的实际费用超出计划费用的那一部分即为损失值
5	资金风险	1. 当项目施工各个阶段的延误或总体进度延误时，为追赶计划进度所发生的包括加班的人工费、机械使用费和管理费等一切额外的非计划费用； 2. 进度风险的发生可能会对现金流动造成影响，考虑货币的时间价值，应考虑利率因素影响计算损失费用
6	质量风险	1. 材料、工艺、工程等不能通过验收、试生产不合格，工程质量评价为不合格； 2. 工程质量不合格导致的损失，包括质量事故引起的直接经济损失，还包括修复和补救等措施发生的费用以及第三者责任损失等。如建筑物、构筑物或其他结构倒塌所造成的直接经济损失；复位纠偏、加固补强等补救措施的费用；返工损失；造成工期拖延的损失；永久性缺陷对于项目使用造成的损失；第三者责任损失等
7	安全风险	1. 结构破坏、造成人身伤亡、工程或设备的损坏、材料或设备发生火灾或被盗窃等； 2. 在施工活动中，由于操作者失误、操作对象的缺陷以及环境因素等导致的人身伤亡、财产损失和第三者责任等损失。如受伤人员的医疗费用和补偿费用；材料、设备等财产的损毁或被盗损失；因引起工期延误带来的损失；为恢复项目正常施工所发生的费用；第三者责任损失等
8	环保风险	1. 污染和安全规则、没收、禁运等； 2. 因项目日常经营活动中未能符合相关的政策、程序、监管制度和行业政策等引起的经营合规风险； 3. 自然力的不确定性变化给施工项目带来的风险，如洪水、地震、火灾、狂风、暴雨等； 4. 未预测到的施工项目的复杂水文地质条件、不利的现场条件、恶劣的地理环境等，使交通运输受阻，施工无法正常进行，造成人员财产损失等风险
9	项目管理能力不足风险	1. 承包人对项目环境调查、预测不准确，错误理解业主意图和招标文件，投标报价失误； 2. 项目合同条款遗漏、表述不清，合同索赔管理工作不力； 3. 施工技术、方案不合理，施工工艺落后，施工安全措施不当； 4. 工程价款估算错误、结算错误
10	其他风险	1. 发包人设计内容不全，有错误、遗漏，或不能及时交付图纸，造成返工或延误工期； 2. 政府部门的不合理干预或政治事件造成的风险； 3. 施工现场周边居民、单位的干预； 4. 政府政策变化、波动； 5. 自然灾害或一些不可抗力造成的影响； 6. 劳务、材料、设备等市场变化巨大

1.17.2.3　施工项目风险评估

项目管理过程中应围绕战略目标，对收集的风险管理初始信息及风险对目标影响不同的主要风险要素，按重要业务流程进行评估。

风险评估应将定性与定量方法相结合，且既要考虑发生概率，又要考虑影响程度、潜在后果等。评估风险时应重点考虑的内容有：

风险发生概率，包括基于历史数据，在目前的管理水平下，风险发生概率的大小或者发生的频繁程度等。

风险影响程度，包括对企业财务报告真实性方面的影响、人员健康安全方面的影响、对资产安全的影响、对公司持续发展能力方面的影响、对企业形象的影响、对合法合规方面的影响等。

1. 风险发生概率评估

风险概率是指一种风险事件最可能发生的概率。是由风险管理人员根据以往经验，在实践中对类似事件进行大量观察得到的风险统计数据发生的频率分布来代替概率分布。

（1）发生概率极低：即可以认为这种风险事件不会发生；

（2）发生概率低：即这种风险事件虽然有可能会发生，但现在没有发生，并且将来发生的可能性也不大；

（3）发生概率中等：即这种风险事件偶尔会发生，并且能够预期将来有时会发生；

（4）发生概率高：即这种风险事件一直在有规律地发生，并且能够预期未来也是有规律地发生。

相对应的，这些项目风险导致的损失大小也将相对划分为重大损失、中等损失和轻度损伤。

2. 风险影响程度评估

风险影响程度主要指风险导致的损失大小，根据发生概率相对划分为极轻微损失、轻度损失、中度损失及重大损失。风险损失可以表现为资信风险、工期风险、费用风险、资金风险、质量风险、安全风险及其他风险，有些可用货币表示，有些可用时间表示或者更为复杂，为了便于综合和比较，其度量的尺度可统一为用风险引起的经济损失来评估，即用风险损失值评估。

风险损失值是指项目风险导致的各种损失发生后，为恢复项目正常进行所需要的最大费用支出，即统一用货币表示。

1.17.2.4　施工项目风险应对

施工项目实施过程中，由于风险的存在使得建立在正常基础上的目标和决策、施工规划和方案、管理和组织等都有可能受到干扰，与实际产生偏离，导致经济效益下降，甚至影响全局，使项目失控，因此在施工项目管理中应对风险进行管理，力求在施工项目面临纯粹风险时，将损失减少到最小；在面临投机风险时，争取更大收益。

风险应对策略是指各级组织根据自身条件和外部环境，围绕企业发展战略，确定风险偏好、风险承受度、风险管理有效性标准，选择风险接受、风险规避、风险转移、风险降低等适合的风险管理工具的总体策略。

施工项目风险应对是指承包人在对施工项目进行风险识别和评估之后，应根据施工项目风险的性质、发生概率、损失程度及风险等级，以及承包人自身的特点和外部环境，从制度、流程、组织、职能等方面入手，综合考虑成本效益，提出具体可行的风险控制措施。常用的风险控制措施有回避风险、转移风险、承担风险、利用风险。

1. 回避风险

回避风险是指面对超出设定的风险承受度的风险，放弃或停止与该风险相关的业务活动或变更项目计划，从而消除风险或风险产生的条件，达到减轻、避免损失，或者保护项目目标免受风险影响的一种策略。如表 1-92 所示。

回避风险的措施及内容表 **表 1-92**

回避风险措施	内容
拒绝承担风险	1. 不参与存在致命风险或风险很大的工程项目投标； 2. 放弃明显亏损的项目、风险损失超过自己承受能力和把握不大的项目； 3. 利用合同保护自己，不承担应该由业主或其他方承担的风险； 4. 不与实力差、信誉不佳的分包商和材料、设备供应商合作
控制损失	1. 选择风险小或适中的项目，回避风险大的项目，降低风险损失严重性； 2. 施工活动（方案、技术、材料）有多种选择时，面临不同风险，采用损失最小化方案； 3. 回避一种风险将面临新的风险时，选择风险损失较小而收益较大的风险防范措施； 4. 损失一定小利益避免更大的损失，如：投标时加上不可预见费，承担减少竞争力的风险，但可回避成本亏损的风险；选择信誉好的分包商、供应商和中介，价格虽高些，但可减少其违约造成的损失；对产生项目风险的行为、活动，制订禁止性规章制度，回避和减少风险损失； 5. 按国际惯例（标准合同文本）公平合理地规定业主和承包人之间的风险分配

2. 转移风险

转移风险是指设法将某风险的结果和对风险应对的权利转移给第三方。风险转移工具包括但不限于保险转移和非保险的合同转移。如表 1-93 所示。

所谓转移风险，不是转嫁风险，因为有些承包人无法控制的风险因素，在转移后并非给其他主体造成损失，或者由于其他主体具有的优势能够有效地控制风险，因而转移风险是施工项目风险管理中非常重要广泛采用的一项对策。

转移风险的措施及内容表 **表 1-93**

转移风险措施	内容
合同转移	1. 通过与更有能力的分包商、材料设备供应商、设计方等非保险方签订合同（承包、分包、租赁）或协商等方式，明确规定双方工作范围和责任，以及工程技术的要求，从而将风险转移给对方； 2. 将有风险因素的活动、行为本身转移给对方，或由双方合理分担风险； 3. 减少承包人对对方损失的责任，减少承包人对第三方损失的责任； 4. 通过工程担保可将债权人违约风险损失转移给担保人
保险转移	承包人通过购买保险，将施工项目的可保风险转移给保险公司承担，使自己免受损失

3. 承担风险

承担风险是指决定不改变项目计划以应对风险，接受风险发生的可能性和影响的行为。风险承担策略一般需制订风险应急计划，一旦风险发生，就可以实施风险应急计划。该策略表明潜在的风险已在可承受的风险范围内或未找到适当的应对策略或应对成本大于收益。承包人以自身的风险准备金来承担风险的一种策略。与风险控制损失不同的是，风险自留的对策并不能改变风险的性质，即其发生的频率和损失的严重性不会改变。如表 1-94所示。

承担风险的措施及内容表　　表 1-94

承担风险措施	内容
风险预防	1. 增强全体人员的风险意识，进行风险防范措施的培训、教育和考核； 2. 根据项目特点，对重要的风险因素进行随时监控，做到及早发现、有效控制； 3. 制定完善的安全计划，有针对性地预防风险，避免或减少损失发生； 4. 评估及监控有关系统及安全装置，经常检查预防措施的落实情况； 5. 制定风险管理预案，为人们提供损失发生时必要的技术组织措施和紧急处理事故的程序； 6. 制定应急性预案，指导相关人员在事故发生后，如何以最小的代价使施工活动恢复正常
风险分离	将项目的各风险单位分离间隔，避免发生连锁反应或互相牵连波及而使损失扩大，如：向不同地区（国家）供应商采购材料、设备，减小或平衡价格、汇率浮动带来的风险；将材料进行分隔存放，分离了风险单位，减少了风险源影响的范围和损失
风险分散	通过增加风险单位减轻总体风险的压力，达到共同分担集体风险的目的，如：承包人承包若干个工程，避免单一工程项目上的过大风险；在国际承包工程中，工程付款采用多种货币组合也可分散国际金融风险

（1）承担风险一般有以下三种情况：

1）被动承担，对风险的程度估计不足，认为该风险不会发生，或没有识别出这种风险的存在，但是在承包人毫无准备时风险发生了；

2）被迫承担，即这种风险无法回避，而且又没有转移的可能性，承包人别无选择；

3）主动承担，是经分析和权衡，认为风险损失微不足道，或者自留比转移更有利，而决定由自己承担风险。

（2）采用承担风险对策的有利情况有：

1）承担费用低于保险人的附加保费；

2）项目的期望损失低于保险公司的估计；

3）项目有许多风险单位（意味着风险较小，承包人抵御风险能力较大）；

4）项目的最大潜在损失与最大预期损失较小；

5）短期内承包人有承受项目最大预期损失的经济能力；

6）费用和损失支付分布在很长的时间里，因而导致很大的机会成本。

4. 利用风险

利用风险是指设法把不利的风险事件的概率或后果降低或化解到可承受的范围，如提前采取预防性措施，降低风险发生的概率或风险对项目的影响。对于风险与利润并存的投机风险，承包人可以在确认可行性和效益性的前提下，采取的一种承担风险并排除（减小）风险损失而获取利润的对策。由于投机风险的不确定性结果表现为造成损失、没有损失、获得收益三种，因此利用风险并不一定保证次次利用成功，它本身也是一种风险。

利用风险的措施及内容见表 1-95。

利用风险的措施及内容表　　**表 1-95**

利用风险措施	内容
利用风险	1. 所面临的是投机风险，并具有利用的可行性； 2. 承包人有承担风险损失的经济实力，有远见卓识、善抓机遇的风险管理人才； 3. 慎重决策，权衡冒风险所付出的代价，确认利用风险的利大于弊； 4. 分析形势，事先制定利用风险的策略和实施步骤，并随时监测风险态势及其因素的变化，做好应变的紧急措施
风险对策	利用风险的对策，因风险性质、施工项目特点及其内外部环境、合同双方的履约情况不同而多种多样，承包人应具体情况具体分析，因势利导，化损失为赢利，如： 1. 承包人通过采取各种有效的风险控制措施，降低实际发生的风险费用，使其低于不可预见费，使原来作为不可预见费用的一部分转变为利润； 2. 承包人资金实力雄厚时，可冒承担代资承包的风险，获得承包工程并赢取利润； 3. 承包人利用合同对方（业主、供应商、保险公司等）工作疏漏，或履约不力，或监理工程师在风险发生期间无法及时审核和确认等弱点，抓住机遇，做好索赔工作； 4. 在（国际）工程承包中，对于时间性强、区域（国别）性风险，特别是政治风险，承包人可通过对形势的准确分析和判断，采取冒短时间的风险，较其他竞争对手提前进入，开辟新的市场，建立根基； 5. 承包人预测、关注宏观（国际、地区、国内）经济形势及行业的景气循环变动，在扩张时抓住机遇，紧缩时争取生存； 6. 在国际工程承包中，面对不同国家法律、经济、文化等方面的差异，或政局变化等现象，发现机遇，谋取利益； 7. 精通国际金融的承包人，在国际工程承包中，可利用不同国家及其货币的利息差、汇率差、时间差、不同计价方式等谋取获利机会； 8. 承包人可采取赠送、优惠等措施，冒一点小风险，做出一点利益牺牲，换取工程承包权，或后续的供应权、维修权等，以获得更大的收益

常见的施工项目外部风险应对措施见表 1-96。

常见的施工项目外部风险应对措施表　　**表 1-96**

风险目录		风险防范策略	风险防范措施
政治风险	战争、内乱、恐怖袭击	转移风险	保险
		回避风险	放弃投标
	政策法规的不利变化	承担风险	索赔
	没收	承担风险	援引不可抗力条款索赔
	禁运	损失控制	降低损失
	污染及安全规则约束	承担风险	采取环境保护措施、制定安全计划
	权力部门专制腐败	承担风险	适应环境利用风险
自然风险	对永久结构的损坏	转移风险	保险
	对材料设备的损坏	风险控制	预防措施
	造成人员伤亡	转移风险	保险
	火灾洪水地震	转移风险	保险
	塌方	转移风险	保险
		利用风险	预防措施

续表

风险目录		风险防范策略	风险防范措施
经济风险	商业周期	利用风险	扩张时抓住机遇，紧缩时争取生存
	通货膨胀、通货紧缩	承担风险	合同中列入价格调整条款
	汇率浮动	承担风险	合同中列入汇率保值条款
		转移风险	投保汇率险套汇交易
		利用风险	市场调汇
	分包商或供应商违约	转移风险	履约保函
		回避风险	进行分包商或供应商资格预审
	业主违约	承担风险	索赔
		利用风险	严格合同条款
	项目资金无保证	回避风险	放弃承包
	标价过低	转移风险	分包
		承担风险	加强管理控制成本，做好索赔
设计施工风险	设计错误、内容不全、图纸不及时	利用风险	索赔
	工程项目水文地质条件复杂	利用风险	合同中分清责任
	恶劣的自然条件	利用风险	索赔预防措施
	劳务争端内部罢工	承担风险损失控制	预防措施
	施工现场条件差	利用风险	加强现场管理，改善现场条件
		转移风险	保险
	工作失误、设备损毁、工伤事故	转移风险	保险
社会风险	宗教节假日影响施工	承担风险	合理安排进度，留出损失费
	相关部门工作效率低	承担风险	留出损失费
	社会风气腐败	承担风险	留出损失费
	现场周边单位或居民干扰	承担风险	遵纪守法，沟通交流，搞好关系

1.17.2.5 施工项目风险处置

风险处置是指风险已经发生或正在发生，以及发生之后的处理方案。

（1）积极应对，防止风险扩大；

（2）采取降低风险损失的措施；

（3）及时向上级报告；

（4）估计风险损失，进行责任追究。

1.18 施工项目党建工作和文化建设

1.18.1 施工项目党的建设工作

1.18.1.1 党支部的设置

1. 党支部的性质

中国共产党是由党的中央组织、地方组织和基层组织构成，其中基层组织包括基层党委、党总支和党支部。

党支部是党的基础组织，是党组织开展工作的基本单元，是党在社会基层组织中的战斗堡垒，是党的全部工作和战斗力的基础，担负直接教育党员、管理党员、监督党员和组织群众、宣传群众、凝聚群众、服务群众的职责。

2. 党支部的设置

党支部设置一般以单位、区域为主，以单独组建为主要方式。凡是有正式党员3人以上的，都应当成立党支部。党支部党员人数一般不超过50人。

正式党员不足3人或其他原因，不具备条件单独成立党支部的施工项目，可与邻近单位的党员组成联合党支部，联合党支部覆盖单位一般不超过5个。

为期6个月以上的工程、工作项目等，符合条件的，应当成立党支部。成立党支部、总支部，均需要经上级党组织批准。

3. 党支部委员会的设立

(1) 党支部委员会的产生

党支部委员会是党支部的领导班子。党支部委员会由党支部党员大会选举产生，党支部书记、副书记一般由党支部委员会会议选举产生，不设委员会的党支部书记、副书记由党支部党员大会选举产生。选出的党支部委员，报上级党组织备案；党支部书记、副书记，报上级党组织批准。

基层单位党支部委员会一般每届任期3年。

(2) 党支部委员的职数和设置

有正式党员7人以上的党支部，应当设立党支部委员会。党支部委员会由3～5人组成，一般不超过7人。

党支部委员会设书记和组织委员、宣传委员、纪检委员等，必要时可以设1名副书记。党员人数较多、业务规模较大、大项目党支部、较大规模的联合党支部以及作用比较重要的党支部可以配备专职副书记。

正式党员不足7人的党支部，设1名书记，必要时可以设1名副书记。

1.18.1.2 党支部工作内容

党支部的工作包括主要制度的执行、党员教育管理、党费收缴和使用、党建带工建、党建带团建等。

1. 党支部的制度

主要包括组织生活制度、党内表决制度、党日制度、党课制度、党务公开制度、报告工作制度、民主生活会制度、汇报制度、民主评议党员制度、党员党性定期分析制度、理论学习制度、党风廉政建设制度、联系群众制度等。

2. 党支部党员管理

主要包括发展党员、党员组织关系转接、党员党龄管理、党员教育、流动党员管理、农民工党员管理、失联党员管理、不合格党员处置、违纪党员处分等。

3. 党支部的其他工作

党支部除了上述日常基础工作外，还要开展廉政建设、宣传思想文化建设、群团统战工作、党员承诺践诺活动、党员创岗建区活动、党员志愿者服务活动等工作。

4. 党支部与其他党支部的互动

项目党支部还应当与项目所在地的政府、警务、街道（村镇）、其他企业的党政工团组织进行沟通、交流和互动。

1.18.2　施工项目宣传工作建设

1.18.2.1　施工项目日常宣传

1. 宣传主题

(1) 策划与内容

施工项目结合工程进展实际，制定新闻宣传工作计划，组织开展主题宣传、形势宣传、成就宣传、典型宣传等。宣传内容主要包括工程重大节点、重大活动、典型人物、先进事迹等。

(2) 编审与发布

新闻稿件按照企业相关规定流程进行报送，内容要求准确无误，确保报道时效性、准确性，公开发布的稿件不得涉及国家和企业秘密以及不适宜公开的信息。

(3) 资料归档

施工项目重大新闻报道，重大工程，典型人物、典型事迹的文字、图片、影像等宣传资料，及时进行总结归档。

2. 宣传渠道

加强施工项目新闻宣传阵地建设，主要宣传渠道包括网站、报纸、杂志、电视台、广播、微信公众号以及举办的各类报告会、研讨会、讲座、论坛等。

1.18.2.2　施工项目舆情管理

1. 项目新闻危机公关

是指由于施工项目管理不善、同行竞争甚至遭遇恶意破坏或外界特殊事件的影响而给企业形象或品牌形象带来负面影响时，施工项目针对新闻危机所采取的自救行动，包括消除影响、恢复形象等。

2. 项目应对新闻危机组织机构

项目成立应对新闻危机工作小组。工作小组负责对可能出现的影响企业形象的新闻危机事件进行预先识别，制定应对潜在新闻危机的预案，明确一名新闻发言人。

3. 施工项目潜在新闻危机的主要类别

(1) 劳资纠纷被曝光；

(2) 工地伤亡、食物中毒、公共卫生等方面问题被曝光；

(3) 发生质量事故被曝光；

(4) 施工项目因经济纠纷或刑事案件被曝光；

(5) 恶性上访事件被曝光；

(6) 政府检查中发现的管理漏洞，并被通报批评和曝光；

(7) 其他媒体负面报道。

4. 畅通的信息传递渠道

施工项目应对新闻危机工作小组负责新闻危机相关信息的及时传递。潜在新闻危机发生且无法在项目范围内解决时，应迅速向上级主管单位及其领导汇报，寻求支持和帮助。

5. 妥善处理新闻危机

如果新闻危机还处于萌芽状态，新闻媒体未面向社会发布实质性消息，相关责任人要在第一时间掌握新闻危机产生的背景、事态发展的情况，并及时启动应对新闻危机事件预案，迅速做出反应以防止新闻危机发生，向上级单位主管部门及其领导汇报，寻求支持和帮助，防止事件恶化。项目应对新闻危机工作小组在上级相关部门做出应对措施之前，应礼貌接待来访人员，要求来访人员出示记者证等有效证件，清楚掌握来访人员来历，及时报告上级，谨慎作答，严禁未经上级允许发布实质性信息，不得提供书面资料，对于摄影摄像记者，要严格限制其拍摄范围，绝对避免其拍摄的画面中出现企业标识和名称。

6. 努力控制和消除新闻危机的负面影响，挽回损失

当新闻危机发生，形成对企业的负面影响后，项目应对新闻危机工作小组要在第一时间报告上级单位主管部门，积极配合上级主管部门对新闻危机的处理，稳定好职工队伍和分包队伍，抓住事态发展的主动权，将形象损失控制在最小的范围内，确保正常的施工生产秩序。

1.18.3 施工项目文化建设

1.18.3.1 施工项目文化内涵

施工项目文化内涵包括精神文化、制度文化、行为文化、物质文化、品牌文化和和谐文化六个层次。其中，精神文化是核心，制度文化是保证，行为文化是关键，物质文化是基础，品牌文化是形象，和谐文化是目标。如表 1-97 所示。

施工项目文化内涵表　　表 1-97

内涵层次		基本释义
施工项目文化	精神文化（核心）	包括人本文化等，依据公司使命、愿景和价值观，确定项目的使命、愿景（目标）、价值观（口号）等
	制度文化（保证）	包括流程文化等，贯彻项目使命、愿景、价值观的组织机构、管理职责及规章制度等
	行为文化（关键）	包括活动文化、廉洁文化等，指贯彻项目使命、愿景、价值观的员工行为规范等
	物质文化（基础）	包括器物文化、显性文化等，指贯彻项目使命、愿景、价值观的各种物质设施以及提供的产品和服务等
	品牌文化（形象）	包括形象文化、露天文化等，指贯彻项目使命、愿景、价值观对企业声誉、外部认知的影响等
	和谐文化（目标）	包括社区文化、大众文化、民族文化等，指贯彻项目使命、愿景、价值观对公众、自然和社会的影响等

1.18.3.2 施工项目文化建设

推进施工项目的精神文化、制度文化、行为文化、物质文化、品牌文化和和谐文化建设，确保施工项目贯彻企业的核心价值理念，提高员工的道德素质，丰富项目精神文化生活，从而增强整体实力和竞争力。

（1）喊出文化口号；

（2）做出行为承诺；

(3) CI文化宣传;

(4) 典型人物打造、宣传;

(5) 主题公益活动和志愿服务;

(6) 组织员工集体活动;

(7) 其他。

1.19　施工项目资料管理

1.19.1　施工项目资料分类

施工项目资料是项目建设、管理过程中形成的各种形式的历史记录，包含项目工程涉及的国家政策法规、工程合同法律档、设计勘察档、往来档案、工程资料等。施工项目资料是工程施工过程的真实记录，全面反映工程的进展情况，是施工过程中每一工序、分项、分部工程实体质量的真实记录档案，是工程评估验收的依据，也是工程在交付试验后运行、维修、保养、改扩建的依据。工程资料是项目管理的基础工作和成果的翔实记录及追溯。

1.19.1.1　施工项目资料分类

施工项目资料根据经营管理范围和业务活动类型形成的，可以分为：综合管理类（文书类）；商务、材料管理类；项目工程资料类；财务管理类；安全、设备管理类，共五类。

1. 综合管理类（文书类）

包括决定、通知、通报、报告、请示、往来函件、会议纪要、印章管理、党建文化管理、人力资源管理、后勤管理等。

2. 商务、材料管理类

包括各类招标投标文件、工程预算文件、结算文件、合同文件、法律文件、经济签证、劳务及专业分包供方考核资料等。

3. 项目工程资料类

在建设过程中形成的各种形式的信息记录，包括工程准备阶段文件、监理文件、施工文件、竣工图和竣工验收文件。

4. 财务管理类

包括资金收支、税务筹划、费用报销管理、备用金管理、报表编制、会计核算、会计凭证等。

5. 安全、设备管理类

包括安全管理体系、安全生产责任、安全生产费用管理、安全生产策划、安全教育交底、安全验收、设备管理、临电管理、消防管理、应急管理、安全创优管理、环境保护等。

施工项目工程资料按照其特性和形成、收集、整理的单位不同，分为工程准备阶段文件、监理资料、施工资料、竣工图和工程竣工文件五类，具体详细划分如图1-33所示。

1.19.1.2　施工项目资料编号

(1) 工程资料应有资料编号，资料编号应与工程资料的形成、收集同步生成。

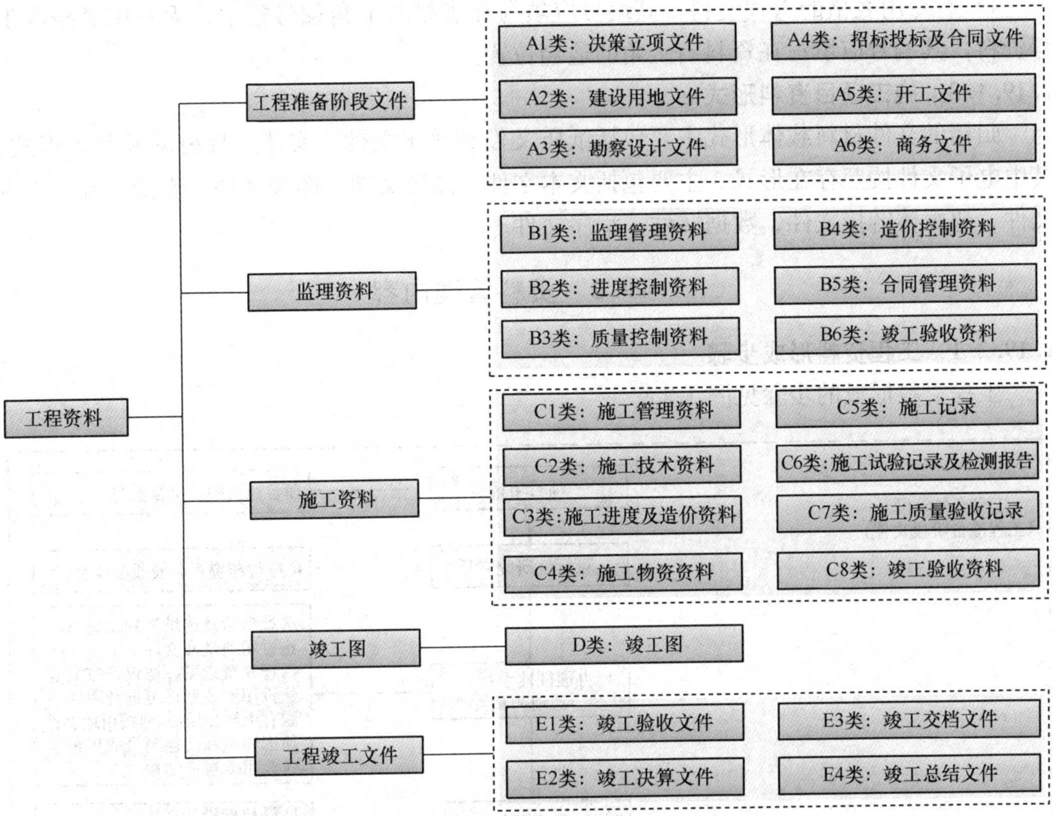

图 1-33 工程资料分类图

（2）工程准备阶段文件可按图 1-33 工程资料分类图划分类别，并可按资料名称和形成时间的先后顺序编号。

（3）监理资料可按资料的类别及形成时间先后顺序编号。

（4）施工资料的编号宜符合下列规定：

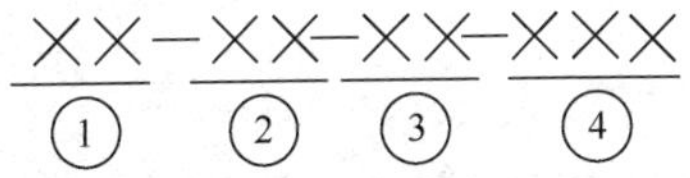

图 1-34 施工资料编号

1）施工资料编号可由分部、子分部、分类、顺序号四组代号组成，组与组之间应用横线隔开（图 1-34）。

① 为分部工程代号，可按《建筑工程资料管理规程》JGJ/T 185—2009 附录 A.3.1 的规定执行；

② 为子分部工程代号，可按《建筑工程资料管理规程》JGJ/T 185—2009 附录 A.3.1 的规定执行；

③ 为资料的类别编号，可按《建筑工程资料管理规程》JGJ/T 185—2009 附录 A.3.1 的规定执行；

④ 为顺序号，可根据相同表格、相同检查项目，按形成时间顺序填写。

2）对于不属于某个分部、子分部工程的施工资料，其编号中分部、子分部工程代号可填写“00”。

3）同一批次的施工资料用在两个分部、子分部工程中时，资料编号中的分部、子分部工程代号可按主要使用部位填写。

4）有专用表格的工程资料，其编号应填写在表格右上角编号栏中；无专用表格的工程资料，其编号应填写在资料右上角的适当位置。

1.19.1.3 施工项目资料形式

归档的文件材料载体形式主要包括纸质文件和电子文件、实体工程材料及其他形式。其中电子文件按照存在形式，主要包括文本文件、图形文件、图像文件、影像文件、声音文件、超媒体链接文件、数据文件、程序文件。

1.19.2 资料管理内容

1.19.2.1 工程资料形成步骤

工程资料形成的步骤见图1-35。

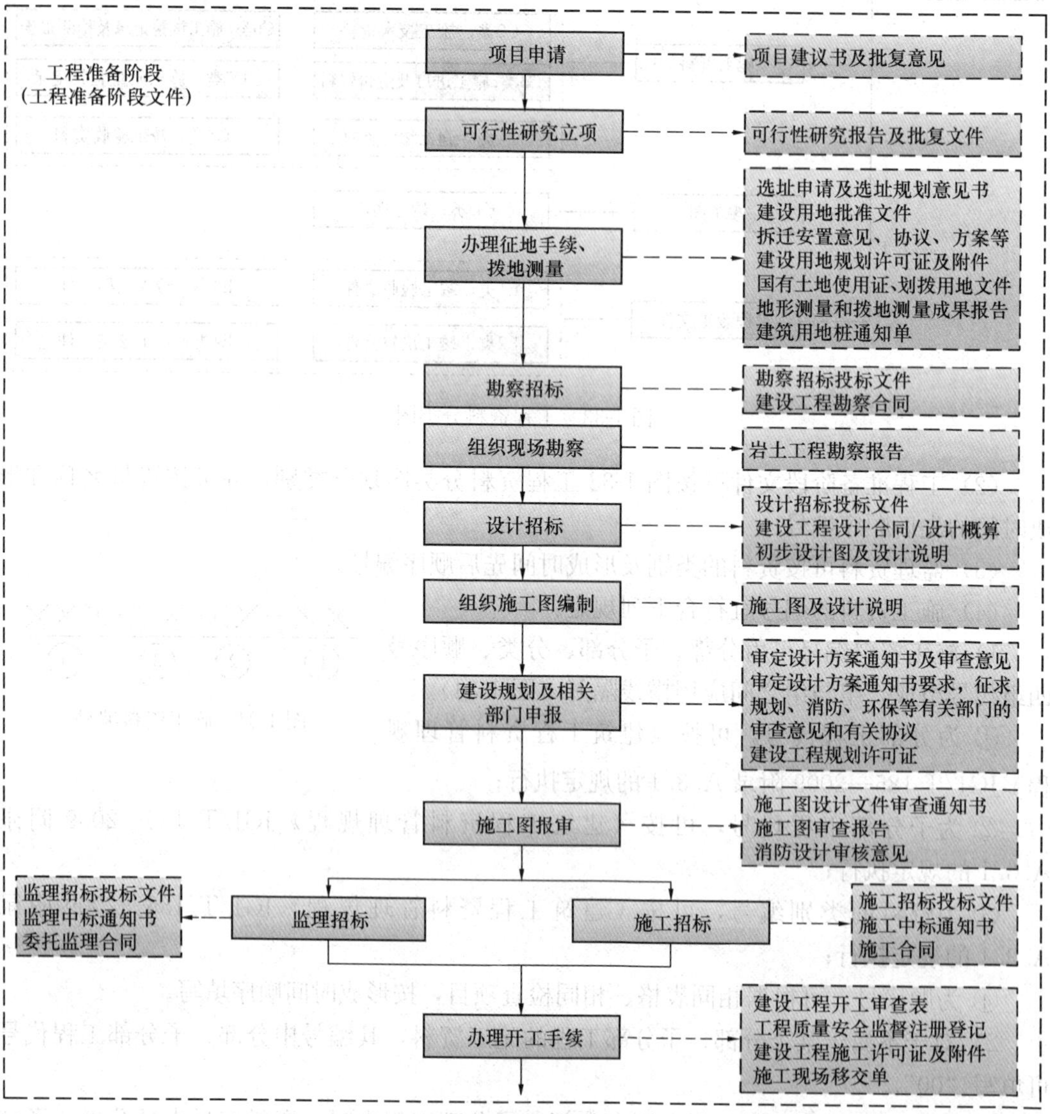

(*a*)

图1-35 工程资料形成步骤图

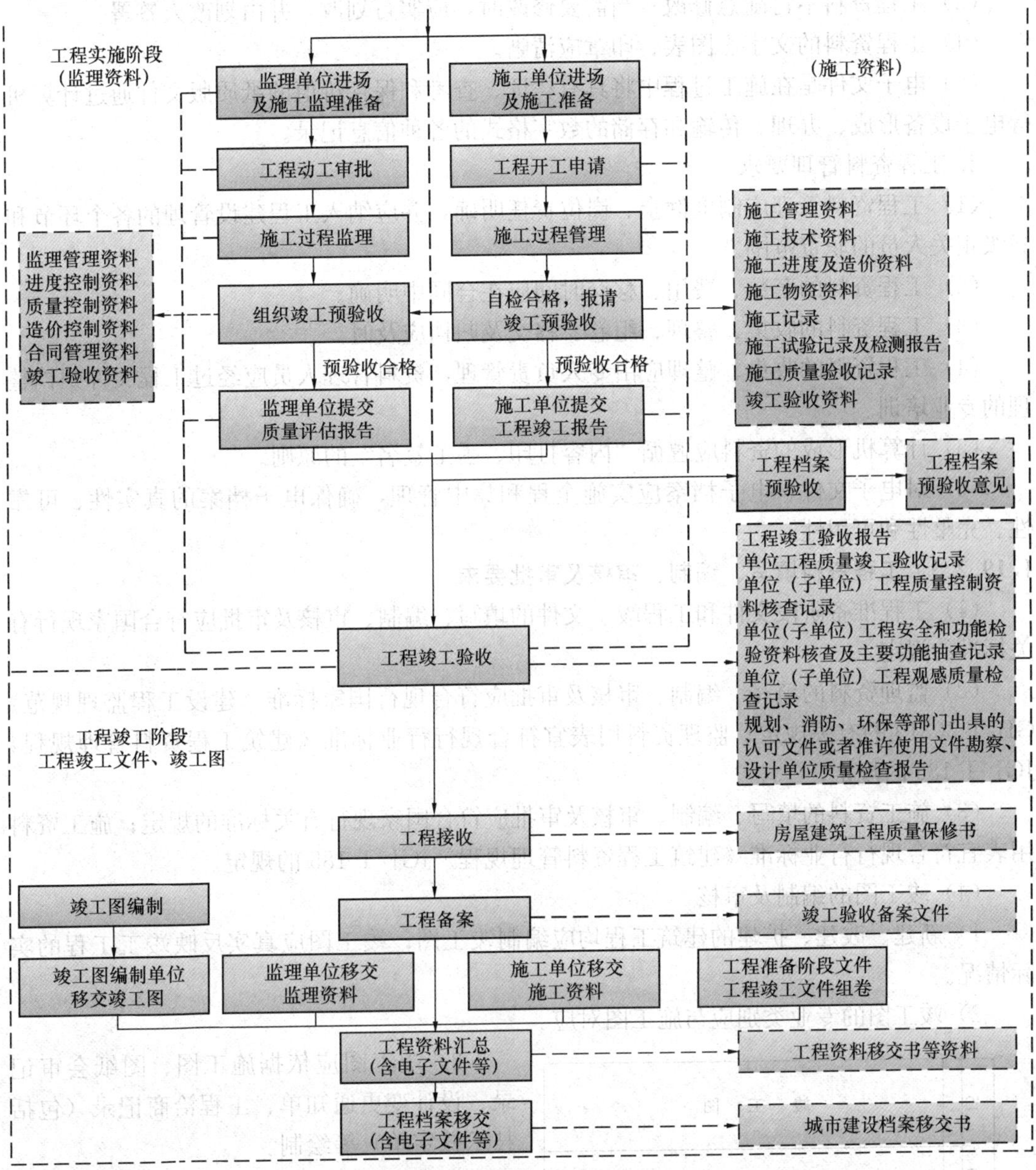

(b)

图 1-35 工程资料形成步骤图（续）

1.19.2.2 工程资料的形成及管理要求

1. 形成要求

工程资料应与建筑工程建设过程同步形成，并应真实反映建筑工程的建设情况和实体质量。工程资料形成一般要求如下：

（1）工程资料形成单位应对资料内容的真实性、完整性、有效性负责；由多方形成的资料，应各负其责。

（2）工程资料的填写、编制、审核、审批、签认应及时进行，其内容应符合相关规定。

（3）工程资料不得随意修改；当需要修改时，应实行划改，并由划改人签署。

（4）工程资料的文字、图表、印章应清晰。

（5）电子文件是在施工过程中将具有凭证、查考和保存价值的纸质版文件通过计算机等电子设备形成、办理、传输和存储的数字格式的各种信息记录。

2. 工程资料管理要求

（1）工程资料管理应制度健全、岗位责任明确，并应纳入工程建设管理的各个环节和各级相关人员的职责范围。

（2）工程资料的套数、费用、移交时间应在合同中明确。

（3）工程资料的收集、整理、组卷、移交及归档应及时。

（4）工程资料的收集、整理应由专人负责管理，资料管理人员应经过工程文件归档整理的专业培训。

（5）计算机形成的资料应遵循“内容打印、手工签名”的原则。

（6）对电子文件、电子档案应实施全程和集中管理，确保电子档案的真实性、可靠性、完整性和可用性。

1.19.2.3　工程资料填写、编制、审核及审批要求

（1）工程准备阶段文件和工程竣工文件的填写、编制、审核及审批应符合国家现行有关标准的规定。

（2）监理资料的填写、编制、审核及审批应符合现行国家标准《建设工程监理规范》GB/T 50319 的有关规定；监理资料用表宜符合现行行业标准《建筑工程资料管理规程》JGJ/T 185 的规定。

（3）施工资料的填写、编制、审核及审批应符合国家现行有关标准的规定；施工资料用表宜符合现行行业标准《建筑工程资料管理规程》JGJ/T 185 的规定。

（4）竣工图的编制及审核

1）新建、改建、扩建的建筑工程均应编制竣工图；竣工图应真实反映竣工工程的实际情况。

2）竣工图的专业类别应与施工图对应。

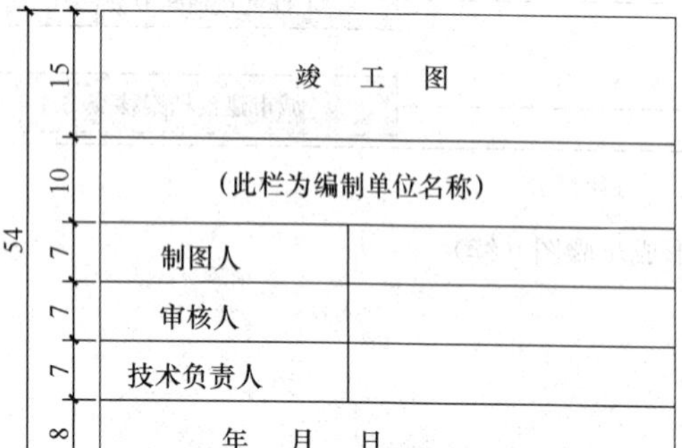

图 1-36　竣工图章示意图

3）竣工图应依据施工图、图纸会审记录、设计变更通知单、工程洽商记录（包括技术核定单）等绘制。

4）当施工图没有变更时，可直接在施工图上加盖竣工图章形成竣工图；凡施工图结构、工艺、平面布置等有重大改变，或变更部分超过图面 1/3 的，应当重新绘制竣工图。

5）所有竣工图应由编制单位逐张加盖并签署竣工图章（图 1-36），竣工图中的内容应填写齐全、清楚，不得代签。

6）竣工图的绘制方法。

竣工图按绘制方法不同，可分为以下几种形式：

(1) 利用电子版施工图改绘的竣工图、利用施工蓝图改绘的竣工图、重新绘制的竣工图；

(2) 编制单位应根据各地区、各工程的具体情况，采用相应的绘制方法。

(3) 利用电子版施工图改绘的竣工图应符合下列规定：

1) 将图纸变更结果直接改绘到电子版施工图中，用云线圈出修改部位，按表 1-98 的形式做修改内容备注表。

修改内容备注表　　**表 1-98**

序号	设计变更、洽商编号	简要变更内容

2) 应采用杠（划）改或叉改法进行绘制。

3) 变更标注应符合下列规定要求：

① 一处变更加一个附注，有变更图的必须画图；

② 一图多处变更，并各为不同变更单的，每一处加一个附注；不可省略为“详见 2 号、5 号、9 号变更通知单”；

③ 一图多处变更，但均出自同一个变更单的，只附注一次不重复；示例：“本图所有变更均详见 2017.10.25 第 3 号变更单”；

④ 变更无法用图表达的，可在图示上方或左方空白处加文字说明。

4) 重新绘制的竣工图图示题栏内注明原施工图号，在说明中说明变动原因及依据，经施工和项目设计负责人签字后加盖竣工图章，作为竣工图；图示改为施工单位图示。

5) 竣工图的比例应与原施工图一致。

6) 委托本工程设计单位编制竣工图时，应直接在设计图签中注明“竣工阶段”，并应有绘图人、审核人的签字。

1.19.2.4　工程资料收集、整理与组卷

(1) 工程准备阶段文件和工程竣工文件应由建设单位负责收集、整理与组卷。

(2) 监理资料应由监理单位负责收集、整理与组卷。

(3) 施工资料应由施工单位负责收集、整理与组卷。

(4) 工程资料组卷应遵循自然形成规律，保持卷内文件、资料内在联系；工程资料可根据数量多少组成一卷或多卷。

(5) 施工资料应按单位工程组卷，并应符合下列规定：

1) 专业承包工程形成的施工资料应由专业承包单位负责，并应单独组卷；

2) 电梯应按不同型号，每台电梯单独组卷；

3) 室外工程应按室外附属建筑及室外环境、室外设施工程单独组卷；

4) 当施工中的部分内容不能按一个单位工程分类组卷时，可按建设项目组卷；

5）施工资料目录应与其对应的施工资料一起组卷。

（6）竣工图应按专业分类组卷。

（7）工程项目中由多个单位工程组成时，公共部分的文件可以单独组卷，当单位工程资料出现重复时，原件可归入其中一个单位工程，其他单位工程不需要归档，但应说明清楚。

（8）电子文件及电子档案的收集、整理符合《电子文件归档与电子档案管理规范》GB/T 18894—2016的要求。

1.19.2.5　工程资料验收

（1）工程竣工前，各参建单位的主管（技术）负责人应对本项目形成的工程资料进行竣工审查；建设单位应按照国家验收规范规定和城建档案管理的有关要求，对勘察单位、设计单位、监理单位、施工单位汇总的工程资料进行验收，使其完整、准确。

（2）单位（子单位）工程完工后，施工单位应自行组织有关人员进行检查评定，合格后填写《工程竣工报验单》，并附相应的竣工资料（包括分包单位的竣工资料）报项目监理部，申请工程竣工验收。总监理工程师组织项目监理部人员与施工单位进行检查验收，合格后总监理工程师签署《工程竣工报验单》。

（3）单位（子单位）工程竣工预验收通过后，应由建设单位（项目）负责人组织设计、监理、施工（含分包）等单位（项目）负责人进行单位（子单位）工程验收，形成《单位（子单位）工程质量验收记录》。

（4）列入城建档案馆档案接收范围的工程，建设单位在组织工程竣工验收前，应提请城建档案管理机构对工程资料进行预验收。建设单位未取得城建档案馆管理机构出具的认可档案，不得组织工程竣工验收。

1.19.3　资料管理制度与职责

1.19.3.1　资料管理制度

（1）明确项目文件形成、积累与归档责任。项目在制定有关规章、标准和制度中应提出相应的文件收集、整理和归档的责任要求。

（2）制定项目资料管理工作规定和制度。主要内容应包括：资料管理工作原则及管理体制，资料形成流程，文件形成、积累、归档责任要求；文件归档制度、保管制度、鉴定销毁制度、统计制度、利用制度、保密制度、电子档案管理制度及资料管理系统操作制度等。

（3）建立资料管理工作责任追究制度。对相关岗位人员违反文件编制、收集、归档及资料管理制度，发生资料泄密、造成资料损毁等行为，项目应提出责任追究和处罚措施，并将有关要求纳入相关管理制度。

（4）制定资料管理应急预案。对可能发生的突发事件和自然灾害，项目应制定资料抢救应急措施，包括组织结构、抢救方法、抢救程序、保障措施和转移地点等。对资料信息化管理的软件、操作系统、数据的维护、防灾和恢复，应制定应急预案。

1.19.3.2　资料管理职责

建设、勘察、设计、施工、监理等单位应将工程文件的形成和积累纳入工程建设管理的各个环节和有关人员的职责范围。

1. 建设单位的资料管理职责

(1) 在工程招标以及与勘察、设计、施工、监理等单位签订协议、合同时，应对工程文件的编制、套数、费用、移交期限等提出明确的要求。

(2) 收集和整理工程准备阶段、竣工验收阶段形成的文件，并应进行立卷归档。

(3) 负责组织、监督和检查勘察、设计、施工、监理等单位工程竣工资料的形成、整理、组卷工作。

(4) 负责收集和汇总勘察、设计、施工、监理等单位报送的工程资料以及工程过程中形成的音像资料、电子文件等的收集、编制，并按规定进行检查验收。

(5) 对列入城建档案馆接收范围的工程，按照国家及城建档案馆的相关规定办理工程资料的验收、移交。

2. 勘察单位、设计单位、监理单位的资料管理职责

(1) 各单位应对本单位形成的工程文件负责管理，确保各自文件的真实有效、完整齐全及可追溯性。

(2) 各单位应将本单位形成的工程文件组卷在规定的时间内及时向建设单位移交。

(3) 各单位应将各自需要归档保存的工程资料归档保存，并合理确定工程资料的保存期限。

3. 施工单位的资料管理职责

(1) 实行以项目经理为第一责任人、技术负责人为直接责任人，逐级建立健全施工资料管理岗位责任制，工程资料的收集、整理应由专人负责管理。

(2) 由建设单位发包的专业承包施工工程，分包单位应将形成的施工资料直接交建设单位；由总包单位发包的专业承包施工工程，分包单位应将形成的施工资料交总包单位，总包单位汇总后交建设单位。

(3) 施工单位负责竣工图的编绘以及施工过程中形成的工程文件的收集、整理与组卷，按照当地城建档案馆及国家相关规定将自检合格的竣工资料向城建档案馆申请初步验收，并办理《建设工程档案初验认可证》手续。

(4) 按照施工合同约定，在竣工验收完成后将工程资料整理齐全，移交建设单位。

4. 城建档案馆的资料管理职责

(1) 负责接收和保管所辖范围应当永久和长期保存的工程资料。

(2) 负责对城建档案工作进行业务指导、监督和检查有关城建档案法律规范的实施。

(3) 列入城建档案馆档案接收范围的工程，其竣工验收应有城建档案馆人员参加，并对负责移交的工程档案进行验收。

1.19.4 归 档 管 理

1.19.4.1 归档要求

1. 归档范围

(1) 对工程建设有关的重要活动、记载工程建设主要过程中具有保存价值的各种载体的文件，均应收集齐全、整理、立卷后归档。

(2) 工程文件归档的范围应符合现行国家标准《建设工程文件归档规范》GB/T 50328 的要求。

(3) 照片、录音、声像等声像类电子文件归档范围参照现行国家标准《照片档案管理规范》GB/T 11821及现行行业标准《城建档案业务管理规范》CJJ/T 158的要求。

(4) 反映项目职能活动、具有保存价值的各门类电子文件及其元数据应收集、归档。

(5) 文书、财会、商务、设备安全类等文件归档范围按照国家相关规定执行。

(6) 不属于归档范围、没有保存价值的工程文件，文件形成部门可以自行组织销毁。

2. 归档文件质量要求

(1) 归档的纸质工程文件应为原件。当为复印件时，提供单位应在复印件上加盖单位印章，并应有经办人签字及日期。

(2) 工程文件的内容及其深度应符合国家现行有关工程勘察、设计、施工、监理等标准的规定。

(3) 工程文件的内容必须真实、准确，应与工程实际相符合。

(4) 工程文件应采用碳素墨水、蓝墨水等耐久性强的书写材料，不得使用红色墨水、纯蓝墨水、圆珠笔、复写纸、铅笔等易褪色的材料。计算机输出文字和图件应使用激光打印机，不应使用色带式打印机、水性墨打印机和热敏打印机。

(5) 工程文件应字迹清楚、图样清晰，图表整洁，签字盖章手续应完备。

(6) 工程文件中文字材料的幅面尺寸规范宜为A4幅面（297mm×210mm）。

(7) 工程文件的纸张应采用能长期保存的韧力大、耐久性强的纸张。

(8) 竣工图签章齐全、按手风琴折叠法，折成四号图幅规格（297mm×210mm），图签外露于右下角，图纸不应露白。

(9) 归档的建设工程电子文件应符合下列要求：

1) 电子文件归档格式应具备格式开放、不绑定软硬件，显示一致性、可转换、易于利用等性能，能够支持同级国家综合档案馆向长期保存格式转换。

2) 电子文件应以通用格式形成、收集并归档，或在归档前转换为通用格式。采用表1-99列出的文件格式或通用格式进行存储。

工程电子文件归档存储格式　　**表1-99**

文件类别	格式
文本（表格）文件	Word、Excel、PDF、XML、TXT
图像文件	PEG、TIFF
图形文件	DWG、PDF、SVG
影像文件	JPEG、TIFF
声音文件	MP3、WAV
超媒体链接文件	WAV、MP3、JPEG、TIFF、MPEG、AVI

3) 归档的建设工程电子文件应采用电子签名等手段，所载内容应真实和可靠。

4) 归档的建设工程电子文件的内容必须与其纸质资料一致。

5) 存储移交电子档案的载体应经过检测，应无病毒、无数据读写故障，并应确保接收方能通过适当设备读出数据。

1.19.4.2　资料移交

1. 建设单位向城建档案馆移交

（1）列入城建档案管理机构接收范围的工程，建筑单位在工程竣工验收后3个月内，必须向城建档案管理机构移交一套符合规定的工程资料。

（2）停建、缓建建设工程的资料，可暂由建设单位保管。

（3）对改建、扩建和维修工程，建设单位应组织设计单位、施工单位对改变部位据实编制新的工程资料，并应在工程竣工验收后3个月内向城建档案管理机构移交。

（4）当建设单位向城建档案管理机构移交工程资料时，应提交移交案卷目录，办理移交手续，双方签字、盖章后方可交接。

2. 施工单位向建设单位移交

施工单位根据当地建城档案馆及地方标准的归档规范要求，在施工竣工备案完（先移交资料再备案），汇总各分包单位竣工资料，按施工合同要求向建设单位移交工程资料。

施工单位向建设单位移交工程资料（含电子文件等）时，要填写移交清单，办理移交手续，双方签字。

3. 项目向公司移交

（1）综合管理类（文书类）文件材料的整理、组卷应按规范、合理，符合国家标准规定的组卷原则和方法。按照文件资料自然形成规律，保持文件资料之间的有机联系，区分不同保管期限进行系统整理、归档移交。

（2）商务、材料管理档案应根据公司有关规定及相关规范进行归档和移交。

（3）财务资料的分类、整理、保管等工作按照财政部、国家档案局《会计档案管理办法》和公司相关规定执行立卷归档移交。

（4）安全、设备管理资料按当地职能部门的要求及公司归档要求整理归档移交。

（5）项目工程资料的收集、整理、立卷、移交、审查工作按项目所在地地方标准和公司相关规定执行。项目办理竣工验收6个月内，向公司移交资料，应附详细的移交清单，并经项目经理审核签字。重要的项目文件材料归档时应编写归档说明。

各类资料、文件归档时，必须办理交接手续。移交部门（项目）应以卷或件为单位填写“案卷目录”，一式两份，并经主管领导签审。交接双方对照目录认真清点核对，核对无误后双方签字，各执一份长期保存。

1.20 施工项目验收、收尾与总结管理

1.20.1 施工项目验收

1.20.1.1 过程验收

1. 过程验收范围

过程验收不同于一般质量检查，而是涉及面更广，更加有针对性，是对所执行专项方案各个关键工序过程进行分段验收。过程验收可以与检验批（或工段）的质量验收、隐蔽工程验收、试验检验、测量复核等合并进行。

（1）过程验收的内容包括原材料质量、工艺的质量安全符合性、施工设备的可靠性、施工人员技术可靠性、施工环境的符合性、过程产品安全可靠性。

（2）当国家（行业）或地方标准规范没有相关过程的验收或虽有要求但不全面时，项

目应按企业标准执行，企业无相关标准时，项目应在专项方案中明确相关验收要求。

2. 过程验收要点

对执行专项方案的检查可通过目测、手感、控制参数的测量计量、取样检验等检查是否符合规范及方案（可高于规范要求）要求。

1.20.1.2　分部分项验收

1. 分部分项验收范围

（1）可按专业性质、工程部位确定；

（2）当分部工程较大或较复杂时，可按材料种类、施工特点、施工程序、专业系统及类别将分部工程划分为若干子分部工程来确定验收范围。

2. 分部分项验收要点

（1）应用于实体工程的质量证明文件、过程资料、记录必须准确、完整且与工程同步完成，能够真实反映工程实际情况，通过程序资料规范现场验收流程；

（2）所有主控项目检验、试验数据及参数准确无误；

（3）有关安全、节能、环境保护和主要使用功能的抽样检验结果应符合相应规定；

（4）观感质量应符合要求。

1.20.1.3　竣工验收条件、依据、标准

1. 施工项目竣工验收条件

工程符合下列要求方可进行竣工验收：

（1）完成工程设计和合同约定的各项内容。

（2）施工单位在工程完工后对工程质量进行了检查，确认工程质量符合有关法律、法规和工程建设强制性标准，符合设计文件及合同要求，并提出工程竣工报告。工程竣工报告应经项目经理和施工单位有关负责人审核签字。

（3）对于委托监理的工程项目，监理单位对工程进行了质量评估，具有完整的监理资料，并提出工程质量评估报告。工程质量评估报告应经总监理工程师和监理单位有关负责人审核签字。

（4）勘察、设计单位对勘察、设计文件及施工过程中由设计单位签署的设计变更通知书进行了检查，并提出质量检查报告。质量检查报告应经该项目勘察、设计负责人和勘察、设计单位有关负责人审核签字。

（5）有完整的技术档案和施工管理资料。

（6）有工程使用的主要建筑材料、建筑构配件和设备的进场试验报告，以及工程质量检测和功能性试验资料。

（7）建设单位已按合同约定支付工程款。

（8）有施工单位签署的工程质量保修书。

（9）对于住宅工程，进行分户验收并验收合格，建设单位按户出具《住宅工程质量分户验收表》。

（10）建设主管部门及工程质量监督机构责令整改的问题全部整改完毕。

（11）法律、法规规定的其他条件。

2. 施工项目竣工验收依据

（1）批准的设计文件、施工图纸及说明书。

(2) 双方签订的施工合同。

(3) 设备技术说明书。

(4) 设计变更通知书。

(5) 施工验收规范及质量验收标准。

(6) 外资工程应依据我国有关规定提交竣工验收文件。

3. 施工项目竣工验收标准

(1) 合同约定的工程质量标准。

(2) 单位工程竣工验收的合格标准。

1) 单位(子单位)工程所含分部(子分部)工程的质量均应验收合格;

2) 质量控制资料应完成;

3) 单位(子单位)工程所含分部工程有关安全和功能的检验资料完整;

4) 主要功能项目的抽查结果应符合相关专业质量验收规范的规定;

5) 观感质量应符合要求。

(3) 单位工程达到使用条件或满足生产要求。

(4) 建设项目能满足建成投入使用或生产的各项要求。

建设项目的全部子项工程均已完成,符合交付竣工验收的要求。在此基础上,项目能满足使用或生产要求并应达到以下标准:

1) 生产性工程和辅助公用设施已按批准的设计文件要求建成,能满足生产、生活使用需要,经试运行达到设计能力;

2) 主要工艺设备和配套设施经联动负荷试车合格,形成生产能力,能够生产出设计文件所规定的产品;

3) 必要的设施已按要求建成;

4) 生产准备工作能适应投产的需要;

5) 其他环保设施、劳动安全卫士、消防系统已按设计要求配套建成。

1.20.1.4 施工项目竣工验收管理程序和准备

1. 竣工验收管理程序

竣工验收准备→编制竣工验收计划→组织现场验收→进行竣工结算→移交竣工资料→办理竣工手续。

2. 竣工验收准备

(1) 建立竣工验收工作小组,做到因事设岗、以岗定责,实现收尾的目标。该小组由项目经理、技术负责人、质量人员、计划人员、安全人员组成。

(2) 编制切实可行、便于检查考核的施工项目竣工验收计划,该计划可按表 1-100 编制。

(3) 项目经理部要根据施工项目竣工验收计划,检查其验收完成情况,要求管理人员做好验收记录,对重点内容进行重点检查,不使竣工验收留下隐患和遗憾从而造成返工损失。

(4) 项目经理部完成各项竣工验收计划,应向企业报告,提请有关部门进行质量验收评定,对照标准进行检查。各种记录应齐全、真实、准确。需要监理工程师签署的质量文件,应提交其审核签认。实行总分包的项目,承包人应对工程质量全面负责,分包人应按质量验收标准的规定对承包人负责，并将分包工程验收结果及有关资料交承包人。承包人与分包人对分包工程质量承担连带责任。

施工项目竣工收尾计划表　　表 1-100

序号	收尾工程名称	施工简要内容	收尾完工时间	作业班组	施工负责人	完成验证人

项目经理：　　技术负责人：　　编制人：

（5）承包人经过验收确认可以竣工时，应向发包人发出竣工验收函件，报告工程竣工准备情况，具体约定交付竣工验收的方式及有关事宜。

1.20.1.5　施工项目竣工验收的步骤

1. 竣工自验（或竣工预验）

（1）施工单位自验的标准与正式验收一样，主要是：工程符合国家（或地方政府主管部门）规定的竣工标准和竣工规定；工程完成情况是否符合施工图纸和设计的使用要求；工程质量是否符合国家和地方政府规定的标准和要求；工程是否达到合同规定的要求和标准等。

（2）参加自验的人员，应由项目经理组织生产、技术、质量、合同、预算以及有关的作业队长（或施工员、工程负责人）等共同参加。

（3）自验的方式，应分层分段、分房间地由上述人员按照自己主管的内容逐一进行检查，在检查中要做好记录。对不符合要求的部位和项目，确定修补措施和标准，并指定专人负责，定期修理完毕。

（4）复验。在基层施工单位自我检查的基础上，把查出的问题全部修补完毕后，项目经理应提请上级进行复验（按一般习惯，国家重点工程、省市级重点工程，都应提请总公司级的上级单位复验）。通过复验，要解决全部遗留问题，为正式验收做好充分的准备。

2. 正式验收

在自验的基础上，确认工程全部符合竣工验收的标准，即可由施工单位与建设单位、设计单位、监理单位共同开始正式验收工作。鉴于工程的复杂性，一般在正式验收前要组织各种专业预验收或验收，如规划验收、消防验收、人防验收、档案验收等。

（1）发送《工程竣工报告》。施工单位应于正式竣工验收之日前10天，向建设单位发送《工程竣工报告》。

（2）组织验收工作。工程竣工验收工作由建设单位邀请设计单位、监理单位及有关方面参加，同施工单位一起进行检查验收。列为国家重点工程的大型建设项目，往往由国家有关部委邀请有关方面参加，组成工程验收委员会进行验收。

（3）签发《工程竣工验收报告》，并办理工程移交。在建设单位验收完毕确认符合工程竣工标准和合同条款规定要求以后，应向施工单位签发《工程竣工验收报告》。

（4）办理工程档案资料移交。

（5）办理工程移交手续。

在对工程检查验收完毕后，施工单位要向建设单位逐项办理移交手续和其他固定移交手续，并应签认交接验收证书，还要办理工程结算手续。工程结算由施工单位提出，送建设单位审查无误后，由双方共同办理结算签认手续。工程结算手续一旦办理完毕，合同双方除施工单位承担工程保修工作以外，建设单位与施工单位双方的经济关系和法律责任即予以解除。

3. 竣工备案

按照《房屋建筑和市政基础设施工程竣工验收备案管理办法》，建设单位应当自工程竣工验收合格之日起 15 日内，向工程所在地的县级以上地方人民政府建设主管部门备案。

建设单位办理工程竣工验收备案应当提交下列文件：

（1）工程竣工验收备案表；

（2）工程竣工验收报告。竣工验收报告应当包括：工程报建日期，施工许可证号，施工图设计文件审查意见，勘察、设计、施工、工程监理等单位分别签署的质量合格文件及验收人员签署的竣工验收原始文件，市政基础设施的有关质量检测和功能性试验资料以及备案机关认为需要提供的有关资料；

（3）法律、行政法规规定应当由规划、生态环境等部门出具的认可文件或者准许使用文件；

（4）法律规定应当由公安消防部门出具消防验收合格的证明文件；

（5）施工单位签署的工程质量保修书；

（6）法规、规章规定必须提供的其他文件。

住宅工程还应提交《住宅质量保证书》和《住宅使用说明书》。

1.20.1.6 施工项目竣工资料

详见本书“1.19 施工项目资料管理”中的相关内容。

1.20.2 收尾与交付管理

1.20.2.1 项目收尾工作要求

（1）项目管理机构应建立项目收尾管理制度，明确项目收尾管理的职责和工作程序。

（2）项目管理机构应实施下列项目收尾工作：

1）编制项目收尾计划；

2）提出有关收尾管理要求；

3）理顺、终结所涉及的对外关系；

4）执行相关标准与规定；

5）清算合同双方的债权债务；

6）进行竣工验收；

7）进行竣工结算；

8）进行竣工清算；

9）工程保修期管理。

1.20.2.2　项目人员安置

（1）组织实行淘汰制度，比例根据情况确定，项目人员考核不达标根据具体情况实行淘汰；

（2）组织根据项目人员的考核评价情况，调配人员到适合的岗位和项目；

（3）项目指定专人负责工程维修和回访工作；

（4）成立以项目经理为首的收尾工作小组，全权负责收尾项目的全部工作，小组人员由项经理根据工作需要提出建议名单，与组织相关职能部门协商上报组织领导研究决定；

（5）工作小组人员应及时完成遗留工作。

1.20.2.3　项目部收尾责任分工

（1）项目部成立收尾工作小组。主要负责工程结算和工程款的回收，相关资料、档案的移交，以及解决与业主、分包、劳务、材料供应商、设备租赁等单位的有关未完事宜。

（2）组织财务管理部门负责协调检查合同中到期的应收款项的回收，确认相应的债权债务。

（3）组织商务合约部门负责检查解散项目的竣工结算完成情况。

（4）组织工程管理部门负责检查解散项目部工程承包合同中约定的内容完成情况。

（5）组织技术质量管理部门负责检查项目的工程竣工验收情况及竣工资料是否已经完整归档。

（6）组织工程材料设备管理部门负责协调检查解散项目部剩余工程材料的回收、调拨、废料处理。

（7）党群文化及综合办公室负责协调检查办公家具、CI等回收、调拨、废料处理。

（8）组织人力资源部门负责解散项目部人员的调配、分流、安置工作。

1.20.2.4　项目部解散条件

（1）项目已经竣工验收，并形成书面资料；

（2）与材料供应商、机械设备租赁、技术服务、分包、劳务等单位的债权债务已核对清楚；

（3）项目部与组织职能部门及其他管理机构的各种交接手续准备完毕；

（4）项目部在工程竣工验收完成后交付使用前，项目经理向组织提出申请，经组织领导同意后方可进入项目部解散阶段；

（5）项目部解散申请内容包括：工程及项目概况、项目结算办理情况、债权债务情况、创优创奖情况、竣工后遗留问题和处理问题的解决办法等。

1.20.2.5　资料移交

（1）档案资料齐全、完整、准确、系统，除向规定的档案管理部门移交外，还应向组织资料管理部门移交封存留档；

（2）上级组织发放的各类管理办法、规定等内部管理资料及时交回原发放单位；

（3）项目经理在相关竣工文件上全部签字完成；

（4）项目部其他资料交组织归档。

1.20.2.6　责任移交

（1）完成合同中约定的工作内容且竣工验收合格，向建设单位提交申请报告，进入保修期；

(2) 项目经理组织项目人员编制施工项目管理总结，交给上级组织，并纳入项目管理档案；

1.20.2.7 工程交付

(1) 工程竣工验收合格，并完成相关手续后，项目向建设单位正式交付；

(2) 项目对工程试运行进行指导和服务；

(3) 原项目部有关人员有义务负责工程保修期内的保修工作；

(4) 原项目经理对竣工工程有义务配合组织回访工作；

(5) 原项目经理为质量终身责任人。

1.20.3 施工项目管理总结

1.20.3.1 施工项目管理总结概述

施工项目管理总结是全面、系统反映项目管理实施情况的综合性文件。在项目管理收尾阶段，项目管理机构应由项目经理组织分线条进行项目管理总结，最后进行汇总，编写项目管理总结报告，总结在以后的项目中需要持续改进的地方和值得应用推广的地方，上报上级管理单位，作为今后项目施工的参考和借鉴，并纳入项目管理档案。

1.20.3.2 施工项目管理总结依据

(1) 项目可行性研究报告；

(2) 项目管理策划；

(3) 项目管理目标；

(4) 项目合同文件；

(5) 项目管理规划；

(6) 项目设计文件；

(7) 项目施工过程中施工方案和各类施工管理文件资料；

(8) 项目工程收尾资料。

1.20.3.3 施工项目管理总结报告

施工项目管理总结是对整个项目管理过程复盘，总结成功经验和需要改进的教训，形成企业的项目管理知识。

1. 项目策划总结

项目策划总结应包括下列主要内容：

(1) 项目技术、质量、安全、费用、进度、职业健康和环境保护等目标完成情况；

(2) 资源组织情况；

(3) 项目部门协调配合情况；

(4) 风险处置情况；

(5) 分包的考核评价。

2. 项目合同管理总结

项目管理机构应进行项目合同管理评价，总结合同订立和执行过程中的经验和教训，提出总结报告。项目合同管理总结报告应包括下列内容：

(1) 合同订立情况评价；

(2) 合同履行情况评价；

（3）合同管理工作评价；

（4）对本项目有重大影响的合同条款评价；

（5）其他经验和教训。

上一级组织应根据项目合同管理总结报告确定项目合同管理改进需求，制定改进措施，完善合同管理制度，并按照规定保存合同总结报告。

3. 项目设计管理总结

在项目设计任务完成后，项目设计经理应组织编制设计完工报告，并参与项目完工报告的编制工作。

（1）设计过程总结应包括下列主要内容：

1）关键设备选型和材料是否满足项目运行要求；

2）进度关键线路上的设计文件提交情况；

3）施工图设计完成和提交情况；

4）设计工作是否按时完成。

（2）设计质量总结应包括下列主要内容：

1）设计人员资格的管理；

2）设计输入、输出是否准确统一；

3）设计策划的控制；

4）设计技术方案的评审情况；

5）设计文件的校审与会签；

6）设计确认的控制；

7）设计变更的情况；

8）设计技术支持和服务情况。

4. 项目施工管理总结

（1）施工技术和创新总结

项目施工组织设计、主要施工方案、技术创效策划、科技创新实施方案等的总结。

（2）施工进度管理总结

在进度计划完成后，项目经理部应及时组织施工进度管理总结。总结分析是对施工进度管理进行资料积累的重要途径，是对管理进行评价的前提，是提高管理水平的阶梯。施工进度管理总结的依据是进度计划，应包括进度计划执行的实际记录、进度计划检查结果和进度计划的调整资料。施工进度管理总结的内容包括：

1）合同时间目标及计划时间目标的完成情况；

2）资源利用情况；

3）工期签证；

4）进度管理经验；

5）进度管理中存在的问题及分析；

6）科学的进度计划方法的应用情况；

7）进度管理改进意见。

（3）施工质量管理总结

项目施工质量管理应坚持缺陷预防的原则，按照策划、实施、检查、处置的循环方式进行系统运作。项目施工质量管理应从以下方面进行总结：

1）质量计划执行情况；

2）质量控制情况；

3）质量检查与处置；

4）质量今后改进与加强方面的内容；

5）质量损失情况统计；

6）优秀做法及亮点总结。

(4) 施工安全管理总结

项目应保证安全生产资源和安全文明施工费用正常使用，定期对安全生产状况进行评价，确定并实施项目安全生产管理计划，落实整改措施。施工安全管理总结应从以下方面进行：

1）安全生产管理计划执行情况；

2）安全生产管理实施与检查；

3）安全生产应急响应与事故处理情况；

4）安全生产管理评价；

5）事故的统计与分析；

6）安全管理经验分享。

5. 施工成本管理总结

施工成本管理总结应根据项目成本控制计划、进度报告及工程变更等进行，是项目内部管理的成本是否控制在项目批准的预算以内以及与投标时进行的比较分析和偏差。施工成本分析总结包含以下内容：

1）劳务费的投入分析；

2）材料费的投入分析；

3）机械使用费的投入分析；

4）施工项目管理费的投入分析；

5）临时设施费用的投入分析；

6）专业工程分包费用的投入分析；

7）工程变更的控制；

8）施工索赔管理。

6. 施工资源管理总结

1）劳务管理；

2）工程材料与设备管理；

3）施工机具与设施管理；

4）资金管理；

5）绿色建造管理；

6）环境管理。

7. 项目综合管理总结

1）人才培养情况；

2）党工团建设情况；

3）项目对外协调与组织情况；

4）项目宣传与舆情处理情况；

5）项目创优情况。

8. 项目管理经验与教训

结合项目具体情况总结项目管理经验，客观地反映项目管理的业绩和效果。

9. 项目管理绩效与创新评价

项目管理绩效与创新评价工作是工程项目管理活动中的一个重要的环节，是对管理主体行为、项目实施效果的检查和评估，是客观反映项目管理目标实现的总结。通过项目管理绩效评价，总结经验，找出差距，制定措施，对提高建设工程项目管理水平具有十分重要的作用。

（1）项目管理绩效评价应包括下列范围：

1）项目实施的基本情况；

2）项目管理分析与策划；

3）项目管理方法与创新；

4）项目管理效果验证。

（2）项目管理绩效评价应包括下列内容：

1）项目管理特点；

2）项目管理概念、模式；

3）主要管理对策、调整和改进；

4）合同履行与相关方满意度；

5）项目管理工程检查、考核、评价；

6）项目管理实施成果。

（3）项目管理绩效评价应具有下列指标：

1）项目质量、安全、环境保护、工期、成本目标完成情况；

2）供方（供应商、分包商）管理的有效程度；

3）合同履约率、相关方满意度；

4）风险预防和持续改进能力；

5）项目综合效益。

1.20.3.4　项目管理总结后工作

（1）项目总结报告完成后交由上一级部门讨论存档，并根据报告制定下一阶段的工作；

（2）兑现在项目管理目标责任书中对项目管理机构的承诺；

（3）根据岗位责任制和部门责任制对职能部门进行奖罚。

1.20.4　工程质量保修和回访

工程质量保修和回访属于项目竣工后的管理工作。这时项目经理部已经解散，一般由承包企业建立施工项目交工后的回访与保修制度，并责成企业工程管理部门具体负责。

为提高工程质量、听取用户意见、改进服务方式，承包人应建立与发包人及用户的服务联系网络，及时取得信息，依据《中华人民共和国建筑法》《建设工程质量管理条例》

及有关部门的相关规定，履行施工合同约定和《工程质量保修书》中的承诺，并按计划、实施、验证、报告的程序，做好回访与保修工作。

1.20.4.1 工程质量保修

工程质量保修是指施工单位对房屋建筑工程竣工验收后，在保修期限内出现的质量不符合工程建设强制性标准以及合同的约定等质量缺陷，予以修复。

施工单位应当在保修期内，履行与建设单位约定的，符合国家有关规定的，工程质量保修书中关于保修期限、保修范围和保修责任等义务。

1. 保修期限

在正常使用条件下，房屋建筑工程的保修期应从工程竣工验收合格之日起计算，其最低保修期限为：

（1）地基基础工程和主体结构工程，为设计文件规定的该工程的合理使用年限；

（2）屋面防水工程、有防水要求的卫生间、房间和外墙面的防渗漏，为5年；

（3）供热与供冷系统，为2个供暖期、供冷期；

（4）电气管线、给水排水管道、设备安装为2年；

（5）装修工程为2年。

（6）住宅小区内的给水排水设施、道路等配套工程及其他项目的保修期由建设单位和施工单位约定。

2. 保修范围

对房屋建筑工程及其各个部位，主要有：地基基础工程、主体结构工程、屋面防水工程、有防水要求的卫生间、房间和外墙面的防渗漏、供热与供冷系统、电气管线、给水排水管道、设备安装和装修工程以及双方约定的其他项目，由于施工单位施工责任造成的建筑物使用功能不良或无法使用的问题都应实行保修。

凡是由于用户使用不当或第三方造成建筑功能不良或损坏者，或是工业产品项目发生问题，或不可抗力造成的质量缺陷等，均不属于保修范围，由建设单位自行组织修理。

3. 质量保修责任

（1）发送工程质量保修书（房屋保修卡）

工程质量保修书由施工合同发包人和承包人双方在竣工验收前共同签署，作为施工合同附件，其有效期限至保修期满。《工程质量保修书》示范文本附本节后。

一般是在工程竣工验收的同时（或之后的3～7天内），施工单位向建设单位发送《工程质量保修书》。保修书的主要内容有：工程简况、房屋使用管理要求；保修范围和保修内容、保修期限、保修责任和记录等，还附有保修（施工）单位的名称、地址、电话、联系人等。

若工程竣工验收后，施工企业不能及时向建设单位出具质量保修书的，由建设行政主管部门责令其改正，并予以相应的经济处罚。

（2）实施保修

在保修期内发生了非使用原因的质量问题，使用人应填写《工程质量修理通知书》，通告承包人并注明质量问题及部位、联系维修方式等；施工单位接到建设单位（用户）对保修责任范围内的项目进行修理的要求或通知后，应按《工程质量保修书》中的承诺，在7日内派人检查，并会同建设单位共同鉴定，提出修理方案，将保修业务列入施工生产计划，并按约定的内容和时间承担保修责任。

发生涉及结构安全或者严重影响使用功能的质量缺陷，建设单位应当立即向当地建设行政主管部门报告，采取安全防范措施；由原设计单位或具有相应资质等级的设计单位提出保修方案，施工单位实施，原工程质量监督机构负责监督；对于紧急抢修事故，施工单位接到保修通知后，应当立即到达现场抢修。

若施工单位未按质量保修书的约定期限和责任派人保修的，发包人可以另行委托他人保修，由原施工单位承担相应责任。

对不履行保修义务或者拖延履行保修义务的施工单位，由建设行政主管部门责令其改正，并予以相应的经济处罚。

（3）验收

施工单位在修理完毕后，要在保修书上做好保修记录，并由建设单位（用户）验收签认。涉及结构安全的保修应当报当地建设行政主管部门备案。

4. 保修费用

《建设工程质量管理条例》规定，建设工程在保修范围和保修期限内发生质量问题的，施工单位应当履行保修义务，并对造成的损失承担赔偿责任。

建设工程保修的质量问题是指在保修范围和保修期限内的质量问题。对于保修义务的承担和维修的费用承担应当按下述原则处理：

（1）施工单位未按国家标准、规范和设计要求施工造成的质量缺陷，由施工单位负责返修并承担费用。

（2）由于设计问题造成的质量缺陷，先由施工单位负责维修，其费用按有关规定通过建设单位向设计单位索赔。

（3）因建筑材料、构配件和设备质量不合格引起的质量缺陷，先由施工单位负责维修，其费用属于施工单位采购的或经其验收同意的，由施工单位承担费用；属于建设单位采购的，由建设单位承担费用。

（4）因建设单位（含监理单位）错误管理而造成的质量缺陷，先由施工单位负责维修，其费用由建设单位承担；属于监理单位责任的，由建设单位向监理单位索赔。

（5）因使用单位使用不当造成的损坏问题，先由施工单位负责维修，其费用由使用单位自行负责。

（6）因地震、台风、洪水等自然灾害或其他不可抗拒原因造成的损坏问题，先由施工单位负责维修，建设参与各方再根据国家具体政策分担费用。

5. 其他

房地产开发企业售出的商品房保修，还应当执行《城市房地产开发经营管理条例》和其他有关规定。

军事建设工程的管理，按照中共中央军事委员会的有关规定执行。

1.20.4.2 工程回访

1. 工程回访的要求与内容

项目经理部应建立工程回访制度，应将工程回访纳入承包人的工作计划、服务控制程序和质量管理体系文件中。

工程回访工作计划由施工单位编制，其内容有：

（1）主管回访保修业务的部门。

（2）工程回访的执行单位。

（3）回访的对象（发包人或使用人）及其工程名称。

（4）回访时间安排和主要内容。

（5）回访工程的保修期限。

工程回访一般由施工单位的领导组织生产、技术、质量、水电等有关部门人员参加。通过实地察看、召开座谈会等形式，听取建设单位、用户的意见、建议，了解建筑物使用情况和设备的运转情况等。每次回访结束后，执行单位都要认真做好回访记录。全部回访结束，要编写“回访服务报告”。施工单位应与建设单位和用户经常联系及沟通，对回访中发现的问题认真对待，及时处理和解决。

主管部门应依据回访记录，对回访服务的实施效果进行验证。

2. 工程回访的主要类型

（1）例行性回访。一般以电话询问、开座谈会等形式进行，每半年或一年一次，了解日常使用情况和用户意见。

（2）季节性回访。雨期回访屋面及排水工程、制冷工程、通风工程；冬季回访锅炉房及供暖工程，及时解决发生的质量缺陷。

（3）技术性回访。主要了解在施工过程中采用了新材料、新设备、新工艺、新技术的工程，回访其使用效果和技术性能、状态，以便及时解决存在的问题，同时还要总结经验，提出改进、完善和推广的依据和措施。

（4）保修期满时回访。主要是对该项目进行保修总结，向用户交代维护和使用事项。

工程质量保修书

发包人（全称）：________________________

承包人（全称）：________________________

发包人和承包人根据《中华人民共和国建筑法》和《建设工程质量管理条例》，经协商一致就________________（工程全称）签订工程质量保修书。

一、工程质量保修范围和内容

承包人在质量保修期内，按照有关法律规定和合同约定，承担工程质量保修责任。

质量保修范围包括地基基础工程、主体结构工程，屋面防水工程、有防水要求的卫生间、房间和外墙面的防渗漏，供热与供冷系统，电气管线、给水排水管道、设备安装和装修工程，以及双方约定的其他项目。具体保修的内容，双方约定如下：

____

____。

二、质量保修期

根据《建设工程质量管理条例》及有关规定，工程的质量保修期如下：

1. 地基基础工程和主体结构工程为设计文件规定的工程合理使用年限；

2. 屋面防水工程、有防水要求的卫生间、房间和外墙面的防渗为______年；

3. 装修工程为______年；

4. 电气管线、给水排水管道、设备安装工程为______年；

5. 供热与供冷系统为______个供暖期、供冷期；

6. 住宅小区内的给水排水设施、道路等配套工程为______年；

7. 其他项目保修期限约定如下：

____

____。

质量保修期自工程竣工验收合格之日起计算。

三、缺陷责任期

工程缺陷责任期为________个月，缺陷责任期自工程通过竣工验收之日起计算。单位工程先于全部工程进行验收，单位工程缺陷责任期自单位工程验收合格之日起算。

缺陷责任期终止后，发包人应退还剩余的质量保证金。

四、质量保修责任

1. 属于保修范围、内容的项目，承包人应当在接到保修通知之日起 7 天内派人保修。承包人不在约定期限内派人保修的，发包人可以委托他人修理。

2. 发生紧急事故需抢修的，承包人在接到事故通知后，应当立即到达事故现场抢修。

3. 对于涉及结构安全的质量问题，应当按照《建设工程质量管理条例》的规定，立即向当地建设行政主管部门和有关部门报告，采取安全防范措施，并由原设计人或者具有相应资质等级的设计人提出保修方案，承包人实施保修。

4. 质量保修完成后，由发包人组织验收。

五、保修费用

保修费用由造成质量缺陷的责任方承担。

六、双方约定的其他工程质量保修事项：________________________________。

工程质量保修书由发包人、承包人在工程竣工验收前共同签署，作为施工合同附件，其有效期限至保修期满。

发包人（公章）：________________	承包人（公章）：________________
地址：________________	地址：________________
法定代表人（签字）：____________	法定代表人（签字）：____________
委托代理人（签字）：____________	委托代理人（签字）：____________
电话：________________	电话：________________
传真：________________	传真：________________
开户银行：______________	开户银行：______________
账号：________________	账号：________________
邮政编码：______________	邮政编码：______________

参 考 文 献

[1] 建筑施工手册(第五版)编委会．建筑施工手册[M]. 5 版．北京：中国建筑工业出版社．2012.
[2] 中华人民共和国国家标准．建设工程文件归档规范 GB/T 50328—2014[S]. 北京：中国建筑工业出版社．2014.
[3] 中华人民共和国国家标准．电子文件归档与电子档案管理规范 GB/T 18894—2016[S]. 北京：中国标准出版社．2016.
[4] 中华人民共和国国家标准．建设工程项目管理规范 GB/T 50326—2017[S]. 北京：中国建筑工业出版社．2017.
[5] 中华人民共和国国家标准．建设项目工程总承包管理规范 GB/T 50358—2017[S]. 北京：中国建筑工业出版社．2017.
[6] 王五仁．EPC 工程总承包管理[M]. 北京：中国建筑工业出版社，2015.
[7] 中华人民共和国财政部．企业会计准则(2017 年版)[M]. 上海：立信会计出版社．2017.
[8] 财政部．企业会计准则第 15 号——建造合同[S]. 2007.
[9] 韩建斌．施工企业财务风险预警及防范对策[J]. 科技风．2018(36)：140.
[10] 胡玉明．中国管理会计的理论与实践：过去、现在与将来[J]. 新会计．2015(1)：612.
[11] 冯圆．实体企业成本控制：降成本与谋发展[J]. 会计之友．2017(11)：2431.
[12] 王红顺．“一带一路”建筑企业境外财务风险分析[J]. 新会计．2019(4)：5758.
[13] 中国建设会计学会．建筑会计[J]. 2019. 1-3.
[14] 中华人民共和国国家标准．建设工程施工质量验收统一标准 GB 50300—2013[S]. 北京：中国建筑工业出版社．2013.
[15] 中华人民共和国国家法规．建筑工程质量管理条例[M]. 北京：中国城市出版社．2017.
[16] 王洪、陈健．建设项目管理[M]. 3 版．北京：机械工业出版社．2016
[17] 中华人民共和国国家标准．工程建设施工企业质量管理规范 GB/T 50430—2017[S]. 北京：中国建筑工业出版社．2017.
[18] 毕明、杨晶．工程造价管理与控制[M]. 北京：科学出版社．2013.
[19] 郭川龙．浅议国有建筑施工项目人力资源的培训与开发[J]. 经营管理者．2014(34)：177.
[20] 孙健、赵涛．用制度管人[M]. 北京：企业管理出版社．2006.
[21] 全国一级建造师执业资格考试用书编写组．建设工程项目管理[M]. 北京：中国建筑工业出版社．2018.

2 施工项目科技管理

2.1 科技管理体系

2.1.1 科技管理体系概述

施工项目的科技管理体系是企业为实施项目科技管理而搭建的组织架构，主要人员包括项目技术负责人、技术员、测量员、试验员、资料员等，其目的是在项目实施全过程中运用组织、协调、检查、纠偏等管理手段，执行国家的科技政策、法律法规、技术标准和上级有关科技工作的指示与决定，组织开展各项科技工作，优化技术方案，推进技术进步，使施工生产符合技术标准和设计图纸的要求，安全、环保、优质、低耗、高效地完成施工任务。

项目科技管理贯穿项目整个实施过程，主要管理职能有技术策划、设计管理、图纸管理、深化设计管理、施工组织设计管理、施工方案管理、技术交底及技术复核管理、施工测量管理、计量与检验试验管理、工程资料管理、新技术研究与应用管理等。

2.1.2 科技管理组织架构

项目科技管理组织架构需与项目管理内容匹配，满足项目管理工作要求，且应依据工程特点、承包模式、专业施工内容等情况配置相应的组织架构，实行动态调整，分阶段配置，确保项目科技管理有序运行。针对国内项目主要采用的两种承包模式，即施工总承包和工程总承包（EPC[1]），设置两类典型项目科技管理组织架构，如图 2-1～图 2-2 所示。

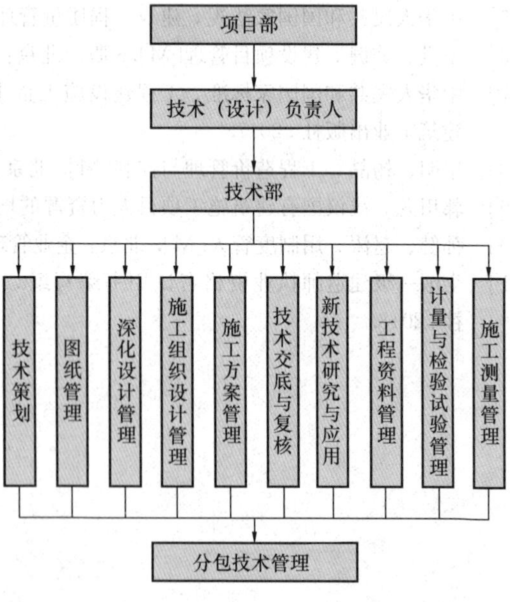

图 2-1 施工总承包项目科技管理组织架构

2.1.3 科技管理岗位及职责

项目科技管理岗位设置可根据项目实际管理需求动态调整，项目各科技管理岗位职责见表 2-1。

[1] EPC：Engineering-Procurement-Construction，常被译为设计-采购-施工。在我国，工程总承包是指承包单位按照与建筑单位签订的合同，对工程设计、采购、施工或者设计、施工等阶段实行总承包，并对工程的质量、安全、工期和造价等全面负责的工程建设组织实施方式。

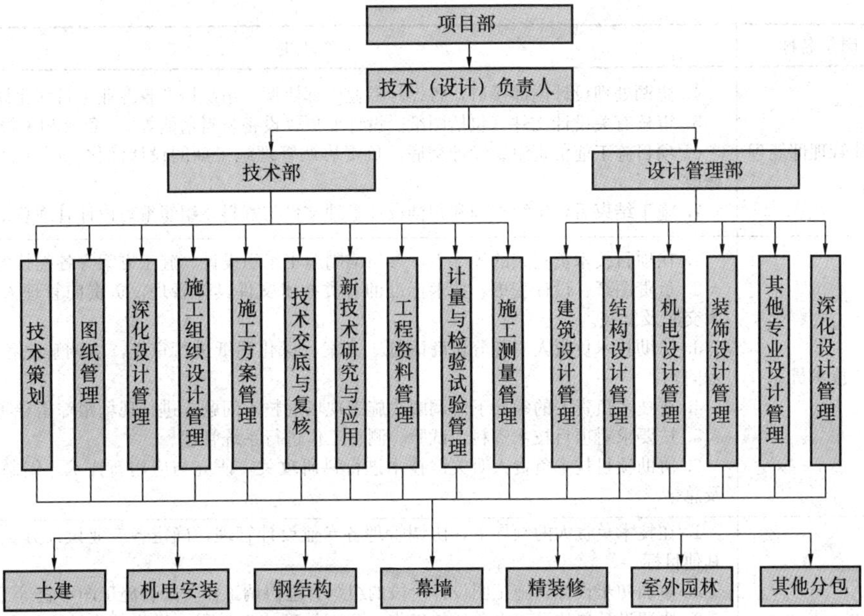

图 2-2 工程总承包项目（EPC）科技管理组织架构

科技管理岗位及职责 表 2-1

序号	岗位名称	工作职责
1	技术负责人	1. 在项目经理的领导下全面负责项目的科技管理工作。 2. 负责确定设计管理目标，各阶段设计、深化设计管理，确保设计满足整体要求。 3. 组织编制施工组织设计及施工方案，审核分包单位施工方案，协调解决分包之间的技术问题并督促落实。 4. 负责项目工程技术文件的管理，包括图纸、图纸会审记录、设计变更、洽商记录、技术交底、标准、规范、规程、图集等。 5. 主持处理施工中的技术问题，对施工过程中所遇到的问题提出合理建议及解决措施。 6. 负责项目工程资料、检验试验、测量管理工作。 7. 负责新技术研发与应用、科技成果申报、创优创效，组织编写施工技术总结
2	技术部经理	1. 参与编制单位工程施工组织设计、施工方案、安全技术措施，并贯彻实施。 2. 参与图纸会审，设计交底，处理设计变更，进行技术交底。 3. 协助项目技术负责人完成各类主要技术方案的编制工作，审批专业性技术方案、分包单位方案。 4. 协助项目技术负责人解决各专业施工过程中的技术难题，负责组织实施。 5. 负责技术文件收发、归档，技术资料及声像资料的收集整理工作，竣工档案资料的审核、移交工作。 6. 在技术负责人的领导下组织技术创新攻关，推广应用先进技术，创优创效策划
3	设计管理部经理	1. 做好开工前设计准备工作，确定设计管理工作范围，搭建设计管理架构，确定设计各专业管理负责人，明确人员分工。 2. 落实并审查设计工作所必须的条件和基础资料，包括设计依据文件、基础资料和有关协作方面的协议文件，组织确定工程的设计标准、规范、重大设计原则，保证设计输入符合合同约定。 3. 编制设计计划和设计大纲，组织设计过程中的各项重要会议，如设计评审、设计联络会、设计进度检查会等。

续表

序号	岗位名称	工作职责
3	设计管理部经理	4. 协调处理设计内部接口，各设计专业内部协调，组织协调各专业进行深化设计工作。 5. 审核有关设计文件（包括图纸、设计变更、设备材料请购等．，负责相关报审工作。 6. 项目施工前负责组织设计交底，负责协调管理施工期间设计优化、图纸深化和变更修改。 7. 施工结束后，组织整理和归档设计管理文件与资料，组织编写设计管理总结
4	技术员	1. 在项目技术负责人的领导下，参与编制施工组织设计、施工方案等各类技术文件。 2. 负责图纸、设计变更、技术标准的各类技术文件具体管理，负责向管理人员进行技术交底及复核。 3. 协助技术负责人对各分包商的施工方案、深化图纸进行审查，协调解决各专业的技术问题。 4. 在技术负责人的领导下协调解决施工现场的技术问题，进行现场跟踪指导实施。 5. 按要求对项目技术资料、试验、测量工作进行系统管理。 6. 协助项目技术负责人对关键技术进行科研攻关，研究与应用新技术，编制技术成果及总结
5	设计管理员	1. 在技术负责人的领导下，协调管理各专业设计管理，确定各专业设计分工、进度及其他目标。 2. 参加初步设计、施工图设计阶段的组织管理协调工作，配合施工图审查等工作。 3. 协调设计单位及建设单位的工作，负责处理施工过程中发生的设计变更和其他技术问题。 4. 核查施工图，协调解决图纸的技术问题，参与设计审查、图纸会审、设计交底等。 5. 参与图纸审核，负责对接业主、政府单位进行图纸报审。 6. 在设计管理部经理的牵头下，编制设计管理总结及资料归档。 7. 项目无设计管理员时，设计管理工作由技术员承担
6	测量员	1. 负责编制测量策划书、测量方案、测量设备配置计划等。 2. 负责接收建设单位基准点，设置现场永久性测量控制点。 3. 负责现场测量控制网的测放，并形成测量成果资料。 4. 负责对分包单位进行测量控制点、控制网的技术交底，对分包单位测放的轴线、标高进行校核。 5. 负责测量器具的校验和日常维护
7	资料员	1. 负责编制资料计划，建立资料台账，向管理人员进行交底。 2. 依据工程进度及时收集整理技术资料。 3. 负责工程分阶段验收及竣工资料的收集整理。 4. 定期检查资料的完整性、连续性、及时性，并对有关人员进行工程技术资料交底。 5. 负责施工方案、图纸、变更等文件的登记发放工作
8	试验员	1. 负责编制试验计划，建立试验台账，编制试验相关方案，向相关人员交底。 2. 负责试件、试块的取样、送样。 3. 及时查阅，并将结果及时告知技术负责人，试验报告交资料员存档。 4. 负责做好有关试验记录。 5. 收集计量器具检定合格证书，建立管理台账，保证计量器具的有效性。 6. 定期维护保养计量器具，并建立维护保养记录台账。 7. 及时将台账、检定证书、检定计划、维护保养记录等上报企业技术管理部门

2.2　科技管理流程及内容

2.2.1　科技管理总体流程

项目科技管理应涵盖从进场准备到项目竣工验收的全过程，总体流程如图 2-3 所示。

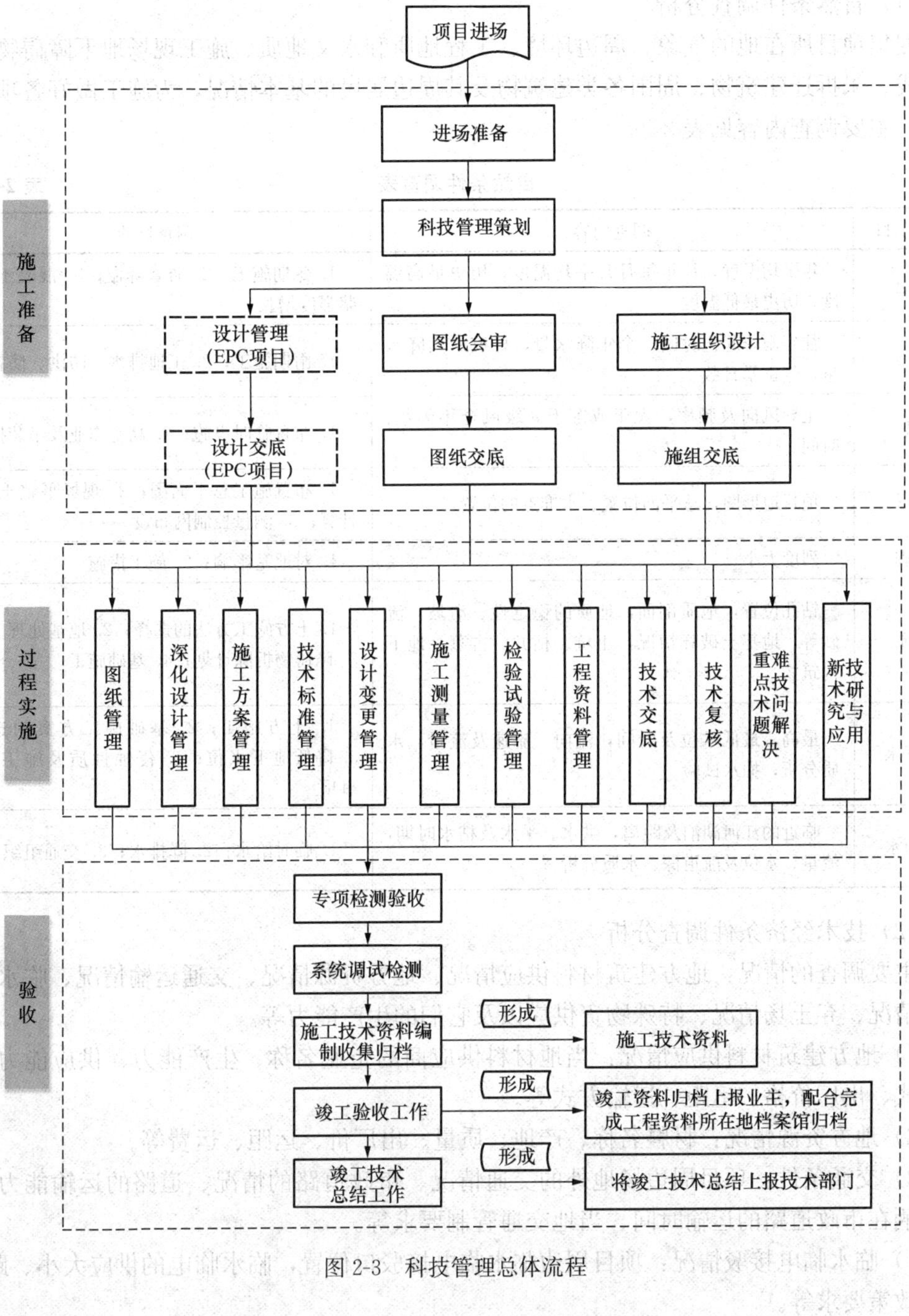

图 2-3 科技管理总体流程

2.2.2 各阶段科技管理内容

2.2.2.1 施工准备阶段科技管理内容

1. 进场准备

项目实施前，项目技术部门组织对项目的原始资料进行调查和分析。原始资料调查分析主要包括自然条件调查分析、技术经济条件调查分析等方面。

(1) 自然条件调查分析

搜集项目所在地的气象、周边环境、工程地质和水文地质、施工现场地下障碍物、地下管线、未拆迁建筑物、周围各类建筑物及其周边居民的基本情况，为施工做好各项准备工作，主要调查内容见表 2-2。

自然条件调查表　　表 2-2

调查项目	调查内容	调查目的
气温	年平均温度，往年每月月平均温度，历史最高温度、历史最低温度	1. 冬期施工；2. 防暑降温；3. 混凝土、灰浆强度增长
降雨	往年雨季起止时间，全年降水量，昼夜最大降水量，年雷暴日数	1. 雨期施工；2. 工地排水、防洪、防雷
风	主导风向及频率，大于或等于 8 级风全年天数、时间	1. 布置临时设施；2. 高空作业及吊装措施
地形	项目地形图，总平面位置、水准点的位置	1. 布置施工总平面图；2. 现场平整土方量计算；3. 测量控制网布设
地震	烈度大小	1. 对地基影响；2. 施工措施
地质	钻孔位置，地质剖面，地质的稳定性、滑坡、流砂等，地基土破坏情况，土坑、枯井、古墓、地下构筑物	1. 土方施工方法的选择；2. 地基处理方法；3. 障碍物拆除计划；4. 基础施工
地下水	最高、最低水位及时间，流向、流速及流量，水质分析，抽水试验	1. 土方施工；2. 基础施工方案的选择；3. 降低地下水位；4. 侵蚀性质及施工注意事项
地面水	临近的江河湖泊及距离，洪水、平水及枯水时期，流量、水位及航道深、水质分析	1. 临时给水；2. 降排水；3. 交通组织

(2) 技术经济条件调查分析

主要调查的情况：地方建筑材料供应情况、地方资源情况、交通运输情况、临水临电接驳情况、弃土场情况、特殊物资供应以及它们的生产能力等。

1) 地方建筑材料供应情况：当地材料供应商的企业名称、生产能力、供应能力、生产方式、出厂价格、运距、运输方式等。

2) 地方资源情况：材料名称、产地、质量、出厂价、运距、运费等。

3) 交通条件：项目周边场地外的交通情况、市政道路的情况、道路的运输能力、大型车辆在市政道路的运输时间、当地交通管制要求等。

4) 临水临电接驳情况：项目周边临水临电接驳口位置，临水临电的供应大小、距离、政府政策要求等。

2. 管理策划

(1) 技术策划

项目开工后，应依据项目特点及项目实际情况，由项目技术负责人组织编制项目技术策划书，交项目负责人审核批准。

技术策划书中主要包含项目概况、项目技术目标、主要方案编制计划、施工特殊过程方案编制计划、方案编制责任人、日常技术工作计划、科技创新计划、新技术应用及推广计划、成果申报计划等内容。

技术策划应结合项目特点编制，技术目标应明确责任人，项目实施过程及完工后由各责任人完成相应的技术总结交技术负责人审核。

（2）资料管理策划

项目施工前由技术负责人组织资料员建立项目资料编制框架，框架内容有工程资料总目录、工程资料分卷目录等，以单位工程、施工部位区分设置。

工程名称、结构类型、建筑面积、层数以及开工日期、计划竣工日期、建设单位、监理单位、设计单位、施工单位、勘察单位、项目经理等关键内容应在开工前统一。

项目施工前由资料员编制资料管理策划、资料收集计划及分工表、资料管理制度，交项目技术负责人审批。

项目施工前应整体进行检验批划分，编制专项方案，报监理单位审核，检验批划分必须明确工程分区和轴线划分，并附分区图。

资料管理策划完成后，应由技术负责人组织资料员向项目各管理人员交底，明确各专业人员资料的移交要求，并形成交底记录。

（3）试验管理策划

项目施工前，由项目技术负责人组织项目试验员进行提前策划，主要内容包含编制策划书、规划施工现场标准养护室、建立取样送检台账等内容。

项目施工前由项目技术负责人组织项目试验员编制试验策划书，试验策划书内容含编制依据、工程概况、项目检验批划分、检测试验项目组批规则、取样方法及取样数量、项目试验管理保证体系、试验检验总计划表、结构实体检验专项方案等。

项目施工前需按照当地政府部门的要求在现场配置标准养护室，对于条件具备的可设置现场实验室。

项目施工前需编制试验总台账，确保试验工作按照试验检验总计划实施并具有可追溯性，避免漏检、错检的情况发生。

（4）测量管理策划

项目施工前由项目技术负责人组织测量员会审图纸，掌握项目特点及施工工艺流程，编制测量管理策划书，策划书中应包含主要测量范围、测量依据及仪器配套、控制网的复测及加密、地形测量、施工放样、测量质量控制措施等内容。

项目施工前测量员应依据项目特点，编制测量设备的配置计划，仪器配套计划需满足施工需求。

所有测量仪器进场前均需送至具有资质的检测机构进行校核，校正后方可使用，在使用过程中，仪器若有损坏，必须修理并检定合格后方能使用。

项目施工前由建设单位组织监理、施工单位进行基准点现场确认，测量员负责整理移交点位记录，对控制点进行校准并设置醒目的围栏。

（5）规范、标准的准备

项目施工前由技术部识别过程中需使用的建设标准，并编制标准购买计划，报项目负责人审批并购买。项目技术部对技术标准建立管理台账，分类存放，定期清理，及时补充更新，供项目管理人员参考借阅。

3. 图纸会审

(1) 图纸会审要求

图纸会审要求见表2-3。

图纸会审要求　　表2-3

序号	程序	时间要求	工作要求
1	图纸内审	收到图纸之后	通过内审发现问题，形成内部评审记录
2	图纸会审	图纸内审完成后	施工单位提出问题，业主、设计单位回复解决图纸问题
3	会审会签	图纸会审会议当时	图纸会审完成后，施工单位整理形成图纸会审记录单，相关单位现场会签
4	形成会审记录	图纸会审后	各方会签及盖章，形成正式图纸会审记录
5	会审交底实施	形成正式图纸会审记录后	由技术负责人组织交底，指导现场实施，形成图纸会审交底记录

(2) 图纸内审管理

1) 收到图纸后，在图纸会审前由项目技术负责人组织项目各部门管理人员进行图纸内审，并提出内审意见。

2) 针对各管理人员内审提出的问题及建议，项目技术负责人应组织各部门进行讨论，整理需由设计单位进一步解释或澄清的内容，项目技术部门汇总后形成项目内审记录表。

3) 图纸内审的主要内容包括以下几个方面：

① 各专业施工图的张数、编号、与图纸目录是否相符。

② 施工图纸、施工图说明、设计总说明是否齐全，规定是否明确，三者有无矛盾。

③ 平面图所标注坐标、绝对标高与总图是否相符。

④ 图纸上的尺寸、标高、预留孔及预埋件的位置以及构件平、立面配筋与剖面有无错误。

⑤ 建筑施工图与结构施工图，结构施工图与设备基础、水、电、暖、卫、通等专业施工图的轴线、位置（坐标）、标高及交叉点是否矛盾。平面图、大样图之间有无矛盾。

⑥ 图纸上构配件的编号、规格型号及数量与构配件一览表是否相符。

4) 内审记录

图纸经内审后，应将发现的问题以及有关建议，作好记录，待图纸会审时提交讨论解决。

(3) 图纸会审管理

1) 图纸会审目的。

了解设计意图，明确质量要求，将图纸上存在的问题和错误、专业之间的矛盾等，尽最大可能在项目施工之前解决。

2) 会审参加人员。

建设、设计、监理、勘察等单位相关人员，施工单位项目经理，项目技术负责人，技术部、设计管理部相关人员，工程、质量、商务、安全等部门相关人员。

3) 会审时间。

一般应在工程项目开工前进行，特殊情况也可按照图纸出图进度分阶段组织会审。

4) 会审组织。

由建设单位组织，设计、勘察、监理、施工等相关单位参加。

5）会审内容。

① 审查施工图设计是否符合国家有关法律法规、技术标准、经济政策的规定。

② 审查建设项目坐标、标高与总平面图中标注是否一致，与相关建设项目之间的几何尺寸关系以及轴线关系有无矛盾和差错。

③ 审查图纸是否齐全、完整，核对建筑、结构、机电安装、设备安装等图纸是否相符，相互间的关系尺寸、标高是否一致。

④ 审查建筑平、立、剖面图之间关系是否矛盾，标注是否遗漏，建筑图平面尺寸是否有差错，标高是否符合要求，与结构图的平面尺寸及标高是否一致。

⑤ 审查建设项目与地下构筑物、管线等之间有无矛盾。

⑥ 审查结构图本身是否有差错及矛盾，结构图中是否有钢筋构造说明，若无钢筋构造说明，审查钢筋构造方面的要求在图中是否说明清楚，如钢筋锚固长度与抗震要求长度等。

⑦ 审查施工图中施工难度较大的部位，需采用的特殊材料、构件与配件，货源能否组织。

⑧ 对设计采用的新技术、新结构、新材料、新工艺和新设备，应采取相应措施和方法保证工艺顺利实施。

⑨ 设计中的新技术、新结构限于施工条件和施工机械设备能力以及安全施工等因素，要求设计单位予以改变部分设计的，审查时必须提出，各单位商议并确定最终方案。

6）会审记录应包含以下内容。

① 工程项目名称（分阶段会审时要标明分项工程阶段）。

② 参加会审的单位及其人员名字。

③ 会审地点，会审时间。

④ 会审记录内容包括以下几个方面：

相关单位对设计图纸提出的问题和矛盾，需由设计单位予以答复的应记录结果（要注明图别、图号，必要时附图说明）。

施工单位建议设计单位修改部分设计的会商结果与解决方法（要注明图别、图号，必要时附图说明）。

会审中尚未得到解决或需要进一步商讨的问题。

7）会审记录的发放。

图纸会审后，盖章生效的图纸会审记录由资料员发放给项目技术、工程、质量、安全、商务等部门。

4. 施工组织设计

施工组织设计的编制应由项目经理主持、项目技术负责人组织、项目技术部门负责编制，其他部门配合编制，正式开始施工前应完成施工组织编制及审批，施工组织设计的管理要求详见本书第二章相应内容。

5. 重点工艺技术交底及培训

项目开工前施工单位应识别施工中的重难点，制定相应的施工工艺措施及技术安全措施，由技术负责人组织项目相关人员交底，对重难点工艺中的技术要点进行指导，形成交底记录，保证项目施工人员按照施工组织设计部署实施。

开工前施工单位应根据工程规模和性质制定各项培训计划，包括年度培训计划和阶段性培训计划，培训完成时应做好培训记录和总结。

针对工程中常见的质量通病及施工中容易出现问题的工艺，项目质量管理部门应组织施工人员、施工班组长进行针对性的培训和技术交底；对项目过程中使用新工艺或新技术的重点部位，由技术部门组织施工管理人员、施工班组长进行培训及交底。

2.2.2.2　过程实施阶段科技管理内容

1. 图纸收发管理

（1）图纸管理基本原则

技术部负责图纸分类、归档，建立图纸管理台账，台账包括的内容有日期、来源、内容、原件和复印件份数、发送单位、领取份数、领取人签字和领取日期，所有图纸的接收、保存、发放、借阅等均应有记录台账，各类施工图纸应有相关部门的印章及审批文件，设计变更应有审批记录文件及相关单位人员签字。

所有图纸要标明项目、专业、图名、图号、版次、出图日期及图纸目录，图纸目录和图纸内容要一致，图纸中设计单位的签字、盖章应完整。

项目资料室宜根据工程图纸数量设置存放档案的箱柜，资料室应具备防火、防潮、防虫等条件。

借阅设计图纸必须妥善保管，不得转借、损污文件，归还时保证图纸完整无损，借出的设计图纸因保管不慎丢失时，要及时追查，并报告项目技术（设计）负责人及时处理，项目人员调离岗位或离职前须做好图纸归还及移交工作。

项目技术部应定期或不定期与施工分包核对图纸版本，确保所有单位均使用有效版本，核对后填写项目施工图纸检查表。

归档图纸要进行登记，编制归档目录；工程图纸要分类装订成册，保管要有条理，主次分明。

因设计图纸管理、使用不当等原因影响工程进度或造成损失，追究相关人员责任。

（2）图纸资料接收管理

所有图纸资料由技术部门负责接收，图纸资料存档前先进行详细核查，核查合格后进行登记，填写收文登记表，并根据资料类别进行归档。

设计单位提供各阶段设计图纸及方案时，宜同时提供图纸电子文件，图纸电子文件必须与纸质版文件统一，由资料员统一分类存档。

（3）图纸资料发放管理制度

技术部在施工准备阶段应统计各部门图纸需求，制订图纸发放计划表，报项目技术负责人审批。

各部门如需加晒图纸，应填报图纸加晒需求表，经本部门负责人审核后，向技术部发出出图、加晒需求。

所有图纸资料的发放由技术部资料员填写图纸资料发放登记表，并要求接收人签字，无发放计划或加晒审批签字的不能发放。

技术部收到设计单位出具的设计变更图纸或变更单后，应尽快整理核对，按用途进行分类编号登记，经审核后进行分发。

项目现场用于施工管理及成本核算的施工图纸，按图纸原幅分专业装订成册；用于报建的图纸，应严格按相关管理部门的要求，折叠好图纸。

移交存档的竣工图，要求折叠成A4大小，图标栏一律在右下角，并露出图章（竣工图要根据建设单位、当地档案馆的需求存档）。

（4）图纸借阅管理

项目人员借用、调用图纸资料要填报图纸资料借阅登记表，经项目技术负责人批准，项目资料管理人员在图纸资料借阅登记表登记后，方能借出，并按照要求时间归还。

借阅设计图纸必须妥善保管，不得转借、损污文件，归还时保证图纸完整无损。

（5）图纸资料回收、移交、销毁制度

项目技术部负责回收汇总作废版本的图纸，回收的图纸应在图纸资料发放登记表填写，并加盖作废章。

发放至各部门的施工蓝图，应严格保管，不得随意丢弃，如需销毁，应由使用部门向技术部提出图纸销毁申请，附上销毁图纸清单，由技术部统一负责销毁。

2. 设计变更管理

项目设计变更包括设计变更通知书、设计变更图纸，由设计院出具，建设单位、监理单位审核后向施工单位发放，施工单位收到设计变更后应及时组织审查，涉及签证的及时向监理、建设单位提交相关施工方案及变更计价单。

当施工过程中存在图纸矛盾、勘探资料与现场实情不符、按图施工安全风险大、有合理的技术优化措施等情况时，项目技术负责人可提出技术洽商，编写工程洽商单，经监理单位、设计单位、建设单位审核批准后实施。项目技术部（设计管理部）负责组织协调分包单位的设计变更、洽商管理。

（1）设计变更、工程洽商要求

设计变更管理要求，工程咨询管理要求见表2-4、表2-5。

设计变更管理要求 表2-4

序号	程序	工作要求
1	建设单位/设计单位提出设计变更	设计单位出具设计变更单，建设单位下发设计变更通知单
2	设计变更的计量与计价	施工单位依据设计变更单，进行工程计价，上报相应的施工措施方案及变更计价单
3	设计变更计价的批复	建设单位批复方案及计价单，签署相关意见
4	项目现场组织设计变更的实施	项目技术负责人组织进行方案及设计变更交底，指导现场实施

工程洽商管理要求 表2-5

序号	程序	工作要求
1	施工项目依据现场情况提出工程洽商	技术负责人组织形成工程洽商单，并附有相应的技术措施或专项方案
2	工程洽商单的计量与计价	项目依据工程洽商单及方案进行变更计价，形成计价单
3	工程洽商的申请与批复	项目负责人将工程洽商单、措施方案、计价单等资料上报建设单位与监理单位进行审批
4	洽商实施	技术负责人依据批复的洽商单，组织管理人员进行交底，并按照要求进行现场实施指导

（2）设计变更、工程洽商实施

工程洽商记录、设计变更通知书或设计变更图纸应由项目技术部（设计管理部）统一签收认可，及时分发给相应专业单位。

图纸、图纸会审、设计变更、技术洽商等技术文件发放，须经项目技术负责人根据内容识别发放范围，批准后向分包单位、供方单位以及技术、工程、质量、安全、商务等相关人员有效发放，做好收发文登记，资料员自存原件作竣工资料用。

项目技术负责人对工程、商务等相关部门和专业队伍进行设计变更、洽商记录交底，重点明确图纸变更的影响、专业之间的衔接、配合要求等内容，形成交底记录。

3. 技术标准管理

（1）技术标准分类

按照标准的适用范围，我国的标准分为国家标准、行业标准、地方标准、团体标准、企业标准五个类别。

（2）技术标准的采集与入库

公司技术部门负责技术标准的采集工作，应通过政府机构、行业协会、出版机构、图书馆、书店、报刊杂志、互联网等渠道，及时获取相关最新版本的国家、地方、行业、企业标准和其他要求。

项目技术部应依据项目实际情况以及所在地的管理要求，识别、获取项目部需采用的技术标准，编制项目部采标目录，经项目技术负责人审批后，在项目部内进行发布。

（3）技术标准的使用

项目进场后，由项目技术部根据实际需求提出项目技术标准的购买清单，由项目经理审批后购买，分发给项目有关部门，指定专人对技术标准进行管理。

项目技术部有针对性地组织相关管理人员学习施工技术标准、规范，并做记录；

项目部收到上级发布的现行标准有效版本清单或更新信息后应及时更新技术标准，确保版本有效。

项目技术人员应积极参加外部单位组织的新规范培训学习，及时更新标准知识。

（4）技术标准的管理检查

技术部不定期对项目的技术标准管理工作（采集与入库、应用、移交、采标目录的发布）进行检查，主要检查项目技术标准的清单是否符合项目所需，标准是否处于有效受控状态。

（5）技术标准的循环利用

当工程完工或人员调离该项目时，项目人员应上交所发（借）的技术标准；工程完工后，项目资料员应将项目购买的技术标准移交给公司技术部门循环利用。

4. 工程施工记录

（1）工程施工记录的用途

工程施工记录是贯穿工程整个施工阶段的重要资料，在使用过程中，当其耐久性、可靠性、安全性出现问题时，可作为查找原因，制定维修、加固方案的依据。

（2）工程施工记录的完整性

工程施工记录由项目部各管理人员负责逐日记载，直至工程竣工。当发生人员调动时，应办理交接手续，以保证其完整性。

(3) 工程施工记录的主要内容

1) 工程的开、竣工日期以及主要分部、分项工程的施工起止日期和验收记录。

2) 因设计与实际情况不符，由设计（或建设）单位在现场解决的设计问题及施工图修改的记录。

3) 洽商记录。

4) 重要部位的特殊质量要求和施工方法。

5) 在紧急情况下采取的特殊措施的施工方法。

6) 质量、安全、机械事故的情况，发生原因及处理方法。

7) 有关领导或部门对工程所作的生产、技术方面的决定或提出的建议。

8) 气候、气温、地质以及其他特殊情况（如停电、停水、停工待料）的记录，以及每日主要机械设备、材料、人员进出场情况及运行情况等。

(4) 工程施工记录的记载方法

项目部技术员在各分部工程施工完成后，应对逐日记录的施工、技术处理情况进行整理，选择关键内容，填写在单位工程施工记录表上，经技术负责人审核签字后，纳入施工技术资料存档。

过程实施阶段科技管理中的设计管理、深化设计管理、施工组织设计管理、施工方案管理、技术交底及复核管理、施工测量管理、计量与检验试验管理、工程资料管理等具体管理内容及要求见本章各相应章节。

2.2.2.3 验收阶段科技管理内容

验收阶段，项目技术人员应参与项目系统调试、竣工验收，负责相关工程资料、质量过程文件及记录的整理、竣工图的整理及移交，相关工作要求详见本章相应章节。项目结束后，技术负责人应组织技术人员进行技术总结，形成技术总结报告。

施工技术总结是工程项目施工组织管理和施工技术应用的实践记录。编写技术总结报告，是为了总结施工中的经验教训，提高后续施工技术管理水平，形成企业的技术资产，为后续工程的承揽和施工提供依据和借鉴。对于采用新技术、新工艺、新材料、新设备以及特殊施工方法的工程，应编写专题施工技术总结；对于企业首次施工的特殊结构工程、新颖的高级装饰装修工程、引进新施工技术的工程，应重点进行技术总结。

在施工过程中，相关人员应随时积累资料，由技术负责人组织相关人员及时进行施工技术总结的编写。负责编写施工技术总结的技术人员必须在编写任务完成后方可调离项目。建设单位对施工技术总结编写内容有明确规定的，应按建设单位提出的要求或合同规定编写并报送。

(1) 管理要求

1) 施工技术总结由项目技术负责人组织编写，从工程开工之日起，技术负责人应组织人员，分工搜集工程项目及“四新”项目的有关技术资料、数据。

2) 技术员负责编制施工技术总结计划，并与科技研发和推广计划一并编写。

3) 总结要简明扼要地介绍工程概况，以图、表形式为主，文字叙述为辅，提供必要的插图、照片，并提供相应的施工影像资料。

4) 涉及采用的施工方法，包括方案的优化选择过程，主要的技术措施和实施效果；采用的先进技术、工艺的经济比较结果，关键技术与国内外先进技术对比达到的先进程度，需要进一步解决的技术问题，技术经济效益对比等，要详细叙述。

5）项目工程及“四新”项目完成后，有关人员应立即编写技术总结，并上报公司技术部。

（2）技术总结报告主要内容

1）工程概况：工程面积或投资规模、工程使用功能、主要经济技术条件、工程难点、特点、开竣工时间等。

2）施工准备：征地拆迁、临建工程设计施工情况、材料、设备、人员的配备进场及其他有关问题的处理情况等。

3）施工组织：组织机构、施工队伍布置、工期安排、工程任务划分等。

4）施工过程。

① 主要工程进度及逐年完成任务情况。

② 物资供应及消耗情况。

③ 机械配备及使用情况。

④ 主要施工方法、施工方案和采用的新技术、新工艺、新材料、新设备等情况。

⑤ 重大施工技术关键问题及采取的措施，重大变更设计和工程索赔等情况。

5）工程质量、节能环保、安全管理情况。

① 质量、环境保护、职业健康安全管理体系的建立和运行情况。

② 施工过程中工程质量、环境保护、职业健康安全方面采取的主要措施与取得的成效。

③ 项目创优情况。

④ 工程自评和验收交接情况、对工程存在问题的处理意见、工程质量评价。

6）工程施工和管理的主要经验、教训和体会。

7）工程照片及音像资料：工程开工、竣工、重点工程、采用“四新”技术等的工程照片及音像资料。

2.3　设　计　管　理

设计管理贯穿EPC项目设计各个阶段，包括建立设计管理体系，在设计启动阶段做好整体实施策划，明确项目定义文件，制定项目限额指标及建设标准，全面把控项目设计进度、接口与提资、质量管理等工作。

设计管理过程中要做好报批报建、合约招采、商务、建造及运维等配合工作，充分识别设计风险，在项目方案及初步设计阶段、施工图设计阶段及深化设计阶段发挥设计管理职能。

2.3.1　设计管理体系建立

1. 组织架构

根据项目的规模、合同模式、专业特点，制定项目设计管理体系，设计管理组织结构图，如图2-4所示。

2. 岗位职责

根据EPC项目特点及管理要求，配备相应的设计管理人员，同时明确各岗位人员相关职责。

(1) 技术(设计)负责人主要职责

1) 统筹管理设计管理部，制定部门相关规章制度。

2) 组织设计各阶段(方案优化、初步设计、施工图设计)内部审核工作。

3) 参与设计阶段外部审查工作。

4) 组织图纸审查，主持设计协调会。

5) 统筹项目部、设计院、建设单位三方的沟通协调，设计关键控制节点的整体把控、设计进度管理等工作。

6) 组织设计交底。

7) 根据建设单位设计任务书，明确参与各方的工作职责及界面划分。

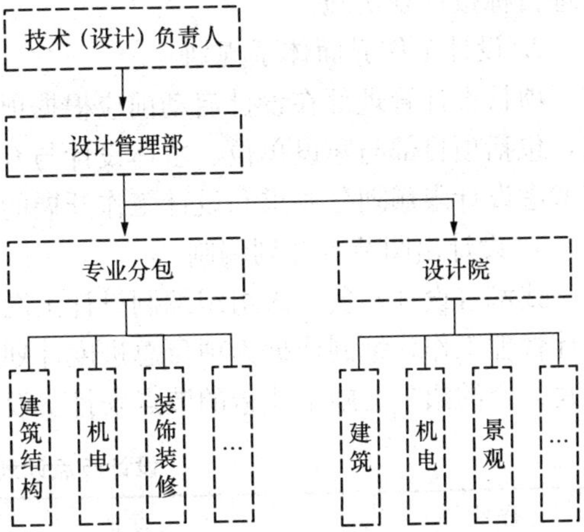

图 2-4 设计管理组织结构图

(2) 设计管理岗位职责

1) 负责相应专业的专项计划、月度计划、周计划的编制，进行实施、督导、检核。

2) 负责相应专业方案优化阶段、初步设计阶段、施工图设计阶段全过程参与实施及审核提资工作。

3) 负责相应专业交付标准编制及完善工作。

4) 负责相应专业施工图的审核及交底工作。

5) 负责相应专业深化设计进度、横向配合、质量控制。

6) 负责后期施工的技术配合及变更处理。

3. 管理标准及制度

设计管理部负责梳理项目设计相关方关系，制定相应项目设计管理制度及流程，负责项目设计管理具体工作。

设计管理相关制度主要有相关方沟通管理机制、设计文件管理制度、设计质量管理制度等。

2.3.2 设计管理启动及策划

1.《项目设计管理实施计划书》制定

《项目设计管理实施计划书》应具有指导性，是项目设计管理执行的纲领性文件。主要内容应包括项目基本情况、设计基本情况、设计管理目标、设计管理架构，以及具体的设计文件、进度、提资与接口、质量、风险等管理工作。

(1) 启动编制

项目启动后，项目技术(设计)负责人组织项目相关部门，依据项目合同及相关要求编制《项目设计管理实施计划书》。

(2) 调配资源

项目部严格按照《项目设计管理实施计划书》调配资源，满足设计管理需求。当项目发生重大变化调整目标计划后，项目部应及时组织、落实和协调相关资源，确保项目设计管理目标按计划实施。

2. 设计工作界面体系规划

项目设计管理部在设计启动前应根据项目情况和合同要求，建立三级设计工作界面体系，包括项目部与建设单位、主体设计与专项设计、专项设计之间的设计界面。界面体系需考虑设计限额划分要求和设计工作开展的便利性。

3. 设计出图节点计划编制

技术（设计）负责人组织编制设计出图节点计划，作为项目实施计划的内容指导后续设计管理工作，编制依据为项目总进度计划、合约要求、当地政策环境等，并应考虑报批报建、合约招采、施工建造的节点安排。设计节点计划示例表单，见表 2-6。

设计节点计划表（示例表单）　　**表 2-6**

序号	专业	计划完成时间	备注
1	施工图设计		
2	各专项设计		
3	深化设计		
4	独立专业设计		
	……		

4. 设计及设计配合单位招采

项目设计管理部在进场后，应结合设计工作任务，配合相关部门考察并选择设计及设计配合单位。如需招标，需配合拟定相应招标技术文件及合同文本，在招标文件或设计合同中明确各方的权责分配、工作程序、考核机制、奖罚措施等。

5. 设计相关方沟通机制建立

项目设计管理部负责建立设计相关方沟通机制，由技术（设计）负责人审核后提交汇总至项目相关方沟通机制，完成相应审批后发送至设计相关方确认实施。设计相关方沟通机制包括设计相关方管理架构及权责矩阵、设计管理流程及时限要求、设计沟通平台、设计沟通路径及文件管理要求等。

2.3.3　设计定义文件管理

1. 设计定义文件的内容

设计定义文件是定义特定项目功能要求和目标的控制性文件，是项目设计管理工作的根本依据。项目设计定义文件包含建设单位需求及指令、项目批复文件、标准及规范、设计限额指标、设计任务书、技术规格书、建设标准等。

2. 设计定义文件收集及编制

（1）制定计划

在设计启动前，设计管理部按设计定义文件管理流程进行管理，如图 2-5 所示。建立完整项目设计定义文件台账，并完成已有定义文件（建设单位需求、项目批复文件、合约要求、标准及规范）的整理归档，制定项目设计定义文件完善计划。

（2）限额指标

设计限额指标及建设标准详见本章设计限额指标划分及建设标准制定内容。

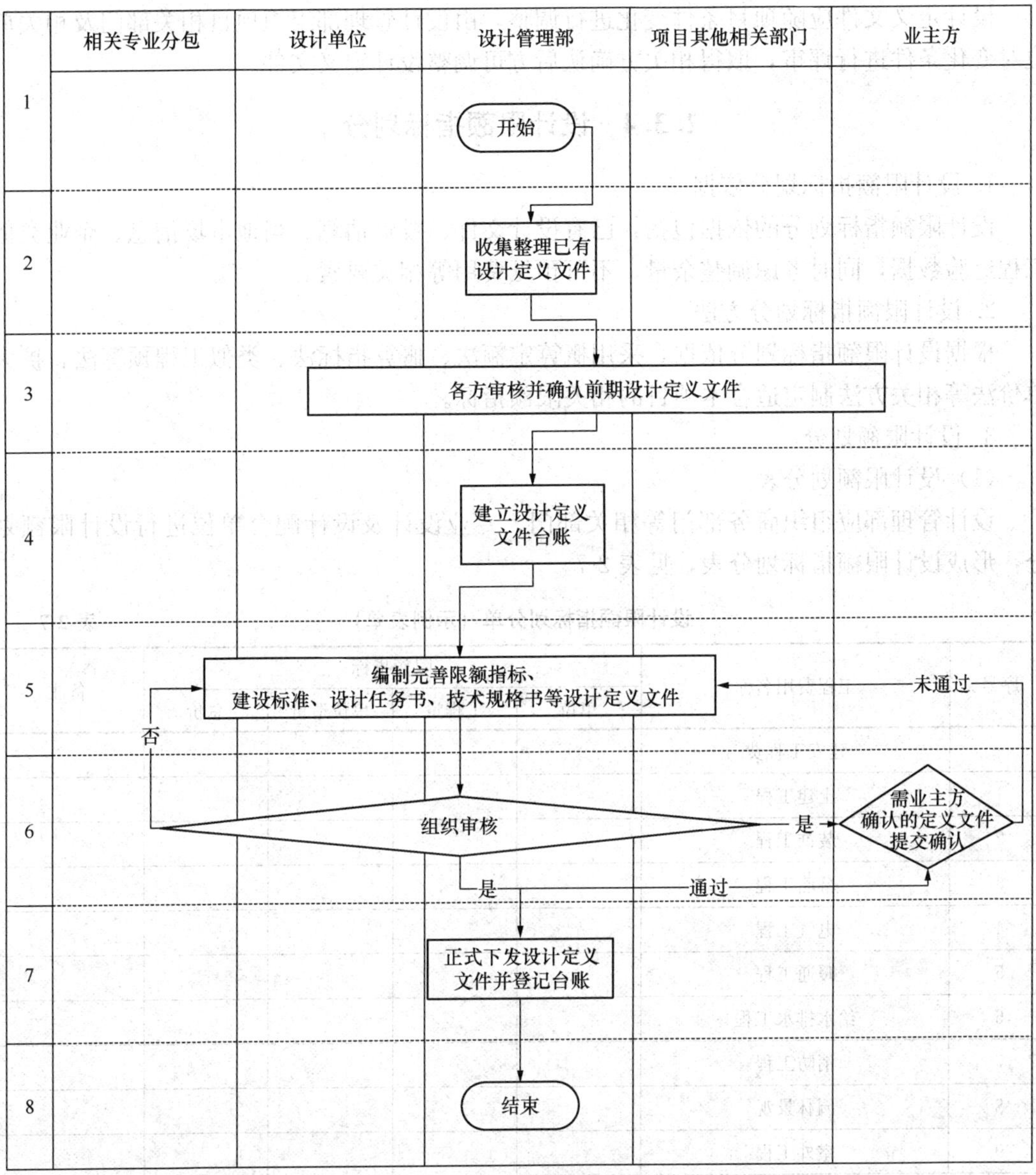

图 2-5 设计定义文件管理流程

(3) 完成编制

设计管理部依据建设单位需求、规划要求、建设标准等完成设计任务书、技术规格书的编制。设计任务书包含设计计划、设计标准及规范清单等，技术规格书包含设备技术要求及主要规格参数（一般由设计院提供）。

3. 设计定义文件的传递与维护

(1) 传递

设计管理部作为设计定义文件传递的唯一部门，应确保及时通过邮件或函件等正式途径传递至相关方。设计定义文件应分阶段分批次传递至相关方。

（2）维护

设计定义文件应随项目条件变化进行调整，由设计管理部组织项目相关部门及相关单位对变化条件进行评审，取得相关方确认后方可调整设计定义文件。

2.3.4 设计限额指标划分

1. 设计限额指标划分依据

设计限额指标划分的依据包括：已有设计文件、投资估算、当地市场信息、企业类似工程经验数据，同时考虑调整余量、不可预见费用等相关要素。

2. 设计限额指标划分方法

根据设计限额指标划分依据，采用概算定额法、概算指标法、类似工程预算法、扩大单价法等相关方法制定适合本项目的相关限额指标。

3. 设计限额划分

（1）设计限额划分表

设计管理部应组织商务部门等相关部门、专业设计及设计配合单位进行设计限额划分，形成设计限额指标划分表，见表2-7。

设计限额指标划分单（示例表单） 表2-7

序号	工程费用名称	限额指标				备注
		单位	工程量	单位造价	总价	
一	建安工程费					
1	土建工程					
2	装饰工程					
3	幕墙工程					
4	电气工程					
5	暖通工程					
6	给水排水工程					
7	消防工程					
8	园林景观					
9	室外工程					
……						
二	建安工程费预留					
……						
三	合计					

（2）过程管控

设计管理部组织设计单位依据设计限额指标进行设计，并进行过程管控。

（3）调整概算或预算

设计管理部组织商务合约相关部门依据各专业图纸及限额设计指标调整各专业概算或预算，确保项目概算或预算总额不超标。

2.3.5 建设标准制定

2.3.5.1 建设标准定义

建设标准应根据项目特点、同类项目资料及以往项目工程经验，综合考虑投资等因素进行编制。建设标准的制定以建筑设计理念为主线，以“分系统、分区域、分功能”的管理思路为基本原则，从统筹整体系统平衡到不同层次区域差异化分别进行考虑，主要可分为建筑、结构、电气、给水排水、暖通、装饰、园林、幕墙、智能化专项等版块，包括各分部分项的构造做法、外观及材质的要求、设备或系统档次界定、设计要求等内容。具体示例见表 2-8、表 2-9。

给水排水专业整体系统性建设标准（示例表单） 表 2-8

系统	配置要求
室内生活冷热水系统	1. 2F 及以下为市政直供水，3F 及以上为不锈钢生活水箱＋变频泵组供水（需结合项目当地市政条件进行分区）。 2. 热水系统采用分散供热系统，除部分热源由阳台壁挂式太阳能热水系统提供，其他由用户自理（需根据项目当地规定及项目绿建要求考虑是否设置太阳能热水系统）。 3. 户内冷热水管道不做保温；敷设在有可能结冻的走廊、管井等部位的给水管应有防冻保温措施（北方项目需要考虑）
室外给水系统	室外采用生活用水与消防用水分用管道系统；市政引入总水表后，消防水系统、浇洒水系统、园林水景系统需单独计量
室内生活污废水系统	1. 采用污废合流系统；设置专用通气立管。 2. 底商餐饮废水经隔油间处理后排至污水井。 3. 地面层以下的污水经管道汇集至地下室污水处理设备内，用排污泵提升后排入室外污水管网
雨水系统	采用重力流雨水系统
室外生活排水系统	1. 采用污废合流、雨污分流系统。 2. 生活污水经化粪池处理后排入市政污水管网
室内消火栓系统	1. 采用临时高压系统。 2. 敷设在有可能结冻的走廊、管井等部位的消火栓管应有防冻保温措施（北方项目需要考虑）
自动喷淋系统	1. 采用湿式临时高压系统。 2. 敷设在有可能结冻的走廊、管井等部位的自动喷淋管应有防冻保温措施（北方项目需要考虑）
建筑干粉灭火器系统	灭火器类型采用磷酸铵盐干粉灭火器
气体灭火系统	高低压配电房、变压器房、高压进线间设置七氟丙烷全淹没式气体灭火系统
室外消火栓系统	室外消火栓采用临时高压系统
中水系统	按照绿建要求设置中水系统；用于车库冲洗、园林灌溉等
雨水回用系统	按照海绵城市及绿建要求设置雨水收集、调蓄、处理及回用系统；用于车库冲洗、园林灌溉等

给水排水专业功能性建设标准（示例表单）　表 2-9

序号	部位（功能区）/系统		详细要求或构造做法
	分部/分区	分项	
1	地上区域	生活冷热水系统	
2		生活污废水系统	
3		雨水系统	
4		消火栓系统	
5		自动喷淋系统	
6	地下室	生活冷热水系统	
7		生活排水系统	
8		消防水系统	
9	室外	生活给水系统	
10		生活排水系统	
11		雨水回用系统及中水系统	
12		室外消火栓系统	

2.3.5.2　建设标准的编制、维护及使用

（1）牵头组织

设计管理部牵头组织项目相关部门和专业分包参与编制建设标准，严格遵照设计限额，参考同类项目经验，结合项目定位、策划等编制。

（2）内部评审

交付标准编制完成后，设计管理部应组织项目相关部门和专业分包进行内部评审，确保各专业设计品质、设计限额的匹配性。

（3）交付界面

设计管理部依托建设标准编制交付界面，交付界面报建设单位确认，同时建设标准应用于前期相关商务管理支撑及后续各阶段的设计质量把控。

（4）报建设单位确认

若建设标准由建设单位提供，设计管理部应在拿到建设标准的第一时间组织项目相关部门、设计及设计配合单位结合合同条件提出意见，报建设单位确认。

2.3.6　设计进度管理

2.3.6.1　设计进度计划编制

（1）评估

项目设计启动前，技术（设计）负责人组织对项目实施计划中的设计出图节点计划进行评估，根据最新项目情况调整后，作为后续编制设计总进度计划、专项设计进度计划、设计周进度计划的依据。

（2）统筹

项目设计启动前，技术（设计）负责人牵头组织设计及设计配合单位编制设计总进度计划。设计总进度计划的编制依据包括项目总体工期安排、设计范围与深度、设计资源投

入等，并统筹报批报建、合约招采、施工建造的需求。

（3）编制

初步设计与专项设计前，技术（设计）负责人应组织设计及设计配合单位编制专项设计进度计划，编制依据包括设计总进度计划、设计工作界面，同时一并考虑报批报建、合约招采、施工建造的需求。编制内容包括全阶段各专业设计提资计划、设计成果提交与评审计划、专项设计审查计划。设计进度计划示例表单见表 2-10。

设计进度计划（示例表单） **表 2-10**

阶段	专业	内容子项	持续时间	开始时间	完成时间	前置条件	提资要求	接口专业	责任主体	备注
方案设计										
初步设计										
施工图设计										
深化设计										

（4）计划

设计启动后，技术（设计）负责人应组织各设计单位提交设计周进度计划，周进度计划内容包括工作安排、需相关方提资内容要求、需协调的问题等。

2.3.6.2 设计进度计划审批

设计计划的审批应严格按照项目计划的审批程序执行，审批通过后以函件等正式形式发送至相关方。

2.3.6.3 设计进度过程监控及调整

在设计阶段，应做好设计相关协调管理工作，定期检查计划完成情况，确保设计管理目标的实现。建立项目设计风险台账及风险应对措施，确保项目设计风险可控。

2.3.7 设计接口与提资管理

2.3.7.1 组织接口识别

（1）编制清单

各阶段设计开始前，按设计接口与提资管理流程，如图 2-6 所示，进行设计接口与提资管理，设计管理部依托项目各专业的设计及施工界面梳理各专业接口，对项目各专业的接口进行统一识别和规划，组织相关单位编制《接口识别清单》，见表 2-11。

接口识别清单（示例表单） **表 2-11**

（土建）专业接口识别清单							
功能区域		机电	智能	装饰	电梯	标识	……
地下室	车库	土建：二次结构设计（含二次柱、梁、墙，预留洞口处理节点等） 机电：提供预留预埋图纸					
	水泵房						
	风机房						
	……						
主入口							
……							

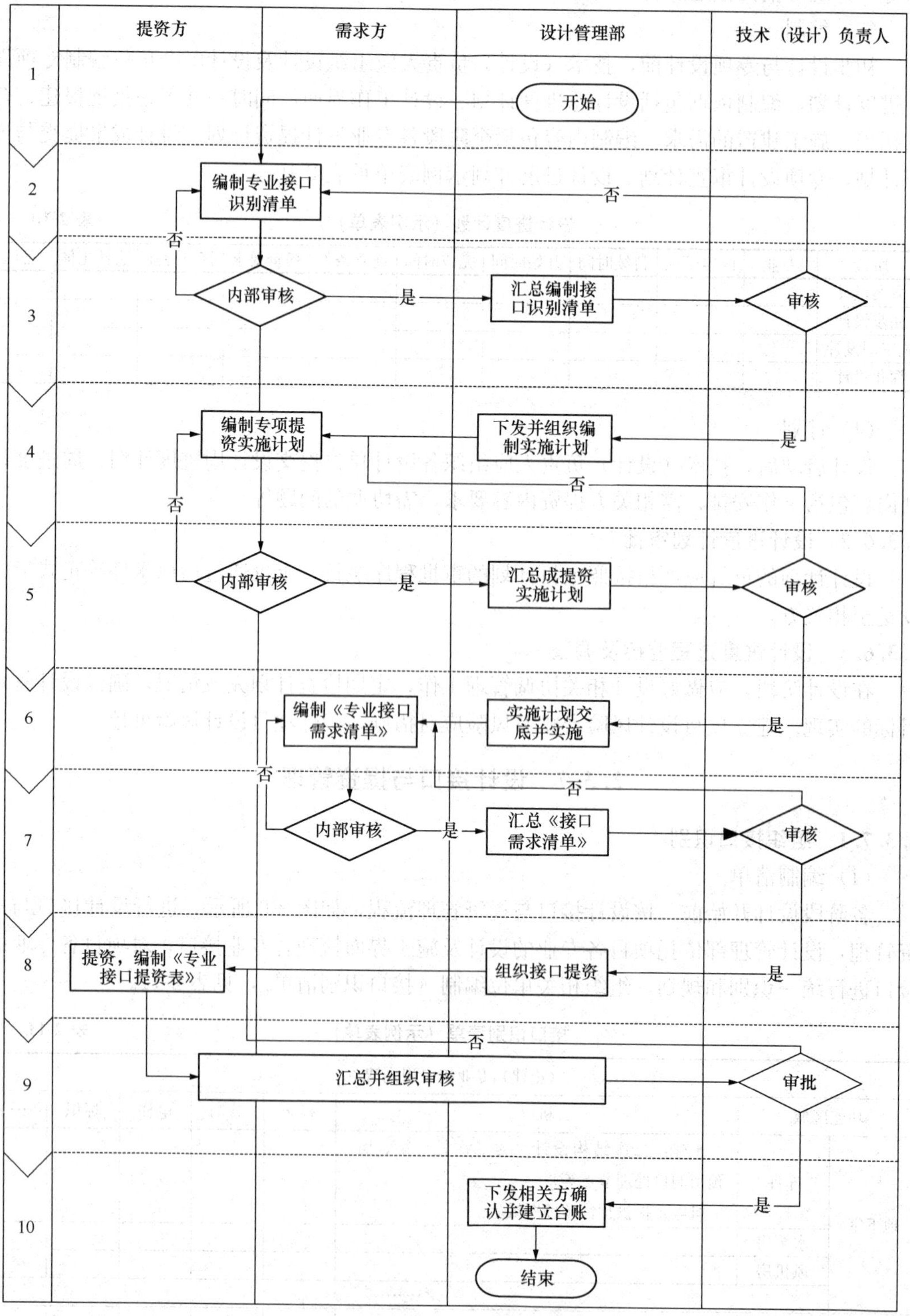

图 2-6　设计接口与提资管理流程

（2）签字确认

设计管理部将《接口识别清单》文件分发给各专业设计单位，进行接口清单的签字确认。

（3）审核下发

设计管理部在签字确认完成后将《接口识别清单》报送项目技术（设计）负责人审核，完成后下发。

2.3.7.2 接口需求实施计划的编制与审批

（1）接口需求实施计划编制

设计管理部组织专业设计单位根据设计进度计划要求和《接口识别清单》编制各专业的《专业接口需求实施计划》，汇总形成《总接口需求实施计划》。

（2）接口需求计划审批与交底

设计管理部在编制完成总接口需求计划后，需将该计划报技术（设计）负责人审核，并对设计单位进行接口需求实施计划交底。

（3）组织接口提资

设计管理部组织接口需求方依据《总接口需求实施计划》编制《接口需求清单》，报技术（设计）负责人审核后发送至提资方。提资方反馈《专业接口提资表》报设计管理部，技术（设计）负责人根据需要组织相关方审核，通过后以文件形式发至设计相关方确认后形成《接口提资管理台账》，并按此台账执行。

2.3.8 设计质量管理

2.3.8.1 设计质量管控措施

（1）设计团队管理

1）技术（设计）负责人应统筹调配各设计单位资源配置情况，包括设计人员的经验、能力和数量，避免关键节点的设计人力资源不充分。

2）技术（设计）负责人及其他设计管理人员应与设计单位各专业技术人员结合成一个高效协同团队，建立高效畅通的沟通机制，提高决策效率。

（2）方案、初步设计管控措施

1）技术（设计）负责人组织编制和维护交付标准、技术规格书、设计任务书，并配合项目相关部门确立项目范围、质量要求、进度目标和限额指标。

2）设计管理部按设计进度计划组织开展专项方案设计，各专项设计启动前应组织各专业设计单位及项目相关方召开专项设计启动会，形成会议纪要，同时进行设计定义文件的发放及确认。

3）技术（设计）负责人应当识别项目设计风险并建立风险应对策略。技术（设计）负责人应注意该阶段出现的一些外部影响可能导致项目范围发生实质性变化，例如补充地质勘查报告或建筑信息、政府法规要求等设计定义文件的改变。

4）设计管理部应参与采购策略的讨论与制定，确保采购策略充分考虑了对设计的影响，重点关注对设计需求文件和系统设置的影响。

（3）施工图设计管控措施

1）施工图设计阶段的前期，设计管理部应充分核对方案或初步设计文件，考虑方案或初步设计完成后相关条件的变化，并反映在方案或初步设计中。

2）在施工图设计阶段，重点确保设计意图能够清楚、准确、一致和无误地转化为图纸，且符合方案或初步设计阶段所形成的各专业设计概算。设计过程中还应注意专业之间的设计协调。

3）项目部要配置由技术（设计）负责人、设计管理员等组成的专门团队，进行大量的各专业图纸问题协调、设计进度管理及图纸的收发管理等工作。

（4）深化设计管控措施

具体管理内容详见深化设计管理章节。

2.3.8.2　设计评审管理

（1）设计评审原则

1）技术（设计）负责人负责组织设计文件的审核与设计互审，在批准设计文件之前应履行审核责任或为项目经理的批准提供建议。重点对各阶段设计成果进行比对性、合规性、匹配性审核，对于具有重大安全性或接口集中的系统，应进行正式的逐项设计排查。

2）技术（设计）负责人应当要求设计单位对其设计成果自行审核，每次提交设计文件应同时提交经设计单位责任人签署的《设计审查证书》，以证明设计文件在编制和审查时已经过内部评审，且符合相关法律法规及其他项目设计定义文件的要求。

3）技术（设计）负责人应重点结合合同条款对项目结构形式、新能源、新技术、新材料等应用提出合理化建议，合理优化设计方案及初步设计。

4）施工图（深化设计）审核，需审核功能匹配性及整体协调性，并对各专业图纸进行交叉审核。

（2）设计评审组织

1）技术（设计）负责人应组织相关部门，包括公司后台、项目部各部门、各相关专业分包、设计顾问等，对各阶段设计成果进行内部审核，具体设计成果审核管理流程如图2-7所示，确保满足规范、设计任务书和交付标准等要求，并出具设计成果评审表。

2）设计管理部应通过正式途径反馈设计审核意见，明确修改完成时间，并督促设计单位按要求完成修改。在评审过程中应建立设计评审记录台账。

3）技术（设计）负责人应依据设计计划对设计单位进行过程管控，对过程成果组织过程评审，并形成过程评审记录。

4）设计管理部需根据相关方沟通机制中的报审流程将各阶段的设计成果文件报送相关方审核，审核通过后提交报批报建专员，根据流程报送相关政府部门及审图机构外审，最终审核通过后方能形成设计成果。

2.3.9　设计融合管理

2.3.9.1　设计报批报建管理

进场初期，设计管理部配合报建组梳理与设计相关的报批报建流程、时限、所需资料等。根据报建组提交的报批报建文件需求清单，组织相关设计单位收集设计报建文件，根据需要提交建设单位，确认后提交报建组。设计报建文件包含建筑设计方案、专项设计方案、初步设计文件、施工图设计文件等。

设计成果审核管理流程如图2-7所示。

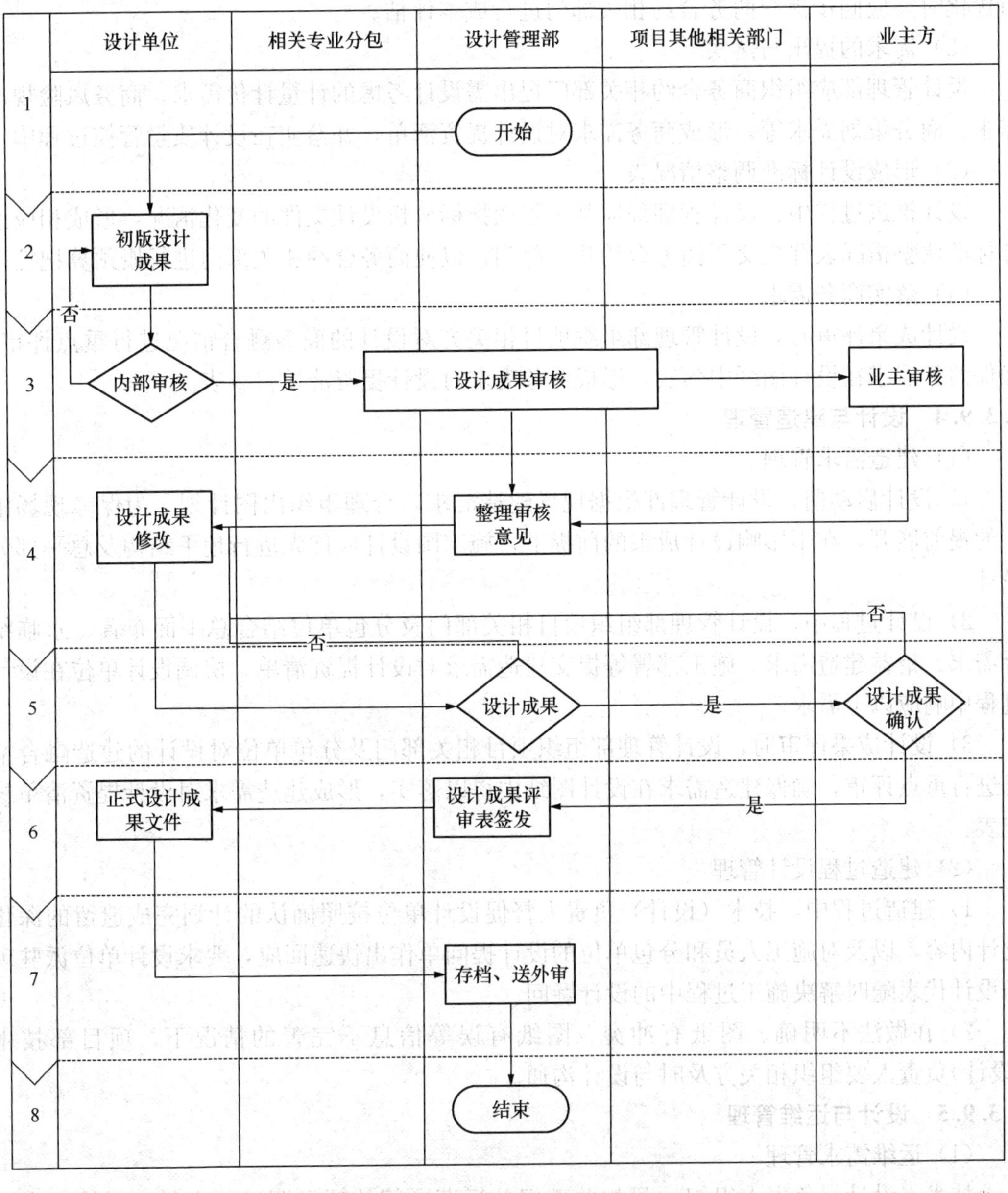

图 2-7 设计成果审核管理流程

2.3.9.2 设计与合约招采管理

设计管理部基于建设标准、设计界面、交付界面等配合商务合约相关部门划分合约界面。

专业工程及材料设备招标启动前，设计管理部依据设计文件等拟定专业工程招标技术文件及材料设备技术参数要求，提交商务合约相关部门，并进行招标过程配合。

2.3.9.3 设计与商务管理

(1) 成本评估

设计管理部对地上结构形式、机电设备选型、智能化系统选型、各专业相关做法等进行优化时，应同步提交商务合约相关部门进行成本评估。

（2）需求的提出与落实

设计管理部应组织商务合约相关部门提出需设计考虑的计量计价需求、商务风险规避需求、商务策划需求等，形成商务需求对设计提资清单，并落实在设计质量管控过程中。

（3）形成设计标准调整情况表

设计推进过程中，设计管理部应基于限额指标分析设计文件的变化情况，形成相应设计标准调整情况表并提交于商务合约相关部门，以便商务合约相关部门进行概预算把控。

（4）落实商务需求

设计成果评审时，设计管理部组织项目相关方对设计的商务融合情况进行重点评审，确保商务需求在设计图纸中落实，形成商务需求对设计提资清单核查表。

2.3.9.4　设计与建造管理

（1）建造需求管理

1）设计启动前，设计管理部根据现场建造需求，合理组织出图计划。为保障现场施工的提前展开，在不影响设计成果的前提下，施工图设计应优先进行地下结构及总平部分设计。

2）设计过程中，设计管理部组织项目相关部门及分包单位结合总平面布置、永临结合需求、精益建造需求、施工部署等提交建造需求对设计提资清单，协调设计单位在设计过程中响应以上需求。

3）设计成果评审时，设计管理部组织项目相关部门及分包单位对设计的建造融合情况进行重点评审，确保建造需求在设计图纸中得以落实，形成建造需求对设计提资清单核查表。

（2）建造过程设计管理

1）建造过程中，技术（设计）负责人督促设计单位按照确认的计划完成遗留的深化设计内容，以及对施工人员和分包单位的设计提问单作出快速回应，要求设计单位派驻现场设计代表随时解决施工过程中的设计疑问。

2）在做法不明确、图纸有冲突、图纸有误等信息不完善的情况下，项目部技术(设计)负责人要组织相关方及时与设计沟通。

2.3.9.5　设计与运维管理

（1）运维需求管理

技术（设计）负责人组织项目相关部门及运营顾问从项目调试与交付、运维成本考虑，根据项目功能定位、投资、业态、专业需求、进度计划等信息，结合项目当地政策环境进行综合分析，确定运营策划设计需求项后形成运营需求对设计提资清单。

（2）运维需求的设计实现

技术（设计）负责人应及时将正式的运营需求对设计提资清单提交至各专业设计单位，并督促相应设计单位按照此需求导向进行设计，协调设计执行人员结合项目需求、成本、工期等因素提交多个方案并汇报，组织相关方进行方案比选，选定最优方案，并在设计过程中保持沟通，定期检查。

2.3.10 设计风险管理

2.3.10.1 设计风险的识别

设计启动前，技术（设计）负责人组织项目相关部门、设计部门及设计配合意向单位通过头脑风暴等方式识别设计风险，并形成设计风险登记簿报项目经理审批。设计风险包含设计安全与可建造性风险、设计进度风险、地质及市政条件偏差风险、建设单位建筑方案的合规性风险、政策法规风险等。

2.3.10.2 设计风险的响应

设计管理部针对已识别的设计风险，制定各设计阶段需采取措施的实施计划，并明确责任人过程监控。实施措施包含设计成果审核、设计进度过程控制、设计单位的监督与考核、安全与建造可行性评价等。

2.4 深化设计管理

深化设计是指为了实现原设计意图，满足建筑物的功能、安全需求，在业主方提供的条件图、原理图的基础上，根据规范和建设单位的要求，结合作业实际（现场条件、施工工艺、作业顺序、市场供应状况等），对招标图纸进行细化、补充和优化的过程。主要管理活动分为设计文件、图纸会审、洽商/变更、接口管理、深化设计报审、深化设计质量、材料/设备报审等。

2.4.1 建立深化设计管理体系

2.4.1.1 管理架构

项目部要建立适合工程实施的组织体系对深化设计进行管理，并明确建设单位、总包方、设计分包方的相互权利及义务。深化设计管理体系的建立，有利于对工程中涉及的各个专业分包商进行有效管理，有利于各个专业分包商之间的信息沟通与交流。

项目部根据实际情况，设计管理部设置深化设计负责人、专业深化设计管理人员，负责项目深化设计管理工作。

2.4.1.2 管理职责

深化设计图一般采取“谁施工谁出深化图”的做法，各分包商承担各自合约范围内的深化设计工作，项目部负责协调、管理各分包商的深化设计工作。

1）负责深化设计进度管理。根据项目总进度计划，编制建设单位供图计划；汇总、审核各分包商提交的深化设计报审计划、材料/设备报审计划，并监督执行。

2）负责深化设计文件管理。项目部组织各相关部门、相关分包商审核（签署）分包商提交的深化设计文件，并将审核通过的深化设计文件报送建设单位；将建设单位批准的深化设计文件发送至项目部各相关部门、相关分包商。

3）负责图纸会审、洽商、变更管理工作。

4）负责各分包商间的接口管理，协调分包商间的矛盾冲突，使其深化设计文件满足使用功能、美观、技术规格书等要求，实现原设计意图。

5）负责深化设计、材料/设备的报审管理工作，对深化设计图纸质量、材料/设备样品（样板）进行管理。

6）负责组织召开定期的深化设计例会、不定期的深化设计专题会，做好会议纪要并分发。

7）对分包商的深化设计进度、质量等进行考核，出具考核报告，对严重偏离计划者，发书面通告或处罚。

2.4.2 深化设计管理流程

深化设计管理总流程如图 2-8 所示。

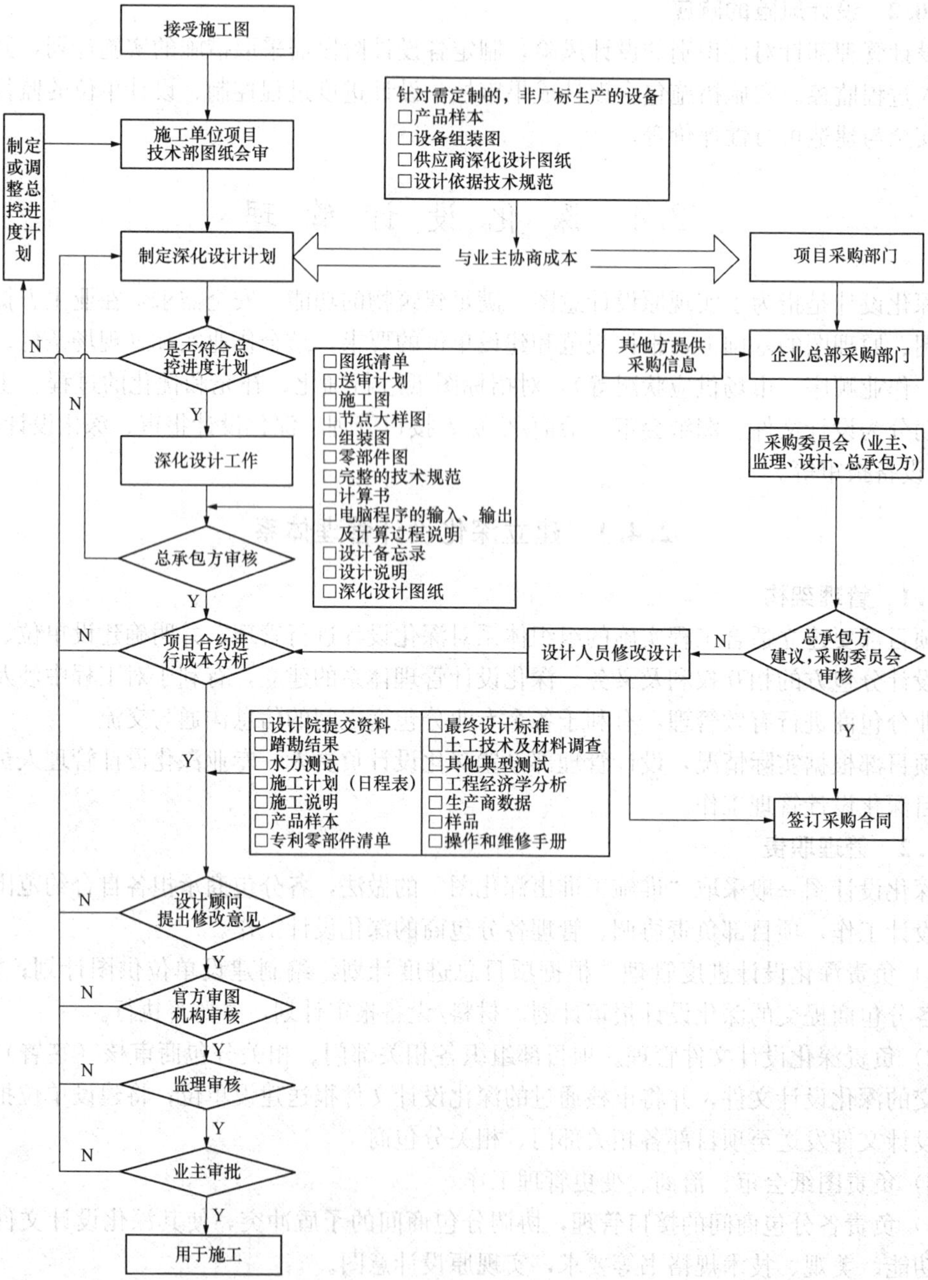

图 2-8 深化设计管理总流程图

2.4.3 深化设计进度管理

2.4.3.1 深化设计进度计划编制及审核

1）深化设计启动前，项目部根据项目施工计划、商务招采计划得到各项深化设计的时间节点，编制出合理的深化设计全周期计划。

2）技术（设计）负责人组织各专业分包单位编制完成深化设计全周期计划后应报设计管理部审核存档。深化设计全周期计划的编制采用统一软件和样式。设计管理部组织工程、计划、商务、合约相关部门及相关分包商进行评审，评审修改确定后，签字确认下发。

3）各专业分包单位根据深化设计全周期计划编制月、周分解计划，分解计划应包括为完成既定的计划所需配备的人力等辅助工作计划，经设计管理部审核、协调、批准后执行。

2.4.3.2 深化设计进度过程监控及调整

1）跟踪深化设计计划执行情况。采用现场查看及专业分包单位月、周计划完成率核查实现。

2）对深化设计计划可执行性进行综合评估，计划项出现异动时，设计管理部进行原因分析后，制定纠偏措施。采取纠偏措施并调整深化设计计划要及时有效。

3）依托公司平台，对项目深化设计实施和管理进行后台支撑、服务和控制，保障项目深化设计质量，必要时聘请专家顾问作为后台技术支撑。

2.4.4 深化设计文件管理

2.4.4.1 深化设计文件

深化设计文件包含以下几种：

1）与工程设计有关的政府批文。

2）报告及试验报告。

3）施工图及计算书。

4）变更、图纸会审及洽商记录文件。

5）技术规格书。

6）深化设计图及计算书。

7）提资文件。

8）与深化设计有关的会议纪要及函件。

2.4.4.2 深化设计管理内容

深化设计文件管理的内容主要如下：

1）设计管理部负责设计文件的收发、存档及移交。

2）收集、整理与工程设计有关的政府批文及报告、技术规格书、试验报告等，按设计文件发送流程发至相关方（建设单位、监理方、项目部、分包商等）。

3）负责施工图、深化设计图、图纸会审、洽商/变更记录等设计文件的收发管理，并形成记录。

4）建立、更新有效图纸目录、图纸会审及洽商/变更目录，定期（如每周、月）发布，每月与建设单位、分包商核对。

5）负责深化设计会议纪要、函件的收集、归档和移交。

2.4.4.3　深化设计文件管理流程

深化设计文件发送管理流程如图 2-9 所示。

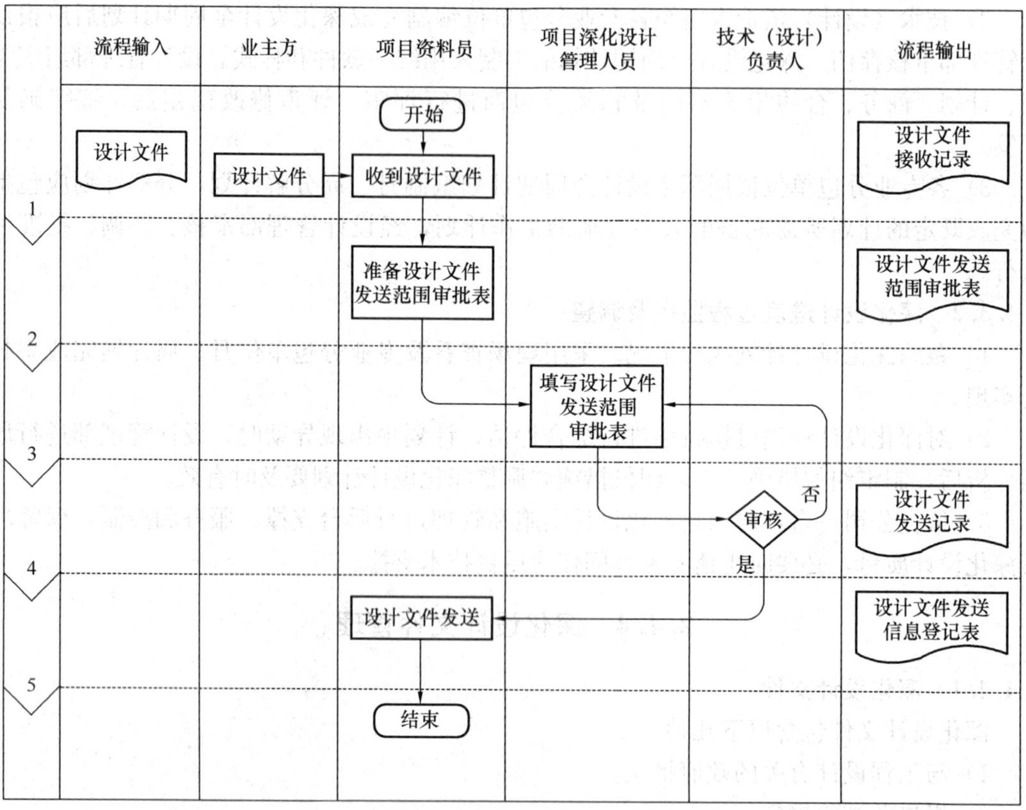

图 2-9　深化设计文件发送管理流程

2.4.5　图纸会审、洽商/变更管理

2.4.5.1　图纸会审

（1）管理内容

1）收到建设单位发送的正式设计图纸后，与建设单位协商，确定设计交底和图纸会审时间，并告知相关方。

2）正式图纸会审前，设计管理部组织图纸预会审，整理图纸疑问清单，于图纸会审 2 个工作日前发给建设单位。

3）协助建设单位组织图纸会审；项目部、分包商协助记录、整理会审记录，经各方签字、盖章后形成图纸会审记录。

（2）管理流程

图纸会审管理流程如图 2-10 所示。

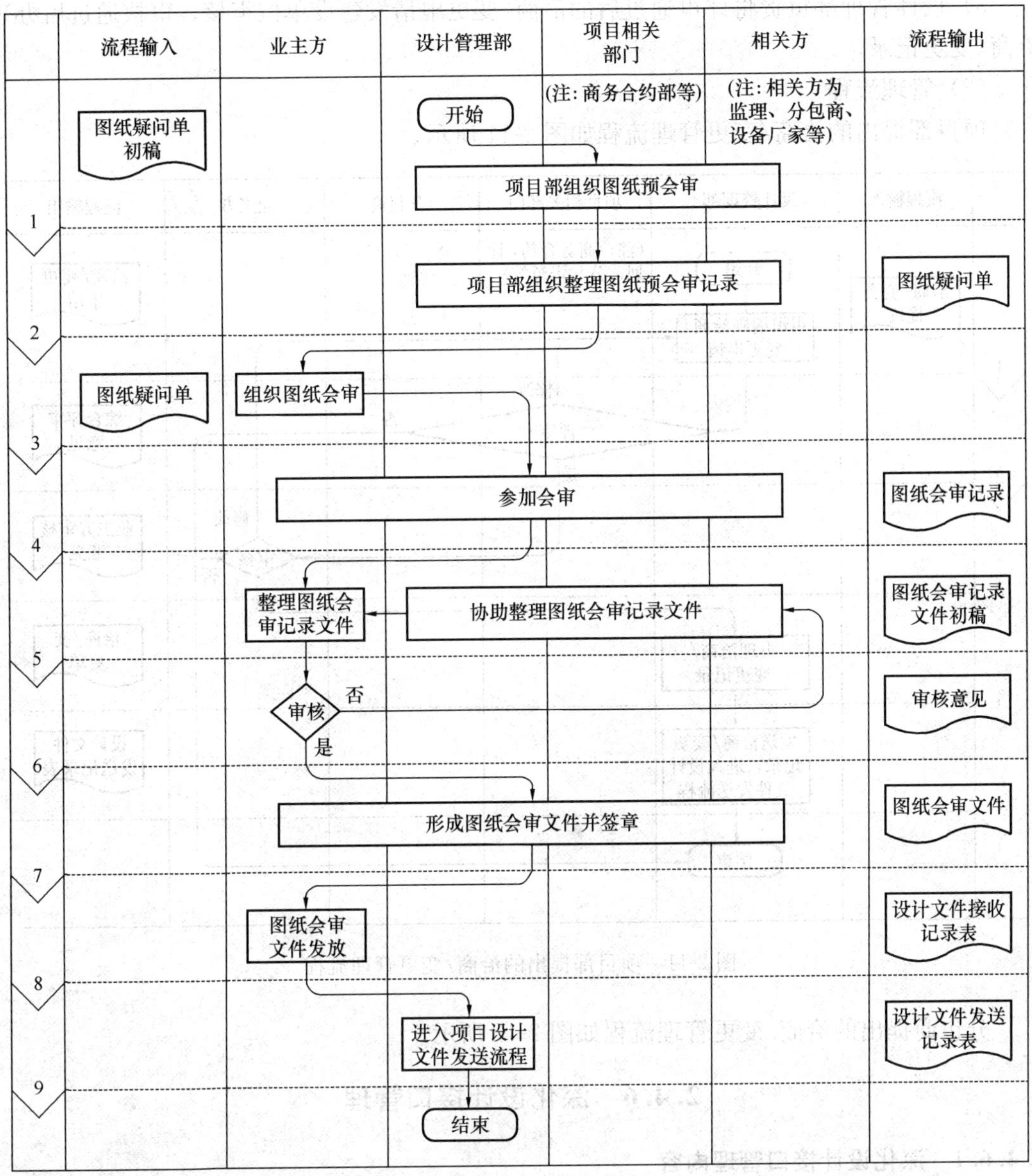

图 2-10 图纸会审管理流程

2.4.5.2 洽商/变更

(1) 管理内容

1) 变更，一般由建设单位直接发送；洽商/变更由项目部或分包商提出。

2) 项目部收到建设单位发送的变更后，执行设计文件发送管理流程。

3) 项目部申请的洽商/变更，设计管理部组织编写、评审，必要时召集相关分包商参与评审。项目部提出的洽商/变更管理流程如图 2-11 所示。

4) 分包商申请的洽商/变更，部门组织评审（重点审核是否有工期、造价变化，是否提出材料/设备品牌或材质的变化，变更前后的主要技术参数等是否满足技术规格书、图纸及规范等要求）。分包商提出的洽商/变更管理流程如图 2-12 所示。

5）设计管理部负责将评审通过后的洽商/变更申请发建设单位审核，审核通过后办理洽商/变更记录。

（2）管理流程

项目部提出的洽商/变更管理流程如图 2-11 所示。

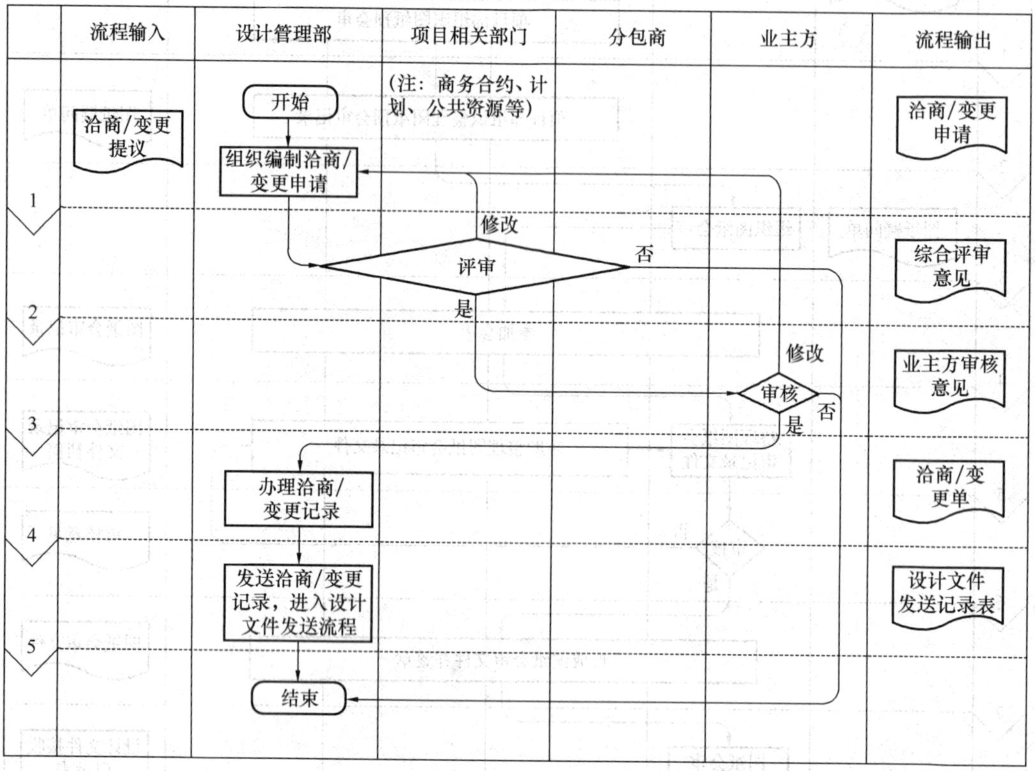

图 2-11　项目部提出的洽商/变更管理流程

分包商提出的洽商/变更管理流程如图 2-12 所示。

2.4.6　深化设计接口管理

2.4.6.1　深化设计接口管理内容

1）对项目接口进行整体规划，编制项目总体接口策划方案及接口需求规范。

2）组织分包商编制接口需求清单及提资清单，审核接口需求清单及提资清单的内容完整性和准确性；将需要向建设单位提出的接口需求及提资提交建设单位审核；督促接口需求及提资评审进度，分发建设单位批准后的文件资料至分包商；编制项目接口需求及提资汇总表。

3）组织各分包商编制总体、年度、月度接口需求及提资进度计划；审核并批准各类进度计划，督促分包商实施计划。

4）编制接口矩阵表，在招标采购时提示接口要求及管理要求，并在合约内明确。更新接口矩阵表，确保接口矩阵表的完整性和及时性。

5）协调分包商之间的接口需求及提资，动态跟踪协调，全面掌控接口管理状态；建

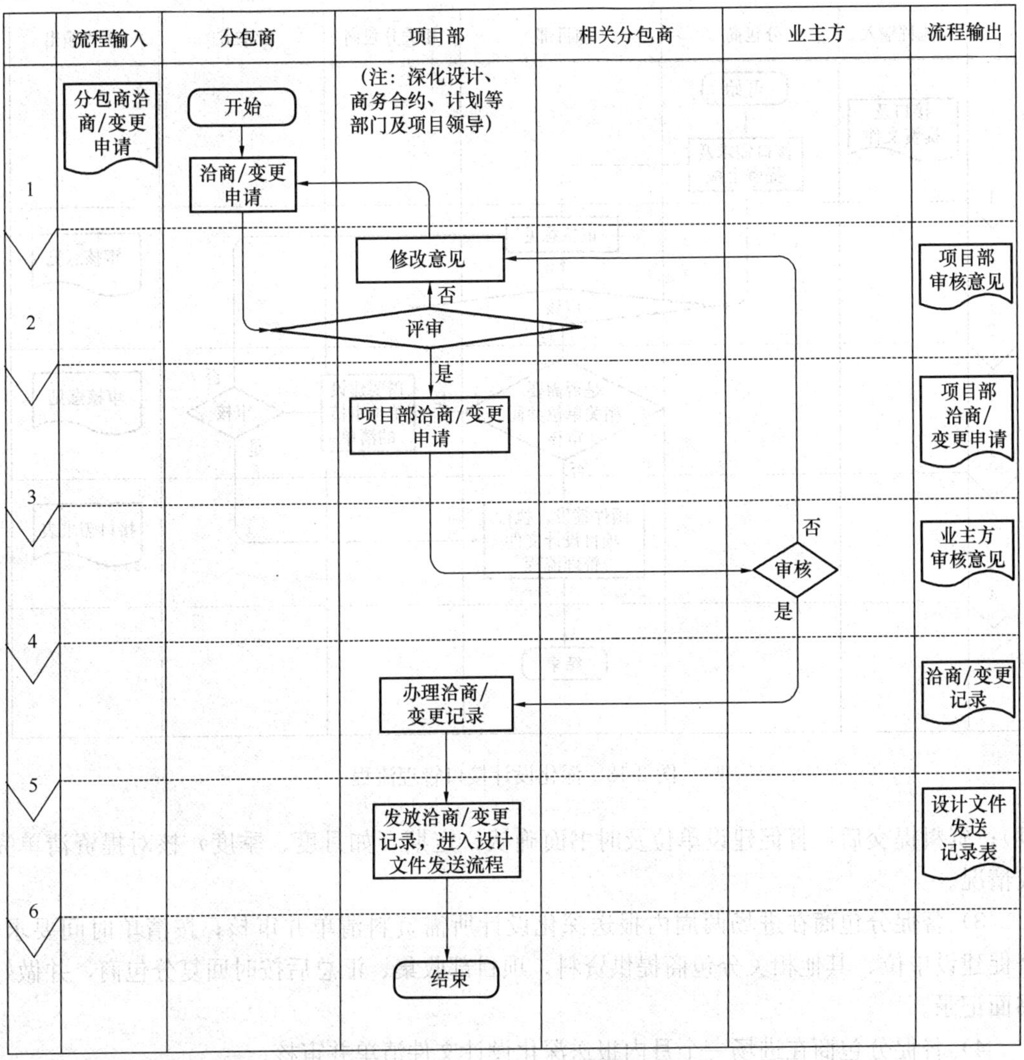

图 2-12 分包商提出的洽商/变更管理流程

立接口成果及提资状态跟踪台账。

6）编制接口分工示意图，对物理接口、信息接口、功能接口等进一步明确，跟踪并改进、增补接口分工示意图。

2.4.6.2 深纶设计接口管理流程

深化设计接口管理流程如图 2-13 所示。

2.4.7 深化设计报审管理

2.4.7.1 深化设计报审管理内容

1）根据项目总体控制计划，组织编制建设单位供图计划、深化设计报审计划（如年度、季度、月度）。

2）向建设单位索取提资清单；按清单的时间要求完成提资（部分资料需分包商提

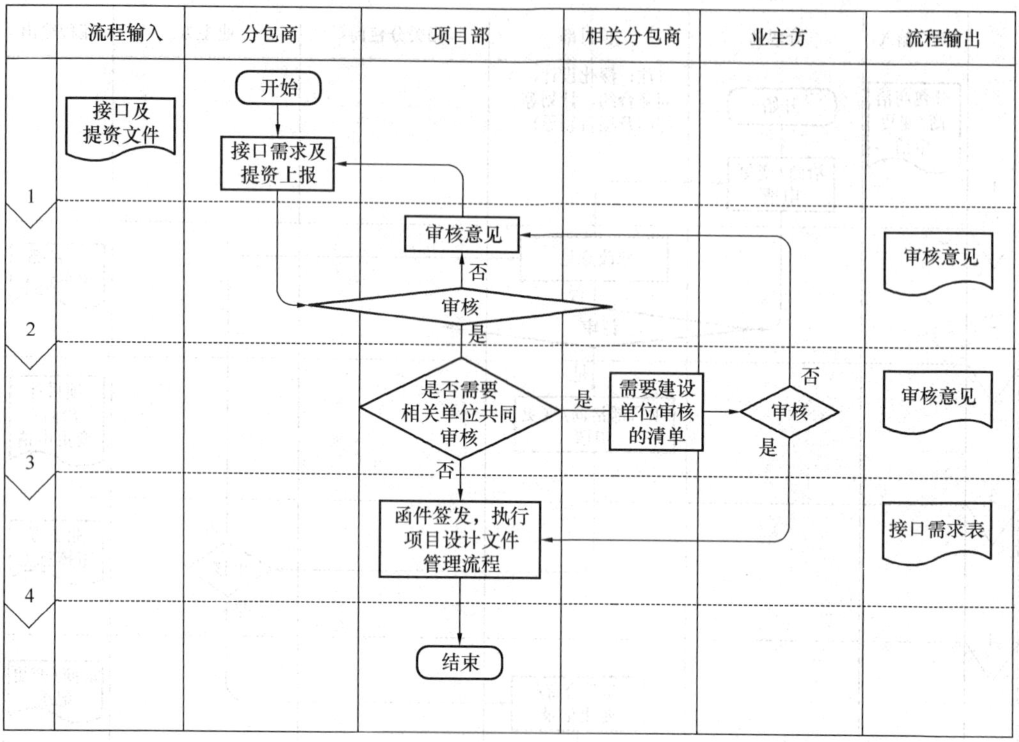

图 2-13　深化设计接口管理流程

供）；资料提交后，督促建设单位及时书面确认；定期（如月度、季度）核对提资清单完成情况。

3）督促分包商在进场两周内报送深化设计所需资料清单并审核；按清单时间要求，督促建设单位、其他相关分包商提供资料，项目部收集、汇总后按时回复分包商，并做好书面记录。

4）督促分包商在进场一个月内报送深化设计文件清单并审核。

5）审核分包商提交的设计提交单进度控制表，并监督执行。

6）书面文件确认与业主协商一致的报审批次（一般按专业、单体分段、分层或分区域划分）。

7）督促分包商严格执行深化设计报审计划。

8）审核分包商初次提交的深化设计报审文件时【报审文件通用要求：①签章齐全的电子文档；②内容包括设计提交单进度控制表（填充颜色予以区分）、本次报审的文件目录、报审文件清单、图纸目录（本次图纸的目录填充颜色予以区分）、审核意见回复单（首次报审文件无）、深化设计图纸（按审核意见修改的图纸须以版本号予以区分、修改处用云线标识）、相应的附件（如结构计算书、节能计算书、声学报告、产品说明书、试验报告等）；③电子版图纸为统一版本的 CAD 文件、文档为 WORD 文件，所有文件同时提供 PDF 文件；电子版以 PDF 文件为准】，以格式及内容的完整性为主，拒绝接收不符合要求的报审文件；对连续三次报审不合格者发书面通告。

9）组织相关部门、分包商审核深化设计文件，必要时组织会议评审（主要审核所用材料/设备是否符合合约要求、分包商的工作范围、与施工技术措施之间的关系；分包商主要审核与各自合约范围内的接口与提资是否一致）。设计管理部负责汇总、整理评审意见，回复分包商并督促其及时修改、再次报审。

10）设计管理部负责向建设单位送审项目部审核通过的深化设计文件［深化设计文件报审次数、周期、时限执行合约要求。当合约无要求时，按规定完成深化设计文件修改后再报审］。深化设计文件如需送外审，一般在建设单位审核通过后送出。

11）建立、更新深化设计报审台账，定期与建设单位、分包商核对并签署确认记录。定期整理（深化设计报审）建设单位逾期回复清单，并书面告之。

12）设计管理部负责汇总、整理和发送深化设计文件的审核意见。

13）深化设计文件经各方审核通过，分包商报送蓝图，建设单位、项目部书面确认。

2.4.7.2 深化设计报审管理流程

深化设计报审流程如图 2-14 所示。

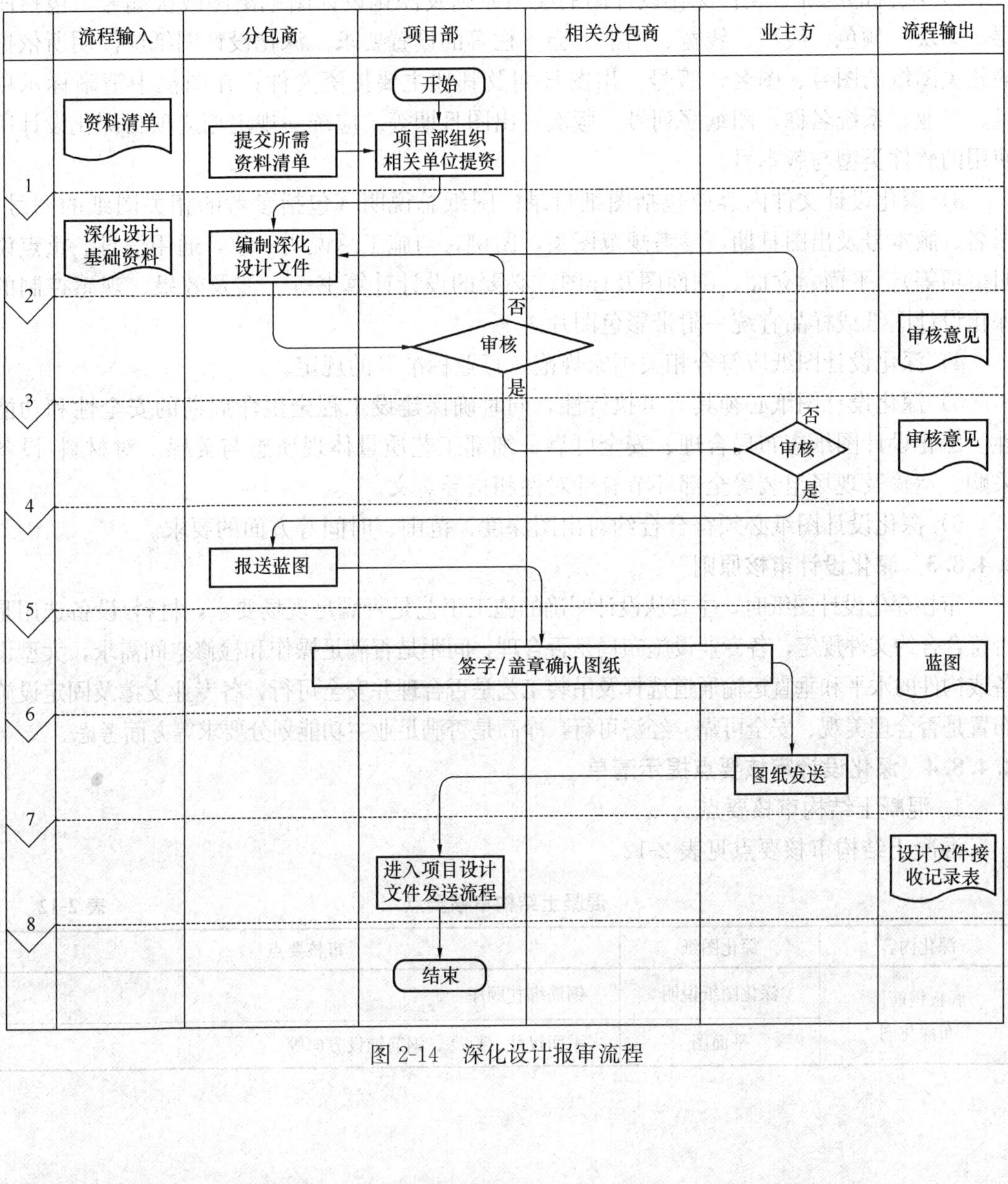

图 2-14 深化设计报审流程

2.4.8　深化设计质量管理

2.4.8.1　深化设计审核依据

1）业主提供的各专业条件图及合同文件、技术规格书。

2）设计交底与图纸会审、洽商/变更记录等技术文件。

3）现行相关的国家标准、规范、图集。

4）接口策划方案、接口需求及提资。

5）建设单位审核批准的材料/设备、施工工艺。

2.4.8.2　深化设计的图纸要求

1）深化设计图纸应格式规范、内容清晰简洁，满足相关的条件图、现行规范、规程和图集要求。深化设计图纸应以准确指导施工为原则。应准确注明所有部件/构件的规格型号等参数。

2）项目部应统一项目深化设计图的绘图原则及深化设计图纸出图版次编号，包括图层、图块、颜色、线型、线宽、图框、会签栏等的设置要求。深化设计图纸应注明所依据的相关图纸的图号、图名、版号、出图日期及其他主要提资文件；在图框中清晰标示项目、专业、系统名称，图纸序列号、版次、出图日期等。应统一规定相应项目深化设计所使用的软件类型与版本号。

3）深化设计文件内容应包括图纸目录；图纸总说明（包括参考的相关图纸的图号、图名、版本号及出图日期，参考规范图集，图例，与施工总说明一致，通用信息、重点说明事项等）；平面、立面、剖面图及详图；必要的设计计算书等。涉及效果、观感控制的深化设计图纸或样品宜统一附带彩色图片。

4）深化设计图纸应符合相关国家规范、行业标准等的规定。

5）深化设计图纸必须具有可执行性，同时确保建设工程全生命周期的安全性和功能性。深化设计图纸应布局合理、安全可靠，细部工艺质量体现质感与美感。对材料/设备采购、运输及现场组装等全部环节有针对性和指导意义。

6）深化设计图纸必须符合合约对出图深度、范围、时间等方面的要求。

2.4.8.3　深化设计审核原则

审核深化设计图纸时，主要从设计明确的施工工艺是否满足现场要求，材料/设备选用是否符合合约文件规定，各专业设施布局是否合理，间距是否满足操作和检修空间需求，大型设备或构件的水平和垂直运输通道选择及吊装工艺是否合理并安全可行，各专业支撑及固定设施布置是否合理美观、安全可靠、经济可行，净高是否满足业主功能划分要求等方面考虑。

2.4.8.4　深化设计审核要点提示清单

1. 混凝土结构审核要点

混凝土结构审核要点见表 2-12。

混凝土结构审核要点　　　　表 2-12

深化内容	深化图纸	审核要点
底板钢筋排布深化图	深化图纸说明	钢筋绑扎顺序
	平面图	平面尺寸、标高、钢筋铺设方向等

续表

深化内容	深化图纸	审核要点
底板钢筋排布深化图	剖面图	钢筋编号、层间关系、基坑尺寸等
	节点详图	各类构件与钢筋排布关系（桩基、承台、坑中坑、墙柱插筋、钢筋支架等）、钢筋接头位置、构件防渗处理、型钢柱脚或锚栓与钢筋的安装顺序等
劲性结构钢筋深化图	深化图纸说明	通用要求（焊缝、钢筋连接等）、施工要求（施工顺序、钢筋处理等）
	平面图、立面图、剖面图	劲性结构位置、编号、标高、与钢筋关系等
	节点详图	碰撞处理措施（如搭接板、接驳器、开孔规格等）
后张法有粘接预应力深化图	深化图纸说明	材料规格、施工程序、灌浆要求等
	平面图、剖面图	构件定位、线型标注、详图索引等
	节点详图	线型定位、端部处理（加腋、张拉洞口等）、复杂节点详图（梁柱节点、劲性结构节点等）
结构预留预埋综合图	深化图纸说明	包含的预留预埋类别（本体类、措施类）；各本体类、措施类预留预埋的分布范围、构件规格；碰撞处理原则等
	预留预埋综合图	预留预埋涵盖的本体和措施类别是否齐全且互不影响
	各类别预留预埋终版图	调整后的终版图，是否仍满足各类别预留预埋要求
	竖向结构预留水平结构钢筋深化图	与楼承板模数的一致性、涉及等强代换的处理原则、与模架系统的适应性等
压型钢板深化图（钢筋桁架楼承板深化图）	深化图纸说明	板型规格、荷载说明、施工要求等
	铺板图	编号、规格、材料表、跨距、铺板起点与方向等
	节点详图	钢梁连接节点、悬挑节点、封边节点、楼板钢筋排布图等
	埋件、角钢布置图	埋件加工图、水平与竖向定位、埋件冲突处理措施等
填充墙二次结构深化图	深化图纸说明	材料规格、布置原则（超长、超高构造措施）、相关专业接口处理原则等
	平面图	砌体填充墙：构造柱位置、规格、详图索引等； 板材填充墙：竖龙骨位置、规格等
	立面图	砌体填充墙：圈梁、过梁示意图，顶部斜砌砖详图等； 板材填充墙：横龙骨（含沿地龙骨、沿顶龙骨）位置、规格等，支撑卡间距要求等
	节点详图	砌体填充墙：钢筋拉结、植筋、二次结构梁柱详图（含型钢）等； 板材填充墙：横竖龙骨连接节点详图，沿地龙骨、沿顶龙骨与一次结构连接节点详图，墙体开洞节点详图，板材规格、填充材料规格等
屋面综合排版深化图	深化图纸说明	材料规格、做法等
	平面图	分水线、分格缝、铺贴起点与方向、坡度、定位图，排气管、排气孔平面图，机电设施平面布置图，落水口优化后的位置等
	节点详图	屋面构筑物（机房、烟道、排气孔、女儿墙、落水管、设备基础、排水口、幕墙、擦窗机等）接口处理节点详图、分格缝、变形缝做法等

2. 钢结构审核要点

钢结构审核要点，见表 2-13。

钢结构审核要点　　表 2-13

类型	图纸内容	审核要点
普通钢柱、钢梁、支撑、隅撑等	钢梁（支撑、隅撑）平面布置图	构件顶标高，钢梁等定位标记，支撑、隅撑大样，楼板降板处标高、大样等
	钢柱平面布置图	图名中标高范围、节次，轴线定位，相同构件编号，门洞、电梯梁柱、吊柱等定位、碰撞等
	钢柱立面布置图	与柱连接构件编号标注、定位标注，斜柱角度，柱顶、柱底标高等
	构件详图	柱顶柱底标高、牛腿标高、轴线定位、剖面视图、临时连接板、吊耳板、加劲板设置、钢管柱端铣、工艺隔板、板厚过渡、构件定位标记、螺栓类型、焊缝标注、栓钉设置、预留洞口及补强等
	焊缝通图	构件本体焊缝，分节分段对接焊缝，临时连接板、耳板焊缝，牛腿焊缝，柱底板焊缝，连接板、加劲板焊缝，双夹板现场焊缝等
预埋件	埋件平面布置图	混凝土部件辅助定位，埋件碰撞楼板钢筋，各种埋件之间相互碰撞，埋件定位大样等
	构件详图	锚固长度，锚筋与钢结构的焊接，锚筋插入钢筋缝隙施工顺序，埋件钢板与模板对拉螺杆、机电预留洞口碰撞；塔式起重机埋件与剪力墙钢筋碰撞；带栓钉的埋件板栓钉长度和间距等
	焊缝通图	锚筋与埋件板塞焊大样，锚板与锚筋、角钢焊接等
劲性梁、劲性柱，或钢梁连接劲性柱	劲性梁平面布置图	柱顶、柱底标高，梁顶标高，梁柱与轴线定位，与混凝土轮廓线定位，局部与钢筋连接节点大样等
	劲性柱平面布置图	
	劲性柱（梁）立面布置图	梁顶标高，柱顶、柱底标高，梁柱连接相邻构件编号，牛腿等与楼层标高轴线定位，斜柱角度、定位尺寸等
	构件详图	柱纵筋连接，柱箍筋连接，梁顶、梁底纵筋连接，不同方向栓钉、接驳器布置，箍筋开孔，预应力开孔，牛腿挡浆板设置，加劲板间距，灌浆孔、流淌孔、排气孔设置，混凝土梁抗剪钢板设置，涂装范围标注等
	焊缝通图	栓钉的焊接，接驳器的焊接，构造筋、箍筋的焊接等
核心筒钢板剪力墙、钢骨暗柱或钢骨连梁等	钢板墙、钢骨暗柱、连梁平面布置图	剪力墙墙厚、外轮廓及定位，钢板墙分段位置、不同分段位置连接形式，塔式起重机埋件定位，拆分图纸中构件齐全等
	钢板墙、钢骨暗柱连梁立面布置图	门洞尺寸，不同楼层钢板墙连接形式，连梁标高，钢板墙、暗柱分节处标高等
	构件详图	剪力墙拉筋穿孔或接驳器，暗柱箍筋、拉筋穿孔或接驳器，钢骨梁牛腿处墙纵筋、箍筋连接，附着的塔式起重机埋件与钢筋碰撞，分段连接处栓钉、接驳器碰撞； 对拉螺杆接驳器与钢板墙加劲板、分段连接板、洞口补强板、拉筋开孔或接驳器、钢板墙上刚接埋件等碰撞时的处理； 钢板墙上流淌孔设置及补强，机电预留洞口设置及补强等
	焊缝通图	钢板墙全熔透段、部分熔透段，不同楼层钢板墙分段分节对接焊缝，板厚变化对接焊缝等

续表

类型	图纸内容	审核要点
钢柱柱脚锚栓、埋入式柱脚	柱脚锚栓平面布置图	锚筋长度，锚筋顶标高，锚栓支架底部标高等
	构件详图	外漏车丝长度，锚板与锚栓支架碰撞，锚栓限位板设置，埋入式柱脚不同方向钢筋连接错开，柱纵筋与柱底板碰撞，柱底板下抗剪键，锚栓固定支架等
巨柱	巨柱平面布置图 巨柱立面布置图	图名中标高范围、节次，轴线定位，构件编号，斜柱角度，柱顶、柱底与轴线定位尺寸，巨柱定位点及定位坐标等
	构件详图	构件三维轴测图，巨柱分节对接措施，临时连接措施，焊接措施，起吊耳板、卸车吊耳、限位板、定位码板设置； 巨柱钢筋与钢牛腿连接，牛腿加劲板设置，巨柱模板对拉螺杆，巨柱上栓钉布置； 巨柱灌浆孔、过浆孔、排气孔、柱壁观察孔设置，巨柱内壁加劲肋，钢管柱中钢筋笼碰撞问题，多排连接板间距； 巨柱焊接人孔开设，组合截面腔体之间现场焊接，腔体之间临时连接措施等
	焊缝通图	构件本体焊缝，分节分段对接焊缝，临时连接板、耳板焊缝，牛腿焊缝，柱底板焊缝，连接板、加劲板焊缝等
外框立柱、外框梁、柱间巨型支撑等	平面布置图 立面布置图	柱间支撑、外框立柱定位点及坐标，外框梁定位与建筑边线配合等
	构件详图	巨型支撑延迟节点螺栓、连接板等，倾斜就位吊耳板设置，楼面梁与巨型支撑的连接，外框构件与幕墙部件碰撞处理、连接处理，楼板边外框梁相连支撑措施等
环带桁架	桁架上弦平面布置图 桁架下弦平面布置图 桁架立面布置图	相连接的巨柱与桁架连接、定位，桁架上下弦杆、腹杆定位，安装定位点及坐标，外边线与建筑边线配合，相邻巨柱等构件编号等
	构件详图	吊耳布置，分段位置，分段连接节点，桁架牛腿现场连接措施、焊缝，桁架与钢梁、支撑、立柱等节点，桁架预起拱值等
	焊缝通图	本体焊缝，分段对接焊缝，节点区域非节点区域焊缝，与环带桁架连接巨柱节点区域焊缝等
伸臂桁架	桁架上弦平面布置图 桁架下弦平面布置图 桁架立面布置图	楼层钢梁、支撑等的碰撞，桁架腹杆存在弯折时的定位点及坐标，相邻巨柱、核心筒构件编号等
	外伸臂桁架构件详图	楼层钢梁、支撑等的连接，桁架牛腿与模架碰撞处理，桁架牛腿与巨柱、剪力墙钢筋连接处理，桁架牛腿上剪力墙对拉螺杆接驳器布置，延迟节点措施，减震隔震措施等
	内伸臂桁架构件详图	桁架与暗柱箍筋、纵筋连接，箱型截面灌浆孔、排气孔、流淌孔、观察孔等设置，模板对拉螺杆布置，钢梁等埋件或牛腿与钢筋碰撞处理，栓钉布置，桁架弦杆、腹杆的流淌孔设置，弦杆、腹杆与剪力墙钢筋连接等
	焊缝通图	桁架杆件本体焊缝，对接节点焊缝，桁架与巨柱、核心筒构件连接焊缝，节点区域焊缝等

续表

类型	图纸内容	审核要点
钢楼梯	楼梯平面布置图、立面布置图	休息平台标高，埋件标高，埋件平面位置，楼梯平面位置、编号，楼梯起步位置等
	楼梯柱、楼梯梁平面布置图、立面布置图	楼梯柱柱顶、柱底标高，楼梯梁标高、平面定位，楼梯柱、楼梯梁与相邻部件关系等
	构件详图	楼梯起跑方向，踏步高度，楼层高度，楼梯起步节点位置是否与楼面梁一致，埋件锚固长度，埋件与主结构碰撞，梯梁与楼层梁连接，楼梯构件分段，吊耳布置，加劲肋设置等
	焊缝通图	踏步板焊缝，梯梁与埋件焊缝，平台钢板加劲肋焊缝，平台与梯梁焊缝等

3. 机电审核要点

机电审核要点见表 2-14。

机电审核要点　　**表 2-14**

类别			图纸名称	审核内容
机电综合协调图	机电综合管线平面图		机电综合管线平面图	管线路由、标高、排布原则、局部管线间距、阀门及其他附件布置、支架平面布置等
	机电综合剖面图		剖面图	管线间距、标高、支架、管道类型及型号、安装及维修操作空间
			节点详图	管线安装节点工艺，安装及维修操作空间
	机电预留预埋图		墙体预留预埋图（含二次结构）	墙体预留预埋定位、标高、类型、尺寸等，是否与结构建筑相一致
			梁板预留预埋图	梁板预留预埋定位、标高、类型、尺寸等，是否与结构建筑相一致
	运输路径图		大型设备运输路径图	运输路由、预留孔洞（吊装预埋件）、施工顺序及吊装原则等
	室外总平图		室外综合管网图	管线路由、标高、局部管线间距、阀门及其他构筑物布置、管沟及支架（支墩）平面布置等
给水排水深化设计图	室外工程	给水系统	给水管线平面图	室外消防、给水管网标高、管网路由、平面定位，消防水泵接合器、室外消火栓、室外水表井，阀门井等设备参数及定位
			管道支墩、基础、保温及其他安装图	管道支墩布置、做法、回填要求等
		雨污水系统	雨污水管线平面图	雨水、污水管道管底标高、坡度、坡向及管径、雨污检查井、雨水口参数、路由及平面定位、市政接驳点信息等
			化粪池、隔油池做法图（根据项目要求）	化粪池、隔油池参数及主要附件
			管道支墩、基础、保温及其他安装图	管道支墩布置、做法、回填要求等
		中水系统	中水管线平面图	管网路由、标高、平面定位，水表井、阀门井等设备参数及定位
			管道支墩、基础、保温、绝热及其他安装图	管道支墩布置、做法、回填要求等
			雨水回收系统图	雨水回收池参数（回收自控系统）、工艺，平面定位

续表

类别			图纸名称	审核内容
给水排水深化设计图	室内工程	给水系统	给水管线平面图	管网标高、路由、平面定位，阀门等设备参数及定位
			给水管线系统图	管道参数、路由、标高及与设备等的连接，阀门设置
			卫生间详图	管道、阀门、龙头等定位及标高，与装饰相一致
			泵房平面图、剖面图	水箱（池）、水泵参数、基础、定位，阀门设置，管道路由及标高，支架设置，附件设置，水泵隔振垫（器）设置，排水设施等
			主要管道井详图	管道、阀门、仪表定位，支架设置，排水设施
		热水系统	热水管线平面图	管网标高、路由、平面定位，补偿器、阀门等设备参数及定位
			热水管线系统图	管道参数、路由、标高及与设备等的连接，阀门设置
			卫生间详图	管道、阀门、龙头等定位及标高，与装饰相协调
			泵房平面图、剖面图	水箱（池）、水泵、换热器参数、基础、定位，阀门设置，管道路由及标高，支架设置，附件设置，水泵隔振垫（器）设置，排水、水处理等设施
			主要管道井详图	管道、阀门、仪表定位，支架、保温设置，排水设施
		雨污水系统	雨、污水管线平面布置图	管道、设备参数、标高、路由、支吊架设置，厨房污水处理系统
			雨污水管线系统图	管道参数、路由、标高及与设备等的连接
			卫生间详图	管道、地漏、清扫口等定位及标高，与装饰协调
			主要管道井详图	管道、阀门仪表定位
			雨水管道支吊架、保温及其他安装图	雨污水管支架、保温、加热等设置
			虹吸雨水图	虹吸雨水由专业厂商深化设计，审核深化设计依据及安装支架及空间，屋面雨水沟尺寸、雨水斗布置，管线路由、标高、材质
		消防系统	消防管线平面布置图	管网标高、路由、平面定位，末端试水、阀门等设备参数及定位（特殊部位保温）
			消火栓、自动喷淋、水喷雾、水幕、大空间消防水炮管线系统图	管道参数、路由、标高及与设备等的连接，阀门设置
			泵房平面图、剖面图	水箱、水池、水泵参数、基础、定位，阀门设置，管道路由及标高，支架设置，附件设置，水泵隔振垫（器）设置，排水设施等
			主要管道井详图	管道、阀门、仪表定位，支架、排水设施
			全套报警阀组、报警阀间安装图	平面布置、安装空间

续表

类别			图纸名称	审核内容
给水排水深化设计图	室内工程	气体灭火系统	气体灭火管线平面布置图	管道、设备参数、标高、路由、阀件、支吊架设置
			气体灭火管线系统图	管道参数、路由、标高及与设备等的连接，阀门设置
			储罐间大样图	储罐规格、固定方式、位置，管线定位，阀门设置，气体储罐连接是否合理
		建筑灭火器系统	建筑灭火器平面布置图	灭火器数量、参数及位置
		中水系统	中水管线平面布置图	管道、设备参数、标高、路由、阀件、支吊架设置
			中水管线系统图	管道参数、路由、标高及与设备等的连接，阀门设置
			卫生间详图	管道、阀门等定位及标高
			中水处理泵房平面图、剖面图	水箱（池）、水泵参数、基础、定位，阀门设置，管道路由及标高，附件设置，水泵隔振垫（器）设置。水处理及防腐处理要求
暖通深化设计图	采暖系统	室内采暖系统	采暖平面图	供回水支干管、坡度、坡向、热补偿、保温、散热器及阀门的位置、数量、型号、材质
			采暖系统图	系统管线的标高、管径、坡度、阀门、支架
			热力入口大样图	热力入口的组成及连接方式
			热力站平面图、剖面图	设备及附属设施参数、基础布置、管道标高、路由、支吊架设置、排水设施
			集气罐连接安装详图	基础定位及管道路由、标高
	通风系统	送排风	风管平面图（含风管井）	风管尺寸、定位、路由、材质及标高，支吊架，风阀、风口的位置及尺寸等
			排风机房平面图、剖面图	风机定位、基础、规格及风管定位、标高等
			屋顶风机平面图	正压送风机，卫生间的、房间的排风机定位、设备规格型号、材质、基础、减振降噪
			楼梯间及前室加压送风系统图	加压送风口尺寸、位置、材质
			卫生间排风大样图	风口风管布置、尺寸、材质及支吊架，排气扇位置及安装形式
		防排烟	风管平面图（含风管井）	风管尺寸、定位、路由、材质及标高，支吊架，风阀的规格型号、风口的位置及尺寸等
			排烟机房平面图、剖面图	风机定位、基础、规格及风管定位、标高等
	空调系统	空调系统	空调风管平面图	风管尺寸、定位、路由、材质、标高、保温，支吊架，风阀、风口的位置及尺寸等

续表

类别			图纸名称	审核内容
暖通深化设计图	空调系统	空调系统	风管井布置图	管道的布局、保温及支吊架
			空调水管平面图	管线规格、保温、支吊架、坡度、补偿、材质、定位、路由、标高、阀门设置等
			空调水系统原理图	管道参数、路由、标高及与设备等的连接，阀门设置
			水管井布置图	管道的布局、保温、补偿及支吊架
			空调机房平面图、剖面图	设备定位、基础、减振、规格，风管、水管定位、标高、坡度及保温，排水设施
			冷冻机房平面图、剖面图	冷冻机组的定位、阀门设置、管线标高、路由、设备基础、排水设施及附件管线连接
			空调机组安装大样图	基础、减振、排水设施、管道及管件等附属设施的连接、保温
			冷却塔平面及管线布置图	冷却塔定位、基础、减振降噪、管道支架（支墩）、路由、标高及附件管线连接
电气深化设计图	室外工程	照明系统	室外道路、庭院照明平面图	灯具布置、灯具选型、管线路由、线缆型号、回路编号
			室外道路、庭院灯具安装大样图	灯具基础及相应装置的安装大样图等
			建筑物外部装饰灯具、航空障碍标志灯平面图	灯具布置、灯具选型、管线路由、线缆型号、回路编号
			建筑物外部装饰灯具、航空障碍标志灯灯具安装大样图	与建筑、幕墙相协调
		动力系统	室外动力管线平面图	管线路由及标高定位、管线敷设方式、线缆型号、回路编号、支架设置
			电缆沟剖面图	电缆排布、支架设置
		防雷、接地系统	室外接地平面图，相关元件安装大样图	接地体的形式、敷设的位置、标高、路由及接地连接方式；明确最大测试电阻值
	室内工程	照明系统	照明平面图	灯具及开关的平面布置，管线路由、规格、回路编号、敷设方式
			灯具安装大样图	与建筑、装饰等相协调
			照明配电箱系统图	回路编号、断路器配置、进出线型号及敷设方式、消防、楼宇自控接口设置，二次原理图的控制要求的注明。特殊需要时明确防护等级
			照明干线平面图	干线回路编号、路由、桥架形式及规格

续表

类别			图纸名称	审核内容
电气深化设计图	室内工程	动力配电系统	插座平面图	插座平面布置，管线路由、规格、回路编号、敷设方式
			动力平面图	配电箱、桥架、母线、线槽的定位、规格、回路编号；设备间的平面布置
			电气竖井图	线缆、桥架、母线、设备等规格及布置，支架设置
			动力干线平面图	干线回路编号、路由、桥架形式及规格
			动力配电箱系统图	回路编号、断路器配置、进出线型号及敷设方式、消防、楼宇自控接口设置，二次原理图的控制要求的注明，特殊需要时明确防护等级
			配电间配电箱排布图	配电箱排布、进出线路由、桥架、母线、设备等规格及布置
			二次控制原理图	控制逻辑正确性
			动力电缆沟剖面图	电缆排布、支架设置及接地
		防雷、接地系统	防雷平面图	防雷引下线、均压环、接地装置、接地预留接口、避雷带材质、型号、敷设方式，避雷针的规格及安装方式。卫生间、浴室、游泳池、喷水池、医院手术室、金属门窗、金属栏杆、吊顶龙骨等建筑物金属构件的等电位联结
			防雷装置的安装大样图	避雷带、避雷针安装大样
			设备间接地平面图	接地线、端子箱的位置、规格，接地点定位
			接地装置的安装大样	接地体、接地线的安装大样，联结线与管道、设备的联结大样等
	交配电所部分	照明图	变配电室照明平面图	灯具及开关的平面布置、管线选取、管线的敷设
		平面布置	变配电室的平面布置图	高压柜、低压柜、模拟屏、直流屏、变压器等的布置、规格，基础图
		系统图	高压配电系统图	断路器规格、进出线缆型号、综合保护、联动互锁设置
			低压配电系统图	断路器规格、进出线缆型号、联动互锁设置
		高压二次接线、继电保护	高压二次接线、继电保护图	控制逻辑及联动互锁

4. 幕墙审核要点

1）埋件图审核要点如下：

① 埋件应满足结构安全要求，混凝土结构的埋件应具有足够的强度及预埋长度，以分散荷载，避免产生应力集中情况；固定于主体钢结构上的预埋件应具有足够的强度，具有传递荷载至主体结构上的能力，避免主体钢结构产生过大的局部应力。

② 埋件应符合规范构造要求（如边距、锚固深度、锚板厚度）。

③ 埋件埋设位置需结合建筑、主体结构、幕墙类型特点合理选用，还应考虑是否便

于幕墙安装（如顶埋、侧埋）。

④ 埋件水平、竖向位置应标注清晰，当埋件与其他系统埋件、构件等位置有冲突时，应有处理措施；埋件锚筋与主体结构钢筋、压型板等位置有冲突时，应有处理措施。

⑤ 埋件材质、预埋精度、防腐要求、埋入混凝土强度应表达清晰。

⑥ 埋件平面图、立面图中应清晰标注防雷接地均压环的搭接点。

⑦ 埋件图应包含埋设超出允许误差后的补救方案。

2）幕墙平面图、立面图、剖面图审核要点如下：

① 立面分格尺寸应符合建筑师的设计意图，立面图面板材质标注应分明、清晰。

② 各立面均须全部体现，包括转角处及内侧幕墙。

③ 平、立面分格需标注清晰。

④ 幕墙与建筑、主体结构之间的定位关系需清晰、正确。

⑤ 层间防火应满足建筑要求。

3）幕墙系统图及节点详图审核要点如下：

① 图纸的完整性：局部平面图、立面图、剖面图应涵盖所有的幕墙系统及特殊部位（转角处、凹角处、内侧幕墙等），所有类型的节点应都有节点详图。

② 幕墙系统结构安全性：是否考虑全部的荷载及其组合、所有位移及其组合。

③ 节点详图表达应清晰。

④ 幕墙物理性能应满足要求，特别是水密、气密、保温、防火、防雷、隔声性能。

⑤ 建筑要求的其他构造要求，如层间防火高度应满足要求。

⑥ 幕墙节点的加工、组装、安装工艺应能实现。

⑦ 幕墙与其他专业应做好衔接，如室内地面、室内吊顶、暖通进出风口等。

⑧ 幕墙系统设计应考虑施工现场的实际状况，如外挂电梯与幕墙之间的关系。

4）外门窗详图审核要点如下：

① 门窗类型须符合建筑设计及规范要求，五金件的选择须符合规范、合同要求。

② 特殊的门，如旋转门对主体结构、强电、弱电的要求，深化图纸应符合其他专业的要求。

③ 门窗与幕墙结合处须有合理的处理措施，满足各项性能要求。

5）雨篷施工图审核要点如下：

① 雨篷的结构布置合理性及安全性：龙骨结构、埋件受力、对主体结构的反力校核。

② 雨篷排水：设计的排水能力应能达到雨篷汇水量的要求，排水沟尺寸及雨水管布置应合理。

③ 雨篷其他的建筑功能应符合建筑师的要求。

④ 与其他专业，包括但不限于暖通、排水、泛光照明、弱电监控、标识等的接口处理应合理。

6）防雷接地图审核要点如下：

① 防雷网的分布应满足规范要求。

② 防雷连接点导线面积应满足规范要求。

③ 与主体结构的防雷接地点的搭导面积应满足规范要求。

7）擦窗机防风销插座布置图审核要点如下：

① 防风销座平面、立面定位准确清晰。

② 支座详图设计须满足结构受力及擦窗机专业的要求。

8）外墙泛光照明布置图审核要点如下：

① 外墙灯具平面、立面定位准确清晰。

② 连接点的设计须有防水措施。

9）结构计算书审核要点如下：

① 设计数据，包括但不限于设计荷载、材料数据和设计标准。

② 荷载、位移的选择及其组合。

③ 结构原理、设计方法及假设条件。

④ 结构构件在荷载下的位移和应力。

⑤ 连接点位移计算。

⑥ 构件截面几何特性摘要。

⑦ 连接点荷载及作用在建筑边梁上的荷载形式。

⑧ 传递至主体结构的荷载及型式。

⑨ 连接点型式分析摘要。

⑩ 结构硅酮密封胶截面数值一览表，包括温度影响。

⑪ 型材的局部屈曲及侧向扭转屈曲的计算。

⑫ 对轻型结构（如室外装饰条）进行力学分析，避免因其自身频率可能在风力或其他荷载作用下发生共振而产生不安全因素。

10）热工报告审核要点如下：

① 热工报告应与深化图相匹配，满足法规、工程整体节能计算书以及建筑师、LEED顾问的要求。

② 材料导热系数的选择应与工程实际使用的一致。

③ 计算模型。

④ 规范及室内外环境。

⑤ 玻璃、框及单元板的传热系数。

⑥ 结露性能评价。

11）声学报告审核要点如下：

① 声学报告应与深化图相匹配，满足法规、工程整体声学报告以及声学顾问的要求。

② 材料隔声量的选择应与工程实际使用的一致。

③ 规范及隔声要求。

④ 直接隔声量结果分析。

⑤ 竖向层间隔声量结果分析。

5. 园林景观审核要点

园林景观审核要点见表2-15。

园林景观审核要点 表 2-15

序号	分类	图纸名称	审核要点
1	设计说明及总图	施工图纸目录	图纸目录信息应完整：图纸名称、数量、出图时间、版次、编号等；园林景观、综合管网、建筑总平图的平面定位碰撞，应有优化；各景点详图的索引应明确；图中所有要说明的子项、水体、建筑、构筑物、园林小品等的索引应明确；网格标示应清晰；用地周边的现状及规划道路、水体、地面的关键性标高点、等高线应标注；建筑室内外地面设计标高，构筑物控制点标高应标注明确合理；应包括尺寸定位、坐标定位
2		园林景观深化设计总说明	
3		竖向总平面图	
4		部品、材料清单表	
5		彩色总平面图（PDF 格式电子文件）	
6		定位总平面图	
7		索引总平面图	
8	硬景	铺装及家具布置总平面图	各种硬质铺装在图中应按分类并填充清晰表达；道路及铺装形式分割线及做法索引应明确标注；各种铺装形式的面材、规格、颜色、品名应明确标注；铺装排版图中拼缝、对缝、不同材料交界处详图应明确标注；特殊花纹铺装图应逐个花纹深化设计排版；平立面交界处节点应深化设计；防治沉降开裂的构造措施详图应深化设计；出入口的道路与场地应以平齐、台阶或坡道进行过渡节点详图深化设计
9		雕塑布置平面图	
10		各个分区定位平面图	
11		各个分区索引平面图	
12		各个分区竖向平面图	
13		各个分区铺装及家具布置图	
14		各个分区的场地剖面图	
15		各个分区的铺装详图	
16		各个分区的构筑物详图	
17		各个分区的细部详图	
18		标准做法详图	
19		雕塑设计详图	
20		铺装排版深化图	
21	结构	景观结构设计说明	景观结构平面图不应与建筑结构设计单位出具的施工图纸冲突；结构的标高应考虑面层铺装或种植土深度的要求；结构详图应存在二次植筋等措施；结构上的预留预埋定位应明确
22		景观结构平面图	
23		景观结构配筋图	
24		景观结构详图	
25	软景	苗木清单	苗木清单表应详细；乔木图、灌木图、地被图应齐全；大型配置平面乔木图和灌木图应分开出图，并在图中指引出植物名称和数量；植物种类、名称、株行距、群植位置、范围、数量应标注； 关键植物应标明与建（构）筑物、道路或地下管线的距离尺寸；应表明保留的原有树木的名称和数量； 苗木表应包括序号、中文名称、拉丁学名、苗木规格、数量、备注
26		特殊排水要求及移植规范和图例	
27		软景植物种植规范说明及植物保养说明	
28		各个分区的乔木平面图	
29		各个分区的灌木平面图	
30		各个分区的地被植物平面图	
31	给水排水	给水排水说明、材料表、图例及目录	给水排水管线埋深应符合要求；给水排水管线路由标高应符合要求；应校核了景观总平图中的最低处，包括绿地最低点、水池和水系位置应有给水排水管线，景观设计标高应能满足水管的埋深要求；每一个市政雨水井的标高应校核，应有防止雨水倒灌的技术措施
32		给水排水平面图	
33		给水排水系统图（包含灌溉系统、雨水、中水系统）	
34		给水排水详图	

续表

序号	分类	图纸名称	审核要点
35	电气	电气设计总说明及主要设备材料表	设计说明及主要设备表、系统图，包括照明配电系统图、动力配电系统图，应齐全；应有专项的防水安全构造措施；系统图应标注配电箱编号、型号； 各开关型号、规格、整定值应标明；配电回路编号、导线型号规格（对于单相负荷表明相别）应标明；平面图应标明配电箱、用电点、线路等平面位置，标明配电箱编号、干线、分支线回路编号、型号、规格、敷设方式、控制形式
36		照明布置平面图	
37		配电系统图	
38		配电箱控制原理图	
39		配电平面图	
40		局部配电平剖面图	
41		各种灯具安装详图及特殊灯具大样图	
42		弱电通信、安防图	
43	其他	地形坡度剖面图及等高线放线图	室外综合点位总图应包括明沟、井盖、消防栓、草坪灯、灌溉喷头、室外音响、监控点位、照明点位等；综合管网图中应明确电力、燃气、消防、通信等所有管线的埋深及水平距离
44		室外综合点位总图	
45		室外综合管网图	
46		隐形井盖、收水口、雨水箅子详图	

2.4.9　材料/设备报审管理

2.4.9.1　材料/设备报审管理内容

1）项目部进场初期，书面确认与建设单位商定材料/设备报审流程【包括报审程序、时限、报审文件的组成、样品封样程序、材料/设备变更程序等】并发送相关方。

2）督促分包商进场两周内提交材料/设备报审清单，审核通过后报送建设单位。

3）督促分包商根据项目总体控制计划编制（年度、季度、月度）材料/设备报审计划，审核通过后报建设单位。

4）组织项目部相关部门审核分包商报送的材料/设备报审文件（文件格式、完整性、品牌、技术参数等应满足合约及相关要求），审核通过后报建设单位。

5）建立、更新材料/设备报审台账，定期（如每月）与建设单位、分包商核对，办理书面确认记录。定期整理（材料/设备报审）建设单位逾期回复清单，并发函告之。

6）监控分包商材料/设备报审进度和质量。

7）设计管理部在必要时应组织相关方进行材料/设备考察。

8）材料/设备报审通过后，设计管理部及时组织建设单位、分包商对样品进行封样。

9）与建设单位商定视觉样板选取的区域、范围，以及样板的种类、数量；组织分包商报审视觉样板的深化设计图纸、材料/设备；组织相关方进行验收，督促建设单位及时提供验收报告。

10）与建设单位商定幕墙性能测试原尺模型（PMU）的数量、PMU在建筑物立面上所选取的区域、范围；负责PMU的深化设计文件报审及材料/设备的报审；组织幕墙性能测试试验室的报审及考察；负责PMU测试方案的报审；组织PMU的测试，督促幕墙分包商及时提交测试报告。

2.4.9.2　材料/设备报审管理流程

材料/设备报审流程见图2-15。

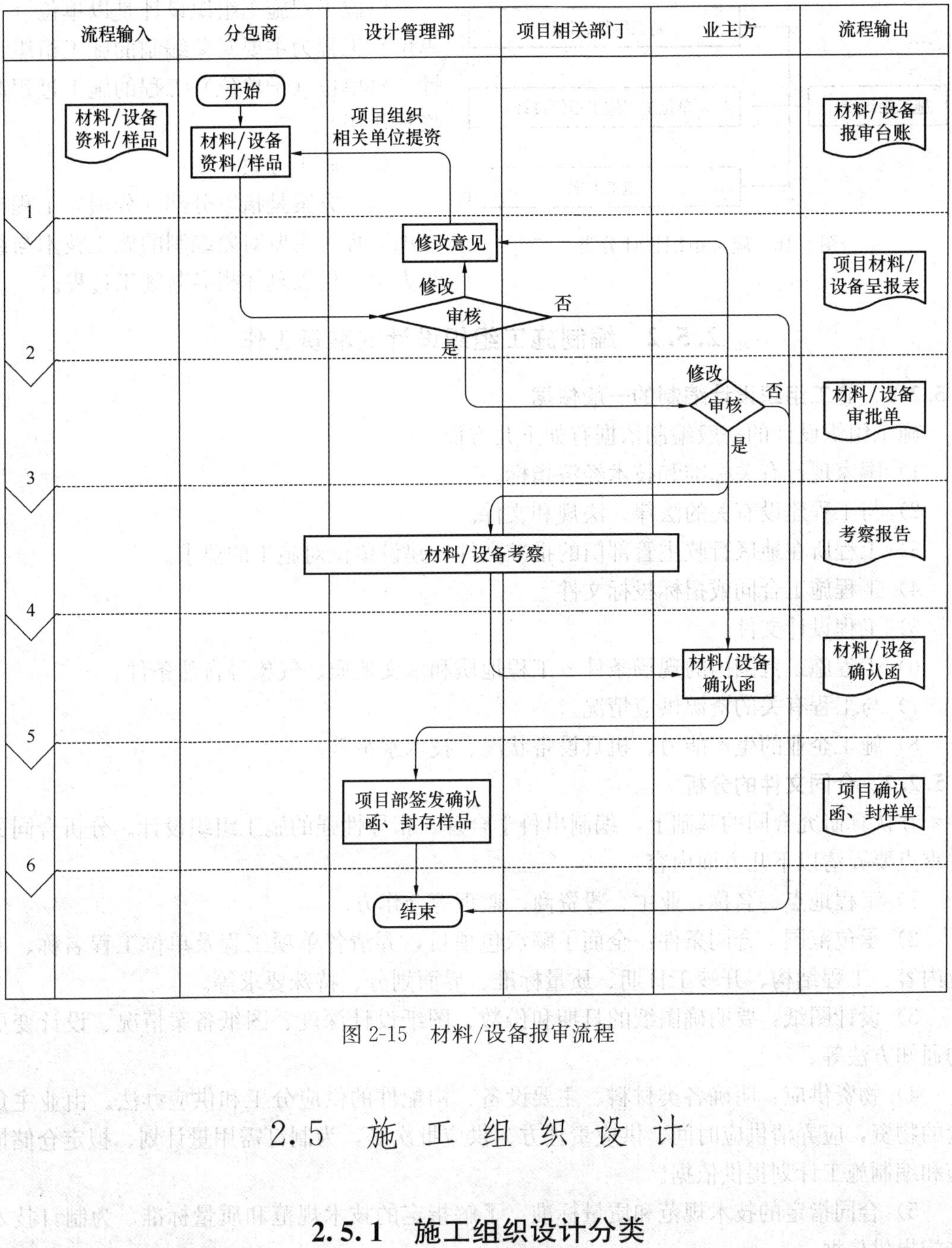

图 2-15　材料/设备报审流程

2.5　施 工 组 织 设 计

2.5.1　施工组织设计分类

根据《建筑施工组织设计规范》GB/T 50502—2009，施工组织设计按编制对象，可分为施工组织总设计、单位工程施工组织设计、施工方案，如图 2-16 所示。

（1）施工组织总设计

施工组织总设计是以若干单位工程组成的群体工程或特大型项目为主要对象编制的施工组织设计，对整个项目的施工过程起统筹规划、重点控制的作用。

（2）单位工程施工组织设计

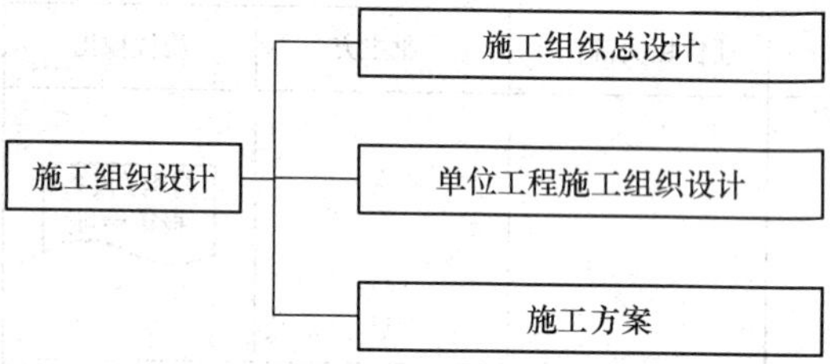

图 2-16　施工组织设计分类

单位工程施工组织设计是以单位（子单位）工程为主要对象编制的施工组织设计，对单位（子单位）工程的施工过程起指导作用。

（3）施工方案

施工方案是指以分部（分项）工程或专项工程为主要对象编制的施工技术与组织方案，用以具体指导其施工过程。

2.5.2　编制施工组织设计的准备工作

2.5.2.1　施工组织设计编制的一般依据

施工组织设计的一般编制依据有如下几方面：

1）国家现行有关标准和技术经济指标。

2）与工程建设有关的法律、法规和文件。

3）工程所在地区行政主管部门的批准文件，建设单位对施工的要求。

4）工程施工合同或招标投标文件。

5）工程设计文件。

6）工程施工范围内的现场条件、工程地质和水文地质、气象等自然条件。

7）与工程有关的资源供应情况。

8）施工企业的生产能力、机具设备状况、技术水平等。

2.5.2.2　合同文件的分析

在认真研究合同的基础上，编制出科学合理、指导性强的施工组织设计。分析合同文件重点要弄清以下几方面内容：

1）工程地点、名称，业主、投资商、监理等合作方。

2）承包范围、合同条件：全面了解承包项目，弄清各单项工程及单位工程名称、专业内容、工程结构、开竣工日期、质量标准、界面划分、特殊要求等。

3）设计图纸：要明确图纸的日期和份数、图纸设计深度、图纸备案情况、设计变更的通知方法等。

4）物资供应：明确各类材料、主要设备、构配件的供应分工和供应办法。由业主负责的物资，应弄清供应时间、供应责任方、供应批次等，为制订需用量计划、拟定仓储措施和编制施工计划提供依据。

5）合同指定的技术规范和质量标准：了解指定的技术规范和质量标准，为制订技术措施提供依据。

6）合同文件中的其他条款。

2.5.2.3　施工现场、环境调查

要对施工现场、周边环境进行深入细致的调查，调查的主要内容有：

1）明确建筑物的位置、规模、占地面积、场地现状条件等。

2）自然条件资料：如地形、地质、水文资料等文件。

3）施工地区内的既有房屋、通信电力设备管线、给水排水管道、墓穴及其他建（构）

筑物情况，以便安排拆迁、改建计划。

4）调查施工区域的周边环境，有无大型社区、施工水源、电源，有无施工作业空间，是否要临时占用市政空间等。

5）交通条件：周边区域的交通高峰时段和流量状况，是否会影响混凝土等材料入场，材料运输路线规划，是否存在不满足材料运输的桥、洞或关口等。

6）调查社会资源供应情况和施工条件，主要包括劳动力供应和来源，主要材料生产和供应，主要资源价格、质量、运输等。

7）收集当地的气候资料，如高温时段、冬期施工时段、雨期时段和雨量等情况。

8）了解建设周期内可预见的大型社会活动时间是否会对项目施工造成影响，如中高考可能带来的停工或限时、大型赛事或其他活动可能造成的停工或材料供应受限等。

2.5.2.4　核算工程量

编制施工组织设计前，要结合业主提供的工程量清单或计价文件，对照图纸核实预算工程量。一是确保施工资源投入的合理性，包括劳动力和主要资源需求量，同时结合施工部署，合理组织分层、分段流水作业，量化人、材、机的投入数量和批次；二是通过工程量的计算，结合施工方法，编制施工辅助措施的投入计划，比如土方工程的施工由原挡土墙改为放坡，土方工程量即应增加，而支撑锚钉材料就相应取消。

在编制施工组织设计前，结合施工部署方案的制定，对项目工程量进行详细核算，能够较为准确地测算措施工程量，并在施工组织设计中得到详细体现，制定措施量投入计划，实现施工成本的事前控制。

2.5.3　编制施工组织设计的原则

施工组织设计编制时应遵循的基本原则见表2-16。

施工组织设计编制的基本原则　　表2-16

序号	编制原则
1	贯彻国家工程建设的法律、法规、方针和政策，严格执行基本建设程序和施工程序，认真履行承包合同，科学地安排施工顺序，保证按期或提前交付业主
2	符合施工合同或招标文件中有关工程进度、质量、安全、环境保护、造价等方面的要求
3	积极开发、使用新技术和新工艺，推广应用新材料和新设备
4	坚持科学的施工程序和合理的施工顺序，采用流水施工和网络计划等方法，科学配置资源，合理布置现场，采取季节性施工措施，实现均衡施工，达到合理的经济技术指标
5	采用先进的技术和管理措施，积极推广建筑节能和绿色施工
6	与质量、环境和职业健康安全三个管理体系有效结合
7	根据实际情况，拟定技术先进、经济合理的施工方案和施工工艺，认真编制各项实施计划和技术组织措施，严格控制工程质量、进度、成本，确保安全生产和文明施工，做好职业安全健康、环境保护工作，实现项目既定目标
8	科学安排冬期、雨期及夏季高温、台风等特殊气象条件下的施工项目，落实季节性施工措施，保证全年施工的均衡性、连续性
9	贯彻多层次技术结构的技术政策，因时、因地制宜地促进技术进步和建筑工业化的发展，不断提高施工机械化、预制装配化的程度，改善劳动条件，提高劳动生产率

续表

序号	编制原则
10	尽量利用现有设施和永久性设施，减少临时工程；合理确定物资采购及存储方式，减少现场库存量和物资损耗；科学地规划施工总平面
11	充分进行调查研究，力求全面搜集相关资料，尽量做到考虑全面、重点突出，使施工方案具有针对性、可行性和先进性
12	当施工组织设计作为投标文件的组成部分参与竞争投标时，还应注意以下原则： ① 积极响应招标文件要求，对招标文件提出的要求应做出明确、具体的承诺。对招标文件中有意见的条款，可先保留意见或根据招标文件要求提供合理化建议。 ② 编制内容要注意从总体上体现本企业的综合实力、施工技术能力及管理水平，体现企业管理的控制性和战略性

2.5.4　施工组织设计编制及实施的控制环节

2.5.4.1　控制目标的确定

施工组织设计中主要控制目标包括工期目标、质量目标、成本目标、职业健康与安全管理目标、环境管理目标和文明施工目标等。

施工单位控制目标一般应根据业主招标文件及施工合同中要求的目标，并根据企业自身能力和拥有的人力、物力、财力，经过周密的计划与详细的计算后综合确定。该目标必须满足或高于合同要求目标，并作为控制施工进度、质量和成本计划的依据。

2.5.4.2　主要技术方案与工程实际的衔接

（1）主要技术方案的制定

应尽量适应施工过程的复杂性和具体施工项目的特殊性，并尽可能保持施工生产的连续性、均衡性和协调性。施工组织设计中涉及的关键部位或工艺复杂部位的施工方案，其可行性在编制施工组织设计时应经过初步论证，在正式实施前应编制专项施工方案并按相关规定进行审核或论证。

（2）施工组织设计中主要技术方案的选择

要结合企业实力和实际施工水平选择合理的施工方法，避免重视施工方法、设备需要的数量和施工技术的先进性，而轻视施工组织设计、设备配备的选择和施工方案的经济性；要注意根据现场实际情况或出现的各种问题及时修改、调整方案，避免方案固化；要进行多方案合理性比较，在工程实际中统一施工方案、施工进度和施工成本的关系，即在制定施工技术方案时既要考虑施工进度也要考虑成本，安排进度时同样也要考虑成本，这样才能实现施工项目管理的核心目标。

（3）图章与人员要求

施工组织设计应加盖企业法定图章，分包单位施工组织设计应加盖分包单位法定图章。编制人、审核人、审批人应具备相应法定要求。

（4）主要技术方案的积累

企业管理部门明确一定的职能机构人员，按计划程序对建筑工程大中型项目主要施工技术方案进行收集、整理、总结、提炼和评审，不断进行技术积累，使施工组织设计的技术财富发挥效能，推广先进经验，减少重复劳动。

2.5.4.3 施工组织设计编制、审核

项目经理负责施工组织设计编制前的组织工作，确定参加编制的人选、任务划分、完成时间以及编制要求等内容。项目技术负责人指导项目资料员具体收集编制施工组织设计所需规范、图集、手册等资料。其他需要准备的资料主要包括招标投标文件、合同、施工图、地质勘察报告、设计交底及图纸会审文件等。

施工组织设计的内容一般包括三图（平面布置图、进度计划图、工艺流程图）、三表（机械设备表、劳动力计划表、材料需求表）、一说明（综合说明）、四项措施（质量措施、安全措施、工期措施、环保措施）。

施工组织设计文稿要求文字用词规范，图表设计合理，语言表述标准，概念逻辑清晰，格式及内容全文统一；当施工组织设计用于投标文件的组成时，其格式和内容应严格满足招标文件的要求。编制的依据和借用的素材应是现行有效的，不得引用国家废止的文件和标准。严禁在施工组织设计中使用国家、省、市、地方明令淘汰和禁止的建筑材料和施工工艺。

2.5.4.4 施工组织设计的实施

1）在编制施工组织设计前，必须做充分的调查，掌握各个方面的原始资料、各种施工参数；应对工程的具体内容、性质、规模进行深入分析研究，要掌握工程特点、关键工程的施工方法及技术质量要求，了解施工的先后顺序。

2）在确定施工部署时，召开会议，广泛听取各方面的意见和建议。如在选定施工方案时，必须从各种资料分析着手，深入现场实际，摸清各种内、外条件，必要时可借鉴类似工程的实践经验，通过分析，确定方案、工期、总平面布置等。

3）在编制单位工程施工组织设计时，原则上要执行“谁编制谁贯彻”的要求，一般由技术部门召集，施工人员派人参加，意图明确，便于贯彻执行，有利于全面指导施工，达到全面完成施工任务的要求。

4）施工组织设计经审批后，项目技术负责人应组织技术员等参与编制人员就施工组织设计中主要管理目标、管理措施、规章制度、主要施工方案以及质量保证措施等对项目全体管理人员及分包主要管理人员进行施工组织设计交底并做好交底记录。

5）施工组织设计是指导项目施工规范性的重要文件，经批准后必须严格执行，不得随意变更或修改。如有重大变更，应先办理相应的调整手续。

2.5.5 施工组织设计的内容

本节主要介绍施工组织总设计和单位工程施工组织设计的内容。对于施工方案的编制管理另见第2.6节“施工方案”。

对于仅有一个单位工程的项目，可不必编制单位工程施工组织设计。

2.5.5.1 编制内容

根据施工组织设计的地位和作用，施工组织设计编制内容一般包含以下内容：

1）编制依据；

2）工程概况；

3）施工部署；

4）施工进度计划；

5）施工准备与资源配置计划；
6）主要施工方案；
7）施工现场平面布置；
8）主要施工管理计划；
9）质量保证措施；
10）安全保证措施；
11）环境保护保证措施；
12）文明施工保证措施；
13）其他保证措施。

2.5.5.2　编制程序

施工组织设计的编制程序如图 2-17 所示。

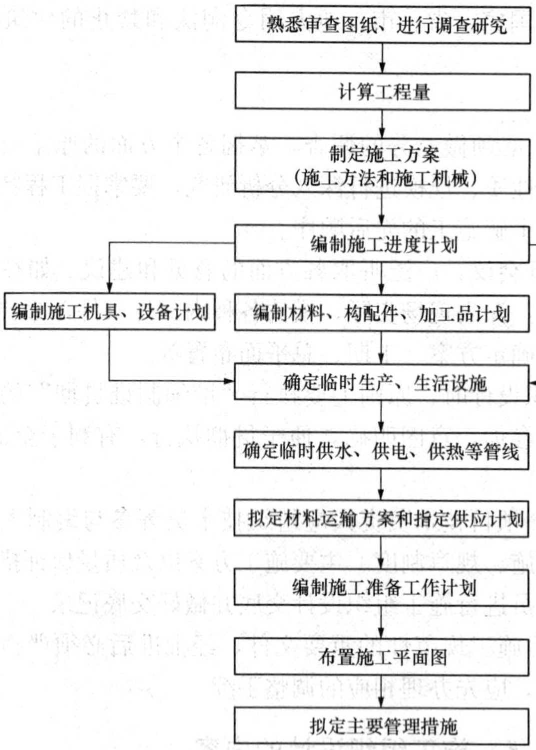

图 2-17　施工组织设计编制程序

2.5.5.3　编制依据

为切合实际编制好施工组织设计，在编制时，应尽可能收集相关资料，保证施工组织设计的可行性。编制依据一般包含的内容见表 2-17。

编制依据　　**表 2-17**

序号	项目	内容
1	计划文件及有关合同	包括国家批准的基本建设计划、可行性研究报告、工程项目一览表、分期分批施工项目和投资计划、主管部门的批件、施工单位上级主管部门下达的施工任务计划、招投标文件及签订的工程承包合同、工程材料和设备的订货合同等

续表

序号	项目	内容
2	设计文件及有关资料	包括建设项目的初步设计、扩大初步设计或技术设计的有关图纸、设计说明书、建筑总平面图、建设地区区域平面图、建筑竖向设计、总概算或修正概算等
3	工程勘察和原始资料	包括建设地区地形、地貌、工程地质及水文地质、气象等自然条件；交通运输、能源、预制构件、建筑材料、水电供应及机械设备等技术经济条件；建设地区政治、经济、文化、生活、卫生等社会生活条件
4	现行规范、规程和有关技术规定	包括国家、地方及行业现行法律、规范、规程、标准等
5	企业标准	企业内部相关标准和企业各方面相关能力情况

2.5.5.4 工程概况

工程概况是对工程及所在地区特征的一个总说明。一般应描述项目施工总体概况、设计概况、建安工程量、主要室外工程设计简介、工程建设地点特征、建设地区自然经济条件、施工条件、工程特点及重难点分析、承包范围、项目目标。工程概况介绍应简明扼要、重点突出、层次清晰，可辅以图表说明。针对单位工程还应有各专业设计主要简介（包含工程典型的平面图、立面图、剖面图或效果图）。

（1）总体简介

介绍建设项目或建筑群的基本情况，包含工程项目的名称、工程地址、建设单位、勘察单位、设计单位、监理单位、承包单位、分包单位、资金来源等情况。总体简介样表见表 2-18。

总体简介样表 **表 2-18**

序号	项目	内容
1	工程名称	
2	建设地点	
3	总规模（或总生产能力）	
4	总投资（或总造价）	
5	建设单位	
6	审计咨询单位	
7	勘察单位	
8	设计单位	
9	监理单位	
10	总承包单位	
11	资金来源	
12	合同承包范围	
13	结算方式	
14	合同工期	
15	质量目标	
……		

（2）设计概况

介绍工程项目总体设计及各单位工程各专业的设计简介。

（3）建筑设计概况

根据建筑总说明及具体的建筑施工图纸说明建筑功能、建筑特点、建筑面积、平面尺寸、层数、层高、总高、内外装修等情况。其中，建筑特点及涉及四新方面的内容应重点说明。

一般工程的建筑设计概况样表见表 2-19。

一般工程的建筑设计概况　　**表 2-19**

序号	项目	内容			
1	建筑功能				
2	建筑特点	介绍建造形态方面的特色、风格			
3	建筑面积	总建筑面积		占地面积	
		地下建筑面积		地上建筑面积	
		首层建筑面积		标准层建筑面积	
4	建筑层数	地下		地上	
5	建筑层高	地下部分层高	地下一层		
			地下 n 层		
		地上部分层高	首层		
			二层		
			标准层		
			设备层		
			转换层		
			其他建筑功能层		
6	建筑高度	绝对高度		室内外高差	
		基底标高		最大基坑深度	
		檐口高度		建筑总高	
7	建筑平面	形状			
		建筑轮廓主要尺寸			
8	建筑防火				
9	保温	外墙			
		屋面			
		其他部位			
10	装饰装修	外墙装修			
		檐口			
		屋面工程	不上人屋面		
			上人屋面		
		出入口			
11		顶棚			
		楼地面			
		内墙			
		门窗工程			
		楼梯			

续表

序号	项目	内容	
12	防水工程	地下	
		屋面	
		室内	
13	电梯		

（4）结构设计概况

根据结构设计总说明及具体的结构施工图纸，说明结构各方面的内容及设计做法，其中涉及工程重难点及四新方面的内容应重点描述。

一般钢筋混凝土工程的结构设计概况样表见表 2-20。

一般钢筋混凝土工程的结构设计概况　　表 2-20

序号	项目	内容		
1	土质、水质	基底以上土质分层情况		
		地下水位	地下承压水	
			滞水层	
			设防水位	
		地下水质		
2	结构形式	基础结构形式		
		主体结构形式		
		屋面结构形式		
		填充材料		
3	地基	持力层以下土质类别		
		地基承载力		
		土壤渗透系数		
4	地下防水	混凝土自防水		
		材料防水		
5	混凝土等级	基础垫层		
		基础	底板	
			地下室顶板	
			外墙、柱	
			内墙、柱	
			梁、楼板	
		主体结构	墙、柱	
			梁、板、楼梯	
6	抗震设防	抗震设防烈度		
		抗震等级	框架抗震等级	
			剪力墙抗震等级	
		建筑结构安全等级		
		抗震设防类别		

续表

序号	项目	内容	
7	钢筋类别	非预应力筋及等级	
		预应力筋及张拉方式	
8	钢筋接头形式	搭接	
		焊接	
		机械连接	
9	主要结构尺寸	底板、地梁尺寸	
		外墙厚度	
		内墙厚度	
		柱截面尺寸	
		梁截面尺寸	
		楼板厚度	
10	楼梯、坡道结构形式	楼梯结构形式	
		坡道结构形式	
11	结构转换层	设置位置	
		结构形式	
12	耐久性要求		
13	人防等级		
14	建筑沉降观测		

（5）其他各专业设计概况

根据专业图纸按专业类别以表格的形式说明专业设计概况，见表 2-21。

专业设计概况　　**表 2-21**

序号	项目		设计要求	系统做法	管道类别
1	给水排水系统	给水			
		排水			
		热水			
		饮用水			
		消防水			
		水箱			
		污水泵			
2	消防系统	消防			
		排烟			
		报警			
		监控			
3	空调通风系统	空调			
		通风			
		冷冻			
		冷却塔			

续表

序号	项目		设计要求	系统做法	管道类别
4	采暖	自供暖			
		集中供暖			
5	电力系统	照明			
		动力			
		弱电			
		避雷			
		配电柜			
6	智能建筑	通信			
		音箱			
		电视电缆			
7	庭院、绿化				
	楼宇清洁				
8	防雷				
9	电梯、扶梯				

(6) 工程典型图示

在各专业设计概况介绍完成后，为直观了解建筑特点，可附典型的平面图、立面图、剖面图、效果图（有条件时）。

(7) 建安工程量

建安工程量见表 2-22。

建安工程量一览表 **表 2-22**

序号	工程名称	建安工程量（万元）		主要工种工程量	设备安装工程量	备注
		土建	安装			
1						
2						
……						

(8) 自然经济条件

建设地区自然经济条件见表 2-23。

建设地区自然经济条件 **表 2-23**

序号	项目		内容
1	自然条件状况	气象条件	
		工程地形地貌	
		工程地质状况	
		工程水文地质状况	
		地震级别及危害程度	

续表

序号	项目		内容
2	技术经济状况	当地主要材料供应状况	
		当地机械设备供应状况	
		当地生产工艺设备供应状况	
		地方交通运输方式及服务能力状况	
		地方供水能力状况	
		地方供电能力状况	
		地方供热能力状况	
		地方电信服务能力状况	
		地方施工技术水平	
		地方资源价格情况	
		承包单位信誉、能力、素质及经济效益状况	

(9) 工程建设地点特征

主要介绍拟建工程的地理位置、地形、地貌、地质、水文地质、气温、季节性时间、主导风向、风力、地震烈度等。

本部分内容叙述应简明扼要，能用具体数字说明的宜用数字进行说明，以便读者很直观地获悉工程建设地点的特征信息。

(10) 施工条件

从现场场地、周边环境、施工资源、施工单位能力等方面叙述，见表 2-24。

施工条件 **表 2-24**

序号	项目	内容	
1	现场场地	“五通一平”情况	叙述哪些已具备条件，哪些需要进场后解决
		场地大小及利用率	可利用场地与工程规模比较，说明场地的宽敞或狭小、利用率、场地布置难易程度等
		现场地形地貌	坡地地形应予以说明
		地下水位情况	基坑施工是否需要降水
		地下管线情况	是否影响临建布置及土方施工，施工是否需要采取保护措施
		场区高程引测及定位	叙述甲方提供的测量基准点等
		甲方提供临设情况	叙述建设单位提供临时设施情况，哪些需进场后解决
2	周边环境	周边建筑物	有哪些临近建筑，基坑及降水施工是否需要采取加固措施，可能存在的扰民及民扰程度等
		周边道路及交通能力	重点叙述交通流量、交通管制、交通运输能力对混凝土及大型材料运输的影响
		周边地下管线情况	市政排污管道位置、施工是否需要临时中断地下管线等
3	施工资源	主要建筑材料供应情况	当地的供应能力，是否需要从外地采购
		主要构件供应情况	当地的供应能力，是否需要从外地采购
		劳动力	落实情况
		主要施工机械及设备	落实情况

续表

序号	项目	内容	
4	施工单位能力	承包单位施工技术水平	从施工单位资质、人员配置、掌握核心施工技术及新技术能力、类似工程施工经验等叙述
		承包单位施工管理水平	从施工单位资质、总承包管理及协调能力、类似工程施工经验等叙述
5	其他	如气候条件、图纸是否完善、是否需要深化设计等	

(11) 工程特点及重难点分析

根据工程设计特点及施工条件等，结合施工单位的具体情况，从组织管理和施工技术两方面分析工程特点及重难点，制定针对性措施和方案。

(12) 项目目标

阐述质量、进度、安全、环保、绿色施工等各项目标的要求，并制定强有力的保证措施。施工目标管理见表 2-25。

目标管理项目及内容　　表 2-25

序号	项目	目标内容与保障措施
1	质量目标	1. 包括建设项目整体质量目标和单位工程质量目标 2. 施工质量保证措施 (1) 组织保证措施：根据工程特点建立项目施工质量体系，明确分工职责和质量监督制度，落实施工质量控制责任； (2) 技术保证措施：编制项目质量计划，完善施工质量控制点和控制标准，加强培训和交底，加强施工过程控制； (3) 经济保证措施：保证资金正常供应，加大奖罚力度，保证施工资源正常供应； (4) 合同保证措施：全面履行工程承包合同，及时协调分包单位施工质量，严把质量关，尽量减少业主提出的工程质量索赔机会
2	工期目标	1. 包括建设项目总工期目标、独立交工系统工期目标、单项工程工期目标 2. 工期保证措施 (1) 组织保证措施：从组织上落实工期控制责任，建立工期控制协调制度； (2) 技术保证措施：编制工程施工进度总计划、单项工程进度计划、分阶段进度计划等多级网络计划，加强计划动态控制； (3) 经济保证措施：保证资金正常供应，加大奖罚力度，保证施工资源正常供应； (4) 合同保证措施：全面履行工程承包合同，及时协调分包单位施工进度，尽量减少业主提出的工程进度索赔机会
3	安全目标	1. 包括建设项目安全总目标、独立交工系统施工安全目标、独立承包项目施工安全目标、单项工程安全目标 2. 安全保证措施 (1) 组织保证措施：建立安全组织机构，确定各单位和责任人职责及权限，建立健全安全管理规章制度； (2) 技术保证措施：编制项目安全计划、工种安全操作规程，选择安全适用的施工方案，落实安全技术交底制； (3) 经济保证措施：保证资金正常供应，加大奖罚力度，保证安全防护资源及设施正常供应； (4) 合同保证措施：全面履行工程承包合同，加强分包单位安全管理

续表

序号	项目	目标内容与保障措施
4	环保目标	1. 包括建设项目施工总环保目标、独立交工系统施工环保目标、独立承包项目施工环保目标、单项工程施工环保目标 2. 环保保证措施 （1）组织保证措施：建立施工环保组织机构，确定各单位和责任人职责及权限，建立健全环保管理规章制度； （2）技术保证措施：根据工程特点，明确施工环保事项内容，编制针对性强的施工环保方案； （3）经济保证措施：保证资金正常供应，加大奖罚力度，保证环保用资源及设施正常供应； （4）合同保证措施：全面履行工程承包合同，加强分包单位环保管理
5	其他目标	1. 确定建设项目其他总目标及单项工程其他目标 2. 制定其他目标保证措施

2.5.5.5　施工部署

施工部署是对整个建设项目全局做出的统筹规划和全面安排，主要解决影响建设项目全局的重大施工问题。针对各单位工程，施工部署还应包括人力、资源、时间、空间、工艺的总体安排。

（1）工程开展程序

工程开展程序的确定见图 2-18。

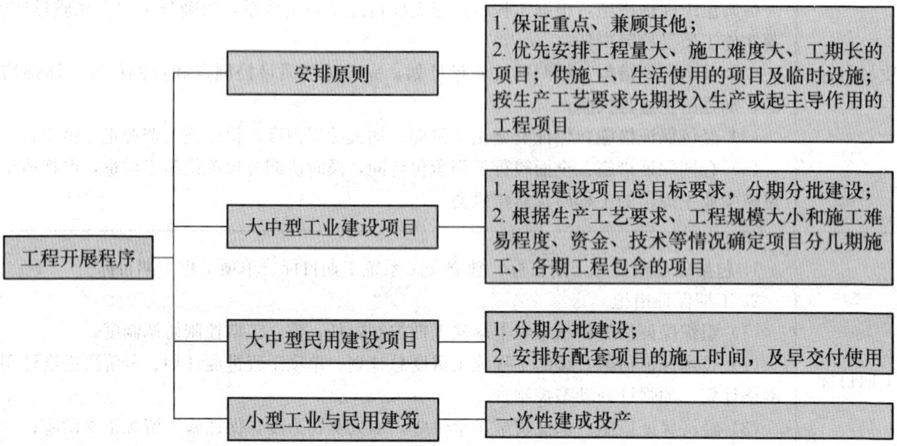

图 2-18　工程开展程序

（2）施工部署内容

单位工程施工部署内容见表 2-26。

单位工程施工部署内容　　表 2-26

序号	部署内容	说明
1	施工管理目标	根据施工合同的约定和政府行政主管部门的要求，制定实施的工期、质量、安全目标和文明施工、消防、环境保护等方面的管理目标
2	施工部署原则	为实现本单位工程的各项管理目标，应确定的主导思想，即采用什么样的组织手段和技术手段去实现合同要求

续表

序号	部署内容	说明
3	总体施工顺序	依据施工程序、施工组织、工序逻辑关系组织施工
4	项目部组织机构	项目部应根据工程的规模、结构、复杂程度、专业特点等设置足够的岗位，其人员组成以机构方框图的形式列出，明确各岗位人员的职责
5	计算主要工程量	总承包单位按照施工图纸计算主要分项、分部工程的工程量，据此编制施工进度计划、划分流水段、配置资源等
6	施工进度计划	施工进度计划是施工部署在时间上的体现。应按施工组织总设计或投标性施工组织设计中的总控进度计划编制，住宅工程和一般公用建筑施工进度计划可用横道图表示，大型公共建筑施工进度计划应用网络图表示
7	原材料、构配件、设备的加工及采购计划	应根据施工进度计划制定原材料、构配件、设备的加工及采购计划
8	劳动力计划	按工程的施工阶段列出各工种劳动力计划，并绘制以时间为横坐标、人数为纵坐标的劳动力动态管理图
9	协调与配合	应明确项目部与工程监理单位及各参建单位之间需要配合、协调的范围和方式

(3) 总体施工顺序

先确定施工程序，然后确定单位工程的施工起点和流向，最后根据施工程序、施工起点和流向、工序逻辑关系及组织关系确定单位工程的总体施工顺序。

1) 施工程序。先内业及现场准备，施工时遵循“先地下后地上”“先土建后设备”“先主体后维护”“先结构后装饰”的总体程序，最后安排好竣工收尾工作。

施工程序说明见表 2-27。

施工程序说明 **表 2-27**

序号	施工程序名称	说明
1	内业准备工作	熟悉施工图纸，图纸会审，编制施工预算，编制施工组织设计，落实设备与劳动力计划，落实协作单位，对职工进行岗位培训、四新技术培训、施工安全与防火教育等
2	现场准备	完成拆迁、清理障碍、管线迁移、平整场地、设置施工用临时建筑、完成附属加工设施、铺设临时水电管网、完成临时道路、机械设备进场、必要的材料进场等
3	先地下后地上	指的是先完成管道、管线等地下设施，土方工程和基础工程，然后开始地上工程的施工
4	先土建后设备	一般来说，土建施工应先于水暖煤电卫等建筑设备的施工。但它们之间更多的是穿插配合的关系，尤其是在装修施工阶段
5	先主体后围护	主要指框架主体结构与维护结构在总的程序上要合理搭接。一般来说，多层建筑以少搭接为宜，而高层建筑则应尽量搭接施工，以保证或缩短工期
6	先结构后装修	指一般情况而言，有时为缩短工期，也可部分搭接施工
7	竣工收尾	主要包括设备调试、生产或使用准备、交工验收等工作

2) 单位工程的施工起点和流向。施工起点和流向是指单位工程在平面或空间上开始施工的部位及流动方向，这主要取决于生产需要、缩短工期及保证质量等要求。

施工起点流向的影响因素见表 2-28。

施工起点流向的影响因素 **表 2-28**

序号	影响因素	说明
1	生产工艺或使用要求	确定施工流向的基本因素，一般生产工艺上影响其他工段试车投产的或生产使用上要求急的工段，部分先安排施工。如工程厂房内要求先试生产的工段应先施工；高层宾馆、写字楼等可以在主体结构施工到一定层数后，安排地面上若干层的室内外装修
2	施工的繁简程度	一般说来，技术复杂、施工难度大、施工进度较慢、工期长的工段或部位应先安排施工
3	房屋高低层或高低跨	基础埋深不一致，应按先深后浅的顺序施工；房屋有高低层或高低跨时，应先从并列处开始
4	施工组织和施工技术	如施工组织的分层分段影响施工流向；基础工程由施工机械和方法决定其平面上施工流向；主体工程平面上由施工组织决定从哪一边开始施工，按照施工程序，竖向一般自下而上施工；装饰工程竖向施工流向有自上而下、自下而上、自中而下再自上而中的顺序，具体采用哪种施工顺序，由施工组织和施工技术决定

以多单元建筑的装修工程为例，分析竖向施工流向：竖向施工流向如图 2-19 所示，三种竖向施工流向的优缺点见表 2-29。

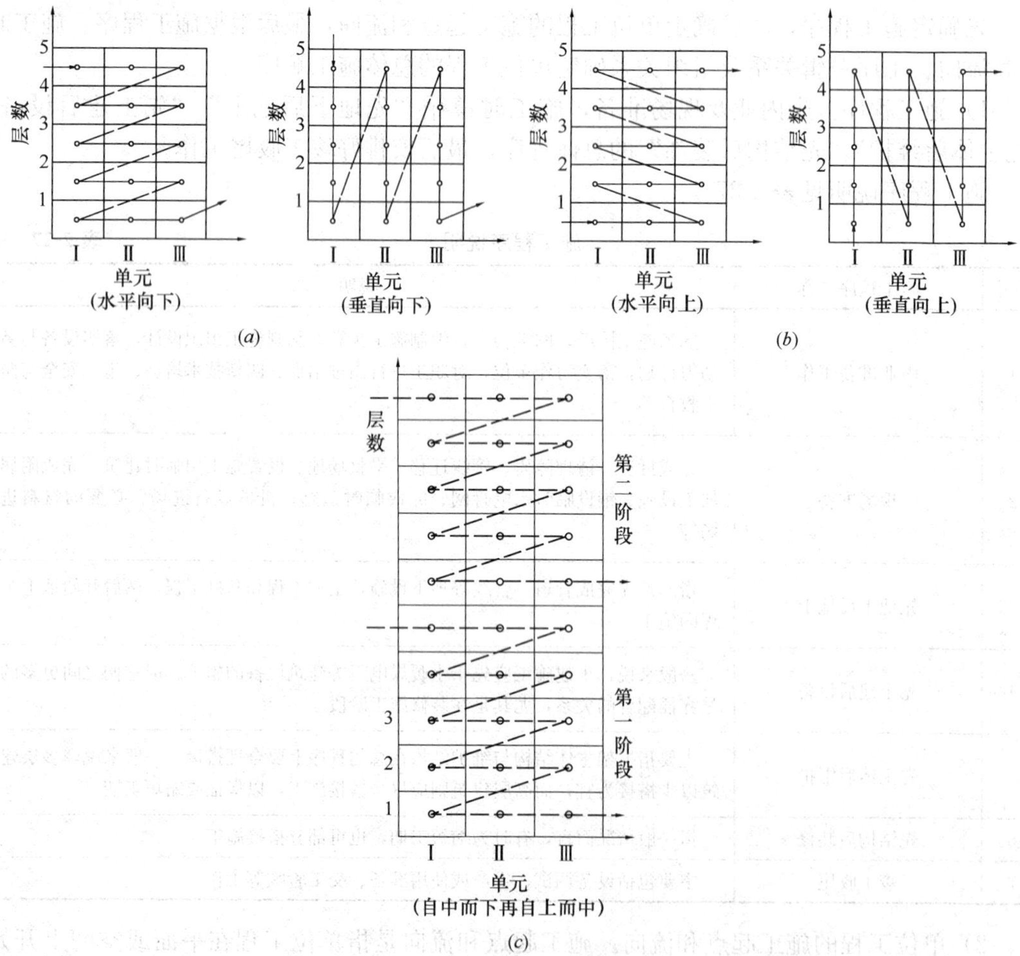

图 2-19 装修工程竖向施工流向

(*a*) 自上而下；(*b*) 自下而上；(*c*) 自中而下再自上而中

装修工程三种竖向施工流向的优缺点 **表 2-29**

序号	装修工程竖向施工流向	优点	缺点
1	自上而下	有利于屋面及装修工程质量，避免工种交叉，有利于文明施工及成品保护	不能与主体结构搭接，工期较长
2	自下而上	可以与主体结构平行搭接施工，能相应缩短工期	工种交叉多，施工资源供应紧张，施工组织和管理较复杂
3	自中而下再自上而中	综合前两种优点，适合高层建筑的装饰施工	综合前两种缺点

3）施工流程。

① 影响因素。

影响施工顺序的因素较多，主要影响因素如图 2-20 所示。

② 施工流程实例。

多层混合结构的施工流程如图 2-21 所示，装配式钢筋混凝土单层工业厂房施工流程如图 2-22 所示，高层框剪结构施工流程如图 2-23 所示。

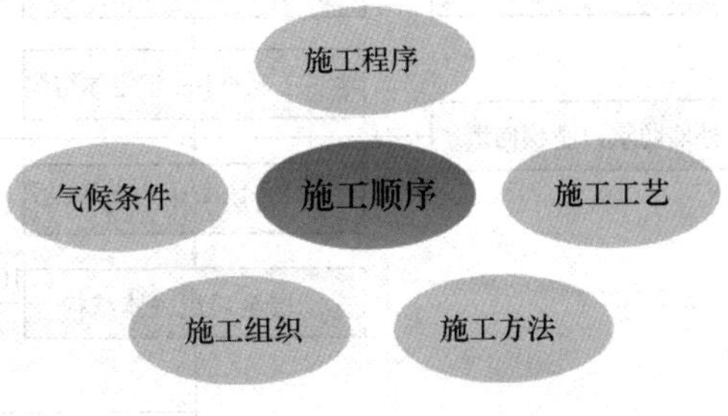

图 2-20 影响施工顺序的因素

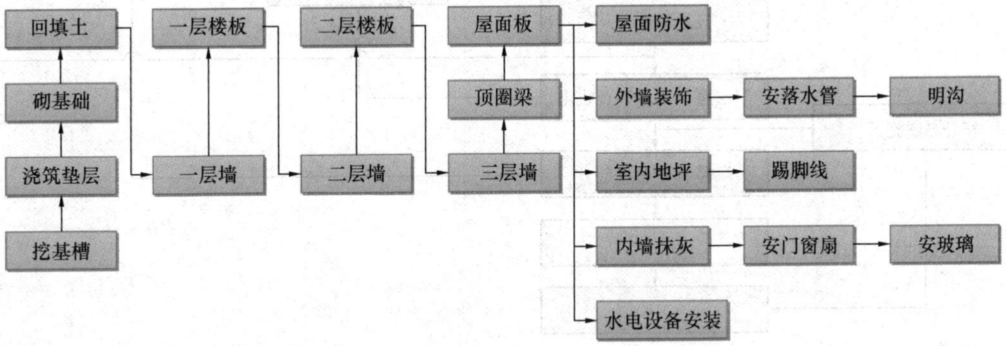

图 2-21 某混合结构三层住宅房屋施工流程图

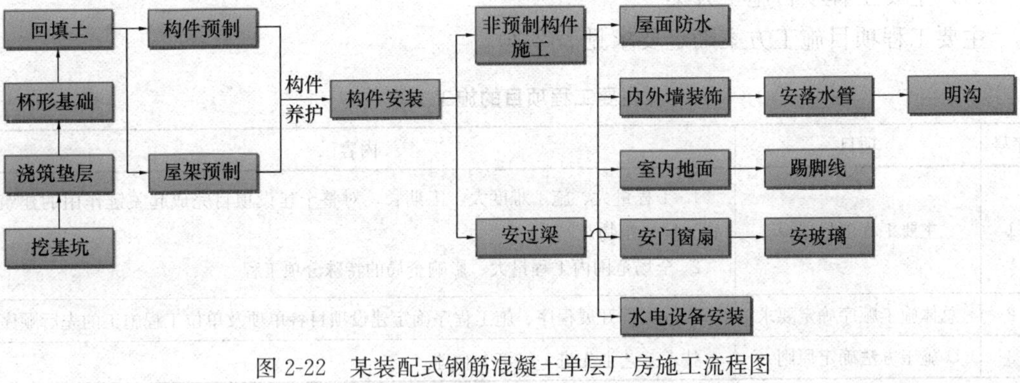

图 2-22 某装配式钢筋混凝土单层厂房施工流程图

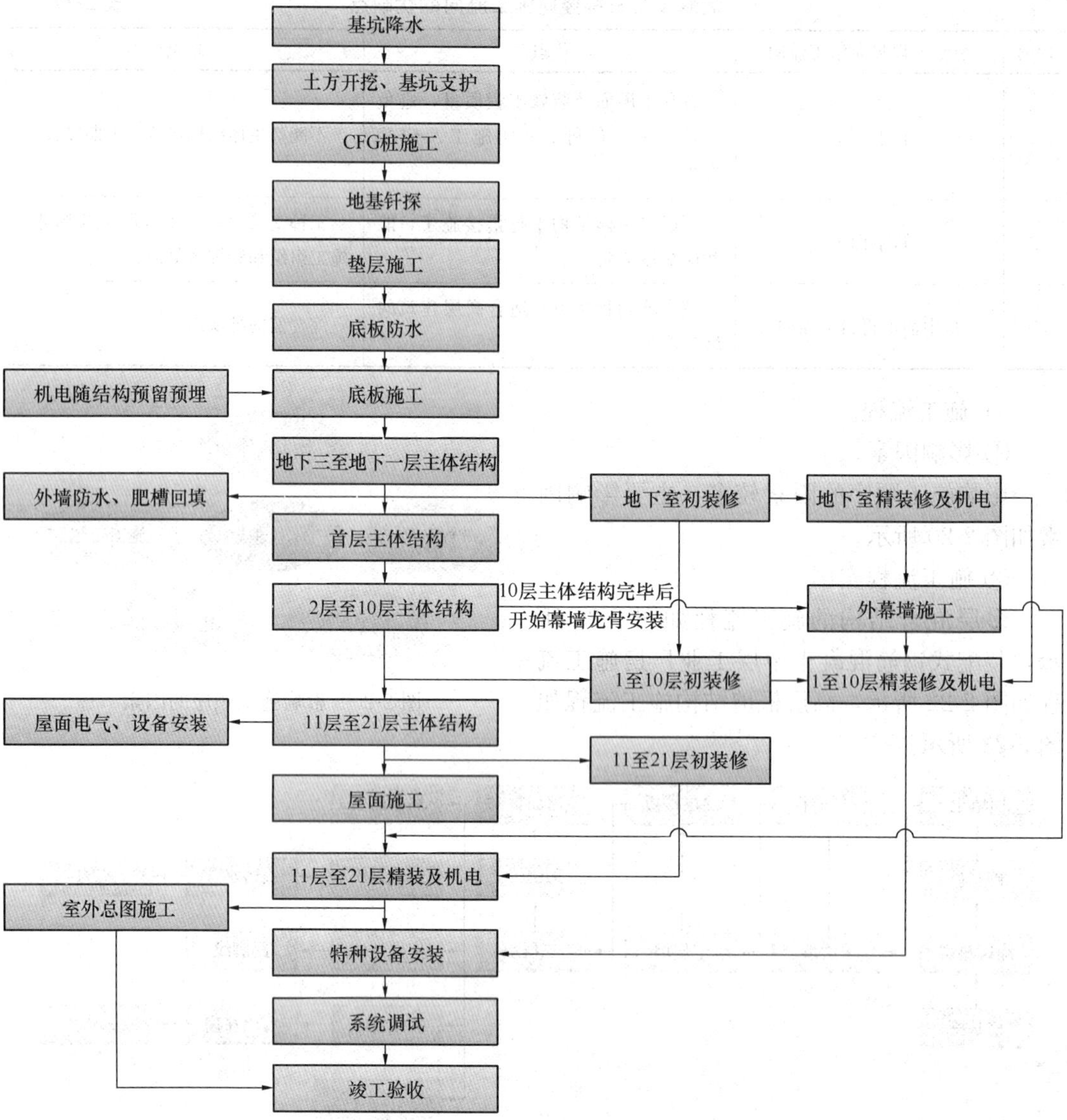

图 2-23　某高层框剪结构施工流程图

（4）主要工程项目施工方案

主要工程项目施工方案确定要求见表 2-30。

主要工程项目的施工方案　　**表 2-30**

序号	项目	内容
1	主要工程项目选择	1. 工程量大、施工难度大、工期长，对整个建设项目完成起关键作用的建筑物（构）筑物。 2. 全场范围内工程量大、影响全局的特殊分项工程
2	总体施工顺序确定要求	根据工程开展程序、施工程序确定建设项目各单项及单位工程施工的先后顺序
3	施工方法确定原则	技术工艺上先进，经济上合理

续表

序号	项目	内容
4	施工机械选择要求	1. 主导施工机械的型号和性能要既能满足施工的需要，又能发挥生产效率，并能在工程上实现综合流水作业。 2. 辅助配套施工机械的性能产量要与主导施工机械相适应。 3. 具有针对性，并注意贯彻新老技术结合、大中小型机械结合的原则

(5) 施工任务划分与组织安排

施工任务划分与组织安排见图 2-24。

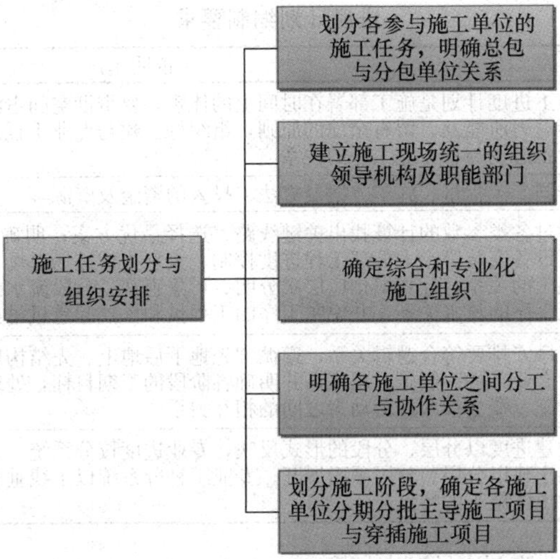

图 2-24 施工任务划分与组织安排

(6) 全场性临时设施的规划

全场性临时设施的规划见表 2-31。

全场性临时设施的规划 **表 2-31**

序号	项目	内容
1	规划依据	工程开展程序与施工项目施工方案
2	规划内容	1. 安排生产和生活性临时设施的建设。 2. 安排材料、成品、半成品、构件的运输和储存方式。 3. 安排场地平整方案和全场性排水设施。 4. 安排场内外道路、水、电、气引入方案。 5. 安排场区内的测量标志等

2.5.5.6 施工进度计划

施工进度计划是以拟建项目交付使用时间为目标确定的控制性施工进度计划，是控制每个独立交工系统及单项（位）工程施工工期及相互搭接关系的依据，是总体部署在时间上的反映。

(1) 施工进度计划编制原则

施工进度计划编制原则如图 2-25 所示。

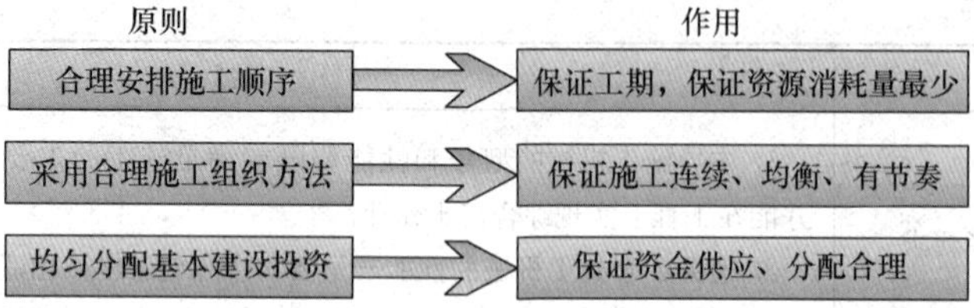

图 2-25　施工进度计划编制原则

（2）进度计划编制要求

进度计划编制要求见表 2-32。

进度计划编制要求　　**表 2-32**

序号	项目	说明
1	编制原则	施工进度计划是施工部署在时间上的体现，要贯彻空间占满、时间连续、均衡协调、有节奏、力所能及、留有余地的原则，组织好土建与专业工程的插入、施工机械进退场、材料设备进场与各专业工序的关系
2	编制依据	合同、工程量、施工方案及方法、投入的资金及资源等
3	编制要点	通过各类参数的计算找出关键线路，选择最优方案；明确基础、主体结构、装饰装修、机电设备安装等十大分部工程进度控制、大型机械进场退场、季节性施工、专业配合与土建施工的关系，计划编排应层次分明、形象直观。分段流水的工程要以网络图表示标准层各段工序的流水关系，并说明工序的工程量和塔式起重机吊次计算等
4	编制要求	工序安排要符合逻辑关系，遵循“先地下后地上、先结构后围护、先主体后装修、先土建后专业”的一般施工程序，并明确各阶段的工期目标，处理好工期目标与现场配备的施工设施、资金投入、劳动力之间的相互关系
5	各专业表现形式	土建进度以分层、分段的形式反映，专业进度按分系统、分干线和支线的形式反映；体现出土建以分层、分段平面展开；专业工种分系统以干线垂直展开，水平方向分层按支线配合土建施工的特点

（3）项目整体施工进度计划编制步骤

项目整体施工进度计划编制步骤如图 2-26 所示。

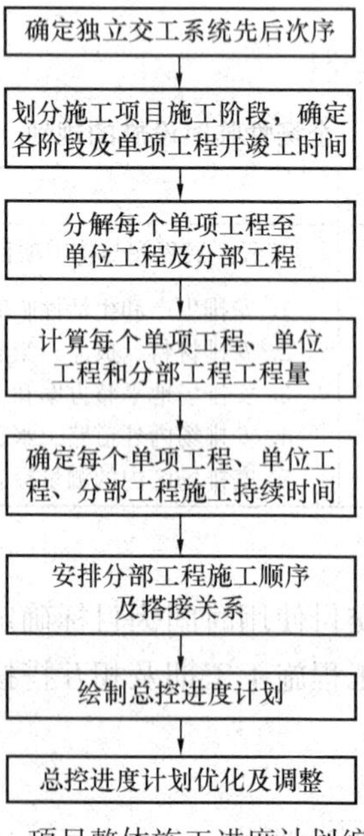

图 2-26　项目整体施工进度计划编制步骤

(4) 单位工程施工进度计划编制步骤

单位工程施工进度计划编制步骤见图 2-27。

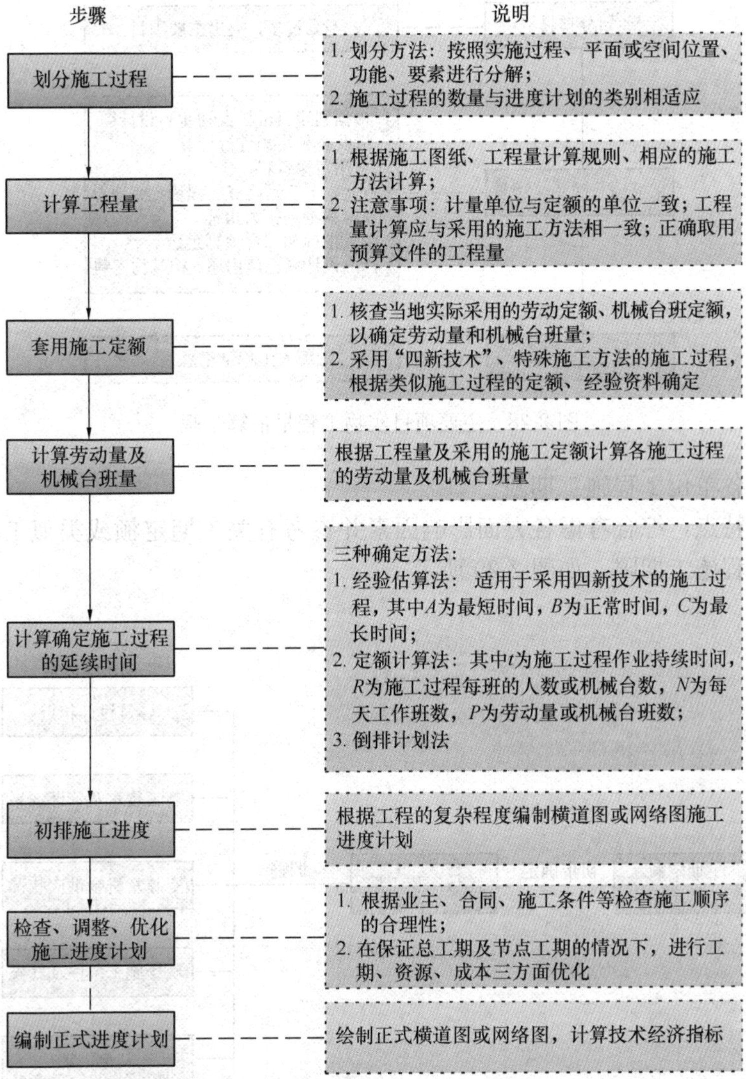

图 2-27 单位工程施工进度计划编制步骤

(5) 估算各主要项目的实物工程量

1) 主要项目实物工程量的估算步骤如图 2-28 所示。

2) 工程量汇总表见表 2-33。

工程量汇总表 **表 2-33**

工程项目分类	工程名称	结构类型	总建筑面积	实物工程量				
				分部工程 a	分部工程 b	分部工程 c	……	分部工程 n

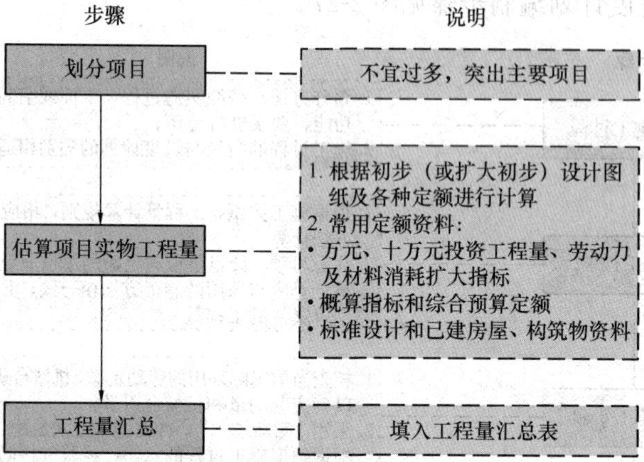

图 2-28 主要项目实物工程量估算步骤

(6) 确定各单位工程施工期限

根据工程特点，综合考虑各方面影响因素并参考有关工期定额或类似工程施工经验，确定各单位工程施工期限，如图 2-29 所示。

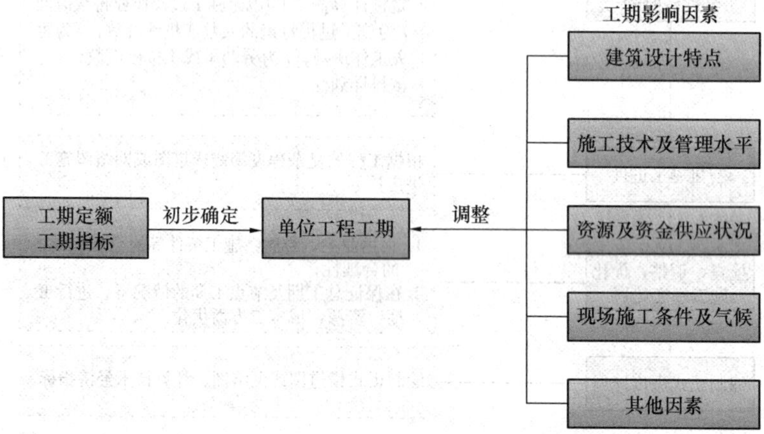

图 2-29 单位工程施工期限确定

(7) 确定各单位工程开竣工时间及相互搭接关系

在确定了各主要单位工程的施工期限后，就可以进一步安排各单位工程的搭接施工时间。在解决这一问题时，一方面要充分考虑施工部署中的控制工期及施工条件；另一方面要尽量使主要工种的工人基本上连续、均衡、有节奏地施工。具体安排如图 2-30 所示。

(8) 编制施工总进度计划

首先根据各施工项目的工期与搭接时间，编制初步进度计划；其次按照流水施工与综合平衡要求，调整进度计划或网络计划；最后绘制施工总进度计划（表 2-34）和主要分部工程流水施工进度计划（表 2-35）或网络计划。

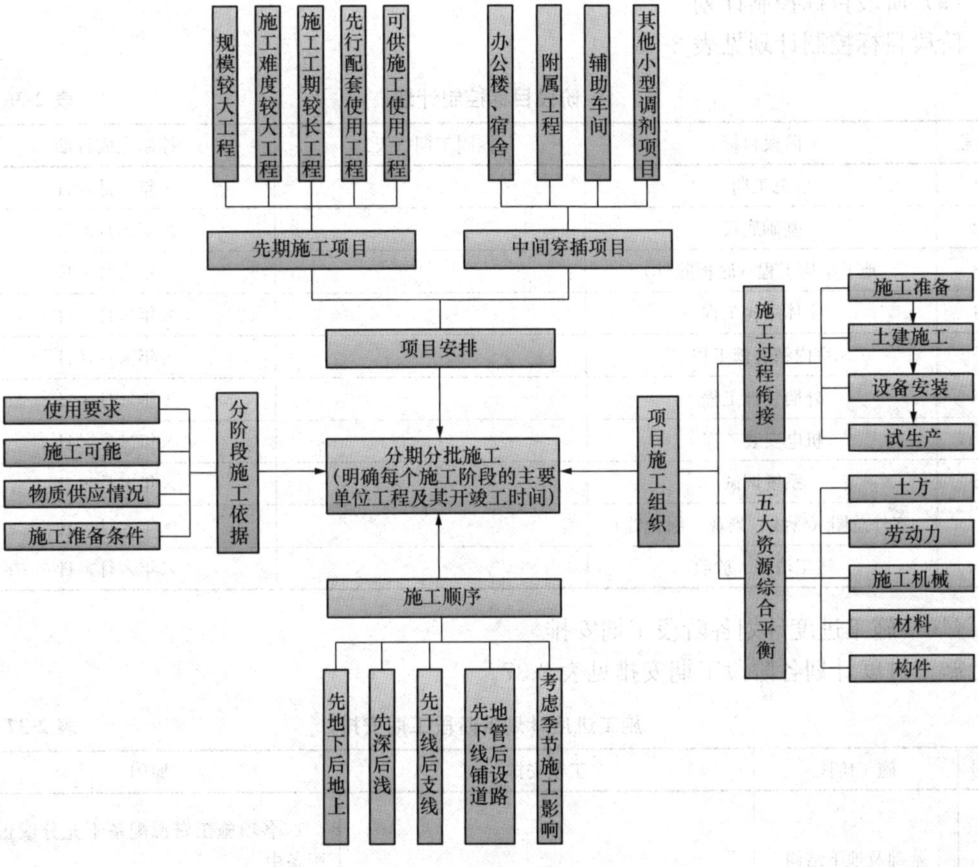

图 2-30 各单位工程开竣工时间及相互搭接安排

施工总进度计划 **表 2-34**

序号	工程名称	建安指标		设备安装指标(t)	造价(万元)			进度计划					
		单位	数量		合计	建筑工程	设备安装	第一年				第二年	第三年
								Ⅰ	Ⅱ	Ⅲ	Ⅳ		

主要分部工程流水施工进度计划 **表 2-35**

序号	单位工程分部工程名称	工程量		机械			劳动力			施工天数	施工进度计划						
											××××年						
		单位	数量	机械名称	台班数量	机械数量	工种名称	总工日数	平均人数		1	2	3	4	5	6	…
……																	

(9) 阶段目标控制计划

阶段目标控制计划见表2-36。

阶段目标控制计划 **表2-36**

序号	阶段目标	控制工期(天)	控制完成日期
1	总工期		×年×月×日
2	基础底板		×年×月×日
3	地下结构工程(底板除外)		×年×月×日
4	主体结构工程		×年×月×日
5	室内精装修工程		×年×月×日
6	外墙装饰工程		×年×月×日
7	机电安装工程		×年×月×日
8	系统调试		×年×月×日
9	室外总图(管线、景观、绿化等)		×年×月×日
10	竣工清理、验收		×年×月×日

(10) 施工进度计划各阶段工期安排

施工进度计划各阶段工期安排见表2-37。

施工进度计划各阶段工期安排 **表2-37**

<table>
<tr><th>序号</th><th>施工阶段</th><th colspan="2">工期安排</th><th>原因</th></tr>
<tr><td>1</td><td>基础及地下结构施工阶段</td><td colspan="2">工期较计算适当延长</td><td>1. 各项施工资源配备不充分或正在配备中。
2. 图纸变更多、图纸熟悉程度不够。
3. 施工处于磨合期等</td></tr>
<tr><td>2</td><td rowspan="2">地上结构施工阶段</td><td>首层及非标准层</td><td>工期较计算适当延长</td><td>层高较高或非标准构件较标准层多</td></tr>
<tr><td>3</td><td>标准层</td><td>宜加快施工速度,工期较计算适当缩短</td><td>管理、资源供应、施工都进入正常阶段</td></tr>
<tr><td>4</td><td>屋面施工阶段</td><td colspan="2">时间安排不宜过紧,工期较计算适当延长</td><td>构造层多、屋面设备多、技术间歇时间多</td></tr>
<tr><td>5</td><td>装修施工阶段</td><td colspan="2">工期较计算适当延长,装修及安装阶段的时间应充裕</td><td>装修及专业分包多,组织协调量大,设计变更多,交叉施工穿插多</td></tr>
<tr><td>6</td><td>季节性施工阶段</td><td colspan="2">施工速度应比平常放缓,工期较计算适当延长</td><td>考虑天气对施工的降效影响</td></tr>
</table>

(11) 施工总进度计划的优化

施工总进度计划编制完成后,应进行调整及优化。优化时应从以下几个方面进行:

1) 是否满足合同工期以及节点工期要求。

2) 主体工程与辅助和配套工程是否平衡。

3) 整个建设项目资源需要量及资金需求量是否均衡。

4) 各施工项目之间的顺序安排是否合理,搭接时间是否合适。

对上述问题，应通过调整优化施工进度计划来解决。施工总进度计划的调整优化，就是通过调整和完善若干单位工程或分部分项工程的工期来实现总控进度计划。

(12) 制定施工总进度计划保证措施。

施工总进度计划保证措施的内容见表 2-38。

施工总进度计划保证措施 **表 2-38**

序号	项目	内容
1	组织保证措施	从组织上落实进度控制责任，建立健全进度控制的执行、管理、协调制度
2	技术保证措施	编制施工进度计划实施细则；建立多级网络计划和周作业计划体系；加强施工动态控制
3	经济保证措施	确保资金正常供应；执行奖惩制度；紧急工程采用协商单价；保证各项资源的正常供给
4	合同保证措施	全面履行工程承包合同；及时协调分包单位施工进度；尽量减少业主提出的工期索赔的机会

2.5.5.7 施工准备与资源配置计划

各项资源需要量计划是做好劳动力及物质供应、平衡、调度、落实的依据，其内容包括以下几个方面：

(1) 施工准备工作计划

为落实各项施工准备工作，加强检查和监督，必须根据各项施工准备工作的内容、时间和人员，编制出施工准备工作计划样表见表 2-39。

施工准备工作计划（样表） **表 2-39**

序号	施工准备项目	内容	负责单位	负责人	起止时间		备注
					××月	××月	

(2) 技术准备

1) 一般性准备工作。

组织技术人员、工程监理、质量员、预算员等认真审阅图纸，争取把问题解决在施工开始前，根据施工图纸在施工前进行阶段性图纸会审，以便能准确掌握设计意图，解决图纸中存在的问题，并整理出图纸会审纪要。

由技术人员负责收集购买本工程所需的主要规程、规范、标准、图集和法规。

由技术负责人组织项目相关管理人员学习规程、规范的重要条文，加深对规范的理解。

以上内容均需确定完成时间。

2) 计量、测量、检测、试验等器具配置计划。

根据工程类型及规模确定器具的规格型号、数量，并列表说明。样表见表 2-40。

计量、测量、检测、试验等器具配置计划（样表） **表 2-40**

序号	器具名称		型号	单位	数量	检验状态
1	测量	全站仪				
2		经纬仪				
3		水准仪				
4		钢尺				
…		……				

续表

序号	器具名称		型号	单位	数量	检验状态
6	试验	温湿度自动控制器				
7		混凝土试模				
8		砂浆试模				
9		高低温度计				
10		干湿温度计				
11		坍落度筒				
12		环刀				
…		……				
14	计量	电子秤				
15		磅秤				
16		压力表				
17		氧气、乙炔表				
…		……				
19	检测	声级计				
20		地阻仪				
21		兆欧表				
22		万用表				
23		游标卡尺				
24		建筑工程质量检查仪				
…		……				

3）技术工作计划。

① 施工方案编制计划。根据工程进度计划，提前编制具有针对性的各分部分项工程施工方案和施工管理措施，以便为施工提供足够的技术支持。其样表见表 2-41。

施工方案编制计划（样表）　　**表 2-41**

序号	方案名称	编制人	完成日期	审核人	审批人	备注

② 试验工作计划。在编制施工组织设计时，因工程量为估算值，可先描述试验工作所应遵循的原则、规定，另编详细的试验方案。

③ 样板项、样板间计划。样板项是侧重结构施工中主要工序的样板，应将分项工程样板的名称、层段、轴线的位置给出具体、明确的规定。样板间是针对装修施工设置的，该项工作对工程质量预控至关重要，应制定详细的样板间施工方案和检查验收措施。样板项、样板间编制计划样表见表 2-42。

样板项、样板间编制计划（样表） 表 2-42

序号	样板项目	具体部位	施工时间	负责人	备注

④ 技术培训计划。对“四新”技术内容、施工技术含量高的分项工程、危险性较大的分项工程，应在施工前对施工人员进行相关技术培训，保证施工质量及安全。技术培训计划样表见表 2-43。

技术培训计划（样表） 表 2-43

序号	培训内容	主讲人	参加人	培训方式	培训时间

⑤“四新”技术应用计划。以《建筑业 10 项新技术（2017 版）》为依据列表逐项加以说明，其目的是体现工程技术含量，提高项目管理人员素质。“四新”技术应用计划样表见表 2-44。

“四新”技术应用计划（样表） 表 2-44

序号	四新项目	应用部位	应用数量	应用时间	总结完成时间	责任人

4）高程引测与建筑物定位。

对业主提供的坐标点、水准点进行校核无误后，按照工程测量控制网的要求引入，建立工程轴线及高程测量控制网。并将控制桩引测到基坑周围的地面上或原有建筑物上，并对控制桩加以保护，以防破坏。

（3）施工现场准备

结合工程实际，阐明开工前所需做的现场准备工作，具体见表 2-45。

施工现场准备工作 表 2-45

序号	现场准备工作内容	说明
1	施工水源准备计划	临时供水应计算生产、生活用水和消防用水。二者比较，选择较大者布置管线
2	施工电源准备计划	对于临时供电，根据现场使用的各类机具及生活用电计算用电量，通过计算确定变压器规格、导线截面，并绘制现场用电线路布置图和系统图
3	施工热源准备计划（如果有）	对于临时供热，根据现场生产、生活设施的面积型式，确定供热方式和供热量，并绘制管线布置图
4	生产、生活公共卫生临时设施计划	根据工程规模和施工人数确定并列表注明各类临时设施的面积、用途、做法、完成时间等
5	临时围墙及施工道路计划	根据现场平面布置图确定围墙和道路的材料、施工做法、材料采购计划
6	对业主的要求	对业主应解决而尚未解决的事项提出要求和解决的时间

（4）劳动力需要量计划

根据工程量汇总表中分别列出的各个建筑物的主要工程量，查预算定额或有关资料，便可得到各个建筑物主要工种的劳动量，再根据施工总进度计划表各单位工程分工种的持续时间，即可得到某单位工程在某段时间里的平均劳动力数。按同样方法可计算出各个建筑物各主要工种在各个时期的平均工人数。将施工总进度计划表纵坐标方向上各单位工程同工种的人数叠加在一起并连成一条曲线，即为某工种劳动力动态曲线图。其他工种也用同样方法绘成曲线图，从而根据劳动力曲线图列出主要工种劳动力需要量计划表，样表见表2-46。

劳动力需要量计划（样表）　　**表2-46**

序号	工程品种	劳动量	施工高峰人数	××××年					××××年					现有人数	多余或不足

（5）材料、构件、半成品需要量计划

根据工程量汇总表所列各建筑物的工程量，查定额或有关资料，便可得出各建筑物所需的建筑材料、构件和半成品的需要量。然后根据施工总进度计划表，大致算出某些建筑材料在某一段时间内的需要量，从而编制出建筑材料、构件和半成品的需要量计划，见表2-47。

主要材料、构件、半成品需要量计划　　**表2-47**

序号	工程名称	材料、构件、半成品名称								
		水泥	砂	砖	……	混凝土	砂浆	……	钢结构	……
		t	m^3	千块		m^3	m^3		t	

（6）施工机具需要量计划

根据施工总进度计划、主要建筑施工方案和工程量，并套用机械产量定额求得主要施工机械的需要量。辅助机械需要量可根据建筑安装工程每十万元扩大概算指标求得。运输机具的需要量根据运输量计算。施工机具需要量计划见表2-48。

施工机具需要量计划　　**表2-48**

序号	机具名称	规格型号	数量	电动机功率	需要量计划											
					××××年				××××年				××××年			

2.5.5.8　主要施工方法

主要施工方法包括划分施工区域及流水段、确定大型机械设备、阐明主要分部分项工程施工方法。

1. 流水段划分

划分流水段的目的是有效组织流水施工。

（1）流水段划分原则

在划分施工段时，一定要结合工程特点，使施工段数适宜。为了使施工段划分得更科学、更合理，通常应遵循的原则见表 2-54。

（2）典型建筑的流水段划分方法

1）对称塔楼。

以中轴线为对称轴左右对称的塔楼，宜划分为 2～4 个流水段，模板宜按结构的一半偏多配置（斜线阴影区为模板配置量），如图 2-31 所示。

2）风车形塔楼。

风车形顺转的塔楼平面，宜以每个“叶片”为一流水段，模板按一个流水段加核心筒设置（斜线阴影区为模板配置量），如图 2-32 所示。

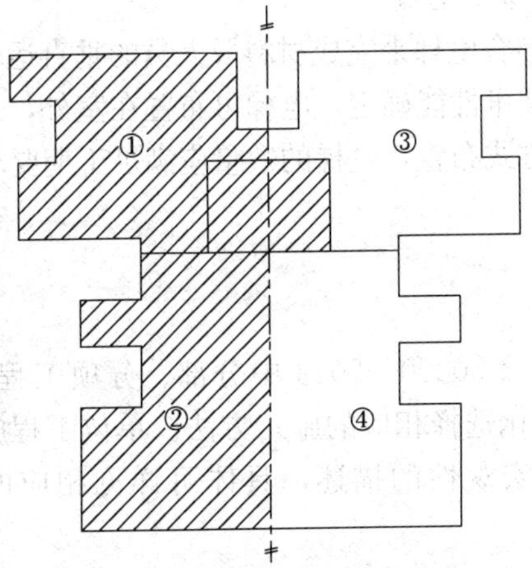

图 2-31　对称塔楼流水段划分图

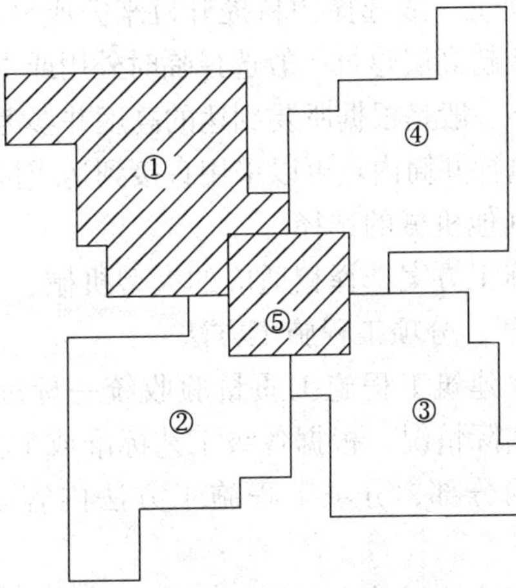

图 2-32　风车形塔楼流水段划分图

3）板式建筑。

板式建筑宜按单元划分流水段，模板宜按单元分界线偏多配置，施工缝设置在另一单元靠近分界处窗口过梁跨中 1/3 位置，如图 2-33 所示。

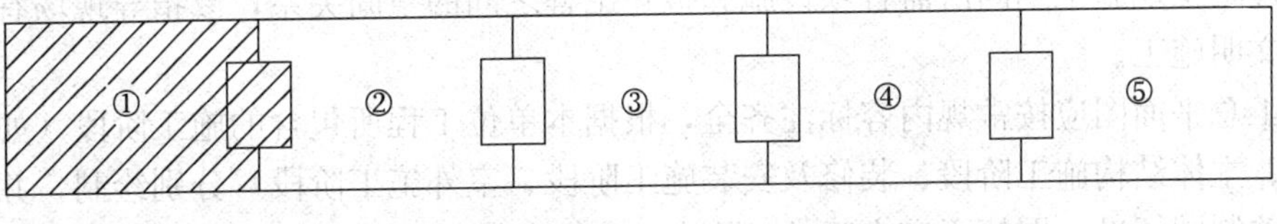

图 2-33　板式建筑流水段划分图

2. 大型机械设备的选择

根据工程特点，按照先进、合理、可行、经济的原则选择大型机械设备。

当大型机械设备确定后，应列表列出设备的名称、规格/型号、主要技术参数、数量、进出场时间，见表 2-49。

大型机械设备选型表　　　　**表 2-49**

序号	施工阶段	机械名称	规格/型号	数量	进出场时间
1	基础阶段				
2	结构阶段				
3	装修及设备安装阶段				

（1）塔式起重机的选择

单层建筑根据工程需要选择移动塔式起重机、汽车起重机、履带式起重机（吊重较重时）。

多层建筑选择轻型塔式起重机，这类塔式起重机可以是固定式塔式起重机，也可以是轨道式塔式起重机，具体选用应根据特点而定。

高层或超高层建筑应选择自升式塔式起重机或爬升式塔式起重机。

塔式起重机的类型及规格应根据起重半径、起重量、起重高度选择，并结合技术性能、工期、经济综合考虑。

（2）电梯的选择

多层建筑一般选择物料提升机来完成材料的垂直运输。

高层或超高层建筑一般选择临时外用或永临结合电梯来完成材料及人员的垂直运输。其型号及规格一般是根据所要到达的高度并参考其技术性能确定，电梯可布置在室外，也可布置在室内电梯井筒内，可以采用直接到达或接力方式布置，电梯的数量应满足工期要求。

（3）其他机械的选择

根据施工方案选择相适应的大型机械。

3. 分部、分项工程施工方法

根据《建筑工程施工质量验收统一标准》GB 50300—2013 中分部、分项工程划分，结合工程实际情况，根据各级工艺标准或工法优化选择相应的施工方法。单位工程施工组织设计里的分部、分项工程施工方法内容多是宏观性的描述，具体可详见相应的施工方案。

施工方法选择的内容见 2.5.7.7 附录 2-7。

2.5.5.9　施工现场平面布置

施工现场平面布置图展示了建筑群施工所需各项生产生活设施与永久建筑（拟建的和已有的）相互间的合理布局。它是按照施工部署、施工方案、施工总进度计划，将施工现场的各项生产生活设施按照不同施工阶段要求进行合理布置，以图纸形式反映出来，从而正确处理全工地施工期间所需各项设施和拟建工程之间的空间关系，以指导现场有组织有计划的文明施工。

施工总平面图应按常规内容标注齐全，根据本单位工程所包含的施工阶段（如基础施工阶段、主体结构施工阶段、装修及安装施工阶段、室外施工阶段）分别绘制，并应符合国家有关制图标准，图幅不宜小于 A3 尺寸。

（1）施工现场平面布置图

施工现场平面布置图内容、布置原则、布置依据见表 2-50。

施工现场平面布置图　　表 2-50

序号	项目	内容	
1	内容	建筑总平面图内容	包括单位工程施工区域范围内的已建和拟建的地上的、地下的建（构）筑物，周边道路、河流等，平面图的指北针、风向玫瑰图、图例等
		大型施工机械	包括垂直运输设备（塔式起重机、井架、施工电梯等）、混凝土浇筑设备（地泵、汽车泵等）、其他大型机械等

续表

序号	项目	内容	
1	内容	施工道路	道路的布置、临时便桥、现场出入口位置等
		材料及构件堆场	包括大宗施工材料的堆场（如钢筋堆场、钢构件堆场）、预制构件堆场、周转材料堆场、现场弃土点等
		生产性及生活性临时设施	包括钢筋加工棚、木工棚、机修棚、混凝土拌合楼（站）、仓库、工具房、办公用房、宿舍、食堂、浴室、文化服务房、现场安全设施及防火设施等
		临水、临电	包括水源位置及供水和消防管线布置、电源位置及管线布置、现场排水沟等
2	布置原则	1. 在满足施工需要的前提下，尽量减少施工用地，施工现场布置要适用、紧凑。 2. 合理选用及布置大型施工机械，合理规划各项施工设施，科学规划施工道路，减少现场的二次搬运费用。 3. 科学确定施工区域和场地面积，尽量减少专业工种之间交叉作业。 4. 尽量降低临时设施的修建费用，充分利用已有建（构）筑物为施工服务，降低施工设施建造费用，尽量采用装配式设施提高安装速度。 5. 各项施工设施布置时，要有利生产、方便生活，施工区与居住区要分开。 6. 符合劳动保护、技术安全、防火、文明施工等要求。 7. 在改建、扩建企业中，还应考虑企业生产与工程施工互不影响	
3	布置依据	1. 建设项目总平面图、竖向布置图和地下设施布置图。 2. 建设项目施工部署和主要项目施工方案。 3. 建设项目总进度计划、施工总成本计划。 4. 建设项目施工总资源计划、各项施工设施计划。 5. 建设项目施工用地范围和水电源位置，以及项目安全施工和防火标准	

（2）施工现场平面布置图设计步骤

施工现场平面布置图设计步骤如图 2-34 所示。

（3）施工平面图设计参考图例

施工平面图设计参考图例，见附录 2-6。

（4）现场场地布置

现场场地布置见表 2-51。

现场场地布置 **表 2-51**

场地类别	场地安排
场地宽敞	遵循“节地、紧凑、经济、方便生产”的布置原则
场地狭窄	1. 施工安排应优先考虑缓解场地压力问题，如做好基坑的及时回填，利用不影响关键线路的施工区域作为材料的临时堆场，底板大体积混凝土划分小区域浇筑，结构施工时装修滞后插入等。 2. 分析各阶段施工特点，做好场地平面的动态布置，临建房屋应优先采用装配式房屋。 3. 生产和办公用临时设施设置应注意节地和提高用地效率，如提高临建房屋的层数、架设栈料平台。 4. 现场应尽可能设置环形道路或最大限度地延伸道路，并设置进出口大门。 5. 做好材料、设备进场的控制计划，做到材料、设备随工程进度随用随进。 6. 选择先进的施工方法，减少周转材料的落地。 7. 多利用现场外区域作为现场施工的辅助区域，如场外租赁场地设置生活区和钢筋加工区，与环境管理部门协商占用辅道作为泵车、混凝土罐车临时使用场地等。 8. 狭窄场地的临设布置和场地安排，应尽可能减少对周边环境造成不利影响和危害

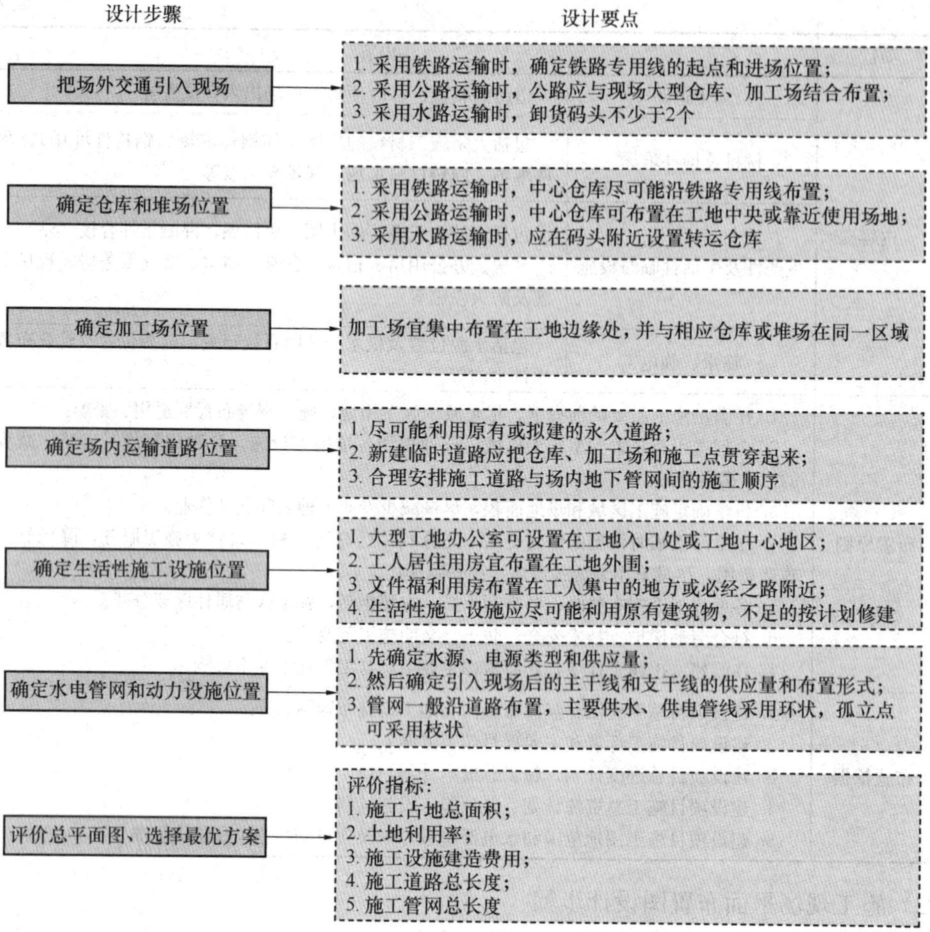

图 2-34　施工现场平面布置图设计步骤

2.5.5.10　主要管理计划

主要管理计划，如分包管理计划、工期管理计划、质量管理计划、安全管理计划、消防管理计划、环保管理计划、文明工地管理计划、绿色施工计划、智能建造计划等分别编制。各管理计划中应有相应的管理体系，并以方框图表示。

2.5.6　施工组织设计文件的管理

2.5.6.1　施工组织设计的编审权限

施工组织设计的编审权限见表 2-52。

施工组织设计的编审权限表　　表 2-52

施工组织设计类型	组织编制责任人	审核	审批	是否需要论证
施工组织总设计	项目负责人	企业各部门	企业技术负责人	
单位工程施工组织设计	项目负责人	企业各部门	企业技术负责人	
施工方案	详见本书第 2.6.4 节			

2.5.6.2 施工组织设计文件编制管理规定

1. 编制施工组织设计必须具备的条件

1）掌握工程设计、施工规范及标准，熟悉上级有关部门的技术、管理文件规定和要求。

2）合同规定的建设单位对工程建设的要求和提供条件已明确。

3）了解施工条件，充分掌握有关资料，如自然环境、水文地质、气候气象、交通运输、水源、电源以及地形、四周建筑物和管线等，了解材料和构配件加工供应条件。

4）具备图纸设计文件，了解设计意图，熟悉工程施工内容，掌握施工关键项目内容。

2. 施工组织设计的分类和编制原则

施工组织设计的分类参见本书第2.5.1节内容；编制施工组织设计的原则参见本书第2.5.3节内容。

3. 施工组织设计文件编制要求

（1）施工组织设计应由项目负责人主持编制，落实负责编制前期各项组织工作，包括确定参加编制的人选、任务划分、完成时间以及编制要求等内容。项目技术负责人指导项目资料员具体收集编制施工组织设计所需的规范、图集、手册等资料。其他需要准备的资料主要包括投标技术方案、投标技术方案交底、合同、施工图、地质勘察报告、设计交底及图纸会审文件等。

（2）为保证编制施工组织设计文件的质量和效率，一定要挑选精通工程技术和管理技术、具有一定的经济知识、了解设计技术、经验丰富的技术人员来担任编制负责人。

（3）参加编制施工组织设计文件的部门及人员应对编制任务的性质、施工部署、劳动力投入、大中型机械设备安排、总工期控制、工程质量目标等内容有充分的了解。

（4）编制时应实地查看施工现场，摸清施工现场各方面的情况，根据工程对象、性质、大小、结构复杂程度，突出重点进行编制，不照搬套用。

（5）施工组织设计应采用新技术、新工艺，重点解决施工技术难题，加快施工进度，降低工程成本。

（6）施工组织设计应体现科学性、合理性，重点突出可操作性，力求准确实用。

（7）施工组织设计可根据需要分阶段编制。施工方案应由项目专业技术负责人主持编制；由专业承包单位施工的分部（分项）工程或专项工程的施工方案，应由专业承包单位负责编制；规模较大的分部（分项）工程和专项工程的施工方案应按单位工程施工组织设计进行编制。

2.5.6.3 施工组织设计文件审批管理规定

1）施工组织设计编制后经项目负责人审核签字，再报施工单位有关部门（技术、工程、合约）进行会签。

2）根据会签意见修改后的施工组织设计，报施工单位技术负责人审批。审批表应放在施工组织设计封面之后与施工组织设计一并存档。

3）施工组织设计完成内部审批手续后，项目部应根据当地法律法规及项目合同约定报监理、业主审批。

4）施工组织设计经审批完成后，原件由项目资料员归档管理，复印件进行受控编号管理后，发放到项目各相关部门。

5）对于群体工程，施工组织总设计以及该群体工程中的单项工程施工组织设计均应按上述程序进行审批。

6）施工方案。施工方案的审批程序见第2.6.4.4节。

2.5.6.4　施工组织设计文件交底管理规定

1）经过批准的施工组织设计文件，应由负责编制该文件的主要负责人向参与施工的有关部门和有关人员进行交底，说明该施工组织设计的基本方针、分析决策过程、实施要点以及关键性技术问题和组织问题。

2）项目施工组织设计经审核/审批后，项目技术负责人应组织参与编制人员就施工组织设计中主要管理目标、管理措施、规章制度、主要施工方案以及质量保证措施等对项目全体管理人员及分包主要管理人员进行施工组织设计交底并编写交底记录。

3）经过审批的施工组织设计，项目计划部门应根据具体内容制定切实可行的严密的施工计划，保证施工组织设计的贯彻执行。

2.5.6.5　施工组织设计文件实施管理规定

施工组织设计文件是为指导施工部署、组织施工活动提供了计划和依据，使工程得以有组织、有计划、有条不紊地进行，达到相对的最佳效果的技术经济文件。为了实现计划的预定目标，必须按照施工组织设计文件所规定的各项内容认真实施，讲求实际，避免盲目施工，保证工程建设顺利进行。

为保证施工组织设计的顺利实施，应重点做好以下几个方面的工作：

1. 制定施工组织设计各项管理制度

施工组织设计贯彻的顺利与否，主要取决于施工企业的管理素质和技术素质以及经营管理水平。而企业素质和水平的标志，在于企业各项管理制度的健全与否及实施效果。实践经验证明，只有施工企业有了科学健全的管理制度，并且行之有效，企业的正常生产秩序才能维持，才能防止可能出现的漏洞或事故，保证工程质量，提高劳动生产率。为此必须建立、健全各项管理制度，保证施工组织设计的顺利实施。

2. 推行技术经济激励考核制度

技术经济的激励考核是用经济的手段和方法，明确责任，加强监督和相互促进，是保证承包目标实现的重要手段。为更好地贯彻施工组织设计，应该推行技术经济承包制度，开展劳动竞赛，把施工过程中的技术经济责任同职工的物质利益结合起来，如开展创优竞赛，推行创优奖励、节约材料奖和技术进步奖等，对于全面贯彻施工组织设计是十分必要的。

3. 统筹安排及综合平衡

在施工组织设计实施中，要根据实际情况不断完善施工组织设计，保证施工的节奏性、均衡性和连续性。在拟建工程项目的施工过程中，搞好人力、物力、财力的统筹安排，保持合理的施工规模，既能满足拟建工程项目施工的需要，又能带来较好的经济效益。施工过程中的任何平衡都是暂时的和相对的，平衡中必然存在不平衡的因素，要及时分析和研究这些不平衡因素，不断进行施工条件的反复综合和各专业工种的综合平衡。

4. 切实做好施工准备工作

施工准备工作是保证均衡施工和连续施工的重要前提，也是顺利贯彻施工组织设计的重要保证。拟建工程项目不仅在开工之前要做好一切人力、物力和财力的准备，而且在施工过程中的不同阶段也要做好相应的施工准备工作，这对于施工组织设计的贯彻执行是非常重要的。

2.5.6.6 施工组织设计的实施检查

1. 主要指标完成情况的检查

施工组织设计主要指标的检查，是把各项指标的完成情况同计划规定的指标相对比。检查内容应该包括工程进度、工程质量、材料消耗、机械使用和成本费用等，把主要指标数额检查同其相应的施工内容、施工方法和施工进度的检查结合起来，发现其问题，为进一步分析原因提供依据。

2. 施工总平面图合理性的检查

施工总平面图必须按规定建造临时设施，敷设管网和运输道路，合理地存放机具，堆放材料；施工现场要符合文明施工的要求；施工现场的局部断电、断水、断路等，必须事先得到项目有关部门批准，施工的每个阶段都要有相应的施工总平面图；施工总平面图的任何改变都必须由项目有关部门批准。如果发现施工总平面图存在不合理性，要及时制定改进方案，报请相关部门批准，不断地满足施工进展的需要。

3. 施工组织设计实施情况的检查

项目技术负责人应定期组织有关人员检查施工组织设计的实施情况，对检查出的问题应及时提出改正意见并作好记录，根据相应记录做好相应的调整和完善工作。

2.5.6.7 施工组织设计的动态管理

1. 调整条件

项目施工过程中，发生以下情况之一时，施工组织设计应及时进行修改或补充：

1）工程设计有重大修改，导致施工方法、施工顺序、施工机械变动。

2）有关法律、法规、规范和标准实施、修订和废止。

3）主要施工方法有重大调整。

4）主要施工资源配置有重大调整。

5）施工环境有重大改变。

6）工程项目的施工条件发生变化、施工方法改变、物资采购渠道变化等。

7）工程现场平面布置有重大变动，需调整施工平面图。

8）原有施工组织设计不满足施工需求，影响施工部署。

2. 调整完善方法及原则

施工情况发生变化，原设计编制人需修改施工组织设计时，修改后的施工组织设计须按原审批程序报批后再实施。

施工组织设计的调整应根据变化情况确定修改相应内容，落实修改责任人及具体修改事项，修改后的施工组织设计按照受控文件的管理规定办理相应的变更手续。

根据施工组织设计执行情况检查的结果，以及发现的问题和其产生的原因，拟定其改进措施或方案；对施工组织设计的有关部分或指标逐项进行调整；对施工总平面图进行修改，使施工组织设计在新的基础上实现新的平衡。

项目施工前，应进行施工组织设计逐级交底；项目施工过程中，应对施工组织设计的执行情况进行检查、分析，并对其中不合理部分及时作出调整，确保施工组织设计能够科学合理地指导施工过程。

2.5.6.8　施工组织设计归档

项目部资料员及时将审批完毕的施工组织设计按技术资料归档方法归档，并及时将调整及完善的施工组织设计相关资料一并归档备查。

2.5.7　附　　录

2.5.7.1　附录 2-1　计划管理与相关计算

1. 流水施工基本方法

流水施工的实质就是在时间和空间上连续作业，组织均衡施工（同时隐含有工艺逻辑和组织逻辑关系的要求）。

（1）组织流水施工的条件

1）施工对象的建造过程应能分成若干个施工过程，每个施工过程能分别由专业施工队负责完成。

2）施工对象的工程量能划分成劳动量大致相等的施工段（区）。

3）能确定各专业施工队在各施工段内的工作持续时间（流水节拍）。

4）各专业施工队能连续地由一个施工段转移到另一个施工段，直至完成同类工作。

5）不同专业施工队之间完成施工过程的时间应适度搭接、保证连续（确定流水步距），这是流水施工的显著特点。

（2）流水施工的表达方式

流水施工的表达方式主要有横道图和网络图。横道图又称横线图或甘特图，是建筑工程中常用的表达方法；横道图的表达方式有下面两种：

1）水平指示图表。

如图 2-35 所示为某土建基础工程水平横道进度图，图的横向表示持续时间，纵向表示施工过程，“横道”表示每个施工过程在不同施工段上的持续时间和进展情况，“横道”上方的编号表示施工段编号。

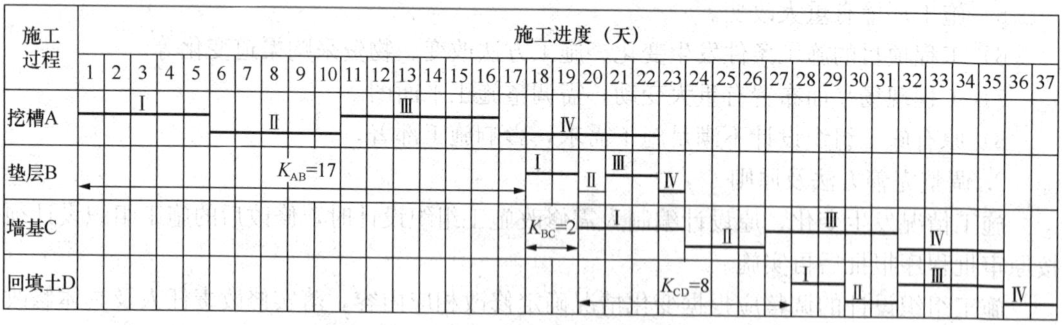

图 2-35　某土建基础工程水平横道进度图

2）垂直指示图表

如图 2-36 所示为某土建基础工程垂直指示图，其横坐标表示持续时间，纵坐标表示施工段，斜线表示每个施工段完成各道工序的持续时间以及进展情况，斜线上方的编号表示施工过程，垂直指示图能直观地反映一个施工段各施工过程的先后顺序。斜线的斜率反映了施工速度快慢，直观反映施工进度计划。

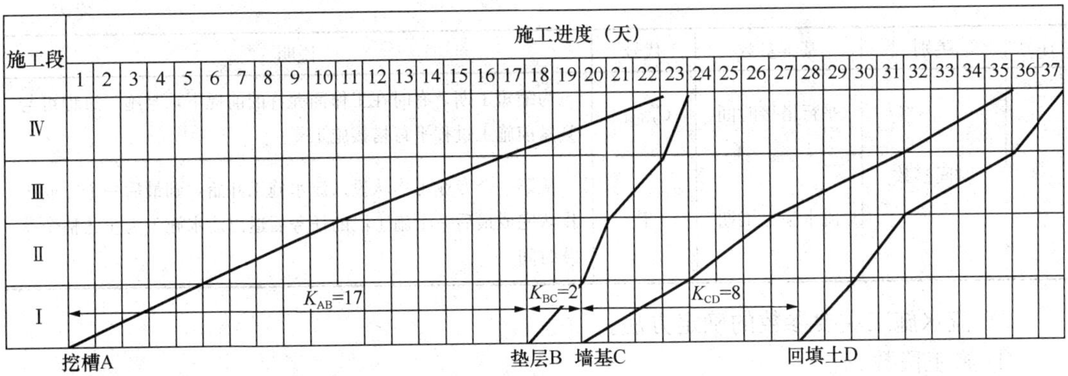

图 2-36　某土建基础工程垂直指示图

(3) 流水施工参数及确定方法

1) 流水施工的基本参数

流水施工的基本参数见表 2-53。

流水施工的基本参数　　表 2-53

序号	类别	基本参数	代号	说明
1	工艺参数	施工过程数	n	用以表达流水施工在工艺上开展层次的有关过程，称为施工过程。施工过程所包括的范围可大可小，划分的粗细程度由实际需要而定
		流水强度	V_j	某施工过程在单位时间内所完成的工程数量
2	空间参数	工作面		指供某专业工种的工人或某种施工机械进行施工的活动空间，可根据该工种的计划产量定额和安全施工技术规程要求确定
		施工段	m	把拟建工程在平面上划分为若干个劳动量大致相等的施工段落，即为施工段
		施工层	r	为了满足专业工种对操作高度和施工工艺的要求，将拟建多层或高层建（构）筑物工程项目在竖向上划分为若干个施工层
3	时间参数	流水节拍	t_i	每个专业工作队在各个施工段上完成相应的施工任务所必需的持续时间，均称为流水节拍
		流水步距	$K_{j,j+1}$	相邻两个专业工作队 j 和 $j+1$ 在保证施工顺序、满足连续施工、最大限度搭接和保证工程质量要求的条件下，相继投入施工的最小时间间隔
		技术间歇	$Z_{j,j+1}$	在组织流水施工时，通常将施工对象的工艺性质决定的间歇时间统称为技术间歇，如混凝土浇注后的养护时间、砂浆抹面和油漆面的干燥时间、墙身砌筑前的墙身位置弹线、施工机械转移、回填土前地下管道检查验收等
		组织间歇	$G_{j,j+1}$	组织流水施工，通常将施工组织原因造成的间歇时间统称为组织间歇，如墙体砌筑前的墙身位置弹线，施工人员、机械转移，回填土前地下管道检查验收等需要很多时间的作业前准备工作 在组织流水施工时，间歇时间可以并入前一过程或后一过程，以简化流水施工组织

续表

序号	类别	基本参数	代号	说明
3	时间参数	平行搭接时间	$C_{j,j+1}$	为缩短工期，有时在工作面允许的前提下，某施工过程可与其紧前施工过程平行搭接施工
		流水施工工期	T	从第一个专业工作队投入流水施工开始，到最后一个专业工作队完成最后一个施工段的任务后退出流水施工为止的整个持续时间

2）流水施工主要参数的确定方法。

① 施工段数 m 。

一般情况下，一个施工段在同一时间内只安排一个专业工作队施工，各专业工作队遵循施工工艺顺序依次投入作业，同一时间内在不同的施工段上平行施工，使流水施工均衡地进行。在划分施工段时，通常应遵循的原则见表 2-54。

确定施工段数 m 应遵循的原则　　**表 2-54**

序号	划分原则	说明
1	尽量与结构的自然界限一致	施工段的分界线应尽可能与结构界线（如沉降缝、伸缩缝等）相一致，或设在对建筑结构整体性影响小的部位（如必须将分界线设在墙体中间时，应将其设在对结构整体性影响小的门窗洞凹等部位，以减少留槎，便于修复）
2	劳动量大致相等	同一专业工作队在各个施工段上的劳动量应大致相等，相差幅度不宜超过10%～15%
3	有足够的工作面	每个施工段内要有足够的工作面，使其所容纳的劳动力人数或机械台数能满足合理劳动组织的要求
4	划分段数不宜过多	划分的段数不宜过多，段数过多势必使工期延长
5	主队连续施工	尽量使主导施工过程的工作队能连续施工
6	施工段数（m）≥施工过程数（n）	施工段的数目要满足合理组织流水施工的要求： 对于多层或高层建（构）筑物，施工段数（m）≥施工过程数（n）。 当无层间关系或无施工层（如某些单层建筑物、基础工程等）时，则施工段不受此限制，可按前面所述划分施工段的原则确定
7	考虑垂直运输机械的能力	如采用塔式起重机作为垂直运输工具，应考虑每台班的吊次，充分发挥塔式起重机效率
8	竖向合理划分施工层	对多层建（构）筑物或需要分层施工的工程，既要划分施工段，又要划分施工层，以确保相应专业队在施工段与施工层之间组织连续、均衡、有节奏地流水施工

② 施工层数 r。

施工层的划分要按施工项目的具体情况，根据建筑物的高度、楼层来确定。如砌筑工程的施工层高度一般为 1.2m，室内抹灰、木装饰、油漆、玻璃和水电安装等，可按楼层进行施工层划分。

③ 流水节拍 t_i。

流水节拍的大小可以反映流水施工速度的快慢、节奏感的强弱和资源供应量的多少，同时，流水节拍也是区别流水施工组织方式的特征参数。为避免工作队转移时浪费工时，流水节拍在数值上最好是半个班的整倍数。流水节拍可分别按下列方法确定：

a. 定额计算法。

根据各施工段的工程量、能够投入的资源量（工人数、机械台数和材料量等），按下式进行计算：

$$t_i = \frac{Q_i}{S_i \cdot R_i \cdot N_i} = \frac{P_i}{R_i \cdot N_i} \tag{2-1}$$

$$\text{或} t_i = \frac{Q_i \cdot H_i}{R_i \cdot N_i} = \frac{P_i}{R_i \cdot N_i} \tag{2-2}$$

式中　t_i ——某专业工作队在第 i 施工段上的流水节拍；

Q_i ——某专业工作队在第 i 施工段上要完成的工程量；

S_i ——某专业工作队的计划产量定额；

H_i ——某专业工作队的计划时间定额；

R_i ——某专业工作队在第 i 施工段上投入的工作人数或机械台数；

N_i ——某专业工作队在第 i 施工段上的工作班次；

P_i ——某专业工作队在第 i 施工段上的劳动量或机械设备数量。

式（2-1）和式（2-2）中产量定额 S_i 、时间定额 H_i 最好是反映该专业工作队施工实际水平的定额。

如工期已定，根据工期要求倒排进度的方法确定的流水节拍，可用上式反算出资源需要量，这时应考虑作业面是否足够。如果工期紧、节拍短，就应考虑增加作业班次（双班或三班），相应的机械设备能力和材料供应情况亦应同时考虑。

b. 经验估算法。

对于采用新结构、新工艺、新方法和新材料等没有定额可循的工程项目，可根据以往的施工经验进行估算。为了提高估算的准确程度，往往先估算出该流水节拍的最长、最短和正常（即最可能）三种时间，然后据此求出期望时间，作为某专业工作队在某施工段上的流水节拍。一般按下式进行计算：

$$t_i = (a_i + 4c_i + b_i)/6 \tag{2-3}$$

式中　t_i ——某专业工作队在第 i 施工段上的流水节拍；

a_i ——某施工过程在第 i 施工段上的最短估算时间；

b_i ——某施工过程在第 i 施工段上的最长估算时间；

c_i ——某施工过程在第 i 施工段上的正常估算时间。

c. 工期计算法。

对已经确定了工期的工程项目，往往采用倒排进度法确定流水节拍。其流水节拍的确定步骤如下：

(a) 根据工期要求，按经验或有关资料确定各施工过程的工作持续时间；

(b) 根据每一施工过程的工作持续时间及施工段数确定流水节拍。当该施工过程在各施工段上的工程量大致相等时，其流水节拍可按下式计算：

$$t_j = \frac{T_j}{m_j} \tag{2-4}$$

式中　t_j ——流水节拍；

T_j ——某施工过程的工作延续时间；

m_j ——某施工过程划分的施工段数。

④ 流水步距 $K_{j,j+1}$。

流水步距的数目取决于参加流水施工的专业工作队数，如果有 x 个专业工作队，则流水步距的总数为 $(x-1)$ 个。

a. 确定流水步距的原则。

确定流水步距的原则见表 2-55。

确定流水步距的原则　　表 2-55

序号	内容
1	相邻两个专业工作队按各自的流水速度施工，要始终保持施工工艺的先后顺序
2	各专业工作队投入施工后尽可能保持连续作业
3	相邻两个专业工作队在满足连续施工的条件下，能最大限度地实现合理搭接
4	要保证工程质量，满足安全生产

b. 确定流水步距的方法。

确定流水步距常用"潘特考夫斯基法"，即"累加数列-错位相减-取大差"法，其计算步骤如下：

(a) 根据各专业工作队在各施工段上的流水节拍，求累加数列。

(b) 根据施工顺序，对所求相邻的两累加数列错位相减。

(c) 根据错位相减的结果，确定相邻专业工作队之间的流水步距，即相减结果中数值最大者。

3）应用举例。

【例】某混凝土结构工程主要由三个施工过程组成，分别由 A、B、C 三个专业工作队完成，该工程在平面上分为四个施工段，每个专业工作队在各施工段上的作业时间见表 2-56。试确定相邻专业工作队投入施工的最小时间间隔。

某混凝土结构工程施工段作业时间表　　表 2-56

流水节拍（天）　施工段 / 专业队	①	②	③	④
A	4	3	4	2
B	3	2	3	2
C	2	1	2	1

解：即求相邻两专业队之间的流水步距。

① 累加数列：	A：	4，	7，	11，	13，	
	B：	3，	5，	8，	10，	
	C：	2，	3，	5，	6，	
② 错位相减：	A，B：	4，	7，	11，	13，	
		—	3，	5，	8，	10
		4，	4，	6，	5，	−10
	B，C：	3，	5，	8，	10，	
		—	2，	3，	5，	6
		3，	3，	5，	5，	−6

③ 取大差值为流水步距

$$K_{A,B}=\max\{4，4，6，5，-10\}=6（天）$$

$$K_{B,C}=\max\{3，3，5，5，-6\}=5（天）$$

（4）流水施工的基本方法

根据各施工过程时间参数的不同，可将流水施工分为等节拍流水、成倍节拍流水和无节奏流水三大类。

1）等节拍专业流水施工计算。

等节拍流水也称为全等节拍流水、固定节拍流水或同步距流水，其施工进度计划图如图 2-37 所示。

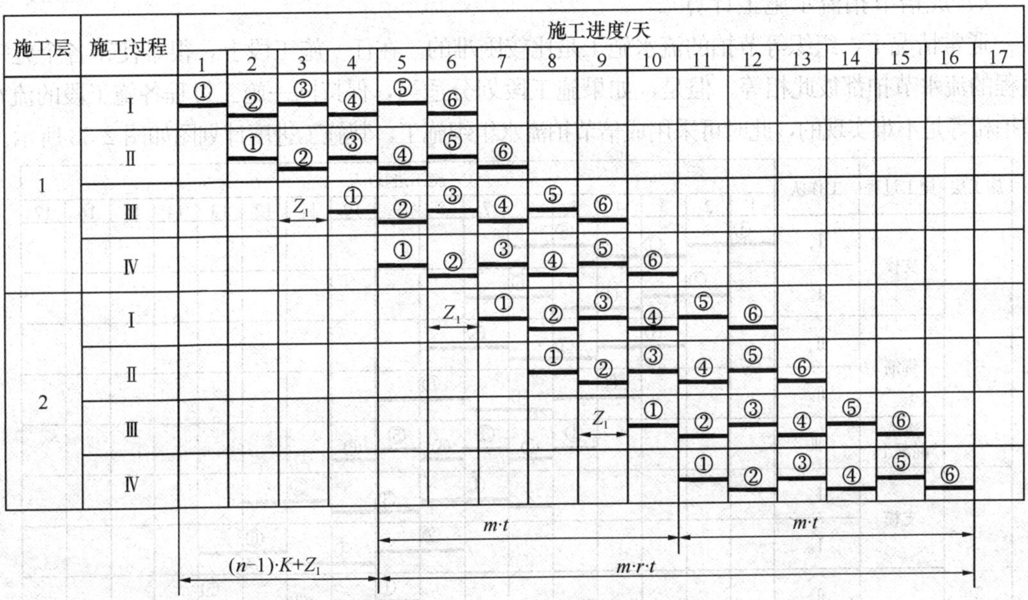

图 2-37 全等节拍流水施工进度计划图

① 等节拍流水施工特点。

等节拍流水施工的特点见表 2-57。

等节拍流水施工特点　　表 2-57

序号	内容
1	流水节拍彼此相等，即 $t_i=t$
2	流水步距彼此相等，且等于流水节拍，即 $K_i=K=t$
3	每一个施工过程组织一个专业工作队，由该队完成相应施工过程在所有施工段上的施工任务，即专业工作队数 $n_1=$ 施工过程数 n
4	各个专业工作队都能够连续施工，施工段没有空闲，是一种理想的施工方式

② 等节拍流水施工工期计算。

计算等节拍流水施工的工期 T，可按下式进行计算：

$$T=(m\cdot r+n-1)K+\sum Z_{j,j+1}^{1}+\sum G_{j,j+1}^{1}-\sum C_{j,j+1}^{1} \tag{2-5}$$

式中　j——施工过程编号，$1\leqslant j\leqslant n$；

T——流水施工的工期；

m——施工段数；

r——施工层数；

n——施工过程数；

K——流水步距；

$\sum Z_{j,j+1}^{1}$——第一个施工层中各施工过程间的技术间歇时间总和；

$\sum G_{j,j+1}^{1}$——第一个施工层中各施工过程间的组织间歇时间总和；

$\sum C_{j,j+1}^{1}$——第一个施工层中各施工过程间的平行搭接时间总和。

2）成倍节拍流水施工计算

通常情况下，组织等节拍的流水施工是比较困难的。在任一施工段上，很难使得各个施工过程的流水节拍都彼此相等。但是，如果施工段划分适当，保持同一施工过程各施工段的流水节拍相等是不难实现的，此时可采用成倍节拍流水组织施工，其施工进度计划图如图 2-38 所示。

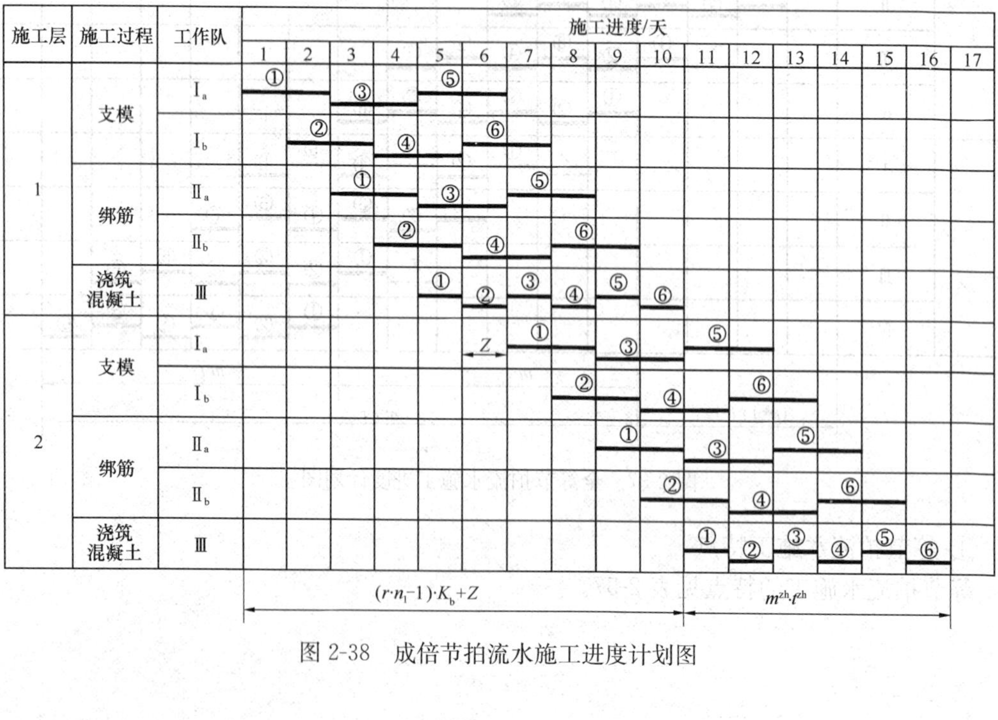

图 2-38　成倍节拍流水施工进度计划图

① 成倍节拍流水施工的特点。

成倍节拍流水施工的特点见表 2-58。

成倍节拍流水施工特点 **表 2-58**

序号	内容
1	同一施工过程在各施工段上的流水节拍彼此相等，不同的施工过程在同一施工段上的流水节拍不尽相同，但其值为倍数关系
2	相邻专业工作队的流水步距 K_b 相等，且等于流水节拍的最大公约数
3	专业工作队数 n_1 > 施工过程数 n
4	各专业工作队都能够保证连续施工，施工段之间没有空闲时间

② 成倍节拍流水施工的组织步骤。

a. 确定施工流水线，分解施工过程，确定施工顺序。

b. 划分施工段，不分施工层和分施工层时施工段的划分方式如下：

(a) 不分施工层时，可按划分施工段的原则确定施工段数。

(b) 分施工层时，每层的施工段数可按下式确定：

$$m = n_1 + \frac{\max\Sigma Z_1}{K_b} + \frac{\max\Sigma G_1}{K_b} + \frac{\max Z_2}{K_b} \tag{2-6}$$

式中 m —— 施工段数目；

n_1 ——专业工作队总数；

ΣZ_1 ——一个楼层内各施工过程间的技术间歇之和；

ΣG_1 ——一个楼层内各施工过程间的组织间歇之和；

Z_2 ——楼层间技术间歇时间；

K_b ——成倍节拍流水施工的流水步距。

c. 按式（2-1）、式（2-2）或式（2-3）计算，确定流水节拍。

d. 按下式，确定流水步距 K_b：

$$K_b = 最大公约数\{t_1, t_2, \cdots, t_n\} \tag{2-7}$$

e. 按下式，确定专业工作队数 n_1：

$$b_j = \frac{t_j}{K_b} \tag{2-8}$$

$$n_1 = \sum_{i=1}^{n} b_j \tag{2-9}$$

式中 t_j ——施工过程 j 在各施工段上的流水节拍；

b_j ——施工过程 j 所要组织的专业工作队数；

j ——施工过程编号，$1 \leqslant j < n$；

K_b ——成倍节拍流水施工的流水步距；

n ——施工过程数；

n_1 ——专业工作队数。

f. 确定计划总工期 T，按下式进行计算：

$$T = (r \cdot n_1 - 1)K_b + m^{zh} \cdot t^{zh} + \Sigma Z_{j,j+1} + \Sigma G_{j,j+1} - \Sigma C_{j,j+1} \tag{2-10}$$

或　　　$T=(m\cdot r+n_1-1)K_b+\sum Z^1_{j,j+1}+\sum G^1_{j,j+1}-\sum C^1_{j,j+1}$　(2-11)

式中　T——计划总工期；

r——施工层数；

n_1——专业工作队总数；

m——施工段数目；

K_b——成倍节拍流水施工的流水步距；

m^{zh}——最后一个施工过程的最后一个专业工作队所要通过的施工段数；

t^{zh}——最后一个施工过程的流水节拍；

n——施工过程数；

$\sum Z_{j,j+1}$——相邻两专业工作队 j 与 $j+1$ 之间的技术间歇时间总和（$1\leqslant j\leqslant n-1$）；

$\sum G_{j,j+1}$——相邻两专业工作队 j 与 $j+1$ 之间的组织间歇时间总和（$1\leqslant j\leqslant n-1$）；

$\sum C_{j,j+1}$——相邻两专业工作队 j 与 $j+1$ 之间的平行搭接时间之和（$1\leqslant j\leqslant n-1$）；

$\sum Z^1_{j,j+1}$——第一个施工层中各施工过程间的技术间歇时间总和；

$\sum G^1_{j,j+1}$——第一个施工层中各施工过程间的组织间歇时间总和；

$\sum C^1_{j,j+1}$——第一个施工层中各施工过程间的平行搭接时间总和。

g. 绘制成倍节拍流水施工进度计划图。

在成倍节拍流水施工进度计划图中，除表明施工过程的编号或名称外，还应表明专业工作队的编号。在表明各施工段的编号时，一定要注意有多个专业工作队的施工过程。各专业工作队连续作业的施工段编号不应该是连续的，否则无法组织合理的流水施工。

③ 应用举例。

【例】某两层工程，分为安装模板、绑扎钢筋和浇筑混凝土三个施工过程。其中每层每段各施工过程的流水节拍分别为 $t_{模}=2$ 天，$t_{筋}=2$ 天，$t_{混凝土}=1$ 天。第一层第 1 段的混凝土养护 1 天后才能进行第二层第 1 段模板安装施工。在保证各工作队连续施工的条件下，试计算工期并编制本工程的流水施工进度图表。

解：按要求，本工程宜采用成倍节拍流水组织施工。

a. 确定流水步距 K_b。由式（2-7）得，

$K_b=$ 最大公约数$\{t_{模},t_{筋},t_{混凝土}\}=$ 最大公约数$\{2,2,1\}=1$(天)。

b. 确定专业工作队数量 n_1。由式（2-8）得，

$$b_{模}=\frac{t_{模}}{K_b}=\frac{2}{1}=2(个);同理,b_{筋}=2(个),b_{混凝土}=1(个);$$

由式（2-8）得，$n_1=\sum b_j=2+2+1=5$(个)。

c. 确定每层施工段数量 m。由式（2-6）得，

$$m=n_1+\frac{\max\sum Z_1}{K_b}=5+\frac{1}{1}=6(段)。$$

d. 计算工期 T。由式（2-10）得，

$T=(m_1-1)K_b+m^{zh}t^{zh}+\sum Z_{j,j+1}+\sum G_{j,j+1}-\sum C_{j,j+1}=(2\times5-1)\times1+6\times1+1-0=16$(天)

（亦可由式（2-11）计算，$T=(mr+n_1-1)K_b+\sum Z^1_{j,j+1}+\sum G^1_{j,j+1}-\sum C^1_{j,j+1}=(6\times2+5-1)\times1+0+0-0=16$ 天，结果同上）

e. 编制成倍节拍流水施工进度图表，如图 2-38 所示。

3）无节奏流水施工计算

工程施工中，由于项目结构形式、施工条件不同等，各施工过程在各施工段上的工程量经常有较大差异，或因专业工作队的生产效率相差较大，导致各施工过程的流水节拍随施工段的不同而不同，且不同施工过程之间的流水节拍又有很大差异。这时，流水节拍虽无任何规律，但仍可利用流水施工原理组织流水施工，使各专业工作队在满足连续施工的条件下，实现最大搭接。这种无节奏流水施工方式是建设工程流水施工的普遍方式，这种施工方式的进度计划如图 2-39 所示。

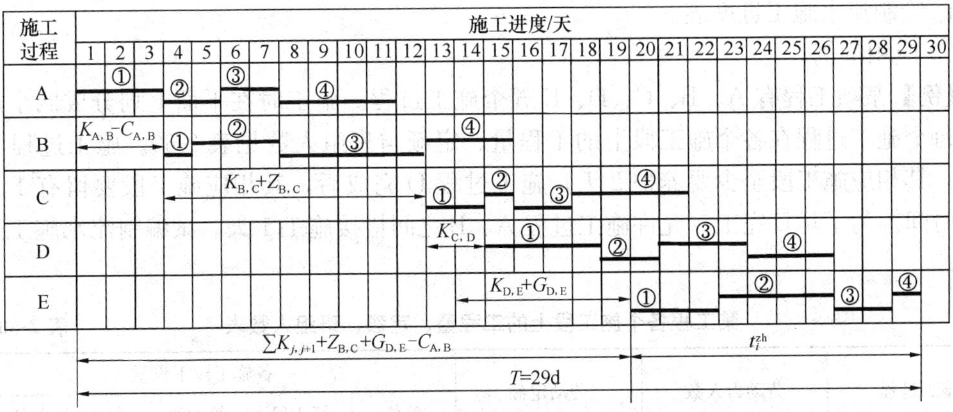

图 2-39 某工程无节奏流水施工进度计划

① 无节奏流水施工的特点。

无节奏流水施工的特点见表 2-59。

无节奏流水施工的特点 **表 2-59**

序号	内容
1	各施工过程在各个施工段上的流水节拍不尽相等
2	相邻专业工作队的流水步距不尽相等
3	专业工作队数等于施工过程数，即 $n_1=n$
4	各专业工作队在施工段上能够连续施工，但有的施工段可能存在空闲时间

② 无节奏流水施工的组织步骤

a. 确定施工流水线，分解施工过程，确定施工顺序。

b. 划分施工段。

c. 按相应的公式计算各施工过程在各个施工段上的流水节拍（参照本节相关内容）。

d. 按“潘特考夫斯基法”确定相邻两个专业工作队之间的流水步距。

e. 按下式计算流水施工的计划工期 T：

$$T=\sum_{j=1}^{n-1}K_{j,j+1}+\sum_{i=1}^{m}t_i^{zh}+\sum Z_{j,j+1}+\sum G_{j,j+1}-\sum C_{j,j+1} \tag{2-12}$$

式中 T——流水施工的计划总工期；

J——专业工作队编号，$1\leqslant j\leqslant n_1-1$；

n_1 ——专业工作队数目，此时 $n_1 = n$；

m ——施工段数目；

$K_{j,j+1}$ ——相邻专业工作队 j 与 $j+1$ 之间的流水步距；

i ——施工段编号，$1 \leqslant i \leqslant m$；

t_i^{zh} ——最后一个施工过程的第 i 个施工段上的流水节拍；

$\sum Z_{j,j+1}$ ——相邻两专业工作队 j 与 $j+1$ 之间的技术间歇时间总和（$1 \leqslant j \leqslant n-1$）；

$\sum G_{j,j+1}$ ——相邻两专业工作队 j 与 $j+1$ 之间的组织间歇时间总和（$1 \leqslant j \leqslant n-1$）；

$\sum C_{j,j+1}$ ——相邻两专业工作队 j 与 $j+1$ 之间的平行搭接时间之和（$1 \leqslant j \leqslant n-1$）。

f. 绘制流水施工进度表。

③ 应用举例。

【例】某项工程有 A、B、C、D、E 五个施工过程。施工时在平面上划分成四个施工段，每个施工过程在各个施工段上的工程量、定额与班组人数见表 2-60。施工过程 B 完成后，其相应施工段至少要养护 2 天；施工过程 D 完成后，其相应施工段要留有 1 天的准备时间。为了早日完工，允许施工过程 A、B 之间搭接施工 1 天。试编制流水施工进度图表。

某工程各个施工段上的工程量、定额、班组人数表　　表 2-60

施工过程	劳动力人数	劳动定额	各施工段工程量				
			单位	第 1 段	第 2 段	第 3 段	第 4 段
A	10	$8m^2$/工日	m^2	240	160	165	300
B	15	$1.5m^3$/工日	m^3	25	65	120	70
C	10	0.4t/工日	t	6.5	3.5	9	16
D	10	$1.3m^3$/工日	m^3	50	25	40	35
E	10	$5m^3$/工日	m^3	150	200	100	50

解： a. 计算流水节拍 t。由式（2-1）得，

$$t_{A,1} = Q_{A,1}(S_{A,1} \cdot R_{A,1} \cdot N_{A,1}) = 240(8 \times 10 \times 1) = 3;$$

同理可得其他各段的流水节拍，列表见表 2-61。

某工程流水节拍表　　表 2-61

流水节拍（天） 施工段 / 专业队	第 1 段	第 2 段	第 3 段	第 4 段
A	3	2	2	4
B	1	3	5	3
C	2	1	2	4
D	4	2	3	3
E	3	4	2	1

b. 确定流水步距 K_b，采用“潘特考夫斯基法”。

(a) 累加数列：	A：	3，	5，	7，	11，	
	B：	1，	4，	9，	12，	
	C：	2，	3，	5，	9，	
	D：	4，	6，	9，	12，	
	E：	3，	7，	9，	10，	
(b) 错位相减：	A，B：	3，	5，	7，	11，	
			1，	4，	9，	12
		3，	4，	3，	2，	−12
同理	B，C：	1，	2，	6，	7，	−9
	C，D：	2，	−1，	−1，	0，	−12
	D，E：	4，	3，	2，	3，	−10

(c) 取大差值为流水步距 $K_{A,B}=\max\{3,4,3,2,-12\}=4$(天)

$K_{B,C}=\max\{1,2,6,7,-9\}=7$(天)

$K_{C,D}=\max\{2,-1,-1,0,-12\}=2$(天)

$K_{D,E}=\max\{4,3,2,3,-10\}=4$(天)

c. 计算工期 T。由式（2-12）得，

$$T=\sum_{j=1}^{n-1}K_{j,j+1}+\sum_{i=1}^{m}t_i^{zh}+\Sigma Z_{j,j+1}+\Sigma G_{j,j+1}-\Sigma C_{j,j+1}$$

$$=(4+7+2+4)+(3+4+2+1)+2+1-1=29(\text{天})$$

d. 编制成倍节拍流水施工进度图表，如图 2-38 所示。

2. 工程网络图绘制及时间参数计算

工程网络计划技术是以规定的网络符号及其图形表达计划中工作之间的相互制约和依赖关系，并分析其内在规律，从而寻求其最优方案的计划管理新方法。它在项目的组织施工、方案制定、进度管理与控制等方面起着十分重要的作用，其主要有关键线路法（CMP）和计划评审法（PERT）两种技术，两者大同小异，都是用工程网络图表达计划。按表示方法分，一般工程网络图分为双代号网络图和单代号网络图。国内常见的网络图还有双代号时标网络图和单代号搭接网络图。国内应用双代号网络图较多，而单代号网络图在国外应用相对普遍，由于容易绘制、不易出错、便于修改调整和不设虚工作等优点，现在也已被广大计划人员所采用。而时标网络图与横道图比较相似，便于绘制，虽其不能反映总时差，但还是被人们广泛应用。单代号搭接网络图能正确反映工程中各项目之间的逻辑关系，但由于时间参数计算复杂，之前较少被应用，不过随着计算机技术的发展，其应用日益增多。下面重点说明普通双代号网络图和单代号网络图的绘制及时间参数计算，并对双代号时标网络图和单代号搭接网络图进行简单的介绍。

(1) 双代号网络图的绘制及时间参数计算

1) 双代号网络图的基本概念

双代号网络图采用两个带有编号的圆圈和一个中间箭线表示一项工作，其持续时间多为肯定型，由工作（箭线）、节点和线路三要素组成，分有时间坐标和无时间坐标

两种。

① 工作。

a. 工作又称工序、活动，是指计划按需要粗细程度划分而成的一个消耗时间（或也消耗资源）的子项目或子任务。它是网络图的组成要素之一。

（a）在双代号网络图中，工作用箭线表示。工作名称写在箭线的上面或左面，工作持续时间写在箭线的下面或右边。

（b）不消耗人力、物力，但需要消耗时间的活动过程仍是工作，如混凝土浇筑后的养护过程，也是工作。

（c）根据一项计划（或工程）的规模不同，工作划分的粗细程度、大小范围也有所不同。如对于一个规模较大的工程项目来讲，一项工作可能代表一个单位工程或一个构筑物；对于一个单位工程，一项工作可能只代表一个分部或分项工作。

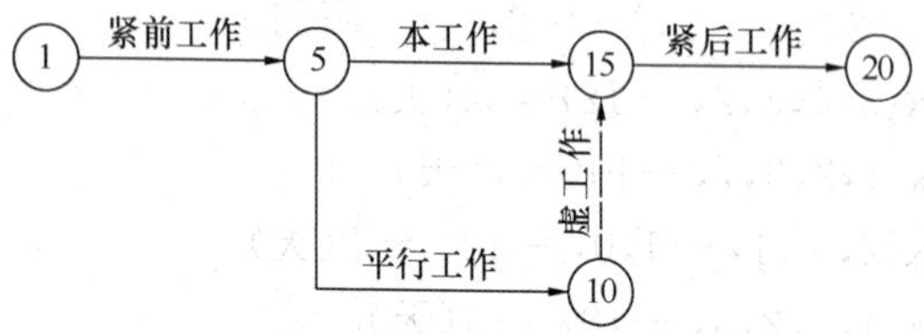

图 2-40　工作间的关系

（d）箭线的长度和方向：在无时间坐标的网络图中，原则上可以任意画，但必须满足网络逻辑关系且不得中断；箭线的长度视美观和需要而定，其方向尽可能由左向右画出，箭线优先选用水平走向。在有时间坐标的网络图中，其箭线长度必须根据完成该项工作所需持续时间的大小按比例绘制。在同一张网络图中，箭线的画法要求统一，图面要求整齐醒目。

b. 工作类型

按照网络图中工作之间的相互关系（图 2-40），可将工作分为以下几种类型，见表 2-62。

网络图中的工作类型　　**表 2-62**

序号	工作类型	说明
1	紧前工作	如图 2-40 所示，相对于本工作 5-15 而言，紧排在本工作 5-15 之前的工作 1-5 称为工作 5-15 的紧前工作，即 1-5 完成后本工作方可开始；若不完成，本工作不能开始
2	紧后工作	如图 2-40 所示，紧排在本工作 5-15 之后的工作 15-20，称为工作 5-15 的紧后工作，本工作完成之后紧后工作方可开始；否则，紧后工作不能开始
3	平行工作	如图 2-40 所示，工作 5-10 就是 5-15 的平行工作，可以和本工作 5-15 同时开始或同时结束
4	起始工作	以图 2-40 为例，假设没有紧前工作的工作。工作 1-5 便成了起始工作
5	结束工作	以图 2-40 为例，假设没有紧后工作的工作。工作 15-20 便成了结束工作
6	先行工作	自起点节点至本工作开始节点之前各条线路上的所有工作，称为本工作的先行工作
7	后续工作	本工作结束节点之后至终点节点之前各条线路上的所有工作，称为本工作的后续工作
8	虚工作	不消耗时间和资源的工作称为虚工作，即虚工作的持续时间为零。通常用虚箭线表示，如图 2-40 所示，工作 10-15 即虚工作。当虚箭线很短，在画法上不易表示时，可采用工作持续时间为零的实箭线标识。虚工作实际上是用来表示工作间逻辑关系的一种符号

绘制网络图时，最重要的是明确各工作之间的紧前或紧后关系。只要这一点弄清楚了，其他任何复杂的关系都能借助网络图中的紧前或紧后关系表达出来。

② 节点。

a. 节点又叫事件，用圆圈表示。一个箭线尾部的节点称为开始节点（事件），箭线头部的节点称为结束节点，两个工作之间的节点称为中间节点。中间节点标志着前一个工作的结束，允许后一个工作的开始，起到承上启下把工作衔接起来的作用。

b. 节点仅为前后两个工作的交接点，它是工作完成或开始的瞬间，既不消耗时间也不消耗资源。在网络图中，对一个节点来讲，可能有许多箭线指向该节点，称该节点前导工作或前项工作，由该节点发出的箭线称该节点的后续工作或后项工作。

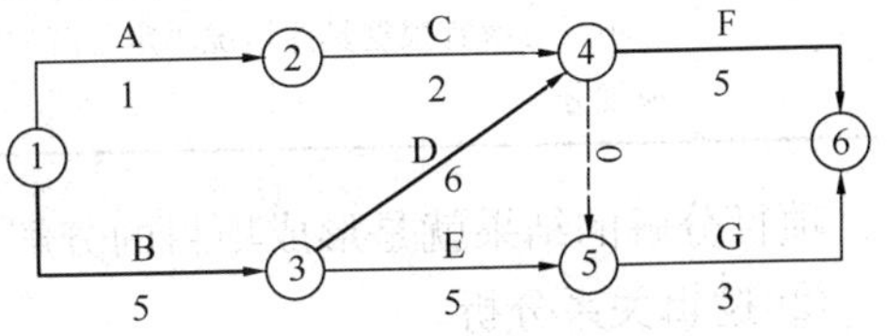

图 2-41 双代号网络示意图（示例）

③ 线路。

网络图中从起点节点开始，沿箭线方向连续通过一系列箭线与节点，最后到达终点节点所经过的通路，称为线路。每一条线路都有确定的完成时间，它等于该线路上各项工作持续时间的总和，称为线路时间。以图 2-41 为例，列表计算见表 2-63。

网络图线路时间计算表 **表 2-63**

序号	线路	线长	序号	线路	线长
1	①→②→④→⑥	8	4	①→③→④→⑥	16
2	①→②→④→⑤→⑥	6	5	①→③→④→⑤→⑥	14
3	①→③→⑤→⑥	13			

在整个网络线路中，线路时间最长的线路称为关键线路（也称主要线路）。如表 2-63 所示，图 2-41 中共有 5 条线路，其中第 4 条线路即①→③→④→⑥的时间最长，即为关键线路。位于关键线路上的工作称为关键工作。关键工作完成的快慢直接影响整个计划工期的实现。关键线路一般用粗线（或双箭线、红箭线）来重点表示。

在网络图中，关键线路有时不止一条，可能同时存在几条关键线路，即这几条线路上的持续时间相同且是线路持续时间的最大值。但管理上一般不希望出现太多的关键线路。

在一定的条件下，关键线路和非关键线路可以相互转化。例如，采用一定的技术组织措施，可能会缩短关键线路上各工作的持续时间，就有可能使关键线路发生转移，使原来的关键线路变成非关键线路，而原来的非关键线路却变成关键线路。

位于非关键线路的工作除关键工作外，其余称为非关键工作，它具有机动时间（即时差或浮时）。利用非关键工作的浮时可以科学合理地调配资源和对网络计划进行优化，例如可以将非关键工作在浮时范围内延长，从而把部分人员和设备转移到关键工作上去，这样可以加快关键工作的进行，从而缩短工期。

2）双代号网络图的绘制。

① 项目的分解。

根据项目管理和网络计划的要求和编制需要，可将项目分解为网络计划的基本组成单元（工作）。项目分解的原则见表 2-64。

项目分解的原则　表 2-64

序号	内容
1	项目分解一般可按其性质、组织结构或运行方式等来进行。如按准备阶段、实施阶段划分，按全局与局部划分，按专业或工艺作业内容划分，按工作责任或工作地点等进行分解
2	项目分解一般先粗后细。粗分有利于制定总网络计划，细分可作为绘制局部网络计划的依据
3	项目分解宜根据具体情况决定分解的粗细程度，也可仅在某一局部、某一生产阶段进行必要的粗分或细分

项目分解的结果就是形成项目的分解说明及项目的工作分解结构（WBS）图表。

② 逻辑关系分析。

工作的逻辑关系分析是根据施工工艺和施工组织的要求，确定各道工作之间的相互依赖和相互制约关系，以方便绘制网络图。

a. 分析逻辑关系的依据。

分析逻辑关系的依据见表 2-65。

分析逻辑关系的依据　表 2-65

序号	内容	序号	内容
1	已设计的工作方案	3	收集的有关资料
2	项目已分解的工作序列	4	编制计划人员的专业工作经验和管理工作经验等

b. 逻辑关系分类。

逻辑关系可分为工艺关系和组织关系，见表 2-66。

逻辑关系分类　表 2-66

序号	分类	说明
1	工艺关系	由施工工艺所决定的各工作之间的先后顺序关系。这种关系是受客观规律支配的，一般是不可改变的。当一项工程的施工方法确定之后，工艺关系也就随之确定下来。如果违背这种关系，将不可能进行施工，或会造成质量、安全事故，导致返工和浪费
2	组织关系	在施工过程中，由于劳动力、机械、材料和构件等资源的组织与安排的需要而形成的各工作之间的先后顺序关系。这种关系不是由工程本身决定的，而是人为的。组织方式不同，组织关系也就不同。但是不同的组织安排，往往会产生不同的组织效果，所以组织关系不但可以调整，而且应该优化。这是由组织管理水平决定的，应该按组织规律办事

c. 分析方法。

(a) 根据网络图的要求，分析每项工作的紧前工作或紧后工作以及与相关工作的各种搭接关系。

(b) 将项目分解及逻辑关系分析结果列表（样表见表 2-67），并使联系密切的工作尽量相邻或相近排列。

项目分解及逻辑关系分析结果列表（样表） **表 2-67**

编码	工作名称	逻辑关系			工作持续时间				
		紧前工作（或紧后工作）	搭接		确定时间 D	三时估计法			
			相关工作	时距		最短估计时间 a	最长估计时间 b	最可能时间 m	期望持续时间 D_e
1	2	3	4	5	6	7	8	9	10

(c) 计算工作持续时间的方法。

计算时间参数的依据有网络图、工作的任务量、资源供应能力、工作组织方式、工作能力和效率、选择的计算方法。常用方法如下：

a）参照以往实践经验估算；

b）经过试验推算；

c）按定额计算，工作持续时间 D=工作任务量 Q/(资源数量 R·工效定额 S)；

d）对于一般非肯定型网络，工作持续时间 D 可采用“三时估计法”计算，即期望持续时间值 D_e=（最短估计时间 a+4×最可能时间 m+最长估计时间 b)/6。

d. 常用逻辑关系表示方法见表 2-65。

③ 绘制双代号网络图。

a. 基本规则。

(a) 双代号网络图必须正确表达各项工作之间已定的逻辑关系。

(b) 双代号网络图中，严禁出现循环回路。

(c) 双代号网络图中，在节点之间严禁出现带双向箭头或无箭头的连线。

(d) 双代号网络图中，严禁出现没有箭头节点或没有箭尾节点的箭线。

(e) 当双代号网络图的某些节点有多条外向箭线或多条内向箭线时，为使图形简洁，在不违反“一项工作应只有唯一的一条箭线和相应的一对节点编号”的前提下，可使用母线法绘图，如图 2-42 所示，当箭线线型不同时（如粗线、细线、虚线、点划线等），可在从母线上引出的支线上标出。

(f) 绘制网络图时，箭线不宜交叉；当交叉不可避免时，可用过桥法，如图 2-43 所示，或指向法，如图 2-44 所示。

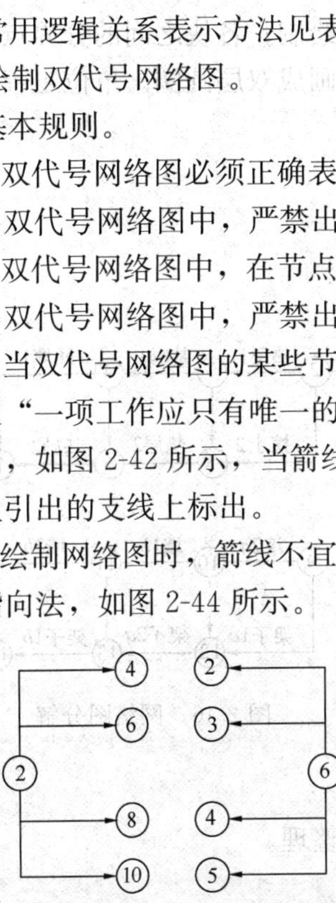

图 2-42 母线法图

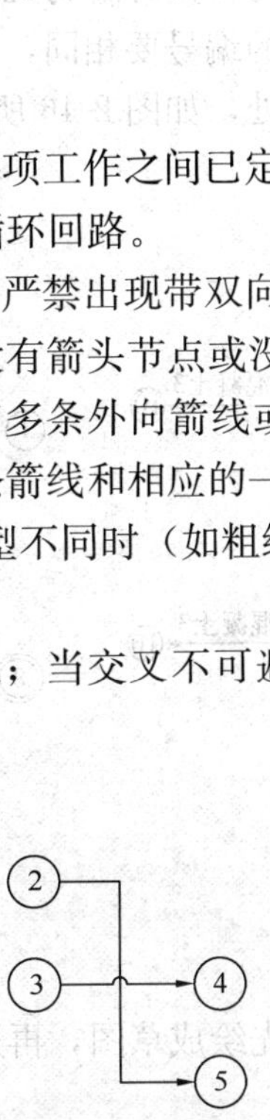

图 2-43 过桥法

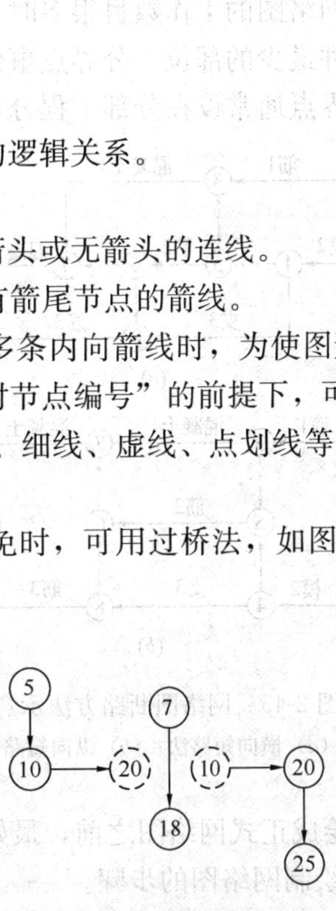

图 2-44 指向法

(g) 双代号网络图中应只有一个起点节点，在不分期完成任务的网络图中，应只有一个终点节点；而其他所有节点均应是中间节点。

b. 网络图的编号。

（a）箭线尾部的节点，即一项工作的开始节点的号码要小于箭头节点的号码，以开始节点为 i，箭头节点为 j，则各项工作总是 $i<j$。同一个网络图中，节点号码不能重复但可以不连续，即中间可以跳号（最好以 5、10 跳隔比较方便），便于将来需要临时加入工作时可以不致打乱全图的编号。

（b）按水平自左至右的顺序编号——水平编号法。首先，在画网络图时，各节点尽量以相同的步距间隔布置，但上下的节点要垂直对位，然后每行自左至右沿箭头流向编写由小到大的号码，保证节点号码 $i<j$ 即可。

（c）垂直编号。绘制网络图要求与水平编号相同，而编号则按垂直方向从原始节点起由上而下或自下而上，或者自上而下从左至右编排。

c. 网络图的布局要求。

在保证网络图逻辑关系正确的前提下，要重点突出、层次清晰、布局合理、方便阅读。关键线路应尽可能布置在中心位置，用粗箭线或双线箭头表示；密切相关的工作尽可能相邻布置，避免箭线交叉；尽量采用水平箭线或垂直箭线。

绘制网络图时，力求减少不必要的箭线和节点。正确使用网络图断路方法，将没有逻辑关系的有关工作用虚工作加以隔断（如图 2-45 所示）。

当网络图的工作数目很多时，可将其分解为几块来绘制；各块之间的分界点要设在箭线和事件最少的部位，分界点事件的编号要相同，并且画成双层圆圈。单位工程施工网络图的分界点通常设在分部工程分界处，如图 2-46 所示。

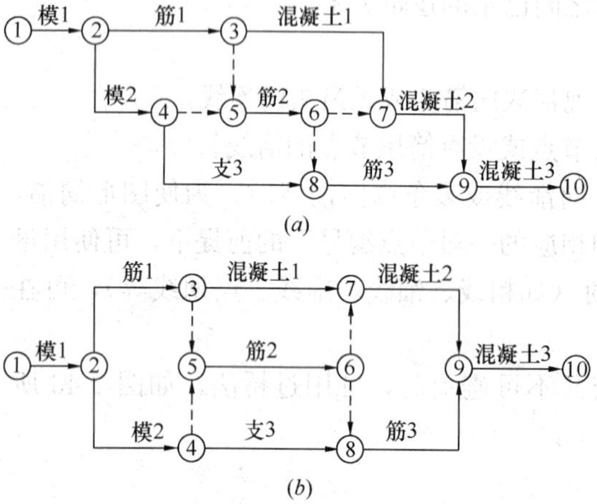

图 2-45　网络图断路方法示意图

（a）横向短路法；（b）纵向短路法

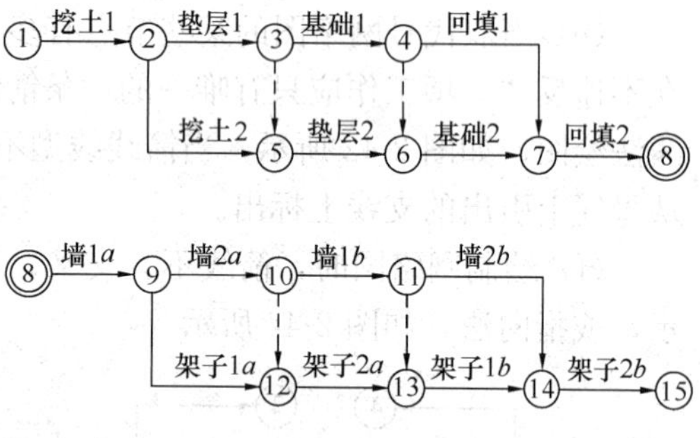

图 2-46　网络图分解

在绘成正式网络图之前，最好先绘成草图，再进行整理。

d. 绘制网络图的步骤。

（a）按选定的网络图类型和已确定的排列方式，确定网络图的合理布局。

（b）从起始工作开始，自左至右依次绘制，只有当先行工作全部绘制完成后，才能绘制本工作，直至结束工作全部绘完为止。

（c）检查工作和逻辑关系有无错漏并进行修正。

(d) 按网络图绘图规则的要求完善网络图。

(e) 按网络图的编号要求将工作节点编号。

3) 双代号网络图的时间参数计算。

网络图计算的目的就是计算出各种时间参数，为管理提供信息，从而为确定关键线路及优化、控制网络计划服务。

① 网络图计算的主要时间参数

网络图计算的主要时间参数见表 2-68。

网络图计算的主要时间参数 **表 2-68**

序号	内容		说明
1	D_{ij}	工作持续时间	对一项工作规定的从开始到完成的时间
2	ES_{ij}	最早开始时间	在紧前工作和有关时限约束下，工作有可能开始的最早时刻
3	EF_{ij}	最早完成时间	在紧前工作和有关时限约束下，工作有可能完成的最早时刻
4	LS_{ij}	最迟开始时间	在不影响任务按期完成和有关时限约束的条件下，工作最迟必须开始的时刻
5	LF_{ij}	最迟完成时间	在不影响任务按期完成和有关时限约束的条件下，工作最迟必须完成的时刻
6	FF_{ij}	自由时差	在不影响其紧后工作最早开始和有关时限的前提下，一项工作可以利用的机动时间
7	TF_{ij}	总时差	在不影响工期和有关时限的前提下，一项工作可以利用的机动时间
8	T_c	计算工期	根据网络计划时间参数计算出来的工期
9	T_r	要求工期	任务委托人所要求的工期
10	T_p	计划工期	在要求工期和计算工期的基础上，综合考虑需要和可能而确定的工期

② 时间参数计算。

a. 按工作计算法计算时间参数。

以图 2-47 为例进行双代号网络计划时间参数的计算。

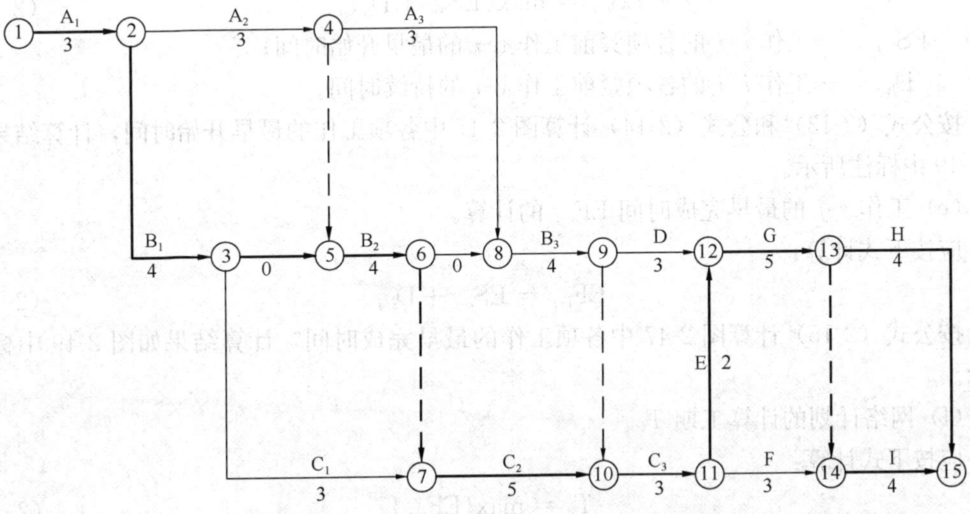

图 2-47 按工作计算法计算时间参数示例

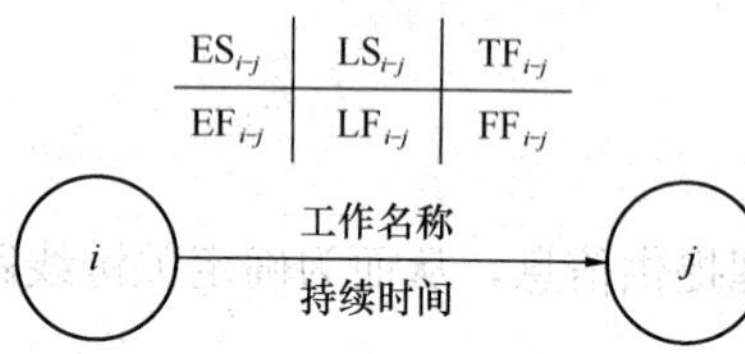

图 2-48　工作计算法计算时间参数的标注要求

(a) 按工作计算法计算时间参数应在确定各项工作的持续时间之后进行。虚工作必须视同工作进行计算，其持续时间为零。

(b) 按工作计算法计算时间参数，其计算结果应标注在箭线之上，如图 2-48 所示。当为虚工作时，图中的箭线为虚箭线。

(c) 计算顺序：

a) 从起点节点工作开始，顺序计算各工作的最早开始时间 ES_{i-j}。

b) 计算各工作的最早完成时间 EF_{i-j}。

c) 计算网络计划的计算工期 T_c。

d) 从终点节点工作开始，逆序计算各工作的最晚完成时间 LF_{i-j}。

e) 计算各工作的最迟开始时间 LS_{i-j}。

f) 计算总时差 TF_{i-j}。

g) 计算自由时差 FF_{i-j}。

(d) 工作最早开始时间的计算。

工作最早开始时间 ES_{i-j} 的计算应符合下列规定：

a) 工作 i-j 的最早开始时间 ES_{i-j} 应从网络计划的起点节点开始顺着箭线方向依次逐项计算。

b) 以起点节点 i 为箭尾节点的工作 i-j，当未规定其最早开始时间 ES_{i-j} 时，其值应等于零，即 $ES_{i-j}=0$（$i=1$），故，图 2-47 例中，$ES_{1-2}=0$。

c) 当工作 i-j 只有一项紧前工作 h-i 时，其最早开始时间 ES_{i-j} 应为：

$$ES_{i-j}=ES_{h-i}+D_{h-i} \tag{2-13}$$

d) 当工作 i-j 有多个紧前工作时，其最早开始时间 ES_{i-j} 应为：

$$ES_{i-j}=\max\{ES_{h-i}+D_{h-i}\} \tag{2-14}$$

式中　ES_{h-j} ——工作 i-j 的各项紧前工作 h-i 的最早开始时间；

　　D_{h-i} ——工作 i-j 的各项紧前工作 h-i 的持续时间。

按公式（2-13）和公式（2-14）计算图 2-47 中各项工作的最早开始时间，计算结果如图 2-49 中标注所示。

(e) 工作 i-j 的最早完成时间 EF_{i-j} 的计算。

应按下式计算：

$$EF_{i-j}=ES_{i-j}+D_{i-j} \tag{2-15}$$

按公式（2-15）计算图 2-47 中各项工作的最早完成时间，计算结果如图 2-49 中标注所示。

(f) 网络计划的计算工期 T_c。

应按下式计算：

$$T_c=\max\{EF_{i-n}\} \tag{2-16}$$

式中　EF_{i-n} ——以终点节点（$j=n$）为箭头节点的工作 i-n 的最早完成时间。

按式（2-16）计算，图 2-47 的计算工期为：

$$T_c = \max\{EF_{i\text{-}n}\} = \max\{EF_{13\text{-}15}, EF_{14\text{-}15}\} = 30$$

(g) 网络计划的计划工期 T_p。

其计算应按下列情况分别确定：

a) 当已规定了要求工期 T_r 时，$T_p \leqslant T_r$。

b) 当未规定要求工期 T_r 时，$T_p = T_c$。

由于图 2-47 中各项工作未规定要求工期。故其计划工期取其计算工期，即 $T_p = T_c = 30$。

将此工期标注在终点节点 15 的右侧，并用方框框选。

(h) 工作最迟完成时间的计算。

应符合下列规定：

a) 工作 i-j 的最迟完成时间应从网络计划的终点节点开始，逆着箭线方向依次逐项计算。

b) 以终点节点（$j = n$）为箭头节点的工作的最迟完成时间 $LF_{i\text{-}n}$，应按网络计划的计划工期 T_p 确定，即 $LF_{i\text{-}n} = T_p$。

c) 其他工作 i-j 的最迟完成时间 $LF_{i\text{-}j}$ 应为：

$$LF_{i\text{-}j} = \min\{LF_{j\text{-}k} - D_{j\text{-}k}\} \tag{2-17}$$

式中 $LF_{j\text{-}k}$ ——工作 i-j 的各项紧后工作 j-k 的最迟完成时间；

$D_{j\text{-}k}$ ——工作 i-j 的各项紧后工作 j-k 的持续时间。

按公式（2-17）计算图 2-47 中各项工作的最迟完成时间，计算结果如图 2-49 中标注所示。

(i) 工作 i-j 的最迟开始时间 $LS_{i\text{-}j}$。

应按下式计算：

$$LS_{i\text{-}j} = LF_{i\text{-}j} - D_{i\text{-}j} \tag{2-18}$$

按公式（2-18）计算图 2-47 中各项工作的最迟开始时间，计算结果如图 2-49 中标注所示。

(j) 工作 i-j 的总时差 $TF_{i\text{-}j}$。

应按下式计算：

$$TF_{i\text{-}j} = LS_{i\text{-}j} - ES_{i\text{-}j} \tag{2-19}$$

或

$$TF_{i\text{-}j} = LF_{i\text{-}j} - EF_{i\text{-}j} \tag{2-20}$$

按式（2-19）或（2-20）计算图 2-47 中各项工作的总时差，结果如图 2-49 所示。

(k) 工作 i-j 的自由时差 $FF_{i\text{-}j}$ 的计算。

应符合下列规定：

a) 当工作 i-j 有紧后工作 j-k 时，其自由时差应为：

$$FF_{i\text{-}j} = ES_{j\text{-}k} - ES_{i\text{-}j} - D_{i\text{-}j} \tag{2-21}$$

或

$$FF_{i\text{-}j} = ES_{j\text{-}k} - EF_{i\text{-}j} \tag{2-22}$$

式中 $ES_{j\text{-}k}$ ——工作 i-j 的紧后工作 j-k 的最早开始时间。

b) 以终点节点（$j = n$）为箭头节点的工作，其自由时差 $FF_{i\text{-}j}$ 应按网络计划的计划工期 T_p 确定，即：

$$FF_{i\text{-}n} = T_p - ES_{i\text{-}n} - D_{i\text{-}n} \tag{2-23}$$

或
$$FF_{i\text{-}n} = T_p - EF_{i\text{-}n} \tag{2-24}$$

按式（2-21）或（2-22）计算图2-47中各项工作的自由时差，结果如图2-49所示。图中虚工作的自由时差归其紧前工作所有。

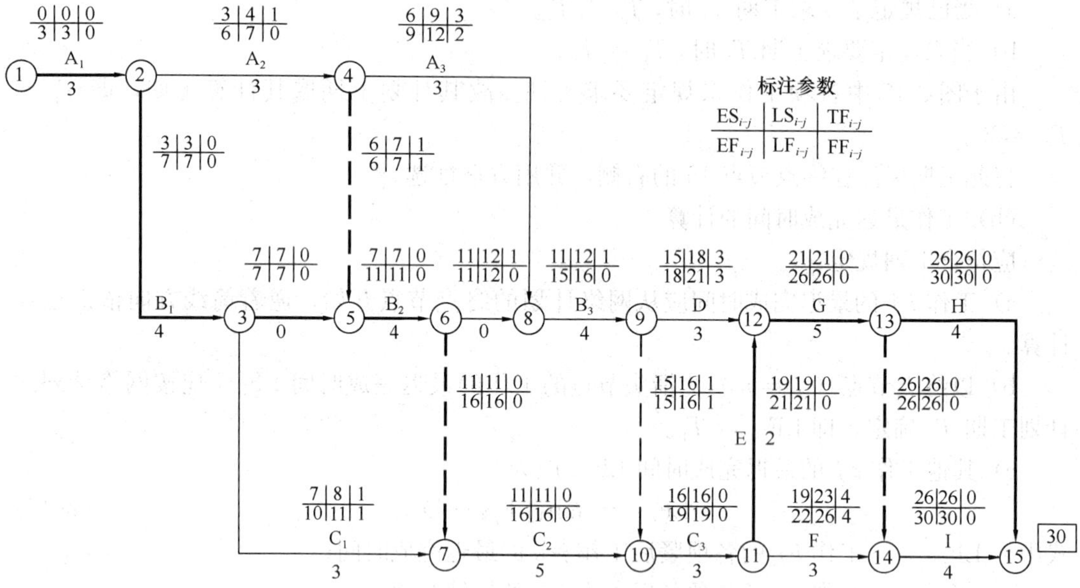

图2-49　按工作计算法示例计算结果图示

b. 按节点计算法计算时间参数

（a）按节点计算法计算时间参数应在确定各项工作的持续时间之后进行。虚工作必须视同工作进行计算，其持续时间为零。

（b）按节点计算法计算时间参数，其计算结果应标注在节点之上，如图2-50所示。

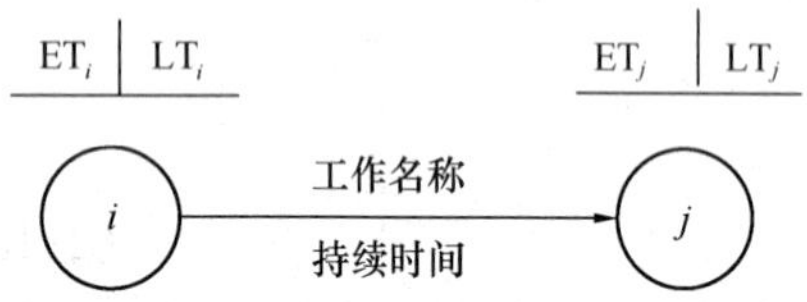

图2-50　节点计算法标注要求

（c）节点最早时间的计算应符合下列规定：

a）节点 i 的最早时间 ET_i 应从网络计划的起点节点开始，顺着箭线方向依次逐项计算。

b）起点节点 i 如未规定最早时间 ET_i 时，其值应等于零，即 $ET_i=0$（$i=1$）。

c）当节点 j 只有一条内向箭线时，最早时间 ET_j 应为：

$$ET_j = ET_i + D_{i\text{-}j} \tag{2-25}$$

d）当节点 j 有多条内向箭线时，其最早时间 ET_j 应为：

$$ET_j = \max\{ET_i + D_{i\text{-}j}\} \tag{2-26}$$

式中　$D_{i\text{-}j}$ ——工作 $i\text{-}j$ 的持续时间。

（d）网络计划的计算工期 T_c 应按下式计算：

$$T_c = ET_n \tag{2-27}$$

式中　ET_n ——终点节点 n 的最早时间。

（e）网络计划的计划工期 T_p 的计算应按下列情况分别确定：

a）当已规定了要求工期 T_r 时，$T_p \leqslant T_r$。

b）当未规定要求工期 T_r 时，$T_p = T_c$。

（f）节点最迟时间的计算应符合下列规定：

a）节点 i 的最迟时间 LT_i 应从网络计划的终点节点开始，逆着箭线的方向依次逐项计算。当部分工作分期完成时，有关节点的最迟时间必须从分期完成节点开始逆向逐项计算。

b）终点节点 n 的最迟时间 LT_n 应按网络计划的计划工期 T_p 确定，即 $LT_n = T_p$；分期完成节点的最迟时间应等于该节点规定的分期完成的时间。

c）其他节点的最迟时间 LT_i 应为：

$$LT_i = \min\{LT_j - D_{i-j}\} \tag{2-28}$$

式中 LT_i——工作 i-j 的箭头节点 j 的最迟时间。

（g）工作 i-j 的最早开始时间 ES_{i-j} 应按下式计算：

$$ES_{i-j} = ET_i \tag{2-29}$$

（h）工作 i-j 的最早完成时间 ES_{i-j} 应按下式计算：

$$EF_{i-j} = ET_i + D_{i-j} \tag{2-30}$$

（i）工作 i-j 的最迟完成时间 LF_{i-j} 应按下式计算：

$$LF_{i-j} = LT_j \tag{2-31}$$

（j）工作 i-j 的最迟开始时间 LS_{i-j} 应按下式计算：

$$LS_{i-j} = LT_j - D_{i-j} \tag{2-32}$$

（k）工作 i-j 的总时差 TF_{i-j} 应按下式计算：

$$TF_{i-j} = LT_j - ET_i - D_{i-j} \tag{2-33}$$

（l）工作 i-j 的自由时差 FF_{i-j} 应按下式计算：

$$FF_{i-j} = ET_j - ET_i - D_{i-j} \tag{2-34}$$

③ 关键工作和关键线路的确定。

a. 总时差为最小的工作应为关键工作。

b. 自始至终全部由关键工作组成的线路或线路上总的工作持续时间最长的线路应为关键线路。该线路在网络图上应用粗线、双线或彩色线标注。

（2）单代号网络图的绘制及时间参数计算

1）单代号网络图的基本概念

① 单代号网络图。

单代号网络图又称活动（工作）节点网络图，采用节点及其编号（一个大方框或圆圈）表示一项工作，工作之间相互关系以箭线表达，工作持续时间多为肯定型。它与双代号网络图相比，只是表现的形式不同，其所表达的内容完全一样。相比双代号网络图，单代号网络图具有容易绘制、没有虚工作、便于修改等优点，但在多进多出的节点处容易发生箭线交叉，故又不如双代号网络图清楚。单代号网络图在国外使用较多。

② 节点。

单代号网络图中，节点代表一项工作，既占用时间，又消费资源，节点可用圆圈或方框表示，其内标注工作编号、名称和持续时间。节点均需编号，不能重复，箭头节点的编号要大于箭末节点的编号。

③ 箭线

在单代号网络图中，箭线仅表示工作间的逻辑关系，既不占用时间，又不消费资源。单代号网络图中不设虚箭线。

2）单代号网络图的绘制

① 单代号网络图的绘制步骤基本与双代号网络图的绘制步骤一致。

② 单代号网络图的项目分解、逻辑关系分析同双代号网络图。双代号与单代号网络逻辑关系表示方法比较见表 2-69。

网络图逻辑关系表示方法　　**表 2-69**

序号	逻辑关系	网络图表示方法	
		双代号	单代号
1	A 完成后进行 B，B 完成后进行 C	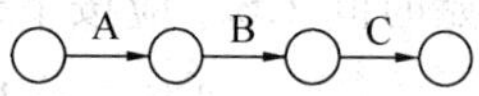	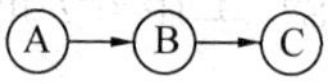
2	A 完成后同时进行 B 和 C	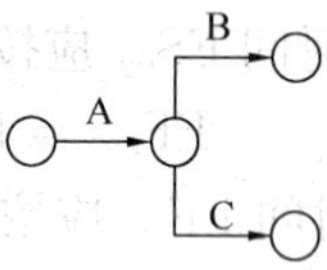	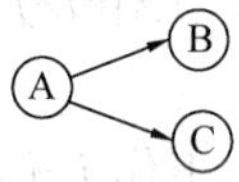
3	A 和 B 都完成后进行 C	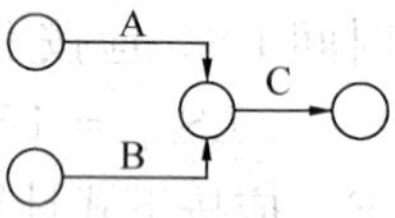	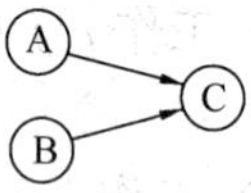
4	A 和 B 都完成后同时进 C 和 D	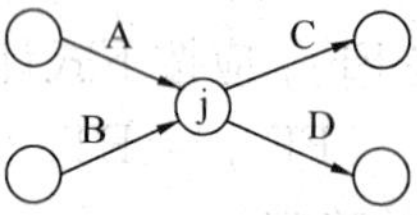	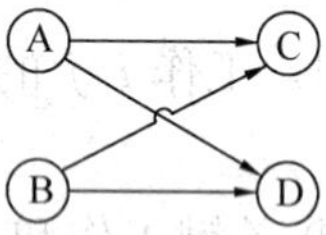
5	A、B、C 同时开始施工	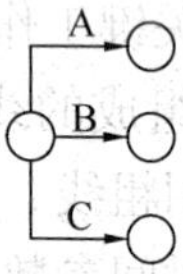	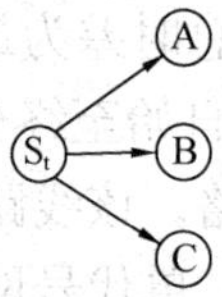
6	A、B、C 同时结束施工	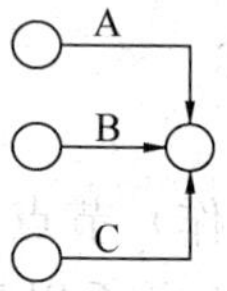	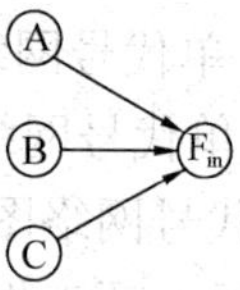
7	A 完成后进行 C；A、B 都完成后进行 D	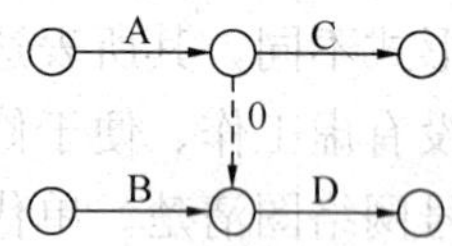	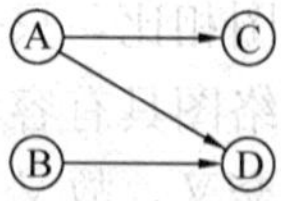
8	A、B 都完成后进行 C，B、D 都完成后进行 E	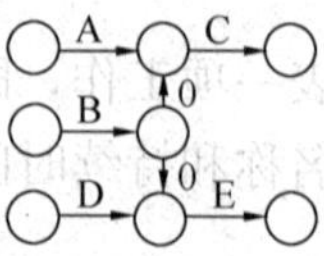	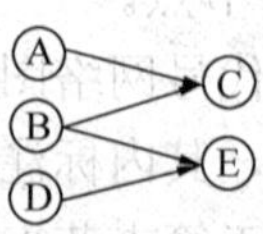

续表

序号	逻辑关系	网络图表示方法	
		双代号	单代号
9	A 完成后进行 C，A、B 都完成后进行 D，B 完成后进行 E	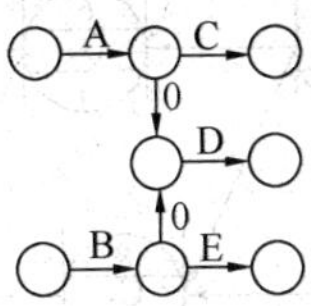	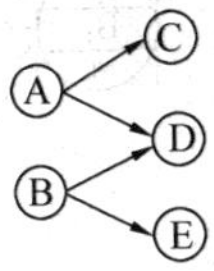
10	A、B 两项先后进行的工作，各分为三段进行。A_1 完成后进行 A_2、B_1，A_2 完成后进行 A_3、B_2，B_1 完成后进行 B_2，A_3、B_2 完成后进行 B_3	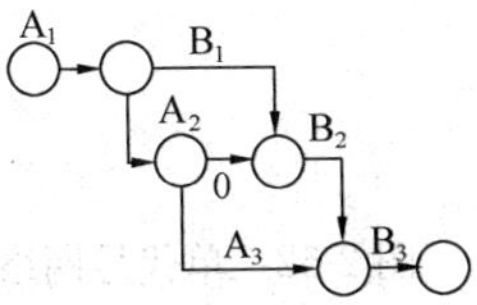	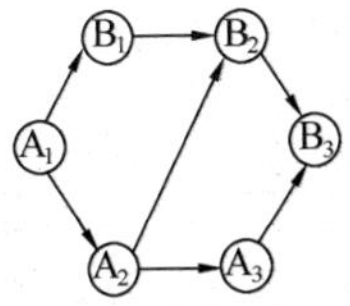

③ 绘制单代号网络图。

a. 基本规则。

单代号网络图绘制的基本规则和双代号网络图的绘制基本相同，即：

（a）必须正确表达各项工作之间已定的逻辑关系。

（b）严禁出现循环回路。

（c）严禁出现带双向箭头或无箭头的连线。

（d）严禁出现没有箭头节点和没有箭尾节点的箭线。

（e）工作的编号不允许重复。

（f）绘制网络图时，箭线不宜交叉；当交叉不可避免时，可采用过桥法和指向法绘制。

（g）只应有一个起点节点和一个终点节点；当单代号网络图中有多项起点节点或多项终点节点时，应在网络图的两端分别设置一项虚工作，作为该网络图的起点节点（S_t）和终点节点（F_{in}），如图 2-51 所示。

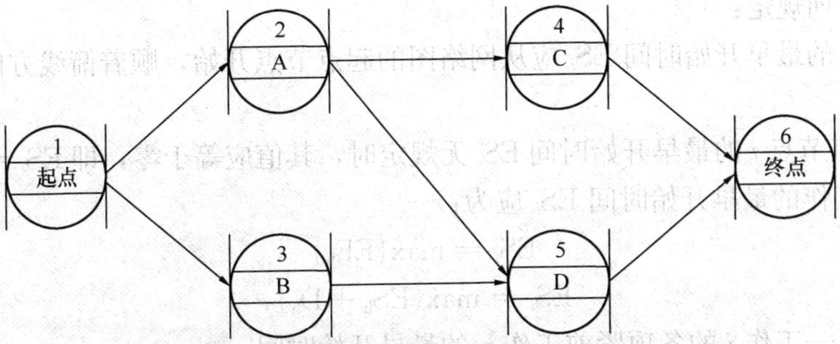

图 2-51 单代号网络图起点节点和终点节点

b. 绘制单代号网络图的步骤、编号和布局要求同双代号网络图。

3）单代号网络图的时间参数计算

以图 2-52 为例进行网络计划时间参数的计算。

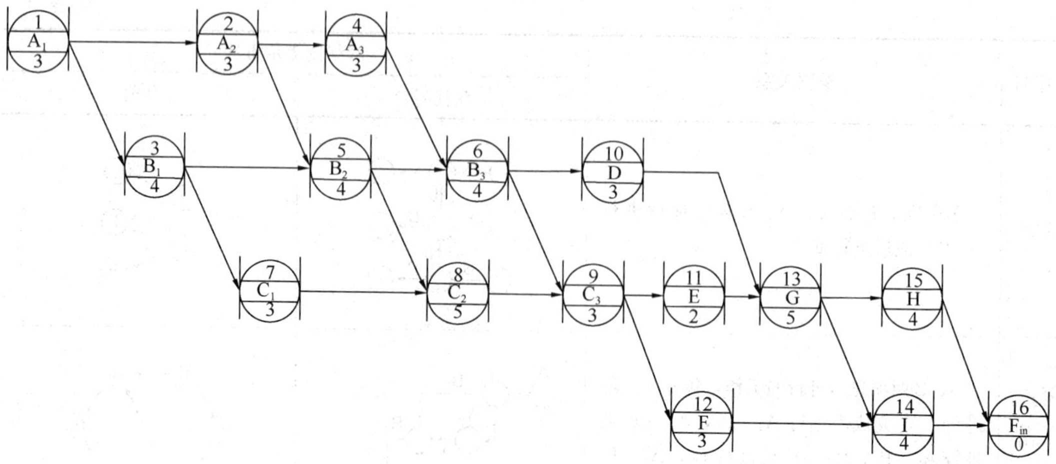

图 2-52　单代号网络计划计算示例

① 单代号网络计划的时间参数计算应在确定各项工作持续时间之后进行。

② 单代号网络计划的时间参数基本内容和形式应按图 2-53 所示的方式标注。

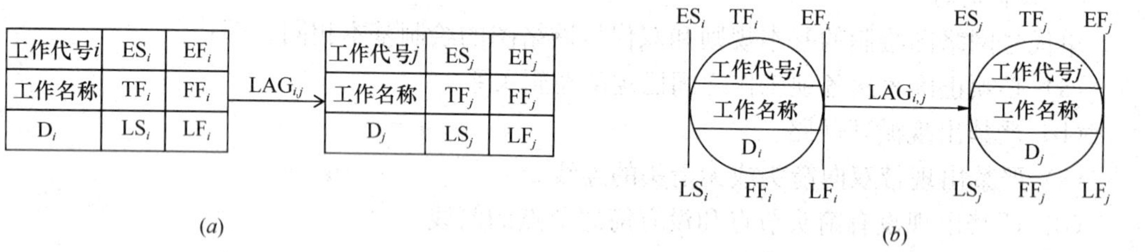

图 2-53　单代号网络图时间参数标注形式

③ 时间参数计算的一般顺序：按顺序计算最早开始时间 ES_i →最早完成时间 EF_i →计算工期 T_c →计划工期 T_p →时间间隔 $LAG_{i,j}$ →总时差 TF_i →自由时差 FF_i →逆序计算最迟完成时间 LF_i →最迟开始时间 LS_i。

④ 工作最早开始时间 ES_i 的计算。

应符合下列规定：

a. 工作 i 的最早开始时间 ES_i 应从网络图的起点节点开始，顺着箭线方向依次逐项计算。

b. 当起点节点 i 的最早开始时间 ES_i 无规定时，其值应等于零，即 $ES_i = 0$（$i = 1$）。

c. 其他工作的最早开始时间 ES_i 应为：

$$ES_i = \max\{EF_h\} \tag{2-35}$$

或

$$ES_i = \max\{ES_h + D_h\} \tag{2-36}$$

式中　ES_h ——工作 i 的各项紧前工作 h 的最早开始时间；

　　D_h ——工作 i 的各项紧前工作 h 的持续时间。

按公式（2-36）计算图 2-52 中各项工作的最早开始时间，结果如图 2-54 中标注所示。

⑤ 工作 i 的最早完成时间 EF_i 的计算。

应按下式计算：

$$EF_i = ES_i + D_i \tag{2-37}$$

按公式（2-37）计算图 2-52 中各项工作的最早完成时间，结果如图 2-54 中标注所示。

⑥ 网络计划计算工期 T_c。

应按下式计算：

$$T_c = EF_n \tag{2-38}$$

式中 EF_n——终点节点 n 的最早完成时间。

故图 2-52 中，$T_c = EF_{16} = 30$。

⑦ 网络计划的计划工期 T_p 的计算。

应按下列情况分别确定：

当已规定了要求工期 T_r 时，$T_p \leqslant T_r$。

当未规定要求工期 T_r 时，$T_p = T_c$。

因图 2-52 中未规定要求工期 T_r，故 $T_p = T_c = EF_{16} = 30$。将计划工期标注在终点节点 16 旁并框之。

⑧ 相邻两项工作 i 和 j 之间的时间间隔 $LAG_{i,j}$ 的计算。

应符合下列规定：

a. 当终点节点为虚拟节点时，其时间间隔应为：

$$LAG_{i,n} = T_p - EF_i \tag{2-39}$$

b. 其他节点之间的时间间隔应为：

$$LAG_{i,j} = ES_j - EF_i \tag{2-40}$$

按公式（2-39）和公式（2-40）计算图 2-52 中各项工作的时间间隔 $LAG_{i,j}$，结果标注于两节点之间的箭线之上，如图 2-54 所示（其中，$LAG_{i,j} = 0$ 的未标出）。

⑨ 工作总时差 TF_i 的计算。

应符合下列规定：

a. 工作 i 的总时差 TF_i 应从网络计划的终点节点开始，逆着箭线方向依次逐项计算。当部分工作分期完成时，有关工作的总时差必须从分期完成的节点开始逆向逐项计算。

b. 终点节点所代表工作 n 的总时差 TF_n 值应为：

$$TF_n = T_p - EF_n \tag{2-41}$$

c. 其他工作 i 的总时差 TF_i 应为：

$$TF_i = \min\{TF_j + LAG_{i,j}\} \tag{2-42}$$

按式（2-41）和式（2-42）计算图 2-52 中各项工作的总时差 TF_i，结果标注于图 2-54中。

⑩ 工作 i 的自由时差 FF_i 的计算。

应符合下列规定：

a. 终点节点所代表工作 n 的自由时差 FF_n 应为：

$$FF_n = T_p - EF_n \tag{2-43}$$

b. 其他工作 i 的自由时差 FF_i 应为：

$$FF_i = \min\{LAG_{i,j}\} \tag{2-44}$$

按式（2-43）和式（2-44）计算图 2-52 中各项工作的总时差 TF_i，结果标于图 2-37中。

⑪ 工作最迟完成时间 LF_i 的计算。

应符合下列规定：

a. 工作 i 的最迟完成时间 LF_i 应从网络计划的终点节点开始，逆着箭线方向依次逐项计算。当部分工作分期完成时，有关工作的最迟完成时间应从分期完成的节点开始逆向逐项计算。

b. 终点节点所代表的工作 n 的最迟完成时间 LF_n，应按网络计划的计划工期 T_p 确定，即 $LF_n = T_p$。

c. 其他工作 i 的最迟完成时间 LF_i 应为：

$$LF_i = \min\{LS_j\} \tag{2-45}$$

或

$$LF_i = EF_i + TF_i \tag{2-46}$$

式中　LS_j ——工作 i 的各项紧后工作 j 的最迟开始时间。

按式（2-45）或式（2-46）计算图 2-52 中各项工作的最迟完成时间 LF_i，结果标注于图 2-54 中。

⑫ 工作 i 的最迟开始时间 LS_i。

应按下式计算：

$$LS_i = LF_i - D_i \tag{2-47}$$

或

$$LS_i = ES_i + TF_i \tag{2-48}$$

按公式（2-45）或公式（2-46）计算图 2-52 中各项工作的最迟开始时间 LS_i，结果标注于图 2-54 中。

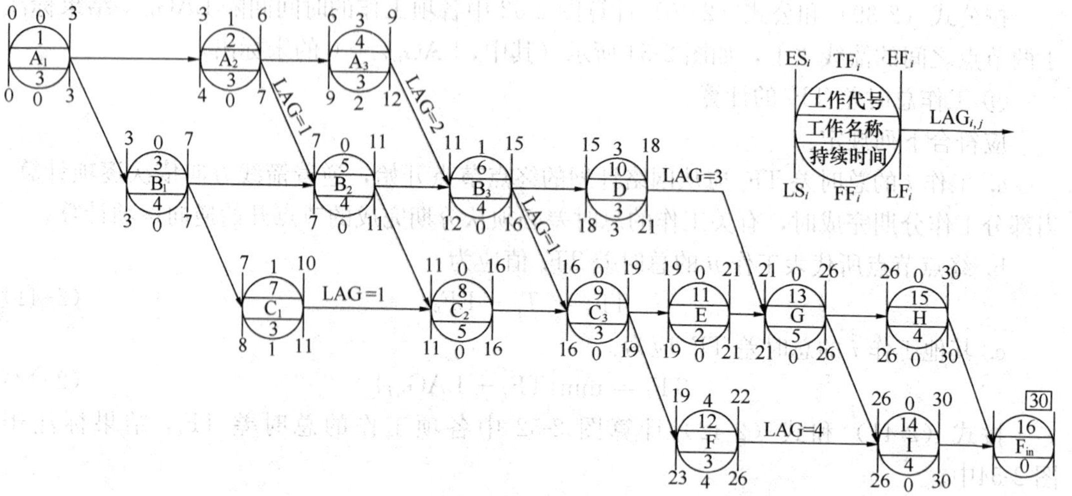

图 2-54　单代号网络计划计算示例图上标注结果

（3）双代号时标网络图

普通双代号网络图与单代号网络图都是不带时间坐标的，工作的持续时间由箭线下方标注的时间说明，而与箭线的长短无关，不能直观地在图上看出各工作的开工和结束时间。而时标网络图吸取了横道图直观的优点，使网络图易于理解、方便应用，深为施工现场所欢迎，但修改起来比较麻烦。

1）双代号时标网络图的一般规定。

时标的时间刻度单位规划与横道图类似，一般在时标刻度线的顶部标注相应的时间值，也可以标注在底部，必要时可在顶部和底部同时标注。

实工作用实箭线表示，如有自由时差，用波形线表示。虚工作必须用垂直方向的虚箭线表示，有自由时差时用波纹线表示。

时标网络计划一般按各个工作的最早开始时间编制，其中没有波形线的路线即为关键线路。双代号时标网络图如图 2-55 所示。

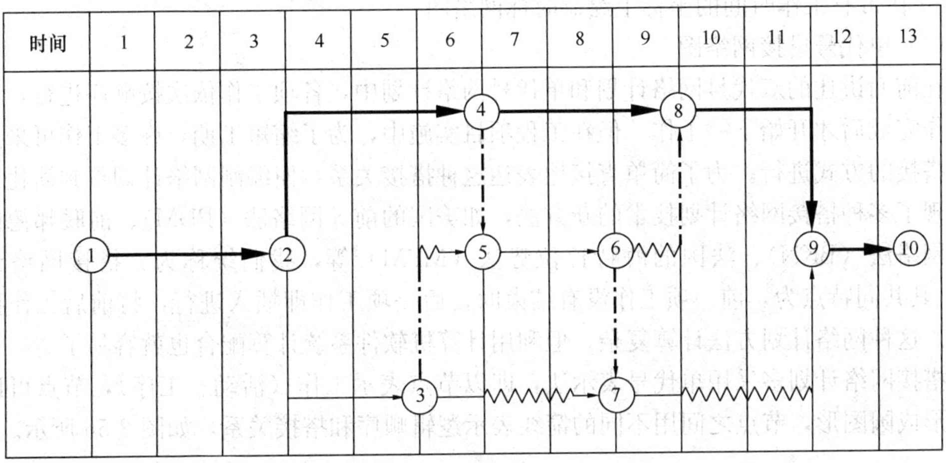

图 2-55　双代号时标网络图

2）双代号时标网络图的特点和适用范围。

双代号时标网络图的特点和适用范围见表 2-70。

双代号时标网络图的特点和适用范围　　表 2-70

序号	项目		内容
1	特点	优点	1. 时标网络图兼具网络图和横道图的优点，不仅能够表明各工作的进程，而且可以清楚地看出各工作间的逻辑关系。 2. 时标网络图能直接显示关键线路、关键工作、各工作的起止时间和时间储备（自由时差）情况。 3. 时标网络图中箭线受时间坐标的限制，一般不会出现工作关系之间的逻辑错误。 4. 利用时标网络计划可以很方便地统计每一个单位时间段的工作对资源的需求量，以便进行资源优化与调整
2		缺点	1. 时标网络图上不能反映总时差，在图上不能利用时差进行优化。 2. 时标网络图不能全面反映复杂的工程内容，即使要反映，绘制也是相当困难。 3. 时标网络图中工期长箭线长，图就长，所以绘图不方便，也不便于看图指导施工，因此在一般分项、分部工程指导施工时用得多。 4. 绘制时标网络图前仍然要编制双代号网络图，计算出最早时间或最迟时间，增加了工作量
3	适用范围		1. 工作数量不多、工艺关系比较简单的项目。 2. 整体工程中的局部网络计划，或具体作业性网络计划。 3. 使用实际进度前锋线法进行进度控制的网络计划

3）时标网络图绘制方法。

① 列出工作一览表，工作名称划分需根据工程进度的要求确定其粗细。

② 确定各工作的持续时间。

③ 画出工艺流程图。

④ 绘制双代号网络图，确定最早开始时间（按最早开始时间绘制）或者最迟完成时间（按最迟完成时间绘制）。

⑤ 在带有工作时间的坐标上绘制时标网络图。

（4）单代号搭接网络图

在前面讲述的双代号网络计划和单代号网络计划中，各项工作依次按顺序进行，即前一工作完成后才开始下一工作。但在工程项目实施中，为了缩短工期，许多工作可采用平行或搭接的方式进行。为了简单直接地表达这种搭接关系，使编制网络计划得到简化，相继出现了多种搭接网络计划技术的新方法，如美国的前导网络法（PDM）、前联邦德国的组合网络法（BKN）、法国的海特拉位势法（MPM）等，我们统称为“搭接网络计划法”。其共同特点为，前一项工作没有结束时，后一项工作即插入进行，将前后工作搭接起来。这种网络计划方法计算复杂，但利用计算机软件系统计算配合也就容易了。

搭接网络计划多采用单代号表示法，即以节点表示工作（活动、工序），节点可以绘成框形或圆图形，节点之间用不同的箭线表示逻辑顺序和搭接关系，如图 2-56 所示。

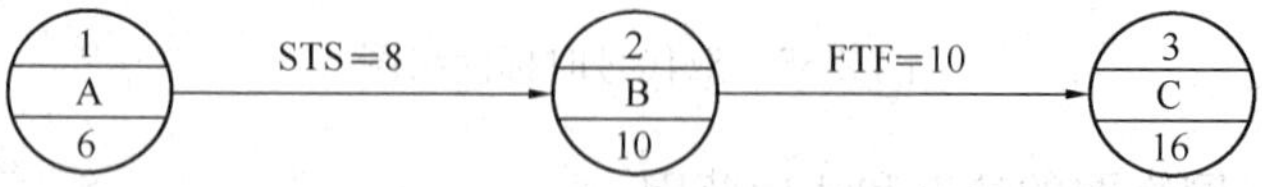

图 2-56　单代号搭接网络图

该网络图如果用横道图表示则如图 2-57 所示。

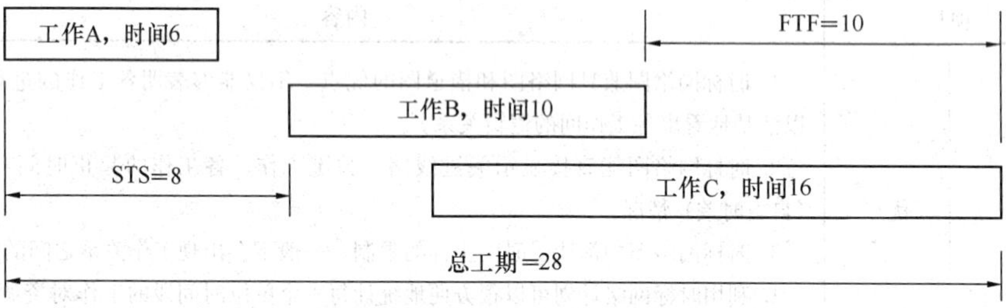

图 2-57　与图 2-56 所示网络图等效的横道图

搭接网络计划中，工作之间的搭接关系主要分为以下四种：

1）结束到开始的搭接（$FTS_{i,j}$）。

表示工作 i 完成时间与紧后工作 j 开始时间之间的时间间距。

2）开始到开始的搭接（$STS_{i,j}$）。

表示工作 i 开始时间与紧后工作 j 开始时间之间的时间间距。

3）结束到结束的搭接（$FTF_{i,j}$）。

表示工作 i 完成时间与紧后工作 j 完成时间之间的时间间距。

4）开始到结束的搭接（$STF_{i,j}$）。

表示工作 i 开始时间与紧后工作 j 完成时间之间的时间间距。

(5) 建筑施工网络计划的应用

1) 建筑施工网络计划的分类。

建筑施工网络计划的分类如图 2-58 所示。

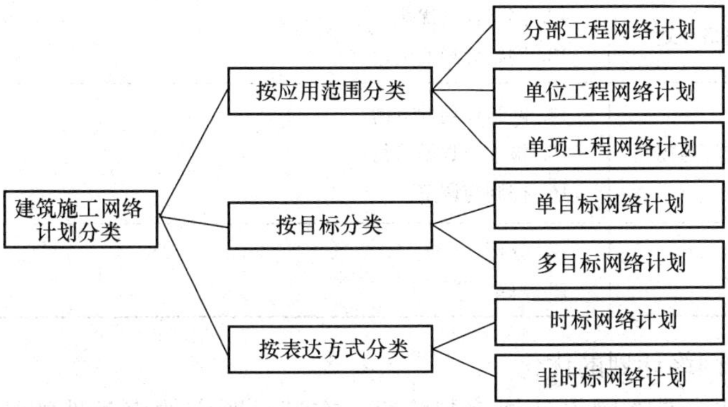

图 2-58 建筑施工网络计划分类

2) 建筑施工网络计划的编排方法。

建筑施工网络计划的编排方法如图 2-59 所示。

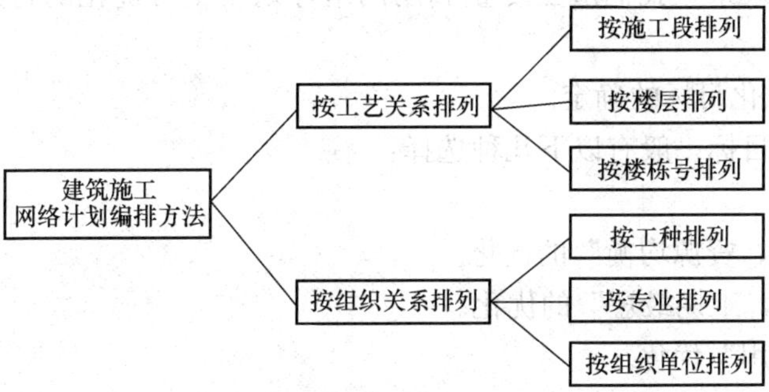

图 2-59 建筑施工网络计划编排方法

3) 建筑施工网络计划应用的一般程序。

建筑施工网络计划应用的一般程序见表 2-71。

建筑施工网络计划应用的一般程序 **表 2-71**

序号	阶段	步骤
1	准备阶段	1. 确定网络计划目标（包括时间目标、时间一资源目标、时间一费用目标） 2. 调查研究 3. 项目分解 4. 施工方案设计
2	绘制网络图	5. 逻辑关系分析 6. 网络图构图
3	计算参数	7. 计算工作持续时间和搭接时间 8. 计算其他时间参数 9. 确定关键线路

续表

序号	阶段	步骤
4	编制可行网络计划	10. 检查与修正 11. 可行网络计划编制
5	确定正式网络计划	12. 网络计划优化 13. 网络计划的确定
6	网络计划的实施与控制	14. 网络计划的贯彻 15. 检查与数据采集 16. 控制与调整
7	收尾	17. 分析 18. 总结

4）建筑施工网络计划的优化

网络计划优化，是在网络计划编制阶段，在满足既定约束条件的情况下，按某一目标，通过不断改进网络计划的可行方案寻求满意结果，从而编制可供实施的网络计划的过程。

通过网络计划优化来实现项目进度、成本目标，有重要的实际意义，甚至会使项目施工取得重大的经济效果，我们应当尽量利用网络计划模型可优化的特点，努力实现优化目标。

① 网络计划优化目标的确定。

网络计划优化目标一般有以下几种选择：

a. 工期优化。

b. “时间固定、资源均衡”的优化。

c. “资源有限，工期最短”的优化。

d. “时间—费用”优化。

② 网络计划优化的程序。

网络计划应按下列程序进行优化：

a. 确定优化目标。

b. 选择优化方法并进行优化。

c. 对优化结果进行评审、决策。

d. 网络计划软件应用介绍。

工程计划的实现，必须进行经常的检查和调整。在工程应用中，网络计划编制工作量大，计算工作量大，优化工作量更大，但随着计算机和网络通讯技术的普及和发展，项目管理软件和网络计划软件应运而生。

① 国外计划管理软件。

国外项目管理软件有 Oracle 公司的 Oracle Primavera 软件 P3、Artemis 公司的 Artemis Viewer、NIKU 公司的 Open WorkBench、Welcom 公司的 OpenPlan 等软件，这些软件适用于大型、复杂项目的项目管理工作；而 Sciforma 公司的 ProjectScheduler（PS）、Primavera 公司的 SureTrak、Microsoft 公司的 Project、IMSI 公司的 TurboProject 等则

是适用于中小型项目管理的软件。国外计划管理软件多采用单代号网络图表示。

a. P3E/C 软件。

美国 P3E/C（Primavera Project Planner Enterprise/Construction）软件，在中国可能是大型工程建设项目中应用最广泛的项目管理软件，非常适合大型施工建设行业（包括建筑、设计和施工）使用。P3E/C 是包含现代项目管理知识体系的、以计划—协同—跟踪—控制—积累为主线的企业级工程项目管理软件。目前，最新版本为 P6（Oracle-Primavera P6）。

b. Microsoft Project 软件。

美国 Microsoft Project 软件与 Microsoft 其他系列产品的结合，满足了协同工作、用户权限管理、任务关联等需求；通过 Excel、Access 或各种兼容数据库存取项目文件。很多项目管理软件和 Microsoft Project 都有接口。Microsoft Project 在小型项目应用中占据主导地位。

② 国内计划管理软件。

国内功能较为完善的工程计划管理软件有梦龙 Pert 等项目管理软件，基本上是在借鉴国外项目管理软件的基础上，按照我国标准或习惯实现上述功能，并增强了产品的易用性。国内的网络计划软件一般可采用双代号网络图表示。

3. 劳动力计算及组织

(1) 劳动力计算

1) 确定现场施工人员的组成。

施工总承包项目通常由下列人员组成：①生产工人；②管理人员；③服务人员；④临时劳动力等。

2) 劳动力计算流程。

先根据施工总体部署和施工方案，结合施工进度计划，计算分项工程的工程量；然后计算分项工程劳动量；再进行分项工程劳动力人数的计算；最后分析统计工程项目所需劳动力数量，并按工期一定、资源均衡的原则进行优化与调整。

3) 劳动量的计算。

劳动量也称劳动工日数。

① 以手工操作为主的施工过程，其劳动量一般可根据各分部分项工程的工程量、施工方法和现行劳动定额，结合本单位的实际情况，按式（2-49）或式（2-50）计算。

$$P = Q \cdot H \tag{2-49}$$

$$P = Q/S \tag{2-50}$$

式中 P——完成某施工过程所需的劳动量（工日）；

Q——某施工过程的工程量（m^3、m^2、t……）；

H——某施工过程的人工时间定额（工日/m^3、工日/m^2、工日/t……）；

S——某施工过程的人工产量定额（m^3/工日、m^2/工日、t/工日……）。

选用时间定额时，若参考统一定额，则需综合考虑企业当时当地定额与统一定额的幅度差及不可预见因素的修正，其计算可按式（2-51）进行。

$$H = H_{统} \cdot h_1 \cdot h_2 \tag{2-51}$$

式中 H——某分项工程施工过程的时间定额（工日/m^3、工日/m^2、工日/t……）；

$H_{统}$——某分项工程施工过程的统一时间定额（工日/m^3、工日/m^2、工日/t……）；

h_1——企业当时当地定额与统一定额的幅度差（%）；

h_2——不可预见因素修正系数。

② 当某一施工过程是由两个或两个以上不同分项工程合并而成时，其总劳动量应按式（2-52）计算。

$$P=\frac{Q_1}{S_1}+\frac{Q_2}{S_2}+\cdots+\frac{Q_n}{S_n}=\sum_{i=1}^{n}\frac{Q_i}{S_i} \tag{2-52}$$

式中　P——完成某施工过程所需的劳动量（工日）；

Q_1——某施工过程包含的一个分项工程的工程量（m^3、m^2、t……）；

S_1——某施工过程包含的一个分项工程的人工产量定额（m^3/工日、m^2/工日、t/工日……）；

n——某一施工过程包含的不同分项工程的个数。

③ 当某一施工过程是由同一工种、但不同做法不同材料的若干个分项工程合并组成时，应按合并前后总劳动量不变的原则，先按式（2-53）计算合并后的综合产量定额，然后再按式（2-49）求其劳动量。

$$\bar{S}=\frac{\sum_{i=1}^{n}Q_i}{\frac{Q_1}{S_1}+\frac{Q_2}{S_2}+\cdots+\frac{Q_n}{S_n}} \tag{2-53}$$

式中　$\bar{S}$——综合产量定额；

Q_1——某施工过程包含的一个分项工程的工程量（m^3、m^2、t……）；

S_1——某施工过程包含的一个分项工程的人工产量定额（m^3/工日、m^2/工日、t/工日……）；

n——某一施工过程包含的不同分项工程的个数。

④ 计划中的“其他工程”项目所需劳动量，一般可根据实际工程对象，取总劳动量的一定比例（10%～20%）。

4）分部分项工程劳动力计算。

分部分项工程劳动力是完成基本工程所需的劳动力（包括工地小搬运及备料、运输等劳动力）。除备料运输劳动力需另行计算外，其余劳动力均可根据工程的劳动量及要求的工期计算。在计算过程中，要考虑日历天中扣除节假日和大雨、雪天对施工的影响系数，另外还要考虑施工方法，是人力施工、半机械施工，还是机械化施工。

① 人力施工劳动力需要量的计算。

a. 人力施工在不受工作面限制时，直接用劳动量除以工期即得劳动力数量，其计算公式如式（2-54）。

$$R=P/T \tag{2-54}$$

式中　R——劳动力的需要量（人）；

P——完成某施工过程所需的劳动量（工日），按式（2-49）或式（2-50）计算；

T——工程施工的工作天数（工作日）。

考虑法定节假日和气候影响，工程施工的工作天数 T 将小于其日历天数，其计算可按式（2-55）进行。

$$T = \text{施工期的日历天数} \times 0.7K \cdot c \cdot n \tag{2-55}$$

式中 0.7——节假日换算系数，除去星期天和国家法定假日，即(365 天－104 天周末－11 天法定假日)/(12 月×30 日)＝0.7，可根据情况调整；

K——气候影响系数，K 的取值随不同地区而变化；

c——出勤率，一般不小于 85%；

n——作业班次。

b. 人力施工受到工作面限制时，计算劳动力的需要量必须保证每个人最小工作面这个条件，否则会在施工过程中出现窝工现象。每班工人的数量可按（2-56）计算。

$$R = \frac{\text{施工现场的作业面积}(m^2)}{\text{工人施工的最小工作面}(m^2\ \text{人})} \tag{2-56}$$

式中，工人施工的最小工作面需根据工作不同进行实测而定。

② 半机械化施工方法施工时所需劳动力的计算。

半机械化施工方法主要是有的项目采用机械施工，有的项目采用人力施工。如基坑土石方工程，挖、运、填、压实等工序采用机械施工，而基底、边坡修整及肥槽回填夯实采用人工施工。

半机械施工方法在计算劳动力需要量时除了根据定额和工程量外，还要考虑充分发挥机械的工作效率和保证工期的要求，否则会出现窝工或者机械的工作效率降低的情况，影响工程施工成本。

③ 机械化施工方法所需劳动力的计算。

机械化施工方法所需劳动力主要是司机及维修保养人员和管理人员（即机械辅助施工人员）。因此计算机械施工方法所需的劳动力与机械的施工班次有关，每日一班制配备的驾驶员少于多班次工作的人数，辅助人员也相应较少。其次是与投入施工的机械数有关，投得多所需劳动力也多。只有同时考虑上述两个方面的问题，才能够较准确地计算所需的劳动力数量。

5）工程基本劳动力计算。

分部分项工程劳动力求出后，便对其分析统计，得出相应单位或单项工程的劳动力数量，进而再分析统计工程项目所需劳动力数量。方法是根据施工进度计划，按工期一定、资源均衡的原则进行优化与调整，即在工期不变的情况下，使劳动力分配尽量均衡，力求每天的劳动力需求量基本接近平均值。只有按这种方法对劳动力进行配备，才不会造成现场的劳动力短缺，也不会形成窝工现象。

6）定额外劳动力计算

这类人员主要包括：①材料采购及保管人员；②材料到达工地以前的搬运、装卸工人等人员；③驾驶施工机械、运输工具的工人；④由管理费支付工资的人员。由于工程项目管理规范的推行以及施工队伍向知识密集型发展，此类人员数量可简化计算。

a. 机械台班中的劳动力。

该项劳动力及司机人数随着机械化程度而变，计算时，可按各种机械台班总量，乘以台班劳动定额求得；也可以按机械配备数量，根据各种机械特点配备司机人数。根据以往经验资料，该项劳动力约占基本劳动力的 4%～7%。

b. 备料、运输劳动力。

此项劳动力随窝工数量的多少而变化，并随着机械化、工厂化水平不断发展而减小。各施工单位可根据企业历史数据，统计此项劳动力约占工程基本劳动力百分比（如20%～30%）。项目上此项劳动力多对外发包，基本不用考虑。

c. 管理及服务人员。

由项目经理组织确定，也按项目定员估算。一般可按基本劳动力的10%～25%计算，项目越大，该比例越小。

7）计算劳动力数量时还需注意的方面

① 工程量的计算。

工程量计算是进行劳动力计算的基础。确定了施工过程之后，应计算每个施工过程的工程量。工程量应根据施工图纸、工程量计算规则及相应的施工方法进行计算。

② 劳动定额的选用。

确定了施工过程及其工程量之后，即可套用施工定额（当地实际采用的劳动定额）以确定劳动量。在套用国家或当地颁发的定额时，必须注意结合本单位工人的技术等级、实际操作水平、施工机械情况和施工现场条件等因素，确定定额的实际水平，使计算出来的劳动量符合实际需求。有些采用新技术、新材料、新工艺或特殊施工方法的施工过程，定额中尚未编入，这时可参考类似施工过程的定额、经验资料，按实际情况确定。

③ 作业班次的确定。

当工期允许、劳动力和施工机械周转使用不紧迫、施工工艺上无连续施工要求时，通常采用一班制施工，在建筑业中往往采用1.25班即10h。当工期较紧或为了提高施工机械的使用率及加快机械的周转使用，或工艺上要求连续施工时，某些施工项目可考虑2班甚至3班制施工。

（2）劳动力组织

项目的劳动力组织主要是研究施工基层组织施工队、施工班组的劳动组织，其中包括各工种工人和管理人员的组织，人员总数、体制、工种结构、各工种人数比例的组织，施工高峰期的人数等；还包括研究施工项目总的劳动力和各工种劳动力的投入量及比例，以及项目施工全过程中人力动态的变化（即进出现场人员的计划）等。在组织劳动力时，应考虑以下问题：

1）投入项目人工日数不超过项目人力全员计划的总数。

各队、班组的工人技术等级要成比例搭配，不能全高，也不能全低。常采用技术测定法搭配，首先将施工对象的工作内容（工序）加以详细划分，定出每一项工作内容的等级（即该项工作需要由哪一技术等级的工人才能完成），同时测定完成每项工作所需要的时间，最后再据此配备一定数量的工人，确定其组成。配备工人数量的方法是要使每一个工人的工作时间彼此相等，工作时间多者可相应地多配工人。

2）专业施工队与综合施工队的组织

专业施工队基本上是由同工种的若干个班（组）组织成的，综合施工队则由不同工种的班（组）组织而成。顺序作业和平行作业大都选用综合施工队，而流水作业大都选用专业施工队。施工队的人数不宜太多，一般每队的总人数在100人左右为宜。

3）班组劳动力组织优化

在实际工作中，一般根据工作面所能容纳的最多人数（即最小工作面）和现有的劳动组织来确定每天的工作人数。

① 最小工作面。是指为了发挥高效率，保证施工安全，每一个工人或班组施工时必须具有的工作面。一个施工过程在组织施工时，安排人数的多少会受到工作面的限制，不能为了缩短工期而无限制地增加工人人数，否则会造成工作面不足出现窝工。

② 最小劳动组合。在实际工作中，绝大多数施工过程不能由一个人来完成，而必须由几个人配合才能完成。最小劳动组合是指某一施工过程要进行正常施工所必需的最少人数及其合理组合。

③ 可能安排的人数。根据现场实际情况（如劳动力供应情况、技工技术等级及人数等），在最少必需人数和最多可能人数的范围内，安排工人人数。通常，若在最小工作面条件下安排了最多人数仍不能满足工期要求时，可组织两班制或三班制。

4）做好劳动力岗前培训。各施工人员进场后，在正式施工前，由项目部统一组织，针对具体施工的工程项目对施工人员进行岗前培训，明确设计标准、技术要求、施工工艺、操作方法和质量标准，施工人员经培训合格后上岗。施工过程中，在施工队伍中开展劳动竞赛、技术比武和安全评比等活动，提高施工人员的整体施工水平。利用施工间隙进行法制宣传和环保教育，教育施工人员遵章守纪，保障社会治安，保护周边环境。储备的施工队伍在上场之前，先在单位劳务基地接受相关教育培训，现场施工需要时随时进场。职工家在农村的，首先进行思想动员。

各施工队伍、各工种劳动力上场计划根据工程施工进度安排确定，施工人员根据施工计划和工程实际需要，分批组织进场。项目部提前做好农忙季节和春节期间劳动力保障措施，让每位劳动者明确工期和信誉对项目的重要性，提前安排好家中的生产和生活，做到农忙季节不回家、春节期间轮休假，同时对坚持施工的劳动者给予一定的特殊补贴，保证各项工序正常进行。在施工过程中，由项目部统一调度，合理调配施工人员，确保各施工队、各工种之间相互协调，减少窝工和施工人员浪费现象。工程完工后，在统一安排、调度下，分批安排多余施工人员退场。

2.5.7.2 附录 2-2 施工用临时设施

施工临时设施是为适应工程施工需要而在现场修建的临时建筑物和构筑物。临时设施大部分要在工程施工完毕后拆除，因此应在满足施工需要的前提下尽量压缩其规模，一般可利用提前建成的永久工程和施工基地现有设施、实行工厂化施工、采用装配式结构等办法来减少施工临时设施及其成本。临时设施一般包括：①生产性施工临时建筑及附属建筑；②生活性施工临时建筑；③施工专用的铁路、公路、大型施工机械的轨道及其路基；④水源、供水设施、电源、供电设施及临时通信线路；⑤施工所需氧气、乙炔气及压缩空气站等。

1. 临时施工设施布置原则

施工现场搭设的临时性建筑是为施工队伍生产和生活服务的，要本着有利施工、方便生活、勤俭节约和安全使用的原则，统筹规划，合理布局，为顺利完成施工任务提供基础条件。

工地的临时设施包括工地临时房屋、临时道路、临时供水和供电设施等。临时设施的搭设原则有以下几点：

（1）工地临时房屋

临时房屋的布点既要考虑施工的需要，又要靠近交通线路方便运输、方便职工生活的地方；应将施工（生产）区和生活区分开；要考虑安全，注意防洪水、泥石流、滑坡等自然灾害；尽量少占和不占农田，充分利用山地、荒地、空地或劣地；尽量利用施工现场或附近已有的建筑物；对必须搭设的临时建筑应因地制宜，利用当地材料和旧料，尽量降低费用。另外，尽可能使用装拆方便、可以重复利用的新型建筑材料来搭设临时设施，如活动房屋、彩钢板、铝合金板、集装箱等。近几年的实践证明，这些材料尽管一次性投资较大，但因其重复利用率高、周转次数多、搭拆方便、保温防潮、维修费用低、施工现场文明程度高等特点，其总的使用价值及社会效益高于传统的临时建筑。同时临时设施的搭设还必须符合安全防火要求。

（2）临时道路

1）现场主要道路应尽可能利用永久性道路或先建好永久性道路的路基，铺设简易路面，在土建工程结束之前再铺路面。

2）临时道路布置要保证车辆等行驶畅通，道路应设两个以上的进出口，避免与铁路交叉，有回转余地，一般设计成环行道路，覆盖整个施工区域，保证各种材料能直接运输到材料堆场，减少倒运，提高工作效率。

3）根据各加工厂、仓库及各施工对象的相对位置，区分主要道路和次要道路，进行道路的整体规划，以保证运输畅通，车辆行驶安全，节省造价。

4）合理规划拟建道路与地下管网的施工顺序。在修建拟建永久性道路时，应考虑道路下的地下管网，避免将来重复开挖，尽量做到一次性到位，节约投资。

（3）临时供（排）水、供电设施

1）布置供水管网时，应力求供水管总长度为最小；管径和龙头数目应经过计算确定；根据气候条件和使用期限的长短确定管线埋于地下还是铺在地表面。

2）排水管应尽可能利用原有的排水管道，必要时通过疏浚或加长等措施，使工地的地下水和地表水及时排入城市下水系统。

3）供电。施工现场的临时用电尽量利用现场附近已有的电网。如附近无电网或供电不足时，则需自备发电设备。对于工程存在不应因偶然断电而中断施工的工序，应视情况常备发电设备，例如混凝土浇筑振捣等。

变压器（站）的位置应布置在现场边缘高压线接入处，四周用铁丝网或铁栅栏围挡，不宜设在交通要道口。

供电系统的设置与使用应符合有关安全要求。

2. 工地临时房屋

1）生产性临时设施参考指标见附录 2-3。

2）物资储存临时设施参考指标见附录 2-4。

3）行政生活福利临时设施包括办公室、宿舍、食堂、医务室、活动室等，其搭设面积参考表 2-72。

行政生活福利临时设施建筑面积参考指标 表 2-72

临时房屋名称		参考指标（m^2/人）	说明
办公室		3～4	按管理人员人数
宿舍	双层	2.0～2.5	按高峰年（季）平均职工人数（扣除不在工地住宿人数）
	单层	3.5～4.5	
食堂		3.5～4	按高峰年平均职工人数
浴室		0.5～0.8	
活动室		0.07～0.1	
现场小型设施	开水房	0.01～0.04	
	厕所	0.02～0.07	

3. 工地临时道路

(1) 施工道路技术要求

工地临时道路可按简易公路技术要求进行修筑，有关技术指标可参见表 2-73。

简易公路技术要求 表 2-73

指标名称	单位	技术标准
设计车速	km/h	≤20
路基宽度	m	双车道 6～6.5；单车道 4.4～5；困难地段 3.5
路面宽度	m	双车道 5～5.5；单车道 3～3.5
平面曲线最小半径	m	平原、丘陵地区 20；山区 15；回头弯道 12
最大纵坡	%	平原地区 6；丘陵地区 8；山区 9
纵坡最短长度	m	平原地区 100；山区 50
桥面宽度	m	木桥 4～4.5
桥涵载重等级	t	木桥涵 7.8～10.4

各类车辆要求路面最小允许曲线半径见表 2-74。

各类车辆要求路面最小允许曲线半径 表 2-74

车辆类型	路面内侧最小曲线半径（m）		
	无拖车	有 1 辆拖车	有 2 辆拖车
小客车、三轮汽车	6	—	—
一般二轴载重汽车：单车道	9	12	15
一般二轴载重汽车：双车道	7	—	—
三轴载重汽车、重型载重汽车、公共汽车	12	15	18
超重型载重汽车	15	18	21

(2) 路边排水沟最小尺寸

路边排水沟最小尺寸见表 2-75。

路边排水沟最小尺寸　　表 2-75

边沟类型	最小尺寸（m）		边坡坡度	适用范围
	深度	底宽		
梯形	0.4	0.4	1∶1～1∶1.5	土质路基
三角形	0.3	—	1∶2～1∶3	岩石路基
方形	0.4	0.3	1∶0	岩石路基

4. 施工供水设施

工地临时供水的设计一般包括以下几个内容：①计算需水量；②选择水源；③设计配水管网（必要时并设计取水、净水和储水构筑物）。

（1）工地临时需水量的计算

工地用水包括生产、生活和消防用水三方面。

1）生产用水。

生产用水指现场施工用水，施工机械、运输机械和动力设备用水，以及附属生产企业用水等。

2）生活用水。

生活用水是指施工现场生活用水和生活区的用水。

3）现场施工用水量计算

现场施工用水量可按式（2-57）计算。

$$q_1 = K_1 \sum \frac{Q_1 \cdot N_1}{T_1 \cdot t} \cdot \frac{K_2}{8 \times 3600} \tag{2-57}$$

式中　q_1——施工工程用水量（L/s）；

K_1——未预计的施工用水系数（取 1.05～1.15）；

Q_1——年（季）度工程量（以实物计量单位表示）；

N_1——施工用水定额，见表 2-76；

T_1——年（季）度有效作业日（d）；

t——每天工作班数（班）；

K_2——用水不均衡系数，见表 2-77。

施工用水参考定额（N_1）　　表 2-76

序号	用水对象	单位	耗水量（N_1）
1	浇注混凝土全部用水	L/m³	1700～2400
2	搅拌普通混凝土	L/m³	250
3	搅拌轻质混凝土	L/m³	300～350
4	搅拌泡沫混凝土	L/m³	300～400
5	搅拌热混凝土	L/m³	300～350
6	混凝土自然养护	L/m³	200～400
7	混凝土蒸汽养护	L/m³	500～700
8	冲洗模板	L/m²	5
9	搅拌机清洗	L/台班	600

续表

序号	用水对象	单位	耗水量（N_1）
10	人工冲洗石子	L/m³	1000
11	机械冲洗石子	L/m³	600
12	洗砂	L/m³	1000
13	砌砖工程全部用水	L/m³	150～250
14	砌石工程全部用水	L/m³	50～80
15	抹灰工程全部用水	L/m²	30
16	耐火砖砌体工程	L/m³	100～150
17	浇砖	L/千块	200～250
18	浇硅酸盐砌块	L/m³	300～350
19	抹面	L/m²	4～6
20	楼地面	L/m²	190
21	搅拌砂浆	L/m³	300
22	石灰消化	L/t	3000
23	上水管道工程	L/m	98
24	下水管道工程	L/m	1130
25	工业管道工程	L/m	35

施工用水不均衡系数　　表 2-77

系数号	用水名称	系数
K_2	现场施工用水	1.5
	附属生产企业用水	1.25
K_3	施工机械、运输机械	2.00
	动力设备	1.05～1.10
K_4	施工现场生活用水	1.30～1.50
K_5	生活区生活用水	2.00～2.50

4）施工机械用水量计算。

施工机械用水量可按式（2-58）计算。

$$q_2 = K_1 \Sigma Q_2 N_2 \frac{K_3}{8 \times 3600} \tag{2-58}$$

式中　q_2——机械用水量（L/s）；

K_1——未预计施工用水系数（1.05～1.15）；

Q_2——同一种机械台数（台）；

N_2——施工机械台班用水定额，参考表 2-78 中的数据换算求得；

K_3——施工机械用水不均衡系数，参考表 2-77 中的数据。

机械台班用水参考定额　　表 2-78

序号	用水机械名称	单位	耗水量（L）	备注
1	内燃挖土机	m^3・台班	200～300	以斗容量 m^3 计
2	内燃起重机	t・台班	15～18	以起重机吨数计
3	蒸汽起重机	t・台班	300～400	以起重机吨数计
4	蒸汽打桩机	t・台班	1000～1200	以锤重吨数计
5	内燃压路机	t・台班	15～18	以压路机吨数计
6	蒸汽压路机	t・台班	100～150	以压路机吨数计
7	拖拉机	台・昼夜	200～300	
8	汽车	台・昼夜	400～700	
9	空压机	（m^3/min）・台班	40～80	以压缩空气机排气量 m^3/min 计
10	锅炉	t・h	1050	以小时蒸发量计
11	锅炉	t・m^2	15～30	以受热面积计
12	点焊机 25 型	台・h	100	
13	点焊机 50 型	台・h	150～200	
14	点焊机 75 型	台・h	250～300	
15	对焊机、冷拔机	台・h	300	
16	凿岩机 0130（CM56）	台・min	3	
17	凿岩机 01-45（TN-4）	台・min	5	
18	凿岩机 01-38（KⅡM-4）	台・min	8	
19	凿岩机 YQ-100 型	台・min	8～12	
20	木工场	台班	20～25	
21	锻工房	炉・台班	40～50	以烘炉数计

5）工地生活用水量计算。

工地生活用水量可按式（2-59）计算。

$$q_3 = \frac{P_1 \cdot N_3 \cdot K_4}{t \times 8 \times 3600} \tag{2-59}$$

式中　q_3——施工工地生活用水量（L/s）；

P_1——施工现场高峰昼夜人数（人）；

N_3——施工现场生活用水定额；

K_4——施工现场用水不均衡系数，见表 2-73；

t——每天工作班数（班）。

6）生活区生活用水量计算。

生活区生活用水量可按式（2-60）计算。

$$q_4 = \frac{P_2 \cdot N_4 \cdot K_5}{24 \times 3600} \tag{2-60}$$

式中　q_4——生活区生活用水（L/s）；

P_2——生活区居民人数（人）；

N_4 ——生活区昼夜全部生活用水定额，各分项用水参考定额见表 2-79；

K_5 ——生活区用水不均衡系数见表 2-77。

生活用水量参考定额（N_3、N_4） **表 2-79**

序号	用水对象	单位	耗水量（L）
1	生活用水（盥洗、饮用）	L/人·日	25～40
2	食堂	L/人·次	10～20
3	浴室（淋浴）	L/人·次	40～60
4	淋浴带大池	L/人·次	50～60
5	洗衣房	L/kg 干衣	40～60
6	理发室	L/人·次	10～25
7	施工现场生活用水	L/人·次	20～60
8	生活区全部生活用水	L/人·次	80～120

7）消防用水。

工地消防需水量（q_5）取决于工地的大小和各种房屋、构筑物的结构性质、层数和防火等级等。消防用水量（q_5）见表 2-80。

消防用水量（q_5） **表 2-80**

用水名称		火灾同时发生次数	单位	用水量
居民区消防用水	5000 人以内	一次	L/s	10
	10000 人以内	二次	L/s	10～15
	25000 人以内	二次	L/s	15～20
施工现场消防用水	施工现场在 0.25km^2 内	一次	L/s	10～15
	每增加 0.25km^2	一次	L/s	5

8）总用水量（Q）计算。

1）当 $(q_1+q_2+q_3+q_4)\leqslant q_5$ 时，则 $Q=q_5+(q_1+q_2+q_3+q_4)/2$。

2）当 $(q_1+q_2+q_3+q_4)>q_5$ 时，则 $Q=q_1+q_2+q_3+q_4$。

3）当工地面积小于 0.05km^2 而且 $q_1+q_2+q_3+q_4<q_5$ 时，$Q=q_5$，最后计算出的总用量还应增加 10%，以补偿不可避免的水管漏水损失。

（2）临时供水水源的选择、管网布置及管径的计算

1）水源选择。

工程项目工地临时供水有供水管道供水和天然水源供水两种方式。最好的方式是采用附近居民区现有的供水管道供水，只有当工地附近没有现成的供水管道或现成的给水管道无法使用以及供水量难以满足施工要求时，才使用天然水源供水（如江、河、湖、井等）。

选择水源应考虑的因素有水量是否充足、可靠，能否满足最大需求量；能否满足生活饮用水、生产用水的水质要求；取水、输水、净水设施是否安全、可靠；施工、运转、管理和维护是否方便。

2）确定供水系统。

供水系统由取水设施、净水设施、储水构筑物、输水管道、配水管道等组成。通常情况下，综合工程项目的首建工程应是永久性供水系统，只有在工程项目的工期紧迫时，才修建临时供水系统，如果已有供水系统，可以直接从供水源接输水管道。

临时供水方式有三种情况：

① 利用现有的城市给水或工业给水系统。

② 在新开辟地区没有现成的给水系统时，在可能的条件下，应尽量先修建永久性给水系统。

③ 当没有现成的给水系统，而永久性给水系统又不能提前完成时，应设立临时性给水系统。

3）确定取水设施。

取水设施一般由取水口、进水管和水泵组成。取水口距河底（或井底）一般不小于0.25～0.9m，在冰层下部边缘的距离不小于0.25m。给水工程一般使用离心泵、隔膜泵和活塞泵三种。所用的水泵应具有足够的抽水能力和扬程。

4）确定贮水构筑物。

贮水构筑物一般有水池、水塔和水箱。在临时供水时，如水泵不能连续供水时，需设置贮水构筑物。其容量由每小时消防用水决定，但不得少于10～20m^3。贮水构筑物的高度应根据供水范围、供水对象位置及水塔本身位置来确定。

5）配水管网布置。

在保证连续供水的情况下，管道铺设越短越好。分期分区施工时，应按施工区域布置配水管网，同时还应考虑到在工程进展中各段管网应便于移置。

临时给水管网的布置有下列三种方案：①环式管网；②枝式管网；③混合式管网。

临时给水管网的布置常采用枝式管网，因为这种布置的总长度最小，但此种管网若在其中某一点发生局部故障就有断水的威胁。从保证连续供水的要求上看，环式管网最为可靠，但这种方案所铺设的管网总长度较大。混合式管网总管采用环式，支管采用枝式，可以兼有以上两种方案的优点。

临时水管的铺设可用明管或暗管，以暗管最为合适，它既不妨碍施工，又不影响运输工作。

6）确定供水管径。

供水管径计算公式见式（2-61）。

$$d=\sqrt{\frac{4q}{\pi\cdot v\cdot 1000}}\tag{2-61}$$

式中　d——配水管直径（m）；

q——耗水量（L/s）；

v——管网中水流速度（m/s）。

临时水管经济流速参见表2-81。

临时水管经济流速参考表　**表2-81**

管径	流速（m/s）	
	正常时间	消防时间
$D<0.1$m	0.5～1.2	—
$D=0.1\sim0.3$m	1.0～1.6	2.5～3.0
$D>0.3$m	1.5～2.5	2.5～3.0

5. 施工供电设施

施工机械化程度的提高使得工地上用电量越来越多，临时供电设施的配置和选择显得更为重要。工地临时供电的组织包括用电量的计算、电源的选择、确定变压器、配电线路设置和导线截面面积的确定。

(1) 工地总用电量的确定

施工现场用电包括动力用电和照明用电。

1) 动力用电

土木工程施工用电通常包括土建用电及设备安装工程和部分设备试运转用电。

2) 照明用电

照明用电是指施工现场和生活区的室内外照明用电。

3) 最大电力负荷量

是按施工用电量与照明用电量之和计算的。

在计算用电量时，应考虑以下因素：

① 全工地动力用电功率。

② 全工地照明用电功率。

③ 施工高峰用电量。

工地总用电量按式 (2-62) 计算。

$$P = 1.05 \sim 1.10\left(K_1\frac{\sum P_1}{\cos\varphi} + K_2\sum P_2 + K_3\sum P_3 + K_4\sum P_4\right) \tag{2-62}$$

式中 P ——供电设备总需要容量 (kVA)；

P_1 ——电动机额定功率 (kW)；

P_2 ——电焊机额定功率 (kVA)；

P_3 ——室内照明容量 (kW)；

P_4 ——室外照明容量 (kW)；

$\cos\varphi$ ——电动机的平均功率因数 (施工现场最高为 0.75～0.78，一般为 0.65～0.75)；

K_1、K_2、K_3、K_4 ——需要系数，参考表 2-82。

其他机械动力设备以及工具用电可参考有关定额。

由于照明用电量远小于动力用电量，故当单班施工时，其用电总量可以不考虑照明用电。

各种机械设备以及室内外照明用电定额见附录 2-5。

需要系数 (K 值) **表 2-82**

用电名称	数量	需要系数				备注
		K_1	K_2	K_3	K_4	
电动机	3～10 台	0.7				如施工中需要电热时，应将其用电量计算进去。为使计算结果接近实际，式中各项动力和照明用电应根据不同工作性质分类计算
	11～30 台	0.6				
	30 台以上	0.5				
加工厂动力设备		0.5				
电焊机	3～10 台		0.6			
	10 台以上		0.5			
室内照明				0.8		
室外照明					1.0	

（2）电源选择的几种方案

1）完全由工地附近的电力系统供电。

2）工地附近的电力系统不够的话，工地需增设临时电站以补充不足部分。

3）如果工地属于新开发地区，附近没有供电系统，电力则应由工地自备临时动力设施供电。

根据实际情况确定供电方案。一般情况下是将工地附近的高压电网引入工地的变压器进行调配。其变压器功率可由式（2-63）计算。

$$P = K\left(\frac{\sum P_{max}}{\cos\varphi}\right) \tag{2-63}$$

式中　P——变压器的功率（kVA）；

K——功率损失系数，取1.05；

$\sum P_{max}$——各施工区的最大计算负荷（kW）；

$\cos\varphi$——用电设备功率因数，一般建筑工地取0.75。

根据计算结果，应选取略大于该结果的变压器。

（3）选择导线截面

导线的自身强度必须能防止受拉或机械性损伤而折断，导线还必须耐受因电流通过而产生的温升，导线还应使得电压损失在允许范围之内，这样，导线才能正常传输电流，保证各方用电的需要。

选择导线应考虑如下因素：

1）按机械强度选择。

导线在各种敷设方式下，应按其强度需要保证必需的最小截面，以防拉、折而断。可根据有关资料进行选择。

2）按照允许电压降选择。

导线满足所需要的允许电压，其本身引起的电压降必须限制在一定范围内；导线需承受负荷电流长时间通过所引起的温升，因此其自身电阻越小越好，使电流通畅，温度则会降低，因此导线的截面是关键因素，可由式（2-64）计算。

$$S = \frac{\sum P \times L}{C \times \varepsilon} \tag{2-64}$$

式中　S——导线截面面积（mm^2）；

P——负荷电功率或线路输送的电功率（kW）；

L——输送电线路的距离（m）；

C——系数，视导线材料、送电电压及调配方式而定，参考表2-83；

ε——容许的相对电压降（即线路的电压损失百分比），一般为2.5%～5%。

其中，照明电路中容许电压降不应超过2.5%～5%；电动机电压降不应超过±5%；临时供电电压降可到±8%。

根据以上两个条件选择的导线，取截面面积最大的作为现场使用的导线。通常导线的选取应先根据计算负荷电流大小来确定，然后根据其机械强度和允许电压损失值进行复核。

按允许电压降计算时的C值 表 2-83

线路额定电压（V）	线路系统及电流种类	系数C值	
		铜线	铝线
380/220	三相四线	77	46.3
220		12.8	7.75
110		3.2	1.9
36		0.34	0.21

3）负荷电流的计算。

三相四线制线路上的电流可按式（2-65）计算。

$$I=\frac{P}{\sqrt{3}\times V\times \cos\varphi} \tag{2-65}$$

式中 I——电流值（A）；

P——功率（W）；

V——电压（V）；

$\cos\varphi$——用电设备功率因数，一般建筑工地取 0.75。

导线制造厂家根据导线的容许温升，制定了各类导线在不同敷设条件下的持续容许电流值，在选择导线时，导线中的电流不得超过此值。

6. 临时消防设施的布置

（1）总平面布局

1）应纳入施工总平面布局的设施。

下列临时用房和临时设施应纳入施工现场总平面布局：

① 施工现场的出入口、围墙、围挡。

② 场内临时道路。

③ 给水管网或管路和配电线路敷设或架设的走向、高度。

④ 施工现场办公用房、宿舍、发电机房、配电房、可燃材料库房、易燃易爆危险品库房、可燃材料堆场及其加工场、固定动火作业场等。

⑤ 临时消防车道、消防救援场地和消防水源。

⑥ 施工现场出入口的设置应满足消防车通行的要求，并宜布置在不同方向，其数量不宜少于 2 个。当确有困难只能设置 1 个出入口时，应在施工现场设置满足消防车通行的环形道路。

⑦ 固定动火作业场应布置在可燃材料堆场及其加工场、易燃易爆危险品库房等全年最小频率风向的上风侧；宜布置在临时办公用房、宿舍、可燃材料库房、在建工程等全年最小频率风向的上风侧。

⑧ 易燃易爆危险品库房应远离明火作业区、人员密集区和建筑物相对集中区。

⑨ 可燃材料堆场及其加工场、易燃易爆危险品库房不应布置在架空电力线下。

2）防火间距。

易燃易爆危险品库房与在建工程的防火间距不应小于 15m，可燃材料堆场及其加工场、固定动火作业场与在建工程的防火间距不应小于 10m，其他临时用房、临时设施与在建工程的防火间距不应小于 6m。

施工现场主要临时用房、临时设施的防火间距不应小于表 2-84 的规定，当办公用房、宿舍成组布置时，其防火间距可适当减小，但应符合以下要求：

① 每组临时用房的栋数不应超过 10 栋，组与组之间的防火间距不应小于 8m。

② 组内临时用房之间的防火间距不应小于 3.5m；当建筑构件燃烧性能等级为 A 级时，其防火间距可减小到 3m。

施工现场主要临时用房、临时设施的防火间距（m）　　**表 2-84**

名称间距	办公用房、宿舍	发电机房、变配电房	可燃材料库房	厨房操作间、锅炉房	可燃材料堆场及其加工场	固定动火作业场	易燃、易爆物品库房
办公用房、宿舍	4	4	5	5	7	7	10
发电机房、变配电房	4	4	5	5	7	7	15
可燃材料库房	5	5	5	5	7	7	10
厨房操作间、锅炉房	5	5	5	5	7	7	10
可燃材料堆场及其加工场	7	7	7	7	7	10	10
固定动火作业场	7	7	7	7	10	10	12
易燃、易爆物品库房	10	10	10	10	10	12	12

注：临时用房、临时设施的防火间距应按临时用房外墙外边线或堆场、作业场、作业棚边线间的最小距离计算，如临时用房外墙有突出可燃构件时，应从其突出可燃构件的外缘算起。两栋临时用房相邻较高一面的外墙为防火墙时，防火间距不限。本表未规定的，可按同等火灾危险性的临时用房、临时设施的防火间距确定。

3）消防车道。

施工现场应设置临时消防车道，临时消防车道与在建工程、临时用房、可燃材料堆场及其加工场的距离不宜小于 5m，且不宜大于 40m；施工现场周边道路满足消防车通行及灭火救援要求时，施工现场可不设置临时消防车道。

① 临时消防车道的设置应符合下列规定：

a. 临时消防车道宜为环形，如设置环形车道确有困难，应在消防车道尽端设置尺寸不小于 12m×12m 的回车场。

b. 临时消防车道的净宽度和净空高度均不应小于 4m。

c. 临时消防车道的右侧应设置消防车行进路线指示标识。

d. 临时消防车道路基、路面及其下部设施应能承受消防车通行压力及工作荷载。

② 下列建筑应设置环形临时消防车道，设置环形临时消防车道确有困难时，除应设置回车场外，还应设置临时消防救援场地：

a. 建筑高度大于 24m 的在建工程。

b. 建筑工程单体占地面积大于 3000m^2 的在建工程。

c. 超过 10 栋，且为成组布置的临时用房。

③ 临时消防救援场地的设置应符合下列要求：

a. 临时消防救援场地应在在建工程装饰装修阶段设置。

b. 临时消防救援场地应设置在成组布置的临时用房场地的长边一侧及在建工程的长

边一侧。

c. 场地宽度应满足消防车正常操作要求且不应小于 6m，与在建工程外脚手架的净距不宜小于 2m，且不宜超过 6m。

（2）建筑防火

1）宿舍、办公用房的防火设计应符合下列规定：

① 建筑构件的燃烧性能等级应为 A 级。当采用金属夹芯板材时，其芯材的燃烧性能等级应为 A 级。

② 建筑层数不应超过 3 层，每层建筑面积不应大于 $300m^2$。

③ 层数为 3 层或每层建筑面积大于 $200m^2$ 时，应设置不少于 2 部疏散楼梯，房间疏散门至疏散楼梯的最大距离不应大于 25m。

④ 单面布置用房时，疏散走道的净宽度不应小于 1.0m；双面布置用房时，疏散走道的净宽度不应小于 1.5m。

⑤ 疏散楼梯的净宽度不应小于疏散走道的净宽度。

⑥ 宿舍房间的建筑面积不应大于 $30m^2$，其他房间的建筑面积不宜大于 $100m^2$。

⑦ 房间内任一点至最近疏散门的距离不应大于 15m，房门的净宽度不应小于 0.8m，房间建筑面积超过 $50m^2$ 时，房门的净宽度不应小于 1.2m。

⑧ 隔墙应从楼地面基层隔断至顶板基层底面。

2）发电机房、变配电房、厨房操作间、锅炉房、可燃材料库房及易燃易爆危险品库房的防火设计应符合下列规定：

① 建筑构件的燃烧性能等级应为 A 级。

② 层数应为 1 层，建筑面积不应大于 $200m^2$。

③ 可燃材料库房单个房间的建筑面积不应超过 $30m^2$，易燃易爆危险品库房单个房间的建筑面积不应超过 $20m^2$。

④ 房间内任一点至最近疏散门的距离不应大于 10m，房门的净宽度不应小于 0.8m。

3）其他防火设计应符合下列规定：

① 宿舍、办公用房不应与厨房操作间、锅炉房、变配电房等组合建造。

② 会议室、文化娱乐室等人员密集的房间应设置在临时用房的第一层，其疏散门应向疏散方向开启。

在建工程作业场所的临时疏散通道应采用不燃、难燃材料建造并与在建工程结构施工同步设置，也可利用在建工程施工完毕的水平结构、楼梯。

4）在建工程作业场所临时疏散通道的设置应符合下列规定：

① 耐火极限不应低于 0.5h。

② 设置在地面上的临时疏散通道，其净宽度不应小于 1.5m；利用在建工程施工完毕的水平结构、楼梯作临时疏散通道，其净宽度不应小于 1.0m；用于疏散的爬梯及设置在脚手架上的临时疏散通道，其净宽度不应小于 0.6m。

③ 临时疏散通道为坡道时，且坡度大于 25°时，应修建楼梯或台阶踏步或设置防滑条。

④ 临时疏散通道不宜采用爬梯，确需采用爬梯时，应有可靠固定措施。

⑤ 临时疏散通道的侧面如为临空面，必须沿临空面设置高度不小于 1.2m 的防护

栏杆。

⑥ 临时疏散通道设置在脚手架上时，脚手架应采用不燃材料搭设。

⑦ 临时疏散通道应设置明显的疏散指示标识。

⑧ 临时疏散通道应设置照明设施。

5）既有建筑进行扩建、改建施工时，必须明确划分施工区和非施工区。施工区不得营业、使用和居住；非施工区继续营业、使用和居住时，应符合下列要求：

① 施工区和非施工区之间应采用不开设门、窗、洞口的耐火极限不低于 3.0h 的不燃烧体隔墙进行防火分隔。

② 非施工区内的消防设施应完好和有效，疏散通道应保持畅通，并应落实日常值班及消防安全管理制度。

③ 施工区的消防安全应配有专人值守，发生火情应能立即处置。

④ 施工单位应向居住和使用者进行消防宣传教育，告知建筑消防设施、疏散通道的位置及使用方法，同时应组织疏散演练。

⑤ 外脚手架搭设不应影响安全疏散、消防车正常通行及灭火救援操作；外脚手架搭设长度不应超过该建筑物外立面周长的二分之一。

（3）临时消防设施

施工现场应设置灭火器、临时消防给水系统和临时消防应急照明等临时消防设施。

临时消防设施应与在建工程的施工同步设置。房屋建筑工程中，临时消防设施的设置与在建工程主体结构施工进度的差距不应超过 3 层。

施工现场在建工程可利用已具备使用条件的永久性消防设施作为临时消防设施。当永久性消防设施无法满足使用要求时，应增设临时消防设施。

施工现场的消火栓泵应采用专用消防配电线路。专用消防配电线路应自施工现场总配电箱的总断路器上端接入，且应保持不间断供电。

地下工程的施工作业场所宜配备防毒面具。

临时消防给水系统的贮水池、消火栓泵、室内消防竖管及水泵接合器等，应设有醒目标识。

1）灭火器布置。

① 在建工程及临时用房的下列场所应配置灭火器：

a. 易燃易爆危险品存放及使用场所。

b. 动火作业场所。

c. 可燃材料存放、加工及使用场所。

d. 厨房操作间、锅炉房、发电机房、变配电房、设备用房、办公用房、宿舍等临时用房。

e. 其他具有火灾危险的场所。

② 施工现场灭火器配置应符合下列规定：

a. 灭火器的类型应与配备场所可能发生的火灾类型相匹配。

b. 灭火器的最低配置标准应符合表 2-85 的规定。

灭火器最低配置标准 表 2-85

项目	固体物质火灾		液体或可熔化固体物质火灾、气体火灾	
	单具灭火器最小灭火级别	单位灭火级别最大保护面积 m^2/A	单具灭火器最小灭火级别	单位灭火级别最大保护面积 m^2/B
易燃易爆危险品存放及使用场所	3A	50	89B	0.5
固定动火作业场	3A	50	89B	0.5
临时动火作业点	2A	50	55B	0.5
可燃材料存放、加工及使用场所	2A	75	55B	1.0
厨房操作间、锅炉房	2A	75	55B	1.0
自备发电机房	2A	75	55B	1.0
变配电房	2A	75	55B	1.0
办公用房、宿舍	1A	100	—	—

c. 灭火器的配置数量应按照《建筑灭火器配置设计规范》GB 50140—2005 经计算确定。

d. 灭火器的最大保护距离应符合表 2-86 的规定。

灭火器的最大保护距离（m） 表 2-86

灭火器配置场所	固体物质火灾	液体或可熔化固体物质火灾、气体类火灾
易燃易爆危险品存放及使用场所	15	9
固定动火作业场	15	9
临时动火作业点	10	6
可燃材料存放、加工及使用场所	20	12
厨房操作间、锅炉房	20	12
发电机房、变配电房	20	12
办公用房、宿舍等	25	—

2）临时消防给水系统。

施工现场或其附近应设置稳定、可靠的水源，并应能满足施工现场临时消防用水的需要。

消防水源可采用市政给水管网或天然水源。当采用天然水源时，应采取措施确保冰冻季节、枯水期最低水位时顺利取水，并满足临时消防用水量的要求。

临时消防用水量应为临时室外消防用水量与临时室内消防用水量之和。

临时室外消防用水量应根据临时用房和在建工程的临时室外消防用水量的较大者确定，施工现场火灾次数可按同时发生 1 次确定。

临时用房建筑面积之和大于 $1000m^2$ 或在建工程单体体积大于 $10000m^3$ 时，应设置临时室外消防给水系统。当施工现场处于市政消火栓 150m 保护范围内且市政消火栓的数量满足室外消防用水量要求时，可不设置临时室外消防给水系统。

临时用房的临时室外消防用水量不应小于表 2-87 的规定。

临时用房的临时室外消防用水量　　表 2-87

临时用房的建筑面积之和	火灾延续时间（h）	消火栓用水量（L/s）	每支水枪最小流量（L/s）
1000m²＜面积≤5000m²	1	10	5
面积＞5000m²		15	5

在建工程的临时室外消防用水量不应小于表 2-88 的规定。

在建工程的临时室外消防用水量　　表 2-88

在建工程（单体）体积	火灾延续时间（h）	消火栓用水（L/s）	每支水枪最小流量（L/s）
10000m³＜体积≤30000m³	1	15	5
体积＞30000m³	2	20	5

施工现场临时室外消防给水系统的设置应符合下列要求：

① 给水管网宜布置成环状。

② 临时室外消防给水干管的管径应依据施工现场临时消防用水量和干管内水流计算速度进行计算确定，且不应小于 DN100。

③ 室外消火栓应沿在建工程、临时用房及可燃材料堆场及其加工场均匀布置，距在建工程、临时用房及可燃材料堆场及其加工场的外边线不应小于 5m。

④ 消火栓的间距不应大于 120m。

⑤ 消火栓的最大保护半径不应大于 150m。

建筑高度大于 24m 或单体体积超过 30000m³ 的在建工程，应设置临时室内消防给水系统。

在建工程的临时室内消防用水量不应小于表 2-89 的规定。

在建工程的临时室内消防用水量　　表 2-89

建筑高度、在建工程体积（单体）	火灾延续时（h）	消火栓用水量（L/s）	每支水枪最小流量（L/s）
24m＜建筑高度≤50m 或 30000m³＜体积≤50000m³	1	10	5
建筑高度＞50m 或体积＞50000m³	1	15	5

在建工程室内临时消防竖管的设置应符合下列要求：

① 消防竖管的设置位置应便于消防人员操作，其数量不应少于 2 根，当结构封顶时，应将消防竖管设置成环状。

② 消防竖管的管径应根据在建工程临时消防用水量、竖管内水流计算速度进行计算确定，且不应小于 DN100。

设置室内消防给水系统的在建工程，应设消防水泵接合器。消防水泵接合器应设置在室外便于消防车取水的部位，与室外消火栓或消防水池取水口的距离宜为 15～40m。

设置临时室内消防给水系统的在建工程，各结构层均应设置室内消火栓接口及消防软管接口，并应符合下列要求：

① 消火栓接口及软管接口应设置在位置明显且易于操作的部位。

② 消火栓接口的前端应设置截止阀。

③ 消火栓接口或软管接口的间距，多层建筑不大于 50m，高层建筑不大于 30m。

在建工程结构施工完毕的每层楼梯处，应设置消防水枪、水带及软管，且每个设置点不少于2套。

高度超过100m的在建工程，应在适当楼层增设临时中转水池及加压水泵。中转水池的有效容积不应少于10m³，上下两个中转水池的高差不宜超过100m。

临时消防给水系统的给水压力应满足消防水枪充实水柱长度不小于10m的要求；给水压力不能满足要求时，应设置消火栓泵，消火栓泵不应少于2台，且应互为备用；消火栓泵宜设置自动启动装置。

当外部消防水源不能满足施工现场的临时消防用水量要求时，应在施工现场设置临时贮水池。临时贮水池宜设置在便于消防车取水的部位，其有效容积不应小于施工现场火灾延续时间内一次灭火的全部消防用水量。

施工现场临时消防给水系统应与施工现场生产、生活给水系统合并设置，但应设置将生产、生活用水转为消防用水的应急阀门。应急阀门不应超过2个，且应设置在易于操作的场所，并设置明显标识。

严寒和寒冷地区的现场临时消防给水系统应采取防冻措施。

3）应急照明。

施工现场的下列场所应配备临时应急照明：

① 自备发电机房及变配电房。

② 水泵房。

③ 无天然采光的作业场所及疏散通道。

④ 高度超过100m的在建工程的室内疏散通道。

⑤ 发生火灾时仍需坚持工作的其他场所。

作业场所应急照明的照度不应低于正常工作所需照度的90%，疏散通道的照度值不应小于0.5lx。

临时消防应急照明灯具宜选用自备电源的应急照明灯具，自备电源的连续供电时间不应小于60min。

2.5.7.3 附录2-3 生产性临时建筑设施参考指标

生产性临时建筑设施包括：土建、安装的各种加工车间、各类仓库、办公室、试验室、班组间、工具房等。生产临时加工厂所需面积参考指标见表2-90。

生产临时加工厂所需面积参考指标 **表2-90**

序号	加工厂名称	年产量		单位产量所需建筑面积	占地总面积（m^2）	备注
		单位	数量			
1	混凝土搅拌站	m^3	3200	0.022（m^2/m^3）	按砂石堆场考虑	400L搅拌机2台
		m^3	4800	0.021（m^2/m^3）		400L搅拌机3台
		m^3	6400	0.020（m^2/m^3）		400L搅拌机4台
2	临时性混凝土预制厂	m^3	1000	0.25（m^2/m^3）	2000	生产屋面板和小型梁柱板等，配有蒸养设施
		m^3	2000	0.20（m^2/m^3）	3000	
		m^3	3000	0.15（m^2/m^3）	4000	
		m^3	5000	0.125（m^2/m^3）	小于6000	

续表

序号	加工厂名称	年产量 单位	年产量 数量	单位产量所需建筑面积	占地总面积（m^2）	备注
3	木材加工厂	m^3	15000	0.0244（m^2/m^3）	1800～3600	进行原木、方木加工
		m^3	24000	0.0199（m^2/m^3）	2200～4800	
		m^3	30000	0.0181（m^2/m^3）	3000～5500	
	综合木材加工厂	m^3	200	0.30（m^2/m^3）	100	加工木门窗、模板、地板、屋架等
		m^3	500	0.25（m^2/m^3）	200	
		m^3	1000	0.20（m^2/m^3）	300	
		m^3	2000	0.15（m^2/m^3）	420	
	粗木加工厂	m^3	5000	0.12（m^2/m^3）	1350	加工木屋架、模板及支撑、木方等
		m^3	10000	0.10（m^2/m^3）	2500	
		m^3	15000	0.09（m^2/m^3）	3750	
		m^3	20000	0.08（m^2/m^3）	4800	
	细木加工厂	万 m^2	5	0.0140（m^2/m^3）	7000	加工木门窗、地板
		万 m^2	10	0.0114（m^2/m^3）	10000	
		万 m^2	15	0.0106（m^2/m^3）	14300	
4	钢筋加工厂	t	200	0.35（m^2/t）	280～360	加工、成型、焊接
		t	500	0.25（m^2/t）	380～750	
		t	1000	0.20（m^2/t）	400～800	
		t	2000	0.15（m^2/t）	450～900	
	现场钢筋调直或冷拉	所需场地（长×宽）				
	拉直场	70～80×3～4（m）				包括材料和成品堆放
	卷扬机棚	15～20（m^2）				3t～5t 电动卷扬机一台
	冷拉场	40～60×3～4（m）				包括材料及成品堆场
	时效场	30～40×6～8（m）				包括材料及成品堆场
	钢筋对焊	所需场地（长×宽）				
	对焊场地	30～40×4～5（m）				包括材料及成品堆场
	对焊棚	15～24（m^2）				寒冷地区应适当增加
	钢筋冷加工	所需场地（m^2/台）				
	冷拔、冷轧机	40～50				
	剪断机	30～50				
	弯曲机（A12 以下）	50～60				
	弯曲机（A40 以下）	60～70				
5	金属结构加工（包括一般铁件）	所需场地（m^2/t）				按一批加工数量计算
		年产 500t～1000t 为 10～8（m^2/t）				
		年产 2000t～3000t 为 6～5（m^2/t）				
6	石灰消化　贮灰池	5×3=15（m^2）				每 600kg 石灰可消化 $1m^3$ 石灰膏，每两个贮灰池配一套淋灰池和淋灰槽

2.5.7.4 附录 2-4 物资储存临时设施参考指标

物资储存临时设施中仓库面积计算所需数据参考指标，见表 2-91。

仓库面积计算所需数据参考指标 表 2-91

序号	材料名称	单位	储存天数（日）	每 m^2 储存量	堆置高度（m）	仓库类型
1	槽钢、工字钢	t	40～50	0.8～0.9	0.5	露天、堆垛
2	扁钢、角钢	t	40～50	1.2～1.8	1.2	露天、堆垛
3	钢筋（直筋）	t	40～50	1.8～2.4	1.2	露天、堆垛
4	钢筋（盘筋）	t	40～50	0.8～1.2	1.0	仓库或棚约占 20%
5	薄中厚钢板	t	40～50	4.0～4.5	1.0	仓库或露天、堆垛
6	钢管 A200 以上	t	40～50	0.5～0.6	1.2	露天、堆垛
7	钢管 A200 以下	t	40～50	0.7～1.0	2.0	露天、堆垛
8	铁皮	t	40～50	2.4	1.0	库或棚
9	生铁	t	40～50	5	1.4	露天
10	铸铁管	t	40～50	0.6～0.8	1.2	露天
11	暖气片	t	40～50	0.5	1.5	露天或棚
12	水暖零件	t	20～30	0.7	1.4	库或棚
13	五金	t	20～30	1.0	2.2	仓库
14	钢丝绳	t	40～50	0.7	1.0	仓库
15	电线电缆	t	40～50	0.3	2.0	库或棚
16	木材	m^3	40～50	0.8	2.0	露天
17	原木	m^3	40～50	0.9	2.0	露天
18	成材	m^3	30～40	0.7	3.0	露天
19	枕木	m^3	20～30	1.0	2.0	露天
20	木门窗	m^3	3～7	30	2	棚
21	木屋架	m^3	3～7	0.3	—	露天
22	灰板条	千根	20～30	5	3.0	棚
23	水泥	t	30～40	1.4	1.5	库
24	生石灰（块）	t	20～30	1～1.5	1.5	棚
25	生石灰（袋装）	t	10～20	1～1.3	1.5	棚
26	石膏	t	10～20	1.3～1.7	2.0	棚
27	砂、石子（人工堆置）	m^3	10～30	1.2	1.5	露天、堆放
28	砂、石子（机械堆置）	m^3	10～30	2.4	3.0	露天、堆放
29	块石	m^3	10～20	1.0	1.2	露天、堆放
30	耐火砖	t	20～30	2.5	1.8	棚
31	大型砌块	m^3	3～7	0.9	1.5	露天
32	轻质混凝土制品	m^3	3～7	1.1	2	露天
33	玻璃	箱	20～30	6～10	0.8	仓库或棚
34	卷材	卷	20～30	15～24	2.0	仓库

续表

序号	材料名称		单位	储存天数（日）	每 m^2 储存量	堆置高度（m）	仓库类型
35	沥青		t	20～30	0.8	1.2	露天
36	水泥管、陶土管		t	20～30	0.5	1.5	露天
37	黏土瓦、水泥瓦		千块	10～30	0.25	1.5	露天
38	电石		t	20～30	0.3	1.2	仓库
39	炸药、雷管		t	10～30	0.7	1.0	仓库
40	钢筋混凝土构件	板	m^3	3～7	0.14～0.24	2.0	露天
		梁、柱	m	3～7	0.12～0.18	1.2	露天
41	钢筋骨架		t	3～7	0.12～0.18	—	露天
42	金属结构		t	3～7	0.16～0.24	—	露天
43	钢件		t	10～20	0.9～1.5	1.5	露天或棚
44	钢门窗		t	10～20	0.65	2	棚
45	模板		m^3	3～7	0.7	—	露天

2.5.7.5 附录 2-5 各种机械设备以及室内外照明用电定额

各种施工机械用电定额参考资料见表 2-92，室内，室外照明用电定额参考资料见表 2-93，表 2-94。

施工机械用电定额参考资料 **表 2-92**

机械名称	型号	功率（kW）
蛙式夯土机	HW-32	1.5
	HW-60	3
振动夯土机	HZD250	4
振动打拔桩机	DZ45	45
	DZ45Y	45
	DZ30Y	30
	DZ55Y	55
	DZ90A	90
	D290B	90
螺旋钻孔机	ZKL400	40
	ZKL600	55
	ZKL800	90
螺旋式钻扩孔机	BQZ-400	22
冲击式钻机	YKC-20C	20
	YKC-22M	40
	YKC-30M	90
塔式起重机	MC300	90
	HK40	110
	C7022	80

续表

机械名称	型号	功率（kW）
塔式起重机	QTZ7030	90
	H3/36B	80
	MC180	70
	ST6014	71.5
	F0/23B	70
	TC5023	51.5
	JL150	72.4
	QTZ125	57.4
	QTZ100	73.87
	C5015	53.8
	TC5512（QTZ80）	42
卷扬机	JJK0.5	3
	JJK-0.5B	2.8
	JJK-1A	7
	JJK-5	40
	JJZ-1	7.5
	JJ1K-1	7
	JJ1K-3	28
	JJ1K-5	40
	JJM-0.5	3
	JJM-3	7.5
	JJM-5	11
	JJM-10	22
自落式混凝土搅拌机	JD150	5.5
	JD200	7.5
	JD250	11
	JD350	15
	JD500	18.5
强制式混凝土搅拌机	JW250	11
	JW500	30
混凝土搅拌楼（站）	HL80	41
混凝土输送泵	HB-15	32.2
混凝土喷射机（回转式）	HPH6	7.5
混凝土喷射机（罐式）	HPG4	3

续表

机械名称	型号	功率（kW）
插入式振动器	ZX25	0.8
	ZX35	0.8
	ZX50	1.1
	ZX50C	1.1
	ZX70	1.5
平板式振动器	ZB5	0.5
	ZB11	1.1
附着式振动器	ZW4	0.8
	ZW5	1.1
	ZW7	1.5
	ZW10	1.1
	ZW30-5	0.5
混凝土振动台	ZT-1×2	7.5
	ZT-1.5×6	30
	ZT-2.4×6.2	55
真空吸水机	HZX-40	4
	HZX-60A	4
	改型泵Ⅰ号	5.5
	改型泵Ⅱ号	5.5
预应力拉伸机油泵	ZB1/630	1.1
	ZB2×2/500	3
	ZB4/49	3
	ZB10/49	11
钢筋调直切断机	GT4/14	4
	GT6/14	11
	GT6/8	5.5
	GT3/9	7.5
钢筋切断机	QT40	7
	QJ40-1	5.5
	QJ32-1	3
钢筋弯曲机	GW40	3
	WJ40	3
	GW32	2.2

续表

机械名称	型号	功率（kW）
交流电焊机	BX3-120-1	9*
	BX3-300-2	23.4*
	BX3-500-2	38.6*
	BX2-100（BC-1000）	76*
直流电焊机	AX1-165（AB-165）	6
	AX4-300-1（AG-300）	10
	AX-320（AT-320）	14
	AX5-500	26
	AX3-500（AG-500）	26
纸筋麻刀搅拌机	ZMB-10	3
灰浆泵	UB3	4
挤压式灰浆泵	UBJ2	2.2
灰气联合泵	UB-76-1	5.5
粉碎淋灰机	FL-16	4
单盘水磨石机	SF-D	2.2
双盘水磨石机	SF-S	4
侧式磨光机	CM2-1	1
立面水磨石机	MQ-1	1.65
围墙水磨石机	YM200-1	0.55
地面磨光机	DM-60	0.4
套丝切管机	TQ-3	1
电动液压弯管机	WYQ	1.1
电动弹涂机	DT120A	8
液压升降级	YSF25-50	3
泥浆泵	红星 30	30
泥浆泵	红星 75	60
液压控制台	YKT-36	7.5
自动控制自动调平液压控制台	YZKT-56	11
静电触探车	ZJYY-20A	10
混凝土沥青切割机	BC-D1	5.5
小型砌块成型机	GC-1	6.7
载货电梯	JT1	7.5
建筑施工外用电梯	SCD100/100A	11
木工电刨	MIB2-80/1	0.7
木压刨板机	MB1043	3
木工圆锯	MJ104	3
木工圆锯	MJ106	5.5

续表

机械名称	型号	功率（kW）
木工圆锯	MJ114	3
脚踏截锯机	MJ217	7
单面木工压刨床	MB103	3
单面木工压刨床	MB103A	4
单面木工压刨床	MB106	7.5
单面木工压刨床	MB104A	4
双面木工刨床	MB106A	4
木工平刨床	MB503A	3
木工平刨床	MB504A	3
普通木工车床	MCD616B	3
单头直榫开榫机	MX2112	9.8
灰浆搅拌机	UJ325	3
灰浆搅拌机	UJ100	2.2

注：* 为额定负载持续率时功率（kVA）。

室内照明用电定额参考资料　**表 2-93**

序号	项目	定额容量（W/m^2）	序号	项目	定额容量（W/m^2）
1	混凝土及灰浆搅拌站	5	13	锅炉房	3
2	钢筋室外加工	10	14	仓库及棚仓库	2
3	钢筋室内加工	8	15	办公室、试验室	6
4	木材加工锯木及细木作	5～7	16	浴室、盥洗室、厕所	3
5	木材加工模板	8	17	理发室	10
6	混凝土预制构件厂	6	18	宿舍	3
7	金属结构及机电修配	12	19	食堂或俱乐部	5
8	空气压缩机及泵房	7	20	诊疗所	6
9	卫生技术管道加工厂	8	21	托儿所	9
10	设备安装加工厂	8	22	招待所	5
11	发电站及变电所	10	23	学校	6
12	汽车库及机车库	5	24	其他文化福利设施	3

室外照明用电定额参考资料　**表 2-94**

序号	项目	定额容量（W/m^2）	序号	项目	定额容量（W/m^2）
1	人工挖土工程	0.8	7	卸车厂	1.0
2	机械挖土工程	1.0	8	警卫照明	1000W/km
3	混凝土浇灌工程	1.0	9	车辆行人主要干道	2000W/km
4	砖石工程	1.2	10	车辆行人非主要干道	1000W/km
5	打桩工程	0.6	11	夜间运料（夜间不运料）	0.8（0.5）
6	安装及铆焊工程	2.0	12	设备堆放，砂石、木材、钢筋、半成品堆放	0.8

2.5.7.6 附录 2-6 施工平面图参考图例

施工平面图参考图例共分为七大类，见表 2-95。

施工平面图参考图例　　表 2-95

序号	名称	图例
一、地形及控制点		
1	三角点	
2	水准点	
3	窑洞：地上、地下	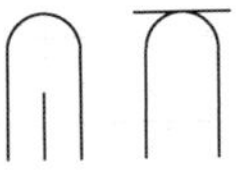
4	蒙古包	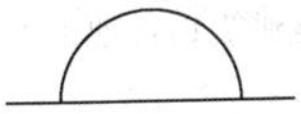
5	坟地	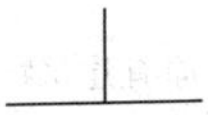
6	石油、天然气井	
7	钻孔	
8	探井（试坑）	
9	等高线：基本的、补助的	
10	土堤、土堆	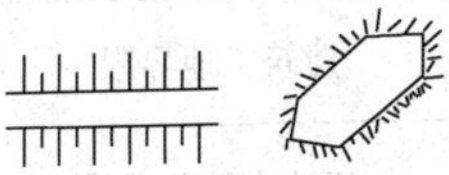
11	坑穴	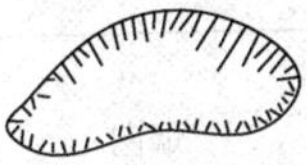
12	填挖边坡	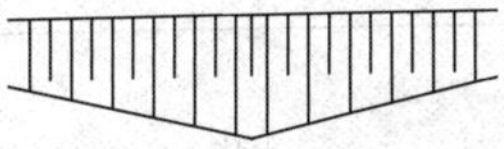
13	地表排水方向	

续表

序号	名称	图例
14	树林	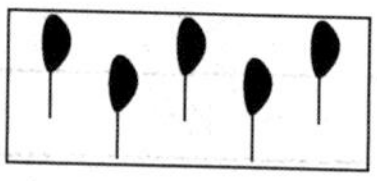
15	竹林	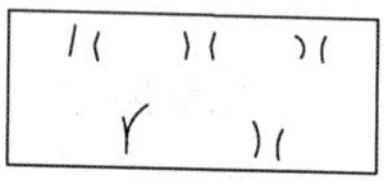
16	耕地：稻田、旱地	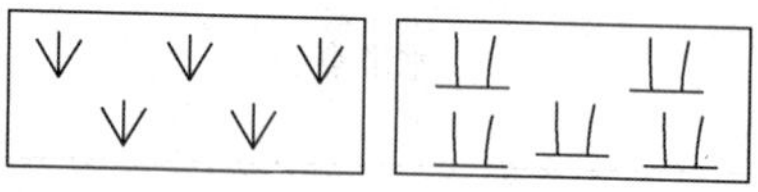
	二、建（构）筑物	
1	新建建筑物：地上、地下	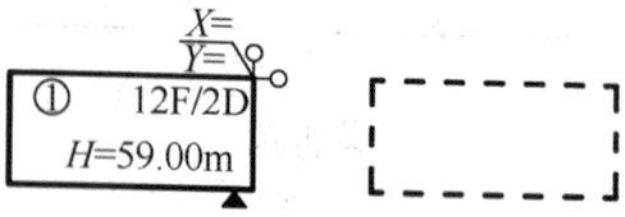
2	原有建筑物	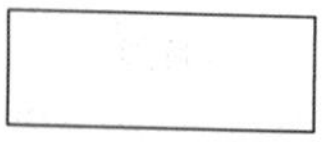
3	计划扩建的建筑物	
4	拆除的建筑物	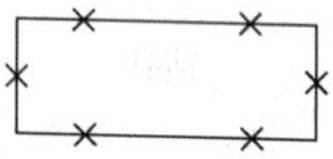
5	临时房屋：密闭式、敞篷式	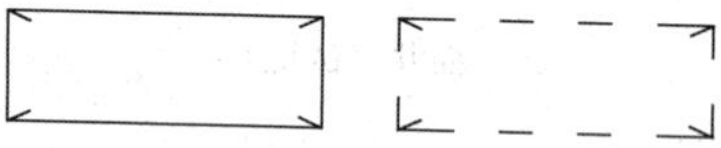
6	围墙及大门	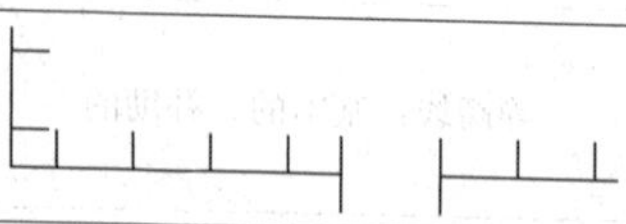
7	建筑工地界限	
8	工地内的分界线	
9	烟囱	
10	水塔	
11	室内地坪标高	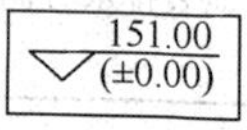

续表

序号	名称	图例
12	室外地坪标高	
	三、交通运输	
1	原有道路	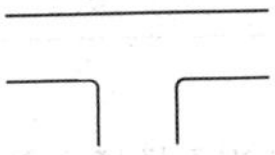
2	计划扩建的道路	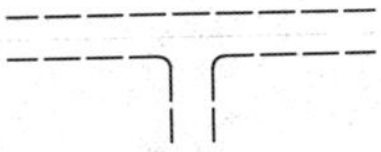
3	新建的道路	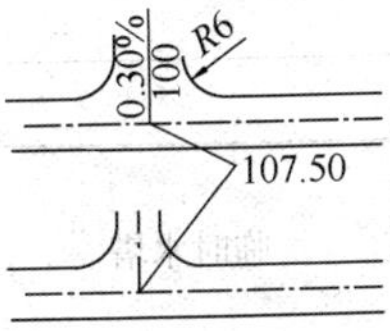
4	施工用临时道路	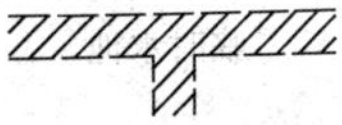
5	新建标准轨铁路	
6	原有标准轨铁路	
7	现有的窄轨铁路	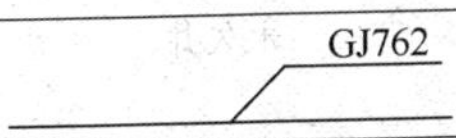
8	道路涵洞	
9	公路桥梁	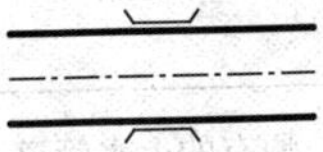
10、11、12、13	水系流向、人行桥、车行桥、渡口	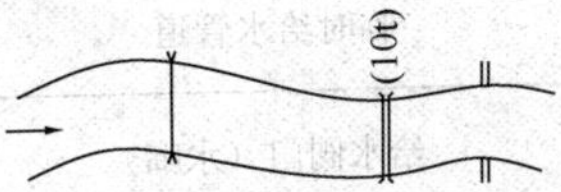
14	船只停泊场	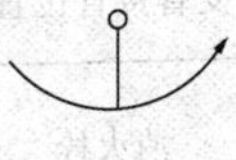
15	浮动码头、固定码头	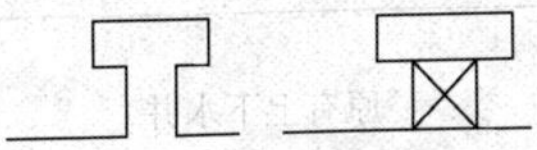

续表

序号	名称	图例
	四、材料、构件堆场	
1	散状材料临时露天堆场	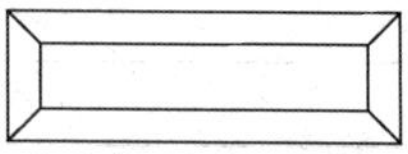 需要时可注明材料名称
2	其他材料露天堆场或露天作业场	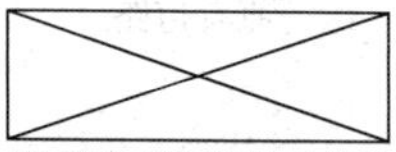 需要时可注明材料名称
3	敞棚	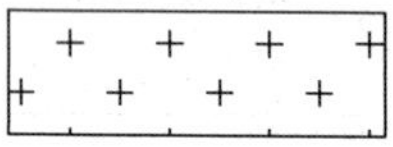
	五、材料、构件堆场	
1	临时水塔	
2	临时水池	
3	贮水池	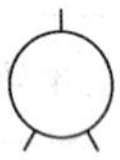
4	永久井	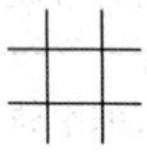
5	临时井	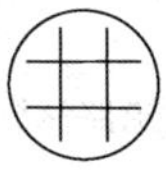
6	加压站	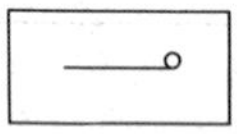
7	原有的上水管道	
8	临时给水管道	
9	给水阀门（水嘴）	
10	支管接管位置	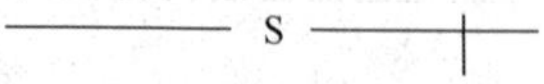
11	消火栓	
12	原有上下水井	

续表

序号	名称	图例
13	拟建上下水井	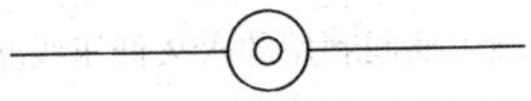
14	临时上下水井	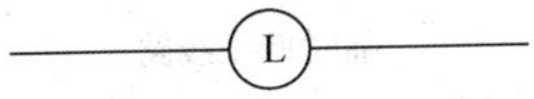
15	原有的排水管线	—— I —— I ——
16	临时排水管线	—— P —— P ——
17	临时排水沟	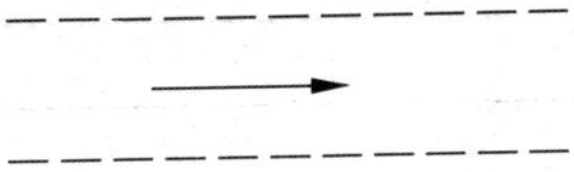
18	化粪池	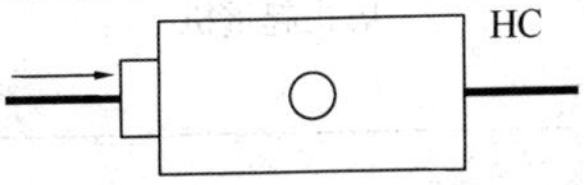
19	隔油池	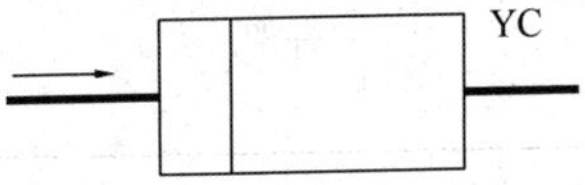
20	拟建水源	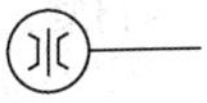
21	电源	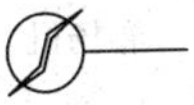
22	发电站	
23	变电站	
24	变压器	
25	投光灯	
26	电杆	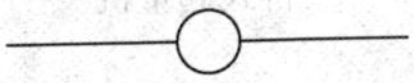
27	现在高压 6kV 线路	—— WW_6 —— WW_6 ——
28	施工期间利用的永久高压 6kV 线路	—— LLW_6 —— LLW_6 ——
29	临时高压 3～5kV 线路	—— VV —— VV ——
30	现有低压线路	—— $W_{3.5}$ —— $W_{3.5}$ ——

续表

序号	名称	图例
31	施工期间利用的永久低压线路	—— LVV —— LVV ——
32	临时低压线路	——V——V——
33	电话线	——· O ·——· O ·——
34	现有暖气管道	═══ T ═══ T ═══
35	临时暖气管道	—— Z —— Z ——
	六、施工机械	
1	塔式起重机	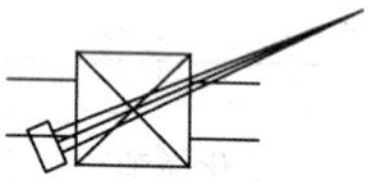
2	井架	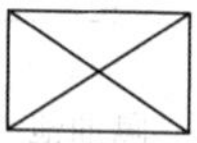
3	门架	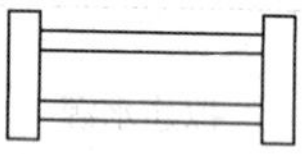
4	卷扬机	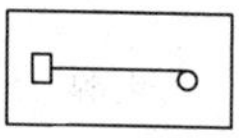
5	履带式起重机	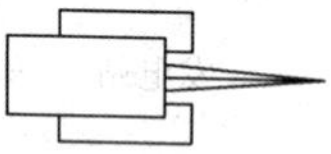
6	汽车式起重机	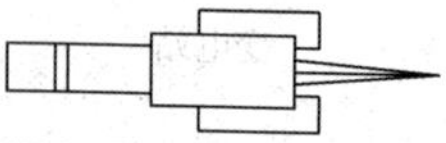
7	门式起重机	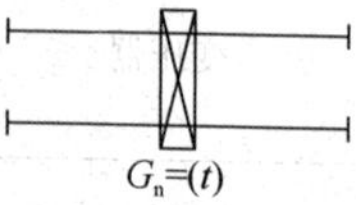
8	桥式起重机	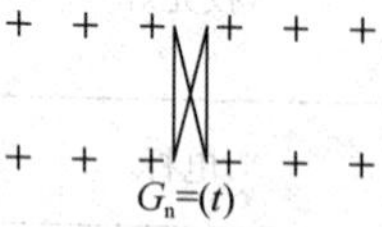
9	皮带式运输机	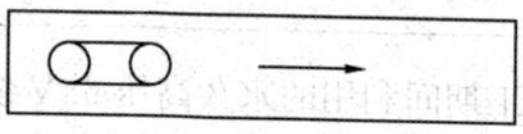
10	外用电梯	

续表

序号	名称	图例
11	挖土机： 正铲 反铲 抓铲	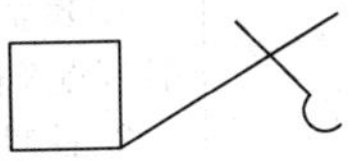 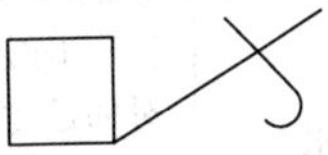 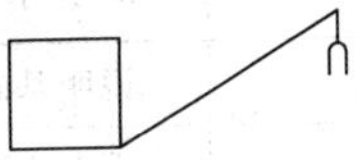
12	推土机	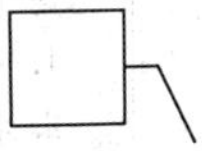
13	铲运机	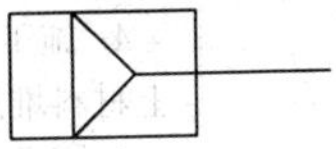
14	混凝土搅拌机	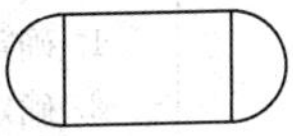
15	灰浆搅拌机	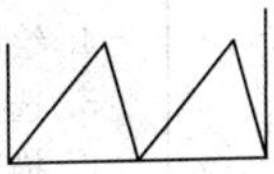
16	打桩机	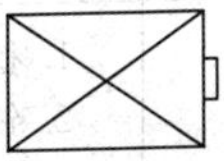
17	水泵	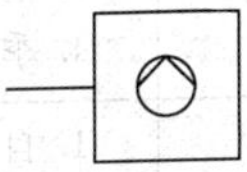
	七、其他	
1	脚手架	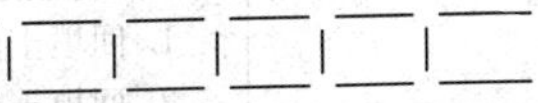
2	壁板插放架	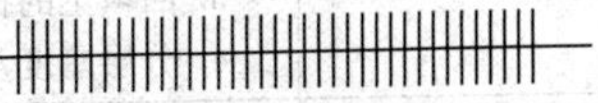
3	草坪	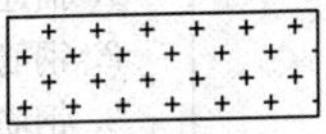
4	避雷针	

2.5.7.7 附录 2-7 施工方法选择的内容

分部分项工程施工方法选择的内容见表 2-96。

分部分项工程施工方法选择的内容　　表 2-96

序号	分部、分项工程	施工方法选择的内容
1	测量放线	1. 建立平面控制网及高程控制点，轴线控制、标高引测的依据、引至现场的轴线控制点及标高的位置； 2. 控制柱的保护要求； 3. 相应工程测量所采用的主要方法及轴线与高程的传递方法
2	降水与排水	1. 确定降水的分包单位及所使用的降水方法，在确定降水方法时一定要考虑降水对邻近建筑物可能造成的影响及所采取的技术措施，为保护地下水资源，有条件的地区建议采用止水帷幕； 2. 排水工程应说明排水量的估算值及排水管线的设计
3	基础桩	说明基础类型、选用的施工方法及设备的类型
4	基坑支护	重点说明选用的支护类型及主要施工方法，在选择支护类型及施工方法时，应着重考虑下述因素： 1. 基坑的平面尺寸、开挖深度及施工要求； 2. 各层土的物理、力学性质，地下水情况； 3. 邻近建（构）筑物、道路、地下管线及其他设施情况，以及对基坑变形的要求； 4. 施工阶段塔式起重机的位置、现场道路与基坑的距离、运输车辆的重量及地面上材料堆放情况； 5. 工期和造价的影响
5	土方工程	1. 确定挖土方向、坡道的留置位置； 2. 确定分几步开挖及每步的挖土深度； 3. 确定土方的开挖顺序与基坑支护如何穿插进行； 4. 绘制上方工程的平面图、剖面图； 5. 选择上方机械的性能、型号、数量； 6. 描述土方的存放地点、运输方法、回填土的来源
6	钎探与验槽	1. 挖至槽底的施工方法说明； 2. 钎探要求或不进行钎探的建议； 3. 清槽要求； 4. 季节性施工要求
7	地下防水工程	1. 自防水混凝土的类型、等级，外加剂的类型、掺量，对碱集料反应的技术要求，施工构造形式； 2. 防水材料的类型、规格、技术要求、主要施工方法
8	回填土工程	1. 回填土的来源及需用量； 2. 回填土的时间； 3. 回填土的技术要求； 4. 分层厚度及夯实等要求
9	钢筋工程	1. 描述本工程主要钢筋的类型； 2. 钢筋的供货方式、进场检验和原材堆放要求； 3. 钢筋加工方式：描述钢筋加工方式是采用现场加工还是场外加工，明确加工场的位置、面积，所采用的机械设备的名称、型号、数量、用途，确定钢筋除锈、调直、切断、弯曲成形主要加工方法及技术要求； 4. 钢筋连接：描述不同部位、不同直径的钢筋的连接方式（如搭接、焊接、机械连接等）及具体采用的形式（如电弧焊、电渣焊、气压焊、冷挤压、直螺纹等）； 5. 钢筋绑扎：明确搭接部位、搭接倍数、接头设置位置及要求，确定各部位防止钢筋位移的方法，墙、柱变截面的处理方法； 6. 顶应力的类型、选用的分包、张拉方式及时间要求

续表

<table>
<tr><th>序号</th><th>分部、分项工程</th><th>施工方法选择的内容</th></tr>
<tr><td>10</td><td>模板工程</td><td>1. 模板设计
按地下、地上、特殊部位进行模板设计，如下表所示。
<table>
<tr><th>序号</th><th>结构部位</th><th>模板选型</th><th>数量（m^2）</th><th>模板尺寸</th><th>备注</th></tr>
<tr><td></td><td></td><td></td><td></td><td></td><td></td></tr>
<tr><td></td><td></td><td></td><td></td><td></td><td></td></tr>
</table>
2. 模板加工、制作、验收
对各类模板加工制作方式（外加工或现场制作）进行描述，当某类模板采用外加工制作方式时，应明确是租赁还是购买、采用何种模板体系（如大钢模是整体式、还是组拼式等）、技术要求及技术参数；当采用现场制作方式时，应明确加工场地、所需设备及主要加工工艺；明确模板具体的验收质量要求及方法。
3. 模板安装
1）明确不同类型模板选用的隔离剂的类型；
2）确定模板安装顺序、技术要求、质量标准；
3）特殊部位模板（含预留孔洞模板）的安装方法。
4. 高大模板支撑系统施工的安全技术要求</td></tr>
<tr><td>11</td><td>混凝土工程</td><td>1. 混凝土各部位的强度等级；
2. 确定混凝土是预拌混凝土还是现场搅拌混凝土；
3. 确定顶拌混凝土厂家及主要技术要求、技术参数：当采用现场搅拌混凝土时，确定混凝土的试配配合比及根据现场条件调整的现场配合比及主要技术参数；
4. 混凝土拌制：主要是指现场混凝土的搅拌。应确定搅拌站的位置、面积、各种原材料储存位置、供料方式（人工还是配料机）、设备型号与数量、水电源位置、环保措施等；
5. 混凝土运输：明确场外、场内的运输方式；现场的水平运输与垂直运输方式，场外运输组织及季节性施工注意事项；
如果场内采用泵送混凝土，应对泵的位置、泵管的设置和固定措施提出具体要求；
6. 混凝土浇筑：
确定各部位浇筑方式（如采用泵送还是塔式起重机），当采用泵送时，应按《混凝土泵送施工技术规程》JGJ/T 10—2011 中有关内容提出具体要求，如泵的选型原则、配管原则等；
浇灌顺序及浇灌方法（如大体积混凝土的斜面分层、梁板的“赶法”、墙柱的分层浇筑、门窗部位的堆成浇筑等）、标高控制方法、特殊部位混凝土浇筑要求（如后浇带的施工时间、施工要求、施工缝的处置）；
混凝土接准时间及施工缝设置、处置要求；
各部位混凝土振捣设备及振捣技术要求。
7. 混凝土养护：
常温条件下的养护方法；
冬期施工期间的养护方法。
8. 顶防碱集料反应
根据混凝土所处的环境类别，确定容许碱集料的最大单方含量及采取的控制措施（从原材料、外加剂、合料、施工方法等提出合理措施）</td></tr>
<tr><td>12</td><td>钢结构工程</td><td>1. 钢结构类型；
2. 钢结构的制作、运输、堆放、安装、防腐及防火涂料的主要施工方法</td></tr>
<tr><td>13</td><td>砌筑工程</td><td>1. 砌筑部位及所采用的块及其类别；
2. 各部位主要砌筑方法（如明确组副方法、砂浆要求、砌筑高度、墙拉结筋设置等）</td></tr>
</table>

续表

序号	分部、分项工程	施工方法选择的内容
14	脚手架工程	1. 室内、室外不同施工阶段及不同部位的脚手架类型； 2. 脚手架搭设高度、主要技术要求及技术参数； 3. 保证安全的措施
15	屋面工程	1. 明确屋面防水等级和设防要求； 2. 说明屋面防水的类型、卷材、涂膜、刚性等； 3. 采用的施工方法，如卷材屋面采用冷粘、热熔、自粘、卷材热风焊接等； 4. 明确质量要求和试水要求
16	装饰装修工程	1. 楼地面工程： 共采用几种做法及部位； 主要的施工方法及技术要点； 各部位楼地面的施工时间； 楼地面的养护及成品保护方法； 环境保护方面有哪些要求。 2. 抹灰工程： 共采用几种做法及部位； 主要的施工方法及技术要点； 防止空裂的措施。 3. 门窗工程： 选用门窗的类型及部位； 主要的施工方法及技术要点； 外门窗三项指标的要求； 对特种门安装的要求。 4. 吊顶工程： 吊顶的部位及类型； 主要施工方法及技术要点； 吊顶工程与吊顶内管道和设备安装的工序关系。 5. 饰面板（砖）： 采用饰面板（砖）的种类及部位； 主要施工方法及技术要点； 重点描述外墙饰面板的粘结试验、湿作业法防止反碱的方法、抗震缝、伸缩量、沉降缝的做法。 6. 幕墙工程： 采用幕墙的类型及部位； 主要施工方法及技术要点； 主要原材料的性能检测报告； 幕墙性能检测报告。 7. 涂饰工程： 采用涂料的类型及部位； 主要施工方法及技术要点； 按设计要求和相关规范的有关规定对室内装修材料进行检验的项目。 8. 软包工程： 采用软包的类型及部位； 主要施工方法技术要点。 9. 厕浴、卫生间： 明确厕浴间的墙面、地面、顶板的做法，工序安排，施工方法，材料的使用要求及防止质量问题采取的技术措施和管理措施
17	机电工程	其专业性较强，主要施工方法可详见具体施工方案

2.6 施 工 方 案

2.6.1 施工方案的分类和范围

施工方案分为一般施工方案和危险性较大的分部分项工程专项施工方案。

危险性较大的分部分项工程定义：

《危险性较大的分部分项工程安全管理规定》（住房和城乡建设部令〔2018〕第37号）规定：危险性较大的分部分项工程是指房屋建筑和市政基础设施工程在施工过程中，容易导致人员群死群伤或者造成重大经济损失的分部分项工程。

危险性较大的分部分项工程范围：

施工单位应当严格按照《危险性较大的分部分项工程安全管理规定》（住房和城乡建设部令〔2018〕第37号）文件的要求，对危险性较大的分部分项工程在施工前编制专项方案，对于超过一定规模的危险性较大的分部分项工程，施工单位应当按住房和城乡建设部令第37号和《住房城乡建设部办公厅关于实施〈危险性较大的分部分项工程安全管理规定〉有关问题的通知》（建办质〔2018〕31号）的规定组织专家对专项方案可行性进行论证。危险性较大的分部分项工程范围见表2-97。超过一定规模的危险性较大的分部分项工程范围见表2-98。

危险性较大的分部分项工程范围 **表2-97**

项	范围指标
基坑工程	1. 开挖深度超过3m（含3m）的基坑（槽）的土方开挖、支护、降水工程； 2. 开挖深度虽未超过3m，但地质条件、周围环境和地下管线复杂，或影响毗邻建（构）筑物安全的基坑（槽）的土方开挖、支护、降水工程
模板工程及支撑体系	1. 各类工具式模板工程，包括滑模、爬模、飞模、隧道模等工程； 2. 混凝土模板支撑工程：搭设高度5m及以上；或搭设跨度10m及以上；或施工总荷载（荷载效应基本组合的设计值）$10kN/m^2$及以上；或集中线荷载（荷载效应基本组合的设计值）15kN/m及以上；或高度大于支撑水平投影宽度且相对独立无联系构件的混凝土模板支撑工程； 3. 承重支撑体系：用于钢结构安装等满堂支撑体系
起重吊装及起重机安装拆卸工程	1. 采用非常规起重设备、方法，且单件起吊重量在10kN及以上的起重吊装工程； 2. 采用起重机械进行安装的工程； 3. 起重机械安装和拆卸工程
脚手架工程	1. 搭设高度24m及以上的落地式钢管脚手架工程（包括采光井、电梯井脚手架）； 2. 附着式升降脚手架工程； 3. 悬挑式脚手架工程； 4. 高处作业吊篮； 5. 卸料平台、操作平台工程； 6. 异型脚手架工程
拆除、爆破工程	可能影响行人、交通、电力设施、通信设施或其他建（构）筑物安全的拆除工程

续表

项	范围指标
暗挖工程	采用矿山法、盾构法、顶管法施工的隧道、洞室工程
其他	1. 建筑幕墙安装工程； 2. 钢结构、网架和索膜结构安装工程； 3. 人工挖扩孔桩工程； 4. 水下作业工程； 5. 装配式建筑混凝土预制构件安装工程； 6. 采用新技术、新工艺、新材料、新设备可能影响工程施工安全，尚无国家、行业及地方技术标准的分部分项工程

超过一定规模的危险性较大的分部分项工程范围　表 2-98

项	范围指标
深基坑工程	开挖深度超过 5m（含 5m）的基坑（槽）的土方开挖、支护、降水工程
模板工程及支撑体系	1. 各类工具式模板工程，包括滑模、爬模、飞模、隧道模等工程； 2. 混凝土模板支撑工程：搭设高度 8m 及以上；或搭设跨度 18m 及以上；或施工总荷载（荷载效应基本组合的设计值）15kN/m² 及以上；或集中线荷载（荷载效应基本组合的设计值）20kN/m 及以上； 3. 承重支撑体系：用于钢结构安装等满堂支撑体系，承受单点集中荷载 7kN 以上
起重吊装及安装拆卸工程	1. 采用非常规起重设备、方法，且单件起吊重量在 100kN 及以上的起重吊装工程； 2. 起重量 300kN 及以上，或搭设总高度 200m 及以上的起重机械安装和拆卸工程，或搭设基础标高在 200m 及以上的起重机械安装和拆卸工程
脚手架工程	1. 搭设高度 50m 及以上落地式钢管脚手架工程； 2. 提升高度在 150m 及以上的附着式升降脚手架工程或附着式升降操作平台工程； 3. 分段架体搭设高度 20m 及以上的悬挑式脚手架工程
拆除、爆破工程	1. 码头、桥梁、高架、烟囱、水塔或拆除中容易引起有毒有害气（液）体或粉尘扩散、易燃易爆事故发生的特殊建、构筑物的拆除工程； 2. 文物保护建筑、优秀历史建筑或历史文化风貌区影响范围内的拆除工程
暗挖工程	采用矿山法、盾构法、顶管法施工的隧道、洞室工程
其他	1. 施工高度 50m 及以上的建筑幕墙安装工程； 2. 跨度 36m 及以上的钢结构安装工程，或跨度 60m 及以上的网架和索膜结构安装工程； 3. 开挖深度 16m 及以上的人工挖孔桩工程； 4. 水下作业工程； 5. 重量 1000kN 及以上的大型结构整体顶升、平移、转体等施工工艺； 6. 采用新技术、新工艺、新材料、新设备可能影响工程施工安全，尚无国家、行业及地方技术标准的分部分项工程

2.6.2 施工方案编制原则与准备

2.6.2.1 施工方案的编制原则

为使施工方案有效指导施工，施工方案应具有很强的针对性与适用性，编制施工方案必须注意以下原则，见表2-99。

施工方案的编制原则 表2-99

原则	说明
编制前做到充分讨论	主要分部分项工程施工方案在编制前，由技术负责人组织本单位技术、工程、质量、安全等部门相关人员以及分包相关人员共同参加施工方案编制讨论会，在讨论会上讨论流水段划分、劳动力安排、工程进度、施工方法选择、质量控制等内容，并在讨论会上达成一致意见，便于方案更好地实施
施工方法选择要合理	最优的施工方法同时具有先进性、可行性、安全性、经济性，但这四个方面往往不能同时达到，这就需要根据工程实际条件、施工单位的技术实力和管理水平综合权衡后决定，只要能满足各项施工目标要求，适应施工单位施工水平，经济能力能承受的方法就是合理的方法
切忌照抄施工工艺标准	现在部分介绍施工工艺方面的书籍讲述的工艺标准是提炼出来的，是带有共性、普遍性的工艺，没有针对性，放之四海而皆准。如果施工方案大部分是照抄这些工艺标准、规范而不给出具体的构造和节点工艺标准，则方案没有针对性，不能指导施工
各项控制措施要实用	要根据工程目标采取有针对性的控制措施，不要采用施工不方便或者成本费用较高的措施，选择的措施和施工方法要适合工程特点，并且要实用，在此基础上做到尽可能经济

2.6.2.2 编制准备工作

提前做好各项施工准备工作才能更好地开展各项施工活动，同理，方案编制前也需做好充足的准备工作才能使编制的方案更具指导性。

方案编制的准备工作包含以下内容：

1）熟悉图纸，了解专业概况、节点构造，把握技术及施工重难点，做好图纸审核工作，提前修正图纸设计不合理或错误的地方。

2）熟悉现场平面，了解地下管线布置。

3）熟悉合同相关条文，了解工程目标、任务划分、责权关系等。

4）收集学习相关规范、规程、标准、主管部门的条文规定等。

5）收集类似工程的施工方案并针对性学习。

6）收集当地相关资源，特别是当地的机械、材料资源以及价格水平信息。

7）学习与工程相关的四新技术，特别是目前领先的新技术和新工艺的学习。

8）计算相关工程量，为进度安排、劳动力安排、材料计划等做好计算依据。

9）初步拟定施工组织及施工方法，编制施工方案前召开总包、分包相关人员参加的技术方案讨论会。

2.6.3　施工方案编制要求与内容

2.6.3.1　施工方案编制的总体要求

结合工程特点，围绕方案的指导性这一根本目的确定施工方法及编制内容。

1. 选择切实可行的施工方案

拟定多个可行方案，通过技术、经济、效益指标综合评价方法的优劣性，从中选出总体效果最好的施工方法。施工方法选择过程示意如图 2-60 所示。

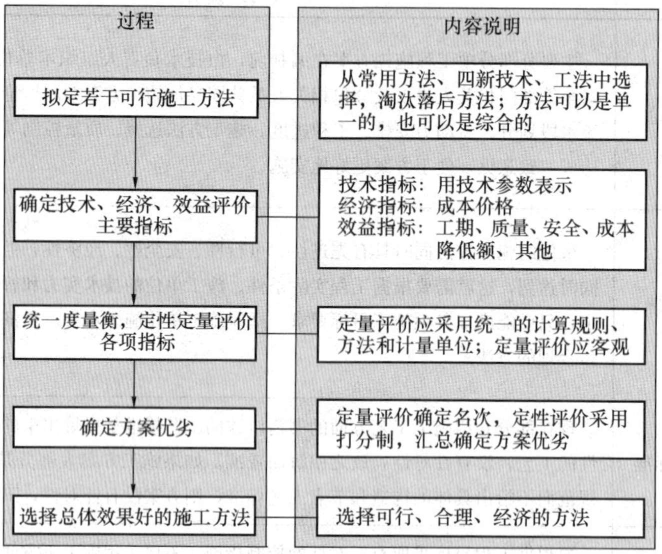

图 2-60　施工方法选择过程示意

2. 保证施工目标的实现

制定的施工方案在工期方面必须保证竣工时间符合合同工期要求，并争取提前完成；在质量方面应能达到合同及规范要求；在安全方面应能有个良好的施工环境；在技术及管理方面均有充足的安全保障；在施工费用方面应在满足前面要求的基础上尽可能经济合理。

2.6.3.2　一般施工方案编制内容

1. 编制依据

编制依据是施工方案编制时所依据的条件及准则，为编制施工方案服务，一般为现场的施工条件、图纸、技术标准、政策文件、施工组织设计等。常参考的施工手册、施工工艺标准等书籍虽然为我们提供了不少知识和帮助，但却不能成为编制依据，因为这类书籍是工具书，内容的正确与否没有论证，不具备法律效力。

2. 工程概况

施工方案的工程概况不是针对整个工程的介绍，而是针对本分部分项工程内容进行介绍，不同的分部分项工程所介绍的内容和重点虽然不同，但介绍的原则是相同的，包括以下几点：

1）重点描述与施工方法有关的内容和主要参数。

2）分部分项工程施工条件。

3）分部分项工程施工目标。

4）特点及重难点分析。

施工部位的概况分析要简明扼要，多用图表表示；施工特点及重难点分析要根据工程特点及施工单位的实力进行。如果施工没有特点及重难点，此内容也可以不写，不要为了分析而分析。

3. 施工准备

施工准备包括技术准备、机具准备、材料准备、试验检验工作的内容，见表 2-100。

施工准备工作内容 表 2-100

准备类别	内容
技术准备	1. 图纸的熟悉及审图工作，图集、规范、规程等收集及学习。 2. 现场条件的熟悉及了解。 3. 施工方案编制的前期准备工作，如搜集资料及类似工程方案、工程量的计算、召开编制会议等。 4. 四新技术、工法等方面的学习及准备。 5. 样板部位确定。 6. 其他与技术准备相关的内容，如相关合同的了解、当地资源、机械性能、市场价格的收集及了解等
机具准备	包括中小型施工机械、工程测量仪器、工程试验仪器等，用列表说明所需机具的名称、型号、数量、规格、主要性能、用途和进出场时间等
材料准备	1. 包括工程用主材（包含预制件、构件）、工程用辅材、周转材料、成品保护及文明施工等材料。 2. 工程用主材需确定订货厂家或买家，运输及加工的规格、尺寸，同时用表格明确主材名称、型号、数量、规格、进出场时间等。 3. 工程用辅材、周转材料、成品保护及文明施工等材料也应用表格注明名称、规格、型号、数量、进出场时间等内容
试验、检验工作	列表说明试验、检验工作的部位、方法、数量、见证部位及数量

4. 施工安排

(1) 内容

施工安排的内容包含组织机构及职责、施工部位、施工流水组织、劳动力组织、现场资源协调、工期要求、安全施工条件等内容。

① 组织机构及职责。

根据施工组织设计所确定的总承包组织机构对该分部分项工程所涉及的机构细化，并明确分工及职责、奖惩制度。

组织机构应细化到分包管理层，在总承包层面范围，其组织机构除反映组织关系外，还应在方框图中注明岗位人员的姓名及职称、主要负责区域及分工。

② 施工部位。

施工部位与施工组织及施工方法有着密切的联系，在施工安排中应明确该分部分项工程包含哪些施工部位。

③ 施工流水组织。

根据单位工程的施工流水组织对分部分项工程的施工流水组织进行细化。分部分项工程的施工流水组织包括各分包队伍施工任务划分、施工区域的划分、流水段划分及流水顺序。例如，模板工程应该按水平部位、竖向部位分别划分流水段，根据工期及模板配置数量说明模板如何流水。

④ 劳动力组织。

列表说明各时间段（或施工阶段）的各工种构成的劳动力（包含总分包管理人员、前方技术工、后方技术工、配合的特殊工种、力工等）数量。劳动力数量要根据定额、经验数据及工期要求确定。

在用表格说明各时间段的劳动用工外，宜绘制动态管理图直观显示各时间段劳动力总数及工种构成比例。

现场管理人员根据进度安排提前核实本工种的劳动力数量及比例构成，特别是高峰阶段的劳动力用工，当发现不能满足进度要求时，要督促分包负责人及时调配劳动力以满足施工需要。

⑤ 现场资源协调。

这里的现场资源主要指大型运输工具如塔式起重机、电梯等，现场场地，公用设施如脚手架、综合加工厂等，周转材料如模板、架料等。在方案中应明确总承包方总协调人，根据主导工程及时调整资源配给，保证关键线路的施工进度不滞后。

⑥ 工期要求。

此处所指工期要求是要将该分部分项工程各施工部位的开始时间及结束时间描述清楚。

此处工期的确定是根据项目编制的三级进度计划进行，在确定时应根据流水段的划分及资源配置情况核实三级进度计划的工期安排，不合适的地方及时调整修正。

⑦ 安全施工条件。

安全施工条件对保障施工人员生命及财产安全、减少和防止各种安全事故的发生具有重要意义。在施工安排时，必须明确各部位施工时的安全作业条件，强调不具备条件时应采取措施达到安全条件，否则不准施工。

（2）主要施工方法

施工方法是施工方案的核心，合理的施工方法能保证分部分项工程又好又快施工。

应根据工程特点尽量选择工厂化、机械化的施工方法，如采用工厂预制及现场组装，高层建筑模板选用台模、滑模、爬模等。

1）施工方法选择原则。

① 方法可行，可以满足施工工艺要求；

② 符合法律法规、技术规范等要求；

③ 科学、先进、可行、合理；

④ 与选择的施工机械及流水组织相协调。

2）内容。

施工方法的内容包含一般部位的施工方法、重难点部位的施工方法。重点描述重难点部位的施工工艺流程及技术要点。

（3）质量要求

施工方法质量要求包含要达到的质量标准以及质量控制措施。

应结合工程实际情况和单位工程施工组织设计中的质量目标，确定分部分项工程的质量指标。

应结合工程特点及采用的施工方法，有针对性地提出保证工艺质量措施，可从技术、施工、管理方面来控制，也可从事前、事中、事后过程控制的角度论述。

采用的保证质量的措施及方法应可行、方便施工、节约成本，凡是无效的原则性的措施尽可能不写，做到宁缺毋滥。

（4）其他要求

根据施工合同约定和行业主管部门要求，制定该施工方案的施工安全生产、消防、环保、成品保护、绿色施工等措施。

编制要求包括标准及控制措施。要结合工程特点及施工方法有针对性地论述。

2.6.3.3 危险性较大工程安全专项施工方案编制内容

危险性较大的分部分项工程专项施工方案应按照《住房城乡建设部办公厅关于实施〈危险性较大的分部分项工程安全管理规定〉有关问题的通知》（建办质〔2018〕31号）的要求，结合工程特点进行编制，下面重点强调几点，见表2-101。

危险性较大工程安全专项施工方案编制内容 **表2-101**

序号	项目	内容
1	编制内容	1. 工程概况：危大工程概况和特点、施工平面布置、施工要求和技术保证条件。 2. 编制依据：相关法律、法规、规范性文件、标准、规范及施工图设计文件、施工组织设计等。 3. 施工计划：包括施工进度计划、材料与设备计划。 4. 施工工艺技术：技术参数、工艺流程、施工方法、操作要求、检查要求等。 5. 施工安全保证措施：组织保障措施、技术措施、监测监控措施等。 6. 施工管理及作业人员配备和分工：施工管理人员、专职安全生产管理人员、特种作业人员、其他作业人员等。 7. 验收要求：验收标准、验收程序、验收内容、验收人员等。 8. 应急处置措施。 9. 计算书及相关施工图纸
2	论证内容	对于超过一定规模的危大工程专项施工方案，专家论证的主要内容应当包括以下几点： 1. 专项施工方案内容是否完整、可行； 2. 专项施工方案计算书和验算依据、施工图是否符合有关标准规范； 3. 专项施工方案是否满足现场实际情况，并能够确保施工安全
3	审核与论证	1. 专项方案应当由施工单位技术部门组织本单位施工技术、安全、质量等部门的专业技术人员进行审核。 2. 超过一定规模的危险性较大的分部分项工程专项方案应当由施工单位组织召开专家论证会。 3. 施工单位应当根据论证报告修改完善专项方案，并经施工单位技术负责人、项目总监理工程师、建设单位项目负责人签字后，方可组织实施。 4. 专项方案经论证后需做重大修改的，施工单位应当按照论证报告修改，并重新组织专家论证。 5. 施工单位应当严格按照专项方案组织施工，不得擅自修改、调整专项方案
4	方案修改	超过一定规模的危大工程专项施工方案经专家论证后结论为“通过”的，施工单位可参考专家意见自行修改完善；结论为“修改后通过”的，专家意见要明确具体修改内容，施工单位应当按照专家意见进行修改，并履行有关审核和审查手续后方可实施，修改情况应及时告知专家

2.6.4　施工方案实施及管理

2.6.4.1　一般施工方案管理流程

一般施工方案管理流程如图 2-61 所示。

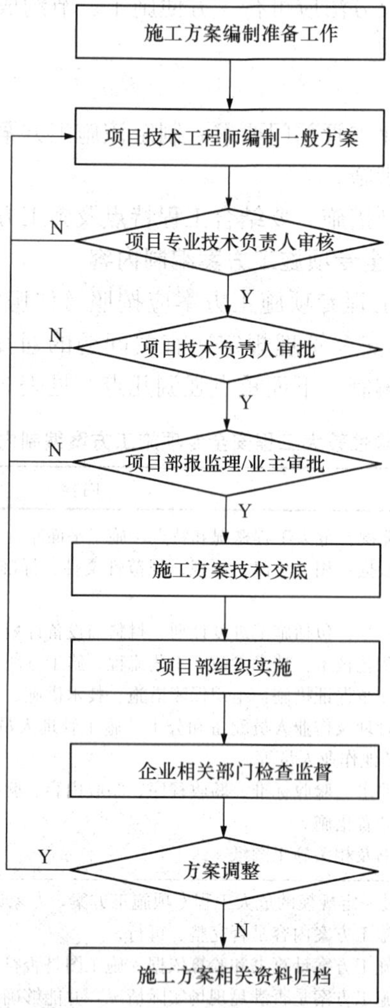

图 2-61　一般施工方案管理流程

2.6.4.2　危险性较大的分部分项工程安全专项施工方案管理

危险性较大的分部分项工程安全专项施工方案管理流程如图 2-62 所示，超过一定规模的危险性较大的分部分项工程安全专项施工方案管理流程如图 2-63 所示。

2.6.4.3　施工方案编制管理规定

（1）讨论确定施工方法及措施

施工方案编制前应召开讨论会，确定可行的施工方法和施工措施。

（2）编制责任人规定

1）编制人应具有相关专业知识和专业技能，具有中级以上（含中级）工程师职称。

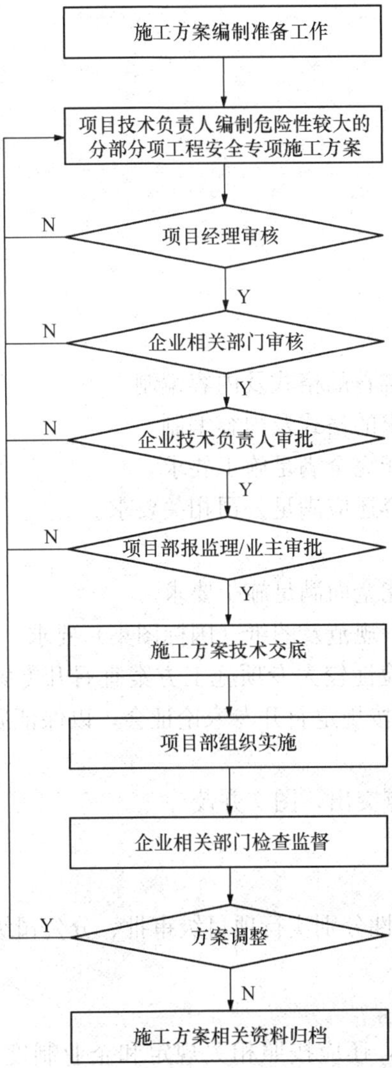

图 2-62 危险性较大的分部分项工程安全专项施工方案管理流程图

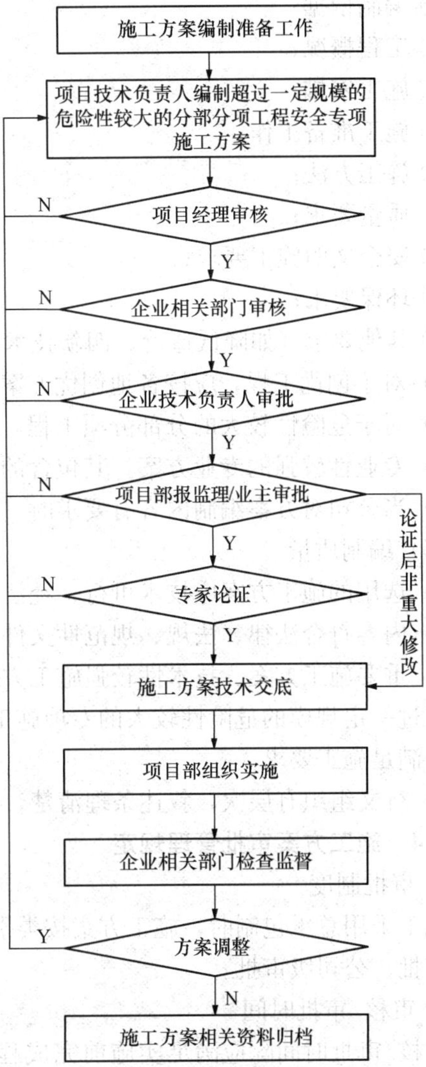

图 2-63 超过一定规模的危险性较大的部分分项工程安全专项施工方案管理流程图

2）一般分部分项工程施工方案由项目技术员编制，项目技术负责人全过程指导。

3）重大方案或危险性较大的分部分项工程施工方案由项目技术负责人编制。

4）超过一定规模的危险性较大的分部分项工程由项目技术负责人编制，企业技术负责人给予指导。

5）由专业分包商独立完成的分部分项工程，由专业分包商技术负责人编制。

（3）编制进度

按照现场进度，施工方案在分部分项工程施工之前编制完成。对于编制难度大、需要召开专家论证会的重大施工方案或危险性较大工程施工方案应留有充足的编制时间。

（4）编制内容

1）一般性施工方案宜按照下面的大纲内容进行编制：

① 编制依据；

② 工程概况；

③ 施工安排；

④ 施工准备工作；

⑤ 施工方法；

⑥ 质量要求；

⑦ 安全文明施工要求；

⑧ 环保要求；

⑨ 其他要求（如降低造价、四新技术应用等）。

2）对于创优工程，应按各地创优方案规定或推荐的格式及内容编制。

3）对于危险性较大的分部分项工程，应按要求的格式及内容编制。

4）专业性较强的专业方案，其包含的内容应能完全满足施工要求。

5）当公司对方案编制内容有要求时，编制内容还应满足公司相关要求。

（5）编制质量

1）选用的施工方案应技术可行、经济合理，能全面满足施工要求。

2）内容符合法律、法规、规范性文件、标准、规范及图纸（国标图集）要求。

3）重要施工方案、技术性较强施工方案、危险性较大专项施工方案宜召开专家论证会，超过一定规模的危险性较大的专项施工方案应按规定召开专家论证会，以保证质量和安全，满足施工要求。

4）行文组织有层次，叙述条理清楚，内容重点突出，图文并茂。

2.6.4.4　施工方案审批管理规定

1. 审批制度

施工采用总承包制时，施工方案按类别及重要性分别实行项目级审批、分公司级（如有）审批、公司级审批。

2. 审核/审批时间

审核/审批时间除应满足实施前完成程序以外，还应按照相关规定和企业制度要求，根据其所需要履行的相关程序，充分考虑审核/审批所需的时间。

3. 内容审核/审批重点

（1）一般性方案

1）方案措施有无重大缺陷。

2）质量、安全等保障体系是否健全，措施是否可行。

3）进度安排是否合理。

4）机具、劳动力、周转材料供应是否充足。

5）现场平面布置是否合理。

（2）重大施工方案/专业分包商施工方案

1）重难点解决措施是否合理可行。

2）技术性措施是否合理，安全性措施是否有效。

3）施工组织是否科学。

4）资源供应是否充足。

(3) 危险性较大的分部分项工程安全专项施工方案。

1) 安全施工条件是否具备。

2) 方案措施是否完整、可行。

3) 专项施工方案计算书和验算依据是否符合相关标准规范。

4) 超过一定规模的危险性较大的分部分项工程专项施工方案是否召开专家论证会，是否有可行的应急预案措施。

4. 审核/审批人权限

审核/审批人权限见表 2-102。

审核/审批人权限 **表 2-102**

方案类别	审核/审批人	
	审核人	审批人
一般施工方案	专业技术负责人	项目技术负责人
危险性较大的分部分项工程专项施工方案	项目经理	企业技术负责人
超过一定规模的危险性较大的分部分项工程专项施工方案	项目经理	企业技术负责人
其他重要或复杂施工部位的专项施工方案	项目经理	企业技术负责人

注：当专项施工方案由专业分包单位编制时，其方案应先由分包单位项目负责人审核，并由分包单位企业负责人审批后，报总承包单位审核审批或按相关要求论证。

5. 完成公司内部施工方案审批手续后，项目部应填写相应的报审表报监理、业主审批。

2.6.4.5 方案论证规定

对于超过一定规模的危险性较大的分部分项工程，施工单位应当组织召开专家论证会对专项施工方案进行论证。实行施工总承包的，由施工总承包单位组织召开专家论证会。专家论证前专项施工方案应当通过施工单位审核和总监理工程师审查。

专家应当从地方人民政府住房城乡建设主管部门建立的专家库选取，符合专业要求的人数不得少于 5 名。与该工程有利害关系的人员不得以专家身份参加专家论证会。

专家论证会后，应当形成论证报告，对专项施工方案提出通过、修改后通过或者不通过的一致意见。专家对论证报告负责签字确认。

专项施工方案经论证需修改后通过的，施工单位应当根据论证报告修改完善后，重新履行审批管理程序。

专项施工方案经论证不通过的，施工单位修改后履行审批管理程序，并重新组织专家论证。

2.6.4.6 施工方案交底管理规定

1) 施工方案审批完成后，应在实施前进行方案技术交底，方案交底采用会议及书面形式。

2) 方案交底应形成书面交底记录，记录交底时间、地点、出席人员（包括主持人、交底人、被交底人、参加人员）、交底内容等，交底后，交底人及被交底人应签字。

3) 一般性施工方案交底由项目技术负责人主持，方案编制人向施工员交底，总承包项目工程部、质量部、安全部、测量相关人员、试验相关人员参加，分包项目负责人、技术员、施工员（工长）参加。

4）危险性较大的分部分项工程安全专项施工方案由项目经理主持，项目技术负责人向施工员交底，总承包项目工程部、质量部、安全部相关人员参加，分包项目负责人、技术员、施工员（工长）、班组长参加。

5）重大施工方案、超过一定规模的危险性较大的分部分项工程施工方案交底由项目经理主持，项目技术负责人向总承包项目经理及以下的相关管理人员、分包负责人及以下管理人员交底，业主代表、总监（或总监代表）、监理工程师参加。

6）交底应重点阐述施工方法的重点工艺、安全施工条件以及采取的质量及安全保证措施，着重剖析施工重难点的方法及措施，着重强调危险性较大的分部分项工程安全技术措施及管理要求。

7）方案调整并审批后，应按方案类别组织相关人员参加，重新进行调整方案的交底。

8）对于危险性较大的分部分项工程，施工单位应在施工现场显著位置公告危险性较大分部分项工程的名称、施工时间和具体责任人员，并在危险区域设置安全警示标志。

2.6.4.7　施工方案实施管理规定

1）施工方案经审批完成后，原件由项目资料员建档管理，复印件作受控编号管理后，发放到项目实施现场的各相关方。

2）施工方案是指导项目施工的规范且重要的文件，经批准后必须严格执行，不得随意变更或修改。如有重大变更，应征得原方案批准人同意，并办理相应的变更手续。对于超过一定规模的分部分项工程安全专项施工方案，当方案有原则性改动时，应按《危险性较大的分部分项工程安全管理规定》（住房城乡建设部令〔2018〕第37号）相关要求重新召开专家论证会，并按相关程序重新报批。

3）公司（分公司）项目管理及技术等相关部门，应对项目施工方案的执行情况进行检查监督。

2.6.4.8　实施检查

施工方案实施情况的检查是企业提高管理工作水平的有效措施，是动态管理的手段。

检查的次数和检查时间，可根据工程规模大小、技术复杂程度和施工方案的实施情况等因素由施工单位自行确定。通常可按表2-103建议组织中间检查。

施工方案实施检查　　表2-103

方案类别	项目			
	主持人	参加人	检查内容	检查结果及处理
一般施工方案	项目技术负责人	技术员 施工员 分包相关管理人员	方案的落实和执行情况	没落实的工序应及时补做；执行不到位的工序或有偏差的应及时纠正
危险性较大的分部分项工程安全专项施工方案	项目经理	项目技术负责人 技术员 施工员 安全总监/安全员 分包负责人及相关管理人员 班组长	安全施工条件、安全技术措施落实和执行情况	没落实安全施工条件及安全技术条件的及时落实，严格按方案施工

续表

方案类别	项目			
	主持人	参加人	检查内容	检查结果及处理
专业分包施工方案	方案编制人	项目技术负责人 技术员 施工员 安全总监/安全员 质量总监/质量员 分包管理人员	方案的安全/技术落实和执行情况	没落实的安全条件及构造及时落实；执行不到位的工序或有偏差的应及时纠正

2.6.4.9　调整及完善

当工程施工条件发生变化，原方案不能满足施工要求时，项目技术负责人应及时组织相关人员对相应部分进行修改、补充并做好交底。

各类施工组织设计文件的修改与补充内容应纳入原文件，并履行相关报审程序。

2.6.4.10　归档

各类施工方案及相关资料的归档按照当地建筑工程资料管理规程的要求执行。

2.7　技术交底与技术复核

2.7.1　技术交底的分类

技术交底的分类如图 2-64 所示。

① 施工组织设计交底

施工组织设计交底由项目技术负责人负责，把主要设计要求、施工部署、施工措施以及重要事项对项目主要管理人员进行交底。施工组织设计交底可使项目主要管理人员对建筑概况、工程重难点、施工目标、施工部署、施工方法与措施等有全面的了解，以便在施工过程中的管理及工作安排中做到目标明确、有的放矢。

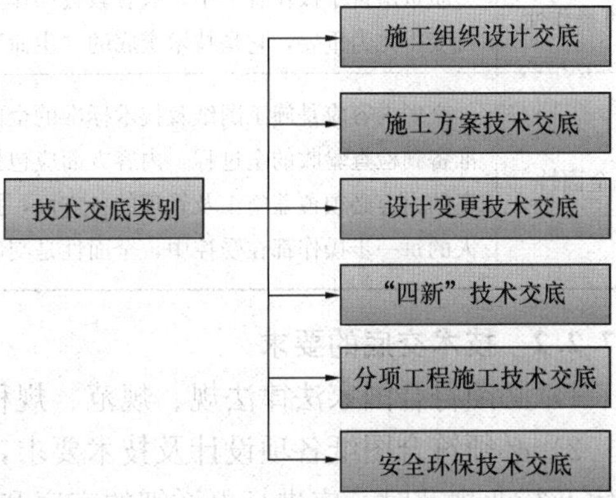

图 2-64　技术交底分类

② 施工方案技术交底

施工方案交底由方案编制人员负责，根据施工方案对施工员、安全员、质量员、资料员等进行交底，主要交代流水组织、施工顺序、施工方法与措施，是承上启下的一种指导性交底。

危险性较大的分部分项工程专项施工方案实施前，方案编制人员或者项目技术负责人应当向施工现场管理人员进行方案交底。施工现场管理人员应当向作业人员进行安全技术交底，并由双方和项目专职安全生产管理人员共同签字确认。

③ 设计变更技术交底

设计变更技术交底由项目技术部门根据变更要求，并结合具体施工步骤、措施及注意事项等对施工员、安全员、质量员、造价员等进行交底。

④“四新”技术交底

“四新”技术交底由项目技术负责人组织有关专业人员编制并对施工员、安全员、质量员等交底。

⑤ 分项工程施工技术交底

分项工程施工技术交底由施工员对专业施工班组（或专业分包）、班组长对操作工人进行交底，是将图纸与方案转变为实物的操作性交底，是前面各项交底的细化。

⑥ 安全环保技术交底

安全环保技术交底由施工员负责，针对不同作业环境、不同工作内容中的危险源和环境因素进行识别，对不同施工工种的工人进行安全及环境保护措施交底。

2.7.2　技术交底的要求及注意事项

2.7.2.1　技术交底的特性

技术交底的特性见表 2-104。

技术交底的特性　　表 2-104

特性	内容
针对性	技术交底是使被交底人获取知识及方法的一种管理手段，是变“不明白”为“明白”、变“图纸”为“实物”的桥梁。针对性是技术交底的“灵魂”，不结合工程特点编写、照抄照搬规范工艺的技术交底是毫无价值可言的
可操作性	质量出自于操作者手中，只有教会操作者才能保障建筑产品的实现及质量，因此，交底的可操作性就变得尤为重要，它是技术交底的“生命”
全面性	交底内容应是施工图纸及技术标准的全面反映，内容性质应包括组织和技术，内容过程应包括施工准备到检查验收的全过程，内容方面应包括质量、安全、工期等，内容重点应解决施工难题，因此交底的内容必须覆盖施工及管理的各方面，执行分级交底制，确保交底到施工工人。交底全面才能使工人的每一步操作都在受控中，全面性是交底的“保障”

2.7.2.2　技术交底的要求

1）必须符合国家法律法规、规范、规程、标准图集、地方政策和法规的要求。

2）必须符合图纸各项设计及技术要求，特别是当设计图纸中的技术要求及标准高于国家及行业规范时，应进行更详细的交底和说明。

3）执行分级交底制，各级技术交底应符合和体现上一级技术交底中的意图和具体要求。

4）应符合实施施工组织设计和施工方案的各项要求，包括组织措施、技术措施、安全措施等。

5）对不同层次的施工人员，其技术交底的深度与详细程度应不同。因人而异也是技术交底针对性的一种体现。

6）技术交底应全面、明确、突出重点，应详细说明操作步骤、控制措施、注意事项等，应步骤化、量化、具体化，切忌含糊其辞。

7）在施工中使用新技术、新材料、新工艺的应详细进行交底，交待应用的部位、应用前的样板施工等具体事宜。

8）所有技术交底必须列入工程技术档案。

2.7.2.3 技术交底的注意事项

技术交底注意事项见表 2-105。

技术交底注意事项 表 2-105

注意事项	说明
交底应规范严谨	技术交底应严格执行施工质量验收规范、规程，对施工质量验收规范、规程中的要求、质量标准不得任意修改及删减。技术交底作为施工组织设计及施工方案的下级，必须遵守上级文件提出的技术要求
交底应记录完整	召开的会议交底应做详细的会议记录，包括与会人员的姓名、单位、职务、日期、会议内容及会议做出的技术决定，会议记录应完整，不得任意遗失和撕毁，并按照当地工程资料管理规程的要求归档保存。所有书面技术交底均应审核并留有底稿。书面交底的审核人、交底人、接受交底人均应签字
交底的全面性	建筑工程的项目是由许多分部分项工程组成的，每一个分项工程对整个建筑功能来说都同等重要，各个部位、各个分项工程的技术交底都应全面、细心、周密。对于面积大、数量多、效益好的分项工程必须进行详细的技术交底；对于零星的容易忽略的部位、隐蔽工程或经济效益不高的分项工程也应同样认真地进行技术交底。对于重要结构、复杂部位进行详细的技术交底，但也不应忽视次要结构、构造简单的部位，如女儿墙等，这些部位容易出现质量问题。在技术交底时不应重结构轻装修，重室内轻室外，厚此薄彼，差别对待，这样将会导致不重视的分项工程质量较差，影响整个工程的质量及使用
交底的时效性	在技术交底中，应特别重视本单位当前的施工质量通病、安全隐患或事故，做到防患于未然，把工程质量事故和安全事故消灭在萌芽状态中。在技术交底中应预防可能发生的质量事故和安全事故，技术交底做到全面、周到、完整，并且应及早进行交底，使管理人员及施工工人有时间消化和理解交底中有关技术问题，及早做好准备，使施工人员心中有数，有利于完成施工活动
交底的过程实施检查	技术交底工作不应流于形式，应对交底的实施效果进行监督与检查。在施工过程中要结合具体施工部位加强检查，加强自检、互检、交接检，强化过程控制，严格验收，发现问题及时解决，避免返工浪费或发生质量事故
交底的手段	技术交底的形式与手段可以多种多样，根据不同的对象采用不同的方式方法。如对操作班组的交底，当分项工程施工难度大时，可以将交底的地点放在作业现场，将交底的文字说明改成节点图、构造图、工序图；对新技术、新工艺的交底，可请专业厂家技术人员进行技术示范操作，或做样板间示范技术交底，使工人具体了解操作步骤，做到心中有数，避免不必要的质量和安全事故发生

2.7.3 技术交底的内容及重点

技术交底按照要求分为施工组织设计交底、施工方案交底、设计变更交底、“四新”

技术交底、分项工程施工技术交底、安全环保技术交底，各类交底的内容及重点见表2-106。

各类交底的内容及重点　　表2-106

序号	类别	交底的内容	交底的重点
1	施工组织设计交底	1. 工程概况及施工目标的说明。 2. 总体施工部署的意图，施工机械、劳动力、大型材料安排与组织。 3. 主要施工方法，关键性的施工技术及实施中存在的问题。 4. 施工难度大的部位的施工方案及注意事项。 5. “四新”技术的技术要求、实施方案、注意事项。 6. 进度计划的实施与控制。 7. 总承包的组织与管理。 8. 质量、安全控制等方面的内容	施工部署、重难点施工方法与措施、进度计划实施及控制、资源组织与安排
2	施工方案交底	1. 工程概况。 2. 施工安排。 3. 施工方法。 4. 进度、质量、安全控制措施与注意事项	施工安排、施工方法
3	设计变更交底	1. 变更的部位。 2. 变更的内容。 3. 实施的方案、措施、注意事项	主要实施的方案、措施
4	“四新”技术交底	1. 使用部位。 2. 主要施工方法与措施。 3. 注意事项	主要施工方法与措施
5	分项工程施工技术交底	1. 施工准备。 2. 质量要求及控制措施。 3. 工艺流程。 4. 操作工艺。 5. 安全措施及注意事项。 6. 其他措施（如成品保护、环保、绿色施工等）及注意事项	操作工艺、质量控制措施、安全措施
6	安全环保技术交底	1. 工种操作者的施工作业安全注意事项。 2. 危险因素。 3. 防范措施。 4. 应急措施。 5. 环境保护措施	主要实施的措施

2.7.4　技术交底实施及管理

2.7.4.1　技术交底管理流程

技术交底管理流程如图2-65所示。

流程

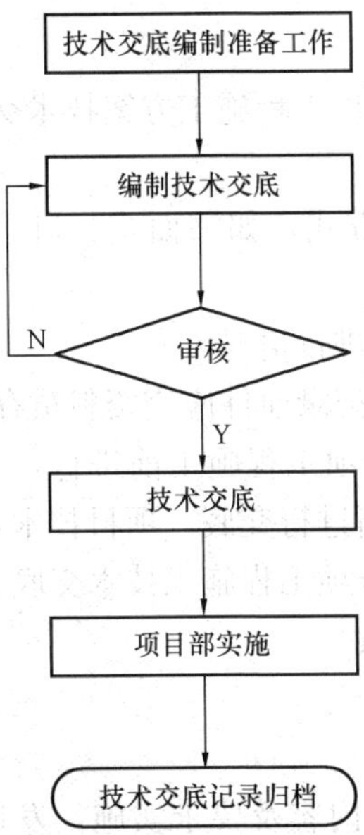

说明

阅图、准备资料

交底类别	编制人	审核人
施工组织设计交底	项目技术负责人	项目经理
施工方案技术交底	方案编制人员	项目技术负责人
设计变更技术交底	技术员	项目技术负责人
“四新”技术交底	项目技术负责人	项目经理
分项工程施工技术交底	施工员	项目技术负责人
安全环保技术交底	施工员	项目技术负责人

交底类别	交底人	接受交底人
施工组织设计交底	项目技术负责人	项目管理人员
施工方案技术交底	方案编制人员	现场管理人员
设计变更技术交底	项目技术负责人	项目管理人员
“四新”技术交底	项目技术负责人	现场管理人员
分项工程施工技术交底	施工员	施工班组
安全环保技术交底	施工员	施工工人

监督与检查，过程控制

资料员按类别归档

图 2-65 技术交底管理流程图

2.7.4.2 技术交底编制管理规定

技术交底编制管理规定见表 2-107。

技术交底编制管理规定 **表 2-107**

项目	说明
编制责任人规定	1. 编制人应具有相关专业知识和专业技能。 2. 施工组织设计、“四新”技术、设计变更的交底人为项目技术负责人，施工方案技术交底人为方案编制人员。 3. 由专业分包商独立完成的分部分项工程，交底编制人为专业分包商技术负责人。 4. 分项工程施工技术交底、安全环保技术交底编制人为施工员
编制进度	在正式施工前完成
编制内容	不同类别的交底有不同的内容及重点（见本节“技术交底的内容及重点”），内容应正确、全面
编制质量	1. 编制形式上要求图文并茂。 2. 编制内容符合图纸、技术标准、政策法规等规定，内容全面，重点突出，有针对性。 3. 突出可操作性特点，尽量将内容“图示化”“步骤化”“通俗化”“数字化”“明确化”。 4. 有合理可行的保证质量及安全的措施

2.7.4.3 技术交底审核管理规定

1）技术交底应及时审核，并按审核意见及时修改完善。

2）由项目技术负责人实施的技术交底应由项目经理审核；由技术员、施工员编制的技术交底由项目技术负责人审核；专业分包的技术交底由专业分包的技术负责人审核。

3）审核流程按各企业的技术管理规定执行。

2.7.4.4　技术交底的交底管理规定

1）施工组织设计交底、重大方案或超过一定规模的分部分项工程施工方案技术交底，可邀请建设单位、监理单位的负责人及相关人员参加。

2）交底可采用多种方式，宜根据不同的对象采取合适的方式，如书面式、口头式、会议式、示范式、样板式等。

3）项目经理、项目技术负责人应督促检查技术交底工作的进行情况。

4）交底应有交底记录，有交底人和接受交底人签字，交底记录原件应交资料员存档。

5）技术交底是一项经常性工作，应分级分阶段在各分部分项工程施工前进行，并应动态管理；当施工环境、操作人员、施工工艺等有变动时应重新进行交底，项目技术负责人对施工方案、设计变更交底进行监控管理，项目生产经理对分项工程施工技术交底、安全环保技术交底进行监控管理，确保技术交底及时、准确、有效。

2.7.4.5　技术交底实施管理规定

1）分部分项工程未经技术交底不得施工。

2）分部分项工程施工时，交底人应检查工人是否按交底的内容及要求实施，发现不正确的地方应及时指出并责令改正。

3）在监督、检查过程中发现错误的操作、易犯的质量通病时，应及时组织操作班组做相关针对性的交底，使之改正错误，避免造成返工或质量事故的发生。

4）交底人在监督、检查过程中发现交底的内容有不易实现或操作性不强的地方，如属于方案内容的原因，应按程序报方案编制人修改并根据方案修改的内容重新调整交底内容，如属于交底人自己的原因，应及时修正。方案经修改、修正后应重新进行交底并履行签字手续。

5）操作班组在按交底内容操作时，交底人应合理分配分工，保证经验丰富、技术水平高的人在技术或质量要求高的部位操作。

6）项目部应根据企业管理规定及工程特点制定技术交底实施管理办法，明确责权利、实行奖惩制，保证交底实施的效果。

2.7.4.6　技术交底记录

技术交底记录的用表应符合当地建设主管部门规定格式。技术交底记录由交底人编制，项目经理或技术负责人审核，交底人及接受交底人共同签字确认，安全环保技术交底还应有项目专职安全生产管理人员签字。交底双方各持有一份书面交底记录，记录的原件份数还应满足移交建设、施工单位及城建档案馆归档的要求。交底人负责将记录原件移交项目资料员存档保存，资料员建立技术交底目录。

2.7.5　技　术　复　核

技术复核是指对重要的关键部位或影响全过程的技术对象进行复核，避免发生工作差错而造成重大损失或对后续工序质量造成重大影响，包括施工组织设计复核（实施检查），施工方案复核（实施检查），图纸会审、设计变更、技术洽商复核，施工图纸、技术交底复核和样板工程验收等。

2.7.5.1 技术复核计划

在工程开工前，项目技术负责人应根据工程特点组织项目部相关人员编制项目技术复核计划，明确复核内容以及责任人。

2.7.5.2 技术复核流程

经技术复核确认无误后方可转入下道工序施工，每项技术复核必须填写技术复核记录。技术复核若发现不符合项，应由施工员纠正后，重新进行技术复核。

2.7.5.3 技术复核职责分工

项目技术负责人对施工组织设计复核（详见 2.5.9.6 施工组织设计实施检查）；项目技术员对施工方案（详见 2.6.4.8 施工方案实施检查）、图纸会审、设计变更、技术洽商复核；现场施工员、质量员对施工图纸、技术交底复核。图纸会审、设计变更、技术洽商复核记录见表 2-108。施工组织设计、施工方案复核记录见表 2-109。施工图纸、技术交底复核可采用工程施工用表《现场验收检查原始记录》。

技术复核计划及记录 **表 2-108**

技术复核计划				技术复核记录			
复核依据及编号	复核内容	计划复核时间	计划复核人	复核部位	复核结论及处理意见	复核日期	复核人

专项施工方案实施检查表 **表 2-109**

专项施工方案名称			检查时间	
检查部位			检查人	
序号	检查项目	施工方案设计情况（明确参数）	现场检查情况	是否符合

2.7.5.4 技术复核的主要内容

施工组织设计复核内容主要为施工部署及施工方法；施工方案复核内容主要为涉及安全的主控项目；图纸会审、设计变更、技术洽商复核的内容为变更是否实施、实施的部位；施工图纸、技术交底的复核内容为工程检验批的检查验收项。

2.8 施工测量管理

2.8.1 测量管理体系与职责

施工单位各级技术部门负责各项目的测量工作的技术支持与指导，负责审核各项目的测量方案及各类变形监测方案，组织相关部门不定期地对各项目测量管理工作进行检查指导；项目测量员具体实施各项测量工作，并对项目的测量成果负责。

测量管理职责见表 2-110。

测量管理职责表　　表 2-110

序号	项目人员	测量管理职责和权限
1	项目技术负责人	1. 对项目测量管理工作负领导责任。 2. 负责项目测量成果、测量资料、测量仪器的监督管理。 3. 审批项目施工测量方案及施工监测方案
2	测量员	1. 对项目测量成果负主要工作责任。 2. 编制项目施工测量方案及需实施变形监测项目的施工监测方案。 3. 负责控制坐标、标高的计算，负责对设计测量控制参数进行复核。 4. 负责本项目的具体测量工作： ① 负责项目进场时的控制测量、地形测量、线路测量、施工放样、断面测量、土石方计量测量、变形监测、竣工测量。 ② 负责对业主所提供的工程平面、高程控制点位的交接和复测，并形成书面文件。 ③ 负责对所有控制点加以保护，并不定期进行复核，防止位移或沉降。 ④ 负责提供控制轴线和控制标高，做到标记清晰。 ⑤ 负责将测量放线成果与项目施工员进行交接，形成交接记录。 ⑥ 协助项目施工员和质量员对细部轴线、标高进行定位和复查。 ⑦ 负责测量放线成果的报验，并建立报验资料管理台账。 ⑧ 负责整理各项测量成果记录，并及时移交到项目资料室。 5. 指导、督促分包单位在日常施工中的测量工作，对分包单位的测量成果进行复核、抽检，并对分包单位的测量人员给予技术支持。 6. 建立项目测量仪器台账，并及时报送公司相关管理部门
3	施工员	1. 协助项目测量员进行控制轴线、控制标高的测设工作。 2. 及时与项目测量员办理控制轴线、控制标高的交接工作。 3. 负责项目施工现场细部结构的定位
4	质量员	1. 协助测量员对控制轴线、控制标高进行自检校。 2. 对施工员确定的结构细部线进行检查，对成果负检查责任

2.8.2　测量方案管理

2.8.2.1　测量方案的编制内容

测量方案应包含工程概况、编制依据、测量准备、控制网的布设及施测、内控点布设和竖向投测、轴线引测、高程引测、沉降变形监测、竣工测量、测量质量保证措施、测量成果和资料管理等内容。

2.8.2.2　测量方案及各类监测方案的审批

测量方案可参照一般方案进行编制及审核/审批的程序，见第 2.6.4 节。对于企业另有要求的，则在满足国家标准和行业相关规范基础上，满足企业标准的规定。

2.8.2.3　测量方案交底

测量方案编制审批后，由项目技术负责人组织，测量员对施工员及质量员进行交底，同时对分包单位的测量人员、班组长和质量管理人员进行交底。

2.8.3 测量仪器管理

测量仪器管理要点如下：

1）根据测量仪器的用途、精度要求、购买金额及使用频率，可将其分为设备级、工具级、材料级三类进行管理。

2）测量仪器的购置（报废）须提出书面报告，按流程经各级领导批准后购置（报废）。

3）项目开工前，项目测量员应根据项目实际情况，列出项目的测量仪器配置计划，按仪器类别报企业相关部门进行调配或购买。

4）企业各级技术部门应建立测量仪器总台账，项目测量员应建立项目的测量仪器台账。

5）为确保所使用仪器的精度达到规范要求，项目部应落实测量仪器使用和保管责任制，设专人保管，同时应加强仪器的维护和保养，保证其状态完好；仪器停用后，项目测量员应及时将测量仪器按类别归还企业进行封存，并书面说明仪器状态，履行相关手续。

6）测量仪器经检校不合格或在使用中损坏经鉴定无法维修或无维修价值的，需作报废处理。

7）测量仪器的年度计量检定工作按照谁使用谁负责的原则进行，项目使用期内按照校检计划负责送检。

8）测量仪器使用前必须经法定计量单位检定合格后方可使用，并出具相应的检定报告。

9）测量仪器在调配的同时，检定报告及仪器的所有附件和说明书要同测量仪器同时调配，严禁出现仪器、检定报告、附件、说明书分离的现象。

10）在项目施工过程中，对分包单位所使用的测量仪器应执行相同规定。

测量仪器管理台账见表 2-111。

测量仪器管理台账 **表 2-111**

序号	项目	仪器名称	仪器型号	仪器编号	检定日期	下次检定日期	仪器使用状态	使用人员
1								
2								
3								
4								
5								
6								

……

2.8.4 测量工作实施

项目测量技术管理按照开工前、进场后、施工中、竣工前的顺序分为 4 个阶段，在实际执行中，进一步细化形成5个管理节点，相关内容见表2-112。

项目测量技术管理　　表2-112

管理节点划分	测量工作内容
开工前	测量方案及各类监测方案的编制
前期准备	1. 业主提供由地方政府规划部门签字盖章的本项目范围内的控制点测绘报告，并对报告内的各控制点进行实地踏勘。 2. 报请甲方及监理单位一起对测绘报告内的控制点进行复核并形成复核记录，报请甲方及监理单位签字盖章。 3. 根据本项目情况选取合理位置埋设点位，建立施工现场首级控制网，经复核无误后，形成书面文件移交给分包单位。 4. 报请甲方及监理单位一起对项目范围内的原地形进行实地测绘工作，并形成测量成果，报请甲方及监理单位签字盖章，以此作为土石方计量的依据
施工过程中	1. 所有控制点都要加以保护，并不定期进行复核，防止位移或沉降。 2. 指导、督促分包单位在日常施工中的测量工作，对分包单位的测量成果进行复核，并对分包单位的测量人员给予技术支持。 3. 高边坡、深基坑的项目应根据现场实际情况埋设沉降、位移观测点，应定时、定人、定设备对边坡、基坑的沉降、位移情况进行监测，并形成监测报告。 4. 建（构）筑物在施工过程中应根据设计图纸中沉降观测点的平面布置埋设沉降观测点，应定时、定人、定设备对建筑物、构筑物的沉降情况进行监测，形成监测报告，并绘制沉降曲线图。 5. 不定时地对在建建筑物、构筑物及施工提升运输设备进行垂直度观测，并填写垂直度观测记录。 6. 施工中测量资料的编制、整理工作。 7. 配合规划、国土等政府职能部门在施工中的检查验收
竣工阶段	在项目竣工前，应对地下预埋项目、地下管网项目、各建筑物及构筑物的竣工情况进行竣工测量，并将测量成果形成竣工图纸以备存档
试运行阶段	委托有资质的监测单位对建筑物变形沉降按照相关规定进行监测，并收集监测记录

测量工作所形成的成果由测量员编制完成后，经质量员复核，并经项目技术负责人审核后报监理单位审批。形成资料交由资料员归档。

测量成果复核表样表见表2-113。测量成果复核流程如图2-66所示。

测量成果复核表（样表）　　表2-113

<table>
<tr><td>项目</td><td colspan="2"></td><td colspan="2">复核时间</td><td></td></tr>
<tr><td>复核部位</td><td colspan="2"></td><td colspan="2">测量仪器</td><td></td></tr>
<tr><td>施 测 人</td><td colspan="2"></td><td colspan="2">复 核 人</td><td></td></tr>
<tr><td colspan="6">复核略图</td></tr>
<tr><td>复核结论</td><td colspan="5"></td></tr>
<tr><td>施测人</td><td></td><td>复核人</td><td></td><td>时间</td><td></td></tr>
</table>

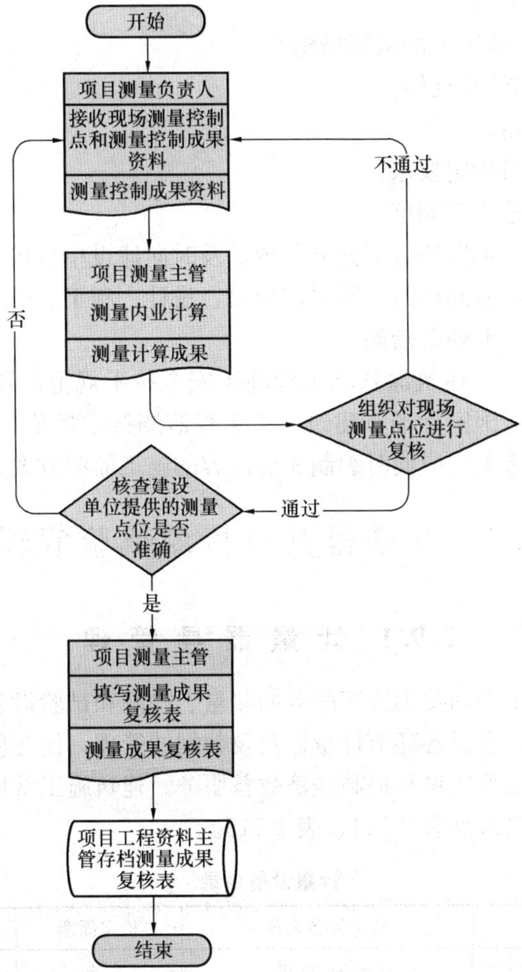

图 2-66 测量成果复核流程图

2.8.5 重要工序或危险性较大的分部分项工程的安全监测

根据《危险性较大的分部分项工程安全管理规定》（住房城乡建设部令〔2018〕第 37 号）规定，需要进行第三方监测的危险性较大的分部分项工程，建设单位应当委托具有相应资质的测绘单位进行变形监测。

监测单位应当编制变形监测方案，变形监测方案由监测单位技术负责人审核签字并加盖单位公章，报送监理单位审批后方可实施。变形监测方案的主要内容包括以下几点：

1）工程概况。

2）与危险性较大的分部分项工程相关的场地条件和环境状况。

3）监测目的和依据。

4）监测内容及项目。

5）基准点、监测点的布设与保护。

6）监测方法及精度。

7）监测期和监测频率。

8）监测报警及异常情况下的监测措施。

9）监测数据处理与信息反馈。

10）监测人员的配备。

11）监测仪器设备及检定要求。

12）作业安全及其他管理制度。

监测单位应当按照变形监测方案开展监测，及时向建设单位报送监测成果，并对监测成果负责；发现异常时，监测单位应及时向建设、设计、施工、监理单位报告，建设单位应当立即组织相关单位采取处置措施。

对于基坑工程，根据《建筑深基坑工程施工安全技术规范》JGJ 311—2013 的规定，基坑施工过程除应按现行国家标准《建筑基坑工程监测技术规范》GB 50497—2019 的规定进行第三方监测外，施工方应同时编制相应内容的施工监测方案并实施。

2.9　计量器具与检测试验管理

2.9.1　计量器具管理

应保证直接用于施工和间接为施工服务的测量、检测和试验设备及工具（统称计量器具）量值传递准确可靠，通过各环节计量器具及数据的管理，使在用计量器具处于受控状态，为保障安全生产、工程质量和提高经济效益服务。建筑施工常用计量器具可分为计量设备及计量工具，具体名录见表 2-114、表 2-115。

计量设备名录　　**表 2-114**

类别	型别	计量设备名称	检定周期	检验类别
力学	压力	万能试验机	一年	送法定计量部门检测
		压力机	一年	
		电动抗折仪	一年	
		回弹仪	一年	
		混凝土抗渗仪	一年	
		乙炔压力表	一年	
		氧气压力表	一年	
		氧气减压器	一年	
		乙炔减压器	一年	
	重力	台秤	一年	
		案秤	一年	
		地秤	一年	
		专用字盘秤	一年	
	质量	天平	一年	

续表

类别	型别	计量设备名称	检定周期	检验类别
长度	线纹	游标卡尺	一年	送法定计量部门检测
		焊接检验尺	一年	
	端度	千分尺	一年	
		带表卡尺	一年	
		百分表	一年	
	角度	全站仪	一年	
		经纬仪	一年	
		激光经纬仪	一年	
		刻度直角钢尺	一年	
	平度	水准仪	一年	
		自动安平水准仪	一年	
		精密水准仪	一年	
		激光投（标）线仪	一年	
		激光测距仪	一年	
		激光扫平仪	一年	
		水平尺	一年	
	垂直度	激光垂准仪	一年	
空间位置		GPS 接收机	一年	
声音	声级	噪声测量仪	一年	
电工仪表及其他		绝缘电阻表	一年	
		接地电阻表	一年	
		指针万用表	一年	
		数字万用表	一年	
		数字钳形表	一年	

计量工具名录 **表 2-115**

计量工具名称	使用岗位	校验单位	校验规程	校验周期	校验类别
钢卷尺	质量、安全、工程、物资	法定计量部门	钢卷尺校验规程	一年	送检
扭力扳手	工程、安全	法定计量部门	—	一年	送检
砂试验筛	试验	试验部门	建筑用砂试验筛校验规程	一年	校验
石试验筛	试验	试验部门	建筑用石子试验筛校验规程	一年	校验
容重筒	试验	试验部门	容重筒（堆积密度）校验规程	一年	校验
水泥试模	试验	试验部门	水泥试模校验规程	一年	校验
混凝土试模	试验	试验部门	混凝土试模校验规程	一年	校验
坍落度筒及捣棒	试验	试验部门	坍落度筒及捣棒校验规程	一年	校验

2.9.1.1　计量器具配备

1. 计量器具配置计划

工程项目开工前应编制计量器具配置计划，施工现场配置的计量器具应涵盖质检、物资、试验、测量等专业使用的仪器设备，项目部指定专兼职计量管理员，统一建立管理台账（内容包括器具名称、型号、规格、生产厂、出厂编号、购置日期等），保存器具合格证、产品使用说明书、检定证书等资料。计量器具配置计划见表 2-116。计量器具管理台账见表 2-117。

计量器具配置计划　　表 2-116

序号	器具名称	规格型号	精度等级	数量	配置方式	购置金额（预计）	使用部门
制表人		审核人			批准人		

计量器具管理台账　　表 2-117

序号	计量器具				生产厂家	出厂编号	购置日期	检定周期（月）	检定单位	检定证书编号	最近检定日期	计划检定日期	使用单位	备注
	编号	管理类别	名称	规格型号										
计量员			主管						填报日期					

2. 计量器具采购

低值易耗的计量器具可由项目计量管理员提出采购计划，报请项目经理批准后，由项目物资部门负责采购入库，再登记发放。需购置的专业计量器具由项目计量管理员提出采购计划，经上级管理部门审核/审批同意后，由企业或项目部在合格供应商名录中采购并做好登记备案。

2.9.1.2　计量器具检定及校验

1. 送检、登记

凡采购回的计量器具，均应先送检后发放，由采购员交项目计量员负责进行送检、编号、建卡、登记台账。项目部总计量器具台账由计量员负责，账、卡、物应一致。

2. 建立周检计划台账

建立计量器具周检计划台账，保证使用中的计量器具检定或校准合格，且在检定或校准周期内贴有标识；在使用中，如发现计量器具损坏或精度降低，应到国家认可的检定机构进行检定或校准，不能继续使用的计量器具，应予以封存，不得再行发放。

3. 校准

对于内部校准的计量器具，应配备足够的校准器具（包括游标卡尺、万能角度尺、塞尺、钢直尺、直角尺、刻度放大镜、电子秤、温湿度计等），并依据各自规定的内部校准规程进行校准。进行校准的人员应具备一定的计量学基础知识，经培训后上岗。校准方法应经过确认，校准工作应在规定环境条件下进行，规范填写校准记录。企业、项目质量管理机构应对校准工作监督管理。

4. 计量器具的保管与发放

计量器具保管与发放应遵循如下规定：

1）对各种计量器具应精心保管，防止锈蚀。使用后应擦拭干净，保持洁净，适当润滑，并存放在指定的位置。入库的计量器具严禁与不合格或报废器具混放。

2）不合格的计量器具应及时退回库房，经计量管理员送检无法修复者，由检测单位出具证明方可报废。

3）工程竣工或长时间不需用的检验试验仪器由直接使用人交项目计量管理员及时收回，妥善保管，以免丢失、损坏。计量器具长期不用由计量管理员交库房封存；在开封时，如超过检验周期，应重新检验合格后再启用。

4）对于GPS等精度等级要求高、贵重、稀少的测量器具，项目计量管理员每月至少检查一次使用状态，使用人须经项目计量管理员审查合格，方可使用。

2.9.1.3 计量器具使用与维护

计量器具的使用与维护应注意以下几点：

（1）计量器具的操作人员对在用计量器具必须按使用说明书正确使用、精心维护、妥善保管。在搬运流转时，应按有关要求轻拿轻放，不要受压、受振、受潮或倒置。对于精密的计量器具，搬运时应有特别的保护措施，防止在搬运过程中影响精确度。发现计量器具损坏或准确度、灵敏度不符合要求时，应及时上报送检。

（2）平衡器使用后，应及时将秤码放回保管，以免丢失，露天使用台秤应上盖下垫，以防受潮。

（3）较贵重的计量器具，其存放点必须符合有关规定要求，如温度、湿度、清洁度、对振动的要求等；一般计量器具均应放置在整洁、通风、干燥、无腐蚀、无振动的地方。

（4）外单位借用计量器具应办理书面手续，并经负责人批准。借出与归还都应检查其功能是否正常、附件是否齐全，并办理交接手续。

（5）一般工作用计量器具经检修后不能恢复原准确度，但还能作低级准确度使用的，可作降级处理准予使用，但其技术指标应符合降级级别的要求；精密贵重计量器具的降级须写出书面报告，详细说明降级原因，经上级主管部门批准后才可作降级使用。

（6）精密、大型、贵重计量器具需要报废时，经法定检定机构校准出示报废证书后，方可报废。其他计量器具需要报废时，经上级主管部门批准后方可报废。报废的计量器具应由主管部门统一提出处理意见，严禁流入生产中使用。报废的计量器具应做好记录，主管部门和使用单位应及时抽卡、销账。

2.9.2 检测试验管理

建筑工程施工现场检测试验是施工技术管理中的一个重要组成部分，对施工质量控制和竣工验收起到重要作用，应按规范和设计要求分部位、分系统进行，并记录原始数据和计算结果，得出试验结论。建筑工程开工前，应按照当地主管部门的要求，由建设单位或施工单位选择具有相应资质的检测机构，检测机构应与委托方签订书面检测合同。工程检测试验人员应对第三方检测单位的资质、检测人员、检测设备等进行核查，并上报监理单位或建设单位。在施工过程中，检测试验人员还应对检测机构的业务能力、现场检测的组织情况、报告的及时性等服务情况进行评价并反馈。

2.9.2.1　管理程序

建筑工程施工现场检测试验技术管理应按以下程序进行：①制定检测试验计划；②制取试样；③登记台账；④送检；⑤检测试验；⑥检测试验报告管理。

建筑工程施工现场应配备满足检测试验需要的试验人员、仪器设备、设施及相关标准。施工现场应建立健全检测试验管理制度，检测试验管理制度应包括以下内容：①岗位职责；②现场试样制取及养护管理制度；③仪器设备管理制度；④现场检测试验安全管理制度；⑤检测试验报告管理制度。

1. 现场试样制取及养护管理制度

建筑材料的检测取样应由施工单位、建设单位、见证单位等依据有关技术标准共同对样品的取样、制样过程、样品的留置、养护情况等进行确认，并做好标识。建筑材料本身带有标识的，抽取的试件应选择有标识的部分。检测试件应有清晰的不易脱落的唯一性标识。标识应包括制作日期、工程部位、设计要求和组号等信息。

需要现场养护的试件，施工单位应建立相应的管理制度，配备取样、制样人员，取样、制样设备及养护设施。

（1）标准养护室的环境条件

温度 20±2℃，湿度大于 95%。应安排专人负责每天的温度、湿度记录，每天至少记录 2 次，保证室内温度、湿度符合规定要求。应安排专人负责仪器的操作使用，如发现温度、湿度出现异常，应立即采取措施，并做好记录。其他人员不得擅自操作温度、湿度控制装置或改变已有的设置。

（2）试件、试块的摆放

放入、取出样品时，应注意随手关门，试件摆放应易于查找，整齐有序，试块间距应至少有 10～20mm，不得重叠堆放。试块表面应保持潮湿，并不得被水直接冲淋。

（3）标识、登记

每个混凝土试件都有强度等级、成型日期等标识，进入养护室前应登记，取样前必须认真核对，避免出错。

（4）检测试验人员进入养护室的注意事项

检测试验人员在进入标准养护室前应切断雾化装置，在标准养护室的停留时间不宜过长，特别是与外界温差较大时，易引起人体不适。

（5）标准养护室管理

标准养护室电源应采用漏电保护装置，以防漏电。谢绝无关人员进入标准养护室。

2. 仪器设备管理制度

1）需购买仪器设备，应遵循性能先进、质量优良、配套齐全、价格适宜的原则。

2）应根据计量器具管理办法，进行仪器设备购买、检定或校验、保管及使用。

3）应对各个仪器设备分别编写使用操作规程。操作人员必须严格遵守操作规程。

4）检测试验人员必须经培训合格并熟悉仪器设备的性能、原理及操作规程后才能上岗操作。仪器设备在使用中发生故障又不能排除时，检测试验人员不能乱拆乱动，应立即请专业维修人员修理。

3. 现场检测试验安全管理制度

1）项目负责人全面负责现场检测试验的安全工作。

2）项目技术负责人应对从事检测试验的操作人员做好安全思想教育和安全技术交底，凡使用贵重精密仪器和从事危险品操作的人员，必须事先由熟悉该项工作的人员进行具体指导，直至掌握安全操作后方能上岗。

3）试验室取样人员在现场取样时要严格遵守项目部现场管理制度，戴好安全帽。取骨料样品时要注意料场的装载车，取钢筋样品时要注意吊车及起吊物，在水泥罐车上取样要注意防止高处坠落，穿戴好安全防护设备。

4）试验室设备应有专人保管，经常检查，确保其正常运转，严格按设备安全操作规程使用。

5）室内电线、管道设施应安全、正规，不得任意加接电线。各种消防器材要有专人管理，不准随意搬动，并定期检查。

6）各种药品、试剂存放整齐，标签清楚；危险有毒药品按规定存放，由专人保管。

7）建立安全卫生值日制度，做到上班前打扫，下班前清理，检查水电、门窗的安全情况。

4. 检测试验报告管理制度

1）应指定专人负责试验报告的收集、保管、登记、编号、上报、验收交付等工作。

2）将收集整理的试验报告按类分别装入各资料盒里，并以书面或电子文档形式对资料进行分类管理，贴好标识，做到易于识别，便于查找。有条件的项目应设置试验报告专柜。

3）根据施工进度及时上报相关试验报告，及时取回已审批的试验报告，做好收发文记录。

4）试验员、资料员等相关人员应严守技术保密制度，不得随意复制、散发检测报告，不泄露试验数据。

5）借阅试验报告必须通过书面批准，并进行登记。

2.9.2.2 检测试验计划

施工检测试验计划应注意以下几点：

1）施工检测试验计划应在工程施工前由项目技术负责人组织有关人员编制，并应报送监理单位进行审查和监督实施。根据施工检测试验计划，应制定相应的见证取样和送检计划。

2）施工检测试验计划应按检测试验项目（材料及设备进场检测、施工过程质量检测试验、工程实体质量与使用功能检测）分别编制，具体应包括以下内容：①检测试验项目名称；②检测试验参数；③试验规格；④代表批量；⑤施工部位；⑥计划检测试验时间。

3）施工检测试验计划编制应依据国家有关标准的规定和施工质量控制的需要，并应符合以下规定：

① 材料和设备的检验试验应依据预算量、进场计划及相关标准规定的抽检率确定抽检频次。

② 施工过程质量检测试验应依据施工流水段划分、工程量、施工环境及质量控制的

需要确定抽检频次。

③ 工程实体质量与使用功能检测应按照相关标准的要求确定检测频次。

④ 计划检测试验时间应根据工程施工进度确定。

4）发生下列情况之一并影响施工检测试验计划实施时，应及时调整检测试验计划：①设计变更；②施工工艺改变；③施工进度调整；④材料和设备的规格、型号或数量变化。调整后的检测试验计划应重新报监理单位进行审查。

2.9.2.3　试验室设立

1. 施工现场的试验环境与设施要求

施工现场试验环境及设施应满足检测试验工作的要求。根据《建筑工程检测试验技术管理规范》JGJ 190—2010 规定，单位工程建筑面积超过 $10000m^2$ 或造价超过 1000 万元人民币时，可设立现场试验站。工地规模小或受场地限制时可设置工作间和标准养护箱（池）。现场试验站的基本条件应符合表 2-118 的规定。

现场试验站基本条件　　**表 2-118**

项目	基本条件
项目试验员	根据工程规模和试验工作的需要配备，宜为 1～3 人
仪器设备	根据试验项目确定，一般应配备天平、台（案）秤、温度计、湿度计、混凝土振动台、试模、坍落度筒、砂浆稠度仪、钢直（卷）尺、环刀、烘箱等
设施	工作间（操作间）面积不宜小于 $15m^2$，室内温度控制在 20℃±2℃范围，室内湿度大于 95%
	对混凝土结构工程，宜设标准养护室，不具备条件时可采用养护箱或养护池。温度、湿度应符合有关规定

2. 对项目试验员的要求

项目试验员应工作认真细致，有较强的责任心，具有良好的团队合作精神，熟练掌握相关标准，并经过技术培训、考核。项目试验员负责取样、养护、送样和委托工作，随时监督各类配合比的正确使用，检查测定商品混凝土的坍落度和砂浆稠度，及时收集整理移交试验记录和报告。

施工现场配置的仪器、设备应建立管理台账，按有关规定进行计量检定或校准，并保持状态完好。

2.9.2.4　取样与送检

1）材料进场后，由项目物资管理员填写《物资取样送检通知单》并及时通知检验试验人员。需要取样送检的过程产品由施工员填写《过程产品取样送检通知单》，并及时通知检验试验人员。

2）进场材料的检测试样必须从施工现场随机抽取，严禁在现场外制取。施工过程质量检测试样，除确定工艺参数可制作模拟试样外，必须从现场相应的施工部位制取。工程实体质量与使用功能检测应依据相关标准抽取检测试样或确定检测部位。

3）取样时检验试验人员应通知建设单位代表或监理人员参加，取样人员应在试样或其包装上做出标识或封样标志，并由见证人员和取样人员共同签字确认，项目质量管理人员应对取样和送检数量进行核实。

4）试样应有唯一性标识，并应符合下列规定：

① 试样应按照取样时间顺序连续编号，不得空号、重号。

② 试样标识的内容应根据试样的特性确定，应包括名称、规格（或强度等级）、制取日期等信息。

③ 试样标识应字迹清晰、附着牢固。

5）试样的存放、搬运应符合相关标准的规定。试样交接时，应对试样的外观、数量等进行检查确认。

6）项目试验员应根据施工需要及有关标准的规定，将标识好的试样及时送至检测单位进行检测试验。应正确填写委托单，有特殊要求时应注明。办理委托后，项目试验员应将检测单位给定的委托编号在试样台账上登记。

7）桩基、回填土、实体质量、氯离子、幕墙、水质、钢绞线、锚具、支座、路基、路面、伸缩缝、防水卷材、沥青材料等，由项目技术负责人组织检测，需要送外部单位检测的，外部单位应具备相应资质。

8）后置埋件、混凝土钢筋保护层厚度、混凝土抗压强度、防水工程试水、沉降观测、钢网架挠度、饰面砖粘结强度、幕墙性能、水质、设备强度及严密性、系统功能测定及设备调试等涉及安全、节能、环境保护和主要使用功能的试验检验应与工程施工同步进行。

9）工程竣工验收前应完成水电遥测、电梯检测、室内环境检测、建筑节能专项验收、公安消防验收、建筑工程无障碍设施验收、人防验收、规划验收、环保验收、分户验收等检测及验收项目。

2.9.2.5 检测试验台账

1. 试样台账

施工现场应按照单位工程分别建立下列试样台账：

1）钢筋试样台账见表 2-119。

钢筋试样台账 表 2-119

试样编号	种类	规格	牌号（级别）	厂别	代表数量	是否见证	取样人	取样日期	送检日期	委托编号	报告编号	检测试验结果	备注

2）钢筋连接接头试样台账见表 2-120。

钢筋连接接头试样台账 表 2-120

试样编号	接头类型	接头等级	代表数量	原材试样编号	公称直径	是否见证	取样人	取样日期	送检日期	委托编号	报告编号	检测试验结果	备注

3）混凝土试件台账，见表 2-121。

混凝土试件台账　　表 2-121

试件编号	浇筑部位	强度、抗渗等级	配合比编号	成型日期	试件类型	养护方式	是否见证	制作人	送检日期	委托编号	报告编号	检测试验结果	备注

4）砂浆试件台账见表 2-122。

砂浆试件台账　　表 2-122

试件编号	砌筑部位	强度等级	砂浆种类	配合比编号	成型时间	养护方式	是否见证	制作人	送检日期	委托编号	报告编号	检测试验结果	备注

5）需要建立的其他试样台账见表 2-123。

通用试样台账　　表 2-123

试样编号	品种/种类	规格/等级	产地/厂别	代表数量（t）	其他参数		是否见证	取样人	取样日期	送检日期	委托编号	报告编号	检测试验结果	备注

2. 试样台账登记

项目试验员制取试样并做出标识后，应按试样编号顺序登记试样台账。

3. 试验结果处置

检测试验结果为不合格或不符合要求时，应在试样台账中注明处置情况。

4. 试样台账保存

试样台账应作为施工资料保存。

2.9.2.6　检测试验报告

1）项目试验员应及时获取检测试验报告，核查报告内容。检测试验报告的编号和检测试验结果应在试样台账上登记。项目试验员应及时将检测结果反馈给项目物资管理员、施工员、质量员等相关人员，并将登记后的检测试验报告移交资料员。

2）当检测试验结果为不合格或不符合要求时，应及时报告项目技术负责人、监理单位及有关单位的相关人员。

3）对检测试验结果不合格的报告严禁抽撤、替换或修改。

4）检测试验报告中的送检信息需要修改时，应由项目试验员提出申请，写明原因，并经项目技术负责人批准。涉及见证检测报告送检信息修改时，尚应经见证人员同意并签字。

5）对检测试验结果不合格的材料、设备和工程实体等质量问题，施工单位应依据相关标准的规定进行处理，监理单位应对质量问题的处理情况进行监督。

2.9.2.7 见证管理

1）见证检测的检测项目应按国家有关行政法规及标准的要求确定。

2）见证人员应由具有建筑施工检测试验知识的专业技术人员担任，见证人员发生变化时，监理单位应通知相关单位办理书面变更手续。

3）需要见证检测的检测项目，施工单位应在取样及送检前通知见证人员。见证人员应对见证取样和送检的全过程进行见证并填写见证记录。见证人员可采取标记、封志、封存容器等方式保证试件的真实性。

4）检测机构接收试样时应核实见证人员及见证记录，见证人员与备案见证人员不符或见证记录无备案的见证人员签字时不得接收试样。

5）见证人员应核查见证检测的检测项目、数量和比例是否满足有关规定。

2.10 新技术研究与应用

创新是现代社会发展进步的重要手段。为提高工程施工质量，改善施工安全条件，提升工程施工效率，节约资源，保护环境，施工项目必须不断发展和创新施工技术，完善施工工艺，提升设计水平，结合工程项目特征及施工重难点开展技术攻关和成果总结工作，形成新技术、新工艺、新产品、新材料等科研成果。同时应注重科技成果转化与推广，形成亮点突出、可复制、可推广的模式或有代表性的样板工程，对行业发展起到示范带动和引领作用。

2.10.1 科研课题管理

科研课题管理流程：课题选题→课题立项申报→课题立项评审→制定课题任务书→课题研发实施→课题中期检查→课题总结→课题结题验收。

2.10.1.1 课题立项

依据课题立项主体的不同，科研课题可分为国家和地方政府部门或行业组织的立项课题、企业组织的立项课题。

1. 科研课题选题

选题是科技研发工作的第一步，是科研工作中战略性的决策，对科技研发的成败与成果大小起决定性作用。项目部在科研课题选题时，应结合工程项目特征及施工过程中可能遇到的技术问题，遵循需要性、创新性、科学性、可行性等原则，选择性开展科研课题选题工作。

2. 课题立项申报评审

项目部可通过撰写课题立项申报书向各级立项组织单位申报科研课题，经立项组织单位评审通过后，由项目部作为课题实施单位，与立项组织单位签订课题研发合同，获得课题立项，承担课题研发任务。对于无法独立完成的科研课题，项目部可以联合其他单位或组织合作完成研发，或参与其他立项课题研发工作，参与各方可在场地、设备、资金、人员、技术等多方面展开合作，成果共享。

课题立项申报书主要应包括如下内容：

（1）课题的目的、意义

课题的目的和意义是重要的立题依据，是课题立项申报书的主要组成部分。在该部分中，申请者应该提供项目的背景资料，阐明本研究的重要性和必要性，以及理论意义和实际意义。

（2）国内外研究现状及发展趋势

在阅读了大量同类研究文献的基础上，综述该研究领域的国内外研究现状、发展趋势以及目前存在的主要问题。

（3）课题目标和考核指标

用简洁的文字将本研究的目的写清楚。原则上，目标要单一、特异。研究目的较多时，可以分为主要研究目的和次要研究目的。

考核指标为上级部门考察课题实施的量化依据，应简明扼要。

（4）主要研究内容

此部分内容主要包括研究内容、技术路线、主要研究方法、创新点、技术难点、可行性分析等内容。

1）研究内容：简述研究的主要内容。

2）研究方法：根据研究目的和可以利用的条件选择相应的研究方法，将研究的技术路线表述清楚。

3）研究技术路线：用文字、简单的线条或流程图的方式，将研究的技术路线表述清楚。

4）项目的创新点：用简洁明了的语言说明项目的创新之处。

5）可行性分析：写明课题申报单位的研究背景、研究能力、申请者及其团队所具有的硬件或软件条件及研究现场的条件等，再次表明申请者完成该课题的可行性。

（5）进度计划

课题实施进度计划包括阶段考核指标（含主要技术经济指标，可能取得的专利、论文、工法等），时间节点安排，课题的中期验收、课题验收时间安排等。

（6）经费预算

经费预算一般包括经费来源和经费支出两项内容。经费预算的形式一般与课题资助单位有关，并应满足相关财务和审计要求。

（7）课题参加人员与协作单位

包括课题的组织形式及分工安排；课题的实施地点；课题承担单位负责人、课题领军人物主要情况；课题研发的人员安排等。

3. 课题任务书

科研课题正式立项后，课题实施单位应制定课题任务书。任务书应对课题目标、研究内容、考核指标、进度计划、经费预算、成果形式、知识产权等做出明确规定。由多个单位协同完成的课题，牵头单位负责课题任务书的编制，明确各参加单位的任务分工、工作范围、成果要求、经费分配等。

4. 课题实施单位职责

课题实施单位的主要职责是：

1）根据课题立项组织单位发布的申报通知，编写课题申报书。

2）根据课题立项组织单位下达的科技研发计划，编写课题任务书。

3）按照签订的课题任务书所确定的各项任务，组织研究队伍，落实自筹经费投入及有关保障条件，完成课题预定的目标、研究内容和考核指标。

4）按相应的课题经费使用管理办法及课题经费预算，合理使用课题经费。

5）按要求编报课题年度执行情况报告，接受课题中期检查，及时报告课题实施过程中出现的重大问题，提交课题验收的全部纸质版和电子版文件资料。

6）负责课题成果的推广和应用。

2.10.1.2 课题研发实施

科研课题实施前应明确关键技术科技创新的策划、工作内容、课题参与人员工作职责，并按进度计划逐步实施。实施过程中应及时形成过程资料，如专利、论文、工法以及产品试验、检测、测量等方面的数据，同步收集影像资料。

1. 课题中期检查

1）课题实施单位应对课题研究进展、经费使用等情况进行阶段性的总结，接受立项组织单位中期检查，及时对课题实施过程中存在的问题进行整改，使课题计划进度得到保障。

2）科研课题中期检查一般采用集中汇报的方式，汇报内容包括但不限于研发内容实施进度、考核指标完成情况、计划安排调整及原因、成果内容及应用情况、预算执行情况、配套资金落实情况、目标实现的预期、存在问题及建议等。

2. 科研课题变更、延期、撤销

（1）课题变更

课题实施单位对课题执行过程中发生的研究方向、技术路线、主要研究内容、研究进度的调整，主要研究人员变动及其他可能影响课题按原计划完成的重大事项，须及时向课题立项组织单位报告，获批准后方可执行变更。

（2）课题延期

课题延误超过计划完成时间而没有申请课题验收的课题，属于超期课题。超期课题实施单位需提交超期情况说明，并申请延期。

（3）课题撤销

课题在实施过程中出现下列情况的，课题实施单位可申请撤销：

1）自筹资金或其他条件不能落实，影响课题正常实施。

2）课题所依托的工程项目或装备开发已不能继续实施。

3）课题的技术骨干发生重大变化，致使研究工作无法正常进行。

4）课题延期超过规定时间。

5）由于其他不可抗拒的因素，致使研究工作不能正常进行。

发生上述情况时，课题实施单位须及时向课题立项单位主管部门提出课题中止申请，并提交课题开展的工作、经费使用、阶段性成果、知识产权等情况的书面报告，得到课题立项单位批准后执行。必要时，课题立项组织单位可根据实施情况、评估意见等提出课题撤销建议，并报批准后执行。撤销课题的已拨经费由主管部门视已经开展的工作确定退款额度，被撤销课题单位应根据文件或通知及时退款。

3. 课题经费管理

1）课题经费开支范围包括设备费、材料费、测试化验加工费、燃料动力费、差旅费、会议费、出版/文献/信息传播/知识产权事务费、劳务费、专家咨询费、管理费等。

2）课题经费应专款专用，独立核算，立项单位拨款经费和课题实施单位自筹经费分列。经费的使用根据相应的课题经费管理办法和任务书预算规定，满足课题实施单位的财务制度，由课题负责人统一支配。

2.10.1.3 课题结题验收

1）课题研究工作全部结束后，由课题负责人向课题立项组织单位提出结题验收申请。

2）课题验收提交的资料包括但不限于工作报告，研究报告，研究成果汇编，经济、社会效益分析报告及证明材料。

3）课题验收以课题任务书规定的研究内容、考核指标、经费预算等为依据。根据课题特点，可以会议审查验收、网络评审验收、实地考核验收、资料验收等多种方式进行，并形成验收意见。

4）课题验收结论分为通过验收和不通过验收。课题研究目标、研究内容和考核指标等任务已按照任务书规定要求完成，经费使用合理，可通过验收。

2.10.2 科技成果管理

2.10.2.1 科技成果类别

科技成果主要包括国家专利、工程建设工法、论文、科学技术奖等。

1. 国家专利

国家专利分为发明专利、实用新型专利、外观设计专利三类。发明专利指对产品、方法或者其改进所提出的新的技术方案，即新产品及其制造方法、使用方法都可申请发明专利。实用新型专利指对产品的形状、构造或者其结合所提出的适于实用的新技术方案，即只要有一些结构或构造改进就可以申请实用新型专利。外观设计专利指对产品的形状、图案或其结合以及色彩与形状、图案的结合所做出的富有美感并适于工业应用的新设计。

2. 工程建设工法

工程建设工法是指以工程为对象，以工艺为核心，运用系统工程原理，把先进技术和科学管理结合起来，经过一定工程实践形成的综合配套的施工方法。工法按类别分为房屋建筑工程工法、土木工程工法、工业安装工程工法；按等级分为省部级和企业级。工法必须符合国家工程建设的方针、政策和标准，具有先进性、科学性和适用性，能保证工程质量安全、提高施工效率和综合效益，满足节约资源、保护环境等要求。工法关键技术应达到行业先进水平，并具有一定的推广应用价值。

3. 科学技术奖

科学技术奖一般分为自然科学奖、技术发明奖、科技进步奖，是指以在科学研究、技术创新与开发、科技成果推广应用、实现高新技术产业化、科学技术普及等方面取得成果或者做出贡献的个人、组织为奖励对象而设立和开展的奖励活动。

政府设置的科学技术奖体系主要有三个层次：国务院奖励、省政府奖励、市政府奖励。国务院奖励的科学技术奖，组织评定单位是国家科技部；省政府奖励的科学技术奖，组织评定单位是各省科技厅；市政府奖励的科学技术奖，组织评定单位是市科技局。

社会力量设立科学技术奖，是指国家机构以外的社会组织或者个人利用非国家财政性经费，在中华人民共和国境内面向社会设立的经常性的科学技术奖，设奖机构主要有国（境）内外企业事业组织、学会协会等社会团体及其他社会组织。

2.10.2.2　科技成果申报

项目部应根据工程特点、难点制定科技成果总结计划，明确成果总结的选题及执笔人，按计划开展科技成果总结及成果申报工作。

为对科技成果的科学性、创造性、先进性、可行性和应用前景进行客观合理的评价，项目部可在科学技术奖申报之前申请对科技成果进行评价。需进行评价的科技成果由编制单位填写科技成果评价申请书，并准备科技成果的评价材料。评价材料主要包括科技成果评价申请表、综合技术报告、单项技术报告/关键技术报告、科技查新报告、经济效益证明、工程应用证明及评价、附件材料（关键技术获得奖励情况、相关社会报道、工程实施照片等）。通过评价的科技成果由评价单位下发评价证书，可作为科技成果奖励申报的支撑性材料。

1. 国家专利申请

1）国家专利申请应根据《中华人民共和国专利法》及《中华人民共和国专利法实施细则》的相关要求执行，并提交相应的文件，过程中及时有效处理相关质询与补遗工作，确保专利申请的顺利进行。

2）专利申请文件包括请求书、说明书、说明书附图、权利要求书。专利申请文件的填写和撰写有特定的要求，申请人可以自行填写或撰写，也可以委托专利代理机构代为办理。

3）在技术开发和专利申请前，应加强对相关技术领域中的专利调查、分析及相应的对策研究等工作，及时调整研究方向，避免重复研究和开发，防止侵犯他人专利权。

4）为保护专利的新颖性，专利申请受理前不得针对专利技术内容公开发表论文、公开展示和使用，或进行成果鉴定和成果（奖励）申报等活动。

2. 工程建设工法申报

工程建设工法的申报按照企业、省、自治区、直辖市建设主管部门或国家建设行业《工程建设工法管理办法》执行；工法申报按照国家《工程建设工法管理办法》执行。上一级工法申报必须经下一级工法的批准单位推荐。

工法编写应主要针对某个单项工程，也可以针对工程项目中的一个分部，但必须具有完整的施工工艺。同时对工法的辅助部分材料与设备、质量控制、安全措施和环保节能措施、经济效益和社会效益等叙述的内容和参数要准确。工法应按照国家有关技术规范的格式编写，文字要简练、通俗，用语准确规范，标题明确，编写内容齐全完整，应包括以下要点：

1）前言：概括工法的形成原因和形成过程。其形成过程要求说明研究开发单位、关键技术审定结果、工法应用及有关获奖情况。

2）工法特点：说明工法在使用功能或施工方法上的特点，与传统的施工方法比较，在工期、质量、安全、造价等技术经济效能等方面的先进性、新颖性。

3）适用范围：适宜采用该工法的工程对象或工程部位，部分工法还应规定最佳的技术经济条件。

4）工艺原理：阐述工法工艺核心部分（关键技术或解决技术难题的方法）应用的基本原理，并着重说明关键技术的理论基础；也可通过工法中涉及的材料、构件的物理及化学性能说明本工法的成因等。

5）施工工艺流程及操作要点：工艺流程和操作要点是工法的重要内容。应该按照工艺发生的顺序或者事物发展的客观规律来编制工艺流程，并在操作要点中分别加以描述。对于文字不容易表达清楚的内容，要附以必要的图表。工艺流程要重点讲清基本工艺过程，并讲清工序间的衔接和相互之间的关系以及关键所在。工艺流程最好采用流程图来描述。对于构件、材料或机具使用上的差异而引起的流程变化，应当有所交代。

6）材料与设备：说明工艺所使用的主要材料名称、规格、主要技术指标，以及主要施工机具、仪器、仪表等的名称、型号、性能、能耗及数量。对新型材料还应提供相应的检验检测方法。

7）质量控制：说明工法必须遵照执行的国家、地方（行业）标准、规范名称和检验方法，并指出工法在现行标准、规范中未规定的质量要求，并要列出关键部位、关键工序的质量要求，以及达到工程质量目标所采取的技术措施和管理方法。

8）安全措施：说明工法实施过程中，根据国家、地方（行业）有关安全的法规，采取的安全措施和安全预警措施。

9）环保措施：指出工法实施过程中，遵照执行的国家和地方（行业）有关环境保护法规中所要求的环保指标，以及必要的环保监测、环保措施和在文明施工中应注意的事项。

10）效益分析：从工程实际效果（消耗的物料、工时、造价等）以及文明施工中，综合分析应用本工法所产生的经济、环保、节能和社会效益（可与国内外类似施工方法的主要技术指标进行分析对比）。

11）应用实例：说明应用工法的工程名称、地点、结构形式、开竣工日期、实物工作量、应用效果及存在的问题等，并能证明该工法的先进性和实用性。一项成熟的工法一般应有两个工程实例（已成熟的先进工法，因特殊原因未能及时推广应用的可适当放宽为一个工程实例，但关键技术必须经过科技鉴定证明是可靠的）。

3. 科学技术奖申报

工程建设领域科学技术奖主要包括如下方面：

1）在工程建设领域，开发研制的新产品、新技术、新工艺、新材料、新方法和软件等科技成果。

2）在企业生产经营、技术改造、重大装备研制过程中有组织有措施地进行大规模推广应用的科技成果。

3）通过引进、消化、吸收先进成熟科学技术成果，并在推广应用中再创新，为提高整个工程建设领域科学技术水平，做出突出贡献的科技成果。

4）为工程建设服务的标准、规范、科技信息、科技档案数据库等基础性科技研究成果。

5）为促进企业和行业的整体发展，提高科学决策和管理水平，提出和研究并经实践证明有效的软科学研究成果。

各级各类科学技术奖申报应执行相关单位的申报要求，申报资料一般分为申报书（推荐书）及附件资料。附件资料包括技术综合报告、科技查新报告、技术评价证明等（成果评价证明、工法等成果获奖证书、发表的技术论文、授权的专利等）、应用证明（工程应用证明、经济效益证明等）、其他证明（技术交流、新闻报道、工程图片）等。

科学技术奖关键技术内容要求文字简练，不能照搬综合报告；发现、发明及创新点需要有针对性，重点突出；与当前国内外同类研究、同类技术的综合比较主要是体现查新、成果评价情况，将查新或成果评价的结论简单描述；经济效益和社会效益，特别是经济效益应与成果相关，不能简单地将项目的所有经济效益笼统统计，需要针对成果技术要求，具体说明。

2.10.3 新技术推广应用的管理

建筑业所称的推广应用新技术，是指新技术的推广应用和落后技术的限制、淘汰、禁止使用。推广应用的新技术，主要指适用于工程建设领域，并经过科技成果评价、评估或新产品新技术鉴定的先进、成熟、适用的技术、工艺、材料、产品；限用、淘汰、禁用的落后技术，主要是指已无法满足工程建设领域的使用要求，阻碍技术进步与行业发展，且已有替代技术，需要对其应用范围加以限制或禁止其使用的技术、工艺、材料、产品。

新技术推广工作应以促进科技成果转化为现实生产力为中心，其宗旨是有组织、有计划地将先进、成熟的科技成果大面积推广应用，促进产业技术水平的提高。同时通过实施推广，培育和建立科技成果推广机制，促进科技与经济的紧密结合，为促进行业技术水平的提高，促进科技进步、经济和社会发展作出贡献。

2.10.3.1 新技术推广计划与申报立项

1. 新技术推广工作计划

根据“建筑业10项新技术”、住房和城乡建设部科学技术计划项目、企业科技成果，结合施工生产需要，从中选择技术成熟、先进、适用的技术，制定新技术推广应用计划。

2. 新技术推广项目立项应具备以下条件：

1）符合住房和城乡建设部重点实施技术领域、技术公告和科技成果推广应用的需要。

2）通过科技成果评价、评估或新产品新技术评价评审。

3）具备必要的应用技术标准、规范、规程、工法、操作手册、标准图、使用维护管理手册或技术指南等完整配套且指导性强的标准化应用技术文件。

4）技术先进、成熟、辐射能力强，适合在较大范围内推广应用。

5）申报单位必须是成果持有单位且具备较强的技术服务能力。

6）没有成果或其权属的争议。

2.10.3.2 新技术应用示范工程管理

新技术应用示范工程是指新开工程、建设规模大、技术复杂、质量标准要求高的国内外房屋建筑工程、市政基础设施工程、土木工程和工业建设项目，且申报书中计划推广的全部新技术内容可在三年内完成；同时，应由各级主管单位公布，并采用6大项以上建筑新技术的工程。新技术应用示范工程共分为三个级别：国家级（住房和城乡建设部）、省部级和企业级新技术应用示范工程。

根据住房和城乡建设部关于做好《建筑业10项新技术（2017版）推广应用的通知》，“建筑业10项新技术”为①地基基础和地下空间工程技术；②钢筋与混凝土技术；③模板脚手架技术；④装配式混凝土结构技术；⑤钢结构技术；⑥机电安装工程技术；⑦绿色施工技术；⑧防水技术与围护结构节能；⑨抗震、加固与监测技术；⑩信息化技术。

1）示范工程采用逐级申报的方式：企业级示范工程可申报省部级示范工程，省部级示范工程可申报国家级示范工程。

2）示范工程的立项条件：新开工程、建设规模大、技术复杂、质量标准要求高的房屋建筑工程、市政基础设施工程、土木工程和工业建设项目，并可在三年内完成申报的全部新技术内容的，可申报示范工程。有关部门按立项条件择优选取有代表性的工程进行初审，通过初审后方可申报示范工程。经示范工程委托管理单位组织专家审核后，批准列为示范工程，并发文公布。

3）示范工程实施：管理部门加强对示范工程实施工作的领导，制订实施计划，每半年总结检查一次。示范工程委托管理单位不定期地对示范工程进行检查。示范工程执行单位要采取有效措施，认真落实示范工程新技术应用实施计划，强化管理，使其成为工程质量优、科技含量高、施工速度符合标准规范和合同要求、经济和社会效益好的样板工程。

4）示范工程评审申请：示范工程执行单位全部完成了《示范工程申报书》中提出的新技术内容，且应用新技术的分项工程质量达到现行质量验收标准的，示范工程执行单位应准备好应用成果评审资料，并填写《示范工程应用成果评审申请书》一式四份，按隶属关系向有关部门提出申请。经其初审符合标准的，向示范工程委托管理单位申请应用成果评审。

示范工程执行单位应提交以下应用成果评审资料：

①《示范工程申报书》及批准文件。

② 工程施工组织设计（有关新技术应用部分）。

③ 应用新技术综合报告（扼要叙述应用新技术内容、综合分析推广应用新技术的成效、体会与建议）。

④ 单项新技术应用工作总结（每项新技术所在分项工程状况、关键技术的施工方法及创新点、保证质量的措施、直接经济效益和社会效益）。

⑤ 工程质量证明（由工程设计、监理、建设、施工等单位共同签署的包括地基与基础、主体结构等分部工程在内的质量验收文件）。

⑥ 效益证明（有条件的可以由有关单位出具社会效益证明及经济效益与可计算的社会效益汇总表）。

⑦ 企业技术文件（通过示范工程总结出的技术规程、工法等）。

⑧ 新技术施工录像及其他有关文件和资料。

5）示范工程评审：示范工程应用成果评审工作分两个阶段进行，一是资料审查，二是现场查验。评审专家认真审查示范工程执行单位报送的评审资料和查验施工现场，实事求是地提出审查意见。

示范工程应用成果评审的主要内容：提供评审的资料是否齐全；是否完成了申报书中提出的推广应用新技术内容；施工企业应用新技术中有无创新内容；应用新技术后对工程质量、工期、效益的影响。评审专家组根据以上内容，对该示范工程应用新技术的整体水平做出综合评价。

2.11 工 程 资 料 管 理

2.11.1 工程资料管理体系概述

项目进场后建设单位、施工总承包单位、监理单位、设计单位、勘察单位均应按照要求建立各自的资料管理体系，履行各自资料管理职责。

2.11.2 工程资料管理职责

2.11.2.1 建设单位的资料管理职责

1）在工程招标及与勘察、设计、施工、监理等单位签订协议、合同时，应对工程文件的编制、套数、费用、移交期限等提出明确的要求。

2）负责收集、整理、组卷工程准备阶段文件及工程竣工文件。

3）负责组织、监督和检查勘察、设计、施工、监理等单位的工程文件的形成、积累和立卷归档工作；也可委托监理单位监督、检查工程文件的形成、积累和立卷归档工作。

4）负责收集和汇总勘察、设计、施工、监理等单位立卷归档的工程档案。

5）负责组织竣工图的绘制工作，也可委托施工单位、监理单位或设计单位完成竣工图编制工作，并按相关文件规定承担费用。

6）在组织工程竣工验收前，应提请当地的城建档案管理机构对工程档案进行预验收。未取得工程档案预验收认可文件，不得组织工程竣工验收。

7）对列入城建档案馆接收范围的工程，工程竣工验收后在规定的时间内向当地城建档案馆移交一套符合规定的工程档案。

2.11.2.2 施工总承包单位的资料管理职责

1）建立健全施工资料管理岗位责任制，工程资料的收集、整理应由专人负责管理。

2）施工资料应由施工总承包单位负责收集、整理与组卷，并保证工程资料的真实有效、完整齐全及可追溯性。

3）由建设单位独立发包施工工程，分包单位应将形成的施工资料直接交建设单位；由总包单位发包的专业承包施工工程，分包单位应将形成的施工资料交总包单位，总包单位汇总后交建设单位。

4）施工总承包单位应向建设单位移交不少于一套完整的工程档案原件。

5）施工单位应按国家或地方资料管理规程的要求将需要归档保存的工程档案归档保存，并合理确定工程档案的保存期限。

2.11.2.3 勘察、设计、监理单位的资料管理职责

1）勘察、设计、监理等单位应对本单位形成的工程文件负责管理，确保各自文件的真实有效、完整齐全及可追溯性。

2）各单位应将本单位形成的工程文件组卷后在规定的时间内及时向建设单位移交。

3）各单位应将各自需要归档保存的工程档案归档保存，并合理确定工程档案的保存期限。

2.11.3　工程资料管理制度

2.11.3.1　技术资料管理策划

1）项目技术负责人在开工前组织项目各部门确定资料管理总体思路、统一工程名称、单位（子单位）工程、分部分项工程、检验批划分等。

2）项目资料员开工前编制项目《工程技术资料管理方案》，明确资料内容、编制人、完成时间、移交规定等，项目技术负责人审核。

2.11.3.2　过程技术资料管理

1）技术、生产、质量等各管理人员对各自范围内的资料负责，负责编写及报审工作，完成后及时移交项目部资料员。

2）分包单位报监理签字的档案资料由总包项目部进行审核，审核通过后，再由总承包单位报监理。

3）项目部资料员负责项目工程资料的审查、收集、整理、编码、归类工作。

4）技术资料收集、整理与施工进度同步。

5）项目技术负责人组织项目部资料员、质量、技术、生产管理工程师定期交叉检查分包单位的资料收集、整理、整改情况。

2.11.3.3　竣工资料管理

1）竣工验收前，由项目技术负责人组织相关人员编制验收资料，并交监理审查，做好验收准备。

2）工程档案资料预验收前，资料员应熟悉当地档案馆的资料归档要求，按照当地归档要求编制竣工验收资料。

3）工程技术档案根据《相关档案管理规定》和工程所在地档案馆的要求组卷；竣工验收通过后，由项目部资料员及时向建设单位移交档案。

4）在项目竣工验收后三个月内，完成所有工程档案资料的移交。

2.11.4　工程资料分类与编号

2.11.4.1　分类

工程资料的分类、编号、归档及管理应符合 GB/T 50328 及工程所在地的规定。工程资料按照其特性和形成、收集、整理的单位不同，分为工程准备阶段文件、监理资料、施工资料、竣工图和工程竣工文件 5 类，具体详细划分如图 2-67 所示。

2.11.4.2　编号

工程准备阶段文件、工程竣工文件可按形成时间的先后顺序和类别由建设单位确定编号原则。

监理资料可按资料的类别及形成时间顺序编号。

施工资料的编号宜符合下列规定：

施工资料编号可由分部、子分部、分类、顺序号 4 组代号组成，组与组之间应用横线隔开，如图 2-68 所示。

① 为分部工程代号，可按《建筑工程资料管理规程》JGJ/T 185—2009 附录 A. 3. 1 的规定执行。

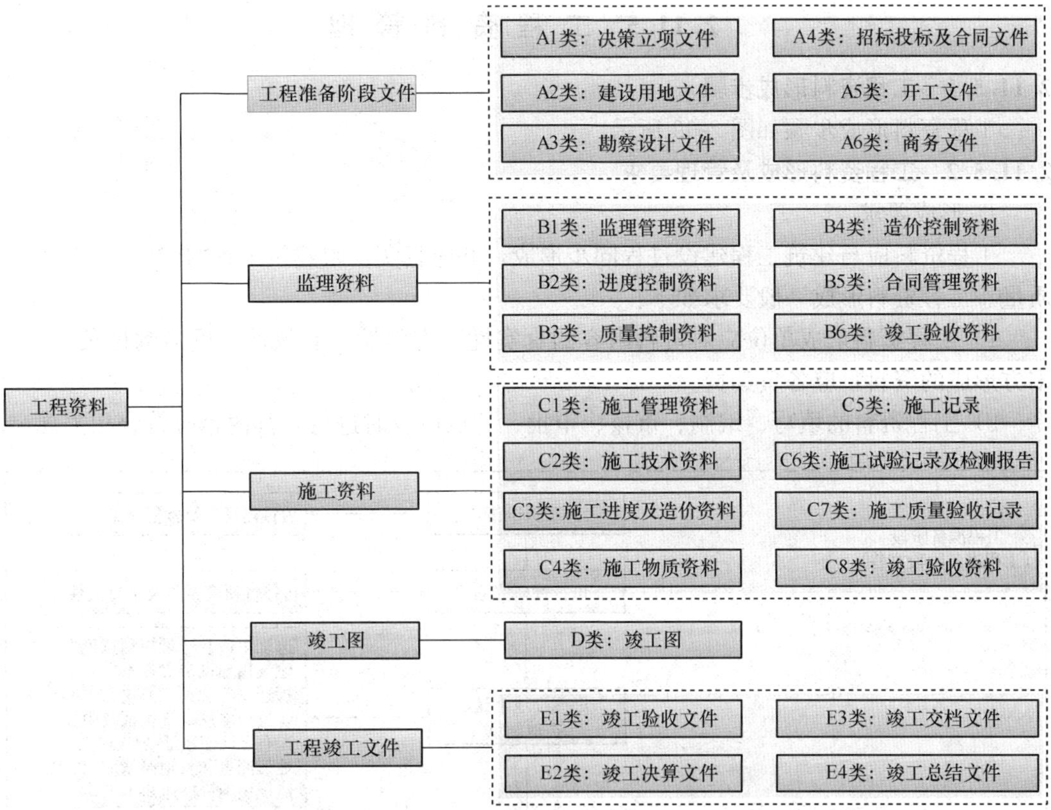

图 2-67 工程资料分类

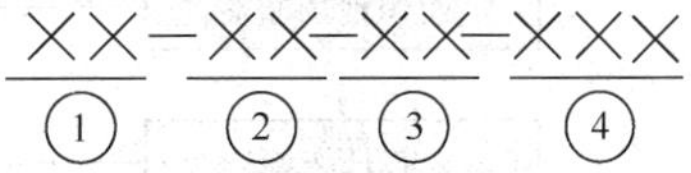

图 2-68 施工资料编号

② 为子分部工程代号，可按《建筑工程资料管理规程》JGJ/T 185—2009 附录 A.3.1 的规定执行。

③ 为资料的类别编号，可按《建筑工程资料管理规程》JGJ/T 185—2009 附录 A.3.1 的规定执行。

④ 为顺序号，可根据相同表格、相同检查项目，按形成时间顺序填写。

⑤ 资料编号应符合当地地方标准归档要求。

对按单位工程管理，不属于某个分部、子分部工程的施工资料，其编号中分部、子分部工程代号用“00”代替。

同一厂家、同一品种、同一批次的施工物质用在两个分部、子分部工程中时，资料编号中的分部、子分部工程代号可按主要使用部位填写。

工程资料的编号应及时填写，专用表格的编号应填写在表格右上角的编号栏中；非专用表格应在资料右上角的适当位置注明资料编号。

2.11.5　工 程 资 料 管 理

2.11.5.1　工程资料形成步骤

工程资料形成步骤如图 2-69 所示。

2.11.5.2　工程资料形成及管理要求

1. 形成要求

工程资料应与建筑工程建设过程同步形成，并应真实反映建筑工程的建设情况和实体质量。工程资料形成一般要求如下：

1）工程资料形成单位应对资料内容的真实性、完整性、有效性、可追溯性负责；由多方形成的资料，应各负其责。

2）工程资料的填写、编制、审核、审批、签认应及时进行，其内容应符合相关规定。

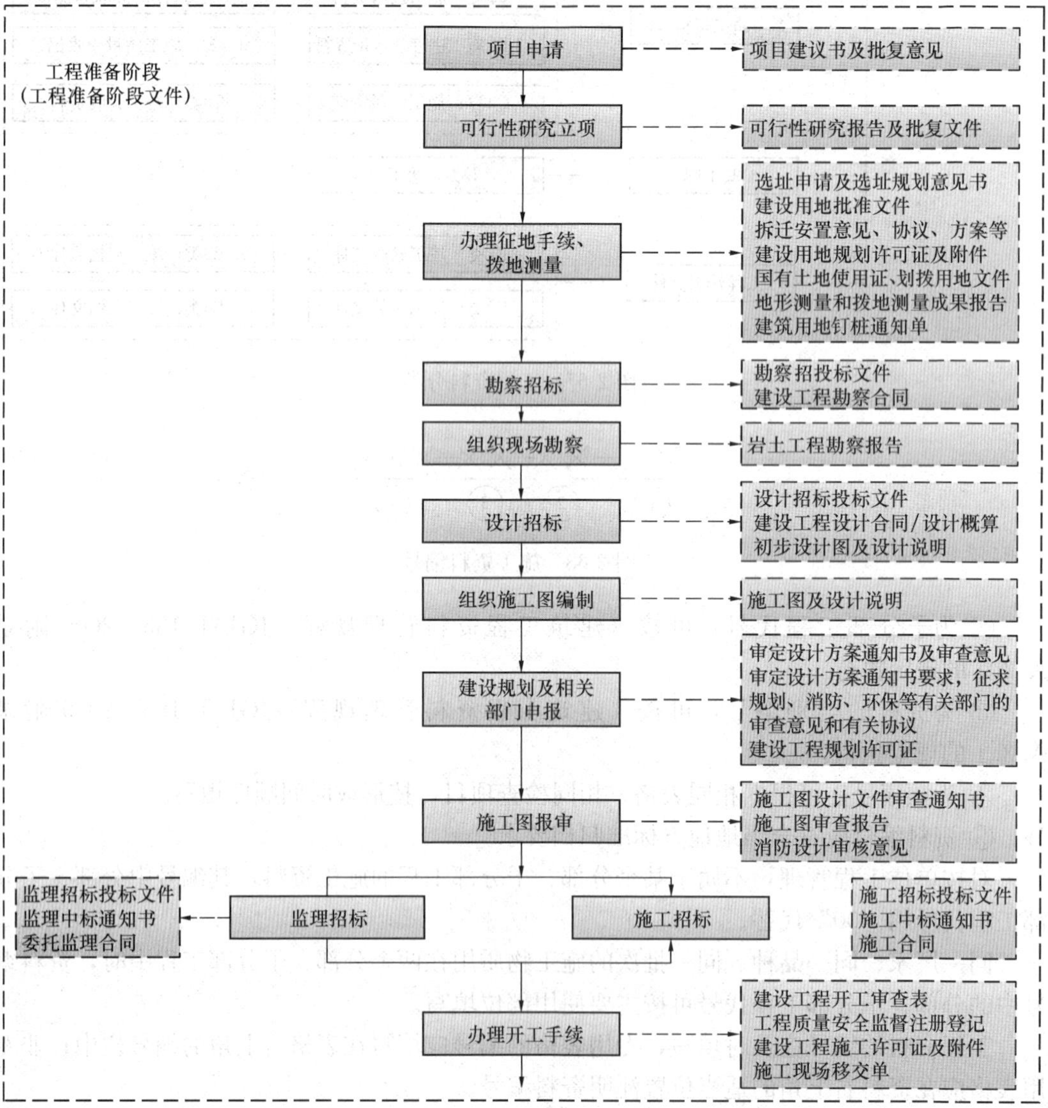

图 2-69　工程资料形成步骤

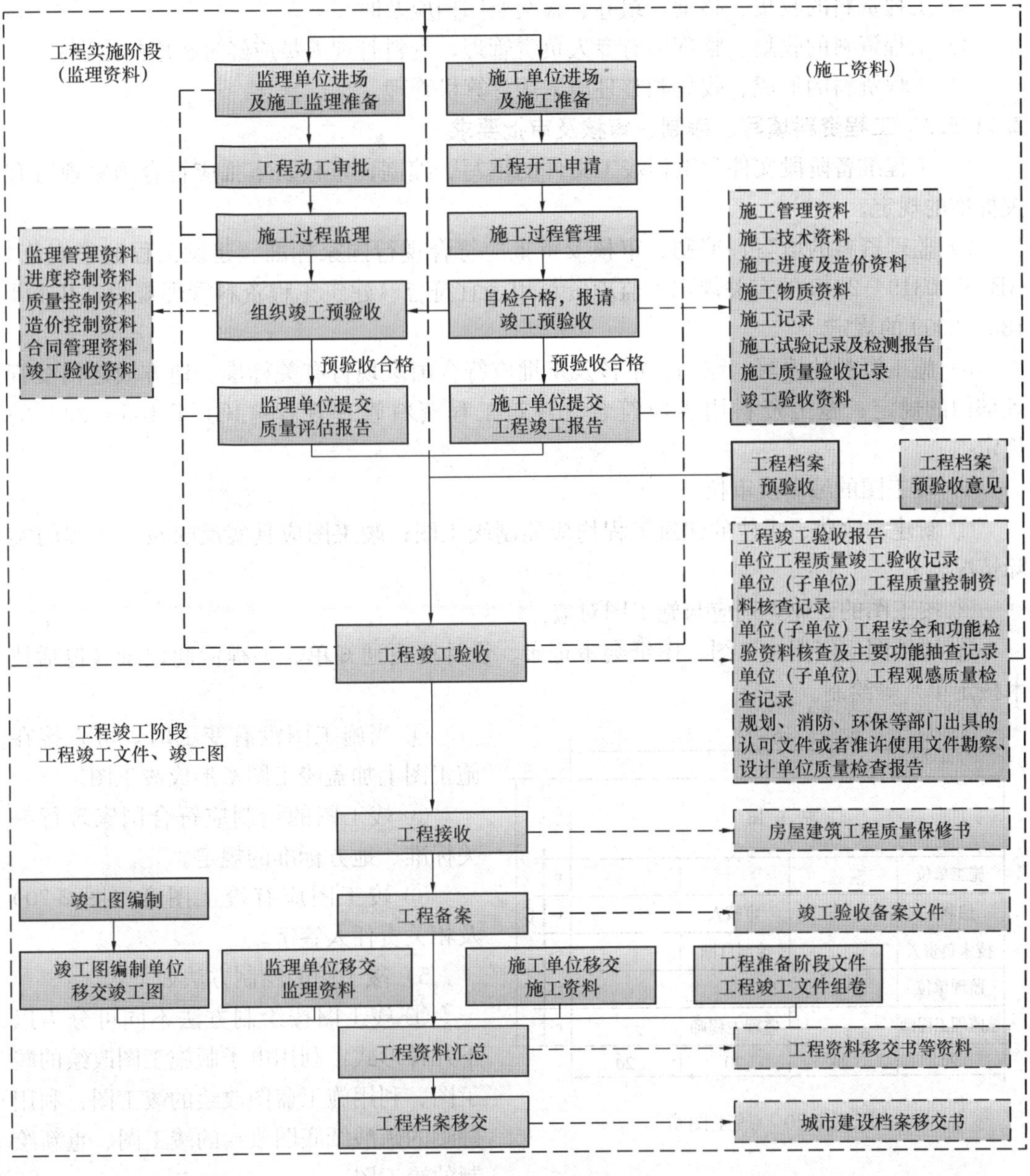

图 2-69 工程资料形成步骤（续）

3）工程资料不得随意修改，当需要修改时，应实行划改，并由划改人签署。

4）工程资料的文字、图表、印章应清晰。

5）禁用铅笔、彩色笔、纯蓝墨水笔等易褪色的书写材料书写，书写材料一律用A4纸书写。

2. 工程资料管理要求

1）工程资料管理应制度健全、岗位责任明确，并应纳入工程建设管理的各个环节和各级相关人员的职责范围。

2）工程资料的套数、费用、移交时间应在合同中明确。

3）工程资料的收集、整理、组卷、移交及归档应及时。

4）工程资料的收集、整理应有专人负责管理，资料管理人员应经过相应的培训。

5）工程资料的形成、收集和整理应采用计算机管理。

2.11.5.3　工程资料填写、编制、审核及审批要求

1）工程准备阶段文件和工程竣工文件的填写、编制、审核及审批应符合国家现行有关标准的规定。

2）监理资料的填写、编制、审核及审批应符合现行国家标准《建设工程监理规范》GB/T 50319—2013 的有关规定；监理资料用表宜符合《建筑工程资料管理规程》JGJ/T 185—2009 的规定。

3）施工资料的填写、编制、审核及审批应符合国家现行有关标准、地方城建档案管理部门的规定；施工资料用表应符合《建筑工程资料管理规程》JGJ/T 185—2009 的规定。

4）竣工图的编制及审核

① 新建、改建、扩建的建筑工程均应编制竣工图；竣工图应真实反映竣工工程的实际情况。

② 竣工图的专业类别应与施工图对应。

③ 竣工图应依据施工图、图纸会审记录、设计变更通知单、工程洽商记录（包括技术核定单）等绘制。

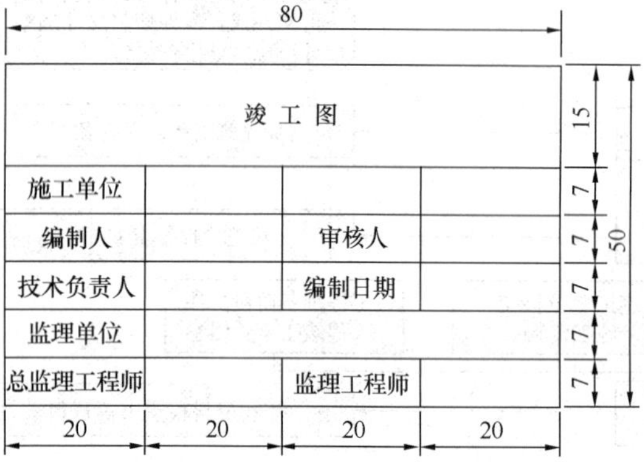

图 2-70　竣工图章

④ 当施工图没有变更时，可直接在施工图上加盖竣工图章形成竣工图。

⑤ 竣工图的绘制应符合国家现行有关标准、地方标准的规定。

⑥ 竣工图应有竣工图章（图 2-70）及相关责任人签字。

5）竣工图的绘制方法如下：

① 竣工图按绘制方法不同可分为以下几种形式：利用电子版施工图改绘的竣工图、利用施工蓝图改绘的竣工图、利用翻晒的硫酸纸底图改绘的竣工图、重新绘制的竣工图。

② 编制单位应根据各地区、各工程的具体情况，采用相应的绘制方法。

③ 利用电子版施工图改绘的竣工图应符合下列规定：

将图纸变更结果直接改绘到电子版施工图中，用云线圈出修改部位，按表 2-124 的形式做修改内容备注表。

修改内容备注表　　**表 2-124**

设计变更、洽商编号	简要变更内容

（a）竣工图的比例应与原施工图一致。

（b）设计图签中应有原设计单位人员签字。

（c）委托本工程设计单位编制竣工图时，应直接在设计图签中注明“竣工阶段”，并应有绘图人、审核人的签字。

（d）竣工图章可直接绘制成电子版竣工图签，出图后应有相关责任人的签字。

④ 利用施工图蓝图改绘的竣工图应符合下列规定：

a. 应采用杠（划）改或叉改法进行绘制。

b. 应使用新晒制的蓝图，不得使用复印图纸。

⑤ 利用翻晒硫酸纸图改绘的竣工图应符合下列规定：

应使用刀片将需更改部位刮掉，再将变更内容标注在修改部位，在空白处做修改内容备注表；修改内容备注表样式可按表 2-124 进行，宜晒制成蓝图后，再加盖竣工图章。

当图纸变更内容较多时，应重新绘制竣工图。重新绘制的竣工图应符合《建筑工程资料管理规程》JGJ/T 185—2009 的规定。

2.11.5.4 工程资料收集、整理与组卷

1）工程准备阶段文件和工程竣工文件应由建设单位负责收集、整理与组卷。

2）监理资料应由监理单位负责收集、整理与组卷。

3）施工资料应由施工单位负责收集、整理与组卷。

4）竣工图应由建设单位负责组织，也可委托其他单位。

5）工程资料组卷应遵循自然形成规律，保持卷内文件、资料内在联系。工程资料可根据数量多少组成一卷或多卷。

6）工程准备阶段文件和工程竣工文件可按建设项目或单位工程进行组卷。

7）监理资料应按单位工程进行组卷。

8）施工资料应按单位工程组卷，并应符合下列规定：

① 专业承包工程形成的施工资料应由专业承包单位负责，并应单独组卷。

② 电梯应按不同型号每台电梯单组组卷。

③ 室外工程应按室外建筑环境、室外安装工程单独组卷。

④ 当施工资料中部分内容不能按一个单位工程分类组卷时，可按建设项目组卷。

⑤ 施工资料目录应与其对应的施工资料一起组卷。

9）竣工图应按专业分类组卷。

① 工程资料组卷内容宜符合《建筑工程资料管理规程》JGJ/T 185—2009 的相关规定。

② 工程资料组卷应编制封面、卷内目录及备考表，其格式及填写要求按现行国家标准《建设工程文件归档整理规范》GB/T 50328—2014 的有关规定执行。

2.11.5.5 工程资料的验收

1）工程竣工前，各参建单位的主管（技术）负责人应对本单位形成的工程资料进行竣工审查；建设单位应按照国家验收规范规定和城建档案管理的有关要求，对勘察、设计、监理、施工单位汇总的工程资料进行验收，使其完整、准确。

2）单位（子单位）工程完工后，施工单位应自行组织有关人员进行检查评定，合格后填写《工程竣工报验单》，并附相应的竣工资料（包括分包单位的竣工资料）报项目监理部，申请工程竣工验收。总监理工程师组织项目监理部人员与施工单位进行检查验收，合格后总监理工程师签署《工程竣工报验单》。

3）单位（子单位）工程竣工预验收通过后，应由建设单位（项目）负责人组织设计、监理、施工（含分包单位）等单位（项目）负责人进行单位（子单位）工程验收，形成《单位（子单位）工程质量验收记录》。

4）列入城建档案馆档案接收范围的工程，建设单位在组织工程竣工验收前，应提请城建档案管理机构对工程档案进行预验收。建设单位未取得城建档案馆管理机构出具的认可文件，不得组织工程竣工验收。

5）城建档案管理机构在进行工程档案预验收时，应重点验收以下内容：

① 工程档案齐全、系统、完整。

② 工程档案的内容真实，准确地反映工程建设活动和工程实际状况。

③ 工程档案已整理组卷，组卷符合国家验收规范规定。

④ 竣工图绘制方法、图式及规格等符合专业技术要求，图面整洁，盖有竣工图章。

⑤ 文件的形成、来源符合实际，要求单位或个人签章的文件其签章手续完备。

⑥ 文件材质、幅面、书写、绘图、用墨、托裱等符合要求。

2.11.5.6　工程资料移交与归档

1）工程资料移交归档应符合国家现行有关法规和标准的规定；当无规定时，应按合同约定移交归档；

2）工程资料移交应符合下列规定：

① 施工单位应向建设单位移交施工资料。

② 实行施工总承包的，各专业承包单位应向施工总承包单位移交施工资料。

③ 监理单位应向建设单位移交监理资料。

④ 工程资料移交时应及时办理相关移交手续，填写工程资料移交书、移交目录。

⑤ 建设单位应按国家有关法规和标准的规定向城建档案管理部门移交工程档案，并办理相关手续。有条件时，向城建管理部门移交的工程档案应为原件。

3）工程资料归档应符合下列规定：

① 工程参建各方宜符合《建设工程文件归档整理规范》GB/T 50328—2014 中的有关要求将工程资料归档保存。

② 归档保存的工程资料，其保存期限应符合下列规定：

a. 工程资料归档保存期限应符合国家现行有关标准的规定；当无规定时，不宜少于5年。

b. 建设单位工程资料归档保存期限应满足工程维护、修缮、改造、加固的需要。

c. 施工单位工程资料归档保存期限应满足工程质量保修及质量追溯的需要。

③ 逐步建立电子档案建档、编制、移交规则和相应制度。

3 数字化施工

3.1 数字化施工概述

3.1.1 数字化施工基本概念

数字化施工是指综合或集成应用新一代信息技术及相关设备，与施工现场生产、管理深度结合，提高施工质量和效率，降低风险、节能环保，推动实现建筑业数字化转型升级的技术和方法。行业除了使用数字化施工这个术语外，同时也会使用信息化施工、智能施工等术语，可理解为对数字化施工不同阶段、不同程度的描述。

数字化施工技术种类较多，根据应用成熟度大致可以分为两大类：第一类是目前已经全面普及使用的技术，包括个人电脑、移动通信、互联网、计算机辅助设计（CAD）、GIS、可视化、土建机电各专业计算分析、工程算量和造价、办公自动化、财务管理等；第二类是目前已经有一定程度应用，但还没有完全普及应用的技术，包括建筑信息模型（BIM）、云计算、物联网、无人机、扩展现实（VR、AR和MR）、三维扫描、三维打印、穿戴设备、机器人、5G、大数据、人工智能等。

除了技术的独立应用外，多项不同技术之间的综合或集成应用对提高施工效率和质量至关重要，也是建筑业数字化转型升级的必经之路。

本章重点关注目前还没有完全普及应用的技术，以及不同技术之间的综合和集成应用。由于手册其他各章也会涉及各专业和施工活动的信息技术应用内容，因此本章更多关注作为项目整体的数字化施工内容，对具体专业，读者可以结合本章和对应专业章节的内容实施。

数字化施工的实现离不开各种通用信息技术及对应产品的支持，包括软件、硬件、网络、专用设备等，本章按3.3数字化施工支撑技术、3.4数字化施工工具软件、3.5数字化施工管理系统三个部分进行介绍，为了使手册具备更高的可阅读性和可操作性，各部分内容都列举了目前施工阶段正在使用的一些常用产品，这些产品既不代表全部可用产品，也不代表手册推荐使用的产品，列举产品的目的只是为了手册内容叙述的需要。

不同技术、工具软件和管理系统的编写体例和详略程度也不尽相同，总体原则是目前普及程度高的技术和产品尽量简单一些，目前普及程度还不太高的技术和产品则稍微详细一些。

3.1.2 数字化施工进展

20世纪80年代初，施工企业尝试引进个人计算机（PC）进行辅助计算和辅助设计。

以此为起点，开始了单机与工具软件使用，发展到 20 世纪 90 年代互联网与专业软件结合应用，再到 21 世纪初 BIM 技术的产生和应用，走过了近半世纪的发展历程。

当前，数字化施工正向着以 BIM 为基础的移动通信、物联网、云计算、大数据、人工智能等新一代信息技术及机器人等相关设备的集成应用方向发展。特别是新一代信息技术与施工现场生产、管理深度结合，产生了一系列创新应用，如数字工地（或智慧工地）等，展现出爆发性增长的态势。实际上，数字化施工涉及的内容及影响范围非常广泛，从信息技术应用到数字资产，从项目的智能建造到智慧园区、再到智慧城市，数字化施工有效促进了建筑行业和城市建设与管理的数字化、精细化、智能化，以及更高层次的智慧化。

3.1.3　数字化施工主要标准

与数字化施工紧密相关的标准主要分为如下几类：

1. 基础标准

基础标准面向共性因素，往往是制订其他标准必须遵循的依据或准则，具有广泛指导意义，如《建筑信息模型应用统一标准》GB/T 51212—2016、《建设领域信息技术应用基本术语标准》JGJ/T 313—2013、《建筑产品信息系统基础数据规范》JGJ/T 236—2011、《建筑施工企业管理基础数据标准》JGJ/T 204—2010 等。

2. 技术标准

技术标准主要用于指导和规范软硬件开发，便于数据交换和系统集成，如 Industry Foundation Classes（IFC 标准，ISO 16739-1:2018）、《建设工程人工材料设备机械数据标准》GB/T 50851—2013。

3. 应用标准

应用标准主要面向工程应用，也可指导软件开发，如《建筑信息模型施工应用标准》GB/T 51235—2017、《建筑信息模型分类和编码标准》GB/T 51269—2017、《建筑信息模型设计交付标准》GB/T 51301—2018、《石油化工工程数字化交付标准》GB/T 51296—2018、《建筑施工企业信息化评价标准》JGJ/T 272—2012、《建筑工程施工现场监管信息系统技术标准》JGJ/T 434—2018、《建筑工程设计信息模型制图标准》JGJ/T 448—2018 等。

3.1.4　数字化施工主要技术政策

我国有自成体系的工程建设管理制度和政策，因此也有对应的推动数字化施工发展的分阶段、分层次的技术政策，促进我国建筑工程技术的更新换代和管理水平的提升。

为推进建筑工业化、数字化、智能化升级，加快建造方式转变，推动建筑业高质量发展，住房和城乡建设部等部门发布《关于推动智能建造与建筑工业化协同发展的指导意见》。该意见提出到 2025 年，我国智能建造与建筑工业化协同发展的政策体系和产业体系基本建立，建筑工业化、数字化、智能化水平显著提高，建筑产业互联网平台初步建立，产业基础、技术装备、科技创新能力以及建筑安全质量水平全面提升，劳动生产率明显提高，能源资源消耗及污染排放大幅下降，环境保护效应显著。推动形成一批智能建造龙头企业，引领并带动广大中小企业向智能建造转型升级，打造“中国建造”升级版。到

2035年，我国智能建造与建筑工业化协同发展取得显著进展，企业创新能力大幅提升，产业整体优势明显增强，“中国建造”核心竞争力世界领先，建筑工业化全面实现，迈入智能建造世界强国行列。

3.2 数字化施工策划与实施

3.2.1 概述

不同于单一施工技术应用，数字化施工涉及综合或集成应用多项信息技术辅助施工过程中各个业务的实施，需要利用不同技术方法和工具的组合来支持对应施工业务的开展。

以施工进度管理为例，其包含的应用内容和涉及的技术可能有：通过进度编排软件编制施工进度计划；利用BIM技术及相关软件对进度计划进行模拟、验证、优化；进度模拟的展示方式可以采用虚拟现实或混合现实技术；施工过程中通过实景建模技术例如无人机或激光扫描技术捕捉现场形象进度；同时还可结合移动通信技术、管理系统记录施工现场实际生产情况，辅助进度的过程管控；而现场记录的进度数据可通过云计算技术、大数据技术进行分析，辅助进度管理的决策；施工现场可以通过物联网技术、物资管理系统、人工智能技术等组合应用，使得进度过程数据的获取、进度决策数据的分析变得更加自动化、智能化。

由于数字化施工涉及技术的多样性，以及相互间不同方式和程度的关联性，所以在实施前，需要有完整的实施策划方案，项目管理人员需依据项目特点、难点，分析项目的应用需求，再根据现有的技术、工具、软件系统的功能和特性，可以使用的各种设备，制定对应的应用目标、内容、流程等，以确保多项不同数字化施工技术之间的综合或集成应用，以提高施工效率和质量。

3.2.2 数字化施工目标

数字化施工需要用到多项技术，这些技术成熟程度以及在施工领域的普及程度不同，并且在应用过程中互相影响，因此合理的实施需要将不同的技术进行综合或集成。即根据项目需求和团队、资源等实际情况，结合现有的技术水平，确定合理的应用内容和应用目标，这是项目成功实施的前提条件之一。

项目在施工实施前期，需充分结合施工中各项业务的实际情况、现阶段的技术水平、成本投入与效益产出等各个方面的因素综合考虑，从而确定项目数字化施工目标。

确定数字化施工应用目标所需考虑的因素涉及人力、技术、成本等各个方面。项目在确定应用目标时可根据项目自身实际情况、现阶段信息技术水平和应用成本，以及建设单位的管理目标等进行考虑。

在确定数字化施工应用内容时，施工项目需要根据自身的实际业务开展进行分解，来选择对应的应用内容，同时还需综合考虑项目自身能力、现阶段技术水平和应用成本等实际因素。例如，施工方案选型与计算可通过相应的方案布置、安全计算等软件进行应用，方案编制和施工组织安排可通过相应的进度计划编排、模拟分析软件辅助进行，并通过可视化软件辅助方案的交底，而现场对方案的质量安全管理则可以选取对应的管理系统进行辅助。所以，项目在确定数字化应用内容时，可将每项业务的工作内容进行分解，再根据3.3、3.4、3.5所介绍的信息化技术与设备、工具软件、管理系统，依据其功能特性、可解决问题的范围等，结合应用目标所考虑因素，综合确定项目的数字化应用内容。

在确定完数字化应用内容后，施工项目应对各项应用内容所期望达到的目标进行策划。数字化施工使用的技术虽然已经有了一定时间的发展，但大部分技术、软硬件或系统在施工领域的应用整体而言仍处于起步和快速发展阶段。施工数字化应用的效果与使用的人和目前各项技术所能达到的程度有着直接的关系。所以施工项目必须根据行业发展和项目的实际情况来确定应用目标，避免过高期望或做太多没有实际效益的工作。

以BIM技术为例，深化设计与碰撞检测为施工阶段常用的BIM应用点，但不同的应用目标对应了不同的BIM模型细度和工作流程。项目可设定“零碰撞”的碰撞检测目标，对此模型细度就需达到与现场一致的级别，且现场要严格按照模型综合协调的成果进行施工。项目也可设定模型综合协调解决现场机电主管道与结构间碰撞及支管道间碰撞的目标，而机电末端和精装修定位按照实际情况现场调整。同样的工作不同的目标设定对人员能力和投入、工作量和成本都会有很大影响。

除此之外，应用目标的确定还需考虑项目人员配置的整体能力和信息技术成熟度。例如人工智能应用目前还处于快速发展阶段，项目可直接利用人工智能技术分析的现场问题还没有太多，同时由数据应用所带来的智慧决策也需要有结构性的数据积累和分析算法来支撑，所以合理的应用目标可避免项目施工的信息应用达不到一开始的预期。

3.2.3　数字化施工技术选择及软硬件配置

对工程施工来说，数字化是辅助的手段，手段的载体是一系列的软件、硬件、设备等。所以数字化施工实施时应根据技术应用内容和目标建立能够支持项目数字化施工应用的环境，包括网络、硬件、设备、工具软件、管理系统等。

目前，部分地区的行业主管部门正在开展建设项目从报建、施工图审查到竣工验收备案的试点示范应用探索，这会对数字化施工技术和软硬件工具的选择产生影响。

数字化施工涉及技术、软硬件等内容，其相互间均存在着关联。但整体来说，数字化施工的工具、软件、硬件，组成了数字化施工技术应用基础。所以在数字化施工技术选择及软硬件配置中，在确定完应用的内容和目标后，首先要选择对应的信息技术，再根据应用的技术选择可实现的设备、工具软件及系统。

数字化施工的部分应用需要使用专用设备。项目在配置设备时，可参考3.3中对不同技术所对应的设备技术参数、功能、应用场景的介绍，综合进行考虑。

部分设备应用的业务领域及场景较为单一，如放样机器人、焊接机器人等。项目在进行设备配置时，可直接根据对应设备解决的问题和采购成本进行考虑。部分设备在不同的施工业务领域中可能存在不同的应用场景，例如基于无人机的实景建模技术建立的实景模型可用于三维GIS的信息来源，也可用于进度管理中的计划工期与实际工期比对，还可用于辅助现场部分工作对象的工程量统计。在进行此部分设备配置时，项目需综合考虑设备可应用的方向，在考虑设备采购成本时应按照不同应用内容将应用成本分摊、综合比选。

数字化施工技术应用大部分是通过软件来实现的，例如进行深化设计需要建模软件，信息管理需要资料管理软件等。所以在实施初期首先面临的主要工作之一便是软件的选择。数字化施工的大部分应用内容都有若干不同软件厂商提供的同类工具软件可以选择，如何选择最适合项目的软件，是成功实施的重要影响因素之一。

施工企业或项目在根据项目的实际情况确定完数字化施工应用内容和应用目标后，可根据应用内容和目标，参考 3.4、3.5 介绍的各类工具软件和管理系统可实现的功能来进行匹配，从而选择对应的软件。

由于数字化施工涉及各项业务与专业，不同的应用内容可能使用不同的工具软件，项目整体需要各方的协同工作，因此选择软件时还必须考虑不同软件之间的信息交互。

以 BIM 技术应用中的施工图 BIM 模型与深化设计 BIM 模型建立为例，由于建模细度和应用方向的不同，专业分包单位与设计院或总包单位往往会采用不同 BIM 软件进行建模。由于不同软件信息共享能力差异较大，相互间很难完全读取对方输出的信息。所以为了更好地将信息进行传递，在条件允许的情况下，同一个项目中的设计和施工、专业分包应尽可能协调统一其使用的软件。充分考虑不同单位的软件应用习惯，可更好地实现信息共享。

部分项目的业主对软件的选择有特殊要求，此时项目应优先满足业主的要求。施工企业的数字化施工应用是为了更高效、更优质地完成自身的工作，业主的数字化需求是更好地辅助自己进行管理，因此业主对数字化施工的需求与施工企业需求可能不完全一致，但业主方在数字化施工工具软件的选择上占主导位置。

人才储备和获取同样是选择工具软件配置的考虑因素，部分软件虽然功能更完善，但是由于操作复杂或价格等因素，掌握的人员较少。在此情况下，如选择较为小众的软件，则需考虑是否能找到会操作这款软件的人，并评估进行软件培训所需花费的时间以及可能达到的效果。

除此之外，项目还必须考虑软件性价比问题。有些软件虽然性能更好，但往往销售价格也更高，超出项目能承受的范围。所以除功能、性能、信息共享、业主要求及人才储备等要素外，企业和项目还需考虑到软件的使用成本以及培训成本等是不是项目能接受的范围。

数字化施工管理系统的配置可分为两类，一类是针对单项施工业务内容的管理系统，如物资材料管理系统、施工环境管理系统等；另一类是将前面所述若干单项业务的管理系统进行集成的协同工作集成管理系统。针对第一种用于单项业务内容的管理系统，施工项目可直接参照 3.5 进行配置。虽然是针对单项施工业务内容的管理系统，但其配置也涉及其他技术。例如环境管理系统需要有噪声、扬尘监测设备的支持，而将监测设备获取的数据在管理系统的集中显示，又涉及移动通信与物联网技术。

集成管理系统的配置在单项业务管理系统配置基础上，还需充分考虑不同系统间的兼容性与数据交互性。集成管理系统的应用对施工项目不同部门间的协作要求高，如要达到不同业务系统间的数据交互与智慧决策，在配置系统时还需要有合理的数据标准和工作流程做支撑。目前大部分集成管理系统仅能完成对不同业务管理系统数据的集中展示，还未达到相互间数据联动的状态。项目在进行系统配置时也需考虑到目前的行业技术水平。

3.2.4　数字化施工人员与技能

数字化施工涉及施工管理的各个方面和所有施工人员，理想状态下项目所有人员都应把数字化作为工作的手段。但由于数字化施工涉及范围广，且技术成熟度不一，所以对于部分数字化应用内容较为复杂的项目，需要有专业的人员或团队来管理和支撑。

数字化施工团队的角色大致可分为三类，第一类是日常使用信息化技术的人员，直接利用数字化技术作为工作手段或通过应用成果来辅助日常工作；第二类是数字化施工专业人员，对特定的信息化技术进行应用；第三类为信息集成与管理人员，负责对项目整体工作进行组织与协调，并支持相应的技术应用。

3.2.5　数字化施工技术方案及实施流程

施工企业或项目中的大多数人员只是数字化施工其中一项或几项信息化技术的应用人员，但需要参与到整体的数字化施工协作中，所以在确定了数字化施工的应用技术、内容和人员后，需要编制数字化施工的方案和实施流程，从整体角度控制实施过程中应该做什么、怎么做。编写一个适合项目实施的数字化施工技术方案，可让项目人员快速了解项目的实施内容及要求，个人所需投入的工作以及在整体方案中的位置和作用。

一般而言，项目数字化施工技术方案围绕着应用内容（做什么）、组织架构（谁来做）、应用流程和标准（怎么做）、质量控制（做成什么样）等内容展开，可包含以下内容：工程概况、编制依据（包含相关规范、图纸及施工合同要求等内容）、应用内容、组织架构、应用流程和标准、资源配置（相关软件、硬件配置和进场时间等）、质量控制、成果交付等。

方案编制完成后，项目各参与人员可参照方案进行各项应用内容的实施工作，并进行过程和成果把控。

标准是数字化施工技术方案的重要组成部分，是各参建方实施参照和过程把控的重要依据，用于保障数字化施工应用效果。在编制数字化施工技术方案时，应针对每项应用内容制定相应的实施标准。以深化设计为例，在确定了深化设计专业、对应软件、管理系统等内容后，需要有标准来规范深化设计成果，如：模型分类、建模细度、构件命名、信息录入、出图标准等。在有了对应的深化设计标准后，对其应用过程的管理、交付成果的质量把关才能有依据。

在编制实施标准时，需考虑业主方有无对应标准要求。对于业主有特定技术应用标准的项目，应按照业主制定的标准进行管理工作。在业主无指导性文件的情况下，项目则可参考行业上对应的标准或自行编写。

目前，针对大部分数字化施工应用内容，行业上均有对应的标准或规范可参考，例如BIM技术应用，行业已有相对完整和成熟的国家、地方、行业、企业标准用于参考。项目可结合实际情况，从不同标准中选取适合本项目的内容，组成项目数字化施工实施标准。对于没有现行标准可参考的应用内容，项目可结合自身实际需求，选用工具和系统的特性，结合对交付成果的要求，编制相应的标准。

不同的信息化应用内容因其对应的业务或人员不同，所以有着不同的实施流程。例如进度管理的实施流程可能包括施工内容确认、进度编排、资源配置、进度跟踪、进度调整等工作；而深化设计的实施流程可能包括接口管理、深化设计、综合协调、设计调整、施工实际情况捕获、设计比对等。所以在数字化施工的实施过程中，应充分考虑不同应用内容的业务特点，以业务开展的工作流程为基础，确定数字化施工的技术实施流程。

3.2.6 数字化施工过程管理及质量控制

整体而言，数字化施工的过程管理及质量控制是针对数字化施工技术方案实施过程的跟踪与检查，以确保实施内容达到技术方案要求。

同时，数字化施工本身就是对施工业务的支持，故对应的过程管理及质量控制也是对自身业务的管理。例如利用BIM软件进行深化设计，其过程和质量管理就是对深化设计过程和成果的管理，数字化技术只是工作的手段。对应此类应用内容的过程管理及质量控制，项目可用专业和业务的要求进行管控。

但由于数字化技术间的交互性，以及成果应用的延续性，项目的数字化应用往往要从工作标准、数据格式、信息录入等方面进行要求，以确保不同数字化应用内容间的交互，发挥出更大的决策价值。所以，需要对工作的过程标准执行、成果质量有严格的管控措施。

在项目施工数字化应用过程中，应对不同业务或应用内容的工作和成果进行全面的组织、管理与协调，具体过程和质量管理要求可包括：

1. 确定统一的信息化管理计划，包括：项目数字化施工要求、执行准则、成果标准、进展情况、工作计划等。

2. 将不同数字化应用内容的工作进度计划纳入整体的管理中，负责对不同应用内容在总体进度计划中的安排和日常协调及管理，控制进度。

3. 负责对不同应用内容的成果质量进行检查及监督管理，及时发现问题并予以纠正，确保整体信息化成果质量。

4. 设定专门岗位定期收集整合各应用内容的成果，并对成果进行质量检查，检查内容包括：各项应用点是否达到应用目标、工作流程规范性、技术标准合规性、文档及信息的组织、数据格式是否符合策划要求等。

3.2.7 数字化施工数据安全

在“互联网+”环境下，数据安全已经成为推进技术应用需要关注的头等大事。数字化施工因涉及施工管理信息的数字化和电子化，工程的全部信息都在应用成果中，所以在云计算和云存储技术不断发展的今天，数据安全是数字化施工中需要重点关注的事项。

在数字化施工应用中，对应用的工具软件及管理系统应考虑其数据存储的位置及安全性。数字化施工的数据安全管理按照其数据的产生和使用流程，可分为数据存储安全管理与数据访问安全管理。

3.2.7.1 数据存储安全管理

数字化施工的数据管理可通过一台文件服务器与参与协同工作的所有成员的个人电脑连接起来。项目成员的个人电脑只进行信息化应用和其他相关的应用运算，数据都集中存储在文件服务器上，或者说项目成员的个人电脑只安装软件和运行软件，数据不存在本地而是存放在文件服务器上。

如果数字化施工涉及云计算和云存储技术，项目在实施过程中所产生的数据通过何种方式进行存储，对数据安全性有着重要作用。以BIM技术应用中的信息协同为例，目前大部分项目采用协同平台来进行项目中的信息协同。如采用国外BIM协同云平台，则项目数据有可能存储在境外云平台中，所以此时的工程信息的安全如何保证，是一个需要高度关注的问题。

通常情况下，项目参与方都有各自独立的工作环境，而项目参与各方之间的协同，就需要有一个数据共享环境以实现信息化协同应用的目标。一般而言，项目参与各方分处不同的地方，数据共享环境需要业主或总承包方主导建立，然后提供给各方使用。目前数字化施工的信息存储方式主要有租用公有云服务器和搭设私有云服务器两种方式。

3.2.7.2 数据访问安全管理

在数字化施工管理系统或工具软件中，可通过设置身份权限和认证，保证非团队人员不能访问对应数据。根据团队成员实际任务分工，制定不同等级的数据使用权限，并严格执行。

局域网内部可通过“域”管理实现身份认证，非团队人员无法登录项目局域网访问对应数据。数字化施工数据存储按照实际任务分工，制定不同等级用户的访问权限，并严格执行。

1. 数据加密

数字化施工应用的局域网宜采用防火墙数据加密安全软件，加密全部数据。部分重要数据或文档可设置浏览密码，避免数据流失。同时可对重要数据进行安全分级，对不同的数据文件采取不同的保密措施防止泄密。

2. 账号管理

应设定人员账号与权限，实施专人专用，用以识别不同的用户和账号，以确保可溯源和可追踪。同时，各系统的管理员账号需进行有效的保护，由特定人员分配管理员访问权限。各系统均需要设置充分的用户密码安全策略，各信息系统自带的默认账号和密码必须在系统初次使用时进行修改，密码由系统管理员保管。

3. 防病毒管理

所有接入内部网络的计算机都必须安装防病毒软件、最新的病毒库和查杀引擎。防病毒软件的实时监控要默认打开，不得擅自关闭。同时，计算机的防病毒软件和病毒库要通过一定的技术手段（例如给杀毒软件增加防护密码等）进行保护，防止用户误删或未经授权强制删除或禁用防病毒程序。

4. 网络与设备管理

数字化施工管理人员应定期检查防火墙、服务器及各网络设备监控日志，若发现异常，及时上报和详细记录并跟踪解决。由于网络设备的特殊重要性，网络设备的配置管理由特定管理人员完成，其他任何人不得改动设备配置。定期对计算机及其使用情况进行检查，检查内容包括计算机设备的维护和保养、环境卫生、计算机病毒的查杀、计算机是否安装了与工作无关的其他软件等，发现违规情况应及时处理。

5. 机房管理

在数字化施工中，由于各类数据的记录和储存需求，项目往往要设置机房及机房区。机房区是项目数字化施工的核心区域，技术保密性强，环境要求高，对数字化施工管理系统的运行起着至关重要的作用。机房工作人员应做好网络安全工作，网络设备及服务器的各种账号严格保密，并对各类操作密码定期更改。系统管理人员应不定期监控中心机房设备运行状况，发现异常情况应立即按照预案规程进行操作，并及时上报和详细记录。

3.3 数字化施工支撑技术

3.3.1 概　　述

数字化施工支撑技术是指在施工过程中可能涉及的各类信息技术。通过使用数字化施工支撑技术，对工程项目人力、机械、材料、工艺工法、环境、质量、安全、成本、进度等信息进行收集、存储、处理、共享和交流，并综合利用，为施工管理、施工技术提供及时、准确的决策依据。

本部分选取目前施工过程中已经有一定程度应用但尚未普及、未来有实用价值和发展潜力的技术进行介绍，包括BIM技术、实景建模技术、3D打印技术、扩展现实技术、云计算技术、人工智能技术、大数据技术、物联网技术、建筑机器人等技术，每类技术的主要内容包括基本概念、发展历程、分类和特点，以及在施工中的主要应用和价值。

3.3.2 BIM 技 术

3.3.2.1 BIM技术基本情况

《建筑信息模型统一标准》GB/T 51212—2016和《建筑信息模型施工应用标准》GB/T 51235—2017给出了BIM定义的中文表达：建筑信息模型是指“在建设工程及设施全生命期内，对其物理和功能特性进行数字化表达，并依此设计、施工、运营的过程和结果的总称。”BIM技术发展至今，主要经历了20世纪70年代的萌芽阶段、90年代的产生阶段，发展到21世纪初，以可普遍应用于PC端的BIM软件产生为标志，BIM技术开始进入可普遍应用的发展阶段。部分软件厂商将航空、航天、机械等制造行业的先进信息技术引入建筑行业，除了建模软件，围绕BIM应用的各种软件也逐渐配套成体系。从2002年开始，BIM作为一个专业术语，其技术和方法在业界专业人士与主要软件厂商的推动下，得到广泛认可和逐步推广，BIM成为工程建设行业继CAD之后新一代的代表性信息技术。

3.3.2.2 BIM技术施工阶段主要用途和价值

将BIM技术应用于施工过程，可以有效改变建筑业粗放的管理模式，提升施工技术与管理的信息化水平。施工阶段（投标阶段、施工准备阶段、过程实施阶段、竣工交付四个阶段）BIM常见应用如图3-1所示。

1. 工程可视化展示

在投标时为了争取得到业主的认可，提高中标机会，要采用各种方法提高投标书的编制质量和表现力，对工程进行BIM快速建模，建模精度根据投标周期拟定，对工程概况、施工组织部署、进度计划、施工平面布置、重要施工方案和工艺、安全管理措施等内容，在标书中通过三维模型和动画的形式进行表达，能够提高投标整体水平。

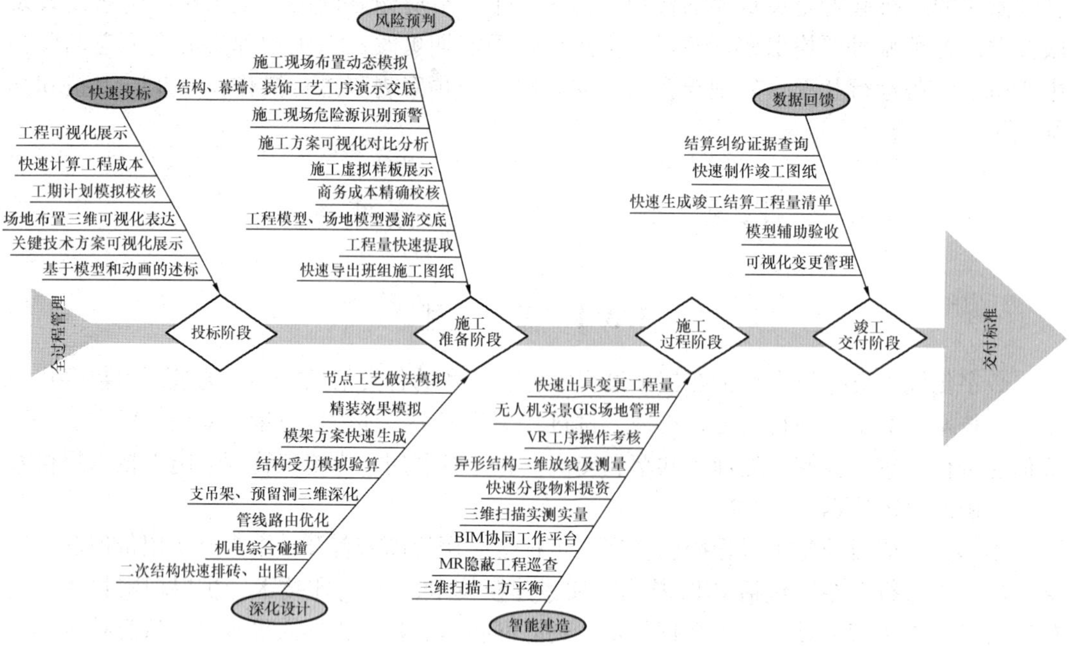

图 3-1　施工 BIM 常用应用点

2. 快速计算工程成本

快速准确的成本计算和推演能够为投标工作节省大量时间。基于 BIM 的成本模拟的目的是通过 BIM 的工程量自动统计特性，快速准确地统计出目标工程的实体工程量，也可通过一些基于 BIM 的插件直接得到清单，提高投标期间商务人员的成本计算效率。另一方面，快速准确的成本信息的获得也能够提前模拟施工资源配置情况，如基于 BIM 模型，对投标阶段拟投入的人力、材料、机械进行反向计算和定量分析，验证资源满足施工需要，这样的标书和述标形式，能够有效提高业主和评标专家的认可度。

3. 进度计划模拟校核

投标文件中，符合工期的施工计划是体现投标方整体统筹能力的重要指标，需要结合经验、定额、工程特性等因素进行综合考虑。BIM 可以将工期计划与模型构件一一挂接，快速模拟出整个项目周期的工期进度安排情况，提高标书内容中工期安排的可靠性及编制速度，也能让业主和招标方直观形象地了解投标方对整个施工项目的推进计划。

4. 关键技术可视化表达

项目针对关键点、难点将采用施工工艺和方案是标书的核心内容之一，也是业主或招标单位、投标单位重点关注的部分。这些特殊或重点部位的施工工艺往往很难通过文案表述清楚，利用 BIM 模型的可视化特性，可以很方便地模拟施工方案的整体实施情况和重点工况。

5. 基于模型和动画的述标

在目前行业大力推行电子投标的趋势下，标书和投标过程的电子化将越来越广泛。在标书编制及述标过程中，施工单位可将施工方案、工期计划、资金计划、资源计划均通过 BIM 模型及相关图片、动画、全景二维码等形式展示给评标专家及业主，使评标方能够准确接收到投标方对于项目的规划意图，也能体现项目实施团队信息化技术水平，相较于传统文稿标书形式，更能提高技术、商务标内容的表达效果。

6. 施工场地布置动态模拟

在施工团队进场前或者现场主要工序阶段改变时，施工团队均需对施工现场进行临建布设规划，利用BIM技术可以在计算机中对施工现场进行三维可视化的模拟，相较于仅在平面图中规划，基于BIM的场地布置对于施工现场垂直作业协同、区域协同规划有更真实全面的模拟作用，尤其是对于施工场地狭小、地形复杂的场地，可快速地按地下结构施工、主体结构施工、装饰装修等不同阶段对材料堆放、加工场地、交通组织、垂直运输、设备吊装等进行施工场地动态布置管理。

7. 模架方案快速生成

模架方案编制和交底是施工技术管理中不可缺少的工作，对工程质量、作业安全等方面都有着极其重要的作用，在模架方案编制时使用BIM模架软件，可以针对项目BIM模型自动识别高支模区域、复杂结构节点部位等，快速建立模架系统，也可在软件手动进行模架方案深化，安全验算等工作，自动导出模架施工图和搭设工程量清单，提高工程师工作效率。

8. 机电综合碰撞检测

机电安装管理中，对施工蓝图中错漏碰缺问题的审图工作必不可少，在施工作业之前，利用BIM技术可以在计算机中进行软（构件距离小于规范或者操作要求）、硬（构件实体接触）碰撞自动检测，能够快速发现设计缺陷，并自动追踪到每个碰撞位置，形成附带构件属性的碰撞检测报告，避免施工作业时发生拆改，减少人、材、资金及工期资源的浪费。

9. 管线路由优化

机电安装深化工作中，管线路由优化是重要的资源节约手段。工程师可以在BIM中直观地展现复杂的多专业机电管线情况。基于设计方蓝图中的路由情况，结合施工质量规范、管理人员经验和现场实际情况，综合考虑节省材料、工序规划等因素，对设计方的机电图纸在BIM中进行综合深化的优势体现在三维可视化、多视图自动联动性、同步清单生成、快速生成图纸等多个方面。

10. 支吊架、预留洞三维深化

在BIM中完成碰撞检测和路由优化之后，利用机电深化软件或插件可以进行支吊架及预留洞的快速添加，并出具支吊架加工图和预留洞预埋图，让深化工作更加便捷有效。

11. 节点工艺做法模拟

施工管理中的技术交底工作是施工方案落实到现场的关键，运用BIM技术将施工方案的实施过程进行三维动画、全景二维码等形式模拟展示，能够提高施工操作人员对方案的理解，加强技术交底效果。

12. 钢结构施工管理

钢结构专业对BIM的应用较为成熟，施工总包可对钢结构设计方提供的BIM模型进行模型审查，直接使用模型在计算机相应软件中完成可视化交底文件和视频的制作。

从钢结构BIM软件中也可直接导出构件加工图和下料清单，提高钢结构施工效率，由模型指导深化出图，并通过模型出量进行构件下料加工，确保加工构件的精准度。

13. 幕墙施工工艺交底演示

BIM 技术可用于幕墙专业的精细化方案模拟。在设计单位幕墙专业只提供少量的立面分格形式和节点图，所以需要在施工前对幕墙专业进行深化设计，针对异形结构的幕墙工程深化，相对于传统的二维 CAD 深化工作模式，利用 BIM 技术在计算机中进行幕墙专业分格尺寸、加工形状的工作模式能够提高幕墙深化及施工的效率。

14. 二次结构快速排砖、出图

利用 BIM 进行二次结构深化设计可将二维图纸转化为三维模型，清晰直观便于进行二次结构施工技术交底，动态调整砖体排布、直接提取工程量。极大地提高工作效率，可更好地辅助现场施工管理，降低施工材料耗损率，节约成本。

15. 施工方案可视化对比分析

针对某项施工难点制定的多种施工方案比选和交底是施工管理工作的重要内容，利用 BIM 的三维可视化功能，以三维模型或者动画的形式直观表达针对施工难点的施工方案实施模拟情况，提高参与方对于方案的理解程度。

利用 BIM 对常规工程中的机电节点，基坑支护、高支模方案或者形态特殊的工程中的弧形斜梁、斜板、异形钢构等技术要点方案进行建模，并在计算机中对其在专业碰撞、进度优化、力学性能等方面进行快速准确的分析，选取最优方案。

16. 施工虚拟样板展示

施工样板是施工现场重要节点质量标准的实体展示，规划和样板制作交底也是施工技术团队的重要工作，利用 BIM 模型对重要施工节点部位进行进一步细化，在计算机中制作出项目所需要的施工质量样板三维模型及样板区规划模型，可更高效地指导样板区施工。

在没有条件建造实体样板区或者实体样板区未施工完成的项目中，基于 BIM 的虚拟样板模型通过结合视频，二维码、增强现实、虚拟现实等技术，也可以实现施工质量样板的策划展示，丰富展示方式、扩大展示场景、提高质量样板的展示效果。

17. 快速导出班组施工图纸

针对施工重难点出具施工节点详图是技术管理的重要工作之一，将 BIM 模型细化到 LOD350 级别以上后，即达到可指导施工精度。可以在 BIM 中选取施工难点部位，可直接生成平、立、剖和三维示意图，并导出 CAD 作为施工班组细部施工指导图。如果发生 BIM 模型因设计变更进行了调整，相应的视图也会自动进行调整，提高施工出图工作效率。

18. 工程量快速提取

施工准备阶段中的成本、物资的精细化管理是施工方商务工作的重点，BIM 模型本身自带项目的技术和成本信息，如构件数量、体积、表面积、型号、密度等，通过相关功能的操作，可以快速按照楼层、专业、流水段等规则，以构件级别精度提取相关工程量数据，为商务、物资提供准确的数据支持，提高准备阶段成本风险规避能力。

19. 施工现场危险源识别预警

施工现场危险源会随着工程实体进度动态变化，施工管理方应准确快速地对施工现场在工程不同阶段时期的危险源进行甄别，使用 BIM 的漫游功能，可以快速发现结构施工中容易发生安全事故的临边洞口，在某些软件中可以达到自动识别临边洞口的效果，之后在对应的洞孔进行临边防护建模出图并自动计算安全防护材料的工程量，提高施工现场安全管理效率。

20. 土方平衡

项目开工前期，土方填挖的工程量核算需要施工商务、测绘、技术团队配合协作，利用原始地形测绘图、三维扫描点云或者实景地形点云，可以在计算机中生成对应的原始地形三维模型，再与工程的BIM模型相结合，按设定规则进行扣减，即可得到挖方、填方工程量，为商务提供重要结算依据，提高与业主、分包的结算沟通效率。

21. 无人机实景GIS场地管理

施工现场周边环境是施工内外调度协调工作的重要影响因素，利用无人机航拍图像，可以在计算机中生成施工场地周边大范围的三维地形模型，该模型具有空间三维坐标信息，与BIM相结合之后，能够对其进行面积、体积、高度的测量，也可在场地布置前更准确快速地预判可能存在的影响因素，如周边土坡、红线内外构筑物、城市或者郊外绿化树木等对临建设施如塔式起重机的影响，及时做出对应措施。

22. 异形结构三维放线及测量

施工过程中，异形结构的放线、测量、校核是施工技术团队质量控制的要点。相较于基于平面蓝图的工作测量、放线方式，在BIM模型中，可以对项目模型任意点位进行空间坐标标注。在异形结构项目施工中存在大量异形、倾斜构件，相较于传统的二维设计及施工技术管理模式，基于BIM技术可以在计算机中先根据设计截面建立整个构件的三维模型，然后对目标部位进行单独剖切，高程标注，就可以快速计算所有异形构件在整个项目中的准确施工点位，将目标部位的点位图导出交付给测量员，提高施工测量精度。将BIM结合智能全站仪，则可以使用BIM在施工现场进行基于三维模型的空间放线和偏差测量，也可将结果导出表格存档，对于复杂节点、异形结构工程，能够提高放线精度和放线人员效率。

23. 快速出具变更工程量

项目实施过程中，变更和洽商是十分常见的工作内容，需要技术、成本等部门快速提出应对措施。将工程中发生的变更、洽商图纸在BIM模型中进行调整后，通过插件能够快速得到调整前后的工程变化内容，包括相关构件变动，工程量变动等，再将所有变更工程数据存档，为商务过程成本控制及后期成本阶段提供重要依据。

24. 实测实量

工程质量管理工作中，实测实量是必不可少的管理手段，业主、监理及施工方自身都越来越看重实测实量数据，利用BIM和信息化技术，通过对现场已完成工程的实际数据采集（三维扫描或实景捕捉技术），生成实景数据模型，然后与工程BIM模型进行结合，能够快速对比所有施工实体的偏差测量并以模型形式显示出来结果，也可在计算机中形成偏差报告，可用于结构修补或后续工程的二次深化调整。对于异形结构、高大空间结构等传统手段难以测量的工程，实景捕捉结合BIM快速对比实测实量的方法，更加高效、准确，减少了人员成本和安全风险。

25. 模型辅助验收

在竣工阶段，把施工过程中各阶段模型进行整合，重新针对变更、洽商及现场实际情况，对模型进行最终调整，作为竣工验收依据，配合验收。在验收完成后，BIM模型应与工程实体一致，并将施工过程中接收、录入与产生相关信息与相关模型连接，在多方完成最终 BIM 验收审查后，从模型中快速导出竣工图，统一整体交付给业主方。

26. 快速制作竣工图纸

竣工图制作是验收阶段一项工作量较大的内容，需要根据过程中所发生的变更和洽商及最后的验收情况对初始蓝图进行修订并出图，利用 BIM 技术，依据施工过程中的变更洽商文件对 BIM 模型进行修改，得到最终的竣工 BIM 模型，根据竣工图纸提交要求，在软件中直接生成相关模型视图组合成为最终竣工图，并直接导出 CAD 进行蓝图打印，得到竣工蓝图，基于 BIM 制作竣工图能够减少大量平面图绘制工作，提高竣工图纸的准确性。

27. 结算纠纷证据查询

施工过程中将所有质量、安全、验收、隐检、变更、洽商等事件，与 BIM 模型挂接，通过平台软件，接收文字、图片、视频、录音等多种记录文件，并自动形成结构化的云数据资料库，如劳动力变化曲线、物资进出场记录、设备使用记录等，在过程结算或者竣工结算工作中，随时调取，以挂接具体模型部分的数据和影音资料形式，提供结算纠纷的有力证据。

28. 快速生成竣工结算工程清单

竣工结算中，快速获取工程前后工程量的变化情况是商务管理工作中重要的一环，通过 BIM 软件中前后变更对比功能，计算机就能快速准确地将根据变更文件修改的 BIM 模型的前后模型变化部位，工程量变化情况以三维和表格的形式体现出来，提高商务人员竣工结算的工作效率。

3.3.3　实景建模技术

3.3.3.1　实景建模技术基本情况

实景建模技术是现代精密测量与控制技术在工程建造领域中的创新应用。实景建模技术通过对现场环境与空间中的各类大型、复杂、不规则、标准以及非标准的工程实体或实景进行三维数据采集，采集后的三维数据（点云）在计算机中通过重建算法对工程实体或实景中的线、面、体等空间数据进行还原与重建。重建后的数据可以广泛应用于从勘察、设计、施工到运维这一工程建造全过程中的测绘、模拟、监测、计算、分析、全景展示等应用领域。在工作方式上，实景建模技术与传统的以正向建模和正向分析为特征的工程辅助建造方式相反。因此，实景建模技术也被称为逆向工程技术。

目前常用的实景建模技术实现手段是倾斜摄影和三维激光扫描技术，随着技术的不断进步，实景建模技术正朝着高速度、高精度、便携式的方向快速发展。

依据用途的不同，实景建模技术可以分为三维激光扫描技术和倾斜摄影技术两类。

3.3.3.2　实景建模技术施工阶段主要用途和价值

在工程实践方面，实景建模技术适用于环境复杂、结构复杂工程的辅助建造过程，部分应用场景如下：

1. 辅助现场规划

在公路工程、桥梁工程的改扩建中，常常会遇到边施工、边通行的作业要求。这一要求对现场人员、材料、机械的高效管理均提出了极高的挑战。基于实景建模技术对现场周边的建筑、道路、人流和车流状况进行扫描与重建，通过将重建后的周边环境模型与设计 BIM 模型进行“虚实匹配”，能够辅助完成现场规划、施工组织规划、物流进场计划、施工进度计划等工作的编制与优化。

2. 辅助基坑挖填方量的计算

在基坑尤其是超大、超深基坑的施工中，实景建模技术可以用于基坑范围、基坑体积的快速扫描、重建、测量与计算。同时，在后处理软件的辅助下，实景建模技术还可以用于基坑中任意横断位置处的挖填方量的测量与计算，如图 3-2 所示。此外，在基坑挖方和强夯过程中，实景建模技术还能够用于超挖、欠挖的测量与分析。

图 3-2 实景建模技术辅助基坑挖填方量计算

3. 辅助设计验证

实景建模技术可以对既有环境、既有工程实体进行扫描与重建。同时，通过将重建后的三维模型与设计 BIM 模型进行“虚实匹配”，能够对设计方案的可施工性进行辅助验证，如图 3-3 所示。

图 3-3 实景建模技术负责现场环境施工和预测

4. 施工过程中的结构变形监测

随着施工过程的进行，建筑物的负荷也逐渐增加，加上地质因素的影响，施工过程中会出现结构的位移、变形与沉降现象。基于实景建模技术，每间隔一定时间对现场进行扫描与重建，通过将历次扫描与重建的数据和初始数据进行比对，能够实现对施工过程中的结构变形进行监测，如图 3-4 所示。

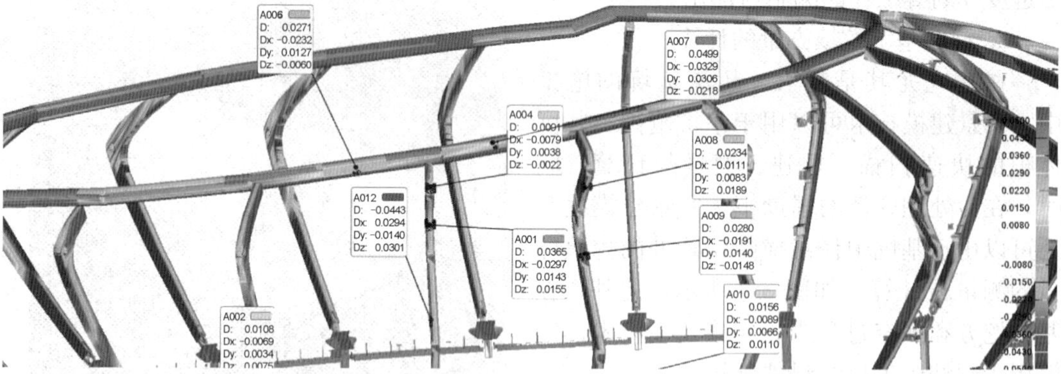

图 3-4　实景建模技术辅助结构变形监测

5. 工程质量的动态管理

实景建模技术有助于实现工程质量的动态管理。工程技术人员在后处理软件的辅助下，能够完成实际施工状况和设计图纸之间的对比分析，如图 3-5 所示。简化了“先测量、再对照设计图纸、最后进行误差分析”这一较为繁冗的施工质量管理方式。精简了工程技术人员的现场工作量和工作强度的同时，显著提升了施工质量管理中的自动化程度。

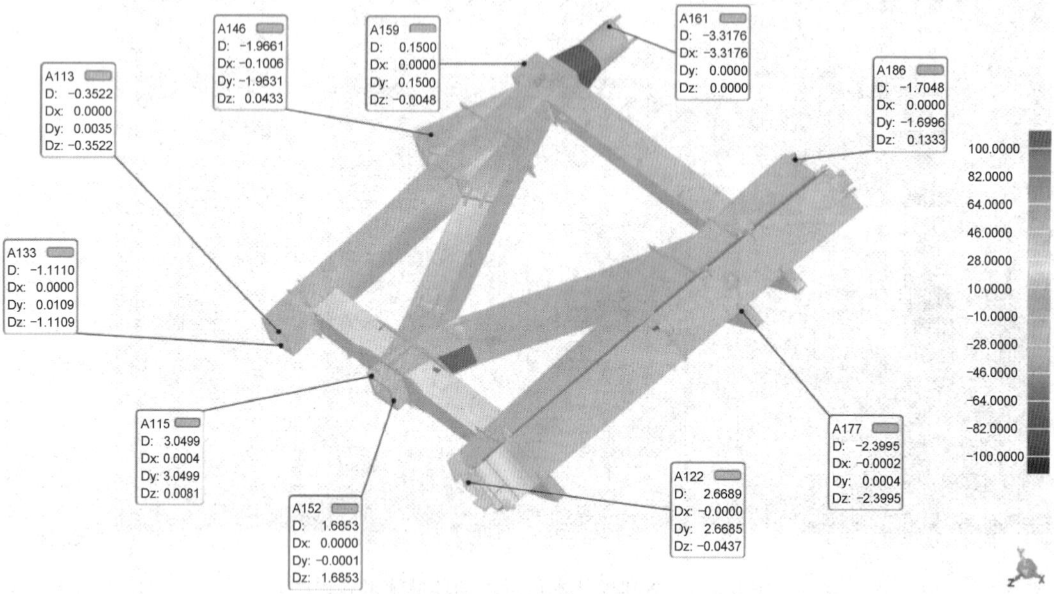

图 3-5　实景建模技术辅助工程质量动态管理

6. 施工数据的采集与竣工 BIM 模型的辅助创建

针对施工过程中的每个施工节点，工程技术人员基于实景建模技术对现场状态进行扫描与重建。扫描与重建后的三维模型有助于指导、辅助完成施工 BIM 模型的持续更新与最终竣工 BIM 模型的辅助创建，如图 3-6 所示。

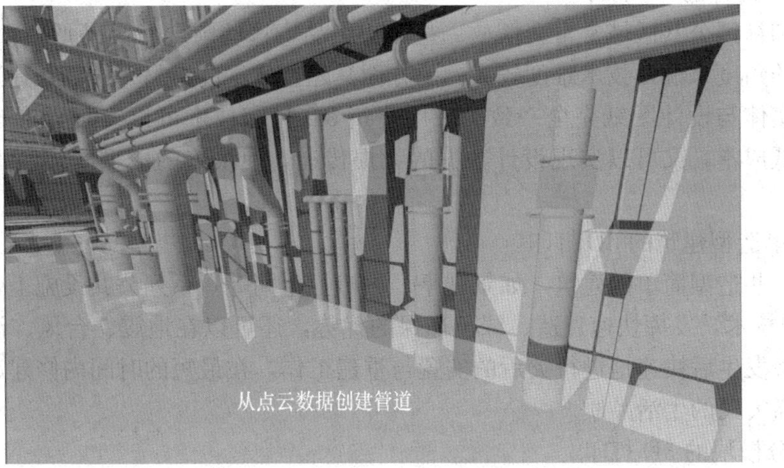

图 3-6 实景建模技术辅助施工数据采集与竣工 BIM 模型辅助创建

3.3.4 3D 打印技术

3.3.4.1 3D 打印技术基本情况

3D 打印技术是指通过连续的物理层叠加，即逐层增加材料的方式来生成三维实体的材料制造或加工技术。与传统的以材料去除为特征的材料制造或加工技术（减材制造）不同，3D 打印技术也被称为增材制造技术（Additive Manufacturing，AM）。依据美国材料与试验协会（ASTM）在 2009 年公布的定义：3D 打印技术是一种与传统的材料去除加工方法相反的、基于三维数字模型的、采用逐层制造的方式将材料结合起来的工艺。

作为一种全新的综合性应用技术，3D 打印技术综合了数字建模技术、机电控制技术、材料科学与化学等诸多领域的前沿研究成果，具有很高的科技含量。国外具有代表性的是美国的"轮廓工艺"技术、意大利的"D-Shape"技术，国内有中国建筑股份有限公司混凝土 3D 打印技术、河南太空灰三维建筑科技有限公司 3D 打印技术等。

3.3.4.2 3D 打印技术施工阶段主要用途和价值

在施工阶段，建筑 3D 打印技术主要应用在建筑结构、装饰等的异形构件打印，经拆分后的装配式模块打印以及整体式建筑打印上。建筑 3D 打印技术与传统的建筑技术相比，在施工自由度、个性化创造、原材料利用率等多方面具有优势。目前，建筑 3D 打印技术主要处于研发和技术探索阶段，在打印材料、打印方式、打印设备、结构体系、设计方法、施工工艺和标准体系方面仍然存在着一系列的问题。现在已经能够打印出一些建筑构件以及一些结构、形式简单的建筑。在实际工程应用阶段还需要不断探究和摸索。

1. 建筑构件的 3D 打印

目前，建筑 3D 打印技术在建筑构件的打印上研究和应用较为充分。GRC（玻璃纤维增强混凝土）、SRC（钢骨混凝土构件）等高档建筑装饰构件其造型复杂，采用传统的制造方式成本较高。建筑 3D 打印技术不需要模具，可以直接打印异形构件。因此，可以用于 GRC、SRC 等高档建筑装饰构件的快速打印。

2. 异形构件的3D打印

公园和社区公共区域常常会摆放一些雕塑小品，这些雕塑小品外形新颖、充满创意。但从建造的角度来说，技术难度较大。一方面其建造成本高，另一方面在建造过程中无法做到成型实体与设计图纸完全一致。采用建筑3D打印技术可以实现异形构件的精准打印，既降低成本，又可以实现设计数据的无损传递，使最终的成型实体与设计图纸完全一致。

3. 简单造型建筑的3D打印

针对一些造型简单的建筑，如景观亭、城市卫生间等一系列公共设施上，可以采用建筑3D打印技术，发挥快速建造、绿色环保的优势，还可以在地震、台风、泥石流、海啸等自然灾害发生后快速地进行灾后的安置与重建工作，在最短的时间内修建起大量的灾后用房，提高灾民的生活品质。

4. 拆分模块的3D打印

对装配式建筑进行拆分，分模块打印建筑各组合部件，最后完成装配。在建筑3D打印技术的第一阶段，可以广泛应用于别墅建造等主要注重外形和品质，较少考虑成本的建筑，可以充分采用建筑3D打印技术的特点，打造出造型奇特和复杂的建筑，并在打印过程中不断改进技术、降低成本，推动其进一步发展。

3.3.5　扩展现实技术

3.3.5.1　扩展现实技术基本情况

扩展现实（eXtended Reality，XR），是一个总称术语，适用于所有计算机生成的环境，可以融合物理和虚拟世界，为用户创建身临其境的体验。目前XR包括虚拟现实（Visual Reality，VR）、增强现实（Augmented Reality，AR）和混合现实（Mixed Reality，MR）。

3.3.5.2　VR技术

VR是一种可以创建和体验虚拟世界的计算机仿真系统，利用计算机生成一种模拟环境，通过多源信息融合、交互式的三维动态视景和实体行为的系统仿真，使用户沉浸到该环境中。代表设备有：HTC Vive，Oculus Rift，Playstation VR。

VR技术的应用方式包括：漫游、交互、多人交互式协作等，也可以通过定制化解决方案实现VR扩展应用。VR技术能够将模型从传统二维屏幕中剥离，或使工程师以第一人称视角沉浸式进入计算机的虚拟世界里，或与现实场景叠合，通过视觉技术使应用BIM模型的工程师达到“身临其境”的模拟效果。

1. 施工场景漫游

通过构建BIM模型及VR渲染，可以增强施工阶段深化设计的选择，还可以通过沉浸式查看模型的方式对项目策划阶段的BIM设计做合理性预判，帮助施工方了解施工过程，直观展示计划中的工程状态。降低质量、安全、进度等管理方面的风险，减少返工浪费，节约成本。

2. 虚拟交互

相对传统的安全教育体验区、现场质量工艺样板区所占的面积更小，实体材料投入少，周转效率更高，普及推广成本更低，通过BIM+VR虚拟体验区的建立，可以更好实现“五节一环保”的绿色施工管理理念。

3. 多方协同

能让施工方与设计方、建设方、分包方的沟通更有目标性，迅速直观模拟最终效果，无论对于甲方快速选择样板方案还是施工方的各种策划、施工方案，都能在虚拟现实环境里沉浸式地模拟出来，为决策提供直观的依据，减少沟通成本。具体内容和应用场景都可以根据实施项目需求和实施方案进行制作，其应用维度可以往多方面扩展。

3.3.5.3 AR 技术

AR 技术本质是一种实时地计算摄影机影像的位置及角度并加上相应图像、视频、3D 模型的技术，这种技术的目标是在屏幕上把虚拟世界套嵌在现实世界并进行互动。利用 AR 技术可将二维图纸与三维 BIM 模型无缝对接，充分发挥三维协同设计的优势，为 BIM 模型数据的应用开辟了一条全新的途径，BIM 模型中的大量建设信息得以更充分展示。

AR 呈现内容的方式主要是依靠移动端的屏幕，如智能手机、平板电脑或者某些智能穿戴设备，如表 3-1 所示。

AR 场景和设备 **表 3-1**

虚拟内容	现实场景触发	设备端	虚实交互
静态 BIM 模型	二维码	移动端	查看模型（放大、缩小、旋转等）
BIM 动画	图纸	AR 智慧桌面	动态互动
交互动作	任意设置触发图形	AR 眼镜	模拟拼装
		AR 操作台	测量

AR 技术在工程领域的应用主要是通过移动端来进行 BIM 模型的展示，可以达到在指定位置查看指定模型的目的，目前较为成熟的有以下几种应用：

1. 工法样板展示

利用 BIM 软件或者 3D 类软件，制作工法样板相关模型，然后制作工艺工序动画、配音。封装以后，制作成 APP 软件，由管理人员下载使用。可以以展板的形式，在工法样板展示区展示，以便扫描使用，让使用者了解所对应工法详细情况。也可以在方案中将插图作为识别点，扫描以后展示扫描图片所描述工艺工法，方便使用者对方案进行理解。

2. 图纸复杂节点展示

利用已建立的 BIM 模型，将模型拆分成小块，对应图纸。封装以后，使用者在看图的过程中，可以打开程序，对图纸进行扫描，出现所扫描部位的三维模型，方便识图者对图纸的理解。

3. 实景操作指导

利用实景三维扫描技术，在设备安装、管线节点安装、精装节点施工等复杂区域，做成实景扫描 AR，可以在实景中参考虚拟模拟，进行操作。也可以用作维修、检修的实景参考。

3.3.5.4 MR 技术

MR 是一种使真实世界和虚拟物体在同一视觉空间中显示和交互的计算机虚拟现实技术，混合现实融合了人机交互、传统现实以及人的认知。一个典型 MR 系统由虚拟场景生成器、头盔显示器、实现用户观察视线跟踪的头部姿态跟踪设备、虚拟场景与真实场景对准的定位设备和交互设备构成。

MR 是一种目前行业内更先进的混合技术形式。MR 技术通过人工智能可穿戴设备，将真实世界的所有环境和场景与 BIM 模型相叠加，从而实现全息影像和真实环境融合，是基于现实世界的虚拟体验。

该技术目前较新且正在逐步应用，交互功能较为单一，可用于施工深化设计、方案模拟、工序交底、异地协同管理等相关可视化应用，利用 MR 技术进行模拟和可视化可基于项目实际环境，真实性强，使用者与 BIM 模型之间的互动是实时性的，交换方式如表 3-2 所示。

基于 MR 技术的 BIM 模型交换方式　　**表 3-2**

虚拟内容	现实场景	混合呈现形式	交互方式（手势识别）
静态 BIM 模型	室内方案研讨	图像叠加	查看模型（放大、缩小、旋转等）
模型构件信息	室外方案校核		信息查看
交互动作			尺寸测量

MR 技术的兴起时间晚于其他虚拟现实类技术，且 MR 设备的技术集成含量更加复杂，针对建筑行业的混合现实技术应用生态圈还未成型，因此目前的应用模式主要为开发者应用模式，即基于其设备本身的基础功能之上，联合有开发能力的软件服务企业进行定制化功能开发，有针对性地研发 BIM＋混合现实技术对具体项目工程难点的解决方案。

BIM 技术与 MR 技术的集成应用主要包括虚拟场景、施工进度和复杂施工方案的模拟，施工质量、交互式场景漫游等方面。传统的二维、三维表现方式，传递的只是建筑物单一尺度的部分信息，MR 技术可以在观察者面前展示 BIM 模型并可以进行手势交互，同时可以将模型置于实际施工位置进行身临其境地查看模型的任何部位的虚拟和现实信息，提高对模型和方案的理解。

1. 方案验证

混合现实技术由于其特殊的虚实结合特点，能够将 BIM 所模拟的模型方案呈现在现实施工场景中，对方案的设计合理性进行直观的检验。

2. 简化操作

混合现实技术的人机交互的主要方式为手势识别，不需借助过多复杂的设备，因此不同年龄、认知、岗位的建筑从业人员都可以快速上手。

3. 多人协同

MR 设备为一台具备扫描摄像头、语音通话、网卡及独立处理器的微型多功能计算机，技术集成含量高，能够在网络环境下基于同一个 BIM 体系进行协同沟通，提高远程工作效率。

3.3.6　云计算技术

3.3.6.1　云计算技术基本情况

云计算技术有狭义和广义两种定义。狭义的云计算是指 IT 基础设施的交付和使用模式，指通过网络以按需、易扩展的方式获得所需的资源（硬件、平台、软件等）；广义的云计算是指服务的交付和使用模式，指通过网络以按需、易扩展的方式获得所需的服务，这种服务可以是IT基础设施和应用软件、互联网相关的，也可以是任意其他的服务。这里采用云计算的狭义定义。

提供资源的网络被称为“云”。“云”中的资源在使用者看来是可以无限扩展的，并且可以随时获取、按需使用、随时扩展、按使用付费。这种特性经常被称为像水电一样使用IT基础设施。

2006年8月，云计算概念首次在搜索引擎会议上提出，成为互联网第三次革命的核心。近几年来，云计算也正在成为信息技术产业发展的战略重点，全球的信息技术企业都在纷纷向云计算转型。

按云计算提供的服务类型分为三类：软件服务（Software as a Service，SaaS）；平台服务（Platform as a Service，PaaS）；基础设施服务（Infrastructure as a Service，IaaS）。

1. SaaS

提供给客户的服务是运营商运行在云计算基础设施上的应用程序，用户可以在各种设备上通过客户端（如浏览器）界面访问和使用应用程序。消费者不需要管理或控制任何云计算基础设施，包括网络、服务器、操作系统、存储等。

2. PaaS

PaaS介于SaaS与IaaS之间，为生成、测试和部署软件应用程序提供一个环境。PaaS为用户提供云端的基础设施部署环境，用户不需要管理与控制云端基础设施（包含网络、服务器、操作系统或存储），但需要控制上层的应用程序部署与应用托管的环境。PaaS抽象了硬件和操作系统细节，使用户（往往是软件开发人员和企业）只需要关注自己的业务逻辑，不需要关注底层。

3. IaaS

提供给消费者的服务是对所有云计算基础设施的利用，包括处理CPU、内存、存储、网络和其他基本的计算资源，用户能够部署和运行任意软件，包括操作系统和应用程序。消费者不管理或控制任何云计算基础设施，但能控制操作系统的选择、存储空间、部署的应用，也有可能获得有限制的网络组件（例如路由器、防火墙、负载均衡器等）的控制。

在施工信息化的发展进程中，云计算作为基础应用技术是不可或缺的，无论是物联网、移动应用、大数据等应用，都需要搭建云服务平台，实现终端设备的协同、数据的处理和资源的共享（表3-3）。

建筑工程中常用的云服务 **表3-3**

类别	国外	国内
SaaS服务	Google、Salesforce、Oracle、Microsoft Azure等	小库智能设计云平台、浩辰云建筑、协筑工程项目管理平台、施工图数字化联审云服务平台、元计算等
PaaS服务	AWS、Microsoft Azure、Google等	阿里云、腾讯云、华为云、新浪云、Ucloud等
IaaS服务	AWS、Microsoft Azure、IMB、Softlayer等	阿里云、腾讯云、华为云、新浪云、Ucloud、中国电信、青云等

3.3.6.2　云计算技术在施工中的用途和价值

对施工单位以及设计单位来说，日常产出的数据、资料都是企业资产，甚至直接影响企业的未来，云存储可代替传统移动介质存储或FTP存储，有效消除个人计算机设备的硬件故障造成的损失，提供可靠、安全和高速的资源整合。云存储在工程资料管理中的主要优势有：数据安全、储存速度快、数据加密、文件分层、提高资源利用率、降低成本等。常用的云平台服务包括：ProjectWise、广联达协筑、百度网盘、PKPM BIMBox、teambition等。

在工程造价管理方面，造价、采购信息变化较快，通过互联网云平台进行建材数据的采集、存储、处理、编制、分析和共享，帮助企业实现建材信息系统化、标准化管理，并进行快速询价已成为行业需求。常用的云平台服务包括：鲁班软件云、广联达造价信息云、中建普联造价通、大匠通私有云等。

3.3.7　人工智能技术

3.3.7.1　人工智能技术基本情况

人工智能（Artificial Intelligence，AI）是利用数字技术模拟、延伸和扩展人类智能，感知环境、获取知识并使用知识获得最佳结果的理论、方法、技术及应用系统。人工智能的概念诞生于1956年，经过60多年的演进，特别是在移动互联网、大数据、超级计算、传感网、脑科学等新理论新技术以及经济社会发展强烈需求的共同驱动下，近年来加速发展，呈现出深度学习、跨界融合、人机协同、群智开放、自主操控等新特征。大数据驱动知识学习、跨媒体协同处理、人机协同增强智能、群体集成智能、自主智能系统成为人工智能的发展重点。

人工智能主要涉及计算机视觉、智能语音处理、自然语言理解、生物特征识别、智能决策控制以及新型人机交互等技术领域。其中，计算机视觉技术在当前产业界尤其是建筑施工领域应用最为广泛。

计算机视觉的目标就是让计算机能够像人一样，通过视觉来认识和了解世界，它的核心任务就是对图像进行理解：包括对单幅图像、多幅图像及视频图像（图像序列）的理解。对于单幅图像理解，主要应用场景包括分类、目标识别/图像分类、目标定位、目标检测、语义分割等；对于多幅图像理解，主要研究三维重建；对于视频理解则主要研究目标跟踪。

3.3.7.2　人工智能在施工中的应用和价值

预计人工智能将对建筑施工行业的转型升级起到重要的推动作用。人工智能可以解决或优化质量管理、项目进度管理、设备管理、施工安全等各方面的问题。此外，诸如机器人、无人机等技术，也将推动建筑业进一步实现无人化及安全化生产，解决建筑业劳动力短缺的问题，同时避免建筑工人在复杂、危险的环境中施工等。

现阶段人工智能在建筑施工领域的应用，如表3-4所示，可以看出多数都是计算机视觉技术的应用。

施工领域AI应用情况 **表3-4**

序号	类别	名称	应用场景	识别内容
1	物料清点	数钢筋	材料员在钢筋进场时用手机盘点	各直径钢筋数量
		数钢管	材料员在模架钢管借还时使用手机进行拍照识别，输出钢管数量	钢管
2	物料识别	机电构件识别	构件类型自动识别，提升构件导入时的用户操作体验	构件类别
		材料识别	材料员通过拍照可以看出进料类别	工字钢、角钢、空气砖等
3	车辆识别	车牌识别	过磅料车识别	车牌
		车脸识别	材料员通过拍摄同一车牌进出场是否为同一车辆，判定是否有通过偷换车辆，毛重称量有误	车牌、车型
		陌生车辆监测	车辆进出场记录+车牌识别	车牌、车型
4	人员	安全帽佩戴监测	施工作业期间安全帽佩戴检查	工人、佩戴与未佩戴安全帽的人
		周界入侵	禁止工人进入沉淀池、基坑周边、大型机械、配电箱等周围	人员
		陌生人监测	帮助项目部控制陌生人进入项目部，造成偷窃	人脸检测、人脸库比对
		步态识别	在人脸遮挡或角度差的条件，识别工地人员身份	走路姿态、轮廓和身份
		ReID	在人脸遮挡或角度差的条件，识别工地人员身份	多视角下的身份ID
		反光衣穿戴	检测工人反光衣穿戴情况	反光衣穿戴
		徘徊检测	偷窃识别	人员徘徊
		越界监测	沉淀池人员入侵	动态物体
		吸烟检测	生活区、施工区防火	吸烟动作
		群体性事件预警	钢筋加工棚出现事故以及工地打架等事件发生后的人员群聚	人数
5	环境	明火识别	及时发现工地配电箱、生活区火灾，及时扑救	火焰
		烟雾识别	及时发现工地配电箱、生活区火灾，及时扑救	烟雾
		物体停留	基坑周围物体对方识别	动态物体
		混凝土非法注水	帮助质量员监控门外、地泵前排队的车辆是否非法注水	罐车和人员识别
		动火隐患监测	安全员通过手机拍照或录像识别焊接人员用火是否有隐患	工人、反光衣穿戴、烟雾、灭火器、灭火水桶、氧气瓶、乙炔瓶、电焊用防护面罩、油漆桶
		危险源识别	利用摄像头，识别影像中的危险源	各类危险源
		安全隐患识别	利用摄像头，识别影像中安全隐患	各类安全隐患

3.3.8　大数据技术

3.3.8.1　大数据技术基本情况

大数据技术是指对海量、高增长和多样化信息资产进行采集、存储和关联分析，从中发现新知识、创造新价值、提升新能力的信息技术。近年来，信息技术与经济社会的交汇融合引发了数据迅猛增长，数据已成为国家基础性战略资源，大数据技术正日益对全球生产、流通、分配、消费活动以及经济运行机制、社会生活方式和国家治理能力产生重要影响。

大数据技术起源于互联网，首先是网站和网页的爆发式增长，搜索引擎公司最早感受到了海量数据带来的技术上的挑战，随后兴起的社交网络、视频网站、移动互联网的浪潮加剧了这一挑战。互联网企业发现新数据的增长量、多样性和对处理时效的要求是传统数据库、商业智能纵向扩展架构无法应对的。在此背景下，谷歌公司率先于2004年提出一套分布式数据处理的技术体系，即分布式文件系统谷歌文件系统（Google File System，GFS）、分布式计算系统MapReduce和分布式数据库BigTable，以较低成本很好地解决了大数据面临的困境，奠定了大数据技术发展的基础。受谷歌公司论文启发，Apache Hadoop项目的分布式文件系统HDFS、分布式计算系统MapReduce和分布式数据库HBase，UCBerkley大学的Spark，Apache Flink相继出现，经过10年左右的发展，大数据技术形成了以开源为主导、多种技术和架构并存的特点，2014年之后大数据技术生态的发展进入了平稳期。

从数据在信息系统中的生命周期看，大数据技术生态主要有5个发展方向，包括数据采集与传输、数据存储、资源调度、计算处理、查询与分析。近年来云计算、人工智能等技术的发展，还有底层芯片和内存端的变化，以及视频等应用的普及，都给大数据技术带来新的要求。未来大数据技术会沿着异构计算、批流融合、云化、兼容AI、内存计算等方向持续更迭，5G和物联网应用的成熟，又将带来海量视频和物联网数据，支持这些数据的处理也会是大数据技术未来发展的方向。

建筑施工行业是信息密集的产业，有着海量数据的积累和沉淀。在建筑施工的各阶段，不仅涉及建筑产品本身的数据，还涉及相关的人、财、物、进度、成本、质量、安全等多方面的数据，包括项目的工程量、建材价格数据、设备产品数据、企业资质数据、产品质量评估数据等。随着建筑施工行业信息化的发展，特别是近年来BIM技术的应用，越来越多的信息被积累起来，这些信息如果能作为大数据加以利用，不仅可以提高建筑施工行业的监管和服务水平，也能够大大提高企业的管理水平，并带来显著的经济效益。

在建筑施工领域的实际应用中，以下四类数据应用较多：业务数据、行业知识数据、物联网数据、用户数据。

目前，建筑施工领域的大数据应用还不成熟，主要是因为建筑施工数据类型多，处理困难、交互效率低，同时建筑施工数据总量大、收集难。

3.3.8.2　施工大数据用途及价值

从宏观、横向角度（行业、企业、产品）施工大数据的主要用途包括：

1. 提升行业监管与服务水平

大数据的应用，可以推动建筑行业深化“放管服”改革，有助于建立基于大数据的建筑市场管理体系。在建筑施工行业的各项管理工作过程中，产生和积累了大量的企业数据、人员数据、工程项目数据和诚信数据，这些数据对于建设主管部门开展监管和服务工作具有重要价值。

2. 驱动企业数字化变革，增强经营管理能力

通过企业内部建立的数字化企业平台，将本企业项目的生产、管理等信息数据纳入实时动态监控范围，增加项目透明性，对偏离目标的项目及时采取有效措施，在整个企业范围内实现资源有效配置、有问题快速解决，这有助于实现企业的数字化转型、生产的有效管理。大数据应用，将引领工程项目的全过程变革和升级，将有效提升项目管理水平和交付能力，实现建筑产品、建造过程的全面升级。

3. 数据产品与服务的商业化

建筑领域数据量大、分散，而且具有时效性、经常变动，数据的收集和整理比较困难。因此，对建筑领域某细分场景的数据进行收集整理，打包形成标准的产品与服务，进行商业化销售运营，将是一个潜在市场。

从微观、纵向角度（人、机、料、环、财等生产要素）施工大数据的主要用途包括：

1. 提升劳务管理水平

将大数据应用在劳务管理中，通过信息系统、物联网设备等技术手段，对工人信息进行有效采集，并对积累的数据进行分析和应用，将极大提升企业劳务管理水平。比如，工人进场时采集其基本信息，既满足行业管理部门现场实名制的管理要求，同时这些基本信息在后续项目管理过程中可以支撑深入应用。这些基本信息与出勤、工资发放信息结合，能支撑企业劳务结算，又能保障企业和工人双方利益，避免产生劳务纠纷；与安全教育、安全巡查、不良行为记录等信息结合，可以对工人的现场安全生产进行有效管控，避免和降低安全风险；与质量数据结合，能够掌握工人的生产结果信息，实现对工人的质量管控和有效追溯；与BIM、进度、成本等进行结合，能积累企业的用工消耗数据，为编制企业定额提供人员消耗量支撑；与现场消费数据、行为数据进行关联，可形成人员的行为数据；综合所有信息可以全面完成工人评价体系，构建用工诚信体系，从根本上提升项目精细管理水平。

2. 提高机械设备利用率

在机械设备管理方面，很多企业面临设备、机械闲置的问题，包括设备闲置率高、内部的设备协同无法实现、无法透明化的在线交易、设备维护保养与项目的需求不对称、设备备件储备与实际需求不匹配、无法实现对社会上设备的再次使用等诸多问题。利用大数据技术，收集这些设备、机械的状态数据，结合行业知识，对大数据进行分析、治理与优化，可以有效地提高这些设备的利用率，从而节省企业设备购买租用费用、物流成本等。

3. 提高物料管理水平

在建筑工程成本构成比例中，物料成本占绝大部分。物料管理涉及的范围较广泛，精细化物料管理是企业物料成本控制、产品品质保障、综合效益提升的关键。大数据技术，由于有丰富的历史资料支持以及强大的自我学习能力，能从物料进场、半成品加工、现场耗用及工程实体核算的整个生命周期中，卡住各个环节的关键点，排除人为因素、堵塞管理漏洞，从粗放管理向精细化方向迈进，用真实准确的业务数据来支撑管理决策，助力成本管控。

4. 提升自然环境保护及施工环境安全监测

通过对施工环境的安全隐患监测，包括有害气体检测、消防隐患、施工设施安全隐患排查等，汇总这些大数据进行展示、预警，可以减少事故发生，保证施工人员安全等。大数据利用智能远程技术手段，成本更低、效率更高，更有助于项目管理者形成准确的判断，因而可以提高自然环境保护、施工安全环境保护的质量和效率。

5. 提升成本管控水平

通过建立财务大数据分析模型，充分利用项目成本相关的海量业务数据，按业务板块、地区、重大工程等维度进行分类、汇总，对"人、机、料"等核心成本要素进行分析，挖掘出关键成本管控指标并利用其进行成本控制，从而实现工程项目成本管理的过程管控和风险预警。随着成本数据库的数据采集，一方面可以作为成本数据的保存，另一方面可以通过数据平台的各项分析，对标、验证和提炼各项数据，从而指导公司或个人做出正确决策，以达到更大限度的成本管控。

3.3.9　物联网技术

3.3.9.1　物联网技术基本情况

物联网技术（Internet of Things，IoT）是指通过无线传感、射频识别、红外感应器、全球定位、传感器等，按约定的协议，把物品与互联网连接起来，进行信息交换和通信，以实现智能化识别、定位、跟踪、监控和管理的一种网络技术。物联网给物体赋予智能，实现人与物体的沟通和对话，也可以实现物体与物体相互间的沟通和对话。

从技术的角度物联网技术发展分为四个阶段：第一个阶段是单体互联，主要是射频识别RFID广泛应用于仓储物流、零售和制药领域；第二阶段是物体互联，无线传感网络技术成规模应用，主要是恶劣环境、环保和农业等领域应用；第三个阶段是半智能化，物体和物体之间实现初步互联，物体信息可以通过无线网络发送到手机或互联网等终端设备上，实现信息共享；第四个阶段是物体进入全智能化，最终形成全球统一的"物联网"。

3.3.9.2　物联网技术的施工用途和价值

工程项目应推进物联网技术在施工阶段应用，进行实时数据采集、监测、跟踪、记录，随时随地获取相关信息。主要应用包括：

1. 预制构件全过程信息管理

从预制构件深化设计开始，基于物联网技术记录构件加工、工厂堆放、道路运输、现场堆放、现场安装，直至运营维护。

2. 塔式起重机监控

塔式起重机监控利用传感器技术、物联网终端设计技术、无线通信技术、大数据云储存技术，实时采集塔机运行的载重、角度、高度、风速等安全指标数据，并将上述数据实时传输至系统，从而实现实时现场和远程超限报警、区域防碰撞及大数据分析功能。

3. 施工升降机监控

施工升降机安全监控基于传感器技术、物联网终端设计技术、无线通信技术、大数据云储存技术等技术研发，高效率地完整实现施工升降机实时监控与声光预警报警、数据远传功能，并在司机违章操作发生预警、报警的同时，自动终止施工升降机危险动作，有效避免和减少安全事故的发生。

4. 能耗监控

基于物联网技术，监管监控供电侧和用电侧数据，并通过对数据的计算和处理来分析判断，实现用电安全专业化和统一管理，在发生预警和故障时，及时断电并通知平台，起到及时发现电气隐患和避免火灾等更大险情的作用。

5. 安全监测

基于物联网技术，通过应变计、土压力盒、锚杆应力计、孔隙水压计、测斜仪等智能传感设备，实时监测在基坑开挖阶段、支护施工阶段、地下建筑施工阶段周边相邻建筑物、附属设施的稳定情况，承担着对现场监测数据采集、复核、汇总、整理、分析与数据传送的职责，并对超警戒数据进行报警，为设计、施工提供可靠的数据支持。

6. 环境监控

基于物联网技术，构建工程环境监控系统，可有效监控建筑工地扬尘污染和噪声。环境监测主要包括项目现场 $PM_{2.5}$、温度、噪声、风力等环境要素，并联动现场喷淋设备，实现自动喷淋。

3.3.10 建筑机器人

3.3.10.1 建筑机器人基本情况

建筑机器人包括“广义”和“狭义”两层含义，广义的建筑机器人囊括了建筑物全生命周期，包括勘测、施工、运维、清拆、保护等相关的所有机器人设备，涉及面广泛，常见的保洁、递送、陪护等服务机器人，以及管道勘察清洗、消防等特种机器人都可纳入其中。狭义的建筑机器人指与建筑施工作业密切相关的机器人设备，其涵盖面相对较窄但具有显著的工程化特点，如测量机器人、砌墙机器人、切割机器人、焊接机器人、墙面施工机器人、3D 打印建筑机器人、可穿戴辅助施工机器人、混凝土喷射机器人、拆除机器人等。行业除了使用建筑机器人这个术语外，同时也使用建筑智能装备、建造机器人等术语，可理解为对建筑机器人不同形式、不同范围的描述。

建筑机器人的开发应用始于 20 世纪 80 年代，德国、美国、日本、瑞士、西班牙等国的建筑机器人发展迅速，此后，虽然欧美等发达国家对于建筑机器人的研究从未中断，但遗憾的是这些设备一直未能投入应用。直到近几年，才陆续有一些系统走出实验室，被应用于实际工程之中。世界上第一台建筑机器人诞生于墙体砌筑方面。1994 年，德国卡尔斯鲁厄理工学院研发了全球首台自动砌墙机器人 ROCCO。如今，建筑机器人已经初步发展成了包括测绘机器人、砌墙机器人、钢梁焊接机器人、混凝土喷射机器人、施工防护机器人、地面铺设机器人、装修机器人、清洗机器人、隧道挖掘机器人、拆除机器人、巡检机器人等在内的庞大家族。

随着建筑业产值逐年递增，建筑业所需人工多，劳动力短缺问题日趋严重，同时又面临着事故多发、施工标准一致性差、劳动力成本不断增加的压力，对建筑机器人的研发应用越来越受到人们的重视。

3.3.10.2 测量机器人

测量机器人是指用于工程测量环节，具备测量功能的机器人。一般来说，测量机器人特指 BIM 放样机器人，通过 BIM 模型高效完成放样作业。典型的用于测量行业的机器人还包括航测无人机、三维激光扫描仪等。

1. BIM 放样机器人

BIM 放样机器人是一种集自动目标识别、自动照准、自动测角与测距、自动目标跟踪、自动记录于一体的测量平台。其主要硬件包括全站仪主机、外业平板电脑、三脚架和全反射棱镜及棱镜杆。

BIM 放样机器人作为一种放样仪器，通过锁定和跟踪被动棱镜以控制测量数据，跟踪主要目标实现动态测量、放样和坡度控制。目前主要广泛用于工程施工的各专业领域，如土建、安装、钢结构等，包括控制放样、开挖线放样、混凝土模板和地脚螺栓放样、竣工核查、放样设计中的现场坐标点、放样排水管及通风管道和导管架的墙线等。

BIM 放样机器人在总放设点多、工期紧、精度要求高的大型项目优势明显。因为传统测量放线外业一般至少需要三人的测量小组，还需内业进行大量数据预处理，测量中需要进行多次安置，多次调平，费时费力，还无法保证精度。而使用 BIM 放样机器人后改变了外业工作方式和工作流程，只需一人独立完成，后台不需要大量的数据处理，同时还能保证测量精度。

2. 航测无人机

无人机航测通过无人机低空摄影获取高清晰影像数据生成三维点云与模型，实现地理信息的快速获取。效率高，成本低，数据准确，操作灵活，可以满足测绘行业的不同需求，大大地节省了测绘人员野外测绘的工作量。

无人机按照飞行平台构型分，主要分为固定翼无人机，多旋翼无人机，复合翼无人机。固定翼相较于多旋翼续航时间长，飞行速度快，适合大面积作业，在农林、市政、水利电力等行业应用更多；多旋翼机较固定翼而言，起降场地限制小，适合需要高精度成果的行业，如交通规划、土地管理、建筑 BIM 等方面；复合翼无人机，又称垂直起降固定翼，兼具固定翼长航时低噪声、可滑翔等优势和多旋翼飞机垂直起降的优势（图 3-7）。

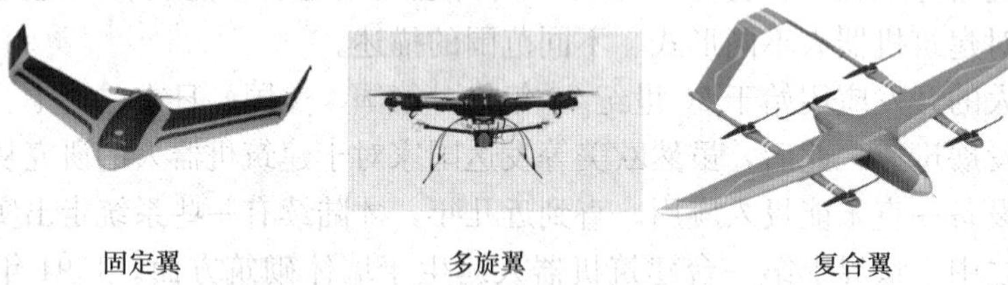

图 3-7　固定翼、多旋翼和复合翼无人机

3. 三维激光扫描仪

三维激光扫描仪通过发射激光来扫描获取被测物体表面三维坐标和反射光强度的仪器。三维激光扫描技术是通过三维激光扫描仪获取目标物体的表面三维数据；对获取的数据进行处理、计算、分析；进而利用处理后的数据从事后续工作的综合技术，具有快速、高密度扫描、多学科融合的特点。

三维激光扫描仪可以测得大体量、异形曲面、复杂外表、超高层、超深基坑等复杂环境的三维空间数据，得到原先测量方式所无法得到的数据。基于该优势可以做下述几项工作：建筑信息逆向建模（BIM）、虚拟设计与施工技术（VDC）、建筑预制件质量控制测量、质量控制、古建筑维护与修复、变形监测、工厂设计与工业测量、快速土方量计算等。

3.3.10.3　砌墙机器人

砌墙机器人是指具备墙体砌筑功能，能够将程序设定的不同砖块类型，按照程序设定的堆砌方法，整齐、快速地将砖块堆砌成一面墙的智能系统，具有堆砌效率高、操作简单等特点。现有砌墙机器人大多基于工业机械手改装而成，一般具有"移动平台+递送系统+机械手本体系统"的体系结构。移动平台分轨道式和自主移动式，保证机器人的移动并在一定范围内完成砌筑作业。递送系统包括砖块进料进给和水泥浆进料进给系统。砖块进料进给系统能够将散乱堆放的砖，依次有序地传送到机器手抓取的指定位置。水泥浆进料进给系统能够将水泥等材料，搅拌均匀，并能够在机械手抓取完砖块后，均匀地涂抹上水泥浆。每次涂抹的水泥浆的量，可以通过程序设定更改。机械手本体系统需要主要完成的动作是通过现场空间位置校准后、能够将砖块进料进给系统传送的砖块抓起，并移动到水泥浆进料进给系统口，涂抹上水泥浆，然后按照程序设定将砖块放置在指定的位置，并压紧。

砌墙机器人系统的典型代表如SAM（Semi-Automated Mason）系统、In-situ Fabricator系统以及Hadrian砌筑机器人系统。目前，砌墙机器人的工作轨道需事先人工铺设，故工作范围及灵活性受到一定限制，也不能完全代替人工。

3.3.10.4　切割机器人和焊接机器人

切割机器人和焊接机器人主要用于建筑钢结构方面。切割机器人主要指建筑钢结构中实现钢材切割的自动化和智能化的机器人设备。焊接机器人是典型的工业机器人，是指用于工程施工环节，具备焊接功能的机器人。焊接机器人一方面要能高精度地移动焊枪沿着焊缝运动并保证焊枪的姿态；另一方面在运动中不断协调焊接参数，如焊接电流、电弧电压、焊接速度、气体流量、焊枪高度和送丝速度等。

1. 切割机器人

钢材的切割方法有机械切割、火焰切割、水刀切割、等离子切割、激光切割等。等离子切割适用于各种金属材料的切割，其优点是切割效率高、切割面光洁、割缝窄、热影响区和热变形小等。在钢结构智能化施工中，将等离子切割技术与工业机器人结合，即可成为能自动完成切割、开洞、开坡口和锁口等多个加工工艺的切割机器人。

2. 焊接机器人

焊接机器人的主要用途：一是满足技能要求的焊工短缺，人工成本高；二是高强度结构钢和大厚度钢材的广泛使用，对焊接工艺的要求越来越高，手工焊接或半自动焊接的质量一致性难以保证；三是钢结构制造存在波峰、波谷，机器人可以实现24h连续生产；四是通过提高效率、降低返修率、节约材料，机器人自动焊接可降低焊接的综合成本；五是机器人是实现制作过程自动化、信息化、智能化的有效手段。

焊接机器人的工艺特点可归纳为以下几个方面：（1）具有高度灵活的运动系统。能保证焊枪实现各种空间轨迹的运动，并能在运动中不断调整焊枪的空间姿态。（2）具有高精度的控制系统。其定位精度对弧焊机器人应至少达到±0.5mm，其参数控制精度应达到1%。（3）可设置和再现与运动相联系的焊接参数，并能和焊接辅助设备（如夹具、转台等）交换相关信息。（4）能够方便地对焊接机器人进行示教，使产生的主观误差限制到很小的量值。

焊接机器人根据其移动形式不同，可分为底座固定式和移动式两类。固定式焊接机器人

（如焊接机械手）主要用于工厂车间内焊接作业，其特点是工作环境良好，操作及焊接任务简单，焊接质量容易保证，但焊接作业范围小，安装困难。移动式焊接机器人（如轨道焊接机器人和自主移动焊接机器人）既可用于工厂车间内，也可以用于现场焊接作业，其特点是机构和控制复杂，工作环境恶劣，但机器人移动范围大，安装使用简单、搬运方便。

3.3.10.5　墙面施工机器人

墙面施工机器人是指具备板材铺贴、喷涂、清洗等功能的机器人，典型代表如板材安装机器人、喷涂机器人、清洗机器人等，适用于大面积、平整的公建项目外墙施工，对异形曲面、边角收口等施工内容还有局限性。此外，用于墙面施工机器人的挂篮与人工施工挂篮往往不同，施工期间需要调换，会消耗资源和工时。

1. 板材安装机器人

典型的板材安装机器人系统由搬运机械手、移动本体、升降台和板材安装机械手组成，采用超声波、激光测距仪、双轴倾角传感器、结构光视觉传感器等进行板材姿态检测与调整控制，可保证板材安装的精度和可靠性。可面向大尺寸、大质量板材的干挂安装作业，可满足大型场馆、楼宇、火车站与机场等装饰用大理石壁板、玻璃幕墙、天花板等的安装作业需求。

2. 喷涂机器人

喷涂机器人又叫喷漆机器人（Spray Painting Robot），是可进行自动喷漆或喷涂其他涂料的工业机器人。喷漆机器人主要由机器人本体、计算机和相应的控制系统组成，液压驱动的喷漆机器人还包括液压油源，如油泵、油箱和电机等。多采用 5 或 6 自由度关节式结构，手臂有较大的运动空间，并可做复杂的轨迹运动，其腕部一般有 2～3 个自由度，可灵活运动。较先进的喷漆机器人腕部采用柔性手腕，既可向各个方向弯曲，又可转动，其动作类似人的手腕，能方便地通过较小的孔伸入工件内部，喷涂其内表面。喷漆机器人一般采用液压驱动，具有动作速度快、防爆性能好等特点。喷涂机器人的主要优点：（1）柔性大，工作范围大；（2）提高喷涂质量和材料使用率；（3）易于操作和维护，可离线编程，大大地缩短现场调试时间；（4）设备利用率高，喷涂机器人的利用率可达 90％～95％。

3. 爬壁清洗机器人

壁面清洗爬壁机器人属于移动式服务机器人的一种，可在垂直壁面或顶部移动，完成其外表面的清洗作业。建筑爬壁清洗机器人实现清洗作业的自动化，降低高层建筑的清洗成本，改善工人的劳动环境，提高生产效率，降低人工清洗危险性。机器人能够在壁面上自由移动并且进行作业，必须具备三大机能，即吸附机能、移动机能、作业机能，爬壁机器人主要按吸附和移动机能来进行分类。按照吸附机能分类，爬壁机器人可分为：真空吸附、磁吸附和推力吸附三类。

3.4　数字化施工工具软件

3.4.1　概　　述

数字化施工工具软件是指直接辅助软件使用人解决其专业、岗位或任务问题的软件，本部分把常用的工具软件分为十个大类，每一类软件基本按照该类软件的用途和价值、常用软件、主要功能、应用流程和应用要点几个方面进行介绍。

3.4.2 建 模 软 件

3.4.2.1 建模软件基本情况

建模软件是进行三维设计的工具，将各类建筑构件通过三维形体表达出来，让施工人员更容易理解设计目的以及建筑构件的空间关系。

建模软件基于三维图形技术，支持对三维实体进行创建和编辑，支持常见建筑构件库。BIM 建模软件包含梁、墙、板、柱、楼梯、管线、管件、设备等建筑构件，以及模架、塔式起重机、板房、围墙等施工机械设备和施工措施模型元素，用户可以应用这些内置或定制构件库进行快速建模。支持三维数据交换，可以通过一定的数据交互标准或软件进行信息传递，供其他软件持续使用。

随着复杂程度高、造型独特的工程项目越来越多，传统的二维设计图纸越来越不能满足施工深度的需要。通过建模软件将二维图纸变成三维模型，一方面可以通过三维定位信息充分表达建筑形体；另一方面，从设计传递到施工，三维模型可以让施工人员更好地理解设计意图，减少施工过程中的偏差。同时在施工建模的过程中，也可以发现设计过程中的问题，在复杂造型、复杂节点、管线集中等情形下，模型比图纸表达更直观。

建模软件包括根据设计意图或图纸建模以及根据实景建模两大类。

3.4.2.2 常用建模软件

按专业和建模方法划分，建模软件主要分为土建建模软件、机电建模软件、钢结构建模软件、幕墙建模软件、点云处理软件等，不同专业应用的软件各有特色。各类常用建模软件如表 3-5 所示。

常用建模软件 表 3-5

专业软件	介绍	常用软件名称
土建建模软件	三维建模软件，有直观可视化的特点，直接创建出墙、梁、板、柱、门窗、装饰等三维形体，包含模型创建、出图、计算、出实物量等功能，支持国际通用接口 IFC 文件。也可以进行简单的钢结构、幕墙模型的创建	Revit、PKPM、品茗 HiBIM、Graphisoft ArchiCAD、Bentley、鸿业 BIMspace
机电建模软件	可以将管道、风管、桥架、设备等进行三维建模，直观体现各专业管线间的关系，包含建模、优化、出图、计算、出量等功能	Revit、PKPM、Bentley、品茗 HiBIM、广联达 MagiCAD、鸿业 MEPGPS、ReBro
钢结构建模软件	针对钢结构的专业建模软件，可以创建钢结构模型，并且对节点进行细化，支持节点深化出图及钢材用量统计	Tekla、Bentley Prosteel、Advance Steel
幕墙建模软件	能够灵活创建异形形体，可以提取每个点位的三维坐标，方便施工定位，支持幕墙节点深化出图及材料工程量的统计	Catia、Rhino
点云处理软件	支持数码照片、无人机拍照和激光扫描等现实环境原始数字资源的处理，通过导入、查看、处理以及转换点云数据，创建三维点云数据或三角网 Mesh 模型，与其他 BIM 软件结合，为 BIM 应用提供更广阔的应用场景	Autodesk Recap360、Bentley Pointools、天宝、Altizure、Photometric、Photoscan、PolyWorks

3.4.2.3　建模软件主要功能

现有的建模方式主要包括人工建模、CAD识别建模和三维扫描点云建模。主要建模软件包括：

1. 土建建模软件

根据项目类型和复杂程度选择适用的软件建立土建三维模型，主要功能包括：创建楼层标高，建立轴网进行辅助定位；通过手工建模或者CAD识别建模的方式，分别建立柱、墙、梁、板、门窗、基础、楼梯、坡道、电梯、装饰装修等构件；对节点进行细化处理，添加模型构件信息，如材质、设计信息、施工信息、产品信息、构件特性等；对各层平面、立面、剖面、详图进行标注出图。

2. 机电建模软件

机电建模分给水排水、暖通、电气专业进行模型创建，主要功能包括：创建楼层标高，建立轴网进行辅助定位；通过手工建模或者CAD识别建模的方式分专业建模。给水排水的管道、设备、管件、阀门附件等模型创建，暖通的风管、风口、风阀、风机、风管附件、设备等模型创建，电气的桥架、电缆、灯具、开关、插座、配电箱等模型创建；给水排水、暖通、电气等专业模型整合，进行管线综合优化；对综合平面和各专业平面进行标注出图。

3. 钢结构建模软件

钢结构建模软件侧重模型深化，主要功能包括：确定结构整体定位轴线，建立结构的所有重要定位轴线，帮助后续构件建模快速定位。同一工程所有的深化设计必须使用同一个定位轴线；建立构件模型，每个构件在截面库中选取钢柱或钢梁截面，进行柱、梁等构件的建模；节点设计，钢梁及钢柱创建好后，在节点库中选择钢结构常用节点，采用软件参数化节点能快速、准确建立构件节点。当节点库中无该节点类型，而在该工程中又存在大量的该类型节点时，可在软件中创建参数化节点以达到设计要求；出构件深化图纸，软件能根据所建的三维实体模型导出图纸，图纸与三维模型保持一致，当模型中构件有所变更时，图纸将自动进行调整，保证图纸的正确性。

4. 幕墙建模软件

幕墙建模主要选择在土建模型的基础上进行细化补充设计及优化设计，如幕墙收口部位的设计、预埋件的设计、材料用量的优化、局部不安全及不合理做法的优化等。主要功能包括：根据形体创建幕墙表皮面，用表面分割功能对幕墙进行分割。软件提供的曲面创建工具，可以灵活生成各种曲面形式，通过参数调节可以快速实现幕墙分割；根据幕墙构造形式对幕墙单元进行模型细化，包括龙骨节点、固定件等。同样节点细化一处可以拓展到相同的幕墙单元；节点细化后固定节点位置，批量输出节点的三维坐标，用坐标法辅助指导施工；根据幕墙细化结果，直接生成加工图纸。

5. 点云处理软件

点云处理软件主要用于点云数据的处理及三维模型的制作。支持模型的对整、整合、编辑、测量、检测、监测、压缩和纹理映射等点云数据全套处理流程。主要功能包括：对三维彩色图像可视化，完成三维图像的显示和隐藏、添加纹理和光照、消除三维图像显示阴影；三维图像的编辑与处理，对点云和模型进行多种选择、删除，对点云进行填补空洞、比例压缩数据、采样压缩、锁定数据、平滑数据（全部和局部）、消除噪声、整理数据内存、搜索边界、组整合、消除层差、镜像、缩放、调整坐标系等；三维图像的建模，采用三维点云型面数据进行拟合建模，主要建立的模型有特殊点、直线、坐标系、圆弧、平面、球面、柱面等；三维图像的计算，计算三维图像数据任意两点的距离（直线、弧面、投影），计算角度、半径，可以计算指定区域的体积和面积，能够获取任意方位一条或多条截面线，并能输出共用数据文件格式；三维图像的格式转化，针对不同需求的数据接口，实现 ASC、IGS、STL、OBJ、WRL 等格式数据输出，后期这些数据能够在 Geomagic、Catia、3ds Max、UG、ProE、Imageware、PolyWorks、SolidWorks 等三维软件中编辑。

3.4.2.4 建模软件应用要点

建模软件应用要点如表 3-6 所示。

建模软件应用要点 表 3-6

主要步骤	应用要点
制定建模标准	制定项目整体的建模标准，主要包括模型的命名标准、模型审核标准及交付标准等。 选择适合项目的建模软件，确定软件及版本，提前做好规划，确保专业软件间兼容性，避免因兼容性问题而无法打开或丢失信息
各专业模型创建	创建项目基准，统一标准、轴网，方便模型整合。 根据项目大小和时间进度确定分工，按专业各自进行模型创建。 按照项目要求、设计规范等，进行土建、机电、钢结构、幕墙等专业模型的创建
模型审核	按照建模标准对各专业模型分别进行审核。 检查模型中不符合设计规范和施工要求的地方。 根据检查结果，整理模型审核报告，并进行模型修改
模型整合	选择较为通用的建模软件为整合软件，将各专业模型进行格式转换，确保模型信息和构件不会丢失。 将各专业模型导入整合软件时，确保基准点一致，按照项目基准进行模型整合。 整合完成后，检查模型的位置和标高是否正确，同时需检查各专业模型的构件和信息，确保模型完整地整合
专业间协调	碰撞检查：选择不同专业的模型进行碰撞检查，将有碰撞的地方进行修改，并整理成碰撞检查报告。 净高分析：主要是对楼层的净高进行检查，对不满足规范要求的地方进行优化，并整理成净高分析报告。 管线优化：将机电的各类管线进行排布优化，在满足规范和净高的前提下，对管线进行综合优化排布。 预留预埋：将管线优化好的机电模型和土建模型进行整合，确定洞口预留和套管预埋的位置。当机电模型有变动时，预留预埋的位置同时进行修改
出图	对各专业进行出图，包括平立剖面图、节点图及三维标注图。 根据管线优化结果，进行全专业的综合出图，确定各专业构件定位。 对预留预埋进行标注出图，注意套管类型和洞口定位。 导出以上各类图纸及相关模型

3.4.3 可视化展示软件

3.4.3.1 可视化展示软件基本情况

可视化展示软件是指基于计算机图形学相关理论和技术，辅助工程技术人员将随时间和（或）空间变化的工程数据，转换成图表、图形、图像、动画等直观、易懂形式，通过屏幕（或其他设备）呈现在工程技术人员面前，并能与之进行交互的软件。

可视化展示软件主要用来辅助工程技术人员完成工程数据的处理和表示，进而辅助工程决策分析。形成的可视化信息，除了在计算机屏幕和移动端屏幕上展示，也可在虚拟现实等设备上展示，呈现更加逼真的效果。

一般的辅助设计软件、建模软件、模拟分析软件、管理软件也具有一定的工程数据可视化展示功能，这里介绍的可视化展示软件特指那些可集成不同数据源，以可视化展示和成果输出为核心功能的软件。

3.4.3.2 常用可视化展示软件

常用可视化展示软件如表 3-7 所示。

常用可视化展示软件　　表 3-7

软件名称	介绍
ACT-3D Lumion	ACT-3D Lumion 是一款实时三维可视化软件，支持现场演示，支持生成高品质的视频和图像
Autodesk 3ds Max	Autodesk 3ds Max 是一款三维动画渲染和制作软件，支持动画视频制作，支持效果图制作
Autodesk Navisworks	Autodesk Navisworks 是一款以建筑信息模型整合和校审为核心功能的软件，支持以可视化方式对项目信息进行分析、仿真和协调，支持 4D 模拟和动画、照片制作
Bentley Navigator	Bentley Navigator 是一款综合设计检查产品，支持不同设计文档的读取和数据查询，支持碰撞检查、红线批注、进度模拟、吊装模拟、渲染动画等
Dassault DELMIA	Dassault DELMIA 是一款施工过程精细化虚拟仿真和相关数据管理软件，支持用户优化工期和施工方案，支持不同精细度的施工仿真需求，支持人机交互级别的仿真
Fuzor	Fuzor 是一款将 BIM 虚拟现实与 4D 施工模拟软件，支持 BIM 模型到虚拟现实环境的转换
SYNCHRO PRO	SYNCHRO PRO 是一款以工程进度管理为核心的软件，辅助工程技术人员进行施工过程可视化模拟、施工进度计划安排、高级风险管理、设计变更同步、供应链管理以及造价管理等功能
Trimble Connect	Trimble Connect 是一款建筑信息模型沟通和协作软件，支持多专业模型导入和碰撞检查

3.4.3.3 可视化展示软件主要功能

1. 可视化场景创建和数据整合

可视化展示软件一般支持可视化展示模型创建和编辑（如设定光源，增加贴图和材质等），特别是整合其他格式的数据源，整合成统一、集成的数据模型，进而支持工程数据的可视化展示。这些不同格式的数据源既包括工程技术人员创建的二维、三维工程数据（例如：图纸、模型等），也包括通过设备采集的工程数据（例如：摄影图片、点云模型等）。

2. 辅助工具

可视化展示软件一般提供一些辅助工具，包括：测量工具（如测量距离、面积和角度等，用以支持可视化展示模型的细节展示、审核和优化）、截图生成工具（支持生成截面图和剖面图等）、视图管理工具（支持不同视角视图的保存、组织和共享，方便快速浏览）、标注工具（支持在可视化展示模型特定视点上添加标注，表达工程意图，支持团队协作)、信息浏览和实时漫游工具（模拟第一人称或第三人称视角，在可视化展示模型中移动）等。

3. 信息发布

可视化展示软件借助渲染技术，支持将可视化信息以通用格式（如模型格式 ifc、dwf，视频格式 avi、wmv，图片格式 jpg、png，文档格式 doc、pdf 等）发布。

3.4.3.4 可视化展示软件应用要点

在创建和编辑模型时，一般是按照“建模（或导入模型）→增加贴图和材质→设定效果（如光源）→调试→输出”顺序反复进行。

可视化展示软件应用要点：

（1）选择可视化展示软件时应提前做好规划，统一软件及版本。避免出现因版本兼容性问题而无法打开文件或丢失信息。

（2）在导入三维模型之前，应统一上下游软件尺寸单位，防止出现因为尺寸单位不同导致模型导入后过大或过小的情况。

（3）在整合其他格式的数据源时，由于要整合、集成多种来自不同软件的数据源，而每种可视化软件承载数据的上限各不相同，应在开始进行可视化处理之前进行测试，尽量避免出现三维模型面数过大导致软件无法运转、不同类构件材质混杂等情况。

（4）进行面数测试。先把整体模型拆分为若干个区域，逐个进行导入，借此观察软件对模型面数的承载能力。如果整体模型面数严重超过软件的承载能力（帧速率降至每秒一帧以下），且整个模型必须保存于同一文件中时，可以考虑使用隐藏部分模型的方式来实现。

（5）进行材质分组。三维模型应该本着按设计图同一类构件使用相同材质的原则创建，但实际操作中这点经常被忽略，针对材质分组的检查可以避免在可视化软件中重新逐一为模型分配材质的额外工作量。

3.4.4 深化设计软件

3.4.4.1 深化设计软件基本情况

BIM 深化设计软件是进行深化设计的工具，将各类建筑构件通过二维图形或三维模型表达出来，进而辅助设计人员进行调整优化。深化设计软件支持对图纸/模型进行细节编辑修改、尺寸详情信息标注、多专业协调检查、图纸输出等功能。支持数据的流通交换，可以通过一定的数据标准（如《工业自动化系统与集成　产品数据表达与交换》GB/T 16656、IFC）输出，为其他软件使用。

深化设计软件能够辅助设计人员进行图纸、模型的编辑修改，快速输出符合制图规范的深化设计图。通过深化设计软件协调多专业综合校审，暴露出各专业的空间冲突，从而指导设计人员优化设计，避免因图纸问题造成的返工等资源浪费。另外，BIM 深化设计软件作为三维可视化的设计工具，能够通过计算机实现对工程建设全过程模拟、全面检测各专业间空间冲突，从而暴露出深化设计图中的深层次问题，提前进行设计图的修正优化，实现最优设计。通过深化设计软件对结构、管线、设备等进行精确的工程量统计，迅速获取各个方案建造成本，为设计方案比选提供决策依据。

3.4.4.2　常用深化设计软件

BIM深化设计软件按照专业应用范围分为现浇混凝土结构深化设计软件、装配式混凝土结构深化设计软件、钢结构深化设计软件、机电深化设计软件、幕墙深化设计软件、装饰装修深化设计软件等。

常用深化设计软件如表3-8所示。

常用深化设计软件　　表3-8

名称	功能	软件或厂商
混凝土结构深化设计	节点设计、孔洞预留设计、预埋件设计、二次结构设计、模型碰撞检查、深化设计图生成等	Autodesk、Graphisoft、Bentley、鲁班、PKPM（建研科技）、盈建科、迈达斯、品茗、鸿业、天正、中望、浩辰等
装配式混凝土结构深化设计	预制构件拆分、预制构件设计计算、节点设计计算、预留洞预埋件设计、模型碰撞检查、深化设计图生成等	Autodesk、PKPM（建研科技）、ReBro、Bentley、Tekla、品茗、鸿业等
钢结构深化设计	钢结构节点设计、钢结构零部件设计、预埋件预留孔洞设计、深化设计图生成等	Autodesk、Bentley、Tekla、鲁班、PKPM（建研科技）、盈建科、迈达斯等
机电深化设计	管线综合设计、参数复核计算、支吊架选型及布置、碰撞检查、深化设计图生成等	Autodesk、广联达、Bentley、鲁班、ReBro、PKPM（建研科技）、品茗、鸿业、天正、中望、浩辰等
幕墙深化设计	幕墙构件平立面设计、幕墙连接设计、构件安装设计、安装模拟、深化设计出图等	Catia、Rhino、Autodesk、Bentley等
装饰装修深化设计	平面布置、地面铺装、天花板、墙面及门窗、机电末端设计、深化设计出图等	Autodesk、Graphisoft、Bentley、品茗、天正、中望、浩辰等

注：表中所列软件排名不分先后。

3.4.4.3　深化设计软件的主要功能

深化设计软件需具备针对一个或多个对应专业的以下基本功能：对图纸、模型及其细部节点进行编辑修改；尺寸详情等信息标注；对图纸、模型进行叠加、调整；多专业空间协调、冲突检查；深化结果模拟；工程量统计；输出深化设计图等。

深化设计软件的应用覆盖各个不同专业，包括现浇混凝土结构深化、装配式混凝土结构深化、钢结构深化、机电安装深化、幕墙深化、装饰装修深化等。

1. 现浇混凝土结构深化设计

在现浇混凝土结构深化设计工作中，深化设计软件可以实现节点设计、孔洞预留设计、预埋件设计、二次结构设计、模型碰撞检查、深化设计图生成等。

（1）节点深化设计

对节点处钢筋、型钢、预埋件、混凝土等绘图或建模，标注或包含位置、排布、几何尺寸信息，以及钢筋、型钢、预埋件等材料信息。

（2）预埋件及预留孔洞深化设计

对预埋件、预埋管、预埋螺栓以及预留孔洞等绘图或建模，标注或包含位置、几何信息以及材料类型等信息。

(3) 二次结构深化设计

对构造柱、过梁、反坎、压顶窗台、女儿墙、填充墙、隔墙等进行绘图或建模，标注或包含位置、几何信息以及材料类型等信息。

2. 装配式混凝土结构深化设计

在装配式混凝土结构深化设计工作中，深化设计软件可以实现预制构件拆分、预制构件设计计算、节点设计计算、预留洞预埋件设计、模型碰撞检查、深化设计图生成等。

(1) 预制构件拆分深化设计

对各预制墙、板、柱、楼梯、阳台、空调板等构件进行拆分绘图或建模，标注或包含各构件位置、几何信息以及材料信息；并能够进行构件设计计算。

(2) 预埋件及预留孔洞深化设计

对预埋件、预埋管、预埋螺栓以及预留孔洞等进行绘图或建模，标注或包含位置、几何信息以及材料类型等信息。

(3) 节点连接深化设计

对节点各组成构件进行绘图或建模，标注或包含位置、排布、几何尺寸，以及材料、连接方式、施工工艺等信息，并能够进行施工工艺的三维模拟。

3. 钢结构深化设计

在钢结构深化设计工作中，深化设计软件可以进行钢结构节点设计、钢结构零部件设计、预埋件预留孔洞设计、深化设计图生成等。

(1) 钢结构节点深化设计

对钢结构节点处的钢结构、连接板、加劲板以及螺栓等各组成构件进行绘图或建模，标注或包含位置、尺寸、材料规格以及焊缝等加工处理等信息；对钢结构构件节点进行结构受力计算。

(2) 预埋件及预留孔洞

对预埋件及预留孔洞进行绘图或建模，标注或包含位置、尺寸以及材料属性信息等。

4. 机电深化设计

在机电深化设计工作中，深化设计软件可以进行管线综合设计、参数复核计算、支吊架选型及布置、碰撞检查等。

(1) 给水排水深化设计

对水管、排水、消防管、管件、阀门、仪表、卫浴器具、消防器具、机械设备、支吊架等进行绘图或建模，标注或包含各管件构件位置、尺寸信息及各管件设备规格、材料、技术参数、安装施工工艺等信息。

(2) 暖通空调深化设计

对风管、管件、阀门、仪表、机械设备、支吊架等进行绘图或建模，标注或包含各管件构件位置、尺寸信息及各管件设备规格、材料、技术参数、安装施工工艺等信息。

(3) 电气深化设计

对桥架、配件、母线、机柜、照明设备、开关插座、机械设备、支吊架等进行绘图或建模，标注或包含各管件构件位置、尺寸信息及各管件设备规格、材料、技术参数、安装施工工艺等信息。

（4）管线综合

对给水排水、暖通、电气等专业进行图层叠加或合模，多专业碰撞检查并输出碰撞检查报告。

5. 幕墙深化设计

在幕墙深化设计工作中，深化设计软件可以进行幕墙构件平立面设计、幕墙连接设计、构件安装设计、模拟等。

（1）幕墙构件平立面设计

对幕墙墙面、门窗洞口、横竖向龙骨等进行绘图或建模，标注或包含各构件位置、尺寸信息及墙面材料、龙骨或钢索材料型号等信息。

（2）幕墙连接设计

对幕墙墙材与龙骨、龙骨间、龙骨与主体结构的连接构件以及预埋件进行绘图或建模，标注或包含构件位置、尺寸信息、连接件材料品种型号以及安装施工工艺等详细信息。

6. 装饰装修深化设计

在装饰装修深化设计中，深化设计软件可对平面布置、地面铺装、天花板、墙面及门窗、机电末端进行深化设计。

（1）平面布置

对家居、洁具、小五金进行绘图或建模，标注或包含位置、尺寸信息，以及其材料品牌、规格等。

（2）地面及天花板

对地面铺装及天花板造型、排版、纹理、收口进行绘图或建模，标注或包含位置、尺寸信息、材料及施工工艺等内容。

（3）墙面及门窗

对墙面造型、排版、纹理及门窗进行绘图或建模，标注或包含位置、尺寸信息，材料及门窗编号等。

（4）机电末端

对消防栓、喷淋设施等末端点位进行绘图或建模，标注或包含位置、尺寸信息，以及设备规格、型号等。

3.4.4.4　深化设计软件应用要点

深化设计软件的操作使用，需注意以下使用要点：

选择深化设计软件时应提前做好规划，统一软件及版本。避免出现因版本兼容性问题而无法打开或丢失信息。

深化设计软件进行深化设计，应提前规定好制图、建模标准，避免后期输出打印深化设计图样式混乱，造成重复工作。

装配式混凝土结构深化设计软件进行深化设计时，对预制构件的拆分需要进行构件设计计算；宜进行工艺模拟，以保证现有机械设备能够有效地进行安装。

钢结构深化设计软件进行深化设计时，注意进行节点部位钢构、螺栓、焊缝等受力计算；以及进行安装、机械操作等施工模拟。

机电综合等涉及多专业协同深化设计时，综合设计软件需要兼容其他专业的绘图、建模平台，并且具有统一轴网及原点，以方便最终图纸叠加或模型合成。

幕墙深化设计需随时注意结构深化设计对幕墙专业预埋件的影响，因结构调整造成预埋件位置改变时需相应调整幕墙连接件深化设计内容。

装饰装修深化设计过程中，对材质、色调、纹理及方向应表现详尽，注意合理选用材料规格、优化排版设计。

3.4.5 施工场地布置软件

3.4.5.1 施工场地布置软件基本情况

场地布置软件基于建筑三维信息模型的建模和可视化技术，提供内置的或可扩展的构件库，按照施工方案和施工进度的要求，快速建立场地三维模型，对施工现场的道路交通、材料仓库、加工场地、主要机械设备、临时房屋、临时水电管线等做出合理的规划布置，可以提高现场机械设备的覆盖率，降低运输费用及材料二次搬运成本；提升管理人员对施工现场各施工区域的了解，提高沟通效率，确保施工进度；提升对现场布局规划的合理性、科学性，达到绿色施工、节能减排的预期目标。

从行业需求及技术发展看场地布置软件的未来趋势，可以将场地布置软件的数据与项目管理信息系统进行集成应用，实现项目精细化管理；与物联网、移动技术、云技术进行集成应用，将现场实际数据与场布软件的数据进行关联，以提高施工现场协同工作效率；与 GIS 集成应用，直接在场布软件中快速生成施工现场的周边环境，用于快速分析施工现场相关的数据；与云技术、大数据进行集成应用，提高模型构件库等资源复用能力。

内置的、可拓展的构件库是场地布置软件的重要组成部分，构件库提供施工现场的场地、道路、料场、施工机械等构件，用户可以和工程实体设计软件一样，使用这些构件库在场地上布置并设置参数，快速建立模型。

场地布置软件需要支持三维数据交换标准。场地布置软件可以通过三维数据交换导入拟建工程实体，也可以将场地布置模型导出到后续的其他 BIM 工具软件中。

3.4.5.2 常用场地布置软件

目前国内可以用来做三维场地布置的软件有很多，包括很多非针对场布的基础建模工具，比如 Revit、Sketchup、Autodesk 3ds Max 等。本章节列举的，为目前国内常用并且用户量比较大的三维场地布置软件，包括品茗三维施工策划软件、广联达三维场地布置软件、PKPM 场地布置软件、智多星建模大师（施工）等（表 3-9）。

常用的场地布置软件 表 3-9

软件名称与主要功能	功能说明	软件产品和厂商
软件平台	自主平台：软件的基础平台为软件厂商自主研发	广联达三维场地布置软件 鲁班场布 PKPM 三维现场平面图软件
	基于 CAD 平台：利用 CAD 作为软件的场地布置的基础平台	品茗三维施工策划软件
	基于 Revit 平台：利用 Revit 作为软件的场地布置的基础平台	智多星建模大师（施工）

续表

软件名称与主要功能	功能说明	软件产品和厂商
模型创建与编辑（含模型编辑）	CAD识别建模：支持导入CAD图纸，并基于图纸进行识别转化建模	品茗三维施工策划软件 广联达三维场地布置软件 鲁班场布 PKPM三维现场平面图软件 智多星建模大师（施工）
	构件库建模：利用软件内置的场地布置构件库或者可拓展构件库内的构件进行建模	品茗三维施工策划软件 广联达三维场地布置软件 鲁班场布 PKPM三维现场平面图软件 智多星建模大师（施工）
	地形环境建模：软件可通过高程点、等高线或者手动编辑等方式创建地形	品茗三维施工策划软件 广联达三维场地布置软件 鲁班场布 PKPM三维现场平面图软件 智多星建模大师（施工）
	倾斜摄影：利用倾斜摄影模型进行现场周边环境还原建模	品茗三维施工策划软件
浏览观察	三维观察：生成三维模型并可自由拖动、旋转与缩放模型进行观察	品茗三维施工策划软件 广联达三维场地布置软件 鲁班场布 PKPM三维现场平面图软件 智多星建模大师（施工）
	自由漫游：支持在软件内以第一人称或第三人称视角按操作自由进行移动观察	品茗三维施工策划软件 广联达三维场地布置软件 鲁班场布 PKPM三维现场平面图软件
	路径漫游：支持设置路径，在软件内以第一人称或第三人称视角按指定路径进行漫游观察	品茗三维施工策划软件 广联达三维场地布置软件 鲁班场布 PKPM三维现场平面图软件
	全景漫游：支持生成三维全景图，并生成场景，在软件内或者上传到云端使用浏览器进行浏览观察	品茗三维施工策划软件
	VR观察：软件自身支持或者模型支持传递到支持VR的渲染软件内，通过VR设备进行浏览观察	品茗三维施工策划软件 广联达三维场地布置软件 鲁班场布 PKPM三维现场平面图软件 智多星建模大师（施工）

续表

软件名称与主要功能	功能说明	软件产品和厂商
分析统计	危险性分析：通过施工模拟或者软硬碰撞检查分析软件内的塔式起重机、施工电梯、临边防护等危险性	品茗三维施工策划软件 鲁班场布 广联达三维场地布置软件 PKPM 三维现场平面图软件 智多星建模大师（施工）
	工程量计算：通过场布模型分析和统计临建设施材料的工程量	品茗三维施工策划软件 广联达三维场地布置软件 鲁班场布 PKPM 三维现场平面图软件 智多星建模大师（施工）
	规范符合性检查：通过内置规范内容检查和识别不符合规范要求的布置项	品茗三维施工策划软件 广联达三维场地布置软件 鲁班场布 智多星建模大师（施工）
	性能分析：根据设备型号或者设施参数属性及结构信息自动验算分析设备性能是否满足施工要求	品茗三维施工策划软件
数据共享	obj：软件支持导入或者导出 obj 格式模型数据	品茗三维施工策划软件 广联达三维场地布置软件
	skp：软件支持导入或者导出 skp 格式模型数据	品茗三维施工策划软件 广联达三维场地布置软件
	3ds：软件支持导入或者导出 3ds 格式模型数据	广联达三维场地布置软件 PKPM 三维现场平面图软件
	IFC：软件支持导入或者导出 IFC 格式模型数据	智多星建模大师（施工）
	FBX：软件支持导入或者导出 FBX 格式模型数据	鲁班场布 智多星建模大师（施工）

3.4.5.3 场地布置软件的主要功能

场地布置软件主要部署方式为单机，构件库、全景查看和数据互通功能涉及云部署，软件的主要功能如表 3-10 所示。

场地布置软件的主要功能 **表 3-10**

阶段	功能	描述
建模	地形环境建模	通过导入倾斜摄影模型或者地形手动编辑建模
	基坑及围护建模	通过绘制或者转化建立基坑和围护模型
	场内外建筑物建模	通过导入其他软件建立的建筑模型或者通过软件进行转化生成、手动绘制的方式创建模型
	临建设施建模	通过现场场地及施工需要建立施工所需的临建设施模型
	场地内外交通道路	通过场地外的道路和施工需要组织规划场地内道路交通建模

续表

阶段	功能	描述
建模	加工场地及材料堆场布置	根据施工需要进行加工场地及材料堆场建模
	施工垂直运输设备布置	根据施工需要进行垂直运输设备建模
	临水临电及消防设施布置	根据施工需要进行临水、临电及消防设施建模
	围墙与大门布置	根据图纸红线建立封闭围墙，根据施工以及现场道路设置现场大门
浏览	三维观察	支持进行三维渲染观察
	漫游观察	支持采用漫游方式进行查看
	VR 观察	采用 VR 设备观察
	全景查看	支持全景浏览方式
分析	危险性分析	群塔作业防碰撞分析，与周边软碰撞分析
	工程量计算	临建设施材料工程量计算
	规范符合性检查	预警不符合规范布置
	性能分析	设备及材料性能验算

1. 场地布置软件的地形环境建模功能

施工现场真实地形及周边地形环境，可以应用倾斜摄影和三维地形建模等信息技术，场地布置软件一般支持通过倾斜摄影技术获得施工现场及周边环境的实景模型导入建模。在没有实景模型的情况下，可通过已有的地形高程点或者现场测绘资料，手动进行地形及地貌的建模。

2. 场地布置软件的临建设施建模

施工现场的场地布置工作可以应用参数化模型和三维模型等方法，场地布置软件基于现场场地及施工需要，可对构件进行参数化设置，实现二三维尺寸同步改变，通过高保真三维模型的生成，来达成施工现场临建设施的布置优化与调整，并可通过材质和参数调整落实企业的 CI 标准，提前预览真实的现场布置效果。

3. 场地布置软件的基坑及围护建模

施工土方开挖方案编制工作可以应用三维沙盘和方案模拟展示等方法。场地布置软件基于现场场地及设计要求，结合工程规模和特性，地形、地质、水文、气象等自然条件，施工导流方式和工程进度要求，施工条件以及可能采用的施工方法等，研究选定开挖方式。通过真实的三维基坑及围护结构的建模，直观反映施工流程和危险源位置，从而定制更加合理的土方开挖方案、基坑降排水方案及基坑围护方案，辅助方案策划和土方施工。

4. 场地布置软件的施工垂直运输设备建模

施工现场垂直运输能力设计工作可以应用参数化模型和碰撞模拟等方法。垂直运输设施是指担负垂直输送材料和施工人员上下的机械设备和设施，它是施工技术措施中不可缺少的重要环节，也是场地布置的一个重要内容。现场常用的垂直运输设备主要有塔式起重机和施工电梯、井架等设备。其中塔式起重机是建筑工程施工中广泛使用的一种基础设备，尤其在一些规模比较大的施工场地内，需要多台塔式起重机同时运行，群塔作业是施工现场安全管理的重大危险源之一。塔式起重机的布置需要考虑塔式起重机的吊运范围、顶升附墙的规划、现场施工的加工运输需要、结构的平面及空间上的变化等因素，对施工现场的塔式起重机安全管理以及施工工期和成本有很大的影响。场地布置软件可以通过三维模型提前对塔式起重机布置的各项影响因素进行观察和选择，能够结合立体空间上的变化，极大地提升布设的合理性。该方式对施工电梯和井架等其他垂直运输设备的布置同样具有重大的帮助。

5. 临时用电和临时用水及消防系统建模

施工现场临时用电和临时用水及消防系统设计工作可以应用参数化建模和二三维转化等方法。施工现场临时用电是指临时电力线路、安装的各种电气、配电箱提供的机械设备动力源和照明，虽然看起来是临时性质，但在触电事故中，由这些临时用电引起的事故占到了绝大部分。同样的临时用水也涉及现场的消防安全和施工生产生活的用水，也是施工场布的重要组成部分。场地布置软件可模拟施工现场临水临电布置，比平面的绘制更多地考虑到楼层空间的变化及使用需要，通过软件内置的规范符合性检查，对于临时用电设置是否符合规范要求的 TN-S 系统配电要求，以及消防用水的设置是否符合要求进行自动的检测和报警，从而提高临水临电设计的准确性和可靠性。

6. 场地布置软件的模型浏览

施工场地布置成果审核及分享工作可以应用三维全景、三维漫游、VR 浏览等信息技术。场地布置软件完成建模之后，需要对已经建立的模型进行观察，从而分析判断场地布置的合理性。常规的三维观察之外一般还可以通过漫游和全景分享的功能浏览模型，除此之外还可以结合 VR 设备进行浏览观察，根据现实中的活动范围查找不合理及需要调整的部位。

7. 场地布置软件的场地布置统计分析

施工场地布置分析统计工作可以应用三维空间碰撞、材料统计等方法。场地布置软件可以对已经完成的场地布置进行智能分析，从而获取不同的分析报告，为场地布置的优化和调整提供切实可行的依据。常用的场地布置统计分析主要有下述类型（表 3-11）。

常用的场地布置统计分析　　表 3-11

统计分析项	说明
工程量统计	根据软件中已经布置的构件，自动分类汇总统计，获取软件中各构件的数量、面积、体积、长度等汇总信息，结合构件单价可以进行场地布置临时设施材料费用统计。统计结果可以按整体、分阶段、构件分类等不同形式进行展示
安全检查分析	结合安全检查规范内容，利用软件的软碰撞功能，自动识别不满足规范要求的构件布置项，并提供不符合项报告及定位追踪和修改功能
消防检查分析	结合消防规范要求，利用软件的软碰撞功能，自动识别不符合消防规范要求的施工场地布置项，并提供不符合项报告及定位追踪和修改功能
群塔碰撞检查分析	利用塔式起重机的碰撞及软碰撞功能，自动识别群塔之间的站位平面碰撞以及作业和顶升高度的高差合理性碰撞检查
危险源分析	利用软件的智能识别功能，智能分析基坑临边、建筑临边、洞口等危险源部位，根据机械设备提供相应的设备危险源，根据临电设施识别施工用电危险源等
场内道路行车分析	利用车辆模拟行驶，自动识别相关道路的转弯半径、道路宽度、道路回车状况等是否能够满足现场实际施工需要

续表

统计分析项	说明
塔式起重机吊装能力分析	利用塔式起重机吊装能力参数，以及构件自身的重量，自动判断塔式起重机覆盖范围内的吊装能力是否满足要求。如果能力不满足要求还可以根据需要推荐适合的塔吊型号
场地布置空间合理性分析	利用软件的三维显示功能，协助用户快速鉴别因为楼层结构造型变动导致的上部外凸区域、降板、斜坡等不适宜设备布设区域或者对塔式起重机等设备布置合理性有影响部分，验证场地布置方案的空间合理性

3.4.5.4　场地布置软件的应用流程

利用场地布置软件进行施工现场场地布置，其流程与传统的平面布置图有一些区别，可以参考表3-12，主要功能的应用要点可参考表3-13。场地布置软件的功能有很多，可根据实际编制目的来进行选择，参照表3-14选用。

场地布置软件应用前后流程区别　　表3-12

对比流程项	使用前	使用后
CAD图纸处理	1. 手动修改总平面图，删除无效的图层或者图元保留有用部分； 2. 复制导入其他需要的图纸元素	1. 需要先复制图纸到软件里面，一般要求图纸不能离坐标原点过远； 2. 要求修改图纸比例到1∶1； 3. 复制的底图在最后可以直接清理删除
阶段设置	1. 复制修改处理好的底图为多个不同阶段的平面图，再按需要调整图纸内容； 2. 每个阶段为一张独立的CAD图	1. 通过设置阶段参数来实现； 2. 各阶段构件都是相同构件，只是通过阶段参数进行控制
场地布置	1. 利用已有的图块； 2. 手动绘制线条图样； 3. 利用颜色填充等用来示意	1. 布置二三维对应的参数化构件； 2. 转化生成二三维对应的参数化构件； 3. 导入已有的标准模型
成果浏览	1. 查看CAD或者打印的场地平面布置图； 2. 修改需要在CAD里调整	1. 可以查看原有的CAD二维平面图； 2. 可以浏览三维模型； 3. 可以浏览全景模型； 4. 可以VR浏览； 5. 可以漫游浏览模型
统计分析	1. 工程量手动清点测量汇总； 2. 手动查看规范，人工逐条进行安全检查分析； 3. 手动查看规范，人工逐条进行消防检查分析； 4. 绘制不同的顶升立面及平面，进行群塔碰撞检查分析； 5. 结合经验，人工进行平面图上的危险源分析，有关空间立面上的需要结合其他图纸； 6. 手动计算，进行场内道路行车分析； 7. 人工查阅塔式起重机说明书，绘制塔式起重机吊装能力范围，并进行手动对比拟吊构件重量，进行塔式起重机吊装能力分析； 8. 需要结合楼层图纸，凭借经验进行场地布置空间合理性分析	1. 工程量自动统计； 2. 安全检查分析； 3. 消防检查分析； 4. 群塔碰撞检查分析； 5. 危险源分析； 6. 场内道路行车分析； 7. 塔式起重机吊装能力分析； 8. 场地布置空间合理性分析

场地布置软件主要功能应用要点 **表 3-13**

主要功能	应用要点
CAD图纸导入	复制或导入CAD图纸 检查导入图纸比例，调整图纸比例至合适
地形创建	通过导入高程点Excel创建地形 直接在软件内绘制地形网格，通过三维编辑功能创建地形
二维建模	根据导入的CAD图纸进行转化建模 设置构件属性进行手动建模
图纸输出	根据软件功能生成平面图及构件详图 绘制剖切线，生成土方开挖剖面图
三维观察	自由旋转和剖切观察查看三维 设置拍照模式，输出高清渲染图片
漫游观察	长按相应按钮进行自由漫游 绘制漫游路径进行路径漫游 插入关键帧，进行航拍漫游 布置相机位置，进行全景漫游
工程量计算	设置或导入构件单价 统计各阶段工程量，实时显示刷新材料统计表
规范符合性检查	按照内置规范检查工程 输出检查结果Excel表格
施工模拟	按照施工进度计划设置主体构件以及临时构件的工期 设置构件的动画样式 生成模拟动画输出视频

场地布置软件功能适用参考表 **表 3-14**

软件功能	适用范围
地形环境建模	建筑施工场地周边地形如果存在江河池塘、山地地形或者城市市区等周边环境地形复杂的区域可以优先考虑
基坑及围护建模	项目中存在基坑、内支撑等内容施工的，可以优先选用
场内外建筑物建模	场地内建筑（如拟建建筑）如果有外部模型可以导入的，可以不绘制。 场地外的建筑物如果跟现场设备没有碰撞和影响的，可以不绘制
临建设施建模	临建设施是场地布置的核心内容之一，必须要用。需要结合所需的临建设施选用相关构件
场地内外交通道路	场地内外交通道路是场地布置的核心内容之一，必须要用
加工场地及材料堆场布置	加工场地及材料堆场是场地布置的核心内容之一，必须要用
施工垂直运输设备布置	施工垂直运输设备是场地布置的核心内容之一，必须要用
临水临电及消防设施布置	临水临电及消防设施是场地布置的核心内容之一，水源和电源必须要用。其余可以根据需要选择布置

续表

软件功能	适用范围
三维观察	场地布置软件中三维观察是必须进行的，不管是技术标还是施工等都需要对应的三维图片
漫游观察	在需要漫游视频时该功能必须使用，否则可以不使用
VR 观察	在需要 VR 教育或者交底时该功能必须使用，否则可以不使用
全景查看	在需要分享或者宣传时该功能可以选用，否则可以不使用
危险性分析	在技术标编制时可以不选用，但是施工组织和专项方案编制时可以选用
工程量计算	项目临建费用有控制指标时可以选用
规范符合性检查	场地布置完成后可以选用
性能分析	场地布置完成后对于设备设施的性能选择复核，该功能可以选用

3.4.6　施工模拟软件

3.4.6.1　施工模拟软件基本情况

施工模拟软件辅助工程技术人员，建立模拟模型、设定模拟条件，对比分析模拟计算结果，支持工程技术人员对决策模拟过程与结果进行的剖析和评价，辅助工程技术人员明确工程实施时需要补充条件或应特别引起注意的问题等。

一般在施工难度大或采用新技术、新工艺、新设备、新材料时，应用施工模拟软件进行模拟和分析。施工模拟软件与其他软件密切相关，为其他软件的应用提供基础数据和条件，特别是可视化展示软件，模拟分析的结果往往通过可视化展示功能呈现给工程技术人员。

3.4.6.2　常用施工模拟分析软件

常用施工模拟分析软件如表 3-15 所示。

常用模拟分析软件　　　　**表 3-15**

软件名称	介绍
Autodesk Navisworks	Autodesk Navisworks 是一款以建筑信息模型整合和校审为核心的软件，辅助工程技术人员以可视化方式对项目信息进行分析、仿真和协调，支持 4D 模拟和动画、照片制作，辅助用户
Bentley Navigator	Bentley Navigator 是一款综合设计检查产品，支持不同设计文档的读取和数据查询，支持碰撞检查、红线批注、进度模拟、吊装模拟、渲染动画等
Dassault DELMIA	Dassault DELMIA 是一款施工过程精细化虚拟仿真和相关数据管理软件，支持用户优化工期和施工方案，支持不同精细度的施工仿真需求，支持人机交互级别的仿真
Fuzor	Fuzor 是一款 BIM 虚拟现实与 4D 施工模拟软件，支持 BIM 模型到虚拟现实环境的转换
SYNCHRO PRO	SYNCHRO PRO 是一款以工程进度管理为核心的软件，辅助工程技术人员进行施工过程可视化模拟、施工进度计划安排、高级风险管理、设计变更同步、供应链管理以及造价管理等功能
Trimble Connect	Trimble Connect 是一款建筑信息模型沟通和协作软件，支持多专业模型导入和碰撞检查

3.4.6.3　施工模拟软件主要功能

1. 工程数据输入、整合和发布

一般施工模拟软件支持多种格式工程数据的输入，如：二维和三维几何数据、BIM模型数据、激光扫描数据等。通过将设计、施工和其他项目数据组合到统一的模拟模型中，支持模型聚合、分析，以及可视化、漫游和模型发布等（图 3-8）。

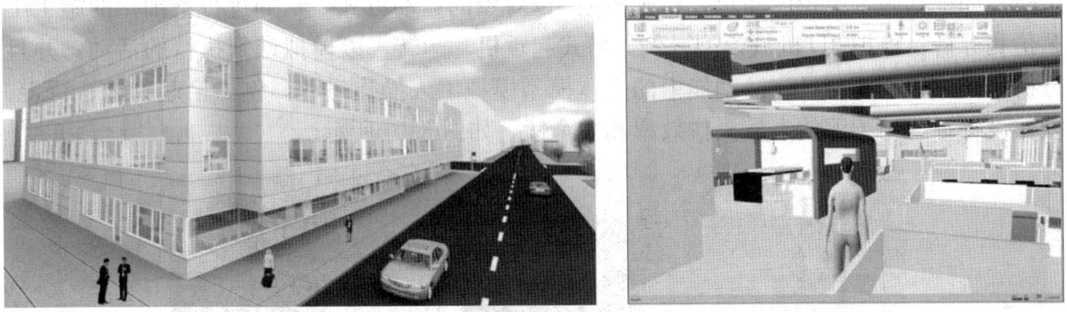

图 3-8　模型可视化与实时漫游功能示意

2. 施工组织模拟

在工序安排、资源配置、平面布置、进度计划等施工组织工作，基于施工图设计模型或深化设计模型、施工组织设计方案等创建施工组织模型，将工序安排、资源配置和平面布置等信息与模型关联，输出施工进度、资源配置等计划，指导和支持模型、视频、说明文档等成果的制作与方案交底（图 3-9）。

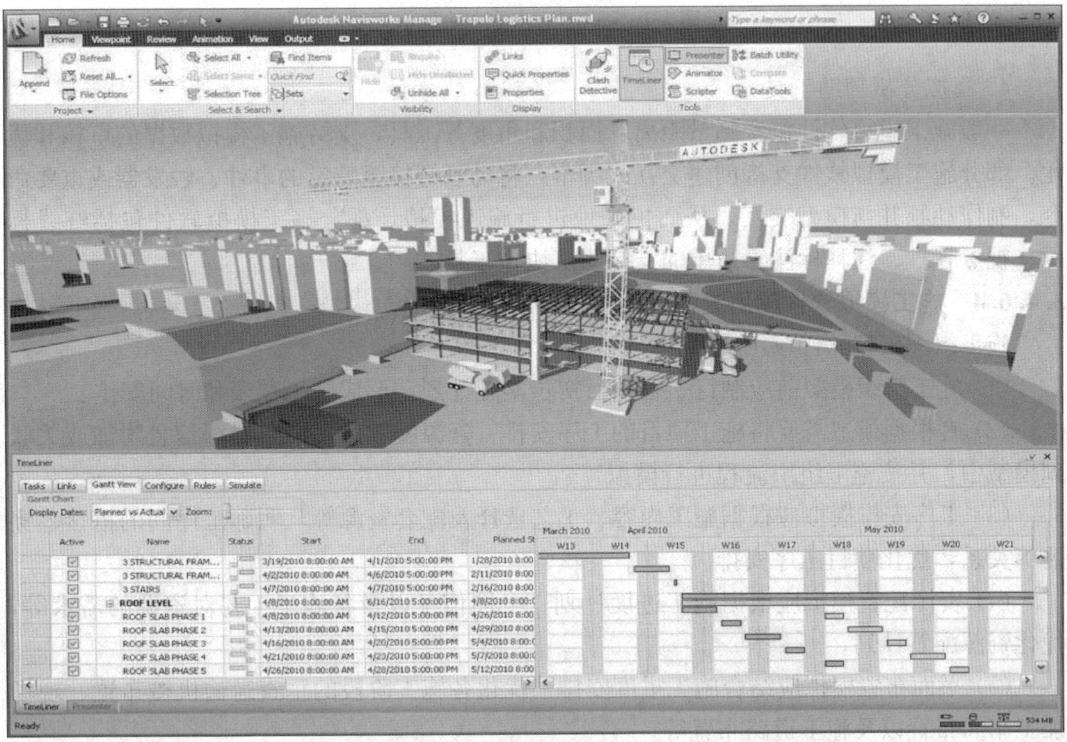

图 3-9　施工组织模拟功能示意

3. 施工工艺模拟

在土方工程、大型设备及构件安装、垂直运输、脚手架工程、模板工程等施工工艺模拟中，可基于施工组织模型和施工图创建施工工艺模型，并将施工工艺信息与模型关联，输出资源配置计划、施工进度计划等，指导模型创建、视频制作、文档编制和方案交底。

通过施工过程和工艺精细化虚拟仿真，支持施工人员优化工期和施工方案，降低工程风险。如根据施工组织的需求，精确模拟 3D 对象的运动方式，从而进行精细化的施工工艺仿真分析；模拟 3D 机械模型（例如塔式起重机）运转，以模拟计划执行的活动，并且分析运作过程；模拟具有活动能力的人体模型模拟工人操作过程，例如拾起物体、行走、操作设备等，用于评估人员操作效率和安全性，如图 3-10 所示。

图 3-10　施工工艺仿真功能示意

4. 模拟分析辅助工具

一般施工模拟软件包含测量距离、面积和角度等工具，支持施工模拟数据的审核和优化。部分施工模拟软件支持创建交互式脚本，将动画链接至特定的事件、触发器或重要命令，制作动画并与模型交互，从而更好地进行施工模拟。部分施工模拟软件包括红线标示、视点管理、注释标注等简单的支持团队协作工具。

3.4.6.4　施工模拟软件应用流程

施工组织模拟软件应用要点：

（1）施工组织模拟前应制订工程项目初步实施计划，形成施工顺序和时间安排。

（2）宜根据模拟需要将施工项目的工序安排、资源配置和平面布置等信息附加或关联到模型中，并按施工组织流程进行模拟。

（3）工序安排模拟应根据施工内容、工艺选择及配套资源等，明确工序间的搭接、穿插等关系，优化项目工序安排。

（4）资源配置模拟应根据施工进度计划、合同信息以及各施工工艺对资源的需求等，优化资源配置计划。

（5）平面布置模拟应结合施工进度安排，优化各施工阶段的垂直运输机械布置、现场加工车间布置以及施工道路布置等。

（6）施工组织模拟过程中应及时记录工序安排、资源配置及平面布置等存在的问题，形成施工组织模拟分析报告等指导文件。

（7）施工组织模拟完成后，应根据模拟成果对工序安排、资源配置、平面布置等进行协调和优化，并将相关信息更新到模型中。

施工工艺模拟软件应用要点：

（1）在施工工艺模拟前应完成相关施工方案的编制，确认工艺流程及相关技术要求。

（2）土方工程施工工艺模拟应根据开挖量、开挖顺序、开挖机械数量安排、土方运输车辆运输能力、基坑支护类型及换撑等因素，优化土方工程施工工艺。

（3）模板工程施工工艺模拟应优化模板数量、类型，支撑系统数量、类型和间距，支设流程和定位，结构预埋件定位等。

（4）临时支撑施工工艺模拟应优化临时支撑位置、数量、类型、尺寸，并宜结合支撑布置顺序、换撑顺序、拆撑顺序。

（5）大型设备及构件安装工艺模拟应综合分析柱梁板墙、障碍物等因素，优化大型设备及构件进场时间点、吊装运输路径和预留孔洞等。

（6）复杂节点施工工艺模拟应优化节点各构件尺寸、各构件之间的连接方式和空间要求，以及节点施工顺序。

（7）垂直运输施工工艺模拟应综合分析运输需求、垂直运输器械的运输能力等因素，结合施工进度优化垂直运输组织计划。

（8）脚手架施工工艺模拟应综合分析脚手架组合形式、搭设顺序、安全网架设、连墙杆搭设、场地障碍物、卸料平台与脚手架关系等因素，优化脚手架方案。

（9）预制构件拼装施工工艺模拟应综合分析连接件定位、拼装部件之间的连接方式、拼装工作空间要求以及拼装顺序等因素，检验预制构件拼装方案的合理性。

（10）在施工工艺模拟过程中宜将涉及的时间、人力、施工机械及其工作面要求等信息与模型关联。

（11）在施工工艺模拟过程中，宜及时记录出现的工序交接、施工定位等存在的问题，形成施工模拟分析报告等方案优化指导文件。

（12）宜根据施工工艺模拟成果进行协调优化，并将相关信息同步更新或关联到模型中。

（13）施工工艺模拟模型可从已完成的施工组织模型中提取，并根据需要进行补充完善，也可在施工图、设计模型或深化设计模型基础上创建。

（14）施工工艺模拟前应明确模型范围，根据模拟任务调整模型。模拟过程涉及空间碰撞的，应确保足够的模型细度及工作面；模拟过程涉及与其他施工工序交叉时，应保证各工序的时间逻辑关系合理。

3.4.7 工程量计算软件

3.4.7.1 工程量计算软件基本情况

工程建设实施工程量清单计价规范后，工程量的计算发生了很大变化。工程量计算软件是建筑业数字化招标、投标交易和施工管理过程中，不可缺少的一类软件工具。由于算量软件充分考虑现代建筑的独特造型、复杂的结构和装饰特点等因素，对比传统的手工模式下的工程量计算，工程量计算软件具有算量速度快、准确性高、工程量核对争议少和数据易于存储等优点。

随着数字建筑技术的快速发展，BIM 技术在工程项目上应用越来越广泛，基于 BIM 的算量软件正在逐步替代传统的图形算量工具软件。BIM 算量软件的主要优势是三维可视化操作和数据共享，降低了工程计算过程中的漏项、缺项以及工作量。

3.4.7.2 常用工程量计算软件分类

工程量计算软件主要应用于投标报价、过程报量、竣工交付等施工节点。常用工程量计算工具软件按应用结果的呈现形式分为表格算量、三维图形算量等；按专业应用范围分为土建算量软件、钢筋算量软件、安装算量软件、钢结构算量软件、市政算量软件、装饰算量软件等。

目前，市面上应用较为广泛的工程量计算工具软件有广联达、PKPM、鲁班、神机妙算、品茗、清华斯维尔，以及装饰算量软件酷家乐等，如表 3-16 所示。

常用工程量计算工具软件　　表 3-16

名称	软件厂商
BIM 土建、钢筋算量软件	广联达、PKPM、鲁班、神机妙算、清华斯维尔、品茗等
BIM 安装算量软件	广联达、鲁班、神机妙算、清华斯维尔、品茗等
BIM 钢结构算量软件	广联达、鲁班、PKPM 等
BIM 市政算量软件	广联达、Autodesk 等
BIM 装饰算量软件	广联达、三维家、酷家乐等

3.4.7.3 工程量计算软件主要功能

工程量计算工具软件通过导入三维设计模型、CAD 图纸、PDF 图纸、图片等，以及纸质图纸扫描等方式，实现快速创建构件的算量模型，运用自动计算和汇总功能提取工程量，并通过软件关联的清单和定额计价功能，完成编制工程投标报价、工程进度报量和工程结算等，一般软件功能如图 3-11 所示。

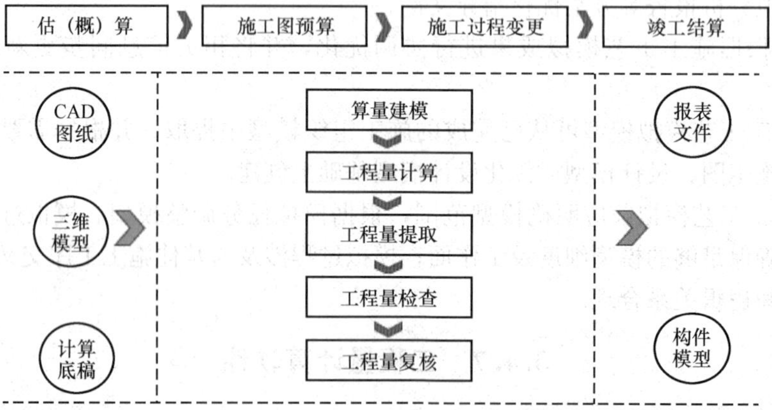

图 3-11　工程量计算软件功能示意

1. 内置计算规则，自动按规则扣减

工程量计算工具软件通过内置国家规范、规则、工艺和常用施工做法，在创建工程项目最开始时就设置了工程量清单规则、定额规则以及与它们相对应的清单库和定额库。一般预算人员不需考虑各类规则的不同，也无需考虑各种构件之间复杂的扣减关系。预算人员只需要设置正确的计算模式（清单或定额）和计算规则后，工程量计算软件会按照内置的规则自动扣减，从而保证工程量计算的准确性。

2. 清单规则和定额规则平行扣减

基于工程招标、投标阶段需要准确编制招标工程量清单和标底，由于工程清单模式和定额计价模式的不同，预算人员需要同时计算清单量和定额量。应用工程量计算工具软件，预算人员只需要在创建算量文件时，同时选择清单和定额规则，软件会自动将所有软件按照两种规则平等扣减，画一次图同时得出两种工程量，即：实体清单工程量和定额计价工程量（实际施工内容工程量），实现一图两算、一图两用的目的，提升工程量计算的效率。

3. 按图读取构件属性，自动按构件完善数据和计算工程量

传统工程量计算过程中，预算人员需要考虑因为构件的尺寸、材质等各种信息都是原始数据，除了自身计算还要参与其他构件的扣减，会直接影响计算结果的准确性。应用工程算量软件时，预算人员只需按自己熟悉的顺序创建算量构件模型，基于软件内置的构件属性选择性地填入参数即可，属性创建完成后图纸上所有构件的数据会被软件自动全部读取，不会产生遗忘和疏漏。

4. 内置清单规范，自动形成完善的清单报表

基于工程量清单规范计价，预算人员需要准确描述所包含的项目特征和主要工作内容，避免因工程量清单的描述不清晰而直接影响投标人对工程量的风险评估。应用工程量计算软件，预算人员在定义构件属性时通过直接选取该构件的清单项，软件会自动列出该清单项规范上的所有特征描述，只需从项目特征值备选框中选择相应的名称明细即可完成项目特征的描述，也可根据实际情况进行增减和补充。

5. 定义施工方案，查看不同方案下的工程量

工程量计算软件中提供了方案对比功能，预算人员依据实际施工方案和技术水平，在属性定义中设定同一项目下不同施工方案，软件即可完成在不同方案下不同工程量的计算和输出。如：基坑开挖过程中的放坡系数和工作面的预留，对实际的报价影响也不相同，预算人员通过将不同的施工方案参数定义在构件属性中，软件即可完成不同方案的工程量计算和汇总。

6. 自动识别导入的CAD图纸或设计模型

工程量计算软件是依靠图形来完成算量工作，所以必须将图形绘制到软件中才会算出工程量。基于算量软件的导图功能或模型导入功能，软件可以将CAD设计文件或设计模型导入，自动识别出文件中的图形并将该文件的数据转换成算量模型。同时，在导入的过程中构件的属性和图形位置等也一并导入，软件自动完成工程量的计算。

7. 自动识别清单工程量，计算施工方案工程量

投标人通过工程量算量软件导入招标文件的清单工程量，在定义构件属性的同时，复核招标人提供的清单工程量，通过对每一条清单项按实际的施工方案匹配相应的消耗量定额，软件自动按照两种规则同时计算定额施工方案量和清单量，实现一图两算。让投标方同时审核清单量和计算组价方案量。

8. 精确计算复杂构件、多变节点的工程量

随着现代建筑的个性化建造，建筑的结构、立面围护或装饰趋于复杂和多样，传统的

手工算量无论是计算清单工程量还是定额工程量都比较费时费力，这类构件若在过程中发生变更，工程量的计算更是无法复用，只能重新计算。基于工程量计算软件，利用其可视化算量的功能解决复杂构件建模和工程量统计，通过建筑物本来的整体关联性和计算机的计算能力，可以准确实现复杂构件和多变节点的建模计算和工程统计。

3.4.7.4　工程量计算软件应用流程

工程量计算工具软件一般已事先内置了各种算法、规则、工程量清单或定额规则等，其典型应用流程如图 3-12 所示。

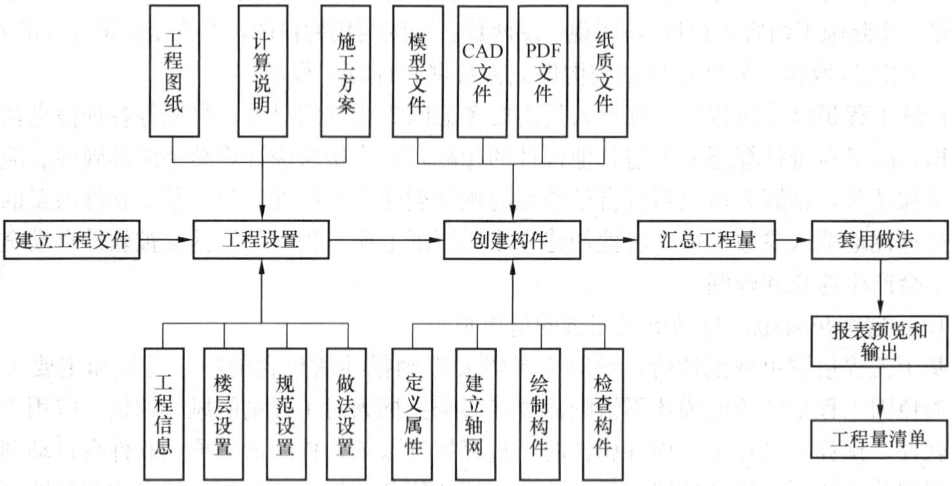

图 3-12　工程算量软件应用示意流程

当前在工程建设领域较为广泛且成熟应用的工程算量软件中，主要应用软件有土建和钢筋工程、安装工程、钢结构工程、市政工程、装饰工程等算量软件，软件通过导入设计模型、二维 CAD 电子版图纸文件自动完成数据分析，部分专业算量软件也支持 PDF 或纸质扫描文件格式的算量导入。软件结合各个专业工程领域的设计规范、算量规则和工艺做法等规则，完成自动算量和套用做法。工程量通过汇总计算后，在电脑上直观预览呈现报表，预算人员也可按需求调整和修改报表，并输出报表或工程量清单。

3.4.8　进度计划编制软件

3.4.8.1　进度计划编制软件基本情况

进度计划编排软件是通过信息化手段，科学合理地把施工进度计划用数字化的方式全面呈现的一种软件工具。通过总进度计划为主线的指导性数据，结合各类资源数据和设置控制性目标，在统一的级别、标准、逻辑关系、子目等维度下，突出关键线路，展现全面相关数据，用单独或结合的横道图、网络图、里程碑、前锋线等呈现方式清晰合理地反映施工进度计划。进度计划编排软件的应用范围有以下几种：

1. 投标阶段施工进度计划编制

多数招标项目的有效编标时间较短，没有较为具体明确的开工、竣工日期或中间节点日期是投标阶段区别于施工阶段进度计划的主要特点。相对来说，在对投标项目编制深度有限且编制计划时间紧迫的情况下，须选派总体规划能力强、经验丰富、流程熟悉、操作熟练的人员结合进度计划软件编制进度计划。

在投标阶段，进度软件的选用首先要响应招标文件要求，其次符合编制者的使用习惯。除了使用专业进度编排软件外，还常用Excel、CAD、3DS等作为进度编制的辅助手段。由于招标文件要求的进度表现形式多样，在选用软件工具时，要尽量考虑功能强大，有丰富的计算功能、图文编辑功能有利于进度计划表达，且能与Project可以相互映射相互对导的软件工具，这种结合使用可大大提高效率。

2. 项目施工阶段进度计划编制

在项目施工阶段，首先需编制工程总控制进度计划，在总控制进度计划指导下，分别编制施工各节点计划（二级进度计划含各分包、专业计划），作为施工进度的控制依据。以控制关键日期（里程碑）为目标，滚动计划为链条，建立动态的计划管理模式。然后根据分阶段进度计划，将施工任务分解到每个月。在每月月末，将本月的施工进度计划及时交给各施工队和专业分包，以便其安排周计划、日计划。

在施工阶段，进度计划软件首先要满足采用横道图和双代号网络图相结合的方法编制施工计划，充分反映各施工工序间的相互逻辑关系、确定关键线路、便于实施及检查，保障工期。

3.4.8.2 常用进度计划编排软件

常用进度计划编排软件见表3-17。

常用进度计划编排软件　　表3-17

软件名称	介绍	适用范围
广联达斑马进度	通过双代号网络图＋横道图＋关键线路＋前锋线，辅助项目制定合理的进度计划，打通PDCA循环，实现计划动态跟踪管控与优化	工程领域进度管理
Project	微软开发的以项目管理为核心的软件，协助项目制定计划、为任务分配资源、跟踪进度、管理预算和分析工作量	通用项目管理
P6	P6是在大型关系数据库Oracle和MS SQL Server上构架起企业级的、包含现代项目管理知识体系的、具有高度灵活性和开放性的、以计划—协同—跟踪—控制—积累为主线的企业级工程项目管理软件	企业级项目管理

3.4.8.3 进度计划编排软件主要功能

1. 横道图编制

横道图是按时间坐标绘出的，横向线条表示工程各工序的施工起止时间先后顺序，整个计划由一系列横道线组成。它的优点是易于编制、简单明了、直观易懂，特别适合于小而简单的项目现场施工管理；但是横道图编制一页只能显示20～30项任务，不能全方位查看，逻辑关系容易导致缺失，关键线路可能不完整，无法清晰地看到有几条关键线路；另外，在执行情况偏离原来计划时，横道图不能迅速而简单地进行调整和控制，也无法实现多方案的优选。

2. 双代号网络图编制

双代号网络图是由箭线和节点、线路组成的，用来表示工作流程的有向、有序的网状图形。横轴是时间标尺，简单理解就是一个个工作与工作之间的逻辑关系组成了一条有向的线路，组成了一个网络图。

双代号网络图可以用更小的图幅展现更多的任务，便于从全局的角度看待整个计划，总工期和里程碑一目了然；逻辑关系清楚直观，是一个完整封闭的数学模型，逻辑关系严谨；关键线路清楚直观、准确，同时支持父子结构，让计划更有层次感；也可以展现任务细节，比如任务名称、任务工期、计划开始时间、计划完成时间，以及六个时间参数的信息（任务总时差、自由时差、最早开始时间、最晚开始时间、最早结束时间、最晚结束时间），高峰期任务机动时间直观，有利于集中力量抓主要矛盾；对任务变动反应灵敏，关键线路实时计算，任务变动对总工期影响清晰直观；另外支持计划检查，网络图自动评分；便于计划优化，通过合理调整非关键工作的时间，降低项目管理难度；过程中方便记录，便于后期索赔维权。

3. 单代号网络图编制

单代号网络图是以节点及其编号表示工作，以箭线表示工作之间逻辑关系的网络图，并在节点中加注工作代号，名称和持续时间。

单代号网络图作图简便，图面简洁，由于没有虚箭线，产生逻辑错误的可能较小；单代号网络图用节点表示工作，没有长度概念，不够形象，不便于绘制时标网络图。

4. 一表双图编制

一表双图是左边支持表格式编辑，右侧双代号网络图和横道图同步生成，其表现形式可以快速进行 WBS 工作结构分解，输入工作名称、工期、逻辑关系等信息；时间依据逻辑关系和工期自动计算，任务可以随时按照父子结构折叠展开；双代号网络图和横道图也同步自动生成，通过双代号网络图实时检查逻辑关系和关键线路的正确性。

3.4.8.4 进度计划编排软件应用要点

在软件中编制进度计划一般分为以下几个步骤：新建或导入计划、建立工作分解结构（WBS）、新建任务（定义活动）、估算任务工期、连接逻辑关系、估算资源需求、制定和优化进度计划、计划的动态跟踪与控制。

进度计划编排软件应用要点：

1. 工程进度计划编制的方式

（1）依据合同文件，确定工期时间、关键里程碑时间。

（2）依据合同文件与施工图纸，确定施工内容，并使用树形进行工作分解结构。

（3）依据工程量、工效、拟定资源配置对工作时长进行计算。

（4）按施工工艺顺序，应用双代号网络计划将所有工作通过建立逻辑关系进行合理组合。

（5）通过计划中分项工程内存在的自由时差，建立施工组织逻辑关系，以合理规避窝工。

（6）对各子分部开始点，进行全面计划管理，将子分部所需“人机料法环”在网络图中采用“逆推法”配置完整。

（7）标注关键里程碑；主要的里程碑节点计划包括但不限于土方开挖完成、主体结构出正负零、主体结构封顶、外立面亮相、联调联试、专项验收、作业面移交、售楼节点等。

(8) 计划初步成型后，应对比合同工期确定工期风险。

(9) 对判定存在工期风险的，应采用“快速穿插”“增加平行作业”“压缩关键工作工期”的方法进行调整优化，并及时向项目决策层汇报，以确定可行性。

(10) 对工期存在风险，无法消除的，应及时上报项目经理与公司职能部门。

2. 工程进度计划编制的要求

(1) 进度计划应按进度管理需要分解到工序、检验批，特别低风险的工作可分解到分项或子分部。

(2) 为项目执行期间更好地检查、控制，把项目的问题暴露在可控时间内，单个工作不应超过10天。

(3) 逻辑关系要完整地体现“人机料法环”的依赖。

(4) 工作如不能确定调整资源数量，则不允许任意调整工作工期。

(5) 为避免执行过程中出现意见分歧，计划编制过程中应注意项目团队工作原则。

(6) 网络图编制说明中应包含以下内容：合同工期要求；穿插施工说明；常规施工将存在的进度风险；规避进度风险的做法。如项目为EPC，或类似EPC，或工程体量过大，可采取逐步求精原则，即将开始的任务需要精细地分解，未来的任务可以粗放地分解。

3.4.9 施工安全计算软件

3.4.9.1 施工安全计算软件基本情况

施工安全计算软件是将施工安全技术和计算机科学有机结合，依据国家、地方有关规范、标准和文件的规定，针对建设工程施工中存在危险性较大、技术性较强的分部分项工程，结合施工现场工况，快速建立计算模型，分析生成计算书、施工方案、技术交底以及施工图、危险源辨识、应急预案等多个成果的软件。可适用于房屋建筑、公路、桥梁、市政、电力等工程建设领域，作为工程技术人员编审安全专项施工方案和安全技术管理的施工安全措施分析计算工具。按照分部分项工程划分，施工安全计算软件分为脚手架工程、模板工程、桥梁支模架、顶管施工、临时围堰、地基处理、塔式起重机基础、临时设施工程、混凝土工程、钢结构工程、降排水工程、起重吊装工程、垂直运输设施、土石方工程、冬期施工、基坑工程等功能模块，涵盖从危险源辨识、设计计算、方案编制、施工图绘制、检查验收等施工方案全过程的应用。

施工安全计算软件能解决大部分常规性安全措施计算，满足专项方案编审要求；伴随着建筑行业的发展，异形复杂项目越来越多，安全形势越发严峻，施工安全计算软件也将更加专业化、智能化、形象化，解决施工现场复杂问题，带来更高的实际价值。

施工安全计算软件主要采用单机安装方式进行部署，软件使用对象有：施工单位的总工、技术负责人、技术员等；项目部的项目经理、项目技术负责人、施工员、安全员、项目工程师等；监理单位的项目监理、总监。

3.4.9.2 常用施工安全计算工具软件

目前常用的施工安全计算工具软件包括品茗建筑安全计算软件、PKPM建筑施工安全设施计算软件等，如表3-18所示。

常用施工安全计算工具软件　表 3-18

计算内容	说明	软件产品
脚手架工程	主要针对落地式脚手架、悬挑式脚手架、工具式脚手架、现场操作平台、安全防护等外脚手架的安全计算	品茗建筑安全计算软件 PKPM 建筑施工安全设施计算软件 建科研安全设施计算及管理软件
模板工程	主要针对墙模板、柱模板、梁模板、板模板、叠合楼板等临时支撑的安全计算	品茗建筑安全计算软件 PKPM 建筑施工安全设施计算软件 建科研安全设施计算及管理软件
塔式起重机基础	主要针对板式和十字形基础、桩基础、组合式基础、塔机附着等塔式起重机基础相关安全计算	品茗建筑安全计算软件 PKPM 建筑施工安全设施计算软件 建科研安全设施计算及管理软件
临时设施工程	主要针对施工现场临时用电、临时用水、供热等临时设施安全计算	品茗建筑安全计算软件 PKPM 建筑施工安全设施计算软件 建科研安全设施计算及管理软件
混凝土工程	主要针对大体积混凝土配合比、温度控制、钢筋支架等相关措施安全计算	品茗建筑安全计算软件 PKPM 建筑施工安全设施计算软件 建科研安全设施计算及管理软件
钢结构工程	主要针对施工现场临时钢结构杆件、节点、基础等相关安全计算	品茗建筑安全计算软件
降排水工程	主要针对集水明排、截水、管井降水、井点降水等降排水措施安全计算	品茗建筑安全计算软件
起重吊装工程	主要针对汽车式起重机、履带式起重机、桅杆式起重机相关工况稳定性及吊装构配件等安全计算	品茗建筑安全计算软件
垂直运输设施	主要针对施工升降机、格构式井架、龙门架基础及防护等安全计算	品茗建筑安全计算软件 PKPM 建筑施工安全设施计算软件
土石方工程	主要针对土石方爆破、挖填方量计算、开挖运输机械配置等安全计算	品茗建筑安全计算软件
冬期施工	主要针对混凝土工程冬期施工所采用的蓄热法、综合蓄热法、电极加热法、暖棚法、成熟度法等相关措施的安全计算	品茗建筑安全计算软件 建科研安全设施计算及管理软件
基坑工程	主要针对土方放坡、土钉墙支护、水泥土墙、悬臂桩支护、锚杆等浅基坑支护安全计算	品茗建筑安全计算软件 建科研安全设施计算及管理软件

3.4.9.3　施工安全计算软件的主要功能

施工安全计算工具软件的主要功能：

1. 危险源辨识和评价功能

施工安全计算软件对构成重大危险源的要素，依据其特点和规律进行动态的归类和分析，通过危险源的筛选，快速对应控制措施和可能导致的伤害类型，依据危险源的辨识结果，运用LEC法和指数矩阵法等，量化评定危险源的等级，将重大危险源纳入充分而科学的辨识、全面而有效的控制、迅速而可靠的应急的全方位掌控之中。

2. 计算书功能

安全设施专项方案编制涉及规范众多，计算步骤繁杂，施工技术人员依靠手算或借助简单的计算工具进行编制时，需要多次试算和调整，不仅花费大量时间，而且选择材料、方案的盲目性大，造成浪费或潜在危险在所难免。对于复杂体系而言，大量的手算工作还极易产生计算错误，即使经过多层审核，也难以避免。施工安全计算软件核心功能就是计算书，依据现行规范标准，结合现场工况，通过工程参数的设置，生成相应设置模型的包含详细计算过程及结果的计算书。

3. 计算审核表功能

当下专项方案篇幅过长，计算部分比重过大，专项方案中计算内容审核工作量大，严重影响工作效率。施工安全计算软件通过列举主要参数的取值和计算条件，提取关键计算要点的公式和结果，生成计算审核表，以此达到篇幅简洁又符合验算要求的需要，便于快速审查计算结果。

4. 界面参数表功能

专项施工方案应当由施工单位技术负责人审核签字、加盖单位公章，并由总监理工程师审查签字、加盖执业印章后方可实施。计算书内容多，审核时不便于快速收集设计参数，交底时不便于作业人员理解设计参数。施工安全计算软件通过提取设计计算参数并生成参数报表，技术参数一览无余。

5. 材料优化功能

科学的方案应该是既满足施工安全要求，还满足成本节约的需要。施工安全计算软件可根据材料使用性能比例范围划分安全、经济评定标准等级，结合当前计算模型中各构件的性能分析，形成材料优化评价表，引导用户编制既考虑经济又满足安全的方案。

6. 应急预案功能

施工现场重大危险源辨识后，应编制针对性的应急预案，并进行应急演练。施工安全计算软件可提供各类事故和预防的应急预案典型素材、相关法律法规及教材进行参考，根据素材快速调整编制有针对性的应急预案，提高应急预案编制水平。

7. 节点详图集功能

技术交底中增加节点详图，照图施工，使交底更加直观，更能指导施工。施工安全计算软件可提供CAD和图片格式的现场节点图库，图库可自行维护，导出节点图，减少了常规性节点图的重复绘制，导出的CAD格式图形可自行编辑，提升了绘图效率。

8. 施工图功能

施工图纸作为施工方案的主要内容，是施工方案最直观的表达，便于作业人员理解方案意图，施工图纸应符合有关标准规范。施工安全计算软件采用参数化绘图模式，通过工程参数的设置，快速绘制详细专业的施工图纸，提升了绘图效率，保障了施工图纸的完整。

9. 施工方案功能

《危险性较大的分部分项工程安全管理规定》（住房和城乡建设部37号令）等规定，

施工单位应当在危大工程施工前组织工程技术人员编制专项施工方案。对于超过一定规模的危大工程，施工单位应当组织召开专家论证会对专项施工方案进行论证，论证通过后才能使用。施工安全计算软件能生成与计算书中的部分参数和计算结果一致的合乎专项方案格式要求的方案文档，在文档中显著位置设置了提示提醒内容，引导用户完成符合工程特点的专项方案的编制，保障方案文档内容的完整性，避免专项方案与计算毫无关系。

10. 技术交底功能

施工方案实施前，应由方案编制人员向全体操作人员进行安全技术交底。安全技术交底内容应与施工方案统一，必须具体、明确，要有针对性和指导性，交底的重点为施工参数、构造措施、操作方法、安全注意事项等，安全技术交底应形成书面记录，交底方和全体被交底人员应在交底文件上签字确认。施工安全计算软件能生成包括主要搭设参数、搭设示意图、工艺流程、质量要求、安全注意事项、文明施工、节点详图等内容的详细交底，保证交底内容与方案、计算书的一致性和完整性，便于有效地指导现场施工。

11. 检查管理用表功能

对于按照规定需要验收的危大工程，施工单位、监理单位应当组织相关人员进行验收。验收合格的，经施工单位项目技术负责人及总监理工程师签字确认后，方可进入下一道工序。施工安全计算软件可提供相关规范和文件的检查验收表，直接导出使用，作为专项方案落实的最后环节，引导用户完成专项方案的最终使命。

3.4.9.4　施工安全计算软件应用要点

施工安全计算软件的应用要点：

（1）结合企业现状、施工现场实际情况及国家有关规范、标准、文件的要求，筛选确定危险源，量化评定危险源等级，并输出危险源辨识与风险评价表。结合危险清单，编制输出对应的应急预案。

（2）根据危险源辨识清单，计划技术方案，选择相应计算模块。

（3）模块创建完成后，根据工程的实际情况，确定现场相关参数，选定材料种类、大小规格，确定荷载大小，智能生成相应的计算模型。

（4）计算模型智能生成后，软件对计算模型进行核校，各项指标均满足要求后，结合当前计算模型的安全性及各构件的性能分析，对计算模型进行优化，并输出计算书、界面参数表、计算审核表及材料优化评价表。

（5）根据标准及规范要求，结合工程现场情况、计算书，输出施工方案及施工图纸，对超过一定规模的危险性较大的分部分项工程的施工方案，需进行专家论证，通过专家论证后形成最终的施工方案。

（6）结合计算书、施工方案等输出技术交底；方案实施前，对施工技术人员、现场劳务人员进行技术交底和安全交底，并形成交底文件资料。

（7）现场严格按照技术交底及安全交底的内容，进行施工并组织验收，验收需满足施工方案及国家有关规范、标准、文件的要求，并输出检查验收表。

施工安全计算软件的操作要点：

1. 危险源辨识

（1）结合施工现场环境、企业技术水平、历史事故经验、施工技术资料等进行危险源辨识分析、预防，确定重大危险源，做好重点防控；

(2) 不同施工阶段、状态、作业面，应不断调整、更新危险源。

2. 参数设置

(1) 根据临时设施策划方案，选择合适的计算模块；

(2) 严格依据相关规范标准进行参数设置；

(3) 结合现场工况，据实设置材料、设备、环境、荷载等参数；

(4) 不断优化调整参数，计算结果不得超出规范标准要求。

3. 应急预案

通过危险源辨识分析，针对重大危险源，结合施工现场环境、条件，编制有针对性的、可实施的应急预案，并进行应急演练。

4. 施工图绘制

(1) 结合施工方案、计算模型，绘制直观可视化的方案施工图；

(2) 将计算模型的CAD示意图导出，并进行深化调整成方案施工图；

(3) 在节点详图集中选择类似的、可参照的图纸导出，并进行有针对性的修改；

(4) 在施工图功能中，进行参数化图形绘制并导出。

5. 方案编制、交底

通过软件导出的施工方案、技术交底，应结合项目现场实际情况，进行相关内容调整、完善，最终形成完整的、有针对性的、可实施的施工方案、技术交底。

6. 检查验收

根据不同的临时设施要求，选择导出合适的检查验收用表，在方案实施过程中严格按照验收表格要求进行相关检查验收。

3.4.10 模板脚手架软件

3.4.10.1 模板脚手架软件基本情况

模板脚手架软件基于建筑三维信息模型技术，按照施工图纸快速建立结构三维模型，并利用软件内置智能计算和布置引擎，按照模板支架和脚手架施工规范的要求，快速智能生成模板支架和脚手架，完成模板支架和脚手架工程的安全计算，有效提高模板支架和外脚手架设计的效率以及方案的可靠性；对杆件布置、材料管控等方面进行合理优化，减少了实际施工过程中不必要的返工，提升施工效率和材料的利用率，加强工程管理人员对实际施工的进程管控和材料精细管控。

从行业需求和政策支持来看模板脚手架软件的发展趋势，可以把模板脚手架软件的数据与项目管理信息系统集成应用，实现项目精细化管理；其次可以与云技术、大数据集成应用，提高模型构件库等资源复用能力；第三，利用人工智能技术提升智能布架的合理性。

3.4.10.2 常用模板脚手架软件

目前国内常用的模板脚手架软件包括品茗BIM模板设计软件、品茗BIM脚手架设计软件、广联达BIM模板脚手架设计软件、PKPM模板设计软件、PKPM专业脚手架设计软件等，如表3-19所示。

常用模板脚手架软件　　表 3-19

软件名称	说明
品茗 BIM 模板设计软件 品茗 BIM 脚手架设计软件	该软件分为模板设计及脚手架设计软件，两款软件均基于 CAD 开发，支持 CAD 所有快捷命令，支持二维图纸识别建模，支持与品茗其他 BIM 软件有数据交换接口，目前仅可导出 obj 和 skp 格式，不支持 IFC 标准。 脚手架设计软件支持落地式和悬挑式多种样式的脚手架三维模型，支持多种型钢悬挑锚固方式，支持智能布置脚手架，支持生成架体平面布置图，支持生成脚手架立面图，支持生成脚手架节点详图；支持生成材料统计表，支持生成计算书，支持配架，提供多种脚手架施工方案模板。 模板设计软件支持盘扣式、碗扣式、扣件式模板支架的智能布置及计算。支持生成模板支架剖面图，支持生成模板支架节点详图；支持生成材料统计表，支持生成计算书，支持配模配架，提供多种施工方案模板
广联达 BIM 模板脚手架设计软件	该软件支持二维图纸识别建模，也可以导入广联达算量产生的实体模型辅助建模。具有自动生成模架、设计验算及生成计算书功能。不支持 IFC 标准
PKPM 模板设计软件 PKPM 专业脚手架设计软件	该软件分为模板设计软件及脚手架设计软件。脚手架设计软件可建立多种形状及组合形式的脚手架三维模型，生成脚手架立面图、脚手架施工图和节点详图；并可生成用量统计表；可进行多种脚手架形式的规范计算；提供多种脚手架施工方案模板。 模板设计软件适用于大模板、组合模板、胶合板和木模板的墙、梁、柱、楼板的设计、布置及计算。能够完成各种模板的配板设计、支撑系统计算、配板详图、统计用表及提供丰富的节点构造详图。不支持 IFC 标准

3.4.10.3　模板脚手架软件的主要功能

模板脚手架软件的部署方式为单机，主要功能如表 3-20 所示。

模板脚手架软件的主要功能　　表 3-20

阶段	功能	描述	成果
建模	结构建模	根据图纸创建墙梁板柱等结构模型	三维结构模型
架体布置	智能布置	参数化布置架体	三维架体模型
	手动布置	参数化布置架体	
	架体编辑	杆件绘制及编辑	
计算复核	安全复核	通过软件内置的计算引擎复核架体的安全性	计算书
分析统计	搭设方案	输出立杆落点、横杆连接等架体方案	搭设参数平面图、立杆平面图等方案图纸
	材料用量	统计各类材料用量	材料统计表
	模板配置方案	分析模板切割、拼接方案	模板配置图表
	架体配置方案	分析架体搭接方案	架体配置图表

1. 模板脚手架软件的结构建模功能

模板脚手架软件结构建模采用手动建模和图纸转换两种方式。手动建模是根据施工图纸，手动完成轴网、墙、柱、梁、板等构件布置进行结构建模。图纸转换是利用已有电子图纸结合制图规范，自动识别图纸中的梁、板、墙、柱以及轴线等信息从而完成结构建模。

2. 模板脚手架软件的架体布置功能

模板脚手架软件的架体布置功能是利用结构模型，根据杆件参数的范围，如纵横距、立杆距结构的距离等参数，通过软件内置的智能计算和智能布置引擎，在保证架体安全性的前提下，寻找最优的立杆平面布置方式，完成三维架体的布设。同时在智能布设不能完全满足要求时，软件提供手动布置和编辑的功能，允许手动调整各部分的架体杆件具体参数，软件按照这些参数分别布置架体或者直接绘制架体的立杆、横杆、剪刀撑等杆件，再经过软件内置引擎的优化完成各部分架体的协调拉通。

3. 模板脚手架软件的计算复核功能

模板脚手架软件的计算复核功能是利用软件内置的智能计算引擎对通过手动绘制编辑参数生成的架体进行受力分析，根据相关架体规范、杆件材料的力学参数，完成架体安全性的复核。或者根据需要，对相关构件生成计算书，计算书包含：计算参数、计算简图、计算过程、判定结论以及调整意见等内容。

4. 模板脚手架软件的分析统计

模板脚手架软件可以根据结构模型和布置的架体进行相关的分析统计。材料用量统计就是其中一种，软件可以统计工程中各类材料的使用量，以表格形式输出，包括混凝土量、杆件数量及其余辅材的用量。另外软件可以配模配架分析，在设定好模板的周转次数、模板可利用的最小尺寸、杆件搭接长度、水平杆自由端可利用长度等参数后，软件自动分析并生成模板的切割、拼接方案及架体杆件的搭接方案，同时支持手动模板切割拼接方案和架体搭接方案，方案可以模板架体配置图表的形式输出。

3.4.10.4 模板脚手架软件应用要点

利用模板脚手架软件进行模板脚手架设计时，其流程与传统的手动布置有一些区别，可以参考表 3-21，主要功能的应用要点可参考表 3-22。模板脚手架软件的功能有很多，可根据实际编制目的来进行选择，参照表 3-23 选用。

模板脚手架软件应用前后流程区别 **表 3-21**

对比流程项	使用前	使用后
CAD图纸处理	1. 手动删选统计分类构件； 2. 手动删选统计层高等信息	1. 需要先复制图纸到软件里面，一般要求图纸不能离坐标原点过远； 2. 要求修改图纸比例到 1：1； 3. 复制的底图在最后可以直接清理删除； 4. 绘制或转化图纸为三维模型
高支模鉴别	手动计算分析代表性构件	依托模型全过程全数智能分析
架体参数	1. 在安全计算软件里，选择计算构件输入参数； 2. 获取计算结果，不合适的反复手动调整	1. 设置各构件拟采用的参数范围； 2. 设置各构件材料样式参数； 3. 手动调整部分构件参数
架体布置	根据计算出的合格的结果手动布置架体平面	1. 智能分析计算排布架体； 2. 手动布置后，智能优化排布； 3. 手动调整架体排布

续表

对比流程项	使用前	使用后
架体计算书	由安全计算软件按设置参数生成	1. 选定需要生成的构件自动生成计算书； 2. 所有架体全数拥有计算书
架体图纸	1. 手动绘制剖面图； 2. 手动绘制平面图； 3. 手动绘制立面图； 4. 手动绘制节点详图	1. 自动生成剖面图； 2. 自动生成平面图； 3. 自动生成立面图； 4. 自动生成节点详图
材料统计	手动统计计算	自动统计计算
配模配架	1. 手动配模配架； 2. 手动绘制配模图	1. 自动配模； 2. 自动生成配模图

模板脚手架软件主要功能应用要点 **表 3-22**

主要功能	应用要点
CAD 图纸处理	1. 将冗余的线条、填充及图层删除，仅保留与结构构件有关的部分； 2. 将图纸中的块炸开，以方便后续操作
模型创建	模型创建完成后仔细检查模型，确保构件的尺寸、位置、强度等信息正确
高支模鉴别	1. 根据规范及工程实际情况选择合适的高支模辨识规则； 2. 将未鉴别的又重点关注的构件手动添加至高支模列表
架体参数	1. 选择合适的规范； 2. 设置合适的荷载参数，选择合适的材料并确认材料的力学参数； 3. 按照构造要求及工程要求设置相关架体参数，参数设置需合理，满足规范要求和现场实际需要
架体布置	仔细检查软件自动生成的架体，对不合理处或明显错误的地方手动编辑修改
架体计算书	选择重点部位或者受力较大的部位生成架体计算书
架体图纸	除软件自动生成的图纸外，选择工程中重点部位手动生成图纸
配模配架	根据工程情况设置配模配架的具体规则

模板脚手架软件功能适用参考表 **表 3-23**

软件功能	适用范围
结构建模	模板脚手架软件必须结构建模，建模方式可以使用手动绘制，自动转化、外部模型导入
智能布置	模板脚手架快速生成的方式，基本必须使用，也可以选择全数手动布置
手动布置	手动布置是对局部架体的调整，可以选择使用
架体编辑	架体编辑是对参数异常位置的修正，可以选择使用
安全复核	安全复核是对手动布置架体及参数异常架体修改后的复核，可以选择使用
搭设方案	软件内置方案模板，可以选择使用
材料用量	软件内生成模板支架材料统计，可以选择使用
模板配置方案	用于精细管理模板材料用量，可以选择使用
架体配置方案	用于精细管理钢管材料用量，可以选择使用

3.4.11 工程资料软件

3.4.11.1 工程资料软件基本情况

建设工程资料软件是根据当地建设相关部门发布的建筑施工管理规程、规范编制的一种资料整理软件。

国内建设工程资料软件形态多样，包含单机版、网页版、网页软件结合版等，目前以单机版为主。每个省份都有专门对应的建设工程地方规范及标准，也形成地域化的资料软件。同时为配合各建设行业生产管理需要，水利、电力、公路、铁路、石油化工、土地开发、国家电网、轨道交通、冶金、国标市政工程、抗震加固工程等也有专门的资料软件。

住房和城乡建设部自 2013 年 10 月 1 日发布《建筑工程质量验收统一标准》GB 50300—2013 以来，各项验收规范逐步更新，对现场资料验收工作提出了更高的要求，如原始记录的填写、抽样点数的计算等问题也一直困扰着现场资料员。

通过多年的软件应用，不仅改变了过去落后的手工资料填写方式，提高了资料员的工作效率，并且制作的资料样式美观，归档规范，还在专业规范解读方面提供了填表规范说明及工程范例，以便资料员学习自我提升，更好地指导现场验收。

随着科技的发展，施工管理的进步，未来的资料管理工作将不仅仅只是资料员的资料整理工作，还将进一步向“数字化”档案管理发展，实现数据直传自动记录，云端多方协同管理，归档数据直达城建档案馆，完成资料数据从产生到归档的闭环。

3.4.11.2 常用资料软件

目前国内应用范围及用户量较大、有长期更新维护的资料软件包括品茗施工资料管理软件、筑业资料管理软件、恒智天成建设工程资料管理软件、PKPM 工程资料管理软件等，如表 3-24 所示。

常用的资料软件 表 3-24

名称	功能及说明	软件名称
模板覆盖	覆盖建筑、市政、水利、电力、公路 5 个以上专业，20 省级以上地域	品茗施工资料管理软件 筑业资料管理软件 恒智天成建设工程资料管理软件 PKPM 工程资料管理软件
智能评定	验收规范超偏评定，混凝土强度评定等	品茗施工资料管理软件 筑业资料管理软件 恒智天成建设工程资料管理软件 PKPM 工程资料管理软件
统计汇总	分部子分部分项汇总，安全评分汇总等	品茗施工资料管理软件 筑业资料管理软件 恒智天成建设工程资料管理软件 PKPM 工程资料管理软件
打印输出	支持 Excel、PDF 通用文件格式导出，表格批量打印	品茗施工资料管理软件 筑业资料管理软件 恒智天成建设工程资料管理软件 PKPM 工程资料管理软件

续表

名称	功能及说明	软件名称
云端协作	工程资料云端存取，多人协同编制管理	品茗施工资料管理软件 筑业资料管理软件 PKPM工程资料管理软件

3.4.11.3 资料软件的主要功能

资料软件的部署方式主要为单机，主要功能如表3-25所示。

资料软件单机版的主要功能　　表3-25

阶段	功能	描述
新建工程	模板选择	覆盖建设工程所需的资料表格模板，通过模板预览快速确定所需模板，并支持多模板导入整合编制
	工程概况	通过一次输入所有工程概况信息，实现所有表格表头信息自动导入，并通过导入导出实现工程概况信息保存为Excel，方便其他工程使用
	新建子单位	可以进行多个子单位工程资料的同步创建，以及复制已经做好的子单位工程资料，同时自动刷新相关表头及示例数据
新建表格	新建表格	多种新建表格方式，支持从模板或工程节点新建
	关联表格	自动生成附属报审表，关联检验批匹配的施工配套用表，供快速选择创建
	生成部位	通过楼层、轴线、构件信息的排列组合生成批量部位
	快增加	根据已完成的某表进行快速表格复制型增加，同时自动刷新相关表头及示例数据
表格编辑	基础编辑	基础字体、字号、行列、公式、加锁及文本编辑功能
	填表说明及范例	新国标（新地标）系列检验批表格，逐张匹配填表说明（即相应验收规范）指导表格填写，同时匹配范例表格，可一键复制范例做表
	容量计算	根据用户输入检验批容量自动计算生成最小抽样数量，支持多容量细分填写计算
	原始记录	一键式生成原始记录，相关表头及编号，验收项目等信息自动填写
	示例数据	根据客户自定义设置生成检验批的示例数据，为客户提供检验批随机数据生成，方便学习编制
	自动评定	对检验批数据是否合格进行自动评定，超偏数据自动生成三角符号，并自动生成评定结果
	试块评定	混凝土、砂浆试块强度自动计算评定
	插入图片	多种插入图片的方式，支持各种图片格式直接插入单元格中；独创的插入CAD图方式，可对已插图片进行二次修改
	汇总统计	一键式对分部、子分部、分项进行统计评定，若有数据变更，汇总表中也能再次汇总刷新

续表

阶段	功能	描述
打印输出	表格打印	支持单表打印和批量打印；批量打印中可以设置是否打印附件、续表，打印份数，并能按照制作日期搜索表格并打印
	导出 PDF	支持将表格文件以 PDF 格式导出，以便归档及查阅
数据存储	云存储	将工程文件数据自动同步上传至云端，异地也可随时存取

随着建筑业信息化的发展，对资料管理工作也提出了更高的协同要求，资料软件也逐步实现了与政府、企业系统数据共享，主要功能如表 3-26 所示。

资料软件网络版的主要功能　　表 3-26

阶段	功能	描述
协同管理	资料同步	将工程文件数据自动同步上传至系统对应服务器，工程相关多位管理人员可随时存取，协同编制
	资料流转	根据工程管理人员班子，按各类表格审批签名要求，逐一提交流转至各管理人员，并将审批成果及时反馈至软件
	电子签名	通过在线手签或第三方电子签名机构授权方式，对资料进行电子签名

3.4.11.4 资料软件应用要点

利用资料软件进行施工现场资料管理，其流程与传统的手动编制管理有一些区别，可参考表 3-27，主要操作要点可参考表 3-28。资料软件的功能有很多，可根据实际编制目的来进行选择，可参考表 3-29。

资料软件应用前后流程区别　　表 3-27

对比流程项	使用前	使用后
模板选择	1. 到各政府网站下载相关表格； 2. 自己零散收集一些表格； 3. 根据规范自己手动制作表格； 4. 购买纸质规范样表	1. 软件统一模板提供，各种表格齐全； 2. 规范更新后，模板表格自动升级更新
表格编辑	1. 逐份打开表格文件，逐项手动填写； 2. 纸质样表逐项手动填写	1. 工程概况信息自动填写； 2. 报审表，原始记录一键式生成填写； 3. 特定纸质表样套打打印
填表规范	网上下载规范或购买规范书逐页手动查找	表格关联规范条文一键查看
范例	1. 网上搜索相似表格，参考手动填写； 2. 按自己工作经验积累，存放部分范例资料	1. 提供范例工程全局学习参考，支持局部复制引用； 2. 单表逐一关联范例，一键存取引用； 3. 自己积累资料可直接存为范例，便于后续引用
数据计算	1. 容量抽样对照各规范逐项理解，手动计算； 2. 混凝土、砂浆等试块强度对照规范手动计算； 3. 施工测量数据逐项记录，手动计算是否超偏； 4. 安全评分表手动计算得分	1. 容量输入后自动计算各项最小抽样数量； 2. 混凝土、砂浆等试块强度录入后一键式自动评定，填写计算结果； 3. 施工测量数据逐项记录或参考示例数据，自动评定标记超偏，生成评定结果； 4. 安全评分表自动计算得分

续表

对比流程项	使用前	使用后
汇总统计	1. 对各分部、子分部、分项、检验批逐一统计，手动排序填写，每个工程一般不少于3000项； 2. 隐蔽记录，技术复核记录等施工资料，逐一统计，手动排序填写，每个工程一般不少于1000项； 3. 安全得分表逐一统计，手动计算填写安全评分汇总表	1. 分部、子分部、分项、检验批自动排序，一键生成相应数据完整的汇总表； 2. 隐蔽记录，技术复核记录一键生成相应数据完整的汇总表； 3. 一键生成相应数据完整的安全评分汇总表； 4. 以上支持数据修改后重新汇总
成果输出	1. 筛选文件，逐份打开进行打印； 2. 电子文件手动整理排序	1. 按工程批量打印，支持已打印或分类筛选，按需打印； 2. 支持一键式打包导出PDF文档，以便电子归档

资料软件的应用要点　　**表 3-28**

软件功能	应用要点
模板选择	按照项目情况选取对应地区、专业的模板
工程概况	1. 按照项目情况，逐项填写项目名称、施工单位名称等基本工程概况信息，以便后续表格中能直接引用； 2. 涉及部分信息如规范等存在多项的，可添加行后逐项填写； 3. 工程概况更新后，可同步更新表格中引用的工程信息
新建子单位	1. 按照项目情况新建子单位工程可细分管理，逐个维护工程信息； 2. 可选择已有类似子单位工程进行复制创建； 3. 各子单位类似表格可同步一并创建
新建表格	1. 根据所需可选择多张相关表格，如检验批、施工记录、报审表等成套新建； 2. 同类表格也可输入多组验收部位同时新建
关联表格	同上，在新建检验批表时，可选关联的施工记录、报审表等
生成部位	1. 根据项目输入层数、轴线、构件等基本信息； 2. 选择层数、轴线、构件组合方式； 3. 批量生成验收部位以供快速填写
快增加	1. 同类表格优先填写完善一份样表； 2. 选择样表快增加，即可快速复制样表获取其他同类表格，相关特性数据自动差异化处理
基础编辑	1. 选择所需输入的单元格进行文本输入； 2. 注意字体、字号等尽量统一； 3. 若文字较多显示不全时，可适当缩小字号或换行、调整行高列宽
填表说明及范例	1. 选择所需参考的表格，进行填表说明或范例查看，支持对比查看获取更优的界面查看效果； 2. 通过复制范例可直接将已有范例复制到表格； 3. 也可通过存为范例将已填表格存入，以便下次同类表格复用

续表

软件功能	应用要点
容量计算	1. 点击检验批容量右侧“选”字进入细分构件容量填写； 2. 逐项填写本检验批所需构件及容量值； 3. 存在多类材料共用表格的还需勾选本次验收材料； 4. 软件根据专业规范，自动计算填入最小/实际抽样数量，涉及全数检查的，需自行填入实际抽样数量
原始记录	1. 软件根据检验批中实际数量，自动生成原始记录并填写相关检查项目； 2. 根据实际抽查情况，自行填写检查部位、检查情况； 3. 如涉及抽样数量、检查项目变更的，可重新生成原始记录填写
示例数据	1. 涉及实测项目，可自动生成符合规范的随机示例数据以供参考； 2. 可通过设置调整示例数据超偏个数及生成范围
自动评定	1. 实测项目自行填写实测值后可自动评定是否超偏，如有超偏做三角标示； 2. 对全表数据进行评定，自动给出评定结论； 3. 安全评分表自行输入扣减分数后，自动评定计算总计得分
试块评定	1. 根据试块类型及养护方式选择对应的混凝土或砂浆评定表格； 2. 选择试块相应的强度等级； 3. 根据检测中心试验报告填写各组强度值； 4. 若组数较多可追加复制页继续填写； 5. 软件试块评定自动得出计算结果及评定结论
插入图片	1. 根据图片类型选择合适的插图方式； 2. 如普通照片可直接插入图片或截图； 3. 如 CAD 图片需调用 CAD 软件辅助图片截取
汇总统计	1. 待检验批表格填写完成后，可一键式自动填写分部分项汇总统计结果； 2. 如有检验批表格数据变更，可再次汇总重新统计
表格打印	1. 首次使用先设置打印机； 2. 单表打印即选即打； 3. 批量打印选择所需表格及打印数量等参数调整后，一并打印
导出 PDF	选择所需节点导出 PDF 即可
云存储	1. 保证网络畅通； 2. 有效账号登录； 3. 按需管理云存储中工程资料，如上传、下载、删掉等

资料软件功能适用参考表 表 3-29

软件功能	适用范围
模板选择	根据项目类型选择对应专业模板，必须要用
工程概况	项目基本信息采集，后续表格直接引用，必须要用
新建子单位	根据工程情况，如需细分管理，可优先选用
新建表格	从模板中复制表格进行创建，必须要用

续表

软件功能	适用范围
关联表格	创建检验批表格时可选择推送的相关施工监理表格，可自行选用
生成部位	通过楼层、轴线、构件信息的排列组合生成批量部位，可优先选用
快增加	同类型表格快速复用，可优先选用
基础编辑	表格内容填写，相关格式调整，可自行选用
填表说明及范例	制作表格时可参考填表说明或引用范例，可自行选用
容量计算	检验批填写容量时自动触发，必须要用
原始记录	根据检验批验收项目需要填写原始记录时，可优先选用
示例数据	涉及检验批等项目超偏数据填写时，可优先选用
自动评定	涉及检验批等项目超偏数据是否合格验算时，可优先选用
试块评定	涉及混凝土、砂浆等试块强度数据是否合格验算时，可优先选用
插入图片	涉及表格中需要插入CAD、现场照片等图片时，可自行选用
汇总统计	涉及分部分项、安全评分等汇总计算时，可优先选用
表格打印	从软件中打印纸质表格，必须要用
导出PDF	从软件中输出PDF电子文件时，可优先选用
云存储	经常更换电脑，异地办公时，可优先选用

3.5　数字化施工管理系统

3.5.1　概　　述

数字化施工管理系统是充分利用计算机硬件、软件、网络通信设备以及其他设备，对施工信息进行收集、传输、加工、储存、更新、拓展和维护的系统。数字化施工管理系统融合了工程建造理论、组织理论、会计学、统计学、数学模型、经济学与信息技术，与工程施工组织结构之间相互影响。数字化施工管理系统对工程企业的影响包括组织环境、组织战略、组织目标、组织结构、组织过程和组织文化，所以数字化施工管理系统既是技术系统，也是社会系统。

数字化施工管理系统的一般功能包括：

(1) 数据处理功能。包括工程数据收集和输入、数据传输、数据存储、数据加工和输出。

(2) 预测功能。运用现代数学方法、统计方法和模拟方法，根据过去的工程数据，预测未来的工程状况。

(3) 计划功能。根据提供的工程约束条件，合理地安排各职能部门的计划，按照不同的管理层次，提供不同的管理计划和相应报告。

(4) 控制功能。根据各职能部门提供的数据，对施工计划的执行情况进行检测，比较执行与计划的差异，对差异情况分析原因。

(5) 辅助决策功能。采用各种数学模型和所存储的大量施工数据，及时推导出施工有关问题的最优解，辅助各级施工管理人员进行决策，利用人财物和信息资源实现合理平衡资源，取得较大的经济效益。

广义的数字化施工管理系统也应该包括办公自动化系统、通信系统、交易处理系统等，本部分主要介绍与施工过程管理（人、机、料、法、环管理，施工质量、安全、进度、成本等）密切相关的业务管理系统，以及对前述单一功能系统进行集成的管理系统。

3.5.2 合同管理系统

3.5.2.1 合同管理系统基本情况

传统合同管理，由于涉及的部门众多，需要管理的合同要素也各不相同，因此造成信息不集中，实时性不强，导致各部门协作、业务流程组建、监控制度执行等方面效率不高，主要表现为：合同文档管理困难、执行进度控制困难、信息汇总困难以及缺少预警机制。

合同管理系统基于现代企业的先进管理理念，一般具备合同基础数据设置、合同在线起草、合同审批、合同结算以及履约全过程监控等功能，支持相关人员及时了解合同信息及执行情况，提高各参与方的协作效率，为企业提供决策、计划、控制与经营绩效评估等辅助功能。

在施工管理领域，提供合同管理系统的厂商包括新中大、PKPM、万润、用友、浪潮、同望等。

3.5.2.2 合同管理系统主要功能

合同管理系统对合同订立、履约结算、合同款项支付等过程环节进行重点管控，降低履约风险。其核心功能一般应包括合同模板管理、合同在线评审、合同台账管理、合同执行与监督管理、合同付款管理、合同履约管理、合同统计分析等。

(1) 合同模板管理

可按照专业分包、劳务、材料采购、设备租赁等不同的合同类型建立合同模板库，规范合同条款，项目部可以直接调用公司统一制定的模板进行合同创建，使用人员在此基础上，只需填写合同关键性要素（如甲乙方名称、付款条件、违约条款等）即可自动生成合同文档，进行合同拟定评审。

(2) 合同在线评审

基于流程引擎，可对合同进行在线评审。由拟稿人发起合同评审，系统根据流程定义自动进行评审流转，在评审过程中，各评审人可在线对合同文本进行修订、批注，流程应支持同意下发、退回拟稿人修改、不同意退回以上节点、跳转发送等操作。

(3) 合同台账管理

在合同文档的基础上生成承包合同台账、分包合同台账、材料采购合同台账、设备购置合同台账及其他合同台账，提供合同台账的查询、检索与维护。进行合同归档管理，提供合同档案信息的查询与统计。

(4) 合同执行与监督管理

合同管理人员在合同执行过程中，可依据公司对合同管理实际流程实现关键环节的审批，如合同变更和合同结算等。同时系统包含对操作人员待办事项提醒功能，对于出现的合同变更，需要发起合同变更评审流程。对执行完成的合同设置为执行结束状态，并能在合同台账中查询。

（5）合同付款管理

从合同文本中提取每个合同的付款时间和金额等信息，建立合同资金付款台账，在合同付款时，可在系统内填写合同支付单，发起付款流程进行审批，合同执行完成后，系统可提供按照时间、项目等多种维度的汇总分析统计报表。

（6）合同履约管理

在合同执行过程中，可通过此功能对合同文本中说明的责任、完成情况进行监控。如合同时间、合同范围、合同付款等可能存在的风险等。

（7）合同统计分析

在合同统计分析管理中可按不同维度获取到各类统计数据。一般系统提供合同台账查询、对上对下结算对比表、项目收付款分析、单价对比、合同结算支付一览表、合同情况分析等功能。

（8）合同评价和合作伙伴信息管理

在合同执行结束后，企业可基于合同履约评价标准，完善合同履约记录信息及合作伙伴信息数据库。

（9）移动应用

系统的移动办公功能包括：通过短信将业务过程中的待办事项、收付款和审批等信息发送操作人员，提醒给操作人员；操作人员可及时在移动端进行相关业务处理。

3.5.3　人员管理系统

3.5.3.1　人员管理系统基本情况

人员管理系统通过信息化的技术手段，实时监测工程用工情况，解决人员流动大、信息无法管理等传统问题，杜绝有风险的人员进入现场施工。

通过人员管理系统劳动效能的分析，掌握施工队伍的真实效率，为劳务成本控制提供依据，支持企业确定合作优秀劳务队伍。

通过人员管理系统也可切实保障建筑企业和劳务工人的合法权益，有效防范欠薪隐患，缓和劳资矛盾，减少劳资纠纷，为营造和谐的建筑行业氛围和维持健康的劳资关系，提供有利的支持，为企业创造更多的经济收益，实现劳资双方互惠共赢。

3.5.3.2　人员管理系统的主要功能

一般人员管理系统的主要功能包括：

（1）项目基础信息维护

通过自主建立项目，分类考勤班组，完善项目基础信息，建立标准化数据，细化项目管理。工程项目基本信息数据主要包括项目基础信息、建设单位、总包单位、施工图审查信息、合同备案信息、施工许可信息以及竣工验收备案等关键基础数据。

（2）分包合同管理

分包合同（劳务分包、专业分包等）管理实现对分包合同的全过程管理，相关部分功能描述可参加合同管理系统部分。

（3）劳务人员入场管理

根据分包合同，将劳务人员归属于相应的项目班组中，建立项目、参建单位、班组及劳务人员级联关系，入场劳务人员需从对应的参建单位中选择关联，对未实名认证人员进行实名认证，否则无法进行入场备案。同时要进行“黑名单认证”，如果认证不通过则不允许进行入场备案。一般，实名认证是一项独立系统功能，通过对接公安部实名认证体系，获取实名认证结果后记入系统，可服务于工程管理人员、劳务工人个人的现场入场备案。

（4）劳动合同签订

通过建立劳务公司与劳务工人劳务关系，确定工人薪酬及计价方式，为劳务人员工资发放提供计价依据。合同有限期为入场之日起，退场后截止，一般劳务合同采用线上签订方式，劳务公司加盖电子章，劳务工人手写签名后生效。

（5）考勤凭证管理

根据项目实际考勤设施，设置人员考勤凭证，一般根据项目实际情况分为两种考勤方式（定点考勤、范围考勤），对于施工现场规范、固定及范围可控的工地，采用固定地点闸机考勤方式；对于现场比较分散及施工现场开阔的可采用 GPS 定位范围考勤方式。

定点闸机考勤凭证：闸机考勤可提供三种类型的凭证，卡片、二维码、人脸识别，如果采用卡片刷卡考勤方式，需要给工人发放考勤门禁卡；二维码考勤不需要发放硬件设备，系统会根据工人身份证、项目施工许可证以及工人所属参建单位统一社会编号为工人生成唯一识别凭证，并记入系统，工人利用移动端 APP 在闸机处扫描即可，一般二维码是动态获取，会根据系统配置中的更新间隔进行动态更新的，也就是说别人再次拿这个二维码扫描可能就已失效；人脸识别无需发放硬件设备，可根据人员实名认证时的照片在闸机处扫描考勤，如果人员认证时间较长，人员面部变化较大，可在人员信息处重新录入面部图像。

GPS 定位考勤：一般系统内置地图功能（如百度地图），可对项目施工班组设置考勤范围，可分别为不同的班组设置不同的考勤范围，劳务人员在考勤时采用人脸＋GPS 定位考勤。

（6）工资发放

根据考勤及薪酬计价方式，生成劳务工人工资单，由劳务公司（参建单位）按标准对劳务工人工资进行发放，工资发放完毕后由劳务工人在工人端进行签字确认。

（7）教育培训

通过对工人进行安全教育及培训，实时查看工人安全作业测试成绩，提高安全作业水准。

3.5.4 大型机械设备运行管理系统

3.5.4.1 大型机械设备运行管理系统基本情况

大型机械设备运行管理系统由安装在起重设备上的运行监控系统（如塔式起重机运行监控系统、施工升降机运行监控系统等）以及机械远程监控中心（物联网监控系统）组成。

设备运行监控系统的单元构成为：信息采集单元、信息处理单元、控制输出单元、信息存储单元、信息显示单元、信息导出接口单元、远程传输单元等。

机械远程监控中心（web 端或移动客户端）对塔机、升降机等工作过程进行远程在线监控，随时随地掌握起重机械安全工作状态，实现信息多方主体共享。在建设工程施工中，塔式起重机和施工升降机（人货两用施工电梯）是两种使用量最大、也最普遍的大型起重机械设备，本部分重点针对这两种机械设备的信息化管理进行介绍。

3.5.4.2　塔式起重机运行监控系统

1. 塔式起重机运行监控系统的主要功能

(1) 显示功能

系统应实时显示塔机运行状态，包含吊重、回转角度、小车幅度、动臂俯仰角、吊钩高度、现场风速及故障状态。对于具有防碰撞功能的监控系统，还应显示本塔机和相关塔机的运行状态以及相对位置关系。

(2) 报警功能

当监控系统发生故障或工作在旁路模式下，系统应能发出声音或其他报警，向司机及相关塔机给出指示。系统的故障包括但不限于以下的情况：传感器缺失；控制输出单元故障；系统电源故障；系统之间的通信故障等。

(3) 数据记录功能

监控系统应实时记录本塔机的运行状态（存储时间间隔应不大于2s），应存储48h以上。当监控系统具有防碰撞功能应记录最近30次旁路模式的时间以及次数，并记录相关塔机的运行状态。管理人员可通过U盘等设备定期下载监控系统的记录，通过专用软件进行回放操作。当出现安全事故时，可通过读取黑匣子记录中的实时数据对塔机的运行状态进行分析，作为事故分析的辅助，对事故发生时塔机的工作状态进行追溯。

(4) 安全防护功能

塔机运行监控系统应对塔机的安全状态进行监控，避免塔机发生安全事故。塔机的安全防护包括但不限于以下功能：

1) 防超载功能

防超载功能包括塔机起重量限制功能和起重力矩限制功能。当塔机发生超载，应发出安全防护动作，限制塔机向外变幅以及吊钩起升的动作。

2) 限位功能

包括回转限位、起升限位以及小车变幅限位。对塔机的位置进行限制，避免发生冲顶等安全事故。

3) 区域限制功能

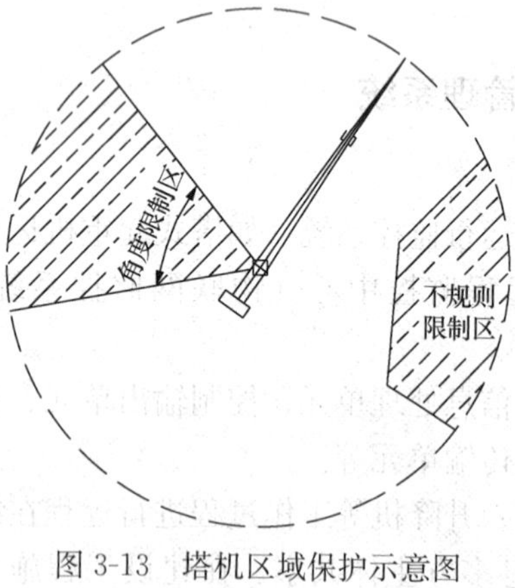

图3-13　塔机区域保护示意图

塔机的工作区域内有一些重点区域需要进行保护时，比如高于塔机起重臂的建/构筑物、居民区、学校、马路、高压线等，需设置限制区。当塔机吊钩接近限制区时，监控系统自动发出报警及控制信号，防止吊钩进入限制区后发生物体坠落造成安全事故，如图3-13所示。

4) 防碰撞功能

通过安全监控系统的无线通信模块，实现塔机群局域组网，使有碰撞关系的塔机之间的状态数据信息能够交互，当某台塔机安全监控系统检测与相邻塔机有碰撞的危险趋势时，能自动发出声光报警，并输出相应的避让控制指令，避免由于驾驶员疏忽或操作不当造成碰撞事故发生，如图 3-14、图 3-15 所示。

图 3-14 平臂塔机之间碰撞位置示意

图 3-15 动臂与平臂塔机之间碰撞位置示意

2. 塔式起重机运行监控系统的检测精度要求

塔机运行监控系统状态信息的检测要求，见表 3-30。

塔机运行状态检测要求 **表 3-30**

塔机运行状态参数	传感器分辨率或量程	检测误差
回转角度	≤1/3°	≤1°
吊重	量程根据塔机最大载荷确定	≤5%
小车幅度	满足小车位置在整个起重臂跨度内检测	≤200mm
动臂俯仰角度	满足俯仰臂在整个运行跨度内检测	≤2°
吊钩高度	塔机高度小于 100m 时 塔机高度大于 100m 时	≤5m ≤5%
移动塔机的移动位置	满足塔机在整个移动轨道内的检测	≤1m

3. 塔式起重机运行监控系统的使用注意事项

(1) 安全防护功能的配置：塔机运行监控系统具有多种安全防护功能，根据塔机现场使用情况可以对安全功能以及相应模块进行选配，参照表 3-31 进行配置。

安全防护功能选配表 **表 3-31**

塔机使用现场情况	监控系统安全防护功能推荐选配
单塔机（与其他塔机无碰撞可能）	防超载功能，限位功能，区域限制功能
群塔作业（与其他塔机有碰撞可能）	防超载功能，限位功能，区域限制功能，防碰撞功能（配套的无线通信模块）

(2) 系统安装之前，应对所安装塔机的匹配性及参数进行确认，包括各种传感器的量程。

(3) 系统安装完成后，应进行空载运行检查，包括：操纵塔机应分别进行起升、变幅、回转、运行动作，起升高度、幅度、回转、运行行程显示值变化应与实际动作一致；

系统显示的起重量、起重力矩数据应无异常。

（4）系统使用过程中，凡有下列情况时，应重新对系统进行调试、验证与调整，并按《建筑塔式起重机安全监控系统应用技术规程》JGJ 332—2014 第 5.0.4 条、第 5.0.5 条检验合格：

1）在系统维修、部件更换或重新安装后；

2）当塔机倍率、起升高度、起重臂长度等参数发生变化后；

3）系统使用过程中精度变化、性能稳定性不能达到本标准规定要求时；

4）其他影响系统使用的外部条件发生变化时；

5）塔机设备转场安装后。

4. 塔式起重机运行监控系统主要传感器

塔式起重机运行监控系统通过安装在塔机上的各类传感器，实时采集塔机作业中的运行状态，包括起重量、起重力矩、起升高度、幅度、回转角度、风速等信息，并通过远程传输单元将塔机的运行状态数据发送至远程监控中心。塔式起重机运行监控系统根据实时监测的塔机运行状态对塔机的安全进行智能分析并输出控制。塔机常见传感器安装如图 3-16 所示。

幅度、高度传感器　　风速传感器　　角度传感器　　吊重销轴

图 3-16　塔机运行监控系统传感器

5. 起重机械远程监控中心的主要功能

起重设备运行监控系统将采集的设备实时运行状态数据通过远程传输单元发送到起重机械远程监控中心，监控中心能够对起重机械进行远程在线监控，对设备重要运行参数和安全状态进行在线记录、统计分析和远程管理，为设备的多方主体监管提供平台。

远程监控中心主要由起重机械设备管理、运行状态实时监控、起重机械全生命周期管理、统计分析等功能模块组成。

（1）起重机械设备管理

基础信息数据主要包括建筑机械设备相关管理单位信息、工程信息、人员信息以及监控设备信息等基础数据，使用前需要在远程监控中心完成基础信息数据的录入工作。

（2）运行状态实时监控

安全状态的实时监控是远程监控中心的核心功能，主要为除司机外的起重机械设备安全管理人员提供实时数据，从而有效解决远程异地安全管控不到位的问题。实时监控的内容有：回转角度、幅度、吊钩高度、力矩百分比、安全吊重、风速、吊绳倍率等作业数据。对于超出规范操作要求的违章行为，管理人员可查询每台起重机械的违章次数，也可以查询每次违章的详细时间点，并根据需要对违章的过程进行全程模拟回放。

（3）起重机械全生命周期管理

起重机械的全生命周期管理，是指设备从生产出厂后到报废整个使用过程的全生命周期使用状态的管理，通过远程监控中心的大数据，可以统计与设备寿命相关的设备使用状态，如：利用等级、载荷状态以及工作级别等，为塔机的维护保养提供依据，实现全生命周期的管理。

（4）统计分析

数据智能统计分析是远程监控系统平台未来最优的发展前景，监控中心可以实现对起重机械全生命周期的管理，基于大数据分析监控中心可以对起重机械设备的安全状况、司机的技能水平和工作状态做出智能评估，并能对生产态势进行科学预测，为起重机械的科学管理提供手段。

3.5.4.3 施工升降机运行监控系统

1. 施工升降机运行监控系统主要功能

施工升降机运行监控系统主要监控管理对象为人货两用施工升降机。系统由监控主机、显示器以及输出单元组成，系统通过安装在升降机上的传感器实时监测升降机的载重、限位、楼层信息、驾驶员信息、吊笼运行速度等，当升降机即将出现超载、超限、非法操作时，监控系统发出语音或其他声光报警信号，并输出控制指令，限制升降机的运行，只有当危险解除时，才允许升降机继续运行。同时，监控系统可以通过监控系统主机内的远程传输单元将施工升降机的运行状态数据发送至远程监控中心。

（1）自诊断功能

监控系统开机后进行自检，检测各传感器状态是否正常，当传感器状态异常时自动预警，提醒设备维保人员进行监控系统维护。

（2）身份识别功能

该功能是目前国内施工升降机运行监控系统的主要功能之一。尽管施工升降机发生安全事故主要有安装不到位、维护保养不及时等原因，但多数安全事故的直接原因都和非授权人员擅自操作施工升降机有关。身份识别功能是指通过身份识别装置，检测操作施工升降机的人员是否通过身份授权，未获得授权的人员无法启动升降机。常用的身份识别方式主要有人脸识别、指纹识别、虹膜识别等生物识别方式。

（3）防超载功能

通过安装在施工升降机上的载重量传感器，可以检测出升降机吊笼内人和物的重量。在超出额定载重量时，监控系统自动发出预警，并控制升降机吊笼运行，直至超载预警解除。

（4）高度、吊笼运行速度及楼层显示

通过高度传感器对吊笼运行高度进行采集，结合吊笼运行的时间及建筑物的层高关系，系统可以实时显示吊笼距离笼底地面的高度、吊笼的运行速度、吊笼所在楼层的位置等信息。

（5）数据记录和追溯功能

监控系统的信息存储单元会自动记录监控系统的操作记录，包括载重量、施工升降机上行或下行状态、运行时间、运行楼层、维护保养内容等信息，并可对以上信息进行数据统计。通过分析这些数据，可对施工升降机的安全事故原因进行追溯。

(6) 维护保养记录功能

部分地方建设主管部门，对施工升降机的维护保养过程也结合施工升降机监控系统，通过信息化的手段进行管理。在施工升降机使用过程中，监控系统会根据维护保养时间周期要求，在维护保养到期前通过远程平台向维保单位负责人员下发信息，提醒维保单位对机械设备进行维护保养，维保单位在对施工升降机维护保养之后，可通过监控系统将对应维保的项目及结果上传至远程监控平台，实现对施工升降机维保的远程管理。

2. 施工升降机监控系统的检测精度要求

施工升降机运行监控系统状态信息的检测要求，如表 3-32 所示。

施工升降机监控系统运行状态检测要求 **表 3-32**

施工升降机运行状态参数	传感器分辨率或量程	检测误差
载重量	10kg	≤5%
运行高度	满足施工升降机吊笼位置在整个升降机安装高度内检测	≤200mm
升降机运行速度	0.1m/min	≤1m/min

3. 施工升降机运行监控系统的使用注意事项

(1) 载重量准确标定。由于施工升降机是以梯笼载人、载物的形式进行载重作业，梯笼内的重量能够准确地在监控系统显示终端上显示的关键在于准确的标定过程。施工升降机在上下运行过程中，动荷载对载重量采集的准确性影响较大，因此需要多次进行标定和验证，确保监控系统能够准确显示和记录施工升降机的梯笼内载重量。

(2) 特种作业人员录入监控系统的管理需严格要求。在施工升降机管理过程中，使用单位应掌握对特种作业人员身份认证信息录入监控系统的权限，确保升降机监控系统中记录的特种作业人员信息的真实性，并确保施工升降专人专岗，杜绝无证人员操作。

3.5.5 物资材料管理系统

3.5.5.1 物资材料管理系统基本情况

物资材料管理系统辅助工程技术人员合理地组织建筑物料的计划、采购、供应、验收、库存与使用，保证建筑物料按品种、数量、质量、时间节点进入建筑工地，减少流转环节，防止积压浪费，缩短建设工期，加快建设速度，保障质量安全，降低工程成本。

物资材料管理系统的高级形式是物资生态链采购系统。目前，针对物资生态链采购系统，在市场上一般提供两种解决方案：为大中型企业可提供综合型解决方案，包括采购寻源管理解决方案、采购供应链管理解决方案以及企业电商解决方案。依据企业的发展战略、管理模式和业务特征，制定采购信息化蓝图规划和发展路径，量身定制一套适用、易用的采购管理系统。为小微型企业提供平台型解决方案，围绕采购供应链全流程，基于公有云为企业快速配置一套标准、便捷的专属采购平台，并提供后续的运营服务支持。

生态链的打造是选择物料生态链采购系统的关键，不仅需要无缝打通企业内部的集采系统、履约系统、财务系统等，实现数据实时流转、各环节互联互通和业务处理在线化，而且需要链接外部供应商、物流、银行、税务、电商等多方合作伙伴，将其业务和平台也纳入进来，共同构造平台生态圈。因此，在系统选型的关键环节，需要重点考虑系统是否成熟可靠、并具备一定的可扩展性，如何帮助企业降低建设成本；系统是否已与企业内外部系统建立标准化接口方案，可无缝集成应用；系统是否有足够的成功应用案例积累，涵盖多种企业类型、业务模式和管理特点，随需配置；软件供应商是否拥有专业的团队、成熟的实施方法，并能提供本地化服务支持，保障稳定应用。

在应用过程中，需由企业制定统一采购流程，提供供应商管理、物料管理等标准作业文档；分子公司及项目部按照统一规范在系统中执行采购，有关部门可通过系统监督采购行为，及时发现问题并纠正。可采用“三步走”的策略，如第一步搭建企业统一集采管理系统，形成统一集采模式，规范采购行为，降低采购成本，优化下属组织的供应链协同，实现保质和快速供应；第二步完善并建成标准化的集采＋履约＋电商＋金融的综合电商平台；第三步应用大数据技术挖掘并分析平台沉淀数据，实现信息共享，助力采购科学决策。

3.5.5.2 物资材料管理系统主要功能

1. 物资材料采购

物资管理系统辅助工程管理人员，通过实施有效的计划、组织与控制等采购管理活动，合理选择最优采购方式、采购品种、采购批量、采购频率和采购地点，以有限的资金保证经营活动的有效开展，从而在降低整个供应成本、加速资金周转和提高建造质量等方面发挥积极作用。根据所购买材料的分类及特点，科学选择采购模式，形成物料采购全生态链的管理。

(1) 大宗主材采购

在施工企业自主搭建互联网集采平台（图 3-17），应包括但不限于：供应商管理、供应商门户、专家门户、采购寻源、采购协同、移动应用、采购分析等模块，与供应商开展采购协同应用，主要采取战略采购、招标采购、竞争性谈判等方式。

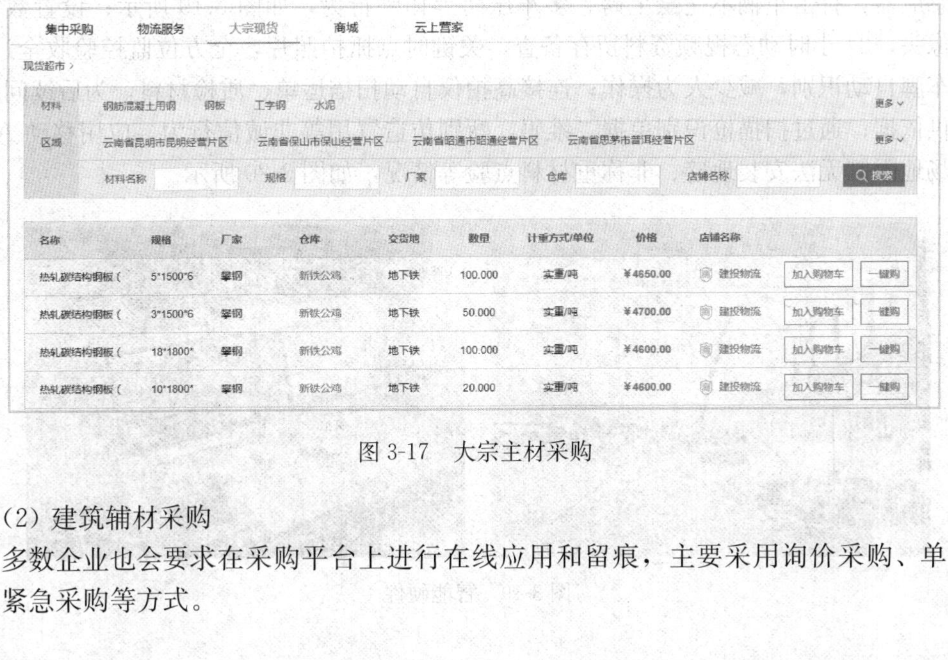

图 3-17 大宗主材采购

(2) 建筑辅材采购

多数企业也会要求在采购平台上进行在线应用和留痕，主要采用询价采购、单一来源、紧急采购等方式。

(3) 办公用品采购

对于通用、高频的低值易耗品等，多数采用商城采购模式，快速比选、下单和结算。目前企业商城存有自营商城和接入第三方商城两种模式。

2. 物资材料验收

通过科技手段，实现移动、实时地无遗漏物料数据抓取，实现物料现场验收环节全方位管控，如图 3-18 所示。通过软硬件结合精准采集数据，监控作弊行为；运用系统集成技术，及时掌握一手数据；运用互联网技术，多维度统计分析数据；运用移动应用，随时随地管控验收现场。

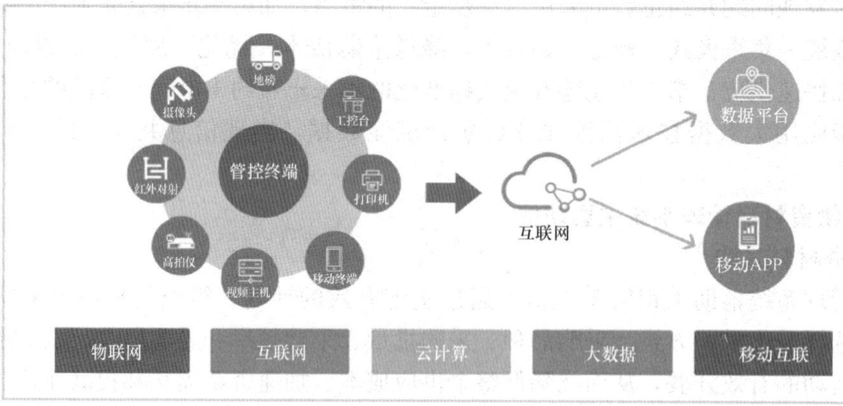

图 3-18　智能物料验收

物料现场验收实现智能化主要体现在三个方面：

(1) 智能监管

通过数字技术手段，对物料管理中的多数以称重为验收单位的材料，实现全过程系统性功能覆盖。如管控终端按照约定协议集成数字式地磅，确保信号传输和防止干扰；配备红外感应器，打击车辆不完全上磅、多车压磅等作弊行为，如图 3-19 所示；设置数字高清摄像头，24 小时动态视频资料留存备查，关键时点抓拍照片，全方位监控验收全过程；实现车牌自动识别，减少人为操作；连接高拍仪自动扫描运单、质检材料，为后续问题追溯提供依据；通过扫描枪识别单据二维码，甄别仿造冒用等非诚信行为。应用移动 APP，兼顾场地限制无法安装地磅、非称重材料点验等情况，如图 3-20 所示。

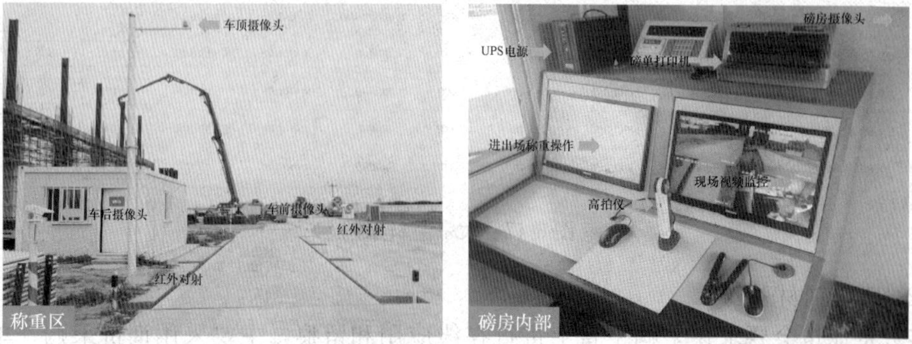

图 3-19　智能硬件

（2）智能传输

通过通信网与互联网，支持数据实时获取、交互、共享；支持管控终端与数据平台“定时推送+实时触发”同步机制；支持管控终端离线应用、自动续传和断点续传；支持多管控终端局域网内共享同一数据库。

（3）智能处理

对验收数据进行分析与处理，实现智能分析与控制。自动按系数进行单位换算，如商品混凝土密度比换算等；自动计算数量偏差，与正负差阀值对比，实时预警，如图 3-21 所示。主动识别一车多称多计、皮重超范围等非常规情况，及时纠偏，如图 3-22 所示。

图 3-20　移动验收

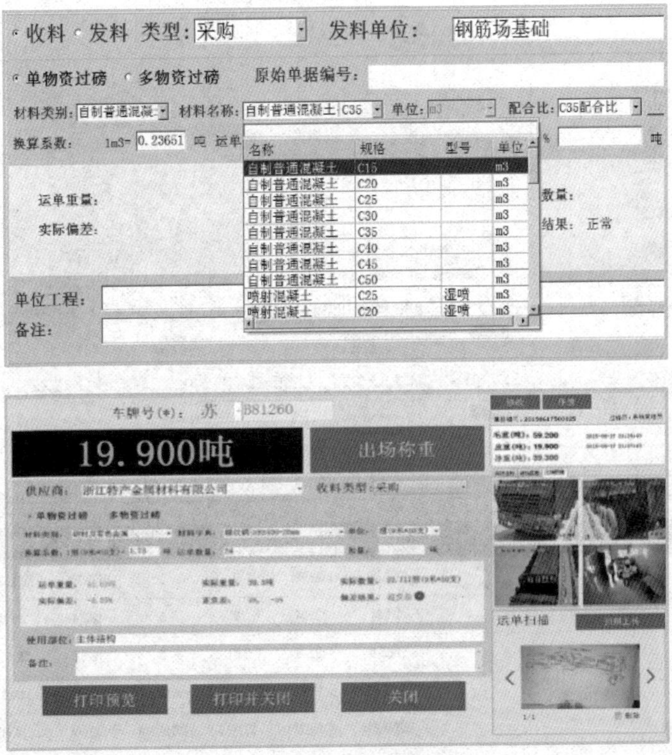

图 3-21　自动计算

一键生成标准单据，不允许人为修改，并进行二维码防伪处理，如图 3-23 所示。

各维度进出场统计分析自动生成，为物料采购、生产计划提供依据，如图 3-24 所示。

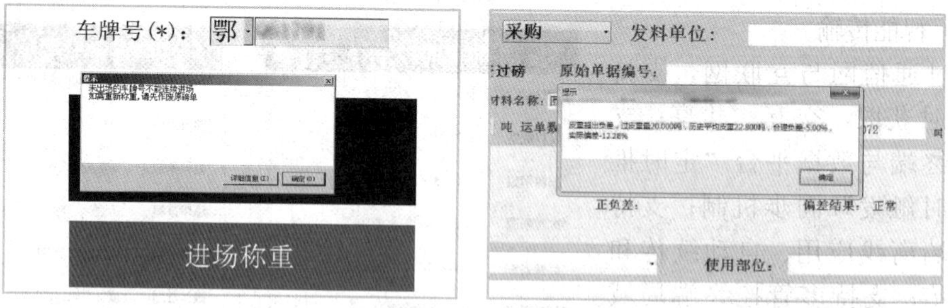

图 3-22　及时纠偏

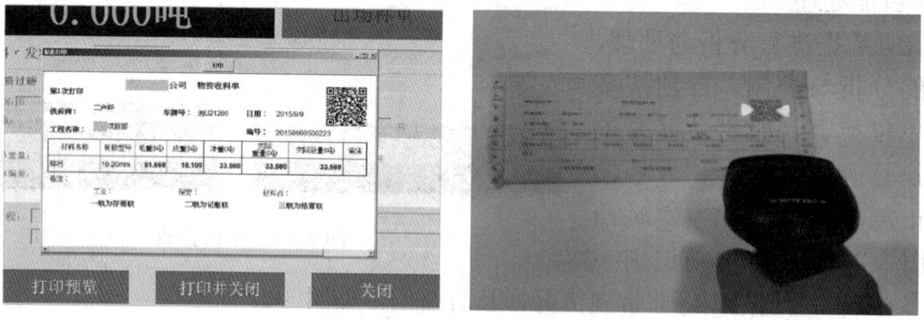

图 3-23　标准单据及防伪

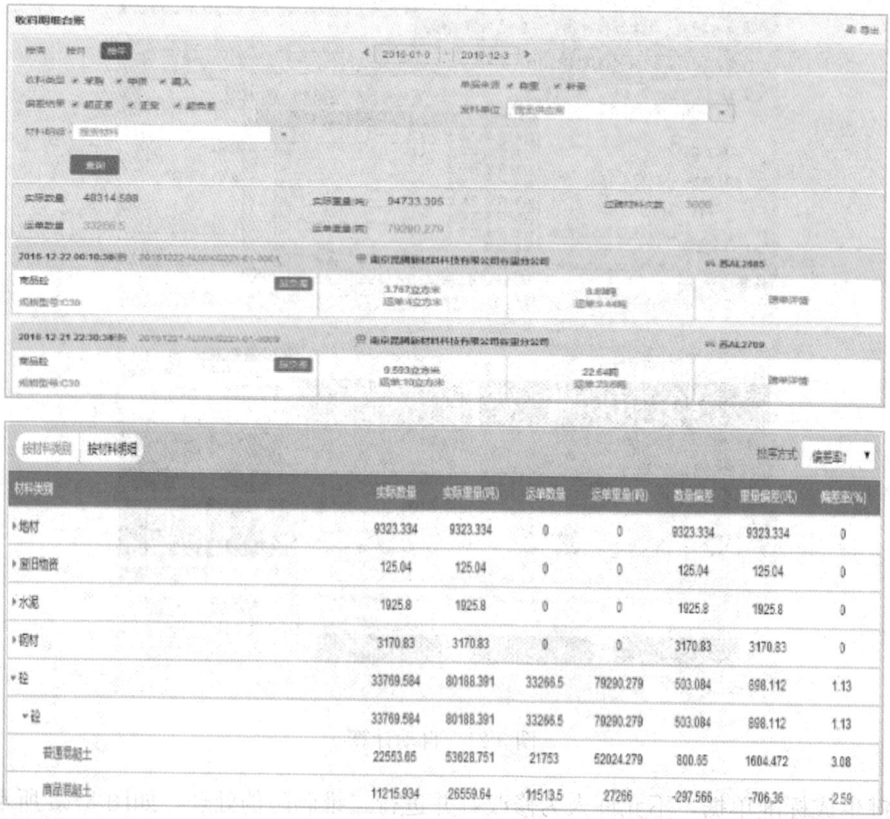

图 3-24　进出场统计分析

物料验收系统在市场上种类众多，性能参差不齐，主要有以下几类：

(1) 称重系统

地磅仪表为主处理称重业务，通过数据读取和输入，直接打印磅单小票，部分可连接到 PC 机、打印机，自定义磅单格式，PC 机端操作打印。

(2) 信息化系统

可进行称重基础业务操作和基本统计分析，具有简单的用户体系和权限体系，可在局域网和广域网进行数据传递、分享，有一定管理作用。

(3) 管控系统

开始在地磅周边增设语音播报，红外栏栅、摄像头等硬件，可监控称重现场，软件部分用户和权限出现分层、分级管理，业务处理多样，统计分析功能增强，对大宗物资管控和决策有一定帮助。

(4) 智能系统

运用物联网技术实现大宗物资验收全过程管控智能监管，运用数据集成、互联网技术实现数据智能传输，运用云计算和大数据技术实现数据智能处理，运用移动互联技术实现智能分析决策。

因物料智能验收系统聚焦具体业务，更多的是业务替代和管控强化，因此具备广泛的应用性和推广性。在选型物料智能验收系统需考虑如下因素：是否具备多项目、多维度数据集中处理能力；是否具备"云+端"数据传输方式和平台级构成；是否对数据进行深度分析处理，如异常管理、主动管控；是否运用移动互联技术实现现场监管和分析决策。

3. 物资材料管控

通过智能化、集成化、互联化、数据化、移动化手段，改变物料管理中各方交互的方式，优化业务链，提升资源整合与配置能力，解决管控难、效率低、成本高、风险大等现状，促集约化经营，精益化管理、质量化提升。

物料全方位管控主要体现在以下方面：

(1) 智慧应用

通过移动终端实现材料采购、到货点验、入库、领用、盘点、申请、领用的全过程管理，如图 3-25 所示。

通过二维码全过程跟踪到货检验、入库、出库、调拨、移库移位、库存盘点等各个作业环节的数据，进行自动化的数据采集，如图 3-26 所示。

移动终端线上签认，排除代签、冒签、不签、签了不认等不良行为，如图 3-27 所示。

运用钢筋点根智能手持设备精准计数单一规格、多规格混装钢筋，结合称重数据严防钢筋超下差所造成的安全质量隐患，如图 3-28 所示。

(2) 智慧数据

采集海量并发数据实时处理，为各级管理人员高效、准确、及时地提供一手业务数据和管理数据；以大数据为核心，对结构化数据、半结构化数据、结构化数据深度挖掘、钻取，多维度统计分析，按不同的管理视角提供管理决策依据，从而提高科学分析和决策能力，如图 3-29 所示。

图 3-25 移动端全过程管理

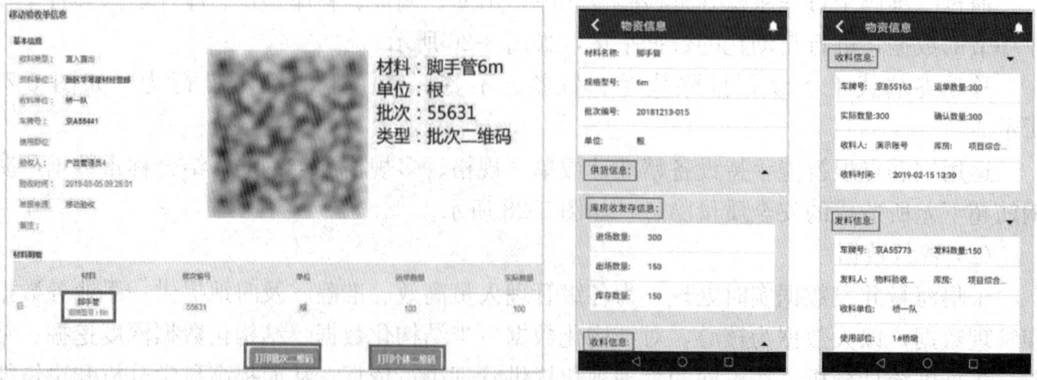

图 3-26 二维码跟踪

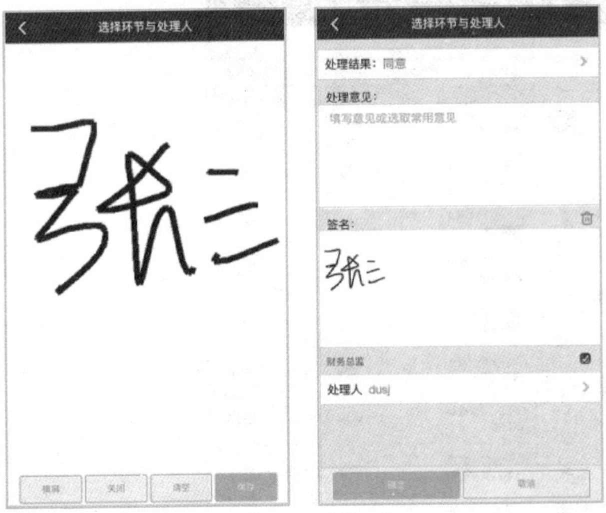

图 3-27 线上签认

图 3-28 钢筋点根

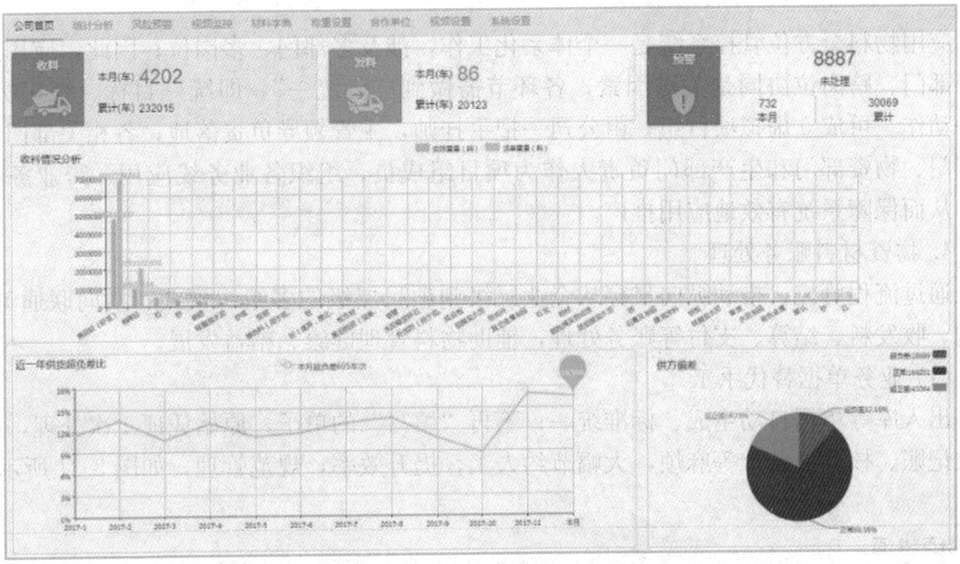

图 3-29 多维度统计分析

通过移动 APP 实时接收关键指标、决策依据、数据分析、智能报告、风险预警、远程视频监控等，解决信息化“最后一公里”的问题，每个管理者随时随地掌握现场情况，时刻旁站，如图 3-30 所示。

物料全方位管控作为新兴的管理方式，正在处于高速发展阶段，这就造成了市场上相关信息系统层出不穷又良莠不齐，经常会出现管理链条过短、起不到管控作用，管理全覆盖且强耦合、必须全面应用等问题。因此，选择系统时需考虑两个因素：一是系统应实现全业务、全方位管控。二是插件化、组件化，即某个业务环节因管理和现状的原因暂时管理精细度不高，系统对应的功能可暂停，不影响系统的整体运转；后续该环节因管理提升可以应用系统，系统对应功能可启动，无缝接入整体系统中。

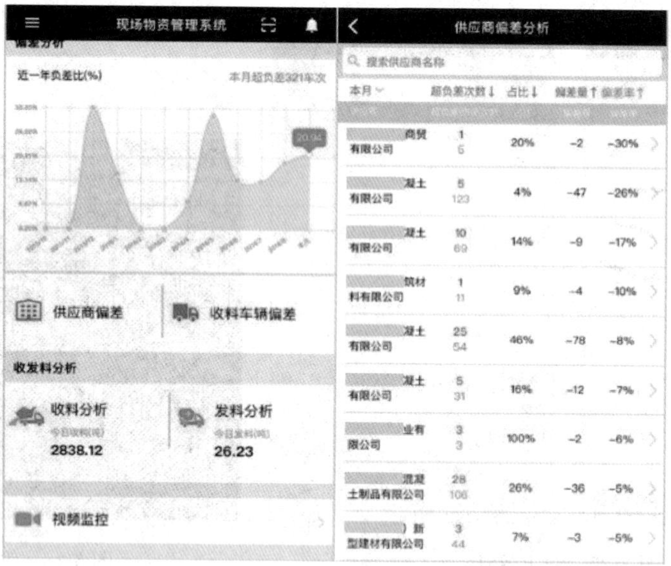

图 3-30　移动 APP 辅助管理决策

应用物料全方位管控系统是一个体系化工作，涉及多部门、多岗位；因此，应用过程中跨部门、跨岗位协同是关键因素，各环节需做到“三统一”，即统一目标、统一标准、统一动作。可成立虚拟项目组，由公司一把手挂帅，主管领导负责落地；各相关部门如经营部门、物资部门和生产部门负责人作为项目组成员，组织各业务线应用、跨业务线协作，从而保障系统有效地应用推广。

4. 物资材料账务处理

通过流程管控，推动纵向贯穿从企业层级到项目层级的多组织模式，横向联通计划、采购、收发料、结算、支付等账务处理，辅助物料管理健康、精益发展。

(1) 业务单据替代手工

出入库等单据自动生成、标准统一；不再“填写”的单子，原始凭证 1 次处理，省去多次记账、核算、统计等麻烦，大幅节约人工，提升效率，规范管理，如图 3-31 所示。

第1页 共1页

材料入库单

单据编号：SMGYXM-CLRKD-201511-0087　库房：钢材库房　项目名称：[redacted]

合同：[redacted]　供应商：[redacted]　供应类型：自采

序号	材料编码	材料名称	规格	型号	单位	入库单价	入库数量	金额	备注
1	I110010800008	槽钢(Q235B)	14B		吨	3,410.00	2.26	7,703.19	15根*9米
2	I110010200062	三级螺纹钢	Φ10		吨	3,460.00	4	13,833.08	
3	I110010500006	工字钢(Q235B)	16#a		吨	3,610.00	60	216,600.00	325根*9米
小计								238,136.27	
金额（大写）：贰拾叁万捌仟壹佰叁拾陆元贰角柒分							合计	238,136.27	

编制人：[redacted]　经办人：　入库日期：2015年12月30日

图 3-31　业务单据一键生成

(2) 管理流程固化机制

通过业务流程信息化处理，将标准化流程固化到管理工具，强制固化促使标准化快速落地；规范计划、合同、结算、付款申请等业务的审批流程和规则，提供审批依据，提升审批效率，建立追溯机制。

(3) 物料账一键生成

快速编制、分析收发存等各类物料账，可进行收发存明细查询，按物料明细或物料类别，生成物料的期初库存、本期增加、本期减少、期末库存等汇总账、明细账，并且支持查看单据明细情况以及单据详情。

物资材料账务处理系统的选择，需考虑多方面因素，如纵向需贯穿从企业层级到项目层级的多组织模式，横向需联通材料计划、采购、收发料、结算、支付全过程物资管控，具备物资管理、物资价格平台、风险预警、移动应用等多种应用方式。可通过平台动态菜单、实施配置工具等扩展性功能，满足企业个性化管理需求；可提供二次开发定制服务，也支持有能力的企业自主开发；组织机构支持集团、公司、分公司、项目部等多层级管理；授权支持按部门、人员、角色、岗位等多维度授权；审批流程具有独立的工作流程引擎，支持设置复杂审批流；界面的友好，可自由配置；操作的易用，方便快速上手；管控参数和业务参数丰富，支撑管理制度落地；可与人力系统、办公系统、财务系统、档案系统和 BIM 系统等集成。

账务处理系统的应用要相对复杂，主要受两方面影响：一是通常归属于施工企业 ERP、PM 系统中，综合性应用造成涉及部门、岗位较多，实施过程情况复杂；二是系统部分信息和数据需手工录入，面临及时性有待提升等情况。因此，账务处理系统的建设与应用需考虑与其他业务线协同与集成，总体规划分步实施；同时，尽量保障业务数据利用物联网、移动互联等技术采集，避免二次填报。

3.5.6　质量管理系统

3.5.6.1　质量管理系统基本情况

质量管理系统利用云计算、BIM、移动技术等手段从企业层面制定全局统一的质量管理标准和落地执行体系，辅助现场人员进行全面的质量管控。通过信息化手段提升项目质量管理标准化、精细化水平，辅助项目质量管理人员岗位提效，帮助企业快速全面了解项目质量管理现状，及时做出有效应对。

信息化下的项目质量管理统一遵循一套标准和制度，基于 PDCA 管理循环理念，包含数字样板引路、质量巡检、工序验收、实测实量、质量评优、检查评分、质量资料、报表管理和统计分析，实现现场质量管理业务流程闭环，达到现场业务替代和一线岗位人员提效的目的，如图 3-32 所示。

3.5.6.2　质量管理系统主要功能

质量管理系统的主要功能：

(1) 数字样板管理

企业甄选项目优秀样板方案并形成数字样板导入系统，数字样板可支持现场岗位管理人员、实操人员通过移动端随时查阅，方便快捷地指导现场施工，电脑端打开后可以进行

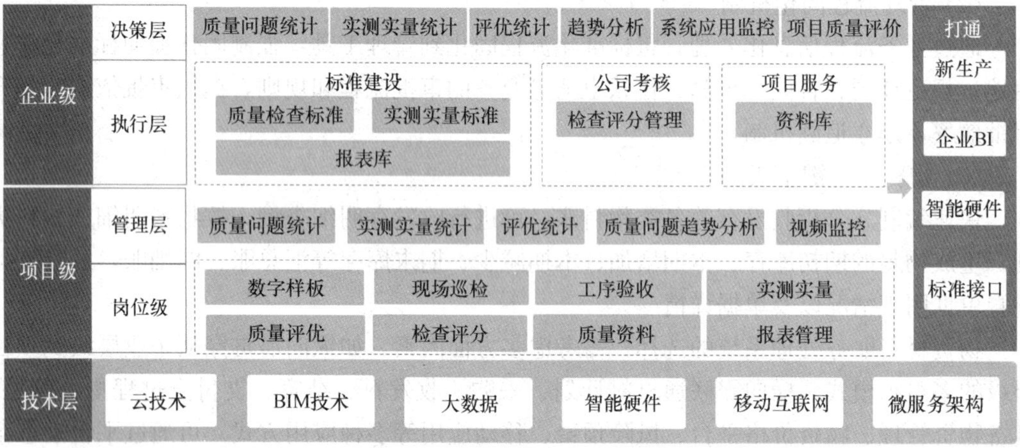

图 3-32　质量管理系统功能图

基于 BIM 样板的技术质量交底，交底内容形象易于理解，可减少施工过程中因技术不标准引起的施工质量问题，如图 3-33 所示。

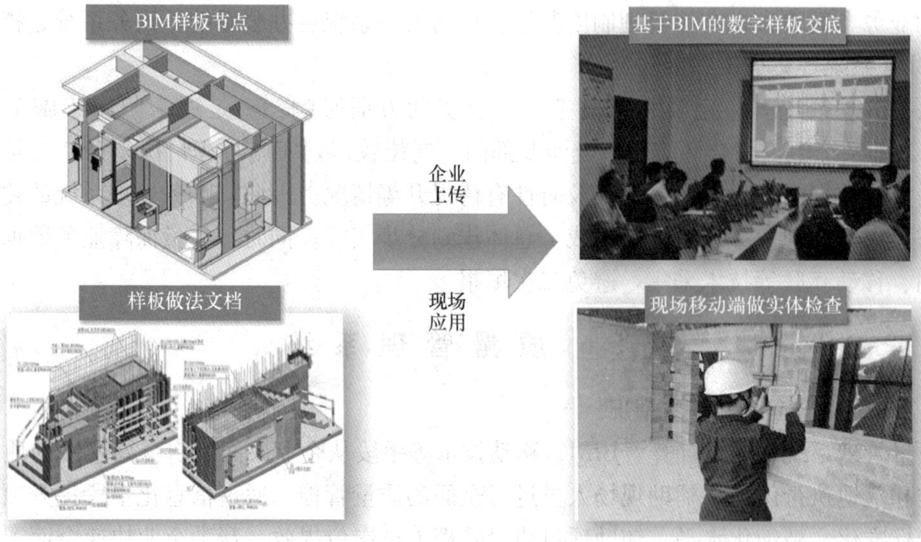

图 3-33　数字样板管理

（2）质量巡检管理

支持巡检机制，有效记录现场质量管理业务细节，实现所有工作环节规范化。支持整改工作责任到人，防止发生互相推诿事件，如图 3-34 所示。同时项目及企业层负责人也可以通过手机实时监控现场的质量管理状况，重大问题随时提醒到手机上，做好事前控制，防患于未然。

（3）工序验收管理

企业质量管理人员可以通过电脑端预设全局验收基础库，项目验收人员登录手机端快捷进行现场验收检查工作，验收的同时，所有的验收信息以及过程中发生的质量问题都会记录在系统中，方便问题整改的追踪，避免后期验收资料补录，如图 3-35 所示。

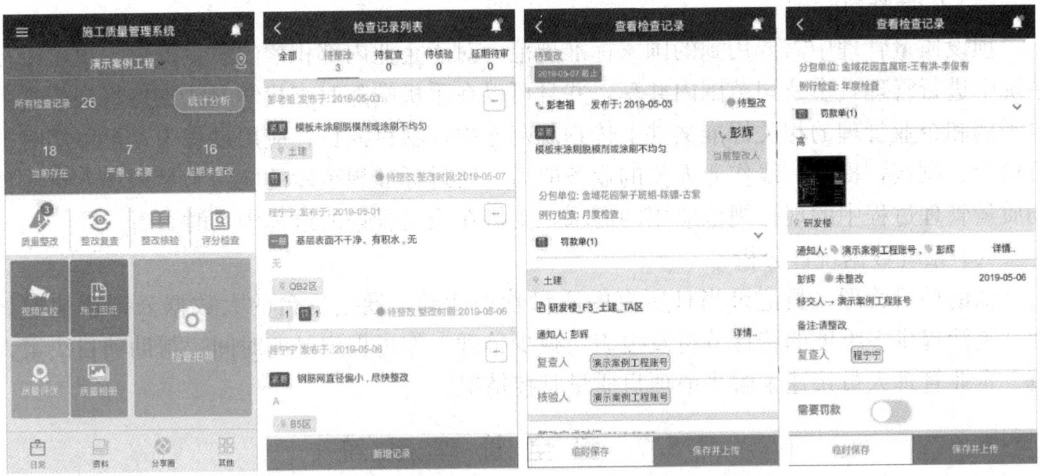

图 3-34 质量巡检功能示意

最近7天 | 最近1月 | 最近3月 | 最近1年 | 全部 统计日期 2019-04-09 至 2019-04-15

序号	公司名称	总项目数	已使用验收的项目数	已验收工序总数	合格数	不合格数	合格率
1	天津分公司	21	3	105	97	8	92.38%
2	北京分公司	2	1	9	8	20	91.75%
3	海外分公司	25	19	41	19	8	46.34%

图 3-35 工序验收功能示意

（4）实测实量管理

支持利用移动端，结合电子图纸（BIM）数据，对完工工序依据质量验收标准进行现场实测实量，将测量验收数据实时在移动端进行记录，利用 IoT 相关技术，结合智能硬件设备，实现高效验收工作，通过移动端实时记录的数据，系统能够反馈和统计分析，完成现场质量实测实量，如图 3-36 所示。

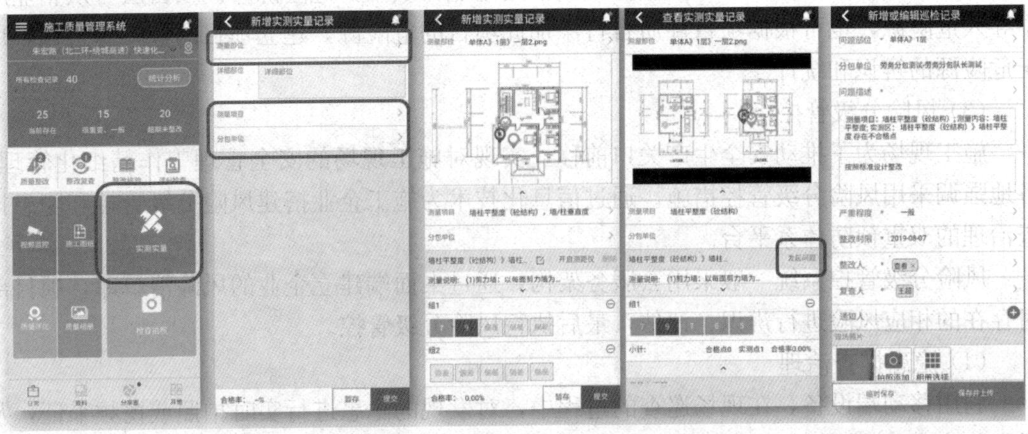

图 3-36 基于 BIM 的实测实量功能示意

（5）质量资料管理

预设质量管理中需要用到的国家标准规范，对于企业内部积累的质量资料，也可以在系统中进行管理，全公司范围内共享，并且可以在手机端随时查找学习。支持将现行规范电子档和企业管理的相关标准文件上传到规范库中，项目人员在应用过程中，可以实时进行检索、浏览，提升一线作业人员的业务能力，通过标准规范库的应用满足现场人员对现场质量管理过程中的现行规范应用的需求，支持在质量管理的过程中实时查看。

（6）系统数据统计分析

辅助项目管理人员记录当日所有的质量管理活动，通过后台的大数据云计算快速处理，灵活提供多维度的统计分析及报表，减少整理工作过程记录的时间。帮助项目决策人员、企业管理人员快速了解当前项目质量管控情况。

3.5.7　安全管理系统

3.5.7.1　安全管理系统基本情况

安全管理系统采用移动办公、物联网等技术手段，标准化企业管控流程，支持企业进行风险分级管控与隐患排查治理双体系，实现安全管控过程可预警、结果可分析，确保管理制度落地。

3.5.7.2　安全管理系统主要功能

安全管理系统主要功能包括：

（1）安全教育

施工现场的安全教育作为安全管理工作的重要环节，安全教育管理系统应满足施工现场劳务工人教育培训、考核、登记入场等相关内容。系统采用新颖、高效的教育方式，方便、简易的考核登记模式，满足教育培训资料快速生成的需求，最大程度适应施工现场的安全教育模式。

（2）危险源管理

通过信息化的方式对危险源执行四位一体的管理流程体系，即危险源的辨识、告知、监控、反馈。由移动端进行危险源的排查，相应的数据会及时返回到桌面端进行分析。系统配置全面、专业的危险源库，企业可以根据企业性质维护危险源库。项目层可从企业库中导入危险源，也可根据项目性质自行添加此项目的危险源，建立项目的危险源台账，用于危险源的辨识和统计。

（3）风险分级管控

施工现场为了推动安全生产关口前移，实现对施工现场的安全管理工作精细化管理，各地强调采用风险分级管控措施。通过信息化技术为施工企业搭建风险分级管控和隐患排查治理的双重预防体系平台。

风险分级管控系统一般采用云服务架构，通过桌面端建立企业的风险清单库，项目部对存在的相应风险进行辨识、评估，最后执行风险分级管控。

（4）隐患排查治理

利用移动端设备，在现场巡查的过程中，对发现的隐患进行实时拍照或视频采证，及时发起隐患整改，通知整改相关人，在整改人完成整改以后，进行拍照或视频采证，提交发起人进行验收，对于重大隐患可以直接推送到主要管理人员，以提升隐患治理的效率，提升隐患治理的实效性。

(5) 安全检查

根据数据分析，对高发性、共性的安全隐患发起专项检查，可以指定检查表格，指定检查计划，也可以根据管理要求进行检查评分等相关业务，进一步提升安全管理的有效落地。

(6) 隐患库管理

在系统中进行隐患库的维护，不断地丰富隐患库，支持现场应用，将隐患库和相关法规，整改方案等进行关联，实现系统应用的智能化。

(7) 危大工程管理

根据施工特点和性质对危大工程的范围和具体的管控任务进行完善和丰富，项目上可通过系统直接判断出危大工程的规模和具体的管控任务要求，同时项目部识别重大危险源和危大工程后，系统上报给上级单位，由上级单位识别重点监控项目及危大工程，系统逐级至集团，集团自行设定重点监控项目，危大工程管理过程中出现隐患后自动上报给上级单位，集团重点监控项目出现隐患后自动通知集团及所属各级单位。

(8) 机械设备安全管理

为了满足施工项目现场对大型机械设备的管理，防止因为机械设备的问题造成重大的安全事故，机械设备管理系统以设备安全监测，能耗监测，设备维修，故障自检，设备履历为核心，可以让施工单位及租赁公司落地使用。

(9) 标准规范库查阅

将现行规范电子档和企业管理的相关标准文件上传到规范库中，项目人员在应用过程中，可以实时进行检索、浏览，提升一线作业人员的业务能力，也推进相关标准制度的执行落地。

(10) 系统数据统计分析

按照管理诉求，业务分析要求，制定不同的统计分析维度，通过移动端、桌面端进行展示，满足现场生产例会、安全专项检查会议等相关业务场景的需要。安全业务需要对过程资料进行留档备查，部分资料需要相关责任人进行签字确认，系统需要依据现场业务提供报表支持，满足现场需要。

3.5.8 与施工环境管理相关系统

3.5.8.1 与施工环境管理相关系统基本情况

与施工环境管理相关的系统是指通过智能化手段强化对施工现场环境的科学管控，节约能源，保护生态环境，推动形成施工现场环境绿色管控模式的相关系统。系统从绿色施工的角度出发，利用物联网、BIM、移动互联网等信息化手段，通过对影响施工环境的要素信息进行自动采集、集中监控、动态归集与预警分析，实时把握现场扬尘噪声、固态废弃物、场地布置、能源、水环境等影响绿色生态环境的关键信息，实现资源的最佳匹配，优化施工组织管理，改善环境。

系统能够对工程项目实施动态控制和精细化管理，提高绿色施工管理水平和效率，其应用能大大减少绿色施工数据采集的人员成本，并有助于形成规范的绿色施工评价体系，并可提高各级部门对现场环境管理的监管水平。

3.5.8.2　与施工环境相关管理系统主要功能

1. 扬尘监测与自动喷淋子系统

本系统的使用主体可为政府行政监管部门、企业总部或项目部，用于对扬尘的实时监控。

系统采用空气质量参数测试仪、雾炮等粉尘监测及降尘喷淋硬件设备，通过硬件集成设计与软件开发，实现施工全过程扬尘的实时动态采集及自动远程监测预警。与自动喷淋及预警设施结合，若某区域扬尘超过警戒阈值后，智能系统会报警提示（平台和移动端），并通过物联网系统自动开启高压喷雾除尘装置，喷淋水通过下水管道进入沉淀池循环使用。

扬尘监测与自动喷淋系统主要功能：

数据上传：扬尘监测设备上传数据后，系统提供在线监测功能，对工地现场的$PM_{2.5}$、PM_{10}、温度、湿度、风速、风向等参数进行自动化监测，系统对各参数提供曲线分析、超标计算、超标处理等功能。

预警分析：系统可将监测到的扬尘数据与监管部门设定的警戒值自动对比，如果超出警戒值提供预警功能，系统直观展示，推送预警信息给手机客户端，并自动启动喷淋设备降尘。

数据收集与统计：系统可对监测结果进行统计分析，按周期形成扬尘记录表，统计喷水量，并通过可视化模型实时动态查询各个监测点的扬尘监测数据。

远程监控：利用BIM＋手机APP移动终端技术，通过手机端直观查看施工现场环境监测数据，并可通过手机启动或关闭喷淋设备和高压喷雾除尘装置。

2. 建筑固态废弃物监管系统

本系统的使用主体多为政府行政监管部门，用于对渣土等施工固态废弃物的实时监控。以建筑渣土处理业务为核心，通过互联网、物联网、云服务、大数据等技术，实时掌握建筑废弃物（渣土等）排放、运输、中转、受纳的利用情况，对渣土进行全流程、全方位、全天时、全天候的智慧监管。

建筑固态废弃物监管子系统主要功能：

资质管理：从政府监管角度，对渣土处理涉及的企业、车辆、工地、渣土消纳归集地点进行备案，对渣土处理涉及的安全证、处置证、准运证、通行证进行统一备案管理。

源头监管：通过施工现场的视频监控以及安装RFID芯片的运输车辆智能识别，对施工现场的作业动态、运输车辆的合规性、车容车貌、超高超载等渣土生产源头进行可视化监管，并形成固体废弃物总量、回收利用量、出场量记录。

运输过程监管：对车辆清运路线进行在线监控，可进行违规倾倒报警管理、车辆超载监控管理和作业GPS轨迹管理，并对异常作业问题进行在线预警。车辆超过核定载重和在非产生点、消纳点、处置点重量发生骤降情况可触发报警。

终端监管：与建筑垃圾归集点、消纳点等渣土处置终端的视频监控联动，并可读取运输车辆读卡信息、称重数据信息。

公众参与管理：建筑垃圾产生、运输、处置等信息可通过手机APP公开查阅，系统有投诉页面，公众可对违法行为进行随时举报。

3. 基于 BIM 技术的施工场地布置系统

本系统的使用主体为施工现场项目部，用于现场场地的合理布置。采用 BIM 技术对施工区域的划分、施工通道、临时水电、现场生产设施、现场生活办公区等内容，按照文明施工、安全生产的要求，进行科学规划布置。

基于 BIM 技术的施工场地布置子系统的主要功能：

BIM 安全文明施工设施库。企业借助 BIM 技术对施工场地的安全文明施工设施进行建模，并进行尺寸、材料等相关信息的标注，形成统一的安全文明施工设施库。为企业的施工现场布置提供可视化标准参照，有利于快速建模，通过设施库构件的属性的合理定义，为绿色施工要素分析、场布设施成本分析提供标准的模型载体。

施工设施合理布置：在软件内设置施工机械进场路径，对施工机械进退场路径进行可视化展示，通过 BIM 模拟对施工机械走行过程中与周边物体发生碰撞冲突的位置亮显标识，提示冲突出现的位置，辅助施工组织设计的论证与审查；对施工现场总平面布置模型进行漫游浏览，可选择设备和场地，进行相互间的直接或间接位置冲突检测，例如检查施工机械设备与材料堆放场地的距离是否合理、临时水电布置是否与机械设备的布置发生冲突等，发现危险源。

施工场地布置工程量汇总分析：场地布置完成后，对设施模型进行工程量汇总并以报表的形式显示，形成真实可靠的工程量报表。自动生成资产使用信息库，将使用的材料设备等记录在案。

绿色施工用地评价：基于 BIM 模型自动统计出现场交通面积比例、绿化面积比例、办公面积比例。为不同的场地布置方案自动提供绿色施工节地评价数据。

4. 现场节水与水资源利用监测系统

本系统的使用主体可为企业总部或项目部，用于对现场施工水资源利用的实时监管。

根据施工现场情况分别对施工区、生活区、办公区安装智能水表，在蓄水池、排水池安装水位传感器，在污水排放地点安装污水流量计，实时监测用水、雨水循环以及废水排放情况，采用 BIM、移动 APP、云计算等信息化手段，对采集的数据进行综合监控分析，可帮助项目掌握不同类型用水的合理需求，促进雨水的循环利用，有效控制污水的排放。

现场节水与水资源利用监测子系统主要功能：

雨水收集智能控制：现场设置蓄水池与排水池，蓄水池用于收集地下水及雨水，排水池通过排水阀与蓄水池相连，由传感器控制排水开关。设置传感器实时监控水量，通过屏幕实时显示监测水量。在 BIM 模型中显示雨水收集池以及雨水过滤装备的位置，显示并监测池中剩余的水量。

用水智能管理：在 BIM 模型中显示水表及管线走向位置。通过智能水表读取生产区、生活区、施工区、雨水收集（道路、绿化）用水数据，传输到项目或企业的数据库存储，及时对施工现场、生活区、办公区的用水量按季节、人员进行计算，与用水指标进行对比分析，发现异常及时报警。

废水排放智能管理：在 BIM 模型中显示废水排放管道以及施工生活用水排放口监测点位置，对废水流量、水质数据汇总输出，多维统计，智能监测。设有报警装置，当污水排放量即将超标或超标时自动触发，通过手机和 PC 端提醒现场人员。

5. 现场用电监测系统

本系统的使用主体可为企业总部或项目部，用于对现场施工用电的实时监管。根据施工现场的用电需求，合理布置智能电表并根据施工现场情况，分别对施工区、生活区、办公区通过数据采集器进行采集及分析，对建筑施工全过程用电量、用水量进行实时监控。

现场用电监测子系统主要功能：

用电数据采集：通过智能电表自动采集用电量，利用内置 IC 卡与无线采集器回传数据，含主要施工设备用电、主要机具用电、办公区用电以及生活区用电。对太阳能、风能、空气能等再生能源的设备，配备独立智能电表计数。

可视化展示与实时监控：在 BIM 模型中显示智能电表以及管路的位置。在 BIM 模型中显示太阳能路灯，空气能热水器等节能设备的位置，实时显示各个电表的数值，直观掌握现场临电布置及用电实时情况。

用电分析：通过曲线图矩形图等多种形式多维度实时统计各用电设备用电量，例如按用电周期、按用电区域、按用电类型等。自动统计并形成施工现场耗电指标（按每万元产值）、生活区办公区耗电指标（按人均）。当用电超指标时进行预警提示，并通过手机和 PC 端提醒现场人员，在场地耗电量超过一定阈值时报警，现场人员分析异常原因，提出整改措施。

6. 集成管控平台

使用主体可为企业总部或项目部，用于对各施工环境管理相关系统的集成管理。集成管控平台主要功能：

用户集成：可以对系统用户划分角色并按角色对用户进行分组，并按照角色统一对上述六个业务子系统的用户进行授权配置，对用户授权集中管控。

集成化展示与监控：把业务子系统所采集的历史数据、实时数据、汇总报表、预警信息等，以地域特征、企业特征、项目特征、环境监控要素特征等多种维度，通过集成化的界面在 BIM 模型和 GIS 地图中可视化直观地汇总展示，辅助进行整体性的关联分析。

绿色施工综合评价：可按照国家、地域以及企业的绿色施工评价要求定制模板，基于模板填写绿色施工评价基准值，并从施工环境管理相关系统中自动抽取相对应的实时信息，生成对比报表，超限值触发预警。

3.5.9　进度管理系统

3.5.9.1　进度管理系统基本情况

进度管理一般分为三个阶段：施工进度计划阶段、施工进度实施阶段和施工进度控制阶段。施工进度计划编制部分可参考进度计划编排软件的内容。进度管理系统核心聚焦在进度实施和控制阶段，实现进度的动态管控。

现代进度管理系统主要通过标准化的构件定义、合理的资源分配、动态的任务反馈、清晰的数据流转、科学的进度对比等数字化结合模型的技术手段，实现项目多专业、多参与方的施工任务协同，并通过快捷的信息反馈机制，以数据、图形等形式动态化呈现施工现场的生产状态，提供管理层多维度信息，辅助项目管控和高效决策，实现施工进度的精益、高效管理。

根据项目日常生产管理的特性，施工员在作业一线进行跟踪管理，为了便于进度跟踪及相关信息查阅，一般采用 APP 应用程序在移动端设备实现。跟踪的信息可在 web 网页端进行汇集和展示，实现生产信息的实时共享以及相关数据的输出应用。部分进度管理信息化系统，可实现进度信息与 BIM 模型相结合的展示方式，BIM 模型呈现出与施工现场实体进度一致的信息。常规应用模式为 APP 移动端＋web 网页端应用模式，部分系统可支持 APP 移动端＋web 网页端＋PC 端应用模式。

3.5.9.2 进度管理信息化系统主要功能

进度管理信息化系统，以周计划任务的调取分派、跟踪反馈为核心流程，通过周任务的完成时间逐级向月计划和总计划返回，实现各级计划联动机制，通过生产周会对实现计划闭环管理，以下级计划保障上级计划，达到施工总体进度的动态掌控目的。同时，过程跟踪信息在云端完整储存，并能够快速输出相关数据报表（如：周计划、施工周报、施工日志等报表资料），实现将传统业务管理方式替代。主要功能原理如图 3-37 所示。

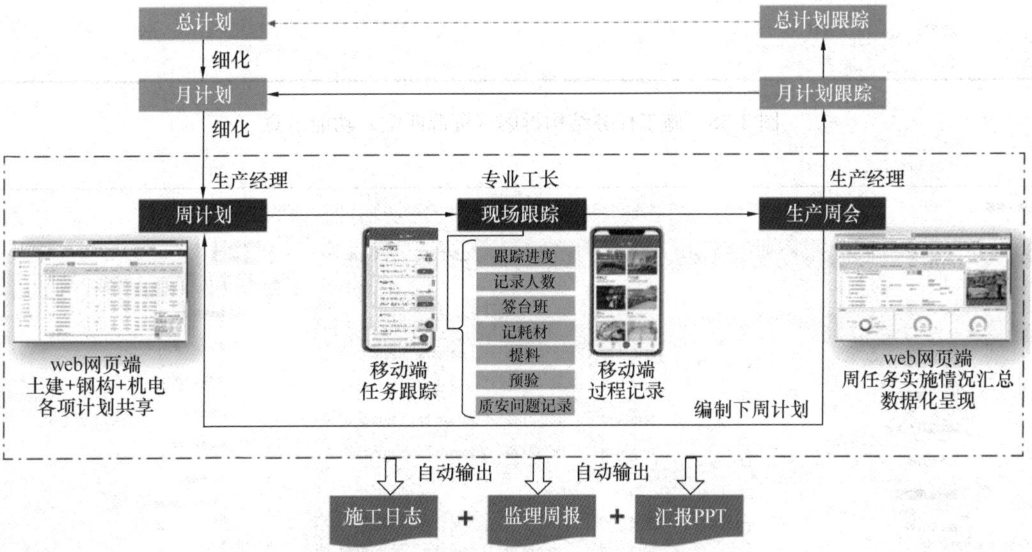

图 3-37 施工进度管理系统核心业务功能示意图

（1）施工任务结构拆解

原始的进度管理过程中会划分施工区域和流水段，但并没有进一步拆解到详细工序任务上，并附带相应的所需资源的程度，如图 3-38 所示。如果施工前能够进一步细化工序，施工管理过程中将会有很大的应用价值，这种方式也将是实现精细化管理的主要路径。

（2）生产任务调取派分

原始计划编制完成后进行下发，而任务实际执行的实际时间难以反馈，无法做进一步的分析。进度管理信息化系统，可以让项目生产经理或计划专员在网页端快速编制生产任务，并指定相关的生产责任人或分包进行任务跟踪，责任人在现场跟踪计划执行情况进行信息反馈，如图 3-39 所示。

（3）生产任务跟踪反馈

在常规项目管理中，项目生产任务反馈主要通过口头或电话方式传递，无法实现过程数据积累，不能为项目进一步分析提供支持。进度管理信息化系统可以通过过程跟踪产生

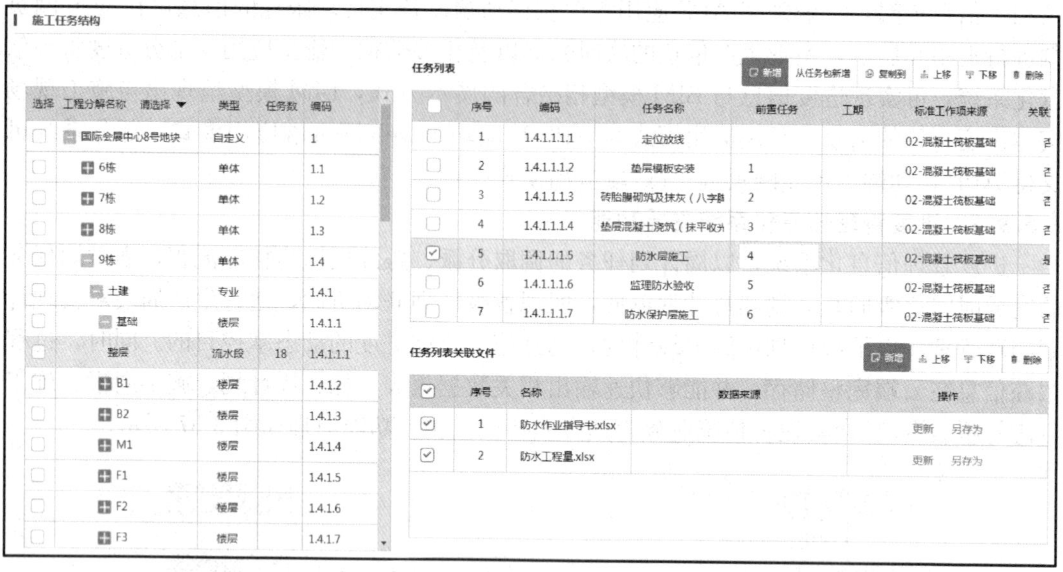

图 3-38　施工任务结构拆解（资源匹配）功能示意

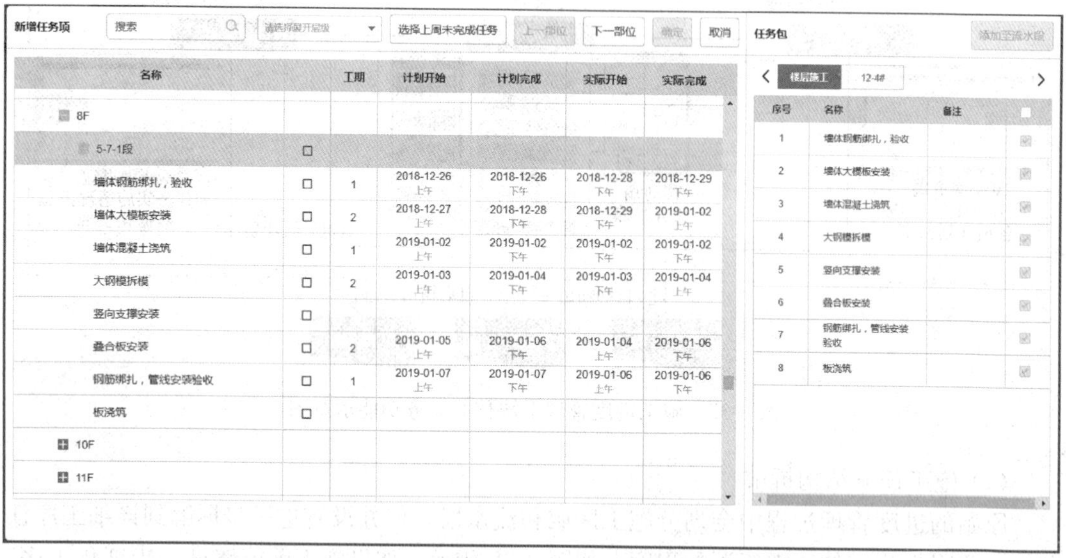

图 3-39　任务快速生成功能示意

的记录辅助项目进行精益管理，同时将过程数据生成项目所需的日常报表。

常规进度管理中，施工计划往往是对未来的时间做安排，对于任务执行的实际时间却很少记录，后续难以分析进度的偏差影响点在哪，对后续哪些施工内容有影响。如果实现各级计划的联动，通过跟踪任务的执行情况，逐级向上级计划反馈，即可动态地掌控总计划执行状态，如图 3-40 所示。

（4）生产进度信息呈现

项目通过进度管理信息化系统，在召开项目例会时，信息投影在屏幕上，可以帮助所有参建方迅速达成共识，如图 3-41 所示。

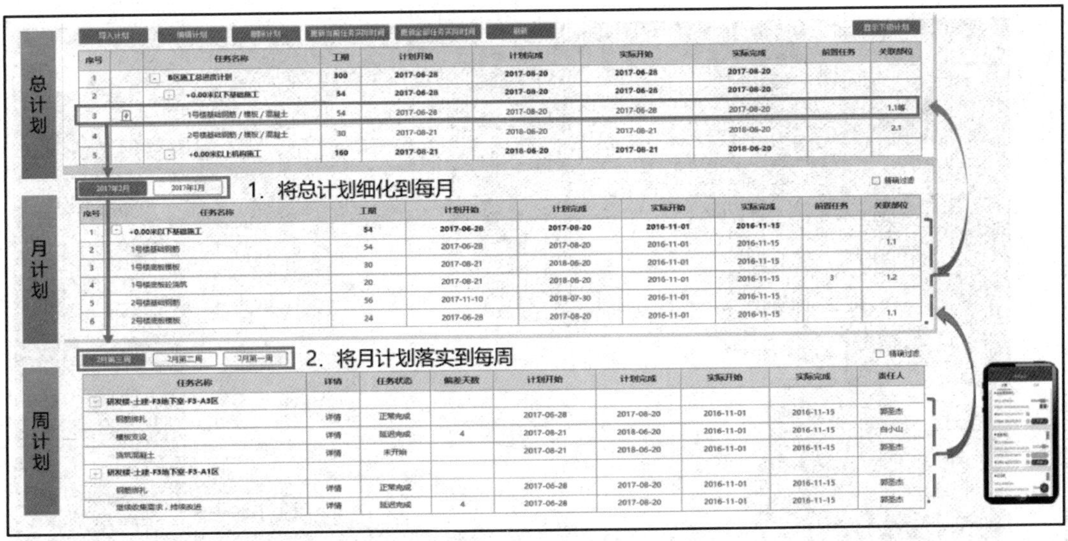

图 3-40 计划关联体系示意

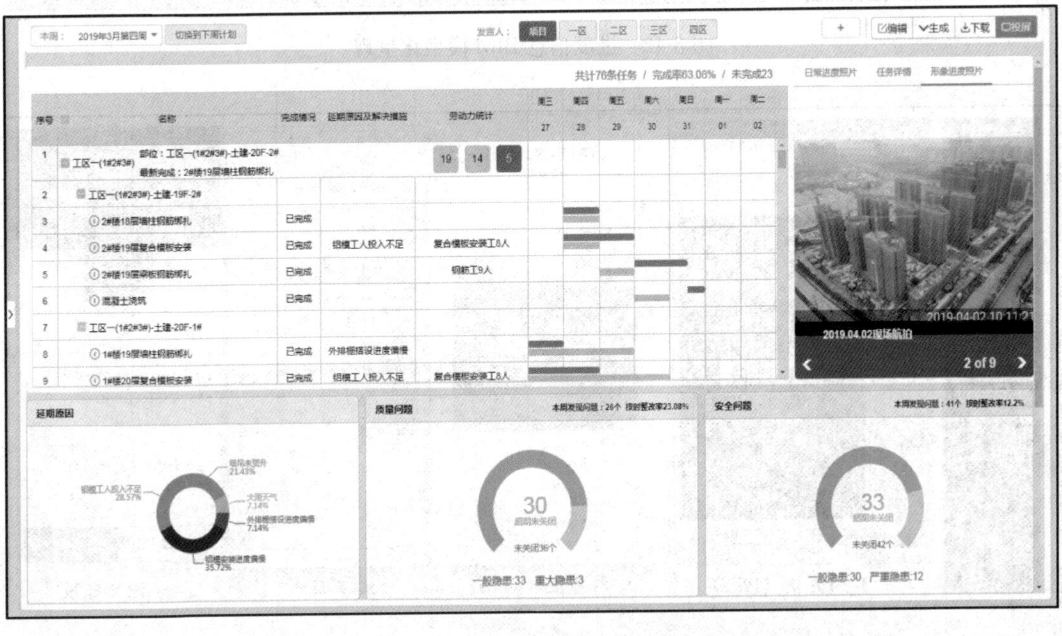

图 3-41 生产周会信息呈现功能示意

基于生产信息的共享，会让技术、质量、安全、商务等相关部门掌握更多的现场信息，会促进各业务口之间的有效协同，规避了信息盲区导致的相关损失，可以提高项目整体工作效率，如图 3-42 所示。

(5) 生产资料报表输出

有了过程的任务跟踪记录，系统自动输出施工日志、项目周报、月报等资料，减轻一线人员工作量，提高工作效率。过程记录的影像等数据存在云端，可随时调取查询，不会因项目人员变动导致数据丢失，如图 3-43 所示。

图 3-42　进度信息 BIM 模型化呈现

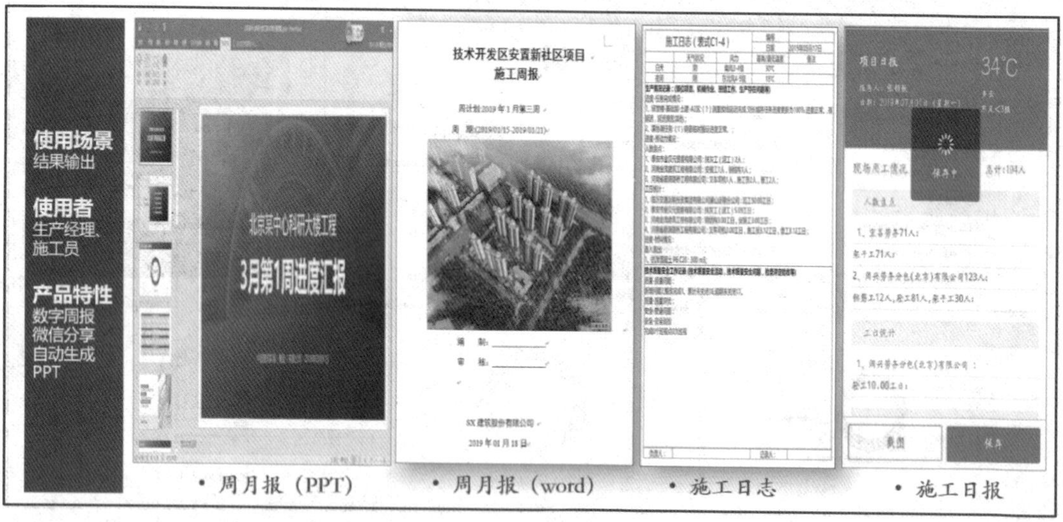

图 3-43　生产资料报表输出

3.5.10　成本管理系统

3.5.10.1　成本管理系统基本情况

成本管理系统对施工业务成本进行多维度信息管理。从项目成本管理的实时数据归集，预算收入、目标成本、实际成本的阶段对比，成本中财务费用的分析，以及项目成本管理工作流程的集成化，到公司级成本管理的宏观性掌控及预控。用信息化工具及系统实现无差别、实时、多对比、多分析的全面管理。

成本管理贯穿施工项目从前期投标策划到施工过程控制，再到项目竣工收尾的全过程，因此成本管理具有全过程、全员参与的特性。对施工企业来说，在事前策划、事中控制、事后核算的不同阶段，使用数字化的管控手段，达成企业降本增效的总体目标。成本核算体系的核心是利用数字化手段，将施工业务过程管理产生的数据，自动生成成本对比分析的数据。

成本四算对比指的是合同收入、目标责任成本、计划成本、实际成本，如图 3-44 所示。合同收入与目标责任成本的差额是企业预期收益，目标责任成本与计划成本的差额是项目预期收益，计划成本与实际成本的差额是项目成本绩效。项目竣工后，目标责任成本与实际成本的差额属于项目实际收益，合同收入与实际成本的差额属于企业实际收益。

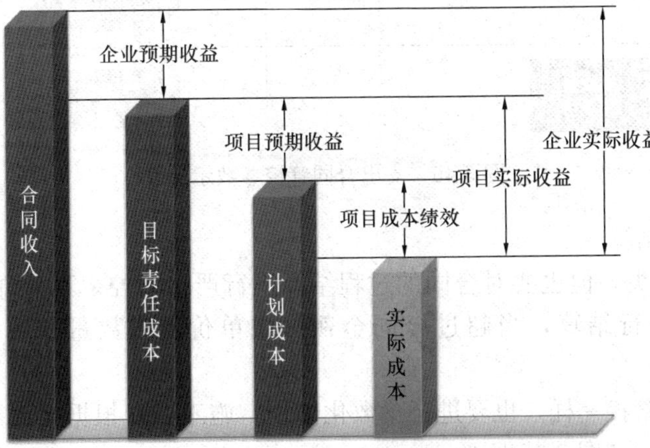

图 3-44 成本四算对比

3.5.10.2 成本管理系统主要功能

1. 实际成本过程管控

实际成本过程管控主要体现在以下两个方面：对支出合同签订的管控、对支出合同结算的管控。

(1) 支出合同签订

对支出合同签订的管控，按照管控细度，可以划分为如下三个层次：

按总金额控制：当支出合同签订的总金额达到施工合同金额或目标责任成本金额一定的百分比后（比如 80%），对相关的管理人员进行预警；当达到一定的百分比后（比如 120%），不允许新签支出合同。

按分类金额控制：当某一类支出合同（比如物资类合同）签订的总金额达到目标责任成本中物资类金额一定的百分比后（比如 80%），对相关的管理人员进行预警；当达到一定的百分比后（比如 120%），不允许新签该类支出合同，其他类合同的签订不受影响。

按分类量价明细控制：当某一个具体的支出合同（比如钢筋采购合同 01）签订的合同明细单价或数量达到目标责任成本中对应明细的单价或数量一定的百分比后（比如 100%），对相关的管理人员进行预警；当达到一定的百分比后（比如 120%），不允许新签该项明细的支出合同，其他合同的签订不受影响。

上述管控手段应该按照管控参数进行设置，施工企业根据自己当前的管理水平，按需开启管控参数，不能出现“一刀切”的现象，如图 3-45 所示。

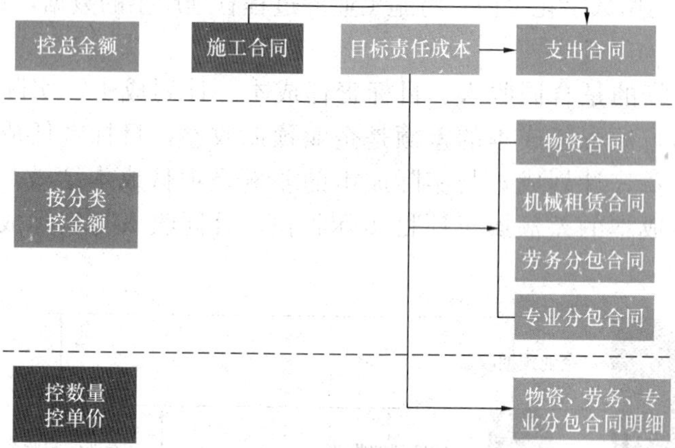

图 3-45 支出合同管控参数示例

（2）支出合同结算

合同签订是龙头，但也要对合同的过程结算进行严格管控。不允许超合同金额（或单价，或数量）进行结算，当超过合同金额（或单价，或数量）后，必须签订补充协议。

同合同签订的管控一样，也要进行参数化管理，施工企业根据自己当前的管理水平，按需开启管控参数，如图 3-46 所示。

参数名称	参数类型	参数值	管控下级
结算量不能超合同量	枚举类型	管控所有合同	☐
最终结算额超出合同额比例不能超过X%	布尔类型	是	☐
最终结算额超出合同额比例不能超过X%	数值类型	10	☐
最终结算额超出合同额预警	布尔类型	是	☐
累计预结算额超出合同额比例不能超过X%	布尔类型	是	☐
累计预结算额超出合同额比例不能超过X%	数值类型	10	☐
分包预算金额不能超分包合同金额	布尔类型	否	☐

图 3-46 分包合同结算管控参数示例

2. 成本核算管理

（1）核算资源

核算资源主要用来设定“成本核算科目”和“核算对象”。成本核算科目设定得越细，则成本管理精度越高。“核算对象”是对项目结构的分解，项目结构分解得越小，则成本管理精度越高，对其他项目的成本管理参考价值越大。而成本难以核算到工程实体，难以统一对比口径一直是成本管理工作的难点。

系统应支持成本与施工进度计划关联，实现按照施工部位以及部位开竣工时间进行成本分析和控制。系统可以以成本科目和核算对象等不同维度设定核算资源，既提供一套标准的核算资源，又允许企业根据实际管理需要自定义不同粗细程度的核算资源。

成本科目是把费用按照经济用途分类，核算对象是把费用归集到具体的生产对象或者企业自身的核算维度。核算资源由公司统一维护，由主管核算部门财务以及工程预算部共同协商确定，各项目部可以在整体框架内补充，这样就为实际成本与收入预算、目标成本对比提供了统一的核算单元，同时解决了工程核算与财务成本统计口径不一致的问题，如图 3-47 所示。

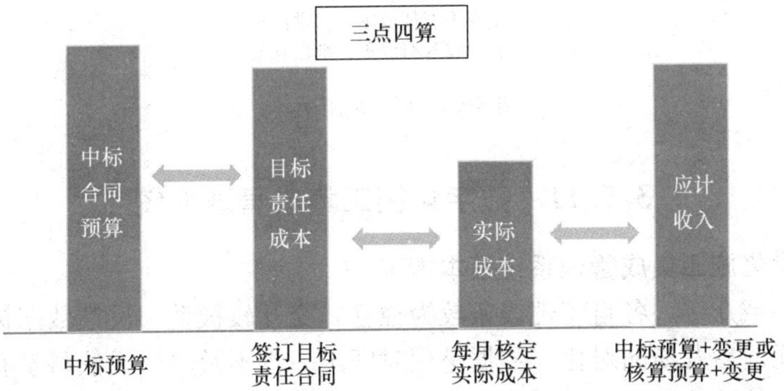

图 3-47 “三点四算”核算体系示例

(2) 合同收入管理

施工合同收入一般包括合同初始收入（双方确定的合同总额）和执行过程中合同变更、索赔、奖励等形式的收入。收入成本的核算属于施工合同履约过程的一个重要环节。系统应支持施工合同从签订、登记、预算导入、月度工程量计量、变更、索赔、到账工程款、履约情况分析等一系列业务过程，并通过对施工合同业务的处理实现收入成本的实时核算。

(3) 目标责任成本管理

实施项目责任成本是施工企业的一项重要内容，按照责任层次和成本费用，制定切实可行的考核标准，开展“全员参与，控制过程”的管理模式，实行职工收入与绩效评比挂钩，按规定兑现奖惩，把目标责任成本通过项目中的管理体制网络落到实处，以较少的成本支出，获得较大的经济效益，从而降低工程成本费用，提高企业的管理水平。

目标责任成本管理的主要环节包括：目标责任成本测算、目标责任成本过程统计、目标责任成本考核兑现等。

(4) 实际成本归集与对比分析

实际成本主要包括工程支出的人、材、机以及其他费用。通过月度各业务成本账的建立，自动归集业务过程成本数据，按照企业前期设定的科目进行分类汇总，最终达到成本分析的目的。

3. 成本考核

成本考核兑现是成本管理的最后一个环节，也是对成本管理全员参与理念的最好体现，如图 3-48 所示。成本考核环节要充分考虑在风险共担的前提下，如何调动项目管理人员的积极性，奖惩分明。

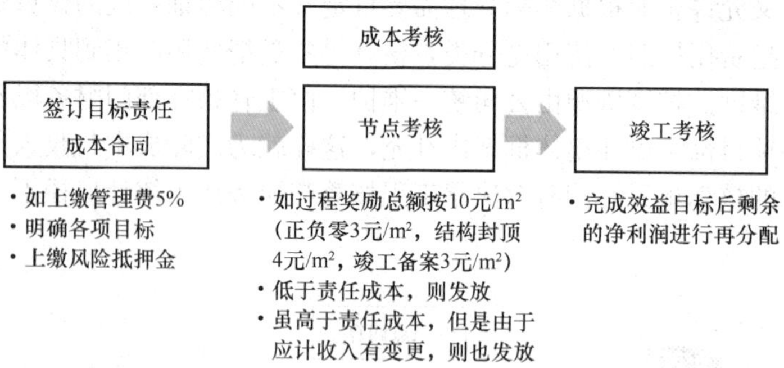

图 3-48　成本考核示例

3.5.11　数字化施工集成管理系统

3.5.11.1　数字化施工集成管理系统基本情况

项目管理领域众多，各自管理线条较为独立，交互较被动，反馈数据标准不统一，管理过程及结果无前后及横向对比，数据呈现时间不一且不及时，无法科学有效全面支撑项目的判断决策和持续改进。

数字化施工集成管理系统是对前述一个或多个工具软件和管理子系统的集成，进而达成对数据的集成管理，通过数据集成实现业务的集成，主要解决项目管理过程分散，工作相对独立，无法通过协同交互综合对比评判、准确决策项目整体运营的问题。集成系统高度集中数据并付诸分析，统一数据平台，实时反馈管理状态，从主观经验的人治管理逐步向客观、科学的数字化信息化管理进步。

目前常用的项目协同工作集成系统为广联达、品茗、华筑等。

1. 项目协同工作集成系统的作用

项目协同工作集成系统通过对项目上软硬件信息集成，对不同管理子系统、不同物联网设备的数据进行综合分析，以支持项目决策，最终实现智慧管理。其主要功能在于打破各个管理子系统的信息孤岛，使系统间进行联动，实现对问题的综合分析，进而优化管理。目前，大多协同工作集成系统都能做到软硬件集成，但是对于信息打通还不够全面与普及。

目前建筑行业缺少统一标准和整体解决方案，导致应用场景中系统多而分散。多系统多 APP，分散在不同部门，造成数据难以集中，使项目经理无法识别单个环节偏差对整体目标的综合影响。对于企业而言，虽然数据体量庞大，但缺乏有效的处理与融合手段，使其应用价值无法得到完整体现，难以做到用数据支撑整体决策。项目管理决策架构如图 3-49所示，各类信息技术之间的融合和集成使用对提高施工效率和品质至关重要，是建筑业信息化转型升级的必经之路。

2. 项目协同工作集成系统的应用模式

项目协同工作集成系统一般由技术层、应用层、数据层和智慧层组成。技术层通过物联网设备和管理平台将过程中产生的海量数据进行收集。项目一般使用的物联网设备包括：RFID、GPS、位移监测、应力监测等。项目通常应用的管理平台包括：IoT 平台、BIM 平台、AI 平台等。应用层聚焦于具体岗位，将技术层中不同的业务系统与设备类型

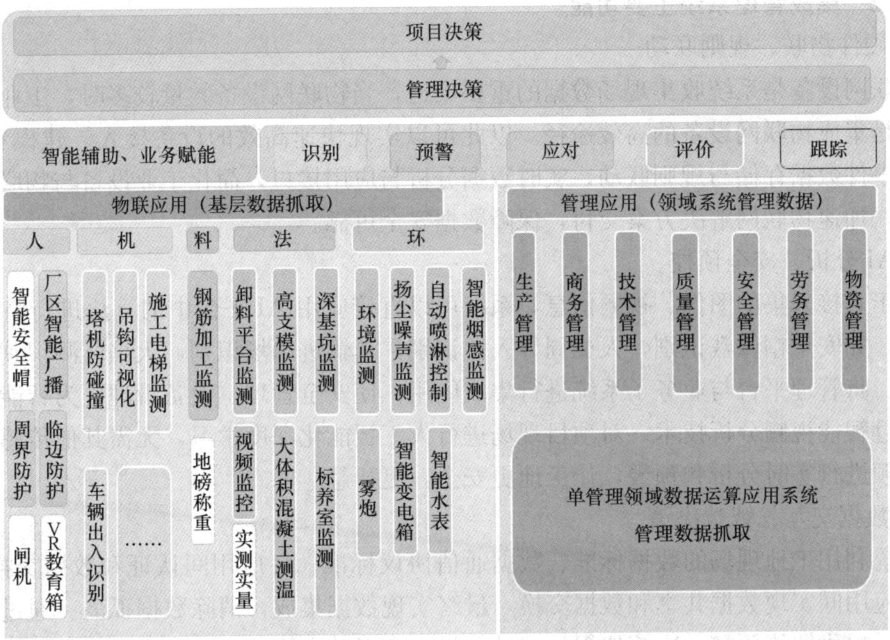

图 3-49 项目管理决策架构

根据业务需求和流程进行有机组合，在过程中产生具有业务特征的数据。一般的应用内容有：实测实量、质量巡检、塔式起重机监测、移动收料等。数据层对应用层数据进行管理，它通过各种算法对存储的数据进行分析，并对分析结果进行排名。智慧层根据数据层的分析结果与规范标准、管理目标等对现状进行智能分析，为管理者提供决策信息，如图 3-50所示。

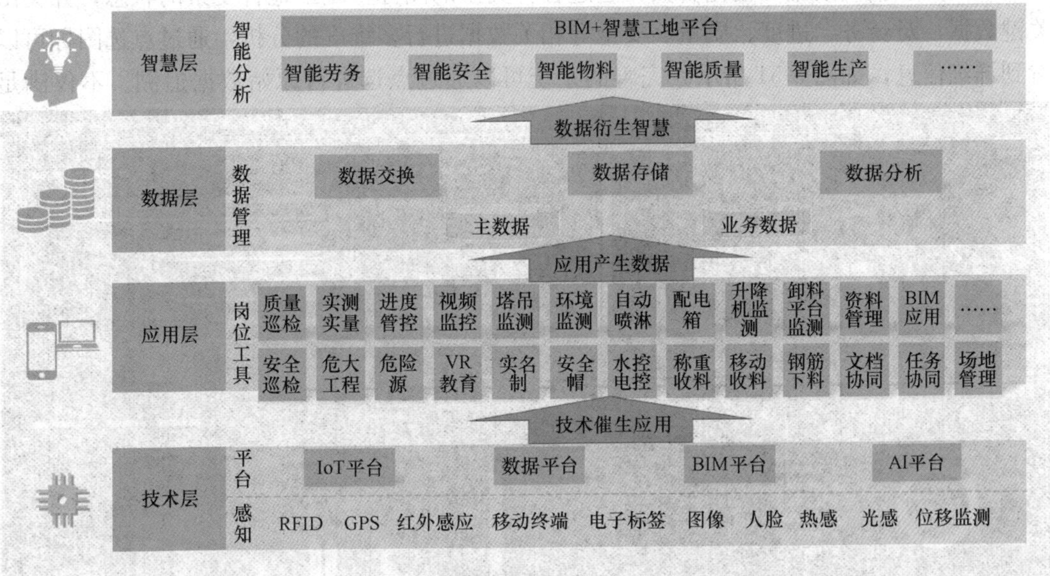

图 3-50 项目协同工作系统构成示例

3.5.11.2　集成管理系统主要功能

1. 硬件物联、规则联动

物联网设备是系统收集现场数据的重要渠道，当物联网设备数量较多时，工业级物联网平台是集成物联网设备的高效途径。以此可以实现快速高效的设备接入、建模和控制。将海量事件数据存储与规则联动，实时数据分析与应用接口，简化工业设备与物联网设备的开发，加速物联网解决方案交付，保障数据安全可靠。

2. AI 分析、安全预控

对于直接采集的图像、视频信息，系统可以直接应用 AI 平台中的算法进行特定指标的分析，如安全帽佩戴识别，人员周界入侵识别，车辆进出场识别，火焰监测识别，抽烟监测等。将管理平台与业务子系统进行集成应用，使安全管理、设备管理更为智能高效。

通过智能视频分析技术，对项目现场进行人工智能化深度学习，无需其他传感器，直接对视频进行实时分析和预警，让工地更安全，更智慧。

3. 数据交互、智慧决策

系统利用工地现场的数据标准、数据通信协议标准、各应用间认证和数据交换标准，使多个应用间实现数据共享和数据交换，最终实现数据集成，消除数据孤岛。通过数据综合分析，提供智能预警，决策依据，辅助项目管理者动态管理项目，为企业大数据的建立提供基础保障。

4. 灵活组合、个性定制

项目协同工作集成系统可以对不同业务模块进行自由组合，通过多样的排布方式以满足不同企业，不同项目类型的管理需求。以丰富的业务模块支持扩展应用，简单的操作即可完成样式编辑和数据配置，轻松搭建可视化应用。

5. 有机集合、多样展示

系统一般提供数据可视化看板，通过各种类型的图标呈现工地各要素的状态，并突出关键数据，对劳务、进度、质量、安全等相关数据进行多维度的分析，通过点选图标可以看到详细信息，如图 3-51 所示。完善的系统可以通过点选进行原始数据追溯。不仅满足

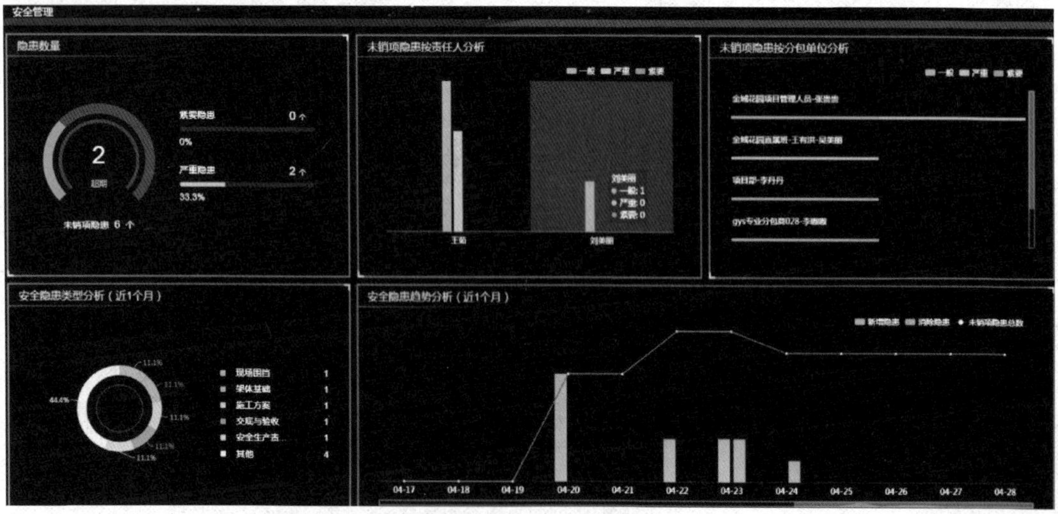

图 3-51　平台安全管理模块示例

日常业务管理，同时还能满足外部观摩检查。

3.5.11.3 集成管理系统数据共享

项目协同工作集成系统将现场系统和硬件设备集成到一个统一的平台，同时对各类数据进行汇总分析形成数据中心。各子系统的数据经分析处理以图表形式展示项目关键指标，同时对子系统之间的数据进行互联，多角度分析问题。系统通过智能识别，判断项目风险，追溯问题根源，并及时预警，帮助项目实现数字化、系统化、智能化，为项目经理和管理团队打造一个智能化“战地指挥中心”，扩大单个子系统价值，使单系统价值放大达到 1+1>2 的效果。

系统实现业务集成之后，行业开始积极探索各业务数据融合所产生的价值，多个终端基于统一数据库，在进行单独业务数据存储、清洗、分析的过程中，实现不同业务数据间的联动，以实现智能分析。比如环境检测发现 PM 超标，启动自动喷淋，环境检测发现大风超过 6 级，塔式起重机自动停止运行等。业务结合人工智能，整合各模块的数据分析结果给项目提供多样化的分析视角和维度，辅助施工管理动作决策。

随着 5G 和 AI 时代的到来和技术的发展，结合企业定额指标和项目现场现状，系统会自动下达一系列管理动作，并通过物联网设备完成操作，以实现智能决策。项目协同工作集成系统的发展趋势是实现工程管理的数字化、系统化、智能化。

数字化：所有现场的岗位作业人员，通过数字建造的方式把目前的工作替代掉，实现数字化，让工地实现更透彻的感知，让协作执行可追溯。

系统化：通过系统化可以保证数据的及时性和准确性，让工地的互联互通变得更全面，让管理信息零损耗。

智能化：智能化可以实现我们随时随地都可以看得到，智能识别项目风险并预警，问题追根溯源。

数据共享体现在以下三个维度：

1. 项目横向数据共享，各部门间的数据互通

项目实施以进度为主线，与此同时还要兼顾质量、安全及成本等维度的目标，必须确保部门间横向的数据互通。通过任务结构关联模式，可以实现技术方案与生产任务的深度结合，让技术指导更加有针对性。通过移动端的生产任务跟踪，各施工部位的过程动态（施工进度、劳务用工等信息）可以实时传递到各部门，与此同时各部门巡视的及时反馈，也会促使现场管理更加规范化。各部门管理的过程数据在系统中自由流转，各部门各取所需，相互配合，才能使项目顺利推进，进而实现项目的综合目标。

2. 项目纵向数据共享，各分包分供商的数据互通

项目的良好运行，离不开参建的各分包单位、供应商的协作配合，同在一个施工现场，临建设施及场地共用、施工作业面交叉等往往导致很多矛盾的发生，纵向向下的管理也借助系统这个有效的工具进一步细化，首先将各分包的施工内容和状态对所有单位进行共享，防止互不知晓导致的各类冲突。同时，阶段性的会议总结中也可以将所有分包的过程数据调取查看，有效避免各单位间的扯皮，让每一项决策有理有据，也使分包更加信服，总承包管理才会更加高效。

3. 项目垂直数据共享，项目与企业的数据互通

传统管理模式下，企业了解项目的信息都是零散的，并有一定的滞后性。对项目进行实地检查，消耗人员精力和成本，并不一定取得很好的效果。在进度系统中，可以实现企业与项目的实时连接，了解项目的进度管控动态，在必要时提前采取措施，使企业对项目的被动管理转向主动管理，进而有效地掌控项目风险。同时，项目过程中积累的实际数据，也是企业的一笔宝贵财富，不管是在未来的投标测算中，或者在管理其他项目中都可以借鉴和复用。施工企业的数字化转型是必然趋势，利用信息化系统进行进度管理，通过数据共享和驱动，可以提升项目的管控效率，增强企业的市场竞争实力。

4 绿色建造

4.1 绿色建造概要

4.1.1 绿色建造理念

4.1.1.1 概念与内涵

绿色建造的概念可以表述为：按照绿色发展要求，着眼于建筑全寿命期，通过科学管理和技术创新，采用有利于节约资源、保护环境、减少排放、提高效率、保障品质的建造方式，实现人与自然和谐共生的工程建造活动。其内涵主要是：

(1) 绿色建造的目标旨在推进社会经济可持续发展和生态文明建设。绿色建造是在人类日益重视可持续发展的基础上提出的，绿色策划、绿色设计和绿色施工是绿色建造的三个主要环节。工程立项绿色策划是绿色建造实现的主导，绿色设计是实现绿色建筑产品的关键，绿色施工是保障建造过程绿色的重要环节。

(2) 绿色建造的本质是以节约资源和保护环境为前提的工程活动。绿色建造中的节约资源是强调在环境保护前提下的资源高效利用，与传统设计和施工所强调的单纯降低成本、追求经济效益有本质区别。

(3) 绿色建造的要素之一是以人为本，要求在建造过程中保护劳动者的身心健康，同时建造的产品有利于使用者在工作生活中的身心健康。

(4) 绿色建造的前提条件是保证工程质量和安全。绿色建造的实施首先要满足质量合格和安全保证等基本条件，没有质量和安全的保证，绿色建造就无从谈起。

(5) 绿色建造的要求是必须实现过程绿色和产品绿色。绿色建造是绿色建筑的生成过程，绿色建造的最终产品是绿色建筑。

(6) 绿色建造的实现途径是依靠科学管理和技术进步。要采用和开发有利于绿色建造实现的四新技术，用于工程实践中。目前行业技术热点包括信息化、工业化，以及绿色建材等均是有利于实现绿色建造的技术途径。管理途径主要是国家提出的工程建设全过程咨询和工程总承包模式，并且需要在政策、标准方面的不断完善，同时需要政府、业主、设计、施工等相关方协同推进。

4.1.1.2 目的

(1) 实现建筑业的可持续发展

绿色建造是在我国倡导“可持续发展”和“循环经济”等大背景下提出的，其主要目的是实现建筑业的可持续发展。绿色建造从工程策划、设计、施工，直到最终竣工验收、交付使用的全过程视角，并依靠科学管理和技术进步实现工程建设过程中的保证质量、节约资源、降低能耗、减少污染和保护环境，提供安全耐久、健康舒适、人员健康的建筑产品。绿色建造的实施，有利于推进建筑业转型升级，实现建筑业可持续发展。

（2）推进工程项目一体化建设

我国传统的工程建设体制设计和施工分离，使得工程建设参与主体很难从工程总体角度统筹资源，实现资源和能源高效利用，这在很大程度上阻碍了绿色建筑的普及发展。绿色建造考虑建造全过程的资源节约、环境保护，破解当前建造模式下的工程建设各相关方各自为政导致的一系列问题，如缺乏全过程策划、一体化建造水平低、绿色建筑设计标识多而运行标识少等，实现工程建设资源的协调统筹和一体化建设。

（3）提升我国建筑业国际化水平

当前，欧美相对发达国家已经把绿色环保纳入市场准入的考核指标。美国建造者和承包商协会推出的绿色承包商认证，其评审内容不仅包括承包商承建 LEED 项目情况，还涵盖承包商绿色建造与企业绿色管理情况。这些无形中形成的绿色壁垒，给我国建筑企业的国际化造成了影响，在竞争国际市场时面临更大的压力和挑战。因此，推行绿色建造，有利于提升建筑企业绿色建造能力和国际化水平，使我国建筑业与国际接轨，赢得国际市场竞争。

（4）为生产绿色建筑产品提供一体化方法

绿色建造着眼于策划、设计和施工过程的有机结合和整体绿色化，能够促使工程承包商立足于工程总体角度，从工程策划、设计、材料选择、楼宇设备选型、施工过程等方面进行全面统筹，有利于工程项目综合效益的提高。同时，绿色建造要求工程承包商通过科学管理和技术进步，改进设计和施工工艺，进行绿色设计和绿色施工实现资源和能源高效利用，从而最终形成绿色建筑产品。

4.1.2　绿色建造内容

绿色建造强调建筑物立项策划、设计与施工的统筹协调，一体化建造，关注建筑全寿命期的环境友好，资源高效利用，建造高性能的建筑产品，其覆盖的主要工作范围包括工程的立项策划、设计和施工三个主要阶段，如图 4-1 所示。

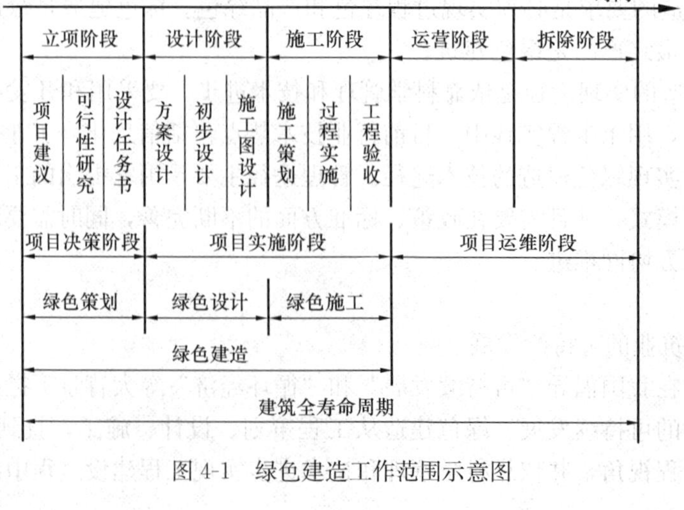

图 4-1　绿色建造工作范围示意图

4.1.2.1 绿色策划

绿色策划主要关注立项策划阶段工程项目环境友好、资源节约的整体工作，立项策划也可以说是立项决策，这是工程的前期阶段，对工程项目绿色性能、成本等整体影响很大。

对于绿色建造的项目管理来说，前期策划的质量决定整个项目的绿色化程度和深度，属于投资方项目管理的工作范畴。我国目前推行的工程全过程咨询服务，其前端就是对项目投资决策的咨询服务。投资单位应该委托工程全过程咨询服务机构，根据项目管理目标、业主预期、项目自身和所在地的特点，因地制宜地编制绿色策划相关文件，明确绿色建造目标和各方职责，明确重点应用方向和评价标准等工作，完成设计任务书，为后面绿色设计和绿色施工的展开奠定前期基础。

4.1.2.2 绿色设计

绿色设计基本任务是在建筑设计中体现可持续发展的理念，在满足建筑功能要求的基础上，实现建筑全寿命期内的资源节约和环境保护，为人们提供健康、适用和高效的使用空间。

绿色建造要求绿色设计采用整合性设计和设计施工协同。整合性设计不是单目标导向或单专业导向，需要系统性的思考，要尽可能保证使用者、建设单位、设计方、施工方、咨询方等各相关方参与，其中最重要的基础是：跨领域的设计团队与客户、最终用户的共同工作。跨领域的设计团队应覆盖项目的各个重要专业，如建筑师、结构工程师、机电工程师、绿色建筑材料专家、建筑物理专家或建筑设备专家。这样的专家设计团队不是松散的组织结构形式，而是一种密切的工作团队，需要经常的沟通协调，定期召开讨论会、分析会、协调会。客户或最终用户参与到设计过程中，以调研、说明会、讨论会等的形式获得他们的意见，满足其要求。

4.1.2.3 绿色施工

绿色施工是在保证质量、安全等基本要求的前提下，以人为本，因地制宜，通过科学管理和技术进步，最大限度地节约资源，减少对环境负面影响的施工活动。

绿色施工要求施工单位根据工程实际，结合场地和环境情况，做好绿色施工策划并实施。在环境保护、节材与材料资源利用、节水与水资源利用、节能与能源利用、节地与土地资源保护、人力资源与保护等方面采取有效措施和技术，开展施工技术和工艺创新，获得相应的成效，支撑建筑业的可持续发展。

4.1.3 绿色建造组织

绿色建造需要依托于建设项目参建企业角色，在不同的项目管理组织模式下对传统的建设周期各阶段进行绿色化改造和提升。同时，绿色建造理论的提出也为项目管理打开了一个全新的领域，提出了一个全新的项目管理目标，为了保障绿色建造管理目标的实现需要匹配相应的组织管理体系。

从绿色建造面临的主要障碍角度出发，建造全过程参与、前期策划介入、有效控制成本和降低风险等角度进行对比分析，承包商对工程的介入程度越深，对于绿色建造的推进越有利。根据项目管理的理论，工程项目前期对项目投入影响较大，越到项目后期对项目总投入影响越小，所以项目管理需要从前期就开始介入，这样对项目总投入影响最大。

4.1.3.1　工程管理模式

在绿色建造管理过程中，绿色化程度的实现是在建造过程中物化的。实现全过程绿色建造模式必须在国家建设项目管理流程的基础上建设各个阶段细分工作内容，增加各个环节的绿色化改造考量，贯彻绿色建造理念，提升建造全过程的绿色化程度。

传统的工程承包模式存在不少问题，设计与施工环节各自负责，施工单位只能按照设计单位的设计进行施工，会出现设计变更，造成成本增加、工期拖延。这与绿色建造全过程绿色化的要求显然不符。工程总承包模式，旨在解决传统分阶段承包模式的弊端。这也是实现绿色建造的较好的组织模式。

4.1.3.2　总承包模式现状

目前主流的总承包模式，有代表性的是 D-B（设计施工总承包）、PPP（政府和社会资本合作模式）、EPC（工程总承包模式），这三种较适宜绿色建造推广的管理模式。对于承包商来说，其三者的差异性分析见表 4-1。

主要总承包模式主要事项对比分析　　　　表 4-1

序号	比较内容	PPP	EPC	D-B
1	代表利益	业主	承包商	承包商
2	介入项目时间	早	中	晚
3	与分包商的关系	合同关系	合同关系	合同关系
4	与设计单位的关系	合同关系	协调关系	协调关系
5	工作范围	大	中	小
6	与业主签订的合同	成本加酬金	总价合同	总价合同
7	作为业主的融资顾问	参与	不参与	不参与
8	承包商承担风险	大	中	中
9	承包商对项目的控制	中	高	中

经过对比分析，工程总承包 EPC 模式有利于绿色建造责任主体的划分，工程总承包商站在工程项目总体的角度统筹资源，减少环境负影响，实现资源和能源的高效利用，更利于绿色建造在项目实施过程中的落地。促使工程承包商立足于工程总体角度，从建筑设计、材料选择、楼宇设备选型、施工方法、工程造价等方面进行全面统筹，从而提高工程建造过程的能源利用效率，减少资源消耗，有利于工程项目综合效益的提高。

4.1.3.3　大力推进工程总承包模式

对 EPC 全流程进行分析，可以总结出其特点：

（1）EPC 对绿色建造的支持能力突出：业主把工程的设计、采购、施工和开工服务工作全部托付给工程总承包商负责组织实施，业主只负责整体的、原则的、目标的管理和控制，总承包商更能发挥主观能动性，能运用其先进的管理经验为业主和承包商自身创造更多的效益；提高了工作效率，减少了协调工作量；从而使工程项目设计变更少，工期较短；同时由于采用的是总价合同，基本上不用再支付索赔及追加项目费用，项目的最终价格和要求的工期具有更大程度的确定性。

（2）EPC 在目前我国面临较大的推广难度：我国建筑市场以民用为主，传统民用建筑设计企业的组织构架使人力、技术资源分散在各科室和子公司，各科室和子公司又以单一的设计、造价咨询或项目管理为主营业务，造成彼此之间协作深度不够，无法形成以项目控制为中心的 EPC 生产模式。企业内部以设计优势作为 EPC 业务基础的知识管理、知识集成体系及标准化工作模式尚未建立，难以支撑 EPC 业务资源聚集和持续发展。

(3) EPC 要求总承包企业具有完善的设计、施工能力：EPC 盈利模式，必将是结合项目设计和前期策划等，通过优化设计、精心管理、在合理的范围内控制好各项建设目标来实现企业效益。

(4) EPC 要求建立完善的企业信用网络：在传统的民用建筑领域，我国大部分业主对承包商的能力和信用缺乏信心，大部分业主仍然习惯于设计、施工分别招标，相互制约；采用 EPC 业务模式在一定程度上会产生削弱业主对项目控制力度的心理感觉，导致 EPC 业务模式难以推广应用。

4.1.3.4 建立覆盖工程项目全生命期的 PEPC+DCS 管理模式

1. PEPC

针对大型建设项目的组织流程和工程管理现状建立在 EPC 总承包模式（设计—采购—施工）的基础上，鼓励项目承建方在工程项目的立项规划阶段介入，成立绿色建造专业工作团队，以现代信息技术、通信技术和工程经验为手段，为业主提供项目管理服务，即 P+EPC 模型。

如图 4-2 所示，PEPC 模式中，承包商从项目策划阶段就开始介入，从而对项目整体投入做最大的优化，而传统的 EPC 模式错过了对项目投入影响最大的立项策划阶段，这显然不符合绿色建造基于全寿命期管控的特点。

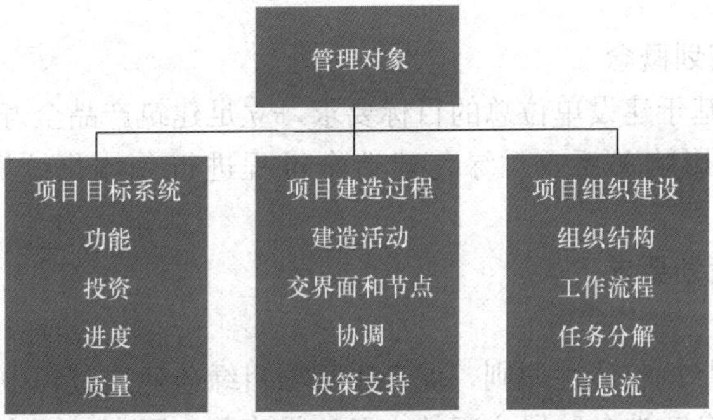

图 4-2 PEPC 的管理对象

2. DCS

现行的工程项目组织管理模式，过分看重第三方的“旁站监督”和专项方案论证，不利于工程建设企业自身技术能力的提升，显示出工程项目组织管理模式的明显不足。

基于此，提出基于全生命期的工程设计咨询服务（DCS—Design Consult Service）即全过程工程咨询服务，涉及建设工程全生命周期内的策划咨询、前期可研、工程设计、招标代理、造价咨询、工程监理、施工前期准备、施工过程管理、竣工验收及运营保修等各个阶段的管理服务。将管理范围向前延伸至工程立项策划，视野向后拓展到工程的运维阶段。

同时可将 PEPC 模式与 DCS 相结合，形成 PEPC-DCS 整体项目总承包模式，明确总承包商作为绿色建造的责任主体，履行绿色建造全过程的组织与协调，将工程立项策划、设计与施工深度融合，打破多元主体的传统建造模式，有效控制建造全过程的各种影响因素，促进工程项目绿色建造实现整体效益最大化，全面强化企业的市场和现场总体管理和技术能力。

除此之外，DCS还具有如下优势：

（1）项目建设全过程，DCS作为与建设单位签署咨询服务合同的单元，对项目的质量安全、产出效果、总体经费等多方面负责，落实建筑师负责制；

（2）在项目招标投标阶段，DCS可协助建设单位严格把关标书及合同，防止低价中标导致的后期价格变更、以次充好等问题；

（3）在项目建造阶段，DCS可取代监理制度，作为建设单位代表监督总承包方的项目质量及进度。

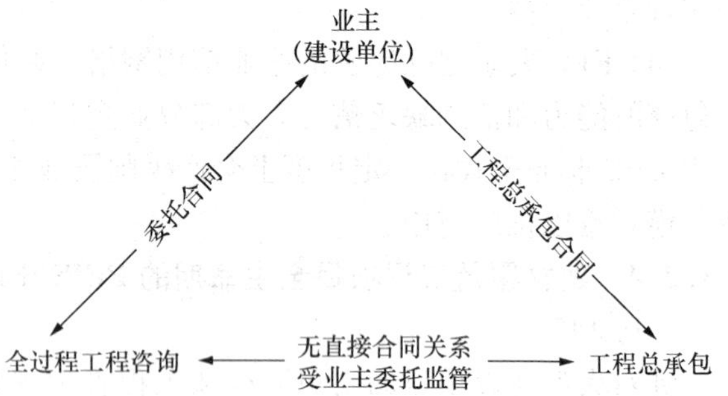

图4-3　业主、全过程工程咨询单位和工程总承包单位三者的关系

绿色建造比较理想的组织模式之一是建设单位、工程总承包单位和全过程工程咨询单位形成稳定的“三足鼎立”关系，如图4-3所示。不过这种模式并非是唯一模式，应根据项目实际情况选择合适的模式，相对较小的项目，专业技术难度并不是特别大，可能不一定需要全过程工程咨询服务公司。

4.1.4　绿色建造策划

4.1.4.1　绿色建造策划概念

绿色建造策划是基于建设单位总的目标要求，立足建筑产品全寿命周期，综合考虑绿色建造各阶段的动态影响关系，对绿色建造全过程进行一体化统筹考虑的持续性管理活动。

4.1.4.2　绿色建造策划要求

1. 整体性策划

绿色建造策划应坚持整体性原则，保证工程项目绿色建造过程中各阶段之间的连贯和呼应，关键是设置绿色建造各阶段之间的交叉连贯步骤，即在立项绿色策划阶段和绿色设计阶段之间设置绿色设计策划步骤，在绿色设计和绿色施工之间设置绿色施工策划步骤。该步骤不是独立于两个阶段之外，而是两个阶段连贯的纽带。

2. 目标策划

目标策划分为三个层次，即总目标、绿色设计分目标和绿色施工分目标及分项指标。其中总目标和分目标在工程立项绿色策划阶段通过充分的环境调查和分析后确定，具体体现在工程立项绿色策划的成果文件中；分项指标将在绿色设计和绿色施工阶段，在总目标和分目标的基础上进行分解细化而形成，具体体现在绿色设计策划和绿色施工策划的成果文件中。

3. 组织策划

组织策划包括绿色建造各阶段的组织结构、任务分工和管理职能分工策划。绿色建造的组织策划由DCS单位为责任主体进行组织结构的搭建及任务和管理职能的分工配置。不同的阶段，实施主体及辅助单位各有不同，应针对阶段差异形成动态可调的组织结构，及具有阶段特性的任务和管理职能分工配置，并体现在各阶段的策划成果文件中。

4. 信息集成策划

信息集成策划要基于工程项目绿色建造组织与管理，同时考虑绿色建造全过程。应对绿色建造各个阶段信息的表达深度、沟通的具体节点、成果的具体形式做具体的规定，并分别体现在工程立项绿色策划成果文件、工程项目绿色设计策划成果文件及工程项目绿色施工成果文件中。

5. 技术策划

技术策划应基于绿色建造全过程三个阶段，分阶段进行。在工程立项绿色策划阶段，技术策划应包括技术方案、关键技术的初步分析和论证、技术标准和规范的应用及初步分析，具体成果体现在工程立项绿色策划的成果文件中；在工程项目绿色设计阶段和绿色施工阶段，应包括技术方案和关键技术的深化分析和论证，并明确技术标准和规范的应用和制定，具体成果体现在绿色设计策划成果文件和绿色施工策划成果文件中。

6. 其他策划

除上述策划内容以外，绿色建造策划尚应基于全过程各个阶段的特点进行符合项目特征及阶段特点的经济策划、风险策划、管理策划等其他策划。

4.1.4.3 绿色建造策划内容

基于绿色建造内容及绿色建造策划的概念，按照绿色建造策划要求的六个方面，在工程的整体层面形成绿色建造策划文件，同时将其具体的要求落实到工程立项、设计与施工的具体技术文件中，这些文件组成了不同阶段的绿色策划。

1. 工程立项

工程立项是项目投资方构建项目意图、明确项目目标，特别是绿色建造目标的重要阶段，是制定项目实施方案，明确项目管理工作任务、权责和流程的重要时期。工程立项的主要技术文件包括项目建议书、可行性研究报告和设计任务书。绿色策划就是应该将绿色建造的理念、要求和内容在技术文件中得到体现，为项目的决策和实施提供全面完整的、系统的计划和依据。

2. 工程设计

工程设计阶段将确定工程采用的具体技术，决定了工程的性能。绿色设计策划衔接着工程立项与工程设计，是工程设计阶段的初始步骤，对绿色设计的成功实施具有非常重要的作用。绿色设计策划秉承因地制宜原则，确定绿色工程适宜性技术。绿色设计策划的内容，应体现在设计阶段的技术文件中，包括方案设计、扩初设计和施工图设计中。

3. 工程施工

工程施工阶段是工程的物化过程，也是资源消耗最集中的阶段。绿色施工策划是施工准备阶段的重要工作。绿色设计团队应参与绿色施工策划。绿色施工策划应在绿色施工的影响因素分析的基础上，对绿色施工的目的、内容、实施方式、组织安排和任务在时间与空间上的配置等内容进行确定，并将绿色施工的要求与内容体现在具体的施工文件中，包括施工组织设计、施工方案、技术交底等专项文件。

4.1.5　绿色建造实施

4.1.5.1　绿色建造实施要点

绿色建造实施工作就是要具体落实绿色建造策划形成的各类文件的要求和内容，在人、财、物等方面提供保障，实现绿色建造制定的目标。同时，绿色建造在具体实施中，一定要结合住房和城乡建设部全文强制性工程规范中与绿色建造相关的条目，这些规范是红线，只有保底不逾越红线，才可能实现建造的“绿色”。

1. 工程立项

本阶段需要具体实施的就是编制有关绿色策划文件，包括项目建议书、可行性研究报告和设计任务书。首先从全局的管理上，应该确定全过程咨询服务团队，负责工程建造全过程的技术、经济、环境等的咨询工作。其次还应该落实专业咨询单位，负责项目建议书、可行性研究报告以及设计任务书的编制工作。专业咨询组应该由各类专业人员组成，包括技术、财务、环境、社会文化等。

2. 工程设计

绿色施工实施就是落实绿色设计策划文件的内容，将其具体体现在方案设计、扩初设计和施工图设计中。需要组织有经验的设计团队，由规划、景观、建筑、结构、机电、建筑环境各专业人员组成。此外还需要尽可能保证使用者、建设单位、设计方、施工方、咨询方等各相关方参与，进行系统性思考，采用不同的形式经常性沟通协调。因为工程项目不但是专业性的，也是社会性的。

3. 工程施工

绿色施工实施具体就是落实绿色施工策划文件的要求和内容，包括落实施工组织设计、施工方案和技术交底。施工单位应该选择具有绿色施工实践或理念的项目经理，强化组织管理，对相关人员进行绿色施工培训，不断提高绿色施工技能。做好绿色施工的准备工作，调控资源，做好质量、安全、工期控制。应与绿色建造全过程的相关单位保持良好沟通，获得各方对绿色施工的支持和帮助。对施工过程实行动态管控，做好绿色施工自评价工作并对存在的问题整改，持续推进绿色施工工作。

4.1.5.2　绿色建造技术

绿色建造实施的主要抓手就是绿色建造技术。绿色建造技术是一个综合考虑资源、能源的新技术，其目标是使得工程建设从规划决策、设计、建设施工的全寿命周期中，对环境负面影响最小，资源和消耗最省，使企业效益和社会环境效益协调化。

1. 发展方向

(1) 机械化是绿色建造实施的基本方式；(2) 信息化是绿色建造实施的重要支撑；(3) 装配化是绿色建造实施的重要途径。

2. 绿色建造重点技术

结合绿色建造技术体系及绿色建造发展方向，有以下10大重点技术，包括：(1) 装配式建造技术；(2) 信息化建造技术；(3) 地下资源保护及地下空间开发利用技术；(4) 楼宇设备及系统智能化控制技术；(5) 建筑材料与施工机械绿色性能评价及选用技术；(6) 高强钢与预应力结构等新型高性能结构体系关键技术；(7) 多功能高性能混凝土技术；(8) 施工现场废弃物减量化及回收再利用技术；(9) 工程建造实时监测与检测技术；（10）人力资源保护及高效使用技术。

4.1.6 绿色建造评价

绿色建造主要涵盖了建筑全寿命期中的立项阶段、设计阶段和施工阶段三个主要过程阶段，因此其评价内容应针对立项阶段的绿色策划、设计阶段的绿色设计和施工阶段的绿色施工三个部分开展。

4.1.6.1 绿色建造评价要求和特点

1. 评价前后的一致性

绿色建造评价将主要对绿色建造三个不同阶段的共性进行评价，如资源的使用要求、环境的影响分析、建筑产品的质量等，这些特性虽然在三个阶段的具体表现形式会有差别，但总体目标是一致的。

2. 不同阶段有各自的侧重点

三个阶段在评价时又有各自不同的侧重点。绿色策划阶段，主要考虑内容包括场地的生态风险评价，工程项目的自然环境、社会环境、时代要求、物质条件及人文因素等对建筑的影响，针对建筑工程的绿色建造宏观目标进行评价。绿色设计阶段，更注重于事先考虑对环境的尊重与适应，主要针对实现绿色建造目标的中观方法进行评价，如实现节能节水的具体方法（被动式设计、节能高效用具、可再生能源与水资源等）。绿色施工阶段，主要考虑的就是要降低施工活动对场地环境的干扰，并实现资源的高效利用，鼓励新技术、新工艺和新材料的使用。主要针对实现绿色建造目标的微观手段进行评价，如具体施工过程中的节水节电、对环境影响的最小化等。

3. 强调绿色策划的重要性

绿色策划是绿色建造过程的第一步，未来建筑的绿色表现指标多数在项目策划阶段就已经基本确定了，例如在对工程立项进行策划时，对于建筑和周边环境的关系处理、建筑单体的结构选型和造型等，将成为建筑建成后使用中的诸多指标是否绿色的关键性步骤。

4. 管理型指标要占一定比例

DGNB 体系专门强调了过程管理质量，反映出管理对于建筑绿色性的重要意义。反观目前国内的绿色建筑相关评价体系，体现更多的是一些技术的堆砌和各专业在运营中的各项表现指标，弱化了成本较低产出较高的管理型指标。而绿色建造评价体系需要强调全程和各阶段管理主体的明确性，不同阶段管理的连贯性，突出管理过程的业主方、设计方、施工方、咨询方、外部专家方等协同工作，在管理手段上要实施推行信息化、智慧化、精益化等新理念，通过社会和公众全面参与进一步保证目标的正确性。

4.1.6.2 绿色建造评价体系构建

1. 评价体系框架

绿色建造评价体系框架将包括绿色策划、绿色设计和绿色施工三个部分，另外专门设置了跟“管理”相关的一节“协同与管理”，将其贯穿于绿色建造立项、设计、施工的三个阶段。作为一种动态评价体系，其评价阶段跨度和关注点更多，而且偏重于事前和事中控制。这将和既有的绿色建筑评价标准、绿色施工评价标准、绿色建材评价导则相辅相成，弥补了其他三个标准间缺乏连贯性的不足之处。

在评价体系的阶段划分、责任主体、评价方法、指标分数和等级、实施示范工程等方面做了如下构想：

（1）阶段划分。绿色建造评价内容的三个阶段分别对应的时间节点规定为：绿色策划阶段应包括项目立项全过程，从建设项目投资意向开始，到完成项目建筑设计任务书为止；绿色设计阶段应包括项目设计全过程，从建筑设计单位进行建筑方案设计创作开始，到建设单位完成施工图审查为止；绿色施工阶段应包括项目施工全过程，从工程总承包单位或施工单位确定后，到竣工验收并交付为止。

（2）责任主体。当采用EPC、PPP等较新型工程建造模式时，工程项目投资方应对绿色建造发挥主导作用，同时聘请全过程项目咨询单位对绿色建造全过程策划负责，工程总承包单位应对绿色建造发挥主体作用。在传统建造模式下，绿色建造各阶段应分别明确责任主体，建设单位应对项目的绿色策划负总责，设计单位应对项目的绿色设计负总责，施工总承包单位应对项目的绿色施工负总责。

（3）评价方法。绿色建造评价应在建设工程竣工验收交付后进行正式评价，但鼓励建设单位在绿色策划、绿色设计、绿色施工每一阶段结束后自行进行阶段性预评价，以便进行及时调整，做到事中控制。申报方面，绿色建造评价工程项目由建设单位、工程总承包单位组织申报，施工、设计、监理、咨询等相关单位参加。申请评价方应对所提交资料的真实性和完整性负责。评审方面，建议住房城乡建设管理部门设立专门的评审机构负责绿色建造评价工作，绿色建造评价机构应对申请评价方提交的分析、测试报告和相关文件进行审查，出具评价报告，确定等级，必要时应进行现场核查。

（4）指标分数和等级。评价分协同管理、立项、设计、施工四部分指标，每部分都设置一些控制性指标，作为达标的强制性前提，不参加总分计算。评分项指标，四个部分的权重分别为0.2、0.2、0.3和0.3，经加权计算后评分项总分仍为100分。另外增加创新评价指标，指标满分为10分，该部分得分不计权重。因此，绿色建造评价的可能总得分约为110分。

（5）评价等级。绿色建造评价体系的等级设置可分别设置合格、良好、优秀共3个等级，所有等级均应满足所有控制项的要求。关于各星级对应的得分要求可参照中国建筑业协会团体标准《建筑工程绿色建造评价标准》T/CCIAT 0048的规定。

（6）实施示范工程。为了更好地推进绿色建造评价工作，使这一全新的建造理念较快地在工程实践中得到普及和应用，在全国范围内开展绿色建造示范工程将是一项十分有效的措施。对于绿色建造示范工程的申报和确认，需要从一种全新的视野和考评原则来进行，要不同于目前多数建设类示范工程都是在项目竣工后才开始申报并示范，绿色建造示范工程应该更多强调过程管理和过程指标的实现，同时起到示范作用。也就是说一个拟申报成为绿色建造示范工程的项目，在策划阶段即应该申请进入“绿色建造示范工程项目库”，在策划阶段以及其后的设计和施工阶段，均要不断接受评审机构的核查，作为示范工程迎接同业者的参观学习和监督。当项目竣工并交付使用，根据在三个阶段的绿色建造过程中的表现，最终考评能否成为真正的示范工程。所以，绿色建造示范工程，不仅是成果的示范，更是过程的示范。

2. 评价体系内容

绿色建造评价体系将主要针对建造过程三个阶段即策划、设计、施工中的五大要素进行评价，它们是：环境保护、资源节约、品质保障、健康与安全、技术适应性。绿色建造评价体系虽然涵盖了如上要素，但是在三个不同阶段的评价重点有所区别。绿色策划评价主要关注于一些宏观的指标，例如总的投资额度以及在全寿命期内的产出比，项目选址对周边环境的影响程度，项目对资源特别是能源的整体消耗强度，绿色技术应用的可行性等。到了绿色设计评价阶段，将更多关注于细节指标，如通过建筑外形、功能、材料等的优化设计和选型，使其对环境影响程度和资源依赖程度在合理范围内降到最低，从而实现节能环保、安全适用、健康舒适等绿色建造要求。对于施工阶段，强调的是生产设备的节能化、过程技术的绿色化、管理方式的人性化、人员安全和健康，以及现场材料回收的可循环化等。绿色建造评价体系也设置了创新评价部分的内容。

总之，绿色建造评价体系在国内现有相关评价体系基础上，增加了协同与管理评价指标、绿色策划评价指标；绿色设计评价和绿色施工评价的指标内容，将根据前文提及的五大要素要求结合绿色建造特点来设置，同时会考虑一些指标赋值高于现行的《绿色建筑评价标准》GB/T 50378 和《建筑与市政工程绿色施工评价标准》GB/T 50640 的要求。

4.2 工程立项绿色策划

4.2.1 工程立项绿色策划内容

工程立项绿色策划的主要任务是通过调查研究和资料收集，在对工程项目进行系统的分析的基础上，进行组织、管理、经济和技术等方面的科学分析及论证，对项目绿色建造活动的整体策略进行运筹规划，并对绿色建造实施活动提前做好设想与对策。工程立项绿色策划的工作内容和流程如图 4-4 所示。

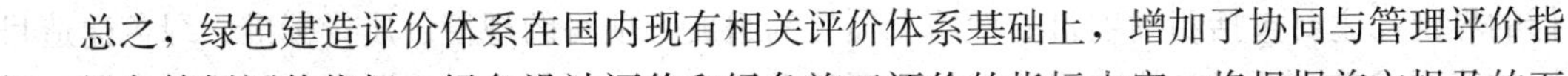

图 4-4 工程立项绿色策划流程图

4.2.1.1 项目环境调查分析

环境调查分析是工程立项绿色策划的第一步，也是最为基础的一个环节，任何策划工作都需要建立在充分掌握相关信息的基础之上。

环境调查的内容为项目本身所涉及的各个方面的环境因素和环境条件，以及项目实施过程中所可能涉及的各种环境因素和环境条件，通常包括以下方面：政策、法律环境；宏观经济环境；社会、文化环境；项目建设环境和建筑环境。

4.2.1.2 项目定义与目标策划

项目定义与目标策划的重点工作内容是进行用户需求分析与功能定位。

1. 项目定义

项目定义确定项目绿色建造的总体构思，是对拟建项目所要达到的最终目标的高度概括，是在工程立项决策策划阶段的其他工作基础上做出的，同时也对这些工作确定了总原则、总纲领。

2. 需求分析

通常情况下，需求分析一般包括下列六个方面具体内容：一是项目总体需求；二是用户使用需求；三是功能需求；四是非功能性的需求；五是综合考虑用户、技术发展和社会发展等的前瞻性需求；六是在前面几项需求分析基础上归纳做出的用户需求分析报告，报告所说明的功能需求充分描述了项目应具有的各种特性。

3. 功能定位

项目功能定位分为项目总体功能定位和项目具体功能分析：项目总体功能定位是指项目基于整个宏观经济、区域经济、地域总体规划和项目周边环境的一般特征而做出的宏观功能定位。项目具体功能分析，指为了满足项目运营活动的需要以及项目相关用户的需要，在总体功能定位的指导下对项目各组成部分拟具有的功能、设施和服务等分别详细进行的界定，主要包括明确项目的性质、项目的组成、项目的规模、质量标准、绿色建造目标功能要求等。项目具体功能分析是对项目总体功能定位的进一步分析与细化。

4.2.1.3　项目总体实施构想

在项目定义与项目目标确定后，必须提出实现项目总目标与总体功能要求相对应的总体实施构想。项目总体实施构想主要包括下列内容：(1) 工程项目的绿色建造总体目标及定位；(2) 工程项目总的功能定位和主要部分的功能分解、总的技术方案；(3) 建筑总面积、总布局、总体的建设方案、实施过程的总的阶段划分；(4) 项目总投资估算、项目的经济评价；(5) 项目实施总的组织结构、任务分工、职能分工、工作流程等。

4.2.1.4　项目建议书

项目建议书是对环境条件、存在问题、项目总体方案、总体目标的说明和细化，同时提出在可行性研究中需要考虑的各个细节和指标。项目建议书通常包括以下几个方面内容：

(1) 建设项目提出的必要性和依据；(2) 建筑方案、项目规模和建设地点的初步设想；(3) 资源情况、建设条件、协作关系等初步分析；(4) 投资估算和资金筹措设想；(5) 项目进度安排；(6) 环境效益、社会效益和经济效益的估计。

4.2.1.5　项目可行性研究报告

可行性研究就是对项目绿色建造的总目标和总体实施方案进行全面的技术经济论证，它是项目立项阶段最重要的工作。其主要研究内容包含以下方面：

(1) 项目建设必要性分析：通过市场调研、产业政策等因素，论证项目建设的必要性。

(2) 技术可行性分析：从项目实施的技术角度，合理设计技术方案，并进行比较、选择和评价。

(3) 财务可行性分析：从投资者的角度，设计合理财务方案，评价项目的财务盈利能力，进行投资决策。

(4) 组织可行性分析：制定实施计划、设计合理的组织机构、选择管理人员等。

(5) 经济可行性分析：从资源配置的角度衡量项目的价值，评价项目在有效配置经济资源、增加供应、创造就业、提高人民生活等方面的效益。

(6) 社会可行性分析：分析项目对社会的影响，包括方针政策、法律道德、社会稳定性等。

(7) 风险因素及对策：对项目的各种风险因素进行评价，制定规避风险的对策，为项目的风险管理提供依据。

可行性研究报告的主要内容，一般包含以下几个方面：(1) 项目总论；(2) 需求预测和项目拟建规模；(3) 资源、原材料及公共设施情况；(4) 绿色建筑设计总体方案；(5) 项目实施条件与项目方案；(6) 环境保护与资源节约；(7) 企业组织、劳动定员和人员培训；(8) 项目实施进度；(9) 投资估算和资金筹措；(10) 环境、经济及社会效果评价；(11) 可行性研究结论与建议。

4.2.1.6 项目设计任务书

设计任务书的主要依据是获得批准的项目可行性研究报告，将可行性研究报告中的相关绿色建造的要求、目标加以具体细化，设计任务书是作为工程项目进行方案设计具体要求提交给建筑设计单位的技术文件，是进行建筑方案设计的重要依据，也是评判设计方案的重要依据。设计任务书要对拟建项目的投资规模、工程内容、经济技术指标、质量要求、建设进度及绿色建造相关目标等作出规定。

4.2.2 工程立项绿色策划实施方法

4.2.2.1 项目环境调查分析

项目环境对绿色建造的实施有着很大的制约，因此充分的环境调查是工程立项阶段的重要工作。

1. 环境调查的实施

(1) 现场实地考察；(2) 相关部门走访；(3) 有关人员访谈；(4) 文献调查与研究；(5) 问卷调查。

2. 环境调查分析报告

环境调查分析最终是为工程项目立项绿色策划服务的，因此环境调查结果的分析非常关键。因此要充分分析、归纳、总结环境调查的相关数据资料，形成环境调查分析报告，为工程项目立项的绿色策划提供科学依据。

4.2.2.2 项目定义与目标策划

工程立项绿色策划是对整个项目进行全面、系统、科学的定义，该部分内容是工程立项绿色策划的核心内容，主要包括确定项目建设目标、功能及定位，明确项目的规模、组成、功能和标准的定义。

1. 项目定义的原则

项目定义过程中，为使项目定义更符合实际情况，更有利于项目的建设和发展，在项目定义的过程中应遵循一定的原则：

(1) 进行项目定义前，需充分了解该项目的特点，以及项目特点对宏观环境的依赖性。

(2) 项目定义前，要认真查阅类似项目的规划建设情况以及各项政策。

(3) 在对项目建设的外部条件进行调查的同时，不能忽视对影响项目建设的内部条件的调查分析，进而找出其内在的规律性。包括项目提出的背景、来龙去脉、项目提出者的初衷、前期已做的大量调研、分析和思考以及政府的支持、公众的期望等。

(4) 对内外部条件的调查结束后，要对所有因素进行综合分析，以修正项目定义，使其更符合实际情况。结合调查分析结果，不断对项目定义进行论证，直至与内外部条件结合逐步完善。

2. 项目目标策划

在工程项目立项策划时必须要有明确的总目标，再采用系统方法将总目标分解成子目标和可执行目标。总目标包括功能目标、技术目标、经济目标、社会目标及生态目标。子目标及可实施目标是为了支撑总目标的实现而对总目标层层细化而得到的。项目的目标设计是一个连续反复循环的过程，必须按系统工作方法有步骤的进行。

工程立项绿色策划阶段确定的项目的总目标应符合绿色建造的基本内涵与要求，并与项目的规模、组成、功能、标准相适应。根据绿色策划的总目标，确定在各绿色分项目标的定性或者定量的指标要求。

4.2.2.3　项目总体实施构想

工程立项绿色策划属于投资方项目管理的范畴，投资单位应委托工程全过程咨询服务机构进行项目实施期的相关总体策划如：组织策划、管理策划、合同策划、经济策划、技术策划等，以明确相关方责任及相关的评价标准或要求，为后续项目绿色设计、绿色施工的实施提供基础条件。

4.2.2.4　项目建议书

通过调查、研究，充分收集项目基本信息的基础上编制项目建议书，应满足以下要求：

(1) 项目建议书是对绿色建造项目的任务、目标系统和项目定义的说明和细化，同时作为后续的可行性研究、技术设计和计划的依据，将项目目标转变成具体的工程建设任务。

(2) 项目建议书必须包括后续进行项目可行性研究、项目设计和项目实施所必需的基本信息，总体方针和说明。

(3) 应提出最有效满足绿色建造目标要求的备选方案，有选择的余地及优化可能。

(4) 提出组织、技术、经济和管理方面的措施，说明完成该目标所必需的人力、物资等条件及其来源。

(5) 将项目目标区分为强制性目标和期望目标，并将目标进行具体化、定量化。

(6) 对项目目标的优先级进行区分。

(7) 针对项目目标，分析其在技术、环境和经济上的可行性，对项目的实施的总体方案、基本策略、组织模式提出构想。

4.2.2.5　项目可行性研究报告

1. 可行性研究的要求

可行性研究首先应将绿色建造的总体目标与项目总体定位与客观条件相对比，确定有无实现的可能性；其次应进行技术方案的成本效益和风险分析，对于投资回收期较长和投资额度较大的技术方案应充分论证。可行性研究报告针对项目建议书中提出的绿色建造目标、总体技术方案，应进行技术可行性分析、成本效益分析与风险分析与评估。

可行性研究报告中关于绿色建造涉及的资源节约与环境保护、绿色建材选用、工业化建造、信息化建造、组织管理模式等方面进行分析评估并有初步确定的结论。

2. 可行性研究的工作流程

由于绿色建造项目的具体情况不同，可行性研究工作流程也不完全一样，但典型的可行性研究工作流程可分为以下六个方面：

(1) 开始阶段。在这一阶段，编制单位要详细讨论可行性研究的范围，明确业主的绿色建造目标，讨论项目的范围与界限。

(2) 调查研究阶段。调查研究的内容要包括项目的各个方面，如市场需求、工艺技术方法与设备选择、原材料的供给、能源动力供应、环境保护等。每个方面都要做深入调查，全面获取资料并进行详细的分析评价。

(3) 优化与选择方案阶段。将项目的各个方面进行组合，设计出各种可供选择的方案，然后对备选方案进行详细讨论、比较，要定性与定量分析相结合，最后推荐一个或几个备选方案，提出各个方案的优缺点，供业主选择。

(4) 详细研究阶段。对选出的最佳方案进行更详细的分析研究工作，明确项目的具体范围，进行投资及收入估算，并对项目的经济与财务情况做出评价。同时进行风险分析，表明成本、价格等不确定性因素变化对经济效果所产生的影响。在这一阶段得到的结果必须论证出项目在技术上的可行性、条件上的可达到性、资金上的可筹措性，并且要分析项目实施风险的大小。

(5) 编制可行性研究报告。对可行性研究报告的编制内容，针对不同类型的项目，其报告内容可以参照国家相关的规定。

(6) 编制资金筹措计划。项目的资金筹措在项目方案选优时，都已经做过研究，但随着项目实施情况的变化，也会导致资金使用情况的改变，这就要编制相应的资金筹措计划。

4.2.2.6 项目设计任务书

设计任务书是工程项目立项绿色策划阶段最终成果中的一项重要内容，是对项目设计的具体要求。设计任务书的主要依据是项目建议书、可行性研究报告，在此基础上将其中的相关要求加以细化，明确为具体的设计目标与设计任务。设计任务书中应将绿色建造的总体目标、标准要求、各方责任，为后续开展绿色设计、绿色施工提供明确的依据。例如：在设计任务书中根据工程项目的功能定位与目标，明确绿色建筑的相关等级、采用的评价标准及相应的技术要求等。

4.3 工程项目绿色设计

4.3.1 绿色设计内容

1. 绿色设计原则

绿色设计除满足传统建筑的一般要求外，尚应遵循以下基本原则：(1) 关注建筑的全寿命周期；(2) 适应自然条件，保护自然环境；(3) 创建适用与健康的环境；(4) 加强资源节约与综合利用，减轻环境负荷。

2. 绿色设计各阶段流程、主要工作要求

(1) 前期设计策划与现场调查研究阶段

前期设计策划阶段对绿色设计的实施非常重要，主要有如下几项任务：1) 调研项目的基础条件；2) 确定绿色设计的目标；3) 对绿色设计实施过程进行规划；4) 对绿色设计的效果进行预测；5) 拟定绿色设计策划书。

本阶段的工作成果主要是绿色设计策划书，主要包括设计依据及绿色建筑定位等级、场地规划与室外环境、建筑设计与室内环境、结构、给水排水、供暖通风与空气调节、电气等各专业的绿色建筑专门的绿色设计技术应用要点。

（2）方案设计阶段

建筑师在方案设计阶段，常规操作方法是统筹思考功能、造价、文化以及个性化的诉求等要素，形成基本设计概念，通过建模使基本设计概念演变为可视化的形体空间，再根据各种设计条件和美学原理进行优化调整。常规设计流程大致可以用图 4-5 表示。

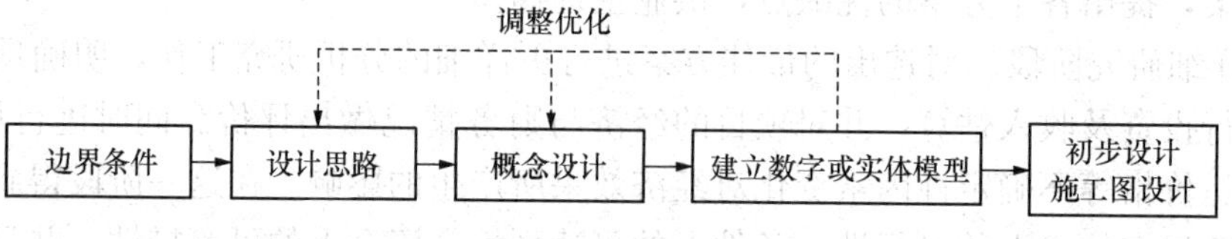

图 4-5 建筑师进行常规建筑方案设计的流程

从这个流程图中可以看到，在建筑方案模型确定的时刻，建筑总体布局和形体空间就基本确定了，后期在初设或施工图设计中介入的绿色策略或绿色技术措施只能是局部调整。由此可见，在建筑方案的设计概念生成之前融入系统化的绿色策略，生成设计概念并且在建立模型的同时获得绿色性能的量化信息，将绿色性能的优化与功能美学的优化同步进行，是建筑方案设计阶段保证绿色建筑效果的重要步骤。

为了保证建筑总体绿色性能目标的实现，需要提供建筑方案设计阶段主要绿色性能的合格目标值。为此，有学者提出了目标导向的绿色建筑方案设计流程框架，如图 4-6 所示。

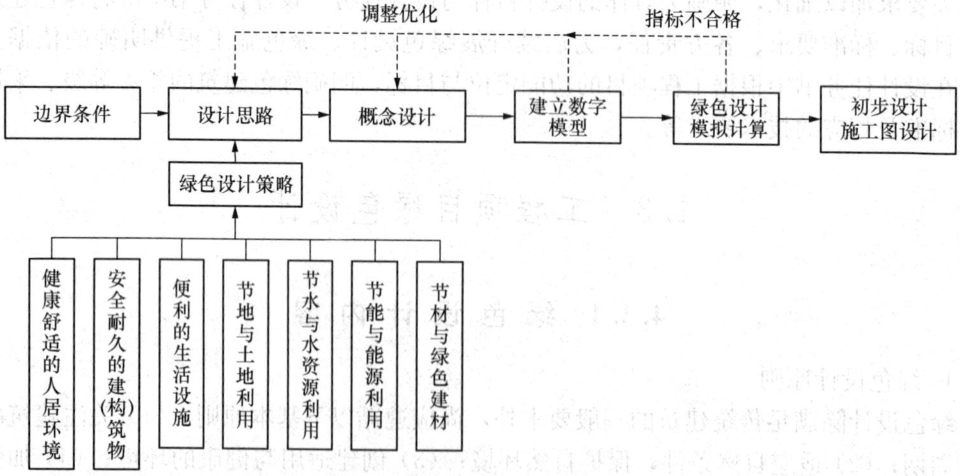

图 4-6 目标导向的绿色建筑方案设计流程框架

与图 4-6 所示的常规建筑方案设计流程相比，在目标导向的绿色建筑设计流程中，基本概念在形成之前就充分融合了绿色策略，使绿色策略落实在设计过程的开端，落实在最初的形体空间中。

（3）初步设计阶段

此阶段应依据绿色建筑的设计理念和要求，建立绿色建筑设计流程，并给出各个阶段的主要参与者以及各阶段形成的绿色建筑设计成果。

具体工作要求如下：

1）初步设计说明应编制绿色设计专篇，包括绿色建筑的目标等级和相应的绿色技术选项、可再生能源的利用策划以及各专业关于绿色建筑专门内容的设计说明，建筑概算应包括绿色建筑技术的内容；

2）总平面图以及建筑、结构、给水排水、供暖通风与空气调节、电气等各专业设计图纸应反映选用的绿色建筑技术内容；

3）场地内外有日照要求的建筑，应编制日照分析报告；

4）宜有室外风环境、室内自然通风、自然采光等分析报告及示意图；

5）初步设计阶段，绿色建筑设计文件应包括设计说明和设计图纸（不需要另行绘制绿色建筑设计图纸，但应在设计图纸中反映相关的绿色建筑技术内容）。

（4）施工图设计阶段

具体工作要求如下：

1）施工图设计说明应编制绿色设计专篇，包括绿色建筑的目标等级和相应的绿色建筑技术选项、可再生能源的利用以及各专业关于绿色建筑专门内容的设计说明；

2）总平面图以及建筑、结构、给水排水、供暖通风与空气调节、电气等各专业设计图纸应反映选用的绿色建筑技术内容；

3）相关选项的计算书、模拟分析报告，如室外风环境模拟、室内自然通风模拟、自然采光、建筑节能、装饰性构件造价比例计算书等；

4）应根据建筑、结构、给水排水、供暖通风与空气调节、电气等施工图设计，分专业编制施工图设计阶段的绿色建筑设计专篇；

5）施工图设计阶段，绿色建筑设计文件应包括设计说明和设计图纸（不需要另行绘制绿色建筑专项设计图纸，但应在设计图纸中反映相关的绿色建筑技术内容）。

（5）深化设计阶段

深化设计阶段为建造阶段必不可少的阶段。深化设计阶段首先要确定深化设计的目标，对图纸进行会审，对既有系统进行优化分析，结合施工组织设计的工作包划分，提出深化设计阶段的工作内容和界面划分，确定深化设计分为哪些工作包，编制每个工作包的图纸目录清单。涉及绿色产品、设备和材料应用的，相应的工作包应由专业的供应商完成。

最终的成果须以原施工图设计为依据，细化各专业各系统的图纸，完成深化设计阶段的工作。图纸着重对系统原理图、大样图、设备选型、机电管线综合图、预留预埋综合图、二次墙体预留洞口、设备基础布置、节点详图、支吊架大样图等图纸进行综合检查，并与精装修图纸进行协调。

4.3.2 绿色设计要点

4.3.2.1 绿色设计应用框架

绿色设计应用框架应按照最新国家标准《绿色建筑评价标准》GB/T 50378—2019 中绿色建筑指标体系进行。绿色建筑评价指标体系由安全耐久、健康舒适、生活便利、资源节约、环境宜居5类指标组成。这5类指标涵盖了绿色建筑的基本要素，需对参评建筑进行全寿命期技术和经济分析，选用适宜技术、设备和材料，对规划、设计、施工、运行阶段进行全过程控制。图4-7为绿色建筑指标体系框图。

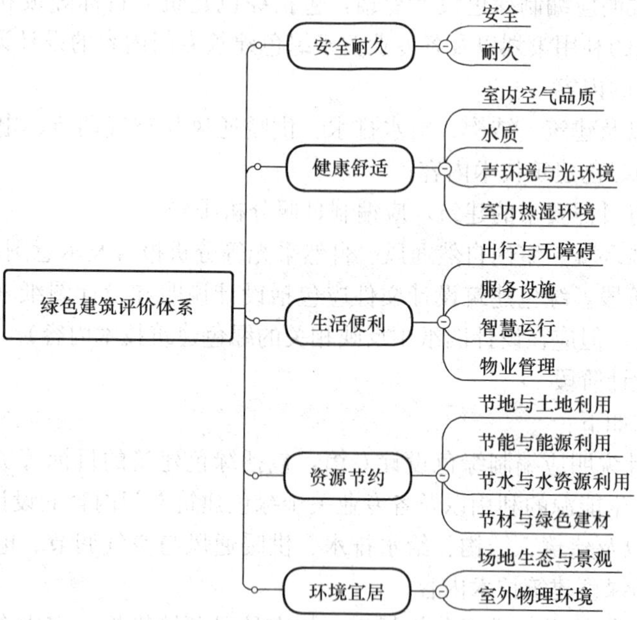

图4-7　绿色建筑指标体系框图

4.3.2.2　各专业主要绿色设计要点

1. 总平面与建筑专业

(1) 一般要求

1）项目选址与布局应符合规划和建设要求；2）项目节约、集约利用土地；3）项目合理开发利用地下空间。

(2) 规划与建筑布局

1）项目公共服务设施便利；2）无障碍设施安全方便、完整贯通；3）公共交通设施便捷、完善。

(3) 室外环境

1）室外采取隔声降噪措施；2）项目避免产生光污染；3）场地内风环境利于室外行走、活动舒适；4）项目采取降低热岛强度措施。

(4) 室内环境

1）室内声环境进行优化设计；2）室内光环境与视野进行优化设计；3）室内热湿环境进行优化设计。

2. 结构专业

(1) 一般规定

1）择优选用规则的建筑形体，避免选用特别不规则及严重不规则的建筑形体。2）现浇混凝土应采用预拌混凝土，建筑砂浆应采用预拌砂浆。3）建筑所有区域宜实施土建工程与装修工程一体化设计及施工。

(2) 结构优化设计

1) 地基基础进行优化设计，达到节材效果。2) 在保证安全的前提下，对结构体系和结构构件进行节材优化。3) 合理采用高强建筑结构材料。4) 合理采用高耐久性建筑结构材料。5) 钢结构合理采用螺栓连接等非现场焊接节点。6) 合理采用施工时免支撑的屋面楼板。7) 采用符合工业化建造要求的结构体系与建筑构件。

3. 给水排水专业

(1) 一般规定

1) 给水排水设计应安全适用、高效完善、因地制宜、经济合理。

2) 给水排水系统的用水器具和设备应采用节水型产品。

3) 新建有集中热水系统设计要求的建筑，应根据相关规定设计太阳能等可再生能源热水系统。

4) 旅馆、医院住院部、养老院、学校宿舍等有居住功能的建筑应采用降低排水或雨水噪声的有效措施。

(2) 节水系统

1) 建筑平均日生活给水、生活热水的用水标准，不应大于国家现行标准《民用建筑节水设计标准》GB 50555 中节水用水定额的上限值与下限值的算术平均值。

2) 供水系统应避免超压出流，用水点供水压力不应大于 0.20MPa，且不小于用水器具要求的最低工作压力。

3) 供水管网应采取避免管网漏损的有效措施。

4) 热水系统应经技术经济比较，合理利用余热或废热。

5) 循环冷却水系统应合理采用节水技术。

6) 绿化应采用喷灌、微灌等高效节水浇灌方式，并确定合理的浇灌制度。

(3) 节水设备与器具

1) 生活用水器具的用水效率等级应达到或高于 2 级。

2) 公用浴室应采用带恒温控制与温度显示功能的冷热水混合淋浴器，或设置用者付费的设施、带有无人自动关闭装置的淋浴器。

3) 除卫生器具、绿化浇灌和冷却塔外的其他用水应经技术经济比较，合理采用节水技术或措施。

(4) 非传统水源

1) 绿化浇灌、道路浇洒、洗车等用水应合理使用非传统水。

2) 冷却水补水使用非传统水时，应采取措施满足水质卫生安全要求。

4. 供暖通风与空气调节专业

(1) 一般规定

1) 冷热源、输配系统等各部分能耗应进行独立分项计量。2) 合理选择和优化供暖、通风与空调系统。

(2) 冷热源

1) 合理选择冷、热源机组能。2) 合理采用分布式热电冷联供、蓄冷蓄热技术。

(3) 水系统与风系统

1) 集中供暖系统热水循环泵的耗电输热比和通风空调系统风机的单位风量耗功率符

合现行国家标准《公共建筑节能设计标准》GB 50189 等的有关规定。2）供暖空调系统末端现场可独立调节。3）气流组织合理。

（4）检测与监控

1）室内空气质量监控系统。2）设置完善的设备监控系统。

5. 电气专业

（1）一般规定

1）建筑电力能耗应按空调、照明、动力和特殊用电设置独立的分项计量。2）照明功率密度值达到现行国家标准《建筑照明设计标准》GB/T 50034 中规定的目标值。

（2）电气系统

1）合理选用节能型电气设备。2）合理选用电梯和自动扶梯，并采取电梯群控、扶梯自动启停等节能控制措施。

（3）照明系统

1）室内人员长时间停留场所，其光源色温不应高于 4000K；室外公共活动区域，其光源色温不应高于 5000K。2）照明采用集中控制，并满足分区、分组及调光或降低照度的控制要求。

6. 室内设计专业

（1）室内空气中的氨、甲醛、苯、总挥发性有机物、氡等污染物浓度应符合国家现行标准《民用建筑工程室内环境污染控制标准》GB 50325 和《室内空气质量标准》GB/T 18883 的有关规定。

（2）建筑所有区域土建工程与装修工程实现一体化设计。

（3）合理采用耐久性好、易维护、经济适用的装饰装修建筑材料。

（4）建筑装修选用工业化内装部品。

7. 室外景观设计专业

（1）充分利用场地空间设置绿化用地。

（2）利用场地空间设置绿色雨水基础设施。

（3）场地内雨水设计应统筹规划，合理确定径流控制及利用方案。

（4）结合现状地形地貌进行场地设计与建筑布局，保护场地内原有的自然水域、湿地和植被，采取表层土利用等生态补偿措施。

（5）合理选择绿化方式，科学配置绿化植物。

（6）采取净地表层土回收利用等生态补偿措施。

（7）景观水体应结合雨水利用设施进行设计。

8. 其他加分项

（1）在设计中应用建筑信息模型（BIM）技术。

（2）进行建筑碳排放计算分析，采取措施降低单位建筑面积碳排放强度。

（3）场地绿容率不低于 3.0。

（4）合理选用废弃场地进行建设或充分利用尚可使用的旧建筑。

（5）采用符合工业化建造要求的结构体系与建筑构件。

（6）采取措施进一步降低建筑供暖通风系统的能耗，最低降低 40%。

4.3.3　绿色设计的主要措施

4.3.3.1　建筑围护结构绿色设计

墙体的保温隔热应根据具体的气候环境加以考虑。在严寒地区、寒冷地区围护结构的保温是重点；在夏热冬冷地区，建筑围护结构既要考虑冬季保温性能又要考虑夏季隔热性能；在夏热冬暖地区，隔热和遮阳是重点。

1. 外墙体绿色技术

墙材改革与墙体节能技术的发展是绿色建筑技术的一个重要环节，发展外墙保温技术与节能材料又是建筑节能的主要实现方式。外墙保温技术一般按保温层所在的位置分为外墙外保温、外墙内保温、外墙夹心保温、外墙自保温和建筑幕墙保温等5种做法。

（1）外墙保温

外墙保温按照保温材料在墙体中的不同位置，主要分为三种形式，即外墙内保温、外保温和夹心保温。其中，外墙内保温和外保温在我国应用最为广泛，而夹心保温主要由于其施工复杂，目前在传统建筑中较少使用。外墙各种保温形式在实际运用中也各有优缺点，其比较结果见表4-2。

外墙外保温、外墙内保温、外墙夹心保温优缺点比较　　表4-2

项目	外墙外保温	外墙内保温	外墙夹心保温
适用条件	因外墙墙体位于室内空调调节温度作用范围，墙体材料蓄热系数一般比较大，适用于连续空调使用环境；主要适合各类公共建筑、住宅毛坯房	因外墙墙体不位于室内空调调节温度作用范围，适用于间歇式空调使用环境；主要适合各类公共建筑、一次精装修住宅	各类条件均可，适用面广
热桥与结露情况	热桥少，不容易结露	热桥难以避免，容易产生局部结露	热桥较少，不容易结露
保温材料使用寿命	保温材料处于温差变化较大的室外环境，冻融影响保温材料的使用寿命	保温材料自然使用寿命时间较长	保温材料自然使用寿命时间较长
居住者使用方便性	好，不受保温形式影响	在外墙上悬挂物件需特殊处理，居民的二次装修可能对保温造成破坏	较好，几乎不受保温形式影响
施工便利性、维修、更换	难	容易	最难
工艺	复杂	简单	复杂
成本、造价	高	低	高

（2）建筑幕墙保温

《公共建筑节能设计标准》GB 50189把非透明幕墙和透明幕墙的热工设计要求分别纳入外墙和外窗中，非透明幕墙的传热系数应达到常规外墙的指标，透明幕墙应根据窗墙面积比，满足于外窗相同的传热系数和遮阳系数指标。

1）非透明幕墙的保温

非透明幕墙包括石材幕墙、金属幕墙和人造板材幕墙等。非透明幕墙具体的保温做法依保温层的位置不同而主要分为三种：

将保温层设置在主体结构的外侧表面，类同于外墙外保温做法。可选用普通外墙外保温的做法，保温材料可采用挤塑聚苯板（XPS板）、膨胀聚苯板（EPS）、半硬质矿（岩）棉和泡沫玻璃保温板等。其应用厚度可根据地区的建筑节能要求和材料的导热系数计算值通过外墙的传热系数计算确定。

在幕墙板与主体结构之间的空气层中设置保温材料。在水平和垂直方向有横向分隔的情况时，保温材料可钉挂在空气间层中。这种做法的优点是可使外墙中增加一个空气间层，提高了墙体热阻，保温材料多为玻璃棉板。

在幕墙板内部填充保温材料。保温材料可选用密度较小的挤塑聚苯板或膨胀聚苯板，或密度较小的无机保温板。这种做法要注意保温层与主体结构外表面有较大的空气层，应该在每层都做好封闭措施。

2）透明幕墙的保温

透明幕墙主要是玻璃幕墙。普通的玻璃幕墙一般为单层，保温性能主要与幕墙的材料相关，选择热工性能好的玻璃和框材并提高材料之间的密闭性能是节能的关键。双层玻璃幕墙也叫通风式幕墙、可呼吸式幕墙或热通道幕墙等。

2. 屋面节能技术

屋面保温能有效改善顶层房间的室内热环境，而且节能效益也很明显。屋面隔热保温及防水做法有倒置式屋面和架空屋面等。在坡屋面下应铺设轻质高效保温材料；平屋面可以考虑采用挤塑聚苯板与加气混凝土复合，有利于减少保温层厚度，减轻屋盖自重；上人屋面和倒置式屋面可在防水层上铺设挤塑聚苯板的保温做法。

屋顶绿化是一种融建筑艺术和绿化为一体的现代屋面节能技术，它使建筑物的空间潜能与绿化植物多种效益得到结合，是城市绿化发展的新领域。研究表明，屋面绿化能显著降低城市热岛效应，改善顶层房间室内热环境，降低能耗。

3. 门窗节能技术

门窗是建筑围护结构的重要组成部分，新型的节能门窗，在满足室内足够的采光、通风和视觉要求之外，还要满足隔热保温性能，即冬天能保温，减少室内热量的流失；夏天能隔热，防止室内温度过高。

门窗节能的好坏与所采用的门窗材料有关。外门应选用隔热保温门。外窗也应选用具有保温隔热性能的窗，如中空玻璃窗、真空玻璃窗和低辐射玻璃窗等；窗框的型材主要选用断热铝合金、塑钢和铝木复合等。增强外门窗的保温隔热性能，是改善室内热环境质量和提高建筑节能水平的重要环节。

4. 建筑遮阳设计

在现代建筑中，建筑遮阳也是透明围护结构中必不可少的节能措施和室内环境改善的手段。建筑遮阳可以有效遮挡直射阳光，改善室内热环境、光环境，可以降低空调负荷、节省建筑空调能耗，遮阳装置还可以调节自然采光以满足不同的功能需求，建筑遮阳也可以与其他建筑功能融合，达到诸如防雨、导风、挡雪、遮挡视线等多种目的。

总体上遮阳可分为两大类，即构件式遮阳和遮阳产品。所谓构件式遮阳，是和建筑主体一起设计、施工，作为建筑主体一部分，固定的、起遮阳作用的建筑构件，遮阳产品是由工厂生产完成，到现场安装，可随时拆卸，具有各种活动方式的遮阳产品。

做遮阳设计时，要根据建筑气候、窗口朝向和房间的用途三方面来决定采用哪种遮阳形式和种类，同时还要考虑需要遮阳的月份和一天中的时间等因素。

4.3.3.2 绿色建筑通风设计

1. 建筑总体布局通风设计要点

(1) 建筑的布局应根据风玫瑰来考虑，使建筑的排列和朝向有利于通风季节的自然通风。

(2) 在可能的条件下，应充分利用水面、植物来降温。进风口附近如果有水面，在夏季其降温效果是显著的。其他如太阳能烟囱、风塔等装置也有利于提高通风量和通风效率。

2. 建筑平立剖面设计

(1) 在进行平面或剖面上的功能配置时，除考虑空间的使用功能外，也对其热产生或热需要进行分析，尽可能集中配置，使用空调的空间尤其要注意其热绝缘性能。

(2) 建筑平面进深不宜过大，这样有利于穿堂风的形成。一般情况下平面进深不超过楼层净高的5倍，可取得较好的通风效果。

(3) 建筑门和窗的开口位置，走道的布置等应该经过衡量，以有利于穿堂风的形成。考虑建筑的开口和内部隔墙的设置对气流的引导作用。

(4) 单侧通风的建筑，进深最好不超过净高的2.5倍。

(5) 每个空间单元最小的窗户面积至少应该是地板面积的5%。

(6) 尽量使用可开启的窗户，但这些窗户的位置应该经过调配，因为并不是窗户一打开就能取得很好的通风效果。

3. 建筑内气流组织

(1) 中庭或者风塔的“拔风效应”对自然通风很有帮助，设计中应该注意使用。

(2) 在气候炎热的地方，进风口尽量配置在建筑较冷的一侧（通常是北侧）。

(3) 考虑通过冷却的管道（例如地下管道）来吸入空气，以降低进入室内的空气温度。

(4) 保证空气可以被送到室内的每一个需要新鲜空气的点，而且避免令人不适的吹面风。

(5) 尽量回收排出的空气中的热量和湿气。

(6) 对于机械通风系统的通风管道，仔细设计其尺寸和路线以减少气流阻力，从而减少对风扇功率的要求。此外还需要注意送风口和进风口位置的合适与否以及避免送风口和进风口的噪声，同时注意通风系统应该能防止发生火灾时火焰的蔓延。

4.3.3.3 楼宇设备与照明绿色设计

随着绿色建筑的发展，暖通与空调标准，室内外人工照明标准也随之提高。

1. 暖通空调的高能效技术路线

(1) 冷热源的利用

1) 太阳辐射的利用

在方案设计阶段，设计师可以将太阳能在设计初期考虑进来，达到太阳能技术和建筑方案的完美结合，从而实现建筑美观、节能的完美统一。

2) 夜间冷源的利用

夜间冷源技术主要利用夜间水蒸气分压力低和温度低的特点，系统有稳定、持续、可靠的优点。对比以上的优点，冷源系统也存在冷量更好的存储和建筑更好的散热这样的问题。随着技术的更新，冷源的利用将会有更大的发展空间。

3）空气冷热源

通过空调系统与室外空气热交换，达到空气源利用的效果。空气源作为冷源的优点主要包括稳定性高、布置灵活和适用范围广等。

4）水冷热源

常用来做冷热源的水体主要包括滞留水体（湖泊、池塘、水库水等）、江河水以及地下水。江河水作为冷热源主要有优点是对于江河水源的温度分布影响小。缺点是不能直接利用供冷供热需要热泵提高品位。地下水源系统的优点是只需热泵做品位提升，即可直接向室内供冷供热；系统的能效比较高。存在的问题是会影响地下水的原始水质分布和压力分布，会出现地面沉降等地质灾害。

5）岩土作为冷热源

岩土作为冷热源的主要优点是固体的蓄热性比较好，容易保证生态系统的原始温度，对生态系统的影响比较小。岩土作为冷源的问题是，在一定深度范围内增加埋管长度，对换热量的增加没有影响。埋管的单位长度换热量只能作为评估参考，需要根据实地安装后确认埋管的管热量。

6）建筑冷热输配系统的节能

如何使水泵和风机高效运行，在大型公建中有很大的节能空间。以下几个方面可以有效提高水泵和风机的运行效率：以动态变化进行水力计算；根据全年负荷变化调整水泵和风机的运行工况；减少系统的阀门，尽量避免通过调整阀门的开度来达到最不利环路的运行工况，而是通过调节风机和水泵的转速来实现水利调节。

（2）其他建筑设备节能技术

建筑内暖通空调可采用的节能技术路线还包括以下方面：

1）变制冷剂流量的多联机系统

由一台或者多台室外机和多台室内机对其他多个或者单个房间通过直接蒸发和改变冷媒达到制冷和制热的效果。

2）“免费供冷”技术

“免费供冷”技术分为冷却塔“免费供冷”技术和离心式冷水机组“免费供冷”。免费冷却塔系统是当室外温度较低时，利用冷却冻水直接或间接与冷冻水换热达到空调制冷的效果。

3）温度湿度独立控制的空调系统

温湿度独立系统，即采用两套独立的系统分别处理房间的余热和余湿，可以达到对房间温度和湿度精确控制，实验表明，这种空调系统比常规空调系统节能30%左右。

4）建筑热回收技术

建筑中有可能回收的热量有排风热（冷）量、冷凝器排热量、内区热量、排水热量等。

新风排风热回收技术。通过排风（低温冷源）和新风（高温冷源）进行热量交换，达到节能的目的。

空调冷凝热回收是利用其他介质将高温冷凝器的热量加以利用的热回收机制。应用比较多的案例是生活热水预热和泳池加热。

内区排热量回收，建筑物内区无外围护结构，四季无外围护结构冷热负荷，可采用水环式水源热泵系统将内区的余热量转移至外区，为外区供热。

排水热回收，建筑排水中蕴含着大量的热量。利用热泵技术可将污水中的热量提取出来用作生活热水加热或供暖。

2. 绿色照明设计

(1) 天然光的利用

在供暖与采光的综合平衡条件下，考虑技术和经济的可行性，尽量利用开侧窗或顶部天窗采光或者中庭采光，使白天在尽可能多的时间利用天然采光。在一些情况下也可以利用各种导光采光设备实现天然光照明，如反射镜方式、光导纤维方式、光导管方式等。

(2) 照明器材的选用

照明光源种类很多，在设计中应该因具体条件选择适用的灯具。目前最常用的 LED 节能灯，节能效果优秀，电光转换效率接近 100%；使用寿命非常长，理论上可以使用约 10 万个小时。

设计中应根据使用场所、建筑性质、视觉要求、照明的数量和质量要求来选择光源。在照明设计时，主要考虑光源的光效、光色、寿命、启动性能、工作的可靠性、稳定性及价格因素等。

4.3.3.4 太阳能光热光电技术设计

1. 太阳能光伏发电技术

依据和电网的关系，光伏发电系统可以分为独立式发电系统、并网式发电系统以及具备以上两种特征构成微电网系统的一部分。独立发电系统不与电网连接，连接有负载；并网发电系统直接与电网连接，不一定具有直接负载；微电网系统在不与电网连接或与电网连接的情况下都能运行，且都连接有负载。

图 4-8 一种典型的住宅用太阳能发电系统为例来说明光伏发电系统的构成。

建筑与光伏一体化设计介绍：

由于光伏发电系统的引入，在建筑设计时应该充分考虑光伏系统的影响因素，采用合适的光伏系统类型。常用的光伏系统与建筑的结合形式有 8 种（表 4-3）。

光伏发电系统与建筑 8 种结合形式的集成程度 表 4-3

结合形式	光伏组件	建筑要求	集成程度
1. 光伏采光顶	光伏玻璃组件	调节室内采光、遮风挡雨、发电	高
2. 光伏屋顶	光伏屋面瓦、屋顶专用组件	与屋顶一体化、遮风挡雨、发电	高
3. 光伏幕墙	光伏玻璃组件（遮光率可调）	造型美观、调节室内采光、遮风挡雨、发电	高
4. 光伏遮阳板	光伏玻璃组件、普通组件	造型美观、调节室内采光、遮阳、发电	较高
5. 光伏窗户	光伏玻璃组件（遮光率可调）	造型美观、调节室内采光、遮阳、发电	高
6. 光伏围护结构	光伏玻璃组件、普通组件	造型美观、发电	中
7. 屋顶光伏方阵	普通光伏电池	造型美观、发电	低
8. 墙面光伏方阵	普通光伏电池	造型美观、发电	低

在建筑与光伏一体化设计时，应主要从四个方面着手来考虑光伏发电系统的设计。

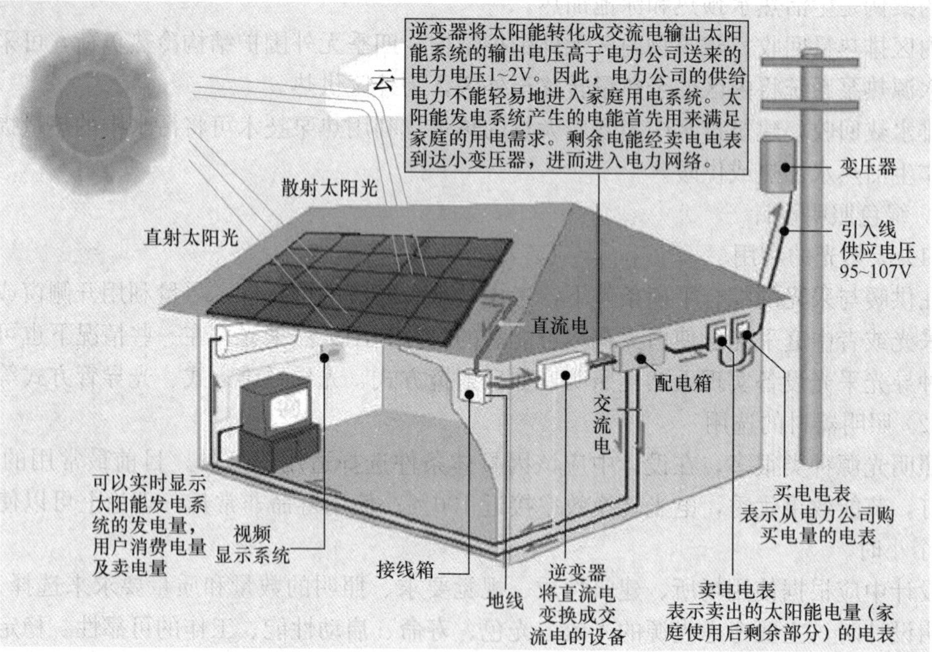

图 4-8　住宅用太阳能发电系统资料

（1）总容量的大小。首先应该根据建筑物可安装光伏组件的面积或实际需要的安装面积来确定整个发电系统的总容量。

（2）光伏组件的选择。根据建筑物外观需要或总容量需要，来选择合适的光伏组件。

（3）支撑结构的设计。支撑结构主要是根据建筑结构和最佳倾角来确定的。

（4）并网系统的系统电气方案设计。

2. 太阳能光热技术

太阳能热水器（系统）是在太阳能热利用中最为普遍的一种热水系统。太阳能热利用产业已经纳入国家新能源发展战略，太阳能与建筑一体化将成为未来建筑的主流。

对于太阳能热水系统与建筑一体化而言，其关键之处在于将太阳能热水系统元件作为建筑的构成因素与建筑整体有机结合，保持建筑统一和谐的外观，并与周围环境、建筑风格等相协调。从而达到建筑构造合理、设备高效和造价经济的设计目标。

常见的太阳能光热建筑一体化方式如下：

（1）场地一体化体系

规划设计过程中将太阳能热水系统作为一项重要的前期设计因素与建筑物朝向、房屋间距、建筑密度、建筑布局、道路、绿化和空间环境等相关条件综合考虑，进行一体化设计。

（2）屋面一体化体系

屋面与太阳能的集热器一体化整合有着独特的优势。集热器在屋面的合理出现可起到丰富建筑屋顶轮廓线的作用，这也更加要求集热器与屋面进行合理的一体化设计，从而达到形式与内容的统一。

（3）阳台一体化体系

高层建筑由于屋顶面积较少，除墙面外，集热器与阳台构件的一体化整合可解决部分问题。一般系统采用分体式安装：集热器安装于阳台，水箱置于阳台或卫生间内。集热器等甚至可以直接构成阳台栏板、栏杆成为符合人体尺度的功能性构件，易与建筑达成一体化目标。

4.3.3.5 水资源高效使用设计技术

1. 低影响开发雨水系统的设计

(1) 海绵城市建设

海绵城市设计，指在场地开发过程中采用源头、分散式措施维持场地开发前的水文特征，也称为低影响设计或低影响城市设计和开发。其途径和措施主要包括：在建筑小区、城市道路、绿地与广场、水系的规划建设中，采用源头削减、中途转输、末端调蓄，通过渗、滞、蓄、净、用、排等技术手段，实现城市良性水文循环。

(2) 海绵城市建设目标

场地排水按照低影响开发理念及海绵城市设计要求，加强入渗与就地消纳，降低径流初期污染，具体措施可以采用透水铺装、下沉式绿地、蓄水池，等等。通过各类技术的组合应用，可以实现径流总量控制、径流峰值控制、径流污染控制、雨水资源化利用等目标。

(3) 低影响开发雨水系统设计流程

低影响开发雨水系统设计流程详见图 4-9。

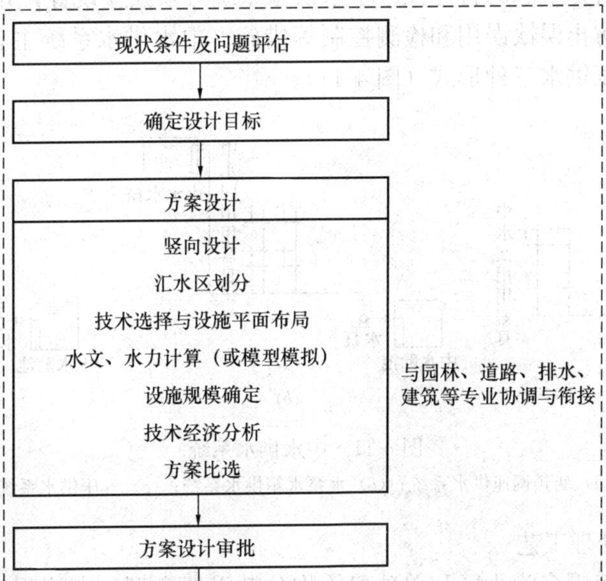

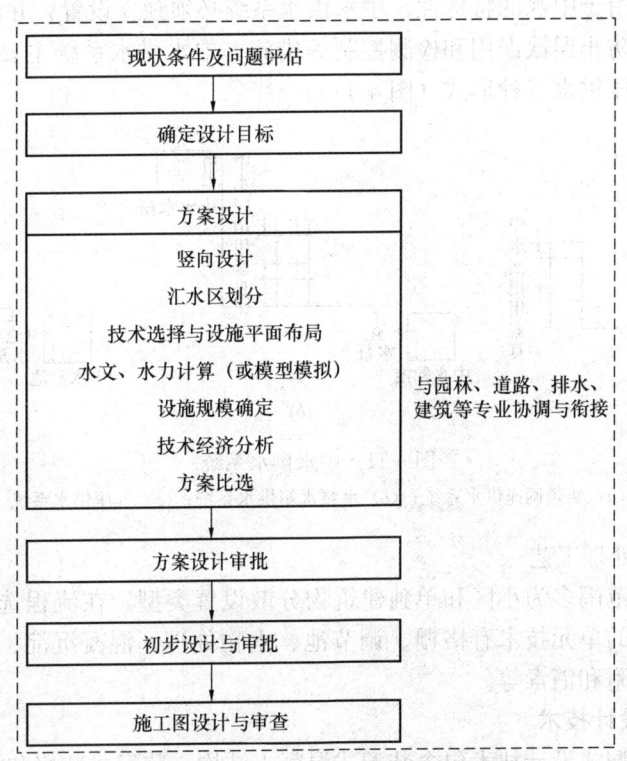

图 4-9 低影响开发雨水系统设计流程

资料来源：《海绵城市建设技术指南（试行）》

(4) 建筑与小区低影响开发雨水系统典型流程

海绵城市雨水系统总体技术路线详见图 4-10。

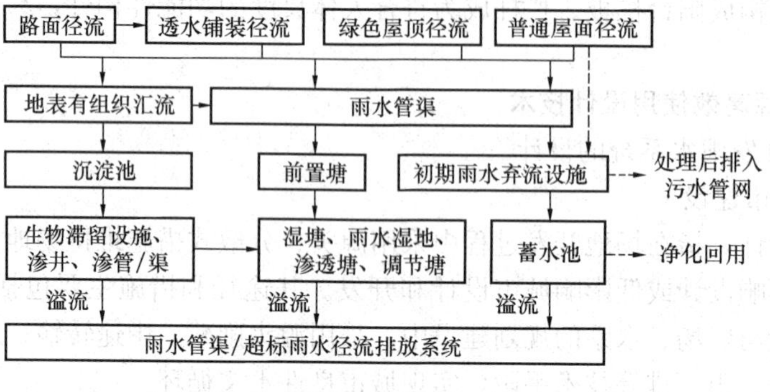

图 4-10　海绵城市雨水系统总体技术路线

2. 建筑中水回用

(1) 建筑中水系统类型及组成

建筑中水系统由原水系统、处理系统和供水系统三部分组成，系统的设计应与建筑给水排水系统有机结合。建筑中水设计规范推荐原水集水系统采用废、污水分流系统；中水处理站（处理系统）是建筑中水系统的重要组成部分，单栋建筑内的处理站宜设在建筑物的最底层，小区的中水处理站宜设在中心建筑物的地下室或裙房内，并注意采取防臭、降噪和减震等措施。由于中水的特殊性，中水供水系统必须独立设置，并注意水池（箱）和管件的防腐，采取防止误饮误用和检测控制等措施。中水供水系统主要有变频调速供水、水泵水箱供水和气压供水三种形式（图 4-11）。

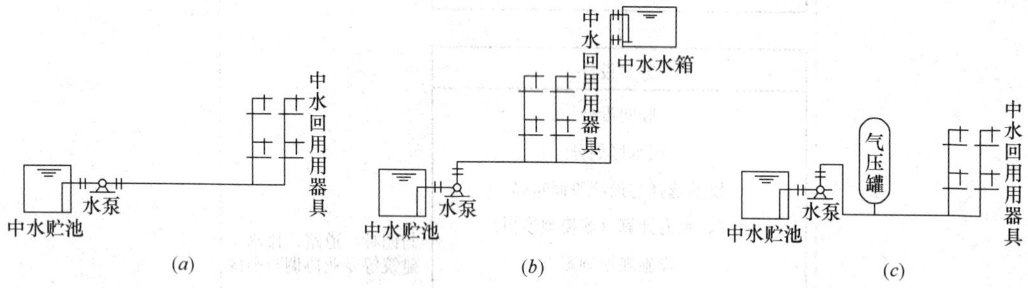

图 4-11　中水供水系统

(a) 变频调速供水系统；(b) 水泵水箱供水系统；(c) 气压供水系统

(2) 建筑中水处理工艺

目前中水处理范围多为小区和单独建筑物分散设置类型，在流程选择上不宜太复杂。建筑中水处理采用的单元技术有格栅、调节池、生物处理、混凝沉淀、混凝气浮、过滤、膜分离、活性炭吸附和消毒等。

4.3.3.6　装配式设计技术

此处提到的装配式设计技术包含装配式混凝土结构、装配式装修和机电工程装配式设计三大类，这三类技术都能实现工地快速减少，减少对环境的污染，是推进绿色设计的重要内容。

1. 装配式混凝土结构技术

装配式混凝土结构是由预制混凝土构件通过可靠的连接方式装配而成的混凝土结构，包括装配整体式混凝土结构、全装配混凝土结构等。基本设计概念为：采用可靠的连接方式的基础上，通过合理的构造措施，提高装配式结构的整体性，实现装配式结构与现浇混凝土结构基本等同的要求。下面从设计阶段来分析该结构设计应注意的问题：

方案阶段，应协调建设、设计、制作、施工各方之间的关系，共同对建筑平面、立面根据标准化原则进行优化，对应用预制构件的技术可行性和经济性进行论证，共同进行整体策划，提出最佳方案。应把控预制构件部位及拆分，一个项目应该采取哪些构件预制，哪些构件拆分，应根据项目特点、预制装配率、选定的结构体系等来确定。对装配式住宅，首先应考虑水平构件采用预制技术（预制叠合梁、叠合板、楼梯、阳台），避免楼面施工时满堂模板和脚手架搭设，可节省造价；其次，考虑保温装饰一体的外墙，减少外墙脚手架的使用，再次，考虑承重和非承重内墙的预制。与此同时，建筑、结构、装修、设备等各专业也应密切配合，对预制构件的尺寸、形状、节点构造提出具体技术要求，并对制作、运输安装和施工全过程的可行性以及造价等做出预测。

初步设计阶段，通过对结构体系、结构布置、建筑材料、设计参数、基础型式等内容的多方案技术经济性比较和论证，选出最优方案，整体控制土建造价。

施工图阶段，在满足建筑功能的前提下，实现基本单元的标准化定型，提高建筑构配件的重复使用率。通过标准化的配筋原则、精确的计算把控、细致的模型调整，精细化的施工图内审及优化，降低土建造价。应特别注意的是，装配式结构中，预制构件的连接部位应设置在受力较小的部位，其尺寸和形状应满足建筑使用功能、模数、标准化的要求，并应进行优化设计；应根据构件的功能和安装部位、加工制作和施工精度等要求确定合理公差；满足制作对方安装及质量控制要求。在预制构件深化设计阶段，应将各专业、各工种所需的预留孔洞、预埋件一并完成，避免后凿、切割等伤及构件，影响质量和观感。

2. 装配式装修设计技术

装配式装修是将工厂生产的部品部件在现场进行组合安装的装修方式，由与结构分离的管线及其集成体系、轻质隔墙装配体系、四合一多功能地面装配体系组成。该解决方案涵盖了整体厨卫、给水排水、防水、强弱电、地暖、内门、照明等全部内装部品。

（1）工厂化率：三大体系及所有部品均实现了100%的工厂化率，杜绝了传统装修及隐蔽工程带来的质量隐患。

（2）装配化率：装配标准化率达到90%以上，除少量现场粉刷外，所有装配项目、环节及装配动作均标准化、程序化，为全好品质创造了条件。

（3）管线与结构分离：为日常维修及装修翻新提供方便，在大幅度降低维修量同时，也使单次维修成本大大降低。

（4）产业工人：现场装配人员100%使用产业化的装配工人，装修现场告别了传统的手艺人时代。

（5）工业化效率：单套住宅的现场装配周期缩短到5个工作日。

（6）全面适用：系统解决方案有多重容错手段，在全面满足产业化建筑方式的同时也适用于传统建筑方式。

装配式装修与建筑装修应一体化设计，具体要求如下：

（1）修设计前置：装配式装修的方案及使用材料与传统装修模式具有显著的区别，装修设计工作应在建筑设计时同期开展。

（2）模块化设计：将居室空间分解为几个功能区域，每个区域视为一个相对独立的功能模块。如厨房模块、卫生间模块，由装修方设计好几套模块化的布局方案，建筑设计时可直接套用模块化的方案。

（3）模数化设计：装修方在模块化设计时，综合考虑部品的尺寸关系，采用标准模数对空间及部品进行设计，以利于部品的工厂化生产。

（4）精细化设计：装修方在装配方案设计时，按照工厂下单图纸的精度标准进行，避免现场加工的尺寸误差，提高现场装配效率及部品的精确程度。

3. 机电工程装配式设计

电气管线：电线管的预留预埋在机电中占非常大的比重。对于毛坯交房的住宅，电线管基本上是浇筑在结构体内的，预制墙体内的电线管及线盒，是随结构体在工厂内一次性浇筑成型的；当采用叠合楼板时，水平电线管敷设在楼板的现浇叠合层内，仍需要在现场湿作业完成。叠合板现浇层厚度的确定除考虑结构安全外，还要考虑走线的要求，若管线敷设出现交叉的情况，现浇层的厚度至少需要 80mm。进行管线优化布置，减少管线交叉是电气设计的关键，合理的设计可减小结构层厚度，从而降低工程造价。

排水管线：住宅产业化的要求和建筑技术的提高，使卫生间同层排水技术得到了一定的发展。但在现阶段毛坯房卫生间设计基本上仍沿用了异层排水的形式。原因是毛坯房交房时卫生洁具无法安装到位，即使是安装到位的简装房，也很少选择同层排水。为减少不同形式预制板数量，节约成本，装配式住宅卫生间等管线较多区域一般采用现浇楼板，现场定位。当采用叠合楼板时，设计人员则要在图纸上精确定位每一个排水管孔洞。在加工厂内要根据准确定位的设计图纸将每一个排水点在预制叠合板上进行留洞，在施工现场现浇层内对照原先预留好的预留洞口，进行同样规格的二次留洞。

给水管线：毛坯房给水管的敷设方式主要有沿室内楼板下明装敷设、在楼（地）面的垫层内敷设或沿墙在管槽内敷设。

供暖管线：现阶段毛坯房供暖系统主要为散热器供暖及热水地板辐射供暖两种方式，且管线及设备均安装到位。

管道支吊架：预制装配式住宅管线支吊架若设置在预制混凝土结构内，支吊架根部须在工厂预埋钢板或螺栓孔。

在现有的预制装配式住宅体系下，通过利用合理的竖井布置及管线排布，降低管线占用空间高度，最大限度地在满足管线可维修和更新的情况下降低成本，是机电设计的关键。

4.3.3.7　绿色建材的设计选型

1. 建筑材料的基本类型

根据绿色建材的基本概念与特征，国际上将绿色建材分成如下 4 种类型：

（1）基本型：满足使用性能要求和对人体无害的材料，这是绿色建材的最基本要求。在建材的生产及配置过程中，不得超标使用对人体有害的化学物质，产品中也不能含有过量的有害物质；

（2）节能型：采用低能耗的制造工艺，如采用免烧、低温合成以及降低热损失、提高热效率、充分利用原料等新工艺、新技术和新设备，能够大幅度节约能源；

(3) 循环型：制造和使用过程中，利用新技术，大量使用尾矿、废渣、污泥和垃圾等废弃物以达到循环利用的目的，产品可循环或回收利用，如无污染环境的废弃物；

(4) 健康型：产品的设计是以改善生活环境，提高生活质量为宗旨，产品是对健康有利的非接触性物质，具有抗菌、灭菌、防霉、除臭、隔热、阻燃、防火、调温、调湿、消磁、防射线、抗静电和产生负离子等功能。

2. 绿色建材的设计选型原则

(1) 生产和使用过程中低资源、能源消耗，无污染；

(2) 生产所用原料大量使用废渣、垃圾、废液等废弃物；

(3) 相对于传统材料具有高性能的特点，如具有轻质、高强、防水、保温、隔热和隔声等功能的新型墙体材料；

(4) 具备有益于环境和人体健康的功能，如抗菌、灭菌、防霉、除臭、隔热等；

(5) 二次回收或可重复使用、可循环使用、可再生使用。

3. 常见的绿色建材

(1) 绿色高性能混凝土

高性能混凝土是在大幅度提高常规混凝土性能的基础上采用现代混凝土技术，选用优质原材料，除水泥、水、骨料外，必须掺加足够数量的活性细掺料和高效外加剂的一种新型高技术混凝土。

绿色高性能混凝土主要有生态环境友好型混凝土（例如：透水混凝土）、再生骨料混凝土、大掺量硅灰高性能混凝土、大掺量硅灰高性能混凝土、节能型混凝土等。

(2) 绿色建筑玻璃

绿色建筑玻璃不是单一的节能玻璃，而是在全生产加工过程和全寿命期能节能降耗，减少对环境的负荷，提供人类安全、健康、舒适的工作与生活空间的一种建筑部品。常见的有吸热玻璃、热反射玻璃、辐射玻璃、真空玻璃和中空玻璃、调光玻璃、泡沫玻璃等。

(3) 绿色建筑卫生陶瓷

绿色建筑卫生陶瓷是指在原料选取、产品制造、使用或再循环以及废料处理等环节中对环境负荷最小并有利于人类健康的建筑卫生陶瓷。

(4) 绿色墙体材料

绿色墙体材料是指在产品的原材料采集、加工制造过程、产品使用过程和其寿命终止后的再生利用等4个过程均符合环保要求的一类材料。绿色墙体材料主要有“利用工业废渣代替黏土制造空心砖或实心砖”“用工业废渣代替部分水并使用轻集料制造混凝土空心砌块”“用蒸压法制造的各类墙体材料”“用工业副产品化学石膏代替天然石膏生产石膏墙体材料”等。

(5) 绿色木材和竹材

建筑木材的绿色化生产与传统木材生产工艺有所区别，可以归结为原料的软化、干燥、半成品加工和储存、施胶、成型和预压、热压、后期加工、深度加工等。建筑竹材是以竹为原料制造、用于建筑领域的各类产品的总称，包括各类结构用承重竹构件（如梁、柱等）和非承重结构竹构件、型材和板材（如墙板、屋面板、地板和建筑模板等）。

(6) 化学建材的绿色化

化学建材通常是指以合成高分子材料为主要成分，配以各种改性材料和助剂，经加工制成的适合于建设工程使用的各类材料，其门类包括塑料管道、塑料门窗、建筑防水材料、建筑涂料、塑料壁纸、塑料地板、塑料装饰板、泡沫塑料隔热保温材料、建筑胶粘剂、混凝土外加剂和其他复合材料。

4.3.4　绿色设计评价

4.3.4.1　一般规定

(1) 绿色建筑评价应以单栋建筑或建筑群为评价对象。评价对象应落实并深化上位法定规划及相关专项规划提出的绿色发展要求；涉及系统性、整体性的指标，应基于建筑所属工程项目的总体进行评价。

(2) 绿色建筑评价应在建筑工程竣工后进行。在建筑工程施工图设计完成后，可进行预评价。

(3) 申请评价方应对参评建筑进行全寿命期技术和经济分析，选用适宜技术、设备和材料，对规划、设计、施工、运行阶段进行全过程控制，并应在评价时提交相应分析、测试报告和相关文件。申请评价方应对所提交资料的真实性和完整性负责。

(4) 评价机构应对申请评价方提交的分析、测试报告和相关文件进行审查，出具评价报告，确定等级。

(5) 申请绿色金融服务的建筑项目，应对节能措施、节水措施、建筑能耗和碳排放等进行计算和说明，并应形成专项报告。

4.3.4.2　评价与等级划分

(1) 绿色建筑评价指标体系应由安全耐久、健康舒适、生活便利、资源节约、环境宜居5类指标组成，且每类指标均包括控制项和评分项；评价指标体系还统一设置加分项。

(2) 控制项的评定结果应为达标或不达标；评分项和加分项的评定结果应为分值。

(3) 对于多功能的综合性单体建筑，应按《绿色建筑评价标准》GB/T 50378 全部评价条文逐条对适用的区域进行评价，确定各评价条文的得分。

(4) 绿色建筑评价的分值设定应符合表4-4的规定。

绿色建筑各类评价指标的权重　　表4-4

	控制项基础分值	评价指标评分项满分值					提高与创新加分项满分值
		安全耐久	健康舒适	生活便利	资源节约	环境宜居	
预评价分值	400	100	100	70	200	100	100
评价分值	400	100	100	100	200	100	100

注：对于同时具有居住和公共功能的单体建筑，各类评价指标权重取为建筑所对应权重的平均值。

(5) 绿色建筑评价的总得分应按下式进行计算：

$$Q=(Q_0+Q_1+Q_2+Q_3+Q_4+Q_5+Q_A)/10$$

式中　Q——总得分；

Q_0——控制项基础分值，当满足所有控制项的要求时取400分；

$Q_1 \sim Q_5$——分别为评价指标体系 5 类指标（安全耐久、健康舒适、生活便利、资源节约、环境宜居）评分项得分；

Q_A——提高与创新加分项得分。

（6）绿色建筑划分应为基本级、一星级、二星级、三星级 4 个等级。

（7）当满足全部控制项要求时，绿色建筑等级应为基本级。

（8）绿色建筑星级等级应按下列规定确定：

1）一星级、二星级、三星级 3 个等级的绿色建筑均应满足《绿色建筑评价标准》GB/T 50378 全部控制项的要求，且每类指标的评分项得分不应小于其评分项满分值的 30%；

2）一星级、二星级、三星级 3 个等级的绿色建筑均应进行全装修，全装修工程质量、选用材料及产品质量应符合国家现行有关标准的规定；

3）当总得分分别达到 60 分、70 分、85 分且应满足表 4-5 的要求时，绿色建筑等级分别为一星级、二星级、三星级。

一星级、二星级、三星级绿色建筑的技术要求 **表 4-5**

	一星级	二星级	三星级
围护结构热工性能的提高比例，或建筑供暖空调负荷降低比例	围护结构提高 5%，或负荷降低 5%	围护结构提高 10%，或负荷降低 10%	围护结构提高 20%，或负荷降低 15%
严寒和寒冷地区住宅建筑外窗传热系数降低比例	5%	10%	20%
节水器具用水效率等级	3 级	2 级	
住宅建筑隔声性能	—	室外与卧室之间、分户墙（楼板）两侧卧室之间的空气声隔声性能以及卧室楼板的撞击声隔声性能达到低限标准限值和高要求标准限值的平均值	室外与卧室之间、分户墙（楼板）两侧卧室之间的空气声隔声性能以及卧室楼板的撞击声隔声性能达到高要求标准限值
室内主要空气污染物浓度降低比例	10%	20%	
外窗气密性能	符合国家现行相关节能设计标准的规定，且外窗洞口与外窗本体的结合部位应严密		

注：1. 围护结构热工性能的提高基准、严寒和寒冷地区住宅建筑外窗传热系数降低基准均为国家现行相关建筑节能设计标准的要求。

2. 住宅建筑隔声性能对应的标准为现行国家标准《民用建筑隔声设计规范》GB 50118。

3. 室内主要空气污染物包括氨、甲醛、苯、总挥发性有机物、可吸入颗粒物等，其浓度降低基准为现行国家标准《室内空气质量标准》GB/T 18883 的有关要求。

4.4 工程项目绿色施工

4.4.1 绿色施工定义

绿色施工是指在保证质量、安全等基本要求的前提下，以人为本，因地制宜，通过科学管理和技术进步，最大限度地节约资源，减少对环境负面影响的工程施工活动（见图 4-12）。

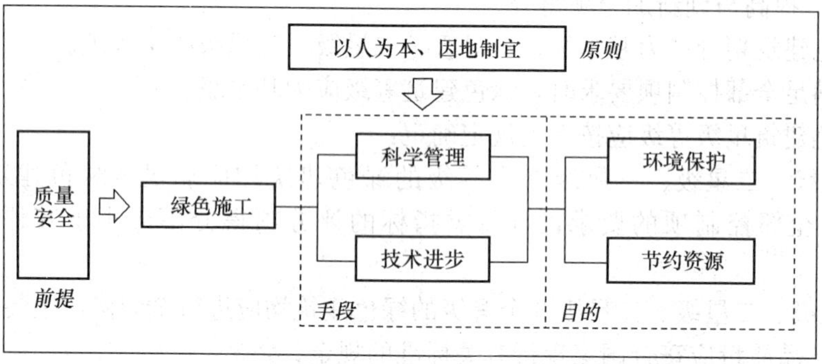

图 4-12 绿色施工定义示意图

4.4.2 绿色施工要求

从绿色施工定义可知绿色施工基本要求是：以质量、安全为前提；以“以人为本、因地制宜”为原则；以“节约资源 保护环境”为目的。具体根据绿色施工的实施手段可分为管理要求和技术要求。

4.4.2.1 绿色施工管理要求

绿色施工管理要求是以传统施工管理为基础，文明施工、安全管理为辅助，实现绿色施工目标为目的，在技术进步的同时，完善包含绿色施工思想的管理体系和方法，用科学的管理手段实现绿色施工。绿色施工管理由组织管理、策划管理、实施管理和评价管理组成。

（1）组织管理：包括建立绿色施工组织机构、制定绿色施工管理制度、明确责任分配以及指定绿色施工相关管理人员和监督人员等。

（2）策划管理：包括制定绿色施工目标、编制绿色施工实施方案、选择绿色施工相关措施等。

（3）实施管理：依据绿色施工策划要求，进行绿色施工的具体实施过程。

（4）评价管理：通过一定的手段和方法对绿色施工实施效果进行评估，作为持续改进的依据。

4.4.2.2 绿色施工技术要求

绿色施工技术是建筑施工技术的组成部分，它是在建筑工程施工的各主要工种工程中运用先进的施工工艺、技术和方法，在保证质量、安全的前提下，实现建筑施工过程节约资源、保护环境的目的。

1. 绿色施工技术的组成

（1）常规技术：经实践证明有利于建筑工程绿色施工的成熟技术，一般已纳入国家、行业和地方标准的相关要求中。

（2）先进技术：已有工程实践经验，经证实是有利于建筑工程绿色施工的领先技术，如《建筑业 10 项新技术》中纳入的技术。

（3）自主创新技术：结合工程实际，以保证质量、安全为前提，以人为本、因地制宜为原则，自主研发形成的创新技术，此类技术为该工程独创技术，一般研发应用后不但在绿色施工方面取得实效，而且研发企业可以以此申报相关科技创新成果，如工法、专利等。

2. 绿色施工技术要求

(1) 先进性要求：绿色施工技术要以质量、安全为前提，不应是国家或地方明令禁止或限制使用的施工工艺和方法，应具有一定的先进性。

(2) 适宜性要求：绿色施工技术应是结合工程实际情况，满足因地制宜、以人为本基本原则的适宜技术。

(3) 绿色性要求：绿色施工技术实施后的结果一定是有利于资源节约和环境保护的。

4.4.2.3 绿色设计对绿色施工的要求

绿色施工应该充分理解绿色设计意图，在施工中严格按图施工，控制影响建筑绿色性能的设计变更，同时也应该结合工程实际，大胆对绿色设计进行优化，从而达到节约资源、保护环境、高效利用资源和减少污染排放的目的。

4.4.3 绿色施工基本内容

绿色施工基本内容由施工管理、环境保护、资源节约、人力资源节约和保护、创新五个方面组成（图 4-13）。

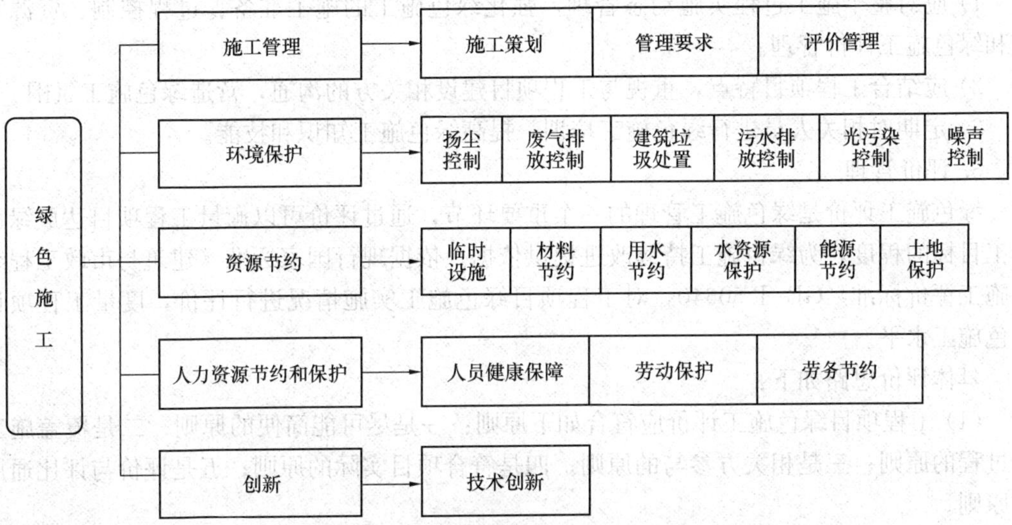

图 4-13 绿色施工总体框架

4.4.3.1 施工管理

1. 施工策划

工程项目绿色施工策划可通过《工程项目绿色施工组织设计》《工程项目绿色施工方案》或者《工程项目绿色施工专项方案》代替，在内容上应包括绿色施工的管理目标、责任分工体系、绿色施工实施方案和绿色施工措施等基本内容。

在编写绿色施工专项方案时，应在施工组织设计中独立成章，并按有关规定进行审批。绿色施工专项方案应包括但不限于以下内容：(1) 工程项目绿色施工概况（应含工程概况和环境概况）；（2）工程项目绿色施工目标；（3）工程项目绿色施工组织体系和岗位责任分工；（4）工程项目绿色施工影响因素分析及绿色施工评价方案；（5）各分部分项工程绿色施工要点；（6）工程机械设备及建材绿色性能评价及选用方案；（7）绿色施工保证措施等。

2. 管理要求

（1）组织管理

绿色施工组织管理是工程项目推进绿色施工的保障体系。建立健全的绿色施工管理体系和制度是绿色施工组织管理的具体体现。

绿色施工组织管理的具体要求体现为：

1）应建立以项目经理为第一责任人的绿色施工管理体系。

2）施工总承包单位应对项目的绿色施工负总责，并应对专业分包单位的绿色施工实施管理与监督。

3）应建立健全的绿色施工管理体系和制度。

4）签订分包或劳务合同时，应包含绿色施工指标要求。

（2）实施管理

绿色施工实施是在施工过程中，依据绿色施工策划的要求，组织实施绿色施工的相应工作内容。绿色施工的实施要关注以下三个方面：

1）应对整个施工过程实施动态管理，强化绿色施工的施工准备、过程控制、资源采购和绿色施工评价管理。

2）应结合工程项目特点，重视与工程项目建设相关方的沟通，营造绿色施工氛围。

3）定期对相关人员进行绿色施工培训，提高绿色施工知识和技能。

3. 评价管理

绿色施工评价是绿色施工管理的一个重要环节，通过评价可以衡量工程项目达成绿色施工目标的程度，为绿色施工持续改进提供依据。依据现行国家标准《建筑与市政工程绿色施工评价标准》GB/T 50640，对工程项目绿色施工实施情况进行评价，度量工程项目绿色施工水平。

具体评价思路如下：

（1）工程项目绿色施工评价应符合如下原则：一是尽可能简便的原则；二是覆盖施工全过程的原则；三是相关方参与的原则；四是符合项目实际的原则；五是评价与评比通用的原则。

（2）工程项目绿色施工评价应体现客观性、代表性、简便性、追溯性和可调整性的五项要求。

（3）工程项目绿色施工评价坚持定量与定性相结合、以定性为主导；坚持技术与管理评价相结合，以综合评价为基础；坚持结果与措施评价相结合，以措施落实状况为评价重点。

（4）检查与评价以相关技术和管理资料为依据，重视资料取证，强调资料的可追溯性和可查证性。

（5）以批次评价为基本载体，强调绿色施工不合格评价点的查找，据此提出持续改进的方向，形成防止再发生的建议意见。

（6）工程项目绿色施工评价达到优良时，可参与社会评优。

(7) 借助绿色施工的过程评价，强化绿色施工理念，提升相关人员的绿色施工能力，促进绿色施工水平提高。

4.4.3.2 环境保护

绿色施工环境保护主要包括扬尘控制、废气排放控制、建筑垃圾处置、污水排放控制、光污染控制以及噪声控制等内容。

1. 扬尘控制

绿色施工扬尘控制主要内容有施工现场不焚烧废弃物；现场建立洒水清扫制度，配备洒水设备，并有专人负责；对裸露地面、集中堆放的土方采取抑尘措施；现场进出口设车胎冲洗设施和吸湿垫，保持进出现场车辆清洁；易飞扬和细颗粒建筑材料封闭存放，余料回收；拆除、爆破、开挖、回填及易产生扬尘的施工作业有抑尘措施；高空垃圾清运采用封闭式管道或垂直运输机械等。

另外现场采用自动喷雾（淋）降尘系统；场界设置扬尘自动监测仪，动态连续定量监测扬尘；施工现场采用水封爆破、静态爆破等高效降尘的先进工艺、土方施工采用水浸法湿润土壤等。

2. 废气排放控制

绿色施工废气排放控制主要内容有车辆及机械设备废气排放符合现行相关标准的规定；现场厨房烟气净化后排放；在敏感区域内的施工现场进行喷漆作业时，设有防挥发物扩散措施等。

3. 建筑垃圾处置

绿色施工建筑垃圾控制主要内容有制定建筑垃圾减量化、资源化计划；建筑垃圾产生量按每万平方米建筑面积进行总量控制；提高建筑垃圾回收利用率至不小于30%；现场垃圾分类、封闭、集中堆放；生活、办公区设置可回收与不可回收垃圾桶，餐厨垃圾单独回收处理，并定期清运等。

4. 污水排放控制

绿色施工水污染控制主要内容有现场道路和材料堆放场地周边设置排水沟；工程污水和试验室养护用水处理合格后，排入市政污水管道，检测频率不少于1次/月；现场厕所设置化粪池，化粪池定期清理；工地厨房设置隔油池，定期清理；工地生活污水、预制场和搅拌站等施工污水达标排放和利用；钻孔桩作业采用泥浆循环利用系统，不外溢漫流等。

5. 光污染控制

绿色施工光污染控制主要内容有：施工现场采取限时施工、遮光和全封闭等措施；焊接作业时，采取挡光措施；施工场区照明采取防止光线外泄措施等。

6. 噪声控制

绿色施工噪声振动控制主要内容有针对现场噪声源，采取隔声、吸声、消声等降噪措施；采用低噪声设备；噪声较大的机械设备远离现场办公区、生活区和周边敏感区；混凝土输送泵、电锯等机械设备设置吸声降噪屏或其他降噪措施；施工作业面设置降噪设施；材料装卸设置降噪垫层，轻拿轻放，控制材料撞击噪声；施工场界声强限值昼间不大于70dB，夜间不大于55dB；场界设置动态连续噪声监测设施，显示昼夜噪声曲线等。

4.4.3.3 资源节约

绿色施工资源节约主要包括临时设施、材料节约、用水节约、水资源保护、能源节约、土地保护等内容。

1. 临时设施

绿色施工临时设施要求包括：合理规划设计临时用电用水线路；100％采用节能照明灯具和节水器具；合理设计临时用水系统；采用可周转装配式场界围挡、临时路面和多层临时用房；采用标准化可周转装配式作业工棚、试验用房和安全防护设施；利用既有建筑物、市政设施和周边道路；采用永临结合技术；使用再生建材建设临时设施等。

2. 材料节约

绿色施工材料节约要求包括：利用信息化技术（如 BIM 技术）优化设计减少用材；采用管件合一的脚手架和支撑体系、高周转率模架体系；采用钢或钢木组合龙骨；采取措施减少水泥用量；使用预拌混凝土和预拌砂浆；采用对接或机械连接等低损耗钢筋连接方式；块材预先总体排版；工程成品保护等。

3. 用水节约

绿色施工用水节约要求包括：混凝土养护采用节水工艺；管道打压采用循环水；收集利用施工废水和雨水喷洒路面、绿化浇灌和机具设备车辆冲洗；施工、生活非饮用水采用经检验合格的非传统水源并建立利用台账等。

4. 水资源保护

绿色施工水资源保护要求包括：采用基坑封闭降水技术；基坑抽水动态管理，减少地下水开采；禁止向水体倾倒有毒有害物品及垃圾；水上和水下机械作业采用安全和防污染措施等。

5. 能源节约

绿色施工能源节约要求包括：通过合理安排工序和进度，共享机具设备等减少能耗；建立机械设备管理档案，定期检查保养；单独计量和记录高能耗设备；建筑材料就近采购；采取措施避免场内二次转运；减少夜间、冬季和雨季作业；地下工程混凝土采用溜槽或串筒浇筑等。

6. 土地保护

绿色施工土地保护要求包括：施工总平面布置分区集中布置；采取措施防止现场土壤侵蚀和水土流失；优化方案减少土方开挖和回填；危险品和化学品有效隔离；污水排放管道无渗漏；有害液体应回收；施工后恢复地貌和植被等。

4.4.3.4　人力资源节约和保护

1. 人员健康保障

绿色施工人员健康保障主要内容有炊事员应持有效健康证明；制定职业病预防措施，定期对高原地区施工人员、从事有职业病危害作业的人员进行体检；生活区、办公区、生产区有专人负责环境卫生；现场有应急疏散、逃生标志、应急照明；现场设置医务室，有人员健康应急预案；生活区设置满足施工人员使用的盥洗设施等。

2. 劳动保护

绿色施工劳动保护主要内容有现场工作人员应按规定要求持证上岗；施工现场应配备相应的消防设施和设备；建立合理的休息、休假、加班等管理制度；减少夜间、雨天、严寒和高温天作业时间；施工现场危险地段、设备、有毒有害物品存放等处设置醒目安全标志，配备相应应急设施等。

3. 劳务节约

绿色施工劳务节约主要内容有：施工现场人员应实行实名制管理；优化绿色施工组织设计和绿色施工方案，合理安排工序；因地制宜制定各施工阶段劳动力使用计划，合理投入施工作业人员；建立施工人员培训计划和培训实施台账；使用低噪、高效施工机具和设备；采用现场免焊接技术；采用机械喷涂、抹灰等自动化施工设备等。

4.4.3.5 创新

绿色施工创新主要包括技术创新。技术创新包括但不限于这些技术：装配式施工技术；信息化施工技术；地下资源保护及地下空间施工技术；建材与施工机具和设备绿色性能评价及选用技术；钢结构、预应力结构和新型结构施工技术；高性能混凝土应用技术；高强度、耐候钢材应用技术；新型模架开发与应用技术；现场废弃物减排及回收再利用技术；其他先进施工技术。

4.4.4 绿色施工影响因素分析

绿色施工影响因素分析可以参照影响因素识别、影响因素分析、对策制定等步骤进行。

4.4.4.1 绿色施工影响因素识别

借鉴风险管理理论的方法，可采用统计数据法、专家经验法、模拟分析法等方法来识别绿色施工影响因素。

统计数据法：企业层面可以按照主要分部分项工程结合项目所在区域、结构形式等因素，对施工各环节的绿色施工影响因素进行识别与归类，通过大量收集、归纳和统计相关数据与信息，能够为后续工程绿色施工因素识别提供宝贵的信息积累。

专家经验法：借助专家的经验、知识等分析工程施工各环节的绿色施工影响因素，这在实践中是非常简便有效的方法。

模拟分析法：针对庞大复杂、涉及因素多、因素之间的关联性复杂等大型工程项目，可以借助系统分析的方法，构件模拟模型（也称仿真模型），通过系统模拟识别并评价绿色施工影响因素。

绿色施工影响因素识别是制定绿色施工策划文件的前提，是极其重要的。

4.4.4.2 绿色施工影响因素评价

在绿色施工影响因素识别完成后，应对绿色施工影响因素进行分析和评价，以确定其影响程度的大小和发生的概率等。在统计数据丰富的条件下，可以利用统计数据进行定量分析和评价。一般情况下，也可以借助专家经验进行评价。

4.4.4.3 针对绿色施工过程制定对策

根据绿色施工影响因素识别和评价的结果可以制定治理措施。所制定的治理措施要体现在绿色施工策划文件体系中，并将相应的落实责任、监管责任等依托项目管理体系予以落实。对那些环境危害小、容易控制的影响因素，可采取一般措施；对环境危害大的影响因素要制定严密的控制措施，并强化落实与监督。

4.4.4.4 绿色施工影响因素分析内容

1. 周边环境对绿色施工影响分析

周边环境调查不清楚对绿色施工可能造成的影响见表 4-6。

周边环境对绿色施工影响分析　　表 4-6

序号	类别	影响因素	活动点/工序/部位	可能造成的影响
1	水环境	年降水量没调查清楚	现场	造成雨水收集利用判断失误
2		对地下水位高低和成分不清楚	现场	基坑降水方式选取不恰当
3	温环境	年度最高温和最低温及分布时间不明确	现场	生活区保温隔热措施选取失误
4		日照情况不明确	现场	太阳能利用决策失误
5	周边环境	周边居民点分布情况不明确	现场	现场噪声、扬尘、光污染控制重点区域布置不合理，造成施工扰民
6		地下设施情况不明确	现场	破坏已有地下设施，费工费料
7		500km 内材料供应情况不明确	整个施工过程	就地取材落实不到位
8		土方堆场、建筑垃圾卸场等不明确	整个施工过程	污染环境、浪费能源和材料资源
9		临边道路情况不明确	整个施工过程	材料及设备运输路线不科学
10		可共享的资源不明确	整个施工过程	重复施工，浪费材料
11	其他	新能源利用情况不明确	现场	新能源利用不恰当
12		季节性主导风向不明确	现场	扬尘控制重点区域布置不合理，施工扰民
……		……	……	……

2. 项目组织体系对绿色施工影响分析

项目施工组织体系的缺陷对绿色施工可能产生的不利影响见表 4-7。

项目施工组织体系对绿色施工影响分析　　表 4-7

序号	影响因素	活动点/工序/部位	可能造成的影响
1	绿色施工目标不明确、不分解	项目部	绿色施工不能有效落实
2	绿色施工的各项职责不明确、不落实到各个管理部门和管理人员	项目部、劳务队	绿色施工不能实施
3	管理制度不健全，且无考核、奖罚制度	项目部、劳务队	绿色施工计划不能实施
4	绿色施工专家评估机制未建立	项目部	绿色施工效果不理想
……	……	……	……

3. 施工资源对绿色施工影响分析

人力资源、物资、设备等施工资源配备策划不力对绿色施工可能产生的不利影响见表 4-8。

施工资源对绿色施工影响分析　　表 4-8

序号	影响因素	活动点/工序/部位	可能造成的影响
1	专业施工队伍选择不利，施工队伍素质低	人力资源管理	可能形成返工风险、安全事故风险、造成人员伤亡、财产损失等

续表

序号	影响因素	活动点/工序/部位	可能造成的影响
2	物资计划提供不准确	物资管理	造成采购浪费
3	没有根据施工进度、库存情况等合理安排材料的采购、进场时间和批次	物资管理	造成库存
4	现场材料堆放无序，储存环境不规范	物资管理	造成材料损失
5	材料运输工具、装卸方法等不规范	物资管理	造成材料损坏和遗撒
6	不能坚持就地取材原则，优先考虑当地市场	物资管理	造成运输成本增加及能源浪费
7	物资生产厂或供应商家生产能力不足或营运管理不足	物资管理	采购的物资可能会出现不合格等质量隐患，甚至一些物资可能会产生对环境造成危害的情况
8	机械设备尤其是大型设备租赁或采购距离过远，没有优先考虑当地市场	机械设备管理	造成运输资源的过度消耗，造成能源的浪费
9	机械设备质量问题	机械设备管理	将会造成安全事故，对现场作业人员造成危险
10	施工机械设备功率与负载不相匹配	机械设备管理	大功率施工机械设备将会低负载长时间运行，浪费能源
11	机械设备未使用节能型油料添加剂	机械设备管理	不利于回收利用，节约油量
……	……	……	……

4. 施工程序对绿色施工影响分析

施工程序划分的不合理对绿色施工可能产生的不利影响见表 4-9。

施工程序对绿色施工影响分析 **表 4-9**

序号	影响因素	活动点/工序/部位	可能造成的影响
1	缺少系统、全面的施工程序	施工部署策划阶段	将造成前后工序互相影响、返工或维修量增大
2	工序关系不符合施工程序要求	施工部署策划阶段	将会造成实际施工相互干扰
3	工序安排未考虑各种机械的使用率和满载率	施工部署策划阶段	造成各种设备的单位能耗
4	流水段划分未考虑结构整体性，未能利用伸缩缝或沉降缝，分段未考虑各段工程量的大致相等	施工部署策划阶段	不便组织等节奏流水，造成施工不均衡、不连续、无节奏，造成劳动力、设备浪费
……	……	……	……

5. 施工准备对绿色施工影响分析

施工准备计划考虑不周对绿色施工可能产生的不利影响见表 4-10。

施工准备对绿色施工影响分析　表 4-10

序号	影响因素	活动点/工序/部位	可能造成的影响
1	缺少绿色施工方案的策划	技术准备阶段	可能会使绿色施工无序进行
2	图纸会审时没有注意审核绿色施工的相关内容	技术准备阶段	可能造成资源浪费
3	现场办公和生活用房未采用周转式活动房，也未采用隔热性能好的材料。现场围挡未利用已有围墙，或采用装配式可重复使用的围挡封闭	现场准备阶段	可能造成材料浪费
4	现场道路、堆放场等场地未硬化	现场准备阶段	可能会使现场扬尘超标
5	未配备密网、洒水车等	现场准备阶段	可能会使现场扬尘超标
……	……	……	……

6. 施工作业时间对绿色施工影响分析

施工作业时间安排的不合理对绿色施工可能产生的不利影响见表 4-11。

施工作业时间对绿色施工影响分析　表 4-11

序号	影响因素	活动点/工序/部位	可能造成的影响
1	大量湿作业安排在冬期施工	工期策划阶段	增加施工成本，其中一些外加剂可能对环境造成影响
2	基坑和地下室工程安排在雨期施工	工期策划阶段	可能造成安全影响
3	切割、钻孔等噪声较大的工序安排在夜间施工	工期策划阶段	可能造成对周围居民生活影响
……	……	……	……

7. 施工平面对绿色施工影响分析

施工平面布置的不合理对绿色施工可能产生的不利影响见表 4-12。

施工平面布置对绿色施工影响分析　表 4-12

序号	影响因素	活动点/工序/部位	可能造成的影响
1	生产、生活区混合布置	现场	对施工人员安全与健康造成影响
2	平面布置不紧凑，缺少优化，临时设施占地面积有效利用率小于 90%	现场	不利于节地
3	仓库、加工厂、作业棚、材料堆放场地布置远离施工通道、施工点	现场生产区	不利缩短运输距离，并造成二次搬运增加耗能
4	垂直运输设备布置不能覆盖作业面	现场生产区	造成二次搬运增加耗能
5	施工现场道路未能形成环形通路	现场生产区	易造成道路占用土地情况
6	施工人员的住宿布置拥挤，卫生间设置不满足需求	现场生活区	不利于施工人员健康
7	未设置职工活动室、卫生急救室等	现场生活区	不利于施工人员职业健康

续表

序号	影响因素	活动点/工序/部位	可能造成的影响
8	不能充分利用场地自然条件设计办公、生活临设的体形、朝向、间距等	生产、生活区	不能获得良好日照、通风和采光。既增加能源消耗又不利人员健康
9	未考虑垃圾存放场	生产、生活区	造成现场环境脏乱
10	为设计排水，或排水不规范	生产、生活区	造成环境污染
11	现场供水管网未根据用水量设计布置，管径设计不合理、管路布置杂乱	生产、生活区	可造成管网浪费和用水器具的漏损
12	临时用电未选用节能电线和节能灯具，临电线路设计、布置未优化等	生产、生活区	造成材料和能源浪费
……	……	……	……

4.4.5 绿色施工组织

建立健全的绿色施工管理体系和制度是绿色施工组织管理的基本要求。绿色施工管理体系中应有明确的责任分配制度，项目经理为绿色施工第一责任人，负责绿色施工的组织实施及目标实现，并指定绿色施工管理人员和监督人员。

4.4.5.1 绿色施工管理体系

项目绿色施工管理体系要求在项目部成立绿色施工管理机构，作为总体协调项目建设过程中有关绿色施工事宜的机构。这个机构的成员由项目部相关管理人员组成，还可包含建设项目其他参与方，如建设方、监理方、设计方的人员（图 4-14）。

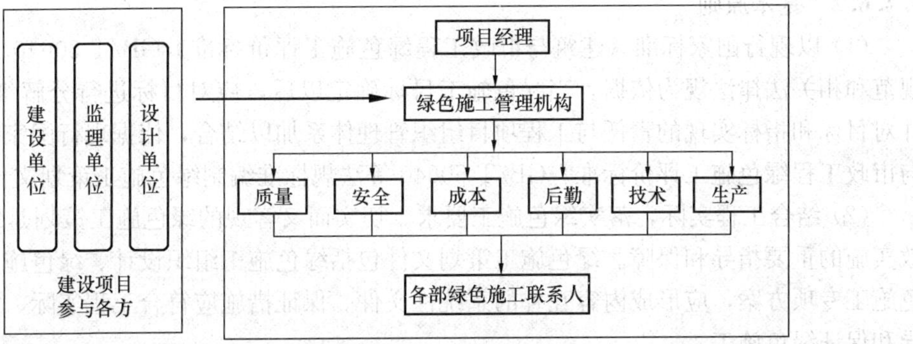

图 4-14 项目绿色施工管理体系

4.4.5.2 绿色施工责任分配

(1) 项目经理为项目绿色施工第一责任人。

(2) 项目技术负责人、分管副经理、财务总监以及建设项目参与各方代表等组成绿色施工管理机构。

(3) 绿色施工管理机构开工前制定绿色施工规划，确定拟采用的绿色施工措施并进行管理任务分工（表 4-13）。

项目主要绿色施工管理任务分工表　　表 4-13

部门任务	绿色施工管理机构	质量	安全	成本	后勤	……
施工现场标牌包含环境保护内容	决策与检查	参与	参与	参与	执行	
制定用水定额	决策与检查	参与	参与	执行	参与	
……						

(4) 管理任务分工，其职能主要分为四个：决策、执行、参与和检查。一定要保证每项任务都有管理部门或个人负责决策、执行、参与和检查。

4.4.6 绿色施工策划

绿色施工策划主要是在明确绿色施工目标和任务的基础上，进行绿色施工组织管理和绿色施工方案的策划。绿色施工策划要明确指导思想、基本原则、基本思路和方法、策划的类别和内容以及突出强调的重点等内容。

4.4.6.1 指导思想

按照计划工作应体现“5W2H”的指导原则，绿色施工策划是对绿色施工的目的、内容、实施方式、组织安排和任务在时间与空间上的配置等内容进行确定，以保障项目施工实现“节约资源，保护环境”的管理活动。因此，绿色施工策划的指导思想是：以实现“节约资源、保护环境”为目标，以《建筑与市政工程绿色施工评价标准》GB/T 50640等相关规范标准为依据，紧密结合工程实际，确定工程项目绿色施工各个阶段的方案与要求、组织管理保障措施和绿色施工保证措施等内容，以达到有效指导绿色施工实施的目的。

4.4.6.2 基本原则

(1) 以现行国家标准《建筑与市政工程绿色施工评价标准》GB/T 50640 及相关标准规范和相关法律法规为依据。当绿色施工目标确定以后，应对目标进行分解细化为指标，并对目标和指标实现的责任与工程项目组织管理体系加以结合，依据现行国家标准《建筑与市政工程绿色施工评价标准》GB/T 50640 等法规标准编制绿色施工策划文件。

(2) 结合工程实际，落实绿色施工要求。切实而又客观的绿色施工策划是绿色施工有效实施的重要指导和保障。绿色施工策划文件包括绿色施工组织设计、绿色施工方案或绿色施工专项方案，应形成内容互补的系统性文件。保证措施应符合工程实际，能够切实指导和保证绿色施工。

(3) 绿色施工策划应重视创新研究。绿色施工是依据国家可持续发展原则对施工行业提出的更高要求，是一种新的施工模式。因此，绿色施工策划应结合工程项目和实施企业的特点进行创新性研究，设计出适宜的组织实施体系，实现管理和技术的创新性突破。

4.4.6.3 基本思路和方法

绿色施工策划的基本思路和方法可参照计划制定方法（5W2H）。

“5W2H”的基本内容如下：

(1) WHAT　是什么？目的是什么？做什么工作？

（2）HOW　怎么做？如何提高效率？如何实施？方法怎样？

（3）WHY　为什么？为什么要这么做？理由何在？原因是什么？造成这样的原因是什么？

（4）WHEN　何时？什么时间完成？什么时机最适宜？

（5）WHERE　何处？在哪里做？从哪里入手？

（6）WHO　谁？由谁来承担？谁来完成？谁负责？

（7）HOW MUCH　多少？做到什么程度？数量如何？质量水平如何？费用产出如何？

4.4.6.4　策划文件体系

绿色施工是建立在充分策划基础上的生产活动，全面而深入的策划是绿色施工能否得到有效实施的关键。因此，将绿色施工的策划融入工程项目施工整体策划体系既可以保障绿色施工有效实施，也能很好地保持项目策划体系的统一性。

绿色施工策划文件包括两大等效体系：一是绿色施工组织设计体系，即绿色施工（组织设计＋施工方案＋技术交底）；另一种是绿色施工专项方案体系，即传统（施工组织设计＋施工方案）＋绿色施工专项方案＋绿色施工技术交底。两类绿色施工策划文件体系各有特色，但绿色施工组织设计体系利于文件简化，使绿色施工策划文件与传统策划文件合二为一，利于绿色施工实施，为推荐的策划文件体系。

1. 策划程序

绿色施工策划程序，如图 4-15 所示。

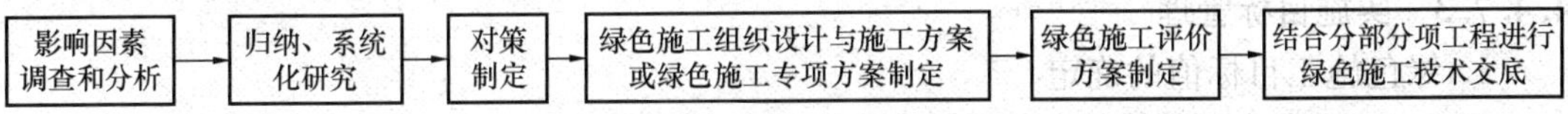

图 4-15　绿色施工策划程序

2. 绿色施工专项方案文件体系

本策划文件体系由传统工程项目策划文件与绿色施工专项方案文件简单叠加而形成的绿色施工策划文件，实质是传统意义的施工组织设计和施工方案与绿色施工专项方案的编制分别进行。工程实施中要求项目部相关人员同时对两个文件内容进行认真研究，充分消化和融合，形成新的技术交底文件，付诸实施。很显然，这种文件体系容易造成“两个文件体系两张皮”的情况，客观上增加了一线施工管理的工作量，不利于绿色施工的实施。

3. 绿色施工组织设计文件体系

本策划文件体系编制的基本思路是以传统施工组织设计的内容要求和组织结构为基础，把绿色施工的原则、指导思想、目标、内容要求及治理措施等融入其中，形成绿色施工的一体化策划文件体系。这种策划思路显然更有利于工程项目绿色施工推进与实施。但是，把绿色施工理念、原则、指导思想及要求等真正融入施工部署、平面布置和各个分部分项工程施工的各个环节中，需要进行各个层面的绿色施工影响因素分析，需要开展管理思路和工艺技术的研究。尽管这种绿色施工组织设计文件的编制工作具有一定难度，但无疑是值得提倡的。

4.4.7 绿色施工实施

4.4.7.1 建立系统的管理体系

工程项目绿色施工管理体系应成为企业和项目管理体系有机整体的重要组成部分，它包括制定、实施、评审和保障实现绿色施工目标所需的组织机构及职责分工、规划活动、相关制度、流程和资源分组等，主要由组织管理体系和监督控制体系构成。

1. 组织管理体系

在组织管理体系中，要确定绿色施工的相关组织机构和责任分工，明确项目经理为第一责任人，使绿色施工的各项工作任务有明确的部门和岗位来承担。

2. 监督控制体系

绿色施工需要强化计划与监督控制，有力的监控体系是实现绿色施工的重要保障。在管理流程上，绿色施工必须经历策划、实施、检查与评价等环节。工程项目绿色施工需要强化过程监督与控制，建立监督控制体系。体系的构成应由建设、监理和施工等单位构成，共同参与绿色施工批次、阶段和单位工程评价及施工过程的见证。通过 PDCA 循环，促进持续改进，提升绿色施工实施水平。

4.4.7.2 明确项目经理是绿色施工第一责任人

应明确工程项目经理为绿色施工的第一责任人，由项目经理全面负责绿色施工，承担工程项目绿色施工推进责任。这样工程项目绿色施工才能落到实处，才能调动和整合项目内外资源，在工程项目部形成全项目、全员推进绿色施工的良好氛围。

4.4.7.3 实施目标管理

1. 绿色施工目标值的确定

绿色施工的目标值应根据工程拟采用的各项措施，结合《绿色施工导则》、《建筑与市政工程绿色施工评价标准》GB/T 50640、《建筑工程绿色施工规范》GB/T 50905 等相关条款，在充分考虑施工现场周边环境和项目部以往施工经验的情况下确定。

目标值可以是总目标下规划若干分目标，也可以将一个一级目标拆分成若干个二级目标，形式可以多样，数量可以多变，每个工程的目标值应该是一个科学的目标体系，而不仅是简单的几个数据。

2. 绿色施工目标的动态管理

项目实施过程中的绿色施工目标控制采用动态控制的原理。具体方法是在施工过程中对项目目标进行跟踪和控制。收集各个绿色施工控制要点的实测数据，定期将实测数据与目标值进行比较。当发现实施过程中的实际情况与计划目标发生偏离时，及时分析偏离原因，确定纠正措施，采取纠正行动。对纠正后仍无法满足的目标值，进行论证分析，及时修改，设立新的更适宜的目标值。

在工程建设项目实施中如此循环，直至目标实现为止。项目目标控制的纠偏措施主要有组织措施、管理措施、经济措施和技术措施等。

3. 绿色施工目标管理内容

绿色施工的目标管理按环境保护、节材与材料资源利用、节水与水资源利用、节能与能源利用、节地与土地资源保护、人力资源节约与保护及效益七个部分进行，应该贯穿到施工策划、施工准备、材料采购、现场施工、工程验收等各个阶段的管理和监督之中。

现阶段项目绿色施工各项指标的具体目标值如下，其中参考目标数据是根据相关规范条款和实际施工经验提出，仅作参考（表 4-14～表 4-20）。

环境保护目标管理 **表 4-14**

主要指标	需设置的目标值	参考的目标数据
建筑垃圾产量	产量小于____t	每万平方米建筑垃圾不超过 300t；预制装配式建筑不大于 200t
建筑垃圾回收利用率	建筑垃圾回收利用率达到____%	建筑垃圾回收利用率达到 30%
有毒有害废物分类率	有毒有害废物分类率达到____%	有毒有害废物分类率达到 100%
有毒有害废物合规处理	____%送专业回收单位处理	100%送专业回收单位处理
噪声控制	昼间≤____dB 夜间≤____dB	昼间≤70dB；夜间≤55dB
污水排放控制	污废水检测频率____次/月	工程污水和试验室养护用水处理合格后，排入市政污水管道，检测频率不少于 1 次/月
工地食堂油烟达标排放	____%经油烟净化处理后排放	100%经油烟净化处理后排放
扬尘控制	PM2.5 PM10	不超过当地气象部门公布的数据
资源保护	施工范围内文物、古迹、古树、名木、地下管线、地下水、土壤按相关规定保护达到____%	施工范围内文物、古迹、古树、名木、地下管线、地下水、土壤按相关规定保护达到 100%

节材与材料资源利用目标管理 **表 4-15**

主要指标	预算损耗值	目标损耗值	参考的目标数据
钢材	____t	____t	材料损耗率比定额损耗率降低 50%
预拌混凝土	____m^3	____m^3	材料损耗率比定额损耗率降低 50%
木材	____m^3	____m^3	材料损耗率比定额损耗率降低 50%
模板	平均周转次数为____次	平均周转次数为____次	平均周转次数不低于 6 次
非实体材料（模板除外）	—	可重复使用率____%	可重复使用率≥70%
建筑材料包装物	—	建筑材料包装物回收率____%	建筑材料包装物回收率 100%
其他主要建筑材料			材料损耗率比定额损耗率降低 50%

节水与水资源利用目标管理　　表 4-16

主要指标	施工阶段	目标耗水量	参考的目标数据
节水器具配制率	—	____%	节水器具配制率达到 100%
施工用水	—	用水量节省不低于定额用水量的____%	用水量节省不低于定额用水量的 10%
非传统水源利用量占总用水量	—	____%	非传统水源利用量占总用水量湿润区≥30%；半湿润区≥20%

节能与能源利用目标管理　　表 4-17

主要指标	施工阶段	目标耗电量	参考的目标数据
节能照明灯具配制率	—	____%	办公区和生活区 100%采用节能照明灯具
能源消耗（含电、油、气等）	—	比定额用量节省不低于____%	比定额用量节省不低于 10%
就地取材≤500km 以内	—	占总量的____%	占总量的≥70%

节地与土地资源利用目标管理　　表 4-18

主要指标	目标值	参考的目标数据
临时设施占地面积有效利用率	____%	临时设施占地面积有效利用率大于 90%

人力资源节约与保护目标管理　　表 4-19

主要指标	目标值	参考的目标数据
现场宿舍人均使用面积	____m^2	≥2.5m^2
危险作业环境个人防护器具配备率	____%	100%
总用工量节约率	不低于定额用工量的____%	不低于定额用工量的 3%

绿色施工的经济效益和社会效益目标管理　　表 4-20

主要指标	目标值	
实施绿色施工的增加成本	____元	一次性损耗成本____元
		可多次使用成本为____元（按折旧计算）
实施绿色施工的节约成本	____元	环境保护措施节约成本为____元
		节材措施节约成本为____元
		节水措施节约成本为____元
		节能措施节约成本为____元
		节地措施节约成本为____元
前两项之差	增加（节约）____元，占总产值比重为____%	
绿色施工社会效益		

注：前两项之差指“实施绿色施工的增加成本”与“实施绿色施工的节约成本”之差。

绿色施工目前还处于发展阶段，表 4-14～表 4-20 的主要指标、目标值以及参考的目标数据都存在一定的阶段性，项目在具体实施过程中应注意把握国家行业动态、“新技术、新工艺、新设备、新材料”在绿色施工中的推广应用程度以及本地区、本企业绿色施工管理水平的进步等，及时进行调整。

4. 绿色施工目标分解

在制定总体目标后，在实施过程中应按工程分阶段（地基与基础、主体结构、机电安装与装饰装修）、分区域（施工作业区、临时办公区、临时生活区）以及重要机械设备对目标指标进行分解。

4.4.7.4　贯彻“双优化”措施

绿色施工全过程应贯彻“双优化”措施，即设计方案优化、施工方案优化。

设计方案优化：施工过程中在保证工程质量、安全、性能等基本要求的前提下，结合工程实际，对原设计进行优化，以达到更节约资源、保护环境的目的。

施工方案优化：施工过程中在保证工程质量、安全、性能等基本要求的前提下，结合工程实际，对原施工方案进行优化，调整施工顺序、人员和机械配置等，以达到更节约资源、保护环境的目的。

4.4.7.5　实施内容

现行国家标准《建筑工程绿色施工规范》GB/T 50905 按组织与管理、资源节约、保护环境、施工准备、施工场地、地基与基础工程、主体结构工程、装饰装修工程、保温和防水工程、机电安装工程、拆除工程等对绿色施工在各个实施阶段和分部分项工程具体实施的内容做出规定。

1. 组织与管理

（1）绿色施工实施过程中，建设单位、设计单位、监理单位和施工单位应分别履行以下职责：

1）建设单位应履行职责：在编制工程概算和招标文件时，明确绿色施工的要求，并提供包括场地、环境、工期、资金等方面的条件保障；向施工单位提供建设工程绿色施工的设计文件、产品要求等相关资料，保证资料的真实性和完整性；建立工程项目绿色施工的协调机制等。

2）设计单位应履行职责：按国家现行有关标准和建设单位的要求进行工程的绿色设计；协助、支持、配合施工单位做好建筑工程绿色施工的有关设计工作。

3）监理单位应履行职责：对建筑工程绿色施工承担监理责任；审查绿色施工组织设计、绿色施工方案或绿色施工专项方案，并在实施过程中做好监督检查工作。

4）施工单位应履行职责：施工单位是建筑工程绿色施工的实施主体，组织绿色施工的全面实施；实行总承包管理的建设工程，总承包单位对绿色施工负总责；总承包单位对专业承包单位的绿色施工实施管理，专业承包单位对工程承包范围的绿色施工负责；施工单位建立以项目经理为第一责任人的绿色施工管理体系，制定绿色施工管理制度，负责绿色施工的组织实施，进行绿色施工教育培训，定期开展自检、联检和评价工作；绿色施工组织设计、绿色施工方案或绿色施工专项方案编制前，进行绿色施工影响因素分析，并据此制定实施对策和绿色施工评价方案。

（2）另外，在施工过程中组织与管理实施内容还包括施工过程中参建各方积极推进建筑工业化和信息化施工；参建各方做好施工协同，加强施工管理，协商确定工期；施工现场建立机械设备保养、限额领料、建筑垃圾再利用的台账和清单；工程材料和机械设备的存放、运输制定保护措施；施工单位强化技术管理，绿色施工过程技术资料及时收集和归档；根据绿色施工要求，对传统施工工艺进行改进；建立不符合绿色施工要求的施工工艺、设备和材料的限制、淘汰等制度；按现行国家标准《建筑与市政工程绿色施工评价标准》GB/T 50640 的规定对施工现场绿色施工实施情况进行评价，并根据绿色施工评价情况，采取改进措施；按照国家法律、法规的有关要求，制定施工现场环境保护和人员安全等突发事件的应急预案等。

2. 资源节约

（1）临时设施实施内容主要包括采用节能灯具、节水器具和再生材料；采用可周转型的板房及其他临时设施；进行永临结合一体化设计和施工等。

（2）材料节约实施内容主要包括根据施工进度、材料使用时间和地点、库存情况等制定材料采购和使用计划；现场材料对方应有序，满足材料储存和质量保证要求；工程施工使用的材料尽量选用施工现场 500km 以内生产的建筑材料等。

（3）用水节约和水资源保护实施内容主要包括现场应结合给水、排水点位置进行管线线路和阀门预设位置的设计，采取管网和用水器具防渗漏的措施；施工现场办公区、生活区的生活用水采用节水器具等。

（4）能源节约实施内容主要包括合理安排施工工序及施工区域，提高作业区机械设备使用效率减少使用数量；选择功率与负荷相匹配的施工机械设备，避免设备低负荷运行，不采用自备电源；制定施工能耗指标，明确节能措施；建立施工机械设备档案和管理制度，机械设备定期保养维修等。

（5）土地保护实施内容主要包括根据工程规模及施工要求布置施工临时设施；施工临时设施不占用绿地、耕地及规划红线以外的场地；施工现场避让、保护场区及周边的古树名木等；减少土方开挖降低对周边生态环境的扰动；充分利用表层土进行回用；严格避免化学品、危险品、污水等有害液体的外排。

3. 环境保护

绿色施工环境保护主要从扬尘控制、噪声控制、光污染控制、水污染控制、施工现场垃圾处理以及危险品、化学品运输、储存等方面进行实施。

（1）扬尘控制实施内容包括施工现场搭设封闭式垃圾站；细散颗粒材料、易扬尘材料封闭堆放、存储和运输；施工现场出口设冲洗池；施工场地、道路采取定期洒水抑尘措施等。

（2）噪声控制实施内容包括施工现场对噪声进行实时监测；施工场界环境噪声排放昼间不超过 70dB(A)，夜间不超过 55dB(A)。噪声测量方法符合现行国家标准《建筑施工场界环境噪声排放标准》GB 12523 的规定等。

（3）光污染控制实施内容包括根据现场和周边环境采取限时施工、遮光和全封闭等避免或减少施工过程中光污染的措施；夜间室外照明灯加设灯罩，光照方向集中在施工范围内；在光线作用敏感区域施工时，电焊作业和大型照明灯具采取防光外泄措施等。

（4）水污染控制实施内容包括污水排放符合现行行业标准《污水排入城镇下水道水质标准》CJ 343 的有关要求；使用非传统水源和现场循环水时，根据实际情况对水质进行检测；施工现场存放的油料和化学溶剂等物品设专门库房，地面做防渗漏处理。废弃的油料和化学溶剂集中处理，不随意倾倒等。

（5）施工现场垃圾处理实施内容包括垃圾分类存放、按时处置；制定建筑垃圾减量计划，建筑垃圾的回收利用符合现行国家标准《工程施工废弃物再生利用技术规范》GB/T 50743的规定；有毒有害废弃物的分类率达到100%；对有可能造成二次污染的废弃物单独储存，并设置醒目标识等。

（6）施工使用的乙炔、氧气、油漆、防腐剂等危险品、化学品的运输和储存应采取隔离措施。

4. 施工准备

绿色施工准备实施内容包括施工单位根据设计文件、场地条件、周边环境和绿色施工总体要求，明确绿色施工的目标、材料、方法和实施内容，并在图纸会审时提出需设计单位配合的建议和意见；施工单位编制包含绿色施工管理和技术要求的工程绿色施工组织设计、绿色施工方案或绿色施工专项方案，并经审批通过后实施。绿色施工组织设计、绿色施工方案或绿色施工专项方案编制符合下列规定：应考虑施工现场的自然与人文环境特点；应有减少资源浪费和环境污染的措施；应明确绿色施工的组织管理体系、技术要求和措施；应选用先进的产品、技术、设备、施工工艺和方法，利用规划区域内设施；应包含改善作业条件、降低劳动强度、节约人力资源等内容；施工现场推荐实行电子文档管理；施工单位建立建筑材料数据库，采用绿色性能相对优良的建筑材料；施工单位建立施工机械设备数据库。根据现场和周边环境情况，对施工机械和设备进行节能、减排和降耗指标分析和比较，采用高性能、低噪声和低能耗的机械设备；在绿色施工评价前，依据工程项目环境影响因素分析情况，对绿色施工评价要素中一般项和优选项的条目数进行相应调整，并经工程项目建设和监理方确认后，作为绿色施工的相应评价依据；在工程开工前，施工单位完成绿色施工的各项准备工作等。

5. 施工场地

绿色施工场地布置从施工总平面布置、场区围护及道路和临时设施等方面实施。

（1）施工总平面布置实施内容包括针对施工场地、环境和条件进行分析，制定具体实施方案；充分利用场地及周边现有和拟建建筑物、构筑物、道路和管线等；施工前制定合理的场地使用计划；施工中应减少场地干扰，保护环境等。

（2）场区围护及道路实施内容包括施工现场大门、围挡和围墙采用可重复利用的材料和部件，并应工具化、标准化；施工现场入口设置绿色施工制度图牌；施工现场道路布置遵循永久道路和临时道路相结合的原则；施工现场主要道路的硬化处理采用可周转使用的材料和构件；施工现场围墙、大门和施工道路周边设绿化隔离带等。

（3）临时设施实施内容包括临时设施的设计、布置和使用，采取有效的节能降耗措施，并符合下列规定：利用场地自然条件，临时建筑的体形宜规整，有自然通风和采光，并满足节能要求；临时设施选用由高效保温、隔热、防火材料制成的复合墙体和屋面，以及密封保温隔热性能好的门窗；临时设施建设不使用一次性墙体材料；办公和生活临时用房采用可重复利用的房屋等。

6. 地基与基础工程

绿色施工地基与基础工程分土石方工程、桩基工程、地基处理工程和地下水控制四个方面组织实施。

(1) 土石方工程实施内容包括土石方工程开挖前进行挖、填方的平衡计算，在土石方场内有效利用、运距最短和工序衔接紧密；工程渣土分类堆放和运输，其再生利用符合现行国家标准《工程施工废弃物再生利用技术规范》GB/T 50743的规定等。

(2) 桩基工程实施内容包括选用低噪、环保、节能、高效的机械设备和工艺；成桩工艺根据桩的类型、使用功能、土层特性、地下水位、施工机械、施工环境、施工经验、制桩材料供应条件等，按安全适用、经济合理的原则选择。

(3) 地基处理工程实施内容包括施工时，识别场地内及周边现有的自然、文化和建(构)筑物特征，并采取相应保护措施。场内发现文物时，立即停止施工，派专人看管，并通知当地文物主管部门。地基与基础工程施工符合下列规定：现场土、料存放采取加盖或植被覆盖措施；土方、渣土装卸车和运输车有防止遗撒和扬尘的措施；对施工过程产生的泥浆设置专门的泥浆池或泥浆罐车存储等。

(4) 地下水控制实施内容包括基坑降水宜推荐采用基坑封闭降水方法；基坑施工排出的地下水加以利用；采用井点降水施工时，地下水位与作业面高差宜控制在250mm以内，并根据施工进度进行水位自动控制；当无法采用基坑封闭降水，且基坑抽水对周围环境可能造成不良影响时，采用对地下水无污染的回灌方法等。

7. 主体结构工程

绿色施工主体结构工程分混凝土结构工程、砌体结构工程、钢结构工程和其他四个方面组织实施，其中混凝土结构工程又包括钢筋工程、模板工程和混凝土工程三个部分。

(1) 混凝土结构工程的钢筋工程实施内容包括推荐采用专用软件优化放样下料，根据优化配料结果确定进场钢筋的定尺长度；钢筋工程宜推荐采用专业化生产的成型钢筋。钢筋现场加工时，推荐采取集中加工方式等。

(2) 混凝土结构工程的模板工程实施内容包括选用周转率高的模板和支撑体系。模板推荐选用可回收利用高的塑料、铝合金等材料；推荐使用大模板、定型模板、爬升模板和早拆模板等工业化模板及支撑体系等。

(3) 混凝土结构工程的模混凝土工程实施内容包括在混凝土配合比设计时，减少水泥用量，增加工业废料、矿山废渣的掺量；当混凝土中添加粉煤灰时，推荐利用其后期强度；混凝土推荐采用泵送、布料机布料浇筑等。

(4) 砌体工程实施内容包括砌体结构推荐采用工业废料或废渣制作的砌块及其他节能环保的砌块；砌块运输推荐采用托板整体包装，现场应减少二次搬运；砌块湿润和砌体养护推荐使用检验合格的非自来水源等。

(5) 钢结构工程实施内容包括结构深化设计时，结合加工、运输、安装方案和焊接工艺要求，确定分段、分节数量和位置，优化节点构造，减少钢材用量；钢结构安装连接推荐选用高强螺栓连接，钢结构宜推荐采用金属涂层进行防腐处理等。

(6) 其他结构工程实施内容包括预制装配式结构构件，推荐采取工厂化加工；构件的存放和运输采取防止变形和损坏的措施；构件的加工和进场顺序与现场安装顺序一致，不宜二次倒运；钢装配式混凝土结构安装所需的埋件和连接件以及室内外装饰装修所需的连接件，在工厂制作时准确预留、预埋等。

8. 装饰装修工程

绿色施工装饰装修工程分地面工程、门窗及幕墙工程、吊顶工程和隔墙及内墙面工程四个方面组织实施。

(1) 地面工程实施内容包括：基层粉尘清理推荐采用吸尘器；没有防潮要求的，可采用洒水降尘等措施；基层需剔凿的，采用低噪声的剔凿机具和剔凿方式；找平层、隔汽层、隔声层厚度控制在允许偏差的负值范围内；干作业有防尘措施；湿作业采用喷洒方式保湿养护等。

(2) 门窗及幕墙工程实施内容包括木制、塑钢、金属门窗采取成品保护措施；外门窗安装与外墙面装修同步进行；门窗框周围的缝隙填充采用憎水保温材料；幕墙与主体结构的预埋件在结构施工时埋设；连接件采用耐腐蚀材料或采取可靠的防腐措施；硅胶使用前进行相容性和耐候性复试。

(3) 吊顶工程实施内容包括吊顶施工减少板材、型材的切割；避免采用温湿度敏感材料进行大面积吊顶施工；高大空间的整体顶棚施工，推荐采用地面拼装、整体提升就位的方式；高大空间吊顶施工时，推荐采用可移动式操作平台等节能节材设施等。

(4) 隔墙及内墙面工程实施内容包括隔墙材料推荐采用轻质砌块砌体或轻质墙板，严禁采用实心烧结黏土砖；预制板或轻质隔墙板间的填塞材料采用弹性或微膨胀的材料；抹灰墙面推荐采用喷雾方法进行养护等。

9. 保温和防水工程

(1) 保温工程实施内容包括：保温施工推荐选用结构自保温、保温与装饰一体化、保温板兼作模板、全现浇混凝土外墙与保温一体化和管道保温一体化等方案；采用外保温材料的墙面和屋顶，不宜进行焊接、钻孔等施工作业。确需施工作业时，采取防火保护措施，并在施工完成后，及时对裸露的外保温材料进行防护处理；在外门窗安装，水暖及装饰工程需要的管卡、挂件，电气工程的暗管、接线盒及穿线等施工完成后，进行内保温施工等。

(2) 防水工程实施内容包括：基层清理采取控制扬尘的措施；卷材防水层施工推荐采用自粘型防水卷材，采用热熔法施工时，控制燃料泄漏，并控制易燃材料储存地点与作业点的间距。高温环境或封闭条件施工时，采取措施加强通风等。

10. 机电安装工程

(1) 管道工程实施内容包括管道连接推荐采用机械连接方式；供暖散热片组装在工厂完成；设备安装产生的油污随即清理；管道试验及冲洗用水有组织排放，处理后重复利用；污水管道、雨水管道试验及冲洗用水推荐利用非自来水源等。

(2) 通风工程实施内容包括预制风管下料推荐按先大管料，后小管料，先长料，后短料的顺序进行；预制风管安装前将内壁清扫干净；预制风管连接推荐采用机械连接方式；冷媒储存采用压力密闭容器等。

(3) 电气工程实施内容包括电线导管暗敷做到线路最短；选用节能型电线、电缆和灯具等，并进行节能测试；预埋管线口采取临时封堵措施；线路连接推荐采用免焊接头和机械压接方式；不间断电源柜试运行时进行噪声监测等。

11. 拆除工程

(1) 拆除施工准备实施内容包括制定专项方案。拆除方案明确拆除的对象及其结构特点、拆除方法、安全措施、拆除物的回收利用方法等；按规定进行公示；拆除施工前，拆除方案得到相关方批准等。

(2) 拆除施工实施内容包括人工拆除前制定安全防护和降尘措施。拆除管道及容器时，查清残留物性质并采取相应安全措施，方可进行拆除施工；机械拆除推荐选用低能耗、低排放、低噪声的机械；合理确定机械作业位置和拆除顺序，采取保护机械和人员安全的措施等。

(3) 拆除物的综合利用实施内容包括建筑拆除物处理符合充分利用、就近消纳的原则；建筑拆除物分类和处理符合现行国家标准《工程施工废弃物再生利用技术规范》GB/T 50743 的规定；剩余的废弃物应做无害化处理；不得将建筑拆除物混入生活垃圾，不得将危险废弃物混入建筑拆除物；拆除的门窗、管材、电线、设备等材料回收利用；拆除的钢筋和型材经分拣后再生利用等。

4.4.7.6　持续改进

绿色施工推进应遵循管理学中通用的 PDCA 原理，其中 P、D、C、A 四个英文字母所代表的意义如下：

P(Plan)　计划，包括方针和目标的确定以及活动计划的制定；

D(Do)　执行，执行就是具体运作，实现计划中的内容；

C(Check)　检查，就是要总结执行计划的结果，分清哪些对了，哪些错了，明确效果，找出问题；

A(Action)　处理，对检查的结果进行处理，认可或否定。

绿色施工持续改进（PDCA 循环）的基本阶段和步骤如下：

(1) 计划（P）阶段

即根据绿色施工的要求和组织方针，提出工程项目绿色施工的基本目标。

步骤一：明确“节约资源 保护环境”的主题要求。

步骤二：设定绿色施工应达到的目标。目标可以是定性与定量化结合的，能够用数量来表示的指标要尽可能量化，不能用数量来表示的指标也要明确。现行国家标准《建筑与市政工程绿色施工评价标准》GB/T 50640 提供了绿色施工的衡量指标体系，工程项目要结合自身能力和项目总体要求，具体确定实现各个指标的程度与水平。

步骤三：策划绿色施工有关的各种方案并确定最佳方案。针对工程项目，绿色施工方案有多种可能，然而现实条件中不可能把所有想到的方案都实施，所以提出各种方案后优选并确定出最佳的方案是较有效率的方法。

步骤四：制定对策，细化分解策划方案。计划的内容如何完成好，需要将方案步骤具体化，逐一制定对策，明确回答出方案中的“5W2H”，即：为什么制定该措施（Why）；达到什么目标（What）；再何处执行（Where）；由谁负责完成（Who）；什么时间完成（When）；如何完成（How）；花费多少（How much）。

(2) 实施（D）阶段

即按照绿色施工的策划方案，在实施的基础上，努力实现预期目标的过程。

步骤五：绿色施工实施过程的测量与监督。对策制定完成后就进入了具体实施阶段。在这一阶段除了按计划和方案实施外，还必须要对过程进行测量，确保工作能够按计划进度实施。同时建立数据采集，收集过程的原始记录和数据等项目文档。

(3) 检查效果 (C) 阶段

即确认绿色施工的实施是否达到了预定目标。

步骤六：绿色施工的效果检查。方案是否有效，目标是否完成，需要进行教过检查后才能得出结论。将采取的对策进行确认后，对采集到的证据进行总结分析，把完成情况同目标值进行比较，看是否达到了预定的目标。如果没有出现预期的结果，应该确认是否严格按照计划实施对策，如果是，就意味着对策失败，那就要重新进行最佳方案的确定。

(4) 处置 (A) 阶段

步骤七：标准化。对已被证明的有成效的绿色施工措施，要进行标准化，制定成工作标准，以便在企业和以后执行和推广，并最终转化为施工企业的组织过程资产。

步骤八：问题总结。对绿色施工方案中效果不显著的或者实施过程中出现的问题进行总结，为开展新一轮的 PDCA 循环提供依据。

总之，绿色施工过程通过实施 PDCA 管理循环，能实现自主性的工作改进。此外需要重点强调的是，绿色施工起始的计划 (P) 实际应为工程项目绿色施工组织设计、施工方案或绿色施工专项方案，应通过实施 (D) 和检查 (C)，发现问题，制定改进方案，形成恰当处理意见 (A)，指导新的 PDCA 循环，实现新的提升，如此循环，持续提高绿色施工的水平。

4.4.7.7 绿色施工协调与调度

为了确保绿色施工目标的实现，在施工中要高度重视施工调度与协调管理。工程项目绿色施工的总调度应由项目经理担任，负责绿色施工的总体协调，确保施工过程达到绿色施工合格水平以上，施工现场总调度的职责是：

(1) 监督、检查绿色施工方案的执行情况，负责人力物力的综合平衡，促进生产活动正常进行。

(2) 定期召开有建设单位、上级职能部门、设计单位、监理单位的协调会，解决绿色施工疑问和难点。

(3) 定期组织召开各专业管理人员及作业班组长参加的会议，分析整个工程的进度、成本、计划、质量、安全、绿色施工执行情况，使项目策划的内容准确落实到项目实施中。

(4) 指派专人负责，协调各专业工长的工作，组织好各分部分项工程的施工衔接，协调穿插作业，保证施工的条理化、程序化。

(5) 施工组织协调建立在计划和目标管理基础上，根据绿色施工策划文件与工程有关的经济技术文件进行，指挥调度必须准确、及时、果断。

(6) 建立与建设、监理单位在计划管理、技术质量管理和资金管理等方面的协调配合措施。

4.4.7.8 检查与监测

绿色施工的检查与检测包括日常、定期检查与监测，其目的是检查绿色施工的总体实施情况，测量绿色施工目标的完成情况和效果，为后续施工提供改进和提升的依据和方向。检查与监测的手段可以是定性的，也可以是定量的。工程项目可针对绿色施工制定季度检、月检、周检、日检等不同频率周期的检查制度，周检、日检要侧重于工长和班组层面，月检、周检应侧重于项目部层面，季度检可侧重于企业或分公司层面。监测内容应在策划书中明确，应针对不同监测项目建立监测制度，应采取措施，保证监测数据准确，满足绿色施工的内外评价要求。总之，绿色施工的检查与测量要以现行国家标准《建筑与市政工程绿色施工评价标准》GB/T 50640 和绿色施工策划文件为依据，检查和监测各目标和方案落实情况。

4.4.8　绿色施工评价

4.4.8.1　评价策划

绿色施工评价分为要素评价、批次评价、阶段评价和单位工程评价，绿色施工评价应在施工项目部自检的基础上进行。绿色施工评价是系统工程，是工程项目管理的重要内容，需要通过应用“5W2H”的方法，明确绿色施工评价的目的、主体、对象、时间和方法等关键点。

4.4.8.2　评价的总体框架

根据现行国家标准《建筑与市政工程绿色施工评价标准》GB/T 50640 的要求，绿色施工评价框架体系（图 4-16）的主要内容有：

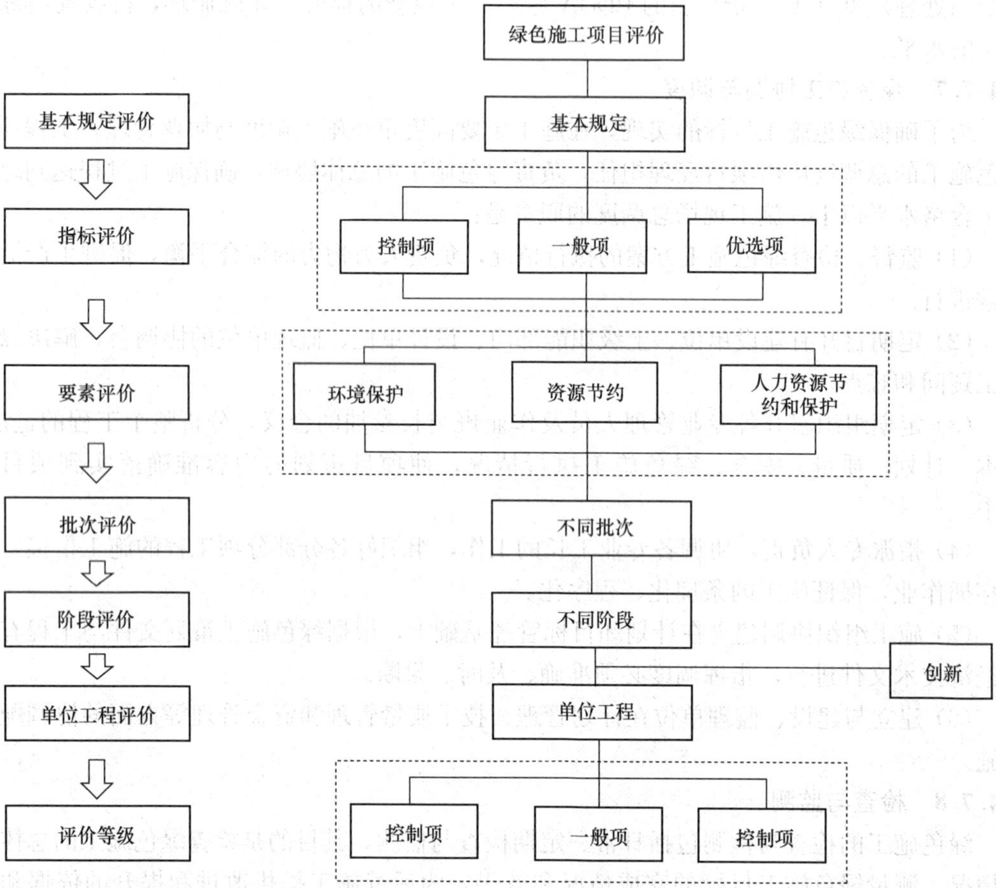

图 4-16　绿色施工评价框架体系

（1）进行绿色施工评价的工程必须首先满足现行国家标准《建筑与市政工程绿色施工评价标准》GB/T 50640 第三章基本规定的要求。

（2）评价阶段应根据建筑与市政工程性质，按现行国家标准《建筑与市政工程绿色施工评价标准》GB/T 50640 相关规定进行。

（3）评价要素应由控制项、一般项、优选项三类评价指标组成。

（4）要素评价的控制项为必须达到要求的条款；一般项为覆盖面较大，实施难度一般的条款，为据实计分项；优选项实施难度较大、要求较高、实施后效果较高的条款，为据实加分项。

（5）评价等级应分为不合格、合格和优良。

（6）绿色施工评价应从要素评价着手，要素评价决定批次评价等级，批次评价决定阶段评价等级，阶段评价决定单位工程评价等级。

4.4.8.3 评价的基本要求

绿色施工评价应以建筑与市政工程施工过程为对象进行评价。绿色施工项目应符合以下规定：

（1）建筑与市政工程绿色施工应遵循以人为本、因地制宜、环保优先、资源高效利用的原则。（2）施工总承包单位应对项目的绿色施工负总责，并应对专业分包单位的绿色施工实施管理与监督。（3）工程项目部应建立以项目经理为第一责任人的绿色施工管理体系。（4）工程项目开工前，施工单位应明确绿色施工目标，并应进行绿色施工影响因素分析。（5）项目部应依据绿色施工影响因素的分析结果进行绿色施工策划，并应对绿色施工评价要素中的评价条款进行取舍。（6）绿色施工策划应通过绿色施工组织设计、绿色施工方案和绿色施工技术交底等文件的编制实现。（7）应开展技术和管理创新创效活动，并将相应措施列入绿色施工组织设计和绿色施工方案中。（8）施工单位应对绿色施工项目实施管控。（9）应建立健全的绿色施工管理体系和制度。（10）应具有齐全的绿色施工策划文件。（11）现场应设立清晰醒目的绿色施工宣传标识。（12）应建立专业培训和岗位培训相结合的绿色施工培训制度，并有实施记录。（13）应开展绿色施工批次和阶段评价，并记录完整，评价频次符合要求。（14）在实施过程中，应注重采集和保存绿色施工典型图片或影像资料，覆盖面满足要求。（15）应保存齐全的批次和阶段评价中持续改进的资料。（16）应推广应用建筑业 10 项新技术，重视四新技术应用。（17）签订分包或劳务合同时，应包含绿色施工指标要求。（18）图纸会审时，相关方应对工程施工图进行绿色化审视。（19）应进行施工图和绿色施工组织设计及绿色施工方案的优化。（20）施工图设计应融入绿色施工要求。

发生下列事故之一，不得评为绿色施工合格项目：

（1）发生安全生产死亡责任事故。（2）发生重大工程质量事故或由质量问题造成不良社会影响。（3）发生群体传染病、食物中毒等责任事故。（4）施工中因“环境保护与资源节约”问题被政府管理部门处罚。（5）违反国家有关“环境保护与资源节约”的法律法规，造成社会影响。（6）施工扰民造成社会影响。（7）施工现场焚烧废弃物。

1. 评价的目的

对工程项目绿色施工进行评价，其主要目的表现为：一是借助全面的评价指标体系实现对绿色施工水平的综合度量，通过单项指标的水平和综合指标水平全面度量绿色施工的状态。二是通过绿色施工评价了解单项指标和综合指标哪些方面比较突出，哪些方面不足，为后续工作实现持续改进提供科学依据。三是为推进区域和系统的绿色施工，可通过绿色施工评价结果发现典型，进行相应的评价和评比，以便强化绿色施工激励。

2. 符合性分析

在绿色施工影响因素分析的基础上，根据工程项目和环境特性找出与评价标准一般项未能覆盖或不存在的评价点，对现行国家标准《建筑与市政工程绿色施工评价标准》GB/T 50640的评价点数量进行增减调整，并选择企业绿色施工的特色技术列入优选项的评价点范围，经建设单位、监理单位评审认同后，作为本工程的绿色施工评价依据，进行绿色施工评价。

3. 评价实施主体

绿色施工评价的实施主体主要包括建设、施工和监理三方。绿色施工批次评价、阶段评价和单位工程评价分别由施工方、监理方和建设方组织，其他方参加。在不同的评价层面，绿色施工组织的实施主体各不相同，其用意在于体现评价的客观真实，发挥互相监督作用。

4. 评价对象

绿色施工主要针对建筑与市政工程施工过程实现环境保护、资源节约、人力资源和保护三个要素的状态进行评价。

5. 评价时间间隔

绿色施工评价时间间隔，应满足绿色施工评价标准要求，并应结合企业、项目的具体情况确定，但至少应达到评价次数每月 1 次，且每阶段不少于 1 次的基本要求。

绿色施工评价时间间隔主要是基于“持续改进”的考虑。即：在每个批次评价完成后，针对“节约资源，保护环境”的实施情况，在肯定成绩的基础上，找到相应“短板”形成改进意见，付诸实施一定时间后，能够得到可见的明显效果。

4.4.8.4 评价方法

绿色施工评价应按要素、批次、阶段和单位工程评价的顺序进行。要素评价依据控制项、一般项和优选项三类指标的具体情况，按照现行国家标准《建筑与市政工程绿色施工评价标准》GB/T 50640 进行评价，形成相应分值，给出相应绿色施工评价等级。

1. 各类指标的赋分方法

(1) 控制项为必须满足的标准，控制项不合格的项目实行一票否决制，不得评为绿色施工项目。控制项的评价方法应符合表 4-21 的规定。

控制项评价方法 表 4-21

评分要求	结论	说明
措施到位，全部满足考评指标要求	符合要求	进入评分流程
措施不到位，不满足考评指标要求	不符合要求	一票否决，为绿色施工不合格

(2) 一般项指标，应根据实际发生项执行的情况计分，评价方法应符合表 4-22 的规定。

一般项评价方法 表 4-22

评分要求	评分
措施到位，满足考评指标要求	2
措施到位，基本满足考评指标要求	1
措施不到位，不满足考评指标要求	0

(3) 优选项指标，应根据实际发生项执行的情况加分，评价方法应符合表 4-23 的规定。

优选项评价方法 表 4-23

评分要求	评分
措施到位，满足考评指标要求	2
措施到位，基本满足考评指标要求	1
措施不到位，不满足考评指标要求	0

2. 要素、批次、阶段和单位工程评分计算方法

(1) 要素评价得分

一般项得分：应按百分制折算，如下式。

$$A=\frac{B}{C}\times 100\%$$

式中 A——一般项折算得分；

B——实际发生项目实际得分之和；

C——实际发生项目应得分之和。

优选项加分：应按优选项实际发生条目加分求和 D；

要素评价得分：如下式：

$$F=A+D$$

式中 F——要素评价得分；

A——一般项折算得分；

D——优先项加分。

(2) 批次评价得分

1) 批次评价应按表 4-24 的规定进行要素权重确定。

批次评价要素权重系数表 表 4-24

评价要素	各阶段权重系数（ω_1）
环境保护	0.45
资源节约	0.35
人力资源节约和使用	0.20

2) 次评价得分：如下式：

$$E=\sum(F\times\omega_1)$$

式中 E——批次评价得分；

F——要素评价得分；

ω_1——要素权重系数，按表 4-24 取值。

（3）阶段评价得分应按下式计算：

$$G = G_1 + G_2$$

$$G_1 = \frac{\sum E}{N}$$

式中　G——阶段评价得分；

E——各批次评价得分；

N——批次评价次数；

G_1——阶段评价基本分；

G_2——阶段创新得分。

（4）单位工程绿色评价得分

1）建筑工程单位工程评价应按表 4-25 的规定进行要素权重确定。

建筑工程单位工程阶段权重系数表　　**表 4-25**

评价阶段	单位工程阶段权重系数 ω_2
地基与基础工程	0.30
主体结构工程	0.40
装饰装修与机电安装工程	0.30

2）市政工程单位工程评价应按表 4-26 的规定进行要素权重确定。

市政工程单位工程阶段权重系数表　　**表 4-26**

道桥工程		矿山法施工的隧道工程		盾构法施工的隧道工程		管线工程	
评价阶段	单位工程阶段权重系数 ω_2	评价阶段	单位工程阶段权重系数 ω_2	评价阶段	单位工程阶段权重系数 ω_2	评价阶段	单位工程阶段权重系数 ω_2
地基与基础	0.40	开挖	0.40	始发与接收	0.40	定位	0.10
结构工程	0.40	衬砌与支护	0.40	掘进与衬砌	0.40	安装	0.60
桥（路）面及附属设施工程	0.20	附属设施	0.20	附属设施	0.20	测试与联网	0.30

3）单位工程绿色评价基本得分应按下式计算：

$$W_1 = \sum (G_1 \times \omega_2)$$

式中　W_1——单位工程绿色评价基本得分；

G_1——阶段评价得分；

ω_2——单位工程阶段权重系数，按表 4-25 和表 4-26 的规定取值。

4）单位工程评价总分计算方法应符合下列规定：

① 技术创新加分可根据结果单项加 0.5～1 分，总分最高加 5 分。

② 单位工程评价总分应按下式计算：

$$W = W_1 + W_2$$

式中　W——单位工程评价总分；

W_1——单位工程绿色评价基本得分；

W_2——技术创新加分。

3. 单位工程绿色施工等级判定方法

(1) 全部符合下列情况时，应判定为优良：

1) 控制项全部满足要求；

2) 单位工程总得分 $W \geqslant 90$ 分；

3) 每个评价要素中至少有两项优选项得分，且优选项总分≥25 分；

4) 创新至少得 3 分。

(2) 全部符合下列情况时，应判定为合格：

1) 控制项全部满足要求；

2) 单位工程总得分 $65 \leqslant W < 90$ 分；

3) 至少每个评价要素各有一项优选项得分，优选项总分≥12 分；

4) 创新得分不少于 1.5 分。

(3) 不符合本条第 (2) 款时，应判定为不合格。

4.4.8.5 评价的组织

根据现行国家标准《建筑与市政工程绿色施工评价标准》GB/T 50640 的相关规定，绿色施工评价的组织应注意以下几个问题：

(1) 单位工程绿色施工评价应由建设单位组织，项目施工单位和监理单位参加，评价结果应由建设、监理和施工单位三方签认。

(2) 单位工程绿色施工阶段评价应由项目建设单位或监理单位组织，建设单位、监理单位和施工单位参加，评价结果应由建设、监理、施工单位三方签认。

(3) 单位工程绿色施工批次评价应由项目施工单位组织，建设单位和监理单位参加，评价结果应由建设、监理、施工单位三方签认。

(4) 企业应对本企业范围内绿色施工项目进行随机检查，并对项目绿色施工完成情况进行评估。

(5) 项目部会同建设和监理单位应根据绿色施工情况，制定改进措施，由项目部实施改进。

(6) 项目部应接受建设单位、政府主管部门及其委托单位等的绿色施工检查。

4.4.8.6 评价实施

绿色施工评价在实施中要按照评价指标的要求，检查、评估各项指标的完成情况。在评价实施过程中应重点关注以下几点：

(1) 进行绿色施工评价，必须首先达到现行国家标准《建筑与市政工程绿色施工评价标准》GB/T 50640 基本规定的要求。

(2) 重视评价资料积累。绿色施工评价涉及内容多、范围广，评价过程中要检查大量的资料，填写很多表格，因此要准备好评价过程中的相关资料，并对资料进行整理分类。

(3) 重视评价人员培训。评价人员应能很好地理解绿色施工的内涵，熟悉绿色施工评价的指标体系和评价方法，因此要对评价人员进行这些方面内容的专项培训，以保障评价的准确性。

(4) 评价中需要把握好各类指标的地位和要求。绿色施工评价指标的控制项、一般项和优选项在评价中的地位和要求有所不同。控制项属于评价中的强制项，是最基本要求，实行一票否决；一般项评价是绿色施工评价中工作量最大，涉及内容最多，工作最繁杂的评价，是评价中的重点；优选项是施工难度较大、实施要求较高、实施后效果较好的项目，实质是备选项，选项愈多，绿色水平愈高。

（5）绿色施工评价结果必须要有项目施工相关方的认定。绿色施工评价与其他施工验收一样，是程序性和规范性很强的工作，必须要有工程项目施工相关方的认定才能生效。

（6）要注重对评价结果的分析，制定改进措施。评价本身不是目的，真正的目的是持续改进。因而要重视对评价结果进行分析，要注意针对那些实施较差的要素评价点，认真查找原因，制定有效的改进措施。

（7）针对评价结果，实施适度的奖惩。调动实施主体、责任主体的积极性，监理有效的正负激励措施。

参 考 文 献

[1] 肖绪文．绿色建造可持续发展现状与发展战略研究[R]．中国工程院咨询研究项目(2016-XZ-14)，2018.

[2] 肖绪文．建筑工程绿色建造关键技术研究与示范[R]．“十二五”国家科技支持计划项目(2012BAJ03B00)，2016.

[3] 肖绪文，冯大阔．我国推进绿色建造的意义和策略[J]．施工技术，2013，42(7)：1-4.

[4] 肖绪文，冯大阔．推进绿色建造建设宜居家园[J]．建设科技，2014(24)：44-46.

[5] 肖绪文．绿色建造发展现状及发展战略[J]．施工技术，2018，47(6)：1-4.

[6] 李卓莉．基于SEM的开发商绿色建筑开发意愿实证研究[J]．项目管理技术，2019，17(4)：67-71.

[7] 谢吉勇，李惠玲，赵宇晗．基于全寿命周期的绿色建筑增量成本研究[J]．建筑经济，2014，219(7)：5-10.

[8] 高庆龙．再谈绿色建筑设计策划方法[J]．南方建筑，2017(5)：39-41.

[9] 王雪军，王雪芬．浅谈建筑工程施工项目管理及成本控制[J]．价值工程，2014(13)：63-65.

[10] 孙继德，傅家雯，刘姝宏．工程总承包和全过程工程咨询的结合探讨[J]．建筑经济，2018，39(12)：5-9.

[11] 金龙．全过程工程咨询服务模式的探索[J]．上海建设科技，2018(03)：115-117.

[12] 中华人民共和国住房和城乡建设部．建筑建材评价技术导则(试行)[S]．北京：中华人民共和国住房和城乡建设部，2015.

[13] 中华人民共和国住房和城乡建设部．建筑业10项新技术(2017版)[M]．北京：中华人民共和国住房和城乡建设部，2017.

[14] 全国一级建造师执业资格考试用书编写委员会．建设工程项目管理[M]．北京：中国建筑工业出版社，2018.

[15] 肖绪文，罗能镇，蒋立红，等．建筑工程绿色施工[M]．北京：中国建筑工业出版社，2013.

[16] 乐云，李永奎．工程项目前期策划[M]．北京：中国建筑工业出版社，2011.

[17] 陈浩．建筑工程绿色施工管理[M]．北京：中国建筑工业出版社，2014.

[18] 张国强，尚守平，徐峰．土木建筑工程绿色施工技术[M]．北京：中国建筑工业出版社，2010.

5 施工常用数据

5.1 常用符号和代号

5.1.1 常 用 符 号

5.1.1.1 数学符号

数学符号见表 5-1。

数学符号 **表 5-1**

中文意义	符号	中文意义	符号	中文意义	符号	中文意义	符号
几何符号		远大于	$\gg$	x趋于a	$x\rightarrow a$	z的共轭	z^{*}
[直]线段AB	$\overline{AB}$或AB	无穷[大]	$+\infty$	x趋于a时$f(x)$的极限	$\lim\limits_{x\rightarrow a}f(x)$	矩阵符号	
[平面]角	$\angle$	数字范围	~	上极限	$\overline{\lim}$	矩阵$\boldsymbol{A}$	$\boldsymbol{A}$
弧AB	$\overset{\frown}{AB}$	小数点	.	下极限	$\underline{\lim}$	矩阵$\boldsymbol{A}$与矩阵$\boldsymbol{B}$的积	$\boldsymbol{AB}$
圆周率	π	百分率	%	上确界	sup	单位矩阵	$\boldsymbol{E}$，$\boldsymbol{I}$
三角形	$\triangle$	圆括号	( )	下确界	inf	方阵$\boldsymbol{A}$的逆矩阵	$\boldsymbol{A}^{-1}$
平行四边形	▱	方括号	[ ]	x的[有限]增量	Δx	$\boldsymbol{A}$的转置矩阵	$\boldsymbol{A}^{\mathrm{T}}$，$\boldsymbol{A}'$
圆	$\odot$	花括号	{}	单变量函数f的导数或微商	$\frac{df}{dx}$ df/dx f'	方阵$\boldsymbol{A}$的行列式	det$\boldsymbol{A}$
垂直	$\perp$	角括号	<>	单变量函数f的n阶导数	$\frac{d^{n}f}{dx^{n}}$ $d^{n}f/dx^{n}$ $f^{(n)}$	矩阵$\boldsymbol{A}$的范数	$\Vert\boldsymbol{A}\Vert$
平行	//或| |	正或负	$\pm$	多变量$x,y,\cdots$的函数f对于x的偏导数或偏微商	$\frac{\partial f}{\partial x}$ $\partial f/\partial x$ $\partial_{x}f$	坐标系符号	

续表

中文意义	符号	中文意义	符号	中文意义	符号	中文意义	符号
相似	∽	负或正	∓	函数 f 的全微分	$\mathrm{d}f$	笛卡儿坐标	x,y,z
全等	≌	最大	max	函数 f 的不定积分	$\int f(x)\mathrm{d}x$	圆柱坐标	ρ,φ,z
集合论符号		最小	min	函数 f 由 a 到 b 的定积分	$\int_a^b f(x)\mathrm{d}x$	球坐标	r,θ,φ
属于	∈	运算符号		函数 $f(x,y)$ 在集合 **A** 上的二重积分	$\iint f(x,y)\mathrm{d}A$	矢量符号	
不属于	∉	a 加 b	$a+b$	指数函数和对数函数符号		矢量或向量 a	$\boldsymbol{a}$ 或 $\vec{a}$
包含	⊇	a 减 b	$a-b$	x 的指数函数（以 a 为底）	a^x	在笛卡儿坐标轴方向的单位矢量	i,j,r
不包含	⊄	a 加或减 b	$a\pm b$	自然对数的底	e	矢量 a 的模或长度	a 或 $\lvert a\rvert$
杂类符号		a 减或加 b	$a\mp b$	x 的指数函数（以 e 为底）	e^x，$\exp x$	a 与 b 的标量积或数量积	$a\cdot b$ 或 $\vec{a}\cdot\vec{b}$
等于	=	a 乘以 b	$a\times b, a\cdot b, ab$	以 a 为底的 x 的对数	$\log_a x$	a 与 b 的矢量积或向量积	$a\times b$ 或 $\vec{a}\times\vec{b}$
不等于	≠	a 除以 b	$a\div b, \frac{a}{b}, a/b, ab^{-1}$	x 的常用对数（以 e 为底数）	$\ln x$	概率论与数理统计符号	
按定义	$\underline{\mathrm{def}}$	从 a_1 到 a_n 的和	$\sum_{i=1}^{n} a_i$	x 的常用对数（以 10 为底数）	$\lg x$	事件的概率	$P(\cdot)$
相当于	≙	从 a_1 到 a_n 的积	$\prod_{i=1}^{n} a_i$	三角函数		概率值	p
约等于	≈	a 的 p 次方	a^p	x 的正弦	$\sin x$	总体容量	N
成正比	∝	a 的平方根	$a^{\frac{1}{2}}, a^{1/2}, \sqrt{a}$	x 的余弦	$\cos x$	样本容量	n
比	:	a 的 n 次方根	$a^{\frac{1}{n}}, a^{1/n}, \sqrt[n]{a}$	x 的正切	$\tan x$	总体方差	σ^2
小于	<	a 的绝对值	$\lvert a\rvert$	x 的余切	$\cot x$	样本方差	s^2
大于	>	a 的平均值	$\bar{a}$	x 的正割	$\sec x$	总体标准差	σ

续表

中文意义	符号	中文意义	符号	中文意义	符号	中文意义	符号
不小于	$\nless$	n 的阶乘	$n!$	x 的余割	$\csc x$	样本标准差	s
不大于	$\ngtr$	函数符号		复数函数		序数	i 或 j
小于或等于	$\leqslant$	函数 f	f	虚数单位	i，j	相关系数	r
大于或等于	$\geqslant$	函数 f 在 x 或在（x，y，…）的值	$f(x)$ $f(x,y,\cdots)$	z 的实部	$\mathrm{Re}z$	抽样平均误差	μ
远小于	$<<$	$f(b)-f(a)$	$f(x)\|_a^b$	z 的虚部	$\mathrm{Im}z$	抽样允许误差	Δ

5.1.1.2 法定计量单位符号

我国法定计量单位（以下简称法定单位）包括以下方面。

1. 国际单位制（SI）的基本单位（表 5-2）

国际单位制（SI）的基本单位 **表 5-2**

量的名称	单位名称	单位符号
长度	米	m
质量	千克（公斤）	kg
时间	秒	s
电流	安［培］	A
热力学温度	开［尔文］	K
物质的量	摩［尔］	mol
发光强度	坎［德拉］	cd

注：1. 日常生活和贸易中，习惯将质量称为重量。
2. 单位名称栏中，方括号内的字在不致混淆的情况下可以省略。例："安培"可简称"安"，也作为中文符号使用。圆括号内的字，为前者的同义语。例："千克"也可称为"公斤"。

2. 国际单位制（SI）的辅助单位（表 5-3）

国际单位制（SI）的辅助单位 **表 5-3**

量的名称	单位名称	单位符号
平面角	弧度	rad
立体角	球面度	sr

3. 国际单位制（SI）的导出单位（表 5-4）

国际单位制（SI）的导出单位 **表 5-4**

量的名称	单位名称	单位符号	其他表示示例
频率	赫［兹］	Hz	s^{-1}
力；重力	牛［顿］	N	$kg \cdot m/s^2$
压力；压强；应力	帕［斯卡］	Pa	N/m^2
能量；功；热	焦［耳］	J	$N \cdot m$

续表

量的名称	单位名称	单位符号	其他表示示例
功率；辐射通量	瓦［特］	W	J/s
电荷量	库［仑］	C	A·s
电位；电压；电动势	伏［特］	V	W/A
电容	法［拉］	F	C/V
电阻	欧［姆］	Ω	V/A
电导	西［门子］	S	A/V
磁通量	韦［伯］	Wb	V·s
磁通量密度，磁感应强度	特［斯拉］	T	Wb/m^2
电感	亨［利］	H	Wb/A
摄氏温度	摄氏度	℃	
光通量	流［明］	lm	cd·sr
光照度	勒［克斯］	lx	lm/m^2
放射性活度	贝可［勒尔］	Bq	s^{-1}
吸收剂量	戈［瑞］	Gy	J/kg
剂量当量	希［沃特］	Sv	J/kg

4. 国家选定的非国际单位制单位（表 5-5）

国家选定的非国际单位制单位　　**表 5-5**

量的名称	单位名称	单位符号	与 SI 单位的关系
时间	分	min	1min=60s
	［小］时	h	1h=60min=3600s
	天（日）	d	1d=24h=86400s
［平面］角	度	°	$1°=60'=(\pi/180)$ rad（π 为圆周率）
	［角］分	″	$1'=60''=(\pi/10800)$ rad
	［角］秒	′	$1''=(\pi/648000)$ rad
体积	升	L（l）	$1L=1dm^3=10^{-3}m^3$
质量	吨	t	$1t=10^3kg$
	原子质量单位	u	$1u\approx1.6605655\times10^{-27}kg$
旋转速度	转每分	r/min	$1r/min=(1/60)\ s^{-1}$
长度	海里	n mile	1n mile=1852m（只用于航程）
速度	节	kn	1kn=1n mile/h=(1852/3600) m/s（只用于航行）
能	电子伏	eV	$1eV\approx1.6021892\times10^{-19}J$
级差	分贝	dB	
线密度	特［克斯］	tex	1tex=1g/km

注：1. 平面角单位度、分、秒的符号，在组合单位中应采用 (°) (″) (′) 的形式。例如，不用°/s，而用 (°) /s。
2. 升的符号中，小写字母 l 为备用符号。
3. r 为“转”的符号。

5. 构成十进倍数和分数单位的词头（表 5-6）

构成十进倍数和分数单位的词头 **表 5-6**

所表示的因数	词头名称	词头符号	所表示的因数	词头名称	词头符号
10^{18}	艾[可萨](exa)	E	10^{-1}	分(deci)	d
10^{15}	拍[它](peta)	P	10^{-2}	厘(centi)	c
10^{12}	太[拉](tera)	T	10^{-3}	毫(milli)	m
10^{9}	吉[咖](giga)	G	10^{-6}	微(micro)	μ
10^{6}	兆(mega)	M	10^{-9}	纳[诺](nano)	n
10^{3}	千(kilo)	k	10^{-12}	皮[可](pico)	p
10^{2}	百(hecto)	h	10^{-15}	飞[母托](femto)	f
10^{1}	十(deca)	da	10^{-18}	阿[托](atto)	a

注：10^4 称为万，10^8 称为亿，10^{12}称为万亿。这类数词的使用不受词头名称的影响，但不应与词头混淆。

5.1.1.3 文字表量符号

文字表量符号见表 5-7。

文字表量符号 **表 5-7**

量的名称	符号	中文单位名称	简称	法定单位符号
一、几何量值				
振幅	A	米	米	m
面积	A、S、A_s	平方米	米²	m^2
宽	B、b	米	米	m
直径	D、d	米	米	m
厚	d、δ	米	米	m
高	H、h	米	米	m
长	L、l	米	米	m
半径	R、r	米	米	m
行程、距离	S	米	米	m
体积	V、v	立方米	米³	m^3
平面角	α、β、γ、θ、ϕ	弧度	弧度	rad
延伸率	δ	(百分比)	%	
波长	λ	米	米	m
波数	σ	每米	米$^{-1}$	m^{-1}
相角	j	弧度	弧度	rad
立体角	ω、Ω	球面度	球面度	sr
二、时间				
线加速度	a	米每二次方秒	米/秒²	m/s^2
频率	f、v	赫兹	赫	Hz
重力加速度	g	米每二次方秒	米/秒²	m/s^2
旋转频率、转速	n	每秒	秒$^{-1}$	s^{-1}
质量流量	Q_m	千克每秒	千克/秒	kg/s
体积流量	Q_v	立方米每秒	米³/秒	m^3/s

续表

量的名称	符号	中文单位名称	简称	法定单位符号
周期	T	秒	秒	s
时间	t	秒	秒	s
线速度	v	米每秒	米/秒	m/s
角加速度	α	弧度每二次方秒	弧度/秒^2	rad/s^2
角速度、角频率	ω	弧度每秒	弧度/秒	rad/s
三、质量				
原子量	A	摩尔	摩	mol
冲量	I	牛顿秒	牛·秒	N·s
惯性矩	I	四次方米	米^4	m^4
惯性半径	i	米	米	m
转动惯量	J	千克二次方米	千克·米^2	kg·m^2
动量矩	L	千克二次方米每秒	千克·米^2/秒	kg·m^2/s
分子量	M	摩尔	摩	mol
质量	m	千克（公斤）	千克	kg
动量	p	千克米每秒	千克·米/秒	kg·m/s
静矩（面积矩）	S	三次方米	米^3	m^3
截面模量	W	三次方米	米^3	m^3
密度	ρ	千克每立方米	千克/米^3	kg/m^3
四、力				
弹性模量	E	帕斯卡	帕	Pa
力	F、P、Q、R、f	牛顿	牛	N
荷重、重力	G	牛顿	牛	N
剪变模量	G	帕斯卡	帕	Pa
硬度	H	牛顿每平方米	牛/米^2	N/m^2
布氏硬度	HB	牛顿每平方米	牛/米^2	N/m^2
洛氏硬度	HR、HRA、HRB、HRC	牛顿每平方米	牛/米^2	N/m^2
肖氏硬度	HS	牛顿每平方米	牛/米^2	N/m^2
维氏硬度	HV	牛顿每平方米	牛/米^2	N/m^2
弯矩	M	牛顿米	牛·米	N·m
压强	p	帕斯卡	帕	Pa
扭矩	T	牛顿米	牛·米	N·m
动力黏度	η	帕斯卡秒	帕·秒	Pa·s
摩擦系数	μ			
运动黏度	ν	二次方米每秒	米^2/秒	m^2/s
正应力	σ	帕斯卡	帕	Pa
极限强度	σ_s	帕斯卡	帕	Pa
剪应力	τ	帕斯卡	帕	Pa
五、能				
功	A、W	焦耳	焦	J
能	E	焦耳	焦	J
功率	P	瓦特	瓦	W
变形能	U	牛顿米	牛·米	N·m
比能	u	焦耳每千克	焦耳/千克	J/kg
效率	η	（百分比）	%	

续表

量的名称	符号	中文单位名称	简称	法定单位符号
六、热				
热容	C	焦耳每开尔文	焦/开	J/K
比热容	c	焦耳每千克开尔文	焦/（千克·开）	J/（kg·K）
体积热容	C_v	焦耳每立方米开尔文	焦/（米^3·开）	J/（m^3·K）
焓	H	焦耳	焦	J
传热系数	K	瓦特每平方米开尔文	瓦/（米^2·开）	W/（m^2·K）
熔解热	L_f	焦耳每千克	焦/千克	J/kg
汽化热	L_v	焦耳每千克	焦/千克	J/kg
热量	Q	焦耳	焦	J
燃烧值	q	焦耳每千克	焦/千克	J/kg
热流（量）密度	q、j	瓦特每平方米	瓦/米^2	W/m^2
传热阻	R	平方米开尔文每瓦特	米^2·开/瓦	m^2·K/W
熵	S	焦耳每开尔文	焦/开	J/K
热力学温度	T	开尔文	开	K
摄氏温度	t	摄氏度	度	℃
热扩散系数	α	平方米每秒	米^2/秒	m^2/s
线膨胀系数	α_L	每开尔文	开$^{-1}$	K^{-1}
面膨胀系数	α_s	每开尔文	开$^{-1}$	K^{-1}
体膨胀系数	α_v	每开尔文	开$^{-1}$	K^{-1}
导热系数	λ	瓦特每米开尔文	瓦/（米·开）	W/（m·K）
七、光和声				
光速	C	米每秒	米/秒	m/s
焦度	D	屈光度	屈光度	
光照度	E、E_v	勒克斯	勒	lx
光通量	ϕ、ϕ_v、F	流明	流	lm
焦距	f	米	米	m
曝光量	H、H_v	勒克斯秒	勒·秒	lx·s
发光强度	I、I_v	坎德拉	坎	cd
声强	I、J	瓦特每平方米	瓦/米^2	W/m^2
光效能	K	流明每瓦特	流/瓦	lm/W
光亮度	L、L_v	坎德拉每平方米	坎/米^2	cd/m^2
响度级	L	方	方	(phon)
响度	N	宋	宋	(sone)
折射系数	n			
辐射通量	ϕ、ϕ_e、P	瓦特	瓦	W
吸声系数	α、α_a			
声强级	β	贝尔或分贝尔	贝或分贝	B或dB
发射系数	r			
隔声系数	σ	贝尔或分贝尔	贝或分贝	B或dB
透射系数	τ			
八、电和磁				
磁感应强度	B	特斯拉	特	T
电容	C	法拉	法	F
电位移	D	库伦每平方米	库/米^2	C/m^2

续表

量的名称	符号	中文单位名称	简称	法定单位符号
电场强度	E	牛顿每库伦或伏特每米	牛/库或伏/米	N/C 或 V/m
电容	G	西门子	西	S
磁场强度	H	安培每米	安/米	A/m
电流	I	安培	安	A
电流密度	J、δ	安培每平方米	安/米^2	A/m^2
电感	M	亨利	亨	H
线圈数	n、W			
电功率	P	瓦特	瓦	W
磁矩	m	安培平方米	安·米^2	A·m^2
电量、电荷	Q、q	库伦	库	C
电阻	R	欧姆	欧	Ω
电势差（电压）	U、V	伏特	伏	V
电势（电位）	V、J	伏特	伏	V
电抗	X	欧姆	欧	Ω
阻抗	Z	欧姆	欧	Ω
电导率	γ、σ	西门子每米	西/米	S/m
电动势	ε	伏特	伏	V
介质常数	ε	法拉每米	法/米	F/m
电荷线密度	λ	库伦每米	库/米	c/m
磁导率	μ	亨利每米	亨/米	H/m
电荷体密度	ρ	库伦每立方米	库/米^3	C/m^3
电阻率	ρ	欧姆米	欧·米	Ω·m
电荷面密度	σ	库伦每平方米	库/米^2	C/m^2
磁通量	ϕ_m	韦伯	韦	Wb

5.1.1.4　化学元素符号

化学元素符号见表 5-8。

化学元素符号　　**表 5-8**

名称	符号	名称	符号	名称	符号	名称	符号	名称	符号	名称	符号	名称	符号
氢	H	氯	Cl	砷	As	铟	In	铽	Tb	铊	Tl	锫	Bk
氦	He	氩	Ar	硒	Se	锡	Sn	镝	Dy	铅	Pb	锎	Cf
锂	Li	钾	K	溴	Br	锑	Sb	钬	Ho	铋	Bi	锿	Es
铍	Be	钙	Ca	氪	Kr	碲	Te	铒	Er	钋	Po	镄	Fm
硼	B	钪	Sc	铷	Rb	碘	I	铥	Tm	砹	At	钔	Md
碳	C	钛	Ti	锶	Sr	氙	Xe	镱	Yb	氡	Rn	锘	No
氮	N	钒	V	钇	Y	铯	Cs	镥	Lu	钫	Fr	铹	Lr
氧	O	铬	Cr	锆	Zr	钡	Ba	铪	Hf	镭	Ra	𬬻	Rf
氟	F	锰	Mn	铌	Nb	镧	La	钽	Ta	锕	Ac	𬭊	Db
氖	Ne	铁	Fe	钼	Mo	铈	Ce	钨	W	钍	Th	𬭳	Sg
钠	Na	钴	Co	锝	Tc	镨	Pr	铼	Re	镤	Pa	𬭛	Bh
镁	Mg	镍	Ni	钌	Ru	钕	Nd	锇	Os	铀	U	𬭶	Hs
铝	Al	铜	Cu	铑	Rh	钷	Pm	铱	Ir	镎	Np	鿏	Mt
硅	Si	锌	Zn	钯	Pd	钐	Sm	铂	Pt	钚	Pu		
磷	P	镓	Ga	银	Ag	铕	Eu	金	Au	镅	Am		
硫	S	锗	Ge	镉	Cd	钆	Gd	汞	Hg	锔	Cm		

5.1.1.5 常用构件代号

常用构件代号见表 5-9。

常用构件代号 **表 5-9**

序号	名称	代号	序号	名称	代号	序号	名称	代号
1	板	B	19	圈梁	QL	37	承台	CT
2	屋面板	WB	20	过梁	GL	38	设备基础	SJ
3	空心板	KB	21	连系梁	LL	39	桩	ZH
4	槽形板	CB	22	基础梁	JL	40	挡土墙	DQ
5	折板	ZB	23	楼梯梁	TL	41	地沟	DG
6	密肋板	MB	24	框架梁	KL	42	柱间支撑	DC
7	楼梯板	TB	25	框支梁	KZL	43	垂直支撑	ZC
8	盖板或沟盖板	GB	26	屋面框架梁	WKL	44	水平支撑	SC
9	挡雨板或檐口板	YB	27	檩条	LT	45	梯	T
10	吊车安全走道板	DB	28	屋架	WJ	46	雨篷	YP
11	墙板	QB	29	托架	TJ	47	阳台	YT
12	天沟板	TGB	30	天窗架	CJ	48	梁垫	LD
13	梁	L	31	框架	KJ	49	预埋件	M
14	屋面梁	WL	32	刚架	GJ	50	天窗端壁	TD
15	吊车梁	DL	33	支架	ZJ	51	钢筋网	W
16	单轨吊车梁	DDL	34	柱	Z	52	钢筋骨架	G
17	轨道连接	DGL	35	框架柱	KZ	53	基础	J
18	车挡	CD	36	构造柱	GZ	54	暗柱	AZ

注：1. 预制钢筋混凝土构件、现浇钢筋混凝土构件、钢构件和木构件，一般可直接采用本表中的构件代号。在绘图中，当需要区别上述构件的材料种类时，可在构件代号前加注材料代号，并在图纸中加以说明。

2. 预应力钢筋混凝土构件的代号，应在构件代号前加注“Y”，如 YDL 表示预应力钢筋混凝土吊车梁。

5.1.1.6 塑料、树脂名称缩写代号

塑料、树脂名称缩写代号见表 5-10。

塑料、树脂名称缩写代号 **表 5-10**

名称	代号	名称	代号
丙烯腈/丁二烯/丙烯酸酯共聚物	ABA	丙烯腈/苯乙烯/丙烯酸酯共聚物	ASA
丙烯腈/丁二烯/苯乙烯共聚物	ABS	醋酸纤维塑料	CA
丙烯腈/乙烯/苯乙烯共聚物	AES	醋酸-丁酸纤维素塑料	CAB
丙烯腈/甲基丙烯酸甲酯共聚物	AMMA	醋酸-丙酸纤维素	CAP
聚芳香酯	ARP	通用纤维素塑料	CE
丙烯腈-苯乙烯树脂	AS	甲酚-甲醛树脂	CF

续表

名称	代号	名称	代号
羧甲基纤维素	CMC	聚酯树脂	PAK
硝酸纤维素	CN	聚丙烯腈	PAN
丙酸纤维素	CP	聚芳酰胺	PARA
氯化聚乙烯	CPE	聚芳砜	PASU
氯化聚氯乙烯	CPVC	聚芳酯	PAT
酪蛋白	CS	聚酯型聚氨酯	PAUR
三醋酸纤维素	CTA	聚丁烯-［1］	PB
乙烷纤维素	EC	聚丙烯酸丁酯	PBA
乙烯/丙烯酸乙酯共聚物	EEA	聚丁二烯-丙烯腈	PBAN
乙烯/甲基丙烯酸共聚物	EMA	聚丁二烯-苯乙烯	PBS
环氧树脂	EP	聚对苯二酸丁二酯	PBT
乙烯-丙烯-二烯三元共聚物	EPD	聚碳酸酯	PC
乙烯-丙烯共聚物	EPM	聚氯三氟乙烯	PCTFE
发泡聚苯乙烯	EPS	聚对苯二甲酸二烯丙酯	PDAP
乙烯-四氟乙烯共聚物	ETFE	聚乙烯	PE
乙烯-醋酸乙烯共聚物	EVA	聚醚嵌段聚酰胺	PEBA
乙烯-乙烯醇共聚物	EVAL	聚酯热塑弹性体	TPEE
全氟（乙烯-丙烯）塑料	FEP	聚醚醚酮	PEEK
呋喃甲醛	FF	聚醚酰亚胺	PEI
高密度聚乙烯塑料	HDPE	聚醚酮	PEK
高冲聚苯乙烯	HIPS	聚环氧乙烷	PEO
耐冲击聚苯乙烯	IPS	聚醚砜	PES
液晶聚合物	LCP	聚对苯二甲酸乙二酯	PET
低密度聚乙烯塑料	LDPE	二醇类改性 PET	PETG
线性低密聚乙烯	LLDPE	聚醚型聚氨酯	PEUR
线性中密聚乙烯	LMDPE	酚醛树脂	PF
甲基丙烯酸-丁二烯-苯乙烯共聚物	MBS	全氟烷氧基树脂	PFA
甲基纤维素	MC	酚呋喃树脂	PFF
中密聚乙烯	MDPE	聚酰亚胺	PI
密胺-甲醛树脂	MF	聚异丁烯	PIB
密胺/酚醛树脂	MPF	聚酰亚胺砜	PISU
聚酰胺（尼龙）	PA	聚 α-氯代丙烯酸甲酯	PMCA
聚丙烯酸	PAA	聚甲基丙烯酸甲酯	PMMA
碳酸-二乙二醇酯·烯丙醇酯树脂	PADC	聚 4-甲基戊烯-1	PMP
聚芳醚	PAE	聚 α-甲基苯乙烯	PMS
聚芳醚酮	PAEK	聚甲醛	POM
聚酰胺-酰亚胺	PAI	聚丙烯	PP

续表

名称	代号	名称	代号
聚邻苯二甲酰胺	PPA	聚乙烯-乙烯共聚物	VG/E
聚苯醚	PPE PPO	聚乙烯-乙烯-丙烯酸甲酯共聚物	VC/E/MA
		氯乙烯-乙烯-醋酸乙烯酯共聚物	VC/E/VCA
聚环氧（丙）烷	PPOX	聚（偏二氯乙烯）	PVDC PVDF
聚苯硫醚	PPS		
聚苯砜	PPSU	聚氟乙烯	PVF
聚苯乙烯	PS	聚乙烯醇缩甲醛	PVFM
聚砜	PSU	聚乙烯咔唑	PVK
聚四氟乙烯	PTFE	聚乙烯吡咯烷酮	PVP
聚氨酯	PUR	苯乙烯-马来酐塑料	S/MA
聚醋酸乙烯	PVAC	苯乙烯-丙烯腈塑料	SAN
聚乙烯醇	PVAL	苯乙烯-丁二烯塑料	SB
聚乙烯醇缩丁醛	PVB	有机硅塑料	Si
聚氯乙烯	PVC	苯乙烯-α-甲基苯乙烯塑料	SMS
聚氯乙烯醋酸乙烯酯	PVCA	饱和聚酯塑料	SP
氯化聚氯乙烯	PVCC	聚苯乙烯橡胶改性塑料	SRP
聚（乙烯基异丁基醚）	PVI	醚酯型热塑弹性体	TEEE
聚（氯乙烯-甲基乙烯基醚）	PVM	聚烯烃热塑弹性体	TEO
窄面模塑	RAM	苯乙烯热塑性弹性体	TES
甲苯二酚-甲醛树脂	RF	热塑（性）弹性体	TPEL
反应注射模塑	RIM	热塑性聚酯	TPES
增强塑料	RP	热塑性聚氨酯	TPUR
增强反应注射模塑	RRIM	热固聚氨酯	TSUR
增强热塑性塑料	RTP	脲甲醛树脂	UF
苯乙烯-丙烯腈共聚物	S/AN	超高分子量聚乙烯	UHMWPE
苯乙烯-丁二烯嵌段共聚物	SBS	不饱和聚酯	UP
聚硅氧烷	SI	氯乙烯/乙烯树脂	VCE
片状模塑料	SMC	氯乙烯/乙烯/醋酸乙烯共聚物	VCEV
苯乙烯-α-甲基苯乙烯共聚物	S/MS	氯乙烯/丙烯酸甲酯共聚物	VCMA
厚片模塑料	TMC	氯乙烯/甲基丙烯酸甲酯共聚物	VCMMA
热塑性弹性体	TPE	氯乙烯/丙烯酸辛酯树脂	VCOA
韧性聚苯乙烯	TPS	氯乙烯/醋酸乙烯树脂	VCVAC
热塑性聚氨酯	TPU	氯乙烯/偏氯乙烯共聚物	VCVDC
聚-4-甲基-1-戊烯	TPX		

5.1.1.7 常用增塑剂名称缩写代号

常用增塑剂名称缩写代号见表 5-11。

常用增塑剂名称缩写代号　表 5-11

名称	代号	名称	代号
烷基磺酸酯	ASE	己二酸二辛酯［己二酸二（2-乙基己）酯］	DOA
邻苯二甲酸苄丁酯	BBP	间苯二甲酸二辛酯［间苯二甲酸二（2-乙基己）酯］	DOIP
己二酸苄辛酯	BOA	邻苯二甲酸二辛酯［邻苯二甲酸二（2-乙基己）酯］	DOP
邻苯二甲酸二丁酯	DBP	癸二酸二辛酯［癸二酸二（2-乙基己）酯］	DOS
邻苯二甲酸二辛酯	DCP	对苯二甲酸二辛酯［对苯二甲酸二（2-乙基己）酯］	DOTP
邻苯二甲酸二乙酯	DEP	壬二酸二辛酯［壬二酸二（2-乙基己）酯］	DOZ
邻苯二甲酸二庚酯	DHP	磷酸二苯甲苯酯	DPCF
邻苯二甲酸二己酯	DHXP	磷酸二苯辛酯	DPOF
邻苯二甲酸二异丁酮	DIBP	环氧化亚麻油	ELO
己二酸二异癸酯	DIDA	环氧化豆油	ESO
邻苯二甲酸二异癸酯	DIDP	邻苯二甲酸辛癸酯	ODP
己二酸二异壬酯	DINA	磷酸三氯乙酯	TCEP
邻苯二甲酸二异壬酯	DINP	磷酸三甲苯酯	TCF
己二酸二异辛酯	MSDS	偏苯三酸三异辛酯	TIOTM
邻苯二甲酸二异辛酯	DIOP	磷酸三辛酯［磷酸三（2-乙基己）酯］	TOF
邻苯二甲酸二异十三酯	DITDP	均苯四甲酸四辛酯［均苯四甲酸四（2-乙基己）酯］	TOPM
邻苯二甲酸二甲酯	DMP	磷酸三苯酯	TPF
邻苯二甲酸二壬酯	DNP		

5.1.1.8　钢材涂色标记

钢材涂色标记见表 5-12。

钢材涂色标记　表 5-12

类别	牌号或组别	涂色标志	类别	牌号或组别	涂色标志
优质碳素结构钢	05～15	白色	合金结构钢	铬锰钢	蓝色＋黑色
	20～25	棕色＋绿色		铬锰硅钢	红色＋紫色
	30～40	白色＋蓝色		铬钒钢	绿色＋黑色
	45～85	白色＋棕色		铬锰钛钢	黄色＋黑色
	15Mn～40Mn	白色二条		铬钨钒钢	棕色＋黑色
	45Mn～70Mn	绿色三条		钼钢	紫色
合金结构钢	锰钢	黄色＋蓝色		铬钼钢	绿色＋紫色
	硅锰钢	红色＋黑色		铬锰钼钢	绿色＋白色
	锰钒钢	蓝色＋绿色		铬钼钒钢	紫色＋棕色
	铬钢	绿色＋黄色		铬硅钼钒钢	紫色＋棕色
	铬硅钢	蓝色＋红色		铬铝钢	铝白色

续表

类别	牌号或组别	涂色标志	类别	牌号或组别	涂色标志
合金结构钢	铬钼铝钢	黄色+紫色	不锈耐酸钢	铬钼钒钢	铝色+红色+黄色
	铬钨钒铝钢	黄色+红色		铬镍钼钛钢	铝色+紫色
	硼钢	紫色+蓝色		铬钼钒钴钢	铝色+紫色
	铬钼钨钒钢	紫色+黑色		铬镍铜钛钢	铝色+蓝色+白色
高速工具钢	W12Cr4V4Mo	棕色一条+黄色一条		铬镍钼铜钛钢	铝色+黄色+绿色
	W18Cr4V	棕色一条+蓝色一条		铬镍钼铜铌钢	铝色+黄色+绿色
	W9Cr4V2	棕色二条		(铝色为宽条，余为窄色条)	
	W9Cr4V	棕色一条	耐热钢	铬硅钢	红色+白色
铬轴承钢	GCr6	绿色一条+白色一条		铬钼钢	红色+绿色
	GCr9	白色一条+黄色一条		铬硅钼钢	红色+蓝色
	GCr9SiMn	绿色二条		铬钢	铝色+黑色
	GCr15	蓝色一条		铬钼钒钢	铝色+紫色
	GCr15SiMn	绿色一条+蓝色一条		铬镍钛钢	铝色+蓝色
不锈耐酸钢	铬钢	铝色+黑色		铬铝硅钢	红色+黑色
	铬钛钢	铝色+黄色		铬硅钛钢	红色+黄色
	铬锰钢	铝色+绿色		铬硅钼钛钢	红色+紫色
	铬钼钢	铝色+白色		铬硅钼钒钢	红色+紫色
	铬镍钢	铝色+红色		铬铝钢	红色+铝色
	铬锰镍钢	铝色+棕色		铬镍钨钼钛钢	红色+棕色
	铬镍钛钢	铝色+蓝色		铬镍钨钼钢	红色+棕色
	铬镍铌钢	铝色+蓝色		铬镍钨钛钢	铝色+白色+红色
	铬钼钛钢	铝色+白色+黄色		(前为宽色条，后为窄色条)	

5.1.1.9 钢筋符号

钢筋符号见表5-13。

钢筋符号　　表5-13

种类		符号	种类			符号
普通钢筋	HPB300	A	预应力筋	中强度预应力钢丝	光面	A^{PM}
	HRB335	B			螺旋肋	A^{HM}
	RRB400	C		预应力螺纹钢筋	螺纹	A^{T}
	HRBF400	C^{F}		消除应力钢丝	光面	A^{P}
	RRB400	C^{R}			螺旋肋	A^{H}
	HRB500	D		钢绞线		A^{S}
	HRBF500	D^{F}				

5.1.1.10 建材、设备的规格型号表示法

建材、设备的规格型号表示法见表5-14。

建材、设备的规格型号表示法　　表 5-14

符号	意义	符号	意义
	一、土建材料	e	偏心距
	角钢	M	门
匚	槽钢	n	螺栓孔数目
工	工字钢	C	材料强度等级表示法 混凝土强度等级
—	扁钢、钢板	M	砂浆强度等级
口	方钢	MU	砖、石、砌块强度等级
A	圆形材料直径	S	钢材强度等级
″	英寸	T	木材强度等级
#	号	β	高厚比
@	每个、每样相等中距	λ	长细比
C	窗	〔 〕	容许的
c	保护层厚度	＋（一）	受拉（受压）的
	二、电气材料设备		三、给水排水材料设备
AWG	美国线规		公称直径（毫米）
BWG	伯明翰线规		管螺纹（英寸）
CWG	中国线规		管线承受压力，如 1.6N/mm^2
SWG	英国线规		输送液体、气体管类型表示法（一） 氨气管
DG	电线管		氮气管
G	焊接钢管		二氧化碳管
VG	硬塑料管		鼓风管
B	安装类型表示法 壁装式		化工管
D	吸顶式		凝水管
G	管吊式		燃气管
L	链吊式		氢气管
R	嵌入式		热水管
X	线吊式		乳化剂管
BLV	导线类型表示法 铝芯聚氯乙烯绝缘线		输送液体、气体管类型表示法（二） 给水管
BLVV	铝芯聚氯乙烯护套线		通风管
BLX	铝芯橡皮线		排水管
BLXF	铝芯氯丁橡皮线		循环水管
BV	铜芯聚氯乙烯绝缘线		油管
BVR	铜芯聚氯乙烯绝缘软线		乙炔管
BVV	铜芯聚氯乙烯护套线		氧气管
BX	铜芯橡皮线		压缩空气管
BXR	铜芯橡皮软线		蒸汽管
BXF	铜芯氯丁橡皮线		真空管
HBV	铜芯聚氯乙烯通信广播线		沼气管
HPV	铜芯聚氯乙烯电话配线		水泵类型表示法 单级单吸离心水泵
			多级多吸离心水泵
			单级单吸混流泵
			离心式水泵
			单级双吸离心水泵

5.1.1.11 钢铁及合金、阀门、润滑油的产品代号

1. 钢铁及合金的产品代号（表 5-15）

钢铁及合金的产品代号 **表 5-15**

代号组成	前缀字母
统一数字代号由固定的 6 位符号组成，左边第一位用大写的拉丁字母作前缀（一般不使用“I”和“O”），后接 5 位阿拉伯数字。 每一个统一数字代号只适用于一个产品牌号；反之，每一个产品牌号只对应于一个统一数字代号。当产品牌号取消后，一般情况下，原对应的统一数字代号不再分配给另一个产品牌号。 统一数字代号的结构形式如下： 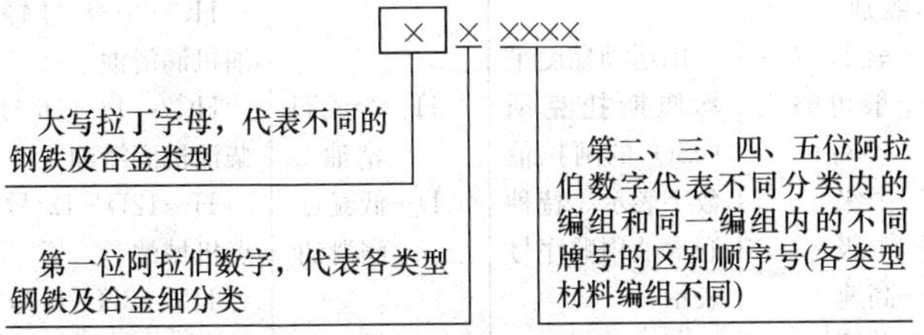	A—合金结构钢 B—轴承钢 C—铸铁、铸钢及铸造合金 E—电工用钢和纯铁 F—铁合金和生铁 L—低合金钢 Q—快淬金属及合金 S—不锈、耐蚀和耐热钢 T—工具钢 U—非合金钢 W—焊接用钢及合金

2. 阀门的产品代号（表 5-16）

阀门的产品代号 **表 5-16**

代号组成	阀门类别符号	驱动方法符号	连接形式和结构形式符号	密封圈或衬里材料符号	公称压力符号	阀体材料符号
由如下六部分组成： □—阀门类别符号(见右栏) □—驱动方法符号(见右栏) □—连接形式和结构形式符号(见右栏) □—密封圈陈忠衬里材为符号(见右栏) □—公称压力符号(见右栏) □—阀体材料符号(见右栏)	用汉语拼音字母表示类别： A—安全阀 D—蝶阀 G—隔膜阀 H—止回阀 J—截止阀 L—节流阀 Q—球阀 S—疏水阀 T—调节阀 X—旋塞阀 Y—减压阀 Z—闸阀	用阿拉伯数字表示驱动方法： 3—蜗轮传动 4—正齿轮传动 5—伞齿轮传动 6—气动驱动 7—液压驱动 8—电磁驱动 9—电动机驱动	用两位阿拉伯数字表示，个位数字表示各种阀门结构形式（略）。十位数字表示连接形式： 1—内螺纹 2—外螺纹 3～5—法兰 6—焊接	用汉语拼音字母表示密封圈或衬里材料： B—巴氏合金 D—渗氮钢 H—不锈耐酸钢 J—硬橡胶 L—铝合金 NL—尼龙 P—皮革 SA—聚四氟乙烯 SC—聚氯乙烯 SD—酚醛塑料 T—铜 TC—搪瓷 X—橡胶 Y—硬质合金	用阿拉伯数字表示公称压力，可直接表示，也可用短线将它与前面四个单元符号隔开表示	用汉语拼音字母表示阀体材料： B—铝合金 C—碳钢 G—硅铁 I—铬铜钢 K—可锻铸钢 L—铝合金钢 P—铬镍钛铜 Q—球墨铸铁 R—铬镍铜钛钢 T—铜合金 V—铬镍钒钢 Z—灰铸铁

3. 润滑油的产品代号（表 5-17）

润滑油的产品代号　　**表 5-17**

代号组成	组别符号	级别符号	牌号	尾注	举例
由如下四部分组成： □ □ □-□ □—类别符号(用C表示) □—组别符号(见右栏) □—级别符号(见右栏) □—牌号(见右栏)	A—全损耗系统油 B—脱模油 C—齿轮油 D—压缩机油 E—内燃机油 F—主轴、轴承和离合器油 G—导轨油 H—液压油 M—金属加工油 N—电气绝缘油 P—风动工具油 Q—热导油 R—暂时保护防腐蚀油 T—汽轮机油 U—热处理油 X—润滑脂 Y—其他应用场合油 Z—蒸汽气缸油 S—特殊润滑剂应用油	用阿拉伯数字表示级别： 1—轻级（一般可略去不写） 2—中级 3—重级 4—高速 5—低速 8—极压	用运动黏度平均厘斯托克斯（cSt）的阿拉伯数字表示。特种润滑油用顺序号表示	H—合成润滑油 D—低凝点润滑油	HC—8—8 号轻级柴油机润滑油 HC2—16—16 号中级柴油机润滑油 H—12D—12 号低凝点机械油 HY—8H—8 号合成仪表油

5.1.1.12　常用架空绞线的型号及用途

常用架空绞线的型号及用途见表 5-18。

常用架空绞线的型号及用途　　**表 5-18**

型号组成	型号	名称	规格（mm^2）	用途
由如下三部分组成： □□□ └ 尾注 └ 特征代号 └ 类别符号 （1）类别代号以导线区分： L—铝线　T—铜线 （2）特征代号用拼音字母表示： G—钢芯　J—绞制　J—加强型 Q—轻型　R—柔软型　Y—圆形 （3）尾注： F—防腐形 1—第一种　2—第二种	LJ	裸铝绞线	10～600	供高低压架空输配电线路用
	LGJ LGJJ LGJQ	钢芯铝绞线 加强型钢芯铝绞线 轻型钢芯铝绞线	10～400 150～400 150～700	供需提高拉力强度的架空输配电线路用
	LGJF LGJJF LGJQF	防腐型钢芯铝绞线 防腐加强型钢芯铝绞线 防腐轻型钢芯铝绞线	10～400 150～400 150～700	供沿海及有腐蚀性地区需提高拉力强度的架空输配电线路用

5.1.2 常用图纸标记符号和表示方法

5.1.2.1 图纸的标题栏与会签栏

图纸的标题栏与会签栏见表 5-19。

图纸的标题栏与会签栏　　表 5-19

表示方法说明	图示
横式使用的图纸，应按右栏图示的形式布置	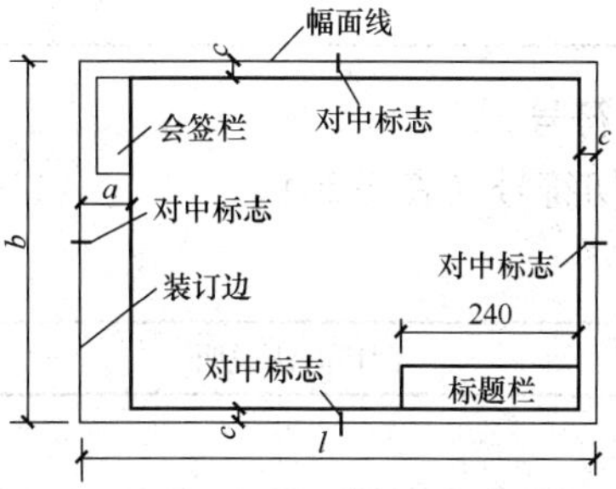
A0～A3 幅面立式使用的图纸，应按右栏图示的形式布置	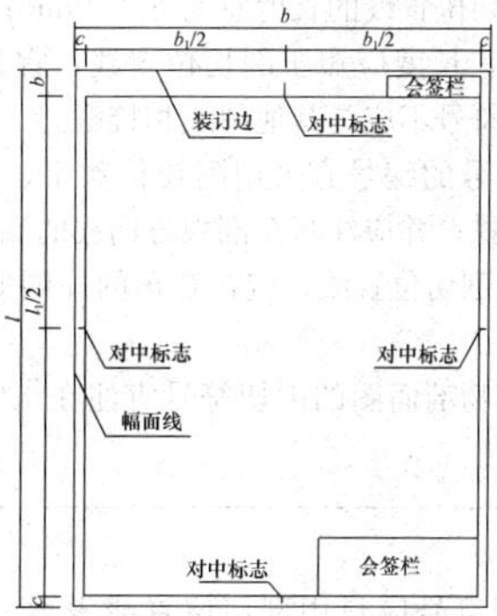
A4 幅面立式使用的图纸，应按右栏图示的形式布置	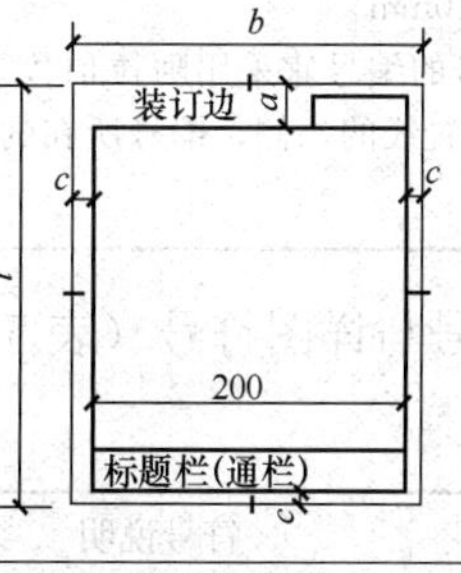
标题栏应按右栏图示，根据工程需要选择确定其尺寸、格式及分区。签字区应包含实名列和签名列。涉外工程的标题栏内，各项主要内容的中文下方应附有译文，设计单位的上方或左方，应加“中华人民共和国”字样	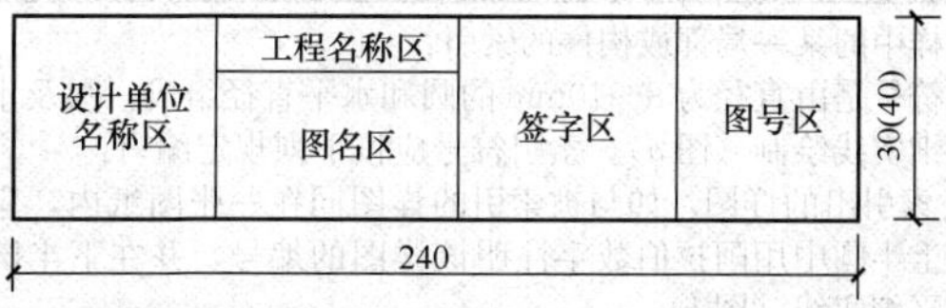

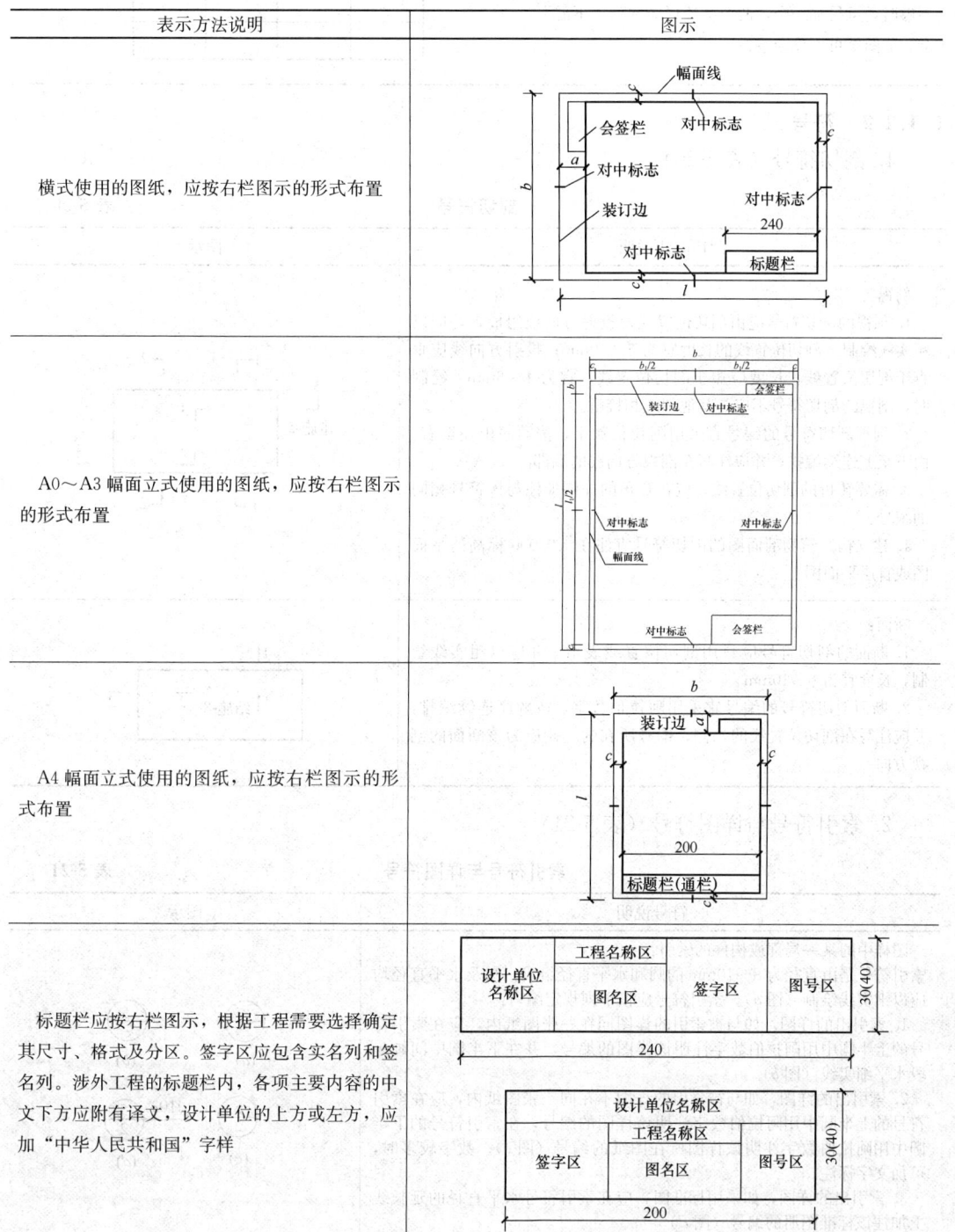

续表

表示方法说明	图示
会签栏应按右栏图示的格式绘制，其尺寸应为100mm×20mm，栏内应填写会签人员所代表的专业、姓名、日期（年、月、日）；一个会签栏不够时，可另加一个，两个会签栏应并列；不需会签的图纸可不设会签栏	专业 | 姓名 | 签名 | 日期

5.1.2.2　符号

1. 剖切符号（表5-20）

剖切符号　**表5-20**

剖切方法说明	图示
剖视： 1. 剖视的剖切符号应由剖切位置线及投射方向线组成，均应以粗实线绘制。剖切位置线的长度宜为6～10mm；投射方向线应垂直于剖切位置线，长度应短于剖切位置线，宜为4～6mm。绘制时，剖视的剖切符号不应与其他图线相接触。 2. 剖视剖切符号的编号宜采用阿拉伯数字，按顺序由左至右、由下至上连续编排，并应注写在剖视方向线的端部。 3. 需要转折的剖切位置线，应在转角的外侧加注与该符号相同的编号。 4. 建（构）筑物剖面图的剖切符号宜注在±0.000标高的平面图或首层平面图上	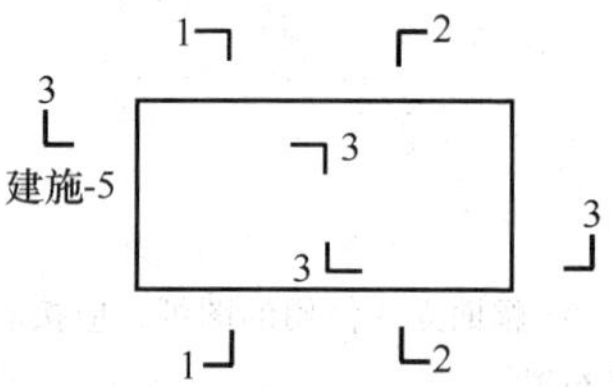
断面： 1. 断面的剖切符号应只用剖切位置线表示，并应以粗实线绘制，长度宜为6～10mm。 2. 断面剖切符号的编号宜采用阿拉伯数字，按顺序连续编排，并应注写在剖切位置线的一侧；编号所在的一侧应为该断面的剖视方向	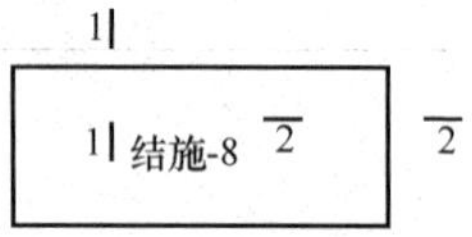

2. 索引符号与详图符号（表5-21）

索引符号与详图符号　**表5-21**

符号说明	图示
图样中的某一局部或构件的索引： 索引符号是由直径为8～10mm的圆和水平直径组成，圆及水平直径均应以细实线绘制（图*a*）。索引符号应按下列规定编写： 1. 索引出的详图，如与被索引的详图同在一张图纸内，应在索引符号的上半圆中用阿拉伯数字注明该详图的编号，并在下半圆中间画一段水平细实线（图*b*）。 2. 索引出的详图，如与被索引的详图不在同一张图纸内，应在索引符号的上半圆中用阿拉伯数字注明该详图的编号，在索引符号的下半圆中用阿拉伯数字注明该详图所在图纸的编号（图*c*）。数字较多时，可加文字标注。 3. 索引出的详图，如采用标准图，应在索引符号水平直径的延长线上加注该标准图册的编号（图*d*）	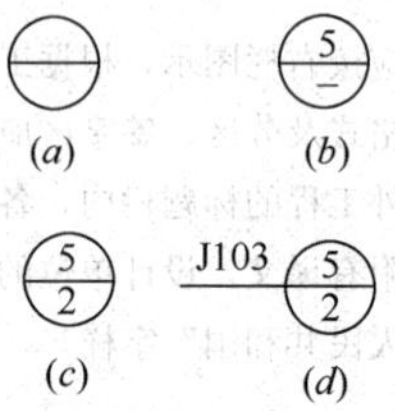

续表

符号说明	图示
索引符号用于索引剖视详图： 应在被剖切的部位绘制剖切位置线，并以引出线引出索引符号，引出线所在的一侧应为投射方向。索引符号的编写同上行的规定（图 *a*、*b*、*c*、*d*）	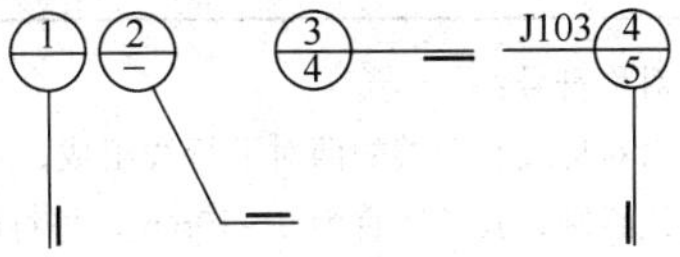 (*a*)　(*b*)　(*c*)　(*d*)
零件、钢筋、杆件、设备等的编号： 以直径为 5～6mm（同一图样应保持一致）的细实线圆表示，其编号应用阿拉伯数字按顺序编写	
详图符号： 详图的位置和编号，应以详图符号表示。详图符号的圆应以直径为 14mm 的粗实线绘制。详图应按下列规定编号： 1. 详图与被索引的图样同在一张图纸内时，应在详图符号内用阿拉伯数字注明详图的编号（图 *a*）。 2. 详图与被索引的图样不在同一张图纸内时，应用细实线在详图符号内画一水平直径，在上半圆中注明详图编号，在下半圆中注明被索引的图纸的编号（图 *b*）	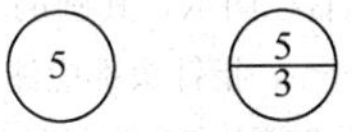 (*a*)　(*b*)

3. 引出线（表 5-22）

引出线　**表 5-22**

引出线说明	图示
引出线应以细实线绘制，宜采用水平方向的直线、与水平方向成 30°、45°、60°、90°的直线，或经上述角度再折为水平线。文字说明宜注写在水平线的上方（图 *a*），也可注写在水平线的端部（图 *b*）。索引详图的引出线，应与水平直径线相连接（图 *c*）	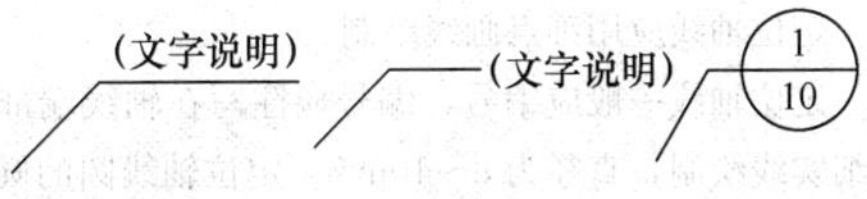 (*a*)　(*b*)　(*c*)
同时引出几个相同部分的引出线，宜互相平行（图 *a*），也可画成集中于一点的放射线（图 *b*）	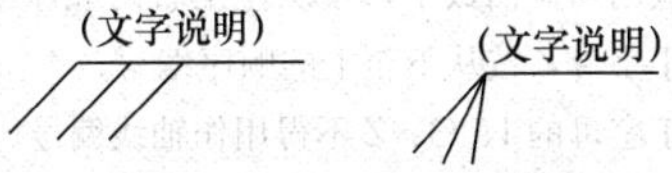 (*a*)　(*b*)
多层构造或多层管道共用引出线，应通过被引出的各层，并用圆点示意对应各层次。文字说明宜注写在水平线的上方，或注写在水平线的端部，说明的顺序应由上至下，并应与被说明的层次相互一致；如层次为横向排序，则由上至下的说明顺序应与由左至右的层次相互一致	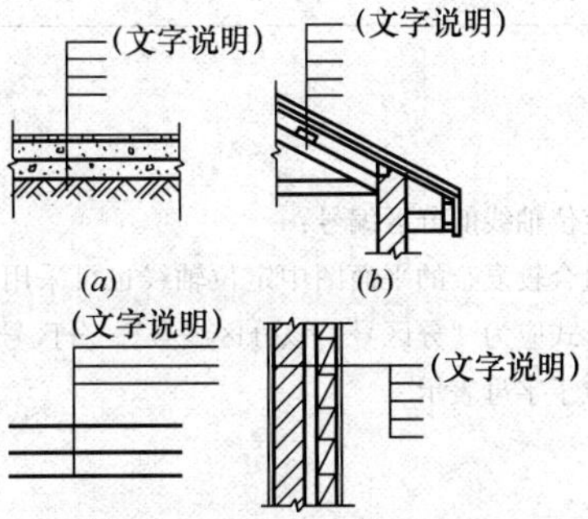 (*c*)　(*d*)

4. 其他符号（表 5-23）

其他符号　　表 5-23

符号说明	图示
对称符号： 由对称线和两端的两对平行线组成。对称线用细点画线绘制；平行线用细实线绘制，其长度宜为 6～10mm，每对的间距宜为 2～3mm；对称线垂直平分于两对平行线，两端超出平行线宜为 2～3mm	
连接符号： 应以折断线表示需连接的部位。两部位相距过远时，折断线两端靠图样一侧应标注大写拉丁字母表示连接编号。两个被连接的图样必须用相同的字母编号	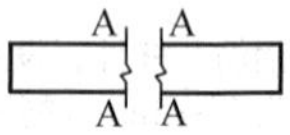 A-连接编号
指北针： 形状宜如右栏图示，其圆的直径宜为 24mm，用细实线绘制；指针尾部的宽度宜为 3mm，指针头部应注"北"或"N"字。需用较大直径绘制指北针时，指针尾部宽度宜为直径的 1/8	

5.1.2.3　定位轴线

定位轴线符号见表 5-24。

定位轴线符号　　表 5-24

相关说明	图示
定位轴线的绘制与编号： 定位轴线应用细点画线绘制。 定位轴线一般应编号，编号应注写在轴线端部的圆内。圆应用细实线绘制，直径为 8～10mm。定位轴线圆的圆心，应在定位轴线的延长线上或延长线的折线上。 平面图上定位轴线的编号，宜标注在图样的下方与左侧。横向编号应用阿拉伯数字，按从左至右的顺序编写，竖向编号应用大写拉丁字母，按从下至上的顺序编写。 拉丁字母的 I、O、Z 不得用作轴线编号。如字母数量不够使用，可增用双字母或单字母加数字注脚，如 AA、BA……YA 或 A1、B1……Y1	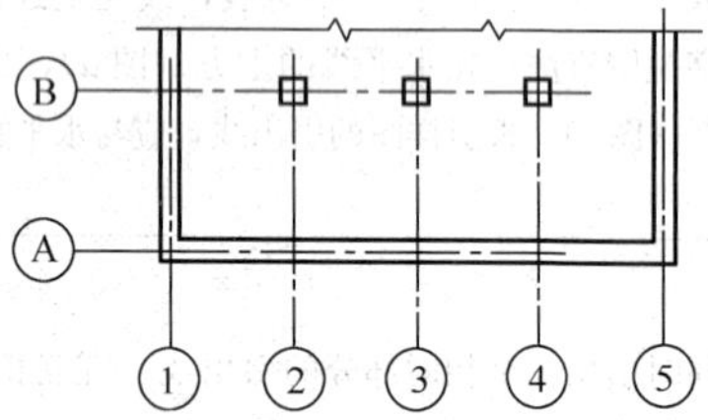
定位轴线的分区编号： 组合较复杂的平面图中定位轴线也可采用分区编号，编号的注写形式应为"分区号　该分区编号"。分区号采用阿拉伯数字或大写拉丁字母表示	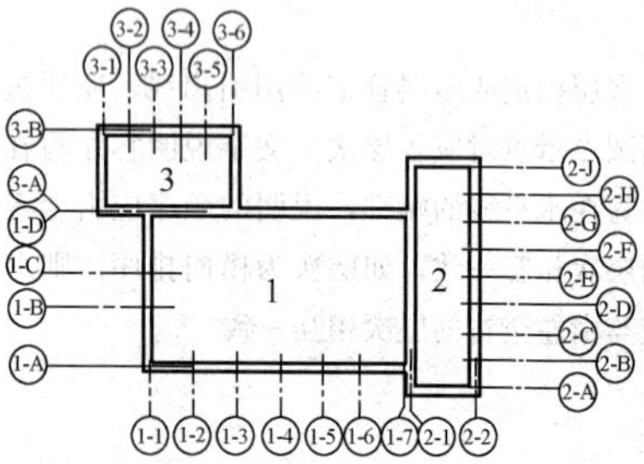

续表

相关说明	图示
附加定位轴线的编号： 应以分数形式表示，并应按下列规定编写： 1. 两根轴线间的附加轴线，应以分母表示前一轴线的编号，分子表示附加轴线的编号，编号宜用阿拉伯数字顺序编写，如图 *a* 表示 2 号轴线之后附加的第一根轴线；图 *b* 表示 C 号轴线之后附加的第三根轴线。 2. 1 号轴线或 A 号轴线之前的附加轴线的分母应以 01 或 0A 表示，如图 *c* 表示 1 号轴线之前附加的第一根轴线；图 *d* 表示 A 号轴线之前附加的第三根轴线	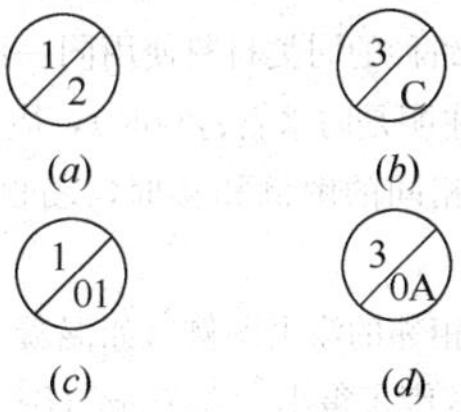
一个详图适用于几根轴线时的编号： 一个详图适用于几根轴线时，应同时注明各有关轴线的编号。 图 *a* 表示用于 2 根轴线时；图 *b* 表示用于 3 根或 3 根以上轴线时；图 *c* 表示用于 3 根以上连续编号的轴线时	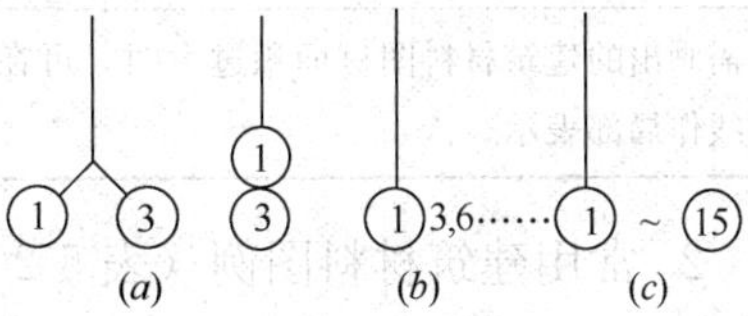
通用详图中的定位轴线： 应只画圆，不注写轴线编号	
圆形平面图中定位轴线的编号： 其径向轴线宜用阿拉伯数字表示，从左下角开始，按逆时针顺序编写；其圆周轴线宜用大写拉丁字母表示，从外向内顺序编写	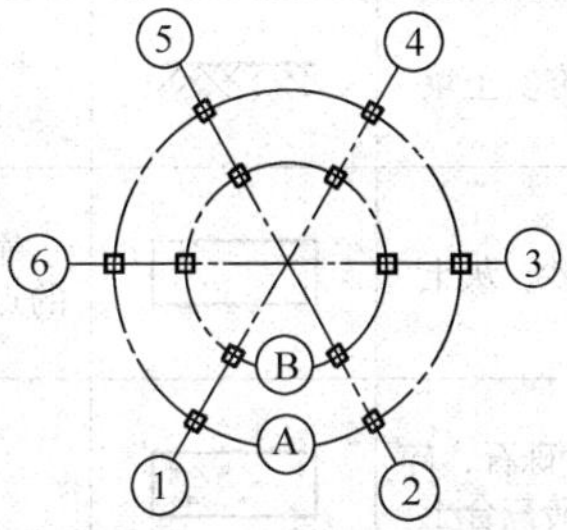
折线形平面图中定位轴线的编号： 可按右栏图式的形式编写	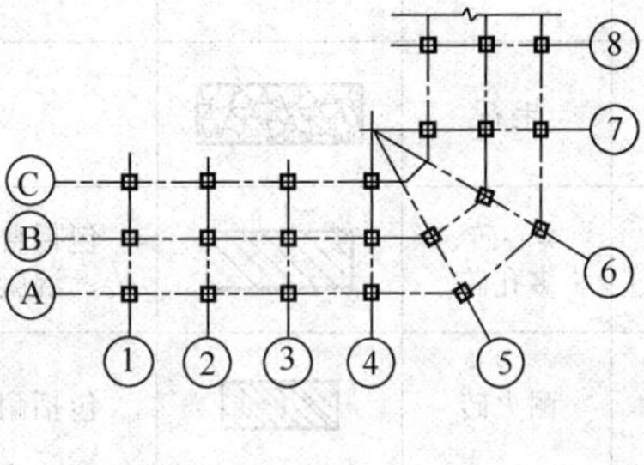

5.1.2.4 常用建筑材料图例

1. 常用建筑材料图例的一般规定（表 5-25）

常用建筑材料图例的一般规定　　表 5-25

相关说明	图示
只规定常用建筑材料的图例画法，对其尺度比例不作具体规定。使用时，应根据图样大小而定，并应注意下列事项： 1. 图例线应间隔均匀，疏密适度，做到图例正确，表示清楚。 2. 不同品种的同类材料使用同一图例时（如某些特定部位的石膏板必须注明是防水石膏板时），应在图上附加必要的说明。 3. 两个相同的图例相接时，图例线宜错开或使倾斜方向相反（图 *a*、*b*）。 4. 两个相邻的涂黑图例（如混凝土构件、金属件）间，应留有空隙。其宽度不得小于 0.7mm（图 *c*）	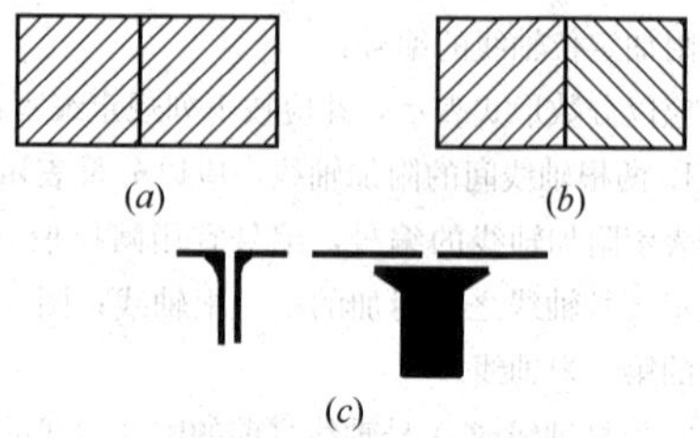
下列情况可不加图例，但应加文字说明： 1. 一张图纸内的图样只用一种图例时。 2. 图形较小无法画出建筑材料图例时	
需画出的建筑材料图例面积过大时，可在断面轮廓线内，沿轮廓线作局部表示	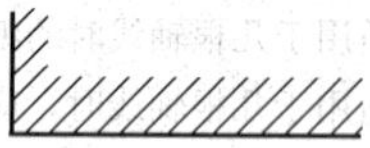

2. 常用建筑材料图例（表 5-26）

常用建筑材料图例　　表 5-26

序号	名称	图例	备注
1	自然土壤		包括各种自然土壤
2	夯实土壤		
3	砂、灰土	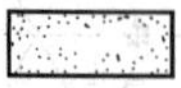	靠近轮廓线绘较密的点
4	砂砾石、碎砖三合土	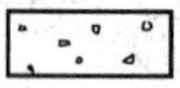	
5	石材		
6	毛石		
7	实心砖、多孔砖	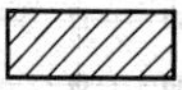	包括普通砖、多孔砖、混凝土砖等砌体
8	耐火砖	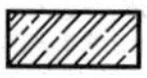	包括耐酸砖等砌体
9	空心砖、空心砌块	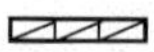	包括空心砖、普通或轻骨料混凝土小型空心砌块等砌体

序号	名称	图例	备注
10	加气混凝土	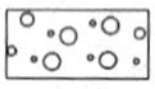	包括加气混凝土砌块砌体、加气混凝土墙板及加气混凝土材料制品等
11	饰面砖	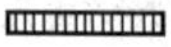	包括铺地砖、玻璃马赛克、陶瓷锦砖、人造大理石等
12	焦渣、矿渣	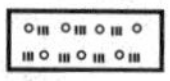	包括与水泥、石灰等混合而成的材料
13	混凝土	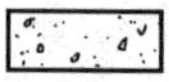	1. 包括各种强度等级、骨料、添加剂的混凝土； 2. 在剖面图上绘制表达钢筋时，则不需绘制图例线； 3. 断面图形小，不易画出图例线时，可填黑或深灰（灰度 70%）
14	钢筋混凝土		
15	多孔材料	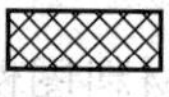	包括水泥珍珠岩、沥青珍珠岩、泡沫混凝土、软木、蛭石制品等

续表

序号	名称	图例	备注	序号	名称	图例	备注
16	纤维材料	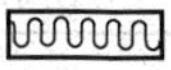	包括矿棉、岩棉、玻璃棉、麻丝、木丝板、纤维板等	22	网状材料		1. 包括金属、塑料网状材料； 2. 应注明具体材料名称
17	泡沫塑料材料	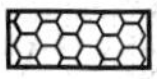	包括聚苯乙烯、聚乙烯、聚氨酯等聚合物类材料	23	液体	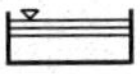	应注明具体液体名称
18	木材	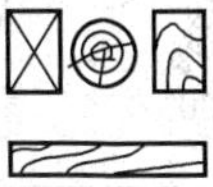	1. 上图为横断面，上左图为垫木、木砖或木龙骨； 2. 下图为纵断面	24	玻璃		包括平板玻璃、磨砂玻璃、夹丝玻璃、钢化玻璃、中空玻璃、夹层玻璃、镀膜玻璃等
19	胶合板		应注明为×层胶合板	25	橡胶		
20	石膏板	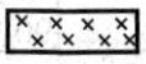	包括圆孔或方孔石膏板、防水石膏板、防火石膏板等	26	塑料		包括各种软、硬塑料及有机玻璃等
21	金属		1. 包括各种金属； 2. 图形较小时，可填黑或深灰（灰度70%）	27	防水材料		构造层次多或比例大时，采用上面的图例
				28	粉刷		本图例采用较稀的点

注：序号1、2、5、7、8、14、15、19、21、25、26图例中的斜线、短斜线、交叉斜线等一律为45°。

5.1.2.5 尺寸标注

1. 尺寸界线、尺寸线及尺寸起止符号（表5-27）

尺寸界线、尺寸线及尺寸起止符号 **表5-27**

相关说明	图示
尺寸的组成： 图样上的尺寸，包括尺寸界线、尺寸线、尺寸起止符号和尺寸数字	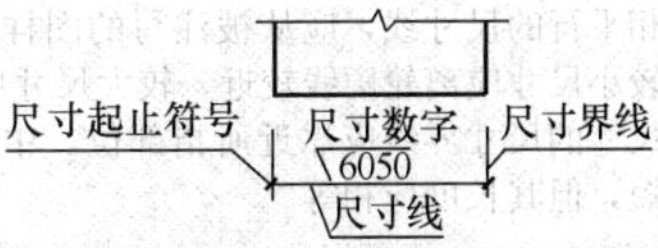
尺寸界线： 应用细实线绘制，一般应与被注长度垂直，其一端应离开图样轮廓线不小于2mm，另一端宜超出尺寸线2～3mm。图样轮廓线可用作尺寸界线	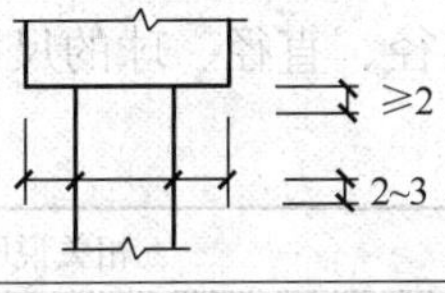
尺寸线绘制要求： 应用细实线绘制，应与被注长度平行。图样本身的任何图线均不得用作尺寸线	
尺寸起止符号： 一般用中粗斜短线绘制，其倾斜方向应与尺寸界线成顺时针45°角，长度宜为2～3mm。半径、直径、角度与弧长的尺寸起止符号，宜用箭头表示	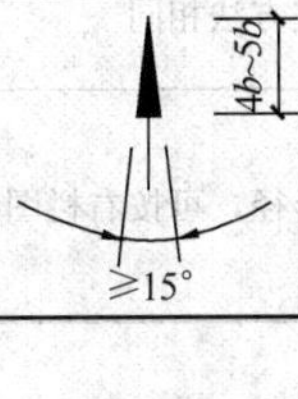

2. 尺寸数字（表 5-28）

尺寸数字　　　　**表 5-28**

相关说明	图示
图样上的尺寸，应以尺寸数字为准，不得从图上直接量取	
尺寸数字的方向，应按图 *a* 的规定注写。若尺寸数字在 30°斜线区内，宜按图 *b* 的形式注写	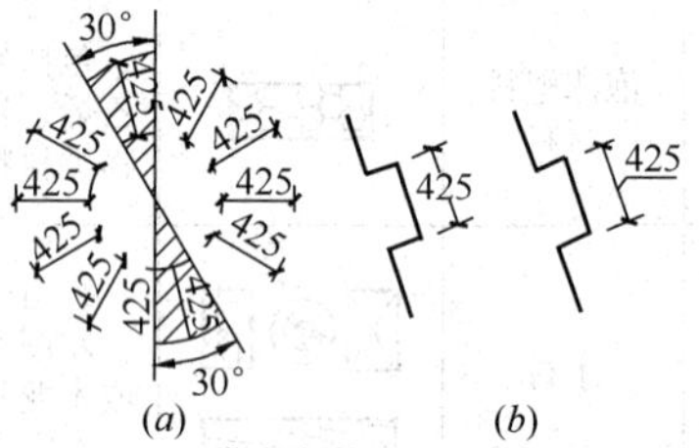
图样上的尺寸单位，除标高及总平面以米为单位外，其他必须以毫米为单位	
尺寸数字一般应依据其方向注写在靠近尺寸线的上方中部。如没有足够的注写位置，最外边的尺寸数字可注写在尺寸界线的外侧，中间相邻的尺寸数字可错开注写	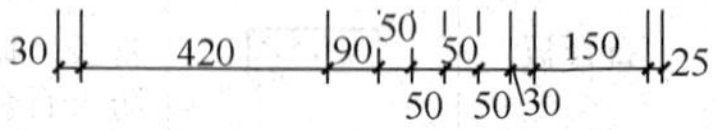

3. 尺寸的排列与布置（表 5-29）

尺寸的排列与布置　　　　**表 5-29**

相关说明	图示
尺寸数字的注写： 尺寸宜标注在图样轮廓线以外，不宜与图线、文字及符号等相交。 图样轮廓线以外的尺寸界线，与图样最外轮廓线之间的距离，不宜小于 10mm。平行排列的尺寸线的间距，宜为 7～10mm，并应保持一致	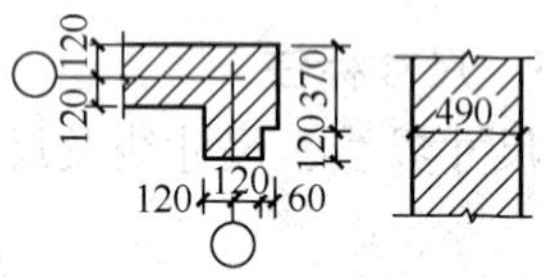
尺寸的排列： 互相平行的尺寸线，应从被注写的图样轮廓线由近向远整齐排列，较小尺寸应离轮廓线较近，较大尺寸应离轮廓线较远。 总尺寸的尺寸界线应靠近所指部位，中间的分尺寸的尺寸界线可稍短，但其长度应相等	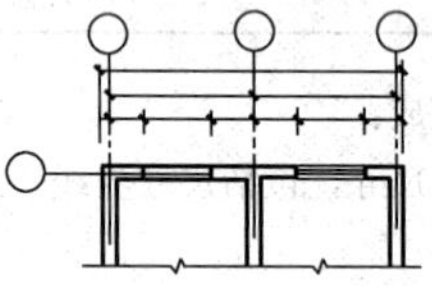

4. 半径、直径、球的尺寸标注（表 5-30）

半径、直径、球的尺寸标注　　　　**表 5-30**

相关说明	图示
半径的尺寸线应一端从圆心开始，另一端画箭头指向圆弧。半径数字前应加注半径符号"*R*"。 标注球的半径尺寸时，应在尺寸前加注符号"*SR*"。注写方法与圆弧半径标注方法相同	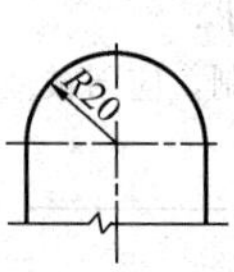
较小圆弧的半径，可按右栏图的形式标注	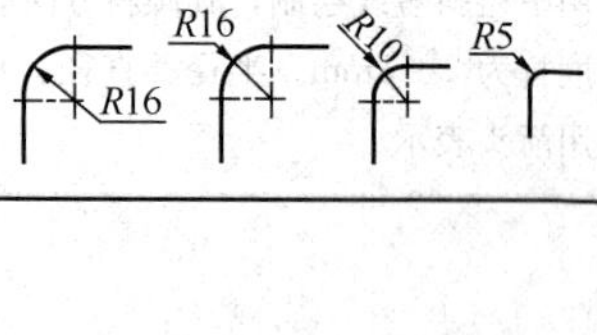

续表

相关说明	图示
较大圆弧的半径，可按右栏图的形式标注	
标注圆的直径尺寸时，直径数字前应加直径符号“ϕ”。在圆内标注的尺寸线应通过圆心，两端画箭头指至圆弧。 标注球的直径尺寸时，应在尺寸数字前加注符号“$S\phi$”。注写方法与圆直径的尺寸标注方法相同	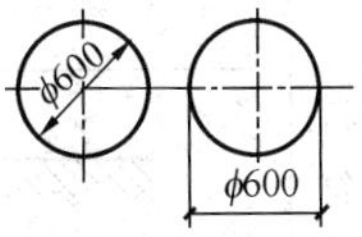
较小圆的直径尺寸，可标注在圆外	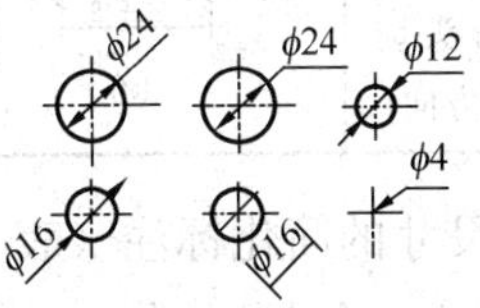

5. 角度、弧长、弦长的标注（表 5-31）

角度、弧长、弦长的标注　　**表 5-31**

相关说明	图示
角度的标度方法： 角度的尺寸线应以圆弧表示。该圆弧的圆心应是该角的顶点，角的两条边为尺寸界线。起止符号应以箭头表示，如没有足够位置画箭头，可用圆点代替，角度数字应按水平方向注写	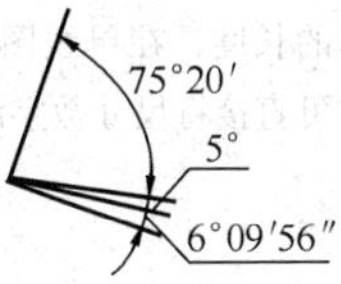
弧长的标注方法： 标注圆弧的弧长时，尺寸线应以与该圆弧同心的圆弧线表示，尺寸界线应垂直于该圆弧的弦，起止符号用箭头表示，弧长数字上方应加注圆弧符号“⌒”	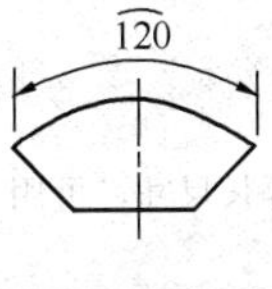
弦长的标注方法： 标注圆弧的弦长时，尺寸线应以平行于该弦的直线表示，尺寸界线应垂直于该弦，起止符号用中粗斜短线表示	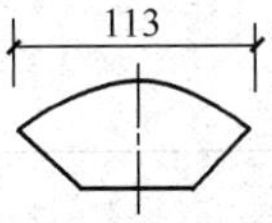

6. 薄板厚度、正方形、坡度、非圆曲线等尺寸标注（表 5-32）

薄板厚度、正方形、坡度、非圆曲线等尺寸标注　　**表 5-32**

相关说明	图示	相关说明	图示
在薄板板面标注板厚尺寸时，应在厚度数字前加厚度符号“t”	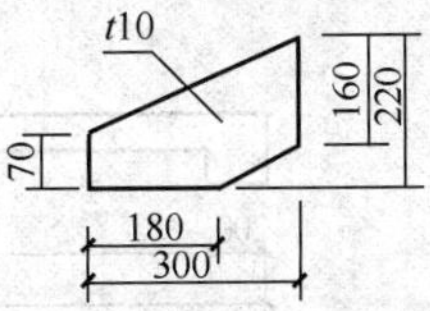	标注正方形的尺寸，可用“边长×边长”的形式，也可在边长数字前加正方形符号“□”	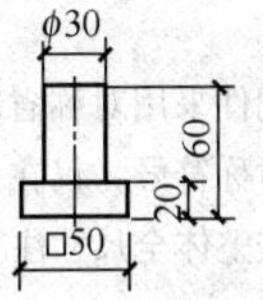

续表

相关说明	图示	相关说明	图示
外形为非圆曲线的构件，可用坐标形式标注尺寸	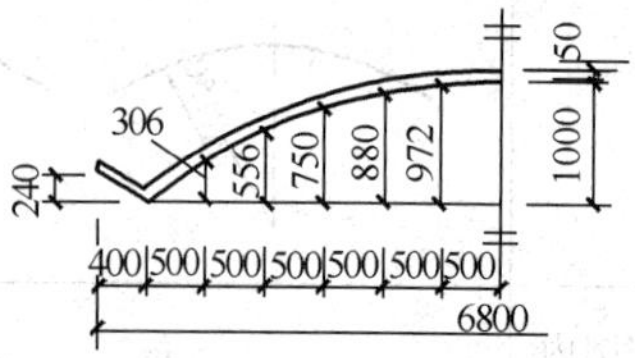	坡度也可用直角三角形形式标注	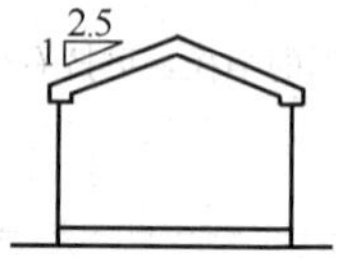
标注坡度时，应加注坡度符号“←”或“↙”，箭头应指向下坡方向	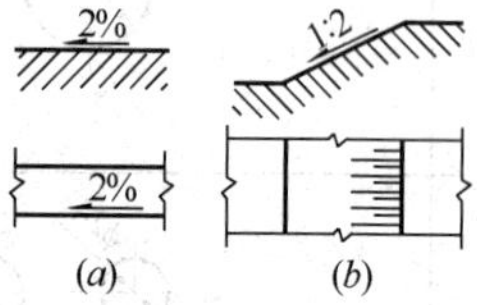	复杂的图形，可用网格形式标注尺寸	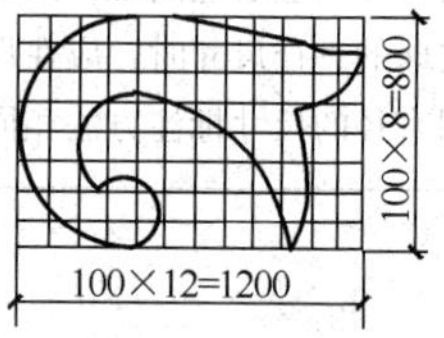

7. 尺寸的简化标注（表 5-33）

尺寸的简化标注　　**表 5-33**

相关说明	图示
杆件或管线的长度，在单线图（桁架简图、钢筋简图、管线简图）上，可直接将尺寸数字沿杆件或管线的一侧注写	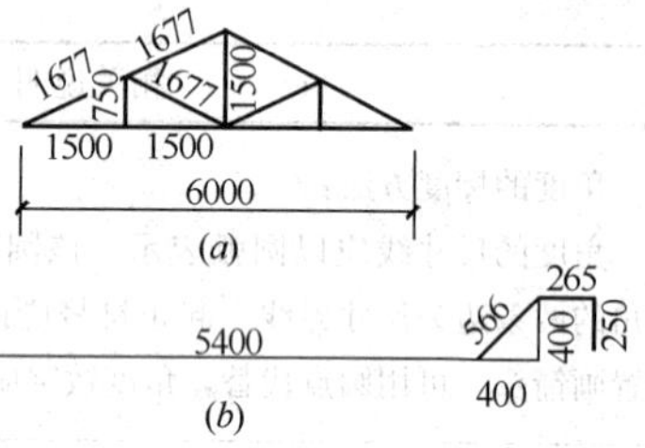
连续排列的等长尺寸，可用“个数×等长尺寸＝总长”的形式标注	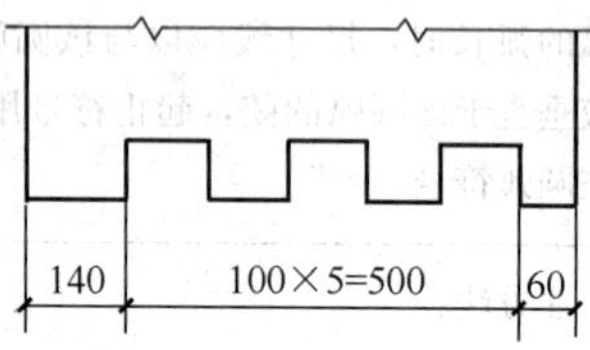
构配件内的构造因素（如孔、槽等）如相同，可仅标注其中一个要素的尺寸	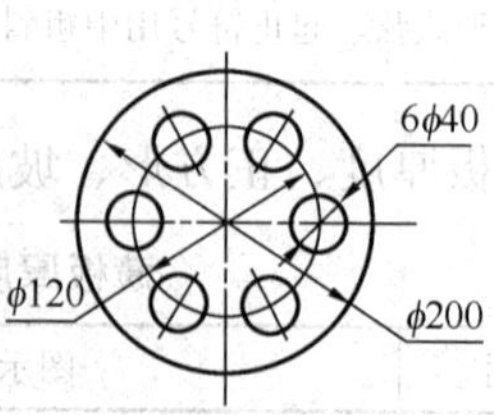
对称构配件采用对称省略画法时，该对称构配件的尺寸线应略超过对称符号，仅在尺寸线的一端画尺寸起止符号，尺寸数字应按整体全尺寸注写，其注写位置宜与对称符号对齐	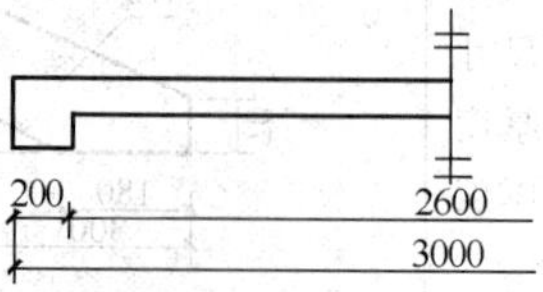

续表

相关说明	图示
两个构配件，如个别尺寸数字不同，可在同一图样中将其中一个构配件的不同尺寸数字注写在括号内，该构配件的名称也应注写在相应的括号内	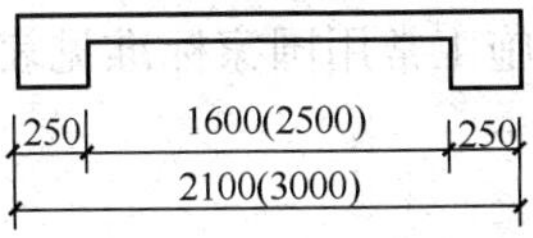
数个构配件，如仅某些尺寸不同，这些有变化的尺寸数字，可用拉丁字母注写在同一图样中，另列表格写明其具体尺寸	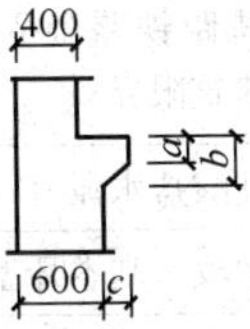

构件编号	*a*	*b*	*c*
Z-1	200	200	200
Z-2	250	450	200
Z-3	200	450	250

8. 标高（表 5-34）

标高　　表 5-34

相关说明	图示
标高符号应以直角等腰三角形表示，按图 *a* 所示形式用细实线绘制，如标注位置不够，也可按图 *b* 所示形式绘制。标高符号的具体画法如图 *c*、*d* 所示	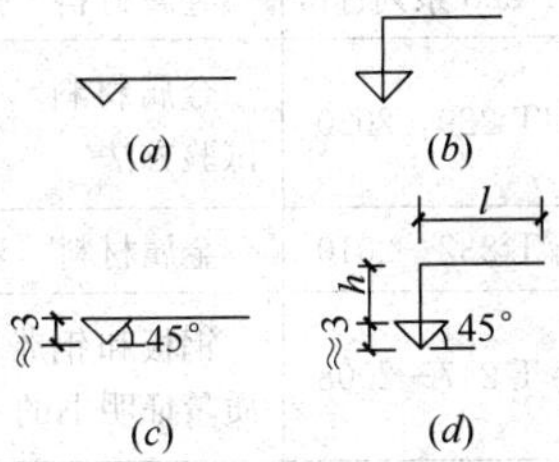
总平面图室外地坪标高符号，宜用涂黑的三角形表示（图 *a*），具体画法如图 *b* 所示	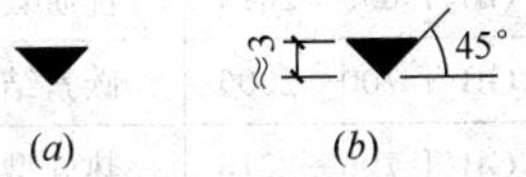
标高符号的尖端应指至被注高度的位置。尖端一般应向下，也可向上。标高数字应注写在标高符号的左侧或右侧	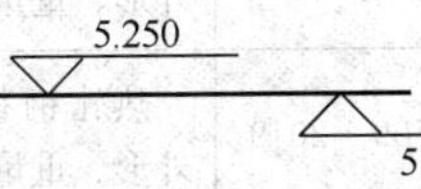
标高数字应以米为单位，注写到小数点以后第三位。在总平面图中，可注写到小数点以后第二位	
零点标高应注写成±0.000，正数标高不注“＋”，负数标高应注“－”，例如 3.000、－0.600	
在图样的同一位置需表示几个不同标高时，标高数字可按右图的形式注写	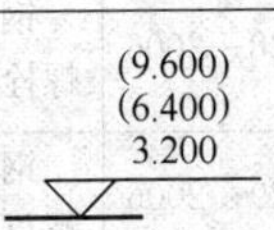

5.1.3　常用国内、外建筑标准及代号

5.1.3.1　建筑施工常用国家标准

建筑施工常用国家标准见表 5-35。标准编号中，凡有“T”符号的标准，均为推荐性标准。

建筑施工常用国家标准　　表 5-35

序号	标准编号	标准名称
1	GB 146.2—2020	标准轨距铁路限界　第 2 部分：建筑限界
2	GB 175—2007	通用硅酸盐水泥
3	GB/T 192—2003	普通螺纹　基本牙型
4	GB/T 196—2003	普通螺纹　基本尺寸
5	GB/T 197—2018	普通螺纹　公差
6	GB/T 222—2006	钢的成品化学成分允许偏差
7	GB/T 223 系列标准	钢铁及合金化学分析方法
8	GB/T 228 系列标准	金属材料　拉伸试验
9	GB/T 229—2020	金属材料　夏比摆锤冲击试验方法
10	GB/T 232—2010	金属材料　弯曲试验方法
11	GB/T 247—2008	钢板和钢带包装、标志及质量证明书的一般规定
12	GB/T 324—2008	焊缝符号表示法
13	GB/T 699—2015	优质碳素结构钢
14	GB/T 700—2006	碳素结构钢
15	GB/T 706—2016	热轧型钢
16	GB/T 708—2019	冷轧钢板和钢带的尺寸、外形、重量及允许偏差
17	GB/T 709—2019	热轧钢板和钢带的尺寸、外形、重量及允许偏差
18	GB/T 882—2008	销轴
19	GB/T 985.1—2008	气焊、焊条电弧焊、气体保护焊和高能束焊的推荐坡口
20	GB/T 985.2—2008	埋弧焊的推荐坡口
21	GB/T 1228—2006	钢结构用高强度大六角头螺栓
22	GB/T 1229—2006	钢结构用高强度大六角螺母
23	GB/T 1230—2006	钢结构用高强度垫圈
24	GB/T 1231—2006	钢结构用高强度大六角头螺栓、大六角螺母、垫圈技术条件
25	GB/T 31838.2—2019	固体绝缘材料介电和电阻特性　第 2 部分：电阻特性（DC 方法）体积电阻和体积电阻率
26	GB/T 1447—2005	纤维增强塑料拉伸性能试验方法
27	GB/T 1448—2005	纤维增强塑料压缩性能试验方法
28	GB/T 1449—2005	纤维增强塑料弯曲性能试验方法
29	GB/T 1462—2005	纤维增强塑料吸水性试验方法
30	GB 1499.1—2017	钢筋混凝土用钢　第 1 部分：热轧光圆钢筋
31	GB 1499.2—2018	钢筋混凝土用钢　第 2 部分：热轧带肋钢筋
32	GB/T 1591—2018	低合金高强度结构钢
33	GB/T 1634.2—2019	塑料　负荷变形温度的测定　第2部分：塑料和硬橡胶
34	GB/T 1720—2020	漆膜划圈试验
35	GB/T 1927.4—2021	无疵小试样木材物理力学性质试验方法　第 4 部分：含水率测定
36	GB/T 1927.9—2021	无疵小试样木材物理力学性质试验方法　第 9 部分：抗弯强度测定
37	GB/T 2101—2017	型钢验收、包装、标志及质量证明书的一般规定

续表

序号	标准编号	标准名称	序号	标准编号	标准名称
38	GB/T 2518—2019	连续热镀锌和锌合金镀层钢板及钢带	57	GB/T 4842—2017	氩
			58	GB/T 5031—2019	塔式起重机
39	GB/T 2567—2021	树脂浇铸体性能试验方法	59	GB/T 5101—2017	烧结普通砖
40	GB/T 2576—2005	纤维增强塑料树脂不可溶分含量试验方法	60	GB/T 5117—2012	非合金钢及细晶粒钢焊条
			61	GB/T 5118—2012	热强钢焊条
41	GB/T 2577—2005	玻璃纤维增强塑料树脂含量试验方法	62	GB 5144—2006	塔式起重机安全规程
			63	GB/T 5210—2006	色漆和清漆拉开法附着力试验
42	GB/T 2828 系列标准	计数抽样检验程序	64	GB/T 5223—2014	预应力混凝土用钢丝
43	GB/T 2975—2018	钢及钢产品　力学性能试验取样位置及试样制备	65	GB/T 5224—2014	预应力混凝土用钢绞线
			66	GB/T 5282—2017	开槽盘头自攻螺钉
44	GB/T 3077—2015	合金结构钢	67	GB/T 5283—2017	开槽沉头自攻螺钉
45	GB/T 3098.1—2010	紧固件机械性能　螺栓、螺钉和螺柱	68	GB/T 5284—2017	开槽半沉头自攻螺钉
			69	GB/T 5285—2017	六角头自攻螺钉
46	GB/T 3103.1—2002	紧固件公差　螺栓、螺钉、螺柱和螺母	70	GB/T 5293—2018	埋弧焊用非合金钢及细晶粒钢实心焊丝、药芯焊丝和焊丝-焊剂组合分类要求
47	GB/T 3183—2017	砌筑水泥			
48	GB/T 3274—2017	碳素结构钢和低合金结构钢热轧钢板和钢带	71	GB/T 5313—2010	厚度方向性能钢板
			72	GB/T 5780—2016	六角头螺栓 C 级
49	GB/T 3323.1—2019	焊缝无损检测　射线检测　第1部分：X和伽玛射线的胶片技术	73	GB/T 5781—2016	六角头螺栓　全螺纹　C 级
			74	GB/T 5782—2016	六角头螺栓
			75	GB/T 5783—2016	六角头螺栓　全螺纹
50	GB/T 3323.2—2019	焊缝无损检测　射线检测　第2部分：使用数字化探测器的X和伽玛射线技术	76	GB/T 5796 系列标准	梯形螺纹
			77	GB/T 6052—2011	工业液体二氧化碳
51	GB/T 3632—2008	钢结构用扭剪型高强度螺栓连接副	78	GB/T 6067 系列标准	起重机械安全规程
52	GB/T 3854—2017	纤维增强塑料巴柯尔硬度试验方法	79	GB 6566—2010	建筑材料放射性核素限量
			80	GB 6722—2014	爆破安全规程
53	GB 4053 系列标准	固定式钢梯及平台安全要求	81	GB/T 6728—2017	结构用冷弯空心型钢
			82	GB 6819—2004	溶解乙炔
54	GB/T 4171—2008	耐候结构钢	83	GB/T 7124—2008	胶粘剂　拉伸剪切强度的测定（刚性材料对刚性材料）
55	GB/T 4336—2016	碳素钢和中低合金钢　多元素含量的测定　火花放电原子发射光谱法（常规法）	84	GB/T 7233.1—2023	铸钢件　超声检测　第1部分：一般用途铸钢件
56	GB/T 4823—2013	锯材缺陷	85	GB/T 7233.2—2023	铸钢件　超声检测　第2部分：高承压铸钢件

续表

序号	标准编号	标准名称
86	GB/T 7314—2017	金属材料　室温压缩试验方法
87	GB/T 7633—2008	门和卷帘的耐火试验方法
88	GB/T 7659—2010	焊接结构用铸钢件
89	GB 8076—2008	混凝土外加剂
90	GB/T 8110—2020	熔化极气体保护电弧焊用非合金钢及细晶粒钢实心焊丝
91	GB/T 8162—2018	结构用无缝钢管
92	GB/T 8237—2005	纤维增强塑料用液体不饱和聚酯树脂
93	GB/T 8239—2014	普通混凝土小型砌块
94	GB 8624—2012	建筑材料及制品燃烧性能分级
95	GB/T 8918—2006	重要用途钢丝绳
96	GB/T 8923.1—2011	涂覆涂料前钢材表面处理　表面清洁度的目视测定　第1部分：未涂覆过的钢材表面和全面清除原有涂层后的钢材表面的锈蚀等级和处理等级
97	GB/T 8924—2005	纤维增强塑料燃烧性能试验方法　氧指数法
98	GB/T 9142—2021	建筑施工机械与设备　混凝土搅拌机
99	GB/T 9286—2021	色漆和清漆　划格试验
100	GB 9448—1999	焊接与切割安全
101	GB/T 9793—2012	热喷涂　金属和其他无机覆盖层　锌、铝及其合金
102	GB/T 9978 系列标准	建筑构件耐火试验方法
103	GB/T 10045—2018	非合金钢及细晶粒钢药芯焊丝
104	GB/T 10054 系列标准	货用施工升降机
105	GB 10055—2007	施工升降机安全规程
106	GB/T 10171—2016	建筑施工机械与设备　混凝土搅拌站（楼）
107	GB/T 10183 系列标准	起重机　车轮及大车和小车轨道公差
108	GB/T 10432.1—2010	电弧螺柱焊用无头焊钉
109	GB/T 10433—2002	电弧螺柱焊用圆柱头焊钉
110	GB/T 11263—2017	热轧H型钢和剖分T型钢
111	GB/T 11345—2013	焊缝无损检测　超声检测技术、检测等级和评定
112	GB/T 11352—2009	一般工程用铸造碳钢件
113	GB/T 11373—2017	热喷涂　金属零部件表面的预处理
114	GB/T 11374—2012	热喷涂　涂层厚度的无损测量方法
115	GB/T 11945—2019	蒸压灰砂实心砖和实心砌块
116	GB 11968—2020	蒸压加气混凝土砌块
117	GB/T 12470—2018	埋弧焊用热强钢实心焊丝、药芯焊丝和焊丝-焊剂组合分类要求
118	GB 12523—2011	建筑施工场界环境噪声排放标准
119	GB/T 12615 系列标准	封闭型平圆头抽芯铆钉
120	GB/T 12616.1—2004	封闭型沉头抽芯铆钉11级
121	GB/T 12617 系列标准	开口型沉头抽芯铆钉
122	GB/T 12618 系列标准	开口型平圆头抽芯铆钉
123	GB/T 12754—2019	彩色涂层钢板及钢带
124	GB/T 12755—2008	建筑用压型钢板
125	GB 12955—2008	防火门
126	GB/T 13097—2015	工业用环氧氯丙烷
127	GB/T 13288 系列标准	涂覆涂料前钢材表面处理　喷射清理后的钢材表面粗糙度特性
128	GB/T 13333—2018	混凝土泵
129	GB 13476—2023	先张法预应力混凝土管桩

续表

序号	标准编号	标准名称	序号	标准编号	标准名称
130	GB 13495 系列标准	消防安全标志	155	GB/T 17470—2007	玻璃纤维短切原丝毡和连续原丝毡
131	GB 13544—2011	烧结多孔砖和多孔砌块			
132	GB 13545—2014	烧结空心砖和空心砌块	156	GB/T 17493—2018	热强钢药芯焊丝
133	GB/T 13793—2016	直缝电焊钢管	157	GB/T 17505—2016	钢及钢产品　交货一般技术要求
134	GB/T 13912—2020	金属覆盖层　钢铁制件热浸镀锌层　技术要求及试验方法	158	GB 17945—2010	消防应急照明和疏散指示系统
135	GB 14102—2005	防火卷帘	159	GB 18306—2015	中国地震动参数区划图
136	GB/T 14370—2015	预应力筋用锚具、夹具和连接器	160	GB/T 18369—2022	玻璃纤维无捻粗纱
			161	GB/T 18370—2014	玻璃纤维无捻粗纱布
137	GB/T 14902—2012	预拌混凝土	162	GB/T 18513—2022	中国主要进口木材名称
138	GB 14907—2018	钢结构防火涂料	163	GB/T 18981—2008	射钉
139	GB/T 14957—1994	熔化焊用钢丝	164	GB/T 19879—2015	建筑结构用钢板
140	GB/T 14977—2008	热轧钢板表面质量的一般要求	165	GB/T 20065—2016	预应力混凝土用螺纹钢筋
141	GB/T 2518—2019	连续热镀锌和锌合金镀层钢板及钢带	166	GB/T 20066—2006	钢和铁　化学成分测定用试样的取样和制样方法
142	GB/T 15229—2011	轻集料混凝土小型空心砌块	167	GB/T 20125—2006	低合金钢　多元素的测定　电感耦合等离子体发射光谱法
			168	GB 20688 系列标准	橡胶支座
143	GB/T 15856.1—2002	十字槽盘头自钻自攻螺钉	169	GB/T 20934—2016	钢拉杆
144	GB/T 15856.2—2002	十字槽沉头自钻自攻螺钉	170	GB/T 21144—2023	混凝土实心砖
145	GB/T 15856.3—2002	十字槽半沉头自钻自攻螺钉	171	GB/T 22349—2008	木结构覆板用胶合板
			172	GB/T 25176—2010	混凝土和砂浆用再生细骨料
146	GB/T 15856.4—2002	六角法兰面自钻自攻螺钉	173	GB/T 25177—2010	混凝土用再生粗骨料
147	GB/T 15856.5—2002	六角凸缘自钻自攻螺钉	174	GB/T 25181—2019	预拌砂浆
148	GB 15930—2007	建筑通风和排烟系统用防火阀门	175	GB/T 25182—2010	预应力孔道灌浆剂
			176	GB 25506—2010	消防控制室通用技术要求
149	GB/T 16734—1997	中国主要木材名称	177	GB/T 26541—2011	蒸压粉煤灰多孔砖
150	GB 16809—2008	防火窗	178	GB/T 26733—2011	玻璃纤维湿法毡
151	GB 16912—2008	深度冷冻法生产氧气及相关气体安全技术规程	179	GB/T 26752—2020	聚丙烯腈基碳纤维
152	GB/T 16939—2016	钢网架螺栓球节点用高强度螺栓	180	GB/T 26784—2011	建筑构件耐火试验　可供选择和附加的试验程序
153	GB/T 17101—2019	桥梁缆索用热镀锌或锌铝合金钢丝	181	GB/T 26899—2022	结构用集成材
			182	GB/T 27651—2011	防腐木材的使用分类和要求
154	GB/T 17395—2008	无缝钢管尺寸、外形、重量及允许偏差	183	GB/T 27654—2011	木材防腐剂
			184	GB/T 27704—2011	钢钉

续表

序号	标准编号	标准名称	序号	标准编号	标准名称
185	GB/T 27903—2011	电梯层门耐火试验　完整性、隔热性和热通量测定法	213	GB 50038—2005	人民防空地下室设计规范
			214	GB 50039—2010	农村防火规范
186	GB/T 28905—2022	建筑用低屈服强度钢板	215	GB/T 50051—2021	烟囱工程技术标准
187	GB/T 28985—2012	建筑结构用木工字梁	216	GB 50057—2010	建筑物防雷设计规范
188	GB/T 29754—2013	玻璃纤维机织单向布	217	GB/T 50076—2013	室内混响时间测量规范
189	GB/T 30021—2013	经编碳纤维增强材料	218	GB/T 50080—2016	普通混凝土拌合物性能试验方法标准
190	GB 50339—2013	智能建筑工程质量验收规范	219	GB/T 50081—2019	混凝土物理力学性能试验方法标准
191	GB/T 50001—2017	房屋建筑制图统一标准			
192	GB/T 50002—2013	建筑模数协调标准	220	GB/T 50082—2009	普通混凝土长期性能和耐久性能试验方法标准
193	GB 50003—2011	砌体结构设计规范			
194	GB 50005—2017	木结构设计标准	221	GB/T 50083—2014	工程结构设计基本术语标准
195	GB/T 50006—2010	厂房建筑模数协调标准			
196	GB 50007—2011	建筑地基基础设计规范	222	GB/T 50085—2007	喷灌工程技术规范
197	GB 50009—2012	建筑结构荷载规范	223	GB 50086—2015	岩土锚杆与喷射混凝土支护工程技术规范
198	GB/T 50010—2010	混凝土结构设计标准（2024 年版）	224	GB 50092—1996	沥青路面施工及验收规范
199	GB/T 50011—2010	建筑抗震设计标准（2024 年版）	225	GB 50093—2013	自动化仪表工程施工及质量验收规范
200	GB 50013—2018	室外给水设计标准	226	GB 50094—2010	球形储罐施工规范
201	GB 50014—2021	室外排水设计标准	227	GB/T 50095—2014	水文基本术语和符号标准
202	GB 50015—2019	建筑给水排水设计标准	228	GB 50096—2011	住宅设计规范
203	GB 50016—2014	建筑设计防火规范（2018 年版）	229	GB J97—1987	水泥混凝土路面施工及验收规范
204	GB 50017—2017	钢结构设计标准	230	GB/T 50103—2010	总图制图标准
205	GB 50018—2002	冷弯薄壁型钢结构技术规范	231	GB/T 50104—2010	建筑制图标准
			232	GB/T 50105—2010	建筑结构制图标准
206	GB 50019—2015	工业建筑供暖通风与空气调节设计规范	233	GB/T 50106—2010	建筑给水排水制图标准
			234	GB/T 50107—2010	混凝土强度检验评定标准
207	GB 50021—2001	岩土工程勘察规范（2009 年版）	235	GB 50108—2008	地下工程防水技术规范
208	GB 50023—2009	建筑抗震鉴定标准	236	GB 50112—2013	膨胀土地区建筑技术规范
209	GB 50025—2018	湿陷性黄土地区建筑标准	237	GB/T 50113—2019	滑动模板工程技术标准
210	GB 50026—2020	工程测量标准	238	GB/T 50114—2010	暖通空调制图标准
211	GB 50027—2001	供水水文地质勘察规范	239	GB 50116—2013	火灾自动报警系统设计规范
212	GB 50028—2006	城镇燃气设计规范（2020 年版）	240	GB 50117—2014	构筑物抗震鉴定标准
			241	GB 50119—2013	混凝土外加剂应用技术规范

续表

序号	标准编号	标准名称	序号	标准编号	标准名称
242	GB/T 50121—2005	建筑隔声评价标准	264	GB/T 50155—2015	供暖通风与空气调节术语标准
243	GB/T 50123—2019	土工试验方法标准	265	GB 50156—2021	汽车加油加气加氢站技术标准
244	GB J124—1988	道路工程术语标准	266	GB 50157—2013	地铁设计规范
245	GB/T 50125—2010	给水排水工程基本术语标准	267	GB/T 50159—2015	河流悬移质泥沙测验规范
246	GB 50126—2008	工业设备及管道绝热工程施工规范	268	GB 50162—1992	道路工程制图标准
247	GB 50127—2020	架空索道工程技术标准	269	GB 50164—2011	混凝土质量控制标准
248	GB 50128—2014	立式圆筒形钢制焊接油罐施工规范	270	GB 50166—2019	火灾自动报警系统施工及验收标准
249	GB/T 50129—2011	砌体基本力学性能试验方法标准	271	GB 50167—2014	工程摄影测量规范
250	GB/T 50130—2018	混凝土升板结构技术标准	272	GB 50168—2018	电气装置安装工程 电缆线路施工及验收标准
251	GB/T 50132—2014	工程结构设计通用符号标准	273	GB 50169—2016	电气装置安装工程 接地装置施工及验收规范
252	GB 50134—2004	人民防空工程施工及验收规范	274	GB 50170—2018	电气装置安装工程 旋转电机施工及验收标准
253	GB 50141—2008	给水排水构筑物工程施工及验收规范	275	GB 50171—2012	电气装置安装工程 盘、柜及二次回路接线施工及验收规范
254	GB 50143—2018	架空电力线路、变电站(所)对电视差转台、转播台无线电干扰防护间距标准	276	GB 50172—2012	电气装置安装工程 蓄电池施工及验收规范
255	GB 50144—2019	工业建筑可靠性鉴定标准	277	GB 50173—2014	电气装置安装工程 66kV 及以下架空电力线路施工及验收规范
256	GB/T 50145—2007	土的工程分类标准			
257	GB/T 50146—2014	粉煤灰混凝土应用技术规范	278	GB 50175—2014	露天煤矿工程质量验收规范
258	GB 50147—2010	电气装置安装工程 高压电器施工及验收规范	279	GB 50176—2016	民用建筑热工设计规范
			280	GB 50178—1993	建筑气候区划标准
259	GB 50148—2010	电气装置安装工程 电力变压器、油浸电抗器、互感器施工及验收规范	281	GB 50179—2015	河流流量测验规范
			282	GB/T 50181—2018	洪泛区和蓄滞洪区建筑工程技术标准
260	GB 50149—2010	电气装置安装工程 母线装置施工及验收规范	283	GB/T 50185—2019	工业设备及管道绝热工程施工质量验收标准
261	GB 50150—2016	电气装置安装工程 电气设备交接试验标准	284	GB/T 50186—2013	港口工程基本术语标准
262	GB 50151—2021	泡沫灭火系统技术标准	285	GB 50194—2014	建设工程施工现场供用电安全规范
263	GB/T 50152—2012	混凝土结构试验方法标准			

续表

序号	标准编号	标准名称	序号	标准编号	标准名称
286	GB 50198—2011	民用闭路监视电视系统工程技术规范	307	GB 50235—2010	工业金属管道工程施工规范
287	GB 50201—2014	防洪标准	308	GB 50236—2011	现场设备、工业管道焊接工程施工规范
288	GB 50202—2018	建筑地基基础工程施工质量验收标准	309	GB 50242—2002	建筑给水排水及采暖工程施工质量验收规范
289	GB 50203—2011	砌体结构工程施工质量验收规范	310	GB 50243—2016	通风与空调工程施工质量验收规范
290	GB 50204—2015	混凝土结构工程施工质量验收规范	311	GB/T 50252—2018	工业安装工程施工质量验收统一标准
291	GB 50205—2020	钢结构工程施工质量验收标准	312	GB 50254—2014	电气装置安装工程　低压电器施工及验收规范
292	GB 50206—2012	木结构工程施工质量验收规范	313	GB 50255—2014	电气装置安装工程　电力变流设备施工及验收规范
293	GB 50207—2012	屋面工程质量验收规范	314	GB 50256—2014	电气装置安装工程　起重机电气装置施工及验收规范
294	GB 50208—2011	地下防水工程质量验收规范	315	GB 50257—2014	电气装置安装工程　爆炸和火灾危险环境电气装置施工及验收规范
295	GB 50209—2010	建筑地面工程施工质量验收规范	316	GB 50261—2017	自动喷水灭火系统施工及验收规范
296	GB 50210—2018	建筑装饰装修工程质量验收标准	317	GB/T 50262—2013	铁路工程基本术语标准
297	GB 50212—2014	建筑防腐蚀工程施工规范	318	GB 50263—2007	气体灭火系统施工及验收规范
298	GB 50213—2010	煤矿井巷工程质量验收规范（2022年版）	319	GB/T 50266—2013	工程岩体试验方法标准
299	GB/T 50214—2013	组合钢模板技术规范	320	GB 50268—2008	给水排水管道工程施工及验收规范
300	GB/T 50218—2014	工程岩体分级标准	321	GB/T 50269—2015	地基动力特性测试规范
301	GB 50223—2008	建筑工程抗震设防分类标准	322	GB 50270—2010	输送设备安装工程施工及验收规范
302	GB/T 50224—2018	建筑防腐蚀工程施工质量验收标准	323	GB 50271—2009	金属切削机床安装工程施工及验收规范
303	GB 50225—2005	人民防空工程设计规范	324	GB 50272—2009	锻压设备安装工程施工及验收规范
304	GB/T 50228—2011	工程测量基本术语标准	325	GB 50273—2022	锅炉安装工程施工及验收标准
305	GB 50231—2009	机械设备安装工程施工及验收通用规范	326	GB 50274—2010	制冷设备、空气分离设备安装工程施工及验收规范
306	GB 50233—2014	110kV～750kV架空输电线路施工及验收规范			

续表

序号	标准编号	标准名称	序号	标准编号	标准名称
327	GB 50275—2010	风机、压缩机、泵安装工程施工及验收规范	351	GB 50310—2002	电梯工程施工质量验收规范
			352	GB/T 50312—2016	综合布线系统工程验收规范
328	GB 50276—2010	破碎、粉磨设备安装工程施工及验收规范	353	GB/T 50315—2011	砌体工程现场检测技术标准
			354	GB 50317—2009	猪屠宰与分割车间设计规范
329	GB 50277—2010	铸造设备安装工程施工及验收规范	355	GB 50318—2017	城市排水工程规划规范
			356	GB/T 50319—2013	建设工程监理规范
330	GB 50278—2010	起重设备安装工程施工及验收规范	357	GB/T 50323—2001	城市建设档案著录规范
			358	GB 50324—2014	冻土工程地质勘察规范
331	GB/T 50279—2014	岩土工程基本术语标准	359	GB 50325—2020	民用建筑工程室内环境污染控制标准
332	GB/T 50280—1998	城市规划基本术语标准			
333	GB 50151—2021	泡沫灭火系统技术标准	360	GB/T 50326—2017	建设工程项目管理规范
334	GB 50282—2016	城市给水工程规划规范	361	GB 50327—2001	住宅装饰装修工程施工规范
335	GB 50285—1998	调幅收音台和调频电视转播台与公路的防护间距标准	362	GB/T 50328—2014	建设工程文件归档规范(2019年版)
336	GB 50286—2013	堤防工程设计规范	363	GB/T 50329—2012	木结构试验方法标准
337	GB 50287—2016	水力发电工程地质勘察规范	364	GB 50330—2013	建筑边坡工程技术规范
			365	GB/T 50331—2002	城市居民生活用水量标准(2023年版)
338	GB/T 50290—2014	土工合成材料应用技术规范	366	GB 50333—2013	医院洁净手术部建筑技术规范
339	GB/T 50291—2015	房地产估价规范			
340	GB 50292—2015	民用建筑可靠性鉴定标准	367	GB 50334—2017	城市污水处理厂工程质量验收规范
341	GB/T 50293—2014	城市电力规划规范			
342	GB 50296—2014	管井技术规范	368	GB/T 50337—2018	城市环境卫生设施规划标准
343	GB/T 50297—2018	电力工程基本术语标准	369	GB 50342—2003	混凝土电视塔结构技术规范
344	GB/T 50298—2018	风景名胜区总体规划标准	370	GB 50343—2012	建筑物电子信息系统防雷技术规范
345	GB/T 50299—2018	地下铁道工程施工质量验收标准	371	GB/T 50344—2019	建筑结构检测技术标准
346	GB 50300—2013	建筑工程施工质量验收统一标准	372	GB 50345—2012	屋面工程技术规范
			373	GB 50346—2011	生物安全实验室建筑技术规范
347	GB 50303—2015	建筑电气工程施工质量验收规范	374	GB 50348—2018	安全防范工程技术标准
348	GB 50307—2012	城市轨道交通岩土工程勘察规范	375	GB/T 50353—2013	建筑工程建筑面积计算规范
349	GB/T 50308—2017	城市轨道交通工程测量规范	376	GB 50354—2005	建筑内部装修防火施工及验收规范
350	GB 50309—2017	工业炉砌筑工程质量验收标准	377	GB/T 50355—2018	住宅建筑室内振动限值及其测量方法标准

续表

序号	标准编号	标准名称
378	GB/T 50358—2017	建设项目工程总承包管理规范
379	GB/T 50362—2022	住宅性能评定标准
380	GB 50364—2018	民用建筑太阳能热水系统应用技术标准
381	GB 50365—2019	空调通风系统运行管理标准
382	GB 50366—2005	地源热泵系统工程技术规范（2009 年版）
383	GB 50367—2013	混凝土结构加固设计规范
384	GB 50368—2005	住宅建筑规范
385	GB 50369—2014	油气长输管道工程施工及验收规范
386	GB 50372—2006	炼铁机械设备工程安装验收规范
387	GB/T 50374—2018	通信管道工程施工及验收标准
388	GB/T 50375—2016	建筑工程施工质量评价标准
389	GB/T 50377—2019	矿山机电设备工程安装及验收标准
390	GB/T 50378—2019	绿色建筑评价标准
391	GB/T 50379—2018	工程建设勘察企业质量管理标准
392	GB/T 50381—2018	城市轨道交通自动售检票系统工程质量验收标准
393	GB 50382—2016	城市轨道交通通信工程质量验收规范
394	GB 50386—2016	轧机机械设备工程安装验收规范
395	GB/T 50387—2017	冶金机械液压、润滑和气动设备工程安装验收规范
396	GB 50390—2017	焦化机械设备安装验收规范
397	GB 50391—2014	油田注水工程设计规范
398	GB/T 50392—2016	机械通风冷却塔工艺设计规范
399	GB/T 50393—2017	钢质石油储罐防腐蚀工程技术标准
400	GB 50397—2007	冶金电气设备工程安装验收规范
401	GB 50400—2016	建筑与小区雨水控制及利用工程技术规范
402	GB 50401—2007	消防通信指挥系统施工及验收规范
403	GB/T 50402—2019	烧结机械设备工程安装验收标准
404	GB 50403—2017	炼钢机械设备工程安装验收规范
405	GB 50404—2017	硬泡聚氨酯保温防水工程技术规范
406	GB 50411—2019	建筑节能工程施工质量验收标准
407	GB/T 50412—2007	厅堂音质模型试验规范
408	GB 50422—2017	预应力混凝土路面工程技术规范
409	GB 50424—2015	油气输送管道穿越工程施工规范
410	GB/T 50430—2017	工程建设施工企业质量管理规范
411	GB 50433—2018	生产建设项目水土保持技术标准
412	GB 50437—2007	城镇老年人设施规划规范（2018 年版）
413	GB 50440—2007	城市消防远程监控系统技术规范
414	GB 50444—2008	建筑灭火器配置验收及检查规范
415	GB 50446—2017	盾构法隧道施工与验收规范
416	GB 50447—2008	实验动物设施建筑技术规范
417	GB/T 50448—2015	水泥基灌浆材料应用技术规范

续表

序号	标准编号	标准名称
418	GB 50449—2008	城市容貌标准
419	GB/T 50452—2008	古建筑防工业振动技术规范
420	GB 50453—2008	石油化工建（构）筑物抗震设防分类标准
421	GB 50460—2015	油气输送管道跨越工程施工规范
422	GB 50461—2008	石油化工静设备安装工程施工质量验收规范
423	GB 50462—2015	数据中心基础设施施工及验收规范
424	GB 50464—2008	视频显示系统工程技术规范
425	GB 50467—2008	微电子生产设备安装工程施工及验收规范
426	GB/T 50470—2017	油气输送管道线路工程抗震技术规范
427	GB 50474—2008	隔热耐磨衬里技术规范
428	GB 50478—2008	地热电站岩土工程勘察规范
429	GB/T 50480—2008	冶金工业岩土勘察原位测试规范
430	GB/T 50484—2019	石油化工建设工程施工安全技术标准
431	GB/T 50485—2020	微灌工程技术标准
432	GB 50487—2008	水利水电工程地质勘察规范（2022 年版）
433	GB 55033—2022	城市轨道交通工程项目规范
434	GB 55009—2021	燃气工程项目规范
435	GB 50495—2019	太阳能供热采暖工程技术标准
436	GB 50496—2018	大体积混凝土施工标准
437	GB 50497—2019	建筑基坑工程监测技术标准
438	GB 50498—2009	固定消防炮灭火系统施工与验收规范
439	GB 50500—2013	建设工程工程量清单计价规范
440	GB 50501—2007	水利工程工程量清单计价规范
441	GB/T 50502—2009	建筑施工组织设计规范
442	GB/T 50504—2009	民用建筑设计术语标准
443	GB/T 50509—2009	灌区规划规范
444	GB 50265—2022	泵站设计标准
445	GB 50513—2009	城市水系规划规范（2016 年版）
446	GB 50516—2010	加氢站技术规范（2021 年版）
447	GB 50524—2010	红外线同声传译系统工程技术规范
448	GB/T 50537—2017	油气田工程测量标准
449	GB/T 50538—2020	埋地钢质管道防腐保温层技术标准
450	GB/T 50546—2018	城市轨道交通线网规划标准
451	GB/T 50547—2022	尾矿堆积坝岩土工程技术标准
452	GB/T 50548—2018	330kV～750kV 架空输电线路勘测标准
453	GB 50550—2010	建筑结构加固工程施工质量验收规范
454	GB/T 50557—2010	重晶石防辐射混凝土应用技术规范
455	GB 50574—2010	墙体材料应用统一技术规范
456	GB 50575—2010	1kV 及以下配线工程施工与验收规范
457	GB 50576—2010	铝合金结构工程施工质量验收规范
458	GB 50584—2010	煤气余压发电装置技术规范
459	GB/T 50585—2019	岩土工程勘察安全标准
460	GB/T 50589—2010	环氧树脂自流平地面工程技术规范
461	GB 50591—2010	洁净室施工及验收规范
462	GB/T 50596—2010	雨水集蓄利用工程技术规范

续表

序号	标准编号	标准名称
463	GB/T 50604—2010	民用建筑太阳能热水系统评价标准
464	GB 50608—2020	纤维增强复合材料工程应用技术标准
465	GB 50617—2010	建筑电气照明装置施工与验收规范
466	GB 50618—2011	房屋建筑和市政基础设施工程质量检测技术管理规范
467	GB/T 50621—2010	钢结构现场检测技术标准
468	GB/T 50627—2010	城镇供热系统评价标准
469	GB 50628—2010	钢管混凝土工程施工质量验收规范
470	GB/T 50636—2018	城市轨道交通综合监控系统工程技术标准
471	GB/T 50640—2010	建筑工程绿色施工评价标准
472	GB 50642—2011	无障碍设施施工验收及维护规范
473	GB 50645—2011	石油化工绝热工程施工质量验收规范
474	GB 50652—2011	城市轨道交通地下工程建设风险管理规范
475	GB 50656—2011	施工企业安全生产管理规范
476	GB 50661—2011	钢结构焊接规范
477	GB 50666—2011	混凝土结构工程施工规范
478	GB/T 50668—2011	节能建筑评价标准
479	GB 50669—2011	钢筋混凝土筒仓施工与质量验收规范
480	GB 50683—2011	现场设备、工业管道焊接工程施工质量验收规范
481	GB 50686—2011	传染病医院建筑施工及验收规范
482	GB 50687—2011	食品工业洁净用房建筑技术规范
483	GB 50693—2011	坡屋面工程技术规范
484	GB 50702—2011	砌体结构加固设计规范
485	GB/T 50708—2012	胶合木结构技术规范
486	GB 50715—2011	地铁工程施工安全评价标准
487	GB/T 50719—2011	电磁屏蔽室工程技术规范
488	GB 50720—2011	建设工程施工现场消防安全技术规范
489	GB 50722—2011	城市轨道交通建设项目管理规范
490	GB/T 50726—2023	工业设备及管道防腐蚀工程技术标准
491	GB/T 50726—2023	工业设备及管道防腐工程技术标准
492	GB 50728—2011	工程结构加固材料安全性鉴定技术规范
493	GB/T 50731—2019	建材工程术语标准
494	GB/T 50733—2011	预防混凝土碱骨料反应技术规范
495	GB 50736—2012	民用建筑供暖通风与空气调节设计规范
496	GB 50738—2011	通风与空调工程施工规范
497	GB 50739—2011	复合土钉墙基坑支护技术规范
498	GB 50755—2012	钢结构工程施工规范
499	GB/T 50772—2012	木结构工程施工规范
500	GB/T 50783—2012	复合地基技术规范
501	GB/T 50784—2013	混凝土结构现场检测技术标准
502	GB/T 50785—2012	民用建筑室内热湿环境评价标准
503	GB/T 50786—2012	建筑电气制图标准
504	GB 55026—2022	城市给水工程项目规范
505	GB 50793—2012	会议电视会场系统工程施工及验收规范
506	GB 50794—2012	光伏发电站施工规范
507	GB 50800—2012	消声室和半消声室技术规范
508	GB/T 50801—2013	可再生能源建筑应用工程评价标准

续表

序号	标准编号	标准名称	序号	标准编号	标准名称
509	GB 50828—2012	防腐木材工程应用技术规范	530	GB 50870—2013	建筑施工安全技术统一规范
			531	GB/T 50875—2013	工程造价术语标准
510	GB 50829—2013	租赁模板脚手架维修保养技术规范	532	GB 50877—2014	防火卷帘、防火门、防火窗施工及验收规范
511	GB/T 50831—2012	城市规划基础资料搜集规范	533	GB/T 50878—2013	绿色工业建筑评价标准
			534	GB 50881—2013	疾病预防控制中心建筑技术规范
512	GB 50838—2015	城市综合管廊工程技术规范	535	GB 50883—2013	轻金属冶炼机械设备安装工程质量验收规范
513	GB/T 50841—2013	建设工程分类标准			
514	GB 50843—2013	建筑边坡工程鉴定与加固技术规范	536	GB/T 50893—2013	供热系统节能改造技术规范
			537	GB 50896—2013	压型金属板工程应用技术规范
515	GB/T 50844—2013	工程建设标准实施评价规范	538	GB 50898—2013	细水雾灭火系统技术规范
516	GB 50847—2012	住宅区和住宅建筑内光纤到户通信设施工程施工及验收规范	539	GB 50901—2013	钢-混凝土组合结构施工规范
			540	GB/T 50905—2014	建筑工程绿色施工规范
517	GB/T 50851—2013	建设工程人工材料设备机械数据标准	541	GB/T 50908—2013	绿色办公建筑评价标准
			542	GB 50911—2013	城市轨道交通工程监测技术规范
518	GB/T 50852—2013	建筑工程咨询分类标准			
519	GB 50854—2013	房屋建筑与装饰工程工程量计算规范	543	GB/T 50912—2013	钢铁渣粉混凝土应用技术规范
520	GB 50855—2013	仿古建筑工程工程量计算规范	544	GB 50922—2013	天线工程技术规范
			545	GB 50923—2013	钢管混凝土拱桥技术规范
521	GB 50856—2013	通用安装工程工程量计算规范	546	GB 50924—2014	砌体结构工程施工规范
			547	GB 50936—2014	钢管混凝土结构技术规范
522	GB 50857—2013	市政工程工程量计算规范	548	GB/T 50941—2014	建筑地基基础术语标准
523	GB 50858—2013	园林绿化工程工程量计算规范	549	GB 50944—2013	防静电工程施工与质量验收规范
524	GB 50860—2013	构筑物工程工程量计算规范	550	GB 50945—2013	光纤厂工程技术规范
			551	GB/T 50947—2014	建筑日照计算参数标准
525	GB 50861—2013	城市轨道交通工程工程量计算规范	552	GB/T 50948—2013	体育场建筑声学技术规范
526	GB 50862—2013	爆破工程工程量计算规范	553	GB 50949—2013	扩声系统工程施工规范
527	GB 50864—2013	尾矿设施施工及验收规范	554	GB 50950—2013	光缆厂生产设备安装工程施工及质量验收规范
528	GB 50868—2013	建筑工程容许振动标准			
529	GB 50869—2013	生活垃圾卫生填埋处理技术规范	555	GB 50953—2014	网络互联调度系统工程技术规范

续表

序号	标准编号	标准名称	序号	标准编号	标准名称
556	GB 51004—2015	建筑地基基础工程施工规范	577	GB/T 51116—2016	医药工程安全风险评估技术标准
557	GB/T 51028—2015	大体积混凝土温度测控技术规范	578	GB/T 51117—2015	数字同步网工程技术规范
558	GB 51038—2015	城市道路交通标志和标线设置规范	579	GB 51118—2015	尾矿堆积坝排渗加固工程技术规范
559	GB/T 51040—2014	地下水监测工程技术规范	580	GB/T 51129—2017	装配式建筑评价标准
560	GB 51042—2014	医药工业废弃物处理设施工程技术规范	581	GB/T 51132—2015	工业有色金属管道工程施工及质量验收规范
561	GB 51043—2014	电子会议系统工程施工与质量验收规范	582	GB/T 51140—2015	建筑节能基本术语标准
562	GB 51049—2014	电气装置安装工程串联电容器补偿装置施工及验收规范	583	GB/T 51141—2015	既有建筑绿色改造评价标准
563	GB/T 51050—2014	钢铁企业能源计量和监测工程技术规范	584	GB 51143—2015	防灾避难场所设计规范（2021年版）
564	GB/T 51051—2014	水资源规划规范	585	GB/T 51148—2016	绿色博览建筑评价标准
565	GB 51056—2014	烟囱可靠性鉴定标准	586	GB/T 51149—2016	城市停车规划规范
566	GB/T 51057—2015	种植塑料大棚工程技术规范	587	GB/T 51150—2016	城市轨道交通客流预测规范
567	GB 51059—2014	有色金属加工机械安装工程施工与质量验收规范	588	GB 51151—2016	城市轨道交通公共安全防范系统工程技术规范
568	GB 51060—2014	有色金属矿山水文地质勘探规范	589	GB/T 51153—2015	绿色医院建筑评价标准
569	GB/T 51061—2014	电网工程标识系统编码规范	590	GB 51160—2016	纤维增强塑料设备和管道工程技术规范
570	GB 51062—2014	煤矿设备安装工程施工规范	591	GB 51164—2016	钢铁企业煤气储存和输配系统施工及质量验收规范
571	GB/T 51063—2014	大中型沼气工程技术规范	592	GB/T 51165—2016	绿色饭店建筑评价标准
572	GB/T 51064—2015	吹填土地基处理技术规范	593	GB/T 51167—2016	海底光缆工程验收规范
573	GB 51066—2014	工业企业干式煤气柜安全技术规范	594	GB/T 51168—2016	城市古树名木养护和复壮工程技术规范
574	GB/T 51098—2015	城镇燃气规划规范	595	GB 51171—2016	通信线路工程验收规范
575	GB/T 51100—2015	绿色商店建筑评价标准	596	GB 51174—2017	城镇雨水调蓄工程技术规范
576	GB 51110—2015	洁净厂房施工及质量验收规范	597	GB 51195—2016	互联网数据中心工程技术规范
			598	GB 51199—2016	通信电源设备安装工程验收规范
			599	GB 51201—2016	沉管法隧道施工与质量验收规范
			600	GB 51202—2016	冰雪景观建筑技术标准
			601	GB 51203—2016	高耸结构工程施工质量验收规范

续表

序号	标准编号	标准名称	序号	标准编号	标准名称
602	GB 51204—2016	建筑电气工程电磁兼容技术规范	622	GB/T 51239—2017	粮食钢板筒仓施工与质量验收规范
603	GB 51206—2016	太阳能电池生产设备安装工程施工及质量验收规范	623	GB/T 51241—2017	管道外防腐补口技术规范
604	GB 51210—2016	建筑施工脚手架安全技术统一标准	624	GB/T 51243—2017	物联网应用支撑平台工程技术标准
605	GB/T 51212—2016	建筑信息模型应用统一标准	625	GB/T 51244—2017	公众移动通信隧道覆盖工程技术规范
606	GB 51214—2017	煤炭工业露天矿边坡工程监测规范	626	GB 51249—2017	建筑钢结构防火技术规范
			627	GB 51251—2017	建筑防烟排烟系统技术标准
			628	GB/T 51252—2017	网络电视工程技术规范
607	GB/T 51216—2017	移动通信基站工程节能技术标准	629	GB/T 51253—2017	建设工程白蚁危害评定标准
			630	GB 51254—2017	高填方地基技术规范
608	GB/T 51217—2017	通信传输线路共建共享技术规范	631	GB/T 51255—2017	绿色生态城区评价标准
			632	GB/T 51256—2017	桥梁顶升移位改造技术规范
609	GB 51220—2017	生活垃圾卫生填埋场封场技术规范	633	GB/T 51259—2017	腈纶设备工程安装与质量验收规范
610	GB 51221—2017	城镇污水处理厂工程施工规范	634	GB 55012—2021	生活垃圾处理处置工程项目规范
611	GB 51222—2017	城镇内涝防治技术规范	635	GB/T 51262—2017	建设工程造价鉴定规范
612	GB/T 51223—2017	公共建筑标识系统技术规范	636	GB/T 51268—2017	绿色照明检测及评价标准
613	GB/T 51224—2017	乡村道路工程技术规范	637	GB/T 51269—2017	建筑信息模型分类和编码标准
614	GB/T 51226—2017	多高层木结构建筑技术标准	638	GB/T 51274—2017	城镇综合管廊监控与报警系统工程技术标准
615	GB 51227—2017	立井钻井法施工及验收规范	639	GB/T 51275—2017	软土地基路基监控标准
			640	GB 55011—2021	城市道路交通工程项目规范
616	GB/T 51228—2017	建筑振动荷载标准	641	GB/T 51290—2018	建设工程造价指标指数分类与测算标准
617	GB/T 51231—2016	装配式混凝土建筑技术标准	642	GB/T 51301—2018	建筑信息模型设计交付标准
618	GB/T 51232—2016	装配式钢结构建筑技术标准	643	GB/T 51310—2018	地下铁道工程施工标准
			644	GB/T 51328—2018	城市综合交通体系规划标准
619	GB/T 51233—2016	装配式木结构建筑技术标准	645	GB/T 51368—2019	建筑光伏系统应用技术标准
			646	GB 55001—2021	工程结构通用规范
620	GB/T 51235—2017	建筑信息模型施工应用标准	647	GB 55002—2021	建筑与市政工程抗震通用规范
621	GB 51237—2017	火工品试验室工程技术规范	648	GB 55003—2021	建筑与市政地基基础通用规范

续表

序号	标准编号	标准名称	序号	标准编号	标准名称
649	GB 55004—2021	组合结构通用规范	665	GB 55020—2021	建筑给水排水与节水通用规范
650	GB 55005—2021	木结构通用规范			
651	GB 55006—2021	钢结构通用规范	666	GB 55021—2021	既有建筑鉴定与加固通用规范
652	GB 55007—2021	砌体结构通用规范			
653	GB 55008—2021	混凝土结构通用规范	667	GB 55022—2021	既有建筑维护与改造通用规范
654	GB 55009—2021	燃气工程项目规范			
655	GB 55010—2021	供热工程项目规范	668	GB 55023—2022	施工脚手架通用规范
656	GB 55011—2021	城市道路交通工程项目规范	669	GB 55024—2022	建筑电气与智能化通用规范
			670	GB 55025—2022	宿舍、旅馆建筑项目规范
657	GB 55012—2021	生活垃圾处理处置工程项目规范	671	GB 55026—2022	城市给水工程项目规范
			672	GB 55027—2022	城乡排水工程项目规范
658	GB 55013—2021	市容环卫工程项目规范	673	GB 55028—2022	特殊设施工程项目规范
659	GB 55014—2021	园林绿化工程项目规范	674	GB 55029—2022	安全防范工程通用规范
660	GB 55015—2021	建筑节能与可再生能源利用通用规范	675	GB 55031—2022	民用建筑通用规范
			676	GB 55032—2022	建筑与市政工程施工质量控制通用规范
661	GB 55016—2021	建筑环境通用规范			
662	GB 55017—2021	工程勘察通用规范	677	GB 5033—2022	城市轨道交通工程项目规范
663	GB 55018—2021	工程测量通用规范	678	GB 55036—2023	消防设施通用规范
664	GB 55019—2021	建筑与市政工程无障碍通用规范			

5.1.3.2 部分国家的国家标准代号

部分国家及组织机构的标准代号见表 5-36。

部分国家及组织机构的标准代号　　表 5-36

名称	代号	标准编号
美国国家标准	ANSI	代号＋字母类号＋序号＋批准年份
澳大利亚标准	AS	代号＋字母类号＋序号＋制订年份
英国标准	BS	代号＋序号＋制订年份
斯里兰卡标准	C·S·	代号＋序号＋制订年份
加拿大国家标准	CSA	代号＋编制机构代号＋原序号＋制订年份
朝鲜国家标准	CSK	代号＋序号＋制订年份
捷克国家标准	CSN	代号＋序号＋批准年份
墨西哥官方标准	DGN	代号＋字母类号＋三位序号＋制订年份
德国标准	DIN	代号＋序号＋批准年份
丹麦标准	DS	代号＋序号
埃及标准	E·S·	代号＋序号＋制订年份
埃塞俄比亚标准	ESI	代号＋字母类号＋数字类号＋三位序号
中国国家标准	GB	代号＋序号＋批准年份
俄罗斯标准	GOST	代号＋序号＋批准年份
加纳标准	GS	代号＋字母类号＋序号＋制订年份

续表

名称	代号	标准编号
哥伦比亚标准	ICONTEC	代号+序号
阿根廷标准	IRAM	代号+标准序号+（种类代号）+制订年份
印度标准	IS	代号+序号+制订年份
伊朗标准	ISIRI	代号+标准序号+制订年份
国际标准化组织标准	ISO	
日本标准	JIS	代号+字母类号+数字类号+标准序号+制订或修订年份
南斯拉夫标准	JUS	
韩国标准	KS	代号+序号+批准年份
科威特标准规格	KSS	代号+序号
利比亚标准	LS	代号+序号
马来西亚标准	MS	代号+工业标准委员会代号+序号+制订年份
巴西正式标准	NB	代号+标准种类号+序号+制订或修订年份
智利标准	NCh	代号+序号+种类代号+制订年份
荷兰标准	NEN	代号+标准序号+制订或修订年份
法国标准	NF	代号+字母类号+小类号+序号+制订年份
印度尼西亚标准	NI	
秘鲁标准	NOP	代号+三位数字组号+该组内序号+制订年份
委内瑞拉标准	NORVEN	代号+数字类号+序号+制订年份
巴拉圭标准	NP	标准编号
挪威标准	NS	代号+顺序号
新西兰标准	NZS	代号+序号
奥地利标准	ONORM	代号+序号+制订年份
波兰标准	PN	代号+字母类号+四位数字
巴基斯坦标准	PS	代号+制订或修订年份+字母类号+数字组号
菲律宾标准	PS	代号+序号+制订年份
南非标准	SABS	代号+序号
芬兰标准协会标准	SFS	代号+序号+制订年份
以色列标准	S·I	代号+序号
瑞典标准	SIS	代号+序号+制订年份
瑞士标准协会标准	SNV	代号+六位数号
新加坡标准	S·S·	代号+六位数号
罗马尼亚国家标准	STAS	代号+序号+制订年份
越南国家标准	TCVH	代号+序号+制订年份
泰国国家标准规格	THAI	代号+序号+制订年份
土耳其标准	TS	代号+标准序号+制订或修订年份
坦桑尼亚标准	TZS	代号+标准序号+制订或修订年份
西班牙标准	UNE	代号+序号+制订年份
意大利标准	UNI	代号+四位或五位数号
乌拉圭技术标准学会标准	UNIT	代号+标准序号+制订或修订年份
蒙古国家标准	VCT	代号+序号+制订年份
赞比亚标准	ZS	代号+序号+制订年份

5.2 常用计量单位换算

5.2.1 长度单位换算

5.2.1.1 公制与市制、英美制长度单位换算

公制与市制、英美制长度单位换算见表5-37。

公制与市制、英美制长度单位换算表 **表 5-37**

单位	公制				市制				英美制			
	米 (m)	毫米 (mm)	厘米 (cm)	公里 (km)	市寸	市尺	市丈	市里	英寸 (in)	英尺 (ft)	码 (yd)	英里 (mile)
1m	1	1000	100	0.0010	30	3	0.3000	0.0020	39.3701	3.2808	1.0936	0.0006
1mm	0.0010	1	0.1000	10^{-6}	0.0300	0.0030	0.0003	2×10^{-6}	0.0394	0.0033	0.0011	0.6214×10^{-6}
1cm	0.0100	10	1	10^{-5}	0.3000	0.0300	0.0030	2×10^{-5}	0.3937	0.0328	0.0109	0.6214×10^{-5}
1km	1000	1000000	100000	1	30000	3000	300	2	3.9370×10^{4}	3280.8399	1093.6133	0.6214
1市寸	0.0333	33.3333	3.3333	3.3333×10^{-5}	1	0.1000	0.0100	6.6667×10^{-5}	1.3123	0.1094	0.0365	2.0712×10^{-5}
1市尺	0.3333	333.3333	33.3333	0.0003	10	1	0.1000	0.0007	13.1233	1.0936	0.3645	0.0002
1市丈	3.3333	3333.3333	333.3333	0.0033	100	10	1	0.0067	131.2334	10.9361	3.6454	0.0021
1市里	500	500000	50000	0.5000	15000	1500	150	1	1.9685×10^{4}	1640.4199	546.8066	0.3107
1in	0.0254	25.4000	2.5400	2.5400×10^{-5}	0.7620	0.0762	0.0076	5.0800×10^{-5}	1	0.0833	0.0278	1.5783×10^{-5}
1ft	0.3048	304.8000	30.4800	0.0003	9.1440	0.9144	0.0914	0.0006	12	1	0.3333	0.0002
1yd	0.9144	914.4000	91.4400	0.0009	27.4320	2.7432	0.2743	0.0018	36	3	1	0.0006
1mile	1609.3440	1.6093×10^{6}	1.6093×10^{5}	1.6093	4.8280×10^{4}	4828.0320	482.8032	3.2187	63360	5280	1760	1

5.2.1.2 英寸的分数、小数习惯称呼与毫米对照

英寸的分数、小数习惯称呼与毫米对照见表 5-38。

英寸的分数、小数习惯称呼与毫米对照表 表 5-38

英寸（in）		我国习惯称呼	毫米（mm）
分 数	小 数		
1/16	0.0625	半分	1.5875
1/8	0.1250	一分	3.1750
3/16	0.1875	一分半	4.7625
1/4	0.2500	二分	6.3500
5/16	0.3125	二分半	7.9375
3/8	0.3750	三分	9.5250
7/16	0.4375	三分半	11.1125
1/2	0.5000	四分	12.7000
9/16	0.5625	四分半	14.2875
5/8	0.6250	五分	15.8750
11/16	0.6875	五分半	17.4625
3/4	0.7500	六分	19.0500
13/16	0.8125	六分半	20.6375
7/8	0.8750	七分	22.2250
15/16	0.9375	七分半	23.8125
1	1.0000	一英寸	25.4000

5.2.2 面积单位换算

（1）公制与市制、英美制面积单位换算见表 5-39。
（2）公制与日制、俄制面积单位换算见表 5-40。

5.2.3 体积、容积单位换算

（1）公制与市制、英美制体积和容积单位换算见表 5-41。
（2）公制与日制、俄制体积和容积单位换算见表 5-42。

5.2.4 重量（质量）单位换算

公制与市制、英美制质量单位换算见表 5-43。

公制与市制、英美制面积单位换算表 表 5-39

单位	公制				市制				英美制				
	平方米 (m^2)	公亩 (a)	公顷 (ha，hm^2)	平方公里 (km^2)	平方市尺	平方市丈	市亩	市顷	平方英尺 (ft^2)	平方码 (yd^2)	英亩	美亩	平方英里 ($mile^2$)
$1m^2$	1	0.0100	0.0001	10^{-6}	9	0.0900	0.0015	0.1500×10^{-4}	10.7639	1.1960	0.0002	0.0002	0.3861×10^{-6}
1a	100	1	0.0100	0.0001	900	9	0.1500	0.0015	1076.3910	119.5990	0.0247	0.0247	0.3861×10^{-4}
1ha (hm^2)	10000	100	1	0.0100	90000	900	15	0.1500	1.0764×10^{5}	11959.9005	2.4711	2.4710	0.0039
$1km^2$	1000000	10000	100	1	9000000	90000	1500	15	1.0764×10^{7}	1.1960×10^{6}	247.1054	247.1054	0.3861
1 平方市尺	0.1111	0.0011	0.1111×10^{-4}	0.1111×10^{-6}	1	0.0100	0.0002	1.6667×10^{-6}	1.1960	0.1329	0.2746×10^{-4}	0.2746×10^{-4}	0.4290×10^{-7}
1 平方市丈	11.1111	0.1111	0.0011	0.1111×10^{-4}	100	1	0.0167	0.0002	119.5990	13.2888	0.0027	0.0027	0.4290×10^{-5}
1 市亩	666.6667	6.6667	0.0667	0.0007	6000	60	1	0.0100	7175.9403	797.3267	0.1647	0.1647	0.0003
1 市顷	66666.6667	666.6667	6.6667	0.0667	600000	6000	100	1	7.1759×10^{5}	7.9733×10^{4}	16.4737	16.4737	0.0257
$1ft^2$	0.0929	0.0009	0.929×10^{-5}	0.9290×10^{-7}	0.8361	0.0084	0.0001	0.1394×10^{-5}	1	0.1111	0.2296×10^{-4}	0.2296×10^{-4}	0.3587×10^{-7}
$1yd^2$	0.8361	0.0084	0.8361×10^{-4}	0.8361×10^{-6}	7.5251	0.0753	0.0013	0.1254×10^{-4}	9	1	0.0002	0.0002	0.3228×10^{-6}
1 英亩	4046.8564	40.4686	0.4047	0.0040	36421.7078	364.2171	6.0703	0.0607	43560	4840	1	1	0.0016
1 美亩	4046.8764	40.4686	0.4047	0.0040	36421.7078	364.2171	6.0703	0.0607	43560	4840	1	1	0.0016
$1mile^2$	0.2590×10^{7}	0.2590×10^{5}	258.9988	2.5900	2.3310×10^{7}	2.3310×10^{5}	3884.9822	38.8498	27878400	3097600	640	640	1

表 5-40

公制与日制、俄制面积单位换算表

单位	公制				日制				俄制			
	平方米（m^2）	公亩（a）	公顷（ha，hm^2）	平方公里（km^2）	平方日尺	日坪	日亩	平方日里	平方俄尺	平方俄丈	俄　顷	平方俄里
$1m^2$	1	0.0100	0.0001	10^{-6}	10.8900	0.3025	0.0101	0.6484×10^{-7}	10.7639	0.2197	0.0001	0.8787×10^{-6}
1a	100	1	0.0100	0.0001	1089	30.2500	1.0083	0.6484×10^{-5}	1076.3910	21.9672	0.0092	0.8787×10^{-4}
1ha（hm^2）	10000	100	1	0.0100	108900	3025	100.8333	0.0006	1.0764×10^{5}	2196.7164	0.9153	0.0088
$1km^2$	1000000	10000	100	1	1.0890×10^{7}	302500	10083.3333	0.0648	1.0764×10^{7}	2.1967×10^{5}	91.5299	0.8787
1 平方日尺	0.0918	0.0009	0.9183×10^{-5}	0.9183×10^{-7}	1	0.0278	0.0009	0.5954×10^{-8}	0.9885	0.0202	0.8406×10^{-5}	0.8069×10^{-7}
1 日坪	3.3058	0.0331	0.0003	3.3058×10^{-6}	36	1	0.0333	0.2143×10^{-6}	35.5860	0.7262	0.0003	0.2905×10^{-5}
1 日亩	99.1736	0.9917	0.0099	0.0001	1080	30	1	0.6430×10^{-5}	1067.5802	21.7874	0.0091	0.8715×10^{-4}
1 平方日里	1.5423×10^{7}	1.5423×10^{5}	1542.3471	15.4235	1.6796×10^{8}	4665600	155520	1	1.6603×10^{8}	3.3884×10^{6}	1411.8203	13.5535
1 平方俄尺	0.0929	0.0009	0.9290×10^{-5}	0.9290×10^{-7}	1.0116	0.0281	0.0009	0.6023×10^{-8}	1	0.0204	0.8503×10^{-5}	0.8163×10^{-7}
1 平方俄丈	4.5522	0.0455	0.0005	0.4552×10^{-6}	49.5700	1.3769	0.0459	0.2951×10^{-6}	49	1	0.0004	0.4000×10^{-5}
1 俄顷	1.0925×10^{4}	109.2540	1.0925	0.0109	1.1897×10^{5}	3304.6699	110.1557	0.0007	117600	2400	1	0.0096
1 平方俄里	1.1381×10^{6}	1.1381×10^{4}	113.8062	1.1381	1.2393×10^{7}	3.4424×10^{5}	1.1475×10^{4}	0.0738	1.2250×10^{7}	250000	104.1667	1

公制与市制、英美制体积和容积单位换算表 **表 5-41**

单位	公制			市制				英美制					
	立方米 (m^3)	立方厘米 (cm^3)	升 (L)	立方市寸	立方市尺	市斗	市石	立方英寸 (in^3)	立方英尺 (ft^3)	立方码 (yd^3)	加仑（英液量）(gal)	加仑（美液量）(gal)	蒲式耳 (bu)
$1m^3$	1	1000000	1000	27000	27	100	10	6.1024×10^4	35.3146	1.3079	220.0846	264.1719	27.5106
$1cm^3$	10^{-6}	1	0.0010	0.0270	0.2700×10^{-4}	0.0001	10^{-5}	0.0610	0.3531×10^{-4}	0.1308×10^{-5}	0.2201×10^{-3}	0.2642×10^{-3}	0.2751×10^{-4}
1L	0.0010	1000	1	27	0.0270	0.1000	0.0100	61.0237	0.0353	0.0013	0.2201	0.2642	0.0275
1 立方市寸	0.3704×10^{-4}	37.0370	0.0370	1	0.0010	0.0037	0.0004	2.2601	0.0013	0.4844×10^{-4}	0.0082	0.0098	0.0010
1 立方市尺	0.0370	3.7037×10^4	37.0370	1000	1	3.7037	0.3704	2260.1387	1.3080	0.0484	8.1513	9.7842	1.0189
1 市斗	0.0100	10000	10	270	0.2700	1	0.1000	610.2374	0.3531	0.0131	2.2008	2.6417	0.2751
1 市石	0.1000	100000	100	2700	2.7000	10	1	6102.3745	3.5315	0.1308	22.0085	26.4172	2.7511
$1in^3$	1.6387×10^{-5}	16.3871	0.0164	0.4424	0.0004	0.0016	0.0002	1	0.0006	2.1433×10^{-5}	0.0036	0.0043	0.0005
$1ft^3$	0.0283	2.8317×10^4	28.3168	764.5549	0.7646	2.8317	0.2832	1728	1	0.0370	6.2321	7.4805	0.7790
$1yd^3$	0.7646	7.6455×10^5	764.5549	2.0643×10^4	20.6430	76.4555	7.6455	46656	27	1	168.2668	201.9740	21.0333
1gal（英）	0.0045	4543.7068	4.5437	122.6801	0.1227	0.4544	0.0454	277.2740	0.1605	0.0059	1	1.2003	0.1250
1gal（美）	0.0038	3785.4760	3.7855	102.2079	0.1022	0.3785	0.0379	231	0.1337	0.0050	0.8331	1	0.1041
1bu	0.0363	3.6350×10^4	36.3497	981.4407	0.9814	3.6350	0.3635	2218.1920	1.2837	0.0475	8	9.6026	1

公制与日制、俄制体积和容积单位换算表 表 5-42

单位	公制			日制					俄制	
	立方米 (m^3)	立方厘米 (cm^3)	升	立方日寸	立方日尺	日升	日斗	日石	立方俄寸	立方俄尺
1m^3	1	1000000	1000	25937	35.9370	554.0013	55.4001	5.5400	6.1024×10^4	35.3146
1cm^3	10^{-6}	1	0.0010	0.0259	3.5937×10^{-5}	0.0006	0.554×10^{-4}	0.5540×10^{-5}	0.0610	0.3531×10^{-4}
1L	0.0010	1000	1	35.9370	0.0359	0.5540	0.0554	0.0055	61.0237	0.0353
1 立方日寸	2.7826×10^{-5}	27.8265	0.0278	1	0.0010	0.0154	0.0015	0.0002	1.6983	0.0010
1 立方日尺	0.0278	2.7826×10^4	27.8265	1000	1	15.4159	1.5416	0.1542	1698.2782	0.9828
1 日升	0.0018	1805.0500	1.8051	64.8681	0.0649	1	0.1000	0.0100	110.1641	0.0638
1 日斗	0.0181	1.8051×10^4	18.0505	648.6808	0.6487	10	1	0.1000	1101.6405	0.6375
1 日石	0.1805	1.8051×10^5	180.5050	6486.8083	6.4868	100	10	1	11016.4051	6.3752
1 立方俄寸	1.6387×10^{-5}	16.3871	0.0164	0.5888	0.0006	0.0091	0.0009	0.0001	1	0.0006
1 立方俄尺	0.0283	2.8317×10^4	28.3168	1017.5011	1.0175	15.6857	1.5686	0.1569	1728	1

公制与市制、英美制质量单位换算表 表 5-43

单位	公制			市制			英美制			
	公斤 (kg)	克 (g)	吨 (t)	市两	市斤	市担	盎司 (oz)	磅 (lb)	英（长）吨 (ton)	美（短）吨 (US ton)
1kg	1	1000	0.0010	20	2	0.0200	35.2740	2.2046	0.0010	0.0011
1g	0.0010	1	10^{-6}	0.0200	0.0020	0.2000×10^{-4}	0.0353	0.0022	0.9842×10^{-6}	1.1023×10^{-6}
1t	1000	1000000	1	20000	2000	20	3.5274×10^4	2204.6244	0.9842	1.1023
1 市两	0.0500	50	0.5000×10^{-4}	1	0.1000	0.0010	1.7637	0.1102	0.4921×10^{-4}	0.5512×10^{-4}
1 市斤	0.5000	500	0.0005	10	1	0.0100	17.6370	1.1023	0.0005	0.0006
1 市担	50	50000	0.0500	1000	100	1	1763.6995	110.2312	0.0492	0.0551
1oz	0.0283	28.3495	0.2835×10^{-4}	0.5670	0.0567	0.0006	1	0.0625	0.2790×10^{-4}	0.3125×10^{-4}
1lb	0.4536	453.5920	0.0005	9.0718	0.9072	0.0091	16	1	0.0004	0.0005
1ton	1016.0461	1.0160×10^6	1.0160	2.0321×10^4	2032.0922	20.3209	35840	2240	1	1.1200
1USton	907.1840	907184	0.9072	1.8144×10^4	1814.3680	18.1437	32000	2000	0.8929	1

5.2.5 力、重力单位换算

5.2.5.1 力（牛顿，N）单位换算

力的单位换算见表 5-44。

力（牛顿，N）单位换算 表 5-44

单位	牛顿（N）	千牛顿（kN）	兆牛顿（MN）	公斤力（kgf）	吨力（tf）	达因（dyn）	磅力（lbf）	英吨力（tonf）	美吨力（UStonf）
1N	1	0.00110	10^{-6}	0.1020	0.0001	100000	0.2248	0.0001	0.0001
1kN	1000	1	0.0010	101.9720	0.1020	10^{8}	224.8075	0.1004	0.1124
1MN	1000000	1000	1	101972	101.9720	10^{11}	0.2248×10^{6}	100.3605	112.4037
1kgf	9.8066	0.0098	9.8066×10^{-6}	1	0.0010	9.8066×10^{5}	2.2046	0.0010	0.0011
1tf	9806.6136	9.8066	0.0098	1000	1	9.8066×10^{8}	2204.6001	0.9842	1.1023
1dyn	10^{-5}	10^{-8}	10^{-11}	0.1020×10^{-5}	0.1020×10^{-8}	1	0.2248×10^{-5}	0.1004×10^{-8}	0.112×10^{-8}
1lbf	4.4483	0.0044	4.4483×10^{-6}	0.4536	0.0005	4.4483×10^{5}	1	0.0004	0.0005
1tonf	9964.0817	9.9641	0.0100	1016.0573	1.0161	9.9641×10^{8}	2240	1	1.1200
1UStonf	8896.5015	8.8965	0.0089	907.1940	0.9072	8.8965×10^{8}	2000	0.8929	1

注：英吨力也可标注为 UK tonf。

5.2.5.2 压强（帕斯卡，Pa）单位换算

1. 大气压强单位换算表（表 5-45）。

大气压强单位换算 **表 5-45**

单位	帕斯卡（Pa）或牛顿/平方米（N/m^2）	百帕斯卡（hPa）或牛顿/平方分米（N/dm^2）	工程大气压（at）或千克力/平方厘米（kgf/cm^2）	标准大气压（atm）	毫米汞柱（mmHg）	英寸汞柱（inHg）	毫米水柱（mmH_2O）	英寸水柱（inH_2O）	巴（bar）
1Pa 或 N/m^2	1	0.0100	1.0197×10^{-5}	0.9869×10^{-5}	0.0075	0.0003	0.1020	0.0040	10^{-5}
1hPa 或 N/dm^2	100	1	1.0197×10^{-3}	0.9869×10^{-3}	0.7503	0.0295	10.1972	0.4015	0.0010
1at 或 kgf/cm^2	9.8066×10^4	980.6614	1	0.9678	735.5574	28.9590	10000	393.7008	0.9807
1atm	10.1325×10^4	1013.2503	1.0332	1	760	29.9213	10332.3117	406.7839	1.0133
1mmHg	133.2719	1.3327	0.0014	0.0013	1	0.0394	13.5951	0.5352	0.0013
1inHg	3385.1057	33.8511	0.0345	0.0334	25.4000	1	345.3167	13.5951	0.0339
$1mmH_2O$	9.8066	0.0981	0.0001	0.0001	0.0736	0.0029	1	0.0394	0.0001
$1inH_2O$	249.0880	2.4909	0.0025	0.0024	1.8683	0.0736	25.4000	1	0.0025
1bar	100000	1000	1.0197	0.9869	750.0615	29.5300	10197.1999	401.4646	1

注：atm 是指在零度时，密度为 $13.5951g/cm^3$ 和重力加速度为 $980.665cm/s^2$，高度为 760mmHg 在海平面上所产生的压力。$1atm=13.5951\times980.665\times76=1013250$（$dyn/cm^2$）。

2. 应力、强度等单位换算表（表 5-46）。

应力、强度等单位换算表 **表 5-46**

单位	帕斯卡（Pa）或牛顿/平方米（N/m^2）	兆帕斯卡（MPa）或牛顿/平方毫米（N/mm^2）	千克力/平方厘米（kgf/cm^2）	吨力/平方米（tf/m^2）	磅力/平方英寸（lbf/in^2）	磅力/平方英尺（lbf/ft^2）	英吨力/平方英寸（$tonf/in^2$）	英吨力/平方英尺（$tonf/ft^2$）	美吨力/平方英寸（$UStonf/in^2$）	美吨力/平方英尺（$UStonf/ft^2$）
1Pa 或 N/m^2	1	10^{-6}	1.0197×10^{-5}	0.0001	0.1450×10^{-3}	0.0209	6.4749×10^{-3}	9.3238×10^{-6}	7.2518×10^{-8}	10.4427×10^{-6}
1MPa 或 N/mm^2	1000000	1	10.1972	101.9720	145.0369	2.0885×10^{4}	0.0647	9.3238	0.0725	10.4427
1kgf/cm^2	9.8066×10^{4}	0.0981	1	10	14.2232	2048.1424	0.0063	0.9143	0.0071	1.0241
1tf/m^2	9806.6136	0.0098	0.1000	1	1.4223	204.8142	0.0006	0.0914	0.0007	0.1024
1lbf/in^2	6894.8399	0.0069	0.0703	0.7031	1	144	0.0004	0.0643	0.0005	0.0720
1lbf/ft^2	47.8808	0.4788×10^{-4}	0.0005	0.0049	0.0069	1	0.3100×10^{-5}	0.0004	0.3472×10^{-5}	0.0005
1$tonf/in^2$	1.5444×10^{7}	15.4444	157.4890	1574.8905	2240	322560	1	144	1.1200	161.2800
1$tonf/ft^2$	1.0725×10^{5}	0.1073	1.0937	10.9367	15.5556	2240	0.0069	1	0.0078	1.1200
1$UStonf/in^2$	1.3790×10^{7}	13.7897	140.6152	1406.1522	2000	288000	0.8929	128.5714	1	144
1$UStonf/ft^2$	9.5762×10^{4}	0.0958	0.9765	9.7649	13.8889	2000	0.0062	0.8929	0.0069	1

注：本表也适用于弹性模量、剪变模量、压缩模量等单位换算。

5.2.5.3 力矩（弯矩、扭矩、力偶矩、转矩）单位换算

力矩单位换算见表 5-47。

表 5-47

力矩（弯矩、扭矩、力偶矩、转矩）单位换算表

单位	牛顿·米 (N·m)	牛顿·厘米 (N·cm)	达因·厘米 (dyn·cm)	千克力·厘米 (kgf·cm)	千克力·米 (kgf·m)	吨力·米 (tf·m)	磅力·英寸 (lbf·in)	磅力·英尺 (lbf·ft)	英吨力·英尺 (tonf·ft)	美吨力·英尺 (UStonf·ft)
1N·m	1	100	10^7	10.1972	0.1020	0.0001	8.8507	0.7376	0.0003	0.0004
1N·cm	0.0100	1	100000	0.1020	0.0010	1.0197×10^{-6}	0.0885	0.0074	3.2927×10^{-6}	3.6878×10^{-6}
1dyn·cm	10^{-7}	10^{-5}	1	1.0197×10^{-6}	1.0197×10^{-8}	1.0197×10^{-11}	8.8507×10^{-7}	7.3756×10^{-8}	3.2927×10^{-11}	3.6878×10^{-11}
1kgf·cm	0.0981	9.8066	9.8066×10^5	1	0.0100	10^{-5}	0.8680	0.0723	0.3229×10^{-4}	0.3616×10^{-4}
1kgf·m	9.8066	980.6614	9.8066×10^7	100	1	0.0010	86.7951	7.2329	0.0032	0.0036
1tf·m	9806.6136	9.8066×10^5	9.8066×10^{10}	100000	1000	1	8.6795×10^4	7232.9252	3.2290	3.6165
1lbf·in	0.1130	11.2985	1.1299×10^6	1.1521	0.0115	1.1521×10^{-5}	1	0.0833	0.3720×10^{-4}	0.4167×10^{-4}
1lbf·ft	1.3558	135.5820	1.3558×10^7	13.8257	0.1383	0.0001	12	1	0.0004	0.0005
1tonf·ft	3037.0375	3.0370×10^5	3.0370×10^{10}	3.0969×10^4	309.6949	0.3097	26880	2240	1	1.1200
1UStonf·ft	2711.6262	2.7116×10^5	2.7116×10^{10}	2.7651×10^4	276.5133	0.2765	24000	2000	0.8929	1

5.2.5.4 习用非法定计量单位与法定计量单位换算

1. 冲击强度单位换算表（表 5-48）。

表 5-48

冲击强度单位换算表

单位	千焦耳/平方米 (kJ/m²)	焦耳/平方厘米 (J/cm²)	千克力·厘米/平方厘米 (kgf·cm/cm²)	千克力·米/平方厘米 (kgf·m/cm²)	吨力·米/平方米 (tf·m/m²)	磅力·英寸/平方英寸 (lbf·in/in²)	磅力·英尺/平方英寸 (lbf·ft/in²)	英吨力·英尺/平方英尺 (tonf·ft/ft²)	美吨力·英尺/平方英尺 (UStonf·ft/ft²)
1kJ/m²	1	0.1000	1.0197	0.0102	0.1020	5.7102	0.4758	0.0306	0.0343
1J/cm²	10	1	10.1972	0.1020	1.0197	57.1017	4.7585	0.3059	0.3426
1kgf·cm/cm²	0.9807	0.0981	1	0.0100	0.1000	5.5997	0.4666	0.0300	0.0336
1kgf·m/cm²	98.0661	9.8066	100	1	10	559.9695	46.6641	2.9999	3.3597
1tf·m/m²	9.8066	0.9807	10	0.1000	1	55.9970	4.6664	0.3000	0.3360
1lbf·in/in²	0.1751	0.0175	0.1786	0.0018	0.0179	1	0.0833	0.0054	0.0060
1lbf·ft/in²	2.1015	0.2102	2.143	0.0214	0.2143	12	1	0.0643	0.0720
1tonf·ft/ft²	32.6902	3.269	33.3349	0.3333	3.3335	186.6667	15.5556	1	1.1200
1UStonf·ft/ft²	29.1891	2.9189	29.7647	0.2976	2.9765	166.6667	13.8889	0.8929	1

2. 撕裂、抗劈强度单位换算表（表 5-49）。

撕裂、抗劈强度单位换算表

表 5-49

单位	牛顿/米 (N/m)	牛顿/厘米 (N/cm)	千牛顿/米 (kN/m)	千克力/厘米 (kgf/cm)	吨力/米 (tf/m)	磅力/英寸 (lbf/in)	磅力/英尺 (lbf/ft)	英吨力/英尺 (tonf/ft)	美吨力/英尺 (UStonf/ft)
1N/m	1	0.0100	0.0010	0.0010	0.0001	0.0057	0.0685	0.3059×10^{-4}	0.3426×10^{-4}
1N/cm	100	1	0.1000	0.1020	0.0102	0.5710	6.8522	0.0031	0.0034
1kN/m	1000	10	1	1.0197	0.1020	5.7102	68.5219	0.0306	0.0343
1kgf/cm	980.6614	9.8066	0.9807	1	0.1000	5.5997	67.1968	0.0300	0.0336
1tf/m	9806.6136	98.0661	9.8066	10	1	55.9974	671.9684	0.3000	0.3360
1lbf/in	175.1264	1.7513	0.1751	0.1786	0.0179	1	12	0.0054	0.0060
1lbf/ft	14.5939	0.1459	0.0146	0.0149	0.0015	0.0833	1	0.0004	0.0005
1tonf/ft	32690.2613	326.9026	32.6903	33.3349	3.3335	186.6667	2240	1	1.1200
1UStonf/ft	29189.1343	291.8913	29.1891	29.7647	2.9765	166.6667	2000	0.8929	1

3. 冲量单位换算表（表 5-50）。

冲量单位换算表

表 5-50

单位	牛顿·秒 (N·s)	千牛顿·秒 (kN·s)	达因·秒 (dyn·s)	千克力·秒 (kgf·s)	吨力·秒 (tf·s)	磅力·秒 (lbf·s)	英吨力·秒 (tonf·s)	美吨力·秒 (UStonf·s)
1N·s	1	0.0010	100000	0.1020	0.0001	0.2248	0.0001	0.0001
1kN·s	1000	1	10^{8}	101.9720	0.1020	224.8075	0.1004	0.1124
1dyn·s	10^{-5}	10^{-8}	1	0.1020×10^{-5}	0.1020×10^{-8}	0.2248×10^{-5}	0.1004×10^{-8}	0.1124×10^{-8}
1kgf·s	9.8066	0.0098	9.8066×10^{5}	1	0.0010	2.2046	0.0010	0.0011
1tf·s	9806.6136	9.8066	9.8066×10^{8}	1000	1	2204.6001	0.9842	1.1023
1lbf·s	4.4483	0.0044	4.4483×10^{5}	0.4536	0.0005	1	0.0004	0.0005
1tonf·s	9964.0817	9.9641	9.9641×10^{8}	1016.0573	1.0161	2240	1	1.1200
1Ustonf·s	8896.5015	8.8965	8.8965×10^{8}	907.1940	0.9072	2000	0.8929	1

4. 冲量矩单位换算表（表 5-51）。

冲量矩单位换算表

表 5-51

单位	牛顿·米·秒 (N·m·s)	牛顿·厘米·秒 (N·cm·s)	千克力·厘米·秒 (kgf·cm·s)	千克力·米·秒 (kgf·m·s)	吨力·米·秒 (tf·m·s)	磅力·英寸·秒 (lbf·in·s)	磅力·英尺·秒 (lbf·ft·s)	英吨力·英尺·秒 (tonf·ft·s)	美吨力·英尺·秒 (UStonf·ft·s)
1N·m·s	1	100	10.1972	0.1020	0.0001	8.8507	0.7376	0.0003	0.0004
1N·cm·s	0.0100	1	0.1020	0.0010	1.0197×10^{-6}	0.0885	0.0074	3.2927×10^{-6}	3.6878×10^{-6}
1kgf·cm·s	0.0981	9.8066	1	0.0100	10^{-5}	0.8680	0.0723	0.3229×10^{-4}	0.3616×10^{-4}
1kgf·m·s	9.8066	980.6614	100	1	0.0010	86.7951	7.2329	0.0032	0.0036
1tf·m·s	9806.6136	9.8066×10^{5}	100000	1000	1	8.6795×10^{4}	7232.9252	3.2290	3.6165
1lbf·in·s	0.1130	11.2985	1.1521	0.0115	1.1521×10^{-5}	1	0.0833	0.3720×10^{-4}	0.4167×10^{-4}
1lbf·ft·s	1.3558	135.5820	13.8257	0.1383	0.0001	12	1	0.0004	0.0005
1tonf·ft·s	3037.0375	3.0370×10^{5}	30969.4895	309.6949	0.3097	26880	2240	1	1.1200
1UStonf·ft·s	2711.6262	2.7116×10^{5}	27651.3299	276.5133	0.2765	24000	2000	0.8929	1

5.2.6 速度单位换算

速度单位换算见表 5-52。

速度单位换算表

表 5-52

单位	米/秒 (m/s)	英尺/秒 (ft/s)	码/秒 (yd/s)	千米/分 (km/min)	公里/小时 (km/h)	英里/小时 (mile/h)	节或海里/小时 (kn 或 nmile/h)
1m/s	1	3.2808	1.0936	0.0600	3.6000	2.2369	1.9438
1ft/s	0.3048	1	0.3333	0.0183	1.0973	0.6818	0.5925
1yd/s	0.9144	3	1	0.0549	3.2919	2.0455	1.7774
1km/min	16.6667	54.6800	18.2267	1	60	37.2818	32.3964
1km/h	0.2778	0.9113	0.3038	0.0167	1	0.6214	0.5400
1mile/h	0.4470	1.4667	0.4889	0.0268	1.6094	1	0.8689
1kn 或 nmile/h	0.5144	1.6878	0.5626	0.0309	1.8520	1.1508	1

5.2.7 流量的单位换算

5.2.7.1 体积流量的单位换算

体积流量单位换算见表 5-53。

体积流量单位换算表　　表 5-53

单位	升/秒 (L/s)	立方米/分 (m^3/min)	立方米/小时 (m^3/h)	立方英尺/秒 (ft^3/s)	立方英尺/分 (ft^3/min)	立方英尺/小时 (ft^3/h)	（英）加仑/秒 (gal/s)	（美）加仑/秒 (gal/s)
1L/s	1	0.0600	3.6000	0.0353	2.1189	127.1330	0.2201	0.2642
1m^3/min	16.6667	1	60	0.5886	35.3147	2118.8835	3.6681	4.4029
1m^3/h	0.2778	0.0167	1	0.0098	0.5886	35.3147	0.0611	0.0734
1ft^3/s	28.3168	1.6990	101.9405	1	60	3600	6.2321	7.4805
1ft^3/min	0.4719	0.0283	1.6990	0.0167	1	60	0.1039	0.1247
1ft^3/h	0.0079	0.0005	0.0283	0.0003	0.0167	1	0.0017	0.0021
1（英）gal/s	4.5437	0.2726	16.3573	0.1605	9.6276	577.6542	1	1.2003
1（美）gal/s	3.7854	0.2271	13.6275	0.1337	8.0208	481.2500	0.8331	1

5.2.7.2 质量流量的单位换算

质量流量单位换算见表 5-54。

质量流量单位换算表　　表 5-54

单位	千克/秒（kg/s）	千克/分（kg/min）	吨/小时（t/h）	磅/秒（lb/s）	磅/分（lb/min）	磅/小时（lb/h）	英吨/小时（ton/h）	美吨/小时（USton/h）
1kg/s	1	60	3.6000	2.2046	132.2775	7936.6500	3.5431	3.9683
1kg/min	0.0167	1	0.0600	0.0367	2.2046	132.2775	0.0591	0.0661
1t/h	0.2778	16.6667	1	0.6124	36.7438	2204.6250	0.9842	1.1023
1lb/s	0.4536	27.2155	1.6329	1	60	3600	1.6071	1.8000
1lb/min	0.0076	0.4536	0.0272	0.0167	1	60	0.0268	0.0300
1lb/h	0.0001	0.0076	0.0005	0.0003	0.0167	1	0.0004	0.0005
1ton/h	0.2822	16.9341	1.0160	0.6222	37.3333	2240	1	1.1200
1USton/h	0.2520	15.1197	0.9072	0.5556	33.3333	2000	0.8929	1

5.2.8 热及热工单位换算

5.2.8.1 温度单位换算

温度单位换算见表 5-55。

温度单位换算表 **表 5-55**

单位	热力学温度（K）	摄氏温度（℃）	华氏温度（℉）	兰氏温度（°R）
tK	t	$t-273.15$	$1.8t-459.67$	$1.8t$
t℃	$t+273.15$	t	$1.8t+32$	$1.8t+491.67$
t℉	$\frac{5}{9}(t+459.67)$	$\frac{5}{9}(t-32)$	t	$t+459.67$
t°R	$\frac{5}{9}t$	$\frac{5}{9}t-273.15$	$t-459.67$	t

注：1℃＝1K＝1.8℉＝1.8°R。

5.2.8.2 各种温度的绝对零度、水冰点和水沸点温度值

各种温度的绝对零度、水冰点和水沸点温度值见表 5-56。

各种温度的绝对零度、水冰点和水沸点温度值表 **表 5-56**

	热力学温度（K）	摄氏温度（℃）	华氏温度（℉）	兰氏温度（°R）
绝对零度	0	−273.15	−459.67	0
水冰点	273.15	0	32	491.67
水沸点	373.15	100	212	671.67

5.2.8.3 导热系数单位换算

导热系数单位换算见表 5-57。

导热系数单位换算见表　　表 5-57

单位	瓦特（米·开） W/(m·K)	瓦特（厘米·开） W/(cm·K)	千瓦特（米·开） kW/(m·K)	卡（厘米·秒·开） cal/(cm·s·K)	卡（厘米·时·开） cal/(cm·h·K)	千卡（米·时·开） kcal/(m·h·K)	英热单位（英寸·时·℉） Btu/(in·h·℉)	英热单位（英尺·时·℉） Btu/(ft·h·℉)	摄氏度热单位（英寸·时·℉） CHU/(in·h·℉)	摄氏度热单位（英尺·时·℉） CHU/(ft·h·℉)
1W/(m·K)	1	0.0100	0.0010	0.0024	8.5985	0.8598	0.0481	0.5778	0.0267	0.3210
1W/(cm·K)	100	1	0.1000	0.2388	859.8452	85.9845	4.8149	57.7790	2.6750	32.0995
1kW/(m·K)	1000	10	1	2.3885	8598.4523	859.8452	48.1492	577.7902	26.7495	320.9946
1cal/(cm·s·K)	418.6800	4.1868	0.4187	1	3600	360	20.1588	241.9050	11.1993	134.3917
1cal/(cm·h·K)	0.1163	0.0012	0.0001	0.0003	1	0.1000	0.0056	0.0672	0.0031	0.0373
1kcal/(m·h·K)	1.1630	0.0116	0.0012	0.0027	10	1	0.0560	0.6720	0.0311	0.3733
1Btu/(in·h·℉)	20.7688	0.2077	0.0208	0.0496	178.5825	17.8582	1	12	0.5556	6.6667
1Btu/(ft·h·℉)	1.7307	0.0173	0.0017	0.0041	14.8819	1.4882	0.0833	1	0.0463	0.5556
1CHU/(in·h·℉)	37.3838	0.3738	0.0374	0.0893	321.4484	32.1448	1.8000	21.6000	1	12
1 CHU/(ft·h·℉)	3.1153	0.0312	0.0031	0.0074	26.7874	2.6787	0.1500	1.8000	0.0833	1

注：1. 表中“开”为“开尔文”的简称（以下同）；
2. 1 瓦特/（厘米·开）=1 焦耳/（厘米·秒·开）。
3. 表中“K”可用“℃”代替（以下同）。

5.2.8.4 传热系数单位换算

传热系数单位换算见表 5-58。

传热系数单位换算表　　表 5-58

单位	瓦特（平方米·开） W/(m²·K)	瓦特（平方厘米·开） W/(cm²·K)	千瓦特（平方米·开） kW/(m²·K)	卡（平方厘米·秒·开） cal/(cm²·s·K)	卡（平方厘米·时·开） cal/(cm²·h·K)	千卡（平方米·时·开） kcal/(m²·h·K)	英热单位（平方英寸·时·℉） Btu/(in²·h·℉)	英热单位（平方英尺·时·℉） Btu/(ft²·h·℉)	摄氏度热单位（平方英寸·时·℉） CHU/(in²·h·℉)	摄氏度热单位（平方英尺·时·℉） CHU/(ft²·h·℉)
1W/(m²·K)	1	0.0001	0.0010	0.2388×10^{-4}	0.0860	0.8598	0.0012	0.1761	0.0007	0.0978
1W/(cm²·K)	10000	1	10	0.2388	859.84523	8598.4523	12.2299	1761.1087	6.7944	978.3937

续表

单位	瓦特（平方米·开）$\frac{W}{(m^2 \cdot K)}$	瓦特（平方厘米·开）$\frac{W}{(cm^2 \cdot K)}$	千瓦特（平方米·开）$\frac{kW}{(m^2 \cdot K)}$	卡（平方厘米·秒·开）$\frac{cal}{(cm^2 \cdot s \cdot K)}$	卡（平方厘米·时·开）$\frac{cal}{(cm^2 \cdot h \cdot K)}$	千卡（平方米·时·开）$\frac{kcal}{(m^2 \cdot h \cdot K)}$	英热单位（平方英寸·时·℉）$\frac{Btu}{(in^2 \cdot h \cdot ℉)}$	英热单位（平方英尺·时·℉）$\frac{Btu}{(ft^2 \cdot h \cdot ℉)}$	摄氏度热单位（平方英寸·时·℉）$\frac{CHU}{(in^2 \cdot h \cdot ℉)}$	摄氏度热单位（平方英尺·时·℉）$\frac{CHU}{(ft^2 \cdot h \cdot ℉)}$
1kW/(m^2·K)	1000	0.1000	1	0.0239	85.9845	859.8452	1.2230	176.1109	0.6794	97.8394
1cal/(cm^2·s·K)	41868	4.1868	41.8680	1	3600	36000	51.2042	7373.4099	28.4468	4096.3388
1cal/(cm^2·h·K)	11.6300	0.0012	0.0116	0.0003	1	10	0.0142	2.0482	0.0079	1.1379
1kcal/(m^2·h·K)	1.1630	0.0001	0.0012	2.7778×10^{-5}	0.1000	1	0.0014	0.2048	0.0008	0.1138
1Btu/(in^2·h·℉)	817.6667	0.0818	0.8177	0.0195	70.3067	703.0668	1	144	0.5556	80
1Btu/(ft^2·h·℉)	5.6782	0.0006	0.0057	0.0001	0.4882	4.8824	0.0069	1	0.0039	0.5556
1CHU/(in^2·h·℉)	1471.8002	0.1472	1.4718	0.0352	126.5520	1265.5203	1.8000	259.2000	1	144
1CHU/(ft^2·h·℉)	10.2208	0.0010	0.0102	0.0002	0.8788	8.7883	0.0125	1.8000	0.0069	1

5.2.8.5 热阻单位换算

热阻单位换算见表 5-59。

热阻单位换算表 **表 5-59**

单位	$\frac{平方米·开}{瓦特}$ $\frac{m^2 \cdot K}{W}$	$\frac{平方厘米·开}{瓦特}$ $\frac{cm^2 \cdot K}{W}$	$\frac{平方米·开}{千瓦特}$ $\frac{m^2 \cdot K}{kW}$	$\frac{平方厘米·秒·开}{卡}$ $\frac{cm^2 \cdot s \cdot K}{cal}$	$\frac{平方厘米·时·开}{卡}$ $\frac{cm^2 \cdot h \cdot K}{cal}$	$\frac{平方米·时·开}{千卡}$ $\frac{m^2 \cdot h \cdot K}{kcal}$	$\frac{平方英寸·时·℉}{英热单位}$ $\frac{in^2 \cdot h \cdot ℉}{Btu}$	$\frac{平方英尺·时·℉}{英热单位}$ $\frac{ft^2 \cdot h \cdot ℉}{Btu}$	$\frac{平方英寸·时·℉}{摄氏度热单位}$ $\frac{in^2 \cdot h \cdot ℉}{CHU}$	$\frac{平方英尺·时·℉}{摄氏度热单位}$ $\frac{ft^2 \cdot h \cdot ℉}{CHU}$
1m^2·K/W	1	10000	1000	41868	11.6300	1.1630	817.6667	5.6782	1471.8002	10.2208
1cm^2·K/W	0.0001	1	0.1000	4.1868	0.0012	0.0001	0.0818	0.0006	0.1472	0.0010
1m^2·K/kW	0.0010	10	1	41.8680	0.0116	0.0012	0.8177	0.0057	1.4718	0.0102
1cm^2·s·K/cal	0.2388×10^{-4}	0.2388	0.0239	1	0.0003	2.7778×10^{-5}	0.0195	0.0001	0.0352	0.0002
1cm^2·h·K/cal	0.0860	859.8452	85.9845	3600	1	0.1000	70.3067	0.4882	126.5520	0.8788
1m^2·h·K/kcal	0.8598	8598.4523	859.8452	36000	10	1	703.0668	4.8824	1265.5203	8.7883

续表

单位	平方米·开/瓦特 $\frac{m^2 \cdot K}{W}$	平方厘米·开/瓦特 $\frac{cm^2 \cdot K}{W}$	平方米·开/千瓦特 $\frac{m^2 \cdot K}{kW}$	平方厘米·秒·开/卡 $\frac{cm^2 \cdot s \cdot K}{cal}$	平方厘米·时·开/卡 $\frac{cm^2 \cdot h \cdot K}{cal}$	平方米·时·开/千卡 $\frac{m^2 \cdot h \cdot K}{kcal}$	平方英寸·时·℉/英热单位 $\frac{in^2 \cdot h \cdot ℉}{Btu}$	平方英尺·时·℉/英热单位 $\frac{ft^2 \cdot h \cdot ℉}{Btu}$	平方英寸·时·℉/摄氏度热单位 $\frac{in^2 \cdot h \cdot ℉}{CHU}$	平方英尺·时·℉/摄氏度热单位 $\frac{ft^2 \cdot h \cdot ℉}{CHU}$
$1in^2 \cdot h \cdot ℉/Btu$	0.0012	12.2299	1.2230	51.2042	0.0142	0.0014	1	0.0069	1.8000	0.0125
$1ft^2 \cdot h \cdot ℉/Btu$	0.1761	1761.1087	176.1109	7373.4099	2.0482	0.2048	144	1	259.2000	1.8000
$1in^2 \cdot h \cdot ℉/CHU$	0.0007	6.7944	0.6794	28.4468	0.0079	0.0008	0.5556	0.0039	1	0.0069
$1ft^2 \cdot h \cdot ℉/CHU$	0.0978	978.3937	97.8394	4096.3388	1.1379	0.1138	80	0.5556	144	1

5.2.8.6　比热容（比热）单位换算

比热容（比热）单位换算见表 5-60。

比热容（比热）单位换算表　　**表 5-60**

单位	焦耳/（千克·开） $\frac{J}{(kg \cdot K)}$	焦耳/（克·开） $\frac{J}{(g \cdot K)}$	卡/（千克·开） $\frac{cal}{(kg \cdot K)}$	千卡/（千克·开） $\frac{kcal}{(kg \cdot K)}$	热化学卡/（千克·开） $\frac{cal_{th}}{(kg \cdot K)}$	15 摄氏度卡/（千克·开） $\frac{cal_{15}}{(kg \cdot K)}$	英热单位/（磅·℉） $\frac{Btu}{(lb \cdot ℉)}$	摄氏度热单位/（磅·℉） $\frac{CHU}{(lb \cdot ℉)}$
1J/（kg·K）	1	0.0010	0.2388	0.0002	0.2390	0.2389	0.0002	0.0001
1J/（g·K）	1000	1	238.8459	0.2388	239.0057	238.9201	0.2388	0.1327
1cal/（kg·K）	4.1868	0.0042	1	0.0010	1.0007	1.0003	0.0010	0.0006
1kcal/（kg·K）	4186.8000	4.1868	1000	1	1000.6692	1000.3106	1	0.5556
$1cal_{th}$/（kg·K）	4.1840	0.0042	0.9993	0.9993×10^{-3}	1	0.9996	0.9993×10^{-3}	0.0006
$1cal_{15}$/（kg·K）	4.1855	0.0042	0.9997	0.9997×10^{-3}	1.0004	1	0.9997×10^{-3}	0.0006
1Btu/（lb·℉）	4186.8000	4.1868	1000	1	1000.6692	1000.3106	1	0.5556
1CHU/（lb·℉）	7536.2400	7.5362	1800	1.8000	1801.2046	1800.5591	1.8000	1

注：1 焦耳/（千克·开）=1 焦耳/（千克·℃）。

5.2.8.7 热阻单位换算

热阻单位换算见表 5-61。

热阻单位换算表 表 5-61

单位	焦耳（J）或牛顿·米（N·m）	尔格（erg）或达因·厘米（dyn·cm）	千克力·米（kgf·m）	升·标准大气压（L·atm）	立方厘米·标准大气压（cm^3·atm）	升·工程大气压（L·at）	立方厘米·工程大气压（cm^3·at）	英尺·磅力（ft·lbf）	千瓦·时（kW·h）
1J 或 N·m	1	10000000	0.1020	0.0099	9.8692	0.0102	10.1972	0.7376	2.7778×10^{-7}
1erg 或 dyn·cm	10^{-7}	1	0.1020×10^{-7}	0.9869×10^{-9}	9.8692×10^{-7}	1.0197×10^{-9}	1.0197×10^{-6}	0.7376×10^{-7}	2.7778×10^{-14}
1kgf·m	9.8066	9.8066×10^{7}	1	0.0968	96.7841	0.1000	100	7.2330	2.7241×10^{-6}
1L·atm	101.3250	10.1325×10^{8}	10.3323	1	1000	1.0332	1033.2275	74.7335	2.8146×10^{-5}
$1cm^3$·atm	0.1013	10.1325×10^{5}	0.0103	0.0010	1	1.0332×10^{-3}	1.0332	0.0747	2.8146×10^{-8}
1L·at	98.0665	9.8066×10^{8}	10	0.9678	967.8411	1	1000	72.3301	2.7241×10^{-5}
$1cm^3$·at	0.0981	9.8066×10^{5}	0.0100	0.9678×10^{-3}	0.9678	0.0010	1	0.0723	2.7241×10^{-8}
1ft·lbf	1.3558	1.3558×10^{7}	0.1383	0.0134	13.3809	0.0138	13.8255	1	3.7662×10^{-7}
1kW·h	3600000	3.6000×10^{13}	3.6710×10^{5}	3.5529×10^{4}	3.5529×10^{7}	3.6710×10^{4}	3.6710×10^{7}	2.6552×10^{6}	1
1PS·h	2.6478×10^{6}	2.6478×10^{13}	2.7000×10^{5}	2.6132×10^{4}	2.6132×10^{7}	2.7000×10^{4}	2.7000×10^{7}	1.9529×10^{6}	0.7355
1hp·h	2684520	2.6845×10^{13}	2.7375×10^{5}	2.6494×10^{4}	2.6494×10^{7}	2.7375×10^{4}	2.7375×10^{7}	1.9800×10^{6}	0.7457
1cal	4.1868	4.1868×10^{7}	0.4269	0.0413	41.3205	0.0427	42.6932	3.0880	1.1630×10^{-6}
$1cal_{th}$	4.1840	4.1840×10^{7}	0.4267	0.0413	41.2929	0.0427	42.6647	3.0860	1.1622×10^{-6}
$1cal_{15}$	4.1840	4.1855×10^{7}	0.4268	0.0413	41.3077	0.0427	42.6791	3.0871	1.1626×10^{-6}
1Btu	1.1855	1.0551×10^{10}	107.5866	10.4126	1.0413×10^{4}	10.7587	1.0759×10^{4}	778.1653	0.0003
1CHU	1055.0687	1.8991×10^{10}	193.6560	18.7428	1.8743×10^{4}	19.3656	1.9366×10^{4}	1400.6975	0.0005
1eV	1899.1237	1.6022×10^{-12}	0.1634×10^{-19}	1.5812×10^{-21}	1.5812×10^{-18}	0.1634×10^{-20}	0.1634×10^{-17}	0.1182×10^{-18}	0.4451×10^{-25}

续表

单位	米制马力·时 (PS·h)	英制马力·时 (hp·h)	卡 (cal)	热化学卡 (cal_{th})	15摄氏度卡 (cal_{15})	英热单位 (Btu)	摄氏度热单位 (CHU)	电子伏特 (eV)
1J 或 N·m	3.7767×10^{-7}	3.7251×10^{-7}	0.2388	0.2390	0.2389	0.0009	0.0005	0.6241×10^{19}
1erg 或 dyn·cm	3.7767×10^{-14}	3.7251×10^{-14}	0.2388×10^{-7}	0.2390×10^{-7}	0.2389×10^{-7}	9.4717×10^{-11}	5.2657×10^{-11}	0.6241×10^{12}
1kgf·m	0.3704×10^{-5}	0.3653×10^{-5}	2.3423	2.3439	2.3430	0.0093	0.0052	6.1208×10^{19}
1L·atm	0.3827×10^{-4}	0.3774×10^{-4}	24.2011	24.3173	24.2086	0.0960	0.0534	0.6324×10^{21}
$1cm^3$·atm	0.3827×10^{-7}	0.3774×10^{-7}	0.0242	0.0242	0.0242	0.9604×10^{-4}	0.5335×10^{-4}	0.6324×10^{18}
1L·at	0.3704×10^{-4}	0.3653×10^{-4}	23.4023	23.4385	23.4301	0.0929	0.0516	6.1208×10^{20}
$1cm^3$·at	0.370×10^{-7}	0.3653×10^{-7}	0.0234	0.0234	0.0234	0.9289×10^{-4}	0.5164×10^{-4}	6.1208×10^{17}
1ft·lbf	5.1206×10^{-7}	5.0505×10^{-7}	0.3238	0.3240	0.3239	0.0013	7.1393×10^{-4}	8.4623×10^{18}
1kW·h	1.3596	1.3410	859680	860400	860040	3409.8120	1895.6520	2.2468×10^{25}
1PS·h	1	0.9863	6.3242×10^{5}	6.3284×10^{5}	6.3261×10^{5}	2509.5996	1394.2220	1.6526×10^{25}
1hp·h	1.0139	1	6.4119×10^{5}	6.4162×10^{5}	6.4139×10^{5}	2544.4030	1413.5572	1.6755×10^{25}
1cal	1.5596×10^{-6}	1.5812×10^{-6}	1	1.0007	1.0003	0.0040	0.0022	2.6132×10^{19}
$1cal_{th}$	1.5586×10^{-6}	1.5802×10^{-6}	0.9993	1	0.9996	0.0040	0.0022	2.6114×10^{19}
$1cal_{15}$	1.5591×10^{-6}	1.5807×10^{-6}	0.9997	1.0004	1	0.0040	0.0022	2.6124×10^{19}
1Btu	0.0004	0.0004	251.9950	252.1715	252.0761	1	0.5556	0.6585×10^{22}
1CHU	0.0007	0.0007	453.5947	453.9087	453.7370	1.8000	1	1.1853×10^{22}
1eV	0.6051×10^{-25}	0.5968×10^{-25}	0.3827×10^{-19}	0.3829×10^{-19}	0.3828×10^{-19}	1.5186×10^{-22}	0.8436×10^{-22}	1

5.2.8.8 水的温度和压力换算

水的温度和压力换算见表5-62。

水的温度和压力换算表 **表5-62**

摄氏温度（℃）	热力学温度（K）	兆帕斯卡（MPa）	毫米汞柱（mmHg）	摄氏温度（℃）	热力学温度（K）	兆帕斯卡（MPa）	毫米汞柱（mmHg）
40	313.15	0.0074	55.3240	103	376.15	0.1127	845.1200
50	323.15	0.0123	92.5100	104	377.15	0.1167	875.0600
60	333.15	0.0199	149.3800	105	378.15	0.1208	906.0700
70	343.15	0.0312	233.7000	106	379.15	0.1250	937.9200
80	353.15	0.0473	355.1000	107	380.15	0.1294	970.6000
81	354.15	0.0493	369.7000	108	381.15	0.1339	1004.4200
82	355.15	0.0513	384.9000	109	382.15	0.1385	1038.9200
83	356.15	0.0534	400.6000	110	383.15	0.1431	1073.5600
84	357.15	0.0556	416.8000	111	384.15	0.1481	1111.2000
85	358.15	0.0578	433.6000	112	385.15	0.1532	1148.7400
86	359.15	0.0601	450.9000	113	386.15	0.1583	1187.4200
87	360.15	0.0625	468.7000	114	387.15	0.1636	1227.2500
88	361.15	0.0649	487.1000	115	388.15	0.1691	1267.9800
89	362.15	0.0675	506.1000	116	389.15	0.1746	1309.9400
90	363.15	0.0701	525.7600	117	391.15	0.1804	1352.9500
91	364.15	0.0729	546.0500	118	391.15	0.1861	1397.1800
92	365.15	0.0756	566.9900	119	392.15	0.1932	1442.6500
93	366.15	0.0785	588.6000	120	393.15	0.1985	1489.1400
94	367.15	0.0815	610.9000	125	398.15	0.2321	1740.9300
95	368.15	0.0845	633.9000	130	403.15	0.2701	2026.1600
96	369.15	0.0877	657.6200	140	413.15	0.3613	2710
97	370.15	0.0909	682.0700	150	423.15	0.4760	3570
98	371.15	0.0943	707.2700	160	433.15	0.6175	4635
99	372.15	0.0978	733.2400	170	443.15	0.7917	5940
100	373.15	0.1013	760.0000	180	453.15	1.0026	7520
101	374.15	0.1050	787.5100	190	463.15	1.2551	9414
102	375.15	0.1088	815.8600	200	473.15	1.5545	11660

5.2.8.9 水的温度和汽化热换算

水的温度和汽化热换算见表5-63。

水的温度和汽化热换算表 **表5-63**

摄氏温度（℃）	热力学温度（K）	千焦耳/千克（kJ/kg）	千卡/千克（kcal/kg）	摄氏温度（℃）	热力学温度（K）	千焦耳/千克（kJ/kg）	千卡/千克（kcal/kg）
0	273.15	2500.7756	597.3000	55	328.15	2370.1475	566.1000
5	278.15	2489.0526	594.5000	60	333.15	2358.0058	563.2000
10	283.15	2477.3296	591.7000	65	338.15	2345.4454	560.2000
15	288.15	2465.6065	588.9000	70	343.15	2333.3036	557.3000
20	293.15	2453.4686	586.0000	75	348.15	2320.7432	554.3000
25	298.15	2441.7418	583.2000	80	353.15	2308.1828	551.3000
30	303.15	2430.0187	580.4000	85	358.15	2295.6224	548.3000
35	308.15	2418.2957	577.6000	90	363.15	2282.6434	545.2000
40	313.15	2406.1540	574.7000	95	368.15	2269.6643	542.1000
45	318.15	2394.0122	571.8000	100	373.15	2256.6852	539.0000
50	323.15	2382.2892	569.0000				

5.2.8.10　热负荷单位换算

热负荷单位换算见表 5-64。

热负荷单位换算表　　表 5-64

瓦特（W）	1.1630	2.3260	3.4890	4.6520	5.8150	6.9780	8.1410	9.3040	10.4670	11.6300
kcal/h 或 W	1	2	3	4	5	6	7	8	9	10
千卡/时（kcal/h）	0.8598	1.7197	2.5795	3.4394	4.2992	5.1591	6.0189	6.8788	7.7386	8.5985

5.2.9　电及磁单位换算

5.2.9.1　电流单位换算

电流单位换算见表 5-65。

电流单位换算表　　表 5-65

单位	SI 单位安培（A）	电磁系安培（aA）	静电系安培（sA）
1A	1	0.1000	2.9980×10^{9}
1aA	10	1	2.9980×10^{10}
1sA	0.3336×10^{-9}	0.3336×10^{-10}	1

5.2.9.2　电压单位换算

电压单位换算见表 5-66。

电压单位换算表　　表 5-66

单位	SI 单位安培（A）	电磁系安培（aA）	静电系安培（sA）
1V	1	10^{8}	0.0033
1aV	10^{-8}	1	0.3336×10^{-10}
1sV	299.8000	2.9980×10^{10}	1

5.2.9.3　电阻单位换算

电阻单位换算见表 5-67。

电阻单位换算表　　表 5-67

单位	SI 单位安培（A）	电磁系安培（aA）	静电系安培（sA）
1Ω	1	10^{9}	1.1127×10^{-12}
1aΩ	10^{-9}	1	1.1127×10^{-21}
1sΩ	0.8987×10^{12}	0.8987×10^{21}	1

5.2.9.4　电荷量单位换算

电荷量单位换算见表 5-68。

电荷量单位换算表　　表 5-68

单位	SI 单位库伦（C）	安培·时（A·h）	电磁系库伦（aC）	法拉第	静电系库伦（sC）
1C	1	0.0003	0.1000	1.0364×10^{-5}	2.9980×10^{9}
1A·h	3600	1	360	0.0373	1.0793×10^{13}
1aC	10	0.0028	1	0.0001	2.9980×10^{10}
1 法拉第	96490	26.8028	9649	1	2.8935×10^{14}
1sC	0.3336×10^{-9}	0.9265×10^{-13}	0.3336×10^{-10}	0.3456×10^{-14}	1

5.2.9.5 电容单位换算

电容单位换算见表 5-69。

电容单位换算表 **表 5-69**

单位	SI 单位法拉（F）	电磁系法拉（aF）	静电系法拉（aF）
1F	1	10^{-9}	0.8987×10^{12}
1aF	10^{9}	1	1.8987×10^{21}
1sF	1.1127×10^{-12}	1.1127×10^{-21}	1

5.2.10 声单位换算

声单位换算见表 5-70。

声单位换算表 **表 5-70**

量的名词	法定计量单位		习用非法定计量单位		换算关系
	名称	符号	名称	符号	
声压	帕斯卡	Pa	微巴	μbar	$1\mu bar=10^{-1}Pa$
声能密度	焦耳每立方米	J/m^3	尔格每立方厘米	erg/cm^3	$1erg/cm^3=10^{-1}J/m^3$
声功率	瓦特	W	尔格每秒	erg/s	$1erg/s=10^{-7}W$
声强	瓦特每平方米	W/m^2	尔格每秒平方厘米	$erg/(s\cdot cm^2)$	$1erg/(s\cdot cm^2)=10^{-3}W/m^2$
声阻抗率、流阻	帕斯卡秒每米	Pa·s/m	CGS 瑞利	CGSrayl	1CGSrayl=10Pa·s/m
	帕斯卡秒每三次方米	$Pa\cdot s/m^3$	瑞利	rayl	1rayl=1Pa·s/m
声阻抗	帕斯卡秒每三次方米	$Pa\cdot s/m^3$	CGS 声欧姆	$CGS\Omega_A$	$1CGS\Omega_A=10^5Pa\cdot s/m^3$
	帕斯卡秒每三次方米	$Pa\cdot s/m^3$	声欧姆	Ω_A	$1\Omega_A=1Pa\cdot s/m^3$
力阻抗	牛顿秒每米	N·s/m	CGS 力欧姆	$CGS\Omega_M$	$1CGS\Omega_M=10^3N\cdot s/m$
	牛顿秒每米	N·s/m	力欧姆	Ω_M	$1\Omega_M=1N\cdot s/m$
吸声量	平方米	m^2	赛宾	Sab	$1Sab=1m^2$

5.2.11 黏度单位换算

5.2.11.1 动力黏度单位换算

动力黏度单位换算见表 5-71。

动力黏度单位换算表 **表 5-71**

单位	帕斯卡·秒 (Pa·s)	泊(P)或 $\frac{达因\cdot秒}{平方厘米}$ (dyn·s/cm²)	厘泊 (cP)	$\frac{千克力\cdot秒}{平方厘米}$ (kgf·s/cm²)	$\frac{千克力\cdot秒}{平方米}$ (kgf·s/m²)	$\frac{磅力\cdot秒}{平方英寸}$ (lbf·s/in²)	$\frac{磅力\cdot秒}{平方英尺}$ (lbf·s/ft²)
1Pa·s	1	10	1000	1.0197×10^{-5}	0.1020	0.1450×10^{-3}	0.0209
1P 或 $\frac{dyn\cdot s}{cm^2}$	0.1000	1	100	1.0197×10^{-6}	0.0102	0.1450×10^{-4}	0.0021
1cP	0.0010	0.0100	1	1.0197×10^{-8}	0.0001	0.1450×10^{-6}	0.2089×10^{-4}
$1kgf\cdot s/cm^2$	9.8066×10^4	9.8066×10^5	9.8066×10^7	1	10000	14.223	2048.1424

续表

单位	帕斯卡·秒 (Pa·s)	泊(P)或 达因·秒/平方厘米 (dyn·s/cm²)	厘泊 (cP)	千克力·秒/平方厘米 (kgf·2/cm²)	千克力·秒/平方米 (kgf·s/m²)	磅力·秒/平方英寸 (1bf·s/in²)	磅力·秒/平方英尺 (1bf·s/ft²)
1kgf·s/m²	9.8066	98.0661	9806.6136	0.0001	1	0.0014	0.2048
1lbf·s/in²	6894.8399	6.8948×10^4	6.8948×10^6	0.0703	703.0761	1	144
1lbf·s/ft²	47.8808	478.8083	4.7881×10^4	0.0005	4.8825	0.0069	1

5.2.11.2　运动黏度单位换算

运动黏度单位换算见表 5-72。

运动黏度单位换算表　　**表 5-72**

单位	平方米/秒 (m²/s)	平方米/分 (m²/min)	平方米/小时 (m²/h)	斯托克斯 (St)	厘斯托克斯 (cSt)
1m²/s	1	60	3600	10000	1000000
1m²/min	0.0167	1	60	166.6667	1.6667×10^4
1m²/h	0.0003	0.0167	1	2.7778	277.7778
1St	0.0001	0.0060	0.3600	1	100
1cSt	10^{-6}	0.6000×10^{-4}	0.0036	0.0100	1

5.2.12　硬　度　换　算

1. 各种硬度名称、符号、说明(表 5-73)

各种硬度名称、符号、说明表　　**表 5-73**

名称	符号	单位	说　明
布氏硬度	HB		表示塑料、橡胶、金属等材料硬度的一种标准，由瑞典人布林南尔首先提出：测定方法如下： 以一定重力(一般为 30kN)把一定大小(直径一般为 10mm)的淬硬的钢球压入试验材料的表面，然后以试样表面上凹坑的表面积来除负荷，其商即为试样的布氏硬度值。 布氏硬度测定较准确可靠，但除塑料、橡胶外一般只适用 HB=8～450 范围内的金属材料，对于较硬的钢或较薄的板材则不适用
洛氏硬度 (1)标尺 A (2)标尺 B (3)标尺 C	HR HRA HRB HRC	N/mm²	表示金属等材料硬度的一种标准。由美国冶金学家洛克威尔首先提出。测定方法如下： 以一定重力把淬硬的钢球或顶角为 120°的圆锥形金刚石压入试样表面，然后以材料表面上凹坑的深度，来计算硬度的大小。 采用 600N 重力和金刚石压入器求得的硬度。 采用 1kN 重力和直径 1.50mm 的淬硬的钢球求得的硬度。 采用 1.5kN 重力和金刚石压入器求得的硬度(洛氏硬度测定适用于极软到极硬的金属材料，但对组织不均匀的材质，硬度值不如布氏法准确)
维氏硬度	HV		表示金属等材料硬度的一种标准。由英国科学家维克斯首先提出。测定方法如下： 应用压入法将压力施加在四棱锥形的钻尖上，使它压入所试材料的表面而产生凹痕，用测得的凹痕面积上的压力表示硬度。这种标准多用于金属等材料硬度的测定
肖氏硬度	HS		表示橡胶、塑料、金属等材料硬度的一种标准。由英国人肖尔首先提出。测定方法如下： 应用弹性回跳法将撞销从一定高度落到所试材料的表面上而发生回跳，用测得的回跳高度来表示硬度。撞销是一只具有尖端的小锥，尖锥上常镶有金刚钻

2. 各种硬度值与碳钢抗拉强度近似值对照(表 5-74)

各种硬度值与碳钢抗拉强度近似值对照 **表 5-74**

布氏硬度 HB	洛氏硬度			维氏硬度 HV	肖氏硬度 HS	碳钢抗拉强度 σ_b 近似值(N/mm²)
	HRA	HRB	HRC			
—	85.6	—	68.0	9400	97	—
—	85.3	—	67.5	9200	96	—
—	85.0	—	67.0	9000	95	—
7670	84.7	—	66.4	8800	93	—
7570	84.4	—	65.9	8600	92	—
7450	84.1	—	65.3	8400	91	—
7330	83.8	—	64.7	8200	90	—
7220	83.4	—	64.0	8000	88	—
7100	83.0	—	63.3	7800	87	—
6980	82.6	—	62.5	7600	86	—
6840	82.2	—	61.8	7400	—	—
6820	82.2	—	61.7	7370	84	—
6700	81.8	—	61.0	7200	83	—
6560	81.3	—	60.1	7000	—	—
6530	81.2	—	60.0	6970	81	—
6470	81.1	—	59.7	6900	—	—
6380	80.8	—	59.2	6800	80	2310
6300	80.6	—	58.8	6700	—	2280
6270	80.5	—	58.7	6670	—	2270
6200	80.3	—	58.3	6600	79	2240
6010	79.8	—	57.3	6400	77	2170
5780	79.1	—	56.0	6150	75	2090
—	78.8	—	55.6	6070	—	2060
5550	78.4	—	54.7	5910	73	2000
—	78.0	—	54.0	5790	—	1960
5340	77.8	—	53.5	5690	71	1930
—	77.1	—	52.5	5530	—	1870
5140	76.9	—	52.1	5470	70	1850
—	76.7	—	51.6	5390	—	1820
—	76.4	—	51.1	5300	—	1790
4950	76.3	—	51.0	5280	68	1780
—	75.9	—	50.3	5160	—	1740
4770	75.6	—	49.6	5080	66	1710
—	75.1	—	48.8	4950	—	1670
4610	74.9	—	48.5	4910	65	1650
—	74.3	—	47.2	4740	—	1590
4440	74.2	—	47.1	4720	63	1580
4290	73.4	—	45.7	4550	61	1530
4150	72.8	—	44.5	4400	59	1480
4010	72.0	—	43.1	4250	58	1420
3880	71.4	—	41.8	4100	56	1370
3750	70.6	—	40.4	3960	54	1320
3630	70.0	—	39.1	3830	52	1280
3520	69.3	—	37.9	3720	51	1240
3410	68.7	—	36.6	3600	50	1200

续表

布氏硬度 HB	洛氏硬度			维氏硬度 HV	肖氏硬度 HS	碳钢抗拉强度 σ_b 近似值(N/mm^2)
	HRA	HRB	HRC			
3310	68.1	—	35.5	3500	48	1170
3210	67.5	—	34.3	3390	47	1120
3110	66.9	—	33.1	3280	46	1090
3020	66.3	—	32.1	3190	45	1050
2930	65.7	—	30.9	3090	43	1020
2850	65.3	—	29.9	3010	—	990
2770	64.6	—	28.8	2920	41	960
2690	64.1	—	27.6	2840	40	940
2620	63.6	—	26.6	2760	39	910
2550	63.0	—	25.4	2690	38	890
2480	62.5	—	24.2	2610	37	860
2410	61.8	100.0	22.8	2530	36	830
2350	61.4	99.0	21.7	2470	35	810
2290	60.8	98.2	20.5	2410	34	780
2230	—	97.3	—	2340	—	—
2170	—	96.4	—	2280	33	740
2120	—	95.5	—	2220	—	720
2070	—	94.6	—	2180	32	700
2010	—	93.8	—	2120	31	690
1970	—	92.8	—	2070	30	670
1920	—	91.9	—	2020	29	650
1870	—	90.7	—	1960	—	630
1830	—	90.0	—	1920	28	620
1790	—	89.0	—	1880	27	610
1740	—	87.8	—	1820	—	600
1700	—	86.8	—	1780	26	580
1670	—	86.0	—	1850	—	570
1630	—	85.0	—	1710	25	560
1560	—	82.9	—	1630	—	530
1490	—	80.8	—	1560	23	510
1430	—	78.7	—	1500	22	500
1370	—	76.4	—	1430	21	470
1310	—	74.0	—	1370	—	460
1260	—	72.0	—	1320	20	440
1210	—	69.8	—	1270	19	420
1160	—	67.6	—	1220	18	410
1110	—	65.7	—	1170	15	390

5.2.13　标准筛常用网号与目数对照

标准筛常用网号、目数对照见表5-75。

标准筛常用网号、目数对照 表 5-75

网号(号)	目数(目)	孔/cm^2	网号(号)	目数(目)	孔/cm^2	网号(号)	目数(目)	孔/cm^2	网号(号)	目数(目)	孔/cm^2
5.0	4	2.56	2.00	10	16	1.00	18	51.84	0.71	26	108.16
4.0	5	4	—	12	23.04	0.95	20	64	0.63	28	125.44
3.22	6	5.76	1.43	14	31.36	—	22	77.44	0.6	30	144
2.5	8	10.24	1.24	16	40.96	0.79	24	92.16	0.55	32	163.84
0.525	34	185	—	55	484	0.14	110	1936	0.065	230	8464
0.50	36	207	0.031	60	576	0.125	120	2304	—	240	9216
0.425	38	231	0.28	65	676	0.12	130	2704	0.06	250	10000
0.40	40	256	0.261	70	784	—	140	3136	0.052	275	12100
0.375	42	282	0.25	75	900	0.10	150	3600	—	280	12544
—	44	310	0.20	80	1024	0.088	160	—	0.045	300	14400
0.345	46	339	0.18	85	—	0.077	180	5184	0.044	320	16384
—	48	369	0.17	90	1296	—	190	5776	0.042	350	19600
0.325	50	400	0.15	110	1600	0.076	200	6400	0.034	400	25600

注：1. 网号系指筛网的公称尺寸，单位为：毫米(mm)。例如：1 号网，即指正方形网孔每边长 1mm。

2. 目数系指 1 英寸(in)长度上的孔眼数目，单位为：目/英寸(目/in)。例如：1in(25.4mm)长度上有 20 孔眼，即为 20 目。

5.2.14 pH 参考表

pH 参考见表 5-76。

pH 参考表 表 5-76

pH	0	1	2	3	4	5	6	7	8	9	10	11	12	13	14
溶液性质	强酸性				弱酸性			中性	弱碱性			强碱性			

注：pH<7 溶液显酸性，值越小酸性越强；pH>7 溶液显碱性，值越大碱性越强。

5.2.15 角度与弧度互换表

1. 角度与弧度互换(表 5-77)

角度与弧度互换表 表 5-77

角度	弧度(rad)	角度	弧度(rad)	角度	弧度(rad)	角度	弧度(rad)	角度	弧度(rad)
10″	0.00005	30′	0.0087	14°	0.2443	30°	0.5236	70°	1.2217
20″	0.0001	40′	0.0116	15°	0.2618	31°	0.5411	75°	1.3090
30″	0.00015	50′	0.0145	16°	0.2793	32°	0.5585	80°	1.3963
40″	0.0002	1°	0.0175	17°	0.2967	33°	0.5760	85°	1.4835
50″	0.00025	2°	0.0349	18°	0.3142	34°	0.5934	90°	1.5708
1′	0.0003	3°	0.0524	19°	0.3316	35°	0.6109	100°	1.7453
2′	0.0006	4°	0.0698	20°	0.3491	36°	0.6283	110°	1.9199
3′	0.0009	5°	0.0873	21°	0.3665	37°	0.6458	120°	2.0944
4′	0.0012	6°	0.1047	22°	0.3840	38°	0.6632	150°	2.6180
5′	0.0015	7°	0.1222	23°	0.4010	39°	0.6807	180°	3.1416
6′	0.0017	8°	0.1396	24°	0.4189	40°	0.6981	210°	3.6652
7′	0.0020	9°	0.1571	25°	0.4363	45°	0.7854	240°	4.1888
8′	0.0023	10°	0.1745	26°	0.4538	50°	0.8727	270°	4.7124
9′	0.0026	11°	0.1920	27°	0.4712	55°	0.9599	300°	5.2360
10′	0.0029	12°	0.2094	28°	0.4887	60°	1.0472	330°	5.7596
20′	0.0058	13°	0.2269	29°	0.5061	65°	1.1345	360°	6.2832

2. 弧度与角度互换(表 5-78)

弧度与角度互换表　　　　**表 5-78**

弧度(rad)	角度	弧度(rad)	角度	弧度(rad)	角度
0.0001	0°00′21″	0.0070	0°24′04″	0.4000	22°55′06″
0.0002	0°00′41″	0.0080	0°27′30″	0.5000	28°28′52″
0.0003	0°01′02″	0.0090	0°30′56″	0.6000	34°22′39″
0.0004	0°01′23″	0.0100	0°34′23″	0.7000	40°06′25″
0.0005	0°01′43″	0.0200	1°08′45″	0.8000	45°50′12″
0.0006	0°02′04″	0.0300	1°43′08″	0.9000	51°33′58″
0.0007	0°02′24″	0.0400	2°17′31″	1	57°17′45″
0.0008	0°02′45″	0.0500	2°51′53″	2	114°35′30″
0.0009	0°03′06″	0.0600	3°26′16″	3	171°53′14″
0.0010	0°03′26″	0.0700	4°00′39″	4	229°10′59″
0.0020	0°06′53″	0.0800	4°35′01″	5	286°28′44″
0.0030	0°10′19″	0.0900	5°09′24″	6	343°46′29″
0.0040	0°13′45″	0.1000	5°43′46″	7	401°04′14″
0.0050	0°17′11″	0.2000	11°27′33″	8	458°21′58″
0.0060	0°20′38″	0.3000	17°11′19″	9	515°39′43″

5.2.16　斜度与角度变换表

斜度与角度变换见表 5-79。

斜度与角度变换表　　　　**表 5-79**

斜度		角度	斜度		角度	斜度		角度	斜度		角度
%	*H*∶*L*		%	*H*∶*L*		%	*H*∶*L*		%	*H*∶*L*	
1	1∶100	0°34′	12	—	6°51′	21	—	11°52′	32	—	17°45′
2	1∶50	1°09′	12.50	1∶8	7°08′	22	—	12°24′	33	—	18°16′
3	—	1°34′	13	—	7°24′	23	—	12°57′	33.33	1∶3	18°26′
4	1∶25	2°17′	14	—	7°58′	24	—	13°30′	34	—	18°47′
5	1∶20	2°52′	14.29	1∶7	8°08′	25	1∶4	14°02′	36	—	19°48′
6	—	3°26′	15	—	8°32′	26	—	14°34′	38	—	20°48′
7	—	4°00′	16	—	9°05′	27	—	15°06′	40	1∶2.5	21°48′
8	—	4°34′	16.67	1∶6	9°28′	28	—	15°39′	42	—	22°47′
9	—	5°08′	17	—	9°39′	28.57	1∶3.5	15°57′	44	—	23°45′
10	1∶10	5°43′	18	—	10°12′	29	—	16°10′	46	—	24°42′
11	—	6°17′	19	—	10°45′	30	—	16°42′	48	—	25°38′
11.11	1∶9	6°20′	20	1∶5	11°19′	31	—	17°13′	50	1∶2	26°34′

5.3　常用求面积、体积公式

5.3.1　平面图形面积

平面图形面积见表 5-80。

平面图形面积 **表 5-80**

图形		尺 寸 符 号	面积(A)	重心(G)
正方形	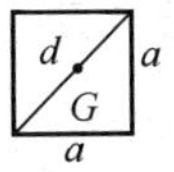	a——边长 d——对角线	$A=a^2$ $a=\sqrt{A}=0.707d$ $d=1.414a=1.414\sqrt{A}$	在对角线交点上
长方形	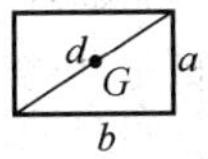	a——短边 b——长边 d——对角线	$A=a\cdot b$ $d=\sqrt{a^2+b^2}$	在对角线交点上
三角形	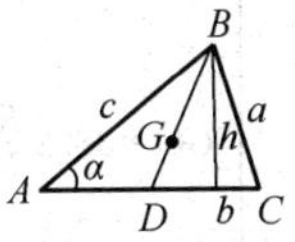	h——高 l——$\frac{1}{2}$周长 a、b、c——对应角 A、B、C 的边长	$A=\frac{bh}{2}=\frac{1}{2}ab\sin C$ $l=\frac{a+b+c}{2}$	$GD=\frac{1}{3}BD$ $CD=DA$
平行四边形	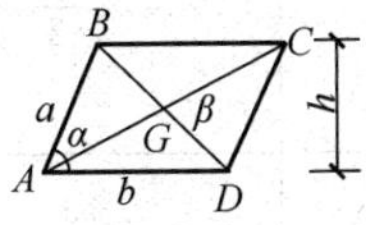	a、b——邻边 h——对边间的距离	$A=b\cdot h=a\cdot b\sin\alpha$ $=\frac{AC\cdot BD}{2}\cdot\sin\beta$	在对角线交点上
梯形	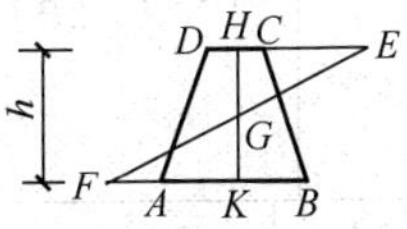	$CE=AB$ $AF=CD$ $a=CD$（上底边） $b=AB$（下底边） h——高	$A=\frac{a+b}{2}\cdot h$	$HG=\frac{h}{3}\cdot\frac{a+2b}{a+b}$ $KG=\frac{h}{3}\cdot\frac{2a+b}{a+b}$
圆形	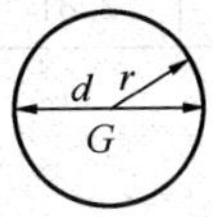	r——半径 d——直径 p——圆周长	$A=\pi r^2=\frac{1}{4}\pi d^2$ $=0.785d^2=0.07958p^2$ $p=\pi d$	在圆心上
椭圆形	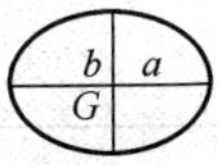	a、b——主轴	$A=\frac{\pi}{4}a\cdot b$	在主轴交点 G 上
扇形	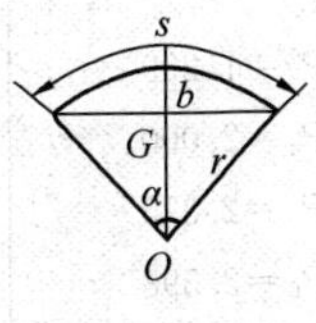	r——半径 s——弧长 α——弧长 s 对应的中心角	$A=\frac{1}{2}r\cdot s=\frac{\alpha}{360}\pi r^2$ $s=\frac{\alpha\pi}{180}r$	$GO=\frac{2}{3}\cdot\frac{rb}{s}$ 当 $\alpha=90°$ 时 $GO=\frac{4}{3}\cdot\frac{\sqrt{2}}{\pi}r\approx0.6r$
弓形	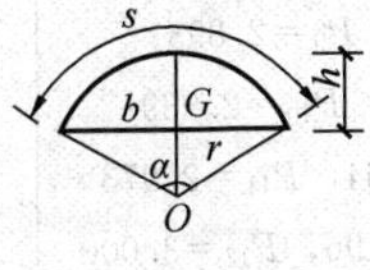	r——半径 s——弧长 α——中心角 b——弦长 h——高	$A=\frac{1}{2}r^2\left(\frac{\alpha\pi}{180}-\sin\alpha\right)$ $=\frac{1}{2}[r(s-b)+bh]$ $s=r\cdot\alpha\cdot\frac{\pi}{180}=0.0175r\cdot\alpha$ $h=r-\sqrt{r^2-\frac{1}{4}\alpha^2}$	$GO=\frac{1}{12}\cdot\frac{b^2}{A}$ 当 $\alpha=180°$ 时 $GO=\frac{4r}{3\pi}=0.4244r$

续表

图形		尺寸符号	面积（A）	重心（G）
圆环	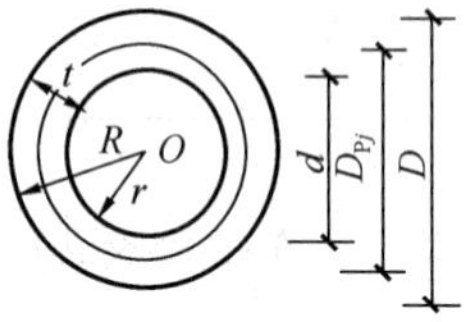	R——外半径 r——内半径 D——外直径 d——内直径 t——环宽 D_{pj}——平均直径	$A=\pi(R^2-r^2)$ $=\frac{\pi}{4}(D^2-d^2)$ $=\pi\cdot D_{pj}\cdot t$	在圆心 O
部分圆环	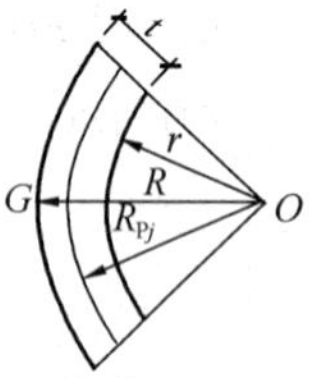	R——外半径 r——内半径 R_{pj}——圆环平均半径 t——环宽	$A=\frac{\alpha\pi}{360}(R^2-r^2)$ $=\frac{\alpha\pi}{180}R_{pj}\cdot t$	$GO=38.2\frac{R^3-r^3}{R^2-r^2}\times\frac{\sin\frac{\alpha}{2}}{\frac{\alpha}{2}}$
新月形	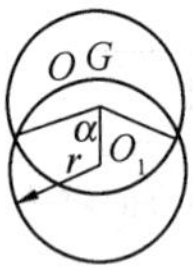	$OO_1=L$——圆心间的距离	$A=r^2\left(\pi-\frac{\pi}{180}\alpha+\sin\alpha\right)$ $=r^2\cdot P$ $P=\pi-\frac{\pi}{180}\alpha+\sin\alpha$ P 值见下表	$O_1G=\frac{(\pi-P)L}{2P}$

L	$\frac{d}{10}$	$\frac{2d}{10}$	$\frac{3d}{10}$	$\frac{4d}{10}$	$\frac{5d}{10}$	$\frac{6d}{10}$	$\frac{7d}{10}$	$\frac{8d}{10}$	$\frac{9d}{10}$
P	0.40	0.79	1.18	1.56	1.91	2.25	2.55	2.81	3.02

图形		尺寸符号	面积（A）	重心（G）
抛物线形	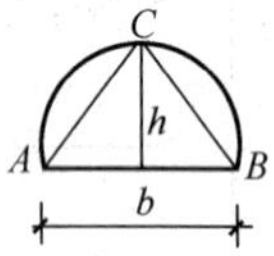	b——底边 h——高 l——曲线长 S——$\triangle ABC$ 的面积	$l=\sqrt{b^2+1.3333h^2}$ $A=\frac{2}{3}b\cdot h$ $=\frac{4}{3}\cdot S$	—
等边多边形	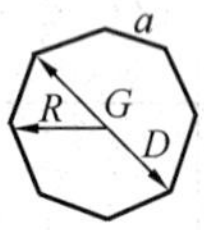	a——边长 K_i——系数，i 指多边形的边数 R——外接圆半径 P_i——系数，i 指正多边形的边数	$A=K_i\cdot a^2=P_i\cdot R^2$ 正三边形 $K_3=0.433$，$P_3=1.299$ 正四边形 $K_4=1.000$，$P_4=2.000$ 正五边形 $K_5=1.720$，$P_5=2.375$ 正六边形 $K_6=2.598$，$P_6=2.598$ 正七边形 $K_7=3.634$，$P_7=2.736$ 正八边形 $K_8=4.828$，$P_8=2.828$ 正九边形 $K_9=6.182$，$P_9=2.893$ 正十边形 $K_{10}=7.694$，$P_{10}=2.939$ 正十一边形 $K_{11}=9.364$，$P_{11}=2.973$ 正十二边形 $K_{12}=11.196$，$P_{12}=3.000$	在内接圆心或外接圆心处

5.3.2 多面体的体积和表面积

多面体的体积和表面积见表 5-81。

多面体的体积和表面积 **表 5-81**

图形		尺寸符号	体积 (V)、底面积 (A)、表面积 (S)、侧表面积 (S_1)	重心 (G)
立方体	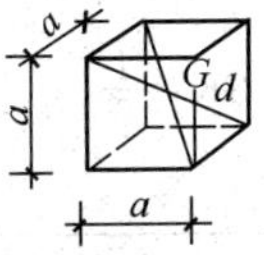	a——棱 d——对角线 S——表面积 S_1——侧表面积	$V=a^3$ $S=6a^2$ $S_1=4a^2$	在对角线交点上
长方体(棱柱)	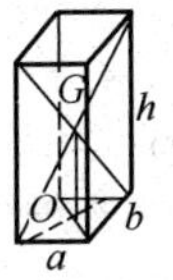	a、b、h——边长 O——底面对角线交点	$V=a\cdot b\cdot h$ $S=2(a\cdot b+a\cdot h+b\cdot h)$ $S_1=2h(a+b)$ $d=\sqrt{a^2+b^2+h^2}$	$GO=\frac{h}{2}$
三棱柱	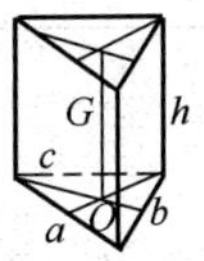	a、b、c——边长 h——高 A——底面积 O——底面中线的交点	$V=A\cdot h$ $S=(a+b+c)\cdot h+2A$ $S_1=(a+b+c)\cdot h$	$GO=\frac{h}{2}$
棱锥	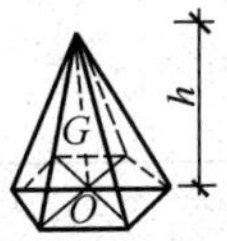	f——一个组合三角形的面积 n——组合三角形的个数 O——锥底各对角线的交点	$V=\frac{1}{3}A\cdot h$ $S=n\cdot f+A$ $S_1=n\cdot f$	$GO=\frac{h}{4}$
棱台	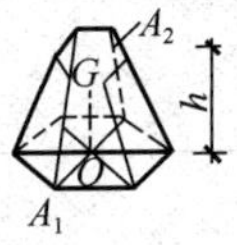	A_1、A_2——两个平行底面的面积 h——底面间的距离 a——一个组合梯形的面积 n——组合梯形数	$V=\frac{1}{3}h(A_1+A_2+\sqrt{A_1A_2})$ $S=a\cdot n+A_1+A_2$ $S_1=a\cdot n$	$GO=\frac{h}{4}\times\frac{A_1+2\sqrt{A_1A_2}+3A_2}{A_1+\sqrt{A_1A_2}+A_2}$
圆柱和空心圆柱(管)	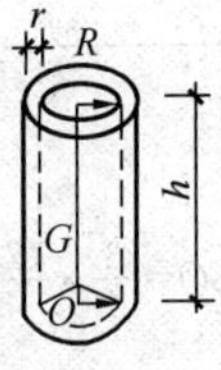	R——外半径 r——内半径 t——柱壁厚度 P——平均半径 S_1——内外侧面积	圆柱： $V=\pi R^2\cdot h$ $S=2\pi Rh+2\pi R^2$ $S_1=2\pi Rh$ 空心直圆柱： $V=\pi h(R^2-r^2)$ $=2\pi RPth$ $S=2\pi(R+r)h+2\pi(R^2-r^2)$ $S_1=2\pi(R+r)h$	$GO=\frac{h}{2}$

续表

图形		尺寸符号	体积（V）、底面积（A）、表面积（S）、侧表面积（S_1）	重心（G）
斜截直圆柱	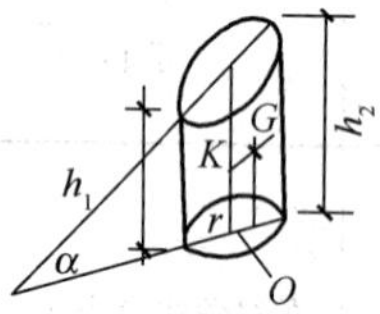	h_1——最小高度 h_2——最大高度 r——底面半径	$V=\pi r^2\cdot\frac{h_1+h_2}{2}$ $S=\pi r(h_1+h_2)+\pi r^2\times\left(1+\frac{1}{\cos\alpha}\right)$ $S_1=\pi r(h_1+h_2)$	$GO=\frac{h_1+h_2}{4}+\frac{r^2\tan^2\alpha}{4(h_1+h_2)}$ $GK=\frac{1}{2}\cdot\frac{r^2}{h_1+h_2}\cdot\tan\alpha$
直圆锥	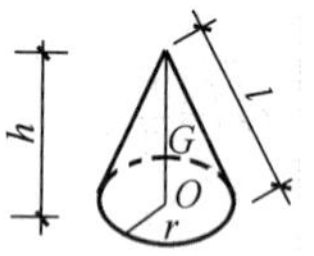	r——底面半径 h——高 l——母线长	$V=\frac{1}{3}\pi r^2\times h$ $S_1=\pi r\sqrt{r^2+h^2}=\pi rl$ $l=\sqrt{r^2+h^2}$ $S=S_1+\pi r^2$	$GO=\frac{h}{4}$
圆台	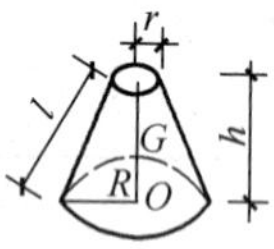	R、r——底面半径 h——高 l——母线	$V=\frac{\pi h}{3}\cdot(R^2+r^2+Rr)$ $S_1=\pi l(R+r)$ $l=\sqrt{(R-r)^2+h^2}$ $S=S_1+\pi(R^2+r^2)$	$GO=\frac{h}{4}\times\frac{R^2+2Rr+3r^2}{R^2+Rr+r^2}$
球	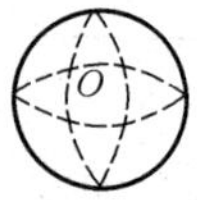	r——半径 d——直径	$V=\frac{4}{3}\pi r^2$ $=\frac{\pi d^3}{6}=0.5236d^3$ $S=4\pi r^2=\pi d^2$	在球心上
球扇形（球楔）	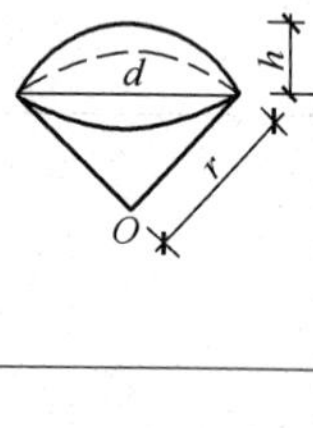	r——球半径 d——弓形底圆直径 h——弓形高	$V=\frac{2}{3}\pi r^2h=2.0944r^2h$ $S=\frac{\pi r}{2}(4h+d)$ $=1.57r(4h+d)$	$GO=\frac{3}{4}\left(r-\frac{h}{2}\right)$
球缺	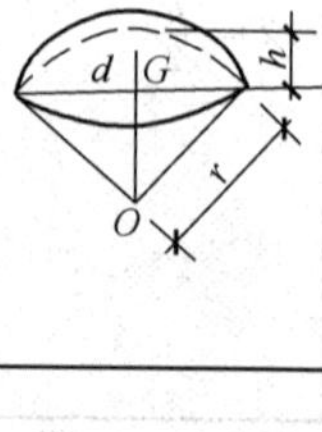	h——球缺的高 r——球缺半径 d——平切圆直径 $S_曲$——曲面面积 S——球缺表面积	$V=\pi h^2\left(r-\frac{h}{3}\right)$ $S_曲=2\pi rh=\pi\left(\frac{d^2}{4}+h^2\right)$ $S=\pi h(4r-h)$ $d^2=4h(2r-h)$	$GO=\frac{3}{4}\cdot\frac{(2r-h)^2}{3r-h}$

续表

图形		尺寸符号	体积（V）、底面积（A）、表面积（S）、侧表面积（S_1）	重心（G）
圆环体	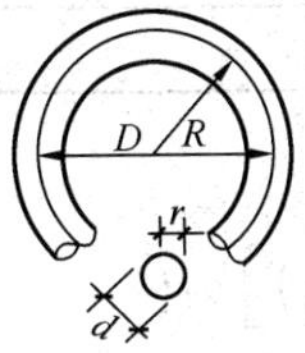	R——圆环体平均半径 D——圆环体平均直径 d——圆环体截面直径 r——圆环体截面半径	$V=2\pi^2R\cdot r^2$ $=\frac{1}{4}\pi^2Dd^2$ $S=4\pi^2Rr$ $=\pi^2Dd=39.478Rr$	在环中心上
球带体	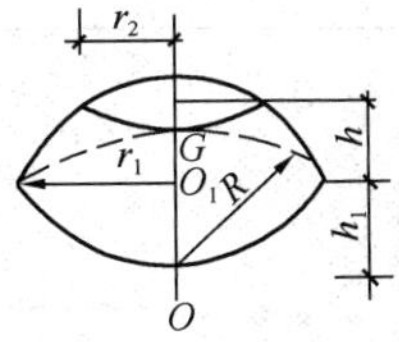	R——球半径 r_1、r_2——底面半径 h——腰高 h_1——球心 O 至带底圆心 O_1 的距离	$V=\frac{\pi h}{b}(3r_1^2+3r_2^2+h^2)$ $S_1=2\pi Rh$ $S=2\pi Rh+\pi(r_1^2+r_2^2)$	$GO=h_1+\frac{h}{2}$
桶形	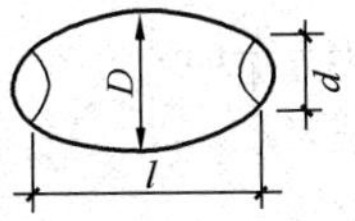	D——中间断面直径 d——底直径 l——桶高	对于抛物线形桶板： $V=\frac{\pi l}{15}\times\left(2D^2+Dd+\frac{4}{3}d^2\right)$ 对于圆形桶板： $V=\frac{1}{12}\pi l(2D^2+d^2)$	在轴交点上
椭球体	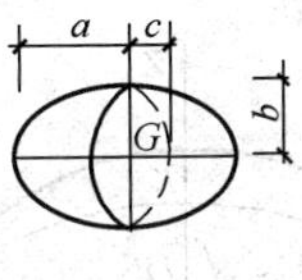	a、b、c——半轴	$V=\frac{4}{3}abc\pi$ $S=2\sqrt{2}\cdot b\cdot\sqrt{a^2+b^2}$	在轴交点上
交叉圆柱体	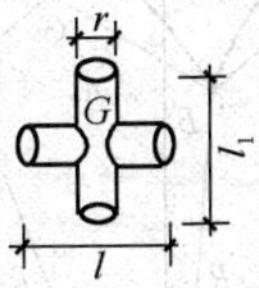	r——圆柱半径 l_1、l——圆柱长	$V=\pi r^2\left(l+l_1-\frac{2r}{3}\right)$	在两轴线交点上
梯形体	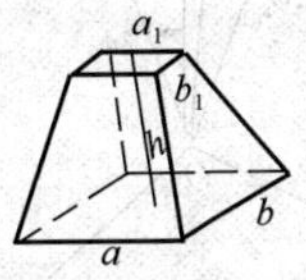	a、b——下底边长 a_1、b_1——上底边长 h——上、下底边距离（高）	$V=\frac{h}{6}[(2a+a_1)b+(2a_1+a)b_1]$ $=\frac{h}{6}[ab+(a+a_1)(b+b_1)+a_1b_1]$	—

5.3.3　物料堆体积计算

物料堆体积计算见表 5-82。

物料堆体积计算　　**表 5-82**

图　形	计算公式
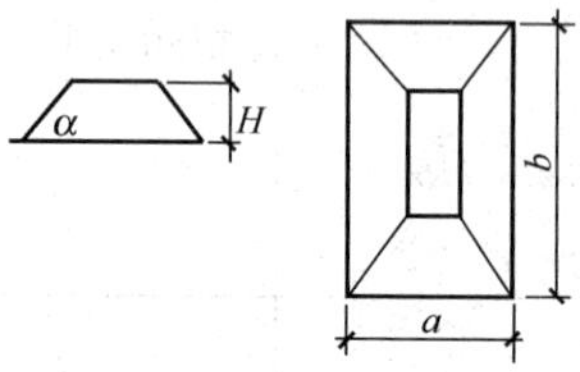	$V=\left[ab-\dfrac{H}{\tan\alpha}\left(a+b-\dfrac{4H}{3\tan\alpha}\right)\right]\times H$ α——物料自然堆积角
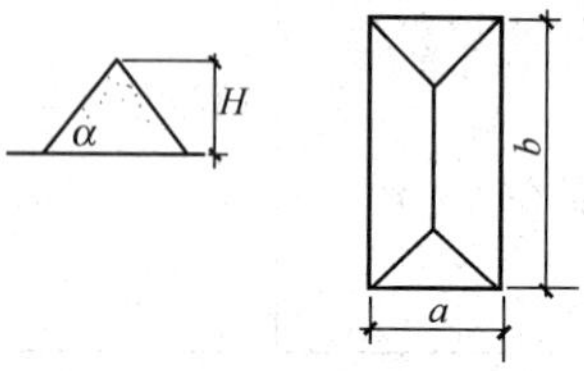	$\alpha=\dfrac{2H}{\tan\alpha}$ $V=\dfrac{aH}{6}$（$3b-a$）
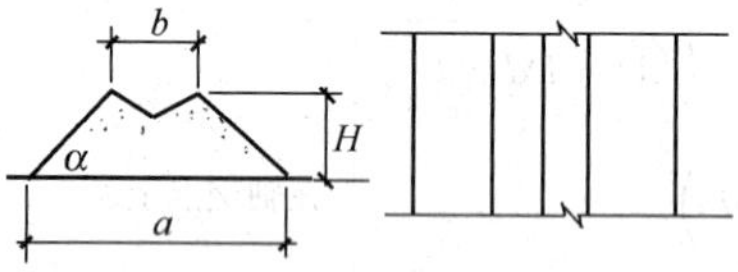	V_0（延米体积）$=\dfrac{H^2}{\tan\alpha}+bH-\dfrac{b^2}{4}\tan\alpha$

5.3.4　壳体表面积、侧面积计算

5.3.4.1　圆球形薄壳

圆球形薄壳计算图如图 5-1 所示。

球面方程式：$X^2+Y^2+Z^2=R^2$（对坐标系（X，Y，Z），原点在 O）

式中　R——半径；

X、Y、Z——在球壳面上任一点对原点 O 的坐标。

假设 c——弦长（AC）；

$2a$——弦长（AB）；

$2b$——弦长（BC）；

F、G——AB，BC 的中点；

f——弓形 AKC 的高（KO'）；

h_x——弓形 AEB 的高（EF）；

h_y——弓形 BDC 的高（DG）；

S_x——弧$\widehat{AEB}$的长；

S_y——弧$\widehat{BDC}$的长；

A_x——弓形 AEB 的面积（侧面积）；

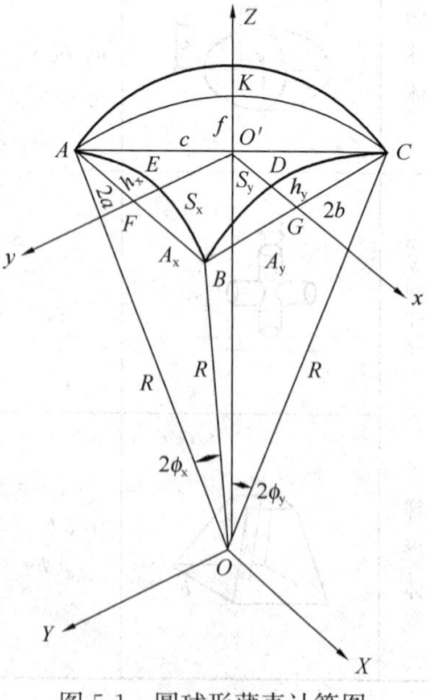

图 5-1　圆球形薄壳计算图

A_y——弓形 BDC 的面积；

$2\phi_x$——对应弧$\widehat{AEB}$的圆心角（弧度）；

$2\phi_y$——对应弧$\widehat{BDC}$的圆心角（弧度）；

O'——新坐标系（x，y，z）的原点（XOY 平面平移$\sqrt{R^2-\left(\frac{c}{2}\right)^2}$后与 Z 轴的交点）。

则：

$$R=\frac{c^2}{8f}+\frac{f}{2}$$

$$\sin\phi_x=\frac{a}{R}$$

$$\sin\phi_y=\frac{b}{R}$$

$$\phi_x=\arcsin\frac{a}{R}$$

$$\phi_y=\arcsin\frac{b}{R}$$

$$\tan\phi_x=\frac{a}{\sqrt{R^2-a^2}}$$

$$\tan\phi_y=\frac{b}{\sqrt{R^2-b^2}}$$

$$h_x=\sqrt{R^2-b^2}-\sqrt{R^2-a^2-b^2}$$

$$h_y=\sqrt{R^2-a^2}-\sqrt{R^2-a^2-b^2}$$

弧$\widehat{AEB}$与$\widehat{BDC}$之曲线方程式分别为：

$$x^2+z^2=(R^2-b^2)(\widehat{AEB})$$

$$y^2+z^2=(R^2-a^2)(\widehat{BDC})$$

（1）弧长按下式计算：

$$S_x=2\sqrt{R^2-b^2}\cdot\arcsin\frac{a}{\sqrt{R^2-b^2}}$$

$$S_y=2\sqrt{R^2-a^2}\cdot\arcsin\frac{b}{\sqrt{R^2-b^2}}$$

（2）侧面积按下式计算：

$$A_x=(R^2-b^2)\cdot\arcsin\frac{a}{\sqrt{R^2-b^2}}-a\cdot\sqrt{R^2-a^2-b^2}$$

$$A_y=(R^2-a^2)\cdot\arcsin\frac{b}{\sqrt{R^2-b^2}}-b\cdot\sqrt{R^2-a^2-b^2}$$

（3）壳表面积按下式计算：

$$A=S_x\cdot S_y$$

其一次近似值为：

$$A=4aR\arcsin\frac{b}{R}=4aR\phi_y$$

其二次近似值为：

$$A=4\left(aR\arcsin\frac{b}{R}+\frac{a^3b}{6R\sqrt{R^2-b^2}}\right)=4aR\phi_y\left(1+\frac{a\sin\phi_x\cdot\tan\phi_y}{6R\phi_y}\right)$$

5.3.4.2 椭圆抛物面扁壳

椭圆抛物面扁壳计算图如图 5-2 所示。

壳面方程式：

$$Z=\frac{h_x}{a^2}X^2+\frac{h_y}{b^2}Y^2$$

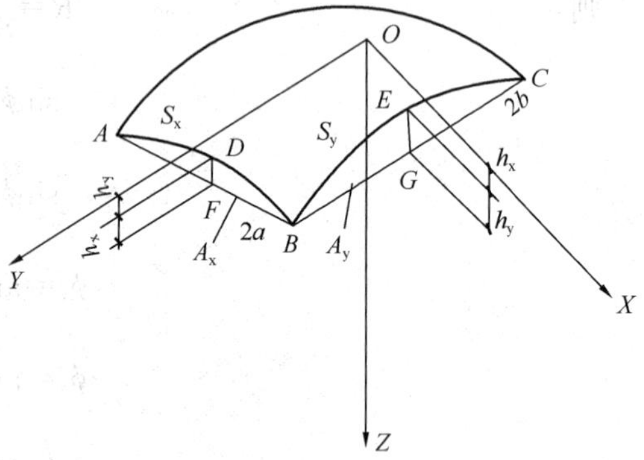

图 5-2 椭圆抛物面扁壳计算图

式中 X、Y、Z——在壳面上任一点对原点 O 的坐标；

$2a$——对应弧$\widehat{ADB}$的弦长；

$2b$——对应弧$\widehat{BEC}$的弦长；

h_x——弓形 ADB 的高；

h_y——弓形 BEC 的高。

假设 S_x——弧$\widehat{ADB}$的长；

S_y——弧$\widehat{BEC}$的长；

A_x——弓形 ADB 的面积；

A_y——弓形 BEC 的面积。

（1）弧长按下式计算：

$$S_x=c_1+am_1\ln\left(\frac{1}{m_2}+\frac{c_1}{a}\right)$$

$$S_y=c_2+bm_2\ln\left(\frac{1}{m_2}+\frac{c_2}{b}\right)$$

式中

$$c_1=\sqrt{a^2+4h_x^2}$$

$$m_1=\frac{a}{2h_x}$$

$$c_2=\sqrt{b^2+4h_y^2}$$

$$m_2=\frac{b}{2h_y}$$

或者：

$$S_x=2a\times 系数\ K_a$$
$$S_y=2b\times 系数\ K_b$$

式中 系数 K_a、K_b——可分别根据 $\frac{h_x}{2a}$、$\frac{h_y}{2b}$ 的值，查表 5-83 得到。

（2）侧面积按下式计算：

$$A_x=\frac{4}{3}a\cdot h_x$$

$$A_y=\frac{4}{3}b\cdot h_y$$

（3）壳表面积按下式计算：

$$A = S_x \cdot S_y$$

5.3.4.3　椭圆抛物面扁壳系数计算

见图 5-2，壳表面积（A）计算公式：

$$A = S_x \cdot S_y = 2a \times \text{系数}\, K_a \times 2b \times \text{系数}\, K_b$$

式中　K_a、K_b——椭圆抛物面扁壳系数，可按表 5-83 查得。

椭圆抛物面扁壳系数表　　**表 5-83**

$\frac{h_x}{2a}$或$\frac{h_y}{2b}$	系数 K_a 或 K_b	$\frac{h_x}{2a}$或$\frac{h_y}{2b}$	系数 K_a 或 K_b	$\frac{h_x}{2a}$或$\frac{h_y}{2b}$	系数 K_a 或 K_b	$\frac{h_x}{2a}$或$\frac{h_y}{2b}$	系数 K_a 或 K_b	$\frac{h_x}{2a}$或$\frac{h_y}{2b}$	系数 K_a 或 K_b
0.050	1.0066	0.080	1.0168	0.110	1.0314	0.140	1.0500	0.170	1.0724
0.051	1.0069	0.081	1.0172	0.111	1.0320	0.141	1.0507	0.171	1.0733
0.052	1.0072	0.082	1.0177	0.112	1.0325	0.142	1.0514	0.172	1.0741
0.053	1.0074	0.083	1.0181	0.113	1.0331	0.143	1.0521	0.173	1.0749
0.054	1.0077	0.084	1.0185	0.114	1.0337	0.144	1.0528	0.174	1.0757
0.055	1.0080	0.085	1.0189	0.115	1.0342	0.145	1.0535	0.175	1.0765
0.056	1.0083	0.086	1.0194	0.116	1.0348	0.146	1.0542	0.176	1.0773
0.057	1.0086	0.087	1.0198	0.117	1.0354	0.147	1.0550	0.177	1.0782
0.058	1.0089	0.088	1.0203	0.118	1.0360	0.148	1.0557	0.178	1.0790
0.059	1.0092	0.089	1.0207	0.119	1.0366	0.149	1.0564	0.179	1.0798
0.060	1.0095	0.090	1.0212	0.120	1.0372	0.150	1.0571	0.180	1.0807
0.061	1.0098	0.091	1.0217	0.121	1.0378	0.151	1.0578	0.181	1.0815
0.062	1.0102	0.092	1.0221	0.122	1.0384	0.152	1.0586	0.182	1.0824
0.063	1.0105	0.093	1.0226	0.123	1.0390	0.153	1.0593	0.183	1.0832
0.064	1.0108	0.094	1.0231	0.124	1.0396	0.154	1.0601	0.184	1.0841
0.065	1.0112	0.095	1.0236	0.125	1.0402	0.155	1.0608	0.185	1.0849
0.066	1.0115	0.096	1.0241	0.126	1.0408	0.156	1.0616	0.186	1.0858
0.067	1.0118	0.097	1.0246	0.127	1.0415	0.157	1.0623	0.187	1.0867
0.068	1.0122	0.098	1.0251	0.128	1.0421	0.158	1.0631	0.188	1.0875
0.069	1.0126	0.099	1.0256	0.129	1.0428	0.159	1.0638	0.189	1.0884
0.070	1.0129	0.100	1.0261	0.130	1.0434	0.160	1.0646	0.190	1.0893
0.071	1.0133	0.101	1.0266	0.131	1.0440	0.161	1.0654	0.191	1.0902
0.072	1.0137	0.102	1.0271	0.132	1.0447	0.162	1.0661	0.192	1.0910
0.073	1.0140	0.103	1.0276	0.133	1.0453	0.163	1.0669	0.193	1.0919
0.074	1.0144	0.104	1.0281	0.134	1.0460	0.164	1.0677	0.194	1.0928
0.075	1.0148	0.105	1.0287	0.135	1.0467	0.165	1.0685	0.195	1.0937
0.076	1.0152	0.106	1.0292	0.136	1.0473	0.166	1.0693	0.196	1.0946
0.077	1.0156	0.107	1.0297	0.137	1.0480	0.167	1.0700	0.197	1.0955
0.078	1.0160	0.108	1.0303	0.138	1.0487	0.168	1.0708	0.198	1.0964
0.079	1.0164	0.109	1.0308	0.139	1.0494	0.169	1.0716	0.199	1.0973

5.3.4.4　圆抛物面扁壳

圆抛物面扁壳计算图如图 5-3 所示。

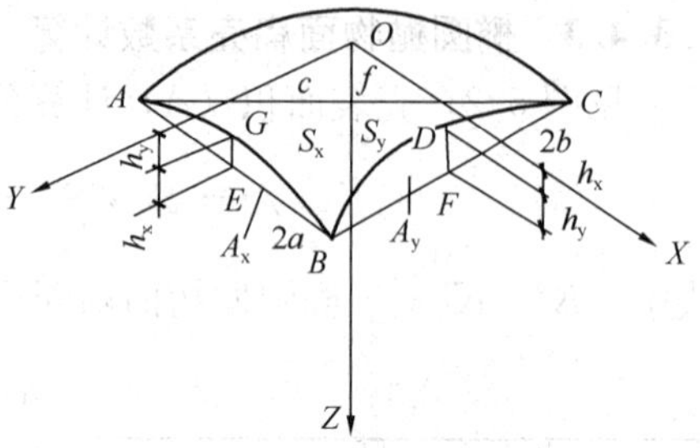

图 5-3　圆抛物面扁壳计算图

壳面方程式：　$Z=\dfrac{1}{2R}(X^2+Y^2)$

式中　R——半径；

X、Y、Z——在壳面上任一点对原点 O 的坐标；

假设　$2a$——对应弧$\widehat{AGB}$的弦长；

$2b$——对应弧$\widehat{BDC}$的弦长；

S_x——弧$\widehat{AGB}$的长；

S_y——弧$\widehat{BDC}$的长；

h_x——弓形 AGB 的高；

h_y——弓形 BDC 的高；

A_x——弓形 AGB 的面积；

A_y——弓形 BDC 的面积；

f——壳顶到底面的距离；

c——AC 的长。

则：

$$c=2\sqrt{a^2+b^2}$$

$$f=\frac{c^2}{8R}$$

$$h_x=\frac{a^2}{2R}$$

$$h_y=\frac{b^2}{2R}$$

（1）弧长按下式计算：

$$S_x=\frac{a}{R}\sqrt{R^2+a^2}+R\cdot\ln\left(\frac{a}{R}+\frac{1}{R}\sqrt{R^2+a^2}\right)$$

$$S_y=\frac{b}{R}\sqrt{R^2+b^2}+R\cdot\ln\left(\frac{b}{R}+\frac{1}{R}\sqrt{R^2+b^2}\right)$$

（2）侧面积按下式计算：

$$A_x=\frac{2a^3}{3R}=\frac{4}{3}ah_x$$

$$A_y=\frac{2b^3}{3R}=\frac{4}{3}bh_y$$

（3）壳表面积按下式计算：

$$A=S_x\cdot S_y$$

5.3.4.5　单、双曲拱展开面积

（1）单曲拱展开面积＝单曲拱系数×水平投影面积。

（2）双曲拱展开面积＝双曲拱系数（大曲拱系数×小曲拱系数）×水平投影面积。

单、双曲拱展开面积系数见表 5-84。单、双曲拱展开面积计算图如图 5-4 所示。

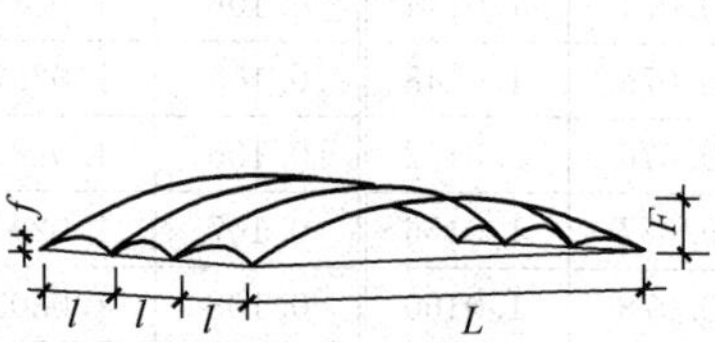

图 5-4　单、双曲拱展开面积计算图

L—拱跨；F—拱高

单、双曲拱展开面积系数表 **表 5-84**

f/l	单曲拱系数	F/L								
		1/2	1/3	1/4	1/5	1/6	1/7	1/8	1/9	1/10
		单曲拱系数								
		1.50	1.25	1.15	1.10	1.07	1.05	1.04	1.03	1.02
		双曲拱系数								
1/2	1.50	2.25	1.875	1.725	1.650	1.605	1.575	1.569	1.545	1.530
1/3	1.25	1.875	1.563	1.438	1.375	1.338	1.313	1.300	1.288	1.275
1/4	1.15	1.725	1.433	1.323	1.265	1.231	1.208	1.196	1.185	1.173
1/5	1.10	1.650	1.375	1.265	1.210	1.177	1.155	1.114	1.133	1.122
1/6	1.07	1.605	1.333	1.231	1.177	1.145	1.124	1.113	1.102	1.091
1/7	1.05	1.575	1.313	1.203	1.155	1.124	1.103	1.092	1.082	1.071
1/8	1.04	1.560	1.300	1.196	1.144	1.113	1.092	1.082	1.071	1.061
1/9	1.03	1.545	1.288	1.185	1.133	1.102	1.082	1.071	1.061	1.051
1/10	1.02	1.530	1.275	1.173	1.122	1.091	1.071	1.061	1.051	1.040

5.4 常用建筑材料及数值

5.4.1 材料基本性质、常用名称及符号

材料基本性质、常用名称及符号见表5-85。

材料基本性质、常用名称及符号 **表 5-85**

名称	符号	公式	常用单位	说明
密度	ρ	$\rho=m/V$	g/cm^3	m——材料干燥状态下的质量(g)； V——材料绝对密实状态下的体积(cm^3)
表观密度	ρ_0	$\rho_0=m/V_1$	g/cm^3 或 kg/m^3	m——材料干燥状态下的质量(g 或 kg)； V_1——材料在自然状态下的体积(cm^3 或 m^3)
堆积密度	ρ'_0	$\rho'_0=m/V'_1$	kg/m^3	m——颗粒状材料的质量(kg)； V'_1——颗粒状材料在堆积状态下的体积(m^3)
孔隙率	ξ	$\xi=\frac{V_1-V}{V_1}\times100\%=\left(1-\frac{\rho_0}{\rho}\right)\times100\%$	%	密实度 $D=1-\xi$
空隙率	ξ'	$\xi'=\frac{V'_1-V_0}{V_0}\times100\%=\left(1-\frac{\rho'_0}{\rho_0}\right)\times100\%$	%	填充率 $D'=1-\xi'$

续表

名称	符号	公式	常用单位	说明
强度	f	$f=P/A$(抗拉、压剪) $f=M/W$(抗弯)	MPa(N/mm^2)	P——破坏时的拉(压、剪)力(N)； M——抗弯破坏时的弯矩(N·mm)； A——受力面积(mm^2)； W——抗弯截面模量(mm^3)
含水率	W	$m_{水}/m$	%	$m_{水}$——材料中所含水质量(g)； m——材料干燥质量(g)
质量吸水率	$B_{质}$	$B_{质}=\frac{m_1-m}{m}\times100\%$	%	m——材料干燥质量(g)； m_1——材料保水质量(g)
体积吸水率	$B_{体}$	$B_{体}=\frac{m_1-m}{m_1}\times100\%$ $=B_{质}\cdot\rho_0$	%	m、m_1、ρ_0 同上
软化系数	ψ	f_1/f_0	—	f_1——材料在水饱和状态下的抗压强度(MPa或N/mm^2)； f_0——材料在干燥状态下的抗压强度(MPa或N/mm^2)
渗透系数	K	$K=\frac{QD}{ATH}$	mL/(cm^2·s) 或cm/s	Q——渗水量(mL)； D——试件厚度(cm)； A——渗水面积(cm^2)； T——渗水时间(s)； H——水头差(cm)
抗渗等级	P_n	(n=2，4，6…)	—	如P_{12}表示在承受最大静水压为1.2MPa的情况下，6个混凝土标准试件经8h作用后，仍有不少于4个试件不渗漏
抗冻等级	F_n	(n=15，25，…)	—	材料在－15℃以下冻结，反复冻融后质量损失≤5%，强度损失≤25%的冻融次数。如F_{25}表示标准试件能经受冻融次数为25次
导热系数	λ	$\lambda=\frac{QD}{AT(t_2-t_1)}$	W/(m·K)	Q——传导热量(J)； D——试样厚度； A——试样面积； T——传导时间； t_2-t_1——温度梯度差(K)； λ——物体厚度1m，两表面温差1K时，1h内通过$1m^2$围护结构表面积的热量
热阻	R	$R=1/U$	m^2·K/W	U——传热系数[W/(m^2·K)]，表示外温差为1K时，在1h内通过$1m^2$围护结构表面积的热量。U的倒数为热阻

续表

名称	符号	公式	常用单位	说明
比热容	c	$c=Q/[P(t_1-t_2)]$	kJ/(kg·K)	Q——加热于物体所耗热量(kJ); P——材料质量(kg) t_1-t_2——物体加热前后的温度差
蓄热系数	S	$S=\frac{A_q}{A_\tau}$	W/(m²·K)	A_q——热流波幅; A_τ——表面温度波幅 S——表示表面温度波动1℃时，在1h内，1m²围护结构表面吸收和散发的热量
蒸汽渗透系数	μ	—	g/(m·h·Pa)	材料厚1m，两侧水蒸气压力差为1Pa时，1h经过1m²表面积扩散的水蒸气量
吸声系数	α	$\alpha=\frac{E}{E_0}$	%	α——材料吸收声能与入射声能的比值; E——被吸收的声能; E_0——入射声能
热流量	Φ	—	W	单位时间内通过一个面的热量
热流[量]密度	φ	$\varphi=\frac{\Phi}{A}$	W/m²	φ——垂直于热流方向的单位面积的热流量; Φ——热流量（W）; A——面积（m²）
热惰性指标	D	$D=R\cdot S$	—	S——蓄热系数; R——热阻（m²·K/W）

5.4.2 常用材料和构件的自重

常用材料和构件的自重见表5-86。

常用材料和构件的自重 表5-86

名称	自重	备注
1. 木材（kN/m³）		
杉木	4	随含水率而不同
冷杉、云杉、红松、华山松、樟子松、铁杉、拟赤杨、红椿、杨木、枫杨	4～5	随含水率而不同
马尾松、云南松、油松、赤松、广东松、桤木、枫香、柳木、檫木、秦岭落叶松、新疆落叶松	5～6	随含水率而不同
东北落叶松、陆均松、榆木、桦木、水曲柳、苦楝、木荷、臭椿	6～7	随含水率而不同
锥木（栲木）、石栎、槐木、乌墨	7～8	随含水率而不同
青冈栎（楮木）、栎木（柞木）、桉树、木麻黄	8～9	随含水率而不同
普通木板条、椽檩木料	5	随含水率而不同

续表

名称	自重	备注
锯末	2.0～2.5	加防腐剂时为 3kN/m³
木板丝	4～5	
软木板	2.5	
刨花板	6	
2. 胶合板材（kN/m²）		
胶合三夹板（杨木）	0.019	
胶合三夹板（椴木）	0.022	
胶合三夹板（水曲柳）	0.028	
胶合五夹板（杨木）	0.03	
胶合五夹板（椴木）	0.034	
胶合五夹板（水曲柳）	0.04	
甘蔗板（按 10mm 厚计）	0.03	常用厚度为 13、15、19、25mm
隔声板（按 10mm 厚计）	0.03	常用厚度为 13、20mm
木屑板（按 10mm 厚计）	0.12	常用厚度为 6、10mm
3. 金属矿产（kN/m³）		
铸铁	72.5	
锻铁	77.5	
铁矿渣	27.6	
赤铁矿	25～30	
钢	78.5	
紫铜、赤铜	89	
黄铜、青铜	85	
硫化铜矿	42	
铝	27	
铝合金	28	
锌	70.5	
亚锌矿	40.5	
铅	114	
方铅矿	74.5	
金	193	
白金	213	
银	105	
锡	73.5	
镍	89	
水银	136	
钨	189	
镁	18.5	

续表

名称	自重	备注
锑	66.6	
水晶	29.5	
硼砂	17.5	
硫矿	20.5	
石棉矿	24.6	
石棉	10	压实
石棉	4	松散，含水率不大于15%
白垩（高岭土）	22	
石膏矿	25.5	
石膏	13.0～14.5	粗块堆放 $\varphi=30°$； 细块堆放 $\varphi=40°$
石膏粉	9	
4. 土、砂、砾石及岩石（kN/m³）		
腐殖土	15～16	干，$\varphi=40°$；湿，$\varphi=35°$； 很湿，$\varphi=25°$
黏土	13.5	干，松，孔隙比为1.0
黏土	16	干，$\varphi=40°$，压实
黏土	18	湿，$\varphi=35°$，压实
黏土	20	很湿，$\varphi=20°$，压实
砂土	12.2	干，松
砂土	16	干，$\varphi=35°$，压实
砂土	18	湿，$\varphi=35°$，压实
砂土	20	很湿，$\varphi=25°$，压实
砂子	14	干，细砂
砂子	17	干，粗砂
卵石	16～18	干
黏土夹卵石	17～18	干，松
砂夹卵石	15～17	干，松
砂夹卵石	16.0～19.2	干，压实
砂夹卵石	18.9～19.2	湿
浮石	6～8	干
浮石填充料	4～6	
砂岩	23.6	
页岩	28	
页岩	14.8	片石堆置
泥灰石	14	$\varphi=40°$
花岗石、大理石	28	

续表

名称	自重	备注
花岗石	15.4	片石堆置
石灰石	26.4	
石灰石	15.2	片石堆置
贝壳石灰石	14	
白云石	16	片石堆置，$\varphi=48°$
滑石	27.1	
火石（燧石）	35.2	
云斑石	27.6	
玄武石	29.5	
长石	25.5	
角闪石、绿石	30	
角闪石、绿石	17.1	片石堆置
碎石子	14～15	堆置
岩粉	16	黏土质或石灰质
多孔黏土	5～8	作填充料用，$\varphi=35°$
硅藻土填充料	4～6	
辉绿岩板	29.5	
5. 砖及砌块（kN/m³）		
普通砖	18	240mm×115mm×53mm（684块/m³）
普通砖	19	机器制
缸砖	21.0～21.5	230mm×110mm×65mm（609块/m³）
红缸砖	20.4	
耐火砖	19～22	230mm×110mm×65mm（609块/m³）
耐酸瓷砖	23～25	230mm×113mm×65mm（590块/m³）
灰砂砖	18	砂：白灰=92：8
煤渣砖	17.0～18.5	
矿渣砖	18.5	硬矿渣：烟灰：石灰=75：15：10
焦渣砖	12～14	
粉煤灰砖	14～15	炉渣：电石渣：粉煤灰=30：40：30
黏土砖	12～15	
锯末砖	9	
焦渣空心砖	10	290mm×290mm×140mm（85块/m³）
水泥空心砖	9.8	290mm×290mm×140mm（85块/m³）
水泥空心砖	10.3	300mm×250mm×110mm（121块/m³）
水泥空心砖	9.6	300mm×250mm×160mm（83块/m³）
蒸压粉煤灰砖	14～16	干相对密度

续表

名称	自重	备注
陶粒空心砖	5	长 600mm、400mm，宽 150mm、250mm，高 250mm、200mm
陶粒空心砖	6	390mm×290mm×190mm
粉煤灰轻渣空心砌块	7～8	390mm×190mm×190mm，390mm×240mm×190mm
蒸压粉煤灰加气混凝土砌块	5.5	
混凝土空心小砌块	11.8	390mm×190mm×190mm
碎砖	12	堆置
水泥花砖	19.8	200mm×200mm×24mm（1042 块/m^3）
瓷面砖	19.8	140mm×150mm×8mm（5556 块/m^3）
陶瓷面砖	0.12kN/m^2	厚 5mm
6. 石灰、水泥、灰浆及混凝土（kN/m^3）		
生石灰块	11	堆置，$\varphi=30°$
生石灰粉	12	堆置，$\varphi=35°$
熟石灰膏	13.5	
石灰砂浆、混合砂浆	17	
水泥石灰焦渣砂浆	14	
石灰炉渣	10～12	
水泥炉渣	12～14	
石灰焦渣砂浆	13	
灰土	17.5	石灰：土=3：7，夯实
稻草石灰浆	16	
纸筋石灰浆	16	
石灰锯末	3.4	石灰：锯末=1：3
石灰三合土	17.5	石灰、砂子、卵石
水泥	12.5	轻质松散，$\varphi=20°$
水泥	14.5	散装，$\varphi=20°$
水泥	16	袋装压实，$\varphi=40°$
矿渣水泥	14.5	
水泥砂浆	20	
水泥蛭石砂浆	5～8	
石灰水泥浆	19	
膨胀珍珠岩砂浆	7～15	
石膏砂浆	12	
碎砖混凝土	18.5	
素混凝土	22～24	振捣或不振捣

续表

名称	自重	备注
矿渣混凝土	20	
焦渣混凝土	16～17	承重用
焦渣混凝土	10～14	填充用
铁屑混凝土	28～65	
浮石混凝土	9～14	
沥青混凝土	20	
无砂大孔混凝土	16～19	
泡沫混凝土	4～6	
加气混凝土	5.5～7.5	单块
石灰粉煤灰加气混凝土	6.0～6.5	
钢筋混凝土	24～25	
碎砖钢筋混凝土	20	
钢丝网水泥	25	用于承重结构
水玻璃耐酸混凝土	20.0～23.5	
粉煤灰陶粒混凝土	19.5	
7. 沥青、煤灰及油料（kN/m^3）		
石油沥青	10～11	根据相对密度
柏油	12	
煤沥青	13.4	
煤焦油	10	
无烟煤	15.5	整体
无烟煤	9.5	块状堆放，$\varphi=30°$
无烟煤	8	碎块堆放，$\varphi=35°$
煤末	7	堆放，$\varphi=15°$
煤球	10	堆放
褐煤	12.5	
褐煤	7～8	
泥炭	7.5	
泥炭	3.2～3.4	堆放
木炭	3～5	
煤焦	12	
煤焦	7	堆放，$\varphi=45°$
焦渣	10	
煤灰	6.5	
煤灰	8	压实
石墨	20.8	

续表

名称	自重	备注
煤蜡	9	
油蜡	9.6	
原油	8.8	
煤油	8	
煤油	7.2	桶装，相对密度 0.82～0.89
润滑油	7.4	
汽油	6.7	
汽油	6.4	桶装，相对密度 0.72～0.76
动物油、植物油	9.3	
豆油	8	大铁桶装，每桶 360kg
8. 杂项（kN/m^3）		
普通玻璃	25.6	
钢丝玻璃	26	
泡沫玻璃	3～5	
玻璃棉	0.5～1.0	作绝缘层填充料用
岩棉	0.5～2.5	
沥青玻璃棉	0.8～1.0	导热系数 0.035～0.047W/(m·K)
玻璃棉板(管套)	1.0～1.5	导热系数 0.035～0.047W/(m·K)
玻璃钢	14～22	
矿渣棉	1.2～1.5	松散，导热系数 0.031～0.044W/(m·K)
矿渣棉制品(板、砖、管)	3.5～4.0	导热系数 0.047～0.070W/(m·K)
沥青矿渣棉	1.2～1.6	导热系数 0.041～0.052W/(m·K)
膨胀珍珠岩粉料	0.8～2.5	干，松散，导热系数 0.052～0.076W/(m·K)
水泥珍珠岩制品、憎水珍珠岩制品	3.5～4.0	强度为 $1.0N/mm^2$，导热系数 0.058～0.081W/(m·K)
膨胀蛭石	0.8～2.0	导热系数 0.052～0.070W/(m·K)
沥青蛭石制品	3.5～4.5	导热系数 0.081～0.105W/(m·K)
水泥蛭石制品	4～6	导热系数 0.093～0.140W/(m·K)
聚氯乙烯板(管)	13.6～16.0	
聚苯乙烯泡沫塑料	0.5	导热系数不大于 0.035W/(m·K)
石棉板	13	含水率不大于 3%
乳化沥青	9.8～10.5	
软橡胶	9.3	
白磷	18.3	
松香	10.7	
瓷	24	
酒精	7.85	100%纯

续表

名称	自重	备注
酒精	6.6	桶装，相对密度 0.79～0.82
盐酸	12	浓度 40%
硝酸	15.1	浓度 91%
硫酸	17.9	浓度 87%
火碱	17	浓度 60%
氯化铵	7.5	袋装堆放
尿素	7.5	袋装堆放
碳酸氢铵	8	袋装堆放
水	10	温度 4℃，密度最大时
冰	8.96	
书籍	5	书籍藏置
胶版纸	10	
报纸	7	
宣纸类	4	
棉花、棉纱	4	压紧平均自重
稻草	1.2	
建筑碎料(建筑垃圾)	1.5	
9. 砌体(kN/m^3)		
浆砌细方石	26.4	花岗石、方整石块
浆砌细方石	25.6	石灰石
浆砌细方石	22.4	砂石
浆砌毛方石	24.8	花岗石，上下面大致平整
浆砌毛方石	24	石灰石
浆砌毛方石	20.8	砂石
干砌毛石	20.8	花岗石，上下面大致平整
干砌毛石	20	石灰石
干砌毛石	17.6	砂石
浆砌普通砖	18	
浆砌机砖	19	
浆砌缸砖	21	
浆砌耐火砖	22	
浆砌矿渣砖	21	
浆砌焦渣砖	12.5～14.0	
土坯砖砌体	16	
黏土砖空斗砌体	17	中填碎瓦砾、一眠一斗
黏土砖空斗砌体	13	全斗
黏土砖空斗砌体	12.5	不能承重
黏土砖空斗砌体	15	能承重
粉煤灰泡沫砌块砌体	8.0～8.5	粉煤灰：电石渣：废石膏＝74：22：4

续表

名称	自重	备注
三合土	17	灰：砂：土=1：1：9～1：1：4
10. 隔墙与墙面(kN/m²)		
双面抹灰板条隔墙	0.9	每抹灰厚16～24mm
单面抹灰板条隔墙	0.5	灰厚16～24mm，龙骨在内
C形轻钢龙骨隔墙	0.27	两层12mm纸面石膏板，无保温层
C形轻钢龙骨隔墙	0.32	两层12mm纸面石膏板，中填岩棉保温板50mm
C形轻钢龙骨隔墙	0.38	三层12mm纸面石膏板，无保温层
C形轻钢龙骨隔墙	0.43	三层12mm纸面石膏板，中填岩棉保温板50mm
C形轻钢龙骨隔墙	0.49	四层12mm纸面石膏板，无保温层
C形轻钢龙骨隔墙	0.54	四层12mm纸面石膏板，中填岩棉保温板50mm
贴瓷砖墙面	0.5	包括水泥砂浆打底，其厚25mm
水泥粉刷墙面	0.36	20mm厚，水泥粗砂
水磨石墙面	0.55	25mm厚，包括打底
水刷石墙面	0.5	25mm厚，包括打底
石灰粗砂粉刷	0.34	20mm厚
斩假石墙面	0.5	25mm厚，包括打底
外墙拉毛墙面	0.7	包括25mm水泥砂浆打底
11. 屋架及门窗(kN/m²)		
木屋架	0.07+0.007×跨度	按屋面水平投影面积计算，跨度以米计
钢屋架	0.12+0.011×跨度	无天窗，包括支撑，按屋面水平投影面积计算，跨度以米计
木框玻璃窗	0.2～0.3	
钢框玻璃窗	0.40～0.45	
木门	0.1～0.2	
钢铁门	0.40～0.45	
12. 屋顶(kN/m²)		
黏土平瓦屋面	0.55	按实际面积计算，以下同
水泥平瓦屋面	0.50～0.55	
小青瓦屋面	0.9～1.1	
冷摊瓦屋面	0.5	
石板瓦屋面	0.46	厚6.3mm
石板瓦屋面	0.71	厚9.5mm
石板瓦屋面	0.96	厚12.1mm
麦秸泥灰顶	0.16	以10mm厚计
石棉板瓦	0.18	仅瓦自重
波形石棉瓦	0.2	1820mm×725mm×8mm
镀锌薄钢板	0.05	24号
瓦楞铁	0.05	26号
彩色钢板波形瓦	0.12～0.13	彩色钢板厚0.6mm

续表

名称	自重	备注
拱形彩色钢板屋面	0.3	包括保温及灯具自重 0.15kN/m^2
有机玻璃屋面	0.06	厚 1.0mm
玻璃屋顶	0.3	9.5mm 夹丝玻璃
玻璃砖顶	0.65	框架自重在内
油毡防水层(包括改性沥青防水卷材)	0.05	一层油毡刷油两遍
油毡防水层(包括改性沥青防水卷材)	0.25～0.30	四层做法，一毡两油上铺小石子
油毡防水层(包括改性沥青防水卷材)	0.30～0.35	六层做法，二毡三油上铺小石子
油毡防水层(包括改性沥青防水卷材)	0.35～0.40	八层做法，三毡四油上铺小石子
捷罗克防水层	0.1	厚 8mm
屋顶天窗	0.35～0.40	9.5mm 夹丝玻璃，框架自重在内
13. 顶棚(kN/m^2)		
钢丝网抹灰吊顶	0.45	
麻刀灰板条顶棚	0.45	吊木在内，平均灰厚 20mm
砂子灰板条顶棚	0.55	吊木在内，平均灰厚 25mm
苇箔抹灰顶棚	0.48	吊木龙骨在内
松木板顶棚	0.25	吊木在内
三合板顶棚	0.18	吊木在内
马粪纸顶棚	0.15	吊木及盖缝条在内
木丝板顶棚	0.26	厚 25mm，吊木及盖缝条在内
木丝板顶棚	0.29	厚 30mm，吊木及盖缝条在内
隔声纸顶棚	0.17	厚 10mm，吊木及盖缝条在内
隔声纸顶棚	0.18	厚 13mm，吊木及盖缝条在内
隔声纸顶棚	0.2	厚 20mm，吊木及盖缝条在内
V 形轻钢龙骨吊顶	0.12	一层 9mm 纸面石膏板，无保温层
V 形轻钢龙骨吊顶	0.17	一层 9mm 纸面石膏板，有厚 50mm 的岩棉棒保温层
V 形轻钢龙骨吊顶	0.20	二层 9mm 纸面石膏板，无保温层
V 形轻钢龙骨吊顶	0.25	二层 9mm 纸面石膏板，有厚 50mm 的岩棉棒保温层
V 形轻钢龙骨及铝合金龙骨吊顶	0.10～0.12	一层矿棉吸声板厚 15mm，无保温层
顶棚上铺焦渣锯末绝缘层	0.2	厚 50mm，焦渣、锯末按 1：5 混合
14. 地面（kN/m^2）		
地板格栅	0.2	仅格栅自重
硬木地板	0.2	厚 25mm，剪刀撑、钉子等自重在内，不包括格栅自重
松木地板	0.18	
小瓷砖地面	0.55	包括水泥粗砂打底
水泥花砖地面	0.6	砖厚 25mm，包括水泥粗砂打底
水磨石地面	0.65	10mm 面层，20mm 水泥砂浆打底
油地毡	0.02～0.03	油地纸，地板表面用
木块地面	0.7	加防腐油膏铺砌厚 76mm
菱苦土地面	0.28	厚 20mm

续表

名称	自重	备注
铸铁地面	4～5	60mm 碎石垫层，60mm 面层
缸砖地面	1.7～2.1	60mm 砂垫层，53mm 面层，平铺
缸砖地面	3.3	60mm 砂垫层，115mm 面层，侧铺
黑砖地面	1.5	砂垫层，平铺
15. 建筑用压型钢板（kN/m^2）		
单波型 V-300（S-30）	0.12	波高 173mm，板厚 0.8mm
双波型 W-500	0.11	波高 130mm，板厚 0.8mm
三波型 V-200	0.135	波高 70mm，板厚 1mm
多波型 V-125	0.065	波高 35mm，板厚 0.6mm
多波型 V-115	0.079	波高 35mm，板厚 0.6mm
16. 建筑墙板（kN/m^2）		
彩色钢板金属幕墙板	0.11	两层，彩色钢板厚 0.6mm，聚苯乙烯芯材板厚 25mm
金属绝热材料（聚氨酯）复合板	0.14	板厚 40mm，钢板厚 0.6mm
金属绝热材料（聚氨酯）复合板	0.15	板厚 60mm，钢板厚 0.6mm
金属绝热材料（聚氨酯）复合板	0.16	板厚 80mm，钢板厚 0.6mm
彩色钢板加聚苯乙烯保温板	0.12～0.15	两层，彩色钢板厚 0.6mm，聚苯乙烯芯材板厚 50～250mm
彩色钢板岩棉夹芯板	0.24	板厚 100mm，两层彩色钢板，Z 形龙骨岩棉芯材
彩色钢板岩棉夹芯板	0.25	板厚 120mm，两层彩色钢板，Z 形龙骨岩棉芯材
GRC 增强水泥聚苯复合保温板	1.13	
GRC 空心隔墙板	0.3	长 2400～2800mm，宽 600mm，厚 60mm
GRC 空心隔墙板	0.35	长 2400～2800mm，宽 600mm，厚 60mm
轻质 GRC 保温板	0.14	3000mm×600mm×60mm
轻质 GRC 空心隔墙板	0.17	3000mm×600mm×60mm
轻质大型墙板	0.7～0.9	1500mm×600mm×120mm
轻质条形墙板（厚 80mm）	0.4	3000mm×1000mm，3000mm×1200mm，3000mm×1500mm 高强水泥发泡芯材，按不同檩距及荷载配有不同钢骨架及冷拔钢丝网
轻质条形墙板（厚 100mm）	0.45	
轻质条形墙板（厚 120mm）	0.5	
GRC 墙板	0.11	板厚 10mm
钢丝网岩棉夹芯复合板（GY 板）	1.1	岩棉芯材厚 50mm，双面钢丝网水泥砂浆各厚 25mm
硅酸钙板	0.08	板厚 6mm
硅酸钙板	0.10	板厚 8mm
硅酸钙板	0.12	板厚 10mm
泰柏板	0.95	板厚 100mm，钢丝网片状聚苯乙烯保温层，每面抹水泥砂浆厚 20mm
蜂窝复合板	0.14	板厚 75mm
石膏珍珠岩空心条板	0.45	长 2500～3000mm，宽 600mm，厚 60mm
加强型水泥石膏聚苯保温板	0.17	3000mm×600mm×60mm
玻璃幕墙	0.5～1.0	一般可按单位面积玻璃自重增大 20%～30%

5.4.3　钢材质量常用数据、型钢表

5.4.3.1　钢材理论质量

钢材理论质量可参照表 5-87。

钢材理论质量　　表 5-87

项目	序号	型材	计算公式	公式中代号
钢材断面积计算公式	1	方钢	$F=a^2$	a——边宽
	2	圆角方钢	$f=a^2-0.8584r^2$	a——边宽； r——圆角半径
	3	钢板、扁钢、带钢	$F=a\times\delta$	a——边宽； δ——厚度
	4	圆角扁钢	$F=a\delta-0.8584r^2$	a——边宽； δ——厚度； r——圆角半径
	5	圆角、圆盘条、钢丝	$F=0.7854d^2$	d——外径
	6	六角钢	$F=0.866a^2=2.598s^2$	a——对边距离； s——边宽
	7	八角钢	$F=0.8284a^2=4.8284s^2$	
	8	钢管	$F=\pi\delta(D-\delta)$	D——外径； δ——壁厚
	9	等边角钢	$F=d(2b-d)+0.2146(r^2-2r_1^2)$	d——边厚； b——边宽； r——内面圆角半径； r_1——端边圆角半径
	10	不等边角钢	$F=d(B+b-d)+0.2146(r^2-2r_1^2)$	d——边厚； B——长边宽； b——短边宽； r——内面圆角半径； r_1——边端圆角半径
	11	工字钢	$F=hd+2t(b-d)+0.8584(r^2-2r_1^2)$	h——高度； b——腿宽； d——腰宽； t——平均腿厚； r——内面圆角半径； r_1——边端圆角半径
	12	槽钢	$F=hd+2t(b-d)+0.04292(r^2-2r_1^2)$	
基本公式质量计算	$W=F\times L\times G\times 1/100$ 式中　W—质量；F—断面积；L—长度；G—密度 钢的密度一般按 7.85g/cm³ 计算。其他型材如钢材、铝材等亦可引用上式按照不同的密度计算			

5.4.3.2　钢板理论质量

钢板理论质量见表 5-88。

钢板理论质量 表 5-88

厚度（mm）	理论质量（kg）	厚度（mm）	理论质量（kg）	厚度（mm）	理论质量（kg）
0.20	1.570	2.8	21.98	22	172.70
0.25	1.963	3.0	23.55	23	180.60
0.27	2.120	3.2	25.12	24	188.40
0.30	2.355	3.5	27.48	25	196.30
0.35	2.748	3.8	29.83	26	204.10
0.40	3.140	4.0	31.40	27	212.00
0.45	3.533	4.5	35.33	28	219.80
0.50	3.925	5.0	39.25	29	227.70
0.55	4.318	5.5	43.18	30	235.50
0.60	4.710	6.0	47.10	32	251.20
0.70	5.495	7.0	54.95	34	266.90
0.75	5.888	8.0	62.80	36	282.60
0.80	6.280	9.0	70.65	38	298.30
0.90	7.065	10.0	78.50	40	314.00
1.00	7.850	11	86.35	42	329.70
1.10	8.635	12	94.20	44	345.40
1.20	9.420	13	102.10	46	361.10
1.25	9.813	14	109.90	48	376.80
1.40	10.99	15	117.80	50	392.50
1.50	11.78	16	125.60	52	408.20
1.60	12.56	17	133.50	54	423.90
1.80	14.13	18	141.30	56	439.60
2.00	15.70	19	149.20	58	455.30
2.20	17.27	20	157.00	60	471.00
2.50	19.63	21	164.90		

5.4.3.3 钢筋的计算截面面积及理论质量

钢筋的计算截面面积及理论质量见表 5-89。

钢筋的计算截面面积及理论质量 表 5-89

直径 d（mm）	不同根数钢筋的计算截面面积（mm^2）									单根钢筋理论质量（kg/m）
	1	2	3	4	5	6	7	8	9	
6	28.3	57	85	113	142	170	198	226	255	0.222
6.5	33.2	66	100	133	166	199	232	265	299	0.260
8	50.3	101	151	201	252	302	352	402	453	0.395
8.2	52.8	106	158	211	264	317	370	423	475	0.432
10	78.5	157	236	314	393	471	550	628	707	0.617
12	113.1	226	339	452	565	678	791	904	1017	0.888
14	153.9	308	461	615	769	923	1077	1230	1385	1.21
16	201.1	402	603	804	1005	1206	1407	1608	1809	1.58
18	254.5	509	763	1017	1272	1527	1781	2036	2290	2.00（2.11）
20	314.2	628	941	1256	1570	1884	2200	2513	2827	2.47
22	380.1	760	1140	1520	1900	2281	2661	3041	3421	2.98
25	490.9	982	1473	1964	2454	2945	3436	3927	4418	3.85（4.10）
28	615.3	1232	1847	2463	3079	3695	4310	4926	5542	4.83

续表

直径 d (mm)	不同根数钢筋的计算截面面积（mm^2）									单根钢筋理论质量 (kg/m)
	1	2	3	4	5	6	7	8	9	
32	804.3	1609	2413	3217	4021	4826	5630	6434	7238	6.31 (6.65)
36	1017.9	2036	3054	4072	5089	6107	7125	8143	9161	7.99
40	1256.1	2513	3770	5027	6283	7540	8796	10053	11310	9.87 (10.34)
50	1963.5	3928	5892	7856	9820	11784	13748	15712	17676	15.42 (16.28)

注：括号内为预应力螺纹钢筋的数值。

5.4.3.4　冷拉圆钢、方钢及六角钢质量

冷拉圆钢、方钢及六角钢质量参见表 5-90。

冷拉圆钢、方钢及六角钢质量　　表 5-90

GB/T 905—1994				GB/T 905—1994			
d(a)	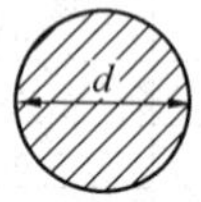	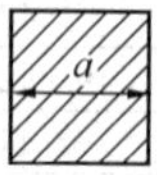	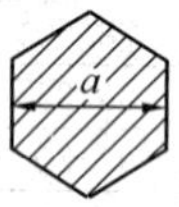	d(a)	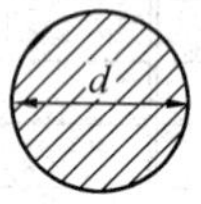	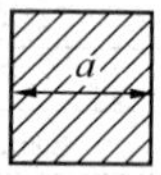	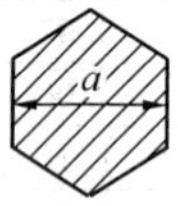
	理论质量（kg/m）				理论质量（kg/m）		
3.0	0.0555	0.0706	0.0612	17.0	1.78	2.27	1.96
3.2	0.0631	0.0804	0.0696	18.0	2.00	2.54	2.20
3.4	0.071	0.091	—	19.0	2.23	2.83	2.45
3.5	0.076	0.096	0.0833	20.0	2.47	3.14	2.72
3.8	0.089	0.112	—	21.0	2.72	3.46	3.00
4.0	0.099	0.126	0.109	22.0	2.98	3.80	3.29
4.2	0.109	0.139	—	24.0	3.55	4.52	3.92
4.5	0.125	0.159	0.138	25.0	3.85	4.91	4.25
4.8	0.142	0.181	—	26.0	4.17	5.31	4.60
5.0	0.154	0.196	0.170	28.0	4.83	6.15	5.33
5.3	0.173	0.221	—	30.0	5.55	7.06	6.12
5.5	0.187	0.237	0.206	32.0	6.31	8.04	6.96
5.6	0.193	0.246	—	34.0	7.13	9.07	7.86
6.0	0.222	0.283	0.245	35.0	7.55	9.62	—
6.3	0.245	0.312	0.270	36.0	—	—	8.81
6.7	0.277	0.352	—	38.0	8.90	11.3	9.82
7.0	0.302	0.385	0.333	40.0	9.86	12.6	10.9
7.5	0.347	0.442	—	42.0	10.9	13.8	12.0
8.0	0.395	0.502	0.435	45.0	12.5	15.90	13.8
8.5	0.445	0.567	—	48.0	14.2	18.1	15.7
9.0	0.499	0.636	0.551	50.0	15.4	19.6	17.0
9.5	0.556	0.708	—	52.0	17.32	22.0	19.10
10.0	0.617	0.785	0.680	55.0	—	—	20.5
10.5	0.680	0.865	—	56.0	19.3	24.6	—
11.0	0.746	0.950	0.823	60.0	22.2	28.3	24.5
11.5	0.815	1.04	—	63.0	24.5	31.2	—
12.0	0.888	1.13	0.979	65.0	—	—	28.7
13.0	1.04	1.33	1.15	67.0	27.7	35.2	—
14.0	1.21	1.54	1.33	70.0	30.2	38.5	33.3
15.0	1.39	1.77	1.53	75.0	34.7	44.2	38.2
16.0	1.58	2.01	1.74	80.0	39.5	50.2	43.5

注：冷拉圆钢长度 5、6、7 级为 2～6m，4 级为 2～4m，冷拉方钢及六角钢长度为 2～6m。

5.4.3.5 热扎圆钢、方钢及六角钢质量

热轧圆钢、方钢及六角钢质量参见表 5-91。

热轧圆钢、方钢及六角钢质量 　　**表 5-91**

GB/T 702—2017				GB/T 702—2017			
$d(a)$	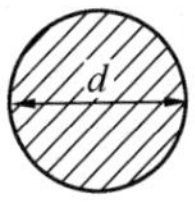	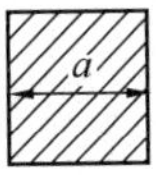	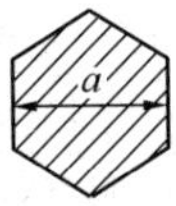	$d(a)$	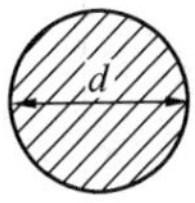	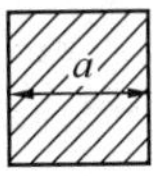	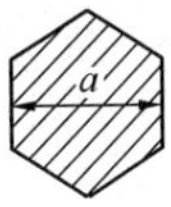
	理论质量（kg/m）				理论质量（kg/m）		
5.5	0.187	0.237	—	42	10.9	13.8	11.99
6.0	0.222	0.283	—	45	12.5	15.9	13.77
6.5	0.260	0.332	—	48	14.2	18.1	15.66
7.0	0.302	0.385	—	50	15.4	19.6	17.00
8.0	0.395	0.502	0.435	53	17.3	22.1	19.10
9.0	0.499	0.636	0.551	55	18.7	23.7	—
10.0	0.617	0.785	0.68055	56	19.3	24.6	21.32
11.0	0.746	0.950	0.823	58	20.7	26.4	22.87
12.0	0.888	1.13	0.979	60	22.2	28.3	24.50
13.0	1.04	1.33	1.05	63	24.5	31.2	26.98
14.0	1.21	1.54	1.33	65	26.0	33.2	28.72
15.0	1.39	1.77	1.53	68	28.5	36.3	31.43
16.0	1.58	2.01	1.74	70	30.2	38.5	33.30
17.0	1.78	2.27	1.96	75	34.7	44.2	—
18.0	2.00	2.54	2.20	80	39.5	50.2	—
19.0	2.23	2.83	2.45	85	44.5	56.7	—
20.0	2.47	3.14	2.72	90	49.9	63.6	—
21.0	2.72	3.46	3.00	95	55.6	70.8	—
22.0	2.98	3.80	3.29	100	61.7	78.5	—
23.0	3.26	4.15	3.60	105	68.0	86.5	—
24.0	3.55	4.52	3.92	110	74.6	95.0	—
25.0	3.85	4.91	4.25	115	81.5	104	—
26.0	4.17	5.31	4.60	120	88.8	113	—
27.0	4.49	5.72	4.96	125	96.3	123	—
28.0	4.83	6.15	5.33	130	104	133	—
29.0	5.19	6.60	—	140	121	154	—
30.0	5.55	7.07	6.12	150	139	177	—
31.0	5.92	7.54	—	160	158	201	—
32.0	6.31	8.04	6.96	170	178	227	—
33.0	6.71	8.55	—	180	200	254	—
34.0	7.13	9.07	7.86	190	223	283	—
35.0	7.55	9.62	—	200	247	314	—
36.0	7.99	10.2	8.81	220	298	—	—
38.0	8.90	11.3	9.82	250	385	—	—
40.0	9.86	12.6	10.88				

注：热轧圆钢、方钢的长度，当 $d(a)$ 8～70mm 时，长 3～8m；六角钢的长度，当 $d(a)$ 8～70mm 时，长 3～8m，均指普通钢。

5.4.3.6 热扎等边角钢

（1）热轧等边角钢截面尺寸与理论质量见表 5-92。

热轧等边角钢截面尺寸与理论质量 **表 5-92**

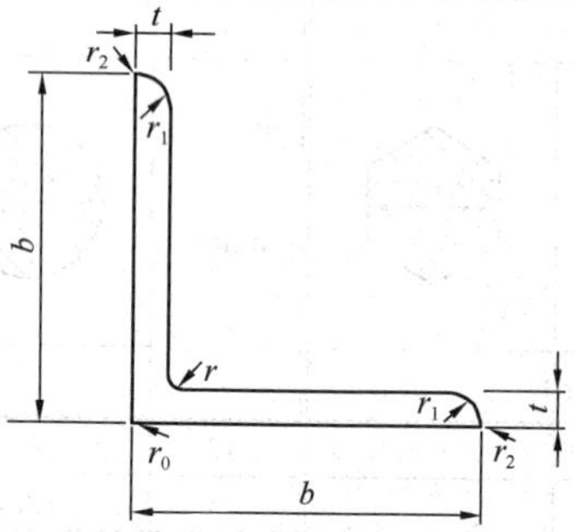

型号	尺寸（mm）			截面面积（cm²）	理论质量（kg/m）	外表面积（m²/m）
	b	t	r			
2	20	3	3.5	1.132	0.89	0.078
		4		1.459	1.15	0.077
2.5	25	3		1.432	1.12	0.098
		4		1.859	1.46	0.097
3.0	30	3	4.5	1.749	1.37	0.117
		4		2.276	1.79	0.117
3.6	36	3		2.109	1.66	0.141
		4		2.756	2.16	0.141
		5		3.382	2.65	0.141
4	40	3	5	2.359	1.85	0.157
		4		3.086	2.42	0.157
		5		3.792	2.98	0.156
4.5	45	3		2.659	2.09	0.177
		4		3.486	2.74	0.177
		5		4.292	3.37	0.176
		6		5.076	3.99	0.176
5	50	3	5.5	2.971	2.33	0.197
		4		3.897	3.06	0.197
		5		4.803	3.77	0.196
		6		5.688	4.46	0.196
5.6	56	3	6	3.343	2.62	0.221
		4		4.39	3.45	0.220
		5		5.415	4.25	0.220
		6		6.42	5.04	0.220
		7		7.404	5.81	0.219
		8		8.367	6.57	0.219
6	60	5	6.5	5.829	4.58	0.236
		6		6.914	5.43	0.235
		7		7.977	6.26	0.235
		8		9.020	7.08	0.235
6.3	63	4	7	4.978	3.91	0.248
		5		6.143	4.82	0.248
		6		7.288	5.72	0.247
		8		9.515	7.47	0.247
		10		11.657	9.15	0.246

型号	尺寸（mm）			截面面积（cm²）	理论质量（kg/m）	外表面积（m²/m）
	b	t	r			
7	70	4	8	5.570	4.37	0.275
		5		6.876	5.40	0.275
		6		8.160	6.41	0.275
		7		9.424	7.40	0.275
		8		10.667	8.37	0.274
7.5	75	5	9	7.412	5.82	0.295
		6		8.797	6.91	0.294
		7		10.160	7.98	0.294
		8		11.503	9.03	0.294
		9		12.825	10.1	0.294
		10		14.126	11.1	0.293
8	80	5		7.912	6.21	0.315
		6		9.397	7.38	0.314
		7		10.860	8.53	0.314
		8		12.303	9.66	0.314
		9		13.725	10.8	0.314
		10		15.126	11.9	0.313
9	90	6	10	10.637	8.35	0.354
		7		12.301	9.66	0.354
		8		13.944	10.9	0.353
		9		15.566	12.2	0.353
		10		17.167	13.5	0.353
		12		20.306	15.9	0.352
10	100	6	12	11.932	9.37	0.393
		7		13.796	10.8	0.393
		8		15.638	12.3	0.393
		9		17.462	13.7	0.392
		10		19.261	15.1	0.392
		12		22.800	17.9	0.391
		14		26.256	20.6	0.391
		16		29.627	23.3	0.390
11	110	7	12	15.196	11.92	0.433
		8		17.238	13.5	0.433
		10		21.261	16.7	0.432
		12		25.200	19.8	0.431

续表

型号	尺寸（mm）			截面面积	理论质量	外表面积	型号	尺寸（mm）			截面面积	理论质量	外表面积
	b	t	r	（cm^2）	（kg/m）	（m^2/m）		b	t	r	（cm^2）	（kg/m）	（m^2/m）
11	110	14	12	29.056	22.8	0.431	18	180	16	16	55.467	43.5	0.709
12.5	125	8	14	19.750	15.5	0.492			18		61.96	48.6	0.708
		10		24.373	19.1	0.491	20	200	14	18	54.642	42.9	0.788
		12		28.912	22.7	0.491			16		62.013	48.7	0.788
		14		33.367	26.2	0.490			18		69.301	54.4	0.787
		16		37.739	29.6	0.489			20		76.505	60.1	0.787
14	140	10		27.373	21.5	0.551			24		90.661	71.2	0.785
		12		32.512	25.5	0.551	22	220	16	21	68.67	53.9	0.866
		14		37.567	29.5	0.550			18		76.752	60.3	0.866
		16		42.539	33.4	0.549			20		84.756	66.5	0.865
15	150	8		23.750	18.6	0.592			22		92.676	72.8	0.865
		10		29.373	23.1	0.591			24		100.512	78.9	0.864
		12		34.912	27.4	0.591			26		108.264	85.0	0.864
		14		40.367	31.7	0.590	25	250	18	24	87.84	69.0	0.985
		15		43.063	33.8	0.590			20		97.05	76.2	0.984
		16		45.739	35.9	0.589			22		106.2	83.3	0.983
16	160	10	16	31.502	24.7	0.630			24		115.2	90.4	0.983
		12		37.441	29.4	0.630			26		124.2	97.5	0.982
		14		43.296	34.0	0.629			28		133.0	104	0.982
		16		49.067	38.5	0.629			30		141.8	111	0.981
18	180	12		42.241	33.2	0.710			32		150.5	118	0.981
		14		48.896	38.4	0.709			35		163.4	128	0.980

（2）热轧等边角钢长度见表 5-93。

热轧等边角钢长度 **表 5-93**

型号	2～9	10～14	16～20
长度（m）	4～12	4～19	6～19

5.4.3.7 热轧不等边角钢

（1）热轧不等边角钢截面尺寸与理论质量见表 5-94。

热轧不等边角钢截面尺寸与理论质量 **表 5-94**

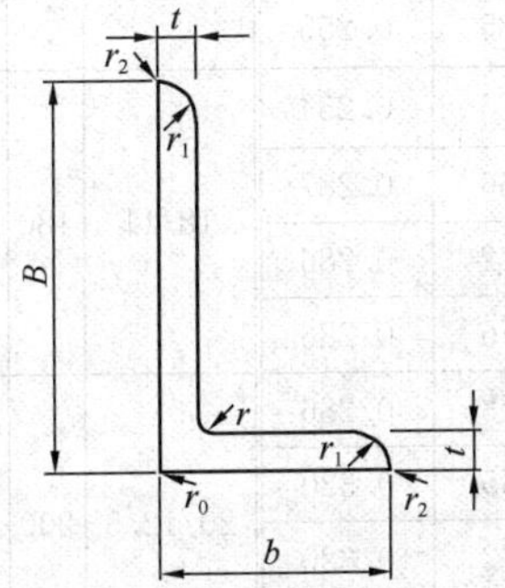

型号	尺寸（mm）				截面面积	理论质量	外表面积	型号	尺寸（mm）				截面面积	理论质量	外表面积
	B	b	t	r	（cm^2）	（kg/m）	（m^2/m）		B	b	t	r	（cm^2）	（kg/m）	（m^2/m）
2.5/1.6	25	16	3	3.5	1.162	0.91	0.080	3.2/2	32	20	3	3.5	1.492	1.17	0.102
			4		1.499	1.18	0.079				4		1.939	1.52	0.101

续表

型号	尺寸（mm）				截面面积	理论质量	外表面积
	B	*b*	*t*	*r*	（cm²）	（kg/m）	（m²/m）
4/2.5	40	25	3	4	1.890	1.48	0.127
			4		2.467	1.94	0.127
4.5/2.8	45	28	3	5	2.149	1.69	0.143
			4		2.806	2.20	0.143
5/3.2	50	32	3	5.5	2.431	1.91	0.161
			4		3.177	2.49	0.160
5.6/3.6	56	36	3	6	2.743	2.15	0.181
			4		3.590	2.82	0.180
			5		4.415	3.47	0.180
6.3/4	63	40	4	7	4.058	3.19	0.202
			5		4.993	3.92	0.202
			6		5.908	4.64	0.201
			7		6.802	5.34	0.201
7/4.5	70	45	4	7.5	4.553	3.57	0.226
			5		5.609	4.40	0.225
			6		6.644	5.22	0.225
			7		7.658	6.01	0.225
7.5/5	75	50	5	8	6.125	4.81	0.245
			6		7.260	5.70	0.245
			8		9.467	7.43	0.244
			10		11.59	9.10	0.244
8/5	80	50	5		6.376	5.00	0.255
			6		7.560	5.93	0.255
			7		8.724	6.85	0.255
			8		9.867	7.75	0.254
9/5.6	90	56	5	9	7.212	5.66	0.287
			6		8.557	6.72	0.286
			7		9.881	7.76	0.286
			8		11.18	8.78	0.286
10/6.3	100	63	6	10	9.618	7.55	0.320
			7		11.11	8.72	0.320
			8		12.58	9.88	0.319
			10		15.47	12.1	0.319
10/8	100	80	6		10.64	8.35	0.354
			7		12.30	9.66	0.354
			8		13.94	10.9	0.353
			10		17.17	13.5	0.353
11/7	110	70	6		10.64	8.35	0.354
			7		12.30	9.66	0.354
			8		13.94	10.9	0.353
			10		17.17	13.5	0.353
12.5/8	125	80	7	11	14.10	11.1	0.403
			8		15.99	12.7	0.403
			10		19.71	15.5	0.402
			12		23.35	18.3	0.402
14/9	140	90	8	12	18.04	14.2	0.453
			10		22.26	17.5	0.452
			12		26.40	20.7	0.451
			14		30.46	23.9	0.451
15/9	150	90	8	12	18.84	14.8	0.473
			10		23.26	18.3	0.472
			12		27.60	21.7	0.471
			14		31.86	25.0	0.471
			15		33.95	26.7	0.471
			16		36.03	28.3	0.470
16/10	160	100	10	13	25.32	19.9	0.512
			12		30.05	23.6	0.511
			14		34.71	27.72	0.510
			16		39.28	30.8	0.510
18/11	180	110	10	14	28.37	22.23	0.571
			12		33.71	26.5	0.571
			14		38.97	30.6	0.570
			16		44.14	34.6	0.569
20/12.5	200	125	12		37.91	29.8	0.641
			14		43.87	34.4	0.640
			16		49.74	39.0	0.639
			18		55.53	43.6	0.639

（2）热轧不等边角钢长度见表 5-95。

热轧不等边角钢长度 **表 5-95**

型号	2.5/1.6～9/5.6	10/6.3～14/9	16/10～10/12.5
长度（m）	4～12	4～19	6～19

5.4.3.8 热轧工字钢

热轧工字钢截面尺寸与理论质量见表 5-96。

热轧工字钢截面尺寸与理论质量 **表 5-96**

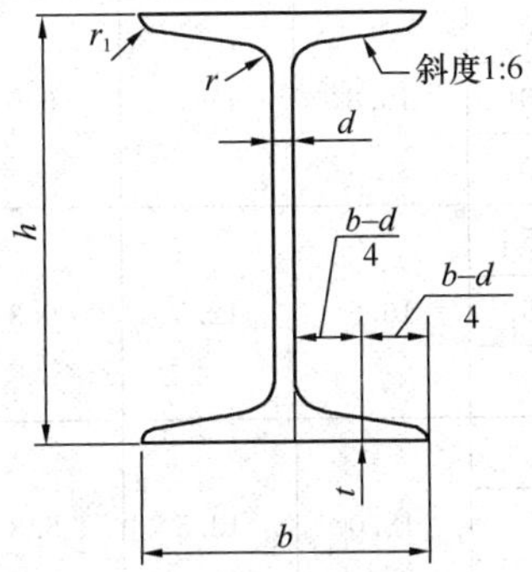

型号	尺寸（mm）						截面面积（cm^2）	理论质量（kg/m）
	h	b	d	t	r	r_1		
10	100	68	4.5	7.6	6.5	3.3	14.33	11.3
12	120	74	5.0	8.4	7.0	3.5	17.80	14.0
12.6	126	74	5.0	8.4	7.0	3.5	18.10	14.2
14	140	80	5.5	9.1	7.5	3.8	21.50	16.9
16	160	88	6.0	9.9	8.0	4.0	26.11	20.5
18	180	94	6.5	10.7	8.5	4.3	30.74	24.1
20a	200	100	7.0	11.4	9.0	4.5	35.55	27.9
20b		102	9.0				39.55	31.1
22a	220	110	7.5	12.3	9.5	4.8	42.10	33.1
22b		112	9.5				46.50	36.5
24a	240	116	8.0	13.0	10.0	5.0	47.71	37.5
24b		118	10.0				52.51	41.2
25a	250	116	8.0				48.51	38.1
25b		118	10.0				53.51	42.0
27a	270	122	8.5	13.7	10.5	5.3	54.52	42.8
27b		124	10.5				59.92	47.0
28a	280	122	8.5				55.37	43.5
28b		124	10.5				60.97	47.9

续表

型号	尺寸(mm)						截面面积 (cm²)	理论质量 (kg/m)
	h	*b*	*d*	*t*	*r*	r_1		
30a	300	126	9.0	14.4	11.0	5.5	61.22	48.1
30b		128	11.0				67.22	52.8
30c		130	13.0				73.22	57.5
32a	320	130	9.5	15.0	11.5	5.8	67.12	52.7
32b		132	11.5				73.52	57.7
32c		134	13.5				79.92	62.7
36a	360	136	10.0	15.8	12.0	6.0	76.44	60.0
36b		138	12.0				83.64	65.7
36c		140	14.0				90.84	71.3
40a	400	142	10.5	16.5	12.5	6.3	86.07	67.6
40b		144	12.5				94.07	73.8
40c		146	14.5				102.1	80.1
45a	450	150	11.5	18.0	13.5	6.8	102.4	80.4
45b		152	13.5				111.4	87.4
45c		154	15.5				120.4	94.5
50a	500	158	12.0	20.0	14.0	7.0	119.2	93.6
50b		160	14.0				129.2	101
50c		162	16.0				139.2	109
55a	550	166	12.5	21.0	14.5	7.3	134.1	105
55b		168	14.5				145.1	114
55c		170	16.5				156.1	123
56a	560	166	12.5				135.4	106
56b		168	14.5				146.6	115
56c		170	16.5				157.8	124
63a	630	176	13.0	22.0	15.0	7.5	154.6	121
63b		178	15.0				167.2	131
63c		180	17.0				179.8	141

5.4.3.9　热轧槽钢

（1）热轧槽钢长度见表5-97。

热轧槽钢长度　　**表5-97**

型号	5～8	10～18	20～40
长度（m）	5～12	5～19	6～19

（2）热轧槽钢截面尺寸与理论质量见表5-98。

热轧槽钢截面尺寸与理论质量 **表 5-98**

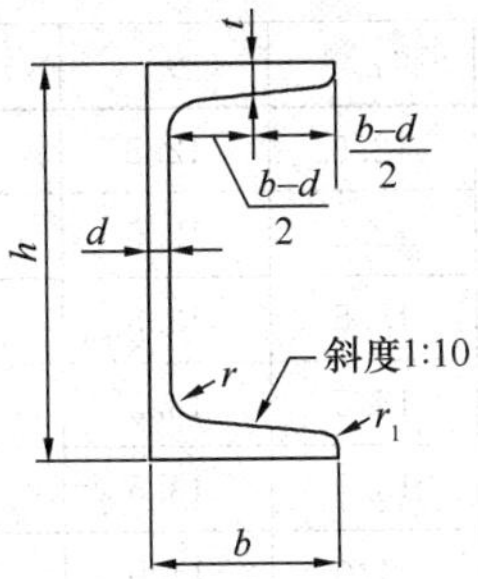

型号	尺寸（mm）						截面尺寸（cm^2）	理论质量（kg/m）
	h	*b*	*d*	*t*	*r*	r_1		
5	50	37	4.5	7.0	7.0	3.5	6.925	5.44
6.3	63	40	4.8	7.5	7.5	3.8	8.446	6.63
6.5	65	40	4.3	7.5	7.5	3.8	8.292	6.51
8	80	43	5.0	8.0	8.0	4.0	10.24	8.04
10	100	48	5.3	8.5	8.5	4.2	12.74	10.0
12	120	53	5.5	9.0	9.0	4.5	15.36	12.1
12.6	126	53	5.5	9.0	9.0	4.5	15.69	12.3
14a	140	58	6.0	9.5	9.5	4.8	18.51	14.5
14b	140	60	8.0	9.5	9.5	4.8	21.31	16.7
16a	160	63	6.5	10.0	10.0	5.0	21.95	17.2
16b	160	65	8.5	10.0	10.0	5.0	25.15	19.8
18a	180	68	7.0	10.5	10.5	5.2	25.69	20.2
18b	180	70	9.0	10.5	10.5	5.2	29.29	23.0
20a	200	73	7.0	11.0	11.0	5.5	28.83	22.6
20b	200	75	9.0	11.0	11.0	5.5	32.83	25.8
22a	220	77	7.0	11.5	11.5	5.8	31.83	25.0
22b	220	79	9.0	11.5	11.5	5.8	36.23	28.5
24a	240	78	7.0	12.0	12.0	6.0	34.21	26.9
24b	240	80	9.0	12.0	12.0	6.0	39.01	30.6
24c	240	82	11.0	12.0	12.0	6.0	43.81	34.4
25a	250	78	7.0	12.0	12.0	6.0	34.91	27.4
25b	250	80	9.0	12.0	12.0	6.0	39.91	31.3
25c	250	82	11.0	12.0	12.0	6.2	44.91	35.3
27a	270	82	7.5	12.5	12.5	6.2	39.27	30.8
27b	270	84	9.5	12.5	12.5	6.2	44.67	35.1
27c	270	86	11.5	12.5	12.5	6.2	50.07	39.3
28a	280	82	7.5	12.5	12.5	6.2	40.02	31.4

续表

型号	尺寸（mm）						截面尺寸（cm^2）	理论质量（kg/m）
	h	*b*	*d*	*t*	*r*	r_1		
28b	280	84	9.5	12.5	12.5	6.2	45.62	35.8
28c	280	86	11.5	12.5	12.5	6.2	51.22	40.2
30a	300	85	7.5	13.5	13.5	6.8	43.89	34.5
30b	300	87	9.5	13.5	13.5	6.8	49.89	39.2
30c	300	89	11.5	13.5	13.5	6.8	55.89	43.9
32a	320	88	8.0	14.0	14.0	7.0	48.50	38.1
32b	320	90	10.0	14.0	14.0	7.0	54.90	43.1
32c	320	92	12.0	14.0	14.0	7.0	61.30	48.1
36a	360	96	9.0	16.0	16.0	8.0	60.89	47.8
36b	360	98	11.0	16.0	16.0	8.0	68.09	53.5
36c	360	100	13.0	16.0	16.0	8.0	75.29	59.1
40a	400	100	10.5	18.0	18.0	9.0	75.04	58.9
40b	400	102	12.5	18.0	18.0	9.0	83.04	65.2
40c	400	104	14.5	18.0	18.0	9.0	91.04	71.5

5.4.3.10　一般用途热轧扁钢

一般用途热轧扁钢质量见表 5-99。

一般用途热轧扁钢质量　　**表 5-99**

公称宽度（mm）	厚度（mm）													
	3	4	5	6	7	8	9	10	11	12	14	16	18	20
	理论质量（kg/m）													
10	0.24	0.31	0.39	0.47	0.55	0.63	—	—	—	—	—	—	—	—
12	0.28	0.38	0.47	0.57	0.66	0.75	—	—	—	—	—	—	—	—
14	0.33	0.44	0.55	0.66	0.77	0.88	—	—	—	—	—	—	—	—
16	0.38	0.50	0.63	0.75	0.88	1.00	1.15	1.26	—	—	—	—	—	—
18	0.42	0.57	0.71	0.85	0.99	1.13	1.27	1.41	—	—	—	—	—	—
20	0.47	0.63	0.78	0.94	1.10	1.26	1.41	1.57	1.73	1.88	—	—	—	—
22	0.52	0.69	0.86	1.04	1.21	1.38	1.55	1.73	1.90	2.07	—	—	—	—
25	0.59	0.78	0.98	1.18	1.37	1.57	1.77	1.96	2.16	2.36	2.75	3.14	—	—
28	0.66	0.88	1.10	1.32	1.54	1.76	1.98	2.20	2.42	2.64	3.08	3.53	—	—
30	0.71	0.94	1.18	1.41	1.65	1.88	2.12	2.36	2.59	2.83	3.30	3.77	4.24	4.71
32	0.75	1.00	1.26	1.51	1.76	2.01	2.26	2.55	2.76	3.01	3.52	4.02	4.52	5.02
35	0.82	1.10	1.37	1.65	1.92	2.20	2.47	2.75	3.02	3.30	3.85	4.40	4.95	5.50
40	0.94	1.26	1.57	1.88	2.20	2.51	2.83	3.14	3.45	3.77	4.40	5.02	5.65	6.28
45	1.06	1.41	1.77	2.12	2.47	2.83	3.18	3.53	3.89	4.24	4.95	5.65	6.36	7.07
50	1.18	1.57	1.96	2.36	2.75	3.14	3.53	3.93	4.32	4.71	5.50	6.28	7.06	7.85
55	—	1.73	2.16	2.59	3.02	3.45	3.89	4.32	4.75	5.18	6.04	6.91	7.77	8.64

续表

公称宽度（mm）	厚度（mm）												
	3	4	5	6	7	8	9	10	11	12	14	16	18	20
	理论质量（kg/m）													
60	—	1.88	2.36	2.83	3.30	3.77	4.24	4.71	5.18	5.65	6.59	7.54	8.48	9.42
65	—	2.04	2.55	3.06	3.57	4.08	4.59	5.10	5.61	6.12	7.14	8.16	9.18	10.20
70	—	2.20	2.75	3.30	3.85	4.40	4.95	5.50	6.04	6.59	7.69	8.79	9.89	10.99
75	—	2.36	2.94	3.53	4.12	4.71	5.30	5.89	6.48	7.07	8.24	9.42	10.60	11.78
80	—	2.51	3.14	3.77	4.40	5.02	5.65	6.28	6.91	7.54	8.79	10.05	11.30	12.56
85	—	—	3.34	4.00	4.67	5.34	6.01	6.67	7.34	8.01	9.34	10.68	12.01	13.34
90	—	—	3.53	4.24	4.95	5.65	6.36	7.07	7.77	8.48	9.89	11.30	12.72	14.13
95	—	—	3.73	4.47	5.22	5.97	6.71	7.46	8.20	8.95	10.44	11.93	13.42	14.92
100	—	—	3.92	4.71	5.50	6.28	7.06	7.85	8.64	9.42	10.99	12.56	14.13	15.70
105	—	—	4.12	4.95	5.77	6.59	7.42	8.24	9.07	9.89	11.54	13.19	14.84	16.48
110	—	—	4.32	5.18	6.04	6.91	7.77	8.64	9.50	10.36	12.09	13.82	15.54	17.27
120	—	—	4.71	5.65	6.59	7.54	8.48	9.42	10.36	11.30	13.19	15.07	16.96	18.84
125	—	—	—	5.89	6.87	7.85	8.83	9.81	10.79	11.78	13.74	15.70	17.66	19.62
130	—	—	—	6.12	7.14	8.16	9.18	10.20	11.23	12.25	14.29	16.33	18.37	20.41
140	—	—	—	—	7.69	8.79	9.89	10.99	12.09	13.19	15.39	17.58	19.78	21.98
150	—	—	—	—	8.24	9.42	10.60	11.78	12.95	14.13	16.48	18.84	21.20	23.55
160	—	—	—	—	8.79	10.05	11.30	12.56	13.82	15.07	17.58	20.10	22.61	25.12
180	—	—	—	—	9.89	11.30	12.72	14.13	15.54	16.96	19.78	22.61	25.43	28.26
200	—	—	—	—	10.99	12.56	14.13	15.70	17.27	18.84	21.98	25.12	28.26	31.40

5.4.3.11 热轧 H 型钢

热轧 H 型钢截面尺寸与理论质量见表 5-100。

热轧 H 型钢截面尺寸与理论质量 **表 5-100**

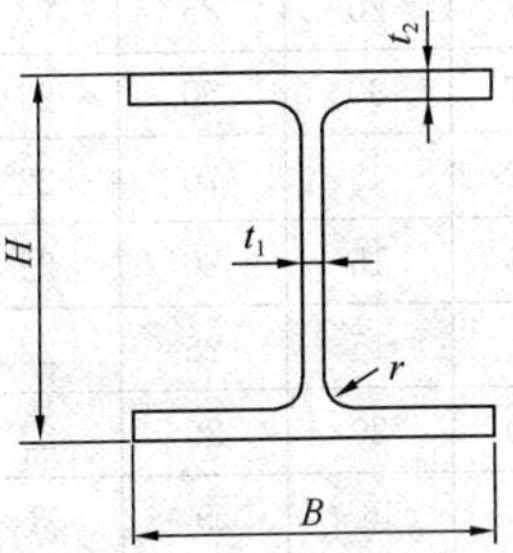

类别	型号（高度×宽度）（mm×mm）	截面尺寸					截面面积（cm²）	理论质量（kg/m）	表面积（m²/m）
		H	B	t_1	t_2	r			
HW	100×100	100	100	6	8	8	21.58	16.9	0.574
	125×125	125	125	6.5	9	8	30.00	23.6	0.723

续表

类别	型号（高度×宽度）(mm×mm)	截面尺寸					截面面积 (cm²)	理论质量 (kg/m)	表面积 (m²/m)
		H	B	t_1	t_2	r			
HW	150×150	150	150	7	10	8	39.64	31.1	0.872
	175×175	175	175	7.5	11	13	51.42	40.4	1.01
	200×200	200	200	8	12	13	63.53	49.9	1.16
		*200	204	12	12	13	71.53	56.2	1.17
	250×250	*244	252	11	11	13	81.31	63.8	1.45
		250	250	9	14	13	91.43	71.8	1.46
		*250	255	14	14	13	103.9	81.6	1.47
	300×300	*294	302	12	12	13	106.3	83.5	1.75
		300	300	10	15	13	118.5	93.0	1.76
		*300	305	15	15	13	133.5	105	1.77
	350×350	*338	351	13	13	13	133.3	105	2.03
		*344	348	10	16	13	144.0	113	2.04
		*344	354	16	16	13	164.7	129	2.05
		350	350	12	19	13	171.9	135	2.05
		*350	357	19	19	13	196.4	154	2.07
	400×400	*388	402	15	15	22	178.5	140	2.32
		*394	398	11	18	22	186.8	147	2.32
		*394	405	18	18	22	214.4	168	2.33
		400	400	13	21	22	218.7	172	2.34
		*400	408	21	21	22	250.7	197	2.35
		*414	405	18	28	22	295.4	232	2.37
		*428	407	20	35	22	360.7	283	2.41
		*458	417	30	50	22	528.6	415	2.49
		*498	432	45	70	22	770.1	604	2.60
	500×500	*492	465	15	20	22	258.0	202	2.78
		*502	465	15	25	22	304.5	239	2.80
		*502	470	20	25	22	329.6	259	2.81
	150×100	148	100	6	9	8	26.34	20.7	0.670
	200×150	194	150	6	9	8	38.10	29.9	0.962
	250×175	244	175	7	11	13	55.49	43.6	1.15
	300×200	294	200	8	12	13	71.05	55.8	1.35
		*298	201	9	14	13	82.03	64.4	1.36
	350×250	340	250	9	14	13	99.53	78.1	1.64
	400×300	390	300	10	16	13	133.3	105	1.94

续表

类别	型号（高度×宽度）（mm×mm）	截面尺寸					截面面积（cm^2）	理论质量（kg/m）	表面积（m^2/m）
		H	B	t_1	t_2	r			
HM	450×300	440	300	11	18	13	153.9	121	2.04
	500×300	*482	300	11	15	13	141.2	111	2.12
		488	300	11	18	13	159.2	125	2.13
	550×300	*544	300	11	15	13	148.0	116	2.24
		*550	300	11	18	13	166.0	130	2.26
	600×300	*582	300	12	17	13	169.2	133	2.32
		588	300	12	20	13	187.2	147	2.33
		*594	302	14	23	13	217.1	170	2.35
HN	*100×50	100	50	5	7	8	11.84	9.30	0.376
	*125×60	125	60	6	8	8	16.68	13.1	0.464
	150×75	150	75	5	7	8	17.84	14.0	0.576
	175×90	175	90	5	8	8	22.89	18.0	0.686
	200×100	*198	99	4.5	7	8	22.68	17.8	0.769
		200	100	5.5	8	8	26.66	20.9	0.775
	250×125	*248	124	5	8	8	31.98	25.1	0.968
		250	125	6	9	8	36.96	29.0	0.974
	300×150	*298	149	5.5	8	13	40.80	32.0	1.16
		300	150	6.5	9	13	46.78	36.7	1.16
	350×175	*346	174	6	9	13	52.45	41.2	1.35
		350	175	7	11	13	62.91	49.4	1.36
	400×150	400	150	8	13	13	70.37	55.2	1.36
	400×200	*396	199	7	11	13	71.41	56.1	1.55
		400	200	8	13	13	83.37	65.4	1.56
	450×150	*446	150	7	12	13	66.99	52.6	1.46
		450	151	8	14	13	77.49	60.8	1.47
	450×200	*446	199	8	12	13	82.97	65.1	1.65
		450	200	9	14	13	95.43	74.9	1.66
	475×150	*470	150	7	13	13	71.53	56.2	1.50
		*475	151.5	8.5	15.5	13	86.15	67.6	1.52
		482	153.5	10.5	19	13	106.4	83.5	1.53
	500×150	*492	150	7	12	13	70.21	55.1	1.55
		*500	152	9	16	13	92.21	72.4	1.57
		504	153	10	18	13	103.3	81.1	1.58
	500×200	*496	199	9	14	13	99.29	77.9	1.75

续表

类别	型号（高度×宽度）(mm×mm)	截面尺寸					截面面积（cm^2）	理论质量（kg/m）	表面积（m^2/m）
		H	B	t_1	t_2	r			
HN	500×200	500	200	10	16	13	112.3	88.1	1.76
		*506	201	11	19	13	129.3	102	1.77
	550×200	*546	199	9	14	13	103.8	81.5	1.85
		550	200	10	16	13	117.3	92.0	1.86
	600×200	*596	199	10	15	13	117.8	92.4	1.95
		600	200	11	17	13	131.7	103	1.96
		*606	201	12	20	13	149.8	118	1.97
	625×200	*625	198.5	13.5	17.5	13	150.6	118	1.99
		630	200	15	20	13	170.0	133	2.01
		*638	202	17	24	13	198.7	156	2.03
	650×300	*646	299	12	18	18	183.6	144	2.43
		*650	300	13	20	18	202.1	159	2.44
		*654	301	14	22	18	220.6	173	2.45
	700×300	*692	300	13	20	18	207.5	163	2.53
		700	300	13	24	18	231.5	182	2.54
	750×300	*734	299	12	16	18	182.7	143	2.61
		*742	300	13	20	18	214.0	168	2.63
		*750	300	13	24	18	238.0	187	2.64
		*758	303	16	28	18	284.8	224	2.67
	800×300	*792	300	14	22	18	239.5	188	2.73
		800	300	14	26	18	263.5	207	2.74
	850×300	*834	298	14	19	18	227.5	179	2.80
		*842	299	15	23	18	259.7	204	2.82
		*850	300	16	27	18	292.1	229	2.84
		*858	301	17	31	18	324.7	255	2.86
	900×300	*890	299	15	23	18	266.9	210	2.92
		900	300	16	28	18	305.8	240	2.94
		*912	302	18	34	18	360.1	283	2.97
	1000×300	*970	297	16	21	18	276.0	217	3.07
		*980	298	17	26	18	315.5	248	3.09
		*990	298	17	31	18	345.3	271	3.11
		*1000	300	19	36	18	395.1	310	3.13
		*1008	302	21	40	18	439.3	345	3.15
HT	100×50	95	48	3.2	4.5	8	7.620	5.98	0.362

续表

类别	型号（高度×宽度）（mm×mm）	截面尺寸					截面面积（cm^2）	理论质量（kg/m）	表面积（m^2/m）
		H	B	t_1	t_2	r			
HT	100×50	97	49	4	5.5	8	9.370	7.36	0.368
	100×100	96	99	4.5	6	8	16.20	12.7	0.565
	125×60	118	58	3.2	4.5	8	9.250	7.26	0.448
		120	59	4	5.5	8	11.39	8.94	0.454
	125×125	119	123	4.5	6	8	20.12	15.8	0.707
	150×75	145	73	3.2	4.5	8	11.47	9.00	0.562
		147	74	4	5.5	8	14.12	11.1	0.568
	150×100	139	97	3.2	4.5	8	13.43	10.6	0.646
		142	99	4.5	6	8	18.27	14.3	0.657
	150×150	144	148	5	7	8	27.76	21.8	0.856
		147	149	6	8.5	8	33.67	26.4	0.864
	175×90	168	88	3.2	4.5	8	13.55	10.6	0.668
		171	89	4	6	8	17.58	13.8	0.676
	175×175	167	173	5	7	13	33.32	26.2	0.994
		172	175	6.5	9.5	13	44.64	35.0	1.01
	200×100	193	98	3.2	4.5	8	15.25	12.0	0.758
		196	99	4	6	8	19.78	15.5	0.766
	200×150	188	149	4.5	6	8	26.34	20.7	0.949
	200×200	192	198	6	8	13	43.69	34.3	1.14
	250×125	244	124	4.5	6	8	25.86	20.3	0.961
	250×175	238	173	4.5	8	13	39.12	30.7	1.14
	300×150	294	148	4.5	6	13	31.90	25.0	1.15
	300×200	286	198	6	8	13	49.33	38.7	1.33
	350×175	340	173	4.5	6	13	36.97	29.0	1.34
	400×150	390	148	6	8	13	47.57	37.3	1.34
	400×200	390	198	6	8	13	55.57	43.6	1.54

注：1. 表中同一型号的产品，其内侧尺寸高度一致。

2. 表中截面面积计算公式为：$t_1(H-2t_2)+2Bt_2+0.858r^2$。

3. 表中带“*”表示的规格为市场非常用规格。

5.4.3.12　冷弯等边角钢

冷弯等边角钢截面尺寸与理论质量见表 5-101。

冷弯等边角钢截面尺寸与理论质量　　表 5-101

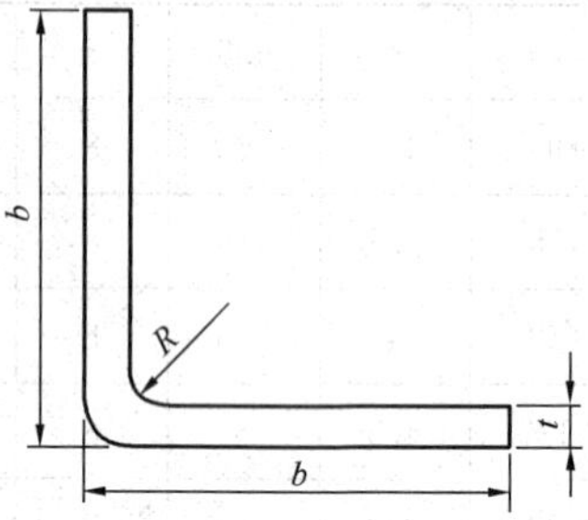

规格	尺寸(mm)		理论质量(kg/m)	截面面积(cm^2)	规格	尺寸(mm)		理论质量(kg/m)	截面面积(cm^2)
$b\times b\times t$	b	t			$b\times b\times t$	b	t		
20×20×1.2	20	1.2	0.354	0.451	75×75×2.5	75	2.5	2.84	3.62
20×20×2.0		2.0	0.566	0.721	75×75×3.0		3.0	3.39	4.31
30×30×1.6	30	1.6	0.714	0.909	80×80×4.0	80	4.0	4.778	6.086
30×30×2.0		2.0	0.880	1.121	80×80×5.0		5.0	5.895	7.510
30×30×3.0		3.0	1.274	1.623	100×100×4.0	100	4.0	6.034	7.686
40×40×1.6	40	1.6	0.965	1.229	100×100×5.0		5.0	7.465	9.510
40×40×2.0		2.0	1.194	1.521	150×150×6.0	150	6.0	13.458	17.254
40×40×2.5		2.5	1.47	1.87	150×150×8.0		8.0	17.685	22.673
40×40×3.0		3.0	1.745	2.223	150×150×10		10	21.783	27.927
50×50×2.0	50	2.0	1.508	1.921	200×200×6.0	200	6.0	18.138	23.254
50×50×2.5		2.5	1.86	2.37	200×200×8.0		8.0	23.925	30.673
50×50×3.0		3.0	2.216	2.823	200×200×10		10	29.583	37.927
50×50×4.0		4.0	2.894	3.686	250×250×8.0	250	8.0	30.164	38.672
60×60×2.0	60	2.0	1.822	2.321	250×250×10		10	37.383	47.927
60×60×2.5		2.5	2.25	2.87	250×250×12		12	44.472	57.015
60×60×3.0		3.0	2.687	3.423	300×300×10	300	10	45.183	57.927
60×60×4.0		4.0	3.522	4.486	300×300×12		12	53.832	69.015
70×70×3.0	70	3.0	3.158	4.023	300×300×14		14	62.022	79.516
70×70×4.0		4.0	4.150	5.286	300×300×16		16	70.312	90.144

5.4.3.13 冷弯等边槽钢

冷弯等边槽钢截面尺寸与理论质量见表 5-102。

冷弯等边槽钢截面尺寸与理论质量 **表 5-102**

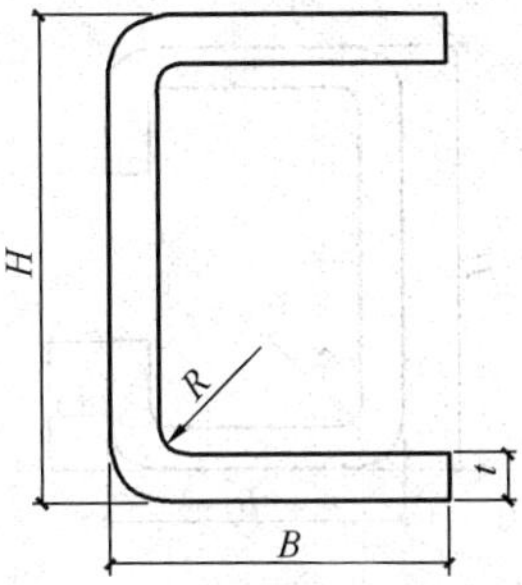

规格 $H\times B\times t$	尺寸(mm) H	B	t	理论质量(kg/m)	截面面积(cm^2)	规格 $H\times B\times t$	尺寸(mm) H	B	t	理论质量(kg/m)	截面面积(cm^2)
20×10×1.5	20	10	1.5	0.401	0.511	200×80×5.0	200	80	5.0	13.361	17.021
20×10×2.0	20	10	2.0	0.505	0.643	200×80×6.0	200	80	6.0	15.849	20.190
50×30×2.0	50	30	2.0	1.604	2.043	250×130×6.0	250	130	6.0	22.703	29.107
50×30×3.0	50	30	3.0	2.314	2.947	250×130×8.0	250	130	8.0	29.755	38.147
50×50×3.0	50	50	3.0	3.256	4.147	300×150×6.0	300	150	6.0	26.915	34.507
60×30×2.5	60	30	2.5	2.150	2.740	300×150×8.0	300	150	8.0	35.371	45.374
80×40×2.5	80	40	2.5	2.940	3.740	300×150×10.0	300	150	10.0	43.566	55.854
80×40×3.0	80	40	3.0	3.480	4.340	350×180×8.0	350	180	8.0	42.235	54.147
100×40×2.5	100	40	2.5	3.330	4.240	350×180×10.0	350	180	10.0	52.146	66.684
100×40×3.0	100	40	3.0	3.950	5.030	350×180×12.0	350	180	12.0	61.799	79.230
100×50×3.0	100	50	3.0	4.433	5.647	400×200×10.0	400	200	10.0	59.166	75.854
100×50×4.0	100	50	4.0	5.788	7.373	400×200×12.0	400	200	12.0	70.223	90.030
120×40×2.5	120	40	2.5	3.720	4.740	400×200×14.0	400	200	14.0	80.366	103.033
120×40×3.0	120	40	3.0	4.420	5.630	450×220×10.0	450	220	10.0	66.186	84.854
140×50×3.0	140	50	3.0	5.360	6.830	450×220×12.0	450	220	12.0	78.647	100.830
140×50×3.5	140	50	3.5	6.200	7.890	450×220×14.0	450	220	14.0	90.194	115.633
140×60×3.0	140	60	3.0	5.846	7.447	500×250×12.0	500	250	12.0	88.943	114.030
140×60×4.0	140	60	4.0	7.672	9.773	500×250×14.0	500	250	14.0	102.206	131.033
140×60×5.0	140	60	5.0	9.436	12.021	550×280×12.0	550	280	12.0	99.239	127.230
160×60×3.0	160	60	3.0	6.300	8.030	550×280×14.0	550	280	14.0	114.218	146.433
160×60×3.5	160	60	3.5	7.200	9.290	600×300×14.0	600	300	14.0	124.046	159.033
200×80×4.0	200	80	4.0	10.812	13.773	600×300×16.0	600	300	16.0	140.624	180.287

5.4.3.14　冷弯内卷边槽钢

冷弯内卷边槽钢截面尺寸与理论质量见表 5-103。

冷弯内卷边槽钢截面尺寸与理论质量　表 5-103

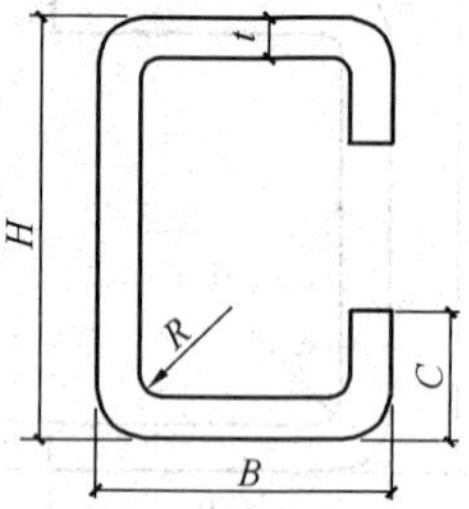

规格	尺寸（mm）				理论质量	截面面积
H×B×C×t	H	B	C	t	(kg/m)	(cm^2)
60×30×10×2.5	60	30	10	2.5	2.363	3.010
60×30×10×3.0	60	30	10	3.0	2.743	3.495
80×40×15×2.0	80	40	15	2.0	2.72	3.47
100×50×15×2.5	100	50	15	2.5	4.11	5.23
100×50×20×2.5	100	50	20	2.5	4.325	5.510
100×50×20×3.0	100	50	20	3.0	5.098	6.495
120×50×20×2.5	120	50	20	2.5	4.70	5.98
120×60×20×3.0	120	60	20	3.0	6.01	7.65
140×50×20×2.0	140	50	20	2.0	4.14	5.27
140×50×20×2.5	140	50	20	2.5	5.09	6.48
140×60×20×2.5	140	60	20	2.5	5.503	7.010
140×60×20×3.0	140	60	20	3.0	6.511	8.295
160×60×20×2.0	160	60	20	2.0	4.76	6.07
160×60×20×2.5	160	60	20	2.5	5.87	7.48
160×70×20×3.0	160	70	20	3.0	7.42	9.45
180×60×20×3.0	180	60	20	3.0	7.453	9.495
180×70×20×2.0	180	70	20	2.0	5.39	6.87
180×70×20×2.5	180	70	20	2.5	6.66	9.48
180×70×20×3.0	180	70	20	3.0	7.924	10.095
200×60×20×2.0	200	60	20	2.0	7.924	10.095
200×70×20×2.0	200	70	20	2.0	5.71	7.27
200×70×20×2.5	200	70	20	2.5	7.05	8.98
200×70×20×3.0	200	70	20	3.0	8.395	10.695
220×75×20×2.0	220	75	20	2.0	6.18	7.87
220×75×20×2.5	220	75	20	2.5	7.64	9.73

续表

规格	尺寸（mm）				理论质量	截面面积
$H\times B\times C\times t$	H	B	C	t	（kg/m）	（cm^2）
250×40×15×3.0	250	40	15	3.0	7.924	10.095
300×40×15×3.0	300	40	15	3.0	9.102	11.595
400×50×15×3.0	400	50	15	3.0	11.928	15.195
450×70×30×6.0	450	70	30	6.0	28.092	36.015
450×70×30×8.0	450	70	30	8.0	36.421	46.693
500×100×40×6.0	500	100	40	6.0	34.176	43.815
500×100×40×8.0	500	100	40	8.0	44.533	57.093
500×100×40×10	500	100	40	10	54.372	69.708
550×120×50×8.0	550	120	50	8.0	51.397	65.893
550×120×50×10	550	120	50	10	62.952	80.708
550×120×50×12	550	120	50	12	73.990	94.859
600×150×60×12	600	150	60	12	86.158	110.459
600×150×60×14	600	150	60	14	97.395	124.865
600×150×60×16	600	150	60	16	109.025	139.775

5.4.3.15 冷弯Z型钢

冷弯Z型钢截面尺寸与理论质量见表5-104。

冷弯Z型钢截面尺寸与理论质量 **表5-104**

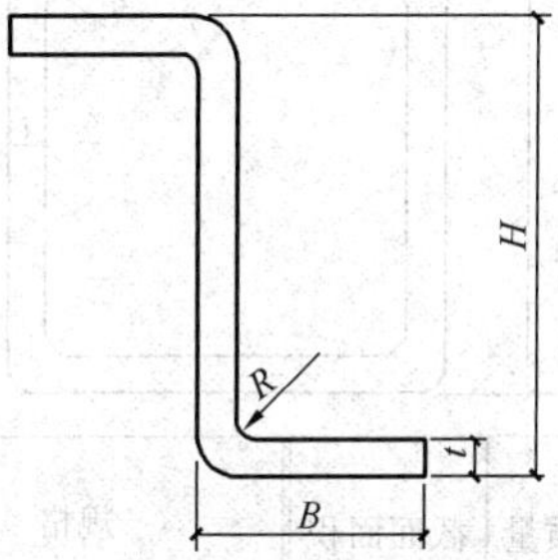

规格	尺寸（mm）			理论质量	截面面积	规格	尺寸（mm）			理论质量	截面面积
$H\times B\times t$	H	B	t	（kg/m）	（cm^2）	$H\times B\times t$	H	B	t	（kg/m）	（cm^2）
80×40×2.5	80	40	2.5	2.947	3.755	200×100×3.0	200	100	3.0	9.099	11.665
80×40×3.0	80	40	3.0	3.491	4.447	200×100×4.0	200	100	4.0	12.016	15.405
100×50×2.5	100	50	2.5	3.732	4.755	300×120×4.0	300	120	4.0	16.384	21.005
100×50×3.0	100	50	3.0	4.433	5.647	300×120×5.0	300	120	5.0	20.251	25.963
140×70×3.0	140	70	3.0	6.291	8.065	400×150×6.0	400	150	6.0	31.595	40.507
140×70×4.0	140	70	4.0	8.272	10.605	400×150×8.0	400	150	8.0	41.611	53.347

5.4.3.16　卷边等边角钢

卷边等边角钢截面尺寸与理论质量见表 5-105。

卷边等边角钢截面尺寸与理论质量　　表 5-105

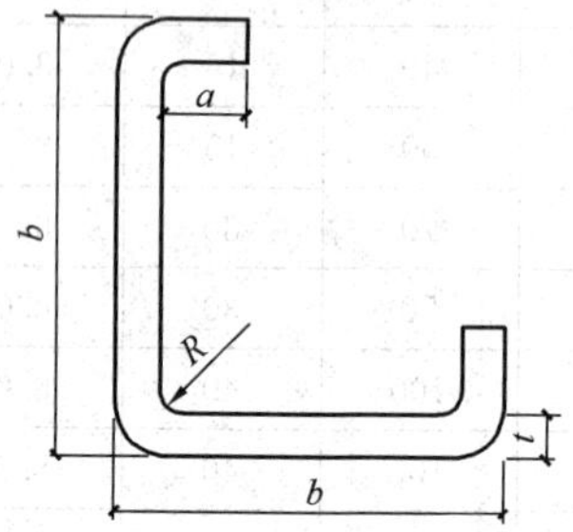

规格	尺寸 (mm)			理论质量 (kg/m)	截面面积 (cm²)	规格	尺寸 (mm)			理论质量 (kg/m)	截面面积 (cm²)
b×a×t	b	a	t			b×a×t	b	a	t		
40×15×2.0	40	15	2.0	1.53	1.95	75×20×2.0	75	20	2.0	2.79	3.55
6×20×2.0	60	20	2.0	2.32	2.95	75×20×2.5	75	20	2.5	3.42	4.36

5.4.3.17　方形型钢

方形型钢截面尺寸与理论质量见表 5-106。

方形型钢截面尺寸与理论质量　　表 5-106

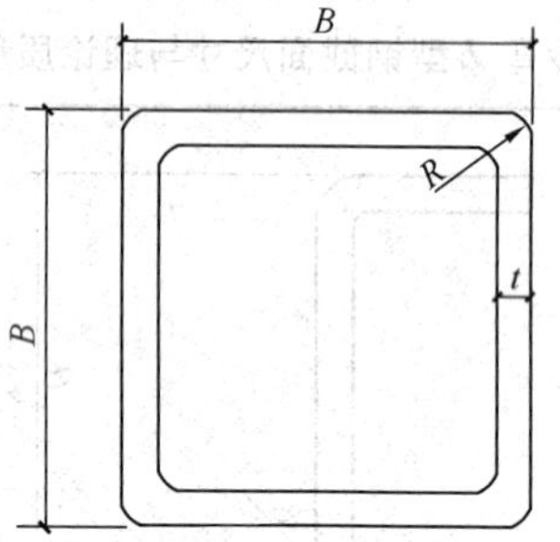

规格	尺寸 (mm)		理论质量 (kg/m)	截面面积 (cm²)	规格	尺寸 (mm)		理论质量 (kg/m)	截面面积 (cm²)
B×t	B	t			B×t	B	t		
100×4.0	100	4.0	11.734	11.947	120×6.0	120	6.0	20.749	26.432
100×5.0	100	5.0	14.409	18.356	120×8.0	120	8.0	26.840	34.191
100×6.0	100	6.0	16.981	21.632	130×4.0	130	4.0	15.502	19.748
110×4.0	110	4.0	12.99	16.548	130×5.0	130	5.0	19.120	24.356
110×5.0	110	5.0	15.98	20.356	130×6.0	130	6.0	22.634	28.833
110×6.0	110	6.0	18.866	24.033	130×8.0	130	8.0	28.921	36.842
120×4.0	120	4.0	14.246	18.147	140×4.0	140	4.0	16.758	21.347
120×5.0	120	5.0	17.549	22.356	140×5.0	140	5.0	20.689	26.356

续表

规格	尺寸 (mm)		理论质量 (kg/m)	截面面积 (cm²)	规格	尺寸 (mm)		理论质量 (kg/m)	截面面积 (cm²)
B×t	B	t			B×t	B	t		
140×6.0	140	6.0	24.517	31.232	250×5.0	250	5.0	38.0	48.4
140×8.0	140	8.0	31.864	40.591	250×6.0	250	6.0	45.2	57.6
150×4.0	150	4.0	18.014	22.948	250×8.0	250	8.0	59.1	75.2
150×5.0	150	5.0	22.26	28.356	250×10	250	10	72.7	92.6
150×6.0	150	6.0	26.402	33.633	250×12	250	12	84.8	108
150×8.0	150	8.0	33.945	43.242	280×5.0	280	5.0	42.7	54.4
160×4.0	160	4.0	19.270	24.547	280×6.0	280	6.0	50.9	64.8
160×5.0	160	5.0	23.829	30.356	280×8.0	280	8.0	66.6	84.8
160×6.0	160	6.0	28.285	36.032	280×10	280	10	82.1	104.6
160×8.0	160	8.0	36.888	46.991	280×12	280	12	96.1	122.5
170×4.0	170	4.0	20.526	26.148	300×6.0	300	6.0	54.7	69.6
170×5.0	170	5.0	25.400	32.356	300×8.0	300	8.0	71.6	91.2
170×6.0	170	6.0	30.170	38.433	300×10	300	10	88.4	113
170×8.0	170	8.0	38.969	49.642	300×12	300	12	104	132
180×4.0	180	4.0	21.800	27.70	350×6.0	350	6.0	64.1	81.6
180×5.0	180	5.0	27.000	34.40	350×8.0	350	8.0	84.2	107
180×6.0	180	6.0	32.100	40.80	350×10	350	10	104	133
180×8.0	180	8.0	41.500	52.80	350×12	350	12	123	156
190×4.0	190	4.0	23.00	29.30	400×8.0	400	8.0	96.7	123
190×5.0	190	5.0	28.50	36.40	400×10	400	10	120	153
190×6.0	190	6.0	33.90	43.20	400×12	400	12	141	180
190×8.0	190	8.0	44.00	56.00	400×14	400	14	163	208
200×4.0	200	4.0	24.3	30.9	450×8.0	450	8.0	109	139
200×5.0	200	5.0	30.10	38.40	450×10	450	10	135	173
200×6.0	200	6.0	35.80	45.60	450×12	450	12	160	204
200×8.0	200	8.0	46.50	59.20	450×14	450	14	185	236
200×10	200	10	57.00	72.60	500×8.0	500	8.0	122	155
220×5.0	220	5.0	33.2	42.4	500×10	500	10	151	193
220×6.0	220	6.0	39.6	50.4	500×12	500	12	179	228
220×8.0	220	8.0	51.5	65.6	500×14	500	14	207	264
220×10	220	10	63.2	80.6	500×16	500	16	235	299
220×12	220	12	73.5	93.7					

5.4.3.18　矩形型钢

矩形型钢截面尺寸与理论质量见表 5-107。

矩形型钢截面尺寸与理论质量　　表 5-107

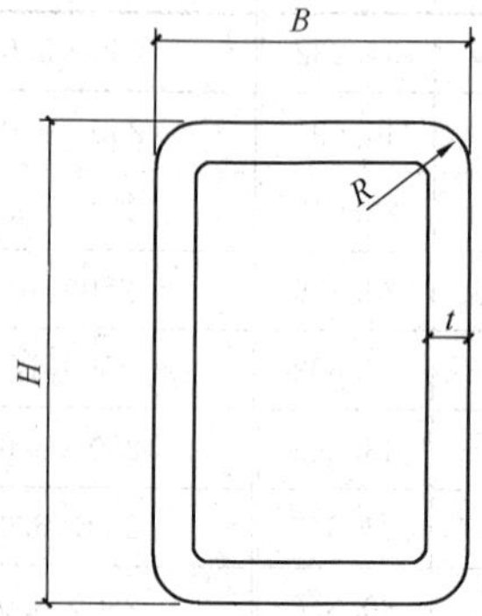

规格	尺寸（mm）			理论质量（kg/m）	截面面积（cm²）	规格	尺寸（mm）			理论质量（kg/m）	截面面积（cm²）
$H\times B\times t$	H	B	t			$H\times B\times t$	H	B	t		
30×20×1.5	30	20	1.5	1.06	1.35	50×25×2.5	50	25	2.5	2.62	2.34
30×20×1.75	30	20	1.75	1.22	1.55	50×25×3.0	50	25	3.0	3.07	3.91
30×20×2.0	30	20	2.0	1.36	1.74	50×30×1.5	50	30	1.5	1.767	2.252
30×20×2.5	30	20	2.5	1.64	2.09	50×30×1.75	50	30	1.75	2.039	2.598
40×20×1.5	40	20	1.5	1.30	1.65	50×30×2.0	50	30	2.0	2.305	2.936
40×20×1.75	40	20	1.75	1.49	1.90	50×30×2.5	50	30	2.5	2.817	3.589
40×20×2.0	40	20	2.0	1.68	2.14	50×30×3.0	50	30	3.0	3.303	4.206
40×20×2.5	40	20	2.5	2.03	2.59	50×30×4.0	50	30	4.0	4.198	5.347
40×20×3.0	40	20	3.0	2.36	3.01	50×40×1.5	50	40	1.5	2.003	2.552
40×25×1.5	40	25	1.5	1.41	1.80	50×40×1.75	50	40	1.75	2.314	2.948
40×25×1.75	40	25	1.75	1.63	2.07	50×40×2.0	50	40	2.0	2.619	3.336
40×25×2.0	40	25	2.0	1.83	2.34	50×40×2.5	50	40	2.5	3.210	4.089
40×25×2.5	40	25	2.5	2.23	2.84	50×40×3.0	50	40	3.0	3.775	4.808
40×25×3.0	40	25	3.0	2.60	3.31	50×40×4.0	50	40	4.0	4.826	6.148
40×30×1.5	40	30	1.5	1.53	1.95	55×25×1.5	55	25	1.5	1.767	2.252
40×30×1.75	40	30	1.75	1.77	2.25	55×25×1.75	55	25	1.75	2.309	2.598
40×30×2.0	40	30	2.0	1.99	2.54	55×25×2.0	55	25	2.0	2.305	2.936
40×30×2.5	40	30	2.5	2.42	3.09	55×40×1.5	55	40	1.5	2.121	2.702
40×30×3.0	40	30	3.0	2.83	3.61	55×40×1.75	55	40	1.75	2.452	3.123
50×25×1.5	50	25	1.5	1.65	2.10	55×40×2.0	55	40	2.0	2.776	3.536
50×25×1.75	50	25	1.75	1.90	2.42	55×50×1.75	55	50	1.75	2.726	3.473
50×25×2.0	50	25	2.0	2.15	2.74	55×50×2.0	55	50	2.0	3.090	3.936

续表

规格	尺寸 (mm)			理论质量 (kg/m)	截面面积 (cm²)	规格	尺寸 (mm)			理论质量 (kg/m)	截面面积 (cm²)
$H\times B\times t$	H	B	t			$H\times B\times t$	H	B	t		
60×30×2.0	60	30	2.0	2.620	3.337	95×50×2.5	95	50	2.5	5.369	6.839
60×30×2.5	60	30	2.5	3.209	4.089	100×50×3.0	100	50	3.0	6.690	8.408
60×30×3.0	60	30	3.0	3.774	4.808	100×50×4.0	100	50	4.0	8.594	10.947
60×30×4.0	60	30	4.0	4.826	6.147	100×50×5.0	100	50	5.0	10.484	13.356
60×40×2.0	60	40	2.0	2.934	3.737	120×50×2.5	120	50	2.5	6.350	8.089
60×40×2.5	60	40	2.5	3.602	4.589	120×50×3.0	120	50	3.0	7.543	9.608
60×40×3.0	60	40	3.0	4.245	5.408	120×60×3.0	120	60	3.0	8.013	10.208
60×40×4.0	60	40	4.0	5.451	6.947	120×60×4.0	120	60	4.0	10.478	13.347
70×50×2.0	70	50	2.0	3.562	4.537	120×60×5.0	120	60	5.0	12.839	16.356
70×50×3.0	70	50	3.0	5.187	6.608	120×60×6.0	120	60	6.0	15.097	19.232
70×50×4.0	70	50	4.0	6.710	8.547	120×80×3.0	120	80	3.0	8.955	11.408
70×50×5.0	70	50	5.0	8.129	10.356	120×80×4.0	120	80	4.0	11.734	11.947
80×40×2.0	80	40	2.0	3.561	4.536	120×80×5.0	120	80	5.0	14.409	18.356
80×40×2.5	80	40	2.5	4.387	5.589	120×80×6.0	120	80	6.0	16. 981	21.632
80×40×3.0	80	40	3.0	5.187	6.608	140×80×4.0	140	80	4.0	12.990	16.547
80×40×4.0	80	40	4.0	6.710	8.547	140×80×5.0	140	80	5.0	15.979	20.356
80×40×5.0	80	40	5.0	8.129	10.356	140×80×6.0	140	80	6.0	18.865	24.032
80×60×3.0	80	60	3.0	6.129	7.808	150×100×4.0	150	100	4.0	14.874	18.947
80×60×4.0	80	60	4.0	7.966	10.147	150×100×5.0	150	100	5.0	18.334	23.356
80×60×5.0	80	60	5.0	9.699	12.356	150×100×6.0	150	100	6.0	21.691	27.632
90×40×3.0	90	40	3.0	5.658	7.208	150×100×8.0	150	100	8.0	28.096	35.791
90×40×4.0	90	40	4.0	7.338	9.347	160×60×3.0	160	60	3.0	9.898	12.608
90×40×5.0	90	40	5.0	8.914	11.356	160×60×4.5	160	60	4.5	14.498	18.469
90×50×2.0	90	50	2.0	4.190	5.337	160×80×4.0	160	80	4.0	14.216	18.117
90×50×2.5	90	50	2.5	5.172	6.589	160×80×5.0	160	80	5.0	17.519	22.356
90×50×3.0	90	50	3.0	6.129	7.808	160×80×6.0	160	80	6.0	20.749	26.433
90×50×4.0	90	50	4.0	7.966	10.147	160×80×8.0	160	80	8.0	26.810	33.644
90×50×5.0	90	50	5.0	9.699	12.356	180×65×3.0	180	65	3.0	11.075	14. 108
90×55×2.0	90	55	2.0	4.346	5.536	180×65×4.5	180	65	4.5	16.264	20.719
90×55×2.5	90	55	2.5	5.368	6.839	180×100×4.0	180	100	4.0	16.758	21.317
90×60×3.0	90	60	3.0	6.600	8.408	180×100×5.0	180	100	5.0	20.689	26.356
90×60×4.0	90	60	4.0	8.594	10.947	180×100×6.0	180	100	6.0	24.517	31.232
90×60×5.0	90	60	5.0	10.484	13.356	180×100×8.0	180	100	8.0	31.861	40.391
95×50×2.0	95	50	2.0	4.347	5.537	200×100×4.0	200	100	4.0	18.014	22.941

续表

规格	尺寸(mm)			理论质量(kg/m)	截面面积(cm²)	规格	尺寸(mm)			理论质量(kg/m)	截面面积(cm²)
$H\times B\times t$	H	B	t			$H\times B\times t$	H	B	t		
200×100×5.0	200	100	5.0	22.259	28.356	350×250×8.0	350	250	8.0	71.6	91.2
200×100×6.0	200	100	6.0	26.101	33.632	350×250×10	350	250	10	88.4	113
200×100×8.0	200	100	8.0	34.376	43.791	400×200×5.0	400	200	5.0	45.8	58.4
200×120×4.0	200	120	4.0	19.3	24.5	400×200×6.0	400	200	6.0	54.7	69.6
200×120×5.0	200	120	5.0	23.8	30.4	400×200×8.0	400	200	8.0	71.6	91.2
200×120×6.0	200	120	6.0	28.3	36.0	400×200×10	400	200	10	88.4	113
200×120×8.0	200	120	8.0	36.5	46.4	400×200×12	400	200	12	104	132
200×150×4.0	200	150	4.0	21.2	26.9	400×250×5.0	400	250	5.0	49.7	63.4
200×150×5.0	200	150	5.0	26.2	33.4	400×250×6.0	400	250	6.0	59.4	75.6
200×150×6.0	200	150	6.0	31.1	39.6	400×250×8.0	400	250	8.0	77.9	99.2
200×150×8.0	200	150	8.0	40.2	51.2	400×250×10	400	250	10	96.2	122
220×140×4.0	220	140	4.0	21.8	27.7	400×250×12	400	250	12	113	144
220×140×5.0	220	140	5.0	27.0	34.4	450×250×6.0	450	250	6.0	64.1	81.6
220×140×6.0	220	140	6.0	32.1	40.8	450×250×8.0	450	250	8.0	84.2	107
220×140×8.0	220	140	8.0	41.5	52.8	450×250×10	450	250	10	104	133
250×150×4.0	250	150	4.0	24.3	30.9	450×250×12	450	250	12	123	156
250×150×5.0	250	150	5.0	30.1	38.4	500×300×6.0	500	300	6.0	73.5	93.6
250×150×6.0	250	150	6.0	35.8	45.6	500×300×8.0	500	300	8.0	96.7	123
250×150×8.0	250	150	8.0	46.5	59.2	500×300×10	500	300	10	120	153
260×180×5.0	260	180	5.0	33.2	42.4	500×300×12	500	300	12	141	180
260×180×6.0	260	180	6.0	39.6	50.4	550×350×8.0	550	350	8.0	109	139
260×180×8.0	260	180	8.0	51.5	65.6	550×350×10	550	350	10	135	173
260×180×10	260	180	10	63.2	80.6	550×350×12	550	350	12	160	204
300×200×5.0	300	200	5.0	38.0	48.4	550×350×14	550	350	14	185	236
300×200×6.0	300	200	6.0	45.2	57.6	600×400×8.0	600	400	8.0	122	155
300×200×8.0	300	200	8.0	59.1	75.2	600×400×10	600	400	10	151	193
300×200×10	300	200	10	72.7	92.6	600×400×12	600	400	12	179	228
350×250×5.0	350	250	5.0	45.8	58.4	600×400×14	600	400	14	207	264
350×250×6.0	350	250	6.0	54.7	69.6	600×400×16	600	400	16	235	299

5.4.3.19　圆形型钢

圆形型钢截面尺寸与理论质量见表 5-108。

圆形型钢截面尺寸与理论质量　　表 5-108

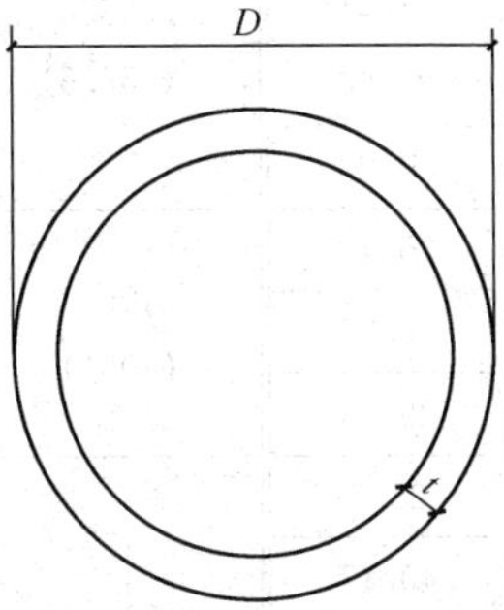

D	t	理论质量 (kg/m)	截面面积 (cm^2)	D	t	理论质量 (kg/m)	截面面积 (cm^2)
21.3 (21.3)	1.2	0.59	0.76	48 (48.3)	1.5	1.72	2.19
	1.5	0.73	0.93		2.0	2.27	2.89
	1.75	0.84	1.07		2.5	2.81	3.57
	2.0	0.95	1.21		3.0	3.33	4.24
	2.5	1.16	1.48		4.0	4.34	5.53
	3.0	1.35	1.72		5.0	5.30	6.75
26.8 (26.9)	1.2	0.76	0.97	60 (60.3)	2.0	2.86	3.64
	1.5	0.94	1.19		2.5	3.55	4.52
	1.75	1.08	1.38		3.0	4.22	5.37
	2.0	1.22	1.56		4.0	5.52	7.04
	2.5	1.50	1.91		5.0	6.78	8.64
	3.0	1.76	2.24	75.5 (76.1)	2.5	4.50	5.73
33.5 (33.7)	1.5	1.18	1.51		3.0	5.36	6.83
	2.0	1.55	1.98		4.0	7.05	8.98
	2.5	1.91	2.43		5.0	8.69	11.07
	3.0	2.26	2.87	88.5 (88.9)	3.0	6.33	8.06
	3.5	2.59	3.29		4.0	8.34	10.62
	4.0	2.91	3.71		5.0	10.30	13.12
42.3 (42.4)	1.5	1.51	1.92		6.0	12.21	15.55
	2.0	1.99	2.53	114 (114.3)	4.0	10.85	13.82
	2.5	2.45	3.13		5.0	13.44	17.12
	3.0	2.91	3.7		6.0	15.98	20.36
	4.0	3.78	4.81				

续表

D	t	理论质量（kg/m）	截面面积（cm²）	D	t	理论质量（kg/m）	截面面积（cm²）
140（139.7）	4.0	13.42	17.09	355.6（355.6）	6.0	51.7	65.9
	5.0	16.65	21.21		8.0	68.6	87.4
	6.0	19.83	25.26		10	85.2	109
165（168.3）	4.0	15.88	20.23		12	101.7	130
	5.0	19.73	25.13	406.4（406.4）	8.0	78.6	100
	6.0	23.53	29.97		10	97.8	125
	8.0	30.97	39.46		12	116.7	149
219.1（219.1）	5.0	26.4	33.6	457（457）	8.0	88.6	113
	6.0	31.53	40.17		10	110	140
	8.0	41.6	53.1		12	131.7	168
	10	51.6	65.7	508（508）	8.0	98.6	126
273（273）	5.0	33.0	42.1		10	123	156
	6.0	39.5	50.3		12	146.8	187
	8.0	52.3	66.6	610	8.0	118.8	151
	10	64.9	82.6		10	148	189
325（323.9）	5.0	39.5	50.3		12.5	184.2	235
	6.0	47.2	60.1		16	234.4	299
	8.0	62.5	79.7				
	10	77.7	99				
	12	92.6	118				

注：括号内为 ISO 4019 所列规格。

5.4.3.20　花纹钢板

花纹钢板理论质量见表 5-109。

花纹钢板理论质量　　**表 5-109**

基本厚度（mm）	理论质量（kg/m²）			
	菱形（LX）	圆豆形（YD）	扁豆形（BD）	组合形（ZH）
1.4	11.9	11.2	11.1	11.1
1.5	12.7	11.9	11.9	11.9
1.6	13.6	12.7	12.8	12.8
1.8	15.4	14.4	14.4	14.4
2.0	17.1	16.0	16.2	16.1
2.5	21.1	19.9	20.1	20.0
3.0	25.6	23.9	24.6	24.3
3.5	30.0	27.9	28.8	28.4

续表

基本厚度（mm）	理论质量（kg/m²）			
	菱形（LX）	圆豆形（YD）	扁豆形（BD）	组合形（ZH）
4.0	34.4	31.9	32.8	32.4
4.5	38.3	35.9	36.7	36.4
5.0	42.2	39.8	40.7	40.3
5.5	46.6	43.8	44.9	44.4
6.0	50.5	47.7	48.8	48.4
7.0	58.4	55.6	56.7	56.2
8.0	67.1	63.6	64.9	64.4
10.0	83.2	79.3	80.8	80.2
11.0	91.1	87.2	88.7	88.0
12.0	98.9	95.0	96.5	95.9
13.0	106.8	102.9	104.4	103.7
14.0	114.6	110.7	112.2	111.6
15.0	122.5	118.6	120.1	119.4
16.0	130.3	126.4	127.9	127.3

注：按纹高最小值计算。

5.4.3.21 压型钢板

压型钢板理论质量的计算方法见表 5-110。

压型钢板理论质量的计算方法 **表 5-110**

计算顺序	计算方法	结果的修约
基本质量[kg/(mm·m²)]	7.85(厚度 1mm，面积 1m² 的重量)	—
单位质量(kg/m²)	基本质量[kg/(mm·m²)]×厚度(mm)	修约到有效数字 4 位
钢板的面积(m²)	宽度(m)×长度(m)	修约到有效数字 4 位
一张钢板的质量(kg)	单位质量(kg/m²)×面积(m²)	修约到有效数字 3 位，当超过 1000kg 时修约到质量的整数值
总质量(kg)	各张钢板质量之和	质量的整数值

5.4.4 石油产品体积、质量换算

石油产品体积、质量换算见表 5-111。

石油产品体积、质量换算 **表 5-111**

名称	每升(L)折合千克(kg)	每立方米(m³)折合吨(t)	每吨(t)折合桶[每桶 200 升(L)]	每吨(t)折合升(L)	每吨(t)折合(美)桶(US·barrel)	每(美)桶(US·barrel)折合吨(t)
汽油	0.742	0.742	6.7385	1347.71	8.4770	0.1880
煤油	0.814	0.814	6.1425	1228.50	7.7272	0.1294
轻柴油	0.831	0.831	6.0168	1203.37	7.5691	0.1321
中柴油	0.839	0.839	5.9595	1191.90	7.4970	0.1334
重柴油	0.880	0.880	5.6818	1136.36	7.1477	0.1399
燃料油	0.947	0.947	5.2798	1055.97	0.6420	0.1506
润滑油	—	—	5.5472	—	6.9783	0.1433

注：1(美)桶=158.9837 升(L)。

5.4.5　液体平均相对密度及容量、质量换算

液体平均相对密度及容量、质量换算见表5-112。

液体平均相对密度及容量、质量换算表　　表5-112

液体名称	平均相对密度	容量折合质量数			
		千克/升 (kg/L)	千克/(美)加仑 [kg/(US)gal]	千克/(美)加仑 [kg/(US)gal]	千克/(美)桶 [kg/(US)barrel]
原油	0.86	0.86	3.255	3.907	136.726
汽油	0.73	0.73	2.763	3.317	116.058
动力苯	0.88	0.88	3.331	3.998	139.906
煤油	0.82	0.82	3.104	3.726	130.367
轻柴油	0.86	0.86	3.255	3.907	136.726
重柴油	0.92	0.92	3.482	4.180	146.265
鲸油（动物油）	0.92	0.92	3.482	4.180	146.265
苯	0.90	0.90	3.407	4.089	143.085
变压器油	0.86	0.86	3.255	3.907	136.726
毛必鲁油	0.90	0.90	3.407	4.089	143.085
酒精	0.80	0.80	3.028	3.635	127.187
煤焦油	1.20	1.20	4.542	5.452	190.780
页岩油	0.91	0.91	3.444	4.134	144.675
大豆油（植物油）	0.93	0.93	3.520	4.225	147.855
甘油	1.26	1.26	4.769	5.725	200.319
乙醚（乙脱）	0.74	0.74	2.801	3.362	117.650
醋酸	1.05	1.05	3.974	4.771	166.933
苯酚（石碳酸）	1.07	1.07	4.050	4.861	170.113
蓖麻油	0.96	0.96	3.634	4.362	152.624
硫酸（100%）	1.83	1.83	6.927	8.314	290.940
硝酸（100%）	1.51	1.51	5.715	6.861	240.065
甲苯	0.88	0.88	3.331	3.998	139.906
二甲苯	0.86	0.86	3.255	3.907	136.726
苯胺	1.04	1.04	3.936	4.725	165.343
亚麻仁油	0.93	0.93	3.520	4.225	147.855
桐油	0.94	0.94	3.558	4.271	149.445
花生油	0.92	0.92	3.482	4.180	146.265
硝基苯	1.21	1.21	4.580	5.498	192.370
松节油	0.87	0.87	3.293	3.953	138.316
盐酸（40%）	1.20	1.20	4.542	5.452	190.780
水银	13.59	13.59	51.438	61.745	2160.588
矿物机械润滑油	0.91	0.91	3.444	4.134	144.675

注：1.0000升（L）=0.2201（英）加仑=0.2642（美）加仑。

5.4.6 紧固件常用规格

5.4.6.1 圆钉、木螺钉直径号数及尺寸关系

圆钉、木螺钉直径号数及尺寸关系见表 5-113。

圆钉、木螺钉直径号数及尺寸关系 表 5-113

号数	圆钉直径（mm）	木螺钉直径（mm）	号数	圆钉直径（mm）	木螺钉直径（mm）
3	—	2.39	12	2.77	5.59
4	6.05	2.74	13	2.41	5.94
5	5.59	3.10	14	2.11	6.30
6	5.16	3.45	15	1.83	6.65
7	4.57	3.81	16	1.65	7.01
8	4.19	4.17	17	1.47	7.37
9	3.76	4.52	18	1.25	7.72
10	3.41	4.88	19	1.07	—
11	3.05	5.23	20	0.89	—

5.4.6.2 圆钉英制规格

圆钉英制规格见表 5-114。

圆钉英制规格 表 5-114

钢钉号（in）	全长（mm）	钉身直径（mm）	100 个约重（kg）	每千克（kg）大约个数
3/8	9.52	0.89	0.046	2173
1/2	12.70	1.07	0.088	1136
5/8	15.87	1.25	0.152	657
3/4	19.05	1.47	0.250	400
1	25.40	1.65	0.420	238
5/4	31.75	1.83	0.650	153
3/2	38.10	2.11	1.030	97
7/4	44.45	2.41	1.570	63
2	50.80	2.77	2.370	42
5/2	63.50	3.05	3.580	27
3	76.20	3.41	5.350	18
7/2	88.90	3.76	7.630	13
4	101.60	4.19	10.820	9
9/2	114.30	4.57	14.490	7
5	127.00	5.16	20.530	5
6	152.40	5.59	28.930	3

注：1.0in=25.4mm。

5.4.6.3　高强度螺栓和螺栓规格

（1）钢结构用高强度大六角头螺栓规格见表 5-115。

钢结构用高强度大六角头螺栓规格（mm）　　表 5-115

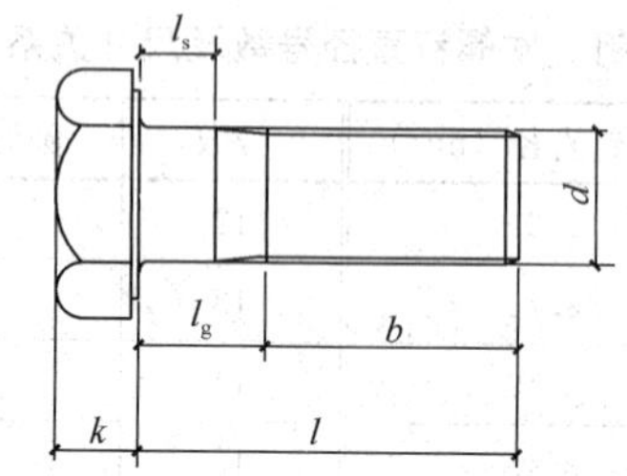

螺纹规格 d			M12		M16		M20		(M22)		M24		(M27)		M30	
l			无螺纹杆部长度 l_s 和夹紧长度 l_g													
公称	min	max	$l_{s,min}$	$l_{g,max}$	$l_{s,min}$	$l_{g,max}$	$l_{s,min}$	$l_{g,max}$	$l_{s,min}$	$l_{g,max}$	$l_{s,min}$	$l_{g,max}$	$l_{s,min}$	$l_{g,max}$	$l_{s,min}$	$l_{g,max}$
35	33.75	36.25	4.8	10	—	—	—	—	—	—	—	—	—	—	—	—
40	38.75	41.25	9.8	15	—	—	—	—	—	—	—	—	—	—	—	—
45	43.75	46.25	9.8	15	9	15	—	—	—	—	—	—	—	—	—	—
50	48.75	51.25	14.8	20	14	20	7.5	15	—	—	—	—	—	—	—	—
55	53.5	56.5	19.8	25	14	20	12.5	20	7.5	15	—	—	—	—	—	—
60	58.5	61.5	24.8	30	19	25	17.5	25	12.5	20	6	15	—	—	—	—
65	63.5	66.5	29.8	35	24	30	17.5	25	17.5	25	11	20	6	15	—	—
70	68.5	71.5	34.8	40	29	35	22.5	30	17.5	25	16	25	11	20	4.5	15
75	73.5	76.5	39.8	45	34	40	27.5	35	22.5	30	16	25	16	25	9.5	20
80	78.5	81.5	—	—	39	45	32.5	40	27.5	35	21	30	16	25	14.5	25
85	83.25	86.75	—	—	44	50	37.5	45	32.5	40	26	35	21	30	14.5	25
90	88.25	91.75	—	—	49	55	42.5	50	37.5	45	31	40	26	35	19.5	30
95	93.25	96.75	—	—	54	60	47.5	55	42.5	50	36	45	31	40	24.5	35
100	98.25	101.75	—	—	59	65	52.5	60	47.5	55	41	50	36	45	29.5	40
110	108.25	111.75	—	—	69	75	62.5	70	57.5	65	51	60	46	55	39.5	50
120	118.25	121.75	—	—	79	85	72.5	80	67.5	75	61	70	56	65	49.5	60
130	128	132	—	—	89	95	82.5	90	77.5	85	71	80	66	75	59.5	70
140	138	142	—	—	—	—	92.5	100	87.5	95	81	90	76	85	69.5	80
150	148	152	—	—	—	—	102.5	110	97.5	105	91	100	86	95	79.5	90
160	156	164	—	—	—	—	112.5	120	107.5	115	101	110	96	105	89.5	100
170	166	174	—	—	—	—	—	—	117.5	125	111	120	106	115	99.5	110
180	176	184	—	—	—	—	—	—	127.5	135	121	130	116	125	109.5	120
190	185.4	194.6	—	—	—	—	—	—	137.5	145	131	140	126	135	119.5	130
200	195.4	204.6	—	—	—	—	—	—	147.5	155	141	150	136	145	129.5	140

续表

螺纹规格 d			M12		M16		M20		(M22)		M24		(M27)		M30	
l			无螺纹杆部长度 l_s 和夹紧长度 l_g													
公称	min	max	$l_{s,min}$	$l_{g,max}$	$l_{s,min}$	$l_{g,max}$	$l_{s,min}$	$l_{g,max}$	$l_{s,min}$	$l_{g,max}$	$l_{s,min}$	$l_{g,max}$	$l_{s,min}$	$l_{g,max}$	$l_{s,min}$	$l_{g,max}$
220	215.4	224.6	—	—	—	—	—	—	167.5	175	161	170	156	165	149.5	160
240	235.4	244.6	—	—	—	—	—	—	—	—	181	190	179	185	169.5	180
260	254.8	265.2	—	—	—	—	—	—	—	—	—	—	196	205	189.5	200

<table>
<tr><td>螺纹规格 d</td><td>M12</td><td>M16</td><td>M20</td><td>(M22)</td><td>M24</td><td>(M27)</td><td>M30</td><td>M12</td><td>M16</td><td>M20</td><td>(M22)</td><td>M24</td><td>(M27)</td><td>M30</td></tr>
<tr><td>l
公称尺寸</td><td colspan="7">b</td><td colspan="7">每 1000 个钢螺栓的理论质量（kg）</td></tr>
<tr><td>35</td><td rowspan="2">25</td><td rowspan="2">—</td><td rowspan="3">—</td><td rowspan="4">—</td><td rowspan="5">—</td><td rowspan="7">—</td><td rowspan="7">—</td><td>49.4</td><td>—</td><td>—</td><td>—</td><td>—</td><td>—</td><td>—</td></tr>
<tr><td>40</td><td>54.2</td><td>—</td><td>—</td><td>—</td><td>—</td><td>—</td><td>—</td></tr>
<tr><td>45</td><td>30</td><td rowspan="2">30</td><td>57.8</td><td>113.0</td><td>—</td><td>—</td><td>—</td><td>—</td><td>—</td></tr>
<tr><td>50</td><td rowspan="6">30</td><td rowspan="3">35</td><td>62.5</td><td>121.3</td><td>207.3</td><td>—</td><td>—</td><td>—</td><td>—</td></tr>
<tr><td>55</td><td rowspan="13">35</td><td rowspan="3">40</td><td>67.3</td><td>127.9</td><td>220.3</td><td>269.3</td><td>—</td><td>—</td><td>—</td></tr>
<tr><td>60</td><td rowspan="21">45
50</td><td>72.1</td><td>136.2</td><td>233.3</td><td>284.9</td><td>357.2</td><td>—</td><td>—</td></tr>
<tr><td>65</td><td rowspan="14">40</td><td>76.8</td><td>144.5</td><td>243.6</td><td>300.5</td><td>375.7</td><td>503.2</td><td>—</td></tr>
<tr><td>70</td><td rowspan="18">45</td><td rowspan="2">50</td><td rowspan="3">55</td><td>81.6</td><td>152.8</td><td>256.5</td><td>313.2</td><td>394.2</td><td>527.1</td><td>658.2</td></tr>
<tr><td>75</td><td>86.3</td><td>161.2</td><td>269.5</td><td>328.9</td><td>409.1</td><td>551.0</td><td>687.5</td></tr>
<tr><td>80</td><td rowspan="18">—</td><td rowspan="18">55</td><td>—</td><td>169.5</td><td>282.5</td><td>344.5</td><td>428.6</td><td>570.2</td><td>716.8</td></tr>
<tr><td>85</td><td rowspan="17">60</td><td>—</td><td>177.8</td><td>295.5</td><td>360.1</td><td>446.1</td><td>594.1</td><td>740.3</td></tr>
<tr><td>90</td><td>—</td><td>186.4</td><td>308.5</td><td>375.8</td><td>464.7</td><td>617.9</td><td>769.6</td></tr>
<tr><td>95</td><td>—</td><td>194.4</td><td>321.4</td><td>391.4</td><td>483.2</td><td>641.8</td><td>799.0</td></tr>
<tr><td>100</td><td>—</td><td>202.8</td><td>334.4</td><td>407.0</td><td>501.7</td><td>665.7</td><td>828.3</td></tr>
<tr><td>110</td><td>—</td><td>219.4</td><td>360.4</td><td>438.3</td><td>538.8</td><td>713.5</td><td>886.9</td></tr>
<tr><td>120</td><td>—</td><td>236.1</td><td>386.3</td><td>469.6</td><td>575.9</td><td>761.3</td><td>945.6</td></tr>
<tr><td>130</td><td>—</td><td>252.7</td><td>412.3</td><td>500.8</td><td>612.9</td><td>809.1</td><td>1004.2</td></tr>
<tr><td>140</td><td rowspan="10">—</td><td>—</td><td>—</td><td>438.3</td><td>532.1</td><td>650.0</td><td>856.9</td><td>1062.8</td></tr>
<tr><td>150</td><td>—</td><td>—</td><td>464.2</td><td>563.4</td><td>687.1</td><td>904.7</td><td>1121.5</td></tr>
<tr><td>160</td><td>—</td><td>—</td><td>490.2</td><td>594.6</td><td>724.2</td><td>952.4</td><td>1180.1</td></tr>
<tr><td>170</td><td rowspan="8">—</td><td>—</td><td>—</td><td>—</td><td>625.9</td><td>761.2</td><td>1000.2</td><td>1238.7</td></tr>
<tr><td>180</td><td>—</td><td>—</td><td>—</td><td>657.2</td><td>798.3</td><td>1048.0</td><td>1297.4</td></tr>
<tr><td>190</td><td>—</td><td>—</td><td>—</td><td>688.4</td><td>835.4</td><td>1095.8</td><td>1356.0</td></tr>
<tr><td>200</td><td>—</td><td>—</td><td>—</td><td>719.7</td><td>872.4</td><td>1143.6</td><td>1414.7</td></tr>
<tr><td>220</td><td>—</td><td>—</td><td>—</td><td>782.2</td><td>946.6</td><td>1239.2</td><td>1531.9</td></tr>
<tr><td>240</td><td rowspan="2">—</td><td>—</td><td>—</td><td>—</td><td>—</td><td>1020.7</td><td>1334.7</td><td>1649.2</td></tr>
<tr><td>260</td><td>—</td><td>—</td><td>—</td><td>—</td><td>—</td><td>—</td><td>1430.3</td><td>1766.5</td></tr>
</table>

（2）大六角头螺栓规格见表 5-116。

大六角头螺栓规格（mm）　　**表 5-116**

螺纹规格 d：M1.6、M2、M2.5、M3、M4、M5、M6、M8、M10					螺纹规格 d：M12、M16、M20、M24、M30、M36、M42、M48、M56、M64				
公称	产品等级				公称	产品等级			
	A		B			A		B	
	min	max	min	max		min	max	min	max
12	11.65	12.35	—	—	50	49.5	50.5	—	—
16	15.65	16.35	—	—	55	54.4	55.6	53.5	56.5
20	19.58	20.42	18.95	21.05	60	59.4	60.6	58.5	61.5
25	24.58	25.42	23.95	26.05	65	64.4	65.6	63.56	66.5
30	29.58	30.42	28.95	31.05	70	69.4	70.6	68.5	71.5
35	34.5	35.5	33.75	36.26	80	79.4	80.6	78.5	81.5
40	39.5	40.5	38.75	41.25	90	89.3	90.7	88.25	91.75
45	44.5	45.5	43.75	46.25	100	99.3	100.7	98.25	101.75
50	49.5	50.5	48.75	51.25	110	109.3	110.77	108.25	111.75
55	54.4	55.6	53.5	56.5	120	119.3	120.7	118.25	121.75
60	59.4	60.6	58.5	61.5	130	129.2	130.8	128	132
65	64.4	65.6	63.5	66.5	140	139.2	140.8	138	142
70	69.4	70.6	68.5	71.5	150	149.2	150.8	148	152
80	79.4	80.6	78.5	81.5	160	—	—	158	162
90	89.3	90.7	88.25	91.75	180	—	—	178	182
100	99.3	100.7	98.25	101.75	200	—	—	197.7	202.3
110	109.3	100.7	108.25	111.75	220	—	—	217.7	222.3
120	119.3	120.7	118.25	121.75	240	—	—	237.7	242.3
—	—	—	—	—	260	—	—	257.4	262.6
—	—	—	—	—	280	—	—	277.4	282.6
—	—	—	—	—	300	—	—	297.4	302.6
—	—	—	—	—	320	—	—	317.15	322.85
—	—	—	—	—	340	—	—	337.15	342.85
—	—	—	—	—	360	—	—	357.15	362.85
—	—	—	—	—	380	—	—	377.15	382.85
—	—	—	—	—	400	—	—	397.15	402.85
—	—	—	—	—	420	—	—	416.85	423.15
—	—	—	—	—	440	—	—	436.85	443.15
—	—	—	—	—	460	—	—	456.85	463.15
—	—	—	—	—	480	—	—	476.85	483.15
—	—	—	—	—	500	—	—	496.85	503.15

5.4.6.4 自攻螺钉规格

（1）十字槽盘头自攻螺钉规格见表 5-117。

十字槽盘头自攻螺钉规格（mm） 表 5-117

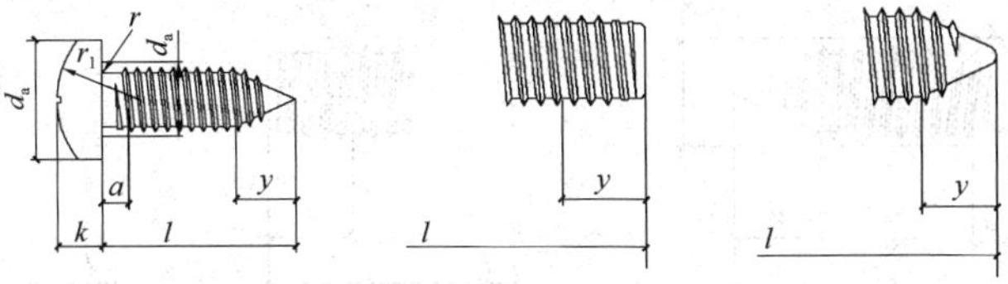

C型 F型 R型

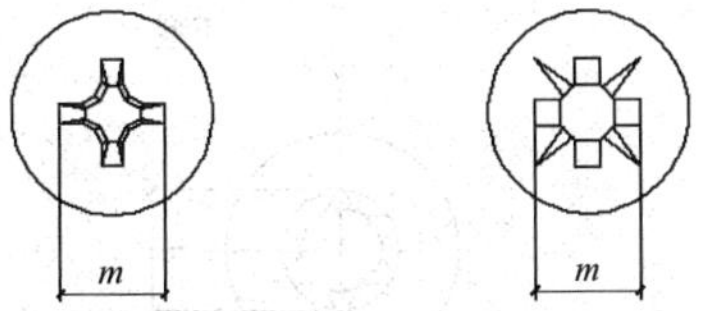

H形—十字槽 Z形—十字槽

螺纹规格				ST2.2	ST2.9	ST3.5	ST4.2	ST4.8	ST5.5	ST6.3	ST8	ST9.5
P				0.8	1.1	1.3	1.4	1.5	1.8	1.8	2.1	2.1
a	max			0.8	1.1	1.3	1.4	1.5	1.8	1.8	2.1	2.1
d_a	max			2.8	3.5	4.1	4.9	5.6	6.3	7.3	9.2	10.7
d_k	max			4.00	5.60	7.00	8.00	9.50	11.00	12.00	15.00	20.00
	min			3.70	5.30	6.64	7.64	9.14	10.57	11.57	15.57	19.48
k	max			1.50	2.40	2.60	3.10	3.70	4.00	4.60	5.00	7.50
	min			1.40	2.15	2.35	2.80	3.40	3.70	4.30	5.60	7.10
r	min			0.10	0.10	0.10	0.20	0.20	0.25	0.25	0.40	0.40
r_1	≈			3.2	5.0	6.0	5.5	8.0	9.0	10.0	13.0	16.0
十字槽	槽号 NO.			0	1	2			3		4	
	H形	m 参考		1.9	3.0	3.9	4.4	4.9	6.4	6.9	9.0	10.1
		插入深度	max	1.2	1.80	1.90	2.40	2.90	3.10	3.60	4.70	5.80
			min	0.85	1.40	1.40	1.90	2.40	2.60	3.10	4.15	5.20
	Z形	m 参考		2.0	3.0	4.0	4.4	4.8	6.2	6.8	8.9	10.1
		插入深度	max	1.20	1.75	1.90	2.35	2.75	3.00	3.50	4.50	5.70
			min	0.95	1.45	1.50	1.95	2.30	2.55	3.05	4.05	5.25
y 参考	C型			2.0	2.6	3.2	3.7	4.3	5.0	6.0	7.5	8.0
	F型			1.6	2.1	2.5	2.8	3.2	3.6	3.6	4.2	4.2
	R型			—	—	2.7	3.2	3.6	4.3	5.0	6.3	—

l													
公称	C型和R型		F型										
	min	max	min	max									
4.5	3.7	5.3	3.7	4.5	—	—	—	—	—	—	—	—	—
6.5	5.7	7.3	5.7	5.5	—	—	—	—	—	—	—	—	—
9.5	8.7	10.3	8.7	9.5	—	—	—	—	—	—	—	—	—
13	12.2	13.8	12.2	13.0	—	—	—	—	—	—	—	—	—
16	15.2	16.8	15.2	16.0	—	—	—	—	—	—	—	—	—
19	18.2	19.8	18.2	19.0	—	—	—	—	—	—	—	—	—
22	21.2	22.8	20.7	22.0	—	—	—	—	—	—	—	—	—
25	24.2	25.8	23.7	25.0	—	—	—	—	—	—	—	—	—
32	30.7	33.3	30.7	32.0	—	—	—	—	—	—	—	—	—
38	36.7	39.3	35.7	38.0	—	—	—	—	—	—	—	—	—
45	43.7	46.3	43.5	45.0	—	—	—	—	—	—	—	—	—
50	48.7	51.3	48.5	50.0	—	—	—	—	—	—	—	—	—

注：阶梯实线为优选长度范围。

（2）内六角花形盘头自攻螺钉规格见表 5-118。

内六角花形盘头自攻螺钉规格（mm）　**表 5-118**

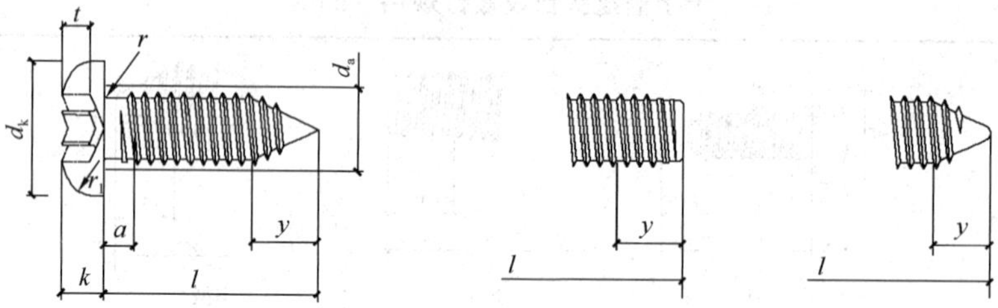

C型　F型　R型

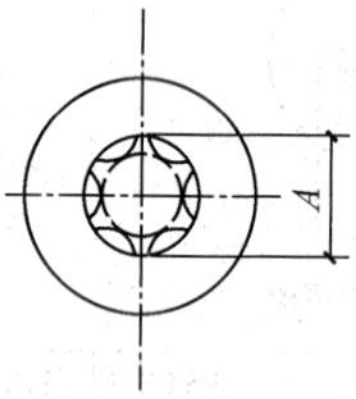

螺纹规格			ST2.9	ST3.5	ST4.2	ST4.8	ST5.5	ST6.3
P			1.1	1.3	1.4	1.5	1.8	1.8
a			1.1	1.3	1.4	1.6	1.8	1.8
d_a	max		3.5	4.1	4.9	5.6	6.3	7.3
d_k	公称 max		5.60	7.00	8.00	9.50	11.00	12.00
	min		5.30	6.64	7.64	9.14	10.57	11.57
k	公称 max		2.40	2.60	3.10	3.70	4.00	4.50
	min		2.15	2.35	2.80	3.40	3.70	4.30
r	min		0.10	0.10	0.20	0.20	0.25	0.25
r_f	≈		5.0	6.0	6.5	8.0	9.0	10.0
y 参考	C 型		2.6	3.2	3.7	4.3	5.0	6.0
	F 型		2.1	2.5	2.8	3.2	3.6	3.6
	R 型		—	2.7	3.2	3.6	4.3	5.0
内六角花形	槽号 NO.		10	15	20	25	25	30
	A 参考		2.80	3.35	3.95	4.50	4.50	5.60
	t	max	1.27	1.40	1.80	2.03	2.03	2.42
		min	1.01	1.14	1.42	1.65	1.65	2.02

l				
公称	C 型和 R 型		F 型	
	min	max	min	max
4.5	3.7	5.3	3.7	4.5
6.5	5.7	7.3	5.7	5.5
9.5	8.7	10.3	8.7	9.5
13	12.2	13.8	12.2	13.0
16	15.2	16.8	15.2	16.0
19	18.2	19.8	18.2	19.0
22	21.2	22.8	20.7	22.0
25	24.2	25.8	23.7	25.0
32	30.7	33.3	30.7	32.0
38	36.7	39.3	35.7	38.0
45	43.7	46.3	43.5	45.0
50	48.7	51.3	48.5	50.0

注：阶梯实线为优选长度范围。

(3) 开槽盘头自攻螺钉规格见表 5-119。

开槽盘头自攻螺钉规格（mm） **表 5-119**

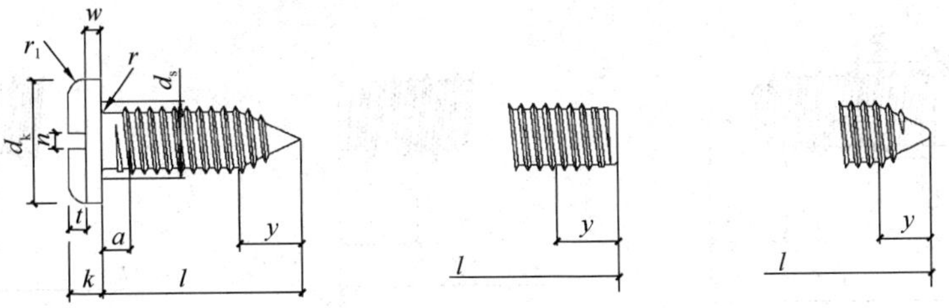

螺纹规格		ST2.2	ST2.9	ST3.5	ST4.2	ST4.8	ST5.5	ST6.3	ST8	ST9.5
P		0.8	1.1	1.3	1.4	1.6	1.8	1.8	2.1	2.1
a	max	0.8	1.1	1.3	1.4	1.6	1.8	1.8	2.1	2.1
d_a	max	2.8	3.5	4.1	4.9	5.5	6.3	7.1	9.2	10.7
d_k	max	4.0	5.6	7.0	8.0	9.5	11.0	12.0	16.0	20.0
	min	3.7	5.3	6.6	7.6	9.1	10.6	11.6	15.6	19.5
k	max	1.3	1.8	2.1	2.4	3.0	3.2	3.6	4.8	6.0
	min	1.1	1.6	1.9	2.2	2.7	2.9	3.3	4.5	5.7
n	公称	0.5	0.8	1.0	1.2	1.2	1.6	1.6	2.0	2.5
	max	0.70	1.00	1.20	1.51	1.51	1.91	1.91	2.31	2.81
	min	0.56	0.86	1.06	1.25	1.25	1.66	1.66	2.06	2.56
r	min	0.10	0.10	0.10	0.20	0.20	0.25	0.25	0.40	0.40
r_f	参考	0.6	0.8	1.0	1.2	1.5	1.6	1.8	2.4	3.0
t	min	0.5	0.7	0.8	1.0	1.2	1.3	1.4	1.9	2.4
w	min	0.5	0.7	0.8	0.9	1.2	1.3	1.4	1.9	2.4
y 参考	C 型	2.0	2.6	3.2	3.7	4.3	5.0	6.0	7.5	8.0
	F 型	1.6	2.1	2.5	2.8	3.2	3.6	3.6	4.2	4.2
	R 型	—	—	2.7	3.2	3.6	4.3	5.0	6.3	—

l				
公称	C 型和 R 型		F 型	
	min	max	min	max
4.5	3.7	5.3	3.7	4.5
6.5	5.7	7.3	5.7	5.5
9.5	8.7	10.3	8.7	9.5
13	12.2	13.8	12.2	13.0
16	15.2	16.8	15.2	16.0
19	18.2	19.8	18.2	19.0
22	21.2	22.8	20.7	22.0
25	24.2	25.8	23.7	25.0
32	30.7	33.3	30.7	32.0
38	36.7	39.3	35.7	38.0
45	43.7	46.3	43.5	45.0
50	48.7	51.3	48.5	50.0

注：阶梯实线为优选长度范围。

（4）六角头自攻螺钉规格见表 5-120。

六角头自攻螺钉规格（mm）　　表 5-120

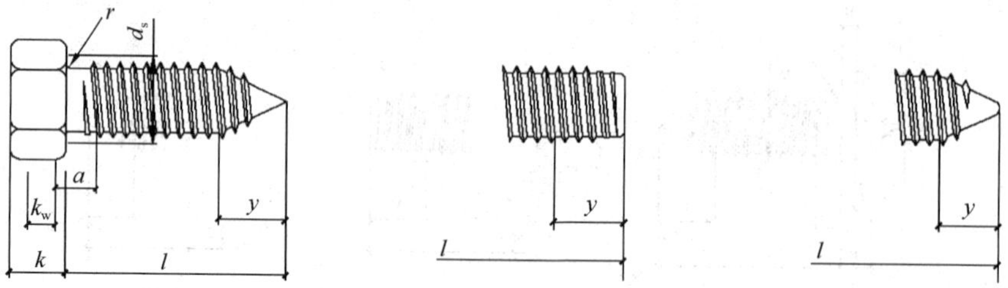

C型　　F型　　R型

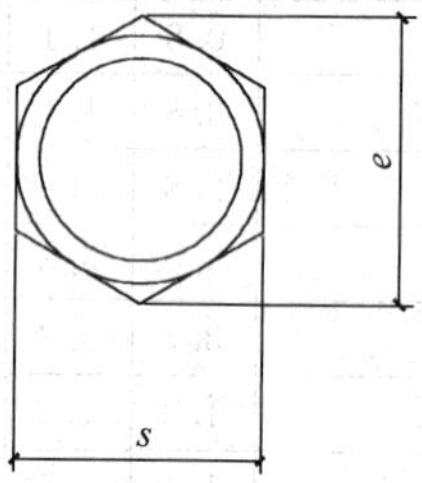

螺纹规格		ST2.2	ST2.9	ST3.5	ST4.2	ST4.8	ST5.5	ST6.3	ST8	ST9.5
P		0.8	1.1	1.3	1.4	1.6	1.8	1.8	2.1	2.1
a	max	0.8	1.1	1.3	1.4	1.6	1.8	1.8	2.1	2.1
d_a	max	2.8	3.5	4.1	4.9	5.5	6.3	7.1	9.2	10.7
s	max	3.20	5.00	5.50	7.00	8.00	8.00	10.00	13.00	16.00
	min	3.02	4.82	5.32	5.78	7.78	7.78	9.78	12.73	15.73
e	min	3.38	5.40	5.95	7.59	8.71	8.71	10.95	14.26	17.62
k	max	1.6	2.3	2.6	3.0	3.8	4.1	4.7	6.0	7.5
	min	1.3	2.0	2.3	2.6	3.3	3.6	4.1	5.2	6.5
k_w	min	0.9	1.4	1.6	1.8	2.3	2.5	2.9	3.6	4.5
r	max	0.10	0.10	0.10	0.20	0.20	0.25	0.25	0.40	0.40
y 参考	C 型	2.0	2.6	3.2	3.7	4.3	5.0	6.0	7.5	8.0
	F 型	1.6	2.1	2.5	2.8	3.2	3.6	3.6	4.2	4.2
	R 型	—	—	2.7	3.2	3.6	4.3	5.0	6.3	—

l				
公称	C 型和 R 型		F 型	
	min	max	min	max
4.5	3.7	5.3	3.7	4.5
6.5	5.7	7.3	5.7	5.5
9.5	8.7	10.3	8.7	9.5
13	12.2	13.8	12.2	13.0
16	15.2	16.8	15.2	16.0
19	18.2	19.8	18.2	19.0
22	21.2	22.8	20.7	22.0
25	24.2	25.8	23.7	25.0
32	30.7	33.3	30.7	32.0
38	36.7	39.3	35.7	38.0
45	43.7	46.3	43.5	45.0
50	48.7	51.3	48.5	50.0

—

注：阶梯实线为优选长度范围。

(5) 十字槽凹穴六角头自攻螺钉见表 5-121。

十字槽凹穴六角头自攻螺钉规格（mm） **表 5-121**

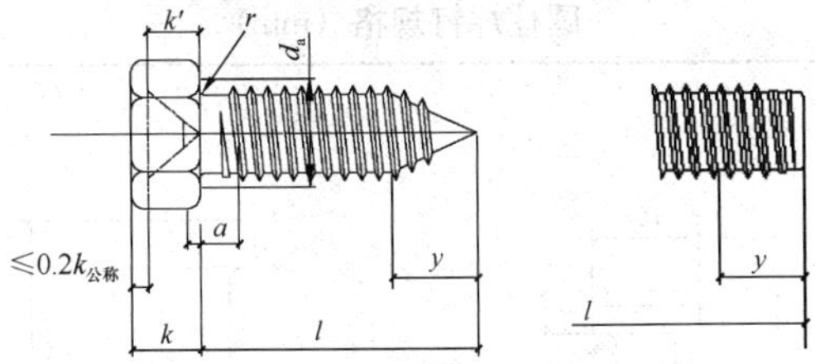

C型 F型

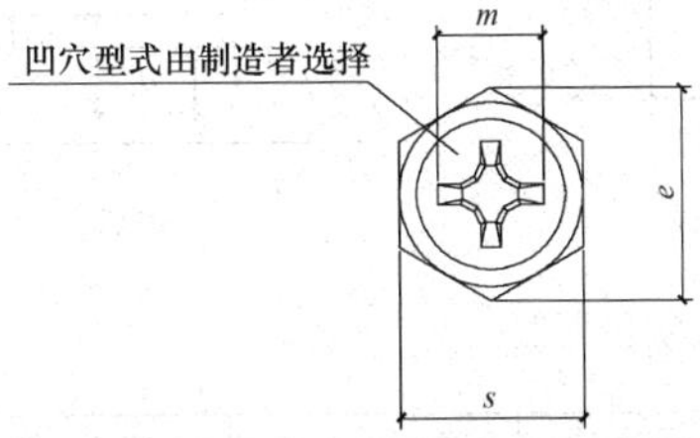

螺纹规格			ST2.9	ST3.5	ST4.2	ST4.8	ST6.3	ST8
P			1.1	1.3	1.4	1.6	1.8	2.1
a	max		1.1	1.3	1.4	1.6	1.8	2.1
d_a	max		3.5	4.1	4.9	5.5	7.1	9.2
s	max		5.00	5.50	7.00	8.00	10.00	13.00
	min		4.82	5.32	5.78	7.78	9.78	12.73
e	min		5.40	5.95	7.59	8.71	10.95	14.26
k	max		2.3	2.6	3.0	3.8	4.7	6.0
	min		2.0	2.3	2.6	3.3	4.1	5.2
k′	min		1.4	1.6	1.8	2.3	2.9	3.6
r	min		0.10	0.10	0.20	0.20	0.25	0.40
y 参考	C 型		2.6	3.2	3.7	4.3	6.0	7.5
	F 型		2.1	2.5	2.8	3.2	3.6	4.2
	R 型		—	2.7	3.2	3.6	5.0	6.3
十字槽 H 形	槽号 NO.		1	2			3	
	m 参考		2.5	3.5	4.0	4.4	6.2	7.2
	插入深度	min	0.95	0.91	1.40	1.80	2.36	3.20
		max	1.32	1.43	1.90	2.33	2.86	3.86

l				
公称	C 型		F 型	
	min	max	min	max
6.5	5.7	7.3	5.7	5.5
9.5	8.7	10.3	8.7	9.5
13	12.2	13.8	12.2	13.0
16	15.2	16.8	15.2	16.0
19	18.2	19.8	18.2	19.0
22	21.2	22.8	20.7	22.0
25	24.2	25.8	23.7	25.0
32	30.7	33.3	30.7	32.0
38	36.7	39.3	35.7	38.0
45	43.7	46.3	43.5	45.0
50	48.7	51.3	48.5	50.0

注：阶梯实线为优选长度范围。

5.4.6.5　圆柱焊钉规格

圆柱焊钉规格见表 5-122。

圆柱焊钉规格（mm）　　表 5-122

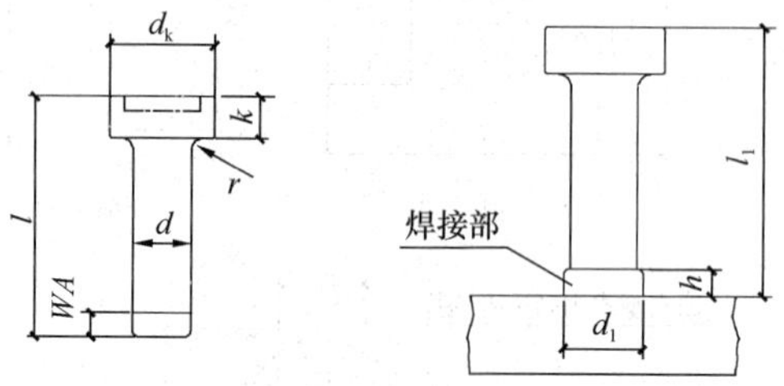

焊前　　焊后

d	公称	10	13	16	19	22	25
	min	9.64	12.57	15.57	18.48	21.48	24.48
	max	10	13	16	19	22	25
d_k	max	18.35	22.42	29.42	32.5	35.5	40.5
	min	17.65	21.58	28.58	31.5	34.5	39.5
d_1		13	17	21	23	29	31
h		2.5	3	4.5	6	6	7
k	max	7.45	8.45	8.45	10.45	10.45	12.55
	min	6.55	7.55	7.55	9.55	9.55	11.45
r	min	2	2	2	2	3	2
WA		4	5	5	6	6	6
l_1		每 1000 件（密度 7.85g/cm³）的质量（kg）≈					
40		37	62	—	—	—	—
50		43	73	116	—	—	—
60		49	83	131	188	—	—
80		61	104	163	232	302	404
100		74	125	195	277	362	481
120		86	146	226	321	422	558
150		105	177	274	388	511	673
180		123	208	321	455	601	789
200		—	229	352	499	660	866
220		—	—	384	544	720	943
250		—	—	431	611	810	1059
300		—	—	—	722	959	1251

5.4.6.6 膨胀螺栓规格

膨胀螺栓规格见表 5-123。

膨胀螺栓规格（mm） 表 5-123

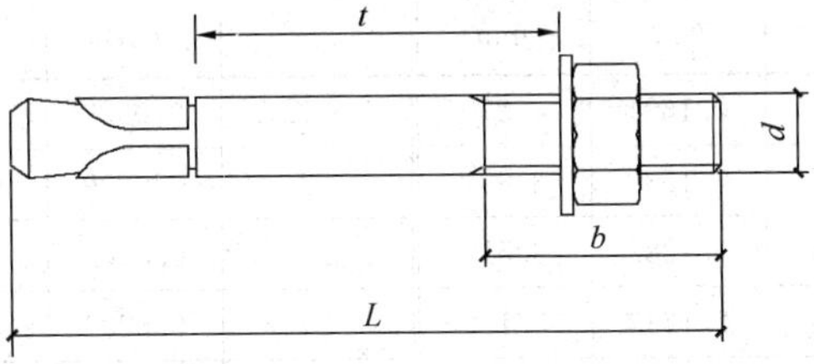

d	t	L	b	钻孔尺寸		质量（kg）
				直径	深度	
M8	10	75	25	8	65	0.031
	30	95	25	8	65	0.038
	50	115	25	8	65	0.044
M10	10	90	30	10	80	0.061
	30	110	30	10	80	0.068
	50	130	30	10	80	0.080
M12	20	115	35	12	95	0.106
	50	145	35	12	95	0.138
	90	185	35	12	95	0.156
	120	215	35	12	95	0.192
	140	235	35	12	95	0.210
	160	255	35	12	95	0.230
M16	25	140	40	16	115	0.230
	50	165	40	16	115	0.270
	140	255	40	16	115	0.412
	180	295	40	16	115	0.470
M20	30	170	45	20	140	0.440
	60	200	45	20	140	0.499
	130	270	45	20	140	0.670
	30	200	55	24	170	0.768
	60	230	55	24	170	0.868

5.4.7 薄钢板习用号数的厚度

薄钢板习用号数的厚度见表 5-124。

薄钢板习用号数的厚度（mm）　表 5-124

习用号数	厚度				习用号数	厚度			
	普通薄钢板		镀锌薄钢板			普通薄钢板		镀锌薄钢板	
	英寸（in）	毫米（mm）	英寸（in）	毫米（mm）		英寸（in）	毫米（mm）	英寸（in）	毫米（mm）
8	0.1664	4.176	0.1681	4.270	21	0.0329	0.836	0.0366	0.930
9	0.1495	3.797	0.1532	3.891	22	0.0299	0.759	0.0336	0.853
10	0.1345	3.416	0.1382	3.510	23	0.0269	0.683	0.0306	0.777
11	0.1196	3.038	0.1233	3.132	24	0.0239	0.607	0.0276	0.701
12	0.1046	2.657	0.1084	2.752	25	0.0209	0.531	0.0247	0.627
13	0.0897	2.278	0.0934	2.372	26	0.0179	0.455	0.0217	0.551
14	0.0747	1.897	0.0785	1.994	27	0.0164	0.417	0.0202	0.513
15	0.0673	1.709	0.0710	1.803	28	0.0149	0.378	0.0187	0.475
16	0.0598	1.519	0.0635	1.613	29	0.0135	0.343	0.0172	0.437
17	0.0538	1.367	0.0575	1.461	30	0.0120	0.305	0.0157	0.399
18	0.0478	1.214	0.0516	1.311	31	0.0105	0.267	0.0142	0.361
19	0.0418	1.062	0.0456	1.158	32	0.0097	0.246	0.0134	0.340
20	0.0359	0.912	0.0396	1.006					

注：表列习用号数及钢板厚度为英美制规定，与我国实际生产的镀锌薄钢板及普通薄钢板的产品规格有出入。我国产品无号数称呼，为满足目前习惯称呼与实际厚度的关系对照，特选录此表，供参考。实际规格仍以我国产品为准。

5.4.8　塑料管材、板材规格及质量

5.4.8.1　塑料硬管

塑料硬管规格及质量见表 5-125。

塑料硬管规格及质量　表 5-125

直径（in）	外径×壁厚（mm×mm）	质量（kg/m）	直径（in）	外径×壁厚（mm×mm）	质量（kg/m）
1/2″	22×2.0	0.17	2″	63×4.5	1.16
1/2″	22×2.5	0.21	2″	63×7.0	1.73
3/4″	25×2.0	0.20	5/2″	83×5.3	1.81
3/4″	25×3.0	0.29	3″	89×6.5	2.35
1″	32×3.0	0.38	7/2″	102×6.5	2.73
1″	32×4.0	0.49	4″	114×7.0	3.30
5/4″	40×3.5	0.56	5″	140×8.0	4.64
5/4″	40×5.0	0.77	6″	166×8.0	5.56
3/2″	51×4.0	0.83	8″	218×10.0	9.15
3/2″	51×6.0	1.19			

5.4.8.2 塑料软管

塑料软管规格及质量见表 5-126。

塑料软管规格及质量 表 5-126

内径×壁厚（mm）	每 1000m 质量（kg）	内径×壁厚（mm）	每 1000m 质量（kg）	内径×壁厚（mm）	每 1000m 质量（kg）
1.0×0.3	2.20	4.5×0.5	13.7	12×0.6	40.0
1.5×0.3	3.02	5×0.5	15.4	14×0.7	50.0
2.0×0.3	3.64	6×0.5	16.7	16×0.8	71.5
2.5×0.3	4.16	7×0.5	20.0	20×1.0	92.4
3.0×0.3	5.23	8×0.5	23.0	25×1.0	125.1
3.5×0.3	6.33	9×0.5	25.6	30×1.3	192.0
4.0×0.5	11.10	10×0.6	33.3	34×1.3	208.0

5.4.8.3 塑料硬板

塑料硬板规格及质量见表 5-127。

塑料硬板规格及质量 表 5-127

规格（mm）	质量（kg/m^2）	规格（mm）	质量（kg/m^2）	规格（mm）	质量（kg/m^2）
2.0	2.96	7.0	10.36	14	20.72
2.5	3.70	7.5	11.10	15	22.20
3.0	4.44	8.0	11.84	16	23.68
3.5	5.18	8.5	12.58	17	25.16
4.0	5.92	9.0	13.32	18	26.64
4.5	6.66	9.5	14.06	19	28.12
5.0	7.40	10	14.80	20	29.60
5.5	8.14	11	16.28	25	37.00
6.0	8.88	12	17.76	28	41.44
6.5	9.62	13	19.24	30	44.40

5.4.9 岩土常用参数

5.4.9.1 岩土的分类

作为建筑地基的岩土可分为岩石、碎石土、砂土、粉土、黏性土和填土。

1. 岩石

岩石应为颗粒间牢固联结，呈整体或具有节理裂隙的岩体。作为建筑物地基，除应确定岩石的地质名称外，尚应根据岩块的饱和单轴抗压强度 f_r 划分其坚硬程度（表 5-128），根据完整性指数（岩体压缩波速度与岩块压缩波速度之比的平方）划分其完整程度（表 5-129）。

岩石坚硬程度的划分　　表 5-128

岩石按坚硬程度的分类		硬质岩		软质岩		极软岩
		坚硬岩	较硬岩	较软岩	软岩	
岩石坚硬程度的定量划分	f_r（MPa）	$f_r>60$	$60\geqslant f_r>30$	$30\geqslant f_r>15$	$15\geqslant f_r>5$	$f_r\leqslant 5$
岩石坚硬程度的定性划分（当缺乏饱和单轴抗压强度资料或不能进行该项试验时可在现场通过观察定性划分）	定性鉴定	锤击声清脆有回弹，震手，难击碎。 基本无吸水反应	锤击声较清脆，有轻微回弹，稍震手，较难击碎。 有轻微吸水反应	锤击声不清脆，无回弹，较易击碎。 指甲可刻出印痕	锤击声哑，无回弹，有凹痕，易击碎。 浸水后可捏成团	锤击声哑，无回弹，有较深凹痕，手可捏碎。 浸水后可捏成团
	代表性岩石	未风化～微风化的花岗岩、闪长岩、辉绿岩、玄武岩、安山岩、片麻岩、石英岩、硅质砾岩、石英砂岩、硅质石灰岩等	1. 微风化的坚硬岩。 2. 未风化～微风化的大理岩、板岩、石灰岩、钙质砂岩等	1. 中风化的坚硬岩和较硬岩。 2. 未风化～微风化的凝灰岩、千枚岩、砂质泥岩、泥灰岩等	1. 强风化的坚硬岩和较硬岩。 2. 中风化的较软岩。 3. 未风化～微风化的泥质砂岩、泥岩等	1. 风化的软岩。 2. 全风化的各种岩石。 3. 各种半成岩

岩石完整程度的划分　　表 5-129

完整程度	完整性指数	结构面发育程度		主要结构面的结合程度	主要结构面类型	相应结构类型
		组数	平均间距（m）			
完整	>0.75	1～2	>1.0	结合好或结合一般	裂隙、层面	整体状或巨厚层状结构
较完整	0.75～0.55	1～2	>1.0	结合差	裂隙、层面	块状或巨厚层状结构
		2～3	1.0～0.4	结合好或结合一般		块状结构
较破碎	0.55～0.35	2～3	1.0～0.4	结合差	裂隙、层面、小断层	裂隙块状或中厚层状结构
		≥3	0.4～0.2	结合好		镶嵌碎裂结构
				结合一般		中、薄层状结构
破碎	0.35～0.15	≥3	0.4～0.2	结合差	各种类型结构面	裂隙块状结构
			≤0.2	结合一般或结合差		碎裂状结构
极破碎	<0.15	无序	—	结合很差	—	散体状结构

注：完整性指数为岩体压缩波速度与岩块压缩波速度之比的平方。

2. 碎石土

碎石土为粒径大于 2mm 的颗粒质量超过总质量 50％的土。碎石土可按表 5-130 分为漂石、块石、卵石、碎石、圆砾和角砾。

碎石土基于形状的分类 表 5-130

土的名称	颗粒形状	颗粒级配
漂石	圆形及亚圆形为主	粒径大于 200mm 的颗粒质量超过总质量的 50%
块石	棱角形为主	
卵石	圆形及亚圆形为主	粒径大于 20mm 的颗粒质量超过总质量的 50%
碎石	棱角形为主	
圆砾	圆形及亚圆形为主	粒径大于 2mm 的颗粒质量超过总质量的 50%
角砾	棱角形为主	

注：分类时应根据颗粒级配从上到下以最先符合者确定。

碎石土的密实度可按表 5-131 分为松散、稍密、中密、密实。

碎石土基于密实度的分类 表 5-131

密实度	平均粒径等于或小于 50mm，且最大粒径小于 100mm 的碎石土	平均粒径大于 50mm，或最大粒径大于 100mm 的碎石土，可用超重型动力触探或野外观察鉴别			
	重型动力触探锤击数 $N_{63.5}$	超重型动力触探锤击数 N_{120}	野外观察鉴别		
			骨架颗粒质量和排列	可挖性	可钻性
松散	$N_{63.5} \leqslant 5$	$N_{120} \leqslant 3$	骨架颗粒质量小于总质量的 60%，排列混乱，大部分不接触	锹可以挖掘，井壁易坍塌，从井壁取出大颗粒后，立即坍塌	钻进较易，钻杆稍有跳动，孔壁易坍塌
稍密	$5<N_{63.5}\leqslant 10$	$3<N_{120}\leqslant 6$	—	—	—
中密	$10<N_{63.5}\leqslant 20$	$6<N_{120}\leqslant 11$	骨架颗粒质量等于总质量的 60%～70%，呈交错排列，大部分接触	锹镐可挖掘，井壁有掉块现象，从井壁取出大颗粒处，能保持凹面形状	钻进较困难，钻杆、吊锤跳动不剧烈，孔壁有坍塌现象
密实	$N_{63.5} > 20$	$11<N_{120}\leqslant 14$	骨架颗粒质量大于总质量的 70%，呈交错排列，连续接触	锹镐挖掘困难，用撬棍撬方能松动，井壁较稳定	钻进困难，钻杆、吊锤跳动剧烈，孔壁较稳定
很密	—	$N_{120} > 14$	—	—	—

3. 砂土

砂土为粒径大于 2mm 的颗粒质量不超过总质量的 50%、粒径大于 0.075mm 的颗粒质量超过总质量的 50%的土。砂土可根据颗粒级配，分为砾砂、粗砂、中砂、细砂和粉砂，按标准贯入试验锤击数 N，其密实度分为松散、稍密、中密、密实。见表 5-132。

砂土基于颗粒级配的分类和密实度 表 5-132

砂土基于颗粒级配的分类（根据颗粒级配从大到小以最先符合者确定）		砂土的密实度（用静力触探探头阻力判定时可根据当地经验确定）	
土的名称	颗粒级配	标准贯入试验锤击数 N	密实度
砾砂	粒径大于 2mm 的颗粒质量占总质量的 25%～50%	$N \leqslant 10$	松散
粗砂	粒径大于 0.5mm 的颗粒质量超过总质量的 50%	$10 < N \leqslant 15$	稍密
中砂	粒径大于 0.25mm 的颗粒质量超过总质量的 50%	$15 < N \leqslant 30$	中密
细砂	粒径大于 0.075mm 的颗粒质量超过总质量的 85%	$N > 30$	密实
粉砂	粒径大于 0.075mm 的颗粒质量超过总质量的 50%		

4. 粉土

粒径大于 0.075mm 的颗粒质量不超过总质量的 50%，且塑性指数 I_p 等于或小于 10 的土。

5. 黏性土

黏性土为塑性指数 I_p 大于 10 的土。根据塑性指数 I_p 的大小，分为黏土、粉质黏土。其状态可按液性指数 I_L 的大小，分为坚硬、硬塑、可塑、软塑、流塑。见表 5-133。

黏性土基于塑性指数 I_p 和液性指数 I_L 的分类 表 5-133

黏性土基于塑性指数 I_p 的分类		黏性土基于液性指数 I_L 的分类	
塑性指数 I_p	土的名称	液性指数 I_L	分类
$I_p > 17$	黏土	$I_L \leqslant 0$	坚硬
$10 < I_p \leqslant 17$	粉质黏土	$0 < I_L \leqslant 0.25$	硬塑
		$0.25 < I_L \leqslant 0.75$	可塑
		$0.75 < I_L \leqslant 1$	软塑
		$I_L > 1$	流塑

注：塑性指数由相应于 76g 圆锥体沉入土样中深度为 10mm 时测定的液限计算而得。

6. 其他分类（表 5-134）

岩土的其他分类 表 5-134

土的名称		含义
湿陷性土		除湿陷性黄土以外的湿陷性碎石土、湿陷性砂土、湿陷性黄土、软质岩屑及其他湿陷性土的总称
红黏土		颜色为棕红或褐黄，覆盖于碳酸岩系之上，其液限大于或者等于 50%的高塑性黏土
次生红黏土		颜色为棕红或褐黄，覆盖于碳酸岩系之上，其液限大于 45%的高塑性黏土
软土		天然孔隙比大于或等于 1.0，且天然含水率大于液限的细粒土
混合土		由细粒土和粗粒土混杂且缺乏中间粒径的土。其中，当碎石土中粒径小于 0.075mm 的细粒土质量超过总质量的 25%时，为细粒混合土；当粉土或黏性土中粒径大于 2mm 的粗粒土质量超过总质量的 25%时，为粗粒混合土
填土	素填土	由碎石土、砂土、粉土、黏性土等一种或几种组成的填土，不含杂物或含杂物很少
	杂填土	含有大量建筑垃圾、工业废料或生活垃圾等杂物的填土
	冲填土	由水力冲填泥砂形成的填土
	压实填土	按一定标准控制材料成分、密度、含水率，分层压实或夯实的填土

续表

土的名称	含义
多年冻土	含有固态水，且冻结状态持续二年或二年以上的土
膨胀岩土	含有大量亲水矿物，湿度变化时有较大体积变化，变形受约束时产生较大内应力的岩土
盐渍岩土	岩土中易溶盐含量大于0.3%，并具有溶陷、盐胀、腐蚀等工程特性的岩土
风化岩和残积土	在风化营力作用下，结构、成分和性质已产生不同程度变异的岩石称为风化岩；已完全风化成土而未经搬运的为残积土
污染土	由于致污物的浸入，使土的成分、结构和性质发生了显著变异的土

5.4.9.2 岩土的工程特性指标

土的工程特性指标应包括抗剪强度指标、压缩性指标以及静力触探探头阻力、动力触探锤击数、标准贯入试验锤击数、荷载试验承载力等特性指标。地基土工程特性指标的代表值应分别为标准值、平均值及特征值。抗剪强度指标应取标准值，压缩特性指标应取平均值，荷载试验承载力应取特征值。

1. 土的抗剪强度指标

土的抗剪强度指标应取标准值，可采用原状土室内剪切试验、无侧限抗压强度试验、现场剪切试验、十字板剪切试验等方法测定。当采用室内剪切试验确定时，宜选择三轴压缩试验的自重压力下预固结的不固结不排水试验。经过预压固结的地基可采用固结不排水试验。每层土的试验数量不得少于六组。在验算坡体的稳定性时，对于已有剪切破裂面或其他软弱结构面的抗剪强度，应进行野外大型剪切试验。

2. 土的压缩性指标

土的压缩性指标可采用原状土室内压缩试验、原位浅层或深层平板荷载试验、旁压试验确定，并应符合下列规定：

当采用室内压缩试验确定压缩模量时，试验所施加的最大压力应超过土自重压力与预计的附加压力之和。试验成果用 e-p 曲线表示。

当考虑土的应力历史进行沉降计算时，应进行高压固结试验，确定先期固结压力、压缩指数，试验成果用 e-$\ln p$ 曲线表示；为确定回弹指数，应在估计的先期固结压力之后进行一次卸荷，再继续加荷至预定的最后一级压力。

当考虑深基坑开挖卸荷和再加荷时，应进行回弹再压缩试验，其压力的施加应力与实际的加卸荷状况一致。

地基土的压缩性可按 p_1 为 100kPa，p_2 为 200kPa 时相对应的压缩系数值 $a_{1\text{-}2}$ 划分为低、中、高压缩性，并符合以下规定：

（1）当 $a_{1\text{-}2} < 0.1\text{MPa}^{-1}$ 时，为低压缩土；

（2）当 $0.1\text{MPa}^{-1} \leqslant a_{1\text{-}2} < 0.5\text{MPa}^{-1}$ 时，为中压缩土；

（3）当 $a_{1\text{-}2} \geqslant 0.5\text{MPa}^{-1}$ 时，为高压缩土。

3. 荷载试验

荷载试验包括浅层平板荷载试验和深层平板荷载试验。浅层平板荷载试验适用于浅层地基，深层平板荷载试验适用于深层地基。

5.4.10　混凝土工程常用数据

5.4.10.1　预拌混凝土的分类、性能等级

1. 预拌混凝土的分类

预拌混凝土分为常规品和特制品，表 5-135 所示为特制品的混凝土种类及其代号，特制品代号为 B，除表 5-135 所列以外的普通混凝土代号为 A，混凝土强度等级代号为 C。

特制品的混凝土种类及其代号　　表 5-135

混凝土种类	高强混凝土	自密实混凝土	纤维混凝土	轻骨料混凝土	重混凝土
混凝土种类代号	H	S	F	L	W
强度等级代号	C	C	C（合成纤维混凝土） CF（钢纤维混凝土）	LC	C

2. 预拌混凝土的性能等级

（1）混凝土强度等级应划分为：C10、C15、C20、C25、C30、C35、C40、C45、C50、C55、C60、C65、C70、C75、C80、C85、C90、C95 和 C100。

（2）混凝土拌合物坍落度和扩展度的等级划分应符合表 5-136 和表 5-137 的规定。

混凝土拌合物的坍落度等级划分　　表 5-136

等级	坍落度	等级	坍落度
S1	10～40	S4	160～210
S2	50～90	S5	≥220
S3	100～150		

混凝土拌合物的扩展度等级划分　　表 5-137

等级	扩展度	等级	扩展度
F1	≤340	F4	490～550
F2	350～410	F5	560～620
F3	420～480	F6	≥630

（3）预拌混凝土耐久性能的等级划分应符合表 5-138～表 5-141 的规定。

混凝土抗冻性能、抗水渗透性能和抗硫酸盐侵蚀性能的等级划分　　表 5-138

抗冻等级（快冻法）		抗冻等级（慢冻法）	抗渗等级	抗硫酸盐等级
F50	F250	F50	P4	KS30
F100	F300	F100	P6	KS60
F150	F350	F150	P8	KS90
F200	F400	F200	P10	KS120
＞F400		＞F200	P12	KS150
			＞P12	＞KS150

混凝土抗氯离子渗透性能（84d）的等级划分（RCM法） 表 5-139

等级	RCM-Ⅰ	RCM-Ⅱ	RCM-Ⅲ	RCM-Ⅳ	RCM-Ⅴ
氯离子迁移系数 D_{RCM}（RCM法）/（$\times 10^{-12}m^2/s$）	≥4.5	≥3.5，<4.5	≥2.5，<3.5	≥1.5，<2.5	<1.5

混凝土抗氯离子渗透性能的等级划分（电通量法） 表 5-140

等级	Q-Ⅰ	Q-Ⅱ	Q-Ⅲ	Q-Ⅳ	Q-Ⅴ
电通量 Q_S（C）	≥4000	≥2000，<4000	≥1000，<2000	≥500，<1000	<500

注：电通量试验宜在试件养护到28d龄期后进行。对于有大掺量矿物掺合料的混凝土，可在56d龄期后进行试验。

混凝土抗碳化性能的等级划分 表 5-141

等级	T-Ⅰ	T-Ⅱ	T-Ⅲ	T-Ⅳ	T-Ⅴ
碳化深度 d（mm）	≥30	≥20，<30	≥10，<20	≥0.1，<10	<0.1

5.4.10.2 自密实混凝土拌合物性能

（1）自密实混凝土拌合物的自密实性能及要求见表5-142。

自密实混凝土拌合物的自密实性能及要求 表 5-142

自密实性能	性能指标	性能等级	技术要求
填充性	坍落扩展度（mm）	SF1	550～655
		SF2	660～755
		SF3	760～850
	扩展时间 T_{500}（s）	VS1	≥2
		VS2	<2
间隙通过性	坍落扩展度与J环扩展度差值（mm）	PA1	25<PA1≤50
		PA2	0<PA2≤25
抗离析性	离析率（%）	SR1	≤20
		SR2	≤15
	粗骨料振动离析率	f_m	≤10

（2）不同性能等级自密实混凝土的应用范围见表5-143。

不同性能等级自密实混凝土的应用范围 表 5-143

自密实性能	性能等级	应用范围	重要性
填充性	SF1	1. 从顶部浇筑的无配筋或配筋较少的混凝土结构物。 2. 泵送浇筑施工的工程。 3. 截面较小，无须水平长距离流动的竖向结构物	控制指标
	SF2	适合一般的普通钢筋混凝土结构	
	SF3	适用于结构紧密的竖向构件、形状复杂的结构等（粗骨料最大公称粒径宜小于16mm）	
	VS1	适用于一般的普通钢筋混凝土结构	
	VS2	适用于配筋较多的结构或有较高混凝土外观性能要求的结构，应严格控制	

续表

自密实性能	性能等级	应用范围	重要性
间隙通过性	PA1	适用于钢筋净距 80～100mm	可选指标
	PA2	适用于钢筋净距 60～80mm	
抗离析性	SR1	适用于流动距离小于 5m、钢筋净距大于 80mm 的薄板结构和竖向结构	可选指标
	SR2	适用于流动距离超过 5m、钢筋净距大于 80mm 的竖向结构。也适用于流动距离小于 5m、钢筋净距小于 80mm 的竖向结构，当流动距离超过 5m 时，SR 值宜小于 10%	

5.4.10.3　泵送混凝土可泵性

混凝土入泵坍落度与泵送高度关系见表 5-144。

混凝土入泵坍落度与泵送高度关系　　表 5-144

最大泵送高度（m）	50	100	200	400	400 以上
入泵坍落度（mm）	≥160	≥180	≥200	≥220	≥230
入泵扩展度（mm）	≥400	≥450	≥500	≥550	≥600

注：泵送混凝土必须保证混凝土不能处于离析状态。

5.5　气象、地质、地震

5.5.1　气　　象

5.5.1.1　风级、风速和基本风压

风级、风速见表 5-145。

风级、风速　　表 5-145

风力名称		海岸船只及陆地地面征象标准		相当风速（m/s）
风级	概况	陆地	海岸	
0	无风	静，烟直上		0～0.2
1	软风	烟能表示方向，但风向标不能转动	渔船不动	0.3～1.5
2	轻风	人面感觉有风，树叶微响，寻常的风向标转动	渔船张帆时，可随风移动	1.6～3.3
3	微风	树叶及微枝摇动不息，旌旗展开	渔船渐觉起簸动	3.4～5.4
4	和风	能吹起地面灰尘和纸张，树的小枝摇动	渔船满帆时，倾于一方	5.5～7.9
5	清风	小树枝摇动	水面起波	8.0～10.7
6	强风	大树枝摇动，电线呼呼有声，举伞有困难	渔船加倍缩帆，捕鱼需注意风险	10.8～13.8
7	疾风	大树枝摇动，迎风步行感觉不便	渔船停息港中，出海的渔船须下锚	13.9～17.1
8	大风	树枝折断，迎风行走感觉阻力很大	进港海船均停留不出	17.2～20.7
9	烈风	烟囱及平屋顶受到损坏	汽船航行困难	20.8～24.4

续表

风力名称		海岸船只及陆地地面征象标准		相当风速（m/s）
风级	概况	陆地	海岸	
10	狂风	陆上少见，可拔树毁屋	汽船航行颇危险	24.5～28.4
11	暴风	陆上很少见，有则必受重大损毁	汽船遇之极危险	28.5～32.6
12	飓风	陆上绝少，其摧毁力极大	海浪滔天	32.7～36.9

注：本表格摘自《短期天气预报》GB/T 21984—2017。

5.5.1.2　降雪等级和基本雪压

降雪等级见表5-146。

降雪等级　　**表5-146**

降雪等级	24h降雪量（mm）	降雪等级	24h降雪量（mm）
零星小雪	＜0.1	暴雪	10.0～19.9
小雪	0.1～2.4	大暴雪	20.0～29.9
中雪	2.5～4.9	特大暴雪	≥30
大雪	5.0～9.9		

注：当降雪落地后无融化时，一般而言，在北方地区1mm降雪可形成的积雪深度有8～10mm，在南方地区积雪深度有6～8mm。本表格摘自《短期天气预报》GB/T 21984—2017。

基本风压、基本雪压见表5-147。

基本风压、雪压　　**表5-147**

省份	辖地	海拔高度（m）	风压（kN/m^2）			雪压（kN/m^2）			基本气温（℃）		雪荷载准永久值系数分区
			$R=10$	$R=50$	$R=100$	$R=10$	$R=50$	$R=100$	最低	最高	
北京	北京	54.0	0.30	0.45	0.50	0.25	0.40	0.45	−13	36	Ⅱ
天津	天津	3.3	0.30	0.50	0.60	0.25	0.40	0.45	−12	35	Ⅱ
	塘沽	3.2	0.40	0.55	0.65	0.20	0.35	0.40	−12	35	Ⅱ
上海	上海	2.8	0.40	0.55	0.60	0.10	0.20	0.25	−4	36	Ⅲ
重庆	重庆	259.1	0.25	0.40	0.45	—	—	—	1	37	—
	奉节	607.3	0.25	0.35	0.45	0.20	0.35	0.40	−1	35	Ⅲ
	梁平	454.6	0.20	0.30	0.35	—	—	—	−1	36	—
	万州	186.7	0.20	0.35	0.45	—	—	—	0	38	—
	涪陵	273.5	0.20	0.30	0.35	—	—	—	1	37	—
	金佛山	1905.9	—	—	—	0.35	0.50	0.60	−10	25	Ⅱ
河北	石家庄	80.5	0.25	0.35	0.40	0.20	0.30	0.35	−11	36	Ⅱ
	蔚县	909.5	0.20	0.30	0.35	0.20	0.30	0.35	−24	33	Ⅱ
	邢台	76.8	0.20	0.30	0.35	0.25	0.35	0.40	−10	36	Ⅱ
	丰宁	659.7	0.30	0.40	0.45	0.15	0.25	0.30	−22	33	Ⅱ

续表

省份	辖地	海拔高度(m)	风压(kN/m²)			雪压(kN/m²)			基本气温(℃)		雪荷载准永久值系数分区
			R=10	R=50	R=100	R=10	R=50	R=100	最低	最高	
河北	围场	842.8	0.35	0.45	0.50	0.20	0.30	0.35	−23	32	Ⅱ
	张家口	724.2	0.35	0.55	0.60	0.15	0.25	0.30	−18	34	Ⅱ
	怀来	536.8	0.25	0.35	0.40	0.15	0.20	0.25	−17	35	Ⅱ
	承德	377.2	0.30	0.40	0.45	0.20	0.30	0.35	−19	35	Ⅱ
	遵化	54.9	0.30	0.40	0.45	0.25	0.40	0.50	−18	35	Ⅱ
	青龙	227.2	0.25	0.30	0.35	0.25	0.40	0.45	−19	34	Ⅱ
	秦皇岛	2.1	0.35	0.45	0.50	0.15	0.25	0.30	−15	33	Ⅱ
	霸县	9.0	0.25	0.40	0.45	0.20	0.30	0.35	−14	36	Ⅱ
	唐山	27.8	0.30	0.40	0.45	0.20	0.35	0.40	−15	35	Ⅱ
	乐亭	10.5	0.30	0.40	0.45	0.25	0.40	0.45	−16	34	Ⅱ
	保定	17.2	0.30	0.40	0.45	0.20	0.35	0.40	−12	36	Ⅱ
	饶阳	18.9	0.30	0.35	0.40	0.20	0.30	0.35	−14	36	Ⅱ
	沧州	9.6	0.30	0.40	0.45	0.20	0.30	0.35	—	—	Ⅱ
	黄骅	6.6	0.30	0.40	0.45	0.20	0.30	0.35	−13	36	Ⅱ
	南宫	27.4	0.25	0.35	0.40	0.15	0.25	0.30	−13	37	Ⅱ
山西	太原	778.3	0.30	0.40	0.45	0.25	0.35	0.40	−16	34	Ⅱ
	右玉	1345.8	—	—	—	0.20	0.30	0.35	−29	31	Ⅱ
	大同	1067.2	0.35	0.55	0.65	0.15	0.25	0.30	−22	32	Ⅱ
	河曲	861.5	0.30	0.50	0.60	0.20	0.30	0.35	−24	35	Ⅱ
	五寨	1401.0	0.30	0.40	0.45	0.20	0.25	0.30	−25	31	Ⅱ
	兴县	1012.6	0.25	0.45	0.55	0.20	0.25	0.30	−19	34	Ⅱ
	原平	828.2	0.30	0.50	0.60	0.20	0.30	0.35	−19	34	Ⅱ
	离石	950.8	0.30	0.45	0.50	0.20	0.30	0.35	−19	34	Ⅱ
	阳泉	741.9	0.30	0.40	0.45	0.20	0.35	0.40	−13	34	Ⅱ
	榆社	1041.4	0.20	0.30	0.35	0.20	0.30	0.35	−17	33	Ⅱ
	隰县	1052.7	0.25	0.35	0.40	0.20	0.30	0.35	−16	34	Ⅱ
	介休	743.9	0.25	0.40	0.45	0.20	0.30	0.35	−15	35	Ⅱ
	临汾	449.5	0.25	0.40	0.45	0.15	0.25	0.30	−14	37	Ⅱ
	长治	991.8	0.30	0.50	0.60	—	—	—	−15	32	—
	运城	376.0	0.30	0.45	0.50	0.15	0.25	0.30	−11	38	Ⅱ
	阳城	659.5	0.30	0.45	0.50	0.20	0.30	0.35	−12	34	Ⅱ
内蒙古	呼和浩特	1063.0	0.35	0.55	0.60	0.25	0.40	0.45	−23	33	Ⅱ
	额右旗拉布达林	581.4	0.35	0.50	0.60	0.35	0.45	0.50	−41	30	Ⅰ

续表

省份	辖地	海拔高度（m）	风压（kN/m²）			雪压（kN/m²）			基本气温（℃）		雪荷载准永久值系数分区
			R=10	R=50	R=100	R=10	R=50	R=100	最低	最高	
内蒙古	牙克石市图里河	732.6	0.30	0.40	0.45	0.40	0.60	0.70	−42	28	Ⅰ
	满洲里	661.7	0.50	0.65	0.70	0.20	0.30	0.35	−35	30	Ⅰ
	海拉尔	610.2	0.45	0.65	0.75	0.35	0.45	0.50	−38	30	Ⅰ
	鄂伦春小二沟	286.1	0.30	0.40	0.45	0.35	0.50	0.55	−40	31	Ⅰ
	新巴尔虎右旗	554.2	0.45	0.60	0.65	0.25	0.40	0.45	−32	32	Ⅰ
	新巴尔虎左旗阿木克朗	642.0	0.40	0.55	0.60	0.25	0.35	0.40	−34	31	Ⅰ
	牙克石市博克图	739.7	0.40	0.55	0.60	0.35	0.55	0.65	−31	28	Ⅰ
	扎兰屯	306.5	0.30	0.40	0.45	0.35	0.55	0.65	−28	32	Ⅰ
	科右翼前旗阿尔山	1027.4	0.35	0.50	0.55	0.45	0.60	0.70	−37	27	Ⅰ
	科右翼前旗索伦	501.8	0.45	0.55	0.60	0.25	0.35	0.40	−30	31	Ⅰ
	乌兰浩特	274.7	0.40	0.55	0.60	0.20	0.30	0.35	−27	32	Ⅰ
	东乌珠穆沁	838.7	0.35	0.55	0.65	0.20	0.30	0.35	−33	32	Ⅰ
	额济纳	940.5	0.40	0.60	0.70	0.05	0.10	0.15	−23	39	Ⅱ
	额济纳旗拐子湖	960.0	0.45	0.55	0.60	0.05	0.10	0.10	−23	39	Ⅱ
	阿左旗巴彦毛道	1328.1	0.40	0.55	0.60	0.10	0.15	0.20	−23	35	Ⅱ
	阿拉善右旗	1510.1	0.45	0.55	0.60	0.05	0.10	0.10	−20	35	Ⅱ
	二连浩特	964.7	0.55	0.65	0.70	0.15	0.25	0.30	−30	34	Ⅱ
	那仁宝力格	1181.6	0.40	0.55	0.60	0.20	0.30	0.35	−33	31	Ⅰ
	达茂旗满都拉	1225.2	0.50	0.75	0.85	0.15	0.20	0.25	−25	34	Ⅱ
	阿巴嘎	1126.1	0.35	0.50	0.55	0.30	0.45	0.50	−33	31	Ⅰ
	苏尼特左旗	1111.4	0.40	0.50	0.55	0.25	0.35	0.40	−32	33	Ⅰ
	乌拉特后旗海力素	1509.6	0.45	0.50	0.55	0.10	0.15	0.20	−25	33	Ⅱ
	苏尼特右旗朱日和	1150.8	0.50	0.65	0.75	0.15	0.20	0.25	−26	33	Ⅱ
	乌拉特中旗海流图	1288.0	0.45	0.60	0.65	0.20	0.30	0.35	−26	33	Ⅱ
	百灵庙	1376.6	0.50	0.75	0.85	0.25	0.35	0.40	−27	32	Ⅱ
	四子王旗	1490.1	0.40	0.60	0.70	0.30	0.45	0.55	−26	30	Ⅱ
	化德	1482.7	0.45	0.75	0.85	0.15	0.25	0.30	−26	29	Ⅱ
	杭锦后旗陕坝	1056.7	0.30	0.45	0.50	0.15	0.20	0.25	—	—	Ⅱ
	包头	1067.2	0.35	0.55	0.60	0.15	0.25	0.30	−23	34	Ⅱ
	集宁	1419.3	0.40	0.60	0.70	0.25	0.35	0.40	−25	30	Ⅱ
	阿拉善左旗吉兰泰	1031.8	0.35	0.50	0.55	0.05	0.10	0.15	−23	37	Ⅱ
	临河	1039.3	0.30	0.50	0.60	0.15	0.25	0.30	−21	35	Ⅱ
	鄂托克	1380.3	0.35	0.55	0.65	0.15	0.20	0.20	−23	33	Ⅱ

续表

省份	辖地	海拔高度(m)	风压(kN/m²)			雪压(kN/m²)			基本气温(℃)		雪荷载准永久值系数分区
			R=10	R=50	R=100	R=10	R=50	R=100	最低	最高	
内蒙古	东胜	1460.4	0.30	0.50	0.60	0.25	0.35	0.40	−21	31	Ⅱ
	阿腾席连	1329.3	0.40	0.50	0.55	0.20	0.30	0.35	—	—	Ⅱ
	巴彦浩特	1561.4	0.40	0.60	0.70	0.15	0.20	0.25	−19	33	Ⅱ
	西乌珠穆沁	995.9	0.40	0.55	0.60	0.30	0.40	0.45	−30	30	Ⅰ
	扎鲁特鲁北	265.0	0.40	0.55	0.60	0.20	0.30	0.35	−23	34	Ⅱ
	巴林左旗林东	484.4	0.40	0.55	0.60	0.20	0.30	0.35	−26	32	Ⅱ
	锡林浩特	989.5	0.40	0.55	0.60	0.20	0.40	0.45	−30	31	Ⅰ
	林西	799.0	0.45	0.60	0.70	0.25	0.40	0.45	−25	32	Ⅰ
	开鲁	241.0	0.40	0.55	0.60	0.20	0.30	0.35	−25	34	Ⅱ
	通辽	178.5	0.40	0.55	0.60	0.20	0.30	0.35	−25	33	Ⅱ
	多伦	1245.4	0.40	0.55	0.60	0.20	0.30	0.35	−28	30	Ⅰ
	翁牛特旗乌丹	631.8	—	—	—	0.20	0.30	0.35	−23	32	Ⅱ
	赤峰	571.1	0.30	0.55	0.65	0.20	0.30	0.35	−23	33	Ⅱ
	敖汉旗宝国图	400.5	0.40	0.50	0.55	0.25	0.40	0.45	−23	33	Ⅱ
辽宁	沈阳	42.8	0.40	0.55	0.60	0.30	0.50	0.55	−24	33	Ⅰ
	彰武	79.4	0.35	0.45	0.50	0.20	0.30	0.35	−22	33	Ⅱ
	阜新	144.0	0.40	0.60	0.70	0.25	0.40	0.45	−23	33	Ⅱ
	开原	98.2	0.30	0.45	0.50	0.35	0.45	0.55	−27	33	Ⅰ
	清原	234.1	0.25	0.40	0.45	0.45	0.70	0.80	−27	33	Ⅰ
	朝阳	169.2	0.40	0.55	0.60	0.30	0.45	0.55	−23	35	Ⅱ
	建平县叶柏寿	421.7	0.30	0.35	0.40	0.25	0.35	0.40	−22	35	Ⅱ
	黑山	37.5	0.45	0.65	0.75	0.30	0.45	0.50	−21	33	Ⅱ
	锦州	65.9	0.40	0.60	0.70	0.30	0.40	0.45	−18	33	Ⅱ
	鞍山	77.3	0.30	0.50	0.60	0.30	0.45	0.55	−18	34	Ⅱ
	本溪	185.2	0.35	0.45	0.50	0.40	0.55	0.60	−24	33	Ⅰ
	章党	118.5	0.30	0.45	0.50	0.35	0.45	0.50	−28	33	Ⅰ
	恒仁	240.3	0.25	0.30	0.35	0.35	0.50	0.55	−25	32	Ⅰ
	绥中	15.3	0.25	0.40	0.45	0.25	0.35	0.40	−19	33	Ⅱ
	兴城	8.8	0.35	0.45	0.50	0.20	0.30	0.35	−19	32	Ⅱ
	营口	3.3	0.40	0.65	0.75	0.30	0.40	0.45	−20	33	Ⅱ
	熊岳	20.4	0.30	0.40	0.45	0.25	0.40	0.45	−22	33	Ⅱ
	本溪县草河口	233.4	0.25	0.45	0.55	0.35	0.55	0.60	—	—	Ⅰ
	岫岩	79.3	0.30	0.45	0.50	0.35	0.50	0.55	−22	33	Ⅱ

续表

省份	辖地	海拔高度（m）	风压（kN/m²）			雪压（kN/m²）			基本气温（℃）		雪荷载准永久值系数分区
			$R=10$	$R=50$	$R=100$	$R=10$	$R=50$	$R=100$	最低	最高	
辽宁	宽甸	260.1	0.30	0.50	0.60	0.40	0.60	0.70	−26	32	Ⅱ
	丹东	15.1	0.35	0.55	0.65	0.30	0.40	0.45	−18	32	Ⅱ
	瓦房店	29.3	0.35	0.50	0.55	0.20	0.30	0.35	−17	32	Ⅱ
	皮口	43.2	0.35	0.50	0.55	0.20	0.30	0.35	—	—	Ⅱ
	庄河	34.8	0.35	0.50	0.55	0.25	0.35	0.40	−19	32	Ⅱ
	大连	91.5	0.40	0.65	0.75	0.25	0.40	0.45	−13	32	Ⅱ
吉林	长春	236.8	0.45	0.65	0.75	0.30	0.45	0.50	−26	32	Ⅰ
	白城	155.4	0.45	0.65	0.75	0.15	0.20	0.25	−29	33	Ⅱ
	乾安	146.3	0.35	0.45	0.55	0.15	0.20	0.23	−28	33	Ⅱ
	前郭尔罗斯	134.7	0.30	0.45	0.50	0.15	0.25	0.30	−28	33	Ⅱ
	通榆	149.5	0.35	0.50	0.55	0.15	0.25	0.30	−28	33	Ⅱ
	长岭	189.3	0.30	0.45	0.50	0.15	0.20	0.25	−27	32	Ⅱ
	扶余市三岔河	196.6	0.40	0.60	0.70	0.25	0.35	0.40	−29	32	Ⅱ
	双辽	114.9	0.35	0.50	0.55	0.20	0.30	0.35	−27	33	Ⅰ
	四平	164.2	0.40	0.55	0.60	0.20	0.35	0.40	−24	33	Ⅱ
	磐石县烟筒山	271.6	0.30	0.40	0.45	0.25	0.40	0.45	−31	31	Ⅰ
	吉林	183.4	0.40	0.50	0.55	0.30	0.45	0.50	−31	32	Ⅰ
	蛟河	295.0	0.30	0.45	0.50	0.50	0.75	0.85	−31	32	Ⅰ
	敦化	523.7	0.30	0.45	0.50	0.30	0.50	0.60	−29	30	Ⅰ
	梅河口	339.9	0.30	0.40	0.45	0.30	0.45	0.50	−27	32	Ⅰ
	桦甸	263.8	0.30	0.40	0.45	0.40	0.65	0.75	−33	32	Ⅰ
	靖宇	549.2	0.25	0.35	0.40	0.40	0.60	0.70	−32	31	Ⅰ
	东岗	774.2	0.30	0.45	0.55	0.80	1.15	1.30	−27	30	Ⅰ
	延吉	176.8	0.35	0.50	0.55	0.35	0.55	0.65	−26	32	Ⅰ
	通化	402.9	0.30	0.50	0.60	0.50	0.80	0.90	−27	32	Ⅰ
	临江	332.7	0.20	0.30	0.30	0.45	0.70	0.80	−27	33	Ⅰ
	集安	177.7	0.20	0.30	0.35	0.45	0.70	0.80	−26	33	Ⅰ
	长白	1016.7	0.35	0.45	0.50	0.40	0.60	0.70	−28	29	Ⅰ
黑龙江	哈尔滨	142.3	0.35	0.55	0.70	0.30	0.45	0.50	−31	32	Ⅰ
	漠河	296.0	0.25	0.35	0.40	0.60	0.75	0.85	−42	30	Ⅰ
	塔河	357.4	0.25	0.30	0.35	0.50	0.65	0.75	−38	30	Ⅰ
	新林	494.6	0.25	0.35	0.40	0.50	0.65	0.75	−40	29	Ⅰ
	呼玛	177.4	0.30	0.50	0.60	0.45	0.60	0.70	−40	31	Ⅰ

续表

省份	辖地	海拔高度(m)	风压(kN/m²)			雪压(kN/m²)			基本气温(℃)		雪荷载准永久值系数分区
			$R=10$	$R=50$	$R=100$	$R=10$	$R=50$	$R=100$	最低	最高	
黑龙江	加格达奇	371.7	0.25	0.35	0.40	0.45	0.65	0.70	−38	30	Ⅰ
	黑河	166.4	0.35	0.50	0.55	0.60	0.75	0.85	−35	31	Ⅰ
	嫩江	242.2	0.40	0.55	0.60	0.40	0.55	0.60	−39	31	Ⅰ
	孙吴	234.5	0.40	0.60	0.70	0.45	0.60	0.70	−40	31	Ⅰ
	北安	269.7	0.30	0.50	0.60	0.40	0.55	0.60	−36	31	Ⅰ
	克山	234.6	0.30	0.45	0.50	0.30	0.50	0.55	−34	31	Ⅰ
	富裕	162.4	0.30	0.40	0.45	0.25	0.35	0.40	−34	32	Ⅰ
	齐齐哈尔	145.9	0.35	0.45	0.50	0.25	0.40	0.45	−30	32	Ⅰ
	海伦	239.2	0.35	0.55	0.65	0.30	0.40	0.45	−32	31	Ⅰ
	明水	249.2	0.35	0.45	0.50	0.25	0.40	0.45	−30	31	Ⅰ
	伊春	240.9	0.25	0.35	0.40	0.50	0.65	0.75	−36	31	Ⅰ
	鹤岗	227.9	0.30	0.40	0.45	0.45	0.65	0.70	−27	31	Ⅰ
	富锦	64.2	0.30	0.45	0.50	0.40	0.55	0.60	−30	31	Ⅰ
	泰来	149.5	0.30	0.45	0.50	0.20	0.30	0.35	−28	33	Ⅰ
	绥化	179.6	0.35	0.55	0.65	0.35	0.50	0.60	−32	31	Ⅰ
	安达	149.3	0.35	0.55	0.65	0.20	0.30	0.35	−31	32	Ⅰ
	铁力	210.5	0.25	0.35	0.40	0.50	0.75	0.85	−34	31	Ⅰ
	佳木斯	91.2	0.40	0.65	0.75	0.60	0.85	0.95	−30	32	Ⅰ
	依兰	100.1	0.45	0.65	0.75	0.30	0.45	0.50	−29	32	Ⅰ
	宝清	83.0	0.30	0.40	0.45	0.55	0.85	1.00	−30	31	Ⅰ
	通河	108.6	0.35	0.50	0.55	0.50	0.75	0.85	−33	32	Ⅰ
	尚志	189.7	0.35	0.55	0.60	0.40	0.55	0.60	−32	32	Ⅰ
	鸡西	233.6	0.40	0.55	0.65	0.45	0.65	0.75	−27	32	Ⅰ
	虎林	100.2	0.35	0.45	0.50	0.95	1.40	1.60	−29	31	Ⅰ
	牡丹江	241.4	0.35	0.50	0.55	0.50	0.75	0.85	−28	32	Ⅰ
	绥芬河	496.7	0.40	0.60	0.70	0.60	0.75	0.85	−30	29	Ⅰ
山东	济南	51.6	0.30	0.45	0.50	0.20	0.30	0.35	−9	36	Ⅱ
	德州	21.2	0.30	0.45	0.50	0.20	0.35	0.40	−11	36	Ⅱ
	惠民	11.3	0.40	0.50	0.55	0.25	0.35	0.40	−13	36	Ⅱ
	寿光县羊角沟	4.4	0.30	0.45	0.50	0.15	0.25	0.30	−11	36	Ⅱ
	龙口	4.8	0.45	0.60	0.65	0.25	0.35	0.40	−11	35	Ⅱ
	烟台	46.7	0.40	0.55	0.60	0.30	0.40	0.45	−8	32	Ⅱ
	威海	46.6	0.45	0.65	0.75	0.30	0.50	0.60	−8	32	Ⅱ

续表

省份	辖地	海拔高度(m)	风压(kN/m²)			雪压(kN/m²)			基本气温(℃)		雪荷载准永久值系数分区
			R=10	R=50	R=100	R=10	R=50	R=100	最低	最高	
山东	荣成市成山头	47.7	0.60	0.70	0.75	0.25	0.40	0.45	−7	30	Ⅱ
	朝城	42.7	0.35	0.45	0.50	0.25	0.35	0.40	−12	36	Ⅱ
	泰安市泰山	1533.7	0.65	0.85	0.95	0.40	0.55	0.60	−16	25	Ⅱ
	泰安	128.8	0.30	0.40	0.45	0.20	0.35	0.40	−12	33	Ⅱ
	张店	34.0	0.30	0.40	0.45	0.30	0.45	0.50	−12	36	Ⅱ
	沂源	304.5	0.30	0.35	0.40	0.20	0.30	0.35	−13	35	Ⅱ
	潍坊	44.1	0.30	0.40	0.45	0.25	0.35	0.40	−12	36	Ⅱ
	莱阳	30.5	0.30	0.40	0.45	0.15	0.25	0.30	−13	35	Ⅱ
	青岛	76.0	0.45	0.60	0.70	0.15	0.20	0.25	−9	33	Ⅱ
	海阳	65.2	0.40	0.55	0.60	0.10	0.15	0.15	−10	33	Ⅱ
	荣成市石岛	33.7	0.40	0.55	0.65	0.10	0.15	0.15	−8	31	Ⅱ
	菏泽	49.7	0.25	0.40	0.45	0.20	0.30	0.35	−10	36	Ⅱ
	兖州	51.7	0.25	0.40	0.45	0.25	0.35	0.45	−11	36	Ⅱ
	莒县	107.4	0.25	0.35	0.40	0.20	0.35	0.40	−11	35	Ⅱ
	临沂	87.9	0.30	0.40	0.45	0.25	0.40	0.45	−10	35	Ⅱ
	日照	16.1	0.30	0.40	0.45	—	—	—	−8	33	—
江苏	南京	8.9	0.25	0.40	0.45	0.40	0.65	0.75	−6	37	Ⅱ
	徐州	41.0	0.25	0.35	0.40	0.25	0.35	0.40	−8	35	Ⅱ
	赣榆	2.1	0.30	0.45	0.50	0.25	0.35	0.40	−8	35	Ⅱ
	盱眙	34.5	0.25	0.35	0.40	0.20	0.30	0.35	−7	36	Ⅱ
	淮阴	17.5	0.25	0.40	0.45	0.25	0.40	0.45	−7	35	Ⅱ
	射阳	2.0	0.30	0.40	0.45	0.15	0.20	0.25	−7	35	Ⅲ
	镇江	26.5	0.30	0.40	0.45	0.25	0.35	0.40	—	—	Ⅲ
	无锡	6.7	0.30	0.45	0.50	0.30	0.40	0.45	—	—	Ⅲ
	泰州	6.6	0.25	0.40	0.45	0.25	0.35	0.40	—	—	Ⅲ
	连云港	3.7	0.35	0.55	0.65	0.25	0.40	0.45	—	—	Ⅱ
	盐城	3.6	0.25	0.45	0.55	0.20	0.35	0.40	—	—	Ⅲ
	高邮	5.4	0.25	0.40	0.45	0.20	0.35	0.40	−6	36	Ⅲ
	东台	4.3	0.30	0.40	0.45	0.20	0.30	0.35	−6	36	Ⅲ
	南通	5.3	0.30	0.45	0.50	0.15	0.25	0.30	−4	36	Ⅲ
	启东县吕泗	5.5	0.35	0.50	0.55	0.10	0.20	0.25	−4	35	Ⅲ
	常州	4.9	0.25	0.40	0.45	0.20	0.35	0.40	−4	37	Ⅲ
	溧阳	7.2	0.25	0.40	0.45	0.30	0.50	0.55	−5	37	Ⅲ
	吴县东山	17.5	0.30	0.45	0.50	0.25	0.40	0.45	−5	36	Ⅲ

续表

省份	辖地	海拔高度（m）	风压（kN/m²）			雪压（kN/m²）			基本气温（℃）		雪荷载准永久值系数分区
			R=10	R=50	R=100	R=10	R=50	R=100	最低	最高	
浙江	杭州	41.7	0.30	0.45	0.50	0.30	0.45	0.50	−4	38	Ⅲ
	临安县天目山	1505.9	0.55	0.75	0.85	1.00	1.60	1.85	−11	28	Ⅱ
	平湖县乍浦	5.4	0.35	0.45	0.50	0.25	0.35	0.40	−5	36	Ⅲ
	慈溪	7.1	0.30	0.45	0.50	0.25	0.35	0.40	−4	37	Ⅲ
	嵊泗	79.6	0.85	1.30	1.55	—	—	—	−2	34	—
	嵊泗县嵊山	124.6	1.00	1.65	1.95	—	—	—	0	30	—
	舟山	35.7	0.50	0.85	1.00	0.30	0.50	0.60	−2	35	Ⅲ
	金华	62.6	0.25	0.35	0.40	0.35	0.55	0.65	−3	39	Ⅲ
	嵊县	104.3	0.25	0.40	0.50	0.35	0.55	0.65	−3	39	Ⅲ
	宁波	4.2	0.30	0.50	0.60	0.20	0.30	0.35	−3	37	Ⅲ
	象山县石浦	128.4	0.75	1.20	1.45	0.20	0.30	0.35	−2	35	Ⅲ
	衢州	66.9	0.25	0.35	0.40	0.30	0.50	0.60	−3	38	Ⅲ
	丽水	60.8	0.20	0.30	0.35	0.30	0.45	0.50	−3	39	Ⅲ
	龙泉	198.4	0.20	0.30	0.35	0.35	0.55	0.65	−2	38	Ⅲ
	临海市括苍山	1383.1	0.60	0.90	1.05	0.45	0.65	0.75	−8	29	Ⅲ
	温州	6.0	0.35	0.60	0.70	0.25	0.35	0.40	0	36	Ⅲ
	洪家	1.3	0.35	0.55	0.65	0.20	0.30	0.35	−2	36	Ⅲ
	下大陈	86.2	0.95	1.45	1.75	0.25	0.35	0.40	−1	33	Ⅲ
	坎门	95.9	0.70	1.20	1.45	0.20	0.35	0.40	0	34	Ⅲ
	北麂	42.3	1.00	1.80	2.20	—	—	—	2	33	—
安徽	合肥	27.9	0.25	0.35	0.40	0.40	0.60	0.70	−6	37	Ⅱ
	砀山	43.2	0.25	0.35	0.40	0.25	0.40	0.45	−9	36	Ⅱ
	亳州	37.7	0.25	0.45	0.55	0.25	0.40	0.45	−8	37	Ⅱ
	宿县	25.9	0.25	0.40	0.50	0.25	0.40	0.45	−8	36	Ⅱ
	寿县	22.7	0.25	0.35	0.40	0.30	0.50	0.55	−7	35	Ⅱ
	蚌埠	18.7	0.25	0.35	0.40	0.30	0.45	0.55	−6	36	Ⅱ
	滁县	25.3	0.25	0.35	0.40	0.30	0.50	0.60	−6	36	Ⅱ
	六安	60.5	0.20	0.35	0.40	0.35	0.55	0.60	−5	37	Ⅱ
	霍山	68.1	0.20	0.35	0.40	0.45	0.65	0.75	−6	37	Ⅱ
	巢湖	22.4	0.25	0.35	0.40	0.30	0.45	0.50	−5	37	Ⅱ
	安庆	19.8	0.25	0.40	0.45	0.20	0.35	0.40	−3	36	Ⅲ
	宁国	89.4	0.25	0.35	0.40	0.30	0.50	0.55	−6	38	Ⅲ
	黄山	1840.4	0.50	0.70	0.80	0.35	0.45	0.50	−11	24	Ⅲ
	黄山（市）	142.7	0.25	0.35	0.40	0.30	0.45	0.50	−3	38	Ⅲ
	阜阳	30.6	—	—	—	0.35	0.55	0.60	−7	36	Ⅱ

续表

省份	辖地	海拔高度（m）	风压（kN/m²）			雪压（kN/m²）			基本气温（℃）		雪荷载准永久值系数分区
			R=10	R=50	R=100	R=10	R=50	R=100	最低	最高	
江西	南昌	46.7	0.30	0.45	0.55	0.30	0.45	0.50	−3	38	Ⅲ
	修水	146.8	0.20	0.30	0.35	0.25	0.40	0.50	−4	37	Ⅲ
	宜春	131.3	0.20	0.30	0.35	0.25	0.40	0.45	−3	38	Ⅲ
	吉安	76.4	0.25	0.30	0.35	0.25	0.35	0.45	−2	38	Ⅲ
	宁冈	263.1	0.20	0.30	0.35	0.30	0.45	0.50	−3	38	Ⅲ
	遂川	126.1	0.20	0.30	0.35	0.30	0.45	0.55	−1	38	Ⅲ
	赣州	123.8	0.20	0.30	0.35	0.20	0.35	0.40	0	38	Ⅲ
	九江	36.1	0.25	0.35	0.40	0.30	0.40	0.45	−2	38	Ⅲ
	庐山	1164.5	0.40	0.55	0.60	0.60	0.95	1.05	−9	29	Ⅲ
	波阳	40.1	0.25	0.40	0.45	0.35	0.60	0.70	−3	38	Ⅲ
	景德镇	61.5	0.25	0.35	0.40	0.25	0.35	0.40	−3	38	Ⅲ
	樟树	30.4	0.20	0.30	0.35	0.25	0.40	0.45	−3	38	Ⅲ
	贵溪	51.2	0.20	0.30	0.35	0.35	0.50	0.60	−2	38	Ⅲ
	玉山	116.3	0.20	0.30	0.35	0.35	0.55	0.65	−3	38	Ⅲ
	南城	80.8	0.25	0.30	0.35	0.20	0.35	0.40	−3	37	Ⅲ
	广昌	143.8	0.20	0.30	0.35	0.30	0.45	0.50	−2	38	Ⅲ
	寻乌	303.9	0.25	0.30	0.35	—	—	—	−0.3	37	—
福建	福州	83.8	0.40	0.70	0.85	—	—	—	3	37	—
	邵武	191.5	0.20	0.30	0.35	0.25	0.35	0.40	−1	37	Ⅲ
	崇安县七仙山	1401.9	0.55	0.70	0.80	0.40	0.60	0.70	−5	28	Ⅲ
	蒲城	276.9	0.20	0.30	0.35	0.35	0.55	0.65	−2	37	Ⅲ
	建阳	196.9	0.25	0.35	0.40	0.35	0.50	0.55	−2	38	Ⅲ
	建瓯	154.9	0.25	0.35	0.40	0.25	0.35	0.40	0	38	Ⅲ
	福鼎	36.2	0.35	0.70	0.90	—	—	—	1	37	—
	泰宁	342.9	0.20	0.30	0.35	0.30	0.50	0.60	−2	37	Ⅲ
	南平	125.6	0.20	0.35	0.45	—	—	—	2	38	—
	福鼎县台山	106.3	0.75	1.00	1.10	—	—	—	4	30	—
	长汀	310.0	0.20	0.35	0.40	0.15	0.25	0.30	0	36	Ⅲ
	上杭	197.9	0.25	0.30	0.35	—	—	—	2	36	—
	永安	206.0	0.25	0.40	0.45	—	—	—	2	38	—
	龙岩	342.3	0.20	0.35	0.45	—	—	—	3	36	—
	德化县九仙山	1653.5	0.60	0.80	0.90	0.25	0.40	0.50	−3	25	Ⅲ
	屏南	896.5	0.20	0.30	0.35	0.25	0.45	0.50	−2	32	Ⅲ

续表

省份	辖地	海拔高度(m)	风压(kN/m²)			雪压(kN/m²)			基本气温(℃)		雪荷载准永久值系数分区
			R=10	R=50	R=100	R=10	R=50	R=100	最低	最高	
福建	平潭	32.4	0.75	1.30	1.60	—	—	—	4	34	—
	崇武	21.8	0.55	0.85	1.05	—	—	—	5	33	—
	厦门	139.4	0.50	0.80	0.95	—	—	—	5	35	—
	东山	53.3	0.80	1.25	1.45	—	—	—	7	34	—
陕西	西安	397.5	0.25	0.35	0.40	0.20	0.25	0.30	−9	37	Ⅱ
	榆林	1057.5	0.25	0.40	0.45	0.20	0.25	0.30	−22	35	Ⅱ
	吴旗	1272.6	0.25	0.40	0.50	0.15	0.20	0.20	−20	33	Ⅱ
	横山	1111.0	0.30	0.40	0.45	0.15	0.25	0.30	−21	35	Ⅱ
	绥德	929.7	0.30	0.40	0.45	0.20	0.35	0.40	−19	35	Ⅱ
	延安	957.8	0.25	0.35	0.40	0.15	0.25	0.30	−17	34	Ⅱ
	长武	1206.5	0.20	0.30	0.35	0.20	0.30	0.35	−15	32	Ⅱ
	洛川	1158.3	0.25	0.35	0.40	0.25	0.35	0.40	−15	32	Ⅱ
	铜川	978.9	0.20	0.35	0.40	0.15	0.20	0.25	−12	33	Ⅱ
	宝鸡	612.4	0.20	0.35	0.40	0.15	0.20	0.25	−8	37	Ⅱ
	武功	447.8	0.20	0.35	0.40	0.20	0.25	0.30	−9	37	Ⅱ
	华山	2064.9	0.40	0.50	0.55	0.50	0.70	0.75	−15	25	Ⅱ
	略阳	794.2	0.25	0.35	0.40	0.10	0.15	0.15	−6	34	Ⅲ
	汉中	508.4	0.25	0.30	0.35	0.15	0.20	0.25	−5	34	Ⅲ
	佛坪	1087.7	0.25	0.35	0.45	0.15	0.25	0.30	−8	33	Ⅲ
	商州	742.2	0.25	0.30	0.35	0.20	0.30	0.35	−8	35	Ⅱ
	镇安	693.7	0.20	0.35	0.40	0.20	0.30	0.35	−7	36	Ⅲ
	石泉	484.9	0.20	0.30	0.35	0.20	0.30	0.35	−5	35	Ⅲ
	安康	290.8	0.30	0.45	0.50	0.10	0.15	0.20	−4	37	Ⅲ
甘肃	兰州	1517.2	0.20	0.30	0.35	0.10	0.15	0.20	−15	34	Ⅱ
	吉诃德	966.5	0.45	0.55	0.60	—	—	—	—	—	—
	安西	1170.8	0.40	0.55	0.60	0.10	0.20	0.25	−22	37	Ⅱ
	酒泉	1477.2	0.40	0.55	0.60	0.20	0.30	0.35	−21	33	Ⅱ
	张掖	1482.7	0.30	0.50	0.60	0.05	0.10	0.15	−22	34	Ⅱ
	武威	1530.9	0.35	0.55	0.65	0.15	0.20	0.25	−20	33	Ⅱ
	民勤	1367.0	0.40	0.50	0.55	0.05	0.10	0.10	−21	35	Ⅱ
	乌鞘岭	3045.1	0.35	0.40	0.45	0.35	0.55	0.60	−22	21	Ⅱ
	景泰	1630.5	0.25	0.40	0.45	0.10	0.15	0.20	−18	33	Ⅱ
	靖远	1398.2	0.20	0.30	0.35	0.15	0.20	0.25	−18	33	Ⅱ

续表

省份	辖地	海拔高度（m）	风压（kN/m²）			雪压（kN/m²）			基本气温（℃）		雪荷载准永久值系数分区
			R=10	R=50	R=100	R=10	R=50	R=100	最低	最高	
甘肃	临夏	1917.0	0.20	0.30	0.35	0.15	0.25	0.30	−18	30	Ⅱ
	临洮	1886.6	0.20	0.30	0.35	0.30	0.50	0.55	−19	30	Ⅱ
	华家岭	2450.6	0.30	0.40	0.45	0.25	0.40	0.45	−17	24	Ⅱ
	环县	1255.6	0.20	0.30	0.35	0.15	0.25	0.30	−18	33	Ⅱ
	平凉	1346.6	0.25	0.30	0.35	0.15	0.25	0.30	−14	32	Ⅱ
	西峰	1421.0	0.20	0.30	0.35	0.25	0.40	0.45	−14	31	Ⅱ
	玛曲	3471.4	0.25	0.30	0.35	0.15	0.20	0.25	−23	21	Ⅱ
	合作	2910.0	0.25	0.30	0.35	0.25	0.40	0.45	−23	24	Ⅱ
	武都	1079.1	0.25	0.35	0.40	0.05	0.10	0.15	−5	35	Ⅲ
	天水	1141.7	0.20	0.35	0.40	0.15	0.20	0.25	−11	34	Ⅱ
	马宗山	1962.7	—	—	—	0.10	0.15	0.20	−25	32	Ⅱ
	敦煌	1139.0	—	—	—	0.10	0.15	0.20	−20	37	Ⅱ
	玉门	1526.0	—	—	—	0.15	0.20	0.25	−21	33	Ⅱ
	鼎新	1177.4	—	—	—	0.05	0.10	0.15	−21	36	Ⅱ
	高台	1332.2	—	—	—	0.10	0.15	0.20	−21	34	Ⅱ
	山丹	1764.6	—	—	—	0.15	0.20	0.25	−21	32	Ⅱ
	永昌	1976.1	—	—	—	0.10	0.15	0.20	−22	29	Ⅱ
	榆中	1874.1	—	—	—	0.15	0.20	0.25	−19	30	Ⅱ
	会宁	2012.2	—	—	—	0.20	0.30	0.35	—	—	Ⅱ
	岷县	2315.0	—	—	—	0.10	0.15	0.20	−19	27	Ⅱ
宁夏	银川	1111.4	0.40	0.65	0.75	0.15	0.20	0.25	−19	34	Ⅱ
	惠农	1091.0	0.45	0.65	0.70	0.05	0.10	0.10	−20	35	Ⅱ
	陶乐	1101.6	—	—	—	0.05	0.10	0.10	−20	35	Ⅱ
	中卫	1225.7	0.30	0.45	0.50	0.05	0.10	0.15	−18	33	Ⅱ
	中宁	1183.3	0.30	0.35	0.40	0.10	0.15	0.20	−18	34	Ⅱ
	盐池	1347.8	0.30	0.40	0.45	0.20	0.30	0.35	−20	34	Ⅱ
	海源	1854.2	0.25	0.35	0.40	0.25	0.40	0.45	−17	30	Ⅱ
	同心	1343.9	0.20	0.30	0.35	0.10	0.10	0.15	−18	34	Ⅱ
	固原	1753.0	0.25	0.35	0.40	0.30	0.40	0.45	−20	29	Ⅱ
	西吉	1916.5	0.20	0.30	0.35	0.15	0.20	0.20	−20	29	Ⅱ
青海	西宁	2261.2	0.25	0.35	0.40	0.15	0.20	0.25	−19	29	Ⅱ
	茫崖	3138.5	0.30	0.40	0.45	0.05	0.10	0.10	—	—	Ⅱ
	冷湖	2733.0	0.40	0.55	0.60	0.05	0.10	0.10	−26	29	Ⅱ

续表

省份	辖地	海拔高度(m)	风压(kN/m²)			雪压(kN/m²)			基本气温(℃)		雪荷载准永久值系数分区
			R=10	R=50	R=100	R=10	R=50	R=100	最低	最高	
青海	托勒	3367.0	0.30	0.40	0.45	0.20	0.25	0.30	−32	22	Ⅱ
	祁连县野牛沟	3180.0	0.30	0.40	0.45	0.15	0.20	0.20	−31	21	Ⅱ
	祁连	2787.4	0.30	0.35	0.40	0.10	0.15	0.15	−25	25	Ⅱ
	格尔木市小灶火	2767.0	0.30	0.40	0.45	0.05	0.10	0.10	−25	30	Ⅱ
	大柴旦	3173.2	0.30	0.40	0.45	0.10	0.15	0.15	−27	26	Ⅱ
	德令哈	2981.5	0.25	0.35	0.40	0.10	0.15	0.20	−22	28	Ⅱ
	刚察	3301.5	0.25	0.35	0.40	0.20	0.25	0.30	−26	21	Ⅱ
	门源	2850.0	0.25	0.35	0.40	0.20	0.30	0.30	−27	24	Ⅱ
	格尔木	2807.6	0.30	0.40	0.45	0.10	0.20	0.25	−21	29	Ⅱ
	诺木洪	2790.4	0.35	0.50	0.60	0.05	0.10	0.10	−22	30	Ⅱ
	都兰	3191.1	0.30	0.45	0.55	0.20	0.25	0.30	−21	26	Ⅱ
	茶卡	3087.6	0.25	0.35	0.40	0.15	0.20	0.25	−25	25	Ⅱ
	恰卜恰	2835.0	0.25	0.35	0.40	0.10	0.15	0.20	−22	26	Ⅱ
	贵德	2237.1	0.25	0.30	0.35	0.05	0.10	0.10	−18	30	Ⅱ
	民和	1813.9	0.20	0.30	0.35	0.10	0.10	0.15	−17	31	Ⅱ
	唐古拉山五道梁	4612.2	0.35	0.45	0.50	0.20	0.25	0.30	−29	17	Ⅰ
	兴海	3323.2	0.25	0.35	0.40	0.15	0.20	0.20	−25	23	Ⅱ
	同德	3289.4	0.25	0.35	0.40	0.20	0.30	0.35	−28	23	Ⅱ
	泽库	3662.8	0.25	0.30	0.35	0.20	0.40	0.45	—	—	Ⅱ
	格尔木市托托河	4533.1	0.40	0.50	0.55	0.25	0.35	0.40	−33	19	Ⅰ
	治多	4179.0	0.25	0.30	0.35	0.15	0.20	0.25	—	—	Ⅰ
	杂多	4066.4	0.25	0.35	0.40	0.20	0.25	0.30	−25	22	Ⅱ
	曲麻菜	4231.2	0.25	0.35	0.40	0.15	0.25	0.30	−28	20	Ⅰ
	玉树	3681.2	0.20	0.30	0.35	0.15	0.20	0.25	−20	24.4	Ⅱ
	玛多	4272.3	0.30	0.40	0.45	0.25	0.35	0.40	−33	18	Ⅰ
	称多县清水河	4415.4	0.25	0.30	0.35	0.25	0.30	0.35	−33	17	Ⅰ
	玛沁县仁峡姆	4211.1	0.30	0.35	0.40	0.20	0.30	0.35	−33	18	Ⅰ
	吉迈	3967.5	0.25	0.35	0.40	0.20	0.25	0.30	−27	20	Ⅰ
	河南	3500.0	0.25	0.40	0.45	0.20	0.25	0.30	−29	21	Ⅱ
	久治	3628.5	0.20	0.30	0.35	0.20	0.25	0.30	−24	21	Ⅱ
	昂欠	3643.7	0.25	0.30	0.35	0.10	0.20	0.25	−18	25	Ⅱ
	班玛	3750.0	0.20	0.30	0.35	0.15	0.20	0.25	−20	22	Ⅱ

续表

省份	辖地	海拔高度(m)	风压(kN/m²)			雪压(kN/m²)			基本气温(℃)		雪荷载准永久值系数分区
			R=10	R=50	R=100	R=10	R=50	R=100	最低	最高	
新疆	乌鲁木齐	917.9	0.40	0.60	0.70	0.65	0.90	1.00	−23	34	Ⅰ
	阿勒泰	735.3	0.40	0.70	0.85	1.20	1.65	1.85	−28	32	Ⅰ
	阿拉山口	284.8	0.95	1.35	1.55	0.20	0.25	0.25	−25	39	Ⅰ
	克拉玛依	427.3	0.65	0.90	1.00	0.20	0.30	0.35	−27	38	Ⅰ
	伊宁	662.5	0.40	0.60	0.70	1.00	1.40	1.55	−23	35	Ⅰ
	昭苏	1851.0	0.25	0.40	0.45	0.65	0.85	0.95	−23	26	Ⅰ
	达坂城	1103.5	0.55	0.80	0.90	0.15	0.20	0.20	−21	32	Ⅰ
	巴音布鲁克	2458.0	0.25	0.35	0.40	0.55	0.75	0.85	−40	22	Ⅰ
	吐鲁番	34.5	0.50	0.85	1.00	0.15	0.20	0.25	−20	44	Ⅱ
	阿克苏	1103.8	0.30	0.45	0.50	0.15	0.25	0.30	−20	36	Ⅱ
	库车	1099.0	0.35	0.50	0.60	0.15	0.20	0.30	−19	36	Ⅱ
	库尔勒	931.5	0.30	0.45	0.50	0.15	0.20	0.30	−18	37	Ⅱ
	乌恰	2175.7	0.25	0.35	0.40	0.35	0.50	0.60	−20	31	Ⅱ
	喀什	1288.7	0.35	0.55	0.65	0.30	0.45	0.50	−17	36	Ⅱ
	阿合奇	1984.9	0.25	0.35	0.40	0.25	0.35	0.40	−21	31	Ⅱ
	皮山	1375.4	0.20	0.30	0.35	0.15	0.20	0.25	−18	37	Ⅱ
	和田	1374.6	0.25	0.40	0.45	0.10	0.20	0.25	−15	37	Ⅱ
	民丰	1409.3	0.20	0.30	0.35	0.10	0.15	0.15	−19	37	Ⅱ
	安德河	1262.8	0.20	0.30	0.35	0.05	0.05	0.05	−23	39	Ⅱ
	于田	1422.0	0.20	0.30	0.35	0.10	0.15	0.15	−17	36	Ⅱ
	哈密	737.2	0.40	0.60	0.70	0.15	0.25	0.30	−23	38	Ⅱ
	哈巴河	532.6	—	—	—	0.70	1.00	1.15	−26	33.6	Ⅰ
	吉木乃	984.1	—	—	—	0.85	1.15	1.35	−24	31	Ⅰ
	福海	500.9	—	—	—	0.30	0.45	0.50	−31	34	Ⅰ
	富蕴	807.5	—	—	—	0.95	1.35	1.50	−33	34	Ⅰ
	塔城	534.9	—	—	—	1.10	1.55	1.75	−23	35	Ⅰ
	和布克赛尔	1291.6	—	—	—	0.25	0.40	0.45	−23	30	Ⅰ
	青河	1218.2	—	—	—	0.90	1.30	1.45	−35	31	Ⅰ
	托里	1077.8	—	—	—	0.55	0.75	0.85	−24	32	Ⅰ
	北塔山	1653.7	—	—	—	0.55	0.65	0.70	−25	28	Ⅰ
	温泉	1354.6	—	—	—	0.35	0.45	0.50	−25	30	Ⅰ
	精河	320.1	—	—	—	0.20	0.30	0.35	−27	38	Ⅰ
	乌苏	478.7	—	—	—	0.40	0.55	0.60	−26	37	Ⅰ

续表

省份	辖地	海拔高度（m）	风压（kN/m²）			雪压（kN/m²）			基本气温（℃）		雪荷载准永久值系数分区
			R=10	R=50	R=100	R=10	R=50	R=100	最低	最高	
新疆	石河子	442.9	—	—	—	0.50	0.70	0.80	−28	37	Ⅰ
	蔡家河	440.5	—	—	—	0.40	0.50	0.55	−32	38	Ⅰ
	奇台	793.5	—	—	—	0.55	0.75	0.85	−31	34	Ⅰ
	巴仑台	1752.5	—	—	—	0.20	0.30	0.35	−20	30	Ⅱ
	七角井	873.2	—	—	—	0.05	0.10	0.15	−23	38	Ⅱ
	库米什	922.4	—	—	—	0.10	0.15	0.15	−25	38	Ⅱ
	焉耆	1055.8	—	—	—	0.15	0.20	0.25	−24	35	Ⅱ
	拜城	1229.2	—	—	—	0.20	0.30	0.35	−26	34	Ⅱ
	轮台	976.1	—	—	—	0.15	0.20	0.30	−19	38	Ⅱ
	吐尔格特	3504.4	—	—	—	0.40	0.55	0.65	−27	18	Ⅱ
	巴楚	1116.5	—	—	—	0.10	0.15	0.20	−19	38	Ⅱ
	柯坪	1161.8	—	—	—	0.05	0.10	0.15	−20	37	Ⅱ
	阿拉尔	1012.2	—	—	—	0.05	0.10	0.10	−20	36	Ⅱ
	铁干里克	846.0	—	—	—	0.10	0.15	0.15	−20	39	Ⅱ
	若羌	888.3	—	—	—	0.10	0.15	0.20	−18	40	Ⅱ
	塔吉克	3090.9	—	—	—	0.15	0.25	0.30	−28	28	Ⅱ
	莎车	1231.2	—	—	—	0.15	0.20	0.25	−17	37	Ⅱ
	且末	1247.5	—	—	—	0.10	0.15	0.20	−20	37	Ⅱ
	红柳河	1700.0	—	—	—	0.10	0.15	0.15	−25	35	Ⅱ
河南	郑州	110.4	0.30	0.45	0.50	0.25	0.40	0.45	−8	36	Ⅱ
	安阳	75.5	0.25	0.45	0.55	0.25	0.40	0.45	−8	36	Ⅱ
	新乡	72.7	0.30	0.40	0.45	0.20	0.30	0.35	−8	36	Ⅱ
	三门峡	410.1	0.25	0.40	0.45	0.15	0.20	0.25	−8	36	Ⅱ
	卢氏	568.8	0.20	0.30	0.35	0.20	0.30	0.35	−10	35	Ⅱ
	孟津	323.3	0.30	0.45	0.50	0.30	0.40	0.50	−8	35	Ⅱ
	洛阳	137.1	0.25	0.40	0.45	0.25	0.35	0.40	−6	36	Ⅱ
	栾川	750.1	0.20	0.30	0.35	0.25	0.40	0.45	−9	34	Ⅱ
	许昌	66.8	0.30	0.40	0.45	0.25	0.40	0.45	−8	36	Ⅱ
	开封	72.5	0.30	0.45	0.50	0.20	0.30	0.35	−8	36	Ⅱ
	西峡	250.3	0.25	0.35	0.40	0.20	0.30	0.35	−6	36	Ⅱ
	南阳	129.2	0.25	0.35	0.40	0.30	0.45	0.50	−7	36	Ⅱ
	宝丰	136.4	0.25	0.35	0.40	0.20	0.30	0.35	−8	36	Ⅱ
	西华	52.6	0.25	0.45	0.55	0.30	0.45	0.50	−8	37	Ⅱ

续表

省份	辖地	海拔高度（m）	风压（kN/m^2）			雪压（kN/m^2）			基本气温（℃）		雪荷载准永久值系数分区
			R=10	R=50	R=100	R=10	R=50	R=100	最低	最高	
河南	驻马店	82.7	0.25	0.40	0.45	0.30	0.45	0.50	−8	36	Ⅱ
	信阳	114.5	0.25	0.35	0.40	0.35	0.55	0.65	−6	36	Ⅱ
	商丘	50.1	0.20	0.35	0.45	0.30	0.45	0.50	−8	36	Ⅱ
	固始	57.1	0.20	0.35	0.40	0.35	0.55	0.65	−6	36	Ⅱ
湖北	武汉	23.3	0.25	0.35	0.40	0.30	0.50	0.60	−5	37	Ⅱ
	郧县	201.9	0.20	0.30	0.35	0.25	0.40	0.45	−3	37	Ⅱ
	房县	434.4	0.20	0.30	0.35	0.20	0.30	0.35	−7	35	Ⅲ
	老河口	90.0	0.20	0.30	0.35	0.25	0.35	0.40	−6	36	Ⅱ
	枣阳	125.5	0.25	0.40	0.45	0.25	0.40	0.45	−6	36	Ⅱ
	巴东	294.5	0.15	0.30	0.35	0.15	0.20	0.25	−2	38	Ⅲ
	钟祥	65.8	0.20	0.30	0.35	0.25	0.35	0.40	−4	36	Ⅱ
	麻城	59.3	0.20	0.35	0.45	0.35	0.55	0.65	−4	37	Ⅱ
	恩施	457.1	0.20	0.30	0.35	0.15	0.20	0.25	−2	36	Ⅲ
	巴东县绿葱坡	1819.3	0.30	0.35	0.40	0.65	0.95	1.10	−10	26	Ⅲ
	五峰	908.4	0.20	0.30	0.35	0.25	0.35	0.40	−5	34	Ⅲ
	宜昌	133.1	0.20	0.30	0.35	0.20	0.30	0.35	−3	37	Ⅲ
	荆州	32.6	0.20	0.30	0.35	0.25	0.40	0.45	−4	36	Ⅱ
	天门	34.1	0.20	0.30	0.35	0.25	0.35	0.45	−5	36	Ⅱ
	来凤	459.5	0.20	0.30	0.35	0.15	0.20	0.25	−3	35	Ⅲ
	嘉鱼	36.0	0.20	0.35	0.45	0.25	0.35	0.40	−3	37	Ⅲ
	英山	123.8	0.20	0.30	0.35	0.25	0.40	0.45	−5	37	Ⅲ
	黄石	19.6	0.25	0.35	0.40	0.25	0.35	0.40	−3	38	Ⅲ
湖南	长沙	44.9	0.25	0.35	0.40	0.30	0.45	0.50	−3	38	Ⅲ
	桑植	322.2	0.20	0.30	0.35	0.25	0.35	0.40	−3	36	Ⅲ
	石门	116.9	0.25	0.30	0.35	0.25	0.35	0.40	−3	36	Ⅲ
	南县	36.0	0.25	0.40	0.50	0.30	0.45	0.50	−3	36	Ⅲ
	岳阳	53.0	0.25	0.40	0.45	0.35	0.55	0.65	−2	36	Ⅲ
	吉首	206.6	0.20	0.30	0.35	0.20	0.30	0.35	−2	36	Ⅲ
	沅陵	151.6	0.20	0.30	0.35	0.20	0.35	0.40	−3	37	Ⅲ
	常德	35.0	0.25	0.40	0.50	0.30	0.50	0.60	−3	36	Ⅱ
	安化	128.3	0.20	0.30	0.35	0.30	0.45	0.50	−3	38	Ⅱ
	沅江	36.0	0.25	0.40	0.45	0.35	0.55	0.65	−3	37	Ⅲ
	平江	106.3	0.20	0.30	0.35	0.25	0.40	0.45	−4	37	Ⅲ

续表

省份	辖地	海拔高度（m）	风压（kN/m²）			雪压（kN/m²）			基本气温（℃）		雪荷载准永久值系数分区
			R=10	R=50	R=100	R=10	R=50	R=100	最低	最高	
湖南	芷江	272.2	0.20	0.30	0.35	0.25	0.35	0.45	−3	36	Ⅲ
	雪峰山	1404.9	—	—	—	0.50	0.75	0.85	−8	27	Ⅱ
	邵阳	248.6	0.20	0.30	0.35	0.20	0.30	0.35	−3	37	Ⅲ
	双峰	100.0	0.20	0.30	0.35	0.25	0.40	0.45	−4	38	Ⅲ
	南岳	1265.9	0.60	0.75	0.85	0.50	0.75	0.85	−8	28	Ⅲ
	通道	397.5	0.25	0.30	0.35	0.15	0.25	0.30	−3	35	Ⅲ
	武冈	341.0	0.20	0.30	0.35	0.20	0.30	0.35	−3	36	Ⅲ
	零陵	172.6	0.25	0.40	0.45	0.15	0.25	0.30	−2	37	—
	衡阳	103.2	0.25	0.40	0.45	0.20	0.35	0.40	−2	37	Ⅲ
	道县	192.2	0.25	0.35	0.40	0.15	0.20	0.25	−1	37	Ⅲ
	郴州	184.9	0.20	0.30	0.35	0.20	0.30	0.35	−2	38	Ⅲ
广东	广州	6.6	0.30	0.50	0.60	—	—	—	6	36	—
	南雄	133.8	0.20	0.30	0.35	—	—	—	1	37	—
	连县	97.6	0.20	0.30	0.35	—	—	—	2	37	—
	韶关	69.3	0.20	0.35	0.45	—	—	—	2	37	—
	佛岗	67.8	0.20	0.30	0.35	—	—	—	4	36	—
	连平	214.5	0.20	0.30	0.35	—	—	—	2	36	—
	梅县	87.8	0.20	0.30	0.35	—	—	—	4	37	—
	广宁	56.8	0.20	0.30	0.35	—	—	—	4	36	—
	高要	7.1	0.30	0.50	0.60	—	—	—	6	36	—
	河源	40.6	0.20	0.30	0.35	—	—	—	5	36	—
	惠阳	22.4	0.35	0.55	0.60	—	—	—	6	36	—
	五华	120.9	0.20	0.30	0.35	—	—	—	4	36	—
	汕头	1.1	0.50	0.80	0.95	—	—	—	6	35	—
	惠来	12.9	0.45	0.75	0.90	—	—	—	7	35	—
	南澳	7.2	0.50	0.80	0.95	—	—	—	9	32	—
	信宜	84.6	0.35	0.60	0.70	—	—	—	7	36	—
	罗定	53.3	0.20	0.30	0.35	—	—	—	6	37	—
	台山	32.7	0.35	0.55	0.65	—	—	—	6	35	—
	深圳	18.2	0.45	0.75	0.90	—	—	—	8	35	—
	汕尾	4.6	0.50	0.85	1.00	—	—	—	7	34	—
	湛江	25.3	0.50	0.80	0.95	—	—	—	9	36	—
	阳江	23.3	0.45	0.75	0.90	—	—	—	7	35	—

续表

省份	辖地	海拔高度（m）	风压（kN/m²）			雪压（kN/m²）			基本气温（℃）		雪荷载准永久值系数分区
			$R=10$	$R=50$	$R=100$	$R=10$	$R=50$	$R=100$	最低	最高	
广东	电白	11.8	0.45	0.70	0.80	—	—	—	8	35	—
	台山县上川岛	21.5	0.75	1.05	1.20	—	—	—	8	35	—
	徐闻	67.9	0.45	0.75	0.90	—	—	—	10	36	—
广西	南宁	73.1	0.25	0.35	0.40	—	—	—	6	36	—
	桂林	164.4	0.20	0.30	0.35	—	—	—	1	36	—
	柳州	96.8	0.20	0.30	0.35	—	—	—	3	36	—
	蒙山	145.7	0.20	0.30	0.35	—	—	—	2	36	—
	贺山	108.8	0.20	0.30	0.35	—	—	—	2	36	—
	百色	173.5	0.25	0.45	0.55	—	—	—	5	37	—
	靖西	739.4	0.20	0.30	0.35	—	—	—	4	32	—
	桂平	42.5	0.20	0.30	0.35	—	—	—	5	36	—
	梧州	114.8	0.20	0.30	0.35	—	—	—	4	36	—
	龙舟	128.8	0.20	0.30	0.35	—	—	—	7	36	—
	灵山	66.0	0.20	0.30	0.35	—	—	—	5	35	—
	玉林	81.8	0.20	0.30	0.35	—	—	—	5	36	—
	东兴	18.2	0.45	0.75	0.90	—	—	—	8	34	—
	北海	15.3	0.45	0.75	0.90	—	—	—	7	35	—
	涠洲岛	55.2	0.70	1.10	1.30	—	—	—	9	34	—
海南	海口	14.1	0.45	0.75	0.90	—	—	—	10	37	—
	东方	8.4	0.55	0.85	1.00	—	—	—	10	37	—
	儋州	168.7	0.40	0.70	0.85	—	—	—	9	37	—
	琼州	250.9	0.30	0.45	0.55	—	—	—	8	36	—
	琼海	24.0	0.50	0.85	1.05	—	—	—	10	37	—
	三亚	5.5	0.50	0.85	1.05	—	—	—	14	36	—
	陵水	13.9	0.50	0.85	1.05	—	—	—	12	36	—
	西沙岛	4.7	1.05	1.80	2.20	—	—	—	18	35	—
	珊瑚岛	4.0	0.70	1.10	1.30	—	—	—	16	36	—
四川	成都	506.1	0.20	0.30	0.35	0.10	0.10	0.15	−1	34	Ⅲ
	石渠	4200.0	0.25	0.30	0.35	0.35	0.50	0.60	−28	19	Ⅱ
	若尔盖	3439.6	0.25	0.30	0.35	0.30	0.40	0.45	−24	21	Ⅱ
	甘孜	3393.5	0.35	0.45	0.50	0.30	0.50	0.55	−17	25	Ⅱ
	都江堰	706.7	0.20	0.30	0.35	0.15	0.25	0.30	—	—	Ⅲ
	绵阳	470.8	0.20	0.30	0.35	—	—	—	−3	35	—

续表

省份	辖地	海拔高度（m）	风压（kN/m²）			雪压（kN/m²）			基本气温（℃）		雪荷载准永久值系数分区
			R=10	R=50	R=100	R=10	R=50	R=100	最低	最高	
四川	雅安	627.6	0.20	0.30	0.35	0.10	0.20	0.20	0	34	Ⅲ
	资阳	357.0	0.20	0.30	0.35	—	—	—	1	33	—
	康定	2615.7	0.30	0.35	0.40	0.30	0.50	0.55	−10	23	Ⅱ
	汉源	795.9	0.20	0.30	0.35	—	—	—	2	34	—
	九龙	2987.3	0.20	0.30	0.35	0.15	0.20	0.20	−10	25	Ⅲ
	越西	1659.0	0.25	0.30	0.35	0.15	0.25	0.30	−4	31	Ⅲ
	昭觉	2132.4	0.25	0.30	0.35	0.25	0.35	0.40	−6	28	Ⅲ
	雷波	1474.9	0.20	0.30	0.40	0.20	0.30	0.35	−4	29	Ⅲ
	宜宾	340.8	0.20	0.30	0.35	—	—	—	2	35	—
	盐源	2545.0	0.20	0.30	0.35	0.20	0.30	0.35	−6	27	Ⅲ
	西昌	1590.9	0.20	0.30	0.35	0.20	0.30	0.35	−1	32	Ⅲ
	会理	1787.1	0.20	0.30	0.35	—	—	—	−4	30	—
	万源	674.0	0.20	0.30	0.35	0.05	0.1	0.15	−3	35	Ⅲ
	滇中	382.6	0.20	0.30	0.35	—	—	—	−1	36	—
	巴中	358.9	0.20	0.30	0.35	—	—	—	−1	36	—
	达县	310.4	0.20	0.35	0.45	—	—	—	0	37	—
	遂宁	278.2	0.20	0.30	0.35	—	—	—	0	36	—
	南充	309.3	0.20	0.30	0.35	—	—	—	0	36	—
	内江	347.1	0.25	0.40	0.50	—	—	—	0	36	—
	泸州	334.8	0.20	0.30	0.35	—	—	—	1	36	—
	叙永	377.5	0.20	0.30	0.35	—	—	—	1	36	—
	德格	3201.2	—	—	—	0.15	0.20	0.25	−15	26	Ⅲ
	色达	3893.9	—	—	—	0.30	0.40	0.45	−24	21	Ⅲ
	道孚	2957.2	—	—	—	0.15	0.20	0.25	−16	28	Ⅲ
	阿坝	3275.1	—	—	—	0.25	0.40	0.45	−19	22	Ⅲ
	马尔康	2664.4	—	—	—	0.15	0.25	0.30	−12	29	Ⅲ
	红原	3491.6	—	—	—	0.25	0.40	0.45	−26	22	Ⅱ
	小金	2369.2	—	—	—	0.10	0.15	0.15	−8	31	Ⅱ
	松潘	2850.7	—	—	—	0.20	0.30	0.35	−16	26	Ⅱ
	新龙	3000.0	—	—	—	0.10	0.15	0.15	−16	27	Ⅱ
	理唐	3948.9	—	—	—	0.35	0.50	0.60	−19	21	Ⅱ
	稻城	3727.7	—	—	—	0.20	0.30	0.30	−19	23	Ⅲ
	峨眉山	3047.4	—	—	—	0.40	0.55	0.60	−15	19	Ⅱ

续表

省份	辖地	海拔高度（m）	风压（kN/m²）			雪压（kN/m²）			基本气温（℃）		雪荷载准永久值系数分区
			$R=10$	$R=50$	$R=100$	$R=10$	$R=50$	$R=100$	最低	最高	
贵州	贵阳	1074.3	0.20	0.30	0.35	0.10	0.20	0.25	−3	32	Ⅲ
	威宁	2237.5	0.25	0.35	0.40	0.25	0.35	0.40	−6	26	Ⅲ
	盘县	1515.2	0.25	0.35	0.40	0.25	0.35	0.45	−3	30	Ⅲ
	桐梓	972.0	0.20	0.30	0.35	0.10	0.15	0.20	−4	33	Ⅲ
	习水	1180.2	0.20	0.30	0.35	0.15	0.20	0.25	−5	31	Ⅲ
	毕节	1510.6	0.20	0.30	0.35	0.15	0.25	0.30	−4	30	Ⅲ
	遵义	843.9	0.20	0.30	0.35	0.10	0.15	0.20	−2	34	Ⅲ
	湄潭	791.8	—	—	—	0.15	0.20	0.25	−3	34	Ⅲ
	思南	416.3	0.20	0.30	0.35	0.10	0.20	0.25	−1	36	Ⅲ
	铜仁	279.7	0.20	0.30	0.35	0.20	0.30	0.35	−2	37	Ⅲ
	黔西	1251.8	—	—	—	0.15	0.20	0.25	−4	32	Ⅲ
	安顺	1392.9	0.20	0.30	0.35	0.20	0.30	0.35	−3	30	Ⅲ
	凯里	720.3	0.20	0.30	0.35	0.15	0.20	0.25	−3	34	Ⅲ
	三穗	610.5	—	—	—	0.20	0.30	0..35	−4	34	Ⅲ
	兴仁	1378.5	0.20	0.30	0.35	0.20	0.35	0.40	−2	30	Ⅲ
	罗甸	440.3	0.20	0.30	0.35	—	—	—	1	37	—
	独山	1013.3	—	—	—	0.20	0.30	0.35	−3	32	Ⅲ
	榕江	285.7	—	—	—	0.10	0.15	0.20	−1	37	Ⅲ
云南	昆明	1891.4	0.20	0.30	0.35	0.20	0.30	0.35	−1	28	Ⅲ
	德钦	3485.0	0.25	0.35	0.40	0.60	0.90	1.05	−12	22	Ⅱ
	贡山	1591.3	0.20	0.30	0.35	0.45	0.75	0.90	−3	30	Ⅱ
	中甸	3276.1	0.20	0.30	0.35	0.50	0.80	0.90	−15	22	Ⅱ
	维西	2325.6	0.20	0.30	0.35	0.45	0.65	0.75	−6	28	Ⅲ
	昭通	1949.5	0.25	0.35	0.40	0.15	0.25	0.30	−6	28	Ⅲ
	丽江	2393.2	0.25	0.30	0.35	0.20	0.30	0.35	−5	27	Ⅲ
	华坪	1244.8	0.30	0.45	0.55	—	—	—	−1	35	—
	会泽	2109.5	0.25	0.35	0.40	0.25	0.35	0.40	−4	26	Ⅲ
	腾冲	1654.6	0.20	0.30	0.35	—	—	—	−3	27	—
	泸水	1804.9	0.20	0.30	0.35	—	—	—	1	26	—
	保定	1653.5	0.20	0.30	0.35	—	—	—	−2	29	—
	大理	1990.5	0.45	0.65	0.75	—	—	—	−2	28	—
	元谋	1120.2	0.25	0.35	0.40	—	—	—	2	35	—
	楚雄	1772.0	0.20	0.35	0.40	—	—	—	−2	29	—

续表

省份	辖地	海拔高度（m）	风压（kN/m²）			雪压（kN/m²）			基本气温（℃）		雪荷载准永久值系数分区
			R=10	R=50	R=100	R=10	R=50	R=100	最低	最高	
云南	沾益	1898.7	0.25	0.30	0.35	0.25	0.40	0.45	−1	28	Ⅲ
	瑞丽	776.6	0.20	0.30	0.35	—	—	—	3	32	—
	景东	1162.3	0.20	0.30	0.35	—	—	—	1	32	—
	玉溪	1636.7	0.20	0.30	0.35	—	—	—	−1	30	—
	宜良	1532.1	0.25	0.45	0.55	—	—	—	1	28	—
	泸西	1704.3	0.25	0.30	0.35	—	—	—	−2	29	—
	孟定	511.4	0.25	0.40	0.45	—	—	—	−5	32	—
	临沧	1502.4	0.20	0.30	0.35	—	—	—	0	29	—
	澜沧	1054.8	0.20	0.30	0.35	—	—	—	1	32	—
	景洪	552.7	0.20	0.40	0.50	—	—	—	7	35	—
	思茅	1302.1	0.25	0.45	0.50	—	—	—	3	30	—
	元江	400.9	0.25	0.30	0.35	—	—	—	7	37	—
	勐腊	631.9	0.20	0.30	0.35	—	—	—	7	34	—
	江城	1119.5	0.20	0.40	0.50	—	—	—	4	30	—
	蒙自	1300.7	0.25	0.35	0.45	—	—	—	3	31	—
	屏边	1414.1	0.20	0.40	0.35	—	—	—	2	28	—
	文山	1271.6	0.20	0.30	0.35	—	—	—	3	31	—
	广南	1249.6	0.25	0.35	0.40	—	—	—	0	31	—
西藏	拉萨	3658.0	0.20	0.30	0.35	0.10	0.15	0.20	−13	27	Ⅲ
	班戈	4700.0	0.35	0.55	0.65	0.20	0.25	0.30	−22	18	Ⅰ
	安多	4800.0	0.45	0.75	0.90	0.25	0.40	0.45	−28	17	Ⅰ
	那曲	4507.0	0.30	0.45	0.50	0.30	0.40	0.45	−25	19	Ⅰ
	日喀则	3836.0	0.20	0.30	0.35	0.10	0.15	0.15	−17	25	Ⅲ
	泽当	3551.7	0.20	0.30	0.35	0.10	0.15	0.15	−12	26	Ⅲ
	隆子	3860.0	0.30	0.45	0.50	0.10	0.15	0.20	−18	24	Ⅲ
	索县	4022.8	0.30	0.40	0.50	0.20	0.25	0.30	−23	22	Ⅰ
	昌都	3306.0	0.20	0.30	0.35	0.15	0.20	0.20	−15	27	Ⅱ
	林芝	3000.0	0.25	0.35	0.45	0.10	0.15	0.15	−9	25	Ⅲ
	葛尔	4278.0	—	—	—	0.10	0.15	0.15	−27	25	Ⅰ
	改则	4414.9	—	—	—	0.20	0.30	0.35	−29	23	Ⅰ
	普兰	3900.0	—	—	—	0.50	0.70	0.80	−21	25	Ⅰ
	申扎	4672.0	—	—	—	0.15	0.20	0.20	−22	19	Ⅰ
	当雄	4200.0	—	—	—	0.30	0.45	0.50	−23	21	Ⅱ

续表

省份	辖地	海拔高度(m)	风压(kN/m²)			雪压(kN/m²)			基本气温(℃)		雪荷载准永久值系数分区
			$R=10$	$R=50$	$R=100$	$R=10$	$R=50$	$R=100$	最低	最高	
西藏	尼木	3809.4	—	—	—	0.15	0.20	0.25	−17	26	Ⅲ
	聂拉木	3810.0	—	—	—	2.00	3.30	3.75	−13	18	Ⅰ
	定日	4300.0	—	—	—	0.15	0.25	0.30	−22	23	Ⅱ
	江孜	4040.0	—	—	—	0.10	0.10	0.15	−19	24	Ⅲ
	错那	4280.0	—	—	—	0.60	0.90	1.00	−24	16	Ⅲ
	帕里	4300.0	—	—	—	0.95	1.50	1.75	−23	16	Ⅱ
	丁青	3873.1	—	—	—	0.25	0.35	0.40	−17	22	Ⅱ
	波密	2736.0	—	—	—	0.25	0.35	0.40	−9	27	Ⅲ
	察隅	2327.6	—	—	—	0.35	0.55	0.65	−4	29	Ⅲ
台湾	台北	8.0	0.40	0.70	0.85	—	—	—	—	—	—
	新竹	8.0	0.50	0.80	0.95	—	—	—	—	—	—
	宜兰	9.0	1.10	1.85	2.30	—	—	—	—	—	—
	台中	78.0	0.50	0.80	0.90	—	—	—	—	—	—
	花莲	14.0	0.40	0.70	0.85	—	—	—	—	—	—
	嘉义	20.0	0.50	0.80	0.95	—	—	—	—	—	—
	马公	22.0	0.85	1.30	1.55	—	—	—	—	—	—
	台东	10.0	0.65	0.90	1.05	—	—	—	—	—	—
	冈山	10.0	0.55	0.80	0.95	—	—	—	—	—	—
	恒春	24.0	0.70	1.05	1.20	—	—	—	—	—	—
	阿里山	2406.0	0.25	0.35	0.40	—	—	—	—	—	—
	台南	14.0	0.60	0.85	1.00	—	—	—	—	—	—
香港	香港	50.0	0.80	0.90	0.95	—	—	—	—	—	—
	横澜岛	55.0	0.95	1.25	1.40	—	—	—	—	—	—
澳门	澳门	57.0	0.75	0.85	0.90	—	—	—	—	—	—

注：本表格摘自《建筑结构荷载规范》GB 50009—2012。

5.5.1.3 降雨等级

降雨等级见表 5-148。

降雨等级 **表 5-148**

降雨等级	24h 降雨量（mm）	降雨等级	24h 降雨量（mm）
微量降雨	<0.1	暴雨	50～99.9
小雨	0.1～9.9	大暴雨	100～249.9
中雨	10～24.9	特大暴雨	≥250
大雨	25～49.9		

注：本表格摘自《短期天气预报》GB/T 21984—2017。

5.5.1.4　我国主要城市气象参数

我国主要城市气象参数见表 5-149。

我国主要城市气象参数　　表 5-149

城市名	海拔（m）	大气压力（hPa）（mpar）		室外计算相对湿度（%）		室外风速（m/s）		年平均温度（℃）	日平均温度≤+5℃的起止日期（月、日）（℃）	极端最低温度（℃）	极端最高温度（℃）	最大冻结深度（cm）
		冬季	夏季	最冷年月平均	最热年月平均	冬季平均	夏季平均					
北京	31.2	1020.4	998.6	45	78	2.8	1.9	11.4	11.9—3.17	−27.4	40.6	85
天津	3.3	1004.8	1004.8	53	78	3.1	2.6	12.2	11.16—3.17	−22.9	39.7	69
承德	375.2	962.8	962.8	46	72	1.4	1.1	8.9	11.2—3.28	−23.3	41.5	126
张家口	723.9	924.4	924.4	43	67	3.6	2.4	7.8	10.28—3.31	−25.7	40.9	136
唐山	25.9	1002.2	1002.2	52	79	2.6	2.3	11.1	11.8—3.24	−21.9	39.6	73
石家庄	80.5	995.6	995.6	52	75	1.8	1.5	12.9	11.17—3.13	−26.5	42.7	54
大同	1066.7	888.6	888.6	50	66	3.0	3.4	6.5	10.23—4.5	−29.1	37.7	186
太原	777.9	919.2	919.2	51	72	2.6	2.1	9.5	11.2—3.25	−25.5	39.4	77
运城	376.0	962.8	962.8	57	60	2.6	3.4	13.6	11.2—3.4	−18.9	42.7	43
海拉尔	612.8	935.5	935.5	78	71	2.6	3.2	2.1	10.1—5.1	−48.5	36.7	242
锡林浩特	989.5	895.6	895.6	71	62	3.4	3.2	1.7	10.9—4.16	−42.4	38.3	289
二连浩特	964.7	898.1	898.1	66	49	3.9	3.9	3.4	10.11—1.12	−40.2	39.9	337
赤峰	571.1	940.9	940.9	44	65	2.4	2.1	6.8	10.27—4.4	−31.4	42.5	201
呼和浩特	989.5	889.4	889.4	56	64	1.6	1.5	5.8	10.20—4.8	−32.8	37.3	143
沈阳	41.6	1020.8	1000.7	64	78	3.1	2.9	7.8	11.3—4.3	−30.6	38.3	148
锦州	65.9	117.6	997.4	50	80	3.9	3.8	9.0	11.5—3.31	−24.7	41.8	113
丹东	15.1	1023.7	1005.3	58	56	3.8	2.5	8.5	11.6—4.5	−28.0	34.3	88
大连	92.8	1013.8	994.7	58	83	5.8	4.3	10.2	11.18—3.29	−21.1	35.3	93
吉林	183.4	1001.3	984.7	72	79	3.0	2.5	4.4	10.20—4.12	−40.2	36.6	190
长春	236.8	994.0	977.0	68	78	4.2	3.5	4.9	10.22—4.13	−36.5	38.0	169
四平	164.2	1004.1	986.3	68	78	3.1	2.9	5.9	10.27—4.6	−34.6	36.6	148
延吉	176.8	1000.3	986.5	60	80	2.9	2.3	5.0	10.22—4.13	−32.7	37.6	200
通化	402.9	974.5	960.7	72	80	1.3	1.7	4.9	10.22—4.12	−36.6	35.5	133
爱辉	165.8	1000.3	985.8	72	79	3.6	3.2	0.4	10.5—4.21	−44.5	37.7	298
伊春	231.3	992.0	978.6	75	78	2.1	2.2	0.4	10.6—4.20	−43.1	35.1	290
齐齐哈尔	145.9	1004.6	987.7	71	73	2.8	3.2	3.2	10.14—4.17	−39.5	40.1	225
佳木斯	81.2	1011.0	996.0	71	78	3.4	3.0	2.9	10.16—4.16	−41.1	35.4	220
哈尔滨	171.7	1001.5	985.1	74	77	3.8	3.5	3.6	10.18—4.14	−38.1	36.4	205
牡丹江	241.4	992.1	978.7	71	76	2.3	2.1	3.5	10.16—4.13	−38.3	36.5	191
上海	4.5	1025.1	1005.3	75	83	3.1	3.2	15.7	11.24—2.23	−10.1	38.9	8

续表

城市名	海拔（m）	大气压力（hPa）（mpar）		室外计算相对湿度（%）		室外风速（m/s）		年平均温度（℃）	日平均温度≤+5℃的起止日期（月、日）（℃）	极端最低温度（℃）	极端最高温度（℃）	最大冻结深度（cm）
		冬季	夏季	最冷年月平均	最热年月平均	冬季平均	夏季平均					
连云港	3.0	1026.3	1005.0	66	81	3.0	3.0	14.0	11.27—3.11	−18.1	40.0	25
徐州	41.0	1021.8	1000.7	64	81	2.8	2.9	14.2	11.26—3.2	−22.6	40.6	24
南通	5.3	1025.4	1005.1	76	86	3.3	3.1	15.0	12.22—3.2	−10.3	38.2	12
南京	8.9	1025.2	1004.0	73	81	2.6	2.6	15.3	12.8—2.23	−14.0	40.7	9
杭州	41.7	1020.9	1000.5	77	80	2.3	2.2	16.2	12.25—2.23	−9.6	39.9	—
舟山	35.7	1020.9	1002.5	70	84	3.7	3.2	16.3	—	−6.1	39.1	—
宁波	4.2	1025.4	1005.8	78	83	2.9	2.9	16.2	12.26—2.13	−8.8	38.7	—
温州	6.0	1023.5	1005.5	75	84	2.2	2.1	17.9	—	−4.5	39.3	—
蚌埠	21.0	1024.1	1002.3	71	80	2.6	2.3	15.1	12.10—2.24	−19.4	40.7	15
合肥	29.8	1022.3	1000. 9	75	81	2.5	2.6	—	12.12—2.24	−20.6	41.0	11
芜湖	14.8	1023.9	1002.8	77	80	2.4	2.3	16.0	12.21—2.19	−13.1	39.5	—
安庆	19.8	1023.7	1002.9	74	79	3.5	2.8	16.5	12.23—2.14	−12.5	40.2	10
福州	84.0	1012.6	996.4	74	78	2.7	2.9	19.6	—	−1.2	39.8	—
永安	206.0	997.8	932.6	80	75	1.2	1.4	19.1	—	−7.6	40.5	—
漳州	30.0	1017.8	1002.7	76	80	1.6	1.6	21.0	—	−2.1	40.9	—
厦门	63.2	1013.8	999.1	73	81	3.5	3.0	20.0	—	2.0	38.5	—
九江	32.2	1021.9	1000.9	75	76	3.0	2.4	17.0	12.25—2.8	−9.7	40.2	—
景德镇	61.5	1017.6	998.2	76	79	2.0	2.0	17.2	12.28—2.4	−10.9	41.8	—
南昌	46.7	1018.8	999.1	74	75	3.8	2.7	17.5	12.30—2.2	−9.3	40.6	—
上饶	118.3	1011.1	9992.6	78	74	2.7	2.6	17.8	—	−8.6	41.6	—
赣州	132.8	1008.6	990.9	75	70	2.1	2.0	19.4	—	−6.0	41.2	—
烟台	46.7	1021.0	1001.0	60	80	3.3	4.8	12.4	11.26—3.17	−13.1	38.0	43
潍坊	44.1	1020.7	999.7	61	81	3.5	3.2	12.3	11.19—3.16	−21.4	40.5	50
济南	51.6	1020.2	998.5	54	73	3.2	2.8	14.2	11.22—3.7	−19.7	42.5	44
青岛	76.0	1016.9	997.2	64	85	5.7	4.9	12.2	11.27—3.17	−15.5	35.4	49
新乡	72.7	1017.6	996.9	61	78	2.7	2.3	14.0	11.22—3.6	−21.3	42.7	28
郑州	110.4	1012.5	991.7	60	76	3.4	2.6	24.2	11.24—3.5	−17.9	43	27
南阳	129.8	1010.7	989.6	69	80	2.6	2.4	14.9	12.1—2.27	−21.2	41.4	12
信阳	114.5	1012.5	990.9	74	80	2.1	2.1	15.1	123.1—2.27	−20.0	40.9	8
宜昌	130.4	1010.0	989.1	73	80	1.6	1.7	16.8	12.26—2.6	−9.8	41.4	—
武汉	23.3	1023.3	1001.7	76	79	2.7	2.6	16.3	12.16—2.20	−18.1	39.4	10
黄石	19.6	1023.0	1002.0	77	78	2.1	2.2	17.0	12.25—2.8	−11.0	40.3	6

续表

城市名	海拔(m)	大气压力（hPa）(mpar)		室外计算相对湿度（%）		室外风速（m/s）		年平均温度（℃）	日平均温度≤+5℃的起止日期（月、日）（℃）	极端最低温度（℃）	极端最高温度（℃）	最大冻结深度（cm）
		冬季	夏季	最冷年月平均	最热年月平均	冬季平均	夏季平均					
岳阳	51.6	1015.7	998.2	77	75	2.8	3.1	17.0	12.25—2.9	−11.0	39.3	—
长沙	44.9	1019.9	999.4	81	75	2.8	2.6	17.2	12.26—2.8	−11.3	40.6	5
株洲	73.6	1015.7	995.7	79	72	2.1	2.3	17.5	12.31—1.3	−8.0	40.5	—
衡阳	103.2	1012.4	992.8	80	71	1.7	2.3	17.0	—	−7.9	40.8	—
韶关	69.3	1013.8	997.1	72	75	1.8	1.5	20.3	—	−4.3	42.0	—
汕头	1.2	1019.8	1005.5	79	84	2.9	2.5	21.3	—	0.4	37.9	—
广州	6.6	1019.5	1004.5	70	83	2.4	1.8	21.8	—	0	38.7	—
湛江	25.3	1015.3	1001.1	79	81	3.5	2.9	23.1	—	2.8	38.1	—
海口	14.1	1016.0	1002.4	85	83	3.4	2.8	23.8	—	2.8	38.0	—
桂林	161.8	1002.9	986.1	71	78	3.2	1.5	18.8	—	−4.9	39.4	—
柳州	96.9	1009.9	993.3	75	78	1.7	1.4	20.4	—	−3.8	39.2	—
南宁	72.2	1011.4	996.0	75	82	1.8	1.6	21.6	—	−2.1	40.4	—
北海	14.6	1017.1	1002.4	77	83	3.6	2.8	22.6	—	2.0	37.1	—
广元	487.0	965.3	949.2	60	76	1.7	1.4	16.1	12.30—1.27	−8.2	38.9	—
万县	186.7	1000.9	982.1	83	80	0.6	0.6	18.1	—	−3.7	42.1	—
成都	505.9	963.2	947.7	80	85	0.9	1.1	16.2	—	−5.9	37.3	—
重庆	259.1	991.2	973.2	82	75	1.2	1.4	18.3	—	−1.8	42.2	—
宜宾	340.8	982.0	964.9	82	82	0.8	1.3	18.0	—	−3.0	39.5	—
西昌	1590.7	838.2	834.8	51	75	1.7	1.2	17.0	—	−3.8	36.5	—
遵义	843. 9	923.5	911.5	82	77	1.0	1.1	15.2	11.25—2.9	−7.1	38.7	—
贵阳	1071.2	897.5	887.9	78	77	2.2	2.0	15.3	12.26—2.5	−7.8	37.5	—
安顺	1392.9	862.5	855.6	82	82	2.4	2.2	14.0	12.25—2.10	−7.6	34.3	—
丽江	2393.2	762.6	761.1	45	81	3.9	2.2	12.6	—	−7.5	32.3	—
昆明	1891.4	811.5	808.0	68	83	2.5	1.8	14.7	—	−5.4	31.5	—
思茅	1302.1	871.4	865.0	80	86	1.0	0.9	17.7	—	−3.4	35.7	—
昌都	3306.0	679. 4	6811.4	37	64	1.0	1.4	7.5	10.31—3.25	−19.3	33.4	81
拉萨	3658.0	650.0	652.3	28	54	2.2	1.8	7.5	10.29—3.26	−16.5	29.4	26
日喀则	3836.0	651.0	638.3	27	53	1.9	1.5	6.3	10.21—3.29	−25.1	28.2	67
榆林	1057.5	902.0	889.6	58	62	1.8	2.5	8.1	11.2—3.26	−32.7	38.6	148
延安	957.6	913.3	900.2	54	72	2.1	1.6	9.4	11.4—3.16	−25.4	39.7	79
西安	396.9	978.7	859.2	67	72	1.8	2.2	13.3	11.21—3.1	−20.6	41.7	45
汉中	508.4	964.1	947.7	77	81	0.9	1.1	14.3	11.29—2.19	−10.1	38.0	—

续表

城市名	海拔（m）	大气压力（hPa）（mpar）		室外计算相对湿度（%）		室外风速（m/s）		年平均温度（℃）	日平均温度≤+5℃的起止日期（月、日）（℃）	极端最低温度（℃）	极端最高温度（℃）	最大冻结深度（cm）
		冬季	夏季	最冷年月平均	最热年月平均	冬季平均	夏季平均					
敦煌	1138.7	893.3	879.6	50	43	2.1	2.2	9.3	10.27—3.15	−28.5	43.6	144
酒泉	1477.2	856.0	847.0	55	52	2.1	2.3	7.3	10.25—3.27	−31.6	38.4	132
兰州	1517.2	851.4	843.1	58	61	0.5	1.3	9.1	11.1—3.15	−21.7	39.1	103
天水	1131.7	892.0	880.7	62	72	1.3	1.2	10.7	11.14—3.10	−19.2	37.2	61
西宁	2261.2	775.1	773.5	48	65	1.7	1.9	5.7	10.20—4.2	−26.6	33.5	134
格尔木	2807.7	723.5	724.0	41	36	1.7	1.9	4.2	10.9—4.15	−33.6	33.1	88
玛多	4272.3	603.3	610.8	56	68	3.0	3.6	−4.1	9.2—6.14	−48.1	22.9	—
玉树	3681.2	647.0	651.0	43	69	1.2	0.9	2.9	10.10—4.21	−26.1	28.7	>103
银川	1111.5	895.7	883.5	58	64	1.7	1.7	8.5	10.30—3.27	−30.6	39.3	103
固原	1753.2	826.5	821.1	52	71	2.8	2.7	6.2	10.21—3.31	−28.1	34.6	114
阿勒泰	735.3	941.9	925.2	71	47	1.4	3.1	4.0	10.17—4.10	−43.5	37.6	7146
克拉玛依	427.0	980.6	958.9	77	92	1.5	5.1	8.0	10.28—3.25	−35.9	42.9	197
伊宁	662.5	947.1	983.5	78	58	1.7	2.5	8.4	10.31—3.22	−40.4	37.9	62
乌鲁木齐	917.9	919.9	906.7	80	44	1.7	3.1	5.7	10.24—3.29	−41.5	40.5	133
吐鲁番	34.5	1028.4	997.7	59	31	1.0	2.3	13.9	11.6—3.6	−23.0	47.6	83
台北	9.0	1019.7	1005.3	82	77	3.7	2.8	22.1	—	−2.0	38.0	—
香港	32.0	1019.5	1005.6	71	81	6.5	5.3	22.8	—	0.0	36.1	—

5.5.1.5　建筑气候区划

建筑气候的区划系统分为一级区和二级区两级：一级区划分为7个区，二级区划分为20个区。一级区划以1月平均气温、7月平均气温、7月平均相对湿度为主要指标；以年降水量、年日平均气温低于或等于5℃的日数和年日平均气温高于或等于25℃的日数为辅助指标；各一级区区划指标应符合表5-150。各一级区内，分别选取能反映该区建筑气候差异的气候参数或特征作为二级区区划指标，各二级区区划指标应符合表5-151。

一级区区划指标　　**表5-150**

区名	主要指标	辅助指标	各区辖行政区范围
Ⅰ	1月平均气温≤−10℃； 7月平均气温≤25℃； 7月平均相对湿度≥50%	年降水量200～800mm； 年日平均温度≤5℃的日数≥145d	黑龙江、吉林全境；辽宁大部；内蒙古中、北部及陕西、山西、河北、北京北部的部分地区
Ⅱ	1月平均气温−10～0℃； 7月平均气温18～28℃	年日平均气温≥25℃的日数<80d； 年日平均气温≤5℃的日数145～90d	天津、山东、宁夏全境；北京、河北、山西、陕西大部；辽宁南部；甘肃中东部以及河南、安徽、江苏北部的部分地区

续表

区名	主要指标	辅助指标	各区辖行政区范围
Ⅲ	1月平均气温0～10℃； 7月平均气温25～30℃	年日平均气温≥25℃的日数40～110d； 年日平均气温≤5℃的日数90～0d	上海、浙江、江西、湖北、湖南全境；江苏、安徽、四川大部；陕西、河南南部；贵州东部；福建、广东、广西北部和甘肃南部的部分地区
Ⅳ	1月平均气温>10℃； 7月平均气温25～29℃	年日平均气温≥25℃的日数100～200d	海南、台湾全境；福建南部；广东、广西大部以及云南西南部和元江河谷地区
Ⅴ	7月平均气温18～25℃； 1月平均气温0～13℃	年日平均气温≤5℃的日数0～90d	云南大部；贵州、四川西南部；西藏南部一小部分地区
Ⅵ	7月平均气温<18℃； 1月平均气温－22～0℃	年日平均气温≤5℃的日数90～285d	青海全境；西藏大部；四川西部；甘肃西南部；新疆南部部分地区
Ⅶ	7月平均气温≥18℃； 1月平均气温－20～－5℃； 7月平均相对湿度<50%	年降水量10～600mm； 年日平均气温≥25℃的日数<120d； 年日平均气温≤5℃的日数110～180d	新疆大部；甘肃北部；内蒙古西部

注：本表摘自《建筑气候区划标准》GB 50178—1993。

二级区区划指标　　表5-151

区名	指标	区名	指标
	1月平均气温冻土性质	ⅣB	<25m/s
ⅠA	≤－28℃永冻土		1月平均气温
ⅠB	－28～－22℃岛状冻土	ⅤA	≥5℃
ⅠC	－22～－16℃季节冻土	ⅤB	>5℃
ⅠD	－16～－10℃季节冻土		7月平均气温，1月平均气温
	7月平均气温，7月平均气温日较差	ⅥA	≥10℃，≤－10℃
ⅡA	≥25℃，<10℃	ⅥB	<10℃，≤－10℃
ⅡB	<25℃，≥10℃	ⅥC	≥10℃，>－10℃
	最大风速，7月平均气温		1月平均气温，7月平均气温，年降水量
ⅢA	≥25m/s，26～29℃	ⅦA	≤－10℃，≥25℃，<200mm
ⅢB	<25m/s，≥28℃	ⅦB	≤－10℃，<25℃，200～600mm
ⅢC	<25m/s，<28℃	ⅦC	≤－10℃，<25℃，50～200mm
	最大风速	ⅦD	>－10℃，≥25℃，10～200mm
ⅣA	≥25m/s		

注：本表摘自《建筑气候区划标准》GB 50178—1993。

5.5.1.6 全国主要城镇区属号、降水、风力、雷暴日数

全国主要城镇区属号、降水、风力、雷暴日数见表 5-152。

全国主要城镇区属号、降水、风力、雷暴日数 表 5-152

区属号	地名	降水（mm）		大风（风力）≥8 级			雷暴日数
		年降水量	日最大降水量	全年	最多	最少	
ⅠA.1	漠河	419.2	115.2	10.3	35	2	35.2
ⅠB.1	加格达奇	481.9	74.8	8.5	18	3	28.7
ⅠB.2	克山	503.7	177.9	22.2	44	6	29.5
ⅠB.3	黑河	525.9	107.1	20.3	45	3	31.5
ⅠB.4	嫩江	485.1	105.5	21.8	56	0	31.3
ⅠB.5	铁力	648.7	109.0	12.3	31	0	36.3
ⅠB.6	格尔古纳右旗	363.8	71.0	19.5	40	6	28.7
ⅠB.7	满洲里	304.0	75.7	40.9	98	8	28.3
ⅠB.8	海拉尔	351.3	63.4	21.5	43	6	29.7
ⅠB.9	博克图	481.5	127.5	40.0	71	0	33.7
ⅠB.10	东乌珠穆沁旗	253.1	63.4	58.8	119	36	32.4
ⅠC.1	齐齐哈尔	423.5	83.2	21.3	38	6	28.1
ⅠC.2	鹤岗	615.2	79.2	31.0	115	9	27.3
ⅠC.3	哈尔滨	535.8	104.8	37.6	76	10	31.7
ⅠC.4	虎林	570.3	98.8	26.0	58	10	26.4
ⅠC.5	鸡西	541.7	121.8	31.5	62	5	29.9
ⅠC.6	绥芬河	556.7	121.1	37.4	75	5	27.1
ⅠC.7	长春	592.7	130.4	45.9	82	5	35.9
ⅠC.8	桦甸	744.8	72.6	12.3	41	2	40.4
ⅠC.9	图们	493.9	138.2	30.2	47	7	25.4
ⅠC.10	天池	1352.6	164.8	269.4	304	225	28.4
ⅠC.11	通化	878.1	129.1	11.5	32	1	35.9
ⅠC.12	乌兰浩特	417.8	102.1	25.1	77	0	29.8
ⅠC.13	锡林浩特	287.2	89.5	59.2	101	23	31.4
ⅠC.14	多伦	386.9	109.9	69.2	143	26	45.5
ⅠD.1	四平	656.8	154.1	33.4	60	11	33.5
ⅠD.2	沈阳	727.5	215.5	42.7	100	2	26.4
ⅠD.3	朝阳	472.1	232.2	12.5	34	1	33.8
ⅠD.4	林西	383.3	140.7	44.4	86	3	40.3
ⅠD.5	赤峰	359.2	108.0	29.6	90	9	32.0
ⅠD.6	呼和浩特	418.8	210.1	33.3	69	15	36.8

续表

区属号	地名	降水（mm）		大风（风力）≥8级			雷暴日数
		年降水量	日最大降水量	全年	最多	最少	
ⅠD.7	达尔罕茂明安联合旗	258.8	90.8	67.0	130	23	33.9
ⅠD.8	张家口	411.8	100.4	42.9	80	24	39.2
ⅠD.9	大同	380.5	67.0	41.0	65	11	41.4
ⅠD.10	榆林	410.1	141.7	13.7	27	4	29.6
ⅡA.1	营口	673.7	240.5	33.3	95	10	27.9
ⅡA.2	丹东	1028.4	414.4	14.8	53	0	26.9
ⅡA.3	大连	648.4	166.4	76.8	167	5	19.0
ⅡA.4	北京	627.6	244.2	25.7	64	5	35.7
ⅡA.5	天津	562.1	158.1	35.7	60	6	27.5
ⅡA.6	承德	544.6	151.4	19.4	58	5	43.5
ⅡA.7	乐亭	602.5	234.7	20.0	53	3	32.1
ⅡA.8	沧州	617.8	274.3	28.7	69	6	29.4
ⅡA.9	石家庄	538.2	200.2	16.8	41	4	30.8
ⅡA.10	南宫	498.5	148.8	12.8	40	2	28.6
ⅡA.11	邯郸	580.3	518.5	11.7	26	1	27.3
ⅡA.12	威海	776.9	370.8	50.3	96	26	21.2
ⅡA.13	济南	671.0	298.4	40.7	79	19	25.3
ⅡA.14	沂源	721.8	222.9	16.6	48	4	36.5
ⅡA.15	青岛	749.0	269.6	67.6	113	40	22.4
ⅡA.16	枣庄	882.9	224.1	—	—	—	31.5
ⅡA.17	濮阳	609.6	276.9	—	—	—	26.6
ⅡA.18	郑州	655.0	189.4	22.6	42	2	22.0
ⅡA.19	卢氏	656.6	95.3	2.3	15	0	34.0
ⅡA.20	宿州	877.0	216.9	9.1	36	0	32.8
ⅡA.21	西安	591.1	92.3	7.2	18	1	16.7
ⅡB.1	蔚县	412.8	88.9	18.8	50	3	45.1
ⅡB.2	太原	456.0	183.5	32.3	54	12	35.7
ⅡB.3	离石	493.5	103.4	8.5	14	2	34.3
ⅡB.4	晋城	626.1	176.4	22.9	100	3	27.7
ⅡB.5	临汾	511.1	104.4	7.3	12	1	31.1
ⅡB.6	延安	538.4	139.9	1.2	5	0	30.5
ⅡB.7	铜川	610.5	113.6	6.2	15	0	29.4
ⅡB.8	白银	200.2	82.2	54.3	113	11	24.6
ⅡB.9	兰州	322.9	96.8	7.1	18	0	23.2

续表

区属号	地名	降水（mm）		大风（风力）≥8级			雷暴日数
		年降水量	日最大降水量	全年	最多	最少	
ⅡB.10	天水	537.5	88.1	3.8	15	0	16.2
ⅡB.11	银川	197.0	66.8	24.7	56	11	19.1
ⅡB.12	中宁	221.4	77.8	18.0	49	1	16.8
ⅡB.13	固原	476.4	75.9	21.4	47	10	30.9
ⅢA.1	盐城	1008.5	167.9	12.8	43	1	32.5
ⅢA.2	上海	1132.3	204.4	15.0	35	1	29.4
ⅢA.3	舟山	1320.6	212.5	27.6	61	10	28.7
ⅢA.4	温州	1707.2	252.5	6.2	13	0	51.3
ⅢA.5	宁德	2001.7	206.8	5.1	21	0	54.0
ⅢB.1	泰州	1053.1	212.1	19.8	56	1	36.0
ⅢB.2	南京	1034.1	179.3	11.2	24	5	33.6
ⅢB.3	蚌埠	903.2	154.0	11.8	26	3	30.4
ⅢB.4	合肥	989.5	238.4	10.2	44	2	29.6
ⅢB.5	铜陵	1390.7	204.4	11.4	37	0	40.0
ⅢB.6	杭州	1409.8	189.3	6.9	18	0	39.1
ⅢB.7	丽水	1402.6	143.7	3.4	10	0	60.5
ⅢB.8	邵武	1788.1	187.7	1.2	4	0	72.9
ⅢB.9	三明	1610.7	116.2	8.0	15	3	67.4
ⅢB.10	长汀	1729.1	180.7	2.5	8	0	82.6
ⅢB.11	景德镇	1763.2	228.5	2.9	6	0	58.0
ⅢB.12	南昌	1589.2	289.0	19.9	38	5	58.0
ⅢB.13	上饶	1720.6	162.8	6.2	15	1	65.0
ⅢB.14	吉安	1496.0	198.8	5.2	20	0	69.9
ⅢB.15	宁冈	1507.0	271.6	2.4	13	0	78.2
ⅢB.16	广昌	1732.2	327.4	2.8	13	0	70.5
ⅢB.17	赣州	1466.5	200.8	3.8	16	0	67.4
ⅢB.18	沙市	1109.5	174.3	6.5	19	0	38.4
ⅢB.19	武汉	1230.6	317.4	7.6	16	2	36.9
ⅢB.20	大庸	1357.9	185.9	3.1	12	0	48.2
ⅢB.21	长沙	1394.5	192.5	6.6	14	0	49.5
ⅢB.22	涟源	1358.5	147.5	3.9	17	0	54.8
ⅢB.23	永州	1419.6	194.8	16.4	42	2	65.3
ⅢB.24	韶关	1552.1	208.8	2.4	11	0	77.9
ⅢB.25	桂林	1894.4	255.9	14.8	26	6	77.6

续表

区属号	地名	降水（mm）		大风（风力）≥8级			雷暴日数
		年降水量	日最大降水量	全年	最多	最少	
ⅢB.26	涪陵	1071.8	113.1	3.5	10	0	45.6
ⅢB.27	重庆	1082.9	192.9	3.4	8	0	36.5
ⅢC.1	驻马店	1004.4	420.4	5.6	20	1	27.6
ⅢC.2	固始	1075.1	206.9	5.4	43	0	35.3
ⅢC.3	平顶山	757.3	234.4	18.6	—	—	21.1
ⅢC.4	老河口	841.3	178.7	4.0	14	0	26.0
ⅢC.5	随州	965.3	214.6	4.1	12	1	35.1
ⅢC.6	远安	1098.4	226.1	5.6	14	1	46.5
ⅢC.7	恩施	1461.2	227.5	0.5	3	0	49.3
ⅢC.8	汉中	905.4	117.8	1.7	8	0	31.0
ⅢC.9	略阳	853.2	160.9	13.0	73	1	21.8
ⅢC.10	山阳	731.6	92.5	2.9	13	0	29.4
ⅢC.11	安康	818.7	161.9	5.4	18	0	31.7
ⅢC.12	平武	859.6	151.0	0.9	5	0	30.0
ⅢC.13	仪陇	1139.1	172.2	16.2	41	3	36.4
ⅢC.14	达县	1201.3	194.1	4.4	14	0	37.1
ⅢC.15	成都	1375.6	194.9	3.2	9	0	34.6
ⅢC.16	内江	1058.6	244.8	6.5	22	0	40.6
ⅢC.17	酉阳	1375.6	194.9	1.6	6	0	52.7
ⅢC.18	桐梓	1054.8	173.3	3.6	14	0	49.9
ⅢC.19	凯里	1225.4	156.5	4.7	23	3	59.4
ⅣA.1	福州	1339.7	167.6	12.6	23	3	56.5
ⅣA.2	泉州	1228.1	296.1	48.5	122	5	38.4
ⅣA.3	汕头	1560.1	297.4	11.1	23	5	51.7
ⅣA.4	广州	1705.0	248.9	5.5	17	0	80.3
ⅣA.5	茂名	1738.2	296.2	15.2	—	—	94.4
ⅣA.6	北海	1677.2	509.2	11.5	25	3	81.8
ⅣA.7	海口	1681.7	283.0	13.9	28	1	112.7
ⅣA.8	儋州	1808.0	403.1	4.1	20	0	120.8
ⅣA.9	琼中	2452.3	273.5	1.9	6	0	115.5
ⅣA.10	三亚	1239.1	287.5	7.0	18	0	69.9
ⅣA.11	台北	1869.9	400.0	—	—	—	27.9
ⅣA.12	香港	2224.7	382.6	—	—	—	34.0
ⅣB.1	漳州	1543.3	215.9	1.9	6	0	60.5

续表

区属号	地名	降水（mm）		大风（风力）≥8级			雷暴日数
		年降水量	日最大降水量	全年	最多	最少	
ⅣB.2	梅州	1472.9	224.4	1.5	7	0	79.6
ⅣB.3	梧州	1517.0	334.5	9.5	25	0	92.3
ⅣB.4	河池	1489.2	209.6	4.9	18	0	64.0
ⅣB.5	百色	1104.6	169.8	2.7	8	0	76.8
ⅣB.6	南宁	1307.0	198.6	3.5	10	0	90.3
ⅣB.7	凭祥	1424.8	206.5	0.7	3	0	82.7
ⅣB.8	元江	789.4	109.4	26.2	66	1	78.8
ⅣB.9	景洪	1196.9	151.8	3.4	11	0	119.2
ⅤA.1	毕节	952.0	115.8	2.3	10	0	61.3
ⅤA.2	贵阳	1127.1	133.9	10.2	45	0	51.6
ⅤA.3	察隅	773.9	90.8	1.1	6	0	14.4
ⅤB.1	西昌	1002.6	135.7	9.0	35	0	72.9
ⅤB.2	攀枝花	767.3	106.3	18.1	66	2	68.1
ⅤB.3	丽江	933.9	105.2	17.0	51	0	75.8
ⅤB.4	大理	1060.1	136.8	58.7	110	16	62.4
ⅤB.5	腾冲	1482.4	93.2	2.0	9	0	79.8
ⅤB.6	昆明	1003.8	153.3	11.0	40	0	66.3
ⅤB.7	临沧	1205.5	97.4	10.9	43	0	86.9
ⅤB.8	个旧	1104.5	118.4	1.1	7	0	51.0
ⅤB.9	思茅	1546.2	149.0	5.0	15	0	102.7
ⅤB.10	盘县	1399.9	148.8	54.4	98	6	80.1
ⅤB.11	兴义	1545.1	163.1	14.9	38	2	77.4
ⅤB.12	独山	1343.8	160.3	2.9	10	0	58.2
ⅥA.1	冷湖	16.9	22.7	47.2	116	7	2.5
ⅥA.2	茫崖	48.4	15.3	113.3	163	57	5.0
ⅥA.3	德令哈	173.6	84.0	38.0	65	19	19.3
ⅥA.4	刚察	375.0	40.5	47.2	78	18	60.4
ⅥA.5	西宁	367.0	62.2	27.3	55	2	31.4
ⅥA.6	格尔木	39.6	32.0	22.9	46	7	2.8
ⅥA.7	都兰	178.7	31.4	28.2	107	3	8.8
ⅥA.8	同德	437.9	# 47.5	36.6	56	20	56.9
ⅥA.9	夏河	557.9	64.4	19.9	53	4	63.8
ⅥA.10	若尔盖	663.6	65.3	39.2	77	15	64.2
ⅥB.1	曲麻莱	399.2	28.5	120.4	172	68	65.7

续表

区属号	地名	降水（mm）		大风（风力）≥8级			雷暴日数
		年降水量	日最大降水量	全年	最多	最少	
ⅥB.2	杂多	524.8	37.9	66.0	126	2	74.9
ⅥB.3	玛多	322.7	54.2	63.1	110	12	44.9
ⅥB.4	噶尔	71.8	24.6	134.8	231	48	19.1
ⅥB.5	改则	189.6	26.4	164.5	219	129	43.5
ⅥB.6	那曲	410.1	33.3	100.6	211	17	83.6
ⅥB.7	申扎	294.3	25.4	111.3	179	27	68.8
ⅥC.1	马尔康	766.0	53.5	35.0	78	7	68.8
ⅥC.2	甘孜	640.0	38.1	102.6	163	34	80.1
ⅥC.3	巴塘	467.6	42.3	25.6	68	0	72.3
ⅥC.4	康定	802.0	48.0	167.3	257	31	52.1
ⅥC.5	班玛	667.3	49.6	56.6	96	21	73.4
ⅥC.6	昌都	466.5	55.3	50.5	67	15	55.6
ⅥC.7	波密	879.5	80.0	3.6	23	0	10.2
ⅥC.8	拉萨	431.3	41.6	36.6	65	2	72.6
ⅥC.9	定日	289.0	47.8	80.2	117	51	43.4
ⅥC.10	德钦	661.3	74.7	61.7	135	5	24.7
ⅦA.1	克拉玛依	103.6	26.7	76.5	110	59	30.6
ⅦA.2	博乐阿拉山口	100.1	20.6	164.3	188	137	27.8
ⅦB.1	阿勒泰	180.2	40.5	30.5	85	5	21.4
ⅦB.2	塔城	284.0	56.9	39.9	88	6	27.7
ⅦB.3	富蕴	159.0	37.3	23.5	55	7	14.0
ⅦB.4	伊宁	255.7	41.6	14.7	34	0	26.1
ⅦB.5	乌鲁木齐	275.6	57.7	21.7	59	5	8.9
ⅦC.1	额济纳旗	35.5	27.3	43.8	78	19	7.8
ⅦC.2	二连浩特	140.4	61.6	72.2	125	44	23.3
ⅦC.3	杭锦后旗	138.2	77.6	25.1	47	10	23.9
ⅦC.4	安西	47.4	30.7	64.8	105	12	7.5
ⅦC.5	张掖	128.6	46.7	14.7	40	3	10.1
ⅦD.1	吐鲁番	15.8	36.0	25.9	68	0	9.7
ⅦD.2	哈密	34.8	25.5	21.0	49	2	6.8
ⅦD.3	库车	64.0	56.3	19.6	41	2	28.7
ⅦD.4	库尔勒	51.3	27.6	30.9	57	15	21.4
ⅦD.5	阿克苏	62.0	48.6	13.4	45	2	32.7

续表

区属号	地名	降水（mm）		大风（风力）≥8级			雷暴日数
		年降水量	日最大降水量	全年	最多	最少	
ⅦD.6	喀什	62.2	32.7	21.8	36	11	19.5
ⅦD.7	且末	20.5	42.9	14.5	37	0	6.2
ⅦD.8	和田	32.6	26.6	6.8	17	0	3.1

注：凡资料加“#”的，表示资料欠准确，但仍可使用。

5.5.1.7 我国主要城镇采暖期度日数

我国主要城镇采暖期度日数见表5-153。

我国主要城镇采暖期度日数 表5-153

地名	采暖期			
	起止日期	天数 Z（d）	平均温度 t_e（℃）	度日数 D_{di}（℃·d）
哈尔滨	10月18日—4月12日	177	−9.9	4938
齐齐哈尔	10月15日—4月14日	182	−10.2	5132
牡丹江	10月17日—4月12日	178	−9.4	4877
伊春	10月8日—4月19日	194	−12.5	5917
长春	10月21日—4月9日	171	−8.3	4497
延吉	10月22日—4月9日	170	−7.1	4267
沈阳	10月31日—3月31日	152	−5.6	3587
丹东	11月8日—4月1日	145	−3.4	3103
大连	11月18日—3月28日	131	−1.4	2541
乌鲁木齐	10月24日—4月3日	162	−8.5	4293
阿勒泰	10月18日—4月9日	174	−9.6	4802
克拉玛依	10月28日—3月24日	148	−9.0	3996
吐鲁番	11月7日—3月6日	120	−4.8	2736
西宁	10月21日—3月31日	162	−3.3	3451
玛多	9月5日—6月17日	286	−7.1	7179
兰州	11月2日—3月14日	133	−2.8	2766
酒泉	10月24日—3月28日	156	−4.3	3479
天水	11月13日—3月9日	117	−0.2	2129
银川	10月30日—3月24日	146	−3.7	3168
西安	11月21日—3月2日	102	11	1724
延安	11月7日—3月17日	131	−2.4	2672
呼和浩特	10月21日—4月4日	166	−6.2	4017
锡林浩特	10月9日—4月18日	192	−10.7	5509

续表

<table>
<tr><th rowspan="2">地名</th><th colspan="4">采暖期</th></tr>
<tr><th>起止日期</th><th>天数 Z（d）</th><th>平均温度 t_e（℃）</th><th>度日数 D_{di}（℃·d）</th></tr>
<tr><td>海拉尔</td><td>10月1日—4月28日</td><td>210</td><td>−14.2</td><td>6762</td></tr>
<tr><td>太原</td><td>11月5日—3月21日</td><td>137</td><td>−2.6</td><td>2822</td></tr>
<tr><td>大同</td><td>10月24日—4月3日</td><td>162</td><td>−5.2</td><td>3758</td></tr>
<tr><td>北京</td><td>11月12日—3月17日</td><td>120</td><td>−1.6</td><td>2470</td></tr>
<tr><td>天津</td><td>1月16日—3月15日</td><td>120</td><td>−1.6</td><td>2340</td></tr>
<tr><td>石家庄</td><td>11月17日—3月10日</td><td>114</td><td>−1.5</td><td>2109</td></tr>
<tr><td>张家口</td><td>10月28日—3月30日</td><td>154</td><td>−4.7</td><td>3496</td></tr>
<tr><td>唐山</td><td>11月12日—3月20日</td><td>120</td><td>−2.0</td><td>2580</td></tr>
<tr><td>承德</td><td>11月12日—3月26日</td><td>146</td><td>−4.4</td><td>3270</td></tr>
<tr><td>济南</td><td>11月24日—3月6日</td><td>103</td><td>0.7</td><td>1782</td></tr>
<tr><td>青岛</td><td>11月29日—3月18日</td><td>110</td><td>0.9</td><td>1881</td></tr>
<tr><td>徐州</td><td>11月29日—3月4日</td><td>96</td><td>1.6</td><td>1574</td></tr>
<tr><td>连云港</td><td>11月29日—3月7日</td><td>99</td><td>1.6</td><td>1629</td></tr>
<tr><td>郑州</td><td>11月26日—3月5日</td><td>100</td><td>1.4</td><td>1660</td></tr>
<tr><td>甘孜</td><td>10月22日—4月4日</td><td>165</td><td>−1.2</td><td>3168</td></tr>
<tr><td>拉萨</td><td>10月29日—3月20日</td><td>143</td><td>0.5</td><td>2503</td></tr>
</table>

5.5.2　地　质　年　代

地质年代简表见表 5-154。

地质年代简表　　**表 5-154**

<table>
<tr><th colspan="4">地质时代</th><th rowspan="2">距今年龄值（Ma）</th><th rowspan="2">生物演化</th></tr>
<tr><th>宙</th><th colspan="2">代</th><th>纪</th></tr>
<tr><td rowspan="12">显生宙 PH</td><td colspan="2" rowspan="3">新生代 Cz</td><td>第四纪 Q</td><td>2.60</td><td>人类出现</td></tr>
<tr><td>新近纪 N</td><td>23.3</td><td>近代哺乳动物出现</td></tr>
<tr><td>古近纪 E</td><td>65</td><td></td></tr>
<tr><td colspan="2" rowspan="3">中生代 Mz</td><td>白垩纪 K</td><td>137</td><td>被子植物出现</td></tr>
<tr><td>侏罗纪 J</td><td>205</td><td>鸟类、哺乳动物出现</td></tr>
<tr><td>三叠纪 T</td><td>250</td><td></td></tr>
<tr><td rowspan="6">古生代 Pz</td><td rowspan="3">晚古生代 Pz_2</td><td>二叠纪 P</td><td>295</td><td>裸子植物、爬行动物出现</td></tr>
<tr><td>石炭纪 C</td><td>354</td><td>两栖动物出现</td></tr>
<tr><td>泥盆纪 D</td><td>410</td><td>节蕨植物、鱼类出现</td></tr>
<tr><td rowspan="3">早古生代 Pz1</td><td>志留纪 S</td><td>438</td><td>裸蕨植物出现</td></tr>
<tr><td>奥陶纪 O</td><td>490</td><td>无颌类出现</td></tr>
<tr><td>寒武纪 ε</td><td>543</td><td>硬壳动物出现</td></tr>
</table>

续表

地质时代			距今年龄值（Ma）	生物演化
宙	代	纪		
元古宙PT	新元古代 Pt_3	震旦纪Z	680	裸露动物出现
			1000	
	中元古代 Pt_2		1800	真核细胞生物出现
	古元古代 Pt_1		2500	
太古宙AR	新太古宙 Ar_3		2800	晚期生命出现，叠石层出现
	中太古宙 Ar_2		3200	
	古太古宙 Ar_1		3600	
冥古宙HD			4600	

注：据全国地层委员会《中国区域年代地层（地质年代）表》说明书（2002）简化。

5.5.3 地　　震

5.5.3.1 地震震级

地震震级是表示地震本身强度大小的等级，它是衡量地震震源释放出总能量大小的一种量度。震级与放出总能量的大小近似地有如下式所示关系：

$$\log E = 11.8 + 1.5M$$

式中　E——能量（erg），1erg=10^{-7}J；

M——地震震级。

5.5.3.2 地震烈度

地震烈度就是受震地区地面及房屋建筑遭受地震破坏的程度。烈度的大小不仅取决于每次地震时本身发出的能量大小，同时还受到震源深度、受灾区距震中的距离、地震波传播的介质性质和受震区的表土性质及其他地质条件等的影响。

在一般震源深度（15～20km）情况下，震级与震中烈度的大致关系如表5-155所示。

震级与震中烈度大致对应关系　　表5-155

震级 M（级）	2	3	4	5	6	7	8	8以上
震中烈度 I（度）	1～2	3	4～5	6～7	7～8	9～10	11	12

烈度是根据人的感觉、家具和物品的振动情况、房屋和构筑物受破坏情况等定性的描绘。目前我国使用的是十二度烈度表，对于房屋和结构物在各种烈度下的破坏情况见表5-156。

中国地震烈度 表 5-156

地震烈度	评定指标								合成地震动的最大值	
	房屋震害			人的感觉	器物反应	生命线工程震害	其他震害现象	仪器测定的地震烈度 I_1	加速度 (m/s^2)	速度 (m/s)
	类型	震害强度	平均震害指数							
Ⅰ(1)	—	—	—	无感	—	—	—	$1.0 \leqslant I_1 < 1.5$	1.80×10^{-2} ($< 2.57 \times 10^{-2}$)	1.21×10^{-3} ($< 1.77 \times 10^{-3}$)
Ⅱ(2)	—	—	—	室内个别静止中的人有感觉，个别较高楼层中的人有感觉	—	—	—	$1.5 \leqslant I_1 < 2.5$	3.69×10^{-2} ($2.58 \times 10^{-2} \sim 5.28 \times 10^{-2}$)	2.59×10^{-3} ($1.78 \times 10^{-3} \sim 3.81 \times 10^{-3}$)
Ⅲ(3)	—	门、窗轻微作响	—	室内少数静止中的人有感觉，少数较高楼层中的人有明显感觉	悬挂物微动	—	—	$2.5 \leqslant I_1 < 3.5$	7.57×10^{-2} ($5.29 \times 10^{-2} \sim 1.08 \times 10^{-1}$)	5.58×10^{-3} ($3.82 \times 10^{-3} \sim 8.19 \times 10^{-3}$)
Ⅳ(4)	—	门、窗作响	—	室内多数人、室外少数人有感觉，少数人梦中惊醒	悬挂物明显摆动，器皿作响	—	—	$3.5 \leqslant I_1 < 4.5$	1.55×10^{-1} ($1.09 \times 10^{-1} \sim 2.22 \times 10^{-1}$)	1.20×10^{-2} ($8.20 \times 10^{-3} \sim 1.76 \times 10^{-2}$)
Ⅴ(5)	—	门窗、屋顶、屋架颤动作响，灰土掉落，个别房屋墙体抹灰出现细微裂缝，个别屋顶烟囱掉砖，个别檐瓦掉落	—	室内绝大多数、室外多数人有感觉，多数人梦中惊醒，少数人惊逃户外	悬挂物大幅度晃动，少数架上小物品、个别顶部沉重或放置不稳定器物摇动或翻倒，水晃动并从盛满的容器中溢出	—	—	$4.5 \leqslant I_1 < 5.5$	3.19×10^{-1} ($2.23 \times 10^{-1} \sim 4.56 \times 10^{-1}$)	2.59×10^{-2} ($1.77 \times 10^{-2} \sim 3.80 \times 10^{-2}$)

续表

地震烈度	评定指标								合成地震动的最大值	
	房屋震害			人的感觉	器物反应	生命线工程震害	其他震害现象	仪器测定的地震烈度 I_1	加速度 (m/s^2)	速度 (m/s)
	类型	震害强度	平均震害指数							
Ⅵ(6)	A1	少数轻微破坏和中等破坏，多数基本完好	0.02～0.17	多数人站立不稳，多数人惊逃户外	少数轻家具和物品移动，少数顶部沉重的器物翻倒	个别梁桥挡块破坏，个别拱桥主拱圈出现裂缝及桥台开裂；个别主变压器跳闸；个别老旧支线管道有破坏，局部水压下降	河岸和松软土地出现裂缝，饱和砂层出现喷砂冒水；个别独立砖烟囱轻度裂缝	$5.5\leqslant I_1<6.5$	6.53×10^{-1} (4.57×10^{-1}～9.36×10^{-1})	5.57×10^{-2} (3.18×10^{-2}～8.17×10^{-2})
	A2	少数轻微破坏和中等破坏，大多数基本完好	0.01～0.13							
	B	少数轻微破坏和中等破坏，大多数基本完好	≤0.11							
	C	少数或个别轻微破坏，绝大多数基本完好	≤0.06							
	D	少数或个别轻微破坏，绝大多数基本完好	≤0.04							
Ⅶ(7)	A1	少数严重破坏和毁坏，多数中等破坏和轻微破坏	0.15～0.44	大多数人惊逃户外，骑自行车的人有感觉，行驶中的汽车驾乘人员有感觉	物品从架子上掉落，多数顶部沉重的器物翻倒，少数家具倾倒	少数梁桥挡块破坏，个别拱桥主拱圈出现明显裂缝和变形以及少数桥台开裂；个别变压器的套管破坏，个别瓷柱型高压电气设备破坏；少数支线管道破坏，局部停水	河岸出现塌方，饱和砂层常见喷水冒砂，松软土地上地裂缝较多；大多数独立砖烟囱中等破坏	$6.5\leqslant I_1<7.5$	1.35 (9.37×10^{-1}～1.94)	1.20×10^{-1} (8.18×10^{-2}～1.76×10^{-1})
	A2	少数中等破坏，多数轻微破坏和基本完好	0.11～0.31							
	B	少数中等破坏，多数轻微破坏和基本完好	0.09～0.27							

续表

地震烈度	评定指标								合成地震动的最大值	
	房屋震害			人的感觉	器物反应	生命线工程震害	其他震害现象	仪器测定的地震烈度 I_1	加速度（m/s^2）	速度（m/s）
	类型	震害强度	平均震害指数							
Ⅶ(7)	C	少数轻微破坏和中等破坏，多数基本完好	0.05～0.18	大多数人惊逃户外，骑自行车的人有感觉，行驶中的汽车驾乘人员有感觉	物品从架子上掉落，多数顶部沉重的器物翻倒，少数家具倾倒	少数梁桥挡块破坏，个别拱桥主拱圈出现明显裂缝和变形以及少数桥台开裂；个别变压器的套管破坏，个别瓷柱型高压电气设备破坏；少数支线管道破坏，局部停水	河岸出现塌方，饱和砂层常见喷水冒砂，松软土地上地裂缝较多；大多数独立砖烟囱中等破坏	$6.5 \leqslant I_1 < 7.5$	1.35（9.37×10^{-1}～1.94）	1.20×10^{-1}（8.18×10^{-2}～1.76×10^{-1}）
	D	少数轻微破坏和中等破坏，大多数基本完好	0.04～0.16							
Ⅷ(8)	A1	少数毁坏，多数中等破坏和严重破坏	0.42～0.62	多数人摇晃颠簸，行走困难	除重家具外，室内物品大多数倾倒或移位	少数梁桥梁体移位、开裂及多数挡块破坏，少数拱桥主拱圈开裂严重；少数变压器的套管破坏，个别或少数瓷柱型高压电气设备破坏；多数支线管道及少数干线管道破坏，部分区域停水	干硬土地上出现裂缝，饱和砂层绝大多数喷砂冒水；大多数独立砖烟囱严重破坏	$7.5 \leqslant I_1 < 8.5$	2.79（1.95～4.01）	2.58×10^{-1}（1.77×10^{-1}～3.78×10^{-1}）
	A2	少数严重破坏，多数中等破坏和轻微破坏	0.29～0.46							
	B	少数严重破坏和毁坏，多数中等和轻微破坏	0.25～0.50							
	C	少数严重破坏和毁坏，多数中等和轻微破坏	0.16～0.35							
	D	少数中等破坏和严重破坏，多数轻微破坏和基本完好	0.14～0.27							

续表

地震烈度	评定指标								合成地震动的最大值	
	房屋震害			人的感觉	器物反应	生命线工程震害	其他震害现象	仪器测定的地震烈度 I_1	加速度（m/s^2）	速度（m/s）
	类型	震害强度	平均震害指数							
Ⅸ(9)	A1	少数中等破坏和严重破坏，多数轻微破坏和基本完好	0.60～0.90	行动的人摔倒	室内物品大多数倾倒或移位	个别梁桥桥墩局部压溃或落梁，个别拱桥垮塌或濒于垮塌；多数变压器套管破坏、少数变压器移位，少数瓷柱型高压电气设备破坏；各类供水管道破坏、渗漏广泛发生，大范围停水	干硬土地上多处出现裂缝，可见基岩裂缝、错动，滑坡、塌方常见；独立砖烟囱多数倒塌	$8.5 \leqslant I_1 < 9.5$	5.77（4.02～8.30）	5.55×10^{-1}（3.79×10^{-1}～8.14×10^{-1}）
	A2	少数中等破坏，多数轻微破坏和基本完好	0.44～0.62							
	B	少数中等破坏，多数轻微破坏和基本完好	0.48～0.69							
	C	少数严重破坏，多数中等破坏和轻微破坏	0.33～0.54							
	D	少数严重破坏和毁坏，多数中等破坏和轻微破坏	0.25～0.48							

续表

地震烈度	评定指标								合成地震动的最大值	
	房屋震害			人的感觉	器物反应	生命线工程震害	其他震害现象	仪器测定的地震烈度 I_1	加速度（m/s^2）	速度（m/s）
	类型	震害强度	平均震害指数							
Ⅹ(10)	A1	绝大多数毁坏	0.88～1.00	骑自行车的人会摔倒，处不稳状态的人会摔离原地，有抛起感	—	个别梁桥桥墩压溃或折断，少数落梁，少数拱桥垮塌或濒于垮塌；绝大多数变压器移位、脱轨，套管断裂漏油，多数瓷柱型高压电气设备破坏；供水管网毁坏，全区域停水	山崩和地震断裂出现；大多数独立砖烟囱从根部破坏或倒毁	$9.5 \leqslant I_1 < 10.5$	1.19×10^1（$8.31 \sim 1.72 \times 10^1$）	1.19（$8.15 \times 10^{-1} \sim 1.75$）
	A2	大多数毁坏	0.60～0.88							
	B	大多数毁坏	0.67～0.91							
	C	大多数严重破坏和毁坏	0.52～0.84							
	D	大多数严重破坏和毁坏	0.46～0.84							
Ⅺ(11)	A1	绝大多数毁坏	1.00	—	—	—	地震断裂延续很大；大量山崩滑坡	$10.5 \leqslant I_1 < 11.5$	2.47×10^1（$1.73 \times 10^1 \sim 3.55 \times 10^1$）	2.57（1.76～3.77）
	A2		0.86～1.00							
	B		0.90～1.00							
	C		0.84～1.00							
	D		0.84～1.00							
Ⅻ(12)	各类	几乎全部毁坏	1.00	—	—	—	地面剧烈变化，山河改观	$11.5 \leqslant I_1 < 12.0$	$>3.55 \times 10^1$	>3.77

注：1.“—”表示无内容。
2. 此表摘自《中国地震烈度表》GB/T 17742—2020，表中给出的“加速度”和“速度”是参考值，括弧内给出的是变动范围。

5.6 我国环境保护标准

5.6.1 空 气 污 染

5.6.1.1 标准大气的成分

标准大气的成分见表5-157。

标准大气的成分 表5-157

成分	相对分子质量	体积百分比（%）	质量百分比（%）	分压（×133.3224Pa）
氮（N_2）	28.0134	78.084	75.520	593.44
氧（O_2）	31.9988	20.948	23.142	159.20
氩（Ar）	39.948	0.934	1.288	7.10
二氧化碳（CO_2）	44.00995	3.14×10^{-2}	4.8×10^{-2}	2.4×10^{-1}
氖（Ne）	20.183	1.82×10^{-3}	1.3×10^{-3}	1.4×10^{-2}
氦（He）	4.0026	5.24×10^{-4}	6.9×10^{-5}	4.0×10^{-3}
氪（Kr）	83.80	1.14×10^{-4}	3.3×10^{-4}	8.7×10^{-4}
氙（Xe）	131.30	8.7×10^{-6}	3.9×10^{-5}	6.6×10^{-5}
氢（H_2）	2.01594	5×10^{-5}	3.5×10^{-6}	4×10^{-4}
甲烷（CH_4）	16.04303	2×10^{-4}	1×10^{-4}	1.5×10^{-3}
一氧化二氮（N_2O）	44.0128	5×10^{-5}	8×10^{-4}	4×10^{-4}
臭氧（O_3）	47.9982	夏：$0\sim7\times10^{-6}$	$0\sim1\times10^{-5}$	$0\sim5\times10^{-5}$
		冬：$0\sim2\times10^{-6}$	$0\sim0.3\times10^{-5}$	$0\sim1.5\times10^{-5}$
二氧化硫（SO_2）	64.0628	$0\sim1\times10^{-4}$	$0\sim2\times10^{-4}$	$0\sim8\times10^{-4}$
二氧化氮（NO_2）	46.0055	$0\sim2\times10^{-6}$	$0\sim3\times10^{-6}$	$0\sim1.5\times10^{-5}$
氨（NH_3）	17.03061	0～微量	0～微量	0～微量
一氧化碳（CO）	28.01055	0～微量	0～微量	0～微量
碘（I_2）	253.8088	$0\sim1\times10^{-6}$	$0\sim9\times10^{-6}$	$0\sim8\times10^{-6}$

注：本表摘自《法定计量单位与科技常数》。

5.6.1.2 大气环境质量标准

环境空气功能区分为两类：一类区为自然保护区、风景名胜区和其他需要特殊保护的区域；二类区为居住区、商业交通居民混合区、工业区和农村地区。

5.6.1.3 环境空气功能区质量要求

环境空气污染物基本项目浓度限值见表5-158。

环境空气污染物基本项目浓度限值 表5-158

污染物名称	浓度限值（mg/m^3）		
	平均时间	一级	二级
二氧化硫（SO_2）	年平均	0.020	0.060
	24h平均	0.050	0.150
	1h平均	0.15	0.500

续表

污染物名称	浓度限值（mg/m³）		
	平均时间	一级	二级
二氧化氮（NO_2）	年平均	0.040	0.040
	24h 平均	0.08	0.080
	1h 平均	0.200	0.200
一氧化碳（CO）	24h 平均	4.00	4.000
	1h 平均	10.00	10.00
臭氧（O_3）	日最大 8h 平均	0.100	0.160
	1h 平均	0.160	0.200
颗粒物（粒径小于等于 10μm）	年平均	0.040	0.070
	4h 平均	0.050	0.150
颗粒物（粒径小于等于 2.5μm）	年平均	0.015	0.035
	4h 平均	0.035	0.075

注：本表摘自《环境空气质量标准》GB 3095—2012（2016 年版）。

5.6.1.4　中国民用建筑工程室内环境污染控制标准

（1）无机非金属建筑主体材料的放射性限量见表 5-159。

无机非金属建筑主体材料的放射性限量　　表 5-159

测定项目	限量
内照射指数（I_{Ra}）	≤1.0
外照射指数（I_γ）	≤1.0

（2）无机非金属装修材料放射性限量见表 5-160。

无机非金属装修材料放射性限量　　表 5-160

测定项目	限量	
	A	B
内照射指数（I_{Ra}）	≤1.0	≤1.3
外照射指数（I_γ）	≤1.3	≤1.9

（3）环境测试舱法测定游离甲醛释放量限量见表 5-161。

环境测试舱法测定游离甲醛释放量限量　　表 5-161

类别	限量（mg/m³）
E_1	≤0.12

（4）1m³ 气候箱法测定室内装饰装修材料如人造板及其制品中游离甲醛释放量限量见表 5-162。

1m³ 气候箱法测定人造板及其制品中游离甲醛释放量限量（GB 18580—2017）　　表 5-162

类别	限量（mg/m³）
E_1	≤0.124

(5) 室内用水性涂料、水性腻子和水性处理剂中游离甲醛限量见表 5-163。

室内用水性涂料、水性腻子和水性处理剂中游离甲醛限量 表 5-163

测定项目	限量 (mg/kg)
游离甲醛	≤100

(6) 室内用溶剂型涂料和木器用溶剂型腻子中 VOC、苯、甲苯+十二甲苯+乙苯限量见表 5-164。

室内用溶剂型涂料和木器用溶剂型腻子中 VOC、苯、甲苯+十二甲苯+乙苯限量 表 5-164

涂料种类	VOC (g/L)	苯 (%)	甲苯+十二甲苯+乙苯 (%)
醇酸类涂料	≤550	≤0.3	≤5
硝基类涂料	≤720	≤0.3	≤30
聚氨酯类涂料	≤670	≤0.3	≤30
酚醛防锈漆	≤270	≤0.3	—
其他溶剂型涂料	≤600	≤0.3	≤30
木器用溶剂型腻子	≤550	≤0.3	≤30

(7) 室内用溶剂型胶粘剂中 VOC、苯、甲苯+十二甲苯限量见表 5-165。

室内用溶剂型胶粘剂中 VOC、苯、甲苯+十二甲苯限量 表 5-165

测定项目	限量			
	氯丁橡胶胶粘剂	SBS 胶粘剂	聚氨酯类胶粘剂	其他胶粘剂
VOC (g/L)	≤700	≤650	≤700	≤700
苯 (g/kg)	≤5.0			
甲苯+十二甲苯 (g/kg)	≤200	≤150	≤150	≤150

注:聚氨酯胶粘剂中的游离甲苯二异氰酸酯 (TDI) 含量不应大于 4g/kg。

(8) 室内用聚氯乙烯卷材地板中挥发物限量见表 5-166。

室内用聚氯乙烯卷材地板中挥发物限量 表 5-166

名称		限量 (g/m^2)
发泡类卷材地板	玻璃纤维基材	≤75
	其他基材	≤35
非发泡类卷材地板	玻璃纤维基材	≤40
	其他基材	≤10

(9) 地毯、地毯衬垫中总挥发性有机化合物和游离甲醛的释放量限量见表 5-167。

地毯、地毯衬垫中总挥发性有机化合物和游离甲醛的释放量限量 表 5-167

名称	有害物质项目	限量 [$mg/(m^2 \cdot h)$]	
		A 级	B 级
地毯	总挥发性有机化合物	≤0.500	≤0.600
	游离甲醛	≤0.050	≤0.050

续表

名称	有害物质项目	限量［mg/(m²·h)］	
		A级	B级
地毯衬垫	总挥发性有机化合物	≤1.000	≤1.200
	游离甲醛	≤0.050	≤0.050

（10）民用建筑工程竣工验收时室内环境污染物浓度限量见表5-168。

民用建筑工程竣工验收时室内环境污染物浓度限量　　表5-168

污染物	Ⅰ类民用建筑工程	Ⅱ类民用建筑工程
氡（Bq/m^3）	≤150	≤150
甲醛（mg/m^3）	≤0.07	≤0.08
苯（mg/m^3）	≤0.06	≤0.09
甲苯（mg/m^3）	≤0.15	≤0.20
二甲苯（mg/m^3）	≤0.20	≤0.20
氨（mg/m^3）	≤0.15	≤0.20
TVOC（mg/m^3）	≤0.45	≤0.50

注：1. 表中污染物浓度限量，除氡外均应为同步测定的室内测量值扣除室外上风向空气中相应污染物浓度测量值后的测量值。
2. Ⅰ类民用建筑：住宅、医院、老年人照料房屋设施、幼儿园、学校教室、学生宿舍、军人宿舍等；Ⅱ类民用建筑：办公楼、商店、旅馆、文化娱乐场所、书店、图书馆、展览馆、体育馆、公共交通等候室、餐厅、理发店等。

（11）溶剂型涂料固含量与TVOC含量换算见表5-169。

溶剂型涂料固含量与TVOC含量换算　　表5-169

涂料种类	固含量	TVOC含量（g/L）
醇酸清漆	≥40	≤550
醇酸调合漆	≥50	≤550
醇酸磁漆	≥42	≤550
硝基清漆	≥30	≤750
聚氨酯漆	≥45	≤700
酚醛清漆	≥50	≤500
酚醛磁漆	≥64	≤380
酚醛防锈漆	≥77	≤270
其他溶剂型涂料	……	≤600

（12）建筑材料进场检验要求见表5-170。

建筑材料进场检验要求　　表5-170

材料名称	检验要求
无机非金属建筑主体材料	放射性指标检测报告
建筑装饰材料	放射性指标检测报告

续表

材料名称	检验要求
室内装饰使用的人造木板及其制品	游离甲醛释放量检测报告
水性涂料、水性处理剂	游离甲醛释放量检测报告
溶剂型涂料	VOC、苯、甲苯+二甲苯、乙苯含量检测报告
水性胶粘剂	游离甲醛和VOC检测报告
溶剂型、本体型胶粘剂	VOC、苯、甲苯+二甲苯含量检测报告

（13）水性涂料、水性胶粘剂和水性处理剂中挥发性有机化合物（VOC）含量测定时不同水含量样品的参考取样量见表5-171。

不同水含量样品的参考取样量（卡尔·费休法） **表5-171**

估计水含量（%，m/m）	参考取样量（g）	估计水含量（%，m/m）	参考取样量（g）
0～1	5.0	10～30	0.4～1.0
1～3	2.0～5.0	30～70	0.1～0.4
3～10	1.0～2.0	>70	0.1

5.6.2 噪 声

5.6.2.1 城市区域环境噪声标准

城市区域环境噪声标准见表5-172。

城市区域环境噪声标准值［等效声级，分贝（dB）］ **表5-172**

类别		昼间	夜间	适用区域
0类		50	40	康复疗养区等特别需要安静的区域
1类		55	45	居民住宅、医疗卫生、文化教育、科研设计、行政办公为主要功能，需要保持安静的区域
2类		60	50	商业金融、集市贸易为主要功能，或者居住、商业、工业混杂，需要维护住宅安静的区域
3类		65	55	以工业生产、仓储物流为主要功能，需要防止工业噪声对周围环境产生严重影响的区域
4类	4a	70	55	高速公路、一级公路、二级公路、城市快速路、城市主干路、城市次干路、城市轨道交通（地面段）、内河航道两侧一定距离之内区域
	4b	70	60	铁路干线两侧一定距离之内区域

注：1. 本表摘自《声环境质量标准》GB 3096—2008。
2. 夜间突发的噪声，其最大值不应超过标准值15dB。

5.6.2.2 各类厂界噪声标准

各类厂界噪声标准值见表5-173。

各类厂界噪声标准值（dB） **表5-173**

类别	昼间	夜间	适用范围
Ⅰ类	55	45	以居住、文教机关为主的区域

续表

类别	昼间	夜间	适用范围
Ⅱ类	60	50	居住、商业、工业混杂区及商业中心区
Ⅲ类	65	55	工业区
Ⅳ类	70	55	交通干线道路两侧区域

注：夜间频繁突发的噪声（如排气噪声），其峰值不准超过标准值 10dB；夜间偶然突发的噪声（如短促鸣笛声），其峰值不准超过标准值 15dB。

5.6.2.3　建筑现场主要施工机械噪声限值

建筑现场主要施工机械噪声限值见表 5-174。

建筑现场主要施工机械噪声限值　表 5-174

施工阶段	主要噪声源	噪声限值（dB）	
		昼间	夜间
土石方	推土机、挖掘机、装载机等	75	55
打桩	各种打桩机等	85	禁止施工
结构	搅拌机、振动棒、电锯等	70	55
装修	起重机、升降机等	65	55

注：摘自《建筑施工场界环境噪声排放标准》GB 12523—2011。

5.6.3　水　污　染

5.6.3.1　排水水质标准

工业废水中有害物质最高容许排放浓度分为两类。

第一类，能在环境或动植物体内蓄积，对人体健康产生长远影响的有害物质。含这类有害物质的废水，在车间处理设备的排出口，应符合表 5-175 的规定。

第一类污染物最高容许排放浓度　表 5-175

序号	有害物质名称	最高容许排放浓度（mg/L）	序号	有害物质名称	最高容许排放浓度（mg/L）
1	总汞	0.05	4	六价铬	0.5
2	烷基汞	不得检出	5	总砷	0.5
3	总镉	0.1	6	总铅	1.0

注：本表摘自《污水综合排放标准》GB 8978—1996。

第二类，其长远影响小于第一类的有害物质，在工厂排出口的水质应符合表 5-176 的规定。

第二类污染物最高容许排放浓度　表 5-176

序号	污染物	一级标准	二级标准	三级标准
1	pH	6～9	6～9	6～9
2	色度（稀释倍数）	50	80	—

续表

序号	污染物	一级标准	二级标准	三级标准
3	悬浮物	70	150	400
4	5日生化需氧量	20	30	300
5	化学需氧量	100	150	500
6	硫化物	1.0	1.0	1.0
7	挥发酚	0.5	0.5	2.0
8	总氰化合物	0.5	0.5	1.0
9	磷酸盐（以P计）	0.5	1.0	—
10	石油类	5	10	20
11	总铜	0.5	1.0	2.0
12	甲醛	1.0	2.0	5.0
13	氟化物	10	10	20
14	硝基苯类	2.0	3.0	5.0
15	苯胺类	1.0	2.0	5.0

注：本表摘自《污水综合排放标准》GB 8978—1996。

5.6.3.2 水消毒处理方法

水消毒处理方法见表5-177。

水消毒处理方法 **表5-177**

项目		氯化消毒（使用液氯）	臭氧消毒	紫外线消毒	加热消毒	溴和碘消毒	金属离子消毒（银、铜等）
接触时间(min)		10～30	5～10	最小	15～20	10～30	120
有效性	菌	有效	有效	有效	有效	有效	有效
	病毒	有一定效果	有效	有一定效果	有效	有一定效果	无效
	孢子	有效	有效	有效	有效	有效	无效
优点		费用低，能长时间保持剩余游离氧，有持续的杀菌消毒作用	能消灭病毒和孢子，还能加速地去除色、臭，氧化物无毒	不需要化学药剂，消毒快	不需要特殊设备	对眼睛的刺激性较小，费用大	具有持久性的灭菌效果
缺点		对某些孢子和病毒无效；氧化物有异臭、异味，如三卤代甲烷等甚至有毒	费用大；消毒作用短暂，不能保持有效消毒的剩余量	费用大；消毒作用短暂，对去除浊度的预处理要求高	消毒作用缓慢，费用大	比氯消毒作用缓慢，费用略高	消毒作用缓慢，费用大，效果易受胺等污染物的影响
备注		目前最通用的消毒方法	欧洲国家广泛使用	实验室有效规模的工业用水使用	家庭用	游泳池有时使用	—

5.6.4　环境对结构的作用

5.6.4.1　环境分类

按照结构所处的环境对钢筋混凝土材料的不同腐蚀作用机理，将环境分为五类，详见表5-178。

环境分类　　表5-178

环境类别	名称	环境类别	名称
Ⅰ	碳化引起钢筋锈蚀的一般环境	Ⅴ	其他化学物质引起混凝土腐蚀的环境
Ⅱ	反复冻融引起混凝土冻蚀的环境	$Ⅴ_1$	土中和水中的化学腐蚀环境
Ⅲ	海水氯化物引起钢筋锈蚀的近海或海洋环境	$Ⅴ_2$	大气污染环境
Ⅳ	除冰盐等其他氯化物引起钢筋锈蚀的环境	$Ⅴ_3$	盐结晶环境

5.6.4.2　环境作用等级

环境作用按照其对配筋（钢筋和预应力筋）混凝土结构侵蚀的严重程度，可分为六级，详见表5-179。

环境作用等级　　表5-179

作用等级	作用程度的定性描述	作用等级	作用程度的定性描述
A	可忽略	D	严重
B	轻度	E	非常严重
C	中度	F	极端严重

5.6.4.3　环境分类及环境作用等级

同环境类别在不同的环境条件下对配筋混凝土结构的作用等级划分，详见表5-180。

环境分类及环境作用等级　　表5-180

环境类别	环境条件		作用等级	示例
Ⅰ一般环境（无冻融、盐、酸等作用）	室内干燥环境		Ⅰ-A	长期干燥、低湿度环境中的室内混凝土构件
	非干湿交替的室内潮湿环境；非干湿交替的露天环境；长期湿润环境		Ⅰ-B	中、高湿度环境中的室内混凝土构件；不受雨淋或与水接触的露天构件；长期与水或湿润土体接触的水中或土中构件
	干湿交替环境下南方炎热潮湿的露天环境		Ⅰ-C	与冷凝结露水接触的室内天窗构件；地下室顶板构件；表面频繁淋雨或频繁与水接触的室外构件，处于水位变动区的大气中构件
Ⅱ冻融环境	微冻地区，混凝土高度饱水	无氯盐	Ⅱ-C	Ⅱ冻融环境
		有氯盐	Ⅱ-D	—
	严寒和寒冷地区，混凝土中度饱水	无氯盐	Ⅱ-C	—
		有氯盐	Ⅱ-D	
	严寒和寒冷地区，混凝土高度饱水	无氯盐	Ⅱ-D	—
		有氯盐	Ⅱ-E	

续表

环境类别	环境条件		作用等级	示例
Ⅲ近海或海洋环境	水下区		Ⅲ-D	长期浸没于海水中的桥墩
	大气区	轻度盐雾区，离平均水位15m以上的海上大气区，离涨潮岸线100m外至300m内的陆上室外环境	Ⅲ-D	—
		重度盐雾区，离平均水位15m以内的海上大气区，离涨潮岸线100m内的陆上室外环境	Ⅲ-E	
	潮汐区和浪溅区，非炎热地区		Ⅲ-E	桥墩
	潮汐区和浪溅区，南方炎热潮湿地区		Ⅲ-F	桥墩
	土中区	非干湿交替	Ⅲ-D	—
		干湿交替	Ⅲ-E	—
Ⅳ除冰盐等其他氯化物环境（来自海水的除外）	较低氯离子浓度（反复冻融环境按Ⅳ-D）		Ⅳ-C	与含有较低浓度氯盐的土体或水体接触的构件，无干湿交替引起的浓度积累
	较高氯离子浓度		Ⅳ-D	受除冰盐直接溅射的构件竖向表面与含有较高浓度氯盐的水体或土体接触的构件
	高氯离子浓度，或干湿交替引起氯离子积累		Ⅳ-E	直接接触除冰盐的构件水平表面与含有高浓度氯盐的土体或水体接触的构件
V_1土中及地表、地下水中的化学腐蚀环境（来自海水的氯化物除外）	—			与含有腐蚀性化学物质如硫酸盐、镁盐、碳酸等土体、地下水、地表水接触的结构构件
V_2大气污染环境（来自海水的盐雾除外）	汽车或机车废气		V_2-C	受废气直射的结构构件，处于有限封闭空间内受废气作用的车库或隧道构件
	酸雨（酸雨pH小于4时按E级）		V_2-D	遭酸雨频繁作用的构件

5.7 机电安装工程常用数据

5.7.1 电气工程

5.7.1.1 一般用途导线颜色标志（表5-181）

一般用途导线颜色标志 表5-181

序号	颜色	用途说明
1	红色	三相电路的L3相、半导体三极管集电极、半导体二极管、整流二极管或晶闸管的阴极

续表

序号	颜色	用途说明
2	绿色	三相电路的 L2 相
3	黄色	三相电路的 L1 相、半导体三极管基极、晶闸管和双向晶闸管的控制极
4	蓝色	直流电路的负极、半导体三极管发射极、半导体二极管、整流二极管或晶闸管的阳极

5.7.1.2　多芯电缆线芯颜色标志及数字标记（表 5-182）

多芯电缆线芯颜色标志及数字标记　　表 5-182

序号	电缆类型	线芯颜色	对应数字标记	备注
1	二芯电缆	红、浅蓝	1、0	红、黄、绿（即数字 1、2、3）用于主线芯，浅蓝（即数字 0）用于中性线芯
2	三芯电缆	红、黄、绿	1、2、3	
3	四芯电缆	红、黄、绿、浅蓝	1、2、3、0	

5.7.1.3　电气设备指示灯颜色标志的含义及用途（表 5-183）

电气设备指示灯颜色标志的含义及用途　　表 5-183

序号	颜色	含义	说明
1	绿色	准备启动	设备运行
2	黄色	小心	电流等参数达到极限值
3	红色	反常情况	指示由于过载、超过行程或其他事故

5.7.1.4　一般按钮、带电按钮颜色标志的含义及用途（表 5-184）

一般按钮、带电按钮颜色标志的含义及用途　　表 5-184

分类	颜色	含义	用途
一般按钮	红色	停车、开断	设备停止运行
		紧急停车	紧急开断、防止危险
	绿色或黑色	启动、工作、点动	设备正常运行；控制回路激磁
	黄色	返回的启动、移动、正常工作循环或已开始去抑制危险情况	设备已完成一个循环的始点，按黄色按钮可取消预制功能
带电按钮	红色	停止	—
	黄色	小心，抑制反常情况的作用开始	可取消预制功能
	绿色	启动，设备运行	设备正常运行

5.7.1.5　电力线路合理输送功率和距离（表 5-185）

电力线路合理输送功率和距离　　表 5-185

标称电压（kV）	线路结构	输送功率（kW）	送电距离（km）
0.22	架空线	50 以下	0.15 以下
0.22	电缆线	100 以下	0.2 以下
0.38	架空线	100 以下	0.25 以下

续表

标称电压（kV）	线路结构	输送功率（kW）	送电距离（km）
0.38	电缆线	175 以下	0.35 以下
10	架空线	3000 以下	15～8
10	电缆线	5000 以下	10 以下

5.7.1.6 民用建筑用电指标（表 5-186）

民用建筑用电指标 表 5-186

用地分类	建筑分类	用电指标（W/m^2）			需用系统	备注
		低	中	高		
居住用地（R）	高级住宅、别墅	60	70	80	0.35～0.5	装设全空调、电热、电灶等家电，家庭全电气化
	二类，中级住宅	50	60	70		客厅、卧室均装空调，家电较多，家庭基本电气化
	三类，普通住宅	30	40	50		部分房间有空调，有主要家电的一般家庭
公共设施用地（C）	行政、办公	50	65	80	0.7～0.8	党政、企事业机关办公楼和一般写字楼
	商业、金融、服务业	60～70	80～100	120～150	0.8～0.9	商业、金融业、服务业、旅馆业高级市场、高级写字楼
	文化、娱乐	50	70	100	0.7～0.8	新闻、出版、文艺、影剧院、广播、电视楼、书展、娱乐设施等
	体育	30	50	80	0.6～0.7	体育场、馆和体育训练基地
	医疗卫生	50	65	80	0.5～0.65	医疗、卫生、保健、康复中心、急救中心、防疫站等
	科教	45	65	80	0.8～0.9	高校、中专、技校、科研机构、科技园、勘测设计机构
	文物古迹	20	30	40	0.6～0.7	
	其他公共建筑	10	20	30	0.6～0.7	宗教活动场所和社会福利院等
工业用地（M）	一类工业	30	40	50	0.3～0.4	无干扰、无污染的高科技工业，如电子、制衣和工艺制品等
	二类工业	40	50	60	0.3～0.45	有一定干扰和污染的工业，如食品、医药、纺织及标准厂房等
	三类工业	50	60	70	0.35～0.5	机械、电气、冶金等及其他中型、重型工业
道路、广场（S）	道路（kW/km^2）	10	15	20	—	“kW/km^2”为开发区、新区按用地面积计算的负荷密度
	广场（kW/km^2）	50	100	150		
	公共停车场（kW/km^2）	30	50	80		

续表

用地分类	建筑分类	用电指标（W/m²）			需用系统	备注
		低	中	高		
市政设施（U）	水、电、燃气、供热设施、公交设施；电信、邮政、环卫、消防及其他设施	800（30）	1500（45）	2000（60）	0.6～0.7	同上。但括号内的数据仍按建筑面积计算

注：1. 除S、U类按用地面积计，其余均按建筑面积计，且计入了空调用电。无空调用电可扣减40%～50%。
2. 计算负荷时，应分类计入需用系数和计入总同期系数。
3. 住宅也可按户计算，普通3～4kW/户、中级5～6kW/户、高级和别墅7～10kW/户。

5.7.1.7　系统短路阻抗标幺值（表5-187）

系统短路阻抗标幺值　　表5-187

系统短路容量（MVA）	30	50	75	100	200	300	350	500	∞
系统短路阻抗标幺值	3.333	2.000	1.333	1.000	0.500	0.333	0.286	0.200	0

注：基准容量设定为100MVA。

5.7.1.8　电线、电缆导体长期允许最高工作温度（表5-188）

电线、电缆导体长期允许最高工作温度　　表5-188

电线、电缆种类		导体长期允许最高工作温度（℃）
橡皮绝缘电线	500V	65
塑料绝缘电线	450/750V	70
交联聚乙烯绝缘电力电缆	1～10kV	90
	35kV	80
聚氯乙烯绝缘电力电缆	1kV	70
裸铝、铜母线和绞线		70

5.7.1.9　常用电力电缆导体的最高允许温度（表5-189）

常用电力电缆导体的最高允许温度　　表5-189

电缆			最高允许温度（℃）	
绝缘类别	型式特征	电压（kV）	持续工作	短路暂态
聚氯乙烯	普通	≤1	70	160（140）
交联聚乙烯	普通	≤500	90	250

注：括号内数值适用于截面面积大于300mm² 的聚氯乙烯绝缘电缆。

5.7.1.10　导线最小截面要求

按机械强度固定敷设的导体允许的最小截面见表5-190。

按机械强度固定敷设的导体允许的最小截面　　表5-190

序号	敷设方式	绝缘子支持点间距（m）	导体的最小截面（mm²）	
			铜导体	铝导体
1	裸导体敷设在绝缘子上	—	10	16

续表

<table>
<tr><th rowspan="2">序号</th><th rowspan="2">敷设方式</th><th rowspan="2">绝缘子支持点间距（m）</th><th colspan="2">导体的最小截面（mm²）</th></tr>
<tr><th>铜导体</th><th>铝导体</th></tr>
<tr><td rowspan="4">2</td><td rowspan="4">绝缘导体敷设在绝缘子上</td><td>≤2</td><td>1.5</td><td>10</td></tr>
<tr><td>>2，且≤6</td><td>2.5</td><td>10</td></tr>
<tr><td>>6，且≤16</td><td>4</td><td>10</td></tr>
<tr><td>>16，且≤25</td><td>6</td><td>10</td></tr>
<tr><td>3</td><td>绝缘导体穿管敷设或在槽盒中敷设</td><td></td><td>1.5</td><td>10</td></tr>
</table>

5.7.1.11 电缆托盘和梯架与各种管道的最小净距（表 5-191）

电缆托盘和梯架与各种管道的最小净距　　表 5-191

<table>
<tr><th colspan="2">管道类别</th><th>平等净距（m）</th><th>交叉净距（m）</th></tr>
<tr><td colspan="2">有腐蚀性液体、气体的管道</td><td>0.5</td><td>0.5</td></tr>
<tr><td rowspan="2">热力管道</td><td>有保温层</td><td>0.5</td><td>0.3</td></tr>
<tr><td>无保温层</td><td>1.0</td><td>0.5</td></tr>
<tr><td colspan="2">其他工艺管道</td><td>0.4</td><td>0.3</td></tr>
</table>

5.7.1.12 电缆最小弯曲半径（表 5-192）

电缆最小弯曲半径　　表 5-192

<table>
<tr><th colspan="2">电缆形式</th><th>多芯</th><th>单芯</th></tr>
<tr><td rowspan="2">控制电缆</td><td>非铠装型、屏蔽型软电缆</td><td>6D</td><td rowspan="2">—</td></tr>
<tr><td>铠装型、铜屏蔽型</td><td>12D</td></tr>
<tr><td rowspan="3">橡皮绝缘电力电缆</td><td>无铅包、钢铠护套</td><td colspan="2">10D</td></tr>
<tr><td>裸铅包护套</td><td colspan="2">15D</td></tr>
<tr><td>钢铠护套</td><td colspan="2">20D</td></tr>
<tr><td rowspan="2">塑料绝缘电力电缆</td><td>无铠装</td><td>15D</td><td>20D</td></tr>
<tr><td>有铠装</td><td>12D</td><td>15D</td></tr>
</table>

注：表中 D 为电缆外径。

5.7.1.13 导线穿套管最小管径

1. 导线穿焊接钢管的最小管径（表 5-193）

BV、BVN 型绝缘导线穿焊接钢管管径（内径）选择　　表 5-193

<table>
<tr><th rowspan="2">导线截面面积（mm²）</th><th colspan="8">导线根数</th></tr>
<tr><th>2</th><th>3</th><th>4</th><th>5</th><th>6</th><th>7</th><th>8</th><th>9</th></tr>
<tr><td>1.0</td><td colspan="3">—</td><td rowspan="2">20</td><td rowspan="2">25</td><td>—</td><td colspan="2">—</td></tr>
<tr><td>1.5</td><td colspan="3">15</td><td rowspan="2">—</td><td>—</td><td>40</td></tr>
<tr><td>2.5</td><td colspan="2">—</td><td colspan="2">25</td><td rowspan="2">32</td><td rowspan="2">—</td><td rowspan="2">50</td></tr>
<tr><td>4</td><td colspan="2" rowspan="2">20</td><td colspan="2" rowspan="2">—</td><td rowspan="2">—</td></tr>
<tr><td>6</td><td>40</td><td>50</td><td>65</td></tr>
</table>

续表

导线截面面积（mm^2）	导线根数							
	2	3	4	5	6	7	8	9
10	25		40		50	65		—
16	32		50		—		80	—
25	—		65			80	—	
35	40		—		80	—		
50	—		80		100		—	
70	50		—		—	—		—
95	65		—	100				
120								
150	80			—		—		
185	—					—		
240	100		—					

2. 导线穿电线管的最小管径（表 5-194）

BV、BVN 型绝缘导线穿电线管管径（外径）选择　　表 5-194

导线截面面积（mm^2）	导线根数							
	2	3	4	5	6	7	8	9
1.0	—		19	—	—	—	—	—
1.5	—		25				38	
2.5	16	19	—	32		38	—	
4	19	25			38	51		
6				38	—	—		
10	25	—		51		64	76	—
16					64	76	—	
25	38		51	64	76	—	—	
35	—	51	64		—			
50		76	—					
70			—	—				
95	51		—					
120								
150						—		—
185	64	—	—		—	—		

3. 导线穿中型阻燃塑料导管的最小管径（表 5-195）

BV、BVN 型绝缘导线穿中型阻燃塑料导管管径（外径）选择 **表 5-195**

<table>
<tr><th rowspan="2">导线截面面积（mm²）</th><th colspan="8">导线根数</th></tr>
<tr><th>2</th><th>3</th><th>4</th><th>5</th><th>6</th><th>7</th><th>8</th><th>9</th></tr>
<tr><td>1.0</td><td colspan="2">—</td><td>20</td><td>—</td><td>32</td><td>—</td><td>—</td><td rowspan="2">—</td></tr>
<tr><td>1.5</td><td>—</td><td rowspan="2">20</td><td>25</td><td>—</td><td>—</td><td colspan="2">40</td></tr>
<tr><td>2.5</td><td>16</td><td>—</td><td>32</td><td>40</td><td>—</td><td colspan="2">—</td></tr>
<tr><td>4</td><td rowspan="2">20</td><td rowspan="2">25</td><td rowspan="2">32</td><td rowspan="2">40</td><td>—</td><td colspan="2">50</td><td>—</td></tr>
<tr><td>6</td><td colspan="2">—</td><td>63</td><td>—</td></tr>
<tr><td>10</td><td rowspan="2">25</td><td rowspan="2">32</td><td>40</td><td rowspan="2">—</td><td colspan="2">63</td><td rowspan="2">—</td><td rowspan="2">—</td></tr>
<tr><td>16</td><td>50</td><td rowspan="4">—</td><td>—</td></tr>
<tr><td>25</td><td>32</td><td>40</td><td colspan="2">—</td><td rowspan="3">—</td><td colspan="2" rowspan="5">—</td></tr>
<tr><td>35</td><td>—</td><td rowspan="4">63</td><td rowspan="2">—</td><td>—</td></tr>
<tr><td>50</td><td>40</td><td>—</td></tr>
<tr><td>70</td><td rowspan="2">—</td><td colspan="2">—</td><td>—</td><td>—</td></tr>
<tr><td>95</td><td colspan="2">—</td><td>—</td><td>—</td></tr>
</table>

5.7.1.14 电话电缆穿管最小管径（表 5-196、表 5-197）

电话电缆穿管的最小管径（一） **表 5-196**

<table>
<tr><th rowspan="3">电话电缆型号规格</th><th rowspan="3">管材种类</th><th rowspan="3">穿管长度（m）</th><th rowspan="3">保护管弯曲数</th><th colspan="10">电缆对数</th></tr>
<tr><th>10</th><th>20</th><th>30</th><th>50</th><th>80</th><th>100</th><th>150</th><th>200</th><th>300</th><th>400</th></tr>
<tr><th colspan="10">最小管径（mm）</th></tr>
<tr><td rowspan="3">HYV
HYQ
HPVV
2×0.5</td><td rowspan="3">SC
RC</td><td rowspan="3">30m 以下</td><td>直通</td><td colspan="2">20</td><td>25</td><td>32</td><td colspan="2">40</td><td>50</td><td>70</td><td colspan="2">80</td></tr>
<tr><td>一个弯曲</td><td>25</td><td>—</td><td>—</td><td>—</td><td>50</td><td>—</td><td>70</td><td>80</td><td colspan="2">—</td></tr>
<tr><td>两个弯曲</td><td>—</td><td>32</td><td>40</td><td>—</td><td colspan="2">70</td><td>80</td><td>—</td><td>100</td><td>—</td></tr>
<tr><td rowspan="3">HYV
HYQ
HPVV
2×0.5</td><td rowspan="3">TC
PC</td><td rowspan="3">30m 以下</td><td>直通</td><td colspan="2">25</td><td>32</td><td>40</td><td colspan="2">50</td><td>—</td><td>—</td><td>—</td><td>—</td></tr>
<tr><td>一个弯曲</td><td colspan="2">32</td><td>40</td><td>50</td><td>—</td><td>—</td><td>—</td><td>—</td><td>—</td><td>—</td></tr>
<tr><td>两个弯曲</td><td>40</td><td colspan="2">50</td><td>—</td><td>—</td><td>—</td><td>—</td><td>—</td><td>—</td><td>—</td></tr>
</table>

电话电线穿管的最小管径（二） **表 5-197**

<table>
<tr><th rowspan="3">导线型号</th><th rowspan="3">穿管对数</th><th colspan="5">导线截面面积（mm²）</th><th rowspan="3">导线型号</th><th rowspan="3">穿管对数</th><th colspan="5">导线截面面积（mm²）</th></tr>
<tr><th>0.75</th><th>1.0</th><th>1.5</th><th>2.5</th><th>4.0</th><th>0.75</th><th>1.0</th><th>1.5</th><th>2.5</th><th>4.0</th></tr>
<tr><th colspan="5">SC 或 RC 管径（mm）</th><th colspan="5">TC 或 PC 管径（mm）</th></tr>
<tr><td rowspan="5">RVS
250V</td><td>1</td><td>—</td><td>15</td><td>—</td><td>—</td><td>20</td><td rowspan="5">RVS
250V</td><td>1</td><td>—</td><td>16</td><td>—</td><td>20</td><td>25</td></tr>
<tr><td>2</td><td>—</td><td>—</td><td>—</td><td colspan="2">25</td><td>2</td><td>—</td><td>20</td><td>—</td><td colspan="2">32</td></tr>
<tr><td>3</td><td>—</td><td>—</td><td>—</td><td>—</td><td>—</td><td>3</td><td>20</td><td>—</td><td>25</td><td colspan="2" rowspan="2">40</td></tr>
<tr><td>4</td><td>—</td><td>20</td><td>—</td><td>32</td><td>—</td><td>4</td><td rowspan="2">25</td><td colspan="2" rowspan="2">32</td></tr>
<tr><td>5</td><td>—</td><td>—</td><td>—</td><td>—</td><td>40</td><td>5</td><td colspan="2">50</td></tr>
</table>

5.7.1.15　防雷设施相关数据

接闪线（带）、接闪杆和引下线的材料、结构和最小截面规定见表 5-198。

接闪线（带）、接闪杆和引下线的材料、结构和最小截面　　表 5-198

材料	结构	最小截面面积（mm^2）	备注
铜	单根扁铜	50	厚度 2mm
	单根圆铜	50	直径 8mm
	铜绞线	50	每股线直径 1.7mm
	单根圆铜	176	直径 15mm
镀锡铜	单根扁铜	50	厚度 2mm
	单根圆铜	50	直径 8mm
	铜绞线	50	每股线直径 1.7mm
热浸镀锌钢	单根扁钢	50	厚度 2.5mm
	单根圆钢	50	直径 8mm
	绞线	50	每股线直径 1.7mm
	单根圆钢	176	直径 15mm
不锈钢	单根扁钢	50	厚度 2mm
	单根圆钢	50	直径 8mm
	绞线	70	每股线直径 1.7mm
	单根圆钢	176	直径 15mm
钢	表面镀铜的单根圆钢	50	径向镀铜厚度至少 250μm，铜纯度 99.9%

注：1. 热浸或电镀锡的锡层最小厚度为 1μm。
2. 热浸镀锌钢的镀锌层宜光滑连贯、无焊剂斑点，镀锌层圆钢至少 $22.7g/m^2$、扁钢至少 $32.4g/m^2$。
3. 单根圆铜、单根圆形导体铝合金、单根圆钢热浸镀锌钢、单根圆钢不锈钢仅应用于接闪杆。当应用于机械应力没达到临界值之处时，可采用直径 10mm、最长 1m 的接闪杆，并应固定牢固。
4. 单根圆铜、单根圆钢热浸镀锌钢、单根圆钢不锈钢仅应用于入地之处。
5. 不锈钢中铬大于等于 16%，镍大于等于 8%，碳小于等于 0.07%。
6. 对埋于混凝土中以及与可燃材料直接接触的不锈钢，当为单根圆钢时最小尺寸宜增大至直径 10mm，截面面积 $78mm^2$；当为单根扁钢时，最小厚度宜为 3mm，截面面积 $75mm^2$。
7. 在机械强度无重要要求之处，截面面积 $50mm^2$（直径 8mm）可减为截面面积 $28mm^2$（直径 6mm）。当使用截面面积 $28mm^2$（直径 6mm）的单根圆铜作为接闪器或引下线时，固定支架的间距应小于《建筑物防雷工程施工与质量验收规范》GB 50601—2010 表 5.1.2 规定的数值。
8. 避免在单位能量 10MJ/Ω 下熔化的最小截面面积为铜 $16mm^2$、铝 $25mm^2$、铜 $50mm^2$、不锈钢 $50mm^2$。
9. 截面面积允许误差为 −3%。
10. 当防雷装置安装位置具有高温或外来机械力的威胁时，截面面积 $50mm^2$ 的单根金属材料的尺寸应加大到截面面积 $60mm^2$ 的单根扁形材料或采用直径 8mm 的单根圆形材料。

5.7.2　给水排水工程

5.7.2.1　管材的弹性模数（表 5-199）

管材的弹性模数　　表 5-199

管材种类	弹性模量 E（MPa）	管材种类	弹性模量 E（MPa）
铸铁管	$(1.15\sim1.6)\times10^5$	铜管	$(0.91\sim1.3)\times10^5$
钢管	$(2.0\sim2.2)\times10^5$	铝管	0.71×10^5
钢筋混凝土管	2.1×10^4	硬聚氯乙烯管	$(3.2\sim4.0)\times10^3$
石棉水泥管	3.3×10^4	玻璃管	0.56×10^5

5.7.2.2 常用塑料材质英文名称缩写

施工中常用塑料材料及一些其他材料或介质的英文名称缩写见表 5-200。

常用塑料材质英文名称缩写 表 5-200

英文名称缩写	材料名称	英文名称缩写	材料名称
PVC	聚氯乙烯	PA	聚酰胺
UPVC、PVC-U	硬聚氯乙烯	POM	聚甲醛
PE	聚乙烯	PUR	聚氨酯
HDPE	高密度聚乙烯	FRP	玻璃钢
MDPE	中密度聚乙烯	PMMA	聚甲基丙烯酸甲酯（有机玻璃）
LDPE	低密度聚乙烯	PVDF	聚偏二氟乙烯
PP	聚丙烯	PTEF	聚四氟乙烯
PS	聚苯乙烯	LPG	液化石油气
PF	酚醛塑料	ABS	丙烯腈丁二烯苯乙烯共聚物

5.7.2.3 真空度与压力单位换算（表 5-201）

真空度与压力单位换算 表 5-201

真空度（%）	绝对压力（P）		真空压力（760-P）		真空度（%）	绝对压力（P）		真空压力（760-P）	
	kPa	mmHg	kPa	mmHg		kPa	mmHg	kPa	mmHg
0	101.3	760	0	0	10	91.2	684	10.1	76
20	81.1	608	20.3	152	30	70.9	532	30.4	228
40	60.8	456	40.5	304	50	50.7	380	50.7	380
60	40.5	304	60.8	456	70	30.4	228	70.9	532
80	20.3	152	81.1	608	85	15.2	114	86.1	646
90	10.1	76	91.2	684	95	5.07	38	96.3	722
96	4.00	30	97.3	730	97	3.33	25	98.0	735
98	2.00	15	99.3	745	99	1.07	8	100.3	752
99.5	0.53	4	100.8	756	100	0	0	101.3	760

5.7.2.4 管道涂色规定

（1）管道涂色的一般规定见表 5-202，此表仅为一般规定，具体以实际设计为准。

管道涂色的一般规定 表 5-202

管道名称	颜色		管道名称	颜色	
	底色	环色		底色	环色
饱和蒸汽管	红	—	液化石油气管	黄	绿
过热蒸汽管	红	黄	高热值煤气管	黄	—
废气管	红	绿	低热值煤气管	黄	褐
疏水管	绿	黑	油管	橙黄	—
热水管	绿	蓝	盐水管	浅黄	—
生水管	绿	黄	压缩空气管	浅蓝	—
补给（软化）水管	绿	白	净化压缩空气管	浅蓝	黄
凝结水管	绿	红	氧气管	洋蓝	—
余压凝结水管	绿	白	乙炔管	白	—
热力网供水管	绿	黄	氢气管	白	红
热力网回水管	绿	褐	氮气管	棕	—

（2）工业管道的基本识别涂色见表 5-203。

工业管道的基本识别涂色　　表 5-203

管道名称	颜色		管道名称	颜色	
	基本识别色	安全色		基本识别色	安全色
饱和蒸汽管	红色	—	含酸、碱废液管	黑色	黄/黑色
过热蒸汽管	红色	—	生产废水管	黑色	—
排汽管	红色	—	氨液管	黑色	—
酸液管	紫色	黄/黑色	氨气管	黄褐色	—
碱液管	紫色	黄/黑色	氦气管	黄褐色	—
硫酸亚铁溶液管	紫色	黄/黑色	氩气管	黄褐色	—
磷酸三钠溶液管	紫色	黄/黑色	氮气管	黄褐色	—
石灰溶液管	紫色	黄/黑色	氢气管	黄褐色	黄/黑色
生水管	绿色	—	煤气管	黄褐色	黄/黑色
软化水管	绿色	白色	乙炔气管	黄褐色	黄/黑色
热水管（100℃及以上）	绿色	黄/黑色	天然气管	黄褐色	黄/黑色
热水管（100℃以下）	绿色	—	液化石油气管	黄褐色	黄/黑色

5.7.2.5　阀门的标志识别涂漆

1. 阀体标志识别涂漆

阀体根据材质不同，涂漆颜色也不同，对应关系见表 5-204。

不同材质阀体的涂漆颜色　　表 5-204

阀体材质	识别涂漆颜色	阀体材质	识别涂漆颜色
球墨铸铁	银色	合金钢	中蓝色
灰铸铁、可锻铸铁	黑色	铜合金	不涂色漆
碳素钢	中灰色	耐酸钢、不锈钢	天蓝色/不涂色漆

2. 密封面标志识别涂漆

密封面涂漆涂在阀门手轮、手柄或扳手上，根据密封面材质不同涂漆颜色不同，对应关系见表 5-205。

不同密封面材质的涂漆颜色　　表 5-205

密封面材质	识别涂漆颜色	密封面材质	识别涂漆颜色
橡胶	中绿色	铜合金	大红色
塑料	紫红色	硬质合金	天蓝色
铸铁	黑色	巴氏合金	淡黄色
耐酸钢、不锈钢	天蓝色	蒙乃尔合金	深黄色

注：1. 当阀座和启闭件材质不同时，按低硬度材质涂色漆。
2. 止回阀的识别颜色涂在阀盖顶部，安全阀、疏水阀涂在阀罩或阀帽上。

5.7.2.6　钢管常用数据

1. 普通焊接钢管的常用数据（表 5-206）

普通焊接钢管的常用数据　表 5-206

公称直径 DN (mm)	公称直径 DN (in)	外径 (mm)	通道截面面积 (cm^2)	容积 (L/m)	外表面积 (m^2/m)	质量 (kg/m)
15	1/2	21.3	2.01	0.201	0.063	1.25
20	3/4	26.8	3.46	0.346	0.078	1.63
25	1	33.5	5.73	0.573	0.100	2.42
32	1¼	42.3	8.56	0.856	0.126	3.13
40	1½	48.0	13.2	1.320	0.151	3.84
50	2	60.0	19.6	1.960	0.179	4.88
65	2½	75.5	37.4	3.740	0.239	6.64
80	3	88.5	51.5	5.150	0.280	8.34
100	4	114	78.5	8.820	0.339	10.85
125	5	140	123	13.40	0.418	15.04
150	6	165	177	19.10	0.500	17.81

2. 无缝钢管的常用数据（表 5-207）

无缝钢管的常用数据　表 5-207

公称直径 DN (mm)	外径 (mm)	壁厚 (mm)	通道截面面积 (cm^2)	容积 (L/m)	外表面积 (m^2/m)	质量 (kg/m)
15	22	2.5	2.27	0.227	0.069	1.20
20	25	2.5	3.14	0.314	0.079	1.39
25	32	3	5.31	0.531	0.100	2.15
32	38	3.5	7.55	0.755	0.119	2.98
40	45	3.5	11.3	1.130	0.141	3.85
50	57	3.5	19.6	1.960	0.179	4.01
65	76	4	36.3	3.630	0.239	7.10
80	89	4	51.5	5.150	0.279	8.38
100	108	4	78.5	7.850	0.339	10.26
125	133	4.5	121	12.10	0.417	14.26
150	159	4.5	177	17.70	0.500	17.15
200	219	6	356	35.60	0.688	31.54
250	273	8	519	51.90	0.857	52.28
300	325	8	750	75.00	1.020	62.54
350	377	10	1001	100.1	1.180	90.51
400	426	10	1295	129.5	1.340	102.59
500	530	12	2011	201.1	1.660	154.29
600	630	12	2884	288.4	1.980	183.88

5.7.3　通风空调工程

5.7.3.1　空气洁净度等级

目前国内采用比较多的空气洁净度标准分两种：国际标准 ISO/TC 209 和美国联邦标准 FS 209E，详见表 5-208、表 5-209。

空气洁净度国际标准（ISO/TC 209）　表 5-208

空气洁净度等级（N）	大于或等于表中粒径的最大浓度限值（pc/m³）					
	0.1μm	0.2μm	0.3μm	0.5μm	1μm	5μm
1	10	2	—	—	—	—
2	100	24	10	4	—	—
3	1000	237	102	35	8	—
4	10000	2370	1020	352	83	—
5	100000	23700	10200	3520	832	29
6	1000000	237000	102000	35200	8320	293
7	—	—	—	352000	83200	2930
8	—	—	—	3520000	832000	29300
9	—	—	—	35200000	8320000	293000

空气洁净度美国联邦标准（FS 209E）　表 5-209

等级名称		最大浓度限值									
		0.1μm		0.2μm		0.3μm		0.5μm		5μm	
		容积单位		容积单位		容积单位		容积单位		容积单位	
国际单位	英制单位	m³	ft³	m³	ft³	m³	ft³	m³	ft³	m³	ft³
M1	—	350	9.91	75.7	2.14	30.9	0.875	10.0	0.283	—	—
M1.5	1	1240	35.0	265	7.50	106	3.00	35.3	1.00	—	—
M2	—	3500	99.1	757	21.4	309	8.75	100	2.83	—	—
M2.5	10	12400	350	2650	75.0	1060	30.0	353	10.0	—	—
M3	—	35000	991	7570	214	3090	87.5	1000	28.3	—	—
M3.5	100	—	—	26500	750	10600	300	3530	100	—	—
M4	—	—	—	75700	2140	30900	875	10000	283	—	—
M4.5	1000	—	—	—	—	—	—	35300	1000	247	7.00
M5	—	—	—	—	—	—	—	100000	2830	618	17.5
M5.5	10000	—	—	—	—	—	—	353000	10000	2470	70.0
M6	—	—	—	—	—	—	—	1000000	28300	6180	175
M6.5	100000	—	—	—	—	—	—	3530000	100000	24700	700
M7	—	—	—	—	—	—	—	10000000	283000	61800	1750

5.7.3.2 空气热工物理参数

干空气在压力为101.325kPa时对传热有影响的物理参数见表5-210。

干空气在压力为101.325kPa时对传热有影响的物理参数 表5-210

温度 t（℃）	密度 ρ（kg/m^3）	比热容 C_p [kJ/(kg·℃)]	热导率 $\lambda \cdot 10^2$ [W/(m·℃)]	热扩散率 $a \cdot 10^2$（m^2/s）	动力黏度 $\eta \cdot 10^5$（Pa·s）	运动黏度 $\nu \cdot 10^5$（m^2/s）	普朗特数 P_r
−40	1.515	1.0132	2.117	4.96	1.5200	1.004	0.728
−30	1.453	1.0132	2.198	5.37	1.5691	1.080	0.723
−20	1.395	1.0090	2.280	5.83	1.6181	1.193	0.716
−10	1.342	1.0090	2.361	6.28	1.6671	1.243	0.712
0	1.293	1.0048	2.442	6.77	1.7162	1.328	0.707
10	1.247	1.0048	2.512	7.22	1.7652	1.416	0.705
20	1.205	1.0048	2.594	7.71	1.8240	1.506	0.703
30	1.165	1.0048	2.675	8.23	1.8633	1.600	0.700
40	1.128	1.0048	2.756	8.75	1.9123	1.696	0.699

5.7.4 施工临水、临电工程

5.7.4.1 施工临时供电设施常用数据

（1）施工现场供用电线路架空与道路等设施的最小距离见表5-211。

施工现场供用电线路架空与道路等设施的最小距离（m） 表5-211

类别	距离		供用电绝缘线路电压等级	
			1kV及以下	10kV及以下
与施工现场道路	沿道路边敷设时距离道路边沿最小水平距离		0.5	1.0
	跨越道路时距路面最小垂直距离		6.0	7.0
与在建工程，包括脚手架工程	最小水平距离		7.0	8.0
与临时建（构）筑物	最小水平距离		1.0	2.0
与外电电力线路	最小垂直距离	与10kV及以下	2.0	
		与220kV及以下	4.0	
		与500kV及以下	6.0	
	最小水平距离	与10kV及以下	3.0	
		与220kV及以下	7.0	
		与500kV及以下	13.0	

（2）电缆之间、电缆与管道、道路、建筑物之间平行与交叉时的最小距离见表5-212。

电缆之间、电缆与管道、道路、建筑物之间平行与交叉时的最小距离（m） 表5-212

电缆直埋敷设时的配置情况		平行	交叉
施工现场电缆与外电线路电缆		0.5	0.5
电缆与地下管沟	热力管沟	2.0	0.5
	油管或易（可）燃气管道	1.0	0.5
	其他管道	0.5	0.5

续表

电缆直埋敷设时的配置情况	平行	交叉
电缆与建筑物基础	躲开散水宽度	—
电缆与道路边、树木主干、10kV以下架空线电杆	1.0	—
电缆与10kV以上架空线杆塔基础	4.0	—

（3）施工现场道路设施等与外电架空线路的最小距离见表5-213。

施工现场道路设施等与外电架空线路的最小距离（m）　　表5-213

类别	距离	外电线路电压等级		
		10kV及以下	220kV及以下	500kV及以下
施工道路与外电架空线路	跨越道路时距路面最小垂直距离	7.0	8.0	14.0
	沿道路边敷设时距离路沿最小水平距离	0.5	5.0	8.0
临时建筑物与外电架空线路	最小垂直距离	5.0	8.0	14.0
	最小水平距离	4.0	5.0	8.0
在建工程脚手架与外电架空线路	最小水平距离	7.0	10.0	15.0
各类施工机械外缘与外电架空线路最小距离		2.0	6.0	8.5

5.7.4.2　施工临时供水设施常用数据

（1）施工生产用水参考定额见表5-214。

施工生产用水参考定额　　表5-214

用水对象	单位	耗水量	备注
浇筑混凝土全部用水	L/m³	1700～2400	
搅拌普通混凝土	L/m³	250	
搅拌轻质混凝土	L/m³	300～350	
搅拌泡沫混凝土	L/m³	300～400	
搅拌热混凝土	L/m³	300～350	
混凝土养护（自然养护）	L/m³	200～400	
混凝土养护（蒸汽养护）	L/m³	500～700	
冲洗模板	L/m³	5	
搅拌机清洗	L/台班	600	
人工冲洗石子	L/m³	1000	当含泥率大于2%小于3%时
机械冲洗石子	L/m³	600	
洗砂	L/m³	1000	
砌砖工程全部用水	L/m³	150～250	
砌石工程全部用水	L/m³	50～80	
抹灰工程全部用水	L/m³	30	
耐火砖砌体工程	L/m³	100～150	包含砂浆搅拌
浇砖	L/千块	200～250	
浇硅酸盐砌块	L/m³	300～350	

续表

用水对象	单位	耗水量	备注
抹面	L/m³	46	不包括调制用水
楼地面	L/m³	190	主要是找平层
搅拌砂浆	L/m³	300	
石灰消化	L/t	3000	
给水管道工程	L/m	98	
排水管道工程	L/m	1130	
工业管道工程	L/m	35	

（2）现场消防用水量参考定额见表 5-215。

现场消防用水量参考定额 **表 5-215**

用水名称	火灾同时发生次数	用水量（L/S）
居民区消防用水		
5000 人以内	一次	10
10000 人以内	二次	10～15
25000 人以内	二次	15～20
施工现场消防用水		
施工现场在 $25hm^2$ 内	一次	10～15
每增加 $25hm^2$	一次	5

（3）现场生活用水量参考定额见表 5-216。

现场生活用水量参考定额 **表 5-216**

用水对象	单位	耗水量
生活用水（盥洗、饮用）	L/(人·d)	20～40
食堂	L/人次	10～20
浴室（淋浴）	L/人次	40～60
淋浴带大池	L/人次	50～60
洗衣房	L/kg 干衣	40～60

参 考 文 献

[1] 建筑施工手册(第五版)编委会．建筑施工手册[M].5 版．北京：中国建筑工业出版社，2012.

[2] 中华人民共和国住房和城乡建设部．混凝土结构设计规范：GB 50010—2010(2015 年版)[S]. 北京：中国建筑工业出版社，2015.

[3] 中华人民共和国住房和城乡建设部．房屋建筑制图统一标准：GB/T 50001—2017[S]. 北京：中国建筑工业出版社，2017.

[4] 中华人民共和国住房和城乡建设部，中华人民共和国国家质量监督检验检疫总局．建筑结构制图标准：GB/T 50105—2010[S]. 北京：中国建筑工业出版社，2011.

[5] 中华人民共和国国家技术监督局．国际单位制及其应用：GB 3100—1993[S]. 北京：中国标准出版社，1994.

[6]　熊玉学，刘庆照．计算抛物线及椭圆弧长的近似公式[J]. 东北林业大学学报，1991，19(2)：113-115.
[7]　张虹．用截口线认识双曲抛物面[J]. 甘肃高师学报，2005，10(5)：14-15.
[8]　李国生．双曲抛物面的特征画法与数学建模[J]. 华南建设学院西院学报，1994，2(1)：62-68.
[9]　吕林根，许子道．解析几何[M]. 北京：高等教育出版社，2006.
[10]　同济大学数学系．高等数学[M]. 7 版．北京：高等教育出版社，2014.
[11]　中华人民共和国住房和城乡建设部．轻骨料混凝土应用技术标准：JGJ 51—2019[S]. 北京：中国建筑工业出版社，2020.
[12]　中华人民共和国国家质量监督检验检疫总局，中国国家标准化管理委员会．热轧型钢：GB/T 706—2016[S]. 北京：中国标准出版社，2016.
[13]　中华人民共和国国家质量监督检验检疫总局，中国国家标准化管理委员会．热轧钢棒尺寸、外形、重量及允许偏差：GB/T 702—2017[S]. 北京：中国标准出版社，2017.
[14]　中华人民共和国国家质量监督检验检疫总局，中国国家标准化管理委员会．热轧 H 型钢和剖分 T 型钢：GB/T 11263—2017[S]. 北京：中国标准出版社，2017.
[15]　中华人民共和国国家质量监督检验检疫总局，中国国家标准化管理委员会．通用冷弯开口型钢：GB/T 6723—2017[S]. 北京：中国标准出版社，2017.
[16]　中华人民共和国国家质量监督检验检疫总局，中国国家标准化管理委员会．结构用冷弯空心型钢：GB/T 6728—2017[S]. 北京：中国标准出版社，2017.
[17]　中华人民共和国国家质量监督检验检疫总局，中国国家标准化管理委员会．热轧花纹钢板及钢带：GB/T 33974—2017[S]. 北京：中国标准出版社，2017.
[18]　中华人民共和国国家质量监督检验检疫总局，中国国家标准化管理委员会．建筑用压型钢板：GB/T 12755—2008[S]. 北京：中国标准出版社，2009.
[19]　中华机械工业联合会．钢结构用高强度大六角头螺栓：GB/T 1228—2006[S]. 北京：中国标准出版社，2006.
[20]　中华人民共和国国家质量监督检验检疫总局，中国国家标准化管理委员会．六角头螺栓：GB/T 5782—2016[S]. 北京：中国标准出版社，2016.
[21]　中华人民共和国国家质量监督检验检疫总局，中国国家标准化管理委员会．十字槽盘头自攻螺钉：GB/T 845—2017[S]. 北京：中国标准出版社，2017.
[22]　中华人民共和国国家质量监督检验检疫总局，中国国家标准化管理委员会．内六角花形盘头自攻螺钉：GB/T 2670. 1—2017[S]. 北京：中国标准出版社，2017.
[23]　中华人民共和国国家质量监督检验检疫总局，中国国家标准化管理委员会．开槽盘头自攻螺钉：GB/T 5282—2017[S]. 北京：中国标准出版社，2017.
[24]　中华人民共和国国家质量监督检验检疫总局，中国国家标准化管理委员会．六角头自攻螺钉：GB/T 5285—2017[S]. 北京：中国标准出版社，2017.
[25]　中华机械工业联合会．十字槽凹穴六角自攻螺钉：GB/T 9456—1988[S]. 北京：[出版者不详]，1988.
[26]　中华人民共和国国家质量监督检验检疫总局．电弧螺柱焊用圆柱头焊钉：GB/T 10433—2002[S]. 北京：中国标准出版社，2004.
[27]　膨胀螺栓：JB/ZQ 4763—2006[S]. 北京：中国标准出版社，2007.
[28]　中华人民共和国国家质量监督检验检疫总局，中国国家标准化管理委员会．预拌混凝土：GB/T 14902—2012[S]. 北京：中国标准出版社，2013.
[29]　中华人民共和国国家质量监督检验检疫总局，中国国家标准化管理委员会．自密实混凝土应用技术规程：JGJ/T 283—2012[S]. 北京：中国建筑工业出版社，2012.

[30] 中华人民共和国住房和城乡建设部. 混凝土泵送施工技术规程：JGJ/T 10—2011[S]. 北京：中国建筑工业出版社，2012.
[31] 中华人民共和国国家质量监督检验检疫总局，中国国家标准化管理委员会. 短期天气预报：GB/T 21984—2017[S]. 北京：中国标准出版社，2017.
[32] 中华人民共和国住房和城乡建设部. 建筑结构荷载规范：GB 50009—2012[S]. 北京：中国建筑工业出版社，2012.
[33] 中华人民共和国国家技术监督局，中华人民共和国建设部. 建筑气候区划标准：GB 50178—1993[S]. 北京：中国计划出版社，1993.
[34] 中华人民共和国国家市场监督管理总局，国家标准化管理委员会. 中国地震烈度表：GB/T 17742—2020[S]. 北京：中国标准出版社，2021.
[35] 王志兴. 法定计量单位与科技常数[M]. 北京：机械工业出版社，1986.
[36] 中华人民共和国国家质量监督检验检疫总局，中国国家标准化管理委员会. 环境空气质量标准：GB 3095—2012(2016 年版)[S]. 北京：中国环境科学出版社，2016.
[37] 中华人民共和国国家质量监督检验检疫总局，中国国家标准化管理委员会. 室内装饰装修材料人造板及其制品中甲醛释放限量：GB 18580—2017[S]. 北京：中国标准出版社，2018.
[38] 中华人民共和国住房和城乡建设部. 民用建筑工程室内环境污染控制标准：GB 50325—2020[S]. 北京：中国计划出版社，2020.
[39] 中华人民共和国环境保护部. 声环境质量标准：GB 3096—2008[S]. 北京：中国环境科学出版社，2008.
[40] 中华人民共和国国家质量监督检验检疫总局，中国国家标准化管理委员会. 建筑施工场界环境噪声排放标准：GB 12523—2011[S]. 北京：中国环境科学出版社，2012.
[41] 中华人民共和国国家环境保护总局. 污水综合排放标准：GB 8978—1996[S]. 北京：中国标准出版社，1996.
[42] 中华人民共和国国家环境保护总局，中华人民共和国国家质量监督检验检疫总局. 地表水环境质量标准：GB 3838—2002[S]. 北京：中国环境科学出版社，2002.
[43] 中国工程院土木水利与建筑学部. 混凝土结构耐久性设计与施工指南[M]. 北京：中国建筑工业出版社，2004.
[44] 中华人民共和国住房和城乡建设部. 低压配电设计规范：GB 50054—2011[S]. 北京：中国计划出版社. 2012.
[45] 中国航空工业规划设计研究院. 工业与民用供配电设计手册[M]. 4 版. 北京：中国电力出版社，2016.
[46] 中华人民共和国住房和城乡建设部. 电力工程电缆设计标准：GB 50217—2018[S]. 北京：中国计划出版社，2018.
[47] 中华人民共和国住房和城乡建设部. 建筑电气工程施工质量验收规范：GB 50303—2015[S]. 北京：中国计划出版社，2016.
[48] 中华人民共和国住房和城乡建设部. 建筑物防雷设计规范：GB 50057—2010[S]. 北京：中国计划出版社，2011.
[49] 中华人民共和国住房和城乡建设部. 火灾自动报警系统设计规范：GB 50116—2013[S]. 北京：中国计划出版社，2014.
[50] 中华人民共和国住房和城乡建设部. 建设工程施工现场供用电安全规范：GB 50194—2014[S]. 北京：中国计划出版社，2015.
[51] 中华人民共和国住房和城乡建设部. 医药工业洁净厂房设计标准：GB 50457—2019[S]. 北京：中国计划出版社，2019.

6　施工常用结构计算

6.1　荷载与结构静力计算表

6.1.1　荷　　载

6.1.1.1　永久荷载标准值

永久荷载应包括结构构件、围护构件、面层及装饰、固定设备、长期储物的自重，土压力、水压力以及其他需要按永久荷载考虑的荷载。自重的标准值可按结构构件的设计尺寸与材料单位体积的自重计算确定，一般材料和构件的单位自重可取其平均值，对于自重变异较大的材料和构件，自重的标准值应根据对结构的不利或有利状态，分别取上限值或下限值。固定隔墙的自重可按永久荷载考虑，位置可灵活布置的隔墙自重应按可变荷载考虑。常用材料和构件单位体积的自重可按现行国家标准《建筑结构荷载规范》GB 50009附录A取用。

6.1.1.2　常用（竖向）可变荷载标准值

常用（竖向）可变荷载标准值可按下列规定采用。

1. 民用建筑楼面均布活荷载

民用建筑楼面均布活荷载标准值及其组合值、频遇值和准永久值系数，应按表6-1的规定采用。

民用建筑楼面均布活荷载标准值及其组合值、频遇值和准永久值系数　　表6-1

项次	类别	标准值（kN/m^2）	组合值系数 ψ_c	频遇值系数 ψ_f	准永久值系数 ψ_q
1	（1）住宅、宿舍、旅馆、办公楼、医院病房、托儿所、幼儿园	2.0	0.7	0.5	0.4
	（2）试验室、阅览室、会议室、医院门诊室	2.0	0.7	0.6	0.5
2	教室、食堂、餐厅、一般资料档案室	2.5	0.7	0.6	0.5
3	（1）礼堂、剧场、影院、有固定座位的看台	3.0	0.7	0.5	0.3
	（2）公共洗衣房	3.0	0.7	0.6	0.5
4	（1）商店、展览厅、车站、港口、机场大厅及其旅客等候室	3.5	0.7	0.6	0.5
	（2）无固定座位的看台	3.5	0.7	0.5	0.3
5	（1）健身房、演出舞台	4.0	0.7	0.6	0.5
	（2）舞厅、运动场	4.0	0.7	0.6	0.3

续表

项次	类别			标准值（kN/m²）	组合值系数 ψ_c	频遇值系数 ψ_f	准永久值系数 ψ_q
6	（1）书库、档案库、贮藏室			5.0	0.9	0.9	0.8
	（2）密集柜书库			12.0	0.9	0.9	0.8
7	通风机房、电梯机房			7.0	0.9	0.9	0.8
8	汽车通道及客车停车库	（1）单向板楼盖（板跨不小于 2m）和双向板楼盖（板跨小于 3m×3m）	客车	4.0	0.7	0.7	0.6
			消防车	35.0	0.7	0.5	0.0
		（2）双向板楼盖（板跨不小于 6m×6m）和无梁楼盖（柱网尺寸不小于 6m×6m）	客车	2.5	0.7	0.7	0.6
			消防车	20.0	0.7	0.7	0.0
9	厨房	（1）餐厅		4.0	0.7	0.7	0.7
		（2）其他		2.0	0.7	0.6	0.5
10	浴室、厕所、盥洗室			2.5	0.7	0.6	0.5
11	走廊、门厅	（1）宿舍、旅馆、医院病房、托儿所、幼儿园、住宅		2.0	0.7	0.5	0.4
		（2）办公楼、教学楼、餐厅、医院门诊部		2.5	0.7	0.6	0.5
		（3）教学楼及其他可能出现人员密集的情况		3.5	0.7	0.5	0.3
12	楼梯	（1）多层住宅		2.0	0.7	0.5	0.4
		（2）其他		3.5	0.7	0.5	0.3
13	阳台	（1）可能出现人员密集的情况		3.5	0.7	0.6	0.5
		（2）其他		2.5	0.7	0.6	0.5

注：1. 本表所列各项活荷载取值适用于一般使用条件，当使用荷载较大、情况特殊或有专门要求时，应按实际情况采用；

2. 第 6 项书库活荷载当书架高度大于 2m 时，书库活荷载尚应按每米书架高度不小于 2.5kN/m² 确定；

3. 第 8 项客车活荷载只适用于停放载人少于 9 人的客车；消防车活荷载适用于满载总重为 300kN 的大型车辆；当不符合本表的要求时，应将车轮的局部荷载按结构效应等效的原则，换算为等效均布荷载；

4. 第 8 项消防车活荷载，当双向板楼盖板跨介于 3m×3m～6m×6m 之间时，应按跨度线性内差法确定；

5. 第 12 项楼梯活荷载，对预制楼梯踏步平板，尚应按 1.5kN 集中荷载验算；

6. 本表各项荷载不包括隔墙自重和二次装修荷载，对固定隔墙的自重应按永久荷载考虑，当隔墙位置可自由布置时，非固定隔墙的自重取每米长墙重（kN/m）的 1/3 作为楼面活荷载的附加值（kN/m²）计入，附加值不小于 1.0kN/m²。

设计楼面梁、墙、柱及基础时，表 6-1 中的楼面活荷载标准值在下列情况下应乘以规定的折减系数。

（1）设计楼面梁时的折减系数：

1）第 1（1）项当楼面梁从属面积超过 25m² 时，应取 0.9；

2）第 1（2）～7 项当楼面梁从属面积超过 50m² 时，应取 0.9；

3）第 8 项单向板楼盖的次梁和槽形板的纵肋应取 0.8，单向板楼盖的主梁应取 0.6，双向板楼盖的梁应取 0.8；

4）第 9～13 项应采用与所属房屋类别相同的折减系数。

（2）设计墙、柱和基础时的折减系数：

1）第 1（1）项应按表 6-2 规定采用；

活荷载按楼层的折减系数　　**表 6-2**

墙、柱、基础计算截面以上的层数	1	2～3	4～5	6～8	9～20	>20
计算截面以上各楼层活荷载总和的折减系数	1.00（0.90）	0.85	0.70	0.65	0.60	0.55

注：当楼面梁的从属面积超过 25m² 时，应采用括号内的系数。

2）第 1（2）～7 项应采用与其楼面梁相同的折减系数；

3）第 8 项对单向板楼盖应取 0.5，对双向板楼盖和无梁楼盖应取 0.8；

4）第 9～13 项应采用与所属房屋类别相同的折减系数。

注：楼面梁的从属面积应为梁两侧各延伸 1/2 梁间距的范围内的实际面积。

2. 工业建筑活荷载

工业建筑楼面（包括工作平台）上无设备区域的操作荷载，包括操作人员、一般工具、零星原料和成品的自重，可按均布活荷载 2.0kN/m² 考虑。在设备所占区域内可不考虑操作荷载和堆料荷载。生产车间的楼梯活荷载，可按实际情况取值，但不宜小于 3.5kN/m²。生产车间的参观走廊活荷载，可取用 3.5kN/m²。

工业建筑楼面活荷载的组合值系数、频遇值系数和准永久值系数除本规范附录 D 中给出的以外，应按实际情况采用；但在任何情况下，组合值系数和频遇值系数不应小于 0.7，准永久值系数不应小于 0.6。

3. 屋面活荷载

房屋建筑的屋面，其水平投影面上的屋面均布活荷载的标准值及其组合值系数、频遇值系数和准永久值系数的取值，不应小于表 6-3 的规定。

屋面均布活荷载　　**表 6-3**

项次	类别	标准值（kN/m²）	组合值系数 ψ_c	频遇值系数 ψ_f	准永久值系数 ψ_q
1	不上人的屋面	0.5	0.7	0.5	0.0
2	上人的屋面	2.0	0.7	0.5	0.4
3	屋顶花园	3.0	0.7	0.6	0.5
4	屋顶运动场地	3.0	0.7	0.6	0.4

注：1. 不上人的屋面，当施工或维修荷载较大时，应按实际情况采用；对不同类型结构应按有关设计规范的规定，不得低于 0.3kN/m²；
2. 当上人的屋面当兼作其他用途时，应按相应楼面活荷载采用；
3. 对于因屋面排水不畅、堵塞等引起的积水，应采取构造措施加以防止；必要时，应按积水的可能深度确定屋面活荷载；
4. 屋顶花园活荷载不包括花圃土石等材料自重。

不上人的屋面均布活荷载，可不与雪荷载和风荷载同时组合。

4. 施工和检修荷载及栏杆水平荷载

设计屋面板、檩条、钢筋混凝土挑檐、悬挑雨篷和预制小梁时，施工或检修集中荷载标准值不应小于 1.0kN，并应在最不利位置处进行验算；对于轻型构件或较宽的构件，应按实际情况验算，或应加垫板、支撑等临时设施；计算挑檐、悬挑雨篷的承载力时，应沿板宽每隔 1.0m 施加一个集中荷载；在验算挑檐、悬挑雨篷的倾覆时，应沿板宽每隔 2.5～3.0m 施加一个集中荷载。

楼梯、看台、阳台和上人的屋面等的栏杆活荷载标准值，不应小于下列规定：

（1）住宅、宿舍、办公楼、旅馆、医院、托儿所、幼儿园栏杆顶部的水平荷载应取 1.0kN/m；

（2）学校、食堂、剧场、电影院、车站、礼堂、展览馆或体育场栏杆顶部的水平荷载应取 1.0kN/m，竖向荷载应取 1.2kN/m，水平荷载与竖向荷载应分别考虑。

施工荷载、检修荷载及栏杆荷载的组合值系数应取 0.7，频遇值系数应取 0.5，准永久值系数应取 0。

5. 动力系数

建筑结构设计的动力计算，在有充分依据时，可将重物或设备的自重乘以动力系数后，按静力计算设计。

搬运和装卸重物以及车辆起动和刹车的动力系数，可采用 1.1～1.3；其动力荷载只传至楼板和梁。

直升机在屋面上的荷载，也应乘以动力系数，对具有液压轮胎起落架的直升机可取 1.4；其动力荷载只传至楼板和梁。

6. 吊车荷载

吊车纵向和横向水平荷载标准值，应按下列规定采用：

（1）吊车纵向水平荷载标准值，应按作用在一边轨道上所有刹车轮的最大轮压之和的 10%采用；该项荷载的作用点位于刹车轮与轨道的接触点，其方向与轨道方向一致；

（2）吊车横向水平荷载标准值，应取横行小车重量与额定起重量之和的百分数，并应乘以重力加速度，吊车横向水平荷载标准值的百分数应按表 6-4 采用。

吊车横向水平荷载标准值的百分数 表 6-4

吊车类型	额定起重量（t）	百分数（%）
软钩吊车	≤10	12
	16～50	10
	≥75	8
硬钩吊车	—	20

（3）吊车横向水平荷载应等分于桥架的两端，分别由轨道上的车轮平均传至轨道，其方向与轨道垂直，并应考虑正反两个方向的刹车情况。

注：1. 悬挂吊车的水平荷载应由支撑系统承受；设计该支撑系统时，尚应考虑风荷载与悬挂吊车的水平荷载的组合；

2. 手动吊车及电动葫芦可不考虑水平荷载。

计算排架考虑多台吊车竖向荷载时，对单层吊车的单跨厂房的每个排架，参与组合的吊车台数不宜多于 2 台；对单层吊车的多跨厂房的每个排架，不宜多于 4 台；对双层吊车的单跨厂房宜按上层和下层吊车分别不多于 2 台进行组合；对双层吊车的多跨厂房宜按上层和下层吊车分别不多于 4 台进行组合，且当下层吊车满载时，上层吊车应按空载计算；上层吊车满载时，下层吊车不应计入。考虑多台吊车水平荷载时，对单跨或多跨厂房的每个排架，参与组合的吊车台数不应多于 2 台。

注：当情况特殊时，应按实际情况考虑。

计算排架时，多台吊车的竖向荷载和水平荷载的标准值，应乘以表 6-5 中规定的折减系数。

多台吊车的竖向荷载和水平荷载的标准值折减系数　　表 6-5

参与组合的吊车台数	吊车工作级别	
	A1～A5	A6～A8
2	0.90	0.95
3	0.85	0.90
4	0.80	0.85

当计算吊车梁及其连接的承载力时，吊车竖向荷载应乘以动力系数。对悬挂吊车（包括电动葫芦）及工作级别 A1～A5 的软钩吊车，动力系数可取 1.05；对工作级别为 A6～A8 的软钩吊车、硬钩吊车和其他特种吊车，动力系数可取为 1.1。

吊车荷载的组合值系数、频遇值系数和准永久值系数可按表 6-6 中的规定采用。

吊车荷载的组合值系数、频遇值系数和准永久值系数　　表 6-6

吊车工作级别		组合值系数 ψ_c	频遇值系数 ψ_f	准永久值系数 ψ_q
软钩吊车	工作级别 A1～A3	0.70	0.60	0.50
	工作级别 A4、A5	0.70	0.70	0.60
	工作级别 A6、A7	0.70	0.70	0.70
硬钩吊车及工作级别 A8 的软钩吊车		0.95	0.95	0.95

厂房排架设计时，在荷载准永久组合中可不考虑吊车荷载；但在吊车梁按正常使用极限状态设计时，宜采用吊车荷载的准永久值。

7. 雪荷载

屋面水平投影面上的雪荷载标准值，应按式（6-1）计算：

$$S_k = \mu_r s_0 \tag{6-1}$$

式中　S_k——雪荷载标准值（kN/m²）；

μ_r——屋面积雪分布系数（表 6-7）；

s_0——基本雪压（kN/m²）。

屋面积雪分布系数　　表 6-7

<table>
<tr><th>项次</th><th>类别</th><th colspan="9">屋面形式及屋面积雪分布系数 μ_r</th><th>备注</th></tr>
<tr><td rowspan="3">1</td><td rowspan="3">单跨单坡屋面</td><td colspan="9">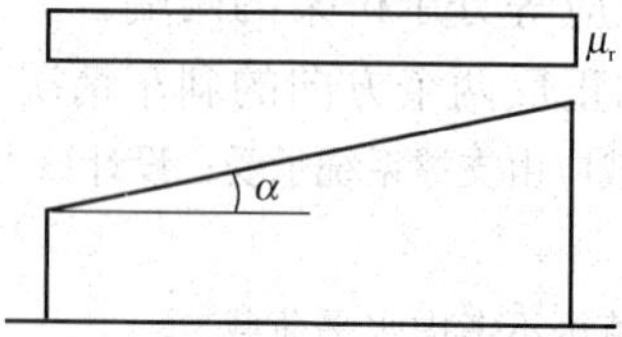
</td><td rowspan="3"></td></tr>
<tr><td>α</td><td>≤25°</td><td>30°</td><td>35°</td><td>40°</td><td>45°</td><td>50°</td><td>55°</td><td>≥60°</td></tr>
<tr><td>μ_r</td><td>1.0</td><td>0.8</td><td>0.7</td><td>0.55</td><td>0.4</td><td>0.2</td><td>0.1</td><td>0</td></tr>
</table>

续表

项次	类别	屋面形式及屋面积雪分布系数 μ_r	备注
2	单跨双坡屋面	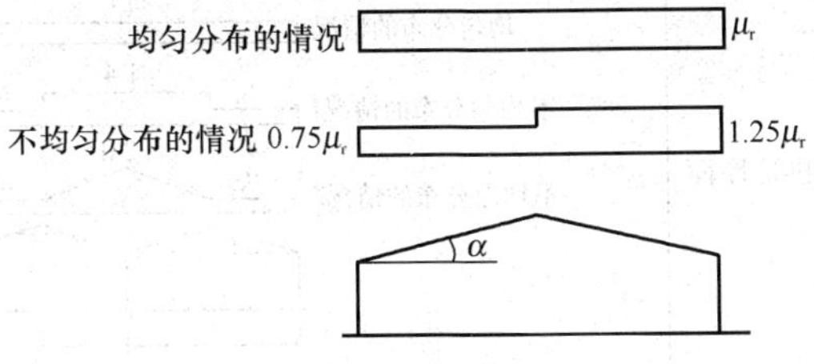 μ_r按第1项规定采用	μ_r 按第 1 项规定采用
3	拱形屋面	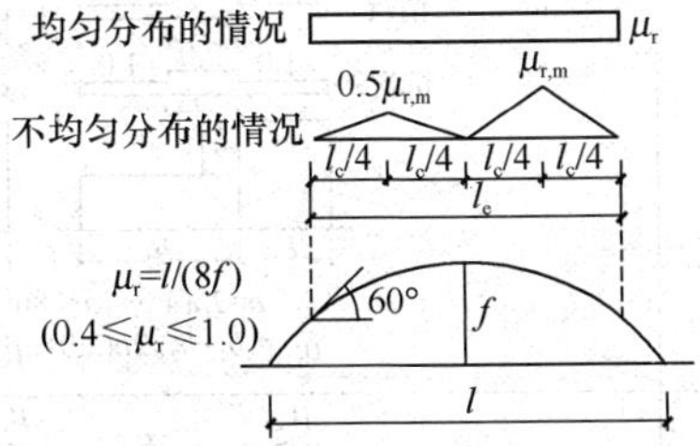 $\mu_{r,m}=0.2+10f/l(\mu_{r,m}\leqslant2.0)$	
4	带天窗的坡屋面	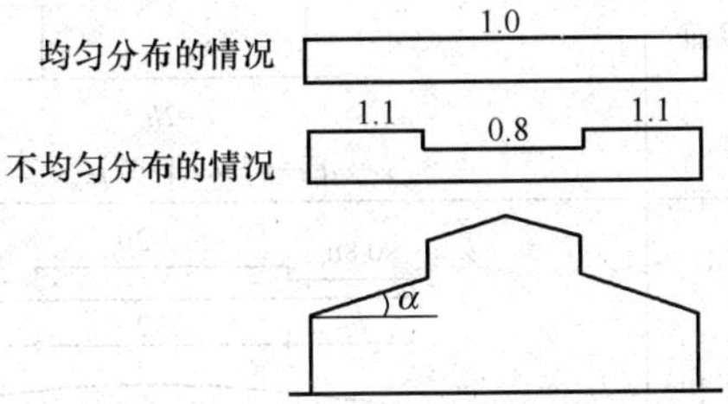	
5	有挡风板带天窗的坡屋面	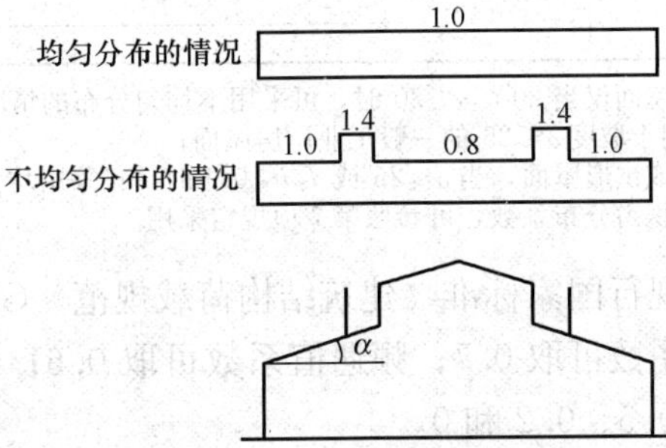	
6	多跨单坡屋面（锯齿形屋面）	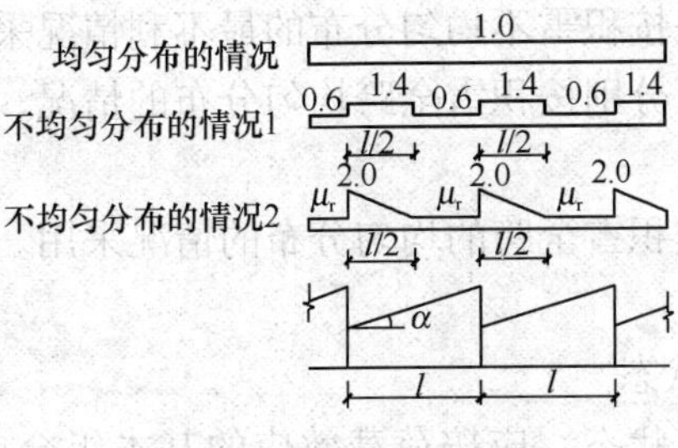	μ_r 按第 1 项规定采用

续表

<table>
<tr><th>项次</th><th>类别</th><th>屋面形式及屋面积雪分布系数 μ_r</th><th>备注</th></tr>
<tr><td>7</td><td>双跨双坡或拱形屋面</td><td>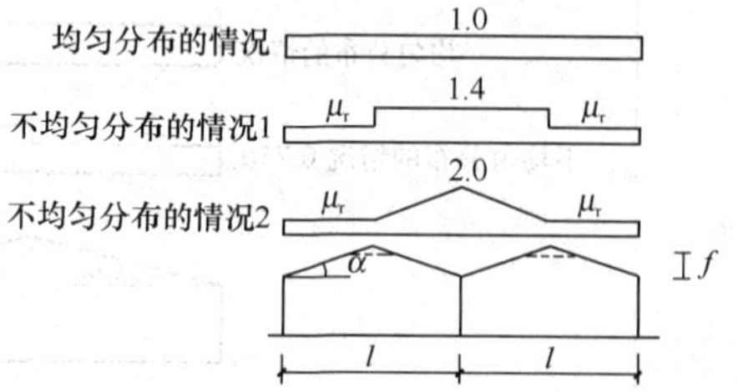</td><td>μ_r 按第 1 或第 3 项规定采用</td></tr>
<tr><td>8</td><td>高低屋面</td><td>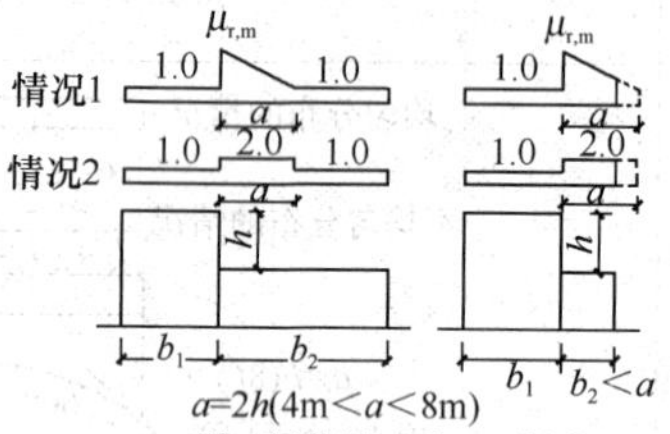
$a=2h(4\text{m}<a<8\text{m})$
$\mu_{r,m}=(b_1+b_2)/2h(2.0\leqslant\mu_{r,m}\leqslant4.0)$</td><td></td></tr>
<tr><td>9</td><td>有女儿墙及其他突起物的屋面</td><td>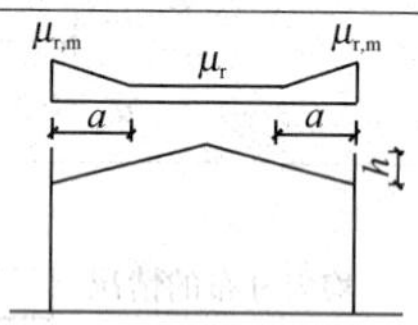
$a=2h$
$\mu_{r,m}=1.5h/s_0(1.0\leqslant\mu_{r,m}\leqslant2.0)$</td><td></td></tr>
<tr><td>10</td><td>大跨屋面（l>100m）</td><td>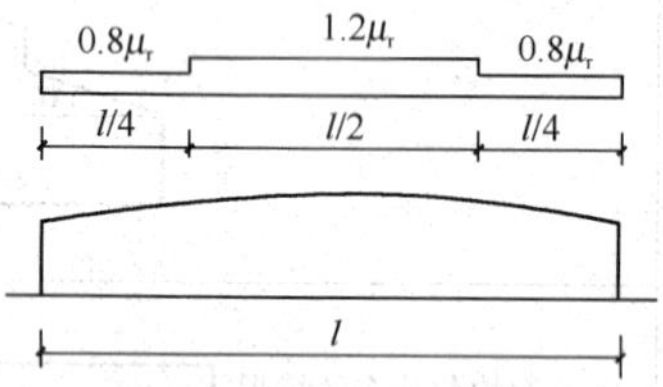</td><td>1. 还应同时考虑第 2 项、第 3 项的积雪分布
2. μ_r 按第 1 或第 3 项规定采用</td></tr>
</table>

注：1. 第 2 项单跨双坡屋面仅当 $20°\leqslant\alpha\leqslant30°$ 时，可采用不均匀分布的情况；
2. 第 4、5 项只适用于坡度 $\alpha\leqslant25°$ 的一般工业厂房屋面；
3. 第 7 项双跨双坡或拱形屋面，当 $\alpha\leqslant25°$ 或 $f/l\leqslant0.1$ 时，只采用均匀分布的情况；
4. 多跨单坡屋面的积雪分布系数，可参照第 7 项规定采用。

基本雪压可参照现行国家标准《建筑结构荷载规范》GB 50009 第 7 章确定。

雪荷载的组合值系数可取 0.7；频遇值系数可取 0.6；准永久值系数应按雪荷载分区Ⅰ、Ⅱ和Ⅲ，分别取 0.5、0.2 和 0。

设计建筑结构及屋面的承重构件时，可按下列规定采用积雪的分布的情况：

（1）屋面板和檩条按积雪不均匀分布的最不利情况采用；

（2）屋架和拱壳可分别按积雪全跨均匀分布的情况、不均匀分布的情况和半跨的均匀分布的情况采用；

（3）框架和柱可按积雪全跨的均匀分布的情况采用。

6.1.1.3　荷载组合

1. 承载能力极限状态

对于承载能力极限状态，应按荷载效应的基本组合或偶然组合进行荷载（效应）组合，并应采用设计表达式［式（6-2）］进行设计：

$$\gamma_0 S_d \leqslant R_d \tag{6-2}$$

式中 γ_0 ——结构重要性系数，对安全等级（注：安全等级共分为三级，一级为重要的房屋、二级为一般的房屋、三级为次要的房屋）为一级的结构构件，不应小于1.1；对安全等级为二级或设计使用年限为50年的结构构件，不应小于1.0；对安全等级为三级或设计使用年限为5年及以下的结构构件，不应小于0.9；

S_d ——荷载效应组合的设计值；

R ——结构构件抗力的设计值，应按各有关建筑结构设计规范的规定确定。

对于基本组合，荷载效应组合的设计值 S_d 应从下列组合值中取最不利值确定。

（1）由可变荷载效应控制的组合［式（6-3）］：

$$S_d = \sum_{j=1}^{m} \gamma_{G_j} S_{G_j k} + \gamma_{Q_1} \gamma_{L_1} S_{Q_1 k} + \sum_{i=2}^{n} \gamma_{Q_i} \gamma_{L_i} \psi_{c_i} S_{Q_i k} \tag{6-3}$$

式中 γ_{G_j} ——第 j 个永久荷载的分项系数；

γ_{Q_i} ——第 i 个可变荷载的分项系数，其中 γ_{Q_1} 为可变荷载 Q_1 的分项系数；

γ_{L_i} ——第 i 个可变荷载考虑设计使用年限的调整系数，其中 γ_{L1} 为主导可变荷载 Q_1 考虑设计使用年限的调整系数；

$S_{G_j k}$ ——按第 j 个永久荷载标准值 G_{jk} 计算的荷载效应值；

$S_{Q_i k}$ ——按第 i 个可变荷载标准值 Q_{ik} 计算的荷载效应值，其中 $S_{Q_1 k}$ 为诸可变荷载效应中起控制作用者；

ψ_{c_i} ——第 i 个可变荷载 Q_i 的组合值系数；

m ——参与组合的永久荷载数；

n ——参与组合的可变荷载数。

（2）由永久荷载效应控制的组合［式（6-4）］：

$$S_d = \sum_{j=1}^{m} \gamma_{G_j} S_{G_j k} + \sum_{i=2}^{n} \gamma_{Q_i} \gamma_{L_i} \psi_{c_i} S_{Q_i k} \tag{6-4}$$

注：1. 基本组合中的设计值仅适用于荷载与荷载效应为线性的情况；

2. 当对 $S_{Q_1 k}$ 无法明显判断时，应轮次以各可变荷载效应作为 $S_{Q_1 k}$，并选取其中最不利的荷载组合作为效应设计值。

（3）基本组合的荷载分项系数，应按下列规定采用：

1）永久荷载的分项系数

① 当其效应对结构不利时，取1.3；

② 当其效应对结构有利时，不应大于1.0。

2）可变荷载的分项系数

① 一般情况下取1.5；

② 对标准值大于 $4kN/m^2$ 的工业房屋楼面结构的活荷载取1.3。

3）对结构的倾覆、滑移或漂浮的验算，荷载的分项系数应满足有关的建筑结构设计规范的规定。

（4）可变荷载考虑设计使用年限的调整系数 γ_L 应按下列规定采用：

1）楼面和屋面活荷载考虑设计使用年限的调整系数 γ_L 应按表 6-8 采用；

楼面和屋面活荷载考虑设计使用年限的调整系数 γ_L　　**表 6-8**

结构设计使用年限（年）	5	50	100
γ_L	0.9	1.0	1.1

注：1. 当设计使用年限不为表中数值时，γ_L 可按线性内插法确定；
2. 对于荷载标准值可控制的活荷载，γ_L 取 1.0。

2）雪荷载和风荷载，重现期应取为设计使用年限，按现行国家标准《建筑结构荷载规范》GB 50009 第 E. 3. 3 条的规定确定基本雪压和基本风压，或按有关规范的规定取值。

（5）偶然荷载组合的效应设计值 S_d 可按下列规定采用。

1）用于承载能力极限状态计算的效应设计值，应按式（6-5）进行计算：

$$S_d = \sum_{j=1}^{m} S_{G_j k} + S_{A_d} + \psi_{f_1} S_{Q_1 k} + \sum_{i=2}^{n} \psi_{q_i} S_{Q_i k} \tag{6-5}$$

式中　S_{A_d}——按偶然荷载标准值 A_d 计算的荷载效应值；

ψ_{f_1}——第 1 个可变荷载的频遇值系数；

ψ_{q_i}——第 i 个可变荷载的准永久值系数。

2）用于偶然事件发生后受损结构整体稳固性验算的效应设计值，应按式（6-6）进行计算：

$$S_d = \sum_{j=1}^{m} S_{G_j k} + \psi_{f_1} S_{Q_1 k} + \sum_{i=2}^{n} \psi_{q_i} S_{Q_i k} \tag{6-6}$$

注：组合中的设计值仅适用于荷载与荷载效应为线性的情况。

2. 正常使用极限状态

对于正常使用极限状态，应根据不同的设计要求，采用荷载的标准组合、频遇组合或准永久组合，并应按设计表达式（6-7）进行设计：

$$S_d \leqslant C \tag{6-7}$$

式中　C——结构或结构构件达到正常使用要求的规定限值。

对于标准组合，荷载效应组合的设计值 S_d 应按式（6-8）采用：

$$S_d = \sum_{j=1}^{m} S_{G_j k} + S_{Q_1 k} + \sum_{i=2}^{n} \psi_{c_i} S_{Q_i k} \tag{6-8}$$

对于频遇组合，荷载效应组合的设计值 S_d 应按式（6-9）采用：

$$S_d = \sum_{j=1}^{m} S_{G_j k} + \psi_{f_1} S_{Q_1 k} + \sum_{i=2}^{n} \psi_{q_i} S_{Q_i k} \tag{6-9}$$

式中　ψ_{f_1}——可变荷载 Q_1 的频遇值系数；

ψ_{q_i}——可变荷载 Q_i 的准永久值系数。

对于准永久组合，荷载效应组合的设计值 S_d 可按式（6-10）采用：

$$S_d = \sum_{j=1}^{m} S_{G_j k} + \sum_{i=1}^{n} \psi_{q_i} S_{Q_i k} \tag{6-10}$$

注：在式（6-8）～式（6-10）中的设计值仅适用于荷载与荷载效应为线性的情况。

6.1.2 结构静力计算表

6.1.2.1 构件常用截面的几何与力学特征表(表 6-9)

构件常用截面的几何与力学特征表 表 6-9

序号	截面简图	截面积 A	截面边缘至主轴的距离 y	对主轴的惯性矩 I	截面抵抗矩 W	回转半径 i
1	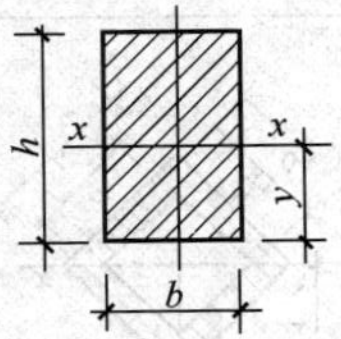	$A=bh$	$y=\frac{1}{2}h$	$I=\frac{1}{12}bh^3$	$W=\frac{1}{6}bh^2$	$i=0.289h$
2	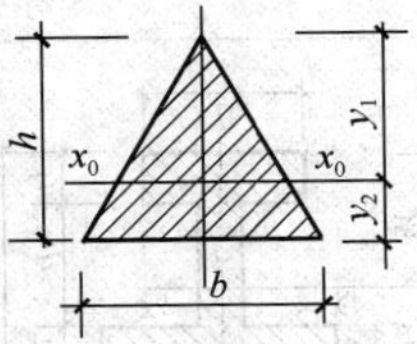	$A=\frac{1}{2}bh$	$y_1=\frac{2}{3}h$ $y_2=\frac{1}{3}h$	$I=\frac{1}{36}bh^3$	$W_1=\frac{1}{24}bh^2$ $W_2=\frac{1}{12}bh^2$	$i=0.236h$
3	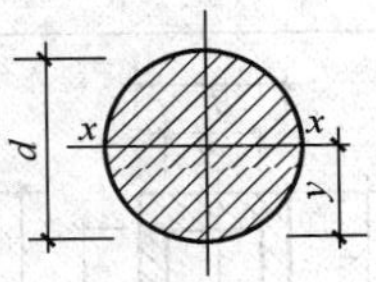	$A=\frac{\pi}{4}d^2$	$y=\frac{1}{2}d$	$I=\frac{1}{64}\pi d^4$	$W=\frac{1}{32}\pi d^3$	$i=\frac{1}{4}d$
4	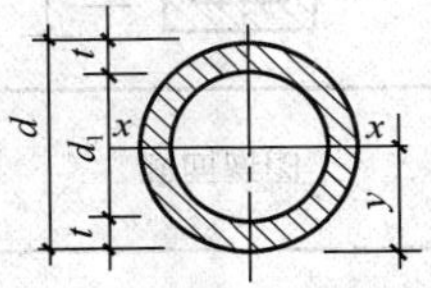	$A=\frac{\pi(d^2-d_1^2)}{4}$	$y=\frac{1}{2}d$	$I=\frac{\pi}{64}(d^4-d_1^4)$	$W=\frac{\pi}{32}\left(d^3-\frac{d_1^4}{d}\right)$	$i=\frac{1}{4}\sqrt{d^2+d_1^2}$

续表

序号	截面简图	截面积 A	截面边缘至主轴的距离 y	对主轴的惯性矩 I	截面抵抗矩 W	回转半径 i
5	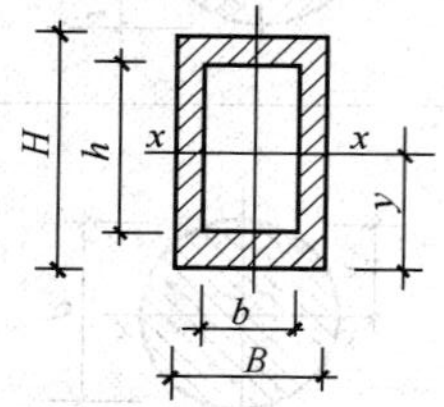	$A=BH-bh$	$y=\frac{1}{2}H$	$I=\frac{1}{12}(BH^3-bh^3)$	$W=\frac{1}{6H}(BH^3-bh^3)$	$i=0.289\sqrt{\frac{BH^3-bh^3}{BH-bh}}$
6	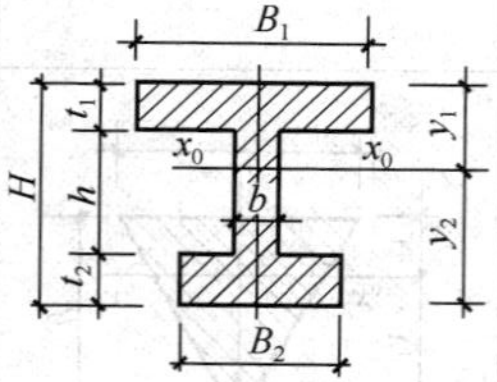	$A=B_1t_1+B_2t_2+bh$	$y_1=H-y_2$ $y_2=\frac{1}{2}\left[\frac{bH^2+(B_2-b)t_2^2}{B_1t_1+bh+B_2t_2}+\frac{(B_1-b)(2H-t_1)t_1}{B_1t_1+bh+B_2t_2}\right]$	$I=\frac{1}{3}[B_2y_2^3+B_1y_1^3-\frac{1}{3}(B_2-b)(y_2-t_2)^3-\frac{1}{3}(B_1-b)(y_1-t_1)^3]$	$W_1=\frac{I}{y_1}$ $W_2=\frac{I}{y_2}$	$i=\sqrt{\frac{I}{A}}$
7	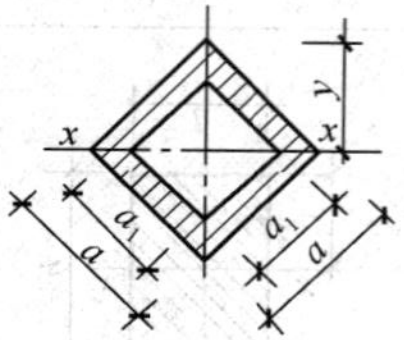	$A=a^2-a_1^2$	$y=\frac{a}{\sqrt{2}}$	$I=\frac{1}{12}(a^4-a_1^4)$	$W=0.118\left(a^3-\frac{a_1^4}{a}\right)$	$i=0.289\sqrt{a^2+a_1^2}$
8	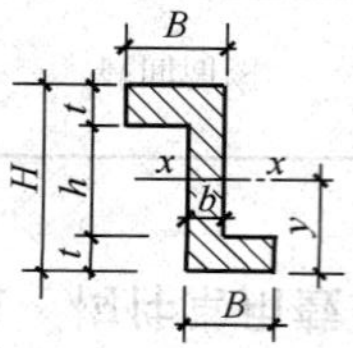	$A=BH-(B-b)h$	$y=\frac{1}{2}H$	$I=\frac{1}{12}[BH^3-(B-b)h^3]$	$W=\frac{BH^3-(B-b)h^3}{6H}$	$i=0.289\sqrt{\frac{BH^3-(B-b)h^3}{BH-(B-b)h}}$

续表

序号	截面简图	截面积 A	截面边缘至主轴的距离 y	对主轴的惯性矩 I	截面抵抗矩 W	回转半径 i
9	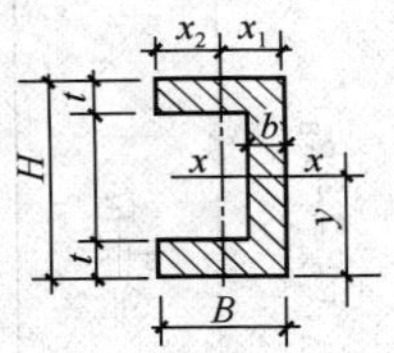	$A=BH-(B-b)h$	$y=\frac{1}{2}H$	$I=\frac{1}{12}[BH^3-(B-b)h^3]$	$W=\frac{1}{6H}[BH^3-(B-b)h^3]$	$i=0.289\sqrt{\frac{BH^3-(B-b)h^3}{BH-(B-b)h}}$
10	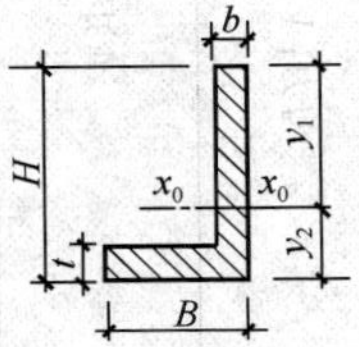	$A=bH+(B-b)t$	$y_1=H-y_2$ $y_2=\frac{1}{2}\times\frac{bH^2+(B-b)t^2}{bH+(B-b)t}$	$I=\frac{1}{3}[By_2^3-(B-b)\times(y_2-t)^3+by_1^3]$	$W_1=\frac{I}{y_1}$ $W_2=\frac{I}{y_2}$	$i=\sqrt{\frac{I}{A}}$
11	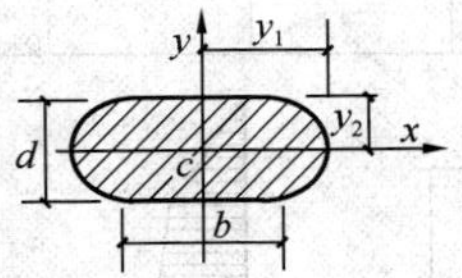	$A=\frac{\pi d^2}{4}+bd$	$y_1=\frac{1}{2}(b+d)$ $y_2=\frac{1}{2}d$	$I_x=\frac{\pi d^4}{64}+\frac{bd^3}{12}$ $I_y=\frac{\pi d^4}{64}+\frac{bd^3}{6}+\frac{\pi b^2d^2}{16}+\frac{b^3d}{12}$	$W_x=\frac{bd^2}{6}\left(1+\frac{3\pi d}{16b}\right)$ $W_y=\frac{1}{96(b+d)}\times(3\pi d^4+32bd^3+12\pi b^2d^2+16db^3)$	$i_x=\sqrt{\frac{I_x}{A}}$ $i_y=\sqrt{\frac{I_y}{A}}$
12	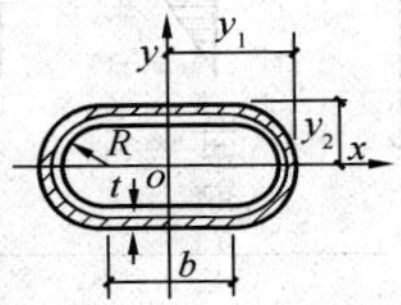	$A\approx 2(\pi R+b)t$	$y_1=R+\frac{1}{2}(b+t)$ $y_2=R+\frac{1}{2}t$	$I_x\approx\pi R^3t+2tbR^2$ $I_y\approx\pi R^3t+4tbR^2+\frac{\pi Rt}{2}b^2+\frac{t}{6}b^3+\cdots$	$W_x=\frac{I_x}{y_2}$ $W_y=\frac{I_y}{y_1}$	$i_x=\sqrt{\frac{I_x}{A}}$ $i_y=\sqrt{\frac{I_y}{A}}$

6.1.2.2 单跨梁的内力及挠度表（表 6-10～表 6-14）

简支梁的内力及挠度　　表 6-10

<table>
<tr><th>序号</th><th>计算简图及弯矩、剪力图</th><th>计算公式</th></tr>
<tr><td rowspan="4">1</td><td rowspan="4">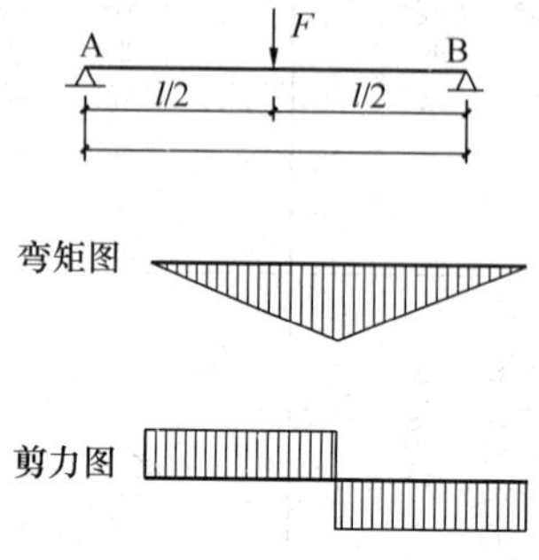</td><td>反力：$R_A=R_B=\frac{F}{2}$</td></tr>
<tr><td>剪力：$V_A=R_A$；$V_B=-R_B$</td></tr>
<tr><td>弯矩：$M_{max}=\frac{1}{4}Fl$</td></tr>
<tr><td>挠度：$w_{max}=\frac{Fl^3}{48EI}$</td></tr>
<tr><td rowspan="4">2</td><td rowspan="4">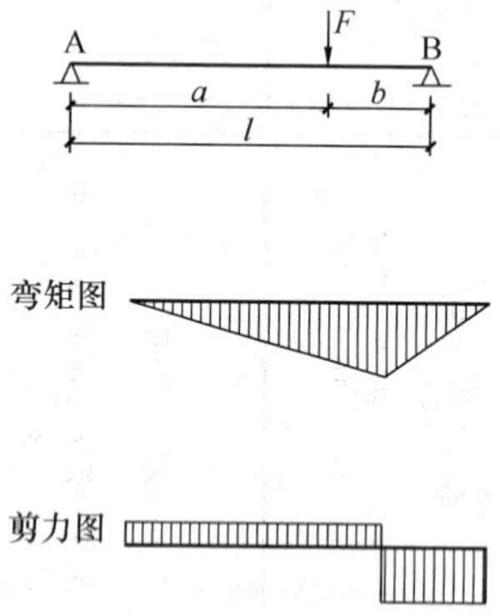</td><td>反力：$R_A=\frac{b}{l}F$；$R_B=\frac{a}{l}F$</td></tr>
<tr><td>剪力：$V_A=R_A$；$V_B=-R_B$</td></tr>
<tr><td>弯矩：$M_{max}=\frac{Fab}{l}$</td></tr>
<tr><td>若 $a>b$，在 $x=\sqrt{\frac{a}{3}(a+2b)}$ 处，
挠度：$w_{max}=\frac{Fb}{9EIl}\sqrt{\frac{(a^2+2ab)^3}{3}}$</td></tr>
<tr><td rowspan="4">3</td><td rowspan="4">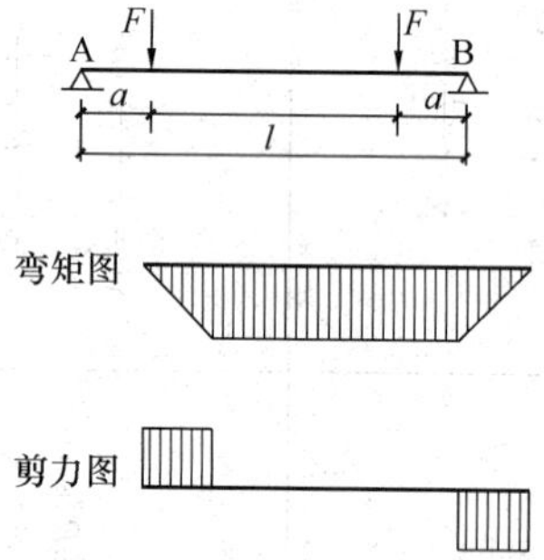</td><td>反力：$R_A=R_B=F$</td></tr>
<tr><td>剪力：$V_A=R_A$；$V_B=-R_B$</td></tr>
<tr><td>弯矩：$M_{max}=Fa$</td></tr>
<tr><td>挠度：$w_{max}=\frac{Fa}{24EI}(3l^2-4a^2)$</td></tr>
<tr><td rowspan="4">4</td><td rowspan="4">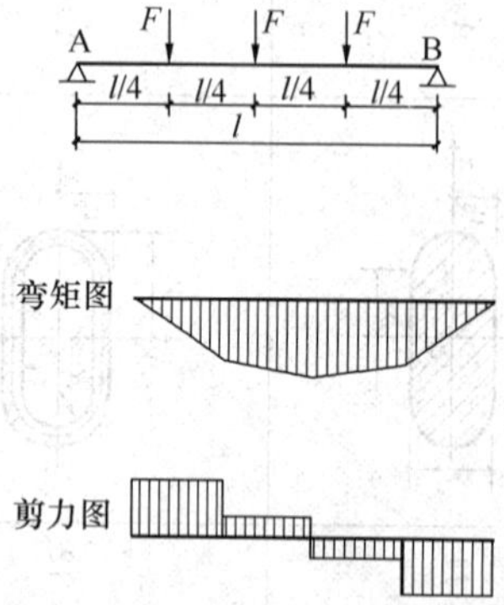</td><td>反力：$R_A=R_B=\frac{3}{2}F$</td></tr>
<tr><td>剪力：$V_A=R_A$；$V_B=-R_B$</td></tr>
<tr><td>弯矩：$M_{max}=\frac{1}{2}Fl$</td></tr>
<tr><td>挠度：$w_{max}=\frac{19Fl^3}{384EI}$</td></tr>
</table>

续表

序号	计算简图及弯矩、剪力图	计算公式
5	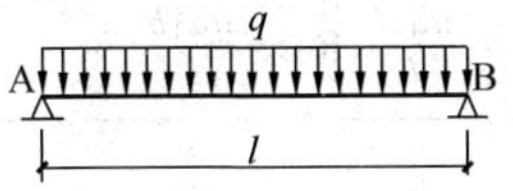	反力：$R_A = R_B = \frac{1}{2}ql$
	弯矩图 	剪力：$V_A = R_A; V_B = -R_B$
		弯矩：$M_{max} = \frac{1}{8}ql^2$
	剪力图 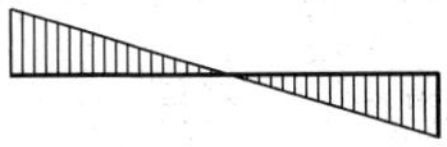	挠度：$w_{max} = \frac{5ql^4}{384EI}$
6	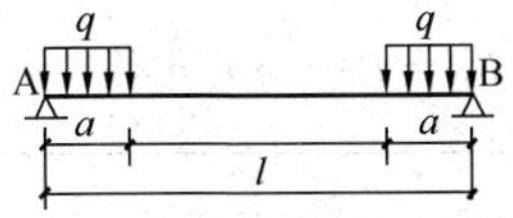	反力：$R_A = R_B = qa$
	弯矩图 	剪力：$V_A = R_A; V_B = -R_B$
		弯矩：$M_{max} = \frac{1}{2}qa^2$
	剪力图 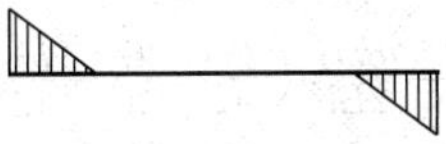	挠度：$w_{max} = \frac{qa^2}{48EI}(3l^2 - 2a^2)$
7	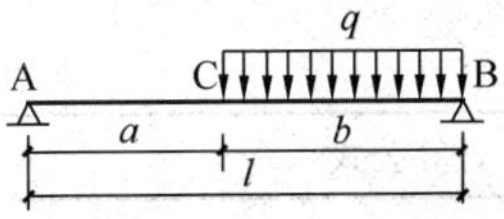	反力：$R_A = \frac{ql^2}{2l}; R_B = \frac{qb}{2}\left(2 - \frac{b}{l}\right)$
	弯矩图 	剪力：$V_A = R_A$；$V_B = -R_B$
		当 $x = a + \frac{b^2}{2l}$ 时，弯矩：$M_{max} = \frac{qb^2}{8}\left(2 - \frac{b}{l}\right)^2$
	剪力图 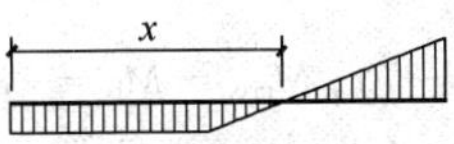	挠度：$w_x = \frac{qb^2l^2}{24EI}\left[\left(2 - \frac{b^2}{l^2} - \frac{2x^2}{l^2}\right)\frac{x}{l} + \frac{(x-a)^4}{b^2l^2}\right]$（CB段）
8	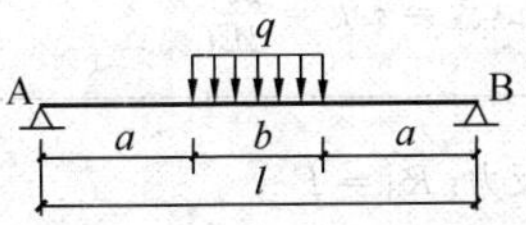	反力：$R_A = R_B = \frac{qb}{2}$
	弯矩图 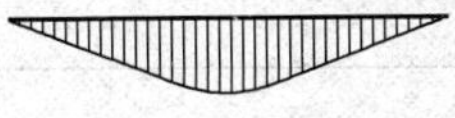	剪力：$V_A = R_A; V_B = -R_B$
		弯矩：$M_{max} = \frac{qbl}{8}\left(2 - \frac{b}{l}\right)$
	剪力图 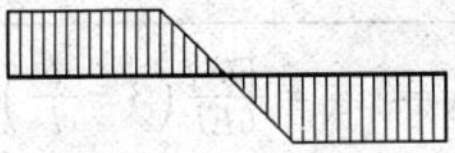	挠度：$w_{max} = \frac{qbl^3}{384EI}\left(8 - \frac{4b^2}{l^2} + \frac{b^3}{l^3}\right)$

续表

序号	计算简图及弯矩、剪力图	计算公式
9	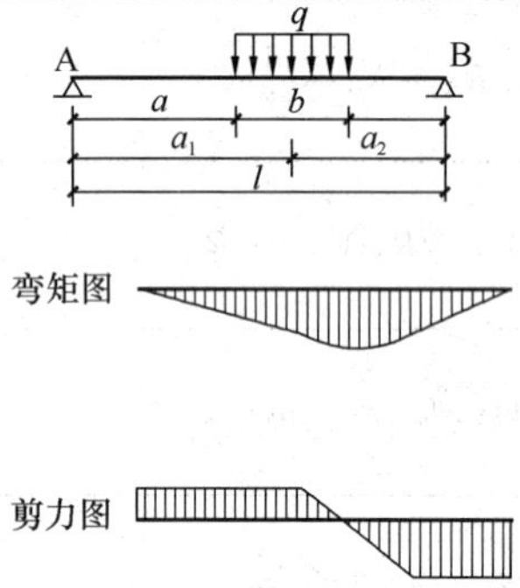	反力：$R_A=\frac{qa_2b}{l}$；$R_B=\frac{qa_1b}{l}$
		剪力：$V_A=R_A$；$V_B=-R_B$
		弯矩：$M_{max}=\frac{qba_2}{l}\left(a+\frac{ba_2}{2l}\right)$
		挠度：$w_{max}=\frac{qba_2}{24EI}\left[\left(4l-4\frac{a_2^2}{l}-\frac{b^2}{l}\right)x-4\frac{x^3}{l}+\frac{(x-a)^4}{ba_2}\right]$ 式中：$x=a+\frac{ba_2}{l}$
10	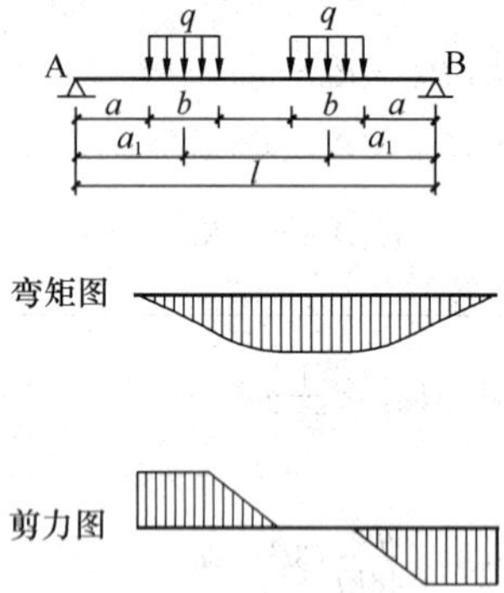	反力：$R_A=R_B=qb$
		剪力：$V_A=R_A$；$V_B=-R_B$
		弯矩：$M_{max}=qba_1$
		挠度：$w_{max}=\frac{qba_1}{2EI}\left(\frac{l^2}{4}-\frac{a_1^2}{3}-\frac{b^2}{12}\right)$

悬臂梁的内力及挠度　　表 6-11

序号	计算简图及弯矩、剪力图	计算公式
1	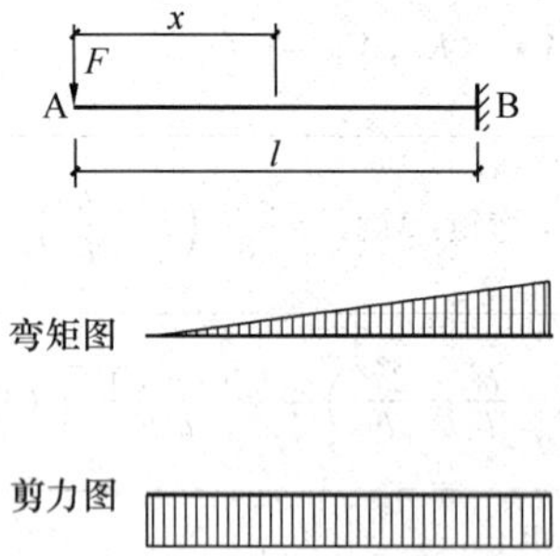	反力：$R_B=F$
		剪力：$V_B=-R_B$
		弯矩：$M_x=-Fx$；$M_{max}=M_B=-Fl$
		挠度：$w_{max}=w_A=\frac{Fl^3}{3EI}$
2	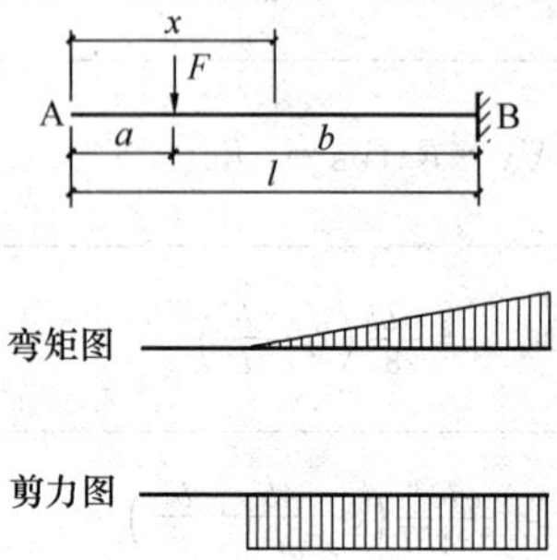	反力：$R_B=F$
		剪力：$V_B=-R_B$
		弯矩：$M_x=-F(x-a)$；$M_{max}=M_B=-Fb$
		挠度：$w_{max}=w_A=\frac{Fb^2l}{6EI}\left(3-\frac{b}{l}\right)$

续表

序号	计算简图及弯矩、剪力图	计算公式
3	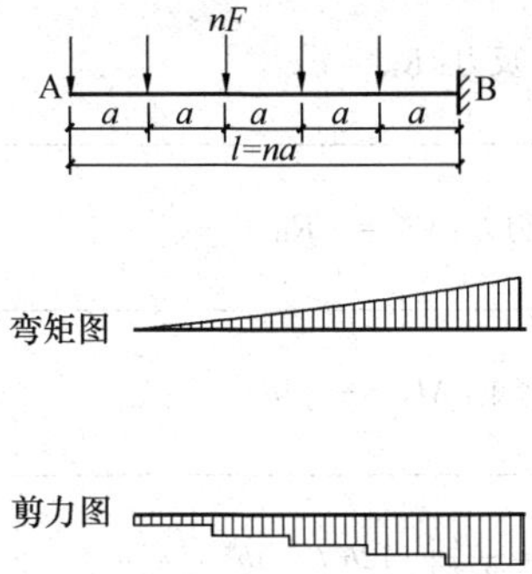	反力：$R_B=nF$ 剪力：$V_B=-R_B$ 弯矩：$M_{max}=M_B=\frac{n+1}{2}Fl$ 挠度：$w_{max}=w_A=\frac{3n^2+4n+1}{24nEI}Fl^3$
4	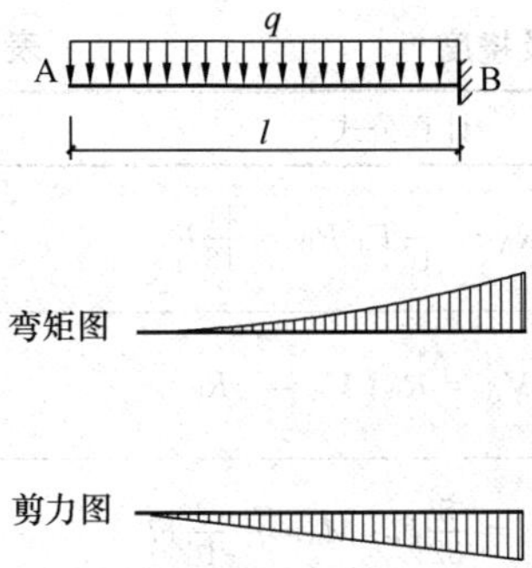	反力：$R_B=ql$ 剪力：$V_B=-R_B$ 弯矩：$M_{max}=M_B=\frac{ql^2}{2}$ 挠度：$w_{max}=w_A=\frac{ql^4}{8EI}$
5	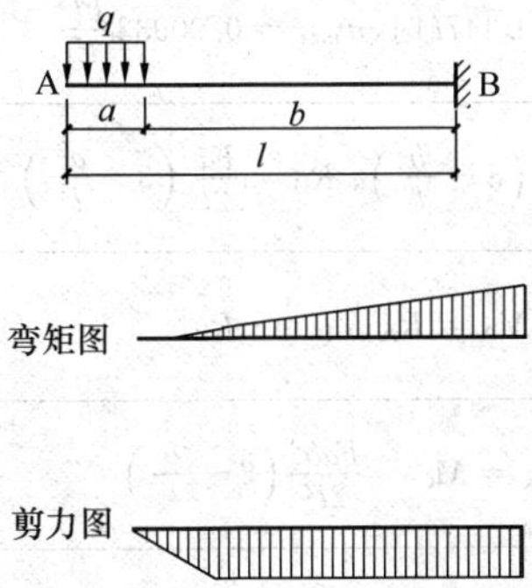	反力：$R_B=qa$ 剪力：$V_B=-R_B$ 弯矩：$M_{max}=M_B=-qa\left(l-\frac{a}{2}\right)$ 挠度：$w_{max}=w_A=\frac{ql^4}{24EI}\left(3-4\frac{b^3}{l^3}+\frac{b^4}{l^4}\right)$
6	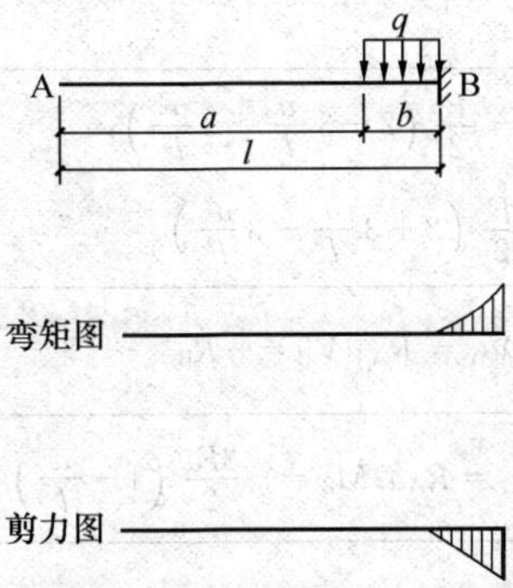	反力：$R_B=qb$ 剪力：$V_B=-R_B$ 弯矩：$M_B=-\frac{qb^2}{2}$ 挠度：$w_A=\frac{qb^3l}{24EI}\left(4-\frac{b}{l}\right)$

续表

序号	计算简图及弯矩、剪力图	计算公式
7	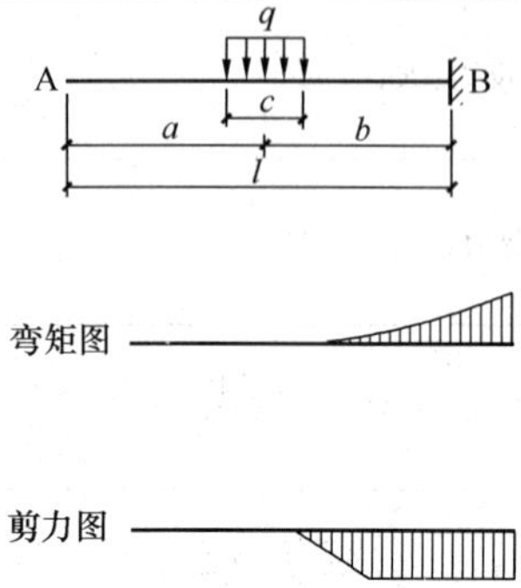	反力：$R_B=qc$ 剪力：$V_B=-R_B$ 弯矩：$M_B=-qcb$ 挠度：$w_A=\frac{qc}{24EI}(12b^2l-4b^3+ac^2)$

一端简支另一端固定梁的内力及挠度　　**表 6-12**

序号	计算简图及弯矩、剪力图	计算公式
1	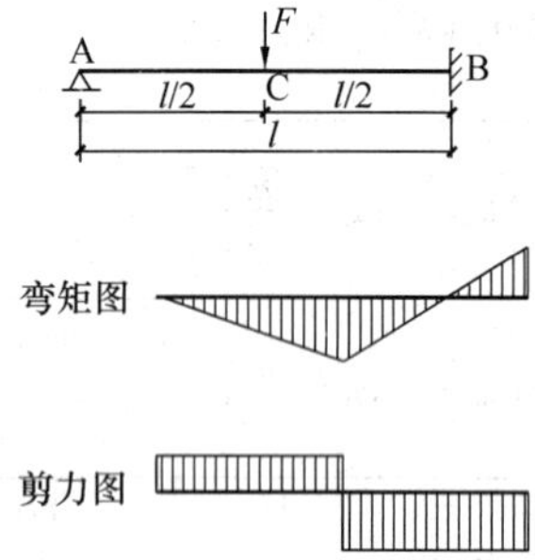	反力：$R_A=\frac{5}{16}F$；$R_B=\frac{11}{16}F$ 剪力：$V_A=R_A$；$V_B=-R_B$ 弯矩：$M_C=\frac{5}{32}Fl$；$M_B=-\frac{3}{16}Fl$ 挠度：当 $x=0.447l$ 时，$w_{max}=0.00932\frac{Fl^3}{EI}$
2	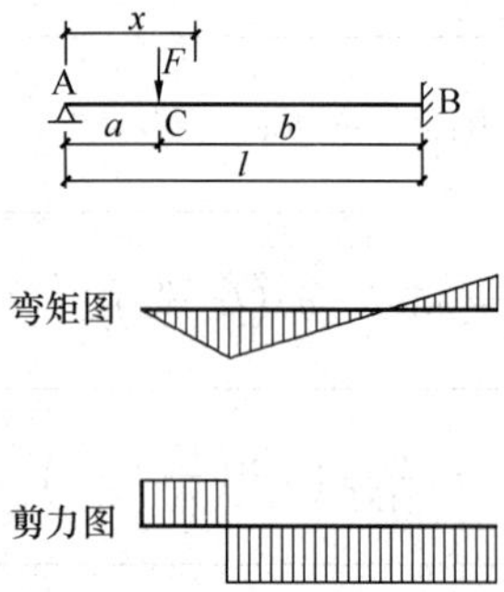	反力：$R_A=\frac{Fb^2}{2l^2}\left(3-\frac{b}{l}\right)$；$R_B=\frac{Fa}{2l}\left(3-\frac{a^2}{l^2}\right)$ 剪力：$V_A=R_A$；$V_B=-R_B$ 弯矩：$M_{max}=M_C=\frac{Fab^2}{2l^2}\left(3-\frac{b}{l}\right)$ 挠度 CB 段：$w_x=\frac{1}{6EI}[R_A(3l^2x-x^3)-3Fb^2x+F(x-a)^3]$
3	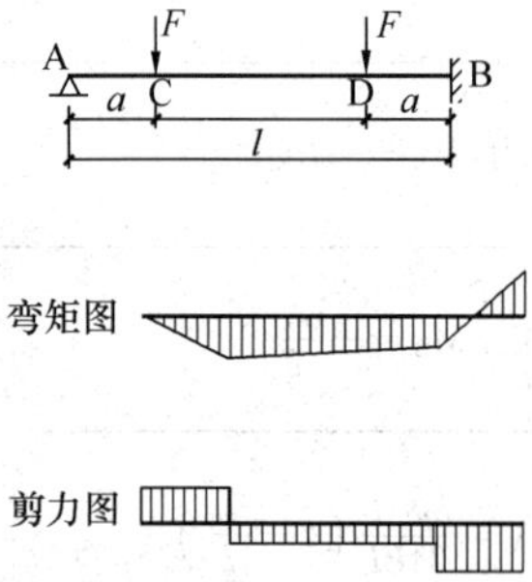	反力：$R_A=\frac{F}{2}\left(2-3\frac{a}{l}+3\frac{a^2}{l^2}\right)$； $R_B=\frac{F}{2}\left(2+3\frac{a}{l}-3\frac{a^2}{l^2}\right)$ 剪力：$V_A=R_A$；$V_B=-R_B$ 弯矩：$M_{max}=M_C=R_Aa$；$M_B=-\frac{3Fa}{2}\left(1-\frac{a}{l}\right)$ 挠度：$w_x=\frac{1}{6EI}[R_A(3l^2x-x^3)-3F(l^2-2al+2a^2)+F(x-a)^3]$

续表

序号	计算简图及弯矩、剪力图	计算公式
4	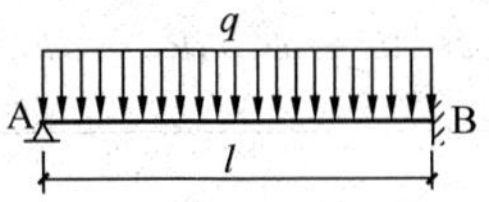 弯矩图  剪力图 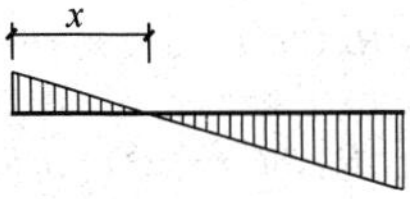	反力：$R_A=\frac{3}{8}ql$；$R_B=\frac{5}{8}ql$ 剪力：$V_A=R_A$；$V_B=-R_B$ 弯矩：当 $x=\frac{3}{8}l$ 时，$M_{max}=\frac{9ql^2}{128}$ 挠度：当 $x=0.422$ 时，$w_{max}=0.00542\frac{ql^4}{EI}$
5	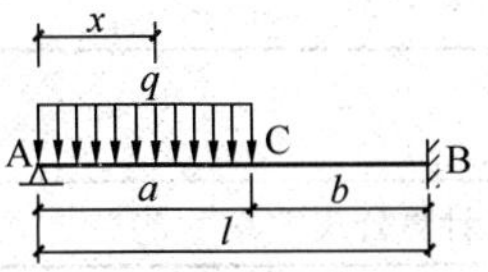 弯矩图  剪力图 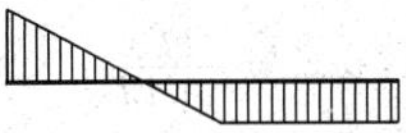	反力：$R_A=\frac{qa}{8}(8-6\beta+\beta^3)$；$R_B=\frac{qa^2}{8l}(6-\beta^2)$；$\beta=\frac{a}{l}$ 剪力：$V_A=R_A$；$V_B=-R_B$ 弯矩：当 $x=\frac{R_A}{q}$ 时，$M_{max}=\frac{R_A^2}{2q}$ AC 段挠度： $w_x=\frac{1}{24EI}[4R_A(3lx^2-x^3)-4qa(3bl+a^2)x+qx^4]$ BC 段挠度： $w_x=\frac{1}{24EI}[4R_A(3lx^2-x^3)-qa(a^3+12blx)+6ax^2-4x^3]$ 当 $x=a$ 时，$w_a=\frac{1}{24EI}[4aR_A(3l^2-a^2)-3qa^2(4bl+a^2)]$
6	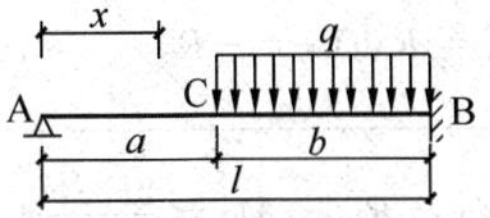 弯矩图 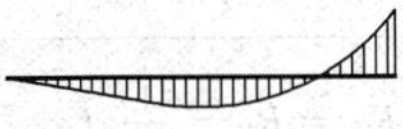 剪力图 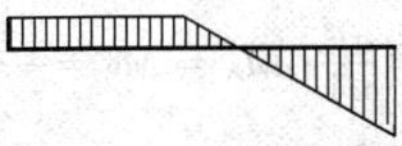	反力：$R_A=\frac{qb^3}{8l^3}\left(4-\frac{b}{l}\right)$；$R_B=\frac{qb}{8}\left(8-4\frac{b^2}{l^2}+\frac{b^3}{l^3}\right)$ 剪力：$V_A=R_A$；$V_B=-R_B$ 弯矩：当 $x=a+\frac{R_A}{q}$ 时，$M_{max}=R_A\left(a+\frac{R_A}{2q}\right)$；$M_B=\frac{qb^2}{2}-R_Al$ AC 段挠度： $w_x=\frac{1}{6EI}[R_A(3l^2x-x^3)-qb^3x]$ BC 段挠度： $w_x=\frac{1}{24EI}[4R_A(3l^2x-x^3)-4qb^3x+q(x-a)^4]$ 当 $x=a$ 时，$w_a=\frac{1}{6EI}[aR_A(3l^2-a^2)-qb^3]$

续表

序号	计算简图及弯矩、剪力图	计算公式
7	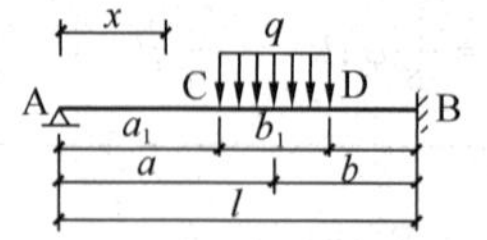 弯矩图  剪力图 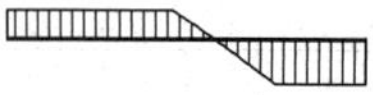	反力：$R_A=\frac{qb_1}{8l^3}(12b^2l-4b^3+ab_1^2)$；$R_B=qb_1-R_A$ 剪力：$V_A=R_A$；$V_B=-R_B$ 弯矩：当 $x=a_1+\frac{R_A}{q}$ 时，$M_{max}=R_A\left(a_1+\frac{R_A}{2q}\right)$ AC 段挠度：$w_x=\frac{1}{24EI}[4R_A(3l^2x-x^3)-qb_1(12b^2+b_1^2)x]$ CD 段挠度：$w_x=\frac{1}{24EI}[4R_A(3l^2x-x^3)-qb_1(12b^2+b_1^2)x+q(x-a_1)^4]$

两端固定梁的内力及挠度 **表 6-13**

序号	计算简图及弯矩、剪力图	计算公式
1	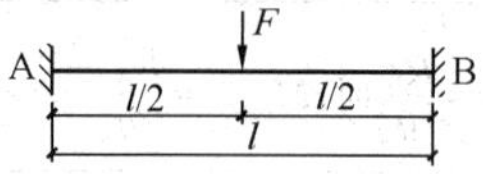 弯矩图 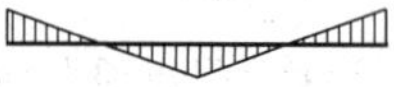 剪力图 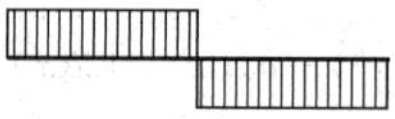	反力：$R_A=R_B=\frac{F}{2}$ 剪力：$V_A=R_A$；$V_B=-R_B$ 弯矩：$M_{max}=\frac{1}{8}Fl$ 挠度：$w_{max}=\frac{Fl^3}{192EI}$
2	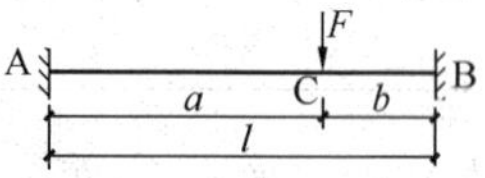 弯矩图 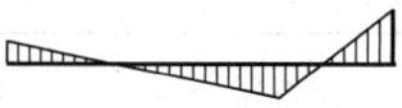 剪力图 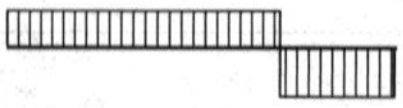	反力：$R_A=\frac{Fb^2}{l^2}\left(1+\frac{2a}{l}\right)$；$R_B=\frac{Fa^2}{l^2}\left(1+\frac{2b}{l}\right)$ 剪力：$V_A=R_A$；$V_B=-R_B$ 弯矩：$M_{max}=M_B=R_Bb-M_C=\frac{2Fa^2b^2}{l^3}$ 挠度：若 $a>b$，当 $x=\frac{2al}{3a+b}$ 时，$w_{max}=\frac{2F}{3EI}\times\frac{a^3b^2}{(3a+b)^2}$
3	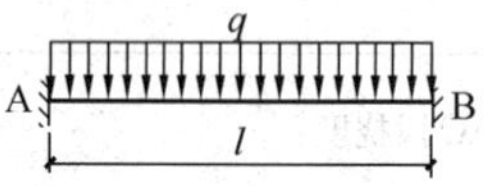 弯矩图 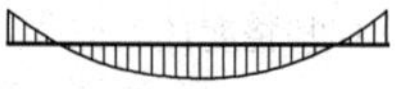 剪力图 	反力：$R_A=R_B=\frac{1}{2}ql$ 剪力：$V_A=R_A$；$V_B=-R_B$ 弯矩：$M_{max}=\frac{ql^2}{24}$；$M_A=M_B=-\frac{ql^2}{12}$ 挠度：$w_{max}=\frac{ql^4}{384EI}$

续表

序号	计算简图及弯矩、剪力图	计算公式
4	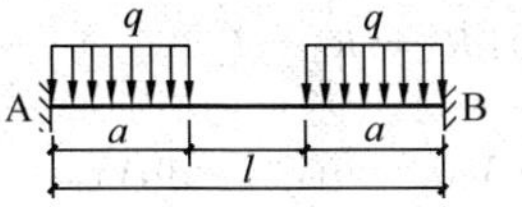	反力：$R_A=R_B=qa$
		剪力：$V_A=R_A$；$V_B=-R_B$
	弯矩图 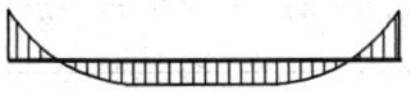	弯矩：$M_{max}=\frac{qa^3}{3l}$；$M_A=M_B=\frac{3a^2}{2l}(3l-2a)$
	剪力图 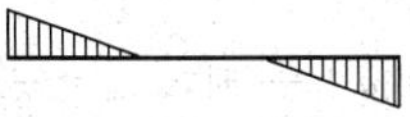	挠度：$w_{max}=\frac{qa^3l}{24EI}\left(1-\frac{a}{l}\right)$
5	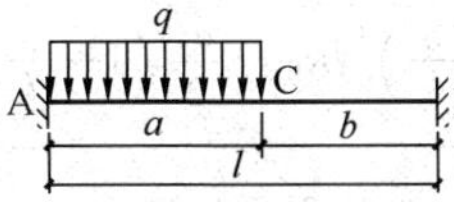	反力：$R_A=\frac{qa}{2}(2-2\beta^2+\beta^3)$；$R_B=\frac{qa^3}{2l^2}(2-\beta)$；$\beta=\frac{a}{l}$
		剪力：$V_A=R_A$；$V_B=-R_B$
	弯矩图 	弯矩：$M_A=-\frac{qa^2}{12}(6-8\beta+3\beta^2)$；$\beta=\frac{a}{l}$ 当 $x=\frac{R_A}{q}$ 时，$M_{max}=\frac{R_A^2}{2q}+M_A$
	剪力图 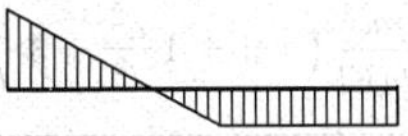	AC 段挠度：$w_x=\frac{1}{6EI}\left(-R_Ax^3-3M_Ax^2+\frac{qx^4}{4}\right)$ BC 段挠度：$w_x=\frac{1}{6EI}\left[-R_Ax^3-3M_Ax^2+\frac{qa}{4}(a^3-4a^2x+6ax^2-4x^3)\right]$
6	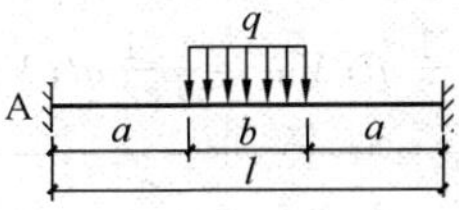	反力：$R_A=R_B=\frac{qb}{2}$
		剪力：$V_A=R_A$；$V_B=-R_B$
	弯矩图 	弯矩：$M_{max}=\frac{qbl}{24}\left(3-3\frac{b}{l}+\frac{b^2}{l^2}\right)$
	剪力图 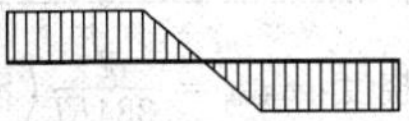	挠度：$w_{max}=\frac{qbl^3}{384EI}\times\left(2-2\frac{b^2}{l^2}+\frac{b^3}{l^3}\right)$

外伸梁的内力及挠度 **表 6-14**

序号	计算简图及弯矩、剪力图	计算公式
1	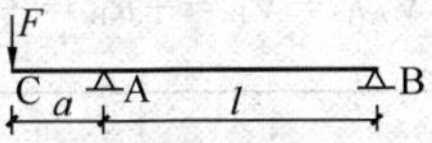	反力：$R_A=\left(1+\frac{a}{l}\right)F$；$R_B=-\frac{a}{l}F$
		剪力：$V_C=-F$；$V_B=-R_B=\frac{a}{l}F$
	弯矩图 	弯矩：$M_{max}=M_A=-Fa$
	剪力图 	挠度：$w_C=\frac{Fa^2l}{3EI}\left(1+\frac{a}{l}\right)$ 当 $x=a+0.423l$ 时，$w_{min}=-0.0642\frac{Fal^2}{EI}$

续表

序号	计算简图及弯矩、剪力图	计算公式
2	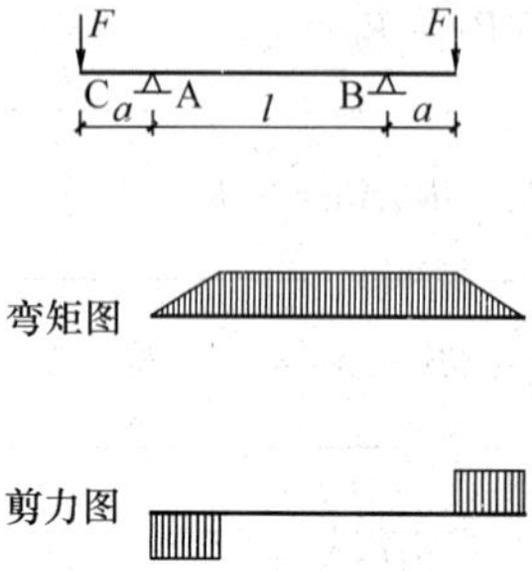	反力：$R_A=R_B=F$
		剪力：$V_{A左}=-F$；$V_{A右}=0$；$V_{B左}=0$；$V_{B右}=F$
		弯矩：$M_{max}=M_A=M_B=-Fa$
		挠度：$w_C=w_D=\frac{Fa^2l}{6EI}\left(3+2\frac{a^2}{l^2}\right)$ 当 $x=a+\frac{l}{2}$ 时，$w_{min}=\frac{Fal^2}{8EI}$
3	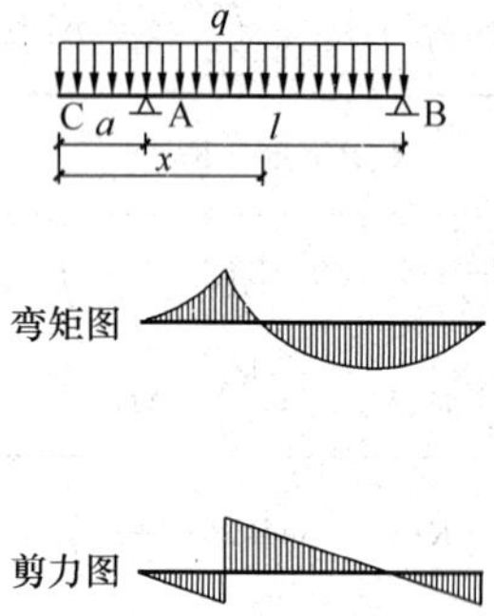	反力：$R_A=\frac{ql}{2}\left(1+\frac{a}{l}\right)^2$；$R_B=\frac{ql}{2}\left(1-\frac{a}{l}\right)^2$
		剪力：$V_{A左}=-qa$；$V_{A右}=R_A-qa$；$V_{B左}=-R_B$；$V_{B右}=0$
		弯矩：$M_A=-\frac{1}{2}qa^2$ 当 $l>a$ 时，$x=a+l-\frac{R_B}{q}$ 时，$M_{max}=\frac{R_B^2}{2q}$
		挠度：$w_C=\frac{qal^3}{24EI}\left(-1+4\frac{a^2}{l^2}+3\frac{a^3}{l^3}\right)$
4	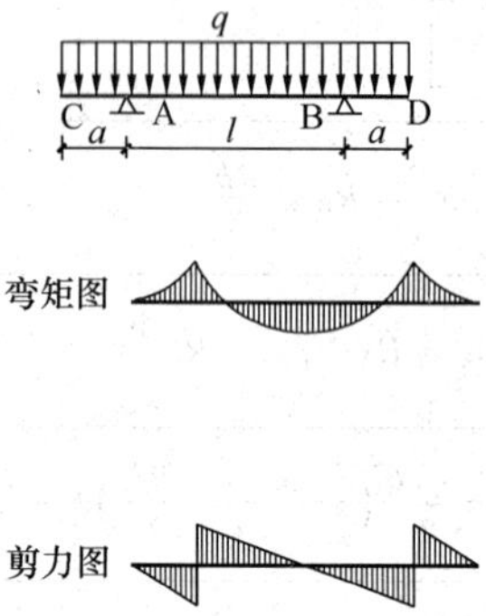	反力：$R_A=R_B=\frac{ql}{2}\left(1+2\frac{a}{l}\right)=\frac{q}{2}(l+2a)$
		剪力：$V_{A左}=-qa$；$V_{A右}=\frac{1}{2}ql$；$V_{B左}=-\frac{1}{2}ql$；$V_{B右}=qa$
		弯矩：$M_A=M_B=-\frac{1}{2}qa^2$ 当 $x=a+\frac{l}{2}$ 时，$M_{max}=\frac{ql^2}{8}\left(1-4\frac{a^2}{l^2}\right)$
		当 $x=a+\frac{l}{2}$ 时，挠度：$w_{max}=\frac{ql^4}{384EI}\left(5-24\frac{a^2}{l^2}\right)$
5	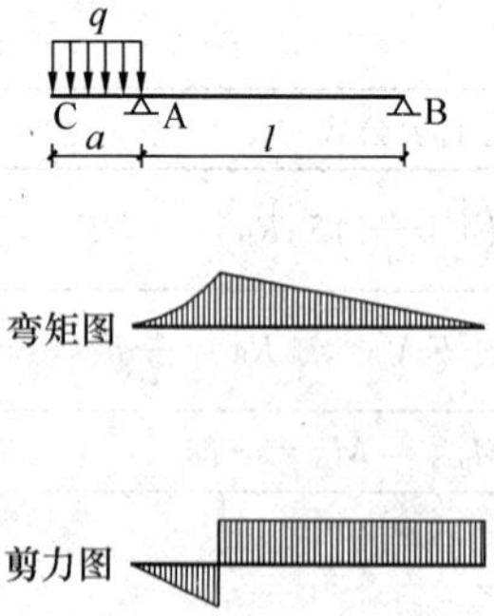	反力：$R_A=\frac{qa}{2}\left(2+\frac{a}{l}\right)$；$R_B=\frac{qa^2}{2l}$
		剪力：$V_{A左}=-qa$；$V_{A右}=V_B=-R_B=\frac{qa^2}{2l}$
		弯矩：$M_{max}=M_A=-\frac{qa^2}{2}$
		挠度：$w_C=\frac{qa^3l}{24EI}\left(4+\frac{3a}{l}\right)$ 当 $x=a+0.423l$ 时，$w_{min}=-0.0321\frac{qa^2l^2}{EI}$

续表

序号	计算简图及弯矩、剪力图	计算公式
6	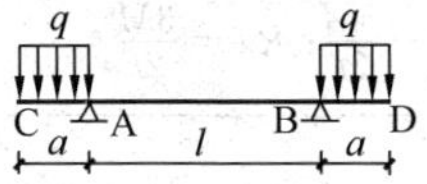	反力：$R_A = R_B = qa$
		剪力：$V_{A左} = -R_A$；$V_{B右} = R_B$
	弯矩图 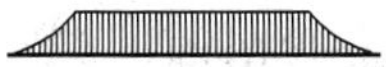	弯矩：$M_A = M_B = -\frac{1}{2}qa^2$
	剪力图 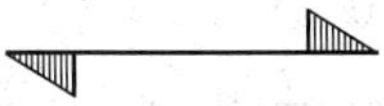	挠度：$w_C = w_D = \frac{qa^3 l}{8EI}\left(2+\frac{a}{l}\right)$
7	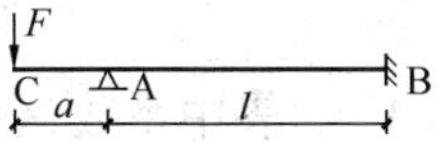	反力：$R_A = \frac{F}{2}\left(2+3\frac{a}{l}\right)$；$R_B = -\frac{3Fa}{2l}$
		剪力：$V_{A左} = -F$；$V_{B右} = -R_B$；$V_{A右} = V_{B左} = R_A - F$
	弯矩图 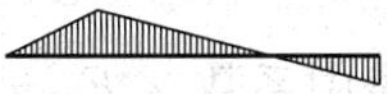	弯矩：$M_A = -Fa$；$M_B = \frac{Fa}{2}$
	剪力图 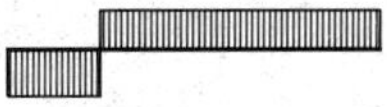	挠度：$w_C = \frac{Fa^2 l}{12EI}\left(3+4\frac{a}{l}\right)$ 当 $x = a+\frac{l}{3}$ 时，$w_{min} = -\frac{Fal^2}{27EI}$
8	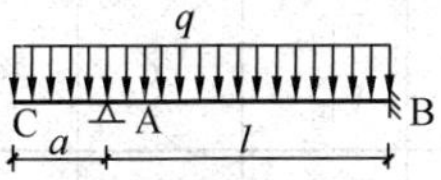	反力：$R_A = \frac{ql}{8}\left(3+8\frac{a}{l}+6\frac{a^2}{l^2}\right)$；$R_B = \frac{ql}{8}\left(5-6\frac{a^2}{l^2}\right)$
		剪力：$V_{A左} = -qa$；$V_{A右} = ql - R_B$；$V_{B左} = -R_B$
	弯矩图 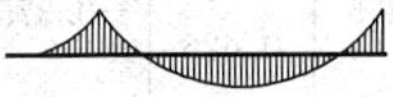	弯矩：$M_A = -\frac{qa^2}{2}$；$M_B = -\frac{ql^2}{8}\left(1-2\frac{a^2}{l^2}\right)$
	剪力图 	挠度：$w_C = \frac{qal^3}{48EI}\left(-1+6\frac{a^2}{l^2}+6\frac{a^3}{l^3}\right)$
9	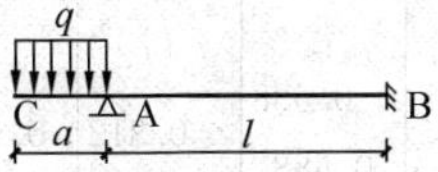	反力：$R_A = \frac{qa}{4}\left(4+3\frac{a}{l}\right)$；$R_B = -\frac{3qa^2}{4l}$
		剪力：$V_{A左} = -qa$；$V_{A右} = V_B = -R_B$
	弯矩图 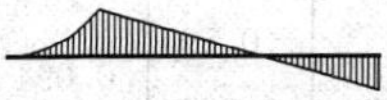	弯矩：$M_A = -\frac{qa^2}{2}$；$M_B = \frac{qa^2}{4}$
	剪力图 	挠度：$w_C = \frac{qa^3 l}{8EI}\left(1+\frac{a}{l}\right)$

续表

序号	计算简图及弯矩、剪力图	计算公式
10	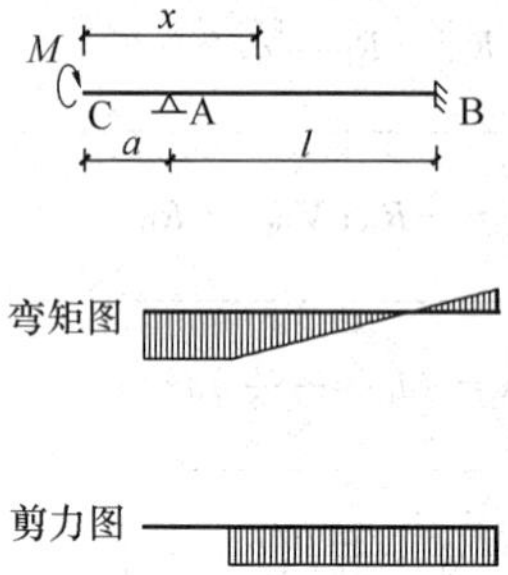	反力：$R_A = -\frac{3M}{2l}$；$R_B = \frac{3M}{2l}$
		剪力：$V_C = V_{A左} = 0$；$V_{A右} = V_B = -R_B$
		弯矩：$M_{max} = M$；$M_B = -\frac{M}{2}$
		挠度：$w_C = \frac{-Mal}{4EI}\left(1+2\frac{a}{l}\right)$ 当 $x = a + \frac{l}{3}$ 时，$w_{max} = \frac{Ml^2}{27EI}$

6.1.2.3　等截面等跨连续梁的内力及挠度系数

（1）在均布及三角形荷载作用下：$M =$ 表中系数 $\times ql^2$，$V =$ 表中系数 $\times ql$，$w =$ 表中系数 $\times \frac{ql^4}{100EI}$。

（2）在集中荷载作用下：$M =$ 表中系数 $\times Fl$，$V =$ 表中系数 $\times F$，$w =$ 表中系数 $\times \frac{qFl^3}{100EI}$。

注：上式中 l 为梁的计算跨度，“表中”是指表 6-15～表 6-18。

二跨等跨连续梁的内力及挠度系数　　**表 6-15**

荷载图	跨内最大弯矩		支座弯矩	剪力			跨度中点挠度	
	M_1	M_2	M_B	V_B	$V_{B左}$ $V_{B右}$	V_C	w_1	w_2
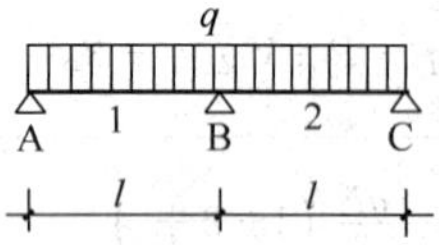	0.070	0.070	−0.125	0.375	−0.625 0.625	−0.375	0.521	0.521
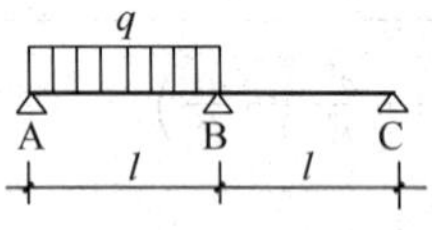	0.096	—	−0.063	0.437	−0.563 0.063	0.063	0.912	−0.391
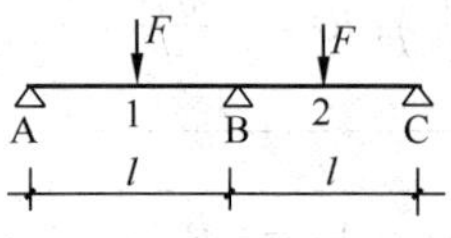	0.156	0.156	−0.188	0.312	−0.688 0.688	−0.312	0.911	0.911
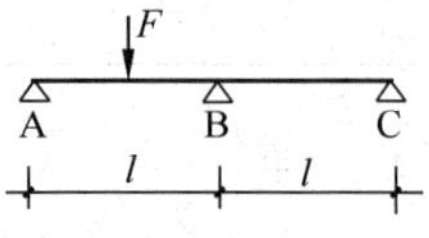	0.203	—	−0.094	0.406	−0.594 0.094	0.094	1.479	−0.586
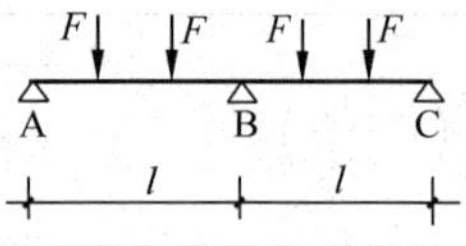	0.222	0.222	−0.333	0.667	−1.333 1.333	−0.667	1.466	1.466

续表

荷载图	跨内最大弯矩		支座弯矩	剪力			跨度中点挠度	
	M_1	M_2	M_B	V_B	$V_{B左}$ $V_{B右}$	V_C	w_1	w_2
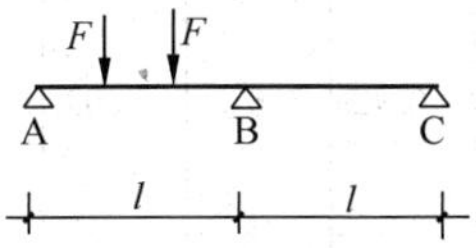	0.278	—	−0.167	0.833	−1.167 0.167	0.167	2.508	−1.042

三跨等跨连续梁的内力及挠度系数　　表 6-16

荷载图	跨内最大弯矩		支座弯矩		剪力				跨度中点挠度		
	M_1	M_2	M_B	M_C	V_A	$V_{B左}$ $V_{B右}$	$V_{C左}$ $V_{C右}$	V_D	w_1	w_2	w_3
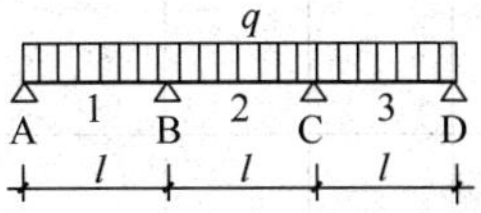	0.080	0.025	−0.100	−0.100	0.400	−0.600 0.500	−0.500 0.600	−0.400	0.677	0.052	0.677
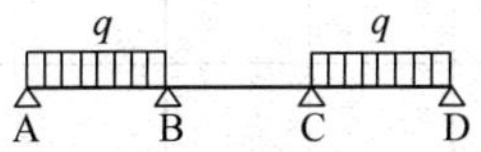	0.101	—	−0.050	−0.050	0.450	−0.550 0	0 0.550	−0.450	0.990	−0.625	0.990
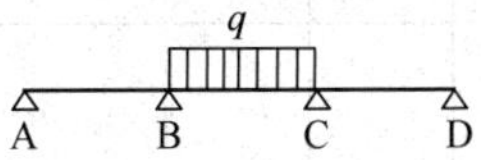	—	0.075	−0.050	−0.050	−0.050	−0.050 0.050	−0.500 0.050	0.050	−0.313	0.677	−0.313
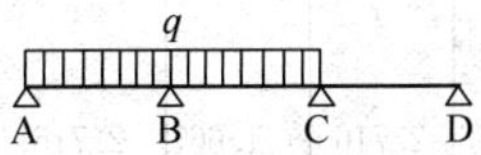	0.073	0.054	−0.117	−0.033	0.383	−0.617 0.583	−0.417 0.033	0.033	0.573	0.365	−0.208
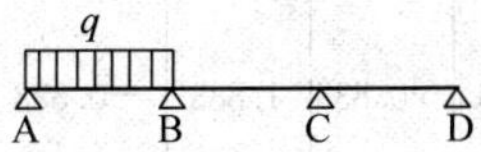	0.094	—	−0.067	0.017	0.433	−0.567 0.083	0.083 −0.017	−0.017	0.885	−0.313	0.104
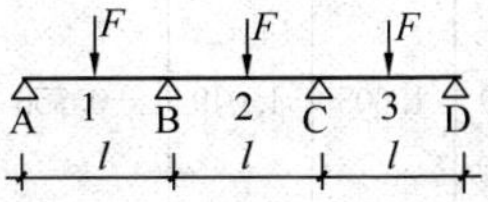	0.175	0.100	−0.150	−0.150	0.350	−0.650 0.500	−0.500 0.650	−0.350	1.146	0.208	1.146

续表

荷载图	跨内最大弯矩		支座弯矩		剪力				跨度中点挠度		
	M_1	M_2	M_B	M_C	V_A	$V_{B左}$ $V_{B右}$	$V_{C左}$ $V_{C右}$	V_D	w_1	w_2	w_3
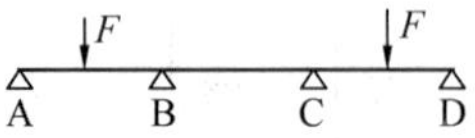	0.213	—	−0.075	−0.075	0.425	−0.575 0	0 0.575	−0.425	1.615	−0.937	1.615
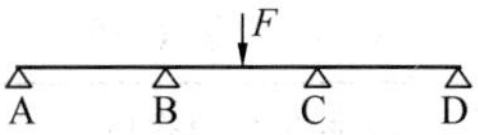	—	0.175	−0.075	−0.075	−0.075	−0.075 0.500	−0.500 0.075	0.075	−0.469	1.146	−0.469
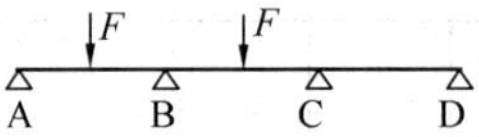	0.162	0.137	0.175	−0.050	0.325	−0.675 0.625	−0.375 0.050	0.050	0.990	0.677	−0.312
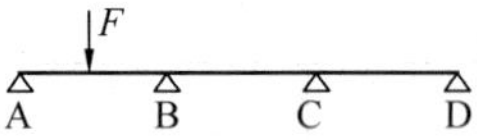	0.200	—	−0.100	0.025	0.400	−0.600 0.125	0.125 −0.025	−0.025	1.458	−0.469	0.156
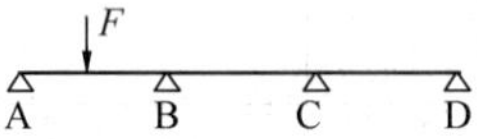	0.200	—	−0.100	0.025	0.400	−0.600 0.125	0.125 −0.025	−0.025	1.458	−0.469	0.156
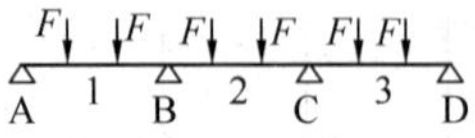	0.244	0.067	−0.267	−0.267	0.733	−1.267 1.000	−1.000 1.267	−0.733	1.883	0.216	1.883
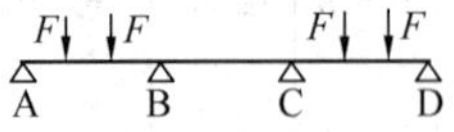	0.289	—	−0.133	−0.133	0.866	−1.134 0	0 1.134	−0.866	2.716	−1.667	2.716
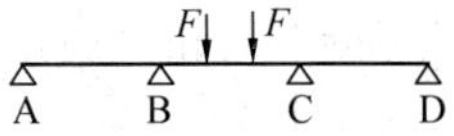	—	0.200	−0.133	−0.133	−0.133	−0.133 1.000	−1.000 0.133	0.133	−0.833	1.883	−0.833
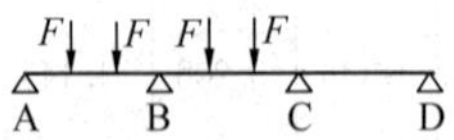	0.229	0.170	−0.311	−0.089	0.689	−1.311 1.222	−0.778 0.089	0.089	1.605	1.049	−0.556

续表

荷载图	跨内最大弯矩		支座弯矩		剪力				跨度中点挠度		
	M_1	M_2	M_B	M_C	V_A	$V_{B左}$ $V_{B右}$	$V_{C左}$ $V_{C右}$	V_D	w_1	w_2	w_3
F↓ F↓ A B C D	0.274	—	−0.178	0.044	0.822	−1.178 0.222	0.222 −0.044	−0.044	2.438	−0.833	0.278

四跨等跨连续梁内力及挠度系数　　　　表 6-17

荷载图	跨内最大弯矩		支座弯矩		剪力			跨度中点挠度	
	M_1	M_2	M_B	M_C	V_A	$V_{B左}$ $V_{B右}$	$V_{C左}$ $V_{C右}$	w_1	w_2
q均布 A 1 B 2 C 2 D 1 E	0.077	0.036	−0.107	−0.071	0.393	−0.607 0.536	−0.464 0.464	0.632	0.186
F A 1 B 2 C 2 D 1 E	0.169	0.116	−0.161	−0.107	0.339	−0.661 0.554	−0.446 0.446	1.079	0.409
FFFFFFFF A 1 B 2 C 2 D 1 E	0.238	0.111	−0.286	−0.191	0.714	−1.286 1.095	−0.905 0.905	1.764	0.573

五跨等跨连续梁内力及挠度系数　　　　表 6-18

荷载图	跨内最大弯矩			支座弯矩		剪力			跨度中点挠度		
	M_1	M_2	M_3	M_B	M_C	V_A	$V_{B左}$ $V_{B右}$	$V_{C左}$ $V_{C右}$	w_1	w_2	w_3
q均布 A 1 B 2 C 3 D 2 E 1 F	0.078	0.033	0.046	−0.105	−0.079	0.394	−0.606 0.526	−0.474 0.500	0.644	0.151	0.315
F A 1 B 2 C 3 D 2 E 1 F	0.171	0.112	0.132	−0.158	−0.118	0.342	−0.658 0.540	−0.460 0.500	1.097	0.356	0.603
FFFFFFFFFF A 1 B 2 C 3 D 2 E 1 F	0.240	0.100	0.122	−0.281	0.211	0.719	−1.281 1.071	−0.930 1.000	1.795	0.479	0.918

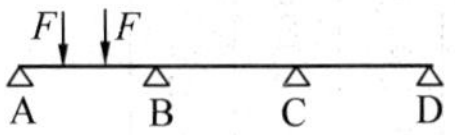

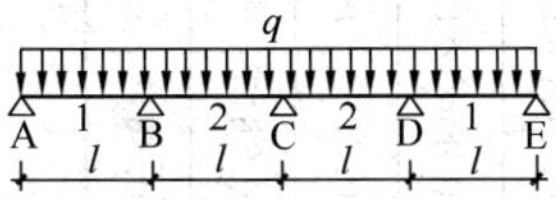

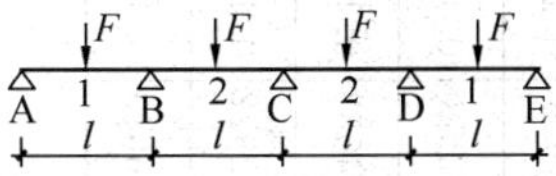

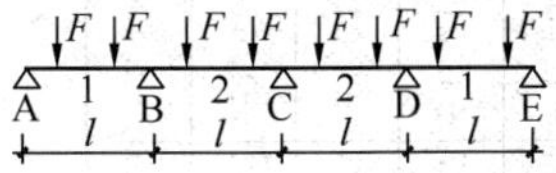

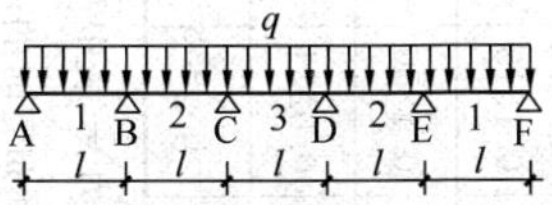

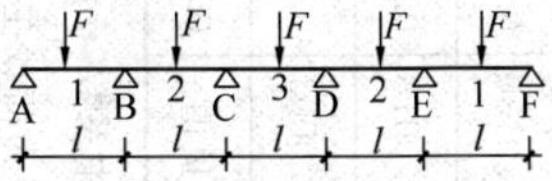

6.1.2.4 等截面不等跨连续梁的内力及挠度系数(表 6-19、表 6-20)

二跨不等跨梁的内力及挠度系数 表 6-19

内力荷载图	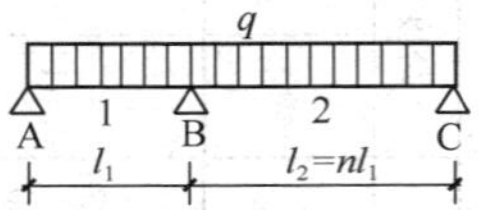								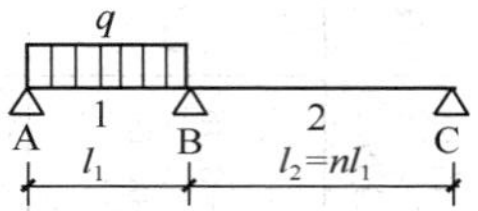				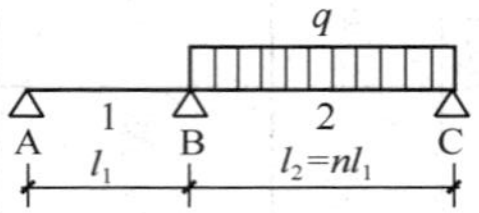			
	M_B^*	M_1	M_2	V_A	$V_{B左}^*$	$V_{B右}^*$	V_C	w_1	w_2	M_1^*	V_A^*	w_1	w_2	M_2^*	V_C^*	w_1	w_2
n=1.0	−0.1250	0.0703	0.0703	0.3750	−0.6250	0.6250	−0.3750	0.5208	0.5208	0.0957	0.1375	0.9115	−0.3906	0.0957	−0.4375	−0.3906	0.9115
n=1.1	−0.1388	0.0653	0.0898	0.3613	−0.6387	0.6761	−0.4239	0.4349	0.8571	0.0970	0.4375	0.9301	−0.4501	0.1142	−0.4780	−0.4952	1.3072
n=1.2	−0.1550	0.0595	0.1108	0.3450	−0.6550	0.7292	−0.4708	0.3333	1.3050	0.0982	0.4432	0.9470	−0.5114	0.1343	−0.5182	−0.6136	1.8164
n=1.3	−0.1738	0.0532	0.1333	0.3263	−0.6737	0.7836	−0.5164	0.2161	1.8836	0.0993	0.4457	0.9624	−0.5740	0.1558	−0.5582	−0.7463	2.4577
n=1.4	−0.1950	0.0465	0.1572	0.3050	−0.6950	0.8393	−0.5607	0.0833	2.6133	0.1003	0.4479	0.9766	−0.6380	0.1788	−0.5979	−0.8932	3.2514
n=1.5	−0.2188	0.0396	0.1825	0.2813	−0.7187	0.8958	−0.6402	−0.0651	3.5156	0.1013	0.4500	0.9896	−0.7031	0.2032	−0.6375	−1.0547	4.2188
n=1.6	−0.2450	0.0325	0.2092	0.2550	−0.7450	0.9531	−0.6469	−0.2292	4.6133	0.1021	0.4519	1.0016	−0.7692	0.2291	−0.6769	−1.2308	5.3826
n=1.7	−0.2738	0.0256	0.2347	0.2263	−0.7737	1.0110	−0.6890	−0.4089	5.9305	0.1029	0.4537	1.0127	−0.8362	0.2564	−0.7162	−1.4216	6.7667
n=1.8	−0.3050	0.0190	0.2669	0.1950	−0.8050	1.0694	−0.7306	−0.6042	7.4925	0.1037	0.4554	1.0231	−0.904	0.2580	−0.7554	−1.6272	8.3965
n=1.9	−0.3388	0.0130	0.2978	0.1613	−0.8387	1.1283	−0.7717	−0.8151	9.3258	0.1044	0.4569	1.0327	−0.9725	0.3155	−0.7944	−1.8478	10.2984
n=2.0	−0.3750	0.0078	0.3301	0.1250	−0.8750	1.1875	−0.8125	−1.0417	11.4583	0.1050	0.4583	1.0417	−1.0417	0.3472	−0.8333	−2.0833	12.5000
n=2.25	−0.4766	0.0003	0.4170	0.0234	−0.9766	1.3368	−0.9132	−1.6764	18.2922	0.1065	0.4615	1.0617	−1.2169	0.4327	−0.9303	−2.7381	19.5092
n=2.5	−0.5938	负值	0.5126	−0.0938	−1.0938	1.4875	−1.0125	−2.4089	27.6693	0.1078	0.4643	1.0789	−1.3951	0.5272	−1.0268	−3.4877	29.0644

注：1. 弯矩 = 表中系数 × ql；剪力 = 表中系数 × ql；

2. 带有 * 号者为荷载在最不利布置时的最大内力。

三跨不等跨梁内力及挠度系数

表 6-20

内力 荷载图	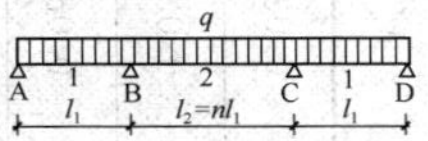								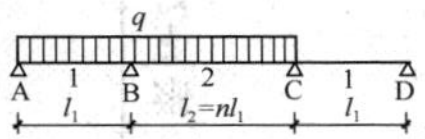						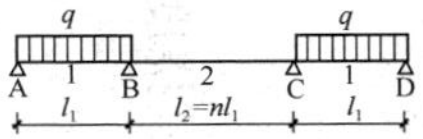				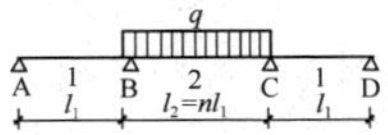		
	M_B	M_1	M_2	V_A	$V^*_{B左}$	$V^*_{B右}$	w_1	w_2	M^*_B	$V^*_{B左}$	$V^*_{B右}$	$w_{1左}$	w_2	$w_{1右}$	M^*_1	V^*_A	w_1	w_2	V^*_C	w_1	w_2
n=0.4	−0.0831	0.0869	−0.0631	0.4169	−0.5831	0.2000	0.7826	−0.1329	−0.0962	−0.5962	0.4608	0.7012	−0.0548	0.0501	0.0890	0.4219	0.8138	−0.1562	0.0150	−0.0312	0.0233
n=0.5	−0.0804	0.0880	−0.0491	0.4196	−0.5804	0.2500	0.7999	−0.1697	−0.0947	−0.5947	0.4502	0.7106	−0.0581	0.0335	0.0918	0.4286	0.8557	−0.2232	0.0223	−0.0588	0.0535
n=0.6	−0.0800	0.0882	−0.0350	0.4200	−0.5800	0.3000	0.8021	−0.1912	−0.0952	−0.5952	0.4603	0.7072	−0.0432	0.0061	0.0943	0.4342	0.8909	−0.2961	0.0308	−0.0888	0.1048
n=0.7	−0.0819	0.0874	−0.0206	0.4181	−0.5819	0.3500	0.7903	−0.1889	−0.0979	−0.5979	0.4825	0.6915	−0.0022	−0.0319	0.0964	0.4390	0.9210	−0.3735	0.0403	−0.1307	0.1845
n=0.8	−0.0859	0.0857	−0.0059	0.4141	−0.5859	0.4000	0.7652	−0.1539	−0.1021	−0.6021	0.5116	0.6637	0.0733	−0.0804	0.0982	0.4432	0.9470	−0.4545	0.0509	−0.1818	0.3006
n=0.9	−0.0918	0.0833	0.0095	0.4082	−0.5918	0.4500	0.7273	−0.0769	−0.1083	−0.6083	0.5456	0.6241	0.1924	−0.1392	0.0998	0.4468	0.9696	−0.5386	0.0625	−0.2424	0.4617
n=1.0	−0.1000	0.0800	0.0250	0.4000	−0.6000	0.5000	0.6771	0.0521	−0.1167	−0.6167	0.5833	0.5729	0.3646	−0.2058	0.1013	0.4500	0.9896	−0.6250	0.0750	−0.3125	0.6771
n=1.1	−0.1100	0.0761	0.0413	0.3900	−0.6100	0.5500	0.6149	0.2433	−0.1267	−0.6267	0.6233	0.5103	0.6001	−0.2878	0.1025	0.4528	1.0073	−0.7134	0.0885	−0.3924	0.9568
n=1.2	−0.1218	0.0715	0.0582	0.3782	−0.6218	0.6000	0.5409	0.5079	−0.1385	−0.6385	0.6651	0.4363	0.9096	−0.3775	0.1037	0.4554	1.0231	−0.8036	0.1029	−0.4821	1.3114
n=1.3	−0.1355	0.0664	0.0758	0.3645	−0.6355	0.6500	0.4554	0.8572	−0.1522	−0.6522	0.7082	0.3511	1.3047	−0.4775	0.1047	0.4576	1.0373	−0.8951	0.1182	−0.5818	1.7523
n=1.4	−0.1510	0.0609	0.0940	0.3490	−0.6510	0.7000	0.3585	1.3034	−0.1676	−0.6676	0.7525	0.2548	1.7973	−0.5878	0.1057	0.4597	1.0501	−0.9879	0.1344	−0.6915	2.2913
n=1.5	−0.1683	0.0550	0.1130	0.3317	−0.6683	0.7500	0.2504	1.8592	−0.1848	−0.6848	0.7976	0.1474	2.4001	−0.7083	0.1065	0.4615	1.0373	−0.8951	0.1514	−0.8113	2.9410
n=1.6	−0.1874	0.0489	0.1327	0.3127	−0.6873	0.8000	0.1311	2.5380	−0.2037	−0.7037	0.8434	0.0290	3.1263	−0.8391	0.1073	0.4632	1.0723	−1.1765	0.1694	−0.9412	3.7145
n=1.7	−0.2082	0.0426	0.1531	0.2918	−0.7082	0.8500	0.0008	3.3538	−0.2244	−0.7244	0.8897	−0.1003	3.9898	−0.9801	0.1080	0.4648	1.0820	−1.2720	0.1883	−1.0812	4.6258
n=1.8	−0.2308	0.0362	0.1742	0.2692	−0.7308	0.9000	−0.1405	4.3209	−0.2468	−0.7468	0.9366	−0.2405	5.0050	−1.1314	0.1087	0.4662	1.0909	−1.3682	0.2080	−1.2314	5.6892
n=1.9	−0.2552	0.0300	0.1961	0.2448	−0.7552	0.9500	−0.2927	5.4547	−0.2710	−0.7710	0.9846	−0.3915	6.1872	−1.2930	0.1093	0.4675	1.0992	−1.4651	0.2286	−1.3918	6.9198
n=2.0	−0.2813	0.0239	0.2188	0.2188	−0.7812	1.0000	−0.4557	6.7708	−0.2969	−0.7969	1.0312	−0.5534	7.5521	−1.4648	0.1099	0.4688	1.1068	−1.5625	0.2500	−1.5625	8.3333
n=2.25	−0.3540	0.0106	0.2788	0.1462	−0.8538	1.1250	−0.9105	10.9683	−0.3691	−0.8691	1.1511	−1.0051	11.8723	−1.9395	0.1111	0.4714	1.1235	−1.8080	0.3074	−2.0340	12.7763
n=2.5	−0.4375	0.0019	0.3437	−0.0625	−0.9375	1.2500	−1.4323	16.6829	−0.4521	−0.9521	1.2722	−1.5237	17.7109	−2.4785	0.1122	0.4737	1.1376	−2.0559	0.3701	−2.5699	18.7389

注：1. 弯矩 = 表中系数 × ql_1^2；剪力 = 表中系数 × ql；

2. 带有 * 号者为荷载在最不利布置时的最大内力。

6.1.2.5　双向板在均布荷载作用下的弯矩及挠度系数

1. 刚度

$$B=\frac{Eh^3}{12(1-\upsilon^2)} \tag{6-11}$$

式中　E——弹性模量；

h——板厚；

υ——泊松比。

2. 正负号的规定

弯矩：使板的受荷面受压者为正；挠度：弯曲方向与荷载方向相同为正。

表6-21～表6-26仅列出了$\upsilon=0$的弯矩与挠度系数。当υ值不等于零时，其挠度及支座中点弯矩仍可按这些表求得；当求其跨内弯矩时，可按式（6-12）求得：

$$\begin{aligned} M\binom{\upsilon}{x} &= M_x+\upsilon M_r, \\ M\binom{\upsilon}{y} &= M_y+\upsilon M_x \end{aligned} \tag{6-12}$$

式中　M_x、M_r——$\upsilon=0$时的跨内弯矩。

四边简支　　**表6-21**

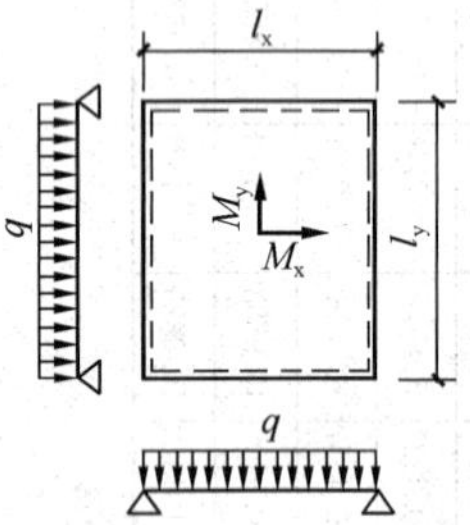

挠度 = 表中系数 × $\frac{ql^4}{B}$；$\upsilon=0$，弯矩 = 表中系数 × ql^2；式中l取l_x和l_y之中较小者

l_x/l_y	w	M_x	M_y	l_x/l_y	w	M_x	M_y
0.50	0.01013	0.0965	0.0174	0.80	0.00603	0.0561	0.0334
0.55	0.00940	0.0892	0.0210	0.85	0.00547	0.0506	0.0348
0.60	0.00867	0.0820	0.0242	0.90	0.00496	0.0456	0.0358
0.65	0.00796	0.0750	0.0271	0.95	0.00449	0.0410	0.0364
0.70	0.00727	0.0683	0.0296	1.00	0.00406	0.0368	0.0368
0.75	0.00663	0.0620	0.0317				

注：1. 本节表内的弯矩系数均为单位板的弯矩系数；

2. 当求跨内最大弯矩时，按此公式计算会得出偏大的结果。这是因为板内两个方向的跨内最大弯矩不在同一点出现。

三边简支，一边固定 表 6-22

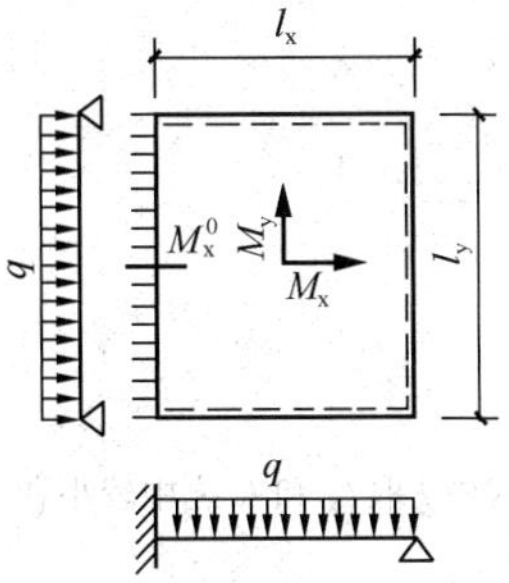

挠度 = 表中系数 × $\frac{ql^4}{B}$；$\upsilon=0$，弯矩 = 表中系数 × ql^2；式中 l 取 l_x 和 l_y 之中较小者

l_x l_y	l_y l_x	w_{max}	M_x	M_{xmax}	M_y	M_{ymax}	M_x^0
0.50		0.00504	0.0583	0.0646	0.0060	0.0063	−0.1212
0.55		0.00492	0.0563	0.0618	0.0081	0.0087	−0.1187
0.60		0.00472	0.0539	0.0589	0.0104	0.0111	−0.1158
0.65		0.00448	0.0513	0.0559	0.0126	0.0133	−0.1124
0.70		0.00422	0.0485	0.0529	0.0148	0.0154	−0.1087
0.75		0.00399	0.0457	0.0496	0.0168	0.0174	−0.1048
0.80		0.00376	0.0428	0.0463	0.0187	0.0193	−0.1007
0.85		0.00352	0.0400	0.0431	0.0204	0.0211	−0.0965
0.90		0.00329	0.0372	0.0400	0.0219	0.0226	−0.0922
0.95		0.00306	0.0345	0.0369	0.0232	0.0239	−0.0880
1.00	1.00	0.00285	0.0319	0.0340	0.0243	0.0249	−0.0839
	0.95	0.00324	0.0324	0.0345	0.0280	0.0287	−0.0882
	0.90	0.00368	0.0328	0.0347	0.0322	0.0330	−0.0926
	0.85	0.00417	0.0329	0.0347	0.0370	0.0378	−0.0971
	0.80	0.00473	0.0326	0.0343	0.0424	0.0433	−0.1014
	0.75	0.00536	0.0319	0.0335	0.0485	0.0494	−0.1056
	0.70	0.00605	0.0308	0.0323	0.0553	0.0562	−0.1096
	0.65	0.00680	0.0291	0.0306	0.0627	0.0637	−0.1133
	0.60	0.00762	0.0268	0.0289	0.0707	0.0717	−0.1166
	0.55	0.00848	0.0239	0.0271	0.0792	0.0801	−0.1193
	0.50	0.00935	0.0205	0.0249	0.0880	0.0888	−0.1215

两边简支，两边固定　　表 6-23

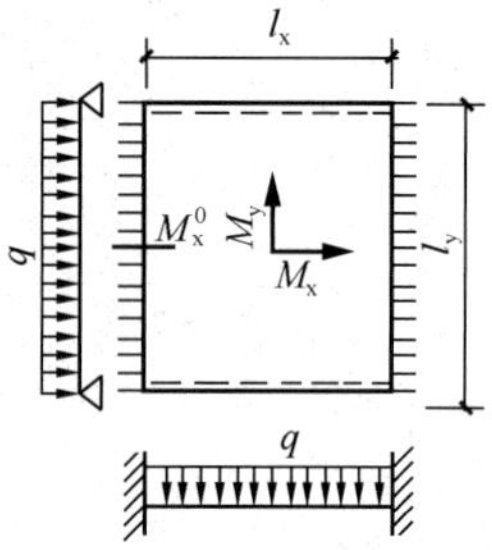

挠度 = 表中系数 × $\frac{ql^4}{B}$；$\upsilon=0$，弯矩 = 表中系数 × ql^2；式中 l 取 l_x 和 l_y 之中较小者

l_x/l_y	l_y/l_x	w	M_x	M_y	M_x^0
0.50		0.00261	0.0416	0.0017	−0.0843
0.55		0.00259	0.0410	0.0028	−0.0840
0.60		0.00255	0.0402	0.0042	−0.0834
0.65		0.00250	0.0392	0.0057	−0.0826
0.70		0.00243	0.0379	0.0072	−0.0814
0.75		0.00236	0.0366	0.0088	−0.0799
0.80		0.00228	0.0351	0.0103	−0.0782
0.85		0.00220	0.0335	0.0118	−0.0763
0.90		0.00211	0.0319	0.0133	−0.0743
0.95		0.00201	0.0302	0.0146	−0.0721
1.00	1.00	0.00192	0.0285	0.0158	−0.0698
	0.95	0.00223	0.0296	0.0189	−0.0746
	0.9	0.00260	0.0306	0.0224	−0.0797
	0.85	0.00303	0.0314	0.0266	−0.0850
	0.80	0.00354	0.0319	0.0316	−0.0904
	0.75	0.00413	0.0321	0.0374	−0.0959
	0.70	0.00482	0.0318	0.0441	−0.1013
	0.65	0.00560	0.0308	0.0518	−0.1066
	0.60	0.00647	0.0292	0.0604	−0.1114
	0.55	0.00743	0.0267	0.0698	−0.1156
	0.50	0.00844	0.0243	0.0798	−0.1191

一边简支，三边固定　　表 6-24

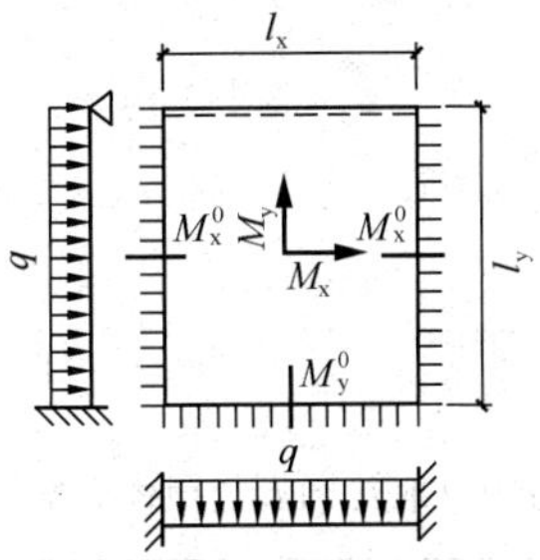

挠度 = 表中系数 × $\frac{ql^4}{B}$；$\upsilon = 0$，弯矩 = 表中系数 × ql^2；式中 l 取 l_x 和 l_y 之中较小者

l_x/l_y	l_y/l_x	w_{max}	M_x	M_{xmax}	M_y	M_{ymax}	M_x^0	M_y^0
0.50		0.00258	0.0408	0.0409	0.0028	0.0089	−0.0836	−0.0569
0.55		0.00255	0.0398	0.0399	0.0042	0.0093	−0.0827	−0.0570
0.60		0.00249	0.0384	0.0386	0.0059	0.0105	−0.0814	−0.0571
0.65		0.00240	0.0368	0.0371	0.0076	0.0116	−0.0496	−0.0572
0.70		0.00229	0.0350	0.0354	0.0093	0.0127	−0.0774	−0.0572
0.75		0.00219	0.0331	0.0335	0.0109	0.0137	−0.0750	−0.0572
0.80		0.00208	0.0310	0.0314	0.0124	0.0147	−0.0722	−0.0570
0.85		0.00196	0.0289	0.0293	0.0138	0.0155	−0.0693	−0.0567
0.90		0.00184	0.0268	0.0273	0.0159	0.0163	−0.0663	−0.0563
1.00		0.00172	0.0247	0.0252	0.0160	0.0172	−0.0631	−0.0558
	1.00	0.00160	0.0227	0.0231	0.0168	0.0180	−0.0600	−0.0550
	0.95	0.00182	0.0229	0.0234	0.0194	0.0207	−0.0629	−0.0599
	0.90	0.00206	0.0228	0.0234	0.0223	0.0238	−0.0656	−0.0653
	0.85	0.00233	0.0225	0.0231	0.0255	0.0273	−0.0683	−0.0711
	0.80	0.00262	0.0219	0.0224	0.0290	0.0311	−0.0707	−0.0772
	0.75	0.00294	0.0208	0.0214	0.0329	0.0354	−0.0729	−0.0837
	0.70	0.00327	0.0194	0.0200	0.0370	0.0400	−0.0748	−0.0903
	0.65	0.00365	0.0175	0.0182	0.0412	0.0446	−0.0762	−0.0970
	0.60	0.00403	0.0153	0.0160	0.0454	0.0493	−0.0773	−0.1033
	0.55	0.00437	0.0127	0.0133	0.0496	0.0541	−0.0780	−0.1093
	0.50	0.00463	0.0099	0.0103	0.0534	0.0588	−0.0784	−0.1146

四边固定 **表 6-25**

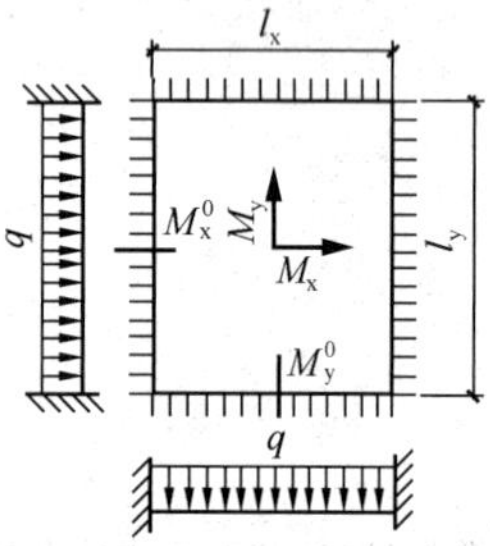

挠度 = 表中系数 × $\frac{ql^4}{B}$；$\upsilon=0$，弯矩 = 表中系数 × ql^2；式中 l 取 l_x 和 l_y 之中较小者

l_x/l_y	w	M_x	M_y	M_x^0	M_y^0
0.50	0.00253	0.0400	0.0038	−0.0829	−0.0570
0.55	0.00246	0.0385	0.0056	−0.0814	−0.0571
0.60	0.00236	0.0367	0.0076	−0.0793	−0.0571
0.65	0.00224	0.0345	0.0095	−0.0766	−0.0571
0.70	0.00211	0.0321	0.0113	−0.0735	−0.0569
0.75	0.00197	0.0296	0.0130	−0.0701	−0.0565
0.80	0.00182	0.0271	0.0144	−0.0664	−0.0559
0.85	0.00168	0.0246	0.0156	−0.0626	−0.0551
0.90	0.00153	0.0221	0.0165	−0.0588	−0.0541
0.95	0.00140	0.0198	0.0172	−0.0550	−0.0528
1.00	0.00127	0.0176	0.0176	−0.0513	−0.0513

两边简支，两边固定 **表 6-26**

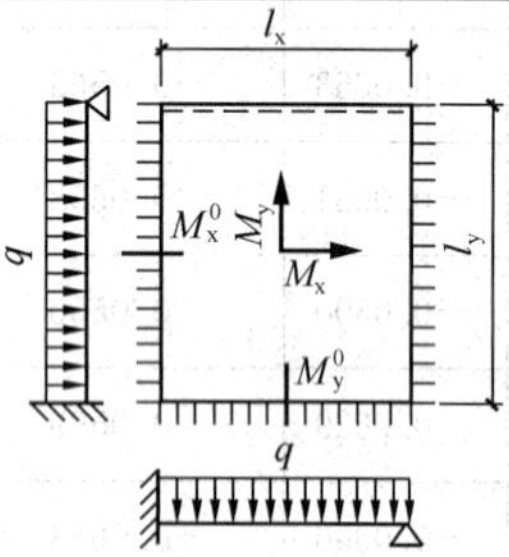

挠度 = 表中系数 × $\frac{ql^4}{B}$；$\upsilon=0$，弯矩 = 表中系数 × ql^2；式中 l 取 l_x 和 l_y 之中较小者

l_x/l_y	w_{max}	M_x	M_{xmax}	M_y	M_{ymax}	M_x^0	M_y^0
0.50	0.00471	0.0559	0.0562	0.0079	0.0135	−0.1179	−0.0786
0.55	0.00454	0.0529	0.0530	0.0104	0.0153	−0.1140	−0.0785
0.60	0.00429	0.0496	0.0498	0.0129	0.0169	−0.1095	−0.0782
0.65	0.00399	0.0461	0.0465	0.0151	0.0183	−0.1045	−0.0777
0.70	0.00368	0.0426	0.0432	0.0172	0.0195	−0.0992	−0.0770
0.75	0.00340	0.0390	0.0396	0.0189	0.0206	−0.0938	−0.0760
0.80	0.00313	0.0356	0.0361	0.0204	0.0218	−0.0883	−0.0748
0.85	0.00286	0.0322	0.0328	0.0215	0.0229	−0.0829	−0.0733
0.90	0.00261	0.0291	0.0297	0.0224	0.0238	−0.0776	−0.0716
0.95	0.00237	0.0261	0.0267	0.0230	0.0244	−0.0726	−0.0698
1.00	0.00215	0.0234	0.0240	0.0234	0.0249	−0.0677	−0.6770

6.2 建筑地基基础计算

6.2.1 地基基础计算用表

1. 地基基础设计等级

根据地基基础设计等级及长期荷载作用下地基变形对上部结构的影响程度，地基基础设计应符合下列规定：

(1) 所有建筑物的地基基础计算均应满足承载力计算的有关规定；

(2) 设计等级为甲级、乙级的建筑物，均应按地基变形设计；

(3) 表6-27所列范围内，设计等级为丙级的建筑物可不进行地基变形验算（表6-28）：

地基基础设计等级 **表6-27**

设计等级	建筑和地基类型
甲级	重要的工业与民用建筑物 30层以上的高层建筑 体型复杂，层数相差超过10层的高低层连成一体建筑物 大面积的多层地下建筑物（如地下车库、商场、运动场等） 对地基变形有特殊要求的建筑物 复杂地质条件下的坡上建筑物（包括高边坡） 对原有工程影响较大的新建建筑物 场地和地基条件复杂的一般建筑物 位于复杂地质条件及软土地区的二层及二层以上地下室的基坑工程 开挖深度大于15m的基坑工程 周边环境条件复杂、环境保护要求高的基坑工程
乙级	除甲级、丙级以外的工业与民用建筑物 除甲级、丙级以外的基坑工程
丙级	场地和地基条件简单、荷载分布均匀的七层及七层以下民用建筑及一般工业建筑物；次要的轻型建筑物 非软土地区且场地地质条件简单、基坑周边环境条件简单、环境保护要求不高且开挖深度小于5.0m的基坑工程

如有下列情况之一时，仍应进行变形验算：

1) 地基承载力特征值小于130kPa，且体型复杂的建筑；

2) 在基础上及其附近有地面堆载或相邻基础荷载差异较大，可能引起地基产生过大的不均匀沉降时；

3) 软弱地基上的建筑物存在偏心荷载时；

4) 相邻建筑距离过近，可能发生倾斜时；

5) 地基内有厚度较大或厚薄不均的填土，其自重固结未完成时。

(4) 对经常受水平荷载作用的高层建筑、高耸结构和挡土墙等，以及建造在斜坡上或边坡附近的建筑物和构筑物，尚应验算其稳定性。

(5) 基坑工程应进行稳定性验算。

(6) 当地下水埋藏较浅，建筑地下室或地下构筑物存在上浮问题时，尚应进行抗浮验算。

可不进行地基变形验算设计等级为丙级的建筑物范围 **表 6-28**

<table>
<tr><td rowspan="2">地基主要受力层情况</td><td colspan="3">地基承载力特征值 f_{ak}（kPa）</td><td>$80 \leqslant f_{ak} < 100$</td><td>$100 \leqslant f_{ak} < 130$</td><td>$130 \leqslant f_{ak} < 160$</td><td>$160 \leqslant f_{ak} < 200$</td><td>$200 \leqslant f_{ak} < 300$</td></tr>
<tr><td colspan="3">各土层坡度（%）</td><td>≤5</td><td>≤10</td><td>≤10</td><td>≤10</td><td>≤10</td></tr>
<tr><td rowspan="8">建筑类型</td><td colspan="3">砌体承重结构、框架结构（层数）</td><td>≤5</td><td>≤5</td><td>≤6</td><td>≤6</td><td>≤7</td></tr>
<tr><td rowspan="4">单层排架结构（6m 柱距）</td><td rowspan="2">单跨</td><td>吊车额定起重量（t）</td><td>10～15</td><td>15～20</td><td>20～30</td><td>30～50</td><td>50～100</td></tr>
<tr><td>厂房跨度（m）</td><td>≤18</td><td>≤24</td><td>≤30</td><td>≤30</td><td>≤30</td></tr>
<tr><td rowspan="2">多跨</td><td>吊车额定起重量（t）</td><td>5～10</td><td>10～15</td><td>15～20</td><td>20～30</td><td>30～75</td></tr>
<tr><td>厂房跨度（m）</td><td>≤18</td><td>≤24</td><td>≤30</td><td>≤30</td><td>≤30</td></tr>
<tr><td colspan="2">烟囱</td><td>高度（m）</td><td>≤40</td><td>≤50</td><td colspan="2">≤75</td><td>≤100</td></tr>
<tr><td colspan="2" rowspan="2">水塔</td><td>高度（m）</td><td>≤20</td><td>≤30</td><td colspan="2">≤30</td><td>≤30</td></tr>
<tr><td>容积（m^3）</td><td>50～100</td><td>100～200</td><td>200～300</td><td>300～500</td><td>500～1000</td></tr>
</table>

注：1. 地基主要受力层是指条形基础底面下深度为 $3b$（b 为基础底面宽度），独立基础下为 $1.5b$，且厚度均不小于 5m 的范围（二层以下一般的民用建筑除外）；
2. 地基主要受力层中如有承载力特征值小于 130kPa 的土层时，表中砌体承重结构的设计，应符合现行国家标准《建筑地基基础设计规范》GB 50007 中第七章的有关要求；
3. 表中砌体承重结构和框架结构均指民用建筑，对于工业建筑可按厂房高度、荷载情况折合成与其相当的民用建筑层数；
4. 表中吊车额定起重量、烟囱高度和水塔容积的数值指最大值。

2. 基础宽度和埋深的地基承载力修正系数（表 6-29）

基础宽度和埋深的地基承载力修正系数 **表 6-29**

<table>
<tr><td colspan="2">土的类别</td><td>η_b</td><td>η_d</td></tr>
<tr><td colspan="2">淤泥和淤泥质土</td><td>0</td><td>1.0</td></tr>
<tr><td colspan="2">人工填土
e 或 I_L 大于等于 0.85 的黏性土</td><td>0</td><td>1.0</td></tr>
<tr><td rowspan="2">红黏土</td><td>含水比 $a_w > 0.8$</td><td>0</td><td>1.2</td></tr>
<tr><td>含水比 $a_w \leqslant 0.8$</td><td>0.15</td><td>1.4</td></tr>
<tr><td rowspan="2">大面积压实填土</td><td>压实系数大于 0.95，黏粒含量 $\rho_c \geqslant 10\%$ 的粉土</td><td>0</td><td>1.5</td></tr>
<tr><td>最大干密度大于 2.1t/m^3 的级配砂石</td><td>0</td><td>2.0</td></tr>
<tr><td rowspan="2">粉土</td><td>黏粒含量 $\rho_c \geqslant 10\%$ 的粉土</td><td>0.3</td><td>1.5</td></tr>
<tr><td>黏粒含量 $\rho_c < 10\%$ 的粉土</td><td>0.5</td><td>2.0</td></tr>
<tr><td colspan="2">e 及 I_L 均小于 0.85 的黏性土</td><td>0.3</td><td>1.6</td></tr>
<tr><td colspan="2">粉砂、细砂（不包括很湿与饱和时的稍密状态）</td><td>2.0</td><td>3.0</td></tr>
<tr><td colspan="2">中砂、粗砂、砾砂和碎石土</td><td>3.0</td><td>4.4</td></tr>
</table>

注：1. 强风化和全风化的岩石，可参照所风化成的相应土类取值，其他状态下的岩石不修正；
2. 地基承载力特征值按现行国家标准《建筑地基基础设计规范》GB 50007 附录 D 深层平板载荷试验确定时 η_d 取 0；
3. 含水比是指土的天然含水量与液限的比值；
4. 大面积压实填土是指填土范围大于两倍基础宽度的填土。

3. 建筑物的地基变形容许值（表 6-30）

建筑物的地基变形容许值 **表 6-30**

变形特征		地基土类别	
		中、低压缩性土	高压缩性土
砌体承重结构基础的局部倾斜		0.002	0.003
工业与民用建筑相邻柱基的沉降差（mm）	框架结构	$0.002l$	$0.003l$
	砌体墙填充的边排柱	$0.0007l$	$0.001l$
	当基础不均匀沉降时不产生附加应力的结构	$0.005l$	$0.005l$
单层排架结构（柱距为 6m）柱基的沉降量（mm）		（120）	200
桥式吊车轨面的倾斜（按不调整轨道考虑）	纵向	0.004	
	横向	0.003	
多层和高层建筑的整体倾斜（mm）	$H_g \leqslant 24$	0.004	
	$24 < H_g \leqslant 60$	0.003	
	$60 < H_g \leqslant 100$	0.0025	
	$H_g > 100$	0.002	
体型简单的高层建筑基础的平均沉降量（mm）		200	
高耸结构基础的倾斜（mm）	$H_g \leqslant 20$	0.008	
	$20 < H_g \leqslant 50$	0.006	
	$50 < H_g \leqslant 100$	0.005	
	$100 < H_g \leqslant 150$	0.004	
	$150 < H_g \leqslant 200$	0.003	
	$200 < H_g \leqslant 250$	0.002	
高耸结构基础的沉降量（mm）	$H_g \leqslant 100$	400	
	$100 < H_g \leqslant 200$	300	
	$200 < H_g \leqslant 250$	200	

注：1. 本表数值为建筑物地基实际最终变形容许值；
2. 有括号者仅适用于中压缩性土；
3. l 为相邻柱基的中心距离（mm）；H_g 为自室外地面起算的建筑物高度（m）；
4. 倾斜指基础倾斜方向两端点的沉降差与其距离的比值；
5. 局部倾斜指砌体承重结构沿纵向 6～10m 内基础两点的沉降差与其距离的比值。

4. 压实填土地基（表 6-31、表 6-32）

压实填土的质量控制 **表 6-31**

结构类型	填土部位	压实系数 λ_c	控制含水量（%）
砌体承重结构和框架结构	在地基主要受力层范围内	≥0.97	$w_{op} \pm 2$
	在地基主要受力层范围以下	≥0.95	
排架结构	在地基主要受力层范围内	≥0.96	
	在地基主要受力层范围以下	≥0.94	

注：1. 压实系数 λ_c 为压实填土的控制干密度 ρ_d 与最大干密度 ρ_{dmax} 的比值，w_{op} 为最优含水量；
2. 地坪垫层以下及基础底面标高以上的压实填土，压实系数不应小于 0.94。

压实填土的边坡坡度容许值　　**表 6-32**

填料类别	边坡坡度容许值（高宽比）		压实系数 λ_c
	坡高在 8m 以内	坡高为 8～15m	
碎石、卵石	1：1.25～1：1.50	1：1.50～1：1.75	0.94～0.97
砂夹石（其中碎石、卵石占全重 30%～50%）	1：1.25～1：1.50	1：1.50～1：1.75	
土夹石（其中碎石、卵石占全重 30%～50%）	1：1.25～1：1.50	1：1.50～1：2.00	
粉质黏土、黏粒含量 $\rho_c \geqslant 10\%$ 的粉土	1：1.50～1：1.75	1：1.75～1：2.25	

5. 房屋沉降缝的宽度（表 6-33）和相邻建筑物基础间的净距（表 6-34）

房屋沉降缝的宽度　　**表 6-33**

房屋层数	沉降缝的宽度（mm）
二～三	50～80
四～五	80～120
五层以上	不小于 120

相邻建筑物基础间的净距（m）　　**表 6-34**

影响建筑的预估平均沉降量 s（mm）	被影响建筑的长高比	
	$2.0 \leqslant L/H_f < 3.0$	$3.0 \leqslant L/H_f < 5.0$
70～150	2～3	3～6
160～250	3～6	6～9
260～400	6～9	9～12
>400	9～12	≥12

注：1. 表中 L 为建筑物长度或沉降缝分隔的单元长度（m）；H_f 为自基础底面标高算起的建筑物高度（m）；
2. 当被影响建筑的长高比为 $1.5 < L/H_f < 2.0$ 时，其净间距可适当缩小。

6. 无筋扩展基础台阶宽高比的容许值（表 6-35）

无筋扩展基础台阶宽高比的容许值　　**表 6-35**

基础材料	质量要求	台阶宽高比的容许值		
		$p_k \leqslant 100$	$100 < p_k \leqslant 200$	$200 < p_k \leqslant 300$
混凝土基础	C15 混凝土	1：1.00	1：1.00	1：1.25
毛石混凝土基础	C15 混凝土	1：1.00	1：1.25	1：1.50
砖基础	砖不低于 MU10、砂浆不低于 M5	1：1.50	1：1.50	1：1.50
毛石基础	砂浆不低于 M5	1：1.25	1：1.50	—
灰土基础	体积比为 3：7 或 2：8 的灰土，其最小干密度：粉土 1.55t/m³，粉质黏土 1.50t/m³，黏土 1.45t/m³	1：1.25	1：1.50	—
三合土基础	体积比 1：2：4～1：3：6（石灰：砂：骨料），每层约虚铺 220mm，夯至 150mm	1：1.50	1：2.00	—

注：1. p_k 为荷载效应标准组合时基础底面处的平均压力值（kPa）；
2. 阶梯形毛石基础的每阶伸出宽度，不宜大于 200mm；
3. 当基础由不同材料叠合组成时，应对接触部分作抗压验算；
4. 混凝土基础单侧扩展范围内基础底面处的平均压力值超过 300kPa 时，应进行抗剪验算；对基底反力集中于立柱附近的岩石地基，应进行局部受压承载力验算。

6.2.2 地基及基础计算

6.2.2.1 基础埋置深度

基础埋置深度，应按下列条件确定：

（1）建筑物的用途，有无地下室、设备基础和地下设施，基础的形式和构造；

（2）作用在地基上的荷载大小和性质；

（3）工程地质和水文地质条件；

（4）相邻建筑物的基础埋深；

（5）地基土冻胀和融陷的影响。

在满足地基稳定和变形要求的前提下，基础宜浅埋，当上层地基的承载力大于下层土时，宜利用上层土作持力层。除岩石地基外，基础埋深不宜小于 0.5m。

高层建筑基础的埋置深度应满足地基承载力、变形和稳定性要求。位于岩石地基上的高层建筑，其基础埋深应满足抗滑稳定性要求。

在抗震设防区，除岩石地基外，天然地基上的箱形和筏形基础其埋置深度不宜小于建筑物高度的 1/15；桩箱或桩筏基础的埋置深度（不计桩长）不宜小于建筑物高度的 1/18。

当存在相邻建筑物时，新建建筑物的基础埋深不宜大于原有建筑物基础埋深。当埋深大于原有建筑物基础时，两基础间应保持一定净距，净距大小应根据原有建筑荷载大小、基础形式和土质情况确定。

确定基础埋深尚应考虑季节性冻土地基的场地冻结深度和地基土的冻胀性。

6.2.2.2 地基计算

地基计算见表 6-36。

地基计算 表 6-36

计算内容	计算公式
承载力计算	1. 基础底面压力，应符合下式要求： 当轴心荷载作用时，$p_k \leqslant f_a$ 当偏心荷载作用时，除符合轴心荷载作用时的要求外，尚应符合 $p_{kmax} \leqslant 1.2f_a$ 式中 p_k——相应于荷载效应标准组合时，基础底面处的平均压力值； f_a——修正后的地基承载力特征值； p_{kmax}——相应于荷载效应标准组合时，基础底面边缘的最大压力值； 2. 基础底面压力，可按下列公式确定： 当轴心荷载作用时： $$p_k = \frac{F_k + G_k}{A}$$ 式中 F_k——相应于荷载效应标准组合时，上部结构传至基础顶面的竖向力值； G_k——基础自重和基础上的土重； A——基础底面面积； 当偏心荷载作用时： $$p_{kmax} = \frac{F_k + G_k}{A} + \frac{M_k}{W}$$ $$p_{kmin} = \frac{F_k + G_k}{A} - \frac{M_k}{W}$$ 式中 M_k——相应于荷载效应标准组合时，作用于基础底面的力矩值； W——基础底面的抵抗矩；

续表

计算内容	计算公式
承载力计算	p_{kmin}——相应于荷载效应标准组合时，基础底面边缘的最小压力值； 当偏心距 $e>b/6$ 时： $p_{kmax}=\dfrac{2(F_k+G_k)}{3la}\leqslant 1.2f_a$ 式中 l——垂直于力矩作用方向的基础底面边长； a——合力作用点至基础底面最大压力边缘的距离； 3. 当基础宽度大于 3m 或埋置深度大于 0.5m 时，从荷载试验或其他原位测试、经验值等方法确定的地基承载力特征值 f_a 应按下式修正： $f_a=f_{ak}+\eta_b\gamma(b-3)+\eta_d\gamma_m(d-0.5)$ 式中 f_a——修正后的地基承载力特征值； f_{ak}——地基承载力特征值； η_b、η_d——基础宽度和埋深的地基承载力修正系数，见表 6-29； γ——基础底面以下土的重度，地下水位以下取浮重度； b——基础底面宽度，小于 3m 时取 3m，大于 6m 时取 6m； γ_m——基础底面以上土的加权平均重度，地下水位以下取浮重度； d——基础埋置深度，一般自室外地面标高算起； 4. 当偏心距 e 小于或等于 0.033 倍基础底宽时，f_a 按下式计算： $f_a=M_b\gamma b+M_d\gamma_m d+M_c c_k$ 式中 f_a——由土的抗剪强度指标确定的地基承载力特征值； M_b、M_d、M_c——承载力系数，参见现行国家标准《建筑地基基础设计规范》GB 50007 表 5.2.5； b——基础底面宽度，大于 6m 时取 6m，对于砂土小于 3m 时取 3m； c_k——基底下一倍短边宽深度内土的粘聚力标准值； 5. 当地基受力层范围内有较弱下卧层时，尚应验算： $p_z+p_{cz}\leqslant f_{az}$ 式中 p_z——相应于荷载效应标注组合时，软弱下卧层顶面处的附加压力值； p_{cz}——软弱下卧层顶面处土的自重压力值； f_{az}——软弱下卧层顶面处经深度修正后地基承载力特征值； 对条形基础和矩形基础，p_z 值可按下列公式简化计算： 条形基础：$p_z=\dfrac{b(p_k-p_c)}{b+2z\tan\theta}$ 矩形基础：$p_z=\dfrac{lb(p_k-p_c)}{(b+2z\tan\theta)(l+2z\tan\theta)}$ 式中 b——矩形基础或条形基础底边的宽度； l——矩形基础底边的长度； p_c——基础底面处土的自重压力值； z——基础底面至软弱下卧层顶面的距离； θ——地基压力扩散线与垂直线的夹角，可按现行国家标准《建筑地基基础设计规范》GB 50007 表 5.2.7 取值
变形计算	1. 地基最终变形量： $s=\psi_s s'=\psi_s\sum\limits_{i=1}^{n}\dfrac{p_0}{E_{si}}(z_i\bar{\alpha}_i-z_{i-1}\bar{\alpha}_{i-1})$ 式中 s——地基最终变形量； s'——按分层总和法计算出的地基变形量； ψ_s——沉降计算经验系数，根据地区沉降观测资料及经验确定，无地区经验时可参考现行国家标准《建筑地基基础设计规范》GB 50007 表 5.3.5 取值； n——地基变形计算深度范围内所划分的土层数；

续表

计算内容	计算公式
变形计算	p_0——相应于荷载效应准永久组合时的基础底面处的附加压力； E_{si}——基础底面下第 i 层土的压缩模量，取土的自重压力至土的自重压力与附加压力之和的压力段计算； z_i、z_{i-1}——基础底面至第 i 层土、第 $i-1$ 层土底面的距离； $\bar{\alpha}_i$、$\bar{\alpha}_{i-1}$——基础底面计算点至第 i 层土、第 $i-1$ 层土底面范围内平均附加应力系数； 2. 地基变形计算深度 z_n，应符合下式要求： $$\Delta s'_n \leqslant 0.025\sum_{i=1}^{n}\Delta s'_i$$ 式中 $\Delta s'_i$——在计算深度范围内，第 i 层土的计算变形值； $\Delta s'_n$——在计算深度向上取厚度为 Δz 的土层计算变形值，Δz 按现行国家标准《建筑地基基础设计规范》GB 50007 表 5.3.6 取值； 3. 开挖基坑地基土的回弹变形量： $s_c=\psi_c\sum_{i=1}^{n}\frac{p_c}{E_{ci}}(z_i\bar{\alpha}_i-z_{i-1}\bar{\alpha}_{i-1})$ 式中 s_c——地基的回弹变形量； ψ_c——考虑回弹影响的沉降计算经验系数，ψ_c 取 1.0； p_c——基坑底面以上土的自重压力，地下水位以下扣除浮力； E_{ci}——土的回弹模量
稳定性计算	1. 地基稳定性采用圆弧滑动面法验算，应符合下式： $$M_R/M_S \geqslant 1.2$$ 式中 M_S——滑动力矩； M_R——抗滑力矩； 2. 位于稳定土坡坡顶上的建筑，对于条形基础或矩形基础，当垂直于坡顶边缘线的基础底面边长小于或等于 3m 时，其基础底面外边缘线至坡顶的水平距离应符合下式要求，且不得小于 2.5m； 条形基础： $$a\geqslant 3.5b-\frac{d}{\tan\beta}$$ 矩形基础： $$a\geqslant 2.5b-\frac{d}{\tan\beta}$$ 式中 a——基础底面外边缘线至坡顶的水平距离； b——垂直于坡顶边缘线的基础底面边长； d——基础埋置深度； β——边坡坡角

6.2.2.3 基础计算

基础计算见表 6-37。

基础计算 **表 6-37**

计算内容	计算公式
无筋扩展基础（砖、毛石、混凝土或毛石混凝土、灰土和三合土等材料组成的墙下条形基础或柱下独立基础）	基础高度应符合下式要求： $$H_0\geqslant\frac{b-b_0}{2\tan\alpha}$$ 式中 H_0——基础高度； b——基础底面宽度； b_0——基础顶面的墙体宽度或柱脚宽度； $\tan\alpha$——基础台阶宽高比

续表

<table>
<tr><th>计算内容</th><th>计算公式</th></tr>
<tr><td>扩展基础（钢筋混凝土柱下独立基础和墙下条形基础）</td><td>1. 矩形截面柱的矩形基础，验算柱与基础交接处及基础变阶处的受冲切承载力：
$$F_l \leqslant 0.7\beta_{hp} f_t a_m h_0$$
式中　β_{hp}——受冲切承载力截面高度影响系数，当 $h \leqslant 800$mm 时，$\beta_{hp}=1.0$；$h \geqslant 2000$mm 时，$\beta_{hp}=0.9$，其间按线性内插法取用；
f_t——混凝土轴心抗拉强度设计值；
h_0——基础冲切破坏锥体的有效高度；
a_m——冲切破坏锥体最不利一侧计算长度；
F_l——相应于荷载效应基本组合时，作用 A_l 上的地基土净反力设计值；
2. 基础底板抗弯计算
矩形基础（台阶宽高比小于或等于 2.5 和偏心距小于或等于 1/6 基础宽度时）：
$$M_{\mathrm{I}} = \frac{1}{12}a_1^2\left[(2l+a')\left(p_{max}+p-\frac{2G}{A}\right)+(p_{max}-p)l\right]$$
$$M_{\mathrm{II}} = \frac{1}{48}(l-a')^2(2b+b')\left(p_{max}+p_{min}-\frac{2G}{A}\right)$$
式中　M_{I}、M_{II}——基础底板横、纵截面处相应于荷载效应基本组合时的弯矩设计值；
a_1——任意截面至基底边缘最大反力处的距离；
l、b——基础底面的边长；
p_{max}、p_{min}——相应于荷载效应基本组合时的基础底面边缘最大、最小地基反力设计值；
p——相应于荷载效应基本组合时在任意截面处基础底面地基反力设计值；
G——考虑荷载分配系数的基础自重及其上的土自重；当组合值由永久荷载控制时，$G=1.35G_k$，G_k 为基础及其上土的标准自重；
墙下条形基础任意截面弯矩，可取 $l=a'=1$m 按上述 M_{I} 式计算；
3. 当扩展基础的混凝土强度等级小于柱的混凝土等级时，尚应验算扩展基础顶面的局部受压承载力</td></tr>
<tr><td>柱下条形基础</td><td>1. 在比较均匀的地基上，上部结构刚度较好，荷载分布较均匀，且条形基础梁的高度不小于 1/6 柱距时，地基反力可按直线分布，条形基础梁的内力可按连续梁计算，此时边跨跨中弯矩及第一内支座的弯矩值宜乘以 1.2 的系数；
2. 当不满足第 1 条的要求时，宜按弹性地基梁计算；
3. 对交叉条形基础，交点上的柱荷载，可按静力平衡条件及变形协调条件进行分配。其内力可按本条上述规定分别进行计算；
4. 应验算柱边缘处基础梁的受剪承载力；
5. 当存在扭矩时，尚应进行抗扭计算；
6. 当条形基础的混凝土强度等级小于柱的混凝土强度等级时，应验算柱下条形基础梁顶面的局部受压承载力</td></tr>
<tr><td>筏形基础（梁板式、平板式）</td><td>1. 基底平面形心宜与结构竖向永久荷载重心重合。当不能重合时，在作用的准永久组合下，偏心距 e 宜符合下列规定：
$$e \leqslant 0.1\frac{W}{A}$$
式中　W——与偏心距方向一致的基础底面边缘抵抗矩；
A——基础底面积；
2. 梁板式筏基底板受冲切承载力：
$$F_l \leqslant 0.7\beta_{hp} f_t u_m h_0$$
式中　F_l——作用在现行国家标准《建筑地基基础设计规范》GB 50007 图 8.4.12-1 中阴影部分面积上的地基土平均净反力设计值；
u_m——距基础梁边 $h_0/2$ 处冲切临界截面的周长；
当底板区格为矩形双向板时，底板受冲切的厚度 h_0 应按下式计算，其底板厚度与最大双向板格的短边净跨之比不应小于 1/14，其板厚不应小于 400mm；</td></tr>
</table>

续表

计算内容	计算公式
筏形基础（梁板式、平板式）	$$h_0=\frac{(l_{n1}+l_{n2})-\sqrt{(l_{n1}+l_{n2})^2-\frac{4pl_{n1}l_{n2}}{p+0.7\beta_{hp}f_t}}}{4}$$ 式中　l_{n1}、l_{n2}——计算板格的短边、长边的净长度； p——相应于荷载效应基本组合的地基土平均净反力设计值； 3. 梁板式筏基双向底板斜截面受剪承载力 $$V_s\leqslant 0.7\beta_{hp}f_t(l_{n2}-2h_0)h_0$$ 式中　V_s——距离边缘 h_0 处，作用在梯形面上的地基土平均净反力设计值； β_{hp}——受剪切承载力截面高度影响系数，板的有效高度 $h_0<800$mm 时，h_0 取 800mm；$h_0>2000$mm 时，h_0 取 2000mm； 4. 梁板式筏基的基础梁要验算正截面受弯、斜截面受剪承载力及底层柱下基础梁顶面的局部受压承载力； 5. 平板式筏基，距柱边 $h_0/2$ 处冲切临界截面的最大剪应力 τ_{max}： $$\tau_{max}=\frac{F_l}{u_m h_0}+\alpha_s\frac{M_{unb}c_{AB}}{I_s}$$ $$\tau_{max}\leqslant 0.7(0.4+1.2/\beta_s)\beta_{hp}f_t$$ 式中　F_l——相应于荷载效应基本组合时的集中力设计值，对内柱取轴力设计值减去筏板冲切破坏锥体内的地基反力设计值；对边柱和角柱，取轴力设计值减去筏板冲切临界截面范围内的地基反力设计值；地基反力值应扣除底板自重； u_m——距基础梁边 $h_0/2$ 处冲切临界截面的周长； h_0——筏板的有效高度； M_{unb}——作用在冲切临界截面重心上的不平衡弯矩设计值； c_{AB}——沿弯矩作用方向，冲切临界截面重心至冲切临界截面最大剪应力点的距离； I_s——冲切临界截面对其重心的极惯性矩； β_s——柱截面长边与短边的比值，$\beta_s<2$ 时取 2，$\beta_s>4$ 时取 4； α_s——不平衡弯矩通过冲切临界截面上的偏心剪力来传递的分配系数； 6. 平板式筏基内筒下板受冲切承载力 $$F_l/u_m h_0\leqslant 0.7\beta_{hp}f_t/\eta$$ 式中　F_l——相应于荷载效应基本组合时的内筒所承受的轴力设计值减去筏板冲切破坏锥体内的地基反力设计值，地基反力值应扣除底板自重； u_m——距基础梁边 $h_0/2$ 处冲切临界截面的周长； h_0——距内筒外表面 $h_0/2$ 处筏板的截面有效高度； η——内筒冲切临界截面周长影响系数，取 1.25； 7. 平板式筏基距内筒边缘或柱边缘 h_0 处筏板受剪承载力 $$V_s\leqslant 0.7\beta_{hs}f_t b_w h_0$$ 式中　V_s——荷载效应基本组合下，地基土净反力平均值产生的距内筒或柱边缘 h_0 处筏板单位宽度的剪力设计值； b_w——筏板计算截面单位宽度； h_0——距内筒或柱边缘 h_0 处筏板的截面有效高度

6.2.2.4　桩基础计算

桩基础计算见表 6-38。

桩基础计算　　　　**表 6-38**

计算内容	计算公式
桩顶作用效应计算	1. 竖向力 轴心竖向力作用下：$N_k=\dfrac{F_k+G_k}{n}$ 偏心竖向力作用下：$N_{ik}=\dfrac{F_k+G_k}{n}\pm\dfrac{M_{xk}\,y_i}{\Sigma y_j^2}\pm\dfrac{M_{yk}\,x_i}{\Sigma x_j^2}$ 2. 水平力：$H_{ik}=\dfrac{H_k}{n}$ 式中　F_k——荷载效应标准组合下，作用于承台顶面的竖向力； G_k——桩基承台和承台上土自重标准值，对稳定的地下水位以下部分应扣除水的浮力； N_k——荷载效应标准组合轴心竖向力作用下，基桩或复合基桩的平均竖向力； N_{ik}——荷载效应标准组合偏心竖向力作用下，第 i 基桩或复合基桩的竖向力； M_{xk}、M_{yk}——荷载效应标准组合下，作用于承台底面，绕通过桩群形心的 x、y 主轴的力矩； x_i、x_j、y_i、y_j——第 i、j 基桩或复合基桩至 y、x 轴的距离； H_k——荷载效应标准组合下，作用于桩基承台底面的水平力； H_{ik}——荷载效应标准组合下，作用于第 i 基桩或复合基桩的水平力； n——桩基中的桩数
桩基竖向承载力计算	1. 荷载效应标准组合： 轴心竖向力作用下：$N_k\leqslant R$ 偏心竖向力作用下，除满足上式外，尚应满足下式的要求：$N_{kmax}\leqslant 1.2R$ 2. 地震作用效应和荷载效应标准组合 轴心竖向力作用下：$N_{Ek}\leqslant 1.25R$ 偏心竖向力作用下，除满足上式外，尚应满足下式的要求：$N_{Ekmax}\leqslant 1.5R$ 3. 单桩竖向承载力特征值： $R_a=\dfrac{1}{K}Q_{uk}$ 4. 考虑承台效应的复合基桩竖向承载力特征值 不考虑地震作用时：$R=R_a+\eta_c f_{ak}A_c$ 考虑地震作用时：$R=R_a+\dfrac{\xi_a}{1.25}\eta_c f_{ak}A_c$ 其中，$A_c=(A-nA_{ps})/n$ 式中　N_k——荷载效应标准组合轴心竖向力作用下，基桩或复合基桩的平均竖向力； N_{kmax}——荷载效应标准组合偏心竖向力作用下，桩顶最大竖向力； N_{Ek}——地震作用效应和荷载效应标准组合下，基桩或复合基桩的平均竖向力； N_{Ekmax}——地震作用效应和荷载效应标准组合下，基桩或复合基桩的最大竖向力； R——基桩或复合基桩竖向承载力特征值； Q_{uk}——单桩竖向极限承载力标准值； K——安全系数，取 $K=2$； η_c——承台效应系数； f_{ak}——承台下 1/2 承台宽度且不超过 5m 深度范围内各层土的地基承载力特征值按厚度加权的平均值； A_c——计算基桩所对应的承台底净面积； A_{ps}——桩身截面面积；

续表

<table>
<tr><th>计算内容</th><th>计算公式</th></tr>
<tr><td>桩基竖向承载力计算</td><td>A——承台计算域面积。对于柱下独立桩基，A为承台总面积；对于桩筏基础，A为柱、墙筏板的1/2跨距和悬臂边2.5倍筏板厚度所围成的面积；桩集中布置于单片墙下的桩筏基础，取墙两边各1/2跨距围成的面积，按条基计算η_c；
ξ_a——地基抗震承载力调整系数，应按现行国家标准《建筑抗震设计规范》GB 50011采用</td></tr>
<tr><td>单桩竖向极限承载力</td><td>1. 单桩竖向静载试验法
单桩竖向极限承载力标准值、极限侧阻力标准值和极限端阻力标准值应按下列规定确定：
（1）单桩竖向静载试验应按现行行业标准《建筑基桩检测技术规范》JGJ 94执行；
（2）对于大直径端承型桩，也可通过深层平板（平板直径应与孔径一致）载荷试验确定极限端阻力；
（3）对于嵌岩桩，可通过直径为0.3m岩基平板载荷试验确定极限端阻力标准值，也可通过直径为0.3m嵌岩短墩载荷试验确定极限侧阻力标准值和极限端阻力标准值；
（4）桩的极限侧阻力标准值和极限端阻力标准值宜通过埋设桩身轴力测试元件由静载试验确定，并通过测试结果建立极限侧阻力标准值和极限端阻力标准值与土层物理指标、岩石饱和单轴抗压强度以及与静力触探等土的原位测试指标间的经验关系，以经验参数法确定单桩竖向极限承载力；
2. 原位测试法
（1）当根据单桥探头静力触探资料确定混凝土预制桩单桩竖向极限承载力标准值时，如无当地经验，按下式进行计算：
$$Q_{uk}=Q_{sk}+Q_{pk}=u\sum q_{sik}l_i+\alpha p_{sk}A_p$$
$$当\ p_{sk1}\leqslant p_{sk2}\ 时，p_{sk}=\frac{1}{2}(p_{sk1}+\beta p_{sk2})$$
$$当\ p_{sk1}>p_{sk2}\ 时，p_{sk}=p_{sk2}$$
式中 Q_{sk}、Q_{pk}——分别为总极限侧阻力标准值和总极限端阻力标准值；
u——桩身周长；
q_{sik}——用静力触探比贯入阻力值估算的桩周第i层土的极限侧阻力；
l_i——桩周第i层土的厚度；
α——桩端阻力修正系数，按现行行业标准《建筑桩基技术规范》JGJ 94表5.3.3-1取值；
p_{sk}——桩端附近的静力触探比贯入阻力标准值（平均值）；
A_p——桩端面积；
p_{sk1}——桩端全截面以上8倍桩径范围内的比贯入阻力平均值；
p_{sk2}——桩端全截面以下4倍桩径范围内的比贯入阻力平均值，如桩端持力层为密实的砂土层，其比贯入阻力平均值p_s超过20MP_a时，则需乘以现行行业标准《建筑桩基技术规范》JGJ 94表5.3.3-2中系数C予以折减后，再计算p_{sk}；
β——折减系数，按现行行业标准《建筑桩基技术规范》JGJ 94表5.3.3-3选用；
（2）当根据双桥探头静力触探资料确定混凝土预制桩单桩竖向极限承载力标准值时，对于黏性土、粉土和砂土，如无当地经验，按下式进行计算：
$$Q_{uk}=Q_{sk}+Q_{pk}=u\sum l_i\cdot\beta_i\cdot f_{si}+\alpha\cdot q_c\cdot A_p$$
式中 f_{si}——第i层土的探头平均侧阻力；
q_c——桩端平面上、下探头阻力，取桩端平面以上4d（d为桩的直径或边长）范围内土层厚度的探头阻力加权平均值，然后再和桩端平面以下d范围内的探头阻力进行平均；
α——桩端阻力修正系数，对于黏性土、粉土取2/3，饱和砂土取1/2；
β_i——第i层土桩侧阻力综合修正系数，黏性土、粉土：$\beta_i=10.04(f_{si})^{-0.55}$；砂土：$\beta_i=5.05(f_{si})^{-0.45}$；
注：双桥探头的圆锥底面积为15cm²，锥角60°，摩擦套筒高21.85cm，侧面积300cm²；</td></tr>
</table>

续表

计算内容	计算公式
单桩竖向极限承载力	3. 经验参数法 (1) 当根据土的物理指标与承载力参数之间的经验关系确定单桩竖向极限承载力标准值时： $$Q_{uk}=Q_{sk}+Q_{pk}=u\sum q_{sik}l_i+q_{pk}A_p$$ 式中　q_{sik}——桩侧第 i 层土的极限侧阻力标准值，如无当地经验时，可按现行行业标准《建筑桩基技术规范》JGJ 94 表 5.3.5-1 取值； q_{pk}——极限端阻力标准值，如无当地经验时，可按现行行业标准《建筑桩基技术规范》JGJ 94 表 5.3.5-2 取值； (2) 当根据土的物理指标与承载力参数之间的经验关系确定大直径桩单桩极限承载力标准值时： $$Q_{uk}=Q_{sk}+Q_{pk}=u\sum\psi_{si}q_{sik}l_i+\psi_p q_{pk}A_p$$ 式中　q_{sik}——桩侧第 i 层土极限侧阻力标准值，如无当地经验值时，可按现行行业标准《建筑桩基技术规范》JGJ 94 表 5.3.5-1 取值，对于扩底桩变截面以上 $2d$ 长度范围不计侧阻力； Q_{pk}——桩径为 800mm 的极限端阻力标准值，对于干作业挖孔（清底干净）可采用深层载荷板试验确定；当不能进行深层载荷板试验时，可按现行行业标准《建筑桩基技术规范》JGJ 94 表 5.3.6-1 取值； ψ_{si}、ψ_p——大直径桩侧阻、端阻尺寸效应系数，按现行行业标准《建筑桩基技术规范》JGJ 94 表 5.3.6-2 取值； u——桩身周长，当人工挖孔桩桩周护壁为振捣密实的混凝土时，桩身周长可按护壁外直径计算； 4. 钢管桩 当根据土的物理指标与承载力参数之间的经验关系确定钢管桩单桩竖向极限承载力标准值时： $$Q_{uk}=Q_{sk}+Q_{pk}=u\sum q_{sik}l_i+\lambda_p q_{pk}A_p$$ 当 $h_b/d<5$ 时，$\lambda_p=0.16h_b/d$ 当 $h_b/d\geqslant5$ 时，$\lambda_p=0.8$ 式中　q_{sik}、q_{pk}——分别按现行行业标准《建筑桩基技术规范》JGJ 94 表 5.3.5-1、5.3.5-2 取与混凝土预制桩相同值； λ_p——桩端土塞效应系数，对于闭口钢管桩 $\lambda_p=1$，对于敞口钢管桩按现行行业标准《建筑桩基技术规范》JGJ 94 式（5.3.7-2）、（5.3.7-3）计算取值； h_b——桩端进入持力层深度； d——钢管桩外径； 5. 混凝土空心桩 当根据土的物理指标与承载力参数之间的经验关系，确定敞口预应力混凝土空心桩单桩竖向极限承载力标准值时： $$Q_{uk}=Q_{sk}+Q_{pk}=u\sum q_{sik}l_i+q_{pk}(A_j+\lambda_p A_{p1})$$ 当 $h_b/d<5$ 时，$\lambda_p=0.16h_b/d$ 当 $h_b/d\geqslant5$ 时，$\lambda_p=0.8$ 式中　q_{sik}、q_{pk}——分别按现行行业标准《建筑桩基技术规范》JGJ 94 表 5.3.5-1、5.3.5-2 取与混凝土预制桩相同值； A_j——空心桩桩端净面积 管桩：　$A_j=\frac{\pi}{4}(d^2-d_1^2)$； 空心方桩：　$A_j=b^2-\frac{\pi}{4}d_1^2$； A_{p1}——空心桩敞口面积：$A_{p1}=\frac{\pi}{4}d_1^2$； λ_p——桩端土塞效应系数； d、b——空心桩外径、边长； d_1——空心桩内径；

续表

计算内容	计算公式
单桩竖向极限承载力	6. 嵌岩桩 当根据岩石单轴抗压强度确定单桩竖向极限承载力标准值时： $$Q_{uk}=Q_{sk}+Q_{rk}$$ $$Q_{sk}=u\Sigma q_{sik}l_i$$ $$Q_{rk}=\zeta_r f_{rk}A_p$$ 式中 Q_{sk}、Q_{rk}——分别为土的总极限侧阻力、嵌岩段总极限阻力； q_{sik}——桩周第 i 层土的极限侧阻力，无当地经验时，可根据成桩工艺按现行行业标准《建筑桩基技术规范》JGJ 94 表 5.3.5-1 取值； f_{rk}——岩石饱和单轴抗压强度标准值，黏土岩取天然湿度单轴抗压强度标准值； ζ_r——嵌岩段侧阻和端阻综合系数，与嵌岩深径比 h_r/d、岩石软硬程度和成桩工艺有关，可按现行行业标准《建筑桩基技术规范》JGJ 94 表 5.3.9 采用；表中数值适用于泥浆护壁成桩，对于干作业成桩（清底干净）和泥浆护壁成桩后注浆，ζ_r 应取表列数值的 1.2 倍； 7. 后注浆灌注桩 后注浆灌注桩的单桩极限承载力，应通过静载试验确定，在符合现行行业标准《建筑桩基技术规范》JGJ 94 后注浆技术实施规定的条件下，后注浆灌注桩单桩极限承载力标准值： $$Q_{uk}=Q_{sk}+Q_{gsk}+Q_{gpk}=u\Sigma q_{sjk}l_j+u\Sigma\beta_{si}q_{sik}l_{gi}+\beta_p q_{pk}A_p$$ 式中 Q_{sk}——后注浆非竖向增强段的总极限侧阻力标准值； Q_{gsk}——后注浆竖向增强段的总极限侧阻力标准值； Q_{gpk}——后注浆总极限端阻力标准值； u——桩身周长； l_j——后注浆非竖向增强段第 j 层土厚度； l_{gi}——后注浆竖向增强段内第 i 层土厚度：对于泥浆护壁成孔灌注桩，当为单一桩端后注浆时，竖向增强段为桩端以上 12m；当为桩端、桩侧复式注浆时，竖向增强段为桩端以上 12m 及各桩侧注浆断面以上 12m，重叠部分应扣除；对于干作业灌注桩，竖向增强段为桩端以上、桩侧注浆断面上下各 6m； q_{sik}、q_{sjk}、q_{pk}——分别为后注浆竖向增强段第 i 层土层初始极限侧阻力标准值、非竖向增强段第 j 层土层初始极限侧阻力标准值、初始极限端阻力标准值；根据现行行业标准《建筑桩基技术规范》JGJ 94 第 5.3.5 条确定； β_{si}、β_p——分别为后注浆侧阻力、端阻力增强系数，无当地经验时，可按现行行业标准《建筑桩基技术规范》JGJ 94 表 5.3.10 取值。对于桩径大于 800mm 的桩，应按现行行业标准《建筑桩基技术规范》JGJ 94 表 5.3.6-2 进行侧阻和端阻尺寸效应修正
特殊条件下桩基竖向承载力验算	1. 软弱下卧层验算 对于桩距不超过 $6d$ 的群桩基础，桩端持力层下存在承载力低于桩端持力层承载力 1/3 的软弱下卧层时： $$\sigma_z+\gamma_m z\leqslant f_{az}$$ $$\sigma_z=\frac{(E_k+G_k)-3/2(A_0+B_0)\Sigma q_{sik}l_i}{(A_0+2t\tan\theta)(B_0+2t\text{tna}\theta)}$$ 式中 σ_z——作用于软弱下卧层顶面的附加应力； γ_m——软弱层顶面以上各土层重度（地下水位以下取浮重度）的厚度加权平均值； f_{az}——软弱下卧层经深度 z 修正的地基承载力特征值； 2. 负摩阻力计算 (1) 桩周土沉降可能引起桩侧负摩阻力时，应根据工程具体情况考虑负摩阻力对桩基承载力和沉降的影响；当缺乏可参照的工程经验时，可按下列规定验算 对于摩擦型基桩可取桩身计算中性点以上侧阻力为零，并可按下式验算基桩承载力： $$N_k\leqslant R_a$$

续表

计算内容	计算公式
特殊条件下桩基竖向承载力验算	对于端承型基桩除应满足上式要求外，尚应考虑负摩阻力引起基桩的下拉荷载 Q_g^n，并可按下式验算基桩承载力： $$N_k+Q_g^n\leqslant R_a$$ 当土层不均匀或建筑物对不均匀沉降较敏感时，尚应将负摩阻力引起的下拉荷载计入附加荷载验算桩基沉降； 注：本条中基桩的竖向承载力特征值 R_a 只计中性点以下部分侧阻值及端阻值； （2）桩侧负摩阻力及其引起的下拉荷载，当无实测资料时可按下列规定计算 1）中性点以上单桩桩周第 i 层土负摩阻力标准值：$q_{si}^n=\xi_{ni}\sigma'_i$ 式中　q_{si}^n——第 i 层土桩侧负摩阻力标准值；当按现行行业标准《建筑桩基技术规范》JGJ 94 式（5.4.4-1）计算值大于正摩阻力标准值时，取正摩阻力标准值进行设计； ξ_{ni}——桩周第 i 层土负摩阻力系数，可按现行行业标准《建筑桩基技术规范》JGJ 94 表 5.4.4-1 取值； σ'_i——桩周第 i 层土平均竖向有效应力； 2）考虑群桩效应的基桩下拉荷载：$Q_g^n=\eta_n\cdot u\sum_{i=1}^{n}q_{si}^n l_i$ $$\eta_n=s_{ax}s_{ay}\Big/\left[\pi d\left(\frac{q_s^n}{\gamma_m}+\frac{d}{4}\right)\right]$$ 式中　n——中性点以上土层数； l_i——中性点以上第 i 土层的厚度； η_n——负摩阻力群桩效应系数 3. 抗拔桩基承载力验算 （1）承受拔力的桩基，应同时验算群桩基础呈整体破坏和呈非整体破坏时基桩的抗拔承载力 $$N_k\leqslant T_{gk}/2+G_{gp}$$ $$N_k\leqslant T_{uk}/2+G_p$$ 式中　N_k——按荷载效应标准组合计算的基桩拔力； T_{gk}——群桩呈整体破坏时基桩的抗拔极限承载力标准值，可按现行行业标准《建筑桩基技术规范》JGJ 94 第 5.4.6 条确定； T_{uk}——群桩呈非整体破坏时基桩的抗拔极限承载力标准值，可按现行行业标准《建筑桩基技术规范》JGJ 94 第 5.4.6 条确定； G_{gp}——群桩基础所包围体积的桩土总自重除以总桩数，地下水位以下取浮重度； G_p——基桩自重，地下水位以下取浮重度，对于扩底桩应按现行行业标准《建筑桩基技术规范》JGJ 94 表 5.4.6-1 确定桩、土柱体周长，计算桩、土自重； （2）群桩基础及设计等级为丙级建筑桩基，如无当地经验时，基桩的抗拔极限载力取值可按下列规定计算 群桩呈非整体破坏时：$T_{uk}=\sum\lambda_i q_{sik}u_i l_i$ 式中　T_{uk}——基桩抗拔极限承载力标准值； u_i——桩身周长，对于等直径桩取 $u=\pi d$；对于扩底桩按现行行业标准《建筑桩基技术规范》JGJ 94 表 5.4.6-1 取值； q_{sik}——桩侧表面第 i 层土的抗压极限侧阻力标准值，可按现行行业标准《建筑桩基技术规范》JGJ 94 表 5.3.5-1 取值； λ_i——抗拔系数，可按现行行业标准《建筑桩基技术规范》JGJ 94 表 5.4.6-2 取值； 群桩呈整体破坏时：$T_{gk}=\frac{1}{n}u_l\sum\lambda_i q_{sik}l_i$ 式中　u_l——桩群外围周长；

续表

计算内容	计算公式
特殊条件下桩基竖向承载力验算	（3）季节性冻土上轻型建筑的短桩基础，应按下列公式验算其抗冻拔稳定性 $$\eta_f q_f u z_0 \leqslant T_{gk}/2 + N_G + G_{gp}$$ $$\eta_f q_f u z_0 \leqslant T_{uk}/2 + N_G + G_p$$ 式中 η_f——冻深影响系数，按现行行业标准《建筑桩基技术规范》JGJ 94 表 5.4.7-1 采用； q_f——切向冻胀力，按现行行业标准《建筑桩基技术规范》JGJ 94 表 5.4.7-2 采用； z_0——季节性冻土的标准冻深； T_{gk}——标准冻深线以下群桩呈整体破坏时基桩抗拔极限承载力标准值，可按现行行业标准《建筑桩基技术规范》JGJ 94 第 5.4.6 条确定； T_{uk}——标准冻深线以下单桩抗拔极限承载力标准值，可按现行行业标准《建筑桩基技术规范》JGJ 94 第 5.4.6 条确定； N_G——基桩承受的桩承台底面以上建筑物自重、承台及其上土重标准值； （4）膨胀土上轻型建筑的短桩基础，应验算群桩基础呈整体破坏和非整体破坏的抗拔稳定性 $$u\sum q_{ei} l_{ei} \leqslant T_{gk}/2 + N_G + G_{gp}$$ $$u\sum q_{ei} l_{ei} \leqslant T_{uk}/2 + N_G + G_p$$ 式中 T_{gk}——群桩呈整体破坏时，大气影响急剧层下稳定土层中基桩的抗拔极限承载力标准值，可按现行行业标准《建筑桩基技术规范》JGJ 94 第 5.4.6 条计算； T_{uk}——群桩呈非整体破坏时，大气影响急剧层下稳定土层中基桩的抗拔极限承载力标准值，可按现行行业标准《建筑桩基技术规范》JGJ 94 第 5.4.6 条计算； q_{ei}——大气影响急剧层中第 i 层土的极限胀切力，由现场浸水试验确定； l_{ei}——大气影响急剧层中第 i 层土的厚度
桩基沉降计算	1. 桩中心距不大于 $6d$ 的桩基 （1）桩基任一点最终沉降量可用角点法按下式计算 $$s = \psi \cdot \psi_e \cdot s' = \psi \cdot \psi_e \cdot \sum_{j=1}^{m} p_{0j} \sum_{i=1}^{n} \frac{z_{ij}\bar{\alpha}_{ij} - z_{(i-1)j}\bar{\alpha}_{(i-1)j}}{E_{si}}$$ 式中 s——桩基最终沉降量； s'——采用布辛奈斯克解，按实体深基础分层总和法计算出的桩基沉降量； ψ——桩基沉降计算经验系数，无当地可靠经验时可按现行行业标准《建筑桩基技术规范》JGJ 94 第 5.5.11 条确定； ψ_e——桩基等效沉降系数，可按现行行业标准《建筑桩基技术规范》JGJ 94 第 5.5.9 条确定； m——角点法计算点对应的矩形荷载分块数； p_{0j}——第 j 块矩形底面在荷载效应准永久组合下的附加压力； n——桩基沉降计算深度范围内所划分的土层数； E_{si}——等效作用面以下第 i 层土的压缩模量，采用地基土在自重压力至自重压力加附加压力作用时的压缩模量； z_{ij}、$z_{(i-1)j}$——桩端平面第 j 块荷载作用面至第 i 层土、第 $i-1$ 层土底面的距离； $\bar{\alpha}_{ij}$、$\bar{\alpha}_{(i-1)j}$——桩端平面第 j 块荷载计算点至第 i 层土、第 $i-1$ 层土底面深度范围内平均附加应力系数，可按现行行业标准《建筑桩基技术规范》JGJ 94 附录 D 选用。 （2）桩基沉降计算深度 z_n 应按应力比法确定，即计算深度处的附加应力 σ_z 与土的自重应力 σ_c 应符合下列公式要求 $$\sigma_z \leqslant 0.2\sigma_c$$ $$\sigma_z = \sum_{j=1}^{m} \alpha_j p_{ij}$$ 式中 α_j——附加应力系数，可按现行行业标准《建筑桩基技术规范》JGJ 94 附录 D 选用；

续表

计算内容	计算公式
桩基沉降计算	2. 对于单桩、单排桩、桩中心距大于 $6d$ 的疏桩基础 （1）承台底地基土不分担荷载的桩基最终沉降量： $$s=\psi\sum_{i=1}^{n}\frac{\sigma_{zi}}{E_{si}}\Delta z_i+s_e$$ $$\sigma_{zi}=\sum_{j=1}^{m}\frac{Q_j}{l_j^2}[\alpha_j I_{P,ij}+(1-\alpha_j)I_{s,ij}]$$ $$s_e=\xi_e\frac{Q_j l_j}{E_c A_{Ps}}$$ （2）承台底地基土分担荷载的复合桩基最终沉降量： $$s=\psi\sum_{i=1}^{n}\frac{\sigma_{zi}+\sigma_{zci}}{E_{si}}\Delta z_i+s_e$$ 式中 n——沉降计算深度范围内土层的计算分层数；分层数应结合土层性质，分层厚度不应超过计算深度的 0.3 倍； σ_{zi}——水平面影响范围内各基桩对应力计算点桩端平面以下第 i 层土 1/2 厚度处产生的附加竖向应力之和；应力计算点应取与沉降计算点最近的桩中心点； σ_{zci}——承台压力对应力计算点桩端平面以下第 i 层计算土层 1/2 厚度处产生的应力；可将承台板划分为 u 个矩形块，可按现行行业标准《建筑桩基技术规范》JGJ 94 附录 D 采用角点法计算； Δz_i——第 i 层计算土层厚度； E_{si}——第 i 层计算土层的压缩模量，采用土的自重压力至土的自重压力加附加压力作用时的压缩模量； s_e——计算桩身压缩； ψ——沉降计算经验系数，无当地经验时，可取 1.0； （3）对于单桩、单排桩、疏桩复合桩基础的最终沉降计算深度 z，可按应力比法确定，即 z 处由桩引起的附加应力 σ_z、由承台土压力引起的附加应力 σ_{zc} 与土的自重应力 σ_c 应符合下式要求： $$\sigma_z+\sigma_{zc}=0.2\sigma_c$$
软土地基减沉复合疏桩基础	1. 减沉复合疏桩基础承台面积和桩数 $$A_c=\xi\frac{F_k+G_k}{f_{ak}}$$ $$n\geqslant\frac{F_k+G_k-\eta_c f_{ak}A_c}{R_a}$$ 式中 F_k——荷载效应标准组合下，作用于承台顶面的竖向力； G_k——桩基承台和承台上土自重标准值，对稳定的地下水位以下部分应扣除水的浮力； A_c——桩基承台总净面积； f_{ak}——承台底地基承载力特征值； ξ——承台面积控制系数，$\xi\geqslant0.60$； n——基桩数； η_c——基桩承台效应系数，可按现行行业标准《建筑桩基技术规范》JGJ 94 表 5.2.5 取值； 2. 减沉复合疏桩基础中点沉降 $$s=\psi(s_s+s_{sp})$$ $$s_s=4p_0\sum_{i=1}^{m}\frac{z_i\bar{\alpha}_i-z_{(i-1)}\bar{\alpha}_{(i-1)}}{E_{si}}$$ $$s_{sp}=280\frac{\bar{q}_{su}}{E_s}\frac{d}{(s_a/d)^2}$$ 式中 s——桩基中心点沉降量； s_s——由承台底地基土附加压力作用下产生的中点沉降； s_{sp}——由桩土相互作用产生的沉降； ψ——沉降计算经验系数，无当地经验时，可取 1.0

续表

<table>
<tr><th>计算内容</th><th>计算公式</th></tr>
<tr><td>桩基水平承载力与位移计算</td><td>
1. 单桩基础
受水平荷载的一般建筑物和水平荷载较小的高大建筑物单桩基础和群桩中基桩应满足：
$$H_{ik} \leqslant R_h$$
式中 H_{ik}——在荷载效应标准组合下，作用于基桩 i 桩顶处的水平力；
R_h——单桩或群桩基础中基桩的水平承载力特征值，对于单桩基础，可取其的水平承载力特征值 R_{ha}；
当缺少单桩水平静载试验资料时，可按下列公式估算桩身配筋率小于 0.65%的灌注桩的单桩水平承载力特征值：
$$R_{ha}=\frac{0.75\alpha\gamma_m f_t W_0}{v_M}(1.25+22\rho_g)\left(1\pm\frac{\zeta_N \cdot N}{\gamma_m f_t A_n}\right)$$
式中 α——桩的水平变形系数，按现行行业标准《建筑桩基技术规范》JGJ 94 第 5.7.5 条确定；
R_{ha}——单桩水平承载力特征值，± 号根据桩顶竖向力性质确定，压力取“+”，拉力取“−”；
γ_m——桩截面模量塑性系数，圆形截面 $\gamma_m=2$，矩形截面 $\gamma_m=1.75$；
f_t——桩身混凝土抗拉强度设计值；
W_0——桩身换算截面受拉边缘的截面模量；
v_M——桩身最大弯矩系数，按现行行业标准《建筑桩基技术规范》JGJ 94 表 5.7.2 取值，当单桩基础和单排桩基纵向轴线与水平力方向相垂直时，按桩顶铰接考虑；
ρ_g——桩身配筋率；
A_n——桩身换算截面积，圆形截面为：$A_n=\frac{\pi d^2}{4}[1+(\alpha_E-1)\rho_g]$；方形截面为：$A_n=b^2[1+(\alpha_E-1)\rho_g]$
ζ_N——桩顶竖向力影响系数，竖向压力取 0.5；竖向拉力取 1.0；
当桩的水平承载力由水平位移控制，且缺少单桩水平静载试验资料时，可按下式估算预制桩、钢桩、桩身配筋率不小于 0.65%的灌注桩单桩水平承载力特征值：
$$R_{ha}=0.75\frac{\alpha^3 EI}{v_x}x_{oa}$$
式中 EI——桩身抗弯刚度，对于钢筋混凝土桩，$EI=0.85E_c I_0$；其中 I_0 为桩身换算截面惯性矩：圆形截面为 $I_0=W_0 d_0/2$；矩形截面为 $I_0=W_0 b_0/2$；
x_{oa}——桩顶容许水平位移；
v_x——桩顶水平位移系数，按现行行业标准《建筑桩基技术规范》JGJ 94 表 5.7.2 取值，取值方法同 v_M；
2. 群桩基础
(1) 群桩基础（不含水平力垂直于单排桩基纵向轴线和力矩较大的情况）的基桩水平承载力特征值应考虑由承台、桩群、土相互作用产生的群桩效应，可按下列公式确定：
$$R_h=\eta_h R_{ha}$$
式中 η_h——群桩效应综合系数，可按现行行业标准《建筑桩基技术规范》JGJ 94 第 5.7.3 条计算；
R_h——单桩或群桩基础中基桩的水平承载力特征值，对于单桩基础，可取单桩的水平承载力特征值 R_{ha}；
R_{ha}——单桩水平承载力特征值，± 号根据桩顶竖向力性质确定，压力取“+”，拉力取“−”；
(2) 桩的水平变形系数：
$$\alpha=\sqrt[5]{\frac{mb_0}{EI}}$$
</td></tr>
</table>

续表

<table>
<tr><th>计算内容</th><th>计算公式</th></tr>
<tr><td>桩基水平承载力与位移计算</td><td>式中 m——桩侧土水平抗力系数的比例系数；
b_0——桩身的计算宽度；
EI——桩身抗弯刚度，对于钢筋混凝土桩，$EI=0.85E_cI_0$；其中 I_0 为桩身换算截面惯性矩：圆形截面为 $I_0=W_0d_0/2$；矩形截面为 $I_0=W_0b_0/2$</td></tr>
<tr><td>桩身承载力与裂缝控制计算</td><td>1. 受压桩
钢筋混凝土轴心受压桩正截面受压承载力应符合下列规定：
(1) 当桩顶以下 $5d$ 范围的桩身螺旋式箍筋间距不大于 100mm，且符合现行行业标准《建筑桩基技术规范》JGJ 94 第 4.1.1 条规定时：
$$N\leqslant\psi_c f_c A_{ps}+0.9f'_y A'_s$$
(2) 当桩身配筋不符合上述 (1) 款规定时：
$$N\leqslant\psi_c f_c A_{ps}$$
式中 N——荷载效应基本组合下的桩顶轴向压力设计值；
ψ_c——基桩成桩工艺系数，按现行行业标准《建筑桩基技术规范》JGJ 94 第 5.8.3 条规定取值；
f_c——混凝土轴心抗压强度设计值；
f'_y——纵向主筋抗压强度设计值；
A'_s——纵向主筋截面面积。
2. 抗拔桩
(1) 钢筋混凝土轴心抗拔桩的正截面受拉承载力应符合下式规定：
$$N\leqslant f_y A_s+f_{py}A_{py}$$
式中 N——荷载效应基本组合下桩顶轴向拉力设计值；
f_y、f_{py}——普通钢筋、预应力钢筋的抗拉强度设计值；
A_s、A_{py}——普通钢筋、预应力钢筋的截面面积；
(2) 对于抗拔桩的裂缝控制计算应符合下列规定：
对于严格要求不出现裂缝的一级裂缝控制等级预应力混凝土基桩：
$$\sigma_{ck}-\sigma_{pc}\leqslant 0$$
对于一般要求不出现裂缝的二级裂缝控制等级预应力混凝土基桩；
在荷载效应标准组合下：$\sigma_{ck}-\sigma_{pc}\leqslant f_{tk}$
在荷载效应准永久组合下：$\sigma_{cq}-\sigma_{pc}\leqslant 0$
对于容许出现裂缝的三级裂缝控制等级基桩：
$$\omega_{max}\leqslant\omega_{lim}$$
式中 σ_{ck}、σ_{cq}——荷载效应标准组合、准永久组合下正截面法向应力；
σ_{pc}——扣除全部应力损失后，桩身混凝土的预应力；
f_{tk}——混凝土轴心抗拉强度标准值；
ω_{max}——按荷载效应标准组合计算的最大裂缝宽度，可按现行国家标准《混凝土结构设计规范》GB 50010 计算；
ω_{lim}——最大裂缝宽度限值，按现行行业标准《建筑桩基技术规范》JGJ 94 表 3.5.3 取用</td></tr>
<tr><td>承台计算</td><td>1. 受弯计算
柱下独立桩基承台的正截面弯矩设计值可按下列规定计算：
(1) 两桩条形承台和多桩矩形承台弯矩计算截面取在柱边和承台变阶处，可按下列公式计算：
$$M_x=\Sigma N_i y_i$$
$$M_y=\Sigma N_i x_i$$
式中 M_x、M_y——分别为绕 x 轴和绕 y 轴方向计算截面处的弯矩设计值；</td></tr>
</table>

续表

计算内容	计算公式
承台计算	x_i、y_i——垂直 y 轴和 x 轴方向自桩轴线到相应计算截面的距离； N_i——不计承台及其上土重，在荷载效应基本组合下的第 i 基桩或复合基桩竖向反力设计值； （2）三桩承台的正截面弯矩值应符合下列要求： 等边三桩承台：$M=\frac{N_{\max}}{3}\left(s-\frac{\sqrt{3}}{4}c\right)$ 式中　M——通过承台形心至各边边缘正交截面范围内板带的弯矩设计值； $N_{\max}$——不计承台及其上土重，在荷载效应基本组合下三桩中最大基桩或复合基桩竖向反力设计值； c——方柱边长，圆柱时 $c=0.8d$（d 为圆柱直径）； 等腰三桩承台：$M_1=\frac{N_{\max}}{3}\left(s-\frac{0.75}{\sqrt{4-\alpha^2}}c_1\right)$ $M_2=\frac{N_{\max}}{3}\left(\alpha s-\frac{0.75}{\sqrt{4-\alpha^2}}c_2\right)$ 式中　M_1、M_2——分别为通过承台形心至两腰边缘和底边边缘正交截面范围内板带的弯矩设计值； α——短向桩中心距与长向桩中心距之比，当 α 小于 0.5 时，应按变截面的二桩承台设计； c_1、c_2——分别为垂直于、平行于承台底边的柱截面边长； 2. 受冲切计算 （1）轴心竖向力作用下桩基承台受柱（墙）的冲切，可按下列规定计算： 1）受柱（墙）冲切承载力：$F_l\leqslant\beta_{hp}\beta_0 u_m f_t h_0$ $F_l=F-\Sigma Q_i$ $\beta_0=\frac{0.84}{\lambda+0.2}$ 式中　F_l——不计承台及其上土重，在荷载效应基本组合下作用于冲切破坏锥体上的冲切力设计值； f_t——承台混凝土抗拉强度设计值； β_{hp}——承台受冲切承载力截面高度影响系数，当 $h\leqslant800$mm 时，β_{hp}取 1.0；$h\geqslant2000$mm 时，β_{hp}取 0.9，其间按线性内插法取值； u_m——承台冲切破坏锥体一半有效高度处的周长； h_0——承台冲切破坏锥体的有效高度； β_0——柱（墙）冲切系数； λ——冲跨比，$\lambda=a_0/h_0$，a_0 为柱（墙）边或承台变阶处到桩边的水平距离；当 $\lambda<0.25$ 时，取 $\lambda=0.25$；当 $\lambda>1.0$ 时，取 $\lambda=1.0$； F——不计承台及其上土重，在荷载效应基本组合作用下柱（墙）底的竖向荷载设计值； ΣQ_i——不计承台及其上土重，在荷载效应基本组合作用下冲切破坏锥体内各基桩或复合基桩的反力设计值之和； 2）柱下矩形独立承台受柱冲切的承载力： $F_l\leqslant2[\beta_{ox}(b_c+a_{oy})+\beta_{oy}(h_c+a_{ox})]\beta_{hp}f_t h_0$ 式中　β_{ox}、β_{oy}——由现行行业标准《建筑桩基技术规范》JGJ 94 式（5.9.7-3）求得，$\lambda_{ox}=a_{ox}/h_0$，$\lambda_{0y}=a_{oy}/h_0$；λ_{0x}、λ_{0y}均应在 0.25～1.0； h_c、b_c——分别为 x、y 方向的柱截面的边长； a_{ox}、a_{oy}——分别为 x、y 方向柱边离最近桩边的水平距离；

续表

<table>
<tr><th>计算内容</th><th>计算公式</th></tr>
<tr><td>承台计算</td><td>
3）柱下矩形独立阶形承台受上阶冲切的承载力：
$$F_l \leqslant 2\beta_{1x}[(b_1 + a_{1y}) + \beta_{1y}(h_1 + a_{1x})]\beta_{hp} f_t h_{10}$$
式中　β_{1x}、β_{1y}——由现行行业标准《建筑桩基技术规范》JGJ 94 式（5.9.7-3）求得，$\lambda_{1x} = a_{1x}/h_{10}$，$\lambda_{1y} = a_{1y}/h_{10}$；$\lambda_{1x}$、$\lambda_{1y}$均应在 0.25～1.0；
h_1、b_1——分别为 x、y 方向承台上阶的边长；
a_{1x}、a_{1y}——分别为 x、y 方向承台上阶边离最近桩边的水平距离；
（2）对位于柱（墙）冲切破坏锥体以外的基桩，可按下列规定计算承台受基桩冲切的承载力；
1）四桩以上（含四桩）承台受角桩冲切的承载力：
$$N_l \leqslant 2\beta_{1x}[(c_2 + a_{1y}/2) + \beta_{1y}(c_1 + a_{1x}/2)]\beta_{hp} f_t h_0$$
$$\beta_{1x} = \frac{0.56}{\lambda_{1x} + 0.2}$$
$$\beta_{1y} = \frac{0.56}{\lambda_{1y} + 0.2}$$
式中　N_l——不计承台及其上土重，在荷载效应基本组合作用下角桩（含复合基桩）反力设计值；
β_{1x}，β_{1y}——角桩冲切系数；
a_{1x}、a_{1y}——从承台底角桩顶内边缘引 45°冲切线与承台顶面相交点至角桩内边缘的水平距离；当柱（墙）边或承台变阶处位于冲切线以内时，则取由柱（墙）边或承台变阶处与桩内边缘连线为冲切锥体的锥线；
h_0——承台外边缘的有效高度；
λ_{1x}、λ_{1y}——角桩冲跨比，$\lambda_{1x} = \frac{a_{1x}}{h_0}$，$\lambda_{1y} = \frac{a_{1y}}{h_0}$，其值均应在 0.25～1.0；
2）对于三桩三角形承台可按下列公式计算受角桩冲切的承载力
底部角桩：$$N_l \leqslant \beta_{11}(2c_1 + a_{11})\beta_{hp} \operatorname{tg}\frac{\theta_1}{2} f_t h_0$$
$$\beta_{11} = \frac{0.56}{\lambda_{11} + 0.2}$$
顶部角桩：$$N_l \leqslant \beta_{12}(2c_2 + a_{12})\beta_{hp} \operatorname{tg}\frac{\theta_2}{2} f_t h_0$$
$$\beta_{12} = \frac{0.56}{\lambda_{12} + 0.2}$$
式中　λ_{11}、λ_{12}——角桩冲跨比，$\lambda_{11} = a_{11}/h_0$，$\lambda_{12} = a_{12}/h_0$，其值均应在 0.25～1.0；
a_{11}、a_{12}——从承台底角桩顶内边缘引 45°冲切线与承台顶面相交点至角桩内边缘的水平距离；当柱（墙）边或承台变阶处位于该冲切线以内时，则取由柱（墙）边或承台变阶处与桩内边缘连线为冲切锥体的锥线；
3）箱形、筏形承台受内部基桩的冲切承载力：
受基桩的冲切承载力：$$N_l \leqslant 2.8(b_p + h_0)\beta_{hp} f_t h_0$$
受桩群的冲切承载力：
$$\Sigma N_{li} \leqslant 2[\beta_{0x}(b_y + a_{0y}) + \beta_{0y}(b_x + a_{0x})]\beta_{hp} f_t h_0$$
式中　β_{0x}、β_{0y}——由现行行业标准《建筑桩基技术规范》JGJ 94 式（5.9.7-3）求得，其中 $\lambda_{0x} = a_{0x}/h_0$，$\lambda_{0y} = a_{0y}/h_0$，$\lambda_{0x}$、$\lambda_{0y}$均应在 0.25～1.0；
N_l、ΣN_{li}——不计承台和其上土重，在荷载效应基本组合下，基桩或复合基桩的净反力设计值、冲切锥体内各基桩或复合基桩反力设计值之和；
</td></tr>
</table>

续表

计算内容	计算公式
承台计算	3. 受剪计算 柱下独立桩基承台斜截面受剪承载力应按下列规定计算 （1）承台斜截面受剪承载力： $$V \leqslant \beta_{hs} \alpha f_t b_0 h_0$$ 式中 V——不计承台及其上土自重，在荷载效应基本组合下，斜截面的最大剪力设计值； f_t——混凝土轴心抗拉强度设计值； b_0——承台计算截面处的计算宽度； h_0——承台计算截面处的有效高度； α——承台剪切系数；按现行行业标准《建筑桩基技术规范》JGJ 94 中式（5.9.10-2）确定； β_{hs}——受剪切承载力截面高度影响系数；按现行行业标准《建筑桩基技术规范》JGJ 94 中式（5.9.10-3）确定；当 $h_0 < 800$mm 时，取 $h_0 = 800$mm；当 $h_0 > 2000$mm 时，取 $h_0 = 2000$mm；其间按线性内插法取值； （2）砌体墙下条形承台梁配有箍筋，但未配弯起钢筋时，斜截面的受剪承载力： $$V \leqslant 0.7 f_t b h_0 + 1.25 f_{yv} \frac{A_{sv}}{s} h_0$$ 式中 V——不计承台及其上土自重，在荷载效应基本组合下，计算截面处的剪力设计值； A_{sv}——配置在同一截面内箍筋各肢的全部截面面积； s——沿计算斜截面方向箍筋的间距； f_{yv}——箍筋抗拉强度设计值； b——承台梁计算截面处的计算宽度； h_0——承台梁计算截面处的有效高度； （3）砌体墙下承台梁配有箍筋和弯起钢筋时，斜截面的受剪承载力： $$V \leqslant 0.7 f_t b h_0 + 1.25 f_y \frac{A_{sv}}{s} h_0 + 0.8 f_y A_{sb} \sin\alpha_s$$ 式中 A_{sb}——同一截面弯起钢筋的截面面积； f_y——弯起钢筋的抗拉强度设计值； α_s——斜截面上弯起钢筋与承台底面的夹角； （4）柱下条形承台梁，当配有箍筋但未配弯起钢筋时，其斜截面的受剪承载力： $$V \leqslant \frac{1.75}{\lambda + 1} f_t b h_0 + f_y \frac{A_{sv}}{s} h_0$$ 式中 λ——计算截面的剪跨比，$\lambda = a/h_0$，a 为柱边至桩边的水平距离；当 $\lambda < 1.5$ 时，取 $\lambda = 1.5$；当 $\lambda > 3$ 时，取 $\lambda = 3$

建筑桩基沉降变形计算值不应大于桩基沉降变形容许值。建筑桩基沉降变形容许值，按表 6-39 规定采用。

建筑桩基沉降变形容许值 **表 6-39**

变形特征		容许值
砌体承重结构基础的局部倾斜		0.002
各类建筑相邻柱（墙）基的沉降差	框架、框架—剪力墙、框架—核心筒结构	$0.002l_0$
	砌体墙填充的边排柱	$0.0007l_0$
	当基础不均匀沉降时不产生附加应力的结构	$0.005l_0$
单层排架结构（柱距为 6m）桩基的沉降量		120
桥式吊车轨面的倾斜（按不调整轨道考虑）	纵向	0.004
	横向	0.003

续表

变形特征		容许值
多层和高层建筑的整体倾斜	$H_g \leqslant 24$	0.004
	$24 < H_g \leqslant 60$	0.003
	$60 < H_g \leqslant 100$	0.0025
	$H_g > 100$	0.002
高耸结构桩基的整体倾斜	$H_g \leqslant 20$	0.008
	$20 < H_g \leqslant 50$	0.006
	$50 < H_g \leqslant 100$	0.005
	$100 < H_g \leqslant 150$	0.004
	$150 < H_g \leqslant 200$	0.003
	$200 < H_g \leqslant 250$	0.002
高耸结构基础的沉降量	$H_g \leqslant 100$	350
	$100 < H_g \leqslant 200$	250
	$200 < H_g \leqslant 250$	150
体型简单的剪力墙结构高层建筑桩基最大沉降量	—	200

注：l_0 为相邻柱（墙）二测点间距离，H_g 为自室外地面算起的建筑物高度。

6.3 混凝土结构计算

6.3.1 混凝土结构基本计算规定

1. 混凝土结构设计应包括下列内容：

（1）结构方案设计，包括结构选型、构件布置及传力途径；

（2）作用及作用效应分析；

（3）结构的极限状态设计；

（4）结构及构件的构造、连接措施；

（5）耐久性及施工的要求；

（6）满足特殊要求结构的专门性能设计。

设计应明确结构的用途，在设计使用年限内未经技术鉴定或设计许可，不得改变结构的用途和使用环境。

2. 结构上的直接作用（荷载）应根据现行国家标准《建筑结构荷载规范》GB 50009 及相关标准确定；地震作用应根据现行国家标准《建筑抗震设计规范》GB 50011 确定；间接作用和偶然作用应根据有关的标准或具体情况确定；直接承受吊车荷载的结构构件应考虑吊车荷载的动力系数。预制构件制作、运输及安装时应考虑相应的动力系数。对现浇结构，必要时应考虑施工阶段的荷载。

3. 混凝土结构的安全等级和设计使用年限应符合现行国家标准《工程结构可靠性设计统一标准》GB 50153 的规定。

混凝土结构中各类结构构件的安全等级，宜与整个结构的安全等级相同。对其中部分结构构件的安全等级，可根据其重要程度适当调整。对于结构中重要构件和关键传力部位，宜适当提高其安全等级。

4. 混凝土结构的极限状态设计应包括承载能力极限状态及正常使用极限状态。

混凝土结构的承载能力极限状态计算应包括下列内容：

（1）结构构件应进行承载力（包括失稳）计算；

（2）直接承受重复荷载的构件应进行疲劳验算；

（3）有抗震设防要求的，应进行抗震承载力计算；

（4）必要时尚应进行结构的倾覆、滑移、漂浮验算；

（5）对于可能遭受偶然作用，且倒塌可能引起严重后果的重要结构，宜进行防连续倒塌设计。

混凝土结构构件应根据其使用功能及外观要求，按下列规定进行正常使用极限状态验算：

（1）对需要控制变形的构件，应进行变形验算；

（2）对不需要出现裂缝的构件，应进行混凝土拉应力验算；

（3）对容许出现裂缝的构件，应进行受力裂缝宽度验算；

（4）对舒适度有要求的楼盖结构，应进行竖向自振频率验算。

5. 钢筋混凝土受弯构件的最大挠度应按荷载的准永久组合，预应力混凝土受弯构件的最大挠度应按荷载的标准组合，并均应考虑荷载长期作用的影响进行计算，其计算值不应超过表 6-40 受弯构件的挠度限值。

受弯构件的挠度限值 **表 6-40**

项次	构件类型	挠度限值
吊车梁	手动吊车	$l_0/500$
	电动吊车	$l_0/600$
屋盖、楼盖及楼梯构件	当 $l_0<7$m 时	$l_0/200(l_0/250)$
	当 $7\leqslant l_0\leqslant 9$m 时	$l_0/250(l_0/300)$
	当 $l_0>9$m 时	$l_0/300(l_0/400)$

注：1. 表中 l_0 为构件的计算跨度；计算悬臂构件的挠度限值时，其计算跨度 l_0 按实际悬臂长度的 2 倍取用；
2. 表中括号内的数值适用于使用上对挠度有较高要求的构件；
3. 如果构件制作时预先起拱，且使用上也容许，则在验算挠度时，可将计算所得的挠度值减去起拱值；对预应力混凝土构件，尚可减去预加力所产生的反拱值；
4. 构件制作时的起拱值和预加力所产生的反拱值，不宜超过构件在相应荷载组合作用下的计算挠度值。

6. 结构构件正截面的受力裂缝控制等级分为三级，等级划分及要求应符合下列规定：

一级——严格要求不出现裂缝的构件，按荷载标准组合计算时，构件受拉边缘混凝土不应产生拉应力；

二级——一般要求不出现裂缝的构件，按荷载标准组合计算时，构件受拉边缘混凝土拉应力不应大于混凝土抗拉强度的标准值；

三级——容许出现裂缝的构件：对钢筋混凝土构件，按荷载准永久组合并考虑长期作用影响计算时，构件的最大裂缝宽度不应超过本规范表 6-41 规定的最大裂缝宽度限值。

对预应力混凝土构件，按荷载标准组合并考虑长期作用的影响计算时，结构构件的最大裂缝宽度不应超过表 6-41 规定的最大裂缝宽度限值；对二 a 类环境的预应力混凝土构件，尚应按荷载准永久组合计算，且构件受拉边缘混凝土的拉应力不应大于混凝土的抗拉强度标准值。

结构构件应根据结构类型和表 6-42 规定的环境类别，按表 6-41 的规定选用不同的裂缝控制等级及最大裂缝宽度限值。

结构构件的裂缝控制等级及最大裂缝宽度限值（mm）　　**表 6-41**

<table>
<tr><th rowspan="2">环境类别</th><th colspan="2">裂缝混凝土结构</th><th colspan="2">预应力混凝土结构</th></tr>
<tr><th>裂缝控制等级</th><th>ω_{lim}</th><th>裂缝控制等级</th><th>ω_{lim}</th></tr>
<tr><td>一</td><td rowspan="4">三</td><td>0.3（0.4）</td><td rowspan="2">三</td><td>0.2</td></tr>
<tr><td>二 a</td><td rowspan="3">0.2</td><td>0.1</td></tr>
<tr><td>二 b</td><td>二</td><td>—</td></tr>
<tr><td>三 a、三 b</td><td>一</td><td>—</td></tr>
</table>

注：1. 对处于年平均相对湿度小于 60%地区一类环境下的受弯构件，其最大裂缝宽度限值可采用括号内的数值；
2. 在一类环境下，对钢筋混凝土屋架、托架及需进行疲劳验算的吊车梁，其最大裂缝宽度限值应取为 0.2mm；对钢筋混凝土屋面梁和托梁，其最大裂缝宽度限值应取为 0.3mm；
3. 在一类环境下，对预应力混凝土屋架、托架及双向板体系，应按二级裂缝控制等级进行验算；对一类环境下的预应力混凝土屋面梁、托梁、单向板，应按表中二 a 类环境的要求进行验算；在一类和二 a 类环境下需进行疲劳验算的预应力混凝土吊车梁，应按裂缝控制等级不低于二级的构件进行验算；
4. 表中规定的预应力混凝土构件的裂缝控制等级和最大裂缝宽度限值仅适用于正截面的验算；预应力混凝土构件的斜截面裂缝控制验算应符合本规范第 7 章的有关规定；
5. 对于烟囱、筒仓和处于液体压力下的结构，其裂缝控制要求应符合有关标准的规定；
6. 对于处于四、五类环境下的结构构件，其裂缝控制要求应符合有关标准的规定；
7. 表中的最大裂缝宽度限值为用于验算荷载作用引起的最大裂缝宽度。

7. 对混凝土楼盖结构应根据使用功能的要求进行竖向自振频率验算，并宜符合下列要求：

（1）住宅和公寓不宜低于 5Hz；

（2）办公楼和旅馆不宜低于 4Hz；

（3）大跨度公共建筑不宜低于 3Hz。

8. 混凝土结构暴露的环境类别应按表 6-42 的要求划分。

9. 混凝土结构应根据设计使用年限和环境类别进行耐久性设计。

（1）设计使用年限为 50 年的混凝土结构，其耐久性的基本要求宜符合表 6-43 的规定

混凝土结构暴露的环境类别　　**表 6-42**

环境类别	条件
一	室内干燥环境； 无侵蚀性静水浸没环境
二 a	室内潮湿环境； 非严寒和非寒冷地区的露天环境； 非严寒和非寒冷地区与无侵蚀性的水或土壤直接接触的环境； 严寒和寒冷地区的冰冻线以下与无侵蚀性的水或土壤直接接触的环境

续表

环境类别	条件
二 b	干湿交替环境； 水位频繁变动环境； 严寒和寒冷地区的露天环境； 严寒和寒冷地区的冰冻线以上与无侵蚀性的水或土壤直接接触的环境
三 a	严寒和寒冷地区冬季水位变动区环境； 受除冰盐影响环境； 海风环境
三 b	盐渍土环境； 受除冰盐作用环境； 海岸环境
四	海水环境
五	受人为或自然的侵蚀性物质影响的环境

注：1. 室内潮湿环境是指构件表面经常处于结露或湿润状态的环境；

2. 严寒和寒冷地区的划分应符合现行国家标准《民用建筑热工设计规范》GB 50176 的有关规定；

3. 海岸环境和海风环境宜根据当地情况，考虑主导风向及结构所处迎风、背风部位等因素的影响，由调查研究和工程经验确定；

4. 受除冰盐影响环境是指受到除冰盐盐雾影响的环境；受除冰盐作用环境是指被除冰盐溶液溅射的环境以及使用除冰盐地区的洗车房、停车楼等建筑；

5. 暴露的环境是指混凝土结构表面所处的环境。

结构混凝土耐久性的基本要求 **表 6-43**

环境类别	最大水灰比	最低强度等级	最大氯离子含量（%）	最大碱含量（kg/m^3）
一	0.60	C20	0.30	不限制
二 a	0.55	C25	0.20	3.0
二 b	0.50（0.55）	C30（C25）	0.15	
三 a	0.45（0.50）	C35（C30）	0.15	
三 b	0.40	C40	0.10	

注：1. 氯离子含量是指其占胶凝材料总量的百分比；

2. 预应力混凝土中的最大氯离子含量为 0.06%；其最低混凝土强度等级宜按表中的规定提高两个等级；

3. 素混凝土构件的水胶比及最低强度等级的要求可适当放松；

4. 有可靠工程经验时，二类环境中的最低混凝土强度等级可降低一个等级；

5. 处于严寒和寒冷地区二 b、三 a 类环境中的混凝土应使用引气剂，并可采用括号中的有关参数；

6. 当使用非碱活性骨料时，对混凝土中的碱含量可不作限制。

（2）一类环境中，设计使用年限为 100 年的混凝土结构应符合下列规定：

1）钢筋混凝土结构的最低强度等级为 C30；预应力混凝土结构的最低强度等级为 C40；

2）混凝土中的最大氯离子含量为 0.06%；

3）宜使用非碱活性骨料，当使用碱活性骨料时，混凝土中的最大碱含量为 3.0kg/m^3；

4）混凝土保护层厚度应符合现行国家标准《混凝土结构设计规范》GB 50010 第

8.2.1条的规定；当采取有效的表面防护措施时，混凝土保护层厚度可适当减小。

（3）二、三类环境中，设计使用年限100年的混凝土结构应采取专门的有效措施。

（4）混凝土结构在设计使用年限内尚应遵守下列规定：

1）建立定期检测、维修制度；

2）设计中可更换的混凝土构件应按规定更换；

3）构件表面的防护层，应按规定维护或更换；

4）结构出现可见的耐久性缺陷时，应及时进行处理。

10. 既有结构设计原则：

（1）既有结构延长使用年限、改变用途、改建、扩建或需要进行加固、修复等，均应对其进行评定、验算或重新设计。

（2）对既有结构进行安全性、适用性、耐久性及抗灾害能力评定时，应符合现行国家标准《工程结构可靠性设计统一标准》GB 50153的要求，并应符合下列规定：

1）应根据评定结果、使用要求和后续使用年限确定既有结构的设计方案；

2）既有结构改变用途或延长使用年限时，承载能力极限状态验算宜符合现行国家标准《工程结构可靠性设计统一标准》GB 50153的有关规定；

3）对既有结构进行改建、扩建或加固改造而重新设计时，承载能力极限状态的计算应符合现行国家标准《工程结构可靠性设计统一标准》GB 50153和相关标准的规定；

4）既有结构的正常使用极限状态验算及构造要求宜符合现行国家标准《工程结构可靠性设计统一标准》GB 50153的规定；

5）必要时可对使用功能做相应的调整，提出限制使用的要求。

11. 既有结构的设计应符合下列规定：

1）应优化结构方案，保证结构的整体稳固性；

2）荷载可按现行规范的规定确定，也可根据使用功能做适当的调整；

3）结构既有部分混凝土、钢筋的强度设计值应根据强度的实测值确定；当材料的性能符合原设计的要求时，可按原设计的规定取值；

4）设计时应考虑既有结构构件实际的几何尺寸、截面配筋、连接构造和已有缺陷的影响；当符合原设计的要求时，可按原设计的规定取值；

5）应考虑既有结构的承载历史及施工状态的影响；对二阶段成形的叠合构件，可按现行国家标准《混凝土结构设计规范》GB 50010第9.5节的规定进行设计。

6.3.2　混凝土结构计算用表

1. 混凝土强度标准值（表6-44）

混凝土强度标准值（N/mm²）　　**表6-44**

强度	混凝土强度等级													
种类	C15	C20	C25	C30	C45	C40	C45	C50	C55	C60	C65	C70	C75	C80
轴心抗压 f_{ck}	10.0	13.4	16.7	20.1	23.4	26.8	29.6	32.4	35.5	38.5	41.5	44.5	47.4	50.2
轴心抗拉 f_{tk}	1.27	1.54	1.78	2.01	2.20	2.39	2.51	2.64	2.74	2.85	2.93	2.99	3.05	3.11

2. 混凝土强度设计值（表 6-45）

混凝土强度设计值（N/mm^2）　　**表 6-45**

强度	混凝土强度等级													
种类	C15	C20	C25	C30	C35	C40	C45	C50	C55	C60	C65	C70	C75	C80
轴心抗压 f	7.2	9.6	11.9	14.3	16.7	19.1	21.1	23.1	25.3	27.5	29.7	31.8	33.8	35.9
轴心抗拉 f	0.91	1.10	1.27	1.43	1.57	1.71	1.80	1.89	1.96	2.04	2.09	2.14	2.18	2.22

3. 混凝土受压或受拉的弹性模量（表 6-46）

混凝土受压或受拉的弹性模量（$\times 10^4 N/mm^2$）　　**表 6-46**

混凝土强度等级	C15	C20	C25	C30	C35	C40	C45	C50	C55	C60	C65	C70	C75	C80
E_c	2.20	2.55	2.80	3.00	3.15	3.25	3.35	3.45	3.55	3.60	3.65	3.70	3.75	3.80

注：1. 当有可靠试验依据时，弹性模量可根据实测数据确定；
2. 当混凝土中掺有大量矿物掺和料时，弹性模量可按规定龄期根据实测数据确定。

4. 混凝土的剪切变形模量 G_c 可按相应弹性模量值的 40%采用。

5. 混凝土泊松比 ν_c 可取 0.20。

6. 混凝土疲劳变形模量（表 6-47）

混凝土疲劳变形模量（$\times 10^4 N/mm^2$）　　**表 6-47**

混凝土强度等级	C30	C45	C40	C45	C50	C55	C60	C65	C70	C75	C80
E_c^f	1.30	1.40	1.50	1.55	1.60	1.65	1.70	1.75	1.80	1.85	1.9

7. 混凝土的热工参数

当温度在 0℃～100℃范围内时，混凝土的热工参数可按下列规定取值：

（1）线膨胀系数 α_c：1×10^{-5}/℃；

（2）导热系数 λ：10.6kJ/(m·h·℃)；

（3）比热容 c：0.96kJ/(kg·℃)。

8. 普通钢筋强度标准值（表 6-48）

普通钢筋强度标准值（N/mm^2）　　**表 6-48**

牌号	符号	公称直径 d (mm)	屈服强度标准值 f_{yk}	极限强度标准值 f_{stk}
HPB300	A	6～14	300	420
HRB335 HRBF335	B B^F	6～14	335	455
HRB400 HRBF400 RRB400	C C^F C^R	6～50	400	540
HRB500 HRBF500	D D^F	6～50	500	630

9. 预应力钢绞线、钢丝和热处理钢筋强度标准值（表 6-49）

预应力钢绞线、钢丝和热处理钢筋的强度标准值根据极限抗拉强度确定。

预应力钢绞线、钢丝和热处理钢筋强度标准值（N/mm²）　**表 6-49**

种类		符号	公称直径 d（mm）	屈服强度标准值 f_{pyk}	极限强度标准值 f_{ptk}
中强度预应力钢丝	光面 螺旋肋	A^{PM} ϕ^{HM}	5、7、9	620	800
				780	970
				980	1270
预应力螺纹钢筋	螺纹	A^{T}	18、25 32、40、50	785	980
				930	1080
				1080	1230
消除应力钢丝	光面 螺旋肋	A^{P} A^{H}	5	—	1570
				—	1860
			7	—	1570
			9	—	1470
				—	1570
钢绞线	1×3 （三股）	A^{S}	8.6、10.8、 12.9	—	1570
				—	1860
				—	1960
	1×7 （七股）		9.5、12.7、 15.2、17.8	—	1720
				—	1860
				—	1960
			21.6	—	1860

注：极限强度标准值为 1960N/mm² 的钢绞线用于后张预应力配筋时，应有可靠的工程经验。

10. 普通钢筋强度设计值（表 6-50）

普通钢筋强度设计值（N/mm²）　**表 6-50**

牌号	抗拉强度设计值 f_y	抗压强度设计值 f'_y
HPB300	270	270
HRB335	300	300
HRB400、HRBF400、RRB400	360	360
HRB500、HRBF500	435	435

注：对轴心受压构件，当采用 HRB500、HRBF500 钢筋时，钢筋的抗压强度设计值 f'_y 应取 400N/mm²；横向钢筋的抗拉强度设计值 f_{yv} 应按表中 f_y 的数值采用；当受剪、受扭、受冲切承载力计算时，其数值大于 360N/mm² 时应取 360N/mm²。

11. 预应力钢筋强度设计值（表 6-51）

预应力钢筋强度设计值（N/mm²）　**表 6-51**

种类	极限强度标准值 f_{ptk}	抗拉强度标准值 f_{py}	抗压强度标准值 f'_y
中强度预应力钢丝	800	510	410
	970	650	
	1270	810	

续表

种类	极限强度标准值 f_{ptk}	抗拉强度标准值 f_{py}	抗压强度标准值 f'_y
消除应力钢丝	1470	1040	410
	1570	1110	
	1860	1320	
钢绞线	1570	1110	390
	1720	1220	
	1860	1320	
	1960	1390	
预应力螺纹钢筋	980	650	400
	1080	770	
	1230	900	

注：当预应力钢筋的强度标准值不符合本表的规定时，其强度设计值应进行相应的比例换算。

12. 普通钢筋及预应力钢筋在最大力下的总伸长率限值

普通钢筋及预应力钢筋在最大力下的总伸长率不应小于表6-52规定的数值。

普通钢筋及预应力钢筋在最大力下的总伸长率限值　　表 6-52

钢筋品种	普通钢筋			预应力钢筋
	HPB300	HRB335、HRB400、HRBF400、HRB500、HRBF500	RRB400	
δ_{gt}（%）	10.0	7.5	5.0	3.5

13. 普通钢筋及预应力钢筋的弹性模量（表6-53）

普通钢筋和预应力钢筋弹性模量（$\times10^5$ N/mm^2）　　表 6-53

牌号或种类	弹性模量 E_s
HPB300级钢筋	2.10
HRB335、HRB400、HRB500 HRBF400、HRBF500 RRB400 预应力螺纹钢筋	2.00
消除应力钢丝、中强度预应力钢丝	2.05
钢绞线	1.95

14. 受弯构件受压区有效翼缘计算宽度（表6-54）

受弯构件受压区有效翼缘计算宽度 b'_f　　表 6-54

情况		T形、I形截面		倒L形截面
		肋形梁（板）	独立梁	肋形梁（板）
1	按计算跨度 l_0 考虑	$l_0/3$	$l_0/3$	$l_0/6$
2	按梁（肋）净距 s_n 考虑	$b+s_n$	—	$b+s_n/2$

续表

情况			T形、I形截面		倒L形截面
			肋形梁（板）	独立梁	肋形梁（板）
3	按翼缘高度 h'_f 考虑	$h'_f/h_0 \geqslant 0.1$	—	$b+12h'_f$	—
		$0.1>h'_f/h_0 \geqslant 0.05$	$b+12h'_f$	$b+12h'_f$	$b+5h'_f$
		$h'_f/h_0<0.05$	$b+12h'_f$	b	$b+5h'_f$

注：1. 表中 b 为腹板宽度；

2. 肋形梁在梁跨内设有间距小于纵肋间距的横肋时，可不考虑表中情况 3 的规定；

3. 加腋的T形、I形和倒L形截面，当受压区加腋的高度 h_h 不小于 h'_f 且加腋的长度 b_h 不大于 $3h_h$ 时，其翼缘计算宽度可按表中情况 3 的规定分别增加 $2b_h$（T形、I形截面）和 b_h（倒L形截面）；

4. 独立梁受压区的翼缘板在荷载作用下经验算沿纵肋方向可能产生裂缝时，其计算宽度应取腹板宽度 b。

15. 钢筋混凝土轴心受压构件的稳定系数（表 6-55）

钢筋混凝土轴心受压构件的稳定系数 ϕ　　**表 6-55**

l_0/b	≤8	10	12	14	16	18	20	22	24	26	28
l_0/d	≤7	8.5	10.5	12	14	15.5	17	19	21	22.5	24
l_0/i	≤28	35	42	48	55	62	69	76	83	90	97
ϕ	1.00	0.98	0.95	0.92	0.87	0.81	0.75	0.70	0.65	0.60	0.56
l_0/b	30	32	34	36	38	40	42	44	46	48	50
l_0/d	26	28	29.5	31	33	34.5	36.5	38	40	41.5	43
l_0/i	104	111	118	125	132	139	146	153	160	167	174
ϕ	0.52	0.48	0.44	0.40	0.36	0.32	0.29	0.26	0.23	0.21	0.19

16. 轴心受压和偏心受压柱的计算长度 l_0

（1）刚性屋盖单层房屋排架柱、露天吊车和栈桥柱的计算长度表（表 6-56）。

刚性屋盖单层房屋排架柱、露天吊车和栈桥柱的计算长度　　**表 6-56**

柱的类别		l_0		
		排架方向	垂直排架方向	
			有柱间支撑	无柱间支撑
无吊车房屋柱	单跨	$1.5H$	$1.0H$	$1.2H$
	两跨及多跨	$1.25H$	$1.0H$	$1.2H$
有吊车房屋柱	上柱	$2.0H_u$	$1.25H_u$	$1.5H_u$
	下柱	$1.0H_l$	$0.8H_l$	$1.0H_l$
露天吊车和栈桥柱		$2.0H_l$	$1.0H_l$	—

注：1. 表中 H 为从基础顶面算起的柱子全高；H_l 为从基础顶面至装配式吊车梁底面或现浇式吊车梁顶面的柱子下部高度；H_u 为从装配式吊车梁底面或从现浇式吊车梁顶面算起的柱子上部高度；

2. 表中有吊车房屋排架柱的计算长度，当计算中不考虑吊车荷载时，可按无吊车房屋柱的计算长度采用，但上柱的计算长度仍可按有吊车房屋采用；

3. 表中有吊车房屋排架柱的上柱在排架方向的计算长度，仅适用于 $H_u/H_l \geqslant 0.3$ 的情况；当 $H_u/H_l<0.3$ 时，计算长度宜采用 $2.5H_u$。

（2）一般多层房屋中梁柱为刚接的构架结构各层柱的计算长度 l_0（表 6-57）。

一般多层房屋中梁柱为刚接的构架结构各层柱的计算长度　　表 6-57

楼盖类型	柱的类别	l_0
现浇楼盖	底层柱	$1.00H$
	其余各层柱	$1.25H$
装配式楼盖	底层柱	$1.25H$
	其余各层柱	$1.5H$

注：H 对底层柱为从基础顶面到一层楼盖顶面的高度；对其余各层柱为上、下两层楼盖顶面之间的距离。

17. 钢筋混凝土结构伸缩缝最大间距（表 6-58）

钢筋混凝土结构伸缩缝最大间距（m）　　表 6-58

结构类别		室内或土中	露天
排架结构	装配式	100	70
框架结构	装配式	75	50
	现浇式	55	35
剪力墙结构	装配式	65	40
	现浇式	45	30
挡土墙、地下室墙壁等类结构	装配式	40	30
	现浇式	30	20

注：1. 装配整体式结构的伸缩缝间距，可根据结构的具体情况取表中装配式结构与现浇式结构之间的数值；
2. 框架—剪力墙结构或框架—核心筒结构房屋的伸缩缝间距，可根据结构的具体情况取表中框架结构与剪力墙结构之间的数值；
3. 当屋面无保温或隔热措施时，框架结构、剪力墙结构的伸缩缝间距宜按表中露天栏的数值取用；
4. 现浇挑檐、雨罩等外露结构的局部伸缩缝间距不宜大于 12m。

18. 构件中普通钢筋及预应力钢筋的混凝土保护层最小厚度（表 6-59）

（1）构件中受力钢筋的保护层厚度不应小于钢筋的公称直径 d；

（2）设计使用年限为 50 年的混凝土结构，最外层钢筋的保护层厚度应符合表 6-59 的规定；设计使用年限为 100 年的混凝土结构，最外层钢筋的保护层厚度不应小于表 6-59 中数值的 1.4 倍。

构件中普通钢筋及预应力的混凝土保护层最小厚度　　表 6-59

环境类别	板、墙、壳	梁、柱、杆
一	15	20
二 a	20	25
二 b	25	35
三 a	30	40
三 b	40	50

注：1. 混凝土强度等级不大于 C25 时，表中保护层厚度数值应增加 5mm；
2. 混凝土基础宜设置混凝土垫层，基础中钢筋的混凝土保护层厚度应从垫层顶面算起，且不应小于 40mm。

19. 钢筋混凝土结构构件中纵向受力钢筋的最小配筋百分率（表 6-60）

纵向受力钢筋的最小配筋百分率（%）　　表 6-60

受力类型			最小配筋百分率
受压构件	全部纵向钢筋	强度等级 500MPa	0.50
		强度等级 400MPa	0.55
		强度等级 300MPa、335MPa	0.60
	一侧纵向钢筋		0.20
受弯构件、偏心受拉、轴心受拉构件一侧的受拉钢筋			0.2 和 45 f_t/f_y 中的较大值

注：1. 受压构件全部纵向钢筋最小配筋百分率，当采用 C60 以上强度等级的混凝土时，应按表中规定增加 0.10；

2. 板类受弯构件（不包括悬臂板）的受拉钢筋，当采用强度等级 400MPa、500MPa 的钢筋时，其最小配筋百分率容许采用 0.15 和 45 f_t/f_y 中的较大值；

3. 偏心受压构件中的受压钢筋，应按受压构件一侧纵向钢筋考虑；

4. 受压构件的全部纵向钢筋和一侧纵向钢筋的配筋率以及轴心受拉构件和小偏心受拉构件一侧受拉钢筋的配筋率均应按构件的全截面面积计算；

5. 受弯构件、大偏心受拉构件一侧受拉钢筋的配筋率应按全截面面积扣除受压翼缘面积 $(b'_f-b)h'_f$ 后的截面面积计算；

6. 当钢筋沿构件截面周边布置时，“一侧纵向钢筋”是指沿受力方向两个对边中的一边布置的纵向钢筋。

20. 现浇钢筋混凝土板的最小厚度（表 6-61）

现浇钢筋混凝土板的最小厚度（mm）　　表 6-61

板的类别		最小厚度（mm）
单向板	屋面板	60
	民用建筑楼板	60
	工业建筑楼板	70
	行车道下的楼板	80
双向板		80
密肋板	面板	50
	肋高	250
悬臂板（根部）	悬臂长度≤500mm	60
	悬臂长度 1200mm	100
无梁楼板		150
现浇空心楼盖		200

21. 预应力损失值（表 6-62）

预应力损失值（N/mm^2）　　表 6-62

引起损失的因素		符号	先张法构件	后张法构件
张拉端锚具变形和预应力钢筋内缩		σ_{l1}	按规范第 10.2.2 条的规定计算	按规范第 10.2.2 条和第 10.2.3 条的规定计算
预应力钢筋的摩擦	与孔道壁之间的摩擦	σ_{l2}	—	按规范第 10.2.4 条的规定计算
	张拉端锚口摩擦		按实测值或厂家提供的数据确定	
	在转向装置处的摩擦		按实际情况确定	

续表

引起损失的因素	符号	先张法构件	后张法构件
混凝土加热养护时，预应力筋与承受拉力的设备之间的温差	σ_{l3}	$2\Delta t$	—
预应力钢筋的应力松弛	σ_{l4}	消除预应力钢丝、钢绞线 普通松弛： $0.4\varphi\left(\frac{\sigma_{con}}{f_{ptk}}-0.5\right)\sigma_{con}$ 低松弛： 当 $\sigma_{con}\leqslant 0.7f_{ptk}$ 时 $0.125\left(\frac{\sigma_{con}}{f_{ptk}}-0.5\right)\sigma_{con}$ 当 $0.7f_{ptk}\leqslant\sigma_{con}\leqslant 0.8f_{ptk}$ 时 $0.2\left(\frac{\sigma_{con}}{f_{ptk}}-0.575\right)\sigma_{con}$ 中强度预应力钢丝：$0.8\sigma_{con}$ 预应力螺纹钢筋：$0.03\sigma_{con}$	
混凝土的收缩和徐变	σ_{l5}	按规范第 10.2.5 条的规定计算	
用螺旋式预应力钢筋作配筋的环形构件，当直径 d 不大于 3m 时，由于混凝土的局部挤压	σ_{l6}	—	30

注：1. 表中 Δt 为混凝土加热养护时，预应力钢筋与承受拉力的设备之间的温差（℃）；
2. 当 $\sigma_{con}/f_{ptk}\leqslant 0.5$ 时，预应力钢筋的应力松弛损失值可取为零；
3. 表中规范指现行国家标准《混凝土结构设计规范》GB 50010。

6.3.3 混凝土结构计算

混凝土结构计算公式见表 6-63（注：最小配筋率见表 6-63）

混凝土结构计算公式　　表 6-63

计算内容	计算公式	备注
正截面承载力计算	1. 受弯承载力计算 （1）矩形截面或翼缘位于受拉边的倒 T 形截面构件 $M\leqslant\alpha_1 f_c bx\left(h_0-\frac{x}{2}\right)+f'_y A'_s(h_0-a'_s)-(\sigma'_{p0}-f'_{py})A'_p(h_0-a'_p)$	混凝土受压区高度确定： $\alpha_1 f_c bx=f_y A_s-f'_y A'_s+f_{py}A_p+(\sigma'_{p0}-f'_{py})A'_p$ 尚应符合： $x\leqslant\varepsilon_b h_0, x\geqslant 2a'$
	（2）翼缘位于受压区的 T 形、I 形截面构件 当满足 $f'_y A_s+f_{py}A_P\leqslant\alpha_1 f_c b'_f h'_f+f'_y A'_s-(\sigma'_{p0}-f'_{py})A'_P$ 按宽度为 b'_f 的矩形截面计算否则按下式计算： $M\leqslant\alpha_1 f_c bx\left(h_0-\frac{x}{2}\right)+\alpha_1 f_c(b'_f-b)h'_f\left(h_0-\frac{h'_f}{2}\right)+f'_y A'_s(h_0-a'_s)-(\sigma'_{p0}-f'_{py})A'_p(h_0-a'_p)$	混凝土受压区高度确定： $\alpha_1 f_c[bx+(b'_f-b)h'_f]=f_y A_s-f'_y A'_s+f_{py}A_p+(\sigma'_{p0}-f'_{py})A'_P$

续表

计算内容	计算公式	备注
正截面承载力计算	（3）当计算中计入纵向普通受压钢筋时，必须 $x \geqslant 2a'$，否则按下式计算： $M \leqslant f_{py}A_p(h-a_p-a'_s)+f_yA_s(h-a_s-a'_s)+(\sigma'_{p0}-f'_{py})A'_p(a'_p-a'_s)$	
	2. 受压承载力计算	
	（1）轴心受压构件配置有箍筋时 $N \leqslant 0.9\varphi(f_cA+f'_yA'_s)$	
	（2）轴心受压构件配置有螺旋式可焊拉环式间接钢筋时 $N \leqslant 0.9(f_cA_{cor}+f'_yA'_s+2\alpha f_{yv}A_{ss0})$	$A_{ss0}=\dfrac{\pi d_{cor}A_{ss1}}{s}$
	（3）矩形截面偏心受压构件 $N \leqslant \alpha_1 f_c bx+f'_yA'_s-\sigma_sA_s-(\sigma'_{p0}-f'_{py})A'_P-\sigma_pA_P$ $Ne \leqslant \alpha_1 f_c bx\left(h_0-\dfrac{x}{2}\right)+f'_yA'_s(h_0-a'_s)-(\sigma'_{p0}-f'_{py})A'_P(h_0-a'_p)$	$e=e_i+\dfrac{h}{2}-a$ $e_i=e_0+e_a$
	矩形截面非对称配筋的小偏心受压构件，当 $N>f_cbh$ 时，按下式计算 $Ne' \leqslant f_cbh\left(h'_0-\dfrac{h}{2}\right)+f'_yA_s(h'_0-a_s)-(\sigma_{p0}-f'_{py})A_P(h'_0-a_p)$	$e'=\dfrac{h}{2}-a'-(e_0-e_a)$
	（4）I形截面偏心受压构件	
	当 $x \leqslant h'_f$ 时，按宽度为受压翼缘计算宽度 b'_f 的矩形截面计算 当 $x>h'_f$ 时，按下式计算 $N \leqslant \alpha_1 f_c[bx+(b'_f-b)h'_f]+f'_yA'_s-\sigma_sA_s-(\sigma'_{p0}-f'_{py})A'_P-\sigma_pA_P$ $Ne \leqslant \alpha_1 f_c\left[bx\left(h_0-\dfrac{x}{2}\right)+(b'_f-b)h'_f\left(h_0-\dfrac{h'_f}{2}\right)\right]+f'_yA'_s(h_0-a'_s)-(\sigma'_{p0}-f'_{py})A'_P(h_0-a'_p)$	
	I形截面非对称配筋的小偏心受压构件，当 $N>f_cA$ 时，按下式计算 $Ne' \leqslant f_c\left[bh\left(h'_0-\dfrac{h}{2}\right)+(b_f-b)h_f\left(h'_0-\dfrac{h_f}{2}\right)+(b'_f-b)h'_f\left(\dfrac{h'_f}{2}-a'\right)\right]+f'_yA_s(h'_0-a_s)-(\sigma_{p0}-f'_{py})A_P(h'_0-a_p)$	$e'=y'-a'-(e_0-e_a)$
	（5）截面具有两个互相垂直对称轴的双向偏心受压构件，按照下式或现行国家标准《混凝土结构设计规范》GB 50010 附录 E 的方法计算 $N \leqslant \dfrac{1}{\dfrac{1}{N_{ux}}+\dfrac{1}{N_{uy}}+\dfrac{1}{N_{u0}}}$	

续表

计算内容	计算公式	备注
正截面承载力计算	3. 受拉承载力计算	
	（1）轴心受拉构件 $N \leqslant f_y A_s + f_{py} A_p$	
	（2）矩形截面偏心受拉构件 1）小偏心受拉构件 $N_{e} \leqslant f_y A'_s (h_0 - a'_s) + f_{py} A'_P (h_0 - a'_p)$ $Ne' \leqslant f_y A_s (h'_0 - a_s) + f_{py} A_P (h'_0 - a_p)$ 2）大偏心受拉构件 $N \leqslant f_y A_s + f_{py} A_P - f'_y A'_s + (\sigma'_{p0} - f'_{py}) A'_P - \alpha_1 f_c bx$ $Ne \leqslant \alpha_1 f_c bx \left(h_0 - \frac{x}{2}\right) + f'_y A'_s (h_0 - a'_s)$ $- (\sigma'_{p0} - f'_{py}) A'_P (h_0 - a'_p)$	
	（3）对称配筋的矩形截面双向偏心受拉构件 $N \leqslant \frac{1}{\frac{1}{N_{u0}} + \frac{e_0}{M_u}}$	
斜截面承载力计算	1. 矩形、T形和I形截面的受弯构件，其受剪截面应符合 $h_w/b \leqslant 4$ 时，$V \leqslant 0.25\beta_c f_c b h_0$ $h_w/b \geqslant 6$ 时，$V \leqslant 0.2\beta_c f_c b h_0$ $4 < h_w/b < 6$ 时按线性内插法确定	
	2. 不配置箍筋和弯起钢筋的一般板类受弯构件 $V \leqslant 0.7\beta_h f_t b h_0$	$\beta_h = \left(\frac{800}{h_0}\right)^{\frac{1}{4}}$ $V_{cs} = \alpha_{cv} f_t b h_0 + f_{yv} \frac{A_{sv}}{s} h_0$ $V_P = 0.05 N_{P0}$
	3. 矩形、T形和I形截面受弯构件，仅配置箍筋时 $V \leqslant V_{cs} + V_p$	
	4. 矩形、T形和I形截面受弯构件，配置箍筋和弯起钢筋时 $V \leqslant V_{cs} + V_p + 0.8 f_y A_{sb} \sin\alpha_s + 0.8 f_{py} A_{pb} \sin\alpha_p$	
	5. 矩形、T形和I形截面偏心受压构件 $V \leqslant \frac{1.75}{\lambda + 1} f_t b h_0 + f_{yv} \frac{A_{sv}}{s} h_0 + 0.07N$	
	6. 矩形、T形和I形截面偏心受拉构件 $V \leqslant \frac{1.75}{\lambda + 1} f_t b h_0 + f_{yv} \frac{A_{sv}}{s} h_0 - 0.2N$	
	7. 矩形截面双向受剪框架柱，其受剪截面应符合 $V_x \leqslant 0.25\beta_c f_c b h_0 \cos\theta$ $V_y \leqslant 0.25\beta_c f_c b h_0 \sin\theta$	

续表

计算内容	计算公式	备注
斜截面承载力计算	其斜截面受剪承载力 $$V_x\leqslant\frac{V_{ux}}{\sqrt{1+\left(\frac{V_{ux}\tan\theta}{V_{uy}}\right)^2}}$$ $$V_y\leqslant\frac{V_{ux}}{\sqrt{1+\left(\frac{V_{uy}}{V_{ux}\tan\theta}\right)^2}}$$	$V_{ux}=\frac{1.75}{\lambda_x+1}f_t b h_0 + f_{yv}\frac{A_{svx}}{s}h_0+0.07N$ $V_{uy}=\frac{1.75}{\lambda_y+1}f_t h b_0 + f_{yv}\frac{A_{svy}}{s}b_0+0.07N$
	1. 在弯矩、剪力和扭矩共同作用下的构件，符合下列要求时可不进行受剪扭承载力计算 $\frac{V}{bh_0}+\frac{T}{W_t}\leqslant0.7f_t+0.05\frac{N_{p0}}{bh_0}$ 或 $\frac{V}{bh_0}+\frac{T}{W_t}\leqslant0.7f_t+0.07\frac{N}{bh_0}$	当 $N_{p0}>0.3f_cA_0$，取 $N_{p0}=0.3f_cA_0$ 当 $N>0.3f_cA$，取 $N_{p0}=0.3f_cA$
	2. 矩形截面纯扭构件 $$T\leqslant0.35f_tW_t+1.2\sqrt{\zeta}f_{yv}\frac{A_{st1}A_{cor}}{s}$$	$\zeta=\frac{f_yA_{stl}s}{f_{yv}A_{st1}u_{cor}}$ $0.6\leqslant\zeta\leqslant1.7$，当 $\zeta>1.7$ 时取 $\zeta=1.7$
	3. T形和I形截面纯扭构件，将其截面划分为几个矩形截面进行计算	
	4. 箱形截面纯扭构件 $$T\leqslant0.35\alpha_h f_tW_t+1.2\sqrt{\zeta}f_{yv}\frac{A_{st1}A_{cor}}{s}$$	$\alpha_h=2.5t_w/b_h$ 当 $\alpha_h>1$ 时，取 $\alpha_h=1$
扭曲截面承载力计算	5. 在轴向压力和扭矩共同作用下的矩形截面钢筋混凝土构件，受扭承载力 $$T\leqslant\left(0.35f_t+0.07\frac{N}{A}\right)W_t+1.2\sqrt{\zeta}f_{yv}\frac{A_{st1}A_{cor}}{s}$$	当 $N>0.3f_cA$，取 $N=0.3f_cA$
	6. 剪力和扭矩共同作用下的矩形截面剪扭构件，受剪扭承载力 (1) 一般剪扭构件 受剪承载力： $$V\leqslant(1.5-\beta_t)(0.7f_tbh_0+0.05N_{p0})+f_{yv}\frac{A_{sv}}{s}h_0$$ 受扭承载力： $$T\leqslant\beta_t\left(0.35f_t+0.05\frac{N_{p0}}{A_0}\right)W_t+1.2\sqrt{\zeta}f_{yv}\frac{A_{st1}A_{cor}}{s}$$	$\beta_t=\frac{1.5}{1+0.5\frac{VW_t}{Tbh_0}}$
	(2) 集中荷载作用下的独立剪扭构件 受剪承载力 $$V\leqslant(1.5-\beta_t)\left(\frac{1.75}{\lambda+1}f_tbh_0+0.05N_{p0}\right)+f_{yv}\frac{A_{sv}}{s}h_0$$ 受扭承载力 $$T\leqslant\beta_t\left(0.35f_t+0.07\frac{N}{A}\right)W_t+1.2\sqrt{\zeta}f_{yv}\frac{A_{st1}A_{cor}}{s}h_0$$	$\beta_t=\frac{1.5}{1+0.2(\lambda+1)\frac{VW_t}{Tbh_0}}$

续表

计算内容	计算公式	备注
扭曲截面承载力计算	7. 在弯矩、剪力、扭矩共同作用下的矩形、T形、I形和箱形截面的弯剪扭构件 当$V\leqslant 0.35f_tbh_0$或$V\leqslant 0.875f_tbh_0/(\lambda+1)$时，仅按受弯构件正截面受弯承载力和纯扭构件的受扭承载力计算； 当$T\leqslant 0.175f_tW_t$或$T\leqslant 0.175\alpha_h f_tW_t$时，仅按受弯构件的正截面受弯承载力和斜截面受剪承载力计算	
	8. 轴向压力、弯矩、剪力、扭矩共同作用下的矩形截面框架柱 受剪承载力：$V\leqslant(1.5-\beta_t)\left(\frac{1.75}{\lambda+1}f_tbh_0+0.07N\right)+f_{yv}\frac{A_{sv}}{s}h_0$ 受扭承载力：$T\leqslant\beta_t\left(0.35f_t+0.07\frac{N}{A}\right)W_t+1.2\sqrt{\zeta}f_{yv}\frac{A_{st1}A_{cor}}{s}h_0$	
受冲切承载力计算	1. 在局部荷载或集中反力作用下不配置箍筋或弯起钢筋的板，其冲切承载力应符合 $F_l\leqslant(0.7\beta_hf_t+0.25\sigma_{pc,m})\eta u_mh_0$	$\eta_1=0.4+\frac{1.2}{\beta_s}$ $\eta_2=0.5+\frac{\alpha_sh_0}{4\mu_m}$ 取较小值
	2. 在局部荷载或集中反力作用下，当受冲切承载力不满足上式要求且板厚受限制时，可配置箍筋或弯起钢筋 受冲切截面： $F_l\leqslant 1.2f_t\eta u_mh_0$ 配置箍筋、弯起钢筋时： $F_l\leqslant(0.5f_t+0.25\sigma_{pc,m})\eta u_mh_0+0.8f_{yv}A_{svu}+0.8f_yA_{sbu}\sin\alpha$	
	3. 矩形截面柱的阶形基础，在柱与基础交接处及基础变阶处的受冲切承载力应符合 $F_l\leqslant 0.7\beta_hf_tb_mh_0$	$F_l=p_sA$ $b_m=\frac{b_t+b_b}{2}$
局部承压承载力	1. 配置间接钢筋的结构构件，局部受压区的截面尺寸应符合 $F_l\leqslant 1.35\beta_c\beta_lf_cA_{ln}$	$\beta_t=\sqrt{\frac{A_b}{A_l}}$ 方格网式配筋时： $\rho_v=\frac{n_1A_{s1}l_1+n_2A_{s2}l_2}{A_{cor}s}$ 螺旋式配筋时：$\rho_v=\frac{4A_{ss1}}{d_{cor}s}$
	2. 配置方格网式或螺旋式间接钢筋的局部受压承载力 $F_l\leqslant 0.9(\beta_c\beta_tf_c+2\alpha\rho_v\beta_{cor}f_{yv})A_{ln}$	
裂缝宽度计算	矩形、T形、倒T形和I形截面的受拉、受弯、偏心受压构件及预应力轴心受拉和受弯构件，按荷载效应标准组合并考虑长期影响的最大裂缝宽度 $\omega_{max}=\alpha_{cr}\psi\frac{\sigma_s}{E_s}\left(1.9c_s+0.08\frac{d_{eq}}{\rho_{te}}\right)$	$\varphi=1.1-0.65\frac{f_{tk}}{p_{te}\sigma_s}$ $d_{eq}=\frac{\sum n_id_i^2}{\sum n_iv_id_i}$ $\rho_{te}=\frac{A_s+A_p}{A_{te}}$

注：表中符号

1. 作用、作用效应及承载力

M——弯矩设计值；

M_u——按通过轴向拉力作用点的弯矩平面计算的正截面受弯承载力设计值；

N——轴向压力（拉力）设计值；

N_{u0}——构件的截面轴心受压承载力设计值；

N_{ux}、N_{uy}——轴向压力作用于 x 轴、y 轴并考虑相应的计算偏心距 e_{ix}、e_{iy}后，按全部纵向钢筋计算的构件偏心受压承载力设计值；

N_{p0}——计算截面上混凝土法向预应力等于 0 时的纵向预应力钢筋及非预应力钢筋的总和，当 $N_{p0}>0.3f_cA_0$ 时，取 $N_{p0}=0.3f_cA_0$，A_0 为构件换算截面面积；

V——构件斜截面上的最大剪力设计值；

V_{cs}——构件斜截面上混凝土和箍筋的受剪承载力设计值；

V_P——由预应力所提高的构件受剪承载力设计值；

V_x——x 轴方向的剪力设计值，对应的截面有效高度为 h_0，截面宽度为 b；

V_y——y 轴方向的剪力设计值，对应的截面有效高度为 b_0，截面宽度为 h；

T——扭矩设计值；

F_l——局部荷载设计值或集中反力设计值；

σ'_{p0}——受压区纵向预应力钢筋合力点处混凝土法向应力等于零时的预应力钢筋应力；

$\sigma_{pc,m}$——临界截面周长上两个方向混凝土有效预压应力按长度的加权平均值，其值宜控制在 1.0～3.5N/mm^2 范围内；

p_s——按荷载效应基本组合计算并考虑结构重要性系数的基础底面地基反力设计值（可扣除基础自重及其上的土重），当基础偏心受力时，可取用最大的地基反力设计值；

σ_s——按荷载准永久组合计算的钢筋混凝土构件纵向受拉钢筋的应力或按标准组合计算的预应力构件纵向受拉钢筋的等效应力。

2. 材料性能

f_c——混凝土轴心抗压强度设计值；

f_t——混凝土轴心抗拉强度设计值；

E_s——钢筋弹性模量；

f_y——钢筋的抗拉强度设计值；

f_{yv}——箍筋抗拉强度设计值。

3. 几何参数

a'_s、a'_p——受压区纵向普通钢筋合力点、预应力钢筋合力点至截面受压边缘的距离；

a'_s——受压区全部纵向钢筋合力点至载面受压边缘的距离；

a_s、a_p——受拉区纵向普通钢筋合力点、预应力钢筋合力点至受拉边缘的距离；

b——矩形截面宽度或倒 T 形截面的腹板宽度；

h_0——截面有效高度；

b'_f——T 形、I 形截面受压区的翼缘计算宽度；

h'_f——T 形、I 形截面受压区的翼缘高度；

A_s、A'_s——受拉区、受压区纵向普通钢筋的截面面积；轴心受压时 A'_s 为全部纵向钢筋的截面面积；

A_p、A'_p——受拉区、受压区纵向预应力钢筋的截面面积；

A——构件截面面积；

A_{cor}——构件的核心截面面积，间接钢筋（箍筋）内表面范围内的混凝土面积；

A_{ss0}——螺旋式或焊接环式间接钢筋的换算截面面积；

d_{cor}——构件的核心截面直径；间接钢筋内表面之间的间距；

A_{ss1}——螺旋式或焊接环式单根间接钢筋的截面面积；

s——间接钢筋（箍筋）沿构件轴线方向的间距；

e——轴向压力作用点至纵向普通受拉钢筋及预应力受拉钢筋的合力点的距离；

e_i——初始偏心距；

a——纵向普通受拉钢筋及预应力受拉钢筋的合力点至截面近边缘的距离；

e_0——轴向压力（拉力）对截面重心的偏心距；$e_0=M/N$，当需要考虑二阶效应时，M 为按现行国家标准《混凝土结构设计规范》GB 50010 第 5.3.4 条、6.2.4 条规定确定的弯矩设计值；

e_a——附加偏心距；取 20mm 和偏心方向截面最大尺寸 1/30 两者中较大值；

e'——轴向压力作用点至受压纵向普通钢筋及预应力钢筋的合力点的距离；

h'_0——纵向受压钢筋合力点至截面远边的距离；

h_w——截面的腹板高度；对矩形截面，取有效高度 h_0；对 T 形截面取有效高度减去翼缘高度；对 I 形和箱形截面取腹板净高；

A_{sv}——配置在同一截面内箍筋各肢的全部截面面积；$A_{sv}=nA_{sv1}$，此处，n为在同一个截面内箍筋的肢数，A_{sv1}为单肢箍筋的截面面积；

A_{sb}、A_{pb}——分别为同一平面内的非弯起普通钢筋、弯起预应力的截面面积；

a_s、a_p——分别为斜截面上弯起普通钢筋、弯起预应力钢筋的切线与构件纵向轴线的夹角；

θ——斜向剪力设计值V的作用方向与x轴的夹角，$\theta=\arctan(V_y/V_x)$；

A_{svx}、A_{svy}——配置在同一截面内平行x轴、y轴的箍筋各肢截面面积的总和；

W_t——受扭构件的截面受扭塑性抵抗矩；

t_w——箱形截面壁厚，不应小于$b_h/7$，b_h为箱形截面宽度；

A_{stl}——受扭计算中取对称布置的全部纵向非预应力钢筋截面面积；

A_{stl}——受扭计算中沿截面周边配置的箍筋单肢截面面积；

u_{cor}——截面核心部分的周长；

A_{svu}——与呈45°冲切破坏锥体斜截面相交的全部箍筋截面面积；

A_{sbu}——与呈45°冲切破坏锥体斜截面相交的全部弯起钢筋截面面积；

α——弯起钢筋与板底面的夹角；

b_t——冲切破坏锥体最不利一侧斜截面的上边长；

b_b——柱与基础交接处或基础变阶处的冲切破坏锥体最不利一侧斜截面的下边长，$b_b=b_t+2h_0$；

A_l——混凝土局部受压面积；

A_{ln}——混凝土局部受压净面积；

A_b——局部受压的计算底面积；

n_1、A_{s1}——分别为方格网沿l_1方向的钢筋根数、单根钢筋的截面面积；

n_2、A_{s2}——分别为方格网沿l_2方向的钢筋根数，单根钢筋的截面面积；

A_{ss1}——单根螺旋式间接钢筋的截面面积；

d_{cor}——螺旋式间接钢筋内表面范围内的混凝土截面直径；

c_s——最外层纵向受拉钢筋外边缘至受拉区底边距离，当$c_s>20$时，取$c_s=20$；当$c_s>65$时，取$c_s=65$；

A_{te}——有效受拉混凝土截面面积；

d_{eq}——受拉区纵向钢筋的等效直径；

d_i——受拉区第i种纵向钢筋的公称直径；

n_i——受拉区第i种纵向钢筋根数。

4. 计算系数及其他

α_1——系数，混凝土强度等级不超过C50时，α_1取1.0；混凝土强度等级为C80时，α_1取0.94；其间按线性内插法计算；

φ——钢筋混凝土构件的稳定系数；

α——间接钢筋对混凝土约束的折减系数，当混凝土强度等级不超过C50时取1.0；当混凝土强度等级为C80时取0.85，其间按线性内插法计算；

β_c——混凝土强度影响系数，当混凝土强度等级不超过C50时，取$\beta_c=1.0$；当混凝土强度等级为C80时，取$\beta_c=0.8$，其间按线性内插法计算；

β_h——截面高度影响系数，当$h_0<800$mm时，取$h_0=800$mm；当$h_0>2000$mm时，取$h_0=2000$mm；

α_{cv}——截面混凝土受剪承载力系数，对于一般受弯构件取0.7；对集中荷载作用下（包括有多种荷载作用，其中集中荷载对制作截面或节点边缘所产生的剪力值占总剪力的75%以上的情况）的独立梁，取α_{cv}为$\frac{1.75}{\lambda+1}$，λ为计算截面的剪跨比，可取λ等于a/h_0，当λ小于1.5时，取1.5，当$\lambda>3$时，取3，a取集中荷载作用点至支座截面或节点边缘的距离；

λ——计算截面的剪跨比；

λ_x、λ_y——分别为框架柱x轴、y轴方向的计算剪跨比；

ζ——受扭的纵向钢筋与箍筋的配筋强度比值；

α_h——箱形截面壁厚影响系数，$\alpha_h=2.5t_w/b_h$，当$\alpha_h>1.0$时取1.0；

β_t——一般剪扭构件混凝土受扭承载力降低系数；当$\beta_t<0.5$时，取0.5；$\beta_t>1$时，取1；

η_1——局部荷载或集中反力作用面积形状的影响系数；

η_2——计算截面周长与板截面有效高度之比的影响系数；

β_s——局部荷载或集中反力作用面积为矩形时的长边与短边尺寸的比值，β_s不宜大于4；当$\beta_s<2$时取2；

对圆形冲切面，$\beta_s=2$；

α_s——板柱结构中柱类型的影响系数，对中柱取 $\alpha_s=40$；对边柱取 $\alpha_s=30$；对角柱取 $\alpha_s=20$；

β_l——混凝土局部受压时的强度提高系数；

β_{cor}——配置间接钢筋的局部受压承载力提高系数；

ρ_v——间接钢筋的体积配筋率；

α_{cr}——构件受力特征系数钢筋混凝土受弯构件取 1.9；钢筋混凝土轴心受拉构件取 2.7；

ψ——裂缝间纵向受拉钢筋应变不均匀系数，当 $\psi>0.2$ 时取 0.2；当 $\psi>1.0$ 时取 1.0；对直接承受重复荷载的构件，取 $\psi=1.0$；

ρ_{te}——按有效受拉混凝土截面面积计算的纵向受拉钢筋配筋率，当 $\rho_{te}<0.01$ 时取 0.01；

v_i——受拉区第 i 种纵向钢筋的相对粘结特性系数，光圆钢筋取 0.7；普通带肋钢筋取 1.0。

6.3.4　装配式混凝土结构设计基本规定与计算

1. 装配式结构的设计应符合现行国家标准《混凝土结构设计规范》GB 50010 的基本要求，并应符合下列规定：

（1）应采取有效措施加强结构的整体性；

（2）装配式结构宜采用高强度混凝土、高强度钢筋；

（3）装配式结构的节点和接缝应受力明确、构造可靠，并应满足承载力、延性和耐久性等要求；

（4）应根据连接节点和接缝的构造方式和性能，确定结构的整体计算模型。

2. 抗震设防的装配式结构，应按现行国家标准《建筑工程抗震设防分类标准》GB 50223 确定抗震设防类别及抗震设防标准。

3. 装配式结构中，预制构件的连接部位宜设置在结构受力较小的部位，其尺寸和形状应符合下列规定：

（1）应满足建筑使用功能、模数、标准化要求，并应进行优化设计；

（2）应根据预制构件的功能和安装部位、加工制作及施工精度等要求，确定合理的公差；

（3）应满足制作、运输、堆放、安装及质量控制要求。

4. 装配式结构的作用及作用组合应根据国家现行标准《建筑结构荷载规范》GB 50009、《建筑抗震设计规范》GB 50011、《高层建筑混凝土结构技术规程》JGJ 3 和《混凝土结构工程施工规范》GB 50666 等确定。

5. 预制构件在翻转、运输、吊运、安装等短暂设计状况下的施工验算，应将构件自重标准值乘以动力系数后作为等效静力荷载标准值。构件运输、吊运时，动力系数宜取 1.5；构件翻转及安装过程中就位、临时固定时，动力系数可取 1.2。

6. 预制构件进行脱模验算时，等效静力荷载标准值应取构件自重标准值乘以动力系数后与脱模吸附力之和，且不宜小于构件自重标准值的 1.5 倍。动力系数与脱模吸附力应符合下列规定：

（1）动力系数不宜小于 1.2；

（2）脱模吸附力应根据构件和模具的实际状况取用，且不宜小于 $1.5kN/m^2$。

7. 预制构件的设计应符合下列规定：

（1）对持久设计状况，应对预制构件进行承载力、变形、裂缝控制验算；

（2）对地震设计状况，应对预制构件进行承载力验算；

（3）对制作、运输和堆放、安装等短暂设计状况下的预制构件验算，应符合现行国家标准《混凝土结构工程施工规范》GB 50666 的有关规定。

8. 当预制构件中钢筋的混凝土保护层厚度大于 50mm 时，宜对钢筋的混凝土保护层采取有效的构造措施。

9. 用于固定连接件的预埋件与预埋吊件、临时支撑用预埋件不宜兼用；当兼用时，应同时满足各种设计工况要求。预制构件中预埋件的验算应符合现行国家标准《混凝土结构设计规范》GB 50010、《钢结构设计规范》GB 50017 和《混凝土结构工程施工规范》GB 50666 等有关规定。

10. 装配式混凝土结构构件计算公式见表 6-64。

装配式混凝土结构构件计算公式 **表 6-64**

计算内容	计算公式	备注
框架结构	1. 叠合梁端竖向接缝的受剪承载力设计值应按下列公式计算 （1）持久设计状况： $V_u = 0.07 f_c A_{c1} + 0.10 f_c A_k + 1.65 A_{sd} \sqrt{f_c f_y}$ （2）地震设计状况： $V_{uE} = 0.04 f_c A_{c1} + 0.06 f_c A_k + 1.65 A_{sd} \sqrt{f_c f_y}$	A_{sd} 为垂直穿过结合面所有钢筋的面积，包括叠合层内的纵向钢筋
	2. 在地震设计状况下，预制柱底水平接缝的受剪承载力设计值应按下列公式计算 当预制柱受压时： $V_{uE} = 0.8N + 1.65 A_{sd} \sqrt{f_c f_y}$ 当预制柱受拉时： $V_{uE} = 1.65 A_{sd} \sqrt{f_c f_y \left[1 - \left(\frac{N}{A_{sd} f_y}\right)^2\right]}$	A_{sd} 为垂直穿过结合面的抗剪钢筋面积；N 为与剪力设计值 V 相应的垂直于结合面的轴向力设计值，取绝对值进行计算
剪力墙结构	在地震设计状况下，剪力墙水平接缝的受剪承载力设计值应按下式计算 $V_{uE} = 0.6 f_y A_{sd} + 0.8N$	A_{sd} 为垂直穿过结合面所有钢筋的面积；N 为与剪力设计值 V 相应的垂直于结合面的轴向力设计值，压力时取正，拉力时取负
外挂墙板设计	计算水平地震作用标准值时，可采用等效侧力法，并应按下式计算 $F_{Ehk} = \beta_E \alpha_{max} G_k$	

注：表中符号

A_{c1}——叠合梁端截面后浇混凝土叠合层截面面积；

f_c——预制构件混凝土轴心抗压强度设计值；

f_y——垂直穿过结合面钢筋抗拉强度设计值；

A_k——各键槽的根部截面面积之和，按后浇键槽根部截面和预制键槽根部截面分别计算，并取二者的较小值；

V_{uE}——地震设计状况下接缝受剪承载力设计值；

F_{Ehk}——施加于外挂墙板重心处的水平地震作用标准值；

β_E——动力放大系数，可取 5.0；

α_{max}——水平地震影响系数最大值；

G_k——外挂墙板的重力荷载标准值。

6.4　砌体结构计算

6.4.1　砌体结构设计的有关规定及计算用表

1. 承重结构的砌体的强度等级和砂浆的强度等级

承重结构的砌体的强度等级和砂浆的强度等级，应按下列规定采用

（1）烧结普通砖、烧结多孔砖砌体等的强度等级：MU30、MU25、MU20、MU15 和 MU10；

（2）混凝土普通砖、混凝土多孔砖砌体的强度等级：MU30、MU25、MU20 和 MU15；

（3）蒸压灰砂砖普通砖、蒸压粉煤灰普通砖砌体的强度等级：MU25、MU20、MU15 和、MU10；

（4）混凝土砌块、轻集料混凝土砌块的强度等级：MU20、MU15、MU10、MU7.5 和 MU5；

（5）石材的强度等级：MU100、MU80、MU60、MU50、MU40、MU30 和 MU20。

2. 砂浆的强度等级应按下列规定采用

（1）烧结普通砖、烧结多孔砖、蒸压灰砂普通砖和蒸压粉煤灰普通砖砌体采用的普通砂浆强度等级：M15、M10、M7.5、M5 和 M2.5；蒸压灰砂普通砖和蒸压粉煤灰普通砖砌体采用的专用砌筑砂浆强度等级：Ms15、Ms10、Ms7.5 和 Ms5.0；

（2）混凝土普通砖、混凝土多孔砖采用的砂浆强度等级：Mb20、Mb15、Mb10、Mb7.5 和 Mb5。单排孔混凝土砌块和煤矸石混凝土砌块砌体采用的砂浆强度等级：Mb20、Mb15、Mb10 和 Mb5；

（3）双排孔或多排孔轻集料混凝土砌块砌体采用的砂浆强度等级：Mb10、Mb7.5 和 Mb5；

（4）毛料石、毛石砌体采用的砂浆强度等级：M7.5、M5 和 M2.5。

注：确定砂浆强度等级时应采用同类块体为砂浆强度试块底膜。

3. 各类砌体的抗压强度设计值（表 6-65～表 6-70）

烧结普通砖、烧结多孔砖砌体的抗压强度设计值（MPa）　　**表 6-65**

砌体强度等级	砂浆强度等级					砂浆强度
	M15	M10	M7.5	M5	M2.5	0
MU30	3.94	3.27	2.93	2.59	2.26	1.15
MU25	3.60	2.98	2.68	2.37	2.06	1.05
MU20	3.22	2.67	2.39	2.12	1.84	0.94
MU15	2.79	2.31	2.07	1.83	1.60	0.82
MU10	—	1.89	1.69	1.50	1.30	0.67

注：当烧结多孔砖的孔洞率大于 30%时，表中数值应乘以 0.9。

混凝土普通砖、混凝土多孔砖砌体的抗压强度设计值（MPa）　　**表 6-66**

砌体强度等级	砂浆强度等级					砂浆强度
	Mb20	Mb15	Mb10	Mb7.5	Mb5	0
MU30	4.61	3.94	3.27	2.93	2.59	1.15

续表

砌体强度等级	砂浆强度等级					砂浆强度
	Mb20	Mb15	Mb10	Mb7.5	Mb5	0
MU25	4.21	3.60	2.98	2.68	2.37	1.05
MU20	3.77	3.22	2.67	2.39	2.12	0.94
MU15	—	2.79	2.31	2.07	1.85	0.82

蒸压灰砂普通砖、蒸压粉煤灰普通砖砌体的抗压强度设计值（MPa）　表 6-67

砌体强度等级	砂浆强度等级				砂浆强度
	M15	M10	M7.5	M5	0
MU25	3.60	2.98	2.68	2.37	1.05
MU20	3.22	2.67	2.39	2.12	0.94
MU15	2.79	2.31	2.07	1.83	0.82

单排孔混凝土砌块和轻集料混凝土砌块对孔砌筑砌体的抗压强度设计值（MPa）表 6-68

砌体强度等级	砂浆强度等级					砂浆强度
	Mb20	Mb15	Mb10	Mb7.5	Mb5	0
MU20	6.30	5.68	4.95	4.44	3.94	2.33
MU15	—	4.61	4.02	3.61	3.20	1.89
MU10	—	—	2.79	2.50	2.22	1.31
MU7.5	—	—	—	1.93	1.71	1.01
MU5	—	—	—	—	1.19	0.70

注：1. 对独立柱或厚度为双排组砌的砌体，应按表中数值乘以 0.7；
2. 对 T 形截面墙体、柱，应按表中数值乘以 0.85。

双排孔或多排孔轻集料混凝土砌块砌体的抗压强度设计值（MPa）　表 6-69

砌体强度等级	砂浆强度等级			砂浆强度
	Mb10	Mb7.5	Mb5	0
MU10	3.08	2.76	2.45	1.44
MU7.5	—	2.13	1.88	1.21
MU5	—	—	1.31	0.78
MU3.5	—	—	0.95	0.56

注：1. 表中的砌块为火山渣、浮石和陶粒轻骨料混凝土块；
2. 对厚度方向为双排组砌的轻骨料混凝土砌体的抗压强度设计值，应按表中数值乘以 0.8。

毛石砌体的抗压强度设计值（MPa）　表 6-70

毛石砌体强度等级	砂浆强度等级			
	M7.5	M5	M2.5	0
MU100	1.27	1.12	0.98	0.34
MU80	1.13	1.00	0.87	0.30

续表

毛石砌体强度等级	砂浆强度等级			
	M7.5	M5	M2.5	0
MU60	0.98	0.87	0.76	0.26
MU50	0.90	0.80	0.69	0.23
MU40	0.80	0.71	0.62	0.21
MU30	0.69	0.61	0.53	0.18
MU20	0.56	0.51	0.44	0.51

4. 施工质量控制等级为 B 级时，各类砌体的轴心抗拉强度设计值、弯曲抗拉强度设计值和抗剪强度设计值见表 6-71

各类砌体的轴心抗拉强度设计值、弯曲抗拉强度设计值和抗剪强度设计值　表 6-71

<table>
<tr><th rowspan="2">强度类别</th><th rowspan="2" colspan="2">破坏特征及砌体种类</th><th colspan="4">砂浆强度等级（MPa）</th></tr>
<tr><th>≥M10</th><th>M7.5</th><th>M5</th><th>M2.5</th></tr>
<tr><td rowspan="5">轴心抗拉</td><td rowspan="5">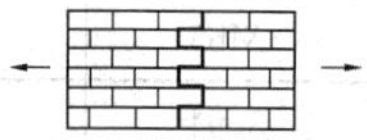
沿齿缝</td><td>烧结普通砖、烧结多孔砖砌体</td><td>0.19</td><td>0.16</td><td>0.13</td><td>0.09</td></tr>
<tr><td>混凝土普通砖、混凝土多孔砖砌体</td><td>0.19</td><td>0.16</td><td>0.13</td><td>—</td></tr>
<tr><td>蒸压灰砂普通砖、蒸压粉煤灰普通砖砌体</td><td>0.12</td><td>0.10</td><td>0.08</td><td>—</td></tr>
<tr><td>混凝土砌块和轻集料混凝土砌块砌体</td><td>0.09</td><td>0.08</td><td>0.07</td><td>—</td></tr>
<tr><td>毛石砌体</td><td>—</td><td>0.07</td><td>0.06</td><td>0.04</td></tr>
<tr><td rowspan="9">弯曲抗拉</td><td rowspan="5">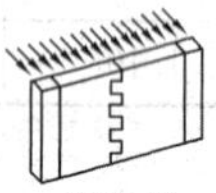
沿齿缝</td><td>烧结普通砖、烧结多孔砖砌体</td><td>0.33</td><td>0.29</td><td>0.23</td><td>0.17</td></tr>
<tr><td>混凝土普通砖、混凝土多孔砖砌体</td><td>0.33</td><td>0.29</td><td>0.23</td><td>—</td></tr>
<tr><td>蒸压灰砂普通砖、蒸压粉煤灰普通砖砌体</td><td>0.24</td><td>0.20</td><td>0.16</td><td>—</td></tr>
<tr><td>混凝土砌块和轻集料混凝土砌块砌体</td><td>0.11</td><td>0.09</td><td>0.08</td><td>—</td></tr>
<tr><td>毛石砌体</td><td>—</td><td>0.11</td><td>0.09</td><td>0.07</td></tr>
<tr><td rowspan="4">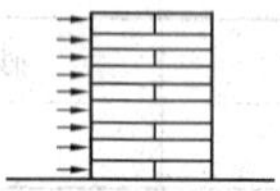
沿通缝</td><td>烧结普通砖、烧结多孔砖砌体</td><td>0.17</td><td>0.14</td><td>0.11</td><td>0.08</td></tr>
<tr><td>混凝土普通砖、混凝土多孔砖砌体</td><td>0.17</td><td>0.14</td><td>0.11</td><td>—</td></tr>
<tr><td>蒸压灰砂普通砖、蒸压粉煤灰普通砖砌体</td><td>0.12</td><td>0.10</td><td>0.08</td><td>—</td></tr>
<tr><td>混凝土砌块和轻集料混凝土砌块砌体</td><td>0.08</td><td>0.06</td><td>0.05</td><td>—</td></tr>
<tr><td rowspan="5">抗剪</td><td colspan="2">烧结普通砖、烧结多孔砖砌体</td><td>0.17</td><td>0.14</td><td>0.11</td><td>0.08</td></tr>
<tr><td colspan="2">混凝土普通砖、混凝土多孔砖砌体</td><td>0.17</td><td>0.14</td><td>0.11</td><td>—</td></tr>
<tr><td colspan="2">蒸压灰砂普通砖、蒸压粉煤灰普通砖砌体</td><td>0.12</td><td>0.10</td><td>0.08</td><td>—</td></tr>
<tr><td colspan="2">混凝土砌块和轻集料混凝土砌块砌体</td><td>0.09</td><td>0.08</td><td>0.06</td><td>—</td></tr>
<tr><td colspan="2">毛石砌体</td><td>—</td><td>0.19</td><td>0.16</td><td>0.11</td></tr>
</table>

注：1. 对于用形状规则的块体砌筑的砌体，当搭接长度与块体高度的比值小于 1 时，其轴心抗拉强度设计值 f_t 和弯曲抗拉强度设计值 f_m 应按表中数值乘以搭接长度与块体高度比值后采用；

2. 表中数值是依据普通砂浆砌筑的砌体确定，采用经研究性试验且通过技术鉴定的专用砂浆砌筑的蒸压灰砂普通砖、蒸压粉煤灰普通砖砌体，其抗剪强度设计值按相应普通砂浆强度等级砌筑的烧结普通砖砌体采用；

3. 对混凝土普通砖、混凝土多孔砖、混凝土和轻集料混凝土砌块砌体，表中的砂浆强度等级分别为：≥Mb10、Mb7.5 及 Mb5。

5. 各类砌体的弹性模量（表 6-72）

各类砌体的弹性模量（MPa） **表 6-72**

砌体种类	砂浆强度等级			
	≥M10	M7.5	M5	M2.5
烧结普通砖、烧结多孔砖砌体	$1600f$	$1600f$	$1600f$	$1390f$
混凝土普通砖、混凝土多孔砖砌体	$1600f$	$1600f$	$1600f$	—
蒸压灰砂普通砖、蒸压粉煤灰普通砖砌体	$1060f$	$1060f$	$1060f$	—
非灌孔混凝土砌块砌体	$1700f$	$1600f$	$1500f$	—
粗料石、毛料石、毛石砌体	—	5650	4000	2250
细料石砌体	—	17000	12000	6750

注：1. 轻集料混凝土砌块砌体的弹性模量，可按表中混凝土砌块砌体的弹性模量采用；
2. 表中砌体抗压强度设计值按现行国家标准《砌体结构设计规范》GB 50003 第 3.2.3 条进行调整；
3. 表中砂浆为普通砂浆，采用专用砂浆砌筑的砌体的弹性模量也按此表取值；
4. 对混凝土普通砖、混凝土多孔砖、混凝土和轻集料混凝土砌块砌体，其强度设计值按表中数值采用；
5. 对蒸压灰砂普通砖和蒸压粉煤灰普通砖砌体，当采用专用砂浆砌筑时，其强度设计值按表中数值采用。

6. 砌体的线膨胀系数和收缩率（表 6-73）

砌体的线膨胀系数和收缩率 **表 6-73**

砌体类别	线膨胀系数 10^{-6}/℃	收缩率
烧结普通砖、烧结多孔砖砌体	5	−0.1
蒸压灰砂普通砖、蒸压粉煤灰普通砖砌体	8	−0.2
混凝土普通砖、混凝土多孔砖、混凝土砌块砌体	10	−0.2
轻骨料混凝土砌块砌体	10	−0.3
料石和毛石砌体	8	—

注：表中的收缩率是由达到收缩容许标准的块体砌筑 28d 的砌体收缩率，当地如有可靠的砌体收缩实验数据时，亦可采用当地的实验数据。

7. 房屋的静力计算方案

房屋的静力计算，根据房屋的空间工作性能分为刚性方案、刚弹性方案和弹性方案。设计时，可按表 6-74 确定静力计算方案。

房屋的静力计算方案 **表 6-74**

	屋盖或楼盖类别	刚性方案	刚弹性方案	弹性方案
1	整体式、装配整体和装配式无檩体系钢筋混凝土屋盖或钢筋混凝土楼盖	$s<32$	$32\leqslant s\leqslant 72$	$s>72$
2	装配式有檩体系钢筋混凝土屋盖、轻钢屋盖和有密铺望板的木屋盖或木楼盖	$s<20$	$20\leqslant s\leqslant 48$	$s>48$
3	瓦材屋面的木屋盖和轻钢屋盖	$s<16$	$16\leqslant s\leqslant 36$	$s>36$

注：1. 表中 s 为房屋横墙间距，其长度单位为 m；
2. 当屋盖、楼盖类别不同或横墙间距不同时，可按现行国家标准《砌体结构设计规范》GB 50003 第 4.2.7 条的规定确定房屋的静力计算方案；
3. 对无山墙或伸缩缝处无横墙的房屋，应按弹性方案考虑。

8. 外墙不考虑风荷载影响的最大高度（表 6-75）

外墙不考虑风荷载影响的最大高度　　表 6-75

基本风压值（kN/m^2）	层高（m）	总高（m）
0.4	4.0	28
0.5	4.0	24
0.6	4.0	18
0.7	3.5	18

注：对于多层砌块房屋 190mm 厚的外墙，当层高不大于 2.8m，总高不大于 19.6m，基本风压不大于 0.7kN/m^2 时可不考虑风荷载的影响。

9. 无筋砌体受压构件的高厚比及高厚比修正系数

构件的高厚比按下式确定

对矩形截面：
$$\beta=\gamma_\beta\frac{H_0}{h} \tag{6-13}$$

对 T 形截面：
$$\beta=\gamma_\beta\frac{H_0}{h_T} \tag{6-14}$$

式中　γ_β——不同砌体材料的高厚比修正系数，按表 6-76 采用；

H_0——受压构件的计算高度，按表 6-77 确定；

h——矩形截面轴向力偏心方向的边长，当轴心受压时为截面较小边长；

h_T——T 形截面的折算厚度，可近似按 3.5i 计算；

i——截面回转半径。

高厚比修正系数　　表 6-76

砌体材料类别	γ_β
烧结普通砖、烧结多孔砖砌块	1.0
混凝土普通砖、混凝土多孔砖、混凝土及轻骨料混凝土砌块	1.1
蒸压灰砂砖、蒸压粉煤灰砖、细料石砌块	1.2
粗料石、毛石砌块	1.5

注：对灌孔混凝土砌块，γ_β 取 1.0。

受压构件的计算高度 H_0　　表 6-77

房屋类别			柱		带壁柱墙或周边拉结的墙		
			排架方向	垂直排架方向	$s>2H$	$2H\geqslant s>H$	$s\leqslant H$
有吊车的单层房屋	变截面柱上段	弹性方案	$2.5H_u$	$1.25H_u$	$2.5H_u$		
		刚性、刚弹性方案	$2.0H_u$	$1.25H_u$	$2.0H_u$		
	变截面柱下段		$1.0H_l$	$0.8H_l$	$1.0H_l$		
无吊车的单层和多层房屋	单跨	弹性方案	$1.5H$	$1.0H$	$1.5H$		
		刚弹性方案	$1.2H$	$1.0H$	$1.2H$		
	多跨	弹性方案	$1.25H$	$1.0H$	$1.25H$		
		刚弹性方案	$1.10H$	$1.0H$	$1.1H$		
	刚性方案		$1.0H$	$1.0H$	$1.0H$	$0.4s+0.2H$	$0.6s$

注：1. 表中 H_u 为变截面柱的上段高度；H_l 为变截面柱的下段高度；

2. 对于上端为自由端的构件，$H_0=2H$；

3. 独立砖柱，当无柱间支撑时，柱在垂直排架方向的 H_0 应按表中数值乘以 1.25 后采用；

4. s 为房屋横墙间距；

5. 自承重墙的计算高度应根据周边支承或拉接条件确定。

10. 墙、柱的容许高厚比（表 6-78）

墙、柱的容许高厚比 β 值 **表 6-78**

砌体类型	砂浆强度等级	墙	柱
无筋砌体	M2.5	22	15
	M5.0 或 Mb5.0、Ms5.0	24	16
	≥M7.5 或 Mb7.5、Ms7.5	26	17
配筋砌块砌体	—	30	21

注：1. 毛石墙、柱容许高厚比应按表中数值降低 20%；
2. 组合砖砌体构件的容许高厚比，可按表中数值提高 20%，但不得大于 28；
3. 验算施工阶段砂浆尚未硬化的新砌砌体高厚比时，容许高厚比对墙取 14，对柱取 11。

11. 砌体房屋伸缩缝的最大间距（表 6-79）

砌体房屋伸缩缝的最大间距（m） **表 6-79**

屋盖或楼盖类别		间距
整体式或装配式钢筋混凝土结构	有保温层或隔热层的屋盖、楼盖	50
	无保温层或隔热层的屋盖	40
装配式无檩体系钢筋混凝土结构	有保温层或隔热层的屋盖、楼盖	60
	无保温层或隔热层的屋盖	50
装配式有檩体系钢筋混凝土结构	无保温层或隔热层的屋盖	75
	无保温层或隔热层的屋盖	60
瓦材屋盖、木屋盖或楼盖、轻钢屋盖		100

注：1. 对烧结普通砖、烧结多孔砖、配筋砌块砌体房屋取表中数值；对石砌体、蒸压灰砂普通砖、蒸压粉煤灰普通砖、混凝土砌块、混凝土普通砖和混凝土多孔砖房屋取表中数值乘以 0.8 的系数；当墙体有可靠外保温措施时，其间距可取表中数值；
2. 在钢筋混凝土屋面上挂瓦的屋盖应按钢筋混凝土屋盖采用；
3. 层高大于 5m 的烧结普通砖、多孔砖、配筋砌块砌体结构单层房屋，其伸缩缝间距可按表中数值乘以 1.3；
4. 温差较大且变化频繁地区和严寒地区不供暖的房屋及构筑物墙体的伸缩缝的最大间距，应按表中数值予以适当减小；
5. 墙体的伸缩缝应与结构的其他变形缝相重合，在进行立面处理时，必须保证缝隙的伸缩作用。

12. 组合砖砌体构件的稳定系数（表 6-80）

组合砖砌体构件的稳定系数 φ_{com} **表 6-80**

高厚比 β	配筋率 ρ（%）					
	0	0.2	0.4	0.6	0.8	≥1.0
8	0.91	0.93	0.95	0.97	0.99	1.00
10	0.87	0.90	0.92	0.94	0.96	0.98
12	0.82	0.85	0.88	0.91	0.93	0.95
14	0.77	0.80	0.83	0.86	0.89	0.92
16	0.72	0.75	0.78	0.81	0.84	0.87
18	0.67	0.70	0.73	0.76	0.79	0.81

续表

高厚比 β	配筋率 ρ（%）					
	0	0.2	0.4	0.6	0.8	≥1.0
20	0.62	0.65	0.68	0.71	0.73	0.75
22	0.58	0.61	0.64	0.66	0.68	0.70
24	0.54	0.57	0.59	0.61	0.63	0.65
26	0.50	0.52	0.54	0.56	0.58	0.60
28	0.46	0.48	0.50	0.52	0.54	0.56

注：组合砖砌体构件截面的配筋率 $\rho=A_s/bh$。

6.4.2　砌体结构计算

砌体结构计算公式见表 6-81。

砌体结构计算　　表 6-81

构件受力特征	计算公式	备注
受压构件（无筋砌体）	$N\leqslant\varphi fA$	当 $\beta\leqslant3$ 时 $\varphi=\dfrac{1}{1+12\left(\dfrac{e}{h}\right)^2}$ 当 $\beta>3$ 时 $\varphi=\dfrac{1}{1+12\left[\dfrac{e}{h}+\sqrt{\dfrac{1}{12}\left(\dfrac{1}{\varphi_0}-1\right)}\right]^2}$ $\varphi_0=\dfrac{1}{1+\alpha\beta^2}$ 对矩形截面 $\beta=\gamma_\beta\dfrac{H_0}{h}$ 对 T 形截面 $\beta=\gamma_\beta\dfrac{H_0}{h_T}$
局部受压（无筋砌体）	1. 砌体截面中受局部均匀压力 $N_l\leqslant\gamma fA_l$ 2. 梁端支承处砌体局部受压 $\psi N_0+N_l\leqslant\eta\gamma fA_l$ 3. 梁端设有刚性垫块和砌体局部受压 $N_0+N_l\leqslant\varphi\gamma fA_b$ 4. 梁下设有长度大于 πh_0 的垫梁下的砌体局部受压 $N_0+N_l\leqslant2.4\delta_2 fb_bh_0$	$\gamma=1+0.35\sqrt{\dfrac{A_0}{A_l}-1}$ $\psi=1.5-0.5\dfrac{A_0}{A_l}$ $N_0=\sigma_0A_l$ $A_l=a_0b$ $a_0=10\sqrt{\dfrac{h_c}{f}}$ $N_0=\sigma_0A_b$ $A_b=a_bb_b$ $N_0=\pi b_bh_0\sigma_0/2$ $h_0=2\sqrt[3]{\dfrac{E_bI_b}{Eh}}$
轴心受拉构件（无筋砌体）	$N_t\leqslant f_tA$	
受弯构件（无筋砌体）	$M\leqslant f_{tm}W$ $V\leqslant f_vbz$	$z=I/S$

续表

构件受力特征	计算公式	备注
受剪构件（无筋砌体）	$V \leqslant (f_v + \alpha\mu\sigma_0)A$	当 $\gamma_G = 1.20$ 时 $\mu = 0.26 - 0.082\dfrac{\sigma_0}{f}$ 当 $\gamma_G = 1.35$ 时 $\mu = 0.23 - 0.065\dfrac{\sigma_0}{f}$
受压构件（网状配筋砖砌体）	$N \leqslant \varphi_n f_n A$	$f_n = f + 2\left(1 - \dfrac{2e}{y}\right)^{\rho} f_y$ $\rho = \dfrac{(a+b)A_s}{abs_n}$ $\phi_n = \dfrac{1}{1 + 12\left[\dfrac{e}{h} + \sqrt{\dfrac{1}{12\left(\dfrac{1}{\phi_{0n}} - 1\right)}}\right]^2}$ $\phi_{0n} = \dfrac{1}{1 + (0.0015 + 0.45\rho)\beta^2}$
轴心受压构件（组合砖砌体）	$N \leqslant \varphi_{com}(fA + f_c A_c + \eta_s f'_y A'_s)$	
偏心受压构件（组合砖砌体）	$N \leqslant fA' + f_c A'_c + \eta_s f'_y A'_s - \sigma_s A_s$ 或 $Ne_N \leqslant fS_s + f_c S_{c,s} + \eta_s f'_y A'_s (h_0 - a'_s)$	受压区高度 x 按下式确定： $fS_N + f_c S_{c,N} + \eta_s f'_y A'_s e'_N - \sigma_s A_s e_N = 0$ $e_N = e + e_a + (h/2 - a_s)$ $e'_N = e + e_a - (h/2 - a'_s)$ $e_a = \dfrac{\beta^2 h}{2200}(1 - 0.22\beta)$

注：表中符号

N——轴向设计值；

φ——用于计算受压件时为高厚比 β 和轴向力偏心距 e 对受压构件承载力影响系数；用于计算梁端设有刚性垫块的砌体局部受压时为垫块上 N_0 及 N_l 合力的影响系数，此时，取 $\beta \leqslant 3$ 时的 φ 值；

f——砌体抗压强度设计值；

A——截面面积，按砌体毛截面计算；

e——轴向力的偏心距；

h——矩形截面轴向力偏心方向的边长，当轴心受压时为截面较小边长；

a——与砂浆强度等级有关的系数，当砂浆强度等级≥M5 时，$a = 0.0015$；当砂浆强度等级＝M2.5 时，$a = 0.002$；当砂浆强度等级 $f_2 = 0$ 时，$a = 0.009$；

β——构件的高厚比，计算 T 形截面受压构件 φ 时，应以折算厚度 h_T 代替 h_0，$h_T = 3.5i$，i 为 T 形截面回转半径；

γ_β——不同砌体材料的高厚比修正系数；

H_0——受压构件的计算高度；

h_T——T 形截面的折算厚度；

N_l——局部受压面积上的轴向力设计值（用于计算砌体截面中局部均匀压力）；

γ——砌体局部抗压强度提高系数；

A_l——局部受压面积；

A_0——影响砌体局部抗压强度的计算面积；

φ——上部荷载的折减系数，当 $A_0/A_l \geqslant 3$ 时 $\varphi = 0$；

N_0——局部受压面积内（垫块面积 A_b 上、垫梁）上部轴向力设计值；

N_l——梁端支承压力设计值（用于计算梁端支承处砌体局部受压）；

σ_0——上部平均压应力设计值；

η——梁端底面压应力图形的完整系数，可取 0.7，对于过梁和墙梁可取 1.0；

a_0——梁端有效支承长度，当 $a_0 > a$ 时，取 $a_0 = a$；

a——梁端实际支承长度；

h_c——梁的截面高度；

γ_1——垫块外砌体面积的有利影响系数，γ_1 应为 0.8γ，但不小于 1.0；

A_b——垫块面积；

a_b——垫块伸入墙内长度；

b_b——垫块宽度（垫梁在墙厚方向的宽度）；

δ_2——当荷载沿墙厚方向均匀分布时 δ_2 取 1.0，不均匀时 δ_2 取 0.8；

h_0——垫梁折算高度；

E_b、I_b——分别为垫梁的混凝土弹性模量和截面惯性矩；

h_b——垫梁的高度；

N_t——轴心拉力设计值；

f_t——砌体的轴心抗拉强度设计值；

M——弯矩设计值；

f_{tm}——砌体弯曲抗拉强度设计值；

W——截面抵抗矩；

V——剪力设计值；

f_v——剪切设计值；砌体抗剪强度设计值；

b——截面宽度；

z——内力臂，当截面为矩形时，取 z 等于 $\frac{2h}{3}$（此处 h 为截面高度）；

I——截面惯性矩；

S——截面面积矩；

φ_n——高厚比和配筋率以及轴向力的偏心距对网状配筋砖砌体受压构件承载力的影响系数；

f_n——网状配筋砌体的抗压强度设计值；

ρ——体积配筋率，当采用截面面积为 A_s 的钢筋组成的方格网，网格尺寸为 a 和 b 和钢筋网的竖向间距为 s_n 时，$\rho=\frac{(a+b)\ A_s}{abs_n}$；

V_s、V——分别为钢筋和砌体的体积；

f_y——钢筋的抗拉强度设计值，当 f_y 大于 320MPa 时仍采用 320MPa；

φ_{com}——组合砖砌体构件的稳定系数；

f_c——混凝土或面层水泥砂浆的轴心压强度设计值，砂浆的轴心抗压强度设计值可取为同强度等级混凝土的轴心抗压强度设计值 70%，当砂浆为 M15 时，取 5.2MPa；当砂浆为 M10 时，取 3.5MPa；当砂浆为 M7.5 时，取 2.6MPa；

A_c——混凝土或砂浆面层的截面面积；

η_s——受压钢筋的强度系数，当为混凝土面层时，取 1.0；当为砂浆面层时取 0.9；

f'_y——钢筋抗压强设计值；

A'_s——受压钢筋的截面面积；

σ_s——钢筋 A_s 的应力；

A_s——距轴向力 N 较远侧钢筋的截面面积；

A'——砖砌体受压部分的面积；

A'_c——混凝土或砂浆面层受压部分的面积；

S_s——砖砌体受压部分面积对钢筋 A_s 重心的面积矩；

$S_{c,s}$——混凝土或砂浆面层受压部分面积对钢筋 A_s 重心的面积矩；

S_N——砖砌体受压部分的面积对轴向力 N 作用点的面积矩；

$S_{c,N}$——混凝土或砂浆面层受压部分面积对轴向力 N 作用点的面积矩；

e_a——组合砖砌体构件在轴向力作用下的附加偏心距；

h_0——组合砖砌体构件截面有效高度，$h_0=h-a_s$；

a_s、a'_s——分别为钢筋 A_s、A'_s 重心至截面较近边的距离；

e_N、e'_N——分别为钢筋 A_s、A'_s 重心至轴向力 N 作用点的距离。

6.5 钢结构计算

6.5.1 钢结构计算用表

为保证承重结构的承载能力和防止在一定条件下出现脆性破坏，应根据结构的重要性、荷载特征、结构形式、应力状态、连接方法、钢材强度和工作环境等因素综合考虑，选用合适的钢材牌号和材性。

承重结构的钢材宜采用Q235钢、Q355钢、Q390钢、Q420钢、Q460钢和Q345GJ钢，其质量应分别符合现行国家标准《碳素结构钢》GB/T 700、《低合金高强度结构钢》GB/T 1591和《建筑结构用钢板》GB/T 19879的规定。当采用其他牌号的钢材时，尚应符合相应标准的规定和要求。对Q235钢宜选用镇静钢或半镇静钢。

承重结构的钢材应具有抗拉强度、伸长率、屈服强度和硫、磷含量的合格保证，对焊接结构应具有碳含量的合格保证。

焊接承重结构以及重要的非焊接承重结构的钢材还应具有冷弯试验的合格保证。

对于需验算疲劳的焊接结构的钢材，应具有常温冲击韧性的合格保证。当结构工作温度等于或低于0℃但高于−20℃时，Q235钢和Q355钢应具有0℃冲击韧性的合格保证；对Q390钢和Q420钢应具有−20℃冲击韧性的合格保证；当结构工作温度等于或低于−20℃时，对Q235钢和Q355钢应具有−20℃冲击韧性的合格保证；对Q390钢和Q420钢应具有−40℃冲击韧性的合格保证。

对于需要验算疲劳的非焊接结构的钢材，应具有常温冲击韧性的合格保证，当结构工作温度等于或低于−20℃时，Q235钢和Q355钢应具有0℃冲击韧性的合格保证；Q390钢和Q420钢应具有−20℃冲击韧性的合格保证。

钢材的设计用强度指标，应根据钢材厚度或直径按表6-82采用。连接的强度设计值应按表6-83、表6-84采用。

钢材的设计用强度指标（N/mm^2） **表6-82**

钢材			抗拉、抗压和抗弯 f	抗剪 f_v	端面承压（刨平顶紧）f_{ce}	屈服强度 f_y	抗拉强度 f_u
类别	牌号	厚度或直径（mm）					
碳素结构钢	Q235	≤16	215	125	320	235	370
		>16，≤40	205	120		225	
		>40，≤100	200	115		215	
低合金高强度结构钢	Q355	≤16	305	175	400	355	470
		>16，≤40	295	170		345	
		>40，≤63	290	165		335	
		>63，≤80	280	160		325	
		>80，≤100	270	155		315	
	Q390	≤16	345	200	415	390	490
		>16，≤40	330	190		370	

续表

钢材 类别	钢材 牌号	钢材 厚度或直径（mm）	抗拉、抗压和抗弯 f	抗剪 f_v	端面承压（刨平顶紧）f_{ce}	屈服强度 f_y	抗拉强度 f_u
低合金高强度结构钢	Q390	＞40，≤63	310	180	415	350	490
		＞63，≤100	295	170		330	
	Q420	≤16	375	215	440	420	520
		＞16，≤40	335	205		400	
		＞40，≤63	320	185		380	
		＞63，≤100	305	175		360	
	Q460	≤16	410	235	470	460	550
		＞16，≤40	390	225		440	
		＞40，≤63	355	205		420	
		＞63，≤100	340	195		400	
建筑结构用钢板	Q345GJ	＞16，≤50	325	190	415	345	490
		＞50，≤100	300	175		335	

注：1. 表中直径指实芯棒材直径，厚度指计算点的钢材或钢管壁厚度，对轴心受拉和轴心受压构件指截面中较厚板件的厚度；

2. 冷弯型材和冷弯钢管，其强度设计值应按国家现行有关标准的规定采用。

焊缝的强度设计值（N/mm²）　表 6-83

焊接方法和焊条型号	构件钢材 牌号	构件钢材 厚度或直径（mm）	对接焊缝 抗压 f_c^w	对接焊缝 焊缝质量为下列等级时，抗拉 f_t^w 一级、二级	对接焊缝 焊缝质量为下列等级时，抗拉 f_t^w 三级	对接焊缝 抗剪 f_v^w	角焊缝 抗拉、抗压和抗剪 f_f^w	对接焊缝抗拉强度 f_u^w	角焊缝抗拉、抗压和抗剪强度 f_u^f
自动焊、半自动焊和E43型焊条手工焊	Q235	≤16	215	215	185	125	160	415	240
		＞16，≤40	205	205	175	120			
		＞40，≤100	200	200	170	155			
自动焊、半自动焊和E50、E55型焊条手工焊	Q355	≤16	305	305	260	175	200	480(E50) 540 (E55)	280(E50) 315(E55)
		＞16，≤40	295	295	250	170			
		＞40，≤63	290	290	245	165			
		＞63，≤80	280	280	240	160			
		＞80，≤100	270	270	230	155			
	Q390	≤16	345	345	295	200	200(E50) 220 (E55)		
		＞16，≤40	330	330	280	190			
		＞40，≤63	310	310	265	180			
		＞63，≤100	295	295	250	170			

续表

焊接方法和焊条型号	构件钢材		焊缝的强度设计值					对接焊缝抗拉强度 f_u^w	角焊缝抗拉、抗压和抗剪强度 f_u^f
	牌号	厚度或直径（mm）	对接焊缝 抗压 f_c^w	焊缝质量为下列等级时，抗拉 f_t^w 一级、二级	焊缝质量为下列等级时，抗拉 f_t^w 三级	抗剪 f_v^w	角焊缝 抗拉、抗压和抗剪 f_f^w		
自动焊、半自动焊和E55、E60型焊条手工焊	Q420	≤16	375	375	320	215	220(E55) 240 (E60)	540(E55) 590 (E60)	315(E55) 340 (E60)
		>16，≤40	355	355	300	205			
		>40，≤63	320	320	270	185			
		>63，≤100	305	305	260	175			
自动焊、半自动焊和E55、E60型焊条手工焊	Q460	≤16	410	410	350	235	220(E55) 240 (E60)	540(E55) 590 (E60)	315(E55) 340 (E60)
		>16，≤40	390	390	330	225			
		>40，≤63	355	355	300	205			
		>63，≤100	340	340	290	195			
自动焊、半自动焊和E50、E55型焊条手工焊	Q355M	>80，≤100	280	280	240	160	200	480(E50) 540 (E55)	280(E50) 315 (E55)
自动焊、半自动焊和E55、E60型焊条手工焊	Q420M	>63，≤80	310	310	265	180	220(E55) 240 (E60)	540(E55) 590 (E60)	315(E55) 340 (E60)
		>80，≤100	305	305	260	175			
自动焊、半自动焊和E50、E55型焊条手工焊	Q345GJ	>16，≤50	325	325	275	190	200	480(E50) 540 (E55)	280(E50) 315 (E55)
		>50，≤100	300	300	255	175			
	Q390GJ	>16，≤50	340	340	290	195	200(E50) 220(E55)		
		>50，≤100	330	330	280	190			
自动焊、半自动焊和E55、E60型焊条手工焊	Q420GJ	>16，≤50	355	355	300	205	220(E55) 240 (E60)	540(E55) 590 (E60)	315(E55) 340 (E60)
		>50，≤100	350	350	300	200			
	Q460GJ	>16，≤50	390	390	330	225			
		>50，≤100	385	385	325	220			

注：1. 自动焊和半自动焊所采用的焊丝和焊剂，应保证其熔敷金属的力学性能符合现行国家标准《埋弧焊用非合金钢及细晶粒钢实心焊丝、药芯焊丝和焊丝—焊剂组合分类要求》GB/T 5293 和《埋弧焊用热强实心焊丝、药芯焊丝和焊丝—焊剂组合分类要求》GB/T 12470 中相关的规定；
2. 焊缝质量等级应符合现行国家标准《钢结构工程施工质量验收规范》GB 50205 的规定，其中厚度小于 8mm 钢材的对接焊缝，不宜用超声波探伤确定焊缝质量等级；
3. 对接焊缝抗弯受压区强度设计值取 f_c^w，抗弯受拉区强度设计值取 f_t^w；
4. 表中厚度指计算点的钢材厚度，对轴心受力构件指截面中较厚板件的厚度。

螺栓连接的强度设计值（N/mm²）　　**表 6-84**

螺栓的性能等级、锚栓和构件钢材的牌号		普通螺栓						锚栓	承压型连接高强度螺栓			高强度螺栓的抗拉强度 f_u^b
		C级螺栓			A级、B级螺栓							
		抗拉强度 f_t^b	抗剪强度 f_v^b	承压强度 f_c^b	抗拉强度 f_t^b	抗剪强度 f_v^b	承压强度 f_c^b	抗拉强度 f_t^b	抗拉强度 f_t^b	抗剪强度 f_v^b	承压强度 f_c^b	
普通螺栓	4.6级、4.8级	170	140	—	—	—	—	—	—	—	—	—
	5.6级	—	—	—	210	190	—	—	—	—	—	—
	8.8级	—	—	—	400	320	—	—	—	—	—	—
锚栓	Q235钢	—	—	—	—	—	—	140	—	—	—	—
	Q355钢	—	—	—	—	—	—	180	—	—	—	—
	Q390钢	—	—	—	—	—	—	185	—	—	—	—
承压型连接高强度螺栓	8.8级	—	—	—	—	—	—	—	400	250	—	830
	10.9级	—	—	—	—	—	—	—	500	310	—	1040
螺栓球节点用高强度螺栓	8.8级	—	—	—	—	—	—	—	385	—	—	—
	10.9级	—	—	—	—	—	—	—	430	—	—	—

注：1. A级螺栓用于 $d \leqslant 240$mm 和 $l \leqslant 10d$ 或 $l \leqslant 240$mm（按最小值）的螺栓；B级螺栓用于 $d > 240$mm 和 $l > 10d$ 或 $l > 240$mm（按较小值）的螺栓，d 为公称直径，l 为螺杆公称长度；

2. A、B级螺栓孔的精度和孔壁表面粗糙度，C级螺栓孔的容许偏差和孔壁表面粗糙度，均应符合现行国家标准《钢结构工程施工质量验收规范》GB 50205 的要求。

钢材和钢铸件的物理性能指标见表 6-85：

钢材和钢铸件的物理性能指标　　**表 6-85**

弹性模量 E（N/mm²）	剪变模量 G（N/mm²）	线膨胀系数 α（以每℃计）	质量密度 ρ（kg/m³）
206×10^3	79×10^3	12×10^{-6}	7850

吊车梁、楼盖梁、工作平台梁以及墙架构件等受弯构件挠度不应超过表 6-86 所列容许值。

受弯构件挠度容许值　　**表 6-86**

项次	构件类别	挠度容许值	
		$[v_T]$	$[v_Q]$
1	吊车梁和吊车桁架（按自重和起重量最大的一台吊车计算挠度）		—
	（1）手动吊车和单梁起重机（含悬挂起重机）	$l/500$	
	（2）轻级工作制桥式起重机	$l/750$	
	（3）中级工作制桥式起重机	$l/900$	
	（4）重级工作制桥式起重机	$l/1000$	
2	手动或电动葫芦的轨道梁	$l/400$	—
3	有重轨（线重量等于或大于 38kg/m）轨道的工作平台梁	$l/600$	—
	有轻轨（线重量等于或大于 24kg/m）轨道的工作平台梁	$l/400$	
4	楼（屋）盖梁或桁架，工作平台梁（第3项除外）和平台板		
	（1）主梁或桁架（包括设有悬挂起重设备的梁和桁架）	$l/400$	$l/500$
	（2）仅支承压型金属板屋面和冷弯型钢檩条	$l/180$	—
	（3）除支承压型金属板屋面和冷弯型钢檩条外，尚有吊顶	$l/240$	—

续表

项次	构件类别	挠度容许值	
		$[v_T]$	$[v_Q]$
4	（4）抹灰顶棚的次梁	$l/250$	$l/350$
	（5）除（1）款～（4）款外的其他梁（包括楼梯梁）	$l/250$	$l/300$
	（6）屋盖檩条		
	支承压型金属板屋面者	$l/150$	—
	支承其他屋面材料者	$l/200$	—
	有吊顶	$l/240$	—
	（7）平台板	$l/150$	—
5	墙架构件（风荷载不考虑阵风系数）		
	（1）支柱（水平方向）	—	$l/400$
	（2）抗风桁架（作为连续支柱的支承时，水平位移）	—	$l/1000$
	（3）砌体墙的横梁（水平方向）	—	$l/300$
	（4）支承压型金属板的横梁（水平方向）	—	$l/200$
	（5）带有玻璃的窗的横梁（竖直和水平方向）	$l/200$	$l/200$

注：1. l 为受弯构件的跨度（对悬臂梁和伸臂梁为悬挑长度的2倍）；
2. $[v_T]$ 为全部荷载标准值产生的挠度（如有起拱应减去拱度）容许值；
3. $[v_Q]$ 为可变荷载标准值产生的挠度容许值。

风荷载作用下单层钢结构柱顶水平位移容许值见表6-87。

风荷载作用下单层钢结构柱顶水平位移容许值　　表6-87

结构体系	吊车情况	容许值
排架、框架	无桥式起重机	$H/150$
	有桥式起重机	$H/400$

注：1. H 为高度，当围护结构采用轻型钢墙板时，柱顶水平位移要求可适当放宽；
2. 无桥式起重机时，当围护结构采用砌体墙，柱顶水平位移不应大于 $H/240$，当围护结构采用轻型钢墙板且房屋高度不超过18m时，柱顶水平位移可放宽至 $H/60$；
3. 有桥式起重机时，当房屋高度不超过18m，采用轻型屋盖，吊车起重量不大于20t工作级别为A1～A5且吊车由地面控制时，柱顶水平位移可放宽至 $H/180$。

在风荷载标准值作用下，有桥式起重机，多层钢结构的弹性层间位移角不宜超过1/400。

在风荷载标准值作用下，无桥式起重机，多层钢结构的弹性层间位移角宜容许值见表6-88。

风荷载标准值作用下无桥式起重机多层钢结构的弹性层间位移角容许值　　表6-88

结构体系			层间位移角
框架、框架—支撑			1/250
框—排架	侧向框—排架		1/250
	竖向框—排架	排架	1/150
		框架	1/250

注：1. 对室内装修要求较高的建筑，层间位移角宜适当减小；无墙壁的建筑，层间位移角可适当放宽；
2. 当围护结构可适应较大变形时，层间位移角可适当放宽；
3. 在多遇地震作用下多层钢结构的弹性层间位移角不宜超过1/250。

确定桁架弦杆和单系腹杆的长细比时，其计算长度 l_0 应按表 6-89 的规定采用；采用相贯焊接连接的钢管桁架，其构件计算长度 l_0 可按表 6-90 的规定取值；除钢管结构外，无节点板的腹杆计算长度在任意平面内均应取其几何长度。桁架再分式腹杆体系的受压主斜杆及 K 形腹杆体系的竖杆等，在桁架平面内的计算长度则取节点中心间距离。

桁架弦杆和单系腹杆的计算长度 l_0 **表 6-89**

弯曲方向	弦杆	腹杆	
		支座斜杆和支座竖杆	其他腹杆
在桁架平面内	l	l	$0.8l$
在桁架平面外	l_1	l	l
斜平面	—	l	$0.9l$

注：1. l 为构件的几何长度（节点中心间距离）；l_1 为桁架弦杆侧向支承点之间的距离；
2. 斜平面指与桁架平面斜交的平面，适用于构件截面两主轴均不在桁架平面内的单角钢腹杆和双角钢十字形截面腹杆。

钢管桁架的计算长度 l_0 **表 6-90**

桁架类别	弯曲方向	弦杆	腹杆	
			支座斜杆和支座竖杆	其他腹杆
平面桁架	平面内	$0.9l$	l	$0.8l$
	平面外	l_1	l	l
立体桁架		$0.9l$	l	$0.9l$

注：1. l_1 为平面外无支撑长度；l 为杆件的节间长度；
2. 对端部缩头或压扁的圆管腹杆，其计算长度取 l；
3. 对于立体桁架，弦杆平面外的计算长度取 $0.9l$，同时尚应以 $0.9l_1$ 按格构式压杆验算其稳定性。

受拉构件的长细比容许值见表 6-91。受压构件的长细比容许值见表 6-92。

受拉构件的长细比容许值 **表 6-91**

项次	构件名称	承受静力荷载或间接承受动力荷载的结构			直接承受动力荷载和结构
		一般建筑结构	对腹杆提供平面外支点的旋杆	有重级工作制吊车的厂房	
1	桁架的杆件	350	250	250	250
2	吊车梁或吊车桁架以下的柱间支撑	300	—	200	—
3	其他拉杆、支撑、系杆等（张紧的圆钢除外）	400	—	350	—

注：1. 验算容许长细比时，在直接或间接承受动力荷载的结构中，计算单角钢受拉构件的长细比时，应采用角钢的最小回转半径，但计算在交叉点相互连接的交叉杆件平面外的长细比时，可采用与角钢肢边平行轴的回转半径；
2. 除对腹杆提供平面外支点的弦杆外，承受静力荷载的结构受拉构件，可仅计算竖向平面内的长细比；
3. 中级、重级工作制吊车桁架下弦杆的长细比不宜超过 200；
4. 在设有夹钳或刚性料耙等硬钩起重机的厂房中，支撑的长细比不宜超过 300；
5. 受拉构件在永久荷载与风荷载组合作用下受压时，其长细比不宜超过 250；
6. 跨度等于或大于 60m 的桁架，其受拉弦杆和腹杆的长细比，承受静力荷载或间接承受动力荷载时不宜超过 300，直接承受动力荷载时不宜超过 250。

受压构件的长细比容许值 **表 6-92**

构件名称	容许长细比
轴心受压柱、桁架和天窗架中的压杆	150
柱的缀条、吊车梁或吊车桁架以下的柱间支撑	
支撑	200
用以减少受压构件计算长度的杆件	

注：1. 验算容许长细比时，可不考虑扭转效应，计算单角钢受压构件的长细比时，应采用角钢的最小回转半径，但计算在交叉点相互连接的交叉杆件平面外的长细比时，可采用与角钢肢边平行轴的回转半径；

2. 跨度等于或大于 60m 的桁架，其受压弦杆、端压杆和直接承受动力荷载的受压腹杆的长细比不宜大于 120；

3. 当杆件内力设计值不大于承载能力的 50%时，容许长细比值可取 200。

摩擦型高强度螺栓中摩擦面的抗滑移系数 μ 见表 6-93，一个高强度螺栓的预拉力 P 见表 6-94。

摩擦型高强度螺栓中摩擦面的抗滑移系数 μ **表 6-93**

在连接处构件接触面的处理方法	构件的钢号		
	Q235 钢	Q355 钢或 Q390 钢	Q420 钢或 Q460 钢
喷硬质石英砂或铸钢棱角砂	0.45	0.45	0.45
抛丸（喷砂）	0.40	0.40	0.40
钢丝刷清除浮锈或未经处理的干净轧制面	0.30	0.35	—

注：1. 钢丝刷除浮锈方向应与受力方向垂直；

2. 当连接构件采用不同钢材牌号时，μ 按相应较低强度者取值；

3. 采用其他方法处理时，其处理工艺及抗滑移系数值均需经试验确定。

一个高强度螺栓的预拉力 P（kN） **表 6-94**

螺栓的承载性能等级	螺栓公称直径（mm）					
	M16	M20	M22	M24	M27	M30
8.8 级	80	125	150	175	230	280
10.9 级	100	155	190	225	290	355

螺栓或铆钉的孔距、边距和端距容许值见表 6-95。

螺栓或铆钉的孔距、边距和端距容许值 **表 6-95**

名称	位置和方向			最大允许距离（取两者的较小值）	最小允许距离
中心间距	外排（垂直内力方向或顺内力方向）			$8d_0$ 或 $12t$	$3d_0$
	中间排	垂直内力方向		$16d_0$ 或 $24t$	
		顺内力方向	构件受压力	$12d_0$ 或 $18t$	
			构件受拉力	$16d_0$ 或 $24t$	
	沿对角线方向			—	

续表

名称	位置和方向			最大允许距离（取两者的较小值）	最小允许距离
中心至构件边缘距离	顺内力方向			$4d_0$ 或 $8t$	$2d_0$
	垂直内力方向	剪切边或手工气割边			$1.5d_0$
		轧制边、自动气割锯割边	高强度螺栓		
			其他螺栓或铆钉		$1.2d_0$

注：1. d_0 为螺栓或铆钉的孔径，t 为外层较薄板件的厚度；

2. 钢板边缘与刚性构件（如角钢、槽钢等）相连的螺栓或铆钉最大间距，可按中间排的数值采用。

6.5.2　钢结构计算公式

1. 构件的强度和稳定性计算公式（表 6-96）

构件的强度和稳定性计算公式　　**表 6-96**

序号	构件类别	计算内容	计算公式	备注
1	轴心受拉构件	强度	（1）毛截面屈服 $\sigma=\dfrac{N}{A}\leqslant f$ （2）非高强度螺栓摩擦型连接净截面断裂 $\sigma=\dfrac{N}{A}\leqslant 0.7f_u$ （3）摩擦型高强度螺栓连接处净截面 $\sigma=\left(1-0.5\dfrac{n_1}{n}\right)\dfrac{N}{A}\leqslant 0.7f_u$ （4）当构件为沿全长都有排列较密螺栓的组合构件时 $\dfrac{N}{A}\leqslant f$	
2	轴心受压构件	强度	同轴心受拉构件	
		稳定	$\dfrac{N}{\varphi Af}\leqslant 1.0$	
		剪力	$V=\dfrac{Af}{85\varepsilon_k}$	
		局部稳定	（1）实腹轴心受压构件要求不出现局部失稳者，其板件宽厚比应符合： 1）H形截面腹板宽厚比 $\dfrac{h_0}{t_w}\leqslant(25+0.5\lambda)\varepsilon_k$ 2）H形、T形截面翼缘宽厚比 $\dfrac{b}{t_f}\leqslant(10+0.1\lambda)\varepsilon_k$ 3）箱形截面壁板宽厚比 $\dfrac{b}{t}\leqslant 40\varepsilon_k$ 4）T形截面腹板宽厚比 热轧剖分T形钢 $\dfrac{h_0}{t_w}\leqslant(15+0.2\lambda)\varepsilon_k$	λ 为构件的较大长细比，当 $\lambda<30$ 时，取为30；当 $\lambda>100$ 时，取为100； 对焊接构件，h_0 取腹板高度 h_w；对热轧构件，h_0 取腹板平直段长度，简要计算时，可取 $h_0=h_w-t_f$，但不小于 (h_w-20)mm； ω、t 分别为角钢的平板宽度和厚度，简要计算时 ω 可取为 $b-2t$，b 为角钢宽度 $A_{ne}=\Sigma\rho_iA_{ni}$ $A_e=\Sigma\rho_iA_i$ $\lambda_{n,p}=\dfrac{b/t}{56.2\varepsilon_k}$ $\lambda_{n,p}=\dfrac{\omega/t}{16.8\varepsilon_k}$

续表

序号	构件类别	计算内容	计算公式	备注
2	轴心受压构件	局部稳定	焊接T形钢 $\frac{h_0}{t_w} \leqslant (13+0.17\lambda)\varepsilon_k$ 5）等边角钢轴心受压构件 当 $\lambda \leqslant 80\varepsilon_k$ 时 $\omega/t \leqslant 15\varepsilon_k$ 当 $\lambda > 80\varepsilon_k$ 时 $\omega/t \leqslant 5\varepsilon_k + 0.125\lambda$ 6）圆管压杆的外径与壁厚之比不应超过 $100\varepsilon_k^2$； （2）当轴心受压构件的压力小于稳定承载力 φAf 时，可将其板件宽厚比限值由（1）部分的相关公式算得后乘以放大系数 $\alpha = \sqrt{\varphi AfN}$ 确定； （3）当板件宽厚比超过（1）规定限制时，可采用纵向加劲肋加强；当可考虑屈曲后强度时，轴心受压杆件的强度和稳定性可按下列公式计算 强度计算： $\frac{N}{A_{ne}} \leqslant f$ 稳定性计算： $\frac{N}{\varphi A_e f} \leqslant 1.0$ （4）H形、工字形、箱形和单角钢截面轴心受压构件的有效截面系数 ρ 可按下列规定计算 1）箱形截面的壁板、H形或工字形的腹板 当 $b/t \leqslant 42\varepsilon_k$ 时 $\rho = 1.0$ 当 $b/t > 42\varepsilon_k$ 时 $\rho = \frac{1}{\lambda_{n,p}}\left(1 - \frac{0.19}{\lambda_{n,p}}\right)$ 当 $\lambda > 52\varepsilon_k$ 时 $\rho = (29\varepsilon_k + 0.25\lambda)t/b$ 2）单角钢 当 $\omega/t > 15\varepsilon_k$ 时 $\rho = \frac{1}{\lambda_{n,p}}\left(1 - \frac{0.1}{\lambda_{n,p}}\right)$ 当 $\lambda > 80_k$ 时 $\rho = (5\varepsilon_k + 0.13\lambda)t/\omega$ （5）H形、工字形和箱形截面轴心受压构件的腹板，当用纵向加劲肋加强以满足宽厚比限值时，加劲肋宜在腹板两侧成对配置，其一侧外伸宽度不应小于 $10t_w$，厚度不应小于 $0.75t_w$	λ 为构件的较大长细比，当 $\lambda < 30$ 时，取为30；当 $\lambda > 100$ 时，取为100； 对焊接构件，h_0 取腹板高度 h_w；对热轧构件，h_0 取腹板平直段长度，简要计算时，可取 $h_0 = h_w - t_f$，但不小于 $(h_w - 20)$mm； ω、t 分别为角钢的平板宽度和厚度，简要计算时 ω 可取为 $b-2t$，b 为角钢宽度 $A_{ne} = \Sigma\rho_i A_{ni}$ $A_e = \Sigma\rho_i A_i$ $\lambda_{n,p} = \frac{b/t}{56.2\varepsilon_k}$ $\lambda_{n,p} = \frac{\omega/t}{16.8\varepsilon_k}$

续表

序号	构件类别	计算内容	计算公式	备注
3	受弯构件	抗弯强度 （主平面内 实腹构件）	$$\frac{M_x}{\gamma_x W_{nx}}+\frac{M_y}{\gamma_y W_{ny}}\leqslant f$$	
		抗剪强度 （主平面内 实腹构件）	$$\tau=\frac{VS}{It_w}\leqslant f_v$$	
		局部承压强度 （腹部计算高 度上边缘）	当梁上翼缘受有沿腹板平面作用的集中荷载且该荷载处又未设置支承加劲肋时 $$\sigma_c=\frac{\psi F}{t_w l_z}\leqslant f$$	
		整体稳定	（1）在最大刚度平面内受弯的构件 $$\frac{M_x}{\varphi_b W_x f}\leqslant 1.0$$ （2）在两个主平面受弯的H形钢截面或工字形截面构件 $$\frac{M_x}{\varphi_b W_x f}+\frac{M_y}{\gamma_y W_y f}\leqslant 1.0$$	
		局部稳定	对组合梁的腹板 （1）当$\frac{h_0}{t_w}\leqslant 80\varepsilon_k$时，对有局部压应力的梁，宜按构造配置横向加劲肋；当局部压应力较小时，可不配置加劲肋； （2）直接承受动荷载，当$\frac{h_0}{t_w}>80\varepsilon_k$时，应配置横向加劲肋； （3）直接承受动荷载，当$\frac{h_0}{t_w}>170\varepsilon_k$（受压翼缘扭转受到约束）、$\frac{h_0}{t_w}>150\varepsilon_k$（受压翼缘扭转未受到约束）或按计算需要时，应在弯曲应力较大区格的受压区增加配置纵向加劲肋，局部压应力很大的梁，必要时宜在受压区配置短加劲肋；对单轴对称梁，当确定是否要配置纵向加劲肋时，h_0应取腹板受压区高度h_c的2倍； （4）不考虑腹板屈曲后强度，当$\frac{h_0}{t_w}>80\varepsilon_k$时，宜配置横向加劲肋； （5）任何情况下，$h_0/t_w$均不应超过250	

续表

序号	构件类别	计算内容	计算公式	备注
4	拉弯、压弯构件	强度（弯矩作用在两个主平面内）	（1）除圆管截面外，弯矩作用在两个主平面内的拉弯构件和压弯构件 $\frac{N}{A_n} \pm \frac{M_x}{\gamma_x W_{nx}} \pm \frac{M_y}{\gamma_y W_{ny}} \leqslant f$ （2）弯矩作用在两个主平面内的圆形截面拉弯构件和压弯构件 $\frac{N}{A_n} + \frac{\sqrt{M_x^2+M_y^2}}{\gamma_m W_n} \leqslant f$	
		稳定	（1）除圆管截面外，弯矩作用在对称轴平面内的实腹式压弯构件 弯矩作用平面内的稳定性 $\frac{N}{\varphi_x A f} + \frac{\beta_{mx} M_x}{\gamma_x W_{1x}(1-0.8N/N'_{Ex}) f} \leqslant 1.0$ 弯矩作用平面外的稳定性 $\frac{N}{\varphi_y A f} + \eta \frac{\beta_{tx} M_x}{\varphi_b W_{1x} f} \leqslant 1.0$ $\left\lvert\frac{N}{Af} - \frac{\beta_{mx}M_x}{\gamma_x W_{2x}(1-1.25N/N'_{Ex})f}\right\rvert \leqslant 1.0$ （2）格构式压弯构件 1）弯矩绕虚轴作用 弯矩作用平面内的整体稳定性 $\frac{N}{\varphi_x A f} + \frac{\beta_{mx}M_x}{W_{1x}(1-N/N'_{Ex})f} \leqslant 1.0$ 弯矩作用平面外的整体稳定性可不计算，但应计算分肢的稳定性，分肢的轴心力应按桁架的弦杆计算。对缀板柱的分肢尚应考虑由剪力引起的局部弯矩； 2）弯矩绕实轴作用的格构式压弯构件，其弯矩作用平面内和平面外的稳定性计算均与实腹式构件相同，但在计算弯矩作用平面外的整体稳定性时，长细比应取换算长细比，φ_b 应取 1.0； （3）双向压弯圆管（当柱段中没有很大横向力或集中弯矩时） $\frac{N}{\varphi A f} + \frac{\beta M}{\gamma_x W(1-0.8N/N'_{Ex})f} \leqslant 1.0$ （4）双轴对称实腹式工字形和箱形截面的压弯构件弯矩作用在两个主平面内 $\frac{N}{\varphi_x A f} + \frac{\beta_{mx}M_x}{\gamma_x W(1-0.8N/N'_{Ex})f} + \eta\frac{\beta_{ty}M_y}{\varphi_{by}W_y f} \leqslant 1.0$ $\frac{N}{\varphi_y A f} + \eta\frac{\beta_{tx}M_x}{\varphi_{bx}W_x f} + \frac{\beta_{my}M_y}{\gamma_y W_y(1-0.8N/N'_{Ex})f} \leqslant 1.0$ （5）双肢格构式压弯构件 弯矩作用在两个主平面内 1）按整体计算 $\frac{N}{\varphi_x A f} + \frac{\beta_{mx}M_x}{W_{1x}(1-N/N'_{Ex})f} + \frac{\beta_{ty}M_y}{W_{1y}f} \leqslant 1.0$ 2）按分肢计算 在 N 和 M_x 作用下，将分肢作为桁架弦杆计算其轴心力，M_y 按计算分配给两分肢，按实腹式压弯构件计算分肢稳定性 分肢 1：$M_{y1} = \frac{I_1/y_1}{I_1/y_1+I_2/y_2}\cdot M_y$ 分肢 2：$M_{y2} = \frac{I_2/y_2}{I_1/y_1+I_2/y_2}\cdot M_y$	$N'_{Ex} = \pi^2 EA(1.1\lambda_x^2)$ $W_{1x} = I_x y_0$ φ_x、N'_{Ex} 由换算长细比确定 $M = \max(\sqrt{M_{xA}^2+M_{yA}^2}, \sqrt{M_{xB}^2+M_{yB}^2})$ $\beta_x = 1-0.35\sqrt{\frac{N}{N_E}} + 0.35\sqrt{\frac{N}{N_E}}\left(\frac{M_{2x}}{M_{1x}}\right)$ $\beta_y = 1-0.35\sqrt{\frac{N}{N_E}} + 0.35\sqrt{\frac{N}{N_E}}\left(\frac{M_{2y}}{M_{1y}}\right)$ $N_E = \frac{\pi^2 EA}{\lambda^2}$ W_x、W_y 为对强轴和弱轴的毛截面抵抗矩 $N'_{Ey} = \pi^2 EA(1.1\lambda_x^2)$

注：表中符号

N——轴心拉力或轴心压力；

A_n——净截面面积；

f——钢材的抗拉、抗压、抗弯强度设计值；

n——在节点或拼接处，构件一端连接的高强度螺栓数；

n_1——所计算截面（最外侧螺栓处）上高强度螺栓数；

A——构件的毛截面面积；

φ——轴心受压构件的稳定系数（取截面两主轴稳定系数中的较小者）；

f_y——钢材的屈服强度；

ε_k——钢号修正系数，其值为235与钢材牌号中屈服点数值的比值的平方根；

M_x、M_y——绕x轴、y轴的弯矩；

W_{nx}、W_{ny}——对x轴、y轴的净截面抵抗矩；

γ_x、γ_y——截面塑性发展系数（I字形截面$\gamma_x=1.05$，$\gamma_y=1.20$；对箱形截面$\gamma_x=\gamma_y=1.05$）

σ_{max}——腹板计算高度边缘的最大压应力，计算时不考虑构件的稳定系数和截面塑性发展系数；

σ_{min}——腹板计算高度另一边缘相应的应力取正值，拉应力取负值；

V——计算截面沿腹板平面作用的剪力；

β_{tx}、β_{ty}——等效弯矩系数；

φ_{bx}、φ_{by}——均匀弯曲的受弯构件整体稳定性系数；

S——计算剪应力处以上毛截面对中和轴的面积矩；

I——毛截面惯性矩；

t_w——腹板厚度；

f_v——钢材的抗剪强度设计值；

F——集中荷载，对动力荷载应考虑动力系数；

φ——集中荷载增大系数，对重级工作制吊车梁$\varphi=1.0$；

l_z——集中荷载在腹板计算高度上边缘的假定分布长度；

W_x、W_y——按受压纤维确定的对x轴、y轴毛截面抵抗矩；

φ_b——绕强轴弯曲所确定的梁整体稳定系数；

h_0——腹板的计算高度；

φ_x——在弯矩作用平面内的轴心受压构件稳定系数；

W_{1x}——弯矩作用平面内较大受压纤维的毛截面抵抗矩；

φ_y——弯矩作用平面外的轴心受压构件构件稳定系数；

η——截面影响系数，闭口截面$\eta=0.7$，其他截面$\eta=1.0$；

N'_{Ex}——参数，$N'_{Ex}=\pi^2EA(1.1\lambda_x^2)$；

β_{mx}、β_{my}——等效弯矩系数；

φ_b——梁的整体稳定系数；

I_1、I_2——分肢1、分肢2对y轴的惯性矩；

y_1、y_2——M_y作用的主轴平面至分肢1、分肢2轴线的距离；

λ——构件两方向长细比的较大值；

$\lambda_{n,b}$——正则化宽厚比或正则化长细比。

2. 连接计算公式表（表6-97）

连接计算公式表 **表6-97**

序号	连接种类	计算内容	计算公式	备注
1	焊缝连接	对接焊缝	（1）在对接接头和T形接头中，垂直于轴心拉力或轴心压力的对接焊缝或对接与角接组合焊缝 $$\sigma=\frac{N}{l_w h_e}\leqslant f_t^w \text{ 或 } f_c^w$$ （2）在对接接头和T形接头中，承受弯矩和剪力共同作用的对接焊缝或对接与角接组合焊缝，其下应力和剪应力分别进行计算，在同时受有较大正应力和剪应力处，应计算折算应力 $$\sqrt{\sigma^2+3\tau^2}\leqslant 1.1f_t^w$$	

续表

序号	连接种类	计算内容	计算公式	备注
1	焊缝连接	直角角焊缝	（1）在通过焊缝形心的拉力、压力或剪力作用下：正面角焊缝（作用力垂直于焊缝长度方向时）： $$\sigma_f=\frac{N}{l_w h_e}\leqslant\beta_f f_f^w$$ 侧面角焊缝（作用力平行于焊缝长度方向时）： $$\tau_f=\frac{N}{l_w h_e}\leqslant f_f^w$$ （2）在各种力综合作用下，σ_f 和 τ_f 共同作用处： $$\sqrt{\left(\frac{\sigma_f}{\beta_f}\right)^2+\tau_f^2}\leqslant f_f^w$$	
		斜角角焊缝	按直角角焊缝公式计算，但取 $\beta_f=1.0$，计算厚度应符合： 当根部间隙 b、b_1 或 $b_2\leqslant 1.5$mm 时，$h_e=h_f\cos\frac{\alpha}{2}$ 当根部间隙 b、b_1 或 $b_2>1.5$mm 但≤5mm 时， $$h_e=\left[h_f-\frac{b(或b_1、b_2)}{\sin\alpha}\right]\cos\frac{\alpha}{2}$$	α 为两焊脚边的夹角
			按直角角焊缝公式计算，当熔合线处焊缝截面边长等于或接近于最短距离 s 时，抗剪强度设计值应按角焊缝的强度设计值乘以0.9，在垂直焊缝长度方向的压力作用下，取 $\beta_f=1.22$，其他受力情况取 $\beta_f=1.0$ 计算厚度应符合： V形坡口，当 $\alpha\geqslant60°$时，$h_e=s$ 当 $\alpha<60°$时，$h_e=0.75s$ 单边V形和K形坡口，当 $\alpha=45°\pm5°$时，$h_e=s-3$ U形、J形坡口，当 $\alpha=45°\pm5°$时，$h_e=s$	s 为坡口根部至焊缝表面（不考虑余高）的最短距离 α 为V形、单边V形或K形坡口角度
		圆形塞焊焊缝和圆孔或槽孔内角焊缝	（1）圆形塞焊焊缝 $$\tau_f=\frac{N}{A_w}\leqslant f_f^w$$ （2）圆孔或槽孔内角焊缝 $$\tau_f=\frac{N}{l_w h_e}\leqslant f_f^w$$	
		角焊缝的搭接焊	当焊缝计算长度 l_w 超过 $60h_f$ 时，焊缝的承载力设计值应乘以折减系数 α_f，$\alpha_f=1.5-l_w/120h_f$，并不小于0.5	
		焊接截面工字形梁翼缘与腹板的焊缝	（1）双面角焊缝连接 $$\frac{1}{2h_e}\sqrt{\left(\frac{VS_f}{I}\right)^2+\left(\frac{\psi F}{\beta_f l_z}\right)^2}\leqslant f_f^w$$ 当梁上翼缘受有固定集中荷载时，宜在该处设置顶紧上翼缘的支承加劲肋，且 $F=0$； （2）当腹板与翼缘的连接焊缝采用焊透的T形对接与角接组合焊缝时，其焊缝强度可不计算	

续表

序号	连接种类	计算内容	计算公式	备注
1	焊接	焊接空心球节点	(1) 当空心球直径为 120～900mm 时，其受压和受拉承载力 $$N_R=\eta_0\left(0.29+0.54\frac{d}{D}\right)\pi t d f$$ 当空心球直径≤500mm 时，$\eta_0=1.0$；当空心球直径＞500mm 时，$\eta_0=0.9$； (2) 对于单层网壳结构，空心球承受压弯或拉弯 $$N_m=\eta_m N_R$$ (3) 对加肋空心球，当仅承受轴力或轴力与弯矩共同作用但以轴力为主（$\eta_m\geqslant 0.8$）且轴力方向和加肋方向一致时，其承载力可乘以加肋空心球承载力提高系数 η_d，受压球取 $\eta_d=1.4$，受拉球取 $\eta_d=1.1$； (4) 焊接空心球的设计及钢管杆件与空心球的连接应符合： 1) 网架和双层网壳空心球的外径与壁厚之比宜取 25～45；单层网壳空心球的外径与壁厚之比宜取 20～35；空心球外径与主钢管外径之比宜取 2.4～3.0；空心球壁厚与主钢管的壁厚之比宜取 1.5～2.0；空心球壁厚不宜小于 4mm； 2) 加肋空心球的肋板可用平台或凸台，采用凸台时，其高度不得大于 1mm； 3) 钢管杆件与空心球连接，钢管应开坡口，在钢管与空心球之间应留有一定缝隙并予以焊透，以实现焊缝与钢管等强，否则应按角焊缝计算； (5) 在确定空心球外径时，球面上相邻杆件之间的净距 a 不宜小于 10mm，空心球直径按下式计算： $$D=(d_1+2a+d_2)/\theta$$	
2	螺栓连接	普通螺栓、锚栓或铆钉的连接承载力	(1) 在普通螺栓或铆钉抗剪连接中，每个螺栓的承载力设计值应取受剪和承压承载力设计值中的较小者 受剪承载力设计值 普通螺栓：$N_v^b=n_v\dfrac{\pi d^2}{4}f_v^b$ 铆钉：$N_v^r=n_v\dfrac{\pi d_0^2}{4}f_v^r$ 承压承载力设计值： 普通螺栓：$N_c^b=d\Sigma t f_c^b$ 铆钉：$N_c^r=d_0\Sigma t f_c^r$ (2) 在普通螺栓、锚栓或铆钉杆轴向方向受拉的连接中，每个普通螺栓、锚栓或铆钉的承载力设计值应符合 普通螺栓：$N_t^b=\dfrac{\pi d_e^2}{4}f_t^b$ 锚栓：$N_t^a=\dfrac{\pi d_e^2}{4}f_t^a$ 铆钉：$N_t^r=\dfrac{\pi d_0^2}{4}f_t^r$ (3) 同时承受剪力和杆轴方向拉力的普通螺栓和铆钉，其承载力应符合： 普通螺栓：$\sqrt{\left(\dfrac{N_v}{N_v^b}\right)^2+\left(\dfrac{N_t}{N_t^b}\right)^2}\leqslant 1.0$ 铆钉：$\sqrt{\left(\dfrac{N_v}{N_v^r}\right)^2+\left(\dfrac{N_t}{N_t^r}\right)^2}\leqslant 1.0$	$N_v\leqslant N_c^b$ $N_v\leqslant N_c^r$

续表

序号	连接种类	计算内容	计算公式	备注
2	螺栓连接	高强度螺栓摩擦型连接	（1）受剪连接 $N_v^b = 0.9kn_f\mu P$ （2）螺栓杆轴方向受拉 $N_t^b = 0.8P$ （3）同时承受摩擦面的剪力和螺栓杆轴方向的外拉力 $\frac{N_v}{N_v^b} + \frac{N_t}{N_t^b} \leqslant 1.0$	
		承压型高强度螺栓抗剪连接	（1）承压型连接的高强度螺栓预拉力 P 的施拧工艺和设计值取值应与摩擦型连接高强度螺栓相同； （2）承压型连接中每个高强度螺栓的受剪承载力设计值，其计算方法与普通螺栓相同，但当计算剪切面在螺纹处时，其受剪承载力设计值应按螺纹处的有效截面积进行计算； （3）在杆轴受拉的连接中，每个高强度螺栓的受拉承载力设计值的计算方法与普通螺栓相同； （4）同时承受剪力和杆轴方向拉力的承压型连接： $\sqrt{\left(\frac{N_v}{N_v^b}\right)^2 + \left(\frac{N_t}{N_t^b}\right)^2} \leqslant 1.0$	$N_v \leqslant N_c^b/1.2$
		螺栓球节点	钢球直径应保证相邻螺栓在球体内不相碰并满足套筒接触面的要求，并符合下列公式中较大者 $D \geqslant \sqrt{\left(\frac{d_s^b}{\sin\theta} + d_1^b\cot\theta + 2\xi d_1^b\right)^2 + \lambda^2 d_1^{b^2}}$ $D \geqslant \sqrt{\left(\frac{\lambda d_s^b}{\sin\theta} + \lambda d_1^b\cot\theta\right)^2 + \lambda^2 d_1^{b^2}}$ 选用高强度螺栓的直径应由杆件内力确定，高强度螺栓的受拉承载力 $N_t^b = A_{eff} f_t^b$	10.9 级，f_t^b 取 430N/mm² 9.8 级，f_t^b 取 385N/mm²

注：表中符号

N_v^b、N_t^b、N_c^b——某个普通螺栓或承压型高强度螺栓的受剪、受拉和承压承载力设计值；

N——轴向拉力或压力；

t——在对接接头中为连接件的较小厚度，在T形接头中为腹板厚度；

f_t^w、f_c^w——对接焊缝的抗拉、抗压强度设计值；

σ_f——按焊缝有效截面（$h_e l_w$）计算，垂直于焊缝长度方向的应力；

τ_t——按焊缝有效截面计算，沿焊缝长度方向的剪应力；

h_e——角焊缝的计算厚度，对直角角焊缝等于 $0.7h_f$，h_f 为焊脚尺寸；

l_w——角焊缝的计算长度，对每条焊缝取其实际长度减去 $2h_f$；

f_t^w——角焊缝的强度设计值；

β_f——正面角焊缝的强度设计值增大系数，承受静力荷载和间接承受动力荷载的结构，$\beta_f = 1.22$；对直接承受动力花卉的结构，$\beta_f = 1.0$；

n_v——受剪面数目；

d——螺栓杆直径；

Σt——同一受力方向的承压构件总厚度的较小值；

f_v^b、f_c^b——螺栓的抗剪和承压强度设计值；

d_e——螺栓的抗剪和承压强度计算值；

f_t^b、f_t^a——普通螺栓、锚栓的抗拉强度设计值；

η_0——大直径空心球节点承载力调整系数；

N_v、N_t——某个普通螺栓或高强度螺栓所承受的剪力和应力；

k——孔型系数，标准孔取 1.0；大圆孔取 0.85；内力与槽孔长向垂直时取 0.7；内力与槽孔长向平行时取 0.6；

n_f——传力摩擦面数目；

μ——摩擦面的抗滑移系数；

P——每个高强度螺栓的预应力；

D——钢球直径；

θ——两相邻螺栓之间的最小夹角；

d_l^b——两相邻螺栓的较大直径；

d_s^b——两相邻螺栓的较小直径；

ξ——螺栓拧入球体长度与螺栓直径的比值，可取为 1.1；

λ——套筒外接圆直径与螺栓直径的比值，可取为 1.8；

A_{eff}——高强度螺栓的有效截面积。

6.5.3 钢管结构计算

6.5.3.1 一般及构造要求

（1）钢管连接节点适用于不直接承受动力荷载的钢管桁架、拱架、塔架等结构中的钢管间连接节点。

圆钢管的外径与壁厚之比不应超过 $100\varepsilon_k^2$；方（矩）形管的最大外缘尺寸与壁厚之比不应超过 $40\varepsilon_k$，ε_k 为钢号修正系数。

（2）钢管节点的构造应符合下列要求：

1）主管外径不应小于支管外径，主管壁厚不应小于支管壁厚；在支管与主管连接处不得将支管插入主管内；

2）主管和支管或两支管轴线之间的夹角不宜小于 30°；

3）主管和支管的连接节点处宜避免偏心；偏心不可避免时，其值不宜超过式（6-15）的限制：

$$-0.55 \leqslant e/D(\text{或 } eh) \leqslant 0.25 \tag{6-15}$$

4）支管端部应使用自动切管机切割，支管壁厚小于 6mm 时可不切坡口；

5）支管与主管的连接焊缝，除支管应沿全周连续焊接并平滑过渡；焊缝形式可沿全周采用角焊缝，或部分采用对接焊缝，部分采用角焊缝，其中支管管壁与主管管壁之间的夹角大于或等于 120°的区域宜采用对接焊缝或带坡口的角焊缝；角焊缝的焊脚尺寸不宜大于支管壁厚的 2 倍；搭接支管周边焊缝宜为 2 倍支管壁厚；

6）在主管表面焊接的相邻支管的间隙 a 不应小于两支管壁厚之和。

（3）支管搭接型的直接焊接节点的构造尚应符合下列规定：

1）支管搭接的平面 K 形或 N 形节点，其搭接率 $\eta_{ov} = q/p \times 100\%$ 应满足 $25\% \leqslant \eta_{ov} \leqslant 100\%$，且应确保在搭接的支管之间的连接焊缝能可靠地传递内力；

2）当互相搭接的支管外部尺寸不同时，外部尺寸较小者应搭接在尺寸较大者上；当支管壁厚不同时，较小壁厚者应搭接在尺寸较大者上；承受轴心压力的支管宜在下方。

（4）无加劲直接焊接方式不能满足承载力要求时，可按下列规定在主管内设置横向加劲板：

1）支管以承受轴力为主时，可在主管内设1道或2道加劲板；节点需满足抗弯连接要求时，应设2道加劲板；加劲板中面宜垂直于主管轴线；当主管为圆管，设置1道加劲板时，加劲板宜设置在支管与主管相贯面的鞍点处，设置2道加劲板时，加劲板宜设置在距相贯面冠点 $0.1D_1$ 附近，D_1 为支管外径；主管为方管时，加劲肋宜设置2块；

2）加劲板厚度不得小于支管壁厚，也不宜小于主管壁厚的2/3和主管内径的1/40；加劲板中央开孔时，环板宽度与板厚的比值不宜大于 $15\varepsilon_k$；

3）加劲板宜采用部分熔透焊缝焊接，主管为方管的加劲板靠支管一边与两侧边宜采用部分熔透焊接，与支管连接反向一边可不焊接；

4）当主管直径较小，加劲板的焊接必须断开主管时，主管的拼接焊缝宜设置在距支管相贯焊缝最外侧冠点80mm以外处。

（5）钢管直接焊接节点采用主管表面贴加强板的方法加强时，应符合下列规定：

1）主管为圆管时，加强板宜包覆主管半圆，长度方向两侧均应超过支管最外侧焊缝50mm以上，但不宜超过支管直径的2/3，加强板厚度不宜小于4mm；

2）主管为方（矩）形管且在与支管相连表面设置加强板，加强板长度 l_p 按照：

T、Y和X形节点

$$l_p \geqslant \frac{h_1}{\sin\theta_1} + \sqrt{b_p(b_p - b_1)} \tag{6-16}$$

K形间隙节点

$$l_p \geqslant 1.5\left(\frac{h_1}{\sin\theta_1} + a + \frac{h_2}{\sin\theta_1}\right) \tag{6-17}$$

加强板宽度 b_p 宜接近主管宽度，并预留适当的焊缝位置，加强板厚度不宜小于支管最大厚度的2倍；

3）主管为方（矩）形管且在主管两侧表面设置加强板时，K形间隙节点的加强板长度 l_p 按式（6-17）确定，T和Y形节点的加强板长度 l_p 按式（6-18）确定：

$$l_p \geqslant \frac{1.5h_1}{\sin\theta_1} \tag{6-18}$$

加强板与主管应采用四周围焊。对于K、N形节点焊缝有效高度不应小于腹杆壁厚。焊接前宜在加强板上先钻一个排气小孔，焊后应用塞焊将孔封闭。

6.5.3.2 圆钢管直接焊接节点和局部加劲节点的计算

（1）圆钢管连接节点应符合下列规定：

1）支管与主管外径及壁厚之比均不得小于0.2，且不得大于1.0；

2）主支管轴线间的夹角不得小于30°；

3）支管轴线在主管横截面所在平面投影的夹角不得小于60°，且不得大于120°。

（2）无加劲直接焊接的平面节点，当支管按仅承受轴心力的构件设计时，支管在节点处的承载力设计值不得小于其轴心力设计值；

1）平面X形节点

受压支管在管节点处的承载力设计值 N_{cX}

$$N_{cX} = \frac{5.45}{(1-0.81\beta)\sin\theta}\ \psi_n t^2 f \tag{6-19}$$

$$\beta = D_i / D \tag{6-20}$$

$$\psi_n = 1 - 0.3\frac{\sigma}{f_y} - 0.3\left(\frac{\sigma}{f_y}\right)^2 \tag{6-21}$$

受拉支管在管节点处的承载力设计值 N_{tX}

$$N_{tX} = 0.78\left(\frac{D}{t}\right)^{0.2} N_{cX} \tag{6-22}$$

2）平面T形（或Y形）节点

受压支管在管节点处的承载力设计值 N_{cT}

$$N_{cT} = \frac{11.51}{\sin\theta}\left(\frac{D}{t}\right)^{0.2} \psi_n \psi_d t^2 f \tag{6-23}$$

当 $\beta \leqslant 0.7$ 时 $\qquad \psi_d = 0.069 + 0.96\beta \qquad (6\text{-}24)$

当 $\beta > 0.7$ 时 $\qquad \psi_d = 2\beta - 0.68 \qquad (6\text{-}25)$

受拉支管在管节点处的承载力设计值 N_{tT}

当 $\beta \leqslant 0.6$ 时 $\qquad N_{tT} = 1.4 N_{cT} \qquad (6\text{-}26)$

当 $\beta > 0.6$ 时 $\qquad N_{tT} = (2-\beta) N_{cT} \qquad (6\text{-}27)$

3）平面K形间隙节点

受压支管在管节处的承载力设计值 N_{cK}

$$N_{cK} = \frac{11.51}{\sin\theta}\left(\frac{D}{t}\right)^{0.2} \psi_n \psi_d \psi_a t^2 f \tag{6-28}$$

$$\psi_a = 1 + \left(\frac{2.19}{1+7.5a/D}\right)\left(1 - \frac{20.1}{6.6+D/t}\right)(1-0.77\beta) \tag{6-29}$$

受拉支管在管节处的承载力设计值 N_{tK}

$$N_{tK} = \frac{\sin\theta_c}{\sin\theta_t} N_{cK} \tag{6-30}$$

4）平面K形搭接节点

受压支管 N_{cK}

$$N_{cK} = \left(\frac{29}{\psi_q + 25.2} - 0.074\right) A_c f \tag{6-31}$$

受拉支管 N_{tK}

$$N_{tK} = \left(\frac{29}{\psi_q + 25.2} - 0.074\right) A_c f \tag{6-32}$$

$$\psi_q = \beta^{\mathrm{lov}} \gamma \tau^{0.8-\eta_{ov}} \tag{6-33}$$

$$\gamma = D/(2t) \tag{6-34}$$

$$\tau = t_i / t \tag{6-35}$$

5）平面DY形节点

两受压支管在管节点处的承载力设计值 N_{cDY}

$$N_{cDY} = N_{cX} \tag{6-36}$$

6）平面DK形节点

荷载正对称节点，四支管同时受压时，支管在管节点处的承载力应按式（6-37）和式（6-38）验算

$$N_1 \sin\theta_1 + N_2 \sin\theta_2 \leqslant N_{cXi} \sin\theta_i \tag{6-37}$$

$$N_{cXi}\sin\theta_i = \max(N_{cX1}\sin\theta_1, \sin\theta_2) \tag{6-38}$$

荷载正对称节点，四支管同时受拉时，支管在管节点处的承载力应按式（6-39）和式（6-40）验算

$$N_1\sin\theta_1 + N_2\sin\theta_2 \leqslant N_{tXi}\sin\theta_i \tag{6-39}$$

$$N_{tXi}\sin\theta_i = \max(N_{tX1}\sin\theta_1, N_{tX2}\sin\theta_2) \tag{6-40}$$

荷载反对称节点

$$N_1 \leqslant N_{cK} \tag{6-41}$$

$$N_2 \leqslant N_{tK} \tag{6-42}$$

对于荷载反对称作用的间隙节点，还需补充验算截面的塑性剪切承载力

$$\sqrt{\left(\frac{\sum N_i\sin\theta_i}{V_{pl}}\right)^2 + \left(\frac{N_a}{N_{pl}}\right)^2} \leqslant 1.0 \tag{6-43}$$

$$V_{pl} = \frac{2}{\pi}Af_v \tag{6-44}$$

$$N_{pl} = \pi(D-t)tf \tag{6-45}$$

7）平面 KT 形节点

对有间隙的 KT 形节点，当竖杆不受力，可按没有竖杆的 K 形节点计算，其间隙值 a 取为两斜杆的趾间距；当竖杆受压力时，可按式（6-46）和式（6-47）计算

$$N_1\sin\theta_1 + N_3\sin\theta_3 \leqslant N_{cK1}\sin\theta_1 \tag{6-46}$$

$$N_2\sin\theta_2 \leqslant N_{cK1}\sin\theta_1 \tag{6-47}$$

当竖杆受拉力时

$$N_1 \leqslant N_{cK1} \tag{6-48}$$

8）T、Y、X 形和有间隙的 K、N 形、平面 KT 形节点的冲剪验算，支管在节点处的冲剪承载力设计值 N_{si}

$$N_{si} = \pi\frac{1+\sin\theta_i}{2\sin^2\theta_i}tD_if_v \tag{6-49}$$

（3）无加劲直接焊接的空间节点，当支管按仅承受轴力的构件设计时，支管在节点处的承载力设计值不得小于其轴心力设计值；

1）空间 TT 形节点

受压支管在管节点处的承载力设计值 N_{cTT}

$$N_{cTT} = \psi_{a0}N_{cT} \tag{6-50}$$

$$\psi_{a0} = 1.28 - 0.64\frac{a_0}{D} \leqslant 1.1 \tag{6-51}$$

受拉支管在管节点处的承载力设计值 N_{tTT}

$$N_{tTT} = N_{cTT} \tag{6-52}$$

2）空间 KK 形节点

受压或受拉支管在空间管节点处的承载力设计值 N_{cKK} 或 N_{tKK} 应分别按平面 K 形节点相应支管承载力设计值 N_{cK} 或 N_{tK} 乘以空间调整系数 μ_{KK}

支管为非全搭接型

$$\mu_{KK} = 0.9 \tag{6-53}$$

支管为全搭接型

$$\mu_{\mathrm{KK}} = 0.74\gamma^{0.1}\exp(0.6\xi_{\mathrm{t}}) \tag{6-54}$$

$$\xi_{\mathrm{t}} = \frac{q_0}{D} \tag{6-55}$$

3）空间 KT 形圆管节点

K 形受压支管在管节点处的承载力设计值 N_{cKT}

$$N_{\mathrm{cKT}} = Q_{\mathrm{n}}\mu_{\mathrm{KT}}N_{\mathrm{cK}} \tag{6-56}$$

$$Q_{\mathrm{n}} = \frac{1}{1+\dfrac{0.7n_{\mathrm{KT}}^2}{1+0.6n_{\mathrm{KT}}^2}} \tag{6-57}$$

$$n_{\mathrm{KT}} = N_{\mathrm{T}}/\mid N_{\mathrm{cK}}\mid \tag{6-58}$$

$$\begin{aligned}&\mu_{\mathrm{KT}} = 1.15\beta_{\mathrm{T}}^{0.07}\exp(-0.2\xi_0) && \text{空间 KT 形间隙节点}\\ &\mu_{\mathrm{KT}} = 1.0 && \text{空间 KT 形平面内搭接节点}\\ &\mu_{\mathrm{KT}} = 0.74\gamma^{0.1}\exp(-0.25\xi_0) && \text{空间 KT 形全搭接节点}\end{aligned} \tag{6-59}$$

$$\xi_0 = \frac{a_0}{D}\text{或}\frac{q_0}{D} \tag{6-60}$$

K 形受拉支管在管节点处的承载力设计值 N_{tKT}

$$N_{\mathrm{tKT}} = Q_{\mathrm{n}}\mu_{\mathrm{KT}}N_{\mathrm{tK}} \tag{6-61}$$

T 形支管在管节点处的承载力设计值 N_{KT}

$$N_{\mathrm{KT}} = \mid n_{\mathrm{TK}}\mid N_{\mathrm{cKT}} \tag{6-62}$$

（4）无加劲直接焊接的平面 T、Y、X 形节点，当支管承受弯矩作用时，节点承载力应按下列规定计算：

1）支管在管节点处的平面内受弯承载力设计值 $M_{i\mathrm{T}}$

$$M_{i\mathrm{T}} = Q_{\mathrm{x}}Q_{\mathrm{f}}\frac{D_i t^2 f}{\sin\theta} \tag{6-63}$$

$$Q_{\mathrm{x}} = 6.09\beta\gamma^{0.42} \tag{6-64}$$

当节点两侧或一侧主管受拉

$$Q_{\mathrm{f}} = 1 \tag{6-65}$$

当节点两侧主管受压

$$Q_{\mathrm{f}} = 1-0.3n_{\mathrm{p}}-0.3n_{\mathrm{p}}^2 \tag{6-66}$$

$$n_{\mathrm{p}} = \frac{N_{\mathrm{op}}}{Af_{\mathrm{y}}}+\frac{M_{\mathrm{op}}}{Wf_{\mathrm{y}}} \tag{6-67}$$

当 $D_i \leqslant D-2t$ 时，平面内弯矩不应大于式（6-68）规定的抗冲剪承载力设计值

$$M_{\mathrm{s}i\mathrm{T}} = \left(\frac{1+3\sin\theta}{4\sin^2\theta}\right)D_i^2 t f_{\mathrm{v}} \tag{6-68}$$

2）支管在管节点处的平面外受弯承载力设计值 M_{oT}

$$M_{\mathrm{oT}} = Q_{\mathrm{y}}Q_{\mathrm{f}}\frac{D_i t^2 f}{\sin\theta} \tag{6-69}$$

$$Q_{\mathrm{y}} = 3.2\gamma^{(0.5\beta^2)} \tag{6-70}$$

当 $D_i \leqslant D-2t$ 时，平面外弯矩不应大于式（6-71）规定的抗冲剪承载力设计值

$$M_{\mathrm{soT}}=\left(\frac{3+\sin\theta}{4\sin^2\theta}\right)D_i^2 t f_{\mathrm{v}} \tag{6-71}$$

3）支管在平面内、外弯矩和轴力组合作用下的承载力应按式（6-68）计算

$$\frac{N}{N_j}+\frac{M_i}{M_{i\mathrm{T}}}+\frac{M_{\mathrm{o}}}{M_{\mathrm{oT}}}\leqslant 1.0 \tag{6-72}$$

（5）支管为方（矩）形管的平面 T、X 形节点，支管在节点处的承载力应按下列规定计算：

1）T 形节点

支管在节点处的轴向承载力设计值

$$N_{\mathrm{TR}}=(4+20\beta_{\mathrm{RC}}^2)(1+0.25\eta_{\mathrm{RC}})\psi_{\mathrm{n}}t^2 f \tag{6-73}$$

$$\beta_{\mathrm{RC}}=\frac{b_1}{D} \tag{6-74}$$

$$\eta_{\mathrm{RC}}=\frac{h_1}{D} \tag{6-75}$$

支管在节点处的平面内受弯承载力设计值

$$M_{i\mathrm{TR}}=h_1 N_{\mathrm{TR}} \tag{6-76}$$

支管在节点处的平面外受弯承载力设计值

$$M_{\mathrm{oTR}}=0.5b_1 N_{\mathrm{TR}} \tag{6-77}$$

2）X 形节点

节点轴向承载力设计值

$$N_{\mathrm{XR}}=\frac{5(1+0.25\eta_{\mathrm{RC}})}{1-0.81\beta_{\mathrm{RC}}}\psi_{\mathrm{n}}t^2 f \tag{6-78}$$

节点平面内受弯承载力设计值

$$N_{i\mathrm{XR}}=h_i N_{\mathrm{XR}} \tag{6-79}$$

节点平面外受弯承载力设计值

$$M_{\mathrm{oXR}}=0.5b_i N_{\mathrm{XR}} \tag{6-80}$$

3）节点尚应按下式进行冲剪计算

$$(N_1 A_1+M_{\mathrm{x1}}/W_{\mathrm{x1}}+M_{\mathrm{y1}}/W_{\mathrm{y1}})t_1\leqslant tf_{\mathrm{v}} \tag{6-81}$$

（6）T（Y）、X 或 K 形间隙节点及其他非搭接节点中，支管为圆管时的焊缝承载力设计值应按下列规定计算：

1）支管仅受轴力作用，非搭接支管与主管的连接焊缝可视为全周角焊缝进行计算，角焊缝的计算厚度沿支管周长取 $0.7h_{\mathrm{f}}$，焊缝承载力设计值 N_{f} 可按式（6-82）～式（6-84）计算

$$N_{\mathrm{f}}=0.7h_{\mathrm{f}}l_{\mathrm{w}}f_{\mathrm{f}}^{\mathrm{w}} \tag{6-82}$$

当 $D_i/D\leqslant 0.65$ 时 $$l_{\mathrm{w}}=(3.25D_i-0.025D)\left(\frac{0.534}{\sin\theta_i}+0.446\right) \tag{6-83}$$

当 $0.65<D_i/D\leqslant 1$ 时 $$l_{\mathrm{w}}=(3.81D_i-0.389D)\left(\frac{0.534}{\sin\theta_i}+0.446\right) \tag{6-84}$$

2）平面内弯矩作用下，支管与主管的连接焊缝可视为全周角焊缝进行计算。角焊缝的计算厚度沿支管周长取 $0.7h_{\mathrm{f}}$，焊缝承载力设计值 $M_{\mathrm{f}i}$ 可按式（6-85）～式（6-89）计算

$$M_{fi}=W_{fi}f_{f}^{w} \tag{6-85}$$

$$W_{fi}=\frac{I_{fi}}{x_{c}+D/(2\sin\theta_{i})} \tag{6-86}$$

$$x_{c}=(-0.34\sin\theta_{i}+0.34)\cdot(2.188\beta^{2}+0.059\beta+0.188)\cdot D_{i} \tag{6-87}$$

$$I_{fi}=\left(\frac{0.826}{\sin^{2}\theta}+0.133\right)\cdot(1.04+0.124\beta-0.322\beta^{2})\cdot\frac{\pi}{64}\cdot\frac{(D+1.4h_{f})^{4}-D^{4}}{\cos\varphi_{fi}} \tag{6-88}$$

$$\phi_{fi}=\arcsin(D_{i}/D)=\arcsin\beta \tag{6-89}$$

3）平面外弯矩作用下，支管与主管的连接焊缝可视为全周角焊缝进行计算，角焊缝的计算厚度沿支管周长取 $0.7h_{f}$，焊缝承载力设计值 M_{fo} 可按式（6-90）～式（6-93）计算

$$M_{fo}=W_{fo}f_{f}^{w} \tag{6-90}$$

$$W_{fo}=\frac{I_{fo}}{D/(2\cos\phi_{fo})} \tag{6-91}$$

$$I_{fo}=(0.26\sin\theta+0.74)\cdot(1.04-0.06\beta)\cdot\frac{\pi}{64}\cdot\frac{(D+1.4h_{f})^{4}-D^{4}}{\cos^{3}\phi_{fo}} \tag{6-92}$$

$$\phi_{fo}=\arcsin(D_{i}/D)=\arcsin\beta \tag{6-93}$$

6.5.3.3　矩形钢管直接焊接节点和局部加劲节点的计算

（1）无加劲直接焊接的平面节点，当支管按仅承受轴心力的构件设计时，支管在节点处的承载力设计值不得小于其轴心力设计值

1）支管为矩形管的平面 T、Y 和 X 形节点

① 当 $\beta\leqslant0.85$ 时，支管在节点处的承载力设计值 N_{ui}

$$N_{ui}=1.8\left(\frac{h_{i}}{bC\sin\theta_{i}}+2\right)\frac{t^{2}f}{C\sin\theta_{i}}\psi_{n} \tag{6-94}$$

$$C=(1-\beta)^{0.5} \tag{6-95}$$

当主管受压时 $$\psi_{n}=1.0-\frac{0.25\sigma}{\beta f} \tag{6-96}$$

当主管受拉时 $$\psi_{n}=1.0 \tag{6-97}$$

② 当 $\beta=1.0$ 时，支管在节点处的承载力设计值 N_{ui}

$$N_{ui}=\left(\frac{2h_{i}}{\sin\theta_{i}}+10t\right)\frac{tf_{k}}{\sin\theta_{i}}\psi_{n} \tag{6-98}$$

对于 X 形节点，当 $\theta_{i}<90^{\circ}$ 且 $h\geqslant h_{i}/\cos\theta_{i}$ 时，应按下式计算

$$N_{ui}=\frac{2htf_{v}}{\sin\theta_{i}} \tag{6-99}$$

当主管受拉时 $$f_{k}=f \tag{6-100}$$

当主管受压时

对T、Y 形节点 $$f_{k}=0.8\varphi f \tag{6-101}$$

对 X 形节点 $$f_{k}=(0.65\sin\theta_{i})\varphi f \tag{6-102}$$

③ 当 $0.85<\beta<1.0$ 时，支管在节点处的承载力设计值 N_{ui} 应按式（6-103）计算的值，根据 β 进行线性插值

$$N_{ui}=2.0(h_{i}-2t_{i}+b_{ei})t_{i}f_{i} \tag{6-103}$$

$$b_{ei}=\frac{10}{b/t}\cdot\frac{tf_{y}}{t_{i}f_{yi}}\cdot b_{i}\leqslant b_{i}\tag{6-104}$$

④ $0.85\leqslant\beta<1-2t/b$ 时，N_{ui} 尚应不超过

$$N_{ui}=2.0\left(\frac{h_{i}}{\sin\theta_{i}}+b'_{ei}\right)\frac{t_{i}f_{v}}{\sin\theta_{i}}\tag{6-105}$$

$$b'_{ei}=\frac{10}{b/t}\cdot b_{i}\leqslant b_{i}\tag{6-106}$$

2）支管为矩形管的有间隙的平面 K 形和 N 形节点

① 节点处任一支管的承载力设计值应取式（6-107）～式（6-109）计算结果的较小值

$$N_{ui}=\frac{8}{\sin\theta_{i}}\beta\left(\frac{b}{2t}\right)^{0.5}t^{2}f\psi_{n}\tag{6-107}$$

$$N_{ui}=\frac{A_{v}f_{v}}{\sin\theta_{i}}\tag{6-108}$$

$$N_{ui}=2.0\left(h_{i}+2t_{i}+\frac{b_{i}+b_{ei}}{2}\right)t_{i}f_{i}\tag{6-109}$$

当 $\beta\leqslant1-2t/b$ 时，N_{ui} 尚应不超过

$$N_{ui}=2.0\left(\frac{h_{i}}{\sin\theta_{i}}+\frac{b_{i}+b'_{ei}}{2}\right)\frac{tf_{v}}{\sin\theta_{i}}\tag{6-110}$$

$$A_{v}=(2h+\alpha b)t\tag{6-111}$$

$$\alpha=\sqrt{\frac{3t^{2}}{3t^{2}+4a^{2}}}\tag{6-112}$$

② 节点间隙处的主管轴心受力承载力设计值

$$N=(A-a_{v}A_{v})f\tag{6-113}$$

$$a_{v}=1-\sqrt{1-\left(\frac{V}{V_{p}}\right)^{2}}\tag{6-114}$$

$$V_{p}=A_{v}f_{v}\tag{6-115}$$

3）支管为矩形管的搭接的平面 K 形和 N 形节点

搭接支管的承载力设计值应根据不同的搭接率 η_{ov} 按下列公式计算

当 $25\%\leqslant\eta_{ov}<50\%$ 时

$$N_{ui}=2.0\left[(h_{i}-2t_{i})\frac{\eta_{ov}}{0.5}+\frac{b_{ei}+b_{ej}}{2}\right]t_{i}f_{i}\tag{6-116}$$

$$b_{ej}=\frac{10}{b_{j}/t_{j}}\cdot\frac{t_{j}f_{yj}}{t_{i}f_{yi}}\cdot b_{i}\leqslant b_{i}\tag{6-117}$$

当 $50\%\leqslant\eta_{ov}<80\%$ 时 $$N_{ui}=2.0\left[h_{i}-2t_{i}+\frac{b_{ei}+b_{ej}}{2}\right]t_{i}f_{i}\tag{6-118}$$

当 $80\%\leqslant\eta_{ov}<100\%$ 时 $$N_{ui}=2.0\left[h_{i}-2t_{i}+\frac{b_{ei}+b_{ej}}{2}\right]t_{i}f_{i}\tag{6-119}$$

被搭接支管的承载力应满足

$$\frac{N_{uj}}{A_{j}f_{yj}}\leqslant\frac{N_{ui}}{A_{i}f_{yi}}\tag{6-120}$$

4）支管为矩形管的平面 KT 形节点

① 当为间隙 KT 形节点时，若垂直支管内力为零，则假设垂直支管不存在，按 K 形节点计算；若垂直支管内力不为零，可通过对 K 形和 N 形节点的承载力公式进行修正来计算，此时 $\beta \leqslant (b_1+b_2+b_3+h_1+h_2+h_3)/(6b)$，间隙值取为两根受力较大且力的符号相反（拉或压）的腹杆间的最大间隙；

② 当为搭接 KT 形方管节点时，可采用搭接 K 形和 N 形节点的承载力公式检验每一根支管的承载力，计算支管有效宽度时应注意支管搭接次序。

5）支管为圆管的 T、Y、X、K 及 N 形节点时，支管在节点处的承载力可用上述相应的支管为矩形管的节点的承载力公式计算，这时需用 D_i 替代 b_i 和 h_i，并将计算结果乘以 $\pi/4$。

（2）无加劲直接焊接的 T 形方管节点，当支管承受弯矩作用时，节点承载力应按下列规定计算

1）当 $\beta \leqslant 0.85$ 且 $n \leqslant 0.6$ 时

$$\left(\frac{N}{N_{\mathrm{ul}}^{*}}\right)^2+\left(\frac{M}{M_{\mathrm{ul}}}\right)^2 \leqslant 1.0 \tag{6-121}$$

当 $\beta \leqslant 0.85$ 且 $n>0.6$，或 $\beta>0.85$ 时

$$\frac{N}{N_{\mathrm{ul}}^{*}}+\frac{M}{M_{\mathrm{ul}}} \leqslant 1.0 \tag{6-122}$$

2）N_{ul}^{*} 的计算应符合下列规定

当 $\beta \leqslant 0.85$ 时

$$N_{\mathrm{ul}}^{*}=t^2 f\left[\frac{h_1/b}{1-\beta}(2-n^2)+\frac{4}{\sqrt{1-\beta}}(1-n^2)\right] \tag{6-123}$$

当 $\beta>0.85$ 时按 1）相关规定计算；

M_{ul} 的计算应符合下列规定

当 $\beta \leqslant 0.85$ 时

$$M_{\mathrm{ul}}=t^2 h_1 f\left(\frac{b}{2h_1}+\frac{2}{\sqrt{1-\beta}}+\frac{h_1/b}{\beta}\right)(1-n^2) \tag{6-124}$$

$$n=\frac{\sigma}{f} \tag{6-125}$$

当 $\beta>0.85$ 时，其受弯承载力设计值取式（6-126）～式（6-127）中计算结果的较小值

$$M_{\mathrm{ul}}=\left[W_1-\left(1-\frac{b_{\mathrm{e}}}{b}\right)b_1 t_1(h_1-t_1)\right]f_1 \tag{6-126}$$

$$b_{\mathrm{e}}=\frac{10}{b/t}\cdot\frac{t f_{\mathrm{y}}}{t_1 f_{\mathrm{y1}}}b_1 \leqslant b_1 \tag{6-127}$$

当 $t \leqslant 2.75$mm 时，

$$M_{\mathrm{ul}}=0.595t(h_1+5t)^2(1-0.3n)f \tag{6-128}$$

当 2.75mm$<t\leqslant$14mm 时，

$$M_{\mathrm{ul}}=0.0025t(t^2-26.8t+304.6)(h_1+5t)^2(1-0.3n)f \tag{6-129}$$

（3）采用局部加强的方（矩）形管节点时，支管在节点加强处的承载力设计值应按下

列规定计算

1）主管与支管相连一侧采用加强板

① 对支管受拉的T、Y和X形节点，支管在节点处的承载力设计值应按式（6～130）～式（6-132）计算

$$N_{ui}=1.8\left(\frac{h_i}{b_p C_p \sin\theta_i}+2\right)\frac{t_p^2 f_p}{C_p \sin\theta_i} \tag{6-130}$$

$$C_p=(1-\beta_p)^{0.5} \tag{6-131}$$

$$\beta_p=b_i/b_p \tag{6-132}$$

② 对支管受压的T、Y和X形节点，当$\beta_p \leqslant 0.8$时可应按式（6-133）、式（6-134）进行加强板的设计

$$l_p \geqslant 2b/\sin\theta_i \tag{6-133}$$

$$t_p \geqslant 4t_1-t \tag{6-134}$$

2）对于侧板加强的T、Y、X和K形间隙方管节点，可用现行国家标准《钢结构设计标准》GB 50017第13.4.2条中相应的计算主管侧壁承载力的公式计算，此时用$t+tp$代替侧壁厚t，A_v取为$2h(t+tp)$。

（4）方（矩）形管节点处焊缝承载力不应小于节点承载力，支管沿周边与主管相焊时，连接焊缝的计算应符合下列规定

1）直接焊接的方（矩）形管节点中，轴心受力支管与主管的连接焊缝可视为全周角焊缝，焊缝承载力设计值N_f

$$N_f=h_e l_w f_f^w \tag{6-135}$$

2）支管为方（矩）形管时，角焊缝的计算长度可按下列公式计算

① 对于有间隙的K形和N形节点

当$\theta_i \geqslant 60°$时 $$l_w=\frac{2h_i}{\sin\theta_i}+b_i$$

当$\theta_i \leqslant 50°$时 $$l_w=\frac{2h_i}{\sin\theta_i}+2b_i$$

当$50°<\theta_i<60°$时，l_w按线性插值法确定

② 对于T、Y和X形节点

$$l_w=\frac{2h_i}{\sin\theta_i} \tag{6-136}$$

3）当支管为圆管时，焊缝计算长度为

$$l_w=\pi(a_0+b_0)-D_i$$

$$a_0=\frac{R_i}{\sin\theta_i} \tag{6-137}$$

$$b_0=R_i \tag{6-138}$$

6.5.4 钢与混凝土组合梁计算

组合梁为由混凝土翼板与钢梁通过抗剪连接件组成。翼板可用现浇混凝土板，并可用混凝土叠合板或压型钢板混凝土组合板。钢与混凝土组合梁计算见表6-98。

钢与混凝土组合梁计算表　　**表 6-98**

序号	构件类别	计算内容	计算公式	备注
1	完全抗剪连接组合梁	抗弯强度	正弯矩作用区段： （1）塑性中和轴在混凝土翼板内 $M \leqslant b_e x f_c y$ $x = Af/(b_e f_c)$ （2）塑性中和轴在钢梁截面内（即 $Af > b_e h_{c1} f_c$ 时） $M \leqslant b_e h_{c1} f_c y_1 + A_c f y_2$ $A_c = 0.5(A - b_e h_{c1} f_c / f)$ 负弯矩作用区段： $M' \leqslant M_s + A_{st} f_{st}(y_3 + y_4/2)$ $M_s \leqslant (s_1 + s_2) f$	
2	部分抗剪连接组合梁	抗弯强度	$x = n_r N_v^c / (b_e f_c)$ $A_c = (Af - n_r N_v^c)/(2f)$ $M_{u,r} = n_r N_v^c y_1 + 0.5(Af - n_r N_v^c) y_2$	
3	用塑性设计法计算组合梁	强度	下列部位不考虑弯矩与剪力的相互影响： （1）受正弯矩的组合梁截面； （2）$A_{st} f_{st} \geqslant 0.15Af$ 的受负弯矩的组合梁截面	
4	抗剪连接件	一个抗剪连接的承载力设计值	（1）圆柱头焊钉（栓钉）连接件 $N_v^c = 0.43 A_s \sqrt{E_c f_c} \leqslant 0.7 A_s f_u$ （2）槽钢连接件 $N_v^c = 0.26(t + 0.5 t_w) l_c \sqrt{E_c f_c}$ （3）用压型钢板混凝土组合板作翼板的组合梁，其栓钉连接件的抗剪承载力设计值 当压型钢板肋平行于钢梁布置时： $N_v^c = 0.43 A_s \sqrt{E_c f_c} \beta_v \leqslant 0.7 A_s f_u$ 当压型钢板肋垂直于钢梁布置时： $N_v^c = 0.43 A_s \sqrt{E_c f_c} \beta_v \leqslant 0.7 A_s f_u$ （4）位于负弯矩的抗剪连接件，其 N_v^c 乘以折减系数 0.9	$\beta_v = 0.6 \frac{b_w}{h_e}\left(\frac{h_d - h_c}{h_e}\right) \leqslant 1$ $\beta_v = \frac{0.85}{\sqrt{n_0}} \frac{b_w}{h_e}\left(\frac{h_d - h_c}{h_e}\right) \leqslant 1$

注：表中符号

M——正弯矩设计值；

A——钢梁的截面面积；

y——钢梁截面应力的合力至混凝土受压区截面应力的合力之距离；

f_c——混凝土抗压强度设计值；

A_c——钢梁受压区截面面积；

y_1——钢梁受拉区截面形心至混凝土翼缘受压区截面形心的距离；

y_2——钢梁受拉区截面形心至主钢梁受压区截面形心的距离；

M'——负弯矩设计值；

S_1、S_2——钢梁塑性中和轴（平分钢梁截面积的轴线）以上和以下截面对该轴的面积矩；

A_{st}——负弯矩区混凝土翼板有效宽度范围内的纵向钢筋截面面积；
f_{st}——钢筋抗拉强度设计值；
y_3——纵向钢筋截面形心至组合梁塑性中和轴的距离；
y_4——组合梁塑性中和轴至钢梁塑性中和轴的距离；
x——混凝土翼板受压区高度；
$M_{u,r}$——部分抗剪连接时组合梁截面抗弯承载力；
n_r——部分抗剪连接时一个剪跨区的抗剪连接件数目；
N_v^c——每个抗剪连接件的纵向抗剪承载力；
E_c——混凝土弹性模量；
A_s——圆柱头的焊钉（栓钉）钉杆的截面面积；
f——圆柱头的焊钉（栓钉）抗拉强度设计值；
γ——栓钉材料抗拉强度最小值与屈服强度之比；
t——槽钢翼缘的平均厚度；
t_w——槽钢腹杆的厚度；
l_c——槽钢的长度；
A_{st}——弯筋的截面面积；
f_{st}——弯筋的抗拉强度设计值；
b_w——混凝土凸肋的平均宽度；
h_e——混凝土凸肋的高度；
h_d——栓钉高度；
n_0——在梁某截面处一个肋中布置的栓钉数，当多于 3 个时按 3 个计算。

在进行组合梁截面承载能力验算时，跨中及中间支座处混凝土翼板的有效宽度 b_e（见图 6-1）为：

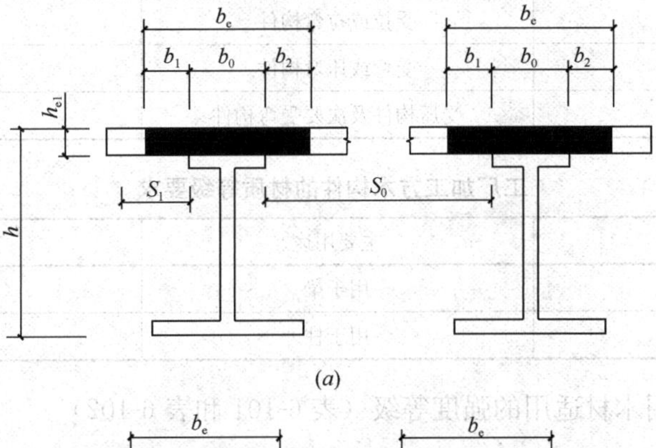

(a)

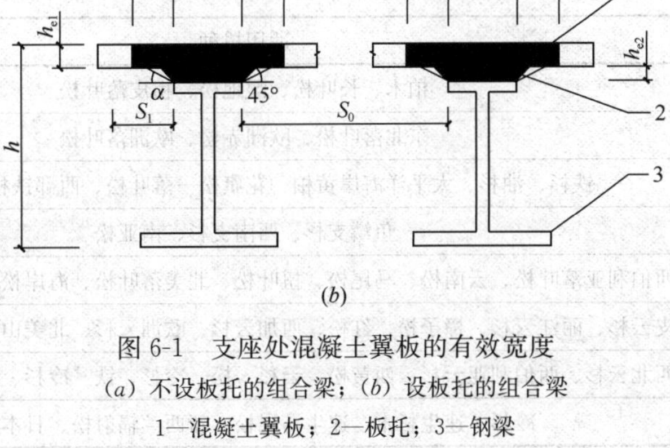

(b)

图 6-1 支座处混凝土翼板的有效宽度

(a) 不设板托的组合梁；(b) 设板托的组合梁

1—混凝土翼板；2—板托；3—钢梁

$$b_e = b_0 + b_1 + b_2 \tag{6-139}$$

式中　b_0——板托顶部的宽度；当 $\alpha<45°$时，取 $\alpha=45°$；当无板托时，则取钢梁上翼缘的宽度；当混凝土板和钢梁不直接接触（如之间有压型钢板分隔）时，取栓钉的横向间距，仅有一列栓钉时取 0；

b_1、b_2——梁外侧和内侧的翼板计算宽度，当塑性中和轴位于混凝土板内时，取梁等效跨径 l_e 的 1/6。此外，b_1 尚不应超过翼板实际外伸宽度 S_1；b_2 不应超过相邻钢梁上翼缘或板托间净距 S_0 的 1/2；

l_e——等效跨径。对于简支组合梁，取为简支组合梁的跨度；对于连续组合梁，中间跨正弯矩区取为 $0.6l$，边跨正弯矩区取为 $0.8l$，l 为组合梁跨度，支座负弯矩区取为相邻两跨跨度之和的 20%。

6.6　木结构计算

6.6.1　木结构计算用表

1. 普通木结构构件的材质等级（表 6-99 和表 6-100）

方木原木构件的材质等级要求　　表 6-99

项次	主要用途	材质等级
1	受拉或拉弯构件	I_a
2	受弯或压弯构件	II_a
3	受压构件及次要受弯构件	III_a

工厂加工方木构件的材质等级要求　　表 6-100

项次	主要用途	材质等级
1	用于梁	III_e
2	用于柱	III_f

2. 普通木结构用木材适用的强度等级（表 6-101 和表 6-102）

针叶树种木材适用的强度等级　　表 6-101

强度等级	组别	适用树种
TC17	A	柏木、长叶松、湿地松、粗皮落叶松
	B	东北落叶松、欧洲赤松、欧洲落叶松
TC15	A	铁杉、油杉、太平洋海岸黄柏、花旗松—落叶松、西部铁杉、南方松
	B	鱼鳞支杉、西南支杉、南亚松
TC13	A	油松、西伯利亚落叶松、云南松、马尾松、扭叶松、北美落叶松、海岸松、日本扁柏、日本落叶松
	B	红皮云杉、丽江云杉、樟子松、红松、西加云杉、欧洲云杉、北美山地云杉、北美短叶松
TC11	A	西北云杉、西伯利亚云杉、西黄松、云杉—松—冷杉、铁—冷杉、加拿大铁杉、杉木
	B	冷杉、速生杉木、速生马尾松、新西兰辐射松、日本柳杉

阔叶树种木材适用的强度等级 表 6-102

强度等级	适用树种
TB20	青冈、椆木、甘巴豆、冰片香、重黄娑罗双、重坡垒、龙脑香、绿心樟、紫心木、孪叶苏木、双龙瓣豆
TB17	栎木、腺瘤豆、筒状非洲棕、蟹木棕、深红默罗藤黄木
TB15	锥栗、桦木、黄娑罗双、异翅香、水曲柳、红尼克樟
TB13	深红娑罗双、浅红娑罗双、白娑罗双、海棠木
TB11	大叶锻、心形锻

普通木结构用木材的强度设计值和弹性模量按表 6-103 采用。

普通木结构用木材的强度设计值和弹性模量（N/mm^2） 表 6-103

强度等级	组别	抗弯 f_m	顺纹抗压及承压 f_c	顺纹抗压 f_t	顺纹抗压 f_v	横纹承压 $f_{c,90}$			弹性模量 E
						全面表	局部表面和齿面	拉力螺栓垫板下	
TC17	A	17	16	10.0	1.7	2.3	3.5	4.6	10000
	B		15	9.5	1.6				
TC15	A	15	13	9.0	1.6	2.1	3.1	4.2	10000
	B		12	9.0	1.5				
TC13	A	13	12	8.5	1.5	1.9	2.9	3.8	10000
	B		10	8.0	1.4				9000
TC11	A	11	10	7.5	1.4	1.8	2.7	3.6	9000
	B		10	7.0	1.2				
TB20	—	20	18	12.0	2.8	4.2	6.3	8.4	12000
TB17	—	17	16	11.0	2.4	3.8	5.7	7.6	11000
TB15	—	15	14	10.0	2.0	3.1	4.7	6.2	10000
TB13	—	13	12	9.0	1.4	2.4	3.6	4.8	8000
TB11	—	11	10	8.0	1.3	2.1	3.2	4.1	7000

注：1. 计算木构件端部（如接头处）的拉力螺栓垫板时，木材横纹承压强度设计值应按“局部表面和齿面”一栏的数值采用；
2. 当采用原木时，若验算部位未经切削，其顺纹抗压和抗弯强度设计值和弹性模量可提高 15%；
3. 当构件矩形截面短边尺寸不小于 150mm 时，其强度设计值可提高 10%；
4. 当采用含水率大于 25%的湿材时，各种木材的横纹承压强度设计值和弹性模量以及落叶松木材的抗弯强度设计值宜降低 10%；
5. 在表 6-104 和表 6-105 所列的使用条件下，木材的强度设计值及弹性模量应乘以其表中给出的调整系数。

不同使用条件下木材强度设计值和弹性模量的调整系数 表 6-104

使用条件	调整系数	
	强度设计值	弹性模量
露天环境	0.9	0.85
长期生产性高温环境，木材表面温度达 40～50℃	0.8	0.80
按恒荷载验算时	0.8	0.80
用于木构筑物时	0.9	1.00
施工和维修时的短暂情况	1.2	1.00

注：1. 当仅有恒荷载或恒荷载产生的内力超过全部荷载所产生的内力的 80%时，应单独以恒荷载行验算；
2. 当若干条件同时出现时，表列各系数应连乘。

不同设计使用年限时木材强度设计值和弹性模量的调整系数　　表 6-105

设计使用年限	调整系数	
	强度设计值	弹性模量
5 年	1.10	1.10
25 年	1.05	1.05
50 年	1.00	1.00
100 年及以上	0.90	0.90

3. 受弯构件的挠度容许值（表 6-106）

受弯构件的挠度容许值表　　表 6-106

项次	构件类别			挠度限值 [w]
1	檩条	$l\leqslant3.3$m		$l/200$
		$l>3.3$m		$l/250$
2	椽条			$l/150$
3	吊顶中的受弯构件			$l/250$
4	楼板梁和搁栅			$l/250$
5	墙骨柱	墙面为刚性贴面		$l/360$
		墙面为柔性贴面		$l/250$
6	屋盖大梁	工业建筑		$l/120$
		民用建筑	无粉刷吊顶	$l/180$
			有粉刷吊顶	$l/240$

注：l——受弯构件的计算跨度。

4. 受压构件的长细比限值（表 6-107）

受压构件的长细比限值　　表 6-107

项次	构件类别	容许长细比 [λ]
1	结构的主要构件（包括桁架的弦杆、支座处的竖杆以及承重柱等）	≤120
2	一般构件	≤150
3	支撑	≤200

注：构件的长细比 λ 应按 $\lambda=l_0/i$ 计算，其中，l_0 为受压构件的计算长度，i 为构件截面的回转半径。

5. 轴心受压构件稳定系数

轴压构件稳定系数 φ 值：

$$\lambda_c = c_c\sqrt{\frac{\beta E_k}{f_{ck}}} \tag{6-140}$$

$$\lambda = \frac{l_0}{i} \tag{6-141}$$

当 $\lambda > \lambda_c$ 时

$$\varphi = \frac{a_c\pi^2\beta E_k}{\lambda^2 f_{ck}} \tag{6-142}$$

当 $\lambda \leqslant \lambda_c$ 时

$$\varphi = \frac{1}{1+\dfrac{\lambda^2 f_{ck}}{b_c \pi^2 \beta E_k}} \tag{6-143}$$

式中 λ——受压构件的长细比；

i——构件截面的回转半径；

l_0——受压构件的计算长度，应按下式确定：

$$l_0 = k_l l \tag{6-144}$$

l——构件实际长度；

k_l——长度计算系数，应按表 6-108 的规定取值；

f_{ck}——受压构件材料的抗压强度标准值；

E_k——构件材料的弹性模量标准值；

a_c、b_c、c_c——材料相关系数，应按表 6-109 的规定取值；

β——材料剪切变形相关系数，应按表 6-109 的规定取值。

长度计算系数 k_l 的取值 **表 6-108**

失稳模式	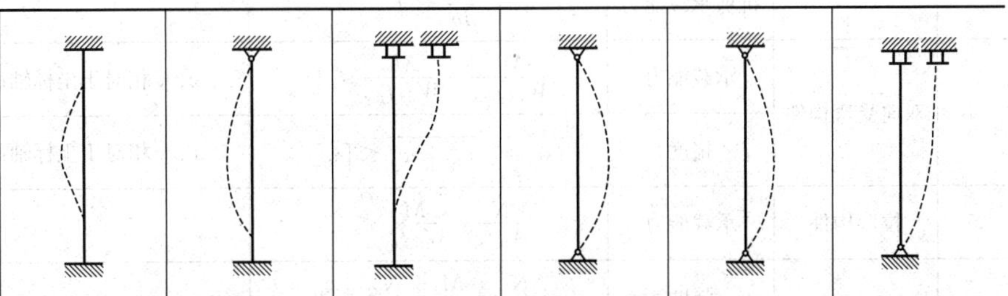					
k_l	0.65	0.8	1.2	1.0	2.1	2.4

材料相关系数材料剪切变形相关系数 **表 6-109**

构件材料		a_c	b_c	c_c	β	E_k/f_{ck}
方木原木	TC15、TC17、TB20	0.92	1.96	4.13	1.00	330
	TC11、TC13、TB11 TB13、TB15、TB17	0.95	1.43	5.28		300
规格材、进口木方和进口结构材		0.88	2.44	3.68	1.03	按照现行国家标准《木结构设计标准》GB 50005 附录 E 的规定取用
胶合木		0.91	3.69	3.45	1.05	

6. 桁架最小高跨比（表 6-110）

桁架最小高跨比表 **表 6-110**

序号	桁架类型	h/l
1	三角形木桁架	1/5
2	三角形钢木桁架；平行弦木桁架；弧形、多边形和梯形木桁架	1/6
3	弧形、多边形和梯形钢木桁架	1/7

注：h——桁架中央高度；l——桁架跨度。

6.6.2　木结构计算公式

1. 木结构构件计算（表 6-111）

木结构构件计算　　**表 6-111**

序号	构件受压特征	计算内容	计算公式	备注
1	轴心受拉构件	承载能力	$\frac{N}{A_n} \leqslant f_t$	
2	轴心受压构件	强度	$\frac{N}{A_n} \leqslant f_c$	
		稳定	$\frac{N}{\varphi A_0} \leqslant f_c$	无缺口时：$A_0 = A$；缺口不在边缘时：$A_0 = 0.9A$；缺口在边缘且为对称时：$A_0 = A_n$；缺口在边缘但不对称时 $A_0 = A_n$，且应按偏心受压构件计算
3	受弯构件	抗弯承载能力	$\frac{M}{W_a} \leqslant f_m$	
		挠度	$w \leqslant [w]$	
		抗剪承载能力	$\frac{VS}{Ib} \leqslant f_v$	
4	双向受弯构件	承载能力	$\frac{M_x}{W_{nx} f_{mx}} + \frac{M_y}{W_{ny} f_{my}} \leqslant 1$	x、y 相对于坐标轴而言
		挠度	$w = \sqrt{w_x^2 + w_y^2} \leqslant [w]$	x、y 相对于坐标轴而言
5	拉弯构件	承载能力	$\frac{N}{A_n f_t} + \frac{M}{W_n f_m} \leqslant 1$	
6	压弯构件	强度	$\frac{N}{A_n f_c} + \frac{M_0 + N_{e0}}{W_n f_m} \leqslant 1$	
		稳定	$\frac{N}{\varphi_m A_0} \leqslant f_c$ 此外，尚需验算弯矩作用平面外的侧向稳定性	$\varphi_m = (1-k)^2(1-k_0)$ $k = \frac{N_{e0} + M_0}{W f_m \left(1 + \sqrt{\frac{N}{A f_c}}\right)}$ $k_0 = \frac{N_{e0}}{W f_m \left(1 + \sqrt{\frac{N}{A f_c}}\right)}$

注：表中符号
N——轴向拉力或轴向压力设计值；
M——弯矩设计值；
V——剪力设计值；
w——受弯构件的挠度；
f_t——木材顺纹抗拉强度设计值；
f_c——木材顺纹抗压及承压强度设计值；
f_m——木材抗弯强度设计值；
φ_m——轴向力和初始弯矩共同作用的折减系数；
M_0——横向荷载作用下跨中最大初始弯矩设计值；
e_0——构件的初始偏心距；
f_v——木材顺纹抗剪强度设计值；
$[w]$——受弯构件容许挠度值；
A——毛截面面积；
A_n——净截面面积；
A_0——截面的计算面积；
I——毛截面惯性矩；
S——毛截面面积矩；
W_n——净截面抵抗矩；
b——截面宽度；
φ——轴心受压构件稳定系数。

2. 木结构连接计算（表6-112）

木结构连接计算 **表6-112**

序号	连接种类	计算内容	计算公式	备注
1	齿连接	单齿连接	(1) 按木材承压 $\frac{N}{A_c} \leqslant f_{cn}$ (2) 按木材受剪 $\frac{V}{l_v b_v} \leqslant \psi_v f_v$	应设置保险螺栓 (1) τ 按连接中全部剪力设计值 V 计算； (2) l_v 取值不应大于8倍齿深 h_c； (3) 考虑沿剪面长度剪应力分布不匀的强度降低系数
2	齿连接	双齿连接	(1) 按木材承压 $\frac{N}{A_c} \leqslant f_{cn}$ (2) 按木材受剪 $\frac{V}{l_v b_v} \leqslant \psi_v f_v$	应设置保险螺栓 (1) 计算受剪应力时，全部剪力 V 应由第二齿的剪面承受； (2) l_v 取值不应大于10倍齿深 h_c； (3) 考虑沿剪面长度剪应力分布不匀的强度降低系数
			保险螺栓承受的拉力设计值： $N_b = N\tan(60° - a)$ 不考虑保险螺栓与齿共同作用，双齿连接用两个不同直径的保险螺栓	
3	销连接	每一剪设计承载力	$Z_d = C_m C_n C_t k_g Z$	

注：表中符号

f_{cn}——木材斜纹承压强度设计值；

N——轴向压力设计值；

A_c——齿的承压面积；

f_v——木材顺纹抗剪强度设计值；

V——剪力设计值；

l_v——剪面计算长度，不得大于8倍齿深 h_c；

b_v——剪面宽度；

ψ_v——考虑沿剪面长度剪力分布不匀的强度降低系数（表6-113）。

单齿/双齿连接抗剪强度降低系数 **表6-113**

l_c/h_c（单齿/双齿）	4.5/6	5/7	6/8	7/10	8/
ψ_v（单齿/双齿）	0.95/1.00	0.89/0.93	0.77/0.85	0.70/0.71	0.64/

N_b——保险螺栓所承受的拉力设计值；

a——上弦与下弦的夹角；

Z_d——每个剪面的承载力设计值；

C_m——含水率调整系数（表6-114）；

C_t——温度调整系数（表6-114）。

使用条件调整系数　　**表 6-114**

序号	调整系数	采用条件	取值
1	含水率调整系数 C_m	使用中木构件含水率大于 15%时	0.8
		使用中木构件含水率小于 15%时	1.0
2	温度调整系数 C_t	长期生产性高温环境，木材表面温度达 40～50℃	0.8
		其他温度环境时	1.0

C_n——设计使用年限调整系数，应该表 6-100 的规定采用；

k_g——群栓组合系数，应按现行国家标准《木结构设计标准》GB 50005 附录 K 的规定确定；

z——承载力参考设计值。

参　考　文　献

[1]　建筑施工手册(第五版)编委会．建筑施工手册 [M]. 5 版. 北京：中国建筑工业出版社，2012.

[2]　王焕定，章梓茂，景瑞．结构力学[M]. 3 版. 北京：高等教育出版社，2010.

7 试验与检验

施工现场试验与检验主要包括材料检验试验、建筑工程施工检验试验和施工现场检测试验管理三部分。

材料检验主要包括进场材料复试项目、主要检测参数、取样依据及试件制备。

施工检验试验内容主要包括：施工工艺参数确定、土工、地基与基础、基坑支护、结构工程、装饰装修、工程实体及使用功能检测。

施工现场检测试验管理包括试验职责、现场试验站管理、检测试验管理和试验技术资料管理。

7.1 材料检验试验

7.1.1 材料试验主要参数、取样规则及取样方法

材料试验主要参数、取样规则及取样方法见表7-1。

材料试验主要参数、取样规则及取样方法　　表7-1

序号	材料名称及相关标准、规范代号	主要检测参数	检测周期	取样规则 取样方法
1	混凝土工程			
(1)	水泥			
1)	通用硅酸盐水泥 GB 50204 GB 175	胶砂强度 安定性 凝结时间	29d 2d 2d	（1）散装水泥 1）按同一厂家、同一品种、同一代号、同一强度等级、同一批号且连续进场的水泥不超过500t为1批，每批抽样不应少于1次 2）随机地从20个以上不同部位抽取等量的单样量水泥，经混拌均匀后，再从中称取不少于12kg的水泥作为试样 3）当使用中对水泥有怀疑，或水泥出场超过90d应进行复试 （2）袋装水泥 1）按同一厂家、同一品种、同一代号、同一强度等级、同一批号且连续进场的水泥不超过200t为1批，每批抽样不应少于1次 2）随机地从不少于20袋中抽取总质量不少于1000kg，经混拌均匀后，再从中称取不少于12kg的水泥作为试样 3）当使用中对水泥有怀疑，或水泥出场超过90d进行复试
2)	砌筑水泥 GB 50204 GB/T 3183	胶砂强度 安定性 保水率	29d 2d 2d	

续表

<table>
<tr><th>序号</th><th>材料名称及相关
标准、规范代号</th><th>主要检测
参数</th><th>检测
周期</th><th>取样规则
取样方法</th></tr>
<tr><td>(2)</td><td>砂</td><td></td><td></td><td></td></tr>
<tr><td>1)</td><td>天然砂
GB/T 14684
JGJ52</td><td>颗粒级配
含泥量
泥块含量
云母含量
松散堆积密度
氯化物含量（海砂或有氯化物污染的砂）
贝壳含量（海砂）
放射性（海砂）</td><td>2d
2d
2d
2d
2d
2d
2d
2d</td><td>（1）同一产地、同一规格的砂，当采用大型工具（如火车、货船或汽车）运输的，以400m³或600t为1验收批；采用小型工具（拖拉机等）运输的，以200m³或300t为1验收批。不足上述者，应按1验收批进行验收
（2）当砂的质量比较稳定、进料量又较大时，可以1000t为1验收批
（3）从堆料上取样时，取样部位应均匀分布。取样前应先将取样部位表面铲除，然后从不同部位随机抽取大致等量的砂8份，组成1组样品
（4）在运输机上取样时，应全断面定时随机抽取大致等量的砂4份，组成1组样品
（5）车、汽车、货船上取样时，从不同部位和深度随机抽取大致相等的砂8份，组成1组样品
（6）每一单项检验项目，每组样品取样数量应满足下表要求，当需要做多项检验时，可在确保样品经一项试验后不致影响其他试验结果的前提下，用同组样品进行多项不同的试验
每一单项检验项目所需砂的最小取样重量
<table><tr><th>检验项目</th><th>最小取样重量（kg）</th></tr><tr><td>颗粒级配</td><td>4.4</td></tr><tr><td>含泥量</td><td>4.4</td></tr><tr><td>泥块含量</td><td>20.0</td></tr><tr><td>云母含量</td><td>0.6</td></tr><tr><td>松散堆积密度</td><td>5.0</td></tr><tr><td>氯化物含量</td><td>4.4</td></tr><tr><td>贝壳含量</td><td>9.6</td></tr><tr><td>放射性</td><td>6.0</td></tr></table></td></tr>
<tr><td>2)</td><td>人工砂
GB/T 14684
JGJ 52</td><td>颗粒级配
石粉含量（含亚甲蓝法）
泥块含量
压碎指标
松散堆积密度
片状颗粒含量</td><td>2d
2d
2d
2d
2d
2d</td><td>（1）同一产地、同一规格的砂，当采用大型工具（如火车、货船或汽车）运输的，以400m³或600t为1验收批；采用小型工具（拖拉机等）运输的，以200m³或300t为1验收批。不足上述者，应按1验收批进行验收
（2）当砂的质量比较稳定、进料量又较大时，可以1000t为1验收批
（3）从堆料上取样时，取样部位应均匀分布。取样前应先将取样部位表面铲除，然后从不同部位随机抽取大致等量的砂8份，组成1组样品
（4）皮带运输机上取样时，应全断面定时随机抽取大致等量的砂4份，组成1组样品
（5）从火车、汽车、货船上取样时，应从不同部位和深度随机抽取大致相等的砂8份，组成1组样品
（6）对于每一单项检验项目，每组样品取样数量应满足下表要求，当需要做多项试验时，可在确保样品经一项检验后不致影响其他试验结果前提下，用同组样品进行多项不同试验</td></tr>
</table>

续表

<table>
<tr><th>序号</th><th>材料名称及相关
标准、规范代号</th><th>主要检测
参数</th><th>检测
周期</th><th>取样规则
取样方法</th></tr>
<tr><td>2)</td><td>人工砂
GB/T 14684
JGJ 52</td><td>颗粒级配
石粉含量
（含亚甲蓝法）
泥块含量
压碎指标
松散堆积密度
片状颗粒含量</td><td>2d
2d
2d
2d
2d
2d</td><td>每一单项检验项目所需砂的最小取样重量
<table>
<tr><th>检验项目</th><th>最小取样重量（kg）</th></tr>
<tr><td>颗粒级配</td><td>4.4</td></tr>
<tr><td>泥块含量</td><td>20.0</td></tr>
<tr><td>石粉含量</td><td>6.0</td></tr>
<tr><td>压碎指标</td><td>20.0</td></tr>
<tr><td>松散堆积密度</td><td>5.0</td></tr>
<tr><td>片状颗粒含量</td><td>4.4</td></tr>
</table></td></tr>
<tr><td>(3)</td><td>卵石与碎石
GB/T 14685
JGJ 52</td><td>颗粒级配
含泥量
泥块含量
针状和片状
颗粒的总含量
压碎指标值
（高强度混凝土）</td><td>2d
2d
2d
2d
2d
2d</td><td>（1）同一产地、同一规格的石子，当采用大型工具（如火车、货船或汽车）运输的，以 400m³ 或 600t 为 1 验收批；采用小型工具（拖拉机等）运输的，以 200m³ 或 300t 为 1 验收批。不足上述者，应按 1 验收批进行验收
（2）质量比较稳定、进料量又较大时，可以 1000t 为 1 验收批
（3）在料堆上取样时，取样部位应均匀分布。取样前先将取样部位表层铲除，然后从不同部位随机抽取大致等量的石子 15 份（在料堆的顶部、中部和底部均匀分布的 15 个不同部位取得）组成 1 组样品
（4）从皮带运输机上取样时，应全断面定时随机抽取大致等量的石子 8 份，组成 1 组样品
（5）从火车、汽车、货船上取样时，从不同部位和深度抽取大致等量的石子 15 份，组成 1 组样品
（6）对于每一单项检验项目，每组样品取样数量应满足下表要求，当需要做多项试验时，可在确保样品经一项试验后不致影响另一项试验结果的前提下，用同组样品进行多项不同试验
每一单项检验项目所需碎石或卵石的最小取样重量（kg）
<table>
<tr><th rowspan="2">试验项目</th><th colspan="8">最大公称粒径（mm）</th></tr>
<tr><th>9.5</th><th>16.0</th><th>19.0</th><th>26.5</th><th>31.5</th><th>37.5</th><th>63.0</th><th>≥75.0</th></tr>
<tr><td>颗粒级配</td><td>9.5</td><td>16.0</td><td>19.0</td><td>26.5</td><td>31.5</td><td>37.5</td><td>63.0</td><td>80.0</td></tr>
<tr><td>含泥量</td><td>8.0</td><td>8.0</td><td>24.0</td><td>24.0</td><td>40.0</td><td>40.0</td><td>80.0</td><td>80.0</td></tr>
<tr><td>泥块含量</td><td>8.0</td><td>8.0</td><td>24.0</td><td>24.0</td><td>40.0</td><td>40.0</td><td>80.0</td><td>80.0</td></tr>
<tr><td>针、片状颗粒含量</td><td>1.2</td><td>4.0</td><td>8.0</td><td>12.0</td><td>20.0</td><td>40.0</td><td>40.0</td><td>40.0</td></tr>
</table></td></tr>
</table>

续表

<table>
<tr><th>序号</th><th>材料名称及相关
标准、规范代号</th><th>主要检测
参数</th><th>检测
周期</th><th>取样规则
取样方法</th></tr>
<tr><td>(4)</td><td>混凝土拌合用水
JGJ 63</td><td>pH
氯离子</td><td>1d
1d</td><td>(1) 水质检验水样不应少于 5L，用于测定水泥凝结时间和胶砂强度的水样不应少于 3L
(2) 采集水样的容器应无污染，容器应待采集水样冲洗三次再灌装，并应密封待用
(3) 地表水宜在水域中心部位、距水面 100mm 以下采集，并应记载季节、气候、雨量和周边环境情况
(4) 地下水应在放水冲洗管道后接取，或直接用容器采集；不得将地下水积存于地表后再从中采集
(5) 再生水应在取水管道终端接取
(6) 检测频率
<table>
<tr><td>地表水</td><td>每 6 个月检验 1 次</td></tr>
<tr><td>地下水</td><td>每年检验 1 次</td></tr>
<tr><td>再生水</td><td>每 3 个月检验 1 次，在质量稳定 1 年后，可每 6 个月检验 1 次</td></tr>
</table>
当发现水受到污染和对混凝土性能有影响，应立即检验</td></tr>
<tr><td>(5)</td><td>轻集料</td><td></td><td></td><td></td></tr>
<tr><td>1)</td><td>轻粗集料
GB/T 17431.1
GB/T 17431.2</td><td>颗粒级配
(筛分析)
堆积密度
筒压强度
吸水率
粒型系数</td><td>2d
2d
2d
2d
2d</td><td rowspan="2">(1) 同一品种、同一种类、同一密度等级和质量等级，每 400m³ 为 1 验收批，不足 400m³ 也按 1 批计
(2) 试样可以从料堆自上到下不同部位、不同方向任选 10 点（袋装料应从 10 袋中抽取）应避免取离析的及面层的材料
(3) 袋装料和散装料（车、船）抽取试样时，应从 10 个不同位置和高度（或料袋）中抽取
(4) 抽取的试样拌合均匀后，按四分法缩分到试验所需的用料量
轻细集料各项试验用量表
<table>
<tr><th>序号</th><th>试验项目</th><th>用料量（L）</th></tr>
<tr><td>1</td><td>颗粒级配</td><td>2</td></tr>
<tr><td>2</td><td>堆积密度</td><td>15</td></tr>
</table>
轻粗集料各项试验用量表
<table>
<tr><th rowspan="2">序号</th><th rowspan="2">试验项目</th><th colspan="2">用料量（L）</th></tr>
<tr><th>D_{max} ≤19.0mm</th><th>D_{max} >19.0mm</th></tr>
<tr><td>1</td><td>颗粒级配</td><td>10</td><td>20</td></tr>
<tr><td>2</td><td>堆积密度</td><td>30</td><td>40</td></tr>
<tr><td>3</td><td>筒压强度</td><td>5</td><td>5</td></tr>
<tr><td>4</td><td>吸水率</td><td>4</td><td>4</td></tr>
<tr><td>5</td><td>粒型系数</td><td>2</td><td>2</td></tr>
</table></td></tr>
<tr><td>2)</td><td>轻细集料
GB/T 17431.1
GB/T 17431.2</td><td>颗粒级配
(筛分析)
堆积密度</td><td>2d
2d</td></tr>
</table>

续表

<table>
<tr><th>序号</th><th>材料名称及相关
标准、规范代号</th><th>主要检测
参数</th><th>检测
周期</th><th>取样规则
取样方法</th></tr>
<tr><td>(6)</td><td>掺合料</td><td></td><td></td><td></td></tr>
<tr><td>1)</td><td>粉煤灰
GB/T 50146
GB/T 1596</td><td>细度
烧失量
需水量比
强度活性指数</td><td>2d
2d
2d
2d</td><td>(1) 以同一厂家连续供应的200t相同种类、相同等级的粉煤灰为1批，不足200t时宜按1批计
(2) 取样方法应符合下列规定
1) 散装粉煤灰的取样，应从每批10个以上不同部位取等量样品，每份不应少于1.0kg，混合搅拌均匀，用四分法缩取出比试验需要量约大1倍的试样量
2) 袋装粉煤灰的取样，应从每批中任抽10袋，从每袋中各取等量试样1份，每份不应少于1.0kg，混合搅拌均匀，用四分法缩取出比试验需要量约大1倍的试样量
(3) 取样应有代表性，可连续取，也可从10个以上不同部位取等量样品，总量至少3kg</td></tr>
<tr><td>2)</td><td>用于水泥、砂浆和混凝土中的粒化高炉矿渣粉 GB/T 18046</td><td>比表面积
活性指数
流动度比</td><td>2d
28d
2d</td><td>(1) 同一厂家、同一级别矿渣粉按照下表数量为1个取样单位
<table>
<tr><th>序号</th><th>生产能力</th><th>1个取样单位数量</th></tr>
<tr><td>1</td><td>60×10^4t以上</td><td>2000t</td></tr>
<tr><td>2</td><td>$30\times10^4\sim60\times10^4$t</td><td>1000t</td></tr>
<tr><td>3</td><td>$10\times10^4\sim30\times10^4$t</td><td>600t</td></tr>
<tr><td>4</td><td>10×10^4t以下</td><td>200t</td></tr>
</table>
(2) 从20个以上不同部位取等量样品，总量至少20kg。试样应混合均匀，按照四分法缩取比试验所需要量大1倍的试样</td></tr>
<tr><td>3)</td><td>高强高性能混凝土用矿物外加剂
GB/T 18736</td><td>活性指数
细度
烧失量
需水量比</td><td>28d
2d
2d
2d</td><td>(1) 矿物外加剂出厂前应按同类同等级进行编号和取样，每一编号为一个取样单位
(2) 磨细矿渣日产100t及以下的，50t为一个取样单位；日产大于100t且不大于2000t的，250t为一个取样单位；日产大于2000t的，500t为一个取样单位。硅灰及其复合矿物外加剂以30t为一个取样单位。其他矿物外加剂以120t为一个取样单位，其数量不足者也以一个取样单位计
(3) 取样按GB/T 12573规定进行。取样应随机取样，要有代表性。可以连续取样，也可以在20个以上不同部位取等量样品。每样总质量至少12kg，硅灰和磨细天然沸石取样量可以酌减，但总质量至少4kg。试样混匀后，按四分法缩减取比试验用量多1倍的试样</td></tr>
<tr><td>(7)</td><td>外加剂</td><td></td><td></td><td></td></tr>
<tr><td>1)</td><td>普通减水剂
高效减水剂
聚羧酸系
高性能减水剂
GB 50119
GB 8076</td><td>pH
密度（或细度）
含固量(或含水率)
减水率</td><td>2d
2d
2d
2d</td><td>(1) 应按每50t为1个检验批，不足50t时也应按1个检验批计。每1个检验批取样量不应少于0.2t胶凝材料所需用的减水剂量
(2) 每1检验批取样应充分混匀，并应分为两等份：其中一份应按规定的项目及要求进行检验，每检验批检验不得少于两次；另一份应密封留样保存半年，有疑问时，应进行对比检验</td></tr>
</table>

续表

序号	材料名称及相关标准、规范代号	主要检测参数	检测周期	取样规则取样方法
2）	早强型普通减水剂 早强型聚羧酸系高性能减水剂 GB 50119 GB 8076	pH 密度（或细度） 含固量(或含水率) 减水率 1d 抗压强度比	2d 2d 2d 2d 3d	同上
3）	缓凝减水剂 缓凝高效减水剂 缓凝型聚羧酸系高性能减水剂 GB 50119 GB 8076	pH 密度（或细度） 减水率 混凝土凝结时间差	2d 2d 2d 3d	同上
4）	缓凝剂 GB 50119 GB 8076	pH 密度（细度） 凝结时间差	2d 2d 3d	（1）引气剂应按每 20t 为 1 个检验批，不足 20t 时也应按 1 个检验批计，每 1 个检验批取样量不应少于 0.2t 胶凝材料所需用的外加剂量 （2）每 1 检验批取样应充分混匀，并应分为两等份：其中一份应按规定的项目及要求进行检验，每检验批检验不得少于两次；另一份应密封留样保存半年，有疑问时，应进行对比检验
5）	泵送剂 GB 50119 GB 8076	pH 密度（细度） 含固量(或含水率) 减水率 坍落度 1h 计时变化值	2d 2d 2d 2d 2d	（1）应按每 50t 为一检验批，不足 50t 时也应按一检验批计。每一检验批取样量不应少于 0.2t 胶凝材料所需用的泵送剂量 （2）每 1 检验批取样应充分混匀，并应分为两等份：其中一份应按规定的项目及要求进行检验，每检验批检验不得少于两次；另一份应密封留样保存半年，有疑问时，应进行对比检验
6）	防冻剂 GB 50119 JC/T 475	密度（或细度） 含固量(或含水率) 碱含量 氯离子含量 含气量	2d 2d 2d 2d 2d	（1）应按每 50t 为一检验批，不足 50t 时也应按 1 个检验批计。每一检验批取样量不应少于 0.2t 胶凝材料所需用的防冻剂量 （2）取样应具有代表性，可连续取，也可从 20 个以上不同部位取等量样品。液体防冻剂取样时应注意从容器的上、中、下三层分别取样 （3）每 1 检验批取样应充分混匀，并应分为两等份：其中一份应按规定的项目及要求进行检验，每 1 检验批检验不得少于两次；另一份应密封留样保存半年，有疑问时，应进行对比检验
7）	膨胀剂 GB 50119 GB 23439	水中 7d 限制膨胀率细度	8d 2d	（1）应按每 200t 为一检验批，不足 200t 时也应按一检验批计，每 1 检验批取样量不应少于 10kg （2）每 1 检验批取样应充分混匀，并应分为两等份：其中一份应按规定的项目及要求进行检验，每检验批检验不得少于两次；另一份应密封留样保存半年，有疑问时，应进行对比检验

续表

<table>
<tr><th>序号</th><th>材料名称及相关标准、规范代号</th><th>主要检测参数</th><th>检测周期</th><th>取样规则
取样方法</th></tr>
<tr><td>8)</td><td>防水剂
GB 50119
JC/T 474</td><td>密度(或细度)
含固量(或含水率)</td><td>2d
2d</td><td>(1) 生产厂应根据产量和生产设备条件，将产品分批编号。年产不少于500t的每50t为一批；年产500t以下的每30t为一批；不足50t或者30t的，也按照一个批量计。每一检验批取样量不应少于0.2t胶凝材料所需用的外加剂量
(2) 每1检验批取样应充分混匀，并应分为两等份：其中一份应按规定的项目及要求进行检验，每检验批检验不得少于两次；另一份应密封留样保存半年，有疑问时，应进行对比检验</td></tr>
<tr><td>9)</td><td>速凝剂
GB 50119
GB/T 35159</td><td>密度(或细度)
水泥净浆初凝和终凝时间
1d抗压强度
28d抗压强度比
90d抗压强度保留率</td><td>2d
2d
2d
29d
91d</td><td>(1) 每20t为1批，不足20t也按1批计
(2) 一批应有16个不同点取样，每个点取样不少于250g，总量不少于4000g
(3) 每1检验批取样应充分混匀，并应分为两等份：其中一份应按规定的项目及要求进行检验；另一份应密封留样保存半年，有疑问时，应进行对比检验</td></tr>
<tr><td>(8)</td><td>混凝土</td><td></td><td></td><td></td></tr>
<tr><td>1)</td><td>普通混凝土
GB 50204
GB 50080
GB 50208
GB/T 50107
JGJ/T 104</td><td>稠度（由工地试验员在混凝土浇筑现场完成）
抗压强度</td><td>1d
1d</td><td>(1) 试件留置
<table>
<tr><th>序号</th><th>项目</th><th>内容</th></tr>
<tr><td>1</td><td>标准养护试件</td><td>① 每拌制100盘且不超过100m³时，取样不得少于一次；每工作班拌制不足100盘时，取样不得少于一次
② 连续浇筑超过1000m³时，每200m³取样不得少于一次
③ 对于房屋建筑，每一楼层同一配合比的混凝土取样不得少于一次
④ 每次取样应至少留置一组试件</td></tr>
<tr><td>2</td><td>同条件养护试件</td><td>① 同条件养护试件所对应的结构构件或结构部位，应由施工、监理等各方共同选定，且同条件养护试件的取样宜均匀分布于工程施工周期内
② 同条件养护试件应在混凝土浇筑入模处见证取样
③ 同条件养护试件应留置在靠近相应结构构件的适当位置，并应采取相同的养护方法
④ 同一强度等级的同条件养护试件不宜少于10组，且不应少于3组。每连续两层楼取样不应少于1组；每2000m³取样不得少于一组
⑤ 模板拆除所需要的同条件养护试件
其他按照工程需要留置</td></tr>
</table></td></tr>
</table>

续表

<table>
<tr><th>序号</th><th>材料名称及相关标准、规范代号</th><th>主要检测参数</th><th>检测周期</th><th>取样规则
取样方法</th></tr>
<tr><td>1)</td><td>普通混凝土
GB 50204
GB 50080
GB 50208
GB/T 50107
JGJ/T 104</td><td>稠度（由工地试验员在混凝土浇筑现场完成）
抗压强度</td><td>1d
1d</td><td>
<table>
<tr><th>序号</th><th>项目</th><th>内容</th></tr>
<tr><td>3</td><td>结构实体试件留置</td><td>① 对混凝土结构工程中的各强度等级，均应留置同条件养护试件
② 同一强度等级的同条件养护试件，其留置的数量应根据混凝土工程量和重要性确定，不宜少于10组，且不应少于3组
③ 用于结构实体检验用的同条件养护试件，应在达到等效养护龄期时进行强度试验。等效养护龄期应根据同条件养护试件强度与在标准养护条件下28d龄期强度试件强度相等的原则确定等效养护龄期，取按日平均温度逐日累计达到600℃·d时所对应的龄期，0℃及以下的龄期不计入等效养护龄期，且不应小于14d
④ 冬期施工期间，由于气温低，可能等效养护龄期在60d内无法累计达到600℃，可以适当延长与监理单位或设计单位协商确定试验时间</td></tr>
<tr><td>4</td><td>冬施试件留置</td><td>除留置上述试件外还需留置以下试件
① 需留置用于检查受冻临界强度块和负温转常温试块
② 一组或一组以上试件用于检查混凝土拆模强度或支撑强度或负温转常温后强度</td></tr>
<tr><td>5</td><td>建筑地面试件留置</td><td>同一配合比，同一强度等级，每一层或每1000m^{2}为1检验批，不足1000m^{2}也按1批计。每批应至少留置1组试块</td></tr>
</table>
（2）取样方法及数量
同一组混凝土拌合物的取样，应在同一盘混凝土或同车混凝土中取样。取样量应多于试验所需量的1.5倍，且不宜小于20L
混凝土拌合物的取样应具有代表性，宜采用多次采样的方法。宜在同一盘混凝土或同一车混凝土中的1/4处、1/2处和3/4处分别取样，并搅拌均匀；第一次取样和最后一次取样的时间间隔不宜超过15min</td></tr>
<tr><td>2)</td><td>抗渗混凝土
GB 50204
GB 50208
GB 50119</td><td>稠度（由工地试验员在混凝土浇筑现场完成）
抗压强度
抗渗性能</td><td>1d
1d
2d</td><td>（1）同一混凝土强度等级、抗渗等级，同一配合比，生产工艺基本相同，每单位工程不得少于两组抗渗试块(每组6个试件)
（2）连续浇筑混凝土每500m^{3}应留置1组抗渗试件（1组为6个抗渗试件），且每项工程不得少于两组。采用预拌混凝土的抗渗试件，留置组数应视结构的规模和要求而定
（3）检验掺用防冻剂混凝土抗渗性能，应增加留置与工程同条件养护28d，在标准养护28d后进行抗渗试验的试件
（4）留置抗渗试件的同时需留置抗压强度试件并应取自同一盘混凝土拌合物中。取样数量及方法同普通混凝土</td></tr>
</table>

续表

序号	材料名称及相关标准、规范代号	主要检测参数	检测周期	取样规则 取样方法
3)	抗冻混凝土 GB/T 50082 JGJ/T 193	稠度（坍落度及坍落扩展度、维勃稠度） 抗压强度 抗冻性能	1d 1d 根据循环次数	抗压强度试验取样同普通混凝土 以同一盘或同一车混凝土为一批，每组3个试件 检验掺用防冻剂混凝土抗冻性能，应增加留置与工程同条件养护28d，再标准养护28d后进行抗冻试验的试件
4)	轻骨料混凝土 JGJ/T 12	稠度 干表观密度 抗压强度	1d 1d 1d	（1）试件应在混凝土浇筑地点随机取样，取样及试件留置应符合下列规定 1）每拌制100盘且不超过100m³的同配合比的混凝土，取样不得少于1次 2）每工作班拌制的同一配合比的混凝土不足100盘时，取样不得少于1次 3）当一次连续浇筑超过1000m³时，同一配合比混凝土每200m³混凝土取样不得少于1次 4）每一楼层，同一配合比的混凝土，取样不得少于1次 5）每次取样至少留置1组标准养护试件，同条件养护试件的留置组数应根据实际需要确定 （2）混凝土干表观密度试验，连续生产的预制厂及预拌混凝土搅拌站，对同配合比的混凝土每月不少于4次；单项工程，每100m³混凝土的抽查不得少于1次，不足100m³者按100m³计
2	砌筑工程			
(1)	普通砂浆 GB 50203 GB 50209	稠度 分层度 抗压强度	1d 1d 1d	（1）试块留置 1）砌筑砂浆 每一检验批且不超过250m³砌体的各类、各强度等级的普通砌筑砂浆，每台搅拌机应至少抽检一次。验收批的预拌砂浆、蒸压加气混凝土砌块专用砂浆，抽检可为3组 2）建筑地面用砂浆 检验同一施工批次、同一配合比水泥砂浆强度的试块，应按每一层（或检验批）建筑地面工程不少于1组。当每一层（或检验批）建筑地面工程面积大于1000m²时，每增加1000m²应增加1组试块；小于1000m²取样1组；检验同一施工批次、同一配合比的散水、明沟、踏步、台阶、坡道的水泥砂浆强度的试块，应按每150延长米不少于1组 （2）取样方法 1）在砂浆搅拌机出料口或在湿拌砂浆的储存容器出料口随机取样制作砂浆试块（现场拌制的砂浆，同盘砂浆只应作1组试块） 2）当施工过程中进行砂浆试验时，砂浆取样方法应按相应的施工验收规范执行，并宜在现场搅拌点或预拌砂浆卸料点的至少3个不同部位及时取样 3）从取样完毕到开始进行各项性能试验，不宜超过15min
(2)	预拌砂浆			

续表

序号	材料名称及相关标准、规范代号	主要检测参数	检测周期	取样规则 取样方法
1)	湿拌砂浆 GB/T 25181	抗压强度 稠度 保水率 保塑时间 14d拉伸粘结强度 抗渗压力 压力泌水率	28d 2d 2d 2d 14d 2d 2d	湿拌砂浆应随机从同一运输车抽取，砂浆试样应在卸料过程中卸料量的1/4至3/4之间采取 湿拌砂浆试样的采取及稠度、保水性试验应在砂浆运到交货地点时开始算起20min内完成，试件的制作应在30min内完成 每个试验取样量不应少于试验用量的3倍
2)	干混砂浆 GB/T 25181	抗压强度 保水率 14d拉伸粘结强度 2h稠度损失率 抗渗压力 压力泌水率	28d 2d 14d 1d 2d 2d	根据生产厂产量和生产设备条件，按同品种、同规格型号分批 年产量10×10^4t以上，不超过800t或1d产量为1批 年产量4×10^4t～10×10^4t，不超过600t或1d产量为1批 年产量4×10^4t～1×10^4t，不超过400t或1d产量为1批 年产量1×10^4t以下，不超过200t或1d产量为1批 每批为一个取样单位，取样应随机进行 交货时以抽取实物试样的检验结果为依据时，供需双方应在发货前或交货地点共同取样和签封。每批抽取应随机进行，试样不应少于试验用量的6倍
3	砌体工程			
(1)	烧结普通砖 烧结多孔砖 和多孔砌块 GB 13544 GB/T 5101 GB 50203	抗压强度	3d	(1) 同一类别、同一规格、同一等级每3.5～15万块为1验收批，不足3.5万块也按一批计 (2) 强度等级试验，抽样数量不少于10块
(2)	混凝土实心砖 GB/T 21144 GB 50203	抗压强度	3d	(1) 同一类别、同一规格、同一等级每10万块为1验收批，不足10万块也按1批计 (2) 强度等级试验，抽样数量不少于10块
(3)	承重混凝土多孔砖 GB 25779 GB 50203	抗压强度	3d	(1) 以同一批原材料、同一生产工艺生产、同一强度等级和同一龄期的10万块混凝土多孔砖为一批，不足10万块亦按一批计 (2) 强度等级试验，抽样数量不少于10块
(4)	烧结空心砖、 空心砌块 GB/T 13545 GB 50203	抗压强度	3d	(1) 同一类别、同一规格、同一等级每3.5～15万块为1验收批，不足3.5万块也按1批计 (2) 强度等级试验，抽样数量不少于10块
(5)	非烧结垃 圾尾矿砖 JC/T 422 GB 50203	抗压强度 抗折强度	3d 3d	(1) 同一种原材料、同一工艺生产、相同质量等级的10万块为一批，不足10万块亦按一批计 (2) 强度等级试验，抽样数量不少于10块
(6)	蒸压粉煤灰砖 JC/T 239 GB 50203	抗压强度 抗折强度	3d 3d	(1) 以同一批原材料、同一生产工艺生产、同一强度等级和同一龄期的10万块混凝土多孔砖为一批，不足10万块亦按一批计 (2) 强度等级试验，抽样数量不少于10块

续表

<table>
<tr><th>序号</th><th>材料名称及相关
标准、规范代号</th><th>主要检测
参数</th><th>检测
周期</th><th>取样规则
取样方法</th></tr>
<tr><td>(7)</td><td>蒸压灰砂实
心砖和实心砌块
GB 11945
GB 50203</td><td>抗压强度
线性干燥收缩率
吸水率
抗冻性
碳化系数
软化系数
放射性核素限量</td><td>3d
3d
2d
11d
32d
3d
3d</td><td>(1) 同一批原材料、同一生产工艺、用一规格尺寸，强度等级相同的10万块且不超过1000m³的产品为一批，不足10万块亦按一批计
(2) 抽样数量
<table>
<tr><th>序号</th><th>检验项目</th><th>抽样数量（块）</th></tr>
<tr><td>1</td><td>抗压强度</td><td>5</td></tr>
<tr><td>2</td><td>线性干燥收缩率</td><td>3</td></tr>
<tr><td>3</td><td>吸水率</td><td>3</td></tr>
<tr><td>4</td><td>抗冻性</td><td>10</td></tr>
<tr><td>5</td><td>碳化系数</td><td>12</td></tr>
<tr><td>6</td><td>软化系数</td><td>10</td></tr>
<tr><td>7</td><td>放射性核素限量</td><td>2</td></tr>
</table></td></tr>
<tr><td>(8)</td><td>蒸压灰砂空心砖
JC/T 637
GB 50203</td><td>抗压强度</td><td>3d</td><td>(1) 同规格、同等级、同类别的砖每10万块砖为1批，不足10万块亦为1批
(2) 强度等级试验，抽样数量不少于10块</td></tr>
<tr><td>(9)</td><td>普通混凝
土空心砌块
GB/T 8239
GB 50203</td><td>抗压强度</td><td>4d</td><td>(1) 每一生产厂家，每1万块小砌块为1验收批，不足1万块按一批计，抽检数量为1组；用于多层以上建筑的基础和底层的小砌块抽检数量不应少于2组
(2) 每批随机抽取32块做尺寸偏差和外观质量检验。从尺寸偏差和外观质量检验合格的砌块中抽取如下数量进行其他项目检验
(3) 强度等级试验，抽样数量不少于5块</td></tr>
<tr><td>(10)</td><td>轻集料混凝土
小型空心砌块
GB/T 15229
GB 50203</td><td>强度等级
密度等级</td><td>4d
2d</td><td>(1) 砌块按密度等级和强度等级分批验收。以同一品种轻集料和水泥按同一生产工艺制成的相同密度等级和强度等级的300m³砌块为1批；不足300m³者亦按1批计
(2) 每批随机抽取32块做尺寸偏差和外观质量检验。从尺寸偏差和外观质量检验合格的砌块中抽取如下数量进行其他项目检验
(3) 抽样数量
<table>
<tr><th>序号</th><th>检验项目</th><th>抽样数量（块）</th></tr>
<tr><td>1</td><td>强度</td><td>5</td></tr>
<tr><td>2</td><td>密度等级、吸水率、相对含水率</td><td>3</td></tr>
</table></td></tr>
<tr><td>(11)</td><td>蒸压加气
混凝土砌块
GB 11968
GB 50203</td><td>立方体抗压强度
干密度</td><td>3d
3d</td><td>(1) 同品种、同规格、同等级的砌块，以1万块为1批，不足1万块亦为1批，随机抽取50块砌块，进行尺寸偏差、外观检验
(2) 从外观与尺寸偏差检验合格的砌块中，随机抽取6块砌块制作试件，进行检验
(3) 抽样数量
<table>
<tr><th>序号</th><th>检验项目</th><th>抽样数量</th></tr>
<tr><td>1</td><td>干密度</td><td>3组9块</td></tr>
<tr><td>2</td><td>强度级别</td><td>3组9块</td></tr>
</table></td></tr>
</table>

续表

<table>
<tr><th>序号</th><th>材料名称及相关标准、规范代号</th><th>主要检测参数</th><th>检测周期</th><th>取样规则
取样方法</th></tr>
<tr><td>(12)</td><td>粉煤灰混凝土小型空心砌块
JC/T 862
GB 50203</td><td>抗压强度
密度
相对含水率</td><td>4d
3d
3d</td><td>(1) 以同一品粉煤灰、同一种集料与水泥、同一生产工艺制成的相同密度等级、相同强度等级的1万块砌块为1批；不足1万块亦按1批计
(2) 每批随机抽取32块做尺寸偏差和外观质量检验。从尺寸偏差和外观质量检验合格的砌块中抽取如下数量进行其他项目检验
(3) 抽样数量
<table><tr><th>序号</th><th>检验项目</th><th>抽样数量（块）</th></tr><tr><td>1</td><td>强度</td><td>5</td></tr><tr><td>2</td><td>密度等级、吸水率、相对含水率</td><td>3</td></tr></table></td></tr>
<tr><td>4</td><td colspan="4">钢筋工程</td></tr>
<tr><td>(1)</td><td>热轧光圆钢筋
GB/T1499.1
GB/T28900
GB50204</td><td>拉伸（屈服强度、抗拉强度、断后伸长率）
弯曲性能
重量偏差</td><td>1d
1d
1d</td><td>(1) 钢筋应按批进行检查和验收，每批由同一牌号、同一炉罐号、同一尺寸的钢筋组成。每批重量通常不大于60t。超过60t的部分，每增加40t（或不足40t的余数），增加一个拉伸试样和弯曲试样
(2) 允许由同一牌号、同一冶炼方法、同一浇筑方法的不同炉罐号组成混合批。各炉罐号含碳量之差不大于0.02%，含锰量之差不大于0.15%。混合批的重量不大于60t
(3) 抽样
<table><tr><th>序号</th><th>检验项目</th><th>取样数量</th><th>取样方法</th></tr><tr><td>1</td><td>拉伸</td><td>2</td><td>任选两根钢筋切取</td></tr><tr><td>2</td><td>弯曲</td><td>2</td><td>任选两根钢筋切取</td></tr><tr><td>3</td><td>重量偏差</td><td>5</td><td>不少于500mm</td></tr></table></td></tr>
<tr><td>(2)</td><td>热轧带肋钢筋
GB/T 1499.2
GB/T 28900
GB 50204</td><td>拉伸（屈服强度、抗拉强度、断后伸长率、最大力总伸长率）
弯曲性能
反向弯曲
重量偏差</td><td>1d
1d
1d
1d</td><td>(1) 钢筋应按批进行检查和验收，每批由同一牌号、同一炉罐号、同一尺寸的钢筋组成。每批重量通常不大于60t。超过60t的部分，每增加40t（或不足40t的余数），增加一个拉伸试样和弯曲试样
(2) 允许由同一牌号、同一冶炼方法、同一浇筑方法的不同炉罐号组成混合批。各炉罐号含碳量之差不大于0.02%，含锰量之差不大于0.15%。混合批的重量不大于60t
(3) 抽样
<table><tr><th>序号</th><th>检验项目</th><th>取样数量</th><th>取样方法</th></tr><tr><td>1</td><td>拉伸</td><td>2</td><td>任选两根钢筋切取</td></tr><tr><td>2</td><td>弯曲</td><td>2</td><td>任选两根钢筋切取</td></tr><tr><td>3</td><td>重量偏差</td><td>5</td><td>不少于500mm</td></tr><tr><td>4</td><td>反向弯曲</td><td>1</td><td>不少于800mm</td></tr></table>注：调直钢筋重量偏差取3根</td></tr>
</table>

续表

<table>
<tr><th>序号</th><th>材料名称及相关标准、规范代号</th><th>主要检测参数</th><th>检测周期</th><th>取样规则
取样方法</th></tr>
<tr><td>(3)</td><td>钢筋混凝土用余热处理钢筋
GB 13014
GB 50204</td><td>拉伸（屈服强度、抗拉强度、断后伸长率、最大力总伸长率）
弯曲性能
重量偏差</td><td>1d
1d
1d</td><td>（1）钢筋应按批进行检查和验收，每批由同一牌号、同一炉罐号、同一规格、同一余热处理制度的钢筋组成。每批重量不大于60t。超过60t的部分，每增加40t（或不足40t的余数），增加一个拉伸试验试样和一个弯曲试验试样
（2）允许由同一牌号、同一冶炼方法、同一浇筑方法的不同炉罐号组成混合批，但各炉罐号含碳量之差不大于0.02%，含锰量之差不大于0.15%。混合批的重量不大于60t
（3）抽样
<table>
<tr><th>序号</th><th>检验项目</th><th>取样数量</th><th>取样方法</th></tr>
<tr><td>1</td><td>拉伸</td><td>2</td><td>任选两根钢筋切取</td></tr>
<tr><td>2</td><td>冷弯</td><td>2</td><td>任选两根钢筋切取</td></tr>
<tr><td>3</td><td>重量偏差</td><td>5</td><td>不少于500mm</td></tr>
</table>
</td></tr>
<tr><td>(4)</td><td>碳素结构钢
GB/T 2975
GB/T 700
GB 50205</td><td>拉伸（屈服强度、抗拉强度、断后伸长率）
冷弯
冲击</td><td>1d
1d
1d</td><td>（1）钢材应成批验收，每批由同一牌号、同一炉号、同一质量等级、同一尺寸、同一交货状态的钢筋组成。每批重量通常不大于60t
（2）公称密度比较小的炼钢炉冶炼的钢扎成的钢材，同一冶炼、浇筑和脱氧方法、不同炉号、同一牌号的A级钢或B级钢，允许组成混合批，但每批各炉号含碳量之差不大于0.02%，含锰量之差不大于0.15%
（3）钢材的重比（V型缺口）冲击试验结果不符合规定时，再从该检验批的剩余部分取两个抽样产品，在每个抽样产品上各选取新的1组3个试件进行试验
（4）抽样
<table>
<tr><th>序号</th><th>检验项目</th><th>取样数量</th><th>取样方法</th></tr>
<tr><td>1</td><td>拉伸</td><td rowspan="2">1</td><td rowspan="3">GB/T 2975</td></tr>
<tr><td>2</td><td>冷弯</td></tr>
<tr><td>3</td><td>冲击</td><td>3</td></tr>
</table>
（5）如供方能保证冷弯试验符合要求，可不做检验
（6）厚度不小于12mm或直径不小于16mm的钢材应做冲击试验，其他经供需双方协商可以做冲击试验
（7）钢结构工程中属于下列情况之一的钢材，应进行抽样复验：
1）国外进口钢材
2）钢材混批
3）板厚度等于或大于40mm，且设计有Z向性能要求的厚板
4）建筑结构安全等级为一级，大跨度钢结构中主要受力构件所采用的钢材
5）设计有复验要求的钢材
6）对质量有疑义的钢材</td></tr>
</table>

续表

<table>
<tr><th>序号</th><th>材料名称及相关标准、规范代号</th><th>主要检测参数</th><th>检测周期</th><th>取样规则
取样方法</th></tr>
<tr><td>（5）</td><td>低合金高强度结构钢
GB/T 1591
GB/T 2975
GB/T 5313</td><td>拉伸（屈服强度、抗拉强度、断后伸长率）
弯曲
冲击</td><td>1d
1d
1d</td><td>（1）钢材应成批验收。每批应由同一牌号、同一炉号、同一规格、同一交货状态的钢材组成，每批重量应不大于60t，但卷重大于30t的钢带和连轧板可按两个轧制卷组成一批；对容积大于200t转炉冶炼的型钢，每批重量不大于80t。经供需双方协商，可每炉检验2批
（2）现行国家标准Q355B级钢允许同一牌号、同一冶炼和浇筑方法、同一规格、同一生产工艺制度、同一交货状态或同一热处理制度、不同炉号钢材组成混合批，但每批不得多于6个炉号，且各炉号碳含量之差不大于0.02%，Mn含量之差不大于0.15%
（3）对于要求厚度方向力学性能试验的钢材，组批规则应符合现行国家标准GB/T 5313的规定
（4）抽样
<table>
<tr><th>序号</th><th>检验项目</th><th>取样数量</th><th>取样方法</th></tr>
<tr><td>1</td><td>拉伸</td><td>1/批</td><td rowspan="2">钢材的一端GB/T 2975</td></tr>
<tr><td>2</td><td>弯曲</td><td>1/批</td></tr>
<tr><td>3</td><td>冲击试验</td><td>3/批</td><td>钢材的一端GB/T 1591</td></tr>
</table>
（5）钢结构工程中属于下列情况之一的钢材，应进行抽样复验
1）国外进口钢材
2）钢材混批
3）板厚度等于或大于40mm，且设计有Z向性能要求的厚板
4）建筑结构安全等级为一级，大跨度钢结构中主要受力构件所采用的钢材
5）设计有复验要求的钢材
6）对质量有疑义的钢材，应进行抽样复验</td></tr>
<tr><td>（6）</td><td>冷轧带肋钢筋
GB/T 13788
GB 50204</td><td>拉伸（抗拉强度、最大力总伸长率）
弯曲或反复弯曲
重量偏差</td><td>1d
1d
1d</td><td>（1）钢筋应按批进行检查和验收，每批应由同一牌号、同一外形、同一规格、同一生产工艺和同一交货状态的钢筋组成，每批不大于60t
（2）抽样
<table>
<tr><th>序号</th><th>检验项目</th><th>试验数量</th><th>取样方法</th></tr>
<tr><td>1</td><td>拉伸试验</td><td>每盘1个</td><td rowspan="3">在每（任）盘中随机切取</td></tr>
<tr><td>2</td><td>弯曲试验</td><td>每批2个</td></tr>
<tr><td>3</td><td>反复弯曲试验</td><td>每批2个</td></tr>
<tr><td>4</td><td>重量偏差</td><td>每批5个</td><td>不少于500mm</td></tr>
</table>
注：表中试验数量栏中的“盘”指生产钢筋的“原料盘”</td></tr>
</table>

续表

<table>
<tr><th>序号</th><th>材料名称及相关标准、规范代号</th><th>主要检测参数</th><th>检测周期</th><th>取样规则
取样方法</th></tr>
<tr><td>(7)</td><td>钢筋混凝土用钢第3部分：钢筋焊接网
GB/T 1499.3
JGJ/T 27</td><td>拉伸试验
弯曲试验
抗剪力试验
重量偏差</td><td>1d
1d
1d
1d</td><td>（1）钢筋焊接网应成批检查验收，每批应由同一型号、同一原材来源、同一生产设备并在同一连续时段内制造的钢筋焊接网组成，重量不大于60t
（2）抽样
<table>
<tr><th>序号</th><th>检验项目</th><th>试验数量</th><th>取样方法</th></tr>
<tr><td>1</td><td>拉伸试验</td><td>2个</td><td rowspan="2">两个方向各截取一个试样</td></tr>
<tr><td>2</td><td>弯曲试验</td><td>2个</td></tr>
<tr><td>3</td><td>抗剪力试验</td><td>3个</td><td>两个方向任意截取三个试样</td></tr>
<tr><td>4</td><td>重量偏差</td><td>5个</td><td>每个试样至少有一个交叉点</td></tr>
</table></td></tr>
<tr><td>(8)</td><td>钢筋连接</td><td></td><td></td><td></td></tr>
<tr><td>1)</td><td>机械连接接头
JGJ 107</td><td>抗拉强度
残余变形
（工艺检验）</td><td>1d
1d</td><td>（1）接头工艺检验应针对不同钢筋生产厂的钢筋进行，施工过程中更换钢筋生产厂或接头技术提供单位时，应补充工艺检验。工艺检验应符合下列规定
1）各种类型和型式接头都应进行工艺检验，检验项目包括单向拉伸极限抗拉强度和残余变形
2）每种规格钢筋接头试件不应少于3根
3）接头试件测量残余变形后可继续进行极限抗拉强度试验，并宜按现行JGJ 107规程中单向拉伸加载制度进行试验
4）每根试件极限抗拉强度和3根接头试件残余变形的平均值均应符合现行JGJ 107规程的规定
5）工艺检验不合格时，应进行工艺参数调整，合格后方可按最终确认的工艺参数进行接头批量加工检验
（2）接头现场抽检项目应包括极限抗拉强度试验、加工和安装质量检验。抽检应按验收批进行，同钢筋生产厂、同强度等级、同规格、同类型和同型式接头应以500个为1个验收批进行检验与验收，不足500个也应作为1个验收批
（3）同一接头类型、同型式、同等级、同规格的接头，现场检验连续10个验收批抽样试件抗拉强度试验一次合格率为100%时，验收批接头数量可扩大为1000个
（4）当验收批接头数量少于200个时，可按相同的抽样要求，随机抽取2个试件做极限抗拉强度试验，当2个试件的极限抗拉强度均满足的强度要求时，该验收批应评为合格。当有1个试件的极限抗拉强度不满足要求，应再取4个试件进行复检，复检中仍有1个试件极限抗拉强度不满足要求，该验收批应评为不合格</td></tr>
<tr><td>2)</td><td>钢筋电阻点焊（钢筋焊接骨架和焊接网）
JGJ 18</td><td>拉伸强度
抗剪强度</td><td>1d
1d</td><td>（1）凡钢筋牌号、直径及尺寸相同的焊接骨架和焊接网应视为同一类制品，且每300件为1批，一周内不足300件亦应按1批计算
（2）外观检验应按同一类型制品分批检查，每批抽查5%，且不得少于5件。</td></tr>
</table>

续表

序号	材料名称及相关标准、规范代号	主要检测参数	检测周期	取样规则 取样方法
2)	钢筋电阻点焊（钢筋焊接骨架和焊接网）JGJ 18	拉伸强度 抗剪强度	1d 1d	（3）钢筋焊接网试样均应从成品网片上截取，但试样所包含的交叉点不应开焊。除去掉多余的部分以外，试样不得进行其他加工，应沿钢筋焊接网两个方向各截取一个试样，每个试样至少有一个交叉点。试样长度应足够，以保证夹具之间的距离不小于20倍试样直径或180mm（取二者之较大者）。对于并筋，非受拉钢筋应在离交叉焊点约20mm处切断，拉伸试样上的横向钢筋宜距交叉点约25mm处切断 （4）抗剪试样应沿同一横向钢筋随机截取3个试样。钢筋网两个方向均为单根钢筋时，较粗钢筋为受拉钢筋；对于并筋，其中之一为受拉钢筋，另一支非受拉钢筋应在交叉焊点处切断，但不应损伤受拉钢筋焊点抗剪试样上的横向钢筋，应距交叉点不小于25mm之处切断
3)	钢筋闪光对焊焊头 JGJ 18	拉伸强度 弯曲试验	1d 1d	（1）同一台班内，由同一焊工完成的300个同牌号、同直径钢筋焊接接头应作为1批。当同一台班内焊接接头数量较少，可在一周之内累计计算；累计仍不足300个接头，应按1批计算 （2）力学性能试验时，试件应从每批接头中随机切取6个接头，其中3个做拉伸试验，3个做弯曲试验 （3）异径钢筋接头可只做拉伸试验
4)	箍筋闪光对焊接头 JGJ 18	拉伸强度	1d	（1）在同一台班内，由同一焊工完成的600个同牌号、同直径箍筋闪光对焊接头作为一个检验批；如超出600个接头，其超出部分可以与下一台班完成接头累计计算 （2）每一检验批中，应随机抽取5%的接头进行外观质量检查 （3）每个检验批中应随机切取3个对焊接头做拉伸试验
5)	钢筋电弧焊接头 JGJ 18	拉伸强度	1d	（1）在现浇混凝土结构中，应以300个同牌号钢筋、同形式接头作为一批；在房屋结构中，应在不超过连续二楼层中300个同牌号钢筋、同形式接头作为一批；每批随机切取3个接头，做拉伸试验 （2）在装配式结构中，可按生产条件制作模拟试件，每批3个，做拉伸试验 （3）钢筋与钢板搭接焊接头可只进行外观质量检查 （4）在同一批中若有3种不同直径的钢筋焊接接头，应在最大直径钢筋接头和最小直径钢筋接头中分别切取3个试件进行拉伸试验
6)	钢筋电渣压力焊 JGJ 18	拉伸强度	1d	（1）在现浇混凝土结构中，应以300个同牌号钢筋、同形式接头作为一批 （2）在房屋结构中，应在不超过2楼层中300个同牌号钢筋接头作为1批 （3）当不足300个接头时，仍应作为1批。每批随机切取3个接头，做拉伸试验 （4）在同一批中若有3种不同直径的钢筋焊接接头，应在最大直径钢筋接头和最小直径钢筋接头中分别切取3个试件进行拉伸试验

续表

序号	材料名称及相关标准、规范代号	主要检测参数	检测周期	取样规则 取样方法
7)	钢筋气压焊接头 JGJ 18	拉伸强度 弯曲试验	1d 1d	（1）在现浇钢筋混凝土结构中，应以300个同牌号钢筋接头作为一批；在房屋结构中，应在不超过连续二楼层中300个同牌号钢筋接头作为一批；当不足300个接头时，仍应作为一批 （2）在柱、墙的竖向钢筋连接中，应从每批接头中随机切取3个接头做拉伸试验；在梁、板的水平钢筋连接中，应另切取3个接头做弯曲试验 （3）在同一批中，异径钢筋气压焊接头可只做拉伸试验 （4）在同一批中若有3种不同直径的钢筋焊接接头，应在最大直径钢筋接头和最小直径钢筋接头中分别切取3个试件进行拉伸试验
8)	预埋件钢筋 T形接头 JGJ 18	拉伸强度	1d	（1）预埋件钢筋T型接头的外观检查，应从同一台班内完成的同一类型预埋件中抽查5%，且不得少于10件 （2）当进行力学性能检验时，应以300件同类型预埋件作为1批。一周内连续焊接时，可累计计算。当不足300件时，亦应按1批计。应从每批预埋件中随机切取3个接头做拉伸试验，试件的钢筋长度应大于或等于200mm，钢板的长度和宽度均应大于或等于60mm，并视钢筋的直径增大而增大 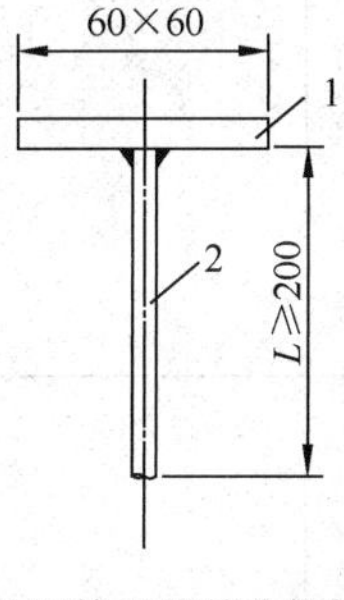 预埋件钢筋T形接头拉伸试件 1—钢板；2—钢筋
9)	钢筋套筒 灌浆连接 JGJ 355	对中单向拉伸（屈服强度、拉伸强度、最大力总伸长率、残余变形） 灌浆料抗压强度	1d 28d	（1）灌浆套筒进厂（场）时，应抽取灌浆套筒检验外观质量、标识和尺寸偏差 （2）同一批号、同一类型、同一规格的灌浆套筒，不超过1000个为一批，每批随机抽取10个灌浆套筒。检查尺寸和外观 （3）灌浆料进场时，应对灌浆料拌合物30min流动度、泌水率及3d抗压强度、28d抗压强度、3h竖向膨胀率、24h与3h竖向膨胀率差值进行检验。检查数量：同一成分、同一批号的灌浆料，不超过50t为1批 （4）现场抽检检查数量：同一批号、同一类型、同一规格的灌浆套筒，不超过1000个为一批，每批随机抽取3个灌浆套筒制作对中连接接头试件 （5）灌浆施工中，灌浆料的28d抗压强度检查数量：每工作班取样不得少于1次，每楼层取样不得少于3次

续表

序号	材料名称及相关标准、规范代号	主要检测参数	检测周期	取样规则 取样方法
10)	钢筋连接用套筒灌浆料 JG/T 408	流动度 竖向膨胀率 抗压强度	2d 4d 2d、4d、29d	（1）在15d内生产的同批号原材料的产品应以50t作一生产批号，不足50t的也应作为一生产批号 （2）取样方法按现行国家标准GB 12573的有关规定进行 （3）取样应有代表性，可从多个部位取等量样品，样品总量不应少于30kg
5	钢结构工程			
（1）	紧固件			
1)	螺栓 GB 50205 GB/T 228.1 GB/T 3098.1	螺栓实物最小载荷	2d	同一规格螺栓抽查8个
2)	扭剪型高强度螺栓连接副 GB 50205 GB/T 3632	紧固轴力（预拉力）	2d	（1）同一材料、炉号、螺纹规格、长度、机械加工、热处理工艺及表面处理工艺的螺栓为同批；同一材料、炉号、螺纹规格、机械加工、热处理工艺及表面处理工艺的螺母为同批；同一材料、炉号、规格、机械加工、热处理工艺及表面处理工艺的垫圈为同批。分别由同批螺栓、螺母及垫圈组成的连接副为同批连接副 （2）同批钢结构用扭剪型高强度螺栓连接副的最大数量为3000套 （3）复验用的螺栓应在施工现场待安装的螺栓批中随机抽取，每批应抽取8套连接副进行复验 （4）每套连接副应只做一次试验，不得重复使用。在紧固中垫圈发生转动时，应更换连接副，重新试验
3)	高强度大六角头螺栓连接副 GB 50205 GB/T 1231 JGJ 82	扭矩系数	2d	（1）同一性能等级、材料、炉号、螺纹规格、长度、机械加工、热处理工艺及表面处理工艺的螺栓为同批；同一性能等级、材料、炉号、螺纹规格、机械加工、热处理工艺及表面处理工艺的螺母为同批；同一性能等级、材料、炉号、规格、机械加工、热处理工艺及表面处理工艺的垫圈为同批。分别由同批螺栓、螺母及垫圈组成的连接幅为同批连接副 （2）同批高强度螺栓连接副的最大数量为3000套 （3）复验用螺栓应在施工现场待安装的螺栓批中随机抽取，每批应抽取8套连接副进行复验 （4）每套连接副应只做1次试验，不得重复使用；在紧固中垫圈发生转动时，应更换连接副，重新试验
4)	螺栓球节点钢网架高强度螺栓 GB/T 16939 GB 50205	拉力荷载 表面硬度（建筑结构安全等级为1级，跨度≥40m的螺栓球节点钢网架结构）	2d	（1）同一性能等级、材料牌号、炉号、规格、机械加工、热处理及表面处理工艺的螺栓为同批。最大批量：小于等于M36为5000件；大于M36为2000件 （2）螺栓的尺寸、外观、机械性能及表面缺陷检验按现行标准GB/T 90.1规定；但对M39～M85×4螺栓的试验抽样方案按芯部硬度$n=2$，$A_c=0$，实物拉力$n=3$，$A_c=0$

续表

<table>
<tr><th>序号</th><th>材料名称及相关
标准、规范代号</th><th>主要检测
参数</th><th>检测
周期</th><th>取样规则
取样方法</th></tr>
<tr><td>(2)</td><td>高强度螺栓
连接摩擦面
GB 50205
JGJ 82</td><td>抗滑移系数检验</td><td>2d</td><td>(1) 检验批可按分部工程(子分部工程)所含高强度螺栓用量划分:每5万个高强度螺栓用量的钢结构为一批,不足5万个高强度螺栓用量的钢结构视为一批
(2) 选用两种及两种以上表面处理(含有涂层摩擦面)工艺时,每种处理工艺应单独检验,每批3组试件
(3) 应以钢结构制作检验批为单位,由制作厂和安装单位分别进行,每一检验批三组;单项工程的构件摩擦面选用两种及两种以上表面处理工艺时,则每种表面处理工艺均需检验
(4) 检验试件由制作厂加工,试件与所代表的构件应为同一材质、同一摩擦面处理工艺时,则每种表面处理工艺均需检验</td></tr>
<tr><td>(3)</td><td>网架节点承载力
GB 50205
JG/T 11
JG/T 10</td><td>① 焊接球节点:轴心拉、压承载力试验
② 螺栓球节点:抗拉强度保证荷载试验</td><td>2d</td><td>(1) 当建筑结构安全等级为一级,跨度40m及以上的公共建筑钢网架结构,且设计有要求时,应进行节点承载力试验
(2) 用于试验的试件在该批产品中随机抽取,每批抽取3个试件</td></tr>
<tr><td>(4)</td><td>防火涂料
GB 50205
GB 14907</td><td>粘结强度
抗压强度</td><td>7d
28d</td><td>(1) 每使用100t或不足100t薄涂型防火涂料应抽检1次粘结强度
(2) 每使用500t或不足500t厚涂型防火涂料应抽检1次粘结强度和抗压强度</td></tr>
<tr><td>(5)</td><td>结构用无缝钢管
GB/T 8162</td><td>拉伸性能
压扁试验
弯曲试验</td><td>2d
2d
2d</td><td>(1) 每批应由同一牌号、同一炉号、同一规格和同一热处理制度(炉次)的钢管组成
① 外径不大于76mm,并且壁厚不大于3mm:400根
② 外径大于351mm:50根
③ 其他尺寸:200根
④ 剩余钢管的根数,如不少于上述规定的50%时则单独列为1批,少于上述规定的50%时可并入同一牌号、同一炉号和同一规格的相邻批中
(2) 抽样
<table>
<tr><th>序号</th><th>检验项目</th><th>取样数量</th></tr>
<tr><td>1</td><td>拉伸试验</td><td>每批两根钢管上各取1个试样</td></tr>
<tr><td>2</td><td>压扁试验</td><td>每批两根钢管上各取1个试样</td></tr>
<tr><td>3</td><td>弯曲试验</td><td>每批两根钢管上各取1个试样</td></tr>
</table></td></tr>
<tr><td>(6)</td><td>焊接工程</td><td></td><td></td><td></td></tr>
<tr><td>1)</td><td>焊缝质量
GB 50205</td><td>内部缺陷
外观缺陷
焊缝尺寸</td><td>2d
2d
2d</td><td>(1) 内部缺陷检测当采用超声波检测时,一级焊缝100%检测,二级焊缝20%检测
(2) 外观缺陷及焊缝尺寸:承受静荷载的二级焊缝每批同类构件抽查10%,承受静荷载的一级焊缝和承受动荷载的焊缝每批同类构件抽查15%,且不应少于3件;被抽查构件中,每一类型焊缝应按条数抽查5%,且不应少于1条;每条检查1处,总抽查数不应少于10处</td></tr>
</table>

续表

<table>
<tr><th>序号</th><th>材料名称及相关标准、规范代号</th><th>主要检测参数</th><th>检测周期</th><th>取样规则
取样方法</th></tr>
<tr><td>2)</td><td>气体保护电弧焊用碳钢、低合金钢焊丝
GB/T 8110</td><td>化学成分
熔敷金属拉伸试验
熔敷V型缺口冲击试验
焊缝射线探伤</td><td>7d
2d
2d
2d</td><td>(1) 每批焊丝应由同一炉号、同一形状、同一尺寸、同一交货状态的焊丝组成，每批焊丝的最大重量符合下表规定
<table><tr><th>序号</th><th>焊丝型号</th><th>每批最大重量(t)</th></tr><tr><td>1</td><td>ER50-X、ER49-1</td><td>200</td></tr><tr><td>2</td><td>其他型号</td><td>30</td></tr></table>(2) 盘（卷、桶）焊丝每批任选一盘（卷、桶），直条焊丝任选一最小包装单位，进行焊丝化学成分、熔敷金属力学性能、射线探伤、尺寸和表面质量等检验</td></tr>
<tr><td>3)</td><td>埋弧焊用低合金钢焊丝和焊剂
GB/T 12470</td><td>焊丝化学成分
焊缝射线探伤试验
熔敷金属拉伸试验
熔敷金属冲击试验</td><td>7d
2d
2d
2d</td><td>(1) 每批焊丝应由同一炉号、同一尺寸、同一交货状态的焊丝组成
(2) 每一批焊剂应由同一批原材料，以同一配方及制造工艺制成。每批焊剂最高重量不应超过45000kg</td></tr>
<tr><td>4)</td><td>熔化焊用钢丝
GB/T 14957</td><td>化学成分
表面
尺寸</td><td>7d
2d
2d</td><td>(1) 每批焊丝应由同一牌号、同一炉号（或同一生产批号）、同一形状、同一尺寸、同一交货状态的钢丝组成
(2) 抽样
<table><tr><th>序号</th><th>试验项目</th><th>取样部位</th><th>取样数量</th></tr><tr><td>1</td><td>化学成分</td><td>任一部位</td><td>3%，不少于2捆（盘）</td></tr><tr><td>2</td><td>表面</td><td>任一部位</td><td>逐捆（盘）</td></tr><tr><td>3</td><td>尺寸</td><td>任一部位</td><td>逐捆（盘）</td></tr></table></td></tr>
<tr><td>5)</td><td>低碳合金钢焊条
GB/T 5118</td><td>熔敷金属化学成分
熔敷金属拉伸试验
焊缝射线探伤</td><td>7d
2d
2d</td><td>(1) 每批焊条由同一批号焊芯、同一批号主要涂料原料、以同样涂料配方及制造工艺制成，生产的同一型号、规格、形式和热处理条件的产品数量每批不超过45000kg
(2) 每批焊条检验时，按照需要数量至少在3个部位平均取有代表性的样品</td></tr>
<tr><td>6</td><td>防水工程</td><td></td><td></td><td></td></tr>
<tr><td>(1)</td><td>沥青防水卷材</td><td></td><td></td><td></td></tr>
<tr><td>1)</td><td>石油沥青纸胎油毡
GB/T 326</td><td>拉力（纵向）
耐热度
柔度
不透水性</td><td>2d
2d
2d
2d</td><td>(1) 以同一类型的1500卷卷材为1批，不足1000卷的也可作为1批。随机抽取5卷进行卷重、面积和外观检查。从上述合格的卷材中任取1卷进行物理性能试验
(2) 将取样卷材切除距外层卷头2.5m后，顺纵向切取长度为600mm的全幅卷材试样2块，一块做物理性能检测，一块备用</td></tr>
<tr><td>2)</td><td>铝箔面石油沥青防水卷材
JC/T 504</td><td>拉力
柔度
耐热度</td><td>2d
2d
2d</td><td>(1) 以同一类型、同一规格10000m² 或每班产量为1批，不足10000m² 亦作为1批
(2) 在每批产品中随机抽取5卷进行卷重、面积、外观检查，合格后，从中任选取一卷进行厚度和物理性能试验
(3) 将取样卷材切除距外层卷头2.5m后，顺纵向切取长度为500mm的全幅卷材试样两块</td></tr>
</table>

续表

序号	材料名称及相关标准、规范代号	主要检测参数	检测周期	取样规则 取样方法
3)	石油沥青玻璃纤维胎油毡 GB/T 14686	拉力 耐热性 低温柔性 不透水性	2d 2d 2d 2d	（1）以同厂家、同一类型、同一规格 10000m² 为 1 批，不足 10000m² 按 1 批计 （2）抽样：在每批产品中，随机抽取 5 卷进行尺寸偏差、外观、单位面积质量检查。在上述检查合格后，从中随机抽取 1 卷，将取样卷切除距外卷头 2500mm 后，沿纵向切取长度为 750mm 的全副卷材试样 2 块，1 块用作物料性能检测，另 1 块备用
（2）	高聚合物改性沥青防水卷材			
1)	改性沥青聚乙烯胎防水卷材 GB 18967 GB 50208 GB 50207	拉力 断裂延伸率 低温柔度 不透水性 耐热度 可溶物含量 拉力 最大力时延伸率 低温柔度 热老化后低温柔度 不透水性 120min （地下工程） 可溶物含量 拉力 最大力时延伸率 低温柔度 热老化后低温柔度 不透水性 （屋面工程）	2d 2d 2d 2d 2d 2d 2d 2d 2d 2d 2d 2d 2d 2d 2d 2d 2d	以同一厂家、同一类型、同一规格 10000m² 为 1 批，不足 10000m² 亦可作为 1 批，在每批中随机抽取 5 卷进行单位面积质量、规格尺寸及外观检验。从合格的产品中任取 1 卷进行物理力学性能试验 依据现行国家标准 GB 50208、GB 50207，大于 1000 卷抽 5 卷，每 500～1000 卷抽 4 卷，100～499 卷抽 3 卷，100 卷以下抽 2 卷，进行规格尺寸和外观质量检验。在外观质量检验合格的卷材中，任取一卷作物理性能检验
2)	弹性体改性沥青防水卷材 GB 18242 GB 50208 GB 50207	拉力 最大拉力时延伸率 （G 类不做） 低温柔度 不透水性 耐热性 可溶物含量 拉力 最大力时延伸率 低温柔度 热老化后低温柔度 不透水性 120min （地下工程） 可溶物含量 拉力 最大力时延伸率 低温柔度 热老化后低温柔度 不透水性 （屋面工程）	2d 2d 2d 2d 2d 2d 2d 2d 2d 2d 2d 2d 2d 2d 2d 2d 2d	以同一厂家、同一类型、同一规格 10000m² 为 1 批，不足 10000m² 亦可作为 1 批，在每批中随机抽取 5 卷进行单位面积质量、规格尺寸及外观检验。从合格的产品中任取 1 卷进行物理力学性能试验 依据现行国家标准 GB 50208、GB 50207，大于 1000 卷抽 5 卷，每 500～1000 卷抽 4 卷，100～499 卷抽 3 卷，100 卷以下抽 2 卷，进行规格尺寸和外观质量检验。在外观质量检验合格的卷材中，任取一卷作物理性能检验

续表

序号	材料名称及相关标准、规范代号	主要检测参数	检测周期	取样规则 取样方法
3)	塑性体改性沥青防水卷材 GB 18243 GB 50208 GB 50207	拉力	2d	以同一厂家、同一类型、同一规格 $10000m^2$ 为 1 批，不足 $10000m^2$ 亦可作为 1 批，在每批中随机抽取 5 卷进行单位面积质量、规格尺寸及外观检验。从合格的产品中任取 1 卷进行物理力学性能试验 依据现行国家标准 GB 50208、GB 50207，大于 1000 卷抽 5 卷，每 500～1000 卷抽 4 卷，100～499 卷抽 3 卷，100 卷以下抽 2 卷，进行规格尺寸和外观质量检验。在外观质量检验合格的卷材中，任取一卷作物理性能检验
		最大力时延伸率（G 类不做）	2d	
		低温柔度	2d	
		不透水性	2d	
		耐热性	2d	
		可溶物含量	2d	
		拉力	2d	
		最大力时延伸率	2d	
		低温柔度	2d	
		热老化后低温柔度	2d	
		不透水性 120min（地下工程）	2d	
		可溶物含量	2d	
		拉力	2d	
		最大力时延伸率	2d	
		低温柔度	2d	
		热老化后低温柔度	2d	
		不透水性（屋面工程）	2d	
4)	带自粘层的防水卷材 GB/T 23260 JGJ 298 GB 50208 GB 50207	拉力	2d	以同一厂家、同一类型、同一规格 $10000m^2$ 为 1 批，不足 $10000m^2$ 亦可作为 1 批，在每批中随机抽取 5 卷进行单位面积质量、规格尺寸及外观检验。从合格的产品中任取 1 卷进行物理力学性能试验 依据现行行业标准 JGJ 298，同一生产厂的同一品种、同一等级的产品，大于 1000 卷抽 5 卷，500～1000 卷抽 4 卷，100～499 卷抽 3 卷，100 卷以下抽 2 卷
		最大力时延伸率	2d	
		低温柔度	2d	
		不透水性	2d	
		卷材与铝板剥离强度（室内工程）	3d	
		热老化低温柔度（地下防水工程）	2d	
		耐热度（屋面工程）	2d	
5)	自粘聚合物改性沥青防水卷材 GB 23441 JGJ 298 GB 50208 GB 50207	拉力	2d	以同一厂家、同一类型、同一规格 $10000m^2$ 为 1 批，不足 $10000m^2$ 亦可作为 1 批，在每批中随机抽取 5 卷进行单位面积质量、规格尺寸及外观检验。从合格的产品中任取 1 卷进行物理力学性能试验 依据现行行业标准 JGJ 298 标准，同一生产厂的同一品种、同一等级的产品，大于 1000 卷抽 5 卷，500～1000 卷抽 4 卷，100～499 卷抽 3 卷，100 卷以下抽 2 卷
		最大力时延伸率	2d	
		不透水性	2d	
		低温柔度	2d	
		可溶物含量（地下工程 PY 类）	2d	
		老化后低温柔度（地下工程）	2d	
		耐热性（屋面工程）	2d	
		卷材与铝板剥离强度（室内工程）	2d	

续表

序号	材料名称及相关标准、规范代号	主要检测参数	检测周期	取样规则 取样方法
6)	改性沥青基聚乙烯胎防水卷材 GB 18967 GB 50208 GB 50207	拉力 断裂延伸率 低温柔度 不透水性 热老化低温柔度（地下工程） 耐热度(屋面工程)	2d 2d 2d 2d 2d 2d	以同一厂家、同一类型、同一规格 10000m^2 为 1 批，不足 10000m^2 亦可作为 1 批，在每批中随机抽取 5 卷进行单位面积质量、规格尺寸及外观检验。从合格的产品中任取 1 卷进行物理力学性能试验 依据现行国家标准 GB 50208、GB 50207，大于 1000 卷抽 5 卷，500～1000 卷抽 4 卷，100～499 卷抽 3 卷，100 卷以下抽 2 卷，进行规格尺寸和外观质量检验。在外观质量检验合格的卷材中，任取一卷作物理性能检验
7)	种植屋面用耐根穿刺防水卷材 GB/T 35468 GB 50207	可溶物含量 拉力 最大力时延伸率 低温柔度 不透水性 耐热度	2d 2d 2d 2d 2d 2d	以同一厂家、同一类型、同一规格 10000m^2 为 1 批，不足 10000m^2 亦可作为 1 批，在每批中随机抽取 5 卷进行单位面积质量、规格尺寸及外观检验。从合格的产品中任取 1 卷进行物理力学性能试验 依据现行国家标准 GB 50207，大于 1000 卷抽 5 卷，500～1000 卷抽 4 卷，100～499 卷抽 3 卷，100 卷以下抽 2 卷，进行规格尺寸和外观质量检验。在外观质量检验合格的卷材中，任取一卷作物理性能检验
8)	湿铺防水卷材 GB/T 35467 JGJ 298 GB 50208 GB 50207	拉力 最大力时延伸率 不透水性 低温柔度 可溶物含量（地下工程 PY 类） 老化后低温柔度（地下工程） 耐热性（屋面工程） 卷材与铝板剥离强度(室内工程)	2d 2d 2d 2d 2d 2d 2d 3d	以同一厂家、同一类型、同一规格 10000m^2 为 1 批，不足 10000m^2 亦可作为 1 批，在每批中随机抽取 5 卷进行单位面积质量、规格尺寸及外观检验。从合格的产品中任取 1 卷进行物理力学性能试验 依据现行国家标准 GB 50208、GB 50207，大于 1000 卷抽 5 卷，500～1000 卷抽 4 卷，100～499 卷抽 3 卷，100 卷以下抽 2 卷，进行规格尺寸和外观质量检验。在外观质量检验合格的卷材中，任取一卷作物理性能检验
9)	预铺/湿铺防水卷材 GB/T 23457 GB 50208 GB 50207	可溶物含量 拉力 最大力时延伸率（PY 类） 低温柔度 不透水性 热老化低温 柔度(地下防水工程) 耐热度(屋面工程)	2d 2d 2d 2d 2d 2d	以同一类型、同一规格 10000m^2 为 1 批，不足 10000m^2 按一批计 在每批产品中随机抽取 5 卷进行面积、单位面积质量、厚度、外观检查；上述检查合格后，从中随机抽取 1 卷取至少 1.5m^2 的试样进行物理力学性能检测
(3)	高分子防水卷材			
1)	高分子防水材料 第 1 部分片材 GB 18173.1 GB 50208 GB 50207	断裂拉伸强度 扯断伸长率 不透水性 低温弯折性 撕裂强度（地下工程）	2d 2d 2d 2d 2d	(1) 以同一类型、同一规格的 5000m^2 片材（如日产量超过 8000m^2 则以 8000m^2）为 1 批。随机抽取 3 卷进行规格尺寸、外观质量检验，在上述检验合格的样品中再随机抽取足够的试样进行物理性能试验 (2) 依据现行国家标准 GB 50208、GB 50207，大于 1000 卷抽 5 卷，500～1000 卷抽 4 卷，100～499 卷抽 3 卷，100 卷以下抽 2 卷，进行规格尺寸和外观质量检验。在外观质量检验合格的卷材中，任取一卷作物理性能检验

续表

<table>
<tr><th>序号</th><th>材料名称及相关标准、规范代号</th><th>主要检测参数</th><th>检测周期</th><th>取样规则
取样方法</th></tr>
<tr><td>2)</td><td>聚氯乙烯防水卷材
GB 12952
GB 50208
GB 50207</td><td>拉伸性能
不透水性
低温弯折性
撕裂强度（地下工程）</td><td>2d
2d
2d
2d</td><td>（1）以同类型的 10000m² 卷材为一批，不满 10000m² 也可作为一批。在该批产品中随机抽取 3 卷进行尺寸偏差和外观检查，在上述检查合格的试件中任取一卷，在距外层端部 500mm 处裁取 3m（出厂检验为 1.5m）进行材料性能检验
（2）依据现行国家标准 GB 50208、GB 50207，大于 1000 卷抽 5 卷，500～1000 卷抽 4 卷，100～499 卷抽 3 卷，100 卷以下抽 2 卷，进行规格尺寸和外观质量检验。在外观质量检验合格的卷材中，任取一卷作物理性能检验</td></tr>
<tr><td>3)</td><td>氯化聚乙烯防水卷材
GB 12953
GB 50208
GB 50207</td><td>拉力（适合于 L、W 类）
拉伸强度（适合于 N 类）
断裂伸长率
不透水性
低温弯折性</td><td>2d
2d
2d
2d
2d</td><td>（1）以同类型的 10000m² 卷材为一批，不满 10000m² 也可作为一批。在该批产品中随机抽取 3 卷进行尺寸偏差和外观检查，在上述检查合格的试件中任取一卷，在距外层端部 500mm 处裁取 3m（出厂检验为 1.5m）进行材料性能检验
（2）依据现行国家标准 GB 50208、GB 50207，大于 1000 卷抽 5 卷，500～1000 卷抽 4 卷，100～499 卷抽 3 卷，100 卷以下抽 2 卷，进行规格尺寸和外观质量检验。在外观质量检验合格的卷材中，任取一卷作物理性能检验</td></tr>
<tr><td>4)</td><td>热塑性聚烯烃（TPO）防水卷材
GB 27789
GB 50208
GB 50207</td><td>断裂拉伸强度
扯断伸长率
不透水性
低温弯折性
撕裂强度（地下工程）</td><td>2d
2d
2d
2d
2d</td><td>（1）以同类型的 10000m² 卷材为一批，不满 10000m² 也可作为一批。在该批产品中随机抽取 3 卷进行尺寸偏差和外观检查，在上述检查合格的试件中任取一卷，在距外层端部 500mm 处裁取 3m（出厂检验为 1.5m）进行材料性能检验
（2）依据现行国家标准 GB 50208、GB 50207，大于 1000 卷抽 5 卷，500～1000 卷抽 4 卷，100～499 卷抽 3 卷，100 卷以下抽 2 卷，进行规格尺寸和外观质量检验。在外观质量检验合格的卷材中，任取一卷作物理性能检验</td></tr>
<tr><td>(4)</td><td>沥青基防水涂料</td><td></td><td></td><td></td></tr>
<tr><td>1)</td><td>水乳型沥青防水涂料
JC/T 408
GB/T 3186
JGJ 298
GB 50208
GB 50207</td><td>固体含量
不透水性
低温柔性
耐热性
断裂伸长率或抗裂性（屋面工程）
固体含量
断裂伸长率
不透水性
粘结强度
挥发性有机化合物
苯+甲苯+乙苯+二甲苯
游离甲醛（室内工程）
潮湿基面粘结强度
涂膜抗渗性
浸水 168h 后拉伸强度
浸水 168h 后断裂伸长率
耐水性(地下工程)</td><td>2d
11d
11d
11d
11d
2d
11d
11d
11d
1d
1d
1d
8d
11d
17d
17d
17d</td><td>（1）同一生产厂以 5t 产品为 1 批，不足 5t 亦为 1 批检验
（2）按随机取样方法，对同一生产厂、同品种、相同包装的产品进行取样。样品最少 2kg 或完成规定试验所需量的 3～4 倍，所取样品数量见下表
<table>
<tr><th>序号</th><th>容器总数 N</th><th>被取样容器的最低件数 n</th></tr>
<tr><td>1</td><td>1～2</td><td>全部</td></tr>
<tr><td>2</td><td>3～8</td><td>2</td></tr>
<tr><td>3</td><td>9～25</td><td>3</td></tr>
<tr><td>4</td><td>26～100</td><td>5</td></tr>
<tr><td>5</td><td>101～500</td><td>8</td></tr>
<tr><td>6</td><td>501～1000</td><td>13</td></tr>
<tr><td>7</td><td>其后类推</td><td>$n=\sqrt{N/2}$</td></tr>
</table>
（3）液体材料取样时，应至少取出 3 份均匀的样品（最终样品），每份样品至少 400ml 或完成规定试验所需量的 3～4 倍，装入要求的容器中，液体材料须在清洁、干燥的容器中，最好是不锈钢容器混合。对于固体，用旋转分样器（格槽缩样器）将全部样品分成 4 等份，取出 3 份，每份样品至少 500g 或完成规定试验所需量的 3～4 倍，装入要求的容器中</td></tr>
</table>

续表

序号	材料名称及相关标准、规范代号	主要检测参数	检测周期	取样规则 取样方法
(5)	合成高分子防水涂料			
1)	聚氨酯防水涂料 GB/T 19250 JGJ 298 GB 50207 GB 50208	固体含量 断裂伸长率 拉伸强度 低温弯折性 不透水性 潮湿基面粘结强度 涂膜抗渗性 浸水168h后拉伸强度 浸水168h后断裂伸长率 耐水性(地下工程) 固体强度 拉伸强度 断裂伸长率 不透水性 挥发性有机化合物 苯+甲苯+乙苯+二甲苯 游离TDI (室内工程)	2d 11d 11d 11d 11d 8d 11d 17d 17d 2d 11d 11d 11d 1d 1d 1d	(1) 以同一类型15t为一批，不足15t亦可作为一批（多组分产品按组分配套组批） (2) 在每批产品中随机抽取两组样品，一组样品用于检验，另一组样品封存备用。每组至少5kg（多组分产品按配比抽取），抽样前产品应搅拌均匀。若采用喷涂方式取样量根据需要抽取 (3) 地下工程每5t为一批，不足5t按1批抽样 (4) 室内防水工程同一生产厂，以甲组分每5t为1验收批，不足5t也按1批计算。乙组分按产品种类配比相应增加。每1验收批按产品的配比分别取样，甲、乙组分样品总重为2kg。单组分产品随机抽取，抽样数应不低于 $\sqrt{n/2}$（n 是产品的桶数）
2)	聚合物乳液建筑防水涂料 JC/T 864 JGJ 298 GB 50207 GB 50208	固体含量 断裂延伸率 拉伸强度 不透水性 低温柔性 潮湿基面粘结强度 涂膜抗渗性 浸水168h后拉伸强度 浸水168h后断裂伸长率 耐水性(地下工程) 固体强度 拉伸强度 断裂伸长率 不透水性 挥发性有机化合物 苯+甲苯+乙苯+二甲苯 游离甲醛 (室内工程)	2d 11d 11d 11d 11d 8d 8d 11d 17d 17d 2d 11d 11d 11d 1d 1d 1d	(1) 对同一原料、配方、连续生产的产品，以每5t为1批，不足5t亦可按1批计 (2) 按随机取样方法，对同一生产厂、同品种、相同包装的产品进行取样总共取4kg样品用于检验，其余同沥青基防水涂料(2)、(3)项 (3) 地下工程每5t为一批，不足5t按1批抽样 (4) 室内防水工程同一生产厂，同一品种、同一规格每5t为1验收批，不足5t也按1批计算，随机抽取，抽样数应不低于 $\sqrt{n/2}$（n 是产品的桶数）

续表

序号	材料名称及相关标准、规范代号	主要检测参数	检测周期	取样规则 取样方法
3)	聚合物水泥防水涂料 GB/T 23445 JGJ 298 GB 50207 GB 50208	固体含量	2d	（1）以同一类型的10t产品为1批，不足10t也作为1批 （2）产品的液体组分抽样同聚合物乳液建筑防水涂料（2）、（3）项 （3）配套固体组分的抽样按GB12573中袋装水泥的规定进行，两组分共取5kg样品 （4）地下工程每5t为一批，不足5t按1批抽样
		断裂延伸率（无处理）	11d	
		拉伸强度（无处理）	11d	
		低温柔性（适用于Ⅰ型）	11d	
		不透水性	11d	
		潮湿基面粘结强度	8d	
		涂膜抗渗性	11d	
		浸水168h后拉伸强度	17d	
		浸水168h后断裂伸长率	17d	
		耐水性（地下工程）	17d	
		固体强度	2d	
		拉伸强度	11d	
		断裂伸长率	11d	
		不透水性	11d	
		挥发性有机化合物	1d	
		苯＋甲苯＋乙苯＋二甲苯	1d	
		游离甲醛（室内工程）	1d	
(6)	喷涂聚脲防水涂料 GB/T 23446 JGJ 298 GB 50207 GB 50208	固体含量	2d	（1）以同一类型的15t产品为1批，不足15t也作为1批 （2）每批产品按现行国家标准GB/T 3186规定取样，按配合比总共取不少于40kg样品。分为2组，放入不与涂料发生反应的干燥密闭容器中，密封贮存 （3）屋面工程每10t为1批，不足10t按1批抽样 （4）地下工程每5t为1批，不足5t按1批抽样 （5）室内防水工程同一生产厂，以甲组分每5t为1验收批，不足5t也按1批计算。乙组分按产品种类配比相应增加。每1验收批按产品的配比分别取样，甲、乙组分样品总重为2kg。单组分产品随机抽取，抽样数应不低于 $\sqrt{n/2}$（n 是产品的桶数）
		拉伸强度	11d	
		断裂伸长率	11d	
		不透水性	11d	
		撕裂强度	11d	
		低温弯折性	11d	
		潮湿基面粘结强度	8d	
		涂膜抗渗性	11d	
		浸水168h后拉伸强度	17d	
		浸水168h后断裂伸长率	17d	
		耐水性（地下工程）	17d	
		固体强度	2d	
		拉伸强度	11d	
		断裂伸长率	11d	
		不透水性	11d	
		挥发性有机化合物	1d	
		苯＋甲苯＋乙苯＋二甲苯	1d	
		游离TDI（室内工程）	1d	

续表

序号	材料名称及相关标准、规范代号	主要检测参数	检测周期	取样规则 取样方法
(7)	无机防水涂料			
1)	无机防水堵漏材料 GB 23440 GB 50208	抗渗压力 粘结强度 抗压强度 抗折强度 抗折强度 粘结强度 抗渗性（地下工程）	30d 32d 32d 32d 32d 32d 30d	(1) 对同一类别产品，以每 30t 按一批计，不足 30t 也按 1 批计 (2) 在每批产品中随机抽取 5kg（含）以上包装的，不少于 3 个包装中抽取样品；少于 5kg 包装的，不少于 10 个包装中抽取样品。将所有样品充分混合均匀，样品总质量 10kg。将样品分为 2 份，1 份为检验样品，1 份为备用样品 (3) 地下工程每 10t 为 1 批，不足 10t 按 1 批抽样
2)	水泥基渗透结晶型防水材料 GB 18445 GB 50208	抗折强度 抗压强度 湿基面粘结强度 抗渗压力 抗折强度 粘结强度 抗渗性（地下工程）	32d 32d 32d 30d 32d 32d 30d	(1) 同一类型、型号的 50t 为 1 批量，不足 50t 的亦可按 1 批量计。1 个批量为 1 个编号 (2) 包装后在 10 个不同部位随机取样。水泥基渗透结晶型防水涂料每次取样 10kg；水泥基渗透结晶型防水剂每次取样量不少于 0.2t 水泥所需外加剂量。取样后应充分拌和均匀，一分为二，1 份按标准进行试验；另 1 份密封保存一年，以备复验或仲裁用 (3) 地下工程每 10t 为 1 批，不足 10t 按 1 批抽样
(8)	密封材料			
1)	建筑石油沥青 GB/T 494 GB 50207	软化点 针入度 延度	1d 1d 1d	(1) 以同一产地．同一品种，同一标号，每 20t 为 1 验收批，不足 20t 也按 1 批计。每 1 验收批取样 2kg (2) 在料堆上取样时，取样部位应均匀分布，同时应不少于 5 处，每处取洁净的等量试样共 2kg 作为检验和留样用 依据 GB/T 11147—2010 取样
2)	建筑防水沥青嵌缝油膏 JC/T 207 GB 50207	耐热性 低温柔性 拉伸粘结性 施工度	2d 2d 3d 2d	(1) 以同一标号产品 20t 为 1 批，不足 20t 也按 1 批计 (2) 每批随机抽取 3 件产品，离表皮大约 50mm 处各取样 1kg，装入密封容器，一份做试验用，另两份留作备用 (3) 屋面工程每 5t 为 1 批，不足 5t 按 1 批抽样
(9)	合成高分子密封材料			
1)	聚氨酯建筑密封胶 JC/T 482 JGJ 298 GB 50208 GB 50207	拉伸模量 断裂伸长率 定伸粘结性（屋面工程） 表干时间 挤出性 弹性恢复率 定伸粘结性 浸水后定伸粘结性（室内工程） 流动性 挤出性 定伸粘结性（地下工程）	30d 30d 31d 4d 3d 32d 31d 35d 3d 3d 31d	(1) 以同一品种、同一类型的产品每 5t 为 1 批进行检验，不足 5t 也作为 1 批 (2) 单组分支装产品由该批产品随机抽取 3 件包装箱，从每件包装箱随机抽取 2～3 支样品，共取 6～9 支 (3) 多组分桶装产品的抽样方法及数量按照现行国家标准 GB 3186 的规定执行，样品总重量 4kg，取样后密封包装 (4) 地下工程每 2t 为 1 批，不足 2t 按 1 批抽样 (5) 室内防水工程同一生产厂，同等级、同类型产品每 2t 为 1 验收批，不足 2t 也按 1 批计算。每批随机抽取试样 1 组，试样量不少于 1kg，随机抽取试样，抽样数应不低于 $\sqrt{n/2}$（n 是产品的桶数或支数） (6) 屋面工程每 1t 为 1 批，不足 1t 按 1 批抽样

续表

序号	材料名称及相关标准、规范代号	主要检测参数	检测周期	取样规则 取样方法
2)	聚硫建筑密封胶 JC/T 483 JGJ 298 GB 50208 GB 50207	拉伸模量	30d	（1）以同一品种、同一类型的产品每 10t 为 1 批进行检验，不足 10t 也作为 1 批 （2）抽样方法及数量按照 GB 3186 的规定执行，样品总重量 4kg，取样后密封包装 （3）地下工程每 2t 为 1 批，不足 2t 按 1 批抽样 （4）室内防水工程同一生产厂，同等级、同类型产品每 2t 为 1 验收批，不足 2t 也按 1 批计算。每批随机抽取试样 1 组，试样量不少于 1kg，随机抽取试样，抽样数应不低于 $\sqrt{n/2}$（n 是产品的桶数或支数） （5）屋面工程每 1t 为 1 批，不足 1t 按 1 批抽样
		断裂伸长率	30d	
		定伸粘结性（屋面工程）	31d	
		表干时间	4d	
		适用期	3d	
		弹性恢复率	32d	
		定伸粘结性	31d	
		浸水后定伸粘结性（室内工程）	35d	
		流动性	3d	
		适用期	3d	
		定伸粘结性（地下工程）	31d	
3)	丙烯酸酯建筑密封胶 JC/T 484 JGJ 298 GB 50207	拉伸模量	30d	（1）以同一级别的产品每 10t 为 1 批进行检验，不足 10t 也作为 1 批 （2）随机抽取 3 件包装箱，从每件包装箱随机抽取 2～3 支样品，共取 6～9 支。散装产品约取 4kg （3）室内防水工程同一生产厂，同等级、同类型产品每 2t 为 1 验收批，不足 2t 也按 1 批计算。每批随机抽取试样 1 组，试样量不少于 1kg，随机抽取试样，抽样数应不低于 $\sqrt{n/2}$（n 是产品的桶数或支数） （4）屋面工程每 1t 为 1 批，不足 1t 按 1 批抽样
		断裂伸长率	30d	
		定伸粘结性（屋面工程）	31d	
		表干时间	4d	
		挤出性	3d	
		弹性恢复率	32d	
		定伸粘结性	31d	
		浸水后定伸粘结性（室内工程）	35d	
4)	聚氯乙烯建筑防水接缝材料 JC/T 798	下垂度	4d	（1）以同一类型、同一型号 20t 产品为 1 批，不足 20t 也作 1 批 （2）抽样时，取 3 个试样（每个试样 1kg）
		低温柔性	7d	
		拉伸粘结性	31d	
		浸水后拉伸粘结性	35d	
5)	建筑用硅酮结构密封胶 GB 16776 JGJ 298 GB 50207	表干时间	4d	（1）连续生产时，每 3t 为 1 批，不足 3t 也为 1 批；间断生产时，每釜投料为 1 批 （2）随机抽样，单组分产品抽样量为 5 支；双组分产品从原包装中抽样，抽样量为 3～5kg （3）室内防水工程同一生产厂，同等级、同类型产品每 2t 为 1 验收批，不足 2t 也按 1 批计算。每批随机抽取试样 1 组，试样量不少于 1kg，随机抽取试样，抽样数应不低于 $\sqrt{n/2}$（n 是产品的桶数或支数） （4）屋面工程每 1t 为 1 批，不足 1t 按 1 批抽样
		挤出性	3d	
		弹性恢复率	32d	
		定伸粘结性	31d	
		浸水后定伸粘结性（室内工程）	35d	
		拉伸模量	30d	
		断裂伸长率	30d	
		定伸粘结性（屋面工程）	31d	

续表

序号	材料名称及相关标准、规范代号	主要检测参数	检测周期	取样规则 取样方法
6)	建筑窗用弹性密封胶 JC/T 485	挤出性 适用期 表干时间 下垂度 拉伸粘结性能	3d 3d 4d 4d 31d	屋面工程每1t为1批，不足1t按1批抽样
7)	硅酮和改性硅酮建筑密封胶 GB/T 14683 GB 50207	拉伸模量 断裂伸长率 定伸粘结性（屋面工程）	30d 30d 31d	（1）以同一类型、同一级别的产品每5t为1批进行检验，不足5t也作1批 （2）单组分产品由该批产品中随机抽取3件包装箱，从每件包装箱中随机抽取4支样品，共取12支 （3）多组分产品按配比随机抽样，共抽取6kg，取样后密封包装，取样后，将样品均分为两份，一份检验，另一份备用 （4）屋面工程每1t为1批，不足1t按1批抽样
8)	中空玻璃用弹性密封胶 GB/T 29755 GB 50207	拉伸模量 断裂伸长率 定伸粘结性（屋面工程）	30d 30d 31d	（1）以同一类型、同一工艺一次性生产的产品每5t为1批进行检验，不足5t也作1批 （2）双组分产品随机抽样，样品总重量4kg，取样后立即密封包装，取样后，再取4kg样品作为备用样 （3）屋面工程每1t为1批，不足1t按1批抽样
9)	混凝土接缝用建筑密封胶 JC/T 881 GB 50207 GB 50208	拉伸模量 断裂伸长率 定伸粘结性（屋面工程） 流动性 挤出性 定伸粘结性（地下工程）	30d 30d 31d 4d 3d 31d	（1）以同一类型、同一级别的产品每5t为1批进行检验，不足5t也作1批 （2）单组分产品由该批产品中随机抽取3件包装箱，从每件包装箱中随机抽取4支样品，共取12支 （3）多组分产品按配比随机抽样，共抽取6kg，取样后密封包装，取样后，将样品均分为两份，一份检验，另一份备用 （4）地下工程每2t为1批，不足2t按1批抽样 （5）屋面工程每1t为1批，不足1t按1批抽样
10)	幕墙玻璃接缝用密封胶 GB 50207	拉伸模量 断裂伸长率 定伸粘结性（屋面工程）	30d 30d 31d	（1）以同一类型的产品每2t为1批进行检验，不足2t也作1批。支装产品在该批产品中随机抽取3件包装箱，从每件包装中随机抽取2～3支样品，共取6～9支，总体积不少于2700mL或净质量不少于3.5kg。单组分桶装产品、多组分产品随机取样，样品总量为4kg，取样后应立即密封包装 （2）屋面工程每1t为1批，不足1t按1批抽样
11)	金属板用建筑密封胶 JC/T 884 GB 50207	拉伸模量 断裂伸长率 定伸粘结性（屋面工程）	30d 30d 31d	（1）以同一类型、同一级别的产品每5t为1批进行检验，不足5t也作1批。产品随机取样，样品总量约为4kg，双组分产品取样后应立即分别密封包装。另取同样数量样品作为备用样 （2）屋面工程每1t为1批，不足1t按1批抽样
12)	石材用建筑密封胶 GB/T 23261 JGJ 298	拉伸模量 定伸粘结性 表干时间 挤出性 弹性恢复率 定伸粘结性 浸水后定伸粘结性（室内工程）	30d 31d 4d 3d 32d 31d 35d	（1）以同一类型、同一级别的产品每5t为1批进行检验，不足5t也作1批。产品随机取样，样品总量约为4kg，双组分产品取样后应立即分别密封包装 （2）室内防水工程同一生产厂，同等级、同类型产品每2t为1验收批，不足2t也按1批计算。每批随机抽取试样1组，试样量不少于1kg，随机抽取试样，抽样数应不低于 $\sqrt{n/2}$（n 是产品的桶数或支数）

续表

序号	材料名称及相关标准、规范代号	主要检测参数	检测周期	取样规则 取样方法
13)	中空玻璃用硅酮结构密封胶 GB 24266	拉伸模量 断裂伸长率 定伸粘结性 （屋面工程）	30d 30d 31d	（1）以同一类型、同一级别的产品每5t为1批进行检验，不足5t也作1批。产品随机取样，样品总量约为4kg，双组分产品取样后应立即分别密封包装。另取同样数量样品作为备用样 （2）屋面工程每1t为1批，不足1t按1批抽样
（10）	止水带 GB 18173.2 GB 50208	拉伸强度 扯断伸长率 撕裂强度 橡胶与金属粘结性能(钢边止水带)	2d 2d 2d 2d	（1）B类、S类止水带以同标记、连续生产的5000m为1批（不足5000m按1批计），从外观质量和尺寸公差检验合格的样品中随机抽取足够的试样，进行橡胶材料的物理性能检验 （2）J类止水带以每100m制品所需要的胶料为1批，抽取足够胶料单独制样进行橡胶材料的物理性能检验 （3）地下工程每月同标记的止水带产量为1批抽样
（11）	膨润土橡胶遇水膨胀止水条 JG/T 141 GB50208	抗水压力 规定时间吸水膨胀倍率 最大吸水膨胀倍率 耐水性	11d 8d、22d 22d 2d	（1）每同一型号产品5000m为1批，如不足5000m皆认为1批 （2）每批任选3箱，每箱任取1盘，检查外观及规格尺寸后，在距端部0.1m任一部位各截取长度约1m试样一条
（12）	遇水膨胀橡胶 GB/T 18173.3 GB 50208	拉伸强度（制品型） 扯断伸长率（制品型） 体积膨胀倍率 高温流淌性（腻子型） 低温试验（腻子型） 硬度 扯断伸长率 拉伸强度 体积膨胀倍率 低温弯折	2d 2d 22d 2d 2d 1d 1d 1d 22d 2d	（1）以每月同标记的膨胀橡胶产量为1批 （2）以100m或5t同标记的遇水膨胀橡胶为一批，抽取1%进行外观质量检验，并在任意1m处随机取3点进行规格尺寸检验（腻子型除外）；在上述检验合格的样品中随机抽取足够的试样，进行物理性能检验
（13）	遇水膨胀止水胶 JG/T 312 GB 50208	表干时间 拉伸强度 体积膨胀倍率	4d 4d 4d	连续生产的同一型号产品每5t为1批，不足5t按1批计，随机抽样，抽样量5支
（14）	钠基膨润土防水毯 JG/T 193 GB 50208	单位面积质量 膨润土膨胀系数 渗透系数 滤矢量	1d 2d 3d 1d	（1）产品以批为单位进行验收，同一类型、同一规格的产品每12000m² 为1批，不足12000m² 作1批计，每批产品中随机抽取6卷进行检验 （2）地下防水工程每100卷为1批，不足100卷按1批抽样，100卷以下抽5卷，进行尺寸偏差和外观质量检验。在外观质量检验合格的卷材中，任取1卷做物理性能检验
（15）	瓦			

续表

<table>
<tr><th>序号</th><th>材料名称及相关标准、规范代号</th><th>主要检测参数</th><th>检测周期</th><th>取样规则
取样方法</th></tr>
<tr><td>1)</td><td>玻纤沥青瓦
GB/T 20474
GB 50207</td><td>可溶物含量
拉力
耐热度
柔度
不透水性
叠层剥离强度</td><td>2d
2d
2d
2d
2d
2d</td><td>以同一类型、同一规格 20000m² 或每一班产量为 1 批，不足 20000m² 亦作为 1 批，矿物料黏附性以同一类型、同一规格每月为 1 批量检验一次</td></tr>
<tr><td>2)</td><td>烧结瓦
GB/T 21149
GB 50207</td><td>抗渗性
抗冻性
吸水率</td><td>1d
5d
3d</td><td>同类别、同色号、同等级的瓦每 10000 件为一检验批，不足该数量时，也按一批计</td></tr>
<tr><td>3)</td><td>混凝土瓦
JC/T 746
GB 50207</td><td>抗渗性
抗冻性
吸水率</td><td>3d
6d
3d</td><td>同一批至少抽 1 次</td></tr>
<tr><td>(16)</td><td>高分子防水卷材胶粘剂
JC/T 863
GB 50207</td><td>剥离强度
浸水 168h 后的剥离强度保持率</td><td>9d
9d</td><td>(1) 以同一类型、同一品种的 5t 产品为 1 批，不足 5t 也作为 1 批
(2) 根据不同的批量，从批中随机抽取下表规定的容器个数，用适当的取样器，从每个容器内（预先搅拌均匀）取得等量的试样。试样总量约 1.0L，并经充分混合，用于各项试验批
<table><tr><th>序号</th><th>（容器个数）</th><th>抽取个数（最小值）</th></tr><tr><td>1</td><td>2～8</td><td>2</td></tr><tr><td>2</td><td>9～27</td><td>3</td></tr><tr><td>3</td><td>28～64</td><td>4</td></tr><tr><td>4</td><td>65～125</td><td>5</td></tr><tr><td>5</td><td>126～216</td><td>6</td></tr><tr><td>6</td><td>217～343</td><td>7</td></tr><tr><td>7</td><td>344～512</td><td>8</td></tr><tr><td>8</td><td>513～729</td><td>9</td></tr><tr><td>9</td><td>730～1000</td><td>10</td></tr></table>注：试样和试验材料使用前，在试验条件下放置时间应不少于 12h</td></tr>
<tr><td>(17)</td><td>聚合物水泥防水砂浆
JC/T 984
GB 50208
JGJ 298</td><td>7d 粘结强度
7d 抗渗性能
耐水性（地下工程）
凝结时间
7d 抗渗压力
7d 粘结强度
压折比（室内工程）</td><td>8d
10d
29d
2d
10d
8d
29d</td><td>(1) 对同一类别产品，每 50t 为一批，不足 50t 也按一批计。在每批产品或生产线中不少于 6 个（组）取样点随机抽取。样品总质量不少于 20kg。样品分为两份试验，一份备用。试验前应将所取样品充分混合均匀，先进行外观检验，外观合格后再按表 1 进行物理力学性能试验
(2) 地下工程每 10t 为 1 批，不足 10t 按 1 批抽样
(3) 室内工程同一生产厂的同一品种、同一等级的产品，每 400t 为 1 验收批，不足 400t 也按 1 批计。每批从 20 个以上不同部位取等量样品，总质量不少于 15kg。乳液类产品的抽样数量同聚合物水泥防水涂料</td></tr>
</table>

续表

序号	材料名称及相关标准、规范代号	主要检测参数	检测周期	取样规则 取样方法
7	装饰装修工程			
(1)	陶瓷砖			
1)	陶瓷砖 GB/T 4100 GB 50325	吸水率 抗冻性（适用于寒冷地区） 破坏强度 断裂模数 无釉砖耐磨深度 有釉砖表面耐磨性 线性热膨胀 抗热震性 有釉砖抗釉裂性 摩擦系数 湿膨胀 小色差 抗冲击性 铅和镉的溶出量 抛光砖光泽度	2d 125d 2d 2d 2d 2d 3d 4d 2d 2d 4d 2d 2d 2d 2d	（1）以同一生产厂生产的同品种、同一级别、同一规格实际的交货量大于 $5000m^2$ 为 1 批，不足 $5000m^2$ 也按 1 批计 （2）对使用在抗冲击性有特别要求的场所，应进行抗冲击性试验 （3）大多数陶瓷砖都有微小的线性热膨胀，若陶瓷砖安装在有高热变性的情况下，应进行线性膨胀系数试验 （4）所有陶瓷砖具有耐高温性，凡是有可能经受热震应力的陶瓷砖，应进行抗热震性试验 （5）对于明示并准备用在受冻环境的产品必须通过抗冻性试验，一般对明示不用于受冻环境中产品不要求该项试验 （6）陶瓷砖通常都具有化学药品的性能。如准备将陶瓷砖在有可能受腐蚀的环境下使用时，应进行高浓度酸和碱的耐化学腐蚀性试验 （7）当有釉砖是用于加工食品的工作台或墙面且砖的釉面与食品有可能接触的场所时，则进行铅和镉的溶出量试验 （8）抽样

序 号	性 能	样本量	
		第一次	第二次
1	吸水率[a]	5[b] 10	5[b] 10
2	断裂模数[a]	5 7[c] 10	5 7[c] 10
3	破坏强度[a]	5 7[c] 10	5 7[c] 10
4	无釉砖耐磨深度	5	5
5	线性膨胀系数	2	2
6	抗釉裂性	5	5
7	耐化学腐蚀性[d]	5	5
8	耐污染性	5	5
9	抗冻性[e]	10	—
10	抗热震性	5	—
11	湿膨胀	5	—
12	有釉砖耐磨性[e]	11	—
13	摩擦系数	3	—
14	小色差	5	—
15	抗冲击性	5	—
16	铅和镉的溶出量	3	—
17	光泽度	5	5

注：a 样本量由砖的尺寸决定。b 仅指单块砖表面积≥ $0.04m^2$，每块砖重量＜50g 时应取足够数量的砖构成 5 组试样，使每组试样重量在 50～100g 之间。c 仅适用于边长≥48mm 的砖。d 每一种试验溶液。e 该性能无二次抽样

续表

序号	材料名称及相关标准、规范代号	主要检测参数	检测周期	取样规则 取样方法
1)	陶瓷砖 GB/T 4100 GB 50325	吸水率 抗冻性（适用于寒冷地区） 破坏强度 断裂模数 无釉砖耐磨深度 有釉砖表面耐磨性 线性热膨胀 抗热震性 有釉砖抗釉裂性 摩擦系数 湿膨胀 小色差 抗冲击性 抛光砖光泽度	2d 125d 2d 2d 2d 2d 3d 4d 2d 2d 4d 2d 2d 2d	（9）吸水率试验试样：砖的边长大于200mm且小于400mm时，可切割成小块，但切割下的每一块应计入测量值内，多边形和其他非矩形砖，其长和宽均按矩形计算。若砖的边长大于400mm时，至少在3块整砖的中间部位切取最小边为100mm的5块试样 （10）抗冻性测定试样：使用不少于10块整砖，其最小面积为0.25m²。对于大规格的砖，为能装入冷冻机，可进行切割，切割试样应尽可能的大。砖应没有裂纹、釉裂、针孔、磕碰等缺陷。如果必须用有缺陷的砖进行检验，在试验前应用永久性的染色剂对缺陷做记号，试验后检查这些缺陷 （11）湿膨胀测定试样：如果测量装置没有整砖长，应从每块砖的中心部位切割试样，最小长度为100mm，最小宽度为35mm，厚度为砖的厚度。对挤压转来说，试样长度应沿挤压方向 （12）线性膨胀系数：从一块砖的中心部位相互垂直地切取两块试样，使试样长度适合于检测仪器。试样的两端应磨平并互相平行。如果有必要，试样横断面的任一边长应磨到小于6mm，横断面的面积应大于10mm²。试样最小长度为50mm。对施釉砖不必磨掉试样上的釉 （13）民用建筑工程室内饰面板采用的瓷质砖，当总面积大于200m²时，应对不同产品分别进行放射性指标的复验
2)	彩色釉面陶瓷地砖 GB/T 4100	吸水率 破坏强度 断裂模数 抗冲击性 抗冻性 摩擦系数 线性热膨胀 湿膨胀 小色差	3d 2d 2d 2d 3d 2d 3d 3d 1d	（1）以同一生产厂的产品每500m²为1验收批，不足500m²也按1批计 （2）按规定随机抽取。吸水率、耐急冷急热性、抗冻、耐磨性试样，也可从表面质量，尺寸偏差合格的试样中抽取（吸水率5个试件，耐急冷急热10个试件，抗冻、耐磨5个试件、弯曲10个试件）
3)	陶瓷墙地砖胶粘剂-普通型水泥基胶粘剂（C） JC/T 547	拉伸粘结强度 晾置时间	29d 29d	（1）连续生产，同一配料工艺条件制得的产品为一批。C类产品100t为一批，不足上述数量时亦作为一批 （2）每批产品随机抽样，C类取20kg样品，充分混匀。取样后，将样品一分为二；一份检验，一份留样
4)	陶瓷墙地砖胶粘剂-增强型水泥基胶粘剂（C） JC/T 547	拉伸粘结强度 晾置时间	29d 29d	（1）连续生产，同一配料工艺条件制得的产品为一批。C类产品100t为一批，不足上述数量时亦作为一批 （2）每批产品随机抽样，C类取20kg样品，充分混匀。取样后，将样品一分为二；一份检验，一份留样
5)	陶瓷墙地砖胶粘剂-膏状乳液胶粘剂（D）、反应性树脂胶粘剂（R） JC/T 547	剪切粘结强度 晾置时间 滑移	29d 29d 29d	（1）连续生产，同一配料工艺条件制得的产品为一批，D类和R类产品10t为一批；不足上述数量时亦作为一批 （2）每批产品随机抽样，D类和R类取5kg样品，充分混匀。取样后，将样品一分为二；一份检验，一份留样

续表

<table>
<tr><th>序号</th><th>材料名称及相关标准、规范代号</th><th>主要检测参数</th><th>检测周期</th><th>取样规则
取样方法</th></tr>
<tr><td rowspan="3">6）</td><td rowspan="3">天然花岗岩石建筑板材
GB/T 18601
GB 50325
GB 50210</td><td>冻融循环后压缩强度（适用于寒冷地区）</td><td>60d</td><td rowspan="3">（1）同一品种、类别、等级、同一供货批的板材为1批或按连续安装部位的板材为一批
（2）采取现行国家标准 GB 2828.1 一次抽样正常检验方式，检查水平为Ⅱ。合格质量水平（AQL 值）取 6.5，根据下表抽取样本
<table>
<tr><th>批量范围</th><th>样本数</th><th>合格判定数（A_c）</th><th>不合格判定数（R_e）</th></tr>
<tr><td>≤25</td><td>5</td><td>0</td><td>1</td></tr>
<tr><td>26～50</td><td>8</td><td>1</td><td>2</td></tr>
<tr><td>51～90</td><td>13</td><td>2</td><td>3</td></tr>
<tr><td>91～150</td><td>20</td><td>3</td><td>4</td></tr>
<tr><td>151～280</td><td>32</td><td>5</td><td>6</td></tr>
<tr><td>281～500</td><td>50</td><td>7</td><td>8</td></tr>
<tr><td>501～1200</td><td>80</td><td>10</td><td>11</td></tr>
<tr><td>1201～3200</td><td>125</td><td>14</td><td>15</td></tr>
<tr><td>≥3201</td><td>200</td><td>21</td><td>22</td></tr>
</table>
（3）民用建筑工程室内饰面板采用的天然花岗岩石材，当总面积大于 $200m^2$ 时，应对不同产品分别进行放射性指标的复验</td></tr>
<tr><td>弯曲强度
耐磨性（地面、楼梯踏步、台面等严重踩踏或磨损部位的花岗岩石材）</td><td>4d</td></tr>
<tr><td>放射性（民用建筑室内）吸水率</td><td>4d</td></tr>
<tr><td>7）</td><td>天然花岗石荒料
JC/T 204</td><td>体积密度
吸水率
压缩强度
弯曲强度</td><td>2d
4d
2d
2d</td><td>以同一产地、同一色调花纹、同一类别、同一品种的荒料，每 $20m^3$ 为1验收批，不足 $20m^3$ 也按1批计。从该批荒料中的不同块体上随机抽样，按现行国家标准 GB 9966.1～3 的规定进行试件的制备和试验以 $20m^3$ 的同一品种、类别、等级的荒料为1批，不足 $20m^3$ 的按1批计</td></tr>
<tr><td>8）</td><td>天然大理石建筑板材
GB/T 19766</td><td>体积密度
吸水率
压缩强度
弯曲强度
耐磨性</td><td>2d
4d
2d
2d
2d</td><td>（1）同一品种、类别、等级、同一供货批的板材为1批或按连续安装部位的板材为一批
（2）采用现行国家标准 GB/T 2828 一次抽样正常检验方式，见下表
<table>
<tr><th>批量范围</th><th>样本数</th></tr>
<tr><td>≤25</td><td>5</td></tr>
<tr><td>26～50</td><td>8</td></tr>
<tr><td>51～90</td><td>13</td></tr>
<tr><td>91～150</td><td>20</td></tr>
<tr><td>151～280</td><td>32</td></tr>
<tr><td>281～500</td><td>50</td></tr>
<tr><td>501～1200</td><td>80</td></tr>
<tr><td>1201～3200</td><td>125</td></tr>
<tr><td>≥3201</td><td>200</td></tr>
</table></td></tr>
</table>

续表

<table>
<tr><th>序号</th><th>材料名称及相关标准、规范代号</th><th>主要检测参数</th><th>检测周期</th><th>取样规则
取样方法</th></tr>
<tr><td>9)</td><td>纸面石膏板
GB/T 9775</td><td>断裂荷载
吸水率
遇火稳定性
护面纸与芯材粘结性
抗冲击性
表面吸水量</td><td>2d
2d
2d
2d
1d
1d</td><td>(1) 以每2500张同型号、同规格的产品为1批，不足2500张的也按1批计
(2) 从每批产品中随机抽取5张板材作为1组试样</td></tr>
<tr><td>10)</td><td>矿物棉装饰吸声板
GB/T 25998</td><td>体积密度
弯曲破坏荷载和热阻
质量含湿率
燃烧性能
放射性核素限量
甲醛释放量
降噪系数
受潮挠度
石棉物相</td><td>2d
4d
4d
4d
4d
17d
3d
4d
1d</td><td>以同一原料，同一生产工艺，同一品种，稳定连续生产的产品为一个检查批。一个检查批由一个或多个均匀的交付批组成检查批不大于一周的生产量</td></tr>
<tr><td>11)</td><td>建筑用轻钢龙骨
GB/T 11981</td><td>抗冲击试验
静载试验
双面镀锌量
双面镀锌层厚度
涂镀层厚度
涂层铅笔硬度
耐盐雾性能</td><td>1d
1d
1d
1d
1d
1d
90d</td><td>(1) 班产量大于等于2000m者，以2000m同型号、同规格的轻钢龙骨为1批，班产量小于2000m者，以实际班产量为1批。从中随机抽取规定数量的双份试样，1份检验用，1份备用
(2) 用于检验和测定外观质量、形状和尺寸要求、双面镀锌层厚度、涂镀层厚度，每3根试件为1组试样。在经外观尺寸检查和力学性能测试后的3根试件上，各切取一块约900mm² 的样品用于双面镀锌量的测量；烤漆带沿长度方向各切取150mm用于测定铅笔硬度和100mm用于耐盐雾试验性能试验
(3) 吊顶力学性能试验抽样如下表，除配套材料外，其余龙骨可采用经外观尺寸检查后的试件
<table>
<tr><th colspan="2">品种</th><th>数量</th><th>长度
(mm)</th></tr>
<tr><td rowspan="2">试件（U、C、V、L形）</td><td>承载龙骨</td><td>2根</td><td>1200</td></tr>
<tr><td>幅面龙骨</td><td>2根</td><td>1200</td></tr>
<tr><td rowspan="2">配套材料（V、L形直卡式无）</td><td>吊件</td><td>4件</td><td>—</td></tr>
<tr><td>挂件</td><td>4件</td><td>—</td></tr>
<tr><td>试件（T形）</td><td>主龙骨</td><td>2根</td><td>1200</td></tr>
<tr><td rowspan="2">配套材料（T形）</td><td>次龙骨</td><td>1200mm主龙骨上安装次龙骨的孔数</td><td>600</td></tr>
<tr><td>吊件或挂件</td><td>4件</td><td>—</td></tr>
<tr><td>试件（H形）</td><td>H形龙骨</td><td>2根</td><td>1200</td></tr>
<tr><td rowspan="2">配套材料（H形）</td><td>吊件</td><td>4件</td><td>—</td></tr>
<tr><td>挂件</td><td>4件</td><td>—</td></tr>
</table></td></tr>
</table>

续表

<table>
<tr><th>序号</th><th>材料名称及相关标准、规范代号</th><th>主要检测参数</th><th>检测周期</th><th>取样规则
取样方法</th></tr>
<tr><td>12)</td><td>建筑用轻钢龙骨
GB/T 11981</td><td>抗冲击试验
静载试验
双面镀锌量
双面镀锌层厚度
涂镀层厚度
涂层铅笔硬度
耐盐雾性能</td><td>1d
1d
1d
1d
1d
1d
90d</td><td>(4) 墙体龙骨力学性能试验，按下表规定取样，其中横竖龙骨可采用经外观尺寸检查后的试件
<table>
<tr><td rowspan="3">规格</td><td colspan="4">试　件</td><td colspan="3">配套材料</td></tr>
<tr><td colspan="2">横龙骨</td><td colspan="2">竖龙骨</td><td>支撑卡</td><td colspan="2">通贯龙骨</td></tr>
<tr><td>数量（根）</td><td>长度（mm）</td><td>数量（根）</td><td>长度（mm）</td><td>数量（只）</td><td>数量（根）</td><td>长度（mm）</td></tr>
<tr><td>Q100 及以上</td><td>2</td><td>1200</td><td>3</td><td>5000</td><td>27</td><td>4</td><td>1200</td></tr>
<tr><td>Q75</td><td>2</td><td>1200</td><td>3</td><td>4000</td><td>21</td><td>3</td><td>1200</td></tr>
<tr><td>Q50</td><td>2</td><td>1200</td><td>3</td><td>2700</td><td>15</td><td>—</td><td>—</td></tr>
</table></td></tr>
<tr><td>(2)</td><td>木材</td><td></td><td></td><td></td></tr>
<tr><td>1)</td><td>装饰单面贴面人造板
GB 18580
GB/T 17657</td><td>浸渍剥离强度
表面胶合强度
游离甲醛含量（或游离甲醛释放量）</td><td>2d
2d
17d</td><td>(1) 同一生产厂、同品种、同规格的板材每 1000 张为 1 验收批，不足 1000 张也按 1 批计
(2) 抽样时应在具有代表性的板垛中随机抽取，每 1 验收批抽样 1 张，用于物理化学性能试验</td></tr>
<tr><td>2)</td><td>胶合板
GB 9846
GB 50325
GB/T 17657</td><td>含水率
游离甲醛释放量</td><td>2d
8d</td><td>同一生产厂、同类别、同树种、同规格、同等级、不足 2000 张随机抽取 1 张，2000～5000 张抽取 2 张，5000 张以上抽取 3 张</td></tr>
<tr><td>3)</td><td>细木工板
GB/T 5849
GB/T 17657
GB 50325</td><td>含水率
胶合强度
横向静曲强度
浸渍剥离性能
甲醛释放量</td><td>2d
2d
2d
2d
8d</td><td>(1) 同一生产厂，同类别，同树种生产的产品为 1 验收批
(2) 抽样
芯板质量和理化性能抽样（张）
<table>
<tr><th>序号</th><th>提交检查批的成品板数量</th><th>初检抽样数</th><th>复检抽样数</th></tr>
<tr><td>1</td><td>1000 以下</td><td>1</td><td>2</td></tr>
<tr><td>2</td><td>1000～2000</td><td>2</td><td>4</td></tr>
<tr><td>3</td><td>2001～3000</td><td>3</td><td>6</td></tr>
<tr><td>4</td><td>3000 以上</td><td>4</td><td>8</td></tr>
</table>
(3) 试样在样板的分布试件的制取位置及尺寸规格、数量见下图
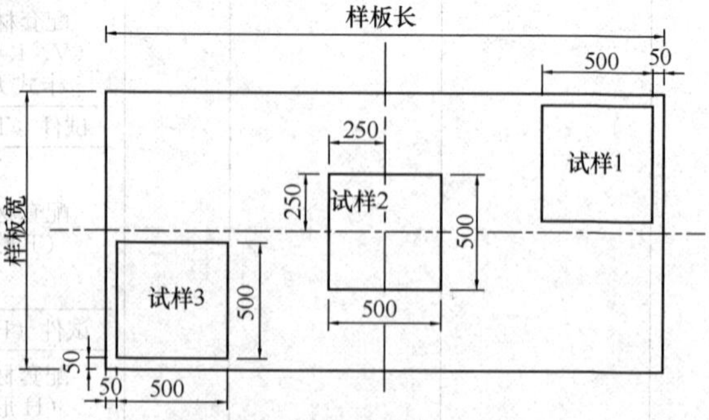

试样在样板中的截取位置示意图 1</td></tr>
</table>

续表

<table>
<tr><th>序号</th><th>材料名称及相关标准、规范代号</th><th>主要检测参数</th><th>检测周期</th><th>取样规则
取样方法</th></tr>
<tr><td>3)</td><td>细木工板
GB/T 5849
GB/T 17657
GB 50325</td><td>含水率
胶合强度
横向静曲强度
浸渍剥离性能
甲醛释放量</td><td>2d
2d
2d
2d
8d</td><td>
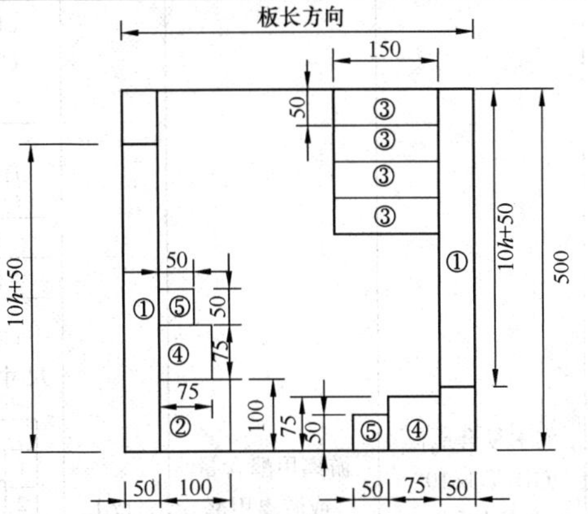

试件制取示意图
理化性能试件表（mm）
<table>
<tr><th>序号</th><th>检验项目</th><th>试件尺寸</th><th>试件数量</th><th>试件编号</th></tr>
<tr><td>1</td><td>含水率</td><td>100.0×100.0</td><td>3</td><td>②</td></tr>
<tr><td>2</td><td>胶合强度</td><td>100×25.0</td><td>12</td><td>—</td></tr>
<tr><td>3</td><td>浸渍剥离性能</td><td>75.0×75.0</td><td>12</td><td>④</td></tr>
<tr><td>4</td><td>表面胶合强度</td><td>50.0×50.0</td><td>6</td><td>⑤</td></tr>
<tr><td>5</td><td>横向静曲强度</td><td>(10h+50.0)×50.0
（h 为基本厚度）</td><td>12</td><td>①</td></tr>
<tr><td>6</td><td>甲醛释放量</td><td>150.0×50.0</td><td>10</td><td>③</td></tr>
</table>
注：试件的边角应垂直。尺寸偏差为±0.5mm
</td></tr>
<tr><td>4)</td><td>人造木板
GB 50325
GB/T 17657</td><td>游离甲醛含量
（或游离甲醛释放量）</td><td>17d</td><td>每 500m² 板材为 1 批</td></tr>
<tr><td>5)</td><td>实木地板
GB/T 15036.1、
GB/T 15036.2
GB 18580
GB/T 17657</td><td>含水率
重金属含量
漆膜表面耐磨
漆膜附着力
漆膜硬度
甲醛释放量</td><td>2d
2d
2d
2d
2d
17d</td><td>
产品质量检验的样品应在同一批次、同一规格、同一品种，未拆封、包装完好的产品中抽取，并对所抽取试样逐一检验，试样一律按块数计算：
实木地板性能试件规格数量
<table>
<tr><th rowspan="2">检验项目</th><th rowspan="2">试件尺寸（mm）</th><th colspan="3">产品批量范围</th><th rowspan="2">编号</th></tr>
<tr><th>≤500</th><th>>500～≤1000</th><th>>1000</th></tr>
<tr><td>试件含水率</td><td>20.0×板宽</td><td>6</td><td>12</td><td>24</td><td>1</td></tr>
</table>
注：漆板含水率试件应去除表面漆膜及榫槽
</td></tr>
</table>

续表

<table>
<tr><th>序号</th><th>材料名称及相关标准、规范代号</th><th>主要检测参数</th><th>检测周期</th><th>取样规则
取样方法</th></tr>
<tr><td>6)</td><td>实木复合地板
GB/T 18103
GB 18580
GB/T 17657</td><td>游离甲醛含量（或游离甲醛释放量）
浸渍剥离</td><td>17d
2d</td><td>（1）同一班次、同一规格、同一类产品为1批
（2）抽样
理化性能抽样方案
<table>
<tr><th>序号</th><th>提交检验批的成品板数量（块）</th><th>初检抽样数（块）</th><th>复检抽样（块）</th></tr>
<tr><td>1</td><td>≤1000</td><td>2</td><td>4</td></tr>
<tr><td>2</td><td>＞1000</td><td>4</td><td>8</td></tr>
</table>
（3）在样本中随机抽取两块地板作为试样，试件制取位置、尺寸、规格及数量按下图和表中的要求进行
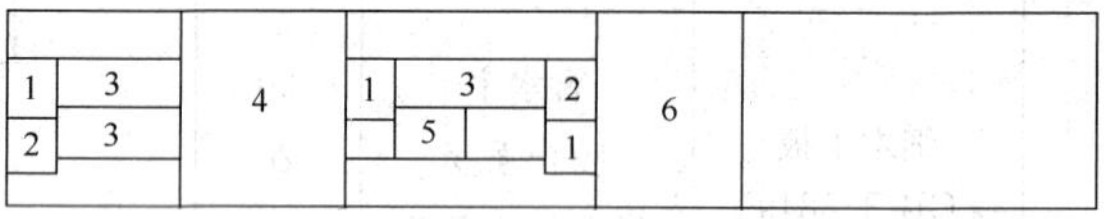

部分试件制取示意图
理化性能抽样检测方案
<table>
<tr><th>检测项目</th><th>试件尺寸</th><th>试件数量（块）</th><th>编号</th></tr>
<tr><td>浸渍剥离</td><td>75.0×75.0</td><td>6</td><td>1</td></tr>
<tr><td>甲醛释放量</td><td>20.0×20.0</td><td>约330g</td><td>2</td></tr>
</table>
（4）制取浸渍剥离试件时，试件表面只允许一条拼接线，且拼接线应尽量居中
（5）游离甲醛含量（或游离甲醛释放量）：每500m² 板材为1批</td></tr>
<tr><td>7)</td><td>中密度纤维板
GB 50210
GB 18580
GB/T 11718
GB/T 17657
GB 50325</td><td>甲醛释放量
密度
含水率
吸水厚度膨胀率
内结合强度
静曲强度</td><td>7d
2d
2d
2d
2d
2d</td><td>（1）物理力学性能及甲醛释放量的测定，应在每批产品中，任意抽取0.1%（但不得少于1张）的样板进行测试
（2）试样按切割5块，其中试样1、2、3作为制备物理力学性能测试试件用，试样4、5作为制备甲醛释放量测试试件用。试件按规定从试样1、2、3中制取，在规定的取试件处遇有缺陷时，可适当移动试件的制取位置。当板厚大于25mm时，静曲强度和弹性模量试件（尺寸超过550mm），可在样板中任意制取，其他试件参照试样切割示意图2制取。试件的尺寸、数量和编号见下表
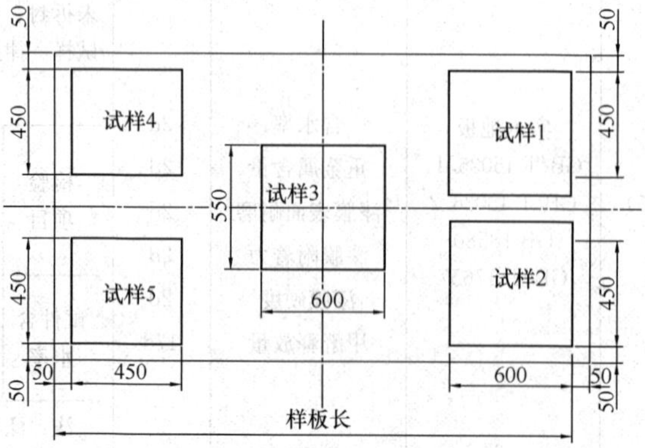

试样切割示意图1</td></tr>
</table>

续表

<table>
<tr><th>序号</th><th>材料名称及相关
标准、规范代号</th><th>主要检测
参数</th><th>检测
周期</th><th>取样规则
取样方法</th></tr>
<tr><td>7)</td><td>中密度纤维板
GB 50210
GB 18580
GB/T 11718
GB/T 17657
GB 50325</td><td>甲醛释放量
密度
含水率
吸水厚度膨胀率
内结合强度
静曲强度</td><td>7d
2d
2d
2d
2d
2d</td><td>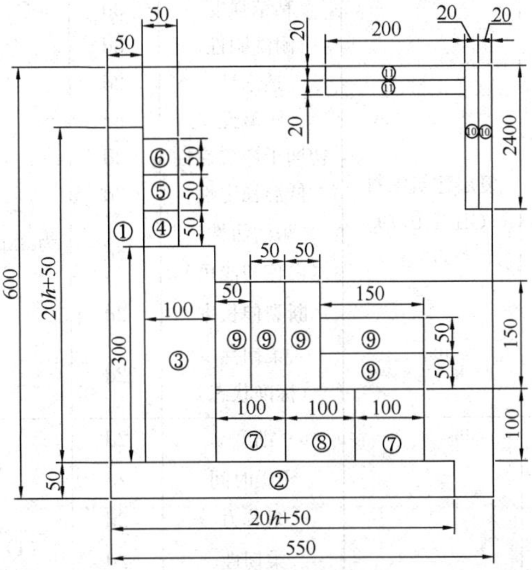

试件制备示意图 2
试件的尺寸、数量
<table>
<tr><th>检验性能</th><th>试件尺寸
（mm）</th><th>试件数量</th><th>编号</th><th>备注</th></tr>
<tr><td>密度</td><td>100×100</td><td>6</td><td>⑦</td><td></td></tr>
<tr><td>含水率</td><td>100×100</td><td>3</td><td>⑧</td><td></td></tr>
<tr><td>吸水厚度膨胀率</td><td>50×50</td><td>3</td><td>⑤</td><td></td></tr>
<tr><td>内结合强度</td><td>50×50</td><td>3</td><td>④</td><td></td></tr>
<tr><td>甲醛释放量</td><td>50×50</td><td>105～110g</td><td>—</td><td></td></tr>
</table></td></tr>
<tr><td>(3)</td><td>建筑涂料</td><td></td><td></td><td></td></tr>
<tr><td>1)</td><td>合成树脂乳液
内墙涂料
GB/T 9756
GB/T 3186</td><td rowspan="3">施工性
低温稳定性
干燥时间（表干）
耐碱性
耐洗刷性
涂膜外观
对比率
抗泛盐碱性
耐水性
透水性</td><td rowspan="3">1d
2d
2d
8d
8d
2d
2d
8d
3d
2d</td><td rowspan="3">（1）按随机取样方法，对同一生产厂、同品种、相同包装的产品进行取样。样品最少 2kg 或完成规定试验所需取样数量的 3～4 倍，所取样品数量见下表
<table>
<tr><th>序号</th><th>容器总数
（N）</th><th>被取样容器的最低件数
（n）</th></tr>
<tr><td>1</td><td>1～2</td><td>全部</td></tr>
<tr><td>2</td><td>3～8</td><td>2</td></tr>
<tr><td>3</td><td>9～25</td><td>3</td></tr>
<tr><td>4</td><td>26～100</td><td>5</td></tr>
<tr><td>5</td><td>101～500</td><td>8</td></tr>
<tr><td>6</td><td>501～1000</td><td>13</td></tr>
<tr><td>7</td><td>其后类推</td><td>$n=\sqrt{N/2}$</td></tr>
</table>
（2）液体材料取样时，应至少取出 3 份均匀的样品（最终样品），每份样品至少 400mL 或完成规定试验所需量的 3～4 倍，装入要求的容器中，液体材料须在清洁、干燥的容器中，最好是不锈钢容器混合。对于固体，用旋转分样器（格槽缩样器）将全部样品分成 4 等份，取出 3 份，每份样品至少 500g 或完成规定试验所需量的 3～4 倍，装入要求的容器中</td></tr>
<tr><td>2)</td><td>合成树脂乳液
外墙涂料
GB/T 9755
GB/T 3186</td></tr>
<tr><td>3)</td><td>溶剂型外墙涂料
GB/T 9757
GB/T 3186</td></tr>
</table>

续表

序号	材料名称及相关标准、规范代号	主要检测参数	检测周期	取样规则 取样方法
4)	复层建筑涂料 GB/T 9779	粘结强度 耐洗刷性 透水性 耐碱性 初期干燥抗裂性 低温稳定性 耐沾污性（白色和浅色） 断裂伸长率 柔韧性（标准状态）	3d 8d 2d 8d 2d 2d 2d 2d 2d	（1）以每1釜为一批，不足1釜亦按一批计 （2）在每批产品中按GB/T 3186规定抽样、抽样量分别为3kg
5)	饰面型防火涂料 GB 12441	细度 干燥时间 附着力 柔韧性 耐燃时间 耐水性 耐湿热性 难燃性 质量损失 炭化体积	2d 2d 2d 2d 2d 2d 2d 2d 2d 2d	（1）组成一批的饰面型防火涂料应为同一批材料、同一工艺条件下生产的产品 （2）出厂检验样品应从不少于200kg的产品中随机抽取10kg （3）型式检验样品应从不少于1000kg的产品中随机抽取20kg
6)	建筑石膏 GB/T 9776	细度 凝结时间 2h强度 放射性核素限量	2d 2d 2d 4d	（1）对于年产量小于15万t的生产厂，以不超过60t产品为1批；对于年产量等于或大于15万t的生产厂，以不超过120t产品为1批。产品不足1批时以1批计 （2）产品袋装时，从1批产品中随机抽取10袋，每袋抽取2kg试样，总共不少于20kg。产品散装时，在产品卸料处或产品输送机具上每3min取样2kg，总共不少于20kg。将抽取的试样搅拌均匀，一分为二，1份做实验，另1份密封保存3个月，以备复验用
7)	粉刷石膏 GB/T 28627	①面层粉刷石膏 细度 凝结时间 抗折强度 保水率 ②底层粉刷石膏 凝结时间 保水率 抗折强度 ③保温层粉刷石膏 凝结时间 体积密度 抗折强度	 2d 2d 8d 2d 2d 2d 8d 2d 2d 8d	（1）同一厂家、同一品种，以连续生产的60t产品为1批，不足60t的产品也按60t计 （2）从一批中随机抽取10袋，每袋抽取3L，总量不少于30L。将抽取的试样充分拌匀，分为3等份，保存在密封容器中，以其中1份试样进行试验，其余2份备用，在室温下保存3个月

续表

序号	材料名称及相关标准、规范代号	主要检测参数	检测周期	取样规则取样方法
8)	腻子 JG/T 298 JG/T 157	低温贮存稳定性 施工性 干燥时间（表干） 初期干燥抗裂性 打磨性 粘结强度 柔韧性 动态抗开裂性（外墙） 耐水性（外墙） 耐碱性（外墙）	3d 1d 2d 2d 5d 2d 9d 9d 12d 11d	内墙腻子： 组批以每 15 吨同类产品为一批，不足 15 吨亦按一批计 （1）出厂检验项目包括 5 项：容器中状态、施工性、干燥时间（表干）、初期干燥抗裂性及柔韧性。容器中状态、施工性、干燥时间（表干）为每批检验一次，初期干燥抗裂性及柔切性为每 450t 检验一次 （2）型式检验项目包括本标准所列的全部技术要求 （3）在正常生产情况下，型式检验项目为一年检验一次 外墙腻子： （1）出厂检验项目包括 5 项：容器中状态、施工性、干燥时间、打磨性、初期干燥抗裂性 （2）型式检验项目包括本标准所列的全部技术要求 （3）在正常生产情况下，型式检验项目为一年检验一次
(4)	石灰			
1)	建筑生石灰 JC/T 479	CaO+MgO 含量 未消化残渣含量	2d 2d	（1）以班产量或日产量为一个批量 （2）按 JC/T 620 规定取样
2)	建筑消石灰粉 JC/T 481	CaO+MgO 含量 细度 游离水	2d 2d 2d	（1）以班产量或日产量为一个批量 （2）按 JC/T 620 规定取样
(5)	耐热材料			
1)	膨胀珍珠岩 JC 209	堆积密度 粒度 质量含水率 导热系数	2d 2d 2d 8d	（1）以同一原料，同一生产工艺，同一品种，稳定连续生产的产品为一个检验批。以 $100m^3$ 为一个检验批量，不足 $100m^3$ 者亦视为一个检验批量 （2）从每检验批货堆上的不同位置随机抽取 5 袋，将每袋按四分法缩分到约 8L，装入塑料袋并密封
2)	定型耐火制品 GB/T 10325	耐火度 常温抗折强度 加热后残干抗压强度 耐磨性 导热系数 抗碱性	4d 4d 4d 4d 4d 4d	（1）根据品种、砖型、生产条件、生产时间顺序等进行组批，每批数量不得大于 500t （2）同一品种（理化性能要求相同）的制品组成一批，不同品种应分别组批 （3）相同条件（原料、配比、生产工艺）生产的制品组成一批，生产条件改变应单独组批 （4）形状、尺寸对单位产品的理化质量特性无显著影响时，不同的砖型可组成一批；由于形状尺寸的复杂，对单位产品的理化质量特性有显著影响时，不同的砖型应单独组批 （5）一批产品中如包含不同的砖型，其外观尺寸检验应按砖型组成“子批”分别抽样验收 （6）为了便于组批和按批接收或拒收，制造厂应在产品的适当位置标明批标识（如批号、车间号、生产日期或窑次号等）

续表

<table>
<tr><th>序号</th><th>材料名称及相关
标准、规范代号</th><th>主要检测
参数</th><th>检测
周期</th><th>取样规则
取样方法</th></tr>
<tr><td>2)</td><td>定型耐火制品
GB/T 10325</td><td>耐火度
常温抗折强度
加热后残干抗压强度
耐磨性
导热系数
抗碱性</td><td>4d
4d
4d
4d
4d
4d</td><td>耐火砖的取样方法
<table>
<tr><th rowspan="2">品种</th><th colspan="4">砖批数量不大于
(t)</th><th colspan="2">取样数量
(块)</th></tr>
<tr><th>黏土质</th><th>高铝质</th><th>硅质</th><th>镁质</th><th>理化</th><th>外形</th></tr>
<tr><td>标型砖</td><td>200</td><td>150</td><td>200</td><td>50</td><td>6</td><td>20</td></tr>
<tr><td>普、异型砖</td><td>150</td><td>100</td><td>150</td><td>100</td><td>6</td><td>20</td></tr>
<tr><td>物型砖</td><td>100</td><td>60</td><td>100</td><td>—</td><td>6</td><td>10</td></tr>
<tr><td>高炉砖</td><td>100</td><td>60</td><td>—</td><td>—</td><td>6</td><td>10</td></tr>
<tr><td>热风炉砖</td><td>100</td><td>100</td><td>—</td><td>—</td><td>6</td><td>10</td></tr>
<tr><td>盛钢桶用衬砖</td><td>100</td><td>100</td><td>—</td><td>—</td><td>6</td><td>10</td></tr>
<tr><td>塞头砖</td><td>1000 块</td><td>1000 块</td><td>—</td><td>—</td><td>3</td><td>10</td></tr>
<tr><td>铸口砖</td><td>1000 块</td><td>1000 块</td><td>—</td><td>—</td><td>3</td><td>10</td></tr>
<tr><td>座砖</td><td>2000 块</td><td>2000 块</td><td>—</td><td>—</td><td>3</td><td>10</td></tr>
<tr><td>釉砖</td><td>40</td><td>40</td><td>—</td><td>—</td><td>3</td><td>10</td></tr>
<tr><td>电炉顶砖</td><td>—</td><td>60</td><td>60</td><td>60</td><td>6</td><td>10</td></tr>
<tr><td>平炉顶砖</td><td>—</td><td>—</td><td>10</td><td>100</td><td>6</td><td>10</td></tr>
<tr><td>焦炉砖</td><td>—</td><td>—</td><td>100</td><td>—</td><td>8</td><td>10</td></tr>
<tr><td>玻璃窑砖</td><td>—</td><td>—</td><td>100</td><td>—</td><td>6</td><td>10</td></tr>
<tr><td>浇铸用砖</td><td>40</td><td>40</td><td>—</td><td>—</td><td>3</td><td>10</td></tr>
</table>
破坏性检验抽样从外观检验合格的样本中随机抽样
表 2　破坏性测试样量
<table>
<tr><th>序号</th><th>检验项目</th><th>试样量（块）</th></tr>
<tr><td>1</td><td>耐火度</td><td>1</td></tr>
<tr><td>2</td><td>耐压强度</td><td>3</td></tr>
<tr><td>3</td><td>常温抗折强度</td><td>3～6</td></tr>
</table>
注：耐火度试样应取平均测试样本（每个测试样量不少于100g）</td></tr>
<tr><td>3)</td><td>不发火骨料
及混凝土
GB 50209</td><td>不发火性
点对点电阻
体积电阻</td><td>10d
10d
10d</td><td>(1) 粗骨料：从不少于 50 个试件中选出做不发生火花的试件 10 个（应是不同表面、不同颜色、不同结晶体、不同硬度）。每个试件重 50～250g，准确度应达到 1g
(2) 粉状骨料：应将这些细粒材料用胶结料（水泥或沥青）制成块状材料进行试验。试件数量定型耐火制品
(3) 不发火水泥砂浆、水磨石、水泥混凝土的试验用试件定型耐火制品</td></tr>
</table>

续表

序号	材料名称及相关标准、规范代号	主要检测参数	检测周期	取样规则 取样方法
4)	带基材的聚氯乙烯卷材地板 GB/T 11982.1	总厚度 耐磨层厚度 耐磨性 色牢度/级 抗剥离力 弯曲性 燃烧性能 挥发物含量	3d 3d 3d 3d 3d 3d 3d 5d	（1）检验以批为单位，以相同配方、相同工艺、相同规格的卷材地板为一批，每批数量为 5000m^2，数量不足 5000m^2，也为一个批 （2）每一验收批随机抽取 3 卷检验
5)	半硬质聚氯乙烯块状塑料地板 GB/T 4085 GB 50209	面质量偏差 抗冲击性 弯曲性 耐磨性 残余凹陷 色牢度/级 加热翘曲 燃烧性能 挥发物含量	3d 3d 3d 3d 3d 3d 3d 3d 5d	（1）检验以批为单位，以相同配方、相同工艺、相同规格的地板为一批，每批数量为 5000m^2，数量不足 5000m^2 也按一批计，生产量小于 5000m^2 的以 5d 生产量为一批计 （2）每一批中至少取 10 块地板作为试件，在每箱产品中最多取二块（第一块与最后一块除外）
(6)	门窗			
1)	建筑外窗 GB 50411 GB/T 7106 GB/T 11944 GB/T 2680	气密性能 水密性能 抗风压性能 传热系数 中空玻璃露点 玻璃遮阳系数 可见光透射比	2d 2d 2d 3d 2d 2d 2d	（1）同一厂家同一品种同一类型的产品各抽查不少于 4 樘 （2）中空玻璃露点：510mm×360mm 试件 15 块，采用相同材料、在同一工艺条件下生产的中空玻璃 500 块为一批 （3）玻璃遮阳系数、可见光透射比：100mm×100mm 试件 2 块
2)	建筑外门 GB 50411 GB 50210	气密性能 水密性能 抗风压性能	2d 2d 2d	同一厂家同一品种同一类型的产品各抽查不少于 3 樘（件）
3)	建筑木门、窗 GB/T 2828.1	吸水率 木材顺纹 抗剪强度 人造木板 甲醛含量	4d 1d 17d	（1）同一门、窗型随机抽取 1 套（件）进行检验 （2）抽样方案按国家现行标准 GB/T 2828.1 规定执行
4)	塑料门窗用密封条 GB 50210 GB 12002 GB/T 24498 GB/T 3512 GB/T 7141	拉伸断裂强度 拉伸断裂伸长率 拉断伸长率变化率 拉伸强度变化率 硬度	7d 7d 21d 21d 2d	（1）以同一配方、同样原料规格的产品为 1 验收批，每验收批随机取样 2kg （2）外观、尺寸偏差，每批抽检数量不少于 2%，但不少于 3 箱
(7)	脚手架			

续表

<table>
<tr><th>序号</th><th>材料名称及相关
标准、规范代号</th><th>主要检测
参数</th><th>检测
周期</th><th>取样规则
取样方法</th></tr>
<tr><td>1）</td><td>低压流体输送
用焊接钢管
GB/T 3091</td><td>抗拉强度
下屈服强度
断后伸长率
弯曲试验
压扁试验
焊接接头
拉伸试验</td><td>2d
2d
2d
2d
2d
2d</td><td>（1）每批应由同一炉号、同一牌号、同一规格、同一焊接工艺、同一热处理制度（如适用）和同一镀锌层（如适用）的钢管组成。每批钢管的数量应不超过如下规定
①$D\leqslant$33.7mm：1000 根
②$D>$33.7～60.3mm：750 根
③$D>$60.3～168.3mm：500 根
④$D>$168.3～323.9mm：200 根
⑤$D>$323.9mm：100 根
（2）抽样：
<table>
<tr><th>检验项目</th><th colspan="3">取样数量</th></tr>
<tr><td>化学成分</td><td colspan="3">每炉 1 个</td></tr>
<tr><td rowspan="3">拉伸试验</td><td>$D<$
219.1mm</td><td colspan="2">每批 1 个</td></tr>
<tr><td rowspan="2">$D\geqslant$
219.1mm</td><td>直
逢</td><td>母材每批 1 个
焊缝每批 1 个</td></tr>
<tr><td>螺
旋
逢</td><td>母材每批 1 个
螺旋焊缝每批 1 个
钢带对头焊缝每批 1 个</td></tr>
<tr><td>弯曲试验</td><td colspan="3">每批 1 个</td></tr>
<tr><td>压扁试验</td><td colspan="3">每批 2 个</td></tr>
<tr><td>导向弯曲试验</td><td colspan="3">每批 1 个</td></tr>
<tr><td>液压试验</td><td colspan="3">逐根</td></tr>
<tr><td>电阻焊钢管
超声波检验</td><td colspan="3">逐根</td></tr>
<tr><td>埋弧焊钢管
超声波检验</td><td colspan="3">逐根</td></tr>
<tr><td>涡流探伤检验</td><td colspan="3">逐根</td></tr>
<tr><td>射线探伤检验</td><td colspan="3">逐根</td></tr>
<tr><td>镀锌层重量测定</td><td colspan="3">每批 2 个</td></tr>
<tr><td>镀锌层均匀
性试验</td><td colspan="3">每批 2 个</td></tr>
<tr><td>镀锌层的
附着力检验</td><td colspan="3">每批 1 个</td></tr>
</table></td></tr>
</table>

续表

<table>
<tr><th>序号</th><th>材料名称及相关标准、规范代号</th><th>主要检测参数</th><th>检测周期</th><th>取样规则
取样方法</th></tr>
<tr><td rowspan="5">2)</td><td rowspan="5">钢管脚手架扣件
GB 15831</td><td>抗滑性能
（直角、旋转）</td><td>2d</td><td rowspan="5">（1）每批扣件必须大于 280 件。当批量超过 10000 件，超过部分应作另 1 批抽样
（2）抽样：
<table>
<tr><th>序号</th><th>检验项目</th><th>批量范围
（件）</th><th>第一样本
（件）</th><th>第二样本
（件）</th></tr>
<tr><td rowspan="3">1</td><td rowspan="3">抗滑性能
抗破坏性能
扭转刚度性能
抗拉性能
抗压性能</td><td>281～500</td><td>8</td><td>8</td></tr>
<tr><td>501～1200</td><td>13</td><td>13</td></tr>
<tr><td>1201～10000</td><td>20</td><td>20</td></tr>
<tr><td rowspan="3">2</td><td rowspan="3">外观</td><td>281～500</td><td>8</td><td>8</td></tr>
<tr><td>501～1200</td><td>13</td><td>13</td></tr>
<tr><td>1201～10000</td><td>20</td><td>20</td></tr>
</table></td></tr>
<tr><td>抗破坏性能
（直角、旋转）</td><td>2d</td></tr>
<tr><td>扭转刚度性能
（直角）</td><td>2d</td></tr>
<tr><td>抗拉性能
（对接）</td><td>2d</td></tr>
<tr><td>抗压性能
（底座）</td><td>2d</td></tr>
<tr><td rowspan="5">3)</td><td rowspan="5">碗扣件钢管脚手架构件
GB 24911</td><td>上碗扣抗拉强度</td><td>2d</td><td rowspan="5">同上</td></tr>
<tr><td>下碗扣焊接强度</td><td>2d</td></tr>
<tr><td>横杆接头强度</td><td>2d</td></tr>
<tr><td>横杆接头
焊接强度</td><td>2d</td></tr>
<tr><td>可调底座
抗压强度</td><td>2d</td></tr>
<tr><td rowspan="6">4)</td><td rowspan="6">承插型盘扣式钢管支架构件
JG/T 503</td><td>连接盘单侧
抗剪强度</td><td>2d</td><td rowspan="6">同上</td></tr>
<tr><td>连接盘双侧
抗剪强度</td><td>2d</td></tr>
<tr><td>连接盘抗弯
强度试验</td><td>2d
2d</td></tr>
<tr><td>连接盘抗拉
强度试验</td><td>2d</td></tr>
<tr><td>连接盘内侧环焊
缝抗剪强度</td><td>2d</td></tr>
<tr><td>可调托撑和可
调底座抗压强度</td><td>2d</td></tr>
<tr><td>(8)</td><td>幕墙工程</td><td></td><td></td><td></td></tr>
</table>

续表

<table>
<tr><th>序号</th><th>材料名称及相关
标准、规范代号</th><th>主要检测
参数</th><th>检测
周期</th><th>取样规则
取样方法</th></tr>
<tr><td>1)</td><td>铝塑复合板
GB/T 17748</td><td>滚筒剥离强度
涂层厚度
弯曲强度
弯曲弹性模量
剪切强度
贯穿阻力
燃烧性能</td><td>1d
1d
1d
1d
1d
1d
5d</td><td>(1) 以同一品种、同一规格、同一颜色的产品 3000m² 为 1 批，不足 3000m² 的按 1 批计算
(2) 从每批产品中随机抽取 3 张进行检验
(3) 试件尺寸及数量
试件尺寸及数量
<table>
<tr><th rowspan="2">试验项目</th><th colspan="2">试件尺寸（mm）</th><th rowspan="2">试件数量
（块）</th></tr>
<tr><th>纵向</th><th>横向</th></tr>
<tr><td rowspan="2">剥离强度</td><td>25</td><td>350</td><td>12</td></tr>
<tr><td>350</td><td>25</td><td>12</td></tr>
<tr><td>涂层厚度</td><td colspan="2">500×500</td><td>3</td></tr>
<tr><td rowspan="2">弯曲强度</td><td>50</td><td>200</td><td>6</td></tr>
<tr><td>200</td><td>50</td><td>6</td></tr>
<tr><td rowspan="2">弯曲弹性模量</td><td>50</td><td>200</td><td>6</td></tr>
<tr><td>200</td><td>50</td><td>6</td></tr>
<tr><td>剪切强度</td><td colspan="2">50×50</td><td>3</td></tr>
<tr><td>贯穿阻力</td><td colspan="2">50×50</td><td>3</td></tr>
</table></td></tr>
<tr><td>2)</td><td>幕墙工程
GB 50210
JGJ/T 139
GB/T 15227
GB/T 18250</td><td>抗风压性能
变形性能
气密性能
水密性能</td><td>1d
1d
1d
1d</td><td>(1) 工程中不同结构类型的幕墙可分别或以组合形式进行必检项目的检验，试验样品应具有代表性
(2) 当幕墙面积大于 3000m² 或大于建筑外墙面积的 50%时，应现场抽取材料和配件，在检测试验室安装制作试件进行气密性能检测
(3) 应对 1 个单位工程中面积超过 1000m² 的每一种幕墙均抽取 1 个试件进行检测
注：有抗震设防要求或用于多、高层钢结构时为必检项目，否则为非必检项目</td></tr>
<tr><td>3)</td><td>幕墙玻璃
GB 50411
GB/T 11944</td><td>传热系数
遮阳系数
可见光透射比
中空玻璃密封性能</td><td>2d
2d
1d
1d</td><td>(1) 同厂家、同品种产品，幕墙面积在 3000m² 以内应复检 1 次；面积每增加 3000m² 应增加 1 次。同工程项目、同施工单位且同期施工的多个单位工程，可合并计算抽检面积
(2) 传热系数取 300mm×300mm 1 个试样，可见光透射比、遮阳系数取两块尺寸为 100mm×10mm 试样
(3) 中空玻璃密封性能检测样品，每组从检验的产品规格中抽取 10 个样品</td></tr>
<tr><td>(9)</td><td>预应力工程</td><td></td><td></td><td></td></tr>
<tr><td>1)</td><td>预应力混凝土用钢绞线
GB/T 5224
GB/T 21839</td><td>整根钢绞线的最大力
规定非比例延伸力
最大力总伸长率</td><td>1d
1d
1d</td><td>(1) 钢绞线应成批验收，每批钢绞线由同一牌号、同一规格、同一生产工艺捻制的钢绞线组成，每批重量不大于 100t
(2) 取样
出厂检验取样
<table>
<tr><th>序号</th><th>检验项目</th><th>取样数量</th><th>取样部位</th></tr>
<tr><td>1</td><td>整根钢绞线的最大力</td><td>3 根/每批</td><td rowspan="3"></td></tr>
<tr><td>2</td><td>规定非比例延伸力</td><td>3 根/每批</td></tr>
<tr><td>3</td><td>最大力总伸长率</td><td>3 根/每批</td></tr>
</table></td></tr>
</table>

续表

<table>
<tr><th>序号</th><th>材料名称及相关标准、规范代号</th><th>主要检测参数</th><th>检测周期</th><th>取样规则
取样方法</th></tr>
<tr><td>2)</td><td>预应力混凝土用钢丝
GB/T 5223
GB/T 21839</td><td>抗拉强度
最大力总伸长率
反复弯曲试验</td><td>1d
1d
1d</td><td>(1) 钢丝应成批验收，每批钢绞线由同一牌号、同一规格、同一生产工艺捻制的钢绞线组成，每批重量不大于60t
(2) 取样
出厂检验取样
<table>
<tr><th>序号</th><th>检验项目</th><th>取样数量</th><th>取样部位</th></tr>
<tr><td>1</td><td>抗拉强度</td><td>1根/盘</td><td rowspan="3">在每（任一）盘卷中任意一端截取</td></tr>
<tr><td>2</td><td>最大力总伸长率</td><td>1根/盘</td></tr>
<tr><td>3</td><td>弯曲</td><td>1根/盘</td></tr>
</table></td></tr>
<tr><td>3)</td><td>中强度预应力混凝土用钢丝
GB/T 228.1
GB 238
GB/T 2103</td><td>抗拉强度
伸长率
反复弯曲</td><td>1d
1d
1d</td><td>(1) 钢丝应成批验收，每批钢绞线由同一牌号、同一规格、同一生产工艺捻制的钢绞线组成，每批重量不大于60t
(2) 在每盘钢丝的两端取样进行抗拉强度、反复弯曲、伸长率的检验
(3) 规定非比例延伸应力和松弛试验每季度抽检1次，每次不得少于3根。每个交货批至少提供1个规定非比例延伸应力值</td></tr>
<tr><td>4)</td><td>预应力混凝土用钢棒
GB/T 5223.3
GB/T 228.1
GB/T 2103</td><td>抗拉强度
断后伸长率
伸直性
弯曲试验（螺旋槽钢棒、带肋钢棒除外）</td><td>1d
1d
1d
1d</td><td>(1) 钢棒应成批验收，每批钢绞线由同一牌号、同一规格、同一加工状态的钢棒组成，每批重量不大于60t
(2) 取样
出厂检验取样
<table>
<tr><th>序号</th><th>检验项目</th><th>取样数量</th><th>取样部位</th></tr>
<tr><td>1</td><td>抗拉强度</td><td>1根/盘</td><td rowspan="4">在每（任一）盘卷中任意一端截取</td></tr>
<tr><td>2</td><td>断后伸长率</td><td>1根/盘</td></tr>
<tr><td>3</td><td>伸直性</td><td>1根/5盘</td></tr>
<tr><td>4</td><td>弯曲性能</td><td>3根/每批</td></tr>
</table>
注：1. 当更换原料牌号、规格及不同厂家的原料时，均要做松弛试验
2. 对于直条钢棒，以切断盘条的盘数为依据，并应按盘状取样</td></tr>
<tr><td>5)</td><td>预应力混凝土用低合金钢丝
GB/T 701</td><td>①拔丝用盘条：
抗拉强度
伸长率
冷弯
②钢丝：
抗拉强度
伸长率
反复弯曲
应力松弛</td><td>
1d
1d
1d

1d
1d
1d
1d</td><td>(1) 拔丝用盘条
1) 盘条应成批检查验收。每批应由同一牌号、同一炉罐号、同一尺寸的盘条组成
2) 抽样
出厂检验取样
<table>
<tr><th>序号</th><th>检验项目</th><th>取样数量</th><th>取样部位</th></tr>
<tr><td>1</td><td>拉伸</td><td>1个/批</td><td>GB 2975</td></tr>
<tr><td>2</td><td>弯曲</td><td>2个/批</td><td>不同根盘条</td></tr>
</table>
(2) 钢丝
1) 钢丝应组成批验收。每批钢丝同一牌号、同一炉号（或同一生产批号）、同一形状、同一尺寸及同一交货状态的钢丝组成。
2) 抽样
出厂检验取样
<table>
<tr><th>序号</th><th>检验项目</th><th>取样数量</th><th>取样部位</th></tr>
<tr><td>1</td><td>拉伸试验</td><td>每盘1个</td><td>任意一端</td></tr>
<tr><td>2</td><td>反复弯曲</td><td>5%且不少于5盘</td><td>去掉500mm后取样</td></tr>
<tr><td>3</td><td>松弛试验</td><td>每季度1个</td><td></td></tr>
</table></td></tr>
</table>

续表

<table>
<tr><th>序号</th><th>材料名称及相关标准、规范代号</th><th>主要检测参数</th><th>检测周期</th><th>取样规则
取样方法</th></tr>
<tr><td>6）</td><td>预应力混凝土用螺纹钢筋
GB/T 20065</td><td>化学成分
屈服强度
抗拉强度
断后伸长率
应力松弛性能
松弛试验
表面质量
疲劳试验</td><td>1d
1d
1d
1d
2d
2d
2d
7d</td><td>（1）每批应由同一炉号、同一规格、同一交货状态的钢筋组成
（2）每批重量 60t
（3）取样
出厂检验取样
<table>
<tr><th>序号</th><th>检验项目</th><th>取样数量</th><th>取样方法</th></tr>
<tr><td>1</td><td>化学成分</td><td>每炉 1 个</td><td>GB/T 20066</td></tr>
<tr><td>2</td><td>拉伸</td><td>2</td><td>任选两根钢筋</td></tr>
<tr><td>3</td><td>松弛</td><td>1/每 1000t</td><td>任选 1 根钢筋</td></tr>
<tr><td>4</td><td>疲劳</td><td>1</td><td>任选 1 根钢筋</td></tr>
<tr><td>5</td><td>非金属夹渣物</td><td>1</td><td>任选 1 根钢筋</td></tr>
<tr><td>6</td><td>表面</td><td rowspan="2">逐支</td><td></td></tr>
<tr><td>7</td><td>重量偏差</td><td></td></tr>
</table></td></tr>
<tr><td>（10）</td><td>无粘结预应力钢绞线</td><td></td><td></td><td></td></tr>
<tr><td>1）</td><td>钢绞线
JG/T 161</td><td>公称直径
整根钢绞线的最大力
屈服力
最大力总伸长率
伸直性
表观质量</td><td>1d
1d
1d
1d
1d
1d</td><td>钢绞线应成批验收，每批钢绞线由同一牌号、同一规格、同一生产工艺捻制的钢绞线组成，每批重量不大于 60t
出厂检验取样
<table>
<tr><th>序号</th><th>检验项目</th><th>取样数量</th><th>取样部位</th></tr>
<tr><td>1</td><td>表面</td><td>逐盘卷</td><td></td></tr>
<tr><td>2</td><td>外形尺寸</td><td>逐盘卷</td><td></td></tr>
<tr><td>3</td><td>钢绞线伸直性</td><td>3 根/每批</td><td rowspan="4">在每（任一）盘卷中任意一端截取</td></tr>
<tr><td>4</td><td>整根钢绞线的最大力</td><td>3 根/每批</td></tr>
<tr><td>5</td><td>规定非比例延伸力</td><td>3 根/每批</td></tr>
<tr><td>6</td><td>最大力总伸长率</td><td>3 根/每批</td></tr>
</table></td></tr>
<tr><td>2）</td><td>防腐润滑脂
JG/T 161
JG/T 430</td><td>防腐润滑脂含量</td><td>2d</td><td>出厂检验时，应从同一批产品的任意一卷的任意一端部 1m 后的部位截取不同试验所需长度的试样 3 件/批</td></tr>
<tr><td>3）</td><td>护套
JG/T 161</td><td>厚度
拉伸屈服应力
拉伸断裂标称应变</td><td>1d
1d
1d</td><td>护套拉伸性能 5 件/批可从其他出厂检验所用试件的护套上截取，每件护套拉伸性能试样应取自不同的无粘结预应力钢绞线试样</td></tr>
<tr><td>4）</td><td>预应力混凝土用金属波纹管
JG 225</td><td>集中荷载
下径向刚度
集中荷载作用后抗渗漏
弯曲后抗渗漏</td><td>1d
2d
2d</td><td>（1）每批应由同一个钢带生产的同一批钢带所制造的预应力混凝土用金属波纹管组成。每半年或累计 50000m 生产量为 1 批
（2）取样
出厂检验内容
<table>
<tr><th>序号</th><th>检验项目</th><th>取样数量</th></tr>
<tr><td>1</td><td>外观</td><td>全部</td></tr>
<tr><td>2</td><td>尺寸</td><td>3</td></tr>
<tr><td>3</td><td>集中荷载下径向刚度</td><td>3</td></tr>
<tr><td>4</td><td>集中荷载作用后抗渗漏</td><td>3</td></tr>
<tr><td>5</td><td>弯曲后抗渗漏</td><td>3</td></tr>
</table></td></tr>
</table>

续表

<table>
<tr><th>序号</th><th>材料名称及相关标准、规范代号</th><th>主要检测参数</th><th>检测周期</th><th>取样规则
取样方法</th></tr>
<tr><td>5)</td><td>无粘结预应力混凝土管
JC/T 1056</td><td>抗渗性
抗裂内压</td><td>2d
2d</td><td>(1) 同材料、同规格、同工艺生产的成品管子组成，每 200 根为 1 批，不足 200 根按 1 批计，但至少应为 30 根
(2) 抽样
出厂检验抽样数量<table><tr><th>序号</th><th>检验项目</th><th>数量/根</th><th>备　注</th></tr><tr><td>1</td><td>外观质量</td><td>逐根</td><td>全检</td></tr><tr><td>2</td><td>尺寸偏差</td><td>10/项</td><td rowspan="3">随机方法抽样</td></tr><tr><td>3</td><td>抗渗性</td><td>10</td></tr><tr><td>4</td><td>抗裂内压</td><td>2</td></tr></table></td></tr>
<tr><td>6)</td><td>预应力钢筒混凝土管
GB/T 19685</td><td>内（外）压抗裂性能</td><td>1d</td><td>出厂检验的管子应由同类别、同规格、同工艺生产的成品管子组成，每 200 根为 1 批，不足 200 根按 1 批计，但至少应为 30 根
出厂检验抽样数量<table><tr><th>序号</th><th>检验项目</th><th>数量/根</th><th>备注</th></tr><tr><td>1</td><td>外观质量</td><td>逐根</td><td>按批量</td></tr><tr><td>2</td><td>尺寸偏差</td><td>逐根</td><td rowspan="2">随机方法抽样</td></tr><tr><td>3</td><td>内（外）压抗裂性能</td><td>2</td></tr></table></td></tr>
<tr><td>7)</td><td>预应力筋用锚具、夹具和连接器
GB/T 14370
JGJ 85</td><td>外观
硬度
静载性能检验</td><td>1d
1d
2d</td><td>(1) 组批原则
出厂检验时，每批零件产品的数量是指同一种产品，同一批原材料，用同一种工艺一次投料生产的数量
(2) 进场检验
1) 硬度检验：对硬度有要求的锚具零件，应从每批产品中抽取 3%且不少于 5 套样品（多孔夹片锚具的夹片，每套应抽取 6 片）进行检验，硬度值应符合产品质量保证书的规定；当有一个零件不符合时，应另取双倍数量的零件重做检验；在重做检验中仍有一个零件不合格，应对该产品逐个检测，符合者方可进行后续检验
2) 静载锚固试验：应在外观检查和硬度检验均合格的锚具中抽取样品，与相应规格和强度等级的预应力筋组装成 3 个预应力筋-锚具组装件</td></tr>
<tr><td>8</td><td colspan="4">节能工程</td></tr>
<tr><td>(1)</td><td colspan="4">保温材料</td></tr>
<tr><td>1)</td><td>绝热用模塑聚苯乙烯泡沫塑料
GB 50411
GB/T 10801.1</td><td>表观密度
压缩强度
导热系数
垂直于板面方向的抗拉强度
吸水率
燃烧性能</td><td>5d
5d
5d
5d
8d
5d</td><td>(1) 组批原则
1) 墙体节能工程
同厂家、同品种产品，按照扣除门窗洞口后的保温墙面面积所使用的材料用量，在 $5000m^2$ 以内时复验 1 次；面积每增加 $5000m^2$ 应增加 1 次。同工程项目、同施工单位且同期施工的多个单位工程，可合并计算抽检面积
2) 幕墙工程
同厂家、同品种产品，幕墙面积在 $3000m^2$ 以内时应复验 1 次；面积每增加 $3000m^2$ 应增加 1 次。同工程项目、同施工单位且同期施工的多个单位工程，可合并计算抽检面积
3) 屋面、地面工程
同厂家、同品种产品，扣除天窗、采光顶后的屋面面积在 $1000m^2$ 以内时复验 1 次；面积每增加 $1000m^2$ 增加复验 1 次
(2) 抽样数量：$15m^2$</td></tr>
</table>

续表

序号	材料名称及相关标准、规范代号	主要检测参数	检测周期	取样规则 取样方法
2)	绝热用挤塑聚苯乙烯泡沫塑料(XPS) GB 50411 GB/T 10801.2	表观密度 压缩强度 导热系数 垂直于板面方向的抗拉强度 吸水率 燃烧性能	5d 5d 5d 5d 8d 5d	(1) 组批原则 1) 墙体节能工程 同厂家、同品种产品，按照扣除门窗洞口后的保温墙面面积所使用的材料用量，在 5000m² 以内时复验 1 次；面积每增加 5000m² 应增加 1 次。同工程项目、同施工单位且同期施工的多个单位工程，可合并计算抽检面积 2) 幕墙工程 同厂家、同品种产品，幕墙面积在 3000m² 以内时应复验 1 次；面积每增加 3000m² 应增加 1 次。同工程项目、同施工单位且同期施工的多个单位工程，可合并计算抽检面积 3) 屋面、地面工程 同厂家、同品种产品，扣除天窗、采光顶后的屋面面积在 1000m² 以内时复验 1 次；面积每增加 1000m² 增加复验 1 次 (2) 抽样数量：15m²
3)	硬质聚氨酯泡沫塑料 GB 50411 GB/T 21558 GB 50404	导热系数 密度 压缩强度 垂直于板面的抗拉强度 燃烧性能	5d 5d 5d 6d 5d	(1) 组批原则 1) 墙体节能工程 同厂家、同品种产品，按照扣除门窗洞口后的保温墙面面积所使用的材料用量，在 5000m² 以内时复验 1 次；面积每增加 5000m² 应增加 1 次。同工程项目、同施工单位且同期施工的多个单位工程，可合并计算抽检面积 2) 幕墙工程 同厂家、同品种产品，幕墙面积在 3000m² 以内时应复验 1 次；面积每增加 3000m² 应增加 1 次。同工程项目、同施工单位且同期施工的多个单位工程，可合并计算抽检面积 3) 屋面、地面工程 同厂家、同品种产品，扣除天窗、采光顶后的屋面面积在 1000m² 以内时复验 1 次；面积每增加 1000m² 增加复验 1 次 (2) 抽样数量：15m²
4)	喷涂聚氨酯硬泡体保温材料 GB 50411 JC/T 998	密度 抗压强度 导热系数 粘结强度 断裂伸长率 尺寸变化率 吸水率 水蒸气透过率 不透水性 燃烧性能	4d 4d 4d 12d 4d 6d 6d 4d 5d 5d	(1) 组批原则 1) 墙体节能工程 同厂家、同品种产品，按照扣除门窗洞口后的保温墙面面积所使用的材料用量，在 5000m² 以内时复验 1 次；面积每增加 5000m² 应增加 1 次。同工程项目、同施工单位且同期施工的多个单位工程，可合并计算抽检面积 2) 幕墙工程 同厂家、同品种产品，幕墙面积在 3000m² 以内时应复验 1 次；面积每增加 3000m² 应增加 1 次。同工程项目、同施工单位且同期施工的多个单位工程，可合并计算抽检面积 3) 屋面、地面工程 同厂家、同品种产品，扣除天窗、采光顶后的屋面面积在 1000m² 以内时复验 1 次；面积每增加 1000m² 增加复验 1 次 (2) 抽样数量：15m² (3) 在喷涂施工现场，用相同的施工工艺条件单独制成一个泡沫体。试件的数量与推荐尺寸按照下表从泡沫体中切取，所有试件都不带表皮

续表

<table>
<tr><th>序号</th><th>材料名称及相关标准、规范代号</th><th>主要检测参数</th><th>检测周期</th><th>取样规则
取样方法</th></tr>
<tr><td>4）</td><td>喷涂聚氨酯硬泡体保温材料
GB 50411
JC/T 998</td><td>密度
抗压强度
导热系数
粘结强度
断裂伸长率
尺寸变化率
吸水率
水蒸气透过率
不透水性
燃烧性能</td><td>4d
4d
4d
12d
4d
6d
6d
4d
5d
5d</td><td>试件数量及推荐尺寸
<table>
<tr><th>项次</th><th colspan="2">检验项目</th><th>试样尺寸（mm）</th><th>数量（个）</th></tr>
<tr><td>1</td><td colspan="2">密度</td><td>100×100×30</td><td>5</td></tr>
<tr><td>2</td><td colspan="2">导热系数</td><td>200×200×25</td><td>2</td></tr>
<tr><td>3</td><td colspan="2">粘结强度</td><td>8 字砂浆块</td><td>6</td></tr>
<tr><td>4</td><td colspan="2">尺寸变化率</td><td>100×100×25</td><td>3</td></tr>
<tr><td>5</td><td colspan="2">抗压强度</td><td>100×100×30</td><td>5</td></tr>
<tr><td>6</td><td colspan="2">拉伸强度</td><td>哑铃状</td><td>5</td></tr>
<tr><td>7</td><td colspan="2">断裂伸长率</td><td>哑铃状</td><td>5</td></tr>
<tr><td>8</td><td colspan="2">闭孔率</td><td>100×30×30
100×30×15
100×30×7.5</td><td>各 3</td></tr>
<tr><td>9</td><td colspan="2">吸水率</td><td>150×150×25</td><td>3</td></tr>
<tr><td>10</td><td colspan="2">水蒸气透过率</td><td>100×100×25</td><td>4</td></tr>
<tr><td>11</td><td colspan="2">抗渗性</td><td>100×100×30</td><td>3</td></tr>
<tr><td rowspan="2">12</td><td rowspan="2">燃烧性能</td><td>水平燃烧</td><td>150×13×50</td><td>6</td></tr>
<tr><td>氧指数</td><td>100×10×10</td><td>15</td></tr>
</table></td></tr>
<tr><td>5）</td><td>胶粉聚苯颗粒
GB 50411</td><td>导热系数
干表度
抗压强度
燃烧性能</td><td>29d
29d
29d
35d</td><td>组批原则：
（1）墙体节能工程
1）采用相同材料、工艺和施工做法的墙面，每 500～1000m² 划分 1 个检验批，不足 500m² 也为 1 个检验批
2）检验批的划分也可根据施工流程相一致且方便施工与验收的原则，由施工单位与监理（建设）单位共同商定
3）每个检验批应抽样制作同条件试件不少于 3 组
（2）屋面、地面工程
同一厂家、同一品种的产品抽查不少于 3 组</td></tr>
<tr><td>6）</td><td>保温砂浆
GB 50411
GB/T 20473</td><td>导热系数
干密度
抗压强度</td><td>29d
29d
29d</td><td>组批原则：
（1）墙体节能工程
同厂家、同品种产品，按照扣除门窗洞口后的保温墙面面积所使用的材料用量，在 5000m² 以内时复验 1 次；面积每增加 5000m² 应增加 1 次。同工程项目、同施工单位且同期施工的多个单位工程，可合并计算抽检面积
（2）幕墙工程
同厂家、同品种产品，幕墙面积在 3000m² 以内时应复验 1 次；面积每增加 3000m² 应增加 1 次。同工程项目、同施工单位且同期施工的多个单位工程，可合并计算抽检面积
（3）屋面、地面工程
同厂家、同品种产品，扣除天窗、采光顶后的屋面面积在 1000m² 以内时复验 1 次；面积每增加 1000m² 增加复验 1 次
（2）抽样应有代表性，可连续取样，也可以从 20 个以上不同堆放部位的包装袋中取等量样品并混匀，总量不少于 40L</td></tr>
</table>

续表

序号	材料名称及相关标准、规范代号	主要检测参数	检测周期	取样规则 取样方法
7)	绝热用玻璃棉及其制品 绝热用岩棉、矿渣棉及其制品 GB/T 13350 GB/T 11835 GB/T 25975	导热系数 密度 吸水率 燃烧性能 吸湿率 憎水率	2d 2d 2d 5d 2d 2d	（1）组批原则 1）墙体节能工程 同厂家、同品种产品，按照扣除门窗洞口后的保温墙面面积所使用的材料用量，在 $5000m^2$ 以内时复验 1 次；面积每增加 $5000m^2$ 应增加 1 次。同工程项目、同施工单位且同期施工的多个单位工程，可合并计算抽检面积 2）幕墙工程 同厂家、同品种产品，幕墙面积在 $3000m^2$ 以内时应复验 1 次；面积每增加 $3000m^2$ 应增加 1 次。同工程项目、同施工单位且同期施工的多个单位工程，可合并计算抽检面积 3）屋面、地面工程 同厂家、同品种产品，扣除天窗、采光顶后的屋面面积在 $1000m^2$ 以内时复验 1 次；面积每增加 $1000m^2$ 增加复验 1 次 4）供暖节能工程 同厂家、同材质的保温材料，复验次数不得少于 2 次 5）通风与空调节能工程 同厂家、同材质的绝热材料，复验次数不得少于 2 次 （2）抽样数量：板材 $12m^2$，管材长度 4m
8)	柔性泡沫橡胶绝热制品 GB/T 17794	表观密度 导热系数 真空体积吸水率 燃烧性能	5d 5d 5d 5d	同上
(2)	散热器 GB T 13754	单位散热量 金属热强度	3d 3d	同一厂家、同一规格的散热器按其数量的 1%进行见证取样，不得少于 2 组
(3)	风机盘管机组 GB/T 19232	供冷量 供热量 风量 出口静压 噪声 功率	2d 2d 2d 2d 2d 2d	同一厂家的风机盘管机组按数量复验 2%，但不得少于 2 台
(4)	粘结材料			
1)	保温粘结砂浆 GB 50411 JGJ 144 GB/T 29906	拉伸粘结强力	37d	（1）同厂家、同品种产品，按照扣除门窗洞口后的保温墙面面积所使用的材料用量，在 $5000m^2$ 以内时复验 1 次；面积每增加 $5000m^2$ 应增加 1 次。同工程项目、同施工单位且同期施工的多个单位工程，可合并计算抽检面积 （2）抽样数量：2kg
2)	抹面抗裂砂浆 GB 50411 JGJ 144 GB/T 29906	拉伸粘结强度 柔韧性	37d 29d	（1）同厂家、同品种产品，按照扣除门窗洞口后的保温墙面面积所使用的材料用量，在 $5000m^2$ 以内时复验 1 次；面积每增加 $5000m^2$ 应增加 1 次。同工程项目、同施工单位且同期施工的多个单位工程，可合并计算抽检面积 （2）抽样数量：2kg

续表

<table>
<tr><th>序号</th><th>材料名称及相关
标准、规范代号</th><th>主要检测
参数</th><th>检测
周期</th><th>取样规则
取样方法</th></tr>
<tr><td>(5)</td><td>增强网</td><td></td><td></td><td></td></tr>
<tr><td>1)</td><td>耐碱型玻纤
网格布
GB 50411
JGJ 289</td><td>断裂强力
耐碱断裂强
力保留率
拉伸断裂强力
断裂伸长率
单位面积质量</td><td>35d
35d
7d
7d
2d</td><td>(1) 同厂家、同品种产品，按照扣除门窗洞口后的保温墙面面积所使用的材料用量，在 5000m² 以内时复验 1 次；面积每增加 5000m² 应增加 1 次。同工程项目、同施工单位且同期施工的多个单位工程，可合并计算抽检面积
(2) 抽样数量：2kg</td></tr>
<tr><td>2)</td><td>镀锌电焊网
GB 50411
GB/T 33281</td><td>焊点抗拉力
镀锌层质量
镀锌层均匀性
丝径
网孔偏差</td><td>2d
2d
2d
2d
2d</td><td>(1) 同厂家、同品种产品，按照扣除门窗洞口后的保温墙面面积所使用的材料用量，在 5000m² 以内时复验 1 次；面积每增加 5000m² 应增加 1 次。同工程项目、同施工单位且同期施工的多个单位工程，可合并计算抽检面积
(2) 抽样数量：长度 1m</td></tr>
<tr><td>(6)</td><td>幕墙隔热型材</td><td></td><td></td><td></td></tr>
<tr><td>1)</td><td>隔热型材
GB 5237.6</td><td>抗拉强度
抗剪强度
弹性系数
蠕变系数
抗弯性能
热循环疲劳性能
隔热材料性能</td><td>2d
2d
2d
2d
2d
2d
5d</td><td>(1) 隔热型材应成批提交验货，每批应由同一牌号和状态的铝合金型材与同一种隔热材料通过同一种复合工艺制作成的同一类别、规格和表面处理方式的隔热型材组成
(2) 取样
取样见下表
<table>
<tr><th>检测项目</th><th>取样规定</th></tr>
<tr><td>铝合金型材</td><td>生产厂在复合前取样，需方可在隔热型材品上直接取样。符合现行标准 GB 5237.2～5237.5 或 YS/T 459—2003 相应产品规定</td></tr>
<tr><td>隔热材料</td><td>供需方协商</td></tr>
<tr><td>尺寸</td><td>符合 GB 5237.1—2004 表 13 规定</td></tr>
<tr><td>纵向剪切试验</td><td rowspan="3">每项试验在每批取 2 根，每根于中部和两端各取 5 个试样，并做标识。将试样均分 3 份，分别用于低温、高温试验。试验长 100mm±1mm，拉伸试验试样的长度允许缩短至 18mm</td></tr>
<tr><td>横向拉伸试验</td></tr>
<tr><td>抗扭试验</td></tr>
<tr><td>高温持久负荷试验</td><td>每批取 4 根，每根于中部切取 1 个试样，于两端切取 2 个试样，对试样进行标识。将试样均分 2 份，分别用于低温、高温试验。试验长 100mm±1mm</td></tr>
<tr><td>热循环试验</td><td>每批取 2 根，每根于中部切取 1 个试样，于两端分别切取 2 个 试样，试样长 305mm±1mm</td></tr>
<tr><td>外观</td><td>逐根检查</td></tr>
</table></td></tr>
<tr><td>2)</td><td>建筑用隔热铝
合金型材
（穿条式）
JG/T 175</td><td>抗拉强度
抗剪强度
高温持久负
荷试验
热循环试验</td><td>2d
2d
4d
30d</td><td>(1) 型材应成批验收，每批应由同一合金牌号、同一状态、同一类别、规格和表面处理方式的产品组成，每批重量不限
(2) 随机在同批同规格隔热型材中抽取 1 根型材，分别从两端中部取样 10 个试件，取样长度为 100±1mm</td></tr>
</table>

续表

序号	材料名称及相关标准、规范代号	主要检测参数	检测周期	取样规则 取样方法
3)	铝合金建筑型材 GB/T 5237.1～GB/T 5237.5	横向拉伸试验 纵向抗剪试验 壁厚/厚度 拉伸试验 硬度试验	1d 1d 1d 1d 1d	(1) 同一生产厂、同一牌号、同一状态、同一规格的型材组成1验收批 (2) 用于化学分析的试件数量： 1) 板材、带材，每2000kg取1个样品 2) 箔材每500kg取1个样品 3) 管材、棒材、型材，线材，每100kg取1个样品 4) 锻件每1000～3000kg取1个样品 5) 铸锭（批量不限）1批取1个样品 (3) 用于物理性能的试件 每1验收批，取1组试件（2根拉伸试样，2根硬度试验试样）
9	加固材料			
(1)	碳纤维布 GB 50550 GB 50728 GB/T 9914.3 GB/T 3354	抗拉强度标准值 弹性模量 极限伸长率 单位面积质量 碳纤维织物的*K*数 纤维复合材与基材混凝土正拉粘结强度 纤维复合材层间剪切强度	10d 10d 10d 3d 3d 10d 10d	每一性能项目所需的试样（或试件，以下同），应至少取自3个检验批次；每一批次应抽取一组试样；每组试样的数量应符合下列规定 1) 当检验结果以平均值表示时，其有效试样数不应少于5个 2) 当检验结果以标准值表示时，其有效试样数不应少于15个 3) 受检的纤维织物应按抽样规则取得，并应裁成300mm×200mm的大小。其片数：对200g/m^{2}的碳纤维织物，一次成型应为14片；对300g/m^{2}的碳纤维织物，一次成型应为10片；对玻璃纤维或芳纶纤维织物，以及其他单位面积质量的碳纤维织物，应经试制确定其所需的片数。受检的纤维织物，应展平放置，不得折叠；其表面不应有起毛、断丝、油污、粉尘和皱褶 4) 受检的预成型板应按抽样规则取得；并截成长300mm的片材3片，但不得使用板端50mm长度内的材料做试样。受检的板材，应平直，无划痕，纤维排列应均匀，无污染 5) 受检的胶粘剂，应按抽样规则取得；并应按一次成型需用量由专业人员配制；用剩的胶液不得继续使用。配制及使用胶液的工艺要求应符合产品使用说明书的规定
(2)	结构胶粘剂 GB 50550 GB 50728 GB/T 7124	钢-钢拉伸抗剪强度 钢-混凝土正拉粘结强度 不挥发物含量 耐湿热老化性能 抗冲击剥离能力 钢-钢（钢套筒法）拉伸抗剪强度标准值	10d 10d 6d 17d 10d 10d	按进场批次，每批号见证取样3件，每件每组分称取500g，并按相同组分予以混匀后送独立检验检测机构复验。检验时，每一项目每批次的样品制作一组试件
(3)	结构界面胶（剂） GB 50550 GB 50728	与混凝土正拉粘结强度 剪切粘结强度 耐湿热老化性能	30d 30d 36d	按进场批次，每批号见证取样3件，从每件中取出一定数量界面胶（剂）经混匀后，每一复验项目制作5个试件进行复验

续表

序号	材料名称及相关标准、规范代号	主要检测参数	检测周期	取样规则取样方法
(4)	聚合物水泥砂浆 GB 50550 GB 50728	劈裂抗拉强度 抗折强度 拉伸抗剪强度	30d 30d 30d	按进场批次，每批号见证取样3件，每件每组分称取500g，并按相同组分予以混匀后送独立检验检测机构复验。检验时，每一项目每批次的样品制作一组试件
(5)	水泥基灌浆料 GB/T 50448	流动度 抗压强度 竖向膨胀率	2d 28d 2d	水泥基灌浆材料每200t为一个检验批，不足200t的应按一个检验批计，每一个检验批应为一个取样单位。样品应混合均匀，并应用四分法，将每一检验批取样量缩减至试验所需量的2.5倍
10	给排水材料			
(1)	建筑排水用硬聚氯乙烯管材 GB/T 5836.1	尺寸 拉伸屈服强度 落锤冲击试验 密度	3d 3d 3d 3d	同一生产厂，同一原料、配方和工艺的情况下生产的同一规格的管材，当 $d_n \leqslant 75$mm时，每批数量不超过80000m；75mm $< d_n \leqslant$ 160mm，每批数量不超过50000m；当160mm $< d_n \leqslant$ 315mm时，每批数量不超过30000m。如果生产7d仍不足规定数量，以7d产量为一批
(2)	给水用硬聚氯乙烯(PVC-V)管材 GB/T 10002.1	尺寸 静液压试验 落锤冲击试验 密度	2d 9d 3d 3d	同一原料、配方和工艺生产的同一规格的管材作为一批。当 $d_n \leqslant 63$mm时，每批数量不超过50t，当 $d_n \geqslant 63$mm时，每批数量不超过100t，如果生产7d仍不足批量，以7d生产量为一批
(3)	给水用聚乙烯(PE)管材 GB/T 13663.2 GB/T 17219	静液压强度 炭黑分散	9d 3d	同一混配料、同一设备和工艺且连续生产的同一规格管材作为一批，每批数量不超过200t，生产期10d以上不满足200t时，则以10d产量为一批
(4)	无规共聚聚丙烯管 PP-R GB/T 18742.2	尺寸 静液压试验 熔融温度 简支梁冲击	2d 9d 3d 3d	同一原料、同一设备和工艺且连续生产的同一规格管材作为一批，每批数量不超过100t，生产期10d上不满足100t时，则以10d产量为一批
(5)	铝塑复合管XPAP GB/T 18997.1 GB/T 18997.2	尺寸 静液压试验 爆破压力 管环剥离力 交联度	2d 9d 3d 3d 5d	同一原料、同一设备和工艺且连续生产的同一规格管材作为一批，每90km作为一个检验批，如不足90km，以上述生产方式7d产量作为一个检验批，不足7d产量，也作为一个检验批
(6)	聚丁烯管PB GB/T 19473.2	尺寸 静液压试验	2d 9d	同一原料、同一设备和工艺且连续生产的同一规格管材作为一批，每批数量不超过50t，生产期7d以上不满足50t时，则以7d产量为一批
(7)	耐热聚乙烯管 PE-RT GB/T 28799.2 CJ/T 175	尺寸 静液压试验	2d 9d	同一原料、同一设备和工艺且连续生产的同一规格管材作为一批，每批数量不超过30t，生产期7d以上不满足30t时，则以7d产量为一批
(8)	交联聚乙管PE-X GB/T 18992.2	尺寸 静液压试验 交联度	2d 9d 5d	同一原料、配方和工艺且连续生产的同一规格管材作为一批，每批数量不超过15t，不足15t按一批计

续表

序号	材料名称及相关标准、规范代号	主要检测参数	检测周期	取样规则 取样方法
11	建筑电气材料			
(1)	电线、电缆 GB 5023.3 GB/T 3956 GB/T 3048.1	导体电阻 2500V电压试验 2000V电压试验 70℃时绝缘电阻 90℃时绝缘电阻 绝缘厚度测量 外径测量 绝缘机械性能 老化前拉力试验 老化后拉力试验 失重试验 高温压力试验 低温弹性和冲击强度 绝缘低温弯曲试验 绝缘低温拉伸试验 绝缘低温冲击试验 热冲击试验 不延燃试验	2d 2d 2d 1d 2d 2d 2d 2d 3d 3d 3d 3d 3d 3d 4d 4d 7d	各种规格总数的10%，且不少于2个规格
(2)	照明系统 GB50411	照度 照明功率密度	2d 2d	每个典型功能区域不少于2处，且均匀分布，并具有代表性；照度不低于设计值的90%；照明功率密度值不应大于设计值
(3)	电照明灯具 GB/T 9468 GB 17625.1	光源初始光效 照明灯具效率 照明设备功率 功率因素 照明设备谐波含量值	7d 7d 7d 7d 7d	同一厂家、同类型、同规格的电照明灯具设备，不足2000套（个）时各抽检3套（个），2000套（个）以上时，每增加1000套（个），增加抽检1套（个），增加不足1000套（个）时也抽检一套（个） 同一工程项目、同一施工单位且同时施工的多个单体工程（群体建筑），可合并计算
(4)	智能建筑材料			
1)	5类（包含5e类）、6类、7类对绞电缆 GB/T 50312	电缆长度 衰减 近端串音等技术指标	1d 2d 2d	依据《综合布线系统工程验收规范》GB 50312—2007，抽检数量为：本批量对绞电缆中的任意三盘中各截出90m长度，加上工程中所选用的连接器件按永久链路测试模型进行抽样测试 另外从本批量电缆配盘中任取3盘进行电缆长度的核准
2)	光纤 GB/T 50312	衰减 长度测试	2d 1d	光缆外包装受损时应对每根光缆按光纤链路进行衰减和长度测试
(5)	通风空调材料			

续表

<table>
<tr><th>序号</th><th>材料名称及相关标准、规范代号</th><th>主要检测参数</th><th>检测周期</th><th>取样规则
取样方法</th></tr>
<tr><td>1)</td><td>镀锌钢板
GB/T 2518</td><td>不平度
钢基拉力
钢基冷弯
钢基 n、r 值
拉伸
锌层重量
锌层弯曲</td><td>2d
2d
2d
2d
2d
2d
2d</td><td>钢板及钢带应按批检验，同牌号、同规格、同一镀层重量、同镀层表面结构和同表面处理的钢材组成。对于单个卷重大于30t的钢带，每卷作为1个检验批。拉伸试验取1个试样，试样位置距边部不小于50mm。镀锌重量试验1组取3个，单个试样的面积不小于 $5000mm^2$</td></tr>
<tr><td>2)</td><td>不锈钢钢板
GB/T 4237</td><td>抗拉强度
弯曲
耐腐蚀性能
表观质量
规定塑性延伸强度
断后伸长率
硬度值
晶粒度
化学成分</td><td>2d
2d
3d
2d
2d
2d
2d
3d
2d</td><td>钢板与钢带应成批提交验收，每批由同一牌号、同一炉号、同一厚度和同一热处理制度的钢板和钢带组成
在钢板宽度1/4处切取拉伸、弯曲各1个试件，在不同张或卷钢板取2个试件做耐腐蚀性能试验</td></tr>
<tr><td>12</td><td colspan="4">市政工程</td></tr>
<tr><td>(1)</td><td>土工材料
JTG/T 3610
JTG 3430</td><td>击实（最大干密度及最佳含水率）
界限含水率（液限、塑限）
颗粒分析
粗粒土和巨粒土的最大干密度
承载比（CBR）
含水率</td><td>3d
3d
2d
3d
7d
2d</td><td>（1）检测项目及频率
<table>
<tr><th rowspan="2">检测项目</th><th colspan="2">检测频率</th><th rowspan="2">备注</th></tr>
<tr><th>施工前</th><th>施工中</th></tr>
<tr><td>击实（最大干密度及最佳含水率）
界限含水率（液限、塑限）
颗粒分析粗粒土和巨粒土的最大干密度</td><td rowspan="2">材料使用前1次</td><td rowspan="2">材料进场1次或每个部位（按照路床、路堤区分）测1次</td><td>做2个平行试验</td></tr>
<tr><td>承载比（CBR）</td><td>做3个平行试验</td></tr>
<tr><td>含水率</td><td></td><td>每天使用前测1次</td><td>做2个平行试验</td></tr>
</table>
（2）土样的采集
1）采取原状土或扰动土视工程对象而定。凡属桥梁、涵洞、隧道、挡土墙、房屋建筑物的天然地基以及挖方边坡、渠道等，应采取原状土样；如为填土路基、堤坝、取土坑（场）或只要求土的分类试验者可采取扰动土样。冻土采取原状土样时，应保持原土样温度，保持土样结构和含水率不变
2）土样可在试坑、平洞、竖井、天然地面及钻孔中采取。取原状土样时，必须保持土样的原状结构及天然含水率，并使土样不受扰动。用钻机取土时，土样直径不得小于10cm，并使用专门的薄壁取土器；在试坑中或天然地面下挖取原状土时，可用有上、下盖的铁壁取土筒，打开下盖扣在欲取的土层上，边挖筒周围土，边压土筒至筒内装满土样，然后挖断筒底土层（或左、右摆动即断），取出土筒，翻转削平筒内土样。若周围有空隙，可用原土填满，盖好下盖，密封取土筒。采取扰动土时应先清除表层土，然后分层用四分法取样。对于盐渍土，一般应分别在0～0.05m、0.05～0.25m、0.25～0.50m、0.50～0.75m、0.75～1.0m垂直深度处，分层取样</td></tr>
</table>

续表

<table>
<tr><th>序号</th><th>材料名称及相关标准、规范代号</th><th>主要检测参数</th><th>检测周期</th><th>取样规则
取样方法</th></tr>
<tr><td>(1)</td><td>土工材料
JTG/T 3610
JTG 3430</td><td>击实（最大干密度及最佳含水率）
界限含水率（液限、塑限）
颗粒分析
粗粒土和巨粒土的最大干密度
承载比（CBR）
含水率</td><td>3d
3d
2d
3d
7d
2d</td><td>(3) 检测项目的最少取样量
<table>
<tr><th colspan="2">检测项目</th><th>取样量</th></tr>
<tr><td rowspan="2">击实(最大干密度及最佳含水率)</td><td>最大粒径≤20mm</td><td>15kg×2</td></tr>
<tr><td>最大粒径≤40mm</td><td>30kg×2</td></tr>
<tr><td colspan="2">界限含水率(液限、塑限)</td><td>200g×2</td></tr>
<tr><td rowspan="5">颗粒分析</td><td>最大粒径<2mm</td><td>(100～300)g×2</td></tr>
<tr><td>最大粒径<10mm</td><td>(300～900)g×2</td></tr>
<tr><td>最大粒径<20mm</td><td>(1000～2000)g×2</td></tr>
<tr><td>最大粒径<40mm</td><td>(2000～4000)g×2</td></tr>
<tr><td>最大粒径>40mm</td><td>4000g 以上×2</td></tr>
<tr><td rowspan="2">粗粒土和巨粒土的最大干密度</td><td>最大粒径≤20mm</td><td>11kg×2</td></tr>
<tr><td>最大粒径≤40mm</td><td>34kg×2</td></tr>
<tr><td colspan="2">承载比(CBR)</td><td>50kg</td></tr>
<tr><td rowspan="3">含水率</td><td>细粒土</td><td>(15～30)g×2</td></tr>
<tr><td>砂类土、有机质土</td><td>50g×2</td></tr>
<tr><td>砂砾石</td><td>(1～2)kg×2</td></tr>
</table>
注：界限含水率取样为过 0.5mm 筛下质量</td></tr>
<tr><td>(2)</td><td>无机结合料稳定材料
JTG/T F20
JTG E51
JTG 3430</td><td>承载比(CBR)
含水量
击实(最大干密度及最佳含水率)
无侧限抗压强度
界限含水率（液限、塑限）
颗粒分析
石灰有效氧化钙和氧化镁含量
水泥或石灰稳定材料中水泥或石灰剂量</td><td>7d
2d
3d
8d
3d
2d
1d
1d</td><td>(1) 检测项目及频率
<table>
<tr><th rowspan="2">检测项目</th><th colspan="2">检测频率</th><th rowspan="2">备注</th></tr>
<tr><th>施工前</th><th>施工中</th></tr>
<tr><td>承载比（CBR）</td><td>材料使用前 1 次</td><td>每 3000m² 测 1 次，异常时随时检测</td><td>做 3 个平行试验</td></tr>
<tr><td>含水量</td><td></td><td>观察异常时随时检测</td><td>做 2 个平行试验</td></tr>
<tr><td>击实（最大干密度及最佳含水率）</td><td>材料使用前 1 次</td><td></td><td>做 2 个平行试验</td></tr>
<tr><td>无侧限抗压强度</td><td>材料使用前 1 次</td><td>每一作业段或每 2000m² 测 1 次</td><td>稳定细粒土，1 次至少 6 个试件
稳定中粒土，1 次至少 9 个试件
稳定粗粒土，1 次至少 13 个试件</td></tr>
<tr><td>界限含水率（液限、塑限）</td><td>材料使用前 1 次</td><td>每 1000m² 测 1 次，异常时随时试验</td><td>做 2 个平行试验</td></tr>
<tr><td>颗粒分析</td><td>材料使用前 1 次</td><td>每 2000m² 测 1 次</td><td>做 2 个平行试验</td></tr>
<tr><td>石灰有效氧化钙和氧化镁含量</td><td>材料使用前 1 次</td><td>每月测 1 次</td><td>做 2 个平行试验</td></tr>
<tr><td>水泥或石灰稳定材料中水泥或石灰剂量</td><td>材料使用前 1 次</td><td>每 1000m² 测 1 次</td><td>做 2 个平行试验</td></tr>
</table></td></tr>
</table>

续表

<table>
<tr><th>序号</th><th>材料名称及相关
标准、规范代号</th><th>主要检测
参数</th><th>检测
周期</th><th>取样规则
取样方法</th></tr>
<tr><td>(2)</td><td>无机结合料
稳定材料
JTG/T F20
JTG E51
JTG 3430</td><td>承载比（CBR）
含水量
击实(最大干密度及最佳含水率)
无侧限抗压强度
界限含水率（液限、塑限）
颗粒分析
石灰有效氧化钙和氧化镁含量
水泥或石灰稳定材料中水泥或石灰剂量</td><td>7d
2d
3d
8d
3d
2d
1d
1d</td><td>（2）检测项目及取样量
<table>
<tr><th colspan="3">检测项目</th><th>取样量</th></tr>
<tr><td rowspan="3">含水量</td><td colspan="2">稳定细粒土</td><td>50g×2</td></tr>
<tr><td colspan="2">稳定中粒土</td><td>500g×2</td></tr>
<tr><td colspan="2">稳定粗粒土</td><td>2000g×2</td></tr>
<tr><td rowspan="3">击实（最大干密度及最佳含水率）</td><td colspan="2">稳定细粒土</td><td>15kg×2</td></tr>
<tr><td colspan="2">稳定中粒土</td><td>30kg×2</td></tr>
<tr><td colspan="2">稳定粗粒土</td><td>33kg×2</td></tr>
<tr><td rowspan="3">无侧限抗压强度</td><td colspan="2">稳定细粒土</td><td>210g×6</td></tr>
<tr><td colspan="2">稳定中粒土</td><td>1900g×9</td></tr>
<tr><td colspan="2">稳定粗粒土</td><td>6000g×13</td></tr>
<tr><td colspan="3">承载比（CBR）</td><td>50kg</td></tr>
<tr><td colspan="3">界限含水率（液限、塑限）</td><td>200g×2</td></tr>
<tr><td colspan="3">石灰有效氧化钙和氧化镁含量</td><td>200g</td></tr>
<tr><td rowspan="3">含水率</td><td colspan="2">细粒土</td><td>(15～30)g×2</td></tr>
<tr><td colspan="2">砂类土、有机质土</td><td>50g×2</td></tr>
<tr><td colspan="2">砂砾石</td><td>(1～2)g×2</td></tr>
<tr><td rowspan="5">颗粒分析</td><td colspan="2">公称最大粒径 19mm</td><td>20kg</td></tr>
<tr><td colspan="2">公称最大粒径 26.5mm</td><td>20kg</td></tr>
<tr><td colspan="2">公称最大粒径 31.5mm</td><td>30kg</td></tr>
<tr><td colspan="2">公称最大粒径 37.5mm</td><td>40kg</td></tr>
<tr><td colspan="2">公称最大粒径 53mm</td><td>50kg</td></tr>
<tr><td rowspan="4">水泥或石灰稳定材料中水泥或石灰剂量</td><td rowspan="2">做标准曲线</td><td>稳定细粒土</td><td>300g×5×2</td></tr>
<tr><td>稳定中、粗粒土</td><td>1000g×5×2</td></tr>
<tr><td rowspan="2">不做标准曲线</td><td>稳定细粒土</td><td>1000g</td></tr>
<tr><td>稳定中、粗粒土</td><td>3000g</td></tr>
</table></td></tr>
<tr><td>(3)</td><td>沥青混合料
JTG F40
JTG E20</td><td>混合料外观
拌和温度
矿料级配（筛孔）
沥青用量(油石比)
马歇尔试验：空隙率、稳定度、流值
浸水马歇尔试验
车辙试验</td><td>2d
3d
3d
3d
5d
3d</td><td>检测项目及频率
<table>
<tr><th colspan="2">检测项目</th><th>施工中检测频率</th><th>备注</th></tr>
<tr><td colspan="2">混合料外观</td><td>随时</td><td>—</td></tr>
<tr><td rowspan="3">拌和温度</td><td>沥青、集料的加热温度</td><td>逐盘检测</td><td rowspan="3">—</td></tr>
<tr><td rowspan="2">混合料出厂温度</td><td>逐车检测</td></tr>
<tr><td>逐盘检查，每天取平均值</td></tr>
<tr><td rowspan="9">矿料级配（筛孔）</td><td>0.075mm</td><td rowspan="3">逐盘在线检测</td><td rowspan="3">—</td></tr>
<tr><td>≤2.36mm</td></tr>
<tr><td>≥4.75mm</td></tr>
<tr><td>0.075mm</td><td rowspan="3">逐盘检查，每天汇总1次取平均值</td><td rowspan="3">—</td></tr>
<tr><td>≤2.36mm</td></tr>
<tr><td>≥4.75mm</td></tr>
<tr><td>0.075mm</td><td rowspan="3">每台搅拌机每天取样1～2次</td><td rowspan="3">每次做2个试样</td></tr>
<tr><td>≤2.36mm</td></tr>
<tr><td>≥4.75mm</td></tr>
</table></td></tr>
</table>

续表

<table>
<tr><th>序号</th><th>材料名称及相关
标准、规范代号</th><th>主要检测
参数</th><th>检测
周期</th><th>取样规则
取样方法</th></tr>
<tr><td>(3)</td><td>沥青混合料
JTG F40
JTG E20</td><td>混合料外观
拌和温度
矿料级配（筛孔）
沥青用量(油石比)
马歇尔试验：
空隙率、稳
定度、流值
浸水马歇尔试验
车辙试验</td><td>2d
3d
3d
3d

5d

3d</td><td>续表
<table>
<tr><th>检测项目</th><th>施工中检测频率</th><th>备注</th></tr>
<tr><td rowspan="3">沥青用量
（油石比）</td><td>逐盘在线检测</td><td>—</td></tr>
<tr><td>逐盘检查，每天汇总1次取平均值</td><td>—</td></tr>
<tr><td>每台搅拌机每天取样1～2次</td><td>每次做2个试样</td></tr>
<tr><td>马歇尔试验：空隙率、稳定度、流值</td><td>每台搅拌机每天取样1～2次</td><td>每次做4～6个试件20kg</td></tr>
<tr><td>浸水马歇尔试验</td><td>必要时（同马歇尔试验）</td><td>20kg</td></tr>
<tr><td>车辙试验</td><td>必要时</td><td>每次3个试件60kg</td></tr>
</table></td></tr>
<tr><td>(4)</td><td>石油沥青
JTG F40
JTG E20</td><td>针入度
软化点
延度

含蜡量（必需时）</td><td>1d
1d
1d

1d</td><td>(1) 检测项目及频率
<table>
<tr><th rowspan="2">检测项目</th><th colspan="2">检查频度</th><th rowspan="2">备注</th></tr>
<tr><th>高速公路、一级公路</th><th>其他等级公路</th></tr>
<tr><td>针入度</td><td>每2～3天1次</td><td>每周1次</td><td>每次试验3个试样</td></tr>
<tr><td>软化点</td><td>每2～3天1次</td><td>每周1次</td><td>每次试验2个试样</td></tr>
<tr><td>延度</td><td>每2～3天1次</td><td>每周1次</td><td>每次试验3个试样</td></tr>
<tr><td>含蜡量</td><td>必要时</td><td>必要时</td><td>每次试验2～3个试样</td></tr>
</table>
(2) 取样方法
进行沥青性质常规检验的取样数量为：黏稠沥青或固体沥青不少于4.0kg；液体沥青不少于1L；沥青乳液不少于4L</td></tr>
<tr><td>(5)</td><td>改性沥青
JTG F40
JTG E20</td><td>针入度
软化点
离析试验
(对成品改性沥青)
低温延度
弹性恢复
显微镜观察
(对现场沥青)</td><td>1d
1d
1d

1d
1d
1d</td><td>(1) 检测项目及频率
<table>
<tr><th rowspan="2">检测项目</th><th colspan="2">检查频度</th><th rowspan="2">备注</th></tr>
<tr><th>高速公路、一级公路</th><th>其他等级公路</th></tr>
<tr><td>针入度</td><td>每天1次</td><td>每周1次</td><td>每次试验3个试样</td></tr>
<tr><td>软化点</td><td>每天1次</td><td>每周1次</td><td>每次试验2个试样</td></tr>
<tr><td>离析试验</td><td>每周1次</td><td>每周1次</td><td>每次试验2个试样</td></tr>
<tr><td>低温延度</td><td>必要时</td><td>必要时</td><td>每次试验3个试样</td></tr>
<tr><td>弹性恢复</td><td>必要时</td><td>必要时</td><td>每次试验3个试样</td></tr>
<tr><td>显微镜观察</td><td>随时</td><td>随时</td><td>—</td></tr>
</table>
(2) 取样方法
进行沥青性质常规检验的取样数量为：黏稠沥青或固体沥青不少于4.0kg；液体沥青不少于1L；沥青乳液不少于4L</td></tr>
</table>

续表

<table>
<tr><th>序号</th><th>材料名称及相关标准、规范代号</th><th>主要检测参数</th><th>检测周期</th><th>取样规则
取样方法</th></tr>
<tr><td>(6)</td><td>乳化沥青
JTG F40
JTG E20</td><td>标准黏度
蒸发残留物含量
蒸发残留物针入度</td><td>2d
2d
2d</td><td>(1) 检测项目及频率
<table>
<tr><th rowspan="2">检测项目</th><th colspan="2">检查频度</th><th rowspan="2">备注</th></tr>
<tr><th>高速公路、一级公路</th><th>其他等级公路</th></tr>
<tr><td>蒸发残留物含量</td><td>每 2～3 天 1 次</td><td>每周 1 次</td><td>每次试验 2 个试样</td></tr>
<tr><td>蒸发残留物针入度</td><td>每 2～3 天 1 次</td><td>每周 1 次</td><td>每次试验 2 个试样</td></tr>
</table>
(2) 取样方法
进行沥青性质常规检验的取样数量为：黏稠沥青或固体沥青不少于 4.0kg；液体沥青不少于 1L；沥青乳液不少于 4L</td></tr>
<tr><td>(7)</td><td>改性乳化沥青
JTG F40
JTG E20</td><td>蒸发残留物含量
蒸发残留物针入度
蒸发残留物软化点
蒸发残留物的延度</td><td>2d
2d
2d
2d</td><td>(1) 检测项目及频率
<table>
<tr><th rowspan="2">检测项目</th><th colspan="2">检查频度</th><th rowspan="2">备注</th></tr>
<tr><th>高速公路、一级公路</th><th>其他等级公路</th></tr>
<tr><td>蒸发残留物含量</td><td>每 2～3 天 1 次</td><td>每周 1 次</td><td>每次试验 2 个试样</td></tr>
<tr><td>蒸发残留物针入度</td><td>每 2～3 天 1 次</td><td>每周 1 次</td><td>每次试验 3 个试样</td></tr>
<tr><td>蒸发残留物软化度</td><td>每 2～3 天 1 次</td><td>每周 1 次</td><td>每次试验 2 个试样</td></tr>
<tr><td>蒸发残留物的延度</td><td>必要时</td><td>必要时</td><td>每次试验 3 个试样</td></tr>
</table>
(2) 取样方法
进行沥青性质常规检验的取样数量为：黏稠沥青或固体沥青不少于 4.0kg；液体沥青不少于 1L；沥青乳液不少于 4L</td></tr>
<tr><td>(8)</td><td>砖</td><td></td><td></td><td></td></tr>
<tr><td>1)</td><td>混凝土路面砖
GB 28635</td><td>抗压强度
抗折强度</td><td>1d
1d</td><td>(1) 每批混凝土路面砖应为同一类别、同一规格、同一强度等级，铺装面积 3000m² 为 1 批，不足 3000m² 亦可按 1 批量计
(2) 强度等级试验每组 10 块</td></tr>
<tr><td>2)</td><td>透水路面砖和透水路面板
GB/T 25993</td><td>劈裂抗拉强度
透水系数
抗冻性</td><td>2d
2d
8d
(25 次循环)</td><td>(1) 以用同一批原材料、同一生产工艺生产、同标记的 1000m² 透水块材为一批，不足 1000m² 者亦按批计。每批随机抽取 32 块试件，进行外观质量、尺寸偏差检验
(2) 每批随机抽取能组成约 1m² 铺装面数量的透水块材进行颜色、花纹检验从外观质量和尺寸偏差检验合格的透水块材中抽取如下数量进行其他项目检验
a) 强度等级：5 块
b) 透水系数：3 块
c) 抗冻性：10 块</td></tr>
</table>

续表

序号	材料名称及相关标准、规范代号	主要检测参数	检测周期	取样规则 取样方法
3)	烧结路面砖 GB/T 26001	抗压强度	1d	（1）同类别、同规格、同等级的路面砖，每3.5万块～15万块为一检验批；不足3.5万块，亦按一批计。超过15万块，批量由供需双方商定 （2）外观质量检验的试样，按随机抽样法从每批产品中抽取50块路面砖，所抽取的试样具有代表性 （3）尺寸偏差检验的试样，从外观质量检验合格的试样中按随机抽样法抽取10块路面砖 （4）物理性能检验的试样，按随机抽样法从外观质量及尺寸偏差检验合格的试样中抽取，抗压强度试验5块
4)	砂基透水砖 JG/T 376	抗压强度 抗折强度 透水速率	1d 1d 2d	（1）应以同类别、同规格、同等级的产品，每10000块进行组批，不足10000块，亦按一批计 （2）抗折、抗压、透水速率试验各5块
5)	混凝土路缘石 JC/T 899	抗折强度 抗压强度	1d 1d	每批路缘石应为同一类别、同一型号、同一规格、同一强度等级，每20000件为1批；不足20000件，亦按1批计，超过20000件，由供需双方商定。按随机抽样法从外观质量和尺寸偏差检验合格的试样中抽取。每项物理性能与力学性能的抗压强度，试样应分别从3个不同的路缘石上各切取1块符合试验要求的试样；抗折强度直接抽取3个试样
(9)	井盖、井箅子			
1)	检查井盖 GB/T 23858	承载能力 残留变形	1d 1d	产品以同一级别、同一种类、同一原材料在相似条件下生产的检查井盖构成批量，500套一批，不足500套也作为一批。从受检外观质量和尺寸偏差合格的检查井盖中抽取2套，逐套进行承载能力检验
2)	钢纤维混凝土检查井盖 GB 26537	承载能力 （裂缝荷载、破坏荷载）	1d	以同种类、同等级生产的500只（套）井盖（或500套井盖）为一批，但在三个月内生产不足500只（套）井盖时仍作为一批，随机抽取10只（套）井盖进行外观质量与尺寸偏差检验。在外观质量和尺寸偏差检验合格的井盖中，随机抽取2只（套）井盖进行裂缝荷载检验
3)	公路用玻璃纤维增强塑料产品第4部分：非承压通信井盖 GB/T 24721.4	承载能力 残留变形	1d 1d	每批取3套进行试验
4)	球墨铸铁复合树脂检查井盖 CJ/T 327	承载能力 残留变形	1d 1d	产品以同一级别、同一种类、同一原材料在相似条件下生产的检查井盖构成批量，500套为一批，不足500套也作为一批。从受检外观质量和尺寸偏差合格的检查井盖中抽取3套，逐套进行承载能力检验
5)	球墨铸铁复合树脂水箅 CJ/T 328	承载能力 残留变形	1d 1d	产品以同一级别、同一种类、同一原材料在相似条件下生产的水箅构成批量，500套为一批，不足500套也作一批。每批产品随机抽取2套进行承载能力试验

续表

序号	材料名称及相关标准、规范代号	主要检测参数	检测周期	取样规则取样方法
6)	铸铁检查井盖 CJ/T 511	承载能力 残留变形	1d 1d	批量以相同级别、相同种类、相同原材料生产的产品构成，500套为一批，不足500套也作为一批。从受检外观和尺寸偏差合格的产品中抽取3套，逐套进行承载能力检验
7)	再生树脂复合材料检查井盖 CJ/T 121	承载能力 残留变形	1d 1d	产品以同一规格、同一种类、同一原材料在相似条件下生产的检查井盖构成批量一批为100套检查井盖，不足100套时也作为一批，加载试验，每批随机抽取2套检查井盖进行承载能力试验
8)	聚合物基复合材料水箅 CJ/T 212	承载能力 残留变形	1d 1d	产品以同一规格、同一原材料在相似条件下生产的水箅构成批量。生产批量：以300套为一批，不足该数量时按一批计。承载能力试验时，每批产品随机抽取3套进行承载能力试验
9)	再生树脂复合材料水箅 CJ/T 130	承载能力 残留变形	1d 1d	产品以同一规格、同一种类、同一原材料在相似条件下生产的水箅构成批量。一批为100套水箅，不足100套时也作为一批。加载试验，每批随机抽取2套水箅进行承载能力试验
10)	玻璃纤维增强塑料复合检查井盖 JC/T 1009	承载能力 残留变形	1d 1d	以相同原材料、相同工艺、相同规格的500套检查井盖为一批，不足500套时按一批处理。每批抽取2套进行承载力检验
(10)	土工合成材料			
1)	玻璃纤维土工格栅 GB/T 21825 JTG E50	网眼目数 网眼尺寸 断裂强力 断裂伸长率 单位面积质量 宽条拉伸试验 条带拉伸试验	1d 1d 1d 1d 1d 1d 1d	同一规格品种、同一质量等级、同一种工艺稳定连续生产的一定数量的单位产品为一检查批
2)	土工合成材料短纤针刺非织造土工布 GB/T 17638 JTG E50	CBR顶破强力 单位面积质量 割线模量 撕破强力 垂直渗透系数	1d 1d 1d 1d 2d	接交货批号的同一品种，同一规格的产品作为一检验批
3)	土工合成材料聚乙烯土工膜 GB/T 17643 JTG E50	拉伸屈服强度 屈服伸长率 抗穿刺强度 拉伸断裂强力 断裂伸长率 直角撕裂负荷	1d 1d 1d 1d 1d 1d	土工膜产品以批为单位进行检验，同一配方、同一规格、同一工艺条件下连续生产的产品50t以下为1检验批。如日产量低，生产期6d尚不足50t，则以6d产量为1检验批。随机抽取3卷

续表

<table>
<tr><th>序号</th><th>材料名称及相关标准、规范代号</th><th>主要检测参数</th><th>检测周期</th><th>取样规则
取样方法</th></tr>
<tr><td>4)</td><td>土工合成材料裂膜丝机织土工布
GB/T 17641
JTG E50</td><td>CBR 顶破强力
垂直渗透系数
单位面积质量
拉伸断裂强力
断裂伸长率
割线模量
撕破强力</td><td>1d
2d
1d
1d
1d
1d
1d</td><td>按交货批号的同一品种，同一规格的产品作为一检验批</td></tr>
<tr><td>(11)</td><td>橡胶密封件给、排水管及污水管道用接口密封圈
GB/T 21873</td><td>拉伸强度
拉断伸长率
硬度</td><td>1d
1d
1d</td><td>同种类，同规格的密封材料为一批</td></tr>
<tr><td>(12)</td><td>混凝土和钢筋混凝土排水管
GB/T 11836</td><td>内水压力
外压荷载</td><td>1d
1d</td><td>由相同原材料、相同生产工艺生产的同一种规格、同一种接头型式、同一种外压荷载级别的管子组成一个受检批。不同管径批量数见下表；在 3 个月内生产总数不足下表的规定时，也应作为 1 个检验批：
<table>
<tr><th>产品品种</th><th>公称内径/mm</th><th>批量/根</th></tr>
<tr><td rowspan="2">混凝土管</td><td>200～300</td><td>≤3000</td></tr>
<tr><td>350～600</td><td>≤2500</td></tr>
<tr><td rowspan="4">钢筋混凝土管</td><td>300～500</td><td>≤2500</td></tr>
<tr><td>600～1400</td><td>≤2000</td></tr>
<tr><td>1500～2200</td><td>≤1500</td></tr>
<tr><td>2400～4000</td><td>≤1000</td></tr>
</table></td></tr>
<tr><td>(13)</td><td>双壁波纹管材
GB/T 18477.1
GB/T 19472.1</td><td>尺寸
烘箱试验
环刚度
环柔性
密度
冲击性能</td><td>2d
3d
3d
3d
3d
3d</td><td>同一批原料、同一配方和工艺情况下生产的同一规格管材为一批，管材公称尺寸≤500mm 时，每批数量不超过 60t；管材公称尺寸＞500mm 时，每批数量不超过 300t</td></tr>
</table>

样品的缩分

1. 砂、粉料等

将样品置于平板上，在自然状态下拌合均匀（砂在潮湿状态下拌合均匀）并堆成厚度约为 20mm 的“圆饼”，然后沿互相垂直的两条直径，把“圆饼”分成大致相等的 4 份，取其对角的 2 份重新拌匀，再堆成“圆饼”状。重复上述过程，直至缩分后的材料略多于进行试验所必需的量为止

2. 碎石、卵石

将样品置于平板上，在自然状态下拌合均匀，并堆成锥体，然后沿互相垂直的两条直径，把锥体分成大致相等的 4 份，取其对角的 2 份重新拌匀，再堆成锥体。重复上述过程，直至把样品缩分至试验所需量为止

7.1.2 试样（件）制备

7.1.2.1 混凝土试件制作要求

1. 取样

（1）同一组混凝土拌合物的取样应从同一车混凝土中取样。取样量应多于试验所需量的 1.5 倍且不少于 20L。

（2）混凝土拌合物的取样应具有代表性，宜采用多次采样的方法。一般在同一盘混凝土或同一车混凝土中 1/4、1/2～3/4 处分别取样，从第一次取样到最后一次取样不宜超过 15min，然后人工搅拌均匀。

（3）从取样完毕到开始做各项性能试验不宜超过 5min。

2. 混凝土试件制作对试模要求

（1）试件的尺寸

混凝土试件的尺寸应根据混凝土骨料的最大粒径按表 7-2 选用。

混凝土试件尺寸选用表 表 7-2

试件横截面尺寸（mm）	骨料最大粒径（mm）	
	劈裂抗拉强度试验	其他试验
100×100	19.0	31.5
150×150	37.5	37.5
200×200	—	63.0

（2）试件的形状

抗压强度、劈裂抗压强度、轴心抗压强度、静力受压弹性模量、抗折强度试件应符合表 7-3 要求。

试件的形状 表 7-3

试验项目	试件形状	试件尺寸（mm）	试件类型
抗压强度、劈裂抗压强度试件	立方体	150×150×150	标准试件
		100×100×100	非标准试件
		200×200×200	
轴心抗压强度、静力受压弹性模量试件	棱柱体	150×150×300	标准试件
		100×100×300	非标准试件
		200×200×400	
抗折强度试件	棱柱体	150×150×600（或 150×150×550）	标准试件
		100×100×400	非标准试件

（3）试件尺寸公差

1）试件承压面的平面公差不得超过 0.0005d（d 为试件边长）。

2）试件相邻面间的夹角应为 90°，其公差不得超过 0.5°。

3）试件各边长、直径和高的尺寸的公差不得超过 1mm。

3. 混凝土试件的制作、养护

（1）混凝土试件制作

1）成型前，检查试模尺寸并符合标准中的有关规定；试模内表面应涂一层矿物油，或其他不与混凝土发生反应的隔离剂。

2）取样后应在尽短的时间内成型，一般不超过 15min。

3）根据混凝土拌合物的稠度确定混凝土的成型方法，坍落度不大于 70mm 的混凝土宜用振动台振实；大于 70mm 的宜用振捣棒人工捣实。

（2）混凝土试件的制作要求：

1）取样或拌制好的混凝土拌合物应至少用铁锹再来回拌合 3 次。

2）按照混凝土的稠度确定成型方法。

① 用振动台振实制作试件的方法

a. 将混凝土拌合物一次装入试模，装料时，应用抹刀沿各试模壁插捣，并使混凝土拌合物高出试模口。

b. 试模应附着或固定在振动台上，振动时，试模不得有任何跳动，振动应持续到表面出浆为止，不得过振。

② 用人工插捣制作试件的方法

a. 混凝土拌合物应分两层装入模内，每层的装料厚度大致相等。

b. 插捣应按螺旋方向从边缘向中心均匀进行。在插捣底层混凝土时，捣棒应达到试模底部；插捣上层时，捣棒应贯穿上层后插入下层 20～30mm；插捣时捣棒应保持垂直，不得倾斜。然后应用抹刀沿试模内壁插捣数次。

c. 每层插捣次数按在 $10000mm^2$ 截面内不得少于 12 次。

d. 插捣后应用橡皮锤轻轻敲击试模四周，直至插捣棒留下的空洞消失为止。

③ 用插入式振捣棒振实制作试件的方法

a. 将混凝土拌合物一次装入试模，装料时应用抹刀沿各试模壁插捣，并使混凝土拌合物高出试模口。

b. 宜用直径为 ϕ25mm 的插入式振捣棒，插入试模振动时，振捣棒距试模底板 10～20mm 且不得触及试模底板，振动应持续到表面出浆且无明显大气泡溢出为止，且应避免过振，以防止混凝土离析；一般振捣时间为 20s，振捣棒拔出时要缓慢，拔出后不得留有孔洞。

3）刮除试模上口多余的混凝土，待混凝土临近初凝时，用抹刀抹平。试件表面与试模边缘的高度差不得超过 0.5mm。

（3）混凝土试件的养护：

1）试件成型后应立即用不透水的薄膜覆盖表面，或采取其他保持试件表面湿度的方法。

① 采用标准养护的试件，应在温度为 20℃±5℃、相对湿度大于 50%的室内静置 1～2d，试件静置期间应避免受到振动和冲击，静置后编号标记、拆模。当试件有严重缺陷时，应按废弃处理。试件拆模后应立即放入温度为 20℃±2℃，相对湿度为 95%以上的标准养护室中养护，也可在温度为 20℃±2℃的不流动的 $Ca(OH)_2$ 饱和溶液中。标准养护室内的试件应放在支架上，彼此间隔 10～20mm，试件表面应保持潮湿，并不得被水直接

冲淋。

② 同条件养护试件的拆模时间可与实际构件的拆模时间相同，拆模后，试件仍需保持同条件养护。

2）标准养护龄期为28d（从搅拌加水开始计时）。

4. 混凝土冬期施工

(1) 冬期施工的一般规定

1）冬期浇筑的混凝土，其受冻临界强度应符合下列规定：

① 采用蓄热法、暖棚法、加热法等施工的普通混凝土，采用硅酸盐水泥、普通硅酸盐水泥配制时，其受冻临界强度不应小于设计混凝土强度等级值的30%；采用矿渣硅酸盐水泥、粉煤灰硅酸盐水泥、火山灰质硅酸盐水泥、复合硅酸盐水泥时，不应小于设计混凝土强度等级值的40%。

② 当室外最低气温不低于－15℃时，采用综合蓄热法、负温养护法施工的混凝土受冻临界强度不应小于4.0MPa；当室外最低温度不低于－30℃时，采用负温养护法施工的混凝土受冻临界强度不应小于5MPa。

③ 对强度等级等于或高于C50的混凝土，不宜小于设计混凝土强度等级值的30%。

④ 对有抗渗要求的混凝土，不宜小于设计混凝土强度等级值的50%。

⑤ 对有抗冻耐久性要求的混凝土，不宜小于设计混凝土强度等级值的70%。

⑥ 当在采用暖棚法施工的混凝土中掺入早强剂时，可按综合蓄热法受冻临界强度取值。

⑦ 当施工需要提高混凝土强度等级时，应按提高后的强度等级确定受冻临界强度。

2）混凝土的配置宜选用硅酸盐水泥或普通硅酸盐水泥，并应符合下列规定：

① 当采用蒸汽养护时，宜选用矿渣硅酸盐水泥。

② 混凝土最小水泥用量不宜低于280kg/m^3，水胶比不应大于0.55。

③ 大体积混凝土的最小水泥用量，可根据实际情况决定。

④ 强度等级不大于C15的混凝土，其水胶比和最小水泥用量可不受以上限制。

3）拌制混凝土所用骨料应清洁，不得含有冰、雪、冻块及其他易冻裂物质。掺加含有钾、钠离子的防冻剂混凝土，不得采用活性骨料或在骨料中混有此类物质的材料。

4）非加热养护法混凝土施工，所选用的外加剂应含有引气组分或掺入引气剂，含气量宜控制在3.0%～5.0%。

5）钢筋混凝土掺用氯盐类防冻剂时，氯盐掺量不得大于水泥质量的1.0%。掺用氯盐的混凝土应振捣密实，且不宜采用蒸汽养护。

6）在下列情况下，不得在钢筋混凝土结构中掺用氯盐：

① 排出大量蒸汽的车间，浴池，游泳馆、洗衣房和经常处于空气相对湿度大于80%的房间以及有顶盖的钢筋混凝土蓄水池等在高湿度空气环境中使用的结构。

② 处于水位升降部位的结构。

③ 露天结构或经常受雨、水淋的结构。

④ 有镀锌钢材或铝铁相接触部位的结构，有外露钢筋、预埋件而无防护措施的结构。

⑤ 含有酸、碱或硫酸盐等侵蚀介质相接触的结构。

⑥ 使用过程中经常处于环境温度为60℃以上的结构。

⑦ 使用冷拉钢筋或冷拔低碳钢丝的结构。

⑧ 薄壁结构，中级和重级工作制吊车梁、屋架、落锤或锻锤基础结构。

⑨ 电解车间和直接靠近直流电源的结构。

⑩ 直接靠近高压电源（发电站、变电所）的结构。

⑪ 预应力混凝土结构。

7）模板外和混凝土表面覆盖的保温层，不应采用潮湿状态的材料，也不应将保温材料直接铺盖在潮湿的混凝土表面，新浇混凝土表面应铺一层塑料薄膜。

8）采用加热养护的整体结构，浇筑程序和施工缝位置的设置，应采取能防止产生较大温度应力的措施。当加热温度超过 45℃时，应进行温度应力核算。

9）型钢混凝土组合结构，浇筑混凝土前应对型钢进行预热，温度宜大于混凝土入模温度，预热方式可按电加热法养护混凝土的相关规定进行。

（2）混凝土搅拌和浇筑

1）混凝土搅拌的最短时间应符合表 7-4 的规定。

混凝土搅拌的最短时间　　表 7-4

混凝土坍落度（mm）	搅拌机容积（L）	混凝土搅拌最短时间（s）
≤80	<250	90
	250～500	135
	>500	180
>80	<250	90
	250～500	90
	>500	135

注：采用自落式搅拌机时，应将表中搅拌时间延长 30～60s；采用预拌混凝土时，应将常温下预拌混凝土搅拌时间延长 15～30s。

2）混凝土在浇筑过程中的温度和覆盖的保温材料，应进行热工计算后确定，入模温度不应低于 5℃。当不符合要求时，应采取措施进行调整。

3）泵送混凝土在浇筑前应对泵管进行保温，并采用与施工混凝土同配合比的砂浆进行预热。

4）混凝土浇筑前，应清除模板和钢筋上的冰雪和污垢。

5）冬季不得在强冻胀性地基土上浇筑混凝土；在弱冻胀性地基土上浇筑混凝土时，基土不得受冻。在非冻胀性地基土上浇筑混凝土时，混凝土受冻临界强度应符合规定。

6）大体积混凝土分层浇筑时，已浇筑层的混凝土在未被上一层混凝土覆盖前，温度不应低于 2℃。采用加热法养护混凝土时，养护前的混凝土温度也不得低于 2℃。

（3）冬季混凝土的养护方法

1）混凝土蓄热法和综合蓄热法养护

① 当室外温度高于－15℃时，地面以下的工程，或表面系数不大于 $5m^{-1}$ 的结构，宜采用蓄热法养护。对结构易受冻的部位，应加强保温措施。

② 当室外最低温度不低于－15℃时，对于表面系数为 $5\sim15m^{-1}$ 的结构，宜采用综合蓄热法养护，围护层，散热系数宜控制在 $50\sim200kJ/(m^3\cdot h\cdot K)$ 之间。

③ 综合蓄热法施工的混凝土中应掺入早强剂和早强型复合外加剂，并应具有减水、引气作用。

④ 混凝土浇筑后，应采用塑料布等防水材料对裸露表面覆盖并保温。对边、棱角部位的保温层厚度应增大到密面部位的2～3倍，混凝土在养护期间应防风、防失水。

2）混凝土蒸汽养护法

① 混凝土蒸汽养护法可采用棚罩法、蒸汽套法、热模法、内部通法等方式进行，其适用范围应符合下列规定：

a. 棚罩法适用于预制梁、板、地下基础、沟道等。

b. 蒸汽套法适用于现浇梁、板，框架结构、墙、柱等。

c. 热模法适用于墙、柱及框架结构。

d. 内部通法适用于预制梁、柱、桁架、现浇梁、柱，框架单梁。

② 蒸汽养护法应采用低压饱和蒸汽，当施工现场有高压蒸汽时，应通过减压阀或过水装置后方可使用。

③ 蒸汽养护的混凝土，采用普通硅酸盐水泥时最高养护温度不得超过80℃，采用矿渣硅酸盐水泥时可提高到85℃。但采用内部通法时，最高加热温度不应超过60℃。

④ 整体浇筑的结构，采用蒸汽加热养护时，升温和降温速度不得超过表7-5的规定。

蒸汽加热养护混凝土升温和降温速度 **表7-5**

结构表面系数（m^{-1}）	升温速度（℃/h）	降温速度（℃/h）
≥6	15	10
<6	10	5

⑤ 蒸汽养护应包括升温、恒温、降温三个阶段，各阶段加热延续时间可根据养护结束时要求的强度确定。

⑥ 采用蒸汽养护的混凝土，可掺入早强剂或非引气型减水剂。

⑦ 蒸汽加热养护混凝土时，应排除冷凝水，并应防止渗入地基土中。当有蒸汽喷出口时，喷嘴与混凝土外露面的距离不得小于300mm。

3）电加热法养护混凝土

① 电加热法养护混凝土的温度应符合表7-6的规定。

电加热法养护混凝土的温度（℃） **表7-6**

水泥强度等级	结构表面系数（m^{-1}）		
	<10	10～15	>15
32.5	70	50	45
42.5	40	40	35

注：采用红外线辐射加热时，其辐射表面温度可采用70～90℃。

② 电极加热法养护混凝土的适用范围宜符合表7-7的规定。

③ 混凝土采用电极加热法养护应符合下列规定：

a. 电路接好应检查合格后方可合闸送电。当结构工程量较大，需边浇筑边通电时，应将钢筋接地线。电加热现场应设安全围栏。

b. 棒形和弧形电极应固定牢固，并不得与钢筋直接接触。电极与钢筋之间的距离应符合表 7-8 的规定。当因钢筋密度大而不能保证钢筋与电极之间的距离满足表 7-8 的规定时，应采取绝缘措施。

电极加热法养护混凝土的适用范围　　表 7-7

<table>
<tr><th colspan="2">分类</th><th>常用电极规格</th><th>设置方法</th><th>适用范围</th></tr>
<tr><td rowspan="2">内部电极</td><td>棒形电极</td><td>$\phi6$～$\phi12$ 的钢筋短棒</td><td>混凝土浇筑后，将电极穿过模板或在混凝土表面插入混凝土体内</td><td>梁、柱、厚度大于 150mm 的板、墙及设备基础</td></tr>
<tr><td>弧形电极</td><td>$\phi6$～$\phi12$ 的钢筋，长为 2.0～2.5m</td><td>在浇筑混凝土前将电极装入，与结构纵向平行。电极两端弯成直角，由模板孔引出</td><td>含筋较少的墙、柱、梁、大型柱基础以及厚度大于 200mm 单侧配筋的板</td></tr>
<tr><td colspan="2">表面电极</td><td>$\phi6$ 钢筋或厚 1～2mm、宽 30～60mm 的扁钢</td><td>电极固定在模板内侧，或装在混凝土的外表面</td><td>条形基础、墙及保护层大于 50mm 的大体积结构和地面等</td></tr>
</table>

电极与钢筋之间的距离　　表 7-8

工作电压（V）	最小距离（mm）
65.0	50～70
87.0	80～100
106.0	120～150

c. 电极加热法应采用交流电。电极的形式、尺寸、数量及配置应保证混凝土各部位加热均匀，且应加热到设计的混凝土强度标准值的 50%。在电极附近的辐射半径方向每隔 10mm 距离的温度差不宜超过 1℃。

d. 电极加热应在混凝土浇筑后立即送电，送电前混凝土表面应保温覆盖。混凝土在加热养护过程中，洒水应在断电后进行。

④ 混凝土采用电热毯法养护应符合下列规定：

a. 电热垫宜由四层玻璃纤维布中间夹电阻丝制成。其几何尺寸应根据混凝土表面或模板外侧与龙骨组成的区格大小确定。电热毯的电压宜为 60～80V。功率宜为75～100W。

b. 布置电热毯时，在模板周围的各区格应连续布毯，中间区格可以间隔布毯，并应与对面模板错开。电热毯外侧应设置岩棉板等性质的耐热保温材料。

c. 电热毯养护的通电持续时间应根据气温及养护温度确定，可采取分段、间段或连续通电养护工序。

⑤ 混凝土采用工频涡流法养护应符合下列规定：

a. 工频涡流法养护的涡流管应采用钢管，其直径宜为 12.5mm，壁厚宜为 3mm。钢管内穿铝芯绝缘导线，其截面宜为 25～35mm^2，技术参数宜符合表 7-9 的规定。

b. 各种构件涡流模板的配置应按照下列规定配置：

柱：四面配置。

梁：当高宽比大于 2.5 时，侧模宜采用涡流模板，底模采用普通模板；当高宽比小于等于 2.5 时，侧模和底模皆宜采用涡流模板。

工频涡流管技术参数 表 7-9

项目	取值	项目	取值
饱和电压降值（V/m）	1.05	钢管极限功率（W/m）	195
饱和电流值（A）	200	涡流管间距（mm）	150～250

墙板：距墙板底部 600mm 范围内，应在两侧对称拼装涡流板，距墙板底部 600mm 以上部位，应在两侧采用涡流和普通钢模交错拼装，且涡流模板对应面为普通模板。

梁、柱节点：可将涡流钢管插入节点内，钢管总长度应根据混凝土量按 6.0kW/m^3 功率计算，节点外围应保温养护。

c. 当采用工频涡流法养护时，各阶段送电功率应使预养与恒温阶段功率相同，升温阶段功率应大于预养阶段功率的 2.2 倍。预养、恒温阶段的变压器一次接线为 Y 形。升温阶段接线应为三角形。

⑥ 线圈感应加热法养护宜用于梁、柱结构以及各种装配式钢筋混凝土结构的接头混凝土，亦可用于型钢混凝土组合结构的钢体，密筋结构的钢筋和模板预热，以及受冻混凝土结构构件的解冻。

⑦ 混凝土采用线圈感应加热养护应符合下列规定：

变压器宜选择 50kVA 或 100kVA 低压加热变压器，电压宜在 36～110kVA 间调整。当混凝土量较少时，也可采用交流电焊机。变压器的容量宜比计算结果增加20%～30%。

感应线圈宜选用截面面积为 35mm^2 的铝质或铜质电缆，加热主电缆的截面面积宜为 150mm^2，电流不宜超过 400A。

当缠绕感应线圈时，宜靠近钢模板。两端线圈导线的间距比中间加密一倍，加密范围宜由端部开始向内至一个线圈直径的长度为止，端头应密缠 5 圈。

最高电压值宜为 80V，新电缆电压值可采用 100V，但应确保接头绝缘。养护期间电流不得中断，并应防止混凝土受冻。

通电后应采用钳形电流表和万能表随时检查测定电流，并应根据具体情况随时调整参数。

⑧ 采用电热红外线加热器对混凝土进行辐射加热养护，宜用于薄壁钢筋混凝土结构和装配式钢筋混凝土结构接头处混凝土加热，加热温度应符合表 7-5 的规定。

4）暖棚法施工

① 暖棚法施工，适用于地下结构工程和混凝土结构比较集中的工程。

② 暖棚法施工应符合下列规定：

a. 应设专人监测混凝土及暖棚内温度，暖棚内测点温度不得低于 5℃。测温点应选择具有代表性的位置进行布局，在离地面 500mm 处应设点，每昼夜测温不应少于 4 次。

b. 养护期间应监测暖棚内的相对湿度，混凝土不得有失水现象，否则应及时采取增湿措施或在混凝土表面洒水养护。

c. 暖棚的出入口应设专人管理，并采取防止棚内温度下降或引起风口处混凝土受冻的措施。

d. 在混凝土养护期间应将烟火燃烧气体排至棚外，并应采取防止烟气中毒和防火的措施。

5）负温养护法

① 混凝土负温养护法适用于不易加热保温，且对强度增长要求不高的一般混凝土结构。

② 负温养护法施工的混凝土，应以浇筑后 5d 内的预计日最低气温来选用防冻剂，起始养护温度不应低于 5℃。

③ 混凝土浇筑后，裸露表面应采取保护保湿措施，同时应根据需要采取必要的保温覆盖措施。

④ 负温养护法施工应按表 7-11 规定的加强测温，混凝土内部温度降到防冻剂规定温度之前，混凝土的抗压强度应符合受冻临界强度的规定。

6）硫铝酸盐水泥混凝土负温施工

① 硫铝酸盐水泥混凝土可在不低于－25℃环境下施工，适用于下列工程：

a. 工业与民用建筑工程的钢筋混凝土梁、柱、板、墙的现浇结构。

b. 多层装配式结构的接头以及小截面和薄壁结构混凝土工程。

c. 抢修、抢建工程及有硫酸盐腐蚀环境的混凝土工程。

② 使用条件经常处于温度高于 80℃的结构部位或有耐火要求的结构工程，不宜采用硫铝酸盐水泥混凝土施工。

③ 硫铝酸盐水泥混凝土冬期施工可选用 $NaNO_2$ 防冻剂或 $NaNO_2$ 与 Li_2CO_3 复合防冻剂，其掺量可按表 7-10 选用。

硫铝酸盐水泥用防冻剂掺量　　表 7-10

环境最低气温（℃）		≥－5	－5～－15	－15～－25
单掺 $NaNO_2$（%）		0.50～1.00	1.00～3.00	3.00～4.00
复掺 $NaNO_2$ 与 Li_2CO_3（%）	$NaNO_2$	0.00～1.00	1.00～2.00	2.00～4.00
	Li_2CO_3	0.00～0.02	0.02～0.05	0.05～0.10

注：防冻剂掺量按水泥质量百分比计。

④ 拼装接头或小截面构件、薄壁结构施工时，应适当提高拌合物温度，并加强保温措施。

⑤ 硫铝酸盐水泥可以与硅酸盐类水泥混合使用，硅酸盐类水泥的使用比例应小于 10%。

⑥ 硫铝酸盐水泥混凝土可采用热水拌合，水温不宜超过 50℃，拌合物温度宜为5～15℃，坍落度应比普通混凝土增加 10～20mm。水泥不得直接加热或直接与 30℃以上热水接触。

⑦ 采用机械搅拌运输车运输，卸料时应将搅拌筒及运输车内混凝土排空，并应根据混凝土凝结时间情况，及时清洗搅拌机和运输车。

⑧ 混凝土应随拌随用，并在拌制结束 30min 内浇筑完毕，不得二次加水拌合使用。混凝土入模温度不低于 2℃。

⑨ 混凝土浇筑后，应立即在混凝土表面覆盖一层塑料薄膜，防止失水。并应根据气温情况及时覆盖保温材料。

⑩ 混凝土养护不宜用电热法或蒸汽法。当混凝土结构体积较小时，可采用暖棚法养护，但养护温度不宜高于 30℃，当混凝土结构体积较大时，可采用蓄热法养护。

⑪ 模板和保温层在混凝土达到要求强度并冷却到 5℃后方可拆除。拆模时混凝土表面与环境温度差大于 20℃时，混凝土表面应及时覆盖，缓慢冷却。

（4）混凝土的温度测量

1）施工期间的测温项目与频次应符合表 7-11 规定。

施工期间的测温项目与频次 表 7-11

测温项目	频次
室外气温	测量最高、最低气温
环境温度	每昼夜不少于 4 次
搅拌机温度	每一工作班不少于 4 次
水、水泥、矿掺合料、砂、石及外加剂溶液温度	每一工作班不少于 4 次
混凝土出机、浇筑、入模温度	每一工作班不少于 4 次

2）混凝土养护期间的温度测量应符合下列规定：

① 采用蓄热法和综合蓄热法时，在达到受冻临界强度之前应每隔 4～6h 测量一次。

② 采用负温养护时，在达到受冻临界强度之前应每隔 2h 测量一次。

③ 采用加热法时，升温和降温阶段应每隔 1h 测量一次，恒温阶段每隔 2h 测量一次。

④ 混凝土在达到受冻临界强度后，可停止测温。

（5）混凝土试件的留置

为使施工单位更加有效地控制负温混凝土质量，在同条件养护试件数量基础上，增设不少于两组同条件养护试件，一组用于检查混凝土受冻临界强度，而另一组或一组以上试件用于检查混凝土拆模强度或拆除支撑强度或负温转常温后强度。

7.1.2.2 防水（抗渗）混凝土试件制作要求

1. 取样

同混凝土取样。

2. 稠度试验方法

同混凝土试验方法。

3. 试件制作、养护及留置

（1）防水（抗渗）混凝土试件制作及养护

1）试件的成型方法按混凝土的稠度确定，坍落度不大于 70mm 的混凝土，宜用振动台振实，大于 70mm 的宜用振捣棒捣实。

2）制作试件时不应采用憎水性脱模剂，试模应由铸铁或钢制成，应具有足够的刚度并拆装方便。采用顶面直径为 175mm，底面直径为 185mm，高度为 150mm 的圆台体或直径与高度均为 150mm 的圆柱体试模（视抗渗设备要求而定），试模的内表面应机械加工，其尺寸公差与混凝土试模的尺寸公差一致。每组抗渗试件以 6 个为 1 组。

3）试件成型方法与混凝土成型方法相同，但试件成型后 24h 拆模，用钢丝刷刷去两端面水泥浆膜，然后送标准养护室养护。

4）试件的养护温度、湿度与混凝土养护条件相同，试件一般养护至28d龄期进行试验，如有特殊要求，可按要求选择养护龄期。

（2）试件留置要求

1）防水（抗渗）混凝土试件应在浇筑地点随机取样，同一工程、同一配合比的抗渗混凝土取样不应少于1次，留置组数可根据实际需要确定。

2）连续浇筑抗渗混凝土500m^{3}应留置1组试件，且每项工程不得少于2组。采用预拌混凝土的抗渗试件，留置组数应视结构的规模和要求而定。

7.1.2.3　补偿收缩混凝土试件制作要求

1. 取样

同混凝土取样。

2. 试件的制作

（1）用于成型试件的模型，宽度和高度均应为100mm，长度应大于360mm。

（2）同一条件应有3条试件供测长用，试件全长应为355mm，其中混凝土部分尺寸应为100mm×100mm×300mm。

（3）首先应把纵向限制器具放入试模中，然后将混凝土一次装入试模，把试模放在振动台上振动至表面呈现水泥浆，不泛气泡为止，刮去多余的混凝土并抹平，然后把事件置于温度为20℃±2℃的标准养护室内养护，试件表面用塑料布或湿布覆盖。

（4）应在成型12～16h且抗压强度达到3～5MPa后再拆模。

3. 试件的测长和养护

（1）用于混凝土试件成型和测量的试验室的温度应为20℃±2℃。

（2）用于养护混凝土试件的恒温水槽的温度应为20℃±2℃。恒温恒湿室温度应为20℃±2℃，湿度应为60%±5%。

（3）养护时，应注意不损伤试件测头。试件之间应保持25mm以上间隔，试件支点距限制钢板两端宜为70mm。

（4）测长前3h，应将测量仪、标准杆放在标准试验室内，用标准杆校正测量仪并调整千分表零点。测量前，应将试件及测量仪测头擦净。每次测量时，试件记有标志的一面与测量仪的相对位置应一致，纵向限制器的测头与测量仪的测头应正确接触，读数应精确至0.001mm。不同龄期的试件应在规定时间±1h内测量。试件脱模后应在±1h内测量试件的初始长度。测量完初始长度的试件应立即放入恒温水槽中养护，应在规定龄期时进行测长。测长的龄期应从成型日期算起，宜测量3d、7d和14d的长度变化。14d后，应将试件移入恒温恒湿室中养护，应分别测量空气中28d、42d的长度变化。也可根据需要安排测量龄期。

（5）掺膨胀剂的补偿收缩混凝土，其限制膨胀率应符合表7-12的规定。

补偿收缩混凝土的限制膨胀率　　**表7-12**

用途	限制膨胀率（%）	
	水中14d	水中14d转空气中28d
用于补偿混凝土收缩	≥0.015	≥－0.030
用于后浇带、膨胀加强带和工程接缝填充	≥0.025	≥－0.020

7.1.2.4 砂浆试件制作要求

1. 取样

(1) 砂浆可从同一盘搅拌机或同一车运送的砂浆中取出，施工中取样进行砂浆试验时，应在使用地点的浆槽、砂浆运送车或搅拌机出料口，至少从三个不同部位集取。所取试样的数量应多于试验用量的 4 倍。

(2) 砂浆拌合物取样后，在试验前应经人工再翻拌，以保证其质量均匀。从取样完毕到开始进行各项性能试验，不宜超过 15min。

2. 砂浆试件的制作、养护

(1) 试模尺寸、捣棒直径及要求

1) 砂浆试模尺寸为 70.7mm×70.7mm×70.7mm 立方体，应具有足够的刚度并拆模方便。试模的内表面其不平度为每 100mm 不超过 0.05mm，组装后，各相邻面的不垂直度不应超过±0.5°。

2) 振捣棒直径为 10mm，长度为 350mm，端部应磨圆。

(2) 砂浆试件制作

1) 使用有底试模并用黄油等密封材料涂抹试模的外接缝，试模内涂刷薄层机油或隔离剂，将拌制好的砂浆一次性装满砂浆试模。成型方法根据稠度而定。当稠度大于 50mm 时，采用人工插捣成型。用振捣棒均匀地由边缘向中心按螺旋方式插捣 25 次，插捣过程中当砂浆沉落低于试模口，应随时添加砂浆，可用油灰刀插捣数次，并用手将试模一边抬高 5～10mm 各振动 5 次，使砂浆高出试模顶面 6～8mm。当稠度不大于 50mm 时，采用振动台振实成型。将拌制好的砂浆一次装满砂浆试模，放置到振动台上，振动时试模不得跳动，振动 5～10s 或持续到表面出浆为止，不得过振。

2) 待表面水分稍干后，将高出试模部分的砂浆沿试模顶面刮去抹平。

3) 试件制作成型后应在温度为 20℃±5℃的环境下静置 24h±2h。当气温较低时，或凝结时间大于 24h 的砂浆，可适当延长时间但不应超过 2d。然后对砂浆试件进行编号并拆模。

4) 砂浆试件每组 3 块，试件拆模后，应在标准养护条件下，养护至 28d，然后进行强度试验。

(3) 砂浆试件的养护

1) 砂浆试件应在温度为 20℃±2℃，相对湿度为 90%以上的环境中进行养护。

2) 养护期间，试件彼此间隔不少于 10mm。

3) 混合砂浆、湿拌砂浆试件上面应覆盖，防止有水滴在试件上。

7.1.2.5 钢筋连接用套筒灌浆料试件制作要求

1. 取样

可从多个部位取等量的样品，样品总量不应少于 30kg。

2. 灌浆料的制作、养护

(1) 试模的尺寸、形状

试模的尺寸为 40mm×40mm×160mm 的棱柱体。

(2) 灌浆料试件的制作

1) 称取 1800g 水泥基灌浆材料，精确至 5g，按照产品设计要求的用水量称量拌合，精确至 1g。

2）将搅拌机处于待工作状态，先把水加入锅里，再加入灌浆料，把锅放在固定架上，上升至固定位置，然后立即开动机器，低速搅拌 60s 后，把机器转至高速再拌 30s，停拌 90s，在第一个 15s 内用胶皮刮具将叶片和锅壁上的浆料刮入锅中间，在高速下继续搅拌 60s，各个搅拌阶段，时间误差在±1s 以内，搅拌完成后，不得再次加水。灌浆料拌合物经充分搅拌均匀后，宜静置 2min 后使用。

3）试模的内表面涂上一薄层模型油或机油，将浆体灌入试模，至浆体与试模的上边缘平齐，成型过程中不应震动试模。应在 6min 内完成搅拌合成型过程。

4）将装有浆体的试模在成型室内静置 2h 后移入养护箱。

5）灌浆料试件每组 3 块，试件拆模后，应在标准养护条件下，养护至 28d，然后进行强度试验。

（3）灌浆料试件的养护

1）试件成型时的试验室温度应为 20℃±2℃，相对湿度应大于 50%。

2）养护室的温度应为 20℃±1℃，相对湿度应大于 90%。

3）养护水的温度应为 20℃±1℃。

3. 灌浆料施工

（1）灌浆料施工时，环境温度应符合灌浆料产品使用说明书要求，环境温度低于 5℃时不宜施工，低于 0℃时不得施工，当环境温度高于 30℃时，应采取降低灌浆料拌合温度的措施。

（2）灌浆料宜在加水后 30min 内用完。

（3）散落的灌浆料拌合物不得二次使用，剩余的拌合物不得再次添加灌浆料、水后混合使用。

（4）灌浆料同条件养护试件抗压强度达到 35N/mm² 后，方可进行对接头有扰动的后续施工，临时固定措施的拆除应在灌浆料抗压强度能确保结构达到后续施工承载要求后进行。

4. 灌浆料抗压强度应符合表 7-13 的要求，且灌浆料抗压强度不应低于接头设计要求。

灌浆料抗压强度要求　　表 7-13

时间（龄期）	抗压强度（N/mm^2）
1d	≥35
3d	≥60
28d	≥85

型式试验时，灌浆料抗压强度不应小于 80N/mm²，且不应大于 95N/mm²；当灌浆料 28d 抗压强度合格指标（f_g）高于 85N/mm² 时，试验时的灌浆料抗压强度低于 28d 抗压强度合格指标（f_g）的数值不应大于 5N/mm²，且超过 28d 抗压强度合格指标（f_g）的数值不应大于 10N/mm² 与 $0.1f_g$ 二者的较大值；当型式试验时灌浆料抗压强度低于 28d 抗压强度合格指标（f_g）时，应增加试验灌浆料 28d 抗压强度。

7.1.2.6　金属材料试件制备

1. 范围

试件横截面积为圆形、矩形、多边形、环形的线材、棒材、型材及管材金属产品。

2. 拉伸试件种类

（1）比例试件：试件原始标距（L_0）与原始横截面积（S_0）有 $L_0=K\sqrt{S_0}$ 关系，比例系数 $k=5.65$（也可采用 $k=11.3$）。

（2）非比例试件：试件原始标距（L_0）与原始横截面积（S_0）无关。

其中：L_0——原始标距；

S_0——原始横截面积。

3. 试件制备

（1）机加工试件

机加工试件示意图见图 7-1。

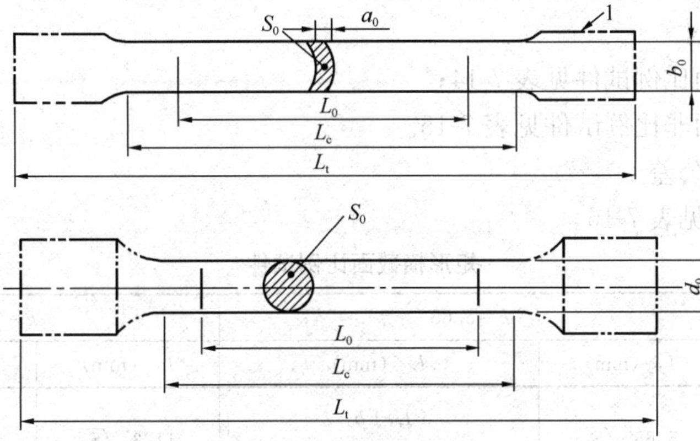

图 7-1　机加工试件示意图

注：a_0—原始墙壁厚度；b_0—圆管纵向弧形试样原始宽度；L_c—平行长度；L_t—试样总长度；1—夹持头部。

（2）不经机加工试件

不经机加工试件示意图见图 7-2。

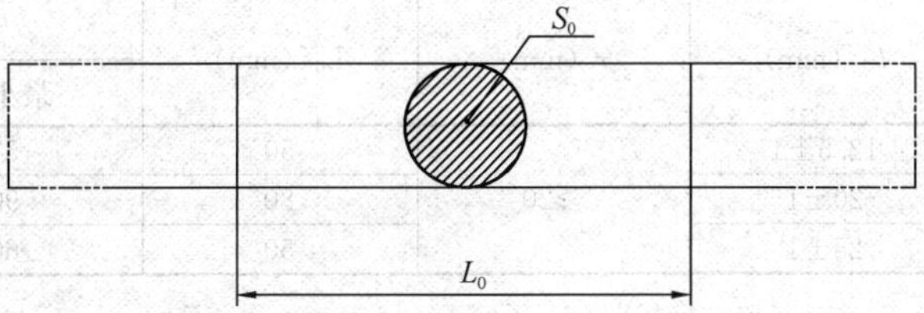

图 7-2　不经机加工试件示意图

4. 钢筋、钢绞线、钢丝试件制备尺寸

（1）拉伸试件：

① 带肋钢筋及热轧光圆

$$L_c=10d+2T \qquad (7\text{-}1)$$

② 钢丝及钢绞线

$$L_c=50d+2T \qquad (7\text{-}2)$$

（2）冷弯试件：

① 带肋钢筋

$$L_c=2.5\pi d+200 \qquad (7\text{-}3)$$

② 热轧光圆、盘条、钢丝及钢绞线

$$L_0 = \pi d + 200 \quad (7\text{-}4)$$

式中　L_c——试件平行长（mm）；

d——钢筋直径（mm）；

L_0——原始标距；

T——试验机夹持长度（可根据试验机的情况而定，一般取 T=100mm）。

（3）试件平行长度 L_c：对于圆形试件不小于 $L_0+d_0/2$，对于矩形试件不小于 $L_0+1.5\sqrt{S_0}$。一般情况下钢筋、钢绞线及钢丝不经加工。其中：d_0 为试件的公称直径；S_0 为原始横截面积。

5. 厚度 0.1～3mm（不含）薄板和薄带试件类型

（1）试件的形状

试件的夹持头部一般应比其平行长度部分宽，试件头部与平行长度（L_c）之间应有过渡半径（r）至少为 20mm 的过渡弧相连接，见图 7-1。头部宽度应≥1.2b_0，b_0 为原始宽度。

（2）试件的尺寸

1）矩形横截面比例试件见表 7-14；

2）矩形横截面非比例试件见表 7-15。

（3）试件宽度公差

试件宽度公差见表 7-16。

矩形横截面比例试件　　**表 7-14**

b_0（mm）	r（mm）	k=5.65		k=11.3	
		L_0（mm）	L_C（mm）	L_0（mm）	L_C（mm）
10	≥20	$5.65\sqrt{S_0}$ ≥15	≥$L_0+b_0/2$ 仲裁试验：L_0+2b_0	$11.3\sqrt{S_0}$ ≥15	≥$L_0+b_0/2$ 仲裁试验：L_0+2b_0
12.5					
15					
20					

注：1. 优先采用比例系数 k=5.65 的比例试件。

2. 如需要，厚度小于 0.5mm 的试件在其平行长度上可带小凸耳，上、下两凸耳宽度中心线间的距离为原始标距。

矩形横截面非比例试件　　**表 7-15**

b_0（mm）	r（mm）	L_0（mm）	L_C（mm）		
			最小值	带头（推荐）	不带头
12.5±1	≥20	50	57	75	87.5
20±1		80	90	120	140
25±1		50	60	100	120

试件宽度公差　　**表 7-16**

试件标称宽度（mm）	尺寸公差（mm）	形状公差（mm）
10	±0.05	0.06
12.5	±0.05	0.06
15	±0.05	0.06
20	±0.10	0.12
25	±0.10	0.12

6. 厚度等于或大于 3mm 的板材和扁材及直径或厚度等于或大于 4mm 线材、棒材和型材试件类型

（1）试件的形状

通常，试件进行机加工时，平行长度和夹持头部之间应以过渡弧（r）连接。过渡弧的半径应为：圆形横截面试件（r）$\geqslant 0.75d_0$；其他试件（r）$\geqslant$12mm。

试样原始横截面可以为圆形、方形、矩形或特殊情况时为其他形状。矩形横截面试件，推荐其宽厚比不超过 8∶1，一般机加工的圆形横截面试样其平行长度的直径一般不应小于 3mm。

（2）试件尺寸

1）机加工试件的平行长度：

对于圆形横截面试件 $L_C \geqslant L_0 + d_0/2$，仲裁试验 $L_C \geqslant L_0 + 2d_0$；

对于其他形状试件 $L_C \geqslant L_0 + 1.5\sqrt{S_0}$，仲裁试验 $L_C \geqslant L_0 + 2\sqrt{S_0}$。

2）不经机加工试件的平行长度：

试验机两夹头间的自由长度应足够，以使试件原始标距的标记与最接近夹头间的距离不小于$\sqrt{S_0}$。

（3）比例试件

圆形、矩形横截面比例试件见表 7-17 和表 7-18。

圆形横截面比例试件 **表 7-17**

d_0（mm）	r（mm）	$k=5.65$		$k=11.3$	
		L_0（mm）	L_C（mm）	L_0（mm）	L_C（mm）
25	$\geqslant 0.75d_0$	$5d_0$	$\geqslant L_0+d_0/2$ 仲裁试验$\geqslant$ L_0+2d_0	$10d_0$	$\geqslant L_0+d_0/2$ 仲裁试验$\geqslant$ L_0+2d_0
20					
15					
10					
8					
6					
5					
3					

矩形横截面比例试件 **表 7-18**

b_0（mm）	r（mm）	$k=5.65$		$k=11.3$	
		L_0（mm）	L_C（mm）	L_0（mm）	L_C（mm）
12.5	$\geqslant$12	$5.65\sqrt{S_0}$	$\geqslant L_0+1.5\sqrt{S_0}$ 仲裁试验：$L_0+2\sqrt{S_0}$	$11.3\sqrt{S_0}$	$\geqslant L_0+1.5\sqrt{S_0}$ 仲裁试验：$L_0+2\sqrt{S_0}$
15					
20					
25					
30					

注：如相关产品标准无具体规定，优先采用比例系数 $k=5.65$ 的比例试件。

（4）非比例试件

矩形横截面非比例试件见表 7-19。

（5）试件横向尺寸、形状公差

试件横向尺寸公差见表 7-20。

矩形横截面非比例试件　表 7-19

b_0（mm）	r（mm）	L_0（mm）	L_C（mm）
12.5±0.5	≥12	50	$\geqslant L_0+b_0/2$ 仲裁试验： L_0+2b_0
20±0.5		80	
25±0.7		200	
38±0.7		200	
40±0.7		200	

试件横向尺寸公差（mm）　表 7-20

名称	标称横向尺寸	尺寸公差	形状公差
机加工的圆形横截面直径和四面机加工的矩形横截面试件横向尺寸	≥3 ≤6	±0.02	0.03
	>6 ≤10	±0.03	0.04
	>10 ≤18	±0.05	0.04
	>18 ≤30	±0.10	0.05
相对两面机加工的矩形横截面试件横向尺寸	≥3 ≤6	±0.02	0.03
	>6 ≤10	±0.03	0.04
	>10 ≤18	±0.05	0.06
	>18 ≤30	±0.10	0.12
	>30 ≤50	±0.15	0.15

7. 直径或厚度小于 4mm 线材、棒材和型材的试件类型

(1) 试件形状

试件通常为产品的一部分，不经机加工试件，见图 7-2。

(2) 试件尺寸

非比例试件尺寸见表 7-21。

非比例试件尺寸　表 7-21

d_0 或 a_0（mm）	L_0（mm）	L_C（mm）
≤4	100	≥120
	200	≥220

8. 管材试件类型

(1) 试件的形状

试件可以为全壁厚纵向弧形试件，见图 7-3，圆管管段试件见图 7-4，全壁厚横向试件，或从管壁厚度机加工的圆形横截面试件。通过协议，可以采用不带头的纵向弧形试件和不带头的横向试件。仲裁试验不压扁，应加配塞头。

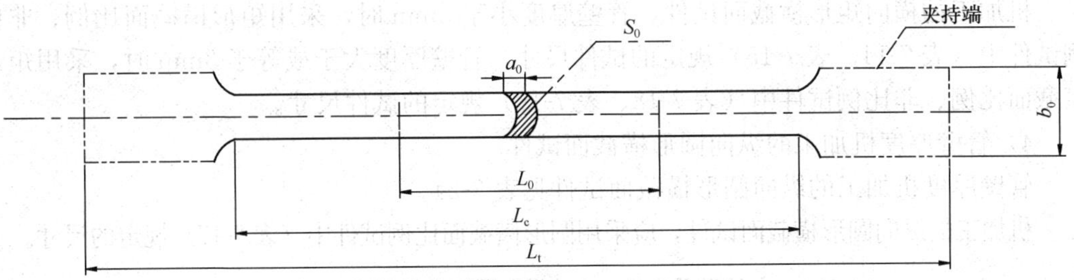

图 7-3 全壁厚纵向弧形试样

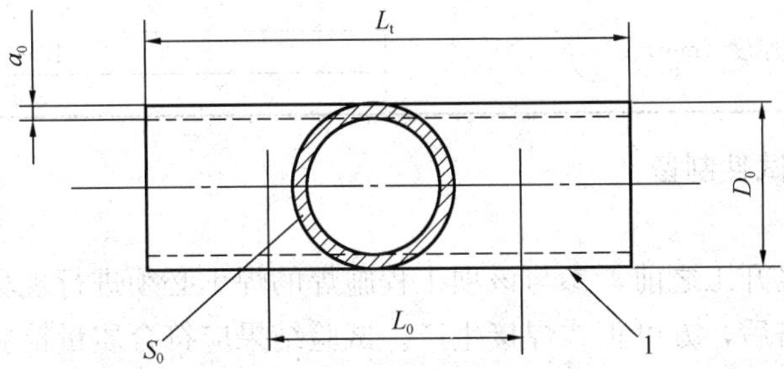

图 7-4 圆管管段试样

（2）试件的尺寸

1）纵向弧形试件见表 7-22。纵向弧形试件一般适用于管壁厚度大于 0.5mm 的管材。

纵向弧形试件 表 7-22

D_0（mm）	b_0（mm）	a_0（mm）	r（mm）	k=5.65		k=11.3	
				L_0（mm）	L_C（mm）	L_0（mm）	L_C（mm）
30～50	10	原始壁厚	≥12	$5.65\sqrt{S_0}$	$\geqslant L_0+1.5\sqrt{S_0}$ 仲裁试验：$L_0+2\sqrt{S_0}$	$11.3\sqrt{S_0}$	$\geqslant L_0+1.5\sqrt{S_0}$ 仲裁试验：$L_0+2\sqrt{S_0}$
＞50～70	15						
＞70	20						
≤100	19			50	—	—	—
＞100～200	25						
＞200	38						

注：采用比例试件时，优先采用比例系数 k=5.65 的比例试件。

2）管段试件

管段试件应在其试件两端加塞头。塞头顶端至最接近的标距标记的距离应不小于 $D_0/4$，只要材料足够，仲裁试验时此距离为 D_0。塞头相对于试验机夹头在标距方向伸出的长度不应超过 D_0，而其性状应不妨碍标距内的变形。允许压扁管段试件两夹持头部，加或不加扁块塞头后进行试验。但仲裁试验不压扁，应加配塞头。管段试件尺寸见表 7-23。

管段试件尺寸 表 7-23

L_0（mm）	L_C（mm）
$5.65\sqrt{S_0}$	$\geqslant L_0+D_0/2$ 仲裁试验：L_0+2D_0
50	≥100

3）机加工的横向试件

机加工的横向矩形横截面试件，管壁厚度小于3mm时，采用矩形横截面比例、非比例试件中（表7-14、表7-15）规定的试件尺寸，管壁厚度大于或等于3mm时，采用矩形横截面比例、非比例试件中（表7-18、表7-19）规定的试件尺寸。

4）管壁厚度机加工的纵向圆形横截面试件

管壁厚度机加工的纵向圆形横截面试件见表7-24。

机加工的纵向圆形横截面试件，应采用圆形横截面比例试件中（表7-17）规定的尺寸。

管壁厚度机加工的纵向圆形横截面试件　　表7-24

管壁厚度（mm）	8～13
	＞13～16
	＞16

7.1.2.7　钢筋焊接试件制备

1. 一般要求

在钢筋工程焊接开工之前，参与该项工程施焊的焊工必须进行现场条件下的焊接工艺试验，并经试验合格后，方可正式焊接生产。试验结果应符合质量检验与验收时的要求。

2. 试件制备尺寸

试件制备尺寸见表7-25。

试 件 制 备 尺 寸　　表7-25

焊接方法			接头形式		接头搭接长度 l_h	拉伸试件长度 l_s	冷弯试件长度 L
电阻点焊			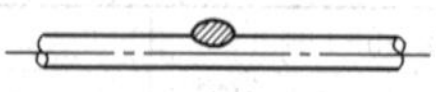		≥20d（且≥180mm）	≥l_s+2l_j l_j—试验机夹持长度	
闪光对焊					8d	≥l_s+2l_j l_j—试验机夹持长度	D+3d±d/2+150（D为弯曲压头直径）
箍筋闪光对焊			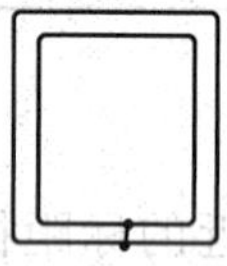		8d	≥l_s+2l_j l_j—试验机夹持长度	D+3d±d/2+150（D为弯曲压头直径）
电弧焊	帮条焊	双面焊	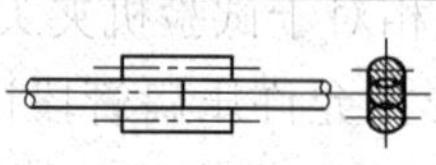	（4～5）d_0	8d+l_h	≥l_s+2l_j l_j—试验机夹持长度	
		单面焊	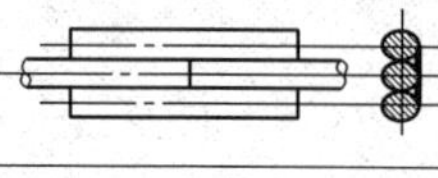	（8～10）d_0	5d+l_h	≥l_s+2l_j l_j—试验机夹持长度	
	搭接焊	双面焊	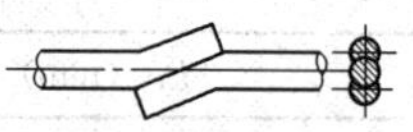	（4～5）d_0	8d+l_h	≥l_s+2l_j l_j—试验机夹持长度	
		单面焊	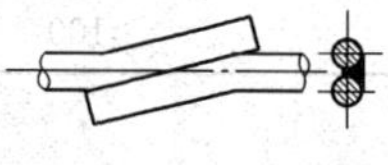	（8～10）d_0	5d+l_h	≥l_s+2l_j l_j—试验机夹持长度	

续表

焊接方法		接头形式	接头搭接长度 l_h	拉伸试件长度 l_s	冷弯试件长度 L
电弧焊	熔槽帮条焊	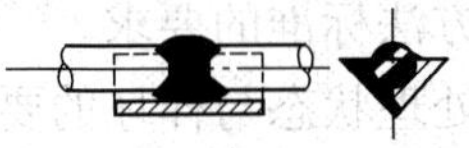	$8d+l_h$	$\geqslant l_s+2l_j$ l_j—试验机夹持长度	
电弧焊	坡口焊	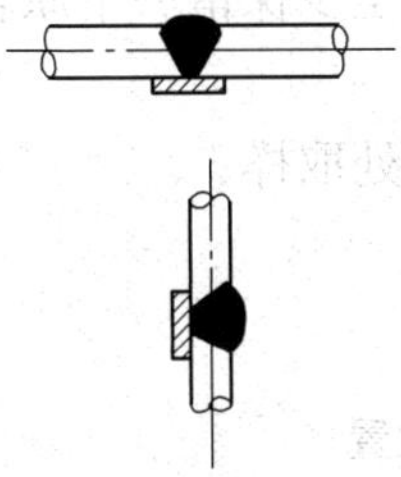	$8d$	$\geqslant l_s+2l_j$ l_j—试验机夹持长度	
	窄间隙焊		$8d$	$\geqslant l_s+2l_j$ l_j—试验机夹持长度	
电渣压力焊			$8d$	$\geqslant l_s+2l_j$ l_j—试验机夹持长度	
气压焊		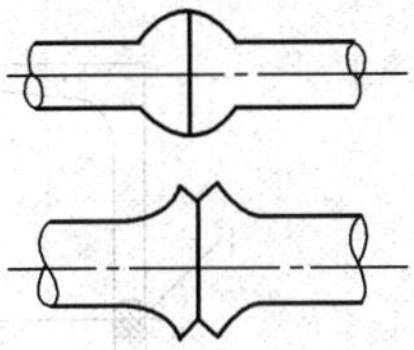	$8d$	$\geqslant l_s+2l_j$ l_j—试验机夹持长度	$D+3d\pm d/2+150$（D为弯曲压头直径）
预埋件	电弧焊 埋弧压力焊 埋弧螺柱焊	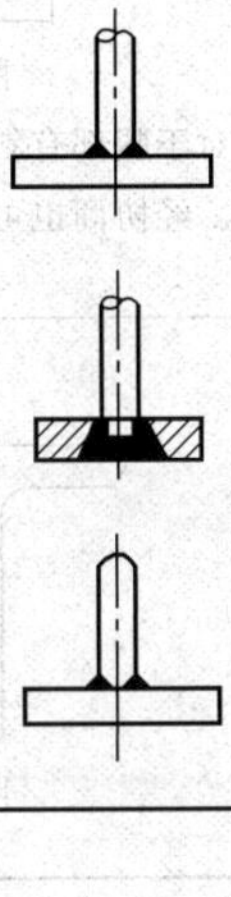	—	≥200mm	

7.1.2.8　型钢及型钢产品力学性能试验的取样位置及试件制备

1. 试件制备的要求

（1）制备试件时应避免由于机加工使钢表面产生硬化及热影响而改变其力学性能。机加工最终工序应保证试件的尺寸和形状满足相应试验方法标准的要求。

（2）当要求标准状态热处理时，应保证试件的热处理状态与样坯的要求相同。

2. 试件取样位置的要求

（1）当在钢产品表面切去弯曲样坯时，弯曲试件应至少保留一个原表面，当机加工和试验机能力允许时，应制备全截面或全厚度弯曲试件。

（2）当要求取一个以上试件时，可在规定位置相邻处取样。

3. 钢产品力学性能试验取样位置

钢产品力学性能试验取样位置见表 7-26。

钢产品力学性能试验取样位置　　**表 7-26**

序号	取样方向及试件种类	取样位置要求	取样位置示意图
1	型钢		
（1）			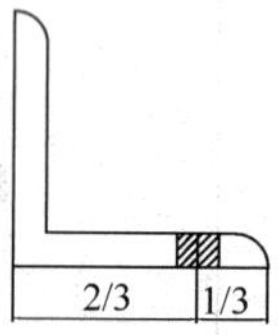 图 A1-a
（2）	在型钢腿部宽度方向切取样坯的位置	按图 A1 在型钢腿部切去拉伸、弯曲和冲击样坯，如型钢尺寸不能满足要求，可将取样位置向中部位移，对于腿部长度不相等的角钢，可从任一腿部取样 说明： 1—腹板	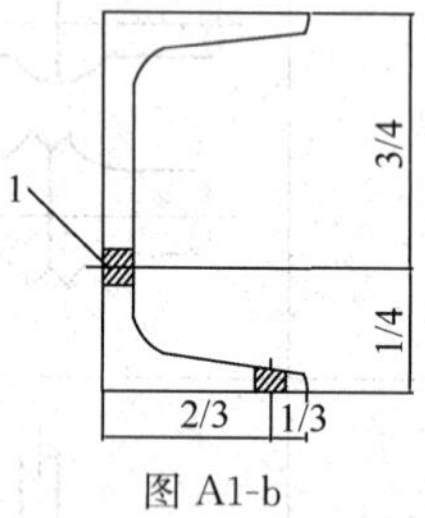 图 A1-b 注：对于腿部有斜度的型钢，可在腰部 1/4 处取样。经协商也可以从腿部取样进行加工
（3）			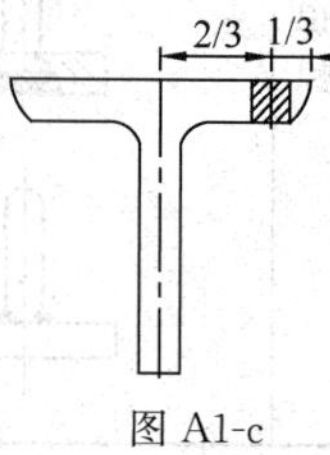 图 A1-c

续表

序号	取样方向及试件种类	取样位置要求	取样位置示意图
(4)	在型钢腿部宽度方向切取样坯的位置	按图 A1 在型钢腿部切去拉伸、弯曲和冲击样坯，如型钢尺寸不能满足要求，可将取样位置向中部位移，对于腿部长度不相等的角钢，可从任一腿部取样 说明： 1—腹板	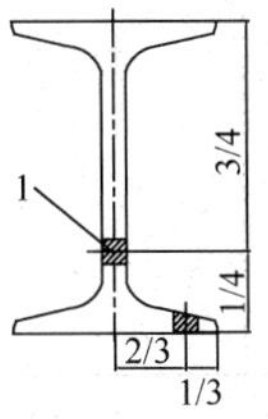 图 A1-d 注：对于腿部有斜度的型钢，可在腰部 1/4 处取样。经协商也可以从腿部取样进行加工
(5)			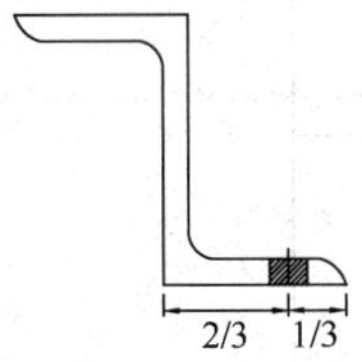 图 A1-e
(6)			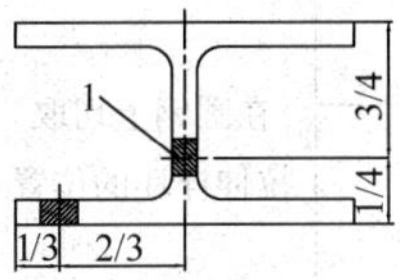 图 A1-f
(7)	在型钢腿部厚度方向切取拉伸样坯的位置	对于腿部厚度不大于 50mm 的型钢当机加工和试验机能力允许时按图 A2-a 切取拉伸样坯。当截取圆形横截面拉伸样坯时，按图 A2-b 切取。对于腿部厚度大于 50mm 的型钢截取圆形横截面样坯时，按图 A2-c 在型钢腿部厚度方向切取拉伸样坯 说明： 1—腹板 2—翼缘 t—翼缘厚度，单位为 mm	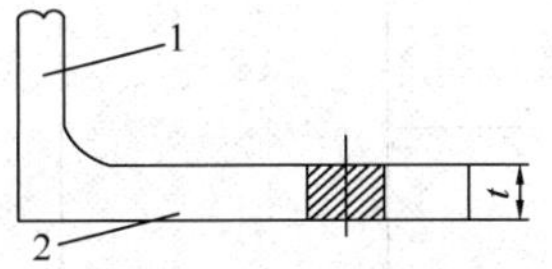 图 A2-a $t \leqslant 50$mm 时的全厚度试样
(8)			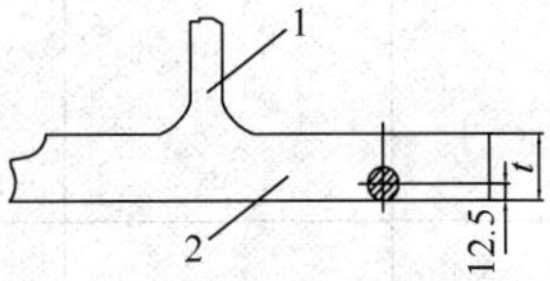 图 A2-b $t \leqslant 50$mm 时的圆形试样
(9)			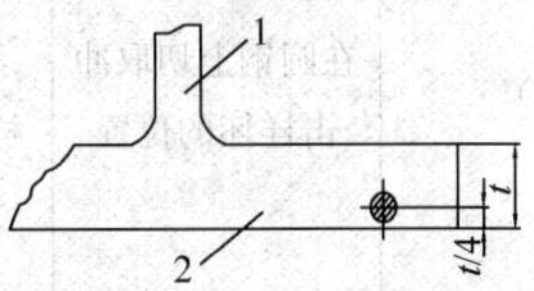 图 A2-c $t > 50$mm 时的圆形试样

续表

序号	取样方向 及试件种类	取样位置要求	取样位置示意图
(10)		按图A3在型钢腿部厚度方向切取冲击样坯 说明： 1—腹板 2—翼缘	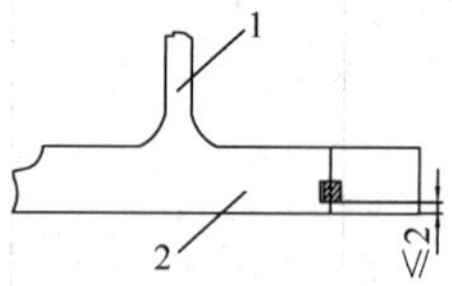 图 A3
2	条　钢		
(1)	在圆钢上切取拉伸样坯的位置	按图A4在圆钢上选取拉伸样坯，当机加工和试验机能力允许时，按图A4-a取样	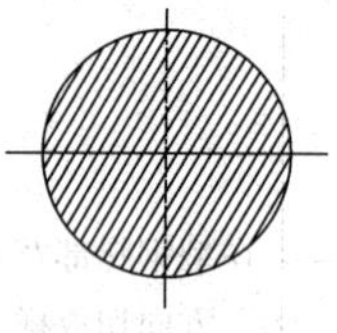 图 A4-a　全截面试件
(2)			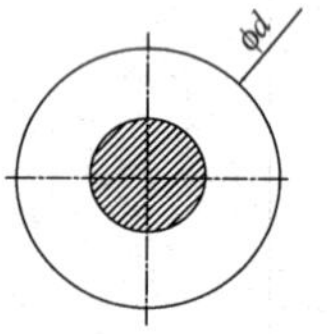 图 A4-b　$d \leqslant 25$mm时的圆形试样
(3)			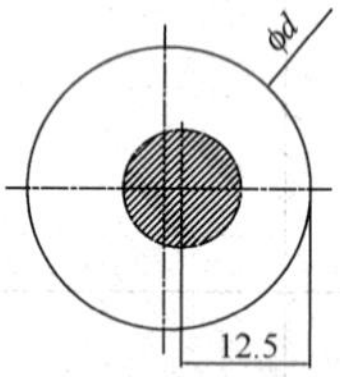 图 A4-c　$d > 25$mm时的圆形试样
(4)			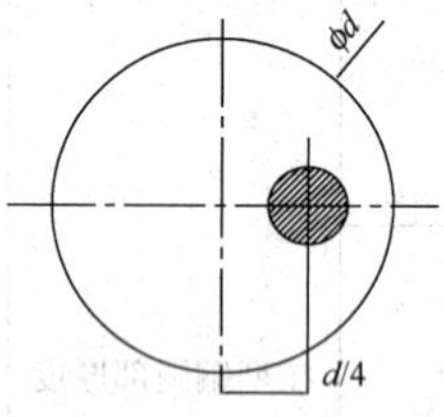 图 A4-d　$d > 50$mm时的圆形试样
(5)	在圆钢上切取冲击样坯的位置	按图A5在圆钢上选取冲击样坯位置	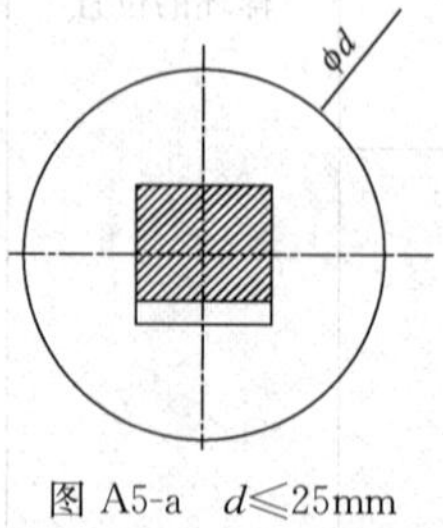 图 A5-a　$d \leqslant 25$mm

续表

<table>
<tr><th>序号</th><th>取样方向
及试件种类</th><th>取样位置要求</th><th>取样位置示意图</th></tr>
<tr><td>(6)</td><td rowspan="3">在圆钢上切取冲击样坯的位置</td><td rowspan="3">按图 A5 在圆钢上选取冲击样坯位置</td><td>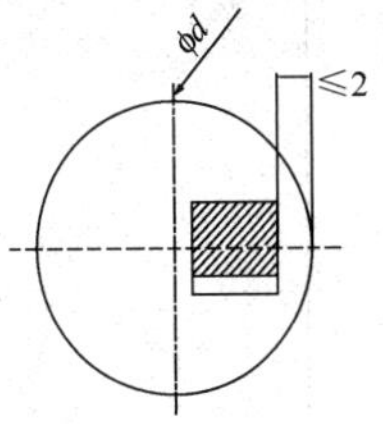

图 A5-b　25mm<d≤50mm</td></tr>
<tr><td>(7)</td><td>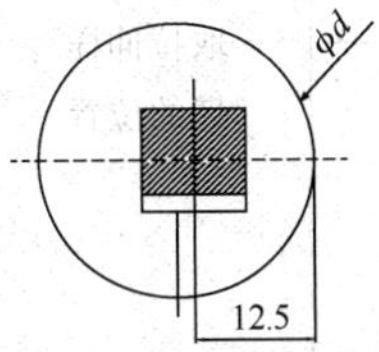

图 A5-c　d>25mm</td></tr>
<tr><td>(8)</td><td>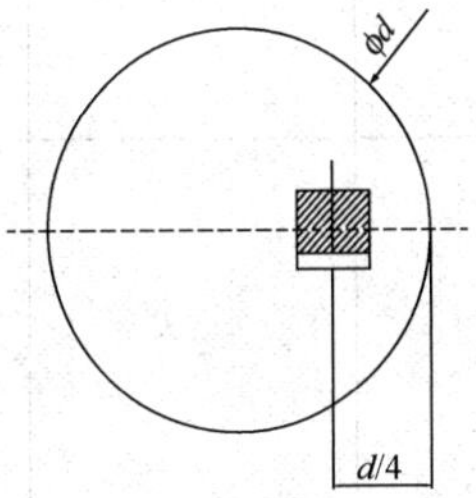

图 A5-d　d>50mm</td></tr>
<tr><td>(9)</td><td rowspan="2">在六角钢上切取拉伸样坯的位置</td><td rowspan="2">按图 A6 在六角钢上选取拉伸样坯位置，当机加工和试验机能力允许时按图 A6-a 取样</td><td>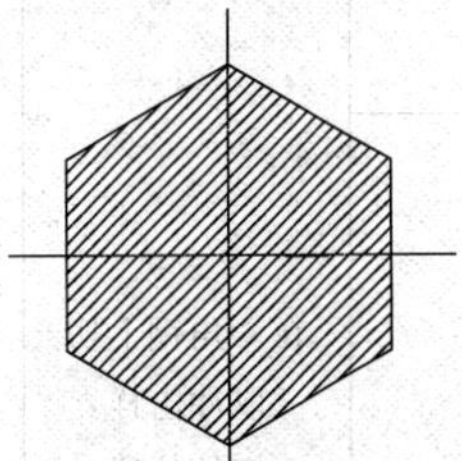
图 A6-a　全截面试件</td></tr>
<tr><td>(10)</td><td>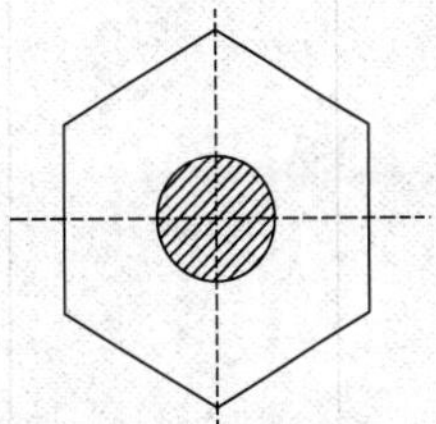
图 A6-b　s≤25mm 圆形试样</td></tr>
</table>

续表

序号	取样方向及试件种类	取样位置要求	取样位置示意图
(11)	在六角钢上切取拉伸样坯的位置	按图 A6 在六角钢上选取拉伸样坯位置，当机加工和试验机能力允许时按图 A6-a 取样	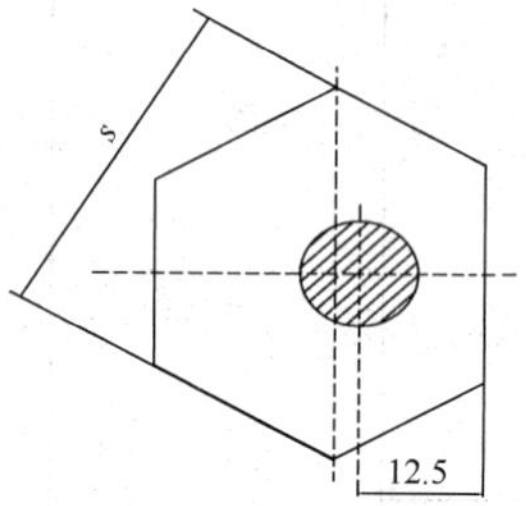 图 A6-c　$s>25$mm 圆形试样
(12)			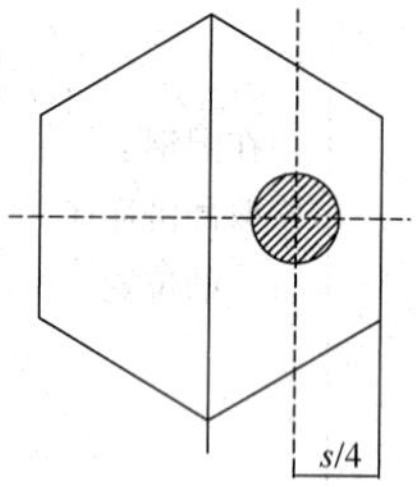 图 A6-d　$s>50$mm 圆形试样
(13)	在六角钢上切取冲击样坯的位置	按图 A7 在六角钢上选取冲击样坯位置	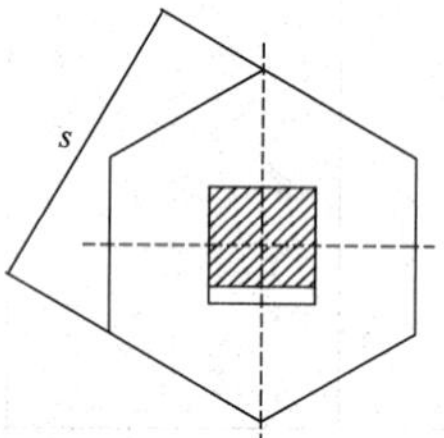 图 A7-a　$s\leqslant 25$mm
(14)			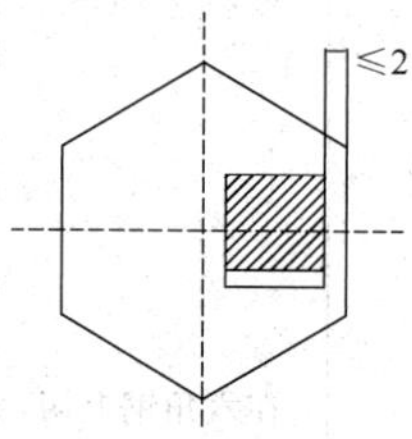 图 A7-b　25mm$<s\leqslant 50$mm
(15)			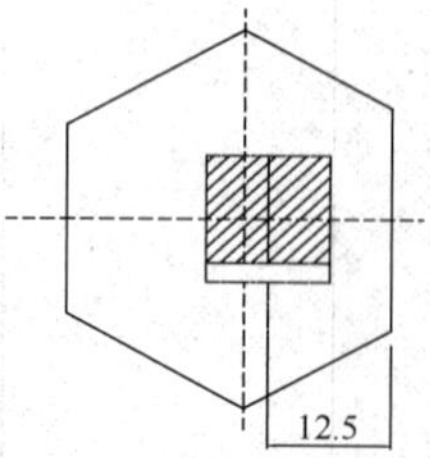 图 A7-c　$s>25$mm

续表

序号	取样方向及试件种类	取样位置要求	取样位置示意图
(16)	在六角钢上切取冲击样坯的位置	按图 A7 在六角钢上选取冲击样坯位置	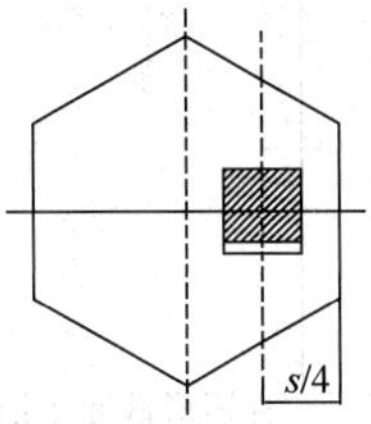 图 A7-d $s>50$mm
(17)	在矩形截面条钢上切取拉伸样坯的位置	按图 A8 在矩形截面条钢上切取拉伸样坯时，当机加工和试验机能力允许时，按图 A8-a 取样	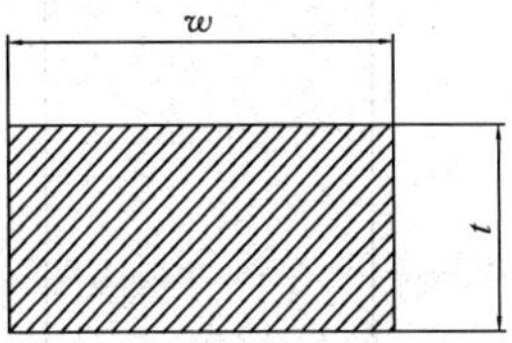 图 A8-a 全截面试件
(18)			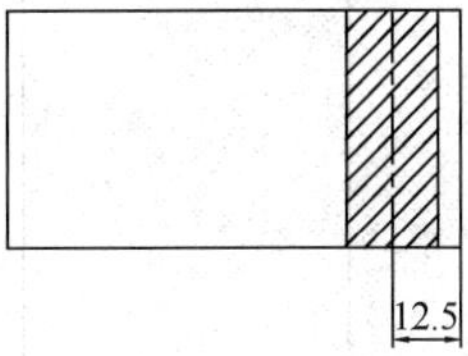 图 A8-b $w\leqslant 50$mm 矩形试样
(19)			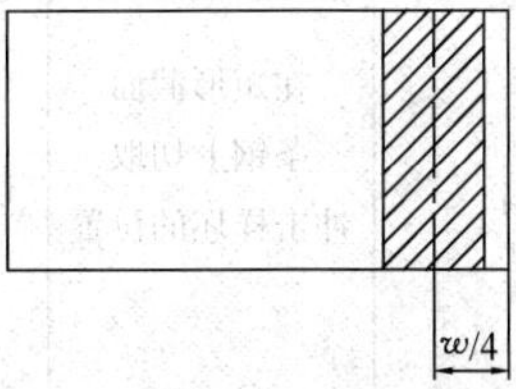 图 A8-c $w>50$mm 矩形试样
(20)			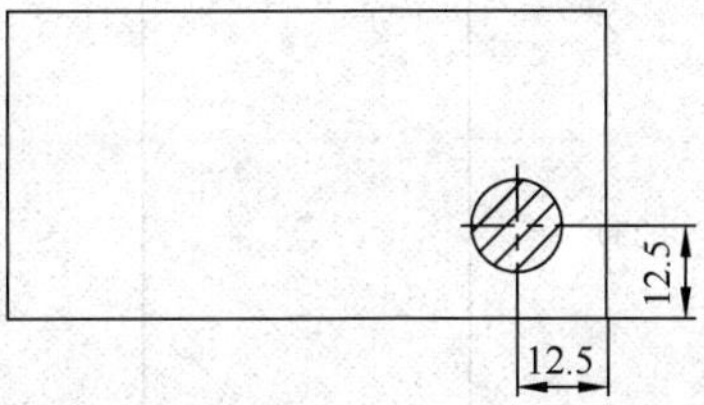 图 A8-d $w\leqslant 50$mm 和 $t\leqslant 50$mm 圆形试样

续表

序号	取样方向及试件种类	取样位置要求	取样位置示意图
(21)	在矩形截面条钢上切取拉伸样坯的位置	按图A8在矩形截面条钢上切取拉伸样坯时，当机加工和试验机能力允许时，按图A8-a取样	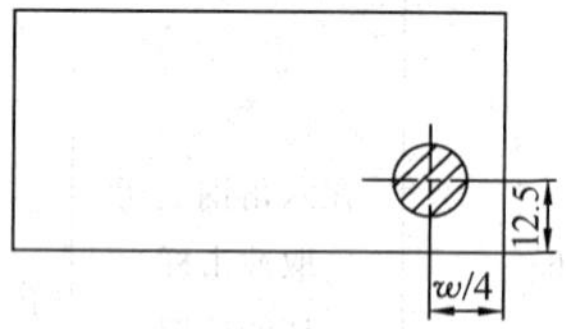 图 A8-e　$w>50$mm 和 $t\leqslant50$mm 圆形试样
(22)			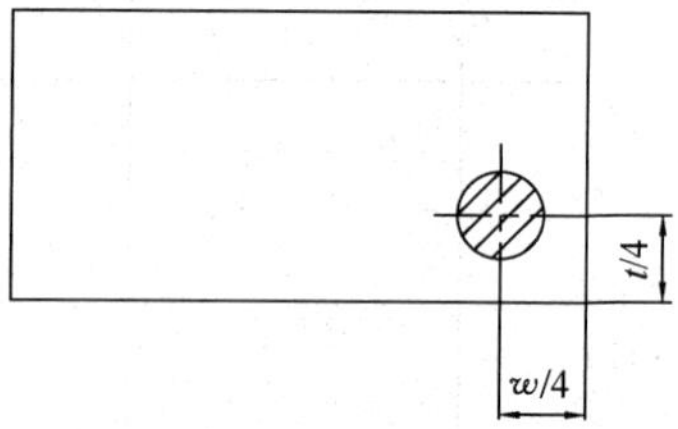 图 A8-f　$w>50$mm 和 $t>50$mm 圆形试样
(23)	在矩形截面条钢上切取冲击样坯的位置	按图A9在矩形截面条钢上切取冲击样坯	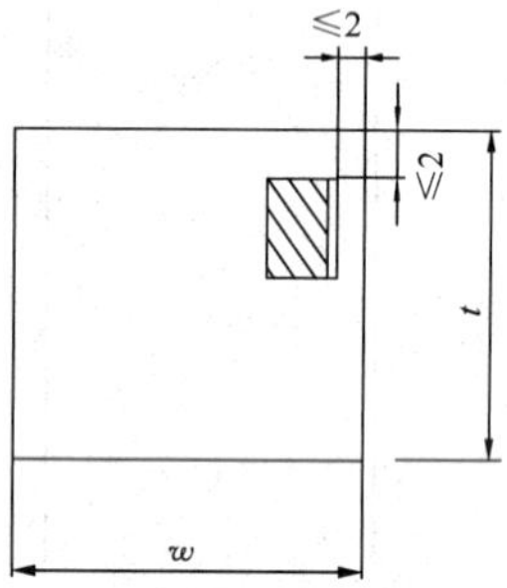 图 A9-a　12mm$\leqslant w\leqslant$50mm 和 $t\leqslant50$mm
(24)			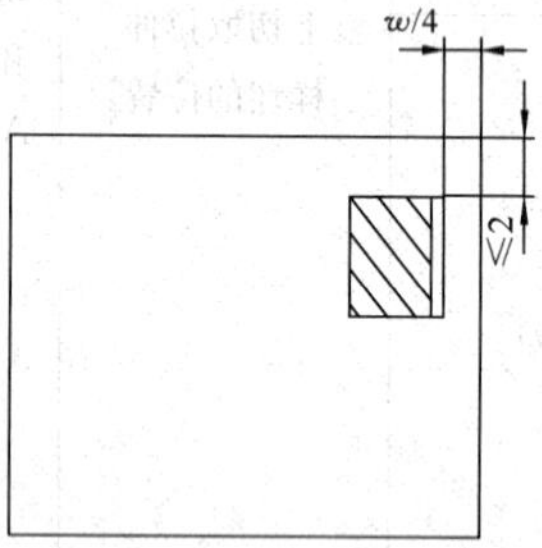 图 A9-b　$w>50$mm 和 $t\leqslant50$mm
(25)			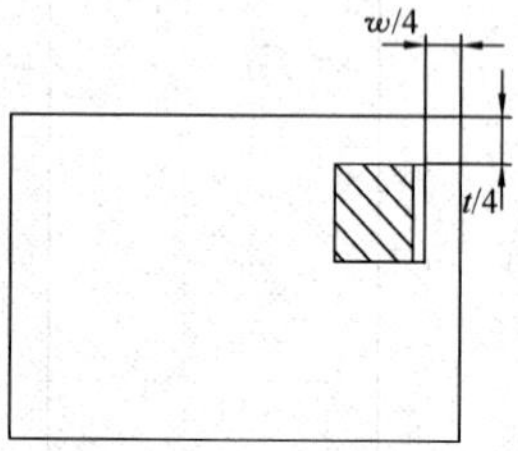 图 A9-c　$w>50$mm 和 $t>50$mm

续表

序号	取样方向及试件种类	取样位置要求	取样位置示意图
3	钢板		
(1)	在钢板上切取拉伸样坯的位置	(1) 在钢板宽度 1/4 处切取拉伸、弯曲或冲击样坯按图 A10 和图 A11 切取 (2) 对于纵轧钢板，当产品标准没有规定取样方向时，应在钢板 1/4 处切取横向样坯，如钢板宽度不足时，样坯中心可以内移 (3) 按图 A10 在钢板厚度方向切取拉伸时，当机加工和试验机能力允许时应按图 A10-a 取样	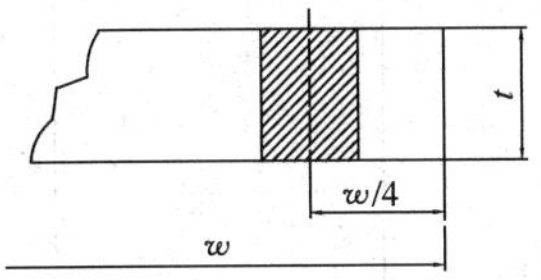 图 A10-a 全截面试样
(2)			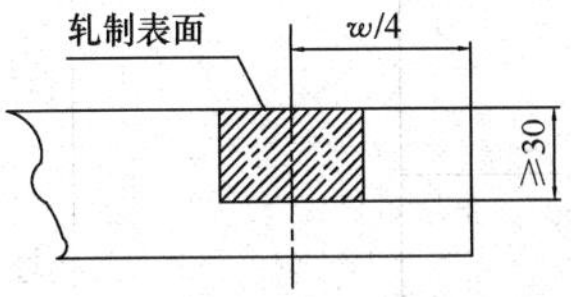 图 A10-b $t \geqslant 30$mm 矩形试样
(3)			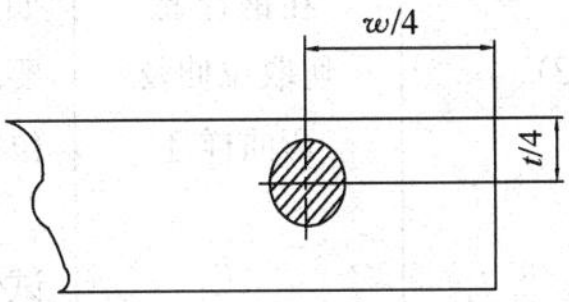 图 A10-c $t \geqslant 25$mm 圆形截面试样
(4)	在钢板上切取冲击样坯的位置	在钢板厚度方向切取冲击样坯时，根据产品标准或供需双方协议按图 A11 取样	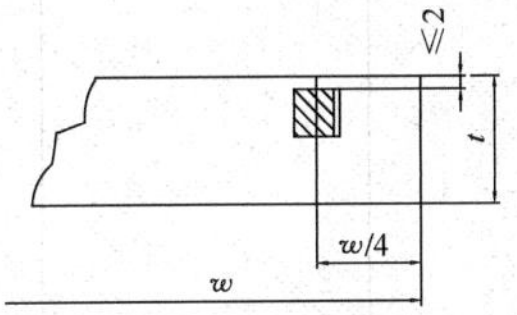 对于全部 t 值 图 A11-a 对于 t 的所有值
(5)			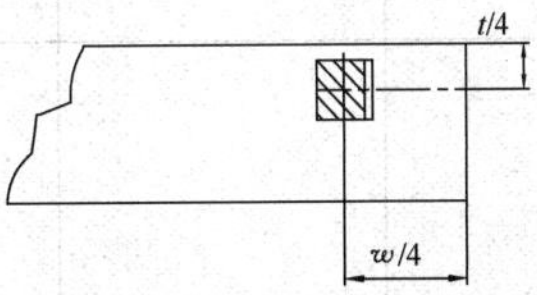 图 A11-b $t \geqslant 40$mm
			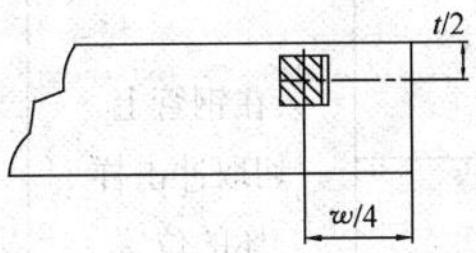 $t \geqslant 40$mm
			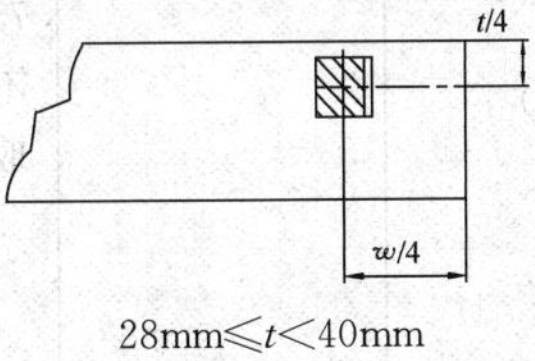 28mm $\leqslant t <$ 40mm

续表

序号	取样方向及试件种类	取样位置要求	取样位置示意图
4	钢管		
(1)	在钢管上切取拉伸及弯曲样坯	(1) 按图 A12 切取拉伸样坯。当机加工和试验机能力允许时，应按图 A12-a 取样。如果图 A12-c 尺寸不能满足要求，可将取样位置向中部位移 (2) 对于焊管，当取横向试件检验焊管性能时，焊缝应在试件中部	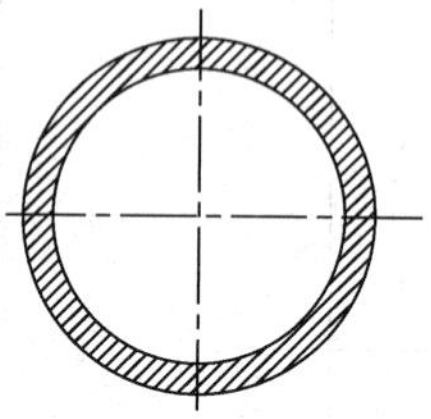 图 A12-a　全截面试样
(2)			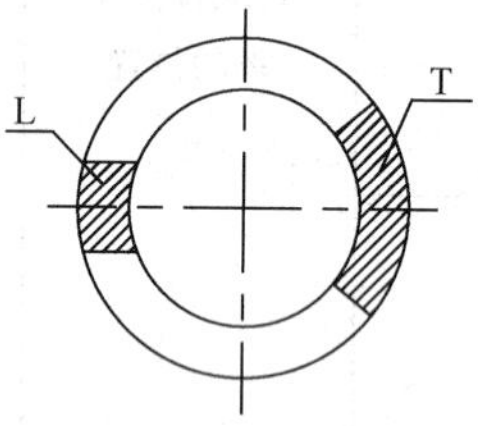 图 A12-b　条形试样 (L 为纵向试样；T 为横向试样)
(3)			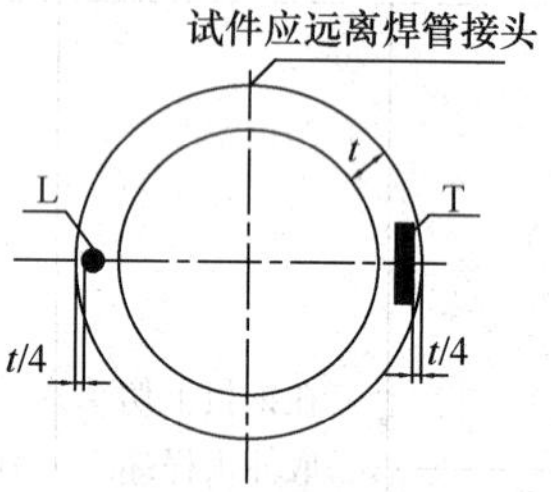 图 A12-c　圆形试样
(4)	在钢管上切取冲击样坯的位置	(3) 按图 A13 切取冲击样坯时，如果产品标准没有规定取样位置应由生产厂提供，如果钢管尺寸允许应切取 5～10mm 最大厚度的横向试件。切取横向试件的最小外径 D_{min} (mm) 按 $D_{min}=(t-5)+756.25/(t-5)$ 计算。如果不能取横向冲击试件。则应切取 5～10mm 最大的纵向试件	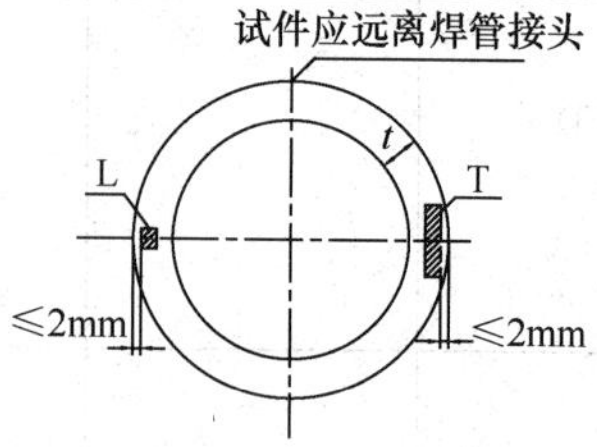 图 A13-a　冲击试样
(5)			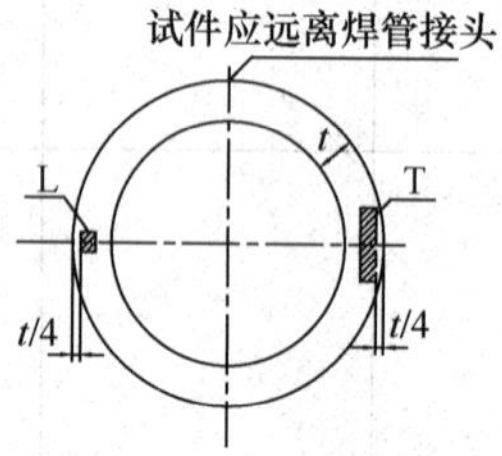 图 A13-b　$t>40$mm 冲击试样

续表

序号	取样方向及试件种类	取样位置要求	取样位置示意图
(6)	在方形钢管上切取拉伸及弯曲样坯的位置	按图 A14 在方形钢管上切取拉伸或弯曲样坯，当机加工和试验机能力允许时，按图 A14-a 取样	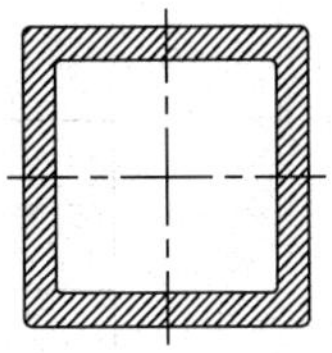 图 A14-a　全截面试样
(7)			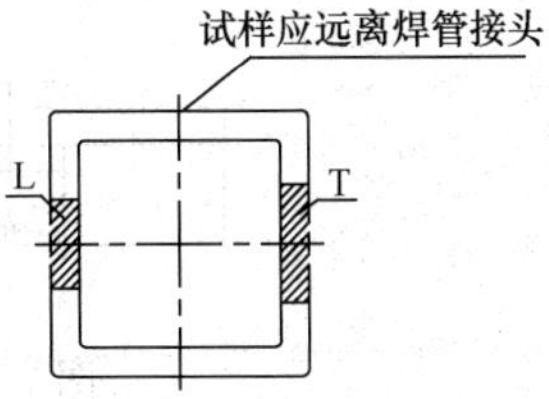 图 A14-b　矩形试样
(8)	在方形钢管上切取冲击样坯的位置	按图 A15 在方形钢管上切取冲击样坯	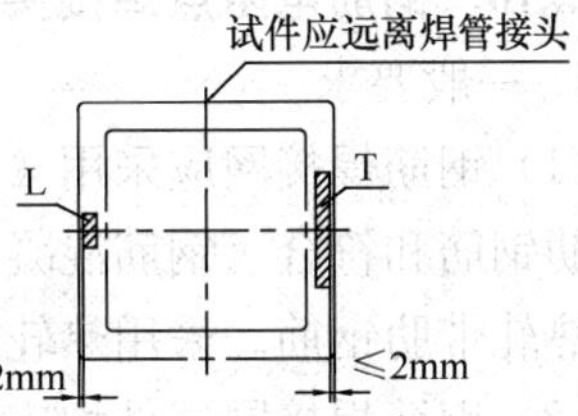 图 A15

7.1.2.9　钢结构试件制备

1. 机械加工螺栓、螺钉和螺柱试件

(1) 试件使用的材料应符合各性能等级。

(2) 试件机加工形状如图 7-5 所示。

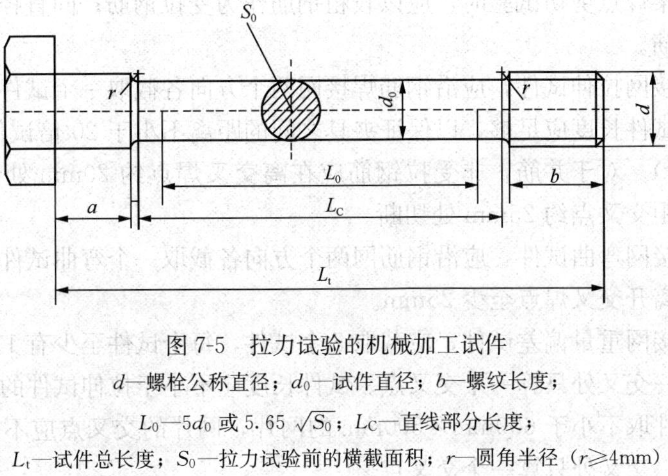

图 7-5　拉力试验的机械加工试件

d—螺栓公称直径；d_0—试件直径；b—螺纹长度；

L_0—$5d_0$ 或 $5.65\sqrt{S_0}$；L_C—直线部分长度；

L_t—试件总长度；S_0—拉力试验前的横截面积；r—圆角半径（$r \geqslant 4$mm）

2. 高强度螺栓连接摩擦面抗滑移系数试件

抗滑移系数试验用的试件应由制造厂加工，试件与所代表的钢结构构件应为同一材质、同批制作，采用同一摩擦面处理工艺和具有相同的表面状态，并用同批同一性能等级的高强度螺栓连接副，并在同一环境下存放。高强度螺栓连接摩擦面抗滑移系数试件如图 7-6 所示。

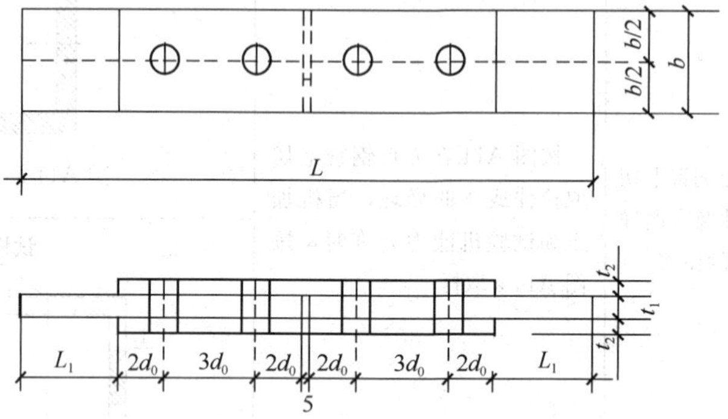

图 7-6　抗滑移系数拼接试件的形式和尺寸

7.1.2.10　钢筋电阻点焊接头和钢筋焊接网试件制备

1. 一般要求

（1）钢筋焊接网应采用《冷轧带肋钢筋》GB/T 13788—2024 规定的牌号 CRB550 冷轧带肋钢筋和符合《钢筋混凝土用钢 第 2 部分：热轧带肋钢筋》GB/T 1499.2—2024 规定的热轧带肋钢筋。采用热轧带肋钢筋时，宜采用无纵肋的热轧钢筋。

（2）钢筋焊接网试件均应从成品网片上截取，但试样所包含的交叉点不应开焊。除去多余的部分以外，试样不得进行其他加工。

（3）钢筋焊接网剪切试件，应沿同一横向钢筋随机截取 3 个试样。钢筋焊接网两个方向均为单根钢筋时，较粗钢筋为受拉钢筋；对于并筋，其中之一为受拉钢筋，另一支非受拉钢筋应在交叉焊点处切断，但不应损伤受拉钢筋焊点。剪切试件上的横向钢筋应距交叉点不小于 25mm 之处切断。

（4）焊接骨架焊点剪切试验时，应以较粗钢筋作为受拉钢筋；同直径钢筋焊点，其纵向钢筋为受拉钢筋。

（5）钢筋焊接网拉伸试件，应沿钢筋焊接网两个方向各截取一个试件，每个试件至少有一个交叉点。试件长度应足够，以保证夹具之间的距离不小于 20 倍试件直径或 180mm（取二者之较大者）。对于并筋，非受拉钢筋应在离交叉焊点约 20mm 处切断。拉伸试件上的横向钢筋宜距交叉点约 25mm 处切断。

（6）钢筋焊接网弯曲试件，应沿钢筋网两个方向各截取一个弯曲试件，试件应保证试验时受弯曲部位离开交叉焊点至少 25mm。

（7）钢筋焊接网重量偏差试件，应截取 5 个试件，每个试件至少有 1 个交叉点，纵向并筋与横筋的每一交叉处只算一个交叉点。试件长度应不小于拉伸试件的长度。仲裁检验时，重量偏差试件取不小于 600mm×600mm 的网片，网片的交叉点应不少于 9 个，纵向并筋与横筋的每一交叉处只算一个交叉点。

2. 试件制备的尺寸

试件制备的尺寸如图 7-7 所示。

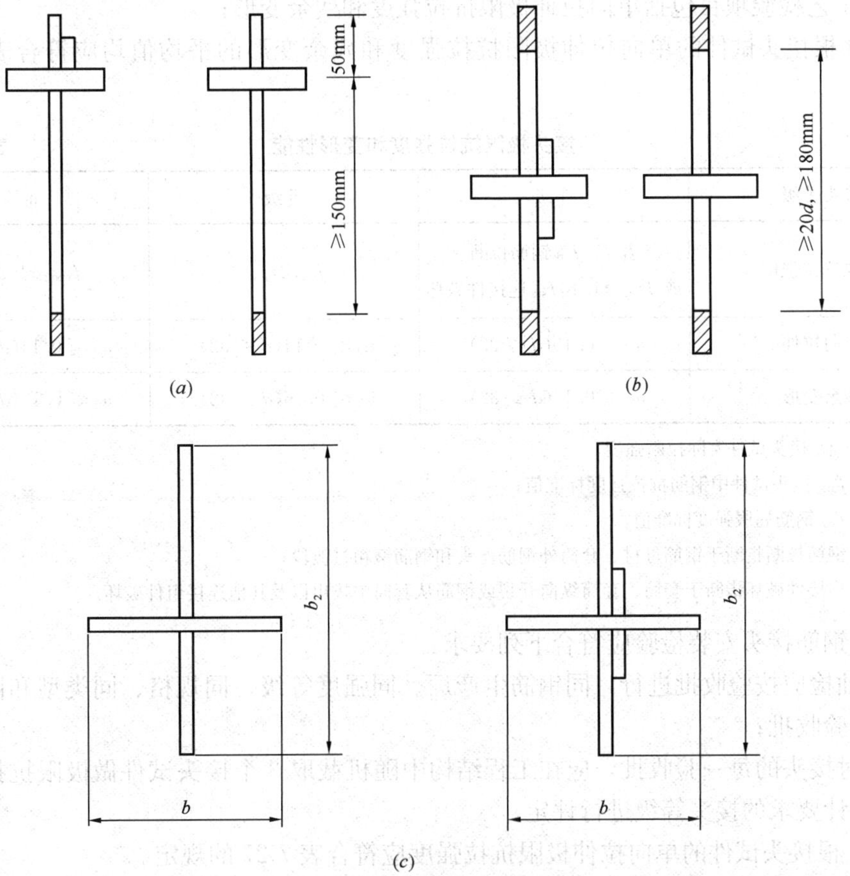

图 7-7 试件制备的尺寸

(a) 抗剪试件；(b) 拉伸试件；(c) 重量偏差试件

7.1.2.11 预埋件钢筋 T 形接头试件制备

(1) 预埋件钢筋 T 形接头进行力学性能检验时，应以 300 件同类型预埋件作为一批，一周内连续焊接时，可累计计算。当不足 300 件时，亦应按一批计算。

(2) 应从每批预埋件中随机切取 3 个接头做拉伸试验，试件的钢筋长度应大于或等于 200mm，钢板的长度和宽度均应大于或等于 60mm。

(3) 预埋件钢筋 T 形接头试件制备尺寸见图 7-8。

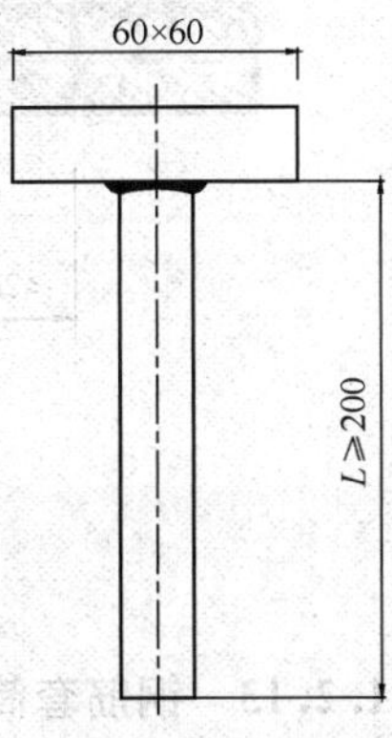

图 7-8 预埋件钢筋 T 形接头试件尺寸

7.1.2.12 钢筋机械连接试件制备

1. 一般要求

(1) 工程中应用钢筋机械连接接头时，应由技术提供单位提交有效的型式检验报告。

(2) 钢筋连接工程开始前及施工过程中，应对每批进场钢筋进行接头工艺检验，工艺检验应符合下列要求：

1）每种规格钢筋的接头试件不应少于 3 根；

2）工艺检验项目包括单向拉伸极限抗拉强度和残余变形；

3）3 根接头试件的单向拉伸极限抗拉强度和残余变形的平均值均应符合表 7-27 的规定。

接头极限抗拉强度和变形性能　　**表 7-27**

接头等级	Ⅰ级	Ⅱ级	Ⅲ级
极限抗拉强度	$f_{mst}^{0} \geqslant f_{stk}^{0}$钢筋拉断 或 $f_{mst}^{0} \geqslant 1.10 f_{stk}$连接件破坏	$f_{mst}^{0} \geqslant f_{stk}$	$f_{mst}^{0} \geqslant 1.25 f_{yk}$
单向拉伸	$u_0 \leqslant 0.10(d \leqslant 32)$	$u_0 \leqslant 0.14(d \leqslant 32)$	$u_0 \leqslant 0.14(d \leqslant 32)$
残余变形	$u_0 \leqslant 0.14(d > 32)$	$u_0 \leqslant 0.16(d > 32)$	$u_0 \leqslant 0.16(d > 32)$

注：1. f_{mst}^{0} 接头试件实际拉断强度；

2. f_{stk}^{0} 接头试件中钢筋抗拉强度标准值；

3. f_{yk} 钢筋屈服强度标准值。

4. 钢筋拉断指断于钢筋母材、套筒外钢筋丝头和钢筋镦粗过渡段；

5. 连接件破坏指断于套筒、套筒纵向开裂或钢筋从套筒中拔出以及其他连接组件破坏。

（3）钢筋接头安装检验应符合下列要求：

1）抽检应按验收批进行，同钢筋生产厂、同强度等级、同规格、同类型和同型式接头为一个验收批；

2）对接头的每一验收批，应在工程结构中随机截取 3 个接头试件做极限抗拉强度试验，按设计要求的接头等级进行评定；

3）3 根接头试件的单向拉伸极限抗拉强度应符合表 7-27 的规定。

2. 钢筋机械连接试件制备

钢筋机械连接试件如图 7-9 所示。

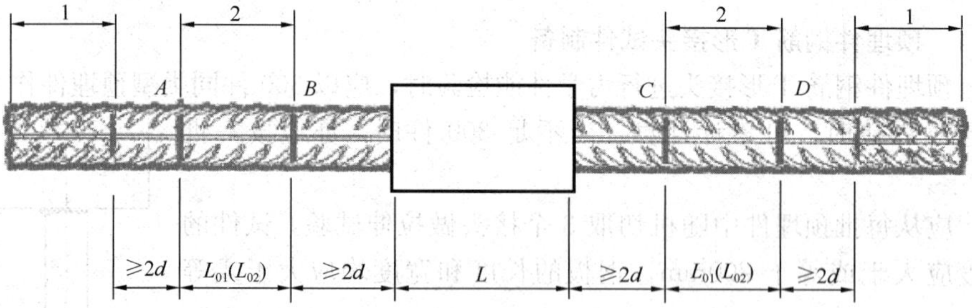

最大力下总伸长率的测点布置

1—夹持区；2—测量区

图 7-9　钢筋机械连接试件

7.1.2.13　钢筋套筒灌浆连接试件制备

1. 一般要求

（1）工程中应用钢筋套筒灌浆连接接头时，应由接头提供单位提交所有规格接头的有效的型式检验报告。

（2）灌浆施工前，应对不同钢筋生产企业的进场钢筋进行接头工艺检验；施工过程中，当更换钢筋生产企业，或同生产企业生产的钢筋外形尺寸与已完成工艺检验的钢筋有较大差异时，应再次进行工艺检验。接头工艺检验应符合下列规定：

1）灌浆套筒埋入预制构件时，工艺检验应在预制构件生产前进行；当现场灌浆施工单位与工艺检验时的灌浆单位不同时，灌浆前应再次进行工艺检验；

2）工艺检验应模拟施工条件制作接头试件，并应按接头提供单位提供的施工操作要求进行；

3）每种规格钢筋应制作3个对中套筒灌浆连接接头，并应检查灌浆质量；

4）采用灌浆料拌合物制作的40mm×40mm×160mm试件不应少于1组；

5）接头试件及灌浆料试件应在标准养护条件下养护28d；

6）每个接头试件的抗拉强度不应小于连接钢筋抗拉强度标准值，且破坏时应短于接头外钢筋；钢筋套筒灌浆连接接头的屈服强度不应小于连接钢筋屈服强度标准值；3个接头试件残余变形的平均值应符合表7-28的规定；

7）接头试件在量测残余变形后再进行抗拉强度试验，并应按现行行业标准《钢筋机械连接技术规程》JGJ 107规定的钢筋机械连接型式检验单向拉伸加载制度进行试验。

接头极限抗拉强度和变形性能 表7-28

项目		变形性能要求
对中单向拉伸	残余变形（mm）	$u_0 \leqslant 0.10(d \leqslant 32)$ $u_0 \leqslant 0.14(d > 32)$
	最大力下总伸长率（%）	$A_{sgt} \geqslant 6.0$

抗拉强度不应小于连接钢筋抗拉强度标准值，且破坏时应短于接头外钢筋；钢筋套筒灌浆连接接头的屈服强度不应小于连接钢筋屈服强度标准值；3个接头试件残余变形的平均值应符合表7-28的规定。

（3）灌浆套筒进场时，应抽取灌浆套筒并采用与之匹配的灌浆料制作对中连接接头试件，并进行抗拉强度检验，检验结果均应符合抗拉强度不应小于连接钢筋抗拉强度标准值，且破坏时应短于接头外钢筋的规定。

2. 钢筋套筒灌浆连接试件制备

钢筋套筒灌浆连接试件制备见图7-9。

7.1.2.14 土工试验试件制备

1. 一般要求

（1）本试验方法适用于颗粒粒径小于60mm的原状土和扰动土。

（2）根据力学性质试验项目要求，原状土样同一组试件间密度的允许差值为0.03g/cm³，扰动土样同一组试件的密度与要求的密度之差不得大于±0.01g/cm³，一组试件的含水率与要求的含水率之差不得大于±1%。

2. 试件制备所需的主要仪器设备

主要仪器设备如下：

（1）细筛：孔径0.5mm、2mm。

（2）洗筛：孔径 0.075mm。

（3）台秤和天平：称量 10kg，最小分度值 5g；称量 5000g，最小分度值 1g；称量 1000g，最小分度值 0.5g；称量 500g，最小分度值 0.1g；称量 200g，最小分度值 0.01g。

（4）环刀：不锈钢材料制成，内径 61.8mm 和 79.8mm，高 20mm；内径 61.8mm，高 40mm。

（5）击样器。

（6）压样器。

（7）其他：切土刀、钢丝锯、碎土工具、烘箱、保湿缸、喷水设备等。

3. 原状土试件制备

按以下步骤进行：

（1）将土样筒按标明的上下方向放置，剥去蜡封和胶带，开启土样筒取出土样。检查土样结构，当确定土样已受扰动或取土质量不符合规定时，不应制备力学性质试验的试样。

（2）根据试验要求用环刀切取试样时，应在环刀内壁涂一薄层凡士林，刃口向下放在土样上，将环刀垂直下压，并用切土刀沿环刀外侧切削土样，边压边削至土样高出环刀，根据试样的软硬采用钢丝锯或切土刀整平环刀两端土样，擦净环刀外壁，称环刀和土的总质量。

（3）从余土中取代表性试样测定含水率。

（4）切削试样时，应对土样的层次、气味、颜色、夹杂物、裂缝和均匀性进行描述，对低塑性和高灵敏度的软土，制样时不得扰动。

4. 扰动土试件的备样，应按下列步骤进行：

（1）将土样从土样筒或包装袋中取出，对土样的颜色、气味、夹杂物和土样及均匀程度进行描述，并将土样切成碎块，拌合均匀，取代表性土样测定含水率。

（2）对均质土样，宜采用天然含水率状态下代表性土样，供颗粒分析、界限含水率试验。对非均质土应根据试验项目取足够数量的土样，置于通风处晾干至可碾散为止。对砂土和进行比重试验的土样宜在 105～110℃温度下烘干，对有机质含量超过 5%的土、含石膏和硫酸盐的土，应在 65～70℃温度下烘干。

（3）将风干或烘干的土样放在橡皮纸上用木碾碾散，对不含砂和砾的土样，可用碎土器碾散（碎土器不得将土粒破碎）。

（4）对分散后的粗粒土和细粒土，应按表 7-29 的要求过筛。对含细粒土的砾质土，应先用水浸泡并充分搅拌，使粗细颗粒分离后按不同试验项目的要求过筛。

5. 扰动土试件的制样

按下列步骤进行：

（1）试件的数量视试验项目而定，应有备用试件 1～2 个。

（2）将碾散的风干土样通过孔径 2mm 或 5mm 的筛，取筛下足够试验用的土样，充分拌匀，测定风干含水率，装入保湿缸或塑料袋内备用。

（3）根据试验所需的土量与含水率，制备试件所需的加水量，按式（7-5）计算：

试验取样数量和过土筛标准 **表 7-29**

土类/土样数量/试验项目	黏土		砂土		过筛标准（mm）
	原状土（筒）ϕ10cm×20cm	扰动土（g）	原状土（筒）ϕ10cm×20cm	扰动土（g）	
含水率		800		500	
比重		800		500	
颗粒分析		800		500	
界限含水率		500			0.5
密度	1				
固结	1	2000			2.0
黄土湿陷	1				
三轴压缩	2	5000		5000	2.0
膨胀、收缩	2	2000		8000	2.0
直接剪切	1	2000			2.0
击实承载比		轻型＞15000 重型＞30000			5.0
无侧限抗压强度	1				
反复直剪	1	2000			2.0
相对密度				2000	
渗透	1	1000		2000	2.0
化学分析		300			2.0
离心含水当量		300			0.5

$$m_w = (m_0/1 + 0.01\omega_0) \times 0.01(\omega_1 - \omega_0) \tag{7-5}$$

式中 m_w——制备试件所需要的加水量（g）；

m_0——湿土或（风干土）质量（g）；

ω_0——湿土或（风干土）含水率（%）；

ω_1——制样要求的含水率（%）。

（4）称取过筛的风干土样平铺于搪瓷盘内，将水均匀喷洒于土样上，充分搅匀后装入盛土容器内盖紧，湿润一昼夜，砂土的润湿时间可酌减。

（5）测定润湿土样不同位置处的含水率，不应少于两点，含水率差值应符合一组试件的含水率与要求的含水率之差不得大于±1%。

（6）根据环刀容积及所需的干密度，制样所需的湿土测定润湿土样不同位置处的含水率，不应少于两点，含水率差值应符合一组试件的含水率与要求的含水率之差不得大于±1%。

（7）根据环刀容积及所需的干密度，制样所需的湿土量应按下式计算：

$$m_0 = (1 + 0.01\,\omega_0)\,\rho_d V \tag{7-6}$$

式中 ρ_d——试件的干密度（g/cm^3）；

V——试件体积（环刀容积）（cm^3）。

（8）扰动土制样可采用击样法和压样法。

1）击样法：将根据环刀容积和要求干密度所需质量的湿土倒入装有环刀的击样器内，击实到所需密度。

2）压样法：将根据环刀容积和要求干密度所需质量的湿土倒入装有环刀的击样器内，以静压力通过活塞将土样压紧至所需密度。

（9）取出带有试样的环刀，称环刀和试样的总质量，对不需要饱和，且不立即进行试验的试样，应存放在保湿箱内备用。

7.1.2.15　沥青试验试件制备

1. 一般要求

（1）本试验方法适用于在生产厂、储存或交货验收地点为检查沥青产品质量而采集各种沥青材料的样品。

（2）进行沥青性质常规检验的取样数量为：黏稠沥青或固体沥青不少于 4.0kg；液体沥青不少于 1L；沥青乳液不少于 4L，进行沥青性质非常规检验及沥青混合料性质试验所需的沥青数量，应根据实际需要确定。

2. 试件取样所需的主要仪器设备

（1）盛样器：根据沥青的品种选择。液体或黏稠沥青采用广口、密封带盖的金属容器（如锅、桶等）；乳化沥青也可使用广口、带盖的聚氯乙烯塑料桶；固体沥青可用塑料袋，但需有外包装，以便携运。

（2）沥青取样器（图 7-10）：金属制、带塞、塞上有金属提手。

3. 试件取样的方法与步骤

（1）检查取样和盛样器是否干净，干燥，盖子是否配合严密。使用过的取样器或金属桶等盛样容器必须洗净、干燥后才可使用。对供质量仲裁用的沥青试样，应采用未使用过的新容器存放，且由供需双方人员共同取样，取样后双方在密封条上签字盖章。

（2）试验步骤：

1）从无搅拌设备的储油罐中取样：液体沥青或经加热已经变成流体的黏稠沥青取样时，应先关闭进油阀和出油阀，然后取样；用取样器按液体上、中、下位置（液面高各为 1/3 等分处，但距罐底不得低于总液面高度的 1/6）各取 1～4L 样品。每层取样后，取样器应尽可能倒净。当储罐过深时，亦可在流出口按不同流出深度分 3 次取样。对静态存取的沥青，不得仅从罐顶用小桶取样，也不得仅从罐底阀门流出少量沥青取样；将取出的 3 个样品充分混合后取 4kg 样品作为试样，样品也可分别进行检验。

2）从有搅拌设备的储罐中取样：将液体沥青或经加热已经变成流体的黏稠沥青充分搅拌后，用取样器从沥青层的中部取规定数量试样。

3）从槽车、罐车、沥青洒布车中取样：设有取样阀时，可旋开取样阀，待流出至少 4kg 或 4L 后再取样；仅有放料阀时，待放出全部沥青的 1/2 时取样；从顶盖处取样时，可用取样器从中部取样。

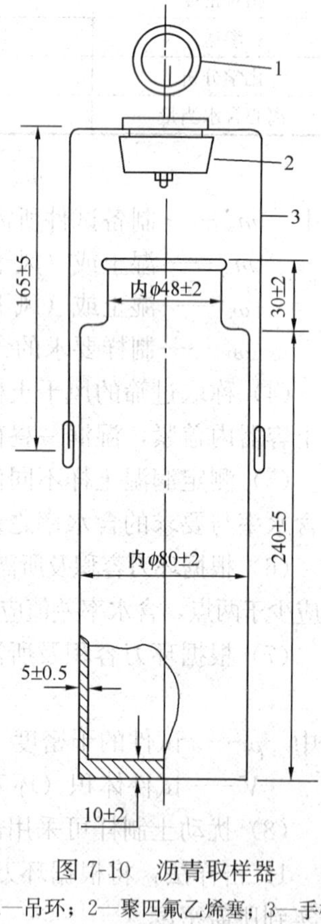

图 7-10　沥青取样器

1—吊环；2—聚四氟乙烯塞；3—手柄

4）在装料或卸料过程中取样：在装料或卸料过程中取样时，要按时间间隔均匀地取至少3个规定数量样品，然后将这些样品充分混合后取规定数量样品作为试样，样品也可分别进行检验。

5）从沥青储存池中取样：沥青储存池中的沥青应待加热溶化后，经管道或沥青泵流至沥青加热锅之后取样。分间隔，每锅至少取3个样品，然后将这些样品充分混匀后再取4.0kg作为试样，样品也可分别进行检验。

6）从沥青运输船中取样：沥青运输船到港后，应分别从每个沥青舱取样，每个舱从不同的部位取3个4kg的样品，混合在一起，将这些样品充分混合后再从中取出4kg，作为一个舱的沥青样品供检验用。在卸油过程中取样时，应根据卸油量，大体均匀地分间隔3次从卸油口或管道途中的取样口取样，然后混合作为一个样品供检验用。

7）从沥青桶中取样（表7-30）：当能确认是同一批生产的产品时，可随机取样。当不能确认是同一批生产的产品时，应根据桶数规定或按总桶数的立方根数随机选取沥青桶数。将沥青桶加热使桶中沥青全部溶化成流体后，按罐车取样方法取样。每个样品的数量，以充分混合后能满足供检验用样品的规定数量不少于4.0kg要求为限。当沥青桶不便加热溶化沥青时，可在桶高的中部将桶凿开取样，但样品应在距桶壁5cm以上的内部凿取，并采取措施防止样品散落地面沾有尘土。

沥青桶中取样 **表7-30**

沥青桶总数	选取桶数	沥青桶总数	选取桶数
2～8	2	217～343	7
9～27	3	344～512	8
28～64	4	513～729	9
65～125	5	730～1000	10
126～216	6	1001～1331	11

8）固体沥青取样：从桶、袋、箱装或散装整块中取样时，应在表面以下及容器侧面以内至少5cm处采取。如沥青能够打碎，可用一个干净的工具将沥青打碎后取中间部分试样；若沥青是软塑的，则用一个干净的热工具切割取样。当能确认是同一批生产的样品时，应随机取出4kg供检验用。

9）在验收地点取样：当沥青到达验收地点卸货时，应尽快取样。所取样品为两份：一份用于验收试验；另一份样品留存备查。

4. 样品的保护与存放：

1）除液体沥青、乳化沥青外，所有需加热的沥青试样必须存放在密封带盖的金属容器中，严禁灌入纸袋、塑料袋中存放。试样应存放在阴凉干净处，注意防止试样污染。装有试样的盛样器加盖、密封好并擦拭干净后，应在盛样器上（不得在盖上）标出识别标记，如试样来源、品种、取样日期、地点及取样人。

2）冬季乳化沥青试样应注意采取妥善防冻措施。

3）除试样的一部分用于检验外，其余试样应妥善保存备用。

4）试样需加热采取时，应一次能够一批试验所需的数量装入另一盛样器，其余试样密封保存，应尽量减少重复加热取样。用于质量仲裁检验的样品，重复加热的次数不得超过两次。

5. 一般要求

（1）本试验方法适用于在拌合厂及道路施工现场采集热拌沥青混合料或常温沥青混合料试样，供施工过程中的质量检验或试验室测定沥青混合料的各项物理力学性质。

（2）所取的试样应有充分的代表性。

6. 试件取样所需的主要仪器设备

（1）铁锹；

（2）手铲；

（3）搪瓷盘或金属盛样容器、塑料编织袋；

（4）温度计：分度值为1℃。宜采用有金属插杆的插入式数显温度计，金属插杆的长度不小于150mm；量程0～300℃；

（5）其他：标签、溶剂（煤油）、棉纱等。

7. 试件的取样数量及取样方法

（1）取样数量：

1）试验数量由试验项目决定，宜不少于试验用量的2倍。一般情况下可按沥青混合料取样装置取样、平行试验应加倍取样。在现场取样直接装入试模成型时，也可等量取样。装在拌合机上的沥青混合料取样装置如图7-11所示。

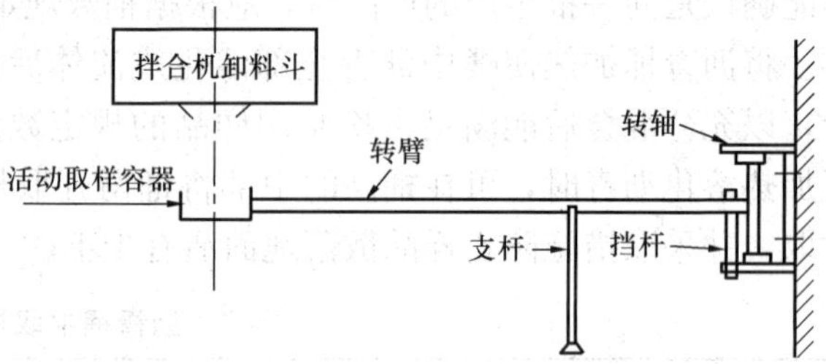

图7-11　装在拌合机上的沥青混合料取样装置

2）取样材料用于仲裁试验时，取样数量除应满足本取样方法外，还应多取一份备用样，保留到仲裁结束。常用沥青混合料试验项目的样品数量见表7-31。

常用沥青混合料试验项目的样品数量　　表7-31

试验项目	目的	最少试样量（kg）	取样量（kg）
马歇尔试验抽提筛分	施工质量检验	12	20
车辙试验	高温稳定性检验	40	60
浸水马歇尔试验	水稳定性检验	12	20
冻融劈裂试验	水稳定性检验	12	20
弯曲试验	低温性能检验	15	25

（2）取样方法：

1）沥青混合料应随机取样，并具有充分的代表性。用以检查拌合质量（如油石比、矿料级配）时，应从拌合机一次放料的下方或提升斗中取样，不得多次取样混合后使用。用以评定混合料质量时，必须分几次取样，拌合均匀后作为代表性试样。

2）热拌沥青混合料在不同地方取样的要求如下：

a. 在沥青混合料拌合厂取样，宜用专用的容器（一次可装5～8kg）装在拌合机卸料斗下方，每放一次料取一次样，顺次装入试样容器中，每次倒在清扫干净的平板上，连续几次取样，混合均匀，按四分法取样至足够数量。

b. 在沥青混合料运料车上取样，宜在汽车装料一半后，分别用铁锹从不同方向的3

个不同高度处取样，然后混在一起用手铲拌合均匀，取出规定数量。在施工现场的运料车上取样时，应在卸料一半后从不同方向取样，样品宜从 3 辆不同的车上取样混合使用。在运料车上取样时不得仅从满载的运料车车顶上取样，且不允许只在一辆车上取样。

c. 在道路施工现场取样，应在摊铺后未碾压前，摊铺宽度两侧的 1/3～1/2 位置处取样，用铁锹取该摊铺层的料。每摊铺一车料取一次样，连续 3 车取样后，混合均匀按四分法取样至足够数量。

d. 热拌沥青混合料每次取样时，都必须用温度计测量温度，准确至 1℃。

e. 乳化沥青常温混合料试样的取样方法与热拌沥青混合料相同，但宜在乳化沥青破乳水分蒸发后装袋，对袋装常温沥青混合料亦可直接从储存的混合料中随机取样。取样袋数不少于 3 袋，使用时将 3 袋混合料倒出作适当拌合，按四分法取出规定数量试样。

f. 液体沥青常温沥青混合料的取样方法同上。当用汽油稀释时，必须在溶剂挥发后方可封袋保存；当用煤油或柴油稀释时，可在取样后即装袋保存，保存时应特别注意防火安全。

g. 从碾压成型的路面上取样时，应随机选取 3 个以上不同地点、钻孔、切割或刨取该层混合料。需要新制作试件时，应加热拌匀按四分法取样至足够数量。

（3）试样的保存与处理

1）热拌热铺的沥青混合料试样需送至检测机构作质量评定时（如车辙试验），由于二次加热会影响试验结果，必须在取样后趁高温立即装入保温桶内，送到试验室后立即成型试件，试件成型温度不得低于规定要求。

2）热混合料需要存放时，可在温度下降至 60℃后装入塑料编织袋内，轧紧袋口，并宜低温保存，且时间不宜太长。

3）在进行沥青混合料质量检验或进行物理力学性质试验时，当采集的试样温度下降或结为硬块不符合温度要求时，宜用微波炉或烘箱加热至符合压实的温度，通常加热时间不宜超过 4h，且只容许加热一次，不得重复加热。不得用电炉或燃气炉明火局部加热。

7.2 建筑工程施工试验与检测

7.2.1 土壤中氡浓度测定

1. 引用标准

《民用建筑工程室内环境污染控制标准》GB 50325—2020

2. 检测参数

土壤中氡浓度。

3. 测定方法

（1）土壤中氡气的浓度可采用少量抽气—静电收集—射线探测器法或采用埋置测量装置法进行测量。

（2）测量区域及布点要求：测量区域范围应与建筑工程地质勘察范围相同。布点时，应以间距 10m 作网格，各网格点即为测试点（当遇较大石块时，可偏离±2m），但布点数不少于 16 个。布点位置应覆盖建筑单体基础工程范围。少量抽气—静电收集—射线探测器法测量时，在每个测试点，应采用专用工具打孔，孔的深度宜为 500～800mm。成孔后，应使用头部有气孔的特制的取样器，插入打好的孔中，取样器在靠近地表处应进行密闭，避免大气渗入孔中，然后进行抽气测量。抽气测量接续进行 3～5 次，第一次抽气测量数据应舍弃，测量值应取后几次测量平均值。采用埋置测量装置法进行测量时，应根据仪器性能和测量实际需要成孔。取样测试时间宜在 8：00～18：00 之间，现场取样测试工作不应在雨天进行，如遇雨天，应在雨后 24h 后进行。工作温度应为－10～40℃；相对湿度不应大于 90%。

4. 检测评定

(1) 新建、扩建的民用建筑工程的工程地质勘察资料，应包括工程所在城市区域土壤氡浓度或土壤表面氡析出率测定历史资料及土壤氡浓度或土壤表面氡析出率平均值数据。

(2) 已进行过土壤中氡浓度或土壤表面氡析出率区域性测定的民用建筑工程，当土壤氡浓度测定结果平均值不大于 10000Bq/m^3 或土壤表面氡析出率测定结果平均值不大于 0.02Bq/(m^2·s)，且工程场地所在地点不存在地质断裂构造时，可不再进行土壤氡浓度测定；其他情况均应进行工程场地土壤中氡浓度或土壤表面氡析出率测定。

(3) 当民用建筑工程场地土壤氡浓度不大于 20000Bq/m^3 或土壤表面氡析出率不大于 0.05Bq/(m^2·s)时，可不采取防氡工程措施。

(4) 当民用建筑工程场地土壤氡浓度测定结果大于 20000Bq/m^3，且小于 30000Bq/m^3，或土壤表面氡析出率大于 0.05Bq/(m^2·s)且小于 0.10Bq/(m^2·s)时，应采取建筑物底层地面抗开裂措施。

(5) 当民用建筑工程场地土壤氡浓度测定结果不小于 30000Bq/m^3，且小于 50000Bq/m^3，或土壤表面氡析出率不小于 0.10Bq/(m^2·s)且小于 0.30Bq/(m^2·s)时，除采取建筑物底层地面抗开裂措施外，还必须按现行国家标准《地下工程防水技术规范》GB 50108 中的一级防水要求，对基础进行处理。

(6) 当民用建筑工程场地土壤氡浓度平均值不小于 50000Bq/m^3，或土壤表面氡析出率平均值不小于 0.30Bq/(m^2·s)时，应采取建筑物综合防氡措施。

(7) 当Ⅰ类民用建筑工程场地土壤中氡浓度平均值不小于 50000Bq/m^3，或土壤表面氡析出率不小于 0.30Bq/(m^2·s)时，应进行工程场地土壤中的镭-226、钍-232、钾-40 比活度测定。当内照射指数(I_{Ra})大于 1.0 或外照射指数(I_γ)大于 1.3 时，工程场地土壤不得作为工程回填土使用。

7.2.2 土工现场检测

1. 引用标准

《土工试验方法标准》GB/T 50123—2019。

2. 检测参数

密度。

3. 测定方法

(1) 土密度检测的规则：

1) 取样点应位于每层厚度的 2/3 深度。

2) 对于大基坑每 50～100m^2 应不少于 1 个检测点。

3) 对于基槽每 10～20m 应不少于 1 个检测点。

4）每个独立柱基应不少于1个检测点。

5）房心回填可参照大基坑。

（2）环刀法：

1）适用范围：适用于细粒土。

2）设备配置：

① 环刀：内径61.8mm或79.8mm，高20mm。

② 天平：称量500g，最小分度值0.1g，称量200g，最小分度值0.01g。

③ 电炉、酒精、铝盒、切土刀、修土刀。

3）试验方法（密度试验）：

① 按工程需要取原状土试样或制备所需状态的扰动土试样，整平其两端，将环刀内壁涂一薄层凡士林，刀口向下放在试样上；用切土刀（或钢丝锯）将土样削成略大于环刀直径的土柱。然后将环刀垂直下压，边压边削，至土样伸出环刀为止。将两端余土削去修平，取剩余的代表性土样测定含水率。擦净环刀外壁称量，准确至0.1g。

② 测量含水率的步骤：烘干法取有代表性的试样，细粒土15～30g，砂类土50～100g，砂砾石2～5kg。将试样放入称量盒内，立即盖好盒盖，称量，细粒土、砂类土称量准确至0.01g，砂砾石称量应准确至1g。揭开盒盖，将试样和盒放入烘箱，在105～110℃下烘到恒重。烘干时间，对黏质土，不得少于8h；对砂类土，不得少于6h；对有机质含量为5%～10%的土，应将烘干温度控制在65～70℃的恒温下烘至恒重。将烘干后的试样和盒取出，盖好盒盖放入干燥器内冷却至室温，称干土质量。酒精燃烧法：取代表性试样，黏土5～10g，砂土20～30g。放入称量盒内，按上述方法称取湿土；用滴管将酒精注入放有试样的称量盒内，直至盒内出现自由液面为止。为使酒精在试样中充分混合均匀，可将盒底在桌面上轻轻敲击。点燃盒中酒精，烧至火焰熄灭，将试样冷却数分钟，按上述方法再重复燃烧两次。当第3次火焰熄灭后，立即盖好盒盖，称干土质量。试验称量应准确至0.01g。

③ 计算土的密度：

$$\omega=\left(\frac{m_0}{m_d}-1\right)\times 100 \tag{7-7}$$

$$\rho=\frac{m_0}{V} \tag{7-8}$$

$$\rho_d=\frac{\rho}{1+0.01\omega} \tag{7-9}$$

式中　m_0——风干土质量（或天然湿土质量）；

m_d——干土质量；

ω——含水率；

V——环刀容积；

ρ——试样的湿密度；

ρ_d——试样的干密度。

④ 检测评定：应进行两次平行测定，其最大允许平行差值应为±0.03g/cm^3，取两次测值的算术平均值。

（3）蜡封法：

1）适用范围：适用于易破裂土和形状不规则的坚硬土。

2）设备配置：熔蜡加热器、天平（精度同环刀法）。

3）试验方法

① 在原状土样中切取体积约为 $30cm^3$ 的代表性试样，清除表面浮土及尖锐棱角，系上细线称量试样重量，准确至0.01g。持线将试件缓缓浸入刚过熔点的蜡液中，浸没后立即提出，检查试样周围的蜡膜，当有气泡时应用针刺破，并涂平孔口，冷却后称蜡封试样质量，准确至0.1g。用线将试样吊在天平一端，并使试样浸没于纯水中称量，准确至0.1g。测记纯水的温度；取出蜡封试样放在水中天平上称量试件的重量，并测定水的温度。取出试样，擦干蜡表面的水分，用天平称量蜡封试样，准确至0.1g。当试样质量增加时，应另取试样重新试验。

② 计算土的密度：

$$\rho = \frac{m_0}{\dfrac{m_0 - m_{nw}}{\rho_{wT}} - \dfrac{m_n - m_0}{\rho_n}} \tag{7-10}$$

$$\rho_d = \frac{\rho}{1 + 0.01\omega} \tag{7-11}$$

式中　m_0——试样加蜡质量（g）；

m_{nw}——试样加蜡在水中质量（g）；

m_n——蜡封试件在水中的重量；

ρ_{wT}——纯水在T℃时的密度；

ρ_n——蜡的密度。

③ 检测评定：应进行两次平行测定，其最大允许平行差值应为±0.03g/cm³，取两次测值的算术平均值。

4. 检测评定：土密度试验结果应符合设计要求。

7.2.3　工程桩检测

1. 引用标准

《建筑基桩检测技术规范》JGJ 106—2014；

《公路工程基桩检测技术规程》JTG/T 3512—2020；

《基桩静载试验 自平衡法》JT/T 738—2009；

《铁路工程基桩检测技术规程》TB 10218—2019；

《建筑基桩自平衡静载试验技术规程》JGJ/T 403—2017。

2. 检测参数

（1）单桩承载力；

（2）桩身完整性。

3. 测定方法

工程桩检测应进行单桩承载力和桩身完整性抽样检测，检测方法及检测目的见表7-32。

检测方法及检测目的 表 7-32

检测方法		检测目的
静载法	单桩竖向抗压静载试验	确定单桩竖向抗压极限承载力； 判定竖向抗压承载力是否满足设计要求； 通过桩身应变、位移测试，测定桩侧、桩端阻力，验证高应变法的单桩竖向抗压承载力检测结果
	单桩竖向抗拔静载试验	确定单桩竖向抗拔极限承载力； 判定竖向抗拔承载力是否满足设计要求； 通过桩身应变、位移测试，测定桩的抗拔侧阻力
	单桩水平静载试验	确定单桩水平临界荷载和极限承载力，推定土抗力参数； 判定水平承载力或水平位移是否满足设计要求； 通过桩身应变、位移测试，测定桩身弯矩
动测法	低应变法	检测桩身缺陷及其位置，判定桩身完整性类别
	高应变法	判定单桩竖向抗压承载力是否满足设计要求； 检测桩身缺陷及其位置，判定桩身完整性类别； 分析桩侧和桩端土阻力； 进行打桩过程监控
钻芯法		检测灌注桩桩长、桩身混凝土强度、桩底沉渣厚度，判断或鉴别桩端持力层岩土性状，判定桩身完整性类别
声波透射法		检测灌注桩桩身缺陷及其位置，判定桩身完整性类别

(1) 静载试验法

1) 检测目的

在桩顶部逐级施加竖向压力、竖向上拔力或水平推力，观测桩顶部随时间产生的沉降、上拔位移或水平位移，以确定相应的单桩竖向抗压承载力、单桩竖向抗拔承载力或单桩水平承载力的试验方法。其检测目的是确定单桩极限承载力，判定承载力是否满足设计要求，通过桩身应变、位移测试测定桩侧、桩端阻力。验证高应变法的单桩竖向抗压承载力检测结果。为设计提供依据的试验桩，应加载至桩侧与桩端的岩土阻力达到极限状态；当桩的承载力由桩身强度控制时，可按设计要求的加载量进行加载。工程桩验收检测时，加载量不应小于设计要求的单桩承载力特征值的 2 倍。

2) 检测条件：承载力检测前的休止时间除应符合受检桩的混凝土龄期达到 28d 或预留同条件养护试块强度达到设计强度规定外，尚不应短于表 7-33 规定的时间。

休止时间 表 7-33

土的类别	休止时间（d）	土的类别		休止时间（d）
砂土	7	黏性土	非饱和	15
粉土	10		饱和	25

注：对于泥浆护壁灌注桩，宜延长休止时间。

3) 检测数量

检测数量在同一条件下不应少于 3 根，且不宜少于总桩数的 1%；当工程桩总数在 50

根以内时，不应少于 2 根。

当设计有要求或有下列情况之一时，施工前应进行试验桩检测并确定单桩极限承载力：

① 设计等级为甲级的桩基；

② 无相关试桩资料可参考的设计等级为乙级的桩基；

③ 地基条件复杂、基桩施工质量可靠性低；

④ 本地区采用的新桩型或采用新工艺成型的桩基；

⑤ 挤土群桩施工产生挤土效应。

4）仪器设备及其安装

① 试验加载设备宜采用液压千斤顶。当采用两台及两台以上千斤顶加载时，应并联同步工作，且应符合下列规定：采用的千斤顶型号、规格应相同；千斤顶的合力中心应与受检桩的横截面形心重合。

② 加载反力装置：可根据现场条件选择锚桩反力装置、压重平台反力装置、锚桩压重联合反力装置、地锚反力装置等，且应符合下列规定：加载反力装置提供的反力不得小于最大加载值的 1.2 倍；加载反力装置的构件应满足承载力和变形的要求；应对锚桩的桩侧土阻力、钢筋、接头进行验算，并满足抗拔承载力的要求；工程桩作锚桩时，锚桩数量不宜少于 4 根，且应对监测锚桩上拔量进行监测；压重宜在检测前一次加足，并均匀稳固地放置于平台上，且压重施加于地基的压应力不宜大于地基承载力特征值的 1.5 倍；有条件时宜利用工程桩作为堆载支点。

③ 试桩、锚桩（压重平台支墩边）和基准桩之间的中心距离应符合表 7-34 规定。

试桩、锚桩（或压重平台支墩边）和基准桩之间的中心距离　　表 7-34

反力装置	试桩中心与锚桩中心（或压重平台支墩边）	试桩中心与基准桩中心	基准桩中心与锚桩中心（或压重平台支墩边）
锚桩横梁	≥4(3)D 且>2.0m	≥4(3)D 且>2.0m	≥4(3)D 且>2.0m
压重平台	≥4(3)D 且>2.0m	≥4(3)D 且>2.0m	≥4(3)D 且>2.0m
地锚装置	≥4D 且>2.0m	≥4(3)D 且>2.0m	≥4D 且>2.0m

注：D 为试桩、锚桩或地锚的设计直径或边宽，取其较大者。如试桩或锚桩为扩底桩或多支盘桩时，试桩与锚桩的中心距不应小于 2 倍扩大端直径。括号内数值可用于工程桩验收检测时，多排桩设计桩中心距离小于 4D 或压重平台支墩下 2～3 倍宽影响范围内的地基土已进行加固处理的情况。软土场地堆载重量较大时，宜增加支墩边与基准桩中心和试桩中心之间的距离，并在试验过程中观测基准桩的竖向位移。

④ 荷载测量可用放置在千斤顶上的荷重传感器直接测定；当通过并联于千斤顶油路的压力表或压力传感器测定油压并换算荷载时，应根据千斤顶率定曲线进行荷载换算。荷重传感器、压力传感器或压力表的准确度应优于或等于 0.5 级。试验用压力表、油泵、油管在最大加载时的压力不应超过规定工作压力的 80％。

⑤ 沉降测量宜采用大量程的位移传感器或百分表，且应符合下列规定：测量误差不得大于 0.1％FS，分度值/分辨力应优于或等于 0.01mm；直径或边宽大于 500mm 的桩，应在其两个方向对称安置 4 个位移测试仪表，直径或边宽小于等于 500mm 的桩可对称安置 2 个位移测试仪表；基准梁应具有足够的刚度，梁的一端应固定在基准桩上，另一端应简支于基准桩上；沉降测定平面宜设置在桩顶以下 200mm 位置，测点应固定在桩身上；

固定和支撑位移计（百分表）的夹具及基准梁不得受气温、振动及其他外界因素的影响；当基准梁暴露在阳光下时，应采取遮挡措施。

5）慢速维持荷载法现场检测

① 试验桩桩顶宜高出试坑底面，试坑底面宜与桩承台底标高一致。

② 荷载加载：试验加、卸载方式应符合下列规定：加载应分级进行，且采用逐级等量加载；分级荷载宜为最大加载值或预估极限承载力的 1/10，其中第一级可取分级荷载的 2 倍。每级荷载施加后按第 5min、15min、30min、45min、60min 测读桩顶沉降量，以后每隔 30min 测读一次。

③ 试桩沉降的相对稳定标准：每一小时内的桩顶沉降量不超过 0.1mm，并连续出现两次（从分级荷载施加后的第 30min 开始，按 1.5h 连续三次每 30min 的沉降观测值计算）；加、卸载时应使荷载传递均匀、连续、无冲击，且每级荷载在维持过程中的变化幅度不得超过分级荷载的±10%。当桩顶沉降速率达到相对稳定标准时，可施加下一级荷载。

④ 卸载应分级进行，每级卸载量宜取加载时分级荷载的 2 倍，且应逐级等量卸载。卸载时，每级荷载维持 1h，分别按第 15min、30min、60min 测读桩顶沉降量后，即可卸下一级荷载；卸载至零后，应测读桩顶残余沉降量，维持时间不得少于 3h，测读时间分别为第 15min、30min，以后每隔 30min 测读一次桩顶残余沉降量。

⑤ 终止加载条件：

a. 某级荷载作用下，桩顶沉降量大于前一级荷载作用下沉降量的 5 倍，且桩顶总沉降量超过 40mm；

b. 某级荷载作用下，桩顶沉降量大于前一级荷载作用下沉降量的 2 倍，且经 24h 尚未达到稳定标准；

c. 已达到设计要求的最大加载值且桩顶沉降达到相对稳定标准；

d. 工程桩做锚桩时，锚桩上拔量已达到允许值；

e. 荷载-沉降曲线呈缓变型时，可加载至桩顶总沉降量 60～80mm；当桩端阻力尚未充分发挥时，可加载至桩顶累计沉降量超过 80mm。

⑥ 检测数据分析与判定

a. 检测数据的处理应符合下列规定：确定单桩竖向抗压承载力时，应绘制竖向荷载-沉降（Q-s）曲线、沉降-时间对数（s-lg$t$）曲线；也可绘制其他辅助分析曲线；当进行桩身应变和桩身截面位移测定时，应按相关规定整理数据，绘制桩身轴力分布图，计算不同土层的桩侧阻力和桩端阻力。

b. 单桩竖向抗压极限承载力应按下列方法分析确定：根据沉降随荷载变化的特征确定，对于陡降形 Q-s 曲线，应取其发生明显陡降的起始点对应的荷载值，根据沉降随时间变化的特征确定，应取 s-lg$t$ 曲线尾部出现明显向下弯曲的前一级荷载值；某级荷载作用下，桩顶沉降量大于前一级荷载作用下沉降量的 2 倍，且经 24h 尚未达到稳定标准的情况，取前一级荷载值；对于缓变型 Q-s 曲线，宜根据桩顶总沉降量，取 s=40mm 对应的荷载值；当桩长大于 40m 时，宜考虑桩身弹性压缩量；对直径大于或等于 800mm 的桩，可取 s=0.05D（D 为桩端直径）对应的荷载值。

注：当按上述四条在判定桩的竖向抗压承载力未达到极限时，桩的竖向抗压极限承载力应取最大试

验荷载值。

c. 单桩竖向抗压极限承载力统计值的确定应符合下列规定：对参加算术平均值的试验桩检测结果，当极差不超过平均值的 30％时，可取其算术平均值为单桩竖向抗压极限承载力；当极差超过平均值的 30％时，应分析原因，结合桩型、施工工艺、地基条件、基础形式等工程具体情况综合确定极限承载力；不能确定极差过大的原因时，宜增加试桩数量；试验桩数量小于 3 根或桩基承台下的桩数不大于 3 根时，应取低值。

d. 单桩竖向抗压承载力特征值应按单桩竖向抗压极限承载力的 50％取。

6）单桩竖向抗拔静载试验

① 本方法适用于检测单桩的竖向抗拔承载力。为设计提供依据的试验桩应加载至桩侧岩土阻力达到极限状态或桩身材料达到设计强度；工程桩验收检测时，施加的上拔荷载不得小于单桩竖向抗拔承载力特征值的 2.0 倍或使桩顶产生的上拔量达到设计要求的限值。当抗拔承载力受抗裂条件控制时，可按设计要求确定最大加载值。预估的最大试验荷载不得大于钢筋的设计强度。

② 设备仪器及其安装

a. 抗拔桩试验加载设备宜采用液压千斤顶，当采用两台及两台以上千斤顶加载时应并联同步工作，采用的千斤顶型号、规格应相同，千斤顶的合力中心应与受检桩的横截面形心重合。

b. 试验反力系统宜采用反力桩提供支座反力，反力桩可采用工程桩；也可根据现场情况采用地基提供支座反力。反力架的承载力应具有 1.2 倍的安全系数并符合下列规定：采用反力桩提供支座反力时，桩顶面应平整并具有足够的强度；采用地基提供反力时，施加于地基的压应力不宜超过地基承载力特征值的 1.5 倍；反力梁的支点重心应与支座中心重合。

c. 荷载测量及其仪器、桩顶上拔量测量及其仪器、试桩、支座和基准桩之间的中心距离同单桩竖向抗压静载试验规定。

③ 慢速维持荷载法现场检测

a. 对混凝土灌注桩、有接头的预制桩，宜在拔桩试验前采用低应变法检测受检桩的桩身完整性。为设计提供依据的抗拔灌注桩，施工时应进行成孔质量检测，桩身中、下部位出现明显扩径的桩，不宜作为抗拔试验桩；对有接头的预制桩，应复核接头强度。

b. 单桩竖向抗拔静载试验应采用慢速维持荷载法；设计有要求时，可采用多循环加、卸载方法或恒载法。慢速维持荷载法的加、卸载分级以及桩顶上拔量的测读方式，应按单桩竖向抗压静载试验有关规定执行，并仔细观察桩身混凝土开裂情况。

c. 终止加载条件：在某级荷载作用下，桩顶上拔量大于前一级上拔荷载作用下上拔量的 5 倍；按桩顶上拔量控制，累计桩顶上拔量超过 100mm；按钢筋抗拉强度控制，钢筋应力达到钢筋强度设计值，或某根钢筋拉断；对于工程桩验收检测，达到设计或抗裂要求的最大上拔量或上拔荷载值。

④ 检测数据的分析与判定

a. 数据处理应绘制上拔荷载-桩顶上拔量（U-δ）关系曲线和桩顶上拔量-时间对数（δ-lg$t$）关系曲线。

b. 单桩竖向抗拔极限承载力应按下列方法确定：根据上拔量随荷载变化的特征确定：

对陡变型 $U\text{-}\delta$ 曲线，应取陡升起始点对应的荷载值；根据上拔量随时间变化的特征确定：应取 $\delta\text{-}\lg t$ 曲线斜率明显变陡或曲线尾部明显弯曲的前一级荷载值。当在某级荷载下抗拔钢筋断裂时，应取前一级荷载值。

c. 当验收检测的受检桩在最大上拔荷载作用下，未出现上述 b 款所列情况时，单桩竖向抗拔极限承载力应按下列情况对应的荷载值取值：设计要求最大上拔量控制值对应的荷载值；施加的最大荷载；钢筋应力达到设计强度值时对应的荷载。

d. 单桩竖向抗拔承载力特征值应按单桩竖向抗拔极限承载力的 50％取值。当工程桩不允许带裂缝工作时，应取桩身开裂的前一级荷载作为单桩竖向抗拔承载力特征值，并与按极限荷载 50％取值确定的承载力特征值相比，取低值。

7）单桩水平静载试验

① 本方法适用于在桩顶自由的试验条件下，检测单桩的水平承载力，推定地基土水平抗力系数的比例系数。为设计提供依据的试验桩，宜加载至桩顶出现较大水平位移或桩身结构破坏；对工程桩抽样检测，可按设计要求的水平位移允许值控制加载。

② 仪器设备及其安装

a. 水平推力加载设备宜采用卧式千斤顶，其加载能力不得小于最大试验加载量的 1.2 倍；

b. 水平推力的反力可由相邻桩提供；当专门设置反力结构时，其承载能力和刚度应大于试验桩的 1.2 倍；

c. 荷载测量及其仪器的技术要求应符合单桩竖向抗压静载试验的规定；水平力作用点宜与实际工程的桩基承台底面标高一致；千斤顶和试验桩接触处应安置球形铰支座，千斤顶作用力应水平通过桩身轴线；当千斤顶与试桩接触面的混凝土不密实或不平整时，应对其进行补强或补平处理。

d. 桩的水平位移测量及其仪器的技术要求应符合单桩竖向抗压静载试验的有关规定。在水平力作用平面的受检桩两侧应对称安装两个位移计；当测量桩顶转角时，尚应在水平力作用平面以上 50cm 的受检桩两侧对称安装两个位移计。

e. 位移测量的基准点设置不应受试验和其他因素的影响，基准点应设置在与作用力方向垂直且与位移方向相反的试桩侧面，基准点与试桩净距不应小于 1 倍桩径。

③ 现场检测

a. 加载方法宜根据工程桩实际受力特性，选用单向多循环加载法或慢速维持荷载法试验。当对试桩桩身横截面弯曲应变进行测量时，宜采用维持荷载法。

b. 试验加、卸载方式和水平位移测量，应符合下列规定：

单向多循环加载法的分级荷载，不应大于预估水平极限承载力或最大试验荷载的 1/10；每级荷载施加后，恒载 4min 后可测读水平位移，然后卸载至零，停 2min 测读残余水平位移，至此完成一个加卸载循环。如此循环 5 次，完成一级荷载的位移观测。试验不得中间停顿。

慢速维持荷载法的加、卸载分级以及水平位移的测读方法，应按单桩竖向抗压静载试验有关规定执行。

c. 终止加载条件：桩身折断；水平位移超过 30～40mm；软土中的桩或大直径桩时可取高值；水平位移达到设计要求的水平位移允许值。

④ 检测数据分析与判定

a. 检测数据应按符合下列规定：采用单向多循环加载法时，应分别绘制水平力-时间-作用点位移（$H-t-Y_0$）关系曲线和水平力-位移梯度（$H-\Delta Y_0/\Delta H$）关系曲线；采用慢速维持荷载法时，应分别绘制水平力-力作用点位移（$H-Y_0$）关系曲线、水平力-位移梯度（$H-\Delta Y_0/\Delta H$）关系曲线、力作用点位移-时间对数（$Y_0-\lg t$）关系曲线和水平力-力作用点位移双对数（$\lg H-\lg Y_0$）关系曲线；绘制水平力、水平力作用点水平位移-地基土水平抗力系数的比例系数的关系曲线（$H-m$、Y_0-m）。

b. 当桩顶自由且水平力作用位置位于地面处时，m 值可按下列公式确定：

$$m=\frac{(\nu_y\cdot H)^{\frac{5}{3}}}{b_0 {Y_0}^{\frac{5}{3}}(EI)^{\frac{2}{3}}} \tag{7-12}$$

$$\alpha=\left(\frac{mb_0}{EI}\right)^{\frac{1}{5}} \tag{7-13}$$

式中　m——地基土水平抗力系数的比例系数（kN/m^4）；

α——桩的水平变形系数（m^{-1}）；

ν_y——桩顶水平位移系数，由式（7-11）试算 α，当 $\alpha\geqslant4.0$ 时（h 为桩的入土深度），其值为 2.441；

H——作用于地面的水平力（kN）；

Y_0——水平力作用点的水平位移（m）；

EI——桩身抗弯刚度（$kN\cdot m^2$）；其中 E 为桩身材料弹性模量，I 为桩身换算截面惯性矩；

b_0——桩身计算宽度（m）；对于圆形桩，当桩径 $D\leqslant1m$ 时，$b_0=0.9(1.5D+0.5)$；当桩径 $D>1m$ 时，$b_0=0.9(D+1)$。对于矩形桩，当边宽 $B\leqslant1m$ 时，$b_0=1.5B+0.5$；当边宽 $B>1m$ 时，$b_0=B+1$。

c. 单桩的水平临界荷载可按下列方法综合确定：取单向多循环加载法时的 $H-t-Y_0$ 曲线或慢速维持荷载法时的 $H-Y_0$ 曲线出现拐点的前一级水平荷载值；取 $H-\Delta Y_0/\Delta H$ 曲线或 $\lg H-\lg Y_0$ 曲线上第一拐点对应的水平荷载值；取 $H-\sigma_s$ 曲线第一拐点对应的水平荷载值。

d. 单桩的水平极限承载力可按下列方法确定：取单向多循环加载法时的 $H-t-Y_0$ 曲线产生明显陡降的前一级水平荷载值，或慢速维持荷载法时的 $H-Y_0$ 曲线产生明显陡降的起始点对应的水平荷载值；取慢速维持荷载法时的 $Y_0-\lg t$ 曲线尾部出现明显弯曲的前一级水平荷载值；取 $H-\Delta Y_0/\Delta H$ 曲线或 $\lg H-\lg Y_0$ 曲线上第二拐点对应的水平荷载值；取桩身折断或受拉钢筋屈服时的前一级水平荷载值。

e. 单桩水平极限承载力和水平临界荷载统计值的确定：对参加算术平均的试验桩检测结果，当极差不超过平均值的 30%时，可取其算术平均值为单桩水平极限承载力；当极差超过平均值的 30%时，应分析原因，结合桩型、施工工艺、地基条件、基础形式等工程具体情况综合确定极限承载力；不能确定极差过大的原因时，宜增加试桩数量；试验桩数量小于 3 根或桩基承台下的桩数不大于 3 根时，应取低值。

f. 单桩水平承载力特征值的确定应符合下列规定：当桩身不允许开裂或灌注桩的桩身配筋率小于 0.65%时，可取水平临界荷载的 0.75 倍作为单桩水平承载力特征值。对钢筋混凝土预制桩、钢桩和桩身配筋率不小于0.65%的灌注桩，可取设计桩顶标高处水平位移所对应荷载的0.75倍作为单桩水平承载力特征值；水平位移可按下列规定取值：对水平位移敏感的建筑物取6mm；对水平位移不敏感的建筑物取10mm；取设计要求的水平允许位移对应的荷载作为单桩水平承载力特征值，且应满足桩身抗裂要求。

（2）动测法

1）低应变法

① 本方法适用于检测混凝土桩的桩身完整性，判定桩身缺陷的程度及位置。桩的有效检测桩长范围应通过现场试验确定。对桩身截面多变且变化幅度较大的灌注桩，应采用其他方法辅助验证低应变法检测的有效性。

② 仪器设备：

a. 低应变动力检测采用的测量相应传感器主要是压电式加速度传感器，应尽量选用自振频率较高的加速度传感器，加速度计的幅频特性曲线段的高限不应小于5000Hz，且应具有信号显示、储存和处理分析功能。

b. 瞬态激振设备应包括能激发宽脉冲和窄脉冲的力锤和锤垫；力锤可装有力传感器；稳态激振设备应包括激振力可调的、扫频范围为10～2000Hz的电磁式稳态激振器。

③ 现场检测：

a. 受检桩应符合下列规定：受检桩混凝土强度至少达到设计强度的70%，且不小于15MPa；桩头的材质、强度应与桩身相同，桩头的截面尺寸不宜与桩身有明显差异；受检桩桩顶的混凝土质量、截面尺寸应与桩身设计条件基本等同。灌注桩应凿去桩顶浮浆或松散、破损部分，并露出坚硬的混凝土表面；桩顶表面应平整干净且无积水；妨碍正常测试的桩顶外露主筋应割掉。对于预应力管桩，当法兰盘与桩身混凝土之间结合紧密时，可不进行处理，否则，应采用电锯将桩头锯平；桩顶面应平整、密实、并与桩轴线基本垂直。测试时桩头不得与混凝土承台或垫层相连，而应将其与桩侧断开。

b. 测试参数设定，应符合下列规定：时域信号记录的时间段长度应在$2L/C$时刻后延续不少于5ms；幅频信号分析的频率范围上限不应小于2000Hz；设定桩长应为桩顶测点至桩底的施工桩长，设定桩身截面积应为施工截面积；桩身波速可根据本地区同类型桩的测试值初步设定；采样时间间隔或采样频率应根据桩长、桩身波速和频域分辨率合理选择；时域信号采样点数不宜少于1024点；传感器的设定值应按计量检定或校准结果设定。

c. 测量传感器安装和激振操作，应符合下列规定：

安装传感器部位的混凝土应平整，若安装部位混凝土凹凸不平时应磨平；传感器安装应与桩顶面垂直，必要时可采用冲击钻打孔安装方式，但传感器安装底面应与桩顶面之间紧密接触，不得留有缝隙；用耦合剂粘结时，粘结层应尽可能薄，且应具有足够的粘结强度。

激振点与测量传感器安装位置应避开钢筋笼的主筋，若外露主筋过长而影响正常测试时，应将其割短；激振方向应沿桩轴线方向；瞬态激振应通过现场敲击试验，选择合适重量的激振力锤和软硬适宜的锤垫；宜用宽脉冲获取桩底或桩身下部缺陷反射信号，宜用窄脉冲获取桩身上部缺陷反射信号；若通过现场敲击不能识别桩身浅部阻抗变化趋势时，应在测量桩顶速度响应的同时测量锤击力、根据实测力和速度信号起始峰的比例差异大小判断桩身浅部阻抗变化程度；稳态激振应在每一个设定频率下获得稳定响应信号，为避免频率变换过程产生失真信号，应具有足够的稳定激振时间，以获得稳定的激振力和响应信号，并应根据桩径、桩长及桩周土约束情况调整激振力大小。稳态激振器的安装方式及好坏对测试结果起着很大的作用。为保证激振系统本身在测试频率范围内不至于出现谐振，激振器的安装宜采用柔性悬挂装置，同时在测试过程中应避免激振器出现横向振动。

d. 信号采集和筛选，应符合下列规定：根据桩径大小，桩心对称布置 2～4 个检测点：实心桩的激振点位置应选择在桩中心，检测点宜在距桩中心 2/3 半径处；空心桩的激振点和检测点宜在桩壁厚的 1/2 处，激振点和检测点与桩中心连线形成的夹角宜为 90°，传感器安装点、锤击点布置示意图见图 7-12。

当桩径较大或桩上部横截面尺寸不规则时，应根据实测信号特征，改变激振点和检测点的位置采集信号；不同检测点及多次实测时域信号一致性较差时，应分析原因，增加检测点数量；信号不应失真和产生零漂，信号幅值不应大于测量系统的量程；每个检测点记录的有效信号数不宜少于 3 个；应根据实测信号反映的桩身完整性情况，确定采取变换激振点位置和增加检测点数量的方式再次测试，或结束测试。

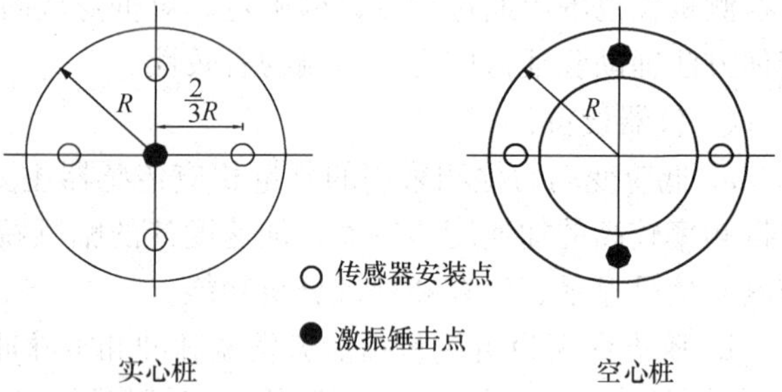

图 7-12　传感器安装点、锤击点布置示意图

④ 检测数据分析与判定

a. 桩身波速平均值的确定：当桩长已知、桩底反射信号明确时，应在地基条件、桩型、成桩工艺相同的基桩中，选取不少于 5 根Ⅰ类桩的桩身波速值，按下列公式计算其平均值：

$$c_m = \frac{1}{n}\sum_{i=1}^{n} c_i \tag{7-14}$$

$$c_i = \frac{2000L}{\Delta T} \tag{7-15}$$

$$c_i = 2L \cdot \Delta f \tag{7-16}$$

式中　c_m——桩身波速的平均值（m/s）；

c_i——第 i 根受检桩的桩身波速值（m/s），且 $|c_i - c_m|/c_m \leqslant 5\%$；

L——测点下桩长（m）；

ΔT——速度波第一峰与桩底反射波峰间的时间差（ms）；

Δf——幅频曲线上桩底相邻谐振峰间的频差（Hz）；

n——参加波速平均值计算的基桩数量（$n \geqslant 5$）。

当无法按上述确定时，波速平均值可根据本地区相同桩型及成桩工艺的其他桩基工程的实测值，结合桩身混凝土的骨料品种和强度等级综合确定。

b. 桩身缺陷位置应按下列公式计算：

$$x = \frac{1}{2000} \cdot \Delta t_x \cdot c \tag{7-17}$$

$$x=\frac{1}{2}\cdot\frac{c}{\Delta f'} \tag{7-18}$$

式中 x——桩身缺陷位置至传感器安装点的距离（m）；

Δt_x——速度波第一峰与缺陷反射波峰间的时间差（ms）；

c——受检桩的桩身波速（m/s），无法确定时用 c_m 值替代；

$\Delta f'$——幅频信号曲线上缺陷相邻谐振峰间的频差（Hz）。

c. 桩身完整性类别应结合缺陷出现的深度、测试信号衰减特性以及设计桩型、成桩工艺、地基条件、施工情况，按表 7-35 的规定和表 7-36 所列实测时域或幅频信号特征进行综合分析判定。

桩身完整性分类表 **表 7-35**

桩身完整性类别	分类原则
Ⅰ类桩	桩身完整
Ⅱ类桩	桩身有轻微缺陷，不会影响桩身结构承载力的正常发挥
Ⅲ类桩	桩身有明显缺陷，对桩身结构承载力有影响
Ⅳ类桩	桩身存在严重缺陷

桩身完整性判定 **表 7-36**

类 别	时域信号特征	幅频信号特征
Ⅰ	$2L/c$ 时刻前无缺陷反射波，有桩底反射波	桩底谐振峰排列基本等间距，其相邻频差 $\Delta f\approx c/2L$
Ⅱ	$2L/c$ 时刻前出现轻微缺陷反射波，有桩底反射波	桩底谐振峰排列基本等间距，其相邻频差 $\Delta f\approx c/2L$，轻微缺陷产生的谐振峰与桩底谐振峰之间的频差 $\Delta f'>c/2L$
Ⅲ	有明显缺陷反射波，其他特征介于Ⅱ类和Ⅳ类之间	
Ⅳ	$2L/c$ 时刻前出现严重缺陷反射波或周期性反射波，无桩底反射波； 或因桩身浅部严重缺陷使波形呈现低频大振幅衰减振动，无桩底反射波	缺陷谐振峰排列基本等间距，相邻频差 $\Delta f'>c/2L$，无桩底谐振峰； 或因桩身浅部严重缺陷只出现单一谐振峰，无桩底谐振峰

注：对同一场地、地质条件相近、桩型和成桩工艺相同的基桩，因桩端部分桩身阻抗与持力层阻抗相匹配导致实测信号无桩底反射波时，可按本场地同条件下有桩底反射波的其他桩实测信号判定桩身完整性类别。

d. 采用时域信号分析判定受检桩的完整性类别时，应结合成桩工艺和地基条件区分下列情况：混凝土灌注桩桩身截面渐变后恢复至原桩径，并在该阻抗突变处的反射，或扩径突变处的一次和二次反射；桩侧局部土体阻力引起的混凝土预制桩负向反射及其二次反射；采用部分挤土方式沉桩的大直径开口预应力管桩，桩孔内土芯闭塞部位的负向发射及其二次反射；纵向尺寸效应使混凝土桩桩身阻抗突变处的反射波幅值降低。当信号无畸变且不能根据信号直接分析桩身完整性时，可采用实测曲线拟合法辅助判定桩身完整性或借助实测导纳值、动刚度的相对高低辅助判定桩身完整性。

e. 对于嵌岩桩，桩底时域反射信号为单一反射波且与锤击脉冲信号同向时，应采取钻芯法、静载试验或高应变法核验桩底嵌岩情况。

f. 预制桩在 $2L/c$ 前出现异常反射，且不能判断该反射是正常接桩反射时，对于桩身或接头存在裂隙的预制桩采用高应变法验证，管桩采用孔内摄像的方式验证；实测信号复杂，无规律，且无法对其进行合理解释时，桩身完整性判定宜结合其他检验方法进行。

2）高应变法

① 本方法适用于检测基桩的竖向抗压承载力和桩身完整性；监测预制桩打入时的桩身应力和锤击能量传递比，为选择沉桩工艺参数及桩长提供依据。进行灌注桩的竖向抗压承载力检测时，应具有现场实测经验和本地区相近条件下的可靠对比验证资料。对于大直径扩底桩和预估 Q-s 曲线具有缓变型特征的大直径灌注桩，不宜采用本方法进行竖向抗压承载力检测。

② 仪器设备：

a. 检测仪器的主要技术性能指标不应低于《基桩动测仪》JG/T S18—2017 规定的 2 级标准，且应具有保存、显示实测力与速度信号和信号处理与分析的功能。

b. 锤击设备可采用筒式柴油锤、液压锤、蒸汽锤等具有稳固的导向装置的打桩机械，但不得采用导杆式柴油锤、振动锤。

c. 高应变检测专用锤击设备应具有稳固的导向装置。重锤应形状对称、高径（宽）比不得小于 1。当采取落锤上安装加速度传感器的方式实测锤击力时，重锤的高径（宽）比应为 1.0～1.5。

d. 采用高应变法进行承载力检测时，锤的重量与单桩竖向抗压承载力特征值的比值不得小于 0.02。

e. 当作为承载力检测的灌注桩桩径大于 600mm 或混凝土桩桩长大于 30m 时，尚应对桩径或桩长增加引起的桩锤匹配能力下降进行补偿，并尽可能提高检测用锤的重量。

f. 桩的贯入度可采用精密水准仪等仪器测定。

③ 现场检测：

a. 检测前的准备工作，应符合下列规定：

对于休止时间不符合规定的预制桩，应根据本地区经验，合理安排复打时间，确定承载力的时间效应；桩顶面应平整，桩顶高度应满足锤击装置的要求，桩锤重心应与桩顶对中，锤击装置架立应垂直；对不能承受锤击的桩头应进行加固处理，混凝土桩的桩头混凝土强度等级宜比桩身混凝土强度等级提高 1～2 级，且不得低于 C30。

可采用对称安装在桩顶下桩侧表面的加速度传感器测量；冲击力可按下列方式测量：采用对称安装在桩顶下桩侧表面的应变传感器测量测点处的应变，并将应变换算成冲击力；在自由落锤锤体顶面下对称安装加速度传感器，直接测量冲击力。

在桩顶下桩侧表面安装应变传感器和加速度传感器，应符合下列规定：应变传感器和加速度传感器，宜分别对称安装在距桩顶不小于 $2D$ 的桩侧表面处；对于大直径桩，传感器与桩顶之间的距离可适当减小，但不得小于 D；传感器安装面处的材质和截面尺寸应与原桩身相同，传感器不得安装在截面突变处附近；应变传感器与加速度传感器的中心应位于同一水平线上；同侧的应变传感器和加速度传感器间的水平距离不宜大于 80mm；各传感器的安装面材质应均匀、密实、平整；当传感器的安装面不平整时，可采用磨光机将其磨平；安装传感器的螺栓钻孔应与桩侧表面垂直；安装完毕后的传感器应紧贴桩身表面，传感器的敏感轴应与桩中心轴平行；锤击时传感器不得产生滑动。

安装应变传感器时，应对其初始应变值进行监视；安装后的传感器初始应变值不应过大，锤击时传感器的可测轴向变形余量的绝对值应符合下列规定：混凝土桩不得小于 1000 με；钢桩不得小于 1500 με。自由落锤锤体上安装加速度传感器时，还应保证安装在桩侧表面的加速度传感器距桩顶的距离，不小于下列数值中的较大值：0.4Hr；D 或 B。当连续锤击监测时，应将传感器连接电缆有效固定。

桩头顶部应设置桩垫，桩垫可采用 10～30mm 厚的木板或胶合板等材料。

b. 参数设定和计算，应符合下列规定：采样时间间隔宜为 50～200 μs，信号采样点数不宜少于 1024 点；传感器的设定值应按计量检定或校准结果设定；自由落锤安装加速度传感器测力时，力的设定值由加速度传感器设定值与重锤质量的乘积确定；测点处的桩截面尺寸应按实际测量确定；测点以下桩长和截面积可采用设计文件或施工记录提供的数据作为设定值；桩身材料质量密度应按表 7-37 取值。桩身波速可结合本地经验或按同场地同类型已检桩的平均波速初步设定，现场检测完成后应调整。桩身材料弹性模量应按下式计算：

$$E = \rho \cdot c^2 \tag{7-19}$$

式中 E——桩身材料弹性模量（kPa）；

c——桩身应力波传播速度（m/s）；

ρ——桩身材料质量密度（t/m³）。

桩身材料质量密度（t/m³） **表 7-37**

钢桩	混凝土预制桩	离心管桩	混凝土灌注桩
7.85	2.45～2.50	2.55～2.60	2.40

c. 现场检测应符合下列规定：交流供电的测试系统应接地良好；检测时测试系统应处于正常状态；采用自由落锤为锤击设备时，应符合重锤低击原则，最大锤击落距不宜大于 2.5m；试验目的为确定预制桩打桩过程中的桩身应力、沉桩设备匹配能力和选择桩长时，应进行试打桩与打桩监控；现场信号采集时，应检查采集信号的质量，并根据桩顶最大动位移、贯入度、桩身最大拉应力、桩身最大压应力、缺陷程度及其发展情况等，综合确定每根受检桩记录的有效锤击信号数量；发现测试波形紊乱，应分析原因；桩身有明显缺陷或缺陷程度加剧，应停止检测；

d. 承载力检测时应实测桩的贯入度，单击贯入度宜在 2～6mm。

④ 检测数据分析与判定：

a. 检测承载力时选取锤击信号，宜取锤击能量较大的击次。

b. 当出现下列情况之一时，高应变锤击信号不得作为承载力分析计算的依据：传感器安装处混凝土开裂或出现严重塑性变形使力曲线最终未归零；严重锤击偏心，两侧力信号幅值相差超过 1 倍；四通道测试数据不全。

c. 桩底反射明显时，桩身波速可根据速度波第一峰起升沿的起点到速度反射峰起升或下降沿的起点之间的时差与已知桩长值确定（图 7-13）；桩底反射信号不明显时，可根据桩长、混凝土波速的合理取值范围以及邻近桩的桩身波速值综合确定。

d. 桩身材料弹性模量和锤击力信号的调整应符合下列规定：当测点处原设定波速随

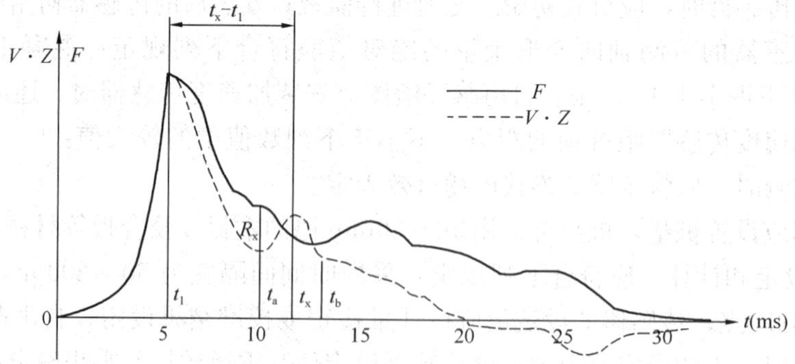

图 7-13　桩身波速的确定

调整后的桩身波速改变时，相应的桩身材料弹性模量应按式（7-19）重新计算；对于采用应变传感器测量应变并由应变换算冲击力的方式，当原始力信号按速度单位存储时，桩身材料弹性模量调整后尚应对原始实测力值校正；对于采用自由落锤安装加速度传感器实测锤击力的方式，当桩身材料弹性模量或桩身波速改变时，不得对原始实测进行调整，但应扣除响应传感器安装点以上的桩头惯性力的影响。

e. 高应变实测的力和速度信号第一峰起始不成比例时，不得对实测力或速度信号进行调整。

f. 承载力分析计算前，应结合地基条件、设计参数，对下列实测波形或速度信号进行调整：实测曲线特征反映出的桩承载性状；桩身缺陷程度和位置，连续锤击时缺陷的扩大或逐步闭合情况。

g. 出现下列情况之一时，应采用静载试验方法进一步验证：桩身存在缺陷，无法判定桩的竖向承载力；桩身缺陷对水平承载力有影响；触变效应的影响，预制桩在多次锤击下承载力下降；单击贯入度大，桩底同向反射强烈且反射峰较宽，侧阻力波、端阻力波反射弱，波形表现出的竖向承载性状明显与勘察报告中的基质条件不符合；嵌岩桩桩底同向反射强烈，且在时间 $2L/c$ 后无明显端阻力反射；也可采用钻芯法核验。

h. 凯司法判定桩承载力：

采用凯司法判定中、小直径桩的承载力，应符合下列规定：桩身材质、截面应基本均匀；阻尼系数 J_c 宜根据同条件下静载试验结果校核，或应在已取得相近条件下可靠对比资料后，采用实测曲线拟合法确定 J_c 值，拟合计算的桩数不应少于检测总桩数的 30%，且不应少于 3 根；在同一场地、地基条件相近和桩型及其截面积相同情况下，J_c 值的极差不宜大于平均值的 30%。

单桩承载力应按下列凯司法公式计算：

$$R_c = \frac{1}{2}(1-J_c)\cdot[F(t_1)+Z\cdot V(t_1)]+\frac{1}{2}(1+J_c)\cdot\left[F\left(t_1+\frac{2L}{c}\right)-Z\cdot V\left(t_1+\frac{2L}{c}\right)\right] \tag{7-20}$$

$$Z=\frac{E\cdot A}{c} \tag{7-21}$$

式中 R_c——凯司法单桩承载力计算值(kN)；

J_c——凯司法阻尼系数；

t_1——速度第一峰对应的时刻(ms)；

$F(t_1)$——t_1 时刻的锤击力(kN)；

$V(t_1)$——t_1 时刻的质点运动速度(m/s)；

Z——桩身截面力学阻抗(kN·s/m)；

A——桩身截面面积(m^2)；

L——测点下桩长(m)；

E——桩身材料弹性模量(kPa)；

c——桩身应力波传播速度(m/s)。

对于 t_1+2L/c 时刻桩侧和桩端土阻力均已充分发挥的摩擦型桩，单桩竖向抗压承载力检测值可采用式（7-18）的计算值。

对于土阻力滞后于 t_1+2L/c 时刻明显发挥或先于 t_1+2L/c 时刻发挥，并造成桩中上部强烈反弹这两种情况，宜分别采用下列两种方法对式（7-18）的计算值 R_c 值进行提高修正，得到单桩竖向抗压承载力检测值：将 t_1 延时，确定 R_c 的最大值；计入卸载回弹的土阻力，对 R_c 值进行修正。

i. 采用实测曲线拟合法判定桩承载力，应符合下列规定：所采用的力学模型应明确、合理，桩和土的力学模型应能分别反映桩和土的实际力学性状，模型参数的取值范围应能限定；拟合分析选用的参数应在岩土工程的合理范围内；曲线拟合时间段长度在 t_1+2L/c 时刻后延续时间不应小于 20ms；对于柴油锤打桩信号，在 t_1+2L/c 时刻后延续时间不应小于 30ms；各单元所选用的土的最大弹性位移值 s_q 不应超过相应桩单元的最大计算位移值；拟合完成时，土阻力响应区段的计算曲线与实测曲线应吻合，其他区段的曲线应基本吻合；贯入度的计算值应与实测值接近。

j. 单桩竖向抗压承载力的统计和特征值确定：参加统计的试桩结果，当满足其极差不超过 30%时，取其平均值为单桩承载力统计值。当极差超过 30%时，应分析极差过大的原因，结合工程具体情况综合确定。必要时可增加试桩数量。单位工程同一条件下的单桩竖向抗压承载力特征值 R_a 应按本方法得到的单桩承载力统计值的 50%取值。

k. 桩身完整性可采用下列方法进行判定：采用实测曲线拟合法判定时，拟合所选用的桩、土参数应符合规定；根据桩的成桩工艺，拟合时可采用桩身阻抗拟合或桩身裂隙以及混凝土预制桩的接桩缝隙拟合；等截面桩且缺陷深度 x 以上部位的土阻力 R_x 未出现卸载回弹时，桩身完整性系数 β 和桩身缺陷位置应分别按下列公式计算，桩身完整性可按表 7-38 并结合经验判定：

$$\beta=\frac{[F(t_1)+Z\cdot V(t_1)]-2R_x+[F(t_x)-Z\cdot V(t_x)]}{[F(t_1)+Z\cdot V(t_1)]-[F(t_x)-Z\cdot V(t_x)]} \tag{7-22}$$

$$x=c\cdot\frac{t_x-t_1}{2000} \tag{7-23}$$

式中 β——桩身完整性系数，其值等于缺陷 x 处桩身截面阻抗与 x 以上桩身截面阻抗的比值；

t_x——缺陷反射峰对应的时刻(ms)；

x——桩身缺陷至传感器安装点的距离(m)；

t_1——速度第一峰对应的时刻(ms)；

$F(t_1)$——t_1 时刻的锤击力(kN)；

$V(t_1)$——t_1 时刻的质点运动速度(m/s)；

Z——桩身截面力学阻抗(kN·s/m)；

E——桩身材料弹性模量(kPa)；

c——桩身应力波传播速度(m/s)；

R_x——缺陷以上部位土阻力的估计值，等于缺陷反射波起始点的力与速度乘以桩身截面力学阻抗之差值，取值方法见图 7-14。

桩身完整性判定　　**表 7-38**

类别	β值	类别	β值
Ⅰ	$\beta=1.0$	Ⅲ	$0.6\leqslant\beta<0.8$
Ⅱ	$0.8\leqslant\beta<1.0$	Ⅳ	$\beta<0.6$

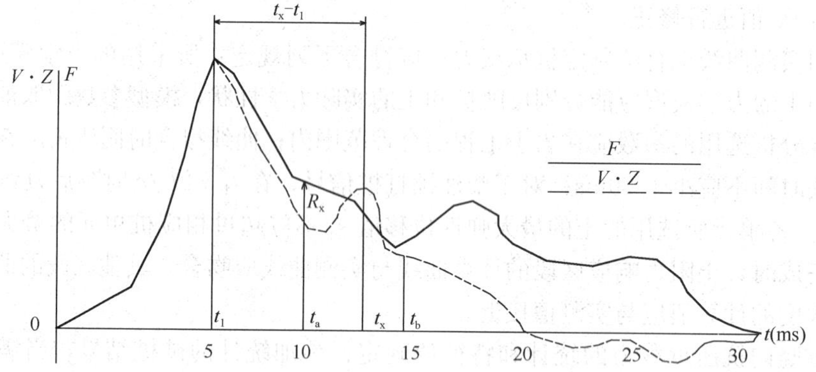

图 7-14　桩身完整性系数计算

出现下列情况之一时，桩身完整性判定宜按地基条件和施工工艺，结合实测曲线拟合法或其他检测方法综合进行：桩身有扩径；混凝土灌注桩桩身截面渐变或多变；力和速度曲线在第一峰附近不成比例，桩身浅部有缺陷；锤击力波上升缓慢；缺陷深度以上部位的土阻力 R_x 出现卸载回弹。

m. 桩身最大锤击拉应力、压应力和桩锤实际传递给桩的能量。

最大桩身锤击拉应力可按式（7-24）计算：

$$\sigma_t=\frac{1}{2A}\left\{Z\cdot V\left(t_1+\frac{2L}{c}\right)-F\left(t_1+\frac{2L}{c}\right)-Z\cdot V\left[t_1+\frac{2L-2x}{c}\right]-F\left[t_1+\frac{2L-2x}{c}\right]\right\}$$

(7-24)

式中　σ_t——最大桩身锤击拉应力(kPa)；

x——传感器安装点至计算点的距离(m)；

A——桩身截面面积(m^2)；

t_1——速度第一峰对应的时刻(ms)；

$F(t_1)$——t_1 时刻的锤击力(kN)；

$V(t_1)$——t_1 时刻的质点运动速度(m/s)；

L——测点下桩长(m)；

c——桩身应力波传播速度(m/s)。

最大桩身锤击压应力可按式（7-25）计算：

$$\sigma_{\mathrm{p}} = \frac{F_{\max}}{A} \tag{7-25}$$

式中 σ_{p}——最大桩身锤击压应力（kPa）；

A——桩身截面面积（m^2）；

$F_{\max}$——实测的最大锤击力（kN）。

桩锤实际传递给桩的能量应按式（7-26）计算：

$$E_{\mathrm{n}} = \int_0^{t_{\mathrm{e}}} F \cdot V \cdot \mathrm{d}t \tag{7-26}$$

式中 E_{n}——桩锤实际传递给桩的能量（kJ）；

t_{e}——采样结束的时刻；

F——锤击力（kN）；

V——质点运动速度（m/s）。

（3）钻芯法

1）本方法适用于检测混凝土灌注桩的桩长、桩身混凝土强度、桩底沉渣厚度和桩身完整性，当采用本方法判定或鉴别桩端持力层岩土性状时，钻探深度应满足设计要求。

2）检测设备及辅助工具

钻取芯样宜采用岩心钻探的液压高速钻机，并配置适宜的水泵、孔口管、扩孔器、卡簧、扶正稳定器和可捞取松软渣样的钻具，且配有相应的钻塔和牢固的底座，机械技术性能良好，不得使用立轴旷动过大的钻机。钻杆应顺直，直径宜为 50mm；钻机设备参数应满足：额定最高转速不低于 790r/min；转速调节范围不少于 4 挡；额定配用压力不低于 1.5MPa；水泵的排水量宜为 50～160L/min，泵压宜为 1.0～2.0MPa；孔口管、扶正稳定器及可捞取松软渣样的钻具应根据需要选用，桩较长时，应使用扶正稳定器确保钻芯孔的垂直度；桩顶面与钻机塔座距离大于 2m 时，宜安装孔口管、孔口管应垂直且牢固；应具有补平器、磨平机及锯切机等辅助工具。基桩桩身混凝土钻芯检测，应采用单动双管钻具钻取芯样，严禁使用单动单管钻具。钻头应根据混凝土设计强度等级选用合适粒度、浓度、胎体硬度的金刚石钻头，且外径不宜小于 100mm；钻头胎体不得有肉眼可见的裂纹、缺边、少角、倾斜及喇叭口变形。锯切芯样的锯切机应具有冷却系统和夹紧固定装置；芯样试件端面的补平器和磨平机，应满足芯样制作的要求。配套使用的金刚石圆锯片应有足够的刚度。

3）取样规则

① 桩径小于 1.2m 的桩的钻孔数量可为 1～2 个，桩径为 1.2～1.6m 的桩的钻孔数量宜为 2 个，桩径大于 1.6m 的桩的钻孔数量宜为 3 个。

② 当钻芯孔为 1 个时，宜在距桩中心 10～15cm 的位置开孔；当钻芯孔为 2 个或 2 个以上时，开孔位置宜在距桩中心 $0.15D$～$0.25D$ 范围内均匀对称布置。

③ 对桩端持力层的钻探，每根受检桩不应少于 1 个孔。

④ 当选择钻芯法对桩身质量、桩底沉渣、桩端持力层进行验证检测时，受检桩的钻芯孔数可为 1 个。

4）现场检测

① 钻取芯样：钻芯设备应精心安装，钻机立轴中心、天轮中心（天车前沿切点）与孔口中心必须在同一铅垂线上。设备安装后，应进行试运转，在确认正常后方能开钻。钻进初始阶段应对钻机立轴进行校正，及时纠正立轴偏差，确保钻芯过程中不发生倾斜、移位。当出现钻芯孔与桩体偏离时，应立即停机记录，分析原因。当有争议时，可进行钻孔测斜，以判断是受检桩倾斜超过规范要求还是钻芯孔倾斜超过规定要求。钻芯孔垂直度偏差不大于 0.5%。当桩顶面与钻机底座的距离较大时，应安装孔口管，孔口管应垂直且牢固。

② 钻进过程中，钻孔内循环水流不得中断，应根据回水含砂量及颜色，发现钻进中的异常情况，调整钻进速度，判断是否钻至桩端持力层。提钻卸取芯样时，应拧卸钻头和扩孔器，严禁敲打卸芯。每回次进尺宜控制在 1.5m 内；钻至桩底时，宜采取适宜的钻芯方法和工艺（如减压、慢速钻进、干钻等）检测沉渣或虚土厚度，若遇钻具突降，应立即停钻，及时测量机上余尺，准确记录孔深及有关情况。当持力层为中、微风化岩石时，可将桩底 0.5m 左右的混凝土芯样、0.5m 左右的持力层以及沉渣纳入同一回次。当持力层为强风化岩层或土层时，可采用合金钢钻头干钻的方法和工艺钻取沉渣并测定沉渣厚度。对中、微风化岩的桩端持力层，可直接钻取岩芯鉴别；对强风化岩或土层，可采取动力触探、标准贯入试验等方法鉴别。试验宜在距桩底 1m 内进行。

③ 钻取的芯样应由上而下按回次顺序放进芯样箱中，芯样侧表面上应清晰标明回次数、块号、本回次总块数（宜写成带分数的形式，如 $2\frac{3}{5}$ 表示第 2 回次共有 5 块芯样，本块芯样为第 3 块），并应按规范要求的格式及时记录孔号、回次数、起至深度、块数、总块数、芯样质量的初步描述和钻进异常情况。有条件时，可采用孔内摄像辅助判断混凝土质量。

钻芯过程中，应按规范要求的格式对芯样混凝土，桩底沉渣以及桩端持力层详细编录。桩身混凝土芯样的描述包括桩身混凝土钻进深度，芯样连续性、完整性、胶结情况、表面光滑情况、断口吻合程度、混凝土芯样是否为柱状、骨料大小分布的情况，气孔、蜂窝麻面、沟槽、破碎、夹泥、松散的情况，以及取样编号和取样位置。持力层的描述包括持力层钻进深度，岩土名称、芯样颜色、结构构造、裂隙发育程度、坚硬及风化程度，以及取样编号和取样位置，或动力触探、标准贯入试验位置和结果。分层岩层应分别描述。

钻芯结束后，应对芯样和标有工程名称、桩号、钻芯孔号、芯样试件采取位置、桩长、孔深、检测单位名称的标示牌的全貌进行拍照。当单桩质量评价满足设计要求时，应从钻芯孔孔底往上用水泥浆回灌封闭；当单桩质量评价不满足设计要求时，应封存钻芯孔，留待处理。

5）芯样试件截取与加工

① 当桩长小于 10m 时，每孔应截取 2 组芯样；当桩长为 10～30m 时，每孔应截取 3

组芯样；当桩长大于 30m 时，每孔应截取芯样不少于 4 组。上部芯样位置距桩顶设计标高不宜大于 1 倍桩径或超过 2m，下部芯样位置距桩底不宜大于 1 倍桩径或超过 2m，中间芯样宜等间距截取。缺陷位置能取样时，应截取 1 组芯样进行混凝土抗压试验。同一基桩的钻芯孔数大于 1 个，且某一孔在某深度存在缺陷时，应在其他孔的该深度处，截取 1 组芯样进行混凝土抗压强度试验。

② 当桩端持力层为中、微风化岩层且岩芯可制作成试件时，应在接近桩底部位 1m 内截取岩石芯样；遇分层岩性时，宜在各分层岩面取样。岩石芯样的加工和测量应符合要求。

③ 每组混凝土芯样应制作 3 个芯样抗压试件。混凝土芯样试件应按规范进行加工和测量。

6）芯样试件抗压强度试验

① 混凝土芯样试件制作完毕可立即进行抗压强度试验。混凝土芯样试件的抗压强度试验应按现行国家标准《混凝土物理力学性能试验方法标准》GB/T 50081 的有关规定执行。在混凝土芯样试件抗压强度试验中，当发现芯样试件内混凝土骨料最大粒径大于 0.5 倍芯样试件平均直径，且强度值异常时，该试件的强度值不得参与统计平均。

② 混凝土芯样试件抗压强度应按式（7-27）计算：

$$f_{cu}=\frac{4P}{\pi d^2} \tag{7-27}$$

式中 f_{cu}——混凝土芯样试件抗压强度，精确至 0.1MPa；

P——芯样试件抗压试验测得的破坏荷载（N）；

d——芯样试件的平均直径（mm）。

③ 桩底岩芯单轴抗压强度试验以及岩石单轴抗压强度标准值的确定，宜按现行国家标准《建筑地基基础设计规范》GB 50007 附录 J 执行。

7）检测数据的分析与判定

① 每根受检桩混凝土芯样试件抗压强度的确定应符合下列规定：取一组 3 块试件强度值的平均值，作为该组混凝土芯样试件抗压强度检测值。同一受检桩同一深度部位有两组或两组以上混凝土芯样试件抗压强度检测值时，取其平均值为该桩该深度处混凝土芯样试件抗压强度检测值。取同一受检桩下不同深度位置的混凝土芯样试件抗压强度检测值中的最小值，作为该桩混凝土芯样试件抗压强度检测值。

② 桩端持力层性状应根据持力层芯样特征并结合岩石芯样单轴抗压强度检测值、动力触探或标准贯入试验结果、进行综合判定或鉴别。

③ 桩身完整性类别应结合钻芯孔数、现场混凝土芯样特征、芯样试件单轴抗压强度试验结果，按表 7-35 的规定和表 7-39 所列特征进行综合判定。当混凝土出现分层现象时，宜截取分层部位的芯样进行抗压强度试验。当混凝土抗压强度满足设计要求时，可判为Ⅱ类；当混凝土抗压强度不满足设计要求或不能制作成芯样试件时，应判为Ⅳ类。多于三个钻芯孔的基桩桩身完整性可类比表 7.2.38 的三孔特征进行判定。

④ 成桩质量评价应按单根受检桩进行。当出现下列情况之一时，应判定该受检桩不满足设计要求：混凝土芯样试件抗压强度检测值小于混凝土设计强度等级；桩长、桩底沉

渣厚度不满足设计要求；桩底持力层岩土性状（强度）或厚度不满足设计要求。当桩基设计资料未作具体规定时，应按国家现行标准判定成桩质量。

桩身完整性判定　　表 7-39

<table>
<tr><th rowspan="2">类别</th><th colspan="3">特征</th></tr>
<tr><th>单孔</th><th>两孔</th><th>三孔</th></tr>
<tr><td rowspan="2">Ⅰ</td><td colspan="3">混凝土芯样连续、完整、胶结好、芯样侧表面光滑、骨料分布均匀、芯样呈长柱状、断口吻合</td></tr>
<tr><td>芯样侧表面仅见少量气孔</td><td>局部芯样侧表面有少量气孔、蜂窝麻面、沟槽，但在另一孔同一深度部位的芯样中未出现，否则应判定为Ⅱ类</td><td>局部芯样侧表面有少量气孔、蜂窝麻面、沟槽，但在三孔同一深度部位的芯样中未同时出现，否则应判为Ⅱ类</td></tr>
<tr><td rowspan="2">Ⅱ</td><td colspan="3">混凝土芯样连续、完整、胶结较好、骨料分布基本均匀、呈柱状、断口基本吻合</td></tr>
<tr><td>1. 局部芯样侧表面有蜂窝麻面、沟槽或较多气孔
2. 芯样侧表面蜂窝麻面严重、沟槽连续或局部芯样骨料分布极不均匀，但对应部位的混凝土芯样试件抗压强度检测值满足设计要求，否则应判为Ⅲ类</td><td>1. 芯样侧表面有较多气孔、严重蜂窝麻面、连续沟槽或局部混凝土芯样骨料分布不均匀，但在两孔同一深度部位的芯样中未同时出现
2. 芯样侧表面有较多气孔、严重蜂窝麻面、连续沟槽或局部混凝土芯样骨料分布不均匀，且在另一孔同一深度部位的芯样中同时出现，但该深度部位的混凝土芯样试件抗压强度检测值满足设计要求，否则应判为Ⅲ类
3. 任一孔局部混凝土芯样破碎段长度不大于 10cm，且在另一孔同一深度部位的局部混凝土芯样的外观判定完整性类别为Ⅰ类或Ⅱ类，否则应判为Ⅲ类或Ⅳ类</td><td>1. 芯样侧表面有较多气孔、严重蜂窝麻面、连续沟槽或局部混凝土芯样骨料分布不均匀，但在三孔同一深度部位的芯样中未同时出现
2. 芯样侧表面有较多气孔、严重蜂窝麻面、连续沟槽或局部混凝土芯样骨料分布不均匀，且在任两孔或三孔同一深度部位的芯样中同时出现，但该深度部位的混凝土芯样试件抗压强度检测值满足设计要求，否则应判为Ⅲ类
3. 任一孔局部混凝土芯样破碎段长度不大于 10cm，且在另两孔同一深度部位的局部混凝土芯样的外观判定完整性类别为Ⅰ类或Ⅱ类，否则应判为Ⅲ类或Ⅳ类</td></tr>
<tr><td rowspan="2">Ⅲ</td><td colspan="2">大部分混凝土芯样胶结较好，无松散、夹泥或分层现象。有下列情况之一</td><td>大部分混凝土芯样胶结较好。有下列情况之一</td></tr>
<tr><td>1. 芯样不连续、多呈短柱状或块状
2. 局部混凝土芯样破碎段长度不大于 10cm</td><td>1. 芯样不连续、多呈短柱状或块状
2. 任一孔局部混凝土芯样破碎段长度大于 10cm 但不大于 20cm，且在另一孔同一深度部位的局部混凝土芯样的外观判定完整性类别为Ⅰ类或Ⅱ类，否则应判为Ⅲ类</td><td>1. 芯样不连续、多呈短柱状或块状
2. 任一孔局部混凝土芯样破碎段长度大于 10cm 但不大于 30cm，且在另两孔同一深度部位的局部混凝土芯样的外观判定完整性类别为Ⅰ类或Ⅱ类，否则应判为Ⅳ类
3. 任一孔局部混凝土芯样松散段长度不大于 10cm，且在另两孔同一深度部位的局部混凝土芯样的外观判定完整性类别为Ⅰ类或Ⅱ类，否则应判为Ⅳ类</td></tr>
</table>

续表

类别	特征		
	单孔	两孔	三孔
Ⅳ	有下列情况之一：		
	1. 因混凝土胶结质量差而难以钻进 2. 混凝土芯样任一段松散或夹泥 3. 局部混凝土芯样破碎长度大于 10cm	1. 任一孔因混凝土胶结质量差而难以钻进 2. 混凝土芯样任一段松散或夹泥 3. 任一孔局部混凝土芯样破碎长度大于 20cm 4. 两孔同一深度部位的混凝土芯样破碎	1. 任一孔因混凝土胶结质量差而难以钻进 2. 混凝土芯样任一段松散或夹泥长度大于 10cm 3. 任一孔局部混凝土芯样破碎长度大于 30cm 4. 其中两孔在同一深度部位的混凝土芯样破碎、松散或夹泥

注：当上一缺陷的底部位置标高与下一缺陷的顶部位置标高的高差小于 30cm 时，可以确定两缺陷处于同一深度部位。

(4) 声波透射法

声波透射法是利用声波的透射原理对桩身混凝土介质状况进行检测，适用于桩在灌注成型时已经预埋了两根或两根以上声测管的情况。当桩径小于 0.6m 时，声测管的声耦合误差使声时测试的相对误差增大，因此桩径小于 0.6m 时应慎用声波透射法；基桩经钻芯法检测后（有两个或两个以上的钻孔）需进一步了解钻芯孔之间的混凝土质量时也可采用声波透射法。

由于桩内跨孔测试的测试误差高于上部结构混凝土的检测，且桩身混凝土纵向各部位硬化环境不同，粗细骨料分布不均匀，因此该方法不宜用于推定桩身混凝土强度。

1) 本方法适用于已预埋声测管的混凝土灌注桩桩身完整性检测，判定桩身缺陷的位置、范围和程度。当出现下列情况之一时，不得采用声波透射法对整桩的桩身完整性进行评定：声测管未沿桩身通长配置；声测管堵塞导致检测数据不全；声测管埋设数量不符合要求。

2) 检测设备及辅助工具

检测应有声波发射与接收换能器、声波检测仪等设备。声波发射与接收换能器应符合下列规定：圆柱状径向换能器沿径向振动应无指向性；外径应小于声测管内径，有效工作段长度不得大于 150mm；谐振频率应为 30～60kHz；水密性应满足 1MPa 水压不渗水。

声波检测仪应具有下列功能：实时显示和记录接收信号时程曲线以及频率测量或频谱分析；最小采样时间间隔应小于等于 0.5 μs，系统频带宽度应为 1～200kHz，声波辐值测量相对误差应小于 5%，系统最大动态范围不得小于 100dB；声波发射脉冲应为阶跃或矩形脉冲，电压幅值应为 200～1000V；首波实时显示；自动记录声波发射与接收换能器位置。

3) 现场检测

① 声测管埋设：

a. 声测管埋设应符合下列规定：声测管内径应大于换能器外径；声测管应有足够的径向刚度，声测管材料的温度系数应与混凝土接近；声测管应下端封闭、上端加盖、管内无异物；声测管连接处应光顺过渡，管口应高出混凝土顶面 100mm 以上；浇灌混凝土前应将声测管有效固定。

b. 声测管应沿钢筋笼内侧呈对称形状布置，并依次编号，声测管布置示意图见图 7-15。

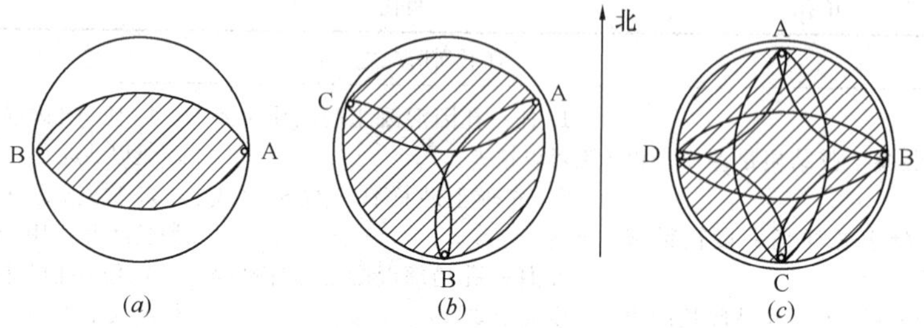

图 7-15　声测管布置示意图

(a) 2 根管；(b) 3 根管；(c) 4 根管

注：检测剖面编组（检测剖面序号为 j）分别为：2 根管时，AB 剖面（$j=1$）；3 根管时，AB 剖面（$j=1$），BC 剖面（$j=2$），CA 剖面（$j=3$）；4 根管时，AB 剖面（$j=1$），BC 剖面（$j=2$），CD 剖面（$j=3$），DA 剖面（$j=4$），AC 剖面（$j=5$），BD 剖面（$j=6$）。

c. 桩径小于或等于 800mm 时，不得少于 2 根声测管；桩径大于 800mm 且小于或等于 1600mm 时，不得少于 3 根声测管；桩径大于 1600mm 时，不得少于 4 根声测管；桩径大于 2500mm 时，宜增加预埋声测管数量。

② 现场检测

a. 检测前准备：采用率定法确定仪器系统延迟时间；计算声测管及耦合水层声时修正值；在桩顶测量各声测管外壁间净距离；将各声测管内注满清水，检查声测管畅通情况；换能器应能在声测管全程范围内正常升降。

b. 现场平测与斜测：发射与接收声波换能器通过深度标志分别置于两根声测管中；平测时，声波发射与接收声波换能器应始终保持相同深度见图 7-16（a）；斜测时，声波发射与接收换能器应始终保持固定高差见图 7-16（b），且两个换能器中点连线的水平夹角不应大于 30°；声波发射与接收换能器应从桩底向上同步提升，声测线间距不应大于 100mm；提升过程中，应校核换能器的深度和校正换能器的高差，并确保测试波形的稳定性，提升速度不宜大于 0.5m/s。应实时显示、记录每条声测线的信号时程曲线，并读取首波声时、幅值；当需要采用信号主频值作为异常声测线辅助判定依据时，尚应读取信号的主频值；保存检测数据的同时，应保存波列图信息；同一检测剖面的声测线间距、声波发射电压和仪器设置参数应保持不变。

c. 在桩身质量可疑的声测线附近，应采用增加声测线或采用扇形扫测见图 7-16（c）、交叉斜测见图 7.2.35（b）、CT 影像技术等方式，进行复测和加密测试，确定缺

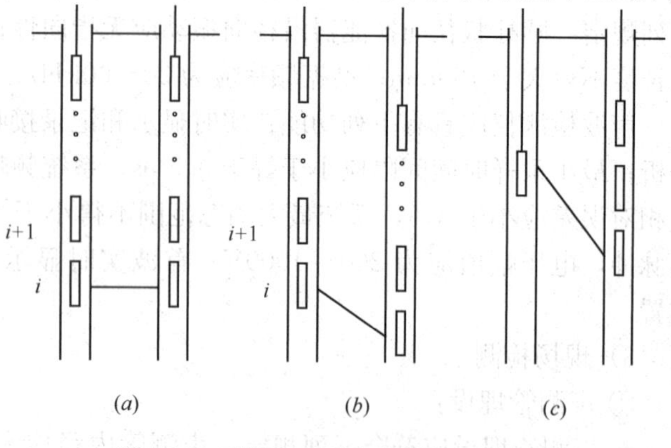

图 7-16　平测、斜测和扇形扫侧示意图

(a) 平测；(b) 斜测；(c) 扇形扫侧

陷的位置和空间分布范围，排除因声测管耦合不良等非桩身缺陷因素导致的异常声测线。采用扇形扫测时，两个换能器中点连线的水平夹角不应大于 40°。

4）检测数据分析与判定

① 当因声测管倾斜导致声速数据有规律地偏高或偏低变化时，应先对管距进行合理修正，然后对数据进行统计分析。当实测数据明显偏离正常值而又无法进行合理修正时，检测数据不得作为评价桩身完整性的依据。

② 平测时各声测线的声时 t_c、声速 v、波幅 A_p 及主频 f 应根据现场检测数据，按下列各式计算，并绘制声速-深度（v-z）曲线和波幅-深度（A_p-z）曲线，需要时可绘制辅助的主频-深度（f-z）曲线：

$$t_{ci}(j)=t_i(j)-t_0-t' \tag{7-28}$$

$$v_i(j)=\frac{l'_i(j)}{t_{ci}(j)} \tag{7-29}$$

$$A_{pi}(j)=20\lg\frac{a_i(j)}{a_0} \tag{7-30}$$

$$f_i(j)=\frac{1000}{T_i(j)} \tag{7-31}$$

式中 i——声测线编号，应对每个检测剖面自下而上(或自上而下)编号；

j——检测剖面编号；

$t_{ci}(j)$——第 j 检测剖面第 i 声测线声时(μs)；

$t_i(j)$——第 j 检测剖面第 i 声测线声时测量值(μs)；

t_0——仪器系统延迟时间(μs)；

t'——声测管及耦合水层声时修正值(μs)；

$l'_i(j)$——第 j 检测剖面第 i 声测线的两声测管的外壁间净距离(mm)，当两声测管平行时，可取为两声测管管口的外壁间净距离；斜测时，$l'_i(j)$为声波发射和接收换能器各自中点对应的声测管外壁之间的净距离，可由桩顶面两声测管的外壁间净距离和发射接收声波换能器的高差计算得到；

$v_i(j)$——第 j 检测剖面第 i 声测线声速(km/s)；

$A_{pi}(j)$——第 j 检测剖面第 i 声测线的首波幅值(dB)；

$a_i(j)$——第 j 检测剖面第 i 声测线信号首波幅值(V)；

a_0——零分贝信号幅值(V)；

$f_i(j)$——第 j 检测剖面第 i 声测线信号主频值(kHz)，可经信号频谱分析得到；

$T_i(j)$——第 j 检测剖面第 i 声测线信号周期(μs)。

③ 当采用平测或斜测时，第 j 检测剖面的声速异常判断概率统计值应按下列方法确定：

a. 将第 j 检测剖面各声测线的声速值 $v_i(j)$由大到小依次排序：

$$v_1(j)\geqslant v_2(j)\geqslant\cdots v_k(j)\geqslant\cdots v_{i-1}(j)\geqslant v_i(j)$$
$$\geqslant v_{i+1}(j)\geqslant\cdots v_{n-k}(j)\geqslant\cdots v_{n-1}(j)\geqslant v_n(j) \tag{7-32}$$

式中 $v_i(j)$——第 j 检测剖面第 i 声测线声速(km/s)，i=1，2，…，n；

n——第 j 检测剖面的声测线总数；

k——拟去掉的低声速值的数据个数，$k=0$，1，2，…；

k'——拟去掉的高声速值的数据个数，$k=0$，1，2，…。

b. 对逐一去掉 $v_i(j)$ 中 k 个最小数值和 k' 个最大数值后的其余数据，按下列公式进行统计计算：

$$v_{01}(j)=v_m(j)-\lambda\cdot s_x(j) \tag{7-33}$$

$$v_{02}(j)=v_m(j)-\lambda\cdot s_x(j) \tag{7-34}$$

$$v_m(j)=\frac{1}{n-k-k'}\sum_{i=k'+1}^{n-k}v_i(j) \tag{7-35}$$

$$s_x(j)=\sqrt{\frac{1}{n-k-k'-1}\sum_{i=k'+1}^{n-k}\left[v_i(j)-v_m(j)\right]^2} \tag{7-36}$$

$$C_V(j)=\frac{s_x(j)}{v_m(j)} \tag{7-37}$$

式中　$v_{01}(j)$——第 j 剖面的声速异常小值判断值；

$v_{02}(j)$——第 j 剖面的声速异常大值判断值；

$v_m(j)$——$(n-k-k')$个数据的平均值；

$s_x(j)$——$(n-k-k')$个数据的标准差；

$C_V(j)$——$(n-k-k')$个数据的变异系数；

λ——由表 7-40 查得的与$(n-k-k')$相对应的系数。

统计数据个数（$n-k-k'$）与对应的 λ 值　　**表 7-40**

$n-k-k'$	10	11	12	13	14	15	16	17	18	20
λ	1.28	1.33	1.38	1.43	1.47	1.50	1.53	1.56	1.59	1.64
$n-k-k'$	20	22	24	26	28	30	32	34	36	38
λ	1.64	1.69	1.73	1.77	1.80	1.83	1.86	1.89	1.91	1.94
$n-k-k'$	40	42	44	46	48	50	52	54	56	58
λ	1.96	1.98	2.00	2.02	2.04	2.05	2.07	2.09	2.10	2.11
$n-k-k'$	60	62	64	66	68	70	72	74	76	78
λ	2.13	2.14	2.15	2.17	2.18	2.19	2.20	2.21	2.22	2.23
$n-k-k'$	80	82	84	86	88	90	92	94	96	98
λ	2.24	2.25	2.26	2.27	2.28	2.29	2.29	2.30	2.31	2.32
$n-k-k'$	100	105	110	115	120	125	130	135	140	145
λ	2.33	2.34	2.36	2.38	2.39	2.41	2.42	2.43	2.45	2.46
$n-k-k'$	150	160	170	180	190	200	220	240	260	280
λ	2.47	2.50	2.52	2.54	2.56	2.58	2.61	2.64	2.67	2.69
$n-k-k'$	300	320	340	360	380	400	420	440	470	500
λ	2.72	2.74	2.76	2.77	2.79	2.81	2.82	2.84	2.86	2.88
$n-k-k'$	550	600	650	700	750	800	850	900	950	1000
λ	2.91	2.94	2.96	2.98	3.00	3.02	3.04	3.06	3.08	3.09
$n-k-k'$	1100	1200	1300	1400	1500	1600	1700	1800	1900	2000
λ	3.12	3.14	3.17	3.19	3.21	3.23	3.24	3.26	3.28	3.29

c. 按 $k=0$、$k'=0$、$k=1$、$k'=1$、$k=2$、$k'=2$……的顺序，将参加统计的数列最小数据 $v_{n-k}(j)$ 与异常小值判断值 $v_{01}(j)$ 进行比较，当 $v_{n-k}(j)$ 小于等于 $v_{01}(j)$ 时剔除最小

数据；将最大数据 $v_{k'+1}(j)$ 与异常大值判断值 $v_{02}(j)$ 进行比较，当 $v_{k'+1}(j)$ 大于等于 $v_{02}(j)$ 时剔除最大数据；每次剔除一个数据，对剩余数据构成的数列，重复式（7-31）～式（7-34）计算步骤，直到下列两式成立：

$$v_{n-k}(j) \geqslant v_{01}(j) \tag{7-38}$$

$$v_{k'+1}(j) \leqslant v_{02}(j) \tag{7-39}$$

d. 第 j 检测剖面的声速异常判断概率统计值，应按下式计算：

$$v_0(j)=\begin{cases} v_m(j)(1-0.015\lambda) & \text{当 } C_V(j)<0.015 \text{ 时} \\ v_{01}(j) & \text{当 } 0.015\leqslant C_V(j)\leqslant 0.045 \text{ 时} \\ v_m(j)(1-0.045\lambda) & \text{当 } C_V(j)>0.045 \text{ 时} \end{cases} \tag{7-40}$$

式中　$v_0(j)$——第 j 检测剖面的声速异常判断概率统计值。

④ 受检桩的声速异常判断临界值，应按下列方法确定：

a. 应根据本地区经验，结合预留同条件混凝土试件或钻芯法获取的芯样试件的抗压强度与声速对比试验，分别确定桩身混凝土声速低限值 v_L 和混凝土试件的声速平均值 v_P。

b. 当 $v_0(j)$ 大于 v_L 且小于 v_P 时，

$$v_c(j)=v_0(j) \tag{7-41}$$

式中　$v_c(j)$——第 j 检测剖面的声速异常判断临界值；

$v_0(j)$——第 j 检测剖面的声速异常判断概率统计值。

c. 当 $v_0(j)$ 小于等于 v_L 或 $v_0(j)$ 大于等于 v_P 时，应分析原因；第 j 检测剖面的声速异常判断临界值可按下列情况的声速异常判断临界值综合确定：同一根桩的其他检测剖面的声速异常判断临界值；与受检桩属同一工程、相同桩型且混凝土质量较稳定的其他桩的声速异常判断临界值。

d. 对只有单个检测剖面的桩，其声速异常判断临界值等于检测剖面声速异常判断临界值；对具有三个或三个以上检测剖面的桩，应取各个检测剖面声速异常判断临界值的算术平均值，作为该桩各声测线的声速异常判断临界值。

⑤ 声速 $v_i(j)$ 异常应按下式判定：

$$v_i(j)\leqslant v_c \tag{7-42}$$

⑥ 波幅异常判断的临界值，应按下列公式计算：

$$A_m(j)=\frac{1}{n}\sum_{j=1}^{n}A_{pj}(j) \tag{7-43}$$

$$A_c(j)=A_m(j)-6 \tag{7-44}$$

波幅 A_{pj} （j）异常应按下式判定：

$$A_{pi}(j)<A_c(j) \tag{7-45}$$

式中　$A_m(j)$——第 j 检测剖面各声测线的波幅平均值(dB)；

$A_{pi}(j)$——第 j 检测剖面第 i 声测线的波幅值(dB)；

$A_c(j)$——第 j 检测剖面波幅异常判断的临界值(dB)；

n——第 j 检测剖面的声测线总数。

⑦ 当采用信号主频值作为辅助异常声测线判据时，主频深度曲线上主频值明显降低的声测线可判定为异常。当采用接收信号的能量作为辅助异常声测线判据时，能量-深度

曲线上接收信号能量明显降低可判定为异常。

⑧ 采用斜率法作为辅助异常声测线判据时，声时-深度曲线上相邻两点的斜率与声时差的乘积 PSD 值应按下式计算。当 PSD 值在某深度处突变时，宜结合波幅变化进行异常声测线判定。

$$PSD(j,i)=\frac{[t_{ci}(j)-t_{ci-1}(j)]^2}{Z_i-Z_{i-1}} \tag{7-46}$$

式中 PSD——声时-深度曲线上相邻两点连线的斜率与声时差的乘积（$\mu s^2/m$）；

$t_{ci}(j)$——第 j 检测剖面第 i 声测线的声时（μs）；

$t_{ci-1}(j)$——第 j 检测剖面第 $i-1$ 声测线的声时（μs）；

Z_i——第 i 声测线深度（m）；

Z_{i-1}——第 $i-1$ 声测线深度（m）。

⑨ 桩身缺陷的空间分布范围，可根据以下情况判定：桩身同一深度上各检测剖面桩身缺陷的分布；复测和加密测试的结果。

⑩ 桩身完整性类别应结合桩身缺陷处声测线的声学特征、缺陷的空间分布范围，按表 7-35 和表 7-41 所列特征进行综合判定。

桩身完整性判定 **表 7-41**

类别	特征
Ⅰ	所有声测线声学参数无异常，接收波形正常 存在声学参数轻微异常、波形轻微畸变的异常声测线，异常声测线在任一检测剖面的任一区段内纵向不连续分布，且在任一深度横向分布的数量小于检测剖面数量的 50%
Ⅱ	存在声学参数轻微异常、波形轻微畸变的异常声测线，异常声测线在一个或多个检测剖面的一个或多个区段内纵向连续分布，或在一个或多个深度横向分布的数量大于或等于检测剖面数量的 50% 存在声学参数明显异常、波形明显畸变的异常声测线，异常声测线在任一检测剖面的任一区段内纵向不连续分布，且在任一深度横向分布的数量小于检测剖面数量的 50%
Ⅲ	存在声学参数明显异常、波形明显畸变的异常声测线，异常声测线在一个或多个检测剖面的一个或多个区段内纵向连续分布，但在任一深度横向分布的数量小于检测剖面数量的 50% 存在声学参数明显异常、波形明显畸变的异常声测线，异常声测线在任一检测剖面的任一区段内纵向不连续分布，但在一个或多个深度横向分布的数量大于或等于检测剖面数量的 50% 存在声学参数严重异常、波形严重畸变或声速低于低限值的异常声测线，异常声测线在任一检测剖面的任一区段内纵向不连续分布，且任一深度横向分布的数量小于检测剖面数量的 50%
Ⅳ	存在声学参数明显异常、波形明显畸变的异常声测线，异常声测线在一个或多个检测剖面的一个或多个区段内纵向连续分布，且在一个或多个深度横向分布的数量大于或等于检测剖面数量的 50% 存在声学参数严重异常、波形严重畸变或声速低于低限值的异常声测线，异常声测线在一个或多个检测剖面的一个或多个区段内纵向连续分布，或在一个或多个深度横向分布的数量大于或等于检测剖面数量的 50%

注：1. 完整性类别由Ⅳ类往Ⅰ类依次判定；

2. 对于只有一个检测剖面的受检桩，桩身完整性判定应按检测剖面代表桩全部横截面的情况对待。

（5）自平衡法

基桩自平衡静载试验是基桩静载试验的一种新方法。其主要装置是一种特制的荷载箱，它与钢筋笼连接并安置于桩身平衡点处。试验时，从桩顶通过输压管对荷载箱内腔施加压力，箱盖与箱底被推开，从而调动桩周土的摩阻力与端阻力，直至破坏，将桩侧土摩阻力与桩底土阻力迭加而得到单桩抗压承载力。

1）本方法适用于传统静载试验条件受限时的基桩竖向承载力检测和评价。自平衡静载试验的检测数量应满足设计要求，不应少于同一条件下桩基分项工程总桩数的 1%，且不应少于 3 根；当总桩数小于 50 根时，检测数量不应少于 2 根。

2）检测设备及辅助工具：

① 基桩自平衡静载试验装置（图 7-17）可由下列系统组成：荷载箱、高压油管、加载油泵、油压测量仪表组成额加载系统；位移传递装置、位移传感器、位移基准装置组成的位移量测系统；采集压力和位移数据并据此对加载进行控制的数据采集与控制系统。检测设备应处于检定或校准有效期内，检测前应对仪器设备检查调试。所用仪器设备应具有防尘、防潮、防振等功能，并应能在适用温度范围内正常工作。

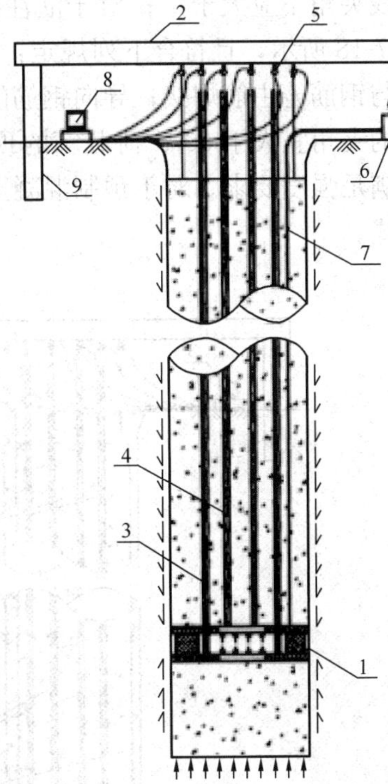

图 7-17　基桩自平衡静载试验装置

1—荷载箱；2—基准梁；3—护套管；4—位移杆（丝）；5—位移传感器；6—油泵；7—高压油管；8—数据采集仪；9—基准桩

② 荷载箱应按基桩类型、检测要求及基桩施工工艺正确选用。荷载箱的技术要求应符合《建筑基桩自平衡静载试验技术规程》JGJ/T 403—2017 附录 A 的规定。

③ 采用连接于荷载箱油路的压力传感器或压力表测定油压，压力传感器或压力表精度均不应低于 0.5 级，量程不应小于 60MPa，压力表、油泵、油管在最大加载时的压力不应超过额定工作压力的 80%。

④ 位移传感器宜采用电子百分表，测量误差不得大于 0.1%FS，分辨率不得低于 0.01mm。荷载箱处的向上、向下位移应各自采用一组位移传感器，每组不应少于 2 个，且应对称布置。

⑤ 测试桩侧阻力、桩端阻力、桩身截面位移时，桩身内传感器位移杆（丝）的埋设应符合规定。

3）设备安装

① 荷载箱的埋设位置应符合下列规定：当受检桩为抗压桩，预估极限端阻力小于预估极限侧摩阻力时，应将荷载箱置于桩身平衡点处；当受检桩为抗压桩，预估极限端阻力大于预估极限侧摩阻力时，可将荷载箱置于桩端，并在桩顶采取一定量的配重措施；当受检桩为抗拔桩时，荷载箱应置于桩端；下部提供的反力不够维持加载时，可采取加深桩长或后注浆措施；当需要测试桩的分段承载时，可布置双层荷载箱，埋设位置应根据检测要求确定。

② 荷载箱的连接应符合下列规定：荷载箱应平放于桩身的中心，荷载箱位移方向与

桩身轴线夹角不应大于1°；对于灌注桩，自平衡静载试验中受检桩检测系统的安装与连接如图7-18所示，且符合下列规定：导向钢筋一端宜与环形荷载箱内圆边缘处焊接，另一端宜与钢筋笼主筋焊接；导向钢筋的数量和直径宜与钢筋笼主筋相同；导向钢筋与荷载箱平面的夹角宜大于60°；荷载箱的顶部和底部应分别与上下钢筋笼的主筋焊接在一起，焊缝应满足强度要求。对于预制混凝土管桩和钢管桩，荷载箱与上、下段桩应采取可靠的连接方式。

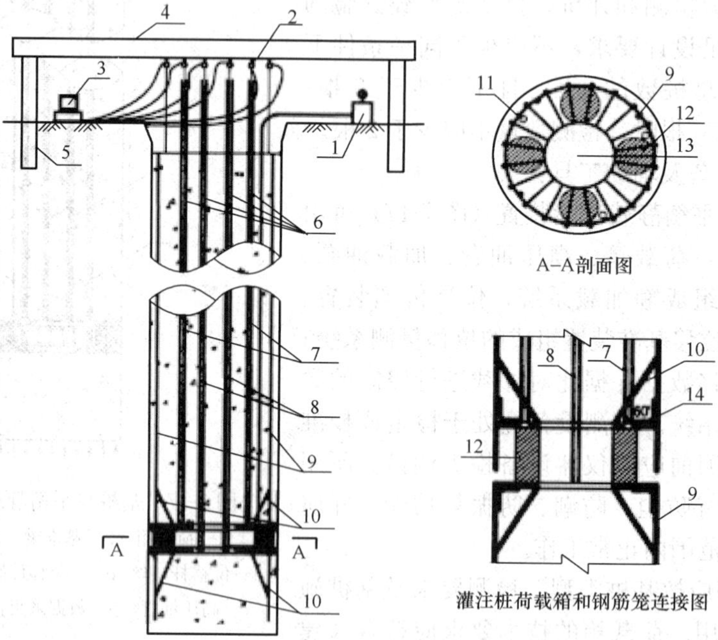

图7-18　灌注桩检测系统的安装与连接

1—加压系统；2—位移传感器；3—静载试验仪（压力控制和数据采集）；4—基准梁；5—基准桩；6—位移杆（丝）护筒；7—上位移杆（丝）；8—7下位移杆（丝）；9—主筋；10—导向筋（喇叭筋）；11—声测管；12—千斤顶；13—导管孔；14—L形加强筋

③ 位移杆（丝）与护套管应符合下列规定：位移杆应具有一定的刚度，确保将荷载箱处的位移传递到地面；保护位移杆（丝）的护套管应与荷载箱焊接，多节护套管连接时可采用机械连接或焊接方式，焊缝应满足强度要求，并确保不渗漏水泥浆；当护套管兼作注浆管时，尚应满足注浆管的要求。

④ 基准桩和基准梁应符合下列规定：基准桩与受检桩之间的中心距离不应小于3倍的受检桩直径，且不应小于2.0m；基准桩应打入地面以下足够的深度，不宜小于1.0m；基准梁应具有足够的刚度，梁的一端应固定在基准桩上，另一端应简支于基准桩上；固定和支撑位移传感器的夹具及基准梁应减小受气温、振动及其他外界因素的影响，当基准梁暴露在阳光下时，应采取有效措施。

4）现场测试

① 自平衡静载试验应采用慢速维持荷载法。慢速维持荷载法是我国公认且已沿用多年的标准试验方法，也是其他工程桩竖向承载力验收检测方法的唯一比较标准。

② 试验加载、卸载应符合下列规定：加载应分级进行，采用逐级等量加载，每级荷

载宜为最大加载值的1/10，其中，第一级加载量可取分级荷载的2倍；卸载应分级进行，每级卸载量宜取加载时分级荷载的2倍，且应逐级等量卸载；加、卸载时，应使荷载传递均匀、连续、无冲击，且每级荷载在维持过程中的变化幅度不得超过分级荷载的±10%；采用双层荷载箱时，宜先进行下荷载箱测试，后进行上荷载箱测试。

③ 慢速维持荷载法试验步骤应符合下列规定：每级荷载施加后，应分别按第5min、第15min、第30min、第45min、第60min测读位移，以后每隔30min测读一次位移；位移相对稳定标准为：从分级荷载施加后的第30min开始，按1.5h连续三次每30min的位移观测值计算，每小时内的位移增量不超过0.1m，并连续出现两次；当位移变化速率达到相对稳定标准时，再施加下一级荷载；卸载时，每级荷载维持1h，分别按第15min、30min、60min测读位移量后，即可卸载下一级荷载；卸载至零后，应测读残余位移，维持时间不得小于3h，测读时间分别为第15min、第30min，以后每隔30min测读一次残余位移量。

④ 荷载箱上段或下段位移出现下列情况之一时，即可终止加载：某级荷载作用下，荷载箱上段或下段位移增量大于前一级荷载作用下位移增量的5倍，且位移总量超过40mm；某级荷载作用下，荷载箱上段或下段位移增量大于前一级荷载作用下位移增量的2倍，且经24h未达到相对稳定标准；已达到设计要求的最大加载量且荷载箱上段或下段位移达到相对稳定标准；当荷载-位移曲线呈缓变型时，向上位移总量可加载至40～60mm；向下位移总量可加载至60～80mm；当桩端阻力尚未充分发挥时，可加载至总位移量超过80mm；荷载已达荷载箱加载极限，或荷载箱上、下段位移已超过荷载箱行程，即可终止加载。

⑤ 测量桩身应变和桩身截面位移时，数据的测读时间宜符合要求。

5）检测数据分析与判定：

① 检测数据的处理应符合下列规定：应绘制荷载与位移量的关系曲线和位移量与加荷时间的单对数曲线，也可绘制其他辅助分析曲线；当进行桩身应变和桩身截面位移测定时，应按要求整理数据，绘制桩身轴力分布图，计算不同土层的桩侧阻力和桩端阻力。

② 上段桩极限加载值Q_{uu}和下段桩极限加载值Q_{ud}应按下列方法综合确定：根据位移随荷载的变化特征确定时，对于陡变型曲线，应取曲线发生明显陡变的起始点对应的荷载值；根据位移随时间的变化特征确定极限承载力，应取位移量与加载时间的单对数曲线尾部出现明显弯曲的前一级荷载值；当最后一级加载位移变化较为明显时，宜取前一级荷载值；对缓变型曲线可根据位移量确定，上段桩极限加载值取对应位移为40mm时的荷载；当上段桩长大于40m时，宜考虑桩身的弹性压缩量；下段桩极限加载值取位移为40mm对应的荷载值，对直径大于或等于800mm的桩，可取荷载箱向下位移量为0.05D（D为桩端直径）对应的荷载值；当按上述均不能确定时，宜分别取向上、向下两个方向的最大试验荷载作为上段桩极限加载值和下端桩极限加载值。

③ 自平衡静载试验测得的荷载-位移曲线宜等效转换为传统静载试验的荷载-位移曲线，基桩自平衡静载试验结果转换示意图如图7-19所示。转换方法按下述规定进行：

a. 桩身无内力测试元件时，桩顶等效荷载、位移应按下列公式计算：

$$Q=\frac{Q_u-W}{\gamma_1}+Q_d \tag{7-47}$$

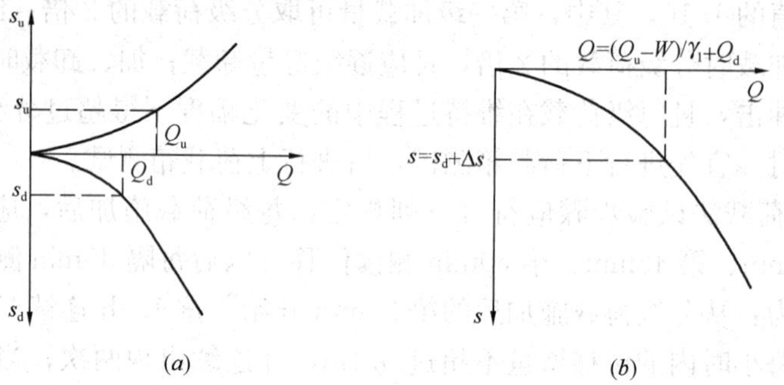

图 7-19　基桩自平衡静载试验结果转换示意图

(a) 基桩自平衡静载试验曲线；(b) 等效转换曲线

$$s = s_d + \Delta s \tag{7-48}$$

$$\Delta s = \frac{\left[\dfrac{Q_u - W}{\gamma_1} + 2Q_d\right] L_U}{2E_p A_p} \tag{7-49}$$

式中　Q——桩顶等效荷载（kN）；

s——桩顶等效位移（m）；

Δs——桩身压缩量（m）；

L_U——上段桩长度（m）；

E_p——桩身弹性模量（kPa）；

A_p——桩身截面面积（m^2）。

b. 桩身有内力测试元件时的计算应符合下列规定：

将荷载箱以上部分分割成 n 个单元，任意单元 i 的桩轴向力 $Q(i)$ 和变位量 $s(i)$ 可用式（7-50）、式（7-51）表示，基桩自平衡静载试验的轴向力、桩侧摩阻力与变位量的关系如图 7-20 所示。

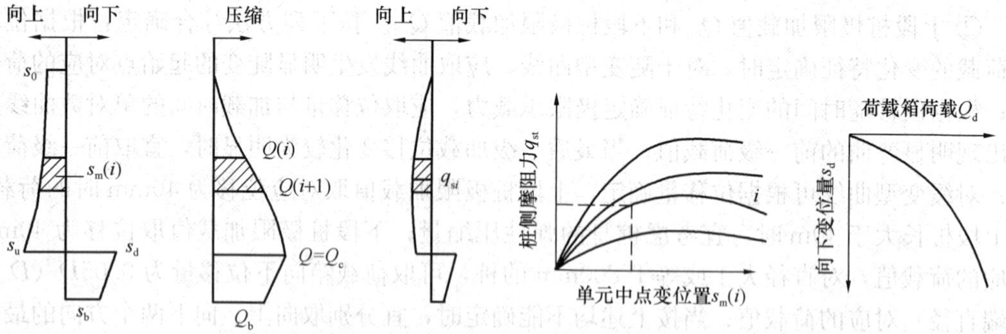

图 7-20　基桩自平衡静载试验的轴向力、

桩侧摩阻力与变位量的关系

s_0 —桩顶变位量；s_u，s_d —荷载箱向上和向下变位量；s_b —桩端变位量；Q_d —荷载箱荷载；Q_b —桩端轴向力；

$s_m(i)$ — i 单元中点的变位量；q_{si} — i 单元的桩侧摩阻力

$$Q(i)=Q_{\mathrm{d}}+\frac{1}{2}\sum_{m=i}^{n}q_{\mathrm{sm}}\{U(m)+U(m+1)\}M(m) \tag{7-50}$$

$$s(i)=s_{\mathrm{d}}+\sum_{m=i}^{n}\frac{Q_{(m)}+Q_{(m+1)}}{A_{\mathrm{P}}(m)E_{\mathrm{P}}(m)+A_{\mathrm{P}}(m+1)E_{\mathrm{P}}(m+1)}(m) \tag{7-51}$$

式中 q_{sm}——m 点（$i\sim n$ 之间的点）的桩侧摩阻力（假定向上为正值）(kPa)；

$U(m)$ —— m 点处桩周长（m）；

$A_{\mathrm{P}}(m)$ —— m 点处桩截面面积（m^2）；

$E_{\mathrm{P}}(m)$ ——m 点处桩弹性模量（kPa），宜采用标定断面法确定；

(m) ——分割单元 m 的长度（m）。

c. 由基桩自平衡静载试验测出的桩侧摩阻力 q_{si} 与单元中点变位量 $s_{\mathrm{m}}(i)$ 的曲线，转换为传统桩顶加载的桩侧摩阻力与位移的曲线，采用荷载传递法进行迭代计算可获得等效桩顶荷载及桩顶位移。对于荷载还没有传到荷载箱处时，直接采用荷载箱上段桩 Q_{u}-s_{u} 曲线进行转换。

d. 对于双层荷载箱，将每层荷载箱从下往上依次进行转换。

④ 单桩竖向抗压极限承载力，应按下列公式计算：

单荷载箱：

$$Q_{\mathrm{u}}=\frac{Q_{\mathrm{uu}}-W}{\gamma_1}+Q_{\mathrm{ud}} \tag{7-52}$$

双层荷载箱：

$$Q_{\mathrm{u}}=\frac{Q_{\mathrm{uu}}-W}{\gamma_1}+Q_{\mathrm{um}}+Q_{\mathrm{ud}} \tag{7-53}$$

式中 Q_{u}——单桩竖向承载力极限值（kN）；

Q_{uu}——上段桩的极限加载值（kN）；

Q_{um}——中段桩的极限加载值（kN）；

Q_{ud}——下段桩的极限加载值（kN）；

W——荷载箱上段桩的自重与附加重量之和（kN），附加重量应包括设计桩顶以上超灌高度的重量、空桩段泥浆或回填砂土自重，地下水位以下应取浮重度计算；

γ_1——受检桩的抗压摩阻力转换系数，宜根据实际情况通过相近条件的比对试验和地区经验确定。当无可靠比对试验资料和地区经验时，γ_1 可取 0.8～1.0，长桩及黏性土取大值，短桩或砂土取小值。

⑤ 单桩竖向抗拔极限承载力，应按下式计算：

$$Q_{\mathrm{u}}=\frac{Q_{\mathrm{uu}}}{\gamma_2} \tag{7-54}$$

式中 γ_2 ——受检桩的抗拔摩阻力转换系数；承压型抗拔桩应取 1.0，对于承拉型抗拔桩，应根据实际情况通过相近条件的比对试验和地区经验确定，但不得小于1.1。

⑥ 单桩竖向抗压（抗拔）承载力特征值应按单桩竖向抗压（抗拔）极限承载力的50%取值。

7.2.4　地基结构性能试验

1. 引用标准

(1)《建筑地基处理技术规范》JGJ 79—2012；

(2)《建筑地基检测技术规范》JGJ 340—2015；

(3)《建筑地基基础设计规范》GB 50007—2011；

(4)《建筑结构荷载规范》GB 50009—2012；

(5)《岩土工程勘察规范》GB 50021—2001（2009年版）；

(6)《既有建筑地基基础检测技术标准》JGJ/T 422—2018。

2. 检测参数

(1) 浅层平板载荷试验；

(2) 深层平板载荷试验；

(3) 岩石地基载荷试验；

(4) 岩石饱和单轴抗压强度试验；

(5) 岩石锚杆抗拔试验；

(6) 土（岩）地基载荷试验；

(7) 复合地基载荷试验；

(8) 竖向增强体载荷试验；

(9) 标准贯入试验；

(10) 圆锥动力触探试验；

(11) 静力触探试验；

(12) 十字板剪切试验；

(13) 水泥土钻芯法试验；

(14) 低应变法试验；

(15) 扁铲测胀试验；

(16) 多道瞬态面波试验。

3. 测定方法

(1) 浅层平板荷载试验；

1) 适用范围：地基土浅层平板载荷试验可适用于确定浅部地基土层的承压板下应力主要影响范围内的承载力和变形参数，承压板面积不应小于 $0.25m^2$，对于软土不应小于 $0.5m^2$。

2) 承压板及现场要求：试验基坑宽度不应小于承压板宽度或直径的3倍。应保持试验土层的原状结构和天然湿度。宜在拟试压表面用粗砂或中砂层找平，其厚度不超过20mm。

3) 现场检测

① 加荷分级不应小于8级。最大加载量不应小于设计要求的2倍。

② 每级加载后，按间隔10min、10min、10min、15min、15min，以后为每隔0.5h测读一次沉降量，当在连续2h内，每小时的沉降量小于0.1mm时，则认为已趋于稳定，可加下一级荷载。

③ 当出现下列情况之一时，即可终止加载：

a. 承压板周围的土明显地侧向挤出；

b. 沉降急骤增大，荷载-沉降（p-s）曲线出现陡降段；

c. 在某一级荷载下，24h 内沉降速率不能达到稳定标准；

d. 沉降量与承压板宽度或直径之比大于或等于 0.06。

4）极限荷载和承载力特征值的确定

a. 当满足终止加载的前三种情况之一时，其对应的前一级荷载定为极限荷载。

b. 承载力特征值的确定应符合下列规定：当 p-s 曲线上有比例界限时，取该比例界限所对应的荷载值；当极限荷载小于对应比例界限的荷载值的 2 倍时，取极限荷载值的 1/2；当不能按上述两款要求确定时，当压板面积为 $0.25 \sim 0.50m^2$，可取 $s/b=0.015 \sim 0.01$ 所对应的荷载，但其值不应大于最大加载量的 1/2。

c. 同一土层参加统计的试验点不应少于 3 点，各试验实测值的极差不得超过其平均值的 30%，取此平均值作为该土层的地基承载力特征值 f_{ak}。

（2）深层平板荷载试验

1）适用范围：深层平板载荷试验适用于确定深部地基土层及大直径桩桩端土层在承压板下应力主要影响范围内的承载力和变形参数。

2）承压板及现场要求：深层平板载荷试验的承压板采用直径为 0.8m 的刚性板，紧靠承压板周围外侧的土层高度应不少于 80cm。

3）现场检测

① 加荷等级可按预估极限承载力的 1/15～1/10 分级施加。

② 每级加荷后，第一个小时内按间隔 10min、10min、10min、15min、15min，以后每隔 0.5h 时测读一次沉降。当在连续 2h 内，每小时的沉降量小于 0.1mm 时，则认为已趋于稳定，可加下一级荷载。

③ 当出现下列情况之一时，可终止加载：

a. 沉降急骤增大，荷载-沉降（p-s）曲线上有可判定极限承载力的陡降段，且沉降量超过 $0.04d$（d 为承压板直径）；

b. 在某级荷载下，24h 内沉降速率不能达到稳定；

c. 本级沉降量大于前一级沉降量的 5 倍；

d. 当持力层土层坚硬，沉降量很小时，最大加载量不小于设计要求的 2 倍。

4）承载力特征值的确定：应符合下列规定：

① 当 p-s 曲线上有比例界限时，取该比例界限所对应的荷载值；

② 满足前 3 条终止加载条件之一时，其对应的前一级荷载定为极限荷载，当该值小于对应比例界限的荷载值的 2 倍时，取极限荷载值的 1/2；

③ 不能按上述两款要求确定时，可取 $s/d=0.015 \sim 0.01$ 所对应的荷载值，但其值不应大于最大加载量的 1/2；

④ 同一土层参加统计的试验点不应少于 3 点，当试验实测值的极差不超过平均值的 30%时，取此平均值作为该土层的地基承载力特征值 f_{ak}。

（3）岩石地基载荷试验

1）适用范围：岩石地基载荷试验适用于确定完整、较完整、较破碎岩石地基作为天然地基或桩基础持力层时的承载力。

2）承压板及现场要求：采用圆形刚性承压板，直径为300mm。当岩石埋藏深度较大时，可采用钢筋混凝土桩，但桩周需采取措施以消除桩身与土之间的摩擦力。

3）现场检测

① 测量系统的初始稳定读数：观测应在加压前，每隔10min读数1次，连续3次读数不变可开始试验。加载应采用单循环加载，荷载逐级递增直到破坏，然后分级卸载。加载时，第一级加载值应为预估设计荷载的1/5，以后每级应为预估设计荷载的1/10。沉降量测读应在加载后立即进行，以后每10min读数1次。

② 稳定标准：连续3次读数之差均不大于0.01mm，可视为达到稳定标准，可施加下一级荷载。

③ 终止加载条件：加载过程中出现下述现象之一时，即可终止加载：沉降量读数不断变化，在24h内，沉降速率有增大的趋势；压力加不上或勉强加上而不能保持稳定。若限于加载能力，荷载也应增加到不少于设计要求的2倍。

④ 卸载及卸载观测：每级卸载为加载时的2倍，如为奇数，第一级可为3倍。每级卸载后，隔10min测读1次，测读3次后可卸载下一级荷载。全部卸载后，当测读到0.5h回弹量小于0.01mm时，即认为稳定。

4）岩石地基承载力的确定

① 对应于P-s曲线上起始直线段的终点为比例界限。符合终止加载条件的前一级荷载为极限荷载。将极限荷载除以3的安全系数，所得值与对应于比例界限的荷载相比较，取小值。

② 每个场地载荷试验的数量不应少于3个，取得小值作为岩石地基承载力特征值。

③ 岩石地基承载力不进行深宽修正。

（4）岩石饱和单轴抗压强度试验

1）试料可用钻孔的岩芯或坑、槽探中采取的岩块。

2）岩样尺寸一般为ϕ50mm×100mm，数量不应少于6个，进行饱和处理。

3）在压力机上以每秒500～800kPa的加载速度加荷，直到试样破坏为止，记下最大加载，做好试验前后的试样描述。

4）根据参加统计的一组试样的试验值计算其平均值、标准差、变异系数，取岩石饱和单轴抗压强度的标准值为：

$$f_{rk}=\psi\cdot f_{rm} \tag{7-55}$$

$$\psi=1-\left(\frac{1.704}{\sqrt{n}}+\frac{4.678}{n^2}\right)\delta \tag{7-56}$$

式中　f_{rm}——岩石饱和单轴抗压强度平均值（kPa）；

f_{rk}——岩石饱和单轴抗压强度标准值（kPa）；

ψ——统计修正系数；

n——试样个数；

δ——变异系数。

（5）岩石锚杆抗拔试验

1）抽检数量：在同一场地同一岩层中的锚杆，试验数不得少于总锚杆的 5%，且不应少于 6 根。

2）加载分级：试验采用分级加载，荷载分级不得少于 8 级。试验的最大加载量不应少于锚杆设计荷载的 2 倍。

3）测读：每级荷载施加完毕后，应立即测读位移量。以后每间隔 5min 测读 1 次。连续 4 次测读出的锚杆拔升值均小于 0.01mm 时，认为在该级荷载下的位移已达到稳定状态，可继续施加下一级上拔荷载。

4）终止加载：当出现下列情况之一时，即可终止锚杆的上拔试验：

① 锚杆拔升值持续增长，且在 1h 内未出现稳定的迹象；

② 新增加的上拔力无法施加，或者施加后无法使上拔力保持稳定；

③ 锚杆的钢筋已被拔断，或者锚杆锚筋被拔出。

5）符合上述终止条件的前一级上拔荷载，即为该锚杆的极限抗拔力。

6）参加统计的试验锚杆，当满足其极差不超过平均值的 30%时，可取其平均值为锚杆极限承载力。极差超过平均值的 30%时，宜增加试验量并分析极差过大的原因，结合工程情况确定极限承载力。将锚杆极限承载力除以安全系数为锚杆抗拔承载力特征值 Rt。

7）锚杆钻孔时，应利用钻孔取出的岩芯加工成标准试件，在天然湿度条件下进行岩石单轴抗压试验，每根试验锚杆的试样数不得少于 3 个。

8）试验结束后，必须对锚杆试验现场的破坏情况进行详尽的描述和拍摄照片。

（6）土（岩）地基载荷试验

1）适用范围：土（岩）地基载荷试验适用于检测天然土质地基、岩石地基及采用换填、预压、压实、挤密、强夯、注浆处理后的人工地基的承压板下应力影响范围内的承载力和变形参数。土（岩）地基载荷试验分为浅层平板载荷试验、深层平板载荷试验和岩基载荷试验。浅层平板载荷试验适用于确定浅层地基土、破碎、极破碎岩石地基的承载力和变形参数；深层平板载荷试验适用于深层地基土和大直径桩的桩端土的承载力和变形参数，深层平板载荷试验的试验深度不应小于 5m；岩基载荷试验适用于确定完整、较完整、较破碎岩石地基的承载力和变形参数。

2）试验加载：工程验收检测的平板载荷试验最大加载量不应小于设计承载力特征值的 2 倍，岩石地基载荷试验最大加载量不应小于设计承载力特征值的 3 倍；为设计提供依据的载荷试验应加载至极限状态。地基土载荷试验的加载方式应采用慢速维持荷载法。

3）抽检数量：土（岩）地基载荷试验的检测数量应符合下列规定：单位工程检测数量为每 $500m^2$ 不应少于 1 点，且总点数不应少于 3 点；复杂场地或重要建筑地基应增加检测数量。

4）仪器设备及安装

① 土（岩）地基载荷试验的承压板可采用圆形、正方形钢板或钢筋混凝土板。浅层平板载荷试验承压板面积不应小于 $0.25m^2$，换填垫层和压实地基承压板面积不应小于 $1.0m^2$，强夯地基承压板面积不应小于 $2.0m^2$。深层平板载荷试验的承压板直径不应小于 0.8m。岩基载荷试验的承压板直径不应小于 0.3m。承压板应有足够强度和刚度。在拟试压表面和承压板之间应用粗砂或中砂层找平，其厚度不应超过 20mm。载荷试验的试坑标高应与地基设计标高一致。当设计有要求时，承压板应设置于设计要求的受检土层上。

② 试验前应采取措施，保持试坑或试井底岩土的原状结构和天然湿度不变。当试验标高低于地下水位时，应将地下水位降至试验标高以下，再安装试验设备，待水位恢复后方可进行试验。

③ 试验加载宜采用油压千斤顶，且千斤顶的合力中心、承压板中心应在同一铅垂线上。当采用两台或两台以上千斤顶加载时应并联同步工作，且千斤顶型号、规格应相同。加载反力宜选择压重平台反力装置。压重平台反力装置应符合下列规定：加载反力装置能提供的反力不得小于最大加载量的 1.2 倍；应对加载反力装置的主要受力构件进行强度和变形验算；压重应在试验前一次加足，并应均匀稳固地放置于平台上；压重平台支墩施加于地基的压应力不宜大于地基承载力特征值的 1.5 倍。

④ 荷重测量可采用放置在千斤顶上的荷重传感器直接测定；或采用并联于千斤顶油路的压力表或压力传感器测定油压，并应根据千斤顶率定曲线换算荷载。沉降测量宜采用位移传感器或大量程百分表。位移传感器或大量程百分表安装应符合下列规定：承压板面积大于 0.5m^2 时，应在其两个方向对称安置 4 个位移测量仪表，承压板面积小于等于 0.5m^2 时，可对称安置 2 个位移测量仪表；位移测量仪表应安装在承压板上，各位移测量点距承压板边缘的距离应一致，宜为 25～50mm；对于方形板，位移测量点应位于承压板每边中点；应牢固设置基准桩，基准桩和基准梁应具有一定的刚度，基准梁的一端应固定在基准桩上，另一端应简支于基准桩上；固定和支撑位移测量仪表的夹具及基准梁应避免太阳照射、振动及其他外界因素的影响。

⑤ 试验仪器设备性能指标应符合下列规定：压力传感器的测量误差不应大于 1%，压力表精度应优于或等于 0.4 级；试验用千斤顶、油泵、油管在最大试验荷载时的压力不应超过规定工作压力的 80%；荷重传感器、千斤顶、压力表或压力传感器的量程不应大于最大加载量的 3.0 倍，且不应小于最大加载量的 1.2 倍；位移测量仪表的测量误差不应大于 0.1%FS，分辨力应优于或等于 0.01mm。

⑥ 浅层平板载荷试验的试坑宽度或直径不应小于承压板边宽或直径的 3 倍。深层平板载荷试验的试井直径宜等于承压板直径，当试井直径需要大于承压板直径时，紧靠承压板周围土的高度不应小于承压板直径。

⑦ 当加载反力装置为压重平台反力装置时，承压板、压重平台支墩和基准桩之间的净距应符合表 7-42 规定。

承压板、压重平台支墩和基准桩之间的净距　　表 7-42

承压板与基准桩	承压板与压重平台支墩	基准桩与压重平台支墩
$>b$ 且 >2.0m	$>b$ 且 $>B$ 且 >2.0m	$>1.5B$ 且 >2.0m

注：b 为承压板边宽或直径（m），B 为支墩宽度（m）。

⑧ 对大型平板载荷试验，当基准梁长度不小于 12m，但其基准桩与承压板、压重平台支墩的距离仍不能满足表 7-42 的规定时，应对基准桩变形进行监测。监测基准桩的变形测量仪表的分辨力宜达到 0.1mm。

⑨ 深层平板载荷试验应采用合适的传力柱和位移传递装置，并应符合下列规定：传力柱应有足够的刚度，传力柱宜高出地面 50cm；传力柱宜与承压板连接成整体，传力柱的顶部可采用钢筋等斜拉杆固定；位移传递装置宜采用钢管或塑料管做位移测量杆，位移

测量杆的底端应与承压板固定连接，位移测量杆宜每间隔一定距离与传力柱滑动相连，位移测量杆的顶部宜高出孔口地面 20cm。

⑩孔底岩基载荷试验采用孔壁基岩提供反力进行试验时，孔壁基岩提供的反力应大于最大试验荷载的 1.5 倍。

5）现场检测

① 正式试验前宜进行预压。预压荷载宜为最大加载量的 5%，预压时间宜为 5min。预压后卸载至零，测读位移测量仪表的初始读数并应重新调整零位。

② 试验加卸载分级及施加方式应符合下列规定：地基土平板载荷试验的分级荷载宜为最大试验荷载的 1/12～1/8，岩基载荷试验的分级荷载宜为最大试验荷载的 1/15；加载应分级进行，采用逐级等量加载，第一级荷载可取分级荷载的 2 倍；卸载应分级进行，每级卸载量为分级荷载的 2 倍，逐级等量卸载；当加载等级为奇数级时，第一级卸载量宜取分级荷载的 3 倍；加、卸载时应使荷载传递均匀、连续、无冲击，每级荷载在维持过程中的变化幅度不得超过分级荷载的±10%。

③ 地基土平板载荷试验的慢速维持荷载法的试验步骤应符合下列规定：每级荷载施加后应按第 10min、第 20min、第 30min、第 45min、第 60min 测读承压板的沉降量，以后应每隔半小时测读一次；承压板沉降相对稳定标准：在连续两小时内，每小时的沉降量应小于 0.1mm；当承压板沉降速率达到相对稳定标准时，应再施加下一级荷载；卸载时，每级荷载维持 1h，应按第 10min、第 30min、第 60min 测读承压板沉降量；卸载至零后，应测读承压板残余沉降量，维持时间为 3h，测读时间应为第 10min、第 30min、第 60min、第 120min、第 180min。

④ 岩基载荷试验的试验步骤应符合下列规定：每级加荷后立即测读承压板的沉降量，以后每隔 10min 应测读一次；承压板沉降相对稳定标准：每 0.5h 内的沉降量不应超过 0.03mm，并应在四次读数中连续出现两次；当承压板沉降速率达到相对稳定标准时，应再施加下一级荷载；每级卸载后，应隔 10min 测读一次，测读三次后可卸下一级荷载。全部卸载后，当测读 0.5h 回弹量小于 0.01mm 时，即认为稳定，终止试验。

⑤ 当出现下列情况之一时，可终止加载：

a. 当浅层载荷试验承压板周边的土出现明显侧向挤出，周边土体出现明显隆起；岩基载荷试验的荷载无法保持稳定且逐渐下降；

b. 本级荷载的沉降量大于前级荷载沉降量的 5 倍，荷载与沉降曲线出现明显陡降；

c. 在某一级荷载下，24h 内沉降速率不能达到相对稳定标准；

d. 浅层平板载荷试验的累计沉降量已大于等于承压板边宽或直径的 6%或累计沉降量大于等于 150mm；深层平板载荷试验的累计沉降量与承压板径之比大于等于 0.04；

e. 加载至要求的最大试验荷载且承压板沉降达到相对稳定标准。

6）检测数据分析与判定

① 土（岩）地基承载力确定时，应绘制压力-沉降（Q-s）、沉降-时间对数（s-lg$t$）曲线，可绘制其他辅助分析曲线。

② 土（岩）地基极限荷载可按下列方法确定：出现前三款终止条件时，取前一级荷载值；当加载至要求的最大试验荷载且承压板沉降达到相对稳定标准时，取最大试验荷载。

③ 单个试验点的土（岩）地基承载力特征值确定应符合下列规定：当 Q-s 曲线上有比例界限时，应取该比例界限所对应的荷载值；地基土平板载荷试验，当极限荷载小于对应比例界限荷载值的 2 倍时，应取极限荷载值的一半；岩基载荷试验，当极限荷载小于对应比例界限荷载值的 3 倍时，应取极限荷载值的 1/3；当加载至要求的最大试验荷载且承压板沉降达到相对稳定标准时，且 Q-s 曲线上无法确定比例界限，承载力又未达到极限时，地基土平板载荷试验应取最大试验荷载的一半所对应的荷载值，岩基载荷试验应取最大试验荷载的 1/3 所对应的荷载值；当按相对变形值确定天然地基及人工地基承载力特征值时，可按表 7-43 规定的地基变形取值确定，且所取的承载力特征值不应大于最大试验荷载的一半。当地基土性质不确定时，对应变形值宜取 $0.010b$；对有经验的地区，可按当地经验确定对应变形值。

按相对变形值确定天然地基及人工地基承载力特征值　　表 7-43

地基类型	地基土性质	特征值对应的变形值 s_0
天然地基	高压缩性土	$0.015b$
	中压缩性土	$0.012b$
	低压缩性土和砂性土	$0.010b$
人工地基	中、低压缩性土	$0.010b$

注：s_0 为与承载力特征值对应的承压板的沉降量；b 为承压板的边宽或直径，当 b 大于 2m 时，按 2m 计算。

④ 单位工程的土（岩）地基承载力特征值确定应符合下列规定：同一土层参加统计的试验点不应少于 3 点，当其极差不超过平均值的 30%时，取其平均值作为该土层的地基承载力特征值 f_{qk}；当极差超过平均值的 30%时，应分析原因，结合工程实际判别，可增加试验点数量。

⑤ 土（岩）载荷试验应给出每个试验点的承载力检测值和单位工程的地基承载力特征值，并应评价单位工程地基承载力特征值是否满足设计要求。

⑥ 浅层平板载荷试验确定地基变形模量，可按下式计算：

$$E_0 = I_0(1-\mu^2)\frac{Qb}{s} \tag{7-57}$$

式中　E_0——变形模量（MPa）；

I_0——刚性承压板的形状系数，圆形承压板取 0.785，方形承压板取 0.886，矩形承压板当长宽比 $l/b=1.2$ 时，取 0.809，当 $l/b=2.0$ 时，取 0.626，其余可计算求得，但 l/b 不宜大于 2；

μ——土的泊松比，应根据试验确定；当有工程经验时，碎石土可取 0.27，砂土可取 0.30，粉土可取 0.35，粉质黏土可取 0.38，黏土可取 0.42；

b——承压板直径或边长（m）；

Q——Q-s 曲线线性段的压力值（kPa）；

s——与 Q 对应的沉降量（mm）。

⑦ 深层平板载荷试验确定地基变形模量，可按下式计算：

$$E_0 = \omega\frac{pd}{s} \tag{7-58}$$

式中　ω——与试验深度和土类有关的系数，按第⑧款确定；

d——承压板直径（m）；

Q——Q-s 曲线线性段的压力值（kPa）；

s——与 Q 对应的沉降量（mm）。

⑧ 与试验深度和土类有关的系数 ω 可按下列规定确定：

a. 深层平板载荷试验确定地基变形模量的系数 ω 可根据泊松比试验结果，按下列公式计算：

$$\omega = I_0 I_1 I_2 (1-\mu^2) \tag{7-59}$$

$$I_1 = 0.5 + 0.23\frac{d}{z} \tag{7-60}$$

$$I_2 = 1 + 2\mu^2 + 2\mu^4 \tag{7-61}$$

式中 I_1——刚性承压板的深度系数；

I_2——刚性承压板与土的泊松比有关的系数；

z——试验深度（m）。

b. 深层平板载荷试验确定地基变形模量的系数 ω 可按表 7-44 选用。

深层平板载荷试验确定地基变形模量的系数 ω **表 7-44**

d / z	土类				
	碎石土	砂土	粉土	粉质黏土	黏土
0.30	0.477	0.489	0.491	0.515	0.524
0.25	0.469	0.480	0.482	0.506	0.514
0.20	0.460	0.471	0.474	0.497	0.505
0.15	0.444	0.454	0.457	0.479	0.487
0.10	0.435	0.446	0.448	0.470	0.478
0.05	0.427	0.437	0.439	0.461	0.468
0.01	0.418	0.429	0.431	0.452	0.459

（7）复合地基载荷试验

1）适用范围

复合地基载荷试验适用于水泥土搅拌桩、砂石桩、旋喷桩、夯实水泥土桩、水泥粉煤灰碎石桩、混凝土桩、树根桩、灰土桩、柱锤冲扩桩及强夯置换墩等竖向增强体和周边地基土组成的复合地基的单桩复合地基和多桩复合地基载荷试验，用于测定承压板下应力影响范围内的复合地基的承载力特征值。当存在多层软弱地基时，应考虑到载荷板应力影响范围，选择大承压板多桩复合地基试验并结合其他检测方法进行。复合地基载荷试验承压板底面标高应与设计要求标高相一致。

2）试验加载

工程验收检测载荷试验最大加载量不应小于设计承载力特征值的 2 倍，为设计提供依据的载荷试验应加载至复合地基达到《既有建筑地基基础检测技术标准》JGJ/T 422—2018 第 5.4.2 条规定的破坏状态。加载方式应采用慢速维持荷载法。

3）抽检数量

复合地基载荷试验的检测数量应符合下列规定：单位工程检测数量不应少于总桩数的

0.5%，且不应少于 3 点；单位工程复合地基载荷试验可根据所采用的处理方法及地基土层情况，选择多桩复合地基载荷试验或单桩复合地基载荷试验。

4）仪器设备及其安装

① 单桩复合地基载荷试验的承压板可用圆形或方形，面积为一根桩承担的处理面积；多桩复合地基载荷试验的承压板可用方形或矩形，其尺寸按实际桩数所承担的处理面积确定，宜采用预制或现场制作并应具有足够刚度。试验时承压板中心应与增强体的中心（或形心）保持一致，并应与荷载作用点相重合。

② 试验加载设备、试验仪器设备性能指标、加载方式、加载反力装置、荷载测量、沉降测量应与土（岩）基载荷试验一致。

③ 承压板底面下宜铺设 100～150mm 厚度的粗砂或中砂垫层，承压板尺寸大时取大值。

④ 试验标高处的试坑宽度和长度不应小于承压板尺寸的 3 倍。基准梁及加荷平台支点宜设在试坑以外，且与承压板边的净距不应小于 2m。

⑤ 承压板、压重平台支墩边和基准桩之间的中心距离应符合表 7-42 的规定。

⑥ 试验前应采取措施，保持试坑或试井底岩土的原状结构和天然湿度不变。当试验标高低于地下水位时，应将地下水位降至试验标高以下，再安装试验设备，待水位恢复后方可进行试验。

5）现场检测

① 正式试验前宜进行预压，预压荷载宜为最大试验荷载的 5%，预压时间为 5min。预压后卸载至零，测读位移测量仪表的初始读数并应重新调整零位。

② 试验加卸载分级及施加方式应符合下列规定：

a. 加载应分级进行，采用逐级等量加载；分级荷载宜为最大加载量或预估极限承载力的 1/12～1/8，其中第一级可取分级荷载的 2 倍；

b. 卸载应分级进行，每级卸载量应为分级荷载的 2 倍，逐级等量卸载；

c. 加、卸载时应使荷载传递均匀、连续、无冲击，每级荷载在维持过程中的变化幅度不得超过分级荷载的±10%。

③ 复合地基载荷试验的慢速维持荷载法的试验步骤应符合下列规定：

a. 每加一级荷载前后均应各测读承压板沉降量一次，以后每 30min 测读一次；

b. 承压板沉降相对稳定标准：1h 内承压板沉降量不应超过 0.1mm；

c. 当承压板沉降速率达到相对稳定标准时，应再施加下一级荷载；

d. 卸载时，每级荷载维持 1h，应按第 30min、第 60min 测读承压板沉降量；卸载至零后，应测读承压板残余沉降量，维持时间为 3h，测读时间应为第 30min、第 60min、第 180min。

④ 当出现下列情况之一时，可终止加载：

a. 沉降急剧增大，土被挤出或承压板周围出现明显的隆起；

b. 承压板的累计沉降量已大于其边长（直径）的 6%或大于等于 150mm；

c. 加载至要求的最大试验荷载，且承压板沉降速率达到相对稳定标准。

6）检测数据分析与判定

① 复合地基承载力确定时，应绘制压力-沉降（p-s）、沉降-时间对数（s-lg$t$）曲线，

也可绘制其他辅助分析曲线。

② 当出现第1、第2款终止加载条件之一时，可视为复合地基出现破坏状态，其对应的前一级荷载应定为极限荷载。

③ 复合地基承载力特征值确定应符合下列规定：

a. 当压力-沉降（Q-s）曲线上极限荷载能确定，且其值大于等于对应比例界限的2倍时，可取比例界限；当其值小于对应比例界限的2倍时，可取极限荷载的一半；

b. 当Q-s曲线为平缓的光滑曲线时，可按表7-45对应的相对变形值确定，且所取的承载力特征值不应大于最大试验荷载的一半。有经验的地区，可按当地经验确定相对变形值，但原地基土为高压缩性土层时相对变形值的最大值不应大于0.015。对变形控制严格的工程可按设计要求的沉降允许值作为相对变形值。

按相对变形值确定复合地基承载力特征值 **表7-45**

地基类型	应力主要影响范围地基土性质	承载力特征值对应的变形值 s_0
沉管挤密砂石桩、振冲挤密砂石桩、柱锤冲扩桩、强夯置换墩	以黏性土、粉土、砂土为主的地基	0.010b
灰土挤密桩	以黏性土、粉土、砂土为主的地基	0.008b
水泥粉煤灰碎石桩、混凝土桩、夯实水泥土桩、树根桩	以黏性土、粉土为主的地基	0.010b
	以卵石、圆砾、密实粗中砂为主的地基	0.008b
水泥搅拌桩、旋喷桩	以淤泥和淤泥质土为主的地基	0.008～0.010b
	以黏性土、粉土为主的地基	0.006～0.008b

注：s_0为与承载力特征值对应的承压板的沉降量；b为承压板的边宽或直径，当b大于2m时，按2m计算。

④ 单位工程的复合地基承载力特征值确定时，试验点的数量不应少于3点，当其极差不超过平均值的30%时，可取其平均值为复合地基承载力特征值。

⑤ 复合地基载荷试验应给出每个试验点的承载力检测值和单位工程的地基承载力特征值，并应评价复合地基承载力特征值是否满足设计要求。

(8) 竖向增强体载荷试验

1）适用范围：竖向增强体载荷试验适用于确定水泥土搅拌桩、旋喷桩、夯实水泥土桩、水泥粉煤灰碎石桩、混凝土桩、树根桩、强夯置换墩等复合地基竖向增强体的竖向承载力。

2）试验加载：工程验收检测载荷试验最大加载量不应小于设计承载力特征值的2倍；为设计提供依据的载荷试验应加载至极限状态。竖向增强体载荷试验的加载方式应采用慢速维持荷载法。

3）抽检数量：竖向增强体载荷试验的单位工程检测数量不应少于总桩数的0.5%，且不得少于3根。

4）仪器设备及其安装：

① 试验加载宜采用油压千斤顶，加载方式和加载反力装置应符合土（岩）地基载荷试验的规定。

② 荷载测量可用放置在千斤顶上的荷重传感器直接测定；或采用并联于千斤顶油路的压力表或压力传感器测定油压，并应根据千斤顶率定曲线换算荷载。

③ 沉降测量宜采用位移传感器或大量程百分表，沉降测定平面宜在桩顶标高位置，测点应牢固地固定于桩身上。

④ 试验仪器设备性能指标应符合土（岩）地基载荷试验中的相关规定。

⑤ 试验增强体、压重平台支墩边和基准桩之间的中心距离应符合表 7-46 的规定。

增强体、压重平台支墩边和基准桩之间的中心距离　　表 7-46

增强体中心与压重平台支墩边	增强体中心与基准桩中心	基准桩中心与压重平台支墩边
≥4D 且>2.0m	≥3D 且>2.0m	≥4D 且>2.0m

注：1. D 为增强体直径（m）；

2. 对于强夯置换墩或大型荷载板，可采用逐级加载试验，不用反力装置，具体试验方法参考结构楼面荷载试验。

5）现场检测：

① 试验前应对增强体的桩头进行处理。水泥粉煤灰碎石桩、混凝土桩等强度较高的桩宜在桩顶设置带水平钢筋网片的混凝土桩帽或采用钢护筒桩帽，加固桩头前应凿成平面，混凝土宜提高强度等级和采用早强剂。桩帽高度不宜小于一倍桩的直径，桩帽下桩顶标高及地基土标高应与设计标高一致。

② 试验加卸载方式应符合下列规定：

a. 加载应分级进行，采用逐级等量加载；分级荷载宜为最大加载量或预估极限承载力的 1/10，其中第一级可取分级荷载的 2 倍；

b. 卸载应分级进行，每级卸载量取加载时分级荷载的 2 倍，逐级等量卸载；

c. 加、卸载时应使荷载传递均匀、连续、无冲击，每级荷载在维持过程中的变化幅度不得超过分级荷载的±10%。

③ 竖向增强体载荷试验的慢速维持荷载法的试验步骤应符合下列规定：

a. 每级荷载施加后应按第 5min、第 15min、第 30min、第 45min、第 60min 测读桩顶的沉降量，以后应每隔半小时测读一次；

b. 桩顶沉降相对稳定标准：每 1h 内桩顶沉降量不超过 0.1mm，并应连续出现两次，从分级荷载施加后的第 30min 开始，按 1.5h 连续三次每 30min 的沉降观测值计算；

c. 当桩顶沉降速率达到相对稳定标准时，应再施加下一级荷载；

d. 卸载时，每级荷载维持 1h，应按第 15min、第 30min、第 60min 测读桩顶沉降量；卸载至零后，应测读桩顶残余沉降量，维持时间为 3h，测读时间应为第 15min、第 30min、第 60min、第 120min、第 180min。

④ 符合下列条件之一时，可终止加载：

a. 当荷载-沉降（Q-s）曲线上有可判定极限承载力的陡降段，且桩顶总沉降量超过 40～50mm；水泥土桩、竖向增强体的桩径大于等于 800mm 取高值，混凝土桩、竖向增强体的桩径小于 800mm 取低值；

b. 某级荷载作用下，桩顶沉降量大于前一级荷载作用下沉降量的 2 倍，且经 24h 沉降尚未稳定；

c. 增强体破坏，顶部变形急剧增大；

d. Q-s 曲线呈缓变型时，桩顶总沉降量大于 70～90mm；当桩长超过 25m，可加载至桩顶总沉降量超过 90mm；

e. 加载至要求的最大试验荷载，且承压板沉降速率达到相对稳定标准。

6）检测数据分析与判定

① 竖向增强体承载力确定时，应绘制荷载-沉降（Q-s）、沉降-时间对数（s-lg$t$）曲线，也可绘制其他辅助分析曲线。

② 竖向增强体极限承载力应按下列方法确定：

a. Q-s 曲线陡降段明显时，取相应于陡降段起点的荷载值；

b. 当出现终止条件第 2 款的情况时，取前一级荷载值；

c. Q-s 曲线呈缓变型时，水泥土桩、桩径大于等于 800mm 时取桩顶总沉降量 s 为 40～50mm 所对应的荷载值；混凝土桩、桩径小于 800mm 时取桩顶总沉降量 s 等于 40mm 所对应的荷载值；

d. 当判定竖向增强体的承载力未达到极限时，取最大试验荷载值；

e. 按本条 a～d 款标准判断有困难时，可结合其他辅助分析方法综合判定。

③ 竖向增强体承载力特征值应按极限承载力的一半取值。

④ 单位工程的增强体承载力特征值确定时，试验点的数量不应少于 3 点，当满足其极差不超过平均值的 30%时，对非条形及非独立基础可取其平均值为竖向极限承载力。

⑤ 竖向增强体载荷试验应给出每个试验增强体的承载力检测值和单位工程的增强体承载力特征值，并应评价竖向增强体承载力特征值是否满足设计要求。

（9）标准贯入试验：

1）适用范围：标准贯入试验适用于判定砂土、粉土、黏性土天然地基及其采用换填垫层、压实、挤密、夯实、注浆加固等处理后的地基承载力、变形参数，评价加固效果以及砂土液化判别。也可用于砂桩和初凝状态的水泥搅拌桩、旋喷桩、灰土桩、夯实水泥桩等竖向增强体的施工质量评价。

2）抽检数量：采用标准贯入试验对处理地基土质量进行验收检测时，单位工程检测数量不应少于 10 点，当面积超过 3000m^2 应每 500m^2 增加 1 点。检测同一土层的试验有效数据不应少于 6 个。

3）仪器设备：

① 标准贯入试验设备规格应符合表 7-47 的规定。

标准贯入试验设备规格　　**表 7-47**

落锤		锤的质量（kg）	63.5
		落距（cm）	76
贯入器	对开管	长度（mm）	＞500
		外径（mm）	51
		内径（mm）	35
	管靴	长度（mm）	50～76
		刃口角度（°）	18～20
		刃口单刃厚度（mm）	1.6
钻杆		直径（mm）	42
		相对弯曲	＜1/1000

注：穿心锤导向杆应平直，保持润滑，相对弯曲＜1/1000。

② 标准贯入试验所用穿心锤质量、导向杆和钻杆相对弯曲度应定期标定，使用前应对管靴刃口的完好性、钻杆相对弯曲度、穿心锤导向杆相对弯曲度及表面的润滑程度等进行检查，确保设备与机具完好。

4）现场检测：

① 标准贯入试验应在平整的场地上进行，试验点平面布设应符合下列规定：

a. 测试点应根据工程地质分区或加固处理分区均匀布置，并应具有代表性；

b. 复合地基桩间土测试点应布置在桩间等边三角形或正方形的中心；复合地基竖向增强体上可布设检测点；有检测加固土体的强度变化等特殊要求时，可布置在离桩边不同距离处；

c. 评价地基处理效果和消除液化的处理效果时，处理前、后的测试点布置应考虑位置的一致性。

② 标准贯入试验的检测深度除应满足设计要求外，尚应符合下列规定：天然地基的检测深度应达到主要受力层深度以下；人工地基的检测深度应达到加固深度以下 0.5m；复合地基桩间土及增强体检测深度应超过竖向增强体底部 0.5m；用于评价液化处理效果时，检测深度应符合现行国家标准《建筑抗震设计规范》GB 50011 的规定。

③ 标准贯入试验孔宜采用回转钻进，在泥浆护壁不能保持孔壁稳定时，宜下套管护壁，试验深度须在套管底端 75cm 以下。

④ 试验孔钻至进行试验的土层标高以上 15cm 处，应清除孔底残土后换用标准贯入器，并应量得深度尺寸再进行试验。

⑤ 试验应采用自动脱钩的自由落锤法进行锤击，并应采取减小导向杆与锤间的摩阻力、避免锤击时的偏心和侧向晃动以及保持贯入器、探杆、导向杆连接后的垂直度等措施。

⑥ 标准贯入试验应符合下列规定：

a. 贯入器垂直打入试验土层中 15cm 应不计锤击数；

b. 继续贯入，应记录每贯入 10cm 的锤击数，累计 30cm 的锤击数即为标准贯入击数；

c. 锤击速率应小于 30 击/min；

d. 当锤击数已达 50 击，而贯入深度未达到 30cm 时，宜终止试验，记录 50 击的实际贯入深度，应按下式换算成相当于贯入 30cm 的标准贯入试验实测锤击数：

$$N = 30 \times \frac{50}{\Delta S} \tag{7-62}$$

式中　N——标准贯入击数；

ΔS——50 击时的贯入度（cm）。

e. 贯入器拔出后，应对贯入器中的土样进行鉴别、描述、记录；需测定黏粒含量时留取土样进行试验分析。

⑦ 标准贯入试验点竖向间距应视工程特点、地层情况、加固目的确定，宜为 1.0m。

⑧ 同一检测孔的标准贯入试验点间距宜相等。

⑨ 标准贯入试验数据可按本规范附录 A 的格式进行记录。

5）检测数据分析与判定：

① 天然地基的标准贯入试验成果应绘制标有工程地质柱状图的单孔标准贯入击数与深度关系曲线图。

② 人工地基的标准贯入试验结果应提供每个检测孔的标准贯入试验实测锤击数和修正锤击数。

③ 标准贯入试验锤击数值可用于分析岩土性状，判定地基承载力，判别砂土和粉土的液化，评价成桩的可能性、桩身质量等。N 值的修正应根据建立的统计关系确定。

④ 当作杆长修正时，锤击数可按下式进行钻杆长度修正：

$$N' = \alpha N \tag{7-63}$$

式中 N'——标准贯入试验修正锤击数；

N——标准贯入试验实测锤击数；

α——触探杆长度修正系数，可按表 7-48 确定。

标准贯入试验触探杆长度修正系数 **表 7-48**

触探杆长度(m)	≤3	6	9	12	15	18	21	25	30
α	1.00	0.92	0.86	0.81	0.77	0.73	0.70	0.68	0.65

⑤ 各分层土的标准贯入锤击数代表值应取每个检测孔不同深度的标准贯入试验锤击数的平均值。同一土层参加统计的试验点不应少于 3 点，当其极差不超过平均值的 30％时，应取其平均值作为代表值；当极差超过平均值的 30％时，应分析原因，结合工程实际判别，可增加试验点数量。

⑥ 单位工程同一土层统计标准贯入锤击数标准值与修正后锤击数标准值时，可按《建筑抗震设计规范》GB 50011—2010 附录 B 的计算方法确定。

⑦ 砂土、粉土、黏性土等岩土性状可根据标准贯入试验实测锤击数平均值或标准值和修正后锤击数标准值按下列规定进行评价：

a. 砂土的密实度可按表 7-49 分为松散、稍密、中密、密实；

砂土的密实度分类 **表 7-49**

$\bar{N}$（实测平均值）	密实度
$\bar{N} \leqslant 10$	松散
$10 < \bar{N} \leqslant 15$	稍密
$15 < \bar{N} \leqslant 30$	中密
$\bar{N} > 30$	密实

b. 粉土的密实度可按表 7-50 分为松散、稍密、中密、密实；

粉土的密实度分类 **表 7-50**

孔隙比 e	N_k（实测标准值）	密实度
—	$N_k \leqslant 5$	松散
$e > 0.9$	$5 < N_k \leqslant 10$	稍密
$0.75 \leqslant e \leqslant 0.9$	$10 < N_k \leqslant 15$	中密
$e < 0.75$	$N_k > 15$	密实

c. 黏性土的状态可按表 7-51 分为软塑、软可塑、硬可塑、硬塑、坚硬。

黏性土的状态分类　　表 7-51

I_L	N_k（修正后标准值）	状态
$0.75 < I_L \leqslant 1$	$2 < N_k \leqslant 4$	软塑
$0.5 < I_L \leqslant 0.75$	$4 < N_k \leqslant 8$	软可塑
$0.25 < I_L \leqslant 0.5$	$8 < N_k \leqslant 14$	硬可塑
$0 < I_L \leqslant 0.25$	$14 < N_k \leqslant 25$	硬塑
$I_L \leqslant 0$	$N_k \leqslant 25$	坚硬

⑧ 初步判定地基土承载力特征值时，可按表 7-52～表 7-54 进行估算。

砂土承载力特征值 f_{ak}（kPa）　　表 7-52

N'	10	20	30	50
中砂、粗砂	180	250	340	500
粉砂、细砂	140	180	250	340

粉土承载力特征值 f_{ak}（kPa）　　表 7-53

N'	3	4	5	6	7	8	9	10	11	12	13	14	15
f_{ak}	105	125	145	165	185	205	225	245	265	285	305	325	345

黏性土承载力特征值 f_{ak}（kPa）　　表 7-54

N'	3	5	7	9	11	13	15	17	19	21
f_{ak}	90	110	150	180	220	260	310	360	410	450

⑨ 采用标准贯入试验成果判定地基土承载力和变形模量或压缩模量时，应与地基处理设计时依据的地基承载力和变形参数的确定方法一致。

⑩ 地基处理效果可依据比对试验结果、地区经验和检测孔的标准贯入试验锤击数、同一土层的标准贯入试验锤击数标准值、变异系数等对下列地基作出相应的评价：

a. 非碎石土换填垫层（粉质黏土、灰土、粉煤灰和砂垫层）的施工质量（密实度、均匀性）；

b. 压实、挤密地基、强夯地基、注浆地基等的均匀性；有条件时，可结合处理前的相关数据评价地基处理有效深度；

c. 消除液化的地基处理效果，应按设计要求或现行国家标准《建筑抗震设计规范》GB 50011 规定进行评价。

⑪ 标准贯入试验应给出每个试验孔（点）的检测结果和单位工程的主要土层的评价结果。

⑫ 检测报告除应符合《建筑地基检测技术规范》JGJ 340—2015 第 3.3.2 条规定外，尚应包括下列内容：

a. 标准贯入锤击数及土层划分与深度关系曲线；

b. 每个检测孔同一土层的标准贯入锤击数平均值；

c. 同一土层标准贯入锤击数标准值；

d. 岩土性状分析或地基处理效果评价；

e. 复合地基竖向增强体施工质量或桩间土处理效果评价；

f. 对地基（土）检测时，可根据地区经验或现场比对试验结果提供土层的变形参数和强度指标建议值。

（10）圆锥动力触探试验

1）适用范围

圆锥动力触探试验应根据地质条件，按下列原则合理选择试验类型：

① 轻型动力触探试验适用于评价黏性土、粉土、粉砂、细砂地基及其人工地基的地基土性状、地基处理效果和判定地基承载力。

② 重型动力触探试验适用于评价黏性土、粉土、砂土、中密以下的碎石土及其人工地基以及极软岩的地基土性状、地基处理效果和判定地基承载力；也可用于检验砂石桩和初凝状态的水泥搅拌桩、旋喷桩、灰土桩、夯实水泥土桩、注浆加固地基的成桩质量、处理效果以及评价强夯置换效果及置换墩着底情况。

③ 超重型动力触探试验适用于评价密实碎石土、极软岩和软岩等地基土性状和判定地基承载力，也可用于评价强夯置换效果及置换墩着底情况。

2）抽检数量

采用圆锥动力触探试验对处理地基土质量进行验收检测时，单位工程检测数量不应少于 10 点，当面积超过 $3000m^2$ 应每 $500m^2$ 增加 1 点。检测同一土层的试验有效数据不应少于 6 个。

3）仪器设备

① 圆锥动力触探试验的设备规格应符合表 7-55 的规定。

② 重型及超重型圆锥动力触探的落锤应采用自动脱钩装置。

③ 触探杆应顺直，每节触探杆相对弯曲宜小于 0.5%，丝扣完好无裂纹。当探头直径磨损大于 2mm 或锥尖高度磨损大于 5mm 时应及时更换探头。

圆锥动力触探试验设备规格 **表 7-55**

类型		轻型	重型	超重型
落锤	锤的质量（kg）	10	63.5	120
	落距（cm）	50	76	100
探头	直径（mm）	40	74	74
	锥角（°）	60	60	60
探杆直径（mm）		25	42、50	50～60

4）现场检测

① 经人工处理的地基，应根据处理土的类型和增强体桩体材料情况合理选择圆锥动力触探试验类型，其试验方法、要求按天然地基试验方法和要求执行。

② 圆锥动力触探试验应在平整的场地上进行，试验点平面布设应符合下列规定：

a. 测试点应根据工程地质分区或加固处理分区均匀布置，并应具有代表性；

b. 复合地基的增强体施工质量检测，测试点应布置在增强体的桩体中心附近；桩间土的处理效果检测，测试点的位置应在增强体间等边三角形或正方形的中心；

c. 评价强夯置换墩着底情况时，测试点位置可选择在置换墩中心；

d. 评价地基处理效果时，处理前、后的测试点的布置应考虑前后的一致性。

③ 圆锥动力触探测试深度除应满足设计要求外，尚应符合下列规定：天然地基检测深度应达到主要受力层深度以下；人工地基检测深度应达到加固深度以下 0.5m；复合地基增强体及桩间土的检测深度应超过竖向增强体底部 0.5m。

④ 圆锥动力触探试验应符合下列规定：

a. 圆锥动力触探试验应采用自由落锤；

b. 地面上触探杆高度不宜超过 1.5m，并应防止锤击偏心、探杆倾斜和侧向晃动；

c. 锤击贯入应连续进行，保持探杆垂直度，锤击速率宜为（15～30）击/min；

d. 每贯入 1m，宜将探杆转动一圈半；当贯入深度超过 10m，每贯入 20cm 宜转动探杆一次；

e. 应及时记录试验段深度和锤击数。轻型动力触探应记录每贯入 30cm 的锤击数，重型或超重型动力触探应记录每贯入 10cm 的锤击数；

f. 对轻型动力触探，当贯入 30cm 锤击数大于 100 击或贯入 15cm 锤击数超过 50 击时，可停止试验；

g. 对重型动力触探，当连续 3 次锤击数大于 50 击时，可停止试验或改用钻探、超重型动力触探；当遇有硬夹层时，宜穿过硬夹层后继续试验。

5）检测数据分析与判定

① 重型及超重型动力触探锤击数应按《建筑地基检测技术规范》JGJ 340—2015 附录 C 的规定进行修正。

② 单孔连续圆锥动力触探试验应绘制锤击数与贯入深度关系曲线。

③ 计算单孔分层贯入指标平均值时，应剔除临界深度以内的数值以及超前和滞后影响范围内的异常值。

④ 应根据各孔分层的贯入指标平均值，用厚度加权平均法计算场地分层贯入指标平均值和变异系数。

⑤ 应根据不同深度的动力触探锤击数，采用平均值法计算每个检测孔的各土层的动力触探锤击数平均值（代表值）。

⑥ 统计同一土层动力触探锤击数平均值时，应根据动力触探锤击数沿深度的分布趋势结合岩土工程勘探资料进行土层划分。

⑦ 地基土的岩土性状、地基处理的施工效果可根据单位工程各检测孔的圆锥动力触探锤击数、同一土层的圆锥动力触探锤击数统计值、变异系数进行评价。地基处理的施工效果尚宜根据处理前后的检测结果进行对比评价。

⑧ 当采用圆锥动力触探试验锤击数评价复合地基竖向增强体的施工质量时，宜仅对单个增强体的试验结果进行统计和评价。

⑨ 初步判定地基土承载力特征值时，可根据平均击数 N_{10} 或修正后的平均击数 $N_{63.5}$ 按表 7-56、表 7-57 进行估算。

轻型动力触探试验推定地基承载力特征值 f_{ak}（kPa）　　表 7-56

N_{10}（击数）	5	10	15	20	25	30	35	40	45	50
一般黏性土地基	50	70	90	115	135	160	180	200	220	240
黏性素填土地基	60	80	95	110	120	130	140	150	160	170
粉土、粉细砂土地基	55	70	80	90	100	110	125	140	150	160

重型动力触探试验推定地基承载力特征值 f_{ak}（kPa） 表 7-57

$N_{63.5}$（击数）	2	3	4	5	6	7	8	9	10	11	12	13	14	15	16
一般黏性土	120	150	180	210	240	265	290	320	350	375	400	425	450	475	500
中砂、粗砂土	80	120	160	200	240	280	320	360	400	440	480	520	560	600	640
粉砂、细砂土	—	75	100	125	150	175	200	225	250	—	—	—	—	—	—

⑩ 评价砂土密实度、碎石土（桩）的密实度时，可按表 7-58～表 7-61 进行。

砂土密实度按 $N_{63.5}$ 分类 表 7-58

$N_{63.5}$	$N_{63.5}\leqslant 4$	$4<N_{63.5}\leqslant 6$	$6<N_{63.5}\leqslant 9$	$N_{63.5}>9$
密实度	松散	稍密	中密	密实

碎石土密实度按 $N_{63.5}$ 分类 表 7-59

$N_{63.5}$	密实度	$N_{63.5}$	密实度
$N_{63.5}\leqslant 5$	松散	10 $N_{63.5}\leqslant 20$	中密
$5<N_{63.5}\leqslant 10$	稍密	$N_{63.5}>20$	密实

注：本表适用于平均粒径小于或等于 50mm，且最大粒径小于 100mm 的碎石土。对于平均粒径大于 50mm，或最大粒径大于 100mm 的碎石土，可用超重型动力触探。

碎石桩密实度按 $N_{63.5}$ 分类 表 7-60

$N_{63.5}$	$N_{63.5}<4$	$4\leqslant N_{63.5}\leqslant 5$	$5<N_{63.5}\leqslant 7$	$N_{63.5}>7$
密实度	松散	稍密	中密	密实

碎石土密实度按 N_{120} 分类 表 7-61

N_{120}	密实度	N_{120}	密实度
$N_{120}\leqslant 3$	松散	$11<N_{120}\leqslant 14$	密实
$3<N_{120}\leqslant 6$	稍密	$N_{120}>14$	很密
$6<N_{120}\leqslant 11$	中密	—	—

⑪ 对冲、洪积卵石土和圆砾土地基，当贯入深度小于 12m 时，判定地基的变形模量应结合载荷试验比对试验结果和地区经验进行。初步评价时，可根据平均击数按表 7-62 进行。

卵石土、圆砾土变形模量 E_0 值（MPa） 表 7-62

$\overline{N}_{63.5}$（修正锤击数平均值）	3	4	5	6	8	10	12	14	16
E_0	9.9	11.8	13.7	16.2	21.3	26.4	31.4	35.2	39.0
$\overline{N}_{63.5}$（修正锤击数平均值）	18	20	22	24	26	28	30	35	40
E_0	42.8	46.6	50.4	53.6	56.1	58.0	59.9	62.4	64.3

⑫ 对换填地基、预压处理地基、强夯处理地基、不加料振冲加密处理地基的承载力特征值和处理效果做初步评价时，可按第⑨条和第⑩条进行。

⑬ 圆锥动力触探试验应给出每个试验孔（点）的检测结果和单位工程的主要土层评价结果。

（11）静力触探试验

1）适用范围

静力触探试验适用于判定软土、一般黏性土、粉土和砂土的天然地基及采用换填垫层、预压、压实、挤密、夯实处理的人工地基的地基承载力、变形参数和评价地基处理效果。

2）抽样数量

对处理地基土质量进行验收检测时，单位工程检测数量不应少于 10 点，检测同一土层的试验有效数据不应少于 6 个。

3）仪器设备

① 静力触探可根据工程需要采用单桥探头、双桥探头，单桥可测定比贯入阻力，双桥可测定锥尖阻力和侧壁摩阻力。

② 单桥触探头和双桥触探头的规格应符合表 7-63 的规定，且触探头的外形尺寸和结构应符合下列规定：锥头与摩擦筒应同心；双桥探头锥头等直径部分的高度，不应超过 3mm，摩擦筒与锥头的间距不应大于 10mm。

③ 静力触探的贯入设备、探头、记录仪和传送电缆应作为整个测试系统按要求进行定期检定、校准或率定。

④ 触探主机应符合下列规定：应能匀速贯入，贯入速率为（20±5)mm/s，当使用孔压探头触探时，宜有保证贯入速率 20mm/s 的控制装置；贯入和起拔时，施力作用线应垂直机座基准面，垂直度应小于 30′；额定起拔力应大于额定贯入力的 120%。

⑤ 记录仪应符合下列规定：仪器显示的有效最小分度值不应大于 0.05%FS；仪器按要求预热后，时漂应小于 0.1%FS/h，温漂应小于 0.01%FS/℃；工作环境温度应为 −10～45℃；记录仪和电缆用于多功能探头触探时，应保证各传输信号互不干扰。

单桥和双桥静力触探头规格　　**表 7-63**

锥底截面积（cm^2）	锥底直径（mm）	锥角（°）	单桥触探头	双桥触探头	
			有效侧壁长度（mm）	摩擦筒表面积（cm^2）	摩擦筒长度（mm）
10	35.7	60	57	150	133.7
				200	178.4
15	43.7	60	70	300	218.5

⑥ 探头的技术性能应符合下列规定：

a. 在额定荷载下，检测点总误差不应大于 3%FS，其中线性误差、重复性误差、滞后误差、归零误差均应小于 1%FS；

b. 传感器出厂时的对地绝缘电阻不应小于 500MΩ；在 300kPa 水压下恒压 2h 后，绝缘电阻应大于 300MΩ；

c. 探头在工作状态下，各部传感器的互扰值应小于本身额定测值的 0.3%；

d. 探头应能在 −10～45℃的环境温度中正常工作，由于温度漂移而产生的量程误差，可按下式计算，不应超过满量程的±1%：

$$\frac{\Delta V}{V}=\Delta t\cdot\eta \tag{7-64}$$

式中 ΔV——温度变化所引起的误差（mV）；

V——全量程的输出电压（mV）；

Δt——触探过程中气温与地温引起触探头的最大温差（℃）；

η——温漂系数，一般采用 0.0005/℃。

⑦ 各种探头，自锥底起算，在 1m 长度范围内，与之连接的杆件直径不得大于探头直径；减摩阻器应在此范围以外（上）的位置加设。

⑧ 探头储存应配备防潮、防震的专用探头箱（盒），并应存放于干燥、阴凉的位置。

4）现场检测

① 静力触探测试应在平整的场地上进行，测试点应根据工程地质分区或加固处理分区均匀布置，并应具有代表性；当评价地基处理效果时，处理前、后的测试点应考虑前后的一致性。

② 静力触探测试深度除应满足设计要求外，尚应按下列规定执行：天然地基检测深度应达到主要受力层深度以下；人工地基检测深度应达到加固深度以下 0.5m；复合地基的桩间土检测深度应超过竖向增强体底部 0.5m。

③ 静力触探设备的安装应平稳、牢固，并应根据检测深度和表面土层的性质，选择合适的反力装置。

④ 静力触探头应根据土层性质和预估贯入阻力进行选择，并应满足精度要求。试验前，静力触探头应连同记录仪、电缆在室内进行率定；测试时间超过 3 个月时，每 3 个月应对静力触探头率定一次；当现场测试发现异常情况时，应重新率定。

⑤ 静力触探试验现场操作应符合下列规定：贯入前，应对触探头进行试压，确保顶柱、锥头、摩擦筒能正常工作；装卸触探头时，不应转动触探头；先将触探头贯入土中 0.5～1.0m，然后提升 5～10cm，待记录仪无明显零位漂移时，记录初始读数或调整零位，方能开始正式贯入；触探的贯入速率应控制为（1.2±0.3）m/min，在同一检测孔的试验过程中宜保持匀速贯入；深度记录的误差不应超过触探深度的±1%；当贯入深度超过 30m，或穿过厚层软土后再贯入硬土层时，应采取防止孔斜措施，或配置测斜探头，量测触探孔的偏斜角，校正土层界线的深度。

⑥ 静力触探试验记录应符合下列规定：

a. 贯入过程中，在深度 10m 以内可每隔 2～3m 提升探头一次，测读零漂值，调整零位；以后每隔 10m 测读一次；终止试验时，必须测读和记录零漂值；

b. 测读和记录贯入阻力的测点间距宜为 0.1～0.2m，同一检测孔的测点间距应保持不变；

c. 应及时核对记录深度与实际孔深的偏差；当有明显偏差时，应立即查明原因，采取纠正措施；

d. 应及时准确记录贯入过程中发生的各种异常或影响正常贯入的情况。

⑦ 当出现下列情况之一时，应终止试验：

a. 达到试验要求的贯入深度；

b. 试验记录显示异常；

c. 反力装置失效；

d. 触探杆的倾斜度超过10°。

5）检测数据分析与判定

① 出现下列情况时，应对试验数据进行处理：

a. 出现零位漂移超过满量程的±1%且小于±3%时，可按线性内插法校正；

b. 记录曲线上出现脱节现象时，应将停机前记录与重新开机后贯入10cm深度的记录连成圆滑的曲线；

c. 记录深度与实际深度的误差超过±1%时，可在出现误差的深度范围内，等距离调整。

② 单桥探头的比贯入阻力，双桥探头的锥尖阻力、侧壁摩阻力及摩阻比，应分别按下列公式计算：

$$p_s = K_P \cdot (\varepsilon_p - \varepsilon_0) \tag{7-65}$$

$$q_c = K_q \cdot (\varepsilon_q - \varepsilon_0) \tag{7-66}$$

$$f_s = K_f \cdot (\varepsilon_f - \varepsilon_0) \tag{7-67}$$

$$\alpha = f_s / q_c \times 100\% \tag{7-68}$$

式中　p_s——单桥探头的比贯入阻力（kPa）；

q_c——双桥探头的锥尖阻力（kPa）；

f_s——双桥探头的侧壁摩阻力（kPa）；

α——摩阻比（%）；

K_P——单桥探头率定系数（kPa/με）；

K_q——双桥探头的锥尖阻力率定系数（kPa/με）；

K_f——双桥探头的侧壁摩阻力率定系数（kPa/με）；

ε_p——单桥探头的比贯入阻力应变量（με）；

ε_q——双桥探头的锥尖阻力应变量（με）；

ε_f——双桥探头的侧壁摩阻力应变量（με）；

ε_0——触探头的初始读数或零读数应变量（με）。

③ 对于每个检测孔，采用单桥探头应整理并绘制比贯入阻力与深度的关系曲线，采用双桥探头应整理并绘制锥尖阻力、侧壁摩阻力、摩阻比与深度的关系曲线。

④ 对于土层力学分层，当采用单桥探头测试时，应根据比贯入阻力与深度的关系曲线进行；当采用双桥探头测试时，应以锥尖阻力与深度的关系曲线为主，结合侧壁摩阻力和摩阻比与深度的关系曲线进行。划分土层力学分层界线时，应考虑贯入阻力曲线中的超前和滞后现象，宜以超前和滞后的中点作为分界点。

⑤ 土层划分应根据土层力学分层和地质分层综合确定，并应分层计算每个检测孔的比贯入阻力或锥尖阻力平均值，计算时应剔除临界深度以内的数值和超前、滞后影响范围内的异常值。

⑥ 单位工程同一土层的比贯入阻力或锥尖阻力标准值，应根据各检测孔的平均值按《建筑地基检测技术规范》JGJ 340—2015附录B计算确定。

⑦ 初步判定地基土承载力特征值和压缩模量时，可根据比贯入阻力或锥尖阻力标准值按表7-64估算。

地基土承载力特征值 f_{ak} 和压缩模量 $E_{s0.1\text{-}0.2}$ 与比贯入阻力标准值的关系　表 7-64

f_{ak}(kPa)	$E_{s0.1-0.2}$(MPa)	p_s适用范围(MPa)	适用土类
$f_{ak}=80p_s+20$	$E_{s0.1-0.2}=2.5\ln(p_s)+4$	0.4～5.0	黏性土
$f_{ak}=47p_s+40$	$E_{s0.1-0.2}=2.44\ln(p_s)+4$	1.0～16.0	粉土
$f_{ak}=40p_s+70$	$E_{s0.1-0.2}=3.6\ln(p_s)+3$	3.0～30.0	砂土

注：当采用 q_c值时，取 $p_s=1.1q_c$。

⑧ 静力触探试验应给出每个试验孔（点）的检测结果和单位工程的主要土层的评价结果。

⑨ 检测报告除应符合《建筑地基检测技术规范》JGJ 340—2015 第 3.3.2 条规定外，尚应包括下列内容：

a. 锥尖阻力、侧壁摩阻力、摩阻比随深度的变化曲线，或比贯入阻力随深度的变化曲线；

b. 每个检测孔的比贯入阻力或锥尖阻力平均值；

c. 同一土层的比贯入阻力或锥尖阻力标准值；

d. 结合比对试验结果和地区经验的地基土承载力和变形模量值；

e. 对检验地基处理加固效果的工程，应提供处理前后的锥尖阻力、侧壁摩阻力或比贯入阻力的对比曲线。

（12）十字板剪切试验

1）适用范围

十字板剪切试验适用于饱和软黏性土天然地基及其人工地基的不排水抗剪强度和灵敏度试验。

2）抽检数量

对处理地基土质量进行验收检测时，单位工程检测数量不应少于 10 点，检测同一土层的试验有效数据不应少于 6 个。

3）仪器设备

① 十字板剪切试验可分为机械式和电测式，主要设备由十字板头、记录仪、探杆与贯入设备等组成。

② 十字板剪切仪的设备参数及性能指标应符合表 7-65～表 7-68 的规定。

十字板头主要技术参数　表 7-65

板宽 B (mm)	板高 H (mm)	板厚（mm）	刃角（°）	轴杆直径（mm）	面积比（%）
50	100	2	60	13	14
75	150	3	60	16	13

扭力测量设备主要技术指标　表 7-66

扭矩测量范围（N·m）	扭矩角测量范围（°）	扭转速率（°/min）
0～80	0～360	6～12

电测式十字板剪切仪的扭力传感器性能指标　表 7-67

检测总误差	传感器出厂时的对地绝缘电阻	现场试验传感器对地绝缘电阻	传感器护套外径
不应大于 3%FS（其中非线性误差、重复性误差、滞后误差、归零误差均应小于 1%FS）	不应小于 500MΩ（在 300kPa 水压下恒压 1h 后，绝缘限度应大于 300MΩ）	≥200MΩ	不宜大于 20mm

电测式十字板记录仪性能指标　表 7-68

时漂	温漂	有效最小分度值
应小于 0.1%FS/h	应小于 0.01%FS/℃	应小于 0.06%FS

③ 加载设备可利用地锚反力系统、静力触探加载系统或其他加压系统。

④ 十字板头、记录仪、探杆、电缆等应作为整个测试系统按要求进行定期检定、校准或率定。

⑤ 现场量测仪器应与探头率定时使用的量测仪器相同；信号传输线应采用屏蔽电缆。

4）现场检测

① 场地和仪器设备安装应符合下列规定：检测孔位应避开地下电缆、管线及其他地下设施；检测孔位场地应平整；试验过程中，机座应始终处于水平状态；地表水体下的十字板剪切试验，应采取必要措施，保证试验孔和探杆的垂直度。

② 机械式十字板剪切试验操作应符合下列规定：十字板头与钻杆应逐节连接并拧紧；十字板插入至试验深度后，应静止 2～3min，方可开始试验；扭转剪切速率宜采用（6～12）°/min，并应在 2min 内测得峰值强度；测得峰值或稳定值后，继续测读 1min，以便确认峰值或稳定值；需要测定重塑土抗剪强度时，应在峰值强度或稳定值测试完毕后，按顺时针方向连续转动 6 圈，再按第 3 款测定重塑土的不排水抗剪强度。

③ 电测式十字板剪切仪试验操作应符合下列规定：十字板探头压入前，宜将探头电缆一次性穿入需用的全部探杆；现场贯入前，应连接量测仪器并对探头进行试力，确保探头能正常工作；将十字板头直接缓慢贯入至预定试验深度处，使用旋转装置卡盘卡住探杆；应静止 3～5min 后，测读初始读数或调整零位，开始正式试验；以（6～12）°/min 的转速施加扭力，每 1°～2°测读数据一次。当峰值或稳定值出现后，再继续测读 1min，所得峰值或稳定值即为试验土层剪切破坏时的读数 P_f。

④ 十字板插入钻孔底部深度应大于 3～5 倍孔径；对非均质或夹薄层粉细砂的软黏性土层，宜结合静力触探试验结果，选择软黏土进行试验。

⑤ 十字板剪切试验深度宜按工程要求确定。试验深度对原状土地基应达到应力主要影响深度，对处理土地基应达到地基处理深度；试验点竖向间距可根据地层均匀情况确定。

⑥ 测定场地土的灵敏度时，宜根据土层情况和工程需要选择有代表性的孔、段进行。

⑦ 十字板剪切试验应记录下列信息：十字板探头的编号、十字板常数、率定系数；初始读数、扭矩的峰值或稳定值；及时记录贯入过程中发生的各种异常或影响正常贯入的情况。

⑧ 当出现下列情况之一时，可终止试验：

a. 达到检测要求的测试深度；

b. 十字板头的阻力达到额定荷载值；

c. 电信号陡变或消失；

d. 探杆倾斜度超过2%。

5）检测数据分析与判定

① 出现下列情况时，宜对试验数据进行处理：出现零位漂移超过满量程的±1%时，可按线性内插法校正；记录深度与实际深度的误差超过±1%时，可在出现误差的深度范围内等距离调整。

② 机械式十字板剪切仪的十字板常数可按下式计算确定：

$$K_c = \frac{2R}{\pi D^2\left(\frac{D}{3}+H\right)} \tag{7-69}$$

式中 K_c——机械式十字板剪切仪的十字板常数（$1/m^2$）；

R——施力转盘半径（m）；

D——十字板头直径（m）；

H——十字板板高（m）。

③ 地基土不排水抗剪强度可按下列公式计算确定：

$$c_u = 1000\,K_c(P_f - P_0) \tag{7-70}$$

$$c_u = K(\varepsilon - \varepsilon_0) \tag{7-71}$$

$$c_u = 10\,K_c\eta R_y \tag{7-72}$$

式中 c_u——地基土不排水抗剪强度（kPa），精确到0.1kPa；

P_f——剪损土体的总作用力（N）；

P_0——轴杆与土体间的摩擦力和仪器机械阻力（N）；

K——电测式十字板剪切仪的探头率定系数（kPa/με）；

ε——剪损土体的总作用力对应的应变测试仪读数（με）；

ε_0——初始读数（με）；

K_c——十字板常数；当板头尺寸为50mm×100mm时，取$0.00218cm^{-3}$；当板头尺寸为75mm×150mm时，取$0.00065cm^{-3}$；

R_y——原状土剪切破坏时的读数（mV）；

η——传感器率定系数（N·cm/mV）。

④ 地基土重塑土强度可按下列公式计算：

$$c'_u = 1000\,K_c(P'_f - P'_0) \tag{7-73}$$

$$c_u = K(\varepsilon' - \varepsilon'_0) \tag{7-74}$$

$$c'_u = 10\,K_c\eta r R'_y \tag{7-75}$$

式中 c'_u——地基土重塑土强度（kPa），精确到0.1kPa；

P'_f——剪损重塑土体的总作用力（N）；

ε'——剪损重塑土对应的最大应变值；

P'_0、ε'_0——重塑土强度测试前的初始读数；

R'_y——重塑土剪切破坏时的读数（mV）。

⑤土的灵敏度可按下式计算：

$$S_t = c_u / c'_u \tag{7-76}$$

式中　S_t——土的灵敏度。

⑥ 对于每个检测孔，应计算不同测试深度的地基土的不排水剪切强度、重塑土强度和灵敏度，并绘制地基土的不排水抗剪强度、重塑土强度和灵敏度与深度的关系图。需要时可绘制不同测试深度的抗剪强度与扭转角度的关系图。

⑦ 每个检测孔的不排水抗剪强度、重塑土强度和灵敏度的代表值应取根据不同深度的十字板剪切试验结果的平均值。参加统计的试验点不应少于 3 点，当其极差不超过平均值的 30％时，取其平均值作为代表值；当极差超过平均值的 30％时，应分析原因，结合工程实际判别，可增加试验点数量。

⑧ 软土地基的固结情况及加固效果可根据地基土的不排水抗剪强度、灵敏度及其变化进行评定。

⑨ 初步判定地基土承载力特征值时，可按下式进行估算：

$$f_{ak} = 2c_u + \gamma \tag{7-77}$$

式中　f_{ak}——地基承载力特征值（kPa）；

γ——土的天然重度（kN/m^3）；

c_u——基础埋置深度（m），当＞3.0m 时，宜根据经验进行折减。

⑩ 十字板剪切试验应给出每个试验孔（点）主要土层的检测和评价结果。

（13）水泥土钻芯法试验

1）适用范围

水泥土钻芯法适用于检测水泥土桩的桩长、桩身强度和均匀性，判定或鉴别桩底持力层岩土性状。

2）抽检数量

水泥土钻芯法试验数量单位工程不应少于 0.5％，且不应少于 3 根。当桩长大于等于 10m 时，桩身强度抗压芯样试件按每孔不少于 9 个截取，桩体三等分段各取 3 个；当桩长小于 10m 时，桩身强度抗压芯样试件按每孔不少于 6 个截取，桩体二等分段各取 3 个。水泥土桩取芯时，龄期应满足设计的要求。

3）仪器设备

① 钻取芯样宜采用液压操纵的高速工程地质钻机，并配备相应的水泵、孔口管、扩孔器、卡簧、扶正稳定器及可捞取松软渣样的钻具。宜采用双管单动或更有利于提高芯样采取率的钻具。钻杆应顺直，钻杆直径宜为 50mm。

② 钻取芯样钻机应根据桩身设计强度选用合适的薄壁合金钢钻头或金刚石钻头，钻头外径不宜小于 91mm。

③ 锯切芯样试件用的锯切机应具有冷却系统和夹紧牢固的装置；芯样试件端面的补平器和磨平机应满足芯样制作的要求。

4）现场检测

① 钻机设备安装应稳固、底座水平。钻机立轴中心、天轮中心（天车前沿切点）与孔口中心必须在同一铅垂线上。应确保钻机在钻芯过程中不发生倾斜、移位，钻芯孔垂直度偏差小于 0.5％。

② 每根受检桩可钻1孔，当桩直径或长轴大于1.2m时，宜增加钻孔数量。开孔位置宜在桩中心附近处，宜采用较小的钻头压力。钻孔取芯的取芯率不宜低于85%。对桩底持力层的钻孔深度应满足设计要求，且不小于2倍桩身直径。

③ 当桩顶面与钻机底座的高差较大时，应安装孔口管，孔口管应垂直且牢固。

④ 钻进过程中，钻孔内循环水流应根据钻芯情况及时调整。钻进速度宜为50～100mm/min，并应根据回水含砂量及颜色调整钻进速度。

⑤ 提钻卸取芯样时，应采用拧卸钻头和扩孔器方式取芯，严禁敲打卸芯。

⑥ 每回次进尺宜控制在1.5m以内；钻至桩底时，可采用适宜的方法对桩底持力层岩土性状进行鉴别。

⑦ 芯样从取样器中推出时应平稳，严禁试样受拉、受弯。芯样在运送和保存过程中应避免压、震、晒、冻，并防止试样失水或吸水。

⑧ 钻取的芯样应由上而下按回次顺序放进芯样箱中，芯样牌上应清晰标明回次数、深度。

⑨ 及时记录钻进及异常情况，并对芯样质量进行初步描述。应对芯样和标有工程名称、桩号、芯样试件采取位置、桩长、孔深、检测单位名称的标示牌的全貌进行拍照。

⑩ 钻芯孔应从孔底往上用水泥浆回灌封孔。

5）芯样试件抗压强度

① 试验抗压试件直径不宜小于70mm，试件的高径比宜为1∶1；抗压芯样应进行密封，避免晾晒。

② 芯样试件的加工和测量可按现行行业标准《建筑基桩检测技术规范》JGJ 106的有关规定执行。芯样试件制作完毕可立即进行抗压强度试验。

③ 试验机宜采用高精度小型压力机，试验机额定最大压力不宜大于预估压力的5倍。

④ 芯样试件抗压强度应按下式计算确定：

$$f_{cu}=\frac{4P}{\pi d^2} \tag{7-78}$$

式中 f_{cu}——芯样试件抗压强度（MPa），精确至0.01MPa；

P——芯样试件抗压试验测得的破坏荷载（N）；

d——芯样试件的平均直径（mm）。

6）检测数据分析与判定

① 桩身芯样试件抗压强度代表值应按一组三块试件强度值的平均值确定。水泥土芯样试件抗压强度代表值应取各段水泥土芯样试件抗压强度代表值中的最小值。

② 桩身强度应按单位工程检验批进行评价。对单位工程同一条件下的受检桩，应取桩身芯样试件抗压强度代表值进行统计，并按下列公式分别计算平均强度、标准差和变异系数，并应按本规范附录B规定计算桩身强度标准值。

$$\overline{q}_{uf}=\frac{\sum_{i=1}^{n}q_{ufi}}{n} \tag{7-79}$$

$$\sigma_{uf}=\sqrt{\frac{1}{n-1}\sum_{i=1}^{n}(\overline{q}_{uf}-q_{ufi})^2} \tag{7-80}$$

$$\delta_{uf}=\frac{\sigma_{uf}}{q_{uf}}\times 100\% \tag{7-81}$$

式中　q_{ufi}——单桩的芯样试件抗压强度代表值（kPa）；

q_{uf}——检验批水泥土桩的芯样试件抗压强度平均值（kPa）；

σ_{uf}——桩身抗压强度代表值的标准差（kPa）；

δ_{uf}——桩身抗压强度代表值的变异系数；

n——受检桩数。

③ 桩底持力层性状应根据芯样特征、动力触探或标准贯入试验结果等综合判定。

④ 桩身均匀性宜按单桩并根据现场水泥土芯样特征等进行综合评价。桩身均匀性评价标准应按表 7-69 规定执行。

桩身均匀性评价标准　　　　**表 7-69**

桩身均匀性描述	芯样特征
均匀性良好	芯样连续、完整，坚硬，搅拌均匀，呈柱状
均匀性一般	芯样基本完整，坚硬，搅拌基本均匀，呈柱状，部分呈块状
均匀性差	芯样胶结一般，呈柱状、块状，局部松散，搅拌不均匀

⑤ 桩身质量评价应按检验批进行。受检桩桩身强度应按检验批进行评价，桩身强度标准值应满足设计要求。受检桩的桩身均匀性和桩底持力层岩土性状按单桩进行评价，应满足设计的要求。

⑥ 钻芯孔偏出桩外时，应仅对钻取芯样部分进行评价。

（14）低应变法试验

1）适用范围

低应变法适用于检测有粘结强度、规则截面的桩身强度大于 8MPa 竖向增强体的完整性，判定缺陷的程度及位置。

2）抽检数量

低应变法试验单位工程检测数量不应少于总桩数的 10%，且不得少于 10 根。

3）低应变法的有效检测长度、截面尺寸范围应通过现场试验确定。低应变法检测开始时间应在受检竖向增强体强度达到要求后进行。

4）仪器设备

① 低应变法检测仪器的主要技术性能指标应符合现行行业标准《基桩动测仪》JG/T 518的有关规定，且应具有信号采集、滤波、放大、显示、储存和处理分析功能。

② 低应变法激振设备宜根据增强体的类型、长度及检测目的，选择不同大小、长度、质量的力锤、力棒和不同材质的锤头，以获得所需的激振频带和冲击能量。瞬态激振设备应包括能激发宽脉冲和窄脉冲的力锤和锤垫；力锤可装有力传感器。

5）现场检测

① 受检竖向增强体顶部处理的材质、强度、截面尺寸应与增强体主体基本等同；当增强体的侧面与基础的混凝土垫层浇筑成一体时，应断开连接并确保垫层不影响检测结果的情况下方可进行检测。

② 测试参数设定应符合下列规定：增益应结合激振方式通过现场对比试验确定；时

域信号分析的时间段长度应在 $2L/c$ 时刻后延续不少于 5ms；频域信号分析的频率范围上限不应小于 2000Hz；设定长度应为竖向增强体顶部测点至增强体底的施工长度；竖向增强体波速可根据当地同类型增强体的测试值初步设定；采样时间间隔或采样频率应根据增强体长度、波速和频率分辨率合理选择；传感器的灵敏度系数应按计量检定结果设定。

③ 测量传感器安装和激振操作应符合下列规定：传感器安装应与增强体顶面垂直；用耦合剂粘结时，应有足够的粘结强度；锤击点在增强体顶部中心，传感器安装点与增强体中心的距离宜为增强体半径的 2/3，并不应小于 10cm；锤击方向应沿增强体轴线方向；瞬态激振应根据增强体长度、强度、缺陷所在位置的深浅，选择合适重量、材质的激振设备，宜用宽脉冲获取增强体的底部或深部缺陷反射信号，宜用窄脉冲获取增强体的上部缺陷反射信号。

④ 信号采集和筛选应符合下列规定：应根据竖向增强体直径大小，在其表面均匀布置 2～3 个检测点；每个检测点记录的有效信号数不宜少于 3 个；检测时应随时检查采集信号的质量，确保实测信号能反映增强体完整性特征；信号不应失真和产生零漂，信号幅值不应超过测量系统的量程；对于同一根检测增强体，不同检测点及多次实测时域信号一致性较差，应分析原因，增加检测点数量。

6）检测数据分析与判定：

① 竖向增强体波速平均值的确定应符合下列规定：

a. 当竖向增强体长度已知、底部反射信号明确时（图 7-21、图 7-22），应在地质条件、设计类型、施工工艺相同的竖向增强体中，选取不少于 5 根完整性为Ⅰ类的竖向增强体，按式（7-84）或式（7-83）计算波速值，按式（7-82）计算其平均值：

$$c_{\mathrm{m}} = \frac{1}{n}\sum_{i=1}^{n} c_i \tag{7-82}$$

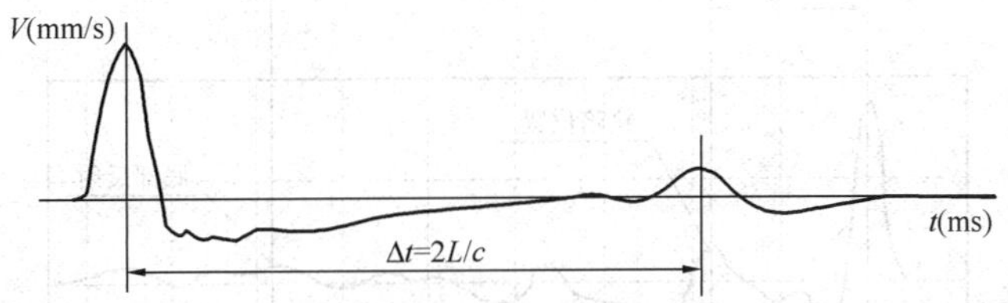

图 7-21 完整的增强体典型时域信号特征

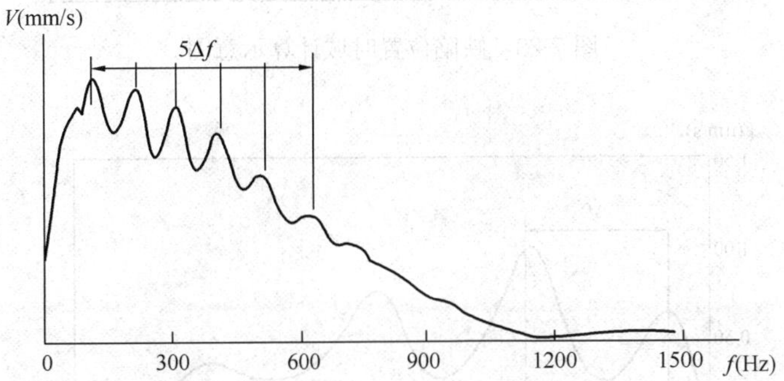

图 7-22 完整的增强体典型幅频信号特征

时域：
$$c_m = \frac{2000L}{\Delta t} \tag{7-83}$$
频域：
$$c_i = 2L \cdot \Delta f \tag{7-84}$$
式中　c_m——竖向增强体波速的平均值（m/s）；

c_i——第 i 根受检竖向增强体的波速值（m/s），且 $|c_i - c_m| / c_m \leqslant 10\%$；

L——测点下增强体长度（m）；

Δt——速度波第一峰与竖向增强体底部反射波峰间的时间差（ms）；

Δf——幅频曲线上竖向增强体底部相邻谐振峰间的频差（Hz）；

n——参加波速平均值计算的竖向增强体数量（$n \geqslant 5$）。

b. 当无法按 a 款确定时，波速平均值可根据当地相同施工工艺的竖向增强体的其他工程的实测值，结合胶结材料、骨料品种和强度综合确定。

② 竖向增强体缺陷位置应按式（7-86）或式（7-87）计算确定：

时域：
$$x = \frac{1}{2000} \cdot \Delta t_x \cdot c \tag{7-85}$$
频域：
$$x = \frac{1}{2} \cdot \frac{c}{\Delta f'} \tag{7-86}$$
式中　x——竖向增强体缺陷至传感器安装点的距离（m）；

Δt_x——速度波第一峰与缺陷反射波峰间的时间差（ms）（图 7-23）；

c——受检竖向增强体的波速（m/s），无法确定时用 c_m 值替代；

$\Delta f'$——幅频信号曲线上缺陷相邻谐振峰间的频差（Hz）（图 7-24）。

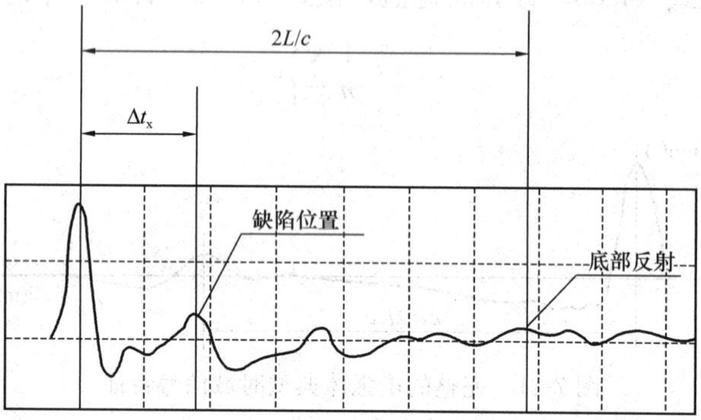

图 7-23　缺陷位置时域计算示意图

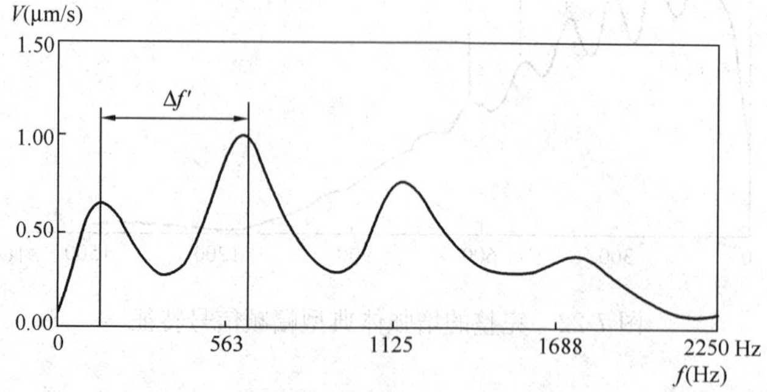

图 7-24　缺陷位置频域计算示意图

a. 信号处理应符合下列规定：采用加速度传感器时，可选择不小于 2000Hz 的低通滤波对积分后的速度信号进行处理；采用速度传感器时，可选择不小于 1000Hz 的低通滤波对速度信号进行处理；当竖向增强体底部反射信号或深部缺陷反射信号较弱时，可采用指数放大，被放大的信号幅值不应大于入射波幅值的一半，进行指数放大后的波形尾部应基本回零；指数放大的范围宜大于 $2L/c$ 的 2/3，指数放大倍数宜小于 20；可使用旋转处理功能，使测试波形尾部基本位于零线附近。

b. 竖向增强体完整性分类应符合表 7-70 的规定。

竖向增强体完整性分类表 **表 7-70**

增强体完整性类别	分类原则	增强体完整性类别	分类原则
Ⅰ类	增强体结构完整	Ⅲ类	增强体结构存在明显缺陷
Ⅱ类	增强体结构存在轻微缺陷	Ⅳ类	增强体结构存在严重缺陷

c. 竖向增强体完整性类别应结合缺陷出现的深度、测试信号衰减特性以及设计竖向增强体类型、施工工艺、地质条件、施工情况，按表 7-70 的分类和表 7-71 所列实测时域或幅频信号特征进行综合分析判定。

竖向增强体完整性判定信号特征 **表 7-71**

类别	时域信号特征	幅频信号特征
Ⅰ	除冲击入射波和增强体底部反射波外，在 $2L/c$ 时刻前，基本无同相反射波发生；允许存在承载力有利的反相反射（扩径） 增强体底部阻抗与持力层阻抗有差异时，应有底部反射信号	增强体底部谐振峰排列基本等间距，其相邻频差 $\Delta f \approx c/(2L)$
Ⅱ	$2L/c$ 时刻前出现轻微缺陷反射波；增强体底部阻抗与持力层阻抗有差异时，应有底部反射信号	增强体底部谐振峰排列基本等间距，其相邻频差 $\Delta f \approx c/(2L)$，轻微缺陷产生的谐振峰之间的频差（$\Delta f'$）与增强体底部谐振峰之间的频差（Δf）满足 $\Delta f' > \Delta f$
Ⅲ	有明显同相反射波，其他特征介于Ⅱ类和Ⅳ类之间	—
Ⅳ	$2L/c$ 时刻前出现严重同相反射波或周期性反射波，无底部反射波 或因增强体浅部严重缺陷使波形呈现低频大振幅衰减振动，无底部反射波	缺陷谐振峰排列基本等间距，相邻频差 $\Delta f' > c/(2L)$，无增强体底部谐振峰 或因增强体浅部严重缺陷只出现单一谐振峰，无增强体底部谐振峰

注：对同一场地、地质条件相近、施工工艺相同的增强体，因底部阻抗与持力层阻抗相匹配导致实测信号无底部反射信号时，可按本场地同条件下有底部反射波的其他实测信号判定增强体完整性类别。

d. 低应变法应给出每根受检竖向增强体的完整性情况评价。

e. 出现下列情况之一，竖向增强体完整性宜结合其他检测方法进行判定：实测信号复杂，无规律，无法对其进行准确评价；增强体截面渐变或多变，且变化幅度较大。

f. 低应变法检测报告应给出增强体完整性检测的实测信号曲线。

7.2.5　混凝土试验、检验

为了控制和检验混凝土质量，除采用混凝土标准养护28d强度的试验方法外，还利用早期强度推定标准养护28d强度，能够较早了解施工情况，及时进行混凝土的配合比调整和辅助设计，结构实体检验用同条件养护试件强度检验作为加强混凝土结构施工质量验收。混凝土试件强度分批检验评定，评定不合格时，可采用非破损或局部破损的检测方法，按国家现行有关标准对结构构件中的混凝土强度进行推定，并作为判断结构是否处理的依据，实际应用主要有回弹法、超声回弹综合法、高强回弹法、回弹—取芯法、拉脱法、钻芯法、后装拔出法、剪压法检测混凝土抗压强度。混凝土外部质量主要采用目测和尺量等方法。混凝土内部缺陷通常采用超声法和冲击回波法检测，判定混凝土中的缺陷情况。

混凝土强度试验现场主要有早期推定混凝土强度试验和结构实体混凝土强度检验。

7.2.5.1　早期推定混凝土强度试验

1. 引用标准

《早期推定混凝土强度试验方法标准》JGJ/T 15—2021；

《混凝土物理力学性能试验方法标准》GB/T 50081—2019。

2. 检测项目

混凝土强度。

3. 测定方法

早期推定混凝土强度试验方法有混凝土加速养护法、砂浆促凝压蒸法、扭矩测试法和早龄期法四种试验方法，常用的为混凝土加速养护法。

（1）混凝土加速养护法

通过建立标准养护28d强度与早期强度二者关系式，对新成型的混凝土试件进行加速养护做抗压试验，利用早期强度推定标准养护28d强度。这种方法适用于混凝土生产和施工中的强度控制以及混凝土配合比的调整和辅助设计。加速养护试验方法分沸水法、80℃热水法和55℃温水法、微波养护四种试验方法。

1）试验设备及辅助工具

加速养护箱、密封试模、微波炉。

2）试验

① 沸水法

试件在20℃±5℃室温下成型、抹面后，随即应以橡皮垫或塑料布覆盖表面，然后静置。从加水拌合、取样、成型、静置至脱模，时间应为24h±15min。应将脱模试件立即浸入加速养护箱内的$Ca(OH)_2$饱和沸水中。整个养护期间，箱中水应保持沸腾。试件应在沸水中养护4h±5min，水温不应低于98℃。取出试件，应在室温20℃±5℃下静置冷却1h±10min，使其冷却。然后，应按现行国家标准《普通混凝土力学性能试验方法标准》GB/T 50081的规定进行抗压强度试验，测得其加速养护强度f^{a}_{cu}。加速试验周期应为29h±15min。

② 80℃热水法：

试件在20℃±5℃室温下成型、抹面后，随即密封试模。从加水拌合、取样、成型至静置结束，时间应为1h±10min。应将带模的试件浸入养护箱80℃±2℃热水中。整个养护箱间，箱中水温应保持80℃±2℃。试件应在80℃±2℃热水中养护5h±5min，取出带模试件，脱模，在20℃±5℃下静置冷却1h±10min，然后按现行国家标准《混凝土物理力学性能试验方法标准》GB/T 50081的规定进行抗压强度试验，测得其加速养护强度f_{cu}^{a}。加速试验周期应为7h±15min。

③ 55℃温水法：

试件在20℃±5℃室温下成型、抹面后，随即密封试模。从加水拌合、取样、成型至静置结束，时间应为1h±10min。应将带模试件浸入水温保持55℃±2℃养护箱热水中养护23h±15min，取出带模试件脱模，在20℃±5℃下静置冷却1h±10min，然后按现行国家标准《普通混凝土力学性能试验方法标准》GB/T 50081的规定进行抗压强度试验，测得其加速养护强度f_{cu}^{a}。加速试验周期应为25h±15min。

④ 应将带试模件立即放入微波炉中。打开电源，试件在微波炉中静停2h后进行加热养护循环。每一循环为高火加热30s，静停5min。加热养护时间宜为6h。加热养护循环结束后，关闭电源。取出试件并脱模，静置1h±10min。对大流动性混凝土、低强度等级混凝土，可静置2h±10min。然后进行抗压试验：对边长为100mm立方体试件，应按现行国家标准《混凝土物理力学性能试验方法标准》GB/T 50081的规定进行抗压强度试验；对边长为70.7mm立方体试件，应按现行行业标准《建筑砂浆基本性能试验方法标准》JGJ/T 70的规定进行抗压强度试验，测得加速养护混凝土抗压强度。加速养护混凝土抗压强度值取3个试件测值的算术平均值。对边长为70.7mm立方体试件，强度值可不乘换算系数，且应始终保持一致。

(2) 砂浆促凝压蒸法

1) 试验设备及辅助工具

压蒸设备（带压力表的压力锅）、三联专用试模、孔径ϕ5mm筛子（配相同尺寸的料盘）、5kg案秤、混凝土振动台、搅拌锅。

2) 试验方法

用孔径ϕ5mm筛子筛取混凝土拌合物中的砂浆，筛分后砂浆搅拌均匀后称取600kg放入搅拌锅中，均匀加入促凝剂快速搅拌30s，装入专用试模成型试件，然后置于已烧沸的压蒸锅中高温高压养护1h，取出试模脱模进行抗压强度试验，测得加速养护砂浆试件抗压强度f_{cu}^{a}。从切断热源到抗压强度试验的时间不宜超过3min。

(3) 扭矩测试法

本法适用于混凝土坍落度大于120mm时，采用扭矩测试法推定标准养护28d混凝土强度。测法试验应在标准试验条件下进行，标准试验条件的环境温度应为(20±5)℃。

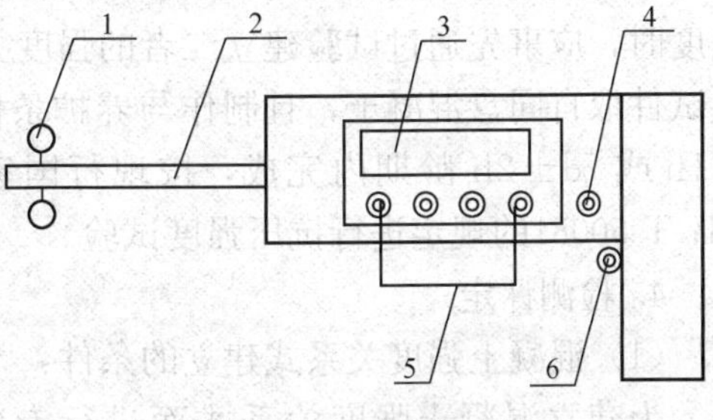

图7-25 混凝土拌合物性能测试仪示意

1—搅拌叶片；2—探测头；3—液晶显示屏；4—数据传输接口；5—功能键；6—测试键

1) 试验设备及辅助工具

混凝土拌合物性能测试仪（图7-25）的接口标准宜为RS232或USB，探测头的长度应为 200mm±2mm，直径应为 8mm。搅拌叶片应由不锈钢的球缺与圆柱体组成，球缺的直径应为 25mm，高度应为 5mm；圆柱体的直径应为 25mm，高度应为 5mm。搅拌叶片通过长度 2mm 的金属杆连接到探测头上，二个搅拌叶片应分别位于探测头两侧且球缺反向对称（图 7-26）。

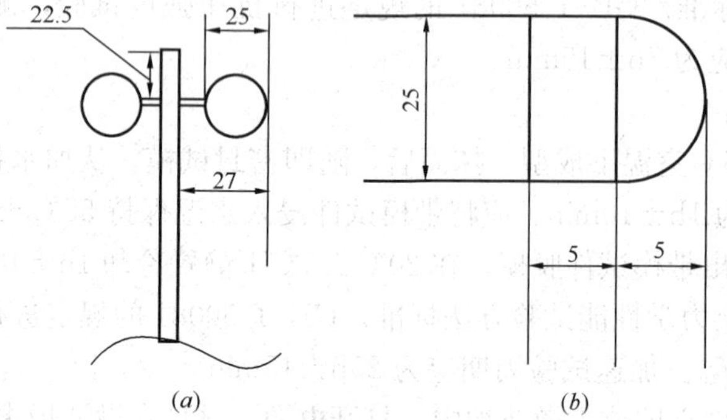

图 7-26　搅拌叶片示意（mm）

（a）搅拌叶片正面；（b）搅拌叶片侧面

混凝拌合物性能测试仪的工作温度应为－20℃～＋70℃，推定值的相对误差应为±10％。料桶体积宜为 20～30L。

2）试验方法

应留取不少于 3/4 料桶体积的混凝土拌合物，同时留置一组标准养护 28d 混凝土抗压强度试件。打开混凝土拌合物性能测试仪的电源，在配合比设定界面输入水泥品种及强度等级、外加剂品种及掺量、掺合料品种及掺量、骨料品种及粒径等参数，按确认键，进入坍落度测试界面。将混凝土试样装入料桶中，立即将混凝土拌合物性能测试仪的探测头垂直插入混凝土试样中，探测头插入深度应为 100mm，按测试键进行测试。按顺时针方向选择测试点，测点不应少于 3 个，相邻测点的间距不应小于 100mm，测点距料桶边缘的距离不应小于 50mm，且测点不应重合。从加水拌合至测试结束，时间不应超过 20min。从显示屏上直接读取推定的标准养护 28d 混凝土抗压强度值。

（4）早龄期法

早龄期法的龄期宜采用 3d 或 7d。采用早龄期标准养护混凝土强度推定标准养护 28d 强度时，应事先通过试验建立二者的强度关系式。早龄期混凝土试件与标准养护 28d 混凝土试件取自同盘混凝土，且制作与养护条件应相同。早龄期混凝土抗压强度试验宜在 3d±1h 或 7d±2h 龄期内完成，按现行国家标准《普通混凝土力学性能试验方法标准》GB/T 50081的规定进行抗压强度试验。

4. 检测评定

（1）混凝土强度关系式建立的条件：

为建立混凝土强度关系式而进行专门试验时，应采用与工程相同的原材料制作试件。

混凝土拌合物的坍落度或工作度应与工程所用的相近。每一混凝土试样应至少成型两组试件并组成一个对组。其中一组应按本标准规定进行加速养护，测得加速养护强度；另一组应进行标准养护，测得28d抗压强度。

建立强度关系式时，混凝土试件数量不应少于30对组。混凝土试样拌合物的水灰（胶）比不应少于三种。每种水灰（胶）比拌合物成型的试件对组数宜相同，其最大和最小水灰（胶）比之差不宜小于0.2，且应使推定的水灰（胶）比位于所选水灰（胶）比范围的中间区段。

按回归方法建立强度关系式时，其相关系数不应小于0.90，关系式的剩余标准差不应大于标准养护28d强度平均值的12%。强度关系式的相关系数、剩余标准差可按照《早期推定混凝土强度试验方法标准》JGJ/T 15—2021附录A的方法进行计算。

（2）混凝土强度关系式：建立加速养护混凝土试件抗压强度推定值与标准养护28d强度混凝土强度推定值关系式，采用线性方程或幂函数方程。

$$f_{cu}^{e}=a+bf_{cu}^{a} \tag{7-87}$$

$$f_{cu}^{e}=a+(f_{cu}^{a})^{b} \tag{7-88}$$

$$b=\frac{\sum_{i=1}^{n}(f_{cu,i}f_{cu,i}^{a})-\frac{1}{n}\sum_{i=1}^{n}f_{cu,i}\sum_{i=1}^{n}f_{cu,i}^{a}}{\sum_{i=1}^{n}(f_{cu,i}^{a})^{2}-\frac{1}{n}(\sum_{i=1}^{n}f_{cu,i}^{a})^{2}} \tag{7-89}$$

$$a=\frac{1}{n}\sum_{i=1}^{n}f_{cu,i}-\frac{b}{n}\sum_{i=1}^{n}f_{cu,i}^{a} \tag{7-90}$$

式中 f_{cu}^{e}——标准养护28d混凝土抗压强度的推定值（MPa）；

f_{cu}^{a}——加速养护混凝土（砂浆）试件抗压强度值（MPa）；

$f_{cu,i}^{a}$——第i组加速养护混凝土（砂浆）试件抗压强度值（MPa）；

$f_{cu,i}$——第i组标准养护28d混凝土试件抗压强度值（MPa）；

n——试件组数；

a、b——回归系数。

7.2.5.2 混凝土强度检验评定

1. 引用标准

《混凝土强度检验评定标准》GB/T 50107—2010。

2. 评定方法

（1）混凝土强度检验评定原则

混凝土强度应分批进行检验评定。一个检验批的混凝土应由强度等级相同、试验龄期相同、生产工艺条件和配合比基本相同的混凝土组成。划入同一检验批的混凝土，其持续施工时间不宜超过3个月。

（2）混凝土强度评定统计方法

混凝土强度评定分为统计方法评定和非统计方法评定。对大批量、连续生产混凝土的强度应按统计方法评定。对小批量或零星生产混凝土的强度应按非统计方法评定。

（3）混凝土强度合格评定条件（表7-72）

混凝土强度合格评定条件表　　**表 7-72**

<table>
<tr><th>评定方法</th><th>评定条件</th><th>混凝土强度
的合格性判定</th></tr>
<tr><td>统计方法
（一）</td><td>当连续生产的混凝土，生产条件在较长时间内保持一致，且同一品种、同一强度等级混凝土的强度变异性保持稳定时，一个检验批的样本容量应为连续的 3 组试件，其强度应同时符合下列规定
$$m_{f_{cu}} \geqslant f_{cu,k} + 0.7\sigma_0$$
$$f_{cu,min} \geqslant f_{cu,k} - 0.7\sigma_0$$
检验批混凝土立方体抗压强度的标准差应按下式计算确定
$$\sigma_0 = \sqrt{\frac{\sum_{i=1}^{n} f_{cu,i}^2 - n m_{f_{cu}}^2}{n-1}}$$
当混凝土强度等级不高于 C20 时，$f_{cu,min} \geqslant 0.85 f_{cu,k}$；当混凝土强度等级高于 C20 时，$f_{cu,min} \geqslant 0.9 f_{cu,k}$
式中　$m_{f_{cu}}$——同一检验批混凝土立方体抗压强度的平均值（N/mm^2），精确至 $0.1N/mm^2$
$f_{cu,k}$——混凝土立方体抗压强度标准值（N/mm^2），精确至 $0.1N/mm^2$
$f_{cu,min}$——同一检验批混凝土立方体抗压强度的最小值（N/mm^2），精确至 $0.1N/mm^2$
$f_{cu,i}$——前一个检验期内同一品种、同一强度等级的第 i 组混凝土试件的立方体抗压强度代表值（N/mm^2），精确至 $0.1N/mm^2$；该检验期不应少于 60d，也不得大于 90d
σ_0——检验批混凝土立方体抗压强度的标准差（N/mm^2），精确至 $0.1N/mm^2$；当检验批混凝土强度标准差 σ_0 计算值小于 $2.5N/mm^2$ 时，应取 $2.5N/mm^2$
n——前一检验期内的样本容量，在该期间内样本容量不应少于 45</td><td>当检验结果能满足统计方法（一）或统计方法（二）或非统计方法的评定条件规定时，则该批混凝土强度应评定为合格；当不能满足评定条件规定时，该批混凝土强度应评定为不合格。对评定为不合格批的混凝土，可按国家现行的有关标准进行处理</td></tr>
<tr><td>统计方法
（二）</td><td>当样本容量不少于 10 组时，其强度应同时满足下列要求
$$m_{f_{cu}} \geqslant f_{cu,k} + \lambda_1 \cdot s_{f_{cu}}$$
$$f_{cu,min} \geqslant \lambda_2 \cdot f_{cu,k}$$
同一检验批混凝土立方体抗压强度的标准差（N/mm^2）按下式计算
$$s_{f_{cu}} = \sqrt{\frac{\sum_{i=1}^{n} f_{cu,i}^2 - n m_{f_{cu}}^2}{n-1}}$$
式中　$s_{f_{cu}}$——同一检验批混凝土立方体抗压强度的标准差，N/mm^2，精确到 $0.01N/mm^2$，当检验批混凝土强度标准差 $s_{f_{cu}}$ 计算值小于 $2.5N/mm^2$ 时，应取 $2.5N/mm^2$
n——本检验期内的样本容量
λ_1、λ_2——合格评定系数，按下表取用
混凝土强度的合格评定系数
<table>
<tr><th>试件组数</th><th>10～14</th><th>15～19</th><th>≥20</th></tr>
<tr><td>λ_1</td><td>1.15</td><td>1.05</td><td>0.95</td></tr>
<tr><td>λ_2</td><td>0.90</td><td colspan="2">0.85</td></tr>
</table></td><td rowspan="2">当检验结果能满足统计方法（一）或统计方法（二）或非统计方法的评定条件规定时，则该批混凝土强度应评定为合格；当不能满足评定条件规定时，该批混凝土强度应评定为不合格。对评定为不合格批的混凝土，可按国家现行的有关标准进行处理</td></tr>
<tr><td>非统计方法</td><td>当用于评定的样本容量小于 10 组时，其强度应同时符合下列规定
$$m_{f_{cu}} \geqslant \lambda_3 \cdot f_{cu,k}$$
$$f_{cu,min} \geqslant \lambda_4 \cdot f_{cu,k}$$
式中　λ_3、λ_4——合格评定系数，按下表取用
混凝土强度的非统计法合格评定系数
<table>
<tr><th>混凝土强度等级</th><th><C60</th><th>≥C60</th></tr>
<tr><td>λ_1</td><td>1.15</td><td>1.10</td></tr>
<tr><td>λ_2</td><td colspan="2">0.95</td></tr>
</table></td></tr>
</table>

7.2.5.3 结构实体检验用同条件养护试件强度检验

1. 引用标准

《混凝土结构工程施工质量验收规范》GB 50204—2015。

2. 检验规定：

（1）混凝土强度实体检验的原则

对涉及混凝土结构安全的重要部位应进行结构混凝土强度实体检验。对混凝土强度的检验，应以在混凝土浇筑地点制备并与结构实体同条件养护的试件强度为依据。结构实体检验应在监理工程师（建设单位项目专业技术负责人）见证下，由施工项目技术负责人组织实施。承担结构实体检验的试验室应具有相应的资质。同条件养护试件应在达到等效养护龄期时进行强度试验。等效养护龄期应根据同条件养护试件强度与在标准养护条件下28d龄期试件强度相等的原则确定。

（2）取样要求

1）同条件养护试件所对应的结构构件或结构部位，应由施工、监理等各方共同选定，且同条件养护试件的取样宜均匀分布于工程施工周期内；

2）同条件养护试件应在混凝土浇筑入模处见证取样；

3）同条件养护试件应留置在靠近相应结构构件的适当位置，并应采取相同的养护方法；

4）同一强度等级的同条件养护试件不宜少于10组，且不应少于3组。每连续两层楼取样不应少于1组；每2000m^3取样不得少于一组。

（3）等效养护龄期

等效养护龄期可取按日平均温度逐日累计达到600℃·d时所对应的龄期，0℃及以下的龄期不计入；等效养护龄期不应小于14d。

（4）强度检测：

每组同条件养护试件的强度值应根据强度试验结果按现行国家标准《普通混凝土力学性能试验方法标准》GB/T 50081—2019进行确定。

（5）强度评定：

对同一强度等级的同条件养护试件，其强度值应除以0.88后按现行国家标准《混凝土强度检验评定标准》GB/T 50107—2010的有关规定进行评定，评定结果符合要求时可判结构实体混凝土强度合格。

7.2.5.4 回弹法

回弹法属于无损检测，是通过回弹仪检测混凝土表面硬度从而推算出混凝土强度的方法。适用于工程结构普通混凝土抗压强度的检测，但不适用于表层与内部质量有明显差异或内部存在缺陷的混凝土结构或构件的检测。当对结构的混凝土强度有检测要求时，检测结果可作为处理混凝土质量问题的一个依据。

1. 引用标准

《回弹法检测混凝土抗压强度技术规程》JGJ/T 23—2011。

2. 检测项目

回弹法检测抗压强度。

3. 测定方法

(1) 检测设备及辅助工具

回弹仪，数字式或指针直读式，必须经计量校准机构检定或校准合格且在有效期内。使用前应率定合格。

(2) 取样规则

1) 抽检数量

混凝土强度可按单个构件或按批量进行检测。单个构件指针对一个构件进行测试。批量检测：对于混凝土生产工艺、强度等级相同，原材料、配合比、养护条件基本一致且龄期相近的一批同类构件的检测；按批量进行检测时，应随机抽取具有代表性的构件，抽检数量不宜少于同批构件总数的30%且不宜少于10件。当检验批构件数量大于30个时，抽样构件数可适当调整，并不得少于国家现行有关标准规定的最少抽样数量。

2) 测区布置原则

对于一般构件，测区数不宜少于10个。当受检构件数量大于30个且不需提供单个构件推定强度或受检构件某一方向尺寸不大于4.5m且另一方向尺寸不大于0.3m时，每个构件的测区数量可适当减少，但不应少于5个；相邻两测区的间距不应大于2m，测区离构件端部或施工缝边缘的距离不宜大于0.5m，且不宜小于0.2m；测区宜选在能使回弹仪处于水平方向的混凝土浇筑侧面，当不能满足这一要求时，也可选在回弹仪处于非水平方向的混凝土浇筑表面或底面；测区宜对称且应均匀分布，在构件的重要部位及薄弱部位必须布置测区，并应避开预埋件，测区的面积不宜大于$0.04m^2$。

(3) 现场检测

1) 检测条件

① 检测面应为混凝土原浆面，且清洁、平整，不应有疏松层、浮浆、油垢、涂层以及蜂窝、麻面，必要时可用砂轮清除疏松层和杂物，且不应有残留的粉末或碎屑。对弹击时产生颤动的薄壁、小型构件应进行固定。构件的测区应标有清晰的编号，必要时应在记录纸上描述测区布置示意图和外观质量情况。

② 当检测条件与统一测强曲线的适用条件有较大差异时，可采用在构件上钻取的混凝土芯样或同条件试块对测区混凝土强度换算值进行修正。试块或钻取芯样数量不应少于6个，钻取芯样时每个部位应钻取一个芯样，芯样公称直径宜为100mm，高径比应为1，试块边长应为150mm，计算时，测区混凝土强度修正量及测区混凝土强度换算值应符合下列规定：

修正量应按下列公式计算：

$$\Delta_{tot} = f_{cor,m} - f^{c}_{cu,m0} \tag{7-91}$$

$$\Delta_{tot} = f_{cu,m} - f^{c}_{cu,m0} \tag{7-92}$$

$$f_{cor,m} = \frac{1}{n}\sum_{i=1}^{n} f_{cor,i} \tag{7-93}$$

$$f_{cu,m} = \frac{1}{n}\sum_{i=1}^{n} f_{cu,i} \tag{7-94}$$

$$f^{c}_{cu,m0} = \frac{1}{n}\sum_{i=1}^{n} f^{c}_{cu,i} \tag{7-95}$$

式中 Δ_{tot}——测区混凝土强度修正量（MPa），精确到 0.1MPa；

$f_{cor,m}$——芯样试件混凝土强度平均值（MPa），精确到 0.1MPa；

$f_{cu,m}$——150mm 同条件立方体试块混凝土强度平均值修正量（MPa），精确到 0.1MPa；

$f^c_{cu,m0}$——对应于钻芯部位或同条件立方体试块回弹测区混凝土强度换算值的平均值（MPa），精确到 0.1MPa；

$f_{cor,i}$——第 i 个混凝土芯样试件的抗压强度；

$f_{cu,i}$——第 i 个混凝土立方体试块（边长为 150mm）的抗压强度；

$f^c_{cu,i}$——对应于第 i 个芯样部位或同条件立方体试块测区回弹值和碳化深度值的混凝土强度换算值，可按现行行业标准《回弹法检测混凝土抗压强度技术规程》JGJ/T 23 附录 A 或附录 B 取值；

n——芯样或试块数量。

测区混凝土强度换算值的修正应按下式计算：

$$f^c_{cu,i1} = f^c_{cu,i0} + \Delta_{tot} \tag{7-96}$$

式中 $f^c_{cu,i0}$——第 i 个测区修正前的混凝土强度换算值（MPa），精确到 0.1MPa；

$f^c_{cu,i1}$——第 i 个测区修正后的混凝土强度换算值（MPa），精确到 0.1MPa。

2）回弹值测量

每一测区布置 16 个测点，在测区范围内均匀分布，相邻测点的净距不宜小于 20mm。测点距外露钢筋、预埋件的距离不宜小于 30mm，测点应避免在气孔或外露石子上，同一测点只应弹击一次。检测时，回弹仪的轴线应始终垂直于构件的混凝土检测面，缓慢施压，准确读数，快速复位。

3）碳化深度值测量

① 回弹值测量完毕后，应在有代表性的测区上测量碳化深度值，测点不应少于构件测区数的 30%，应取其平均值为该构件每个测区的碳化深度值。当碳化深度值极差大于 2.0mm 时，应在每一测区分别测量碳化深度值。

② 碳化深度值测量，可采用适当的工具在测区表面形成直径约 15mm 的孔洞，其深度应大于混凝土的碳化深度。孔洞中的粉末和碎屑应除净，并不得用水擦洗。同时，应采用浓度为 1%～2%的酚酞酒精溶液滴在孔洞内壁的边缘处，当已碳化与未碳化界线清晰时，应采用碳化深度测量仪测量已碳化与未碳化混凝土交界面到混凝土表面的垂直距离，并应测量 3 次，每次读数应精确至 0.25mm，取其平均值作为检测结果，并应精确至 0.5mm。

（4）检测评定

1）回弹值计算

① 计算测区平均回弹值时，应从该测区的 16 个回弹值中剔除 3 个最大值和 3 个最小值，其余的 10 个回弹值应按下式计算：

$$R_m = \frac{\sum_{i=1}^{10} R_i}{10} \tag{7-97}$$

式中 R_m——测区平均回弹值，精确至 0.1；

R_i——第 i 个测点的回弹值。

② 非水平方向检测混凝土浇筑侧面时，应按下式修正：

$$R_m = R_{ma} + R_{ac} \tag{7-98}$$

式中　R_m——测区平均回弹值，精确至0.1；

R_{ma}——非水平状态检测时测区的平均回弹值，精确至0.1；

R_{ac}——非水平状态检测时回弹值修正值，按现行行业标准《回弹法检测混凝土抗压强度技术规程》JGJ/T 23附录C采用。

③ 水平方向检测混凝土浇筑表面或底面时，应按下式修正：

$$R_m = R_m^t + R_a^t \tag{7-99}$$

$$R_m = R_m^b + R_a^b \tag{7-100}$$

式中　R_m——测区平均回弹值，精确至0.1；

R_m^t、R_m^b——水平方向检测混凝土浇筑表面、底面时，测区的平均回弹值，精确至0.1；

R_a^t、R_a^b——混凝土浇筑表面、底面回弹值的修正值，按现行行业标准《回弹法检测混凝土抗压强度技术规程》JGJ/T 23附录D采用。

④ 当检测时回弹仪为非水平方向且测试面为非混凝土的浇筑侧面时，先按现行行业标准《回弹法检测混凝土抗压强度技术规程》JGJ/T 23附录C对回弹值进行角度修正，再按现行行业标准《回弹法检测混凝土抗压强度技术规程》JGJ/T 23附录D对修正后的值进行浇筑面修正。

2）混凝土强度的计算

① 构件第i个测区混凝土强度换算值，可按所求得的平均回弹值（R_m）及所求得的平均碳化深度值（d_m）由现行行业标准《回弹法检测混凝土抗压强度技术规程》JGJ/T 23附录A、附录B查表或计算得出。当有地区或专用测强曲线时，混凝土强度的换算值宜按地区测强曲线或专用测强曲线计算或查表得出。

② 构件的测区混凝土强度平均值应根据各测区的混凝土强度换算值计算。当测区数为10个及以上时，应计算强度标准差。平均值及标准差应按下列公式计算：

$$m_{f_{cu}^c} = \frac{1}{n}\sum_{i=1}^{n} f_{cu,i}^c \tag{7-101}$$

$$s_{f_{cu}^c} = \sqrt{\frac{\sum_{i=1}^{n}(f_{cu,i}^c)^2 - n(m_{f_{cu}^c})^2}{n-1}} \tag{7-102}$$

式中　$m_{f_{cu}^c}$——结构或构件测区混凝土强度换算值的平均值（MPa），精确至0.1MPa；

$s_{f_{cu}^c}$——结构或构件测区混凝土强度换算值的标准差（MPa），精确至0.01MPa；

$f_{cu,i}^c$——测区混凝土强度换算值（MPa）；

n——对于单个检测的构件，取该构件的测区数；对批量检测的构件，取被抽检构件测区数之和。

③ 构件的现龄期混凝土强度推定值应按下列公式确定：

a. 当构件测区数少于10个时：

$$f_{cu,e} = f_{cu,min}^c \tag{7-103}$$

式中　$f_{cu,e}$——构件混凝土强度推定值；

$f^{c}_{cu,min}$——构件中最小的测区混凝土强度换算值。

b. 当构件的测区强度值中出现小于 10.0MPa 时：

$$f_{cu,e} < 10.0\text{MPa} \tag{7-104}$$

c. 当构件测区数不少于 10 个时，应按下式计算：

$$f_{cu,e} = m_{f^{c}_{cu}} - 1.645 s_{f^{c}_{cu}} \tag{7-105}$$

d. 当批量检测时，应按下式计算：

$$f_{cu,e} = m_{f^{c}_{cu}} - k s_{f^{c}_{cu}} \tag{7-106}$$

式中 k——推定系数，宜取 1.645。当需要进行推定强度区间时，可按国家现行有关标准的规定取值。

④ 对按批量检测的构件，当该批构件混凝土强度标准差出现下列情况之一时，则该批构件应全部按单个构件检测：

a. 当该批构件混凝土强度平均值小于 25MPa、$s_{f^{c}_{cu}} > 4.5$MPa 时；

b. 当该批构件混凝土强度平均值不小于 25MPa 且不大于 60MPa，$s_{f^{c}_{cu}} > 5.5$MPa 时。

7.2.5.5 高强回弹法

近年来，由于科技的不断进步，混凝土强度等级也逐渐过渡到较高的强度等级，尤其是 C50 及以上的混凝土应用越来越广泛，《高强混凝土强度检测技术规程》JGJ/T 294—2013 的发布实施，无疑是填补了高强混凝土现场检测的技术空白。

该方法主要适用于工程结构中强度等级为 C50～C100 的混凝土抗压强度检测。不适用于下列情况的混凝土抗压强度检测：遭受严重冻伤、化学侵蚀、火灾而导致表里质量不一致的混凝土和表面不平整的混凝土；潮湿的和特种工艺成型的混凝土；厚度小于 150mm 的混凝土构件；所处环境温度低于 0℃或高于 40℃的混凝土。混凝土的龄期不宜超过 900d。

当具有钻芯试件或同条件的标准试件作校核时，可按 JGJ/T 294—2013 规程对 900d 以上龄期混凝土抗压强度进行检测和推定。

1. 引用标准

《高强混凝土强度检测技术规程》JGJ/T 294—2013。

2. 检测项目

高强回弹法检测混凝土抗压强度。

3. 测定方法

（1）检测设备及辅助工具

高强回弹仪，标称动能为 4.5J 回弹仪或 5.5J 回弹仪，应经计量校准机构检定或校准合格且在有效期内使用，使用前应在钢砧上率定合格。

混凝土超声波检测仪器（具有波形清晰、显示稳定的示波装置）、换能器（工作频率宜在 10～500kHz 范围内）等。

（2）取样规则

1）当按批抽样检测时，同时符合下列条件的构件可作为同批构件：混凝土设计强度等级、配合比和成型工艺相同；混凝土原材料，养护条件及龄期基本相同；构件种类相同；在施工阶段所处状态相同。

2）对同批构件按批抽样检测时，构件应随机抽样，抽样数量不宜少于同批构件的

30%，且不宜少于 10 件。当检验批中构件数量大于 50 时，构件抽样数量可按现行国家标准《建筑结构检测技术标准》GB/T 50344 进行调整，但抽取的构件总数不宜少于 10 件，应并按现行国家标准《建筑结构检测技术标准》GB/T 50344 进行检测批混凝土的强度推定。

3）测区布置

检测时应在构件上均匀布置测区，每个构件上的测区数不应少于 10 个；对某一方向尺寸不大于 4.5m 且另一方向尺寸不大于 0.3m 的构件，其测区数量可减少，但不应少于 5 个。测区应布置在构件混凝土浇筑方向的侧面，并宜布置在构件的两个对称的可测面上，当不能布置在对称的可侧面上时，也可布置在同一可侧面上；在构件的重要部位及薄弱部位上应布置测区，并应避开预埋件；相邻两测区的间距不宜大于 2m，测区离构件的距离不宜小于 100mm；测区尺寸宜为 200mm×200mm。

（3）现场检测

1）回弹测试及回弹值计算

测试前，应确保测试面清洁，平整、干燥，且不应有接缝、饰面层、浮浆和油垢；表面不平处可用砂轮适度打磨，并擦净残留粉尘。结构或构件上的测区应注明编号，并应在检测时记录测区位置和外观质量情况。

在构件上回弹测试时，回弹仪的纵轴线应始终与混凝土成型侧面保持垂直，并应缓慢施压、准确读数、快速复位。结构或构件上的每一测区应回弹 16 个测点，或在待测超声波测区的两个相对测试面各回弹 8 个测点，每一测点的回弹值应精确至 1。测点在测区范围内宜均匀分布，不得分布在气孔或外露石子上。同一测点应只弹击一次，相邻两个测点的间距不宜小于 30mm；测点距外露钢筋，铁件的距离不宜小于 100mm。

计算测区回弹值时，在每一测区内的 16 个回弹值中，应先剔除 3 个最大值和 3 个最小值，然后将余下的 10 个回弹值按下式计算，其结果作为该测区回弹值的代表值：

$$R=\frac{1}{10}\sum_{i=1}^{10}R_i \tag{7-107}$$

式中　R——测区回弹代表值，精确至 0.1；

R_i——第 i 个测点的有效回弹值。

2）超声测试及声速值计算

采用超声回弹综合法检测时，应在回弹测试完毕的测区内进行超声测试。每一测区应布置 3 个测点。超声测试宜优先采用对测，当被测构件不具备对测条件时，可采用角测和单面平测。超声测试时，换能器辐射面应采用耦合剂使其与混凝土测试面良好耦合。声时测量应精确至 0.1 μs，超声测距测量精确至 1mm，且测量误差应在超声测距的±1%之内。声速计算应精确至 0.01km/s。当在混凝土浇筑方向的两个侧面进行对测时，测区混凝土中生疏代表值应为测区中 3 个测点的平均声速值，并应按下式计算：

$$v=\frac{1}{3}\sum_{i=1}^{3}\frac{l_i}{t_i-t_0} \tag{7-108}$$

式中　v——测区混凝土中声速代表值（km/s）；

l_i——第 i 个测点的超声测距（mm）；

t_i——第 i 个测点的声时读数（μs）；

t_0——声时初读数（μs）。

（4）混凝土强度的推定

1）结构或构件中第 i 个测区的混凝土抗压强度换算值应按《高强混凝土强度检测技术规程》JGJ/T 294—2013 规程第 3 章的规定，计算出所用检测方法对应的测区测试参数代表值，并应优先采用专用测强曲线或地区测强曲线换算取得。专用测强曲线和地区测强曲线应按本规程附录 C 的规定制定。

2）当无专用测强曲线和地区测强曲线时，可按《高强混凝土强度检测技术规程》JGJ/T 294—2013 附录 D 的规定，通过验证后，采用《高强混凝土强度检测技术规程》JGJ/T 294—2013 第 7.4 条或 7.5 条给出的全国最高混凝土测墙曲线公式，计算结构或构件中第 i 个测区混凝土抗压强度换算值。

3）当采用回弹法检测时，结构或构件第 i 个测区混凝土强度换算值，可按《高强混凝土强度检测技术规程》JGJ/T 294—2013 附录 A 或 B 表查出。

4）当采用超声回弹综合检测时，结构或构件第 i 个测区混凝土强度换算值，可按下式计算，也可按《高强混凝土强度检测技术规程》JGJ/T 294—2013 规程附录 E 查表得出：

$$f^{c}_{cu,i}=0.117081v^{0.539038}\cdot R^{1.33947} \tag{7-109}$$

式中 $f^{c}_{cu,i}$——结构或构件第 i 个测区的混凝土抗压强度换算值（MPa）；

R——4.5J 回弹仪测区回弹代表值，精确至 0.1。

5）结构或构件的测区混凝土换算强度平均值可根据各测区的混凝土强度换算值计算。当测区数为 10 个及以上时，应计算强度标准差。平均值和标准差应按下式计算：

$$m_{f^{c}_{cu}}=\frac{1}{n}\sum_{i=1}^{n}f^{c}_{cu,i} \tag{7-110}$$

$$s_{f^{c}_{cu}}=\sqrt{\frac{\Sigma_{i=1}^{n}(f^{c}_{cu,i})^{2}-n(m_{f^{c}_{cu}})^{2}}{n-1}} \tag{7-111}$$

式中 $m_{f^{c}_{cu}}$——结构或构件测区混凝土抗压强度换算值的平均值（MPa），精确至 0.1MPa；

$s_{f^{c}_{cu}}$——结构或构件测区混凝土抗压强度换算值的标准差（MPa），精确至 0.01MPa；

n——测区数。对单个检测的构件，取一个构件的测区数；对批量检测的构件，取被抽检构件测区数之总和。

6）当检测条件与测强曲线的适用条件有较大差异或曲线没有经过验证时，应采用同条件标准试件或直接从结构构件测区内钻取混凝土芯样进行推定强度修正，且试件数量或混凝土芯样不应少于 6 个。计算时，测区混凝土强度修正量及测区混凝土强度换算值的修正应符合下列规定：

① 修正量应按下列公式计算：

$$\Delta_{tot}=\frac{1}{n}\sum_{i=1}^{n}f_{cor,i}-\frac{1}{n}\sum_{i=1}^{n}f^{c}_{cu,i} \tag{7-112}$$

$$\Delta_{tot}=\frac{1}{n}\sum_{i=1}^{n}f_{cu,i}-\frac{1}{n}\sum_{i=1}^{n}f^{c}_{cu,i} \tag{7-113}$$

式中 Δ_{tot}——测区混凝土强度修正量（MPa），精确到 0.1MPa；

$f_{cor,i}$——第 i 个混凝土芯样试件的抗压强度；

$f_{cu,i}$——第 i 个同条件混凝土标准试件的抗压强度；

$f^c_{cu,i}$——对应于第 i 个芯样部位或同条件混凝土标准试件的混凝土强度换算值；

n——混凝土芯样或标准试件数量。

② 测区混凝土强度换算值的修正应按下式计算：

$$f^c_{cu,i1} = f^c_{cu,i0} + \Delta_{tot} \tag{7-114}$$

式中　$f^c_{cu,i0}$——第 i 个测区修正前的混凝土强度换算值（MPa），精确到 0.1MPa；

$f^c_{cu,i1}$——第 i 个测区修正后的混凝土强度换算值（MPa），精确到 0.1MPa。

7）结构或构件的混凝土强度推定值（$f_{cu,e}$）应按下式确定：

① 当该结构或构件测区数少于 10 个时，应按下式计算：

$$f_{cu,e} = f^c_{cu,min} \tag{7-115}$$

式中　$f^c_{cu,min}$——结构或构件最小的测区混凝土抗压强度换算值（MPa），精确到 0.1MPa。

② 当该结构或构件测区数不少于 10 个或按批量检测时，应按下式计算：

$$f_{cu,e} = m_{f^c_{cu}} - 1.645\,S_{f^c_{cu}} \tag{7-116}$$

8）对按批量检测的结构或构件，当该批构件混凝土强度标准差出现下列情况之一时，该批构件应全部按单个构件检测：

① 该批构件的混凝土抗压强度换算值的平均值（$m_{f^c_{cu}}$）不大于 50.0MPa，且标准差（$S_{f^c_{cu}}$）大于 5.50MPa；

② 该批构件的混凝土抗压强度换算值的平均值（$m_{f^c_{cu}}$）大于 50.0MPa，且标准差（$S_{f^c_{cu}}$）大于 6.50MPa。

7.2.5.6　回弹-取芯法

回弹-取芯法主要用于结构实体混凝土强度的检验，当工程因某种原因未能留置结构实体混凝土试件或结构实体混凝土试件检测不合格时，可采用回弹取芯法进行检测。其采用先确定回弹检测试件，并根据回弹结果选择取芯试件的方法推定结构或构件的混凝土强度。

1. 引用标准

《混凝土结构工程施工质量验收规范》GB 50204—2015

2. 检测项目

混凝土抗压强度。

3. 测定方法

（1）检测设备及辅助工具

回弹仪、钻芯机、游标卡尺、钢直尺、万能角度尺以及压力试验机等。

（2）取样原则

首先确定柱、梁、墙、楼板（每间楼板按一个构件计）等构件的数量，然后按表 7-73 确定回弹抽样数量。一般不宜抽取截面高度小于 300mm 的梁和边长小于 300mm 的柱。

回弹构件抽取最小数量　　　　**表 7-73**

构件总数量	最小抽样数量	构件总数量	最小抽样数量
20 以下	全数	281～500	40
20～150	20	501～1200	64
151～280	26	1201～3200	100

依据《回弹法检测混凝土抗压强度技术规程》JGJ/T 23—2011，对每个构件选取不少于5个测区进行回弹检测及回弹值计算；楼板构件的回弹宜在底板进行。

对同一强度等级的混凝土，应将每个构件5个测区中的最小测区平均回弹值进行排序，并在其最小的3个测区各钻取1个芯样。

(3) 现场检测：

回弹按照《回弹法检测混凝土抗压强度技术规程》JGJ/T 23—2011进行；然后根据排序结果选择回弹值最小的3个测区进行钻芯取样。芯样应采用带水冷却装置的薄壁空心钻钻取，其直径宜为100mm，且不宜小于混凝土骨料最大粒径的3倍。应注意对于尺寸较小的构件，钻芯的难度较大，且对构件有一定的损伤，故一般不进行取芯检验。

芯样试件的端部宜采用环氧胶泥或聚合物水泥砂浆补平，也可采用硫磺胶泥修补。加工后芯样试件的尺寸偏差与外观质量应符合下列规定：芯样试件的高度与直径之比实测值不应小于0.95，也不应大于1.05；沿芯样高度的任一直径与其平均值之差不应大于2mm；芯样试件端面的不平整度在100mm长度内不应大于0.1mm；芯样试件端面与轴线的不垂直度不应大于1°；芯样不应有裂缝、缺陷及钢筋等杂物。

芯样试件尺寸的量测应符合下列规定：应用游标卡尺在芯样试件中部互相垂直的两个位置测量直径，取其算术平均值作为芯样试件的直径，精确至0.1mm；用钢板尺测量芯样试件的高度，精确至1mm；用游标量角器测量试件两个端线与轴线的夹角，精确至0.1°；芯样试件的平整度，用钢板尺或角尺紧靠在芯样试件端面上，一面转动钢板尺，一面用塞尺测量钢板尺与芯样试件端面之间的缝隙；也可采用其他专用设备测量。

依据《混凝土物理力学性能试验方法标准》GB/T 50081—2019检测圆柱体试件的抗压强度。

4. 检测评定

对同一强度等级的混凝土，当符合下列规定时，结构实体混凝土强度可判为合格：三个芯样的抗压强度算术平均值不小于设计强度的混凝土强度等级值的88%；三个芯样抗压强度的最小值不小于混凝土设计强度的80%。

7.2.5.7 钻芯法

钻芯检测混凝土强度是一种直接测定混凝土强度的检测技术，通过从混凝土结构或构件中钻取圆柱状试件并进行施压，得到混凝土抗压强度。适用于被检测混凝土的表层质量不具有代表性时，被检测混凝土的龄期或抗压强度超过回弹法、超声回弹综合法或后装拔出法等相应技术规程限定的范围时。

1. 引用标准

《钻芯法检测混凝土强度技术规程》JGJ/T 384—2016。

2. 检测项目

钻芯法检测混凝土抗压强度。

3. 测定方法

(1) 检测设备及辅助工具

检测应有钻芯机（有水冷却系统）、人造金刚石薄壁钻头、锯切机和磨平机（具有冷却系统和牢固夹紧芯样的装置）、探测钢筋位置的定位仪（最大探测深度不应小于60mm，探测位置偏差不宜大于±5mm）和补平装置（或研磨机）等。

(2) 取样规则

1) 钻取芯样部位：结构或构件受力较小的部位；混凝土强度具有代表性的部位；便于钻芯机安放与操作的部位；宜采用钢筋探测仪测试或局部剔凿的方法避开主筋、预埋件和管线的位置。

2) 钻芯数量：芯样试件的数量应根据检测批的容量确定。标准芯样试件（100mm）的最小样本量不宜少于15个，小直径芯样试件的最小样本量不宜小于20个。单个构件检测时，有效芯样试件的数量不应少于3个，对于较小构件不得少于2个。标准芯样试件公称直径不宜小于骨料最大粒径的3倍，小直径芯样试件公称直径不应小于70mm且不得小于骨料最大粒径的2倍。

(3) 现场检测

1) 芯样的钻取

钻芯机就位并安放平稳后，应将钻芯机固定牢固；钻芯机在未安装钻头之前，应先通电检查主轴旋转方向（三相电动机）；钻芯时用于冷却钻头和排除混凝土碎屑的冷却水的流量宜为3～5L/min；钻取芯样时应控制进钻的速度，保持匀速前进，钻至规定位置后取下芯样，进行芯样标记包装。

2) 芯样加工

芯样试件的高径比（H/d）宜为1.00；芯样的端面平整且芯样端面与芯样轴线垂直；抗压芯样试件内不宜含有钢筋，也可有一根直径不大于10mm的钢筋，钢筋与芯样试件的轴线基本垂直并离开端面10mm以上。锯切后的芯样应进行端面处理，宜采取在磨平机上磨平端面的处理方法。承受轴向压力芯样试件端面，也可采取下列处理方法：采用硫黄胶泥或环氧胶泥补平，补平层厚度不宜大于2mm。抗压强度低于30MPa的芯样试件，不宜采用磨平端面的处理方法；抗压强度高于60MPa的芯样试件，不宜采用硫黄胶泥或环氧胶泥补平的处理方法。

3) 测量芯样试件的尺寸

用游标卡尺在芯样中部相互垂直的两个位置上测量平均直径，取测量的平均值，精确至0.5mm；用钢卷尺或钢板尺测量高度，精确至1mm；用游标量角器测垂直度，精确至0.1°；用钢板尺（或角尺）和塞尺测量平整度。芯样试件尺寸偏差及外观质量超过下列数值时，相应的测试数据无效：芯样试件的实际高径比（H/d）小于要求高径比的0.95或大于1.05；沿芯样试件高度的任一直径与平均直径相差大于2mm；抗压芯样试件端面的不平整度在100mm长度内大于0.1mm；芯样试件端面与轴线的垂直度偏差大于1°；芯样有裂缝或有其他较大缺陷。

(4) 芯样抗压强度试验与计算

1) 芯样抗压强度试验

芯样的干湿度应与结构构件相一致。芯样试验应在自然干燥条件下进行抗压试验；当结构工作条件比较潮湿时，需要确定潮湿状态下的混凝土强度，芯样试件宜在20℃±5℃的清水中浸泡40～48h，从水中取出后立即进行试验。

2) 芯样试件混凝土抗压强度计算

芯样试件混凝土抗压强度计算公式：

$$f_{cu,cor}=\frac{F_{tc}}{A} \tag{7-117}$$

式中 $f_{cu,cor}$——芯样试件的混凝土抗压强度值（MPa）；

F_{tc}——芯样试件的抗压试验测得的最大压力（N）；

A——芯样试件抗压截面面积（mm^2）。

7.2.5.8 混凝土外观质量检测

混凝土结构外观质量检测主要针对现浇混凝土，内容包括构件外观是否有露筋、蜂窝、孔洞、夹渣、疏松、裂缝、连接部位缺陷、外形缺陷、外表缺陷、局部振捣不实等。参照《混凝土结构工程施工质量验收规范》GB 50204—2015，分为一般缺陷和严重缺陷。

1. 引用标准

《混凝土结构工程施工质量验收规范》GB 50204—2015；

《建筑结构检测技术标准》GB/T 50344—2019；

《混凝土结构现场检测技术标准》GB/T 50784—2013。

2. 检测项目

混凝土构件外观质量缺陷。

3. 测定方法

（1）检测设备及辅助工具

钢直尺、钢板尺等。

（2）取样原则

全部构件。

（3）测定方法

外观缺陷，可采用目测与尺量的方法检测。结构或构件裂缝的检测，应遵守下列规定：检测项目应包括裂缝的位置、长度、宽度、深度、形态和数量；裂缝的记录可采用表格或图形的形式；采用超声波检测裂缝深度，必要时可钻取芯样予以验证；对于仍在发展的裂缝应进行定期观测，提供裂缝发展速度的数据；裂缝的观测按照《建筑变形测量规范》JGJ 8—2016 进行。

4. 检测评定

外观质量缺陷应由监理单位、施工单位等各方根据其对结构性能和使用功能影响的严重程度按表 7-74 确定。

现浇结构外观质量缺陷 **表 7-74**

缺陷名称	外观缺陷的表现	严重缺陷	一般缺陷
露筋	构件内钢筋未被混凝土包裹而外露	纵向受力钢筋有露筋	其他钢筋有少量露筋
蜂窝	混凝土表面缺少水泥砂浆而形成石子外露	构件主要受力部位有蜂窝	其他部位有少量蜂窝
孔洞	混凝土中孔穴深度和长度均超过保护层厚度	构件主要受力部位有孔洞	其他部位有少量孔洞
夹渣	混凝土中夹有杂物且深度超过保护层厚度	构件主要受力部位有夹渣	其他部位有少量夹渣
疏松	混凝土中局部不密实	构件主要受力部位有疏松	其他部位有少量疏松

续表

缺陷名称	外观缺陷的表现	严重缺陷	一般缺陷
裂缝	裂缝从混凝土表面延伸至混凝土内部	构件主要受力部位有影响结构性能或使用功能的裂缝	其他部位有少量不影响结构性能或使用功能的裂缝
连接部位缺陷	构件连接处混凝土有缺陷或连接钢筋、连接件松动	连接部位有影响结构传力性能的缺陷	连接部位有基本不影响结构传力性能的缺陷
外形缺陷	缺棱掉角、棱角不直、翘曲不平、飞边凸肋等	清水混凝土构件有影响使用功能或装饰效果的外形缺陷	其他混凝土构件有不影响使用功能的外形缺陷
外表缺陷	构件表面麻面、掉皮、起砂、沾污等	具有重要装饰效果的清水混凝土构件有外表缺陷	其他混凝土构件有不影响使用功能的外表缺陷

7.2.5.9　混凝土内部缺陷检测

混凝土缺陷是指破坏混凝土的连续性和完整性，并在一定程度上降低混凝土的强度和耐久性的不密实区、空洞、裂缝或夹杂泥砂、杂物等。超声法对混凝土内部空洞和不密实区的位置和范围、裂缝深度、表面损伤层厚度、不同时间浇筑的混凝土结合面质量、灌注桩和钢管混凝土中的缺陷进行检测，测量混凝土的声速、波幅和主频等声学参数，并根据这些参数及其相对变化分析判断混凝土缺陷。

1. 引用标准

《超声法检测混凝土缺陷技术规程》CECS 21：2000；

《建筑结构检测技术标准》GB/T 50344—2019；

《混凝土结构现场检测技术标准》GB/T 50784—2013；

《冲击回波法检测混凝土缺陷技术规程》JGJ/T 411—2017。

2. 检测项目

内部缺陷。

3. 测定方法

（1）检测设备及辅助工具

超声法检测需用超声波检测仪和换能器等设备。用于混凝土的超声波检测仪有模拟式和数字式两种。常用的换能器具有厚度振动方式和径向振动方式两种类型，可根据不同测试需要选用。

（2）检测规则

1）确定缺陷测试的部位，混凝土表面应清洁、平整，必要时可用砂轮磨平或用高强度的快凝砂浆抹平。抹平砂浆必须与混凝土粘结良好。

2）在满足首波幅度测读精度的条件下，应选用较高频率的换能器，换能器应通过耦合剂与混凝土测试表面保持紧密结合，耦合层不得夹杂泥砂或空气。

3）检测时应避免超声传播路径与附近钢筋轴线平行，如无法避免，应使两个换能器连线与该钢筋的最短距离不小于超声测距的 1/6。

4）检测中出现可疑数据时应及时查找原因，必要时进行复测校核或加密测点补测。

5）超声波检测仪分为模拟式和数字式两种，应各自按照相应的方法操作，混凝土声时值应按下式计算：

$$t_{ci}=t_i-t_0 \text{ 或 } t_{ci}=t_i-t_{00} \tag{7-118}$$

式中 t_{ci}——第 i 点混凝土声时值（μs）；

t_i——第 i 点测读声时值（μs）；

t_0——厚度振动式换能器时的声时初读数（μs）；

t_{00}——径向振动式换能器时的声时初读数（μs）。

（3）现场检测

1）裂缝深度检测

被测裂缝中不得有积水或泥浆等，裂缝深度检测有单面平测法、双面斜测法和钻孔对测法三种。当结构的裂缝部位只有一个可测表面，估计裂缝深度又不大于 500mm 时，可采用单面平测法。平测时应在裂缝的被测部位，以不同的测距按跨缝和不跨缝避开钢筋的影响布置测点。当结构的裂缝部位具有两个相互平行的测试表面时，可采用双面穿透斜测法检测。钻孔对测法适用于大体积混凝土，预计深度在 500mm 以上的裂缝检测，被检测混凝土应允许在裂缝两侧钻测试孔。

① 单面平测法

a. 不跨缝的声时测量

将 T 和 R 换能器置于裂缝附近同一侧，以两个换能器内边缘间距（l'）等于 100mm、150mm、200mm、250mm……分别读取声时值（t_i），绘制平测“时—距”坐标图（图 7-27）或用回归分析的方法求出声时与测距之间的回归直线方程，绕过裂缝示意图如图 7-28 所示。

$$l_i=a+bt_i \tag{7-119}$$

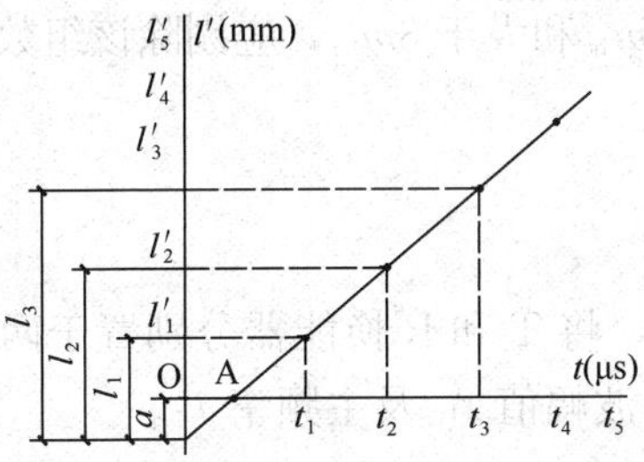

图 7-27 平测“时—距”坐标图

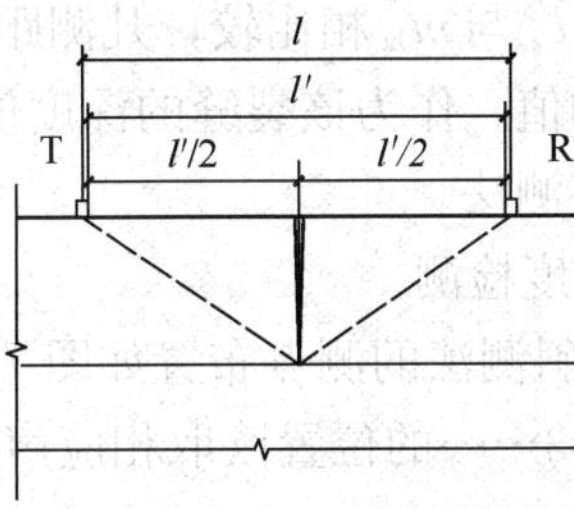

图 7-28 绕过裂缝示意图

每测点超声波实际传播距离 l_i 为：

$$l_i=l'+|a| \tag{7-120}$$

式中 l_i——第 i 点的超声波实际传播距离（mm）；

l'——第 i 点的 R、T 换能器内边缘间距（mm）；

a——“时—距”图中 l'轴的截距或回归直线方程的常数项（mm）。

不跨缝平测的混凝土声速值为：

$$v=(l'_n-l'_1)/(t_n-t_1) \tag{7-121}$$

或 $$v=b \text{ (km/s)}$$

式中 l'_n、l'_1——第 n 点和第 1 点的测距（mm）；

t_n、t_1——第 n 点和第 1 点读取的声时值（μs）；

b——回归系数。

b. 跨缝的声时测量

将 T 和 R 换能器分别置于以裂缝为对称的两侧，l'取 100mm、150mm、200mm……分别读取声时值（t_i^0），同时观察首波相位的变化。

c. 裂缝深度计算与确定

（a）平测法检测裂缝深度应按下式计算：

$$ci-\frac{\sqrt[l_i]{\left(\frac{t_i^0}{l_i}v\right)^2-1}}{2} \tag{7-122}$$

$$m_{\mathrm{hc}}=\frac{1}{n}\sum_{i=1}^{n}h_{\mathrm{ci}} \tag{7-123}$$

式中　l_i——不跨缝平测时第点的超声波实际传播距离（mm）；

h_{ci}——第 i 点计算的裂缝深度值（mm）；

t_i^0——第 i 点跨缝平测的声时值（μs）；

m_{hc}——各测点计算裂缝深度的平均值（mm）；

v——混凝土的声速（km/s）；

n——测点数。

（b）裂缝深度的确定

跨缝测量中，当在某测距发现首波反相时，可用该测距及两个相邻测距的测量值按式（7-122）计算 h_{ci}值，取此三点 h_{ci}的平均值作为该裂缝的深度值（h_c）；跨缝测量中如难于发现首波反相，则以不同测距按式（7-122）、式（7-123）计算 h_{ci}及其平均值（m_{hc}）。

将各测距 l'_i 与 m_{hc}相比较，凡测距 l'_i 小于 m_{hc}和大于 $3m_{hc}$，应剔除该组数据，然后取余下 h_{ci}的平均值，作为该裂缝的深度值（h_c）。

② 双面斜测法

a. 裂缝深度检测

双面穿透斜测法的测点布置如图 7-29 所示，将 T 和 R 换能器分别置于两测试表面对应测点 1、2、3……的位置读取相应声时值 t_i、波幅值 A_i 及主频率 f_i。

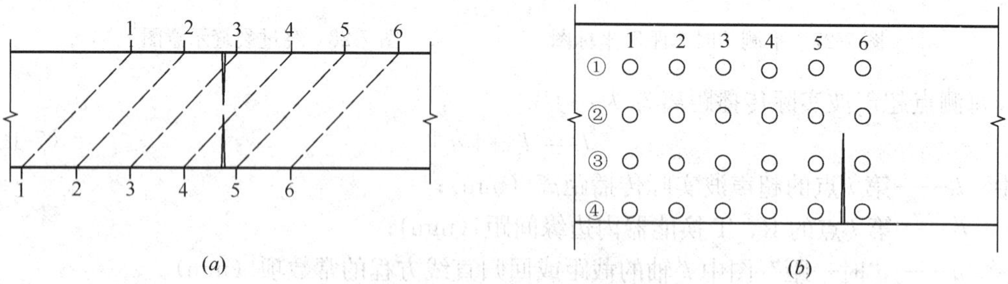

图 7-29　斜测裂缝测点布置示意图

（a）平面图；（b）立面图

b. 裂缝深度判定：当 T 和 R 换能器的连线通过裂缝，根据波幅、声时和主频的突变，可以判定裂缝深度以及是否在所处断面内贯通。

③ 钻孔对测法

a. 所钻测试孔要求

孔径应比所用换能器直径大 5～10mm；孔深应不小于裂缝预计深度。经测试若浅于裂缝深度则应加深钻孔；对应的两个测试孔（A、B），必须始终位于裂缝两侧，其轴线应保持平行；两个对应测试孔的间距宜为 2000mm，同一检测对象各对测孔间距应保持相同，孔中粉末碎屑应清理干净；宜在裂缝一侧多钻一个孔距相同但较浅的孔（C），通过 B、C 两孔测试无裂缝混凝土的声学参数。钻孔测裂缝深度示意图如图 7-30 所示。

b. 裂缝深度检测

检测应选用频率为 20～60kHz 的径向振动式换能器。测试前应先向测试孔中注满清水，然后将 T、R 换能器分别置于裂缝两侧的对应孔中，以相同高程等间距（100～400mm）从上到下同步移动，逐点读取声时、波幅和换能器所处的深度，如图 7-30 所示。

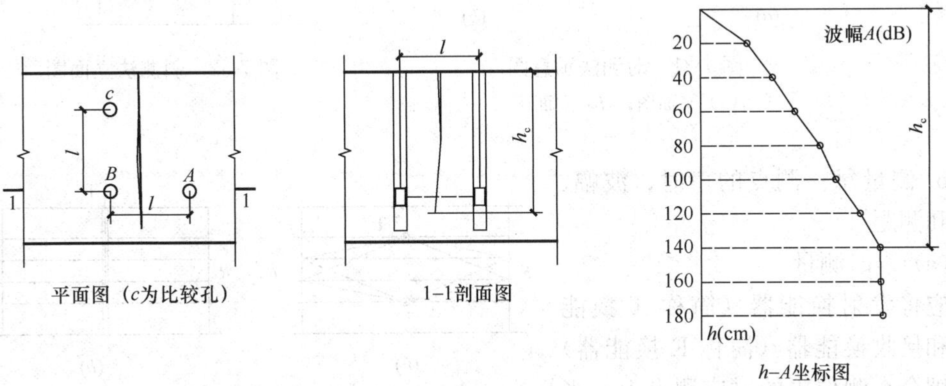

图 7-30　钻孔测裂缝深度示意图

c. 裂缝深度确定

随换能器位置的下移，波幅逐渐增大，当换能器下移至某一位置后，波幅达到最大并基本稳定，该位置所对应的深度便是裂缝深度值。

2）不密实区和空洞检测

① 构件的被测部位要求

被测部位应具有一对或两对相互平行的测试面；测试范围除应大于有怀疑的区域外，还应有与同条件的正常混凝土的对比，且对比测点数不应少于 20 个。

② 测试

a. 换能器布置条件

（a）当构件具有两对相互平行的测试面时，可采用对测法。如图 7-31 所示，在测试部位两对相互平行的测试面上，分别画出等间距的网格（网格间距：工业与民用建筑为 100～300mm，其他大型结构物可适当放宽），并编号确定对应的测点位置。

（b）当构件只有一对相互平行的测试面时，可采用对测和斜测相结合的方法。如图 7-32 所示，在测位两个相互平行的测试面上分别画出网格线，可在对测的基础上进行交叉斜测。

（c）当测距较大时可采用钻孔或预埋管测法。如图 7-33 所示，在测位预埋声测管或钻出竖向测试孔，预埋管内径或钻孔直径宜比换能器直径大 5～10mm，预埋管或钻孔间距宜为2～3m，其深度可根据测试需要确定。检测时可用两个径向振动式换能器分别置于两测孔中进行测试，或用一个径向振动式换能器与一个厚度振动式换能器，分别置于测孔中和平行于测孔的侧面进行测试。

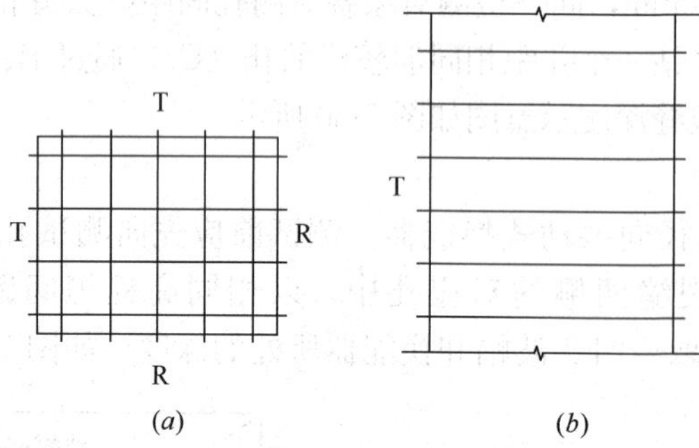

图 7-31　对测法示意图

(a) 平面图；(b) 立面图

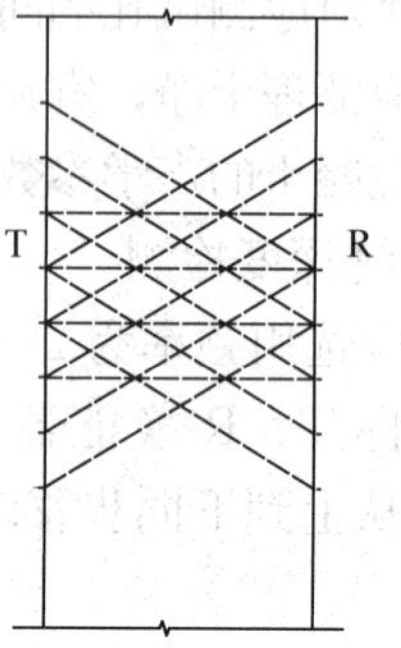

图 7-32　斜测法立面图

b. 测量每一测点的声时、波幅、主频和测距

(a) 声时测量

应将发射换能器（简称 T 换能器）和接收换能器（简称 R 换能器）分别耦合在测位中的对应测点上。当首波幅度过低时可用“衰减器”调节至便于测读，再调节游标脉冲或扫描延时，使首波前沿基线弯曲的起始点对准游标脉冲前沿，读取声时值 t_i（读至0.1 μs）。

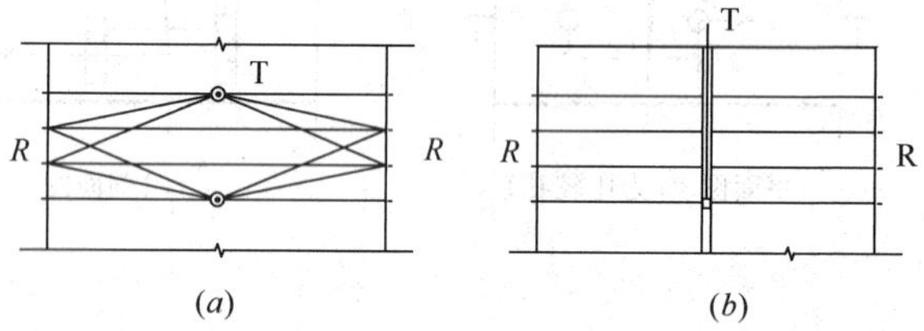

图 7-33　钻孔法示意图

(a) 平面图；(b) 立面图

(b) 波幅测量

应在保持换能器良好耦合状态下采用下列两种方法之一进行读取。刻度法：将衰减器固定在某一衰减位置，在仪器荧光屏上读取首波幅度的格数。衰减值法：采用衰减器将首波调至一定高度，读取衰减器上的dB值。

(c) 主频测量

应先将游标脉冲调至首波前半个周期的波谷（或波峰），读取声时值 t_1（μs），再将游标脉冲调至相邻的波谷（或波峰）读取声值 t_2（μs），按式（7-124）计算出该点（第 i 点）第一个周期波的主频 f_i（精确至0.1kHz）：

$$f_i = \frac{1000}{t_2 - t_1} \tag{7-124}$$

(d) 测距测量

当采用厚度振动式换能器对测时，宜用钢卷尺测量 T、R 换能器辐射面之间的距离；当采用厚度振动式换能器平测时，宜用钢卷尺测量 T、R 换能器内边缘之间的距离；当采用径向振动式换能器在钻孔或预埋管中检测时，宜用钢卷尺测量放置 T、R 换能器的钻孔或预埋管内边缘之间的距离；测距的测量误差应不大于±1%。

③ 数据处理及判断

a. 测位混凝土声学参数的平均值（m_x）和标准差（s_x）应按下式计算：

$$m_x = \frac{\sum X_i}{n} \tag{7-125}$$

$$s_x = \sqrt{\frac{(\sum X_i^2 - n \cdot m_x^2)}{n-1}} \tag{7-126}$$

式中　X_i——第 i 点的声学参数测量值；

　　n——参与统计的测点数。

b. 异常数据判别

(a) 将测位各测点的波幅、声速或主频值由大至小按顺序分别排列，即 $X_1 \geqslant X_2 \geqslant \cdots \geqslant X_n \geqslant X_{n+1}$，将排在后面明显小的数据视为可疑，再将这些可疑数据中最大的一个（假定 X_n）连同其前面的数据计算出 m_x 及 s_x 值，并计算异常情况的判断值（X_0）：

$$X_0 = m_x - \lambda_1 \cdot s_x \tag{7-127}$$

式中 λ_1 按表 7-84 取值。

将判断值（X_0）与可疑数据的最大值（X_n）相比较，当 $X_n \leqslant X_0$ 时，则 X_n 及排列于其后的各数据均为异常值，并且去掉 X_n，再用 $X_1 \sim X_{n+1}$ 进行计算和判别，直至判断不出异常值为止；当 $X_n > X_0$ 时，应再将 X_{n+1} 放进去重新进行计算和判别。

(b) 当测位中判出异常测点时，可根据异常测点的分布情况，按下式进一步判别其相邻测点是否异常：

$$X_0 = m_x - \lambda_2 \cdot s_x \text{ 或 } X_0 = m_x - \lambda_3 \cdot s_x \tag{7-128}$$

式中 λ_2、λ_3 按表 7-75 取值，当测点布置为网格状时取 λ_2；当单排布置测点时（如在声测孔中检测）取 λ_3。若保证不了耦合条件的一致性则波幅值不能作为统计法的判据。

统计数的个数 n 与对应的 λ_1、λ_2、λ_3 值　　表 7-75

n	20	22	24	26	28	30	32	34	36	38
λ_1	1.65	1.69	1.73	1.77	1.80	1.83	1.86	1.89	1.92	1.94
λ_2	1.25	1.27	1.29	1.31	1.33	1.34	1.36	1.37	1.38	1.39
λ_3	1.05	1.07	1.09	1.11	1.12	1.14	1.16	1.17	1.18	1.19
n	40	42	44	46	48	50	52	54	56	58
λ_1	1.96	1.98	2.00	2.02	2.04	2.05	2.07	2.09	2.10	2.12
λ_2	1.41	1.42	1.43	1.44	1.45	1.46	1.47	1.48	1.49	1.49
λ_3	1.20	1.22	1.23	1.25	1.26	1.27	1.28	1.29	1.30	1.31
n	60	62	64	66	68	70	72	74	76	78
λ_1	2.13	2.14	2.15	2.17	2.18	2.19	2.20	2.21	2.22	2.23
λ_2	1.50	1.51	1.52	1.53	1.53	1.54	1.55	1.56	1.56	1.57
λ_3	1.31	1.32	1.33	1.34	1.35	1.36	1.36	1.37	1.38	1.39
n	80	82	84	86	88	90	92	94	96	98
λ_1	2.24	2.25	2.26	2.27	2.28	2.29	2.30	2.30	2.31	2.31
λ_2	1.58	1.58	1.59	1.60	1.61	1.61	1.62	1.62	1.63	1.63
λ_3	1.39	1.40	1.41	1.42	1.42	1.43	1.44	1.45	1.45	1.45

续表

n	100	105	110	115	120	125	130	140	150	160
λ_1	2.32	2.35	2.36	2.38	2.40	2.41	2.43	2.45	2.48	2.50
λ_2	1.64	1.65	1.66	1.67	1.68	1.69	1.71	1.73	1.75	1.77
λ_3	1.46	1.47	1.48	1.49	1.51	1.53	1.54	1.56	1.58	1.59

3）混凝土结合面质量检测

① 检测条件

用于前后两次浇筑的混凝土之间接触面的结合质量检测，被测部位及测点的确定应满足下列要求：测试前应查明结合面的位置及走向，明确被测部位及范围；构件的被测部位应具有使声波垂直或斜穿结合面的测试条件。

② 布置测点规则

a. 使测试范围覆盖全部结合面或有怀疑的部位；

b. 各对 T—R_1（声波传播不经过结合面）和 T—R_2（声波传播经过结合面）换能器连线的倾斜角测距应相等；

c. 测点的间距宜为 100～300mm。

③ 检测方法

a. 混凝土结合面质量检测可采用对测法和斜测法如图 7-34 所示。

b. 对已布置测点分别按照不密实区和空洞检测中测出各点的声时、波幅和主频值。

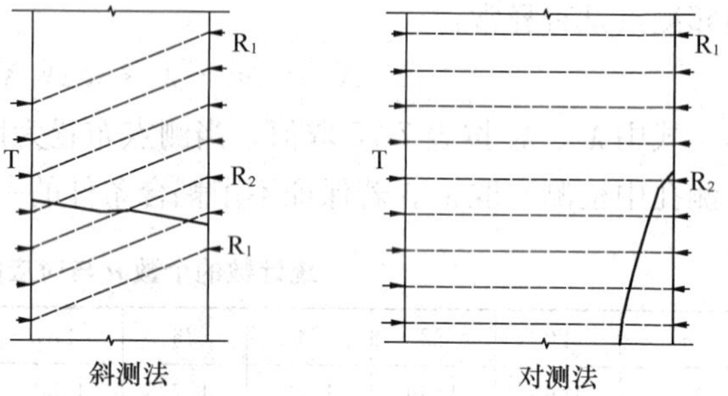

图 7-34　混凝土结合面质量检测示意图

④ 数据处理及判断

将同一测位各测点声速、波幅和主频值分别按不密实区和空洞检测中第③条进行统计和判断。当测点数无法满足统计法判断时，可将 T—R_2 的声速、波幅等声学参数与 T—R_1 进行比较，若 T—R_2 的声学参数比 T—R_1 显著低时，则该点可判为异常测点。当通过结合面的某些测点的数据被判为异常，并查明无其他因素影响时，可判定混凝土结合面在该部位结合不良。

4）表面损伤层检测

适用于因冻害高温或化学腐蚀等引起的混凝土表面损伤层厚度的检测。

① 被测部位和测点的确定规则

根据构件的损伤情况和外观质量选取有代表性的部位布置测位；构件被测表面应平整，并处于自然干燥状态，且无接缝和饰面层。

② 检测方法

选用频率较低的厚度振动式换能器。测试时换能器应耦合好，并保持不动，然后将换能器依次耦合在间距为 30mm 的测点位上，如图 7-35 所示，读取相应的声时值 t_1，t_2，t_3，…，并测量每次 T、R 换能器内边缘之间的距离 l_1，l_2，l_3…。每一测位的测点数不

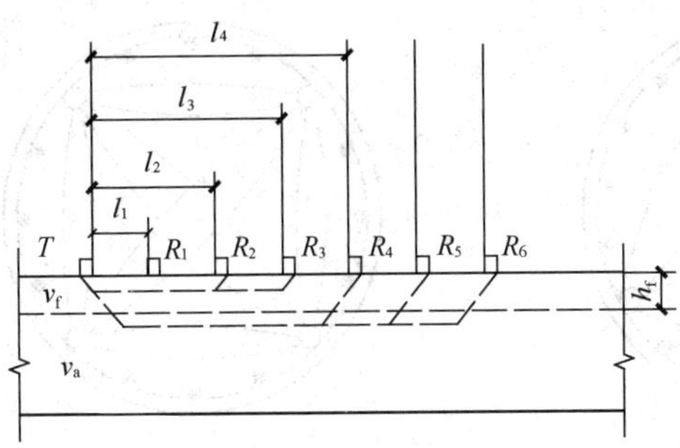

图 7-35　检测损伤层厚度示意图

得少于 6 个，当损伤层较厚时应适当增加测点数。当构件的损伤层厚度不均匀时应适当增加测位数量。

③ 数据处理及判断

a. 求损伤和未损伤混凝土的回归直线方程

用各测点的声时值 t_i 和相应测距值 l_i 绘制损伤层检测"时—距"坐标图，如图 7-36 所示。由图可得到声速改变所形成的转折点，该点前、后分别表示损伤和未损伤混凝土的 l 与 t 相关直线。用回归分析方法分别求出损伤、未损伤混凝土 l 与 t 的回归直线方程：

损伤混凝土：　$l_f = a_1 + b_1 \cdot t_f$　(7-129)

未损伤混凝土：　$l_a = a_2 + b_2 \cdot t_a$　(7-130)

式中　l_f——拐点前各测点的测距（mm），对应于图中的 l_1、l_2、l_3；

t_f——对应于图中 l_1、l_2、l_3 的声时（μs）t_1、t_2、t_3；

l_a——拐点后各测点的测距（mm），对应于图中的 l_4、l_5、l_6；

t_a——对应于测距 l_4、l_5、l_6 的声时（μs）t_4、t_5、t_6；

a_1、b_1、a_2、b_2——回归系数，即图 7-36 中损伤和未损伤混凝土直线的截距和斜率。

b. 损伤层厚度应按下式计算：

$$l_0 = \frac{a_1 b_2 - a_2 b_1}{b_2 - b_1} \quad (7\text{-}131)$$

$$f = \frac{l_0 \sqrt{\dfrac{b_2 - b_1}{b_2 + b_1}}}{2} \quad (7\text{-}132)$$

式中　f——损伤层厚度（mm）；

l_0——拐点的测距（mm）。

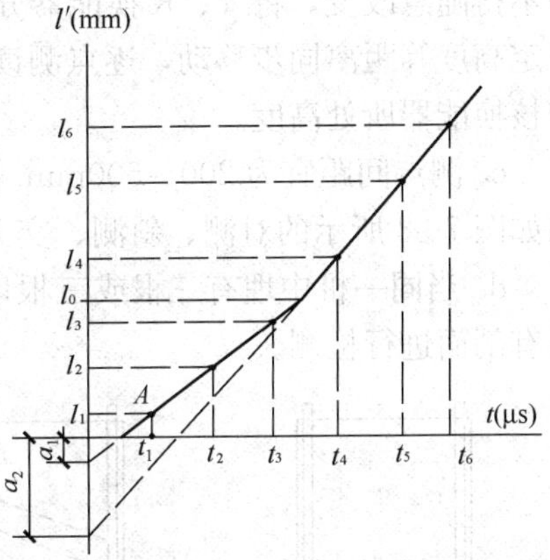

图 7-36　损伤层检测"时—距"坐标图

5）灌注桩混凝土缺陷检测

适用于桩径（或边长）不小于 0.6m 的灌注桩桩身混凝土缺陷。

① 埋设超声检测管

a. 根据桩径大小预埋超声检测管，桩径为 0.6～1.0m 时宜埋 2 根管；桩径为 1.0～2.5m 时宜埋 3 根管，按等边三角形布置；桩径为 2.5m 以上时宜埋 4 根管，按正方形布置；声测管之间应保持平行，声测管埋设示意图如图 7-37 所示。

b. 声测管宜采用钢管，对于桩身长度小于 15m 的短桩，可用硬质 PVC 塑料管。管的内径宜为 35～50mm，各段声测管宜用外加套管连接并保持通直，管的下端应封闭，上端应加塞子。

c. 声测管的埋设深度应与灌注桩的底部齐平，管的上端应高于桩顶表面 300～500mm，同一根桩的声测管外露高度宜相同。

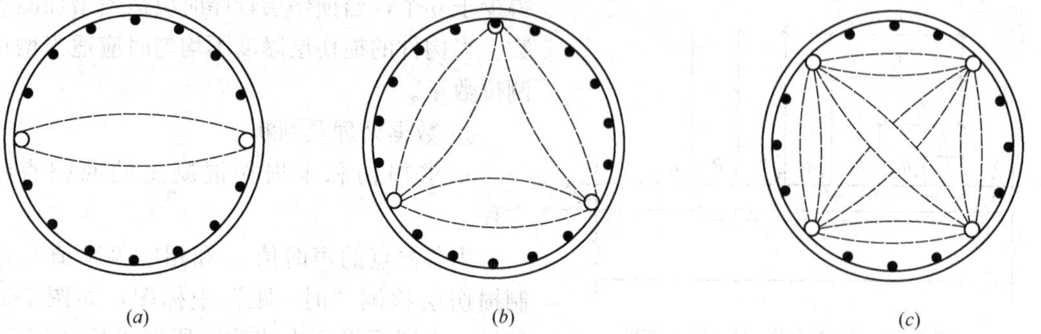

图 7-37　声测管埋设示意图

（a）双管；（b）三管；（c）四管

d. 声测管应牢靠固定在钢筋笼内侧。对于钢管，每 2m 间距设一个固定点，直接焊在架立筋上；对于 PVC 管，每 1m 间距设一固定点，应牢固绑扎在架立筋上。对于无钢筋笼的部位，声测管可用钢筋支架固定。

② 桩检测

a. 首先向管内注满清水，采用一段直径略大于换能器的圆钢作疏通吊锤，逐根检查声测管的畅通情况及实际深度，用钢卷尺测量同根桩顶各声测管之间的净距离。

b. 根据桩径大小选择合适频率的换能器和仪器参数，一经选定在同批桩的检测过程中不得随意改变。将 T、R 换能器分别置于两个声测孔的顶部或底部，以同一高度或相差一定高度等距离同步移动，逐点测读声学参数并记录换能器所处深度，检测过程中应经常校核换能器所处高度。

c. 测点间距宜为 200～500mm。普测后对数据可疑的部位应进行复测或加密检测。采用如图 7-38 所示的对测、斜测、交叉斜测及扇形扫测等方法确定缺陷的位置和范围。

d. 当同一桩中埋有三根或三根以上声测管时，应以每两管为一个测试剖面，分别对所有剖面进行检测。

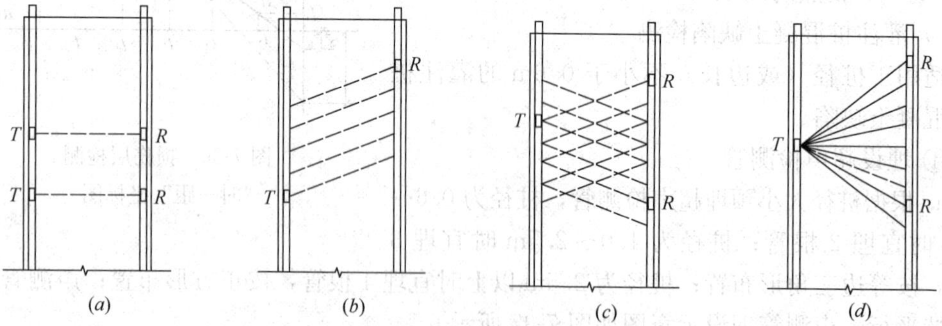

图 7-38　灌注桩超声测试方法示意图

（a）对测；（b）斜测；（c）交叉斜测；（d）扇形扫描测

③ 数据处理与判断

a. 数据处理：

（a）桩身混凝土的声时 t_{ci}、声速 v_i 分别按下列公式计算：

$$t_{ci}=t_i-t_{\infty} \tag{7-133}$$

$$v_i=\frac{l_i}{t_{ci}} \tag{7-134}$$

式中 t_{∞}——声时初读数，按径向振动式换能器声时初读数测量；

t_i——测点 i 的测读声时值；

l_i——测点 i 处二根声测管内边缘之间的距离（mm）。

（b）主频 f_i：数字式超声仪直接读取；模拟式超声仪应根据首波周期按下式计算：

$$f_i=\frac{1000}{T_{bi}} \tag{7-135}$$

式中 T_{bi}——测点 i 的首波周期。

b. 桩身混凝土缺陷可疑点判断方法

（a）概率法：将同一桩同一剖面的声速、波幅、主频按本节第 4 条进行计算和异常值判别。当某一测点的一个或多个声学参数被判为异常值时，即为存在缺陷的可疑点。

（b）斜率法：用声时—深度曲线相邻测点的斜率和相邻两点声时差值 Δt 的乘积 Z，绘制 Z—d 曲线，根据 Z—d 曲线的突变位置，并结合波幅值的变化情况可判定存在缺陷的可疑点或可疑区域的边界。

$$K=\frac{t_i-t_{i-1}}{d_i-d_{i-1}} \tag{7-136}$$

$$Z=K\cdot\Delta t=\frac{(t_i-t_{i-1})^2}{d_i-d_{i-1}} \tag{7-137}$$

式中 t_i-t_{i-1}、d_i-d_{i-1}——分别代表相邻两测点的声时差和深度差。

（c）结合判断方法绘制相应声学参数—深度曲线，根据可疑测点的分布及其数值大小综合分析判断缺陷的位置和范围。

（d）当需用声速评价一个桩的混凝土质量匀质性时，可分别按下列各式计算测点混凝土声速值（v_i）和声速的平均值（m_v）、标准差（s_v）及离差系数（C_v）。根据声速的离差系数可评价灌注桩混凝土匀质性的优劣。

$$v_i=\frac{l_i}{t_{ci}} \tag{7-138}$$

$$m_v=\frac{1}{n}\sum v_i \tag{7-139}$$

$$s_v=\sqrt{\frac{\sum v_i^2-n\times m_v^2}{n-1}} \tag{7-140}$$

$$C_v=\frac{s_v}{m_v} \tag{7-141}$$

式中 v_i——第 i 点混凝土声速值（km/s）；

l_i——第 i 点测距值；

t_{ci}——第 i 点的混凝土声时值（μs）；

n——测点数。

（e）桩身完整性评价见表 7-76。

桩身完整性评价　表 7-76

类别	缺陷特征	完整性评定结果
Ⅰ	无缺陷	完整。合格
Ⅱ	局部小缺陷	基本完整。合格
Ⅲ	局部严重缺陷	局部不完整。不合格。经工程处理后可使用
Ⅳ	断桩等严重缺陷	严重不完整。不合格。报废或通过验证确定是否加固使用

6）钢管混凝土缺陷检测

适用于管壁与混凝土粘结良好的钢管混凝土缺陷检测。检测过程中应注意防止首波信号经由钢管壁传播，所用钢管的外表面应光洁，无严重锈蚀。

① 检测方法

a. 钢管混凝土检测应采用径向对测的方法，如图 7-39 所示。

b. 选择钢管与混凝土粘结良好的部位布置测点，布置测点时，先测量钢管实际周长再将圆周等分，在钢管测试部位画出若干根母线和等间距的环向线，线间距宜为 150～300mm。

c. 检测时可先做径向对测，在钢管混凝土每一环线上保持 T、R 换能器连线通过圆心，沿环向测试，逐点读取声时、波幅和主频。

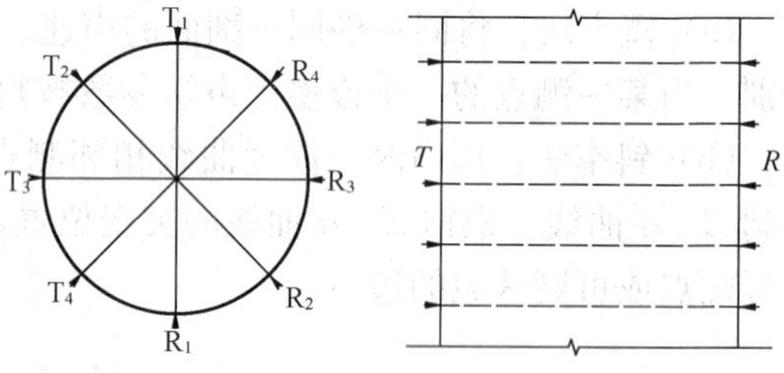

(a)　(b)

图 7-39　钢管混凝土检测示意图

(a) 平面图；(b) 立面图

② 数据处理与判断

同一测距的声时、波幅和频率应按本节第 4 条进行统计计算及异常值判别。当同一测位的测试数据离散性较大或数据较少时，可将怀疑部位的声速、波幅、主频与相同直径钢管混凝土的质量正常部位的声学参数相比较，综合分析判断所测部位的内部质量。

7.2.6　混凝土中钢筋检测

混凝土钢筋检测主要包括钢筋间距和保护层厚度检测、钢筋直径检测、钢筋锈蚀性状检测。

7.2.6.1　钢筋间距和保护层厚度检测

钢筋间距和保护层厚度检测有钢筋探测仪检测和雷达仪检测两种方法，适用于普通混凝土结构或构件，不适用于含有铁磁性物质的混凝土检测。根据钢筋设计资料确定检测区域内钢筋分布，选择适当的检测面。检测面为原状混凝土面应清洁、平整、并应避开金属预埋件。对于辅助检测验证时，钻孔、剔凿不得损坏钢筋，实测应采用游标卡尺，量测精度应为 0.1mm。

1. 引用标准

《混凝土结构工程质量验收规范》GB 50204—2015；

《建筑结构检测技术标准》GB/T 50344—2019；

《混凝土结构试验方法标准》GB/T 50152—2012；

《混凝土结构现场检测技术标准》GB/T 50784—2013；

《混凝土中钢筋检测技术标准》JGJ/T 152—2019。

2. 检测参数

钢筋间距和保护层厚度。

3. 测定方法

（1）检测设备及辅助工具

检测应有钢筋探测仪和雷达仪，应在检定或校准有效期内，检测前应采用校准试件进行核查。

（2）取样规则

1）钢筋保护层厚度及钢筋间距的抽样可按现行国家标准《建筑结构检测技术标准》GB/T 50344 或《混凝土结构现场检测技术标准》GB/T 50784 的有关规定进行。当委托方有明确要求时，应按相关要求确定。钢筋保护层厚度检验的结构部位，应由监理（建设）、施工等各方根据结构构件的重要性共同选定；

2）对非悬挑梁板类构件，应各抽取构件数量的 2%且不少于 5 个构件进行检验。对悬挑梁，应抽取构件数量的 5%且不少于 10 个构件进行钢筋保护层检验；当悬挑梁数量少于 10 个时，应全数检验。对悬挑板，应抽取构件数量的 10%且不少于 20 个构件进行钢筋保护层检验；当悬挑板数量少于 20 个时，应全数检验。

3）对选定的梁类构件，应对全部纵向受力钢筋的保护层厚度进行检验；对选定的板类构件，应抽取不少于 6 根纵向受力钢筋的保护层厚度进行检验。对每根钢筋，应选择有代表性的不同部位量测 3 点取平均值。

4）钢筋保护层厚度的检验，可采用非破损或局部破损的方法，也可采用非破损方法并用局部破损方法进行校准。当采用非破损方法检验时，所使用的检测仪器应经过计量检验，检测操作应符合相应规程的规定。

（3）钢筋间距和保护层厚度的检验

钢筋间距和保护层厚度的检验可采用电磁感应法钢筋探测仪和雷达仪检测，所使用的检测仪器应经过计量检验，检测操作应符合相应规程的规定。当混凝土保护层厚度为10～50mm 时，钢筋保护层厚度检测的允许误差为±1mm；钢筋间距检测的允许误差为±2mm。当混凝土保护层厚度大于±50mm 时，保护层厚度检测允许偏差应为±2mm。

1）钢筋探测仪检测

① 检测前要求

应对电磁感应法钢筋探测仪进行预热和调零，调零时探头应远离金属物体。在检测过程中，应检查钢筋探测仪的零点状态。应避开钢筋接头、绑丝及金属预埋件，钢筋间距应满足钢筋探测仪的检测要求，探头在检测面上沿探测方向移动，直到钢筋探测仪保护层厚度示值最小，此时探头中心线与钢筋轴线应重合，在相应位置做好标记，应将检测范围内的设计间距相同的连续相邻钢筋逐一标出，并应逐个量测钢筋的间距。

② 混凝土保护层厚度的检测

a. 首先应设定钢筋探测仪量程范围及钢筋公称直径，沿被测钢筋轴线选择相邻钢筋影响较小的位置，并应避开钢筋接头、绑丝及金属预埋件，读取第 1 次检测的混凝土保护层厚度检测值。在被测钢筋的同一位置应重复检测 1 次，读取第 2 次检测的混凝土保护层厚度检测值。

b. 当同一处读取的 2 个混凝土保护层厚度检测值相差大于 1mm 时，该组检测数据应无效，并查明原因，在该处应重新进行检测。仍不满足要求时，应更换电磁感应法钢筋探测仪或采用直接法进行检测。

c. 当实际混凝土保护层厚度小于钢筋探测仪最小示值时，应采用在探头下附加垫块的方法进行检测。垫块对钢筋探测仪检测结果不应产生干扰，表面应光滑平整，其各方向厚度值偏差不应大于 0.1mm。所加垫块厚度在计算时应予扣除。

d. 当遇到下列情况之一时，应选取不少于 30％的已测钢筋，且不应少于 7 根（当实际检测数量小于 7 根时应全部选取），采用直接法验证：认为相邻钢筋对检测结果有影响；钢筋公称直径未知或有异议；钢筋实际根数、位置与设计有较大偏差；钢筋以及混凝土材质与校准试件有显著差异。

2）雷达仪检测

① 雷达法宜用于结构及构件中钢筋间距的大面积扫描检测；当检测精度满足要求时，也可用于钢筋的混凝土保护层厚度检测。

② 根据被测结构及构件中钢筋的排列方向，雷达仪探头或天线应沿垂直于选定的被测钢筋轴线方向扫描，应根据钢筋的反射波位置来确定钢筋间距、位置和混凝土保护层厚度检测值。

③ 当遇到下列情况之一时，应选取不少于 30％的已测钢筋，且不应少于 7 根（当实际检测数量不到 7 根处时应全部选取），采用直接法验证：认为相邻钢筋对检测结果有影响；无设计图纸时，需要确定钢筋根数和位置；当有设计图纸时，钢筋检测数量与设计不符或钢筋间距检测值超过相关标准允许的偏差；混凝土未达到表面风干状态；饰面层电磁性能与混凝土有较大差异。

3）直接法检测

① 混凝土保护层厚度检测

a. 采用无损检测方法确定被测钢筋位置；

b. 采用空心钻头钻孔或剔凿去除钢筋外层混凝土直至被测钢筋直径方向完全暴露，且沿钢筋长度方向不宜小于 2 倍钢筋直径；

c. 采用游标卡尺测量钢筋外轮廓至混凝土表面最小距离。

② 钢筋间距的检测：

a. 在垂直于被测钢筋长度方向上对混凝土进行剔凿，直至钢筋直径方向完全暴露，暴露的连续分布且设计间距相同钢筋不宜少于 6 根；当钢筋数量少于 6 根时，应全部剔凿。

b. 采用钢卷尺逐个量测钢筋的间距。

（4）检测数据处理

1）采用直接法验证混凝土保护层厚度时，应先按下式计算混凝土保护层厚度的修正量：

$$C_{\mathrm{C}}=\frac{\sum_{i=1}^{n}(c_i^z-c^5)}{n} \tag{7-142}$$

式中　C_{C}——混凝土保护层厚度修正量（mm），精确至 0.1mm；

c_i^z——第 i 个测点的混凝土保护层厚度直接法实测值，精确至 0.1mm；

c_i^t——第 i 个测点的混凝土保护层厚度电磁感应法钢筋探测仪器示值，精确至 1mm；

n——钻孔、剔凿验证实测点数。

2）钢筋的混凝土保护层厚度平均检测值应按下式计算：

$$c_{m,i}^t = \frac{c_1^t + c_2^t + 2c_c - 2c_0}{2} \quad (7\text{-}143)$$

式中 $c_{m,i}^t$——第 i 测点混凝土保护层厚度平均检测值，精确至 1mm；

c_1^t、c_2^t——第 1、2 次检测的混凝土保护层厚度检测值，精确至 1mm；

c_c——混凝土保护层厚度修正值，为同一规格钢筋的混凝土保护层厚度实测验证值减去检测值，精确至 0.1mm；

c_0——探头垫块厚度，精确至 0.1mm；不加垫块时，$c_0=0$。

3）检测钢筋间距时，可根据实际需要采用绘图方式给出结果。当同一构件检测钢筋为连续 6 个间距时，也可给出被测钢筋的最大间距、最小间距和平均间距，并按下式计算钢筋平均间距：

$$s_{m,i} = \frac{1}{n}\sum_{i=1}^{n} s_i \quad (7\text{-}144)$$

式中 $s_{m,i}$——钢筋平均间距，精确至 1mm；

n——钢筋间隔数；

s_i——第 i 个钢筋间距，精确至 1mm。

4. 检测评定

（1）对梁类、板类构件纵向受力钢筋的保护层厚度应分别进行验收。

（2）结构实体钢筋保护层厚度验收合格应符合下列规定：

1）当全部钢筋保护层厚度检验的合格率为 90%及以上时，钢筋保护层厚度的检验结果应判为合格；

2）当全部钢筋保护层厚度检验的合格率小于 90%但不小于 80%，可再抽取相同数量的构件进行检验；当按两次抽样总和计算的合格率为 90%及以上时，钢筋保护层厚度的检验结果仍应判为合格；

3）每次抽样检验结果中不合格点的最大偏差均不应大于允许偏差（纵向受力钢筋保护层厚度的允许偏差，对梁类构件为+10mm，−7mm；对板类构件为+8mm，−5mm。）的 1.5 倍。

（3）对混凝土结构进行结构性能检测时，混凝土保护层厚度、钢筋间距的结果评定应符合现行国家标准《建筑结构检测技术标准》GB/T 50344 或《混凝土结构现场检测技术标准》GB/T 50784 的规定。

7.2.6.2 钢筋直径检测

应采用以数字显示示值的钢筋探测仪来检测钢筋公称直径。对于校准试件，钢筋探测仪对钢筋公称直径的检测允许误差为±1mm。当检测误差不能满足要求时，应以剔凿实测结果为准。

1. 引用标准

《混凝土结构工程质量验收规范》GB 50204—2015；

《建筑结构检测技术标准》GB/T 50344—2019；
《混凝土结构试验方法标准》GB/T 50152—2012；
《混凝土结构现场检测技术标准》GB/T 50784—2013；
《混凝土中钢筋检测技术标准》JGJ/T 152—2019。

2. 检测参数

钢筋直径。

3. 测定方法

（1）检测设备及辅助工具

检测应有天平、游标卡尺及辅助工具。

（2）取样规则

1）采用直接法检测钢筋公称直径：

① 单位工程建筑面积不大于 2000m^2 同牌号同规格的钢筋应作为一个检验批；

② 工程质量检测时，每个检验批同牌号同规格的钢筋各抽检不应少于 1 根；

③ 结构性能检测时，每个检验批同牌号同规格的钢筋各抽检不应少于 2 根；当图纸缺失时，选择钢筋应具有代表性。

2）采用取样称重法检测钢筋直径：

① 对构件内钢筋进行截取时，应选择受力较小的构件进行随机抽样，并应在抽样构件中受力较小的部位截取钢筋；每个梁、柱构件上截取 1 根钢筋，墙、板构件每个受力方向截取 1 根钢筋；所选择的钢筋应表面完好，无明显锈蚀现象；钢筋的截断宜采用机械切割方式；截取的钢筋试件长度应符合钢筋力学性能试验的规定。

② 工程质量检测时，当有钢筋材料进场记录时，根据钢筋材料进场记录确定检验批；当钢筋材料进场记录缺失时，单位工程建筑面积不大于 3000m^2 的钢筋应作为一个检验批，一个检验批中，随机抽取同一种牌号和规格的钢筋，截取钢筋试件数量不应少于 2 根。

（3）测定方法

1）采用取样称量法检测钢筋公称直径时，应沿钢筋走向凿开混凝土保护层，截取长度不宜小于 500mm，清除钢筋表面的混凝土，用 12%盐酸溶液进行酸洗，经清水漂净后，用石灰水中和，再以清水冲洗干净；应调整钢筋，并对端部进行打磨平整，测量钢筋长度，精确至 1mm。钢筋表面晾干后，采用天平称重，精确至 1g。

2）直接法检测钢筋直径，宜用于光圆钢筋和带肋钢筋。对于环氧涂层钢筋应清除环氧涂层。

3）直接法检测混凝土中钢筋直径应剔除混凝土保护层，露出钢筋，并将钢筋表面的残留混凝土清除干净；用游标卡尺测量钢筋直径，测量精确到 0.1mm；同一部位应重复测量 3 次，将 3 次测量结果的算术平均值作为该测点钢筋直径检测值。

4）直接法检测光圆钢筋直径，应测量不同方向的直径；对带肋钢筋，宜测量钢筋内径。

（4）检测评定

1）取样称重法：

① 钢筋直径应按下式计算：

$$d = 12.74\sqrt{\frac{\omega}{l}} \tag{7-145}$$

式中 d——钢筋直径（mm），精确至0.1mm；

ω——钢筋试件重量（g），精确至0.1g；

l——钢筋试件长度（mm），精确至1mm。

② 钢筋实际重量与理论重量的偏差应按下式计算：

$$p = \frac{G_1/l - g_0}{g_0} \tag{7-146}$$

式中 p——钢筋实际重量与理论重量偏差（%）；

G_1——钢筋试件实际重量（g），精确至0.1g；

g_0——钢筋单位长度理论重量（g/mm）；

l——钢筋试件长度（mm），精确至1mm。

③ 钢筋实际重量与理论重量的允许偏差应符合表7-77的规定：

钢筋实际重量与理论重量的允许偏差 **表7-77**

<table>
<tr><th>公称直径
（mm）</th><th>单位长度理论重量
（g/mm）</th><th>带肋钢筋实际重量与理论
重量的偏差（%）</th><th>光圆钢筋实际重量与理论
重量的偏差（%）</th></tr>
<tr><td>6</td><td>0.222</td><td rowspan="4">+6，−8</td><td rowspan="4">+6，−8</td></tr>
<tr><td>8</td><td>0.395</td></tr>
<tr><td>10</td><td>0.617</td></tr>
<tr><td>12</td><td>0.888</td></tr>
<tr><td>14</td><td>1.21</td><td rowspan="4">+4，−6</td><td rowspan="10">+4，−6</td></tr>
<tr><td>16</td><td>1.58</td></tr>
<tr><td>18</td><td>2.00</td></tr>
<tr><td>20</td><td>2.47</td></tr>
<tr><td>22</td><td>2.98</td><td rowspan="6">+3，−5</td></tr>
<tr><td>25</td><td>3.85</td></tr>
<tr><td>28</td><td>4.83</td></tr>
<tr><td>32</td><td>6.31</td></tr>
<tr><td>36</td><td>7.99</td></tr>
<tr><td>40</td><td>9.87</td></tr>
</table>

2）直接法：

① 采用直接法检测时，光圆钢筋直径应符合现行国家标准《钢筋混凝土用钢 第1部分：热轧光圆钢筋》GB 1499.1的规定；带肋钢筋内径允许偏差应符合现行国家标准《钢筋混凝土用钢 第2部分：热轧带肋钢筋》GB 1499.2的规定，并根据内径推定带肋钢筋的公称直径。

② 钢筋直径检测结果评定宜符合现行国家标准《建筑结构检测技术标准》GB/T 50344和《混凝土结构现场检测技术标准》GB/T 50784的规定。

7.2.7 钢结构检测

7.2.7.1 成品、半成品进场检验

1. 引用标准

《钢结构工程施工质量验收标准》GB 50205—2020；

《电弧螺柱焊用圆柱头焊钉》GB/T 10433—2002；

《紧固件机械性能 螺栓、螺钉和螺柱》GB/T 3098.1—2010；

《钢结构用高强度大六角头螺栓、大六角螺母、垫圈技术条件》GB/T 1231—2006；

《钢结构用扭剪型高强度螺栓连接副》GB/T 3632—2008；

《金属材料 洛氏硬度试验 第1部分：试验方法》GB/T 230.1—2018。

2. 成品、半成品检测总则

（1）钢材

钢结构工程所用的所有钢材品种、规格、性能等应符合现行国家产品标准和设计要求。进口钢材产品的质量应符合设计和合同规定标准的要求。进场应检查其质量合格证明文件、中文标志及检验报告等。而对以下情况之一的钢材，应进行抽样复验，其复验结果应符合现行国家产品标准和设计要求。

1）结构安全等级为一级的重要建筑主体结构用钢材；

2）结构安全等级为二级的一般建筑，当其结构跨度大于60m或高度大于100m时或承受动力荷载需要验算疲劳的主体结构用钢材；

3）板厚不小于40mm，且设计有Z向性能要求的厚板；

4）强度等级大于或等于420MPa高强度钢材；

5）进口钢材、混批钢材或质量证明文件不齐全的钢材；

6）设计文件或合同文件要求复验的钢材。

（2）焊接材料

钢结构所用焊接材料的品种、规格、性能等应符合现行国家产品标准和设计要求。进场应检查其质量合格证明文件、中文标志及检验报告等。重要钢结构采用的焊接材料应进行抽样复验，复验结果应符合现行国家产品标准和设计要求。

焊钉及焊接瓷环的规格、尺寸及偏差应符合《电弧螺柱焊用圆柱头焊钉》GB/T 10433—2002中的规定。焊钉机械性能试验按《紧固件机械性能 螺栓、螺钉和螺柱》GB/T 3098.1—2010进行；焊接性能按《紧固件机械性能 螺栓、螺钉和螺柱》GB/T 10433—2002附录A进行。按量抽查1%，且不应少于10套。

（3）连接用紧固标准件

钢结构连接用高强度大六角头螺栓连接副、扭剪型高强度螺栓连接副、钢网架用高强度螺栓、普通螺栓、铆钉、自攻钉、拉铆钉、射钉、锚栓（机械型和化学试剂型）、地角锚栓等紧固标准件及螺母、垫圈等标准配件，其品种、规格、性能等应符合现行国家产品标准和设计要求。高强度大六角头螺栓连接副和扭剪型高强度螺栓连接副出厂时应分别随箱带有扭矩系数和紧固轴力（预拉力）的检验报告，并进行进场复验。高强度大六角头螺栓连接副的扭矩系数检测应参照《钢结构用高强度大六角螺栓、大六角螺母、垫圈技术条件》GB/T 1231—2006进行；扭剪型高强度螺栓连接副的紧固轴力（预拉力）检测应参

照《钢结构用扭剪型高强度螺栓连接副》GB/T 3632—2008 进行。二者均应按批抽取 8 套。每批高强度螺栓连接副最大数量均为 3000 套。

对建筑结构安全等级为一级，跨度 40m 及以上的螺栓球节点钢网架结构，其连接高强度螺栓应进行表面硬度试验。硬度试验应参照《金属材料 洛氏硬度试验 第 1 部分：试验分法》GB/T 230.1—2018 进行，每种规格抽取 8 只进行检测。

（4）钢结构制作和安装单位应按规定进行高强度螺栓连接摩擦面的抗滑移系数试验和复验，现场处理的构件摩擦面应单独进行摩擦面抗滑移系数试验，其结果应符合设计要求。

（5）普通螺栓作为永久性连接螺栓时，当设计有要求或对其质量有疑义时，应进行螺栓实物最小拉力载荷复验，其结果应符合现行国家标准《紧固件机械性能 螺栓、螺钉和螺柱》GB/T 3098.1—2010 的要求。

7.2.7.2 焊接质量无损检测

1. 引用标准

《钢结构工程施工质量验收标准》GB 50205—2020；

《焊缝无损检测 射线检测 第 1 部分：X 和伽玛射线的胶片技术》GB/T 3323.1—2019；

《焊缝无损检测 超声检测 技术、检测等级和评定》GB/T 11345—2023；

《焊缝无损检测 磁粉检测》GB/T 26951—2011；

《焊缝无损检测 焊缝磁粉检测 验收等级》GB/T 26952—2011；

《焊缝无损检测 超声检测 焊缝内部不连续的特征》GB/T 29711—2023；

《焊缝无损检测 超声检测 验收等级》GB/T 29712—2023；

《钢结构超声波探伤及质量分级法》JG/T 203—2007；

《钢结构焊接技术规程》GB 50661—2011；

《钢结构现场检测技术标准》GB/T 50621—2010。

2. 检测项目：

（1）外观检测：目视检查、磁粉探伤、渗透探伤；

（2）焊缝内部缺陷：射线探伤、超声波探伤。

3. 测定方法：

（1）一般规定

1）钢结构焊后检查包括外观检查和焊缝内部缺陷的检查。外观检查主要采用目视检查（VT）（借助直尺、焊缝检测尺、放大镜等），辅以磁粉探伤（MT）、渗透探伤（PT）检查表面和近表面缺陷。内部缺陷的检查主要采用射线探伤（RT）和超声波探伤（UT）。不管运用何种探伤方法，都应经外观检查合格后进行。

2）碳素结构钢应在焊缝冷却到环境温度、低合金结构钢应在完成焊接 24h 以后，进行焊缝探伤检验。

3）设计要求全焊透的一、二级焊缝应采用超声波探伤进行内部缺陷的检验，超声波探伤不能对缺陷作出判断时，应采用射线检验验证，射线检测技术应符合现行国家标准《焊缝无损检测 射线检测 第 1 部分：X 和伽玛射线的胶片技术》GB/T 3323.1 或《焊缝无损检测 射线检测 第 2 部分：使用数字化探测器的 X 和伽玛射线技术》GB/T 3323.2 的规定，缺陷评定等级应符合现行国家标准《钢结构焊接规范》GB 50661 的规定。

4）焊接球节点网架、螺栓球节点网架及圆管 T、K、Y 节点焊缝的超声波探伤方法及缺陷分级应符合国家和行业现行标准的有关规定。

一级、二级焊缝的质量等级及无损检测要求应符合表 7-78 的规定。

一、二级焊缝质量等级及无损检测要求　　表 7-78

焊缝质量等级		一级	二级
内部缺陷超声波探伤	缺陷评定等级	Ⅱ	Ⅲ
	检验等级	B级	B级
	检测比例	100%	20%
内部缺陷射线探伤	缺陷评定等级	Ⅱ	Ⅲ
	检验等级	B级	B级
	检测比例	100%	20%

注：二级焊缝检测比例的计数方法应按以下原则确定：

1. 对工厂制作焊缝，按照焊缝长度计算百分比，且探伤长度不小于 200mm，当焊缝长度小于 200mm 时，应对整条焊缝进行探伤；
2. 对现场安装焊缝，应按照同一类型、同一施焊条件的焊缝条数计算百分比，且不应少于 3 条焊缝。

（2）外观检查

外观检查主要包括目视检查（VT）、磁粉探伤（MT）和渗透探伤（PT）三种方法。

1）目视检查（VT）

直接目视检测时，眼睛与被测工件表面的距离不得大于 600mm，视线与被测工件表面所成的夹角不得小于 30°，并宜从多个角度对工件进行观察。被测工件表面的照明亮度不宜低于 160lx；当对细小缺陷进行鉴别时，照明亮度不得低于 540lx。

① 检测设备及辅助工具

对细小缺陷进行鉴别时，可使用 2～6 倍的放大镜。对焊缝的外形尺寸可用焊缝检验尺进行测量。

② 现场检测

检测人员在目视检测前，应了解工程施工图纸和有关标准，熟悉工艺规程，提出目视检测的内容和要求。焊前目视检测的内容包括焊缝剖口形式、剖口尺寸、组装间隙；焊后目视检测的内容包括焊缝长度、焊缝外观质量。对于焊接外观质量的目视检测，应在焊缝清理完毕后进行，焊缝及焊缝附近区域不得有焊渣及飞溅物。

③ 检测结果的评价

钢材表面的外观质量应符合国家现行有关标准的规定，表面不得有裂纹、折叠、夹层，钢材端边或断口处不应有分层、夹渣等缺陷。当钢材的表面有锈蚀、麻点或划伤等缺陷时，其深度不得大于该钢材厚度负偏差值的 1/2。焊缝剖口形式、剖口尺寸、组装间隙等应符合焊接工艺规程和相关技术标准的要求。焊缝表面不得有裂纹、焊瘤等缺陷。一级焊缝不允许有外观质量缺陷，二、三级焊缝外观质量应符合《钢结构工程施工质量验收标准》GB 50205—2020 的规定。

2）磁粉探伤（MT）

磁粉探伤适用于铁磁性材料熔化焊焊缝（包括热影响区）表面缺欠或近表面缺欠的检

测。钢结构工程焊缝检测主要用磁粉探伤检测原材料的表面或近表面缺欠。其适用于大多数焊接工艺和接头结构。

① 人员资格：焊缝的磁粉检测及最终验收结果的评定应由有资格和能力的人员来完成。相关工业门类的适当等级的人员的资格鉴定，推荐按《无损检测 人员资格鉴定与认证》GB/T 9445—2015 或等效标准、法规进行。

② 检测设备及辅助工具：检测需要磁粉探伤仪、灵敏度试片、黑光灯照射装置、磁悬液、标准试片等设备或材料。

③ 现场检测

磁粉检测包括预处理、磁化（选择磁化方法和磁化规范）、施加磁粉或磁悬液、磁痕的观察与记录、缺陷评级、退磁和后处理等环节。

a. 预处理：检测前，现场应首先完成预处理。预处理应符合下列要求：应对试件探伤面进行清理，清除检测区域内试件上的附着物（油漆、油脂、涂料、焊接飞溅、氧化皮等）；在对焊缝进行磁粉检测时，清理区域应由焊缝向两侧母材方向各延伸20mm 的范围；根据工件表面的状况、试件使用要求，选用油剂载液或水剂载液；根据现场条件、灵敏度要求，选择非荧光磁粉或荧光磁粉；根据被测试件的形状、尺寸选定磁化方法。

b. 磁化：磁化应符合下列规定：磁化时，磁场方向宜与探测的缺陷方向垂直，与探伤面平行；当无法确定缺陷方向或有多个方向的缺陷时，应采用旋转磁场或采用两次不同方向的磁化方法。采用两次不同方向的磁化时，两次磁化方向之间应垂直；检测时，应先放置灵敏度试片在试件表面，检验磁场强度和方向以及操作方法是否正确；用磁轭检测时，应有覆盖区，磁轭每次移动的覆盖部分应在 10～20mm 之间；用触头法检测时，每次磁化的长度宜为 75～200mm；检测过程中，应保持触头端干净，触头与被检表面接触应良好，电极下宜采用衬垫；探伤装置在被检部位放稳后方可接通电源，移去时应先断开电源。

c. 施加磁悬液：在施加磁悬液时，可先喷洒一遍磁悬液使被测部位表面湿润，在磁化时再次喷洒磁悬液。磁悬液宜喷洒在行进方向的前方，磁化应一直持续到磁粉施加完成为止，形成的磁痕不应被流动的液体所破坏。

d. 磁痕观察与记录：磁痕观察与记录应按下列要求进行：磁痕的观察应在磁悬液施加形成磁痕后立即进行；采用非荧光磁粉时，应在能清楚识别磁痕的自然光或灯光下进行观察（观察面亮度应大于 500lx）；采用荧光磁粉时，应使用黑光灯装置，并应在能识别荧光磁痕的亮度下进行观察（观察面亮度应小于 20lx）；应对磁痕进行分析判断，区分缺陷磁痕和非缺陷磁痕；可采用照相、绘图等方法记录缺陷的磁痕。

e. 后处理：检测完成后，应按下列要求进行后处理：被测试件因剩磁而影响使用时，应及时进行退磁；对被测部位表面应清除磁粉，并清洗干净，必要时应进行防锈处理。

④ 检测结果的评价

磁粉检测可允许有线型缺陷和圆形缺陷存在。根据缺陷磁痕类型、长度、间距等对检测到的缺陷进行分级，缺陷磁痕分级应符合表 7-79 的规定。当缺陷磁痕为裂纹缺陷时，应直接评定为不合格。评定为不合格时，应对其进行返修，返修后应进行复检。返修复检部位应在检测报告的检测结果中标明。

磁粉显示的验收等级　　表 7-79

显示类型	验收等级		
线状显示（l 为显示长度）	$l \leqslant 1.5$	$l \leqslant 3$	$l \leqslant 6$
非线状显示（d 为主轴长度）	$d \leqslant 2$	$d \leqslant 3$	$d \leqslant 4$

验收等级 2 和 3 可规定用一个后缀“X”，表示所检测出的所有线状显示应按 1 级进行评定。但对于小于原验收等级所显示的显示，其可探测性可能偏低。

3）渗透探伤（PT）

钢结构原材料表面开口性的缺陷和其他缺陷可采用渗透探伤进行检测。

① 检测设备及辅助工具

渗透检测需要渗透检测剂和试块。渗透检测剂指渗透剂、清洗剂、显像剂。检测试块指铝合金试块（A 型对比试块）和不锈钢镀铬试块（B 型灵敏度试块），其技术要求应符合《无损检测 渗透试块通用规范》JB/T 6064—2015 规定。

② 现场检测

渗透检测包括清理、清洗、施加渗透剂、去除多余渗透剂、干燥、施加显像剂、观察与记录、后处理等步骤。

a. 预处理：渗透检测前应清除检测面上有碍渗透检测的附着物，如铁锈、氧化皮、焊接飞溅、铁刺以及各种涂覆保护层。可采用机械砂轮打磨和钢丝刷，不允许用喷砂、喷丸等可能封闭表面开口缺陷的方法。清理范围应从检测部位边缘向外扩展 30mm。检测面的表面粗糙度 $R_a \leqslant 12.5\ \mu m$，非机械加工面的粗糙度可适当放宽，但不得影响检测结果。对清理完毕的检测面应进行清洗；检测面应充分干燥后，方可施加渗透剂。

b. 施加渗透剂：施加渗透剂时，可采用喷涂、刷涂等方法，使被检测部位完全被渗透剂所覆盖。在环境及工件温度为 10～50℃的条件下，保持湿润状态不应少于 10min。

c. 去除多余渗透剂：去除多余渗透剂时，可先用无绒洁净布进行擦拭。在擦除检测面上大部分多余的渗透剂后，再用蘸有清洗剂的纸巾或布在检测面上朝一个方向擦洗，直至将检测面上残留渗透剂全部擦净。

d. 干燥：清洗处理后的检测面，经自然干燥或用布、纸擦干或用压缩空气吹干。干燥时间宜控制在 5～10min。

e. 施加显像剂：宜使用喷灌型的快干湿式显像剂进行显像。使用前应充分摇动，喷嘴宜控制在距检测面 300～400mm 处进行喷涂，喷涂方向宜与被检测面成 30°～40°的夹角，喷涂应薄而均匀，不应在同一处多次喷涂，不得将湿式显像剂倾倒至被检测面上。

f. 观察与记录：痕迹观察与记录应按下列要求进行：施加显像剂后宜停留 7～30min 后，方可在光线充足的条件下观察痕迹显示情况；当检测面较大时，可分区域检测；对细小痕迹，可用 5～10 倍放大镜进行观察；缺陷的痕迹可采用照相、绘图、粘贴等方法记录。

g. 后处理：检测完成后应将检测面清理干净。

③ 检测结果的评价

渗透检测可允许有线型缺陷和圆形缺陷存在。当缺陷痕迹为裂纹缺陷时，应直接评定为不合格。评定为不合格时，应对其进行返修。返修后应进行复检，返修复检部位应在检测报告的检测结果中标明。

(3) 内部缺陷的检查

内部缺陷的检查主要包括超声波探伤（UT）和射线探伤（RT）。

1) 超声波探伤（UT）

① 一般规定

钢结构焊缝超声波探伤主要参照《焊缝无损检测 射线检测 第1部分：X和伽玛射线的胶片技术》GB/T 11345—2023进行。《焊缝无损检测 射线检测 第1部分：X和伽玛射线的胶片技术》GB/T 11345—2023主要适用于母材厚度不小于8mm的低超声衰减（特别是散射衰减小）金属材料熔化焊焊接接头手工超声检测技术。检测时焊缝及其母材温度在0～60℃之间。主要应用于母材和焊缝均为铁素体类钢的全熔透焊缝。

焊接球节点网架焊缝、螺栓球节点网架焊缝及圆管T、K、Y形点相贯线焊缝，其内部缺陷分级及探伤方法应参照《钢结构超声波探伤及质量分级法》JG/T 203—2007进行。此外，符合下列情况之一的可参照《钢结构超声波探伤及质量分级法》JG/T 203—2007进行探伤。

a. 网格钢结构及其圆管相贯节点焊接接头和钢管对接焊缝；

b. 建筑钢屋架、格构柱（梁）钢构件、钢桁架、吊车梁、焊接H型钢、箱形钢框架柱、梁，桁架或框架梁中焊接组合构件和钢建筑构筑物即板节点；

c. 母材壁厚不小于4mm，球径不小于120mm，管径不小于60mm焊接空心球及球管焊接接头；

d. 母材壁厚不小于3.5mm，管径不小于48mm螺栓球节点杆件与锥头或封板焊接接头；

e. 支管管径不小于89mm、壁厚不小于6mm、局部二面角不小于30°，支管壁厚外径比在13%以下的圆管相贯节点碳素结构钢和低合金高强度结构钢焊接接头；

f. 铸钢件、奥氏体球管和相贯节点焊接接头以及圆管对接或焊管焊缝；

g. 母材厚度不小于4mm碳素结构钢和低合金高强度合金钢的钢板对接全焊透接头、箱形构件的电渣焊接头、T型接头、搭接角接接头等焊接接头以及钢结构用板材、锻件、铸钢件；

h. 方形矩形管节点、地下建筑结构钢管桩、先张法预应力管桩端板的焊接接头以及板壳结构曲率半径不小于1000mm的环峰和曲率半径不小于1500mm的纵缝的检测；

i. 桥梁工程、水工金属结构的焊接接头可参照执行。

② 检测设备及辅助工具

检测需要A型脉冲反射式超声波探伤仪、探头、试块等设备。其中A型脉冲反射式超声波探伤仪有模拟式和数字式两种。探头有直探头、斜探头、双晶探头等。试块有标准试块和对比试块。

③ 取样规则

设计要求全焊透的一、二级焊缝应采用超声波探伤进行内部缺陷的检验，一级焊缝100%，二级焊缝20%。

④ 现场检测

现场检测主要分为表面处理、选择探伤工艺、设备调整与校验、初始检验、规定检验、缺陷评定与分级、返修等 7 个环节。

现场应对探测面进行处理，保证试件的表面状况不对检测结果的判断造成影响。

检测人员应根据工件规格、验收级别等，正确选择检验等级，制定合适的探伤工艺、调试设备，绘制距离波幅（DAC）曲线，现场实施检测。检测过程中发现反射波幅超过定量线的缺陷，应进一步判断其是否为缺陷。判断为缺陷的均应确定其位置，最大反射波幅所在区域和缺陷指示长度。当缺陷反射波未达到定量线时，如认为有必要记录时，应测定其位置、波幅和指示长度。

检测人员可结合自身经验，将探头对准缺陷做平动和转动扫查，观察波形的相应变化，依据反射波特性对缺陷类型做出判断。

超声波探伤中，根据质量要求将检验等级分为 A、B、C、D 四级；从检测等级 A 到检测等级 C，增加检测覆盖范围（如增加扫查次数和探头移动区等），提高缺欠检出率。检测等级 D 适用于特殊应用，在制定书面检测工艺规程时应考虑《焊缝无损检测 超声检测技术、检测等级和评定》GB/T 11345—2023 的通用要求。通常，检测等级与焊缝质量等级有关。相应检测等级可由焊缝检测标准、产品标准或其他文件规定。

推荐的检测等级如表 7-80。

推荐的检测等级　　　　**表 7-80**

按 GB/T 19418 标准的质量等级	按本标准的检测等级[a]	按 GB/T 29712 标准的验收等级
B	至少 B 级	2
C	至少 A 级	3
D	无适用的检测等级[b]	无应用[b]

a　当需要评定显示特征时，应按《焊缝无损检测 超声检测技术、检测等级和评定》GB/T 29711 评定；

b　不推荐做超声检测。但如果协议规定使用，参考《钢的弧焊接头缺陷质量分级指南》GB/T 19418 的 C 级执行。

⑤ 检验结果的评价

当依据《焊缝无损检测 超声检测技术、检测等级和评定》GB/T 11345—2023 进行检测时，结果评定分为显示评定和验收评定。显示评定见《焊缝无损检测 超声检测技术、检测等级和评定》GB/T 11345—2023 的 12.5。验收评定见《钢的弧焊接头缺陷质量分级指南》GB/T 29711—2023 和《焊缝无损检测　超声检测验收等级》GB/T 29712—2023。当依据《钢结构超声波探伤及质量分级法》JG/T 203—2007 进行检测时，参照《钢结构超声波探伤及质量分级法》JG/T 203—2007 第 9 部分检测结果的质量分级进行评级。

2）射线照相检测（RT）

射线照相防护应符合《电离辐射防护与辐射源安全基本标准》GB/T 18871—2002 的有关规定。

① 检测设备及辅助工具

射线检测需要射线源、胶片、金属增感屏、像质计、观片灯及黑度计等。

② 取样规则

设计要求全焊透的一、二级焊缝进行内部缺陷的检验，一级焊缝 100%，二级焊缝 20%。

③ 现场检测

射线照相检测包括布设警戒线、表面质量检查、设标记带、布片、透照、暗室处理、缺陷的评定等步骤。

如工件表面的不规则状态或覆层可能给辨认造成困难时，应对工件表面进行适当处理。

现场检测时，检测人员应根据工件的具体情况，制定探伤工艺并事先制作适宜的曝光曲线，供现场使用。

现场检测时，应严格按工艺要求进行，包括选择透照方法、布片、透照、暗室处理、缺陷评定等环节。

确定缺陷类型时，宜从多个方面分析射线照相的影像，并结合操作者的工程经验，作出判断。常见缺陷类型的基本影像特性见表 7-81。

常见缺陷类型的基本影像特性 **表 7-81**

缺陷类型	基本影像特性	备注
裂缝	大致平直，两端较细，中间略宽	危险性缺陷
未焊透	位于影像中心的直线黑度大，影像规则，轮廓清晰	危险性缺陷
未熔合	黑度较大的条状影像，比裂缝影像宽	危险性缺陷
夹渣	形状不规则，黑度不均匀，呈现边界不清晰的点、条、块状区域	非危险性缺陷
气孔	圆形或近似圆形的黑点，圆心黑度大，黑度沿径向逐渐减小，边界圆滑清晰	非危险性缺陷

④ 检测结果的评价

根据缺陷的性质和数量，焊接接头质量分为四个等级：Ⅰ级焊接接头应无裂纹、未熔合、未焊透和条形缺陷；Ⅱ级焊接接头应无裂纹、未熔合和未焊透；Ⅲ级焊接接头应无裂纹、未熔合，以及双面焊和加垫板的单面焊中的未焊透；超过Ⅲ级者为Ⅳ级。

综合评级：在圆形缺陷评定区内，同时存在圆形缺陷和条形缺陷（或未焊透、根部内凹和根部咬边）时，应首先各自评级，将两种缺陷所评级别之和减 1（或三种缺陷所评级别之和减 2）作为最终级别。

7.2.7.3 钢网架结构球节点性质检测

钢网架结构安装检验批应在进场验收和焊接连接、紧固件连接、制作等分项工程验收合格的基础上进行验收。当建筑结构安全等级为一级，跨度 40m 及以上的公共建筑钢网架结构，且设计有要求时，应进行节点承载力试验。

1. 引用标准

《钢结构工程施工质量验收标准》GB 50205—2020；

2. 检测项目

螺栓球节点力学性能、焊接球节点力学性能。

3. 测定方法

（1）检测设备及辅助工具

万能试验机应符合一级试验机标准要求，并进行周期检定。

（2）取样规则

用于试验的试件在该批产品中随机抽取，每批抽取 3 个试件。

（3）检测步骤

钢网架球型节点包括螺栓球节点和焊接球节点。螺栓球节点承载力性能检测应将螺栓球与高强度螺栓按图 7-40 组成拉力载荷试件，采用单向拉伸试验方法进行试验；焊接球节点承载力性能试验，一般采用单向拉、压试验。单向拉力试验试件应如图 7-41 所示；单向压力试验试件如图 7-42 所示。

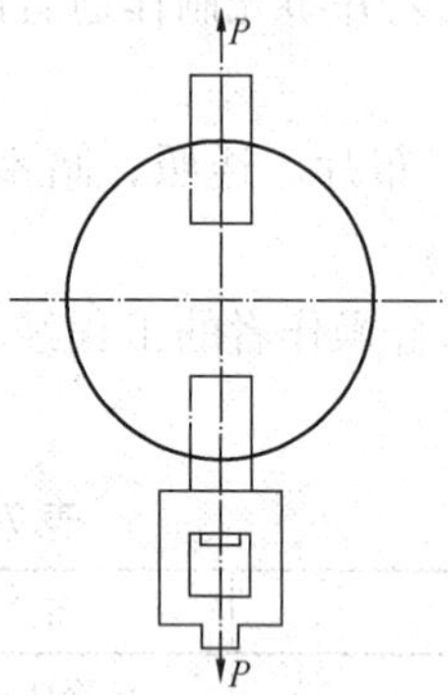

图 7-40　拉力载荷试件

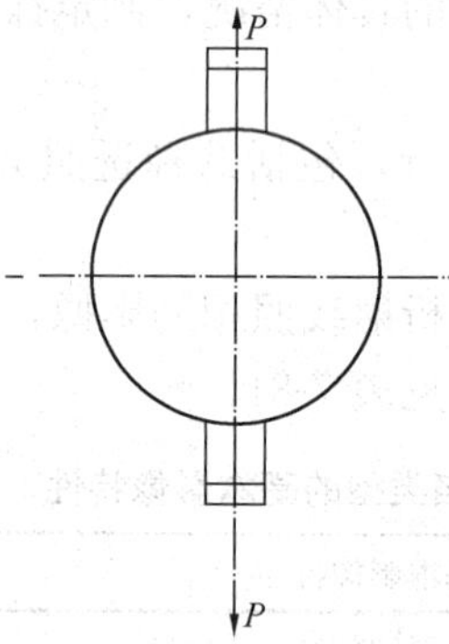

图 7-41　单向拉力试件

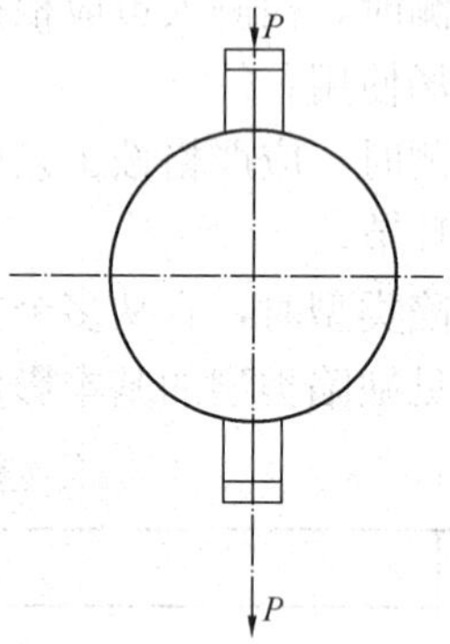

图 7-42　单向压力试件

（4）检测结果的评价

焊接球节点应按设计指定规格的球及其匹配的钢管焊接成试件，进行轴心拉、压承载力试验，其试验破坏荷载值大于或等于 1.6 倍设计承载力为合格。

螺栓球节点应按设计指定规格的球最大螺栓孔螺纹进行抗拉强度保证荷载试验，当达到螺栓的设计承载力时，螺孔、螺纹及封板仍完好无损为合格。

7.2.7.4　高强度螺栓连接副施工扭矩检验

高强度螺栓连接副施工扭矩检验：高强度螺栓连接副扭矩检验含初拧、复拧、终拧扭矩的现场无损检验。其检验方法分扭矩法和转角法两种，原则上检验法与施工法应相同。扭矩检验应在施拧 1h 后，48h 内完成。

1. 引用标准

《钢结构工程施工质量验收标准》GB 50205—2020；

《钢结构高强度螺栓连接技术规程》JGJ 82—2011。

2. 检测项目

高强度螺栓副施工扭矩检验。

3. 测定方法

（1）检测设备及辅助工具

检验所用的扭矩扳手其扭矩精度误差应不大于 3%，且具有峰值保持功能。

（2）取样规则

高强度大六角头螺栓连接副的检查数量：应按节点数抽查 10%，且不应少于 10 个；每个被抽查节点按螺栓数抽查 10%，且不应少于 2 个。扭剪型高强度螺栓检查数量：按节点数抽查 10%，但不应少于 10 个节点，被抽查节点中梅花头未拧掉的扭剪型高强度螺栓连接副全数进行终拧扭矩检查。

（3）检验步骤

1）高强度大六角头螺栓连接副施工扭矩检验方法分为两种：扭矩法和转角法。

① 扭矩法检验：

在螺尾端头和螺母相对位置划线，将螺母退回 60°左右，用扭矩扳手拧回至原来位置时的扭矩值。该扭矩值与施工扭矩值的偏差在 10%以内为合格。

高强度螺栓连接副终拧扭矩值按式（7-147）计算：

$$T_C = K \cdot P_C \cdot d \tag{7-147}$$

式中 T_C——终拧扭矩值（N·m）；

P_C——施工预拉力标准值（kN），见表 7-82。

d——螺栓公称直径（mm）；

K——扭矩系数，按试验确定。

高强度螺栓连接副施工预拉力标准值（kN） **表 7-82**

螺栓的性能等级	螺栓公称直径（mm）					
	M16	M20	M22	M24	M27	M30
8.8s	90	140	165	195	255	310
10.9s	110	170	210	250	320	390

高强度大六角头螺栓连接副初拧扭矩值 T_0 可按 $0.5T_C$ 取值。

扭剪型高强度螺栓连接副初拧扭矩值 T_0 可按式（7-148）计算：

$$T_0 = 0.065P_C \cdot d \tag{7-148}$$

式中 T_0——初拧扭矩值（N·m）；

P_C——施工预拉力标准值（kN），见表 7-82；

d——螺栓公称直径（mm）。

② 转角法检验：

检查初拧后在螺母与相对位置所画的终拧起始线和终止线所夹的角度是否达到规定值。在螺尾端头和螺母相对位置画线，然后全部卸松螺母，在按规定的初拧扭矩和终拧角度重新拧紧螺栓，观察与原画线是否重合。终拧转角偏差在±30°以内为合格。终拧转角与螺栓的直径、长度等因素有关，应由试验确定。

2）扭剪型高强度螺栓施工扭矩检验：

观察尾部梅花头拧掉情况。尾部梅花头被拧掉者视同其终拧扭矩达到合格质量标准；尾部梅花头未被拧掉者应按上述扭矩法或转角法检验。

（4）检验结果评定：

高强度大六角头螺栓连接副施工扭矩应符合下列规定：扭矩法 扭矩值与施工扭矩值的偏差在 10%以内为合格。转角法 终拧转角偏差在±30°以内为合格。

扭剪型高强度螺栓连接副终拧后，除因构造原因无法使用专用扳手终拧掉梅花头者外，未在终拧中拧掉梅花头的螺栓数不应大于该节点螺栓数的 5%。

7.2.7.5 锚固承载力现场检测

1. 引用标准

《建筑结构加固工程施工质量验收规范》GB 50550—2010；

《混凝土结构后锚固技术规程》JGJ 145—2013。

2. 检测项目

锚固承载力。

3. 检测方法

（1）适用范围及应用条件：

本方法适用于混凝土结构后锚固工程质量的现场检验。后锚固工程质量应按锚固件抗拔承载力的现场抽样检验结果进行评定。后锚固件应进行抗拔承载力现场非破损检验，满足下列条件之一时，应进行破坏性检验：安全等级为一级的后锚固构件；悬挑结构和构件；对后锚固设计参数有疑问；对该工程锚固质量有怀疑。受现场条件限制无法进行原位破坏性检验时，可在工程施工的同时，现场浇筑同条件的混凝土块体作为基材安装锚固件，并应按规定的时间进行破坏性检验，且应事先征得设计和监理单位的书面同意，并在现场见证试验。

（2）抽样规则

1）锚固质量现场检验抽样时，应以同品种、同规格、同强度等级的锚固件安装于锚固部位基本相同的同类构件为一检验批，并应从每一检验批所含的锚固件中进行抽样。

2）现场破坏性检验宜选择锚固区以外的同条件位置，应取每一检验批锚固件总数的0.1%且不少于5件进行检验。锚固件为植筋且数量不超过100件时，可取3件进行检验。

3）现场非破损检验的抽样数量，应符合下列规定：

① 锚栓锚固质量的非破损检验：对重要结构构件及生命线工程的非结构构件，应按表7-83规定的抽样数量对该检验批的锚栓进行检验；对一般结构构件，应取重要结构构件抽样量的50%且不少于5件进行检验；对非生命线工程的非结构构件，应取每一检验批锚固件总数的0.1%且不少于5件进行检验。

重要结构构件计生命线工程的非结构构件锚栓锚固质量非破损检验抽样表　　表7-83

检验批的锚栓总数	≤100	500	1000	2500	≥5000
按检验批锚栓总数计算的最小抽样量	20%且不少于5件	10%	7%	4%	3%

注：当锚栓总数介于两栏数量之间时，可按线性内插法确定抽样数量。

② 植筋锚固质量的非破损检验：对重要结构构件及生命线工程的非结构构件，应取每一检验批植筋总数的3%且不少于5件进行检验；对一般结构构件，应取每一检验批植筋总数的1%且不少于3件进行检验；对非生命线工程的非结构构件，应取每一检验批锚固件总数的0.1%且不少于3件进行检验。

4）胶粘的锚固件，其检验宜在锚固胶达到其产品说明书标示的固化时间的当天进行。若因故需推迟抽样与检验日期，除应征得监理单位同意外，推迟不应超过3d。

（3）仪器设备要求

1）现场检测用的加荷设备，可采用专门的拉拔仪，应符合下列规定：

① 设备的加荷能力应比预计的检验荷载值至少大20%，且不大于检验荷载的2.5倍，应能连续、平稳、速度可控地运行；加载设备应能够按照规定的速度加载，测力系统整机允许偏差为全量程的±2%；设备的液压加荷系统持荷时间不超过5min时，其降荷值不应大于5%；加载设备应能够保证所施加的拉伸荷载始终与后锚固构件的轴线一致；

② 加载设备支撑环内径 D_0 应符合下列规定：植筋：D_0 不应小于 12d 和 250mm 的较大值；膨胀型锚栓和扩底型锚栓：D_0 不应小于 $4h_{ef}$；化学锚栓发生混合破坏及钢材破坏时，D_0 不应小于 12d 和 250mm 的较大值；化学锚栓发生混凝土锥体破坏时，D_0 不应小于 $4h_{ef}$。

2）当委托方要求检测重要结构锚固件连接的荷载-位移曲线时，现场测量位移的装置应符合下列规定：仪表的量程不应小于 50mm；其测量的允许偏差应为±0.02mm；测量位移装置应能与测力系统同步工作，连续记录，测出锚固件相对于混凝土表面的垂直位移，并绘制荷载-位移的全程曲线。

3）现场检验用的仪器设备应定期由有资质的计量机构进行检定或校准。遇下列情况之一时，还应重新检定或校准：读数出现异常；拆卸检查或更换零部件后。

（4）加载方式

1）检验锚固拉拔承载力的加载方式可为连续加载或分级加载，可根据实际条件选用。

2）进行非破损检验时，施加荷载应符合下列规定：

① 连续加载时，应以匀速速率在 2～3min 时间内加载至设定的检验荷载，并持荷 2min。

② 分级加载时，应将设定的检验荷载均分为 10 级，每级持荷 1min，直至设定的检验荷载，并持荷 2min。

③ 荷载检验值应取 $0.9f_{yk}A_s$ 和 $0.8N_{Rk,*}$ 的较小值。$N_{Rk,*}$ 为非钢材破坏承载力标准值。

3）进行破坏性检验时，施加荷载应符合下列规定：

① 连续加载时，对锚栓应以均匀速率在 2～3min 时间内加载至锚固破坏，对植筋应以均匀速率在 2～7min 时间内加荷至锚固破坏；

② 分级加载时，前 8 级，每级荷载增量应取为 $0.1N_u$，且每级持荷 1～1.5min；自第 9 级起，每级荷载增量应取为 $0.05N_u$，且每级持荷 30s，直至锚固破坏。N_u 为计算的破坏荷载值。

4. 检验结果评定

（1）非破损检验的评定

1）试样在持荷期间，锚固件无滑移、基材混凝土无裂纹或其他局部损坏迹象出现，且加载装置的荷载示值在 2min 内无下降或下降幅度不超过 5%的检验荷载时，应评定为合格；

2）一个检验批所抽取的试样全部合格时，该检验批应评定为合格检验批；

3）一个检验批中不合格的试样不超过 5%时，应另抽 3 根试样进行破坏性检验，若检验结果全部合格，该检验批仍可评定为合格检验批；

4）一个检验批中不合格的试样超过 5%时，该检验批应评定为不合格，且不应重做检验。

（2）锚栓破坏性检验发生混凝土破坏，检验结果满足下列要求时，其锚固质量应评定为合格：

$$N_{Rm}^{c} \geqslant \gamma_{u,\lim} N_{Rk,*} \tag{7-149}$$

$$N_{Rmin}^{c} \geqslant N_{Rk,*} \tag{7-150}$$

式中 N_{Rm}^{c} ——受检验锚固件极限抗拔力实测平均值（N）；

$N_{\mathrm{Rmin}}^{\mathrm{c}}$——受检验锚固件极限抗拔力实测最小值（N）；

$N_{\mathrm{Rk},*}$——混凝土破坏受检验锚固件极限抗拔力标准值（N）；

$\gamma_{\mathrm{u,lim}}$——锚固承载力检验系数允许值，$\gamma_{\mathrm{u,lim}}=1.1$。

（3）锚栓破坏性检验发生钢材破坏，检验结果满足下列要求时，其锚固质量应评定为合格。

$$N_{\mathrm{Rmin}}^{\mathrm{c}}=\frac{f_{\mathrm{stk}}}{f_{\mathrm{yk}}}N_{\mathrm{Rk,s}} \tag{7-151}$$

式中　$N_{\mathrm{Rmin}}^{\mathrm{c}}$——受检验锚固件极限抗拔力实测最小值（N）；

$N_{\mathrm{Rk,s}}$——锚栓钢材破坏受拉承载力标准值（N）。

（4）植筋破坏性检验结果满足下列要求时，其锚固质量应评定为合格。

$$N_{\mathrm{Rm}}^{\mathrm{c}}\geqslant 1.45f_{\mathrm{y}}A_{\mathrm{s}} \tag{7-152}$$

$$N_{\mathrm{Rmin}}^{\mathrm{c}}\geqslant 1.25f_{\mathrm{y}}A_{\mathrm{s}} \tag{7-153}$$

式中　$N_{\mathrm{Rm}}^{\mathrm{c}}$——受检验锚固件极限抗拔力实测平均值（N）；

$N_{\mathrm{Rmin}}^{\mathrm{c}}$——受检验锚固件极限抗拔力实测最小值（N）；

f_{y}——植筋用钢筋的抗拉强度设计值，$\mathrm{N/mm^2}$；

A_{s}——钢筋截面面积，$\mathrm{mm^2}$。

（5）当不满足上述规定时，应判定该检验批后锚固连接不合格，并应会同有关部门根据检验结果，研究采取专门处理措施。

7.2.7.6　锚杆拉拔检测

1. 引用标准

《岩土锚杆与喷射混凝土支护工程技术规范》GB 50086—2015；

《建筑基坑支护技术规程》JGJ 120—2012。

2. 检测项目

受拉承载力。

3. 检测方法

（1）概述

1）为锚杆设计和检验锚杆的品质而进行的锚杆试验包括基本试验、验收试验和蠕变试验。

2）锚杆的最大试验荷载应取杆体极限抗拉强度标准值的75%或屈服强度标准值的85%中的较小值。

3）锚杆试验的加载装置的额定负荷能力不应小于最大试验荷载的1.2倍，并应能满足在所设定的时间内持荷稳定。

4）锚杆试验的反力装置在最大试验荷载下应具有足够的强度和刚度，并应在试验过程中不发生结构性破坏。

5）锚杆试验的计量测试装置应在试验前检定确认。

（2）基本试验

1）永久性锚杆工程应进行锚杆的基本试验，临时性锚杆工程当采用任何一种新型锚杆或锚杆用于从未用过的地层时，应进行锚杆的基本试验。

2）取样规则：锚杆基本试验的地层条件、锚杆杆体和参数、施工工艺应与工程锚杆相同，且试验数量不应少于 3 根。若地层性态相差较大，则应根据情况，增做一组或多组基本试验。为了明确地获得锚杆注浆体与地层间的极限粘结强度数据，可适当增加试验锚杆的杆体的截面积。

3）现场检测

① 锚杆基本试验应采用多循环张拉方式，其加荷、持荷、卸荷方法应符合下列规定：预加的初始荷载应取最大试验荷载的 0.1 倍；分 5～8 级加载到最大试验荷载；黏性土中的锚杆每级荷载持荷时间宜为 10min，砂性土、岩层中的锚杆每级持荷时间宜为 5min。基本试验的加荷、持荷和卸荷模式应符合如图 7-43 所示的锚杆基本试验多循环张拉试验的加荷模式（黏性土中）。

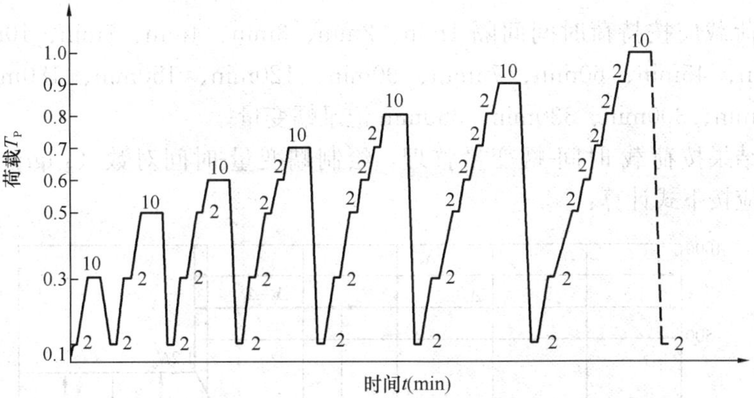

图 7-43 锚杆基本试验多循环张拉试验的加荷模式（黏性土中）

② 试验中的加荷速度宜为 50～100kN/min；卸荷速度宜为 100～200kN/min。

③ 荷载分散型锚杆基本试验的荷载施加方式应符合下列规定：宜采用并联千斤顶组，按等荷载方式加荷、持荷与卸荷；当不具备上述条件时，可按锚杆锚固段前端至底端的顺序对各单元锚杆逐一进行多循环张拉试验。

④ 锚杆基本试验出现下列情况之一时，应判定锚杆破坏：在规定的持荷时间内锚杆或单元锚杆位移增量大于 2.0mm；锚杆杆体破坏。

⑤ 基本试验结果宜按荷载等级与对应的锚头位移列表整理绘制锚杆荷载-位移（N-S）曲线，锚杆荷载-弹性位移（N-S_e）曲线，锚杆荷载-塑性位移（N-S_p）曲线。

⑥ 每组锚杆极限承载力的最大差值不大于 30%，应取最小值作为锚杆的极限承载力，当最大差值大于 30%时，应增加试验锚杆数量，按 95%保证概率计算锚杆的受拉极限承载力。

（3）蠕变试验：

1）塑性指数大于 17 的土层锚杆、强风化的泥岩或节理裂隙发育张开且充填有黏性土的岩层中的锚杆应进行蠕变试验。

2）蠕变试验的锚杆不得少于 3 根。

3）锚杆蠕变试验加荷等级与观测时间应满足表 7-84 的规定。在观测时间内荷载应保持恒定。

锚杆蠕变试验加荷等级与观测时间表　　**表 7-84**

加荷等级	观测时间（min）	
	临时锚杆	永久锚杆
0.25 N_d	—	10
0.50 N_d	10	30
0.75 N_d	30	60
1.00 N_d	60	120
1.10 N_d	120	240
1.20 N_d	—	360

4）每级荷载应按持荷时间间隔 1min、2min、3min、4min、5min、10min、15min、20min、30min、45min、60min、75min、90min、120min、150min、180min、210min、240min、270min、300min、330min、360min 记录蠕变量。

5）试验结果按荷载-时间-蠕变量整理，绘制蠕变量-时间对数（s-lg$t$）曲线（图 7-44），蠕变率应按下式计算：

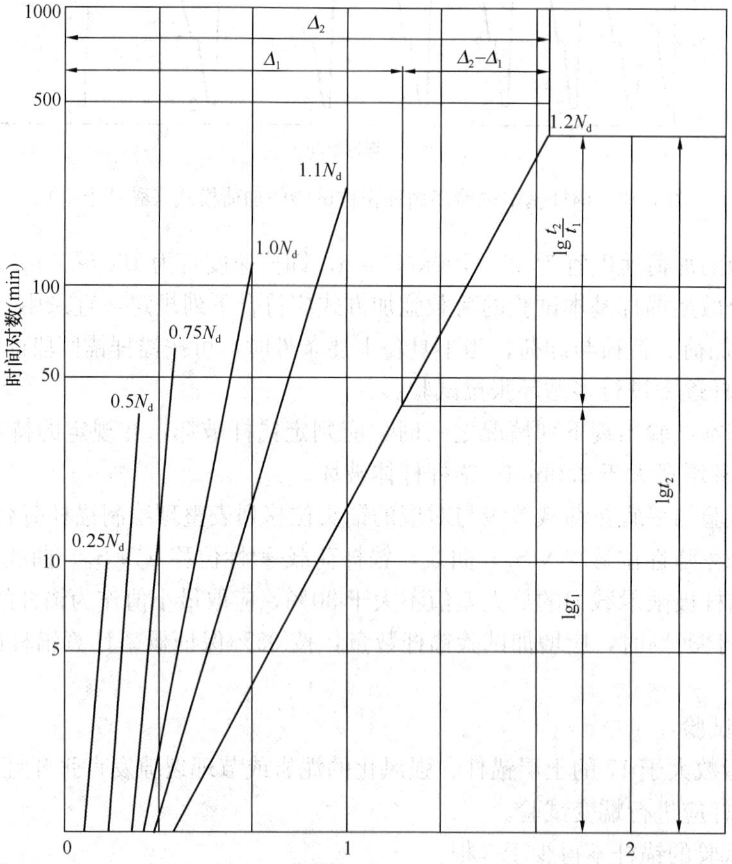

图 7-44　锚杆蠕变量-时间对数关系曲线

$$K_c = \frac{S_2 - S_1}{\lg t_2 - \lg t_1} \tag{7-154}$$

式中　S_1 ——t_1 时所测得的蠕变量；

S_2 ——t_2 时所测得的蠕变量。

6）锚杆在最大试验荷载作用下的蠕变率不应大于 2.0mm/对数周期。

（4）验收试验：

1）工程锚杆必须进行验收试验。其中占锚杆总量的 5%且不少于 3 根的锚杆应进行多循环张拉验收试验，占锚杆总量 95%的锚杆应进行单循环张拉验收试验。

2）锚杆多循环张拉验收试验应由业主委托第三方负责实施，锚杆单循环张拉验收试验可由工程施工单位在锚杆张拉过程中实施。

3）锚杆多循环验收试验应符合下列规定：

① 最大试验荷载：永久性锚杆应取锚杆拉力设计值的 1.2 倍；临时性锚杆应取锚杆拉力设计值的 1.1 倍。

② 加荷级数不宜小于 5 级，加荷速度宜为 50～100kN/min；卸荷速度宜为 100～200kN/min。

③ 锚杆多循环张拉的加荷、持荷、卸荷方式按图 7-45 的规定实施。

④ 每级荷载 10min 的持荷时间内，按持荷 1min、3min、5min、10min 测读一次锚杆位移值。

⑤ 荷载分散型锚杆多循环张拉验收试验按荷载补偿张拉方式进行加荷、持荷和卸荷。

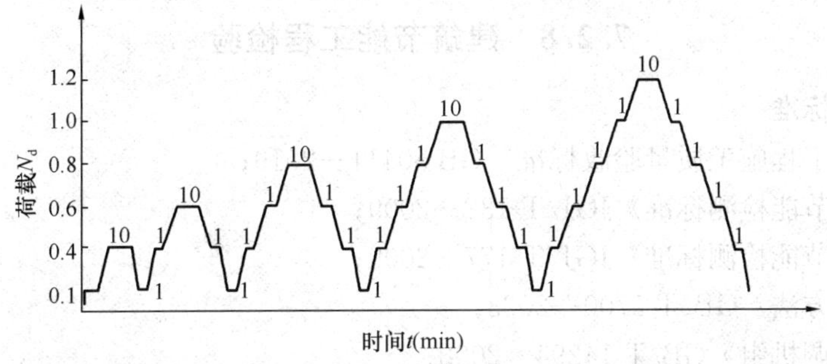

图 7-45　锚杆多循环张拉验收试验加荷、持荷和卸荷模式

4）锚杆多循环张拉验收试验结果的整理与判定应符合下列规定：

① 试验结果应绘制出荷载-位移（N-δ）曲线、荷载-弹性位移（N-δ_e）曲线，荷载-塑性位移（N-δ_p）曲线。

② 验收合格的标准：

a. 最大试验荷载作用下，在规定的持荷时间内锚杆的位移增量应小于 1.0mm，不能满足时，则增加持荷时间至 60min 时，锚杆累计位移增量应小于 2.0mm；

b. 压力型锚杆或压力分散型锚杆的单元锚杆在最大试验荷载作用下所测得的弹性位移应大于锚杆自由杆体长度理论弹性伸长值的 90%，且应小于锚杆自由杆体长度理论弹性伸长值的 110%；

c. 拉力型锚杆或拉力分散型锚杆的单元锚杆在最大试验荷载作用下，所测得的弹性位移应大于锚杆自由杆体长度理论弹性伸长值的 90%，且应小于自由杆体长度与 1/3 锚固段之和的理论弹性伸长值。

5）锚杆单循环验收试验应符合下列规定：

① 最大试验荷载：永久性锚杆应取锚杆轴向拉力设计值的 1.2 倍，临时性锚杆应取锚杆轴向拉力设计值的 1.1 倍；

② 加荷级数宜大于 4 级，加荷速度宜为 50～100kN/min；卸荷速度宜为 100～200kN/min；

③ 锚杆单循环张拉验收试验加荷、持荷和卸荷模式如图 7-46 所示；

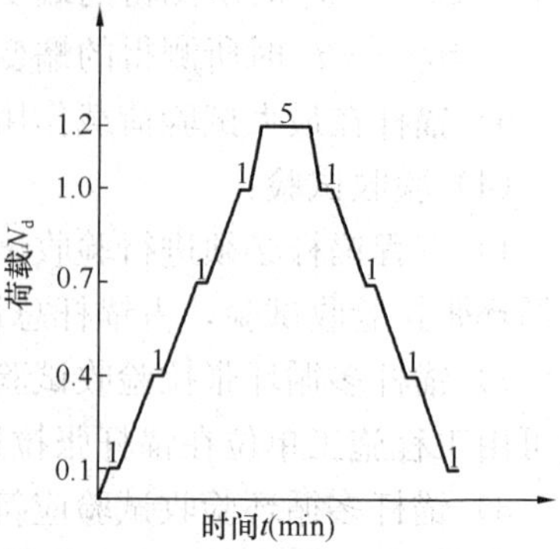

图 7-46　锚杆单循环张拉验收试验加荷、持荷和卸荷模式

④ 在最大试验荷载持荷时间内，测读位移的时间宜为 1min、3min、5min 后；

⑤ 荷载分散型锚杆单循环张拉验收试验施荷方式应按补偿张拉方式进行施荷、持荷和卸荷。

6）锚杆单循环张拉验收试验结果整理与判定应符合下列规定：

① 试验结果应绘制荷载-位移曲线；

② 锚杆验收合格的标准：与多循环验收试验结果相比，在同级荷载作用下，两者的荷载位移曲线包络图相近似；所测得的锚杆弹性位移值应符合多循环张拉验收试验的合格标准。

7.2.8　建筑节能工程检验

7.2.8.1　引用标准

《建筑节能工程施工质量验收标准》GB 50411—2019；

《居住建筑节能检测标准》JGJ/T 132—2009；

《公共建筑节能检测标准》JGJ/T 177—2009；

《照明测量方法》GB/T 5700—2023；

《组合式空调机组》GB/T 14294—2008；

《建筑照明设计标准》GB 50034—2024。

为加强建筑节能工程的施工质量管理，统一建筑节能工程施工质量验收，提高建筑工程节能效果，《建筑节能工程施工质量验收标准》GB 50411—2019 规定把建筑节能工程作为单位建筑工程的一个分部工程，单位工程竣工验收应在建筑节能分部工程验收合格后进行。建筑节能工程检验分为成品、半成品进场检验、围护结构现场实体检测、系统节能性能检测三部分。

7.2.8.2　成品、半成品进场检验

建筑节能工程使用的材料、设备等，必须符合设计要求及国家有关标准的规定。严禁使用国家明令禁止使用与淘汰的材料和设备，对材料和设备应按照《建筑节能工程施工质量验收标准》GB 50411—2019 附录 A 表 A.0.1 及有关规定在施工现场抽样复验，复验应为见证取样送检。

7.2.8.3 围护结构现场实体检测

1. 引用标准

《建筑节能工程施工质量验收标准》GB 50411—2019；

《外墙外保温工程技术标准》JGJ 144—2019。

2. 检测项目

（1）粘结强度现场拉拔试验；

（2）保温板与基层粘结面积检测；

（3）饰面层与保温层粘结强度现场拉拔试验；

（4）围护结构（墙体）传热系数检测；

（5）建筑外窗气密性现场检测；

（6）围护结构的外墙节能构造钻芯检验；

（7）后置锚固件现场拉拔试验。

3. 检测方法

（1）粘结强度现场拉拔试验

1）保温板材与基层墙体保温系统

① 检测时机：保温层施工完成，养护时间达到粘结材料要求的龄期，并在下道工序施工前。

② 抽检数量：采用相同材料、工艺和施工做法的墙面，每 500～1000m² 面积划分为一个检验批，不足 500m² 也为一个检验批；每个检验批不少于 3 处，每处测 1 点。取样部位宜均匀分布，不宜在同一房间外墙上选取。

③ 检测方法：

根据保温板材的粘结方法，确定粘结点位的位置和分布，选择砂浆饱满的位置作为检测点，将检测部位外表面污渍清除并保持干燥；

按规定比例配制胶粘剂，搅拌均匀，均匀涂布于标准块粘贴面上，并将标准块贴于保温板材表面，标准块与保温板的粘结面积宜大于标准块面积的 90%以上，使用 U 形卡、胶带等将其临时固定；

胶粘剂固化后，使用切割锯沿标准块边缘保温板材，断缝应从试样表面垂直切割至粘结砂浆或基层表面；

安装拉拔仪，将拉力杆与标准块垂直连接固定，在支腿上放置垫板，调整仪器使拉力方向与标准块垂直；

按照《建筑工程饰面砖粘结强度检验标准》JGJ/T110—2017 的规定匀速加载，直至试样破坏，记录拉力的峰值和破坏状态，精确至 0.01kN；

标记拉拔后的试样序号，使用钢直尺测量试样断开面每对切割边的中部长度（精确到 1mm）作为试样断面边长，计算该试样的断面面积。

检测数据应按下列步骤计算：

单个检测点的拉伸粘结强度应按下式计算：

$$\sigma = \frac{F}{A} \times 10^3 \tag{7-155}$$

式中 σ——试样拉伸粘结强度，精确至 0.01MPa；

F——破坏荷载（kN）；

A——粘结面积（mm^2）。

计算所有试件拉伸粘结强度的算术平均值，精确至0.01MPa。

结果判定：

当有设计要求时，拉伸粘结强度最小值不小于设计值，判定为合格；

当无设计要求，按以下规定进行评定：EPS板、XPS板和硬泡聚氨酯板与基层墙体拉伸粘结强度不小于0.10MPa，酚醛泡沫板与基层墙体拉伸粘结强度不小于0.08MPa，判定为合格；

当检测结果不合格时，应进行双倍抽样复试，复试结果全部合格，判定合格，否则判定为不合格。

2）基层与胶粘剂拉伸粘结强度

① 检测时机：胶粘剂层施工完成后，养护时间达到胶粘剂层要求的龄期，并在下道工序施工前。

② 检测数量：以每500～1000m^2划分为一个检验批，不足500m^2也划分为一个检验批；每个检验批每100m^2应至少抽查一处，每处不得小于10m^2。在每种类型的基层墙体表面上取5处有代表性的部位分别涂抹胶粘剂或界面砂浆，面积为3～4m^2，厚度为5～8mm。取样部位宜均匀分布，不宜在同一房间外墙上选取。

③ 检测方法：按照《建筑工程饰面砖粘结强度检验标准》JGJ/T 110—2017规定进行试验，断缝应从胶粘剂或界面砂浆表面切割至基层表面。

3）无网现浇系统粘结强度

① 检测时机：混凝土浇筑后应养护28d。

② 检测数量：以每500～1000m^2划分为一个检验批，不足500m^2也划分为一个检验批；每个检验批每100m^2应至少抽查一处，每处不得小于10m^2。测点应按横向间隔250mm，竖向间隔350mm布置9个点。

③ 检测方法：按照《建筑工程饰面砖粘结强度检验标准》JGJ/T 110—2017规定进行试验，试样尺寸采取100mm×100mm，断缝应从板材表面切割至基层表面。

4）保温浆料墙体保温系统

① 检测时机：保温层施工完成，养护时间达到粘结材料要求的龄期，并在下道工序施工前。

② 检测数量：每个单体工程检测1组，每组测3处，每处测1点。取样部位宜均匀分布，不宜在同一房间外墙上选取。

③ 检测结果判定：检测粘结强度平均值必须满足设计要求且不小于0.1MPa。破坏界面不得位于界面层。

（2）保温板与基层粘结面积检测

1）检测时机：宜在保温板粘贴3d后，下道工序施工前进行检测。

2）检测数量：单位工程每种节能做法至少抽查3处，每处一个检查点；应在监理（建设）、检测机构、施工三方人员的见证下按检验批随机抽样，兼顾不同朝向和楼层，在工程中均匀分布。

3）检测设备：裁刀、粘结面积检测板等。粘结面积检测板宜透明，为有机玻璃材质，尺寸等于或大于工程用保温板尺寸的模数，一般 $l \times b$ 宜为 900mm×600mm 或 1200mm×600mm，在板的一侧划分 10mm 间距的网格线，以 10 个格为一组。

4）检测方法：在外围护结构上选定检测位置，宜选择一整块保温板，去除尺寸大于检测板尺寸的保温板，露出粘结砂浆；将粘结面积检测板有网格线的一侧贴到墙面，调整到破开面的中间位置；粘结砂浆填充满整个网格的记录所占的网格数，粘结砂浆未填满的网格按砂浆占据网格面积计算。

5）计算：检测数据应按下列步骤计算：保温板与基层粘结面积应按下式计算：

$$A_Z = \sum A_i \tag{7-156}$$

$$\mu = \frac{A_Z}{A} \tag{7-157}$$

式中 A_z——保温板与基层粘结面积，精确至 0.01m^2；

A_i——粘结砂浆所占各个网格面积（m^2）；

μ——保温板与基层粘结面积百分比；

A——检测板面积（m^2）。

6）结果判定：

当保温板与基层粘结面积或保温板与基层粘结面积百分比达到设计值或标准要求值时，判定合格；

当检测结果不合格时，应进行双倍抽样复试，复试结果全部合格，判定合格，否则判定为不合格。

（3）饰面层与保温层粘结强度现场拉拔试验

1）薄抹面层与保温层的粘结强度现场拉拔试验

① 检测时机：薄抹面层施工完成，养护时间达到粘结材料要求的龄期，并在下道工序施工前。

② 检测数量：每个单体工程检测 1 组，每组测 3 处，每处测 1 点。取样部位宜均匀分布，不宜在同一房间外墙上选取。

③ 结果判定：检测粘结强度平均值必须满足设计要求且不小于 0.1MPa。破坏界面不得位于界面层。

2）墙面采用饰面砖，饰面砖的粘结强度现场拉拔试验

① 检测时机：面砖饰面层施工完成，养护时间达到粘结材料要求的龄期。

② 检测数量：每个检验批不少于 3 处，每处测 1 点。取样部位宜均匀分布，不宜在同一房间外墙上选取。

③ 结果判定：现场粘贴的同类饰面砖，当一组试样均符合判定指标要求时，判定其粘结强度合格；当一组试样均不符合判定指标要求时，判定其粘结强度不合格；当一组试样仅符合判定指标的一项要求时，应在该组试样原取样检验批内重新抽取两组试样检验，若检验结果仍有一项不符合判定指标要求时，判定其粘结强度不合格。判定指标应符合下列规定：

a. 每组试样平均粘结强度不应小于 0.4MPa；

b. 每组允许有一个试样的粘结强度小于 0.4MPa，但不应小于 0.3MPa。

（4）围护结构的外墙节能构造钻芯检验

1）检测条件：墙体节能工程保温层施工完成后，饰面层施工前。现场需要准备适量水，具备接电条件。

2）检测数量：每个单体工程抽取1组，每组3处，每处1个芯样。取样部位宜均匀分布，不宜在同一房间外墙上选取2个或2个以上的芯样。

3）检测方法：

① 对于聚苯板等硬质保温板材或保温浆料，在选定的检测部位钻取芯样，钻芯机一直钻到基层停止，取出芯样，记录芯样完整程度；对于岩棉、玻璃棉类材料，采用裁刀切割出100mm×100mm芯样；记录芯样的完整程度、保温系统各层的材质、厚度。

② 在芯样上标注芯样编号，记录芯样位置，把钢直尺贴附在芯样表面，用数码相机拍照记录。取出的芯样为不完整芯样时，可在钻孔位置的孔壁上直接测量并拍摄附带标尺的照片。

③ 计算芯样保温层的平均厚度。

4）结果判定：实测芯样厚度的平均值达到设计厚度的95％及以上且最小值不低于设计厚度的90％时，可判定保温层厚度符合设计要求；保温材料的种类应符合设计要求。

（5）后置锚固件现场拉拔试验

1）检测条件：保温板材的后置锚固件安装完成，并在下道工序施工前。

2）检测数量：采用同材料、同工艺和施工做法的墙面，每500～1000m^2面积划分为一个检验批，不足500m^2也为一个检验批。每个检验批抽查不少于3处。

3）检测方法：选定保温锚栓试件，将拉拔仪支撑腿内侧保温材料掏出，至锚栓周围露出基层墙体表面；安装拉拔仪，连续匀速加载至设计荷载值或锚栓拔出，总加荷时间为1～2min；记录荷载值和破坏状态，精确至0.01kN。

4）结果判定：

① 当试件荷载最小值符合设计要求，判定合格。如无设计要求，参照表7-85进行判定：

锚栓技术指标　　　　**表7-85**

项目	性能指标				
	A类基层墙体	B类基层墙体	C类基层墙体	D类基层墙体	E类基层墙体
抗拉承载力标准值（kN）	≥0.60	≥0.50	≥0.40	≥0.30	≥0.30

注：1. 当锚栓不适用于某类基层墙体时，可不做相应的抗拉承载力标准值检测；
2. A类：普通混凝土基层墙体；
3. B类：实心砌体基层墙体、包括烧结普通砖、蒸压灰砂砖、蒸压粉煤灰砖砌体以及轻骨料混凝土墙体；
4. C类：多孔砖砌体基层墙体，包括烧结多孔砖、蒸压灰砂多孔砖砌体墙体；
5. D类：空心砌块基层墙体，包括普通混凝土小型空心砌块、轻集料混凝土小型空心砌块墙体；
6. E类：蒸压加气混凝土基层墙体。

② 当检测结果不合格时，应进行双倍抽样复试，复试结果全部合格，判定合格，否则判定为不合格。

7.2.8.4　系统节能性能检测

（1）供暖、通风与空调、配电与照明工程安装完成后，应进行系统节能性能的检测，且应由建设单位委托具有相应检测资质的检测机构检测并出具报告，受季节影响未进行的节能性能检测项目，应在保修期内补做。供暖、通风与空调、配电与照明系统节能性能检测的主要项目及要求见表 7-86，其检测方法应按国家现行有关标准执行。系统节能性能检测的项目和抽样数量也可以在工程合同中约定，必要时可以增加其他检测项目，当合同中约定的检测项目和抽样数量不应低于表 7-86 规定。

系统节能性能检测一览表　　表 7-86

序号	检测项目	抽样数量	允许偏差或规定值
1	室内温度	以房间数量为受检样本基数，最小抽样数量按《建筑节能工程施工质量验收标准》GB 50411—2019 的规定执行，且均匀分布，并具有代表性；对面积大于 100m² 的房间或空间，可按每 100m² 划分为多个受检样本 公共建筑的不同典型功能区域检测部位不应少于 2 处	冬季不得低于设计计算温度 2℃，且不应高于 1℃； 夏季不得高于设计计算温度 2℃，且不应低于 1℃
2	通风、空调（包括新风）系统的风量	以系统数量为受检样本基数，抽样数量按《建筑节能工程施工质量验收标准》GB 50411—2019 的规定执行，且不同功能的系统不应少于 1 个	符合现行国家标准《通风与空调工程施工质量验收规范》GB 50243 有关规定的限值
3	各风口的风量	以风口数量为受检样本基数，抽样数量按《建筑节能工程施工质量验收标准》GB 50411—2019 的规定执行，且不同功能的系统不应少于 2 个	与设计风量的允许偏差 ≤15%
4	风道系统单位风量耗功率	以风机数量为受检样本基数，抽样数量按《建筑节能工程施工质量验收标准》GB 50411—2019 的规定执行，且均不应少于 1 台	符合现行国家标准《公共建筑节能设计标准》GB 50189 规定的限值
5	空调机组的水流量	以空调机组数量为受检样本基数，抽样数量按《建筑节能工程施工质量验收标准》GB 50411—2019 的规定执行	定流量系统允许偏差为 15%，变流量系统允许偏差为 10%
6	空调系统冷水、热水、冷却水的循环流量	全数检测	与设计循环流量的允许偏差不大于 10%
7	室外供暖管网水力平衡度	热力入口总数不超过 6 个时，全数检测；超过 6 个时，应根据各个热力入口距热源距离的远近，按近端、远端、中间区域各抽检 2 个热力入口	0.9～1.2
8	室外供暖管网热损失率	全数检测	不大于 10%
9	照度与照明功率密度	每个典型功能区域不少于 2 处，且均匀分布，并具有代表性	照度不低于设计值的 90%；照明功率密度值不应大于设计值

（2）系统节能性能检测方法

1）室内温度（公共建筑）

① 布置范围：3 层及以下的建筑物应逐层选取区域布置测点；3 层以上的建筑物应在首层、中间层和顶层分别选取区域布置测点；气流组织方式不同的房间应分别布置测点。

② 检测点数：测点应设于室内活动区域，且应在距地面 700～1800mm 范围内有代表性的位置，传感器不应受到太阳辐射或室内热源的直接影响，测点位置及数量还应符合表 7-87规定：

室内温度测点布置数量　　表 7-87

房间使用面积（S）	应设监测点数量
$S<16m^2$	1
$16\leqslant S<30m^2$	2
$30\leqslant S<60m^2$	3
$60\leqslant S<100m^2$	5
$S\geqslant 100m^2$	每增加 20～30m^2 应增加 1 个测点

③ 检测时间：室内平均温度检测应在最冷或最热月，且在供热或供冷系统正常运行后进行。室内平均温度应进行连续检测，检测时间不得少于 6h，且数据记录时间间隔最长不得超过 30min。

④ 计算方法：

$$t_{\mathrm{rm},i}=\frac{\sum_{j=1}^{p}t_{i,j}}{p} \tag{7-158}$$

$$t_{\mathrm{rm}}=\frac{\sum_{i=1}^{n}t_{\mathrm{rm},i}}{n} \tag{7-159}$$

式中　t_{rm}——检测持续时间内受检房间的室内平均温度（℃）；

$t_{\mathrm{rm},i}$——检测持续时间内受检房间第 i 个室内逐时温度（℃）；

$t_{i,j}$——检测持续时间内受检房间第 j 个测点的第 i 个室内温度逐时值（℃）；

n——检测持续时间内受检房间的室内逐时温度的个数；

p——检测持续时间内受检房间布置的温度测点的个数。

⑤ 结果判定：建筑物室内温度应符合设计文件要求，当设计文件无具体要求时，应符合现行国家标准《公共建筑节能设计标准》GB 50189 的规定。当室内平均温度检测值符合上述规定时，应判为合格。

2）供热系统室外管网水力平衡度

① 检测时机：水力平衡度的检测应在供暖系统正常运行后进行。室外供暖系统水力平衡度的检测宜以建筑物热力入口为限。

② 抽样位置和数量：当热力入口总数不超过 6 个时，应全数检测。当热力入口总数超过 6 个时，应根据各个热力入口距热源距离的远近，按近端 2 处、远端 2 处、中间区域 2 处的原则确定受检热力入口。

③ 检测条件及要求：受检热力入口的管径不应小于 $DN40$。水力平衡度检测期间，供暖系统总循环水量应保持恒定，且应为设计值的 100%～110%。循环水量的检测值应以相同检测持续时间内各热力入口处测得的结果为依据进行计算。检测持续时间宜取 10min。

④ 计算方法：

$$HB_j = \frac{G_{\mathrm{wm},j}}{G_{\mathrm{wd},j}} \tag{7-160}$$

式中 HB_j——第 j 个热力入口的水力平衡度；

$G_{\mathrm{wm},j}$——第 j 个热力入口循环水量检测值（m^3/s）；

$G_{\mathrm{wd},j}$——第 j 个热力入口的设计循环水量（m^3/s）。

⑤ 结果判定：供暖系统室外管网热力入口处的水力平衡度应为 0.9～1.2。在所有受检的热力入口中，各热力入口水力平衡度均满足时，应判为合格，否则应判为不合格。

3）供热系统的补水率

① 检测时机：补水率的检测应在供暖系统正常运行后进行。检测持续时间宜为整个供暖期。

② 检测装置：总补水量应采用具有累计流量显示功能的流量计量装置检测。流量计量装置应安装在系统补水管上适宜的位置，且应符合产品的使用要求。当供暖系统中固有的流量计量装置在检定有效期内时，可直接利用该装置进行检测。

③ 供暖系统补水率应按下列公式计算：

$$R_{\mathrm{mp}} = \frac{g_{\mathrm{a}}}{g_{\mathrm{d}}} \times 100\% \tag{7-161}$$

$$g_{\mathrm{d}} = 0.861 \times \frac{q_{\mathrm{q}}}{t_{\mathrm{s}} - t_{\mathrm{r}}} \tag{7-162}$$

$$g_{\mathrm{a}} = \frac{G_{\mathrm{a}}}{A_0} \tag{7-163}$$

式中 R_{mp}——暖系统补水率；

g_{d}——暖系统单位设计循环水量，kg/（m^2·h）；

g_{a}——测持续时间内供暖系统单位补水量 kg/（m^2·h）；

G_{a}——测持续时间内供暖系统平均单位时间内的补水量（kg/h）；

A_0——住小区内所有供暖建筑物的总建筑面积（m^2）；

q_{q}——热设计热负荷指标（W/m^2）；

t_{s}、t_{r}——暖热源设计供水、回水温度（℃）。

④ 供暖系统补水率不应大于 0.5%；当供暖系统补水率满足规定时，应判为合格，否则应判为不合格。

4）室外管网热损失率（室外管网热输送效率）

① 检测时机：检测应在供暖系统正常运行 120h 后进行，检测持续时间不应少于 72h。

② 检测条件：检测期间，供暖系统应处于正常运行工况，热源供水温度的逐时值不应低于 35℃。

③ 检测装置：供暖系统室外管网供水温降应采用温度自动检测仪进行同步检测，温

度传感器的安装应符合规定，数据记录时间间隔不应大于 60min。

④ 室外管网热损失率计算方法：

$$a_{ht} = (1 - \sum_{j=1}^{n} Q_{a,j} / Q_{a,t}) \times 100\% \quad (7\text{-}164)$$

式中　a_{ht}——暖系统室外管网热损失率；

$Q_{a,j}$——测持续时间内第 j 个热力入口处的供热量（MJ）；

$Q_{a,t}$——测持续时间内热源的输出热量（MJ）；

⑤ 室外管网热输送效率计算方法：

$$a_n = 1 - a_{ht} \quad (7\text{-}165)$$

式中　a_n——室外管网热输送效率。

⑥ 结果判定：供暖系统室外管网热损失率不大于 10%；当满足要求时，应判为合格，否则应判为不合格。

5）各风口的风量

① 检测方法：根据《公共建筑节能检测标准》JGJ/T 177—2009 附录 E 风量检测方法 E. 2 风量罩风口风量检测方法进行检测；

② 检测装置：风量罩安装应避免产生紊流，安装位置应位于检测风口的居中位置，风量罩应将待测风口罩住，并不得漏风；应在显示值稳定后记录读数。

③ 计算方法：

$$A = (L_2 - L_1)/L_1 \times 100\% \quad (7\text{-}166)$$

式中　A——差值；

L_1——口风量设计值（m^3/h）；

L_2——口风量实测值（m^3/h）。

6）通风与空调系统的总风量检测

① 检测条件：由试验机组至流量和压力测量截面之间的风管应不漏气。试验机组，应在额定风量下测量，其波动应在额定风量±10%之内。机组的测试工况点，可通过系统风阀调节，但不得干扰测量段的气流流动；

② 检测装置：风管风量检测宜采用毕托管和微压计；当动压小于 10Pa 时，宜采用数字式风速计；

③ 检测方法：

a. 测量截面应选择在机组入口或出口直管段上，且宜距上游局部阻力部件大于或等于 5 倍管径，并距下游局部阻力构件大于或等于 2 倍管径的位置。

b. 当矩形截面长短边之比小于 1.5 时，在截面上至少应布置 25 个点。对于长边大于 2m，至少应布置 30 个点（6 条纵线，每个纵线上 5 个点）。

c. 矩形截面长短边之比大于等于 1.5 时，在截面上至少应布置 30 个点（6 条纵线，每个纵线上 5 个点）。

d. 对于长短边比≤1.2 的截面，可按等面积划分成若干个小截面，每个小截面的边长为 200～250mm。

e. 矩形断面测点数及布置方法应符合表 7-88 的规定。

f. 圆形断面测点数及布置方法应符合表 7-89 规定。

矩形断面测点位置 表 7-88

横线数或每条横线上的测点数目	测点	测点位置 X/A 或 X/H
5	1	0.074
	2	0.288
	3	0.500
	4	0.712
	5	0.926
6	1	0.061
	2	0.235
	3	0.437
	4	0.563
	5	0.765
	6	0.939
7	1	0.053
	2	0.203
	3	0.366
	4	0.500
	5	0.634
	6	0.797
	7	0.947

圆形截面测点布置 表 7-89

风管直径	≤200	200～400	400～700	≥700
圆环个数	3	4	5	5～6
测点编号	测点到管壁的距离（r 的倍数）			
1	0.10	0.10	0.05	0.05
2	0.30	0.20	0.20	0.15
3	0.60	0.40	0.30	0.25
4	1.40	0.70	0.50	0.35
5	1.70	1.30	0.70	0.50
6	1.90	1.60	1.30	0.70
7	—	1.80	1.50	1.30
8	—	1.90	1.70	1.50
9	—	—	1.80	1.65
10	—	—	1.95	1.75
11	—	—	—	1.85
12	—	—	—	1.95

g. 测量时，每个测点应至少测量 2 次。当 2 次测量值接近时，应取 2 次测量的平均值作为测点的测量值。

④计算方法（采用毕托管和微压计测量风量）

a. 平均动压计算应取各测点的算术平均值作为平均动压。

当各测点数据变化较大时，应按下式计算动压的平均值：

$$P_{\mathrm{v}}=\left(\frac{\sqrt{P_{\mathrm{v1}}}+\sqrt{P_{\mathrm{v2}}}+\cdots\cdots\sqrt{P_{\mathrm{v}n}}}{n}\right)^{2} \tag{7-167}$$

式中　P_{v}——平均动压（Pa）；

$P_{\mathrm{v1}},P_{\mathrm{v2}},\cdots,P_{\mathrm{v}n}$——各测点的动压（Pa）。

b. 断面平均风速应按下式计算：

$$V=\sqrt{\frac{2P_{\mathrm{V}}}{\rho}} \tag{7-168}$$

式中　V——断面平均风速（m/s）；

ρ——空气密度（kg/m^3），$\rho=0.349B/(273.15+t)$；

B——大气压力（hPa）；

t——空气温度（℃）。

c. 机组或系统实测风量应按下式计算：

$$L=3600VF \tag{7-169}$$

式中　F——断面面积（m^2）；

L——机组或系统风量（m^3/h）。

$$A=(L_2-L_1)/L_1\times100\%$$

式中　A——差值；

L_1——口风量设计值（m^3/h）；

L_2——口风量实测值（m^3/h）。

7）空调机组的水流量检测

① 检测方法：冷水机组运行正常，系统负荷不宜小于实际运行最大负荷的 60%，且运行机组负荷不宜小于其额定负荷的 80%，并处于稳定状态。冷水出水温度应在 6～9℃之间。水冷冷水机组和直燃机冷水机组的冷却水进口温度应在 29～32℃之间；风冷冷水机组要求室外干球温度在 32～35℃之间。检测管段需要有前 10D 后 5D 的长直管段，并且不应有阀门；测量的流体需充满管道，且没有气泡和杂质；测量管道的内径；在水平管道的水平方向的 45°范围内安装，在垂直管道上，检测器安装到管道的四周；根据被试机组水量选择合适的水路，进行水管路连接，注意将不用一侧管路上的阀门关闭。打开水泵，察看是否漏水，检查完毕后，对测试管路进行保温，保温厚度不小于 30mm。

② 计算方法：

$$A=(Q_2-Q_1)/Q_1\times100\% \tag{7-170}$$

式中　A——差值；

Q_1——组水量设计值（m^3/h）；

Q_2——组水量实测值（m^3/h）。

8）空调系统冷热水、冷却水总流量

① 抽样数量：全数检测。

② 检测方法：冷水机组运行正常，系统负荷不宜小于实际运行最大负荷的60%，且运行机组负荷不宜小于其额定负荷的80%，并处于稳定状态。冷水出水温度应在6～9℃之间。水冷冷水机组和直燃机冷水机组的冷却水进口温度应在29～32℃之间；风冷冷水机组要求室外干球温度在32～35℃之间。机组试验系统应设置必要的温度计套管和压力表引出接头等；试验用的测试设备和仪表不应妨碍机组的正常运转和操作；机组蒸发器冷凝器和油冷却器等的水侧应清洗干净。风冷式和蒸发冷却式机组的环境应充分宽敞；检测管段需要有前10D后5D的长直管段；在检测管段30D范围内没有泵和阀门的直管段；测量的流体需充满管道，且没有气泡和杂质；必须有一个安全的空间在管道的一侧，并且知道管道的内径；在水平管道的水平方向的45°范围内安装，在垂直管道上，检测器安装到管道的四周；设备只需进行水路的连接，根据被试机组水量选择合适的水路，进行水管路连接，注意将不用的一侧水管路上的阀门关闭。连接完毕后，打开测试水泵，察看是否漏水，检查完毕后，对测试管路进行保温，保温厚度不小于30mm，注意连接法兰的保温。

③ 计算方法：

$$A = (Q_2 - Q_1) / Q_1 \times 100\% \tag{7-171}$$

式中 A——差值；

Q_1——组水量设计值（m^3/h）；

Q_2——组水量实测值（m^3/h）。

9）平均照度与照明功率密度

① 检测条件：根据需要打开必要的光源，排除其他无关光源的影响。测定开始前，白炽灯至少开15min，荧光灯至少开15min，待各种光源的光输出稳定后再测量；对新安设的灯，宜点燃100h（气体放电灯）和50h（荧光灯）后进行照度测量，为了使受光器不产生初始效应，在测量前至少曝光5min，受光器上必须洁净无尘，测定时受光器一律水平放置于测定面上，测定者的位置和服装不应该影响测定结果。

② 检测布点：

a. 中心布点法：按照现场实际情况，将测量区域划分成边长0.5～10m的正方形网格，在网格中心点用照度计测量，测点的高度和间距按《照明测量方法》GB/T 5700—2008的附录A中表1～表12的规定确定。

b. 四角布点法：在照度测量的区域一将讲测量区域划分成矩形网格，网格宜为正方形，应在矩形网格四个角点上测量照度，该方法适用于水平照度、垂直照度或摄像机方向的垂直照度测量。

③ 照度检测方法：在测量中宜使电源电压不变，在额定电压下进行测量，如做不到，在测量时应测量电源电压，与额定电压不相符时，则以电压偏差对光通量变化予以修正。

为了提高测量的准确性，一测点可取2～3次读数，然后取算术平均值。

中心布点法的平均照度按下式计算：

$$E_{av} = \frac{1}{M \cdot N} \Sigma E_i \tag{7-172}$$

式中 E_{av}——平均照度（lx）；

E_i ——在第 i 个测点上的照度（lx）；

M ——纵向测点数；

N ——横向测点数。

四角布点法的平均照度按下式计算：

$$E_{av} = \frac{1}{4MN}(\Sigma E_\theta + 2\,\Sigma E_0 + 4\,\Sigma\,E) \tag{7-173}$$

式中　E_{av} ——平均照度（lx）；

M ——纵向网格数；

N ——横向网格数；

E_θ ——测量区域四个角处的测点照度（lx）；

E_0 ——除 E_θ 处，四条外边上的测点照度（lx）；

E ——四条外边以内的测点照度（lx）。

④ 照明功率密度检测：按下式计算：

$$LPD = \frac{\Sigma\,P_i}{S} \tag{7-174}$$

式中　LPD ——照明功率密度（W/m^2）；

P_i ——被测量照明场所中的第 i 单个照明灯具的输入功率（W）；

S ——被测量照明场所的面积（m^2）。

⑤ 结果判定：按照《建筑节能工程施工质量验收标准》GB 50411—2019 和《建筑照明设计标准》GB 50034—2013 的规定进行判定。

7.2.9　建筑工程室内环境检测

7.2.9.1　建筑工程室内环境污染物浓度检测

1. 引用标准

《民用建筑工程室内环境污染控制标准》GB 50325—2020；

《住宅室内装饰装修工程质量验收规范》JGJ/T 304—2013。

2. 检测项目

（1）材料；

（2）室内环境空气质量。

3. 测定方法

（1）材料

民用建筑室内环境污染物由建筑工程所用的建筑主体材料和装饰装修材料产生，主要有氡、甲醛、氨、苯、甲苯、二甲苯和总挥发性有机化合物（TVOC）。至于工程交付使用后的生活环境、工作环境等室内环境污染问题，如由燃烧、烹调和吸烟等所造成的污染，不属于本书控制之列。

1）分类：民用建筑工程根据控制室内环境污染的不同要求，划分以下两类：Ⅰ类民用建筑工程：住宅、居住功能公寓、医院病房、老年人照顾房间设施、幼儿园、学校教室、学生宿舍等民用建筑工程；Ⅱ类民用建筑工程：办公楼、商店、旅馆、文化娱乐场所、书店、图书馆、展览馆、体育馆、公共交通等候室、餐厅等民用建筑。

2）基本要求

① Ⅰ类民用建筑室内装修采用的无机非金属装饰装修材料放射性限量必须满足现行国家标准《建筑材料放射性核素限量》GB 6566 规定的 A 类要求。

② Ⅱ类民用建筑工程宜采用放射性符合 A 类要求的无机非金属装饰装修材料；当 A 类和 B 类无机非金属装修材料混合使用时，应按下式计算确定每种材料的使用量：

$$\sum f_i \cdot I_{\mathrm{Ra}i} \leqslant 1.0 \tag{7-175}$$

$$\sum f_i \cdot I_{\mathrm{Y}i} \leqslant 1.3 \tag{7-176}$$

式中 f_i ——第 i 种材料在材料总用量中所占的质量百分比（%）；

$I_{\mathrm{Ra}i}$ ——第 i 种材料的内照射指数；

$I_{\mathrm{Y}i}$ ——第 i 种材料的外照射指数。

③ 对民用建筑工程装修还有以下规定：

a. 民用建筑室内装饰装修，所采用的人造木板及其制品、涂料、胶粘剂、水性处理剂、混凝土外加剂、墙纸（布）、聚氯乙烯卷材地板、地毯等材料的有害物质释放量或含量，应符合《民用建筑工程室内环境污染控制标准》GB 50325—2020 标准的要求。

b. 民用建筑室内装饰装修时，不应采用聚乙烯醇水玻璃内墙涂料、聚乙烯醇缩甲醛内墙涂料和树脂以硝化纤维为主、溶剂以二甲苯为主的水包油型（O/W）多彩内墙涂料，也不应采用聚乙烯醇缩甲醛类胶粘剂。

c. 民用建筑室内装饰装修中所使用的木地板及其他木质材料，严禁采用沥青、煤焦油类防腐、防潮处理剂。

d. Ⅰ类民用建筑室内装饰装修粘贴塑料地板时，不应采用溶剂型胶粘剂，Ⅱ类民用建筑地下室及不与室外直接自然通风的房间粘贴塑料地板时，不宜采用溶剂型胶粘剂。

e. 民用建筑工程中，外墙采用内保温系统时，应采用环保性能好的保温材料，表面应密闭严密，且不应在室内装饰装修工程中采用脲醛树脂泡沫材料作为保温、隔热和吸声材料。

3）检测标准及限量指标值

① 无机非金属建筑主体材料和装修材料

a. 民用建筑工程所使用的砂、石、砖、实心砌块、水泥、混凝土、混凝土预制构件等无机非金属建筑主体材料，其放射性限量应符合《建筑材料放射性核素限量》GB 6566 的规定。

b. 民用建筑工程所使用的石材、建筑卫生陶粒、石膏制品、无机粉粘结材料等无机非金属装饰装修材料，其放射性限量应符合《建筑材料放射性核素限量》GB 6566 的规定。

c. 民用建筑工程所使用的加气混凝土和空心率（孔洞率）大于 25%的空心砖、空心砌块等建筑主体材料，其表面氡析出率不大于 0.015Bq/(m^2 · s)，天然放射性核素镭-266、钍-232、钾-40 的放射性比活度应同时满足内照射指数不大于 1.0，外照射指数不大于 1.3。

② 人造木板及其制品

a. 民用建筑工程室内用人造木板及其制品，必须测定游离甲醛含量或游离甲醛释放量，人造木板及其制品可采用环境测试舱法或干燥器法测定甲醛释放量，当发生争议时应以环境测试舱法的测定结果为准。

b. 环境测试舱法测定的人造木板及其制品的游离甲醛释放量不应大于 0.124mg/m³，测试方法按照《民用建筑工程室内环境污染控制标准》GB 50325—2020 附录 B 执行。干燥器法测定的人造木板及其制品的游离甲醛释放量不应大于 1.5mg/L，测定方法应符合国家标准《人造板及饰面人造板理化性能试验方法》GB/T 17657 的规定。

③ 涂料

a. 民用建筑工程室内用水性装饰板涂料、水性墙面涂料、水性墙面腻子的游离甲醛限量，应符合现行国家标准《建筑用墙面涂料中有害物质限量》GB 18582 的规定。民用建筑工程室内用其他水性涂料和水性腻子，应测定游离甲醛的含量，其限量符合表 7-90 的规定。测定方法应符合现行国家标准《水性涂料中甲醛含量的测定 乙酰丙酮分光光度法》GB/T 23993 的规定。

室内用水性涂料和水性腻子中游离甲醛限量　　表 7-90

测定项目	限量	
	其他水性涂料	其他水性腻子
游离甲醛（mg/kg）	≤100	

b. 民用建筑工程室内用溶剂型装饰板涂料的 VOC 和苯、甲苯＋二甲苯＋乙苯限量，应符合现行国家标准《建筑用墙面涂料中有害物质限量》GB 18582 的规定；溶剂型木器涂料和腻子的 VOC 和苯、甲苯＋二甲苯＋乙苯限量，应符合现行国家标准《木器涂料中有害物质限量》GB 18581 的规定；溶剂型地坪涂料的 VOC 和苯、甲苯＋二甲苯＋乙苯限量，应符合现行国家标准《室内地坪涂料中有害物质限量》GB 38468的规定。

c. 民用建筑工程室内用酚醛防锈涂料、防水涂料、防火涂料及其他溶剂型涂料，应按其规定的最大稀释比例混合后，测定 VOC 和苯、甲苯＋二甲苯＋乙苯的含量，限量应符合表 7-91 规定；VOC 含量测定方法应符合现行国家标准《色漆和清漆 挥发性有机化合物（VOC）含量的测定 差值法》GB/T 23985 的规定，苯、甲苯＋二甲苯＋乙苯含量测定方法应符合现行国家标准《涂料中苯、甲苯、乙苯和二甲苯含量的测定 气相色谱法》GB/T 23990 的规定。

室内用酚醛防锈涂料、防水涂料、防火涂料及其他溶剂型涂料中 VOC、苯、甲苯＋二甲苯＋乙苯限量　　表 7-91

涂料类别	VOC(g/L)	苯(%)	甲苯＋二甲苯＋乙苯(%)
酚醛防锈涂料	≤270	≤0.3	—
防水涂料	≤750	≤0.2	≤40
防火涂料	≤500	≤0.1	≤10
其他溶剂型涂料	≤600	≤0.3	≤30

d. 聚氨酯类涂料和木器用聚氨酯类腻子中的 VOC、苯、甲苯＋二甲苯＋乙苯、游离二异氰酸酯（TDI＋HDI）限量，应符合现行国家标准《木器涂料中有害物质限量》GB 18581的规定。

④ 胶粘剂

a. 民用建筑工程室内用水性胶粘剂的游离甲醛释放限量，应符合现行国家标准《建筑胶粘剂有害物质限量》GB 30982 的规定。

b. 民用建筑工程室内用水性胶粘剂、溶剂型胶粘剂、本体型胶粘剂的 VOC 限量，应符合现行国家标准《胶粘剂挥发性有机化合物限量》GB/T 33372 的规定。

c. 民用建筑工程室内用溶剂型胶粘剂、本体型胶粘剂的苯、甲苯+二甲苯、游离甲苯二异氰酸酯（TDI）限量，应符合现行国家标准《建筑胶粘剂有害物质限量》GB 30982 的规定。

⑤ 水性处理剂

a. 民用建筑工程室内用水性阻燃剂（包括防火涂料）、防水剂、防腐剂、增强剂等水性处理剂，应测定游离甲醛的含量，其限量不应大于 100mg/kg。

b. 水性处理剂中游离甲醛含量的测定方法，应按现行国家标准《水性涂料中甲醛含量的测定 乙酰丙酮分光光度法》GB/T 23993 规定的方法进行。

⑥ 其他材料：

其他材料有害物质限量及检测方法见表 7-92。

其他材料有害物质限量及检测方法 **表 7-92**

<table>
<tr><th colspan="2">材料种类</th><th colspan="2">测定项目</th><th>限量</th><th>检测方法</th><th>备注</th></tr>
<tr><td colspan="2">混凝土外加剂</td><td colspan="2">氨</td><td>≤0.10%</td><td>《混凝土外加剂中释放氨的限量》GB 18588—2001</td><td></td></tr>
<tr><td colspan="2">阻燃剂、防火涂料、水性建筑防水涂料</td><td colspan="2">氨</td><td>≤0.50%</td><td>《建筑防火涂料有害物质限量及检测方法》JG/T 415—2013</td><td></td></tr>
<tr><td colspan="2">混凝土外加剂</td><td colspan="2">残留甲醛的量</td><td>≤500mg/kg</td><td>《混凝土外加剂中残留甲醛的限量》GB 31040—2014</td><td></td></tr>
<tr><td colspan="2">黏合木结构材料</td><td colspan="2">游离甲醛释放量</td><td>≤0.124mg/m³</td><td>《民用建筑工程室内环境污染控制标准》GB 50325—2020</td><td></td></tr>
<tr><td colspan="2">帷幕、软包</td><td colspan="2">游离甲醛释放量</td><td>≤0.124mg/m³</td><td>《民用建筑工程室内环境污染控制标准》GB 50325—2020</td><td></td></tr>
<tr><td rowspan="3">墙纸（布）</td><td>无纺墙纸</td><td colspan="2">游离甲醛含量</td><td>≤120mg/kg</td><td rowspan="3">《室内装饰装修材料 壁纸中有害物质限量》GB 18585—2001</td><td rowspan="3"></td></tr>
<tr><td>纺织面墙纸（布）</td><td colspan="2">游离甲醛含量</td><td>≤60mg/kg</td></tr>
<tr><td>其他墙纸（布）</td><td colspan="2">游离甲醛含量</td><td>≤120mg/kg</td></tr>
<tr><td colspan="2" rowspan="4">聚氯乙烯卷材地板/挥发物含量</td><td rowspan="2">发泡类卷材地板</td><td>玻璃纤维基材</td><td>≤75g/m³</td><td rowspan="4">《室内装饰装修材料 聚氯乙烯卷材地板中有害物质限量》GB 18586—2001</td><td rowspan="4"></td></tr>
<tr><td>其他基材</td><td>≤35 g/m³</td></tr>
<tr><td rowspan="2">非发泡类卷材地板</td><td>玻璃纤维基材</td><td>≤40g/m³</td></tr>
<tr><td>其他基材</td><td>≤10g/m³</td></tr>
<tr><td colspan="2">木塑制品地板（基材发泡）</td><td colspan="2">挥发物含量</td><td>≤75g/m³</td><td>《室内装饰装修材料 聚氯乙烯卷材地板中有害物质限量》GB 18586—2001</td><td></td></tr>
</table>

续表

材料种类		测定项目	限量	检测方法	备注
木塑制品地板（基材不发泡）		挥发物含量	≤40g/m^3	《室内装饰装修材料 聚氯乙烯卷材地板中有害物质限量》GB 18586—2001	
橡塑类铺地材料		挥发物含量	≤50g/m^3	《室内装饰装修材料 聚氯乙烯卷材地板中有害物质限量》GB 18586—2001	
地毯		VOC	≤0.500mg/(m^2·h)	《民用建筑工程室内环境污染控制标准》GB 50325—2020 附录 B	
		游离甲醛	≤0.500mg/(m^2·h)		
地毯衬垫		VOC	≤1.000mg/(m^2·h)	《民用建筑工程室内环境污染控制标准》GB 50325—2020 附录 B	
		游离甲醛	≤0.050mg/(m^2·h)		
胶粘剂	壁纸胶	游离甲醛	≤100mg/kg	《建筑胶粘剂有害物质限量》GB 30982—2014	
		苯＋甲苯＋乙苯＋二甲苯	≤10(g/kg)	《建筑胶粘剂有害物质限量》GB 30982—2014	
		VOC	≤350(g/L)	《胶粘剂挥发性有机化合物限量》GB/T 33372—2020	
	基膜	游离甲醛	≤100(mg/kg)	《建筑胶粘剂有害物质限量》GB 30982—2014	
		苯＋甲苯＋乙苯＋二甲苯	≤0.3(g/kg)	《建筑胶粘剂有害物质限量》GB 30982—2014	
		VOC	≤120(g/L)	《胶粘剂挥发性有机化合物限量》GB/T 33372—2020	

4）补充要求

① 民用建筑工程采用的无机非金属建筑主体材料和建筑装饰装修材料进场时，应查验其放射性指标检测报告。

② 民用建筑室内装饰装修中采用的天然花岗石石材或瓷质砖使用面积大于 200m^2 时，应对不同产品、不同批次材料分别进行放射性指标的抽查复验。

③ 民用建筑室内装饰装修中所采用的人造木板及其制品进场时，应查验其游离甲醛释放量检测报告。

④ 民用建筑室内装饰装修中采用的人造木板面积大于 500m^2 时，应对不同产品、不同批次材料的游离甲醛含量或游离甲醛释放量分别进行抽查复验。

⑤ 民用建筑室内装饰装修中所采用的水性涂料、水性处理剂进场时，必须有同批次产品的游离甲醛含量检测报告；溶剂型涂料进场时，必须有同批次产品的挥发性有机化合物（VOC）、苯、甲苯＋二甲苯、乙苯含量检测报告，其中聚氨酯类的应有游离二异氰酸酯（TDI＋HDI）含量检测报告。

⑥ 民用建筑室内装饰装修中所采用的水性胶粘剂进场时，必须有同批次产品的游离甲醛含量和 VOC 检测报告；溶剂型、本体型胶粘剂进场时，必须有同批次产品的苯、甲苯＋二甲苯、VOC 含量检测报告，其中聚氨酯类的应有游离甲苯二异氰酸酯（TDI）含

量检测报告。

⑦ 民用建筑室内装饰装修中所采用的壁纸（布）应有同批次产品的游离甲醛含量检测报告，并应符合设计要求和《民用建筑工程室内环境污染控制标准》GB 50325—2020的规定。

⑧ 建筑主体材料和装饰装修材料的检测项目不全或对检测结果有疑问时，必须将材料送有资格的检测机构进行检验，检验合格后方可使用。

⑨ 幼儿园、学校教室、学生宿舍等民用建筑室内装饰装修，应对不同产品、不同批次的人造木板及其制品的甲醛释放量和涂料、橡塑类合成材料的挥发性有机化合物释放量进行抽查复验，并符合《民用建筑工程室内环境污染控制标准》GB 50325—2020 的规定。

（2）室内环境检测

1）检测时机：民用建筑工程及室内装修工程的室内环境质量验收，应在工程完工至少 7d 以后、工程交付使用前进行。

2）抽检数量：民用建筑工程验收时，应抽检每个建筑单体有代表性的房间室内环境污染物浓度，氡、甲醛、氨、苯、甲苯、二甲苯、TVOC 的抽检量不得少于房间总数的5%，每个建筑单体不得少于 3 间，当房间总数少于 3 间时，应全数检测。民用建筑工程验收时，凡进行了样板间室内环境污染物浓度检测且检测结果合格的，其同一装饰装修设计样板间类型的房间抽检量可减半，并不得少于 3 间。幼儿园、学校教室、学生宿舍、老年人照料房屋设施室内装饰装修验收时，室内空气中氡、甲醛、氨、苯、甲苯、二甲苯、TVOC 的抽检量不得少于房间总数的 50%，且不得少于 20 间。当房间总数不大于 20 间时，应全部检测。

3）检测点数设置：

① 民用建筑工程验收时，室内环境污染物浓度检测点数应按表 7-93 设置：

室内环境污染物浓度检测点数设置 **表 7-93**

房间使用面积（m^2）	检测点数（个）
<50	1
≥50，<100	2
≥100，<500	不少于 3
≥500，<1000	不少于 5
≥1000	≥1000m^2 的部分，每增加 1000m^2 增设 1，增加面积不足 1000m^2 时按增加 1000m^2 计算

② 当房间内有 2 个及以上检测点时，应采用对角线、斜线、梅花状均衡布点，并取各点检测结果的平均值作为该房间的检测值。

③ 环境污染物浓度现场检测点应距内墙面不小于 0.5m，距房间地面高度 0.8～1.5m，检测点应均匀分布，避开通风口和通风道。

④ 民用建筑工程室内环境中甲醛、氨、苯、甲苯、二甲苯、总挥发性有机化合物（TVOC）浓度检测时，对采用集中空调的民用建筑工程，应在通风系统正常运行的条件下进行；对采用自然通风的民用建筑工程，检测应在对外门窗关闭 1h 后进行。

⑤ 民用建筑工程室内环境中氡浓度检测时，对采用集中空调的民用建筑工程，应在通风系统正常运行的条件下进行，对采用自然通风的民用建筑工程，应在房间的对外门窗

关闭24h以后进行。Ⅰ类建筑无架空层或地下车库结构时，一、二层房间抽检比例不宜低于总抽检房间数的40%。

4）限量指标及检测方法：

民用建筑工程室内环境污染物浓度检测，其限量应符合表7-94的规定。检测方法可参照表7-92进行。

民用建筑工程室内环境污染物浓度限量及检测方法　　表7-94

污染物	检测方法	Ⅰ类民用建筑工程	Ⅱ类民用建筑工程
氡（Bq/m^3）	《环境空气中氡的标准测量方法》GB/T 14582—93	≤150	≤150
甲醛（mg/m^3）	《公共场所卫生检验方法 第2部分：化学污染物》GB/T 18204.2—2014	≤0.07	≤0.08
氨（mg/m^3）	《公共场所卫生检验方法 第2部分：化学污染物》GB/T 18204.2—2014	≤0.15	≤0.20
苯（mg/m^3）	《民用建筑工程室内环境污染控制标准》GB 50325—2020附录D	≤0.06	≤0.09
甲苯（mg/m^3）	《民用建筑工程室内环境污染控制标准》GB 50325—2020附录D	≤0.15	≤0.20
二甲苯（mg/m^3）	《民用建筑工程室内环境污染控制标准》GB 50325—2020附录D	≤0.20	≤0.20
TVOC（mg/m^3）	《民用建筑工程室内环境污染控制规范》GB 50325—2010附录E	≤0.45	≤0.50

注：1. 表中污染物浓度测量值，除氡外均指室内污染物浓度测量值扣除室外上风向空气中污染物浓度测量值（本底值）后的测量值；

2. 污染物浓度测量值的极限值判定，采用全数值比较法。

4. 检测评定

（1）材料：民用建筑所用材料检测结果符合有关规定时，判定其检测结果合格并可投入使用；否则严禁使用。

（2）室内环境空气质量：

1）当室内环境污染物浓度的全部检测结果符合表7-92的规定时，应判定该工程室内环境质量合格。

1）当室内环境污染物浓度检测结果不符合表7-94规定时，应对不符合项目再次加倍抽样检测，并包括原不合格的同类型房间及原不合格房间；当再次检测的结果符合表7-92的规定时，应判定该工程室内环境质量合格。再次加倍抽样检测的结果不符合本标准规定时，应查找原因并采取措施进行处理，直至检测合格。

2）室内环境污染物浓度检测结果不符合表7-94规定的民用建筑工程，严禁交付投入使用。

7.2.9.2　建筑工程室内新风量检测

1. 引用标准

《民用建筑工程室内环境污染控制标准》GB 50325—2020；

《公共场所卫生检验方法 第1部分：物理因素》GB/T 18204.1—2013；

《公共建筑节能检测标准》JGJ/T 177—2009；

《公共建筑节能设计标准》GB 50189—2015。

2. 检测项目

室内新风量。

3. 检测方法

(1) 示踪气体法

1) 检测原理：示踪气体法即示踪气体 (Tracer gas) 浓度衰减法，常用的示踪气体有 CO_2 和 SF_6。在待测室内通入适量示踪气体，由于室内外空气交换，示踪气体的浓度呈指数衰减，根据浓度随着时间变化值，计算出室内的新风量和换气次数。

2) 适用范围：非机械通风且换气次数小于 5 次/h 的公共场所（无集中空调系统的场所）。

3) 检测设备及辅助材料：袖珍或轻便型气体浓度测定仪；直尺或卷尺、电风扇；示踪气体：无色、无味、使用浓度无毒、安全、环境本底低、易采样、易分析的气体，装于 10L 气瓶中，气瓶应有安全的阀门。示踪气体毒性水平及环境本底水平见表 7-95。

示踪气体毒性水平及环境本底水平　　表 7-95

气体名称	毒性水平	环境本底水平 mg/m^3
一氧化碳	人吸收 $50mg/m^3$，1h 无异常	0.125～1.25
二氧化碳	作业场所时间加权容许浓度 $9000mg/m^3$	600
六氟化硫	小鼠吸入 $48000mg/m^3$，4h 无异常	低于检出限
一氧化氮	小鼠 LC_{50} $1059mg/m^3$	0.4
三氟溴甲烷	作业场所标准 $6100mg/m^3$	低于检出限

4) 检测步骤：

① 用尺测量并计算出室内容积 V_1 和室内物品（桌、沙发、柜、床、箱等）总体积 V_2。

② 计算室内空气体积，按式 (7-177) 进行：

$$V = V_1 - V_2 \tag{7-177}$$

式中　V——室内空气体积，m^3；

V_1——室内容积，m^3；

V_2——室内物品总体积，m^3。

③ 按测量仪器使用说明书校正仪器。

④ 如果选择的示踪气体是环境中存在的（如 CO_2），应首先测量本底浓度。

⑤ 关闭门窗，用气瓶在室内通入适量的示踪气体后将气瓶移至室外，同时用电风扇搅动空气 3～5min，使示踪气体分布均匀，示踪气体的初始浓度应达到至少经过 30min，衰减后仍高于仪器最低检出限。

⑥ 打开测量仪器电源，在室内中心点记录示踪气体浓度。

⑦ 根据示踪气体浓度衰减情况，测量从开始至 30～60min 时间段示踪气体浓度，在此时间段内测量次数不少于 5 次。

⑧ 调查检测区域内设计人流量和实际最大人流量。

⑨ 按要求对仪器进行期间核查和使用前校准。

5) 结果计算：

① 换气次数计算见式 (7-178)：

$$A = \frac{\ln(c_1 - c_0) - \ln(c_t - c_0)}{t} \tag{7-178}$$

式中　A——换气次数，单位时间内由室外进入到室内的空气总量与该室内空气总量之比；

c_0——示踪气体的环境本底浓度（mg/m³）或（%）；

c_1——测量开始时示踪气体浓度（mg/m³）或（%）；

c_t——时间为 t 时示踪气体浓度（mg/m³）或（%）；

t——测定时间（h）。

② 新风量计算见式（7-179）：

$$Q=\frac{A\times V}{P} \tag{7-179}$$

式中　Q——新风量，单位时间内每人平均占有由室外进入室内的空气量［m³/（人·h)］；

A——换气次数；

V——室内空气体积（m³）；

P——取设计人流量与实际最大人流量两个数中的高值（人）。

（2）风管法

1）检测原理：在机械通风系统处于正常运行或规定的工况条件下，通过测量新风管某一断面的面积及该断面的平均风速，计算出该断面的新风量。如果一套系统有多个新风管，每个新风管均要测定风量，全部新风管风量之和即为该套系统的总新风量，根据系统服务区域内的人数，便可得出新风量结果。

2）抽检数量：

对于由独立新风补给的半集中式中央空调系统，抽检量不少于同一功能类型房间总数的 5%，且不少于 3 间，当房间总数少于 3 间时，应全数检测。预计抽检同一功能类型房间数大于（不同风量）独立新风补给系统数时，各随机抽取的房间应覆盖全部（不同风量）新风补给系统；预计抽检同一功能类型房间数小于（不同风量）独立新风补给系统数时，随机抽取的房间应在不同（不同风量）新风补给系统中产生。如果有安装不止一个独立新风补给系统的房间时，则该房间必须是抽检对象。

对于新风与回风混合的集中式中央空调系统，抽检量不少于房间总数的 5%，且不少于 3 间，当房间总数少于 3 间时，应全数检测。预计抽检房间数大于房间功能类型数时，各随机抽取的房间应覆盖全部房间功能类型；预计抽检房间数小于房间功能类型数时，随机抽取的房间应在不同房间功能类型中产生，但必须覆盖主要功能房间（主要功能房间必须是抽检对象）。例如影剧院的剧场为主要功能房间（其他功能类型有放映室、办公室、休息室等），当仅有一个剧场时，该剧场必须抽检，当有不止一个剧场时，则按上述抽样原则产生抽检对象。

3）抽样方法

① 抽样时，所有房间应按不同功能、不同新风补给类型，或相同补给类型但不同设计风量的新风补给系统来划分，汇总后产生样品集。再根据上述抽样规则随机抽取样品，随机抽取的样品须符合《随机数的产生及其在产品质量抽样检验中的应用程序》GB/T 10111—2008中的相关要求。

② 房间的编号

所有房间应有唯一确定编号。房间的编号可按设计要求来统计，当设计未明确时，可自行编号。采用自行编号的，应在《新风量检测实施方案》中明确编号规则。

自行编号时，应结合建筑整体形状及其房间分布格局连续编号。

如果建筑外形为规则矩形，房间分布在外圈时，可按方位来编号。首先明确第一个房间的位置，再按方位由南向北，自东向西进行编号。编号可采用三段法，第一段为数字（二位数）表示楼层；第二段为英文字母表示方位：E为东、ES为东南、S为南、WS为西南、W为西、WN为西北、N为北、EN为东北；第三段为数字（二位数或三位数，根据同一方位房间总数确定）表示房间顺序，某个方位有不止一个房间时，按照由东向西、由南向北的顺序连续编号。如果房间不只分布在外圈，有中圈或内圈的，编号可采用四段法编号，增加一个表示内、中、外圈的字母段放在最后。

如果建筑外形为不规则棱形、椭圆及圆形，房间分布在外圈时，可按时钟法来编号。首先面对建筑，确定某个时间（如六点、十二点）的房间为起始房间，再顺时针连续编号。编号采用三段法，第一段为数字（二位数）表示楼层；第二段为英文字母表示房间分布位置（内、中、外圈）；第三段为数字表示房间顺序。

③ 房间功能统计方法

房间功能应按设计要求进行统计，当设计未明确时可按实际使用功能要求进行统计，统计时应列出所有房间。

相同功能房间的新风补给类型基本相同，但也有可能存在差异，统计时应体现房间的新风补给类型及其设计风量的差异，也即应在已统计出的房间标注出其新风补给类型及新风补给系统的设计风量。汇总时，先剔除无新风补给的房间，再将功能相同、新风补给类型相同、新风补给系统的设计风量相同的房间统计出具体数量，完成样品集构建。

④ 样品产生方法

随机数的产生及利用随机数进行随机抽样的方法应符合《随机数的产生及其在产品质量抽样检验中的应用程序》GB/T 10111—2008的相关要求。

抽样方法及生成随机数的方法有很多种，如果实际工作中仅采用其中的一种，而不是全部时，应在《新风量检测实施细则》中明确抽样及生成随机数的方法。

随机抽样产生的样品房间可以另外赋予样品编号，但应与实际房间编号有对应关系。

⑤ 重新抽样规定

当按上述方法抽取的样品房间，检测结果出现不合格时，应由系统安装、调试单位负责整改。复试时，应按上述方法重新抽样，不合格房间所属样品集的抽样比例要增加一倍，直至检测合格。

为避免大量出现不合格的情况，新风量检测应在通风与空调系统调试合格、通风与空调系统性能检测合格、通风与空调系统节能性能检测合格的基础上开展。

4）检测设备及辅助工具：

① 皮托管：皮托管修正系数：皮托管有标准皮托管和S型皮托管两种，其中S型皮托管主要用于除尘系统管内风速的测定，通风与空调系统管内风速测定应使用标准皮托管。

皮托管的修正系数有风速修正系数 K_v 和风压修正系数 K_p，在计算平均风速时的用法不同。

$$\overline{V}=K_v\sqrt{\frac{2P_{dp}}{\rho}} \tag{7-180}$$

$$\overline{V}=\sqrt{\frac{2K_{\mathrm{p}}P_{\mathrm{dp}}}{\rho}} \tag{7-181}$$

皮托管修正系数应取检测或校准报告给出的系数类型及其数值。

② 微压计：精确度应不低于 2%，最小读数不大于 1Pa。

③ 水银玻璃温度计或电阻温度计：最小读数不大于 1℃。

④ 热电风速仪：最小读数不大于 0.1m/s。

5）测点布置：

① 测试截面位置选择：管内风量的检测精度与测试截面位置的选择有很大关系。测试截面位置的选择，应远离产生涡流的局部阻力管件，选择气流比较均匀、稳定，流线比较平直的直管段上。测试截面位置一般选择在距上游局部阻力管件大于或等于 5 倍管径（或矩形风管长边尺寸），并距下游局部阻力管件大于或等于 2 倍管径（或矩形风管长边尺寸）的位置。局部阻力管件前与后是按气流流动方向来划分的。测试截面位置选择应同时满足上述两个要求，当条件受限不能满足上述条件要求时，应尽可能选择气流稳定的断面，并适当增加测点数量和测试频次。测点前直管段的长度必须大于测点后直管段的长度。

② 测点布置：

a. 形断面测点数及布置方法应符合表 7-96 及图 7-47 的规定。

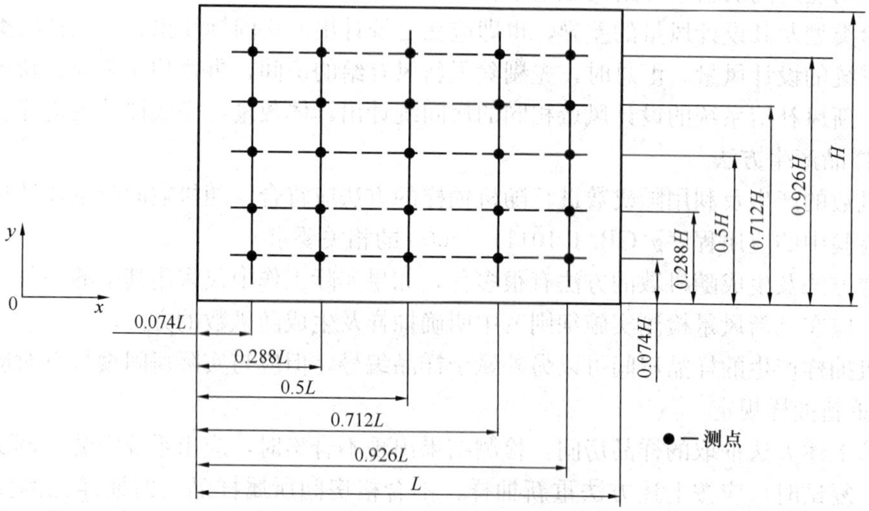

图 7-47　矩形风管 25 个测点时测点布置

矩形断面测点位置　　　　**表 7-96**

横线数或每条横线上的测点数目	测点	测点位置 X/A 或 X/H
5	1	0.074
	2	0.288
	3	0.500
	4	0.712
	5	0.926

续表

横线数或每条横线上的测点数目	测点	测点位置 X/A 或 X/H
6	1	0.061
	2	0.235
	3	0.437
	4	0.563
	5	0.765
	6	0.939
7	1	0.053
	2	0.203
	3	0.366
	4	0.500
	5	0.634
	6	0.797
	7	0.947

注：1. 当矩形截面的纵横比（长短边比）小于1.5时，横线（平行于短边）的数目和每条横线上的测点数目均不宜少于5个。当长边大于2m时，横线（平行于短边）的数目宜增加到5个以上。

2. 当矩形截面的纵横比（长短边比）大于或等于1.5时，横线（平行于短边）的数目宜增加到5个以上。

3. 当矩形截面的纵横比（长短边比）小于或等于1.2时，也可按等面积划分小截面，每个小截面边长宜为200～250mm。

b. 圆形断面测点布置：按直径大小将截面划分成若干个面积相等的同心圆，在各圆环的中心圆与相互垂直的两条直径的交点处设测点，中心重复计数，3个圆环时的测点布置见图7-48，计算方法如下：

$$r_n = r\sqrt{\frac{2n-1}{2m}} \tag{7-182}$$

式中 r——风管的半径（mm）；

r_n——从风管中心到第 n 个测点的距离（mm）；

n——从风管中心算起的圆环顺序；

m——风口截面所划分的圆环数。

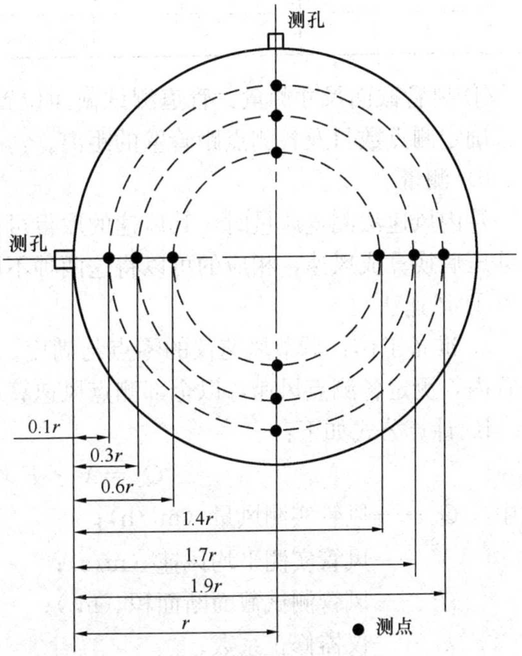

图7-48 3个圆环时的测点布置

③ 管壁测孔开口要求：如果管道上有预留测孔的，则优先利用预留测孔并注意核查测孔开设与规范要求是否一致。如果管道上没有预留测孔或预留测孔不满足规范要求的，则根据管道类型及其规格按下列要求在管道一侧或两侧开设测孔。矩形风管测试断面测点孔应开在长边上，如果短边长超过了皮托管或风速仪测杆长度，则还应该在另一长边对应的位置开孔，以保证测杆能到达测点位置测取风速。圆形风管测试断面测点孔开在正交线两侧，如果管径超过了皮托管或风速仪测杆长度，则应按正交线开四个孔，以保证测杆能到达测点位置测取风速，圆

形截面测点布置见图 7-97。测孔大小应比风速仪测杆最粗直径或皮托管直径大 2mm，检测工作结束后，应用橡胶塞或软木塞封堵，风管有保温的则应恢复保温。

圆形截面测点布置　　表 7-97

风管直径（mm）	≤200	200～400	400～700	≥700
圆环个数	3	4	5	6
测点编号	测点到管壁的距离（r 的倍数）			
1	0.10	0.10	0.05	0.05
2	0.30	0.20	0.20	0.15
3	0.60	0.40	0.30	0.25
4	1.40	0.70	0.50	0.35
5	1.70	1.30	0.70	0.5
6	1.90	1.60	1.30	0.7
7	—	1.80	1.50	1.30
8	—	1.90	1.70	1.50
9	—	—	1.80	1.65
10	—	—	1.95	1.75
11	—	—	—	1.85
12	—	—	—	1.95

④ 风管截面尺寸测量：管道测试截面位置确定后，应先测量管道的尺寸并对照规范要求确定测点数目及各测点距管壁的距离。

6）测量

管内风速法测量风量时，其风速的取得可以用风速仪直接测得或用皮托管加微压计测得动压后换算成风速，相应的可以将这两种不同的检测方法分为：风速法和风压法。

① 风速法

a. 准备工作：调节风速仪的零点与满度。风管内平均风速 $\overline{V}$ 的测定：将风速仪放入风管内，测定各测点风速，以全部测点风速算术平均值作为检测结果。

b. 计算公式如下：

$$Q_c = \overline{V} \times F \times k_1 \times 3600 \tag{7-183}$$

式中　Q_c——风管实测风量（m^3/h）；

$\overline{V}$——风管实测平均风速（m/s）；

F——风管测试截面断面积（m^2）；

k_1——仪器修正系数。

c. 仪器显示风速与实际风速是否需要修正及其修正系数，应以“仪器检定后确认使用报告为”为准。

② 风压法

a. 准备工作：检查微压计显示是否正常，微压计与皮托管连接是否漏气。动压 P_d 的测量：将皮托管全压出口与微压计正压端连接，静压管出口与微压计负压端连接。将皮托管插入风管内，在各测点上使皮托管的全压测孔正对着气流方向，偏差不得超过 10°，测出各点动压。逐点进行测量，每点宜进行 2 次以上测量，取平均值。新风温度的测量：一般情况下可在风管中心的一点测量。将水银玻璃温度计或电阻温度计插入风管中心测点处，封闭测孔，待温度稳定后读数，不能将温度计取出后再读数。

b. 皮托管法风量（Q）的计算：

平均动压按下式计算：

$$P_v = \left(\frac{\sqrt{P_{V1}}+\sqrt{P_{V2}}+\cdots\cdots\sqrt{P_{vn}}}{n}\right)^2 \tag{7-184}$$

式中 P_{V1}，P_{V2}，…，P_{vn}——各测点的动压（Pa）；

P_v——平均动压（Pa）；

n——为测试截面上测点的总个数（个）。

测试截面平均风速按下式计算：

$$V=\sqrt{\frac{2P_v}{\rho}} \tag{7-185}$$

式中 V——断面平均风速（m/s）；

ρ——空气密度（kg/m³），$\rho = 0.349\dfrac{B}{273.15+t}$；

B——大气压力（hPa）（百帕）；

t——管内空气温度（℃）。

机组或系统实测风量应按下式计算：

$$L = 3600VF \tag{7-186}$$

式中 L——机组或系统的风量（m^3/h）；

F——断面面积（m^2）。

7）各房间人均新风量的计算

① 当一个房间里有若干个送风管路供给，根据新风补给方式分别检测再累积计算。当一根新风管路供给多个房间，能直接检测待检房间新风量的，应直接测定。当一根新风管路供给多个房间，由于条件限制不能直接检测待检房间新风量的，根据设计图纸确定每个独立机组所控制的房间总数、各房间面积、控制区域总面积，再将总新风量通过计算分解到每个房间，得到每个房间的新风量（L_s）。

$$L_s = L_T \times M/ M_T \tag{7-187}$$

式中 L_s——房间新风量（m^3/h）；

L_T——每个独立机组的总新风量（m^3/h）；

M——房间面积（m^2）；

M_T——控制区域内房间总面积（m^2）。

② 根据上述每个房间的新风量，依据设计或规范要求，按照功能区域内的设计人数，计算出各房间人均新风量。

$$\overline{L} = L_s/\text{人数} \tag{7-188}$$

式中 $\overline{L}$——新风量（$m^3/h\cdot p$）。

4. 检测评定：

(1) 抽检房间新风量标准

1) 该房间设计有明确新风量的，按该设计值；设计有明确各功能房间人均新风量标准及各房间设计人数的，按该房间功能及其人数计算出总新风量。

2) 该房间设计未明确新风量标准，且原设计单位无法补充时，或既有建筑节能改造设计资料缺失时，参照《公共建筑节能设计标准》GB 50189—2015 按不同类型房间的人均新风量［m^3/（人·h）］进行判定，应符合表 7-98。

不同类型房间的人均新风量［m^3/（人·h）］　　表 7-98

建筑类别	新风量
办公建筑	30
宾馆建筑	30
商场建筑	30
医院建筑-门诊楼	30
学校建筑-教学楼	30

(2) 检测结果评判：新风量检测值应符合设计要求或相关标准要求，且允许偏差为±10%。

7.2.10　给水排水及供暖试验、检验

7.2.10.1　成品半成品进场检验

建筑给水、排水及供暖工程所使用的主要材料、成品、半成品、配件、器具和设备必须具有中文质量合格证明文件，规格、型号及性能检测报告应符合国家技术标准或设计要求。进场时应做检查验收，并经监理工程师核查确认。所有材料进场时应对品种、规格、外观等进行验收。包装应完好，表面无划痕及外力冲击破损。主要器具和设备必须有完整的安装使用说明书。在运输、保管和施工过程中，应采取有效措施防止损坏或腐蚀。

1. 散热器

(1) 引用标准

《建筑给水排水及供暖工程施工质量验收规范》GB 50242—2002；

《建筑节能工程施工质量验收标准》GB 50411—2019。

(2) 检测参数

压力值、单位散热量、金属热强度。

(3) 测定方法

强度和严密性试验、见证取样送检。

(4) 检测评定

① 散热器组对后，以及整组出厂的散热器在安装之前应作水压试验。试验压力如设计无要求时应为工作压力的 1.5 倍，但不小于 0.6MPa。试验时间为 2～3min，压力不降且不渗不漏。

② 同厂家、同材质的散热器，数量在 500 组及以下时，抽检 2 组；当数量每增加 1000 组时应增加抽检 1 组，单位散热量、金属热强度的检测结果应符合设计值要求。

2. 保温材料

(1) 引用标准

《建筑节能工程施工质量验收标准》GB 50411—2019。

(2) 检测参数

导热系数、密度、吸水率。

(3) 定方法

见证取样送检。

(4) 检测评定

同一厂家同材质的保温材料见证取样送检的次数不得少于2次。

7.2.10.2 供热系统节能检测

1. 引用标准

《建筑节能工程施工质量验收标准》GB 50411—2019。

2. 检测参数

温度、平衡度、补水率、热输送效率

3. 测定方法

委托检验

4. 检测评定

供暖工程安装完成后，应进行系统节能性能的检测，且应由建设单位委托具有相应检测资质的检测机构检测并出具报告。受季节影响未进行的节能性能检测项目，应在保修期内补做。

项目实施单位应向第三方节能量检测机构提供供热系统安装方案或供热系统节能技术改造方案、供热管网及建筑物平面布置图、供暖用户明细表。

供暖系统节能性能检测的主要项目见表7-99，其检测方法应按国家现行有关标准规定执行。

系统节能性能检测主要项目及要求 **表7-99**

序号	检测项目	抽样数量	允许偏差或规定值
1	室内温度	以房间数量为受检样本基数，最小抽样数量按《建筑节能工程施工质量验收标准》GB 50411—2019的规定执行，且均匀分布，并具有代表性；对面积大于100m² 的房间或空间，可按每100m² 划分为多个受检样本 公共建筑的不同典型功能区域检测部位不应少于2处	冬季不得低于设计计算温度2℃，且不应高于1℃ 夏季不得高于设计计算温度2℃，且不应低于1℃
2	室外供暖管网水力平衡度	热力入口总数不超过6个时，全数检测；超过6个时，应根据各个热力入口距热源距离的远近，按近端、远端、中间区域各抽检2个热力入口	0.9～1.2
3	室外供暖管网热损失率	全数检测	不大于10%

系统节能性能检测的项目和抽样数量也可以在工程合同中约定，必要时可增加其他检

测项目，但合同中约定的检测项目和抽样数量不应低于上表的规定。

7.2.11　建筑电气试验、检验

7.2.11.1　接地装置接地电阻测试

1. 引用标准

《建筑电气工程施工质量验收规范》GB 50303—2015。

2. 检测参数

接地电阻值。

3. 测定方法

全数检查。

用接地电阻测试仪测试。

4. 检测评定

接地装置的接地电阻值应符合设计要求。

7.2.11.2　接闪带支架垂直拉力试验

1. 引用标准

《建筑电气工程施工质量验收规范》GB 50303—2015。

2. 检测参数

接闪带支架垂直受力值。

3. 测定方法

按支持件总数抽查 30%，且不得少于 3 个。

观察检查并用尺量、用测力计测量支架的垂直受力值。

4. 检测评定

每个固定支架应能承受 49N 的垂直拉力。

7.2.11.3　接地（等电位）联结导通性测试

1. 引用标准

《建筑物防雷工程施工与质量验收规范》GB 50601—2010。

2. 检测参数

等电位联结电阻、各种电气设备与地网地极间的连接导体电阻。

3. 测定方法

用等电位联结测试仪表测试。

4. 检测评定

（1）第一类防雷建筑物中长金属物的弯头、阀门、法兰盘等连接处的过渡电阻不应大于 0.03Ω；

（2）连在额定值为 16A 的断路器线路中，同时触及的外露可导电部分和装置外可导电部分之间的电阻不应大于 0.24Ω；

（3）等电位连接带与连接范围内的金属管道等金属体末端之间的直流过渡电阻值不应大于 3Ω；

（4）防雷电磁屏蔽室的检测项目之一：检查壳体的等电位连接状况，其间直流过渡电阻值不应大于 0.20Ω；

(5) 综合布线分项工程中，已安装固定的线槽（盒）、桥架或金属管应与建筑物内的等电位连接带进行电气连接，连接处的过渡电阻不应大于 0.24Ω。

7.2.11.4 低压配电系统中电缆、电线每芯导体电阻值检测

1. 引用标准

《建筑电气工程施工质量验收规范》GB 50303—2015；

《建筑节能工程施工质量验收标准》GB 50411—2019；

《电缆的导体》GB/T 3956—2008。

2. 检测参数

导体电阻值。

3. 测定方法

(1) 进场时进行见证取样送检，由指定实验室检测；

(2) 同厂家各种规格总数的 10%，且不少于 2 个规格；

(3) 用电阻测试仪测量每芯导体电阻值，不同标称截面的电缆、电线每芯导体最大电阻值见表 7-100。

不同标称截面的电缆、电线每芯导体最大电阻值 **表 7-100**

标称截面（mm^2）	20℃时导体最大电阻（Ω/km）圆铜导体（不镀金属）	标称截面（mm^2）	20℃时导体最大电阻（Ω/km）圆铜导体（不镀金属）
0.5	36.0	35	0.524[b]
0.75	24.5	50	0.387[b]
1.0	18.1	70	0.268[b]
1.5	12.1	95	0.193[b]
2.5	7.41	120	0.153[b]
4	4.61	150	0.124[b]
6	3.08	185	0.101[b]
10	1.83	240	0.0775[b]
16	1.15	300	0.0620[b]
25	0.727[b]	400	0.0465[b]

7.2.11.5 低压配电电源质量检测

1. 引用标准

《建筑节能工程施工质量验收标准》GB 50411—2019；

《电能质量 供电电压偏差》GB/T 12325—2008。

2. 检测参数

供电电压允许偏差、公共电网谐波电压限值、谐波电流、三相电压不平衡度。

3. 测定方法

检验方法：在用电负荷满足检测条件的情况下，使用标准仪器仪表进行现场测试；对于室内插座等装置使用带负载模拟的仪表进行测试。

检查数量：受电端全数检查，末端按表 7-101 最小抽样数量抽样。

检验批最小抽样数量 表 7-101

检验批的容量	最小抽样数量	检验批的容量	最小抽样数量
2～15	2	151～280	13
16～25	3	281～500	20
26～90	5	501～1200	32
91～150	8	1201～3200	50

4. 检测评定

（1）用电单位受电端电压允许偏差：三相 380V 供电为标称电压的±7％；单相 220V 供电为标称电压的－10％～＋7％。

（2）正常运行情况下用电设备端子处额定电压的允许偏差：室内照明为±5％，一般用途电动机为±5％、电梯电动机为±7％，其他无特殊规定设备为±5％。

（3）10kV 及以下配电变压器低压侧，功率因数不低于 0.9。

（4）380V 的电网标称电压谐波限值：电压谐波总畸变率（THDu）为 5％，奇次（1～25 次）谐波含有率为 4％，偶次（2～24 次）谐波含有率为 2％。

（5）谐波电流不应超过表 7-102 中规定的允许值。

谐波电流允许值 表 7-102

标称电压（kV）	基准短路容量（MVA）	谐波次数及谐波电流允许值（A）											
		2	3	4	5	6	7	8	9	10	11	12	13
0.38	10	78	62	39	62	26	44	19	21	16	28	13	24
		谐波次数及谐波电流允许值（A）											
		14	15	16	17	18	19	20	21	22	23	24	25
		11	12	9.7	18	8.6	16	7.8	8.9	7.1	14	6.5	12

7.2.11.6 平均照度与照明功率密度检验

1. 引用标准

《建筑节能工程施工质量验收标准》GB 50411—2019；

《建筑照明设计标准》GB/T 50034—2024。

2. 检测参数

平均照度、照明功率密度。

3. 测定方法

抽样数量：每个典型功能区域不少于 2 处，且均匀分布，并具有代表性。

4. 检测评定

照度不低于设计值的 90％；照明功率密度值不应大于设计值。

7.2.11.7 母线与母线或母线与电器接线端子拧紧力矩检测

1. 引用标准

《建筑电气工程施工质量验收规范》GB 50303—2015；

《建筑节能工程施工质量验收标准》GB 50411—2019。

2. 检测参数

拧紧力矩。

3. 测定方法

《建筑电气工程施工质量验收规范》GB 50303—2015 规定：按每检验批的母线连接端数量抽查 20%，且不得少于 1 处连接端。《建筑节能工程施工质量验收标准》GB 50411—2019 规定：母线按检验批抽查 10%。观察检查并用尺量检查和用力矩测试仪测试拧紧力矩。

4. 检测评定

母线搭接螺栓的拧紧力矩见表 7-103。当一个连接处需要多个螺栓连接时，每个螺栓的拧紧力矩值应一致。

母线搭接螺栓的拧紧力矩 **表 7-103**

序号	螺栓规格	力矩值（N·m）
1	M8	8.8～10.8
2	M10	17.7～22.6
3	M12	31.4～39.2
4	M14	51.0～60.8
5	M16	78.5～98.1
6	M18	98.0～127.4
7	M20	156.9～196.2
8	M24	274.6～343.2

7.2.12 通风空调试验、检验

7.2.12.1 成品、半成品检验

通风与空调工程中所使用的主要原材料、成品、半成品的质量，将直接影响到工程的整体质量。所以，在其进入施工现场后，必须对其进行验收。验收应由供货商、监理、施工单位等几方人员共同参加，并应形成相应的书面记录。材料的材质、规格及性能应符合设计文件和国家现行标准的规定，不得采用国家明令禁止使用或淘汰的材料与设备。

1. 风管

（1）引用标准：

《通风与空调工程施工质量验收规范》GB 50243—2016。

（2）检测参数：

压力值、漏风量、规格、材质、性能与厚度。

（3）测定方法：

强度和严密性试验、尺量、观察检查。

（4）检测评定：

1）风管加工质量应通过工艺性的检测或验证，强度和严密性试验要求应符合下列规定：

① 风管在试验压力保持 5min 及以上时，接缝处应无开裂，整体结构应无永久性的变形及损伤，试验压力应符合下列规定：低压风管应为 1.5 倍的工作压力；中压风管应为 1.2 倍的工作压力，且不低于 750Pa；高压风管应为 1.2 倍的工作压力。

② 矩形金属风管的严密性检验，在工作压力下的风管允许漏风量应符合表 7-104 规定。

风管允许漏风量　　表 7-104

风管类型	允许漏风量［m^3/（h·m^2）］
低压风管	$Q_l \leqslant 0.1056P^{0.65}$
中压风管	$Q_m \leqslant 0.0352P^{0.65}$
高压风管	$Q_h \leqslant 0.0117P^{0.65}$

注：Q_l 为低压风管允许漏风量，Q_m 为中压风管允许漏风量，Q_h 为高压风管允许漏风量，P 为系统风管工作压力（Pa）。

③ 低压、中压圆形金属与复合材料风管，以及采用法兰形式的非金属风管的允许漏风量，应为矩形金属风管规定值的 50%。

④ 砖、混凝土风道的允许漏风量不应大于矩形金属低压风管规定值的 1.5 倍。

⑤ 排烟、除尘、低温送风及变风量空调系统风管的严密性应符合中压风管的规定，N1～N5 级净化空调系统风管的严密性应符合高压风管的规定。

⑥ 工作压力绝对值不大于 125Pa 的微压风管，在外观和制造工艺检验合格的基础上，不应进行漏风量的验证测试。

⑦ 输送剧毒类化学气体及病毒的试验室通风与空调风管的严密性能应符合设计要求。

⑧ 防火风管的本体、框架与固定材料、密封垫料等必须采用不燃材料，防火风管的耐火极限时间应符合系统防火设计的规定。

2）成品、半成品金属风管检验

① 金属风管的板材厚度应符合设计和现行国家产品标准的规定。当设计无规定时，钢板风管、不锈钢板风管、铝板风管板材的最小厚度应按照《通风与空调工程施工质量验收规范》GB 50243—2016 的要求选取。镀锌钢板的镀锌层厚度应符合设计或合同的规定，当设计无规定时，不应采用低于 80g/m^2 板材。并按Ⅰ方案进行抽查。

② 风管板材拼接的接缝应错开，不得有十字形拼接缝。金属风管法兰及螺栓规格应符合《通风与空调工程施工质量验收规范》GB 50243—2016 规定。微压、低压与中压系统风管法兰的螺栓及铆钉孔的孔距不得大于 150mm；高压系统风管不得大于 100mm。矩形风管法兰的四角部位应设有螺孔。风管应按照其系统类别检查风管加固形式和加固质量。

3）非金属风管检验

① 非金属风管使用的材料品种、规格、性能与厚度等应符合设计和现行国家产品标准的规定，高压系统非金属风管应按设计要求。硬聚氯乙烯风管、玻璃钢风管板材的厚度，应符合《通风与空调工程施工质量验收规范》GB 50243—2016 的要求。织物布风管在工程中使用时，应符合国家现行标准的规定，并应符合卫生与消防的要求。非金属风管应检查其材料质量合格证明、产品合格证书等，并按《通风与空调工程施工质量验收规范》GB 50243—2016 附表第Ⅰ方案进行抽查。

② 非金属风管法兰材料及规格应符合《通风与空调工程施工质量验收规范》GB 50243—2016 的要求。

③ 玻璃钢风管表面不得出现泛卤及严重泛霜；风管外形尺寸偏差符合要求；法兰与风管连接质量良好；加固件应与风管成为整体。

4）复合材料风管检验

① 覆面材料必须为不燃材料，内部的绝热材料应为不燃或难燃且对人体无害的材料。复合风管的材料品种、规格、性能与厚度等应符合设计要求。复合板材的内外覆面层粘贴应牢固，表面平整无破损，内部绝热材料不得外露。

② 铝箔复合材料风管的离心玻璃纤维板材应干燥、平整；板外表面的铝箔隔气保护层应与内芯玻璃纤维材料粘结牢固；内表面应有防纤维脱落的保护层，且不得释放有害物质。风管表面应平整、两端面平行，无明显凹穴、变形、起泡、铝箔无破损等。法兰与风管的连接应牢固。

5）净化空调系统风管检验

风管内表面应平整、光滑，管内不得设有加固框或加固筋。风管不得有横向拼接缝，且所用的螺栓、螺母、垫圈和铆钉的材料应与管材性能相适应，不应产生电化学腐蚀。风管的拼缝及连接方式应符合《通风与空调工程施工质量验收规范》GB 50243—2016 的要求。通过检查其材料质量合格证明文件和观察检查，白绸布擦拭。检查数量按Ⅰ方案进行抽查。

2. 风系统阀部件

（1）引用标准

《通风与空调工程施工质量验收规范》GB 50243—2016。

（2）检测参数

结构牢固，启闭灵活。

（3）测定方法

观察检查、尺量、检查产品合格证明文件及测试报告，操作检查。

（4）检测评定

1）成品风阀检查应符合下列要求。

① 风阀应设有开度指示装置，并应能准确反映阀片开度。

② 手动风量调节阀的手轮或手柄应以顺时针方向转动为关闭。

③ 电动、气动调节阀的驱动执行装置，动作应可靠，且在最大工作压力下工作应正常。

④ 净化空调系统的风阀，活动件、固定件以及紧固件均应采取防腐措施，风阀叶片主轴与阀体轴套配合应严密，且应采取密封措施。

⑤ 工作压力大于 1000Pa 的调节风阀，生产厂应提供在 1.5 倍工作压力下能自由开关的强度测试合格的证书或试验报告。

⑥ 密闭阀应能严密关闭，漏风量应符合设计要求。

⑦ 各类阀件在最大工作压力下应操作灵活、工作可靠、强度优良。

2）止回风阀检查要求。

检查产品质量证明文件。风阀启闭灵活，关闭时应严密。阀叶的转轴、铰链应采用不易锈蚀的材料制作，转动灵活。阀片的强度可保证在最大负荷压力下不弯曲变形。水平安装止回风阀的平衡调节机构动作灵活、可靠，并进行手动操作试验。检查数量按Ⅱ方案进行检查。

3）插板风阀检查应符合下列要求。

检查产品质量证明文件。风阀壳体应严密，内壁做防腐处理。插板应平整，启闭灵活，并有可靠的定位固定装置。检查数量按Ⅱ方案进行检查。

4）三通调节风阀检查要求。

检查产品质量证明文件。风阀的手柄转轴或拉杆与风管（阀体）的结合处应严密，阀板不得与风管相碰擦，调节应方便，手柄与阀片应处于同一转角位置，拉杆可在操控范围内作定位固定。检查数量按Ⅱ方案进行检查。

5）防火阀、排烟阀检查要求。

防火阀、排烟阀或排烟口应符合现行国家标准《建筑通风和排烟系统用防火阀门》GB 15930—2016 的有关规定，并应具有相应的产品合格证明文件。检查风阀手动关闭、复位情况，动作应灵活。其他检查项目可参照手动风阀的内容。检查数量为全数检查。

6）防爆系统风阀检查要求。

检查材料质量证明文件，检查数量为全数检查，防爆系统风阀应符合设计要求，不得替换。

7）消声器、消声弯管检查要求。

检查产品质量证明文件、产品性能检测报告。选用的材料应符合设计的规定，如防火、防腐、防潮和卫生性能等要求。消声器外壳应牢固、严密，充填的消声材料，应按规定的密度均匀铺设，并应有防止下沉的措施。消声材料的织物覆面层应平整，不得破损，搭接应顺气流，且应拉紧，界面无毛边。隔板与壁板结合处应紧贴、严密；穿孔板应平整、无毛刺，其孔径和穿孔率应符合设计要求。消声弯管平面边长大于 800mm 时，应加设吸声导流片；消声器内的织物覆面层应有保护层，保护层应采用不易锈蚀的材料，不得使用普通铁丝网。当使用穿孔板保护层时，穿孔率应大于 20%。净化空调系统消声器内的覆面材料应采用尼龙布等不易产生的材料。按《通风与空调工程施工质量验收规范》GB 50243—2016 表 B.0.2-1 第Ⅰ方案进行抽查。

8）风口检查要求。

检查产品质量证明文件。风口的外表装饰面应平整、叶片或扩散环的分布应匀称、颜色应一致、无明显的划伤和压痕；调节装置转动应灵活、可靠，定位后应无明显松动。风口规格尺寸允许偏差应符合《通风与空调工程施工质量验收规范》GB 50243—2016 的要求。检查数量按Ⅱ方案进行检查。

7.2.12.2 风系统试验

1. 风管系统严密性试验

（1）引用标准

《通风与空调工程施工质量验收规范》GB 50243—2016

（2）检测参数

观感质量、漏风量、压力。

（3）测定方法

严密性检验、漏风量检测。

（4）检测评定

风管系统安装后应进行严密性检验，合格后方能交付下道工序。风管系统严密性检验应以主、干管为主，支管一般可不进行严密性检验。

1）风管严密性试验的系统类别划分及检查数量

风管系统安装完毕后，应按系统类别进行严密性试验。

① 微压系统，按工艺质量要求实行全数观察检验；

② 低压系统，按Ⅱ方案实行抽样检验；

③ 中压系统，按Ⅰ方案实行抽样检验；

④ 高压系统，全数检验。

2）风管系统严密性检验出现不合格时，除应修复不合格的系统外，受检方应申请复验或复检。

3）净化空调系统进行风管严密性检验时，N1～N5 级的系统按高压系统风管的规定执行；N6～N9 级，且工作压力小于等于 1500Pa 的，均按中压系统风管的规定执行。

4）观感质量检验可应用于微压风管，也可作为其他压力风管工艺质量的检验，结构严密与无明显穿透的缝隙和孔洞应为合格。

5）风管系统漏风量检测要求

① 系统风管漏风量的检测，应以总管和干管为主，宜采用分段检测，汇总综合分析的方法。检验样本风管宜为 3 节及以上组成，且总表面积不应少于 $15m^2$。

② 漏风量测试可分正压试验和负压试验两类。应根据被测试风管的工作状态决定，也可采用正压测试来检验。

③ 系统风管漏风量测试可以采用整体或分段进行，测试时被测系统的所有开口均应封闭，不应漏风。当被测系统风管的漏风量超过设计和本规范的规定时，应查出漏风部位（可用听、摸、飘带、水膜或烟检漏），做好标记；修补完工后，应重新测试，直至合格。

④ 净化空调系统风管漏风量测试时，高压风管和空气洁净度等级为 1 级～5 级的系统应按高压风管进行检测，工作压力不大于 1500Pa 的 6 级～9 级的系统应按中压风管进行检测。

⑤ 漏风量测定一般应为系统规定工作压力（最大运行压力）下的实测数值。特殊条件下，也可用相近或大于规定压力下的测试代替，漏风量可按式（7-189）计算：

$$Q_0 = Q(P_0/P)^{0.65} \tag{7-189}$$

式中 Q_0——规定压力下的漏风量 [m^3/（$h \cdot m^2$）]；

Q——测试的漏风量 [m^3/（$h \cdot m^2$）]；

P_0——风管系统测试的规定工作压力（Pa）；

P——测试的压力（Pa）。

7.2.12.3 空调水系统试验

1. 引用标准

《通风与空调工程施工质量验收规范》GB 50243—2016；

《通风与空调工程施工规范》GB 50738—2011；

《建筑给水排水及采暖工程施工质量验收规范》GB 50242—2002；

《建筑节能工程施工质量验收标准》GB 50411—2019。

2. 检测参数

压力值、坡度。

3. 测定方法

水压试验、通水试验、冲洗试验。

4. 检测评定

(1) 空调水系统管道压力试验

1) 空调水系统管道安装完毕，外观检查合格后，应按设计要求并根据系统的大小采取分区、分层试压和系统试压。

2) 冷（热）水、冷却水与蓄能（冷、热）系统的试验压力，当工作压力小于或等于1.0MPa时，应为1.5倍工作压力，最低不应小于0.6MPa；当工作压力大于1.0MPa时，应为工作压力加0.5MPa。

3) 系统最低点压力升至试验压力后，应稳压10min，压力下降不应得大于0.02MPa，然后应将系统压力降至工作压力，外观检查无渗漏为合格。对于大型、高层建筑等垂直位差较大的冷（热）水、冷却水管道系统，当采用分区、分层试压时，在该部位的试验压力下，应稳压10min，压力不得下降，再将系统压力降至该部位的工作压力，在60min内压力不得下降、外观检查无渗漏为合格。

4) 各类耐压塑料管的强度试验压力（冷水）应为1.5倍工作压力，且不应小于0.9MPa；严密性试验压力应为1.15倍的设计工作压力。

(2) 通水试验

凝结水系统采用通水试验，应以不渗漏，排水畅通为合格。检查数量为全数检查。

(3) 冲洗试验

1) 空调水系统按设计及规范要求应分系统、分区进行冲洗试验。管道冲洗前，对不允许参加冲洗的系统、设备、仪表及管道附件应采取安全可靠的隔离措施。

2) 冲洗试验应以水为介质，温度应在5～40℃之间。

3) 冲洗出水口处管径宜比被冲洗管道的管径小1号，管道冲洗应以管内可能达到的最大流量或不小于1.5m/s不宜大于2m/s的流速进行，水冲洗应连续进行。

4) 当设计无规定时，应以出口的水色和透明度与入口的水对比应相近，且无可见杂物为合格。

(4) 水箱、集水器、分水器与储水罐的水压试验或满水试验应符合设计要求，内外壁防腐涂层的材质、涂抹质量、厚度应符合设计或产品技术文件的要求。检查数量为全数检查。

1) 开式水箱（罐）进行满水试验时，应先封堵开式水箱（罐）最低处的排水口，再向开式水箱（罐）内注水至满水。灌满水后静置24h，检查开式水箱（罐）及接口有无渗漏，无渗漏为合格。

2) 密闭容器进行水压试验时，试验压力应满足设计要求。设计无要求时，按设计工作压力的1.5倍进行试验，换热器试验压力不应小于0.6MPa，密闭容器试验压力不应小于0.4MPa。密闭容器或换热器内灌满水后，应缓慢升压至设计工作压力，检查无渗漏后，再升压至规定的试验压力值，关闭进水阀门，稳压10min，观察各接口无渗漏、压力无下降为合格。

(5) 阀门压力试验

1) 阀门安装前应进行外观检查，阀门的铭牌应符合现行国家标准《工业阀门 标志》GB/T 12220的有关规定。工作压力大于1.0MPa及在主干管上起到切断作用和系统冷、热水运行转换调节功能的阀门和止回阀，应进行壳体强度和阀瓣密封性能的试验，合格后方可使用。其他阀门可不单独进行试验，待在系统试压中检验。

2）壳体强度试验：试验压力应为常温条件下公称压力的1.5倍，持续时间不应少于5min，阀门的壳体、填料应无渗漏。

3）严密性试验：试验压力为公称压力的1.1倍；试验压力在试验持续的时间内应保持不变，试验持续时间应符合表7-105的要求，以阀瓣密封面无渗漏为合格。

阀门压力试验持续时间与允许泄漏量 **表7-105**

公称直径 D_n（mm）	最短试验持续时间（s）	
	严密性试验（水）	
	止回阀	其他阀门
≤50	60	15
65～150	60	60
200～300	60	120
≥350	120	120
允许泄漏量	3滴×（D_n/25）/min	小于D_n65为0滴，其他为2滴×（D_n/25）/min

注：压力试验的介质为洁净水。用于不锈钢阀门的试验水，氯离子含量不得高于25mg/L。

4）检查数量：安装在主干管上起切断作用的闭路阀门全数检查，其他款项按Ⅰ方案。

（6）风机盘管安装前检查

1）机组安装前宜进行风机三速试运转及盘管水压试验。试验压力应为系统工作压力的1.5倍，试验观察时间应为2min，不渗漏为合格。检查数量按Ⅱ方案。

2）电机试运转：通电试验主要应检查机组各速运转状态是否正常，运转速度与调速控制器是否正确对应。机械部分不得有摩擦，电气部分不得漏电，运转平稳、噪声正常。

3）风机盘管机组进场时，应进行复验，复验应按现行国家标准《建筑节能工程施工质量验收标准》GB 50411的规定执行。

7.2.12.4 系统调试试验

通风与空调工程安装完毕，必须进行系统的测定和调整（调试）。

1. 引用标准

《通风与空调工程施工质量验收规范》GB 50243—2016；

《风机、压缩机、泵安装工程施工及验收规范》GB 50275—2010；

《制冷设备、空气分离设备安装工程施工及验收规范》GB 50274—2010；

《建筑防烟排烟系统技术标准》GB 51251—2017。

2. 检测参数

运行状况、功率。

3. 测定方法

设备单机试运转、空调水系统试运转调试、空调系统试运转调试、防排烟系统联合试运行。

4. 检测评定

系统非设计满负荷条件下的联合试运转及调试，应在制冷设备和通风与空调设备单机试运转合格后进行。

（1）设备单机试运转及调试

1）风机

① 通风机、空气处理机组中的风机，叶轮旋转方向应正确、运转应平稳、应无异常振动与声响，电机运行功率应符合设备技术文件要求。在额定转速下连续运转2h后，滑动轴承外壳最高温度不得大于70℃，滚动轴承不得大于80℃。风机运转应平稳、无异常振动与声响，轴承无杂音，其电机运行功率应符合设备技术文件的规定。

② 叶轮旋转应平稳，每次停转后不应停留在同一位置上。

③ 风机启动前首先应点动试机，叶轮与机壳无摩擦、各部位应无异常现象，风机的旋转方向应与机壳所标的箭头一致；风机启动时应测量瞬间启动电流。

④ 轴流通风机启动在小负荷运转正常后，应逐渐增加风机的负荷，在规定的转速和最大出口压力下，直至轴承达到稳定温度后，连续运转时间不应少于20min。离心通风机在小负荷运转正常后，应逐渐开大调节门，但电动机电流不得超过额定值，直至规定的负荷，轴承达到稳定温度后，连续运转时间不应少于20min。

⑤ 具有滑动轴承的大型风机，负荷试运转2h后应停机检查轴承，轴承应无异常现象；当合金表面有局部损伤时应进行修整，再连续运转不应少于6h。

⑥ 高温离心通风机进行高温试运转时，其升温速率不应大于50℃/h；进行冷态试运转时，其电机不得超负荷运转。

⑦ 试运转中，在轴承表面测得的温度不得高于环境温度40℃，离心通风机轴承振动速度有效值不得超过6.3mm/s。

⑧ 轴流通风机启动后调节叶片时，电流不得大于电动机的额定电流值；轴流通风机运行时，严禁停留于喘振工况内。

2）水泵

① 水泵的规格、型号、技术参数应符合设计要求和产品性能指标。

② 水泵叶轮旋转方向正确，运行时无异常振动和声响，紧固连接部位无松动，壳体密封处不得渗漏，轴封温升应正常，普通填料密封的泄漏水量不应大于60mL/h，机械密封的泄漏水量不应大于5mL/h。

③ 手动盘车无阻碍，无偏重。

④ 水泵启动时应测量瞬间启动电流，电机电流不得超过额定值。水泵电机运行功率值符合设备技术文件的规定。

⑤ 润滑油不得有渗漏和雾状喷油；轴承、轴承箱和油池润滑油的温升不应超过环境温度40℃。水泵在额定工况下连续运行2h后，滑动轴承外壳最高温度不得超过70℃，滚动轴承不得超过75℃。

⑥ 轴承的振动速度有效值应在额定转速、最高排出压力和无气蚀条件下检测，检测及其限值应符合随机技术文件的规定；无规定时，应符合《风机、压缩机、泵安装工程施工及验收规范》GB 50275—2010规范附录A的规定。

3）冷却塔

冷却塔中的风机试运转参照风机试运转的要求。冷却塔风机与冷却水系统循环试运行不应小于2h，运行应无异常。冷却塔本体应稳固、无异常振动。测量冷却塔的噪声，其噪声应低于产品铭牌额定值。

4）制冷机组

机组的试运转，应符合设备技术文件和现行国家标准《制冷设备、空气分离设备安装工程施工及验收规范》GB 50274—2010 的有关规定，尚应符合下列规定：

① 机组运转应平稳、应无异常振动与声响。

② 各连接和密封部位不应有松动、漏气、漏油等现象。

③ 吸、排气的压力和温度应在正常工作范围内。

④ 能量调节装置及各保护继电器、安全装置的动作应正确、灵敏、可靠。

⑤ 正常运转不应少于 8h。

5）多联式空调（热泵）机组

系统应在充灌定量制冷剂后，进行系统的试运转，并应符合下列规定：

① 系统应能正常输出冷风或热风，在常温条件下可进行冷热的切换与调控。

② 室外机的试运转应符合本条制冷机组的规定；室内机的试运转不应有异常振动与声响，百叶板动作应正常，不应有渗漏水现象，运行噪声应符合设备技术文件要求。

③ 具有可同时供冷、热的系统，应在满足当季工况运行条件下，实现局部内机反向工况的运行。

6）变风量末端装置单机试运转及调试应符合下列规定：

① 控制单元单体供电测试过程中，信号及反馈应正确，不应有故障显示。

② 启动送风系统，按控制模式进行模拟测试，装置的一次风阀动作应灵敏可靠。

③ 带风机的变风量末端装置，风机应能根据信号要求运转，叶轮旋转方向应正确，运转应平稳，不应有异常振动与声响。

④ 带再热的末端装置应能根据室内温度实现自动开启与关闭。

（2）系统非设计满负荷条件下的联合试运转及调试应符合下列规定：

1）系统总风量调试结果与设计风量的允许偏差应为−5%～10%，建筑内各区域的压差应符合设计要求。

2）变风量空调系统联合调试应符合下列规定：

① 系统空气处理机组应在设计参数范围内对风机实现变频调速。

② 空气处理机组在设计机外余压条件下，系统总风量应满足本条文第 1）款的要求，新风量的允许偏差应为 0～10%。

③ 变风量末端装置的最大风量调试结果与设计风量的允许偏差应为 0～15%。

④ 改变各空调区域运行工况或室内温度设定参数时，该区域变风量末端装置的风阀（风机）动作（运行）应正确。

⑤ 改变室内温度设定参数或关闭部分房间空调末端装置时，空气处理机组应自动正确地改变风量。

⑥ 应正确显示系统的状态参数。

3）空调冷（热）水系统、冷却水系统的总流量与设计流量的偏差不应大于 10%。

4）制冷（热泵）机组进出口处的水温应符合设计要求。

5）地源（水源）热泵换热器的水温与流量应符合设计要求。

6）舒适空调与恒温、恒湿空调室内的空气温度、相对湿度及波动范围应符合或优于设计要求。

检查数量：第1）、2）款及第4）款的舒适性空调，按Ⅰ方案；第3）、5）、6）款及第4）款的恒温、恒湿空调系统，全数检查。

（3）通风系统非设计满负荷条件下的联合试运行及调试应符合下列规定：

1）系统经过风量平衡调整，各风口及吸风罩的风量与设计风量的允许偏差不应大于15%。

2）设备及系统主要部件的联动应符合设计要求，动作应协调正确，不应有异常现象。

3）湿式除尘与淋洗设备的供、排水系统运行应正常。

检查数量按Ⅱ方案进行检查。

（4）空调系统非设计满负荷条件下的联合试运转及调试应符合下列规定：

1）空调水系统应排除管道系统中的空气，系统连续运行应正常平稳，水泵的流量、压差和水泵电机的电流不应出现10%以上的波动。

2）水系统平衡调整后，定流量系统的各空气处理机组的水流量应符合设计要求，允许偏差应为15%；变流量系统的各空气处理机组的水流量应符合设计要求，允许偏差应为10%。

3）冷水机组的供回水温度和冷却塔的出水温度应符合设计要求；多台制冷机或冷却塔并联运行时，各台制冷机及冷却塔的水流量与设计流量的偏差不应大于10%。

4）舒适性空调的室内温度应优于或等于设计要求，恒温恒湿和净化空调的室内温、湿度应符合设计要求。

5）室内（包括净化区域）噪声应符合设计要求，测定结果可采用Nc或dB（A）的表达方式。

6）环境噪声有要求的场所，制冷、空调设备机组应按现行国家标准《采暖通风与空气调节设备噪声声功率级的测定 工程法》GB 9068的有关规定进行测定。

7）压差有要求的房间、厅堂与其他相邻房间之间的气流流向应正确。

检查数量：第1）、3）款全数检查，第2）款及第4）款～第7）款，按Ⅱ方案。

（5）防排烟系统联合试运行应符合下列规定：

1）应对测试楼层及其上下两层的排烟系统中的排烟风口、正压送风系统的送风口进行联动调试，并对各风口的风速、风量进行测量调整，对正压送风口的风压进行测量调整。

2）防排烟系统联合试运行与调试的结果（风量及正压），应符合设计要求及国家现行标准的有关规定。

3）机械加压送风系统的联动调试方法及要求应符合下列规定：

① 当任何一个常闭送风口开启时，相应的送风机均应能联动启动；

② 与火灾自动报警系统联动调试时，当火灾自动报警探测器发出火警信号后，应在15s内启动与设计要求一致的送风口、送风机，且其联动启动方式应符合现行国家标准《火灾自动报警系统设计规范》GB 50116的规定，其状态信号应反馈到消防控制室。

调试数量为全数调试。

4）机械排烟系统的联动调试方法及要求应符合下列规定：

① 当任何一个常闭排烟阀或排烟口开启时，排烟风机均应能联动启动。

② 应与火灾自动报警系统联动调试。当火灾自动报警系统发出火警信号后，机械排

烟系统应启动有关部位的排烟阀或排烟口、排烟风机；启动的排烟阀或排烟口、排烟风机应与设计和标准要求一致，其状态信号应反馈到消防控制室。

③ 有补风要求的机械排烟场所，当火灾确认后，补风系统应启动。

④ 排烟系统与通风、空调系统合用，当火灾自动报警系统发出火警信号后，由通风、空调系统转换为排烟系统的时间应符合《建筑防烟排烟系统技术标准》GB 51251 的规定。

调试数量为全数调试。

（6）净化空调系统除应符合系统非设计满负荷条件下的联合试运转及调试要求的规定外，尚应符合下列规定：

1）单向流洁净室系统的系统总风量允许偏差应为 0～10%，室内各风口风量的允许偏差应为 0～15%。

2）单向流洁净室系统的室内截面平均风速的允许偏差应为 0～10%，且截面风速不均匀度不应大于 0.25。

3）相邻不同级别洁净室之间和洁净室与非洁净室之间的静压差不应小于 5Pa，洁净室与室外的静压差不应小于 10Pa。

4）室内空气洁净度等级应符合设计要求或为商定验收状态下的等级要求。

5）各类通风、化学实验柜、生物安全柜在符合或优于设计要求的负压下运行应正常。

（7）蓄能空调系统的联合试运转及调试应符合下列规定：

1）系统中载冷剂的种类及浓度应符合设计要求。

2）在各种运行模式下系统运行应正常平稳；运行模式转换时，动作应灵敏正确。

3）系统各项保护措施反应应灵敏，动作应可靠。

4）蓄能系统在设计最大负荷工况下运行应正常。

5）系统正常运转不应少于一个完整的蓄冷释冷周期。

6）单体设备及主要部件联动应符合设计要求，动作应协调正确，不应有异常。

7）系统运行的充冷时间、蓄冷量、冷水温度、放冷时间等应满足相应工况的设计要求。

8）系统运行过程中管路不应产生凝结水等现象。

9）自控计量检测元件及执行机构工作应正常，系统各项参数的反馈及动作应正确、及时。

检查数量为全数检查。

（8）空调制冷系统、空调水系统与空调风系统的非设计满负荷条件下的联合试运转及调试：正常运转不应少于 8h，除尘系统不应少于 2h。检查数量为全数检查。

（9）室内环境温度、湿度检测

1）空调房间室内环境温度、湿度检测的测点布置，应符合下列规定：

① 室内面积不足 16m^2，应测室内中央 1 点；16m^2 及以上且不足 30m^2 应测 2 点（房间对角线三等分点）；30m^2 及以上不足 60m^2 应测 3 点（房间对角线四等分点）；60m^2 及以上不足 100m^2 应测 5 点（二对角线四分点，梅花设点）；100m^2 及以上，每增加 50m^2 应增加 1 个测点（均匀布置）。

② 测点应布置在距外墙表面或冷热源大于 0.5m，离地面 0.8～1.8m 的同一高度上；

③ 测点也可根据工作区的使用要求，分别布置在离地不同高度的数个平面上；

④ 在恒温工作区，测点应布置在具有代表性的地点。

2）舒适性空调系统室内环境温度、湿度的检测应测量一次。

3）恒温恒湿空调系统室内温、湿度的检测要求：

① 净室（区）的温、湿度测试可分为一般温、湿度测试和功能温、湿度测试。

② 温度测试可采用玻璃温度计、电阻温度检测装置、数字式温度计等；湿度测试可采用通风干湿球温度计、数字式温湿度计、电容式湿度计、毛发式湿度计等。

③ 温度和相对湿度测试应在洁净室（区）净化空调系统通过调试，气流均匀性测试完成，并应在系统连续运行 24h 以上时进行。

④ 应根据温度和相对湿度允许波动范围，采用相应适用精度的仪表进行测定。每次测定时间隔不应大于 30min。

⑤ 室内测点布置应符合下列原则：

a. 送回风口处。

b. 恒温工作区具有代表性的地点（如沿着工艺设备周围布置或等距离布置）。

c. 没有恒温要求的洁净室中心。

d. 测点应布置在距外墙表面大于 0.5m，离地面 0.8m 的同一高度上，也可以根据恒温区的大小，分别布置在离地不同高度的几个平面上。

⑥ 温、湿度测点数应符合表 7-106 的规定。

温、湿度测点数　　**表 7-106**

波动范围	室面积≤50（m^2）	每增加 20～50（m^2）
$\Delta t=\pm0.5$℃～±2℃	5 个	增加 3～5 个
$\Delta RH=\pm5\%$～$\pm10\%$		
$\Delta t\leqslant\pm0.5$℃	点间距不应大于 2m，点数不应少于 5 个	
$\Delta RH\leqslant\pm5\%$		

⑦ 有恒温恒湿要求的洁净室（房间），应进行室温波动范围的检测：并应测定并计算室内各测点的记录温度与控制点温度的差值，分别统计小于或等于某一温差的测点数占测点总数的百分比，整理成温差累积统计曲线。当 90%以上测点偏差值在室温波动范围内，应判定为合格。

⑧ 区域温度应以各测点中最低（或最高的）的一次测试温度为基准，并应计算各测点平均温度与上述基准的偏差值，分别统计小于等于某一温差的测点数占测点总数的百分比，整理成偏差累计统计曲线，90%以上测点所达到的偏差值应为区域温差。

⑨ 相对湿度波动范围及区域相对湿度差的测定，可按室温波动范围及区域温差的测定规定执行。

7.2.12.5　通风空调节能检测

1. 引用标准

《建筑节能工程施工质量验收标准》GB 50411—2019。

2. 检测参数

技术性能参数。

3. 测定方法

见证取样复试、观察检查、技术资料和性能检测报告等质量证明文件与实物核对。

4. 检测评定

（1）通风空调系统节能工程所使用的设备、管道、自控阀门、仪表、绝热材料等产品进场时，应按设计要求对其类型、材质、规格及外观等进行验收，并应对产品的技术性能参数进行核查。各种产品和设备的质量证明文件和相关技术资料应齐全，并应符合有关国家现行标准和规定。产品包括：组合式空调机组、柜式空调机组、新风机组、单元式空调机组及多联机空调系统室内机等设备的供冷量、供热量、风量、风压、出口静压、噪声及功率；风机的风量、风压、功率、效率；空气能量回收装置的风量、静压损失、出口全压及输入功率；装置内部或外部漏风率、有效换气率、交换功率、噪声；阀门与仪表的类型、规格、材质及公称压力；成品风管的规格、材质及厚度。

（2）空调系统冷热源设备及其辅助设备、阀门、仪表、绝热材料等产品进场时，应按设计要求对其类型、规格和外观等进行检查验收，并应对产品的技术性能参数进行核查。各种产品和设备的质量证明文件和相关技术资料应齐全，并应符合国家现行标准和规定。产品包括：热交换器的单台换热量；电机驱动压缩机的蒸汽压缩循环冷水（热泵）机组的额定制冷量（制热量）、输入功率、性能系数（COP）及综合部分负荷性能系数（IPLV）限值；电机驱动压缩机的单元式空气调节机、风管送风式和屋顶式空气调节机组的名义制冷量、输入功率及能效比（EER）；蒸汽和热水型溴化锂吸收式机组及直燃型溴化锂吸收式冷（温）水机组的名义制冷量、供热量、输入功率及性能系数；空调冷热水系统、空调冷却水系统循环水泵的流量、扬程、电机功率及输送能效比（ER）；冷却塔的流量及电机功率；自控阀门与仪表的技术性能参数。

（3）风机盘管机组和绝热材料进场时，应对其技术性能参数进行复验。

1）风机盘管

应对风机盘管机组的供冷量、供热量、风量、水阻力、功率及噪声技术性能参数进行复验，复验应为见证取样送检。现场随机抽样送检，核查复验报告，同厂家的风机盘管机组数量在500台及以下时，抽检2台；每增加1000台时应增加抽检1台。

2）绝热材料

绝热材料进场时，应对绝热材料的导热系数、密度、吸水率等技术性能参数进行复验，复验应为见证取样送检。现场随机抽样送检，核查复验报告，同厂家、同材质的绝热材料复验次数不得少于2次。

（4）通风空调节能工程中的送、排风系统及空调风系统、水系统的制式，应符合设计要求；各种设备、阀门、过滤器、温度计及仪表应按设计要求安装齐全，不得随意增减和更换；水系统各分支管路水力平衡装置、温度控制装置的安装位置、方向应符合设计要求，并便于数据读取、操作、调试和维护；空调系统应满足设计要求的分室（区）温度调控和冷、热计量功能。

（5）组合式空调机组、柜式空调机组、新风机组、单元式空调机组的规格、数量应符合设计要求；安装位置和方向应正确，且与风管、送风静压箱、回风箱、阀门的连接应严密可靠；现场组装的组合式空调机组各功能段之间连接应严密，并应做漏风量的检测，其漏风量应符合现行国家标准《组合式空调机组》GB/T 14294的规定；机组内的空气热交换器翅片和空气过滤器应清洁、完好，且安装位置和方向必须正确，并便于维护和清理。

当设计未注明过滤器的阻力时，应满足粗效过滤器的初阻力≤50Pa（粒径≥5.0 μm，效率：80%>E≥20%）；中效过滤器的初阻力≤80Pa（粒径≥1.0 μm，效率：70%>E≥20%）的要求。

（6）带热回收功能的双向换气装置和集中排风系统中的排风热回收装置的规格、数量及安装位置应符合设计要求；进、排风管的连接应正确、严密、可靠；室外进、排风口的安装位置、高度及水平距离应符合设计要求。

（7）空调机组、新风机组及风机盘管机组水系统自控阀门与仪表的规格、数量符合设计要求；方向应正确，位置应便于读取数据、操作、调试和维护。

（8）空调风管系统及部件的绝热层和防潮层的绝热材料的燃烧性能、材质、规格及厚度等应符合设计要求；绝热层与风管、部件及设备应紧密贴合，无裂缝、空隙等缺陷，且纵、横向的接缝应错开；绝热层表面应平整，当采用卷材或板材时，其厚度允许偏差为5mm，采用涂抹或其他方式时，其厚度允许偏差为10mm；风管法兰部位绝热层的厚度，不应低于风管绝热层厚度的80%；风管穿楼板和穿墙处的绝热层应连续不间断；防潮层（包括绝热层的端部）应完整，且封闭良好，其搭接缝应顺水；带有防潮层隔气层绝热材料的拼缝处，应用胶带封严，粘胶带的宽度不应小于50mm；风管系统阀门等部件的绝热，不得影响其操作功能。

（9）空调水系统管道、制冷剂管道及配件绝热层和防潮层的施工的绝热材料的燃烧性能、材质、规格及厚度等应符合设计要求；绝热管壳的捆扎、粘结应牢固，铺设应平整，硬质或半硬质的绝热管壳每节至少应用防腐金属丝、耐腐蚀织带或专用胶带捆扎2道，其间距为300～500mm，且捆扎应紧密，无滑动，松弛及断裂现象；硬质或半硬质的绝热管壳的拼接缝隙，保温时不应大于5mm、冷却时不应大于2mm，并用粘结材料勾缝填满，纵缝应错开，外层的水平接缝应设立在侧下方；松散软质保温材料应按规定的密度压缩其体积，疏密应均匀，搭接处不应有空隙；防潮层与绝热层应结合紧密，封闭良好，不得有虚粘、气泡、褶皱、裂缝等缺陷；立管的防潮层应由管道的低端向高端敷设，环向搭接缝应朝向低端；纵向搭接缝应位于管道的侧面，并顺水；卷材防潮层采用螺旋形缠绕的方式施工时，卷材的搭接宽度宜为30～50mm；空调冷热水管穿楼板和穿墙处的绝热层应连续不间断，且绝热层与穿楼板和穿墙处的套管之间应用不燃材料填实，不得有空隙；套管两端应进行密封封堵；管道阀门、过滤器及法兰部位的绝热应严密，并能单独拆卸，且不得影响其操作功能。

（10）空调冷热水管道及制冷剂管道与支、吊架之间应设置绝热衬垫，其厚度不应小于绝热层厚度，宽度应大于支、吊架支承面的宽度。衬垫的表面应平整，衬垫与绝热材料之间应填实无空隙。

（11）通风与空调系统安装完毕，应进行通风机和空调机组等设备的单机试运行和调试，并应进行系统的风量平衡调试，单机试运行和调试结果应符合设计要求；系统的总风量与设计风量的允许偏差不应大于10%，风口的风量与设计风量的允许偏差不应大于15%。

（12）多联机空调系统安装完毕后，应进行系统的试运行与调试，并应在工程验收前进行系统运行效果检验，检验结果应符合设计要求。

7.2.13 建筑隔声检测

7.2.13.1 房间之间空气声隔声

该方法适用于两房间之间在扩散声场条件下内墙、楼板和门空气隔声性能的现场测量方法，以及提供给房屋使用者确定的隔声效果的方法。此方法给出随频率变化的空气声隔声、运用《建筑隔声评价标准》GB/T 50121，可以把隔声量转化为表征声学特性的单值评价量。测量结果可用于比较房间之间的隔声性能，以及将实际隔声量与规定的要求作比较。

（1）引用标准

《建筑隔声评价标准》GB/T 50121—2005；

《民用建筑隔声设计规范》GB 50118—2010；

《建筑门窗空气声隔声性能分级及检测方法》GB/T 8485—2008；

《声学 建筑和建筑构件隔声测量 第4部分：房间之间空气声隔声的现场测量》GB/T 19889.4—2005。

（2）检测项目

房间之间空气声隔声。

（3）测定方法

1）测试设备：双通道信号分析、声校准器、标准声音打击器、功率放大器、十二面体无指向生源、盒尺、温湿度计；其他辅助装置：两个传声器的连接电缆及三脚架、十二面体声源的连接电缆及配套支架、备用电源及电缆线、半球风罩、胶带、扩散版、吸声材料、折叠桌椅等。声压级测量设备精度应符合《电声学 声级计 第1部分：规范》GB/T 3785.1—2023中规定的0型或1型的准确度要求，如果设备制造商没有其他说明，包括传声器在内的整个测量系统在每次测量前使用符合《电声学 声校准器》GB/T 15173—2010规定的1级精度要求的校准器进行校准。用于平面行波声场测量已校准的声级计，还需进行扩散声场的修正。滤波器应符合《电声学 倍频程和分数倍频程滤波器》GB/T 3241—2010的要求；混响时间的测量设备应符合ISO354：1985的要求。

2）测试安排：在具有相同形状和尺寸的两个空房间之间的测量，最好在每个房间内加装扩散体，例如几件家具、建筑板材，扩散体的面积至少有1.0m²，一般用3～4件即可。

3）环境条件：空气温度－10～50℃（测量混响时间不得低于15℃），相对湿度20%～90%（测量混响时间时不得低于30%），无明显的噪声干扰。

4）前提准备：应提前向委托方索要建筑平面图和被测房间与隔声构件相关的信息，明确现场是否具备检测条件，被测房间门窗是否已安装并能正常关闭，现场有无干扰噪声源，是否有220V电源，是否满足安全要求。获取被测房间的尺寸、确认房间的长、宽、高三个尺寸均大于1.7m，其中至少1个尺寸应大于3.4m。如果测量的频率下限低于100Hz，则房间的长、宽、高三个尺寸至少要大于170/f，至少一个尺寸要大于340/f（f为最低测量频带的中心频率）。如果被测房间不是空室，应确认被测房间是否能保证声源、传声器的放置距离。确认电缆通道及所需电缆长度，当现场不具备正常布线条件时，应与委托方协商，在不影响被测对象隔声性能的前提下，由委托方安排电缆通道。确定是否需要扩散体、吸声材料，明确数量及规格。使用前应确保设备性能正常并处于校准有效期内。

5）测试方法和计算

① 通则：除非事先约定按倍频程测量，空气声隔声现场测量应以 1/3 倍频程测量。采用倍频程测量结果转换成的单值评价量，不能与按 1/3 倍频程转换的结果直接比较。

② 声源室声场的产生

声源室产生的声音应稳定，并且在测量频率范围内具有连续的频谱。如果使用滤波器，至少应使用 1/3 倍频程的带宽。如使用宽带噪声，其频谱形状应确保在接收室内高频段有足够的信噪比（推荐使用白噪声）。这两种情况，声源室内声源频谱在相邻 1/3 倍频程之间的声压级差均不允许大于 6dB。声源功率宜足够高以使接收室内的声压级在任何频带比背景噪声声压级至少高 10dB。如果不能满足这一规定，应予以修正。

如果声源箱内不止一个扬声器同时发声，扬声器应按同相驱动，或者用其他方式保证其辐射是均匀的和无指向性的。允许同时使用多个声源，只要它们的型号相同并且以同样大小的电平但不相干的信号驱动。当使用单个声源时，至少应放置两个声源位置，如果两个房间容积不同，在计算标准化声压级差时，应选择大房间作为声源室，不允许采用相反的方法。计算表观隔声量时，仅单方向测试或两个方向测试的结果都可使用。即扬声器位置是在同一个房间内，或者交换声源室和接收室以相反的方向重复测试，并在每个房间内取一个或多个声源位置。

扬声器箱应放在使声场尽量扩散的位置，并确保与两室的分隔墙和影响声透射的侧向构件的距离，使辐射在墙和构件上的直达声不占主导地位。房间内声场取决于声源的类型和位置。扬声器的技术要求及其位置的确定应符合规定。

③ 平均声压级测量

a. 通则：平均声压级可以用一只传声器在室内不同位置的测量获得，也可以用固定的传声器阵列或一个连续移动或转动的传声器获得，在不同位置传声器测得的声压级应取得所有位置的能量平均值。

b. 传声器位置：传声器位置的距离应当不小于如下数值：两个传声器位置的间距为 0.7m；任一传声器位置与房间边界或扩散体的间距为 0.5m；任一传声器位置与声源的间距为 1.0m。若有可能宜取更大的间距。固定传声器至少应有 5 个传声器位置，并且均匀分布在待测房间的空间内。移动传声器扫测半径至少应为 0.7m，移动平面应倾斜以便覆盖大部分可供测量的空间。移动平面与房间的各个面（墙、楼板、天花板）的角度应不小于 10°，扫测时间不少于 15s。

c. 测量：使用单个声源：使用固定传声器测点时最少测量 10 次；使用移动传声器时最少测量二次。使用多个声源同时发声：使用固定传声器测点时最少测量五次。使用移动传声器时最少测量一次。

d. 平均时间

在每个传声器位置，对中心频率低于 400Hz 的每个频带，读取平均值的平均时间至少取 6s。对中心频率较高的频带，允许的平均时间不低于 4s。使用移动传声器时，平均时间应覆盖全部扫过的位置且不少于 30s。

④ 测量的频率范围（表 7-107）

声压级测量采用1/3倍频程，至少应包括16个中心频率（100～3150Hz）；为了获得更多信息并能与按《声学 建筑和建筑构件隔声测量 第6部分：模板撞击声隔声的实验室测量》GB/T 19889.6—2005进行的实验室测量所得结果相比较，建议把测量范围扩大至以下中心频率的1/3倍频程：4000Hz、5000Hz；如果需要低频范围的更多信息，可使用以下中心频率的1/3倍频程，50Hz、63Hz、80Hz。低频附加测量应遵循相关导则进行。

测量的频率范围 **表7-107**

50	63	80	100	125	160	200	250	315	400
500	630	800	1000	1250	1600	2000	2500	3150	4000
5000									

⑤ 混响时间测量和等效吸声量估算：

等效吸声量修正项按ISO354：1985测量的混响时间，由赛宾公式估算：

$$A=\frac{0.16V}{T} \tag{7-190}$$

式中 A——吸声量（m^2）；

V——接收室容积（m^3）；

T——混响时间（s）。

按照ISO354：1985，声源停止发声大致0.1s后开始从衰变曲线上计算混响时间，或者在衰变曲线上从声压级比衰变开始时低几分贝起计算。使用的衰变范围既不能小于20dB，也不能太大以至于使观察的衰变不能接近于一条直线。选用的衰变曲线的下端应至少高于背景噪声级10dB。对于每一频带的混响衰变，要至少测量六次。对每一种情况至少用一个扬声器位置和三个传声器位置，每个测点需要有两个读数。可以使用符合要求的移动传声器但其平均时间不应少于30s。

⑥ 背景噪声修正：

测量背景噪声级以保证在接收室的测量不受诸如接收室外的噪声、接收系统电噪声或声源与接收系统间的串音等外部噪声的干扰。背景噪声级应比信号和背景噪声叠加的总声级至少低6dB（最好10dB以上）。如果声压级差小于10dB而大于6dB，对声级的修正按照下式求出：

$$L=10\lg(10^{L_{sb}/10}-10^{L_b/10}) \tag{7-191}$$

式中 L——修正的信号级（dB）；

L_{sb}——信号和背景噪声叠加的总声级（dB）；

L_b——背景噪声级（dB）。

如果任一频带的声压级差小于或等于6dB，则均采用6dB差值的修正量1.3dB进行修正；此时测量报告中应明确表示出D_n、D_{nT}或表观隔声量R'都是测量的限值。

6）精密度：测量程序应有足够的重复性，可按《声学 建筑和建筑构件隔声测量 第2部分：测量不确定度评定和应用》GB/T 19889.2—2005给出的方法确定，特别是当测量方法或仪器设备有改变时需随时校验。

7）结果表达：房间之间空气声隔声的表达，应将所有测量频率的规范化声压级差D_n、标准化声压级差D_{nT}或表观隔声量R'的数值精确到小数点后面第一位，并以表格和曲线的形式给出。测试报告中的图应表示出分贝值和对数刻度的频率关系，并用下列尺寸：5mm 表示一个 1/3 倍频程；20mm 表示 10dB。应计算所有测试结果的算术平均值。

检测评定：按照设计值进行评定，无设计值时按照《建筑隔声评价标准》GB/T 50121—2005 和《民用建筑隔声设计规范》GB 50118—2010 相关规定进行评定。

7.2.13.2　楼板撞击声隔声

该方法适用于标准撞击器现场测量建筑物楼板隔声撞击声性能的检测。适用于对光裸楼板的测量，也适用于对有覆面层楼板的测量。其测量结果可用于比较楼板的撞击声隔声性能，并将表观撞击声隔声量与规定的要求作比较。

（1）引用标准

《建筑隔声评价标准》GB/T 50121—2005；

《民用建筑隔声设计规范》GB 50118—2010；

《声学 建筑和建筑构件隔声测量 第 7 部分：楼板撞击声隔声的现场测量》GB/T 19889.7—2005。

（2）检测项目

楼板撞击声隔声。

（3）测定方法

1）检测设备

传声器直径不应大于 13mm。

声压级测量仪器应符合《电声学 声级计 第 1 部分：规范》GB/T 3785.1—2010 中规定的 0 级或 1 级仪器的准确度要求，如果设备商没有其他说明，包括传声器在内的整个测量系统在每次测量前使用符合《电声学 声校准器》GB/T 15173—2010 规定的 1 级声校准器进行校准。用于平面行波声场测量已作校准的声级计，还需进行扩散声场的修正。

1/3 倍频程滤波器或倍频程滤波器应符合《声学 倍频程和分数倍频程滤波器》GB/T 3241—2010的规定；混响时间测量仪器应符合《声学混响室吸声测量》GB/T 20247—2006 的规定。

扬声器指向性应满足在自由场中所测各频带的各位置声压级差小于 5dB。此项测量是在一个与受测试件的方向和尺寸相同的假想平面上进行的。

标准撞击器应符合《声学 建筑和建筑构件隔声测量 第 7 部分：楼板撞击声隔声的现场测量》GB/T 19889.7—2005 的规定。

2）检测步骤

① 通则：除非事先约定按倍频程测量，对楼板撞击声隔声的现场测量应该采用 1/3 倍频程。按倍频程测量结果转换成的单值评价量，不能与按 1/3 倍频程转换的结果直接比较。

② 声场的产生：撞击声应由撞击器产生；撞击器应随机分布，放置在被测楼板上至少四个不同的位置并编号，撞击器的位置与楼板边界之间的距离应不小于 0.5m。对于有梁或肋等的各向异性楼板结构，可能要放置更多的位置。一排锤的连线应与梁或肋的方向成 45°角。撞击器开始撞击时的撞击声级可能显示出随时间变化特性，这种情况下，应在噪声级稳定后开始测量，如果在开始撞击 5min 后仍达不到稳定条件，那么应当选择符合测量要求的时段进行测量，并注明测量时段。当测量铺有软质面层的楼板时，标准撞击器也应放在软质楼板面层上。应将撞击器放在楼上发声室作为发声源，楼下房间作为接收室。

③ 撞击声压级测量

a. 撞击声压级可以用一只传声器在室内的不同位置测量获得，也可以用固定的传声器阵列或一个连续移动或转动的传声器获得，在每个传声器位置测得的声压级应对所有撞击器位置取能量平均值。即按下式计算：

$$L = 10\lg\left(\frac{1}{n}\sum_{j=1}^{n} 10^{L_j/10}\right) \tag{7-192}$$

式中 L_j——室内 n 个不同测点的声压级，从 L_1 到 L_n 。

b. 传声器位置：两个传声器位置的间距最小为 0.7m；任一传声器与房间边界或扩散体的间距最小 0.5m；任一传声器与其上待撞击的测试楼板的间距最小 1.0m。当采用固定传声器时，应至少有四个传声器位置，并且均匀分布在待测房间空间的允许范围内，且应注意各传声器位置应取不同的高度。当采用移动的传声器时，扫测半径至少应为 0.7m，移动平面宜倾斜以便覆盖大部分可供测量的空间。移动平面与房间的各个面（墙、楼板、天花板）的角度应不小于 10°，扫测时间不少于 15s。

c. 测量：固定传声器位置：使用固定传声器位置至少测量六次，至少应取四个传声器位置和至少四个撞击器位置的组合。如：用两个传声器位置和两个撞击器位置构成四个可能的组合进行测量，另外两个传声器和两个撞击器位置进行一对一的测量。移动传声器位置：使用移动传声器至少测量四次，即对每一个撞击器位置测量一次。当使用六个或八个撞击器位置时，可以用一个或两个移动的传声器位置测量。测量前，应检查房间及周围是否有噪声干扰源，电缆通道是否需要进行密封，窗户是否关闭严密？确认后所有人员退出房间，关闭房间门窗，方可开始测量。

d. 平均值的平均时间：在每个传声器位置，对中心频率低于 400Hz 的各个频带读取平均值的平均时间至少 6s，对中心频率较高的频带，平均时间可稍短，但不少于 4s；使用移动传声器时，平均时间应覆盖全部扫测的位置且不少于 30s。为了避免因长时间撞击引起的表面改变，移动传声器宜在各个滤波频带进行实时测量。

④ 测量的频率范围（表 7-108）：声压级测量采用 1/3 倍频程滤波器，至少应包括 16 个中心频率（100～3150Hz）；为了获得更多信息并能与按《声学 建筑和建筑构件隔声测量 第 6 部分：楼板撞击声隔声的实验室测量》GB/T 19889.6—2005 进行的实验室测量所得结果相比较，建议把测量范围扩大至以下中心频率的 1/3 倍频程：4000Hz、5000Hz；如果需要低频范围的更多信息，可使用以下中心频率的 1/3 倍频程，50Hz、63Hz、80Hz。低频附加测量应遵循相关导则进行。

测量的频率范围 **表 7-108**

50	63	80	100	125	160	200	250	315	400
500	630	800	1000	1250	1600	2000	2500	3150	4000
5000									

⑤ 混响时间测量和等效吸声量估算：等效吸声量修正项按 ISO354：1985 测量的混响时间，由赛宾公式估算：

$$A = \frac{0.16V}{T} \tag{7-193}$$

式中　A——吸声量（m^2）；

V——接收室容积（m^3）；

T——混响时间（s）。

按照 ISO354：1985，声源停止发声大致 0.1s 后开始从衰变曲线上计算混响时间，或者在衰变曲线上从声压级比衰变开始时低几分贝起计算。使用的衰变范围既不能少于 20dB，也不能太大以至于使观察的衰变不能接近于一条直线。选用的衰变曲线的下端应至少高于背景噪声级 10dB。对于每一频带的混响衰变，要至少测量六次。对每一种情况至小用一个扬声器位置和三个传声器位置，每个测点需要有两个读数。可以使用符合要求的移动传声器但扫测时间不应少于 30s。

⑥ 背景噪声修正：测量背景噪声级以保证在接收室的测量不受诸如测量房间外的噪声或接收系统电噪声等外部声音的影响。为了检验接收系统的电噪声，用一只传声器哑头（等效电阻抗）代替传声器。注意由撞击器产生并传入接收室的空气噪声不能影响接收室的撞击声压级。背景噪声级应比信号和背景噪声叠加的总声级至少低 6dB（最好低 10dB 以上）。如果声压级差小于 10dB 而大于 6dB，按下式修正：

$$L = 10\lg(10^{L_{sb}/10} - 10^{L_b/10}) \tag{7-194}$$

式中　L——修正的信号级（dB）；

L_{sb}——信号和背景噪声叠加的总声级（dB）；

L_b——背景噪声级（dB）。

如果任一频带的声压级差小于或等于 6dB，则均采用 6dB 差值的修正量 1.3dB 进行修正；此时测量报告中应明确表示出 L'_n 是测量的限值。

⑦ 精密度：测量方法应有足够的重复性，应按《声学 建筑和建筑构件 隔声测量：测量不确定度评定和应用》GB/T 19889.2—2005 给出的方法确定并经常校验，特别是当测量方法或仪器设备有改变时需随时校验。

⑧ 结果表达：建筑物两室之间撞击声隔声的表达，应将所有测量频率的规范化撞击声压级 L'_n 或标准化撞击声压级值 L'_{nT} 数值精确到小数点后第一位，并以表格和曲线形式给出。测试报告中的图应表示出以 dB 值为单位的声压级和对数刻度的频率的关系，使用以下尺寸：5mm 表示一个 1/3 倍频 程；20mm 表示 10dB。

检测评定：按照设计值进行评定，无设计值时按照《建筑隔声评价标准》GB/T 50121—2005 和《民用建筑隔声设计规范》GB 50118—2010 相关规定进行评定。

7.2.13.3　外墙构件和外墙空气声隔声

该方法适用于测量建筑物整个外墙与外墙构件空气声隔声，其中构件测量法用于测定外墙构件，例如窗户的隔声量。最精确的构件测量法是用扬声器作为声源的方法；其他精确性略差的构件测量法为采用现场交通噪声作为声源的方法。另一方面，整墙测量法旨在确定已有交通条件下的户外和户内声压级差。最精确的整墙测量法是利用实际的交通噪声作为声源，此外也可采用扬声器作为人工声源。扬声器噪声测量构件可获得表观隔声量，在某些情况下可将其与在实验室中依据《声学 建筑和建筑构件隔声测量 第3 部分：建筑构件空气声隔声的实验室测量》GB/T 19889.3—2005 或《声学 建筑和建筑构件隔声测量 第10 部分：小建筑构件室气声隔声的实验室测量》GB/T 19889.10—2006 测得的隔声量作比较。当测量的目的在于评价某一外墙构件的实验室隔声性能与现场隔声性能的关系时，此方法为优选方法。道路交通噪声测量构件隔声法的用途与扬声器噪声测量法相同。当由于实际原因而不能采用后一种方法时，采用道路交通噪声测量法。上述两种方法经常会得出略微不同的结果。道路交通噪声测量法往往会给出比扬声器噪声测量法略低的隔声量。道路交通噪声测量外墙隔声法可测得相对于距外墙外立面 2m 处噪声级的外墙实际隔声值。当测量目的在于评价包括所有侧向传声影响在内的整个外墙相对于邻近道路指定位置噪声的隔声性能时，此方法是首选的方法，其结果不可用于同实验室测量结果作对比。扬声器噪声测量外墙隔声法亦可测得相对于距其外立面 2m 处的噪声级的外墙隔声值，当由于实际原因而无法采用实际噪声作为噪声源时，此方法尤为适合。其结果不可用于同实验室测量结果作对比。

（1）引用标准

《建筑隔声评价标准》GB/T 50121—2005；

《声学 建筑和建筑构件隔声测量 第 5 部分：外墙构件和外墙空气声隔声的现场测量》GBT 19889.5—2006。

（2）检测项目

外墙构件和外墙空气声隔声。

（3）测定方法

1）检测设备

① 传声器直径不应大于 13mm；

② 声压级测量仪器应符合 IEC61672-1：2002 关于 1 级仪器的要求。测量系统应采用《电声学 声校准器》GB/T 15173—2010 规定的关于 1 级或优于 1 级的声校准器来校准；

③ 1/3 倍频程滤波器或倍频程滤波器应符合《电声学 倍频程和分数倍频程滤波器》GB/T 3241—2010 的规定；

④ 混响时间测量仪器应符合《声学 混响室吸声测量》GB/T 20247—2006 的规定。

⑤ 扬声器：扬声器指向性应满足在自由场中所测各频带的各位置声压级差小于 5dB。此项测量是在一个与受测试件的方向和尺寸相同的假想平面上进行的。注：当对一个边长尺寸超过 5m 的较大的被测试件采用扬声器法进行测量时，可仅要求各位置的声压级差不大于 10dB。但这一点应在测量报告中说明。

2）扬声器噪声测量法

① 通则

本节介绍扬声器噪声测量构件隔声和扬声器噪声测量外墙隔声两套方法。扬声器噪声测量构件隔声可测得表观隔声量。在一定场合下，测试结果可用于与实验室中测得的构件隔声量作比较。扬声器噪声测量外墙隔声法用来评价整个外墙或特定环境下整栋建筑的空气声隔声状况。测试结果不能与实验室测试结果相比较。

② 原理

扬声器应置于建筑物外离外墙距离为 d 的一个或多个位置，其辐射声波的入射角 θ 应等于 45°±5°。

在被测试件表面（当为构件隔声测量时）或距建筑物外墙面 2m（当为外墙隔声测量时）处以及在接收室内测得平均声压级后，即可算出表观隔声量 R_{45° 或声压级差 $D_{1s,2m}$。

③ 声场的产生

所产生的声场应是稳态声场并且在所考虑的频率范围内具有连续频谱。若测量是以1/3倍频程进行，则其中心频率应至少从100～3150Hz，最好是从50～5000Hz。若测量是以倍频程进行，则其中心频率应至少从125～2000Hz，最好是从63～4000Hz。此外，处于同一倍频程中的各1/3倍频程之间的声功率级差在125Hz倍频程中不得大于6dB，在250Hz倍频程中不得大于5dB，在其他中心频率更高的倍频程中不得大于4dB。在所有测量频带中，声源应有足够的声功率，使接收室的声压级至少比接收室背景噪声级高出6dB。

④ 扬声器位置

选择扬声器位置并确定其至外墙的距离为 d 时，应使得在被测试件上声压级的变化最小。最好将声源放置在地面上，或者将声源放置在离地面尽可能高的地方。

当利用扬声器噪声测量构件隔声时，声源距被测试件中心的距离 r 应至少为5m（$d>3.5$m）。当利用扬声器噪声测量外墙隔声时，r 应至少为7m（$d>5$m），声波入射角应为45°±5°。

⑤ 在接收室内测量

a. 通则：在接收室中可通过将单个传声器从一处移至另一处，或者通过固定的传声器阵列，后者通过连续移动或摆动传声器等方法来获得平均声压级。不同传声器位置处的声压级应按能量对所有声源位置加以平均。此外，还应测量背景噪声 L_b。

b. 传声器位置：在每个房间应至少采用5个传声器位置来测出每个声场的平均声压级。这些位置应当在各个房间最大允许的空间范围内均匀分布。在可能情况下，传声器位置的距离应当不小于如下数值：各传声器之间间隔为0.7m；任一传声器位置与房间界面或物体之间为0.5m；任一传声器位置与被测试件间为1.0m。当采用连续移动或摆动的传声器测量时，其扫测半径应至少为0.7m。扫测平面应倾斜，以便能够覆盖大部分可达的室内空间并且不应当位于与房间任一界面小于10°的平面上，扫测时间应不小于15s。

c. 背景噪声修正：应对背景噪声进行测量以便确保在接收室中的测量结果不受外部噪声、接收系统的电噪声或声源与接收系统的电串音等噪声的影响。背景声级应至少低于信号与背景噪声的叠加声级6dB（最好低10dB以上）。若两者的声级差小于10dB，但大于6dB，应对声压级加以修正。

$$L = 10\lg(10^{L_{sb}/10} - 10^{L_b/10}) \tag{7-195}$$

式中　L——修正的信号级（dB）；

L_{sb}——信号和背景噪声叠加的总声级（dB）；

L_b——背景噪声级（dB）。

若在任一频带中，两者的声压级差小于或等于6dB，均采用声压级差6dB的修正值1.3dB。此时，在测量报告中应对 D_n、D_{nT} 或 R' 值加以说明，以便清楚地表明报告中这些的数值是测量值的极限值。

d. 混响时间测量和吸声量计算：吸声量按赛宾公式计算：

$$A = \frac{0.16V}{T} \tag{7-196}$$

式中　A——吸声量（m^2）；

V——接收室容积（m^3）；

T——混响时间（s）。

根据《声学 混响室吸声测量》GB/T 20247—2006，混响时间是从声源停止发声后由低于起始声压级 5dB 开始的衰变曲线确定的。所采用的量程既不能小于 20dB，也不能过大，以至于所观察到的衰变曲线不能用一条直线来近似。选用的衰变曲线的下端应至少比背景噪声级高出 10dB。对各个频带的声衰变测量至少测 6 次。对每种情况至少应采用 1 个声源位置和 3 个传声器位置，每个测点需要有两个读数。可以使用符合要求的移动传声器但扫测时间不应少于 30s。

⑥ 扬声器噪声测量构件隔声

a. 测试要求：如果测量目的在于获得能与实验室测量结果比较的结果，则须采用如下步骤：确认待测墙面构造与规定构造一致，并依据生产厂家的规程正确安装；确定外墙的隔声量，以确保通过被测试件周边墙体的声透射不至对接收室中的声压级产生显著的贡献。如果测量的目的在于同实验室中测量的窗户的隔声量作比较，则还应确认测试洞口的面积是否能代表实验室中的测试洞口的面积，并且龛的开口和龛中窗户的位置应当符合《声学 建筑和建筑构件隔声测量 第 3 部分：建筑构件空气声隔声的实验测量》GB/T 19889.3—2005 的要求。

b. 在外墙构件外表面测量：在被测试件表面确定平均声压级 $L_{1,s}$的方法，一是直接将传声器固定在被测试件上，使传声器的轴线与外墙表面平行。传声器可朝上或朝下放置，或者是使传声器轴线指向被测试件的法线方向。当为前一种情况时，传声器膜中心与被测试件的距离应小于或等于 10mm，这取决于传声器的直径；当为后一种情况时，传声器膜的中心与被测试件的距离为小于或等于 3mm。将传声器固定在被测试件表面时，可用一种强的粘贴胶带来固定，并且为传声器安装半球风罩。

当在户外和户内同时进行测量，并且把传声器固定在被测试件表面时，宜选用那种不会对被测试件的隔声产生影响的传声器和连接电缆。

依据各传声器位置之间的声压级差来选择 3 至 10 个传声器位置，将这些位置均匀但不对称地分布在测量表面上。建议开始时先选定 3 个位置（n=3）。若两个位置之间某一频率的声压级差大于 ndB，则应 2005 增加传声器的位置，至多增加至 10 个。如果被测试件是安装在外墙面的凹面处，则应当选择 10 个传声器位置。如果各传声器位置间的声压级差有大于 10dB 者，应在测量报告中写明。

作为在若干固定位置进行测量的替代方法，只要传声器与外墙构件的距离能保持固定，并且背景噪声可维持在比信号声压级低 10dB 的水平，则可采用移动传声器进行扫测的方法。

n 个位置的平均值由下式计算得出：

$$L_{1,s}=10\lg(10^{L_1/10}+10^{L_2/10}+\cdots+10^{L_n/10})-10\lg(n) \qquad (7\text{-}197)$$

式中 L_1，L_2，…，L_n——在位置 1，2，…，n 处测得的声压级。

注：声压级差可能与测点离地面高度、凹进处、阳台和被测试件的位置等因素有关。

⑦ 扬声器噪声测量外墙隔声

a. 在外墙前测量：将传声器置于外墙外侧中间部位，距离应满足：离外墙面（2.0±0.2）m，或者离阳台、护栏或者其他类似的凸出部位 1.0m；传声器位置应高于接收室地面 1.5m。

如果外墙面的主体部位是如同屋顶的一种倾斜的构造，则测量点与顶端的距离不应比测量点与外墙垂直面的凸出部位的距离近。如果待测房间有不止一面外墙或者此房间很大，则应按 b 款测量，标注所测得的声压级为 $L_{1,sm}$。同时应考虑低频段的干涉效应。

b. 对大房间或由不止一面墙体组成的外墙的测量：若房间很大或房间由不止一面外墙构成，则通常不可能仅用一个声源位置进行测量。在这些场合，应采用几个声源位置。各个位置都应符合规定。声源位置的数量依照扬声器的指向性以及外墙的面积而定。

c. 测量结果的计算：若采用几个声源位置，计算每一位置的声压级差，并计算平均值：

$$D_{1s,2m} = -10\lg\left(\frac{1}{n}\sum 10^{-D_i/10}\right) \tag{7-198}$$

式中　n——声源位置数量；

D_i——各对声源-传声器组合之间的声压级差。

⑧ 道路交通噪声测量法

⑨ 通则

本节介绍道路交通噪声测量构件隔声和道路交通噪声测量外墙隔声两套方法。

道路交通噪声测量构件隔声可获得对构件表观隔声量的估计值，在特定场合下，该值可用于同实验室的测量结果相比较。注：考虑到背景噪声的影响，本方法通常限于测量 $R'_W<40$dB 的构件隔声量。

道路交通噪声测量外墙隔声法用来评价整个外墙或特定环境下整栋建筑的空气声隔声状况。测试结果不能与实验室测试结果作比较。

⑩ 原理

如果声波是从不同方向以变化的声强（例如在繁忙道路上的交通噪声）入射至被测试件时，则应在被测试件的内外两侧同时测量作为频率函数的等效声压级，由此获得隔声量或声压级差。

⑪ 测试要求

在测量接收室背景噪声时，背景噪声声级应至少低于所测的等效声压级 10dB，当利用既有的道路交通噪声作为声源时，测量时间内应至少有 50 辆车驶过测试地段。考虑到交通噪声的不稳定性，测量等效声压级时，应在被测试件的内外两侧同时进行。测试时应避开安静的时段，即避开交通噪声未超过背景噪声 10dB 的时段。

⑫ 频率范围

如果测量是依照 1/3 倍频程进行时，其中心频率应至少从 100～3150Hz，最好是从 50～5000Hz。当测量是依照倍频程进行时，中心频率应至少从 125～2000Hz，最好是从 63～4000Hz。

⑬ 道路交通噪声测量构件隔声

a. 通则：如果测量的目的在于与实验室测量结果作比较或者在于得出某一外墙构件有代表性的结果，则可能的话，应遵照扬声器噪声测量构件隔声进行。如果由于实际原因，不能执行上述步骤，则道路交通噪声测量构件隔声是一种替代方法。无论何种情形，都应满足扬声器噪声测量构件隔声的测试要求。

b. 声场的产生：测量时应满足如下要求：道路交通流应大体沿直线分布，并且该交通流应当位于测点从外墙面张开的±60°的视角范围内。在此范围内，交通流偏离直线的范围允许位于从交通线与外墙面法线交点作出的交通线的切线±15°的范围内。由交通线与外墙面之间最短距离处观察的仰角应小于 40°。从交通流的整个宽度望过去，整个外墙面应尽可能处于自由视野范围内。交通线与整个外墙面之间的最小水平距离应至少为被测外墙宽的 3 倍或为 25mm，取两者中较大者。

c. 等效声压级测量：参照扬声器噪声测量构件隔声法布置传声器，将其置于被测试件外侧。若外墙是平面，没有较大的凹面或阳台，则可采用 3 个传声器位置，并将其不对称地沿测量表面分布。若外墙面具有较大的凹面或阳台，则采用 5 个传声器位置，并测试出声压级 $L_{1,cq,s}$。同样参照扬声器噪声测量构件隔声法在接收室进行测量。

d. 混响时间测量与吸声量计算

参照扬声器噪声测量构件隔声法进行。

⑭ 道路交通噪声测量外墙隔声

a. 等效声压级测量

将传声器置于外墙外侧中间部位，距离应满足：离外墙面（2.0±0.2)m，或者离阳台、护栏或者其他类似的凸出部位 1.0m；传声器位置应高于接收室地面 1.5m；

若外墙面的主体部位如同屋顶的倾斜构造，则传声器位置应靠近外墙垂直面的凸出部位，而不是靠近屋顶布置。若待测的房间有不止一面外墙构成，则传声器应位于每道外墙的前面。标注所测得的声压级为 $L_{1,eq,2m}$。同时应考虑低频段的干涉效应。

在接收室的测量参照扬声器测量外墙隔声进行。

b. 混响时间测量与吸声量计算：按扬声器噪声测量外墙隔声进行。若直接进行 A 计权测量，则当计算 D_{nT}、D_n 时，应采用 500Hz 的混响时间和吸声量。

c. 测量结果的计算：若在声源一侧采用多个传声器位置进行测量，计算每一位置的声压级差，并计算平均值：

$$D_{tr,2m}=-10\lg\left(\frac{1}{n}\sum 10^{-D_i/10}\right) \tag{7-199}$$

式中 n——声源一侧的传声器位置数量；

D_i——各对声源-传声器组合之间的声压级差。

3）精密度

① 通则

本测量方法能给出令人满意的重复性。这一点可根据 GB/T 19889.2—2005 中给出的方法确定，特别是当测试步骤和仪器设备有所变化时更应随时加以验证。

② 扬声器噪声测量构件隔声

如果布置在户外的各传声器不同位置之间的声压级差小于 10dB，则按本方法测得的计权表观隔声量 $R'_{45°,w}$ 可以比在实验室内测得的相应的隔声量高出 0～2dB（假定两者的安装条件，包括龛的尺寸、被测试件的种类和尺寸均相同）。在某些频带，尤其是在低于 250Hz 的频段，两者的差别可能还会更大些。此外，应当考虑本测量方法的可重复性。作为比较测量，实验室测量法测得的 R_W 值按照《测量方法与结果的准确度（正确度与精密度 第 1 部分：总则与定义》GB/T 6379.1—2004 规定，其再现性标准偏差约为 2dB。

③ 扬声器噪声测量外墙隔声：本方法的再现性标准偏差约为 2dB。

④ 道路交通噪声测量构件与外墙隔声：道路交通噪声测量构件隔声和外墙隔声的精密度尚不清楚。

4）结果表述

当涉及外墙构件及外墙的空气声隔声时，应报告包括所有测量频带的标准化声压级差 D_{nT} 或表观隔声量 R'，精确至 0.1dB。测量结果可用表格的形式和曲线的形式表示。应采用下列尺寸绘制对应于对数频率坐标的声压级差或表观隔声量的 dB 值图：5mm 表示一个 1/3 倍频程；20mm 表示 10dB。

7.2.13.4　室内允许噪声级

（1）引用标准

《建筑隔声评价标准》GB/T 50121—2005；

《民用建筑隔声设计规范》GB 50118—2010。

（2）检测项目：室内允许噪声级。

（3）测定方法

1）一般规定：室内噪声级的测量应在昼间（6：00～22：00）、夜间（22：00～6：00）两个不同时段内，各选择较不利的时间进行。室内噪声级的测量值为等效声级。对不同特性噪声的测量值，按表 7-109 进行修正。

因噪声特性的不同对噪声测量值的修正值　　　　**表 7-109**

噪声特性		修正值（dB）
稳态噪声	持续稳定的噪声	0
	包含有调声的稳态噪声	+5
非稳态噪声	声级随时间起伏，变化较复杂的噪声（如道路交通噪声）	0
	包含有调声的持续的非稳态噪声	+5
	飞机噪声	+3

2）测量仪器：测量仪器应符合《电声学 声级计 第 1 部分：规范》GB/T 3785.1—2023 中规定的 1 型或性能优于 1 型的积分声级计。滤波器应符合《电声学 倍频程和分数倍频程滤波器》GB/T 3241—2010 的有关规定。也可使用性能相当的其他声学测量仪器。

校准器应符合《电声学 声校准器》GB/T 15173—2010 规定的 1 级要求，校准器应每年送法定计量部门鉴定一次。每次测量前后，应用校准器对测量系统进行校准，测量前、后校准示值偏差不得大于 0.5dB。

3）测量条件

① 对于住宅、学校、医院、旅馆、办公建筑及商业建筑中面积小于 $30m^2$ 的房间，在被测房间内选取 1 个测点，测点应位于房间中央。

② 对于面积大于等于 $30m^2$，小于 $100m^2$ 的房间，选取 3 个测点，测点均匀分布在房间长方向的中心线上，房间平面为正方形时，测点应均匀分布在与窗面积最大的墙面平行的中心线上。

③ 对于面积大于等于 $100m^2$ 的房间，可根据具体情况，优化选取能代表该区域室内噪声水平的测点及测点数量。

④ 测点分布应均匀且具代表性，测点应分布在人的活动区域内。对于敞开式办公室，测点应布置在办公区域；对于商场，测点应布置在购物区域。

⑤ 测点的布置应符合下列规定：测点距地面的高度应为 1.2～1.6m；测点距房间内各反射面的距离应大于等于 1.0m；各测点之间的距离应大于等于 1.5；测点距房间内噪

声源的距离应大于等于 1.5m。

注：对于较拥挤的房间，上述测点条件无法满足的情况下，测点距房间内各反射面（不包括窗等重要的传声单元）的距离应大于等于 0.7m，各测点之间的距离应大于等于 0.7m。

⑥ 对于间歇性非稳态噪声的测量，测点数可为一个，测点应设在房间中央。

⑦ 测量室内噪声时，室内应无人（测试人员除外）。测量住宅、学校、旅馆、办公建筑及商业建筑的室内噪声时，应在关闭门窗的情况下进行。测量医院的室内噪声时，应关闭房间门并根据房间实际使用状态决定房间窗的开或关。

4）测量方法及数据处理

① 对于稳态噪声，在各测点处测量 5～10s 的等效［连续 A 计权］声级，每个测点测量 3 次，并将各测点的所有测量值进行能量平均，计算结果修约到个数位。

② 对于声级随时间变化较复杂的持续的非稳态噪声，在各测点处测量 10min 的等效［连续 A 计权］声级。将各测点的所有测量值进行能量平均，计算结果修约到个数位。

③ 对于间歇性非稳态噪声，测量噪声源密集发声时 20min 的等效［连续 A 计权］声级。

④ 当建筑物内部的水泵是影响室内噪声级的主要噪声源时，室内噪声级的测量应在水泵正常运行时，按稳态噪声的测量方法进行。

⑤ 当建筑物内部电梯是影响室内的噪声级的主要噪声源时，室内噪声级的测量应在电梯正常运行时进行，测量电梯完成一个运行过程的等效［连续 A 计权］声级，被测运行过程时电梯噪声在室内产生较不利影响的运行过程。电梯运行过程及测量方法应符合下列规定：

⑥ 运行过程：电梯轿厢内载 1～2 人，打开并立即关闭电梯门→立即启动→运行→停止→打开并立即关闭电梯门。

⑦ 测量方法：测量从运行过程开始时起到运行过程结束时止这个时段的等效［连续 A 计权］声级。每个测点测量 5 个向上运行过程和 5 个向下运行过程，并将各测点的所有测量值进行能量平均，计算结果修约到个数位。

⑧ 在进行室内噪声级测量时，若主观判断噪声中含有调声（可听纯音或窄带噪声），应在测量等效［连续 A 计权］声级所对应的线性 1/3 倍频带频谱，按下列规定进行判定，并按表 7-108 的规定对测量值进行修正。稳态噪声、持续的非稳态噪声是否含有调声的判定依据是：在测量过程中有调声被清楚地听到；在测量结果的 1/3 倍频带频谱中，某一个 1/3 倍频带声压级应超过相邻的两个频带声压级某个恒定的声压级差，声压级差随频率而变，声压级差至少为：低频段（25～125Hz）15dB；中频段（160～400Hz）8dB；高频段（500～10000Hz）5dB。

7.3 施工现场试验与检测管理

7.3.1 建设工程有关单位的质量责任

1. 建设单位质量责任

建设单位依法对建设工程质量负责。建设单位应当落实法律法规规定的建设单位责任，建立工程质量责任制，对建设工程各阶段实施质量管理，督促建设工程有关单位和人员落实质量责任，处理建设过程和保修阶段建设工程质量缺陷和事故。

2. 施工单位质量责任

施工单位对建设工程施工质量负责。施工单位应当按照工程建设标准，施工图设计文件施工，使用合格的建筑材料，建筑构配件和设备，不得偷工减料，加强施工安全管理，实行绿色施工。

3. 监理单位质量责任

监理单位对监理工作负责。监理单位应当按照法律法规、工程建设标准和施工图设计文件对施工质量实施监理。

4. 工程质量检测单位、房屋安全鉴定单位质量责任

工程质量检测单位、房屋安全鉴定单位应当按照法律法规、工程建设标准，在规定范围内开展检测，鉴定活动，并对检测、鉴定数据和检测、鉴定报告的真实性、准确性负责。

5. 建筑材料、建筑构配件和设备的生产单位和供应单位质量责任

建筑材料、建筑构配件和设备的生产单位和供应单位按照规定对产品质量负责。建筑材料、建筑构配件和设备进场时，供应单位应当按照规定提供真实、有效的质量证明文件。结构性材料、重要功能性材料和设备进场检验合格后，供应单位应当按照规定报送供应单位名称、材料技术指标、采购单位和采购数量等信息。供应涉及建筑主体和承重结构材料的单位，其法定代表人还应当签署工程质量终身责任承诺书。

6. 预拌混凝土生产单位质量责任

预制混凝土生产单位应当具备相应资质，对预拌混凝土的生产质量负责。预拌混凝土生产单位应当对原材料质量进行检验，对配合比进行设计，按照配合比通知单生产，并按照法律法规和标准对生产质量进行验收。

7.3.2　参建各方试验与检测工作职责

1. 建设单位职责

（1）建设单位应当委托具有相应资质的检测单位，按照规定对见证取样的建筑材料、建筑构配件和设备、预拌混凝土、混凝土预制构件和工程实体质量、使用功能进行检测。

（2）需要委托检测的项目，建设单位负责办理委托检测并及时获取检测报告。

（3）建设单位应根据施工单位报送的检测试验计划，制定见证取样和送检计划。

（4）建设单位自行采购的混凝土预制构件、钢筋和钢结构构件，应当组织到货检验，并向施工单位出具检验合格证明。

（5）施工单位应会同相关单位对不合格的检测试验项目查找原因，依据有关规定进行处置；

2. 施工单位职责

（1）总包单位应负责施工现场检测工作的整体组织管理和实施，分包单位负责其施工合同范围内施工现场检测工作的实施；

（2）施工单位应按照有关规定配置资源（包括人员、设备、设施、标准等），并建立施工现场检测试验管理规定；

（3）工程施工前，施工单位按照有关规定编制施工检测试验计划，经监理（建设）单位审批后组织实施；

（4）施工单位对建设工程的施工质量负责，按照规范和有关标准规定的取样标准进行取样，能够确保试件真实反映工程质量，对试件的代表性、真实性负责；

（5）施工单位自检的试验项目，施工单位对试验结果进行评定；

（6）施工单位应及时通知见证人员对见证试件的取样（含制样）、送检过程进行见证；

（7）施工单位应会同相关单位对不合格的检测试验项目查找原因，依据有关规定进行处置；

（8）施工单位会同相关单位对不合格的检测试验项目查找原因，依据有关规定进行处置。

3. 监理单位职责

（1）监理单位应及时确定见证人员，审批施工单位报送的检测试验计划并监督实施；

（2）监理单位应对见证取样和送检试件的制样、送检过程进行见证，填写见证记录，并对见证试件的代表性、真实性负责；

（3）监理单位对各专业施工中重要物资的进场检测试验要采取适当的方式进行监督核查，并对检测试验资料进行核查或核准；

（4）监理单位应会同相关单位对不合格的检测试验项目查找原因，依据有关规定处置；

（5）监理单位应当监督施工单位将进场检验不合格的建筑材料、建筑构配件和设备、预拌混凝土、混凝土预制构件或者有关专业工程材料退出施工现场。

4. 检测机构职责

（1）检测机构应具备与其所承接的检测项目和业务量相适应的检测能力；

（2）检测机构出具的检测报告应信息齐全，数据可靠，结论正确；

（3）检测机构应与委托方建立书面委托（合同）关系，并对所出具的检测报告的真实性、准确性负责。

7.3.3 现场试验站管理

现场试验站是施工单位根据工程需要在施工现场设置的主要从事取样（含制样）、养护送检以及对部分检测试验项目进行试验的部门，一般由工作间和标准养护室两部分组成。为保证建筑施工检测工作的顺利进行，当单位工程建筑面积超过一万平方米或造价超过一千万元人民币时可设立现场试验站，工地规模小或受场地限制时可设置工作间和标准养护箱（池）。

现场试验站要明确检测试验项目及工作范围，并要满足相关安全、环保和节能的有关要求。现场试验站要建立健全检测管理制度，还应制定试验站负责人岗位职责，检测管理制度包括但不限于：（1）检测人员岗位职责；（2）见证取样送检管理制度；（3）混凝土（砂浆）试件标准养护管理制度；（4）仪器（仪表）、设备管理制度；（5）检测安全管理制度；（6）检测资料管理制度；（7）其他相关制度。在试验站投入使用前，施工单位应组织有关人员对其进行验收，合格后才能开展工作。

7.3.3.1　现场试验站环境条件

（1）工作间（操作间）面积不宜小于 15m²，工作间应配备必要的办公设备，其环境条件应满足相关规定标准，要配备必要的控制温度、湿度的设备，如空调、加湿器等。对操作间环境条件的一般要求为 20℃±5℃。

（2）现场试验站应设置标准养护室，对混凝土或水泥砂浆试件进行标准养护。标准养护室的面积不宜小于 9m²，养护室要具有良好的密封隔热保温措施。养护室内应配置一定数量的多层试件架子，确保所有试件均能上架养护，试件彼此间距≥10mm 放置在架子上。标准养护池的深度宜为 600mm，也必须有可行的控温措施。标准养护室（养护箱、养护池）对环境条件的一般要求为：养护室温度控制为 20℃±2℃，湿度要求为大于 95%。每日检查记录 3 次，早中晚各 1 次。

7.3.3.2　人员、设备配置及职责

（1）人员配置：现场试验站人员根据工程规模和检测试验工作的需要配备，宜为 1～3 人。

（2）设备配置：现场试验站根据检测试验种类及工作量大小，配齐足够的各种试模；混凝土振动台；砂浆稠度仪；坍落度筒；天平；台秤；钢直（卷）尺；标准养护室自动恒温恒湿装置；测定砂石含水率设备；干密度试验工具；量筒、量杯；烘干设备；大气测温设备；冬施混凝土测温仪（有冬施要求的配置）。

（3）人员职责

1）站长职责

① 严格贯彻执行国家、部和地区颁发的现行有关建筑工程的法规、技术标准、检测试验标准等规定，熟悉掌握检测试验业务，制定试验站管理制度；

② 在项目技术负责人领导下，全面负责试验工作；

③ 负责编制试验仪器、设备计划、配合计量员对仪器设备定期送检、标识；

④ 根据工程情况，编写检测试验计划；

⑤ 建立检测试验资料台账、做好检测试验资料的整理及归档。

2）试验员职责

① 负责现场原材取样、送试工作；

② 负责砂浆、混凝土试块的制作、养护、保管及送试，以便试验室进行测试工作；

③ 负责拌合站砂浆、混凝土配合比计量检查校核工作；

④ 负责砂、石含水率测定工作；

⑤ 负责大气测温、标养室测温记录；

⑥ 负责回填土的取样试验，并填写记录；

⑦ 负责完成工程其他检测试验任务及项目技术负责人、站长安排的任务。

7.3.4　试验与检测管理

当工程开工时，应由施工、监理（建设）单位共同考察、按照有关规定协商或通过招标的方式来确定检测机构，检测机构必须保证检测试验工作的公正性。在施工现场应配备必要的检测试验人员、设备、仪器（仪表）、设施及相关标准，对建筑工程施工质量检测试验过程中产生的固体废弃物、废水、废气、噪声、振动和有害物质等的处治，应符合安

全和环境保护等相关规定。

建筑施工检测工作包括制定检测试验计划、取样（含制样）、现场检测、台账登记、委托检测试验及检测试验资料管理等。建筑施工检测试验工作应符合下列规定：

（1）当行政法规、国家现行标准或合同对检测单位的资质有要求时，应遵守其规定；当没有要求时，可由施工单位的企业试验室试验，也可委托具备相应资质的检测机构检测；

（2）对检测试验结果有争议时，应委托共同认可的具备相应资质的检测机构重新检测；

（3）检测单位的检测试验能力应与所承接检测试验项目相适应。

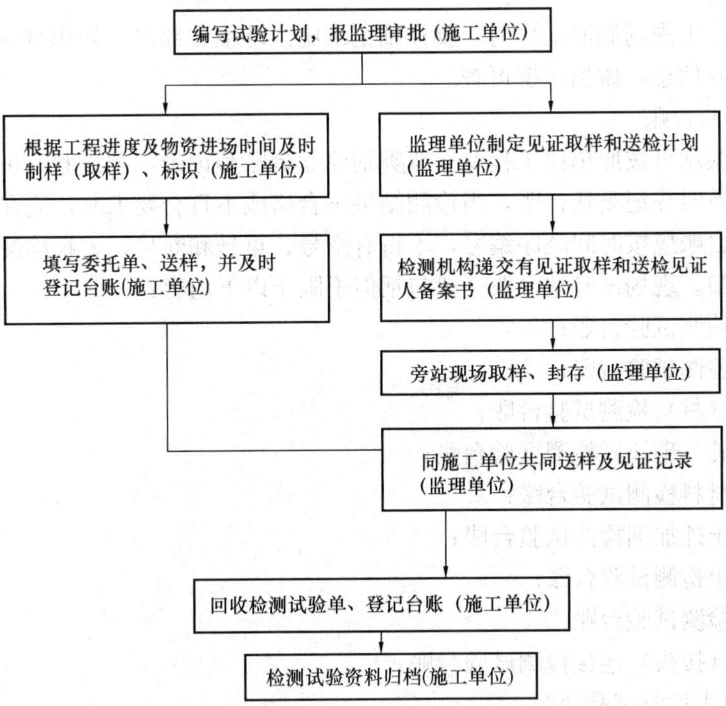

1. 检测试验计划

工程施工前，施工单位项目技术负责人应组织有关人员编制试验方案，确定工程检测内容和频率，并应报送监理单位进行审查和监督实施。工程材料检测试验应依据预算量、进场计划及相关标准规定的抽检率确定抽检频次；施工过程质量检测试验应根据施工方案中流水段划分、工程量、施工环境因素及质量控制的需要确定抽检频次；工程实体质量和使用功能检测应按照相关标准的要求检测频次；计划检测试验时间应根据工程施工进度计划确定。施工单位应按照核准的检测试验计划组织实施，当设计、施工工艺、施工进度或主要物资等发生变化时，应及时调整检测试验计划并重新送监理单位审查。

编写检测试验计划应依据《施工图纸》《施工组织设计》、有关规程、规范及施工单位对检测试验要求按检测试验项目分别编制，检测试验计划应包括如下内容：（1）工程概况；（2）设计要求；（3）检测试验准备；（4）检测试验程序；（5）依据规范、标准；(6)各项目检测试验计划（检测试验项目名称、检测试验参数、试样规格；代表数量；施工部位；计划检测试验时间部位）；（7）检测试验质量保证措施；（8）安全环保措施。

2. 试样及标识

（1）试样的抽取或确定应符合以下规定：进入现场材料的检测试样必须从施工现场随机抽取，严禁在现场外制取；施工过程质量检测试样，除确定工艺参数可制作模拟试样外，必须从施工现场相应的施工部位制取；工程实体质量与使用功能检测应依据相关标准的抽取检测试样或确定检测部位。

（2）试样标识应符合下列规定：试样应及时做唯一性标识；试样应按照取样时间顺序连续编号，不得空号、重号；试样标识的内容应该根据试样的特性确定，一般包括试样编号、名称、规格（强度等级）、制取日期等主要信息；试样标识应字迹清晰、附着牢固。

3. 施工日志

试验员在施工现场制取试样时，要详细记录施工环境、部位、使用材料、制取试样的方法数量等有效信息，做到有据可查。

4. 检测试验台账

对现场试验站可按照单位工程及专业类别建立台账和记录，当试验人员制取试样并对其标识后，应及时登记委托台账，当检测结果不合格或不符合要求时，应在委托台账中注明。委托检测台账应按时间顺序编号，不得有空号、重号和断号，委托检测台账的页码要连续，不得抽换。现场试验站台账一般包括但不限于以下内容：

（1）水泥检测试验台账；

（2）砂石检测试验台账；

（3）钢筋（材）检测试验台账；

（4）砌墙砖（砌块）检测试验台账；

（5）防水材料检测试验台账；

（6）混凝土外加剂检测试验台账；

（7）混凝土检测试验台账；

（8）砂浆检测试验台账；

（9）钢筋（接头）连接检测试验台账；

（10）回填土检测试验台账；

（11）节能保温材料检测试验台账；

（12）仪器设备登记台账；

（13）根据工程需要建立的其他委托检测试验台账；

（14）不合格台账；

（15）标养室温湿度记录；

（16）混凝土坍落度记录：每次浇筑混凝土，要求每工作台班测坍落度次数不少于2次；

（17）大气测温记录；

（18）有见证试验送试记录；

（19）材料进场通知单。

5. 委托检测

（1）施工现场检测人员应按照检测计划并根据现场工程物资进场数量及施工进度等情

况、及时取样（含制备）并委托检测。

（2）施工现场检测人员办理委托检测时，应正确填写委托（合同）书，有特殊要求时，应在委托（合同）书中注明。

（3）施工现场检测人员办理委托后，应及时在检测试验台账登记委托编号。

6. 见证检测

（1）见证人员应由监理（建设）单位具有建筑施工监测资质的专业技术人员担任。监理（建设）单位确定见证人员后，应以《见证取样和送检见证人员备案书》告知检测机构和施工单位。当见证人员发生变化时，应及时办理书面变更。

（2）见证取样检测宜委托同一家检测机构完成，当该检测机构不具备部分项目的检测能力时，施工单位可将该部分项目另行委托其他检测机构。

（3）见证取样和送检应按照见证取样和送检计划实施，见证人员应对试件和送检全过程实施见证，并按规定填写《见证记录》。见证人员可采取标记、封志、封存容器等方式保证试样的真实性。

（4）检测机构接收见证试件时，应核查《见证记录》和见证人员的签名及送检试样的标识，见证人员与备案见证人员不符或见证记录无备案见证人员签字时不得接受试验。

（5）施工单位应及时收集检测报告，填写《见证试验汇总表》，核查见证检测的数量。

7.3.5 试验与检测技术资料管理

7.3.5.1 试验与检测技术资料管理要求

（1）施工现场检测人员要熟悉检测内容，及时取样（制样），填写委托单送检；

（2）施工现场检测人员应及时收集检测报告，核查检测报告内容。当检测结果不合格或不符合要求时，施工现场检测人员应及时报告施工项目技术负责人；

（3）施工现场检测人员应在检测台账上登记试验编号和检测结果，并按其相关规定移交检测报告；

（4）施工单位自行检测的资料内容应符合相关规范、标准要求，记录真实、字迹清晰、数据可靠，结论明确，签字齐全。

7.3.5.2 技术资料归档

所有检测报告经现场试验人员登记、归档以后移交施工单位档案室，由资料人员进行整理、归档。其中工程物资检测报告归于施工物资资料；施工过程检测报告及工程实体检测报告归于施工试验记录。